国家出版基金项目
NATIONAL PUBLICATION FOUNDATION

畜禽粪污微生物治理
及其资源化利用丛书

Research and Application of Microbial Strains for
Treatment of Livestock and Poultry Manure and Sewage

畜禽粪污治理
微生物菌种
研究与应用

刘　波
王阶平
刘国红　等 编著
陈　峥

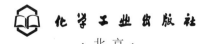

化学工业出版社

·北京·

内容简介

本书为"畜禽粪污微生物治理及其资源化利用丛书"的一个分册，全书共八章，以畜禽粪污降解、益生菌等相关微生物菌种研究与利用为主线，主要介绍了畜禽粪污微生物治理的范畴，粪污降解菌的功能、资源研究进展；畜禽粪污降解菌资源采集、鉴定、区域生态分布及多样性、管理；中国西部嗜碱芽胞杆菌、福建近海滩涂沉积物微生物、台湾省和福建武夷山自然保护区芽胞杆菌等资源情况；畜禽粪污降解菌的生长特性、混合培养生长竞争、混合培养温度响应特征，以及产酶菌株的筛选及其酶学特性；畜禽粪污微生物降解色谱分析方法，畜禽粪污降解菌猪粪发酵行为的色谱分析，难降解有机物降解菌的筛选与鉴定、作用机理、代谢途径等；异养硝化细菌的研究进展、分离鉴定、多态性、脱氮性能和产品包被技术；饲用益生菌的研究进展、筛选、免疫抗病特性、菌剂保存特性、应用效果评价、生理作用及其对肠道微生物的影响；畜禽粪污降解菌发酵装备的设计、畜禽粪污降解菌的诱变育种、畜禽粪污降解菌产功能物质发酵条件优化及其脂肽研究等。

本书具有较强的知识性、系统性和针对性，可供从事畜禽粪污治理及其资源化利用的工程技术人员、科研人员和管理人员参考，也可供高等学校环境科学与工程、农业工程、生态工程、生物工程及相关专业师生参阅。

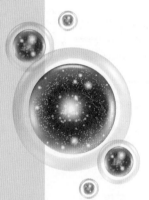

图书在版编目（CIP）数据

畜禽粪污治理微生物菌种研究与应用／刘波等编著．
—北京：化学工业出版社，2021.11
（畜禽粪污微生物治理及其资源化利用丛书）
ISBN 978-7-122-40402-2

Ⅰ.①畜…　Ⅱ.①刘…　Ⅲ.①畜禽-粪便处理-微生物-菌种-研究　Ⅳ.①X713

中国版本图书馆CIP数据核字（2021）第252237号

责任编辑：刘兴春　卢萌萌　曲维伊　　文字编辑：焦欣瑜
责任校对：宋　夏　　　　　　　　　　　装帧设计：王晓宇
出版发行：化学工业出版社（北京市东城区青年湖南街13号　邮政编码100011）
印　　装：北京瑞禾彩色印刷有限公司
787mm×1092mm　1/16　印张67¼　字数1702千字
2022年2月北京第1版第1次印刷
购书咨询：010-64518888　　　　　售后服务：010-64518899
网　　址：http://www.cip.com.cn
凡购买本书，如有缺损质量问题，本社销售中心负责调换。
定　　价：498.00元　　　　　　　　　版权所有　违者必究

畜禽粪污微生物治理及其资源化利用丛书

编 委 会

《畜禽粪污治理微生物菌种研究与应用》

编著者名单

前 言

PREFACE

　　畜禽粪污是畜禽养殖过程中产生的主要污染物。原农业部印发了《畜禽粪污资源化利用行动方案（2017—2020 年）》，提供了资源化利用的 7 种典型技术模式，包括粪污全量收集还田利用模式、粪污专业化能源利用模式、固体粪便堆肥利用模式、异位发酵床模式、粪便垫料回用模式、污水肥料化利用模式和污水达标排放模式。其中，异位发酵床模式、粪便垫料回用模式等均为农村粪污资源化关键技术。微生物发酵床是利用微生物建立起的一套生态养殖系统，具有绿色低碳、清洁环保、就近收集、实时处理、原位发酵、高质化利用等特点，可为建设美丽乡村环境提供技术保障。

　　在科技部 973 前期项目、863 项目、国际合作项目，国家自然科学基金、原农业部行业专项等支持下，经过 20 多年的研究，作者所在团队结合污染治理、健康养殖、资源化利用的机理，组织编写了"畜禽粪污微生物治理及其资源化利用丛书"，包括《畜禽养殖微生物发酵床理论与实践》《畜禽粪污治理微生物菌种研究与应用》《畜禽养殖废弃物资源化利用技术与装备》《畜禽养殖发酵床微生物组多样性》《发酵垫料整合微生物组菌剂研发与应用》5个分册，系统介绍微生物发酵床理论和应用技术。本丛书主要从微生物发酵床畜禽粪污治理与健康养殖出发，研究畜禽粪污治理微生物菌种，设计畜禽养殖废弃物资源化利用技术与装备，分析畜禽养殖发酵床微生物组多样性，提出了畜禽粪污高质化利用的新方案，为解决我国畜禽养殖污染及畜禽粪污资源化利用，为推动微生物农业特征模式之一的微生物发酵床的发展提供了切实可行的理论依据、技术参考和案例借鉴，有助于达到"零排放"养殖、无臭养殖、无抗养殖、有机质还田、智能轻简低成本运行，实现种养结合生态循环农业、资源高效利用，助力农业"双减（减肥减药）"绿色发展。

　　本丛书反映了作者及其团队在畜禽养殖微生物发酵床综合技术研发和产业应用实践方面所取得的原创性重大科研成果和创新技术。

　　（1）提出了原位发酵床和异位发酵床养殖污染微生物治理的新思路，研发了微生物发酵床养殖污染治理技术与装备体系，为我国养殖业污染治理提供技术支撑。

　　（2）创建了畜禽养殖污染治理微生物资源库，成功地筛选出一批粪污降解菌、饲用益生菌，揭示其作用机理，显著提升了微生物发酵床在畜禽养殖业中的应用和效果。

　　（3）探索了微生物发酵床的功能，研发了环境监控专家系统，阐明了发酵床调温机制，研究了微生物群落动态，揭示了猪病生防机理，建立了发酵床猪群健康指数，制定了微生物发酵床技术规范和地方标准，提升了发酵床养殖的现代化管理水平。

　　（4）创新了发酵床垫料资源化利用技术与装备，提出整合微生物组菌剂的研发思路，成功研制出机器人堆垛自发热隧道式固体发酵功能性生物基质菌肥自动化生产线，创制出一批整合微生物组菌剂和功能性生物基质新产品，实现了畜禽养殖粪污的资源化利用。

　　本丛书介绍的内容中，畜禽粪污微生物治理及其资源化利用的关键技术——原位发酵床在福建、山东、江苏、湖北、四川、安徽等 18 个省份的猪、羊、牛、兔、鸡、鸭等污染治理上得到大面积推广应用。据不完全统计结果显示，近年来家畜出栏累计达 1323 万头，禽类出栏累计达 5.6 亿羽，产生经济效益达 142.9 亿元，并实现了畜禽健康无臭养殖、粪污"零排放"。异位发酵床被农业农村部选为"2018 年十项重大引领性农业技术"之一，在全国推广超过 5000 套，成为养殖粪污资源化利用的重要技术。而且，使用后的发酵垫料等副产物被开发为功能性生物基质、整合微生物组菌剂、生物有机肥等资源化品超过100万吨，取得了良好的社会效益、经济效益和生态效益。发酵床利用微生物技术，转化畜禽粪污，发酵为益生菌，促进动物健康养殖，也能提高发酵产物菌肥的微生物组数量并保存丰富的营养物质，不仅实现污染治理，同时提高资源化利用整合微生物组菌剂的肥效；成为生态循环农业的重要技术支撑，推进农业的绿色发展。

本书为"畜禽粪污微生物治理及其资源化利用丛书"的一个分册，以畜禽粪污降解、益生菌等相关微生物菌种研究与利用为主线，共分八章。第一章畜禽粪污微生物治理研究进展，主要介绍了畜禽粪污微生物治理的范畴，粪污降解菌的功能、资源研究进展；第二章畜禽粪污降解菌资源采集，主要介绍了芽胞杆菌资源的采集、鉴定、区域生态分布及多样性、管理；第三章畜禽粪污降解菌资源分析，主要介绍了中国西部嗜碱芽胞杆菌、福建近海滩涂沉积物微生物、台湾省和福建武夷山自然保护区芽胞杆菌等资源情况；第四章畜禽粪污降解菌微生物学特性，主要介绍了畜禽粪污降解菌的生长特性、混合培养生长竞争、混合培养温度响应特征，以及产酶菌株的筛选及其酶学特性；第五章畜禽粪污降解菌的作用机理，主要介绍了畜禽粪污微生物降解色谱分析方法，畜禽粪污降解菌猪粪发酵行为的色谱分析，难降解有机物降解菌的筛选与鉴定、作用机理、代谢途径等；第六章畜禽粪污异养硝化细菌的研究，主要介绍了异养硝化细菌的研究进展、分离鉴定、多态性、脱氮性能和产品包被技术；第七章畜禽饲用益生菌研究与应用，主要介绍了饲用益生菌的研究进展、筛选、免疫抗病特性、菌剂保存特性、应用效果评价、生理作用及其对肠道微生物的影响；第八章畜禽粪污降解菌发酵工艺，主要介绍了畜禽粪污降解菌发酵装备的设计、畜禽粪污降解菌的诱变育种、畜禽粪污降解菌产功能物质发酵条件优化及其脂肽研究。本书理论与实践有效结合，具有较强的技术应用性、可操作性和针对性，可供从事畜禽粪污处理处置及资源综合利用的工程技术人员、科研人员和管理人员参考，也可供高等学校环境科学与工程、生物工程、农业工程及相关专业师生参阅。

本书由刘波、王阶平、刘国红、陈峥等编著，张海峰、邵国青、朱育菁、蓝江林、车建美、肖荣凤、阮传清、郑雪芳、陈德局、陈梅春、潘志针、陈倩倩、林营志、葛慈斌、黄素芳、史怀、苏明星、刘芸、曹宜、陈燕萍、郑梅霞、刘欣、戴文霄、夏江平等参与了部分内容的编著，在此表示感谢。本书内容涉及成果在研究过程中得到了农业种质资源圃（库）（XTCXGC2021019）、发酵床除臭复合菌种（2020R1034009、2018J01036）、饲料微生物发酵床（2021I0035）、整合微生物组菌剂（2020R1034007、2019R1034-2）、微生物研究与应用科技创新团队（CXTD0099）、农业农村部东南区域农业微生物资源利用科学观测实验站（农科教发〔2011〕8号）、科技部海西农业微生物菌剂国际科技合作基地（国科外函〔2015〕275号）、发改委微生物菌剂开发与应用国家地方联合工程研究中心（发改高技〔2016〕2203号）等项目的支持；在图书编著和出版过程中得到了陈剑平院士、李玉院士、沈其荣院士、谢华安院士、赵春江院士、喻子牛教授、李季教授、姜瑞波研究员、张和平教授、李文均教授、朱昌雄研究员、王琦教授等精心指导，在此一并表示衷心的感谢。

限于编著者水平及时间，书中存在不足和疏漏之处在所难免，敬请读者斧正，共勉于发展微生物农业的征程中。

编著者
2021年4月于福州

目录

第五章　畜禽粪污降解菌的作用机理　　681

第六章　畜禽粪污异养硝化细菌的研究　**754**

第七章　畜禽饲用益生菌研究与应用　　792

第八章　畜禽粪污降解菌发酵工艺　　　　　　　　　　871

第一章

畜禽粪污微生物治理
研究进展

第一节
畜禽粪污微生物治理的范畴

一、畜禽粪污处理的策略

现代化畜禽养殖业的发展，工厂化集约化养殖的兴起，丰富了人们的物质需求，但也带来了畜禽粪污的泛滥，造成了对水源、空气、土壤的严重污染。畜禽粪污问题日益突出，这也是近几年多地设立禁养区的重要原因。畜禽粪污的处理应该坚持"减量化、无害化、生态化、资源化"的"四化"原则。

近年来，我国畜牧业持续稳定发展，规模化养殖水平显著提高，保障了肉蛋奶供给，但大量畜禽养殖废弃物没有得到有效处理和利用，成为农村环境治理的一大难题。抓好畜禽养殖废弃物资源化利用，关系到畜产品有效供给，也关系到农村居民生产生活环境改善，是重大的民生工程。为加快推进畜禽养殖废弃物资源化利用，促进农业可持续发展。国务院办公厅出台了《关于加快推进畜禽养殖废弃物资源化利用的意见》（国办发〔2017〕48号），统筹推进"五位一体"总体布局和协调推进"四个全面"战略布局，牢固树立和贯彻落实创新、协调、绿色、开放、共享的发展理念，坚持保供给与保环境并重，坚持政府支持、企业主体、市场化运作的方针；坚持源头减量、过程控制、末端利用的治理路径；以畜牧大县和规模养殖场为重点，以沼气和生物天然气为主要处理方向，以农用有机肥和农村能源为主要利用方向，健全制度体系，强化责任落实，完善扶持政策，严格执法监管，加强科技支撑，强化装备保障，全面推进畜禽养殖废弃物资源化利用，加快构建种养结合、农牧循环的可持续发展新格局，为全面建成小康社会提供有力支撑。

1. 畜禽粪污处理"四化"策略

（1）减量化　畜禽养殖污染源点多、面广、数量大，畜禽粪便污染治理必须特别强调减量化优先的原则，可通过养殖结构调整来开展清洁生产，如改进养殖场生产工艺，进行科学的饲养管理，采用干清粪工艺，减少畜禽粪污的产生量与排放量，多种途径实施干湿分离、雨污分离、饮排分离等科学手段和方法，以达到降低污水数量及浓度、处理难度及处理成本的目的。

（2）无害化　畜禽粪便污染的治理必须符合"无害化"的要求，使之在处理过程中与利用时不会对畜禽的健康生长产生不良影响，不会对作物栽培产生不利的因素，排放的水必须达标，不会对人的饮用水造成污染。

（3）生态化　解决畜禽养殖业污染的根本出路是确立经济可持续发展的思想，发展生态型畜牧业，将整个畜禽养殖业纳入大农业、实现种养结合或渔牧结合，全盘规划，以地控畜，以农养牧，以牧促农，实现整个系统的生态平衡，并在畜禽粪污治理上实现就地吸收、消纳，降低污染，净化环境。

（4）资源化　所谓畜禽粪污资源化利用就是通过一定的设施、设备和新技术的运用和处理，将粪污由废弃物变成资源，变成大农业所需要的肥料、饲料和燃料，使之肥料化、饲料化和能源化。

2. 畜禽粪污治理的路径

（1）源头减量　畜禽粪污治理的源头减量是指，从畜禽生产的源头入手，加强饮水设施的技术进步，减少水资源的浪费；减少污水排放，实行雨污分离，最大限度地减少粪污总量。

（2）过程控制　畜禽粪污治理的过程控制是指，从畜禽生产的过程入手，节约用水，减少排放，干湿分离，减量化利用；利用微生物技术，如发酵床等，进行畜禽粪污的原位降解；利用益生菌喂食，建立健康肠道微生物菌群，提高饲料利用率，减少粪污和臭气的排放。

（3）末端利用　畜禽粪污治理的末端利用是指，从畜禽排放的粪污处理入手，以沼气和生物天然气为主要处理方向，以农用有机肥和农村能源为主要利用方向，做好粪污资源的转化，充分利用粪污资源，应用微生物技术生产沼气、生物有机肥、栽培基质、食用菌基质等。

二、畜禽粪污处理和资源化利用现状

1. 畜禽粪污处理方式

（1）运用减量化措施　运用减量化措施可以从源头上控制粪污产生，减少污染来源。目前清理粪便的方式主要有干清粪方式和水冲清粪方式，其中干清粪方式工作量较大，而水冲清粪方式则会产生大量污水。调研结果显示干清粪方式运用更为普遍，例如衡阳县规模养殖场采用干清粪方式的比例为94.7%，采用水冲清粪方式的比例为5.3%；汉中市146个规模场中牛羊场、养鸡场完全采用干清粪方式，养猪场的比例达97.2%（温基才，2019）。此外，还可以通过改进畜禽养殖设施实现粪污的减量化，减少污水产生量，例如一些地区采用碗式饮水器，可以起到节约用水的作用，减少由于溢流造成的污水增量现象。

（2）建立集中处理模式　在畜禽饲养密集区域，可以通过建立粪污集中处理中心的方法，收集周边养殖场产生的畜禽粪污并加以统一处理和利用，这种模式有助于粪污收集运输体系的建设。例如江苏省海安市设立5个集中式畜禽粪便处理中心，探索建立了"农户蓄积、专业处理、公司收购、综合利用"的模式（温基才，2019）。处理中心将干粪销售给制肥厂获得收益，市环保部门每年给予补贴奖励，使畜禽粪污的处理效率得到了明显提高。

（3）控制污水排放　对于养殖场产生的污水，需要经过妥善处理后才能进行排放，目前在污水处理方式上首先可以采用工厂化处理，对于规模较大或周边环境较为敏感的养殖场，可以将污水通过工厂处理达标后排放，处理后的污水需达到GB 18596—2001的排放标准。对于规模较小的养殖场，可以采用生态湿地净化进行污水处理，首先将污水通过沼气池进行初步的处理，然后将污水流入生态湿地，利用水生植物吸收污染物后进行排放。目前衡阳县有34个规模养殖场运用了生态湿地净化，生态湿地的面积共有213000m²，经过生态湿地处理后净化作用明显，排放浓度远低于GB 18596—2001标准的要求。汉中市146个规模养殖场中119家将处理后的污水进行回收利用，15家处理达标后排放，另外有4家将污水通过污水处理厂处理，其余8家则未做有效处理直接排放（温基才，2019）。

2. 畜禽粪污资源化利用方式

（1）沼气工程建设及利用　利用畜禽养殖场粪污作为沼气发酵原料，是目前粪污资源化利用较为普遍的方法。通过建设沼气工程，收集养殖场粪污并进行厌氧发酵，将沼气用于发电或天然气生产，沼气渣、沼气液用作有机肥的生产，污水经过净化后用于农田灌溉，实现粪污的充分资源化利用和深度处理。目前许多地区都进行了沼气工程的建设，例如云南省富源县 2018 年建成并投入使用的大中型沼气工程 9 项，容积为 $800 \sim 1500m^3$，在建的大中型沼气工程为 2 项，容积在 $100m^3$ 的小型沼气工程 40 项。同时积极推进"一池三改"工作促进沼气的使用，共有 38711 户使用沼气（曹晓云等，2018）。南通市在 2015 年实行了 15 个沼气发电并网项目，有效促进了畜禽粪污的处理和利用。此外，一些地区出台了沼气工程的扶持政策，对于沼气发电上网和煤改沼气工程给予了适当补贴，促进了沼气的商品化利用（仇晓琴，2017）。

（2）商品有机肥的加工利用　对于固体粪便可以用于商品有机肥的生产加工，建立粪便贮存堆放设施，将粪便通过好氧发酵处理后用于有机肥的生产，能够实现有效的资源化利用并能提升经济效益。例如广西田阳县的大琅山肥业有限公司，将羊粪作为主要原料，并根据广西农业科学院研制的有机肥配方，将羊粪、功能微生物、桐麸等原料进行堆沤，将发酵处理后的原料摊开，在水分降低到 30% 以下后将原料打散、过筛，然后通过搅拌等处理方式制作有机肥，能够达到 NY 525—2012 的国家标准，并获得了明显的经济效益。云南省富源县竹园镇也建立了有机肥加工厂，并购置了粪便专用粉碎机、传输机、包装机等生产设备，将牛羊粪便、腐殖土、废弃烟叶作为原料生产有机肥，年产量达到 4000t，获得了良好的销路（曹晓云等，2018）。

（3）堆肥发酵处理后直接利用　畜禽粪便通过堆肥发酵处理后直接利用，是一种更为普遍的利用方式。养殖场通过使用漏缝地板等设施进行粪污干湿分离处理，将液体部分排进沼气池用于沼气生产，固体部分进行堆沤发酵后用于就近还田，此种方法操作较为简便，成本较低。养殖场可以建设与饲养规模配套的蓄粪池，并做好防雨和密闭措施以防止污染物外漏。例如海安、启东等地在政府扶持下，中小型养殖场建立蓄粪池，启东市在生猪养殖场化粪池和沼气池的建设中给予 50% 财政补助，取得了良好建设效果（仇晓琴，2017）。

（4）运用发酵床收集利用　发酵床可以实现粪污的资源化利用和有效污染控制，其主要原理是将益生菌和稻壳、锯末等材料进行混合制作成垫料，畜禽在发酵床上生活，粪尿直接排放到垫料中，在益生菌的作用下直接分解，避免了污染物排放问题。运用这一方式无需对畜禽养殖场所进行清理、冲洗工作和其他处理措施，能够有效解决养殖场的污染问题，并能有效降低养殖场的建造成本和管理费用。发酵床一般能够使用 $2 \sim 3$ 年，更换时垫料可以用作有机肥。此种方法缺点在于成本较高。目前田阳县共有 24 户运用发酵床，面积在 $32000m^2$ 左右，如启东、海安等地区也有一部分生猪养殖场运用此种方式（仇晓琴，2017）。

三、畜禽粪污微生物治理研究范畴

1. 畜禽粪污微生物治理的原则

畜禽粪污的处理应该坚持"减量化、无害化、生态化、资源化"的"四化"原则，微生物参与整个处理过程。微生物消纳猪粪、降解臭味，提高饲料利用率，减少粪污排泄，降解有害物质、抑制病原微生物，制作微生物菌肥，提高资源化利用水平。整个过程应用到的微生物包括粪污降解菌、污水处理菌、动物益生菌、生物肥料菌等，广义上统称为畜禽粪污降解菌。

（1）畜禽粪污减量化微生物处理 畜禽养殖过程减少水和料的用量，排放出的粪污通过微生物发酵处理，产生高温，蒸发水分、降解猪粪，减少粪污的总量。例如，使用原位发酵床和异位发酵床，可以原位和异位地消纳猪粪，消除臭味，形成有机肥；利用微生物发酵污水、转化物质，形成液体菌肥，均可实现资源化。

（2）畜禽粪污无害化微生物处理 畜禽粪污包含许多有害物质，如未发酵的有机质、难降解的有害物、重金属、粪污臭味、有害微生物、寄生虫、杂草种子等，通过微生物处理，利用粪污降解菌、除臭菌、病原抑制菌、重金属钝化菌等处理粪污，可使之无害化，进而被利用为有机肥和生物基质等。

（3）畜禽粪污生态化微生物处理 畜禽粪污处理过程，考虑种养结合或渔牧结合，全盘规划、以地控畜，以农养牧，以牧促农，实现系统生态平衡，并在畜禽粪污治理上实现就地吸收、消纳，降低污染，净化环境，利用粪污处理微生物（粪污降解菌），就地、就近、轻简、环保地处理粪污，实现资源化利用。

（4）畜禽粪污资源化微生物处理 畜禽粪污是一个重要的有机质资源，通过微生物处理，可变成大农业所需要的肥料、饲料和燃料，即肥料化、饲料化、能源化。

2. 畜禽粪污微生物治理的菌种特征

（1）畜禽粪污微生物治理源头减量菌种 畜禽粪污治理的源头减量，除了采用物理方式节约用水外，微生物处理也起到重要作用，将饲用益生菌添加到饮水和饲料中，可提高饲料利用率，减少粪便排放，减轻粪污臭味，起到源头减量的作用。将此类菌种称为畜禽粪污微生物治理源头减量菌种。

（2）畜禽粪污微生物治理过程控制菌种 畜禽粪污微生物治理的过程控制，包括在饲养过程利用微生物的粪污降解菌，消纳粪污，解除臭味，转化沼气，发酵粪水，硝化氨氮等；如利用原位和异位发酵床等，进行畜禽粪污微生物原位降解和异位降解；控制污染物排泄，转化粪污和消除臭气，达到过程控制的目的。将此类菌种称为畜禽粪污微生物治理过程控制菌种。

（3）畜禽粪污微生物治理末端利用菌种 畜禽粪污微生物治理的末端利用，以畜禽粪污为原料，利用微生物添加发酵或混配加工生产生物农药、生物有机肥、栽培基质、食用菌基质等，提升粪污资源化利用水平。将此类菌种称为畜禽粪污微生物治理末端利用菌种。

3. 畜禽粪污微生物治理的菌种类型

畜禽粪污微生物治理的菌种统称为粪污降解菌，它包括了四大类（图1-1）：第一类为处理固体粪污菌种，即垫料、粪便发酵菌种，如垫料（粪便）发酵菌种、粪污除臭菌种、固体有机质降解、粪污病原抑制菌等；第二类为处理液体粪污菌种，即氨氮硝化菌种，利用厌氧发酵菌，处理粪水的液体厌氧发酵，消除氨氮、有害物质，形成液体肥料；第三类为源头减量菌种，主要是指饲用益生菌，用于发酵饲料，添加动物饮水、饲料，提高畜禽健康水平，提升饲料利用率，减少粪污排放和臭气产生；第四类为末端利用菌种，主要包括利用微生物菌种发酵加工生物肥料、生物农药、生物基质等，以及发酵好的生物有机肥或生物基质添加混配功能性微生物菌剂，如具有促长、抑菌、防病、植物疫苗等作用的菌种，加工成微生物菌肥或整合微生物组菌肥。

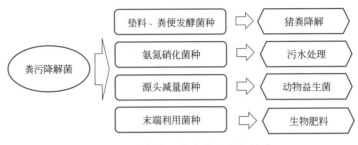

图 1-1　畜禽粪污微生物治理的范畴

第二节

第二节
畜禽粪污降解菌功能研究进展

一、畜禽粪污治理技术

1. 畜禽粪污微生物治理

规模化畜禽养殖业为社会带来巨大经济效益的同时，也带来了严重的环境污染问题。廖青等（2014）综合论述了我国畜禽粪污的污染现状，对近年来畜禽粪污无害化处理技术，包括肥料化技术、饲料化技术和能源化技术做了详细的论述，指出目前畜禽粪污资源化利用主要存在技术不够成熟、缺乏相应的政策支持等问题，并提出优化技术体系及加强环境保护立法的建议。林先贵等（2007）利用优选获得的微生物菌剂快速发酵畜禽粪污生产有机肥，并进行温室及大田的肥效试验。结果表明，经优选的微生物菌剂可有效提高发酵温度，缩短发酵腐熟时间（基本腐熟时间仅为 25d），且腐熟质量佳。温室试验和大田试验均表明，施用经微生物菌剂发酵制备的有机肥较非菌剂发酵有机肥更能促进作物生长，增加产量，有利于改善作物品质（降低作物硝酸盐、亚硝酸盐含量），且可在一定程度上增加作物的抗病性。

随着农业现代化发展进程，促进农业生产经营专业化、标准化、规模化、集约化程度不断提高，畜禽养殖过程中产生的 NH_3 日趋增多，它不但危害畜禽健康，降低畜禽的生产性能，而且还加速了土壤的酸化和水体的富营养化。规模化养殖场的 NH_3 主要来自畜禽粪污中的含氮有机物（曹可伦，2012）。陈智远等（2009）针对猪粪、鸡粪、牛粪 3 种粪便以及 35℃、25℃和常温 3 种温度条件，研究了不同温度对不同粪便厌氧发酵过程的 pH 值、产沼气性能、上清液化学需氧量（COD）及铵态氮（NH_4^+-N）的影响，确定了各种粪便厌氧发酵的适宜温度及各温度下的沼气产气潜力，为提高猪粪、鸡粪和牛粪厌氧发酵性能及沼气产量提供了重要参数，对畜禽粪污的有效处理具有一定的指导意义。

随着农业结构调整和农业产业化的推进，以及规模化、集约化畜禽养殖业的迅猛发展，其规模由小到大，范围由点到面，但由于畜禽养殖业管理薄弱和农业与养殖业脱节，大量畜禽粪污与污染物随意排放和流失，破坏了生态环境。为此，程绍明等（2009）介绍了畜禽粪污的处理方法和资源化技术，并根据我国现状提出了畜禽粪污处理利用的发展方向。刁治民等（2004）在讨论了畜禽粪污污染严重性的基础上，应用微生物技术进行畜禽粪污处理与资源化工程研究，探讨解决畜禽粪污的综合治理新途径。段永兰（2011）阐述了畜禽粪污的种类及特点，我国畜禽肥料的资源，畜禽粪污的处理、堆肥技术，畜禽粪污无害化处理与有机肥料生产工艺，畜禽粪污生产有机肥的发展前景等。

2. 畜禽粪污处理过程养分变化

为了研究复合微生物菌剂添加对猪粪和秸秆混合发酵制备生物肥料过程中相关参数和腐熟度的影响，冯雯雯等（2020）以猪粪和秸秆为原料，分别设置不添加菌剂的对照组（CK）和添加菌剂的处理组（GT），对比分析固态发酵过程中的 pH 值、电导率（EC）、总有机碳（TOC）、总氮（TN）、NH_4^+-N、碳氮比（C/N 值）、种子发芽指数（GI）等指标，然后运用灰色关联分析法综合评价 2 组处理在不同时间段的物料腐熟程度。结果表明，对照组和处理组在固态发酵过程中 pH 值、EC、NH_4^+-N、C/N 值、GI 的变化趋势基本一致，但添加微生物菌剂的 pH 值在后期变化相对更稳定，NH_4^+-N 含量和 C/N 值也更低。灰色关联分析法的结果表明，添加微生物菌剂后在固态发酵的第 11 天物料已经达到一级腐熟，而对照的仅为三级腐熟，说明微生物菌剂的添加能缩短腐熟时间，并且使物料达到更好的腐熟程度，但物料进一步的发酵会使物料的肥力下降。李杨等（2014）研究了鸡粪、猪粪以及添加杏鲍菇菌糠的鸡粪、猪粪共 4 种堆料的温度、pH 值、含水率、氮磷钾含量和有机碳的变化规律。结果表明，与畜禽粪污堆腐发酵过程相比，添加 15% 杏鲍菇菌糠可以有效缩短发酵时间 4 ～ 5d，且含水率降低、有机碳含量下降，pH 值上升速度和全氮含量下降速度明显高于未添加组；全磷、全钾都由于浓缩效应呈现缓慢上升的趋势，组间无明显区别。

郭景峰和孙长征（2004）从畜禽粪污处理的现状及发展趋势出发，提出发展固体废物资源化处理的必要性，并就太阳能好氧发酵系统的工艺、设备和技术做了简要的论述。畜禽粪污中微生物的有机氮在一定的条件下可分解为简单的氮化物。当植物需要氮时，有机氮可转化为有效氮，供植物吸收，使肥料养分不易流失，肥效长久、稳定，具有无机复合肥无可媲美的优点（甘露等，2005）。

3. 畜禽养殖粪污资源化利用对土壤的影响

李江涛等（2010）利用长期施用畜禽粪污和化肥的稻麦轮作土壤作为供试土壤，探讨了施用畜禽粪污对土壤微生物组成、微生物生物量及活性、土壤酶活性等生物化学质量指标的影响。研究结果显示，与施用化肥比较，长期施用畜禽粪污显著提高了土壤细菌和放线菌数量（+72% 和 +132%）、土壤微生物生物量碳和氮（+89% 和 +74%）、土壤基础呼吸速率和微生物商（+49% 和 +45%），但降低了土壤真菌的数量（-38%）。土壤脲酶和转化酶活性也表现为长期施用畜禽粪污土壤高于施用化肥土壤。由于受土壤 pH 值强烈影响，土壤微生物代谢商（q_{CO_2}）和土壤磷酸酶活性没有表现出明显的变化规律。回归分析结果显示，长期施用畜禽粪污改变土壤活性有机碳含量和理化性质是导致土壤生物化学质量指标变化的主要原因。

李江涛等（2011）通过采集试验区长期施用鸡粪（PL）、猪粪（LM）和化肥（CF）的稻麦轮作耕层和犁底层土壤，分析了不同施肥处理土壤有机碳和养分含量、土壤物理结构特征、土壤生物学性质的差异，探讨了长期施用畜禽粪污对土壤质量的影响。研究结果显示，长期施用畜禽粪污耕层和犁底层土壤有机碳含量显著高于施用化肥处理（$P<0.05$）；与CF处理比较，PL和LM处理土壤氮、磷、钾全量和有效养分含量均明显增加，其中耕层土壤有效磷含量为施用化肥处理的 $7 \sim 8$ 倍，速效钾含量比施用化肥土壤高 89.2% $\sim$ 102.9%。施用畜禽粪污明显改善了土壤物理结构，其耕层土壤大孔隙体积、中孔隙体积和总孔隙度分别为 CF 处理土壤的 1.48 $\sim$ 1.70 倍、1.35 $\sim$ 1.75 倍和 1.07 $\sim$ 1.11 倍；土壤团聚体水稳定性显著增强，而土壤抗张强度显著降低。施用畜禽粪污土壤微生物和生化性质也明显高于施用化肥土壤，其中 LM 处理耕层土壤微生物生物量碳（MBC）和微生物生物量氮（MBN）最大，分别是 CF 处理土壤的 2.1 倍和 1.5 倍；施用畜禽粪污土壤脲酶和转化酶活性也分别为施用化肥土壤的 3.5 $\sim$ 6.7 倍和 1.6 $\sim$ 2.1 倍。相关分析显示，土壤有机碳含量与各肥力指标间均表现出极显著相关（$P<0.01$）。研究结果说明，长期施用畜禽粪污土壤质量显著高于仅施化肥土壤。

4. 畜禽粪污病原微生物或寄生虫卵的消除

患传染性疾病的畜禽，粪便中常含有大量的病原微生物或寄生虫卵，如不进行消毒处理而直接作为农田肥料，往往成为传染源，因此，为减少环境污染，有效切断传染源，在对发病畜禽积极进行治疗的同时还应对畜禽粪污采取必要的消毒处理措施。畜禽粪污常用处理方法主要有掩埋法、焚烧法、化学消毒法、生物热消毒法（陈凡华和姜海涛，2010）。应用微生物无害化活菌制剂发酵技术处理畜禽粪污是比较科学、理想和经济实用的方法，畜禽粪污通过生物发酵处理后消除了病菌和虫卵等有害微生物，使环境得到改善和净化，所产生的无害化生物有机肥是一种重要的肥料（盛力伟等，2008）。

5. 畜禽粪污处理技术及其对环境的影响

随着我国畜禽养殖业的迅速发展，其在国民经济增长和改善人民物质生活方面起到的作用将越来越大，而与此同时，畜禽养殖所产生的大量粪便和污水也已成为重要的污染源。据统计，1999 年全国畜禽粪污排放量为 19 亿吨，相当于工业固体废物排放量的 2.4 倍，有机污染物中仅 COD 就达到 7118 万吨，已超过工业和生活废弃物中 COD 的总和，成为环境污染三大源头之一（杨竹青等，2003）。刘辉等（2010）通过对我国畜禽粪污污染现状、无害化处理方式及其资源化利用特点分析评价，提出畜禽业污染综合治理的对策。

近年来，兽用抗生素作为饲料添加剂广泛用于畜禽养殖业，超量使用抗生素是导致畜禽粪污中高浓度抗生素残留的主要原因。四环素类抗生素在畜禽养殖中是使用最多的抗生素，其在畜禽粪污中的残留给环境带来了潜在的风险。闫琦等（2018）概述了四环素类抗生素 [包括四环素（tetracycline，TC）、土霉素（oxytetracycline，OTC）、金霉素（chlorotetracycline，CTC）] 在养殖业的使用情况，以及畜禽粪污中四环素类抗生素的残留及生物处理（好氧堆肥和厌氧消化）降解过程。王成贤和周丽（2015）总结了我国四环素类抗生素在畜禽粪污中的残留状况及其进入环境的途径，并概述了其在环境中的迁移和降解状况。于晓雯和索全义（2018）在总结国内外研究的基础上，概述了四环素类抗生素在畜禽粪污中的残留状况以及四环素类抗生素对土壤、植物和人体的危害，以此说明由于畜禽粪污施用引起四环素类抗生素在环境中的累积及对环境的影响，为畜禽粪污的利用提供安全警示。陈敏杰等（2019）以四环素、土霉素为研究对象，采用室内培养试验法，考察 2 种典型 TC

对土壤微生物、酶活性的影响及对植物生长的毒性作用。结果表明，在低浓度 TC 和 OTC 作用下，土壤细菌和真菌数量即显著降低，土壤细菌较真菌对 TC 的污染更为敏感。除 TC 对土壤酸性磷酸酶和 OTC 对土壤过氧化氢酶活性主要表现为激活作用外，总体上 TC、OTC 作用后土壤酶活性呈低浓度促进、高浓度抑制的变化趋势。80mg/L 的 TC、OTC 暴露下，绿豆芽芽伸长被显著抑制，并且随着抗生素浓度的增大，绿豆芽伸长抑制率大幅升高。相同浓度、相同暴露时间条件下的 TC 对绿豆芽伸长的毒性大于 OTC。

氟喹诺酮类抗生素（fluoroquinolones，FQs）是广泛应用于畜牧养殖业的兽药之一，可随畜禽粪污进入环境，危害人类健康与环境安全。堆肥和外源添加高效降解菌剂是高效、绿色的抗生素处理方法，可有效降低 FQs 在环境中的生态风险。目前，国内相关研究主要集中于 FQs 生物去除效率方面，而对其生物转化机理与影响因素研究较少。夏湘勤等（2019）概述了国内外 FQs 的降解条件、降解途径、降解产物及残留抗菌活性等生物转化研究，重点阐述了 FQs 的生物转化机制，并对 FQs 生物转化研究进行了展望，为 FQs 的高效生物降解与转化、畜禽粪污资源化安全利用提供理论基础和技术支撑。

张健等（2011a）采用室内模拟培养试验，研究了畜禽粪污中所含金霉素在土壤中含量的动态变化及消解途径。结果表明，畜禽粪污中金霉素在土壤中的降解呈"L"形，但不同粪肥种类和用量处理的变化速率和减少率有显著差异（$P<0.05$）；180d 时，鸡粪处理土壤中金霉素减少率低于猪粪处理，低浓度鸡粪和猪粪处理土壤中金霉素减少率最大，分别可达 85.4% 和 92.3%；减少率与畜禽粪污用量呈负相关，与时间呈正相关；畜禽粪污中的金霉素在土壤中的降解提高主要是外源微生物降解，占总减少量的 75.7%，光降解和其他降解所占比例较小；随着培养时间的延长，微生物的降解作用增强，光降解作用减弱。综上所述，随着时间的延长，畜禽粪污中的金霉素随自身分解和微生物等作用降解而逐渐减少，但短期内可能产生环境危害。

张健等（2011b）采用室内模拟培养试验，研究了畜禽粪污中尿囊素在土壤中含量的动态变化规律。结果表明，畜禽粪污所含尿囊素在土壤中降解快速，但不同种类和用量处理的变化速度和幅度不同。180d 时，鸡粪和猪粪处理降解率可达 95.59%、90.83%。降解率与用量呈负相关，与时间呈正相关。尿囊素在土壤中的降解受微生物和非生物学因素共同作用，微生物作用占主导地位，微生物降解量占减少总量的 78%。畜禽粪污中的尿囊素随着时间的延长，依靠其自身分解和微生物等作用降解而逐渐减少，但在短期内可能产生环境危害。

张健等（2011c）采用室内模拟培养试验，研究随畜禽粪污进入土壤的马尿酸含量的变化情况，不但可以预示马尿酸的环境风险，而且可以指导畜禽粪污的科学施用。结果表明，随畜禽粪污进入土壤的马尿酸能很快进入降解期，不同种类和用量处理均表现为前期迅速下降、中后期减缓的规律，但变化速率和幅度不同。180d 时，鸡粪和猪粪处理马尿酸减少率分别可达 88.51% ～ 91.03%、91.23% ～ 92.67%，鸡粪处理最后的含量较少。减少率同用量呈负相关，同时间呈正相关；马尿酸进入土壤后，微生物降解和土壤颗粒吸附共同作用使其含量降低，微生物的降解作用是马尿酸含量降低最主要的原因。因此，随畜禽粪污进入土壤的马尿酸在短期内可能产生环境危害，但随着时间的延长，其含量会随自身分解和被土壤颗粒吸附而逐渐减少。为了降低环境风险，畜禽粪污最好经过腐熟再使用。

抗生素在畜禽养殖业的大量使用造成抗生素抗性基因（antibiotics resistance genes，ARGs）污染日益严重。动物体内诱导出的抗性菌株随粪便排出后，通过基因水平转移进入土壤进而污染土壤和地下水环境。堆肥作为一种将粪便资源化的优良传统方法，能否有效去除畜禽粪污中的 ARGs 而防止环境污染值得探讨。为了正确评估抗生素耐药基因的生态风险，田甜甜等（2016）结合国内外相关研究，系统阐述了畜禽粪污 - 土壤系统中抗生素耐药基因的来源、分布及扩散机制，同时探讨了细菌耐药性的主要研究方法，指出堆肥化处理仍是目前去除抗生素耐药基因的主要手段。邹威等（2014）通过总结畜禽粪污 ARGs 污染现状，粪便堆肥过程中微生物群落结构变化与影响微生物变化的因素以及堆肥可能对粪便中 ARGs 造成的影响，提出将堆肥作为去除畜禽粪污中 ARGs 的一种有效手段，利用堆肥产生的高温去除抗性菌株和抗性质粒等，并且考虑加入能直接灭杀肠道微生物的化学抑制剂（如石灰氮、胺类、吲哚等），实现降低畜禽粪污 ARGs 丰度的可能。据此强调开展畜禽粪污中 ARGs 研究的必要性，认为将堆肥和 ARGs 研究结合起来，可以有效地降低这种新型污染物的污染水平。

畜禽粪污中含有大量的植物所需的营养元素，其中的磷素含量及组分存在极大差异，因此，了解不同畜禽粪污中的磷素特征，在资源化利用畜禽粪污中的磷素、提高其植物利用率、有效控制其流失方面具有重要意义。王春雪等（2019）综述了我国不同种类的畜禽粪污磷素组成不同，同时概述了磷素在农田系统中的循环路径，分析了土壤酶活性、微生物种类、作物类群等因素对农田土壤中磷素转化利用的影响，并提出了利用畜禽粪污要从其还田入手，综合考虑不同畜禽粪污的养分含量，利用合适的土壤磷素活化剂，以达到农业、生态、环境各方面平衡的利用效果。尤其是土壤酶及解磷微生物，利用微生物群落的互作来全面提升畜禽粪污中磷素的利用效率，使畜禽粪污中的磷真正进入到农田系统中进行循环，是今后的研究方向。

畜禽粪污的发酵产生高温，温度不仅影响着厌氧发酵的产气速度，也影响着产气量，在一定的温度范围内产气速度和产气量与温度呈正相关，随着温度的升高，发酵周期、产气时间和发酵启动时间在缩短（郭亮等，2008）。黄炎坤（2000）论述了集约化畜禽养殖生产情况下由于经常性大量的粪便排放对其周围的土壤、地下水和地表水以及空气环境所造成的化学及微生物污染问题，以及由此给养殖生产和人们生活带来的消极影响，提出在饲料中添加酶制剂是减轻畜禽粪污对环境污染的有效措施之一。周元军（2003）分析了畜禽粪污对大气、水体、土壤等环境的污染，并分别从生态营养、资源化利用、加强立法等几个角度提出了降低畜禽粪污污染、粪便开发利用、发展生态农业的有效途径和措施。

黄永成等（2011）综述了规模化养殖场的 3 种主要清粪工艺，对利用畜禽粪污生产生物有机肥的生产技术进行了重点阐述，对生物有机肥生产过程中可能产生的二次污染提出了预防措施，并对利用畜禽粪污生产生物有机肥产生的环境效益、社会效益和经济效益进行了评述。随着我国畜禽养殖业朝着规模化、集约化和现代化的方向快速发展，畜禽的粪便和污水排放量剧增，养殖污染问题越来越突出，已成为环境治理的主要问题之一，目前，我国在处理畜禽粪污污染主要方法有自然堆沤处理、肥料化处理、饲料化处理、好氧发酵处理和厌氧消化处理等（金梅等，2010）。

卢辉等（2008）综述了畜禽粪污的污染现状及处理方法，分析了焚烧法、烘干膨化法、沼气法、堆肥法、低等动物处理法的优缺点，并重点介绍了蚯蚓处理畜禽粪污的技术。蚯蚓处理畜禽粪污工艺高效节能，具有鲜明的"生态平衡"和"环境友好"技术特色，符合可持续发展的理念，同时具有技术经济竞争优势，环境效益比较显著，实际应用前景良好。王志春（2014）针对中国目前畜禽粪污和农作物秸秆已成为农村新污染源这一现状，阐述了利用畜禽粪污、秸秆进行微生物强化堆肥和干法厌氧发酵等肥料化利用技术，利用畜禽粪污、秸秆进行纤维素乙醇生产技术，以及沼气化利用工艺流程、装置。

利用厌氧发酵技术处理畜禽粪污，既是国家节能减排的政策要求，也是企业降低环保成本的重要手段。为提高厌氧发酵技术在畜禽粪污实际处理过程中的应用效率，伍高燕（2020）结合查阅文献及工程实际经验，对畜禽粪污厌氧发酵的影响因素进行了分析，得出以下结论：① 在工程上，综合考虑成本、操作便利性等因素，可以选择中温发酵；② 水力停留时间以 20～40d 为宜；③ 反应过程宜进行低速缓慢搅拌；④ 抑制物不宜超过一定的浓度；⑤ pH 控制在中性至弱碱范围较佳；⑥ 适宜碳氮比为（20～30）:1；⑦ 有机负荷宜在 6.0g/(L·d) 以下；⑧ 总固体浓度宜控制在 6%～10%；⑨ 适当添加微量金属元素了或吸附剂类添加剂可以提高发酵效率。

沼气工程是治理畜禽粪污污染的主要方法，可提供清洁能源，减少温室气体排放，减轻环境污染，具有良好的环境效益。武深树等（2012）以湖南省洞庭湖区为例，利用《气候变化框架公约》清洁机制执行理事会批准的方法（ACM0010）和环境成本估算方法，分析了沼气工程对畜禽粪污污染的环境成本的控制潜力。结果表明，在湖南省洞庭湖区的畜禽粪污均采用沼气项目进行污染治理条件下，年出栏 5000 头以上的生猪规模养殖场均进行沼气发电，其他畜禽养殖场的沼气全部用于畜禽养殖场及周边居民的供热和照明使用，则 2006 年可减排温室气体 2891614t（CO_2 当量），减少温室气体排放环境成本为 4.52 亿元；同时，可减排水体污染、土壤污染、微生物污染控制的环境成本分别为 4.56 亿元、1.69 亿元、5.32 亿元。因此，要支持和鼓励养殖户利用沼气工程处理畜禽粪污，实现畜禽粪污污染治理环境效益、经济效益和社会效益的有机统一。

冉昊等（2020）为探究膨润土（Be）对畜禽粪污厌氧消化性能的影响，（30±1）℃下进行 Be 强化畜禽粪污厌氧消化生产甲烷实验，并分析微生物结构。结果表明：

① 适量的 Be 能提高畜禽粪污产甲烷效率；提高溶解性有机碳（DOC），为后续酸化、产甲烷提供充足的基质；促进挥发性脂肪酸含量升高，为产甲烷古菌提供底料。当 Be 浓度为 3.0%（质量分数）时，甲烷日产量最高至 268.5mL/d，第 40 天单位质量挥发性悬浮固体（VSS）的甲烷累积产量为（289.3±9.2）mL/g，DOC 最大值为（5985±142）mg/L，溶解性蛋白质为（3015±118）mg/L，多糖最大值为（1061±56）mg/L，乙酸在前 10d 急剧升高至（385±10）mg/L，戊酸最大值为（124±9）mg/L，VSS 减量率为 31.2%±1.3%。

② Be 的存在有利于提高厚壁菌门（Firmicutes）相对丰度，当 Be 浓度为 3.0% 时厚壁菌门相对丰度为 61.2%。

徐盛洪和程全国（2017）采用蚯蚓堆处理方式对养殖场产生的畜禽粪污进行资源化处理，添加废弃稻草、有效微生物（effective microorganisms，EM 菌）、发酵剂设计 4 种不同配比组合实验。结果表明，发酵剂与 EM 菌联合蚯蚓堆处理效果最佳，发酵剂蚯蚓堆处理效果较好于 EM 菌蚯蚓堆处理效果，直接进行蚯蚓堆处理效果最差。

二、畜禽粪污处理方法

1. 畜禽粪污臭味处理

畜舍恶臭是动物排泄物厌氧发酵产生的多种气体的混合物，对人畜及周边的环境都会造成不利影响。贾华清（2007）对国内外去除畜禽粪污产生的恶臭技术研究进行了综述，此技术可分为物理法（掩蔽和稀释扩散等）、化学法（氧化、吸收和吸附）和生物法（过滤、堆肥和土壤）等类型的技术，指出发展植物型除臭剂和除臭型饲粮是今后研究的重要方向。黄玉杰等（2017）介绍了恶臭气体的主要成分及除臭方法，阐述了生物除臭的研究进展，除臭微生物的筛选及分类，并对微生物除臭技术的应用前景进行了展望。恶臭气体在产生和减少过程中涉及多种微生物，且某些微生物种类在此过程中发挥着重要作用。因此，了解粪便中微生物的种类、性质和不同菌群在产生恶臭过程中发挥的作用是有效控制恶臭气体产生的技术关键。蒲施桦等（2016）阐述了畜禽舍内恶臭气体特征与来源，并从源头控制、过程控制和末端控制方面对恶臭气体的控制方法进行综述，为畜禽养殖场恶臭气体的综合防治提供参考。李婉等（2013）综述了与粪便产生恶臭化合物相关的菌群种类、恶臭化合物种类、不同菌群在产生恶臭化合物过程中的作用及国内外利用微生物原理的恶臭控制技术最新研究进展。曾洪学等（2011）对畜禽粪污恶臭污染的现状、畜禽场恶臭气体的种类、决定恶臭的几个重要参数做了概述，讨论了畜禽粪污中的主要菌群和重要的恶臭指示物及产生的相关微生物，指出了生物法是畜禽粪污除臭的发展方向，并说明了其存在的问题。

畜禽场排放的氨气（NH_3）、硫化氢（H_2S）、挥发性有机化合物（VOCs）等恶臭污染严重危害人畜健康和周边环境，恶臭污染问题亟待解决。目前，畜禽场除臭方法多样，包括物理法、化学法和生物法。王艾伦等（2019）论述了微生物除臭技术的原理及在畜禽场以微生物添加剂的形式用于源头除臭、以生物过滤和喷洒的形式用于过程除臭、以发酵液等形式用于末端除臭的应用和研究进展，对微生物除臭技术现状和发展趋势进行了简要分析。

微生物除臭剂中的微生物主要是细菌、真菌、放线菌等，属于生物除臭剂，其在畜禽养殖场有毒有害气体处理中的应用越来越广泛。微生物除臭的原理是将一些具有一定除臭功能的微生物进行组合，利用其生理代谢作用使恶臭物质降解并氧化成无臭、无害的最终产物。马晓宇（2019）概述了微生物除臭剂的作用机理和研究进展，介绍了几种市场上已经使用的除臭剂产品，以使大家对微生物除臭剂有更清楚的认识，对微生物除臭剂在环保领域的应用现状与前景有更深刻的了解。

为了给垃圾与畜禽粪污除臭提供优良菌株，陈立杰等（2019）以臭味等级为指标，从陈腐垃圾、垃圾渗滤液和活性污泥样本中分离和筛选除臭菌株，采用形态学结合生理生化特征、分子生物学方法对菌株进行鉴定。结果表明：从3类垃圾样品中共分离到242株菌株，其中，高温菌株占51.2%；具有除臭功能的菌株29株，其中，菌株XH50-10起酵快、发酵温度高，可将新鲜垃圾和畜禽粪污臭味控制在1级以内，综合其形态学、生理生化及16S rRNA分子生物学特征，鉴定该菌株为潮滩芽胞杆菌（*Bacillus aestuarii*）。

陈丽园等（2008）从10份样品中分离出169株菌株，通过硼酸吸收法测定各菌株对新鲜猪粪中氨气排放量的影响，从中初步筛选出可减少氨气排放的菌株31株。再通过碱性锌氨络盐吸收比色法筛选出可减少硫化氢释放的菌株11株，这11株菌株都可使氨气的释放减少30%以上。而菌株10MG可使氨气和硫化氢气体的释放量分别降低67.95%和26.6%，具有明显的除臭效果，在改善养殖环境中具有重要的应用前景。冯健等（2009）通过微生物除臭剂在畜禽粪污中的应用试验，发现他们分离的菌株J、C、R和引进的菌株B1、B2、B3、B4对畜禽粪污中氨气、硫化氢的去除率都非常高，具有较好的除臭效果。

为研制猪粪微生物除臭剂，高颖等（2011）以发酵猪粪为样本筛选除臭微生物并对其生长曲线进行测定，结果从发酵猪粪中分离得到4株具有除臭功能的菌株，经染色镜检和生化反应判定为枯草芽胞杆菌（*Bacillus subtilis*）、短小芽胞杆菌（*Bacillus pumilus*）、嗜酸乳杆菌（*Lactobacillus acidophilus*）和班图酒香酵母菌（*Brettanomyces custersianus*），且这4株菌株的生长曲线各具特点。

黄旺洲等（2016）以自主培养的高效纤维素分解菌群和动物粪便为材料，设定锯末和菌群两个因素，以动物粪便中不加锯末和菌群为对照，采用2×4两因子试验设计，运用二硝基水杨酸（dinitrosalicylic acid，DNS）法和硼酸、锌氨络盐吸收比色法，通过测定添加高效纤维分解菌（5%）对猪粪和牛粪降解过程中含水率、pH值的变化，及添加菌群与添加不同比例锯末（0、5%、10%、15%）降解过程中酶活力和NH_3、H_2S的释放量，研究高效纤维素分解菌群对动物粪便降解效果的影响。结果表明：接种菌群的处理能够使不加锯末猪粪与牛粪的处理组合水率迅速下降，有效降低pH值，并能使羧甲基纤维素（carboxymethyl cellulose，CMC）酶活力保持较高水平，且能明显降低NH_3与H_2S的释放量；锯末降低了CMC酶活力；添加菌群及10%锯末的猪粪与牛粪降解过程中，CMC酶活力升高，最大时分别达到2.54mg/mL、2.33mg/mL，且减少了NH_3与H_2S的释放。

堆肥方法可以有效地处理养殖场畜禽粪污，其产生的恶臭化合物对周围环境造成很大影响；但采用微生物分解吸收，建造生物滤池来去除恶臭气体是一个理想的方法。为此，李星等（2014）设计了一种用于堆肥设备中处理恶臭气体的除臭装置。通过分析和计算，确定了C50堆肥反应器配合使用的生物滤池的基本参数，垫料为4:6堆肥与木屑秸秆的混合，停留时间为23s，空气流量为4.12m³/min。同时，对生物滤池的底板、侧壁、曝气管道和喷淋装置进行设计，使生物滤池操作方便，易于清理落料，除臭效果显著。整机性能应用试验显示，养殖场鸡粪经堆肥设备处理后，其主要恶臭化合物氨气的去除率可以达到80%以上。此除臭装置可有效减少堆肥中产生的臭气含量，可以在养殖场堆肥中使用。

为改善畜禽养殖环境和促进其有机肥转化的进程，刘胜洪等（2011）利用生物菌液进行除臭处理，结果表明：生物除臭能降低养殖场氨气和硫化氢的释放，猪舍氨气和硫化氢释放分别减少52.9%和28.6%；鸡舍的氨气和硫化氢释放分别减少33.1%和52.6%；另外，木屑是最佳的有机垫料，但将泥炭、木屑和杂草按一定的比例混合后使用，效果更好；生物菌液处理促进了堆肥的腐熟进程，堆肥在第10天温度达到50℃；菌液处理对堆肥的pH值变化趋势影响不大。

为了减少畜禽粪污中臭气的释放，获得高效的畜禽粪污除臭菌株，沈琦等（2019）利用驯化富集、平板划线的方法从猪粪中筛选除臭微生物。通过富集驯化、定性初筛和吸收液复筛法，检验微生物除臭效果，最终获得高效除臭微生物Z2，实验室条件下对氨气的降解率达到71.0%，硫化氢的降解率达到62.3%。经形态学观察及16S rRNA基因序列分析，确定菌株Z2为弯曲芽孢杆菌（*Bacillus flexus*）。猪粪的除臭小试试验中，Z2菌株可以以较低的接种量（1%～5%）取得较好的除臭效果，表明该菌株在猪粪除臭领域具有潜在的应用价值。

薛枫等（2012）以他们保存的8种菌株对猪粪进行处理，以氨气（NH_3）和硫化氢（H_2S）的去除率为除臭指标，以有效磷含量为指标判定除臭后粪肥的肥力，并对菌株2、B1和PI进行了革兰氏染色鉴定。结果表明：菌株1、2能明显抑制猪粪中NH_3的产生，去除率分别为56.99%和53.31%；菌株14、B1、W-1和Dn-101能明显抑制猪粪中H_2S的产生，去除率分别为81.64%、66.29%、65.66%和60.13%；菌株2、B1、PI处理后，猪粪样品有效磷含量的增加率分别为55.59%、26.82%和27.23%。

为了获得高效的除臭微生物，杨柳等（2012）在分离畜禽粪污中微生物的基础上，用氮素限制性平板培养和指示剂显色相结合的方法对纯化微生物进行初筛，之后对初筛微生物再次进行原位除臭复筛，并完成高效除臭菌的鉴定。结果表明：经过初筛，本试验获得了一批高效的氨同化微生物，接着通过原位复筛，最终获得5株高效除臭微生物。经鉴定，CW-2、GW-4菌为巴氏芽胞杆菌（*Bacillus pasteurii*），CW-10为球形芽胞杆菌（*Bacillus sphaericus*），CW-3、GW-6菌为短杆菌（*Brachybacterium* sp.）。

为了减少畜禽粪污无害化处理时产生的臭气对环境的污染，降低堆肥过程中氮素损失，于文清等（2012）采用在畜禽粪污无害化处理过程中添加微生物除臭剂，并通过生物滤池对堆肥尾气中的臭味物质进行吸收的两步除臭工艺。结果表明，堆肥中鲜鸡粪与玉米秸秆质量比为10:1，微生物除臭剂接种量为0.1%，生物滤池填料中草炭土、秸秆、沸石的比例为10:5:1（体积比），含水率为60%，空床接触时间为95.5s；堆肥与生物滤池填料体积比为5:1，堆体外温度保持在30℃，生物滤池室温（20～25℃）运行，应用堆肥-生物滤池2步除臭工艺能够使堆肥氨释放量降低38.0%，堆肥保氮率提高16个百分点，2个月的试验期间内综合除氨率达到99.9%。

为探索治理畜禽粪污所产生恶臭气体对环境污染的新途径，张生伟等（2016）将筛选的数株高效除臭菌和纤维素分解菌群优化组合后制备成复合微生物除臭剂，研究其对畜禽粪污堆肥过程中的除臭效果和对堆肥物料特性的影响，定量分析不同阶段氮元素和硫元素的动态转化和损失途径，初步探讨其除臭机理。结果表明，复合微生物除臭剂具有高效除臭功能，在堆肥的前20d对NH_3和H_2S的去除率高达70%和60%以上，同时使堆肥的pH值、含水率和C/N值降低，堆体的温度上升时间加快，高温持续时间延长；猪粪和鸡粪在堆肥第25天和第20天堆体温度达到最高，高于50℃持续15d和20d。堆肥结束时，与自然堆肥相比，微生物除臭剂减少了猪粪和鸡粪堆肥中25.84%和28.65%的氮元素损失，TN和NO_3^--N含量显著高于自然堆肥（$P<0.05$）；同时促进硫元素向无机硫（SO_4^{2-}）形式转化，SO_4^{2-}含量显著高于自然堆肥（$P<0.05$）。表明该微生物除臭剂具有高效稳定的除臭作用，并能减少堆肥肥效损失，促进堆肥腐熟，在资源化、无害化处理畜牧业废弃物和治理环境污染方面具有较大的应用潜力。张生伟等（2015）利用平板划线分离法从5份样品中分离出130株菌株，通过NH_3和H_2S选择性培养基定性初筛和硼酸吸收法、锌氨络盐吸收比色法定量复筛相结合的方法，分别筛选出了可高效抑制NH_3、H_2S释放的菌株5株和3株，其中命名为BX3的菌株对NH_3和H_2S的去除率分别达到80.07%和76.92%；采用正交试验优化设计其高效除臭组合，结果表明，"AF2+DZ1+BX3+DZ3+BZ1+EZ3+AX4"组合NH_3和H_2S的释放量显著或极显著低于其他组合，为最佳组合；与空白对照相比，第5天时NH_3和H_2S的去除率达到82.14%和80.84%。对最佳组合除臭发酵工艺进行研究，在接种量分别为10%和15%、含水率40%和30%、麸皮添加量为10%时NH_3和H_2S的释放量最小。

2. 畜禽粪污抗生素处理

兽用抗生素具有显著的促动物生长、预防动物疾病的作用。随着集约化畜牧业以及配合饲料工业的不断发展，抗生素作为饲料添加剂在全球范围内已被广泛应用。我国畜禽养殖业对抗生素的依赖甚是严重，每年用于畜禽养殖的兽药抗生素超过了8t，占抗生素总产量的1/2以上。这些兽用抗生素并不能完全被动物体所吸收，绝大部分以原药或者代谢产物的形式随畜禽粪污和尿液排出体外，导致畜禽粪污中多种抗生素残留，最高浓度达到了183.50mg/kg。残留抗生素可能经各种途径进入土壤和水体环境中，一方面影响土著微生物的活性，另一方面引起抗性菌和抗性基因的产生和传播，给生态系统安全和人类身体健康带来巨大的负面效应（李兆君等，2008）。因此，充分、有效地消减畜禽粪污中兽药抗生素十分重要而迫切。

随着新型抗生素开发速度的不断下降以及抗性基因（ARGs）的快速出现和传播，细菌耐药性和 ARGs 对公共健康存在威胁，被公认为当前全球亟待解决的难题。虽然土壤本底存在 ARGs，但畜禽粪污施用等人类活动加速了 ARGs 在土壤环境中的扩散和传播。粪肥施入土壤后，其对土壤微生物的抗性选择压力及基因水平转移导致的 ARGs 扩散转移将持续存在。畜禽粪污中的抗性细菌所携带的 ARGs、土壤中抗生素累积导致微生物产生的 ARGs 和粪肥刺激含有 ARGs 微生物的繁殖等均为土壤中 ARGs 的主要来源。土壤中 ARGs 可以向水体和农作物传移，并随着食物链向动物及人类传播。自然因素（温度、降水、时间和土壤类型）和人为因素（抗生素的含量和种类、粪便种类和处理方式、重金属含量及生物质炭添加）均会影响土壤中 ARGs 的持久和扩散。目前，粪肥施用土壤中 ARGs 污染对环境质量及健康的潜在影响并不完全清楚，因此，需要加强模型建立、溯源、生物地理分布、从污染源向环境介质的转移规律、削减措施和机制等方面研究，以有效遏制 ARGs 在环境中的污染，真正做到畜禽粪污资源化、无害化利用（苑学霞等，2020）。

宋婷婷等（2020）综述了四环素类、大环内酯类、喹诺酮类、β- 内酰胺类、磺胺类和氨基糖苷类等在水土环境中广泛存在的抗生素的环境残留水平及对动植物和微生物的影响，分析了当前利用堆肥技术降解畜禽粪污中抗生素和 ARGs 效果及机制的研究情况，以期为抗生素和 ARGs 的污染控制提供技术支撑。总结得出结论：猪粪中抗生素残留量最高，其中四环素类残留量范围是 1390 ～ 354000μg/kg，磺胺类 170.6 ～ 89000μg/kg，氟喹诺酮类 411.3 ～ 1516.2μg/kg，硝基呋喃类 85.1 ～ 158.1μg/kg，大环内酯类 1.4 ～ 4.8μg/kg。堆肥对大部分抗生素具有好的降解效果，其中四环素类抗生素降解率为 62.7% ～ 99%，磺胺类为 0 ～ 99.99%，对大环内酯类几乎完全可以降解，但是，堆肥无法降解喹诺酮类抗生素。养殖废弃物堆肥过程中，ARGs 的降解情况同样随抗生素种类和堆肥方式而不同。已有的研究表明，除大环内酯类 ARGs 外，堆肥对 ARGs 均具有较好的降解效果，降解率为 50.03% ～ 100%。堆肥初期的优势菌是厚壁菌门、放线菌门、变形菌门和拟杆菌门细菌；堆肥结束后放线菌门成为最优势菌门。初始抗生素的浓度不影响堆肥结束时微生物的群落组成。温度和 pH 值是影响抗生素降解的最主要因素，而 ARGs 的降解效果主要受温度影响。

成登苗等（2018）在总结大量文献的基础上，对国内外畜禽粪污抗生素的污染特点和赋存规律进行了系统介绍，并着重阐述了国内外畜禽粪污中兽用抗生素削减方法的最新研究进展，描述了畜禽粪污好氧堆肥和厌氧发酵的分类及工艺流程。在此基础上重点对好氧堆肥和厌氧发酵两种处理方式下畜禽粪污中兽用抗生素的去除程度进行了详尽、深入分析，同时对抗生素消减效果的影响因素进行了充分讨论。主要结论：① 好氧堆肥对土霉素、四环素、金霉素、磺胺甲噁唑、磺胺嘧啶、磺胺甲基嘧啶、环丙沙星、恩诺沙星和泰乐菌素等主要类别抗生素的最高去除率可达 65.5% ～ 100%，去除效果受抗生素种类、初始浓度、添加方式、堆肥温度、供养方式、底物组成影响；② 厌氧发酵对氨苄青霉素、四环素、磺胺甲氧二嗪的去除率可达 100%，但几乎无法去除磺胺噻唑、磺胺二甲基嘧啶、磺胺氯哒嗪、泰乐菌素，去除效果受抗生素种类、浓度、发酵温度、污泥性质、混合速率和发酵时间影响。最后，对需要进一步开展的研究进行了展望，建议加强兽用抗生素的监管，制定相关的法规和标准，加速兽用抗生素替代物品的研发，减少源头污染；深入开展畜禽废弃物好氧堆肥或者厌氧发酵过程中抗生素降解产物及机理研究；筛选具有强降解能力的微生物作为菌剂，强化其对畜禽养殖废弃物中兽用抗生素的消减；深入研究好氧堆肥和厌氧发酵过程中抗生素和 ARGs 之间的相互关系，去除兽用抗生素的同时也加速 ARGs 的削减。

苏丹丹等（2015）从施用粪肥的土壤及蔬菜中抗生素的含量与分布特征、抗生素残留对土壤微生物数量、酶活性及对蔬菜产量、品质的影响方面进行了综述，结果表明，规模养殖场产生的畜禽粪污作为有机肥料施入蔬菜基地，可造成土壤抗生素残留污染，并可通过干扰土壤微生物的群落结构与功能及土壤酶活性而影响土壤肥力，甚至可被作物吸收累积从而危及农产品质量安全。田哲等（2015）比较了不同的堆肥化工艺对粪肥中四环素类抗生素消减的效果，并重点讨论了其微生物降解机理，总结了堆肥化处理对粪肥中四环素抗性基因消减的研究进展，进一步讨论了堆肥化处理过程中抗性基因变化的微生态机理与控制策略，最后提出了采用热水解等预处理工艺去除抗生素压力和采用厌氧堆肥化工艺增强抗性基因控制的技术建议，以及从动态的角度采用高通量的检测技术来解析抗性基因消减机制的研究策略建议。王瑞和魏源送（2013）总结了我国四环素类抗生素（包括四环素、土霉素和金霉素）和微量重金属元素（铜、锌等）在畜禽粪污中的残留量及其区域分布特征，并概述了这两类物质在畜禽粪污生物处理过程（堆肥和厌氧消化）中的转化、降解及其影响。

杨振边（2019）对抗生素在畜禽养殖业中的应用及其在畜禽粪污中的残留，堆肥对畜禽粪污中抗生素残留的去除效果进行综述，并指出相关研究存在的问题，特别是抗生素降解产物的环境效应和耐药菌对环境的影响还需进一步加强研究，以期为利用堆肥技术去除畜禽粪污中抗生素残留和抗生素环境污染修复提供参考。余佩瑶等（2019）综述了堆肥化技术去除畜禽粪污中抗生素的影响因素和研究进展，研究显示，针对不同种类抗生素的特性差异，控制堆肥过程的相关参数，提高堆肥化处理技术去除效果，是解决畜禽粪污多种抗生素污染问题的关键。喻娇等（2017）首先综述了土壤抗生素污染现状，进一步论述了土壤抗生素残留对抗性基因诱导和微生物群落结构的影响，重点介绍了微生物方法在去除抗生素污染方面的重要作用。储意轩等（2018）总结了我国畜禽养殖过程中兽用抗生素的使用状况及其环境迁移过程，并分析了畜禽粪污中抗生素的残留量，同时探讨了在生物处理过程中（好氧堆肥和厌氧消化）畜禽粪污残留抗生素降解的影响因素。华冠林等（2019）综述了我国不同地区、不同畜禽粪污中抗生素的残留浓度，分析好氧堆肥过程中抗生素去除的影响因素，总结不同种类抗生素降解的动力学模型，概述现有抗生素检测方法，并提出好氧堆肥去除抗生素是未来的研究重点。潘兰佳等（2015）对畜禽粪污中抗生素的残留概况做了总结，并对堆肥过程中影响抗生素降解的主要因素如温度、通风、C/N 值、重金属、抗生素类型以及微生物影响降解效率的机制进行了分析。最后，简单介绍了抗生素降解动力学模型的研究和抗生素检测的方法，并对今后抗生素堆肥降解研究的方向提出了建议。郑佳伦等（2017）综述了好氧堆肥、厌氧发酵、高级氧化和人工湿地对畜禽粪污和养殖废水中抗生素的去除效果，重点讨论了不同运行参数对处理工艺去除抗生素的影响。

沈颖等（2009）通过正交批量实验，研究了温度、初始含水率、时间对猪粪中土霉素、四环素和金霉素生物降解的影响，并考察了此过程中微生物群落的变化。结果表明，3 种四环素类抗生素在 55℃、初始含水率 60.0% 时降解 14d 的降解率最大，均符合一级反应动力学模型，且细菌为优势微生物。统计分析表明，温度是土霉素和四环素降解的主要影响因素，初始含水率是金霉素降解的主要影响因素，但上述因素对 3 种四环素类抗生素的降解率及真菌、放线菌和细菌的相对丰度均没有显著性影响。

张健和关连珠（2013）采用室内模拟培养试验，研究了 180d 内不同用量猪粪中 3 种四环素类抗生素（TCs）[包括四环素（TTC）、土霉素（OTC）、金霉素（CTC）] 在土壤中降解的动态变化规律及降解途径。结果表明，猪粪中 3 种四环素类抗生素进入土壤后含量均呈现前期迅速下降、中后期减缓的规律，但不同种类和用量处理的变化速率和减少幅度有显著差异（$P<0.05$）。180d 时，猪粪处理土壤中的降解率为金霉素 > 土霉素 > 四环素，平均半衰期分别为 17.43d、31.32d、49.48d。降解率与猪粪用量呈负相关，同培养时间呈正相关。猪粪中抗生素在土壤中的降解率要高于纯品抗生素，降解率的增加以外源微生物降解为主，外源微生物降解对四环素的作用最好。因此，随着培养时间的延长，猪粪中四环素类抗生素在土壤中能随微生物降解等作用而逐渐减少，但短期内仍可能产生环境危害。

为构建有效降解纤维素和抗生素类兽药（金霉素和土霉素）复合功能的微生物菌系，秦莉等（2014）以 4 种高温期堆肥样品为菌种来源，经多代优化组合，最终筛选驯化出能有效降解纤维素及金霉素和土霉素的一组复合微生物菌系，该菌系对 pH 的适应性较强。通过对复合菌系在传代（20 代、25 代和 30 代）过程中的稳定性研究，3 代发酵液的 pH 值变化几乎没有差异：在接种后 24h 内，发酵液 pH 值由开始时的 8.5 迅速下降到 7.0 以下；接种后 48h 内，pH 值稳定在 7.0 左右；在接种后 72h，pH 值恢复到 8.0 左右，即均呈现先降后升的趋势；3 代复合菌系在第 3 天的滤纸分解率均超过 90%；在发酵结束时，金霉素和土霉素降解率均超过 50%，且 3 代之间差异极小。复合菌系在分解纤维素及金霉素和土霉素方面具备稳定能力。

支苏丽等（2019）对比不同厌氧发酵体系内 ARGs 消长与潜在宿主菌，挖掘不同因子与 ARGs 的相互关系。结果表明，厌氧发酵体系内微生物群落变化是 ARGs 消长的主要驱动因子，确定 ARGs 的潜在宿主菌是目前研究的难点；抗生素和重金属也是 ARGs 消长的重要驱动因子，控制抗生素污染和重金属污染可有效减缓 ARGs 污染；可移动遗传元件在 ARGs 水平传播过程中起着重要作用。综合而言，厌氧发酵体系内各个因子直接或间接影响 ARGs 消长，其中工艺参数是控制整个厌氧发酵体系的先决因素，在特定工艺参数下微生物群落与体系物化指标相互影响与制约；微生物通过分子内部可移动遗传元件实现 ARGs 在不同微生物之间的水平传播。

3. 畜禽粪污重金属相关研究

郭星亮等（2011）以猪粪、麦秸、废菌糠为原料并接种复合微生物菌剂，在静态堆腐条件下，研究了重金属 Zn 对堆肥过程中理化性质和水解酶活性变化的影响。结果表明，不添加重金属 Zn 处理（CK）达到无害化的温度要求；添加 Zn 处理后，低剂量 Zn 处理（Zn 浓度为 400mg/kg）高温期（>50℃）只持续 3d，高剂量 Zn 处理（Zn 浓度为 1000mg/kg）没有达到高温期；加 Zn 处理均未达到无害化温度要求。Zn 对堆肥电导率的影响主要在升温阶段后期、高温期及降温阶段初期；对堆肥 pH 值的影响主要在高温期，此期间只有 CK 在最佳的堆腐 pH 值范围（7.5 ～ 8.5）。堆肥中水解酶活性分析结果表明，高温期低剂量 Zn 处理对纤维素酶活性具有激活效应，而高剂量 Zn 处理产生抑制效应；降温期加 Zn 处理均表现出抑制效应。蛋白酶在堆肥初期（前 4d）加 Zn 处理表现出激活效应，高剂量 Zn 处理显著高于 CK；在高温期和降温期加 Zn 处理蛋白酶表现出抑制效应。在堆肥初期（前 4d）加 Zn 处理对脲酶表现激活效应，而在堆肥后期（9d 后）表现出抑制效应，减缓了酰胺化合物转化进程。

刘小屿等（2017）以辣椒为供试植物，采用盆栽试验方法，研究生物炭、化学吸附剂和微生物菌剂 3 种重金属钝化剂对猪粪有机肥中 Cu、Zn 的钝化效果。结果表明，向有机肥中投加这 3 种钝化剂会促进辣椒生长，提高辣椒产量；投加不同量不同种类的钝化剂对 Cu 和

Zn 表现出不同的钝化效果。除化学吸附剂外，生物炭和微生物菌剂均可不同程度地降低辣椒茎叶中 Cu 含量，同时这 3 种钝化剂均可以降低辣椒果实中 Cu 和 Zn 的累积量。生物炭处理组（S4，投加量 1.25%）、化学吸附剂处理组（H4，投加量 1.25%）、微生物菌剂处理组（W2，投加量 1.00%）辣椒果实中 Cu 和 Zn 含量最低，与对照组相比，Cu 含量分别降低了 25.91%、17.39% 和 20.59%，Zn 含量分别降低了 30.72%、15.96% 和 28.99%，表现出较好的钝化效果。

张卫娟等（2011）以猪粪和秸秆为主要试验材料，添加不同浓度重金属 Zn，采取发酵罐处理方法，在好氧高温条件下研究了重金属 Zn 对猪粪堆肥过程中多酚氧化酶、脱氢酶活性的变化，以及堆腐过程堆体温度、堆料 pH 值、胡敏酸 E_{465}/E_{665}（吸光）值的变化。结果表明：①低量重金属 Zn 处理（L）较不添加重金属 Zn（CK）和添加高量重金属 Zn（H）堆料升温快、温度高、高温持续时间长；②重金属 Zn 的加入对堆料的 pH 值影响不大，不是影响堆肥进程的直接原因；③H 处理在整个堆肥过程中 E_{465}/E_{665} 值均高于 L 和 CK，表明高浓度 Zn 处理抑制腐殖质的缩合和芳构化；④L 处理的多酚氧化酶活性大多数时间高于 H 处理的活性，说明低量重金属 Zn 更好地促进了木质素的降解及其产物的转化；⑤从整个堆肥过程来看，3 个不同处理的脱氢酶活性表现出一定的不稳定性，可能是重金属对脱氢酶活性有抑制作用的同时发生"抗性酶活性"现象。

4. 畜禽粪污发酵床处理

发酵床养殖技术是基于控制畜禽粪尿排放与污染的一种新型生态养殖模式。为有效发挥发酵床在养猪业中的作用，控制畜禽粪污所造成的污染，纪玉琨等（2014）对发酵床养猪技术的起源、原理进行说明，研究了发酵床菌种选择、猪舍的设计、垫料的选择以及日常管理的关键点；对目前发酵床存在的问题进行分析，认为发酵床日常管理不规范是造成发酵床问题产生的根本原因，并对今后发酵床的发展提出合理的意见和建议。发酵床养殖的技术核心在于养殖垫料的调配与管理。李娟等（2012）按照各处理垫料总质量相同，试验共设 5 个处理，分别为常规垫料 (CK)、70% 常规垫料 +30% 玉米秸秆 (30%S)、40% 常规垫料 +60% 玉米秸秆 (60%S)、10% 常规垫料 +90% 玉米秸秆 (90%S)、20% 常规垫料 +60% 玉米秸秆 +20% 沸石 (60%S+20%Z)，研究畜禽进入发酵床前垫料堆积阶段的发酵特征。结果表明：① 所有处理垫料堆积 2 ～ 4d 后温度可升到 45℃左右，并可保持 1 ～ 3d；② 各处理垫料含水率、全氮含量、有机质含量均呈降低趋势；③ pH 值缓慢升高；④ 电导率在整个发酵期间变化不明显。其中 30%S 处理发酵效果最好，温度在高温期和降温期均高于其他处理；其含水率、全氮和有机质分别下降了 16.23%、26.31% 和 37.06%；pH 值则升高了 7.13%。综合判断，本试验条件下常规垫料和玉米秸秆按 30%S 混合进行前期发酵最为适宜。刘宇锋等（2015）分析了垫料的构成特性，养殖过程中垫料养分含量的变化，同时对发酵床垫料资源化利用中存在的问题进行了讨论，并对发酵床垫料未来的研究重点进行了展望，以期为生态发酵床的推广应用提供依据。

刘波等（2017）研究设计了一种新型的饲料微生物发酵床，以 200m² 的饲料微生物发酵床猪舍为例，猪舍的长 20m、宽 10m、高 4.5m，垫料深度 50cm。发酵床饲料垫料管理包括保持垫料一定的湿度（45%）和通气量（经常性翻耕），一般每 3d 将饲料发酵床表面垫料翻耙 1 次，猪的日常翻拱也有助于垫料的疏松。饲料发酵床饲养密度为每平方米 4 头小猪（20kg 以下）、2 头中猪（20 ～ 50kg）、1 头大猪（50 ～ 100kg）。由于猪粪排泄不均匀，而猪翻拱仅可分散一部分猪粪，发酵床发酵饲料的管理还需人工处理，将集中的猪粪均匀地分散在垫料中。发酵床垫料中的发酵饲料可以提供猪所需饲料的30%，其他70%饲料可以通过添加常规饲料来补充，饲料可以直接撒在发酵床上供猪取食。以200m² 饲料发酵床养殖作为实例，30d 内，猪的平均初重36.4kg，末重为59.5kg，料肉比达2.7∶1，均匀度良好，无死亡。发病率为5%，主要表现为发烧、精神沉郁、食欲低下，经治疗均康复或自然康复。本试验取得的经验为饲料发酵床的进一步研究、推广提供了基础。

胡海燕等（2013）测定了我国山东、吉林两省5个发酵床养猪场的废弃垫料的有机质、氮、磷、钾、重金属元素、抗生素和盐分含量以及有害微生物数量。结果表明，废弃垫料中富含有机质、氮、磷、钾等营养元素。其中有机质含量为42.62%～54.12%，全氮1.54%～2.12%，全磷（P_2O_5）2.24%～5.55%，全钾（K_2O）0.57%～2.15%；Cu、Zn、Cr、As、Ni、Pb、Cd、Hg 等8种重金属元素含量均符合《有机肥料》（NY 525—2012）和城镇垃圾农用控制标准（GB 8172）的限量标准；土霉素（oxytetracycline，OTC）、四环素（tetracycline，TC）、金霉素（chlortetracycline，CTC）等四环素类抗生素含量低，环境风险小；蛔虫卵死亡率范围为90%～94%，总大肠杆菌的数量范围为1.29×10⁵～2.24×10⁶CFU/g；垫料盐分含量达到22.11～45.71g/kg。评价结论：发酵床废弃垫料具有有机肥料的基本性质，但是盐分含量偏高；肠道寄生虫卵严重超标，具有生物安全隐患，施用前必须对其进行无害化处理。

朱红等（2007）采集两个使用年限不同的发酵床有机垫料剖面样品，进行相关物理、化学与微生物特征分析，结果表明，连续使用两年的陈有机垫料（也称"陈垫料"）中可溶性盐含量远高于使用两个月的新垫料，呈重度盐渍化；两垫料总孔隙度维持在70%以上，差异不明显，新垫料除细菌在垫料底层略低于陈垫料外，纤维素分解菌与霉菌数量均高于陈垫料，其差异可能是采样时陈垫料因未养猪无新鲜粪便补充所致。因此，洗盐等再生处理是延长垫料使用年限的关键。黄义彬等（2011）通过对发酵床养猪后发酵床垫料的无害化堆肥技术研究，对垫料堆肥过程中堆肥温度、pH 值、电导率、总养分（有机质、全氮、全磷、全钾）、有效养分（有效磷、速效钾）、堆肥腐熟度（种子发芽指数）等指标进行监测并分析。结果表明：发酵床养猪系统中产生的有机垫料经过堆肥化处理后的产物达到了有机肥料标准，是一种优质的有机肥；不仅解决了畜禽养殖的污染压力，而且对畜禽粪污进行了综合利用。

发酵床养鸡是指将鸡养在锯末、稻壳、秸秆等物料铺成的发酵床上，从而实现粪污零排放的养殖方法。发酵床养鸡技术是利用自然环境中的生物资源，即采集土壤中的多种有益微生物，通过对这些微生物进行培养、扩繁，形成有相当活力的微生物母种，再按一定配方将微生物母种、稻草以及一定量的辅助材料和活性剂混合，形成有机垫料（常国斌等，2010）。

5. 畜禽粪污堆肥处理

鲍艳宇等（2008）利用室内模拟堆肥试验，对不同畜禽粪污在堆肥过程中酸水解态氮及其组分的变化规律进行了研究。研究结果表明，随着堆肥的进行，酸水解态氮呈现先降后增的变化趋势，且与堆肥前相比，堆肥处理后酸水解态氮占全氮比例增加，尤其是在猪粪、鸡粪等更为明显，表明畜禽粪污经过堆肥处理后有利于氮素的保藏；非酸解性氮占全氮比例的变化趋势与酸水解态氮的变化趋势相反；酸解铵态氮、氨基酸态氮和氨基糖态氮占全氮的比值在堆肥过程中均呈现先增加后降低的趋势；未鉴别态氮占全氮比例在整个堆肥过程中的变化趋势与上述 3 种可鉴别态的酸水解态氮的变化趋势相反。温度、pH 值与氨基糖态氮变化趋势相同，这可能是影响氨基糖态氮变化的主要因素；而温度与酸解铵态氮、未鉴别态氮变化的趋势相同，可能是影响酸解变化的主要因素，pH 值与酸水解态氮、非酸解性氮变化趋势相同，可能是影响它们变化的主要因素。

鲍艳宇等（2010）对奶牛粪好氧堆肥过程中不同含碳有机物的变化特征以及腐熟程度进行了研究，根据腐熟指标（温度、种子发芽率、种子发芽指数、大肠杆菌以及蛔虫卵死亡率）的要求，奶牛粪经过堆肥后能够达到腐熟要求。堆肥过程中全碳、易氧化有机碳呈逐渐下降趋势，腐殖酸碳呈逐渐增加的趋势；微生物量碳和水溶性碳呈先增后降而后平稳的变化趋势；氧化稳定系数和胡敏酸与富里酸比值（H/F 值）呈先降后增的变化趋势，而胡敏酸的 465nm 和 665nm 处 E_{465}/E_{665} 值与氧化稳定系数和 H/F 值变化趋势相反。通过相关性分析发现，堆肥过程中易氧化有机碳和腐殖酸碳是影响全碳变化的主要因素；易氧化有机碳、腐殖酸碳、氧化稳定系数、H/F 值、E_{465}/E_{665} 值均能很好地表征奶牛粪堆肥的腐殖化和稳定化程度；微生物量碳和水溶性碳之间存在相互转化的关系。

为了解畜禽粪污和桃树枝工业化堆肥中微生物群落的变化，蔡涵冰等（2020）以猪粪、桃树枝和腐熟有机肥为堆肥原料进行堆肥，通过测定理化指标和利用高通量测序技术，分析了堆肥中理化参数的变化和堆肥微生物群落结构变化。理化参数结果表明，堆体于第 2 天快速进入高温期，整个高温期持续 30d；堆肥过程中有机质含量呈波动性变化，但总体下降；堆肥结束时 TN 含量为 20.58g/kg，与堆肥初期相比损失了 5.90%。α- 多样性分析表明，不同好氧堆肥时期具有不同的微生物群落多样性。厚壁菌门（Firmicutes）和放线菌门（Actinobacteria）细菌在整个堆肥过程中占主导地位，其相对丰度所占比例分别为 79.31% ～ 95.09% 和 2.98% ～ 19.70%；此外，在堆肥初期，厚壁菌门（Firmicutes）和放线菌门（Actinobacteria）相对丰度分别为 87.36% 和 9.66%，在堆肥末期两者的相对丰度分别为 79.38% 和 19.70%。随着堆肥的进行，优势类群从狭义梭菌属 1（Clostridium_sensu_stricto_1）、土壤产孢杆菌属（Terrisporobacter）和芽胞杆菌属（Bacillus）演变为芽胞杆菌科未命名的 1 属（g_norank_f_Bacillaceae）、芽胞杆菌属（Bacillus）、大洋芽胞杆菌属（Oceanbacillus）和假纤细芽胞杆菌属（Pseudogracilibacillus）。在真菌中，子囊菌门（Ascomycota）始终为优势门类；粪壳菌纲未命名的 1 属（g_norank_c_Sordariomycetes）的比例逐渐增加，在堆肥末期成为优势类群。冗余分析结果显示，环境因子对细菌和真菌群落结构影响相关性排序均为 pH> 铵态氮 > 温度 >TOC>TN，其中 pH 值对微生物群落组成影响最大。粪壳菌纲未命名的 1 属（g_norank_c_Sordariomycetes）、粪壳菌目未命名的 1 属（g_norank_o_Sordariales）和伞菌纲未命名的 1 属（g_norank_c_Agaricomycetes）可能与铵态氮的挥发有关。

曹云等（2015）分别以鸡粪、猪粪、牛粪为原料进行堆肥试验，研究 3 种畜禽粪污堆肥启动期和高温期理化和可培养微生物数量及脱氢酶、蛋白酶和纤维素酶活性等指标变化规律，为筛选合适的微生物菌剂维持堆肥高温提供理论依据。结果表明，将新鲜的鸡粪、猪粪、牛粪含水量调节到 55% 左右，堆肥温度在 2d 内均可升至 50℃以上，并维持此温度的时间均超过 5d，达到堆肥无害化的卫生标准。堆肥前期，3 种堆肥的细菌、真菌、放线菌、纤维素分解菌数量变化趋势相同，表现为嗜温性微生物数量先升高再降低；嗜热菌数量随温度上升而增加。牛粪堆肥中真菌、嗜热放线菌及纤维素分解菌的数量显著高于鸡粪和猪粪（$P \leqslant 0.05$）。3 种堆肥的脱氢酶活性先上升后下降；蛋白酶活性随堆肥温度的升高而上升；猪粪和牛粪堆肥纤维素酶活性呈波动上升趋势，鸡粪堆肥则呈先上升后下降趋势。3 种堆肥的温度与嗜热纤维素分解菌数量呈显著正相关（$P \leqslant 0.05$）。

曹云等（2018a）以猪粪、砻糠为原料，利用自行设计的超高温预处理装置，开展了为期 56d 的模拟堆肥试验，比较了超高温预处理好氧堆肥（HPC）和常规高温好氧堆肥（CK）过程中碳、氮素转化及损失。结果表明，CK 有机质最大降解度（42.58%）比 HPC 堆体（49.29%）小，但降解速率常数（0.1/d）高于 HPC（0.07/d），两种堆肥工艺碳素降解率差异不显著。HPC 堆体 NH_4^+-N、TN 质量分数平均比 CK 高 143.9%、11.2%，而 NO_3^--N 质量分数则比 CK 低 58.8%。HPC 堆肥后期胡敏酸含量及腐殖质聚合程度分别比 CK 高 45.2% ～ 56.8%、59.1% ～ 65.3%。在预处理阶段以及后续堆肥阶段，HPC、CK 有机碳损失率分别为 48%、51%，N 损失率分别为 18%、27%。说明超高温预处理不仅有利于堆肥过程的保氮，而且促进富里酸向胡敏酸的转化，提高了堆肥产品腐殖化水平。

为考察超高温快速堆肥提高畜禽粪污处理效率的可行性及其产物农田施用效果，曹云等（2018b）以鸡粪（chicken manure，CM）、猪粪（pig manure，PM）、奶牛粪（dairy manure，DM）和稻壳为发酵原料，监测其在 85℃、发酵 24h 前后的理化特性和嗜热微生物数量变化，并采用盆栽试验研究了鸡粪为主要原料的快速堆肥产物对小白菜出苗和生长的影响。结果表明，超高温发酵 24h 后粪便中病原菌数量和含水率达到有机肥质量标准，70℃能生长的高温微生物数量提高 2 个数量级。超高温快速堆肥后，CM、PM、DM 浸提液可溶性有机碳质量分数分别增加了 46.5%、22.9% 和 42.6%，挥发性脂肪酸质量分数分别增加了 37.2%、31.2% 和 56.8%。超高温快速堆肥对 CM、PM、DM 中总氮、总磷、总钾含量影响不大，但游离氨基酸质量分数分别增加 79.2%、58.1%、74.6%；总腐殖质质量分数分别增加了 27.6%、3.4%、27.3%。CM、PM 中铵态氮质量分数分别上升了 114.6%、40.6%（$P < 0.001$），因而降低了种子发芽指数和小白菜出苗率。但出苗后，施用超高温快速堆肥产物的小白菜地上部生物量最高，分别比施用纯化肥、腐熟有机肥高出 20.4%（$P > 0.05$）和 51.9%（$P < 0.05$）。可见超高温快速堆肥（85℃，24h）提高畜禽粪污处理效率是可行的，其产物施入土壤能减少无机氮肥的施用，但不宜用于育苗，施用时应根据土壤和作物类型，采用合理的施用量和施用方法。

超高温堆肥发酵时间短，铵态氮和有机酸含量均较高，但发酵产物腐熟不完全。曹云等（2020）研究超高温堆肥施入土壤后对作物生长和产量的影响，为其安全有效使用提供科学依据。采用两季盆栽试验，设置了不施氮肥对照（N0）、单施化肥（CF）和等氮条件下分别以 20% 普通有机肥氮（CvC）、发酵原料氮（FRM）、超高温堆肥产物氮（HTC）与 80% 无机氮配施共 5 个处理。调查了水稻长势，收获期测产，并取样分析了氮磷钾吸收量，同时测定了土壤中速效氮磷钾养分和微生物活性。HTC 处理水稻产量、分蘖数、穗粒数、植株吸氮量和氮素回收率均最高，2016 年、2017 年 HTC 处理籽粒产量分别比 CF 处理提高了 25.8%、32.8%，比 CvC 处理提高了 22.4%、16.5%，水稻穗粒数分别比 CvC 提高了 26.8%、37.5%（$P < 0.05$）。2016 年、2017 年 HTC 处理总钾累积量分别比 CvC 高出 45.5%、33.9%（$P < 0.05$）。两年试验中，CvC 和 HTC 处理的水稻氮素回收率显著高于 CF 处理，HTC 处理又高于 CvC 处理（2016 年达显著水平）。水稻收获后，HTC 处理的土壤有机碳、矿质氮含量显著高于 CvC 处理，而 CvC 处理的土壤有效磷含量显著高于 HTC 处理。HTC 处理土壤有机质中可溶性有机碳如挥发性有机酸、游离氨基酸等含量明显高于 CvC 处理，因而土壤微生物群落颜色平均变化率（AWCD）最高，微生物活性最强。CvC 处理土壤微生物对碳水化合物、胺类的利用率较高，HTC 处理的对羧酸、氨基酸类利用率较高。回归分析表明，

水稻产量与土壤电导率、土壤有机碳含量、土壤全氮含量及 AWCD 值呈显著的正相关关系；相关分析表明，土壤矿质氮含量、植株钾累计吸收量均与土壤全氮含量及 AWCD 值呈显著正相关关系。尽管超高温堆肥在物料腐熟程度上不如普通有机肥，但该工艺处理时间短，温度高，在确保杀灭有害微生物的同时，保留了较高的碳和氮含量。在 20%N 替代水平下，施用超高温堆肥对水稻产量和氮素回收率的提升效果优于普通有机肥，这与提高水稻钾吸收利用量、土壤矿质氮含量与微生物活性有关。

陈文浩等（2011）以牛粪和玉米秸秆为堆肥原料，采用条垛式堆肥方式进行堆肥，研究了接种微生物菌剂 WSC 和 SS 对堆肥发酵过程中的温度、全氮（TN）、铵态氮（NH_4^+-N）、硝态氮（NO_3^--N）及堆肥产品品质的影响。结果表明：添加微生物菌剂 WSC 和 SS 的堆肥处理，分别在堆肥 6d 和 12d 达到 45℃，维持时间均为 25d，而对照仅维持 17d。堆肥结束时，与 CK 相比，接种菌剂 WSC 和 SS 处理的全氮含量分别提高 11.3% 与 6.6%，硝态氮含量分别提高 56.4% 与 43.6%，铵态氮含量分别降低 76.7% 与 15.1%。接种菌剂 WSC 和 SS 处理的堆体温度均比对照上升速度快，高温维持时间长，接菌可以增加堆肥的 N、P、K 养分含量，改善堆肥产品质量。

为解决猪粪堆肥时间过长及堆肥过程中的一些环境污染问题，贾聪俊等（2011）研究了微生物菌剂对猪粪堆肥效果的影响。试验设 3 个处理组，1 个对照组，每组 3 个重复，每重复 20kg 新鲜猪粪，各处理组接种微生物混合菌剂，其中酵母菌、乳酸菌、蜡样芽胞杆菌各 30mL，处理Ⅰ组加枯草芽胞杆菌 15mL，处理Ⅱ组加枯草芽胞杆菌 30mL，处理Ⅲ组加枯草芽胞杆菌 45mL，对照组不添加任何菌剂，堆肥 25d，期间观测各组理化指标变化情况，试验结束测定氮磷含量。结果表明：堆肥最高温度均出现在试验第 3 天，处理Ⅰ组为 17.67℃，与对照组差异不显著；处理Ⅱ组为 16.33℃，显著低于对照组（$P < 0.05$）；处理Ⅲ组为 18.67℃，显著高于对照组（$P < 0.05$）。堆肥发酵后期 pH 值都降到 7.0 左右，各组之间差异不显著；感官指标测定显示所有处理组的臭气强度均比对照组低；各组大肠菌群指数均降至卫生标准范围之内。堆肥结束，处理Ⅱ组及处理Ⅰ组全氮含量显著高于对照组（$P < 0.05$），处理Ⅲ组氮含量与对照组差异不显著，但仍然高出对照组 38.7%。各组全磷含量之间差异不显著（$P > 0.05$），试验各组略高于对照组。姜新有等（2016）以猪粪和菌渣为主要原料、过磷酸钙和石灰作为 pH 调节剂，设计 8 个不同 pH 值的堆肥处理，研究堆肥初始 pH 值与堆肥腐熟进程及理化性状的关系。结果表明，在本试验条件下，随着堆肥初始 pH 值的提高，堆肥升温速率、最高温度和有机物降解率均上升。然而，pH 值的提高导致堆肥中 NH_4^+-N 的积累量下降，堆肥产品中氮素损失上升。综合考虑堆肥效率和产品质量等因素，建议畜禽粪污堆肥中添加石灰量不要超过堆料鲜质量的 0.6% 或添加过磷酸钙量不要超过堆料鲜质量的 5.2%。堆肥初始 pH 值在 6.42～6.83 之间有利于减少氮素损失和提高堆肥效率。金珠理达等（2010）采用正交设计在模拟发酵池中研究了辅料配比（秸秆添加量梯度为 5%、7.5%、10%）、物料含水量（梯度为 40%、50%、60%）、通风量（通风时长为 10min、20min、30min）以及外源菌剂（空白、BN1 菌剂、EM 菌剂）等因素对猪粪堆肥效果的影响。其中 BN1 为他们课题组自制菌剂，在测定了菌种纤维素酶活性的基础上，作为外源菌剂接种猪粪堆肥。通过监测堆肥过程中各处理的温度变化，测定堆肥样品总养分含量、堆肥结束后的 C/N 值，并进行感官分析等对堆肥效果进行加权评分。结果表明，猪粪堆肥最佳环境控制参数为秸秆添加量为 5%，通风量为每立方米物料 102m³/d，物料含水量 60%，自制菌剂 BN1 能促进猪粪堆肥快速发酵。

李红燕（2019）通过分析外界条件与内部结构变化，对畜禽粪污堆肥过程中有机肥腐熟状况进行研究。分别以牛粪、鸡粪和猪粪为畜禽粪污堆肥的原料开始堆肥试验，分析了温度、含水量、氧气含量对畜禽粪污堆肥腐熟度的影响，同时分析畜禽粪污堆肥过程微生物数量变化情况。结果表明，鸡粪堆肥最佳温度大约为70℃，最佳含水量为48.6%，最佳含氧量为56kPa；牛粪堆肥最佳温度大约为78℃，最佳含水量为59.8%，最佳含氧量为89kPa；猪粪堆肥最佳温度大约为69℃，最佳含水量为50.0%，最佳含氧量为45kPa；猪粪中存在大量耐高温的放线菌；牛粪的真菌数高于其他2种畜禽粪污的真菌数，牛粪中具有更多的耐高温真菌，可以在高温中存活，来降解纤维素。3种畜禽粪污堆肥的温度与细菌、真菌、放线菌数量均呈正相关。

为探讨以不同畜禽粪污（牛粪和羊粪）为主料、不同作物秸秆（玉米秸秆和小麦秸秆）为辅料在堆肥过程中的碳转化特征及腐殖质组分的变化规律，李孟婵等（2019）采用条垛式好氧堆肥研究了不同原料组合（T1：牛粪＋玉米秸秆；T2：牛粪＋小麦秸秆；T3：羊粪＋玉米秸秆；T4：羊粪＋小麦秸秆）在堆肥过程中总有机碳（TOC）、可溶性有机碳（DOC）和腐殖酸含量的碳转化特征以及胡敏酸（HA）和富里酸（FA）的含量变化规律。结果表明：所有处理的TOC含量随堆肥过程的推进而下降，至堆肥结束时T1～T4处理的TOC含量分别下降了22.1%、21.5%、23.6%、23.7%；DOC含量也随堆肥过程的推进而降低，至堆肥第15天时降低至最低，T1～T4处理分别降低至6.57g/kg、5.47g/kg、4.73g/kg和4.93g/kg。但不同处理的变化规律明显不同：以牛粪为主料的T1和T2处理在第10天以前几乎无变化，而以羊粪为主料的T3和T4处理从起始期就迅速下降至最低值，至堆肥第15天时T1～T4处理的降幅分别为32.4%、36.5%、51.8%和39.3%；总腐殖酸（THA）含量的增加始于堆肥的第10天，第15天时达到最高值，最高值分别为25.5%、22.5%、29.8%和30.0%，整个堆肥过程中T3和T4处理显著高于T1和T2处理（$P < 0.05$）。随堆肥过程的推进，游离腐殖酸（FHA）含量逐渐降低，堆肥结束时降幅为7.6%～18.0%；HA含量逐渐增加，至堆肥结束时增幅为65.4%～197.8%，堆肥过程提了胡敏酸态碳。T3和T4处理的FHA和HA含量在整个堆肥过程中始终高于牛粪组合T1和T2处理。FA含量随堆肥进程推进逐渐下降，至堆肥结束时降幅为44.9%～54.9%。羊粪中较高含量的纤维素、半纤维素和HA可能是堆肥产品中THA和HA含量较高的主要原因，在以牛粪为主料的堆肥配料中适当加入羊粪可以提高堆肥产品的腐殖酸含量和胡敏酸态碳。

李敏清等（2011）以堆肥作为3株功能芽胞细菌液体菌剂的载体，通过优化载体含水量、温度和接种浓度等关键影响因子，以不同时间载体中有效活菌数的变化为指标，探讨堆肥代替草炭作为功能微生物载体的可行性和最适条件。结果表明，载体C（鸡粪）、P（猪粪）、M（1∶1鸡粪-猪粪）和TP（猪粪＋草炭）在72h内的有效活菌数均显著低于草炭；混合载体TC2（50%草炭+50%鸡粪）和TM1（25%草炭+75% 1∶1鸡粪-猪粪）的有效活菌数随着时间的延长而增加，其中72h时TC2的有效活菌数达到$11.4×10^9$CFU/g，TM1的有效活菌数达到$2.64×10^9$CFU/g，均与草炭无显著差异，因此适宜代替草炭作为功能微生物的载体。采用单因素实验，载体TC2和TM1的最优化影响因子为含水量30%、吸附温度30℃、菌液接种浓度为10^8CFU/mL。李敏清等（2010）选取鸡粪和猪粪进行好氧堆肥发酵，研究畜禽粪污腐熟过程中酶活性和微生物的变化趋势以及相互联系。结果表明，过氧化氢酶活性和纤维素酶活性在堆肥初期较高，随后迅速降低，最终过氧化氢酶维持在9～12mL/g之间，纤维素酶维持在12.37～15.07mg/（kg·h）之间，而脲酶活性变化趋势为"升高—

降低—升高"。细菌数量变化趋势为"低—高—低";放线菌为"高—低";真菌为"高—低—高"。通过相关分析发现,放线菌可能是影响堆肥中过氧化氢酶和纤维素酶的关键因素。鸡粪中放线菌与过氧化氢酶呈极显著正相关;猪粪中放线菌与过氧化氢酶和纤维素酶呈显著正相关;鸡粪 - 猪粪中放线菌与过氧化氢酶和纤维素酶呈极显著正相关。

刘锐等(2011)针对嘉兴市猪粪堆肥菌剂成本高的问题,研制一种低成本、本地化的菌剂,并将其与市售菌剂同时应用于猪粪堆肥中。试验组和对照组分别接种了自制微生物菌剂和商用菌剂,堆肥共进行38d,对比研究堆肥物理性状、温度、pH值、含水率、有机质、水溶性氮、碳氮比及种子发芽率。结果表明,试验组含水率在第33天已降至26.10%,达到30%的腐熟标准,而对照组到第38天仍略高于30%;试验组种子发芽率在第28天达到腐熟标准,而对照组到第35天才达标;堆肥结束时试验组和对照组的碳氮比分别为14.64和16.43,有机质含量均为45%左右,两者均满足有机肥料成品标准。因此,自制微生物菌剂满足堆肥要求,较商用菌剂使堆肥腐熟时间缩短5~8d,其肥料成品含水率较低,更适于保存。刘微等(2015)以番茄秸秆和鸡粪为原料,添加秸秆炭、泥炭和沸石作为堆肥调理剂,对比生物质炭与其他调理剂添加对番茄秸秆和鸡粪共堆肥系统中腐熟程度以及氮磷钾元素变化的影响和堆肥前后调理剂表面结构和基团的变化,探讨不同调理剂对营养元素变化的影响和机理。结果表明,秸秆炭处理升温最快,7d即达到最高温56℃,最高温比其他处理高10℃以上。堆肥结束时,添加秸秆炭、泥炭和沸石以及对照组的处理全氮增加量分别为91.67%、90.91%、54.78%和44.92%;全磷增加量分别为52.36%、29.02%、31.49%和 -12.51%,秸秆炭处理对堆体中氮磷元素的影响较其他调理剂高。可见,添加秸秆炭较其他调理剂更能促进堆体有机物的快速降解和腐熟。傅里叶远红外光谱和电镜分析表明,秸秆炭孔隙度高,比表面积大,更有利于堆肥中促腐微生物附着生存,而且堆肥后秸秆炭表面原—OH官能团含量增加,促进了堆肥中氨的固定。因此,生物质炭较其他堆肥调理剂更易促进蔬菜堆肥的腐熟和减少氮磷营养的损失,从而达到堆体快速无害化、减少营养元素损失和促进农业秸秆、畜禽粪污资源化利用的综合目标。

鲁耀雄等(2019)通过室内模拟试验,探讨了牛粪不作处理(CK1)、添加稻草和EM菌剂(CK2)、添加EM菌剂(T1)以及添加84消毒液(T2)预处理对蚯蚓堆肥中蚯蚓生长繁殖、微生物数量以及氮磷钾养分含量的影响。蚯蚓堆肥60d后,84消毒液预处理的蚯蚓总产量最高(10.7kg/m³),比CK1提高70.9%,比CK2提高44.4%,并且细菌和放线菌数量比堆肥初期增加倍数也是最多的,其中细菌数量增加了2倍,放线菌数量增加了34.37倍。牛粪不同预处理蚯蚓堆肥的pH都是由碱性逐渐向中性变化,全氮和铵态氮含量呈现缓慢降低的变化趋势,而硝态氮和发芽指数呈现逐步上升的变化趋势,其中84消毒液预处理后蚯蚓堆肥前后氮素损失率最多,为32.8%,堆肥结束时发芽指数最大,为83.1%。84消毒液预处理改变了牛粪中的微生物数量和群落结构,减少硫化氢、氨气等臭气物质的产生,更有利于蚯蚓的生长和繁殖,影响了堆肥前后养分变化的差异。

马迪等(2010)以鸡粪与牛粪两种禽畜粪便为原料,通过不同比例混合堆肥,重点研究了堆肥过程中3种不同比例的堆体碳氮比(C/N值)变化。结果表明,3种比例的混合堆体,经过49d的高温堆肥发酵,鸡粪:牛粪为1:0.5比例的堆肥处理,其发酵周期最短,仅用30d即可腐熟;3种比例的堆肥处理,总碳含量和总氮含量均呈下降趋势,且总碳含量下降速度大于总氮含量;C/N值变化为总体上呈现出缓慢下降趋势;3种比例的堆肥处理,鸡粪:牛粪为1:0.5的处理发酵效果较好。沈根祥等(2009)通过牛粪与秸秆高温好氧堆肥,对添加微生物菌剂的堆肥处理与不添加微生物菌剂的常规堆肥处理进行比较，考察堆肥过程中与腐熟度有关的指标变化情况，并主要分析生物指标的变化。结果表明，在60d的堆肥过程中，添加微生物菌剂堆肥处理初期升温迅速，比常规堆肥处理高温持续时间长2～3d，但pH值、含水率和C/N值等理化指标之间无显著性差异；而生物指标之间差异较为显著，其中添加微生物菌剂的堆肥处理种子发芽势、作物生长指标、根系建成指标均明显优于常规堆肥处理；添加微生物菌剂比不添加微生物菌剂的堆肥处理可以提前10d左右达到腐熟。堆肥添加微生物菌剂的投入产出经济性评价结果表明，添加微生物菌剂虽能一定程度上提高堆肥的质量，但还不能取得较好的经济效益，需进一步降低微生物菌剂的成本。

QE制剂是一种含有微生物和矿物质的新型复合材料。为研究该材料对畜禽粪污高温堆肥进程及品质的影响，唐哲仁等（2017）设置无添加剂（CK）、添加常规微生物菌剂（BJ）、添加QE制剂（QE）共3组处理，并以猪粪为原料，立式密闭发酵塔（容量50t）为反应装置，进行了为期7d的堆肥实验。结果表明：QE组堆温于第3天达到最大值72.7℃，比CK、BJ组分别提前2d、5d，且55℃以上持续天数为4d，高于其他两组处理。QE制剂可以有效提高堆肥的养分含量，堆肥7d后总氮（TN）、总磷（TP）、总钾（TK）含量分别达到2.62%、3.04%、2.29%，比BJ组高16.25%、2.36%、4.09%，比CK组高29.00%、14.72%、16.84%。同时，添加QE制剂的堆肥品质符合国家《有机肥料》（NY 525—2012）标准，且优于其他两组处理。此外，QE、BJ组堆肥7d的种子发芽率指数分别为93.33%、90.00%，堆体已完全腐熟，而CK组为31.67%，未腐熟。研究表明，QE制剂在畜禽粪污高温堆肥过程中具有促进升温、加强保温、减少氮素损失、提高养分含量、改善堆肥品质的作用。

王亚飞等（2017）比较了以羊粪、牛粪、猪粪和鸡粪为主料，玉米秸秆为辅料，在堆肥过程中微生物区系和养分含量的变化。用平板培养计数法和国家有机肥行业标准规定的方法测定春季堆肥中可培养微生物数量和养分含量的变化，并比较冬季和春季不同季节堆肥过程的温度变化。春季堆肥较冬季堆肥升温速度快，高温（60～65℃）期持续时间长（9～12d），堆肥周期短，有利于提高生产效率；堆肥至第30天时，即可达到腐熟标准，冬季堆肥需要40d方可达到腐熟标准；不同畜禽粪污堆肥过程中以鸡粪为原料的堆肥中可培养微生物数量最多，在高温阶段下降的幅度最小，为91.1%；鸡粪堆肥的有机质含量亦最高，为48.6%；总养分（N+P$_2$O$_5$+K$_2$O）含量升高的幅度最大，达到42.4%；羊粪堆肥的放线菌数量在堆肥过程中的增加幅度最大，为74.8%，有利于堆肥后期木质素的分解。因此，当地企业在以牛粪和玉米秸秆为主要原料进行堆肥时，可加入适量鸡粪和羊粪，以提高堆肥的生产效率和产品品质。

卫亚红等（2007）以牛粪、猪粪和玉米秸秆为堆肥原料，添加不同调理剂，在自制的强制通风静态垛堆肥反应器中进行堆肥试验，研究不同处理的微生物变化规律。结果表明，各处理在堆肥过程中的微生物总数呈波浪形的变化，其中细菌的数量变化类似于微生物总数的变化；真菌的数量变化呈现一条类似于"W"形的曲线；放线菌一直呈下降趋势。牛粪和猪粪处理分别添加果园黏土和炉渣对堆肥过程中的微生物影响较大，添加果园黏土能够增加微生物总数。堆肥处理中细菌是优势种群；芽孢杆菌（*Bacillus* sp.）和曲霉菌（*Aspergillus* sp.）是优势种。传统的牛粪好氧堆肥作为育苗基质利用，其育苗效果差，加入调理剂是改善育苗效果的重要手段。

生活垃圾与畜禽粪污联合好氧堆肥有利于堆肥的进行和堆肥产品品质的提高。杨天学等（2009）采用固体废物好氧堆肥成套技术与设备，对生活垃圾（处理Ⅰ）、畜禽粪污（处理Ⅱ）、生活垃圾与畜禽粪污混合物料（处理Ⅲ）进行堆肥，温度在线监测显示，处理Ⅲ堆肥过程中升温速率、最高温度和高温持续时间分别是1.88℃/h、69℃和440h，各项指标参数均略高于处理Ⅰ的1.79℃/h、67℃和418h，明显优于处理Ⅱ的0.47℃/h、42℃和0h，达到无害化处理的要求。对堆肥产品腐熟度及荧光特性分析表明，处理Ⅲ堆肥20d后，堆肥对小麦、玉米、大豆、水稻和棉花5种农作物的发芽指数分别达到88.7%、91.3%、82.7%、85.2%和83.4%；发射荧光光谱在350nm附近的特征峰有较为明显的红移现象，且荧光峰明显变宽，在450nm附近（类富里酸峰）的峰强度增加，说明堆肥产品中有机物分子共轭作用加强、缩合度增加。腐熟堆肥营养成分含量测定结果表明，处理Ⅲ腐熟堆肥的w（有机质）、w（TN）、w（TP）和w（TK）分别达到36.64%、2.20%、2.82%和1.52%，优于处理Ⅰ的30.14%、1.58%、1.02%和0.93%，高于《有机肥料》（NY 525—2012）标准中≥10%、≥0.5%、≥0.3%和≥1.0%的要求。

张晓双等（2010）针对北方寒区特殊地理环境条件，采用牛粪好氧堆肥发酵，研究0℃以下，接种复合发酵剂对堆肥的影响。结果表明：牛粪接种复合发酵剂24h和48h堆温分别升至40.1℃、55.6℃；高温期持续6d；发酵周期缩短至12d；脱水率达40%以上；pH值先降低后升高，最终稳定在8.2左右；除臭效果良好，3d后臭味基本消除。张雪辰等（2014）以牛粪、菌糠和鸡粪等为材料按照两种比例调配为混合基质，在添加或不添加快腐剂的条件下在发酵桶中进行为期38d的堆肥发酵实验，通过对发酵产物的温度、pH值、总有机碳、C/N值、硝铵态氮含量和种子发芽指数等指标变化的研究，揭示了快腐剂对发酵过程的影响。结果表明，虽然快腐剂对有机物料的温度、C/N值无显著的影响，但可以促进铵态氮向硝态氮的转化，在16d时使发酵产物NH_4^+-N/NO_3^--N值降为0.15，达到腐熟标准（0.16）；提高种子发芽指数，在腐解29d时使种子发芽指数达到82.76%，达到完全腐熟指标（0.8），比不添加快腐剂的处理提前了4d左右。快腐剂的作用效果受腐解物料配比的影响。

张文杰等（2019）以马粪为试验原料，比较添加不同含量的玉米秸秆（CK组，马粪中不添加玉米秸秆；A组、B组和C组分别于6kg马粪中添加1.0kg、1.5kg和2.0kg的玉米秸秆）对马粪堆肥发酵中温度、含水率、pH值、种子发芽指数及全氮含量的影响。结果表明：试验B组发酵过程中的高温持续时间最长，最高温度显著高于另外3组（$P < 0.05$），pH处于弱碱性的时间较短；种子发芽指数各组均随着发酵时间的延长出现增长的趋势，且试验B组在相同的发酵时间段，种子发芽指数最大，均显著高于对照组（$P < 0.05$）。说明在进行马粪堆肥发酵时，加入适当比例（马粪与玉米秸秆的质量比为4∶1）的玉米秸秆有利于发酵的进行。

赵秋等（2008）进行了猪粪、稻草、菌剂混合堆肥与单纯猪粪堆肥对比试验，定量化研究了堆肥过程中不同阶段各种形态氮素转化和氮素损失途径。结果表明，在猪粪中添加稻草和菌剂堆肥，全氮损失减少，损失量为38%，其中铵态氮损失占氮总损失量80%，有机氮损失占氮总损失量21%；而单纯猪粪堆肥其氮素损失78%，其中铵态氮损失占氮总损失量38%，有机氮损失占氮总损失量59%。堆肥过程中主要是铵态氮和有机氮的变化，硝态氮变化较小。为摸索猪粪和菌渣堆肥生产有机肥技术，周江明等（2015）在自然发酵条件下，设计猪粪和菌渣9∶1、8∶2、7∶3、6∶4 4种不同比例（湿重比）进行高温堆肥试验，研究了堆肥过程中温度、pH值、有机碳、发芽指数及养分氮、磷、钾的动态变化。结果表明，堆体温度在第3天即达50℃以上，保持高温25～32d后开始下降，其中6∶4处理高温期比9∶1处理长7d；4个处理pH值都呈先快速上升、之后下降并趋于稳定的趋势，pH值在

6.83 ～ 8.62 间变化；有机碳（质量分数）总体上呈下降之势，至堆肥结束 4 个处理分别下降了 16.3％、14.5％、13.6％ 和 11.9％，菌渣比例提高可减少堆体有机碳的损失；除 6∶4 处理外，其他处理发芽指数分别于 23d、33d 和 47d 达 80％ 以上，同一时期菌渣比例越高堆体提取液对植物的毒害作用越强；氮磷钾总养分（质量分数）前期（约 19d）呈基本持平或少量下降，随后持续上升，堆肥结束 4 个处理分别为 5.93％、5.57％、5.64％ 和 5.13％。6∶4 处理氮磷钾总养分在堆肥大部分时期（45d 内）≤ 5.0％，其他处理在 21 ～ 25d 后均 ≥ 5.0％。综合考虑堆肥质量和堆期等因素，利用猪粪和菌渣为原料规模化生产机肥，猪粪和菌渣适宜的比例为 8∶2。

6. 畜禽粪污水虻转化处理

当前猪粪处理的现状集中表现在：① 量大，成分复杂，难处理，环境污染严重；② 目前的堆肥或沼气生产，技术要求高、占地多、周期长、价值低；③ 需要投入大量资金，不可持续发展；④ 产生二次污染（臭味，产生温室效应气体如甲烷、二氧化碳，氨气等其他含氮化合物）。黑水虻作为一种应用前景十分广泛的资源昆虫，能够摄食畜禽粪污并转化为自身蛋白质，同时降解粪便有机质，减少环境污染。吴震洋等（2019）从畜禽粪污处理的现状、黑水虻应用前景及黑水虻处理粪便存在的问题等角度分析了黑水虻资源化利用的现状。陈海洪等（2018）选择孵化好的 3 龄黑水虻幼虫，按黑水虻幼虫投放量不同，随机分为 A、B、C 3 组（其中 A 组投放 0.8g 黑水虻幼虫；B 组投放 1.0g 黑水虻幼虫；C 组投放 1.2g 黑水虻幼虫），每组设 3 个重复，每个重复的塑料圆盆各添加 10kg 的鲜猪粪，待各组 50％ 幼虫蛹化时结束试验。结果表明，黑水虻幼虫在猪粪中生长速度呈先快后慢的生长趋势，投放组 A 组黑水虻幼虫的生长发育最快。27 日龄体重以 A 组黑水虻百只幼虫最大 (10.76±0.83)g，较 B 组 (8.78±0.84)g、C 组 (8.78±1.05)g 提高 22.55％，差异显著 ($P < 0.05$)。余峰等（2018）探究了黑水虻处理鸭粪的可行性以及对不同养殖模式鸭粪的处理效果。选择孵化好的 11d 黑水虻幼虫 2400g，按基质所用粪源不同随机分为 4 组，即对照组 (猪粪)、笼养蛋鸭粪组、平养蛋鸭粪组、平养肉鸭粪组，每组 3 个重复，每重复 200g 幼虫 10kg 基质，待各组 5％ 幼虫蛹化时结束试验。通过测定黑水虻生长性能及虫粪沙理化特性，探究黑水虻处理鸭粪的效果。结果初步表明：3 种养殖模式的鸭粪均可用黑水虻进行处理，处理效果主要与基质水分、有机质含量等因素有关；基质含水量对黑水虻的生长发育至关重要，而基质有机质是影响预蛹产量的重要因素，基质有机质含量越高越容易取得较高的预蛹产量和转化效果；黑水虻处理鸭粪具有明显除臭效果，处理后的虫粪沙符合生物有机肥标准，可用作生产有机肥的初级原料。

蔡鑫华（2018）对黑水虻幼虫处理鸡粪效果及泰乐菌素药渣的效果进行了初步研究，并将鸡粪喂养的黑水虻幼虫投喂蛋鸡，通过虫体、鸡肉及鸡蛋指标评价黑水虻饲料价值。具体研究方法和结果如下：黑水虻幼虫处理鸡粪的试验结果显示，黑水虻幼虫处理鸡粪 15d，鸡粪由黏稠状变为疏松状，气味由浓变淡。随着虫体数量的增多，其对鸡粪的处理效果显著。鸡粪质量、含水量 (60％) 相同时，接种 1.2 万条 /kg、2.4 万条 /kg 幼虫，鸡粪的减少率相近，而接种 3.6 万条 /kg 时，鸡粪的减少率比前两个组分别高出 14.19％、12.66％。黑水虻幼虫接种量为 3.6 万条 /kg，处理 7cm、13cm 堆放厚度的鸡粪，黑水虻幼虫对鸡粪的取食量厚度高的组明显低于厚度低的组，两个组的鸡粪减少率相差 10.58％；检测两个组的含水量，厚度高的组为 45.45％，明显高于 7cm 厚度的组 37.10％ 及发酵鸡粪的 38.85％。采用黑水虻幼虫处理后，能使鸡粪含水量和鸡粪量降低，粪便堆放厚度对处理效果有影响。选用泰乐菌素发酵药渣，建立了药渣中泰乐菌素的提取方法，采用高效液相色谱检测方法，完成对黑水虻幼虫处理药渣中泰乐菌素的含量的检测。以第 0 天首次检测不处理组的发酵药渣中泰乐菌素含量作为参照值，在试验第 33 天，幼虫处理药渣组的泰乐菌素含量下降了 77.10%，未经处理的组下降了 49.65%，初步证明黑水虻幼虫对药渣中泰乐菌素具有一定程度的加速降解的作用。以黑水虻幼虫直接饲喂蛋鸡 10d，试验组与对照组的蛋鸡产蛋性能无异常（$P > 0.05$），并通过检测鸡粪生产的黑水虻幼虫，幼虫喂养的蛋鸡，鸡蛋的营养成分及卫生指标与对照组比较无差异，验证了黑水虻幼虫基本符合饲料标准，可用作畜禽蛋白饲料。投喂期间，也未发生经黑水虻虫体携带动物源性疫病感染蛋鸡的情况。

肖小朋等（2018）采用稀释涂平板的方法进行鸡粪堆肥和猪粪堆肥中细菌的分析，并将筛选到的细菌分别接种到无菌的鸡粪基质中与武汉亮斑水虻幼虫联合转化，通过称重法测定转化后武汉亮斑水虻及鸡粪的质量，评价转化效果及对幼虫的影响，然后将促进转化效果明显的菌株按不同比例进行复配，与武汉亮斑水虻幼虫联合转化新鲜鸡粪，分析复配菌剂对武汉亮斑水虻幼虫转化鸡粪的影响。结果显示，菌株 R-07、R-09、F-03 和 F-06 在促进武汉亮斑水虻幼虫生长和鸡粪转化的效果上最为显著。与对照组相比，水虻幼虫转化率分别提高了 27.21%、15.00%、9.93% 和 16.29%；基质减少率分别提高了 17.94%、10.42%、7.84% 和 9.27%。将这 4 株细菌配制复配菌剂与武汉亮斑水虻幼虫联合转化鸡粪，结果显示复配比例为 R-07：R-09：F-03：F-06=4：1：1：1 时效果最好，与空白对照相比，武汉亮斑水虻幼虫存活率提高了 10.25%，幼虫虫重增加了 28.41%，幼虫转化率增加了 30.46%，鸡粪减少率增加了 7.69%。添加通过筛选优化的非水虻来源的微生物复合菌剂能够促进水虻高效转化鸡粪，研究结果有助于改善现有的武汉亮斑水虻幼虫转化体系，为开发新型的联合转化工艺、更加有效地处理畜禽粪污奠定基础。

三、畜禽粪污微生物发酵

1. 猪粪微生物发酵

黄灿等（2008）采用室内培养方法，研究评估了细黄链霉菌（*Streptomyces microflavus*）、抗生链霉菌（*Streptomyces antibioticus*）和灰色链霉菌（*Streptomyces griseus*）3 种放线菌及其组合对猪粪中主要病原菌的影响，并对其体外的抑菌作用机理进行了初步探讨。结果表明，接种菌剂处理能有效减少猪粪中的沙门氏菌（*Salmonella* spp.）、病原性大肠杆菌（*Escherichia coli*）O157、空肠弯曲杆菌（*Campylobacter jejuni*）、单核细胞增生李斯特菌（*Listeria monocytogenos*）的数量。与对照组相比，单独添加细黄链霉菌组后猪粪中空肠弯曲杆菌的数量从 3.1×10^1 CFU/g 降至不可检测。放线菌胞内外活性混合物质的体外抗菌试验的结果显示，不管是单独处理还是几种放线菌的复合处理都对供试的大肠杆菌、梭菌、优杆菌、沙门氏菌、病原性大肠埃希氏菌、空肠弯曲杆菌、单核细胞增生李斯特氏菌表现出一定程度的抑制作用，在抑菌能力方面，单独添加细黄链霉菌的效果优于其他各组。

沈东升等（2013）利用普通理化分析结合 Biolog 微平板技术研究了土霉素高效降解菌——葡萄球菌（*Staphylococcus* sp.）TJ-1 在新鲜猪粪无害化处理中的作用。结果表明，土霉素高效降解菌的接种能显著提高猪粪中土霉素的降解效率（$P < 0.05$），21d 堆肥结束时

可将土霉素降解率从 62.7% 提升至 82.0%。堆肥结束后，不接种降解菌的普通堆肥工艺和接种降解菌的高效堆肥工艺中 NH_4^+-N 含量分别为 189.34mg/kg、42.36mg/kg，NO_3^--N 含量分别为 439.38mg/kg、238.06mg/kg。Biolog 分析结果显示，土霉素降解菌 TJ-1 对土霉素中碳源的代谢有利于堆体中氨基酸类及芳香族化合物等氮源的降解，缓解了堆体中有毒有害物质对其他微生物的损伤，保证了微生物群落的多样性和活性，对维护堆体生态系统的稳定性具有良好作用。因此，接种高效降解菌进行堆肥是一种良好的消除抗生素残留的猪粪无害化工艺。

熊仕娟等（2014）采用恒温发酵培养试验，研究了 5℃ 和 25℃ 时分别接种纤维素酶（X）、枯草芽胞杆菌（K）和 EM 菌（E）及其组合对新鲜猪粪发酵中的全氮、铵态氮、有机质、pH 值及微生物数量的影响。结果表明，5℃ 条件下，猪粪中微生物生长受抑制，细菌、真菌、放线菌数量均明显低于 25℃，发酵终期猪粪有机质含量为 70%～83%，pH 值为 7.16～7.36；25℃ 条件时，发酵终期猪粪有机质含量降至 61%～72%，pH 值升至 8.09～8.94。与对照相比较，25℃ 下添加微生物和纤维素酶的处理有机质含量降低了 2.95%～7.70%（除 K 和 XE 处理外），C/N 值降低了 4.04%～37.59%（除 XK 处理外），pH 值增加了 1.7%～26.8%。在总的添加量一致的条件下，发酵剂组合 KE、XE、XK、XKE 对猪粪发酵的效果优于单一发酵剂的 X、K、E 处理。

发酵床是目前国内规模化养猪企业广泛采用的粪污处理模式，其关键在于投加的微生物菌剂。为了分离出能高效降解猪粪的菌株，俞洁雅等（2020）采用 NH_3 选择性培养基对土壤微生物菌株进行初筛，共得到 7 株氨氮降解率大于 70% 的菌株。通过猪粪发酵模拟实验对分离株的 NH_3 抑制效果进行初步评价，结果表明，7 株菌株均能不同程度地减少猪粪发酵过程中氨的释放量，其中 Z10 菌株的 NH_3 抑制效果最为显著。针对猪粪除臭及促进猪粪腐熟效果开展了 Z10 菌株应用效果评价。除臭试验结果显示，Z10 菌株对猪粪臭气中 NH_3 与 H_2S 均有较好的抑制作用，在 21d 发酵周期内 NH_3 与 H_2S 的释放量较对照组分别减少了 38.66% 与 50.03%。促腐熟试验结果显示，Z10 组种子发芽率与发芽指数分别达到了 83.33% 与 88.55%，而对照组发芽率与发芽指数仅为 68.35% 与 59.12%。生化鉴定显示，Z10 菌株无蛋白酶活性，具有较弱的糖化酶、淀粉酶及脂肪酶的活性，但表现出较强纤维素降解活力，其纤维素酶活力达到 232.543U/mL，推测 Z10 菌株表现出的促腐熟效果主要源于其高纤维素降解活力。16S rDNA 分子鉴定结果显示，该菌为烟曲霉菌（*Aspergillus fumigatus*）。

朱鸿杰等（2017）采用恒温培养试验，研究在保育和育肥两个阶段时分别接种复合微生物菌剂（包括芽胞杆菌、酵母菌、乳酸菌、光合菌）对新鲜猪粪发酵中的有机质、全磷、全氮、硝态氮及铵态氮的影响。结果表明，复合菌剂处理与对照相比，提高了有机质的降解速度和 TN、NH_4^+-N 转化量。保育阶段，T2、T3 处理 TN 下降了 20.3%，NH_4^+-N 下降了 66.7%，T1 处理 TN 和 NH_4^+-N 分别下降 17.8% 和 55.7%，对照组分别下降了 17.3% 和 50.7%。育肥阶段，接种菌剂的处理 NH_4^+-N 较培养初期下降了 66.7%，对照为 50.9%。试验末期，随着铵态氮降低，硝态氮有升高的趋势，大于 5g 的复合菌剂添加量对猪粪降解效果不显著（$P > 0.05$），保育期和育肥期猪粪中有机质、全磷、全氮和硝态氮及铵态氮变化趋势一致。研究表明，复合菌剂对猪粪的 TN、NH_4^+-N 降低作用明显，但是添加量超过一定范围影响不显著（$P > 0.05$），试验末期的 NO_3^--N 增强效应，需要进一步研究。推算结果表明，复合菌剂处理的猪粪 TN 降低 20.3%，肥料化利用、氮素循环利用趋于平衡。

2. 牛粪微生物发酵

段丽杰（2013）利用玉米秸秆屑、稻草秸秆屑和牛粪为原料进行序批式好氧堆肥，对堆肥处理的过程参数的变化规律进行了研究。结果表明：2 个处理的物料温度在 50 ～ 54℃ 之间维持 7d 以上，最终反应产物的无害化程度较高；最终剩余产物的氮、磷、钾相对含量都有所升高，达到了农用控制标准；处理过程中氮素均呈增加趋势；由于在好氧反应阶段存在不同程度的氮损失，因此在反应的后期阶段要注意采取保氮措施。何琳燕等（2006）采用添加高效腐熟菌剂 NMF 菌群进行奶牛粪便的腐熟试验。结果表明，接种 NMF 菌剂的奶牛粪便在 25d 内可以达到腐熟标准，氮磷钾总养分和腐殖酸分别比不接种菌剂处理提高 18% 和 45%。NMF 菌剂可以通过改变微生物区系、增加纤维素酶和多酚氧化酶活性等途径加快腐熟速度，促进腐熟程度。何志刚等（2007）对牛粪自然堆肥中好氧纤维素分解菌群进行分离纯化，选出 2 株霉菌，并结合实验室的原有复合生物菌剂（硅酸盐细菌、固氮菌、有机磷细菌、酵母菌等），设计 4 个组合，进行牛粪堆肥试验，对堆肥过程中的温度、粗纤维和纤维素酶活性进行跟踪测定，结果表明，好氧纤维素分解菌群和原有实验室的微生物菌株组成的复合菌剂可以提高堆温，使高温期提前到来，加速堆肥中有机物的分解从而加速堆肥过程。

为加快畜禽粪污等废弃物的资源化利用，克服冬季低温的不利条件，陆海燕等（2019）通过对比进行预热处理的强制通风静态好氧堆肥处理（处理 1）、无预热处理的静态好氧堆肥处理（处理 2）及牛粪自然发酵堆肥处理（对照）的温度、含水量、pH 值、全氮、腐殖酸含量等指标，研究了我国北方冬季气温较低条件下牛粪强制通风静态好氧堆肥发酵及养分降解特征。结果表明：处理 1 在第 5 天升温到 50℃，堆体温度处于 50℃ 以上共持续 20d；处理 2 在第 9 天升温到 50℃，堆体温度处于 50℃ 以上共持续 16d，两个试验处理温度均达到国家《粪便无害化卫生要求》（GB 7959—2012）；对照处理温度无明显变化，未达到无害化标准。处理 1 和处理 2，pH 值变化规律为试验前期降低后期升高，堆体呈中性至微碱性（pH 值为 7.89 ～ 8.65）；堆体含水量均呈试验前期上升后期下降趋势，总体呈略下降趋势，分别由试验开始的 65.48% 和 64.47% 降至腐熟完成时的 62.01% 和 64.35%；堆体 TN 损失较高，分别损失 46.45% 和 40.95%，由试验开始时的 36.60g/kg 和 35.90g/kg 下降至腐熟完成时的 19.60g/kg 和 21.20g/kg；腐殖质分别降低了 19.60% 和 23.18%，由试验开始时的 296.50g/kg 和 285.60g/kg 下降至腐熟完成时的 238.40g/kg 和 219.40g/kg。在北方冬季气温较低的条件下，利用强制通风静态好氧堆肥技术，牛粪堆体温度均达到国家卫生标准，完成有效的堆腐过程。堆体启动前期预热能加快堆体温度升高，并提高温度升高上限，有利于堆腐的进行。

施宠等（2010）以新鲜牛粪、玉米秸秆和生物腐熟剂作为堆料，分别向鲜牛粪中添加 0.05%、0.5%、1% 的生物腐熟剂和 5% 的秸秆，以未添加任何物质的鲜牛粪为对照制定 5 种不同处理的好氧堆肥体系，研究了堆肥过程中总氮、总磷、总钾以及有机质的动态变化。结果表明，堆肥结束时，全氮的相对含量增加，其中向牛粪中添加 1% 的生物腐熟剂可以减少牛粪中氮素的流失；不同处理对总磷、总钾含量影响不大，相对含量略显上升趋势。石长青等（2015）以牛粪和锯末为原料，研究用添加不同浓度（0.20%、0.35%、0.50%、0.65% 和 0.80%）的木醋液和对照组对 35d 牛粪好氧堆肥过程的影响。结果表明：处理组的堆体温度均高于对照组，有助于堆肥升温、高温保持；在整个堆肥过程中，所有堆体的含水率均在 40% ～ 70%，处理组含水率下降值要比对照组大，0.65% 木醋液组的堆体含水率减少量最大为 24.14%；各处理堆体 pH 值最终稳定在 8.30 左右，呈弱碱性；添加木醋液能促使堆肥物料的降解，在 35d 的堆肥过程中，各处理的有机质分别降低了 12.43%、13.93%、16.62%、17.88%、15.29% 和 10.43%；同时添加木醋液还能提高 NH_4^+-N 的含量，促使堆肥后期 NO_3^--N 的转化。堆肥结束时，添加木醋液可使 NO_3^--N 的含量提高 87.37% ～ 92.31%。研究表明，添加木醋液能促进堆肥物料的降解，加快堆肥腐熟，提高产品质量。

为研究木醋液对牛粪好氧堆肥物料理化特性及育苗效果的影响，徐超等（2020）以牛粪、小麦秸秆为原料，木醋液添加量为 0%、1%、3%、5%，在自主设计的小试堆肥反应器中进行好氧堆肥试验。选取黄瓜为指示植物，使用堆肥腐熟料进行育苗试验。结果表明：随着木醋液添加量的升高，堆肥物料的含水率、总氮、总磷、K^+ 含量及有机质降解率呈现上升趋势，pH 值、电导率呈现下降趋势；低浓度（添加量 1%）木醋液可促进纤维素、半纤维素的降解，发芽指数最高，为 79.17%，且 1% 木醋液处理组的壮苗指数最高，为 0.0449g，显著高于其他 3 组（$P < 0.05$）。

张鹤等（2019）探究了有效处理畜禽粪污与秸秆废弃物的方法，建立以牛粪有机肥为原料的高效堆肥工艺。以牛粪和玉米秸秆为原料，设置 C/N 值为 15、20、25、30、35 的 5 个处理组，研究不同碳氮比原料对好氧堆肥过程中堆温、pH 值、矿质态氮含量、总养分含量、种子发芽指数等指标的影响。C/N 值为 30 的处理组升温最快，且 60℃ 以上高温维持时间最长；各处理组的铵态氮含量均随堆肥逐渐下降，硝态氮含量逐渐上升；至堆肥结束时，C/N 值为 30 的处理组铵态氮含量下降了 24.26%，铵态氮损失最少；C/N 值为 15 ～ 35 各处理组总有机碳含量随堆肥的腐熟不断下降，至堆肥结束分别降解了 25.93%、35.22%、43.22%、43.58%、47.88%。堆肥结束时，各处理的 C/N 值分别为 13.4、13.4、13.2、15.0 和 15.3，总养分含量均有所增加，且 C/N 值为 25 时增幅最大，为 45.79%；种子发芽指数（GI）随 C/N 值的增加而增高，堆肥结束时 C/N 值为 15 和 20 的处理组基本腐熟，其余处理已完全腐熟。在实际生产中，牛粪与秸秆 C/N 值在 25 ～ 30 之间有利于堆体腐熟和养分保持。

为筛选出适合牛粪和秸秆混合物料快速发酵的微生物菌剂，张玉凤等（2019）采用槽式堆肥方法，通过设置不接菌种以及接种菌剂 M1、M2、M3 共 4 个处理，以发酵温度、pH 值、发芽指数、有机质、氮、磷、钾等为评价指标，研究菌剂 M1、M2、M3 对堆肥发酵过程的影响。结果表明：接种菌剂处理达到 50℃ 的时间比不接种处理提前 4d，高温维持时间延长 10 ～ 12d，接种菌剂处理堆温在 50℃ 以上的时间持续了 24d，达到了 GB 7959—2012 标准；发酵过程中接种处理的 pH 值低于对照组，pH 值呈现下降、上升、下降、平稳的趋势；接种 M1、M2 处理的油菜发芽指数达到 100%；C/N 值逐渐下降，30d 时接种处理由最初的 27.75∶1 下降到（14.47 ～ 17.27）∶1，而对照组仅下降到 20.55∶1；堆肥结束时，菌剂处理的有机质、$N+P_2O_5+K_2O$ 含量与 NY 525—2012 标准接近，发酵产物适合作为生产商品有机肥的原料。综合各项指标，菌剂 M1 和菌剂 M2 的发酵效果优于菌剂 M3，菌剂 M1 和菌剂 M2 更适合牛粪和秸秆混合物料发酵。

3. 羊粪微生物发酵

程治良等（2013）从羊粪的特点着手，对羊粪好氧堆肥原理、过程影响因素、腐熟指标、现行工艺进行了总结和分析。分析结果表明：羊粪颗粒具有较好的表面致密形态，为堆肥堆体的通风提供了良好的工艺条件；采用生物接种强化好氧堆肥过程是一项有效的羊粪无害化、资源化处理的新工艺。为明确添加菌剂对堆肥过程及产品质量的影响，胡斌等（2018）以羊粪和菌渣为堆肥原料，以添加菌剂为处理组，不添加菌剂为对照组，进行为期 40d 的条

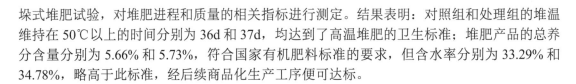
垛式堆肥试验，对堆肥进程和质量的相关指标进行测定。结果表明：对照组和处理组的堆温维持在 50℃ 以上的时间分别为 36d 和 37d，均达到了高温堆肥的卫生标准；堆肥产品的总养分含量分别为 5.66% 和 5.73%，符合国家有机肥料标准的要求，但含水率分别为 33.29% 和 34.78%，略高于此标准，经后续商品化生产工序便可达标。

4. 鸡粪微生物发酵

21 世纪以来，我国家禽生产快速增长并逐渐趋向规模化和集约化。2015 年，全国家禽出栏量达 119.9 亿只，年末存栏量 58.7 亿只；全年禽蛋产量 2999 万吨，同比增长 3.6%，禽肉产量 1826 万吨，同比增长 4.3%。规模化养殖在提高养殖效率的同时，养殖废弃物也从低量分散型趋向大量集中型，处置不当就可能引发环境污染。按每只成年鸡每天产生的粪便约为 0.10～0.16kg，每年约产生 36～60kg，以存栏 10 万只产蛋鸡的鸡场为例，每年约产生超过 3600t 粪便，如此大量且排放点相对集中的粪便为其无害化处理带来了难题（曹俊超等，2017）。

为提高畜禽粪污堆肥效率和质量，曹云等（2017）设计了一种超高温预处理好氧堆肥工艺，并以鸡粪和稻秸为原料，进行了为期 62d 的堆肥试验。试验设置了 3 个处理，即：高温好氧堆肥（CK）；超高温（85℃）预处理 4h+ 高温好氧堆肥（HPC）；超高温（85℃）预处理 4h+ 接种 0.5% 新鲜鸡粪 + 高温好氧堆肥（I-HPC）。监测了堆体的温度、含水率、pH 值等参数的变化情况，并以 C/N 值、可溶性有机碳（DOC）、铵态氮、硝态氮、腐殖化指数（humification index，HI）、种子发芽指数（GI）为指标评价了堆肥腐熟度和质量。结果表明，与 CK 相比，超高温预处理可以提高后续堆料升温速率和最高温度、延长高温期天数、缩短堆肥周期，I-HPC 和 HPC 的最高温度比 CK 分别高出 13.6℃、12.8℃，≥50℃ 的时间分别比 CK 多 3d 和 2d。但与 HPC 相比，接种新鲜鸡粪并没有加快后续堆肥进程。超高温预处理后，物料容重由 0.81g/cm³ 下降为 0.72g/cm³、pH 值下降了 1～2；而 DOC 含量由 106g/kg 上升到 124g/kg；总挥发性脂肪酸（total volatile fatty acids，TVFAs）、NH_4^+-N 含量分别为预处理前的 3.2 倍、2.45 倍。HPC、I-HPC 堆体有机质降解速率常数分别为 0.0501/d、0.0534/d，比 CK（0.00143/d）大，因此，HPC、I-HPC 堆肥产品的 TOC 含量（182.1g/kg、192.1g/kg）均比 CK（205.3g/kg）低；TN 含量（19.70g/kg、21.28g/kg）比 CK（17.96g/kg）高；腐殖化指数（0.77、0.71）比 CK（0.64）高。但 HPC、I-HPC 堆肥产品之间 TN 含量、腐殖化指数无显著差异。因此，超高温预处理好氧堆肥法能明显缩短堆肥周期、提高堆肥产品质量，具有较大的应用潜力。

付坦等（2017）采用嗜热菌酶好氧发酵工艺快速发酵鸡粪，添加 0.1% 的嗜热菌酶发酵剂，温度控制在 80～90℃，在热酶反应器中快速发酵 8h，在 4h、6h、8h 分别取样评价其发酵对鸡粪品质的影响。结果表明：鸡粪原料经发酵后外观明显改善，刺激性气味明显减少；有机质含量无明显变化，氮磷钾浓度上升至 11.02%，较鸡粪原料提升 25.8%，实际肥效提高；经 8h 发酵后，细菌数量明显减少，真菌、放线菌、粪大肠杆菌及蛔虫卵均未检出，说明通过热酶发酵技术去除了鸡粪中的有害生物成分；鸡粪发酵样品进行发芽试验，种子发芽率均在 93.33% 以上（鸡粪原料为 89.33%），表明样品已腐熟完全。从试验结果可以看出，利用嗜热菌酶好氧发酵工艺快速发酵鸡粪原料，可以活化养分，提高实际肥效，并去除鸡粪中的有害生物组分，达到快速腐熟，实现鸡粪的无害化处理。胡长庆等（2010）选取 3 种具有代表性的白腐真菌处理木粉鸡粪混合物，测定其各自处理木粉鸡粪混合物过程中，木质素、纤维素、蛋白质、脂肪、灰分和粗多糖含量的变化以及菌丝体生长状况。结果表明，白腐真菌处理木粉鸡粪混合物的效果明显优于对照组。平菇的效果最好，处理后混合物的减重，木质素、纤维素的降解率分别达到15.68%、32.92%和32.26%，分别是对照组的6.79倍、6.54倍和2.77倍；蛋白质和脂肪分别增加了31.68%和146.58%；粗多糖含量达到2.43%。对照组处理后不但不存在粗多糖，蛋白质与脂肪还分别减少了21.96%和70.99%。李庆康等（2001）在实验室和生产场地进行了有效微生物菌群处理鸡粪的试验研究，结果表明，有效微生物菌群能大幅度减少鸡粪臭味、氨味，使鸡粪保存较多有效养分和具有较高生物活性，肥效好。有效微生物菌群处理鸡粪的适宜发酵条件为：采用自研有效微生物菌群，发酵鸡粪含水量50%，有效微生物菌群的发酵浓度为3.5%～5.0%，发酵温度为25℃以上，发酵时间为3～7d。

栾天明等（2008）以新鲜鸡粪为主要培养基，自然腐熟鸡粪（处理1）、菌剂腐熟鸡粪和土壤（处理2）、菌剂腐熟鸡粪（处理3）为富集样品连续5批堆肥驯化培养，使微生物菌群经历不同的生长环境，达到优胜劣汰的效果。处理1在5批富集培养中较处理2和处理3有较好的堆肥效果，说明其中有降解性能好的优势菌群，将其筛选出扩大培养，再回接到新鲜鸡粪中，将会快速、有效地降解新鲜鸡粪，达到良好的堆肥效果。王道泽等（2013）选择4种微生物菌剂进行鸡粪堆肥发酵试验。结果表明，鸡粪堆肥通过接种微生物菌剂，可以显著提高堆肥初期的发酵温度、延长堆肥高温时间、缩短堆肥发酵周期、促进堆肥快速腐熟；接种菌剂的处理与对照比较，堆肥发酵初期温度提高了12～20℃，达到60℃以上的高温提早了12～13d；接种微生物菌剂不仅加速有机质的利用，还能加快C/N值的下降，提高堆肥的腐熟度；在整个堆肥过程中，接种菌剂2的处理pH值较低，在一定程度上控制了高温阶段pH值升高导致的氮损失。根据试验结果综合评判，4种微生物菌剂中菌剂2和菌剂3在加速鸡粪堆肥腐熟中的作用效果较好。

张健等（2011d）采用室内模拟培养试验，研究了鸡粪中3种四环素类抗生素在棕壤中含量的动态变化规律及消解途径。结果表明，鸡粪中所含的3种四环素类抗生素在棕壤中的含量均表现为前期迅速下降，中后期逐渐平稳的规律，但不同种类和用量处理的变化速率和降解率有显著差异（$P < 0.05$）；180d时，3种抗生素在棕壤中的降解率为金霉素＞土霉素＞四环素，相应的最大降解率分别为85.37%、84.06%和58.54%；平均半衰期分别为20.23d、26.8d和63.24d。降解率与鸡粪用量呈负相关，与时间呈正相关。鸡粪中3种抗生素在棕壤中的降解增加主要是外源微生物降解，占降解增加总量的75%～84%，光降解和化学降解只占很小比例。在3种降解模式中，微生物对四环素降解作用最大，而光降解则对金霉素降解效果最强，且随着培养时间的延长，微生物和化学降解作用逐渐增强，而光解作用逐渐减弱。张健等（2012）采用室内模拟培养实验，研究不同用量鸡粪与猪粪所含土霉素在土壤中降解的动态变化规律及消解途径。结果表明，畜禽粪污中土霉素在土壤中能迅速进入降解期，含量变化呈"L"形，但不同粪肥种类和用量处理的降解率和变化幅度有显著差异（$P < 0.05$）。180d时，鸡粪处理土壤中OTC的降解率高于猪粪处理，半衰期分别为26.98d和31.32d。低用量鸡粪和猪粪处理土壤中OTC降解率最大，对应分别可达84.06%和80.47%。降解率与畜禽粪污用量呈负相关，与时间呈正相关。土霉素进入土壤50d时，光降解量占减少总量的20.03%，下降了25.05%；微生物降解量占3.16%，增加了2.50%。可见，鸡粪所含土霉素在土壤中的降解情况好于猪粪，光照对土壤中土霉素有较好的降解作用，土壤微生物降解作用很小，且随着培养时间的延长，微生物降解增加，光降解减弱。

第三节
畜禽粪污降解菌资源研究进展

一、微生物的地理分布

微生物在地球上作为分布最广泛、起源最早的生命形式，参与了地球上几乎所有的生态环境构成和生物地球化学过程。不同的生存条件选择了不同的微生物类群，形成微生物的分布特征。因此，人类日益意识到微生物群落是与生态环境相互作用、相互适应的（Ma et al.，2017），且显示出与植物和动物不同的生物地理模式（Hanson et al.，2012）。Leeuwenhoek 于1683 年对人类口腔中的微生物进行了首次微生物群落的分布调查，自此以来，大多数后续的对人类口腔中微生物分布调查都得出了不同的口腔环境具有不同的微生物分布特征，因此分析口腔的微生物组成可以用来指示口腔健康情况。Hanson 等（2019）在对斯瓦尔巴特群岛附近的北冰洋沉积物调查时均发现存在嗜热芽胞，由这些嗜热芽胞的生物地理模式可以推测这些嗜热芽胞的来源以及源环境特征。Fierer 等（2013）通过分析美国保存的塔尔格拉斯大草原土壤并重建了该生物群落中曾经的土壤微生物多样性。与现代农业土壤中微生物多样性比较，发现两者生物地理模式很大程度上是由疣微菌门（*Verrucomicrobia*）相对丰度的变化所影响的，疣微菌门的一些种类能够降解难降解的碳源，此项研究表明研究微生物生物地理模式可以帮助重建几乎灭绝的生态系统。研究微生物的地理分布以及微生物地理分布和环境之间的相互影响，对于预测生态环境的变化有着重大意义。不仅如此，在人体范围的微生物群落的研究可以帮助人类构建人体内菌群平衡，在农业上可用于预见植物病害、天然微生物菌剂的研发、污染物的降解，保护各种生态环境等（熊惠洋，2017）。

二、环境微生物多样性

在地球的各种环境中，土壤是最复杂的环境之一，也是生物地球化学过程主要驱动及陆地生态系统的最基础组成，几个世纪以来，人类一直在研究土壤生态环境中的动植物群落的多样性及其功能变化。然而在土壤中，微生物的丰度及多样性远高于动植物，每克土壤中大约有 $10^9 \sim 10^{10}$ 个微生物个体或细胞以及由这些细胞组成的 $10^5 \sim 10^6$ 种群落（Griffiths et al.，2016）。过去几十年的研究表明，土壤微生物在调节土壤肥力、植物健康、碳氮等养分的循环及稳定生态中起关键作用（Karimi et al.，2018）。考虑到土壤微生物的重要性，研究者们更需要用科学的方法了解影响土壤微生物多样性的环境因素（Griffiths et al.，2011）。最初研究土壤微生物多样性用的传统培养方法即是通过对土壤样品进行稀释涂布到平板培养，之后依据生长出的菌落的形态、大小等特征进行分类，但是这种方法能够培养的只有土壤中微生物总数的 0.1% ～ 1%（Torsvik et al.，1998）。为了解决这个问题，人们开发出了多种方法来鉴定和研究土壤微生物，主要分为生理生化技术为基础的研究方法和分子生物学研究方法（Kirk et al.，2004）。

三、微生物多样性分析方法

1. 群落水平生理学图谱（CLPP）

群落水平生理学图谱（community-level physiological profile，CLPP）是 Garland 和 Mills（1991）最早提出的一种技术，由于不同的微生物在生长代谢中对单一碳源的利用具有差异性，据此可通过检测微生物群落的碳源利用情况（如代谢过程中产生的酶及代谢产物），将微生物群落的代谢特征通过物质反应直观表现出来，进而鉴定出微生物群落的多样性。BIOLOG 公司的微量滴定板是最早用于 CLPP 研究的工具，因此后来的研究大多使用 BIOLOG 法来进行 CLPP 分析（刘国华等，2012）。Yin 和 Yan（2020）采用 Biolog-ECO 微孔板测定了厦门下潭尾红树林湿地公园的土壤中微生物群落对不同碳源的利用能力，发现下潭尾红树林湿地的土壤和根际微生物群落结构和碳代谢具有较高的空间变异性。Maillard 等（2019）通过 BIOLOG 法研究了桉树采伐时整树收获和仅收茎干两种方式对土壤微生物功能的影响。Lladó 和 Baldrian（2017）运用 BIOLOG 系统对捷克波希米亚国家森林公园中云杉林土壤中微生物的代谢功能进行分析，结合分子生物技术发现了土壤环境中的营养缺陷型细菌种群的代谢特征。此方法检测速度快，成本低，但是又局限于能在实验条件下生长的微生物培养方法，且实验结果只能反映潜在的代谢，实际环境中的条件可能有一定差异，因此反映出的代谢多样性可能会引起质疑（朱菲莹等，2017）。

林辉等（2016）利用微生物群落水平生理学图谱（CLPP）分析了有机肥中重金属对菜田土壤微生物群落代谢的影响。基于慈溪掌起镇的蔬菜施肥试验，结合常规理化分析和 Micro RESPTM 方法，在 2 年 4 次施肥后，分析不施肥（CK）、重金属达标商品有机肥（T1）和 Pb-As-Cu-Zn 添加有机肥（T2）施用土壤的基本理化性质、重金属累积以及微生物群落代谢特征，探讨重金属对施用有机肥土壤微生物群落代谢特征的影响。结果表明，T1 和 T2 显著提高了旱地蔬菜轮作土壤有机质和部分养分含量，且两者无显著差异。但从重金属含量上看，T2 土壤 Cu、Zn 全量以及有效态 Cu、Zn、As 含量显著高于 T1 和 CK 土壤。基于 Micro RESPTM 的微生物群落代谢特征分析指出，与 CK 相比，T1 显著促进了土壤基础呼吸作用和微生物代谢功能多样性，T2 却无类似的促进效果，可见 T2 土壤 Cu、Zn 和有效态 As 含量的大幅增加削弱了有机肥中有机质等养分对土壤微生物的促进作用。主成分和聚类分析进一步表明，T1 与 T2 土壤的微生物群落水平生理学图谱（CLPP）存在明显差异，T2 土壤中重金属及其有效性的增加诱导柠檬酸、苹果酸和草酸等羧酸代谢利用增强。因此，畜禽粪污有机肥对菜田土壤微生物群落代谢的作用同时受到有机肥本身及其残留重金属的影响，有机肥中过高的重金属残留会改变有机肥养分对土壤微生物代谢的影响。

2. 磷脂脂肪酸法（PLFA）生物标记法

在细胞的细胞膜上存在着磷脂成分，磷脂种类有很多，且大多是由于其脂肪酸链不同，而不同的微生物种群的磷脂脂肪酸特征学图谱（phospholipid fatty acid profile，PLFA）生物标记法不同，专一又具有特异性，可以作为微生物的生物标记，因此 PLFA 分析就成了一种探究微生物多样性及微生物生理状态的方法（Nkongolo and Narendrula-Kotha，2020）。Buyer 等（2010）在对不同处理的番茄地土壤进行 PLFA 分析后，发现对试验田进行作物覆盖处理后，土壤中微生物量会有增加。Narendrula 和 Nkongolo（2015）对矿区金属污染复垦区微生物种群的脂肪酸图谱进行分析，发现此地仍处于严重金属污染影响中。PLFA 分析不需要微生物培养，比较方便快捷，但是群落分析中可能会有物种之间物质及温度的干扰，且这种方法用于分类的能力较低。

林营志等（2009）为提高研究分析效率，编写了生物标记辅助分析程序 PLFAEco，提供基于 PLFA 的微生物群落分析功能。基于 MIDI 公司的 Sherlock 脂肪酸微生物鉴定系统，采用 Perl 为编程语言。程序 PLFAEco 可计算样品的微生物群落特性，包括 Shannon 指数（H_1）、Brillouin 指数（H_2）、McIntosh 多样性指数（H_3）、丰富度指数（D）、Pielou 均匀度指数（J）、Simpson 优势度指数（λ）计算，执行聚类分析、主成分分析；计算对象可分别为样品或 PLFA；也可依用户设定以 PLFA 组合代替单一 PLFA 为计算单元便于比较真菌、放线菌、细菌等微生物类群之间的关系；根据样品重复、处理信息进行均值和标准差计算；计算结果以包含图表的网页形式显示，提供 CSV 格式的数据文件供其他软件使用。程序 PLFAEco 扩展了 Sherlock 系统在微生物群落分析方面的功能，避免了手工利用该系统带来的磷脂脂肪酸数据提取、数据矩阵构建、统计计算等复杂而繁重的工作，具有操作方便、速度快的特点，能满足大多数情况下的需求，已在烟田土壤、发酵床养猪场垫料的微生物群落分析中得到了验证。

为明确养猪发酵床发酵过程微生物群落的变化规律，为发酵床的科学管理提供依据，郑雪芳等（2019）采用磷脂脂肪酸（PLFA）生物标记法分析养猪发酵床不同发酵等级垫料的微生物群落结构特征。采用色差法将垫料分为 3 个发酵程度等级——1 级、2 级和 3 级，采集不同发酵等级表层（0～15cm）和里层（30～45cm）垫料样本，测定各样本的 PLFA。结果表明，共检测到 61 种 PLFA，发酵 2 级垫料的 PLFA 种类最多，发酵 3 级垫料的 PLFA 种类最少。在各垫料中，PLFA 分布量均表现为细菌＞真菌＞放线菌。指示细菌、真菌、放线菌、革兰氏阳性细菌（G^+）、革兰氏阴性细菌（G^-）的 PLFA 及总 PLFA 在各发酵等级表层垫料的分布量均显著大于其在里层垫料的分布量，最大值出现在发酵 1 级表层垫料中。与对照（未发酵垫料）相比，发酵垫料总 PLFA 含量均显著增加（$P < 0.05$）。发酵 3 级表层垫料的真菌 / 细菌值最大，发酵 2 级表层垫料的 G^+/G^- 值最大。多样性分析表明，Shannon 指数和 Pielou 均匀度指数最大值出现在发酵 2 级垫料中，而 Simpson 指数最大值出现在发酵 3 级表层垫料中。聚类分析表明，当欧氏距离为 233.15 时可将不同发酵等级垫料聚为 3 个类群，同一发酵级别的垫料聚在相同类群中；主成分分析表明，发酵 1 级表层和里层垫料单独归一类群，其他发酵等级垫料和对照垫料归另一类群中。因此，不同发酵等级垫料的微生物种群结构不同，发酵 1 级表层垫料微生物分布量最大，发酵 2 级垫料的微生物种类最多，相同发酵级别表层和里层垫料微生物群落结构相似。

郑雪芳等（2018）采用磷脂脂肪酸（PLFA）生物标记法分析发酵床大栏养猪微生物群落结构的空间分布特点。从发酵床的 5 个区域（A、B、C、D、E）和 3 个层次（表层、中间层和底层）采集垫料样品，利用 Sherlock MIS 4.5 系统分析各样品的 PLFA。结果表明，15:0、17:0、a15:0 等 7 种 PLFA 在各样品中均有分布，为完全分布型，而 a12:0 和 17:1ω6 分别只在 A 区和 B 区分布，为不完全分布型。指示细菌、真菌、放线菌、革兰氏阳性细菌（G^+）、革兰氏阴性细菌（G^-）的 PLFA 及总 PLFA 在 D 区表层分布量最大。在各垫料中，PLFA 分布量均表现为细菌＞真菌＞放线菌。A 区各层次的真菌 / 细菌值显著高于其他区域（$P < 0.05$），而 G^+/G^- 值则显著低于其他区域（$P < 0.05$）。多样性分析表明，不同区域和层次的垫料 Simpson 指数、Shannon 指数和 Pielou 均匀度指数值均呈现显著差异（$P < 0.05$）。

聚类分析表明，当兰氏距离为 117.1 时，可将各样品聚为两个类群：类群 I 包含 A 区的垫料，其特征是指示不同微生物的 PLFA 种类少和含量低；类群 II 包含其他 4 个区域的垫料。当兰氏距离为 23.4 时，B 区和 D 区各层次样本聚在同一亚类群中，其 PLFA 种类多、含量高，而 C 区和 E 区各层次样本聚在另一亚类群中，其 PLFA 含量中等。主成分分析表明，主成分 1 和主成分 2 基本能将发酵床不同空间垫料样本区分出来，其中 A 区单独归在一类群，D 区和 B 区归在一类群，C 区和 E 区归在一类群，与聚类分析结果一致。综上，发酵床大栏养猪不同空间的微生物种群结构不同，A 区微生物种类少、含量低，而 B 区和 D 区微生物种类多、含量高。

3. 分子生物学技术研究微生物多样性的方法

为了解决生理生化研究方法中存在的问题，提高分类水平，现如今已经开发出了许多基于核酸分析的分子生物学方法。例如（G+C）含量法、核酸复性动力学技术，这些方法可以粗略测量分析微生物的多样性（马琳，2019）。现在科研人员经常用的分子生物学方法一般是基于 PCR 技术，通过电泳或测序将核酸信息进行处理，进而得出微生物群落结构的详细信息。

（1）变性梯度凝胶电泳（DGGE） 变性梯度凝胶电泳（denaturing gel gradient electrophoresis，DGGE）技术最初是为检测 DNA 序列中的点突变而开发的。后来，Muyzer 等（1993）用这项技术研究微生物群落结构，并逐渐成为研究微生物多样性的一种方法。先从土壤样品中提取 DNA 并进行 PCR 扩增，在聚丙烯酰胺凝胶上加了具有浓度梯度的变性剂（甲酰胺和尿素）后，长度相同但序列不同的 DNA 分子就可以分离开。Knief 等（2003）对甲烷歧化酶这一分解代谢基因进行 DGGE 分析，提供了在特定功能（如污染物降解）中起作用的特定微生物群的多样性的信息。Liu 等（2020）通过 DGGE 分析发现玉米秸秆热解后作为农业生物碳源能使得土壤微生物多样性减少，但又能促使功能性菌种生长为优势种群，提高群落稳定性。葛晓颖等（2016）通过 DGGE 图谱反映出作为土壤优势菌群的芽胞杆菌和假单胞菌在连作 4～5 年后种群密度降低，同时连作障碍发生时间与此相吻合，可能两者之间有关联。

李慧杰等（2017）研究了沸石和过磷酸钙对畜禽粪污高温好氧堆肥过程中甲烷（CH_4）排放的影响，选用蛋鸡粪和米糠为试验材料，以沸石和过磷酸钙为堆肥添加剂，进行了 46d 的好氧堆肥试验，监测了堆肥试验过程中 CH_4 排放通量的变化，并通过 PCR-DGGE 和荧光定量 PCR 方法对产甲烷菌群落结构和数量进行了分析。结果表明：CH_4 的排放主要集中在堆肥中后期的腐熟阶段，添加沸石和过磷酸钙延后了 CH_4 排放的高峰期，并且削减了 CH_4 排放的峰值，对照处理在堆肥第 31 天达到排放峰值 [CH_4，66.08g/（m^2·d）]，沸石处理和过磷酸钙处理的排放峰值分别在堆放第 35 天和第 39 天，分别为 CH_4 30.24g/（m^2·d）和 27.38g/（m^2·d），添加沸石和过磷酸钙分别降低 47.23% 和 56.20% 的 CH_4 排放总量，减排效果显著。添加沸石和过磷酸钙均没有对产甲烷古菌的群落结构造成显著影响；但是添加沸石和过磷酸钙可以增大堆肥后期透气性，提高堆肥后期 CO_2/CH_4 值，降低产甲烷古菌的绝对数量。因此，沸石和过磷酸钙能够作为工厂化鸡粪条垛堆肥添加剂，有效削减 CH_4 排放，且过磷酸钙效果更佳。

周婧等（2017）以蛋鸡粪为研究对象，考察其在工业堆肥过程中几种主要氮化物的变化，同时应用聚合酶链反应 - 变性梯度凝胶电泳（PCR-DGGE）技术检测氨氧化细菌（ammonia-oxidizing bacteria，AOB）和氨氧化古菌（ammonia-oxidizing archaea，AOA）的群落结构，并通过冗余分析（redundancy analysis，RDA）探讨环境变量对 AOB 群落结构的影响。结果表明：整个堆肥过程中总氮损失率为 30.8%；DGGE 图谱展示了一个丰富的氨氧化微生物群系，共有 14 种 AOB 及 13 种 AOA 被证实，其中，亚硝化单胞菌属（Nitrosomonas）和候选 - 加尔格亚硝化球形菌（Candidatus_Nitrososphaera gargensis）分别是 AOB 及 AOA 的优势种属，部分欧洲亚硝化单胞菌（Nitrosomonas europaea）与嗜盐亚硝化单胞菌（Nitrosomonas halophila）的菌株存在于整个堆肥过程；AOB 群落多样性指数及丰度在整个堆肥过程中呈现先降低后升高的变化，而 AOA 群落正好与之相反；RDA 分析结果表明，温度和 pH 值对 AOB 群落结构具有显著的负影响（$P < 0.05$），尤其是温度对其有极显著影响（$P < 0.01$）。

王欣等（2015）综述了变性梯度凝胶电泳（DGGE）技术在畜禽粪污厌氧发酵液中的研究进展，其优点是：操作的简便性、快速同时对比分析大量样品、能跟其他分子生物学技术相结合。对变性梯度凝胶电泳技术在畜禽粪污厌氧发酵液中，微生物菌落的多样性和动态性研究，得出厌氧发酵系统是处理畜禽粪污的有效途径之一，而发酵液中各种微生物是维持系统稳定运行的关键因子，将 DGGE 技术应用到畜禽粪污厌氧发酵液中，可以用来分析不同时期发酵液中不同微生物优势菌群的种类及数量变化，指导厌氧系统的稳定运行。魏勇等（2011）采用变性梯度凝胶电泳（PCR-DGGE）技术研究猪场沼气池细菌群落，对基于 16S rDNA 的 V3 区的 PCR-DGGE 电泳的最佳变性剂梯度范围、电泳时间、染色时间进行优化。研究结果表明，最佳变性剂梯度范围为 35% ～ 60%，电泳时间为 12h，荧光染料的染色时间是 30min，优化后的 PCR-DGGE 确保了实验的准确性、灵敏度和可重复性。运用此优化后的 PCR-DGGE 技术对 5 个猪场沼液细菌群落进行了研究，获得了较丰富的多样性。该实验为深入研究畜禽养殖粪污治理的菌种筛选奠定了基础。冯广达等（2010）对两种类型微生物溯源方法的研究现状、优缺点以及应用中存在的问题进行了综述和展望。认为在培养建库微生物溯源方法中重复序列分型应用性最强，而在非培养建库方法中基于大肠杆菌特异性基因的 PCR-DGGE 具有广阔的应用前景。非培养建库微生物溯源是今后主要的研究方向，培养建库和非培养建库溯源方法相结合才能使溯源结果更加可信。

（2）末端限制性片段长度多态性（T-RFLP）　末端限制性片段长度多态性分析（terminal restriction fragment length polymorphism，T-RFLP）与 RFLP 原理相同，不同的是 T-RFLP 用荧光染料标记了引物进行扩增，然后用限制性内切酶酶切扩增片段，这些片段经过电泳分离后可检测末端限制性片段。根据不同片段的差异，从而可以用来解析微生物群落的构成（Schütte et al.，2008）。Nakamura 等（2019）通过结合 T-RFLP 分析和数据挖掘，对从不同类型糖尿病患者及正常人的粪便样本获得的 16S rRNA 基因扩增产物进行分类，发现了针对不同糖尿病患者的特定肠道菌群模式，以及这些模式的性别差异。Bai 等（2019）结合 T-RFLP 分析对中国海螺沟冰川退缩区主要演替过程中反硝化细菌群落的变化提供了依据。Szemiako 等（2017）以真菌高柠檬酸合酶基因为检测对象，利用 T-RFLP 技术鉴定 6 种临床上重要的念珠菌。

张蕾等（2014）采用末端限制性片段长度多态性分析（T-RFLP）和克隆文库构建相结合的研究方法，对以秸秆为唯一或主要原料的 4 个沼气发酵反应器中的细菌和古菌群落特征进行分析，结果表明：① 供试秸秆沼气反应器中细菌种类十分丰富，分属于 9 个门，其中厚壁菌门（Firmicutes）、变形菌门（Proteobacteria）与拟杆菌门（Bacteroidetes）为优势种群，在四个沼气反应器中的相对丰度分别为 19.3% ～ 47.2%、4.8% ～ 24.3% 与 2.5% ～ 15.5%。水解与发酵性细菌为各反应器中的优势种群；② 古菌种类明显少于细菌，均属于甲烷杆菌纲（Methanobacteria）和甲烷微菌纲（Methanomicrobia）。在以秸秆为唯一原料的反应器中，甲烷鬃菌属（*Methanosaeta*）为优势种群，相对丰度为 69.2% ～ 71.9%；而在添加猪粪的反应器中，甲烷八叠球菌属（*Methanosarcina*）为优势种群，相对丰度为 73.1%。吴健等（2012）研究了猪粪堆肥中芽胞杆菌属细菌的多样性和时空分布特征，利用强制通风静态仓堆肥系统进行了猪粪堆肥试验，将荧光原位杂交（FISH）技术、变性梯度凝胶电泳（DGGE）技术与传统分离培养方法相结合，研究了芽胞杆菌属细菌在堆肥过程中的动态变化、时空分布和多样性差异。研究发现，从猪粪堆肥过程中不同时期、不同高度层 9 个堆肥样品中分离得到了 540 株芽胞杆菌。

（3）高通量测序　随着基因测序技术的逐渐成熟，高通量测序的读长更长、通量更高、成本更低，越来越多的研究者应用高通量测序技术来研究土壤微生物多样性（张君，2019）。同时，高通量测序技术用于研究微生物多样性又分为扩增子测序和宏基因组测序（赵妍等，2019）。扩增子测序一般情况下是对 16S rRNA 基因等微生物基因中可以作为研究微生物进化关系的一些特定片段的 PCR 产物进行高通量测序，从而获得可培养及不可培养的微生物的种类、数量及进化关系（李俊锋，2015）。宏基因组学是利用高通量测序对某一环境下微生物群落基因组进行研究，除了微生物多样性，还能对微生物群体的功能属性在环境中的变化进行研究（Fierer et al., 2012）。Bates 等（2013）对全球来自不同气候的多种生物群落和土壤类型通过高通量测序进行了土壤中原生生物的分布模式的研究。Tedersoo 等（2014）利用来自数百个全球分布的土壤样本的 DNA 高通量测序数据分析，发现土壤 pH 值对真菌和细菌群落的系统进化结构的影响是巨大的。周江鸿等（2019）对不同年份和不同地点采集的黄栌根际土壤中细菌进行了 16S rRNA 基因高通量测序，以此揭示了不同植物配置对黄栌根际土壤微生物群落结构和多样性的影响。

为了解畜禽粪污中多重抗生素耐药细菌及耐药基因的污染特征，张昊等（2018）采用微生物培养的方法调查了鸡粪、猪粪中多重耐药细菌的数量，并挑取部分菌株进行 16S rDNA 鉴定和抗生素敏感性试验；进一步通过高通量测序技术解析多重耐药细菌的群落结构，利用高通量定量 PCR 对粪便中 176 种耐药基因的分布情况进行研究。结果表明，不同鸡粪、猪粪中对四环素、环丙沙星和庆大霉素同时耐药的多重耐药细菌比例为 7.96% ～ 12.40%；单菌株鉴定和群落结构分析均显示，可培养的多重耐药细菌主要集中在埃希氏菌属（*Escherichia*）、不动杆菌属（*Acinetobacter*）和变形杆菌属（*Proteus*）中，与未饲用抗生素的猪粪相比，猪粪样品中耐药基因的总富集倍数达到 1.96×10^4 ～ 1.54×10^5 倍，各类耐药基因的富集情况为：四环素类＞ β- 内酰胺类＞ MLSB（大环内酯、林可酰胺和链阳性菌素 B 类）＞氨基糖苷类＞ FCA（氟喹诺酮、喹诺酮、氟苯尼考、氯霉素和酰胺醇类）＞磺胺类＞万古霉素类。

滑留帅等（2016）使用 16S rRNA 基因高通量测序技术，分析了牛粪自然发酵与添加益生菌剂发酵过程中细菌种群的多样性变化。结果表明：①新鲜牛粪、自然发酵 1 个月、自然发酵 6 个月的牛粪中细菌种群并没有明显的变化规律，说明自然发酵过程主要依赖于新鲜牛粪中携带的细菌种群；②添加益生菌发酵后，细菌种群明显不同于不是自然发酵过程中的细菌种群，其中变形菌门（Proteobacteria）细菌显著增加，而厚壁菌门（Firmicutes）细菌显著减少，说明益生菌剂能够显著改变堆肥过程中的细菌种群。

四、影响微生物多样性的因素

影响土壤微生物多样性的环境因素已经得到广泛的研究。众所周知，大陆范围内，生物的多样性水平一般与能量、水分、纬度等有关（Davies et al., 2008）；而另一方面，土壤微生物的多样性则与土壤 pH 值密切相关（Lauber et al., 2009）。Fierer 等（2006）从北美洲和南美洲收集了 98 个土壤样本，比较了不同地点的细菌群落组成和多样性，细菌多样性与环境温度、纬度和其他通常可预测植物和动物多样性的变量无关，而且群落组成在很大程度上与地理距离无关。最终的研究结果表明，微生物的生物地理学主要受到土壤环境变量因子的影响。Karimi 等（2018）对法国 2173 个土壤样品进行 16S rRNA 基因的焦磷酸测序，以求全面了解细菌和古细菌的空间分布，并确定涉及的生态过程和环境驱动因素，发现菌群分布的主要环境驱动因素是土壤 pH 值＞土地管理＞土壤质地＞土壤养分＞气候。Ma 等（2017）采样并分别分析了中国东部四个植被带的样带上 110 个天然林地中的古细菌、细菌和真菌群落的生物地理模式，一系列对比研究显示在大陆尺度的自然植被梯度上，土壤中古细菌、细菌和真菌具有不同的生物地理模式和驱动过程。且土壤 pH 值对于细菌群落的多样性和结构的影响与可溶性草酸铁与游离的铁氧化物的比率（Feo/Fed）相关。Xia 等（2016）收集了中国东部典型森林生态系统中的 115 个土壤样品并研究了它们的细菌群落组成，细菌多样性分布沿纬度呈现抛物线特征，在北纬 N33.50°～40°之间细菌多样性最丰富，该区域的特征是温带区、中温区、土壤 pH 呈中性，土壤 pH 值为 5 可定义为阈值，低于该阈值，土壤细菌多样性可能下降，而且土壤细菌群落结构发生显著变化。

对土壤微生物的多样性的影响可以由多种因素造成，目前可知主要由土壤性质（如 pH 值、碳含量、质地等）、土地管理、气候和植物覆盖率决定，但是对影响单一种群的驱动因素尚不清楚，因此仍需要更多数量、范围更广的采样和调查。

第四节
畜禽粪污治理降解菌——芽胞杆菌研究进展

一、芽胞杆菌的功能

芽胞杆菌是一类好氧或兼性厌氧的杆状、产芽胞的细菌。芽胞杆菌最重要特征是其可以在细胞内形成内生孢子，从而对辐射、干燥、紫外线、辐射、热和化学物质等具有高度抵抗力，使这些细菌能够在不利条件下存活（Mandic-Mulec et al., 2015）。因此，这类细菌除了主要分布于土壤、植物体表面及水体中，在很多高低温、高盐、盐碱、高辐射地区也会存在（McSpadden Gardener, 2004）。芽胞杆菌中存在很多具有特殊功能的菌种，在工农业及科学研究中有广泛的应用价值。芽胞杆菌在自然界的广泛分布及其产生芽胞的特性，成为人们越来越重视的研究对象。芽胞杆菌可用于废弃物的降解、动植物病原菌的抑制、植物的保鲜促长等，因其产生芽胞的抗逆性和产品耐储存性，使得芽胞杆菌作为工业化生产的微生物菌剂成为可能；用于生产生物农药、生物肥料、动物益生菌、植物促长剂、果蔬保鲜剂以及酶制剂等；畜禽粪污发酵应用的微生物菌剂 90% 来源于芽胞杆菌。Yang 等（2020）在玉米种子中分离到 7 株内生细菌皆为芽胞杆菌，且这些内生细菌对玉米种子中 3 种致病真菌具有拮抗作用。Pandin 等（2018）在贝莱斯芽胞杆菌（*Bacillus velezensis*）基因组中发现了 2 个抗菌物质的基因簇，并研究显示这株菌产生的生物被膜具有抵抗木霉的能力，通过基因组来探究微生物之间的相互作用可能成为新的研究方式。Mohammad 等（2017）从约旦温泉中分离出一株具有产生热稳定酶能力的嗜热芽胞杆菌，可用于热稳定酶的生产。

熊志强等（2018）以土霉素初始含量 0 作为对照（CK），探析了牛粪堆肥（TG）过程中 60mg/kg 的土霉素的降解及微生物群落变化规律。结果显示，经 28d 的堆肥处理，土霉素降解率达 93.3%，63d 后降解率达 96.7%。微生物群落方面，在土霉素处理中，类芽胞杆菌属（*Paenibacillus*）、芽胞杆菌属（*Bacillus*）和热芽胞杆菌属（*Thermobacillus*）在高温期增加，其相对丰度由原料中的 0.04%、0 和 0 分别升高到高温期的 4.25%、1.16% 和 1.68%，而在空白组中分别为 0.20%、0.02% 和 0.09%。此外，相关性分析发现芽胞杆菌属（*Bacillus*）、短芽胞杆菌属（*Brevibacillus*）以及螯合球菌属（*Chelatococcus*）对土霉素的降解过程具有较大的效应，证实土霉素在牛粪堆肥过程中的生物降解与微生物密切相关。王国强等（2018）选取不同益生菌对鸡粪进行发酵处理，根据发酵粪便中温度变化、氮含量、pH 值、总活菌数、大肠杆菌数、干物质损失率和吲哚含量等参数，确定发酵鸡粪的干酪乳杆菌（*Lactobacillus casei*）、产朊假丝酵母（*Candida utilis*）、粪肠球菌（*Enterococcus faecalis*）和枯草芽胞杆菌（*Bacillus subtilis*）用量分别为 0.05%、0.10%、0.05% 和 0.05%（$P < 0.05$）。根据单因素试验的结果，将 4 种益生菌作为四因素进行响应面回归设计，以吲哚含量高低作为发酵好坏的判定标准，得到 4 种益生菌的最佳配比，即干酪乳杆菌 0.06%、产朊假丝酵母 0.15%、粪肠球菌 0.07%、枯草芽胞杆菌 0.07%。利用此复合微生态制剂发酵鸡粪，使鸡粪中吲哚含量、大肠杆菌数量和 pH 值分别比对照组显著降低 87.50%、21.93% 和 16.72%，对畜禽粪污的无害化处理具有重要意义。

郭晓军等（2017）采用平板扩散法和 Folin- 酚试剂比色法筛选耐热产蛋白酶芽胞杆菌菌株，并对其进行种属鉴定和产芽胞条件优化。结果表明：得到一株耐热产蛋白酶活性较高的芽胞杆菌菌株 N62，初步鉴定为甲基营养型芽胞杆菌（*Bacillus methylotrophicus*）；最适的培养基组成为玉米粉 1.0%、黄豆饼粉 1.0%、$MgSO_4 \cdot 7H_2O$ 0.02%、$FeSO_4 \cdot 5H_2O$ 0.02%；最适的培养条件为初始 pH 值为 7；装液量 50mL/250mL；接种量 8mL；发酵时间 72h；优化后芽胞产率为 95.0%。徐杰等（2014）采用多种筛选相结合的方法，从土壤、秸秆、牛粪等不同来源的样品中分离得到 3 株具有木质纤维素降解能力的细菌，其同时具有使堆肥快速升温和有效除臭潜力。经菌体形态观察、生理生化分析及 16S rDNA 鉴定，此 3 株细菌均属于芽胞杆菌（*Bacillus* spp.）。堆肥功能验证试验结果表明，添加此 3 株功能菌可使堆肥中纤维素、半纤维素和木质素的降解率分别比对照提高 31.31%、19.57% 和 14.33%；堆肥结束时的发芽率达到 93.3%，高出对照 36.6%。此 3 株功能细菌具有很好的促进堆肥中木质纤维素降解和提高堆肥腐熟度的能力，可以考虑将其应用于较大规模的牛粪或其他畜禽粪污的堆肥处理。

二、芽胞杆菌的种类

芽胞杆菌种类众多，它隶属于厚壁菌门（Firmicutes）、芽胞杆菌纲（Bacilli）、芽胞杆菌目（Bacillales），是指一类需氧或兼性厌氧、细胞杆状、产抗逆性强芽胞的重要微生物资源。

据具名原核生物目录（List of Prokaryotic names with Standing in Nomenclature，LPSN，https://www.bacterio.net/）网站统计，到 2019 年 12 月 31 日为止，芽胞杆菌有 114 个属、1075 种；分布广泛，沙漠、深海、盐碱湖、空间站、林地、农田等皆有芽胞杆菌踪迹。由于芽胞杆菌能产生抗逆性强的芽胞，环境适应性极强，能与各种环境协同进化而得以存活。环境多样性使得芽胞杆菌生理特性丰富多样，产生多种功能代谢物，作为杀菌剂、降污剂、益生菌、酶制剂等在农业、环境、工业、医学领域有着良好的开发价值和应用前景。

三、芽胞杆菌的分类

芽胞杆菌属（*Bacillus*）由德国微生物学家于 1872 年建立，将枯草芽胞杆菌设为该属的模式菌株，19 世纪末由德国著名生物学家科恩［Cohn（1876）］和柯赫［Koch（1876）］系统描述。科恩首先在枯草芽胞杆菌中发现芽胞形成，柯赫用炭疽杆菌（炭疽病和早期生物战的病原体）证明了疾病的细菌学说。科恩和柯赫根据细胞形状对芽胞杆菌进行了分类。由于当时的技术局限性而使用了这种粗略的形态学标准，导致分类过于简单，而且常常产生误导，无法反映生物的进化关系。例如，大肠杆菌和铜绿假单胞菌由于其杆状细胞而被分类为芽胞杆菌属（Daegelen et al., 2009）。此外，以能否形成芽胞作为定义标准导致许多其他种细菌被纳入芽胞杆菌属中（Shida et al., 1996）。因此目前根据《伯杰氏系统细菌学手册》（第二版）和原核生物新种鉴定标准所述，芽胞杆菌分类鉴定指标主要为综合表型、化学和基因特征（刘国红等，2017a）。

表型特征进行分类鉴定是最基础的一种，主要是根据细胞形状、大小、运动性、芽胞形状及位置等形态特征以及碳源和氮源利用、明胶水解、硝酸还原、V-P 反应等生理生化特征进行分类鉴定（曹亚婧，2016）。化学特征主要是细胞壁成分、呼吸醌、极性酯和脂肪酸成分等（刘贯锋，2011）。基因特征一般对 16S rRNA 基因序列分析，对于两株相互之间 16S rRNA 基因序列相似度少于 97% 的菌株来说，一般可以认为这两株菌不是同一种（Tindall et al., 2010）。综合这些方法，1970 年，Colwell 提出多相分类（polyphasic taxonomy）的概念，利用微生物的多种信息，即上述表型特征、基因型和系统发育的信息综合起来研究，不仅可以准确获得芽胞杆菌种数分类，还有助于研究者认识芽胞杆菌的进化过程（Venkateswaran et al., 1999）。

四、芽胞杆菌资源多样性

近几年，不同生态条件下土壤芽胞杆菌的数量和种类分布陆续有报道。国内外许多实验室对不同地理环境，不同生境的芽胞杆菌资源进行了鉴定分析。王子旋等（2012）在对新疆不同地点芽胞杆菌进行研究时，使用了芽胞杆菌脂肪酸鉴定系统和 16S rDNA 序列比对 2 种方法，将 44 株菌鉴定为 13 种不同的芽胞杆菌，并发现脂肪酸鉴定系统具有准确鉴定芽胞杆菌到种的水平，与 16S rDNA 序列比对相比较具有高效、快速、成本低等优点。此外，还在应用物种丰富度、物种多样性指数、均匀度指数和生态优势度等指标初步分析了新疆地点土壤芽胞杆菌的物种多样性。郑梅霞等（2014）对采集于陕北 5 个地点的土壤样品进行了芽胞杆菌分离鉴定，共分离到 31 株芽胞杆菌，共 19 种，其中部分菌株为国内少见报道的种类。葛慈斌（2016）系统地分析了武夷山自然保护区土壤中芽胞杆菌的群落状况，发现蜡样芽胞杆菌（*Bacillus cereus*）、蕈状芽胞杆菌（*Bacillus mycoides*）、苏云金芽胞杆菌（*Bacillus thuringiensis*）在土壤中的分离频度与海拔显著相关，其中苏云金芽胞杆菌为负相关，即随着海拔的升高，该菌株在土壤中的数量、分离频度逐渐减少。刘国红（2016a）对台湾地区8个市（县）的土壤样品中的芽胞杆菌进行纯培养分离，20 份土壤样品中分离获得 136 株芽胞杆菌，分为 2 个属、20 个种。经过分析认为台湾地区土壤中蕴藏着丰富芽胞杆菌种类且多样性高，具有很大的开发潜力。此外还有华重楼、玉米、马铃薯等植物根际土壤芽胞杆菌多样性分析的研究，为植物作物与微生物结构的关系的研究提供了理论基础。Liu 等（2019）使用纯培养结合高通量测序，研究了从东北黑土带获得的 26 个土壤样品中可培养的芽胞杆菌样细菌群落的组成和多样性，结果表明，类芽胞杆菌属（*Peanibacillus*）细菌群落的多样性与土壤总碳含量和土壤采样纬度呈显著正相关。这项研究表明在黑土地区存在着可培养的芽胞杆菌群落独特的生物地理分布。Larrea-Murrell 等（2018）从古巴一个受污染的淡水生态系统进行了采样并使用纯培养分离了细菌，对这些细菌中的芽胞杆菌的形态特征、胞外酶活性、16S rRNA 基因进行了多样性分析。

刘国红等（2017b）分析养猪微生物发酵床芽胞杆菌空间分布多样性，将发酵床划分为 32 个方格（4 行 ×8 列），采用五点取样法获得每个方格的样品。采用可培养法从 32 份样品中分离芽胞杆菌菌株，利用 16S rRNA 基因序列初步鉴定所分离获得的芽胞杆菌种类。利用聚集度指标和回归分析法，分析芽胞杆菌的样方空间分布型。通过香农指数（Shannon 指数）、Simpson 指数、Hill 指数及丰富度指数分析，揭示微生物发酵床中芽胞杆菌的空间分布多样性。从 32 份样品中共获得芽胞杆菌 452 株，16S rRNA 基因鉴定结果表明它们分别隶属于芽胞杆菌纲的 2 个科、8 个属、48 个种。其中，种类最多的为芽胞杆菌属（*Bacillus*），30种；赖氨酸芽胞杆菌属（*Lysinibacillus*），6 种；类芽胞杆菌属（*Paenibacillus*），5 种；短芽胞杆菌属（*Brevibacillus*），3 种；鸟氨酸芽胞杆菌属（*Ornithinibacillus*）、大洋芽胞杆菌属（*Oceanibacillus*）、少盐芽胞杆菌属（*Paucisalibacillus*）和纤细芽胞杆菌属（*Gracilibacillus*）各 1 个种。芽胞杆菌种类在发酵床空间分布差异很大，根据其空间出现频次，可分为广分布种类，如地衣芽胞杆菌（*Bacillus licheniformis*）；寡分布种类，如根际芽胞杆菌（*Bacillus rhizosphaerae*）；少分布种类，如弯曲芽胞杆菌（*Bacillus flexus*）。依据其数量，可分为高含量组优势种群，如地衣芽胞杆菌（*Bacillus licheniformis*）；中含量组常见种群，耐盐赖氨酸芽胞杆菌（*Lysinibacillus halotolerans*）；寡含量组寡见种群，如根际芽胞杆菌（*Bacillus rhizosphaerae*）；低含量组偶见种群，如土地芽胞杆菌（*Bacillus humi*）。空间分布型聚集度和回归分析测定表明，芽胞杆菌在微生物发酵床的分布类型为聚集分布。微生物发酵床垫料中芽胞杆菌种类总含量高达 4.41×10^8 CFU/g，其种类含量范围为（$0.01 \sim 94.1$）$\times 10^6$ CFU/g（均值为 8.96×10^6 CFU/g），丰富度指数（D）、优势度指数（λ）、Shannon 指数（H）和均匀度指数（J）分别为 0.4928、0.2634、1.3589 和 0.9803，其中 Shannon 指数最大的单个芽胞杆菌种类为地衣芽胞杆菌（*Bacillus licheniformis*）。根据芽胞杆菌种类多样性指数聚类分析，当欧式距离 λ=17 时，可分为高丰富度高含量和低丰富度低含量类型。微生物发酵床的芽胞杆菌种类丰富、数量高，是一个天然的菌剂"发酵罐"，有望直接作为微生物菌剂，应用于土壤改良、作物病害防控、污染治理等领域。

五、芽胞杆菌地理生境分布

1. 中国地理气候区划

中国幅员辽阔，南北之间纬度间隔大，地势高低错落，整体呈西高东低的地势（方如康，1996），东边即为太平洋，这种地势使得太平洋的暖湿气流可以深入内陆，产生丰富的降水。西部海拔高，逐级向东下降，水能蕴藏丰富，形成了整体上自西向东的河流方向（王树声，2014）。复杂的地形使山脉走向多样，因而不同地区降水的差异很大。从温度带划分来看，由于南北纬度跨度大，又有海上季风及西部高压气流影响，山脉走向，对气流也有多种影响（赵嘉阳，2017），因此中国境内可划分 6 个温度带，分别为热带、亚热带、暖温带、中温带、寒温带和青藏高原区。从降水方面来看，同样由于复杂的地势和南北大陆海洋的季风的影响，中国干湿分布可分为 4 个区，分为湿润地区、半湿润地区、半干旱地区、干旱地区。多样的温度带加上复杂的水温环境及复杂的地形，产生了东西部分明的气候差异。从气候类型上看，东部属季风气候（又可分为亚热带季风气候、温带季风气候和热带季风气候），西北部属温带大陆性气候，青藏高原属高寒气候（徐文铎，1986）。

2. 中国生境分布多样性

复杂的气候条件下，中国境内分布着几乎全世界所有的植被类型和生境类型（孙杰，2007）。从南到北受热量变化影响依次是热带雨林、亚热带常绿阔叶林、温带落叶阔叶林以及少部分亚寒带针叶林，呈现出纬度地带性（侯学煜，1981）。从东到西受水分变化影响依次是森林、草原、荒漠草原、荒漠，受水分变化影响，呈现出经度地带性（金凯，2019）。中国范围内生态环境多种多样，物种多样性也因此较高，在中国范围内进行物种多样性研究极其具有价值。

3. 芽胞杆菌生境分布多样性

不同的地理气候条件下，芽胞杆菌分布呈现丰富的多样性。刘国红等（2019）为了解云南腾冲小空山火山谷土壤中可培养芽胞杆菌种类分布特征。采用可培养手段对小空山火山谷阳坡、谷底和阴坡土壤中的芽胞杆菌进行分离培养，根据 16S rRNA 基因序列同源性对分离菌株进行鉴定，并分析系统发育地位。利用 Canoco5 软件分析采样点芽胞杆菌种类分布特征与土壤样品理化性质的相关性。从火山谷土壤样品中共分离获得 180 株芽胞杆菌，16S rRNA 基因测序鉴定结果表明分离菌株隶属于芽胞杆菌纲 2 个科（芽胞杆菌科和类芽胞杆菌科）、6 个属、34 个种，其中芽胞杆菌属（*Bacillus*）11 个种，类芽胞杆菌属（*Paenibacillus*）14 个种，短芽胞杆菌属（*Brevibacillus*）3 个种，赖氨酸芽胞杆菌属（*Lysinibacillus*）4 个种，嗜冷芽胞杆菌属（*Psychrobacillus*）1 个种和绿芽胞杆菌属（*Viridibacillus*）2 个种，其中 7 个菌株与其最近模式菌株 16S rRNA 相似性低于种的界定阈值（98.65%），为芽胞杆菌潜在新物种。优势属为芽胞杆菌属和类芽胞杆菌属，优势种为蕈状芽胞杆菌（*Bacillus mycoides*）、图瓦永芽胞杆菌（*Bacillus toyonensis*）、蜡样芽胞杆菌（*Bacillus cereus*）、解木糖赖氨酸芽胞杆菌（*Lysinibacillus xylanilyticus*）、蜂房类芽胞杆菌（*Paenibacillus alvei*）和沙地绿芽胞杆菌（*Viridibacillus arenosi*）。其中 16 个种分离自阳坡，29 个种分离自阴坡，9 个种分离自谷底，三者共同种类为 6 种。阳坡、谷底和阴坡的芽胞杆菌种群分布 Bray-Curtis 相似性为 62.4%。

多样性分析结果表明，Shannon 指数（H）大小次序为阴坡 > 阳坡 > 谷底。环境因子分析发现，芽胞杆菌种群分布多样性特征与其土壤的海拔高度、碳氮比及硫含量呈负相关，而和碳源和氮源含量呈正相关。从以上结果得出，云南腾冲火山谷有着较为丰富的芽胞杆菌资源，且还存在可分离培养的芽胞杆菌的潜在新物种，为利用火山微生物资源提供了保障。张君利等（2019）报道了云贵川湖泊芽胞杆菌分离、鉴定及抗动物病原菌活性研究，为从湖泊沉积物中筛选出对动物病原菌具有抑菌活性的芽胞杆菌，采用纯培养方法对云贵川地区 9 个湖泊样品中的芽胞杆菌进行分离、16S rRNA 基因序列测定和发酵，以 4 株常见动物病原菌作为对象，对芽胞杆菌次级代谢产物进行活性检测，筛选有抗菌活性的菌株，并对活性菌株的发酵产物进行液相色谱 - 质谱联用技术分析。结果显示，在 9 个湖泊样品中共分离出 47 株芽胞杆菌，筛选出 13 株有抗菌活性的菌株，且其产生的脂肽类抗生素对动物病原菌显示出较好的抗菌活性。

六、芽胞杆菌资源的应用

农业上，芽胞杆菌用于生物农药、生物肥料等。苏云金芽胞杆菌（Bt）能产生有杀虫效应的 δ - 内毒素的伴胞晶体，研究人员将其转入植物基因内使植物能够抗虫害，如今已受到广泛应用，并已发展出更不易产生耐药性的蛋白（Downes et al. 2010）。车建美（2011）筛选出一株短短芽胞杆菌（*Brevibacillus brevis*）对龙眼腐生真菌和细菌均具有较好拮抗作用，可应用于龙眼保鲜。葛慈斌等（2009）筛选出对尖孢镰刀菌（*Fusarium oxysporum*）具有抑制作用的一株短短芽胞杆菌（*Brevibacillus brevis*），在农业上可以帮助植物生长，免受有害菌侵扰。Wang 等（2016）将解淀粉芽胞杆菌（*Bacillus amyloliquefaciens*）的中性蛋白酶基因转入枯草芽胞杆菌（*Bacillus subtilis*），使其产酶活性远远高于原始菌株，有望用于大规模生产用于工业用途的中性蛋白酶。杨朝晖等（2006）筛选鉴定了一株可产生絮凝剂的多黏类芽胞杆菌（*Paenibacillus polymyxa*），可用于工业废水处理、农业废弃物的治理。此外，芽胞杆菌产的抗菌肽、多黏菌素等具有抗菌、抗病毒效果或加强抗生素效果的作用（Sumi et al.，2015；Torres et al.，2013）。

第五节
畜禽粪污资源化利用研究进展

一、我国微生物肥料产业现状

微生物肥料是由一种或数种有益微生物、经工业化培养发酵而成的生物性肥料，应用于农用生产，通过其中所含微生物的生命活动，增加植物养分的供应量或促进植物生长，提高产量，改善农产品品质及农业生态环境。特别是保护地蔬菜生产中，针对连年超量施肥，土壤中残余大量未被吸收成分，对土质造成破坏引起的土壤盐化、酸化，通过施用微生物肥料，可明显起到改良土壤、减少化肥用量、提高蔬菜品质的作用。

我国微生物肥料的研究、生产和应用已有 70 多年的历史，最早开始研究应用的是大豆根瘤菌剂和花生根瘤菌剂。近年来，我国微生物肥料行业发展迅猛，无论微生物肥料产品的种类和总产量还是其应用面积都有了快速的增加，已逐渐成为肥料家族中的重要成员。截至目前，我国微生物肥料产业基本形成，主要表现在以下方面。

① 截至 2019 年年底，全国具有一定规模的微生物肥料生产企业约有 1100 多家，年产量达 1200 多万吨，年产值 200 多亿元，微生物肥料已逐渐成为肥料家族的重要成员。

② 产品种类众多。目前，农业农村部批准登记的微生物肥料产品种类只有 11 种，包括 9 种菌剂产品（固氮菌剂、根瘤菌菌剂、硅酸盐菌剂、溶磷菌剂、光合细菌菌剂、有机物料腐熟剂、复合菌剂、菌根菌剂、土壤修复菌剂）、2 种菌肥（复合微生物肥料和生物有机肥）。微生物菌剂具有直接或间接改良土壤、恢复地力、维持根际微生物区系平衡、降解有毒有害物质等作用。复合微生物肥料是把无机营养元素、有机质、微生物有机结合于一体，体现无机化学肥料、有机肥料及微生物肥料的综合效果，是化解土壤板结现象，修复和调理土壤，提高化学肥料利用率，提高作物品质和产量的首推肥料。生物有机肥是指特定功能微生物与主要以动植物来源并经无害化处理、腐熟的有机物料复合而成的一类兼具微生物肥料和有机肥效应的肥料。从 1996 年国家将微生物肥料产品纳入登记管理范畴，至 2020 年底已有 2000 余个产品取得农业部的登记证。

③ 生物肥料使用菌种种类不断扩大。所使用的菌种早已不限于根瘤菌，即使是根瘤菌种类也达十几种，其他还有诸如各种自生、联合固氮微生物、纤维素分解菌、乳酸菌、光合细菌、植物根际促生细菌（plant growth-promoting rhizobacteria，PGPR）菌株等。据统计，目前使用菌种已达到 150 多种，包括细菌、真菌等种类。

④ 使用效果逐渐被农民等使用者认可。微生物肥料的应用效果不仅表现为产量增加，还表现在改善产品品质、减少化肥使用量、降低病（虫）害发生率、保护农田生态环境等方面，微生物肥料的使用效果已被农民等使用者认可，应用面积在逐年扩大。

⑤ 质量意识开始深入人心，质检体系初步形成。农业部于 1996 年将微生物肥料纳入国家检验登记管理范畴，对微生物肥料的生产、销售、应用、宣传等方面进行监管。原农业部微生物肥料质检中心已举办了 18 期标准和技术培训班，面向省级土肥质检机构及生产企业，初步构建了部、省、企业的三级质检体系。

⑥ 微生物肥料标准体系建设基本建成，产品的生产应用及其质量监督有据可依。我国的微生物肥料标准框架基本建成。其标志是构建了由通用标准、使用菌种安全标准、产品标准、方法标准和技术规程 5 个层面 21 个标准组成的我国微生物肥料标准体系框架，这为微生物肥料行业的健康发展提供了强有力的技术支撑。

⑦ 微生物肥料产品进出口日趋活跃，已步入世界经济全球化轨道。目前有 20 余个境外产品进入我国市场，并在国内进行了试验，已有 20 多个产品获得登记证。随着经济全球化进程的加快，将有更多的外国产品进入中国的农资市场。同时，我国也有一些产品出口到澳大利亚、日本、美国、匈牙利、波兰、泰国等国家和地区。

⑧ 国家产业政策对行业的发展给予了一定的重视和支持，在科研资金支持力度和产业化示范项目建设上的立项都是空前的。近年来，国家相继出台一些扶持生物产业发展的政策和措施，微生物肥料生产企业将迎来一个非常好的发展机会。

二、微生物肥料产业存在的主要问题

（1）企业规模小，产品在肥料行业中所占比重低　虽然我国目前的微生物肥料生产企业已有 1100 多家，但多为中小型企业，菌剂类企业年产量一般在几百吨左右，超过上千吨的厂家屈指可数；而菌肥类企业年产量多在 5000 ～ 10000t，少数企业能达到 40000 ～ 50000t，只有个别企业达到 10 万吨以上。虽然产量较前几年有了较大的提高，但在整个肥料行业中所占比重仅为 2% 左右，行业中还没有涌现出知名或旗舰型的企业。

（2）产品质量参差不齐，作用效果不稳定　部分企业还存在设备简陋、生产工艺落后、产品质量不高等现象。特别是近年来新加入的一些菌肥类企业，它们一般不具备生产微生物菌剂的能力，主要通过购买菌剂进行复配来生产菌肥类产品。由于缺少相关检测条件，无法对产品的质量进行把关。此外，作为一种活菌制剂，微生物肥料作用效果受施用方法、环境条件等方面的限制，产品效果不是非常稳定，影响了微生物肥料产品的进一步推广、应用。

（3）产品中的菌种针对性不强　微生物肥料具有不同地区的生态适应性，因此必须深入研究其施用的土壤条件、作物类型、耕作方式、施用方法、施用量以及与之相应的化肥施用状况等，有针对性地筛选功能菌种，这样才能保证微生物肥料施用的有效性。虽然目前微生物肥料产品中使用的菌种已有 150 种之多，但大多数企业依然使用传统的固氮、解磷、解钾细菌，并且多是以芽胞杆菌为主。

（4）产品的作用机理研究等有待进一步深入　由于微生物肥料的基础和应用基础研究不足，有些微生物肥料的作用机理尚不完全清楚，施入土壤后由于生态条件复杂，这些微生物肥料作用持续时间和作用机理还需要深入研究，尤其是对微生物与植物之间的作用机理等方面都需要进行广泛的研究，才能科学地确定优良菌种和优质菌剂的技术指标，为生产优质微生物肥料产品提供理论依据。

（5）微生物肥料管理方面还存在不少问题　国家虽然实行了登记证管理制度，但管理力度不够，不少未登记的企业或产品，甚至假冒伪劣产品还在大张旗鼓地宣传、生产和销售。少数企业在宣传上扩大使用效果，使用不正当经营手段，甚至生产假冒伪劣产品，给农民造成损失，降低了微生物肥料的声誉。

（6）微生物肥料的科普宣传方面还有待加强　虽然微生物肥料在我国有几十年的发展历史，但微生物肥料作为一种活菌制剂，还未被广大农民所认识和接受。因此，有关管理部门要利用各种新闻媒体，积极宣传有关微生物肥料的科普知识，让农民群众更好地了解微生物肥料的作用，掌握其保存、施用的方法，从而更好地发挥微生物肥料在农业可持续发展中的作用和地位。

三、微生物肥料的产业化方向

（1）选育性能优良菌株是微生物肥料功效的核心　采用现代高通量和常规菌种筛选技术，并结合现代基因工程技术手段，筛选培育具有营养促生、腐熟转化、降解修复等功能的优良菌株。重点是筛选可提供作物固氮（根瘤菌）、解磷（AM 真菌等）、解钾功能的微生物菌种，减轻和克服作物病害与连作障碍的新资源，以及修复土壤和分解腐熟有机物料的功能菌群。在此基础上开发新的、应用范围更广的微生物肥料品种、剂型及系列产品，以满足不同地区不同作物对微生物肥料的要求。这是对微生物肥料的研究和开发提出的方向和目标，也是微生物肥料产业发展的核心环节和推动力。

（2）改进生产工艺和设备，提高产品质量　微生物肥料的生产是一种高新技术，从菌种选育直至成品检验、包装和贮运，以及菌种间的有效组合，都需要高新技术。目前，部分微生物肥料生产企业设备简陋，生产工艺落后，导致生产的微生物肥料产品还存在着有效菌数含量低、含水率高、肥料硬度不够、破碎率高等质量问题。因此，要采用现代发酵工程和先进设备，应用保护剂和新的包装材料进行生产，才能为市场提供优质的微生物肥料，促进我国微生物肥料产业化的发展。另外，在菌肥类产品生产中，要以有关微生物的特性为基础，对菌种进行科学合理的组合，使组合后的微生物肥料功效更明显。

（3）加大对微生物肥料质量的监督力度　微生物肥料是一种活体肥料，有效期严格，刚生产出来的微生物肥料，活菌数很高，随着保存时间的延长和保存环境的变化，产品中微生物数量会逐渐减少，活性逐渐降低，这也是微生物肥料施用效果不稳定的原因之一。保证足够量的有效活菌数是高质量微生物肥料的重要标志之一。目前，我国微生物肥料行业标准体系框架基本建成，产品的生产应用及其质量监督有据可依，按照微生物行业标准要求，应加强对微生物肥料质量的监督，保证生产质量，防止劣质微生物肥料流入市场。

（4）加强对微生物肥料应用的推广和宣传工作　企业要和有关农业部门联合，进行必要的试验示范，让消费者亲眼看到施用微生物肥料的效果，从心理上和行动上接受微生物肥料；要大力宣传微生物肥料的作用，进一步提高消费者对微生物肥料的认识；根据肥料中微生物的种类和特性宣传该肥料的适应范围、用途、施用条件和施用方法，克服消费者施用微生物肥料的盲目性；纠正消费者对微生物肥料的误解和偏见，维护微生物肥料的声誉。微生物肥料本身所含的养分很少，不能满足作物对养分的需求。只有施用足够的有机肥和适量的化肥，创造适宜的土壤营养条件及环境条件，微生物肥料的效果才能充分地发挥出来。

7项优先研发的新技术分别是微生物肥料优良生产菌株筛选及发酵工艺技术、微生物农田土壤净化修复技术、共生固氮微生物应用新技术、微生物种子包衣技术、有机资源综合利用微生物转化新技术、作物秸秆快速腐解还田微生物及其配套技术、新型复合配套技术。7个优先研发的新产品分别是土壤修复菌剂、固氮/根瘤菌剂、溶磷菌剂、微生物种子包衣制剂、有机物料腐熟菌剂、新型复合微生物肥料和生物有机肥。

四、复合微生物肥料生产研究及其应用前景

多年来，在农作物栽培中化学肥料的用量在不断增加，有机肥料的用量越来越少，而农作物对化学肥料的利用率仅仅在30%左右，约70%的化学肥料沉积固定在土壤中或随雨水流失于江河中而不被农作物吸收和利用，这造成了土壤板结，环境污染，江河和地下水富营养化日趋严重，土壤有机质含量降低，肥力下降，土壤中有益微生物的生存空间变小，数量减少，农作物的抗病、抗寒、抗旱能力减弱，病虫害的发生越来越严重，导致农作物品质下降，产量降低。

复合微生物肥料在农作物上推广应用，不仅可以提高化学肥料的有效利用率，肥料利用率可以提高10%～30%，应用试验表明：用侧胞芽胞杆菌生产的复合微生物肥料连续使用2年以上，土壤中有益放线菌数量增加8.4倍，固氮菌增加39倍，从而达到活化、疏松土壤，提高土壤肥力的作用，有益微生物菌的大量繁殖，可以把多年沉积固定在土壤中的化学肥料活化后再一次供农作物吸收利用。同时土壤中侧胞芽胞杆菌数量的增加，对土传真菌性病害

以及根结线虫能进行有效生物防治，其防治率可高达70%～80%，与化学 农药防效相当（张志强等，2015）。从而减少化学农药的使用量，提高农作物的品质和产量以及抗重茬的能力。

近几年来，生物有机肥料、复合微生物肥料的应用日趋广泛，特别是复合微生物肥料迅速崛起，这将使我国肥料行业进入一个崭新时代，复合微生物肥料在农业生产中应用表明其在化学肥料利用率的提高，疏松土壤，减少江河污染，培肥地力，减少病虫害的发生，增强作物的抗逆性等方面都有着非常好的效果。

（一）化学肥料、有机肥料以及微生物肥料之间的关系

长期以来，有一些从事化学肥料、有机肥料、微生物肥料的企业或技术人员总要站在自己的行业对三者进行比较，其实，在农业生产中化学肥料、有机肥料、微生物肥料之间没有可比性，根本就不存在谁取代谁的问题，它们之间的关系就像人们餐桌上的鱼肉、蔬菜、水果之间的相辅相成、互相补充的关系，复合微生物肥料充分地把三者有机地结合在一起，发挥 1＋1＋1＞3 的作用。

（二）微生物制剂、生物有机肥料以及复合微生物肥料之间的关系

（1）微生物制剂、生物有机肥料以及复合微生物肥料　微生物制剂、生物有机肥料以及复合微生物肥料虽然都属于微生物肥料，生物有机肥料和复合微生物肥料又称微生物复合肥料或菌肥，但是它们之间在功效和使用方法上面存在着一定的差异。微生物制剂是借助工业发酵技术设备生产的微生物菌液，通过草炭、蛭石或其他代用品作载体吸附菌液或加入其他助剂制备成固体或液体微生物制剂，一般亩使用 0.5 ～ 2kg，使用后可明显增加农作物根系有益功能菌的数量，常用的有根瘤菌制剂、溶磷菌制剂、硅酸盐细菌制剂、光合细菌制剂等；生物有机肥料是把一定数量、特定的微生物菌和有机质结合在一起，发挥微生物菌和有机质的双重作用；而复合微生物肥料是把特定数量、特定的微生物菌和有机质以及一定数量的无机营养元素有机地结合在一起，充分发挥三者结合后的共同效果。

（2）生产和应用中存在的问题　概念不清，夸大宣传。通过笔者近几年对四川、河北、山东、北京、云南、贵州、海南等地微生物肥料使用情况调查，发现90%以上的农户、基层经销商甚至有的生产企业技术人员对微生物制剂、生物有机肥料以及复合微生物肥料概念区分不清，更不用说其功效和使用方法了。因此有的企业抓住了这点，夸大宣传称每亩使用 500g 微生物制剂、20 ～ 30kg 生物有机肥或者低含量复合微生物肥料就可满足作物对无机、有机营养物质的需求，这些"坑农""害农"的宣传事件常有发生。产品质量控制不严，检测力度不够，生物有机肥料、复合微生物肥料在生产过程中添加的有机质存在一些问题。有的企业所采用的畜禽粪便，不经过高温腐熟杀菌过程，直接烘干粉碎后作为有机质原料；甚至有的企业还采用垃圾作为有机质，这些有机质含有大量的有害微生物或重金属物质，一旦进入土壤后不仅会污染环境，而且对农作物产生毒害作用，造成农作物减产；同时对微生物肥料中的微生物菌数量、种类以及存活率检测力度不够，导致产品鱼目混珠，使用后难以达到微生物肥料应起到的作用和效果，在一些地区产生负面的影响，严重损害微生物肥料形象。应加强微生物肥料正确、科学使用方法的宣传。微生物肥料的作用和效果毋庸置疑，关键是怎样科学地使用微生物肥料才能达到更好的效果，尤其是生物有机肥料和复合微生物肥

料，施用生物有机肥料时应配合适量的化学肥料使用，化学肥料可以减 20%～30% 用量，施用复合微生物肥料时应根据肥料中 NPK 含量高低决定添加化学肥料还是单独使用，对微生物肥料生产企业来说，只要严把质量关的同时加强对广大农民宣传正确、科学的施用方法，微生物肥料就能达到理想效果，才能受到广大农民的欢迎。

（三）复合微生物肥料的功能特点

（1）全营养型　不仅给作物生长提供所需的 NPK 和中微量元素外，还能为作物提供有机质和有益微生物活性菌。

（2）具有缓释的功效，提高肥料的利用率　在生产过程中，部分无机营养元素溶解后被有机质吸附结合在一起，形成有机态 NPK，进入土壤不易被流失和固定，化学肥料利用率可提高 10%～30%，肥效可持续 3～4 个月。

（3）疏松土壤，溶磷解钾，培肥地力　肥料进入土壤后，微生物在有机质、无机营养元素、水分、温度的协助下大量繁殖，减少了有害微生物群体的生存空间，从而增加了土壤有益微生物菌的数量，微生物菌产生大量的有机酸可以把多年沉积在土壤中的磷钾元素部分溶解释放出来供作物再次吸收利用，长期使用后土壤将会变得越来越疏松和肥沃。

（4）防病防虫抗重茬　微生物菌在肥料中处于休眠状态，进入土壤萌发繁殖后，分泌大量的几丁质酶、胞外酶和抗生素等物质，可以有效裂解有害真菌的孢子壁、线虫卵壁和抑制有害菌的生长，有效地控制土传性病虫害的发生，起到防病防虫和抗重茬的功效。

（5）增产增收　微生物菌在土壤中繁殖后，产生大量的植物激素和有机酸，刺激根系生长发育，增强农作物的光合强度，作物生长根深叶茂，起到生根壮苗作用，并可有效提高作物果实的糖度，降低作物产品中亚硝酸盐及其他有害物质的含量，提高品质，农作物可增产 10%～30%。

加速土壤中有机质的降解，不仅为农作物生长提供更多有机营养物质，提高农作物的抗逆性；同时还可以减少土壤中一些病原菌的生存空间。

（四）复合微生物肥料的生产

1. 复合微生物肥料的组成

复合微生物肥料是无机营养元素、有机质和微生物活性菌"三效合一"的新型微生物肥料，根据含量不同，可以单独使用或者和化学肥料混合使用。无机营养元素包括作物生长所需 NPK 以及中微量元素，NPK 含量为 6%～35%，用于生产复合微生物肥料的原料有尿素、硫酸铵、氯化铵、硝铵磷、磷酸铵、硫酸钾、氯化钾、硝酸钾、硫酸镁、硫酸锌、硼砂等。

有机质的选择和要求：目前常用的有机质原料有腐殖酸粉（含腐殖酸），工业发酵副产物（含氨基酸），饼肥（含有机蛋），海藻肥（含多糖）、畜禽粪和秸秆堆沤发酵物料等，可根据当地的原料情况选择一种和多种有机质。这里特别要强调的是饼肥和畜禽粪肥，如果堆沤发酵不彻底，使用后会出现烧苗、死苗现象，不仅不能增产，反而会减产，如果畜禽粪肥发酵不好，粪肥中含有大量的有害微生物菌，会给土壤造成二次污染。因此优质有机质原料必须具备作物可利用的营养物质含量高、营养搭配合理、充分腐熟、杂菌数量少以及有机质含量高等基本条件。

2. 微生物菌的选用

选用的微生物菌必须是农业农村部已登记的菌种。但并不是农业农村部已登记的所有微生物菌都适用于生产复合微生物肥料，只有具备耐高温、耐干燥、耐酸碱、耐盐性强的微生物菌才适用于复合微生物肥料的生产，尤其是经高温造粒烘干的颗粒微生物肥料，目前芽胞杆菌类的一些菌株较为理想。微生物菌的功能和抗逆性综合选择。微生物菌的种类不同，其特点、功效，使用后效果差异较大，微生物菌功能有单一和多功能之分。过去常用的微生物菌有固氮菌（根瘤菌）、溶磷菌（巨大芽胞杆菌、地衣芽胞杆菌、蜡样芽胞杆菌、枯草芽胞杆菌）、硅酸盐细菌（即解钾菌）（胶质芽胞杆菌）。

目前，微生物菌在肥料上应用已从单一功能向多功能方向发展，选择一菌多功能，复合菌（不产生拮抗作用的 2 ～ 3 个菌株）多功能的使用效果较好。选择微生物菌时，在考虑其功能特点的同时必须考虑所使用的微生物菌的抗逆性，即选择抗高温、抗干燥、抗酸碱、抗盐分能力强的微生物菌种，这是复合微生物肥料产业化的关键因素。有些菌种在实验室条件下其功能表现优异，但在肥料生产或保存过程中大量死亡，存活率低，使用后难以达到预期的效果，因此在选择微生物菌时应从功能的特点和抗逆性综合考虑选择，其综合指标高的菌株才是优秀的复合微生物肥料生产和应用的菌种。

3. 复合微生物肥料的生产设计方案

（1）NPK 含量　根据农作物种类、需肥量、施肥习惯等因素，可设计生产 NPK 含量在 6% ～ 35% 范围的复合微生物肥料，在复合微生物肥料的肥效作用中，NPK 对作物的产量起着主导作用，有机质、微生物菌在作物的抗逆力、产品品质、化学肥料的吸收利用、生长的土壤环境起到提高、促进和改良作用。笔者认为，根据 NPK 含量可分为低含量、中含量和高含量三类复合微生物肥料，其 NPK、有机质、微生物菌含量详见表 1-1。

表 1-1　复合微生物肥料类型

类型	NPK 含量 /%	有机质含量 /%	有效活性菌含量 / (万个 /g)
低含量	6 ～ 15	30 ～ 20	2000
中含量	16 ～ 25	20 ～ 15	2000
高含量	26 ～ 35	15 ～ 10	2000

（2）肥效缓释性与有机质含量　复合微生物肥料的肥效具有较好的缓释功效，化学肥料的释放与有机质的含量、种类和细度、生产过程中化学肥料的溶解和吸附程度存在着密切的关系，因此应根据作物的生育期、吸肥规律、土壤类型、降雨量等因素，调配有机质的含量和营养配比，生产出养分释放与作物的吸肥规律保持一致水平的复合微生物肥料，其肥效达到最大化，有效提高化学肥料利用率，提高农作物产量和品质，改良土壤环境。

（3）微生物菌种的加入方式　微生物菌种加入以微生物菌与有机、无机原料混合造粒、造粒后喷涂微生物菌两种方式。而有的企业还采用造粒后与微生物菌隔开包装，使用前混拌方式。严格说这种方式不属于复合微生物肥料。

目前生产中绝大部分企业采用微生物菌混合造粒生产复合微生物肥料，但这种方式存在着微生物菌受高温、盐分、干燥等因素的影响，微生物菌死亡率较高，存活率低于70%，有的甚至低于40%，这将严重影响到微生物菌的功效；而喷涂方式微生物菌存活率较高，但目前生产中应用较少。笔者对颗粒肥料进行三层喷涂试验：第一层为隔离层，防止化学肥料向外渗透；第二层为功能层（微生物菌+少量的营养物质）；第三层为外包层，生产过程中采用60℃以下低温风干，微生物菌存活率高达95%以上，考虑生产过程中微生物菌的损耗，微生物菌喷涂前后变化不大，这是一种比较好的方法，不仅解决了微生物菌的存活率问题，而且还解决了肥料的结块问题，但工厂生产工艺需进一步研究。

（4）复合微生物肥料生产工艺　目前复合微生物肥料生产主要以圆盘造粒、滚筒造粒和挤压造粒三种方式，以前两种造粒方式较多。

（5）复合微生物肥料的生产　对所用无机、有机原料的养分含量、水分进行检测，有机原料细度应达到60目以上，根据所测数据计算各原料投入量，如果用尿素（46%N）、磷酸一铵（11%N，44%P_2O_5）、硫酸钾（50%K）、硫酸铵（24%N）、腐殖酸粉（45%的有机质、含水量15%）、微生物菌粉（50亿/g）生产20%NPK（10:5:5）、20%有机质、有效活性菌数2000万个/g、含水量10%的复合微生物肥料的各原料投入计算：

按100kg投料的配方计算：

① 5kg纯K含量：硫酸钾投入量=5kg÷0.5=10kg

② 5kg P_2O_5含量：磷酸一铵投入量=5kg÷0.44=11.36kg

③ 20kg有机质含量：有机质投入量=20kg÷0.45=44.44kg，用含水量15%的有机质生产含水量10%的肥料，有机质实际投入量=44.44kg÷[100-(15-10)]%=46.78kg

④ 膨润土以5kg计算，可根据有机质种类肥料、强度要求调整数量。10kg纯N含量：尿素（A）+硫酸铵（B）投入量=100kg-（10+11.36+44.44+5）kg=29.2kg，通过下列两个等式可计算出尿素投入量为7.99kg，硫酸铵投入量为21.21kg，A+B=29.2，0.46A+0.24B=8.75（10-0.11×11.36），微生物菌投入量=$\dfrac{0.2亿×100×1000}{50亿×1000}$=0.4kg。

生产1000kg肥料需投入100kg硫酸钾，113.6kg磷酸一铵，79.9kg尿素，212.1kg硫酸铵，467.8kg有机质，4kg微生物菌以及膨润土50kg，共计投放量为1027.4kg。以上计算结果为理论数据（未计算微生物菌质量），但在生产过程中需考虑生产损耗、养分挥发等因素进行适当调整，以生产出的肥料经检测以后达到各项指标为准。

（五）复合微生物肥料的生产应用

（1）正确、科学施用复合微生物肥料　施用方法：根据复合微生物物肥料的特点，适用于各种农作物的基施或追施，避免肥料和种子或根系接触，应间隔5～8cm，在追施时肥料上盖土后效果更佳，根据NPK含量的高低可单独使用或和化学肥料混合使用。

（2）科学施用复合微生肥料　复合微生物肥料施用过程中，应根据不同农作物需肥量不同，不同地区土壤供肥水平不一致，不同NPK、有机质含量，其肥料缓释程度和速效性有差异以及化学肥料用量不一样等特点和规律施用复合微生物肥料。笔者近几年对不同浓度的复合微生物肥料在南北方的露地，冷棚、暖棚栽培应用效果表明，只要正确、科学地施用复合微生物肥料，就能表现出理想的效果。现将不同浓度复合微生物肥料的施用方法和用量归类于表1-2以供参考。

表1-2　不同浓度复合微生物肥料施用方法和用量

肥料类型	NPK 含量 /%	高浓度化学肥料添加量 /%
低含量	6 ～ 10	50 ～ 40
	11 ～ 15	40 ～ 30
中含量	16 ～ 20	30 ～ 20
	21 ～ 25	20 ～ 10
高含量	26 ～ 30	10 ～ 0
	31 ～ 35	0

（3）生产应用前景　近几年来，复合微生物肥料在我国山东、广东、四川、广西、海南、河北等地的大田作物、经济作物上得到广泛应用，在肥料长效性、土壤的疏松、土传性病虫害的预防、果实品质和产量的提高方面表现出比较理想的效果。特别是在农村劳动力逐渐减少的情况下，高含量复合微生物肥料如果做到适当的 NPK 含量、科学配比和先进的生产工艺，在大田作物栽培中不添加任何化学肥料而单独使用，可以做到一次性施肥，从而减少劳动力，提高农民的收入，深受广大农民的欢迎。随着复合微生物肥料的不断研究、改进和完善，相信复合微生物肥料在我国农业生产中发挥的作用将越来越明显。

（六）复合微生物肥料产业化需解决的几个问题及研究内容

① 尽快建立微生物肥料行业协会，搭建与政府沟通和对话，反映行业发展的困难和问题的平台，建立完善的检测机构，避免鱼目混珠、"坑农""害农"事件发生。

② 复合微生物肥料在我国还处于起步阶段，其产业化生产还不规范和完善。其中包括肥料粒的强度、崩解程度、结块、微生物菌的存活率以及加入方式都需要进一步研究和完善。

③ 复合微生物肥料速效性和缓释性结合以及缓释程度基础研究。复合微生物肥料具有明显的长效性，肥效能持续 3 ～ 4 个月，而肥料的长效性不仅与有机质含量和细度成正比关系，而且还和肥料生产过程中化学肥料的溶解吸附络合有着密切关系。而复合微生物肥料相对于化学肥料其速效性稍差，与有机质含量成反比关系，特别是在大田作物中使用时表现突出。如果解决好速效性和长效性之间的关系，那将是比较优秀的肥料。在疏松土壤、修复和调理土壤、提高化学肥料利用率、减少江河污染、减少病虫害发生、增强农作物的抗逆能力、提高农作物果实品质和产量方面起着重要的作用，因此应加大对复合微生物肥料的研究。

④ 重点研究不同作物不添加任何化学肥料而单独使用的高含量专用复合微生物肥料，提高化学肥料的有效利用率。根据不同作物的生育期、需肥规律研制相应的专用复合微生物肥料；根据不同土壤的供肥能力、土壤类型、降雨量等因素研制不同生态种植区域的专用复合微生物肥料。应加强对不同生态区域肥料养分释放与作物需肥规律保持一致水平的研究工作，达到肥料最大化的利用，提高化学肥料的有效利用率，研制出轻简方便、省工降本、高效多能、环保安全的复合微生物肥料用于生产，通过多年反复研究，建立复合微生物肥料的养分释放、肥效与相关影响因子的数学模型，指导生产。

⑤ 加强复合微生物肥料使用效果评价研究。复合微生物肥料使用效果是多方面的，其评价是综合的，首先是通过科学、合理的田间试验设计，对作物的长势和抗逆力的增强、产量和质量的提高、病虫害减轻和化学农药使用量减少等方面进行科学统计和评价，可提高广大农民对复合微生物肥料的认识，加速复合微生物肥料应用；其次是复合微生物肥料是通过减缓化学肥料的释放来减少化学肥料的用量，提高化学肥料的利用率，旱地作物可减少化肥流失，水田作物可降低水体中的肥料浓度来减少江河污染、减轻水体富营养化的贡献进行评价，对人们的生活环境改善具有重要的意义；最后就是复合微生物肥料是由有机、无机营养和微生物菌组成，其营养全面，长期使用，对土壤肥力的提高、调整和修复土壤环境的贡献评价，具有长远的意义。

五、微生物肥料的现状和发展趋势

微生物肥料又称接种剂、生物肥料、菌肥等，是指含有特定微生物活体的制品，应用于农业生产，通过其中所含微生物的生命活动，增加植物养分的供应量或促进植物生长，提高产量，改善农产品品质及农业生态环境。它具有制造和协助作物吸收营养、增进土壤肥力、增强植物抗病和抗干旱能力、降低和减轻植物病虫害、产生多种生理活性物质刺激和调控作物生长、减少化肥使用、促进农作物废弃物、城市垃圾的腐熟和开发利用、土壤环境的净化和修复作用、保护环境，以及提高农作物产品品质和食品安全等多方面的功效，在可持续农业战略发展及在农牧业中的地位日趋重要。

1. 国外微生物肥料的发展概况

① 根瘤菌剂是最早研发的产品，已在全世界范围推广应用。据统计，至少有70多个国家生产和应用豆科根瘤菌剂，生产应用规模较大的国家有美国、巴西、阿根廷、澳大利亚、新西兰、日本、意大利、奥地利、加拿大、法国、荷兰、芬兰、泰国、韩国、印度、卢旺达等。在美国、巴西等大豆种植的主要国家，根瘤菌接种率达到了95%以上，澳大利亚、新西兰等国家对豆科牧草的接种面积不断扩大，种植的其他豆科作物也逐步扩大适宜的根瘤菌接种应用范围。世界各国一直在研究与豆科作物及其品种相匹配的优良根瘤菌生产用菌株，根瘤菌剂产品在稳步提高。为保证根瘤菌剂的产品质量，各国制定了相应的标准，强化产品的监督管理。

② 固氮细菌、解磷细菌和解钾细菌等的研究不断深入，产品应用逐步扩大。除根瘤菌以外，许多国家在其他一些有益微生物的研究和应用方面也做了大量的工作。东欧一些国家的科研人员进行了固氮菌肥料和磷细菌肥料的研究和应用，代表性的菌种为圆褐固氮菌和巨大芽胞杆菌。他们和前捷克斯洛伐克、英格兰及印度的研究固氮菌的工作者证实，这类细菌能分泌生长物质和一种抗真菌的抗生素，能促进种子发芽和根的生长。20世纪70年代末和80年代初，一些国家对固氮细菌和解磷细菌进行了田间试验，所得结果迥异，引起科学家对其作用的争议。更进一步的研究表明，固氮螺菌与禾本科作物联合共生的效果显著，已在许多国家推广应用。总结几年来世界上一些国家的田间试验结果证明，固氮螺菌接种在土壤和气候不同的地区可以提高作物的产量，在60%～70%的试验中可增产5%～30%；此类菌剂促进生长的主要机制是产生能促进植物生长的物质，具体表现在促进根毛的密度和长度、侧根出现的频率及根的表面积。

2. 我国微生物肥料的发展概况

我国微生物肥料的研究应用和国际上一样，也是从豆科植物上应用根瘤菌接种剂开始的，并且在 20 世纪 50～60 年代期间，根瘤菌剂成为应用最为广泛的微生物肥料产品，其中大豆、花生、紫云英及豆科牧草接种面积较大，增产效果明显。紫云英根瘤菌在未种植过紫云英的地区应用，紫云英产草量可成倍增长。大豆接种根瘤菌每公顷可增产大豆 225～300kg，花生根瘤菌可使花生增产 10%～50%。豆科作物从根瘤菌中获得的氮素约占其一生所需氮素的 30%～80%，而且豆科根瘤固定的氮素大部分可为植物吸收利用。在保证作物产量稳步增长的同时，产品品质亦相应提高，环境效益更是不可估量。令人遗憾的是，由于根瘤菌菌剂质量与应用效果、生产成本等问题未能很好地解决，目前我国花生、大豆等作物的根瘤菌接种面积尚不足其播种面积的 1.0%。

其他的微生物肥料产品的研发应用也取得了一定的进展。在 20 世纪 50 年代，我国从苏联引进自生固氮菌、磷细菌和硅酸盐细菌剂（当时俗称为细菌肥料），60 年代又推广使用制成的“5406”放线菌抗生菌肥料和固氮蓝绿藻肥；70～80 年代中期，又开始研究 VA 菌根（现也称为 AM 菌根），在改善植物磷素营养条件和提高水分利用率方面，效果显著；80 年代中期至 90 年代，农业生产中又相继应用联合固氮菌和复合菌剂作为拌种剂；近几年来又推广应用由不同的菌剂与有机、无机复合的生物有机肥、复合微生物肥料作基肥施用。

3. 微生物肥料行业标准建设

纵观我国微生物肥料几十年来的兴衰，究其原因，其中缺少国家或行业标准和质量监督检验机构是其主要的因素之一。虽然在 1959 年由中国农业科学院土壤肥料研究所提出过“商品菌肥质量标准要求”，但限于当时条件，这个质量标准不高也不够全面，再者是学术单位提出的规定，没有上升到标准层面，缺乏法律性，对微生物肥料生产很难起到监督和制约作用，致使一些质量低劣菌肥流入市场，盲目应用，不仅影响微生物肥料的使用，浪费人力、物力，甚至还有可能将某些病原菌作为菌肥生产使用，危害人民健康，污染环境，造成严重后果。

为了使我国微生物肥料生产走上健康发展的道路，杜绝伪劣产品进入农田。农业部于 1992 年开始将微生物肥料标准的制定纳入议事日程，1994 年 5 月 31 日农业部颁布了我国第一个微生物肥料标准《微生物肥料》（NY/T 227—1994）。它是我国微生物肥料领域的第一个标准，填补了国内空白，其颁布实施对整顿我国微生物肥料市场、打击假劣产品、保障微生物肥料健康发展起到了重要作用（蔡全英等，2010）。

随着微生物肥料行业的不断发展，并且根据产品的实际检测结果，在 NY/T 227—1994 标准的基础上，对其中的根瘤菌肥料、固氮菌肥料、磷细菌肥料和硅酸盐细菌肥料部分进行了重新修订，于 2000 年颁布了 4 种相应的菌剂产品标准，即《根瘤菌肥料》（NY 410—2000）、《固氮菌肥料》（NY 411—2000）、《磷细菌肥料》（NY 412—2000）和《硅酸盐细菌肥料》（NY 413—2000）。4 个产品标准的修订，主要是根据广泛征求意见后得到的反馈，并结合产品的实际情况，重点是针对产品的主要技术指标、有效活菌含量进行了调整，其他的理化指标也做了适当的修正。

4. 微生物肥料的发展趋势

微生物肥料纳入登记管理以来，产品质量得到了保障，对行业的发展起到了积极的促进作用，目前行业处于一个良好的发展时期，但微生物肥料的发展潜力还没有得到完全发挥，以下几个方面是微生物肥料今后发展的重点（胡淑娟，2018；沈德龙等，2014；郑茗月等，2018）。

① 菌株的筛选和联合菌群的应用。在深入了解有关微生物特性的基础上，采用新的技术手段，根据用途把几种所用菌种进行恰当、巧妙组合，使其某种或几种性能在原有水平上再提高一步，使复合或联合菌群发挥互惠、协同、共生等作用，避免相互拮抗的发生。

② 生产条件的改善和生产工艺的改进。发酵条件、工艺流程、合适的载体、剂型、黏着剂的发展，尤其是在产品保质期方面需要开展深入的研究。

③ 研发的热点产品主要有有机物料腐熟剂（或称发酵剂）、根瘤菌剂、生物修复剂（微生物区系、解毒、重茬等）、促生菌剂、生物有机肥等。

有机物料腐熟剂作为接种菌剂可以使堆肥物料快速达到高温，控制堆肥过程中臭气的产生，缩短堆肥腐熟进程；可以有效杀灭病原体和降解有机污染物，提高堆肥质量。有机物料腐熟剂虽然在促进农作物秸秆和残茬的物质转化腐熟方面以及畜禽粪便除臭腐熟方面发挥了非常好的作用，但产品效果的稳定性以及菌种组成的合理性方面还需要开展深入的研究工作，需要开发出效果更稳定、针对性更强的产品在实际生产中应用。

根瘤菌剂作为微生物肥料中的一类重要品种，在我国却没有得到普遍应用，这主要是由于科学普及不够，农民对根瘤菌的作用不了解所致。另外，根瘤菌剂产品质量不稳定、使用菌种的有效性低、接种后在种子上存活时间短、结瘤效果差、产品保质期短等问题尚未得到很好的解决，因此在这方面需要国家加大投入，开展相关的研究，加快新产品的开发与应用。由于接种根瘤菌剂还能有效降低和减轻豆科作物重茬的病害，根瘤菌剂在我国具有良好的应用前景。

六、微生物菌剂研究与应用

1. 芽胞杆菌制剂

白志辉等（2015）利用甘薯淀粉废水培养解淀粉芽胞杆菌并将其作为微生物肥料用于雪菜种植。通过盆栽实验考察了尿素（CN）、解淀粉芽胞杆菌菌液（BF）、解淀粉芽胞杆菌灭活菌液（BI）、甘薯淀粉废水（SW）、尿素结合微生物肥料（BC）对蔬菜产量、NO_3^- 和 NO_2^- 含量、土壤性状、N_2O 排放的影响。试验表明，处理组（BC 和 CN）在蔬菜产量方面比对照组（CK）提高了 5 倍。BF 和 SW 对蔬菜产量影响不显著。半量氮肥配合菌肥处理（BCL）表现出与 CN 相近的增产效果，而蔬菜 NO_3^- 含量与 CN 处理相比下降了 16.4% ～ 73.6%，土壤 NO_3^- 含量降低了 22% ～ 29%，降低了土壤中氮淋溶风险；土壤 N_2O（FPV30）平均排放量较 CN 处理降低了 58.3% ～ 73.1%。

巨大芽胞杆菌是微生物肥料生产中的常用菌种，与之形态上相似的蜡样群芽胞杆菌（蜡样芽胞杆菌、苏云金芽胞杆菌、蕈状芽胞杆菌）则是产品中常见的污染菌，传统方法区分两者费时费力，有必要建立检测这两类芽胞杆菌的 PCR 方法。曹凤明等（2009）利用已登录

的 *spoOA* 基因序列分别设计和筛选了上述两个种（群）的特异引物，并建立了多重 PCR 检测技术。使用该方法对巨大芽胞杆菌、蜡样群芽胞杆菌和其他芽胞杆菌共 3 属 13 种 24 个标准菌株的基因组 DNA 进行扩增，以检验其特异性。结果显示，巨大芽胞杆菌、蜡样芽胞杆菌群基因组 DNA 分别产生大小不同的唯一产物，其他芽胞杆菌均为阴性。该多重 PCR 检测方法的灵敏度经测定为 10^5 CFU/mL。同时对 10 株待测菌株和 8 个微生物肥料产品进行检测，其鉴定结果与常规鉴定一致。以上结果表明，建立的多重 PCR 方法具有较高的特异性和灵敏度，可快速、准确鉴定巨大芽胞杆菌和蜡样群芽胞杆菌，在微生物肥料检测方面有良好的实用前景。

枯草芽胞杆菌群中枯草芽胞杆菌（*Bacillus subtilis*）、解淀粉芽胞杆菌（*Bacillus amyloliquefaciens*）、地衣芽胞杆菌（*Bacillus licheniformis*）和短小芽胞杆菌（*Bacillus pumilus*）是微生物肥料中常用菌种，用传统方法鉴定费时费力，有必要建立检测和鉴定这些芽胞杆菌的种特异性 PCR 方法。曹凤明等（2008）利用已登录的 *gyrA*、*rpoA* 和 16S rRNA 基因序列分别设计和筛选上述菌种特异引物并建立多重 PCR 反应体系。以基因组 DNA 为模板，扩增芽胞杆菌属（*Bacillus*）、类芽胞杆菌属（*Paenibacillus*）和短芽胞杆菌属（*Brevibacillus*）3 属 15 种的标准菌株（共 33 株），4 个目标种分别产生了大小不同的唯一的产物，除个别种与短小芽胞杆菌引物有交叉反应外，其余参考菌株均为阴性。从 23 株枯草群菌株的基因组 DNA 扩增发现，PCR 鉴定与常规鉴定结果一致。建立的多重 PCR 方法具有较好的特异性，可快速准确鉴定枯草群的 4 个种，在微生物肥料检测方面有良好的实用前景。

圆褐固氮菌（*Azotobacter chroococcum*）、巨大芽胞杆菌（*Bacillus megaterium*）和硅酸盐细菌（silicate bacteria）是微生物肥料中常用的几种固氮、解磷和解钾微生物菌株，为了延长这几种菌混合菌液的存活期和降低杂菌率，江丽华等（2010）针对 3 种菌的混合菌液筛选了细胞包埋固定化材料，组合了 2 种配方，对比了 2 种包埋配方中 3 种菌的包埋条件、存活情况及释放情况，为固定化混合微生物菌剂的应用提供一定的理论基础。结果表明，2 种包埋剂包埋的混合菌液的存活期均比直接保存菌液长，而且经包埋的颗粒中菌的数量还有一个缓慢的增加过程。2 种包埋材料对混合菌的起始包埋能力不同，其中以配方 1（3% 海藻酸钠 +1.0% 褐煤 +0.5% 淀粉溶液）包埋效果较好，保存在包埋剂配方 1（3% 海藻酸钠 +1.0% 褐煤 +0.5% 淀粉溶液）中的包埋颗粒内部菌的纯度高，配方 2（3% 海藻酸钠 +1.5% 褐煤 +0.3% 淀粉溶液 +0.3% 明胶溶液）中的包埋颗粒内部容易滋生杂菌。

梁晓琳等（2015）鉴于解淀粉芽胞杆菌（*Bacillus amyloliquefaciens*）SQR9 易在逆境中形成芽胞，具有耐盐性好、抗病、广谱促生等特点，利用其通过固态发酵研制的生物有机肥添加一定配比的无机化肥研制"全元"复合微生物肥料。同时通过粉状、颗粒复合微生物肥料存放试验和田间试验对"全元"复合微生物肥料的配方、工艺和肥效进行了初步的研究。结果表明：粉状和颗粒复合微生物肥料储存 6 个月时，功能菌活菌数量均超过国家标准（2×10^7 CFU/g，干重）；田间试验结果表明，复合微生物肥料能明显促进番茄的生长，与等养分有机无机复合肥、化肥处理和不施肥处理相比，在总养分 100g/kg 施肥水平下，番茄增产幅度分别达 8.23%、10.26% 和 37.73%；在总养分 140g/kg 施肥水平下，番茄增产幅度分别达 7.36%、13.92% 和 44.77%。因此，利用解淀粉芽胞杆菌 SQR9 能够生产粉状和颗粒状复合微生物肥料。

为了提高微生物肥料生产菌株巨大芽胞杆菌（*Bacillus megaterium*）1013 的发酵产芽胞数量，刘清术等（2013）采用响应面法对其发酵培养基进行优化。首先采用单因子试验筛选出最佳碳源和氮源；然后设计基础培养基，采用 Plackett-Burman 方法对基础培养基中影响发酵产芽胞数各因素的效应进行评价，筛选出有显著效应的因素；最后通过响应面分析法优化主要因素的最佳浓度。结果表明，最佳碳源为糖蜜，最佳氮源为豆饼粉和硝酸铵；基础培养基中对产芽胞数有显著效应的因素为糖蜜和豆饼粉，响应面优化后这 2 个因素的最佳含量为糖蜜 4.17%、豆饼粉 1.53%。采用优化后的培养基进行摇瓶发酵，巨大芽胞杆菌的发酵产芽胞数为 $(89.34\pm3.87)\times10^8$CFU/mL，比基础培养基提高了 3.35 倍。

为了解河南省土壤中芽胞杆菌资源状况，获得一批有应用价值的菌株，刘秀花等（2006）从河南省不同地区的土壤中分离纯化需氧芽胞杆菌。采用平板分离法从 22 个土样中获得 415 株纯培养物，对其进行形态学特征观察与测量、生理生化试验测定，并依据伯杰氏系统细菌学手册进行菌种鉴定，它们分属于 14 个不同的芽胞杆菌菌种。其中检出率较高的 3 个菌种依次为枯草芽胞杆菌（22.4%）、蜡样芽胞杆菌（16.1%）、蕈状芽胞杆菌（12.5%）。出土率大于 60% 的 5 个菌种分别是蕈状芽胞杆菌（86.4%）、蜡样芽胞杆菌（81.8%）、枯草芽胞杆菌（77.3%）、坚强芽胞杆菌（68.2%）、巨大芽胞杆菌（63.6%）。分析发现，不同农作区的优势菌种种类及其检出率不同，与地理条件和耕作制度有一定关系。从产酶种类、耐盐性、产酸能力、解磷能力等方面进行分析，部分菌株可以作为微生物酶制剂、微生物肥料生产的待选菌株。

吴江利等（2015）利用微滴灌技术施加不同种类（枯草芽胞杆菌 *Bacillus subtilis* G、沼泽红假单胞菌 *Rhodopseudanonas palustris* R、胶质芽胞杆菌 *Bacillus mucilaginosus* K、复合菌肥 C）不同稀释倍数（0、25%、50%、75%、100%）的微生物肥料稀释液于荒漠沙壤中，种植棉花，并统计发芽率，通过光合气体交换参数和叶绿素荧光参数研究不同处理对棉花光合生理的影响。处理组的棉花发芽时间比对照组提前 12 ～ 24h，发芽率提高 1.59% ～ 27.70%；微滴灌生物菌肥能够加快蒸腾速率，增强最大光化学强度。微滴灌生物菌肥能够促使棉花种子提前萌发，提高种子的发芽率，促进棉花的生长，增强对荒漠沙环境的抗逆性。侧胞芽胞杆菌（*Bacillus laterosporus*，重分类为 *Brevibacillus laterosporus*）是应用于微生物肥料的一种重要功能菌。夏帆（2007）采用正交试验筛选了侧胞芽胞杆菌的发酵培养基配方，并探讨了发酵工艺条件。结果表明，侧胞芽胞杆菌的摇瓶发酵最佳培养基为蔗糖 3.0%、酵母膏 0.8%、蛋白胨 1.2%、$MgSO_4$ 0.075%、KH_2PO_4 0.25%、$MnSO_4$ 0.010%、$CaCO_3$ 0.8%；最佳培养条件为温度 32.5℃、转速 200r/min、接种量 2% 以上、pH 值为 7.6，发酵液中的所得菌浓度可达 9×10^8CFU/mL。

为了从棉花根际土壤筛选能与棉花凝集素具有亲和作用的高效促生细菌，夏觅真等（2008）以选择性培养基从棉花根部初步筛选具有固氮、解磷及解钾能力的促生细菌，再以异硫氰酸荧光素（FITC）标记的棉花凝集素为复筛工具，从棉花根际促生细菌中筛选能与棉花凝集素结合的亲和性菌株，分别挑选 2 株固氮菌、2 株解磷细菌和 2 株解钾细菌作为微生物肥料接种到棉花根部进行盆栽试验，观察其在根部定殖情况。结果表明，在选择性平板上有 20% ～ 30% 的菌株具有凝集素染色阳性。盆栽试验显示，接种的 6 株亲和性菌株能在棉花根部成功定殖，根际细菌数量约是灭活对照的 10 倍。通过初步鉴定，固氮菌株 N1111 为固氮菌属（*Azotobacter*），N2121 属于德克斯氏菌属（*Derxia*）；解磷菌株 P2126 属于黄单胞菌属（*Xanthomonas*），P1108 菌株为假单胞菌属（*Pseudomonas*）；解钾菌株 K2204 和 K2116 属于芽胞杆菌属（*Bacillus*）。

植物乳杆菌（*Lactobacillus plantarum*）、鼠李糖乳杆菌（*Lactobacillus rhamnosus*）、嗜

酸乳杆菌（*Lactobacillus acidophilus*）和德氏乳杆菌（*Lactobacillus delbrueckii*）是微生物肥料生产中常用的乳酸菌，它们表型特征相似，若采用传统方法鉴定则费时费力，杨小红等（2014）为准确、快速地鉴定这些种，建立种特异 PCR 方法。利用 NCBI 中 Primer-BLAST（引物设计和特异性检验工具），以 GenBank 数据库中上述菌种的 *recA* 和 *gyrB* 为靶基因，设计和筛选种特异性引物从而建立相应特异 PCR 鉴定方法。经过乳杆菌属（*Lactobacillus*）、乳球菌属（*Lactococcus*）、片球菌属（*Pediococcus*）、芽胞杆菌属（*Bacillus*）、类芽胞杆菌属（*Paenibacillus*）、短芽胞杆菌属（*Brevibacillus*）和假单胞菌属（*Pseudomonas*）7 个属 24 个种共 40 株标准菌株的实验验证，4 个目标种分别扩增出唯一的目的产物，而其他种均无目的扩增产物。采用建立的 4 种特异 PCR 方法对产品中分离的 16 株乳杆菌进行鉴定，结果与 16S rDNA 序列分析、Biolog 鉴定结果一致。建立的特异 PCR 鉴定方法均具有较高的种内通用性和种间特异性，可快速、准确地用于微生物制剂中植物乳杆菌、德氏乳杆菌、鼠李糖乳杆菌、嗜酸乳杆菌的检测和鉴定，具有较好的应用前景。

2. 抗病微生物菌剂

为了使蛋鸡粪有机肥兼有防治作物土传病害的多功能性，陈丽园等（2014）从安徽省农业科学院实验田及蛋鸡养殖场等环境中共分离出 170 株真菌，首先将分离菌与辣椒炭疽病（*Colletotrichum capsici*）进行平板对峙实验，再通过复筛选出 7 株菌，同时对该 7 株菌进行抑菌谱、耐温实验和蛋鸡粪肥中增殖实验，效果较好的菌株最终进行分子生物学鉴定。结果表明，筛选出的菌株中编号为 TCC53 对油菜菌核病和麦纹枯病的抑菌率分别可达 90.4%、82.3%，TCC157 对辣椒炭疽病和辣椒疫霉的抑菌率分别可达 88.6%、71.2%，同时该两株菌均可在 40℃以上生长。通过分子生物学鉴定得出 TCC53 和 TCC157 分别为棘孢曲霉（*Aspergillus aculeatus*）和皮落青霉（*Penicillium crustosum*）。皮落青霉和棘孢曲霉均为环境中常见真菌，生长快、不具有致病性，将其添加至蛋鸡粪有机肥中有望提高作物的抗病效果，又可改善土壤结构的微生物肥料。

光合菌肥是目前发展较快的新型微生物肥料，为研究其在烟草上的应用效果，罗定棋等（2008）在 2007～2008 年间进行田间试验研究。试验结果表明，在烟草上应用光合菌肥，能有效改善烟草的生物、经济性状，提高烟株的抗病抗逆性，具有明显的增产、提质、增效的作用。赤霉素高能生物肥是目前发展较快的新型微生物肥料，为研究其在烟草上的应用效果，罗定棋等（2010）于 2009 年间进行田间试验研究。试验结果表明，在烟草上应用赤霉素高能生物肥，烤烟单产增加 4.7～7.5kg/ 亩；产值增加 99.5～135.62 元 / 亩，投入产出比达到 1：（9.95～13.56），具有明显的增产、提质、增效的作用；能有效改善烟草的生物、经济性状，提高烟株的抗病抗逆性；能有效提高烟叶的外观质量和内在质量，提高烟叶的商品等级和工业可用性。师利艳等（2015）研究了恩格兰微生物菌剂在金神农烤烟生产中的应用效果，结果表明：恩格兰微生物菌剂可促进金神农烤烟早生快发，根系发达，增强抗病力，增加经济效益，提高烟叶品质。产量和质量以常规施肥 + 恩格兰微生物菌剂 30kg/hm² 的处理表现最好，与常规施肥相比，产量增加 17kg/hm²，产值增加 1350.41 元 /hm²，均价增加 0.46 元 /kg，中、上等烟率增加 4.7%。叶片稍厚，油分较足，化学成分较为协调，感官质量较好，具有良好的应用效果，为今后金神农烤烟生产中施用恩格兰微生物肥料提供科学依据和技术支撑。

橘黄假单胞菌（*Pseudomonas aurantiaca*）JD37 是一株具有生防促生作用的植物根际促

生菌，王婧等（2012）从载体和保护剂两方面研究 JD37 微生物肥料的制备。结果表明：以滑石粉为载体对 JD37 菌体的吸附和保存能力均高于硅藻土，滑石粉菌剂中的活菌体释放率比硅藻土高 2.74 倍；保护剂的筛选实验表明羧甲基纤维素钠（CMC）是最适合的保护剂。选用以滑石粉为载体、0.1% CMC 为保护剂制备的粉末状 JD37 菌剂，以水溶液形式施用于番茄植株，其释放的活菌体在番茄根际土壤的定殖能力稳定维持在 10^6CFU/g 土壤，并且能够显著促进番茄幼苗生长。

海带渣是海带加工过程中主要固体废弃物。肖伟和闫培生（2014）利用海带渣对生防菌株 JGA2(-5)27-2 进行固体发酵。实验对不同发酵条件下发酵产物对植物病原真菌寄生曲霉的抑制活性与对发酵产植物激素 6- 糠氨基嘌呤的能力进行测定。通过单因素实验和响应面实验优化了发酵条件：蔗糖为最优的碳源；硝酸盐为最优的氮源；蔗糖浓度 2.091%，KNO_3 浓度 0.507%，最佳的培养时间 8.24d，含水量 60%，培养温度 35℃，接种量 4%，pH 自然。在发酵过程中以添加 KNO_3 的形式向发酵菌肥中加入 K^+。赵栋等（2012）以"宁杞 1 号"为试验材料，探讨 4 种微生物肥料对枸杞生理特性、植物学性状和病害的影响。结果表明：在高 N 水平下施用微生物肥料，枸杞叶片叶绿素含量比常规施肥叶绿素含量高；4 种微生物肥料处理的枸杞叶片可溶性蛋白质的含量分别比对照增加 3.7%、4.8%、6.6% 和 6.0%；与对照相比，各处理枸杞叶片过氧化物酶活性分别提高了 4.39%、20.84%、31.45% 和 30.94%；超氧化物歧化酶、过氧化氢酶活性均有所提高，丙二醛含量降低；施用微生物肥料对枸杞植物学性状有明显改善作用，并可以降低枸杞发病率。油茶（*Camellia oleifera*）是我国重要的木本油料树种，其种子提取的茶油富含不饱和脂肪酸，素有"东方橄榄油"之称。由层生镰刀菌（*Fusarium proliferatum*）引起的油茶根腐病，导致植株不能正常吸收养分和水分导致干枯死亡，给油茶产业发展带来了严重的威胁。硅酸盐细菌是一类重要的微生物肥料菌种，同时具有一定的生防功效。周国英等（2010）从油茶根际土壤中分离、纯化获得硅酸盐细菌，采用平板对峙培养法，筛选对油茶根腐病原菌层生镰刀菌有拮抗作用的菌株。结果表明：分离纯化得到的 73 株硅酸盐细菌，有 7 株具有拮抗作用，其中菌株 K56 抑制效果最好，平板对峙抑制率达到 85.9%；对其稳定性进行分析发现，该菌抑菌活性物质经过热处理以后，基本失去生物活性；在 pH 值为 5.0 ～ 8.0 时都有一定的抑菌活性，其中 pH 值为 6.0 抑菌效果最好，抑菌圈直径达到 8.8mm；紫外线照射 60min 后，抑菌圈直径为 8.6mm。抗菌谱测定结果表明，该菌对生防对象层生镰刀菌有较强的专一性。

3. 固氮微生物菌剂

陈倩等（2011a）采用无氮培养基富集、筛选固氮菌，用对峙法筛选拮抗菌；乙炔还原法测定固氮酶活性，PCR 扩增 16S rDNA 和 *nifH* 基因；通过形态、生理生化特征和 16S rDNA 序列分析鉴定菌种；采用温室盆栽小白菜试验接种效果。筛选到一株固氮菌 GD812，该菌株固氮酶活性达到 30.661nmol C_2H_4/(h·mg 蛋白)，同时具有拮抗麦类赤霉病菌（*Gibberella zeae*）和棉花黄萎病菌大丽轮枝菌（*Verticillium dahliae*）功能，抑菌率分别达到 59.5% 和 49.3%；根据形态、生理生化特征和 16S rDNA 序列分析结果，GD812 被鉴定为类芽胞杆菌（*Paenibacillus* sp.）；该菌株的 *nifH* 基因长度 300bp，与类芽胞杆菌（*Paenibacillus* sp.）菌株 Bs57 的 *nifH* 基因序列相似性 98%；GD812 可以利用 35 种供试碳源中的 20 种，pH 值范围为 4 ～ 11，在 4 ～ 50℃均可生长，盆栽试验接种比对照小白菜鲜重增加 52%。

1- 氨基环丙烷 -1- 羧酸（1-aminocyclopropane-1-carboxylate，ACC）脱氨酶是近年来发

现的许多植物促生细菌（plant growth promoting bacteria，PGPB）共有的一个特征性酶，很多具有 ACC 脱氨酶活性的细菌能够增强植物抗逆性，缓解干旱、淹水、盐碱、高温、病虫害等对植物的危害。因此，ACC 脱氨酶阳性细菌的筛选和研究对促进农业生产具有重要意义。陈倩等（2011b）从大量样品中分离、筛选到一株 ACC 脱氨酶阳性固氮菌，编号为 7037，该菌株 ACC 脱氨酶活性为 α- 丁酮酸 2.530μmol/(h·mg 蛋白)，固氮酶活性为 C_2H_4 10.068nmol/(h·mg 蛋白)；具有较为广泛的碳源利用能力和很强的环境适应能力，被鉴定为节杆菌属（*Arthrobacter* sp.）的一个种；盆栽试验显示，小白菜接种 7037 菌株比对照组鲜重增加了 139%，差异极显著。因此，该菌株可望进一步研究开发成为微生物肥料的生产菌种。高云超等（2005）研究发现：猪场粪污接种发酵可以增大目标微生物数量，经过微生物肥料菌株发酵的猪场污泥微生物有机肥施于土壤 7d 后，土壤中固氮菌数量增加 10 倍，钾细菌数量增加 7.6 倍；污水微生物有机肥施于土壤 7d 后，土壤中固氮菌数量增加 3.7 倍，磷细菌数量增加 12.5%，钾细菌数量增加 38.5%；作为肥料在菜田施用 7d 后，施用污水生物肥和污泥生物肥的菜心株高比施用原污水分别增高 8.5% 和 14.8%，叶长分别增加 1.6% 和 24.2%，叶宽分别增加 8.1% 和 13.5%，而叶数、茎粗和根数也有不同程度的增加。

XJ83073 和 XJ83097 为两株具有高效固氮活性的根瘤菌菌株，贾小红等（2007）进行的根盘试验表明：接种 XJ83073 和 XJ83097 的紫花苜蓿植株鲜重（产量）较未接种空白对照分别增加 12.7% ~ 65.2% 和 25.0% ~ 81.0%；摇瓶试验结果表明，两株根瘤菌在 YMA 培养基中适宜放罐时间分别为 30h 和 36h，发酵液中根瘤菌活菌数分别达 $8.9×10^9$CFU/mL 和 $5.1×10^9$CFU/mL；制备了种衣剂与草炭剂两种剂型的根瘤菌接种剂，盆栽试验表明，种衣剂处理苜蓿种子后其产量较草炭剂型与未接种对照分别提高 17.6% 和 27.9%；进一步田间试验表明，XJ83073 和 XJ83097 两菌株包衣处理可使苜蓿地上部干重较对照分别增加 85.9% 和 69.6%，增产效果显著。

李强等（2014）用茎瘤固氮根瘤菌（*Azorhizobium caulinodans*）ORS571 侵染小麦，探索绿色荧光蛋白（green fluorescent protein，GFP）标记的茎瘤固氮根瘤菌在小麦幼苗组织中的分布与定殖规律以及营养元素相关 miRNAs 在小麦与茎瘤固氮根瘤菌互作中的作用机制。使用茎瘤固氮根瘤菌菌剂侵染小麦种子（品种为小偃 22），将接菌 6d 后的小麦幼苗的根和接菌 12d 后的叶制作切片，利用激光共聚焦显微镜对样品进行逐层扫描，检测茎瘤固氮根瘤菌在幼苗不同组织中的分布与定殖情况。同时，采集接菌后 0h、6h、12h、24h、48h、72h、96h 的小麦幼根提取总 RNA。利用试剂盒进行加尾和反转录反应，将样品总 RNA 中的 miRNA 合成为 cDNA，使用 β- 微管蛋白（β-tubulin）基因作为内参基因，进行实时定量 PCR 反应，使用 2-ΔΔCT 方法计算相对表达量。利用 psRNATarget 在线软件，采用默认参数，对 miRNA 的靶基因进行预测。激光共聚焦结果显示，绿色荧光蛋白标记的茎瘤固氮根瘤菌可定殖于根的表皮细胞、细胞间隙、根尖破损处和根毛，在根维管组织和叶片气孔部位，也发现有茎瘤固氮根瘤菌的存在。实时定量 PCR 分析结果表明，6 条与营养元素代谢有关的 miRNA 表达发生变化，其中 miR164、miR167 和 miR827 相对表达量呈现出先上升后下降的趋势，miR169 和 miR398 相对表达量也基本呈现出这一趋势。miR164、miR167、miR169 和 miR398 的相对表达量在接菌 12h 时上调至最高点，分别为对照的 4.13 倍、2.84 倍、2.46 倍和 3.99 倍；miR827 相对表达量在接菌 24h 时达到最高点，为对照的 2.17 倍。miR399 相对表达量呈现出先下降后上升的趋势，在接菌 24h 时降至最低点，为对照的 0.21 倍。通过靶基因预测，6 条 miRNA 的靶基因分别编码了 NAC1 转录因子、生长素响应因子、HAP

转录因子、Cu/Zn 超氧化物歧化酶、蛋白缀合酶 PHO2 和 SPX-MFS 亚家族蛋白。茎瘤固氮根瘤菌能够从根毛和根尖破损处等部位进入小麦幼苗根部定殖，并可通过向上迁移到达叶片，在气孔处定殖。接种茎瘤固氮根瘤菌可不同程度增加小麦根中响应氮素、磷素、微量元素的 miRNA 相对表达量，增强小麦幼苗对营养元素的吸收和利用，促进小麦根的形态建成。

李朔等（2012）筛选出分别可固氮、解磷、解钾的菌株，对其进行鉴定，并利用它们生产微生物肥料。分离得到代谢能力较强的固氮、解磷、解钾菌 N2、P1、K5，经鉴定，分别为产酸克雷伯氏菌（*Klebsiella oxytoca*）、蜡样芽胞杆菌（*Bacillus cereus*）和胶质芽胞杆菌（*Bacillus mucilaginous*）。培养条件对有效活菌数的影响大小程度为温度＞ C/N 值＞ pH 值＞转速，最佳培养条件温度 32℃，C/N 值 =30，pH 值为 7.0，转速 140r/min，在最佳条件下48h 达到 1.78×10^{10}CFU/mL。尝试利用该复合微生物进行固体发酵生产复合微生物有机肥，96h 得到有效活菌数 2.23×10^{9}CFU/g。为挑选具有高固氮能力的自生固氮菌菌株，卢秉林等（2009）用乙炔还原法对甘肃省春小麦和玉米等非豆科作物根际土壤中分离所得的 13 株菌进行固氮酶活性测定，并通过盆栽试验对其进行春小麦肥效试验。结果表明，供试 13 株自生固氮菌对春小麦籽粒、生物产量及其构成因素均有一定促进作用，N6、N10、N13、N14、N27 和 N426 株菌对春小麦产量的促进作用相对较高，具有一定的应用前景，有望成为微生物肥料研制的菌种。其中 N13 对春小麦的增产效果最为明显，与施同量肥料（1/3N）的对照相比，籽粒增产 66.04%，生物产量增产 54.19%，穗重增加 47.65%，穗粒数增多 37.91%，千粒重增加 20.42%，株高增加 5.16%，穗长增加 21.89%，且具有较强的固氮能力，每盆固氮量为 212.55mg，固氮酶活性也显著高于其他菌株，达到 139.79nmol/(h·mL)(以 C_2H_4 计)。

胶质类芽胞杆菌（*Paenibacillus mucilaginosus*）和日本慢生根瘤菌（*Bradyrhizobium japonicum*）作为微生物肥料的生产菌种，凭借其良好的解钾溶磷促生效果及共生固氮功能，广泛应用于农业生产，目前对其单一菌种促生或固氮效果及机理已有较多报道。马鸣超等（2015）开展了胶质类芽胞杆菌与慢生大豆根瘤菌复合接种研究，评价其接种效果，并对作用机理初探，为开发功能复合型微生物菌剂、丰富微生物肥料产品提供技术支持。田间小区试验在山东省泰安市农业科学院邱家店科研基地进行。设 T1（空白对照）、T2（胶质类芽胞杆菌 3016 单接种）、T3（慢生大豆根瘤菌 5136 单接种）、T4（胶质类芽胞杆菌 3016 和慢生大豆根瘤菌5136 复合接种）和 T5(常规施肥)5 个处理，4 次重复。分析大豆播种前（0d）、花荚期（50d）、鼓粒期（80d）和成熟期（110d）土壤肥力、土壤微生物区系的变化及对大豆品质的影响。接种胶质类芽胞杆菌和大豆根瘤菌的各处理均能提高单株籽粒重、产量和收获指数，其中以复合接种处理效果最优，分别高于对照处理 12.8%、9.3% 和 41.0%，且差异显著；该处理下，大豆茎叶和籽粒的氮、磷、钾含量都具有较高水平，特别是籽粒钾、茎叶氮和茎叶磷，分别比对照提高了 5.7%、9.3% 和 38.5%，复合接种能显著提高大豆产量和品质。在土壤肥力方面，施用胶质类芽胞杆菌、根瘤菌和化学肥料对土壤总氮、速效磷、速效钾和有机质均有一定程度的改善和提高，其中以复合接种效果最佳，成熟期各指标分别比对照提高了 16.5%、43.7%、8.5% 和 15.5%；相对于化学肥料，施用胶质类芽胞杆菌和慢生大豆根瘤菌的各处理，对土壤肥力提高效果更有持久性且对土壤 pH 值影响更小，其中复合接种能显著改善土壤肥力。除此之外，复合接种还能够丰富土壤微生物群落多样性，提高微生物总量，尤其是增加细菌和放线菌数量，抑制真菌增长，有利于土壤实现由"真菌型"向"细菌型"的良性转变。典型对应分析结果表明，pH 值和速效钾是引起土壤细菌群落变化的主控环境因子。胶质类芽胞杆菌和慢生大豆根瘤菌复合接种不仅能够改善大豆品质、增加产量，还能提高土壤肥力、改善土壤微生物区系，是一种节本增效的施肥方式，具有良好的应用前景。

毛露甜等（2013）探讨鸡粪作为微生物肥料载体的可行性。以干燥或发酵处理的鸡粪为载体经辐照处理后，分别接种固氮菌、解磷巨大芽胞杆菌、硅酸盐细菌和枯草芽胞杆菌制作微生物肥料。以煤渣为载体设对照组，通过测定有效活菌数和杂菌率，优化鸡粪处理的最佳方法；从保存时间、温度、光照、pH 值几个因素探讨微生物肥料的稳定性。结果表明，经堆肥腐熟并辐照处理的鸡粪作载体效果最佳，固氮菌肥和硅酸盐细菌肥料的保质期在 6 个月，磷菌肥和枯草杆菌肥的保质期在 9 个月；阳光直射处保存 3 个月的菌肥有效活菌数低，杂菌率高，而室内暗处保存的活菌数高，杂菌率低；菌肥的保存温度超过 30℃时，有效活菌数急剧下降，杂菌率上升；将菌肥的 pH 值调至 7 时，有利于提高有效活菌数。可见鸡粪可用作微生物肥料的载体，保存在避光阴凉干燥处可有效提高菌肥的有效活菌数，从而延长产品的保存期。

固氮微生物菌种选育是固氮微生物肥料生产应用的基础。孙建光等（2009a）从全国 13 个省（市、自治区）的 70 份土样中分离、采集到了非共生固氮微生物资源 181 份。从形态特征、生理生化特征和 16S rDNA 序列分析表明，采集到的菌种资源在科学分类上属于 24 属 66 种，大约占到已报道非共生固氮微生物属的 50%，具备一定的多样性和代表性。资源在分类学上的特点是分类地位相对集中，有 65 株菌属于类芽胞杆菌属（*Paenibacillus*），占总量的 36%；52 株菌属于芽胞杆菌属（*Bacillus*），占总量的 29%；19 株菌属于节杆菌属（*Arthrobacter*），占总量的 11%；这 3 个属菌株合计占采集资源总量的 76%。随地域和作物种类分布的特点是芽胞杆菌和类芽胞杆菌两个属的菌种资源具有很强的地域广泛性和作物广泛性，即从采自全国各地、各种作物的土壤样品几乎都可以分离到这两类菌种。

孙建光等（2009b）采用无氮培养基富集、加热筛选固氮芽胞杆菌。乙炔还原法测定固氮酶活性，采用盆栽小白菜选育高效固氮芽胞杆菌，研究菌种竞争适应能力与接种固氮效能。通过形态、生理生化特征和 16S rDNA 序列分析鉴定菌种。筛选到了 3 株固氮酶活性相对较高、固氮能力较强的菌株 GD062、GD082 和 GD282，初步鉴定前 2 株为芽胞杆菌（*Bacillus* spp.），GD282 为类芽胞杆菌（*Paenibacillus* sp.）。进一步的研究结果表明菌株 GD082 竞争适应能力较强，在盆栽试验自然土壤条件下接种固氮效能与施用化肥试验处理效果相当，可望进一步研发用于生产固氮微生物肥料。试验结果同时显示，供试菌株的固氮酶活性与其接种固氮效能并不直接相关，菌株的竞争适应能力对接种固氮效能影响很大，接种固氮芽胞杆菌使小白菜根际土壤细菌多样性显著增加。孙建光等（2010）从玉米根际土壤分离到 1 株高效固氮菌株 GD542，菌体短杆状，0.4μm×(1.0 ～ 1.5)μm，革兰氏阴性；固氮酶活性为 5.046nmol/(h·mg)(以 C_2H_4 计)；利用碳源较广泛，抗逆性较强，既可在 4℃低温生长，也可以在 37℃下生长，耐盐性高达 10%。16S rDNA 序列分析结果表明，该菌株与固氮鞘脂单胞菌（*Sphingomonas azotifigens*）的 16S rDNA 序列有高达 96% 的同源性，结合形态特征和生理生化特征等，将其初步鉴定为鞘脂单胞菌（*Sphingomonas* sp.）。接种小白菜的温室盆栽试验表明，菌株 GD542 具有很好的固氮效能，与无氮对照相比，接种 GD542 处理植株干重增加 206%，含氮量增加 230%，达到统计学显著差异水平，开发应用前景较好。

陶树兴和房薇（2006）采用二倍稀释法研究了生产微生物肥料用的 8 种细菌对 10 种化肥和代表不同类别的 5 种农药的敏感性。结果表明，10 种化肥在实验质量浓度达 200g/L 时，对 8 种细菌均无杀灭作用。化肥中碳酸氢铵抑菌作用最强，对圆褐固氮菌（*Azotobacter chroococcum*）ACCC8011 抑制作用最大。5 种农药在实验质量浓度达 10g/L 时，对实验菌株均无杀灭作用。多菌灵、甲基托布津、溴氰菊酯和阿维菌素对胶质芽胞杆菌（*Bacillus mucilaginosus*）ACCC10013，圆褐固氮菌 ACCC 8011，日本慢生根瘤菌（*Bradyrhizobium japonicum*）61A76 和细黄链霉菌（*Streptomyces microflavus*）5406 有一定的抑制作用，草甘膦对 8 种细菌都有抑制作用。

为了了解小麦内生固氮菌数量，筛选具有 ACC 脱氨酶活性的小麦内生固氮菌，秦宝军等（2012）将样品表面灭菌后采用无氮培养法筛选内生固氮菌，乙炔还原法测定菌株固氮酶活性；采用 ACC 唯一氮源法筛选 ACC 脱氨酶阳性菌，比色法定量测定 ACC 脱氨酶活性；PCR 扩增得到菌株 16S rDNA，通过序列测定和相似性分析研究菌株的系统发育；通过形态、生理生化特征和 16S rDNA 序列比对鉴定菌种。结果表明，小麦体内固氮菌数量为 $0.2 \sim 17.8 \times 10^5$ CFU/g 鲜重；分离到小麦内生固氮菌 60 株，固氮酶活性在 $1 \sim 36$ nmol/(h·mg)（以 C_2H_4 计），其中 9 株具有 ACC 脱氨酶活性，活性在 $0.87 \sim 9.32$ μmol/(h·mg)（以 α-丁酮酸计）；新分离菌株 9136 固氮酶活性为 1.82 nmol/(h·mg)（以 C_2H_4 计），ACC 脱氨酶活性为 9.32 μmol/(h·mg)（以 α-丁酮酸计），初步鉴定为假单胞菌（*Pseudomonas* sp.）。

为了开发新的可替代化肥、农药的促植物生长微生物肥料，许明双等（2014）对从水稻种子中分离得到的 1 株具有抗氧化活性的内生细菌 K12G2 进行了分类鉴定，检测其促生特性，并通过平板培养和水培试验测定其对水稻幼苗的促生长作用。结果表明：结合菌株 K12G2 的形态学、生理生化特征检测及分子生物学鉴定，K12G2 为柠檬色短小杆菌（*Curtobacterium citreum*）；该菌株表现为产吲哚乙酸（indole acetic acid，IAA）、溶磷、固氮及淀粉酶活性的促生特性；在限菌平板培养条件下，菌株 K12G2 培养液浸种 1h 处理比 4h 处理后对水稻种子的萌发和生长效果明显，培养液处理的水稻幼苗根长和芽长显著增加；在水培条件下，接种 K12G2 的水稻幼苗根长显著提高 47.08%，生长至三叶期的幼苗比例是对照组的 4.5 倍。

张燕春等（2009）对所选育出的一株固氮芽胞杆菌（编号为 GD272）进行了形态、生理生化测定和接种效果研究。通过 16S rDNA 基因比对以及生理生化鉴定表明，该菌株属于芽胞杆菌（*Bacillus* sp.）；乙炔还原法测定显示该菌株具有较高的固氮酶活性。从小白菜盆栽试验看出，接种 GD272 菌达到了施用化学氮肥的同等效果。为了明确微生物肥料施入不同 pH 值土壤对土壤肥力的贡献，周移国等（2013）以灭菌土接种菌肥微生物，经培养采用平板菌落计数法，探究菌肥移居微生物在土壤中存活性、变化规律及对土壤养分的贡献。结果表明：菌肥微生物在接入灭菌土壤前 2 周呈快速上升趋势，随后进入一个较长的稳定期；中性土壤各类菌肥微生物丰度为：氨化细菌最多，达 10^8 CFU/g 干土；固 N 微生物、芽胞细菌、放线菌数量均达到 10^7 CFU/g 干土以上，而霉菌最多只达到 10^5 CFU/g 干土左右；在 pH 值约为 4.5 酸性土壤，各类细菌、放线菌数量比中性土壤少 2 个数量级，但霉菌最大丰度可达 10^7 CFU/g 干土；酵母菌数量只有霉菌的 1/10 左右。菌肥各类微生物的迅速生长和繁殖，通过其分解作用、固氮作用、溶磷、解钾作用等对土壤主要营养元素及活性增加有一定的贡献。

4. 溶磷微生物菌剂

优良菌种是微生物肥料的基础，根际竞争能力是微生物肥料菌株发挥作用的前提，崔晓双等（2015）基于根际营养竞争能力筛选植物根际促生菌。利用玉米、黄瓜、番茄 3 种作物的根系分泌物为初筛培养基的营养源，从相对应作物的根际土壤样品中分离筛选能利用根系分泌物快速生长的菌株，通过测定所筛菌株的促生特性，进一步结合平皿幼苗促生试验复筛优良菌株，并通过盆栽试验评价促生效果。初筛所得 24 株菌株，均可在以植物根系分泌物为唯一营养来源的培养基上迅速生长，具有溶磷、产 NH_3、产 IAA 及产嗜铁素等一种或多种促生性能，其中具有产氨能力的 14 株，占所筛菌株的 58.3%；可产 IAA 的 20 株，占所筛菌株的 83.3%，菌株 JScB 的 IAA 产量最大，达到了 73.28mg/L；可产铁载体的 12 株，占所筛菌株的 50.0%；具有溶解有机磷能力的 15 株，占所筛菌株的 62.5%；所筛各菌株均有一定的溶解无机磷的能力，但差异很大，溶磷量范围为 19.14～200.05mg/L。结合平皿幼苗促生试验，最终筛选出 12 株菌株用于盆栽试验，接种所筛菌株于相应作物后，其株高、生物量、根系形态（总根长、根表面积等）和叶绿素含量等均高于不接菌对照。经 16S rDNA 基因序列同源性鉴定，5 株为芽胞杆菌属（*Bacillus*）；3 株为剑菌属（*Ensifer*）；2 株为根瘤菌属（*Rhizobium*）；1 株为苍白杆菌属（*Ochrobactrum*）；1 株为微杆菌属（*Microbacterium*）。

为探讨微生物肥源替代或部分替代化肥的应用潜力，韩华雯等（2013a）利用前期从紫花苜蓿（*Medicago sativa* L.）和小麦（*Triticum aestivum* L.）根际分离的 3 株溶磷菌（芽胞杆菌 *Bacillus* sp.、假单胞菌 *Pseudomonas* sp. 和固氮杆菌 *Azotobacter* sp.）和 1 株苜蓿中华根瘤菌（*Sinorhizobium meliloti*）研制苜蓿根际新型专用接种剂，并进行田间随机区组试验，测定其对苜蓿生长特性的影响。结果表明：单一菌种接种剂 + 半量磷肥对苜蓿的促生效果不及复合菌种接种剂 + 半量磷肥，与对照（全量磷肥）相比，复合菌种接种剂 + 半量磷肥处理对苜蓿的各项生长指标均有明显的促生效应，其中以复合接种剂 + 半量磷肥处理的效果最佳：苜蓿株高、叶绿素含量、叶茎比、干鲜比及产量分别较对照增加 9.00%、51.98%、13.79%、19.57%、11.98%（第 1 茬）和 8.26%、48.08%、16.87%、20.07%、20.95%（第 2 茬）；单一菌种接种剂 + 半量磷肥处理的效果不及全量磷肥处理，但处理根瘤接种剂 + 半量磷肥效果较好。因此，推荐根瘤接种剂和 Jm170+Jm92+Lx191 溶磷菌 + 根瘤菌复合接种剂为适用于苜蓿的最佳单一及复合菌株接种剂，研制的各接种剂质量达到农业部行业标准《微生物肥料》（NY/T 227—1994）的要求。韩华雯等（2013b）以木炭、泥炭、花土、有机肥、菌糠为不同基质载体，利用前期从植物根际分离出的 3 株溶磷菌和 1 株联合固氮菌制作 PGPR 菌肥，并进行田间随机区组试验，研究其对燕麦草产量和籽粒产量的影响。结果表明，除菌肥 4 以外，其余处理活菌数均符合《微生物肥料》（NY/T 227—1994）的质量标准，其中，菌肥 1 和菌肥 2 的活菌数最优，适宜作为 PGPR 菌肥载体；施用不同 PGPR 菌肥对燕麦的株高、干草产量和籽粒产量具有明显的促进作用，其中，各处理对株高影响不显著，而燕麦草产量的增产效果与作物所处的生育期有关，灌浆期菌肥 1 的促生效果良好，成熟期菌肥 5 的促生效果较佳。菌肥 1 干草产量和籽粒产量较 CK 分别提高 20.4% 和 10.8%，说明以菌肥 1 可作为 PGPR 菌肥的良好载体。

植物根际溶磷菌不仅可以提高植物对土壤磷素的利用率，同时可以促进根瘤菌的结瘤和固氮作用。李玉娥等（2010）利用液体培养法对 5 株溶磷菌的溶磷特性和分泌 IAA 能力进行研究，并通过盆栽试验研究接种溶磷菌对紫花苜蓿（*Medicago sativa* L.）生长的影响。结果表明：各供试菌株溶磷能力差异较大，溶磷能力最强的是 LM18（300.3mg/mL）；菌株都有分泌 IAA 特性，最大分泌量为 17.95μg/mL（LM12）。接种溶磷菌后苜蓿株高、茎粗、干重、干鲜比和叶茎比都比对照明显增加。因此，溶磷能力和分泌 IAA 能力较强的菌株（LM12 和 LM18）可作为研制微生物肥料的优良菌株。

5. 解钾微生物菌剂

为了寻求钾肥替代技术,李新新等(2014)从江西红壤中筛选到一株解钾效率为27.62%的高效解钾菌株 G4,结合菌落形态特征、生理生化特性、16S rDNA 序列分析,初步鉴定为类芽胞杆菌属(*Paenibacillus*);通过单因素试验与正交试验对 G4 的发酵条件进行优化,结果表明 G4 的最佳发酵条件为:麦芽糖 10g/L、蛋白胨 2g/L、磷酸氢二钾 0.5g/L、培养温度 25℃、初始 pH7.5、装液量 80mL/250mL(250mL 三角瓶装液量为 80mL)、培养时间 48h、接种量 7%。G4 有较强的解钾能力,有望用于微生物肥料的开发。针对化肥、传统有机肥和生物肥料的优缺点,开发集化肥速效、有机肥长效和生物肥增效为一体的复合微生物肥料具有重要意义。何琳燕等(2004)在以钾长石粉为唯一 K 源的硅酸盐细菌选择性培养基上,从我国部分省市土壤中筛选到 16 株硅酸盐细菌,以其实验室保藏的 NBT 菌株为参照,对其生理生化特性、耐盐性、抗生素抗性、温度敏感性及释 K 能力等生物学特性进行了测定。结果表明,17 株硅酸盐细菌菌体均为杆状,产生椭圆至圆形芽胞;其中 SB6、SB13 为短杆状,SB4、SB6、SB10、SB15 菌株是 G^+、其余菌株是 G^-;NH_4^+、NO_3^- 为良好 N 源,且能在无 N 培养基上生长;菌株 SB13 和 NBT 解 K 能力较强。王平宇和张树华(2001)分离到 1 株芽胞杆菌,并对其进行了表形特性、培养特性、生理生化特性的鉴定,确认该菌为 1 株硅酸盐细菌,分类学上属于胶质芽胞杆菌(*Bacillus mucilaginosus*)。此外,用原子吸收光谱分析和高效液相色谱对培养液中的产物进行了测定。结果表明,这种硅酸盐细菌具有分解玻璃中钾的能力。在摇瓶培养 72h 后,水溶性钾的含量比对照物提高了 77%。

杨柳等(2011)分离与鉴定具有解钾能力的芽胞杆菌,并对筛选出的细菌进行代谢产物分析。从土壤中分离得到 1 株具有解钾能力且有一定抗逆性的菌株 YJ09,对其进行生理生化性质研究、16S rRNA 序列分析,并考察解钾菌培养液中的组分及各组分对钾长石的分解作用。菌株 YJ09 为地衣芽胞杆菌(*Bacillus licheniformis*);解钾菌培养液中含有 0.54g/L 的有机酸、0.413mg/L 的氨基酸和 2.80g/L 的多糖,起解钾作用的主要是多糖。胶质芽胞杆菌是一类可分解硅酸盐等矿物并释放磷、钾等离子的益生菌,它对土壤中的可溶性钾含量具有较大的影响,可作为微生物肥料应用于多种农作物。为了进一步探究胶质芽胞杆菌对偏碱性土壤中可溶性钾含量的影响,张伟伟等(2015)从盐碱性土壤中采取土样,过筛、晾干处理后分装、标记,接入胶质芽胞杆菌菌液培养,通过原子吸收分光光度计,利用标准曲线法,测定出接菌前后偏碱性土壤中有效钾含量的变化,为该菌种在微生物肥料中的广泛应用提供更多参考。

胶质芽胞杆菌(*Bacillus mucilaginosus*)具有分解土壤矿物释放钾素和水溶性磷的能力而被广泛用于微生物肥料的生产。赵艳等(2009)利用土壤矿物为 K 源的硅酸盐细菌选择性培养基,从我国部分省市土壤中筛选到 30 株胶质芽胞杆菌,以辽宁菌种保藏中心胶质芽胞杆菌 LICC10201(编号 K31)为参照菌株,对其生理生化特性、耐盐性、耐酸碱性、温度敏感性及解 K 能力等生物学特性进行了测定。结果表明,30 株胶质芽胞杆菌菌体均为杆状,产生椭圆形至圆形芽胞。其中 K3、K9、K19、K31 为短杆状,30 株菌株均为 G^-。NH_4^+、NO_3^- 为良好 N 源,且能在无 N 培养基上生长。菌株 K5、K12 和 K31 解 K 能力较强,释放的 K 比不加菌液对照分别增加 2.39 倍、2.28 倍和 2.27 倍;K5、K11、K26、K31 在 3% NaCl 的培养基上能生长;在 25 ～ 30℃ 范围内供试胶质芽胞杆菌均能良好生长。为了解不同禾本科植物根际胶质芽胞杆菌遗传多样性,赵艳等(2010)利用 ISSR 标记对 31 份胶质芽胞杆菌材料进行遗传差异分析。从 100 条通用 ISSR 引物中筛选到 18 条重复性好、条带清晰的引物，31 份材料共产生多态性条带 112 条，依据 ISSR 数据，利用非加权平均法（UPGMA）构建聚类树，将 31 份胶质芽胞杆菌材料分为主要的 2 个聚类；材料间的遗传相似系数值为 0.21 ～ 0.97；其中菌株 K04（山西太谷）与 K17（海南三亚）以及 K08（北京）与 K25（海南文昌）之间的遗传相似系数最小（0.21），从山西太谷不同植物根际分离的菌株 K03 与 K04 之间的遗传相似系数最大（0.97）；协表相关系数（r）为 0.94，表明聚类分析的结果与原遗传距离矩阵之间的拟合程度极高。利用主成分分析可将 31 个材料清晰地分为 3 个类群，与聚类树（GS=0.55）所得到的结论相一致。研究结果表明不同植物根际分离的胶质芽胞杆菌材料间表现出较为丰富的遗传多样性，同时表明菌株的聚类结果和其地域性分布之间呈现出较明显相关性。

周毅峰等（2009）以钾长石粉为唯一钾源的硅酸盐细菌选择性培养基筛选能够降解土壤中钾元素的细菌。利用梯度稀释分离法和平板划线分离法对其中的细菌进行筛选，用火焰分光光度法测定培养液和细菌细胞内的钾含量。结果表明：dk8、dk7、dk14 在解钾培养基上生长状况良好，以 dk8 分解钾长石的能力最强，可作为制作微生物肥料备选用菌。

6. 促长微生物菌剂

侯俊杰等（2014）筛选出能显著促进桉树幼苗生长的芽胞杆菌菌株，探究酶活性与桉树幼苗生长的相关性，初步揭示芽胞杆菌对桉树幼苗的促生机制。以分离自广东广州、阳江桉树林地土壤的 32 个芽胞杆菌菌株为研究对象，测定桉树幼苗接种盆栽试验以及菌株 1- 氨基环丙烷 -1- 羧酸（ACC）脱氨酶活性与幼苗 N、P 养分。接种菌株 2306、2403、2301 能够显著促进桉树幼苗高生长和生物量积累，尤以菌株 2306 的促生效果最佳，其苗高、生物量分别比对照增加 53.1% 和 190.2%。芽胞杆菌的 ACC 脱氨酶活性与桉树幼苗高生长相关极显著，与生物量相关显著；而且上述 3 个菌株均能提高桉树幼苗的 N、P 含量。

荣良燕等（2013）通过测定植物根际促生菌株固氮酶活性、溶磷量、分泌植物生长素 IAA、对病原菌的拮抗作用及菌株生长速度，筛选出了 5 株具有较好促生特性的优良菌株。利用筛选的优良菌株研制复合接种剂，并于 2009 年和 2010 年进行田试，测定其部分替代化肥对玉米生长的影响。结果表明：利用筛选的优良促生菌研制的复合微生物接种剂符合标准《微生物肥料》（NY/T 227—1994）。施用接种剂替代 20% ～ 30% 的化肥，玉米株高、地上植物量、穗长、穗粗、单位面积穗数、穗粒数和经济产量等均有提高。研制的微生物接种剂（菌肥 +80% 化肥），2010 年大田推广使用，玉米增产 9.86%，减少化肥投入、增产收入及直接经济效益分别为 620.1 元 /hm²、2291.4 元 /hm² 和 2851.5 元 /hm²。荣良燕等（2014）从岷山红三叶（*Trifolium pratense* cv. *Minshan*）根际分离出高效溶磷菌，并对其分泌生长激素、拮抗病原菌特性进行测定，筛选出优良促生菌 6 株、根瘤菌 1 株，按照一定比例混合制成复合菌肥，进行盆栽试验，研究复合菌肥对岷山红三叶产量、品质及异黄酮含量的影响。结果表明：利用筛选的优良促生菌和根瘤菌研制的复合微生物菌肥符合标准《微生物肥料》（NY/T 227—1994）。75% 化肥 +PGPR 菌肥处理使岷山红三叶干草总产量较 CK 增加 4.76%，同时，该处理可提高红三叶粗蛋白、粗灰分、钙、磷含量，降低中、酸性洗涤纤维含量；50% 化肥 +PGPR 菌肥处理对岷山红三叶的总干草产量、营养品质以及 4 种异黄酮的含量均没有显著影响。

王国基等（2014）通过对前期分离自玉米根际优良促生菌（PGPR）菌株生长速度、固氮酶活性、溶磷量及分泌 IAA 能力的测定，筛选获得 7 株优良 PGPR 菌株，将其制成玉米专用菌肥，于 2013 年进行田间试验，测定菌肥配施化肥对玉米叶面积与干物质积累的影响。结果表明，研制的玉米专用菌肥符合标准《微生物肥料》（NY/T 227—1994）。菌肥配施化肥减量 15% ～ 30%，在开花期前对玉米单株叶面积影响表现为全量化肥（A）＞85% 化肥 + 菌肥处理（B）＞70% 化肥 + 菌肥（C）＞100% 菌肥（D）＞不施肥（E）；开花期后表现为：B＞A＞C＞D＞E。对干物质积累量影响在开花期前表现为：A＞B＞C＞D＞E，开花期后表现为：B＞A＞C＞D＞E。在玉米整个生育期菌肥配施减量化肥对玉米叶面积和干物质积累的影响变化是一致的。成熟期经济产量表现为：处理 B 显著高于其他处理（$P＜0.05$），比全量化肥显著提高 2.7%；干草产量处理 A、B、C 间差异不显著，表现为：B＞A＞C，处理 B 比全量化肥干草产量提高 2.1%；经济产量及干草产量处理 C 与 A 相比均有所下降，但差异不显著。

席琳乔等（2008）从长绒棉和陆地棉根际分离出固氮菌 182 株，其中长绒棉的菌株 104 株。利用乙炔还原法测定，最终筛选出 8 个固氮酶活性较高的菌株，其中 AC2 菌株固氮酶活性最高，高达 636.61nmol/(h·mL)（以 C_2H_4 计），达到极显著水平，NC1 最小为 23.40nmol/(h·mL)（以 C_2H_4 计）。长绒棉与陆地棉的固氮酶活性相比，陆地棉的差异更大，最高者是最低的 27 倍左右。单从固氮酶活性来看，陆地棉地区草地有开发潜力的优良菌株相对较多，如 AC2，而长绒棉根际固氮菌的能力相对较差。从长绒棉和陆地棉根际分离的菌株均有分泌生长激素能力，分别为 6.62 ～ 22.83μg/mL 和 26.12 ～ 623.92μg/g 干细胞，其中，NL2 和 AC2 无论固氮能力还是分泌 IAA 的能力均表现很好，具有开发微生物肥料的潜力。

闫海洋等（2015）从吉林省不同玉米栽培区土壤中以胶状几丁质为碳源分离筛选分解几丁质微生物，最终筛选出功能菌株并命名为 CC-1，采用 16S rRNA 序列扩增法鉴定为芽胞杆菌（*Bacillus* sp.），通过 SDS-PAGE 分析法进一步确定该菌株的几丁质酶生产能力和几丁质酶的分子量为 $3×10^4$。通过盆栽试验进行微生物肥料对不同肥力中的玉米促生效果的研究，结果表明，以 CC-1 菌株生产的微生物肥料效果受土壤的基础肥力状况影响较大，土壤的肥力状况与微生物的增产效应成反比，相对贫瘠的土壤对微生物处理的响应较为敏感，对玉米的生物学性状及产量表现出了一定的促进作用，增产达到了 13.08%。

为给水生植物芡实（*Euryale ferox*）生物肥料的研制提供优良的菌株资源，张义等（2015）采用保绿法和萝卜子叶增重法从芡实根际土壤筛选出 2 株作用效果较好的细菌 Q6-2 和 Q67，用高效液相色谱法定量分析菌株产植物激素和有机酸的能力；通过盆栽试验研究 2 株细菌对苗期芡实的促生作用；结合生理生化试验和 16S rDNA 序列分析对 2 株细菌进行鉴定。结果显示，2 株细菌均能够产生玉米素、激动素等植物激素和少量有机酸，Q6-2 还能够产生吲哚乙酸；接种 Q6-2 后，芡实幼苗茎长、叶片数、最大叶面积、生物量（干重）分别比对照组高出 18.85%、40.67%、76.28% 和 37.50%，接种 Q67 的处理各项指标分别比对照组高出 27.47%、42.81%、96.05% 和 42.97%，差异显著；接种 Q6-2 和 Q67 后，叶绿素含量分别高出对照组 43.27% 和 51.46%，根系活力则分别高出 5.41% 和 7.05%，差异显著。经鉴定，Q6-2 和 Q67 均为地衣芽胞杆菌（*Bacillus licheniformis*）。

第二章

畜禽粪污降解菌
资源采集

第一节
芽胞杆菌资源采集

一、全国区域芽胞杆菌资源采集

1. 资源采集

从 1999 年开始，笔者所在研究团队在全国范围（31 个省市、自治区）进行了芽胞杆菌资源采样，采集各种生境的土壤共 11764 份（表 2-1），时间跨度从 1999 年到 2020 年共计 22 年，经度 87°～126°，纬度 22°～45°。资源样本信息记录包括经纬度、海拔、采样时间、土壤生境、植被类型等。中国境内幅员辽阔，领土南北跨越的纬度近 50°，具有多样化的气候特点，地形地貌也有许多种类，涵盖了地球上存在的大多数生境。

表 2-1　全国各地区采样数量分布

地区		总采样数 / 份
1. 北京	昌平区（7）、海淀区（5）	12
2. 浙江	温州市（70）、宁波市（289）、杭州市（118）、嘉兴市（3）、其他（8）	488
3. 云南	保山（163）、大理（47）、迪庆藏族自治州（142）、昆明（27）、丽江（16）、楚雄彝族自治州（79）、红河哈尼族彝族自治州（166）、普洱市（22）、玉溪（7）、其他（153）	822
4. 新疆	阿拉尔（18）、巴音布鲁克（14）、阿勒泰（29）、博尔塔拉州博乐市赛里木湖（10）、吐鲁番（2）、阿克苏（3）、昌吉回族自治州（81）、克拉玛依（15）、伊犁哈萨克（56）、乌鲁木齐（9）、其他（55）	292
5. 西藏	昌都（12）、拉萨（28）、林芝（360）、那曲（159）、日喀则（150）、山南（121）、纳木错（8）、茶卡盐湖（6）、其他（1）	845
6. 台湾	高雄（7）、金门（1）、澎湖（4）、台北（13）、台南（3）、台中（2）、桃园（11）、新竹（2）、台东（2）、彰化（1）、嘉义（7）、南投（9）、新北（16）、云林（1）、其他（9）	88
7. 上海		3
8. 陕西	西安（6）、延安（106）	112
9. 重庆	巴南（10）、大足（10）、丰都（15）、江北（10）、南川（10）、巫溪（10）、忠县（1）	66
10. 山西	大同（7）、晋城（118）、晋中（7）	132
11. 青海	茶卡盐湖（35）、察尔汗（6）、可可西里（103）、青海湖（14）、昆仑山口（3）、孟达天池（42）、鸟岛（11）、玉树（251）、海西（127）、海东（111）、海北（77）、西宁（37）、黄南（111）、果洛（57）、海南（32）、小柴达木（13）	1030
12. 宁夏	银川（43）、吴忠（4）、中卫（2）、固原（1）	50
13. 内蒙古	巴彦淖尔（3）、包头（5）、鄂尔多斯（9）、呼和浩特（44）、呼伦贝尔（5）、希拉穆仁大草原（6）、兴安盟（13）	85
14. 辽宁	大连（12）、沈阳（25）	37
15. 四川	眉山（10）、阿坝州（141）、甘孜州（388）、成都（62）、绵阳（3）、德阳（5）、乐山（4）、资阳（1）、雅安（5）	619
16. 江苏	南京（2）、扬州（3）	5

地区		总采样数 / 份
17. 江西	吉安（118）、上饶（21）、鹰潭（4）	143
18. 山东	济南（8）、菏泽（88）、济宁（18）、聊城（16）、青岛（7）、威海（8）、潍坊（99）、淄博（8）、泰安（7）、其他（52）	311
19. 湖北	鄂州（9）、恩施（63）、神农架（223）、黄冈（27）、黄石（4）、荆门（12）、十堰（23）、随州（19）、武汉（12）、咸宁（27）、襄阳（29）、孝感（9）、宜昌（117）、其他（59）	633
20. 黑龙江	哈尔滨（23）、佳木斯（2）	25
21. 吉林	白城（2）、白山（32）、长春（3）	37
22. 河南	安阳（25）、鹤壁（57）、焦作（11）、开封（8）、洛阳（23）、南阳（32）、濮阳（20）、商丘（15）、新乡（40）、信阳（25）、许昌（3）、郑州（25）、驻马店（50）、登封少林寺（33）	367
23. 河北	衡水（2）、张家口（6）	8
24. 广东	广州（16）、深圳（4）、湛江（23）	43
25. 安徽	池州（18）、滁州（8）、六安（93）、合肥（20）、黄山（33）	172
26. 广西	百色（40）、崇左（27）、贵港（18）、桂林（52）、河池（17）、贺州（10）、来宾（9）、柳州（28）、南宁（125）、梧州（18）、玉林（31）、北海（9）、防城港（16）	400
27. 海南	儋州（21）、海口（35）、三亚（10）、文昌（60）、其他（13）	139
28. 贵州	贵阳（35）、安顺（51）、六盘水（17）、黔东南苗族侗族自治州（26）、黔西南布依族苗族自治州（44）、铜仁（21）、遵义（60）	254
29. 甘肃	酒泉（92）、白银（12）、嘉峪关（17）、兰州（10）、庆阳（1）、武威（47）、临夏回族自治州（125）、张掖（9）	313
30. 福建	福州（570）、南平（655）、莆田（964）、三明（480）、龙岩（279）、宁德（495）、泉州（295）、漳州（364）、厦门（49）、其他（17）	4168
31. 湖南	湘潭（43）、张家界（22）	65
合计		11764

2. 样本区域分布

11764 份土样来源按照七大地理区域划分为华中地区（河南，湖北，湖南）1065 份、华北地区（北京，山西，河北，内蒙古）237 份、华东地区（上海，江苏，浙江，安徽，福建，江西，山东，台湾）5378 份、华南地区（广东，海南，广西）582 份、西北地区（陕西，甘肃，青海，宁夏，新疆）1797 份、东北地区（黑龙江，吉林，辽宁）99 份、西南地区（重庆，四川，贵州，云南，西藏）2606 份。

二、芽胞杆菌资源地理生境采集

1. 资源采集地生境划分

结合国际自然保护联盟（International Union for Conservation of Nature，IUCN）的划分和采样的情况，将样品生境来源划分为园林、荒漠、草原、湿地、灌丛、发酵床、农田、森林、高寒草原、高原冰川、岩石、盐碱地、植物植株 13 种类型。

2. 菌种资源采集的生境分布情况

芽胞杆菌样本采自园林生境的有 822 份样品，荒漠生境 237 份，草原生境 999 份，湿地生境 374 份，灌丛生境 369，农田生境 3736 份，森林生境 1973 份，高寒草原生境 693 份，高原冰川生境 19 份，岩石生境 82 份，盐碱地生境 96 份，植物内生生境 8 份，还有动物养殖垫料为主的微生物发酵床样品 311 份（图 2-1）。采集的农田生境、森林生境、园林生境、草原生境的芽胞杆菌样本较多。

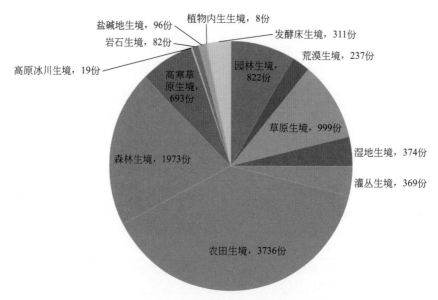

图 2-1　芽胞杆菌资源样本采集的生境分布情况

3. 菌种资源采集的区域分布情况

这些不同生境的样本在七大地理区域分布（表 2-2）不同，华中地区地处平原，农田和森林较多；华北地区农田样本较多，有少量园林生境和草原的样本；华东地区农田生境样本最多且在七大区中采集数量也是最多；华南地区农田和森林生境较多；西北地区草原、森林生境为主要生境，荒漠、湿地生境的样品在七大区域中是最多的，且草原中一部分是高寒草原，符合西北地区的地理环境状况；东北地区的样本主要是来自农田、草原生境，数量较少，采样频次较少；西南地区草原及森林、灌丛生境类型较多，且西南地区样本中独有的高原冰川生境，主要由于西南地区的高海拔环境。

表 2-2　七大地理区域样本生境分布信息

地区	省 / 直辖市 / 自治区	生境分布数量
东北地区	黑龙江	农田（25）
	吉林	草原（32）、农田（5）
	辽宁	园林（9）、灌丛（7）、森林（6）
	合计	园林（9）、草原（32）、灌丛（7）、农田（30）、森林（6）

续表

地区	省/直辖市/自治区	生境分布数量
华北地区	北京	园林（12）
	内蒙古	荒漠（11）、草原（23）、农田（38）、森林（1）、岩石（7）、盐碱地（3）
	河北	园林（2）、森林（5）、岩石（1）
	山西	园林（8）、草原（9）、灌丛（8）、农田（93）、森林（14）
	合计	园林（22）、荒漠（11）、草原（32）、灌丛（8）、农田（131）、森林（20）、岩石（8）、盐碱地（3）
华东地区	江苏	园林（2）、草原（3）
	山东	园林（5）、草原（39）、湿地（3）、农田（98）、森林（33）、岩石（1）
	江西	园林（39）、草原（7）、湿地（12）、灌丛（14）、农田（2）、森林（17）、岩石（10）
	台湾	园林（70）
	浙江	园林（80）、灌丛（50）、农田（64）
	安徽	园林（44）、荒漠（18）、草原（28）、湿地（5）、灌丛（7）、农田（19）、森林（19）
	上海	园林（3）
	福建	园林（350）、草原（38）、湿地（77）、灌丛（17）、发酵床（290）、农田（2613）、森林（521）
	合计	园林（593）、荒漠（18）、草原（115）、湿地（97）、灌丛（88）、发酵床（290）、农田（2796）、森林（590）、岩石（11）
华南地区	广东	园林（2）、湿地（4）、农田（19）、森林（2）
	广西	园林（3）、荒漠（1）、草原（69）、湿地（36）、灌丛（24）、发酵床（14）、农田（60）、森林（89）、岩石（3）
	海南	园林（8）、草原（2）、湿地（17）、农田（75）、森林（14）
	合计	园林（13）、荒漠（1）、草原（71）、湿地（57）、灌丛（24）、发酵床（14）、农田（154）、森林（105）、岩石（3）
华中地区	河南	园林（53）、荒漠（9）、草原（37）、湿地（23）、灌丛（8）、农田（67）、森林（51）、盐碱地（17）
	湖北	园林（41）、荒漠（8）、草原（48）、湿地（8）、灌丛（6）、农田（46）、森林（198）、岩石（5）
	湖南	园林（5）、农田（26）、森林（17）
	合计	园林（99）、荒漠（17）、草原（85）、湿地（31）、灌丛（14）、农田（139）、森林（266）、岩石（5）、盐碱地（17）
西北地区	青海	园林（1）、荒漠（16）、草原（197）、湿地（91）、灌丛（22）、农田（5）、森林（345）、高寒草原（259）、高原冰川（6）、岩石（22）、盐碱地（54）
	新疆	园林（4）、荒漠（41）、草原（30）、湿地（24）、农田（100）、森林（15）、高寒草原（7）、岩石（1）、盐碱地（5）
	宁夏	园林（25）、湿地（6）、农田（17）
	甘肃	园林（22）、荒漠（48）、草原（70）、灌丛（1）、农田（11）、森林（106）、岩石（5）
	陕西	园林（13）、荒漠（40）、草原（7）、湿地（5）、灌丛（9）、农田（3）、森林（29）
	合计	园林（65）、荒漠（145）、草原（304）、湿地（126）、灌丛（32）、农田（136）、森林（495）、高寒草原（266）、高原冰川（6）、岩石（28）、盐碱地（59）

地区	省/直辖市/自治区	生境分布数量
西南地区	云南	草原（148）、湿地（24）、灌丛（45）、农田（158）、森林（216）、高寒草原（42）
	重庆	草原（34）、湿地（5）、灌丛（5）、森林（22）
	西藏	园林（5）、荒漠（44）、草原（172）、湿地（30）、灌丛（133）、农田（34）、森林（160）、高寒草原（98）、岩石（27）、盐碱地（17）、植物内生菌（8）
	贵州	荒漠（1）、草原（6）、湿地（4）、灌丛（2）、农田（125）、森林（20）
	四川	园林（16）、灌丛（11）、发酵床（7）、农田（33）、森林（73）、高寒草原（287）、高原冰川（13）
	合计	园林（21）、荒漠（45）、草原（360）、湿地（63）、灌丛（196）、发酵床（7）、农田（350）、森林（491）、高寒草原（427）、高原冰川（13）、岩石（27）、盐碱地（17）、植物内生菌（8）

第二节
芽胞杆菌资源鉴定及其多样性

一、世界芽胞杆菌种类

1. 芽胞杆菌分类系统

厚壁菌门（Firmicutes corrig. Gibbons and Murray 1978, divisio.）作为细菌21个已建立的门之一，目前，包括7个已建立的纲：芽胞杆菌纲（Bcilli Ludwig et al. 2010, class. nov.）、梭菌纲（Clostridia Rainey 2010, class. nov.）、丹毒丝菌纲（Erysipelotrichia Ludwig et al. 2010, class. nov.）、湖绳菌纲（Limnochordia Watanabe et al. 2015, class. nov.）、阴壁菌纲（Negativicutes Marchandin et al. 2010, class. nov.）、热石杆菌纲（Thermolithobacteria Sokolova et al. 2007, class. nov.）、蒂氏菌纲（Tissierellia Alauzet et al. 2014, class. nov.）。

芽胞杆菌纲包含2目：芽胞杆菌目（Bacillales Prévot 1953, ordo.）和乳杆菌目（Lactobacillales Ludwig et al. 2010, ord. nov.）。综合LPSN（http://www.bacterio.net/ -classifphyla.htmL#Firmicutes）和NCBI（https://www.ncbi.nlm. nih.gov/Taxonomy/Browser/ wwwtax.cgi?id=1239）网站中的相关分类信息，芽胞杆菌目包含9个已建立的科：① 脂环酸芽胞杆菌科（Alicyclobacillaceae da Costa and Rainey 2010, fam. nov.）；② 芽胞杆菌科（Bacillaceae Fischer 1895, familia.）；③ 李斯特菌科（Listeriaceae Ludwig et al. 2010, fam. nov.）；④ 类芽胞杆菌科（Paenibacillaceae De Vos et al. 2010, fam. nov.）；⑤ 巴斯德柄菌科（Pasteuriaceae Laurent 1890, familia.）；⑥ 显核菌科（Caryophanaceae Peshkoff 1939, familia.）/动球菌科（Planococcaceae Krasil'nikov 1949, familia.）；⑦ 芽胞乳杆菌科（Sporolactobacillaceae Ludwig et al. 2010, fam. nov.）；⑧ 葡萄球菌科（Staphylococcaceae Schleifer and Bell 2010, fam. nov.）；⑨ 嗜热放线菌科（Thermoactinomycetaceae Matsuo et al. 2006, fam. nov.）。此外，一些属的科未定（unclassified Bacillales）。

刘波等整理了截至 2014 年 12 月底已报道的芽胞杆菌目中学名带"*Bacillus*"词尾的 5 个科的相关属、种，共计多达 71 属 752 种，并发表了"芽胞杆菌属及其近源属种名目录"，出版了《芽胞杆菌 第二卷 芽胞杆菌分类学》，详细描述了各属、种的基本特征，为各属、种的学名提供了中文译名（刘波等，2015，2016）。王阶平等整理了截至 2016 年 12 月底芽胞杆菌目中与形成芽胞（endospore-forming or spore-forming）相关的 7 科（即芽胞杆菌科、脂环酸芽胞杆菌科、类芽胞杆菌科、巴斯德柄菌科、动球菌科、芽胞乳杆菌科、嗜热放线菌科）的系统分类学概况（王阶平等，2017）。

截至 2019 年 12 月底，芽胞杆菌目的 9 个科所包含的属、种数量为：脂环酸芽胞杆菌科至少有 5 个属 43 个种，所有种类均能形成芽胞；芽胞杆菌科至少有 82 属 726 种，仅有 49 个种不能形成芽胞，分布于 20 个属，其中，15 个属的所有种类均不能形成芽胞，能形成芽胞的种类超过该科种类的 93%；李斯特菌科包含 2 属 22 种，均不能形成芽胞，只有单核细胞增生李斯特菌和伊氏李斯特菌 2 个种被证实是人和动物的致病菌；类芽胞杆菌科至少 16 属 397 种，仅有 3 个属中的 6 个种不能形成芽胞；巴斯德柄菌科仅 1 属 4 种，均形成芽胞、营重寄生的生活；显核菌科和动球菌科分别于 1939 年和 1949 年建立，早期它们分别隶属于显核菌目和芽胞杆菌目，最新的基于基因组分类学研究表明，两者应该合并为同一个科，根据命名规则，合并后的科的名称为显核菌科，或显核菌科 / 动球菌科，包含 23 个属 140 个种，能形成芽胞的至少有 12 个属 84 个种，占该科种类的 60.0%；芽胞乳杆菌科至少有 8 属 24 种，除中华球菌属外，其他属的种类均能形成芽胞；葡萄球菌科至少包含 9 属 104 种，均不形成芽胞，少数种类是人和 / 或动物病原菌；嗜热放线菌科至少包含 23 属 46 种，除新芽胞杆菌属外，其他属的种类均能形成芽胞；此外，还有 7 个属 36 个种在分类地位上不属于芽胞杆菌目已经建立的任何科，其中，有 2 个属 3 个种能形成芽胞。

因此，芽胞杆菌目至少包含 9 科 176 属 1542 种，能形成芽胞的种类至少包括 7 科 132 属 1270 种，占该目所有种的 82.36%。现就芽胞杆菌目的分类学研究进展论述如下，包括：① 芽胞杆菌目各科的全部属、种的中文译名；② 能否形成芽胞、氧气需求等信息。

2. 脂环酸芽胞杆菌科种类

脂环酸芽胞杆菌科（Alicyclobacillaceae da Costa and Rainey 2010, fam. nov.）于 2010 年建立，目前，该科至少有 5 个属 43 个种，所有种类均能形成芽胞。

（1）脂环酸芽胞杆菌属（*Alicyclobacillus* Wisotzkey et al. 1992, gen. nov.）　脂环酸芽胞杆菌属（*Alicyclobacillus*）于 1992 年建立，目前包含 25 个种，大多数种类嗜热、嗜酸，均好氧、产芽胞。

【1】*Alicyclobacillus acidiphilus* Matsubara et al. 2002, sp. nov.（嗜酸脂环酸芽胞杆菌），好氧，产芽胞。

【2】*Alicyclobacillus acidocaldarius* (Darland and Brock 1971) Wisotzkey et al. 1992, comb. nov.（酸热脂环酸芽胞杆菌），模式种，好氧，产芽胞。

【3】*Alicyclobacillus acidoterrestris* (Deinhard et al. 1988) Wisotzkey et al. 1992, comb. nov.（酸土脂环酸芽胞杆菌），好氧，产芽胞。

【4】*Alicyclobacillus aeris* Guo et al. 2009, sp. nov.（铜矿脂环酸芽胞杆菌），好氧，产芽胞。

【5】*Alicyclobacillus cellulosilyticus* Kusube et al. 2014, sp. nov.（解纤维素脂环酸芽胞杆菌），

好氧，产芽胞。

【6】*Alicyclobacillus contaminans* Goto et al. 2007, sp. nov.（污染脂环酸芽胞杆菌），好氧，产芽胞。

【7】*Alicyclobacillus cycloheptanicus* (Deinhard et al. 1988) Wisotzkey et al. 1992, comb. nov.（环庚基脂环酸芽胞杆菌），好氧，产芽胞。

【8】*Alicyclobacillus dauci* Nakano et al. 2015, sp. nov.（胡萝卜脂环酸芽胞杆菌），好氧，产芽胞。

【9】*Alicyclobacillus disulfidooxidans* (Dufresne et al. 1996) Karavaiko et al. 2005, comb. nov.（氧化二硫醚脂环酸芽胞杆菌），好氧，产芽胞。

【10】*Alicyclobacillus fastidiosus* Goto et al. 2007, sp. nov.（苛求脂环酸芽胞杆菌），好氧，产芽胞。

【11】*Alicyclobacillus ferripilum* Mehrotra and Sreekrishnan et al. 2017, sp. nov.（铁矛脂环酸芽胞杆菌），未合格化，好氧，产芽胞。

【12】*Alicyclobacillus ferrooxydans* Jiang et al. 2008, sp. nov.（氧化铁脂环酸芽胞杆菌），好氧，产芽胞。

【13】*Alicyclobacillus fodiniaquatilis* Zhang et al. 2015, sp. nov.（酸矿水脂环酸芽胞杆菌），好氧，产芽胞。

【14】*Alicyclobacillus herbarius* Goto et al. 2002, sp. nov.（草脂环酸芽胞杆菌），好氧，产芽胞。

【15】*Alicyclobacillus hesperidum* Albuquerque et al. 2000, sp. nov.（金星脂环酸芽胞杆菌），好氧，产芽胞。

【16】*Alicyclobacillus kakegawensis* Goto et al. 2007, sp. nov.（挂川脂环酸芽胞杆菌），好氧，产芽胞。

【17】*Alicyclobacillus macrosporangiidus* Goto et al. 2007, sp. nov.（大胞囊脂环酸芽胞杆菌），好氧，产芽胞。

【18】*Alicyclobacillus montanus* López et al. 2018, sp. nov.（山脉脂环酸芽胞杆菌），好氧，产芽胞。

【19】*Alicyclobacillus pomorum* Goto et al. 2003, sp. nov.（果实脂环酸芽胞杆菌），好氧，产芽胞。

【20】*Alicyclobacillus sacchari* Goto et al. 2007, sp. nov.（糖脂环酸芽胞杆菌），好氧，产芽胞。

【21】*Alicyclobacillus sendaiensis* Tsuruoka et al. 2003, sp. nov.（仙台脂环酸芽胞杆菌），好氧，产芽胞。

【22】*Alicyclobacillus shizuokensis* Goto et al. 2007, sp. nov.（静冈脂环酸芽胞杆菌），好氧，产芽胞。

【23】*Alicyclobacillus tengchongensis* Kim et al. 2014, sp. nov.（腾冲脂环酸芽胞杆菌），好氧，产芽胞。

【24】*Alicyclobacillus tolerans* Karavaiko et al. 2005, sp. nov.（耐受脂环酸芽胞杆菌），好氧，产芽胞。

【25】*Alicyclobacillus vulcanalis* Simbahan et al. 2004, sp. nov.（火神脂环酸芽胞杆菌），好

氧，产芽胞。

概念种 "*Alicyclobacillus mali*"（玛丽脂环酸芽胞杆菌）。

变动：有 2 种被重分类而转移至多变芽胞杆菌属（*Effusibacillus*）。

【1】*Alicyclobacillus consociatus* Glaeser et al. 2013, sp. nov. → *Effusibacillus consociatus* (Glaeser et al. 2013) Watanabe et al. 2014, comb. nov.。

【2】*Alicyclobacillus pohliae* Imperio et al. 2008, sp. nov. → *Effusibacillus pohliae* (Imperio et al. 2008) Watanabe et al. 2014, comb. nov.。

（2）多变芽胞杆菌属（*Effusibacillus* Watanabe et al. 2014, gen. nov.） 多变芽胞杆菌属（*Effusibacillus*）建立于 2014 年，包含 3 个种，好氧或兼性厌氧，均产芽胞。

【1】*Effusibacillus consociatus* (Glaeser et al. 2013) Watanabe et al. 2014, comb. nov.（血样多变芽胞杆菌），好氧，产芽胞。

【2】*Effusibacillus lacus* Glaeser et al. 2013, sp. nov.（湖多变芽胞杆菌），模式种，兼性厌氧，产芽胞。

【3】*Effusibacillus pohliae* (Imperio et al. 2008) Watanabe et al. 2014, comb. nov.（橘色藻多变芽胞杆菌），好氧，产芽胞。

（3）科鲁比蒂斯氏菌属（*Kyrpidia* Klenk et al. 2011, gen. nov.） 科鲁比蒂斯氏菌属（*Kyrpidia*）建立于 2011 年，包含 2 个种，均好氧、产芽胞。

【1】*Kyrpidia spormannii* Reiner et al. 2018, sp. nov.（施波尔曼科鲁比蒂斯氏菌），好氧，产芽胞。

【2】*Kyrpidia tusciae* (Bonjour and Aragno 1985) Klenk et al. 2012, sp. nov.（托斯卡纳科鲁比蒂斯氏菌），模式种，好氧，产芽胞，由托斯卡纳芽胞杆菌（*Bacillus tusciae*）重分类而来。

（4）硫化芽胞杆菌属（*Sulfobacillus* Golovacheva and Karavaiko 1991, gen. nov.） 硫化芽胞杆菌属（*Sulfobacillus*）建立于 1991 年，包含 5 个种，耐热或嗜热，嗜酸或耐酸，好氧或兼性厌氧，均产芽胞。

【1】*Sulfobacillus acidophilus* Norris et al. 1996, sp. nov.（嗜酸硫化芽胞杆菌），好氧，产芽胞。

【2】*Sulfobacillus benefaciens* Johnson et al. 2009, sp. nov.（互惠硫化芽胞杆菌），兼性厌氧，产芽胞。

【3】*Sulfobacillus sibiricus* Melamud et al. 2006, sp. nov.（西伯利亚硫化芽胞杆菌），兼性厌氧，产芽胞。

【4】*Sulfobacillus thermosulfidooxidans* Golovacheva and Karavaiko 1991, sp. nov.（嗜热硫氧化硫化芽胞杆菌），模式种，好氧，产芽胞。

【5】*Sulfobacillus thermotolerans* Bogdanova et al. 2006, sp. nov.（耐热硫化芽胞杆菌），好氧，产芽胞。

变动：*Sulfobacillus disulfidooxidans* Dufresne et al. 1996, sp. nov. → *Alicyclobacillus disulfidooxidans* (Dufresne et al. 1996) Karavaiko et al. 2005。

（5）膨胀芽胞杆菌属（*Tumebacillus* Steven et al. 2008, gen. nov.） 膨胀芽胞杆菌属（*Tumebacillus*）建立于 2008 年，包含 8 个种，好氧或兼性厌氧，均产芽胞。

【1】*Tumebacillus algifaecis* Wu et al. 2015, sp. nov.（浮藻渣膨胀芽胞杆菌），兼性厌氧，产芽胞。

【2】*Tumebacillus avium* Sung et al. 2018, sp. nov.（鸟膨胀芽胞杆菌），兼性厌氧，产芽胞。

【3】*Tumebacillus flagellatus* Wang et al. 2013, sp. nov.（鞭毛膨胀芽胞杆菌），好氧，产芽胞。

【4】*Tumebacillus ginsengisoli* Baek et al. 2011, sp. nov.（参土膨胀芽胞杆菌），好氧，产芽胞。

【5】*Tumebacillus lipolyticus* Prasad et al. 2015, sp. nov.（解脂膨胀芽胞杆菌），好氧，产芽胞。

【6】*Tumebacillus luteolus* Her et al. 2015, sp. nov.（黄色膨胀芽胞杆菌），好氧，产芽胞。

【7】*Tumebacillus permanentifrigoris* Steven et al. 2008, sp. nov.（霜冻膨胀芽胞杆菌），模式种，好氧，产芽胞。

【8】*Tumebacillus soli* Kim and Kim 2016, sp. nov.（土壤膨胀芽胞杆菌），好氧，产芽胞。

3. 芽胞杆菌科种类

芽胞杆菌科（Bacillaceae Fischer 1895, familia.）建立于 1895 年，是芽胞杆菌目中属、种最多的科。目前，该科至少有 82 个属 725 个种。仅有 49 个种（分布于 21 个属）不能形成芽胞，其中，以下 15 个属的所有种类均不能形成芽胞：艾丁芽胞杆菌属（*Tumebacillus*）1 种、碱球菌属（*Alkalicoccus*）2 种、燃煤芽胞杆菌属（*Calculibacillus*）1 种、居热土菌属（*Calditerricola*）2 种、盐乳杆菌属（*Halolactibacillus*）3 种、青螺芽胞杆菌属（*Lottiidibacillus*）1 种、海洋球菌属（*Marinococcus*）5 种、微好氧杆菌属（*Microaerobacter*）1 种、海洋杆菌属（*Pelagirhabdus*）2 种、糖球菌属（*Saccharococcus*）1 种、盐小杆菌属（*Salibacterium*）5 种、嗜盐杆菌属（*Salicibibacter*）2 种、盐微菌属（*Salimicrobium*）6 种、链喜盐芽胞杆菌属（*Streptohalobacillus*）1 种和深海杆菌属（*Thalassorhabdus*）1 种。以下 6 个属的部分种类不能形成芽胞：芽胞杆菌属（*Bacillus*）8/348（不产芽胞的种类数量/该属的全部种类数量，下同）、房间芽胞杆菌属（*Domibacillus*）1/9、纤细芽胞杆菌属（*Gracilibacillus*）1/21、慢生芽胞杆菌属（*Lentibacillus*）2/19、盐沉积物小杆菌属（*Salisediminibacterium*）2/3 和沉积物芽胞杆菌属（*Sediminibacillus*）1/4。

（1）好氧芽胞杆菌属（*Aeribacillus* Miñana-Galbis et al. 2010, gen. nov.） 好氧芽胞杆菌属（*Aeribacillus*）建立于 2010 年，包含 2 个种，均好氧、产芽胞。

【1】*Aeribacillus composti* Finore et al. 2017, sp. nov.（堆肥好氧芽胞杆菌），好氧，产芽胞。

【2】*Aeribacillus pallidus* (Scholz et al. 1988) Miñana-Galbis et al. 2010, comb. nov.（苍白好氧芽胞杆菌），模式种，好氧，产芽胞，由 *Geobacillus pallidus* (Scholz et al. 1988) Banat et al. 2004 重分类而来。

（2）艾丁芽胞杆菌属（*Tumebacillus* Wang et al. 2018, gen. nov.） 艾丁芽胞杆菌属（*Tumebacillus*）建立于 2018 年，仅包含 1 个种，好氧，不产芽胞。

Tumebacillus halophilus Wang et al. 2018, sp. nov.（嗜盐艾丁芽胞杆菌），好氧，不产芽胞。

（3）异芽胞杆菌属（*Aliibacillus* Xu et al. 2018, gen. nov.） 异芽胞杆菌属（*AliiBacillus*）建立于 2018 年，仅包含 1 个种，微好氧，产芽胞。

Aliibacillus thermotolerans Xu et al. 2018, sp. nov.（耐热异芽胞杆菌），模式种，微好氧，产芽胞。

（4）碱芽胞杆菌属（*Alkalibacillus* Jeon et al. 2005, gen. nov.） 碱芽胞杆菌属（*Alkalibacillus*）建立于 2005 年，包含 7 个种，嗜碱和/或嗜盐，均好氧、产芽胞。

【1】*Alkalibacillus almallahensis* Perez-Dav et al. 2014, sp. nov.（埃尔玛拉芽胞杆菌），好氧，产芽胞。

【2】*Alkalibacillus filiformis* Romano et al. 2005, sp. nov.（线状碱芽胞杆菌），好氧，产芽胞。

【3】*Alkalibacillus flavidus* Yoon et al. 2010, sp. nov.（淡黄芽胞杆菌），好氧，产芽胞。

【4】*Alkalibacillus haloalkaliphilus* (Fritze 1996) Jeon et al. 2005, comb. nov.（嗜盐碱碱芽胞杆菌），模式种，好氧，产芽胞，由 *Bacillus haloalkaliphilus* Fritze 1996 重分类而来。

【5】*Alkalibacillus halophilus* Tian et al. 2009, sp. nov.（嗜盐碱芽胞杆菌），好氧，产芽胞。

【6】*Alkalibacillus salilacus* Jeon et al. 2005, sp. nov.（盐湖碱芽胞杆菌），好氧，产芽胞。

【7】*Alkalibacillus silvisoli* Usami et al. 2007, sp. nov.（林地碱芽胞杆菌），好氧，产芽胞。

（5）碱球菌属（*Alkalicoccus* Zhao et al. 2017, gen. nov.）　碱球菌属（*Alkalicoccus*）建立于 2017 年，包含 2 个种，均耐碱、嗜盐、好氧、不产芽胞。

【1】*Alkalicoccus halolimnae* Perez-Dav et al. 2014, sp. nov.（盐湖碱球菌），好氧，不产芽胞。

【2】*Alkalicoccus saliphilus* (Romano et al. 2005) Zhao et al. 2017, comb. nov.（嗜盐碱球菌），模式种，好氧，不产芽胞，由 *Bacillus saliphilus* Romano et al. 2005 重分类而来。

（6）别样芽胞杆菌属（*Allobacillus* Sheu et al. 2011, gen. nov.）　别样芽胞杆菌属（*Allobacillus*）建立于 2011 年，仅包含 1 个种，好氧，产芽胞。

Allobacillus halotolerans Sheu et al. 2011, sp. nov.（耐盐别样芽胞杆菌），好氧，产芽胞。

（7）交替芽胞杆菌属（*Alteribacillus* Didari et al. 2012, gen. nov.）　交替芽胞杆菌属（*Alteribacillus*）建立于 2012 年，包含 4 个种，均嗜盐、好氧、产芽胞。

【1】*Alteribacillus alkaliphilus* Azmatunnisa Begum et al. 2016, sp. nov.（嗜碱交替芽胞杆菌），好氧，产芽胞。

【2】*Alteribacillus bidgolensis* Didari et al. 2012, sp. nov.（阿巴德盐湖交替芽胞杆菌），模式种，好氧，产芽胞。

【3】*Alteribacillus iranensis* (Bagheri et al. 2012) Azmatunnisa Begum et al. 2016, comb. nov.（伊朗交替芽胞杆菌），好氧，产芽胞，由 *Bacillus iranensis* Bagheri et al. 2012 重分类转移而来。

【4】*Alteribacillus persepolensis* (Amoozegar et al. 2009) Didari et al. 2012, comb. nov.（波斯波利斯交替芽胞杆菌），好氧，产芽胞，由 *Bacillus persepolensis* Amoozegar et al. 2009 重分类转移而来。

（8）兼性芽胞杆菌属（*Amphibacillus* Niimura et al. 1990, gen. nov.）　兼性芽胞杆菌属（*Amphibacillus*）建立于 1990 年，包含 9 个种，兼性厌氧或好氧，均产芽胞。

【1】*Amphibacillus cookii* Pugin et al. 2012, sp. nov.（库氏芽胞杆菌），嗜盐碱，兼性好氧，产芽胞。

【2】*Amphibacillus haojiensis* Zhao et al. 2004, sp. nov.（好纪湖兼性芽胞杆菌），嗜盐碱，兼性厌氧，产芽胞，未合格化。

【3】*Amphibacillus iburiensis* Hirota et al. 2013, sp. nov.（胆振兼性芽胞杆菌），嗜碱，兼性厌氧，产芽胞。

【4】*Amphibacillus indicireducens* Hirota et al. 2013, sp. nov.（靛蓝消减兼性芽胞杆菌），嗜碱，兼性厌氧，产芽胞。

【5】*Amphibacillus jilinensis* Wu et al. 2010, sp. nov.（吉林兼性芽胞杆菌），嗜碱，兼性厌氧，产芽胞。

【6】*Amphibacillus marinus* Ren et al. 2013, sp. nov.（海洋兼性芽胞杆菌），嗜盐碱，兼性好氧，产芽胞。

【7】*Amphibacillus sediminis* An et al. 2007, sp. nov.（沉积物兼性芽胞杆菌），嗜碱，兼性厌氧，产芽胞。

【8】*Amphibacillus tropicus* Zhilina et al. 2002, sp. nov.（热带兼性芽胞杆菌），嗜碱，兼性厌氧，产芽胞。

【9】*Amphibacillus xylanus* Niimura et al. 1990, sp. nov.（木聚糖兼性芽胞杆菌），模式种，兼性厌氧，产芽胞。

变动：*Amphibacillus fermentum* Zhilina et al. 2002, sp. nov.（发酵兼性芽胞杆菌）→ *Pelagirhabdus fermentum* (Zhilina et al. 2001) Sultanpuram et al. 2016, comb. nov.（发酵海洋杆菌），嗜碱，兼性厌氧，产芽胞。

（9）厌氧芽胞杆菌属（*Anaerobacillus* Zavarzina et al. 2010, gen. nov.） 厌氧芽胞杆菌属（*Anaerobacillus*）建立于 2010 年，包含 6 个种，厌氧或兼性厌氧，均产芽胞。

【1】*Anaerobacillus alkalidiazotrophicus* (Sorokin et al. 2008) Zavarzina et al. 2010, comb. nov.（嗜碱固氮厌氧芽胞杆菌），厌氧，产芽胞，由 *Bacillus alkalidiazotrophicus* Sorokin et al. 2008 重分类而来。

【2】*Anaerobacillus alkalilacustris* corrig. Zavarzina et al. 2010, sp. nov.（碱湖厌氧芽胞杆菌），厌氧，产芽胞。

【3】*Anaerobacillus alkaliphilus* Borsodi et al. 2019, sp. nov.（嗜碱厌氧芽胞杆菌），兼性厌氧，产芽胞。

【4】*Anaerobacillus arseniciselenatis* (Switzer Blum et al. 2001) Zavarzina et al. 2010, comb. nov.（砷硒厌氧芽胞杆菌），模式种，厌氧，产芽胞，由 *Bacillus arseniciselenatis* Switzer Blum et al. 2001 重分类而来。

【5】*Anaerobacillus isosaccharinicus* Bassil and Lloyd, 2018, sp. nov.（异糖精酸厌氧芽胞杆菌），厌氧（耐氧），产芽胞。

【6】*Anaerobacillus macyae* (Santini et al. 2004) Zavarzina et al. 2010, comb. nov.（马氏厌氧芽胞杆菌），厌氧，产芽胞，由 *Bacillus macyae* Santini et al. 2004 重分类而来。

（10）无氧芽胞杆菌属（*Anoxybacillus* Pikuta et al. 2000, gen. nov.） 无氧芽胞杆菌属（*Anoxybacillus*）建立于 2000 年，包含 24 个种，好氧或兼性厌氧，均嗜热、产芽胞。

【1】*Anoxybacillus amylolyticus* Poli et al. 2006, sp. nov.（解淀粉无氧芽胞杆菌），嗜热，好氧，产芽胞。

【2】*Anoxybacillus ayderensis* Dulger et al. 2004, sp. nov.（里泽无氧芽胞杆菌），嗜热，兼性厌氧，产芽胞。

【3】*Anoxybacillus bogrovensis* Atanassova et al. 2008, sp. nov.（波格洛夫区无氧芽胞杆菌），嗜热，兼性厌氧，产芽胞。

【4】*Anoxybacillus caldiproteolyticus* Coorevits et al. 2012, sp. nov.（热解蛋白质无氧芽胞杆菌），嗜热，好氧，产芽胞。

【5】*Anoxybacillus calidus* Cihan et al. 2014, sp. nov.（好温无氧芽胞杆菌），嗜热，兼性厌氧，产芽胞。

【6】*Anoxybacillus contaminans* De Clerck et al. 2004, sp. nov.（污染无氧芽胞杆菌），嗜热，

兼性厌氧，产芽胞。

【7】*Anoxybacillus eryuanensis* Zhang et al. 2011, sp. nov.（洱源无氧芽胞杆菌），嗜热，兼性厌氧，产芽胞。

【8】*Anoxybacillus flavithermus* Pikuta et al. 2000, sp. nov.（好热黄无氧芽胞杆菌），嗜热，厌氧，产芽胞。

【9】*Anoxybacillus geothermalis* Filippidou et al. 2016, sp. nov.（地热无氧芽胞杆菌），嗜热，兼性厌氧，产芽胞。

【10】*Anoxybacillus gonensis* Belduz et al. 2003, sp. nov.（格嫩泉无氧芽胞杆菌），嗜热，兼性厌氧，产芽胞。

【11】*Anoxybacillus kamchatkensis* Kevbrin et al. 2006, sp. nov.（堪察加无氧芽胞杆菌），嗜热，兼性好氧，产芽胞。

【12】*Anoxybacillus kaynarcensis* Inan et al. 2013, sp. nov.（凯纳尔贾无氧芽胞杆菌），嗜热，兼性厌氧，产芽胞。

【13】*Anoxybacillus kestanbolensis* Dulger et al. 2004, sp. nov.（凯斯坦波尔泉无氧芽胞杆菌），嗜热，兼性厌氧，产芽胞。

【14】*Anoxybacillus mongoliensis* Namsaraev et al. 2011, sp. nov.（蒙古无氧芽胞杆菌），嗜热，兼性厌氧，产芽胞。

【15】*Anoxybacillus pushchinoensis* corrig. Pikuta et al. 2000, sp. nov.（普希金无氧芽胞杆菌），模式种，嗜热，厌氧，产芽胞。

【16】*Anoxybacillus rupiensis* Derekova et al. 2008, sp. nov.（努比卤地无氧芽胞杆菌），嗜热，严格好氧，产芽胞。

【17】*Anoxybacillus salavatliensis* Cihan et al. 2011, sp. nov（萨拉瓦蒂尼无氧芽胞杆菌），嗜热，兼性厌氧，产芽胞。

【18】*Anoxybacillus sediminis* Khan et al. 2018, sp. nov.（沉积物无氧芽胞杆菌），嗜热，好氧，产芽胞。

【19】*Anoxybacillus suryakundensis* Deep et al. 2013, sp. nov（日神池无氧芽胞杆菌），嗜热，兼性厌氧，产芽胞。

【20】*Anoxybacillus tengchongensis* Zhang et al. 2011, sp. nov.（腾冲无氧芽胞杆菌），嗜热，兼性厌氧，产芽胞。

【21】*Anoxybacillus tepidamans* (Schäffer et al. 2004) Coorevits et al. 2012, comb. nov.（喜微温无氧芽胞杆菌），嗜热，好氧，产芽胞。

【22】*Anoxybacillus thermarum* Poli et al. 2011, sp. nov.（温泉无氧芽胞杆菌），嗜热，好氧，产芽胞。

【23】*Anoxybacillus vitaminiphilus* Zhang et al. 2013, sp. nov.（嗜维生素无氧芽胞杆菌），嗜热，严格好氧，产芽胞。

【24】*Anoxybacillus voinovskiensis* Yumoto et al. 2004, sp. nov.（沃索夫斯基泉无氧芽胞杆菌），嗜热，兼性好氧，产芽胞。

（11）中盐芽胞杆菌属（*Aquibacillus* Amoozegar et al. 2014, gen. nov.）　中盐芽胞杆菌属（*Aquibacillus*）建立于2014年，包含5个种，好氧或厌氧，均嗜盐、产芽胞。

【1】*Aquibacillus albus*（Zhang et al. 2012）Amoozegar et al. 2014, comb. nov.（白色中盐芽

胞杆菌），模式种，嗜盐，好氧，产芽胞，由 *Virgibacillus albus* Zhang et al. 2012 重分类而来。

【2】*Aquibacillus halophilus* Amoozegar et al. 2014, sp. nov.（喜盐中盐芽胞杆菌），嗜盐，好氧，产芽胞。

【3】*Aquibacillus koreensis*（Lee et al. 2006）Amoozegar et al. 2014, comb. nov.（韩国中盐芽胞杆菌），嗜盐，厌氧，产芽胞。由 *Virgibacillus koreensis* Lee et al. 2006 重分类而来。

【4】*Aquibacillus salifodinae* Zhang et al. 2015, sp. nov.（盐矿中盐芽胞杆菌），嗜盐，好氧，产芽胞。

【5】*Aquibacillus sediminis* Lee and Whang 2019, sp. nov.（沉积物中盐芽胞杆菌），嗜盐，好氧，产芽胞。

（12）居盐水芽胞杆菌属（*Aquisalibacillus* Márquez et al. 2008, gen. nov.） 居盐水芽胞杆菌属（*Aquisalibacillus*）建立于 2008 年，仅有 1 个种，好氧，嗜盐，产芽胞。

Aquisalibacillus elongatus Márquez et al. 2008, sp. nov.（延伸居盐水芽胞杆），嗜盐，好氧，产芽胞。

（13）金色芽胞杆菌属（*Aureibacillus* Liu et al. 2015, gen. nov.） 金色芽胞杆菌属（*Aureibacillus*）建立于 2015 年，仅有 1 个种，严格好氧，产芽胞。

Aureibacillus halotolerans Liu et al. 2015, sp. nov.（耐盐金色芽胞杆菌），模式种。

（14）芽胞杆菌属（*Bacillus* Cohn 1872, genus.） 芽胞杆菌属（*Bacillus*）建立于 1872 年，包括 348 个种，大多数好氧或兼性厌氧，少数厌氧，绝大多数种类产芽胞。

【1】*Bacillus abyssalis* You et al. 2013, sp. nov.（深海芽胞杆菌），好氧，产芽胞。

【2】*Bacillus acanthi* Ma et al. 2018, sp. nov.（老鼠㼚芽胞杆菌），好氧，产芽胞。

【3】*Bacillus acidiceler* Peak et al. 2007, sp. nov.（酸快生芽胞杆菌），厌氧，产芽胞。

【4】*Bacillus acidicola* Albert et al. 2005, sp. nov.（酸居芽胞杆菌），嗜酸，好氧，产芽胞。

【5】*Bacillus acidinfaciens* Sun et al. 2019, sp. nov.（不产酸芽胞杆菌），好氧，产芽胞。

【6】*Bacillus acidiproducens* Jung et al. 2009, sp. nov.（产酸芽胞杆菌），乳酸菌，兼性厌氧，产芽胞。

【7】*Bacillus aciditolerans* Ding et al. 2019, sp. nov.（耐酸芽胞杆菌），好氧，产芽胞。

【8】*Bacillus aeolius* Gugliandolo et al. 2003, sp. nov.（伊奥利亚岛芽胞杆菌），嗜热、嗜盐，好氧，产芽胞。

【9】*Bacillus aequororis* Singh et al., 2014, sp. nov.（科摩林角芽胞杆菌），未合格化，好氧，产芽胞。

【10】*Bacillus aerius* Shivaji et al. 2006, sp. nov.（空气芽胞杆菌），耐盐，好氧，产芽胞。

【11】*Bacillus aerolacticus* Rampai 2015, sp. nov.（嗜气产乳酸芽胞杆菌），未合格化，乳酸菌，好氧，产芽胞。

【12】*Bacillus aerophilus* Shivaji et al. 2006, sp. nov.（嗜气芽胞杆菌），耐盐，好氧，产芽胞。

【13】*Bacillus aidingensis* Xue et al. 2008, sp. nov.（艾丁湖芽胞杆菌），嗜盐，好氧，产芽胞。

【14】*Bacillus akibai* Nogi et al. 2005, sp. nov.（秋叶氏芽胞杆菌），嗜碱，好氧，产芽胞。

【15】*Bacillus albus* Liu et al. 2017, sp. nov.（白色芽胞杆菌），兼性厌氧，产芽胞。

【16】"*Bacillus alcaliphilum*" Sultanpuram et al. 2017, sp. nov.（喜碱芽胞杆菌），未合格化，嗜碱，兼性厌氧，产芽胞。

【17】*Bacillus alcalophilus* Vedder 1934, species.（嗜碱芽胞杆菌），嗜碱，兼性厌氧，产芽胞。

【18】*Bacillus algicola* Ivanova et al. 2004, sp. nov.（藻居芽胞杆菌），丝状生长，好氧，产芽胞。

【19】*Bacillus alkalicola* Zhai L et al. 2014, sp. nov.（碱居芽胞杆菌），未合格化，嗜碱，兼性厌氧，产芽胞。

【20】*Bacillus alkalilacus* Singh et al. 2018, sp. nov.（碱湖芽胞杆菌），耐碱，好氧，产芽胞。

【21】*Bacillus alkalinitrilicus* Sorokin et al. 2009, sp. nov.（碱性解腈芽胞杆菌），嗜碱，好氧，产芽胞。

【22】*Bacillus alkalisediminis* Borsodi et al. 2011, sp. nov.（碱性沉积芽胞杆菌），嗜碱嗜盐，好氧，产芽胞。

【23】*Bacillus alkalisoli* Liu et al. 2019, sp. nov.（碱性土芽胞杆菌），嗜碱，兼性厌氧，产芽胞。

【24】*Bacillus alkalitelluris* Lee et al. 2008, sp. nov.（碱土芽胞杆菌），嗜碱，兼性厌氧，产芽胞。

【25】*Bacillus alkalitolerans* Liu et al. 2018, sp. nov.（耐碱芽胞杆菌），耐碱，好氧，产芽胞。

【26】*Bacillus altitudinis* Shivaji et al. 2006, sp. nov.（高地芽胞杆菌），耐盐，好氧，产芽胞。

【27】*Bacillus alveayuensis* Bae et al. 2005, sp. nov.（香鱼海槽芽胞杆菌），嗜热，好氧，产芽胞。

【28】*Bacillus amyloliquefaciens* (ex Fukumoto 1943) Priest et al. 1987, sp. nov., nom. rev.（解淀粉芽胞杆菌），好氧，产芽胞。

【29】*Bacillus andreesenii* Kosowski et al. 2014, sp. nov.（安氏芽胞杆菌），嗜热，好氧，产芽胞。

【30】*Bacillus andreraoultii* Traore et al. 2015, sp. nov.（安德烈拉乌尔芽胞杆菌），未合格化，好氧，产芽胞。

【31】*Bacillus anthracis* Cohn 1872, species.（炭疽芽胞杆菌），致病菌，兼性厌氧，产芽胞。

【32】*Bacillus antri* Rao et al. 2019, sp. nov.（洞穴土芽胞杆菌），好氧，产芽胞。

【33】*Bacillus aquimaris* Yoon et al. 2003, sp. nov.（海水芽胞杆菌），嗜盐，好氧，产芽胞。

【34】*Bacillus aryabhattai* Shivaji et al. 2009, sp. nov.（阿氏芽胞杆菌），好氧，产芽胞。

【35】*Bacillus asahii* Yumoto et al. 2004, sp. nov.（朝日芽胞杆菌），能除臭，好氧，产芽胞。

【36】*Bacillus atrophaeus* Nakamura 1989, sp. nov.（深褐芽胞杆菌），好氧，产芽胞。

【37】*Bacillus aurantiacus* Borsodi et al. 2008, sp. nov.（金橙色芽胞杆菌），嗜碱嗜盐，好氧，产芽胞。

【38】*Bacillus australimaris* Liu et al. 2016, sp. nov.（澳大利亚芽胞杆菌），好氧，产芽胞。

【39】*Bacillus axarquiensis* Ruiz-García et al. 2005, sp. nov.（阿萨尔基亚芽胞杆菌），耐盐，好氧，产芽胞。

【40】*Bacillus azotoformans* (ex Pichinoty et al. 1976) Pichinoty et al. 1983, sp. nov., nom. rev.（产氮芽胞杆菌），好氧，产芽胞。

【41】*Bacillus baekryungensis* Yoon et al. 2004, sp. nov.（白阳岛芽胞杆菌），未合格化，好氧，产芽胞。

【42】*Bacillus bataviensis* Heyrman et al. 2004, sp. nov.（巴达维亚芽胞杆菌），兼性厌氧，产芽胞。

【43】*Bacillus benzoevorans* Pichinoty et al. 1987, sp. nov.（食苯芽胞杆菌），好氧，产芽胞。

【44】*Bacillus beringensis* Yu et al. 2012, sp. nov.（白令海芽胞杆菌），耐冷，好氧，产芽胞。

【45】*Bacillus berkeleyi* Nedashkovskaya et al. 2012, sp. nov.（伯氏芽胞杆菌），好氧，产芽胞。

【46】*Bacillus beveridgei* Baesman et al. 2010, sp. nov.（贝氏芽胞杆菌），嗜盐嗜碱，兼性厌氧，产芽胞。

【47】*Bacillus bingmayongensis* Liu et al., 2014, sp. nov.（兵马俑芽胞杆菌），兼性好氧，产芽胞。

【48】*Bacillus bogoriensis* Vargas et al. 2005, sp. nov.（博戈里亚芽胞杆菌），嗜碱耐盐，好氧，产芽胞。

【49】*Bacillus borbori* Wang et al., 2014, sp. nov.（活性污泥芽胞杆菌），嗜热，兼性厌氧，产芽胞。

【50】*Bacillus boroniphilus* Ahmed et al. 2007, sp. nov.（嗜硼芽胞杆菌），好氧，产芽胞。

【51】*Bacillus butanolivorans* Kuisiene et al. 2008, sp. nov.（食丁醇芽胞杆菌），好氧，产芽胞。

【52】*Bacillus cabrialesii* de Los Santos Villalobos S et al. 2019, sp. nov.（卡氏芽胞杆菌），小麦内生菌，好氧，产芽胞。

【53】"*Bacillus caccae*" Pham TPT et al. 2017, sp. nov.（粪便芽胞杆菌），未合格化，兼性厌氧，产芽胞。

【54】*Bacillus camelliae* Niu et al. 2018, sp. nov.（茶叶芽胞杆菌），好氧，产芽胞。

【55】*Bacillus campisalis* Kumar et al. 2015, sp. nov.（晒盐场芽胞杆菌），耐盐，好氧，产芽胞。

【56】*Bacillus canaveralius* Newcombe et al. 2009, sp. nov.（卡纳维拉尔角芽胞杆菌），耐碱，好氧，产芽胞。

【57】*Bacillus capparidis* Wang et al. 2017, sp. nov.（刺山柑芽胞杆菌），好氧，产芽胞。

【58】*Bacillus carboniphilus* Fujita et al. 1996, sp. nov.（嗜碳芽胞杆菌），好氧，产芽胞。

【59】*Bacillus caseinilyticus* Vishnuvardhan Reddy et al. 2015, sp. nov.（解酪蛋白芽胞杆菌），耐碱、耐热、兼性厌氧，产芽胞。

【60】*Bacillus catenulatus* Sultanpuram et al. 2018, sp. nov.（小链芽胞杆菌），耐碱，好氧，产芽胞。

【61】*Bacillus cavernae* Feng et al. 2015, sp. nov.（洞穴芽胞杆菌），好氧，产芽胞。

【62】*Bacillus cecembensis* Reddy et al. 2008, sp. nov.（科研中心芽胞杆菌），好氧，产芽胞。

【63】*Bacillus cellulasensis* Mawlankar et al. 2016, sp. nov.（纤维素芽胞杆菌），未合格化，好氧，产芽胞。

【64】*Bacillus cellulosilyticus* Nogi et al. 2005, sp. nov.（解纤维素芽胞杆菌），嗜碱，好氧，产芽胞。

【65】*Bacillus cereus* Frankland and Frankland 1887, species.（蜡样芽胞杆菌），兼性厌氧，产芽胞。

【66】*Bacillus chagannorensis* Carrasco et al. 2007, sp. nov.（恰甘诺湖芽胞杆菌），嗜盐，兼性厌氧，产芽胞。

【67】"*Bacillus cheonanensis*" Kim et al., 2014 sp. nov.（天安芽胞杆菌），未合格化，好氧，产芽胞。

【68】*Bacillus chungangensis* Cho et al. 2010, sp. nov.（中央芽胞杆菌），嗜盐，好氧，产芽胞。

【69】*Bacillus ciccensis* Liu et al. 2017, sp. nov.（中工微保芽胞杆菌），好氧，产芽胞。

【70】*Bacillus cihuensis* Liu et al., 2014 sp. nov.（慈湖芽胞杆菌），耐盐，好氧，产芽胞。

【71】*Bacillus circulans* Jordan 1890, species.（环状芽胞杆菌），好氧，产芽胞。

【72】*Bacillus clarkii* Nielsen et al. 1995, sp. nov.（克氏芽胞杆菌），好氧，产芽胞。

【73】*Bacillus clausii* Nielsen et al. 1995, sp. nov.（克劳氏芽胞杆菌），好氧，产芽胞。

【74】*Bacillus coagulans* Hammer 1915, species.（凝结芽胞杆菌），乳酸菌，好氧，产芽胞。

【75】*Bacillus coahuilensis* Cerritos et al. 2008, sp. nov.（考卉纳芽胞杆菌），嗜盐，好氧，产芽胞。

【76】*Bacillus cohnii* Spanka and Fritze 1993, sp. nov.（科恩芽胞杆菌），嗜碱，好氧，产芽胞。

【77】*Bacillus composti* Yang et al. 2013, sp. nov.（堆肥芽胞杆菌），嗜热，兼性厌氧，产芽胞。

【78】"*Bacillus coreaensis*" Chi et al. 2015, sp. nov.（大韩芽胞杆菌），未合格化，好氧，产芽胞。

【79】*Bacillus crassostreae* Chen et al. 2015, sp. nov.（香港牡蛎芽胞杆菌），耐盐，兼性厌氧，产芽胞。

【80】*Bacillus crescens* Shivani et al. 2015, sp. nov.（新月芽胞杆菌），好氧，产芽胞。

【81】*Bacillus cucumis* Kämpfer et al. 2016, sp. nov.（黄瓜芽胞杆菌），兼性厌氧，产芽胞。

【82】*Bacillus cytotoxicus* Guinebretière et al. 2013, sp. nov.（细胞毒素芽胞杆菌），耐热，好氧，产芽胞。

【83】"*Bacillus dabaoshanensis*" Cui et al. 2015, sp. nov.（大宝山芽胞杆菌），未合格化，兼性厌氧，产芽胞。

【84】"*Bacillus dakarensis*" Senghor B et al. 2017, sp. nov.（达喀尔芽胞杆菌），未合格化，好氧，产芽胞。

【85】*Bacillus daliensis* Zhai et al. 2012, sp. nov.（达里湖芽胞杆菌），嗜碱，兼性厌氧，产芽胞。

【86】"*Bacillus daqingensis*" Wang et al., 2014, sp. nov.（大庆芽胞杆菌），未合格化，嗜碱、嗜盐，好氧，产芽胞。

【87】*Bacillus decisifrondis* Zhang et al. 2007, sp. nov.（腐叶芽胞杆菌），好氧，产芽胞。

【88】*Bacillus decolorationis* Heyrman et al. 2003, sp. nov.（脱色芽胞杆菌），好氧，产芽胞。

【89】*Bacillus depressus* Wei et al. 2016, sp. nov.（平扁芽胞杆菌），好氧，产芽胞。

【90】*Bacillus deserti* Zhang et al. 2012, sp. nov.（沙漠芽胞杆菌），好氧，产芽胞。

【91】"*Bacillus dielmoensis*" Lo et al. 2015, sp. nov.（迪埃尔莫芽胞杆菌），未合格化，好氧，不产芽胞。

【92】*Bacillus drentensis* Heyrman et al. 2004, sp. nov.（钻特省芽胞杆菌），兼性厌氧，产芽胞。

【93】*Bacillus ectoiniformans* Zhu et al. 2015, sp. nov.（产四氢嘧啶芽胞杆菌），耐盐，好氧，产芽胞。

【94】*Bacillus eiseniae* Hong et al. 2012, sp. nov.（蚯蚓芽胞杆菌），耐盐，兼性厌氧，产芽胞。

【95】*Bacillus enclensis* Dastager et al. 2014, sp. nov.（国化室芽胞杆菌），好氧，产芽胞。

【96】*Bacillus endolithicus* Parag et al. 2015, sp. nov.（石内生芽胞杆菌），兼性厌氧，产芽胞。

【97】*Bacillus endophyticus* Reva et al. 2002, sp. nov.（内生芽胞杆菌），棉花内生菌，好氧，产芽胞。

【98】*Bacillus endoradicis* Zhang et al. 2012, sp. nov.（根内芽胞杆菌），大豆内生菌，好氧，产芽胞。

【99】*Bacillus endozanthoxylicus* Ma et al. 2017, sp. nov.（花椒内生芽胞杆菌），好氧，不产芽胞。

【100】*Bacillus farraginis* Scheldeman et al. 2004, sp. nov.（混料芽胞杆菌），好氧，产芽胞。

【101】*Bacillus fastidiosus* den Dooren de Jong 1929, species.（苛求芽胞杆菌），好氧，产芽胞。

【102】*Bacillus fengqiuensis* Zhao et al. 2014, sp. nov.（封丘芽胞杆菌），嗜碱，好氧，产芽胞。

【103】*Bacillus fermenti* Hirota et al. 2018, sp. nov.（发酵芽胞杆菌），嗜碱，兼性厌氧，产芽胞。

【104】"*Bacillus ferrooxidans*" Zhou et al. 2018, sp. nov.（铁氧化芽胞杆菌），未合格化，兼性厌氧，产芽胞。

【105】*Bacillus filamentosus* Sonalkar et al., 2015, sp. nov.（丝状芽胞杆菌），好氧，产芽胞。

【106】*Bacillus firmus* Bredemann and Werner 1933, species.（坚强芽胞杆菌），好氧，产芽胞。

【107】"*Bacillus flavocaldarius*" Suzuki Y et al. 1991, sp. nov.（黄热芽胞杆菌），未合格化，好氧，产芽胞。

【108】*Bacillus flexus* (ex Batchelor 1919) Priest et al. 1989, sp. nov., nom. rev.（弯曲芽胞杆菌），好氧，产芽胞。

【109】*Bacillus foraminis* Tiago et al. 2006, sp. nov.（小孔芽胞杆菌），好氧，不产芽胞。

【110】*Bacillus fordii* Scheldeman et al. 2004, sp. nov.（福氏芽胞杆菌），好氧，产芽胞。

【111】*Bacillus formosensis* Lin et al. 2015, sp. nov.（福尔摩沙芽胞杆菌），好氧，产芽胞。

【112】*Bacillus fortis* Scheldeman et al. 2004, sp. nov.（强壮芽胞杆菌），好氧，产芽胞。

【113】*Bacillus fumarioli* Logan et al. 2000, sp. nov.（喷气孔芽胞杆菌），好氧，产芽胞。

【114】*Bacillus funiculus* Ajithkumar et al. 2002, sp. nov.（绳索状芽胞杆菌），丝状生长，好氧，产芽胞。

【115】"*Bacillus gaemokensis*" Jung et al. 2010, sp. nov.（狗木芽胞杆菌），未合格化，兼性厌氧，产芽胞。

【116】*Bacillus galactosidilyticus* Heyndrickx et al. 2004, sp. nov.（解半乳糖苷芽胞杆菌），

好氧，产芽胞。

【117】*Bacillus galliciensis* Balcázar et al. 2010, sp. nov.（加利西亚芽胞杆菌），好氧，产芽胞。

【118】*Bacillus gibsonii* Nielsen et al. 1995, sp. nov.（吉氏芽胞杆菌），好氧，产芽胞。

【119】*Bacillus ginsengihumi* Ten et al. 2007, sp. nov.（人参土芽胞杆菌），好氧，产芽胞。

【120】*Bacillus ginsengisoli* Nguyen et al. 2013, sp. nov.（人参地芽胞杆菌），好氧，产芽胞。

【121】*Bacillus glennii* Seuylemezian et al. 2019, sp. nov.（格伦氏芽胞杆菌），好氧，产芽胞。

【122】*Bacillus glycinifermentans* Kim et al. 2015, sp. nov.（大豆发酵芽胞杆菌），耐盐，好氧，产芽胞。

【123】*Bacillus gobiensis* Liu et al. 2016, sp. nov.（戈壁芽胞杆菌），好氧，产芽胞。

【124】*Bacillus gossypii* Kampfer et al. 2015, sp. nov.（陆地棉芽胞杆菌），兼性厌氧，产芽胞。

【125】*Bacillus gottheilii* Seiler et al. 2013, sp. nov.（戈氏芽胞杆菌），好氧，产芽胞。

【126】*Bacillus graminis* Bibi et al. 2011, sp. nov.（草坪芽胞杆菌），兼性厌氧，产芽胞。

【127】*Bacillus haikouensis* Li et al., 2014, sp. nov.（海口芽胞杆菌），耐盐，兼性厌氧，产芽胞。

【128】*Bacillus halmapalus* Nielsen et al. 1995, sp. nov.（盐敏芽胞杆菌），好氧，产芽胞。

【129】*Bacillus halodurans* (ex Boyer 1973) Nielsen et al. 1995, nom. rev., comb. nov.（耐盐芽胞杆菌），好氧，产芽胞。

【130】*Bacillus halosaccharovorans* Mehrshad et al. 2013, sp. nov.（嗜盐嗜糖芽胞杆菌），好氧，产芽胞。

【131】*Bacillus halotolerans* Tindall 2017, comb. nov.（忍盐芽胞杆菌），好氧，产芽胞。

【132】*Bacillus haynesii* Dunlap et al. 2017, sp. nov.（海恩斯氏芽胞杆菌），兼性厌氧，产芽胞。

【133】*Bacillus hemicellulosilyticus* Nogi et al. 2005, sp. nov.（解半纤维素芽胞杆菌），嗜碱，好氧，产芽胞。

【134】*Bacillus hemicentroti* Chen et al. 2011, sp. nov.（海胆芽胞杆菌），嗜盐嗜碱，兼性厌氧，产芽胞。

【135】*Bacillus herbersteinensis* Wieser et al. 2005, sp. nov.（黑布施泰因芽胞杆菌），好氧，产芽胞。

【136】*Bacillus hisashii* Nishida et al. 2015, sp. nov.（外村尚芽胞杆菌），嗜热，兼性厌氧，产芽胞。

【137】*Bacillus horikoshii* Nielsen et al. 1995, sp. nov.（堀越氏芽胞杆菌），好氧，产芽胞。

【138】*Bacillus horneckiae* Vaishampayan et al. 2010, sp. nov.（霍氏芽胞杆菌），好氧，产芽胞。

【139】*Bacillus horti* Yumoto et al. 1998, sp. nov.（花园芽胞杆菌），嗜碱，好氧，产芽胞。

【140】*Bacillus huizhouensis* Li et al. 2014, sp. nov.（惠州芽胞杆菌），兼性好氧，产芽胞。

【141】*Bacillus humi* Heyrman et al. 2005, sp. nov.（土地芽胞杆菌），好氧，产芽胞。

【142】*Bacillus hunanensis* Chen et al. 2011, sp. nov.（湖南芽胞杆菌），嗜盐，好氧，产芽胞。

【143】*Bacillus hwajinpoensis* Yoon et al. 2004, sp. nov.（花津滩芽胞杆菌），嗜盐，好氧，

产芽胞。

【144】*Bacillus idriensis* Ko et al. 2006, sp. nov.（病研所芽胞杆菌），好氧，产芽胞。

【145】*Bacillus indicus* Suresh et al. 2004, sp. nov.（印度芽胞杆菌），好氧，产芽胞。

【146】*Bacillus infantis* Ko et al. 2006, sp. nov.（婴儿芽胞杆菌），好氧，产芽胞。

【147】*Bacillus infernus* Boone et al. 1995, sp. nov.（深层芽胞杆菌），厌氧，产芽胞。

【148】*Bacillus intestinalis* Tetz and Tetz 2017, sp. nov.（肠道芽胞杆菌），未合格化，好氧，产芽胞。

【149】*Bacillus iocasae* Wang et al. 2017, sp. nov.（海洋所芽胞杆菌），耐盐，好氧，产芽胞。

【150】*Bacillus isabeliae* Albuquerque et al. 2008, sp. nov.（伊氏芽胞杆菌），嗜盐，好氧，产芽胞。

【151】*Bacillus jeddahensis* Bittar et al. 2017, sp. nov.（吉达芽胞杆菌），好氧，产芽胞。

【152】*Bacillus jeotgali* Yoon et al. 2001, sp. nov.（咸海鲜芽胞杆菌），好氧，产芽胞。

【153】*Bacillus kexueae* Sun et al. 2018, sp. nov.（科学号芽胞杆菌），好氧，产芽胞。

【154】*Bacillus kiskunsagensis* Borsodi et al. 2017, sp. nov.（小昆沙芽胞杆菌），嗜碱嗜盐，兼性厌氧，产芽胞。

【155】*Bacillus kochii* Seiler et al. 2012, sp. nov.（柯赫芽胞杆菌），好氧，产芽胞。

【156】*Bacillus kokeshiiformis* Poudel et al. 2014, sp. nov.（小木偶芽胞杆菌），耐热，兼性厌氧，产芽胞。

【157】*Bacillus koreensis* Lim et al. 2006, sp. nov.（韩国芽胞杆菌），好氧，产芽胞。

【158】*Bacillus korlensis* Zhang et al. 2009, sp. nov.（库尔勒芽胞杆菌），耐盐，好氧，产芽胞。

【159】*Bacillus kribbensis* Lim et al. 2007, sp. nov.（韩研所芽胞杆菌），好氧，产芽胞。

【160】*Bacillus krulwichiae* Yumoto et al. 2003, sp. nov.（克鲁氏芽胞杆菌），耐盐嗜碱，兼性厌氧，产芽胞。

【161】*Bacillus kwashiorkori* Seck et al. 2018, sp. nov.（红孩症芽胞杆菌），未合格化，兼性厌氧，产芽胞。

【162】*Bacillus kyonggiensis* Dong and Lee 2011, sp. nov.（京畿芽胞杆菌），未合格化，兼性厌氧，产芽胞。

【163】*Bacillus lacisalsi* Dong et al. 2019, sp. nov.（盐湖芽胞杆菌），嗜盐嗜碱，好氧，产芽胞。

【164】*Bacillus lacus* Singh et al. 2018, sp. nov.（湖芽胞杆菌），嗜碱，好氧，产芽胞。

【165】*Bacillus lehensis* Ghosh et al. 2007, sp. nov.（列城芽胞杆菌），耐碱，好氧，产芽胞。

【166】*Bacillus lentus* Gibson 1935, species.（迟缓芽胞杆菌），好氧，产芽胞。

【167】*Bacillus licheniformis* (Weigmann 1898) Chester 1901, species.（地衣芽胞杆菌），好氧，产芽胞。

【168】*Bacillus ligniniphilus* Zhu et al. 2014, sp. nov.（嗜木质素芽胞杆菌），嗜碱耐盐，好氧，产芽胞。

【169】*Bacillus lindianensis* Dou et al. 2016, sp. nov.（林甸芽胞杆菌），嗜碱耐盐，好氧，产芽胞。

【170】*Bacillus litoralis* Yoon and Oh 2005, sp. nov.（岸滨芽胞杆菌），嗜盐，好氧，产芽胞。

【171】*Bacillus loiseleuriae* et al. 2016, sp. nov.（高山杜鹃芽胞杆菌），好氧，产芽胞。

【172】*Bacillus lonarensis* Reddy et al., 2015, sp. nov.（洛纳尔芽胞杆菌），耐碱，兼性厌氧，产芽胞。

【173】*Bacillus luciferensis* Logan et al. 2002, sp. nov.（路西法芽胞杆菌），好氧，产芽胞。

【174】*Bacillus luteolus* Shi et al. 2011, sp. nov.（浅橘色芽胞杆菌），耐盐，好氧，产芽胞。

【175】*Bacillus luteus* Subhash et al. 2014, sp. nov.（藤黄芽胞杆菌），好氧，产芽胞。

【176】*Bacillus luti* Liu et al. 2017, sp. nov.（泥芽胞杆菌），兼性厌氧，产芽胞。

【177】*Bacillus lycopersici* Lin et al. 2015, sp. nov.（圣女果芽胞杆菌），好氧，产芽胞。

【178】*Bacillus malikii* Abbas et al. 2016, sp. nov.（马利克氏芽胞杆菌），好氧，产芽胞。

【179】*Bacillus mangrovi* Gupta et al. 2017, sp. nov.（红树林芽胞杆菌），耐碱，兼性厌氧，产芽胞。

【180】*Bacillus manliponensis* Jung et al., 2011, sp. nov.（万里浦芽胞杆菌），兼性厌氧，产芽胞。

【181】*Bacillus mannanilyticus* Nogi et al. 2005, sp. nov.（解甘露聚糖芽胞杆菌），嗜碱，好氧，产芽胞。

【182】*Bacillus manusensis* Sun et al. 2018, sp. nov.（马努斯海盆芽胞杆菌），好氧，产芽胞。

【183】'*Bacillus marasmi*' Pham et al. 2017, sp. nov.（消瘦症芽胞杆菌），未合格化，好氧，产芽胞。

【184】*Bacillus marcorestinctum* Han et al. 2010, sp. nov.（抑腐芽胞杆菌），未合格化，兼性厌氧，产芽胞。

【185】*Bacillus marinisedimentorum* Guo et al. 2018, sp. nov.（海沉积芽胞杆菌），兼性厌氧，产芽胞。

【186】*Bacillus marisflavi* Yoon et al. 2003, sp. nov.（黄海芽胞杆菌），嗜盐，好氧，产芽胞。

【187】*Bacillus maritimus* Pal et al. 2017, sp. nov.（海沉积物芽胞杆菌），耐盐，好氧，产芽胞。

【188】*Bacillus marmarensis* Denizci et al. 2010, sp. nov.（马尔马拉芽胞杆菌），嗜碱，好氧，产芽胞。

【189】*Bacillus massilioalgeriensis* Bendjama et al. 2014, sp. nov.（马赛阿尔及利亚芽胞杆菌），未合格化，兼性厌氧，产芽胞。

【190】*Bacillus massilioanorexius* Mishra et al. 2013, sp. nov.（马赛厌食芽胞杆菌），未合格化，好氧，产芽胞。

【191】*Bacillus massiliogabonensis* Mourembou et al. 2016, sp. nov.（马赛加蓬芽胞杆菌），未合格化，好氧，产芽胞。

【192】*Bacillus massilinigeriensis* Cadoret et al. 2017, sp. nov.（马赛黑人芽胞杆菌），未合格化，兼性厌氧，产芽胞。

【193】*Bacillus massiliglaciei* Cadoret et al. 2017, sp. nov.（马赛冰层芽胞杆菌），未合格化，兼性厌氧，产芽胞。

【194】*Bacillus massiliogorillae* Keita et al. 2013, sp. nov.（马赛大猩猩芽胞杆菌），未合格化，兼性厌氧，产芽胞。

【195】*Bacillus massiliosenegalensis* Ramasamy et al. 2016, sp. nov.（马赛塞内加尔芽胞杆

菌），兼性厌氧，产芽胞。

【196】*Bacillus mediterraneensis* Cadoret et al. 2017, sp. nov.（地中海芽胞杆菌），未合格化，兼性厌氧，产芽胞。

【197】*Bacillus megaterium* de Bary 1884, species.（巨大芽胞杆菌），好氧，产芽胞。

【198】*Bacillus mesonae* Liu et al. 2014, sp. nov.（仙草芽胞杆菌），好氧，产芽胞。

【199】*Bacillus mesophilum* Manickam et al. 2014, sp. nov.（喜中温芽胞杆菌），兼性厌氧，产芽胞。

【200】*Bacillus mesophilus* Zhou et al. 2017, sp. nov.（嗜中温芽胞杆菌），好氧，产芽胞。

【201】*Bacillus methanolicus* Arfman et al. 1992, sp. nov.（甲醇芽胞杆菌），好氧，产芽胞。

【202】*Bacillus miscanthi* Shin et al. 2019, sp. nov.（芒草芽胞杆菌），嗜碱，好氧，产芽胞。

【203】*Bacillus mobilis* Liu et al. 2017, sp. nov.（运动芽胞杆菌），兼性厌氧，产芽胞。

【204】*Bacillus mojavensis* Roberts et al. 1994, sp. nov.（莫哈维沙漠芽胞杆菌），好氧，产芽胞。

【205】*Bacillus muralis* Heyrman et al. 2005, sp. nov.（壁芽胞杆菌），好氧，产芽胞。

【206】*Bacillus murimartini* Borchert et al. 2007, sp. nov.（马丁教堂芽胞杆菌），耐碱耐盐，好氧，产芽胞。

【207】*Bacillus mycoides* Flügge 1886, species.（蕈状芽胞杆菌），好氧，产芽胞。

【208】*Bacillus nakamurai* Dunlap et al. 2016, sp. nov.（中村氏芽胞杆菌），好氧，产芽胞。

【209】*Bacillus nanhaiisediminis* Zhang et al. 2011, sp. nov.（南海沉积芽胞杆菌），耐碱，好氧，产芽胞。

【210】*Bacillus naphthovorans* Zhuang et al. 2002, sp. nov.（食萘芽胞杆菌），未合格化，好氧，产芽胞。

【211】*Bacillus natronophilus* Menes et al. 2019, sp. nov.（嗜苏打芽胞杆菌），嗜碱嗜盐，好氧，产芽胞。

【212】*Bacillus ndiopicus* Lo et al. 2017, sp. nov.（迪奥普芽胞杆菌），好氧，产芽胞。

【213】*Bacillus nealsonii* Venkateswaran et al. 2003, sp. nov.（尼氏芽胞杆菌），兼性厌氧，产芽胞。

【214】*Bacillus nematocida* Huang et al. 2005, sp. nov.（杀线虫芽胞杆菌），未合格化，好氧，产芽胞。

【215】*Bacillus niabensis* Kwon et al. 2007, sp. nov.（农研所芽胞杆菌），好氧，产芽胞。

【216】*Bacillus niacini* Nagel and Andreesen 1991, sp. nov.（烟酸芽胞杆菌），好氧，产芽胞。

【217】*Bacillus niameyensis* Tidjani Alou et al. 2015, sp. nov.（尼亚美芽胞杆菌），未合格化，兼性厌氧，产芽胞。

【218】*Bacillus nitratireducens* Liu et al. 2017, sp. nov.（硝酸盐还原芽胞杆菌），兼性厌氧，产芽胞。

【219】*Bacillus nitroreducens* Guo et al. 2016, sp. nov.（硝酸还原芽胞杆菌），未合格化，兼性厌氧，产芽胞。

【220】*Bacillus notoginsengisoli* Zhang et al. 2017, sp. nov.（三七土芽胞杆菌），好氧，产芽胞。

【221】*Bacillus novalis* Heyrman et al. 2004, sp. nov.（休闲地芽胞杆菌），兼性厌氧，产芽胞。

【222】*Bacillus obstructivus* Tetz and Tetz 2017, sp. nov.（肺气肿芽胞杆菌），未合格化，好氧，产芽胞。

【223】*Bacillus oceani* Liu et al. 2013, sp. nov.（海芽胞杆菌），未合格化，需重命名，嗜盐，好氧，产芽胞。

【224】*Bacillus oceani* Song et al. 2016, sp. nov.（海洋芽胞杆菌），好氧，产芽胞。

【225】*Bacillus oceanisediminis* Zhang et al. 2010, sp. nov.（海洋沉积芽胞杆菌），好氧，产芽胞。

【226】*Bacillus okhensis* Nowlan et al. 2006, sp. nov.（奥哈芽胞杆菌），耐盐碱，好氧，产芽胞。

【227】*Bacillus okuhidensis* Li et al. 2002, sp. nov.（奥飞弹温泉芽胞杆菌），嗜碱，好氧，产芽胞。

【228】*Bacillus oleivorans* Azmatunnisa et al. 2015, sp. nov.（噬柴油芽胞杆菌），好氧，产芽胞。

【229】*Bacillus oleronius* Kuhnigk et al. 1996, sp. nov.（奥莱龙岛芽胞杆菌），好氧，产芽胞。

【230】*Bacillus onubensis* Dominguez-Moñino et al. 2018, sp. nov.（维尔瓦芽胞杆菌），好氧，产芽胞。

【231】*Bacillus oryzaecorticis* Hong et al. 2014, sp. nov.（谷壳芽胞杆菌），嗜盐，好氧，产芽胞。

【232】*Bacillus oryzisoli* Zhang et al. 2016, sp. nov.（稻田土壤芽胞杆菌），好氧，产芽胞。

【233】*Bacillus oryziterrae* Bao et al. 2017, sp. nov.（稻田土芽胞杆菌），兼性厌氧，产芽胞。

【234】*Bacillus oshimensis* Yumoto et al. 2005, sp. nov.（大岛芽胞杆菌），嗜盐碱，好氧，产芽胞。

【235】*Bacillus pacificus* Liu et al. 2017, sp. nov.（太平洋芽胞杆菌），兼性厌氧，产芽胞。

【236】*Bacillus pakistanensis* Roohi et al. 2014, sp. nov.（巴基斯坦芽胞杆菌），耐盐，好氧，产芽胞。

【237】*Bacillus panacisoli* Choi and Cha 2014, sp. nov.（人参土壤芽胞杆菌），兼性厌氧，产芽胞。

【238】*Bacillus panaciterrae* Ten et al. 2006, sp. nov.（人参地块芽胞杆菌），兼性厌氧，产芽胞。

【239】*Bacillus paraflexus* Chandna et al. 2013, sp. nov.（副弯曲芽胞杆菌），好氧，产芽胞。

【240】*Bacillus paralicheniformis* Dunlap et al. 2015, sp. nov.（副地衣芽胞杆菌），兼性厌氧，产芽胞。

【241】*Bacillus paramycoides* Liu et al. 2017, sp. nov.（副蕈状芽胞杆菌），兼性厌氧，产芽胞。

【242】*Bacillus paranthracis* Liu et al. 2017, sp. nov.（副炭疽芽胞杆菌），兼性厌氧，产芽胞。

【243】*Bacillus patagoniensis* Olivera et al. 2005, sp. nov.（巴塔哥尼亚芽胞杆菌），耐碱，好氧，产芽胞。

【244】*Bacillus persicus* Didari et al. 2013, sp. nov.（波斯芽胞杆菌），嗜盐，好氧，产芽胞。

【245】*Bacillus pervagus* Kosowski et al. 2014, sp. nov.（游荡芽胞杆菌），嗜热，好氧，产芽胞。

【246】*Bacillus piezotolerans* Yu et al. 2019, sp. nov.（耐压芽胞杆菌），好氧，产芽胞。

【247】*Bacillus phocaeensis* Cadoret et al. 2017, sp. nov.（弗凯亚芽胞杆菌），未合格化，好氧，产芽胞。

【248】*Bacillus piscicola* Daroonpunt et al. 2015, sp.nov.（居鱼芽胞杆菌），耐盐，好氧，产芽胞。

【249】*Bacillus piscis* Lee et al. 2016, sp. nov.（鱼芽胞杆菌），好氧，产芽胞。

【250】*Bacillus plakortidis* Borchert et al. 2007, sp. nov.（扁板海绵芽胞杆菌），耐碱耐盐，好氧，产芽胞。

【251】*Bacillus pocheonensis* Ten et al. 2007, sp. nov.（抱川芽胞杆菌），耐盐，好氧，产芽胞。

【252】*Bacillus polygoni* Aino et al. 2008, sp. nov.（蓼属芽胞杆菌），嗜盐嗜碱，好氧，产芽胞。

【253】*Bacillus polymachus* Nguyen et al. 2015, sp. nov.（多拮抗芽胞杆菌），兼性厌氧，产芽胞。

【254】*Bacillus populi* Liu et al. 2018, sp. nov.（胡杨芽胞杆菌），嗜盐，好氧，产芽胞。

【255】*Bacillus praedii* Liu et al. 2017, sp. nov.（农田芽胞杆菌），好氧，产芽胞。

【256】*Bacillus proteolyticus* Liu et al. 2017, sp. nov.（解蛋白芽胞杆菌），兼性厌氧，产芽胞。

【257】*Bacillus pseudalcaliphilus* corrig. Nielsen et al. 1995, sp. nov.（假嗜碱芽胞杆菌），好氧，产芽胞。

【258】*Bacillus pseudofirmus* Nielsen et al. 1995, sp. nov.（假坚强芽胞杆菌），好氧，产芽胞。

【259】*Bacillus pseudoflexus* Chandna et al. 2016, sp. nov.（假弯曲芽胞杆菌），未合格化，嗜盐，好氧，产芽胞。

【260】*Bacillus pseudomycoides* Nakamura 1998, sp. nov.（假蕈状芽胞杆菌），好氧，产芽胞。

【261】*Bacillus psychrosaccharolyticus* (ex Larkin and Stokes 1967) Priest et al. 1989, sp. nov., nom. rev.（冷解糖芽胞杆菌），好氧，产芽胞。

【262】*Bacillus pumilus* Meyer and Gottheil 1901, species.（短小芽胞杆菌），好氧，产芽胞。

【263】*Bacillus purgationiresistens* corrig. Vaz-Moreira et al. 2012, sp. nov.（抗净化芽胞杆菌），好氧，产芽胞。

【264】*Bacillus qingshengii* Xi et al. 2014, sp. nov.（庆笙芽胞杆菌），好氧，产芽胞。

【265】*Bacillus radicibacter* Wei et al. 2015, sp. nov.（根结芽胞杆菌），兼性厌氧，产芽胞。

【266】*Bacillus rhizosphaerae* Madhaiyan et al. 2013, sp. nov.（根际芽胞杆菌），好氧，产芽胞。

【267】*Bacillus rigiliprofundi* Sylvan et al. 2015, sp. nov.（里吉深海床芽胞杆菌），嗜盐，兼性厌氧，产芽胞。

【268】*Bacillus rubiinfantis* Tidjiani Alou et al. 2015, sp. nov.（鲁比婴儿芽胞杆菌），未合格化，兼性厌氧，产芽胞。

【269】*Bacillus ruris* Heyndrickx et al. 2005, sp. nov.（农庄芽胞杆菌），好氧，产芽胞。

【270】*Bacillus safensis* Satomi et al. 2006, sp. nov.（沙福芽胞杆菌），好氧，产芽胞。

【271】*Bacillus saganii* Seuylemezian et al. 2019, sp. nov.（萨根氏芽胞杆菌），好氧，产芽胞。

【272】*Bacillus salacetis* Daroonpunt et al. 2019, sp. nov.（虾酱芽胞杆菌），嗜盐，好氧，产

芽胞。

【273】*Bacillus salarius* Lim et al. 2006, sp. nov.（盐芽胞杆菌），嗜盐，好氧，产芽胞。

【274】*Bacillus salidurans* Son et al. 2019,sp. nov.（抗盐芽胞杆菌），兼性厌氧，产芽胞。

【275】*"Bacillus salis"* Seck et al. 2018, sp. nov.（食盐芽胞杆菌），未合格化，嗜盐，好氧，产芽胞。

【276】*Bacillus salitolerans* Zhang et al. 2015, sp. nov.（耐盐芽胞杆菌），好氧，产芽胞。

【277】*Bacillus salsus* Amoozegar et al., 2013, sp. nov.（好盐芽胞杆菌），嗜盐，好氧，产芽胞。

【278】*"Bacillus samanii"* Saman et al. 2010, sp. nov.（萨曼氏芽胞杆菌），未合格化，好氧，产芽胞。

【279】*Bacillus sediminis* Yu et al., 2013, sp. nov.（沉积物芽胞杆菌），兼性厌氧，产芽胞。

【280】*Bacillus selenatarsenatis* Yamamura et al. 2007, sp. nov.（硒砷芽胞杆菌），兼性厌氧，产芽胞。

【281】*Bacillus selenitireducens* Switzer Blum et al. 2001, sp. nov.（还原硒酸盐芽胞杆菌），嗜盐嗜碱，厌氧，不产芽胞。

【282】*Bacillus seohaeanensis* Lee et al. 2006, sp. nov.（西岸芽胞杆菌），耐盐，好氧，产芽胞。

【283】*Bacillus shacheensis* Lei et al., 2014, sp. nov.（莎车芽胞杆菌），嗜盐，好氧，产芽胞。

【284】*Bacillus shackletonii* Logan et al 2004, sp. nov.（沙氏芽胞杆菌），好氧，产芽胞。

【285】*Bacillus shivajii* Kumar et al. 2018, sp. nov.（希瓦吉氏芽胞杆菌），好氧，产芽胞。

【286】*Bacillus siamensis* Sumpavapol et al. 2010, sp. nov.（暹罗芽胞杆菌），兼性厌氧，产芽胞。

【287】*Bacillus simplex* (ex Meyer and Gottheil 1901) Priest et al 1989, sp. nov., nom. rev.（简单芽胞杆菌），好氧，产芽胞。

【288】*"Bacillus sinesaloumensis"* Senghor et al. 2017, sp. nov.（辛萨卢姆芽胞杆菌），未合格化，好氧，产芽胞。

【289】*Bacillus siralis* Pettersson et al. 2000, sp. nov.（青储窖芽胞杆菌），好氧，产芽胞。

【290】*Bacillus smithii* Nakamura et al. 1988, sp. nov.（史氏芽胞杆菌），好氧，产芽胞。

【291】*Bacillus solani* Liu et al. 2015, sp. nov.（茄属芽胞杆菌），好氧，产芽胞。

【292】*Bacillus soli* Heyrman et al. 2004, sp. nov.（土壤芽胞杆菌），兼性厌氧，产芽胞。

【293】*Bacillus solimangrovi* Lee et al. 2014, sp. nov.（红树林土壤芽胞杆菌），好氧，产芽胞。

【294】*Bacillus solisilvae* Pan et al. 2017, sp. nov.（森林土芽胞杆菌），好氧，产芽胞。

【295】*Bacillus solitudinis* Liu et al. 2019, sp. nov.（沙漠土芽胞杆菌），嗜碱，兼性厌氧，产芽胞。

【296】*Bacillus songklensis* Kang et al. 2013, sp. nov.（宋卡芽胞杆菌），好氧，产芽胞。

【297】*Bacillus sonorensis* Palmisano et al. 2001, sp. nov.（索诺拉沙漠芽胞杆菌），菌体球形，严格厌氧，不产芽胞。

【298】*Bacillus spongiae* Lee et al. 2018, sp. nov.（海绵芽胞杆菌），好氧，产芽胞。

【299】*Bacillus sporothermodurans* Pettersson et al. 1996, sp. nov.（芽胞耐热芽胞杆菌），好

氧，产芽胞。

【300】*Bacillus stamsii* Müller et al. 2016, sp. nov.（施塔姆斯氏芽胞杆菌），兼性厌氧，产芽胞。

【301】*Bacillus stratosphericus* Shivaji et al. 2006, sp. nov.（平流层芽胞杆菌），耐盐，好氧，产芽胞。

【302】*Bacillus subterraneus* Kanso et al. 2002, sp. nov.（地下芽胞杆菌），兼性厌氧，不产芽胞。

【303】*Bacillus subtilis* (Ehrenberg 1835) Cohn 1872, species.（枯草芽胞杆菌），模式种，好氧，产芽胞。

【304】*Bacillus swezeyi* Dunlap et al. 2017, sp. nov.（斯威齐氏芽胞杆菌），兼性厌氧，产芽胞。

【305】*Bacillus taiwanensis* Liu et al. 2015, sp. nov.（台湾芽胞杆菌），好氧，产芽胞。

【306】*Bacillus tamaricis* Zhang et al. 2018, sp. nov.（柽柳芽胞杆菌），嗜碱，兼性厌氧，产芽胞。

【307】*Bacillus taxi* Tuo et al. 2019,sp. nov.（红豆杉芽胞杆菌），好氧，产芽胞。

【308】*Bacillus tequilensis* Gatson et al. 2006, sp. nov.（特基拉芽胞杆菌），好氧，产芽胞。

【309】*Bacillus terrae* Díez-Méndez et al. 2017, sp. nov.（大地芽胞杆菌），好氧，产芽胞。

【310】*Bacillus testis* Cimmino et al. 2015, sp. nov.（睾丸芽胞杆菌），兼性厌氧，产芽胞。

【311】*Bacillus thaonhiensis* Van Pham and Kim 2014, sp. nov.（陶氏芽胞杆菌），好氧，产芽胞。

【312】*Bacillus thermoalkalophilus* Krishna and Varma 1990, sp. nov.（热嗜碱芽胞杆菌），未合格化，好氧，产芽胞。

【313】*Bacillus thermoamylovorans* Combet-Blanc et al. 1995, sp. nov.（热噬淀粉芽胞杆菌），兼性厌氧，不产芽胞。

【314】*Bacillus thermocloacae* Demharter and Hensel 1989, sp. nov.（热阴沟芽胞杆菌），好氧，产芽胞。

【315】*Bacillus thermocopriae* Han et al. 2013, sp. nov.（热粪芽胞杆菌），兼性厌氧，产芽胞。

【316】*Bacillus thermolactis* Coorevits et al. 2011, sp. nov.（热乳芽胞杆菌），好氧，产芽胞。

【317】*Bacillus thermophilum* Tang et al., 2014, sp. nov.（高温芽胞杆菌），未合格化，兼性厌氧，产芽胞。

【318】*Bacillus thermophilus* Yang et al. 2013, sp. nov.（嗜热芽胞杆菌），嗜热，兼性厌氧，产芽胞。

【319】*Bacillus thioparans* corrig. Pérez-Ibarra et al. 2007, sp. nov.（产硫芽胞杆菌），耐盐，好氧，产芽胞。

【320】*Bacillus thuringiensis* Berliner 1915, species.（苏云金芽胞杆菌），好氧，产芽胞。

【321】*"Bacillus tianmuensis"* Wen et al. 2009, sp. nov.（天目山芽胞杆菌），未合格化，好氧，产芽胞。

【322】*Bacillus tianshenii* Jiang et al. 2014, sp. nov.（天申芽胞杆菌），好氧，产芽胞。

【323】*Bacillus timonensis* Kokcha et al. 2012, sp. nov.（泰门芽胞杆菌），好氧，产芽胞。

【324】*Bacillus toyonensis* Jiménez et al. 2013（图瓦永芽胞杆菌），好氧，产芽胞。

【325】*Bacillus tropicus* Liu et al. 2017, sp. nov.（热带芽胞杆菌），兼性厌氧，产芽胞。

【326】*Bacillus trypoxylicola* Aizawa et al. 2010, sp. nov.（居甲虫芽胞杆菌），嗜碱，好氧，产芽胞。

【327】"*Bacillus tuaregi*" Cadoret et al. 2017, sp. nov.（图阿雷格人芽胞杆菌），未合格化，兼性厌氧，产芽胞。

【328】*Bacillus urbisdiaboli* Liu et al. 2019, sp. nov.（魔鬼城芽胞杆菌），兼性厌氧，产芽胞。

【329】*Bacillus urumqiensis* Zhang et al. 2016, sp. nov.（乌鲁木齐芽胞杆菌），嗜盐嗜碱，好氧，产芽胞。

【330】*Bacillus vallismortis* Roberts et al. 1996, sp. nov.（死谷芽胞杆菌），好氧，产芽胞。

【331】*Bacillus vanillea* Chen et al. 2015, sp. nov.（香草芽胞杆菌），好氧，产芽胞。

【332】*Bacillus vedderi* Agnew et al. 1996, sp. nov.（威氏芽胞杆菌），嗜碱，好氧，产芽胞。

【333】*Bacillus velezensis* Ruiz-García et al. 2005, sp. nov.（贝莱斯芽胞杆菌），好氧，产芽胞。

【334】*Bacillus vietnamensis* Noguchi et al. 2004, sp. nov.（越南芽胞杆菌），好氧，产芽胞。

【335】*Bacillus vini* Ma et al., 2017, sp. nov.（酒窖泥芽胞杆菌），好氧，产芽胞。

【336】*Bacillus vireti* Heyrman et al. 2004, sp. nov.（原野芽胞杆菌），兼性厌氧，产芽胞。

【337】*Bacillus wakoensis* Nogi et al. 2005, sp. nov.（和光芽胞杆菌），嗜碱，好氧，产芽胞。

【338】"*Bacillus weihaiensis*" Zhu et al. 2016, sp. nov.（威海芽胞杆菌），未合格化，好氧，产芽胞。

【339】*Bacillus wiedmannii* Miller et al. 2016, sp. nov.（维德曼氏芽胞杆菌），耐冷，兼性厌氧，产芽胞。

【340】*Bacillus wuyishanensis* Liu et al. 2015, sp. nov.（武夷山芽胞杆菌），好氧，产芽胞。

【341】*Bacillus xiamenensis* Lai et al. 2014, sp. nov.（厦门芽胞杆菌），好氧，产芽胞。

【342】*Bacillus xiaoxiensis* Chen et al. 2011, sp. nov.（小溪芽胞杆菌），嗜盐，兼性厌氧，产芽胞。

【343】*Bacillus xiapuensis* Liu et al. 2019, sp. nov.（霞浦芽胞杆菌），好氧，产芽胞。

【344】*Bacillus yapensis* Xu et al. 2019, sp. nov.（雅浦芽胞杆菌），好氧，产芽胞。

【345】*Bacillus zanthoxyli* Li et al. 2017, sp. nov.（花椒芽胞杆菌），杀线虫，好氧，不产芽胞。

【346】*Bacillus zeae* Kämpfer et al. 2017, sp. nov.（玉米芽胞杆菌），好氧，产芽胞。

【347】*Bacillus zhangzhouensis* Liu et al. 2015, sp. nov.（漳州芽胞杆菌），好氧，产芽胞。

【348】*Bacillus zhanjiangensis* Chen et al. 2012, sp. nov.（湛江芽胞杆菌），好氧，产芽胞。

变动：芽胞杆菌属有112种的分类地位发生了变动。其中，转移至 *Aeribacillus*、*Alicyclobacillus*、*Alkalibacillus*、*Alteribacillus*、*Anaerobacillus*、*Aneurinibacillus*、*Bhargavaea*、*Brevibacillus*、*Falsibacillus*、*Fictibacillus*、*Geobacillus*、*Gracilibacillus*、*Hydrogenibacillus*、*Jeotgalibacillus*、*Kyrpidia*、*Lysinibacillus*、*Marinibacillus*、*Paenibacillus*、*Psychrobacillus*、*Pullulanibacillus*、*Rummeliibacillus*、*Salibacillus*、*Salibacterium*、*Salimicrobium*、*Salipaludibacillus*、*Salisediminibacterium*、*Sporolactobacillus*、*Sporosarcina*、*Ureibacillus*、*Virgibacillus*、*Viridibacillus*31 个属的种类有 102 种，因同种异名而被合并的有 8 种。具体信息如下。

【1】*Bacillus acidocaldarius* Darland and Brock 1971, species. → *Alicyclobacillus acidocaldarius* (Darland and Brock 1971) Wisotzkey et al. 1992, comb. nov.。

【2】*Bacillus acidoterrestris* Deinhard et al. 1988, sp. nov. → *Alicyclobacillus acidoterrestris* (Deinhard et al. 1988) Wisotzkey et al. 1992, comb. nov.。

【3】*Bacillus agaradhaerens* Nielsen et al. 1995, sp. nov. → *Salipaludibacillus agaradhaerens* (Nielsen et al. 1995) Sultanpuram and Mothe, 2016, comb. nov.。

【4】*Bacillus agri* (ex Laubach and Rice 1916) Nakamura 1993, sp. nov., nom. rev. → *Brevibacillus agri* (Nakamura 1993) Shida et al. 1996, comb. nov.。

【5】*Bacillus alginolyticus* Nakamura 1987, sp. nov. → *Paenibacillus alginolyticus* (Nakamura 1987) Shida et al. 1997, comb. nov.。

【6】*Bacillus alkalidiazotrophicus* Sorokin et al. 2008, sp. nov. → *Anaerobacillus alkalidiazotrophicus* (Sorokin et al. 2008) Zavarzina et al. 2010, comb. nov.。

【7】*Bacillus alvei* Cheshire and Cheyne 1885, species. → *Paenibacillus alvei* (Cheshire and Cheyne 1885) Ash et al. 1994, comb. nov.。

【8】*Bacillus amylolyticus* (ex Choukévitch 1911) Nakamura 1984, sp. nov., nom. rev. → *Paenibacillus amylolyticus* (Nakamura 1984) Ash et al. 1994, comb. nov.。

【9】*Bacillus aneurinilyticus* corrig. (ex Kimura and Aoyama 1952) Shida et al. 1994, sp. nov., nom. rev. → *Aneurinibacillus aneurinilyticus* corrig. (Shida et al. 1994) Shida et al. 1996, comb. nov.。

【10】*Bacillus arenosi* Heyrman et al. 2005, sp. nov. → *Viridibacillus arenosi* (Heyrman et al. 2005) Albert et al. 2007, comb. nov.。

【11】*Bacillus arseniciselenatis* corrig. Switzer Blum et al. 2001, sp. nov. → *Anaerobacillus arseniciselenatis* (Switzer Blum et al. 2001) Zavarzina et al. 2010, comb. nov.。

【12】*Bacillus arsenicus* Shivaji et al. 2005, sp. nov. → *Fictibacillus arsenicus* (Shivaji et al. 2005) Glaeser et al. 2013, comb. nov.。

【13】*Bacillus arvi* Heyrman et al. 2005, sp. nov. → *Viridibacillus arvi* (Heyrman et al. 2005) Albert et al. 2007, comb. nov.。

【14】*Bacillus azotofixans* Seldin et al. 1984, sp. nov. → *Paenibacillus azotofixans* (Seldin et al. 1984) Ash et al. 1994, comb. nov.。

【15】*Bacillus badius* Batchelor 1919, species.（栗褐芽胞杆菌）→ *Pseudobacillus badius* (Batchelor 1919) Verma et al. 2019, comb. nov.。

【16】*Bacillus barbaricus* Täubel et al. 2003, sp. nov. → *Fictibacillus barbaricus* (Täubel et al. 2003) Glaeser et al. 2013, comb. nov.。

【17】*Bacillus beijingensis* Qiu et al. 2009, sp. nov. → *Bhargavaea beijingensis* (Qiu et al. 2009) Verma et al. 2012, comb. nov.。

【18】*Bacillus borstelensis* (ex Porter) Shida et al. 1995, sp. nov., nom. rev. → *Brevibacillus borstelensis* (Shida et al. 1995) Shida et al. 1996, comb. nov.。

【19】*Bacillus brevis* Migula 1900, species. → *Brevibacillus brevis* (Migula 1900) Shida et al. 1996, comb. nov.。

【20】*Bacillus cellulasensis* Mawlankar et al. 2016, sp. nov. → *Bacillus altitudinis* Liu et al. 2016，同种异名。

【21】*Bacillus centrosporus* (ex Ford 1916) Nakamura 1993, sp. nov., nom. rev. → *Brevibacillus centrosporus* (Nakamura 1993) Shida et al. 1996, comb. nov.。

【22】*Bacillus chitinolyticus* Kuroshima et al. 1996, sp. nov. → *Paenibacillus chitinolyticus* (Kuroshima et al. 1996) Lee et al. 2004, comb. nov.。

【23】*Bacillus chondroitinus* Nakamura 1987, sp. nov. → *Paenibacillus chondroitinus* (Nakamura 1987) Shida et al. 1997, comb. nov.。

【24】*Bacillus choshinensis* Takagi et al. 1993, sp. nov. → *Brevibacillus choshinensis* (Takagi et al. 1993) Shida et al. 1996, comb. nov.。

【25】*Bacillus cibi* Yoon et al. 2005, sp. nov.（食物芽胞杆菌）→ *Bacillus indicus*，同种异名。

【26】*Bacillus curdlanolyticus* Kanzawa et al. 1995, sp. nov. → *Paenibacillus curdlanolyticus* (Kanzawa et al. 1995) Shida et al. 1997, comb. nov.。

【27】*Bacillus cycloheptanicus* Deinhard et al. 1988, sp. nov. → *Alicyclobacillus cycloheptanicus* (Deinhard et al. 1988) Wisotzkey et al. 1992, comb. nov.。

【28】*Bacillus dipsosauri* Lawson et al. 1996, sp. nov. → *Gracilibacillus dipsosauri* (Lawson et al. 1996) Wainø et al. 1999, comb. nov.。

【29】*Bacillus edaphicus* Shelobolina et al. 1998, sp. nov. → *Paenibacillus edaphicus* (Shelobolina et al. 1998) Hu et al. 2010, comb. nov.。

【30】*Bacillus ehimensis* Kuroshima et al. 1996, sp. nov. → *Paenibacillus ehimensis* (Kuroshima et al. 1996) Lee et al. 2004, comb. nov.。

【31】*Bacillus formosus* (ex Porter) Shida et al. 1995, sp. nov., nom. rev. → *Brevibacillus formosus* (Shida et al. 1995) Shida et al. 1996, comb. nov.。

【32】*Bacillus fusiformis* (ex Meyer and Gottheil 1901) Priest et al. 1989, sp. nov., nom. rev. → *Lysinibacillus fusiformis* (Priest et al. 1989) Ahmed et al. 2007, comb. nov.。

【33】*Bacillus galactophilus* Takagi et al. 1993, sp. nov. → *Bacillus agri* (ex Laubach and Rice 1916) Nakamura 1993. 同种异名 → *Brevibacillus agri* (Nakamura 1993) Shida et al. 1996, comb. nov.。

【34】*Bacillus gelatini* De Clerck et al. 2004, sp. nov. → *Fictibacillus gelatini* (De Clerck et al. 2004) Glaeser et al. 2013, comb. nov.。

【35】*Bacillus ginsengi* Qiu et al. 2009, sp. nov. → *Bhargavaea ginsengi* (Qiu et al. 2009) Verma et al. 2012, comb. nov.。

【36】*Bacillus globisporus* Larkin and Stokes 1967, species. → *Sporosarcina globispora* (Larkin and Stokes 1967) Yoon et al. 2001, comb. nov.。

【37】*Bacillus globisporus* subsp. *marinus* Rüger and Richter 1979, subspecies. → *Bacillus marinus* (Rüger and Richter 1979) Rüger 1983, comb. nov. → *Marinibacillus marinus* (Rüger and Richter 1979) Yoon et al. 2001, comb. nov. → *Jeotgalibacillus marinus* (Rüger and Richter 1979) Yoon et al. 2010, comb. nov.。

【38】*Bacillus glucanolyticus* Alexander and Priest 1989, sp. nov. → *Paenibacillus glucanolyticus* (Alexander and Priest 1989) Shida et al. 1997, comb. nov.。

【39】*Bacillus gordonae* Pichinoty et al. 1987, sp. nov. → *Paenibacillus gordonae* (Pichinoty et al. 1987) Ash et al. 1994, comb. nov.。

【40】*Bacillus haloalkaliphilus* Fritze 1996, sp. nov. → *Alkalibacillus haloalkaliphilus* (Fritze 1996) Jeon et al. 2005, comb. nov.。

【41】*Bacillus halochares* Pappa et al. 2010, sp. nov. → *Salibacterium halochares* (Pappa et al. 2010) Vishnuvardhan et al. 2015, sp. nov.。

【42】*Bacillus halodenitrificans* Denariaz et al. 1989, sp. nov. → *Virgibacillus* halodenitrificans (Denariaz et al. 1989) Yoon et al. 2004, comb. nov.。

【43】*Bacillus halophilus* Ventosa et al. 1990, sp. nov. → *Salimicrobium halophilum* (Ventosa et al. 1990) Yoon et al. 2007, comb. nov.。

【44】*Bacillus insolitus* Larkin and Stokes 1967, species. → *Psychrobacillus insolitus* (Larkin and Stokes 1967) Krishnamurthi et al. 2011, comb. nov.。

【45】*Bacillus invictae* Branquinho et al. 2014, sp. nov. → *Bacillus altitudinis* 同种异名。

【46】*Bacillus iranensis* Bagheri *et al.* 2012, sp. nov. → *Alteribacillus iranensis* (Bagheri et al. 2012) Azmatunnisa Begum et al. 2016, comb. nov.。

【47】*Bacillus isronensis* Shivaji et al. 2009, sp. nov. → *Solibacillus isronensis* (Shivaji et al. 2009) Mual et al. 2016, comb. nov.。

【48】*Bacillus kaustophilus* (ex Prickett 1928) Priest et al. 1989, sp. nov., nom. rev. → *Geobacillus kaustophilus* (Priest et al. 1989) Nazina et al. 2001, comb. nov.。

【49】*Bacillus kobensis* Kanzawa et al. 1995, sp. nov. → *Paenibacillus kobensis* (Kanzawa et al. 1995) Shida et al. 1997, comb. nov.。

【50】*Bacillus laevolacticus* (ex Nakayama and Yanoshi 1967) Andersch et al. 1994, sp. nov., nom. rev. → *Sporolactobacillus laevolacticus* (Andersch et al. 1994) Hatayama et al. 2006, comb. nov.。

【51】*Bacillus larvae* White 1906, species. → *Paenibacillus larvae* (White 1906) Ash et al. 1994, comb. nov.。

【52】*Bacillus laterosporus* Laubach 1916, species. → *Brevibacillus laterosporus* (Laubach 1916) Shida et al. 1996, comb. nov.。

【53】*Bacillus lautus* (ex Batchelor 1919) Nakamura 1984, sp. nov., nom. rev. → *Paenibacillus lautus* (Nakamura 1984) Heyndrickx et al. 1996, comb. nov.。

【54】*Bacillus lentimorbus* Dutky 1940, species. → *Paenibacillus lentimorbus* (Dutky 1940) Pettersson et al. 1999, comb. nov.。

【55】*Bacillus locisalis* Márquez et al. 2011, sp. nov. → *Salisediminibacterium locisalis* (Márquez et al. 2011) Sultanpuram et al. 2015, comb. nov.。

【56】*Bacillus macauensis* Zhang et al. 2006, sp. nov. → *Fictibacillus macauensis* Zhang et al. 2006, Glaeser et al. 2013, comb. nov.。

【57】*Bacillus macerans* Schardinger 1905, species. → *Paenibacillus macerans* (Schardinger 1905) Ash et al. 1994, comb. nov.。

【58】*Bacillus macquariensis* Marshall and Ohye 1966, species. → *Paenibacillus macquariensis* (Marshall and Ohye 1966) Ash et al. 1994, comb. nov.。

【59】*Bacillus macyae* Santini et al. 2004, sp. nov. → *Anaerobacillus macyae*（Santini et al. 2004）Zavarzina et al. 2010, comb. nov.。

【60】*Bacillus malacitensis* Ruiz-García et al. 2005, sp. nov. → *Bacillus mojavensis* Roberts et al. 1994. 同种异名。

【61】*Bacillus marismortui* Arahal et al. 1999, sp. nov. → *Salibacillus marismortui* (Arahal et al. 1999) Arahal et al. 2000, comb. nov. → *Virgibacillus marismortui* (Arahal et al. 1999) Heyrman et al. 2003, comb. nov.。

【62】*Bacillus massiliensis* Glazunova et al. 2006, sp. nov. → *Lysinibacillus* massiliensis (Glazunova et al. 2006) Jung et al. 2012, comb. nov.。

【63】*Bacillus methylotrophicus* Madhaiyan et al. 2010, sp. nov.（甲基营养型芽胞杆菌）→ *Bacillus velezensis* 同种异名。

【64】*Bacillus migulanus* Takagi et al. 1993, sp. nov. → *Aneurinibacillus migulanus* (Takagi et al. 1993) Shida et al. 1996, comb. nov.。

【65】*Bacillus mucilaginosus* Avakyan et al. 1998, sp. nov. → *Paenibacillus mucilaginosus* (Avakyan et al. 1998) Hu et al. 2010, comb. nov.。

【66】*Bacillus naganoensis* Tomimura et al. 1990, sp. nov. → *Pullulanibacillus naganoensis* (Tomimura et al. 1990) Hatayama et al. 2006, comb. nov.。

【67】*Bacillus nanhaiensis* Chen et al. 2011, sp. nov. → *Fictibacillus nanhaiensis* (Chen et al. 2011) Glaeser et al. 2013, comb. nov.。

【68】*Bacillus neidei* Nakamura et al. 2002, sp. nov. → *Viridibacillus neidei* (Nakamura et al. 2002) Albert et al. 2007, comb. nov.。

【69】*Bacillus neizhouensis* Chen et al. 2009, sp. nov. → *Salipaludibacillus neizhouensis* (Chen et al. 2009) Sultanpuram and Mothe, 2016, comb. nov.。

【70】*Bacillus odysseyi* La Duc et al. 2004, sp. nov. → *Lysinibacillus odysseyi* (La Duc et al. 2004) Jung et al. 2012, comb. nov.。

【71】*Bacillus pabuli* (ex Schieblich 1923) Nakamura 1984, sp. nov., nom. rev. → *Paenibacillus pabuli* (Nakamura 1984) Ash et al. 1994, comb. nov.。

【72】*Bacillus pallidus* Scholz et al. 1988, sp. nov. → *Geobacillus pallidus* (Scholz et al. 1988) Banat et al. 2004, comb. nov. → *Aeribacillus pallidus* (Scholz et al. 1988) Miñana-Galbis et al. 2010, comb. nov.。

【73】*Bacillus pallidus* Zhou et al. 2008, sp. nov. → *Falsibacillus pallidus* (Zhou et al. 2008) Zhou et al. 2009, comb. nov.。

【74】*Bacillus pantothenticus* Proom and Knight 1950, species. → *Virgibacillus pantothenticus* (Proom and Knight 1950) Heyndrickx et al. 1998, comb. nov.。

【75】*Bacillus parabrevis* Takagi et al. 1993, sp. nov. → *Brevibacillus parabrevis* (Takagi et al. 1993) Shida et al. 1996, comb. nov.。

【76】*Bacillus pasteurii* (Miquel 1889) Chester 1898, species. → *Sporosarcina pasteurii* (Miquel 1889) Yoon et al. 2001, comb. nov.。

【77】*Bacillus peoriae* Montefusco et al. 1993, sp. nov. → *Paenibacillus peoriae* (Montefusco et al. 1993) Heyndrickx et al. 1996, comb. nov.。

【78】*Bacillus persepolensis* Amoozegar et al. 2009, sp. nov. → *Alteribacillus persepolensis* (Amoozegar et al. 2009) Didari et al. 2012, comb. nov.。

【79】*Bacillus polymyxa* (Prazmowski 1880) Macé 1889, species. → *Paenibacillus polymyxa* (Prazmowski 1880) Ash et al. 1994, comb. nov.。

【80】*Bacillus popilliae* Dutky 1940, species. → *Paenibacillus popilliae* (Dutky 1940) Pettersson et al. 1999, comb. nov.。

【81】*Bacillus psychrodurans* Abd El-Rahman et al. 2002, sp. nov. → *Psychrobacillus psychrodurans* (Abd El-Rahman et al. 2002) Krishnamurthi et al. 2011, comb. nov.。

【82】*Bacillus psychrophilus* (ex Larkin and Stokes 1967) Nakamura 1984, sp. nov., nom. rev. → *Sporosarcina psychrophila* (Nakamura 1984) Yoon et al. 2001, comb. nov.。

【83】*Bacillus psychrotolerans* Abd El-Rahman et al. 2002, sp. nov. → *Psychrobacillus psychrotolerans* (Abd El-Rahman et al. 2002) Krishnamurthi et al. 2011, comb. nov.。

【84】*Bacillus pulvifaciens* (ex Katznelson 1950) Nakamura 1984, sp. nov., nom. rev. → *Paenibacillus pulvifaciens* (Nakamura 1984) Ash et al. 1994, comb. nov. → *Paenibacillus larvae* subsp. *pulvifaciens* (Nakamura 1984) Heyndrickx et al. 1996, comb. nov.。

【85】*Bacillus pycnus* Nakamura et al. 2002, sp. nov. → *Rummeliibacillus pycnus* (Nakamura et al. 2002) Vaishampayan et al. 2009, comb. nov.。

【86】*Bacillus qingdaonensis* Wang et al. 2007, sp. nov. → *Salibacterium qingdaonense* (Wang et al. 2007) Vishnuvardhan et al. 2015, comb. nov.。

【87】*Bacillus reuszeri* Shida et al. 1995, sp. nov. → *Brevibacillus reuszeri* (Shida et al. 1995) Shida et al. 1996, comb. nov.。

【88】*Bacillus rigui* Baik et al. 2010, sp. nov. → *Fictibacillus rigui* (Baik et al. 2010) Glaeser et al. 2013, comb. nov.。

【89】*Bacillus salexigens* Garabito et al. 1997, sp. nov. → *Salibacillus salexigens* (Garabito et al. 1997) Wainø et al. 1999, comb. nov. → *Virgibacillus salexigens* (Garabito et al. 1997) Heyrman et al. 2003, comb. nov.。

【90】*Bacillus saliphilus* Romano et al. 2005, sp. nov. → *Alkalicoccus saliphilus*（Romano et al. 2005）Zhao et al. 2017, comb. nov.。

【91】*Bacillus schlegelii* Schenk and Aragno 1981, sp. nov. → *Hydrogenibacillus schlegelii* (Schenk and Aragno 1981) Kämpfer et al. 2013, comb. nov.。

【92】*Bacillus silvestris* Rheims et al. 1999, sp. nov. → *Solibacillus silvestris* (Rheims et al. 1999) Krishnamurthi et al. 2009, comb. nov.。

【93】*Bacillus solisalsi* Liu et al. 2009, sp. nov. → *Fictibacillus solisalsi* (Liu et al. 2009) Glaeser et al. 2013, comb. nov.。

【94】*Bacillus sphaericus* Meyer and Neide 1904, species. → *Lysinibacillus sphaericus* (Meyer and Neide 1904) Ahmed et al. 2007, comb. nov.。

【95】*Bacillus stearothermophilus* Donk 1920, species. → *Geobacillus stearothermophilus* (Donk 1920) Nazina et al. 2001, comb. nov.。

【96】*Bacillus taeanensis* Lim et al. 2006, sp. nov.（大安芽胞杆菌）→ *Maribacillus taeanensis* Liu et al. 2019, gen. nov., comb. nov.。

【97】*Bacillus thermantarcticus* corrig. Nicolaus et al. 2002, sp. nov. → *Geobacillus thermantarcticus* (Nicolaus et al. 2002) Coorevits et al. 2012, comb. nov.。

【98】*Bacillus thermoaerophilus* Meier-Stauffer et al. 1996, sp. nov. → *Aneurinibacillus thermoaerophilus* (Meier-Stauffer et al. 1996) Heyndrickx et al. 1997, comb. nov.。

【99】*Bacillus thermocatenulatus* Golovacheva et al. 1991, sp. nov. → *Geobacillus thermocatenulatus* (Golovacheva et al. 1991) Nazina et al. 2001, comb. nov.。

【100】*Bacillus thermodenitrificans* (ex Klaushofer and Hollaus 1970) Manachini et al. 2000, sp. nov., nom. rev. → *Geobacillus thermodenitrificans* (Manachini et al. 2000) Nazina et al. 2001, comb. nov.。

【101】*Bacillus thermoglucosidasius* Suzuki et al. 1984, sp. nov. → *Geobacillus thermoglucosidasius* (Suzuki et al. 1984) Nazina et al. 2001, comb. nov.。

【102】*Bacillus thermoleovorans* Zarilla and Perry 1988, sp. nov. → *Geobacillus thermoleovorans* (Zarilla and Perry 1988) Nazina et al. 2001, comb. nov.。

【103】*Bacillus thermoruber* (ex Guicciardi et al. 1968) Manachini et al. 1985, sp. nov., nom. rev. → *Brevibacillus thermoruber* (Manachini et al. 1985) Shida et al. 1996, comb. nov.。

【104】*Bacillus thermosphaericus* Andersson et al. 1996, sp. nov. → *Ureibacillus thermosphaericus* (Andersson et al. 1996) Fortina et al. 2001, comb. nov.。

【105】*Bacillus thiaminolyticus* (ex Kuno 1951) Nakamura 1990, sp. nov., nom. rev. → *Paenibacillus thiaminolyticus* (Nakamura 1990) Shida et al. 1997, comb. nov.。

【106】*Bacillus tusciae* Bonjour and Aragno 1985, sp. nov. → *Kyrpidia tusciae* (Bonjour and Aragno 1985) Klenk et al. 2012, comb. nov.。

【107】*Bacillus validus* (ex Bredemann and Heigener 1935) Nakamura 1984, sp. nov., nom. rev. → *Paenibacillus validus* (Nakamura 1984) Ash et al. 1994, comb. nov.。

【108】*Bacillus vanillea* Chen et al., 2014, sp. nov.（香草芽胞杆菌）→ *Bacillus siamensis* 同种异名。

【109】*Bacillus vulcani* Caccamo et al. 2000, sp. nov. → *Geobacillus vulcani* (Caccamo et al. 2000) Nazina et al. 2004, comb. nov.。

【110】*Bacillus weihenstephanensis* Lechner et al. 1998, sp. nov.（韦氏芽胞杆菌）→ *Bacillus mycoides* 同种异名。

【111】*Bacillus wudalianchiensis* Liu et al. 2017, sp. nov.（五大连池芽胞杆菌）→ *Pseudobacillus wudalianchiensis* (Liu et al. 2017) Verma et al. 2019, comb. nov.。

（15）燃煤芽胞杆菌属（*Calculibacillus* Min et al. 2016, gen. nov.） 燃煤芽胞杆菌属（*Calculibacillus*）于 2016 年建立，仅有 1 个种，厌氧，不产芽胞。

Calculibacillus koreensis Min et al. 2016, sp. nov.（韩国燃煤芽胞杆菌），厌氧，不产芽胞。

（16）热碱芽胞杆菌属（*CaldAlkalibacillus* Xue et al. 2006, gen. nov.） 热碱芽胞杆菌属（*CaldAlkalibacillus*）于 2006 年建立，包含 2 个种，均嗜热、好氧、产芽胞。

【1】*CaldAlkalibacillus thermarum* Xue et al. 2006, sp. nov.（温泉热碱芽胞杆菌），模式种，嗜热嗜碱，好氧，产芽胞。

【2】*CaldAlkalibacillus uzonensis* Zhao et al. 2008, sp. nov.（乌宗山热碱芽胞杆菌），嗜热耐碱，好氧，产芽胞。

（17）热芽胞杆菌属（*Caldibacillus* Coorevits et al. 2012, gen. nov.） 热芽胞杆菌属（*Caldibacillus*）于 2012 年建立，包含 2 个种，均嗜热、好氧、产芽胞。

【1】"*Caldibacillus cellulovorans*" Sunna et al. 2000, sp. nov.（食纤维素热芽胞杆菌），未合格化，嗜热，好氧，产芽胞。

【2】*Caldibacillus debilis* (Banat et al. 2004) Coorevits et al. 2012, comb. nov.（虚弱热芽胞杆菌），模式种，嗜热，好氧，产芽胞。

（18）居热土菌属（*Calditerricola* Moriya et al. 2011, gen. nov.）居热土菌属（*Calditerricola*）于 2011 年建立，包含 2 个种，均嗜热、好氧、未观察到芽胞。

【1】*Calditerricola satsumensis* Moriya et al. 2011, sp. nov.（萨摩居热土菌），模式种，嗜热，好氧，未观察到芽胞。

【2】*Calditerricola yamamurae* Moriya et al. 2011, sp. nov.（山村氏居热土菌），嗜热，好氧，未观察到芽胞。

（19）樱桃样芽胞杆菌属（*Cerasibacillus* Nakamura et al. 2004, gen. nov.）樱桃样芽胞杆菌属（*Cerasibacillus*）于 2004 年建立，仅有 1 个种，好氧、产芽胞。

Cerasibacillus quisquiliarum Nakamura et al. 2004, sp. nov.（厨余樱桃样芽胞杆菌），嗜热嗜碱，好氧，产芽胞。

（20）堆肥芽胞杆菌属（*Compostibacillus* Yu et al. 2015, gen. nov.）堆肥芽胞杆菌属（*Compostibacillus*）于 2015 年建立，仅有 1 个种，好氧、产芽胞。

Compostibacillus humi Yu et al. 2015, sp. nov.（土壤堆肥芽胞杆菌），嗜热，好氧，产芽胞。

（21）沙漠芽胞杆菌属（*Desertibacillus* Bhatt et al. 2017, gen. nov.）沙漠芽胞杆菌属（*Desertibacillus*）于 2017 年建立，仅有 1 个种，好氧、产芽胞。

Desertibacillus haloalkaliphilus Bhatt et al. 2017, sp. nov.（嗜盐碱沙漠芽胞杆菌），耐热，嗜盐嗜碱，好氧，产芽胞。

（22）房间芽胞杆菌属（*Domibacillus* Seiler et al. 2013, gen. nov.）房间芽胞杆菌属（*Domibacillus*）于 2013 年建立，包含 9 个种，均好氧，绝大多数种类产芽胞。

【1】*Domibacillus aminovorans* Verma et al. 2017, sp. nov.（食氨基酸房间芽胞杆菌），好氧，产芽胞，由"*Bacillus aminovorans*"重分类而来。

【2】*Domibacillus antri* Xu et al. 2016, sp. nov.（洞窟房间芽胞杆菌），好氧，未观察到芽胞。

【3】*Domibacillus enclensis* Sonalkar et al. 2014, sp. nov.（国化室房间芽胞杆菌），好氧，产芽胞。

【4】*Domibacillus epiphyticus* Verma et al. 2017, sp. nov.（植物房间芽胞杆菌），好氧，产芽胞。

【5】*Domibacillus indicus* Sharma et al. 2014, sp. nov.（印度房间芽胞杆菌），好氧，产芽胞。

【6】*Domibacillus iocasae* Sun and Sun 2015, sp. nov.（海洋所房间芽胞杆菌），好氧，产芽胞。

【7】*Domibacillus mangrovi* Verma et al. 2017, sp. nov.（红树林房间芽胞杆菌），好氧，产芽胞。

【8】*Domibacillus robiginosus* Seiler et al. 2013, sp. nov.（铁锈色房间芽胞杆菌），模式种，好氧，产芽胞。

【9】*Domibacillus tundrae* Gyeong et al. 2015, sp. nov.（苔原房间芽胞杆菌），好氧，产芽胞。

（23）虚假芽胞杆菌属（*Falsibacillus* Zhou et al. 2009, gen. nov.）虚假芽胞杆菌属（*Falsibacillus*）于 2009 年建立，包含 2 个种，均好氧、产芽胞。

【1】*Falsibacillus albus* Shi et al. 2019, sp. nov.（白色虚假芽胞杆菌），好氧，产芽胞。

【2】*Falsibacillus pallidus* (Zhou et al. 2008) Zhou et al. 2009, comb. nov.（苍白虚假芽胞杆菌），模式种，好氧，产芽胞，由 *Bacillus pallidus* Zhou et al. 2008 重分类而来。

（24）发酵芽胞杆菌属（*Fermentibacillus* Hirota et al. 2016, gen. nov.）　发酵芽胞杆菌属（*Fermentibacillus*）于 2016 年建立，仅有 1 个种，兼性厌氧、产芽胞。

Fermentibacillus polygoni Hirota et al. 2016, gen. nov., sp. nov.（蓼属发酵芽胞杆菌），嗜碱，兼性厌氧，产芽胞。

（25）虚构芽胞杆菌属（*Fictibacillus* Glaeser et al. 2013, gen. nov.）　虚构芽胞杆菌属（*Fictibacillus*）于 2013 年建立，包含 12 个种，好氧或兼性厌氧，均产芽胞。

【1】*Fictibacillus aquaticus* Pal et al. 2018, sp. nov.（水虚构芽胞杆菌），兼性厌氧，产芽胞。

【2】*Fictibacillus arsenicus* (Shivaji et al. 2005) Glaeser et al. 2013, comb. nov.（砷虚构芽胞杆菌），好氧，产芽胞，由 *Bacillus arsenicus* Shivaji et al. 2005 重分类而来。

【3】*Fictibacillus barbaricus* (Täubel et al. 2003) Glaeser et al. 2013, comb. nov.（奇异虚构芽胞杆菌），模式种，兼性厌氧，产芽胞，由 *Bacillus barbaricus* Täubel et al. 2003 重分类而来。

【4】*Fictibacillus enclensis* Dastager et al. 2014, sp. nov.（国化室虚构芽胞杆菌），好氧，产芽胞。

【5】*Fictibacillus gelatini* (De Clerck et al. 2004) Glaeser et al. 2013, comb. nov.（明胶虚构芽胞杆菌），好氧，产芽胞，由 *Bacillus gelatini* De Clerck et al. 2004 重分类而来。

【6】*Fictibacillus halophilus* Sharma et al. 2016, sp. nov.（嗜盐虚构芽胞杆菌），嗜盐，好氧，产芽胞。

【7】*Fictibacillus iocasae* Wang et al. 2018, sp. nov.（中科海洋所虚构芽胞杆菌），好氧，产芽胞。

【8】*Fictibacillus macauensis* (Zhang et al. 2006) Glaeser et al. 2013, comb. nov.（澳门虚构芽胞杆菌），兼性厌氧，产芽胞，由 *Bacillus macauensis* Zhang et al. 2006 重分类而来。

【9】*Fictibacillus nanhaiensis* (Chen et al. 2011) Glaeser et al. 2013, comb. nov.（南海虚构芽胞杆菌），兼性厌氧，产芽胞，由 *Bacillus nanhaiensis* Chen et al. 2011 重分类而来。

【10】*Fictibacillus phosphorivorans* Glaeser et al. 2013, sp. nov.（脱磷虚构芽胞杆菌），好氧，产芽胞。

【11】*Fictibacillus rigui* (Baik et al. 2010) Glaeser et al. 2013, comb. nov.（水生虚构芽胞杆菌），好氧，产芽胞，由 *Bacillus rigui* Baik et al. 2010 重分类而来。

【12】*Fictibacillus solisalsi* (Liu et al. 2009) Glaeser et al. 2013, comb. nov.（盐土虚构芽胞杆菌），耐盐嗜碱，兼性厌氧，产芽胞，由 *Bacillus solisalsi* Liu et al. 2009 重分类而来。

（26）线芽胞杆菌属（*Filobacillus* Schlesner et al. 2001, gen. nov.）　线芽胞杆菌属（*Filobacillus*）于 2001 年建立，仅有 1 个种，好氧，产芽胞。

Filobacillus milosensis corrig. Schlesner et al. 2001, sp. nov.（米洛斯岛线芽胞杆菌），嗜盐，严格好氧，产芽胞。

（27）地芽胞杆菌属（*Geobacillus* Nazina et al. 2001, gen. nov.）　地芽胞杆菌属（*Geobacillus*）于 2001 年建立，包含 18 个种，均嗜热、好氧、产芽胞。

【1】*Geobacillus galactosidasius* Poli et al. 2012, sp. nov.（半乳糖酶地芽胞杆菌），嗜热，好氧，产芽胞。

【2】*Geobacillus icigianus* Bryanskaya et al. 2015, sp. nov.（研究所地芽胞杆菌），嗜热，好氧，产芽胞。

【3】*Geobacillus jurassicus* Nazina et al. 2005, sp. nov.（侏罗纪地芽胞杆菌），嗜热，好氧，产芽胞。

【4】*Geobacillus kaustophilus* (Priest et al. 1989) Nazina et al. 2001, comb. nov.（噬酯热地芽胞杆菌），嗜热，好氧，产芽胞，由 *Bacillus kaustophilus* (ex Prickett 1928) Priest et al. 1989 重分类而来。

【5】*Geobacillus lituanicus* Kuisiene et al. 2004, sp. nov.（立陶宛地芽胞杆菌），嗜热，好氧，产芽胞。

【6】*Geobacillus mahadia* Mohtar et al. 2016, sp. nov.（马哈迪地芽胞杆菌），未合格化，嗜热，好氧，产芽胞。

【7】*Geobacillus proteiniphilus* Semenova et al. 2019, sp. nov（嗜蛋白地芽胞杆菌），嗜热，好氧，产芽胞。

【8】*Geobacillus stearothermophilus* (Donk 1920) Nazina et al. 2001, comb. nov.（嗜热噬脂肪地芽胞杆菌），模式种，嗜热，好氧，产芽胞，由 *Bacillus stearothermophilus* Donk 1920 重分类而来。

【9】*Geobacillus subterraneus* Nazina et al. 2001, sp. nov.（地下地芽胞杆菌），嗜热，好氧，产芽胞。

【10】*Geobacillus thermocatenulatus* (Golovacheva et al. 1991) Nazina et al. 2001, comb. nov.（热小链地芽胞杆菌），嗜热，好氧，产芽胞，由 *Bacillus thermocatenulatus* Golovacheva et al. 1991 重分类而来。

【11】*Geobacillus thermodenitrificans* (Manachini et al. 2000) Nazina et al. 2001, comb. nov.（热脱氮地芽胞杆菌），嗜热，好氧，产芽胞，由 *Bacillus thermodenitrificans* (ex Klaushofer and Hollaus 1970) Manachini et al. 2000 重分类而来。

【12】*Geobacillus thermoleovorans* (Zarilla and Perry 1988) Nazina et al. 2001, comb. nov.（热嗜油地芽胞杆菌），嗜热，好氧，产芽胞，由 *Bacillus thermoleovorans* Zarilla and Perry 1988 重分类而来。

【13】*Geobacillus thermopakistaniensis* Siddiqui et al. 2014, sp. nov.（热巴基斯坦地芽胞杆菌），未合格化，嗜热，好氧，产芽胞。

【14】"*Geobacillus uralicus*" Popova et al. 2002, sp. nov.（乌拉尔地芽胞杆菌），未合格化，嗜热，好氧，产芽胞。

【15】*Geobacillus uzenensis* Nazina et al. 2001, sp. nov.（乌津油田地芽胞杆菌），嗜热，好氧，产芽胞。

【16】*Geobacillus vulcani* (Caccamo et al. 2000) Nazina et al. 2004, comb. nov.（火神地芽胞杆菌），嗜热，好氧，产芽胞，由 *Bacillus vulcani* Caccamo et al. 2000 重分类而来。

【17】*Geobacillus yumthangensis* Najar et al. 2018, sp. nov.（云塘地芽胞杆菌），嗜热，好氧，产芽胞。

【18】*Geobacillus zalihae* Abd Rahman et al. 2007, sp. nov.（杂力哈地芽胞杆菌），未合格化，嗜热，好氧，产芽胞。

变动：有 8 种被转移至 *Aeribacillus*、*Anoxybacillus*、*Caldibacillus*、"*Parageobacillus*" 等

属，1种因同种异名被合并，具体信息如下：

【1】*Geobacillus caldoproteolyticus* Chen et al. 2004, sp. nov.（热解蛋白地芽胞杆菌）→ *Anoxybacillus caldiproteolyticus* Coorevits et al. 2012。

【2】*Saccharococcus caldoxylosilyticus* Ahmad et al. 2000, sp. nov. → *Geobacillus caldoxylosilyticus* (Ahmad et al. 2000) Fortina et al. 2001, comb. nov.（热解木糖地芽胞杆菌）→ "*Parageobacillus caldoxylosilyticus*" (Ahmad et al. 2000) Aliyu et al. 2019。

【3】*Geobacillus debilis* Banat et al. 2004, sp. nov. → *Caldibacillus debilis* (Banat et al. 2004) Coorevits et al. 2012, comb. nov.。

【4】*Geobacillus gargensis* Nazina et al. 2004, sp. nov. → *Geobacillus thermocatenulatus* (Golovacheva et al. 1991) Nazina et al. 2001. 同种异名。

【5】*Bacillus pallidus* Scholz et al. 1988 → *Geobacillus pallidus* (Scholz et al. 1988) Banat et al. 2004, comb. nov.（苍白地芽胞杆菌）→ *Aeribacillus pallidus* (Scholz et al. 1988) Miñana-Galbis et al. 2010, comb. nov.。

【6】*Geobacillus tepidamans* Schäffer et al. 2004, sp. nov. → *Anoxybacillus tepidamans* (Schäffer et al. 2004) Coorevits et al. 2012, comb. nov.。

【7】*Bacillus thermoantarcticus* (sic) Nicolaus et al. 2002 → *Geobacillus thermantarcticus* (Nicolaus et al. 2002) Coorevits et al. 2012, comb. nov.（热南极地芽胞杆菌）→ "*Parageobacillus thermantarcticus*" (Nicolaus et al. 2002) Aliyu et al. 2019。

【8】*Bacillus thermoglucosidasius* Suzuki 1984 → *Geobacillus thermoglucosidasius* (Suzuki et al. 1984) Nazina et al. 2001, comb. nov.（热稳葡萄糖苷酶地芽胞杆菌）→ "*Parageobacillus thermoglucosidasius*" (Nicolaus et al. 2002) Aliyu et al. 2019。

【9】*Geobacillus toebii* Sung et al. 2002, sp. nov.（就地堆肥地芽胞杆菌）→ "*Parageobacillus toebii*" (Sung et al. 2002) Aliyu et al. 2019。

（28）纤细芽胞杆菌属（*Gracilibacillus* Wainø et al. 1999, gen. nov.） 纤细芽胞杆菌属（*Gracilibacillus*）于1999年建立，包含21个种，嗜盐或耐盐，好氧或兼性厌氧，绝大多数种类产芽胞。

【1】*Gracilibacillus aidingensis* Guan et al. 2017, sp. nov.（艾丁纤细芽胞杆菌），嗜盐，好氧，产芽胞。

【2】*Gracilibacillus alcaliphilus* Hirota et al. 2014, sp. nov.（嗜碱纤细芽胞杆菌），嗜碱嗜盐，乳酸菌，兼性厌氧，产芽胞。

【3】*Gracilibacillus bigeumensis* Kim et al. 2012, sp. nov.（神鸟岛纤细芽胞杆菌），嗜盐，好氧，产芽胞。

【4】*Gracilibacillus boraciitolerans* Ahmed et al. 2007, sp. nov.（耐硼纤细芽胞杆菌），耐盐，好氧，产芽胞。

【5】*Gracilibacillus dipsosauri* (Lawson et al. 1996) Wainø et al. 1999, comb. nov.（蜥蜴纤细芽胞杆菌），耐盐，好氧，产芽胞，由 *Bacillus dipsosauri* Lawson et al. 1996 重分类而来。

【6】*Gracilibacillus eburneus* Guan et al. 2018, sp.nov.（象牙白纤细芽胞杆菌），嗜盐，好氧，产芽胞。

【7】*Gracilibacillus halophilus* Chen et al. 2008, sp. nov.（嗜盐纤细芽胞杆菌），嗜盐，好氧，产芽胞。

【8】*Gracilibacillus halotolerans* Wainø et al. 1999, sp. nov.（耐盐纤细芽胞杆菌），模式种，耐盐，好氧，产芽胞。

【9】*Gracilibacillus kekensis* Gao et al. 2012, sp. nov.（柯柯盐湖纤细芽胞杆菌），嗜盐，好氧，产芽胞。

【10】*Gracilibacillus kimchii* Oh et al. 2016, sp. nov.（泡菜纤细芽胞杆菌），嗜盐，兼性好氧，产芽胞。

【11】*Gracilibacillus lacisalsi* Jeon et al. 2008, sp. nov.（盐湖纤细芽胞杆菌），嗜盐，好氧，产芽胞。

【12】*Gracilibacillus marinus* Huang et al. 2013, sp. nov.（海洋纤细芽胞杆菌），耐盐，好氧，产芽胞。

【13】*Gracilibacillus massiliensis* Diop et al. 2017, sp. nov.（马赛纤细芽胞杆菌），嗜盐，好氧，不产芽胞。

【14】*Gracilibacillus orientalis* Carrasco et al. 2006, sp. nov.（东边纤细芽胞杆菌），嗜盐，好氧，产芽胞。

【15】"*Gracilibacillus phocaeensis*" Senghor et al. 2017, sp. nov.（弗凯亚纤细芽胞杆菌），耐盐，好氧，产芽胞。

【16】*Gracilibacillus quinghaiensis* Chen et al. 2008, sp. nov.（青海纤细芽胞杆菌），嗜盐，好氧，产芽胞。

【17】*Gracilibacillus saliphilus* Tang et al. 2009, sp. nov.（喜盐纤细芽胞杆菌），嗜盐，好氧，产芽胞。

【18】*Gracilibacillus thailandensis* Chamroensaksri et al. 2010, sp. nov.（泰国纤细芽胞杆菌），嗜盐，好氧，产芽胞。

【19】*Gracilibacillus timonensis* Diop A, et al. 2018, sp. nov.（泰门纤细芽胞杆菌），嗜盐，好氧，产芽胞。

【20】*Gracilibacillus ureilyticus* Huo et al. 2010, sp. nov.（解尿素纤细芽胞杆菌），耐盐，好氧，产芽胞。

【21】*Gracilibacillus xinjiangensis* Yang et al. 2013, sp. nov.（新疆纤细芽胞杆菌），嗜盐，好氧，产芽胞。

（29）喜盐碱芽胞杆菌属（*HalAlkalibacillus* Echigo et al. 2007, gen. nov.） 喜盐碱芽胞杆菌属（*HalAlkalibacillus*）于 2007 年建立，包含 2 个种，均嗜盐、好氧、产芽胞。

【1】*HalAlkalibacillus halophilus* Echigo et al. 2007, sp. nov.（嗜盐喜盐碱芽胞杆菌），模式种，嗜盐嗜碱，好氧，产芽胞。

【2】*HalAlkalibacillus sediminis* He et al. 2019, sp. nov.（沉积物喜盐碱芽胞杆菌），嗜盐嗜碱，好氧，产芽胞。

（30）喜盐芽胞杆菌属（*Halobacillus* Spring et al. 1996, gen. nov.） 喜盐芽胞杆菌属（*Halobacillus*）于 2007 年建立，包含 26 个种，均嗜盐、好氧、产芽胞。

【1】*Halobacillus aidingensis* Liu et al. 2005, sp. nov.（艾丁湖喜盐芽胞杆菌），嗜盐，好氧，产芽胞。

【2】*Halobacillus alkaliphilus* Romano et al. 2008, sp. nov.（嗜碱喜盐芽胞杆菌），嗜盐嗜碱，好氧，产芽胞。

【3】*Halobacillus andaensis* Wang et al. 2015, sp. nov.（安达喜盐芽胞杆菌），嗜盐，好氧，产芽胞。

【4】*"Halobacillus blutaparonensis"* Barbosa et al. 2006, sp. nov.（苋菜喜盐芽胞杆菌），未合格化，嗜盐，好氧，产芽胞。

【5】*Halobacillus campisalis* Yoon et al. 2007, sp. nov.（盐田喜盐芽胞杆菌），嗜盐，好氧，产芽胞。

【6】*Halobacillus dabanensis* Liu et al. 2005, sp. nov.（达班盐湖喜盐芽胞杆菌），嗜盐，好氧，产芽胞。

【7】*Halobacillus faecis* An et al. 2007, sp. nov.（沉泥喜盐芽胞杆菌），嗜盐，好氧，产芽胞。

【8】*Halobacillus halophilus* (Claus et al. 1984) Spring et al. 1996, comb. nov.（嗜盐喜盐芽胞杆菌），模式种，嗜盐，好氧，产芽胞，由 *Sporosarcina halophila* Claus et al. 1984 重分类而来。

【9】*Halobacillus hunanensis* Peng et al. 2009, sp. nov.（湖南喜盐芽胞杆菌），未合格化，嗜盐，好氧，产芽胞。

【10】*Halobacillus karajensis* Amoozegar et al. 2003, sp. nov.（卡拉季喜盐芽胞杆菌），嗜盐，好氧，产芽胞。

【11】*Halobacillus kuroshimensis* Hua et al. 2007, sp. nov.（黑岛喜盐芽胞杆菌），嗜盐，好氧，产芽胞。

【12】*Halobacillus litoralis* Spring et al. 1996, sp. nov.（岸喜盐芽胞杆菌），嗜盐，好氧，产芽胞。

【13】*Halobacillus locisalis* Yoon et al. 2004, sp. nov.（盐地喜盐芽胞杆菌），嗜盐，好氧，产芽胞。

【14】*Halobacillus mangrovi* Soto-Ramírez et al. 2008, sp. nov.（红树喜盐芽胞杆菌），嗜盐，好氧，产芽胞。

【15】*Halobacillus marinus* Panda et al. 2018, sp. nov.（海喜盐芽胞杆菌），嗜盐，好氧，产芽胞。

【16】*"Halobacillus massiliensis"* Senghor et al. 2017, sp. nov.（马赛喜盐芽胞杆菌），未合格化，嗜盐，好氧，产芽胞。

【17】*Halobacillus naozhouensis* Chen et al. 2012, sp. nov.（瑙洲喜盐芽胞杆菌），嗜盐，好氧，产芽胞。

【18】*Halobacillus profundi* Hua et al. 2007, sp. nov.（深海喜盐芽胞杆菌），嗜盐，好氧，产芽胞。

【19】*Halobacillus salicampi* Kim et al. 2016, sp. nov.（晒盐场喜盐芽胞杆菌），嗜盐，好氧，产芽胞。

【20】*Halobacillus salinus* Yoon et al. 2003, sp. nov.（盐渍喜盐芽胞杆菌），嗜盐，好氧，产芽胞。

【21】*Halobacillus salsuginis* Chen et al. 2009, sp. nov.（盐水喜盐芽胞杆菌），嗜盐，好氧，产芽胞。

【22】*Halobacillus sediminis* Kim et al. 2015, sp. nov.（沉积物喜盐芽胞杆菌），嗜盐，好氧，产芽胞。

【23】*Halobacillus seohaensis* Yoon et al. 2008, sp. nov.（黄海喜盐芽胞杆菌），嗜盐，好氧，产芽胞。

【24】*Halobacillus thailandensis* Chaiyanan et al. 1999, sp. nov.（泰国喜盐芽胞杆菌），未合格化，嗜盐，好氧，产芽胞。

【25】*Halobacillus trueperi* Spring et al. 1996, sp. nov.（楚氏喜盐芽胞杆菌），嗜盐，好氧，产芽胞。

【26】*Halobacillus yeomjeoni* Yoon et al. 2005, sp. nov.（日光盐场喜盐芽胞杆菌），嗜盐，好氧，产芽胞。

（31）盐乳杆菌属（*Halolactibacillus* Ishikawa et al. 2005, gen. nov.） 盐乳杆菌属（*Halolactibacillus*）于 2005 年建立，包含 3 个种，均为乳酸菌，均嗜盐嗜碱、兼性厌氧、不产芽胞。

【1】*Halolactibacillus alkaliphilus* Cao et al. 2008, sp. nov.（嗜碱盐乳杆菌），乳酸菌，嗜盐嗜碱，兼性厌氧，不产芽胞。

【2】*Halolactibacillus halophilus* Ishikawa et al. 2005, sp. nov.（嗜盐盐乳杆菌），模式种，乳酸菌，嗜盐嗜碱，兼性厌氧，不产芽胞。

【3】*Halolactibacillus miurensis* Ishikawa et al. 2005, sp. nov.（三浦半岛盐乳杆菌），乳酸菌，嗜盐嗜碱，兼性厌氧，不产芽胞。

（32）解氢芽胞杆菌属（*Hydrogenibacillus* Kämpfer et al. 2013, gen. nov.） 解氢芽胞杆菌属（*Hydrogenibacillus*）于 2013 年建立，仅有 1 个种，兼性厌氧，产芽胞。

Hydrogenibacillus schlegelii (Schenk and Aragno 1981) Kämpfer et al. 2013, comb. nov.（施氏解氢芽胞杆菌），模式种，嗜热，兼性厌氧，产芽胞，由 *Bacillus schlegelii* Schenk and Aragno 1981 重分类而来。

（33）吉林芽胞杆菌属（*Jilinibacillus* Liu et al. 2015, gen. nov.） 吉林芽胞杆菌属（*Jilinibacillus*）于 2015 年建立，仅有 1 个种，好氧，产芽胞。

Jilinibacillus soli Liu et al. 2014, sp. nov.（土壤吉林芽胞杆菌），好氧，产芽胞。

（34）慢生芽胞杆菌属（*Lentibacillus* Yoon et al. 2002, gen. nov.） 慢生芽胞杆菌属（*Lentibacillus*）于 2002 年建立，包含 19 个种，好氧或兼性厌氧，绝大多数种类嗜盐、产芽胞。

【1】*Lentibacillus alimentarius* Sundararaman et al. 2018, sp. nov.（食品慢生芽胞杆菌），好氧，产芽胞。

【2】*Lentibacillus amyloliquefaciens* Wang et al. 2016, sp. nov.（解淀粉慢生芽胞杆菌），嗜盐，好氧，不产芽胞。

【3】*Lentibacillus garicola* Jung et al. 2015, sp. nov.（鱼酱油慢生芽胞杆菌），嗜盐，好氧，不产芽胞。

【4】*Lentibacillus halodurans* Yuan et al. 2007, sp. nov.（耐盐慢生芽胞杆菌），嗜盐，好氧，产芽胞。

【5】*Lentibacillus halophilus* Tanasupawat et al. 2006, sp. nov.（嗜盐慢生芽胞杆菌），嗜盐，好氧，产芽胞。

【6】*Lentibacillus jeotgali* Jung et al. 2010, sp. nov.（咸海鲜慢生芽胞杆菌），嗜盐，好氧，产芽胞。

【7】*Lentibacillus juripiscarius* Namwong et al. 2005, sp. nov.（鱼酱慢生芽胞杆菌），嗜盐，好氧，产芽胞。

【8】*Lentibacillus kapialis* Pakdeeto et al. 2007, sp. nov.（虾酱慢生芽胞杆菌），嗜盐，好氧，产芽胞。

【9】*Lentibacillus kimchii* Oh et al. 2016, sp. nov.（泡菜慢生芽胞杆菌），嗜盐，好氧，产芽胞。

【10】*Lentibacillus lacisalsi* Lim et al. 2005, sp. nov.（盐湖慢生芽胞杆菌），嗜盐，好氧，产芽胞。

【11】*Lentibacillus lipolyticus* Booncharoen et al. 2019, sp. nov.（解脂肪慢生芽胞杆菌），嗜盐，好氧，产芽胞。

【12】"*Lentibacillus massiliensis*" Senghor et al. 2017, sp. nov.（马赛慢生芽胞杆菌），未合格化，嗜盐，好氧，产芽胞。

【13】*Lentibacillus persicus* Sánchez-Porro et al. 2010, sp. nov.（波斯慢生芽胞杆菌），嗜盐，兼性厌氧，产芽胞。

【14】*Lentibacillus populi* Sun et al. 2016, sp. nov.（杨树慢生芽胞杆菌），嗜盐，好氧，产芽胞。

【15】*Lentibacillus salarius* Jeon et al. 2005, sp. nov.（盐沉积物慢生芽胞杆菌），嗜盐，好氧，产芽胞。

【16】*Lentibacillus salicampi* Yoon et al. 2002, sp. nov.（盐田慢生芽胞杆菌），模式种，嗜盐，好氧，产芽胞。

【17】*Lentibacillus salinarum* Lee et al. 2008, sp. nov.（盐场慢生芽胞杆菌），嗜盐，兼性厌氧，产芽胞。

【18】*Lentibacillus salis* Lee et al. 2008, sp. nov.（盐慢生芽胞杆菌），嗜盐，好氧，产芽胞。

【19】*Lentibacillus sediminis* Guo et al. 2017, sp. nov.（沉积物慢生芽胞杆菌），嗜盐，兼性厌氧，产芽胞。

（35）青螺芽胞杆菌属（*Lottiidibacillus* Liu et al. 2019, gen. nov.）　青螺芽胞杆菌属（*Lottiidibacillus*）于2019年建立，仅有1个种，好氧，不产芽胞。

Lottiidibacillus patelloidae Liu et al. 2019, sp. nov.（莲花青螺芽胞杆菌），好氧，不产芽胞。

（36）海洋芽胞杆菌属（*Maribacillus* Liu et al. 2019, gen. nov.）　海洋芽胞杆菌属（*MariBacillus*）于2019年建立，仅有1个种，好氧，产芽胞。

Maribacillus taeanensis (Lim et al. 2006)Liu et al. 2019, gen. nov., comb. nov.（大安海洋芽胞杆菌），好氧，产芽胞，由 *Bacillus taeanensis* Lim et al. 2006 重分类而来。

（37）海洋球菌属（*Marinococcus* Hao et al. 1985, gen. nov.）　海洋球菌属（*Marinococcus*）于1985年建立，包含5个种，好氧或兼性厌氧，均不产芽胞。

【1】*Marinococcus halophilus* (Novitsky and Kushner 1976) Hao et al. 1985, comb. nov.（嗜盐海洋球菌），模式种，好氧，不产芽胞，由 *Planococcus halophilus* Novitsky and Kushner 1976 重分类而来。

【2】*Marinococcus halotolerans* Li et al. 2005, sp. nov.（耐盐海洋球菌），好氧，不产芽胞。

【3】*Marinococcus luteus* Wang et al. 2009, sp. nov.（橙色海洋球菌），耐盐，好氧，不产芽胞。

【4】*Marinococcus salis* Vishnuvardhan et al. 2017, sp. nov.（盐海洋球菌），嗜盐，兼性厌氧，不产芽胞。

【5】*Marinococcus tarijensis* Balderrama et al. 2013, sp. nov.（塔里哈海洋球菌），嗜盐，好氧，不产芽胞。

变动：

【1】*Marinococcus albus* Hao et al. 1985, sp. nov.（白色海洋球菌）→ *Salimicrobium album* (Hao et al. 1985) Yoon et al. 2007, comb. nov.。

【2】*Marinococcus hispanicus* Marquez et al. 1990, sp. nov.（西班牙海洋球菌）→ *Salinicoccus hispanicus* (Marquez et al. 1990) Ventosa et al. 1993, comb. nov.。

（38）马赛小杆菌属（*Massilibacterium* Tidjani Alou et al. 2016, gen. nov.） 马赛小杆菌属（*Massilibacterium*）于 2016 年建立，仅有 1 个种，兼性厌氧，产芽胞。

Massilibacterium senegalense Tidjani Alou et al. 2016, sp. nov.（塞内加尔马赛小杆菌），兼性厌氧，产芽胞。

（39）迈勒吉尔芽胞杆菌属（*Melghiribacillus* Addou et al. 2015, gen. nov.） 迈勒吉尔芽胞杆菌属（*Melghiribacillus*）于 2015 年建立，仅有 1 个种，丝状生长，好氧，产芽胞。

Melghiribacillus thermohalophilus Addou et al. 2015, sp. nov.（热嗜盐迈勒吉尔芽胞杆菌），丝状生长，嗜热嗜盐，好氧，产芽胞。

（40）微好氧杆菌属（*Microaerobacter* Khelifi et al. 2011, gen. nov.） 微好氧杆菌属（*Microaerobacter*）于 2011 年建立，仅有 1 个种，微好氧，未观察到芽胞。

Microaerobacter geothermalis Khelifi et al. 2011, sp. nov.（地热微好氧杆菌），嗜热，微好氧，未观察到芽胞。

（41）高钠芽胞杆菌属（*Natribacillus* Echigo et al. 2012, gen. nov.） 高钠芽胞杆菌属（*Natribacillus*）于 2012 年建立，仅有 1 个种，好氧，产芽胞。

Natribacillus halophilus Echigo et al. 2012, sp. nov.（嗜盐高钠芽胞杆菌），嗜盐耐碱，好氧，产芽胞。

（42）嗜碱芽胞杆菌属（*Natronobacillus* Sorokin et al. 2009, gen. nov.） 嗜碱芽胞杆菌属（*Natronobacillus*）于 2009 年建立，仅有 1 个种，厌氧，产芽胞。

Natronobacillus azotifigens Sorokin et al. 2009, sp. nov.（固氮嗜碱芽胞杆菌），嗜碱耐盐，固氮，厌氧（耐氧），产芽胞。

（43）努米底菌属（*Numidum* Tidjani Alou et al. 2016, gen. nov.） 努米底菌属（*Numidum*）于 2016 年建立，仅有 1 个种，兼性厌氧，产芽胞。

Numidum massiliense Tidjani Alou et al. 2016, sp. nov.（马赛努米底菌），兼性厌氧，产芽胞。

（44）大洋芽胞杆菌属（*Oceanobacillus* Lu et al. 2002, gen. nov.） 大洋芽胞杆菌属（*Oceanobacillus*）于 2002 年建立，包含 34 个种，绝大多数嗜盐或耐盐，好氧或兼性厌氧，均产芽胞。

【1】*Oceanobacillus aidingensis* Liu and Yang et al. 2014, sp. nov.（艾丁大洋芽胞杆菌），嗜盐，好氧，产芽胞。

【2】*Oceanobacillus arenosus* Kim et al. 2015, sp. nov.（海沙大洋芽胞杆菌），嗜盐，好氧，产芽胞。

【3】*Oceanobacillus bengalensis* Ouyang et al. 2016, sp. nov.（孟加拉湾大洋芽胞杆菌），嗜

盐，好氧，产芽胞。

【4】*Oceanobacillus caeni* Nam et al. 2008, sp. nov.（淤泥大洋芽胞杆菌），耐盐，好氧，产芽胞。

【5】*Oceanobacillus chironomi* Raats and Halpern 2007, sp. nov.（摇蚜大洋芽胞杆菌），耐盐嗜碱，好氧，产芽胞。

【6】*Oceanobacillus chungangensis* Lee et al. 2013, sp. nov.（中央大洋芽胞杆菌），耐盐，好氧，产芽胞。

【7】*Oceanobacillus damuensis* Long et al. 2015, sp. nov.（达木斯乡大洋芽胞杆菌），嗜盐，好氧，产芽胞。

【8】*Oceanobacillus endoradicis* Yang et al. 2016, sp. nov.（根内生大洋芽胞杆菌），耐盐，好氧，产芽胞。

【9】*Oceanobacillus gochujangensis* Jang et al. 2014, sp. nov.（苦椒酱大洋芽胞杆菌），嗜盐，好氧，产芽胞。

【10】*Oceanobacillus halophilum* Tang et al. 2014, sp. nov.（嗜盐大洋芽胞杆菌），嗜盐，好氧，产芽胞。

【11】*Oceanobacillus halophilus* Amoozegar et al. 2016, sp. nov.（好盐大洋芽胞杆菌），嗜盐，好氧，产芽胞。

【12】*Oceanobacillus halotolerans* Zhu et al. 2019, sp. nov.（耐盐大洋芽胞杆菌），嗜盐，好氧，产芽胞。

【13】*Oceanobacillus iheyensis* Lu et al. 2002, sp. nov.（伊平屋桥大洋芽胞杆菌），模式种，耐盐嗜碱，好氧，产芽胞。

【14】*Oceanobacillus indicireducens* Hirota et al. 2013, sp. nov.（靛蓝降解大洋芽胞杆菌），嗜盐嗜碱，兼性厌氧，产芽胞。

【15】*Oceanobacillus jeddahense* Khelaifia et al. 2016, sp. nov.（吉达大洋芽胞杆菌），嗜盐，好氧，产芽胞。

【16】*Oceanobacillus kapialis* Namwong et al. 2009, sp. nov.（虾酱大洋芽胞杆菌），嗜盐，好氧，产芽胞。

【17】*Oceanobacillus kimchii* Whon et al. 2011, sp. nov.（泡菜大洋芽胞杆菌），嗜盐，好氧，产芽胞。

【18】*Oceanobacillus limi* Amoozegar et al. 2014, sp. nov.（泥浆大洋芽胞杆菌），嗜盐，好氧，产芽胞。

【19】*Oceanobacillus locisalsi* Lee et al. 2010, sp. nov.（盐场大洋芽胞杆菌），嗜盐，兼性厌氧，产芽胞。

【20】*Oceanobacillus longus* Amoozegar et al. 2016, sp. nov.（长杆大洋芽胞杆菌），嗜盐，好氧，产芽胞。

【21】*Oceanobacillus luteolus* Wu et al. 2014, sp. nov.（浅黄大洋芽胞杆菌），好氧，产芽胞。

【22】*Oceanobacillus manasiensis* Wang et al. 2013, sp. nov.（玛纳斯大洋芽胞杆菌），嗜盐，好氧，产芽胞。

【23】*Oceanobacillus massiliensis* Roux et al. 2013, sp. nov.（马赛大洋芽胞杆菌），好氧，产芽胞。

【24】*Oceanobacillus neutriphilus* Yang et al. 2010, sp. nov.（中性大洋芽胞杆菌），嗜盐，好氧，产芽胞。

【25】*Oceanobacillus oncorhynchi* Yumoto et al. 2005, sp. nov.（小鳟鱼大洋芽胞杆菌），耐盐嗜碱，好氧，产芽胞。

【26】*Oceanobacillus pacificus* Yu et al. 2014, sp. nov.（太平洋大洋芽胞杆菌），嗜盐，好氧，产芽胞。

【27】*Oceanobacillus picturae* (Heyrman et al. 2003) Lee et al. 2006, comb. nov.（图画大洋芽胞杆菌），嗜盐，好氧，产芽胞，由 *Virgibacillus picturae* Heyrman et al. 2003 重分类而来。

【28】*Oceanobacillus piezotolerans* Yu et al. 2019, sp. nov.（耐压大洋芽胞杆菌），嗜盐，好氧，产芽胞。

【29】*Oceanobacillus polygoni* Hirota et al. 2013, sp. nov.（蓼蓝大洋芽胞杆菌），乳酸菌，嗜盐嗜碱，兼性厌氧，产芽胞。

【30】*Oceanobacillus profundus* Kim et al. 2007, sp. nov.（深层大洋芽胞杆菌），耐盐嗜碱，好氧，产芽胞。

【31】*Oceanobacillus rekensis* Long et al. 2015, sp. nov.（恰热克镇大洋芽胞杆菌），嗜盐，好氧，产芽胞。

【32】*Oceanobacillus senegalensis* Senghor et al. 2019, sp. nov.（塞内加尔大洋芽胞杆菌），嗜盐，好氧，产芽胞。

【33】*Oceanobacillus sojae* corrig. Tominaga et al. 2009, sp. nov.（大豆大洋芽胞杆菌），嗜盐，好氧，产芽胞。

【34】*Oceanobacillus timonensis* Senghor et al. 2019, sp. nov.（泰门大洋芽胞杆菌），嗜盐，好氧，产芽胞。

（45）鸟氨酸芽胞杆菌属（*Ornithinibacillus* Mayr et al. 2006, gen. nov.） 鸟氨酸芽胞杆菌属（*Ornithinibacillus*）于 2006 年建立，包含 13 个种，大多数种类嗜盐或耐盐，均好氧、产芽胞。

【1】*Ornithinibacillus bavariensis* Mayr et al. 2006, sp. nov.（巴伐利亚鸟氨酸芽胞杆菌），模式种，嗜盐，好氧，产芽胞。

【2】*Oceanobacillus bengalensis* Ouyang et al. 2015, sp. nov.（孟加拉鸟氨酸芽胞杆菌），嗜盐，好氧，产芽胞。

【3】*Ornithinibacillus californiensis* Mayr et al. 2006, sp. nov.（加利福尼亚鸟氨酸芽胞杆菌），嗜盐，好氧，产芽胞。

【4】*Ornithinibacillus composti* Lu et al. 2015, sp. nov.（堆肥鸟氨酸芽胞杆菌），好氧，产芽胞。

【5】*Ornithinibacillus contaminans* Kämpfer et al. 2010, sp. nov.（污血鸟氨酸芽胞杆菌），好氧，产芽胞。

【6】*Oceanobacillus endoradicis* Yang et al. 2016, sp. nov.（根内鸟氨酸芽胞杆菌），好氧，产芽胞。

【7】*Ornithinibacillus gellani* Qu et al. 2019, sp. nov.（结冷胶鸟氨酸芽胞杆菌），嗜盐，好氧，产芽胞。

【8】*Ornithinibacillus halophilus* Bagheri et al. 2013, sp. nov.（喜盐鸟氨酸芽胞杆菌），嗜盐，

好氧，产芽胞。

【9】*Ornithinibacillus halotolerans* Lu et al. 2014, sp. nov.（耐盐鸟氨酸芽胞杆菌），耐盐，好氧，产芽胞。

【10】*Ornithinibacillus heyuanensis* Wu et al. 2014, sp. nov.（河源鸟氨酸芽胞杆菌），嗜盐，好氧，产芽胞。

【11】"*Ornithinibacillus massiliensis*" Pham et al. 2017, sp. nov.（马赛鸟氨酸芽胞杆菌），未合格化，好氧，产芽胞。

【12】*Ornithinibacillus salinisoli* Gan et al. 2018, sp. nov.（盐土鸟氨酸芽胞杆菌），嗜盐，好氧，产芽胞。

【13】*Ornithinibacillus scapharcae* Shin et al. 2012, sp. nov.（拾蛤鸟氨酸芽胞杆菌），好氧，产芽胞。

（46）副地芽胞杆菌属（*Parageobacillus* Aliyu et al. 2019, gen. nov.） 副地芽胞杆菌属（*Parageobacillus*）于 2019 年建立，包含 4 个种，均由地芽胞杆菌属重分类而来，嗜热，好氧，产芽胞。

【1】*Parageobacillus caldoxylosilyticus* (Ahmad et al. 2000) Aliyu et al. 2016, comb. nov.（热解木糖副地芽胞杆菌），嗜热，好氧，产芽胞，由 *Geobacillus caldoxylosilyticus* (Ahmad et al. 2000) Fortina et al. 2001, comb. nov. 重分类而来。

【2】*Parageobacillus thermantarcticus* (Nicolaus et al. 2002) Aliyu et al. 2016, comb. nov.（热南极副地芽胞杆菌），嗜热，好氧，产芽胞，由 *Geobacillus thermantarcticus* Nicolaus et al. 2002 重分类而来。

【3】*Parageobacillus thermoglucosidasius* (Suzuki et al. 1984) Aliyu et al. 2016, comb. nov.（热稳葡萄糖苷酶副地芽胞杆菌），模式种，嗜热，好氧，产芽胞，由 *Geobacillus thermoglucosidasius* Suzuki et al. 1984 重分类而来。

【4】*Parageobacillus toebii* (Sung et al. 2002) Aliyu et al. 2016, comb. nov.（就地堆肥副地芽胞杆菌），嗜热，好氧，产芽胞，由 *Geobacillus toebii* Sung et al. 2002 重分类而来。

（47）海境芽胞杆菌属（*Paraliobacillus* Ishikawa et al. 2003, gen. nov.） 海境芽胞杆菌属（*Paraliobacillus*）于 2003 年建立，包含 4 个种，嗜盐，好氧或兼性厌氧，产芽胞。

【1】*Paraliobacillus quinghaiensis* Chen et al. 2009, sp. nov.（青海海境芽胞杆菌），嗜盐，好氧，产芽胞。

【2】*Paraliobacillus ryukyuensis* Ishikawa et al. 2003, sp. nov.（琉球海境芽胞杆菌），模式种，嗜盐，兼性厌氧，产芽胞。

【3】*Paraliobacillus sediminis* Cao et al. 2017, sp. nov.（沉积物海境芽胞杆菌），嗜盐，兼性厌氧，产芽胞。

【4】*Paraliobacillus zengyii* Wang et al. 2019, sp. nov.（曾毅海境芽胞杆菌），嗜盐，兼性厌氧，产芽胞。

（48）副碱芽胞杆菌属（*Paralkalibacillus* Hirota et al. 2017, gen. nov.） 副碱芽胞杆菌属（*Paralkalibacillus*）于 2017 年建立，仅有 1 个种，嗜碱，兼性厌氧，产芽胞。

Paralkalibacillus indicireducens Hirota et al. 2017, sp. nov.（靛蓝还原副碱芽胞杆菌），嗜碱，兼性厌氧，产芽胞。

（49）少盐芽胞杆菌属（*Paucisalibacillus* Nunes et al. 2006, gen. nov.） 少盐芽胞杆菌属

（*Paucisalibacillus*）于 2006 年建立，包含 2 个种，均好氧、产芽胞。

【1】*Paucisalibacillus algeriensis* Bendjama et al. 2014, sp. nov.（阿尔及利亚少盐芽胞杆菌），好氧，产芽胞。

【2】*Paucisalibacillus globulus* Nunes et al. 2006, sp. nov.（小球状少盐芽胞杆菌），模式种，好氧，产芽胞。

（50）海洋杆菌属（*Pelagirhabdus* Sultanpuram et al. 2016, gen. nov.） 海洋杆菌属（*Pelagirhabdus*）于 2016 年建立，包含 2 个种，均嗜碱、兼性厌氧，不产芽胞或未观察到芽胞。

【1】*Pelagirhabdus alkalitolerans* Sultanpuram et al. 2016, sp. nov.（耐碱海洋杆菌），模式种，嗜碱，兼性厌氧，不产芽胞。

【2】*Pelagirhabdus fermentum*（Zhilina et al. 2002）Sultanpuram et al. 2016, sp. nov.（发酵海洋杆菌），嗜碱，兼性厌氧，未观察到芽胞，由 *Amphibacillus fermentum* Zhilina et al. 2002 重分类而来。

（51）鱼芽胞杆菌属（*Piscibacillus* Tanasupawat et al. 2007, gen. nov.） 鱼芽胞杆菌属（*Piscibacillus*）于 2007 年建立，包含 2 个种，好氧或兼性厌氧，产芽胞。

【1】*Piscibacillus halophilus* Amoozegar et al. 2009, sp. nov.（嗜盐鱼芽胞杆菌），嗜盐，兼性厌氧，产芽胞。

【2】*Piscibacillus salipiscarius* Tanasupawat et al. 2007, sp. nov.（盐鱼鱼芽胞杆菌），模式种，嗜盐，好氧，产芽胞。

（52）蓼芽胞杆菌属（*Polygonibacillus* Hirota et al. 2016, gen. nov.） 蓼芽胞杆菌属（*Polygonibacillus*）于 2016 年建立，仅有 1 个种，兼性厌氧，产芽胞。

Polygonibacillus indicireducens Hirota et al. 2016, sp. nov.（靛蓝还原蓼芽胞杆菌），嗜盐嗜碱，兼性厌氧，产芽胞

（53）海芽胞杆菌属（*Pontibacillus* Lim et al. 2005, gen. nov.） 海芽胞杆菌属（*Pontibacillus*）于 2005 年建立，包含 7 个种，好氧或兼性厌氧，均嗜盐、产芽胞。

【1】*Pontibacillus chungwhensis* Lim et al. 2005, sp. nov.（中华海芽胞杆菌），模式种，嗜盐，好氧，产芽胞。

【2】*Pontibacillus halophilus* Chen et al. 2009, sp. nov.（嗜盐海芽胞杆菌），嗜盐，好氧，产芽胞。

【3】*Pontibacillus litoralis* Chen et al. 2010, sp. nov.（岸滨海芽胞杆菌），嗜盐，兼性厌氧，产芽胞。

【4】*Pontibacillus marinus* Lim et al. 2005, sp. nov.（海洋海芽胞杆菌），嗜盐，好氧，产芽胞。

【5】*Pontibacillus salicampi* Lee et al. 2015, sp. nov.（盐田海芽胞杆菌），嗜盐，好氧，产芽胞。

【6】*Pontibacillus salipaludis* Sultanpuram et al. 2016, sp. nov.（盐池海芽胞杆菌），嗜盐，兼性厌氧，产芽胞。

【7】*Pontibacillus yanchengensis* Yang et al. 2011, sp. nov.（盐城海芽胞杆菌），嗜盐，好氧，产芽胞。

（54）普氏菌属（*Pradoshia* Saha et al. 2019, gen. nov.） 普氏菌属（*Pradoshia*）于 2019

年建立，仅有 1 个种，好氧，产芽胞。

Pradoshia eiseniae Saha et al. 2019, sp. nov.（爱胜蚓普氏菌），好氧，产芽胞。

（55）假芽胞杆菌属（*Pseudobacillus* Verma et al. 2019, gen. nov.）　假芽胞杆菌属（*Pseudobacillus*）于 2019 年建立，包含 2 个种，均好氧、产芽胞。

【1】*Pseudobacillus badius* (Batchelor 1919) Verma et al. 2019, comb. nov.（栗褐假芽胞杆菌），模式种，好氧，产芽胞。

【2】*Pseudobacillus wudalianchiensis* (Liu et al. 2017) Verma et al. 2019, comb. nov.（五大连池假芽胞杆菌），好氧，产芽胞。

（56）假纤细芽胞杆菌属（*Pseudogracilibacillus* Glaeser et al. 2014, gen. nov.）　假纤细芽胞杆菌属（*Pseudogracilibacillus*）于 2014 年建立，包含 3 个种，均好氧、产芽胞。

【1】*Pseudogracilibacillus auburnensis* Glaeser et al. 2014, sp. nov.（奥本假纤细芽胞杆菌），模式种，好氧，产芽胞。

【2】*Pseudogracilibacillus endophyticus* Park et al. 2018, sp. nov.（内生假纤细芽胞杆菌），嗜热嗜盐，好氧，产芽胞。

【3】*Pseudogracilibacillus marinus* Verma et al. 2016, sp. nov.（海洋假纤细芽胞杆菌），嗜盐，好氧，产芽胞。

（57）普洱芽胞杆菌属（*Pueribacillus* Wang et al. 2018, gen. nov.）　普洱芽胞杆菌属（*Pueribacillus*）于 2018 年建立，仅有 1 个种，好氧，产芽胞。

Pueribacillus theae Wang et al. 2018, sp. nov.（茶树普洱芽胞杆菌），好氧，产芽胞。

（58）类似芽胞杆菌属（*Quasibacillus* Verma et al. 2017, gen. nov.）　类似芽胞杆菌属（*Quasibacillus*）于 2017 年建立，仅有 1 个种，好氧，产芽胞。

Quasibacillus thermotolerans (Yang et al., 2013) Verma et al. 2017, gen. nov., comb. nov.（耐热类似芽胞杆菌），好氧，产芽胞，由 *Bacillus thermotolerans* Yang et al., 2013 重分类而来。

（59）红发婴儿菌属（*Rubeoparvulum* Tidjani Alou et al. 2016, gen. nov.）　红发婴儿菌属（*Rubeoparvulum*）于 2016 年建立，仅有 1 个种，兼性厌氧，产芽胞。

Rubeoparvulum massiliense Tidjani Alou et al. 2016, sp. nov.（马赛红发婴儿菌），兼性厌氧，产芽胞。

（60）糖球菌属（*Saccharococcus* Nystrand 1984, gen. nov.）　糖球菌属（*Saccharococcus*）于 1984 年建立，仅有 1 个种，好氧，不产芽胞。

Saccharococcus thermophilus Nystrand 1984, sp. nov.（嗜热糖球菌），乳酸菌，嗜热，好氧，不产芽胞。

变动：*Saccharococcus caldoxylosilyticus* Ahmad et al. 2000, sp. nov. → *Geobacillus caldoxylosilyticus* (Ahmad et al. 2000) Fortina et al. 2001, comb. nov. → *Parageobacillus caldoxylosilyticus* Aliyu et al. 2019, comb. nov.（热解木糖副地芽胞杆菌），嗜热，好氧，产芽胞。

（61）盐小杆菌属（*Salibacterium* Reddy et al. 2015, gen. nov.）　盐小杆菌属（*Salibacterium*）于 2015 年建立，包含 5 个种，好氧或兼性厌氧，不产芽胞或未观察到芽胞。

【1】*Salibacterium halochares* (Pappa et al. 2010) Reddy et al. 2015, comb. nov.（喜盐盐小杆菌），嗜盐，好氧，未观察到芽胞，由 *Bacillus halochares* Pappa et al. 2010 重分类而来。

【2】*Salibacterium halotolerans* Reddy et al. 2015, sp. nov.（耐盐盐小杆菌），模式种，嗜盐，兼性厌氧，不产芽胞。

【3】*Salibacterium lacus* Wang et al. 2018, sp. nov.（湖盐小杆菌），嗜盐，好氧，不产芽胞。

【4】*Salibacterium nitratireducens* Singh et al. 2018, sp. nov.（硝酸盐还原盐小杆菌），嗜盐，好氧，未观察到芽胞。

【5】*Salibacterium qingdaonense* (Wang et al. 2007) Reddy et al. 2015, comb. nov.（青岛盐小杆菌），嗜盐嗜碱，好氧，不产芽胞，由 *Bacillus qingdaonensis* Wang et al. 2007 重分类而来。

（62）嗜盐杆菌属（*Salicibibacter* Jang et al. 2018, gen. nov.） 嗜盐杆菌属（*Salicibibacter*）于 2018 年建立，包含 2 个种，均嗜盐、好氧、不产芽胞。

【1】*Salicibibacter kimchii* Jang et al. 2018, gen. nov., sp. nov.（泡菜嗜盐杆菌），嗜盐耐碱，好氧，不产芽胞。

【2】*Salicibibacter halophilus* Oh et al. 2019, sp. nov.（喜盐嗜盐杆菌），嗜盐，好氧，不产芽胞。

（63）盐微菌属（*Salimicrobium* Yoon et al. 2007, gen. nov.） 盐微菌属（*Salimicrobium*）于 2007 年建立，包含 6 个种，均嗜盐、好氧、不产芽胞。

【1】*Salimicrobium album* (Hao et al. 1985) Yoon et al. 2007, comb. nov.（白盐微菌），模式种，嗜盐，好氧，不产芽胞，由 *Marinococcus albus* Hao et al. 1985 重分类而来。

【2】*Salimicrobium flavidum* Yoon et al. 2009, sp. nov.（浅黄盐微菌），嗜盐，好氧，不产芽胞。

【3】*Salimicrobium halophilum* (Ventosa et al. 1990) Yoon et al. 2007, comb. nov.（嗜盐盐微菌），嗜盐，好氧，不产芽胞，由 *Bacillus halophilus* Ventosa et al. 1990 重分类而来。

【4】*Salimicrobium jeotgali* Choi et al. 2014, sp. nov.（咸海鲜盐微菌），嗜盐，好氧，不产芽胞。

【5】*Salimicrobium luteum* Yoon et al. 2007, sp. nov.（黄色盐微菌），嗜盐，好氧，不产芽胞。

【6】*Salimicrobium salexigens* de la Haba et al. 2011, sp. nov.（需盐盐微菌），嗜盐，好氧，不产芽胞。

（64）盐渍芽胞杆菌属（*Salinibacillus* Ren and Zhou 2005, gen. nov.） 盐渍芽胞杆菌属（*Salinibacillus*）于 2005 年建立，包含 3 个种，均嗜盐、好氧、产芽胞。

【1】*Salinibacillus aidingensis* Ren and Zhou 2005, sp. nov.（艾丁湖盐渍芽胞杆菌），模式种，嗜盐，好氧，产芽胞。

【2】*Salinibacillus kushneri* Ren and Zhou 2005, sp. nov.（库氏盐渍芽胞杆菌），嗜盐，好氧，产芽胞。

【3】*Salinibacillus xinjiangensis* Yang et al. 2014, sp. nov.（新疆盐渍芽胞杆菌），嗜盐，好氧，产芽胞。

（65）盐沼芽胞杆菌属（*Salipaludibacillus* Sultanpuram and Mothe, 2016, gen. nov.） 盐沼芽胞杆菌属（*Salipaludibacillus*）于 2016 年建立，包含 5 个种，好氧或兼性厌氧，均嗜盐、产芽胞。

【1】*Salipaludibacillus agaradhaerens* (Nielsen et al. 1995) Sultanpuram and Mothe, 2016, comb. nov.（黏琼脂盐沼芽胞杆菌），嗜盐，兼性厌氧，产芽胞，由 *Bacillus agaradhaerens* Nielsen et al. 1995 重分类而来。

【2】*Salipaludibacillus aurantiacus* Sultanpuram and Mothe, 2016, sp. nov.（橘色盐沼芽胞杆菌），模式种，嗜盐，好氧，产芽胞。

【3】*Salipaludibacillus halalkaliphilus* Amoozegar et al. 2018, sp. nov.（嗜盐碱盐沼芽胞杆菌），嗜盐嗜碱，兼性厌氧，产芽胞。

【4】*Salipaludibacillus keqinensis* Wang et al. 2019, sp. nov.（科钦湖盐沼芽胞杆菌），嗜盐嗜碱，好氧，产芽胞。

【5】*Salipaludibacillus neizhouensis* (Chen et al. 2009) Sultanpuram and Mothe, 2016, comb. nov.（雷州盐沼芽胞杆菌），嗜盐嗜碱，兼性厌氧，产芽胞，由 *Bacillus neizhouensis* Chen et al. 2009 重分类而来。

（66）居盐杆菌属（*Salirhabdus* Albuquerque et al. 2007, gen. nov.） 居盐杆菌属（*Salirhabdus*）于 2007 年建立，包含 2 个种，均嗜盐、好氧、产芽胞。

【1】*Salirhabdus euzebyi* Albuquerque et al. 2007, sp. nov.（厄泽比氏居盐杆菌），模式种，嗜盐，好氧，产芽胞。

【2】*Salirhabdus salicampi* Lee and Whang 2017, sp. nov.（盐田居盐杆菌），嗜盐，好氧，产芽胞。

（67）盐沉积物小杆菌属（*Salisediminibacterium* Jiang et al. 2012, gen. nov.） 盐沉积物小杆菌属（*Salisediminibacterium*）于 2012 年建立，包含 3 个种，均嗜盐、兼性厌氧，产芽胞或不产芽胞。

【1】*Salisediminibacterium haloalkalitolerans* Sultanpuram et al. 2015, sp. nov.（耐盐碱盐沉积物小杆菌），嗜盐嗜碱，兼性厌氧，不产芽胞。

【2】*Salisediminibacterium halotolerans* Jiang et al. 2012, sp. nov.（耐盐盐沉积物小杆菌），模式种，嗜盐耐碱，兼性厌氧，不产芽胞。

【3】*Salisediminibacterium locisalis* (Márquez et al. 2011) Sultanpuram et al. 2015, comb. nov.（盐田盐沉积物小杆菌），嗜盐嗜碱，兼性厌氧，产芽胞，由 *Bacillus locisalis* Márquez et al. 2011 重分类。

（68）居盐土芽胞杆菌属（*Saliterribacillus* Amoozegar et al. 2013, gen. nov.） 居盐土芽胞杆菌属（*Saliterribacillus*）于 2013 年建立，仅有 1 个种，嗜盐、好氧、产芽胞。

Saliterribacillus persicus Amoozegar et al. 2013, sp. nov.（波斯居盐土芽胞杆菌），嗜盐，好氧，产芽胞。

（69）栖盐水芽胞杆菌属（*Salsuginibacillus* Carrasco et al. 2007, gen. nov.） 栖盐水芽胞杆菌属（*Salsuginibacillus*）于 2007 年建立，包含 2 个种，均嗜盐、好氧、产芽胞。

【1】*Salsuginibacillus halophilus* Cao et al. 2010, sp. nov.（嗜盐栖盐水芽胞杆菌），嗜盐耐碱，好氧，产芽胞。

【2】*Salsuginibacillus kocurii* Carrasco et al. 2007, sp. nov.（考氏栖盐水芽胞杆菌），模式种，嗜盐耐碱，好氧，产芽胞。

（70）沉积物芽胞杆菌属（*Sediminibacillus* Carrasco et al. 2008, gen. nov.） 沉积物芽胞杆菌属（*Sediminibacillus*）于 2008 年建立，包含 4 个种，嗜盐，好氧或兼性厌氧，仅模式种不产芽胞。

【1】*Sediminibacillus albus* Wang et al. 2009, sp. nov.（白色沉积物芽胞杆菌），嗜盐，好氧，产芽胞。

【2】*Sediminibacillus halophilus* Carrasco et al. 2008, sp. nov.（嗜盐沉积物芽胞杆菌），模式种，嗜盐，兼性厌氧，不产芽胞。

【3】*Sediminibacillus massiliensis* Senghor et al. 2018, sp. nov.(马赛沉积物芽胞杆菌)，嗜盐，好氧，产芽胞。

【4】*Sediminibacillus terrae*Wu et al. 2019, sp. nov.（土壤沉积物芽胞杆菌），嗜盐，好氧，产芽胞。

（71）中华芽胞杆菌属（*Sinibacillus* Yang and Zhou 2014, gen. nov.） 中华芽胞杆菌属（*Sinibacillus*）于 2014 年建立，仅有 1 个种，兼性厌氧，产芽胞。

Sinibacillus soli Yang and Zhou 2014, sp. nov.（土壤中华芽胞杆菌），兼性厌氧，产芽胞。

（72）链喜盐芽胞杆菌属（*Streptohalobacillus* Wang et al. 2011, gen. nov.） 链喜盐芽胞杆菌属（*Streptohalobacillus*）于 2011 年建立，仅有 1 个种，嗜盐，兼性厌氧，不产芽胞。

Streptohalobacillus salinus Wang et al. 2011, sp. nov.（咸链喜盐芽胞杆菌），嗜盐，兼性厌氧，不产芽胞。

（73）西南印度洋芽胞杆菌属（*Swionibacillus* Li et al. 2017, gen. nov.） 西南印度洋芽胞杆菌属（*Swionibacillus*）于 2017 年建立，仅有 1 个种，好氧，产芽胞。

Swionibacillus sediminis Li et al. 2017, sp. nov.(沉积物西南印度洋芽胞杆菌)，嗜盐，好氧，产芽胞。

（74）细纤芽胞杆菌属（*Tenuibacillus* Ren and Zhou 2005, gen. nov.） 细纤芽胞杆菌属（*Tenuibacillus*）于 2005 年建立，包含 2 个种，均嗜盐、好氧、产芽胞。

【1】*Tenuibacillus halotolerans* Gao et al. 2013, sp. nov.（耐盐细纤芽胞杆菌），嗜盐，好氧，产芽胞。

【2】*Tenuibacillus multivorans* Ren and Zhou 2005, sp. nov.（多食细纤芽胞杆菌），模式种，嗜盐，好氧，产芽胞。

（75）微温芽胞杆菌属（*Tepidibacillus* Slobodkina et al. 2014, gen. nov.） 微温芽胞杆菌属（*Tepidibacillus*）于 2014 年建立，包含 3 个种，均嗜热、厌氧、产芽胞。

【1】*Tepidibacillus decaturensis* Dong et al. 2016, sp. nov.（迪凯特微温芽胞杆菌），嗜热，厌氧（微好氧），产芽胞。

【2】*Tepidibacillus fermentans* Slobodkina et al. 2014, sp. nov.（发酵微温芽胞杆菌），模式种，嗜热，厌氧（微好氧），产芽胞。

【3】*Tepidibacillus infernus* Podosokorskaya et al. 2016, sp. nov.（地下微温芽胞杆菌），嗜热，厌氧（耐氧），产芽胞。

（76）土地芽胞杆菌属（*Terribacillus* An et al. 2007, gen. nov.） 土地芽胞杆菌属（*Terribacillus*）于 2007 年建立，包含 4 个种，均好氧、产芽胞。

【1】*Terribacillus aidingensis* Liu et al. 2010, sp. nov.（艾丁湖土地芽胞杆菌），嗜盐，好氧，产芽胞。

【2】*Terribacillus goriensis* (Kim et al. 2007) Krishnamurthi and Chakrabarti 2009, comb. nov.（戈里土地芽胞杆菌），耐盐，好氧，产芽胞，由 *PelagiBacillus goriensis* Kim et al. 2007 重分类而来。

【3】*Terribacillus halophilus* An et al. 2007, sp. nov.（嗜盐土地芽胞杆菌），嗜盐，好氧，产芽胞。

【4】*Terribacillus saccharophilus* An et al. 2007, sp. nov.（嗜糖土地芽胞杆菌），模式种，嗜盐，好氧，产芽胞。

（77）德斯科科芽胞杆菌属（*Texcoconibacillus* Ruiz-Romero et al. 2013, gen. nov.） 德斯科科芽胞杆菌属（*Texcoconibacillus*）于 2013 年建立，仅有 1 个种，嗜碱，好氧，产芽胞。

Texcoconibacillus texcoconensis Ruiz-Romero et al. 2013, sp. nov.（本地德斯科科芽胞杆菌），嗜碱耐盐，好氧，产芽胞。

（78）深海芽胞杆菌属（*Thalassobacillus* García et al. 2005, gen. nov.） 深海芽胞杆菌属（*Thalassobacillus*）于 2005 年建立，包含 4 个种，好氧或兼性厌氧，均嗜盐、产芽胞。

【1】*Thalassobacillus cyri* Sánchez-Porro et al. 2009, sp. nov.（赛勒斯王深海芽胞杆菌），嗜盐，好氧，产芽胞。

【2】*Thalassobacillus devorans* García et al. 2005, sp. nov.（食有机物深海芽胞杆菌），模式种，嗜盐，好氧，产芽胞。

【3】*Thalassobacillus hwangdonensis* Lee et al. 2010, sp. nov.（黄岛深海芽胞杆菌），嗜盐，兼性厌氧，产芽胞。

【4】*Thalassobacillus pellis* Sanchez-Porro et al. 2011, sp. nov.（兽皮深海芽胞杆菌），嗜盐，好氧，产芽胞。

（79）深海杆菌属（*Thalassorhabdus* Sultanpuram and Mothe 2018, gen. nov.） 深海杆菌属（*Thalassorhabdus*）于 2018 年建立，仅有 1 个种，好氧，不产芽胞。

Thalassorhabdus alkalitolerans Sultanpuram and Mothe 2018, sp. nov.（耐碱深海杆菌），耐盐耐碱，好氧，不产芽胞。

属于黄杆菌科（Flavobacteriaceae）的属名相同的 1 个种 *Thalassorhabdus aurantiaca* Choi et al. 2018, sp. nov.（橙色深海杆菌），好氧，不产芽胞。

（80）高温长型芽胞杆菌属（*Thermolongibacillus* Cihan et al. 2014, gen. nov.） 高温长型芽胞杆菌属（*Thermolongibacillus*）于 2014 年建立，包含 2 个种，均嗜热、好氧、产芽胞。

【1】*Thermolongibacillus altinsuensis* Cihan et al. 2014, sp. nov.（金水温泉高温长型芽胞杆菌），模式种，嗜热，好氧，产芽胞。

【2】*Thermolongibacillus kozakliensis* Cihan et al. 2014, sp. nov.（科扎克勒高温长型芽胞杆菌），嗜热，好氧，产芽胞。

（81）枝芽胞杆菌属（*Virgibacillus* Heyndrickx et al. 1998, gen. nov.） 枝芽胞杆菌属（*Virgibacillus*）于 1988 年建立，包含 40 个种，绝大多数种类嗜盐，好氧或兼性厌氧，均产芽胞。

【1】*Virgibacillus ainsalahensis* Amziane et al. 2017, sp. nov.（萨拉赫枝芽胞杆菌），嗜盐，好氧，产芽胞。

【2】*Virgibacillus alimentarius* Kim et al. 2011, sp. nov.（食物枝芽胞杆菌），嗜盐，好氧，产芽胞。

【3】*Virgibacillus arcticus* Niederberger et al. 2009, sp. nov.（北极圈枝芽胞杆菌），嗜盐，兼性厌氧，产芽胞。

【4】*Virgibacillus byunsanensis* Yoon et al. 2010, sp. nov.（扶安枝芽胞杆菌），嗜盐，好氧，产芽胞。

【5】*Virgibacillus campisalis* Lee et al. 2012, sp. nov.（盐田枝芽胞杆菌属），嗜盐，兼性厌氧，产芽胞。

【6】*Virgibacillus carmonensis* Heyrman et al. 2003, sp. nov.（卡莫纳枝芽胞杆菌），嗜盐，

好氧，产芽胞。

【7】*Virgibacillus chiguensis* Wang et al. 2008, sp. nov.（废盐田枝芽胞杆菌），嗜盐，好氧，产芽胞。

【8】*"Virgibacillus dakarensis"* Senghor et al. 2017, sp. nov.（达喀尔枝芽胞杆菌），未合格化，嗜盐，好氧，产芽胞。

【9】*Virgibacillus dokdonensis* Yoon et al. 2005, sp. nov.（独岛枝芽胞杆菌），嗜盐，兼性厌氧，产芽胞。

【10】*Virgibacillus flavescens* Zhang et al. 2016, sp. nov.（变黄色枝芽胞杆菌），嗜盐，好氧，产芽胞。

【11】*Virgibacillus halodenitrificans* (Denariaz et al. 1989) Yoon et al. 2004, comb. nov.（盐反硝化枝芽胞杆菌），嗜盐，好氧，产芽胞，由 *Bacillus halodenitrificans* Denariaz et al. 1989 重分类而来。

【12】*Virgibacillus halophilus* An et al. 2007, sp. nov.（嗜盐枝芽胞杆菌），嗜盐，好氧，产芽胞。

【13】*Virgibacillus halotolerans* Seiler and Wenning 2013, sp. nov.（耐盐枝芽胞杆菌），嗜盐，好氧，产芽胞。

【14】*Virgibacillus indicus* Xu et al. 2018, sp. nov.（印度洋枝芽胞杆菌），嗜盐，兼性厌氧，产芽胞。

【15】*Virgibacillus jeotgali* Sundararaman et al. 2017, sp. nov.（咸海鲜枝芽胞杆菌），嗜盐，兼性厌氧，产芽胞。

【16】*Virgibacillus kapii* Daroonpunt et al. 2016, sp. nov.（虾酱枝芽胞杆菌），嗜盐，好氧，产芽胞。

【17】*Virgibacillus kekensis* Chen et al. 2008, sp. nov.（柯柯盐湖枝芽胞杆菌），嗜盐，好氧，产芽胞。

【18】*Virgibacillus kimchii* Oh et al. 2018, sp. nov.（泡菜枝芽胞杆菌），嗜盐，好氧，产芽胞。

【19】*Virgibacillus litoralis* Chen et al. 2012, sp. nov.（海岸枝芽胞杆菌），嗜盐，好氧，产芽胞。

【20】*Virgibacillus marismortui* (Arahal et al. 1999) Heyrman et al. 2003, comb. nov.（死海枝芽胞杆菌），嗜盐，好氧，产芽胞由 *Salibacillus marismortui* Arahal et al. 2000, comb. nov. 重分类而来，而 *Salibacillus marismortui* 由 *Bacillus marismortui* Arahal et al. 1999 重分类而来。

【21】*Virgibacillus massiliensis* Khelaifia et al. 2015, sp. nov.（马赛枝芽胞杆菌），未合格化，嗜盐，好氧，产芽胞。

【22】*Virgibacillus natechei* Amziane et al. 2016, sp. nov.（纳氏枝芽胞杆菌），嗜盐，兼性厌氧，产芽胞。

【23】*"Virgibacillus ndiopensis"* Senghor et al. 2019, sp. nov.（恩迪奥普枝芽胞杆菌），未合格化，嗜盐，好氧，产芽胞。

【24】*Virgibacillus necropolis* Heyrman et al. 2003, sp. nov.（墓地枝芽胞杆菌），嗜盐，好氧，产芽胞。

【25】*Virgibacillus oceani* Yin et al. 2015, sp. nov.（海洋枝芽胞杆菌），嗜盐，好氧，产芽胞。

【26】*Virgibacillus olivae* Quesada et al. 2007, sp. nov.（橄榄油枝芽胞杆菌），嗜盐，好氧，

产芽胞。

【27】*Virgibacillus pantothenticus* (Proom and Knight 1950) Heyndrickx et al. 1998, comb. nov. （泛酸枝芽胞杆菌），模式种，嗜盐，好氧，产芽胞，由 *Bacillus pantothenticus* Proom and Knight 1950 重分类而来。

【28】*Virgibacillus phasianinus* Tak et al. 2018, sp. nov.（雉枝芽胞杆菌），嗜盐，好氧，产芽胞。

【29】*Virgibacillus profundi* Xu et al. 2018, sp. nov.（深海枝芽胞杆菌），嗜盐，兼性厌氧，产芽胞。

【30】*Virgibacillus proomii* Heyndrickx et al. 1999, sp. nov.（普氏枝芽胞杆菌），嗜盐，好氧，产芽胞。

【31】*Virgibacillus salarius* Hua et al. 2008, sp. nov.（盐枝芽胞杆菌），嗜盐，好氧，产芽胞。

【32】*Virgibacillus salexigens* (Garabito et al. 1997) Heyrman et al. 2003, comb. nov.（需盐枝芽胞杆菌），嗜盐，好氧，产芽胞，由 *Salibacillus salexigens* Wainø et al. 1999, comb. nov. 重分类而来，而 *Salibacillus salexigens* 由 *Bacillus salexigens* Garabito et al. 1997 重分类而来。

【33】*Virgibacillus salinus* Carrasco et al. 2009, sp. nov.（盐湖枝芽胞杆菌），嗜盐，好氧，产芽胞。

【34】*Virgibacillus sediminis* Chen et al. 2009, sp. nov.（沉积物枝芽胞杆菌），嗜盐耐碱，好氧，产芽胞。

【35】*Virgibacillus senegalensis* Seck et al. 2015, sp. nov.（塞内加尔枝芽胞杆菌），嗜盐，好氧，产芽胞。

【36】*Virgibacillus siamensis* Tanasupawat et al. 2011, sp. nov.（暹罗枝芽胞杆菌），嗜盐，兼性厌氧，产芽胞。

【37】*Virgibacillus soli* Kämpfer et al. 2011, sp. nov.（土壤枝芽胞杆菌），兼性厌氧，产芽胞。

【38】*Virgibacillus subterraneus* Wang et al. 2010, sp. nov.（地下枝芽胞杆菌），嗜盐，好氧，产芽胞。

【39】*Virgibacillus xinjiangensis* Jeon et al. 2010, sp. nov.（新疆枝芽胞杆菌），嗜盐，好氧，产芽胞。

【40】*Virgibacillus zhanjiangensis* Peng et al. 2009, sp. nov.（湛江枝芽胞杆菌），嗜盐，好氧，产芽胞。

变动：有 3 种分别被转移至 *Aquibacillus* 和 *Oceanobacillus* 属，具体情况如下。

【1】*Virgibacillus albus* Zhang et al. 2013, sp. nov. → *Aquibacillus albus* (Zhang et al. 2013) Amoozegar et al. 2014, comb. nov.。

【2】*Virgibacillus koreensis* Lee et al. 2006, sp. nov. → *Aquibacillus koreensis* (Lee et al. 2006) Amoozegar et al. 2014, comb. nov.。

【3】*Virgibacillus picturae* Heyrman et al. 2003, sp. nov. → *Oceanobacillus picturae* (Heyrman et al. 2003) Lee et al. 2006, comb. nov.。

（82）火山芽胞杆菌属（*Vulcanibacillus* L'Haridon et al. 2006, gen. nov.）　火山芽胞杆菌属（*Vulcanibacillus*）于 2006 年建立，仅有 1 个种，嗜热，厌氧，产芽胞。

Vulcanibacillus modesticaldus L'Haridon et al. 2006, sp. nov.（中热度火山芽胞杆菌），嗜热，厌氧，产芽胞。

4. 类芽胞杆菌科种类

类芽胞杆菌科（Paenibacillaceae De Vos et al. 2010, fam. nov.）于 2010 年建立，目前，该科至少有 16 个属 397 个种，仅有 3 个属中的 6 个种不能形成芽胞：科恩氏菌属（*Cohnella*）2/36、大猩猩小杆菌属（*Gorillibacterium*）1/2 和类芽胞杆菌属（*Paenibacillus*）3/297。

（1）氨芽胞杆菌属（*Ammoniibacillus* Sakai et al. 2015, gen. nov.）　氨芽胞杆菌属（*Ammoniibacillus*）于 2015 年建立，仅有 1 个种，嗜热，好氧，产芽胞。

Ammoniibacillus agariperforans Sakai et al. 2014, sp. nov.（穿琼脂氨芽胞杆菌），嗜热，好氧，产芽胞。

（2）嗜氨菌属（*Ammoniphilus* Zaitsev et al. 1998, gen. nov.）　嗜氨菌属（*Ammoniphilus*）于 1998 年建立，包含 3 个种，好氧或兼性厌氧，均产芽胞。

【1】*Ammoniphilus oxalaticus* Zaitsev et al. 1998, sp. nov.（嗜草酸嗜氨菌），模式种，耐盐耐碱，好氧，产芽胞。

【2】*Ammoniphilus oxalivorans* Zaitsev et al. 1998, sp. nov.（食草酸嗜氨菌），耐盐耐碱，好氧，产芽胞。

【3】*Ammoniphilus resinae* Lin et al. 2016, sp. nov.（树脂嗜氨菌），兼性厌氧，产芽胞。

（3）解硫胺素芽胞杆菌属（*Aneurinibacillus* Shida et al. 1996, gen. nov.）　解硫胺素芽胞杆菌属（*Aneurinibacillus*）于 1996 年建立，包含 9 个种，均好氧、产芽胞。

【1】*Aneurinibacillus aneurinilyticus* corrig. (Shida et al. 1994) Shida et al. 1996, comb. nov.（解硫胺素解硫胺素芽胞杆菌），模式种，好氧，产芽胞，由 *Bacillus aneurinilyticus* Shida et al. 1994 重分类而来。

【2】*Aneurinibacillus danicus* Goto et al. 2004, sp. nov.（丹麦解硫胺素芽胞杆菌），好氧，产芽胞。

【3】*Aneurinibacillus humi* Lee and Lee et al. 2016, sp. nov.（土地解硫胺素芽胞杆菌），未合格化，好氧，产芽胞。

【4】*Aneurinibacillus migulanus* (Takagi et al. 1993) Shida et al. 1996, comb. nov.（米氏解硫胺素芽胞杆菌），好氧，产芽胞，由 *Bacillus migulanus* Takagi et al. 1993 重分类而来。

【5】*Aneurinibacillus sediminis* Subhash et al. 2017, sp. nov.（沉积物解硫胺素芽胞杆菌），好氧，产芽胞。

【6】*Aneurinibacillus soli* Lee et al. 2014, sp. nov.（土壤解硫胺素芽胞杆菌），好氧，产芽胞。

【7】*Aneurinibacillus terranovensis* Allan et al. 2005, sp. nov.（新地站解硫胺素芽胞杆菌），嗜热嗜酸，好氧，产芽胞。

【8】*Aneurinibacillus thermoaerophilus* (Meier-Stauffer et al. 1996) Heyndrickx et al. 1997, comb. nov.（嗜热嗜气解硫胺素芽胞杆菌），嗜热，好氧，产芽胞，由 *Bacillus thermoaerophilus* Meier-Stauffer et al. 1996 重分类而来。

【9】*Aneurinibacillus tyrosinisolvens* Tsubouchi et al. 2015, sp. nov.（解酪氨酸解硫胺素芽胞杆菌），好氧，产芽胞。

（4）短芽胞杆菌属（*Brevibacillus* Shida et al. 1996, gen. nov.）　短芽胞杆菌属（*Brevibacillus*）于 1996 年建立，包含 28 个种，好氧或兼性厌氧，均产芽胞。

【1】*Brevibacillus agri* (Nakamura 1993) Shida et al. 1996, comb. nov.（土壤短芽胞杆菌），

好氧，产芽胞，由 *Bacillus agri* Nakamura 1993 重分类而来，*Bacillus galactosidilyticus* Takagi et al. 1993 为 *Bacillus agri* 的同种异名。

【2】*Brevibacillus antibioticus* Choi et al. 2019, sp. nov.（产抗生素短芽胞杆菌），好氧，产芽胞。

【3】*Brevibacillus aydinogluensis* Inan et al. 2012, sp. nov.（阿迪怒格鲁短芽胞杆菌）嗜热，好氧，产芽胞。

【4】*Brevibacillus borstelensis* (Shida et al. 1995) Shida et al. 1996, comb. nov.（波茨坦短芽胞杆菌），好氧，产芽胞，由 *Bacillus borstelensis* Shida et al. 1995 重分类而来。

【5】*Brevibacillus brevis* (Migula 1900) Shida et al. 1996, comb. nov.（短短芽胞杆菌），模式种，好氧，产芽胞，由 *Bacillus brevis* Migula 1900 重分类而来。

【6】*Brevibacillus centrosporus* (Nakamura 1993) Shida et al. 1996, comb. nov.（中胞短芽胞杆菌），好氧，产芽胞，由 *Bacillus centrosporus* Nakamura 1993 重分类而来。

【7】*Brevibacillus choshinensis* (Takagi et al. 1993) Shida et al. 1996, comb. nov.（千叶短芽胞杆菌），好氧，产芽胞，由 *Bacillus choshinensis* Takagi et al. 1993 重分类而来。

【8】*Brevibacillus fluminis* Choi et al. 2010, sp. nov.（河短芽胞杆菌），好氧，产芽胞。

【9】*Brevibacillus formosus* (Shida et al. 1995) Shida et al. 1996, comb. nov.（美丽短芽胞杆菌），好氧，产芽胞，由 *Bacillus formosus* Shida et al. 1995 重分类而来。

【10】*Brevibacillus fortis* Johnson and Dunlap 2019, sp. nov.（强抗短芽胞杆菌），好氧，产芽胞。

【11】*Brevibacillus fulvus* Hatayama et al. 2014, sp. nov.（黄褐短芽胞杆菌），好氧，产芽胞。

【12】*Brevibacillus gelatini* Inan et al. 2016, sp.nov.（明胶短芽胞杆菌）嗜热，好氧，产芽胞。

【13】*Brevibacillus ginsengisoli* Baek et al. 2006, sp. nov.（人参土短芽胞杆菌），好氧，产芽胞。

【14】*Brevibacillus halotolerans* Song et al. 2017, sp. nov.（耐盐短芽胞杆菌）耐盐，好氧，产芽胞。

【15】*Brevibacillus invocatus* Logan et al. 2002, sp. nov.（发酵污染短芽胞杆菌），好氧，产芽胞。

【16】*Brevibacillus laterosporus* (Laubach 1916) Shida et al. 1996, comb. nov.（侧胞短芽胞杆菌），好氧，产芽胞，由 *Bacillus laterosporus* Laubach 1916 重分类而来。

【17】*Brevibacillus levickii* Allan et al. 2005, sp. nov.（利氏短芽胞杆菌），嗜热嗜酸，好氧，产芽胞。

【18】*Brevibacillus limnophilus* Goto et al. 2004, sp. nov.（居湖短芽胞杆菌），好氧，产芽胞。

【19】*Brevibacillus massiliensis* Hugon et al. 2013, sp. nov.（马赛短芽胞杆菌），好氧，产芽胞。

【20】*Brevibacillus nitrificans* Takebe et al. 2012, sp. nov.（硝化短芽胞杆菌），兼性厌氧，产芽胞。

【21】*Brevibacillus panacihumi* Kim et al. 2009, sp. nov.（人参土壤短芽胞杆菌），好氧，产芽胞。

【22】*Brevibacillus parabrevis* (Takagi et al. 1993) Shida et al. 1996, comb. nov.（副短短芽胞杆菌），好氧，产芽胞，由 *Bacillus parabrevis* Takagi et al. 1993 重分类而来。

【23】*Brevibacillus porteri* Johnson and Dunlap 2019, sp. nov.（波特氏短芽胞杆菌），好氧，产芽胞。

【24】*Brevibacillus reuszeri* (Shida et al. 1995) Shida et al. 1996, comb. nov.（茹氏短芽胞杆菌），好氧，产芽胞，由 *Bacillus reuszeri* Shida et al. 1995 重分类而来。

【25】*Brevibacillus schisleri* Johnson and Dunlap 2019, sp. nov.（席斯勒氏短芽胞杆菌），好氧，产芽胞。

【26】*Brevibacillus sediminis* Xian et al. 2016, sp. nov.（沉积物短芽胞杆菌），嗜热，好氧，产芽胞。

【27】"*Brevibacillus texasporus*" Wu et al. 2005, sp. nov.（德州短芽胞杆菌），好氧，产芽胞。

【28】*Brevibacillus thermoruber* (Manachini et al. 1985) Shida et al. 1996, comb. nov.（热红短芽胞杆菌），好氧，产芽胞，由 *Bacillus thermoruber* Manachini et al. 1985 重分类而来。

（5）曾呈奎菌属（*Chengkuizengella* Cao et al. 2017, gen. nov.）　曾呈奎菌属（*Chengkuizengella*）于 2017 年建立，仅有 1 个种，好氧，产芽胞。

Chengkuizengella sediminis Cao et al. 2017, sp. nov.（沉积物曾呈奎菌），嗜热，好氧，产芽胞。

（6）科恩氏菌属（*Cohnella* Kämpfer et al. 2006, gen. nov.）　科恩氏菌属（*Cohnella*）于 2006 年建立，包含 36 个种，好氧或兼性厌氧，绝大多数种类产芽胞。

【1】*Cohnella abietis* Jiang et al. 2019, sp. nov.（冷杉科恩氏菌），好氧，产芽胞。

【2】*Cohnella algarum* Lee and Jeon 2017, sp. nov.（绿藻科恩氏菌），兼性好氧，产芽胞。

【3】*Cohnella arctica* Jiang et al. 2012, sp. nov.（北极科恩氏菌），好氧，产芽胞。

【4】*Cohnella boryungensis* Yoon and Jung 2012, sp. nov.（保宁科恩氏菌），好氧，产芽胞。

【5】*Cohnella candidum* Maeng et al. 2019, sp. nov.（白科恩氏菌），好氧，产芽胞。

【6】*Cohnella capsici* Wang et al. 2015, sp. nov.（灯笼椒科恩氏菌），好氧，产芽胞。

【7】*Cohnella cellulosilytica* Khianngam et al. 2012, sp. nov.（解纤维素科恩氏菌），好氧，产芽胞。

【8】*Cohnella collisoli* Lee et al. 2015, sp. nov.（山土科恩氏菌），好氧，产芽胞。

【9】*Cohnella damuensis* corrig. Luo et al. 2010, sp. nov.（达木斯科恩氏菌），解木聚糖，好氧，产芽胞。

【10】*Cohnella endophytica* Meng et al. 2019, sp. nov.（内生科恩氏菌），好氧，产芽胞。

【11】*Cohnella faecalis* Zhu et al. 2019, sp. nov.（粪科恩氏菌），好氧，产芽胞。

【12】*Cohnella ferri* Mayilraj et al. 2013, sp. nov.（赤铁矿科恩氏菌），兼性厌氧，产芽胞。

【13】*Cohnella fontinalis* Shiratori et al. 2010, sp. nov.（喷泉科恩氏菌），解木聚糖，好氧，产芽胞。

【14】*Cohnella formosensis* Hameed et al. 2013, sp. nov.（台湾科恩氏菌），解木聚糖，好氧，产芽胞。

【15】*Cohnella ginsengisoli* Kim et al. 2010, sp. nov.（人参土科恩氏菌），好氧，产芽胞。

【16】*Cohnella hongkongensis* (Teng et al. 2003) Kämpfer et al. 2006, comb. nov.（香港科恩氏菌），好氧，产芽胞，由 "*Paenibacillus hongkongensis*" Teng et al. 2003 重分类而来。

【17】*Cohnella humi* Nguyen and Lee et al. 2014, sp. nov.（土科恩氏菌），好氧，产芽胞。

【18】*Cohnella kolymensis* Kudryashova Lee et al. 2018, sp. nov.（科累马科恩氏菌），兼性厌

氧，产芽胞。

【19】*Cohnella laeviribosi* Cho et al. 2007, sp. nov.（左旋核糖科恩氏菌），嗜热，好氧，产芽胞。

【20】*Cohnella lubricantis* Kämpfer et al. 2017, sp. nov.（润滑油科恩氏菌），好氧，不产芽胞。

【21】*Cohnella luojiensis* Cai et al. 2010, sp. nov.（珞珈山科恩氏菌），好氧，产芽胞。

【22】*Cohnella lupini* Flores-Félix et al. 2014, sp. nov.（羽扇豆科恩氏菌），兼性厌氧，产芽胞。

【23】*Cohnella massiliensis* Abou Abdallah et al. 2019, sp. nov.（马赛科恩氏菌），好氧，产芽胞。

【24】*Cohnella nanjingensis* Huang et al. 2014, sp. nov.（南京科恩氏菌），好氧，产芽胞。

【25】*Cohnella panacarvi* Yoon et al. 2011, sp. nov.（人参田科恩氏菌），解木聚糖，好氧，产芽胞。

【26】*Cohnella phaseoli* García-Fraile et al. 2008, sp. nov.（菜豆科恩氏菌），好氧，产芽胞。

【27】*Cohnella plantaginis* Wang et al. 2012, sp. nov.（车前草科恩氏菌），未合格化，固氮，好氧，产芽胞。

【28】*Cohnella rhizosphaerae* Kämpfer et al. 2014, sp. nov.（根际科恩氏菌），好氧，不产芽胞。

【29】*Cohnella saccharovorans* Choi et al. 2016, sp. nov（嗜糖科恩氏菌），好氧，产芽胞。

【30】*Cohnella soli* Kim et al. 2012, sp. nov.（土壤科恩氏菌），好氧，产芽胞。

【31】*Cohnella suwonensis* Kim et al. 2012, sp. nov.（水原科恩氏菌），好氧，产芽胞。

【32】*Cohnella terrae* Khianngam et al. 2010, sp. nov.（土地科恩氏菌），解木聚糖，兼性厌氧，产芽胞。

【33】*Cohnella thailandensis* Khianngam et al. 2010, sp. nov.（泰国科恩氏菌），解木聚糖，兼性厌氧，产芽胞。

【34】*Cohnella thermotolerans* Kämpfer et al. 2006, sp. nov.（耐热科恩氏菌），模式种，耐热，好氧，产芽胞。

【35】*Cohnella xylanilytica* Khianngam et al. 2010, sp. nov.（解木聚糖科恩氏菌），解木聚糖，兼性厌氧，产芽胞。

【36】*Cohnella yongneupensis* Kim et al. 2010, sp. nov.（龙沼科恩氏菌），好氧，产芽胞。

（7）溪苔芽胞杆菌属（*Fontibacillus* Saha et al. 2010, gen. nov.） 溪苔芽胞杆菌属（*Fontibacillus*）于2010年建立，包含5个种，兼性厌氧，均产芽胞。

【1】*Fontibacillus aquaticus* Saha et al. 2010, sp. nov.（水域溪苔芽胞杆菌），模式种，兼性厌氧，产芽胞。

【2】*Fontibacillus panacisegetis* Lee et al. 2011, sp. nov.（参土溪苔芽胞杆菌），兼性厌氧，产芽胞。

【3】*Fontibacillus phaseoli* Flores-Felix et al. 2014, sp. nov.（菜豆溪苔芽胞杆菌），兼性厌氧，产芽胞。

【4】*Fontibacillus pullulanilyticus* Bektas et al. 2016, sp.nov.（解支链淀粉溪苔芽胞杆菌），未合格化，兼性厌氧，产芽胞。

【5】*Fontibacillus solani* Ramírez-Bahena et al. 2015, sp. nov.（茄属溪苔芽胞杆菌），兼性厌氧，产芽胞。

（8）大猩猩小杆菌属（*Gorillibacterium* Keita et al. 2017, gen. nov.） 大猩猩小杆菌属（*Gorillibacterium*）于 2017 年建立，包含 2 个种，兼性厌氧，模式种不产芽胞。

【1】*Gorillibacterium massiliense* Keita et al. 2017, sp. nov.（马赛大猩猩小杆菌），模式种，兼性厌氧，不产芽胞。

【2】*Gorillibacterium timonense* Ndongo et al. 2019, sp. nov.（泰门大猩猩小杆菌），兼性厌氧，产芽胞。

（9）长杆菌属（*Longirhabdus* Chen et al. 2019, gen. nov.） 长杆菌属（*Longirhabdus*）于 2019 年建立，仅有 1 个种，好氧，产芽胞。

Longirhabdus pacifica Chen et al. 2019, sp. nov.（太平洋长杆菌），好氧，产芽胞。

（10）海发菌属（*Marinicrinis* Guo et al. 2016, gen. nov.） 海发菌属（*Marinicrinis*）于 2016 年建立，包含 2 个种，好氧或兼性厌氧，均产芽胞。

【1】*Marinicrinis lubricantis* Kämpfer et al. 2018, sp. nov.（润滑剂海发菌），好氧，产芽胞。

【2】*Marinicrinis sediminis* Guo et al. 2016, sp. nov.（沉积物海发菌），模式种，兼性厌氧，产芽胞。

（11）食草酸菌属（*Oxalophagus* Collins et al. 1994, gen. nov.） 食草酸菌属（*Oxalophagus*）于 1994 年建立，仅有 1 个种，厌氧，产芽胞。

Oxalophagus oxalicus (Dehning and Schink 1990) Collins et al. 1994, comb. nov.（草酸食草酸菌），模式种，厌氧，产芽胞，由 *Clostridium oxalicum* Dehning and Schink 1990 重分类而来。

（12）类芽胞杆菌属（*Paenibacillus* Ash et al. 1994, gen. nov.） 类芽胞杆菌属（*Paenibacillus*）于 1994 年建立，包含 297 个种，好氧或兼性厌氧，绝大多数种类产芽胞。

【1】*Paenibacillus abyssi* Huang et al. 2015, sp. nov.（深海类芽胞杆菌），好氧，产芽胞。

【2】*Paenibacillus aceris* Hwang and Ghim et al. 2017, sp. nov.（槭属类芽胞杆菌），兼性厌氧，不产芽胞。

【3】*Paenibacillus aceti* Li et al. 2016, sp. nov.（醋类芽胞杆菌），兼性厌氧，产芽胞。

【4】*Paenibacillus aestuarii* Bae et al. 2010, sp. nov.（河口湿地类芽胞杆菌），好氧，产芽胞。

【5】*Paenibacillus agarexedens* (ex Wieringa 1941) Uetanabaro et al. 2003, nom. rev., comb. nov.（吃琼脂类芽胞杆菌），好氧，产芽胞，由 "*Bacillus agar-exedens*" (*sic*) Wieringa 1941 重分类而来。

【6】*Paenibacillus agaridevorans* Uetanabaro et al. 2003, sp. nov.（食琼脂类芽胞杆菌），好氧，产芽胞。

【7】*Paenibacillus alba* Kim et al. 2015, sp. nov.（白类芽胞杆菌），未合格化，兼性好氧，产芽胞。

【8】*Paenibacillus albidus* Zhuang et al. 2017, sp. nov.（微白类芽胞杆菌），兼性厌氧，产芽胞。

【9】*Paenibacillus albilobatus* Lee et al. 2018, sp. nov.（叶状白类芽胞杆菌），耐酸，好氧，产芽胞。

【10】*Paenibacillus albus* Jang et al. 2019, sp. nov.（白色类芽胞杆菌），未合格化，好氧，

产芽胞。

【11】*Paenibacillus alginolyticus* (Nakamura 1987) Shida et al. 1997, comb. nov.（解藻酸类芽胞杆菌），好氧，产芽胞，由 *Bacillus alginolyticus* Nakamura 1987 重分类而来。

【12】*Paenibacillus algorifonticola* Tang et al. 2011, sp. nov.（冷泉类芽胞杆菌），兼性厌氧，产芽胞。

【13】*Paenibacillus alkaliterrae* Yoon et al. 2005, sp. nov.（强碱土类芽胞杆菌），好氧，产芽胞。

【14】*Paenibacillus alvei* (Cheshire and Cheyne 1885) Ash et al. 1994, comb. nov.（蜂房类芽胞杆菌），兼性厌氧，产芽胞，由 *Bacillus alvei* Cheshire and Cheyne 1885 重分类而来。

【15】*Paenibacillus amylolyticus* (Nakamura 1984) Ash et al. 1994, comb. nov.（解淀粉类芽胞杆菌），兼性厌氧，产芽胞，由 *Bacillus amylolyticus* (ex Choukévitch 1911) Nakamura 1984 重分类而来。

【16】*Paenibacillus anaericanus* Horn et al. 2005, sp. nov.（厌氧生类芽胞杆菌），兼性厌氧，产芽胞。

【17】*Paenibacillus antarcticus* Montes et al. 2004, sp. nov.（南极类芽胞杆菌），耐冷，兼性厌氧，产芽胞。

【18】*Paenibacillus antibioticophila* Dubourg et al. 2015, sp. nov.（多药抗类芽胞杆菌），未合格化，好氧，产芽胞。

【19】*Paenibacillus antri* Narsing Rao et al. 2019, sp. nov.（洞穴土类芽胞杆菌），好氧，产芽胞。

【20】*Paenibacillus apiarius* (ex Katznelson 1955) Nakamura 1996, nom. rev., comb. nov.（蜜蜂类芽胞杆菌），兼性厌氧，产芽胞，由 "*Bacillus apiarius*" Katznelson 1955 重分类而来。

【21】*Paenibacillus apis* Yun et al. 2017, sp. nov.（意蜂类芽胞杆菌），兼性厌氧，产芽胞。

【22】*Paenibacillus aquistagni* Simon et al. 2017, sp. nov.（积污池类芽胞杆菌），兼性厌氧，产芽胞。

【23】*Paenibacillus arachidis* Sadaf et al. 2016, sp. nov.（花生类芽胞杆菌），兼性厌氧，产芽胞。

【24】*Paenibacillus arcticus* Cha et al. 2017, sp. nov.（北极类芽胞杆菌），好氧，产芽胞。

【25】*Paenibacillus assamensis* Saha et al. 2005, sp. nov.（阿萨姆类芽胞杆菌），好氧，产芽胞。

【26】*Paenibacillus aurantiacus* Wasoontharawat et al. 2017, sp. nov.（橙色类芽胞杆菌），好氧，产芽胞。

【27】*Paenibacillus azoreducens* Meehan et al. 2001, sp. nov.（还原偶氮类芽胞杆菌），好氧，产芽胞。

【28】*Paenibacillus azotifigens* Siddiqi et al. 2017, sp. nov.（能固氮类芽胞杆菌），固氮，好氧，产芽胞。

【29】*Paenibacillus azotofixans* (Seldin et al. 1984) Ash et al. 1994, comb. nov.（固氮类芽胞杆菌），固氮，好氧，产芽胞，由 *Bacillus azotofixans* Seldin et al. 1984 重分类而来。

【30】*Paenibacillus baekrokdamisoli* Lee et al. 2016, sp. nov.（白鹿潭类芽胞杆菌），好氧，产芽胞。

【31】*Paenibacillus barcinonensis* Sánchez et al. 2005, sp. nov.（巴塞罗那类芽胞杆菌），兼性厌氧，产芽胞。

【32】*Paenibacillus barengoltzii* Osman et al. 2006, sp. nov.（巴伦氏类芽胞杆菌），好氧，产芽胞。

【33】*Paenibacillus beijingensis* Gao et al. 2012, sp. nov.（北京类芽胞杆菌），未合格化，固氮，好氧，产芽胞。

【34】*Paenibacillus borealis* Elo et al. 2001, sp. nov.（北风类芽胞杆菌），固氮，兼性厌氧，产芽胞。

【35】"*Paenibacillus bouchesdurhonensis*" Pham et al. 2017, sp. nov.（罗讷河口类芽胞杆菌），未合格化，兼性好氧，产芽胞。

【36】*Paenibacillus bovis* Gao et al. 2016, sp. nov.（牦牛奶类芽胞杆菌），好氧，产芽胞。

【37】*Paenibacillus brasilensis* von der Weid et al. 2002, sp. nov.（巴西类芽胞杆菌），固氮，好氧，产芽胞。

【38】*Paenibacillus brassicae* Gao et al. 2013, sp. nov.（大白菜类芽胞杆菌），固氮，好氧，产芽胞。

【39】*Paenibacillus bryophyllum* Liu et al. 2018, sp. nov.（落地生根类芽胞杆菌），固氮，好氧，产芽胞。

【40】*Paenibacillus camelliae* Oh et al. 2010, sp. nov.（茶叶类芽胞杆菌），好氧，产芽胞。

【41】*Paenibacillus camerounensis* Keita et al. 2016, sp. nov.（喀麦隆类芽胞杆菌），未合格化，兼性厌氧，产芽胞。

【42】*Paenibacillus campinasensis* Yoon et al. 1998, sp. nov.（坎皮纳斯类芽胞杆菌），嗜碱，好氧，产芽胞。

【43】*Paenibacillus castaneae* Valverde et al. 2008, sp. nov.（栗树类芽胞杆菌），好氧，产芽胞。

【44】*Paenibacillus catalpae* Zhang et al. 2013, sp. nov.（梓树类芽胞杆菌），好氧，产芽胞。

【45】*Paenibacillus cathormii* Sitdhipol et al. 2015, sp. nov.（项链豆类芽胞杆菌），兼性厌氧，产芽胞。

【46】*Paenibacillus cavernae* Lee 2015, sp. nov.（洞穴类芽胞杆菌），好氧，产芽胞。

【47】*Paenibacillus cellulosilyticus* Rivas et al. 2006, sp. nov.（解纤维素类芽胞杆菌），兼性厌氧，产芽胞。

【48】*Paenibacillus cellulositrophicus* Akaracharanya et al. 2009, sp. nov.（趋纤维素类芽胞杆菌），兼性厌氧，产芽胞。

【49】*Paenibacillus chartarius* Kämpfer et al. 2012, sp. nov.（纸类芽胞杆菌），好氧，产芽胞。

【50】*Paenibacillus chibensis* Shida et al. 1997, sp. nov.（千叶类芽胞杆菌），好氧，产芽胞。

【51】*Paenibacillus chinensis* Liu et al. 2016, sp. nov.（中华类芽胞杆菌），未合格化，兼性好氧，产芽胞。

【52】*Paenibacillus chinjuensis* Yoon et al. 2002, sp. nov.（晋州类芽胞杆菌），兼性厌氧，产芽胞。

【53】*Paenibacillus chitinolyticus* (Kuroshima et al. 1996) Lee et al. 2004, comb. nov.（解几丁质类芽胞杆菌），好氧，产芽胞，由 *Bacillus chitinolyticus* Kuroshima et al. 1996 重分类而来。

【54】*Paenibacillus chondroitinus* (Nakamura 1987) Shida et al. 1997, comb. nov.（软骨素类芽胞杆菌），好氧，产芽胞，由 *Bacillus chondroitinus* Nakamura 1987 重分类而来。

【55】*Paenibacillus chungangensis* Park et al. 2011, sp. nov.（中央类芽胞杆菌），好氧，产芽胞。

【56】*Paenibacillus cineris* Logan et al. 2004, sp. nov.（火山灰类芽胞杆菌），好氧，产芽胞。

【57】*Paenibacillus cisolokensis* Yokota et al. 2016, sp. nov.（西索洛芽胞杆菌），嗜热，好氧，产芽胞。

【58】*Paenibacillus contaminans* Chou et al. 2009, sp. nov.（污染类芽胞杆菌），好氧，产芽胞。

【59】*Paenibacillus cookii* Logan et al. 2004, sp. nov.（库氏类芽胞杆菌），好氧，产芽胞。

【60】*Paenibacillus crassostreae* Shin et al. 2018, sp. nov.（牡蛎类芽胞杆菌），好氧，产芽胞。

【61】*Paenibacillus cucumis* Ahn et al. 2014, sp. nov.（黄瓜类芽胞杆菌），未合格化，需重命名，好氧，产芽胞。

【62】*Paenibacillus cucumis* Kämpfer et al. 2016, sp. nov.（黄瓜类芽胞杆菌），好氧，产芽胞。

【63】*Paenibacillus curdlanolyticus* (Kanzawa et al. 1995) Shida et al. 1997, comb. nov.（解凝乳类芽胞杆菌），好氧，产芽胞，由 *Bacillus curdlanolyticus* Kanzawa et al. 1995 重分类而来。

【64】*Paenibacillus daejeonensis* Lee et al. 2002, sp. nov.（大田类芽胞杆菌），嗜碱，好氧，产芽胞。

【65】*Paenibacillus dakarensis* Lo et al. 2016, sp. nov.（达喀尔类芽胞杆菌），未合格化，兼性厌氧，产芽胞。

【66】*Paenibacillus darwinianus* Dsouza et al. 2014, sp. nov.（达尔文类芽胞杆菌），好氧，产芽胞。

【67】*Paenibacillus dendritiformis* Tcherpakov et al. 1999, sp. nov.（树形类芽胞杆菌），兼性厌氧，产芽胞。

【68】*Paenibacillus dongdonensis* Son et al. 2014, sp. nov.（东都类芽胞杆菌），兼性厌氧，产芽胞。

【69】*Paenibacillus donghaensis* Choi et al. 2008, sp. nov.（东海类芽胞杆菌），未合格化，固氮，兼性厌氧，产芽胞。

【70】*Paenibacillus doosanensis* Kim et al. 2014, sp. nov.（斗山类芽胞杆菌），好氧，产芽胞。

【71】*Paenibacillus durus* corrig. (Smith and Cato 1974) Collins et al. 1994, comb. nov.（坚韧类芽胞杆菌），厌氧（耐氧），产芽胞，由 *Clostridium durum* Smith and Cato 1974 重分类而来。

【72】*Paenibacillus edaphicus* (Shelobolina et al. 1998) Hu et al. 2010, comb. nov.（陆地类芽胞杆菌），好氧，产芽胞，由 *Bacillus edaphicus* Shelobolina et al. 1998 重分类而来。

【73】*Paenibacillus ehimensis* (Kuroshima et al. 1996) Lee et al. 2004, comb. nov.（爱媛类芽胞杆菌），好氧，产芽胞，由 *Bacillus ehimensis* 重分类而来。

【74】*Paenibacillus elgii* Kim et al. 2004, sp. nov.（乐金类芽胞杆菌），兼性厌氧，产芽胞。

【75】*Paenibacillus elymi* Hwang et al. 2018, sp. nov.（披碱草类芽胞杆菌），兼性厌氧，产芽胞。

【76】*Paenibacillus endophyticus* Carro et al. 2013, sp. nov.（鹰嘴豆根瘤类芽胞杆菌），好氧，产芽胞。

【77】*Paenibacillus enshidis* Yin et al. 2015, sp. nov.（恩施类芽胞杆菌），未合格化，好氧，产芽胞。

【78】*Paenibacillus esterisolvens* Zhao et al. 2018, sp. nov.（食脂类芽胞杆菌），好氧，产芽胞。

【79】*Paenibacillus etheri* Guisado et al. 2016, sp. nov.（食醚类芽胞杆菌），兼性厌氧，产芽胞。

【80】*Paenibacillus eucommiae* Fang et al. 2017, sp. nov.（杜仲类芽胞杆菌），好氧，产芽胞。

【81】*Paenibacillus faecis* Clermont et al. 2015, sp. nov.（粪便类芽胞杆菌），兼性厌氧，产芽胞。

【82】*Paenibacillus favisporus* Velázquez et al. 2004, sp. nov.（蜜梳状胞类芽胞杆菌），兼性厌氧，产芽胞。

【83】*Paenibacillus ferrarius* Cao et al. 2015, sp. nov.（铁矿类芽胞杆菌），好氧，产芽胞。

【84】*Paenibacillus filicis* Kim et al. 2010, sp. nov.（蕨类植物类芽胞杆菌），好氧，产芽胞。

【85】*Paenibacillus flagellatus* Dai et al. 2019, sp. nov.（鞭毛类芽胞杆菌），好氧，产芽胞。

【86】*Paenibacillus fonticola* Chou et al. 2007, sp. nov.（居温泉类芽胞杆菌），好氧，产芽胞。

【87】*Paenibacillus forsythiae* Ma and Chen 2008, sp. nov.（连翘类芽胞杆菌），固氮，兼性好氧，产芽胞。

【88】*Paenibacillus frigoriresistens* Ming et al. 2012, sp. nov.（抗冻类芽胞杆菌），耐冷，好氧，产芽胞。

【89】*Paenibacillus gansuensis* Lim et al. 2006, sp. nov.（甘肃类芽胞杆菌），好氧，产芽胞。

【90】*Paenibacillus gelatinilyticus* Padakandla et al. 2015, sp. nov.（解明胶类芽胞杆菌），耐冷，兼性好氧，产芽胞。

【91】*Paenibacillus ginsengarvi* Yoon et al. 2007, sp. nov.（人参田类芽胞杆菌），好氧，产芽胞。

【92】*Paenibacillus ginsengihumi* Kim et al. 2008, sp. nov.（人参地类芽胞杆菌），好氧，产芽胞。

【93】*Paenibacillus ginsengiterrae* Huq et al. 2015, sp. nov.（参土类芽胞杆菌），未合格化，好氧，产芽胞。

【94】*Paenibacillus glacialis* Kishore et al. 2010, sp. nov.（冰川类芽胞杆菌），好氧，产芽胞。

【95】*Paenibacillus glucanolyticus* (Alexander and Priest 1989) Shida et al. 1997, comb. nov.（解葡聚糖类芽胞杆菌），兼性厌氧，产芽胞，由 *Bacillus glucanolyticus* Alexander and Priest 1989 重分类而来。

【96】*Paenibacillus glycanilyticus* Dasman et al. 2002, sp. nov.（解杂多糖类芽胞杆菌），兼性好氧，产芽胞。

【97】*Paenibacillus gorilla* Keita et al. 2014, sp. nov.（大猩猩类芽胞杆菌），未合格化，兼性好氧，产芽胞。

【98】*Paenibacillus graminis* Berge et al. 2002, sp. nov.（草类芽胞杆菌），好氧，产芽胞。

【99】*Paenibacillus granivorans* Van der Maarel et al. 2001, sp. nov.（嗜淀粉粒类芽胞杆菌），好氧，产芽胞。

【100】*Paenibacillus guangzhouensis* Li et al. 2014, sp. nov.（广州类芽胞杆菌），兼性好氧，

产芽胞。

【101】*Paenibacillus harenae* Jeon et al. 2009, sp. nov.（沙漠沙类芽胞杆菌），好氧，产芽胞。

【102】*Paenibacillus helianthi* Ambrosini et al. 2018, sp. nov.（向日葵类芽胞杆菌），固氮，兼性厌氧，产芽胞。

【103】*Paenibacillus hemerocallicola* Kim et al. 2015, sp. nov.（居萱草类芽胞杆菌），好氧，产芽胞。

【104】*Paenibacillus herberti* Guo et al. 2015, sp. nov.（短叶剪叶苔类芽胞杆菌），未合格化，好氧，产芽胞。

【105】*Paenibacillus hispanicus* Menéndez et al. 2016, sp. nov.（西班牙类芽胞杆菌），好氧，产芽胞。

【106】*Paenibacillus hodogayensis* Takeda et al. 2005, sp. nov.（保土谷类芽胞杆菌），好氧，产芽胞。

【107】*Paenibacillus hordei* Kim et al. 2013, sp. nov.（大麦类芽胞杆菌），兼性好氧，产芽胞。

【108】*Paenibacillus horti* Akter and Huq et al. 2018, sp. nov.（园艺类芽胞杆菌），未合格化，好氧，产芽胞。

【109】*Paenibacillus humi* Kim and Lee 2014, sp. nov.（土壤类芽胞杆菌），未合格化，兼性厌氧，产芽胞。

【110】*Paenibacillus humicus* Vaz-Moreira et al. 2007, sp. nov.（腐殖质类芽胞杆菌），好氧，产芽胞。

【111】*Paenibacillus hunanensis* Liu et al. 2010, sp. nov.（湖南类芽胞杆菌），好氧，产芽胞。

【112】*Paenibacillus ihbetae* Kiran et al. 2017, sp. nov.（生资所类芽胞杆菌），好氧，产芽胞。

【113】*Paenibacillus ihuae* Al-Bayssari et al. 2018, sp. nov.（医教所类芽胞杆菌），未合格化，兼性厌氧，产芽胞。

【114】*Paenibacillus ihumii* Togo et al. 2017, sp. nov.（肥胖症类芽胞杆菌），兼性厌氧，产芽胞。

【115】*Paenibacillus illinoisensis* Shida et al. 1997, sp. nov.（伊利诺伊类芽胞杆菌），兼性厌氧，产芽胞。

【116】*Paenibacillus insulae* Cho et al. 2015, sp. nov.（孤岛类芽胞杆菌），未合格化，好氧，产芽胞。

【117】*Paenibacillus intestini* Yun et al. 2017, sp. nov.（肠道类芽胞杆菌），兼性厌氧，产芽胞。

【118】*Paenibacillus jamilae* Aguilera et al. 2001, sp. nov.（杰米拉类芽胞杆菌），兼性厌氧，产芽胞。

【119】*Paenibacillus jilunlii* Jin et al. 2011, sp. nov.（李季伦类芽胞杆菌），固氮，兼性厌氧，产芽胞。

【120】*Paenibacillus kobensis* (Kanzawa et al. 1995) Shida et al. 1997, comb. nov.（神户类芽胞杆菌），好氧，产芽胞，由 *Bacillus kobensis* Kanzawa et al. 1995 重分类而来。

【121】*Paenibacillus koleovorans* Takeda et al. 2002, sp. nov.（食叶鞘类芽胞杆菌），兼性厌氧，产芽胞。

【122】*Paenibacillus konkukensis* Im et al. 2017, sp. nov.（建国大学类芽胞杆菌），好氧，产

芽胞。

【123】*Paenibacillus konsidensis* Ko et al. 2008, sp. nov.（传病网类芽胞杆菌），兼性厌氧，产芽胞。

【124】*Paenibacillus koreensis* Chung et al. 2000, sp. nov.（韩国类芽胞杆菌），兼性厌氧，产芽胞。

【125】*Paenibacillus kribbensis* Yoon et al. 2003, sp. nov.（韩研所类芽胞杆菌），兼性厌氧，产芽胞。

【126】*Paenibacillus kyungheensis* Siddiqi et al. 2015, sp. nov.（庆熙类芽胞杆菌），兼性厌氧，产芽胞。

【127】*Paenibacillus lactis* Scheldeman et al. 2004, sp. nov.（牛奶类芽胞杆菌），好氧，产芽胞。

【128】*Paenibacillus lacus* Chen et al. 2017, sp. nov.（湖类芽胞杆菌），好氧，产芽胞。

【129】*Paenibacillus larvae* (White 1906) Ash et al. 1994, comb. nov.（幼虫类芽胞杆菌），兼性厌氧，产芽胞，由 *Bacillus larvae* White 1906 重分类而来。

【130】*Paenibacillus lautus* (Nakamura 1984) Heyndrickx et al. 1996, comb. nov.（灿烂类芽胞杆菌），好氧，产芽胞，由 *Bacillus lautus* (ex Batchelor 1919) Nakamura 1984 重分类而来。

【131】*Paenibacillus lemnae* Kittiwongwattana and Thawai 2015, sp. nov.（稀脉萍类芽胞杆菌），好氧，产芽胞。

【132】*Paenibacillus lentimorbus* (Dutky 1940) Pettersson et al. 1999, comb. nov.（慢病类芽胞杆菌），兼性厌氧，产芽胞，由 *Bacillus lentimorbus* Dutky 1940 重分类而来。

【133】*Paenibacillus lentus* Li et al. 2014, sp. nov.（缓慢类芽胞杆菌），好氧，产芽胞。

【134】*Paenibacillus liaoningensis* Ai et al. 2016, sp. nov.（辽宁类芽胞杆菌），好氧，产芽胞。

【135】*Paenibacillus limicola* Nahar and Cha 2018, sp. nov.（居淤泥类芽胞杆菌），好氧，产芽胞。

【136】*Paenibacillus lupini* Carro et al. 2014, sp. nov.（白羽扇豆类芽胞杆菌），好氧，产芽胞。

【137】*Paenibacillus luteus* Zhang et al. 2019, sp. nov.（黄色类芽胞杆菌），好氧，产芽胞。

【138】*Paenibacillus lutimineralis* Cho et al. 2019, sp. nov.（黏土矿类芽胞杆菌），兼性厌氧，产芽胞。

【139】*Paenibacillus macerans* (Schardinger 1905) Ash et al. 1994, comb. nov.（浸麻类芽胞杆菌），好氧，产芽胞，由 *Bacillus macerans* Schardinger 1905 重分类而来。

【140】*Paenibacillus macquariensis* (Marshall and Ohye 1966) Ash et al. 1994, comb. nov.（马阔里类芽胞杆菌），好氧，产芽胞，由 *Bacillus macquariensis* Marshall and Ohye 1966 重分类而来。

【141】*Paenibacillus marchantiophytorum* Guo et al. 2015, sp. nov.（地钱类芽胞杆菌），好氧，产芽胞。

【142】*Paenibacillus marinisediminis* Lee et al. 2014, sp. nov.（海洋沉积物类芽胞杆菌），兼性厌氧，产芽胞。

【143】*Paenibacillus marinum* Bouraoui et al. 2013, sp. nov.（海洋类芽胞杆菌），未合格化，兼性厌氧，产芽胞。

【144】*Paenibacillus massiliensis* Roux and Raoult 2004, sp. nov.（马赛类芽胞杆菌），兼性厌氧，产芽胞。

【145】*Paenibacillus maysiensis* Wang et al. 2018, sp. nov.（玉米根际类芽胞杆菌），固氮，好氧，产芽胞。

【146】*Paenibacillus medicaginis* Lai et al. 2015, sp. nov.（苜蓿类芽胞杆菌），好氧，产芽胞。

【147】*Paenibacillus mendelii* Smerda et al. 2005, sp. nov.（孟德尔类芽胞杆菌），兼性厌氧，产芽胞。

【148】*Paenibacillus mesophilus* Narsing Rao et al. 2019, sp. nov.（喜中温类芽胞杆菌），好氧，产芽胞。

【149】*Paenibacillus methanolicus* Madhaiyan et al. 2016, sp. nov.（食甲醇类芽胞杆菌），好氧，产芽胞。

【150】*Paenibacillus mobilis* Yang et al. 2018, sp. nov.（运动类芽胞杆菌），好氧，产芽胞。

【151】*Paenibacillus montanisoli* Wu et al. 2018, sp. nov.（山区土类芽胞杆菌），好氧，产芽胞。

【152】*Paenibacillus montaniterrae* Khianngam et al. 2009, sp. nov.（山土类芽胞杆菌），兼性厌氧，产芽胞。

【153】*Paenibacillus motobuensis* Iida et al. 2005, sp. nov.（本部类芽胞杆菌），兼性厌氧，产芽胞。

【154】*Paenibacillus mucilaginosus* (Avakyan et al. 1998) Hu et al. 2010, comb. nov.（胶质类芽胞杆菌），好氧，产芽胞，由 *Bacillus mucilaginosus* Avakyan et al. 1998 重分类而来。

【155】*Paenibacillus nanensis* Khianngam et al. 2009, sp. nov.（难府类芽胞杆菌），兼性厌氧，产芽胞。

【156】*Paenibacillus naphthalenovorans* Daane et al. 2002, sp. nov.（食萘类芽胞杆菌），好氧，产芽胞。

【157】*Paenibacillus nasutitermitis* Wang et al. 2016, sp. nov.（鼻白蚁类芽胞杆菌），好氧，产芽胞。

【158】*Paenibacillus nebraskensis* Kämpfer et al. 2017, sp. nov.（内布拉斯加类芽胞杆菌），好氧，不产芽胞。

【159】*Paenibacillus nematophilus* Enright et al. 2003, sp. nov.（食线虫类芽胞杆菌），兼性厌氧，产芽胞。

【160】*Paenibacillus nicotianae* Li et al. 2013, sp. nov.（烟草类芽胞杆菌），兼性厌氧，产芽胞。

【161】*Paenibacillus nuruki* Kim et al. 2019, sp. nov.（清酒曲类芽胞杆菌），兼性厌氧，不产芽胞。

【162】*Paenibacillus oceanisediminis* Lee et al. 2013, sp. nov.（海床类芽胞杆菌），好氧，产芽胞。

【163】*Paenibacillus odorifer* Berge et al. 2002, sp. nov.（载味类芽胞杆菌），好氧，产芽胞。

【164】*Paenibacillus oenotherae* Kim et al. 2015, sp. nov.（月见草类芽胞杆菌），好氧，产芽胞。

【165】"*Paenibacillus oralis*" Park et al. 2019, sp. nov.（河口类芽胞杆菌），未合格化，兼

性厌氧，产芽胞。

【166】*Paenibacillus oryzae* Zhang et al. 2016, sp. nov.（水稻类芽胞杆菌），兼性厌氧，产芽胞。

【167】*Paenibacillus oryzisoli* Zhang et al. 2017, sp. nov.（水稻土类芽胞杆菌），好氧，产芽胞。

【168】*Paenibacillus ottowii* Velazquez et al. 2019, sp. nov.（奥托氏土类芽胞杆菌），兼性厌氧，产芽胞。

【169】*Paenibacillus pabuli* (Nakamura 1984) Ash et al. 1994, comb. nov.（饲料类芽胞杆菌），好氧，产芽胞，由 *Bacillus pabuli* Nakamura 1984 重分类而来。

【170】*Paenibacillus paeoniae* Yan and Tuo et al. 2018, sp. nov.（芍药类芽胞杆菌），好氧，产芽胞。

【171】*Paenibacillus panacihumi* Kim et al. 2018, sp. nov.（人参土壤类芽胞杆菌），兼性好氧，产芽胞。

【172】*Paenibacillus panacisoli* Ten et al. 2006, sp. nov.（参田土类芽胞杆菌），解木聚糖，兼性厌氧，产芽胞。

【173】*Paenibacillus panaciterrae* Nguyen et al. 2015, sp. nov.（参地类芽胞杆菌），好氧，产芽胞。

【174】*Paenibacillus paridis* Wang et al. 2019, sp. nov.（重楼类芽胞杆菌），好氧，产芽胞。

【175】*Paenibacillus pasadenensis* Osman et al. 2006, sp. nov.（帕萨迪娜类芽胞杆菌），好氧，产芽胞。

【176】*Paenibacillus pectinilyticus* Park et al. 2009, sp. nov.（解果胶类芽胞杆菌），好氧，产芽胞。

【177】*Paenibacillus peoriae* (Montefusco et al. 1993) Heyndrickx et al. 1996, comb. nov.（皮尔瑞俄类芽胞杆菌），好氧，产芽胞，由 *Bacillus peoriae* Montefusco et al. 1993 重分类而来。

【178】*Paenibacillus periandrae* Menéndez et al. 2016, sp. nov.（甘草类芽胞杆菌），好氧，产芽胞。

【179】*Paenibacillus phocaensis* Tidjani Alou et al. 2017, sp. nov.（弗凯亚类芽胞杆菌），兼性厌氧，产芽胞。

【180】*Paenibacillus phoenicis* Bernardini et al. 2011, sp. nov.（凤凰城类芽胞杆菌），好氧，产芽胞。

【181】*Paenibacillus phyllosphaerae* Rivas et al. 2005, sp. nov.（叶际类芽胞杆菌），兼性厌氧，产芽胞。

【182】*Paenibacillus physcomitrellae* Zhou et al. 2015, sp. nov.（小立碗藓类芽胞杆菌），兼性厌氧，产芽胞。

【183】*Paenibacillus pini* Kim et al. 2011, sp. nov.（松树类芽胞杆菌），解纤维素，好氧，产芽胞。

【184】*Paenibacillus pinihumi* Kim et al. 2010, sp. nov.（赤松土类芽胞杆菌），解纤维素，好氧，产芽胞。

【185】*Paenibacillus pinisoli* Moon and Kim 2014, sp. nov.（针叶林土类芽胞杆菌），好氧，产芽胞。

【186】*Paenibacillus pinistramenti* Lee et al. 2019, sp. nov.（松凋落物类芽胞杆菌），好氧，产芽胞。

【187】*Paenibacillus piri* Trinh and Kim 2019, sp. nov.（梨树类芽胞杆菌），好氧，产芽胞。

【188】*Paenibacillus pocheonensis* Baek et al. 2010, sp. nov.（抱川类芽胞杆菌），兼性厌氧，产芽胞。

【189】*Paenibacillus polymyxa* (Prazmowski 1880) Ash et al. 1994, comb. nov.（多粘类芽胞杆菌），模式种，好氧，产芽胞，由 *Bacillus polymyxa* Prazmowski 1880 重分类而来。

【190】*Paenibacillus polysaccharolyticus* Madhaiyan et al. 2017, sp. nov.（解多糖类芽胞杆菌），好氧，产芽胞。

【191】*Paenibacillus popilliae* (Dutky 1940) Pettersson et al. 1999, comb. nov.（丽金龟子类芽胞杆菌），兼性厌氧，产芽胞，由 *Bacillus popilliae* Dutky 1940 重分类而来。

【192】*Paenibacillus populi* Han et al. 2015, sp. nov.（杨树类芽胞杆菌），好氧，产芽胞。

【193】*Paenibacillus profundus* Romanenko et al. 2013, sp. nov.（深度类芽胞杆菌），兼性厌氧，产芽胞。

【194】*Paenibacillus prosopidis* Valverde et al. 2010, sp. nov.（牧豆树类芽胞杆菌），好氧，产芽胞。

【195】*Paenibacillus protaetiae* Heo et al. 2019, sp. nov.（白星花金龟类芽胞杆菌），好氧，产芽胞。

【196】*Paenibacillus provencensis* Roux et al. 2008, sp. nov.（普罗旺斯类芽胞杆菌），好氧，产芽胞。

【197】*Paenibacillus psychroresistens* Cha et al. 2019, sp. nov.（抗冻类芽胞杆菌），好氧，产芽胞。

【198】*Paenibacillus pueri* Kim et al. 2009, sp. nov.（普洱茶类芽胞杆菌），好氧，产芽胞。

【199】*Paenibacillus puernese* Wang et al. 2016, sp. nov.（普洱类芽胞杆菌），好氧，产芽胞。

【200】*Paenibacillus puldeungensis* Traiwan et al. 2011, sp. nov.（草洲类芽胞杆菌），兼性厌氧，产芽胞。

【201】*Paenibacillus purispatii* Behrendt et al. 2011, sp. nov.（洁净间类芽胞杆菌），好氧，产芽胞。

【202】*Paenibacillus qingshengii* Chen et al. 2015, sp. nov.（庆笙类芽胞杆菌），好氧，产芽胞。

【203】*Paenibacillus qinlingensis* Xin et al. 2017, sp. nov.（秦岭类芽胞杆菌），好氧，产芽胞。

【204】*Paenibacillus quercus* Wang et al. 2014, sp. nov.（麻栎类芽胞杆菌），好氧，产芽胞。

【205】*Paenibacillus radicis* Gao et al. 2016, sp. nov.（玉米根类芽胞杆菌），好氧，产芽胞。

【206】*Paenibacillus relictisesami* Shimoyama et al. 2014, sp. nov.（芝麻粕类芽胞杆菌），兼性厌氧，产芽胞。

【207】*Paenibacillus residui* Vaz-Moreira et al. 2010, sp. nov.（残渣类芽胞杆菌），好氧，产芽胞。

【208】*Paenibacillus rhizophilus* Ripa et al. 2019, sp. nov.（嗜根类芽胞杆菌），固氮，兼性好氧，产芽胞。

【209】*Paenibacillus rhizoplanae* Kämpfer et al. 2017, sp. nov.（根表类芽胞杆菌），好氧，

产芽胞。

【210】*Paenibacillus rhizoryzae* Zhang et al. 2015, sp. nov.（水稻根类芽胞杆菌），好氧，产芽胞。

【211】*Paenibacillus rhizosphaerae* Rivas et al. 2005, sp. nov.（根际类芽胞杆菌），好氧，产芽胞。

【212】*Paenibacillus rigui* Baik et al. 2011, sp. nov.（湿地类芽胞杆菌），好氧，产芽胞。

【213】*Paenibacillus ripae* Sun et al. 2015, sp. nov.（河岸类芽胞杆菌），好氧，产芽胞。

【214】*Paenibacillus rubiinfantis* Tidjani Alou et al. 2015, sp. nov.（鲁比婴儿类芽胞杆菌），未合格化，兼性好氧，产芽胞。

【215】*Paenibacillus sabinae* Ma et al. 2007, sp. nov.（圆柏类芽胞杆菌），固氮，好氧，产芽胞。

【216】*Paenibacillus sacheonensis* Moon et al. 2011, sp. nov.（泗川类芽胞杆菌），解多糖，好氧，产芽胞。

【217】*Paenibacillus salinicaeni* Guo et al. 2016, sp. nov.（盐泥类芽胞杆菌），兼性厌氧，产芽胞。

【218】*Paenibacillus sanguinis* Roux and Raoult 2004, sp. nov.（血液类芽胞杆菌），兼性厌氧，产芽胞。

【219】*Paenibacillus sediminis* Wang et al. 2012, sp. nov.（沉积物类芽胞杆菌），解木聚糖，好氧，产芽胞。

【220】*Paenibacillus segetis* Huang et al. 2016, sp. nov.（雨林土类芽胞杆菌），兼性厌氧，产芽胞。

【221】*Paenibacillus selenii* Xiang et al. 2014, sp. nov.（硒类芽胞杆菌），兼性厌氧，产芽胞。

【222】*Paenibacillus selenitireducens* Yao et al. 2014, sp. nov.（硒还原类芽胞杆菌），兼性厌氧，产芽胞。

【223】*Paenibacillus senegalensis* Mishra et al. 2015, sp. nov.（塞内加尔类芽胞杆菌），兼性厌氧，产芽胞。

【224】"*Paenibacillus senegalimassiliensis*" Pham et al. 2017, sp. nov.（塞内加尔马赛类芽胞杆菌），未合格化，好氧，产芽胞。

【225】*Paenibacillus seodonensis* Kang et al. 2018, sp. nov.（独岛类芽胞杆菌），好氧，产芽胞。

【226】*Paenibacillus septentrionalis* Khianngam et al. 2009, sp. nov.（北方难府类芽胞杆菌），兼性厌氧，产芽胞。

【227】*Paenibacillus sepulcri* Smerda et al. 2006, sp. nov.（坟墓类芽胞杆菌），兼性厌氧，产芽胞。

【228】*Paenibacillus shenyangensis* Jiang et al. 2015, sp. nov.（沈阳类芽胞杆菌），产絮凝剂，好氧，产芽胞。

【229】*Paenibacillus shirakamiensis* Tonouchi et al. 2014, sp. nov.（白神山类芽胞杆菌），嗜酸，好氧，产芽胞。

【230】*Paenibacillus shunpengii* Yang et al. 2018, sp. nov.（顺鹏类芽胞杆菌），好氧，产芽胞。

【231】*Paenibacillus siamensis* Khianngam et al. 2009, sp. nov.（暹罗类芽胞杆菌），兼性厌

氧，产芽胞。

【232】*Paenibacillus silagei* Tohno et al. 2016, sp. nov.（青储饲料类芽胞杆菌），兼性厌氧，产芽胞。

【233】*Paenibacillus silvae* Huang et al. 2017, sp. nov.（雨林类芽胞杆菌），兼性好氧，产芽胞。

【234】*Paenibacillus sinopodophylli* Chen et al. 2016, sp. nov.（桃儿七类芽胞杆菌），好氧，产芽胞。

【235】*Paenibacillus solanacearum* Cho et al. 2017, sp. nov.（茄科类芽胞杆菌），好氧，产芽胞。

【236】*Paenibacillus solani* Liu et al. 2016, sp. nov.（茄属类芽胞杆菌），好氧，产芽胞。

【237】*Paenibacillus soli* Park et al. 2007, sp. nov.（土壤类芽胞杆菌），解木聚糖，好氧，产芽胞。

【238】*Paenibacillus sonchi* Hong et al. 2009, sp. nov.（苦苣菜类芽胞杆菌），固氮，好氧，产芽胞。

【239】*Paenibacillus sophorae* Jin et al. 2011, sp. nov.（槐树类芽胞杆菌），固氮，兼性厌氧，产芽胞。

【240】*Paenibacillus sputi* Kim et al. 2010, sp. nov.（痰类芽胞杆菌），兼性厌氧，产芽胞。

【241】*Paenibacillus stellifer* Suominen et al. 2003, sp. nov.（星胞类芽胞杆菌），兼性厌氧，产芽胞。

【242】*Paenibacillus susongensis* Guo et al. 2014, sp. nov.（宿松县类芽胞杆菌），好氧，产芽胞。

【243】*Paenibacillus swuensis* Lee et al. 2014, sp. nov.（女院类芽胞杆菌），好氧，产芽胞。

【244】*Paenibacillus taichungensis* Lee et al. 2008, sp. nov.（台中类芽胞杆菌），兼性厌氧，产芽胞。

【245】*Paenibacillus taihuensis* Wu et al. 2013, sp. nov.（太湖类芽胞杆菌），兼性厌氧，产芽胞。

【246】*Paenibacillus taiwanensis* Lee et al. 2007, sp. nov.（台湾类芽胞杆菌），兼性厌氧，产芽胞。

【247】*Paenibacillus taohuashanense* Xie et al. 2012, sp. nov.（桃花山类芽胞杆菌），未合格化，固氮，兼性厌氧，产芽胞。

【248】*Paenibacillus tarimensis* Wang et al. 2008, sp. nov.（塔里木类芽胞杆菌），好氧，产芽胞。

【249】*Paenibacillus telluris* Lee et al. 2012, sp. nov.（土类芽胞杆菌），解磷，好氧，产芽胞。

【250】*Paenibacillus tepidiphilus* Narsing Rao et al. 2019, sp. nov.（微温类芽胞杆菌），好氧，产芽胞。

【251】*Paenibacillus terrae* Yoon et al. 2003, sp. nov.（大地类芽胞杆菌），兼性厌氧，产芽胞。

【252】*Paenibacillus terreus* Huang et al. 2016, sp. nov.（深林土类芽胞杆菌），好氧，产芽胞。

【253】*Paenibacillus terrigena* Xie and Yokota 2007, sp. nov.（海岸土类芽胞杆菌），兼性厌氧，产芽胞。

【254】*Paenibacillus tezpurensis* Rai et al. 2010, sp. nov.（提兹普尔类芽胞杆菌），未合格化，

好氧，产芽胞。

【255】*Paenibacillus thailandensis* Khianngam et al. 2009, sp. nov.（泰国类芽胞杆菌），兼性厌氧，产芽胞。

【256】*Paenibacillus thalictri* Tuo and Yan 2019, sp. nov.（唐松草类芽胞杆菌），好氧，产芽胞。

【257】*Paenibacillus thermoaerophilus* Ueda et al. 2013, sp. nov.（嗜热嗜气类芽胞杆菌），好氧，产芽胞。

【258】*Paenibacillus thiaminolyticus* (Nakamura 1990) Shida et al. 1997, comb. nov.（解硫胺素类芽胞杆菌），好氧，产芽胞，由 *Bacillus thiaminolyticus* (ex Kuno 1951) Nakamura 1990 重分类而来。

【259】*Paenibacillus tianmuensis* Wu et al. 2011, sp. nov.（天目山类芽胞杆菌），好氧，产芽胞。

【260】*Paenibacillus tibetensis* Han et al. 2015, sp. nov.（西藏类芽胞杆菌），嗜冷，好氧，产芽胞。

【261】*Paenibacillus timonensis* Roux and Raoult 2004, sp. nov.（泰门类芽胞杆菌），兼性厌氧，产芽胞。

【262】*Paenibacillus translucens* Kim and Cha 2018, sp. nov.（半透明类芽胞杆菌），好氧，产芽胞。

【263】*Paenibacillus tritici* Menendez et al. 2017, sp. nov.（小麦类芽胞杆菌），兼性厌氧，产芽胞。

【264】*Paenibacillus triticisoli* corrig. Wang et al. 2014, sp. nov.（小麦土类芽胞杆菌），固氮，兼性厌氧，产芽胞，为 *Paenibacillus beijingensis* Wang et al. 2013, sp. nov.（北京类芽胞杆菌）的重命名。

【265】"*Paenibacillus tuaregi*" Pham et al. 2017, sp. nov.（图阿雷格人类芽胞杆菌），未合格化，兼性好氧，产芽胞。

【266】*Paenibacillus tumbae* Huang et al. 2017, sp. nov.（寺庙类芽胞杆菌），好氧，产芽胞。

【267】*Paenibacillus tundrae* Nelson et al. 2009, sp. nov.（苔原类芽胞杆菌），耐冷，解木聚糖，好氧，产芽胞。

【268】*Paenibacillus turicensis* Bosshard et al. 2002, sp. nov.（苏黎世类芽胞杆菌），兼性厌氧，产芽胞。

【269】*Paenibacillus tylopili* Kuisiene et al. 2008, sp. nov.（牛肝菌类芽胞杆菌），未合格化，兼性厌氧，产芽胞。

【270】*Paenibacillus typhae* Kong et al. 2013, sp. nov.（蒲草类芽胞杆菌），兼性厌氧，产芽胞。

【271】*Paenibacillus tyrfis* Aw et al. 2016, sp. nov.（泥炭土类芽胞杆菌），未合格化，兼性厌氧，产芽胞。

【272】*Paenibacillus uliginis* Behrendt et al. 2011, sp. nov.（潮湿类芽胞杆菌），好氧，产芽胞。

【273】*Paenibacillus urinalis* Roux et al. 2008, sp. nov.（泌尿类芽胞杆菌），兼性厌氧，产芽胞。

【274】*Paenibacillus validus* (Nakamura 1984) Ash et al. 1994, comb. nov.（强壮类芽胞杆菌），好氧，产芽胞，由 *Bacillus validus* Nakamura 1984 重分类而来。

【275】*Paenibacillus vini* Chen et al. 2015, sp. nov.（窖泥类芽胞杆菌），兼性厌氧，产芽胞。

【276】*Paenibacillus vortex* Ben-Jacob et al. 1995, sp. nov.（涡旋类芽胞杆菌），未合格化，好氧，产芽胞。

【277】*Paenibacillus vulneris* Glaeser et al. 2013, sp. nov.（伤口类芽胞杆菌），好氧，产芽胞。

【278】*Paenibacillus wenxiniae* Gao et al. 2016, sp. nov.（文新类芽胞杆菌），固氮，好氧，产芽胞。

【279】*Paenibacillus wooponensis* Baik et al. 2011, sp. nov.（牛浦类芽胞杆菌），好氧，产芽胞。

【280】*Paenibacillus woosongensis* Lee and Yoon 2008, sp. nov.（又松类芽胞杆菌），解木聚糖，兼性厌氧，产芽胞。

【281】*Paenibacillus wulumuqiensis* Zhu et al. 2015, sp. nov.（乌鲁木齐类芽胞杆菌），好氧，产芽胞。

【282】*Paenibacillus wynnii* Rodríguez-Díaz et al. 2005, sp. nov.（韦恩氏类芽胞杆菌），固氮，兼性厌氧，产芽胞。

【283】*Paenibacillus xanthanilyticus* Ashraf et al. 2018, sp. nov.（解黄原胶类芽胞杆菌），好氧，产芽胞。

【284】*Paenibacillus xanthinilyticus* Kim et al. 2015, sp. nov.（解黄嘌呤类芽胞杆菌），兼性厌氧，产芽胞。

【285】*Paenibacillus xerothermodurans* Kaur et al. 2018, sp. nov.（耐干热类芽胞杆菌），兼性厌氧，产芽胞。

【286】*Paenibacillus xinjiangensis* Lim et al. 2006, sp. nov.（新疆类芽胞杆菌），好氧，产芽胞。

【287】*Paenibacillus xylanexedens* Nelson et al. 2009, sp. nov.（食木聚糖类芽胞杆菌），耐冷，解木聚糖，好氧，产芽胞。

【288】*Paenibacillus xylaniclasticus* Tachaapaikoon et al. 2012, sp. nov.（裂解木聚糖类芽胞杆菌），未合格化，兼性厌氧，产芽胞。

【289】*Paenibacillus xylanilyticus* Rivas et al. 2005, sp. nov.（解木聚糖类芽胞杆菌），兼性厌氧，产芽胞。

【290】*Paenibacillus xylanisolvens* Khianngam et al. 2011, sp. nov.（溶木聚糖类芽胞杆菌），兼性厌氧，产芽胞。

【291】*Paenibacillus xylanivorans* Ghio et al. 2019, sp. nov.（吃木聚糖类芽胞杆菌），兼性厌氧，产芽胞。

【292】*Paenibacillus yanchengensis* Lu et al. 2018, sp. nov.（盐城类芽胞杆菌），耐碱，好氧，产芽胞。

【293】*Paenibacillus yonginensis* Sukweenadhi et al. 2014, sp. nov.（龙仁类芽胞杆菌），好氧，产芽胞。

【294】*Paenibacillus yunnanensis* Niu et al. 2015, sp. nov.（云南类芽胞杆菌），好氧，产芽胞。

【295】*Paenibacillus zanthoxyli* Ma et al. 2007, sp. nov.（野花椒类芽胞杆菌），固氮，兼性

厌氧，产芽胞。

【296】*Paenibacillus zeae* Liu et al. 2015, sp. nov.（玉米类芽胞杆菌），好氧，产芽胞。

【297】*Paenibacillus zeisoli* Chen et al. 2019, sp. nov.（玉米土类芽胞杆菌），好氧，产芽胞。

变动：有 4 个种因同种异名而被合，2 个种降格为亚种，1 个种被转移至科恩氏菌属，具体情况如下。

【1】*Paenibacillus dauci* Zhu et al. 2015, sp. nov.（胡萝卜类芽胞杆菌）→ *Paenibacillus shenyangensis* Jiang et al. 2015, sp. nov. 同种异名。

【2】*Paenibacillus ginsengisoli* Lee et al. 2007, sp. nov.（人参土壤类芽胞杆菌）→ *Paenibacillus anaericanus* Horn et al. 2005. 同种异名。

【3】*Paenibacillus gordonae* (Pichinoty et al. 1987) Ash et al. 1994, comb. nov.（戈登氏类芽胞杆菌）→ *Paenibacillus validus* (Nakamura 1984) Ash et al. 1994 同种异名。

【4】*'Paenibacillus hongkongensis'* Teng et al. 2003, sp. nov.（香港类芽胞杆菌）→ *Cohnella hongkongensis* Kämpfer et al. 2006, comb. nov.。

【5】*Paenibacillus pulvifaciens* (Nakamura 1984) Ash et al. 1994, comb. nov.（生灰类芽胞杆菌）→ *Paenibacillus larvae* subsp. *pulvifaciens* (Nakamura 1984) Heyndrickx et al. 1996, comb. nov. 亚种。

【6】*Paenibacillus riograndensis* Beneduzi et al. 2010, sp. nov.（里奥格兰德类芽胞杆菌）→ *Paenibacillus sonchi* subsp. *riograndensis* 亚种。

【7】*Paenibacillus thermophilus* Zhou et al. 2013, sp. nov.（嗜热类芽胞杆菌）→ *Paenibacillus macerans* (Schardinger 1905) Ash et al. 1994. 同种异名。

（13）湿地杆菌属（*Paludirhabdus* Hwang et al. 2018, gen. nov.） 湿地杆菌属（*Paludirhabdus*）于 2018 年建立，包含 2 个种，均兼性厌氧、产芽胞。

【1】*Paludirhabdus pumila* Hwang et al. 2018, sp. nov.（短小湿地杆菌），兼性厌氧，产芽胞。

【2】*Paludirhabdus telluriireducens* Hwang et al. 2018, sp. nov.（碲还原湿地杆菌），模式种，兼性厌氧，产芽胞。

（14）糖芽胞杆菌属（*Saccharibacillus* Rivas et al. 2008, gen. nov.） 糖芽胞杆菌属（*Saccharibacillus*）于 2008 年建立，包含 6 个种，好氧或兼性厌氧，均产芽胞。

【1】*Saccharibacillus brassicae* Jiang et al. 2019, sp. nov.（大白菜类芽胞杆菌），兼性厌氧，产芽胞。

【2】*Saccharibacillus deserti* Sun et al. 2016, sp. nov.（沙漠糖芽胞杆菌），兼性厌氧，产芽胞。

【3】*Saccharibacillus endophyticus* Kämpfer et al. 2016, sp. nov.（内生糖芽胞杆菌），兼性厌氧，产芽胞。

【4】*Saccharibacillus kuerlensis* Yang et al. 2009, sp. nov.（库尔勒糖芽胞杆菌），好氧，产芽胞。

【5】*Saccharibacillus qingshengii* Han et al. 2016, sp. nov.（庆笙糖芽胞杆菌），好氧，产芽胞。

【6】*Saccharibacillus sacchari* Rivas et al. 2008, sp. nov.（甘蔗糖芽胞杆菌），模式种，兼性厌氧，产芽胞。

（15）热芽胞杆菌属（*Thermobacillus* Touzel et al. 2000, gen. nov.） 热芽胞杆菌属

（*Thermobacillus*）于 2000 年建立，包含 2 个种，均嗜热、好氧、产芽胞。

【1】*Thermobacillus composti* Watanabe et al. 2007, sp. nov.（堆肥热芽胞杆菌），好氧，产芽胞。

【2】*Thermobacillus xylanilyticus* Touzel et al. 2000, sp. nov.（解木聚糖热芽胞杆菌），模式种，好氧，产芽胞。

（16）木聚糖芽胞杆菌属（*Xylanibacillus* Kukolya et al. 2018, gen. nov.） 木聚糖芽胞杆菌属（*Xylanibacillus*）于 2018 年建立，仅有 1 个种，好氧，产芽胞。

Xylanibacillus composti Kukolya et al. 2018, sp. nov.（堆肥木聚糖芽胞杆菌），模式种，好氧，产芽胞。

5. 巴斯德氏柄菌科的分类进展

巴斯德氏柄菌科（family Pasteuriaceae）于 1949 年建立，仅有 1 属 4 种，均营寄生性生活、产芽胞。

巴斯德氏柄菌属（*Pasteuria* Metchnikoff 1888, genus.）于 1888 年建立，包含 4 个合格化发表的种，均产芽胞。

【1】*Pasteuria nishizawae* Sayre et al. 1992, sp. nov.（西泽氏巴斯德氏柄菌），产芽胞，寄生于胞囊线虫。

【2】*Pasteuria penetrans*(ex Thorne 1940) Sayre and Starr 1986, nom. rev., comb. nov.（穿刺巴斯德氏柄菌），产芽胞，寄生于根结线虫。

【3】*Pasteuria ramosa* Metchnikoff 1888, species.（多枝巴斯德氏柄菌），模式种，产芽胞，寄生于水蚤。

【4】*Pasteuria thornei* Starr and Sayre 1988, sp. nov.（索恩氏巴斯德氏柄菌），产芽胞，寄生于根腐线虫。

候选种：2 个。

【1】Candidatus Pasteuria aldrichii Giblin-Davis RM et al. 2011, sp. nov.（奥尔德里奇巴斯德氏柄菌），寄生于 *Bursilla* 线虫。

【2】Candidatus Pasteuria usgae Giblin-Davis RM et al. 2003, sp. nov.（美高尔夫协会巴斯德氏柄菌），寄生于刺线虫（*Belonolaimus longicaudatus*）。

6. 显核菌科 / 动球菌科种类

显核菌科（Caryophanaceae Peshkoff 1939, familia.）和动球菌科（Planococcaceae Krasilnikov 1949, familia.）分别于 1939 年和 1949 年建立，早期它们分别隶属于显核菌目（Caryophanales Peshkoff 1939, ordo.）和芽胞杆菌目（Bacillales Prévot 1953, ordo.）。最新的基于基因组分类学研究表明，两者应该合并为同一个科，根据命名规则，合并后的科的名称为显核菌科，或显核菌科 / 动球菌科（Gupta and Patel，2020），包含 23 个属 142 个种：显核菌属（*Caryophanon*）2 个种、哈格瓦氏菌属（*Bhargavaea*）6 个种、金黄微菌属（*Chryseomicrobium*）6 个种、土芽胞杆菌属（*Edaphobacillus*）1 个种、线杆菌属（*Filibacter*）2 个种、印度球菌属（*Indiicoccus*）1 个种、咸海鲜芽胞杆菌属（*Jeotgalibacillus*）9 个种、库特氏菌属（*Kurthia*）8 个种、赖氨酸芽胞杆菌属（*Lysinibacillus*）33 个种、似赖氨酸芽胞杆菌属（*Metalysinibacillus*）2 个种、似动球菌属（*Metaplanococcus*）1 个种、似土壤芽胞杆菌属（*Metasolibacillus*）1 个

种、类芽胞束菌属（*Paenisporosarcina*）4 个种、动球菌属（*Planococcus*）18 个种、动微菌属（*Planomicrobium*）10 个种、嗜冷芽胞杆菌属（*Psychrobacillus*）7 个种、鲁梅尔芽胞杆菌属（*Rummeliibacillus*）3 个种、萨维奇氏菌属（*Savagea*）1 个种、土壤芽胞杆菌属（*Solibacillus*）3 个种、芽胞束菌属（*Sporosarcina*）14 个种、特茨产胞菌属（*Tetzosporium*）1 个种、尿素芽胞杆菌属（*Ureibacillus*）6 个种和绿芽胞杆菌属（*Viridibacillus*）3 个种。该科的主要特征是：球形或杆状，大多数种类好氧，产芽胞或不产芽胞。其中，能形成芽胞的至少有 13 个属 85 个种，占该科种类的 60.0%。

（1）哈格瓦氏菌属（*Bhargavaea* Manorama et al. 2009, gen. nov.） 哈格瓦氏菌属（*Bhargavaea*）于 2009 年建立，包含 6 个种，好氧，不产芽胞或未观察到。

【1】*Bhargavaea beijingensis* (Qiu et al. 2009) Verma et al. 2012, comb. nov.（北京哈格瓦氏菌），耐盐，好氧，未观察到芽胞，由 *Bacillus beijingensis* Qiu et al. 2009 重分类而来。

【2】*Bhargavaea cecembensis* Manorama et al. 2009, sp. nov.（科研中心哈格瓦氏菌），模式种，好氧，不产芽胞。

【3】*Bhargavaea changchunensis* Tian et al. 2018, sp. nov.（长春哈格瓦氏菌），未合格化，好氧，不产芽胞。

【4】*Bhargavaea ginsengi* (Qiu et al. 2009) Verma et al. 2012, comb. nov.（人参哈格瓦氏菌），耐盐，好氧，未观察到芽胞，由 *Bacillus ginsengi* Qiu et al. 2009 重分类而来。

【5】*Bhargavaea indica* Verma et al. 2013, sp. nov.（印度哈格瓦氏菌），未合格化，好氧，不产芽胞。

【6】*Bhargavaea ullalensis* Glaeser et al. 2013, sp. nov.（乌拉尔哈格瓦氏菌），好氧，不产芽胞。

（2）显核菌属（*Caryophanon* Peshkoff 1939, genus.） 显核菌属（*Caryophanon*）于 1939 年建立，包含 2 个种，均好氧、不产芽胞。

【1】*Caryophanon latum* Peshkoff 1939, species.（阔显核菌），模式种，好氧，不产芽胞。

【2】*Caryophanon tenue* (ex Peshkoff 1939) Trentini 1988, sp. nov., nom. rev.（细长显核菌），好氧，不产芽胞。

（3）金黄微菌属（*Chryseomicrobium* Arora et al. 2011, gen. nov.） 金黄微菌属（*Chryseomicrobium*）于 2011 年建立，包含 6 个种，均好氧、不产芽胞。

【1】*Chryseomicrobium amylolyticum* Raj et al. 2013 , sp. nov.（解淀粉金黄微菌），好氧，不产芽胞。

【2】*Chryseomicrobium aureum* Deng et al. 2014, sp. nov.（金色金黄微菌），好氧，不产芽胞。

【3】*Chryseomicrobium deserti* Lin et al. 2017, sp. nov.（沙漠金黄微菌），好氧，不产芽胞。

【4】*Chryseomicrobium excrementi* Saha et al. 2018, sp. nov.（排泄物金黄微菌），好氧，不产芽胞。

【5】*Chryseomicrobium imtechense* Arora et al. 2011, sp. nov.（微技所金黄微菌），模式种，好氧，不产芽胞。

【6】*Chryseomicrobium palamuruense* Pindi et al. 2016, sp. nov.（帕拉穆鲁金黄微菌），好氧，不产芽胞。

（4）土芽胞杆菌属（*Edaphobacillus* Lal et al. 2014, gen. nov.） 土芽胞杆菌属（*Edaphobacillus*）于 2014 年建立，仅有 1 个种，好氧，不产芽胞。

Edaphobacillus lindanitolerans Lal et al. 2014, sp. nov.（耐六六六土芽胞杆菌），模式种，好氧，不产芽胞。

（5）线杆菌属（*Filibacter* Maiden and Jones 1985, gen. nov.） 线杆菌属（*Filibacter*）于1985 年建立，包含 2 个种，均好氧、不产芽胞。

【1】*Filibacter limicola* Maiden and Jones 1985, sp. nov.（居淤泥线杆菌），好氧，不产芽胞。

【2】*Filibacter tadaridae* Kämpfer et al. 2019, sp. nov.（犬吻蝠线杆菌），好氧，不产芽胞。

（6）印度球菌属（*Indiicoccus* Pal et al. 2019, gen. nov.） 印度球菌属（*Indiicoccus*）于2019 年建立，仅有 1 个种，好氧，不产芽胞。

Indiicoccus explosivorum Pal et al. 2019, sp. nov.（爆炸物印度球菌），好氧，不产芽胞。

（7）咸海鲜芽胞杆菌属（*Jeotgalibacillus* Yoon et al. 2001, gen. nov.） 咸海鲜芽胞杆菌属（*Jeotgalibacillus*）于 2001 年建立，包含 9 个种，嗜盐或耐盐，均好氧、产芽胞。

【1】*Jeotgalibacillus alimentarius* Yoon et al. 2001, sp. nov.（食物咸海鲜芽胞杆菌），模式种，嗜盐，兼性厌氧，产芽胞。

【2】*Jeotgalibacillus alkaliphilus* Srinivas et al. 2016, sp. nov.（嗜碱咸海鲜芽胞杆菌），嗜盐，好氧，产芽胞。

【3】*Jeotgalibacillus campisalis* (Yoon et al. 2004) Yoon et al. 2010, sp. nov.（盐地咸海鲜芽胞杆菌），嗜盐，好氧，产芽胞，由 *Marinibacillus campisalis* Yoon et al. 2004 重分类而来。

【4】*Jeotgalibacillus malaysiensis* Yaakop et al. 2015, sp. nov.（马来西亚咸海鲜芽胞杆菌），嗜盐，好氧，产芽胞。

【5】*Jeotgalibacillus marinus* (Rüger and Richter 1979) Yoon et al. 2010, sp. nov.（海洋咸海鲜芽胞杆菌），嗜盐，好氧，产芽胞，由 *Marinibacillus marinus* (Rüger and Richter 1979) Yoon et al. 2001 重分类而来，而 *Marinibacillus marinus* 由 *Bacillus marinus* (Rüger and Richter 1979) Rüger 1983 重分类而来。

【6】*Jeotgalibacillus proteolyticus* Li et al. 2018, sp. nov.（解蛋白咸海鲜芽胞杆菌），耐盐，好氧，产芽胞。

【7】*Jeotgalibacillus salarius* Yoon et al. 2010, sp. nov.（盐咸海鲜芽胞杆菌），耐盐，好氧，产芽胞。

【8】*Jeotgalibacillus soli* Cunha et al. 2012, sp. nov.（土壤咸海鲜芽胞杆菌），耐盐，好氧，产芽胞。

【9】*Jeotgalibacillus terrae* Chen et al. 2016, sp. nov.（土咸海鲜芽胞杆菌），耐盐，好氧，产芽胞，由 *Jeotgalibacillus soli* Chen et al. 2010, sp. nov. 重命名。

（8）库特氏菌属（*Kurthia* Trevisan 1885, genus.） 库特氏菌属（*Kurthia*）于 1885 年建立，包含 8 个种，好氧或兼性厌氧，均不产芽胞。

【1】*Kurthia gibsonii* Shaw and Keddie 1983, sp. nov.（吉氏库特氏菌），好氧，不产芽胞。

【2】*Kurthia huakuii* Ruan et al. 2014, sp. nov.（华葵库特氏菌），耐盐，兼性厌氧，不产芽胞。

【3】*Kurthia massiliensis* Roux et al. 2013, sp. nov.（马赛库特氏菌），好氧，不产芽胞。

【4】*Kurthia populi* Fang et al. 2015, sp. nov.（杨树库特氏菌），兼性好氧，不产芽胞。

【5】*Kurthia ruminicola* Kim et al. 2018, sp. nov.（居瘤胃库特氏菌），好氧，不产芽胞。

【6】*Kurthia senegalensis* Roux et al. 2016, sp. nov.（塞内加尔库特氏菌），好氧，不产芽胞。

【7】*Kurthia sibirica* Belikova et al. 1988, sp. nov.（西伯利亚库特氏菌），好氧，不产芽胞。

【8】*Kurthia zopfii* (Kurth 1883) Trevisan 1885, species.（措普夫库特氏菌），模式种，好氧，不产芽胞。

（9）赖氨酸芽胞杆菌属（*Lysinibacillus* Ahmed et al. 2007, gen. nov.） 赖氨酸芽胞杆菌属（*Lysinibacillus*）于 2007 年建立，包含 33 个种，均好氧、产芽胞。

【1】*Lysinibacillus acetophenoni* Azmatunnisa et al. 2015, sp. nov.（苯乙酮赖氨酸芽胞杆菌），好氧，产芽胞。

【2】*Lysinibacillus alkaliphilus* Zhao et al. 2015, sp. nov.（嗜碱赖氨酸芽胞杆菌），嗜碱，好氧，产芽胞。

【3】*Lysinibacillus alkalisoli* Sun et al. 2017, sp. nov.（碱土赖氨酸芽胞杆菌），嗜碱，好氧，产芽胞。

【4】*Lysinibacillus boronitolerans* Ahmed et al. 2007, sp. nov.（耐硼赖氨酸芽胞杆菌），模式种，好氧，产芽胞。

【5】*Lysinibacillus capsici* Burkett-Cadena et al. 2019, sp. nov.（辣椒赖氨酸芽胞杆菌），好氧，产芽胞。

【6】*Lysinibacillus chungkukjangi* Kim et al. 2013, sp. nov.（清国酱赖氨酸芽胞杆菌），好氧，产芽胞。

【7】*Lysinibacillus composti* Hayat et al. 2014, sp. nov.（堆肥赖氨酸芽胞杆菌），好氧，产芽胞。

【8】*Lysinibacillus contaminans* Kämpfer et al. 2013, sp. nov.（污染赖氨酸芽胞杆菌），好氧，产芽胞。

【9】*Lysinibacillus cresolivorans* Ren et al. 2015, sp. nov.（食甲酚赖氨酸芽胞杆菌），兼性厌氧，产芽胞。

【10】*Lysinibacillus endophyticus* Yu et al. 2017, sp. nov.（内生赖氨酸芽胞杆菌），好氧，产芽胞。

【11】*Lysinibacillus fluoroglycofenilyticus* Cheng et al. 2015, sp. nov.（解乙羧氟草醚赖氨酸芽胞杆菌），未合格化，好氧，产芽胞。

【12】*Lysinibacillus fusiformis* (Priest et al. 1989) Ahmed et al. 2007, comb. nov.（纺锤形赖氨酸芽胞杆菌），好氧，产芽胞，由 *Bacillus fusiformis* (ex Meyer and Gottheil 1901) Priest et al. 1989 重分类而来。

【13】*Lysinibacillus halotolerans* Kong et al. 2014, sp. nov.（耐盐赖氨酸芽胞杆菌），好氧，产芽胞。

【14】*Lysinibacillus jejuensis* Kim et al. 2013, sp. nov.（济州赖氨酸芽胞杆菌），好氧，产芽胞。

【15】*Lysinibacillus louembei* Ouoba et al. 2015, sp. nov.（卢恩贝氏赖氨酸芽胞杆菌），好氧，产芽胞。

【16】*Lysinibacillus macrolides* (ex Bennett and Canale-Parola 1965) Coorevits et al. 2012, sp. nov., nom. rev.（长赖氨酸芽胞杆菌），好氧，产芽胞，由 "*Bacillus macroides*" ex Bennett and Canale-Parola 1965 重分类而来。

【17】*Lysinibacillus manganicus* Liu et al. 2013, sp. nov.（锰矿土赖氨酸芽胞杆菌），好氧，

产芽胞。

【18】*Lysinibacillus mangiferihumi* Yang et al. 2012, sp. nov.(芒果土赖氨酸芽胞杆菌)，好氧，产芽胞。

【19】*Lysinibacillus massiliensis* (Glazunova et al. 2006) Jung et al. 2012, comb. nov.（马赛赖氨酸芽胞杆菌），好氧，产芽胞，由 *Bacillus massiliensis* Glazunova et al. 2006 重分类而来。

【20】*Lysinibacillus meyeri* Seiler et al. 2013, sp. nov.（迈耶氏赖氨酸芽胞杆菌），好氧，产芽胞。

【21】*Lysinibacillus odysseyi* (La Duc et al. 2004) Jung et al. 2012, comb. nov.（奥德赛赖氨酸芽胞杆菌），好氧，产芽胞，由 *Bacillus odysseyi* La Duc et al. 2004 重分类而来。

【22】*Lysinibacillus pakistanensis* Ahmed et al. 2014, sp. nov.（巴基斯坦赖氨酸芽胞杆菌），好氧，产芽胞。

【23】*Lysinibacillus parviboronicapiens* Miwa et al. 2009, sp. nov.（含低硼赖氨酸芽胞杆菌），好氧，产芽胞。

【24】"*Lysinibacillus saudimassiliensis*" Papadioti et al. 2016, sp. nov.（沙特赖氨酸芽胞杆菌），好氧，产芽胞，未合格化。

【25】*Lysinibacillus sinduriensis* Jung et al. 2012, sp. nov.（新头里赖氨酸芽胞杆菌），好氧，产芽胞。

【26】*Lysinibacillus sphaericus* (Meyer and Neide 1904) Ahmed et al. 2007, comb. nov.（球形赖氨酸芽胞杆菌），好氧，产芽胞，由 *Bacillus sphaericus* Meyer and Neide 1904 重分类而来。

【27】*Lysinibacillus tabacifolii* Duan et al. 2014, sp. nov.（烟叶赖氨酸芽胞杆菌），好氧，产芽胞。

【28】*Lysinibacillus telephonicus* Rahi et al. 2017, sp. nov.（手机赖氨酸芽胞杆菌），好氧，产芽胞。

【29】*Lysinibacillus timonensis* Ndiaye et al. 2019, sp. nov.（泰门赖氨酸芽胞杆菌），好氧，产芽胞。

【30】*Lysinibacillus varians* Zhu et al. 2014, sp. nov.（变异赖氨酸芽胞杆菌），好氧，产芽胞。

【31】*Lysinibacillus xylanilyticus* Lee et al. 2010, sp. nov.（解木聚糖赖氨酸芽胞杆菌），好氧，产芽胞。

【32】*Lysinibacillus xyleni* Begum et al. 2016, sp. nov.（二甲苯赖氨酸芽胞杆菌），未合格化，好氧，产芽胞。

【33】*Lysinibacillus yapensis* Yu et al. 2019, sp. nov.（雅浦海沟赖氨酸芽胞杆菌），好氧，产芽胞。

（10）似赖氨酸芽胞杆菌属（*Metalysinibacillus* Gupta and Patel 2020, gen. nov.）　似赖氨酸芽胞杆菌属（*Metalysinibacillus*）于 2020 年建立，包含 2 个种，均好氧、产芽胞。

【1】*Metalysinibacillus jejuensis* (Kim et al. 2013) Gupta and Patel 2020, comb. nov.（济州赖氨酸芽胞杆菌），模式种，好氧，产芽胞，由 *Lysinibacillus jejuensis* Kim et al. 2013 重分类而来。

【2】*Metalysinibacillus saudimassiliensis* (Papadioti et al. 2016) Gupta and Patel 2020, comb. nov.（沙特赖氨酸芽胞杆菌），好氧，产芽胞，由 *Lysinibacillus saudimassiliensis* Papadioti et al. 2016 重分类而来。

（11）似动球菌属（*Metaplanococcus* Gupta and Patel, 2020, gen. nov.） 似动球菌属（*Metaplanococcus*）于 2020 年建立，仅有 1 个种，好氧、不产芽胞。

Metaplanococcus flavidum (Jung et al. 2009) Gupta and Patel 2020, comb. nov.（浅黄色似动球菌），耐冷耐盐，好氧，不产芽胞，由 *Planomicrobium flavidum* Jung et al. 2009 重分类而来。

（12）似土壤芽胞杆菌属（*Metasolibacillus* Gupta and Patel, 2020, gen. nov.） 似土壤芽胞杆菌属（*Metasolibacillus*）于 2020 年建立，仅有 1 个种，好氧、产芽胞。

Metasolibacillus fluoroglycofenilyticus Gupta and Patel, 2020, sp. nov.（解乙羧氟草醚似土壤芽胞杆菌），好氧，产芽胞。

（13）类芽胞束菌属（*Paenisporosarcina* Krishnamurthi et al. 2009, gen. nov.） 类芽胞束菌属（*Paenisporosarcina*）于 2009 年建立，包含 4 个种，好氧或兼性厌氧，均产芽胞。

【1】*Paenisporosarcina antarctica* (Wu et al. 2008) Reddy et al. 2013, comb. nov.（南极类芽胞束菌），嗜冷，兼性厌氧，产芽胞，由 *Sporosarcina antarctica* Wu et al. 2008 重分类而来。

【2】*Paenisporosarcina indica* Reddy et al. 2013, sp. nov.（印度类芽胞束菌），好氧，产芽胞。

【3】*Paenisporosarcina macmurdoensis* (Reddy et al. 2003) Krishnamurthi et al. 2009, comb. nov.（麦克默多类芽胞束菌），嗜冷，好氧，产芽胞，由 *Sporosarcina macmurdoensis* Reddy et al. 2003 重分类而来。

【4】*Paenisporosarcina quisquiliarum* Krishnamurthi et al. 2009, sp. nov.（栖水类芽胞束菌），模式种，好氧，产芽胞。

（14）动球菌属（*Planococcus* Migula 1894, genus.） 动球菌属（*Planococcus*）于 1894 年建立，包含 18 个种，均好氧、不产芽胞。

【1】*Planococcus antarcticus* Reddy et al. 2002, sp. nov.（南极洲动球菌），嗜冷，好氧，不产芽胞。

【2】*Planococcus citreus* Migula 1894 (Approved Lists 1980), species.（橙黄色动球菌），模式种，好氧，不产芽胞。

【3】*Planococcus columbae* Suresh et al. 2007, sp. nov.（家鸽动球菌），嗜盐耐冷，好氧，不产芽胞。

【4】*Planococcus dechangensis* Wang et al. 2015, sp. nov.（德昌动球菌），未合格化，嗜盐，好氧，不产芽胞。

【5】*Planococcus donghaensis* Choi et al. 2007, sp. nov.（东海动球菌），好氧，不产芽胞。

【6】*Planococcus faecalis* Kim et al. 2015, sp. nov.（粪便动球菌），耐冷，好氧，不产芽胞。

【7】*Planococcus halocryophilus* Mykytczuk et al. 2012, sp. nov.（嗜盐嗜冷动球菌），嗜冷嗜盐，好氧，不产芽胞。

【8】*Planococcus halotolerans* Gan et al. 2018, sp. nov.（耐盐动球菌），嗜冷嗜盐，好氧，不产芽胞。

【9】*Planococcus kocurii* Hao and Komagata 1986, sp. nov.（科库尔氏动球菌），嗜冷，好氧，不产芽胞。

【10】*Planococcus maitriensis* Alam et al. 2004, sp. nov.（迈特里动球菌），好氧，不产芽胞。

【11】*Planococcus maritimus* Yoon et al. 2003, sp. nov.（海洋动球菌），耐冷耐盐，好氧，不产芽胞。

【12】*Planococcus massiliensis* Seck et al. 2015, sp. nov.（马赛动球菌），嗜盐，好氧，不产

芽胞。

【13】*Planococcus plakortidis* Kaur et al. 2012, sp. nov.（海绵动球菌），好氧，不产芽胞。

【14】*Planococcus rifietoensis* corrig. Romano et al. 2003, sp. nov.（里菲托动球菌），好氧，不产芽胞。

【15】*Planococcus ruber* Wang et al. 2017, sp. nov.（红色动球菌），好氧，不产芽胞。

【16】*Planococcus salinarum* Yoon et al. 2010, sp. nov.（盐田动球菌），好氧，不产芽胞。

【17】*Planococcus salinus* Gan et al. 2018, sp. nov.（盐动球菌），嗜盐，好氧，不产芽胞。

【18】*Planococcus versutus* See-Too et al. 2017, sp. nov.（精明动球菌），好氧，不产芽胞。

变动：有5种被转移至动微菌属，1种被转移至海洋球菌属，具体情况如下。

【1】*Planococcus alkanoclasticus* Engelhardt et al. 2001, sp. nov. → *Planomicrobium alkanoclasticum* (Engelhardt et al. 2001) Dai et al. 2005, comb. nov.。

【2】*Planococcus halophilus* Novitsky and Kushner 1976, species → *Marinococcus halophilus* (Novitsky and Kushner 1976) Hao et al. 1985, comb. nov.。

【3】*Planococcus mcmeekinii* Junge et al. 1998, sp. nov. → *Planomicrobium mcmeekinii* (Junge et al. 1998) Yoon et al. 2001, comb. nov.。

【4】*Planococcus okeanokoites* (ZoBell and Upham 1944) Nakagawa et al. 1996, comb. nov. → *Planomicrobium okeanokoites* (ZoBell and Upham 1944) Yoon et al. 2001, comb. nov.。

【5】*Planococcus psychrophilus* Reddy et al. 2002, sp. nov. → *Planomicrobium psychrophilum* (Reddy et al. 2002) Dai et al. 2005, comb. nov.。

【6】*Planococcus stackebrandtii* Mayilraj et al. 2005, sp. nov. → *Planomicrobium stackebrandtii* (Mayilraj et al. 2005) Jung et al. 2009, comb. nov.。

（15）动微菌属（*Planomicrobium* Yoon et al. 2001, gen. nov.） 动微菌属（*Planomicrobium*）于2001年建立，包含10个种，均好氧、不产芽胞。

【1】*Planomicrobium alkanoclasticum* (Engelhardt et al. 2001) Dai et al. 2005, comb. nov.（解烷烃动微菌），好氧，不产芽胞，由 *Planococcus alkanoclasticus* Engelhardt et al. 2001 重分类而来。

【2】*Planomicrobium chinense* Dai et al. 2005, sp. nov.（中华动微菌），好氧，不产芽胞。

【3】*Planomicrobium glaciei* Zhang et al. 2009, sp. nov.（冰川动微菌），耐冷，好氧，不产芽胞。

【4】*Planomicrobium iranicum* Ramezani et al. 2019, sp. nov.（伊朗动微菌），嗜盐，好氧，不产芽胞。

【5】*Planomicrobium koreense* Yoon et al. 2001, sp. nov.（韩国动微菌），模式种，好氧，不产芽胞。

【6】*Planomicrobium mcmeekinii* (Junge et al. 1998) Yoon et al. 2001, comb. nov.（麦克米金氏动微菌），嗜冷，好氧，不产芽胞，由 *Planococcus mcmeekinii* Junge et al. 1998 重分类而来。

【7】*Planomicrobium okeanokoites* (ZoBell and Upham 1944) Yoon et al. 2001, comb. nov.（海床动微菌），好氧，不产芽胞，由 *Planococcus okeanokoites* (ZoBell and Upham 1944) Nakagawa et al. 1996 重分类而来，而 *Planococcus okeanokoites* 由 *Flavobacterium okeanokoites* ZoBell and Upham 1944 重分类而来。

【8】*Planomicrobium psychrophilum* (Reddy et al. 2002) Dai et al. 2005, comb. nov.（嗜冷动

微菌），嗜冷，好氧，不产芽胞，由 *Planococcus psychrophilus* Reddy et al. 2002 重分类而来。

【9】*Planomicrobium soli* Luo et al. 2014, sp. nov.（土壤动微菌），耐冷嗜盐，好氧，不产芽胞。

【10】*Planomicrobium stackebrandtii* (Mayilraj et al. 2005) Jung et al. 2009, comb. nov.（施氏动微菌），耐冷，好氧，不产芽胞，由 *Planococcus stackebrandtii* Mayilraj et al. 2005 重分类而来。

（16）嗜冷芽胞杆菌属（*Psychrobacillus* Krishnamurthi et al. 2011, gen. nov.） 嗜冷芽胞杆菌属（*Psychrobacillus*）于 2011 年建立，包含 7 个种，嗜冷或耐冷，好氧或兼性厌氧，均产芽胞。

【1】*Psychrobacillus glaciei* Choi and Lee 2019, sp. nov.（冰嗜冷芽胞杆菌），嗜冷，海洋，产芽胞。

【2】*Psychrobacillus insolitus* (Larkin and Stokes 1967) Krishnamurthi et al. 2011, comb. nov.（奇特嗜冷芽胞杆菌），模式种，嗜冷，好氧，产芽胞，由 *Bacillus insolitus* Larkin and Stokes 1967 重分类而来。

【3】*Psychrobacillus lasiicapitis* Shen et al. 2017, sp. nov.（毛蚁头嗜冷芽胞杆菌），耐冷，好氧，产芽胞。

【4】*Psychrobacillus psychrodurans* (Abd El-Rahman et al. 2002) Krishnamurthi et al. 2011, comb. nov.（忍冷嗜冷芽胞杆菌），耐冷，好氧，产芽胞，由 *Bacillus psychrodurans* Abd El-Rahman et al. 2002 重分类而来。

【5】*Psychrobacillus psychrotolerans* (Abd El-Rahman et al. 2002) Krishnamurthi et al. 2011, comb. nov.（耐冷嗜冷芽胞杆菌），耐冷，好氧，产芽胞，由 *Bacillus psychrotolerans* Abd El-Rahman et al. 2002 重分类而来。

【6】*Psychrobacillus soli* Pham et al. 2015, sp. nov.（土壤嗜冷芽胞杆菌），耐冷，好氧，产芽胞。

【7】*Psychrobacillus vulpis* sp. nov. Rodríguez et al. 2019, sp. nov.（赤狐嗜冷芽胞杆菌），耐冷，兼性厌氧，产芽胞。

（17）鲁梅尔芽胞杆菌属（*Rummeliibacillus* Vaishampayan et al. 2009, gen. nov.） 鲁梅尔芽胞杆菌属（*Rummeliibacillus*）于 2009 年建立，包含 3 个种，均好氧、产芽胞。

【1】*Rummeliibacillus pycnus* (Nakamura et al. 2002) Vaishampayan et al. 2009, comb. nov.（厚胞鲁梅尔芽胞杆菌），好氧，产芽胞，由 *Bacillus pycnus* Nakamura et al. 2002 重分类而来。

【2】*Rummeliibacillus stabekisii* Vaishampayan et al. 2009, sp. nov.（司氏鲁梅尔芽胞杆菌），模式种，好氧，产芽胞。

【3】*Rummeliibacillus suwonensis* Her and Kim 2013, sp. nov.（水原鲁梅尔芽胞杆菌），好氧，产芽胞。

（18）萨维奇氏菌属（*Savagea* Whitehead et al. 2015, gen. nov.） 萨维奇氏菌属（*Savagea*）于 2015 年建立，仅有 1 个种，好氧，不产芽胞。

Savagea faecisuis Whitehead et al. 2015, sp. nov.（粪便萨维奇氏菌），好氧，不产芽胞。

（19）土壤芽胞杆菌属（*Solibacillus* Krishnamurthi et al. 2009, gen. nov.） 土壤芽胞杆菌属（*Solibacillus*）于 2009 年建立，包含 3 个种，均好氧、产芽胞。

【1】*Solibacillus isronensis* (Shivaji et al. 2009) Mual et al. 2016, comb. nov.（印空研土壤芽

胞杆菌），好氧，产芽胞，由 *Bacillus isronensis* Shivaji et al. 2009 重分类而来。

【2】*Solibacillus kalamii* Checinska et al. 2017, sp. nov.（卡拉姆土壤芽胞杆菌），好氧，产芽胞。

【3】*Solibacillus silvestris* (Rheims et al. 1999) Krishnamurthi et al. 2009, comb. nov.（森林土壤芽胞杆菌），模式种，好氧，产芽胞，由 *Bacillus silvestris* Rheims et al. 1999 重分类而来。

（20）芽胞束菌属（*Sporosarcina* Kluyver and van Niel 1936, genus.）　芽胞束菌属（*Sporosarcina*）于 1936 年建立，包含 14 个种，好氧或兼性厌氧，均产芽胞。

【1】*Sporosarcina aquimarina* Yoon et al. 2001, sp. nov.（海水芽胞束菌），兼性厌氧，产芽胞。

【2】*Sporosarcina contaminans* Kämpfer et al. 2010, sp. nov.（污染芽胞束菌），好氧，产芽胞。

【3】*Sporosarcina globispora* (Larkin and Stokes 1967) Yoon et al. 2001, comb. nov.（球胞芽胞束菌），好氧，产芽胞，由 *Bacillus globisporus* Larkin and Stokes 1967 重分类而来。

【4】*Sporosarcina koreensis* Kwon et al. 2007, sp. nov.（韩国芽胞束菌），好氧，产芽胞。

【5】*Sporosarcina luteola* Tominaga et al. 2009, sp. nov.（黄色芽胞束菌），兼性厌氧，产芽胞。

【6】*Sporosarcina newyorkensis* Wolfgang et al. 2012, sp. nov.（纽约芽胞束菌），好氧，产芽胞。

【7】*Sporosarcina pasteurii* (Miquel 1889) Yoon et al. 2001, comb. nov.（巴氏芽胞束菌），好氧，产芽胞，由 *Bacillus pasteurii* (Miquel 1889) Chester 1898 重分类而来。

【8】*Sporosarcina psychrophila* (Nakamura 1984) Yoon et al. 2001, comb. nov.（嗜冷芽胞束菌），嗜冷，好氧，产芽胞，由 *Bacillus psychrophilus* (ex Larkin and Stokes 1967) Nakamura 1984 重分类而来。

【9】*Sporosarcina saromensis* An et al. 2007, sp. nov.（佐吕间芽胞束菌），好氧，产芽胞。

【10】*Sporosarcina siberiensis* Zhang et al. 2015, sp. nov.（西伯利亚芽胞束菌），耐冷，好氧，产芽胞。

【11】*Sporosarcina soli* Kwon et al. 2007, sp. nov.（土壤芽胞束菌），好氧，产芽胞。

【12】*Sporosarcina terrae* Sun et al. 2017, sp. nov.（土芽胞束菌），好氧，产芽胞。

【13】*Sporosarcina thermotolerans* Kämpfer et al. 2010, sp. nov.（耐热芽胞束菌），耐热，好氧，产芽胞。

【14】*Sporosarcina ureae* (Beijerinck 1901) Kluyver and van Niel 1936, species.（尿素芽胞束菌），模式种，好氧，产芽胞。

变动：有 3 种分别被转移至 *Paenisporosarcina* 和 *Halobacillus* 属，具体情况如下。

【1】*Sporosarcina antarctica* Yu et al. 2008, sp. nov. → *Paenisporosarcina antarctica* (Yu et al. 2008) Reddy et al. 2013, comb. nov.。

【2】*Sporosarcina halophila* Claus et al. 1984, sp. nov.（嗜盐芽胞束菌）→ *Halobacillus halophilus* (Claus et al. 1984) Spring et al. 1996。

【3】*Sporosarcina macmurdoensis* Reddy et al. 2003, sp. nov. → *Paenisporosarcina macmurdoensis* (Reddy et al. 2003) Krishnamurthi et al. 2009, comb. nov.。

（21）特茨产胞菌属（*Tetzosporium* Tetz and Tetz 2018, gen. nov.）　特茨产胞菌属（*Tetzosporium*）于 2018 年建立，仅有 1 个种，好氧，产芽胞。

Tetzosporium hominis Tetz and Tetz 2018, sp. nov.（人特茨产胞菌），好氧，产芽胞。

（22）尿素芽胞杆菌属（*Ureibacillus* Fortina et al. 2001, gen. nov.）　尿素芽胞杆菌属（*Ureibacillus*）于 2001 年建立，包含 6 个种，均嗜热、好氧、产芽胞。

【1】*Ureibacillus composti* Weon et al. 2007, sp. nov.（堆肥尿素芽胞杆菌），嗜热，好氧，产芽胞。

【2】*Ureibacillus defluvii* Zhou et al. 2014, sp. nov.（污泥尿素芽胞杆菌），嗜热，好氧，产芽胞。

【3】*Ureibacillus suwonensis* Kim et al. 2006, sp. nov.（水原尿素芽胞杆菌），嗜热，好氧，产芽胞。

【4】*Ureibacillus terrenus* Fortina et al. 2001, sp. nov.（领地尿素芽胞杆菌），嗜热，好氧，产芽胞。

【5】*Ureibacillus thermophilus* Weon et al. 2007, sp. nov.（嗜热尿素芽胞杆菌），嗜热，好氧，产芽胞。

【6】*Ureibacillus thermosphaericus* (Andersson et al. 1996) Fortina et al. 2001, comb. nov.（热球状尿素芽胞杆菌），模式种，嗜热，好氧，产芽胞，由 *Bacillus thermosphaericus* Andersson et al. 1996 重分类而来。

（23）绿芽胞杆菌属（*Viridibacillus* Albert et al. 2007, gen. nov.）　绿芽胞杆菌属（*Viridibacillus*）于 2007 年建立，包含 3 个种，均好氧、产芽胞。

【1】*Viridibacillus arenosi* (Heyrman et al. 2005) Albert et al. 2007, comb. nov.（沙地绿芽胞杆菌），好氧，产芽胞，由 *Bacillus arenosi* Heyrman et al. 2005 重分类而来。

【2】*Viridibacillus arvi* (Heyrman et al. 2005) Albert et al. 2007, comb. nov.（田野绿芽胞杆菌），模式种，好氧，产芽胞，由 *Bacillus arvi* Heyrman et al. 2005 重分类而来。

【3】*Viridibacillus neidei* (Nakamura et al. 2002) Albert et al. 2007, comb. nov.（奈台氏绿芽胞杆菌），好氧，产芽胞，由 *Bacillus neidei* Nakamura et al. 2002 重分类而来。

7. 芽胞乳杆菌科种类

芽胞乳杆菌科（Sporolactobacillaceae Ludwig et al. 2010, fam. nov.）于 2010 年建立，目前，该科至少有 8 个属 24 个种：垃圾芽胞杆菌属（*Caenibacillus*）1 个种、茶树芽胞杆菌属（*Camelliibacillus*）1 个种、解支链淀粉芽胞杆菌属（*Pullulanibacillus*）4 个种、火山渣芽胞杆菌属（*Scopulibacillus*）3 个种、中华球菌属（*Sinobaca*）1 个种、芽胞乳杆菌属（*Sporolactobacillus*）12 个种、土壤乳杆菌属（*Terrilactibacillus*）1 个种和肿块芽胞杆菌属（*Tuberibacillus*）1 个种。除中华球菌属外，其他属的种类均能形成芽胞。

（1）垃圾芽胞杆菌属（*Caenibacillus* Tsujimoto et al. 2016, gen. nov.）　垃圾芽胞杆菌属（*Caenibacillus*）于 2016 年建立，仅有 1 个种，好氧，产芽胞。

Caenibacillus caldisaponilyticus Tsujimoto et al. 2016, sp. nov.（溶皂垃圾芽胞杆菌），嗜热，好氧，产芽胞。

（2）茶树芽胞杆菌属（*Camelliibacillus* Lin et al. 2018, gen. nov.）　茶树芽胞杆菌属（*Camelliibacillus*）于 2018 年建立，仅有 1 个种，好氧，产芽胞。

Camelliibacillus cellulosilyticus Lin et al. 2018, sp. nov.（解纤维素茶树芽胞杆菌），好氧，产芽胞。

（3）解支链淀粉芽胞杆菌属（*Pullulanibacillus* Hatayama et al. 2006, gen. nov.）　解支链淀粉芽胞杆菌属（*Pullulanibacillus*）于2006年建立，包含4个种，均好氧、产芽胞。

【1】*Pullulanibacillus camelliae* Niu et al. 2016, sp. nov.（茶树解支链淀粉芽胞杆菌），好氧，产芽胞。

【2】*Pullulanibacillus naganoensis* (Tomimura et al. 1990) Hatayama et al. 2006, comb. nov.（长野解支链淀粉芽胞杆菌），模式种，嗜酸，好氧，产芽胞，由 *Bacillus naganoensis* Tomimura et al. 1990 重分类而来。

【3】*Pullulanibacillus pueri* Niu et al. 2015, sp. nov.（普洱茶解支链淀粉芽胞杆菌），嗜酸，好氧，产芽胞。

【4】*Pullulanibacillus uraniitolerans* Pereira et al. 2013, sp. nov.（耐铀解支链淀粉芽胞杆菌），好氧，产芽胞。

（4）火山渣芽胞杆菌属（*Scopulibacillus* Lee and Lee 2015, gen. nov.）　火山渣芽胞杆菌属（*Scopulibacillus*）于2015年建立，包含3个种，好氧或兼性厌氧，均产芽胞。

【1】*Scopulibacillus cellulosilyticus* Yan et al. 2018, sp. nov.（解纤维素火山渣芽胞杆菌），好氧，产芽胞。

【2】*Scopulibacillus daqui* Yao et al. 2016, sp. nov.（大曲火山渣芽胞杆菌），嗜热，兼性厌氧，产芽胞。

【3】*Scopulibacillus darangshiensis* Lee and Lee 2015, gen. sp. nov.（月朗峰火山渣芽胞杆菌），好氧，产芽胞，2009年发表，2015年合格化。

（5）中华球菌属（*Sinobaca* Li et al. 2008, gen. nov.）　中华球菌属（*Sinobaca*）于2008年建立，仅有1个种，好氧，不产芽胞。

Sinobaca qinghaiensis（Li et al. 2006）Li et al. 2008, comb. nov.（青海中华球菌），嗜盐，好氧，不产芽胞。

（6）芽胞乳杆菌属（*Sporolactobacillus* Kitahara and Suzuki 1963, genus.）　芽胞乳杆菌属（*Sporolactobacillus*）于1963年建立，包含12个种，乳酸菌，厌氧或兼性厌氧，均产芽胞。

【1】*Sporolactobacillus inulinus* (Kitahara and Suzuki 1963) Kitahara and Lai 1967, species.（菊糖芽胞乳芽胞杆菌），模式种，乳酸菌，厌氧，产芽胞，由 *LactoBacillus* (subgen. *Sporolactobacillus*) *inulinus* 重命名。

【2】*Sporolactobacillus kofuensis* Yanagida et al. 1997, sp. nov.（甲府芽胞乳杆菌），乳酸菌，兼性厌氧，产芽胞。

【3】*Sporolactobacillus lactosus* Yanagida et al. 1997, sp. nov.（乳糖芽胞乳杆菌），乳酸菌，兼性厌氧，产芽胞。

【4】*Sporolactobacillus laevolacticus* (Andersch et al. 1994) Hatayama et al. 2006, comb. nov.（乳酸芽胞乳杆菌），乳酸菌，兼性厌氧，产芽胞，由 *Bacillus laevolacticus* (ex Nakayama and Yanoshi 1967) Andersch et al. 1994 重分类而来。

【5】*Sporolactobacillus nakayamae* Yanagida et al. 1997, sp. nov.（中山氏芽胞乳杆菌），乳酸菌，兼性厌氧，产芽胞。

【6】*Sporolactobacillus pectinivorans* Lan et al. 2016, sp. nov.（食果胶芽胞乳杆菌），乳酸菌，厌氧，产芽胞。

【7】*Sporolactobacillus putidus* Fujita et al. 2010, sp. nov.（恶臭芽胞乳杆菌），乳酸菌，厌氧，

产芽胞。

【8】*Sporolactobacillus shoreae* Thamacharoensuk et al. 2015, sp. nov.（娑罗双芽胞乳杆菌），乳酸菌，兼性厌氧，产芽胞。

【9】*Sporolactobacillus shoreicorticis* Tolieng et al. 2017, sp. nov.（娑罗双树皮芽胞乳杆菌），乳酸菌，兼性厌氧，产芽胞。

【10】*Sporolactobacillus spathodeae* Thamacharoensuk et al. 2015, sp. nov.（火焰树芽胞乳杆菌），乳酸菌，兼性厌氧，产芽胞。

【11】*Sporolactobacillus terrae* Yanagida et al. 1997, sp. nov.（土地芽胞乳杆菌），乳酸菌，兼性厌氧，产芽胞。

【12】*Sporolactobacillus vineae* Chang et al. 2008, sp. nov.（葡萄园芽胞乳杆菌），乳酸菌，兼性厌氧，产芽胞。

概念种　*Sporolactobacillus cellulosolvens*（食纤维素芽胞乳杆菌）。

（7）土壤乳杆菌（*Terrilactibacillus* Prasirtsak et al. 2016, gen. nov.）　土壤乳杆菌属（*Terrilactibacillus*）于 2016 年建立，仅有 1 个种，乳酸菌，兼性厌氧，产芽胞。

Terrilactibacillus laevilacticus Prasirtsak et al. 2016, sp. nov.（产左旋乳酸土壤乳杆菌），乳酸菌，兼性厌氧，产芽胞。

（8）肿块芽胞杆菌属（*Tuberibacillus* Hatayama et al. 2006, gen. nov.）　肿块芽胞杆菌属（*Tuberibacillus*）于 2006 年建立，仅有 1 个种，好氧，产芽胞。

Tuberibacillus calidus Hatayama et al. 2006, sp. nov.（热生肿块芽胞杆菌），好氧，产芽胞。

8. 嗜热放线菌科种类

早在 1899 年，Tsilinsky 就描述并建立了该科的第一个属——嗜热放线菌属（*Thermoactinomyces*）（Tsilinsky，1899）。由于其成员的革兰氏染色阳性、好氧、（尤其是）丝状生长的特征与放线菌（actinomycetes）极其相似，因此，它们起初被认为是放线菌（Hatayama et al., 2005）。但是，它们在细胞发育分化、形成内生孢子（endospore）——芽胞、抗逆性强等方面的特性与芽胞杆菌属（*Bacillus*）极为一致（Cross et al., 1968），而且，它们在系统分类关系上与放线菌存在较大差异，因此，Stackebrandt 和 Woese 于 1984 年首次将它们划分到芽胞杆菌目 (Bacillales)（Stackebrandt and Woese，1984）。

后来，根据系统分类分析和化学分类学特征，从嗜热放线菌属划分出 6 个属：*Thermoactinomyces sensu stricto*、*Laceyella*、*Thermoflavimicrobium*、*Seinonella*（Yoon et al., 2005），*Planifilum*（Hatayama et al., 2005）和 *Mechercharimyces*（Matsuo et al., 2006）。在此基础上，Matsuo 等于 2006 年建立了嗜热放线菌科（Thermoactinomycetaceae）（Matsuo et al., 2006），随后，Yassin 等对该科的描述进行了修订（Yassin et al., 2009）。嗜热放线菌科的特征描述为：形成气生菌丝体和基内菌丝体。气生菌丝体丰富，为白色或黄色。基内菌丝体发育良好、有分枝、具隔膜。形成固着的具有细菌芽胞结构和特性的孢子，单个孢子固着于气生菌丝和基内菌丝上，或固着于单个或分枝的子实体上。革兰氏染色阳性，化能有机营养型，好氧。细胞壁肽聚糖含有 *meso*-DAP。主要呼吸醌为 7 或 9 个异戊二烯单位的不饱和醌类。G+C 含量为 40% ～ 60.3%(摩尔分数)。16S rRNA 基因的信号谱为：C–G 415:428 位、C–G 441:493 位、C–G 681:709 位、G–C 682:708 位和 G 694 位。模式属是 *Thermoactinomyces* Tsilinsky 1899。

维基百科的定义是 "The Thermoactinomycetaceae are a family of Gram-positive endospore-forming bacteria."。目前，嗜热放线菌科至少包括 23 个属 46 个种，除新芽胞杆菌属外，其他属的种类均能形成芽胞。此外，该科的绝大多数种类具有嗜热或耐热、好氧的特性。

（1）白氏菌属（*Baia* Guan et al. 2015, gen. nov.） 白氏菌属（*Baia*）于 2015 年建立，仅有 1 个种，嗜热，好氧，产芽胞。

Baia soyae Guan et al. 2015, sp. nov.（大豆白氏菌），好氧，丝状生长，无气生菌丝，芽胞单生于基底菌丝的芽胞柄。

（2）黄丝菌属（*Croceifilum* Hatayama and Kuno 2015, gen. nov.） 黄丝菌属（*Croceifilum*）于 2015 年建立，仅有 1 个种，嗜热，好氧，产芽胞。

Croceifilum oryzae Hatayama and Kuno 2015, sp. nov.（水稻黄丝菌），好氧，丝状生长，无气生菌丝，芽胞单生于基底菌丝的芽胞柄。

（3）芽胞链菌属（*Desmospora* Yassin et al. 2009, gen. nov.） 芽胞链菌属（*Desmospora*）于 2009 年建立，包含 2 个种，嗜热，好氧，均产分生孢子和芽胞。

【1】*Desmospora activa* Yassin et al. 2009, sp. nov.（活性芽胞链菌），好氧，丝状生长，分生孢子产于气生菌丝，芽胞单生于基底菌丝的芽胞柄。

【2】*Desmospora profundinema* Zhang et al. 2015, sp. nov.（深海芽胞链菌），好氧，丝状生长，分生孢子产于气生菌丝，芽胞单生于基底菌丝的芽胞柄。

（4）地热微菌属（*Geothermomicrobium* Zhou et al. 2014, gen. nov.） 地热微菌属（*Geothermomicrobium*）于 2014 年建立，仅有 1 个种，嗜热，好氧，产芽胞。

Geothermomicrobium terrae Zhou et al. 2014, sp. nov.（土壤地热微菌），好氧，丝状生长，无气生菌丝，芽胞单生于基底菌丝的芽胞柄。

（5）哈森氏菌属（*Hazenella* Buss et al. 2013, gen. nov.） 哈森氏菌属（*Hazenella*）于 2013 年建立，仅有 1 个种，嗜热，好氧，产芽胞。

Hazenella coriacea Buss et al. 2013, sp. nov.（似皮哈森氏菌），好氧，丝状生长，无气生菌丝，芽胞单生于基底菌丝的芽胞柄。

（6）克氏菌属（*Kroppenstedtia* von Jan et al. 2011, gen. nov.） 克氏菌属（*Kroppenstedtia*）于 2011 年建立，包含 4 个种，嗜热，好氧，均产芽胞。

【1】*Kroppenstedtia eburnea* von Jan et al. 2011, sp. nov.（象牙色克氏菌），模式种，好氧，丝状生长，气生菌丝和基底菌丝均产分生孢子和芽胞，芽胞单生于芽胞柄。

【2】*Kroppenstedtia guangzhouensis* Yang et al. 2013, sp. nov.（广州克氏菌），好氧，丝状生长，气生菌丝和基底菌丝均产分生孢子和芽胞，芽胞单生于芽胞柄。

【3】*Kroppenstedtia pulmonis* Bell et al. 2016, sp. nov.（肺克氏菌），好氧，丝状生长，无气生菌丝，芽胞单生于基底菌丝的芽胞柄。

【4】*Kroppenstedtia sanguinis* Bell et al. 2016, sp. nov.（血液克氏菌），好氧，丝状生长，无气生菌丝，芽胞单生于基底菌丝的芽胞柄。

（7）莱西氏菌属（*Laceyella* Yoon et al. 2005, gen. nov.） 莱西氏菌属（*Laceyella*）于 2005 年建立，包含 5 个种，嗜热，好氧，均产芽胞。

【1】*Laceyella putida* (Lacey and Cross 1989) Yoon et al. 2005, comb. nov.（恶臭莱西氏菌），好氧，丝状生长，产气生菌丝和基底菌丝，芽胞单生于基底菌丝的芽胞柄，由 *Thermoactinomyces putidus* Lacey and Cross 1989 重分类而来。

【2】*Laceyella sacchari* (Lacey 1971) Yoon et al. 2005, comb. nov.（甘蔗莱西氏菌），模

式种，好氧，丝状生长，产气生菌丝和基底菌丝，芽胞单生于基底菌丝的芽胞柄，由 *Thermoactinomyces sacchari* Lacey 1971 重分类而来。

【3】*Laceyella sediminis* Chen et al. 2012, sp. nov.（沉积物莱西氏菌），好氧，丝状生长，产气生菌丝和基底菌丝，芽胞单生于基底菌丝的芽胞柄。

【4】*Laceyella tengchongensis* Zhang et al. 2010, sp. nov.（腾冲莱西氏菌），好氧，丝状生长，气生菌丝和基底菌丝均产芽胞。

【5】*Laceyella thermophila* Ming et al. 2017, sp. nov.（嗜热莱西氏菌），好氧，丝状生长，产气生菌丝和基底菌丝，芽胞单生于基底菌丝的芽胞柄。

（8）徐丽华菌属（*Lihuaxuella* Yu et al. 2013, gen. nov.）　徐丽华菌属（*Lihuaxuella*）于 2013 年建立，仅有 1 个种，嗜热，好氧，产芽胞。

Lihuaxuella thermophila Yu et al. 2013, sp. nov.（嗜热徐丽华菌），好氧，丝状生长，无气生菌丝，芽胞单生于基底菌丝的芽胞柄。

（9）海洋丝菌属（*Marininema* Li et al. 2012, gen. nov.）　海洋丝菌属（*Marininema*）于 2012 年建立，包含 2 个种，中温生长，好氧，产芽胞。

【1】*Marininema halotolerans* Zhang et al. 2013, sp. nov.（耐盐海洋丝菌），好氧，丝状生长，无气生菌丝，芽胞单生于基底菌丝的芽胞柄。

【2】*Marininema mesophilum* Li et al. 2012, sp. nov.（喜中温海洋丝菌），模式种，好氧，丝状生长，无气生菌丝，芽胞单生于基底菌丝的芽胞柄。

（10）嗜热海丝菌属（*Marinithermofilum* Zhang et al. 2015, gen. nov.）　嗜热海丝菌属（*Marinithermofilum*）于 2015 年建立，仅有 1 个种，嗜热，好氧，产芽胞。

Marinithermofilum abyssi Zhang et al. 2015, sp. nov.（深海嗜热海丝菌），好氧，丝状生长，分生孢子产于气生菌丝，芽胞单生于基底菌丝的芽胞柄。

（11）马尔克岛霉菌属（*Mechercharimyces* Matsuo et al. 2006, gen. nov.）　马尔克岛霉菌属（*Mechercharimyces*）于 2006 年建立，包含 2 个种，中温生长，好氧，均产芽胞。

【1】*Mechercharimyces asporophorigenens* Matsuo et al. 2006, sp. nov.（无芽胞柄马尔克岛霉菌），好氧，丝状生长，气生菌丝和基底菌丝均产芽胞，无芽胞柄。

【2】*Mechercharimyces mesophilus* Matsuo et al. 2006, sp. nov.（中温马尔克岛霉菌），模式种，好氧，丝状生长，产气生菌丝和基底菌丝，芽胞单生于基底菌丝的芽胞柄。

（12）迈勒吉尔霉菌属（*Melghirimyces* Addou et al. 2012, gen. nov.）　迈勒吉尔霉菌属（*Melghirimyces*）于 2012 年建立，包含 3 个种，嗜热，好氧，均产芽胞。

【1】*Melghirimyces algeriensis* Addou et al. 2012, sp. nov.（阿尔及利亚迈勒吉尔霉菌），模式种，耐盐嗜热，好氧，丝状生长，产气生菌丝和基底菌丝，芽胞单生于基底菌丝的芽胞柄。

【2】*Melghirimyces profundicolus* Li et al. 2013, sp. nov.（居深海迈勒吉尔霉菌），嗜盐嗜热，好氧，丝状生长，无气生菌丝，基底菌丝产分生孢子和芽胞。

【3】*Melghirimyces thermohalophilus* Addou et al. 2013, sp. nov.（嗜热嗜盐迈勒吉尔霉菌），嗜盐嗜热，好氧，丝状生长，产气生菌丝和基底菌丝，芽胞单生于基底菌丝的芽胞柄。

（13）新芽胞杆菌属（*Novibacillus* Yang et al. 2015, gen. nov.）　新芽胞杆菌属（*Novibacillus*）于 2015 年建立，仅有 1 个种，嗜热，兼性厌氧，未观察到芽胞。

Novibacillus thermophilus Yang et al. 2015, sp. nov.（嗜热新芽胞杆菌），嗜热嗜盐，非丝

状生长，兼性厌氧，未观察到芽胞。

（14）湿地丝菌属（*Paludifilum* Frikha-Dammak et al. 2016, gen. nov.） 湿地丝菌属（*Paludifilum*）于 2016 年建立，仅有 1 个种，嗜热，好氧，产芽胞。

Paludifilum halophilum Frikha-Dammak et al. 2016, sp. nov.（嗜盐湿地丝菌），嗜热，好氧，丝状生长，气生菌丝和基底菌丝均产芽胞。

（15）平螺纹丝菌属（*Planifilum* Hatayama et al. 2005, gen. nov.） 平螺纹丝菌属（*Planifilum*）于 2005 年建立，包含 5 个种，嗜热，好氧，均产芽胞。

【1】*Planifilum caeni* Yu et al. 2015, sp. nov.（淤泥平螺纹丝菌），嗜热，好氧，丝状生长，无气生菌丝，芽胞单生于基底菌丝的芽胞柄。

【2】*Planifilum composti* Han et al. 2013, sp. nov.（堆肥平螺纹丝菌），嗜热，好氧，丝状生长，无气生菌丝，芽胞单生于基底菌丝的芽胞柄。

【3】*Planifilum fimeticola* Hatayama et al. 2005, sp. nov.（居堆肥平螺纹丝菌），模式种，嗜热，好氧，丝状生长，无气生菌丝，芽胞单生于基底菌丝的芽胞柄。

【4】*Planifilum fulgidum* Hatayama et al. 2005, sp. nov.（光亮平螺纹丝菌），嗜热，好氧，丝状生长，无气生菌丝，芽胞单生于基底菌丝的芽胞柄。

【5】*Planifilum yunnanense* Zhang et al. 2007, sp. nov.（云南平螺纹菌），嗜热，好氧，丝状生长，无气生菌丝，芽胞单生于基底菌丝的芽胞柄。

（16）多枝霉菌属（*Polycladomyces* Tsubouchi et al. 2013, gen. nov.） 多枝霉菌属（*Polycladomyces*）于 2013 年建立，包含 2 个种，嗜热，好氧，均产芽胞。

【1】*Polycladomyces abyssicola* Tsubouchi et al. 2013, sp. nov.（居深海多枝霉菌），模式种，嗜热，好氧，丝状生长，产气生菌丝和基底菌丝，芽胞单生于气生菌丝，未观察到分生孢子。

【2】*Polycladomyces subterraneus* Maneewong et al. 2017, sp. nov.（地下多枝霉菌），嗜热，好氧，丝状生长，产气生菌丝和基底菌丝，芽胞单生于气生菌丝。

（17）李城彬菌属（*Risungbinella* Kim et al. 2015, gen. nov.） 李城彬菌属（*Risungbinella*）于 2015 年建立，包含 2 个种，中温生长，好氧，均产芽胞。

【1】*Risungbinella massiliensis* Dubourg et al. 2016, sp. nov.（马赛李城彬菌），好氧，丝状生长，产气生菌丝和基底菌丝，芽胞单生于气生菌丝。

【2】*Risungbinella pyongyangensis* Kim et al. 2015, sp. nov.（平壤李城彬菌），模式种，好氧，丝状生长，产气生菌丝和基底菌丝，芽胞单生于气生菌丝。

（18）盐丝菌属（*Salinithrix* Zarparvar et al. 2012, gen. nov.） 盐丝菌属（*Salinithrix*）于 2012 年建立，仅有 1 个种，嗜热嗜盐，好氧，产芽胞。

Salinithrix halophila Zarparvar et al. 2012, sp. nov.（嗜盐盐丝菌），嗜热嗜盐，好氧，丝状生长，产气生菌丝和基底菌丝，芽胞单生于基底菌丝的芽胞柄。

（19）制野氏菌属（*Seinonella* Yoon et al. 2005, gen. nov.） 制野氏菌属（*Seinonella*）于 2005 年建立，仅有 1 个种，中温生长，好氧，产芽胞。

Seinonella peptonophila (Nonomura and Ohara 1971) Yoon et al. 2005, comb. nov.（噬蛋白胨制野氏菌），好氧，丝状生长，气生菌丝和基底菌丝均产芽胞，由 *Thermoactinomyces peptonophilus* Nonomura and Ohara 1971 重分类而来。

（20）岛津氏菌属（*Shimazuella* Park et al. 2007, gen. nov.） 岛津氏菌属（*Shimazuella*）于

2007 年建立，仅有 1 个种，中温生长，好氧，产芽胞。

Shimazuella kribbensis Park et al. 2007, sp. nov.（韩研所岛津氏菌），好氧，丝状生长，气生菌丝和基底菌丝均产芽胞，单生于芽胞柄。

（21）链孢菌属（*Staphylospora* Wang et al. 2019, gen. nov.） 链孢菌属（*Staphylospora*）于 2019 年建立，仅有 1 个种，嗜热，好氧，产芽胞。

Staphylospora marina Wang et al. 2019, sp. nov.（海洋链孢菌），嗜热，好氧，丝状生长，产气生菌丝和基底菌丝，芽胞单生于基底菌丝的芽胞柄。

（22）嗜热放线菌属（*Thermoactinomyces* Tsilinsky 1899, genus.） 嗜热放线菌属（*Thermoactinomyces*）于 1899 年建立，包含 5 个种，嗜热，好氧，均产芽胞。

【1】*Thermoactinomyces daqus* Yao et al. 2014, sp. nov.（大曲嗜热放线菌），嗜热，好氧，丝状生长，气生菌丝和基底菌丝均产芽胞，单生于芽胞柄。

【2】*Thermoactinomyces guangxiensis* Wu et al. 2015, sp. nov.（广西嗜热放线菌），嗜热，好氧，丝状生长，气生菌丝和基底菌丝均产芽胞，单生于芽胞柄。

【3】*Thermoactinomyces intermedius* Kurup et al. 1981, sp. nov.（中间嗜热放线菌），嗜热，好氧，丝状生长，气生菌丝和基底菌丝均产芽胞，单生于芽胞柄。

【4】*Thermoactinomyces khenchelensis* Mokrane et al. 2017, sp. nov.（汉舍莱嗜热放线菌），嗜热，好氧，丝状生长，气生菌丝和基底菌丝均产芽胞，单生于芽胞柄。

【5】*Thermoactinomyces vulgaris* Tsilinsky 1899, species.（普通嗜热放线菌），模式种，嗜热，好氧，丝状生长，气生菌丝和基底菌丝均产芽胞，单生于芽胞柄。

变动：有 2 种因同种异名而被合并，4 种被分别转移至嗜热黄微菌属、制野氏菌属和莱西氏菌属，具体情况如下。

【1】*Thermoactinomyces candidus* Kurup et al. 1975, species.（白色嗜热放线菌），嗜热，好氧，丝状生长，产气生菌丝和基底菌丝→ *Thermoactinomyces vulgaris* Tsilinsky 1899, species. 同种异名。

【2】*Thermoactinomyces dichotomicus* corrig. (Krasil'nikov and Agre 1964) Cross and Goodfellow 1973, species. → *Thermoflavimicrobium dichotomicum* (Krasil'nikov and Agre 1964) Yoon et al. 2005, comb. nov.。

【3】*Thermoactinomyces peptonophilus* Nonomura and Ohara 1971, species. → *Seinonella peptonophila* (Nonomura and Ohara 1971) Yoon et al. 2005, comb. nov.。

【4】*Thermoactinomyces putidus* Lacey and Cross 1989, sp. nov. → *Laceyella putida* (Lacey and Cross 1989) Yoon et al. 2005, comb. nov.。

【5】*Thermoactinomyces sacchari* Lacey 1971, species. → *Laceyella sacchari* (Lacey 1971) Yoon et al. 2005, comb. nov.。

【6】*Thermoactinomyces thalpophilus* (ex Waksman and Corke 1953) Lacey and Cross 1989, sp. nov., nom. rev.（嗜热嗜热放线菌）→ *Thermoactinomyces sacchari* Lacey 1971. 同种异名 → *Laceyella sacchari* (Lacey 1971) Yoon et al. 2005, comb. nov.。

（23）嗜热黄微菌属（*Thermoflavimicrobium* Yoon et al. 2005, gen. nov.） 嗜热黄微菌属（*Thermoflavimicrobium*）于 2005 年建立，包含 2 个种，嗜热，好氧，均产芽胞。

【1】*Thermoflavimicrobium daqui* Li et al. 2019, sp. nov.（大曲嗜热黄微菌），嗜热，好氧，丝状生长，气生菌丝和基底菌丝均产芽胞，单生于芽胞柄。

【2】*Thermoflavimicrobium dichotomicum* (Krasil'nikov and Agre 1964) Yoon et al. 2005, comb. nov.（双枝嗜热黄微菌属），模式种，嗜热，好氧，丝状生长，气生菌丝和基底菌丝均产芽胞，单生于芽胞柄。

9. 李斯特菌科种类

李斯特菌科（Listeriaceae Ludwig et al. 2010, fam. nov.）于 2010 年建立，目前包括 2 个属 22 个种，好氧或兼性厌氧，不产芽胞。单核细胞增生李斯特菌（*Listeria monocytogenes*）和伊氏李斯特菌（*Listeria ivanovii*）为人和动物的致病菌。

（1）环丝菌属（*Brochothrix* Sneath and Jones 1976, genus.）　环丝菌属（*Brochothrix*）于 1976 年建立，早期被划分到乳杆菌科（Lactobacillaceae Winslow et al. 1917），包含 2 个种，均为乳酸菌、兼性厌氧、不产芽胞。

【1】*Brochothrix campestris* Talon et al. 1988, sp. nov.（田野环丝菌），乳酸菌，同型发酵产 L- 乳酸，兼性厌氧，不产芽胞，模式菌株分离自土壤。

【2】*Brochothrix thermosphacta* (McLean and Sulzbacher 1953) Sneath and Jones 1976, species.（热死环丝菌），模式种，乳酸菌，异型发酵产 L- 乳酸，兼性厌氧，不产芽胞，模式菌株分离自猪肉香肠，63℃处理 5min 即可杀死，由 *Microbacterium thermosphactum* McLean and Sulzbacher1953 重分类而来。

（2）李斯特菌属（*Listeria* Pirie 1940, genus.）　李斯特菌属（*Listeria*）于 1940 年建立，早期被划分到棒杆菌科（Corynebacteriaceae Lehmann and Neumann 1907），包含 20 个种，好氧或兼性厌氧，均不产芽胞。只有单核细胞增生李斯特菌［*Listeria monocytogenes* (Murray et al. 1926) Pirie 1940, species.］和伊氏李斯特菌（*Listeria ivanovii* Seeliger et al. 1984, sp. nov.）为人和动物的致病菌，其他种类均为非病原菌：基因组中无 *plcA*、*hly* 等毒力基因，无溶血活性。

【1】*Listeria aquatica* Den Bakker et al. 2014, sp. nov.（水李斯特菌），兼性厌氧，不产芽胞，非病原菌，模式菌株分离自流水。

【2】*Listeria booriae* Weller et al. 2015, sp. nov.（博尔氏李斯特菌），兼性厌氧，不产芽胞，非病原菌，模式菌株分离自海鲜加工厂的无食品接触的物体表面。

【3】*Listeria cornellensis* Den Bakker et al. 2014, sp. nov.（康奈尔李斯特菌），兼性厌氧，不产芽胞，非病原菌，模式菌株分离自水。

【4】*Listeria costaricensis* Nunez et al. 2018, sp. nov.（哥斯达黎加李斯特菌），兼性厌氧，不产芽胞，非病原菌，模式菌株分离自食品加工厂的排水系统。

【5】*Listeria fleischmannii* Bertsch et al. 2013, sp. nov.（弗氏李斯特菌），兼性厌氧，不产芽胞，非病原菌，模式菌株分离自流硬质奶酪。

【6】*Listeria floridensis* Den Bakker et al. 2014, sp. nov.（佛罗里达李斯特菌），兼性厌氧，不产芽胞，非病原菌，模式菌株分离自流水。

【7】*Listeria goaensis* Doijad et al. 2018, sp. nov.（果阿李斯特菌），兼性厌氧，不产芽胞，非病原菌，模式菌株分离自红树林的沉积物。

【8】*Listeria grandensis* Den Bakker et al. 2014, sp. nov.（格兰德李斯特菌），兼性厌氧，不产芽胞，非病原菌，模式菌株分离自水。

【9】*Listeria grayi* Errebo Larsen and Seeliger 1966, species.（格雷李斯特菌），兼性厌氧，

不产芽胞，非病原菌。模式菌株分离自绒鼠，*Listeria murrayi* Welshimer and Meredith 1971, species.（默氏李斯特菌）是其同种异名，后者分离自植物，非病原菌。

【10】*Listeria innocua* (ex Seeliger and Schoofs 1979) Seeliger 1983, sp. nov., nom. rev.（无害李斯特菌），兼性厌氧，不产芽胞，非病原菌，模式菌株来源未知。

【11】*Listeria ivanovii* Seeliger et al. 1984, sp. nov.（伊氏李斯特菌），兼性厌氧，不产芽胞，是动物病原菌（尤其是怀孕绵羊），模式菌株分离自绵羊。

【12】*Listeria marthii* Graves et al. 2010, sp. nov.（马尔斯李斯特菌），兼性厌氧，不产芽胞，非病原菌，模式菌株分离自水、土壤等自然环境。

【13】*Listeria monocytogenes* (Murray et al. 1926) Pirie 1940, species.（单核细胞增生李斯特菌），模式种，兼性厌氧，不产芽胞，是人与动物的病原菌。关于哪一个菌株是模式菌株存在争议，分离自豚鼠、兔等动物。

【14】*Listeria newyorkensis* Weller et al. 2015, sp. nov.（纽约李斯特菌），兼性厌氧，不产芽胞，非病原菌，模式菌株分离自海鲜加工厂的无食品接触的物体表面。

【15】*Listeria riparia* Den Bakker et al. 2014, sp. nov.（河岸李斯特菌），兼性厌氧，不产芽胞，非病原菌，模式菌株分离自流水。

【16】*Listeria rocourtiae* Leclercq et al. 2010, sp. nov.（罗考特李斯特菌），兼性厌氧，不产芽胞，非病原菌，模式菌株分离自预切生菜。

【17】*Listeria seeligeri* Rocourt and Grimont 1983, sp. nov.（泽利格李斯特菌），兼性厌氧，不产芽胞，非病原菌，模式菌株分离自腐木、土壤、动物粪便等环境。

【18】*Listeria thailandensis* Leclercq et al. 2016, sp. nov.（泰国李斯特菌），兼性好氧，不产芽胞，非病原菌，模式菌株分离自炸鸡食品。

【19】*Listeria weihenstephanensis* Lang Halter et al. 2013, sp. nov.（魏恩斯蒂芬李斯特菌），兼性好氧，不产芽胞，非病原菌，模式菌株分离自三叉浮萍。

【20】*Listeria welshimeri* Rocourt and Grimont 1983, sp. nov.（韦尔希默李斯特菌），兼性厌氧，不产芽胞，非病原菌，模式菌株分离自腐木和土壤。

10. 葡萄球菌科种类

葡萄球菌科（Staphylococcaceae Schleifer and Bell 2010, fam. nov.）于 2010 年建立，目前，包含 9 个属 104 个种，均不产芽胞，少数种类为人和 / 或动物的病原菌。

（1）深海球菌属（*Abyssicoccus* Jiang et al. 2016, gen. nov.） 深海球菌属（*Abyssicoccus*）于 2016 年建立，仅有 1 个种，好氧，不产芽胞。

Abyssicoccus albus Jiang et al. 2016, sp. nov.（白色深海球菌），好氧，不产芽胞，模式菌株分离自印度洋深海沉积物。

（2）别样球菌属（*Aliicoccus* Amoozegar et al. 2014, gen. nov.） 别样球菌属（*Aliicoccus*）于 2014 年建立，仅有 1 个种，好氧，不产芽胞。

Aliicoccus persicus Amoozegar et al. 2014, sp. nov.（波斯别样球菌），嗜盐，好氧，不产芽胞，模式菌株分离自伊朗的超盐湖水。

（3）耳球菌属（*Auricoccus* Prakash et al. 2017, gen. nov.） 耳球菌属（*Auricoccus*）于 2017 年建立，仅有 1 个种，好氧，不产芽胞。

Auricoccus indicus Prakash et al. 2017, sp. nov.（印度耳球菌），耐盐，好氧，不产芽胞，

模式菌株分离自印度健康人的耳垂皮肤。

（4）树皮球菌属（*Corticicoccus* Li et al. 2017, gen. nov.）　树皮球菌属（*Corticicoccus*）于2017 年建立，仅有 1 个种，好氧，不产芽胞。

Corticicoccus populi Li et al. 2017, sp. nov.（杨树树皮球菌），好氧，不产芽胞，模式菌株分离自河南濮阳的杨树皮。

（5）咸海鲜球菌属（*Jeotgalicoccus* Yoon et al. 2003, gen. nov.）　咸海鲜球菌属（*Jeotgalicoccus*）于 2003 年建立，包含 11 个种，好氧或兼性厌氧，均不产芽胞。

【1】*Jeotgalicoccus aerolatus* Martin et al. 2011, sp. nov.（气生咸海鲜球菌），好氧，不产芽胞，模式菌株分离自火鸡舍的空气。

【2】*Jeotgalicoccus coquinae* Martin et al. 2011, sp. nov.（贝壳灰咸海鲜球菌），好氧，不产芽胞，模式菌株分离自用于鸭饲料添加剂的贝壳灰。

【3】*Jeotgalicoccus halophilus* Liu et al. 2011, sp. nov.（嗜盐咸海鲜球菌），嗜盐，兼性厌氧，不产芽胞，模式菌株分离自新疆的达坂盐湖。

【4】*Jeotgalicoccus halotolerans* Yoon et al. 2003, sp. nov.（耐盐咸海鲜球菌），模式种，嗜盐，兼性厌氧，不产芽胞，模式菌株分离自韩国的咸海鲜。

【5】*Jeotgalicoccus huakuii* Guo et al. 2010, sp. nov.（华葵咸海鲜球菌），嗜盐，兼性厌氧，不产芽胞，模式菌株分离自山东的海边土壤。

【6】*Jeotgalicoccus marinus* Chen et al. 2009, sp. nov.（海洋咸海鲜球菌），嗜盐，兼性厌氧，不产芽胞，模式菌株分离自南海的海胆。

【7】*Jeotgalicoccus nanhaiensis* Liu et al. 2011, sp. nov.（南海咸海鲜球菌），嗜盐，好氧，不产芽胞，模式菌株分离自硇洲岛的潮间带沉积物。

【8】*Jeotgalicoccus pinnipedialis* Hoyles et al. 2004, sp. nov.（鳍脚类咸海鲜球菌），兼性厌氧，不产芽胞，模式菌株分离自南象海豹的口腔拭子。

【9】*Jeotgalicoccus psychrophilus* Yoon et al. 2003, sp. nov.（嗜冷咸海鲜球菌），嗜冷嗜盐，兼性厌氧，不产芽胞，模式菌株分离自韩国的咸海鲜。

【10】"*Jeotgalicoccus saudimassiliensis*" Papadioti et al. 2016, sp. nov.（沙特咸海鲜球菌），嗜盐，好氧，不产芽胞，模式菌株分离自沙特麦加的空气。

【11】*Jeotgalicoccus schoeneichii* Glaeser et al. 2016, sp. nov.（舒氏咸海鲜球菌），好氧，不产芽胞，模式菌株分离自德国的 1 个猪舍的空气。

（6）巨球菌属（*Macrococcus* Kloos et al. 1998, gen. nov.）　巨球菌属（*Macrococcus*）于1998 年建立，包含 11 个种，好氧或兼性厌氧，均不产芽胞。除了波希米亚巨球菌、表皮巨球菌和格茨氏巨球菌 3 个种分离自人类临床样品，狗巨球菌分离自狗临床样品，是可能的条件致病菌，其他 8 个种分离自动物（马、牛、美洲驼）皮肤、奶或肉制品等，被认为是非病原菌。

【1】*Macrococcus bohemicus* Mašlaňováet al. 2018, sp. nov.（波希米亚巨球菌），好氧，不产芽胞，无溶血活性，模式菌株分离自人类临床样品（伤口、膝盖等）。

【2】*Macrococcus bovicus* Kloos et al. 1998, sp. nov.（牛巨球菌），嗜盐，好氧，不产芽胞，无溶血活性，模式菌株分离自牛的皮肤。

【3】*Macrococcus brunensis* Mannerová et al. 2003, sp. nov.（布尔诺巨球菌），兼性厌氧，不产芽胞，无溶血活性，模式菌株分离自美洲驼的皮肤。

【4】*Macrococcus canis* Gobeli Brawand et al. 2017, sp. nov.（狗巨球菌），兼性厌氧，不产芽胞，有溶血活性，模式菌株分离自健康狗的皮肤和受伤狗的伤口，可能是条件致病菌。

【5】*Macrococcus carouselicus* Kloos et al. 1998, sp. nov.（旋转木马巨球菌），嗜盐，好氧，不产芽胞，无溶血活性，模式菌株分离自马的皮肤。

【6】*Macrococcus caseolyticus* (Schleifer et al. 1982) Kloos et al. 1998, comb. nov.（解奶酪巨球菌），嗜盐，兼性厌氧，不产芽胞，无溶血活性，模式菌株分离自牛奶，由 *Staphylococcus caseolyticus* Schleifer et al. 1982 重分类而来。

【7】*Macrococcus epidermidis* Mašlaňováet al. 2018, sp. nov.（表皮巨球菌），好氧，不产芽胞，无溶血活性，模式菌株分离自人类临床样品（拭子等）。

【8】*Macrococcus equipercicus* Kloos et al. 1998, sp. nov.（珀西马巨球菌），模式种，嗜盐，好氧，不产芽胞，无溶血活性，模式菌株分离自马的皮肤。

【9】*Macrococcus goetzii* Mašlaňováet al. 2018, sp. nov.（格茨氏巨球菌），好氧，不产芽胞，无溶血活性，模式菌株分离自人类临床样品（拭子、指甲等）。

【10】*Macrococcus hajekii* Mannerová et al. 2003, sp. nov.（哈耶克巨球菌），好氧，不产芽胞，无溶血活性，模式菌株分离自美洲驼的皮肤。

【11】*Macrococcus lamae* Mannerová et al. 2003, sp. nov.（美洲驼巨球菌），好氧，不产芽胞，无溶血活性，模式菌株分离自美洲驼的皮肤。

（7）医院球菌属（*Nosocomiicoccus* Morais et al. 2008, gen. nov.） 医院球菌属（*Nosocomiicoccus*）于2008年建立，包含2个种，均好氧、不产芽胞。

【1】*Nosocomiicoccus ampullae* Morais et al. 2008, sp. nov.（瓶医院球菌），模式种，嗜盐，好氧，不产芽胞，模式菌株分离自医院装消毒用生理盐水的塑料瓶尖头。

【2】*Nosocomiicoccus massiliensis* Mishra et al. 2016, sp. nov.（马赛医院球菌），好氧，不产芽胞，模式菌株分离自马赛的1位艾滋病患者的粪便。

（8）盐球菌属（*Salinicoccus* Ventosa et al. 1990, gen. nov.） 盐球菌属（*Salinicoccus*）于1990年建立，包含19个种，均嗜盐、好氧、不产芽胞。

【1】*Salinicoccus albus* Chen et al. 2009, sp. nov.（白色盐球菌），嗜盐嗜碱，好氧，不产芽胞，模式菌株分离自云南的1个盐矿的盐水。

【2】*Salinicoccus alkaliphilus* Zhang et al. 2002, sp. nov.（嗜碱盐球菌），嗜盐嗜碱，好氧，不产芽胞，模式菌株分离自内蒙古的贝尔苏打湖。

【3】*Salinicoccus amylolyticus* Srinivas et al. 2016, sp. nov.（解淀粉盐球菌），嗜盐嗜碱，好氧，不产芽胞，模式菌株分离自印度巴夫那加尔的盐田。

【4】*Salinicoccus carnicancri* Jung et al. 2010, sp. nov.（蟹肉盐球菌），嗜盐嗜碱，好氧，不产芽胞，模式菌株分离自韩国的咸海鲜（发酵螃蟹）。

【5】*Salinicoccus halitifaciens* Ramana et al. 2013, sp. nov.（产岩盐盐球菌），嗜盐嗜碱，好氧，不产芽胞，模式菌株分离自印度洛纳尔湖的沉积物。

【6】*Salinicoccus halodurans* Wang et al. 2008, sp. nov.（耐盐盐球菌），嗜盐，好氧，不产芽胞，模式菌株分离自青海察尔汗盐湖的盐碱土。

【7】*Salinicoccus hispanicus* (Marquez et al. 1990) Ventosa et al. 1993, comb. nov.（西班牙盐球菌），嗜盐，好氧，不产芽胞，模式菌株分离自西班牙的1个晒盐场的土壤，由 *Marinococcus hispanicus* Marquez et al. 1990 重分类而来。

【8】*Salinicoccus iranensis* Amoozegar et al. 2008, sp. nov.（伊朗盐球菌），嗜盐，好氧，不产芽胞，模式菌株分离自伊朗库姆的纺织工业废水。

【9】*Salinicoccus jeotgali* Aslam et al. 2007, sp. nov.（咸海鲜盐球菌），嗜盐，好氧，不产芽胞，模式菌株分离自韩国的咸海鲜。

【10】*Salinicoccus kekensis* Gao et al. 2010, sp. nov.（柯柯盐湖海鲜盐球菌），嗜盐嗜碱，好氧，不产芽胞，模式菌株分离自青海的柯柯盐湖沉积物。

【11】*Salinicoccus kunmingensis* Chen et al. 2007, sp. nov.（昆明盐球菌），嗜盐嗜碱，好氧，不产芽胞，模式菌株分离自云南的 1 个盐矿的盐水。

【12】*Salinicoccus luteus* Zhang et al. 2007, sp. nov.（黄色盐球菌），嗜盐，好氧，不产芽胞，模式菌株分离自埃及的沙漠土壤。

【13】*Salinicoccus qingdaonensis* Qu et al. 2012, sp. nov.（青岛盐球菌），嗜盐嗜碱，好氧，不产芽胞，模式菌株分离自青岛的绿藻爆发期的海水。

【14】*Salinicoccus roseus* Ventosa et al. 1990, sp. nov.（玫瑰色盐球菌），模式种，嗜盐，好氧，不产芽胞。

【15】*Salinicoccus salitudinis* Chen et al. 2008, sp. nov.（盐土盐球菌），嗜盐嗜碱，好氧，不产芽胞，模式菌株分离自青海柴达木盆地的盐碱土。

【16】*Salinicoccus salsiraiae* França et al. 2007, sp. nov.（盐腌鱼盐球菌），嗜盐嗜碱，好氧，不产芽胞，模式菌株分离自盐腌鱼。

【17】*Salinicoccus sediminis* Kumar et al. 2015, sp. nov.（沉积物盐球菌），嗜盐嗜碱，好氧，不产芽胞，模式菌株分离自孟加拉湾的海洋沉积物。

【18】*Salinicoccus sesuvii* Kämpfer et al. 2011, sp. nov.（海马齿盐球菌），嗜盐，好氧，不产芽胞，模式菌株分离自草本盐生植物海马齿的根际。

【19】*Salinicoccus siamensis* Pakdeeto et al. 2007, sp. nov.（暹罗盐球菌），嗜盐嗜碱，好氧，不产芽胞，模式菌株分离自泰国的发酵虾酱。

（9）葡萄球菌属（*Staphylococcus* Rosenbach 1884, genus.）　葡萄球菌属（*Staphylococcus*）于 1884 年建立，包含 57 个种，好氧或兼性厌氧，均不产芽胞。

【1】*Staphylococcus agnetis* Taponen et al. 2012, sp. nov.（艾格尼丝葡萄球菌），兼性厌氧，不产芽胞，无溶血活性，凝固酶活性可变，模式菌株分离自出现乳腺炎亚临床和中度临床症状的牛乳。

【2】*Staphylococcus argensis* Hess and Gallert 2015, sp. nov.（阿根河葡萄球菌），兼性厌氧，不产芽胞，无溶血活性，模式菌株分离自德国阿根河的寡营养环境。

【3】*Staphylococcus argenteus* Tong et al. 2015, sp. nov.（银色葡萄球菌），兼性厌氧，不产芽胞，无溶血活性，凝固酶活性阳性，模式菌株分离自澳大利亚的 1 位 55 岁土著女性的血液培养物。

【4】*Staphylococcus arlettae* Schleifer et al. 1985, sp. nov.（阿莱特葡萄球菌），兼性厌氧，不产芽胞，凝固酶活性阴性，模式菌株分离自健康马的皮肤。

【5】*Staphylococcus aureus* Rosenbach 1884, species.（金黄色葡萄球菌），模式种，兼性厌氧，不产芽胞，模式菌株分离自受感染的伤口。

【6】*Staphylococcus auricularis* Kloos and Schleifer 1983, sp. nov.（耳葡萄球菌），耐盐，乳酸菌，同型发酵产 L- 乳酸，兼性厌氧，不产芽胞，凝固酶活性阴性，模式菌株分离自人的

外耳道。

【7】*Staphylococcus caeli* MacFadyen et al. 2019, sp. nov.（兔葡萄球菌），耐盐，兼性厌氧，不产芽胞，模式菌株分离自意大利的一个养兔场的空气。

【8】*Staphylococcus capitis* Kloos and Schleifer 1975, species.（头葡萄球菌），乳酸菌，产 D,L- 乳酸，耐盐，兼性厌氧，不产芽胞，凝固酶活性阴性，溶血活性弱，模式菌株分离自人的头皮。

【9】*Staphylococcus caprae* Devriese et al. 1983, sp. nov.（山羊葡萄球菌）兼性厌氧，不产芽胞，凝固酶活性阴性，有溶血活性，模式菌株分离自山羊奶。

【10】*Staphylococcus carnosus* Schleifer and Fischer 1982, sp. nov.（肉葡萄球菌），乳酸菌，产 D,L- 乳酸，嗜盐，兼性厌氧，不产芽胞，凝固酶活性阴性，无溶血活性，模式菌株分离自干香肠。

【11】*Staphylococcus chromogenes* (Devriese et al. 1978) Hájek et al. 1987, comb. nov.（产色葡萄球菌），兼性厌氧，不产芽胞，凝固酶活性阴性，无溶血活性，模式菌株分离自猪的皮肤和牛奶。

【12】*Staphylococcus cohnii* Schleifer and Kloos 1975, species.（科氏葡萄球菌），耐盐，兼性厌氧，不产芽胞，凝固酶活性阴性，溶血活性中等或弱，模式菌株分离自人的皮肤。

【13】*Staphylococcus condimenti* Probst et al. 1998, sp. nov.（调料葡萄球菌），耐盐，兼性厌氧，不产芽胞，模式菌株分离自大豆酱。

【14】*Staphylococcus cornubiensis* Murray et al. 2018, sp. nov.（康沃尔葡萄球菌），兼性厌氧，不产芽胞，凝固酶活性阳性，有溶血活性，模式菌株分离自 1 位 64 岁男性蜂窝性组织炎的皮肤。

【15】*Staphylococcus debuckii* Naushad et al. 2019, sp. nov.（德布克葡萄球菌），兼性厌氧，不产芽胞，凝固酶活性阴性，有溶血活性，模式菌株分离自加拿大魁北克的牛乳。

【16】*Staphylococcus delphini* Varaldo et al. 1988, sp. nov.（海豚葡萄球菌），耐盐，兼性厌氧，不产芽胞，凝固酶活性阳性，有溶血活性，模式菌株分离自海豚的化脓皮肤伤口。

【17】*Staphylococcus devriesei* Supré et al. 2010, sp. nov.（德弗里斯氏葡萄球菌），耐盐，兼性厌氧，不产芽胞，凝固酶活性阴性，有溶血活性，模式菌株分离自奶牛的乳头和牛乳。

【18】*Staphylococcus edaphicus* Pantůček et al. 2018, sp. nov.（陆地葡萄球菌），兼性厌氧，不产芽胞，凝固酶活性阴性，模式菌株分离自南极的石块和沙土环境。

【19】*Staphylococcus epidermidis* (Winslow and Winslow 1908) Evans 1916, species.（表皮葡萄球菌），耐盐，兼性厌氧，不产芽胞，凝固酶活性阴性，溶血活性弱或无，模式菌株分离自人的皮肤。

【20】*Staphylococcus equorum* Schleifer et al. 1985, sp. nov.（马胃葡萄球菌），兼性厌氧，不产芽胞，凝固酶活性阴性，模式菌株分离自健康马的皮肤。

【21】*Staphylococcus felis* Igimi et al. 1989, sp. nov.（猫葡萄球菌），兼性好氧，不产芽胞，凝固酶活性阴性，溶血活性弱或无，模式菌株分离自猫的临床样品。

【22】*Staphylococcus fleurettii* Vernozy-Rozand et al. 2000, sp. nov.（弗洛雷特氏葡萄球菌），好氧，不产芽胞，凝固酶活性阴性，模式菌株分离自山羊奶酪。

【23】*Staphylococcus gallinarum* Devriese et al. 1983, sp. nov.（鸡葡萄球菌），乳酸菌，产 L-乳酸，兼性厌氧，不产芽胞，溶血活性弱，模式菌株分离自鸡的鼻孔。

【24】*Staphylococcus haemolyticus* Schleifer and Kloos 1975, species.（溶血性葡萄球菌），乳酸菌，产 D,L- 乳酸，耐盐，兼性厌氧，不产芽胞，凝固酶活性阴性，溶血活性中等或弱，模式菌株分离自人的皮肤。

【25】*Staphylococcus hominis* Kloos and Schleifer 1975, species.（人葡萄球菌），乳酸菌，产 D,L- 乳酸，耐盐，兼性厌氧，不产芽胞，凝固酶活性阴性，溶血活性弱或无，模式菌株分离自人的皮肤。

【26】*Staphylococcus hyicus* (Sompolinsky 1953) Devriese et al. 1978, species.（猪葡萄球菌），兼性厌氧，不产芽胞，凝固酶活性阳性，无溶血活性，模式菌株分离自猪的皮肤和牛奶，是猪的病原菌。

【27】*Staphylococcus intermedius* Hájek 1976, species.（中间葡萄球菌），兼性厌氧，不产芽胞，凝固酶活性阳性，有溶血活性，模式菌株分离自动物（鸽子、狗、貂、马）的鼻孔。

【28】*Staphylococcus jettensis* De Bel et al. 2013, sp. nov.（耶特葡萄球菌），兼性厌氧，不产芽胞，凝固酶活性阴性，有溶血活性，模式菌株分离自人的临床样品。

【29】*Staphylococcus kloosii* Schleifer et al. 1985, sp. nov.（克氏葡萄球菌），兼性厌氧，不产芽胞，凝固酶活性阴性，模式菌株分离自野生动物的皮肤。

【30】*Staphylococcus leei* Jin et al. 2005, sp. nov.（李氏葡萄球菌），兼性厌氧，不产芽胞，凝固酶活性阳性，模式菌株分离自韩国一位胃炎患者的组织活检材料。

【31】*Staphylococcus lentus* (Kloos et al. 1976) Schleifer et al. 1983, comb. nov.（缓慢葡萄球菌），乳酸菌，产 L- 乳酸，耐盐，兼性厌氧，不产芽胞，凝固酶活性阴性，无溶血活性，模式菌株分离自山羊的乳房。

【32】*Staphylococcus lugdunensis* Freney et al. 1988, sp. nov.（里昂葡萄球菌），乳酸菌，产 D-乳酸，耐盐，兼性厌氧，不产芽胞，凝固酶活性阴性，溶血活性弱，模式菌株分离自人的临床样品（腋窝淋巴结）。

【33】*Staphylococcus lutrae* Foster et al. 1997, sp. nov.（水獭葡萄球菌），耐盐，兼性厌氧，不产芽胞，凝固酶活性阳性，有溶血活性，模式菌株分离自水獭的淋巴结。

【34】*Staphylococcus massiliensis* Al Masalma et al. 2010, sp. nov.（马赛葡萄球菌），好氧，不产芽胞，凝固酶活性阴性，无溶血活性，模式菌株分离自人的临床样品（脑脓肿）。

【35】*Staphylococcus microti* Nováková et al. 2010, sp. nov.（田鼠葡萄球菌），耐盐，兼性厌氧，不产芽胞，凝固酶活性阴性，有溶血活性，模式菌株分离自田鼠的肺组织。

【36】*Staphylococcus muscae* Hájek et al. 1992, sp. nov.（蝇葡萄球菌），耐盐，兼性厌氧，不产芽胞，凝固酶活性阴性，有溶血活性，模式菌株分离自牛棚中的厩螫蝇。

【37】*Staphylococcus nepalensis* Spergser et al. 2003, sp. nov.（尼泊尔葡萄球菌），耐盐，兼性厌氧，不产芽胞，凝固酶活性阴性，无溶血活性，模式菌株分离自尼泊尔的山羊呼吸道。

【38】*Staphylococcus pasteuri* Chesneau et al. 1993, sp. nov.（巴氏葡萄球菌），乳酸菌，产 D,L- 乳酸，耐盐，兼性厌氧，不产芽胞，有溶血活性，模式菌株分离自人的临床样品（呕吐物）。

【39】*Staphylococcus petrasii* Pantůček et al. 2013, sp. nov.（佩氏葡萄球菌），耐盐，兼性厌氧，不产芽胞，凝固酶活性阴性，溶血活性弱，模式菌株分离自人的临床样品。

【40】*Staphylococcus pettenkoferi* Trülzsch et al. 2007, sp. nov.（佩滕科弗氏葡萄球菌），耐盐，兼性厌氧，不产芽胞，凝固酶活性阴性，溶血活性弱，模式菌株分离自人的临床样品（血液

培养物）。

【41】*Staphylococcus piscifermentans* Tanasupawat et al. 1992, sp. nov.（发酵鱼葡萄球菌），耐盐，兼性厌氧，不产芽胞，凝固酶活性阴性，有溶血活性，模式菌株分离自泰国的发酵鱼酱。

【42】*Staphylococcus pseudintermedius* Devriese et al. 2005, sp. nov.（假中间葡萄球菌），耐盐，兼性厌氧，不产芽胞，凝固酶活性阳性，有溶血活性，模式菌株分离自动物的临床样品。

【43】*Staphylococcus pseudolugdunensis* Tang et al. 2008, sp. nov.（假里昂葡萄球菌），耐盐，兼性厌氧，不产芽胞，凝固酶活性阴性，模式菌株分离自人的临床样品（血液培养物）。

【44】*Staphylococcus pseudoxylosus* MacFadyen et al. 2019, sp. nov.（假木糖葡萄球菌），耐盐，兼性厌氧，不产芽胞，凝固酶活性阴性，模式菌株分离自法国的患乳腺炎的奶牛。

【45】*Staphylococcus rostri* Riesen and Perreten 2010, sp. nov.（猪鼻葡萄球菌），耐盐，兼性厌氧，不产芽胞，凝固酶活性阴性，有溶血活性，模式菌株分离自健康猪的鼻孔。

【46】*Staphylococcus saccharolyticus* (Foubert and Douglas 1948) Kilpper-Bälz and Schleifer 1984, comb. nov.（解糖葡萄球菌），由 *Peptococcus saccharolyticus* (Foubert and Douglas 1948) Douglas 1957 重分类而来。

【47】*Staphylococcus saprophyticus* (Fairbrother 1940) Shaw et al. 1951, species.（腐生葡萄球菌），耐盐，兼性厌氧，不产芽胞，凝固酶活性阳性，无溶血活性，模式菌株分离自人的皮肤。

【48】*Staphylococcus schleiferi* Freney et al. 1988, sp. nov.（施氏葡萄球菌），乳酸菌，产 L-乳酸，耐盐，兼性厌氧，不产芽胞，凝固酶活性阴性，溶血活性弱，模式菌株分离自人的临床样品（导尿管）。

【49】*Staphylococcus schweitzeri* Tong et al. 2015, sp. nov.（史怀哲氏葡萄球菌），兼性厌氧，不产芽胞，凝固酶活性阳性，模式菌株分离自加蓬一头死亡的红尾猴的鼻孔。

【50】*Staphylococcus sciuri* Kloos et al. 1976, species.（松鼠葡萄球菌），乳酸菌，产 L-乳酸，耐盐，兼性厌氧，不产芽胞，凝固酶活性阴性，无溶血活性，模式菌株分离自松鼠的皮肤。

【51】*Staphylococcus simiae* Pantůček et al. 2005, sp. nov.（猴葡萄球菌），耐盐，兼性厌氧，不产芽胞，凝固酶活性阴性，模式菌株分离南美松鼠猴的粪便。

【52】*Staphylococcus simulans* Kloos and Schleifer 1975, species.（模仿葡萄球菌），乳酸菌，产 D,L-乳酸，耐盐，兼性厌氧，不产芽胞，凝固酶活性阴性，溶血活性弱或无，模式菌株分离自人的皮肤。

【53】*Staphylococcus stepanovicii* Hauschild et al. 2012, sp. nov.（斯氏葡萄球菌），模式菌株分离自小型哺乳动物。

【54】*Staphylococcus succinus* Lambert et al. 1998, sp. nov.（琥珀葡萄球菌），好氧，不产芽胞，模式菌株分离多米尼加的琥珀。

【55】*Staphylococcus vitulinus* corrig. Webster et al. 1994, sp. nov.（小牛葡萄球菌），好氧，不产芽胞，凝固酶活性阴性，模式菌株分离自小牛。

【56】*Staphylococcus warneri* Kloos and Schleifer 1975, species.（沃氏葡萄球菌），乳酸菌，产 D,L-乳酸，耐盐，兼性厌氧，不产芽胞，凝固酶活性阴性，溶血活性弱或无，模式菌株分离自人的皮肤。

【57】*Staphylococcus xylosus* Schleifer and Kloos 1975, species.（木糖葡萄球菌），耐盐，兼

性厌氧，不产芽胞，凝固酶活性阴性，溶血活性中等或弱，模式菌株分离自人的皮肤。

变动：1 种被转移到巨球菌属，1 种因同种异名被合并。

【1】*Staphylococcus caseolyticus* (ex Evans 1916) Schleifer et al. 1982 → *Macrococcus caseolyticus* (Schleifer et al. 1982) Kloos et al. 1998。

【2】*Staphylococcus pulvereri* Zakrzewska-Czerwińska et al. 1995, sp. nov.（普氏葡萄球菌）→ *Staphylococcus vitulinus* corrig. Webster et al. 1994。

11. 芽胞杆菌目科未定的一些属（unclassified Bacillales）

以下 7 个属（包含 36 个种）在分类地位上，不属于芽胞杆菌目已经建立的任何科，有些属的种类能形成芽胞而有些不能，从系统发育关系来看，它们可能属于不同的科，即还有多个科待建立。

（1）酸芽胞杆菌属（"*Acidibacillus*"）　酸芽胞杆菌属（"*Acidibacillus*"）于 2016 年建立，包含 2 个种，未合格化。

【1】"*Acidibacillus ferrooxidanss*" Holanda et al. 2016, sp. nov.（铁氧化酸芽胞杆菌），中温，嗜酸。

【2】"*Acidibacillus sulfuroxidans*" Holanda et al. 2016, sp. nov.（硫氧化酸芽胞杆菌），嗜热，嗜酸。

（2）碱乳芽胞杆菌属（*Alkalilactibacillus* Schmidt et al. 2016, gen. nov.）　碱乳芽胞杆菌属（*Alkalilactibacillus*）于 2016 年建立，仅有 1 个种，好氧，产芽胞。

Alkalilactibacillus ikkensis Schmidt et al. 2016, gen. nov. sp. nov.（伊卡湾碱乳芽胞杆菌），耐冷，好氧，产芽胞。

（3）脱硫芽胞杆菌属（*Desulfuribacillus* Sorokin et al. 2014, gen. nov.）　脱硫芽胞杆菌属（*Desulfuribacillus*）于 2014 年建立，包含 2 个种，均嗜碱、厌氧、产芽胞。

【1】*Desulfuribacillus alkaliarsenatis* Sorokin et al. 2014, sp. nov.（碱砷还原脱硫芽胞杆菌），模式种，嗜碱耐盐，厌氧，产芽胞。

【2】*Desulfuribacillus stibiiarsenatis* Abin and Hollibaugh 2017, sp. nov.（锑砷脱硫芽胞杆菌），嗜碱，厌氧，产芽胞。

（4）微小杆菌属（*Exiguobacterium* Collins et al. 1984, gen. nov.）　微小杆菌属（*Exiguobacterium*）于 1984 年建立，属于 Bacillales Family Ⅻ. Incertae Sedis，包含 18 个种，好氧或兼性厌氧，均不产芽胞。

【1】*Exiguobacterium acetylicum* (Levine and Soppeland 1926) Farrow et al. 1994, comb. nov.（乙酰微小杆菌），兼性厌氧，不产芽胞，由 *Brevibacterium acetylicum* (Levine and Soppeland 1926) Breed 1957 重分类而来。

【2】*Exiguobacterium aestuarii* Kim et al. 2005, sp. nov.（潮间带微小杆菌），耐盐，兼性厌氧，不产芽胞。

【3】*Exiguobacterium alkaliphilum* Kulshreshtha et al. 2013, sp. nov.（嗜碱微小杆菌），嗜碱耐盐，兼性厌氧，不产芽胞。

【4】*Exiguobacterium antarcticum* Frühling et al. 2002, sp. nov.（南极微小杆菌），兼性厌氧，不产芽胞。

【5】*Exiguobacterium aquaticum* Raichand et al. 2012, sp. nov.（水生微小杆菌），耐盐，兼

性厌氧，不产芽胞。

【6】*Exiguobacterium arabatum* Jakubauskas et al. 2009, sp. nov.（阿拉巴特微小杆菌），兼性厌氧，不产芽胞，未合格化。

【7】*Exiguobacterium artemiae* López-Cortés et al. 2006, sp. nov.（丰年虾微小杆菌），兼性厌氧，不产芽胞。

【8】*Exiguobacterium aurantiacum* Collins et al. 1984, sp. nov.（金橙黄微小杆菌），模式种，嗜碱，兼性厌氧，不产芽胞。

【9】*Exiguobacterium enclense* Dastager et al. 2015, sp. nov.（国化室微小杆菌），耐盐，好氧，不产芽胞。

【10】*Exiguobacterium himgiriensis* Singh et al. 2013, sp. nov.（喜马拉雅微小杆菌），耐盐，兼性厌氧，不产芽胞。

【11】*Exiguobacterium indicum* Chaturvedi and Shivaji 2006, sp. nov.（印度微小杆菌），嗜碱嗜冷，好氧，不产芽胞。

【12】*Exiguobacterium marinum* Kim et al. 2005, sp. nov.（海微小杆菌），耐盐，兼性厌氧，不产芽胞。

【13】*Exiguobacterium mexicanum* López-Cortés et al. 2006, sp. nov.（墨西哥微小杆菌），兼性厌氧，不产芽胞。

【14】*Exiguobacterium oxidotolerans* Yumoto et al. 2004, sp. nov.（耐氧化微小杆菌），嗜碱，好氧，不产芽胞。

【15】*Exiguobacterium profundum* Crapart et al. 2007, sp. nov.（深海微小杆菌），乳酸菌，嗜热耐盐，兼性厌氧，不产芽胞。

【16】*Exiguobacterium sibiricum* Rodrigues et al. 2006, sp. nov.（西伯利亚微小杆菌），耐冷，兼性好氧，不产芽胞。

【17】*Exiguobacterium soli* Chaturvedi et al. 2008, sp. nov.（土壤微小杆菌），嗜冷，好氧，不产芽胞。

【18】*Exiguobacterium undae* Frühling et al. 2002, sp. nov.（水微小杆菌），兼性厌氧，不产芽胞。

（5）孪生球菌属（*Gemella* Berger 1960, genus.）　孪生球菌属（*Gemella*）于 1960 年建立，属于 Bacillales Family XI . Incertae Sedis，包含 10 个种，厌氧或兼性厌氧，均不产芽胞。

【1】*Gemella asaccharolytica* Ulger-Toprak et al. 2010, sp. nov.（不解糖孪生球菌），厌氧，不产芽胞。

【2】*Gemella bergeri* corrig. Collins et al. 1998, sp. nov.（伯杰氏孪生球菌），兼性厌氧，不产芽胞。

【3】*Gemella cuniculi* Hoyles et al. 2000, sp. nov.（兔孪生球菌），兼性厌氧，不产芽胞。

【4】*Gemella haemolysans* (Thjøtta and Bøe 1938) Berger 1960, species.（溶血孪生球菌），模式种，兼性厌氧，不产芽胞，由 *Neisseria haemolysans* Thjotta and Boe, 1938 重分类而来。

【5】"*Gemella massiliensis*" Fonkou et al. 2018, sp. nov.（马赛孪生球菌），兼性厌氧，不产芽胞，未合格化。

【6】*Gemella morbillorum* (Prévot 1933) Kilpper-Bälz and Schleifer 1988, comb. nov.（麻疹孪生球菌），兼性厌氧，不产芽胞，由 *Streptococcus morbillorum* (Prévot 1933) Holdeman and

Moore 1974 重分类而来。

【7】*Gemella palaticanis* Collins et al. 1999, sp. nov.（狗牙孪生球菌），兼性厌氧，不产芽胞。

【8】*Gemella parahaemolysans* Hung et al. 2014, sp. nov.（副溶血孪生球菌），兼性厌氧，不产芽胞。

【9】*Gemella sanguinis* Collins et al. 1999, sp. nov.（血液孪生球菌），兼性厌氧，不产芽胞。

【10】*Gemella taiwanensis* Hung et al. 2014, sp. nov.（台湾孪生球菌），兼性厌氧，不产芽胞。

（6）地微菌属（*Geomicrobium* Echigo et al. 2010, gen. nov.）　地微菌属（*Geomicrobium*）于 2010 年建立，包含 2 个种，嗜盐嗜碱，好氧，均不产芽胞。

【1】*Geomicrobium halophilum* Echigo et al. 2010, sp. nov.（嗜盐地微菌），模式种，嗜盐嗜碱，好氧，未观察到芽胞。

【2】*Geomicrobium sediminis* Xiong et al. 2014, sp. nov.（层积物地微菌），嗜盐嗜碱，好氧，不产芽胞。

（7）能嗜热菌属（*Thermicanus* Gößner et al. 2000, gen. nov.）　能嗜热菌属（*Thermicanus*）于 2000 年建立，属于 Bacillales Family Ⅹ. Incertae Sedis，仅有 1 个种，微好氧，不产芽胞。

Thermicanus aegyptius Gößner et al. 2000, sp. nov.（埃及能嗜热菌），乙酸菌，嗜热，微好氧，不产芽胞。

12. 讨论

（1）物种多样性　目前，芽胞杆菌目至少包含 9 科 172 属 1433 种。在科水平上，包含种类最多的是芽胞杆菌科，至少有 82 属 686 种；其次是类芽胞杆菌科，至少 15 属 367 种；种类最少的是巴斯德氏柄菌科，仅 1 属 8 种。在属水平上，包含种类最多的前 5 属分别是：芽胞杆菌科的芽胞杆菌属（300 种）和枝芽胞杆菌属（40 种），类芽胞杆菌科的类芽胞杆菌属（278 种）和科恩氏菌属（33 种），葡萄球菌科的葡萄球菌属（56 种）。此外，有 71 属仅包含 1 种，占全部属的 41.28%。

（2）形态多样性　芽胞杆菌目大多数种类的菌体为杆状（包括长杆状、短杆状、棒状），还有球形（如葡萄球菌属、动球菌属等）、丝状（如嗜热放线菌科的绝大多数种类）、串珠状（如芽胞束菌属）等。

（3）生境多样性　芽胞杆菌目的种类广泛分布于各种水生环境、寡营养的空气、土壤、动植物体等多样性的环境。在一些高温、低温、高盐、极碱、极酸、高辐射等极端环境中常常可以分离到嗜热、喜低温、嗜盐、嗜碱、嗜酸、耐辐射的嗜极种类。大量研究表明，类芽胞杆菌属与植物的关系密切，许多种类生活于植物的根系或为植物内生菌；葡萄球菌属的种类常分布于人与动物体内或体表；巴斯德氏柄菌属的种类均营重寄生（hyperparasitic）生活，即寄生于植物线虫等寄生性无脊椎动物（Bird et al., 2003）。

（4）应用领域广　在科学研究领域，枯草芽胞杆菌（*Bacillus subtilis*）是革兰氏阳性菌的模式生物，简单芽胞杆菌 (*Bacillus simplex*) 常被用于物种微进化研究（Sikorski and Nevo, 2005）。在食品工业领域，枯草芽胞杆菌纳豆菌株（*Bacillus subtilis* strain Natto）广泛用于生产保健药品、调味品以及微生态制剂，是美国 FDA 公布的 40 种益生菌之一；肉葡萄球菌（*Staphylococcus carnosus*）是肉制品发酵中形成肉制品风味的关键菌种；由于兼具芽胞杆菌和乳杆菌的特性，凝结芽胞杆菌（*Bacillus coagulans*）被广泛应用于食品加工（Konuray and Erginkaya, 2018）。在农林渔业领域，90% 以上的微生物菌剂来自芽胞杆菌，其中，具有杀虫、杀线虫、防病等功能的苏云金芽胞杆菌制剂是目前世界上产量最大、应用最广、能与化学农药竞争的微生物菌剂。此外，芽胞杆菌还用于生物湿法冶金、生物技术、医学、环保甚至军事（生物武器）等领域（Ianiro et al., 2018；Johnson et al., 2008）。

（5）有害的种类　在临床上，有一些重要的病原菌属于芽胞杆菌目，例如：芽胞杆菌科的炭疽芽胞杆菌（*Bacillus anthracis*）和蜡样芽胞杆菌（*Bacillus cereus*）（可引起食物中毒，并可致败血症）；李斯特菌科的人畜共患病病原菌——单核细胞增生李斯特菌（*Listeria monocytogenes*）和伊氏李斯特菌（*Listeria ivanovii*，又称为绵羊李斯特菌）等；葡萄球菌科的金黄色葡萄球菌（*Staphylococcus aureus*）、表皮葡萄球菌（*Staphylococcus epidermidis*）、腐生葡萄球菌（*Staphylococcus saprophyticus*）、中间葡萄球菌（*Staphylococcus intermedius*）、施氏葡萄球菌（*Staphylococcus schleiferi*）、溶血性葡萄球菌（*Staphylococcus haemolyticus*）、模仿葡萄球菌（*Staphylococcus simulans*）、人葡萄球菌（*Staphylococcus hominis*）、沃氏葡萄球菌（*Staphylococcus warneri*）、耳葡萄球菌（*Staphylococcus auricularis*）、里昂葡萄球菌（*Staphylococcus lugdunensis*）等。脂环酸芽胞杆菌属（*Alicyclobacillus*）中一些嗜热嗜酸的种类常引起果汁饮料、食物、动物饲料等腐败变质（spoilage）（Cocconi et al. 2018；Fernández et al. 2017）。

（6）关于显核菌属的分类地位　显核菌属（*Caryophanon* Peshkoff 1939, genus.）仅有2种：*Caryophanon latum* Peshkoff 1939, species.（阔显核菌）和 *Caryophanon tenue* (ex Peshkoff 1939) Trentini 1988, sp. nov., nom. rev.（细长显核菌）。早期，显核菌属隶属于显核菌目（Caryophanales Peshkoff 1939, ordo.）显核菌科（Caryophanaceae Peshkoff 1939, familia.）。目前，LPSN 和 NCBI 网站均将显核菌属归属于芽胞杆菌目的动球菌科。

二、中国芽胞杆菌种类

中国地理气候多样性丰富，芽胞杆菌资源分布广泛。芽胞杆菌许多种类，首先是在国外发现的，而后在国内采集分离到，有的种类是从国外引进的，而后在国内也发现。把那些在中国研究的种类、中国人发表的新种以及首次在中国采集分离到的中国新记录种统计起来，作为中国芽胞杆菌种类的组成。根据研究，中国芽胞杆菌种类（仅统计带有 *bacillus* 词尾的能产生芽胞的种类）共有 456 种，占世界芽胞杆菌种类 1190 的 39.42%；其中，中国研究种（#）60 种；中国人发表新种（$）193 种（2004～2020 年）；研究团队从中国境内首次分离的中国新记录种（*）203 种，占了中国芽胞杆菌种类的 44.32%。

三、研究团队采集分离的芽胞杆菌种类

1. 芽胞杆菌菌株采集的区域分布

研究团队 23 年来（1996～2018 年）通过可培养法从土壤库土样中共分离到 31000 余株芽胞杆菌菌株，从中选取得到鉴定的一部分菌株资源数据，并补充从湖北神农架及广西南宁的土样中分离鉴定的芽胞杆菌菌株，组成覆盖全国七大区 27 个省市、自治区的芽胞杆菌分布数据。研究选取的代表性芽胞杆菌菌株分离于 1112 个采样点，从中共分离获得芽胞杆菌 8638 株，其中东北地区 285 株、华北地区 199 株、华东地区 2871 株、华南地区 606 株、

华中地区 155 株、西北地区 1770 株、西南地区 2740 株。

2. 芽胞杆菌属菌株采集的生境分布

采集地土壤样本的生境类型划分为 11 个生境类型，统计 8134 株的芽胞杆菌生境来源，冰川 23 株、草原 1478 株、园林 381 株、高寒草原 180 株、灌丛 362 株、荒漠 221 株、农田 1569 株、森林 1868 株、湿地 1525 株、岩石 310 株、盐碱地 217 株。经过 16S rDNA 基因初步鉴定，8638 株芽胞杆菌与其亲缘关系最近的模式菌株的最高相似性在 90.8%～100% 之间，有 8627 株与模式菌最高相似度大于 97%（研究结果见表 2-3）。结果表明，8627 个芽胞杆菌菌株隶属于 27 个属、377 个种。属水平种类最多的是芽胞杆菌属，种类达 200 种，菌株达 6989 株。

表 2-3　中国地理生境采集的部分芽胞杆菌属种类数量与菌株数量

芽胞杆菌属属名	种类数 / 种	菌株数 / 株
1 芽胞杆菌属（Bacillus）	200	6989
2 类芽胞杆菌属（Paenibacillus）	71	445
3 赖氨酸芽胞杆菌属（Lysinibacillus）	16	481
4 短芽胞杆菌属（Brevibacillus）	16	93
5 喜盐芽胞杆菌属（Halobacillus）	9	95
6 大洋芽胞杆菌属（Oceanobacillus）	9	26
7 虚构芽胞杆菌属（Fictibacillus）	8	114
8 绿芽胞杆菌属（Viridibacillus）	7	118
9 枝芽胞杆菌属（Virgibacillus）	7	20
10 嗜冷芽胞杆菌属（Psychrobacillus）	4	115
11 纤细芽胞杆菌属（Gracilibacillus）	4	11
12 深海芽胞杆菌属（Thalassobacillus）	3	7
13 地芽胞杆菌属（Geobacillus）	3	5
14 咸海鲜芽胞杆菌属（Jeotgalibacillus）	2	50
15 海芽胞杆菌属（Pontibacillus）	2	15
16 土壤芽胞杆菌属（Solibacillus）	2	11
17 鲁梅尔芽胞杆菌属（Rummeliibacillus）	2	7
18 土地芽胞杆菌属（Terribacillus）	2	6
19 房间芽胞杆菌属（Domibacillus）	2	3
20 好氧芽胞杆菌属（Aeribacillus）	1	5
21 居盐水芽胞杆菌属（Aquisalibacillus）	1	3
22 鸟氨酸芽胞杆菌属（Ornithinibacillus）	1	1

芽胞杆菌属名	种类数 / 种	菌株数 / 株
23 尿素芽胞杆菌属（*Ureibacillus*）	1	3
24 厌氧芽胞杆菌属（*Anaerobacillus*）	1	1
25 中盐芽胞杆菌属（*Aquibacillus*）	1	1
26 解硫胺素芽胞杆菌属（*Aneurinibacillus*）	1	1
27 蓼芽胞杆菌属（*Polygonibacillus*）	1	1
合计	377	8627

根据分析的样本，将芽胞杆菌属分为四类。

（1）第一类：优势属（dominant genus）（或建群属 constructive genus） 优势属是指芽胞杆菌群落中占优势的种类，它包括群落生境中在种类多、数量大，对生境影响最大的种类。特点：各生境的优势种可以不止一个种，即共优种。属于这类的有芽胞杆菌属（*Bacillus*）种类达 200 种，菌株数量达 6989 株。优势属也称为建群属（constructive genus），建群种在个体数量上不一定占绝对优势，但决定着群落内部的结构和特殊环境条件。如在主要生境中有两个以上的属共占优势，则把它们称为共建属。对群落的结构和群落环境的形成有明显控制作用的芽胞杆菌属称为优势属，它们通常是那些种类多、个体数量大、生物量高、生活能力较强、占有竞争优势，并能通过竞争来取得资源的优先占有地位，即优势度较大的属。

（2）第二类：亚优势属（subdominant genus）（常见属 common genus） 也是芽胞杆菌群落中的一个主要成分。亚优势属是相对优势属而言，在群落生境中非常常见。它们的存在通常有 3 种情况：① 它们在群落的次要生境中，是次要生境的优势属；② 它们在群落的主要生境中，但是，其所占空间、数量和作用均处于优势属之下；③ 在某个季节或阶段具有优势的物种。总体而言，亚优势属是对群落性质与环境仍起一定决定作用的物种，其种类和数量与作用都次于优势属；属于这类的有类芽胞杆菌属（*Paenibacillus*），其种类达 71 种，菌株数量达 445 株。

（3）第三类：伴生属（accompanying genus） 伴生属又称附属属，是指群落生境中存在度 (presence) 和优势度 (dominance) 大致相等的生长而特定群落间并无联系的确限度 (fidelity)，为芽胞杆菌群落的二级种类。伴生属一般与优势属相伴存在，但却是不起主要作用的属。伴生属虽然在群落中处于非优势地位，但其与群落中的其他物种有着广泛的联系，是群落的重要组成成分。不过伴生属在比较特定群落生境单位间也有成为特征物种；属于这类的有赖氨酸芽胞杆菌属（*Lysinibacillus*）、短芽胞杆菌属（*Brevibacillus*）、喜盐芽胞杆菌属（*Halobacillus*）、大洋芽胞杆菌属（*Oceanobacillus*）、虚构芽胞杆菌属（*Fictibacillus*）、绿芽胞杆菌属（*Viridibacillus*）、枝芽胞杆菌属（*Virgibacillus*）、嗜冷芽胞杆菌属（*Psychrobacillus*）等，其特征就是种类较多或者菌株较多。

（4）第四类：偶见属（occasional genus）（罕见属 rare genus） 偶见属是指在某一芽胞杆菌群落中非常罕见和偶然出现的种类。偶见属可能是由于环境的改变偶然侵入的种群，或群落中衰退的残遗种群，指根据物种多度和群集性，对特定空间范围内群落或区系的组成物种予以评级，在其所在群落或区系内是少见的，但至少在该群落或区系之外是有一定多度的物种。属于这类的有纤细芽胞杆菌属（*Gracilibacillus*）、深海芽胞杆菌属（*Thalassobacillus*）、地芽胞杆菌属（*Geobacillus*）、咸海鲜芽胞杆菌属（*Jeotgalibacillus*）、海芽胞杆菌属（*Pontibacillus*）、土壤芽胞杆菌属（*Solibacillus*）、鲁梅尔芽胞杆菌属（*Rummeliibacillus*）、土地芽胞杆菌属（*Terribacillus*）、房间芽胞杆菌属（*Domibacillus*）、好氧芽胞杆菌属（*Aeribacillus*）、居盐水芽胞杆菌属（*Aquisalibacillus*）、鸟氨酸芽胞杆菌属（*Ornithinibacillus*）、尿素芽胞杆菌属（*Ureibacillus*）、厌氧芽胞杆菌属（*Anaerobacillus*）、中盐芽胞杆菌属（*Aquibacillus*）、解硫胺素芽胞杆菌属（*Aneurinibacillus*）、蓼芽胞杆菌属（*Polygonibacillus*），其种类和数量都较少。

四、芽胞杆菌中国区域分布种的鉴定

1. 芽胞杆菌中国分布种

在中国境内采集分离的种类，已鉴定的芽胞杆菌种类中有 256 个种为中国分布种，它们如表 2-4 所列。

表 2-4　芽胞杆菌中国分布种

芽胞杆菌种名	芽胞杆菌种名
田野绿芽胞杆菌（*Viridibacillus arvi*）	沙地绿芽胞杆菌（*Viridibacillus arenosi*）
湛江枝芽胞杆菌（*Virgibacillus zhanjiangensis*）	嗜盐枝芽胞杆菌（*Virgibacillus halophilus*）
盐反硝化枝芽胞杆菌（*Virgibacillus halodenitrificans*）	独岛枝芽胞杆菌（*Virgibacillus dokdonensis*）
热球状尿素芽胞杆菌（*Ureibacillus thermosphaericus*）	森林土壤芽胞杆菌（*Solibacillus silvestris*）
厚胞鲁梅尔芽胞杆菌（*Rummeliibacillus pycnus*）	忍冷嗜冷芽胞杆菌（*Psychrobacillus psychrodurans*）
毛蚁头嗜冷芽胞杆菌（*Psychrobacillus lasiicapitis*）	奇特嗜冷芽胞杆菌（*Psychrobacillus insolitus*）
解木糖类芽胞杆菌（*Paenibacillus xylanilyticus*）	食木糖类类芽胞杆菌（*Paenibacillus xylanexedens*）
新疆类芽胞杆菌（*Paenibacillus xinjiangensis*）	韦恩氏类芽胞杆菌（*Paenibacillus wynnii*）
又松类芽胞杆菌（*Paenibacillus woosongensis*）	强壮类芽胞杆菌（*Paenibacillus validus*）
潮湿类芽胞杆菌（*Paenibacillus uliginis*）	苔原类芽胞杆菌（*Paenibacillus tundrae*）
解硫胺素类芽胞杆菌（*Paenibacillus thiaminolyticus*）	海岸类芽胞杆菌（*Paenibacillus terrigena*）
大地类芽胞杆菌（*Paenibacillus terrae*）	台湾类芽胞杆菌（*Paenibacillus taiwanensis*）
台中类芽胞杆菌（*Paenibacillus taichungensis*）	宿松县类芽胞杆菌（*Paenibacillus susongensis*）
苦苣菜类芽胞杆菌（*Paenibacillus sonchi*）	茄属类芽胞杆菌（*Paenibacillus solani*）
硒还原类芽胞杆菌（*Paenibacillus selenitireducens*）	洁净间类芽胞杆菌（*Paenibacillus purispatii*）
普罗旺斯类芽胞杆菌（*Paenibacillus provencensis*）	深度类芽胞杆菌（*Paenibacillus profundus*）
多黏类芽胞杆菌（*Paenibacillus polymyxa*）	抱川类芽胞杆菌（*Paenibacillus pocheonensis*）
松树类芽胞杆菌（*Paenibacillus pini*）	皮尔瑞俄类芽胞杆菌（*Paenibacillus peoriae*）
参田土类芽胞杆菌（*Paenibacillus panacisoli*）	饲料类芽胞杆菌（*Paenibacillus pabuli*）
载味类芽胞杆菌（*Paenibacillus odorifer*）	孟德尔类芽胞杆菌（*Paenibacillus mendelii*）
马赛类芽胞杆菌（*Paenibacillus massiliensis*）	白羽扇豆类芽胞杆菌（*Paenibacillus lupini*）
灿烂类芽胞杆菌（*Paenibacillus lautus*）	牛奶类芽胞杆菌（*Paenibacillus lactis*）
杰米拉类芽胞杆菌（*Paenibacillus jamilae*）	伊利诺伊类芽胞杆菌（*Paenibacillus illinoisensis*）
土壤类芽胞杆菌（*Paenibacillus humi*）	鹰嘴豆根瘤类芽胞杆菌（*Paenibacillus endophyticus*）
乐金类芽胞杆菌（*Paenibacillus elgii*）	大田类芽胞杆菌（*Paenibacillus daejeonensis*）

续表

芽胞杆菌种名	芽胞杆菌种名
火山灰类芽胞杆菌（Paenibacillus cineris）	解几丁质类芽胞杆菌（Paenibacillus chitinolyticus）
千叶类芽胞杆菌（Paenibacillus chibensis）	梓树类芽胞杆菌（Paenibacillus catalpae）
栗树类芽胞杆菌（Paenibacillus castaneae）	坎纳斯类芽胞杆菌（Paenibacillus campinasensis）
巴伦氏类芽胞杆菌（Paenibacillus barengoltzii）	巴塞罗那类芽胞杆菌（Paenibacillus barcinonensis）
阿萨姆类芽胞杆菌（Paenibacillus assamensis）	蜜蜂类芽胞杆菌（Paenibacillus apiarius）
蜂房类芽胞杆菌（Paenibacillus alvei）	强碱土类芽胞杆菌（Paenibacillus alkaliterrae）
解藻酸类芽胞杆菌（Paenibacillus alginolyticus）	污血鸟氨酸芽胞杆菌（Ornithinibacillus contaminans）
深层大洋芽胞杆菌（Oceanobacillus profundus）	图画大洋芽胞杆菌（Oceanobacillus picturae）
小鳟鱼大洋芽胞杆菌（Oceanobacillus oncorhynchi）	玛纳斯大洋芽胞杆菌（Oceanobacillus manasiensis）
浅黄大洋芽胞杆菌（Oceanobacillus luteolus）	摇蚜大洋芽胞杆菌（Oceanobacillus chironomi）
淤泥大洋芽胞杆菌（Oceanobacillus caeni）	解木聚糖赖氨酸芽胞杆菌（Lysinibacillus xylanilyticus）
烟叶赖氨酸芽胞杆菌（Lysinibacillus tabacifolii）	球形赖氨酸芽胞杆菌（Lysinibacillus sphaericus）
含低硼赖氨酸芽胞杆菌（Lysinibacillus parviboronicapiens）	巴基斯坦赖氨酸芽胞杆菌（Lysinibacillus pakistanensis）
马赛赖氨酸芽胞杆菌（Lysinibacillus massiliensis）	芒果土赖氨酸芽胞杆菌（Lysinibacillus mangiferahumi）
锰矿土赖氨酸芽胞杆菌（Lysinibacillus manganicus）	长形赖氨酸芽胞杆菌（Lysinibacillus macroides）
耐盐赖氨酸芽胞杆菌（Lysinibacillus halotolerans）	纺锤形赖氨酸芽胞杆菌（Lysinibacillus fusiformis）
解乙羧氟草醚赖氨酸芽胞杆菌（Lysinibacillus fluoroglycofenilyticus）	污染赖氨酸芽胞杆菌（Lysinibacillus contaminans）
耐硼赖氨酸芽胞杆菌（Lysinibacillus boronitolerans）	解蛋白咸海鲜芽胞杆菌（Jeotgalibacillus proteolyticus）
盐地咸海鲜芽胞杆菌（Jeotgalibacillus campisalis）	楚氏喜盐芽胞杆菌（Halobacillus trueperi）
达班盐湖喜盐芽胞杆菌（Halobacillus dabanensis）	解尿素纤细芽胞杆菌（Gracilibacillus ureilyticus）
泰国纤细芽胞杆菌（Gracilibacillus thailandensis）	柯柯盐湖纤细芽胞杆菌（Gracilibacillus kekensis）
就地堆肥地芽胞杆菌（Geobacillus toebii）	盐土虚构芽胞杆菌（Fictibacillus solisalsi）
水生虚构芽胞杆菌（Fictibacillus rigui）	脱磷虚构芽胞杆菌（Fictibacillus phosphorivorans）
南海虚构芽胞杆菌（Fictibacillus nanhaiensis）	国化室虚构芽胞杆菌（Fictibacillus enclensis）
奇异虚构芽胞杆菌（Fictibacillus barbaricus）	砷虚构芽胞杆菌（Fictibacillus arsenicus）
铁锈色房间芽胞杆菌（Domibacillus robiginosus）	印度房间芽胞杆菌（Domibacillus indicus）
茹氏短芽胞杆菌（Brevibacillus reuszeri）	副短短芽胞杆菌（Brevibacillus parabrevis）
人参土壤短芽胞杆菌（Brevibacillus panacihumi）	居湖短芽胞杆菌（Brevibacillus limnophilus）
侧胞短芽胞杆菌（Brevibacillus laterosporus）	发酵污染短芽胞杆菌（Brevibacillus invocatus）
耐盐短芽胞杆菌（Brevibacillus halotolerans）	美丽短芽胞杆菌（Brevibacillus formosus）
千叶短芽胞杆菌（Brevibacillus choshinensis）	短短芽胞杆菌（Brevibacillus brevis）
波茨坦短芽胞杆菌（Brevibacillus borstelensis）	土壤短芽胞杆菌（Brevibacillus agri）
湛江芽胞杆菌（Bacillus zhanjiangensis）	漳州芽胞杆菌（Bacillus zhangzhouensis）
小溪芽胞杆菌（Bacillus xiaoxiensis）	厦门芽胞杆菌（Bacillus xiamenensis）
武夷山芽胞杆菌（Bacillus wuyishanensis）	韦氏芽胞杆菌（Bacillus weihenstephanensis）
和光芽胞杆菌（Bacillus wakoensis）	原野芽胞杆菌（Bacillus vireti）
越南芽胞杆菌（Bacillus vietnamensis）	威氏芽胞杆菌（Bacillus vedderi）
图瓦永芽胞杆菌（Bacillus toyonensis）	泰门芽胞杆菌（Bacillus timonensis）
天申芽胞杆菌（Bacillus tianshenii）	苏云金芽胞杆菌（Bacillus thuringiensis）
产硫芽胞杆菌（Bacillus thioparans）	耐温芽胞杆菌（Bacillus thermotolerans）
嗜热芽胞杆菌（Bacillus thermophilus）	热粪芽胞杆菌（Bacillus thermocopriae）
特基拉芽胞杆菌（Bacillus tequilensis）	台湾芽胞杆菌（Bacillus taiwanensis）
枯草芽胞杆菌（Bacillus subtilis）	地下芽胞杆菌（Bacillus subterraneus）

续表

芽胞杆菌种名	芽胞杆菌种名
芽胞耐热芽胞杆菌（*Bacillus sporothermodurans*）	索诺拉沙漠芽胞杆菌（*Bacillus sonorensis*）
土壤芽胞杆菌（*Bacillus soli*）	青贮窖芽胞杆菌（*Bacillus siralis*）
简单芽胞杆菌（*Bacillus simplex*）	暹罗芽胞杆菌（*Bacillus siamensis*）
沙氏芽胞杆菌（*Bacillus shackletonii*）	好盐芽胞杆菌（*Bacillus salsus*）
沙福芽胞杆菌（*Bacillus safensis*）	抗净化芽胞杆菌（*Bacillus purgationiresistens*）
短小芽胞杆菌（*Bacillus pumilus*）	冷解糖芽胞杆菌（*Bacillus psychrosaccharolyticus*）
假蕈状芽胞杆菌（*Bacillus pseudomycoides*）	假坚强芽胞杆菌（*Bacillus pseudofirmus*）
蓼属芽胞杆菌（*Bacillus polygoni*）	抱川芽胞杆菌（*Bacillus pocheonensis*）
波斯芽胞杆菌（*Bacillus persicus*）	副弯曲芽胞杆菌（*Bacillus paraflexus*）
人参土壤芽胞杆菌（*Bacillus panacisoli*）	谷壳芽胞杆菌（*Bacillus oryzaecorticis*）
奥莱龙岛芽胞杆菌（*Bacillus oleronius*）	噬柴油芽胞杆菌（*Bacillus oleivorans*）
奥哈芽胞杆菌（*Bacillus okhensis*）	海洋沉积芽胞杆菌（*Bacillus oceanisediminis*）
休闲地芽胞杆菌（*Bacillus novalis*）	烟酸芽胞杆菌（*Bacillus niacini*）
农研所芽胞杆菌（*Bacillus niabensis*）	雷洲湾芽胞杆菌（*Bacillus neizhouensis*）
南海沉积芽胞杆菌（*Bacillus nanhaiisediminis*）	蕈状芽胞杆菌（*Bacillus mycoides*）
壁芽胞杆菌（*Bacillus muralis*）	莫哈维沙漠芽胞杆菌（*Bacillus mojavensis*）
甲基营养型芽胞杆菌（*Bacillus methylotrophicus*）	嗜常温芽胞杆菌（*Bacillus mesophilum*）
仙草芽胞杆菌（*Bacillus mesonae*）	巨大芽胞杆菌（*Bacillus megaterium*）
黄海芽胞杆菌（*Bacillus marisflavi*）	万里浦芽胞杆菌（*Bacillus manliponensis*）
浅橘色芽胞杆菌（*Bacillus luteolus*）	路西法芽胞杆菌（*Bacillus luciferensis*）
岸滨芽胞杆菌（*Bacillus litoralis*）	嗜木质素芽胞杆菌（*Bacillus ligniniphilus*）
地衣芽胞杆菌（*Bacillus licheniformis*）	迟缓芽胞杆菌（*Bacillus lentus*）
列城芽胞杆菌（*Bacillus lehensis*）	库尔勒芽胞杆菌（*Bacillus korlensis*）
小木偶芽胞杆菌（*Bacillus kokeshiiformis*）	柯赫芽胞杆菌（*Bacillus kochii*）
咸海鲜芽胞杆菌（*Bacillus jeotgali*）	印空研芽胞杆菌（*Bacillus isronensis*）
婴儿芽胞杆菌（*Bacillus infantis*）	印度芽胞杆菌（*Bacillus indicus*）
病研所芽胞杆菌（*Bacillus idriensis*）	湖南芽胞杆菌（*Bacillus hunanensis*）
土地芽胞杆菌（*Bacillus humi*）	惠州芽胞杆菌（*Bacillus huizhouensis*）
花园芽胞杆菌（*Bacillus horti*）	霍氏芽胞杆菌（*Bacillus horneckiae*）
堀越氏芽胞杆菌（*Bacillus horikoshii*）	黑布施泰因芽胞杆菌（*Bacillus herbersteinensis*）
解半纤维素芽胞杆菌（*Bacillus hemicellulosilyticus*）	耐盐芽胞杆菌（*Bacillus halotolerans*）
嗜盐嗜糖芽胞杆菌（*Bacillus halosaccharovorans*）	盐敏芽胞杆菌（*Bacillus halmapalus*）
海口芽胞杆菌（*Bacillus haikouensis*）	戈氏芽胞杆菌（*Bacillus gottheilii*）
人参地芽胞杆菌（*Bacillus ginsengisoli*）	吉氏芽胞杆菌（*Bacillus gibsonii*）
狗木芽胞杆菌（*Bacillus gaemokensis*）	耐寒芽胞杆菌（*Bacillus frigoritolerans*）
小孔芽胞杆菌（*Bacillus foraminis*）	弯曲芽胞杆菌（*Bacillus flexus*）
坚强芽胞杆菌（*Bacillus firmus*）	苛求芽胞杆菌（*Bacillus fastidiosus*）
根内芽胞杆菌（*Bacillus endoradicis*）	内生芽胞杆菌（*Bacillus endophyticus*）
蚯蚓芽胞杆菌（*Bacillus eiseniae*）	钻特省芽胞杆菌（*Bacillus drentensis*）
细胞毒素芽胞杆菌（*Bacillus cytotoxicus*）	新月芽胞杆菌（*Bacillus crescens*）
香港牡蛎芽胞杆菌（*Bacillus crassostreae*）	科恩芽胞杆菌（*Bacillus cohnii*）
克劳氏芽胞杆菌（*Bacillus clausii*）	克氏芽胞杆菌（*Bacillus clarkii*）
环状芽胞杆菌（*Bacillus circulans*）	蜡样芽胞杆菌（*Bacillus cereus*）

芽胞杆菌种名	芽胞杆菌种名
解纤维素芽胞杆菌（*Bacillus cellulosilyticus*）	科研中心芽胞杆菌（*Bacillus cecembensis*）
食丁醇芽胞杆菌（*Bacillus butanolivorans*）	兵马俑芽胞杆菌（*Bacillus bingmayongensis*）
伯氏芽胞杆菌（*Bacillus berkeleyi*）	白令海芽胞杆菌（*Bacillus beringensis*）
巴达维亚芽胞杆菌（*Bacillus bataviensis*）	栗褐芽胞杆菌（*Bacillus badius*）
澳大利亚芽胞杆菌（*Bacillus australimaris*）	金橙色芽胞杆菌（*Bacillus aurantiacus*）
深褐芽胞杆菌（*Bacillus atrophaeus*）	朝日芽胞杆菌（*Bacillus asahii*）
阿氏芽胞杆菌（*Bacillus aryabhattai*）	海水芽胞杆菌（*Bacillus aquimaris*）
炭疽杆菌（*Bacillus anthracis*）	解淀粉芽胞杆菌（*Bacillus amyloliquefaciens*）
高地芽胞杆菌（*Bacillus altitudinis*）	碱土芽胞杆菌（*Bacillus alkalitelluris*）
碱性沉积芽胞杆菌（*Bacillus alkalisediminis*）	碱性解腈芽胞杆菌（*Bacillus alkalinitrilicus*）
居碱芽胞杆菌（*Bacillus alkalicola*）	嗜碱芽胞杆菌（*Bacillus alcalophilus*）
白色芽胞杆菌（*Bacillus albus*）	秋叶氏芽胞杆菌（*Bacillus akibai*）
黏琼脂芽胞杆菌（*Bacillus agaradhaerens*）	嗜气芽胞杆菌（*Bacillus aerophilus*）
空气芽胞杆菌（*Bacillus aerius*）	耐酸芽胞杆菌（*Bacillus aciditolerans*）
不产酸芽胞杆菌（*Bacillus acidinfaciens*）	酸快生芽胞杆菌（*Bacillus acidiceler*）
深海芽胞杆菌（*Bacillus abyssalis*）	副炭疽杆菌（*Bacillus paranthracis*）
解硫胺素解硫胺素芽胞杆菌（*Aneurinibacillus aneurinilyticus*）	苍白好氧芽胞杆菌（*Aeribacillus pallidus*）

2. 芽胞杆菌区域分布种

芽胞杆菌的区域分布与芽胞杆菌样本采集的数量有一定关系，当各地采集的数量超过30个时，具有普遍的统计意义，芽胞杆菌种类的出现区域稳定。调查结果表明，芽胞杆菌种类分布较高的区域有：华东地区（166 种），西南地区（141 种），西北地区（140 种），芽胞杆菌种类区域分布与地理气候关系密切，高山地区，生态复杂，气候多样，造就了丰富的小生境，形成了芽胞杆菌种类丰富性。分布较低的区域有：华南地区（70种），东北地区（47种），华中地区（44种），华北地区（32种）；平原地区，地理气候均一性强，生态较为简单，形成的小生境复杂性下降，芽胞杆菌种类相对较为单一（图 2-2）。

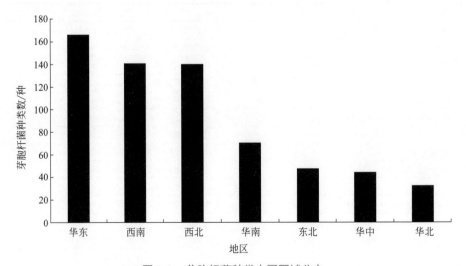

图 2-2　芽胞杆菌种类中国区域分布

3.芽胞杆菌生境分布种

芽胞杆菌生境分布与其环境复杂性相关，越复杂的环境，生境多样性越高，芽胞杆菌分布种类就会越多。研究结果表明，芽胞杆菌种类生境分布分为三类：第一类分布种类较多的生境，如湿地生境（143 种），草原生境（140 种），农田生境（122 种），森林生境（120 种）；第二类分布种类中等的生境，如灌丛生境（74 种），岩石生境（69 种），园林生境（68 种），荒漠生境（60 种）；第三类分布种类较少的生境，经常是极端生境，如盐碱地生境（44 种），高寒草原生境（29 种），冰川生境（14 种）等（图 2-3）。

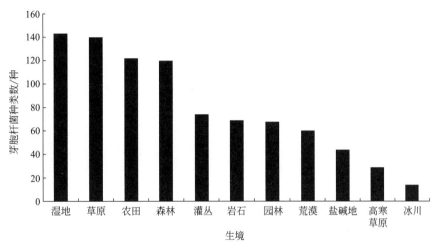

图 2-3 芽胞杆菌生境分布

五、芽胞杆菌中国新记录种鉴定

1.中国新记录种

采集信息明确且已鉴定的种类中，有 110 种芽胞杆菌为中国新记录种，且多为罕见种（稀有种），它们如表 2-5 所列。

表 2-5 中国新记录芽胞杆菌种

芽胞杆菌种名	芽胞杆菌种名
需盐枝芽胞杆菌（*Virgibacillus salexigens*）	普氏枝芽胞杆菌（*Virgibacillus proomii*）
泛酸枝芽胞杆菌（*Virgibacillus pantothenticus*）	黄岛深海芽胞杆菌（*Thalassobacillus hwangdonensis*）
食有机物深海芽胞杆菌（*Thalassobacillus devorans*）	赛勒斯王深海芽胞杆菌（*Thalassobacillus cyri*）
嗜糖土地芽胞杆菌（*Terribacillus saccharophilus*）	戈里土地芽胞杆菌（*Terribacillus goriensis*）
印空研土壤芽胞杆菌（*Solibacillus isronensis*）	司氏鲁梅尔芽胞杆菌（*Rummeliibacillus stabekisii*）
土壤嗜冷芽胞杆菌（*Psychrobacillus soli*）	盐池海芽胞杆菌（*Pontibacillus salipaludis*）
海慢生芽胞杆菌（*Pontibacillus salicampi*）	靛蓝还原蓼芽胞杆菌（*Polygonibacillus indicireducens*）
食木聚糖类芽胞杆菌（*Paenibacillus xylanivorans*）	伤口类芽胞杆菌（*Paenibacillus vulneris*）
丽金龟子类芽胞杆菌（*Paenibacillus popilliae*）	解多糖类芽胞杆菌（*Paenibacillus polysaccharolyticus*）

续表

芽胞杆菌种名	芽胞杆菌种名
针叶林土类芽胞杆菌（*Paenibacillus pinisoli*）	赤松土类芽胞杆菌（*Paenibacillus pinihumi*）
凤凰城类芽胞杆菌（*Paenibacillus phoenicis*）	人参土壤类芽胞杆菌（*Paenibacillus panacihumi*）
海床类芽胞杆菌（*Paenibacillus oceanisediminis*）	山土类芽胞杆菌（*Paenibacillus montaniterrae*）
马阔里类芽胞杆菌（*Paenibacillus macquariensis*）	浸麻类芽胞杆菌（*Paenibacillus macerans*）
慢病类芽胞杆菌（*Paenibacillus lentimorbus*）	幼虫类芽胞杆菌（*Paenibacillus larvae*）
向日葵类芽胞杆菌（*Paenibacillus helianthi*）	解葡聚糖类芽胞杆菌（*Paenibacillus glucanolyticus*）
东都类芽胞杆菌（*Paenibacillus dongdonensis*）	黄瓜类芽胞杆菌（*Paenibacillus cucumis*）
固氮类芽胞杆菌（*Paenibacillus azotofixans*）	解淀粉类芽胞杆菌（*Paenibacillus amylolyticus*）
泡菜大洋芽胞杆菌（*Oceanobacillus kimchii*）	伊平屋桥大洋芽胞杆菌（*Oceanobacillus iheyensis*）
奥德赛赖氨酸芽胞杆菌（*Lysinibacillus odysseyi*）	卢恩贝氏赖氨酸芽胞杆菌（*Lysinibacillus louembei*）
日光盐场喜盐芽胞杆菌（*Halobacillus yeomjeoni*）	盐渍喜盐芽胞杆菌（*Halobacillus salinus*）
深海喜盐芽胞杆菌（*Halobacillus profundi*）	红树喜盐芽胞杆菌（*Halobacillus mangrovi*）
岸喜盐芽胞杆菌（*Halobacillus litoralis*）	黑岛喜盐芽胞杆菌（*Halobacillus kuroshimensis*）
沉泥喜盐芽胞杆菌（*Halobacillus faecis*）	东边纤细芽胞杆菌（*Gracilibacillus orientalis*）
热脱氮地芽胞杆菌（*Geobacillus thermodenitrificans*）	嗜热噬脂肪地芽胞杆菌（*Geobacillus stearothermophilus*）
嗜盐虚构芽胞杆菌（*Fictibacillus halophilus*）	人参土短芽胞杆菌（*Brevibacillus ginsengisoli*）
流水短芽胞杆菌（*Brevibacillus fluminis*）	中胞短芽胞杆菌（*Brevibacillus centrosporus*）
阿迪怒格鲁短芽胞杆菌（*Brevibacillus aydinogluensis*）	花椒类芽胞杆菌（*Bacillus zanthoxyli*）
霞浦芽胞杆菌（*Bacillus xiapuensis*）	维德曼氏芽胞杆菌（*Bacillus wiedmannii*）
贝莱斯芽胞杆菌（*Bacillus velezensis*）	死谷芽胞杆菌（*Bacillus vallismortis*）
居甲虫芽胞杆菌（*Bacillus trypoxylicola*）	热带芽胞杆菌（*Bacillus tropicus*）
陶氏芽胞杆菌（*Bacillus thaonhiensis*）	大地芽胞杆菌（*Bacillus terrae*）
大安芽胞杆菌（*Bacillus taeanensis*）	平流层芽胞杆菌（*Bacillus stratosphericus*）
施塔姆斯氏芽胞杆菌（*Bacillus stamsii*）	森林土芽胞杆菌（*Bacillus solisilvae*）
辛萨卢姆芽胞杆菌（*Bacillus sinesaloumensis*）	硒砷芽胞杆菌（*Bacillus selenatarsenatis*）
嗜冷芽胞杆菌（*Bacillus psychrophilus*）	假嗜碱芽胞杆菌（*Bacillus pseudalcaliphilus*）
蛋白水解芽胞杆菌（*Bacillus proteolyticus*）	农田芽胞杆菌（*Bacillus praedii*）
胡杨芽胞杆菌（*Bacillus populi*）	多黏芽胞杆菌（*Bacillus polymyxa*）
海绵芽胞杆菌（*Bacillus plakortidis*）	游荡芽胞杆菌（*Bacillus pervagus*）
巴塔哥尼亚芽胞杆菌（*Bacillus patagoniensis*）	副蕈状芽胞杆菌（*Bacillus paramycoides*）
类地衣芽胞杆菌（*Bacillus paralicheniformis*）	巴基斯坦芽胞杆菌（*Bacillus pakistanensis*）
太平洋杆菌（*Bacillus pacificus*）	奥哈芽胞杆菌（*Bacillus okhensis*）
硝酸盐还原芽胞杆菌（*Bacillus nitratireducens*）	尼氏芽胞杆菌（*Bacillus nealsonii*）
中村氏芽胞杆菌（*Bacillus nakamurai*）	移动芽胞杆菌（*Bacillus mobilis*）
地中海芽胞杆菌（*Bacillus mediterraneensis*）	马赛塞内加尔芽胞杆菌（*Bacillus massiliosenegalensis*）
马赛加蓬芽胞杆菌（*Bacillus massiliogabonensis*）	马赛冰层芽胞杆菌（*Bacillus massiliglaciei*）
鲁迪芽胞杆菌（*Bacillus luti*）	韩国芽胞杆菌（*Bacillus koreensis*）
花津滩芽胞杆菌（*Bacillus hwajinpoensis*）	外村尚芽胞杆菌（*Bacillus hisashii*）
海恩斯氏芽胞杆菌（*Bacillus haynesii*）	耐盐芽胞杆菌（*Bacillus halodurans*）
大豆发酵芽胞杆菌（*Bacillus glycinifermentans*）	国化室芽胞杆菌（*Bacillus enclensis*）
脱色芽胞杆菌（*Bacillus decolorationis*）	达喀尔芽胞杆菌（*Bacillus dakarensis*）
黄瓜芽胞杆菌（*Bacillus cucumis*）	食物芽胞杆菌（*Bacillus cibi*）
小链芽胞杆菌（*Bacillus catenulatus*）	盐田芽胞杆菌（*Bacillus campisalis*）
嗜硼芽胞杆菌（*Bacillus boroniphilus*）	藻居芽胞杆菌（*Bacillus algicola*）
伊奥利亚岛芽胞杆菌（*Bacillus aeolius*）	延伸居盐水芽胞杆（*Aquisalibacillus elongatus*）
韩国中盐芽胞杆菌（*Aquibacillus koreensis*）	马氏厌氧芽胞杆菌（*Anaerobacillus macyae*）

2. 中国新记录种区域分布

中国新记录种的分布与其地理生态的复杂性相关。华东、华南、西南、西北地区地理生态比较复杂，气候特殊，中国新记录种分布较多；华东地区有 49 种，西北地区有 36 种，华南地区有 27 种，西南地区有 24 种。华北、华中、东北地势平坦，地理生态条件均一性强，相对中国新记录种较少。华北地区有 11 种，华中地区有 9 种，东北地区有 5 种。

3. 中国新记录种生境分布

越复杂的生境可能分布的中国新记录种类越多，如湿地生境有 42 种，农田生境有 31 种，森林生境有 26 种，草原生境有 25 种，城市生境有 21 种；越简单的生境可能分布的中国新记录种越少，如灌丛生境有 12 种，荒漠生境有 12 种，盐碱地生境有 12 种，高寒草原生境有 2 种，冰川生境有 1 种，岩石生境有 1 种。

第三节
芽胞杆菌中国区域生态分布

一、芽胞杆菌区系分布调查

选择中国区域和生境采样的 1112 个样本，分离鉴定出 368 种芽胞杆菌，统计其在区域和生境分布的频次见表 2-6。结果表明，不同种类芽胞杆菌分布差异显著，有些芽胞杆菌广泛分布于不同区域，有些只分布于一些特定区域。分布频次最高的种类为简单芽胞杆菌（*Bacillus simplex*），总体分布频次为 25.18%，也即在采集的样本中，25.18% 的样本分离到简单芽胞杆菌；总体分布最低的有食有机物深海芽胞杆菌（*Thalassobacillus devorans*）等总体分布频次 0.09%，也即采集 1000 个样本才可能出现一次。

表 2-6　中国地区和生境芽胞杆菌分布

种名	分布频次 /%		总体分布 /%
	区域分布	生境分布	
1 简单芽胞杆菌	东北（12.77）、华北（18.18）、华东（7.23）、华南（2.15）、华中（26.67）、西北（25.12）、西南（50.27）	冰川（16.67）、草原（15.64）、园林（21.57）、高寒草原（27.27）、灌丛（39.66）、荒漠（24.24）、农田（22.64）、森林（35.24）、湿地（23.03）、岩石（12.33）、盐碱地（12.00）	25.18
2 阿氏芽胞杆菌	东北（38.30）、华北（20.45）、华东（21.97）、华南（48.39）、华中（33.33）、西北（4.93）、西南（14.01）	冰川（33.33）、草原（9.48）、园林（23.53）、灌丛（18.97）、荒漠（6.06）、农田（45.28）、森林（13.65）、湿地（28.48）、岩石（10.96）	19.49
3 耐寒芽胞杆菌	东北（46.81）、华北（31.82）、华东（8.38）、华南（22.58）、华中（26.67）、西北（27.59）、西南（18.41）	草原（15.64）、园林（25.49）、高寒草原（24.24）、灌丛（18.97）、荒漠（12.12）、农田（27.04）、森林（19.37）、湿地（11.52）、岩石（9.59）、盐碱地（32.00）	19.22

畜禽粪污治理微生物菌种研究与应用

续表

种名	分布频次 /%		总体分布 /%
	区域分布	生境分布	
4 蜡样芽胞杆菌	东北（17.02）、华北（20.45）、华东（31.21）、华南（29.03）、华中（26.67）、西北（11.82）、西南（7.97）	草原（17.54）、园林（41.18）、灌丛（12.07）、荒漠（18.18）、农田（25.16）、森林（13.97）、湿地（22.42）、岩石（10.96）	18.86
5 苏云金芽胞杆菌	东北（2.13）、华北（20.45）、华东（30.92）、华南（2.15）、华中（20.00）、西北（5.91）、西南（4.40）	冰川（16.67）、草原（14.69）、园林（23.53）、灌丛（12.07）、荒漠（9.09）、农田（10.69）、森林（15.56）、湿地（6.06）、岩石（20.55）、盐碱地（4.00）	13.54
6 韦氏芽胞杆菌	东北（4.26）、华东（0.29）、西北（0.99）、西南（39.01）	草原（3.79）、园林（1.96）、高寒草原（42.42）、灌丛（27.59）、荒漠（6.06）、农田（2.52）、森林（26.03）、湿地（10.91）、岩石（8.22）	13.27
7 解木聚糖赖氨酸芽胞杆菌	华东（19.94）、华南（10.75）、西北（2.46）、西南（17.03）	草原（18.48）、园林（13.73）、高寒草原（6.06）、灌丛（13.79）、荒漠（15.15）、农田（8.18）、森林（15.24）、湿地（6.06）、岩石（20.55）	13.18
8 蕈状芽胞杆菌	东北（4.26）、华北（11.36）、华东（19.08）、华中（20.00）、西北（21.18）、西南（6.04）	冰川（33.33）、草原（19.91）、园林（19.61）、高寒草原（3.03）、灌丛（6.90）、荒漠（3.03）、农田（8.18）、森林（10.16）、湿地（7.88）、岩石（27.40）	12.73
9 巨大芽胞杆菌	东北（6.38）、华北（18.18）、华东（16.18）、华南（22.58）、华中（20.00）、西北（7.88）、西南（5.77）	冰川（33.33）、草原（10.90）、园林（23.53）、高寒草原（3.03）、灌丛（6.90）、荒漠（15.15）、农田（14.47）、森林（6.67）、湿地（16.97）、岩石（4.11）	11.55
10 短小芽胞杆菌	东北（29.79）、华北（20.45）、华东（4.05）、华中（13.33）、西北（31.53）、西南（4.12）	草原（15.17）、园林（3.92）、高寒草原（3.03）、灌丛（6.90）、荒漠（18.18）、农田（22.01）、森林（2.86）、湿地（9.09）、岩石（1.37）、盐碱地（40.00）	10.65
11 炭疽芽胞杆菌	东北（2.13）、华北（2.27）、华东（24.86）、西北（1.97）、西南（6.04）	草原（9.00）、园林（9.80）、高寒草原（3.03）、灌丛（12.07）、荒漠（3.03）、农田（10.69）、森林（7.94）、湿地（11.52）、岩石（27.40）	10.29
12 沙福芽胞杆菌	东北（21.28）、华北（6.82）、华东（8.96）、华南（12.90）、西北（10.84）、西南（9.07）	草原（6.64）、园林（9.80）、高寒草原（12.12）、灌丛（3.45）、荒漠（6.06）、农田（15.09）、森林（4.76）、湿地（19.39）、岩石（9.59）、盐碱地（8.00）	10.02
13 图瓦永芽胞杆菌	东北（19.15）、华北（11.36）、华东（0.29）、华南（9.68）、西北（1.97）、西南（21.98）	草原（9.95）、园林（1.96）、高寒草原（6.06）、灌丛（17.24）、荒漠（6.06）、农田（10.06）、森林（12.06）、湿地（9.70）、岩石（5.48）	9.75
14 地衣芽胞杆菌	东北（14.89）、华北（11.36）、华东（8.96）、华中（13.33）、西北（19.21）、西南（5.49）	草原（6.64）、园林（15.69）、灌丛（5.17）、荒漠（15.15）、农田（11.95）、森林（2.86）、湿地（11.52）、岩石（15.07）、盐碱地（32.00）	9.39
15 嗜气芽胞杆菌	东北（8.51）、华东（15.90）、西北（8.37）、西南（7.14）	草原（2.37）、园林（5.88）、高寒草原（6.06）、灌丛（5.17）、荒漠（3.03）、农田（21.38）、森林（2.54）、湿地（22.42）、岩石（2.74）、盐碱地（4.00）	9.21
16 假蕈状芽胞杆菌	东北（10.64）、华北（9.09）、华东（14.74）、华南（8.60）、华中（6.67）、西北（0.99）、西南（6.87）	草原（8.06）、园林（13.73）、灌丛（3.45）、荒漠（6.06）、农田（17.61）、森林（7.94）、湿地（4.24）、岩石（5.48）	8.66

种名	分布频次 /%		总体分布 /%
	区域分布	生境分布	
17 枯草芽胞杆菌	华南（20.21）、华北（9.09）、华东（7.80）、西北（12.80）、华中（13.33）、西南（3.20）	草原（2.84）、园林（11.67）、灌丛（6.89）、荒漠（21.21）、农田（17.61）、森林（4.76）、湿地（5.64）、岩石（1.37）、盐碱地（4.00）、高寒草原（6.06）	7.66
18 深褐芽胞杆菌	东北（4.26）、华北（25.00）、华东（1.45）、华南（2.15）、西北（23.65）、西南（1.10）	草原（9.95）、园林（7.84）、灌丛（8.62）、荒漠（15.15）、农田（10.06）、森林（0.63）、湿地（3.03）、岩石（1.37）、盐碱地（40.00）	6.50
19 暹罗芽胞杆菌	东北（4.26）、华北（6.82）、华东（7.80）、华南（21.51）、华中（33.33）、西南（3.30）	草原（2.37）、园林（5.88）、高寒草原（3.03）、灌丛（3.45）、农田（17.61）、森林（2.54）、湿地（13.33）	6.23
20 忍冷嗜冷芽胞杆菌	东北（8.51）、华北（2.27）、华东（2.31）、华南（2.15）、华中（6.67）、西北（5.42）、西南（10.99）	草原（5.69）、园林（5.88）、高寒草原（9.09）、灌丛（6.90）、农田（3.77）、森林（7.94）、湿地（7.27）、岩石（1.37）	6.05
21 特基拉芽胞杆菌	东北（4.26）、华北（4.55）、华东（3.47）、华南（1.08）、华中（13.33）、西北（3.94）、西南（8.52）	草原（2.37）、园林（5.88）、高寒草原（6.06）、灌丛（6.90）、荒漠（3.03）、农田（4.40）、森林（5.40）、湿地（4.85）、岩石（9.59）、盐碱地（4.00）	5.23
22 病研所芽胞杆菌	华东（0.87）、华南（13.98）、西北（7.88）、西南（5.77）	草原（6.16）、园林（5.88）、高寒草原（3.03）、灌丛（3.45）、荒漠（3.03）、农田（6.29）、森林（3.81）、湿地（4.24）、岩石（1.37）、盐碱地（4.00）	4.87
23 沙地绿芽胞杆菌	华东（4.05）、西北（1.48）、西南（9.34）	草原（6.64）、灌丛（1.72）、森林（9.21）、湿地（1.82）、岩石（5.48）	4.60
24 纺锤形赖氨酸芽胞杆菌	东北（4.26）、华北（2.27）、华东（1.16）、华南（17.20）、华中（6.67）、西北（1.97）、西南（5.22）	冰川（33.33）、草原（5.21）、园林（1.96）、灌丛（5.17）、农田（7.55）、森林（3.81）、湿地（3.03）、岩石（1.37）	4.42
25 酸快生芽胞杆菌	东北（2.13）、华东（1.73）、西北（1.48）、西南（9.34）	园林（1.96）、灌丛（3.45）、荒漠（6.06）、农田（6.29）、森林（6.98）、湿地（1.21）、岩石（4.11）	3.97
26 球形赖氨酸芽胞杆菌	东北（2.13）、华北（2.27）、华东（6.65）、华南（3.23）、华中（6.67）、西北（2.96）、西南（2.20）	草原（3.32）、园林（9.80）、高寒草原（3.03）、灌丛（3.45）、农田（3.14）、森林（5.08）、湿地（2.42）、岩石（1.37）	3.88
27 食丁醇芽胞杆菌	华南（2.15）、华中（53.33）、西北（0.49）、西南（8.52）	草原（0.95）、园林（5.88）、高寒草原（12.12）、灌丛（6.90）、森林（3.81）、湿地（9.70）、岩石（1.37）	3.79
28 含低硼赖氨酸芽胞杆菌	华东（1.16）、华中（6.67）、西北（5.42）、西南（7.14）	草原（5.21）、园林（3.92）、灌丛（3.45）、农田（8.81）、森林（3.81）、湿地（0.61）	3.79
29 站特省芽胞杆菌	东北（4.26）、华东（3.18）、西北（1.48）、西南（6.87）	草原（1.42）、灌丛（8.62）、荒漠（6.06）、农田（8.18）、森林（5.08）、湿地（1.21）	3.70
30 田野绿芽胞杆菌	华东（2.31）、华南（1.08）、华中（6.67）、西南（7.97）	草原（2.37）、园林（1.96）、高寒草原（6.06）、灌丛（1.72）、森林（6.03）、湿地（4.85）、岩石（4.11）	3.52

种名	分布频次 /%		总体分布 /%
	区域分布	生境分布	
31 空气芽胞杆菌	华东（7.23）、西北（5.42）、西南（0.27）	草原（3.79）、农田（0.63）、森林（1.27）、湿地（13.94）	3.34
32 灿烂类芽胞杆菌	东北（4.26）、华北（9.09）、华东（0.58）、华南（2.15）、西北（9.36）、西南（1.92）	草原（4.27）、园林（5.88）、荒漠（3.03）、农田（3.77）、森林（2.22）、湿地（0.61）、岩石（6.85）、盐碱地（8.00）	3.25
33 海水芽胞杆菌	华东（6.65）、西北（5.91）	草原（1.90）、园林（3.92）、荒漠（6.06）、湿地（12.12）、盐碱地（28.00）	3.16
34 海洋沉积芽胞杆菌	东北（2.13）、华东（3.76）、华南（4.30）、西北（4.93）、西南（1.92）	草原（3.79）、园林（1.96）、灌丛（3.45）、荒漠（3.03）、农田（1.26）、森林（2.22）、湿地（4.85）、岩石（2.74）、盐碱地（12.00）	3.16
35 高地芽胞杆菌	华北（2.27）、华东（1.16）、华南（17.20）、西北（1.48）、西南（2.20）	草原（0.47）、园林（1.96）、高寒草原（3.03）、灌丛（1.72）、农田（6.92）、森林（3.17）、湿地（3.03）、岩石（1.37）	3.07
36 长型赖氨酸芽胞杆菌	东北（4.26）、华东（1.16）、华南（2.15）、西北（6.40）、西南（3.30）	草原（2.37）、园林（1.96）、灌丛（5.17）、农田（5.03）、森林（3.81）、湿地（0.61）、岩石（1.37）、盐碱地（4.00）	2.98
37 坚强芽胞杆菌	东北（2.13）、华东（4.05）、华南（6.45）、西北（0.99）、西南（2.47）	草原（0.95）、园林（1.96）、灌丛（1.72）、农田（6.92）、森林（0.95）、湿地（6.67）、岩石（2.74）	2.89
38 堀越氏芽胞杆菌	华东（0.87）、西北（6.90）、西南（3.30）	草原（5.69）、园林（1.96）、高寒草原（3.03）、荒漠（6.06）、湿地（2.42）、岩石（1.37）、盐碱地（32.00）	2.62
39 黄海芽胞杆菌	东北（2.13）、华北（4.55）、华东（5.20）、华南（5.38）、西北（0.49）、西南（0.55）	草原（1.90）、园林（7.84）、灌丛（1.72）、农田（3.77）、森林（0.32）、湿地（6.06）、岩石（1.37）	2.62
40 解淀粉芽胞杆菌	东北（8.51）、华东（3.76）、西北（0.49）、西南（2.47）	草原（0.95）、园林（1.96）、灌丛（3.45）、农田（6.29）、森林（0.63）、湿地（4.85）、岩石（1.37）	2.44
41 壁芽胞杆菌	华东（2.31）、华南（1.08）、西北（2.46）、西南（3.57）	草原（0.47）、园林（7.84）、灌丛（5.17）、农田（0.63）、森林（4.44）、湿地（1.82）	2.44
42 台中类芽胞杆菌	华东（2.02）、西北（0.49）、西南（5.22）	草原（1.90）、灌丛（8.62）、农田（0.63）、森林（3.17）、湿地（3.03）、岩石（4.11）	2.44
43 奇异虚构芽胞杆菌	华东（4.34）、华南（1.08）、西北（3.45）、西南（0.55）	草原（0.95）、灌丛（3.45）、农田（0.63）、森林（1.27）、湿地（9.09）、岩石（1.37）	2.26
44 克劳氏芽胞杆菌	东北（2.13）、华东（1.73）、华中（6.67）、西北（5.42）、西南（1.37）	草原（4.27）、园林（1.96）、荒漠（6.06）、农田（0.63）、森林（0.32）、湿地（3.03）、盐碱地（8.00）	2.17
45 嗜碱芽胞杆菌	华东（1.73）、华中（6.67）、西北（7.88）	草原（3.32）、园林（9.80）、灌丛（1.72）、荒漠（12.12）、农田（0.63）、森林（0.32）、盐碱地（8.00）	2.08
46 苔原类芽胞杆菌	西北（1.48）、西南（5.49）	草原（0.95）、高寒草原（3.03）、灌丛（3.45）、农田（1.26）、森林（2.86）、湿地（2.42）、岩石（1.37）、盐碱地（8.00）	2.08
47 花津滩芽胞杆菌	华东（6.36）	草原（0.47）、园林（1.96）、湿地（12.12）	1.99
48 吉氏芽胞杆菌	华东（1.73）、华南（6.45）、西北（3.94）	草原（2.84）、园林（1.96）、荒漠（3.03）、农田（1.26）、森林（1.27）、湿地（3.64）	1.81

续表

种名	分布频次 /%		总体分布 /%
	区域分布	生境分布	
49 假坚强芽胞杆菌	华东（2.89）、西北（0.99）、西南（2.20）	草原（5.21）、高寒草原（3.03）、湿地（1.82）、盐碱地（20.00）	1.81
50 冷解糖芽胞杆菌	西北（1.97）、西南（4.40）	冰川（16.67）、草原（0.47）、高寒草原（9.09）、灌丛（3.45）、森林（3.17）、湿地（1.82）	1.81
51 索诺拉沙漠芽胞杆菌	华东（3.18）、华中（6.67）、西北（1.97）、西南（1.10）	草原（2.37）、园林（1.96）、灌丛（1.72）、农田（0.63）、森林（0.95）、湿地（5.45）	1.81
52 脱磷虚构芽胞杆菌	华东（4.34）、华南（5.38）	草原（0.95）、森林（0.32）、湿地（9.70）	1.81
53 烟酸芽胞杆菌	东北（2.13）、华东（0.58）、华南（2.15）、华中（13.33）、西北（4.43）、西南（0.55）	草原（0.95）、灌丛（1.72）、农田（4.40）、森林（0.95）、湿地（2.42）、岩石（1.37）	1.62
54 贝莱斯芽胞杆菌	华东（1.16）、华南（7.53）、华中（6.67）、西南（1.65）	高寒草原（6.06）、灌丛（1.72）、农田（5.03）、森林（0.95）、湿地（1.82）	1.62
55 维德曼氏芽胞杆菌	华北（9.09）、华东（0.29）、华南（6.45）、华中（20.00）、西南（1.10）	草原（1.42）、园林（3.92）、灌丛（3.45）、农田（1.26）、森林（1.27）、湿地（2.42）	1.62
56 盐地咸海鲜芽胞杆菌	华东（0.29）、西北（1.48）、西南（3.85）	草原（3.32）、高寒草原（3.03）、湿地（3.64）、盐碱地（16.00）	1.62
57 大地类芽胞杆菌	西北（0.49）、西南（4.40）	高寒草原（3.03）、灌丛（10.34）、森林（2.54）、湿地（0.61）、岩石（1.37）	1.53
58 盐敏芽胞杆菌	华东（0.58）、西北（5.91）、西南（0.55）	草原（2.84）、园林（1.96）、荒漠（3.03）、农田（1.26）、森林（0.32）、湿地（0.61）、岩石（1.37）、盐碱地（16.00）	1.44
59 耐盐芽胞杆菌	东北（8.51）、华北（11.36）、华东（0.29）、华南（1.08）、西北（2.46）	草原（1.42）、灌丛（1.72）、荒漠（6.06）、农田（3.14）、森林（0.32）、湿地（2.42）	1.44
60 短短芽胞杆菌	东北（2.13）、华东（0.87）、西北（1.97）、西南（2.20）	草原（1.42）、灌丛（1.72）、农田（2.52）、森林（1.90）、岩石（2.74）	1.44
61 楚氏喜盐芽胞杆菌	华东（4.62）	园林（3.92）、湿地（8.48）	1.44
62 蜂房类芽胞杆菌	华东（0.58）、华南（6.45）、西南（2.20）	草原（3.79）、农田（1.26）、森林（1.90）	1.44
63 巴达维亚芽胞杆菌	华东（1.45）、华中（13.33）、西北（0.99）、西南（1.65）	高寒草原（3.03）、灌丛（1.72）、农田（3.77）、森林（1.59）、湿地（1.21）	1.35
64 印度芽胞杆菌	华东（1.73）、华南（7.53）、西南（0.27）	园林（3.92）、灌丛（1.72）、农田（1.89）、森林（0.63）、湿地（4.24）	1.35
65 柯赫芽胞杆菌	华东（2.89）、华南（2.15）、西北（0.49）、西南（0.55）	园林（3.92）、高寒草原（3.03）、农田（1.89）、湿地（4.24）、岩石（1.37）、盐碱地（4.00）	1.35
66 甲基营养型芽胞杆菌	东北（4.26）、华北（2.27）、华东（2.60）、西南（0.82）	冰川（16.67）、园林（1.96）、灌丛（1.72）、农田（1.89）、森林（1.59）、湿地（1.82）、岩石（1.37）	1.35
67 副蕈状芽胞杆菌	华北（2.27）、华南（12.90）、西南（0.55）	灌丛（1.72）、农田（1.26）、森林（2.54）、湿地（1.82）	1.35

续表

种名	分布频次 /%		总体分布 /%
	区域分布	生境分布	
68 解淀粉类芽胞杆菌	华东（0.29）、西北（3.94）、西南（1.65）	草原（1.90）、高寒草原（3.03）、灌丛（1.72）、农田（1.89）、森林（0.95）、岩石（2.74）	1.35
69 碱性沉积芽胞杆菌	华东（1.45）、西北（3.45）、西南（0.55）	草原（4.27）、荒漠（3.03）、湿地（0.61）、盐碱地（12.00）	1.26
70 环状芽胞杆菌	华东（0.87）、华中（13.33）、西北（2.96）、西南（0.82）	草原（1.90）、园林（1.96）、灌丛（3.45）、农田（0.63）、森林（0.32）、湿地（1.21）、盐碱地（12.00）	1.26
71 解蛋白质芽胞杆菌	华北（11.36）、华南（6.45）、西南（0.55）	草原（2.37）、园林（1.96）、灌丛（3.45）、农田（1.26）、森林（0.63）	1.26
72 侧胞短芽胞杆菌	西北（1.48）、西南（3.02）	草原（2.37）、灌丛（3.45）、农田（2.52）、森林（0.63）、岩石（1.37）	1.26
73 多黏类芽胞杆菌	东北（2.13）、华北（9.09）、华东（1.45）、西北（1.48）、西南（0.27）	草原（0.95）、园林（5.88）、荒漠（6.06）、农田（1.89）、森林（0.32）、湿地（0.61）	1.26
74 越南芽胞杆菌	华东（3.18）、华南（1.08）、西南（0.27）	草原（0.47）、园林（5.88）、农田（0.63）、湿地（4.85）	1.17
75 厦门芽胞杆菌	华东（1.73）、华南（5.38）	农田（3.14）、湿地（3.64）	1.17
76 马阔里类芽胞杆菌	华北（6.82）、华东（1.45）、西北（1.48）、西南（0.55）	草原（0.95）、园林（1.96）、荒漠（3.03）、农田（1.26）、森林（1.27）、盐碱地（4.00）	1.17
77 海岸类芽胞杆菌	华东（0.87）、西北（0.99）、西南（2.20）	草原（0.95）、园林（1.96）、灌丛（1.72）、荒漠（3.03）、森林（1.90）、岩石（2.74）	1.17
78 食物芽胞杆菌	华东（3.18）、华南（1.08）	园林（1.96）、森林（0.32）、湿地（6.06）	1.08
79 奥莱龙岛芽胞杆菌	华北（2.27）、华东（1.45）、华南（3.23）、华中（6.67）、西北（0.49）、西南（0.27）	草原（0.47）、园林（1.96）、农田（4.40）、森林（0.32）	1.08
80 巴塔哥尼亚芽胞杆菌	西北（2.46）、西南（1.92）	草原（5.21）、荒漠（3.03）	1.08
81 土壤芽胞杆菌	华东（0.29）、西北（2.46）、西南（1.65）	草原（1.42）、灌丛（5.17）、森林（0.95）、湿地（0.61）、岩石（2.74）	1.08
82 泰门芽胞杆菌	华东（1.73）、华南（2.15）、华中（6.67）、西北（0.99）、西南（0.27）	草原（0.95）、农田（3.77）、湿地（2.42）	1.08
83 南海虚构芽胞杆菌	华东（2.02）、华南（1.08）、西北（1.97）	草原（0.95）、园林（3.92）、灌丛（1.72）、农田（1.89）、湿地（1.82）、岩石（1.37）	1.08
84 污染赖氨酸芽胞	西南（3.30）	草原（1.90）、农田（0.63）、森林（1.27）、湿地（1.21）、岩石（1.37）	1.08
85 白色芽胞杆菌	华北（6.82）、华南（7.53）	草原（1.42）、农田（1.89）、森林（0.63）、湿地（1.21）	0.99
86 克氏芽胞杆菌	华东（2.31）、西北（1.48）	草原（4.27）、荒漠（6.06）	0.99
87 国化室芽胞杆菌	华东（3.18）	草原（0.47）、园林（1.96）、湿地（5.45）	0.99
88 弯曲芽胞杆菌	华东（1.73）、西北（1.48）、西南（0.55）	草原（1.42）、园林（1.96）、荒漠（3.03）、森林（0.32）、湿地（1.82）、盐碱地（4.00）	0.99

续表

种名	分布频次 /%		总体分布 /%
	区域分布	生境分布	
89 小孔芽胞杆菌	西北（5.42）	草原（3.32）、荒漠（3.03）、森林（0.63）、盐碱地（4.00）	0.99
90 霍氏芽胞杆菌	华东（0.29）、华南（2.15）、华中（6.67）、西北（1.97）、西南（0.82）	草原（1.90）、农田（3.14）、森林（0.32）、湿地（0.61）	0.99
91 强壮类芽胞杆菌	华北（4.55）、华东（1.45）、西北（1.97）	草原（0.47）、园林（1.96）、农田（1.89）、森林（0.32）、湿地（0.61）	0.99
92 栗褐芽胞杆菌	东北（10.64）、华东（0.87）、西北（0.99）	荒漠（3.03）、农田（0.63）、湿地（4.24）	0.90
93 科恩芽胞杆菌	华南（1.08）、西北（2.96）、西南（0.82）	灌丛（1.72）、荒漠（9.09）、农田（0.63）、湿地（0.61）、岩石（1.37）、盐碱地（12.00）	0.90
94 地中海芽胞杆菌	东北（2.13）、西北（3.94）、西南（0.27）	草原（0.95）、荒漠（18.18）、湿地（0.61）、盐碱地（4.00）	0.90
95 仙草芽胞杆菌	华东（2.60）、华南（1.08）	农田（6.29）	0.90
96 地下芽胞杆菌	东北（2.13）、华东（0.58）、华南（3.23）、西北（0.49）、西南（0.82）	草原（0.47）、灌丛（1.72）、农田（0.63）、森林（0.95）、湿地（2.42）	0.90
97 产硫芽胞杆菌	华东（0.58）、华南（3.23）、华中（6.67）、西南（1.10）	农田（1.89）、森林（1.59）、湿地（1.21）	0.90
98 硒还原类芽胞杆菌	华中（6.67）、西南（2.47）	草原（0.47）、园林（1.96）、森林（2.22）、湿地（0.61）	0.90
99 秋叶氏芽胞杆菌	华东（1.16）、西北（0.49）、西南（1.10）	草原（2.37）、荒漠（3.03）、湿地（1.21）、盐碱地（4.00）	0.81
100 印空研土壤芽胞杆菌	华东（0.29）、西北（1.97）、西南（1.10）	草原（1.90）、农田（3.14）	0.81
101 小木偶芽胞杆菌	东北（10.64）、华东（1.16）	湿地（5.45）	0.81
102 路西法芽胞杆菌	东北（2.13）、西南（2.20）	荒漠（3.03）、农田（1.26）、森林（1.90）	0.81
103 副地衣芽胞杆菌	华东（1.45）、华南（1.08）、华中（13.33）、西北（0.49）	园林（3.92）、灌丛（1.72）、荒漠（3.03）、湿地（3.03）	0.81
104 好盐芽胞杆菌	西北（4.43）	草原（1.90）、荒漠（3.03）、盐碱地（16.00）	0.81
105 深层大洋芽胞杆菌	华南（3.23）、西北（1.48）、西南（0.82）	草原（2.37）、农田（1.26）、森林（0.32）、盐碱地（4.00）	0.81
106 栗树类芽胞杆菌	华东（0.29）、西北（0.99）、西南（1.65）	草原（0.47）、灌丛（1.72）、荒漠（6.06）、森林（0.95）、湿地（0.61）、岩石（1.37）	0.81
107 载味类芽胞杆菌	华东（0.29）、华中（6.67）、西北（0.99）、西南（1.37）	草原（1.90）、灌丛（1.72）、森林（0.32）、岩石（2.74）	0.81
108 食木聚糖类芽胞杆菌	西北（3.94）、西南（0.27）	灌丛（1.72）、荒漠（3.03）、农田（1.89）、森林（0.95）、盐碱地（4.00）	0.81
109 毛蚁头嗜冷芽胞杆菌	华北（2.27）、华东（0.29）、华南（2.15）、华中（13.33）、西南（0.82）	草原（0.47）、园林（1.96）、高寒草原（6.06）、森林（0.95）、湿地（0.61）	0.81
110 伯氏芽胞杆菌	华东（2.31）	园林（1.96）、湿地（4.24）	0.72

续表

种名	分布频次 /%		总体分布 /%
	区域分布	生境分布	
111 婴儿芽胞杆菌	华东（2.02）、华南（1.08）	湿地（4.85）	0.72
112 蓼属芽胞杆菌	华东（1.45）、西北（1.48）	草原（2.84）、荒漠（3.03）、盐碱地（4.00）	0.72
113 千叶短芽胞杆菌	华东（1.16）、西北（1.48）、西南（0.27）	草原（1.42）、园林（1.96）、森林（0.32）	0.72
114 泛酸枝芽胞杆菌	东北（2.13）、华北（2.27）、华东（0.87）、西北（1.48）	草原（0.47）、园林（3.92）、农田（1.26）、森林（0.32）	0.72
115 大豆发酵芽胞杆菌	华东（1.45）、华中（13.33）	森林（0.32）、湿地（3.64）	0.63
116 迟缓芽胞杆菌	华南（1.08）、华中（6.67）、西北（2.46）	草原（0.95）、灌丛（1.72）、农田（1.26）、岩石（1.37）、盐碱地（4.00）	0.63
117 球形芽胞杆菌	东北（2.13）、华东（1.16）、西北（0.99）	草原（0.47）、园林（1.96）、灌丛（1.72）、荒漠（3.03）、农田（1.26）、森林（0.32）	0.63
118 嗜盐虚构芽胞杆菌	华东（0.29）、华南（6.45）	草原（0.47）、园林（1.96）、森林（0.32）、湿地（1.82）	0.63
119 耐硼赖氨酸芽胞杆菌	华东（0.29）、华南（1.08）、西北（1.97）、西南（0.27）	农田（1.89）、森林（0.95）、湿地（0.61）	0.63
120 浸麻类芽胞杆菌	华北（2.27）、华东（1.16）、华中（13.33）	农田（2.52）、湿地（1.21）	0.63
121 饲料类芽胞杆菌	华北（2.27）、华东（1.16）、西北（0.49）、西南（0.27）	农田（1.89）、森林（0.32）、湿地（0.61）	0.63
122 潮湿类芽胞杆菌	华东（0.58）、华中（6.67）、西南（1.10）	草原（1.42）、森林（0.95）、岩石（1.37）	0.63
123 印空研土壤芽胞杆菌	华北（2.27）、华南（2.15）、华中（13.33）、西南（0.55）	园林（1.96）、农田（1.26）、森林（0.63）、湿地（1.21）	0.63
124 碱性解腈芽胞杆菌	华东（1.73）	草原（2.84）	0.54
125 朝日芽胞杆菌	东北（2.13）、华东（0.29）、华中（6.67）、西北（0.49）、西南（0.55）	农田（3.14）、湿地（0.61）	0.54
126 细胞毒素芽胞杆菌	西南（1.65）	冰川（16.67）、草原（0.47）、荒漠（3.03）、森林（0.95）	0.54
127 内生芽胞杆菌	华东（0.58）、西北（1.97）	草原（0.47）、荒漠（3.03）、农田（1.89）、湿地（0.61）	0.54
128 根内生芽胞杆菌	华东（1.73）	草原（0.47）、园林（1.96）、森林（0.32）、岩石（4.11）	0.54
129 土地芽胞杆菌	华东（0.29）、西南（1.37）	草原（0.47）、森林（0.63）、湿地（0.61）、岩石（1.37）	0.54
130 莫哈维芽胞杆菌	东北（2.13）、华北（2.27）、华东（0.29）、西北（1.48）	草原（0.47）、园林（1.96）、农田（1.26）、湿地（0.61）	0.54
131 谷壳芽胞杆菌	华东（1.16）、华南（2.15）	农田（1.26）、湿地（2.42）	0.54

种名	分布频次 /%		总体分布 /%
	区域分布	生境分布	
132 水生虚构芽胞杆菌	华东（1.73）	湿地（3.64）	0.54
133 盐土虚构芽胞杆菌	华东（0.58）、华南（1.08）、西南（0.82）	灌丛（1.72）、农田（1.89）、森林（0.32）、湿地（0.61）	0.54
134 沉泥喜盐芽胞杆菌	华东（1.73）	湿地（3.64）	0.54
135 图画大洋芽胞杆菌	华东（0.29）、西北（2.46）	湿地（0.61）、盐碱地（16.00）	0.54
136 解几丁质类芽胞杆菌	东北（2.13）、华东（0.29）、西北（0.49）、西南（0.82）	草原（0.95）、灌丛（1.72）、农田（0.63）、森林（0.32）、湿地（0.61）	0.54
137 火山灰类芽胞杆菌	华东（0.29）、西南（1.37）	灌丛（1.72）、农田（1.26）、森林（0.95）	0.54
138 鹰嘴豆根瘤类芽胞杆菌	西北（1.48）、西南（0.82）	灌丛（3.45）、森林（0.63）、湿地（0.61）、岩石（1.37）	0.54
139 解纤维素芽胞杆菌	华东（1.45）	草原（2.37）	0.45
140 农研所芽胞杆菌	华南（1.08）、西北（1.48）、西南（0.27）	冰川（16.67）、草原（0.47）、荒漠（3.03）、农田（1.26）	0.45
141 奥哈芽胞杆菌	华东（1.45）	草原（2.37）	0.45
142 太平洋芽胞杆菌	华北（2.27）、华南（3.23）	草原（0.47）、农田（1.89）	0.45
143 波斯芽胞杆菌	西北（2.46）	草原（0.95）、荒漠（9.09）	0.45
144 青贮窖芽胞杆菌	西北（1.97）、西南（0.27）	草原（1.42）、森林（0.32）	0.45
145 耐热芽胞杆菌	东北（2.13）、华东（1.16）	农田（0.63）、湿地（2.42）	0.45
146 土壤短芽胞杆菌	华东（0.87）、西北（0.49）、西南（0.27）	冰川（16.67）、草原（0.47）、农田（0.63）、岩石（2.74）	0.45
147 茹氏短芽胞杆菌	华东（0.29）、西北（0.99）、西南（0.55）	冰川（16.67）、荒漠（3.03）、农田（0.63）、森林（0.32）	0.45
148 国化室虚构芽胞杆菌	华东（1.16）、华南（1.08）	草原（0.47）、湿地（2.42）	0.45
149 达板盐湖喜盐芽胞杆菌	华东（1.16）、西北（0.49）	湿地（2.42）、盐碱地（4.00）	0.45
150 盐渍喜盐芽胞杆菌	华东（1.45）	湿地（3.03）	0.45
151 东都类芽胞杆菌	华东（0.29）、华南（4.30）	灌丛（1.72）、农田（1.26）、森林（0.32）、湿地（0.61）	0.45
152 厚胞鲁梅尔芽胞杆菌	华东（0.29）、华中（6.67）、西南（0.82）	草原（0.95）、森林（0.63）、湿地（0.61）	0.45
153 嗜糖土地芽胞杆菌	华东（0.29）、华南（3.23）、西北（0.49）	草原（0.47）、荒漠（3.03）、森林（0.63）、湿地（0.61）	0.45

续表

种名	分布频次 /%		总体分布 /%
	区域分布	生境分布	
154 苍白好氧芽胞杆菌	华东（1.16）	湿地（2.42）	0.36
155 嗜盐嗜糖芽胞杆菌	华东（0.29）、西北（0.99）、西南（0.27）	荒漠（6.06）、湿地（0.61）、岩石（1.37）	0.36
156 南海沉积芽胞杆菌	华东（0.58）、西南（0.55）	草原（1.90）	0.36
157 施氏芽胞杆菌	华中（6.67）、西北（0.99）、西南（0.27）	草原（0.95）、农田（0.63）、湿地（0.61）	0.36
158 热带芽胞杆菌	华南（4.30）	灌丛（1.72）、森林（0.95）	0.36
159 原野芽胞杆菌	华东（0.58）、西北（0.49）、西南（0.27）	灌丛（1.72）、农田（1.26）、湿地（0.61）	0.36
160 小溪芽胞杆菌	华东（0.29）、西南（0.82）	草原（1.42）、湿地（0.61）	0.36
161 漳州芽胞杆菌	华东（0.87）、华南（1.08）	农田（0.63）、湿地（1.82）	0.36
162 发酵污染短芽胞杆菌	华中（6.67）、西北（0.49）、西南（0.55）	园林（1.96）、荒漠（3.03）、农田（0.63）、森林（0.32）	0.36
163 泰国纤细芽胞杆菌	西北（1.97）	草原（0.47）、荒漠（3.03）、盐碱地（8.00）	0.36
164 黑岛喜盐芽胞杆菌	华东（1.16）	湿地（2.42）	0.36
165 红树喜盐芽胞杆菌	华东（1.16）	湿地（2.42）	0.36
166 阳光盐场喜盐芽胞杆菌	华东（1.16）	湿地（2.42）	0.36
167 芒果土赖氨酸芽胞杆菌	华东（1.16）	草原（0.95）、森林（0.32）、岩石（1.37）	0.36
168 牛奶类芽胞杆菌	华南（1.08）、华中（6.67）、西北（0.99）	农田（1.89）、湿地（0.61）	0.36
169 幼虫类芽胞杆菌	华东（0.58）、西北（0.99）	园林（1.96）、农田（0.63）、盐碱地（4.00）	0.36
170 白羽扇豆类芽胞杆菌	西南（1.10）	灌丛（1.72）、森林（0.63）、湿地（0.61）	0.36
171 孟德尔类芽胞杆菌	西北（0.49）、西南（0.82）	灌丛（1.72）、森林（0.63）、湿地（0.61）	0.36
172 皮尔瑞尔类芽胞杆菌	华中（6.67）、西北（0.49）、西南（0.55）	农田（0.63）、森林（0.32）、湿地（0.61）、盐碱地（4.00）	0.36
173 奇特嗜冷芽胞杆菌	华东（0.58）、西北（0.49）、西南（0.27）	园林（1.96）、农田（0.63）、森林（0.63）	0.36
174 森林土壤芽胞杆菌	华东（0.58）、西北（0.49）、西南（0.27）	园林（1.96）、灌丛（3.45）、岩石（1.37）	0.36
175 赛勒斯王深海芽胞杆菌	华东（1.16）	湿地（2.42）	0.36

续表

种名	分布频次 /%		总体分布 /%
	区域分布	生境分布	
176 黏琼脂芽胞杆菌	华东（0.58）、西北（0.49）	草原（0.95）、盐碱地（4.00）	0.27
177 盐场芽胞杆菌	东北（6.38）	湿地（1.82）	0.27
178 科研中心芽胞杆菌	华东（0.29）、西南（0.55）	冰川（16.67）、高寒草原（3.03）、岩石（1.37）	0.27
179 韩国芽胞杆菌	华东（0.87）	农田（0.63）、湿地（1.21）	0.27
180 库尔勒芽胞杆菌	西北（1.48）	草原（0.47）、荒漠（3.03）、盐碱地（4.00）	0.27
181 岸滨芽胞杆菌	华东（0.29）、西北（0.49）、西南（0.27）	湿地（1.21）、岩石（1.37）	0.27
182 马赛加蓬芽胞杆菌	华东（0.58）、西南（0.27）	农田（1.89）	0.27
183 雷州湾芽胞杆菌	华东（0.87）	草原（1.42）	0.27
184 休闲地芽胞杆菌	华东（0.29）、西南（0.55）	草原（0.47）、灌丛（1.72）、湿地（0.61）	0.27
185 噬柴油芽胞杆菌	华东（0.58）、西北（0.49）	荒漠（3.03）、湿地（1.21）	0.27
186 多黏芽胞杆菌	华东（0.87）	园林（3.92）、森林（0.32）	0.27
187 陶氏芽胞杆菌	华东（0.29）、西北（0.99）	森林（0.63）、湿地（0.61）	0.27
188 威氏芽胞杆菌	华东（0.87）	草原（1.42）	0.27
189 和光芽胞杆菌	华东（0.58）、西北（0.49）	草原（0.95）、荒漠（3.03）	0.27
190 武夷山芽胞杆菌	华南（1.08）、华中（13.33）	农田（0.63）、森林（0.32）、湿地（0.61）	0.27
191 湛江芽胞杆菌	华东（0.58）、西北（0.49）	草原（0.95）、荒漠（3.03）	0.27
192 波茨坦短芽胞杆菌	华东（0.87）	湿地（1.21）、岩石（1.37）	0.27
193 中胞短芽胞杆菌	华东（0.58）	农田（1.26）	0.27
194 美丽短芽胞杆菌	华中（20.00）	草原（0.47）、园林（1.96）、湿地（0.61）	0.27
195 人参土壤短芽胞杆菌	华中（6.67）、西南（0.55）	森林（0.32）、湿地（0.61）	0.27
196 副短短芽胞杆菌	华东（0.87）	农田（1.89）	0.27
197 嗜热噬脂肪地芽胞杆菌	华北（2.27）、华东（0.29）、西北（0.49）	盐碱地（4.00）	0.27
198 岸喜盐芽胞杆菌	西北（1.48）	盐碱地（12.00）	0.27
199 农业赖氨酸芽胞杆菌	华东（0.29）、华南（1.08）、西南（0.27）	灌丛（1.72）、农田（0.63）、湿地（0.61）	0.27
200 锰矿土赖氨酸芽胞杆菌	东北（4.26）、西北（0.49）	农田（1.26）、森林（0.32）	0.27
201 解藻酸类芽胞杆菌	华东（0.58）、西南（0.27）	园林（1.96）、农田（0.63）、森林（0.32）	0.27
202 伊利诺伊类芽胞杆菌	华南（3.23）	农田（0.63）、森林（0.63）	0.27

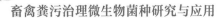

续表

种名	分布频次 /%		总体分布 /%
	区域分布	生境分布	
203 慢病类芽胞杆菌	华东（0.58）、西北（0.49）	园林（1.96）、灌丛（1.72）	0.27
204 马赛类芽胞杆菌	华南（2.15）、西北（0.49）	农田（0.63）、森林（0.63）	0.27
205 普罗旺斯类芽胞杆菌	西北（0.49）、西南（0.55）	冰川（33.33）、草原（0.47）	0.27
206 洁净间类芽胞杆菌	西南（0.82）	灌丛（1.72）、森林（0.32）、湿地（0.61）	0.27
207 食木聚糖类芽胞杆菌	华东（0.29）、西南（0.55）	湿地（1.82）	0.27
208 盐池海芽胞杆菌	华东（0.87）	湿地（1.82）	0.27
209 盐反硝化枝芽胞杆菌	华东（0.29）、华南（1.08）、西南（0.27）	农田（0.63）、湿地（1.21）	0.27
210 耐酸芽胞杆菌	华东（0.29）、西南（0.27）	农田（0.63）	0.18
211 藻居芽胞杆菌	华东（0.58）	园林（1.96）、湿地（0.61）	0.18
212 金橘色芽胞杆菌	华东（0.58）	草原（0.95）	0.18
213 澳大利亚芽胞杆菌	华南（2.15）	森林（0.32）	0.18
214 短芽胞杆菌	华东（0.29）、西南（0.27）	森林（0.32）	0.18
215 香港牡蛎芽胞杆菌	西北（0.99）	盐碱地（8.00）	0.18
216 狗木芽胞杆菌	西南（0.55）	森林（0.63）	0.18
217 海口芽胞杆菌	华东（0.29）、西南（0.27）	森林（0.32）、湿地（0.61）	0.18
218 黑布施泰因芽胞杆菌	西北（0.99）	草原（0.47）、岩石（1.37）	0.18
219 花园芽胞杆菌	西北（0.49）、西南（0.27）	草原（0.95）	0.18
220 湖南芽胞杆菌	西南（0.55）	草原（0.95）	0.18
221 咸海鲜芽胞杆菌	华东（0.29）、西北（0.49）	农田（0.63）、湿地（0.61）	0.18
222 列城芽胞杆菌	华东（0.29）、西北（0.49）	草原（0.47）、农田（0.63）	0.18
223 嗜木质素芽胞杆菌	华东（0.58）	草原（0.95）	0.18
224 泥芽胞杆菌	华南（2.15）	农田（1.26）	0.18
225 万里浦芽胞杆菌	华东（0.58）	草原（0.95）	0.18
226 硝酸盐还原芽胞杆菌	华南（2.15）	森林（0.63）	0.18
227 人参土壤芽胞杆菌	华东（0.58）	农田（1.26）	0.18
228 副炭疽芽胞杆菌	华北（2.27）、西南（0.27）	草原（0.47）、森林（0.32）	0.18
229 抱川芽胞杆菌	西北（0.99）	森林（0.32）、岩石（1.37）	0.18

续表

种名	分布频次 /%		总体分布 /%
	区域分布	生境分布	
230 假嗜碱芽胞杆菌	西北（0.49）、西南（0.27）	荒漠（3.03）、盐碱地（4.00）	0.18
231 辛萨卢姆芽胞杆菌	西北（0.49）、西南（0.27）	荒漠（3.03）、湿地（0.61）	0.18
232 大地芽胞杆菌	华南（1.08）、华中（6.67）	草原（0.47）、农田（0.63）	0.18
233 热粪芽胞杆菌	华东（0.58）	草原（0.47）、湿地（0.61）	0.18
234 居湖短芽胞杆菌	华东（0.29）、华中（6.67）	湿地（1.21）	0.18
235 印度房间芽胞杆菌	西南（0.55）	森林（0.32）、湿地（0.61）	0.18
236 砷虚构芽胞杆菌	华东（0.29）、华南（1.08）	湿地（1.21）	0.18
237 解尿素纤细芽胞杆菌	华东（0.58）	农田（0.63）、湿地（0.61）	0.18
238 深层喜盐芽胞杆菌	华东（0.29）、西北（0.49）	湿地（0.61）、盐碱地（4.00）	0.18
239 巴基斯坦赖氨酸芽胞杆菌	华南（2.15）	农田（1.26）	0.18
240 阿萨姆类芽胞杆菌	西南（0.55）	草原（0.95）	0.18
241 巴塞罗那类芽胞杆菌	西北（0.99）	盐碱地（8.00）	0.18
242 坎皮纳斯类芽胞杆菌	西北（0.99）	草原（0.47）、园林（1.96）	0.18
243 千叶类芽胞杆菌	华东（0.29）、西南（0.27）	灌丛（1.72）、森林（0.32）	0.18
244 黄瓜类芽胞杆菌	华南（2.15）	农田（0.63）	0.18
245 乐金类芽胞杆菌	华东（0.58）	草原（0.95）	0.18
246 向日葵类芽胞杆菌	西南（0.55）	森林（0.32）、湿地（0.61）	0.18
247 松树类芽胞杆菌	华东（0.29）、西南（0.27）	森林（0.63）	0.18
248 针叶林土类芽胞杆菌	华南（1.08）、西北（0.49）	草原（0.47）、湿地（0.61）	0.18
249 伤口类芽胞杆菌	华中（6.67）、西南（0.27）	草原（0.47）、湿地（0.61）	0.18
250 韦恩氏类芽胞杆菌	西南（0.55）	灌丛（3.45）	0.18
251 土壤嗜冷芽胞杆菌	西南（0.55）	森林（0.63）	0.18
252 热球状尿素芽胞杆菌	华东（0.58）	湿地（1.21）	0.18
253 独岛枝芽胞杆菌	华东（0.58）	湿地（1.21）	0.18

续表

种名	分布频次 /%		总体分布 /%
	区域分布	生境分布	
254 马氏厌氧芽胞杆菌	西北（0.49）	草原（0.47）	0.09
255 解硫胺素解硫胺素芽胞杆菌	东北（2.13）	湿地（0.61）	0.09
256 韩国中盐芽胞杆菌	西北（0.49）	荒漠（3.03）	0.09
257 延伸居盐水芽胞杆	西北（0.49）	盐碱（4.00）	0.09
258 深海芽胞杆菌	华东（0.29）	湿地（0.61）	0.09
259 不产酸芽胞杆菌	西南（0.27）	农田（0.63）	0.09
260 伊奥利亚岛芽胞杆菌	华东（0.29）	湿地（0.61）	0.09
261 碱居芽胞杆菌	西北（0.49）	荒漠（3.03）	0.09
262 碱土芽胞杆菌	西北（0.49）	草原（0.47）	0.09
263 白令海芽胞杆菌	华东（0.29）	园林（1.96）	0.09
264 兵马俑芽胞杆菌	西南（0.27）	农田（0.63）	0.09
265 嗜硼芽胞杆菌	西北（0.49）	盐碱地（4.00）	0.09
266 小链芽胞杆菌	华南（1.08）	湿地（0.61）	0.09
267 新月芽胞杆菌	西北（0.49）	荒漠（3.03）	0.09
268 黄瓜芽胞杆菌	西南（0.27）	森林（0.32）	0.09
269 达喀尔芽胞杆菌	西北（0.49）	荒漠（3.03）	0.09
270 脱色芽胞杆菌	西北（0.49）	农田（0.63）	0.09
271 蚯蚓芽胞杆菌	西北（0.49）	农田（0.63）	0.09
272 苛求芽胞杆菌	西南（0.27）	湿地（0.61）	0.09
273 人参地芽胞杆菌	西南（0.27）	岩石（1.37）	0.09
274 戈氏芽胞杆菌	西南（0.27）	森林（0.32）	0.09
275 耐盐芽胞杆菌	西北（0.49）	草原（0.47）	0.09
276 海恩斯氏芽胞杆菌	华中（6.67）	园林（1.96）	0.09
277 解半纤维素生芽胞杆菌	西北（0.49）	荒漠（3.03）	0.09
278 外村尚芽胞杆菌	东北（2.13）	湿地（0.61）	0.09
279 惠州芽胞杆菌	西南（0.27）	森林（0.32）	0.09
280 浅橘色芽胞杆菌	西北（0.49）	草原（0.47）	0.09
281 马赛冰层芽胞杆菌	西南（0.27）		0.09

续表

种名	分布频次 /%		总体分布 /%
	区域分布	生境分布	
282 马赛塞内加尔芽胞杆菌	西北（0.49）	草原（0.47）	0.09
283 嗜中温芽胞杆菌	华东（0.29）	农田（0.63）	0.09
284 运动芽胞杆菌	华南（1.08）	农田（0.63）	0.09
285 中村氏芽胞杆菌	华东（0.29）	湿地（0.61）	0.09
286 尼氏芽胞杆菌	西南（0.27）	草原（0.47）	0.09
287 维尔瓦芽胞杆菌	华南（1.08）	农田（0.63）	0.09
288 巴基斯坦芽胞杆菌	华东（0.29）	湿地（0.61）	0.09
289 副弯曲芽胞杆菌	西北（0.49）	农田（0.63）	0.09
290 游荡芽胞杆菌	华南（1.08）	农田（0.63）	0.09
291 扁板海绵芽胞杆菌	西北（0.49）	农田（0.63）	0.09
292 胡杨芽胞杆菌	华南（1.08）	农田（0.63）	0.09
293 农田芽胞杆菌	华北（2.27）	草原（0.47）	0.09
294 嗜冷芽胞杆菌	西北（0.49）	森林（0.32）	0.09
295 抗净化芽胞杆菌	东北（2.13）	湿地（0.61）	0.09
296 硒砷芽胞杆菌	华南（1.08）	森林（0.32）	0.09
297 森林土芽胞杆菌	西南（0.27）	森林（0.32）	0.09
298 芽胞耐热芽胞杆菌	华东（0.29）	农田（0.63）	0.09
299 施塔姆斯氏芽胞杆菌	华东（0.29）	湿地（0.61）	0.09
300 平流层芽胞杆菌	华北（2.27）	园林（1.96）	0.09
301 天安芽胞杆菌	华东（0.29）	园林（1.96）	0.09
302 台湾芽胞杆菌	华南（1.08）	草原（0.47）	0.09
303 嗜热芽胞杆菌	华东（0.29）	湿地（0.61）	0.09
304 天申芽胞杆菌	华东（0.29）	湿地（0.61）	0.09
305 居甲虫芽胞杆菌	西北（0.49）	草原（0.47）	0.09
306 死谷芽胞杆菌	华东（0.29）	农田（0.63）	0.09
307 霞浦芽胞杆菌	华东（0.29）	园林（1.96）	0.09
308 花椒芽胞杆菌	西南（0.27）	农田（0.63）	0.09
309 阿迪怒格鲁短芽胞杆菌	华东（0.29）	湿地（0.61）	0.09
310 河短芽胞杆菌	西南（0.27）	冰川（16.67）	0.09

续表

种名	分布频次 /%		总体分布 /%
	区域分布	生境分布	
311 人参土壤短芽胞杆菌	华东（0.29）	农田（0.63）	0.09
312 耐盐短芽胞杆菌	华南（1.08）	湿地（0.61）	0.09
313 铁锈色房间芽胞杆菌	西南（0.27）	农田（0.63）	0.09
314 热脱氮地芽胞杆菌	东北（2.13）	湿地（0.61）	0.09
315 就地堆肥地芽胞杆菌	华东（0.29）	湿地（0.61）	0.09
316 柯柯盐湖纤细芽胞杆菌	华东（0.29）	湿地（0.61）	0.09
317 东边纤细芽胞杆菌	西北（0.49）	盐碱地（4.00）	0.09
318 解蛋白咸海鲜芽胞杆菌	西南（0.27）	湿地（0.61）	0.09
319 解乙羧氟草醚赖氨酸芽胞杆菌	西南（0.27）	森林（0.32）	0.09
320 卢恩贝氏赖氨酸芽胞杆菌	华南（1.08）	农田（0.63）	0.09
321 马赛赖氨酸芽胞杆菌	华东（0.29）	草原（0.47）	0.09
322 奥德赛赖氨酸芽胞杆菌	华东（0.29）	园林（1.96）	0.09
323 烟叶赖氨酸芽胞杆菌	西北（0.49）	农田（0.63）	0.09
324 淤泥大洋芽胞杆菌	华南（1.08）	农田（0.63）	0.09
325 摇蚜大洋芽胞杆菌	西北（0.49）	农田（0.63）	0.09
326 伊平屋桥大洋芽胞杆菌	华南（1.08）	园林（1.96）	0.09
327 泡菜大洋芽胞杆菌	西北（0.49）	草原（0.47）	0.09
328 浅黄大洋芽胞杆菌	东北（2.13）	湿地（0.61）	0.09
329 玛纳斯大洋芽胞杆菌	西北（0.49）	盐碱地（4.00）	0.09
330 小鳟鱼大洋芽胞杆菌	西北（0.49）	草原（0.47）	0.09

续表

种名	分布频次 /%		总体分布 /%
	区域分布	生境分布	
331 污染鸟氨酸芽胞杆菌	华东（0.29）	草原（0.47）	0.09
332 强碱土类芽胞杆菌	西北（0.49）	湿地（0.61）	0.09
333 蜜蜂类芽胞杆菌	华东（0.29）	岩石（1.37）	0.09
334 固氮类芽胞杆菌	西北（0.49）	灌丛（1.72）	0.09
335 巴伦氏类芽胞杆菌	华东（0.29）	湿地（0.61）	0.09
336 梓树类芽胞杆菌	华东（0.29）	森林（0.32）	0.09
337 大田类芽胞杆菌	西北（0.49）	草原（0.47）	0.09
338 解葡聚糖类芽胞杆菌	西北（0.49）	农田（0.63）	0.09
339 土壤类芽胞杆菌	西南（0.27）	森林（0.32）	0.09
340 杰米拉类芽胞杆菌	华南（1.08）	草原（0.47）	0.09
341 山土类芽胞杆菌	西南（0.27）	草原（0.47）	0.09
342 海洋沉积类芽胞杆菌	西北（0.49）	荒漠（3.03）	0.09
343 人参土壤类芽胞杆菌	西南（0.27）	农田（0.63）	0.09
344 参田土类芽胞杆菌	西南（0.27）	农田（0.63）	0.09
345 凤凰城类芽胞杆菌	华东（0.29）	湿地（0.61）	0.09
346 赤松土类芽胞杆菌	华东（0.29）	灌丛（1.72）	0.09
347 抱川类芽胞杆菌	华东（0.29）	农田（0.63）	0.09
348 解多糖类芽胞杆菌	华南（1.08）	森林（0.32）	0.09
349 丽金龟子类芽胞杆菌	华东（0.29）		0.09
350 深度类芽胞杆菌	西北（0.49）	盐碱地（4.00）	0.09
351 茄属类芽胞杆菌	华中（6.67）	湿地（0.61）	0.09
352 苦苣菜类芽胞杆菌	西北（0.49）	草原（0.47）	0.09
353 宿松类芽胞杆菌	西南（0.27）	草原（0.47）	0.09
354 台湾类芽胞杆菌	西南（0.27）	岩石（1.37）	0.09

种名	分布频次 /%		总体分布 /%
	区域分布	生境分布	
355 解硫胺素类芽胞杆菌	西南（0.27）	森林（0.32）	0.09
356 又松类芽胞杆菌	华东（0.29）	农田（0.63）	0.09
357 新疆类芽胞杆菌	华东（0.29）	森林（0.32）	0.09
358 解木聚糖类芽胞杆菌	华南（1.08）	森林（0.32）	0.09
359 靛蓝还原蓼芽胞杆菌	西北（0.49）	荒漠（3.03）	0.09
360 盐田海芽胞杆菌	华东（0.29）	湿地（0.61）	0.09
361 司氏鲁梅尔芽胞杆菌	华东（0.29）	森林（0.32）	0.09
362 戈里土地芽胞杆菌	华南（1.08）	农田（0.63）	0.09
363 食有机物深海芽胞杆菌	西北（0.49）	盐碱地（4.00）	0.09
364 黄岛深海芽胞杆菌	华东（0.29）	湿地（0.61）	0.09
365 嗜盐枝芽胞杆菌	华南（1.08）	农田（0.63）	0.09
366 普氏枝芽胞杆菌	华东（0.29）	湿地（0.61）	0.09
367 需盐枝芽胞杆菌	西北（0.49）	盐碱地（4.00）	0.09
368 湛江枝芽胞杆菌	西北（0.49）		0.09

二、芽胞杆菌种类总体分布

根据表 2-6，根据总体分布将芽胞杆菌分为优势种、常见种（亚优势种）、伴生种和偶见种（罕见种）四类。

1. 第一类：优势种

总体分布频次为 10% ～ 30%；属于这类的芽胞杆菌有 12 个种，即简单芽胞杆菌（*Bacillus simplex*）25.18%、阿氏芽胞杆菌（*Bacillus aryabhattai*）19.49%、耐寒芽胞杆菌（*Bacillus frigoritolerans*）19.22%、蜡样芽胞杆菌（*Bacillus cereus*）18.86%、苏云金芽胞杆菌（*Bacillus thuringiensis*）13.54%、韦氏芽胞杆菌（*Bacillus weihenstephanensis*）13.27%、解木聚糖赖氨酸芽胞杆菌（*Lysinibacillus xylanilyticus*）13.18%、蕈状芽胞杆菌（*Bacillus mycoides*）12.73%、巨大芽胞杆菌（*Bacillus megaterium*）11.55%、短小芽胞杆菌（*Bacillus pumilus*）10.65%、炭疽芽胞杆菌（*Bacillus anthracis*）10.29%、沙福芽胞杆菌（*Bacillus safensis*）10.02%。

2. 第二类：常见种（亚优势种）

总体分布频次为 5%～10%；属于这类的芽胞杆菌有 9 个种，即图瓦永芽胞杆菌（*Bacillus toyonensis*）9.75%、地衣芽胞杆菌（*Bacillus licheniformis*）9.39%、嗜气芽胞杆菌（*Bacillus aerophilus*）9.21%、假蕈状芽胞杆菌（*Bacillus pseudomycoides*）8.66%、枯草芽胞杆菌（*Bacillus subtilis*）7.66%、深褐芽胞杆菌（*Bacillus atrophaeus*）6.50%、暹罗芽胞杆菌（*Bacillus siamensis*）6.23%、忍冷嗜冷芽胞杆菌（*Psychrobacillus psychrodurans*）6.05%、特基拉芽胞杆菌（*Bacillus subtilis*）5.23%。

3. 第三类：伴生种

总体分布频次 1%～5%；属于这类的芽胞杆菌有 63 个种，即病研所芽胞杆菌（*Bacillus idriensis*）4.87%、沙地绿芽胞杆菌（*Viridibacillus arenosi*）4.60%、纺锤形赖氨酸芽胞杆菌（*Lysinibacillus fusiformis*）4.42%、酸快生芽胞杆菌（*Bacillus acidiceler*）3.97%、球形赖氨酸芽胞杆菌（*Lysinibacillus sphaericus*）3.88%、食丁醇芽胞杆菌（*Bacillus butanolivorans*）3.79%、含低硼赖氨酸芽胞杆菌（*Lysinibacillus parviboronicapiens*）3.79%、站特省芽胞杆菌（*Bacillus drentensis*）3.70%、田野绿芽胞杆菌（*Viridibacillus arvi*）3.52%、空气芽胞杆菌（*Bacillus aerius*）3.34%、灿烂类芽胞杆菌（*Paenibacillus lautus*）3.25%、海水芽胞杆菌（*Bacillus aquimaris*）3.16%、海洋沉积芽胞杆菌（*Bacillus oceanisediminis*）3.16%、高地芽胞杆菌（*Bacillus altitudinis*）3.07%、长型赖氨酸芽胞杆菌（*Lysinibacillus macroides*）2.98%、坚强芽胞杆菌（*Bacillus firmus*）2.89%、堀越氏芽胞杆菌（*Bacillus horikoshii*）2.62%、黄海芽胞杆菌（*Bacillus marisflavi*）2.62%、解淀粉芽胞杆菌（*Bacillus amyloliquefaciens*）2.44%、壁芽胞杆菌（*Bacillus muralis*）2.44%、台中类芽胞杆菌（*Paenibacillus taichungensis*）2.44%、奇异虚构芽胞杆菌（*Fictibacillus barbaricus*）2.26%、克劳氏芽胞杆菌（*Bacillus clausii*）2.17%、嗜碱芽胞杆菌（*Bacillus alcalophilus*）2.08%、苔原类芽胞杆菌（*Paenibacillus tundrae*）2.08%、花津滩芽胞杆菌（*Bacillus hwajinpoensis*）1.99%、吉氏芽胞杆菌（*Bacillus gibsonii*）1.81%、假坚强芽胞杆菌（*Bacillus pseudofirmus*）1.81%、冷解糖芽胞杆菌（*Bacillus psychrosaccharolyticus*）1.81%、索诺拉沙漠芽胞杆菌（*Bacillus sonorensis*）1.81%、脱磷虚构芽胞杆菌（*Fictibacillus phosphorivorans*）1.81%、烟酸芽胞杆菌（*Bacillus niacini*）1.62%、贝莱斯芽胞杆菌（*Bacillus velezensis*）1.62%、维德曼氏芽胞杆菌（*Bacillus wiedmannii*）1.62%、盐地咸海鲜芽胞杆菌（*Jeotgalibacillus campisalis*）1.62%、大地类芽胞杆菌（*Paenibacillus terrae*）1.53%、盐敏芽胞杆菌（*Bacillus halmapalus*）1.44%、耐盐芽胞杆菌（*Bacillus halotolerans*）1.44%、短短芽胞杆菌（*Brevibacillus brevis*）1.44%、楚氏喜盐芽胞杆菌（*Halobacillus trueperi*）1.44%、蜂房类芽胞杆菌（*Paenibacillus alvei*）1.44%、巴达维亚芽胞杆菌（*Bacillus bataviensis*）1.35%、印度芽胞杆菌（*Bacillus indicus*）1.35%、柯赫芽胞杆菌（*Bacillus kochii*）1.35%、甲基营养型芽胞杆菌（*Bacillus methylotrophicus*）1.35%、副蕈状芽胞杆菌（*Bacillus paramycoides*）1.35%、解淀粉类芽胞杆菌（*Paenibacillus amylolyticus*）1.35%、碱性沉积芽胞杆菌（*Bacillus alkalisediminis*）1.26%、环状芽胞杆菌（*Bacillus circulans*）1.26%、解蛋白质芽胞杆菌（*Bacillus proteolyticus*）1.26%、侧胞短芽胞杆菌（*Brevibacillus laterosporus*）1.26%、多黏类芽胞杆菌（*Paenibacillus polymyxa*）1.26%、越南芽胞杆菌（*Bacillus vietnamensis*）1.17%、厦门芽胞杆菌（*Bacillus xiamenensis*）1.17%、马阔里类芽胞

杆菌（*Paenibacillus macquariensis*）1.17%、海岸类芽胞杆菌（*Paenibacillus terrigena*）1.17%、食物芽胞杆菌（*Bacillus cibi*）1.08%、奥莱龙岛芽胞杆菌（*Bacillus oleronius*）1.08%、巴塔哥尼亚芽胞杆菌（*Bacillus patagoniensis*）1.08%、土壤芽胞杆菌（*Bacillus soli*）1.08%、泰门芽胞杆菌（*Bacillus timonensis*）1.08%、南海虚构芽胞杆菌（*Fictibacillus nanhaiensis*）1.08%、污染赖氨酸芽胞杆菌（*Lysinibacillus contaminans*）1.08%。

4. 第四类：偶见种（罕见种）

总体分布频次 <1%；属于这类的芽胞杆菌为其余的 284 种。总体分布频次最高的为白色芽胞杆菌（*Bacillus albus*）0.99%，最低的为马氏厌氧芽胞杆菌（*Anaerobacillus macyae*）0.09% 等 115 个芽胞杆菌种。选择其中的 108 个单一区域或生境分布的芽胞杆菌偶见种，列于表 2-7，从中可知，芽胞杆菌偶见种在特定区域或生境比较罕见，都呈单一区域生境分布，如马氏厌氧芽胞杆菌（*Anaerobacillus macyae*）仅在西北的草原生境分布，热脱氮地芽胞杆菌（*Geobacillus thermodenitrificans*）仅在东北的湿地生境分布。偶见种在中国不同区域分布差异显著，华东和西北分布较多，西南与华南分布次之，东北、华北、华中分布最少（图 2-4）。

表 2-7　第四类芽胞杆菌偶见种中国区域生境分布特征

种类	东北	华北	华东	华南	华中	西北	西南
1 马氏厌氧芽胞杆菌						草原	
2 解硫胺素解硫胺素芽胞杆菌	湿地						
3 韩国中盐芽胞杆菌						荒漠	
4 深海芽胞杆菌			湿地				
5 不产酸芽胞杆菌							农田
6 耐酸芽胞杆菌			农田				
7 伊奥利亚岛芽胞杆菌			湿地				
8 碱居芽胞杆菌						荒漠	
9 碱土芽胞杆菌						草原	
10 澳大利亚芽胞杆菌				森林			
11 白令海芽胞杆菌			园林				
12 兵马俑芽胞杆菌							农田
13 嗜硼芽胞杆菌						盐碱地	
14 小链芽胞杆菌				湿地			
15 新月芽胞杆菌						荒漠	
16 黄瓜芽胞杆菌							森林
17 达喀尔芽胞杆菌						荒漠	
18 脱色芽胞杆菌						农田	
19 苛求芽胞杆菌							湿地
20 人参地芽胞杆菌							岩石

续表

种类	东北	华北	华东	华南	华中	西北	西南
21 戈氏芽胞杆菌							森林
22 耐盐芽胞杆菌						草原	
23 海恩斯氏芽胞杆菌					园林		
24 解半纤维素芽胞杆菌						荒漠	
25 外村尚芽胞杆菌	湿地						
26 惠州芽胞杆菌							森林
27 马赛塞内加尔芽胞杆菌						草原	
28 嗜中温芽胞杆菌			农田				
29 运动芽胞杆菌				农田			
30 中村氏芽胞杆菌			湿地				
31 尼氏芽胞杆菌							草原
32 维尔瓦芽胞杆菌				农田			
33 巴基斯坦芽胞杆菌			湿地				
34 副弯曲芽胞杆菌						农田	
35 游荡芽胞杆菌				农田			
36 扁板海绵芽胞杆菌						农田	
37 胡杨芽胞杆菌				农田			
38 农田芽胞杆菌		草原					
39 嗜冷芽胞杆菌						森林	
40 抗净化芽胞杆菌	湿地						
41 硒砷芽胞杆菌				森林			
42 森林土芽胞杆菌							森林
43 芽胞耐热芽胞杆菌			农田				
44 施塔姆斯氏芽胞杆菌			湿地				
45 平流层芽胞杆菌		园林					
46 天安芽胞杆菌			园林				
47 台湾芽胞杆菌				草原			
48 嗜热芽胞杆菌			湿地				
49 天申芽胞杆菌			湿地				
50 居甲虫芽胞杆菌						草原	
51 死谷芽胞杆菌			农田				
52 霞浦芽胞杆菌			园林				
53 花椒芽胞杆菌							农田
54 阿迪怒格鲁短芽胞杆菌			湿地				

续表

种类	东北	华北	华东	华南	华中	西北	西南
55 河短芽胞杆菌							冰川
56 人参土壤短芽胞杆菌			农田				
57 耐盐短芽胞杆菌				湿地			
58 铁锈色房间芽胞杆菌							农田
59 热脱氮地芽胞杆菌	湿地						
60 就地堆肥地芽胞杆菌			湿地				
61 柯柯盐湖纤细芽胞杆菌			湿地				
62 东边纤细芽胞杆菌						盐碱地	
63 解蛋白咸海鲜芽胞杆菌							湿地
64 解乙羧氟草醚赖氨酸芽胞杆菌							森林
65 卢恩贝氏赖氨酸芽胞杆菌				农田			
66 马赛赖氨酸芽胞杆菌			草原				
67 奥德赛赖氨酸芽胞杆菌			园林				
68 淤泥大洋芽胞杆菌				农田			
69 摇蚜大洋芽胞杆菌						农田	
70 伊平屋桥大洋芽胞杆菌				园林			
71 泡菜大洋芽胞杆菌						草原	
72 浅黄大洋芽胞杆菌	湿地						
73 玛纳斯大洋芽胞杆菌						盐碱地	
74 小鳟鱼大洋芽胞杆菌						草原	
75 污染鸟氨酸芽胞杆菌			草原				
76 强碱土类芽胞杆菌						湿地	
77 蜜蜂类芽胞杆菌			岩石				
78 固氮类芽胞杆菌						灌丛	
79 巴伦氏类芽胞杆菌			湿地				
80 黄瓜类芽胞杆菌				农田			
81 大田类芽胞杆菌						草原	
82 解葡聚糖类芽胞杆菌						农田	
83 土壤类芽胞杆菌							森林
84 杰米拉类芽胞杆菌				草原			
85 山土类芽胞杆菌							草原
86 人参土壤类芽胞杆菌							农田
87 参田土类芽胞杆菌							农田
88 凤凰城类芽胞杆菌			湿地				

续表

种类	东北	华北	华东	华南	华中	西北	西南
89 赤松土类芽胞杆菌			灌丛				
90 抱川类芽胞杆菌			农田				
91 解多糖类芽胞杆菌				森林			
92 深度类芽胞杆菌						盐碱地	
93 茄属类芽胞杆菌					湿地		
94 苦苣菜类芽胞杆菌						草原	
95 宿松类芽胞杆菌							草原
96 台湾类芽胞杆菌							岩石
97 新疆类芽胞杆菌			森林				
98 解木聚糖类芽胞杆菌				森林			
99 靛蓝还原蓼芽胞杆菌						荒漠	
100 盐田海芽胞杆菌			湿地				
101 司氏鲁梅尔芽胞杆菌			森林				
102 戈里土地芽胞杆菌				农田			
103 黄岛深海芽胞杆菌			湿地				
104 嗜盐枝芽胞杆菌				农田			
105 普氏枝芽胞杆菌			湿地				
106 需盐枝芽胞杆菌						盐碱地	
107 湛江枝芽胞杆菌						盐碱地	
偶见种区域分布数量	5	2	31	18	2	29	21

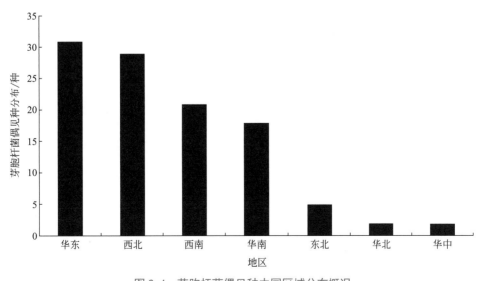

图 2-4　芽胞杆菌偶见种中国区域分布概况

三、芽胞杆菌种类中国区域分布

从中国区域不同生境采集分离的芽胞杆菌27个属、368个种，分析表明不同区域芽胞杆菌分布差异显著；华东地区芽胞杆菌种属数量最高，有21个属218种，来自346个采样点；西北地区20个属178种，来自203个采样点；西南地区13个属168种，来自364个采样点；华南地区11个属100种，来自93个采样点；东北地区9个属53种，来自47个采样点；华中地区8个属54种，来自15个采样点；华北地区种属数量最少，有7个属44种，来自44个采样点（图2-5）。

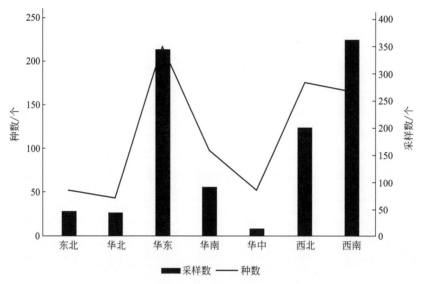

图2-5　中国区域芽胞杆菌种类和种数量采集

统计结果表明，有4个属的芽胞杆菌在各大区域都存在，这4个全国范围内的芽胞杆菌常见属为：芽胞杆菌属（*Bacillus*）、赖氨酸芽胞杆菌属（*Lysinibacillus*）、类芽胞杆菌属（*Paenibacillus*）、嗜冷芽胞杆菌属（*Psychrobacillus*）。有些属只分布于一个区域中，如解硫胺素芽胞杆菌属（*Aneurinibacillus*）仅在东北地区分离获得，厌氧芽胞杆菌属（*Anaerobacillus*）、中盐芽胞杆菌属（*Aquibacillus*）、居盐水芽胞杆菌属（*Aquisalibacillus*）、蓼芽胞杆菌属（*Polygonibacillus*）仅在西北地区分离得到，好氧芽胞杆菌属（*Aeribacillus*）、鸟氨酸芽胞杆菌属（*Ornithinibacillus*）、海芽胞杆菌属（*Pontibacillus*）、尿素芽胞杆菌属（*Ureibacillus*）只在华东地区分离到，房间芽胞杆菌属（*Domibacillus*）仅在西南地区分离获得（图2-6）。

此外，有11种芽胞杆菌在七大区域均有分布：阿氏芽胞杆菌（*Bacillus aryabhattai*）、蜡样芽胞杆菌（*Bacillus cereus*）、耐寒芽胞杆菌（*Bacillus frigoritolerans*）、巨大芽胞杆菌（*Bacillus megaterium*）、假蕈状芽胞杆菌（*Bacillus pseudomycoides*）、简单芽胞杆菌（*Bacillus simplex*）、特基拉芽胞杆菌（*Bacillus tequilensis*）、苏云金芽胞杆菌（*Bacillus thuringiensis*）、纺锤形赖氨酸芽胞杆菌（*Lysinibacillus fusiformis*）、球形赖氨酸芽胞杆菌（*Lysinibacillus sphaericus*）、忍冷嗜冷芽胞杆菌（*Psychrobacillus psychrodurans*）。

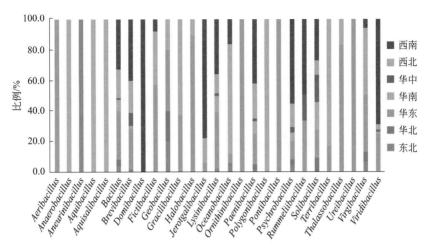

图 2-6　芽胞杆菌不同属在 7 大区域的采样点分布

对从全国七大区域样本中不同芽胞杆菌的分布频次进行统计，每个地区优势种和最常见种都有差别。其中耐寒芽胞杆菌（*Bacillus frigoritolerans*）、阿氏芽胞杆菌（*Bacillus aryabhattai*）为东北地区的最常见种；耐寒芽胞杆菌（*Bacillus frigoritolerans*）也为华北地区的最常见种；蜡样芽胞杆菌（*Bacillus cereus*）为华东地区最常见种，阿氏芽胞杆菌（*Bacillus aryabhattai*）也为华南地区最常见种；食丁醇芽胞杆菌（*Bacillus butanolivorans*）为华中地区优势种，阿氏芽胞杆菌（*Bacillus aryabhattai*）和暹罗芽胞杆菌（*Bacillus siamensis*）为华中地区最常见种；短小芽胞杆菌（*Bacillus pumilus*）为西北地区最常见种；简单芽胞杆菌（*Bacillus simplex*）为西南地区优势种，蕈状芽胞杆菌（*Bacillus mycoides*）为西南地区最常见种。

四、芽胞杆菌种类区域生境分布

各个生境中芽胞杆菌种属分布情况分析表明，湿地生境中芽胞杆菌的种属数量最多，有 22 个属 187 种，来自 165 个采样点；草原生境中有 15 个属 161 种，来自 211 个采样点；农田生境中有 12 个属 157 种，来自 159 个采样点；森林生境中有 13 个属 151 种，来自 315 个采样点；冰川生境中分离获得的芽胞杆菌种属数量最少，有 4 个属 15 种，来自 6 个采样点；城市生境中有 11 个属 90 种，来自 51 个采样点；灌丛生境中有 8 个属 87 种，来自 58 个采样点；荒漠生境中有 8 个属 74 种，来自 33 个采样点；岩石生境中有 8 个属 70 个采样点；盐碱地生境中有 11 个属 57 种，来自 25 个采样点；高寒草原生境中有 6 个属 32 种，来自 33 个采样点（图 2-7）。

从 11 个生境中皆能分离获得的属有：芽胞杆菌属（*Bacillus*）、赖氨酸芽胞杆菌属（*Lysinibacillus*）和类芽胞杆菌属（*Paenibacillus*）3 个。每个生境中特有的属包括：仅存在于草原生境中的厌氧芽胞杆菌属（*Anaerobacillus*）和鸟氨酸芽胞杆菌属（*Ornithinibacillus*）；只存在于荒漠生境中的中盐芽胞杆菌属（*Aquibacillus*）和蓼芽胞杆菌属（*Polygonibacillus*）；仅存于湿地生境中的好氧芽胞杆菌属（*Aeribacillus*）、解硫胺素芽胞杆菌属（*Aneurinibacillus*）、海芽胞杆菌属（*Pontibacillus*）和尿素芽胞杆菌属（*Ureibacillus*）；以及只存在于盐碱地生境中的居盐水芽胞杆菌属（*Aquisalibacillus*）（图 2-8）。

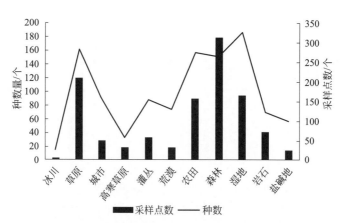

图 2-7　中国区域不同生境芽胞杆菌种类与数量

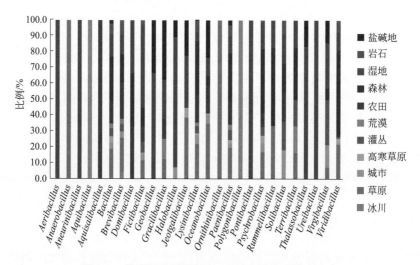

图 2-8　芽胞杆菌不同属在 11 种生境的采样点分布

　　从 11 种生境中不同芽胞杆菌的分离频度进行分析，各生境的芽胞杆菌属最常见种类存在显著差异。蕈状芽胞杆菌（*Bacillus mycoides*）、阿氏芽胞杆菌（*Bacillus aryabhattai*）、巨大芽胞杆菌（*Bacillus megaterium*）、纺锤形赖氨酸芽胞杆菌（*Lysinibacillus fusiformis*）和普罗旺斯类芽胞杆菌（*Paenibacillus provencensis*）为冰川生境下的最常见种；蜡样芽胞杆菌（*Bacillus cereus*）为园林生境中最常见种；蕈状芽胞杆菌（*Bacillus mycoides*）为高寒草原生境中最常见种；简单芽胞杆菌（*Bacillus simplex*）、蕈状芽胞杆菌（*Bacillus mycoides*）为灌丛生境中最常见种；阿氏芽胞杆菌（*Bacillus aryabhattai*）为农田生境中最常见种；简单芽胞杆菌（*Bacillus simplex*）为森林生境中最常见种；短小芽胞杆菌（*Bacillus pumilus*）、深褐芽胞杆菌（*Bacillus atrophaeus*）、地衣芽胞杆菌（*Bacillus licheniformis*）、耐寒芽胞杆菌（*Bacillus frigoritolerans*）、堀越氏芽胞杆菌（*Bacillus horikoshii*）为盐碱地中最常见种。

第四节
芽胞杆菌全域资源多样性指数

一、芽胞杆菌区域分布多样性指数

1. 多样性指数

中国七大区域芽胞杆菌种类多样性指数分析结果见生态指数间相互关系部分的表2-9。香农多样性指数（H）（Shannon's diversity index）是一种基于信息理论的测量指数，在生态学中应用很广泛。该指标能反映区域生境异质性，特别对生境中各拼块类型非均衡分布状况较为敏感，即强调稀有拼块类型对信息的贡献，这也是其与其他多样性指数不同之处。在比较和分析不同区域生境或同一景观不同时期的多样性与异质性变化时，香农多样性指数也是一个敏感指标。如在一个生境系统中，地理资源越丰富，破碎化程度越高，其不定性的信息含量也越大，计算出的香农多样性指数值也就越高。生境生态学中的多样性与生态学中的物种多样性有紧密的联系，但并不是简单的正比关系，研究发现在一生境中二者的关系一般呈正态分布。香农多样性指数 (H) 公式：

$$H = -\sum(P_i \ln P_i)$$
$$P_i = N_i / N$$

式中，P_i 为频度；N_i 为第 i 个类群的个体数；N 为所有类群的总个体数。

按香农多样性指数（H）排序，芽胞杆菌在我国各大区域分布的次序为华南（3.86）>西南（3.56）>西北（3.11）>华中（2.49）>华北（2.46）>华东（1.76）>东北（0.42）；从芽胞杆菌香农多样性指数可以看出芽胞杆菌分布生境的复杂性。华南多山，热带亚热带气候，生境复杂；西南和西北为高原地理特征，生境复杂；芽胞杆菌多样性指数比较高。华中、华北、华东地势较为平坦，气候特征较为均一，生境多样性较低，芽胞杆菌多样性指数相对较低。东北地势平坦，气候寒冷，生境复杂性较低，芽胞杆菌多样性指数最低。

2. 丰富度指数

物种丰富度（species richness）通常是指一个群落或生境中的物种数目。表示物种丰富度主要有物种数量丰富度和物种密度两种方法。

① 物种数量丰富度（numerical species richness），即一个群落中每一个物种的个数或者其生物量。由于动物类群容易计数，并且研究者可以选择连续取样，直接来累计计算一个物种的个体数，因此在微生物学研究中一般喜欢采用数量物种丰富度来描述群落中动物物种的丰富度。

② 物种密度（species density）是指一个群落中单位面积上的物种数。如每平方米的种数。

无论采用哪种方法，一个群落中物种丰富度的大小与调查的面积、取样密度、调查和监测的时间等一般成正比，即调查的面积越大、取样密度越密、调查和监测的时间越长，群落中物种或同一物种的个体数被发现的概率就越大，相应的物种丰富度也就显得越高，但调查的样方数或调查监测的时间达到一定的量后，其物种丰富度将逐渐稳定在一定的值。因此，取样方法对物种丰富度影响较大。我们应根据研究和调查的需要，在允许范围内尽量多调查一些样方和进行相对长期的生物多样性监测才能准确反映一个地区或群落中物种的丰富度。自然界中物种丰富度的空间分布是不均匀的，随着纬度、海拔、降水、温度、研究区的面积等变化而不同。如科学家研究了我国从东北到海南的木本植物的丰富度，发现越靠近热带地区，单位面积内的物种越丰富；在相同的环境背景下，岛屿面积越大，其栖息的生物物种丰富度也越高，大岛屿上的生物物种丰富度高于小岛屿。当然，影响物种丰富度的因素很多、而且因素之间，包括自然和生物因素之间的相互作用及其生态过程更是复杂多样，因此，探索地球上生物物种丰富度的空间分布格局规律、机制一直是生态学和生物多样性科学研究的重要内容，也是人们探索地球生物奥秘的兴趣点。常见的物种丰富度计算公式为 Margalef 物种丰富度指数 D_{Mg} 公式：

$$D_{Mg} = \frac{S-1}{\ln N}$$

式中，S 为芽胞杆菌种类总数；N 为所有类群的总个体数。

根据 Margalef 丰富度指数（D_{Mg}），芽胞杆菌丰富度的排列次序为西南（11.21）＞华东（8.61）＞西北（8.18）＞华南（7.86）＞华中（4.45）＞华北（3.24）＞东北（2.69），西南、华东、西北、华南等地区芽胞杆菌物种丰富度较高，华中和华北物种丰富度次之，东北最低。分布趋势与芽胞杆菌香农多样性指数分布趋势相近。

3. 优势度指数

芽胞杆菌分布的优势度指数用辛普森优势度指数（Simpson's dominance index）表达。辛普森多样性指数源于辛普森在 1949 年提出的这样的问题：在无限大小的群落中，随机取样得到物种两个个体，属于同一物种的概率，表达为优势度。

辛普森优势度指数 = 随机取样的两个个体属于不同种的概率 =1- 随机取样的两个个体属于同种的概率 =1- 每个物种的物种个数除以总个数平方和。

也即每个物种个体数的占比越大，优势度指数越小。例如，甲群落中 A、B 两个种的个体数分别为 99 和 1，而乙群落中 A、B 两个种的个体数均为 50，按辛普森优势度指数计算：甲群落的辛普森指数 $\lambda_{甲}$ =1-（0.99^2+0.01^2）=0.0198，乙群落的辛普森指数 $\lambda_{乙}$ =1-（0.5^2+0.5^2）=0.5。由此可以发现，群落中种数越多，各种个体分配越均匀，指数越高，指示群落优势度越高。Simpson 多样性指数中稀有物种所起的作用较小，而普遍物种所起的作用较大。这种方法估计出的群落物种多样性需要较多的样本，如果样本数少于 30，会造成过低的估计。优势度指数越低，物种分布越没有优势。Simpson 优势度指数 (λ) 公式：

$$\lambda = \frac{\sum N_i(N_i-1)}{N(N-1)}$$

式中，N_i 为第 i 个类群的个体数；N 为所有类群的总个体数。

根据辛普森优势度指数，芽胞杆菌优势度在我国的排列次序为东北（0.86）＞华东（0.41）＞华中（0.18）＞华北（0.11）＞西北（0.07）＞华南（0.05）＞西南（0.05）。东北物种多样性低，但适应性物种的数量相对高，因而优势度指数较高；同样，华东相应的 Simpson 优势度指数（λ）较高，说明华东地区的芽胞杆菌具有较为显著的优势物种，如短短芽胞杆菌（*Brevibacillus brevis*）和特基拉芽胞杆菌（*Bacillus tequilensis*）在华东地区含量分

别为 4.03×10^5CFU/g 和 4.31×10^5CFU/g，远超西南地区平均含量 5.25×10^3CFU/g。

4. 均匀度指数

物种均匀度也称为物种相对多度，反映了某个地区内各个物种在数量上的一致程度。当一个地区所有物种都有同样数量的个体时，人们可以说那里的物种均匀度高；相反，如果某些物种的个体很多，另一些物种的个体却非常少，那么该地区的物种均匀度就低。一般来说，某个单一物种的种群如果很大，只能代表其遗传多样性比较高，不能表明它的物种多样性也大。因为单一物种种群如果过大，某些情况下还可能排挤其他物种种群，使区域内的物种多样性总量减少。因此，物种均匀度的高低与物种多样性的大小往往是成正比的。从生物学的研究中获知，物种的存在依靠其生物链的生存环境。食肉动物在生物链的顶端，其下依次是杂食动物、食草动物、食肉植物、植物、微生物，但它们共同的食物是水。一旦因为水的供应分配引起相互争夺，首先被淘汰的是食肉动物，最后存在的只是微生物。物种自身的体积或占据的空间大，则在数量上必然少；相反，物种占有的空间小，则在数量上必然多。物种的丰富度越高，均匀度越小，丰富度越低，均匀度越大。所以物种均匀度不是在数量上的等值，否则必然形成灾难，需要在数值上增加生存权重才能反映物种多样性均衡存在的趋势。若各物种个体数越接近，均匀度就越大。因此，在测度一个群落的物种多样性时，要综合考虑丰富度和均匀度指标，例如两个群落的物种丰富度相同，但物种均匀度不一样，则其物种多样性可不同；反之，若物种均匀度一致，而物种丰富度不等，两群落的物种多样性也可不同。

当前常用的主要是 Pielou 均匀度指数（以辛普森指数和香农多样性指数为基础）、Alatalo 均匀度指数，另外还有 Sheldon 均匀度指数、Hiep 均匀度指数、Hurlbert 均匀度指数等。物种均匀度是群落中不同物种（生物量、盖度或其他指标）分布的均匀程度。通常用观察多样性和最高多样性的比来计算。最高多样性是指所有物种的多度都相等时样方的多样性。可以基于 Shannon 多样性指数计算物种多样性，Pielou 均匀度指数（Pielou's evenness index）的计算公式为：

$$J=H/\ln S$$

式中，S 为群落内的物种数；H 为 Shannon 多样性指数。

从 Pielou 均匀度指数看，芽胞杆菌均匀度指数的排列次序为：华北（0.83）＞华南（0.80）＞西南（0.73）＞西北（0.70）＞华中（0.64）＞华东（0.37）＞东北（0.12）。Pielou 均匀度指数与 Simpson 优势度指数成反比，与 Shannon 多样性指数（H）和 Margalef 丰富度指数（D_{Mg}）成正比。如东北地区 Simpson 优势度指数（λ）最高，且 Pielou 均匀度指数（J）、Shannon 多样性指数（H）和 Margalef 丰富度指数（D_{Mg}）最低，表示东北地区具有极为显著的优势物种，如锰矿土赖氨酸芽胞杆菌（*Lysinibacillus manganicus*）在东北地区平均含量为 1.94×10^5CFU/g，达东北地区芽胞杆菌平均含量的 50% 以上。

5. 生态指数间相互关系

利用表 2-8 构建分析矩阵，以分布区域为样本，生态指数为指标，进行生态指数间相关系数分析及其显著性检验，结果见表 2-9 和表 2-10。Shannon 多样性指数（H）与 Simpson 优势度指数（λ）呈极显著负相关，相关系数为 -0.9517（$P<0.01$）；与 Pielou 均匀度指数（J）呈极显著正相关，相关系数为 0.8991（$P<0.01$）；与 Margalef 丰富度指数（D_{Mg}）呈正相关，

相关系数为 0.6520，统计检验不显著（$P > 0.05$）；表明多样性指数（H）越高，优势度指数（λ）越小，均匀度指数（J）越大，而与丰富度指数（D_{Mg}）关系不确定。

表 2-8　中国区域芽胞杆菌分布多样性指数

指数	总体	东北	华北	华东	华南	华中	西北	西南
Shannon 多样性指数（H）	3.20	0.42	2.46	1.76	3.68	2.49	3.11	3.56
Margalef 丰富度指数（D_{Mg}）	19.70	2.69	3.24	8.61	7.86	4.45	8.18	11.21
Simpson 优势度指数（λ）	0.13	0.86	0.11	0.41	0.05	0.18	0.07	0.05
Pielou 均匀度指数（J）	0.57	0.12	0.83	0.37	0.80	0.64	0.70	0.73

表 2-9　不同区域生态指数间相关系数

相关系数	Shannon 多样性指数（H）	Margalef 丰富度指数（D_{Mg}）	Simpson 优势度指数（λ）	Pielou 均匀度指数（J）
Shannon 多样性指数（H）	1.0000	0.6520	-0.9517	0.8991
Margalef 丰富度指数（D_{Mg}）	0.6520	1.0000	-0.5098	0.3161
Simpson 优势度指数（λ）	-0.9517	-0.5098	1.0000	-0.9646
Pielou 均匀度指数（J）	0.8991	0.3161	-0.9646	1.0000

表 2-10　生态指数相关系数统计检验 P 值

显著水平	Shannon 多样性指数（H）	Margalef 丰富度指数（D_{Mg}）	Simpson 优势度指数（λ）	Pielou 均匀度指数（J）
Shannon 多样性指数（H）		0.1126	0.0010	0.0059
Margalef 丰富度指数（D_{Mg}）	0.1126		0.2425	0.4898
Simpson 优势度指数（λ）	0.0010	0.2425		0.0004
Pielou 均匀度指数（J）	0.0059	0.4898	0.0004	

物种丰富度是指一个生态系统中，物种的种类数量以及物种间的关系的复杂程度，是物种密度和数量的概念。Margalef 丰富度指数（D_{Mg}）独立于 Shannon 多样性指数（H）、Simpson 优势度指数（λ）、Pielou 均匀度指数（J）。Simpson 优势度指数（λ）与 Pielou 均匀度指数（J）呈极显著负相关，优势度越大，均匀度越小。

6. 基于生态指数芽胞杆菌区域分布聚类分析

利用表 2-8，以芽胞杆菌分布大区为样本，以生态指数为指标构建矩阵，欧氏距离为尺度，可变类平均法进行聚类分析，结果见图 2-9、表 2-11。

聚类分析结果可将芽胞杆菌区域分布为 3 组。

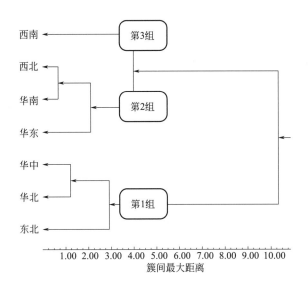

图 2-9　基于生态指数芽胞杆菌区域分布聚类分析

表 2-11　基于生态指数芽胞杆菌区域分布聚类分析参数统计

组别	样本号	Shannon 多样性指数（H）	Margalef 丰富度指数（D_{Mg}）	Simpson 优势度指数（λ）	Pielou 均匀度指数（J）
1	东北	0.4200	2.6900	0.8600	0.1200
	华北	2.4600	3.2400	0.1100	0.8300
	华中	2.4900	4.4500	0.1800	0.6400
	3 个样本平均值	1.7900	3.4600	0.3833	0.5300
2	华东	1.7600	8.6100	0.4100	0.3700
	华南	3.6800	7.8600	0.0500	0.8000
	西北	3.1100	8.1800	0.0700	0.7000
	3 个样本平均值	2.8500	8.2167	0.1767	0.6233
3	西南	3.5600	11.2100	0.0500	0.7300

第 1 组低多样性、低优势度区域，包括华中、华北和东北地区。生态参数平均值：Shannon 多样性指数（H）=1.7900，较低；Margalef 丰富度指数（D_{Mg}）=3.4600，较高；Simpson 优势度指数（λ）=0.3833，Pielou 均匀度指数（J）=0.5300。该区域地势平坦，气候较为均一，植被简单，芽胞杆菌分布的特征多样性较低，优势度较高，也即种类较单一；丰富度较高，也即一个种的分布密度较大，均匀度较低。华中地区 $6.05×10^4$CFU/g、华北地区 $2.72×10^2$CFU/g、东北地区 $2.09×10^5$CFU/g。

第 2 组中多样性、中优势度区域，包括西北、华南、华东地区。生态参数平均值：Shannon 多样性指数（H）=2.8500，中等；Margalef 丰富度指数（D_{Mg}）=8.2167，中等；Simpson 优势度指数（λ）=0.1767，Pielou 均匀度指数（J）=0.6233；该区域山高水长，地理复杂，气候多样，植被繁杂，芽胞杆菌分布的特征多样性中等，优势度中等，丰富度中等、均匀度中等。芽胞杆菌样方平均密度华东地区为 $6.36×10^5$CFU/g、华南地区为 $2.31×10^5$CFU/g、西北地区为 $2.26×10^4$CFU/g。

第 3 组高多样性、高优势度区域，包括西南地区，生态参数平均值：Shannon 多样性指数（H）=3.5600，较高；Margalef 丰富度指数（D_{Mg}）=11.2100，较高；Simpson 优势度指数（λ）=0.0500，Pielou 均匀度指数（J）=0.7300；该区域山高水长，地理复杂，气候多样，植被繁杂，芽胞杆菌分布的特征多样性中等，优势度中等，丰富度中等、均匀度中等。芽胞杆菌样方平均密度西南地区为 $1.19 \times 10^4 CFU/g$。

二、芽胞杆菌生境分布多样性指数

1. 多样性指数

11 种生境中芽胞杆菌分布的多样性指数见表 2-12。按 Shannon 多样性指数（H）排序，芽胞杆菌不同生境多样性次序为：湿地（3.84）＞森林（3.67）＞草原（3.26）＞园林（3.12）＞灌丛（3.06）＞农田（2.29）＞荒漠（2.26）＞岩石（2.23）＞高寒草原（1.95）＞盐碱地（1.88）＞冰川（1.71）。湿地生境芽胞杆菌多样性指数最高，表明该生境下，样方中种类和数量最多；冰川多样性指数最低，反映了种类和数量最少。

表 2-12　不同生境的芽胞杆菌多样性指数

生境	Shannon 多样性指数（H）	Margalef 丰富度指数（D_{Mg}）	Simpson 优势度指数（λ）	Pielou 均匀度指数（J）
湿地	3.84	13.74	0.04	0.77
森林	3.67	9.31	0.04	0.78
草原	3.26	10.39	0.07	0.69
园林	3.12	4.78	0.07	0.78
灌丛	3.06	4.46	0.08	0.76
农田	2.29	8.08	0.29	0.49
荒漠	2.26	5.66	0.15	0.55
岩石	2.23	2.66	0.18	0.68
高寒草原	1.95	2.88	0.24	0.58
盐碱地	1.88	4.41	0.35	0.52
冰川	1.71	2.81	0.24	0.71

2. 丰富度指数

按 Margalef 丰富度指数（D_{Mg}）排序，芽胞杆菌不同生境丰富度次序为：湿地（13.74）＞草原（10.39）＞森林（9.31）＞农田（8.08）＞荒漠（5.66）＞园林（4.78）＞灌丛（4.46）＞盐碱地（4.41）＞高寒草原（2.88）＞冰川（2.81）＞岩石（2.66）。湿地生境芽胞杆菌丰富度最高，也即样方的密度最高；岩石生境最低，也即密度最低。

3. 优势度指数

按 Simpson 优势度指数（λ）排序，芽胞杆菌不同生境优势度次序为：盐碱地（0.35）＞农田（0.29）＞高寒草原（0.24）＝冰川（0.24）＞岩石（0.18）＞荒漠（0.15）＞灌丛（0.08）

＞草原（0.07）＝园林（0.07）＞湿地（0.04）＝森林（0.04）。盐碱地芽胞杆菌优势度最高，表明在盐碱地特殊的生境下，选择性地保留了耐盐碱的芽胞杆菌，成为优势种类，形成最高的优势度；优势度最低的生境为森林，森林土壤适合于几乎所有芽胞杆菌的生存，各种类占有自己的生态位，无法形成绝对优势，因而，该生境芽胞杆菌优势度最低。

4. 均匀度指数

按 Pielou 均匀度指数（J）排序，芽胞杆菌不同生境均匀度次序为：园林（0.78）＝森林（0.78）＞湿地（0.77）＞灌丛（0.76）＞冰川（0.71）＞草原（0.69）＞岩石（0.68）＞高寒草原（0.58）＞荒漠（0.55）＞盐碱地（0.52）＞农田（0.49）。园林和森林生境非常适合不同芽胞杆菌的生存，其均匀度最高；农田由于特定的农作物选择特定的芽胞杆菌，那些不适合生存的种类被排除，故其均匀度最低。

5. 生态指数间相互关系

以生境分布为样本，生态指数为指标，进行生态指数间相关系数分析及其显著性检验，结果见表 2-13 和表 2-14。芽胞杆菌不同生境的 Shannon 多样性指数（H）与 Margalef 丰富度指数（D_{Mg}）呈极显著正相关，相关系数为 0.7802（$P < 0.01$）；与 Simpson 优势度指数（λ）呈极显著负相关，相关系数为 −0.8884（$P < 0.01$）；与 Pielou 均匀度指数（J）呈显著正相关，相关系数为 0.7018（$P < 0.05$）。

表 2-13　不同生境生态指数间相关系数

相关系数	Shannon 多样性指数（H）	Margalef 丰富度指数（D_{Mg}）	Simpson 优势度指数（λ）	Pielou 均匀度指数（J）
Shannon 多样性指数（H）	1.0000	0.7802	−0.8884	0.7018
Margalef 丰富度指数（D_{Mg}）	0.7802	1.0000	−0.5308	0.2494
Simpson 优势度指数（λ）	−0.8884	−0.5308	1.0000	−0.8251
Pielou 均匀度指数（J）	0.7018	0.2494	−0.8251	1.0000

表 2-14　生态指数相关系数统计检验 P 值

显著水平	Shannon 多样性指数（H）	Margalef 丰富度指数（D_{Mg}）	Simpson 优势度指数（λ）	Pielou 均匀度指数（J）
Shannon 多样性指数（H）		0.00461	0.0002573	0.016072
Margalef 丰富度指数（D_{Mg}）	0.00461		0.0929592	0.459635
Simpson 优势度指数（λ）	0.000257	0.092959		0.001768
Pielou 均匀度指数（J）	0.016072	0.459635	0.0017681	

　　芽胞杆菌生境分布与区域分布的差异在于，前者 Margalef 丰富度指数（D_{Mg}）与多样性指数相关，后者独立于多样性指数。生境分布的 Margalef 丰富度指数（D_{Mg}）与 Simpson 优势度指数（λ）、Pielou 均匀度指数（J）不相关；与 Simpson 优势度指数（λ）、Pielou 均匀度指数（J）呈极显著负相关。

6. 基于生态指数芽胞杆菌生境分布聚类分析

　　以芽胞杆菌生境为样本，以生态指数为指标构建矩阵，欧氏距离为尺度，可变类平均法进行聚类分析，结果见图 2-10、表 2-15。

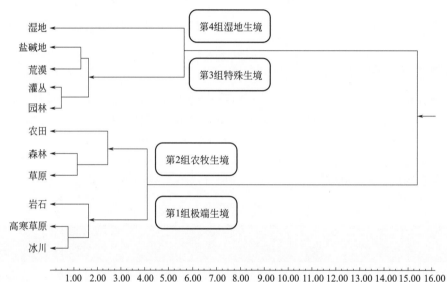

图 2-10　基于生态指数芽胞杆菌生境分布聚类分析

表 2-15　基于生态指数芽胞杆菌生境分布聚类分析餐宿统计

组别	样本	Shannon 多样性指数（H）	Pielou 均匀度指数（J）	Simpson 优势度指数（λ）	Margalef 丰富度指数（D_{Mg}）
1	冰川	1.7100	0.7100	0.2400	2.8100
	高寒草原	1.9500	0.5800	0.2400	2.8800
	岩石	2.2300	0.6800	0.1800	2.6600
	3 个样本平均值	1.9633	0.6567	0.2200	2.7833
2	草原	3.2600	0.6900	0.0700	10.3900
	农田	2.2900	0.4900	0.2900	8.0800
	森林	3.6700	0.7800	0.0400	9.3100
	3 个样本平均值	3.0733	0.6533	0.1333	9.2600

续表

组别	样本	Shannon 多样性指数（H）	Pielou 均匀度指数（J）	Simpson 优势度指数（λ）	Margalef 丰富度指数（D_{Mg}）
3	园林	3.1200	0.7800	0.0700	4.7800
	灌丛	3.0600	0.7600	0.0800	4.4600
	荒漠	2.2600	0.5500	0.1500	5.6600
	盐碱地	1.8800	0.5200	0.3500	4.4100
	4 个样本平均值	2.5800	0.6525	0.1625	4.8275
4	湿地	3.8400	0.7700	0.0400	13.7400

聚类分析结果可将芽胞杆菌生境分布为 4 组。

第 1 组极端生境组，芽胞杆菌多样性指数低，丰富度低；包括冰川、高寒草原、岩石等生境；生态参数平均值较低：Shannon 多样性指数（H）=1.9633、Pielou 均匀度指数（J）=0.6567、Simpson 优势度指数（λ）=0.22、Margalef 丰富度指数（D_{Mg}）=2.7833。极端生境条件下芽胞杆菌的密度较低，冰川生境 $3.55×10^1$CFU/g、高寒草原生境 $1.67×10^4$CFU/g、岩石生境 $1.19×10^4$CFU/g。

第 2 组农牧生境组，芽胞杆菌多样性指数较高，丰富度较高；包括草原（放牧）、农田、森林等生境，生态参数平均值较高：Shannon 多样性指数（H）=3.0733、Pielou 均匀度指数（J）=0.6533、Simpson 优势度指数（λ）=0.1333、Margalef 丰富度指数（D_{Mg}）=9.26。农牧生境条件下适合芽胞杆菌生存，其平均密度较高，农田生境平均含量最高为 $8.21×10^5$CFU/g、草原生境 $4.36×10^4$CFU/g、森林生境 $1.67×10^5$CFU/g。

第 3 组特殊生境组。由园林、灌丛、荒漠、盐碱地组成的特殊生境，芽胞杆菌多样性指数较低、物种丰富度较低；生态参数平均值：Shannon 多样性指数（H）=2.58、Pielou 均匀度指数（J）=0.6525、Simpson 优势度指数（λ）=0.1625、Margalef 丰富度指数（D_{Mg}）=4.8275；特殊生境形成的生态选择，适应芽胞杆菌生存下来，特殊生境芽胞杆菌密度分别为：荒漠生境 $4.03×10^4$CFU/g、盐碱地生境 $3.55×10^3$CFU/g、灌丛生境 $2.28×10^5$CFU/g、园林生境 $1.00×10^5$CFU/g。

第 4 组湿地生境组。湿地生境自成一组，芽胞杆菌多样性指数最高，物种丰富度指数最高；生态参数平均值为 Shannon 多样性指数（H）=3.84、Pielou 均匀度指数（J）=0.77、Simpson 优势度指数（λ）=0.04、Margalef 丰富度指数（D_{Mg}）=13.74。湿地生境芽胞杆菌密度为 $4.45×10^4$CFU/g。

第五节
芽胞杆菌地理分布

一、芽胞杆菌海拔分布

将各采样点芽胞杆菌平均含量按采样点的海拔高度进行统计（图 2-11），可以看出，有

211

些海拔如 8m、100m、722m 高度上芽胞杆菌的菌落平均含量明显高于大多数海拔，且这些高含量的地点几乎都分布于海拔 750m 以下，750m 以上地区的芽胞杆菌含量普遍较少。对此，对这些海拔高度的采样点进行数据查看后发现，芽胞杆菌平均含量高的采样点全都集中在农田和森林生境中，此外在各个海拔高度上大多只分布着 1～2 种生境，最多的也只有 5 种生境。于是在海拔的基础上加上生境因素分析（图 2-12），发现各个海拔中芽胞杆菌含量变化趋势总与各海拔高度上芽胞杆菌含量占优势的生境变化趋势相似，且对相同生境而不同海拔的芽胞杆菌平均含量进行分析后表明，相同生境的芽胞杆菌平均含量跟海拔高度并不存在相关性，且每种生境中不同海拔的芽胞杆菌平均含量分布曲线都不尽相同。因而并不能明显看出芽胞杆菌平均含量与海拔之间有明显的相关。

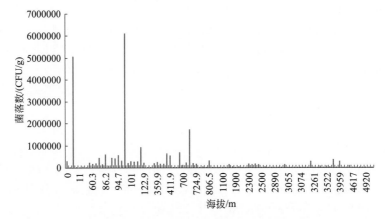

图 2-11　不同海拔芽胞杆菌平均含量柱状图

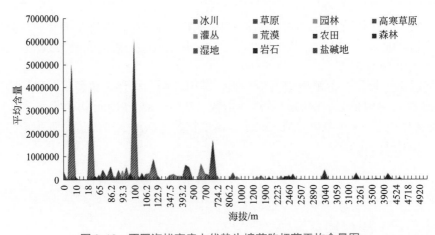

图 2-12　不同海拔高度上优势生境芽胞杆菌平均含量图

二、芽胞杆菌维度分布

一个经纬度下会有多个采样点，将这些采样点中分离到的芽胞杆菌数据汇总，并进行多样性指数分析，在大的经度和纬度范围内，芽胞杆菌物种多样性指数与经度并无相关性，而在纬度尺度上，芽胞杆菌多样性指数和纬度存在负相关关系（图 2-13），随着维度的增加，芽胞赶紧多样性指数逐渐下降，方程为：$y = -0.0905x + 5.2941$（$R^2 = 0.457$，差异显著）。

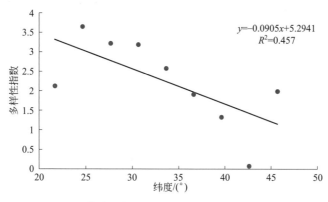

图 2-13　芽胞杆菌多样性指数在纬度尺度上分布图

第六节
芽胞杆菌资源管理

一、微生物资源标本地理分布信息管理系统建立

土壤标本的采集与管理是进行土壤微生物研究的基础工作，土壤标本采集牵涉到立地条件的记载，包括地理、土壤、生境、植被、耕作、气候等信息，土壤标本的管理要求具有容量大、稳定性高、搜索性能强、分析信息直观、操作方便、接口通用、升级简便等特点。为了使土壤标本管理实物与信息紧密结合，同时具有较高的 GIS 操作和分析性能，利用 51Ditu 公用 API 接口，设计土壤标本地理分布信息管理系统。

地理信息系统（geographical information system，GIS）是一种采集、存储、管理、分析、显示和应用地理信息的计算机系统，在农业的作物种植分布、病虫害发生分布、资源分布等方面有着重要的作用。当前 GIS 系统应用分为 C/S 和 B/S 模式，前者在局域网（LAN）环境下具有较好的运行效果，后者是一种以 Internet 技术为基础的新型管理信息系统平台模式，客户端只需安装浏览器软件，基于 TCP/IP 协议和 HTTP 协议，可以很好地解决跨平台性问题。在公共应用领域，B/S 正逐渐取代 C/S 模式，而 Internet 地图服务的 B/S 模式又可分为两个明显的阶段。

传统的 Internet 地图服务多基于传统 Web GIS 开发，其基本过程是：当客户地图服务请求到达服务器后，服务器组合查询逻辑，取得符合条件的空间数据，在服务方生成一幅地图图片发送给客户端。客户端仅仅负责客户端的显示。这种模式存在明显的不足之处：地图与用户之间的交互性差，用户任何一个平移、放大等操作都将使浏览器改写整个页面或整张图片，等待时间长；服务器需实时动态生成地图，由于空间数据量往往很大，资源消耗大；地图资源信息数据来源的限制也制约了各种地图服务系统的开发。

伴随 Google Maps 服务兴起的是 Ajax 技术。Ajax，全称 Asynchronous JavaScript and XML，该方法的关键在于将浏览器端的 JavaScript、XMLHttpRequest、DHTML、DOM、XML 和与服务器异步通信的组合，它使浏览器可以为用户提供更为自然的丰富体验，2005年 Ajax 技术开始成熟，并迅速走向应用，有力地推动了 Internet 地图服务的发展。在传统的B/S 服务中，客户端和服务器端的数据传送是通过请求/应答的同步通信方式，客户端接收从服务器发来的响应后，将页面刷新。在刷新结束之前，用户只能等待，无法桌面程序那样得到迅速的响应，因此用户体验不好。采用 Ajax 技术的网页，用户提交的请求由 Ajax 引擎负责与服务器的数据交互，用户无需等待就可以做其他操作，减少了用户等待时间；当服务器数据抵达时，只更新所需的页面部分数据，而不是刷新整个页面，使得 B/S 方式更接近桌面程序。

福建省农业科学院农业生物资源研究所从世界范围内，收集了大量土壤标本用于研究各地不同生境土壤中芽胞杆菌的种类和丰度差异。方便研究样品的选择，我们建立了一个地理分布展示系统。该系统基于 Ajax 的 B/S 模式，在客户端以网页形式展示运行结果，在地图上标注不同地区采集的土壤标本数量，直观显示土壤标本的地理分布。

1. 系统模型和开发环境

（1）系统模型　系统模型如图 2-14 所示，当用户使用 IE 或 Firefox 等网页浏览器访问该页面时，网页中的 JavaScript 脚本通过公共 API 接口获得 51ditu 的地图服务，在网页中展示一幅地图；JavaScript 脚本和土壤信息数据库联系，下载所需的属性数据文件，修改网页内容，添加标注信息。当用户点击网页上的操作时，JavaScript 脚本捕用户操作，在后台以Ajax 的形式和服务器交互获取数据并操作网页元素，因而用户具有较好的流畅感体验，这正是 WEB 2.0 的特征之一。土壤标本地理信息以标注形式显示在地图上，叠加在地图上的自定义标注是这一类应用开发最主要的地方之一，在本应用中不同行政区划级别的标注采用不同的图片显示，在标注旁边显示地名和土壤标本数量。

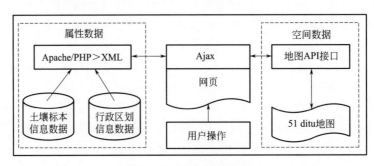

图 2-14　系统运行结构

（2）开发平台及运行环境　WEB 服务器选用 Apache 2.2.6，PHP 脚本运行环境 PHP5.2，数据库服务器 MySQL 5.0。客户端采用网页浏览器，可选 Mozilla Firefox 2.0 以上或 Internet Explorer6.0 以上，要求支持 JavaScript 脚本。数据库结构设计使用 PHPmyAdmin；开发调试过程使用 Firefox 浏览器，采用 DOM 插件浏览网页结构，网页规范化检查采用 HTML

Validator 插件，查看网页运行错误等采用 Web Developed 插件。

2. 数据结构

系统运行数据分为空间数据和属性数据，前者由 51Ditu 提供，后者为具体的应用项目数据库提供。本系统中属性数据保存在 MySQL 数据库中，由两个数据表构成。数据表 location 中保存地名信息，包括地名、经度、纬度、级别、上级地名 id、土壤标本数量等信息，各地名信息记录通过字段 upgrade（上级行政区 id）信息串在一起，可通过程序遍历，见表 2-16。数据表 earthsample 中保存土壤标本的相关信息，包括土壤标本的采集时间、采集人、采集地点、海拔高度、现场植被、生境类型等，通过 locationid 与数据表 location 相关联，对应着 location 中的 id 字段，其中与本系统相关的字段见表 2-17。

表 2-16　数据表 location 中的相关字段

字段	类型	注释
id	int（11）	内部 id 编号
name	char（200）	地名
lng	float	经度
lat	float	纬度
sum	int（11）	该地区所有土壤标本数量
grade	int（11）	该地区在行政区划中的级别，顶级为 0，级别越低值越大
upgrade	int（11）	该地区的上一级地区的记录的 id 编号，用于生成树状结构和统计数据
path	varchar（1024）	保存从顶级地区名称到本地区的行政区划路径
sumtemp	int（11）	土壤标本数量统计的中间数据
sumindependent	int（11）	归属于该地区地名下的土壤标本数量，不含归属于该地区下属地名的土壤标本

表 2-17　数据表 earthsample 中的相关主要字段

字段	类型	注释
id	bigint（20）	土壤标本的计算机内部编号
locationid	int（11）	关联着 location 的 id，表征采集地点的行政区划信息
addressdetail	varchar（200）	地址详细信息

3. 用户界面

用户端采用网络浏览器，如 Internet Explore 或 Mozilla Firefox 等。页面上部是地名浏览区，包括地名路径和当前地名的下级地名列表，单击这些节点可以浏览到不同的位置；页面上方右边显示当前位置经纬度信息、地图缩放级别；页面下方显示地图以及地图上的移动缩放控件、拉框放大控件、距离测量空间、面积测量控件，鹰眼浏览图，这些控件由 51Ditu 的 API 提供；地图上显示的标注信息由程序添加，可随着地图的放大缩小按级别显示相应的标注。该网页由一个 HTML 网页构成，地图、地名路径、子地名列表、经纬度、缩放级别

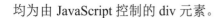

均为由 JavaScript 控制的 div 元素。

4. 功能实现

（1）地图显示　添加 51Ditu 提供的脚本 http://api.51Ditu.com/js/maps.js 可在网页中显示一个地图，大小与所属 div 容器相同；编写的脚本 earthsample.js 用于显示地名路径、子地名列表，在图片上添加、删除标注以及根据用户点击，放大，缩小，移动图片，显示经纬度，根据地名移动图片等功能。当页面载入时装载地图、添加控件。设计结果可以根据土壤信息自动地显示专业功能的地图，如土壤采样点世界分布地图、森林土壤采样点世界分布地图、土壤采样点芽胞杆菌种类数世界分布地图等。

（2）土壤标本信息标注

① 标注信息的管理　附加到地图上的标注应根据地图的不同分辨率进行分级，并根据当前地图的需要显示相应级别的标注，隐藏非该级别的标注。在向地图添加标注时，设定相应的级别，然后在地图缩放时根据级别进行控制。本例选用 K_Reverter 开发的标注管理类 LTMarkerCollection 进行标注管理，实现对土壤样本的地理、土壤、生境、植被、耕作、气候等信息标注和管理。

② 标注信息文件的生成　标注信息为格式化的数据，可使用 PHP 代码动态即时生成，也可以使用静态 XML 等格式化数据文件，后者速度快，网站负荷低。由于标注信息只有在土壤记录添加、删除修改时才会变化，变动频率很低，所以在本系统标注信息为静态的 XML，仅当相关数据信息发生变化时才触发 PHP 代码重新生成文件。本系统中标注分为国家、省、市、县 4 级，包含在 1 个 XML 文件中，每个标注为一个元素，元素属性包括经度、纬度、样品数、级别、地名和 id 号。

标注 XML 文件生成方式：首先利用 earthsample 表到 location 表的关联，计算 earthsample 表中每个节点的 sum 字段值；然后检索 location 表中所有 sum 字段（保存在节点地址下所有的土壤标本数量）大于 0 的记录，生成 XML 文件。

③ 标注文件的下载与添加　标注采用 Ajax 的方式动态加载。首先建立 4 个图标对象，用来表示 4 个不同级别的标注；使用 XMLHttp 控件下载标注文件；从文件中按 XML 方式解析出各个标注的经度、纬度、地名、数量、显示级别；根据显示级别计算各标注对应的地图缩放级别和使用的图标对象，逐一添加到标注管理对象中。

（3）地名浏览

① 程序流程　地名浏览功能包括地名当前地名路径和子地名功能，当用户点击其中的地名链接时，JS 脚本以对应地名的 id 值为参数，向服务器调用 PHP 脚本，生成 XML 文件，从中解析出路径和子地名列表，修改对应的网页 DIV 元素。地名的路径信息属于变动频率极低信息，保存在 location 表的 path 字段中，仅在 location 表修改时才重新计算。

② 地名信息文件生成　客户端脚本发出申请后，服务器 PHP 脚本生成相应的 XML 文件，返还给用户。其中节点 path 显示当前地址的路径信息，其下级的 location 类型节点为路径的逐个元素，每个元素分为 id 和 name，分别表示地址的 id 号和地址名称；节点 sublist 用以显示当前节点下的所有子节点；lat 和 lng 节点表示当前地址的经纬度。

③ 地名节点信息文件的下载与触发反应　在客户端，用户单击地名浏览区的地名时，以地名对应的 id 为参数下载服务器 PHP 脚本即时生成的 XML 格式文件，解析数据后生成 path 等变量，修改网页元素，并将地图移动到该地。

5. 讨论

当前，通过 Internet 实现空间信息的发布与共享已经成为 GIS 发展的必然趋势，也是学术上重要的研究领域。公用 API 的地图数据提供方式使得 Internet 地图应用系统的空间数据和属性数据得以分离，前者由大型专业公司提供，信息的丰富程度是普通公司难以匹敌的，更重要的是这些信息都是免费提供的，使用也非常方便；具体应用项目的属性数据则由特定项目提供，应用系统的开发人员可以专注于属性数据的收集和数据结构的建立，而不必费时费力地建立自己的地图数据；空间数据和属性数据融合在同一个网页中，对使用者是透明的，Ajax 技术使得 Web 的用户响应速度大大提高，降低了网络流量，减轻了服务器负担，用户体验好。

当前提供免费服务的 Internet 地图 API 服务商有 Google Maps 和国内的灵图公司等，其功能和使用方法基本相似，都是提供 JavaScript 脚本进行 API 服务，提供地图的缩放、平移、面积测量、距离测量、鹰眼浏览等功能，但 Google Maps 具备标注管理器功能，可对附加到地图上的标注进行自动管理，51Ditu 则需使用第三方类进行管理。在内容方面两者有明显的差别：前者提供世界范围的地图信息，后者只限于中国国内；前者提供了卫星照片和地形地貌信息，后者仅限于行政区划地名和道路信息，然而在中国国内，51Ditu 的地理信息数据可达街道、村一级，远比 Google Maps 丰富，因而本系统采用了 51Ditu 作为地图数据来源，如果使用 Google Maps 开发的灵活性会更高。

基于 Internet 的开放式公用地图服务为 GIS 系统的开发提供了很大的便利，近些年已有了许多的第三方应用，然而还未见在农业领域的应用报道，或许和该模式的一些问题有关。例如在免费的地理译码方面，51Ditu 提供的中文地名数据和相应的经纬度信息数据还不够完整，主要限于城市；而 Google Maps 提供的中国地名数据远不如美国本土数据那样详细。具体的系统开发还需要从第三方获取地名、行政区划、边界、山川河流详细位置等信息，以便能像传统的 GIS 那样能准确标注出区域范围。此外，采用公用 API 接口的应用系统数据严重依赖于 Internet 稳定性和免费服务商的服务器性能，可能因某条国际线路中断而导致系统停摆，而这份免费大餐是否能够一直持续也是隐忧之一。

本系统利用采用在免费公共地图上叠加自定义标注的方法构建了一个土壤标本地理分布显示网页，灵图公司的 51Ditu 提供了空间数据信息地图并进行绘制地图；本系统则提供土壤标本的标注等属性数据。然而由于缺少更详细的行政区划及其经纬度信息，本系统的分布显示还只能细化到县一级，有待进一步提高数据量。自定义标注是这一类系统开发最重要的地方之一，通过图片差异（如十字星用于准确选取位置）、文字说明、格式可以区别不同类型的标注，给自定义标注添加事件处理函数（如当用户指向标注时，进一步显示标注的详细信息），可以拓展出各种功能。本章节的目的也在于抛砖引玉，希望有更多基于该模式的系统得到开发应用。

二、芽胞杆菌资源库管理系统实体模型构建

芽胞杆菌属（*Bacillus*）是一类产芽胞的革兰氏阳性细菌，产生具有抗逆性的球形或椭圆形芽胞，芽胞对高温、紫外、干燥、电离辐射和很多有毒化学物质都有很强的抗性（刘国红等，2011）。由于拥有以上特性，芽胞杆菌作为一类重要的资源微生物与人类社会关系密

切，在工业领域用于环境污染治理和生产工业用酶等；在农业领域用于生产生物农药、养猪业上的抗生素和肠道益生菌等；医学领域用于活性制剂生产、新型药物载体及肠胃功能调理等，应用价值十分广泛。

通过构建微生物资源库可以实现为研究者提供翔实，共享的微生物资源数据等信息（冷冰等，2007）。目前国际上主要的微生物资源保藏库包括美国典型菌种保藏中心（ATCC）、澳大利亚微生物保藏中心（ACM）、全俄罗斯微生物保藏中心（VKM）、日本技术评价研究所生物资源中心（NBRC）、美国农业研究菌种保藏中心（NRRL）、德国微生物菌种保藏中心（DSMZ）、中国微生物菌种保藏管理委员会（CCCCM）等。国内专属资源库包括茅台集团建立的白酒微生物菌种资源库（杨颖博等，2008）、中国农业大学建立的根瘤菌资源库、北京市农林科学院建立的丛枝菌根真菌种质资源库（BGC）、内蒙古农业大学建立的乳酸菌菌种资源库、福建农业科学院建立的食用菌品种资源库（臧春荣等，2004）等，而芽胞杆菌专属资源库未见报道。

微生物资源是人类赖以生存和发展的重要物质基础和生物技术创新的重要源泉（孙建宏等，2005）。芽胞杆菌由于产生内生芽胞，具有较强的抵抗外界环境压力的能力，维持自身生存能力不受影响，这个生物学特性使得芽胞杆菌具有非常良好的生物学特性。芽胞杆菌种类繁多，数量巨大，能够产生多种多样的生理活性物质和代谢产物，具有广泛的应用前景。本实验室近年来从不同环境中分离得到芽胞杆菌菌种17000余株，从德国微生物菌种保藏中心（DSMZ）和瑞典哥德堡大学菌物保藏中心（CCUG）等引进标准菌株190余种（刘贯锋，2011）。芽胞杆菌的研究蕴涵巨大的经济效益和科学价值，开发和应用这个效益和价值的前提就是资源的获得和资源的深入研究，因此建立芽胞杆菌资源库具有重要的意义。

1. 材料与方法

（1）试验材料

试验用菌：实验室 -80℃甘油冷冻保存蕈状芽胞杆菌 FJAT-8775（*Bacillus mycoides*），购买自瑞典哥德堡大学菌物保存中心（CCUG），菌株编号 26678。

实验药品：TSB 培养基（美国 BD 公司），色谱级甲醇、正己烷、叔丁基乙醚（美国 fisher 公司）、盐酸、氢氧化钠、脂肪酸混合标样、去离子水、柠檬酸钠等。

（2）试验仪器

脂肪酸测定仪：美国 MIDI 公司生产的微生物鉴定系统（Sherlock Microbial Identification System Sherlock MIS4.5）进行，包括 Agilent 6890N 型，7890 型气相色谱仪。

气质联用仪：美国 Agilent 公司制造的气质联用仪 7890A/5975C（GC/MS）。

液质联用仪：美国 Agilent 公司制造的四级杆飞行时间液相质谱 1260/6520 LC-QTOFMS（LC/MS/MS）。全自动菌落扫描仪、三洋超低温冰箱等。

（3）生理生化特征测定 生理生化特征测定方法参考文献：刘贯锋，2011。

（4）分子鉴定方法 分子鉴定方法参考文献：郑雪芳等，2006。

（5）脂肪酸提取检测方法 细菌脂肪酸提取和 GC 检测方法参考文献：王秋红等，2007。

（6）GC-MS 前处理和检测方法 GC-MS 前处理及检测方法参考文献：陈峥等，2011。

（7）LC-MS 前处理和检测方法

① LC 运行条件。色谱柱：Zorbax SB-Aq C18 2.1X100mm，1.8μm particle size。柱温

35℃；进样量 2μL。流动相：A=5mmol/L 乙酸铵＋水；B= 乙腈。流速 0.2mL。梯度程序：B=90% 0 ～ 3min；B=50 % 3 ～ 25min；B=90% 25 ～ 35min。

②MS 运行条件。负离子模式；干燥气温度 300℃，干燥气流速 5L/min；雾化器 Nebulizer 30psi；毛细管电压 Capillary voltage 3500V；Flagmentor 175℃；Skimmor 650℃；质量范围（mass range）*m*/z150 ～ 1000。

2. 结果与分析

（1）芽胞杆菌资源库实体模型　为实现芽胞杆菌资源库的高效管理，正在开发一个专用的菌种资源管理信息系统，贯穿菌种资源收集、保存、鉴定、筛选评价和前期研究的全程电子化管理，并通过专用互联网站实现信息的共享，作为微生物农药行业菌种资源的转让、交换的电子平台。芽胞杆菌资源库信息管理系统实体模型见图 2-15。

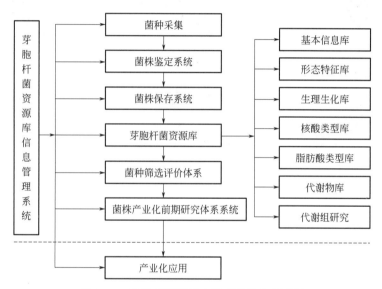

图 2-15　芽胞杆菌资源库管理系统实体模型

（2）芽胞杆菌基本信息库构建　采集信息包括菌种的名称以及采集、保藏、研究等相关的较为详尽的信息。该部分内容在标准菌株购入或者采集分离后，添加入库，整合成芽胞杆菌基本信息库。以下以芽胞杆菌 FJAT-8775 菌株为例，FJAT-8775 采集信息见表 2-18。

表 2-18　FJAT-8775 菌株采集信息

菌株编号	**FJAT-8775**	学名	*Bacillus mycoides*
中文学名	蕈状芽胞杆菌	属	芽胞杆菌属
菌株来源	CCUG	引进源编号	CCUG 26678
联系人		采集人	—
作物来源	—	分离基物	—
保藏方法	−80℃甘油冷冻保存	保藏柜号、盒号	03-15-008
保藏数量	9管	更新周期	5 年

菌株编号	**FJAT-8775**		学名	*Bacillus mycoides*
最新备份时间	2010 年		菌株主要特点	—
菌株主要用途	—		菌株相关文献	
菌株相关实验报告	"报告 -20100626- 芽胞杆菌 8765-8778 对大肠和香蕉枯萎病病原菌的拮抗筛选 - 刘贯锋"等		备注	—

（3）芽胞杆菌形态特征库构建　对 FJAT-8775 菌株进行培养后，对其菌落正面、背面进行拍摄及扫描，并用文字表述其特征。以下以 FJAT-8775 菌株为例。FJAT-8775 菌落正面图片见图 2-16（a），背面图片见图 2-16（b），其菌落特征为白色、扁平、干燥、边缘丝状。

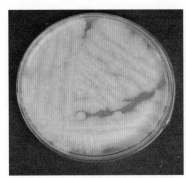 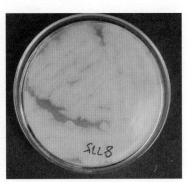

(a) 正面图片　　　　　　　　　　(b) 背面图片

图 2-16　FJAT-8775 菌株菌落背面和正面图片

（4）芽胞杆菌生理生化库构建　FJAT-8775 菌株生理生化特征见表 2-19，FJAT-8775 菌株生化特征鉴定结果为接触酶反应、淀粉水解反应、明胶液化反应、蔗糖发酵、葡萄糖发酵、M.R. 反应、V.P. 反应呈阳性；氧化酶反应、硝酸还原反应、吲哚反应、柠檬酸反应、精氨酸双水解、硫化氢反应、尿素酶反应呈阴性。

表 2-19　芽胞杆菌 FJAT-8775 菌株生理生化特征

项目	反应结果	项目	反应结果
接触酶反应	+	精氨酸双水解	-
氧化酶反应	-	蔗糖发酵	+
淀粉水解反应	+	葡萄糖发酵	+
硝酸还原反应	-	M.R. 反应	+
吲哚反应	-	V.P. 反应	+
明胶液化反应	+	硫化氢反应	-
柠檬酸反应	-	尿素酶反应	-

（5）芽胞杆菌核酸类型库构建　对芽胞杆菌进行 16S rRNA 鉴定，根据所得的序列在 NCBI 上进行对比，得出鉴定结果。

（6）芽胞杆菌脂肪酸类型库构建　芽胞杆菌脂肪酸类型库包含以 MIDI 脂肪酸鉴定系统

的检测结果及数据分析等。每个菌株的脂肪酸类型库都包含以下信息：该菌株的菌株脂肪酸总离子流图、脂肪酸成分等。以下以 FJAT-8775 菌株为例。

FJAT-8775 菌株脂肪酸总离子流图见图 2-17，脂肪酸类型见表 2-20。由 MIDI 脂肪酸鉴定系统鉴定结果可知 FJAT-8875 中主要的脂肪酸包括 15:0iso（15.38%）、16:0（10.99%）、13:0iso（10.66%）、17:0iso（9.86%）、17:1iso ω10c（9.76%）。其他脂肪酸包括 16:0iso（6.65%）、15:0anteiso（4.17%）、14:0iso（3.07%）、14:0（2.91%）、17:1iso ω5c（2.4%）、13:0anteiso（2.26%）、16:1w11c（2.12%）、17:0anteiso（1.86%）、16:1ω7c alcohol（1.7%）、18:0（1.42%）、15:0 2OH（1.37%）、12:0iso（1.16%）、18:1ω9c（0.87%）等。

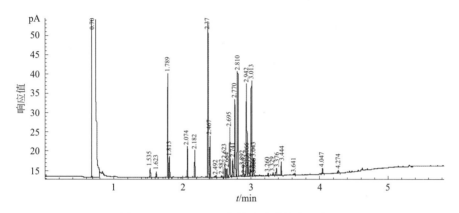

图 2-17　FJAT-8775 菌株脂肪酸总离子流图

表 2-20　FJAT-8775 的脂肪酸成分

保留时间/min	各特征峰的响应区域值	响应区域/峰高	相关因子系数	脂肪酸相对链长	各特征峰对应的物质名称	含量/%	备注 1	备注 2
0.6995	237183	0.004	—	6.6429		—	<最小保留时间	
0.7070	1.337×10^9	0.017	—	6.6932	SOLVENT PEAK	—	<最小保留时间	
1.5350	3017	0.009	1.053	11.6195	12:0iso	1.16	ECL deviates -0.001	Reference 0.000
1.6235	1826	0.009	1.037	12.0009	12:0	0.69	ECL deviates 0.001	Reference 0.002
1.7894	28946	0.008	1.013	12.6243	13:0iso	10.66	ECL deviates 0.001	Reference 0.002
1.8134	6153	0.009	1.010	12.7146	13:0anteiso	2.26	ECL deviates 0.001	Reference 0.002
2.0736	8605	0.008	0.981	13.6276	14:0iso	3.07	ECL deviates 0.000	Reference 0.000
2.1825	8224	0.009	0.972	13.9989	14:0	2.91	ECL deviates -0.001	Reference -0.001
2.3779	44123	0.009	0.958	14.6309	15:0iso	15.38	ECL deviates -0.001	Reference -0.001
2.4067	11983	0.009	0.956	14.7242	15:0anteiso	4.17	ECL deviates -0.001	Reference -0.001
2.4920	603	0.010	—	15.0001	15:0	—	ECL deviates 0.000	
2.5819	578	0.009	—	15.2824		—		
2.6234	4929	0.009	0.945	15.4129	16:1 ω 7c alcohol	1.70	ECL deviates -0.001	
2.6536	2516	0.009	0.944	15.5080	Sum In Feature 2	0.86	ECL deviates -0.007	14:0 3OH/16:1iso

续表

保留时间/min	各特征峰的响应区域值	响应区域/峰高	相关因子系数	脂肪酸相对链长	各特征峰对应的物质名称	含量/%	备注1	备注2
2.6948	19399	0.012	0.943	15.6373	16:0iso	6.65	ECL deviates 0.004	Reference 0.004
2.7405	6188	0.010	0.941	15.7810	16:1 ω 11c	2.12	ECL deviates -0.001	
2.7705	23450	0.009	0.940	15.8753	Sum In Feature 3	8.02	ECL deviates 0.000	16:1 ω 6c/16:1ω7c
2.8102	32168	0.009	0.939	16.0000	16:0	10.99	ECL deviates 0.000	Reference -0.001
2.8922	4024	0.011	0.937	16.2576	15:0 2OH	1.37	ECL deviates 0.003	
2.9202	960	0.011	—	16.3456		—		
2.9417	28680	0.009	0.936	16.4133	17:1iso ω 10c	9.76	ECL deviates -0.001	
2.9651	7063	0.012	0.935	16.4865	17:1iso ω 5c	2.40	ECL deviates 0.003	
2.9918	2179	0.010	0.935	16.5705	17:1anteiso A	0.74	ECL deviates 0.000	
3.0126	29012	0.009	0.935	16.6358	17:0iso	9.86	ECL deviates -0.001	Reference -0.003
3.0433	5487	0.009	0.934	16.7322	17:0anteiso	1.86	ECL deviates -0.001	Reference -0.002
3.0588	309	0.007	0.934	16.7811	17:1 ω 9c	0.11	ECL deviates -0.002	
3.2596	795	0.010	0.933	17.4151	17:0 10-methyl	0.27	ECL deviates 0.000	
3.3293	1379	0.014	0.933	17.6357	18:0iso	0.47	ECL deviates 0.000	Reference -0.003
3.3759	2559	0.010	0.933	17.7831	18:1 ω 9c	0.87	ECL deviates -0.011	
3.4440	4169	0.009	0.934	17.9989	18:0	1.42	ECL deviates -0.001	Reference -0.004
3.6413	696	0.011	0.937	18.6392	19:0iso	0.24	ECL deviates 0.001	Reference -0.003
4.0472	1893	0.009	—	19.9773				
4.2744	922	0.010	—	20.7278		—	>最大保留时间	
—	2516	—	—	—	Summed Feature 2	0.86	12:0aldehyde ?	unknown 10.9525
—	—	—	—	—		—	16:1iso I/14:0 3OH	14:0 3OH/16:1iso
—	23450	—	—	—	Summed Feature 3	8.02	16:1ω7c/16:1ω6c	16:1ω6c/16:1ω7c

（7）芽胞杆菌代谢物库构建　芽胞杆菌代谢物库主要包括脂溶性和水溶性成分，其极性分别为弱极性、中极性和强极性，包含气相质谱（GC-MS）和液相四极杆飞行时间质谱（LC-QTOFMS）的检测结果及数据分析等。每个菌株的代谢物库都包含以下信息：该菌株GC-MS 总离子流图、GC-MS 的成分分析及测定成分的质谱图；LC-MS 总离子流图、LC-MS 的成分分析及测定成分的质谱图或二级质谱图。

① 芽胞杆菌发酵液萃取液的 GC-MS 分析　FJAT-8775 菌株的 GC-MS 总离子流见图 2-18，菌株的 GC-MS 成分分析见表 2-21。结果表明从该菌株中鉴定出 17 种化合物，其中含量最高的为六氢吡咯并 [1,2-*a*] 吡嗪 -1,4- 二酮（相对含量为 50.3705%），匹配率高于 85% 的有 3 种，分别为甲氧基 - 苯肟（87%）、1,2,3,4- 四甲基 1- 苯（93%）、六氢吡咯并 [1,2-*a*] 吡嗪 -1,4- 二酮（97%）。以六氢吡咯并 [1,2-*a*] 吡嗪 -1,4- 二酮为例，图 2-19 为谱库中该物质的质谱图，图 2-20 为样品中测试得该物质的质谱图。

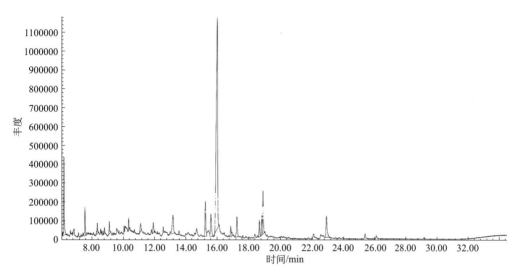

图 2-18　FJAT-8775 菌株的 GC-MS 总离子流图

表 2-21　FJAT-8775 菌株的 GC-MS 的成分分析

峰	保留时间	峰面积	文库中的物质名称 /ID	谱库中的条目数	CAS 编号	匹配率 /%
1	6.2241	6.59	甲氧基 - 苯肟	23815	1000222-86-6	87
2	7.5574	2.9879	六甲基 - 环三硅氧烷	73123	000541-05-9	72
3	8.347	1.2498	1,2,3,4- 四甲基 1- 苯	14377	000488-23-3	93
4	9.1137	1.3373	2- 哌啶酮	3406	000675-20-7	43
5	10.3554	1.1314	二乙基 -1,4- 戊二胺	29055	000140-80-7	38
6	11.1336	1.2652	6- 异丙基 -2,3- 二氢吡喃 -2,4- 二酮	26303	035236-83-0	27
7	11.9347	1.4351	夫拉美诺	17695	002174-64-3	47
8	13.1935	4.5653	二氢 -5- 戊烷基 -2（3H）- 呋喃酮	27818	000104-61-0	59
9	15.2649	4.9845	3- 吡咯烷 -2- 咪唑 - 丙酸	19519	1000193-88-0	42
10	15.6196	4.2523	1- 己酰基 - 吡咯烷 -2- 羧酸 - 二异丁酰胺	139069	1000189-28-1	37
11	16.0202	50.3705	六氢吡咯并 [1,2-a] 吡嗪 -1,4- 二酮	26189	019179-12-5	97
12	16.8785	1.483	二乙基二硫代磷酸	26031	000866-54-6	46
13	17.2676	3.322	3,5- 二甲氧基 - 苯酚	26271	000500-99-2	43
14	18.6751	2.1577	六氢吡咯并 [1,2-a] 吡嗪 -3-（2- 二甲丙基）-1,4- 二酮	64023	005654-86-4	58
15	18.8297	2.5384	六氢吡咯并 [1,2-a] 吡嗪 -3-（2- 二甲丙基）-1, 4- 二酮	64023	005654-86-4	78
16	18.9097	5.7846	5,10- 二乙氧基 -2,3,7,8- 四氢 -1H,6H- 二吡咯并 [1,2-a; 1',2'-d] 吡嗪	91925	1000190-75-5	64
17	22.9209	4.5448	5- 吡咯烷基 -2- 吡咯烷酮	26358	076284-12-3	25

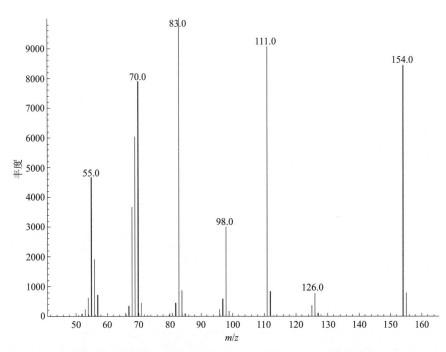

图 2-19　谱库中六氢吡咯并 [1, 2-*a*] 吡嗪 -1, 4- 二酮质谱图

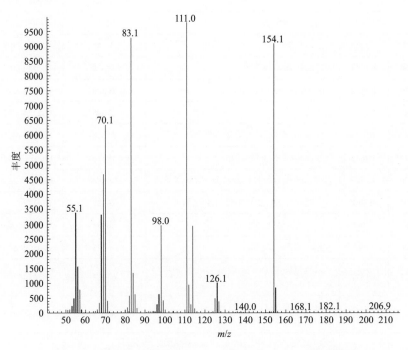

图 2-20　样品中六氢吡咯并 [1, 2-*a*] 吡嗪 -1, 4- 二酮质谱图

　　② 芽胞杆菌发酵液萃取液的 LC-MS 分析　FJAT-8775 菌株的 LC-MS 成分分析见表 2-22，总离子流见图 2-21，样品中双降生物素（bisnorbiotin）成分的质谱图见图 2-22。从 FJAT-

8775 菌株中检测得出成分共 170 种，其中含量最高的成分为双降生物素（相对含量为 3.74%，METLIN 编号为 7083，匹配度 Score 为 81.4）。FJAT 菌株的 LC-MS 总离子流见图 2-21。标配度最高的为 GPGro［18:0/22:6（4Z,7Z,10Z,13Z,16Z,19Z）］（相对含量为 2.92%，匹配度为 90.95，METLIN 编号为 40871）。

表 2-22　FJAT-8775 菌株 LC-MS 成分分析

物质编号	物质名称	CAS 编号	分子式	分子量	质荷比（m/z）	匹配率	含量/%	文库编号	命中次数	分子量差异/（10^{-3}）	含量差异/（mg/L）
1	脂肪酸 GPGro（18:0/18:0）[U]		$C_{42}H_{83}O_{10}P$	778.5724	777.5659	63.9	0.62	40845	2	-0.76	-0.98
3	2-甲氧基雌甾酮	362-08-3	$C_{19}H_{24}O_3$	300.1725	599.3355	57.66	1.44	2578	5	1.14	3.79
4	对甲基二苯甲醇	5472-13-9	$C_{14}H_{14}O$	198.1045	441.2077	80.02	0.78	1669	1	-0.28	-1.41
7	谷氨酰胺-谷氨酸-谷氨酰胺三肽 Gln-Glu-Gln		$C_{15}H_{25}N_5O_8$	403.1703	851.3393	56.01	0.34	17495	3	-0.24	-0.6
13	乙琥胺	77-67-8	$C_7H_{11}NO_2$	141.079	327.1556	47.07	0.14	2595	1	0.3	2.13
15	哌伦西平	28797-61-7	$C_{19}H_{21}N_5O_2$	351.1695	747.337	52.43	0.1	1973	7	0.13	0.37
16	4,7,10,13,16,19-二十二碳六烯酸		$C_{22}H_{20}O_2$	316.1463	677.294	48.54	0.07	35276	1	-1.54	-4.89
21	色氨酸-色氨酸二肽 Trp-Trp		$C_{22}H_{22}N_4O_3$	390.1692	389.1625	46.76	0.09	23891	1	-0.57	-1.45
22	丙氨酸-甲硫氨酸-天冬酰胺三肽 Ala-Met-Asn		$C_{12}H_{22}N_4O_5S$	334.1311	379.1311	42.25	0.08	19922	10	-1.34	-4.01
26	硫丙麦角林	72822-03-8	$C_{19}H_{26}N_2O_2S$	346.1715	737.3438	50.38	0.27	1789	1	-1.28	-3.71
30	缬氨酸-天冬氨酸-脯氨酸三肽 Val-Asp-Pro		$C_{14}H_{23}N_3O_6$	329.1587	328.1513	47.38	0.14	20133	6	0.28	0.84
31	去甲基氯丙咪嗪	303-48-0	$C_{18}H_{21}ClN_2$	300.1393	299.1331	43.96	0.29	1882	1	-1.04	-3.47
36	赖氨酸-天冬氨酸-天冬酰胺三肽 Lys-Asp-Asn		$C_{14}H_{25}N_5O_7$	375.1754	374.167	46.69	0.08	19836	9	1.15	3.05
37	去甲可待因	467-15-2	$C_{17}H_{19}NO_3$	285.1365	284.1296	47.2	0.23	1910	4	-0.34	-1.18
39	15-十八烯-9,11,13-三炔酸		$C_{15}H_{18}O_2$	230.1307	229.1226	74.08	0.74	35213	3	0.84	3.67
40	葡糖苷酸		$C_{25}H_{32}N_2O_8$	488.2159	487.2102	47.25	0.1	2368	7	-0.42	-0.85
44	羟苄羟麻黄碱	26652-09-5	$C_{17}H_{21}NO_3$	287.1521	286.145	71.87	0.28	2353	6	-0.13	-0.46
48	半胱氨酸-亮氨酸-苏氨酸三肽 Cys-Leu-Thr		$C_{13}H_{25}N_3O_5S$	335.1515	334.1441	59.73	0.57	18060	10	-0.16	-0.48

物质编号	物质名称	CAS 编号	分子式	分子量	质荷比（*m/z*）	匹配率	含量/%	文库编号	命中次数	分子量差异/（10^{-3}）	含量差异/（mg/L）
51	6β- 纳曲醇	49625-89-0	$C_{20}H_{25}NO_4$	343.1784	342.1712	55.99	0.81	1426	1	0.03	0.08
59	2,4,6- 辛三烯醛		$C_8H_{10}O$	122.0732	243.138	71.61	0.47	36556	3	0.53	4.31
68	天冬氨酸 - 酪氨酸二肽 Asp-Tyr		$C_{13}H_{16}N_2O_6$	296.1008	295.0935	61.94	0.45	23882	2	0.04	0.12
69	甲基二苯基膦	1486-28-8	$C_{13}H_{13}P$	200.0755	199.0699	45.04	0.6	518	1	−0.74	−3.68
71	GPA （6:0/6:0）		$C_{15}H_{29}O_8P$	368.16	367.1519	50.52	0.69	40918	1	0.81	2.21
75	半胱氨酸 - 精氨酸二肽 Cys-Arg		$C_9H_{19}N_5O_3S$	277.1209	276.1124	42.75	0.25	23644	2	1.17	4.21
76	氨基呋喃妥因	21997-21-7	$C_8H_8N_4O_3$	208.0596	253.0576	56.99	0.26	1577	2	0.22	1.04
79	甲硫氨酸亚砜		$C_5H_{11}NO_3S$	165.046	164.038	44.76	1.11	6428	1	0.73	4.41
87	焦谷氨酸	98-79-3							3251			
90	去甲基米安色林	71936-92-0	$C_{17}H_{18}N_2$	250.147	249.1385	76.89	0.35	1271	1	1.19	4.76
96	戊巴比妥	76-74-4	$C_{11}H_{18}N_2O_3$	226.1317	225.1255	49.49	1.2	494	3	−1.04	−4.58
105	1- 萘甲酸葡糖苷酸	99473-18-4	$C_{17}H_{16}O_8$	348.0845	347.0777	73.28	0.22	2760	1	−0.46	−1.33
108	2- 氨基 -3- 羧基己二烯二酸 6- 半醛	16597-58-3	$C_7H_7NO_5$	185.0324	415.0631	64.87	0.19	350	1	−0.01	−0.07
111	普马嗪	58-40-2	$C_{17}H_{20}N_2S$	284.1347	283.1288	41.52	0.15	2131	3	−1.33	−4.68
113	圣草酚	552-58-9							3415			
118	替卡西林青霉酸酯	67392-88-5	$C_{15}H_{18}N_2O_7S_2$	402.0555	401.048	54.24	0.13	2852	1	0.26	0.66
126	亚硝脲氮芥	154-93-8	$C_5H_9Cl_2N_3O_2$	213.0072	425.0066	52.98	0.23	545	1	0.25	1.19
127	色氨酸	73-22-3							33			
128	对苯二酚	123-31-9							505			
130	二氢杨梅素	27200-12-0							3450			
147	硫辛酸	1077-28-7	$C_8H_{14}O_2S_2$	206.0435	251.0428	50.31	0.25	126	1	−1.03	−4.99
148	双去甲生物素		$C_8H_{12}N_2O_3S$	216.0569	215.0496	81.4	3.74	7083	2	−0.04	−0.2
157	羟多塞平 M2	131523-97-2	$C_{19}H_{21}NO_2$	295.1572	589.3065	55.9	0.67	2466	4	0.35	1.19
160	二苯哌己酮	467-83-4	$C_{24}H_{31}NO$	349.2406	348.2349	54.27	0.13	2340	1	−1.64	−4.69
164	硫丙麦角林	72822-03-8	$C_{19}H_{26}N_2O_2S$	346.1715	737.3426	58.18	0.7	1789	1	−0.72	−2.07
170	脂肪酸 GPGro［18:0/22:6（4Z,7Z,10Z,13Z,16Z,19Z）］		$C_{46}H_{79}O_{10}P$	822.5411	821.5334	90.95	2.92	40871	1	0.36	0.44

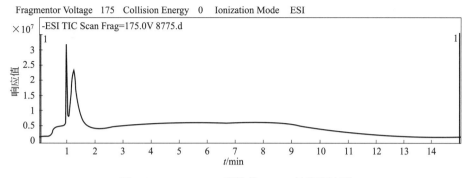

图 2-21　FJAT-8775 菌株的 LC-MS 总离子流图

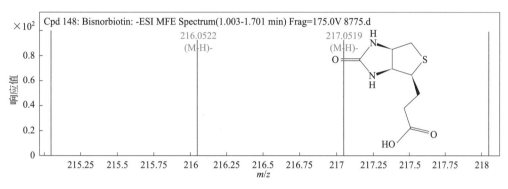

图 2-22　样品中双降生物素成分的质谱图

3. 讨论

建立芽胞杆菌菌种资源库的收集保藏系统和以脂肪酸、rRNA 和传统生理生化方法的细菌鉴定系统，以气质联用、液质联用鉴定结果的细菌次生代谢物库；在此基础上建立一整套针对作物病害、虫害、线虫为害以及杂草微生物农药候选菌株的筛选评价系统。通过建立这套系统，能够大大加快菌株的筛选，尽快将有用的菌株从保存转入前期研究阶段，对存在重大潜在应用价值的菌株的生理生化、发酵培养等特性进行基础性研究，使其能够尽快地进入开发阶段，为相关菌株的产业化做好充分的准备。

三、芽胞杆菌菌种资源库管理系统建立

芽胞杆菌菌种信息的智能化管理由数据库和样本管理软件两个部分组成。数据库选择的为 SQL Serve 数据库，SQL 功能强大，简单易学，使用方便，已经成为数据库操作的基础，并且现在几乎所有的数据库均支持 SQL。样本管理软件与数据库的联系，我们采用的开放数据库互联（Open Database Connectivity，ODBC），使客户端能够通过网络访问服务端的数据库，实现数据的上传，修改与检索。以立式超低温冰箱为保存介质，以冷冻菌种样本为例，介绍芽胞杆菌菌种信息的智能化管理。

1. 芽胞杆菌冷冻样本信息的智能化管理的组成

芽胞杆菌冷冻样本信息的智能化管理的主要组成如图 2-23 所示，包括冻存管、冻存盒、冻存架、保存设备（主要为超低温冰箱）、标签打印系统和冻存管理系统。首先将分离得到的芽胞杆菌的信息输入冻存管理软件，通过标签打印系统智能化打印标签，将标签信息贴在保存菌种的冻存馆，通过扫描枪快速准备的对样本进行定位，放入超低温冰箱的相应位置（见图 2-24）。使用冻存管理系统可以直观地在计算机主界面上显示所有冰箱的存储状态，方便进行数据库的登记、检索、统计和进出库操作。可对数据进行方便的导入导出，并配以条码扫描系统进行快捷存取。

图 2-23　芽胞杆菌样本库的组成

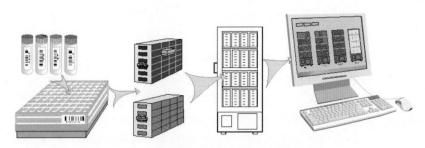

图 2-24　芽胞杆菌菌种资源库信息管理流程

2. 芽胞杆菌样本的空间定位

样本管理软件包括样本信息的管理和样本位置的管理。如何快速找到保存的样本？样本的定位是关键。因此，应对超低温冰箱进行科学的定位，模拟不同规格的冰箱，冻存架和冻存盒的空间位置，并加以编码，如图 2-25 所示，样本的位置信息用 AA-BB-CC-DD 表达，其中 AA 为冰箱编号，表征不同的冰箱，如 01 号冰箱、02 号冰箱等。BB 为冰箱内冻存架排列的行和列编号，如 11 表示第一行第一列的冻存架。CC 为冻存架内冻存盒排列的行和列编号，如 11 表示冻存架从里到外的第一行第一列的冻存盒。DD 为冻存盒内的位置编号，如 A1 表示第一行第一列的位置。通过对冰箱内冻存架和冻存盒空间位置的模拟，我们能很快找到目标样本。

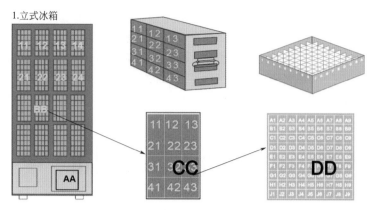

图 2-25　芽胞杆菌样本的空间定位

3.芽胞杆菌菌株编码的设计

菌株编码的设计应具有唯一性和共享性。传统的手写标签具有难以辨识、触摸时容易沾污、书写费时、可写内容少、墨水易褪色、不耐溶剂和化学物品等问题，标签打印系统则很好地解决了这些问题，特制的标签能耐超低温冷藏而不会脱落。标签系统的应用使得芽胞杆菌菌种信息的保藏更加快捷地进入计算机时代。芽胞杆菌菌种信息的保藏具有其特殊性，芽胞杆菌通过划线纯化得到单菌落后只能知道其微生物类型，具有种的信息要经过脂肪酸鉴定，16S rRNA 基因鉴定之后才知道，这其中需要较长的时间，而单菌落的菌种需先进行甘油保护超低温保存。芽胞杆菌保存的特殊性就决定了打印标签时所知道的菌种信息较少，而一次性分离得到的菌种样本数量较多，故样本的编码采用流水号编码的方式编码，以适应大批量样本的快速编码。如图 2-26 所示，样本的编号 = 固定字段 FJAT（福建省农业科学院）+ 流水号 + 分管号，由于菌种样本的保存需分装多管，故编码设计时引入了分管号，可自动根据所需的分管数自动生成分管号。

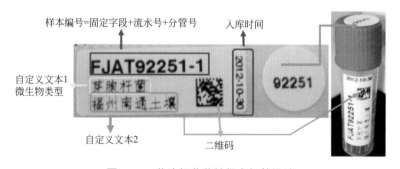

图 2-26　芽胞杆菌菌株保存标签设计

2mL 的冻存管对应的有效书写长度仅为 1 英寸（1 英寸 =2.54cm），300dpi 的打印机双点阵最多打印 18 位数字。打印系统的编码方式有一维码和二维码，其中一维码条件下，code128 编码最短，字母的长度为数字的 2 ～ 4 倍，所占空间大。二维码所占的打印面积就小多了，而且具有较强的纠错能力（见图 2-27），故菌种信息智能化管理采用二维码建库。

采用二维码建库可节省大量的打印面积，我们另外设计了 3 个自定义的文本信息，如图 2-26 所示，自定义文本 1 为微生物类型，明确保存菌种的微生物类型。自定义文本 2 我们设计为样本来源地及其来源介质。标签的最右侧为入库时间，明确样本的入库时间。最后设计了右侧的圆形标签打印的样本流水号，贴在冻存管的瓶号上，方便人工识别，不用一个个将冻存管拿出来看。

图 2-27　一维码和二维码效果比较

4. 芽胞杆菌样本信息的设计

样本编辑的数据类型可分为字符型、代码型、日期型和图片型。样本信息还可以设置权限级别，由不同权限的人输入不同的样本信息。芽胞杆菌冷冻样本管理软件可自主设计所有的样本信息，根据多年来微生物分离鉴定的经验，我们设计的样本信息包括：样本编号，位置编号，菌株编号，菌株名称，分离基物，采集人，采集地点，入库时间，微生物类型，培养温度，培养基，培养时间。摇床转速，中文学名，英文学名，学名缩写，属名，更新时间，菌落图片，生物学特性，出库状态，出库时间，出库注释，冻存盒信息，冻存盒编号，冻融次数等，如图 2-28 所示。

图 2-28　样本信息界面设计

5. 芽胞杆菌样本入库

分离鉴定的芽胞杆菌样本，输入具体的样本信息，通过标签打印系统打印标签，将标签贴到冻存管上，结合扫描枪放置到规定位置快速入库，如图 2-29 所示。

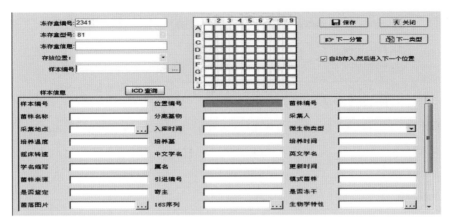

图 2-29 样本入库界面

6. 芽胞杆菌样本信息管理

样本信息管理软件提供了智能化的信息统计和人性化的界面显示。软件的主界面上可用不同颜色显示对应冻存盒的存储空置情况，可对对应冻存盒进行并位管理，整理出空的位置可供新的样本存入。我们用红色显示冻存盒内空置率在 0 ~ 1% 之间的情况，紫色显示冻存盒空置率在 1% ~ 20% 之间的情况，蓝色显示冻存盒空置率在 20% ~ 80% 之间的情况，黄色显示冻存盒空置率在 80% ~ 100% 之间的情况，绿色显示冻存盒空置率在 100% 的情况，黑色则表示未存入冻存盒，如图 2-30 所示。

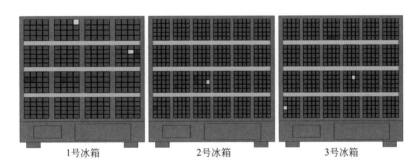

1号冰箱　　　　　2号冰箱　　　　　3号冰箱

图 2-30 样本管理界面

7. 芽胞杆菌样本信息安全性管理

样本信息管理软件通过权限管理、样本出库审核和日志管理来维护数据库的安全性。权限管理包括涉及账号分配权限的程度、权限级别的设置。如图 2-31 所示，可分配不同的人负责不同冰箱样本的操作，并可对样本的日常管理、样本维护、系统设置、数据管理等进行不同的权限设置，以保证软件操作的安全性。

权限级别就像一道门槛，只有高于这道门槛，才能进行更多的操作，我们以自然数表示权限级别，0 代表最高的权限，数值越大，权限级别就越低。每个权限组，每个用户都会有一个对应的权限级别，可以通过设置不同的级别，更加精细地限制每个账号的功能。权限级别的应用包括样本信息、用户组的管理、用户的管理（见图 2-32）。

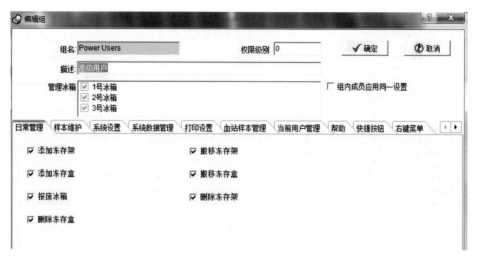

图 2-31　权限管理界面

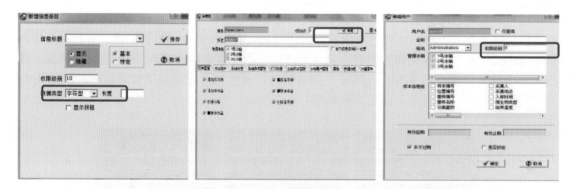

图 2-32　权限级别设置

如图 2-33 所示为样本的出库审核，每个使用该样本的人都应进行申请，再由专人审核这些申请，只有得到批准，样本才能出库，这极大地保证了样本库的安全与规范化操作。

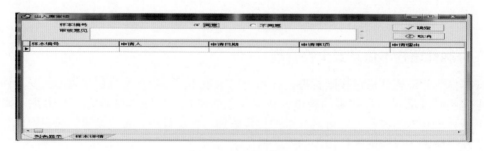

图 2-33　样本出库审核

有效的监督才能保证样本库的安全运行。软件有提供日志管理的功能，它能监视不同用户在各个时间点进行的操作，做到有序管理，如图 2-34 所示。

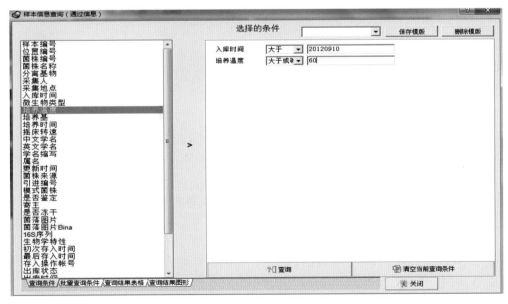

图 2-34　日志管理

8. 芽孢杆菌样本信息的查询与统计

样本信息的统计与查询是芽孢杆菌菌种信息智能化管理的关键。样本冻存管理软件可根据任一样本信息查询、统计，方便芽孢杆菌任一条件下的统计。查询条件有如图 2-35 中所示的等于、大于、大于或等于、小于或等于、小于、不等于、包含、不包含等多个，可将查询条件保存成模板，方便下一次快速查询。如图 2-35 所示，可以设置入库时间大于 20120910，培养温度大于或等于 60℃来检索 20120910 之后筛选得到的嗜热菌有几株。或者可以根据培养基的 pH 来检索各种 pH 条件下的微生物。或者根据 NaCl 的浓度来检索耐盐菌等。

图 2-35　样本信息检索

样本信息的统计主要由基本信息统计和分类信息统计两个部分组成（如图 2-36 所示）。基本信息统计又分为预存信息统计和统计两种。其中预存信息是指没有位置编号的信息，即在主界面显示的保存设备中无法查找到的样本。预存信息的界面可以设置查询条件，精确筛选符合条件的样本，进行标签的打印操作。统计部分是指统计保存设备中的样本。分类信息统计是指通过样本信息中的任一信息对库中的样本进行统计。如根据微生物类型统计，可以知道库中的细菌有几株，在库中所占的比重是多少等；或者根据分离基物进行统计，可以知道从植物的不同部位、土壤、垫料等不同的微生物分离中分离的微生物有几株，在库中所占的比例是多少等；又或者根据培养温度进行统计，可以知道不同温度下分离得到微生物的数量，在库中所占的比例，这样就可以知道不同极性温度下得到的极性条件菌有多少。分类信息统计提供 4 种显示方式，包括图形统计显示、列表显示、详情显示和图形显示，更加形象直观地显示分类信息统计结果。

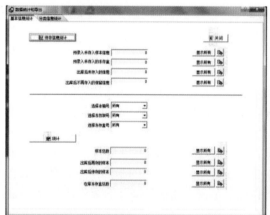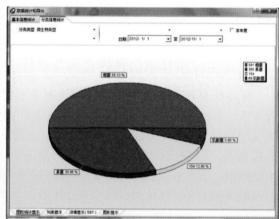

图 2-36　样本信息统计

第七节
讨论

一、畜禽粪污治理芽胞杆菌资源采集

畜禽粪污治理的微生物资源中，芽胞杆菌是一个重要的类群，广泛分布在各种环境中，如沙漠、盐湖、火山、冰川等。对于芽胞杆菌的研究开发，在我国持续有文献报道。研究整理了课题组 15 年来采集的覆盖全国 30 个省自治区、直辖市的 3 万多份样本中的部分土样（1万多份），从这些部分土样中分离得到的芽胞杆菌菌株资源信息，得到了覆盖中国七大地理区域及 11 种生境的芽胞杆菌分布数据。

在这些数据中，共有 8638 个芽胞杆菌菌株，可分为 27 属，377 种，其中包括 11 种芽胞杆菌新种资源。这 27 个属分别是芽胞杆菌属、赖氨酸芽胞杆菌属、类芽胞杆菌属、绿芽胞杆菌属、嗜冷芽胞杆菌属、虚构芽胞杆菌属、喜盐芽胞杆菌属、短芽胞杆菌属、咸海鲜芽胞杆菌属、大洋芽胞杆菌属、枝芽胞杆菌属、海芽胞杆菌属、纤细芽胞杆菌属、土壤芽胞杆菌属、深海芽胞杆菌属、鲁梅尔芽胞杆菌属、土地芽胞杆菌属、好氧芽胞杆菌属、地芽胞杆菌属、居盐水芽胞杆菌属、鸟氨酸芽胞杆菌属、房间芽胞杆菌属、尿素芽胞杆菌属、厌氧芽胞杆菌属、中盐芽胞杆菌属、解硫胺素芽胞杆菌属、蓼芽胞杆菌属。除此之外，明确了中国芽胞杆菌种类（仅统计带有 bacillus 词尾的能产生芽胞的种类）共有 467 种，占世界芽胞杆菌种类（1190 种）的 39.24%；其中，中国分布种类（#）59 种；中国人发表新种（$）201 种（2004～2020）；研究团队从中国境内首次分离的中国新记录种（*）207 种，占了中国芽胞杆菌种类的 44.32%；这些新记录种在国外最早被发现并报道，但是国内至今未见报道有发现，说明我国芽胞杆菌资源丰富，仍有大量芽胞杆菌资源等待挖掘。

以往的研究者对我国部分地区芽胞杆菌群落多样性做了大量的调查研究，刘琴英等（2018）等对四川海螺沟冰川土样进行了芽胞杆菌资源分析，王小英（2017）对中国西部嗜碱芽胞杆菌资源的多样性进行了分析，郑梅霞等分别分析了陕北和云南苍山的土壤中芽胞杆菌的多样性（郑梅霞等，2014；郑梅霞等，2019）。本章分析了全国范围内土壤中芽胞杆菌资源，结果表明中国芽胞杆菌分布广泛，群落构成复杂，各大区和各生境中优势种、常见种、独特属都有较大差异。

① 解硫胺素芽胞杆菌属仅在东北地区分离获得，厌氧芽胞杆菌属、中盐芽胞杆菌属、居盐水芽胞杆菌属、蓼芽胞杆菌属仅在西北地区分离得到，好氧芽胞杆菌属、鸟氨酸芽胞杆菌属、海芽胞杆菌属、尿素芽胞杆菌属只在华东地区分离到，房间芽胞杆菌属仅在西南地区分离获得。耐寒芽胞杆菌、阿氏芽胞杆菌为东北地区的最常见种；耐寒芽胞杆菌为华北地区的最常见种；蜡样芽胞杆菌为华东地区最常见种，阿氏芽胞杆菌为华南地区最常见种；食丁醇芽胞杆菌为华中地区优势种，阿氏芽胞杆菌和暹罗芽胞杆菌为华中地区最常见种；短小芽胞杆菌为西北地区最常见种；简单芽胞杆菌为西南地区优势种，蕈状芽胞杆菌为西南地区最常见种。

② 11 个生境中皆能分离获得芽胞杆菌属、赖氨酸芽胞杆菌属和类芽胞杆菌属。每个生境中特有的芽胞杆菌包括：只存在于草原生境中的厌氧芽胞杆菌属和鸟氨酸芽胞杆菌属，只存在于荒漠生境中的中盐芽胞杆菌属和蓼芽胞杆菌属，仅存于湿地生境中的好氧芽胞杆菌属、解硫胺素芽胞杆菌属、海芽胞杆菌属和尿素芽胞杆菌属以及只存在于盐碱地生境中的居盐水芽胞杆菌属。

各生境芽胞杆菌分布频次的分析结果表明：蕈状芽胞杆菌、阿氏芽胞杆菌、巨大芽胞杆菌、纺锤形赖氨酸芽胞杆菌和普罗旺斯类芽胞杆菌为冰川生境下的最常见种；蜡样芽胞杆菌为园林生境中最常见种；蕈状芽胞杆菌为高寒草原生境中最常见种；简单芽胞杆菌、蕈状芽胞杆菌为灌丛生境中最常见种；阿氏芽胞杆菌为农田生境中最常见种；简单芽胞杆菌为森林生境中最常见种；短小芽胞杆菌、深褐芽胞杆菌、地衣芽胞杆菌、耐寒芽胞杆菌、堀越氏芽胞杆菌为盐碱地中最常见种。

二、芽胞杆菌多样性分布分析

各大区芽胞杆菌群落分布多样性从 Margalef 丰富度指数上来看，华东、华南、西北、西南地区芽胞杆菌物种丰富度较高，且华南、西北、西南地区 Pielou 均匀度指数（J）也较高，华南、西北和西南地区 Shannon 多样性指数（H）在七个大区中最高。而华东地区 Simpson 优势度指数（λ）较高，说明华东地区的芽胞杆菌具有较为显著的优势物种，如短短芽胞杆菌和特基拉芽胞杆菌。东北地区具有极为显著的优势物种为锰矿土赖氨酸芽胞杆菌，平均含量占东北地区平均含量的 1/2 以上。

草原、森林、湿地生境中芽胞杆菌物种 Margalef 丰富度指数（D_{Mg}）较高，物种分布较为均一，因此 Shannon 多样性指数（H）和 Pielou 均匀度指数（J）都较高，Simpson 优势度指数（λ）较低，说明草原、森林和湿地生境中芽胞杆菌资源丰富且分布均匀，多样性高，这与宏观生物如动植物在草原、森林、湿地中的多样性较高的现象较为一致。盐碱地生境中 Simpson 优势度指数（λ）较高，相较其他生境，盐碱地中由于物种丰富度和均匀度都较低，存在较为显著的优势种，因此多样性较低。岩石生境 Margalef 丰富度指数（D_{Mg}）最低，因此多样性较低。

刘国红等（2016a）对中国台湾地区土壤中的芽胞杆菌种类分布进行聚类分析后发现与采样点的地理位置没有相关性。本书对芽胞杆菌在各大区分布频次进行聚类分析，可以看出芽胞杆菌分布具有一定的地理相关性，即北方三个大区华北、西北和东北聚为一类，沿海的华东、华南聚为一类。各生境的芽胞杆菌种类分布的聚类分析结果显示，在芽胞杆菌平均含量上农田生境远高于其他生境，其他生境之间差异并不大，但具体的环境因素相关性还有待研究。而在多样性指数上农田生境并不高。农田生境中芽胞杆菌的高含量可能由于农业活动对土壤产生了较大影响，例如施肥使土壤中活性氮增多（唐艳凌，2005），烤田改变了土壤的水、气、热状况，这些因素都能促进微生物的生存。张旭博等（2020）采集藏东南林芝地区 2 种典型农业土地利用方式（农田及放牧草地）土壤样品，以自然森林土壤样品为对照，发现农业土地利用显著提高土壤真菌群落中担子菌门伞菌纲（Agaricomycetes）的优势度，而土壤微生物群落的数量和多样性相比于自然植被显著降低。

三、芽胞杆菌地理环境分布特征

海拔对于微生物群落构成在一定程度上具有影响作用，葛慈斌等（2016）对从武夷山自然保护区 6 个地点土壤中都有分离到的 4 种芽胞杆菌进行分离频度、数量与海拔的相关性分析，发现苏云金芽胞杆菌和蕈状芽胞杆菌的数量与海拔显著相关。冯晓川等（2019）利用高通量测序技术分析了庐山国家级自然保护区不同海拔梯度森林土壤细菌群落特征，发现土壤细菌的群落与海拔梯度并没有相关性，而是与土壤中有机碳和总氮含量有较大关系。本章节中，由于各海拔高度的采样情况并不一样，对各海拔高度的芽胞杆菌平均含量进行分析，有些海拔高度上的芽胞杆菌的平均含量明显高于大多数海拔，且这些高含量的地点几乎都分布于海拔 750m 以下的森林和农田生境中，而 750m 以上的地区芽胞杆菌含量普遍较少。统计各个海拔高度上不同生境中芽胞杆菌平均含量，可以发现每个海拔高度尤其是平均含量较高的海拔，都有某个生境中芽胞杆菌含量占绝对的优势，如农田生境中的芽胞杆菌在海拔 8m、25m、100m 处的含量占其总含量的 90% 以上，而这也决定了在这些海拔高度中芽胞杆菌平均含量的高低。因此可以认为芽胞杆菌平均含量与海拔高度没有直接的相关性，但由海拔所造成的生境特点如温度、植被、降水等可能会影响芽胞杆菌平均含量。纬度对微生物分布也具有一定影响，李丽（2011）研究了中国西北部地区甘草根瘤内生细菌的多样性，发现类芽胞杆菌属（Paenibacillus）的分布与纬度呈正相关，而本论文中芽胞杆菌多样性指数在各纬度中分布则呈负相关，在经度上则没有相关性。

　　研究的结果可以看出，不管是按照大区还是生境划分，芽胞杆菌种类数量与采样数变化趋势都很相似，但仍有一些地区的生境不符合这个规律。因此，将所有采样点进行随机抽样，记录每次抽到一定数量的采样点中芽胞杆菌的种数，每个采样数随机 5 次求平均值，得到的结果（图 2-37）与 Hermans 等（2019）的研究结果相似，他们利用法国境内 16km 定期网格采样中收集的细菌群落数据集，量化采样设计和采样密度对土壤微生物多样性估计的影响。从分析结果来看，最常见的操作分类单元（OTU）实际上可以仅从收集的 4% 样品中检测到，因此在大范围的收集常见种和优势种时并不需要太高的采样强度即采样点的设计，然而随着采样强度增加，罕见 OTU 仍会增加，但仍不受采样设计的影响。对于可培养芽胞杆菌来说，芽胞杆菌种数随着采样数的增加而增加，但是到了一定采样强度之后，芽胞杆菌可培养的物种数量增长速度逐渐变缓，获得芽胞杆菌物种资源的效率降低。

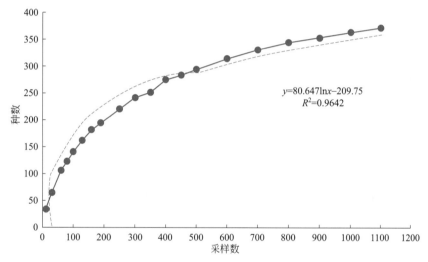

$y=80.647\ln x-209.75$
$R^2=0.9642$

图 2-37　随机采样策略下采样数与种数的关系图

虚线为拟合曲线

第三章

畜禽粪污降解菌
资源分析

中国西部嗜碱芽胞杆菌资源分析

一、概述

1. 关于嗜碱芽胞杆菌

芽胞杆菌是一类好氧或兼性厌氧、产芽胞的细菌，广泛分布于土壤中。芽胞杆菌种类繁多，生理特性多样，如嗜热、嗜盐、嗜碱等，能产生多种功能代谢产物，在农业、工业、医学等领域具有重要应用价值。嗜碱菌芽胞杆菌是指能够在pH9.0以上生长良好，最适pH10.0～12.0，但在近中性pH条件（6.5）不能生长或者缓慢生长的一类重要的芽胞杆菌资源（Horikoshi，1999）。嗜碱芽胞杆菌可细分为三大类：第一类是耐碱芽胞杆菌，其最适pH7.0～9.0，但在pH9.5以上不能生长；第二类是嗜碱芽胞杆菌，pH9.0以上生长良好，通常最适pH10.0～12.0，在中性pH条件下不能生长；第三类是极端嗜碱芽胞杆菌，分为专性嗜碱芽胞杆菌和兼性嗜碱芽胞杆菌（最适pH＞10.0，在pH＜8.0不能生长的，称为专性嗜碱菌；最适pH＞10.0，在中性pH条件下也可以生长良好的，称为兼性嗜碱菌）（Krulwich and Guffanti，1989）。

2. 嗜碱芽胞杆菌的分类研究进展

嗜碱芽胞杆菌最早是由Vedder（1934）发现的，描述了第1株革兰氏阳性、需氧产内生孢子（芽胞）的专性嗜碱菌——嗜碱芽胞杆菌（*Bacillus alcalophilus*）（pH8.6～10），但是当时人们对嗜碱芽胞杆菌的研究较浅，未对嗜碱芽胞杆菌的分类学进行研究。1968年起，日本学者Horikoshi对嗜碱菌的酶学、生理学、生态学、分类学、分子生物学及遗传学等各个方面进行了比较广泛的研究（Horikoshi，1999），一定程度上奠定了嗜碱芽胞杆菌的研究基础。由于当时生物技术及分类方法的落后，人们对嗜碱芽胞杆菌的研究更多集中在它们的嗜碱机理、碱性酶类及其工业应用，主要的分类方法仅是依据嗜碱芽胞杆菌的表型特征进行（Gordon and Hyde，1982）。随着科技水平的提高，越来越多的嗜碱芽胞杆菌被发现，迫切地需要更加准确有效的分类方法，因此嗜碱芽胞杆菌的分子分类方法、化学分类方法等多相分类方法应运而生。

目前，根据《伯杰氏系统细菌学手册》（第二版）和原核生物新种鉴定标准所述，芽胞杆菌分类鉴定指标主要为综合表型、化学和基因特征等（Aono，1993；Krulwich，1995）。表型特征包括形态特征和生理生化特征，其中形态特征主要是细胞形状及大小、运动性、芽胞形状及位置、菌落大小等。例如芽胞杆菌产生的芽胞大多为椭圆形或球形；生理生化特征指标主要是碳源和氮源的利用、明胶水解、硝酸还原、V-P反应等。化学特征主要是细胞壁组分、呼吸醌、极性脂和脂肪酸成分等。大部分芽胞杆菌肽聚糖类型主要为meso-DAP。呼吸醌主要为MK-7，脂肪酸主要为iso-$C_{15:0}$和anteiso-$C_{15:0}$。基因特征：16S rRNA基因序列分析是原核生物分类鉴定过程中最重要的指标。一般认为，两种菌间16S rRNA相似性低于97%，判断为不同种类（Krulwich，1995）。结合基因组分析16S rRNA基因序列相似性

98.65% 作为判断基因种的标准，16S rRNA 相似性低于 95% 时，应考虑分类单元划分为 1 个新属（Nielsen et al.，1994）。Tindall 等（2010）建议当 16S rRNA 相似性高于 97% 时，需要进行 DNA-DNA 杂交（DNA-DNA hybridization，DDH）进一步确定目标菌株的分类地位。菌株间的 DDH 值低于 70% 时判断为一个新物种（Wayne et al.，1987）。

3. 嗜碱芽胞杆菌的嗜碱机理

嗜碱芽胞杆菌能够在 pH9.0 以上生长良好，当胞外 pH > 9.5 时，其胞内的 pH 通常比胞外低约 2 个 pH 单位甚至更多（Krulwich，1995），对于其如何调节胞内 pH 稳定，保护胞内物质结构及其功能稳定，适应胞外极端碱性环境的机理，人类早在 20 世纪 70～80 年代就已经对此展开深入的研究和探讨并取得了一定的进展，主要集中在菌体的细胞结构、Na^+/H^+ 逆转运蛋白 (Na^+/H^+ antiporters)、基因特征等方面。

嗜碱芽胞杆菌的细胞壁成分中许多酸性聚合物（Aono，1993）以及细胞膜成分中的各类脂肪酸及极性脂成分，特别是带负电荷的磷脂等（Yumoto et al.，2000），当碱性环境越强，这些酸性物质的密度越高，它们所带的负电荷能够降低细胞表面的 pH 值。另外还有细胞质膜含有高浓度的呼吸链组分，如 a 型、b 型及 c 型的细胞色素，它们能将由呼吸作用产生且外排的 H^+ 保留在细胞膜的外表面附近，使细胞膜外表面的 pH 值比培养基的 pH 值低（Yoshimune et al.，2010），增强其对极碱环境的缓冲能力。因此嗜碱芽胞杆菌能够适应碱性环境压迫，在碱性环境中良好生长（Borkar，2015）。

在外界环境 pH > 9.5 时，嗜碱芽胞杆菌的细胞质膜 pH 梯度（膜外 pH > 膜内 pH）与化学渗透学说提到的梯度方向（膜外 pH < 膜内 pH）相反，这使得激活 ATP 合成酶合成 ATP 所需要的跨膜质子动力势（PMF）严重不足（Preiss et al.，2015）。此时，大量的跨膜电位势能将驱动 Na^+/H^+ 逆转运蛋白介导细胞内 Na^+ 与胞外 H^+ 进行逆浓度梯度交换，同时产生 Na^+ 动力势（SMF）激活 ATP 合成酶，偶合 H+ 产生 ATP（Hicks et al.，2010）。除此之外还有多种阳离子 / 质子逆转运蛋白，如 K^+/H^+、Li^+/H^+、Ca^{2+}/H^+ 逆转运蛋白等，它们对维系嗜碱芽胞杆菌胞内 pH 稳态、溶质运输以及鞭毛运动等发挥着重要的作用，从而保证嗜碱芽胞杆菌在碱性环境中进行正常的生命代谢活动（Krulwich et al.，2011）。

4. 嗜碱芽胞杆菌资源的分布及其多样性

嗜碱芽胞杆菌资源集中分布于中碱性环境中，也有少部分分布于酸性环境中（Horikoshi，1999）。目前，已有大量嗜碱芽胞杆菌从一些天然的盐碱环境（碳酸盐泉、苏打湖或苏打沙漠）和人为活动形成的碱性环境（染料工厂、造纸厂、水泥厂）中分离获得，例如肯尼亚、匈牙利的一些盐碱湖（Borsodi et al.，2011；Rees et al.，2004），我国的新疆、青海、西藏、内蒙古、甘肃等地的一些盐碱环境。

近年来，国内外对嗜碱芽胞杆菌资源多样性研究正不断发展并取得了一定成果。艾雪等（2015）研究柴达木盆地沙漠的 3 份土壤结皮中的耐盐碱细菌时发现纤细芽胞杆菌属（*Gracilibacillus*）和芽胞杆菌属（*Bacillus*）两类耐盐碱芽胞杆菌资源。刘国红等（2016b）从西藏尼玛县戈芒甲亚乡盐碱地环境土壤中获得 19 株细菌，其中 14 株是嗜碱芽胞杆菌类群。冯伟（2013）从天津团泊湖地区表层盐碱土壤中获得 75 株耐盐碱细菌，其中芽胞杆菌资源有芽胞杆菌属（*Bacillus*）、大洋芽胞杆菌属（*Oceanobacillus*）及咸海鲜芽胞杆菌属（*Jeotgalibacillus*），同时发现芽胞杆菌属（*Bacillus*）和大洋芽胞杆菌属（*Oceanobacillus*）是该地区的优势菌群。Shi 等（2012）从中国黑龙江松嫩平原土壤中获得 20 株细菌，有 8 株是嗜碱芽胞杆菌。孙莹等（2011）采用 5 种培养基（pH 9.5）来分离可可西里盐碱湖附近的土壤中的嗜碱细菌，获得 5 株细菌，其中 1 株是芽胞杆菌，即弯曲芽胞杆菌（*Bacillus flexus*）；高成华（2011）从内蒙古鄂尔多斯地区的 15 个盐碱湖样品中共分离获得 472 株嗜碱细菌，经 16S rDNA 序列分析发现芽胞杆菌属（*Bacillus*）是其中一类优势菌群。王陶（2009）从新疆罗布泊地区分离获得了 151 株嗜（耐）碱细菌，研究其群落结构和多样性分析发现其优势菌群为芽胞杆菌属（*Bacillus*）。

Lucena-Padrós 和 Ruiz-Barba（2016）对西班牙式绿色餐用橄榄发酵罐进行嗜盐碱细菌多样性研究，共分离到 203 株菌株，隶属于 11 个属 13 种，其中芽胞杆菌有热带兼性芽胞杆菌（*Amphibacillus tropicus*）、嗜盐盐乳芽胞杆菌（*Halolactibacillus halophilus*）、耐冷海洋乳杆菌（*Marinilactibacillus psychrotolerans*）、耐压力海洋乳杆菌（*Marinilactibacillus piezotolerans*）、固氮高钠芽胞杆菌（*Natronobacillus azotifigens*），可见该环境中也存在着一定种类的嗜碱芽胞杆菌。Assaeedi（2015）从沙特阿拉伯的 50 份土壤样品中共获得了 6 株嗜碱的芽胞杆菌，皆为科恩芽胞杆菌（*Bacillus cohnii*），有 2 株是兼性嗜碱，4 株是专性嗜碱，说明该地区中嗜碱的科恩芽胞杆菌可能是其中一类优势群体。Hemkea 等（2015）从印度洛纳尔火山湖样品中分离获得 114 株嗜碱菌，它们的最适 pH 值皆为 10，根据形态学和生物化学判定大部分的嗜碱菌是芽胞杆菌属；Shahinpei 等（2013）首次报道了从伊朗戈尔甘西北部的极端碱性环境的 Gomishan 沼泽地土壤样品中分离获得了 224 株菌，经 16S rRNA 系统发育分析，隶属于 22 个属，其中属于芽胞杆菌的有芽胞杆菌属（*Bacillus*）、喜盐芽胞杆菌属（*Halobacillus*）、类芽胞杆菌属（*Paenibacillus*），同时 23% 是嗜碱嗜盐菌，包含了芽胞杆菌属（*Bacillus*）、喜盐芽胞杆菌属（*Halobacillus*）、盐单胞菌属（*Halomonas*）、海源菌属（*Idiomarina*）和海洋杆菌属（*Marinobacter*），说明在碱性的沼泽环境中存在着种类丰富的嗜碱芽胞杆菌资源。

随着微生物分类技术的发展，越来越多的嗜碱芽胞杆菌新种相继被发现，至今为止已报道的嗜碱芽胞杆菌新种资源有 63 种，科恩芽胞杆菌（*Bacillus cohnii*）（pH7 ～ 10，最适 pH9）（Spanka and Fritze, 1993）、黏琼脂芽胞杆菌（*Bacillus agaradhaerens*）（pH8 ～ 11，最适 pH ≥ 10）、嗜碱芽胞杆菌（*Bacillus alcalophilus*）（pH8 ～ 10，最适 pH9 ～ 10）、克氏芽胞杆菌（*Bacillus clarkii*）（pH8 ～ 10，最适 pH ＞ 10）、克劳氏芽胞杆菌（*Bacillus clausii*）（pH7 ～ 10，最适 pH8）、吉氏芽胞杆菌（*Bacillus gibsonii*）（pH7 ～ 10，最适 pH8）、盐敏芽胞杆菌（*Bacillus halmapalus*）（pH7 ～ 10，最适 pH8）、耐盐芽胞杆菌（*Bacillus halodurans*）（pH7 ～ 10，最适 pH9 ～ 10）、堀越氏芽胞杆菌（*Bacillus horikoshii*）（pH7 ～ 10，最适 pH8）、假嗜碱芽胞杆菌（*Bacillus pseudalcaliphilus*）（pH8 ～ 10，最适 pH10）、假坚强芽胞杆菌（*Bacillus pseudofirmus*）（pH8 ～ 10，最适 pH ≥ 9）（Nielsen et al., 1995）、威氏芽胞杆菌（*Bacillus vedderi*）（最适 pH9）（Agnew et al., 1995）、砷硒芽胞杆菌（*Bacillus arseniciselenatis*）（pH8 ～ 10，最适 pH ＞ 8.5）及硒还原芽胞杆菌（*Bacillus selenitireducens*）（pH8 ～ 10，最适 pH ＞ 9）（Switzer Blum et al., 1998）；花园芽胞杆菌（*Bacillus horti*）（pH7 ～ 10，最适 pH8 ～ 10）（Yumoto et al., 1998）；普希金无氧芽胞杆菌（*Anoxybacillus pushchinensis*）（pH8 ～ 10.5，最适 pH9.5 ～ 9.7）（Pikuta et al., 2000）；伊平屋桥大洋芽胞杆菌（*Oceanobacillus iheyensis*）（pH6.5 ～ 10，最适 pH7.0 ～ 9.5）（Lu et al., 2001）；发酵兼性芽胞杆菌（*Amphibacillus fermentum*）（pH7 ～ 10.5，最适 pH8 ～ 9.5）、热带兼性芽胞杆菌（*Amphibacillus tropicus*）（pH8.5 ～ 11，最适 pH9.5 ～ 9.7）（Zhilina et al., 2001）；奥

飞弹温泉芽胞杆菌（*Bacillus okuhidensis*）（pH6 ～ 11）（Li et al., 2002）；大田类芽胞杆菌（*Paenibacillus daejeonensis*）（pH7 ～ 13，最适 pH8）（Lee J.S. et al., 2002）；克鲁氏芽胞杆菌（*Bacillus krulwichiae*）（pH8 ～ 10）（Yumoto et al., 2003）；线状碱芽胞杆菌（*Alkalibacillus filiformis*）（pH7 ～ 10，最适 pH9）（Romano et al., 2003）；秋叶氏芽胞杆菌（*Bacillus akibai*）（pH8 ～ 10，最适 pH9 ～ 10）、解纤维素芽胞杆菌（*Bacillus cellulosilyticus*）（pH8 ～ 10，最适 pH9 ～ 10）、解半纤维素芽胞杆菌（*Bacillus hemicellulosilyticus*）（pH8 ～ 11，最适 pH10）、解甘露聚糖芽胞杆菌（*Bacillus mannanilyticus*）（pH8 ～ 10，最适 pH9) 和光芽胞杆菌（*Bacillus wakoensis*）（pH8 ～ 10，最适 pH9 ～ 10）（Nogi et al., 2005）；巴塔哥尼亚芽胞杆菌（*Bacillus patagoniensis*）（pH7 ～ 10，最适 8）（Olivera et al., 2005）；博戈里亚芽胞杆菌（*Bacillus bogoriensis*）（pH8 ～ 11，最适 pH10）（Vargas et al., 2005）；大岛芽胞杆菌（*Bacillus oshimensis*）（pH7 ～ 10，最适 pH10）（Yumoto et al., 2005）；奥哈芽胞杆菌（*Bacillus okhensis*）（pH7 ～ 10，最适 pH9）（Nowlan et al., 2006）；嗜盐喜盐碱芽胞杆菌（*Halalkalibacillus halophilus*）（pH5.5 ～ 10，最适 pH8.5 ～ 9）（Echigo et al., 2007）；林地碱芽胞杆菌（*Alkalibacillus silvisoli*）（pH7 ～ 10，最适 pH9.0 ～ 9.5）（Usami et al., 2007）；马丁教堂芽胞杆菌（*Bacillus murimartini*）（pH7 ～ 10，最适 pH8.5）、板扁海绵芽胞杆菌（*Bacillus plakortidis*）（pH6.5 ～ 10，最适 pH8.5）（Borchert et al., 2007）；列城芽胞杆菌（*Bacillus lehensis*）（pH7 ～ 11，最适 pH8）（Ghosh et al., 2007）；青岛芽胞杆菌（*Bacillus qingdaonensis*）（pH6.5 ～ 10.5，最适 pH9）（Wang Q.F. et al., 2007）；查干诺尔湖芽胞杆菌（*Bacilus chagannorensis*）（pH5.8 ～ 11，最适 pH8.5）（Carrasco et al., 2007）；蓼属芽胞杆菌（*Bacillus polygoni*）（pH8 ～ 12，最适 pH9）（Aino et al., 2008）；金橙色芽胞杆菌（*Bacillus aurantiacus*）（pH8 ～ 12，最适 pH9.5 ～ 10）（Borsodi et al., 2008）；碱土芽胞杆菌（*Bacillus alkalitelluris*）（pH7 ～ 11，最适 pH9.0 ～ 9.5）（Lee J.C. et al., 2008）；碱性解腈芽胞杆菌（*Bacillus alkalinitrilicus*）（pH7 ～ 10，最适 pH9）（Sorokin et al., 2008a）；嗜碱固氮厌氧芽胞杆菌（*Bacillus alkalidiazotrophicus*）（pH7.5 ～ 10.6，最适 pH9.0 ～ 9.5）（Sorokin et al., 2008b）；雷州湾芽胞杆菌（*Bacillus neizhouensis*）（pH6.5 ～ 10，最适 pH8.5）（Chen et al., 2009）；盐土芽胞杆菌（*Bacillus solisalsi*）（pH5 ～ 13，最适 pH7 ～ 10）（Liu H. et al., 2009）；居甲虫芽胞杆菌（*Bacillus trypoxylicola*）（pH8 ～ 10，最适 pH9）（Aizawa et al., 2010）；马尔马拉芽胞杆菌（*Bacillus marmarensis*）（pH8.0 ～ 12.5，pH7.0 ～ 7.5 不能生长）（Denizci et al., 2010）；海胆芽胞杆菌（*Bacillus hemicentroti*）（pH6 ～ 10.5，最适 pH8）（Chen Y.G. et al., 2011b）；碱性沉积芽胞杆菌（*Bacillus alkalisediminis*）（pH7 ～ 12，最适 pH9 ～ 11）（Borsodi et al., 2011）；盐田芽胞杆菌（*Bacillus locisalis*）（pH8 ～ 12，最适 pH9 ～ 10）（Márquez et al., 2011）；南海沉积芽胞杆菌（*Bacillus nanhaiisediminis*）（pH6.5 ～ 10，最适 pH9）（Zhang J.L. et al., 2011）；达里湖芽胞杆菌（*Bacillus daliensis*）（pH7.5 ～ 11，最适 pH9）（Zhai et al., 2011）；本地德斯科科芽胞杆菌（*Texcoconibacillus texcoconensis*）（pH6 ～ 10.5，最适 pH8.5 ～ 9）（Ruiz-Romero et al., 2013）；碱居芽胞杆菌（*Bacillus alkalicola*）（pH8 ～ 11，最适 pH10）（Zhai et al., 2014）；大庆芽胞杆菌（*Bacillus daqingensis*）（pH7.5 ～ 11，最适 pH10）（Wang et al., 2014）；封丘芽胞杆菌（*Bacillus fengqiuensis*）（pH7 ～ 11，最适 pH8.5）（Zhao et al., 2014）；洛纳尔芽胞杆菌（*Bacillus lonarensis*）（pH7 ～ 11，最适 pH9.5）（Reddy et al., 2015a）；嗜木质素芽胞杆菌（*Bacillus ligniniphilus*）（pH6 ～ 11，最适 pH9）（Zhu et al., 2014）；解酪蛋白芽胞杆菌（*Bacillus caseinilyticus*）（pH7.0 ～ 10.5，最适 pH9）（Vishnuvardhan et al., 2015）；林甸芽胞杆菌（*Bacillus lindianensis*）（pH8 ~ 12，最适 pH9）（Dou et al., 2016）；嗜中温芽胞杆菌（*Bacillus mesophilus*）（pH5 ~ 11，最适 pH8）（Zhou et al., 2016）；乌鲁木齐芽胞杆菌（*Bacillus urumqiensis*）（pH6.5 ~ 10，最适 pH8.5 ~ 9.5)（Zhang et al., 2016）。

5. 嗜碱芽胞杆菌的应用

嗜碱芽胞杆菌因其长期受到碱性环境的选择而具有独特的生理结构，能产生多种碱性酶类及生物活性物质，同时兼具有芽胞杆菌的抗逆性特点，在各个领域具有广阔的应用前景。嗜碱芽胞杆菌的应用起源于早期的靛蓝发酵，嗜碱菌替代了人工作业还原靛蓝（Takahara and Tanabe，1960）。嗜碱芽胞杆菌可以产生多种代谢物，例如抗生素、类胡萝卜素（Aono and Horikoshi，1991）、有机酸（Paavilainen et al.，1991）等化合物。Zhou 等（2016）获得了 1 株能分解褐藻中多糖海藻酸钠的嗜碱芽胞杆菌新种嗜中温芽胞杆菌（*Bacillus mesophilus*），在开发可再生生物能源方面有着重要的潜在价值。Białkowska 等（2015）发现地衣芽胞杆菌（*Bacillus licheniformis*）NCIMB 8059 嗜碱菌株能将无果胶苹果渣酶解液中的各类糖转化合成 2,3- 乙二醇，大大降低了生产成本，在工农业上有着重要应用。Kunal 等（2016）发现嗜碱的耐盐芽胞杆菌（*Bacillus halodurans*）KG1 能够产酸来降低 83.64% 水泥窑粉尘的碱度和减少其中约 86.96% 的氯化物含量，从而提高水泥窑粉尘循环再利用，具有高效、节能、无害等特点，在水泥工业生产中具有重要的潜能。

从 20 世纪 70 年代开始，生理学独特的嗜碱芽胞杆菌引起社会广泛的关注，因为它们可以产生多种碱性酶类，如碱性蛋白酶、碱性果胶酶、碱性淀粉酶、碱性纤维素酶及碱性木聚糖酶等。这些碱性酶因其可耐受较高的 pH 值环境并且保持较高的稳定性及活性等特点，因而在洗涤、造纸、皮革、食品、药品及纺织等行业中替代化学催化剂，同时取得了一定的经济效益和社会效益。

在造纸行业，通常采用化学方法来进行木质素的降解与去除，这个过程所取得的成效较低还造成了严重的环境污染。Han 和 Hu（2013）发现嗜碱的芽胞杆菌 NT-9 产生的木聚糖酶能够显著地改善苇浆的亮度，同时 X 射线衍射和电子扫描结果表明经木聚糖酶预漂能提高苇浆纤维表面的孔隙率，达到促进苇浆漂白、减少后续化学漂白剂以及改善苇浆的性能的效果。Lee 等（2012）发现嗜碱芽胞杆菌（*Bacillus alcalophilus*）AX2000 产生的木聚糖酶能够耐受 pH7 ~ 9，且在大肠杆菌中的表达量高，对难溶的木质纤维素基质有良好的水解活性，特别是对赤松牛皮纸纸浆有着高效的漂白作用。

在洗涤剂行业，洗涤剂中通常是有较高的 pH 值并且含有 EDTA 等物质，嗜碱芽胞杆菌产生的碱性蛋白酶、碱性淀粉酶、碱性纤维素酶及碱性脂肪酶在这样的环境下仍可以保持较高的催化活性及较强的分子稳定性，因此被添加至其以提高洗涤效果（Fujinami and Fujisawa，2010）。目前碱性酶类作为洗涤剂的添加剂在全球酶市场中占有重要主导地位。Bora 等（2014）发现嗜碱地衣芽胞杆菌（*Bacillus licheniformis*）MTCC 2465 产生的脂肪酶最优酶活条件是 pH10.0、温度 60℃，对有机溶剂丙酮及乙醇耐受能力强，对其他商业洗涤剂及漂白剂具有良好的兼容性，比市场上的其他脂肪酶去污洗涤能力更强。Jayakumar 等（2012）发现嗜碱的短小芽胞杆菌（*Bacillus pumilus*）MCAS8 产生的具有热稳定性的碱性丝氨酸蛋白酶能够在室温下孵化 10min 且不需要其他洗涤剂的辅助就能够完全去除纤维织物上的污渍。

在皮革行业，制革及毛皮加工过程会产生许多废物，极易造成严重的环境污染及健康危害，因此我们更倾向于用生物产生的碱性酶类替代化学药品，将生产过程中所产生的化学污染降到最低，从而获得良好的经济效益和环境效益（刘彦等，2002）。Vijayaraghavan等（2012）发现嗜碱的枯草芽胞杆菌（*Bacillus subtilis*）VV产生的蛋白酶具有脱毛特性，室温下孵化16h能够脱去山羊皮毛，能够广泛应用于皮革工业。Kumar等（2011）发现嗜碱的高地芽胞杆菌（*Bacillus altitudinis*）GVC11产生的一种新的丝氨酸碱性蛋白酶能够在不添加任何化学物质如石灰或硫化钠的情况下18h内将毛发从山羊皮层脱去，具有非常显著的脱毛能力。

二、研究方法

（一）实验材料

1. 供试材料

（1）土壤样本　从中国西部地区的7个省份(自治区)采集了121份土壤样本：四川的九寨沟县（2份）、松潘县（6份）、茂县（4份）和黑水县（4份）；云南的南华县（3份）和腾冲火山（10份）；西藏的班戈县（4份）、尼玛县（14份）和申扎县（1份）；青海的曲麻莱-格尔木沿线（13份）、乌兰县茶卡镇茶卡盐湖（6份）、青海湖（1份）、察尔汗盐湖（1份）和可可西里（10份）；新疆的阜北农场（4份）、青河县（1份）、塔克拉玛干沙漠（1份）、克拉玛依区（2份）、木垒哈萨克自治县（1份）、布尔津县（1份）、巴音布鲁克（3份）、赛里木湖（5份）、魔鬼城（3份）和新源县（6份）；甘肃的嘉峪关（2份）、阿克塞（4份）、康乐羊场（2份）和酒泉鸣沙山地质公园（2份）；宁夏的西夏区（5份）和须弥山（1份）。

（2）供试菌株　标准菌株：深海芽胞杆菌（*Bacillus abyssalis*）DSM 25875[T]、黏琼脂芽胞杆菌（*Bacillus agaradhaerens*）DSM 8721[T]、嗜碱芽胞杆菌（*Bacillus alcalophilus*）DSM 485[T]、碱土芽胞杆菌（*Bacillus alkalitelluris*）DSM 16976[T]、克氏芽胞杆菌（*Bacillus clarkii*）DSM 8720[T]、科恩芽胞杆菌（*Bacillus cohnii*）DSM 6307[T]、耐盐芽胞杆菌（*Bacillus halodurans*）DSM 497[T]、盐敏芽胞杆菌（*Bacillus halmapalus*）DSM 8723[T]、克鲁氏芽胞杆菌（*Bacillus krulwichiae*）DSM 18225[T]、雷洲湾芽胞杆菌（*Bacillus neizhouensis*）DSM 19794[T]、奥哈芽胞杆菌（*Bacillus okhensis*）DSM 23308[T]、假坚强芽胞杆菌（*Bacillus pseudofirmus*）DSM 8715[T]和光芽胞杆菌（*Bacillus wakoensis*）DSM 2521[T]，以上菌株均购自德国微生物菌种保藏中心（Deutsche SammLung von Mikroorganismen und Zellkulturen，DSMZ）；蓼属芽胞杆菌（*Bacillus polygoni*）CCTCC AB 2014251[T]，购自中国典型培养物保藏中心(China Center for Type Culture Collection，CCTCC)；南海沉积芽胞杆菌（*Bacillus nanhaiisediminis*）CGMCC 1.10116[T]，购自中国普通微生物菌种保藏管理中心（China General Microbiological Culture Collection Center，CGMCC）。以上菌株用作潜在新种多相鉴定的参考模式菌株，培养方法参照各自的文献（Nielsen et al., 1995；Yumoto et al., 2003；Spanka and Fritze, 1993；Nogi et al., 2005；Nowlan et al., 2006；Aino et al., 2008；Lee et al., 2008；Sorokin et al., 2008a；Chen et al., 2009；Zhang et al., 2011a）。大肠杆菌（*Escherichia coli*）K-12保存于福建省农业科学院农业生物资源研究所微生物中心。

（3）培养基

① 分离纯化培养基（Horikoshi Ⅰ培养基）：葡萄糖 10g/L、酵母浸膏 5g/L、蛋白胨 5g/L，K_2HPO_4 1g/L、$Mg_2SO_4 \cdot 7H_2O$ 0.2g/L、Na_2CO_3 10g/L（分开灭菌）、琼脂 15～20g/L，pH9.0。

② 碱耐受培养基：以 LB（Luria-Bertani）培养基为基础培养基，胰蛋白胨 10g/L、酵母浸膏 5g/L、NaCl 5g/L、琼脂 15～20g/L；用 NaOH 溶液调节基础培养基的 pH 值，分别为 5.0、6.0、7.0、8.0、9.0、10.0、11.0、12.0、13.0。

③ 盐耐受培养基：以 LB 培养基为基础培养基，胰蛋白胨 10g/L、酵母浸膏 5g/L、琼脂 15～20g/L，pH9.0；在基础培养基中添加不同质量的 NaCl，使最终 NaCl 浓度分别为 0g/L、10g/L、40g/L、60g/L、80g/L、100g/L、120g/L、140g/L、160g/L、200g/L。

④ 生化特征检测培养基

a. 甲基红液体培养基（M.R）：蛋白胨 5g/L、葡萄糖 5g/L、K_2PHO_4 5g/L，pH7.0～7.2，每管分装 4～5mL，115℃灭菌 30min。

b. 淀粉水解培养基：在 Horikoshi Ⅰ培养基中添加 0.2% 可溶性淀粉，分装于锥形瓶。

c. 脂酶培养基：蛋白胨 10g/L、NaCl 5g/L、$CaCl_2 \cdot 7H_2O$ 0.1g/L、琼脂 9g/L，pH9.0，底物为 Tween 20、Tween 40、Tween 60、Tween 80（底物与培养基分开灭菌），待培养基冷却至 40～50℃时，加底物至终浓度为 1%，倒平板。

d. 厌氧培养基：酪素水解物 20g/L、NaCl 5g/L、巯基乙酸钠 2g/L、甲醛次硫酸钠 1g/L、琼脂 15～20g/L，pH9.0。

e. TSB 培养基：胰蛋白胨大豆肉汤 30g/L、琼脂 15～20g/L，pH9.0。

f. 2216E 培养基：蛋白胨 5.0g/L、酵母膏 1.0g/L、磷酸高铁 0.1g/L、琼脂 15～20g/L，pH9.0，121℃高压灭菌 15min。

以上培养基，除特殊说明之外，均进行 121℃高压灭菌 20min。

2. 仪器与试剂

（1）仪器 见表 3-1。

表 3-1 主要的实验仪器

仪器名称	仪器型号	生产厂家
电子天平	YP600	上海精密科学仪器有限公司
pH 计	PB-10	赛多利斯科学仪器有限公司
移液枪	0.1～2.5μL，2.0～20μL，20～200μL，100～1000μL	德国艾本德股份公司
超净工作台	SW-CJ-1F	苏州安泰空气技术有限公司
生化培养箱	BI-250AG	施都凯仪器设备（上海）有限公司
恒温培养振荡器	ZHWY-2102C	上海智城分析仪器制造有限公司
数显恒温油浴锅	HH-S	常州国华电器有限公司
三孔电热恒温水槽	DK-8D	上海齐欣科学仪器有限公司
培养皿智能拍照仪	I-6-01-C	福州瑞景达光电科技有限公司

仪器名称	仪器型号	生产厂家
紫外分光光度计	UV2550	日本岛津公司
PCR 仪	Life Eco	杭州博日科技有限公司
电泳仪	PowerPac Basic	美国 Bio-Rad 公司
凝胶成像仪	GelDoc-It TS	美国 UVP 公司
磁力搅拌器	78	常州国华电器有限公司
SENCO 旋转蒸发仪	R206D	上海申生科技有限公司
台式离心机	TGL-16G	Sigma 公司
高速台式冷冻离心机	5418/5418R	德国艾本德股份公司
普通光学显微镜	Olympus BX43	奥林巴斯（中国）有限公司
透射电子显微镜	JEM-1400Plus	日本电子株式会社（JEOL）
气相色谱	Agilent 7890N	美国安捷伦公司

（2）试剂

① 试剂盒：革兰氏染色试剂盒（北京索莱宝科技有限公司）；API 20E、API 50CH、API ZYM 测试条（北京赛为思生物技术有限公司）；DNA 提取试剂盒（上海捷瑞生物工程有限公司）。

② 石炭酸复红液：复红乙醇饱和液 10mL、5% 的石炭酸水溶液 100mL，两者混合作原液，使用时稀释成 1/10。

③ 1% 盐酸二甲基对苯二胺溶液：盐酸二甲基对苯二胺 1g，蒸馏水 100mL。

④ 3% 过氧化氢溶液：30% H_2O_2 10mL，蒸馏水 100mL。

⑤ 甲基红试剂：甲基红 0.1g，95% 乙醇 300mL，蒸馏水 200mL。

⑥ 脂肪酸提取试剂

Ⅰ 皂化试剂：150mL 蒸馏水和 150mL 甲醇混匀，加入 45g NaOH，同时搅拌至完全溶解。

Ⅱ 甲基化试剂：325mL 6mol/L 的盐酸加入 275mL 甲醇中，混合均匀。

Ⅲ 萃取试剂：加 200mL 甲基叔丁基醚到 200mL 正己烷中，混匀。

Ⅳ 洗涤试剂：在 900mL 蒸馏水中加入 10.8g NaOH，搅拌至完全溶解。

⑦ PCR 扩增引物：细菌通用 16S rRNA 引物 27F (5'-GAGTTTGATCCT GGCTCA G-3') 和 1492R (5'-ACG GCTACCTTGTTA CGACTT-3')，由铂尚生物技术（上海）有限公司合成。

⑧ PCR 反应试剂：10× 缓冲液，dNTP（10mmol/L），*Taq* 酶（2.5U/μL）[铂尚生物技术（上海）有限公司]，100bp Marker（上海英骏生物技术有限公司）。

⑨ 抗生素药物药敏纸片（杭州滨和微生物试剂有限公司），见表 3-2。

⑩ 其他：氯仿、甲醇、丙酮、甲苯、甲醇、异丙醇、乙酸、磷酸盐显色剂、α- 萘酚显色剂、浓硫酸、乙醇，以上所有有机试剂均为色谱（HPLC）级，购于 Sigma 公司，无机试剂均为优级纯。

表 3-2 抗生素药物药敏纸片规格

抗生素	具体规格	抗生素	具体规格
阿米卡星 amikacin	30μg/ 片	链霉素 streptomycin	10μg/ 片
阿奇霉素 azithromycin	15μg/ 片	氯霉素 chloramphenicol	30μg/ 片
氨苄西林 ampicillin	10μg/ 片	强力霉素（多西环素）doxycycline(doxycycline)	30μg/ 片
苯唑西林 oxacillin	1μg/ 片	青霉素 G penicillin G	10μg/ 片
多黏菌素 B polymyxin B	300μg/ 片	庆大霉素 gentamicin	120μg/ 片
红霉素 erythromycin	15μg/ 片	庆大霉素 gentamicin	10μg/ 片
卡那霉素 kanamycin	30μg/ 片	四环素 tetracycline	30μg/ 片
克林霉素 clindamycin	2μg/ 片	头孢唑啉 cefazolin	30μg/ 片
利福平 rifampin	5μg/ 片	万古霉素 vancomycin	30μg/ 片
链霉素 streptomycin	300μg/ 片	新霉素 neomycin	30μg/ 片

（二）嗜碱芽胞杆菌的分离与保存

1. 土壤样本酸碱度的测定

采用玻璃电极测定土壤悬液 pH 值，在测定土壤 pH 值前分别用 pH4.00、pH6.86、pH9.18 的标准溶液对 pH 计进行校准。用天平称取 5g 土壤至 50mL 锥形瓶中，按 2.5：1 的水土比加入 12.5mL 去离子水，用摇床以 170r/min 的转速振荡 10min，然后静置 30min 后进行测定，并记录数据（侯雪燕，2014）。

2. 嗜碱芽胞杆菌的分离

采用稀释涂布平板法分离土壤中的嗜碱芽胞杆菌（刘国红等，2014），具体步骤如下。

（1）称样 称取土壤标本 5g 至装有 45mL 无菌水的锥形瓶中，振荡 30min，使之充分溶解，即配成 10^{-1} 浓度。

（2）稀释 吸取 1mL 原液至装有 9mL 无菌水的试管，即配成 10^{-2} 浓度，再次稀释成 10^{-3}。

（3）水浴 将稀释好的土样溶液放在 80℃水浴锅水浴 10min，期间振荡 2～3 次。

（4）涂布 超净台上无菌操作，溶液在振荡器上振荡 10～20s，吸取 100μL 至相应标记浓度的 Horikoshi Ⅰ 平板上，溶液滴至平板中央，涂布棒涂匀。每个梯度重复 3 次。

（5）培养 将涂好的平板用倒置于 30℃恒温培养箱中培养 1～2d。

（6）划线分离 选取要纯化分离的嗜碱芽胞杆菌菌株并编号，统计平板上的菌落数，描述菌落形态、大小等，挑取单菌落后纯化，30℃培养箱中培养 1～2d。

（7）保存 采用甘油冷冻保存法，甘油冷冻保存菌株放于 -80℃超低温冰箱，穿刺保存放于室温。

（8）含量计算 每克土样中芽胞杆菌的数量＝同一稀释度的 3 个平板上菌落平均数 ×

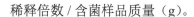

稀释倍数 / 含菌样品质量（g）。

3. 嗜碱芽胞杆菌的耐盐碱特性分析

对分离得到的菌株进行耐盐碱能力的测定。将嗜碱芽胞杆菌分别点接于 pH 值分别为 5.0、6.0、7.0、8.0、9.0、10.0、11.0、12.0、13.0 与 NaCl 浓度分别为 0g/L、10g/L、40g/L、60g/L、80g/L、100g/L、120g/L、140g/L、160g/L、200g/L 的 LB 培养基上，倒置于 30℃恒温培养箱中培养，72h 后观察菌株的生长情况，确定其盐碱耐受范围。

（三）嗜碱芽胞杆菌的分子鉴定

1. DNA 提取

采用细菌 DNA 提取试剂盒 (Shanghai Generay Biotech Co., Ltd, China) 提取嗜碱芽胞杆菌的 DNA，具体步骤参照厂家说明书进行。

2. PCR 扩增

采用细菌通用 16S rRNA 引物（Lane et al., 1985）进行 16S rRNA 基因序列扩增。PCR 反应体系（25μL）：12μL ddH$_2$O、引物 27F 与 1492R 各 1μL、10μL PCR TaqMix 和 1μL DNA 模板。PCR 反应程序：94℃预变性 5min，94℃变性 30s，55℃退火 45s，72℃延伸 1min，30 个循环，最后 72℃延伸 10min。PCR 产物的检测：取 2μL PCR 产物，点样于 1.5% 的琼脂糖凝胶中，以 100bp Marker 作为标准分子量，100V 电压，电泳 40min，用凝胶成像系统观察电泳结果。

3. 16S rRNA 基因测序

由铂尚生物技术 (上海) 有限公司完成 PCR 产物的测序工作。

4. 基因序列分析

将测序结果所得到序列在细菌 16S rRNA 基因序列比对网站 http://eztaxon-e. ezbiocloud. net/（Kim et al., 2012）上进行基因序列比对分析，并进行系统进化分析。在 Genbank 提交获得序列号。用 ClustalX（Thompson et al., 1997）软件进行多重序列比对，然后利用 Mega 6.0（Tamura et al., 2013）软件构建系统进化树，采用邻接法（neighbor-joining，NJ）（Saitou and Nei，1987）法进行聚类分析，同时 Bootstrap 取值 1000 次对进化树的可靠性进行重复验证。

（四）嗜碱芽胞杆菌资源多样性分析

采用物种多样性分析常用的指数：Pielou 均匀度指数（J）、Shannon 多样性指数（H）和 Simpson 优势度指数（D_i）讨论不同采样地嗜碱芽胞杆菌物种多样性，应用统计软件计算各物种多样性指数，并以嗜碱芽胞杆菌为样本，以数量为指标，利用 SPSS 软件，采用邻接法和欧式距离模型进行聚类分析。

Shannon 多样性指数（H）计算方法采用式（3-1）：

$$H=-\sum P_i \ln P_i \tag{3-1}$$

Pielou 均匀度指数（J）计算方法采用式（3-2）：

$$J=H/\ln S \tag{3-2}$$

式中　S——芽胞杆菌种类总数。

Simpson 优势度指数（D_J）计算方法采用式（3-3）：

$$D_J=1-\sum P_i^2$$

$$P_i=\frac{N_i}{N} \tag{3-3}$$

式中　N——芽胞杆菌个体总数；

N_i——芽胞杆菌物种 i 的个体数；

P_i——第 i 种的个体数占总个体数的比例。

（五）嗜碱芽胞杆菌新种的多相分类鉴定

1. 表型特征

（1）菌落形态观察　将嗜碱芽胞杆菌潜在新种菌株划线于 Horikoshi Ⅰ 培养基上，置于 30℃恒温培养箱中培养 48h，观察菌落形态，对菌落的形状、大小、边缘、表面、隆起形状、透明度和颜色进行描述。

（2）透射电子显微镜观察　将嗜碱芽胞杆菌潜在新种菌株划线于 Horikoshi Ⅰ 培养基上，置于 30℃恒温培养箱中培养 48h，进行制片，于透射电子显微镜下观察细胞的形状、大小以及鞭毛着生位置。

（3）革兰氏染色　将嗜碱芽胞杆菌潜在新种菌株划线于 Horikoshi Ⅰ 培养基上，将大肠杆菌 K-12 划线于 LB 培养基上，置于 30℃恒温培养箱中培养 24h，根据革兰氏染色试剂盒说明书进行染色，并于普通光学显微镜下观察菌株颜色变化，革兰氏阳性菌为紫色，革兰氏阴性菌为红色。

（4）芽胞染色　将嗜碱芽胞杆菌潜在新种菌株划线于 Horikoshi Ⅰ 培养基上，置于 30℃恒温培养箱中培养 3d，制片固定，用稀释的石炭酸复红液对菌体进行染色，并于普通光学显微镜下观察芽胞的着生位置。

（5）运动性　将嗜碱芽胞杆菌潜在新种菌株划线于 Horikoshi Ⅰ 培养基上，置于 30℃恒温培养箱中培养 48h，用接种针刮取适量菌体直针穿刺接种于 Horikoshi Ⅰ 半固体培养基（含 0.3%～0.6% 琼脂）内，置于 30℃恒温培养箱中培养 3d，观察菌体生长情况。若只沿着穿刺线生长，边缘十分清晰，则表示试验菌无运动性；若由穿刺线向四周呈云雾状扩散，其边缘呈云雾状，则表示试验菌有运动性。

2. 生理特征

（1）pH 适应性　采用 150mL 的锥形瓶培养，装入不同 pH 梯度（5.0、6.0、7.0、8.0、9.0、10.0、11.0、12.0、13.0）的 LB 或 TSB 的液体培养基 20mL/ 瓶，接入 1% 的种子液，放置在 30℃的恒温培养振荡器中，170r/min 摇床培养 72h，采用 UV-2550，测定培养液在 600nm 处

的光密度值（OD$_{600nm}$），观察菌株的生长情况，确定生长的 pH 值范围，每个梯度设置 3 个重复。

（2）NaCl 浓度适应性　采用 150mL 的锥形瓶培养，装入不同 NaCl 浓度梯度（0g/L、10g/L、40g/L、60g/L、80g/L、100g/L、120g/L、140g/L、160g/L、200g/L）的 LB 或 TSB 的液体培养基 20mL/ 瓶，接入 1% 的种子液，放置在 30℃的恒温培养振荡器中，170r/min 摇床培养 72h，采用 UV-2550，测定培养液在 600nm 处的光密度值（OD$_{600nm}$），观察菌株的生长情况，确定生长的 NaCl 浓度范围，每个梯度设置 3 个重复。

（3）温度适应性　采用 150mL 的锥形瓶培养，装入 LB 或 TSB 的液体培养基 20mL/ 瓶，接入 1% 的种子液，分别放置于 10℃、15℃、20℃、25℃、30℃、35℃、40℃、45℃的恒温培养振荡器中，170r/min 摇床培养 72h，采用 UV-2550，测定培养液在 600nm 处的光密度值（OD$_{600nm}$），观察菌株的生长情况，确定生长的温度范围，每个梯度设置 3 个重复。注意：因菌体生长的特殊性，故 FJAT-45086T 以 TSB 为基础培养基；FJAT-45037^T、FJAT-45122^T、FJAT-45347^T 以 LB 为基础培养基；FJAT-4385^T 需在相应的 pH 值、NaCl 浓度、温度梯度的 Horikoshi Ⅰ固体培养基上进行生理实验。

（4）氧和二氧化碳的需要　挑取适量菌体对数期的液体培养物，穿刺于厌氧培养基，置于 30℃恒温培养箱中培养 3 ～ 7d，观察菌体生长情况。若仅在表面生长者为好氧菌，若沿着穿刺线生长或下部生长者为兼性厌氧菌或厌氧菌。

（5）抗生素敏感性　将嗜碱芽胞杆菌潜在新种菌株的菌液涂布于 Horikoshi Ⅰ培养基上，同时以无菌镊子夹取抗生素药物药敏纸片放置于平板上，置于 30℃恒温培养箱中培养 3d 左右，取出观察抑菌圈大小。结果判定：抑菌圈 0 ～ 5mm 为无作用，6 ～ 15mm 为弱作用，>15mm 为强作用。

3. 生化特征

（1）氧化酶　在干净培养皿里放 1 张滤纸，用 1% 盐酸二甲基对苯二胺溶液浸润，挑取适量对数期的菌苔划在湿润的滤纸上，在 10s 内涂抹的菌苔现红色者为氧化酶阳性，而 10 ～ 60s 现红色者为延迟反应，60s 以上现红色的不能计入，按照氧化酶阴性处理。

（2）接触酶　挑取适量对数期的菌苔，涂抹在已经滴有 3% 过氧化氢溶液的载玻片上，如有气泡产生则为阳性，无气泡产生则为阴性。

（3）甲基红　接种试验菌于甲基红液体培养基中，每个重复 3 次，置于 30℃恒温培养箱中培养 2 ～ 6d。在培养液中加入 1 滴甲基红试剂，红色为甲基红试验阳性反应，黄色为阴性反应。

（4）淀粉水解　挑取适量对数期的菌苔点接于淀粉水解培养基上，置于 30℃恒温培养箱中培养 2 ～ 5d，形成明显菌落后，在平板上滴加碘液。平板呈蓝黑色，菌落周围如有不变色透明圈，表示淀粉水解阳性；仍是蓝黑色为阴性。

（5）脂酶（Tween 20、Tween 40、Tween 60、Tween 80）　挑取适量对数期的菌苔点接于脂酶培养基上，置于 30℃恒温培养箱中培养 7d，每天观察菌落周围是否有模糊的白色晕圈形成。若菌落周围有模糊的白色晕圈形成者为阳性，若菌落周围有模糊的白色晕圈形成者为阴性。

（6）碳源产酸发酵实验　按照按生物梅里埃公司 API 50CHB 试剂条操作手册进行。

（7）酶活性检测　具体步骤按照按生物梅里埃公司 API ZYM 试剂条操作手册进行。

（8）其他　明胶水解、硝酸盐还原、ONPG、V-P反应、H₂S和吲哚产生、精氨酸双水解、赖氨酸脱羧、鸟氨酸脱羧反应等按照生物梅里埃公司API 20E试剂条操作手册进行。

4. 分子特征

① 基于16S rRNA基因序列系统发育分析。

② 芽胞杆菌全基因组精细图测序，由北京诺禾致源生物信息科技有限公司完成基因组测序工作。

③ DNA（G+C）含量的测定，基于全基因组序列，得出菌株的DNA（G+C）含量。

④ 基因组DNA-DNA杂交同源性，利用在线软件Genome-to-Genome Distance Calculator (GGDC)(Auch et al., 2010；Meier-Kotloff et al., 2013)计算分析DNA-DNA杂交同源性 (in silico DDH, isDDH)。分离菌株与其参考菌株的基因组序列上传至网站GGDC 2.0Web界面 (http://ggd-c.dsmz.de/ distcalc2.php)，计算结果通过邮件获得，通常选择Formula 2作为isDDH值。

⑤ 基因组ANI分析，基因组平均核苷酸相似性（ANI）是通过Jspecies生物统计软件进行分析 (http://www.imedea.uiBacilluses/ jspecies)。

5. 化学特征

（1）脂肪酸检测　试验方法参照MIDI操作手册（Sherlock microbial identification system, Version 4.5）。

① 获菌　挑取约40mg菌苔放入1个干净、干燥13mm×100mm有螺旋盖的试管中。

② 皂化　加入（1.0±0.1）mL的皂化试剂，拧紧盖子，振荡试管5～10s，沸水浴5min，取出振荡5～10s，拧紧盖子，继续水浴25min，试管移至室温冷却。

③ 甲基化　加入（2.0±0.1）mL的甲基化试剂，拧紧盖子振荡5～10s，精确控制（80±1）℃水浴10min，移开且快速用自来水水冷却至室温。

④ 萃取　加入（1.25±0.1）mL的萃取试剂，拧紧盖子，快速振荡10min，打开管盖，利用干净的移液管取出每个样本的下层似水部分。

⑤ 基本洗涤　加入（3.0±0.2）mL的洗涤液，拧紧盖子，快速振荡5min，取出约2/3体积的上层有机体到干净的GC小瓶。

⑥ 上样分析　分析仪器采用美国Agilent 7890N气相色谱系统进行检测。检测程序：二阶程序升高柱温，温度170℃起始，每分钟升温5℃，升温至260℃，而后再每分钟升温40℃，升温至310℃，维持90s；汽化室温度250℃、检测器温度300℃；载气为氢气（2mL/min）、尾吹气为氮气（30mL/min）；柱前压68.95kPa；进样量1μL，进样分流比100∶1。分析软件：美国MIDI公司开发的基于微生物细胞脂肪酸成分鉴定的全自动微生物鉴定系统Sherlock MIS4.5（Microbial Identification System）和LGS4.5（Library Generation Software）。

（2）醌组分分析　参照Collins和Green（1985）的方法进行醌的提取和分析。菌体的收集制备，离心收集菌体，用蒸馏水洗涤两次，离心后-80℃冻3d，真空抽3d，冻干菌体4℃保存备用。醌的提取及纯化：

① 取冻干菌体约100mg，加入氯仿∶甲醇=2∶1的溶液40mL，在黑暗处磁力搅拌10h左右；

② 在黑暗处用滤纸过滤收集滤液；

③ 用减压旋转薄膜蒸发仪40℃减压蒸馏至干燥；

④ 用少量（1mL）丙酮重新溶解干燥物，长条状点样于 GF254 硅胶板上，硅胶板最好在 65℃活化 0.5h 左右，同时在一端点 VK 做对照；

⑤ 以甲苯作展层剂展层约 20min；

⑥ 取出风干后在 254nm 紫外灯下观察，R_f=0.8，在绿色荧光背景下呈暗褐色的带即为甲基萘醌的位置，与 VK 位点平齐；

⑦ 刮下 R_f=0.8 的带，用 1mL 丙酮溶解，然后用细菌滤器过滤除去硅胶，收集滤液（可适当浓缩至 200 ~ 300μL），即得甲基萘醌的丙酮溶液。置于 4℃，黑暗处保存。

6. 高压液相色谱（HPLC）测定

用反相高压液相色谱分析法进行甲基萘醌的测定。高压液相色谱仪为 Agilentl 100，反相高压液相柱为十八烷基硅烷，流动相为甲醇（色谱纯）：异丙醇（色谱纯)=67：33（体积比），流速为 1mL/min，柱温为 40℃，270nm 紫外检测，使用 250nm 光谱扫描（只有在 270nm 和 250nm 同时具吸收峰者则为醌）。根据标准条件下不同甲基萘醌组分与洗脱时间的关系，结合标准菌株的校正值，分析实验菌株的甲基萘醌。

7. 细胞壁特征氨基酸组分分析

细胞壁组分通过色谱法分析，具体参考 Schleifer 和 Kandler（1972）描述的方法。

8. 极性脂分析

（1）极性脂提取 (Tindall，1990)

① 取 200mL 发酵至对数晚期的菌液 (15 ~ 20d)，13000r/min 离心 10min。

② 用 20% 的氯化钠溶液清洗 2 次，离心弃去上清。

③ 将细胞冻干。

④ 加入氯仿：甲醇：0.3% NaCl=1：2：0.8（体积比)，55℃水解 18h。

⑤ 4000r/min 离心 5min，取下层溶液。

⑥ 用氯仿抽提 3 次，5000r/min 离心 5min，弃去不溶物。

⑦ 在抽干机上抽干溶剂。

⑧ 溶于氯仿 / 甲醇 (2：1)，5000r/min 离心 5min，弃去不溶物。

（2）极性脂的薄层色谱（thin layer chromatography，TLC）

① 单向 TLC 分析　展层剂为氯仿：甲醇：乙酸：水 =85：22.5：10：4（体积比）。将 10cm×20cm 的硅胶板在 110℃烘箱活化 1h，取出，冷却，用 10μL 移液器吸取 2μL 总脂样品点于 TLC 板上，重复点 3 次，TLC 板置于展开槽内展层。

② 双向 TLC 分析　第一向展层剂为氯仿：甲醇：水 =65：25：4（体积比），第二向展层剂为氯仿：甲醇：乙酸：水 =80：12：15：4（体积比）。点样及展层同"单向 TLC"。

③ 显色　检测磷脂时用磷酸盐显色剂喷洒至 TLC 板完全湿润，深蓝色的磷脂斑点就在白色的背景中显出，立即在扫描仪上扫描 TLC 板，记录结果；检测糖脂时用 0.5% α- 萘酚显色剂喷洒至 TLC 板完全湿润，风干，再喷洒少许浓硫酸 - 乙醇（体积比 1：1）溶液，在 120 ℃烘烤 5 ~ 10min 至全部显色，糖脂斑点为蓝紫色，其他脂为黄色，立即在扫描仪上扫描 TLC 板，记录结果。

三、嗜碱芽胞杆菌分离鉴定

1. 土壤样本酸碱性测定

由表 3-3 可知，酸性土壤主要分布在四川省的九寨沟县九寨沟风景区五彩池松树根系土（FJAT-6120）、九寨沟县原始森林小灌木下土（FJAT-6126）、松潘县牟尼沟小灌木边土（FJAT-6133）、松潘县牟尼沟半山腰枯木下土（FJAT-6134）、茂县松坪沟花椒树边土（FJAT-6146）、黑水县树木根下土（FJAT-6158），云南省的全部土壤样本都呈酸性，西藏申扎县压龙垓嘎附近蒿草根系土（FJAT-6922），新疆布尔津县喀纳斯湖观鱼台口下（FJAT-5467）、伊宁那拉提空中草原草根土（FJAT-7106、FJAT-7109、FJAT-7111、FJAT-7114）、巴音布鲁克草原草根土（FJAT-7117）及甘肃康乐羊场青海云杉根系土（FJAT-8987），其余土壤样本都呈碱性。

表 3-3　土壤样本 pH 值测定结果

地区	编号	地点	生境类型	pH 值
四川（16）	6120	九寨沟县九寨沟风景区五彩池	松树根系土	5.95
	6126	九寨沟县原始森林	小灌木下土	5.83
	6128	松潘县牟尼沟	小灌木根下土	7.45
	6129	松潘县牟尼沟山间	河边土	7.62
	6130	松潘县牟尼沟	松树根下土	7.84
	6133	松潘县牟尼沟	小灌木边土	5.56
	6134	松潘县牟尼沟半山腰	枯木下土	5.34
	6135	松潘县牟尼沟	湿地土	7.82
	6145	茂县松坪沟	山上土	7.75
	6146	茂县松坪沟	花椒树边土	5.83
	6147	茂县松坪沟半山腰	斜坡土	8.12
	6148	茂县松坪沟山上	峭壁土	7.47
	6155	黑水县路边	峭壁土	7.76
	6158	黑水县	树木根下土	5.66
	6161	黑水县峭壁	植物根下土	7.49
	6164	黑水县断壁	植物根下土	7.27
云南（13）	7441	南华县紫溪山	臭红菇根系土	5.70
	7446	南华县紫溪山	古茶子代树根系土	5.04
	7459	南华县紫溪山	栎树根系土	4.81
	9197	腾冲火山地热国家地质公园	草根际土	6.42
	9210	腾冲火山地热国家地质公园	草下土	5.00
	9228	腾冲火山地热国家地质公园	草下根际土	5.65
	9241	腾冲火山地热国家地质公园	草下根际土	5.38

续表

地区	编号	地点	生境类型	pH 值
云南（13）	9250	腾冲火山地热国家地质公园	草下根际土	5.91
	9259	腾冲火山地热国家地质公园	草下根际土	5.42
	9263	腾冲火山地热国家地质公园	草下根际土	5.24
	9265	腾冲火山地热国家地质公园	草下根际土	4.54
	9277	腾冲火山地热国家地质公园	草根际土	5.55
	9316	腾冲火山地热国家地质公园	草根际土	5.06
西藏（19）	6804	那曲市班戈县错扎附近	草甸盐碱地	8.19
	6805	那曲市班戈县错扎附近	草甸根系土	7.89
	6808	那曲市班戈县错扎附近	草甸根系土	7.90
	6811	那曲市班戈县卡米附近	草地土	7.70
	6840	尼玛县地俄果奥附近	半荒漠植物根际土	8.45
	6849	尼玛县地俄果奥附近	半荒漠草根际土	7.91
	6852	尼玛县诺尔玛错湖附近	草根际土	8.37
	6853	尼玛县诺尔玛错湖附近	盐碱地	8.15
	6854	尼玛县诺尔玛错湖附近	盐碱地	8.47
	6873	尼玛县戈芒理地附近	湿地植物根系土	8.47
	6874	尼玛县戈芒理地附近	湿地植物根系土	8.53
	6875	尼玛县戈芒理地附近	湿地植物根系土	8.52
	6876	尼玛县戈芒理地附近	湿地植物根系土	8.52
	6877	尼玛县戈芒理地附近	湿地植物根系土	8.60
	6904	尼玛县申亚乡附近	盐碱地	8.67
	6906	尼玛县申亚乡附近	盐碱地	8.19
	6907	尼玛县申亚乡附近	植物根际土	8.06
	6911	尼玛县申亚乡附近	蒿草根际土	8.38
	6922	申扎县压龙垓嘎附近	蒿草根际土	6.71
青海（30）	8524	曲麻莱 - 格尔木沿线	盐碱地	9.72
	8517	曲麻莱 - 格尔木沿线	盐碱地	7.94
	8488	乌兰县茶卡镇茶卡盐湖		7.85
	8489	乌兰县茶卡镇茶卡盐湖		8.16
	8490	乌兰县茶卡镇茶卡盐湖		8.24
	8491	乌兰县茶卡镇茶卡盐湖		7.76
	8492	乌兰县茶卡镇茶卡盐湖		8.03
	8493	乌兰县茶卡镇茶卡盐湖		8.15

续表

地区	编号	地点	生境类型	pH 值
青海（30）	6484	青海湖湖边西面	盐碱地草根土	8.73
	6520	德令哈市西 150 公里处大煤沟戈壁	戈壁草地土	7.95
	6532	出德令哈路上 30km 马戈壁交界	戈壁	7.80
	6534	回格尔木市路边	盐碱洼地水边草土	8.17
	6536	回格尔木市路边	盐碱洼地水边草土	8.50
	6537	回格尔木市路边	盐碱地芦苇土	8.22
	6539	回格尔木市路边	盐碱地	8.05
	6540	察尔汗盐湖	大块盐块盐碱地	7.68
	6541	回格尔木市路边	盐碱低洼地边土	8.30
	6542	出格尔木市	盐碱地根土盐碱	8.48
	6544	回格尔木市路边	碱洼浆	8.13
	6545	出格尔木市	树下土	8.12
	6572	风火山	白花草根土	7.51
	6576	风火山	苔藓土	8.28
	6577	风火山	草甸土	7.37
	6589	可可西里过五道梁	紫花草根土	8.16
	6591	可可西里过五道梁	紫花土	7.89
	6594	可可西里公路边	盆状花序草土	8.26
	6598	可可西里过五道梁	紫花草土	7.93
	6605	可可西里草原路边	红叶草根土	8.19
	6606	可可西里过五道梁	白草根土	8.37
	6608	可可西里路边草原	小草地土	8.46
新疆（26）	2145	阜康市阜北农场	戈壁	8.71
	2156	阜康市阜北农场	戈壁	7.68
	2157	阜康市阜北农场	戈壁	8.39
	2158	阜康市阜北农场	戈壁	8.33
	4136	青河县沙棘	根系土	8.03
	4142	塔克拉玛干沙漠	胡杨根系土	8.33
	4324	克拉玛依市克拉玛依区北屯戈壁滩	荒地 - 草地土	8.12
	4326	木垒哈萨克自治县大石头乡	盐碱地草根际土	8.66
	5467	布尔津县喀纳斯湖观鱼台口下		5.21
	7101	伊宁那拉提杨树下	胡杨树根际土	7.15
	7106	伊宁那拉提空中草原	草根土	6.92

地区	编号	地点	生境类型	pH 值
新疆（26）	7109	伊宁那拉提空中草原	草根土	6.19
	7111	伊宁那拉提空中草原	草根土	6.71
	7114	伊宁那拉提空中草原	草根土	6.45
	7117	巴音布鲁克草原	草根土	6.64
	7120	巴音布鲁克天鹅湖		8.65
	7122	巴音布克九曲十八弯		8.31
	7130	赛里木湖		8.05
	7131	赛里木湖		8.40
	7132	赛里木湖		8.17
	7133	赛里木湖		8.28
	7134	赛里木湖		8.41
	7149	魔鬼城		7.74
	7152	魔鬼城		8.12
	7154	魔鬼城		8.12
	7162	新源县巩乃斯种羊场		8.04
甘肃（10）	4486	嘉峪关市嘉峪关悬壁长城	人文建筑	7.95
	4488	嘉峪关市嘉峪关	骆驼草根际土	7.61
	8903	酒泉 2015 国道阿克塞	戈壁沙土	8.50
	8914	酒泉 2015 国道阿克塞	戈壁沙土	9.22
	8926	酒泉 2015 国道阿克塞	戈壁松树表层土	7.51
	8937	酒泉 2015 国道阿克塞	戈壁植物根系土	7.74
	8987	康乐羊场青海云杉	根系土	6.81
	9066	康乐羊场松树林	地表土	7.68
	9147	酒泉鸣沙山地质公园	戈壁土	8.49
	9159	酒泉鸣沙山地质公园	戈壁滩草地土	8.30
宁夏（6）	7164	银川市西夏区西夏王陵	人文建筑	8.04
	7163	固原市原州区须弥山	草根际土	8.53
	4090	银川市西夏区西夏王陵	人文建筑	9.10
	4091	银川市西夏区沙湖沙滩	沙滩土	8.60
	4097	银川市西夏区沙湖沙丘	沙蒿根系土	9.23
	4099	银川市西夏区德盛工业园区枸杞园	种植园土	8.66

注：土壤编号均省略了"FJAT-"，全书同。

2. 嗜碱芽胞杆菌资源的分离与鉴定

（1）地区种类分离　采用 Horikoshi Ⅰ培养基，通过可培养法从中国西部地区的 7 个省（自治区）120 份土壤样本，其中四川 16 份、云南 13 份、西藏 19 份、青海 30 份、新疆 26 份、甘肃 10 份及宁夏 6 份中共分离获得了 751 株嗜碱芽胞杆菌。其中，四川 52 株，云南 19 株，西藏 144 株，青海 222 株，新疆 201 株，甘肃 53 株，宁夏 60 株。其中酸性环境 27 份土壤样品中分离获得了 63 株，碱性环境 93 份土壤中获得了 688 株。这些菌株菌落形态多为圆形光滑湿润不透明状，以黄色和乳白色为主，边缘整齐。

（2）芽胞杆菌种类鉴定　经 16S rRNA 基因序列分析发现，751 株嗜碱芽胞杆菌与它们的最近模式菌的相似性在 93% ～ 100% 之间，将 97% 以上的归为同一个种。其中，有 740 株与其最近模式菌的相似性≥97%，隶属于 12 个属、100 个种，分别为芽胞杆菌属（Bacillus）（71 种，619 株）、厌氧芽胞杆菌属（Anaerobacillus）（1 种，1 株）、中盐芽胞杆菌属（Aquibacillus）（1 种，1 株）、房间芽胞杆菌属（Domibacillus）（1 种，1 株）、纤细芽胞杆菌属（Gracilibacillus）（1 种，7 株）、咸海鲜芽胞杆菌属（Jeotgalibacillus）（1 种，43 株）、赖氨酸芽胞杆菌属（Lysinibacillus）（4 种，6 株）、大洋芽胞杆菌属（Oceanobacillus）（4 种，13 株）、类芽胞杆菌属（Paenibacillus）（13 种，47 株）、嗜冷芽胞杆菌属（Psychrobacillus）（1 种，2 株）、土地芽胞杆菌属（Terribacillus）（1 种，1 株）和枝芽胞杆菌属（Virgibacillus）（1 种，1 株）。另外，有 11 株与其最近模式菌的相似性 < 97%，隶属于芽胞杆菌属的 8 个潜在新种（FJAT-45066/FJAT-45067、FJAT-45086、FJAT-45122、FJAT-45347/FJAT-45348、FJAT-45350、FJAT-45385、FJAT-46377 和 FJAT-46428）和类芽胞杆菌属的 1 个潜在新种（FJAT-46433）。

（3）地区芽胞杆菌种类和数量　挑选具有不同 16S rRNA 基因序列的代表菌株 521 株（共 12 个属，109 个种）（表 3-4），其中青海 138 株，新疆 152 株，西藏 92 株，四川 38 株，甘肃 36 株，宁夏 46 株，云南 19 株，进行后续的耐盐碱特性分析。

表 3-4　16S rRNA 鉴定的嗜碱芽胞杆菌种类和数量（地区分布频次）

芽胞杆菌种类	青海	新疆	西藏	四川	甘肃	宁夏	云南	相似性 /%	土壤 pH 值
马氏厌氧芽胞杆菌	0	30.77	0	0	0	0	0	98.37	8.33
韩国中盐芽胞杆菌	0	3.85	0	0	0	0	0	98.96	8.33
空气芽胞杆菌	8.00	78.85	21.05	0	4	66.67	0	100	5.21 ～ 8.71
嗜气芽胞杆菌	7.67	38.46	0	0	0	0	0	100	7.15 ～ 8.73
秋叶氏芽胞杆菌	0	7.69	85.26	0	0	0	0	99.76	8.15 ～ 8.6
嗜碱芽胞杆菌	10.67	150	0	0	860	313.33	0	98.77	7.68 ～ 9.22
碱居芽胞杆菌	0	8.46	0	0	0	0	0	99.02	8.33
碱性沉积芽胞杆菌	35.33	208.08	40	0	0	0	0	99.33	5.21 ～ 8.71
碱土芽胞杆菌	16	0	0	0	0	0	0	100	8.48
海水芽胞杆菌	64.67	0.38	0	0	0	0	0	99.5	7.76 ～ 8.3
深褐芽胞杆菌	19.33	184.62	17.37	0	70	233.33	0	99.93	7.61 ～ 8.71
巴达维亚芽胞杆菌	0.33	0	0	0	0	0	0	98.42	8.13

续表

芽胞杆菌种类	青海	新疆	西藏	四川	甘肃	宁夏	云南	相似性 /%	土壤 pH 值
蜡样芽胞杆菌	0	50	0	0	0	0	10.77	99.93	5.38 ～ 7.68
天安芽胞杆菌	0	0	0	0	20	0	0	98.73	7.61
环状芽胞杆菌	1	0	0	0	0	0	0	100	7.51 ～ 8.73
克氏芽胞杆菌	0	50	0	0	2	0	0	99.44	7.61 ～ 8.12
克劳氏芽胞杆菌	1.33	343.46	0	200.63	0	0	18.46	100	5.04 ～ 8.73
科恩芽胞杆菌	0	15.77	1.05	0	0	0	0	99.79	7.74 ～ 8.53
香港牡蛎芽胞杆菌	1.67	0	0	0	0	0	0	100	8.03
钻特省芽胞杆菌	2	0	0	0	6	200	0	97.84	8.16 ～ 8.6
内生芽胞杆菌	0	11.54	0	0	0	0	0	100	7.68
坚强芽胞杆菌	0	0	0	0	0	1000	0	99.35	8.6
弯曲芽胞杆菌	338	0	0	0	0	0	0	100	7.95 ～ 8.48
小孔芽胞杆菌	780	461.92	0.53	0	296	980	0	99.93	5.21 ～ 9.23
吉氏芽胞杆菌	0	196.15	0	0	180	383.33	0	99.79	7.61 ～ 9.1
戈氏芽胞杆菌	0	1.15	0	0	0	0	0	99.19	8.12
海口芽胞杆菌	0	7.69	0	0	0	0	0	98.16	8.03
盐敏芽胞杆菌	7.33	65.38	0	13.13	0	0	0	99.29	7.75 ～ 8.65
耐盐芽胞杆菌	0.33	0	0	0	0	0	0	99.72	8.19
嗜盐嗜糖芽胞杆菌	0	35	0	0	6	0	0	100	7.74 ～ 8.49
黑布施泰因芽胞杆菌	0	0	0	0	0	3.33	0	98.8	8.53
堀越氏芽胞杆菌	7.67	307.69	1121.05	8.13	1224	936.67	0	99.86	7.61 ～ 9.23
霍氏芽胞杆菌	0	3.08	0	250	0	6.67	0	99.89	8.12 ～ 8.53
花园芽胞杆菌	0	33.85	0	187.50	0	0	0	99.79	6.19 ～ 8.12
土地芽胞杆菌	0	15.77	21.05	0	0	0	0	98.59	7.74 ～ 8.52
湖南芽胞杆菌	0	0	0	76.25	0	0	0	99.93	5.83 ～ 7.75
病研所芽胞杆菌	33.33	0	2.11	8.75	40	0	0	99.93	7.75 ～ 8.06
印空研土壤芽胞杆菌	0	0	0	14.38	0	666.67	32.31	100	5.04 ～ 8.6
柯赫芽胞杆菌	0.33	0	0	0	0	0	0	100	7.68
库尔勒芽胞杆菌	8.33	0	0	0	0	0	0	98.28	8.17
列城芽胞杆菌	0	0	0	0	0	33.33	0	100	8.04
地衣芽胞杆菌	13	16.15	10.53	3.13	22	10	3.08	99.86	5.04 ～ 8.73
浅橘色芽胞杆菌	12.33	0	0	0	0	0	0	98.3	8.05
马尔马拉芽胞杆菌	0	0	21.05	0	0	0	0	97.67	8.47
马赛塞内加尔芽胞杆菌	0	0.38	0	0	0	0	0	99.79	8.17
蕈状芽胞杆菌	10	1.15	0	0	0	0	0	100	6.64 ～ 8.41
南海沉积芽胞杆菌	0	0	0	1.25	0	0	1.54	99.65	5.24 ～ 7.84

续表

芽胞杆菌种类	青海	新疆	西藏	四川	甘肃	宁夏	云南	相似性 /%	土壤 pH 值
农研所芽胞杆菌	0	0	0	0	60	0	0	97.11	7.95
休闲地芽胞杆菌	0	0	0	0	0	26.67	0	98.41	8.66
海洋沉积芽胞杆菌	7.33	16.54	0	0	84	13.33	0	100	6.81～9.23
巴塔哥尼亚芽胞杆菌	0	37.69	0	284.38	4	36.67	64.62	99.93	4.54～8.53
波斯芽胞杆菌	165	15.38	0	0	0	93.33	0	100	7.74～8.66
蓼属芽胞杆菌	1.33	11.54	0	0	0	0	0	99.44	7.85～8.28
假嗜碱芽胞杆菌	130	0	0.53	0	0	0	0	100	7.95～8.47
假坚强芽胞杆菌	1.33	0	43.16	35.63	0	0	0	99.86	5.83～8.53
短小芽胞杆菌	1573.67	219.23	300	30	30	3.33	0	99.93	5.21～9.1
里吉深海床芽胞杆菌	0	0	0	0	0	266.67	0	97.52	8.6
沙福芽胞杆菌	2.67	7.69	183.68	3.75	0	0	0	100	7.75～8.67
好盐芽胞杆菌	222.67	8.85	0	0	0	0	0	100	8.05～8.73
简单芽胞杆菌	3.67	2.31	0	0	0	0	9.23	99.86	5.38～8.41
青贮窖芽胞杆菌	240	130.77	0	0	0	0	0	99.93	6.19～8.16
索诺拉沙漠芽胞杆菌	0	0	21.05	62.50	0	0	0	99.16	8.12～8.38
枯草芽胞杆菌	0.67	0	0	0	0	0	0	99.83	8.03～8.13
产硫芽胞杆菌	0	0	0	0	0	466.67	0	99.13	9.1
苏云金芽胞杆菌	0.67	0	0	0	0	0	0	99.57	8.24
泰门芽胞杆菌	0	3.46	0	0	0	33.33	0	98.31	8.17～8.53
图瓦永芽胞杆菌	0	0	2.11	0	0	0	40	99.93	5.55～8.52
居甲虫芽胞杆菌	0	15.38	0	0	0	0	0	98.87	6.45
小溪芽胞杆菌	0	0	0	3.75	0	0	0	99.44	5.66～7.62
湛江芽胞杆菌	0	88.46	0	0	0	0	0	99.93	7.68
耐寒芽胞杆菌	876.33	193.85	1.05	0	80	0	0	100	7.61～9.72
耐盐短小杆菌	0	2.31	0	0	0	0	0	99.93	7.74
国化室房间芽胞杆菌	0.67	0	0	0	0	0	0	100	7.85
泰国纤细芽胞杆菌	3.00	100	0	0	0	0	0	99.08	7.74～8.66
盐地咸海鲜芽胞杆菌	1.67	4.62	1074.74	0.63	0	0	0	99.65	7.84～8.67
纺锤形赖氨酸芽胞杆菌	0	0	0	0	0	50	0	99.2	8.04
长型赖氨酸芽胞杆菌	0.33	37.69	0	0	0	0	0	100	6.19～8.5
含低硼赖氨酸芽胞杆菌	0	0.38	0	0	0	0	0	99.88	8.17
解木聚糖赖氨酸芽胞杆菌	0	11.54	0	0	0	0	0	100	6.71
泡菜大洋芽胞杆菌	0.00	0	0	0	0	116.67	0	100	8.04
小鳟鱼大洋芽胞杆菌	0	23.08	0	0	0	0	0	99.79	8.71
图画大洋芽胞杆菌	0.33	230.77	0	0	0	0	0	99.93	7.85～8.03

续表

芽胞杆菌种类	青海	新疆	西藏	四川	甘肃	宁夏	云南	相似性 /%	土壤 pH 值
深层大洋芽胞杆菌	0.33	8.46	0	66.25	0	83.33	100	100	5.06～8.41
解淀粉类芽胞杆菌	17.33	0	0	0	0	0	0	99.43	7.51～7.94
巴塞罗那类芽胞杆菌	35.00	0	0	0	0	0	0	98.88	8.17～8.3
坎皮纳斯类芽胞杆菌	0	306.92	0	0	0	0	6.15	99.93	5.04～8.41
大田类芽胞杆菌	0	14.62	0	0	0	0	0	98.81	6.19
灿烂类芽胞杆菌	33.67	10.77	0	0	46.00	993.33	46.15	99.64	5.91～9.23
皮尔瑞尔类芽胞杆菌	22	0	0	0	0	0	0	99.23	8.5
赤松土类芽胞杆菌	0.67	0	0	0	0	0	0	98.54	8.46
深度类芽胞杆菌	6	0	0	0	0	0	0	99.36	8.17
普罗旺斯类芽胞杆菌	0.33	0	0	0	0	0	0	99.93	8.28
台中类芽胞杆菌	0	0	10.53	0	0	0	0	99.41	8.53
海岸土类芽胞杆菌	23.33	0	0	0	0	0	0	98.87	7.94
苔原类芽胞杆菌	67.33	0	535.79	0	0	0	0	99.37	8.13～8.6
食木糖类芽胞杆菌	47.67	0	0	0	0	0	0	99.65	7.68～7.95
忍冷嗜冷芽胞杆菌	10	0	0	15	0	0	0	99.89	5.66～8.19
嗜糖土地芽胞杆菌	0	11.54	0	0	0	0	0	99.93	7.68
盐反硝化枝芽胞杆菌	0	0	5.26	0	0	0	0	97.75	8.52
FJAT-45066	0	0	15.79	0	0	0	0	96.26	8.52
FJAT-45086	0	0	36.84	0	0	0	0	96.68	8.52
FJAT-45122	0	0	5.26	0	0	0	0	95.87	8.6
FJAT-45347	0	30.77	0	0	0	0	0	96.10	8.33
FJAT-45350	0	7.69	0	0	0	0	0	95.94	8.33
FJAT-45385	0	15.38	0	0	0	0	0	96.01	7.74
FJAT-46377	0	0	0	0	20	0	0	94.97	8.49
FJAT-46428	0	0	0	0	0	0	12.31	96.01	5.91
FJAT-46433	0	0	0	0	0	0	13.85	93.11	5.24

四、嗜碱芽胞杆菌区域分布

1. 嗜碱芽胞杆菌地区分布

从我国西部地区 7 个省（自治区）采集土壤样本 120 份空间本，分离鉴定统计各空间样本中嗜碱芽胞杆菌的种类和数量，结果表明：

① 西部地区嗜碱芽胞杆菌种类的分布和数量差异较大，从最多的 9 个属 57 种（新疆）到最少的 3 个属 13 种（云南）。

② 芽胞杆菌分布在各地区的差异亦很大，有些芽胞杆菌种属分布在多个地区土壤样本

中，如大洋芽胞杆菌属分布于青海、新疆、四川、宁夏和云南，类芽胞杆菌属分布于青海、新疆、西藏、宁夏、甘肃和云南，咸海鲜芽胞杆菌属分布于青海、新疆、西藏和四川，芽胞杆菌属在 7 个地区中都有分布，且是优势属，如堀越氏芽胞杆菌分布在 6 个省的样本中。有些种属只分布在特定的空间样本中，如厌氧芽胞杆菌属、中盐芽胞杆菌属及土地芽胞杆菌属仅在新疆分离获得；房间芽胞杆菌属仅在青海分离获得；纤细芽胞杆菌属在青海及新疆分离获得；赖氨酸芽胞杆菌属分布于青海、新疆和宁夏。嗜冷芽胞杆菌属分布于青海和四川；枝芽胞杆菌属仅在西藏地区分离获得。

③ 嗜碱芽胞杆菌单个菌株在一个空间样本中的含量最多是短小芽胞杆菌，平均分布含量为 $1.573 \times 10^3 CFU/g$（青海）。分离频度是指某种芽胞杆菌在某个地点土样中被分离到的频率，即分离频度＝某个种出现的样品数 / 总样品数 ×100%。分离频度 >50% 的为优势种，分离频度介于 30% ～ 50% 之间的为最常见种，分离频度介于 10% ～ 30% 之间的为常见种，分离频度 <10% 的为稀有种（张英等，2003），通过计算分离频度可划分 1 个地区的优势种。

（1）四川嗜碱芽胞杆菌种类及频次分布　从四川土壤样品中共获得了 52 株，其中有 4 份土壤样品（2 份 pH5.56 与 pH5.34，2 份 pH7.49 与 pH7.27）中未发现有可培养的嗜碱芽胞杆菌，这些菌株隶属于 4 个属 19 种，分别为克劳氏芽胞杆菌（*Bacillus clausii*）、盐敏芽胞杆菌（*Bacillus halmapalus*）、堀越氏芽胞杆菌（*Bacillus horikoshii*）、霍氏芽胞杆菌（*Bacillus horneckiae*）、花园芽胞杆菌（*Bacillus horti*）、湖南芽胞杆菌（*Bacillus hunanensis*）、病研所芽胞杆菌（*Bacillus idriensis*）、印空研芽胞杆菌（*Bacillus isronensis*）、地衣芽胞杆菌（*Bacillus licheniformis*）、南海沉积芽胞杆菌（*Bacillus nanhaiisediminis*）、巴塔哥尼亚芽胞杆菌（*Bacillus patagoniensis*）、假坚强芽胞杆菌（*Bacillus pseudofirmus*）、短小芽胞杆菌（*Bacillus pumilus*）、沙福芽胞杆菌（*Bacillus safensis*）、索诺拉沙漠芽胞杆菌（*Bacillus sonorensis*）、小溪芽胞杆菌（*Bacillus xiaoxiensis*）、盐地咸海鲜芽胞杆菌（*Jeotgalibacillus campisalis*）、深层大洋芽胞杆菌（*Oceanobacillus profundus*）和忍冷嗜冷芽胞杆菌（*Psychrobacillus psychrodurans*）。

由图 3-1 可知，巴塔哥尼亚芽胞杆菌分布频次最高，达 37.50%；其次是克劳氏芽胞杆菌，达 31.25%。该地区的嗜碱芽胞杆菌中含量最高的是巴塔哥尼亚芽胞杆菌，达 $4.55 \times 10^3 CFU/g$；其次是霍氏芽胞杆菌，含量达 $4.00 \times 10^3 CFU/g$；最少的是盐地咸海鲜芽胞杆菌，含量为 $0.01 \times 10^3 CFU/g$。四川嗜碱芽胞杆菌的平均含量为 $1.27 \times 10^3 CFU/g$。

（2）云南嗜碱芽胞杆菌种类及分布频次　从云南土壤样品中共获得了 19 株，其中有 5 份酸性土壤样品中未发现有可培养的嗜碱芽胞杆菌，这些菌株隶属于 3 个属 13 种，分别为蜡样芽胞杆菌（*Bacillus cereus*）、克劳氏芽胞杆菌、印空研芽胞杆菌、地衣芽胞杆菌、南海沉积芽胞杆菌、巴塔哥尼亚芽胞杆菌、简单芽胞杆菌、图瓦永芽胞杆菌（*Bacillus toyonensis*）、深层大洋芽胞杆菌、坎皮纳斯类芽胞杆菌（*Paenibacillus campinasensis*）、灿烂类芽胞杆菌（*Paenibacillus lautus*）、FJAT-46428 和 FJAT-46433。

由图 3-2 可知，蜡样芽胞杆菌与印空研芽胞杆菌分布频次最高，均达 23.08%；其次是巴塔哥尼亚芽胞杆菌和图瓦永芽胞杆菌，分布频次均达 15.38%。该地区的嗜碱芽胞杆菌中含量最高的是深层大洋芽胞杆菌，达 $1.30 \times 10^3 CFU/g$；其次是巴塔哥尼亚芽胞杆菌，含量达 $0.84 \times 10^3 CFU/g$；最少的是南海沉积芽胞杆菌，含量为 $0.02 \times 10^3 CFU/g$。云南嗜碱芽胞杆菌的平均含量约为 $0.36 \times 10^3 CFU/g$。

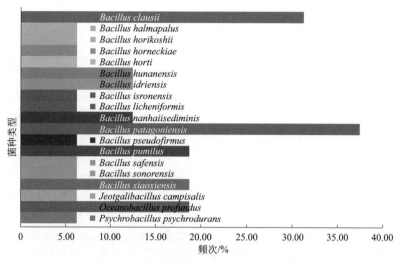

图 3-1　四川嗜碱芽胞杆菌种类及频次分布

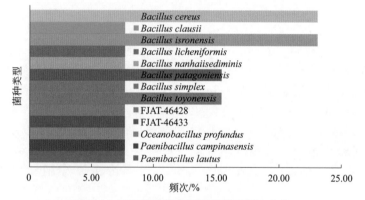

图 3-2　云南嗜碱芽胞杆菌种类及频次分布

（3）西藏嗜碱芽胞杆菌种类及频次分布　从西藏土壤样品中共分离获得了 144 株，其中有 1 份土壤样品（pH7.91）中未发现有可培养的嗜碱芽胞杆菌。

这些菌株隶属于 4 个属 25 种，分别为空气芽胞杆菌（*Bacillus aerius*）、秋叶氏芽胞杆菌（*Bacillus akibai*）、碱性沉积芽胞杆菌（*Bacillus alkalisediminis*）、深褐芽胞杆菌（*Bacillus atrophaeus*）、科恩芽胞杆菌（*Bacillus cohnii*）、小孔芽胞杆菌（*Bacillus foraminis*）、堀越氏芽胞杆菌、土地芽胞杆菌（*Bacillus humi*）、病研所芽胞杆菌、地衣芽胞杆菌、马尔马拉芽胞杆菌（*Bacillus marmarensis*）、假嗜碱芽胞杆菌（*Bacillus pseudalcaliphilus*）、假坚强芽胞杆菌、短小芽胞杆菌、沙福芽胞杆菌、索诺拉沙漠芽胞杆菌、图瓦永芽胞杆菌、耐寒芽胞杆菌（*Bacillus frigoritolerans*）、盐地咸海鲜芽胞杆菌、台中类芽胞杆菌（*Paenibacillus taichungensis*）、苔原类芽胞杆菌（*Paenibacillus tundrae*）、盐反硝化枝芽胞杆菌（*Virgibacillus halodenitrificans*）、FJAT-45066、FJAT-45086 和 FJAT-45122。

由图 3-3 可知，盐地咸海鲜芽胞杆菌分布频次最高，达 63.16%；其次是堀越氏芽胞杆菌，分度频次达 52.63%。西藏地区的嗜碱芽胞杆菌中含量最高的是堀越氏芽胞杆菌，达 21.30×10^3 CFU/g；其次是盐地咸海鲜芽胞杆菌，含量达 20.42×10^3 CFU/g；最少的是小孔芽胞杆菌和假嗜碱芽胞杆菌，含量均为 0.01×10^3 CFU/g。西藏地区嗜碱芽胞杆菌的平均含量为 3.91×10^3 CFU/g。

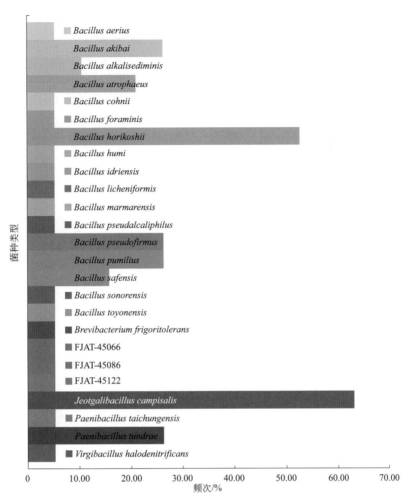

图 3-3　西藏嗜碱芽胞杆菌种类及频次分布

（4）青海嗜碱芽胞杆菌种类及频次分布　从青海土壤样品中共分离获得了 222 株，隶属于 8 个属 53 种，分别为空气芽胞杆菌、嗜气芽胞杆菌（*Bacillus aerophilus*）、嗜碱芽胞杆菌（*Bacillus alcalophilus*）、碱性沉积芽胞杆菌、碱土芽胞杆菌（*Bacillus alkalitelluris*）、海水芽胞杆菌（*Bacillus aquimaris*）、深褐芽胞杆菌、巴达维亚芽胞杆菌（*Bacillus bataviensis*）、环状芽胞杆菌（*Bacillus circulans*）、克劳氏芽胞杆菌、香港牡蛎芽胞杆菌（*Bacillus crassostreae*）、钻特省芽胞杆菌（*Bacillus drentensis*）、弯曲芽胞杆菌（*Bacillus flexus*）、小孔芽胞杆菌、盐敏芽胞杆菌、耐盐芽胞杆菌（*Bacillus halodurans*）、堀越氏芽胞杆菌、病研所芽胞杆菌、柯赫芽胞杆菌（*Bacillus kochii*）、库尔勒芽胞杆菌（*Bacillus korlensis*）、地衣芽胞杆菌、浅橘色芽胞杆菌（*Bacillus luteolus*）、蕈状芽胞杆菌（*Bacillus mycoides*）、海洋沉积芽胞杆菌（*Bacillus oceanisediminis*）、波斯芽胞杆菌（*Bacillus persicus*）、蓼属芽胞杆菌（*Bacillus polygoni*）、假嗜碱芽胞杆菌（*Bacillus pseudalcaliphilus*）、假坚强芽胞杆菌、短小芽胞杆菌、沙福芽胞杆菌、好盐芽胞杆菌（*Bacillus salsus*）、简单芽胞杆菌、青贮窖芽胞杆菌（*Bacillus siralis*）、枯草芽胞杆菌、苏云金芽胞杆菌（*Bacillus thuringiensis*）、耐寒芽胞杆菌、国化室房间芽胞杆菌（*Domibacillus enclensis*）、泰国纤细芽胞杆菌（*Gracilibacillus thailandensis*）、

盐地咸海鲜芽胞杆菌、长型赖氨酸芽胞杆菌（*Lysinibacillus macroides*）、图画大洋芽胞杆菌（*Oceanobacillus picturae*）、深层大洋芽胞杆菌、解淀粉类芽胞杆菌（*Paenibacillus amylolyticus*）、巴塞罗那类芽胞杆菌（*Paenibacillus barcinonensis*）、灿烂类芽胞杆菌、皮尔瑞俄类芽胞杆菌（*Paenibacillus peoriae*）、赤松土类芽胞杆菌（*Paenibacillus pinisoli*）、深度类芽胞杆菌（*Paenibacillus profundus*）、普罗旺斯类芽胞杆菌、海岸土类芽胞杆菌（*Paenibacillus terrigena*）、苔原类芽胞杆菌（*Paenibacillus tundrae*）、忍冷嗜冷芽胞杆菌和食木糖类芽胞杆菌（*Paenibacillus xylanexedens*）。

由图 3-4 可知，短小芽胞杆菌分布频次最高，达 63.33%；其次是好盐芽胞杆菌和耐寒芽胞杆菌，达 26.67%。青海地区的嗜碱芽胞杆菌中含量最高的是短小芽胞杆菌，达 47.21×10^3CFU/g，其次是耐寒芽胞杆菌，达 26.29×10^3CFU/g；最少的是巴达维亚芽胞杆菌、耐盐芽胞杆菌、柯赫芽胞杆菌、延长赖氨酸芽胞杆菌、深层大洋芽胞杆菌、图画大洋芽胞杆菌和普罗旺斯类芽胞杆菌，均为 0.01×10^3CFU/g。青海地区嗜碱芽胞杆菌的平均含量为 4.87×10^3CFU/g。

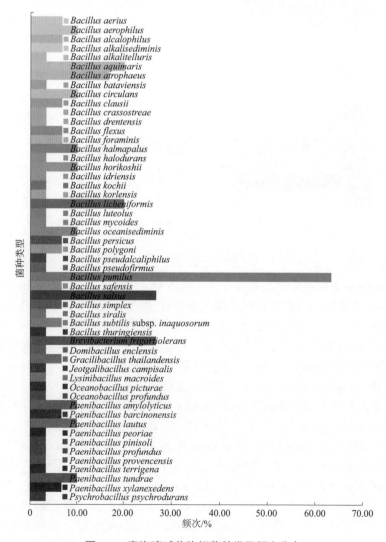

图 3-4 青海嗜碱芽胞杆菌种类及频次分布

（5）新疆嗜碱芽胞杆菌种类及频次分布 从新疆土壤样品中共分离获得了201株嗜碱芽胞杆菌，隶属于9个属57种，分别为马氏厌氧芽胞杆菌（*Anaerobacillus macyae*）、韩国中盐芽胞杆菌（*Aquibacillus koreensis*）、空气芽胞杆菌、嗜气芽胞杆菌、秋叶氏芽胞杆菌、嗜碱芽胞杆菌、碱居芽胞杆菌（*Bacillus alkalicola*）、碱性沉积芽胞杆菌、海水芽胞杆菌、深褐芽胞杆菌、蜡样芽胞杆菌、克氏芽胞杆菌（*Bacillus clarkii*）、克劳氏芽胞杆菌、科恩芽胞杆菌、内生芽胞杆菌（*Bacillus endophyticus*）、小孔芽胞杆菌、吉氏芽胞杆菌（*Bacillus gibsonii*）、戈氏芽胞杆菌（*Bacillus gottheilii*）、海口芽胞杆菌（*Bacillus haikouensis*）、盐敏芽胞杆菌、嗜盐嗜糖芽胞杆菌（*Bacillus halosaccharovorans*）、堀越氏芽胞杆菌、霍氏芽胞杆菌、花园芽胞杆菌、土地芽胞杆菌、地衣芽胞杆菌、马赛塞内加尔芽胞杆菌（*Bacillus massiliosenegalensis*）、蕈状芽胞杆菌、海洋沉积芽胞杆菌、巴塔哥尼亚芽胞杆菌、波斯芽胞杆菌、蓼属芽胞杆菌、短小芽胞杆菌、沙福芽胞杆菌、好盐芽胞杆菌、简单芽胞杆菌、青储窖芽胞杆菌、泰门芽胞杆菌（*Bacillus timonensis*）、居甲虫芽胞杆菌（*Bacillus trypoxylicola*）、湛江芽胞杆菌（*Bacillus zhanjiangensis*）、耐寒芽胞杆菌、耐盐芽胞杆菌（*Bacillus halotolerans*）、泰国纤细芽胞杆菌、盐地咸海鲜芽胞杆菌、延长赖氨酸芽胞杆菌、含低硼赖氨酸芽胞杆菌（*Lysinibacillus parviboronicapiens*）、解木聚糖赖氨酸芽胞杆菌（*Lysinibacillus xylanilyticus*）、小鳟鱼大洋芽胞杆菌（*Oceanobacillus oncorhynchi*）、图画大洋芽胞杆菌、深层大洋芽胞杆菌、坎皮纳斯类芽胞杆菌、大田类芽胞杆菌（*Paenibacillus daejeonensis*）、灿烂类芽胞杆菌、嗜糖土地芽胞杆菌（*Terribacillus saccharophilus*）、FJAT-45350、FJAT-45385和FJAT-45347。

由图3-5可知，小孔芽胞杆菌分布频次最高，达34.62%；其次是克劳氏

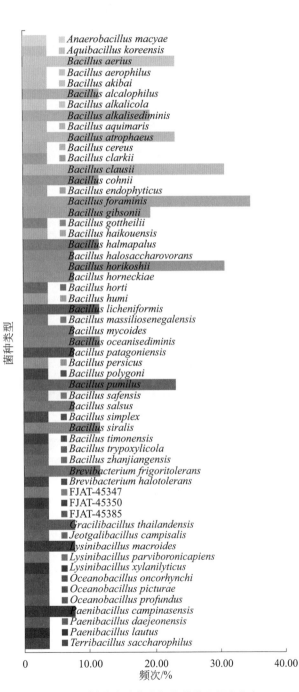

图3-5　新疆嗜碱芽胞杆菌种类及频次分布

芽胞杆菌和堀越氏芽胞杆菌，均达 30.77%。新疆的嗜碱芽胞杆菌中含量最高的是短小芽胞杆菌，达 12.01×10^3CFU/g；其次是克劳氏芽胞杆菌，达 8.93×10^3CFU/g；最少的是海水芽胞杆菌、马赛塞内加尔芽胞杆菌及含低硼赖氨酸芽胞杆菌，均为 0.01×10^3CFU/g。新疆地区嗜碱芽胞杆菌的平均含量为 3.90×10^3CFU/g。

（6）甘肃嗜碱芽胞杆菌种类及频次分布　从甘肃土壤样品中共分离获得了 53 株嗜碱芽胞杆菌，其中有 1 份土壤样品（pH 8.3）中未发现有可培养的嗜碱芽胞杆菌。这些菌株隶属于 2 个属 19 种，分别为空气芽胞杆菌、嗜碱芽胞杆菌、深褐芽胞杆菌、天安芽胞杆菌（*Bacillus cheonanensis*）、克氏芽胞杆菌、钻特省芽胞杆菌、小孔芽胞杆菌、吉氏芽胞杆菌、嗜盐嗜糖芽胞杆菌、堀越氏芽胞杆菌、病研所芽胞杆菌、地衣芽胞杆菌、农研所芽胞杆菌（*Bacillus niabensis*）、海洋沉积芽胞杆菌、巴塔哥尼亚芽胞杆菌、短小芽胞杆菌、耐寒芽胞杆菌、灿烂类芽胞杆菌和 FJAT-46377。

由图 3-6 可知，小孔芽胞杆菌分布频次最高，达 50.0%；其次是堀越氏芽胞杆菌，达 40.0%。甘肃的嗜碱芽胞杆菌中含量最高的是堀越氏芽胞杆菌，达 12.24×10^3CFU/g；其次是吉氏芽胞杆菌，达 8.60×10^3CFU/g；最少的是克氏芽胞杆菌，0.02×10^3CFU/g。甘肃地区嗜碱芽胞杆菌的平均含量为 3.05×10^3CFU/g。

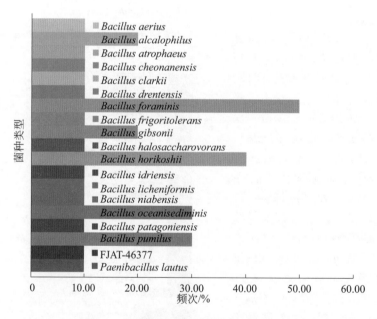

图 3-6　甘肃嗜碱芽胞杆菌种类及频次分布

（7）宁夏嗜碱芽胞杆菌种类及频次分布　从宁夏土壤样品中共分离获得了 60 株嗜碱芽胞杆菌，隶属于 4 个属 25 种，分别为空气芽胞杆菌、嗜碱芽胞杆菌、深褐芽胞杆菌、钻特省芽胞杆菌、坚强芽胞杆菌（*Bacillus firmus*）、小孔芽胞杆菌、吉氏芽胞杆菌、黑布施泰因芽胞杆菌（*Bacillus herbersteinensis*）、堀越氏芽胞杆菌、霍氏芽胞杆菌、印空研芽胞杆菌、列城芽胞杆菌（*Bacillus lehensis*）、地衣芽胞杆菌、休闲地芽胞杆菌（*Bacillus novalis*）、海洋沉积芽胞杆菌、巴塔哥尼亚芽胞杆菌、波斯芽胞杆菌、短小芽胞杆菌、里吉深海床芽胞杆菌（*Bacillus rigiliprofundi*）、产硫芽胞杆菌（*Bacillus thioparans*）、泰门芽胞杆菌、纺锤形赖氨酸芽胞杆菌、泡菜大洋芽胞杆菌（*Oceanobacillus kimchii*）、深层大洋芽胞杆菌、灿烂类芽胞杆菌。

由图 3-7 可知，小孔芽胞杆菌、堀越氏芽胞杆菌及灿烂类芽胞杆菌分布频次最高，均达 66.67%；其次是嗜碱芽胞杆菌、吉氏芽胞杆菌及巴塔哥尼亚芽胞杆菌，达 33.33%。宁夏的嗜碱芽胞杆菌中含量最高的是坚强芽胞杆菌，达 $6.0×10^3$CFU/g；其次是灿烂类芽胞杆菌，达 $5.96×10^3$CFU/g；最少的是短小芽胞杆菌和黑布施泰因芽胞杆菌，$0.02×10^3$CFU/g。宁夏嗜碱芽胞杆菌的平均含量约为 $7.02×10^3$CFU/g。

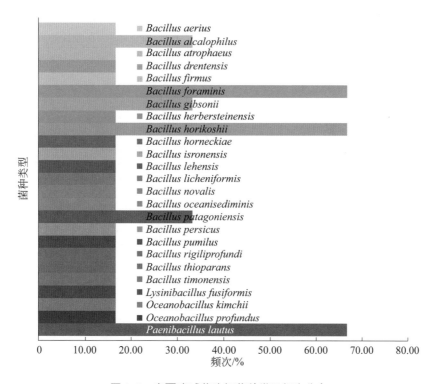

图 3-7　宁夏嗜碱芽胞杆菌种类及频次分布

2. 嗜碱芽胞杆菌聚类分析

（1）基于采样地嗜碱芽胞杆菌聚类分析　根据表 3-4，统计不同采样地每克土壤各芽胞杆菌种类分离的数量，以之为矩阵，马氏距离为尺度，可变类平均法进行系统聚类。结果见图 3-8、表 3-5。分离频度是指某种芽胞杆菌在某个地点土样中被分离到的频率，即分离频度大于 90% 的为优势种，在 10% 左右为常见种，在 1% 左右为稀有种（张英等，2003），通过计算各组平均值总和为 117.39CFU/g 土壤，可将芽胞杆菌分为 3 组。

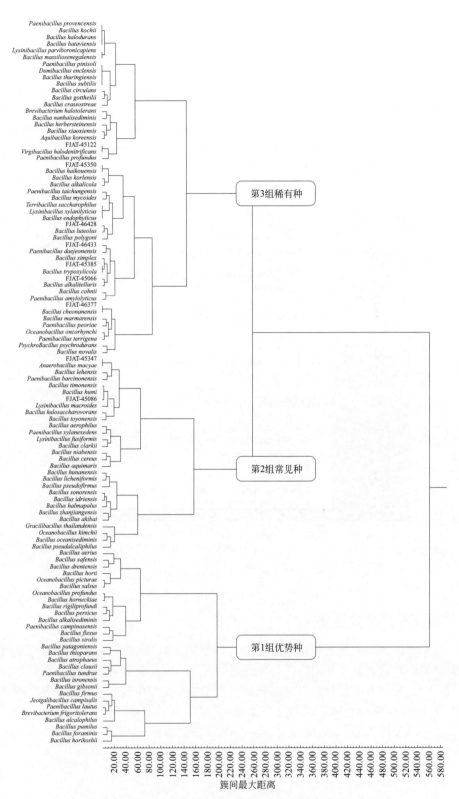

图 3-8　基于不同采样地每克土壤的各芽胞杆菌数量的聚类分析

表 3-5　基于不同采样地每克土壤的各芽胞杆菌数量的聚类分析结果

组别	样本号	数量平均值 / (CFU/g 土壤)	到中心距离（RMSTD）
1	堀越氏芽胞杆菌	515.0300	408.2945
	小孔芽胞杆菌	359.7786	253.0431
	短小芽胞杆菌	308.0329	201.2974
	嗜碱芽胞杆菌	190.5714	83.8360
	耐寒芽胞杆菌	164.4614	57.7260
	灿烂类芽胞杆菌	161.4171	54.6817
	盐地咸海鲜芽胞杆菌	154.5229	47.7874
	坚强芽胞杆菌	142.8571	36.1217
	吉氏芽胞杆菌	108.4971	1.7617
	印空研芽胞杆菌	101.9086	4.8269
	苔原类芽胞杆菌	86.1600	20.5755
	克劳氏芽胞杆菌	80.5543	26.1812
	深褐芽胞杆菌	74.9500	31.7855
	产硫芽胞杆菌	66.6671	40.0683
	巴塔哥尼亚芽胞杆菌	61.0514	45.6840
	青储窖芽胞杆菌	52.9671	53.7683
	弯曲芽胞杆菌	48.2857	58.4498
	坎皮纳斯类芽胞杆菌	44.7243	62.0112
	碱性沉积芽胞杆菌	40.4871	66.2483
	波斯芽胞杆菌	39.1014	67.6340
	里吉深海底芽胞杆菌	38.0957	68.6398
	霍氏芽胞杆菌	37.1071	69.6283
	深层大洋芽胞杆菌	36.9100	69.8255
	好盐芽胞杆菌	33.0743	73.6612
	图画大洋芽胞杆菌	33.0143	73.7212
	花园芽胞杆菌	31.6214	75.1140
	站特省芽胞杆菌	29.7143	77.0212
	沙福芽胞杆菌	28.2557	78.4798
	空气芽胞杆菌	25.5100	81.2255
	第 1 组 29 个样本平均值	106.7355	78.93445
2	假嗜碱芽胞杆菌	18.6471	9.3677
	海洋沉积芽胞杆菌	17.3143	8.0349
	泡菜大洋芽胞杆菌	16.6671	7.3877
	泰国纤细芽胞杆菌	14.7143	5.4349
	秋叶氏芽胞杆菌	13.2786	3.9992

组别	样本号	数量平均值/（CFU/g 土壤）	到中心距离（RMSTD）
2	湛江芽胞杆菌	12.6371	3.3577
	盐敏芽胞杆菌	12.2629	2.9834
	病研所芽胞杆菌	12.0271	2.7477
	索诺拉沙漠芽胞杆菌	11.9357	2.6563
	假坚强芽胞杆菌	11.4457	2.1663
	地衣芽胞杆菌	11.1271	1.8477
	湖南芽胞杆菌	10.8929	1.6134
	海水芽胞杆菌	9.2929	0.0134
	蜡样芽胞杆菌	8.6814	0.5980
	农研所芽胞杆菌	8.5714	0.7080
	克氏芽胞杆菌	7.4286	1.8508
	纺锤形赖氨酸芽胞杆菌	7.1429	2.1366
	食木糖类芽胞杆菌	6.8100	2.4694
	嗜气芽胞杆菌	6.5900	2.6894
	图瓦永芽胞杆菌	6.0157	3.2637
	嗜盐嗜糖芽胞杆菌	5.8571	3.4223
	长型赖氨酸芽胞杆菌	5.4314	3.8480
	FJAT-45086	5.2629	4.0166
	土地芽胞杆菌	5.2600	4.0194
	泰门芽胞杆菌	5.2557	4.0237
	巴塞罗那类芽胞杆菌	5.0000	4.2794
	列城芽胞杆菌	4.7614	4.5180
	马氏厌氧芽胞杆菌	4.3957	4.8837
	FJAT-45347	4.3957	4.8837
	第 2 组 29 个样本平均值	9.2794	3.5593
3	休闲地芽胞杆菌	3.8100	2.4139
	忍冷嗜冷芽胞杆菌	3.5714	2.1754
	海岸土类芽胞杆菌	3.3329	1.9368
	小鳟鱼大洋芽胞杆菌	3.2971	1.9011
	皮尔瑞尔类芽胞杆菌	3.1429	1.7468
	马尔马拉芽胞杆菌	3.0071	1.6111
	天安芽胞杆菌	2.8571	1.4611
	FJAT-46377	2.8571	1.4611
	解淀粉类芽胞杆菌	2.4757	1.0797
	科恩芽胞杆菌	2.4029	1.0068

组别	样本号	数量平均值 /（CFU/g 土壤）	到中心距离（RMSTD）
	碱土芽胞杆菌	2.2857	0.8897
	FJAT-45066	2.2557	0.8597
	居甲虫芽胞杆菌	2.1971	0.8011
	FJAT-45385	2.1971	0.8011
	简单芽胞杆菌	2.1729	0.7768
	大田类芽胞杆菌	2.0886	0.6925
	FJAT-46433	1.9786	0.5825
	蓼属芽胞杆菌	1.8386	0.4425
	浅橘色芽胞杆菌	1.7614	0.3654
	FJAT-46428	1.7586	0.3625
	内生芽胞杆菌	1.6486	0.2525
	解木聚糖赖氨酸芽胞杆菌	1.6486	0.2525
	嗜糖土地芽胞杆菌	1.6486	0.2525
	蕈状芽胞杆菌	1.5929	0.1968
	台中类芽胞杆菌	1.5043	0.1082
	碱居芽胞杆菌	1.2086	0.1875
	库尔勒芽胞杆菌	1.1900	0.2061
3	海口芽胞杆菌	1.0986	0.2975
	FJAT-45350	1.0986	0.2975
	深度类芽胞杆菌	0.8571	0.5389
	盐反硝化枝芽胞杆菌	0.7514	0.6446
	FJAT-45122	0.7514	0.6446
	韩国中盐芽胞杆菌	0.5500	0.8461
	小溪芽胞杆菌	0.5357	0.8603
	黑布施泰因芽胞杆菌	0.4757	0.9203
	南海沉积芽胞杆菌	0.3986	0.9975
	耐盐短小杆菌	0.3300	1.0661
	香港牡蛎芽胞杆菌	0.2386	1.1575
	戈氏芽胞杆菌	0.1643	1.2318
	环状芽胞杆菌	0.1429	1.2532
	枯草芽胞杆菌	0.0957	1.3003
	苏云金芽胞杆菌	0.0957	1.3003
	国化室房间芽胞杆菌	0.0957	1.3003
	松树类芽胞杆菌	0.0957	1.3003
	马赛塞内加尔芽胞杆菌	0.0543	1.3418

组别	样本号	数量平均值 / （CFU/g 土壤）	到中心距离（RMSTD）
3	含低硼赖氨酸芽胞杆菌	0.0543	1.3418
	巴达维亚芽胞杆菌	0.0471	1.3489
	耐盐芽胞杆菌	0.0471	1.3489
	柯赫芽胞杆菌	0.0471	1.3489
	普罗旺斯类芽胞杆菌	0.0471	1.3489
第 3 组 50 个样本平均值		1.3961	0.9772

第 1 组属高含量芽胞杆菌组，分离频度为 106.73/117.39=90.91%，为地区分布优势种，其在采样地的数量范围 25.5100 ～ 515.0300CFU/g 土壤，到中心的距离为 RMSTD= 65.7172；包括了 29 个种类，即：堀越氏芽胞杆菌（*Bacillus horikoshii*）、小孔芽胞杆菌（*Bacillus foraminis*）、短小芽胞杆菌（*Bacillus pumilus*）、嗜碱芽胞杆菌（*Bacillus alcalophilus*）、耐寒芽胞杆菌（*Bacillus frigoritolerans*）、灿烂类芽胞杆菌（*Paenibacillus lautus*）、盐地咸海鲜芽胞杆菌（*Jeotgalibacillus campisalis*）、坚强芽胞杆菌（*Bacillus firmus*）、吉氏芽胞杆菌（*Bacillus gibsonii*）、印空研芽胞杆菌（*Bacillus isronensis*）、苔原类芽胞杆菌（*Paenibacillus tundrae*）、克劳氏芽胞杆菌（*Bacillus clausii*）、深褐芽胞杆菌（*Bacillus atrophaeus*）、产硫芽胞杆菌（*Bacillus thioparans*）、巴塔哥尼亚芽胞杆菌（*Bacillus patagoniensis*）、青储窖芽胞杆菌（*Bacillus siralis*）、弯曲芽胞杆菌（*Bacillus flexus*）、坎皮纳斯类芽胞杆菌（*Paenibacillus campinasensis*）、碱性沉积芽胞杆菌（*Bacillus alkalisediminis*）、波斯芽胞杆菌（*Bacillus persicus*）、里吉深海床芽胞杆菌（*Bacillus rigiliprofundi*）、霍氏芽胞杆菌（*Bacillus horneckiae*）、深层大洋芽胞杆菌（*Oceanobacillus profundus*）、好盐芽胞杆菌（*Bacillus salsus*）、图画大洋芽胞杆菌（*Oceanobacillus picturae*）、花园芽胞杆菌（*Bacillus horti*）、站特省芽胞杆菌（*Bacillus drentensis*）、沙福芽胞杆菌（*Bacillus safensis*）、空气芽胞杆菌（*Bacillus aerius*）。

第 2 组属中含量芽胞杆菌组，分离频度为 9.27/117.39=7.89%，为地区分布常见种，其在采样地的数量范围 4.3957 ～ 18.6471CFU/g 土壤，到中心的距离为 RMSTD= 2.4205；包括了 29 个种类，即假嗜碱芽胞杆菌（*Bacillus pseudalcaliphilus*）、海洋沉积芽胞杆菌（*Bacillus oceanisediminis*）、泡菜大洋芽胞杆菌（*Oceanobacillus kimchii*）、泰国纤细芽胞杆菌（*Gracilibacillus thailandensis*）、秋叶氏芽胞杆菌（*Bacillus akibai*）、湛江芽胞杆菌（*Bacillus zhanjiangensis*）、盐敏芽胞杆菌（*Bacillus halmapalus*）、病研所芽胞杆菌（*Bacillus idriensis*）、索诺拉沙漠芽胞杆菌（*Bacillus sonorensis*）、假坚强芽胞杆菌（*Bacillus pseudofirmus*）、地衣芽胞杆菌（*Bacillus licheniformis*）、湖南芽胞杆菌（*Bacillus hunanensis*）、海水芽胞杆菌（*Bacillus aquimaris*）、蜡样芽胞杆菌（*Bacillus cereus*）、农研所芽胞杆菌（*Bacillus niabensis*）、克氏芽胞杆菌（*Bacillus clarkii*）、纺锤形赖氨酸芽胞杆菌（*Lysinibacillus fusiformis*）、食木糖类芽胞杆菌（*Paenibacillus xylanexedens*）、嗜气芽胞杆菌（*Bacillus aerophilus*）、图瓦永芽胞杆菌（*Bacillus toyonensis*）、嗜盐嗜糖芽胞杆菌（*Bacillus halosaccharovorans*）、长型赖氨酸芽胞杆菌（*Lysinibacillus macroides*）、FJAT-45086、土地芽胞杆菌（*Bacillus humi*）、泰门芽胞杆菌（*Bacillus timonensis*）、巴塞罗那类芽胞杆菌（*Paenibacillus barcinonensis*）、列城芽胞杆菌（*Bacillus lehensis*）、马氏厌氧芽胞杆菌（*Anaerobacillus macyae*）、FJAT-45347。

第 3 组属低含量芽胞杆菌组，分离频度为 1.39/117.39=1.18%，为地区分布稀有种，其在采样地的数量范围 0.0471 ～ 3.8100CFU/g 土壤，到中心的距离为 RMSTD= 0.6538；包括了 50 个种类，即：休闲地芽胞杆菌（*Bacillus novalis*）、忍冷嗜冷芽胞杆菌（*Psychrobacillus psychrodurans*）、海岸土类芽胞杆菌（*Paenibacillus terrigena*）、小鳟鱼大洋芽胞杆菌（*Oceanobacillus oncorhynchi*）、皮尔瑞尔类芽胞杆菌（*Paenibacillus peoriae*）、马尔马拉芽胞杆菌（*Bacillus marmarensis*）、天安芽胞杆菌（*Bacillus cheonanensis*）、FJAT-46377、解淀粉类芽胞杆菌（*Paenibacillus amylolyticus*）、科恩芽胞杆菌（*Bacillus cohnii*）、碱土芽胞杆菌（*Bacillus alkalitelluris*）、FJAT-45066、居甲虫芽胞杆菌（*Bacillus trypoxylicola*）、FJAT-45385、简单芽胞杆菌（*Bacillus simplex*）、大田类芽胞杆菌（*Paenibacillus daejeonensis*）、FJAT-46433、蓼属芽胞杆菌（*Bacillus polygoni*）、浅橘色芽胞杆菌（*Bacillus luteolus*）、FJAT-46428、内生芽胞杆菌（*Bacillus endophyticus*）、解木聚糖赖氨酸芽胞杆菌（*Lysinibacillus xylanilyticus*）、嗜糖土地芽胞杆菌（*Terribacillus saccharophilus*）、蕈状芽胞杆菌（*Bacillus mycoides*）、台中类芽胞杆菌（*Paenibacillus taichungensis*）、碱居芽胞杆菌（*Bacillus alkalicola*）、库尔勒芽胞杆菌（*Bacillus korlensis*）、海口芽胞杆菌（*Bacillus haikouensis*）、FJAT-45350、深度类芽胞杆菌（*Paenibacillus profundus*）、盐反硝化枝芽胞杆菌（*Virgibacillus halodenitrificans*）、FJAT-45122、韩国中盐芽胞杆菌（*Aquibacillus koreensis*）、小溪芽胞杆菌（*Bacillus xiaoxiensis*）、黑布施泰因芽胞杆菌（*Bacillus herbersteinensis*）、南海沉积芽胞杆菌（*Bacillus nanhaiisediminis*）、耐盐短小杆菌（*Brevibacterium halotolerans*）、香港牡蛎芽胞杆菌（*Bacillus crassostreae*）、戈氏芽胞杆菌（*Bacillus gottheilii*）、环状芽胞杆菌（*Bacillus circulans*）、枯草芽胞杆菌（*Bacillus subtilis*）、苏云金芽胞杆菌（*Bacillus thuringiensis*）、国化室房间芽胞杆菌（*Domibacillus enclensis*）、松树类芽胞杆菌（*Paenibacillus pinisoli*）、马赛塞内加尔芽胞杆菌（*Bacillus massiliosenegalensis*）、含低硼赖氨酸芽胞杆菌（*Lysinibacillus parviboronicapiens*）、巴达维亚芽胞杆菌（*Bacillus bataviensis*）、耐盐芽胞杆菌（*Bacillus halodurans*）、柯赫芽胞杆菌（*Bacillus kochii*）、普罗旺斯类芽胞杆菌（*Paenibacillus provencensis*）。

（2）基于芽胞杆菌的采样地聚类分析　以表 3-4 为矩阵，以采集地为样本，芽胞杆菌种类为指标，马氏距离为尺度，可变类平均法进行系统聚类，分析结果见图 3-9、表 3-6。根据 108 种芽胞杆菌数量的分布可将采样地分为 3 组。

第 1 组包括了青海、四川、宁夏；前 3 个高含量的芽胞杆菌种类为小孔芽胞杆菌（*Bacillus foraminis*）（586.67CFU/g 土壤）、短小芽胞杆菌（*Bacillus pumilus*）（535.67CFU/g 土壤）、灿烂类芽胞杆菌（*Paenibacillus lautus*）（342.33CFU/g 土壤）。第 2 组包括了新疆、西藏；前 3 个高含量的芽胞杆菌种类为堀越氏芽胞杆菌（*Bacillus horikoshii*）（714.37CFU/g 土壤）、盐地咸海鲜芽胞杆菌（*Jeotgalibacillus campisalis*）（539.68CFU/g 土壤）、苔原类芽胞杆菌（*Paenibacillus tundrae*）（267.89CFU/g 土壤）。第 3 组包括了甘肃、云南；前 3 个高含量的芽胞杆菌种类为堀越氏芽胞杆菌（*Bacillus horikoshii*）（612.00CFU/g 土壤）、嗜碱芽胞杆菌（*Bacillus alcalophilus*）（430.00CFU/g 土壤）、小孔芽胞杆菌（*Bacillus foraminis*）（148.00CFU/g 土壤）。各组的优势种群差异显著。

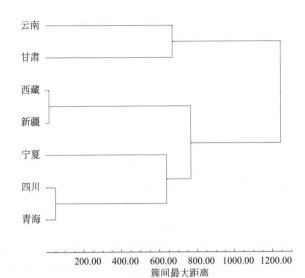

图 3-9　基于芽胞杆菌的采样地聚类分析

表 3-6　基于芽胞杆菌的采样地聚类分析

单位：CFU/g 土壤

菌种	第 1 组 3 个样本				第 2 组 2 个样本			第 3 组 2 个样本		
	青海	四川	宁夏	平均值	新疆	西藏	平均值	甘肃	云南	平均值
小孔芽胞杆菌	780.00	0.00	980.00	586.67	461.92	0.53	231.22	296.00	0.00	148.00
短小芽胞杆菌	1573.67	30.00	3.33	535.67	219.23	300.00	259.61	30.00	0.00	15.00
灿烂类芽胞杆菌	33.67	0.00	993.33	342.33	10.77	0.00	5.38	46.00	46.15	46.07
坚强芽胞杆菌	0.00	0.00	1000.00	333.33	0.00	0.00	0.00	0.00	0.00	0.00
堀越氏芽胞杆菌	7.67	8.13	936.67	317.49	307.69	1121.05	714.37	1224.00	0.00	612.00
耐寒芽胞杆菌	876.33	0.00	0.00	292.11	193.85	1.05	97.45	80.00	0.00	40.00
印空研芽胞杆菌	0.00	14.38	666.67	227.02	0.00	0.00	0.00	0.00	32.31	16.15
产硫芽胞杆菌	0.00	0.00	466.67	155.56	0.00	0.00	0.00	0.00	0.00	0.00
吉氏芽胞杆菌	0.00	0.00	383.33	127.78	196.15	0.00	98.07	180.00	0.00	90.00
弯曲芽胞杆菌	338.00	0.00	0.00	112.67	0.00	0.00	0.00	0.00	0.00	0.00
嗜碱芽胞杆菌	10.67	0.00	313.33	108.00	150.00	0.00	75.00	860.00	0.00	430.00
巴塔哥尼亚芽胞杆菌	0.00	284.38	36.67	107.02	37.69	0.00	18.84	4.00	64.62	34.31
里吉深海底芽胞杆菌	0.00	0.00	266.67	88.89	0.00	0.00	0.00	0.00	0.00	0.00
波斯芽胞杆菌	165.00	0.00	93.33	86.11	15.38	0.00	7.69	0.00	0.00	0.00
霍氏芽胞杆菌	0.00	250.00	6.67	85.56	3.08	0.00	1.54	0.00	0.00	0.00
深褐芽胞杆菌	19.33	0.00	233.33	84.22	184.62	17.37	100.99	70.00	0.00	35.00
青储窖芽胞杆菌	240.00	0.00	0.00	80.00	130.77	0.00	65.38	0.00	0.00	0.00
好盐芽胞杆菌	222.67	0.00	0.00	74.22	8.85	0.00	4.42	0.00	0.00	0.00
站特省芽胞杆菌	2.00	0.00	200.00	67.33	0.00	0.00	0.00	6.00	0.00	3.00

续表

菌种	第1组 3个样本				第2组 2个样本			第3组 2个样本		
	青海	四川	宁夏	平均值	新疆	西藏	平均值	甘肃	云南	平均值
克劳氏芽胞杆菌	1.33	200.63	0.00	67.32	343.46	0.00	171.73	0.00	18.46	9.23
花园芽胞杆菌	0.00	187.50	0.00	62.50	33.85	0.00	16.92	0.00	0.00	0.00
深层大洋芽胞杆菌	0.33	66.25	83.33	49.97	8.46	0.00	4.23	0.00	100.00	50.00
假嗜碱芽胞杆菌	130.00	0.00	0.00	43.33	0.00	0.53	0.26	0.00	0.00	0.00
泡菜大洋芽胞杆菌	0.00	0.00	116.67	38.89	0.00	0.00	0.00	0.00	0.00	0.00
湖南芽胞杆菌	0.00	76.25	0.00	25.42	0.00	0.00	0.00	0.00	0.00	0.00
空气芽胞杆菌	8.00	0.00	66.67	24.89	78.85	21.05	49.95	4.00	0.00	2.00
苔原类芽胞杆菌	67.33	0.00	0.00	22.44	0.00	535.79	267.89	0.00	0.00	0.00
海水芽胞杆菌	64.67	0.00	0.00	21.56	0.38	0.00	0.19	0.00	0.00	0.00
索诺拉沙漠芽胞杆菌	0.00	62.50	0.00	20.83	0.00	21.05	10.52	0.00	0.00	0.00
纺锤形赖氨酸芽胞杆菌	0.00	0.00	50.00	16.67	0.00	0.00	0.00	0.00	0.00	0.00
食木糖类芽胞杆菌	47.67	0.00	0.00	15.89	0.00	0.00	0.00	0.00	0.00	0.00
病研所芽胞杆菌	33.33	8.75	0.00	14.03	0.00	2.11	1.05	40.00	0.00	20.00
假坚强芽胞杆菌	1.33	35.63	0.00	12.32	0.00	43.16	21.58	0.00	0.00	0.00
碱性沉积芽胞杆菌	35.33	0.00	0.00	11.78	208.08	40.00	124.04	0.00	0.00	0.00
巴塞罗那类芽胞杆菌	35.00	0.00	0.00	11.67	0.00	0.00	0.00	0.00	0.00	0.00
列城芽胞杆菌	0.00	0.00	33.33	11.11	0.00	0.00	0.00	0.00	0.00	0.00
泰门芽胞杆菌	0.00	0.00	33.33	11.11	3.46	0.00	1.73	0.00	0.00	0.00
休闲地芽胞杆菌	0.00	0.00	26.67	8.89	0.00	0.00	0.00	0.00	0.00	0.00
地衣芽胞杆菌	13.00	3.13	10.00	8.71	16.15	10.53	13.34	22.00	3.08	12.54
忍冷嗜冷芽胞杆菌	10.00	15.00	0.00	8.33	0.00	0.00	0.00	0.00	0.00	0.00
海岸土类芽胞杆菌	23.33	0.00	0.00	7.78	0.00	0.00	0.00	0.00	0.00	0.00
皮尔瑞尔类芽胞杆菌	22.00	0.00	0.00	7.33	0.00	0.00	0.00	0.00	0.00	0.00
海洋沉积芽胞杆菌	7.33	0.00	13.33	6.89	16.54	0.00	8.27	84.00	0.00	42.00
盐敏芽胞杆菌	7.33	13.13	0.00	6.82	65.38	0.00	32.69	0.00	0.00	0.00
解淀粉类芽胞杆菌	17.33	0.00	0.00	5.78	0.00	0.00	0.00	0.00	0.00	0.00
碱土芽胞杆菌	16.00	0.00	0.00	5.33	0.00	0.00	0.00	0.00	0.00	0.00
浅橘色芽胞杆菌	12.33	0.00	0.00	4.11	0.00	0.00	0.00	0.00	0.00	0.00
蕈状芽胞杆菌	10.00	0.00	0.00	3.33	1.15	0.00	0.57	0.00	0.00	0.00
库尔勒芽胞杆菌	8.33	0.00	0.00	2.78	0.00	0.00	0.00	0.00	0.00	0.00
嗜气芽胞杆菌	7.67	0.00	0.00	2.56	38.46	0.00	19.23	0.00	0.00	0.00
沙福芽胞杆菌	2.67	3.75	0.00	2.14	7.69	183.68	95.68	0.00	0.00	0.00
深度类芽胞杆菌	6.00	0.00	0.00	2.00	0.00	0.00	0.00	0.00	0.00	0.00
小溪芽胞杆菌	0.00	3.75	0.00	1.25	0.00	0.00	0.00	0.00	0.00	0.00

续表

菌种	第1组3个样本				第2组2个样本			第3组2个样本		
	青海	四川	宁夏	平均值	新疆	西藏	平均值	甘肃	云南	平均值
简单芽胞杆菌	3.67	0.00	0.00	1.22	2.31	0.00	1.15	0.00	9.23	4.61
黑布施泰因芽胞杆菌	0.00	0.00	3.33	1.11	0.00	0.00	0.00	0.00	0.00	0.00
泰国纤细芽胞杆菌	3.00	0.00	0.00	1.00	100.00	0.00	50.00	0.00	0.00	0.00
盐地咸海鲜芽胞杆菌	1.67	0.63	0.00	0.77	4.62	1074.74	539.68	0.00	0.00	0.00
香港牡蛎芽胞杆菌	1.67	0.00	0.00	0.56	0.00	0.00	0.00	0.00	0.00	0.00
蓼属芽胞杆菌	1.33	0.00	0.00	0.44	11.54	0.00	5.77	0.00	0.00	0.00
南海沉积芽胞杆菌	0.00	1.25	0.00	0.42	0.00	0.00	0.00	0.00	1.54	0.77
环状芽胞杆菌	1.00	0.00	0.00	0.33	0.00	0.00	0.00	0.00	0.00	0.00
枯草芽胞杆菌	0.67	0.00	0.00	0.22	0.00	0.00	0.00	0.00	0.00	0.00
苏云金芽胞杆菌	0.67	0.00	0.00	0.22	0.00	0.00	0.00	0.00	0.00	0.00
国化室房间芽胞杆菌	0.67	0.00	0.00	0.22	0.00	0.00	0.00	0.00	0.00	0.00
赤松土类芽胞杆菌	0.67	0.00	0.00	0.22	0.00	0.00	0.00	0.00	0.00	0.00
巴达维亚芽胞杆菌	0.33	0.00	0.00	0.11	0.00	0.00	0.00	0.00	0.00	0.00
耐盐芽胞杆菌	0.33	0.00	0.00	0.11	0.00	0.00	0.00	0.00	0.00	0.00
柯赫芽胞杆菌	0.33	0.00	0.00	0.11	0.00	0.00	0.00	0.00	0.00	0.00
长型赖氨酸芽胞杆菌	0.33	0.00	0.00	0.11	37.69	0.00	18.84	0.00	0.00	0.00
图画大洋芽胞杆菌	0.33	0.00	0.00	0.11	230.77	0.00	115.38	0.00	0.00	0.00
普罗旺斯类芽胞杆菌	0.33	0.00	0.00	0.11	0.00	0.00	0.00	0.00	0.00	0.00
马氏厌氧芽胞杆菌	0.00	0.00	0.00	0.00	30.77	0.00	15.38	0.00	0.00	0.00
韩国中盐芽胞杆菌	0.00	0.00	0.00	0.00	3.85	0.00	1.92	0.00	0.00	0.00
秋叶氏芽胞杆菌	0.00	0.00	0.00	0.00	7.69	85.26	46.47	0.00	0.00	0.00
碱居芽胞杆菌	0.00	0.00	0.00	0.00	8.46	0.00	4.23	0.00	0.00	0.00
蜡样芽胞杆菌	0.00	0.00	0.00	0.00	50.00	0.00	25.00	0.00	10.77	5.38
天安芽胞杆菌	0.00	0.00	0.00	0.00	0.00	0.00	0.00	20.00	0.00	10.00
克氏芽胞杆菌	0.00	0.00	0.00	0.00	50.00	0.00	25.00	2.00	0.00	1.00
科恩芽胞杆菌	0.00	0.00	0.00	0.00	15.77	1.05	8.41	0.00	0.00	0.00
内生芽胞杆菌	0.00	0.00	0.00	0.00	11.54	0.00	5.77	0.00	0.00	0.00
戈氏芽胞杆菌	0.00	0.00	0.00	0.00	1.15	0.00	0.57	0.00	0.00	0.00
海口芽胞杆菌	0.00	0.00	0.00	0.00	7.69	0.00	3.84	0.00	0.00	0.00
嗜盐嗜糖芽胞杆菌	0.00	0.00	0.00	0.00	35.00	0.00	17.50	6.00	0.00	3.00
土地芽胞杆菌	0.00	0.00	0.00	0.00	15.77	21.05	18.41	0.00	0.00	0.00
马尔马拉芽胞杆菌	0.00	0.00	0.00	0.00	0.00	21.05	10.52	0.00	0.00	0.00
马赛塞内加尔芽胞杆菌	0.00	0.00	0.00	0.00	0.38	0.00	0.19	0.00	0.00	0.00
农研所芽胞杆菌	0.00	0.00	0.00	0.00	0.00	0.00	0.00	60.00	0.00	30.00

续表

菌种	第1组 3个样本				第2组 2个样本			第3组 2个样本		
	青海	四川	宁夏	平均值	新疆	西藏	平均值	甘肃	云南	平均值
图瓦永芽胞杆菌	0.00	0.00	0.00	0.00	0.00	2.11	1.05	0.00	40.00	20.00
居甲虫芽胞杆菌	0.00	0.00	0.00	0.00	15.38	0.00	7.69	0.00	0.00	0.00
湛江芽胞杆菌	0.00	0.00	0.00	0.00	88.46	0.00	44.23	0.00	0.00	0.00
耐盐短小杆菌	0.00	0.00	0.00	0.00	2.31	0.00	1.15	0.00	0.00	0.00
含低硼赖氨酸芽胞杆菌	0.00	0.00	0.00	0.00	0.38	0.00	0.19	0.00	0.00	0.00
解木聚糖赖氨酸芽胞杆菌	0.00	0.00	0.00	0.00	11.54	0.00	5.77	0.00	0.00	0.00
小鳟鱼大洋芽胞杆菌	0.00	0.00	0.00	0.00	23.08	0.00	11.54	0.00	0.00	0.00
坎皮纳斯类芽胞杆菌	0.00	0.00	0.00	0.00	306.92	0.00	153.46	0.00	6.15	3.07
大田类芽胞杆菌	0.00	0.00	0.00	0.00	14.62	0.00	7.31	0.00	0.00	0.00
台中类芽胞杆菌	0.00	0.00	0.00	0.00	0.00	10.53	5.26	0.00	0.00	0.00
嗜糖土地芽胞杆菌	0.00	0.00	0.00	0.00	11.54	0.00	5.77	0.00	0.00	0.00
盐反硝化枝芽胞杆菌	0.00	0.00	0.00	0.00	0.00	5.26	2.63	0.00	0.00	0.00
FJAT-45066	0.00	0.00	0.00	0.00	0.00	15.79	7.89	0.00	0.00	0.00
FJAT-45086	0.00	0.00	0.00	0.00	0.00	36.84	18.42	0.00	0.00	0.00
FJAT-45122	0.00	0.00	0.00	0.00	0.00	5.26	2.63	0.00	0.00	0.00
FJAT-45347	0.00	0.00	0.00	0.00	30.77	0.00	15.38	0.00	0.00	0.00
FJAT-45350	0.00	0.00	0.00	0.00	7.69	0.00	3.84	0.00	0.00	0.00
FJAT-45385	0.00	0.00	0.00	0.00	15.38	0.00	7.69	0.00	0.00	0.00
FJAT-46377	0.00	0.00	0.00	0.00	0.00	0.00	0.00	20.00	0.00	10.00
FJAT-46428	0.00	0.00	0.00	0.00	0.00	0.00	0.00	0.00	12.31	6.15
FJAT-46433	0.00	0.00	0.00	0.00	0.00	0.00	0.00	0.00	13.85	6.92
到中心距离	RMSTD= 965.7042				RMSTD= 687.2247			RMSTD= 632.5533		

（3）嗜碱芽胞杆菌种类分布特征　7个采样地（7个省份）120份空间样本中嗜碱芽胞杆菌种类出现频度差异显著，有的种类广泛分布在空间样本中，有的种类分布在少数空间样本中，根据其分布广泛性可分为三类：第一类高频度分布种类，分离频度为71%～100%，有9个种类分布在5～7个省份，分别为空气芽胞杆菌（5个省份）、深褐芽胞杆菌（5个省份）、小孔芽胞杆菌（5个省份）、巴塔哥尼亚芽胞杆菌（5个省份）、灿烂类芽胞杆菌（5个省份）、堀越氏芽胞杆菌（6个省份）、短小芽胞杆菌（6个省份）、深层大洋芽胞杆菌（6个省份）和地衣芽胞杆菌（7个省份）；第二类为中频度分布种类，分离频度为57%，有7个种类分布在4个省份，分别为嗜碱芽胞杆菌、克劳氏芽胞杆菌、病研所芽胞杆菌、海洋沉积芽胞杆菌、沙福芽胞杆菌、耐寒芽胞杆菌和盐地咸海鲜芽胞杆菌；第三类为低频度分布种类，分离频度为17%～42%，其余92个种分布在1～3个省份。

（4）芽胞杆菌嗜碱特性分布特征　基于菌落含量统计，我国西部地区嗜碱芽胞杆菌资源种类分布特征见图3-10。由图可知，108种嗜碱芽胞杆菌可分为3类。第1类为低含量分布类型，包含 81 种，平均含量最高约为 0.18×10^3CFU/g，大部分都在 0.1×10^3CFU/g 以下。第 2 类为中含量分布类型，包含 18 种，平均菌落含量最高约为 0.67×10^3CFU/g，属于该类群的种类为碱性沉积芽胞杆菌、深褐芽胞杆菌、克劳氏芽胞杆菌、钻特省芽胞杆菌、弯曲芽胞杆菌、吉氏芽胞杆菌、霍氏芽胞杆菌、花园芽胞杆菌、印空研芽胞杆菌、巴塔哥尼亚芽胞杆菌、波斯芽胞杆菌、假嗜碱芽胞杆菌、里吉深海床芽胞杆菌、好盐芽胞杆菌、青储窖芽胞杆菌、产硫芽胞杆菌、图画大洋芽胞杆菌和坎皮纳斯类芽胞杆菌。第 3 类为高含量丰富类型，包含 9 种，最高含量约达 1.57×10^3CFU/g，属于该类群的种类为嗜碱芽胞杆菌、坚强芽胞杆菌、小孔芽胞杆菌、堀越氏芽胞杆菌、短小芽胞杆菌、耐寒芽胞杆菌、盐地咸海鲜芽胞杆菌、灿烂类芽胞杆菌和苔原类芽胞杆菌。

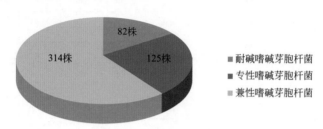

图 3-10　嗜碱芽胞杆菌耐碱特性分析

3. 嗜碱芽胞杆菌的耐盐碱特性

（1）耐碱特性　根据嗜碱芽胞杆菌的定义进行分类，可分为耐碱芽胞杆菌（最适 pH < 9.0）、专性嗜碱芽胞杆菌（最适 pH ≥ 9.0 且 pH < 8.0 不能生长）和兼性嗜碱芽胞杆菌（最适 pH ≥ 9.0 且 pH < 8.0 可以良好生长）。在不同 pH 值梯度的 LB 培养基上对 521 株代表菌株进行耐碱实验，结果表明，耐碱芽胞杆菌有 82 株，占总数的 15.74%；专性嗜碱芽胞杆菌有 125 株，占总数的 23.99%；兼性嗜碱芽胞杆菌有 314 株，占总数的 60.27%。同时发现，韩国中盐芽胞杆菌、秋叶氏芽胞杆菌、碱居芽胞杆菌、碱土芽胞杆菌、碱性沉积芽胞杆菌、巴达维亚芽胞杆菌、天安芽胞杆菌、克氏芽胞杆菌、科恩芽胞杆菌、嗜常温芽胞杆菌、耐盐芽胞杆菌、黑布施泰因芽胞杆菌、花园芽胞杆菌、浅橘色芽胞杆菌、马尔马拉芽胞杆菌、农研所芽胞杆菌、假嗜碱芽胞杆菌、假坚强芽胞杆菌、蓼属芽胞杆菌、小溪芽胞杆菌、台中类芽胞杆菌、盐反硝化枝芽胞杆菌这些种类皆为专性嗜碱芽胞杆菌。

其他种类也存在部分菌株为专性嗜碱芽胞杆菌。如图 3-11 所示，不同 pH 值条件下，嗜碱芽胞杆菌的菌落形态有着较明显的差异。耐碱芽胞杆菌在中酸性环境（pH5～7）中菌落高度黏稠湿润，颜色较深，但是随着 pH 值增大，菌落变小，颜色变浅，黏稠度降低；专性嗜碱芽胞杆菌在中酸性环境（pH5～7）下未有肉眼可见的菌落形态，但是随着 pH 值增大，菌落变大，黏稠度增大，湿度增大，颜色由深变浅，边缘清晰可见，但在极端碱性条件（pH13）下，菌落黏稠度和湿度大大降低，边缘模糊，呈薄薄的半透明状；兼性嗜碱芽胞杆菌在中酸性环境下大部分菌株的菌落形态小且薄，颜色较浅，呈稀疏状，但是随着 pH 值增大，菌落变大，湿度和黏稠度也随之增大，光滑湿润，颜色鲜明，边缘整齐，在极端碱性条件（pH13）下，部分菌落仍可以生长，菌落形态呈微湿润的透明或半透明的稀薄状。

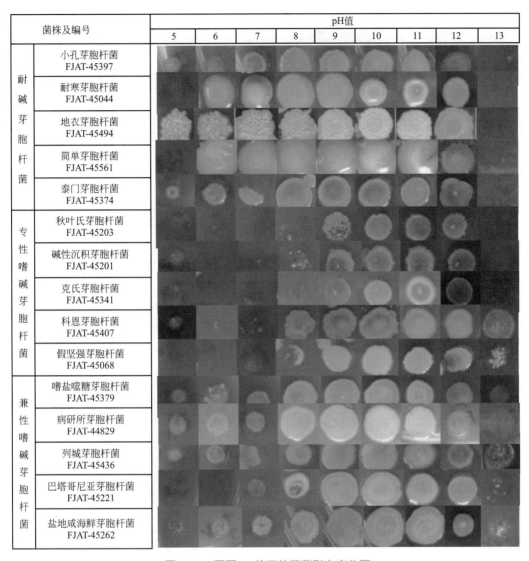

菌株及编号		pH值									
		5	6	7	8	9	10	11	12	13	
耐碱芽胞杆菌	小孔芽胞杆菌 FJAT-45397										
	耐寒芽胞杆菌 FJAT-45044										
	地衣芽胞杆菌 FJAT-45494										
	简单芽胞杆菌 FJAT-45561										
	泰门芽胞杆菌 FJAT-45374										
专性嗜碱芽胞杆菌	秋叶氏芽胞杆菌 FJAT-45203										
	碱性沉积芽胞杆菌 FJAT-45201										
	克氏芽胞杆菌 FJAT-45341										
	科恩芽胞杆菌 FJAT-45407										
	假坚强芽胞杆菌 FJAT-45068										
兼性嗜碱芽胞杆菌	嗜盐噬糖芽胞杆菌 FJAT-45379										
	病研所芽胞杆菌 FJAT-44829										
	列城芽胞杆菌 FJAT-45436										
	巴塔哥尼亚芽胞杆菌 FJAT-45221										
	盐地咸海鲜芽胞杆菌 FJAT-45262										

图 3-11 不同 pH 值下的菌落形态变化图

（2）耐盐特性 在不同 NaCl 浓度梯度的 LB 平板上对 521 株代表菌株进行耐盐实验，由图 3-12 可知：仅能耐受 4% 盐度的有 52 株，达 9.98%；能耐受 6% 盐度的有 85 株，达 16.31%；能耐受 8% 盐度的有 73 株，达 14.01%；能耐受 10% 盐度的有 163 株，达 31.29%；能耐受 12% 盐度的有 56 株，达 10.75%；能耐受 14% 盐度的有 69 株，达 13.24%；能耐受 16% 盐度的有 9 株，达 1.73%；能耐受 20% 盐度的有 14 株，达 2.69%。如图 3-13 所示，在不同的 NaCl 浓度下嗜碱芽胞杆菌的菌落形态也有着较明显的差异。在 NaCl 浓度较低（0～40g/L）时，嗜碱芽胞杆菌的菌落较大，颜色较深，黏稠度较大，呈光滑湿润状；但是随着 NaCl 浓度增大，菌落变小，变薄，黏稠度降低，颜色变浅。

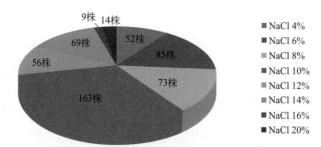

图 3-12　嗜碱芽胞杆菌耐盐特性分析

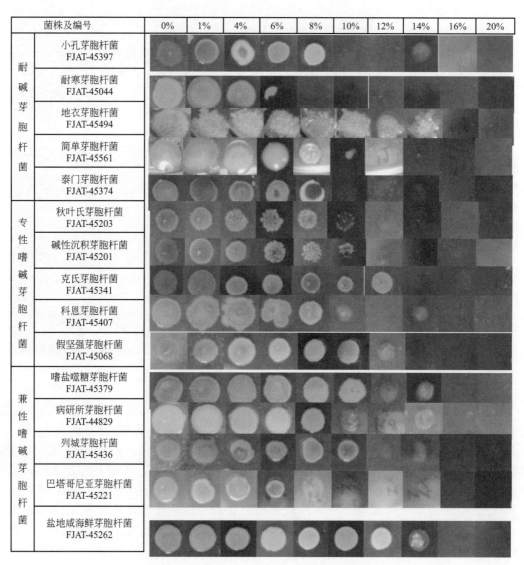

图 3-13　不同 NaCl 浓度下的菌落形态变化

五、嗜碱芽胞杆菌资源多样性分析

1. 酸性环境与碱性环境下的多样性分析比较

研究发现，酸碱性环境下亦存在着一定量的嗜碱芽胞杆菌。从酸性样本中获得的63株嗜碱芽胞杆菌隶属于5个属29种，碱性环境中688株嗜碱芽胞杆菌隶属于12个属103种。赖氨酸芽胞杆菌属、大洋芽胞杆菌属、类芽胞杆菌属、嗜冷芽胞杆菌属及芽胞杆菌属的种类在酸性环境与碱性环境中皆有分布。但仅在酸性土壤样本中获得嗜碱菌种类为居甲虫芽胞杆菌（*Bacillus trypoxylicola*）、解木糖赖氨酸芽胞杆菌（*Lysinibacillus xylanilyticus*）、大田类芽胞杆菌（*Paenibacillus daejeonensis*）、FJAT-46428和FJAT-46433。空气芽胞杆菌、碱性沉积芽胞杆菌（*Bacillus alkalisediminis*）、蜡样芽胞杆菌（*Bacillus cereus*）、克劳氏芽胞杆菌（*Bacillus clausii*）、小孔芽胞杆菌（*Bacillus foraminis*）、花园芽胞杆菌、湖南芽胞杆菌（*Bacillus hunanensis*）、印空研芽胞杆菌、地衣芽胞杆菌、蕈状芽胞杆菌、南海沉积芽胞杆菌、海洋沉积芽胞杆菌（*Bacillus oceanisediminis*）、巴塔哥尼亚芽胞杆菌、假坚强芽胞杆菌（*Bacillus pseudofirmus*）、短小芽胞杆菌、简单芽胞杆菌（*Bacillus simplex*）、青储窖芽胞杆菌（*Bacillus siralis*）、图瓦永芽胞杆菌（*Bacillus toyonensis*）、小溪芽胞杆菌（*Bacillus xiaoxiensis*）、延长赖氨酸芽胞杆菌、深层大洋芽胞杆菌（*Oceanobacillus profundus*）、坎皮纳斯类芽胞杆菌（*Paenibacillus campinasensis*）、灿烂类芽胞杆菌（*Paenibacillus lautus*）和忍冷嗜冷芽胞杆菌（*Psychrobacillus psychrodurans*）在酸碱性环境中皆有分布，其余的嗜碱芽胞杆菌种类则在碱性环境中分布。如表3-7所列，酸性环境的Shannon多样性指数（H）、Simpson优势度指数（λ_J）及Pielou均匀度指数（J）皆小于碱性环境。酸性环境的嗜碱芽胞杆菌平均含量为0.71×10^3CFU/g，碱性环境的嗜碱芽胞杆菌平均含量为4.23×10^3CFU/g。

表3-7 酸碱性环境下嗜碱芽胞杆菌种类多样性分析表

环境	酸性环境	碱性环境
土壤数	27	93
芽胞杆菌种数	29	103
芽胞杆菌总含量 /(10^4CFU/g)	1.92	39.38
芽胞杆菌平均数 /(10^3CFU/g)	0.71	4.23
Shannon 多样性指数（H）	1.41	3.29
Simpson 优势度指数（λ_J）	0.99	0.93
Pielou 均匀度指数（J）	0.42	0.71

2. 地区分布多样性指数分析

如表3-8所列，不同地区的Shannon多样性指数（H）次序为新疆＞宁夏＞青海＞四川＞云南＞西藏＞甘肃，Simpson优势度指数（λ_J）次序为新疆＞宁夏＞云南＞四川＞青海＞西藏＞甘肃，Pielou均匀度指数（J）次序为云南＞宁夏＞新疆＞四川＞甘肃＞西藏＞青海；同时，新疆的嗜碱芽胞杆菌的种类最多，青海的芽胞杆菌总含量最多，其次是新疆，种类数和总含量最少的是云南（13种，0.47×10^4CFU/g），但是平均含量最多的却是宁夏，其次是青海，最少的是四川和云南。

聚类分析采用表 3-8 数据为矩阵，以区域为样本，多样性指数为指标，数据不转换，绝对距离为尺度，用可变类平均法进行系统聚类；分析结果见图 3-14、表 3-9。分析结果用多样性指数可将调查地区分为 3 组。第 1 组包括了四川、云南、甘肃。其特征为芽胞杆菌种类数较少（平均 17 种），平均含量较低（平均值为 $1.56 \times 10^4 CFU/g$），多样性指数较低，优势度指数较低、均匀度指数较高。第 2 组包括了西藏、宁夏。其特征其特征为芽胞杆菌种类数中等（平均 25 种），平均含量较高（平均值为 $5.30 \times 10^4 CFU/g$），多样性指数中等，优势度指数中等、均匀度指数中等。第 3 组包括了云南、甘肃、四川。其特征其特征为芽胞杆菌种类数较多（平均 55 种），平均含量中等（平均值为 $4.38 \times 10^4 CFU/g$），多样性指数较高，优势度指数较高、均匀度指数较低。

表 3-8　不同地区嗜碱芽胞杆菌种类多样性分析表

省份	土样数	芽胞杆菌种类数	总含量 /(10^4CFU/g)	平均含量 /(10^3CFU/g)	Shannon 多样性指数（H）	Simpson 优势度指数（λ_1）	Pielou 均匀度指数（J）
四川	16	19	2.02	1.27	2.17	0.85	0.74
西藏	19	25	6.80	3.58	1.83	0.78	0.57
云南	13	13	0.47	0.36	2.12	0.85	0.83
青海	30	53	14.62	4.87	2.24	0.83	0.57
新疆	26	57	10.13	3.90	3.16	0.94	0.78
甘肃	10	19	3.05	3.05	1.79	0.74	0.61
宁夏	6	25	4.21	7.02	2.53	0.90	0.79

图 3-14　基于多样性指数嗜碱的芽胞杆菌地区分布聚类分析

表 3-9　基于多样性指数嗜碱的芽胞杆菌地区分布聚类分析

组别	样本号	种数	总含量 /(10^4CFU/g)	平均含量 /(10^3CFU/g)	Shannon 多样性指数（H）	Simpson 优势度指数（λ_1）	Pielou 均匀度指数（J）
1	四川	19	2.0200	1.2700	2.1700	0.8500	0.7400
1	云南	13	0.4700	0.3600	2.1200	0.8500	0.8300
1	甘肃	19	3.0500	3.0500	1.7900	0.7400	0.6100
第 1 组 3 个样本平均值	17	1.8467	1.5600	2.0267	0.8133	0.7267
2	西藏	25	6.8000	3.5800	1.8300	0.7800	0.5700
2	宁夏	25	4.2100	7.0200	2.5300	0.9000	0.7900

续表

组别	样本号	种数	总含量/(10⁴CFU/g)	平均含量/(10³CFU/g)	Shannon 多样性指数（H）	Simpson 优势度指数（λ_1）	Pielou 均匀度指数（J）
第2组2个样本平均值		25	5.5050	5.3000	2.1800	0.8400	0.6800
3	青海	53	14.6200	4.8700	2.2400	0.8300	0.5700
3	新疆	57	10.1300	3.9000	3.1600	0.9400	0.7800
第3组2个样本平均值		55	12.3750	4.3850	2.7000	0.8850	0.6750

六、嗜碱芽胞杆菌新种资源的鉴定

（一）新种资源 *Bacillus alkalisalsus* FJAT-45037^T 的鉴定

1. 表型特征

（1）形态特征　菌株 FJAT-45037^T 在 Horikoshi Ⅰ 培养基上，30℃培养 48h，形成圆形、光滑湿润、不透明、隆起、边缘整齐的金黄色的小菌落，菌落平均直径为（1.68±0.11）mm。以大肠杆菌 K-12 做对照，对 30℃培养 24h 的菌株 FJAT-45037^T 进行革兰氏染色，在普通光学显微镜下看到菌体呈红色，是革兰氏阴性菌 [图 3-15（a）]。菌株 FJAT-45037^T 芽胞位于菌体的中央位置，呈卵圆形 [图 3-15（b）]。在透射电子显微镜下观察到菌株 FJAT-45037^T 靠周生鞭毛运动 [图 3-15（c）]。

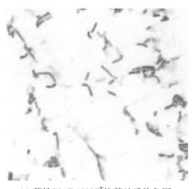

(a) 菌株FJAT-45037^{T}的革兰氏染色图　　　(b) 菌株FJAT-45037^{T}的芽胞形态图

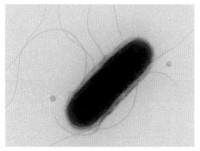

(c) 菌株FJAT-45037^{T}的细胞扫描电镜图

图 3-15　菌株 FJAT-45037^T 的菌体形态特征

（2）生物学特性　FJAT-45037^T 在不同的 pH 值、NaCl 浓度、温度梯度的 LB 液体培养基中经摇瓶培养 72h 后，其 pH 值耐受范围是 7.5 ～ 12.0，最适 pH9.0 ～ 10.0（图 3-16）；温度耐受范围是 10 ～ 35℃，最适温度为 25 ～ 30℃（图 3-17）；NaCl 浓度耐受范围 0 ～ 120g/L，最适 NaCl 浓度为 10 ～ 40g/L（图 3-18）；FJAT-45037^T 在厌氧培养基中 30℃ 培养 5d，发现菌体仅在表面生长，属于好氧菌。

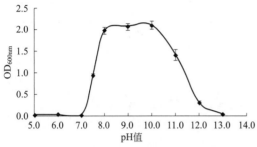

图 3-16　pH 值对菌株 FJAT-45037^T 生长的影响　　　图 3-17　温度对菌株 FJAT-45037^T 生长的影响

（3）生理生化特征　菌株 FJAT-45037^T 的氧化酶和接触酶反应呈阳性，V-P 反应呈阳性，甲基红反应呈阴性，硝酸还原反应为阴性，不能产淀粉酶，可以水解 Tween 20 及 Tween 60 但不能水解 Tween 40 与 Tween 80。能产类脂酯酶 (C_8) 和萘酚 -AS-BI- 磷酸水解酶，不能产碱性磷酸盐酶、酯酶 (C_4)、胰蛋白酶、酸性磷酸酶、α- 半乳糖苷酶、β- 葡萄糖苷酶、类脂酶 (C_{14})、白氨酸芳胺酶、缬氨酸芳胺酶、胱氨酸芳胺酶、胰凝乳蛋白酶、β- 半乳糖苷酶、β-糖醛酸苷酶、α- 葡萄糖苷酶、N- 乙酰葡萄糖胺酶、α- 甘露糖苷酶和 β- 岩藻糖苷酶。菌株 FJAT-45037^T 与其相关模式菌株的生理生化特征见表 3-10。

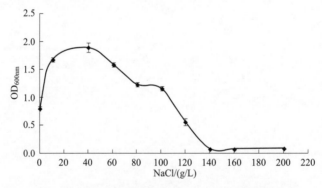

图 3-18　NaCl 浓度对菌株 FJAT-45037^T 生长的影响

表 3-10　菌株 FJAT-45037^T 与其相关模式菌的生理生化特征

项目	1	2①	3②	4	5
细胞大小 /μm		(0.8 ～ 1.1)× (2.0 ～ 2.5)	(0.9 ～ 1.0)× (2.0 ～ 4.6)	(0.6 ～ 0.8)× (3.0 ～ 6.0)③	(0.5 ～ 0.7)× (1.3 ～ 2.5)④
芽胞形态	卵圆形	椭圆形	椭圆形	椭圆形③	椭圆形④
pH 值范围 （最适 pH 值）	7.5 ～ 12 （9 ～ 10）	8 ～ 12.5 ND	8 ～ 12 （9）	8 ～ 10③ （9）③	6.5 ～ 10④ （9）④

续表

项目	1	2[①]	3[②]	4	5
NaCl 浓度范围 （最适 NaCl）/（g/L）	0 ～ 120 （10 ～ 40）	0 ～ 120 ND	0 ～ 120 （4）	0 ～ 160[③] ND[③]	0 ～ 110[④] ND[④]
温度范围 （最适温度）/℃	10 ～ 35 （25 ～ 30）	10 ～ 45 ND	10 ～ 45 （37）	10 ～ 45[③] ND[③]	10 ～ 43[④] （37）[④]
API 20E					
β-Galactosidase (ONPG)	－	ND	－	－	－
脲酶	－	－	－	－	＋
明胶酶	－	＋	－	＋	－
精氨酸双水解酶	－	ND	－	－	－
赖氨酸脱羧酶	－	ND	－	－	－
鸟氨酸脱羧酶	－	ND	－	－	－
色氨酸脱氨酶	－	ND	＋	－	－
柠檬酸盐利用	－	－	＋	－	－
硫化氢产生	－	ND	－	－	－
吲哚产生	－	ND	－	－	＋
V-P	＋	ND	＋	－	－
硝酸盐还原	－	－	＋	－	＋
碳源利用（API 50CH）					
甘油	＋	－	＋	－	＋
赤藓醇	－	－	－	＋	－
D- 阿拉伯糖	－	＋	－	－	－
L- 阿拉伯糖	－	＋	＋	－	－
核糖	－	＋	＋	－	－
D- 木糖	－	－	＋	－	－
葡萄糖	＋	＋	＋	－	＋
甘露糖	－	＋	－	－	－
山梨糖	－	－	－	－	w
鼠李糖	＋	－	－	－	－
肌醇	－	－	－	＋	－
甘露醇	－	－	＋	＋	＋
山梨醇	－	－	＋	－	－
α- 甲基 -D- 甘露糖苷	－	＋	－	－	－
α- 甲基 -D- 葡萄糖苷	－	＋	－	－	w
N- 乙酰葡萄糖胺	－	＋	＋	－	－
苦杏仁苷	－	－	－	＋	－

续表

项目	1	2①	3②	4	5
熊果苷	+	−	−	−	+
七叶灵	−	−	+	−	+
柳醇	+	+	ND	−	+
纤维二糖	−	+	−	−	−
麦芽糖	−	+	+	−	+
蔗糖	−	+	+	+	+
海藻糖	−	+	+	+	+
菊糖	−	−	−	−	w
棉子糖	−	−	+	−	−
淀粉	−	−	+	−	−
肝糖	−	+	−	−	−
木糖醇	−	+	−	−	−
龙胆二糖	−	+	−	+	−
D- 松二糖	−	+	+	−	−
D- 塔格糖	−	−	+	−	−
D- 阿拉伯糖醇	−	+	+	+	+
L- 阿拉伯糖醇	−	+	+	−	−
2- 酮基 - 葡萄糖酸盐	−	+	−	−	−
5- 酮基 - 葡萄糖酸盐	+	−	+	−	−
产酶特性					
氧化酶	+	−	−	ND③	−
接触酶	+	+	+	ND③	+
淀粉酶	−	−	+	+③	−
Tween 20	+	−	ND	−③	ND④
Tween 40	−	−	ND	+③	ND④
Tween 60	+	−	ND	+③	ND④
Tween 80	−	+	ND	−③	ND④
DNA（G+C）含量 /(mol %)	39.79	40.2	42.7	39 ～ 40.8③	40.3④

① 数据来自 Denizci et al., 2010。
② 数据来自 Dou et al., 2016。
③ 数据来自 Nielsen et al., 1995。
④ 数据来自 Zhang et al.,2011a。
注：所有菌株的甲基红测试（methyl red test）均为阴性，均不能利用 L- 木糖、核糖醇、β- 甲基 -D- 木糖苷、α- 乳糖、半乳糖醇、D- 蜜二糖、蜜三糖、D- 来苏糖、D（L）- 海藻糖和葡萄糖酸盐；所有菌株均能利用果糖。除注明外，所有数据由实验测定。1 表示 FJAT-45037ᵀ；2 表示马尔马拉芽胞杆菌 Bacillus marmarensis GMBE 72ᵀ；3 表示林甸芽胞杆菌 Bacillus lindianensis 12-3ᵀ；4 表示假坚强芽胞杆菌 Bacillus pseudofirmus DSM 8715ᵀ；5 表示南海沉积芽胞杆菌 Bacillus nanhaiisediminis CGMCC 1.10116ᵀ；+ 表示阳性；− 表示阴性；ND 表示无可利用数据；w 表示弱阳性。

（4）抗生素敏感性　菌株 FJAT-45037^T 对克林霉素（2μg）、链霉素（300μg）、强力霉素（多西环素）(30μg)、红霉素（15μg）、庆大霉素（120μg）、利福平（5μg）、万古霉素（30μg）、阿奇霉素（15μg）、青霉素 G（10μg）、头孢唑啉（30μg）、链霉素（10μg）、氨苄西林（10μg）、氯霉素（30μg）、四环素（30μg）、对新霉素（30μg）、庆大霉素（10μg）、苯唑西林（1μg）、阿米卡星（30μg）和卡那霉素（30μg）敏感，对多黏菌素 B（300μg）不敏感。

2. 分子特征

（1）基于 16S rRNA 基因序列系统发育分析　菌株 FJAT-45037^T 的 16S rRNA 基因序列 1452bp（Genbank 序列号是 KY612310）。16S rRNA 基因系统发育分析表明，菌株 FJAT-45037^T 是芽胞杆菌属的成员，它与马尔马拉芽胞杆菌（*Bacillus marmarensis*）GMBE 72^T 相似性最高，达 97.67%；其次分别是林甸芽胞杆菌 *Bacillus lindianensis* 12-3^T（97.66%）、假坚强芽胞杆菌（*Bacillus pseudofirmus*）DSM 8715^T（97.52%）、南海沉积芽胞杆菌（*Bacillus nanhaiisediminis*）NH3^T（97.25%）；菌株 FJAT-45037^T 与芽胞杆菌属的其余菌株相似性均低于 98%。采用邻近连接法构建的系统进化树显示菌株 FJAT-45037^T 与芽胞杆菌属的各成员聚在一起（图 3-19），采用最大简约法和最小演化法构建的进化树获得相同的拓扑结构（图 3-20和图 3-21）。

（2）DNA（G+C）含量测定　基于基因组序列分析，菌株 FJAT-45037^T 的 DNA（G+C）含量为 39.79%（摩尔分数）。

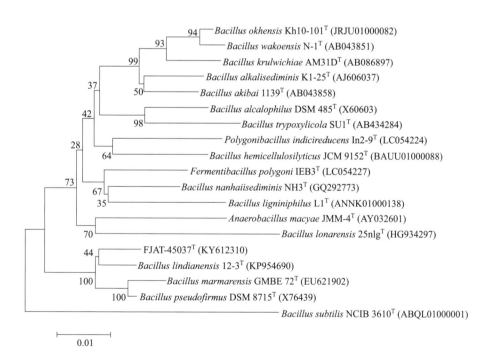

图 3-19　采用邻近连接法构建的菌株 FJAT-45037^T 16S rRNA 基因系统发育树

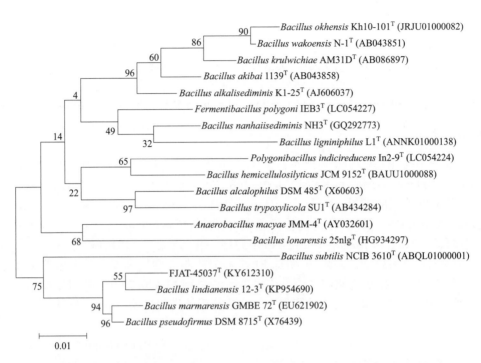

图 3-20　采用最大简约法构建菌株 FJAT-45037^T 基于 16S rRNA 基因系统发育树

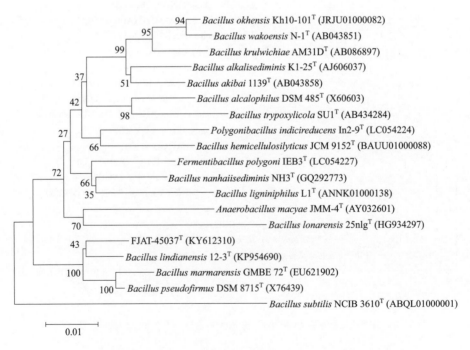

图 3-21　采用最小演化法构建菌株 FJAT-45037^T 16S rRNA 基因系统发育树

（3）基因组 DNA-DNA 杂交同源性　菌株 FJAT-45037[T] 与其亲缘关系较近模式菌株马尔马拉芽胞杆菌（*Bacillus marmarensis*）DSM 21297[T] 和假坚强芽胞杆菌（*Bacillus pseudofirmus*）OF4[T] 的 DNA-DNA 杂交同源性分别为 18.6% 和 19.0%，远低于细菌种的定义界限 70%。

（4）基因组 ANI 分析　菌株 FJAT-45037[T] 与其亲缘关系较近模式菌株马尔马拉芽胞杆菌（*Bacillus marmarensis*）DSM 21297[T] 和假坚强芽胞杆菌（*Bacillus pseudofirmus*）OF4[T] 的 ANI 分别为 84.46% 和 83.8%，远低于种的定义界限 96%。

3. 化学特征

（1）脂肪酸检测　由表 3-11 可知，菌株 FJAT-45037[T] 主要脂肪酸成分为 *anteiso*-C15:0（48.38%）、*anteiso*-C17:0（10.94%）、C16:1ω11c（9.03%）、*iso*-C15:0（5.87%）、C16:0（5.55%）和 C16:1ω7c alcohol（5.50%）。

表 3-11　菌株 FJAT-45037[T] 与相关模式菌的脂肪酸成分

脂肪酸	1	2[①]	3[②]	4	5
C14:0	1.32	1.70	1.30	0.78	1.18
C16:0	5.55	2.00	6.10	3.55	4.31
C18:0	1.03	–	1.20	0.71	0.55
iso-C14:0	2.90	5.00	2.00	5.25	25.40
anteiso-C15:0	48.38	41.10	47.10	31.59	27.15
iso-C15:0	5.87	24.20	7.00	30.10	8.22
iso-C16:0	3.07	2.70	6.50	4.02	15.27
C16:1ω11c	9.03	4.50	–	4.31	2.07
C16:1ω7c alcohol	5.50	6.90	–	7.61	3.76
anteiso-C17:0	10.94	4.50	23.60	5.64	2.67
iso-C17:0	1.07	1.00	2.90	2.83	1.16
C18:1ω9c	–	1.10	–	0.26	–
C20:1ω9c	–	–	–	–	1.06
Summed Feature 3	–	–	–	–	4.78
Summed Feature 4	4.22	3.70	–	2.26	0.57

① 数据来自 Denizci et al., 2010。

② 数据来自 Dou et al., 2016。

注：1 为 FJAT-45037[T]；2 为马尔马拉芽胞杆菌 *Bacillus marmarensis* GMBE 72[T]；3 为林甸芽胞杆菌 *Bacillus lindianensis* 12-3[T]；4 为假坚强芽胞杆菌 *Bacillus pseudofirmus* DSM 8715[T]；5 为南海沉积芽胞杆菌 *Bacillus nanhaiisediminis* CGMCC 1.10116[T]。除注明外，所有数据由实验测定。– 表示未检测出货含量 < 1.0 %。

特征符合脂肪酸：Summed Feature 3 的成分为 16:1ω6c and/or 16:1ω7c；Summed Feature 4 的成分为 17:1 ANTEISO B and/or iso I。

（2）醌组分分析　由图 3-22 可知，菌株 FJAT-45037[T] 主要甲基萘醌组分为 MK-6（49.19%）和 MK-7（50.81%）。

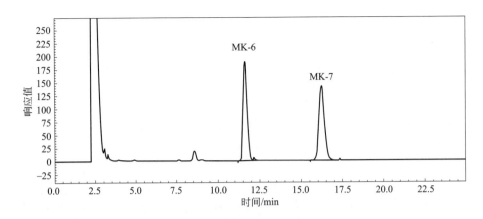

图 3-22　菌株 FJAT-45037^T 醌组分

（3）细胞壁特征氨基酸组分　由图 3-23 可知，菌株 FJAT-45037^T 主要细胞壁特征氨基酸组分为内消旋二氨基庚二酸（*meso*-diaminopimelic acid，*meso*-DAP）。

（4）极性脂分析　由图 3-24 可知，菌株 FJAT-45037^T 主要极性脂组分为双磷脂酰甘油（diphosphatidyl glycerol，DPG）、磷脂酰甘油（phosphatidyl glycerol，PG）、磷脂酰乙醇胺（phosphatidyl ethanolamine，PE）。

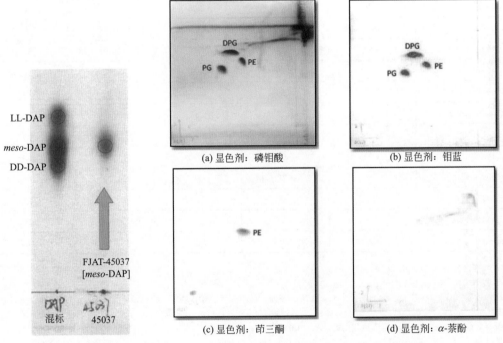

图 3-23　菌株 FJAT-45037^T 细胞壁　　　图 3-24　菌株 FJAT-45037^T 极性脂组分
　　　特征氨基酸组分

DPG—双磷脂酰甘油；PG—磷脂酰甘油；PE—磷脂酰乙醇胺

4. 资源描述

新种资源的中文名为盐碱芽胞杆菌（*Bacillus alkalisalsus*）。种名析意：alka.li.sal'sus. N.L. n. *alkali* (from Arabic al-qaliy) alkali; L. adj. *salsus* salty; N.L. masc. adj. *alkalisalsus* alkaline and salty。

菌株 FJAT-45037^T，细胞革兰氏阴性，好氧，芽胞中生，呈卵圆形，靠周生鞭毛运动。菌落直径约为 1.68mm，金黄色、圆形、光滑湿润、不透明、隆起、边缘整齐。pH 值耐受范围是 7.5 ～ 12.0，最适 pH9.0 ～ 10.0；NaCl 浓度耐受范围为 0 ～ 120g/L，最适 NaCl 浓度为 10 ～ 40g/L；温度耐受范围是 10 ～ 35℃，最适温度为 25 ～ 30℃。氧化酶和接触酶反应呈阳性，V-P 反应呈阳性，甲基红反应呈阴性，硝酸还原反应为阴性，不能产淀粉酶，可以水解 Tween 20 及 Tween 60，但不能水解 Tween 40 与 Tween 80。柠檬酸盐利用、硫化氢产生、吲哚产生、脲酶、明胶水解反应、*β*- 半乳糖苷酶 (ONPG) 水解反应、精氨酸双水解酶反应、赖氨酸脱羧酶反应、鸟氨酸脱羧酶反应和色氨酸脱氨酶反应呈阴性。能利用甘油、葡萄糖、果糖、鼠李糖、熊果苷、柳醇和 5- 酮基 - 葡萄糖酸盐产酸，不能利用 D- 阿拉伯糖、L- 阿拉伯糖、D- 木糖、L- 木糖、甘露糖、*α*- 甲基 -D- 葡萄糖苷、苦杏仁苷、七叶灵、纤维二糖、麦芽糖、乳糖、蔗糖、菊糖、松三糖、棉子糖、淀粉、肝糖、木糖醇、龙胆二糖、赤藓醇、核糖、阿东醇、*β*- 甲基 -D- 木糖苷、半乳糖、山梨糖、卫茅醇、肌醇、甘露醇、山梨醇、*α*- 甲基 -D- 甘露糖苷、*N*- 乙酰 - 葡萄糖胺、蜜二糖、海藻糖、D- 松二糖、D- 来苏糖、D- 塔格糖、D- 岩糖、L- 岩糖、D- 阿拉伯糖醇、L- 阿拉伯糖醇、葡萄糖酸盐和 2- 酮基 - 葡萄糖酸盐产酸。能产类脂酯酶 (C$_8$) 和萘酚 -AS-BI- 磷酸水解酶，不能产碱性磷酸盐酶、酯酶 (C$_4$)、胰蛋白酶、酸性磷酸酶、*α*- 半乳糖苷酶、*β*- 葡萄糖苷酶、类脂酶 (C$_{14}$)、白氨酸芳胺酶、缬氨酸芳胺酶、胱氨酸芳胺酶、胰凝乳蛋白酶、*β*- 半乳糖苷酶、*β*- 糖醛酸苷酶、*α*- 葡萄糖苷酶、*N*- 乙酰 - 葡萄糖胺酶、*α*- 甘露糖苷酶和 *β*- 岩藻糖苷酶。对克林霉素（2μg）、链霉素（300μg）、强力霉素（多西环素）（30μg）、红霉素（15μg）、庆大霉素（120μg）、利福平（5μg）、万古霉素（30μg）、阿奇霉素（15μg）、青霉素 G（10μg）、头孢唑啉（30μg）、链霉素（10μg）、氨苄西林（10μg）、氯霉素（30μg）、四环素（30μg）、新霉素（30μg）、庆大霉素（10μg）、苯唑西林（1μg）、阿米卡星（30μg）和卡那霉素（30μg）敏感，对多黏菌素 B（300μg）不敏感。菌株 FJAT-45037T 主要脂肪酸成分为 *anteiso*-C15:0（48.38%）、*anteiso*-C17:0（10.94%）、C16:1ω11*c*（9.03%）、*iso*-C15:0（5.87%）、C16:00（5.55%）和 C16:1ω7*c* alcohol（5.50%）；细胞壁特征氨基酸组分为内消旋二氨基庚二酸（*meso*-DAP）；主要极性脂组分为双磷脂酰甘油（DPG）、磷脂酰甘油（PG）和磷脂酰乙醇胺（PE）。与其最相近模式菌株马尔马拉芽胞杆菌 *Bacillus marmarensis* GMBE 72^T 的 isDDH 同源性为 18.6%，DNA（G+C）含量为 39.79%（摩尔分数）。

模式菌株 FJAT-45037^T（= DSM 104053^T= CCTCC AB 2016229^T），分离自中国西藏自治区尼玛县盐碱地，湿地根系土（海拔 4524m，87°18.378N，31°57.655E）。

（二）新种资源 *Bacillus alkalisoli* FJAT-45086^T 的鉴定

1. 表型特征

（1）形态特征　菌株 FJAT-45086^T 在 Horikoshi Ⅰ培养基上，30℃培养 48h，形成圆形、光滑湿润、不透明、隆起、边缘整齐的黄色菌落，菌落平均直径为（1.64±0.29）mm。以大肠杆菌 K-12 做对照，对 30℃ 培养 24h 的菌株 FJAT-45086^T 进行革兰氏染色，在普通光学显微镜下看到菌体呈红色，是革兰氏阴性菌 [图 3-25（a）]。菌株 FJAT-45086^T 芽胞位于菌体的中央位置，呈卵圆形 [图 3-25（b）]。在透射电子显微镜下观察到菌株 FJAT-45086^T 靠端生鞭毛运动 [图 3-25（c）]。

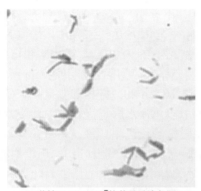

(a) 菌株FJAT-45086^{T}的革兰氏染色图

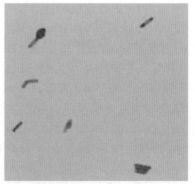

(b) 菌株FJAT-45086^{T}的芽胞形态图

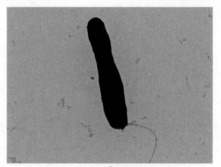

(c) 菌株FJAT-45086^{T}的细胞扫描电镜图

图 3-25　菌株 FJAT-45086^T 的菌体形态特征

（2）生物学特性　菌株 FJAT-45086^T 在不同的 pH 值、NaCl 浓度、温度梯度的 TSB 液体培养基中经摇瓶培养 72h 后，其 pH 值耐受范围是 6.0～12.0，最适 pH 8.0～9.0（图 3-26）；温度耐受范围是 15～35℃，最适温度为 25～30℃（图 3-27）；NaCl 浓度耐受范围 0～100g/L，最适 NaCl 浓度为 40g/L（图 3-28）；FJAT-45086^T 在厌氧培养基中 30℃ 培养 5d，发现菌体仅在表面生长，故属于好氧菌。

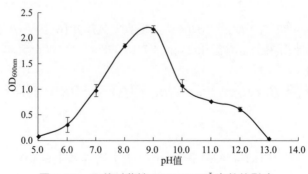

图 3-26　pH 值对菌株 FJAT-45086^T 生长的影响

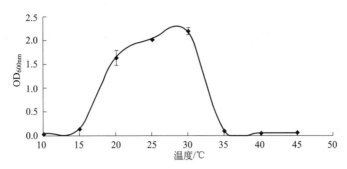

图 3-27　温度对菌株 FJAT-45086^T 生长的影响

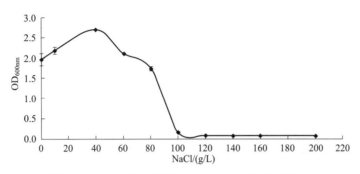

图 3-28　NaCl 浓度对菌株 FJAT-45086^T 生长的影响

（3）生理生化特征　菌株 FJAT-45086^T 的氧化酶和接触酶反应呈阳性，V-P 反应呈阳性，甲基红反应呈阴性，硝酸还原反应为阴性，不能产淀粉酶，可以水解 Tween 20、Tween 40 和 Tween 60，但不能水解 Tween 80。能产类脂酯酶 (C_8)、萘酚 -AS-BI- 磷酸水解酶和 β- 半乳糖苷酶，不能产酯酶 (C_4)、碱性磷酸盐酶、类脂酶 (C_{14})、白氨酸芳胺酶、缬氨酸芳胺酶、胱氨酸芳胺酶、胰蛋白酶、胰凝乳蛋白酶、酸性磷酸酶、α- 半乳糖苷酶、β- 糖醛酸苷酶、α- 葡萄糖苷酶、β- 葡萄糖苷酶、N- 乙酰葡萄糖胺酶、α- 甘露糖苷酶和 β- 岩藻糖苷酶。菌株 FJAT-45086^T 与其相关模式菌株的生理生化特征见表 3-12。

表 3-12　菌株 FJAT-45086^T 与其相关模式菌的生理生化特征

项目	1	2[1]	3	4	5	6
细胞大小 /μm		$(0.3 \sim 0.5) \times$ $(2.0 \sim 6.0)$	$(0.5 \sim 0.6) \times$ $(3.0 \sim 4.0)$[2]	$(0.6 \sim 0.8) \times$ $(2.0 \sim 3.0)$[3]	$(0.5 \sim 0.7) \times$ $(3.0 \sim 5.0)$[2]	$(0.5 \sim 0.8) \times$ $(1.5 \sim 2.0)$[1]
芽胞形态	卵圆形	椭圆形	椭圆形[2]	–[3]	椭圆形[2]	椭圆形[1]
pH 值范围 （最适 pH 值）	$6 \sim 12$ （$8 \sim 9$）	$8 \sim 11$ （10）	$\geq 7c$ （$9 \sim 10$）[2]	$7 \sim 10f$ （9）[3]	$>7c$ （$9 \sim 10$）[2]	$8 \sim 10e$ （$9 \sim 10$）[1]
NaCl 浓度范围 /% （最适 NaCl 浓度）	$0 \sim 10$ （4）	$0 \sim 12$ ND	$0 \sim 12$ ND[2]	$0 \sim 10$ （5）[3]	$0 \sim 8$ ND[2]	$0 \sim 10e$ ND[1]
温度范围 （最适温度）/℃	$15 \sim 35$ （$25 \sim 30$）	$10 \sim 40$ （37）	$15 \sim 55$ ND[2]	$25 \sim 40$ （37）[3]	$10 \sim 40$ ND[2]	$10 \sim 40$ （37）[1]
API 20E						
β- 半乳糖苷酶 (ONPG)	w	ND	w	+	+	–

续表

项目	1	2^①	3	4	5	6
脲酶	+	ND	−	−	−	−
明胶酶	−	−	−	−	+	−
精氨酸双水解酶	−	ND	−	−	−	−
赖氨酸脱羧酶	−	ND	−	−	−	−
鸟氨酸脱羧酶	−	ND	−	−	−	−
色氨酸脱氨酶	−	ND	−	−	−	−
柠檬酸盐利用	−	ND	−	−	−	−
V-P	+	ND	+	+	+	
硝酸盐还原	−	−		+	−	+
碳源利用（API 50CH）						
甘油	−	ND	w	+	+	−
赤藓醇	−	ND	−	−	w	−
D- 阿拉伯糖	+	ND	−	−	w	
L- 阿拉伯糖	−	ND	−	+	w	
核糖	−	ND	+	+	−	
D- 木糖	−	ND	+	+	w	
L- 木糖	−	ND	−	−	−	+
阿东醇	−	ND	−	−	−	
β- 甲基 -D- 木糖苷	−	ND	−	−	−	
半乳糖	−	ND	−	w	−	−
葡萄糖	+	+	+	+	+	−
果糖	+	+	+	+	+	−
甘露糖	+	+	+	−	w	−
山梨糖	−	ND	−	−	−	−
鼠李糖	−	ND	−	−	−	
卫茅醇	−	ND	−	−	−	
肌醇	−	ND	−	−	−	
甘露醇	−	+	−	−	+	
山梨醇	−	+	−	+	−	+
α- 甲基 -D- 甘露糖苷	−	ND	−	−	−	
α- 甲基 -D- 葡萄糖苷	w	ND	−	+	+	
N- 乙酰葡萄糖胺	−	ND	+	−	+	
苦杏仁苷	−	ND	−	−	−	
熊果苷	−	+	−	−	−	
七叶灵	+	ND	w	+	+	
柳醇	−	+	w	−	w	+
纤维二糖	−	+	−	−	−	
麦芽糖	+	+	+	+	w	−

续表

项目	1	2[①]	3	4	5	6
乳糖	+	+	w	+	w	−
蜜二糖	−	+	−	−	+	−
蔗糖	−	+	+	+	+	−
海藻糖	−	+	+	+	w	−
菊糖	−	ND	−	−	−	−
松三糖	−	ND	−	−	−	−
棉子糖	−	+	−	−	w	+
淀粉	−	ND	w	w	+	+
肝糖	−	ND	−	−	+	+
木糖醇	−	ND	−	−	−	−
龙胆二糖	−	ND	−	−	−	−
D- 松二糖	−	+	−	−	−	−
D- 来苏糖	−	ND	−	−	−	−
D- 塔格糖	−	ND	−	−	−	−
D- 岩糖	−	ND	−	−	−	−
L- 岩糖	−	ND	−	−	−	−
D- 阿拉伯糖醇	−	ND	−	−	−	−
L- 阿拉伯糖醇	−	ND	−	−	−	−
葡萄糖酸盐	−	ND	−	−	−	−
2- 酮基葡萄糖酸盐	−	ND	−	−	−	−
5- 酮基葡萄糖酸盐	+	ND	−	−	−	+
产酶特性						
氧化酶	+	−	ND[②]	ND[③]	ND[②]	−[①]
接触酶	+	+	ND[②]	+[③]	+[②]	+[①]
淀粉酶	−	−	+[②]	+[③]	+[②]	+[①]
Tween 20	+	+	+[②]	ND[③]	−[②]	−[①]
Tween 40	+	+	+[②]	−[③]	+[②]	−[①]
Tween 60	+	+	+[②]	ND[③]	+[②]	−[①]
Tween 80	−	ND	ND[②]	−[③]	−[②]	ND[①]
DNA(G+C) 含量 /%（摩尔分数）	37.81	36.8	42.1 ～ 43.9[②]	41.6±1[③]	36.2 ～ 38.4[②]	38.1[①]

① 数据来自 Nogi et al., 2005。

② 数据来自 Nielsen et al., 1995。

③ 数据来自 Nowlan et al., 2006。

注：所有菌株的甲基红测试、产 H_2S 和吲哚均为阴性。除标注外，所有数据由实验测定。

1 为 FJAT-45086[T]；2 为解半纤维素芽胞杆菌 *Bacillus hemicellulosilyticus* DSM 16731[T]；3 为耐盐芽胞杆菌 *Bacillus halodurans* DSM 497[T]；4 为奥哈芽胞杆菌 *Bacillus okhensis* DSM 23308[T]；5 为嗜碱芽胞杆菌 *Bacillus alcalophilus* DSM 485[T]；6 为和光芽胞杆菌 *Bacillus wakoensis* DSM 2521[T]；+ 表示阳性；− 表示阴性；ND 表示无可利用数据；w 表示弱阳性。

（4）抗生素敏感性　菌株 FJAT-45086^T 对克林霉素（2μg）、链霉素（300μg）、强力霉素（多西环素）(30μg)、红霉素（15μg）、庆大霉素（120μg）、利福平（5μg）、万古霉素（30μg）、阿奇霉素（15μg）、青霉素 G(10μg)、头孢唑啉（30μg）、链霉素（10μg）、氨苄西林（10μg）、氯霉素（30μg）、四环素（30μg）、新霉素（30μg）、庆大霉素（10μg）、苯唑西林（1μg）、阿米卡星（30μg）、卡那霉素（30μg）和多黏菌素 B（300μg）敏感。

2. 分子特征

（1）基于 16S rRNA 基因序列系统发育分析　菌株 FJAT-45086^T 的 16S rRNA 基因序列 1418bp（Genbank 序列号是 KY612311）。16S rRNA 基因系统发育分析表明，菌株 FJAT-45086^T 是芽胞杆菌属的一成员，它与解半纤维素芽胞杆菌（*Bacillus hemicellulosilyticus*）JCM 9152^T 相似性最高，达 96.68%，其次分别是耐盐芽胞杆菌（*Bacillus halodurans*）ATCC 27557^T（96.59%）、奥哈芽胞杆菌（*Bacillus okhensis*）Kh10-101^T（96.33%）、嗜碱芽胞杆菌（*Bacillus alcalophilus*）DSM 485^T（96%）、和光芽胞杆菌（*Bacillus wakoensis*）N-1^T（95.9%）；菌株 FJAT-45086^T 与芽胞杆菌属的其余菌株相似性均低于 97%。采用邻近连接法构建的系统进化树显示菌株 FJAT-45086^T 与芽胞杆菌属的各成员聚在一起（图 3-29），采用最大简约法和最小演化法构建的进化树获得相同的拓扑结构（图 3-30 和图 3-31）。

（2）DNA（G+C）含量测定　基于基因组序列分析，菌株 FJAT-45086^T 的 DNA（G+C）含量为 37.81%（摩尔分数）。

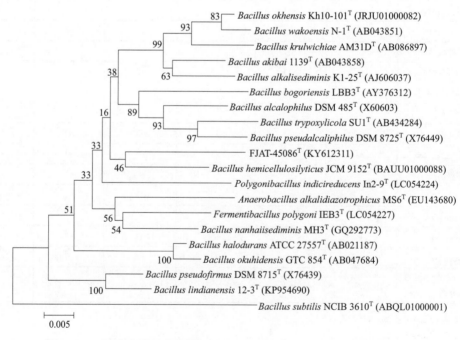

图 3-29　采用邻近连接法构建菌株 FJAT-45086^T 16S rRNA 基因系统发育树

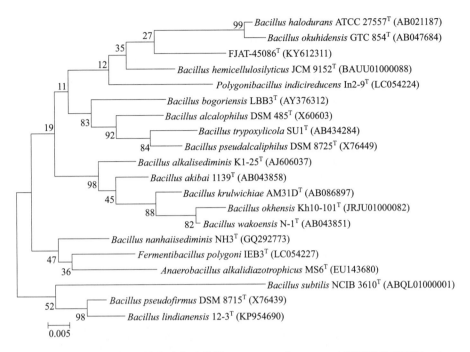

图 3-30　采用最大简约法构建菌株 FJAT-45086^T 16S rRNA 基因系统发育树

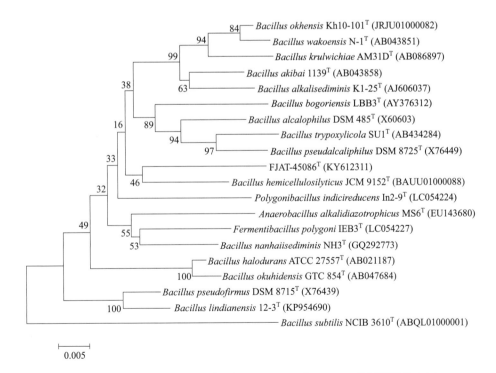

图 3-31　采用最小演化法构建菌株 FJAT-45086^{T}16S rRNA 基因系统发育树

（3）基因组DNA-DNA杂交　菌株FJAT-45086^{T}与其亲缘关系较近模式菌株解半纤维素芽胞杆菌（*Bacillus hemicellulosilyticus*）JCM 9152^T、耐盐芽胞杆菌（*Bacillus halodurans*）ATCC 27557^T、奥哈芽胞杆菌（*Bacillus okhensis*）Kh10-101^T、嗜碱芽胞杆菌（*Bacillus alcalophilus*）DSM 485^{T}和光芽胞杆菌（*Bacillus wakoensis*）N-1^{T}的DNA-DNA杂交同源性分别为22.7%、26.6%、20.8%、23.4%和19.1%，远低于细菌种的定义界限70%。

（4）基因组ANI分析　菌株FJAT-45086T与其亲缘关系较近模式菌株解半纤维素芽胞杆菌（*Bacillus hemicellulosilyticus*）JCM 9152^T、耐盐芽胞杆菌（*Bacillus halodurans*）ATCC 27557^T、奥哈芽胞杆菌（*Bacillus okhensis*）Kh10-101^T、嗜碱芽胞杆菌（*Bacillus alcalophilus*）DSM 485^{T}和光芽胞杆菌（*Bacillus wakoensis*）N-1^{T}的ANI分别为84.79%、84.04%、85.75%、84.49%和83.69%，远低于种的定义界限96%。

3. 化学特征

（1）脂肪酸检测　由表3-13可知，菌株FJAT-45086^{T}的主要脂肪酸成分为*anteiso*-C15:0（48.67%）、C16:0（18.03%）、*iso*-C15:0（8.69%）和C16:1ω11c（5.71%）。

表3-13　菌株FJAT-45086^{T}与相关模式菌的脂肪酸成分

Sample ID	1	2[①]	3	4	5	6
C14:0	3.07	3.00	0.81	0.95	0.59	2.84
C15:0	—	1.00	—	—	—	—
C16:0	18.03	23.00	5.37	11.93	4.45	24.80
iso-C14:0	2.90	1.00	0.71	2.31	3.17	1.09
anteiso-C15:0	48.67	38.00	19.87	50.18	27.19	37.44
iso-C15:0	8.69	11.00	45.41	9.92	35.30	9.75
iso-C16:0	4.21	6.00	2.26	2.80	5.88	1.37
C16:1ω11c	5.71	—	—	2.56	2.45	7.46
C16:1ω7c alcohol	1.46	—	—	1.10	0.57	0.21
anteiso-C17:0	4.50	12.00	9.98	10.07	9.34	6.86
iso-C17:0	1.56	3.00	14.97	3.28	6.57	2.48
iso-C17:1ω10c	—	—	—	—	2.81	0.15
Summed Feature 3	—	—	—	1.78	—	2.36

① 数据来自Nogi et al., 2005；除标注外，所有数据由实验测定。

注：1为FJAT-45086^T；2为解半纤维素芽胞杆菌*Bacillus hemicellulosilyticus* DSM 16731^T；3为耐盐芽胞杆菌*Bacillus halodurans* DSM 497^T；4为奥哈芽胞杆菌*Bacillus okhensis* DSM 23308^T；5为嗜碱芽胞杆菌*Bacillus alcalophilus* DSM 485^T；6为和光芽胞杆菌*Bacillus wakoensis* DSM 2521^T；- 表示未检测出货含量＜1.0%。

特征符合脂肪酸：Summed Feature 3 成分为16:1ω6c 和 / 或 16:1ω7。

（2）醌组分分析　由图 3-32 可知，菌株 FJAT-45086^T 主要甲基萘醌组分为 MK-7(100%)。

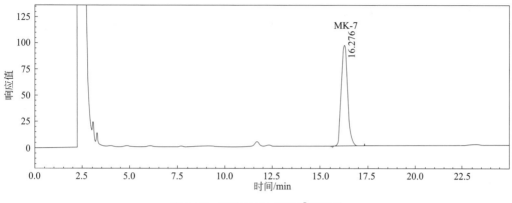

图 3-32　菌株 FJAT-45086^T 醌组分

（3）细胞壁特征氨基酸组分　由图 3-33 可知，菌株 FJAT-45086^T 主要细胞壁特征氨基酸组分为内消旋二氨基庚二酸（*meso*-diaminopimelic acid, *meso*-DAP）。

（4）极性脂分析　由图 3-34 可知，菌株 FJAT-45086^T 主要极性脂组分为双磷脂酰甘油（DPG）、磷脂酰乙醇胺（PE）、磷脂酰甘油（PG）和磷脂酰胆碱（PC）。

4. 资源描述

新种资源的中文名为碱性土芽胞杆菌（*Bacillus alkalisoli*），种名析意：alka.li.so'li. N.L. n. *alkali*, from Arabic al-qaliy, alkali; L. neut. n. *solum* soil; N.L. gen. n. *alkalisoli* of alkaline soil。

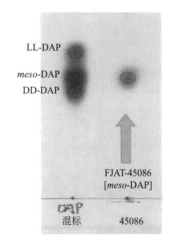

图 3-33　菌株 FJAT-45086^T 细胞壁特征氨基酸组分

菌株 FJAT-45086^T，细胞革兰氏阴性，好氧，芽胞中生，呈卵圆形，靠端生鞭毛运动。菌落直径约为 1.64mm，黄色、圆形、光滑湿润、不透明、隆起、边缘整齐。pH 值耐受范围是 6.0 ~ 12.0，最适 pH8.0 ~ 9.0；NaCl 浓度耐受范围 0 ~ 100g/L，最适 NaCl 浓度为 40g/L；温度耐受范围是 15 ~ 35℃，最适温度 25 ~ 30℃。氧化酶和接触酶反应呈阳性，V-P 反应呈阳性，甲基红反应呈阴性，硝酸还原反应为阴性，不能产淀粉酶，可以水解 Tween 20、Tween 40 和 Tween 60，但不能水解 Tween 80。ONPG 和脲酶水解反应呈阳性，柠檬酸盐利用、硫化氢产生、吲哚产生、明胶水解反应、精氨酸双水解酶反应、赖氨酸脱羧酶反应、鸟氨酸脱羧酶反应和色氨酸脱氨酶反应呈阴性。能利用 D- 阿拉伯糖、葡萄糖、果糖、甘露糖、α- 甲基 -D- 葡萄糖苷、七叶灵、麦芽糖、乳糖和 5- 酮基葡萄糖酸盐产酸，但不能利用甘油、赤藓醇、L- 阿拉伯糖、核糖、D- 木糖、L- 木糖、阿东醇、β- 甲基 -D- 木糖苷、半乳糖、山梨糖、鼠李糖、卫茅醇、肌醇、甘露醇、山梨醇、α- 甲基 -D- 甘露糖苷、N- 乙酰 - 葡萄糖胺、苦杏仁苷、熊果苷、柳醇、纤维二糖、蜜二糖、蔗糖、海藻糖、菊糖、松三糖、棉子糖、淀粉、肝糖、木糖醇、龙胆二糖、D- 来苏糖、D- 塔格糖、D- 松二糖、D-岩糖、L- 岩糖、D- 阿拉伯糖醇、L- 阿拉伯糖醇、葡萄糖酸盐和 2- 酮基葡萄糖酸盐产酸。能产类脂酯酶 (C_8)、萘酚 -AS-BI- 磷酸水解酶和 β- 半乳糖苷酶，不能产酯酶 (C_4)、碱性磷酸盐酶、类脂酶 (C_{14})、白氨酸芳胺酶、缬氨酸芳胺酶、胱氨酸芳胺酶、胰蛋白酶、胰凝乳蛋白酶、酸性磷酸酶、α- 半乳糖苷酶、β- 糖醛酸苷酶、α- 葡萄糖苷酶、β- 葡萄糖苷酶、N- 乙酰葡萄糖胺酶、α- 甘露糖苷酶和 β- 岩藻糖苷酶。对克林霉素（2μg）、链霉素（300μg）、强力霉素（多西环素）（30μg）、红霉素（15μg）、庆大霉素（120μg）、利福平（5μg）、万古霉素（30μg）、阿奇霉素（15μg）、青霉素 G（10μg）、头孢唑啉（30μg）、链霉素（10μg）、氨苄西林（10μg）、氯霉素（30μg）、四环素（30μg）、新霉素（30μg）、庆大霉素（10μg）、苯唑西林（1μg）、阿米卡星（30μg）、卡那霉素（30μg）和多黏菌素 B（300μg）敏感。菌株 FJAT-45086T 主要脂肪酸成分为 $anteiso$-C15:0（48.67%）、C16:0（18.03%）、iso-C15:0（8.69%）和 C16:1ω11c（5.71%）；主要甲基萘醌组分为 MK-7(100%)；细胞壁特征氨基酸组分为内消旋二氨基庚二酸（$meso$-DAP）；主要极性脂组分为双磷脂酰甘油（DPG）、磷脂酰乙醇胺（PE）、磷脂酰甘油（PG）和磷脂酰胆碱（PC）。与其相近模式菌株解半纤维素芽胞杆菌（$Bacillus\ hemicellulosilyticus$）JCM 9152^T 的 isDDH 同源性为 22.7%，DNA（G+C）含量为 37.81%（摩尔分数）。

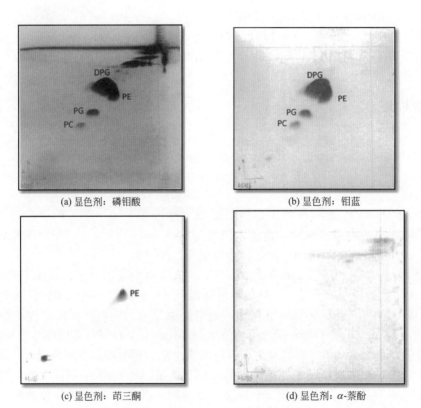

(a) 显色剂：磷钼酸　(b) 显色剂：钼蓝　(c) 显色剂：茚三酮　(d) 显色剂：α-萘酚

图 3-34　菌株 FJAT-45086^T 极性脂组分

DPG—双磷脂酰甘油；PG—磷脂酰甘油；PE—磷脂酰乙醇胺；PC—磷脂酰胆碱

模式菌株 FJAT-45086^T（= DSM 104056^T= CCTCC AB 2016232^T），分离自中国西藏自治区尼玛县盐碱地，湿地根系土（海拔 4524m，87°18.378N，31°57.655E）。

（三）新种资源 *Bacillus solitudinis* FJAT-45122^T 的鉴定

1. 表型特征

（1）形态特征　菌体 FJAT-45122^T 在 Horikoshi Ⅰ 培养基上，30℃培养48h，形成圆形、光滑湿润、不透明、隆起、边缘整齐的金黄色菌落，菌落平均直径为（1.15±0.05）mm。以大肠杆菌 K-12 作对照，对 30℃培养 24h 的菌株 FJAT-45122^T 进行革兰氏染色，在普通光学显微镜下看到菌体呈红色，是革兰氏阴性菌 [图 3-35（a）]。菌株 FJAT-45122^T 芽胞位于菌体的极端位置，呈卵圆形 [图 3-35（b）]。在透射电子显微镜下观察到菌株 FJAT-45122^T 靠端生鞭毛运动 [图 3-35（c）]。

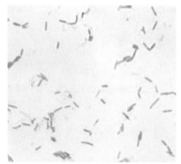
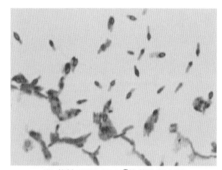

(a) 菌株FJAT-45122^{T}的革兰氏染色图　　　　(b) 菌株FJAT-45122^{T}的芽胞形态图

(c) 菌株FJAT-45122^{T}的细胞形态图

图 3-35　菌株 FJAT-45122^T 的菌体形态特征

（2）生物学特性　菌株 FJAT-45122^T 在不同的 pH 值、NaCl 浓度、温度梯度的 LB 液体培养基中经摇瓶培养 72h 后，其 pH 值耐受范围是 7.5 ～ 12.0，最适 pH 8.0 ～ 9.0（图 3-36）；温度耐受范围是 10 ～ 40℃，最适温度 30℃（图 3-37）；NaCl 浓度耐受范围 0 ～ 100g/L，最适 NaCl 浓度为 10 ～ 40g/L（图 3-38）；菌株 FJAT-45122^T 在厌氧培养基中 30℃培养 5d，发现菌体沿着穿刺线生长，故属于兼性厌氧菌。

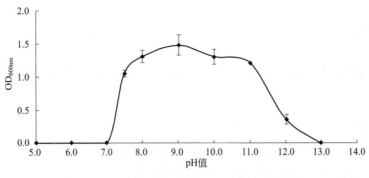

图 3-36 pH 值对菌株 FJAT-45122[T] 生长的影响

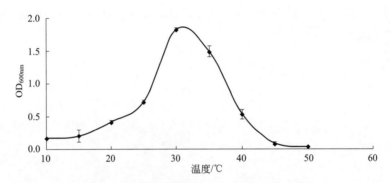

图 3-37 温度对菌株 FJAT-45122[T] 生长的影响

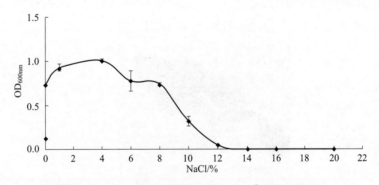

图 3-38 NaCl 浓度对菌株 FJAT-45122[T] 生长的影响

（3）生理生化特征 菌株 FJAT-45122[T] 的氧化酶和接触酶反应呈阳性，V-P 和甲基红反应呈阴性，硝酸还原反应为阳性，可以产淀粉酶，可以水解 Tween 40，但不能水解 Tween 20、Tween 60 和 Tween 80。能产碱性磷酸盐酶、酯酶 (C₄)、类脂酯酶 (C₈)、萘酚 -AS-BI- 磷酸水解酶和 α- 葡萄糖苷酶，但不能产类脂酶 (C₁₄)、白氨酸芳胺酶、缬氨酸芳胺酶、胱氨酸芳胺酶、胰蛋白酶、胰凝乳蛋白酶、酸性磷酸酶、α- 半乳糖苷酶、β- 半乳糖苷酶、β- 糖醛酸苷酶、β- 葡萄糖苷酶、N- 乙酰葡萄糖胺酶、α- 甘露糖苷酶和 β- 岩藻糖甙酶。菌株 FJAT-45122[T] 与其相关模式菌株的生理生化特征见表 3-14。

表 3-14　菌株 FJAT-45122^T 与其相关模式菌的生理生化特征

项目	1	2	3[①]	4	5[②]	6[②]
细胞大小 /μm		(1.1 ～ 1.6)× (4.0 ～ 6.3)[③]	(0.4 ～ 0.5)× (2.4 ～ 3.0)	(0.6 ～ 1.0)× (3.0 ～ 4.0)[④]	(0.6 ～ 1.0)× (3.0 ～ 6.0)	ND
芽胞形态	卵圆形	椭圆形[③]	椭圆形	椭圆形[④]	椭圆形	卵圆形
pH 值范围 （最适 pH 值）	7.5 ～ 12 （8 ～ 9）	6 ～ 10 （8）[③]	7 ～ 11 （9 ～ 9.5）	6.5 ～ 10.5 （7.5 ～ 8)[④]	6 ～ 10 （7.5）	6.5 ～ 10 （7.5 ～ 8）
NaCl 浓度范围 /% （最适 NaCl 浓度）	0 ～ 10 （1 ～ 4）	0 ～ 10 ND[③]	0 ～ 4 （0 ～ 1）	0 ～ 5 （0)[④]	0 ～ 15 （2 ～ 4）	0 ～ 10 （0 ～ 1）
温度范围 /℃ （最适温度）	10 ～ 40 （30）	20 ～ 60 （28 ～ 37）[③]	15 ～ 40 （30）	10 ～ 40 （30 ～ 35)[④]	10 ～ 45 （30 ～ 35）	10 ～ 45 （35）
API 20E						
β- 半乳糖苷酶 (ONPG)	-	-	-[⑤]	-	-	ND
明胶酶	+	-	+[⑤]	+	+	+
色氨酸脱氨酶	-	-	-[⑤]	-	ND	ND
柠檬酸盐利用	-	-	-[⑤]	-	ND	ND
V-P	-	+	+[⑤]	-	-	-
硝酸盐还原	+	-	-[⑤]	-	-	+
碳源利用（API 50CH）						
甘油	-	+	ND	-	+	-
赤藓醇	-	-	ND	-	ND	ND
D- 阿拉伯糖	-	-	ND	-	ND	ND
核糖	-	+	ND	-	-	-
D- 木糖	-	+	-	+	+	-
L- 木糖	-	-	ND	-	ND	ND
阿东醇	-	-	ND	-	-	-
β- 甲基 -D- 木糖苷	-	-	ND	-	ND	ND
葡萄糖	+	+	-	+	+	-
果糖	+	+	-	+	+	-
甘露糖	-	-	-	+	-	-
山梨糖	w	-	ND	-	ND	ND
鼠李糖	+	-	-	-	-	-
卫茅醇	-	-	ND	-	-	-
肌醇	-	+	-	-	-	-
甘露醇	-	+	-	+	-	-
山梨醇	+	-	-	-	-	-
α- 甲基 -D- 甘露糖苷	-	-	ND	-	ND	ND
α- 甲基 -D- 葡萄糖苷	-	-	ND	+	ND	ND
N- 乙酰葡萄糖胺	-	+	ND	+	+	-
苦杏仁苷	-	-	ND	+	-	-
熊果苷	+	+	ND	+	ND	ND
七叶灵	+	+	+	+	+	-
柳醇	-	+	-	-	-	-

续表

项目	1	2	3[①]	4	5[⑤]	6[②]
纤维二糖	–	–	–	+	+	–
麦芽糖	–	+	–	+	+	–
乳糖	+	–	–	–	+	–
蜜二糖	–	+	ND	–	+	–
蔗糖	w	+	–	+	+	–
海藻糖	w	+	ND	+	+	–
菊糖	–	+	ND	–	ND	ND
松三糖	–	+	–	–	–	–
棉子糖	–	+	–	–	–	–
淀粉	w	+	ND	+	+	–
肝糖	w	–	–	+	+	–
木糖醇	–	–	–	–	ND	ND
龙胆二糖	–	–	–	–	ND	ND
D- 松二糖	+	–	–	–	ND	ND
D- 来苏糖	–	–	ND	–	ND	ND
D- 塔格糖	–	–	–	–	ND	ND
D- 岩糖	–	–	ND	–	ND	ND
L- 岩糖	–	–	ND	–	ND	ND
D- 阿拉伯糖醇	–	–	–	–	ND	ND
L- 阿拉伯糖醇	–	–	ND	–	ND	ND
葡萄糖酸盐	+	–	ND	–	ND	ND
2- 酮基葡萄糖酸盐	–	–	ND	–	ND	ND
5- 酮基葡萄糖酸盐	+	–	+	–	ND	ND
产酶特性						
氧化酶	+	–	+	+	+	+
淀粉酶	+	+	+	+	+	
Tween 20	–	+	–	–	–	+
Tween 40	+	–	ND	–	+	+
Tween 60	–	ND	ND	–	+	+
Tween 80	–	–	–	+	+	+
DNA(G+C) 含量（摩尔分数）/%	36.11	43.1[③]	37.9	38.6[④]	39.5	34.6

① 数据来自 Lee et al., 2008a。
② 数据来自 Chen et al., 2011c。
③ 数据来自 You et al., 2013。
④ 数据来自 Nielsen et al., 1995。
⑤ 数据来自实验测定。
注：所有菌株的产 H_2S 和吲哚、脲酶活性、甲基红测试、精氨酸双水解酶、赖氨酸脱羧酶、鸟氨酸脱羧酶、利用 L- 阿拉伯糖和半乳糖均为阴性；所有菌株的过氧化氢酶为阳性。1 为 FJAT-45122[T]；2 为深海芽胞杆菌 *Bacillus abyssalis* DSM 25875[T]；3 为碱土芽胞杆菌 *Bacillus alkalitelluris* DSM 16976[T]；4 为盐敏芽胞杆菌 *Bacillus halmapalus* DSM 8723[T]；5 为湛江芽胞杆菌 *Bacillus zhanjiangensis* JSM 099021[T]；6 为科恩芽胞杆菌 *Bacillus cohnii* DSM 6307[T]；+ 表示阳性；- 表示阴性；w 表示弱阳性；ND 表示无可利用数据。

（4）抗生素敏感性　菌株 FJAT-45122^T 对克林霉素（2μg）、链霉素（300μg）、强力霉素（多西环素)(30μg)、红霉素（15μg）、庆大霉素（120μg）、利福平（5μg）、万古霉素（30μg）、阿奇霉素（15μg）、青霉素 G（10μg）、头孢唑啉（30μg）、链霉素（10μg）、氨苄西林（10μg）、氯霉素（30μg）、四环素（30μg）、新霉素（30μg）、苯唑西林（1μg）、阿米卡星（30μg）和卡那霉素（30μg）敏感，对多黏菌素 B（300μg）和庆大霉素（10μg）不敏感。

2. 分子特征

（1）基于 16S rRNA 基因序列系统发育分析　菌株 FJAT-45122^T 的 16S rRNA 基因序列 1503bp（Genbank 序列号是 KY612312）。16S rRNA 基因系统发育分析表明，菌株 FJAT-45122^T 是芽胞杆菌属的一成员，它与深海芽胞杆菌（*Bacillus abyssalis*）DSM 25875^T 相似性最高，达 95.87%，其次分别是碱土芽胞杆菌（*Bacillus alkalitelluris*）DSM 16976^T（95.75%）、盐敏芽胞杆菌（*Bacillus halmapalus*）DSM 8723^T（95.75%）、湛江芽胞杆菌（*Bacillus zhanjiangensis*）JSM 099021^T（95.68%）、科恩芽胞杆菌（*Bacillus cohnii*）NBRC 15565^T（95.55%）；菌株 FJAT-45122^T 与芽胞杆菌属的其余菌株相似性均低于 97%。采用邻近连接法构建的系统进化树显示菌株 FJAT-45122^T 与芽胞杆菌属的各成员聚在一起（图 3-39），采用最大简约法和最小演化法构建的进化树获得相同的拓扑结构（图 3-40 和图 3-41）。

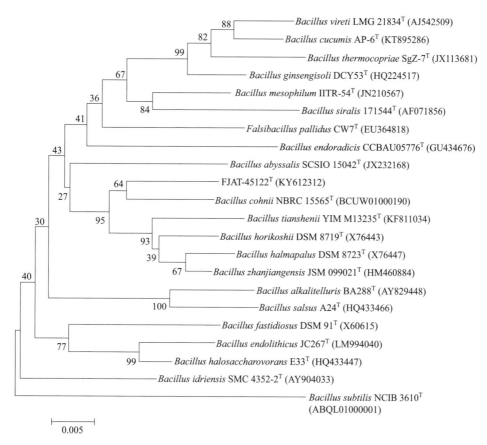

图 3-39　采用邻近连接法构建菌株 FJAT-45122^T 基于 16S rRNA 基因序列的系统发育树

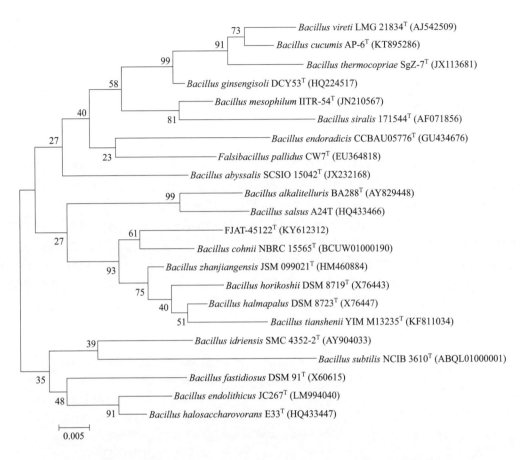

图 3-40　采用最大简约法构建菌株 FJAT-45122^T 基于 16S rRNA 基因序列的系统发育树

（2）DNA（G+C）含量测定　基于基因组序列分析，菌株 FJAT-45122^T 的 DNA（G+C）含量为 36.11%（摩尔分数）。

（3）基因组 DNA-DNA 杂交　菌株 FJAT-45122^T 与其亲缘关系较近模式菌株深海芽胞杆菌（*Bacillus abyssalis*）DSM 25875^T 和碱土芽胞杆菌（*Bacillus alkalitelluris*）DSM 16976^T 的 DNA-DNA 杂交同源性分别为 27.5% 和 24.6%，远低于细菌种的定义界限 70%。

（4）基因组 ANI 分析　菌株 FJAT-45122^T 与其最近模式菌株深海芽胞杆菌（*Bacillus abyssalis*）DSM 25875^T 和碱土芽胞杆菌（*Bacillus alkalitelluris*）DSM 16976^T 的 ANI 分别为 68.69% 和 69.53%，远低于种的定义界限 96%。

3. 化学特征

（1）脂肪酸检测　由表 3-15 可知，菌株 FJAT-45122^T 主要脂肪酸成分为 *iso*-C15:0（22.55%）、*anteiso*-C15:0（15.68%）、*iso*-C17:0（11.70%）、*anteiso*-C17:0（10.72%）、*iso*-C17:1ω10*c*（10.35%）、C16:0（5.75%）和 Summed Feature 4（5.08%）。

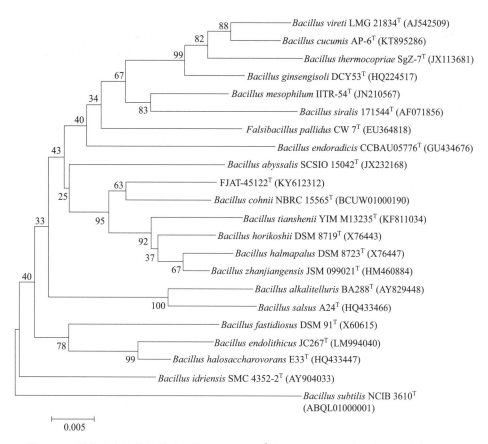

图 3-41　采用最小演化法构建菌株 FJAT-45122^T 基于 16S rRNA 基因序列的系统发育树

表 3-15　菌株 FJAT-45122^T 与相关模式菌的脂肪酸成分

脂肪酸	1	2	3[①]	4	5[②]	6[②]
C14:0	0.81	7.07	—	0.38	—	—
C16:0	5.75	18.25	12.30	2.68	4.30	1.00
C17:0	—	0.52	1.30	—	0.30	0.70
C18:0	1.74	0.55	0.50	0.21	0.80	—
iso-C13:0	0.13	1.20	—	0.22	—	—
iso-C14:0	1.10	4.04	8.20	1.62	4.50	2.80
anteiso-C15:0	15.68	13.78	30.90	12.61	49.20	18.50
iso-C15:0	22.55	23.22	16.70	44.08	10.70	29.30
iso-C16:0	3.96	2.12	7.30	2.94	7.30	15.00
C16:0 N alcohol	0.32	—	0.50	—	1.30	—
C16:1ω11c	4.65	3.59	3.90	2.78	0.50	5.10
C16:1ω7c alcohol	2.66	—	0.90	2.62	0.60	2.10
anteiso-C17:0	10.72	0.67	4.70	5.31	13.20	2.20

脂肪酸	1	2	3①	4	5②	6②
iso-C17:0	11.70	1.08	5.80	10.00	40	18.30
iso-C17:1ω10c	10.35	—	—	9.58	0.50	1.50
Summed Feature 3	—	22.18	—	—	—	—
Summed Feature 4	5.08	—	—	3.50	0.70	1.30

① 数据来自 Lee et al., 2008a；
② 数据来自 Chen et al., 2011c。

注：1 为 FJAT-45122[T]；2 为深海芽胞杆菌 *Bacillus abyssalis* DSM 25875[T]；3 为碱土芽胞杆菌 *Bacillus alkalitelluris* DSM 16976[T]；4 为盐敏芽胞杆菌 *Bacillus halmapalus* DSM 8723[T]；5 为湛江芽胞杆菌 *Bacillus zhanjiangensis* JSM 099021[T]；6 为科恩芽胞杆菌 *Bacillus cohnii* DSM 6307[T]；—表示未检测出或含量 < 1.0%。

特征符合脂肪酸：Summed Feature 3 的成分为 16:1ω6c and/or16:1ω7c；Summed Feature 4 的成分为 17:1 anteiso b and/or iso I。

（2）醌组分分析　由图 3-42 可知，菌株 FJAT-45122[T] 主要甲基萘醌组分为 MK-7(100%)。

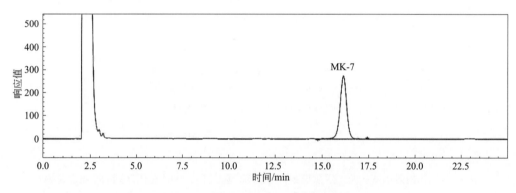

图 3-42　菌株 FJAT-45122[T] 醌组分检测

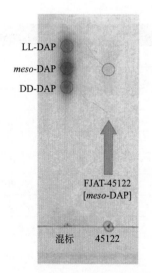

图 3-43　菌株 FJAT-45122[T] 细胞壁特征氨基酸组分

（3）细胞壁特征氨基酸组分　由图 3-43 可知，FJAT-45122[T] 主要细胞壁特征氨基酸组分为内消旋二氨基庚二酸（*meso*-DAP）。

（4）极性脂分析　由图 3-44 可知，菌株 FJAT-45122[T] 主要极性脂组分为双磷脂酰甘油（DPG）、磷脂酰甲基乙醇胺（PME）、磷脂酰甘油（PG）和未鉴定的铵磷脂（unidentified aminophospholipids，UAPL）。

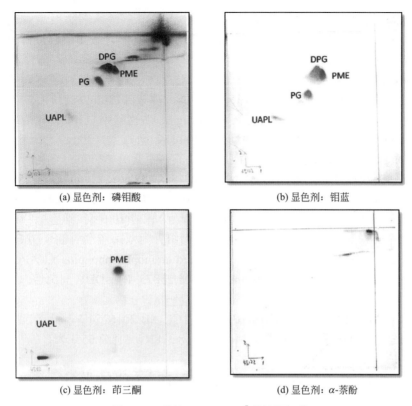

(a) 显色剂：磷钼酸　　　　　(b) 显色剂：钼蓝

(c) 显色剂：茚三酮　　　　　(d) 显色剂：α-萘酚

图 3-44　菌株 FJAT-45122^T 极性脂组分

DPG—双磷脂酰甘油；PME—磷脂酰甲基乙醇胺；PG—磷脂酰甘油；UAPL—未鉴定的铵磷脂

4. 资源描述

新种资源的中文名为沙漠土芽胞杆菌（*Bacillus solitudinis*）。种名析意：so.li.tu'di.nis. L. fem. gen. n. *solitudinis* of a desert。菌株 FJAT-45122^T，细胞革兰氏阴性，兼性厌氧菌，芽胞端生，呈卵圆形，靠端生鞭毛运动。菌落直径约为 1.15mm，金黄色、圆形、光滑湿润、不透明、隆起、边缘整齐。pH 值耐受范围是 7.5 ～ 12.0，最适 pH8.0 ～ 9.0；NaCl 浓度耐受范围 0 ～ 100g/L，最适 NaCl 浓度为 10 ～ 40g/L；温度耐受范围是 10 ～ 40℃，最适温度 30℃。氧化酶和接触酶反应呈阳性，V-P 和甲基红反应呈阴性，硝酸还原反应为阳性，明胶水解反应呈阳性，可以产淀粉酶，可以水解 Tween 40，但不能水解 Tween 20、Tween 60 和 Tween 80。ONPG 水解反应、柠檬酸盐利用、硫化氢产生、吲哚产生、脲酶、精氨酸双水解酶、赖氨酸脱羧酶、鸟氨酸脱羧酶和色氨酸脱氨酶反应呈阴性。能利用葡萄糖、果糖、山梨糖、鼠李糖、山梨醇、熊果苷、七叶灵、乳糖、蔗糖、海藻糖、淀粉、肝糖、D- 松二糖、葡萄糖酸盐和 5- 酮基 - 葡萄糖酸盐产酸，但不能利用甘油、赤藓醇、D- 阿拉伯糖、L- 阿拉伯糖、核糖、D- 木糖、L- 木糖、阿东醇、β- 甲基 -D- 木糖苷、半乳糖、甘露糖、卫茅醇、肌醇、甘露醇、α- 甲基 -D- 甘露糖苷、α- 甲基 -D- 葡萄糖苷、N- 乙酰葡萄糖胺、苦杏仁苷、柳醇、纤维二糖、麦芽糖、蜜二糖、菊糖、松三糖、棉子糖、木糖醇、龙胆二糖、D- 来苏糖、D- 塔格糖、D- 岩糖、L- 岩糖、D- 阿拉伯糖醇、L- 阿拉伯糖醇和 2- 酮基葡萄糖酸盐产酸。能产碱性磷酸盐酶、酯酶 (C_4)、类脂酯酶 (C_8)、萘酚 -AS-BI- 磷酸水解酶和 α- 葡萄糖苷酶，但不能产类脂酶 (C_{14})、白氨酸芳胺酶、缬氨酸芳胺酶、胱氨酸芳胺酶、胰蛋白酶、胰凝乳蛋白酶、酸性磷酸酶、α- 半乳糖苷酶、β- 半乳糖苷酶、β- 糖醛酸苷酶、β- 葡萄糖苷酶、N- 乙酰葡萄糖胺酶、α- 甘露糖苷酶和 β- 岩藻糖苷酶。对克林霉素（2μg）、链霉素（300μg）、强力霉素（多西环素）（30μg）、红霉素（15μg）、庆大霉素（120μg）、利福平（5μg）、万古霉素（30μg）、阿奇霉素（15μg）、青霉素 G（10μg）、头孢唑啉（30μg）、链霉素（10μg）、氨苄西林（10μg）、氯霉素（30μg）、四环素（30μg）、新霉素（30μg）、苯唑西林（1μg）、阿米卡星（30μg）和卡那霉素（30μg）敏感、对多黏菌素 B（300μg）和庆大霉素（10μg）不敏感。FJAT-45122T 的主要脂肪酸成分为 iso-C15:0（22.55%）、$anteiso$-C15:0（15.68%）、iso-C17:0（11.70%）、$anteiso$-C17:0（10.72%）、iso-C17:1ω10c（10.35%）、C16:00（5.75%）和 Summed Feature 4（5.08%）。主要甲基萘醌组分为 MK-7(100%)；细胞壁特征氨基酸组分为内消旋二氨基庚二酸（$meso$-DAP）；主要极性脂组分为双磷脂酰甘油（DPG）、磷脂酰甲基乙醇胺（PME）、磷脂酰甘油（PG）、unidentified aminophospholipids（UAPL）。与其最相近模式菌株深海芽胞杆菌（*Bacillus abyssalis*）DSM 25875[T] 的 isDDH 同源性为 27.5%，DNA（G+C）含量为 36.11%（摩尔分数）。

模式菌株 FJAT-45122[T]（= DSM 104631[T]= CCTCC AB 2016254[T]），分离自中国西藏自治区尼玛县盐碱地，湿地根系土（海拔 4524m，87°18.378N，31°57.655E）。

（四）新种资源 *Bacillus populi* FJAT-45347[T] 的鉴定

1. 表型特征

（1）形态特征　菌株 FJAT-45347[T] 在 Horikoshi Ⅰ培养基上，30℃培养 48h，形成圆形、光滑湿润、不透明、扁平、边缘整齐的黄色菌落，菌落平均直径为（3.40±0.28）mm。以大肠杆菌 K-12 做对照，对 30℃培养 24h 的菌株 FJAT-45347[T] 进行革兰氏染色，在普通光学显微镜下看到菌体呈红色，是革兰氏阴性菌 [图 3-45（a）]。菌株 FJAT-45347[T] 芽胞位于菌体的极端位置，呈椭圆形 [图 3-45（b）]。在透射电子显微镜下观察到菌株 FJAT-45347[T] 的无鞭毛着生，不具有运动性 [图 3-45（c）]。

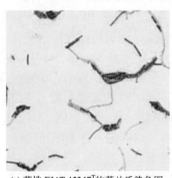
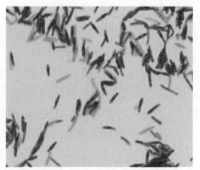

(a) 菌株 FJAT-45347[T]的革兰氏染色图　　　　(b) 菌株 FJAT-45347[T]的芽胞形态图

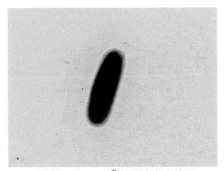

(c) 菌株 FJAT-45347^T的细胞扫描电镜图

图 3-45　菌株 FJAT-45347^T 的形态特征图

（2）生物学特性　菌株 FJAT-45347^T 在不同的 pH 值、NaCl 浓度、温度梯度的 LB 液体培养基中经摇瓶培养 72h 后，其 pH 值耐受范围是 7.5 ～ 12.0，最适 pH 8.0 ～ 9.0（图 3-46）；温度耐受范围是 15 ～ 35℃，最适温度为 20 ～ 25℃（图 3-47）；NaCl 浓度耐受范围为 0 ～ 200g/L，最适 NaCl 浓度为 60 ～ 80g/L（图 3-48）；菌株 FJAT-45347T 在厌氧培养基中 30℃培养 5d，发现菌体仅在表面生长，故属于好氧菌。

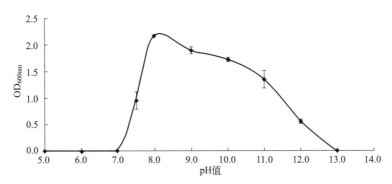

图 3-46　pH 值对菌株 FJAT-45347^T 生长的影响

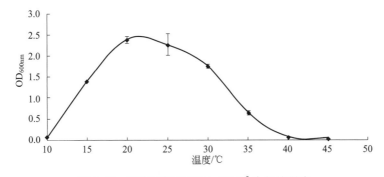

图 3-47　温度对菌株 FJAT-45347^T 生长的影响

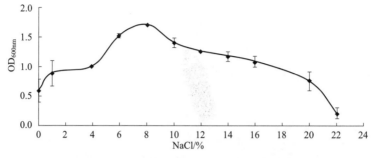

图 3-48　NaCl 浓度对菌株 FJAT-45347^T 生长的影响

（3）生理生化特征　菌株 FJAT-45347^T 的氧化酶反应呈阴性，接触酶反应呈阳性，V-P 反应呈阳性，甲基红反应呈阴性，硝酸还原反应为阴性，不能产淀粉酶，不能水解 Tween 20、Tween 40、Tween 60 和 Tween 80。能产碱性磷酸盐酶、酯酶 (C_4)、类脂酯酶 (C_8)、胰凝乳蛋白酶和萘酚 -AS-BI- 磷酸水解酶，不能产类脂酶 (C_{14})、白氨酸芳胺酶、缬氨酸芳胺酶、胱氨酸芳肽酶、胰蛋白酶、酸性磷酸酶、α- 半乳糖苷酶、β- 半乳糖苷酶、β- 糖醛酸苷酶、α- 葡萄糖苷酶、β- 葡萄糖苷酶、N- 乙酰葡萄糖胺酶、α- 甘露糖苷酶和 β- 岩藻糖苷酶。菌株 FJAT-45347^T 与其相关模式菌株的生理生化特征见表 3-16。

表 3-16　菌株 FJAT-45347^T 与其相关模式菌的生理生化特征

特征	1	2	3	4	5	6①
细胞大小 /μm		(0.6～0.7)×(2.0～5.0)	(0.4～0.5)×(1.0～3.5)	(0.5～0.6)×(2.0～5.0)	(0.5～0.6)×(3.0～5.0)	(0.8～1.0)×(3.2～4.5)
芽胞形态	椭圆形	椭圆形②	椭圆形③	椭圆形④	椭圆形⑤	椭圆形
pH 值范围（最适 pH 值）	7.5～12（8～9）	7.5～11（10）②	8～12（9）③	>7（≥10）④	6.5～10.0（8.5）⑤	8～12（9.5～10）
NaCl 浓度范围（最适 NaCl 浓度）/%	0～20（6～8）	0～15（8）②	3～14（5）③	0～16 ND④	0.5～10（2～4）⑤	0～15（3～7）
温度范围（最适温度）/℃	15～35（20～25）	15～45（30）②	5～47（29～31）③	10～45 ND④	4～30（25）⑤	10～45（28）
API 20E						
β- 半乳糖苷酶 (ONPG)	-	+	+	+	-	ND
脲酶	+	-	-	-	-	ND
明胶酶	+	-	-	+	-	-
精氨酸双水解酶	+	-	-	-	-	ND
赖氨酸脱羧酶	+	-	-	-	-	ND
鸟氨酸脱羧酶	+	-	-	-	-	ND
色氨酸脱氨酶	-	-	-	-	-	ND
柠檬酸盐利用	+	-	-	-	-	-
V-P	+	+	-	+	-	-
硝酸盐还原	-	+	+	-	-	-
碳源利用（API 50CH）						

续表

特征	1	2	3	4	5	6①
甘油	-	+	-	+	-	+
赤藓醇	-	-	-	+	-	ND
D-阿拉伯糖	-	-	-	-	-	ND
L-阿拉伯糖	+	+	-	+	w	-
核糖	-	+	+	+	-	-
D-木糖	-	+	+	+	-	-
L-木糖	-	-	-	-	-	ND
阿东醇	-	-	-	-	-	ND
β-甲基-D-木糖苷	-	-	-	-	-	ND
葡萄糖	-	+	+	+	+	-
果糖	+	+	+	+	+	-
甘露糖	-	+	-	+	+	-
山梨糖	-	-	-	-	-	ND
卫茅醇	-	-	-	-	-	ND
肌醇	-	-	-	-	-	+
甘露醇	-	+	-	+	-	-
山梨醇	+	w	-	-	-	-
α-甲基-D-葡萄糖苷	w	-	-	+	-	-
N-乙酰葡萄糖胺	-	-	-	-	-	+
苦杏仁苷	w	+	-	+	-	+
熊果苷	w	+	-	+	-	-
七叶灵	+	+	+	+	+	-
柳醇	+	+	-	+	-	-
纤维二糖	+	+	-	+	-	-
麦芽糖	-	+	+	+	w	-
乳糖	-	+	-	-	-	-
蜜二糖	-	-	-	+	-	+
蔗糖	-	+	+	+	w	+
海藻糖	+	+	+	+	-	+
菊糖	-	-	-	-	+	-
棉子糖	-	-	-	+	-	-
淀粉	-	+	-	+	-	-
肝糖	-	+	-	+	-	-
木糖醇	-	+	-	-	-	-
龙胆二糖	-	+	-	+	-	-
D-松二糖	-	-	-	+	-	-
D-来苏糖	-	-	-	-	-	ND

续表

特征	1	2	3	4	5	6[①]
D-岩糖	–	–	–	–	–	ND
L-岩糖	–	w	–	–	–	–
D-阿拉伯糖醇	–	–	–	–	+	ND
葡萄糖酸盐	–	–	–	–	–	ND
2-酮基葡萄糖酸盐	–	–	–	–	–	ND
5-酮基葡萄糖酸盐	–	–	–	–	–	ND
产酶特性						
氧化酶	–	+[②]	–[③]	ND[④]	+[⑤]	–
接触酶	+	+[②]	+[③]	ND[④]	+[⑤]	+
淀粉酶	–	+[②]	–[③]	+[④]	–[⑤]	–
Tween 20	–	–[②]	+[③]	–[④]	–[⑤]	ND
Tween 40	–	+[②]	+[③]	–[④]	–[⑤]	+
Tween 60	–	+[②]	+[③]	+[④]	–[⑤]	ND
Tween 80	–	–[②]	–[③]	ND[④]	–[⑤]	+
DNA(G+C) 含量（摩尔分数）/%	40.62	42.8[②]	42.9[③]	39.5[④]	39.8[⑤]	42.9

① 数据来自 Borsodi et al., 2008。
② 数据来自 Zhai et al., 2014。
③ 数据来自 Aino et al., 2008。
④ 数据来自 Nielsen et al., 1995。
⑤ 数据来自 Chen Y.G., et al., 2009。
注：所有菌株产 H_2S 和吲哚、甲基红测试、利用半乳糖、鼠李糖、α-甲基 -D-甘露糖苷、蜜三糖、D-塔格糖和 L-阿拉伯糖醇均为阴性。1 为 FJAT-45347[T]；2 为克氏芽胞杆菌 *Bacillus clarkii* DSM 8720[T]；3 为蓼属芽胞杆菌 *Bacillus polygoni* CCTCC AB 2014251[T]；4 为黏琼脂芽胞杆菌 *Bacillus agaradhaerens* DSM 8721[T]；5 为雷州湾芽胞杆菌 *Bacillus neizhouensis* DSM 19794[T]；6 为浅橘色芽胞杆菌 *Bacillus aurantiacus* K1-5[T]；+ 表示阳性；- 表示阴性；w 表示弱阳性；ND 表示无可利用数据。

（4）抗生素敏感性　菌株 FJAT-45347[T] 对克林霉素（2μg）、链霉素（300μg）、强力霉素（多西环素）(30μg)、红霉素（15μg）、庆大霉素（120μg）、利福平（5μg）、万古霉素（30μg）、阿奇霉素（15μg）、青霉素 G（10μg）、头孢唑啉（30μg）、链霉素（10μg）、氨苄西林（10μg）、氯霉素（30μg）、四环素（30μg）、苯唑西林（1μg）和阿米卡星（30μg）敏感、对多黏菌素 B（300μg）、庆大霉素（10μg）、卡那霉素（30μg）和新霉素（30μg）不敏感。

2. 分子特征

（1）基于 16S rRNA 基因序列系统发育分析　菌株 FJAT-45347[T] 的 16S rRNA 基因序列 1436bp（Genbank 序列号是 KY612313）。16S rRNA 基因系统发育分析表明，菌株 FJAT-45347[T] 是芽胞杆菌属的一成员，它与克氏芽胞杆菌（*Bacillus clarkii*）DSM 8720[T] 相似性最高，达 96.1%，其次分别是蓼属芽胞杆菌（*Bacillus polygoni*）YN-1[T]（95.89%）、黏琼脂芽胞杆菌（*Bacillus agaradhaerens*）DSM 8721[T]（95.54%）、雷州湾芽胞杆菌（*Bacillus neizhouensis*）JSM 071004[T]（95.47%）、浅橘色芽胞杆菌（*Bacillus aurantiacus*）K1-5[T]（95.33%）；菌株 FJAT-45347[T] 与芽胞杆菌属的其余菌株相似性均低于 97%。采用邻近连接法构建的系统进化

树显示菌株 FJAT-45347^T 与芽胞杆菌属的各成员聚在一起（图 3-49），采用最大简约法和最小演化法构建的进化树获得相同的拓扑结构（图 3-50 和图 3-51）。

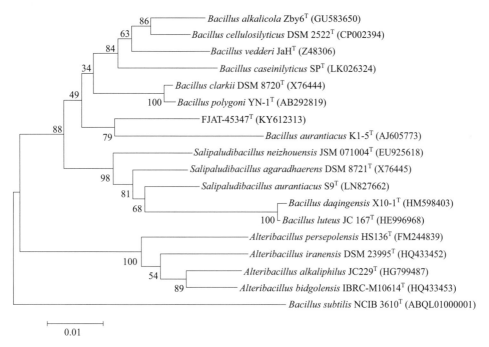

图 3-49　采用邻近连接法构建菌株 FJAT-45347^T 基于 16S rRNA 基因序列的系统发育树

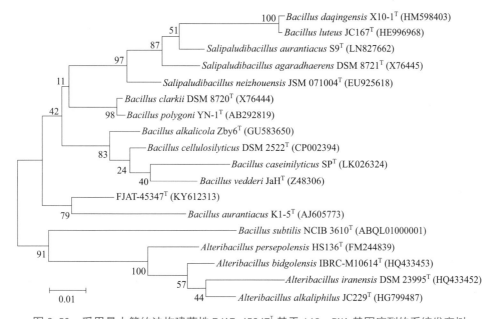

图 3-50　采用最大简约法构建菌株 FJAT-45347^T 基于 16S rRNA 基因序列的系统发育树

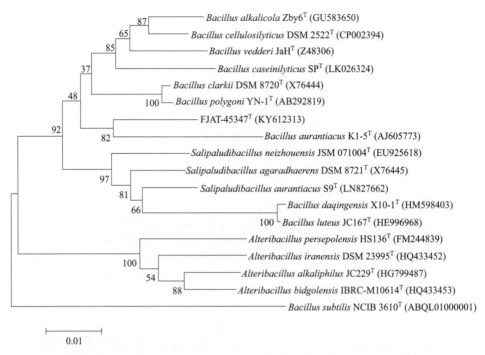

图 3-51　采用最小演化法构建菌株 FJAT-45347^T 基于 16S rRNA 基因序列的系统发育树

（2）DNA（G+C）含量测定　基于基因组分析，菌株 FJAT-45347^T 的 DNA（G+C）含量为 40.62%（摩尔分数）。

（3）基因组 DNA-DNA 杂交　菌株 FJAT-45347^T 与其亲缘关系较近模式菌株克氏芽胞杆菌（*Bacillus clarkii*）DSM 8720^T、蓼属芽胞杆菌（*Bacillus polygoni*）YN-1^T 和黏琼脂芽胞杆菌（*Bacillus agaradhaerens*）DSM 8721^T 的 DNA-DNA 杂交同源性分别为 26.2%、25.3% 和 28.3%，远低于细菌种的定义界限 70%。

（4）基因组 ANI 分析　FJAT-45347T 与其亲缘关系较近模式菌株克氏芽胞杆菌（*Bacillus clarkii*）DSM 8720^T、蓼属芽胞杆菌（*Bacillus polygoni*）YN-1^T 和黏琼脂芽胞杆菌（*Bacillus agaradhaerens*）DSM 8721^T 的 ANI 分别为 68.47%、68.41% 和 68.18%，远低于种的定义界限 96%。

3. 化学特征

（1）脂肪酸检测　由表 3-17 可知，菌株 FJAT-45347^T 主要脂肪酸成分为 *anteiso*-C15:0（50.55%）、*anteiso*-C17:0（17.14%）、*iso*-C15:0（8.16%）、*iso*-C16:0（7.30%）和 C16:0（6.37%）。

表 3-17　菌株 FJAT-45347^T 与相关模式菌的脂肪酸成分

脂肪酸	1	2	3	4	5	6[①]
C14:0	0.73	1.28	0.77	0.23	1.18	0.69
C16:0	6.37	9.20	2.86	4.80	9.85	2.43
C18:0	1.01	0.48	0.48	0.28	—	—

续表

脂肪酸	1	2	3	4	5	6[①]
iso-C14:0	1.29	2.79	4.05	1.12	7.87	1.53
anteiso-C15:0	50.55	39.19	35.9	35.91	41.27	55.49
iso-C15:0	8.16	13.13	19.42	23.75	7.20	13.14
iso-C16:0	7.30	5.62	6.02	3.25	8.99	7.40
C16:0 N alcohol	2.28	0.73	0.46	–	–	–
C16:1ω11*c*	–	–	–	2.18	8.54	–
C16:1ω7*c* alcohol	–	–	–	0.42	3.87	–
anteiso-C17:0	17.14	13.54	9.55	9.5	6.54	12.06
iso-C17:0	2.70	4.52	5.20	10.29	0.87	1.40
anteiso-C17:1 A	0.40	3.41	6.62	–	–	–
iso-C17:1ω10*c*	–	–	0.17	5.94	1.24	-
iso-C17:1ω5*c*	–	0.73	2.00	–	–	0.70
C18:1ω9*c*	1.08	0.26	0.51	0.56	0.73	–
Summed Feature 3	0.48	3.96	3.40	–	0.76	–
Summed Feature 4	–	–	–	1.65	1.08	–

① 数据来自 Borsodi et al., 2008。

注：Summed Feature 3 的成分为 16:1ω6*c* and/or16:1ω7*c*；Summed Feature 4 的成分为 17:1 ANTEISO B 和 / 或 17:1iso I；1 为 FJAT-45347[T]；2 为克氏芽胞杆菌 *Bacillus clarkii* DSM 8720[T]；3 为蓼属芽胞杆菌 *Bacillus polygoni* CCTCC AB 2014251[T]；4 为黏琼脂芽胞杆菌 *Bacillus agaradhaerens* DSM 8721[T]；5 为雷州湾芽胞杆菌 *Bacillus neizhouensis* DSM 19794[T]；6 为浅橘色芽胞杆菌 *Bacillus aurantiacus* K1-5[T]；- 表示未检测出或含量 < 1.0 %。

（2）醌组分分析　由图 3-52 可知，菌株 FJAT-45347[T] 主要甲基萘醌组分为 MK-7(100%)。

（3）细胞壁特征氨基酸组分　由图 3-53 可知，菌株 FJAT-45347T 主要细胞壁特征氨基酸组分为内消旋二氨基庚二酸（*meso*-DAP）。

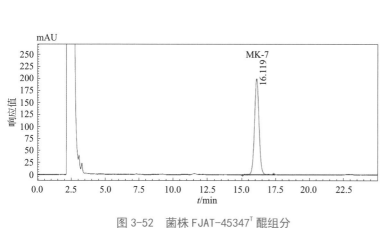

图 3-52　菌株 FJAT-45347[T] 醌组分

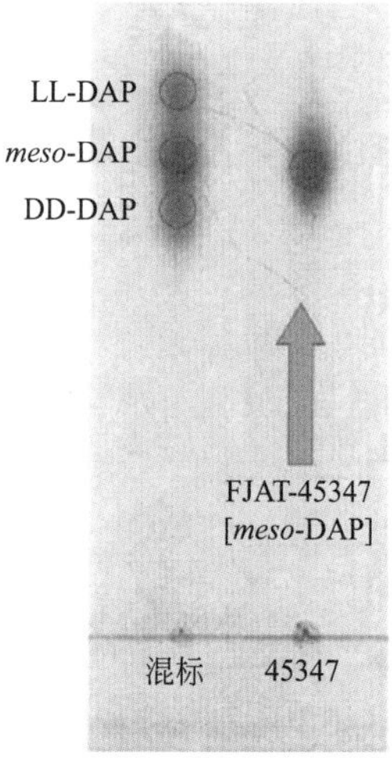

图 3-53　菌株 FJAT-45347[T] 细胞壁特征氨基酸组分

（4）极性脂分析　由图 3-54 可知，菌株 FJAT-45347^T 主要极性脂组分为双磷脂酰甘油（DPG）、磷脂酰乙醇胺（PE）、磷脂酰甘油（PG）、未鉴定的胺磷脂（unidentified aminophospholipids，UAPL1-2）、未鉴定的胺脂（unidentified aminolipid，UAL）、未鉴定的磷脂（unidentified phospholipids，UPL）。

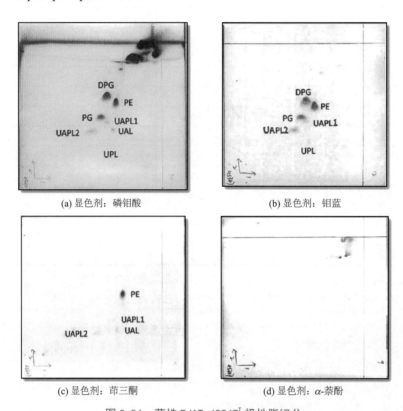

(a) 显色剂：磷钼酸　　　　　　　　(b) 显色剂：钼蓝

(c) 显色剂：茚三酮　　　　　　　　(d) 显色剂：α-萘酚

图 3-54　菌株 FJAT-45347^T 极性脂组分

DPG—双磷脂酰甘油；PE—磷脂酰乙醇胺；PG—磷脂酰甘油；UAPL1-2—未鉴定的胺磷脂；
UAL—未鉴定的胺脂；UPL—未鉴定的磷脂

4. 资源描述

新种资源的中文名为胡杨芽胞杆菌（*Bacillus populi*）。种名析意：po'pu.li. L. fem. gen. n. *populi* of the poplar tree *Populus euphratica* growing in desert, Xinjiang。菌株 FJAT-45347^T，细胞革兰氏阴性，好氧菌，芽胞端生，呈椭圆形，无鞭毛着生，不具有运动性。菌落直径约为 3.40mm，黄色、圆形、光滑湿润、不透明、扁平、边缘整齐。pH 值耐受范围是 7.5 ～ 12.0，最适 pH8.0 ～ 9.0；NaCl 浓度耐受范围为 0 ～ 200g/L，最适 NaCl 浓度为 60 ～ 80g/L；温度耐受范围是 15 ～ 35℃，最适温度为 20 ～ 25℃。氧化酶反应呈阴性，接触酶反应呈阳性，V-P 反应呈阳性，甲基红反应呈阴性，硝酸还原反应为阴性，不能产淀粉酶，不能水解 Tween 20、Tween 40、Tween 60 和 Tween 80。柠檬酸盐利用、明胶水解反应、脲酶、精氨酸双水解酶和赖氨酸脱羧酶反应呈阳性，ONPG 水解反应、硫化氢产生、吲哚产生、鸟氨酸脱羧酶和色氨酸脱氨酶反应呈阴性。能利用 L- 阿拉伯糖、果糖、山梨醇、α- 甲基 -D- 葡萄糖苷、苦杏仁苷、熊果苷、七叶灵、柳醇、纤维二糖和海藻糖产酸，不能利用甘油、赤藓醇、D- 阿拉伯糖、核糖、D- 木糖、L- 木糖、阿东醇、β- 甲基 -D- 木糖苷、半乳糖、葡萄糖、甘露糖、山梨糖、鼠李糖、甘露醇、卫茅醇、肌醇、α- 甲基 -D- 甘露糖苷、N- 乙酰葡萄糖胺、麦芽糖、乳糖、蜜二糖、蔗糖、菊糖、松三糖、棉子糖、淀粉、肝糖、木糖醇、龙胆二糖、D- 松二糖、D- 来苏糖、D- 塔格糖、D- 岩糖、L- 岩糖、D- 阿拉伯糖醇、L- 阿拉伯糖醇、葡萄糖酸盐、2- 酮基葡萄糖酸盐和 5- 酮基葡萄糖酸盐产酸。能产碱性磷酸盐酶、酯酶 (C4)、类脂酯酶 (C8)、胰凝乳蛋白酶和萘酚 -AS-BI- 磷酸水解酶，不能产类脂酶 (C14)、白氨酸芳胺酶、缬氨酸芳胺酶、胱氨酸芳胺酶、胰蛋白酶、酸性磷酸酶、α- 半乳糖苷酶、β- 半乳糖苷酶、β- 糖醛酸苷酶、α- 葡萄糖苷酶、β- 葡萄糖苷酶、N- 乙酰葡萄糖胺酶、α- 甘露糖苷酶和 β- 岩藻糖苷酶。对克林霉素（2μg）、链霉素（300μg）、强力霉素（多西环素）（30μg）、红霉素（15μg）、庆大霉素（120μg）、利福平（5μg）、万古霉素（30μg）、阿奇霉素（15μg）、青霉素 G（10μg）、头孢唑啉（30μg）、链霉素（10μg）、氨苄西林（10μg）、氯霉素（30μg）、四环素（30μg）、苯唑西林（1μg）和阿米卡星（30μg）敏感，对多黏菌素 B（300μg）、庆大霉素（10μg）、卡那霉素（30μg）和新霉素（30μg）不敏感。FJAT-45347T 的主要脂肪酸成分为 anteiso-C15:0（50.55%）、anteiso-C17:0（17.14%）、iso-C15:0（8.16%）、iso-C16:0（7.30%）和 C16:0（6.37%）；主要甲基萘醌组分为 MK-7(100%)；细胞壁特征氨基酸组分为内消旋二氨基庚二酸（meso-DAP）；主要极性脂组分为双磷脂酰甘油（DPG）、磷脂酰乙醇胺（PE）、磷脂酰甘油（PG）、unidentified aminophospholipids（UAPL1-2）、unidentified aminolipid(UAL) 和 unidentified phospholipids（UPL）。与其最相近模式菌株克氏芽胞杆菌（Bacillus clarkii）DSM 8720^T 的 isDDH 同源性为 26.2%，DNA（G+C）含量为 40.62mol%。

模式菌株 FJAT-45347^T（= DSM 104632^T= CCTCC AB 2016257^T），分离自新疆塔克拉玛干沙漠（胡杨根土）。

（五）新种资源 *Bacillus urbisdiaboli* FJAT-45385^T 的鉴定

1. 表型特征

（1）形态特征　菌株 FJAT-45385^T 在 Horikoshi Ⅰ 培养基上，30℃培养48h后，形成圆形、光滑湿润、不透明、隆起、边缘整齐的黄色小菌落，菌落平均直径为（1.65±0.15）mm。以大肠杆菌 K-12 做对照，对 30℃培养 24h 的菌株 FJAT-45385^T 进行革兰氏染色，在普通光学显微镜下看到菌体呈红色，是革兰氏阴性菌 [图 3-55（a）]。菌株 FJAT-45385^T 芽胞位于菌体的极端位置，呈椭圆形 [图 3-55（b）]。在透射电子显微镜下观察到菌株 FJAT-45385^T 靠周生鞭毛运动 [图 3-55（c）]。

（2）生物学特性　菌株 FJAT-45385^T 在不同的 pH 值、NaCl 浓度、温度梯度的 Horikoshi Ⅰ 固体培养基上 30℃培养 72h 后，观察平板上菌落生长情况，发现其 pH 值耐受范围是 7.0 ～ 11.0，最适 pH9.0；NaCl 浓度耐受范围为 0 ～ 100g/L，最适 NaCl 浓度为 40 ～ 60g/L；温度耐受范围是 20 ～ 40℃，最适温度 30℃；菌株 FJAT-45385^T 在厌氧培养基中 30 ℃培养 5d，发现菌体沿着穿刺线生长，故属于兼性厌氧菌。

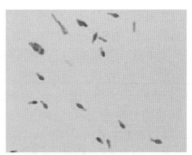

(a) 菌株FJAT-45385^{T}的革兰氏染色图　　　　　(b) 菌株FJAT-45385^{T}的芽胞形态图

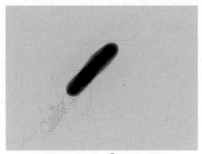

(c) 菌株FJAT-45385^{T}的细胞形态图

图 3-55　菌株 FJAT-45385^T 的形态特征图

（3）生理生化特征　菌株 FJAT-45385^T 的氧化酶和接触酶反应呈阳性，V-P 和甲基红反应呈阴性，硝酸还原反应为阳性，可以产淀粉酶，可以水解 Tween 20、Tween 40、Tween 60 和 Tween 80。能产酯酶 (C$_4$)、类脂酯酶 (C$_8$)、萘酚 -AS-BI- 磷酸水解酶、β- 半乳糖苷酶、β-糖醛酸苷酶和 β- 葡萄糖苷酶，不能产碱性磷酸盐酶、类脂酶 (C$_{14}$)、白氨酸芳胺酶、缬氨酸芳胺酶、胱氨酸芳胺酶、胰蛋白酶、胰凝乳蛋白酶、酸性磷酸酶、α- 半乳糖苷酶、α- 葡萄糖苷酶、N- 乙酰葡萄糖胺酶、α- 甘露糖苷酶和 β- 岩藻糖苷酶。菌株 FJAT-45385^T 与其相关模式菌株的生理生化特征见表 3-18。

表 3-18　菌株 FJAT-45385^T 与其相关模式菌的生理生化特征

特征	1	2	3	4[①]	5
细胞大小 /μm		(0.5 ～ 0.8)× (1.5 ～ 2.0)[②]	(0.5 ～ 0.7)× (1.5 ～ 2.6)[③]	(0.8 ～ 0.9)× (2.0 ～ 3.0)	(0.6 ～ 0.8)× (2.0 ～ 2.9)[④]
芽胞形态	椭圆形	椭圆形[②]	椭圆形[③]	椭圆形	—[④]
pH 值范围 （最适 pH 值）	7 ～ 11 (9)	8 ～ 10 (9 ～ 10)[②]	8 ～ 10 ND[③]	7 ～ 12 (9)	7 ～ 10 (9)[④]
NaCl 浓度范围 （最适 NaCl 浓度）/%	0 ～ 10 (4 ～ 6)	0 ～ 10 ND[②]	0 ～ 14 ND[③]	2 ～ 12 (5)	0 ～ 10 (5)[④]
温度范围 （最适温度）/℃	20 ～ 40 (30)	10 ～ 40 (37)[②]	ND ND[③]	15 ～ 37 (25 ～ 28)	25 ～ 40 (37)[④]
API 20E					

续表

特征	1	2	3	4[①]	5
β- 半乳糖苷酶（ONPG）	+	-	-	ND	+
脲酶	+	-	-	-	-
明胶酶	+	-	-	+	-
赖氨酸脱羧酶	-	-	-	ND	-
鸟氨酸脱羧酶	-	-	-	ND	-
色氨酸脱氨酶	-	-	-	ND	-
柠檬酸盐利用	+	-	-	-	-
V-P	-	-	-	-	+
碳源利用（API 50CH）					
甘油	-	-	+	-	+
赤藓醇	-	-	+	-	-
L- 阿拉伯糖	+	-	-	-	+
核糖	-	-	+	-	+
D- 木糖	-	-	+	-	+
L- 木糖	-	+	-	-	-
半乳糖	-	-	+	+	w
葡萄糖	+	-	+	-	+
果糖	-	-	+	+	+
甘露糖	+	-	-	-	-
甘露醇	+	-	+	-	-
山梨醇	-	+	-	-	+
α- 甲基 -D- 葡萄糖苷	-	-	+	-	+
N- 乙酰葡萄糖胺	-	-	-	+	-
七叶灵	+	-	-	+	+
柳醇	w	+	+	+	-
纤维二糖	-	-	-	+	-
麦芽糖	-	-	+	+	+
乳糖	-	-	+	-	+

特征	1	2	3	4①	5
蔗糖	-	-	+	+	+
海藻糖	-	-	-	+	+
棉子糖	-	+	-	-	+
淀粉	w	+	+	-	w
肝糖	+	+	-	-	-
龙胆二糖	+	-	-	+	-
葡萄糖酸盐	-	-	+	-	-
5-酮基葡萄糖酸盐	-	+	+	-	-
产酶特性					
氧化酶	+	-②	+③	-	ND④
淀粉酶	+	+②	+③		+④
Tween 20	+	-②	+③	ND	ND④
Tween 40	+	-②	+③	ND	-④
Tween 60	+	-②	+③	ND	ND④
Tween 80	+	ND②	+③	+	-④
DNA(G+C) 含量（摩尔分数）/%	38.13	38.1②	40.6～41.5③	39	41.6±1④

① 数据来自 Borsodi et al., 2011。
② 数据来自 Nogi et al., 2005。
③ 数据来自 Yumoto et al., 2003。
④ 数据来自 Nowlan et al., 2006。
注：所有菌株的产 H_2S 和吲哚，甲基红测试，精氨酸双水解酶，利用 D-阿拉伯糖、核糖醇、β-甲基-D-木糖苷、山梨糖、鼠李糖、半乳糖醇、肌醇、α-甲基-D-甘露糖苷、苦杏仁苷、熊果苷、D-蜜二糖、菊糖、蜜三糖、木糖醇、D-松二糖、D-来苏糖、D-塔格糖、D-海藻糖、L-海藻糖、D-阿拉伯糖醇、L-阿拉伯糖醇和2-酮-D-葡萄糖酸盐均为阴性；所有菌株的过氧化氢酶活性和硝酸盐还原为阳性。1 为 FJAT-45385ᵀ；2 为和光芽胞杆菌 *Bacillus wakoensis* DSM 2521ᵀ；3 为克鲁氏芽胞杆菌 *Bacillus krulwichiae* DSM 18225ᵀ；4 为碱性沉积芽胞杆菌 *Bacillus alkalisediminis* DSM 21670ᵀ；5 为奥哈芽胞杆菌 *Bacillus okhensis* DSM 23308ᵀ；+表示阳性；-表示阴性；ND 表示无可利用数据；w 表示弱阳性。

（4）抗生素敏感性　菌株 FJAT-45385ᵀ 对克林霉素（2μg）、链霉素（300μg）、强力霉素（多西环素）（30μg）、红霉素（15μg）、庆大霉素（120μg）、新霉素（30μg）、利福平（5μg）、多黏菌素 B（300μg）、万古霉素（30μg）、庆大霉素（10μg）、阿奇霉素（15μg）、苯唑西林（1μg）、青霉素 G（10μg）、头孢唑啉（30μg）、链霉素（10μg）、氨苄西林（10μg）、氯霉素（30μg）、四环素（30μg）、阿米卡星（30μg）和卡那霉素（30μg）敏感。

2. 分子特征

（1）基于 16S rRNA 基因序列系统发育分析　菌株 FJAT-45385^T 的 16S rRNA 基因序列 1455bp（Genbank 序列号是 KY612314）。16S rRNA 基因系统发育分析表明，菌株 FJAT-45385^T 是芽胞杆菌属的一成员，它与和光芽胞杆菌（*Bacillus wakoensis*）N-1^T 相似性最高，达 96.01%，其次分别是碱性沉积芽胞杆菌（*Bacillus alkalisediminis*）K1-25^T（95.56%）、克鲁氏芽胞杆菌（*Bacillus krulwichiae*）AM31D^T（95.56%）、奥哈芽胞杆菌（*Bacillus okhensis*）Kh10-101^T（95.52%）。菌株 FJAT-45385^T 与芽胞杆菌属的其余菌株相似性均低于 97%。采用邻近连接法构建的系统进化树显示菌株 FJAT-45385^T 与芽胞杆菌属的各成员聚在一起（图 3-56），采用最大简约法和最小演化法构建的进化树获得相同的拓扑结构（图 3-57 和图 3-58）。

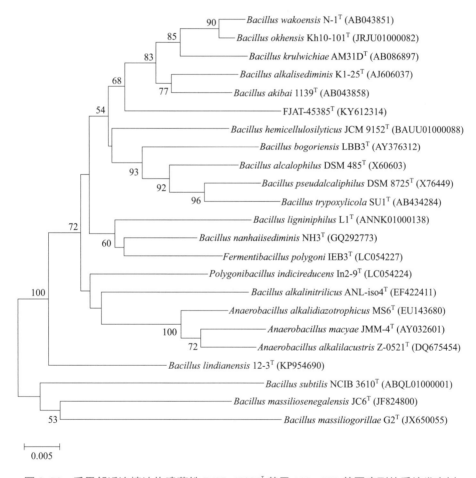

图 3-56　采用邻近连接法构建菌株 FJAT-45385^T 基于 16S rRNA 基因序列的系统发育树

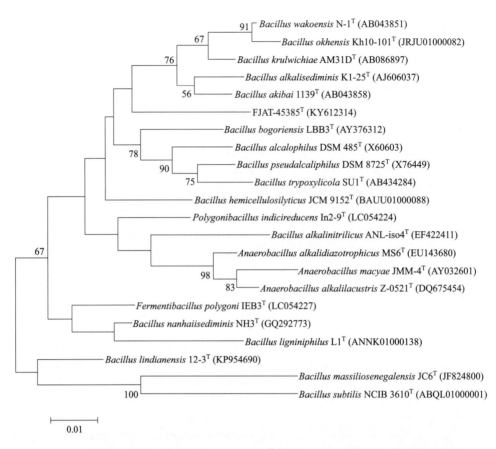

图 3-57 采用最大简约法构建菌株 FJAT-45385^T 基于 16S rRNA 基因序列的系统发育树

（2）DNA（G+C）含量测定　基于基因组序列分析，菌株 FJAT-45385^T 的 DNA（G+C）含量（摩尔分数）为 38.13%。

（3）基因组 DNA-DNA 杂交　菌株 FJAT-45385^T 与其亲缘关系较近模式菌株和光芽胞杆菌（Bacillus wakoensis）N-1^T 的 DNA-DNA 杂交同源性为 18.9%，远低于细菌种的定义界限 70%。

（4）基因组 ANI 分析　菌株 FJAT-45385^T 与其亲缘关系较近模式菌株和光芽胞杆菌（Bacillus wakoensis）N-1^T 的 ANI 为 70.3%，远低于种的定义界限 96%。

3. 化学特征

（1）脂肪酸检测　由表 3-19 可知，菌株 FJAT-45385^T 主要脂肪酸成分为 anteiso-C15:0（37.43%）、iso-C15:0（15.13%）、Summed Feature 3（14.05%）和 C16:0（12.56%）。

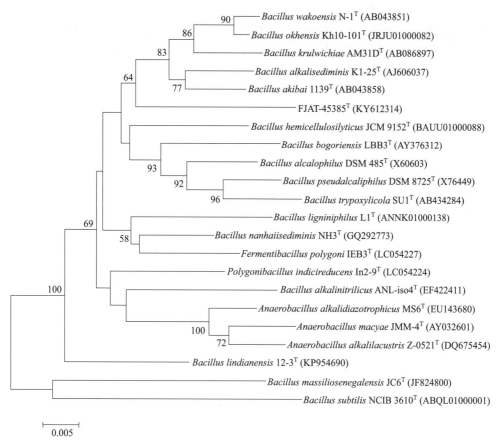

图 3-58 采用最小演化法构建菌株 FJAT-45385^T 基于 16S rRNA 基因序列的系统发育树

表 3-19 菌株 FJAT-45385^T 与相关模式菌的脂肪酸成分

脂肪酸	1	2	3	4[①]	5
C10:0	–	1.06	0.18	–	0.93
C14:0	4.88	2.66	1.80	1.56	0.99
C16:0	12.56	22.9	6.90	4.77	12.28
iso-C14:0	4.49	1.11	7.03	14.55	2.32
anteiso-C15:0	37.43	37.99	41.44	36.52	49.94
iso-C15:0	15.13	10.11	18.54	19.45	10.38
iso-C16:0	3.74	1.51	1.56	4.74	2.90
C16:1ω11c	–	7.98	9.63	6.84	2.31
C16:1ω7c alcohol	–	0.24	3.32	3.56	1.09
anteiso-C17:0	3.31	7.24	3.94	1.13	10.27

脂肪酸	1	2	3	4[①]	5
iso-C17:0	1.46	2.61	2.72	2.31	3.36
Summed Feature 3	14.05	2.60	–	–	1.79
Summed Feature 4	–	–	1.20	–	0.39

① 数据来自 Borsodi et al., 2011。

注：1 为 FJAT-45385[T]；2 为和光芽胞杆菌 *Bacillus wakoensis* DSM 2521[T]；3 为克鲁氏芽胞杆菌 *Bacillus krulwichiae* DSM 18225[T]；4 为碱性沉积芽胞杆菌 *Bacillus alkalisediminis* DSM 21670[T]；5 为奥哈芽胞杆菌 *Bacillus okhensis* DSM 23308[T]；– 表示未检测出或含量＜1.0 %。特征符合脂肪酸：Summed Feature 3 的成分为 16:1 ω6c and/or 16:1 ω7c；Summed Feature 4 的成分为 17:1 ANTEISO B and/or 17:1 iso I。

（2）醌组分分析　由图 3-59 可知，菌株 FJAT-45385[T] 主要甲基萘醌组分为 MK-7(100%)。

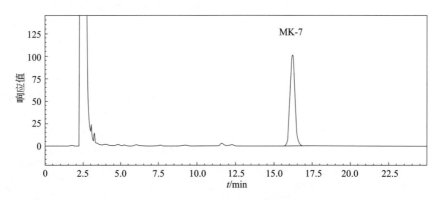

图 3-59　菌株 FJAT-45385[T] 醌组分

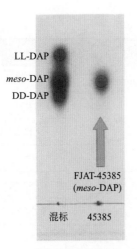

图 3-60　菌株 FJAT-45385[T] 细胞壁特征氨基酸组分

（3）细胞壁特征氨基酸组分　由图 3-60 可知，菌株 FJAT-45385[T] 主要细胞壁特征氨基酸组分为 *meso*-DAP。

（4）极性脂分析　由图 3-61 可知，FJAT-45385[T] 主要极性脂组分为双磷脂酰甘油（DPG）、磷脂酰乙醇胺（PE）、磷脂酰甘油（PG）和未鉴定的磷脂（unidentified phospholipids，UPL1-3）。

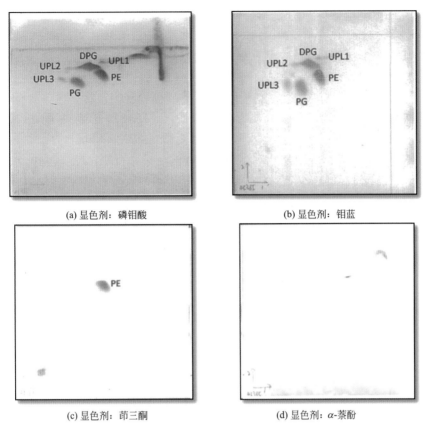

(a) 显色剂：磷钼酸　　　　　　　　　　(b) 显色剂：钼蓝

(c) 显色剂：茚三酮　　　　　　　　　　(d) 显色剂：α-萘酚

图 3-61　菌株 FJAT-45385^T 极性脂组分

DPG—双磷脂酰甘油；PE—磷脂酰乙醇胺；PG—磷脂酰甘油；UPL1-3—未鉴定的磷脂

4. 资源描述

新种资源的中文名为魔鬼城芽胞杆菌（*Bacillus urbisdiaboli*）。种名析意：ur.bis.di.a'bo.li. L. fem. n. *urbs* city; L. masc. n. *diabolus* devil; N.L. gen. n. *urbisdiaboli* of Devil City。菌株 FJAT-45385^T，细胞革兰氏阴性，兼性厌氧，芽胞端生，呈椭圆形，靠周生鞭毛运动。菌落直径约为 1.65mm，黄色、圆形、光滑湿润、不透明、隆起、边缘整齐。pH 值耐受范围是 7.0～11.0，最适 pH9.0；NaCl 浓度耐受范围为 0～100g/L，最适 NaCl 浓度为 40～60g/L；温度耐受范围是 20～40℃，最适温度 30℃。氧化酶和接触酶反应呈阳性，V-P 和甲基红反应呈阴性，硝酸还原反应为阳性，可以产淀粉酶，可以水解 Tween 20、Tween 40、Tween 60 和 Tween 80。ONPG 水解反应、柠檬酸盐利用、脲酶和明胶水解反应呈阳性，硫化氢产生、吲哚产生、精氨酸双水解酶、赖氨酸脱羧酶、鸟氨酸脱羧酶和色氨酸脱氨酶反应呈阴性。能利用 L-阿拉伯糖、葡萄糖、甘露糖、甘露醇、七叶灵、柳醇、淀粉、肝糖和龙胆二糖产酸，不能利用甘油、赤藓醇、D-阿拉伯糖、核糖、D-木糖、L-木糖、阿东醇、β-甲基-D-木糖苷、半乳糖、果糖、山梨糖、鼠李糖、卫茅醇、肌醇、山梨醇、α-甲基-D-甘露糖苷、α-甲基-D-葡萄糖苷、苦杏仁苷、N-乙酰-葡萄糖胺、熊果苷、纤维二糖、麦芽糖、乳糖、蜜二糖、蔗糖、海藻糖、菊糖、松三糖、棉子糖、木糖醇、D-松二糖、D-来苏糖、D-塔格糖、D-岩糖、L- 岩糖、D- 阿拉伯糖醇、L- 阿拉伯糖醇、葡萄糖酸盐、2- 酮基葡萄糖酸盐和 5- 酮基葡萄糖酸盐产酸。能产酯酶 (C_4)、类脂酯酶 (C_8)、萘酚 -AS-BI- 磷酸水解酶、β- 半乳糖苷酶、β- 糖醛酸苷酶和 β- 葡萄糖苷酶，不能产碱性磷酸盐酶、类脂酶 (C_{14})、白氨酸芳胺酶、缬氨酸芳胺酶、胱氨酸芳胺酶、胰蛋白酶、胰凝乳蛋白酶、酸性磷酸酶、α- 半乳糖苷酶、α- 葡萄糖苷酶、N- 乙酰葡萄糖胺酶、α- 甘露糖苷酶和 β- 岩藻糖苷酶。对克林霉素（2μg）、链霉素（300μg）、强力霉素（多西环素）（30μg）、红霉素（15μg）、庆大霉素（120μg）、新霉素（30μg）、利福平（5μg）、多黏菌素 B（300μg）、万古霉素（30μg）、庆大霉素（10μg）、阿奇霉素（15μg）、苯唑西林（1μg）、青霉素 G（10μg）、头孢唑啉（30μg）、链霉素（10μg）、氨苄西林（10μg）、氯霉素（30μg）、四环素（30μg）、阿米卡星（30μg）和卡那霉素（30μg）敏感。菌株 FJAT-45385T 主要脂肪酸成分为 anteiso-C15:0（37.43%）、iso-C15:0（15.13%）、Summed Feature 3（14.05%）和 C16:0（12.56%）；主要甲基萘醌组分为 MK-7(100%)。细胞壁特征氨基酸组分为内消旋二氨基庚二酸（meso-DAP）；主要极性脂组分为双磷脂酰甘油（DPG）、磷脂酰乙醇胺（PE）、磷脂酰甘油（PG）和未鉴定的磷脂（UPL1-3）。与其最相近模式菌株和光芽胞杆菌（Bacillus wakoensis）N-1^T 的 isDDH 同源性为 18.9%，DNA（G+C）含量为 38.13%（摩尔分数）。

模式菌株 FJAT-45385^T（=DSM 104651^T= CCTCC AB 2016263^T），分离自新疆魔鬼城（植物根系土）。

七、讨论

我国有着丰富的盐碱环境，主要集中在西部地区，如新疆、西藏、青海、甘肃等地，这些盐碱环境中潜藏着丰富的嗜碱芽胞杆菌资源。本节采用 Horikoshi Ⅰ培养基从中国西部地区的 7 个省份（四川、云南、西藏、青海、新疆、甘肃及宁夏）的 120 份土壤样本中共分离获得了 751 株嗜碱芽胞杆菌。经 16S rRNA 基因序列分析，发现这 751 个菌株隶属于 12 个属 102 个种，分别为芽胞杆菌属、厌氧芽胞杆菌属、中盐芽胞杆菌属、房间芽胞杆菌属、纤细芽胞杆菌属、咸海鲜芽胞杆菌属、赖氨酸芽胞杆菌属、大洋芽胞杆菌属、类芽胞杆菌属、嗜冷芽胞杆菌属、土地芽胞杆菌属和枝芽胞杆菌属。其中芽胞杆菌属有 76 种，是这 7 个省份（自治区）的优势属，但是每个地区的优势种却不尽相同，四川与云南以巴塔哥尼亚芽胞杆菌为优势种，西藏与甘肃以堀越氏芽胞杆菌为优势种，青海与新疆地区以短小芽胞杆菌为优势种，宁夏以波斯芽胞杆菌为优势种，由此可见，不同的盐碱环境下的芽胞杆菌优势菌群具有一定的相似性。这些嗜碱芽胞杆菌与它们的最近模式菌的相似性在 93% ～ 100% 之间，其中有 35 株嗜碱芽胞杆菌与它们的最近模式菌的相似性小于 98%，根据两株菌之间 16S rRNA 基因序列相似性低于 98.65% 时，可初步判定为两个不同的种（Kim et al., 2014），因此它们可视为潜在新种，同时也说明了中国西部地区的盐碱环境中蕴藏着丰富的嗜碱芽胞杆菌新物种有待开发。

7 个省份 120 份土壤中有 27 份呈酸性，其余呈碱性。同时菌株的耐盐碱特性研究结果表明耐碱芽胞杆菌有 84 株，其 pH 值耐受范围主要是 5 ～ 12，最适 pH 值主要是 8.0，NaCl 浓度耐受范围主要是 0 ～ 60g/L，最适 NaCl 浓度是 10 ～ 40g/L；专性嗜碱芽胞杆菌有 122 株，其 pH 值耐受范围主要是 8 ～ 12，大部分菌株的最适 pH 值是 9.0 ～ 10.0，NaCl 浓度耐受范围主要是 0 ～ 100g/L，最适 NaCl 浓度以 40g/L 为主；兼性嗜碱芽胞杆菌有 315 株，其 pH 值耐受范围主要是 5 ～ 12，最适 pH 值主要是 9.0 ～ 10.0，NaCl 浓度耐受范围主要是 0 ～ 100g/L，最适 NaCl 浓度主要是 6%。因此，在一定程度上反映了盐碱土壤中具有丰富的嗜碱芽胞杆菌资源，同时也反映了嗜碱芽胞杆菌具有丰富的耐盐特性。

近年来，越来越多的学者热衷于盐碱环境中微生物资源多样性的研究，主要有新疆阿克苏盐碱地（郑贺云等，2012）、库姆塔格沙漠（许璐，2013），中国内蒙和青海的盐渍环境（魏雪新，2016），西藏尼玛县（刘国红等，2016b），内蒙古鄂尔多斯地区盐碱湖（高成华，2011），东北松嫩平原盐碱地（潘媛媛等，2012）、中国南海沉积环境（刘玉娟等，2014），天津团泊湖盐碱地（冯伟，2013）等盐碱环境，研究发现这些盐碱地区都以芽胞杆菌属为优势菌群，这与本节中 7 个地区土壤中的优势菌群结果一致。本节发现的堀越氏芽胞杆菌在西藏尼玛县（刘国红等，2016b）及中国南海沉积环境（刘玉娟等，2014）均有报道，病研所芽胞杆菌在库姆塔格沙漠（许璐，2013）、东北松嫩平原盐碱地（潘媛媛等，2012）及中国南海沉积环境（刘玉娟等，2014）也均有报道，盐地咸海鲜芽胞杆菌与假坚强芽胞杆菌在西藏尼玛县（刘国红等，2016b）及天津团泊湖盐碱地（冯伟，2013）也均有发现，地衣芽胞杆菌、枯草芽胞杆菌、巴塞罗那类芽胞杆菌与食木糖类类芽胞杆菌在库姆塔格沙漠（许璐，2013）及中国南海沉积环境（刘玉娟等，2014）也曾报道过，说明在盐碱环境中这些嗜碱芽胞杆菌种群比较普遍，同时也说明了尽管地理位置不同，但是嗜碱芽胞杆菌类群具有一定的相似性和独特性。

此外，在这 7 个省份的土壤环境中首次发现了马氏厌氧芽胞杆菌、碱居芽胞杆菌、天安芽胞杆菌、克氏芽胞杆菌、香港蜥蜴芽胞杆菌、苛求芽胞杆菌、解半纤维素芽胞杆菌、花园芽胞杆菌、马赛塞内加尔芽胞杆菌、蓼属芽胞杆菌、假嗜碱芽胞杆菌、里吉深海床芽胞杆菌、好盐芽胞杆菌、居甲虫芽胞杆菌、国化室房间芽胞杆菌、泰国纤细芽胞杆菌、赤松土类芽胞杆菌、深度类芽胞杆菌。综上表明，中国西部地区土壤环境中潜藏着丰富的嗜碱芽胞杆菌资源，各个地区的嗜碱芽胞杆菌类群具有一定的相似性和独特性。

第二节
福建近海滩涂沉积物微生物资源分析

一、概述

1. 海洋沉积物细菌多样性研究进展

海洋沉积环境是集化学物质和微生物于一体的特殊生态环境，孕育了大量特殊的微生物资源，而这些特殊性表现为产生丰富的化学结构和生物活性多样性（党宏月等，2005）。Durbin 和 Teske（2011）利用 16S rRNA 克隆技术对南太平洋深海沉积物微生物多样性研究。邹扬等（2009）通过细菌 16S rRNA 文库和 RFLP 酶切分型对白令海表层沉积物样品中的细菌多样性及系统发育进行了分析，结果表明，该沉积物中细菌多样性丰富，获得的 125 条序列归属于 10 个细菌类群，其中占主要优势地位有变形菌门 (Proteobacteria, 49.6%) 和酸杆菌

门 (Acidobacteria，20.8%)。王桢等（2014）通过传统培养法从北极海洋沉积物 59 个样品中获得 570 株细菌，分别属于细菌域的 4 个门 5 个纲 12 个目 23 个科 47 个属 102 个种，其中变形菌门占绝大多数（92%）。

我国是海洋大国，辽阔的海域环境孕育了丰富的海洋微生物资源。近年来，许多研究者从海洋微生物中发现了越来越多的生物活性物质，使其成为开发利用的研究热点。采用纯培养法，张荣灿等（2015）对广西茅尾海海域海洋沉积物中的细菌进行研究，得到 10 株可以抑制 4 种食品常见腐败菌，3 株具有较强的生物毒活性。伍朝亚等（2017）发现在北黄海沉积物中有较为丰富的产蛋白酶细菌类群，并测定菌株所产胞外蛋白酶主要是丝氨酸蛋白酶和 / 或金属蛋白酶。周会楠（2011）从广西红树林区海泥中获得 37 株细菌，部分菌株具有抗肿瘤活性。同时随着现代技术的不断发展，高通量测序被广泛应用于海洋环境微生物的研究，使研究人员对中国近海沉积物微生物群落研究越来越关注。孙静（2014）利用高通量测序技术对中国近岸海域沉积物样品原核微生物群落结构及多样性进行研究，共获得 74 个门，其中变形菌门、浮霉菌门和泉生古菌门所占比例相对较高，分别占总数的 44%、11.2% 和 9%，变形菌门在 37 个沉积物样品中均是优势类群。黄备等（2017）从椒江口海域沉积物共发现 30 个类群，其中最大的优势群落为变形菌门，约占总群落的 60%。

2. 近海沉积物芽胞杆菌多样性研究进展

芽胞杆菌（*Bacillus*）是指一类需氧或兼性厌氧、细胞杆状、产芽胞的细菌。由于能产生抗逆性极强的芽胞，使得芽胞杆菌能够与不良环境协同进化，从而适应各种环境而得以存活。芽胞杆菌生理特性多样，能产生多种生物活性物，可用于动物、植物和人类病原菌的防治、污染治理、环境修复等（Li T. et al.，2014）。

海洋湿地孕育了高度丰富的微生物资源。例如，我国东海微生物多样性丰富，其中芽胞杆菌属为优势属之一（李佳霖等，2011）；刘全永等（2014）对选自中国南海、黄海、渤海 3 个地区近海海水样品中筛选 7 株有抗白念珠菌活性，稳定性较强的芽胞杆菌。王俊丽等（2014）从青岛黄海海域采集的海泥中分离得到了 1 株具有较高拮抗活性的菌株，其鉴定为解淀粉芽胞杆菌（*Bacillus amyloliquefaciens*），且该菌株具备有一定的抑菌和生防作用。杨硕等（2016）南海深海冷泉区沉积物中可培养微生物的多样性得到 395 株菌株，发现芽胞杆菌是该地区的优势菌。

红树林处于由陆地向海洋过渡的潮间带环境中的特殊生态系统，具有极其丰富的生物多样性，多年来一直是微生物资源学领域的关注热点。研究表明，在红树林滩涂沉积物区系中常见的细菌类群为芽胞杆菌（蒋云霞等，2006）。崔莹等（2014）海南省清澜港红树林自然保护区的八门湾红树林滩涂沉积物中的可培养芽胞杆菌资源多样性进行了调查，分离得到 155 株芽胞杆菌属 21 个遗传类群，显示了较为丰富的遗传多样性。

3. 芽胞杆菌资源挖掘研究进展

（1）芽胞杆菌重要性　由于芽胞杆菌是一类能产生抗逆性芽胞的重要细菌类群，其拥有许多独特的生物学特性且在实验室中易于分离培养开发。其在农业、工业、医学及科研等领域中有着极其重要的作用和应用价值。在工业上应用较广泛的是生物酶，是一种活细胞产生的生物催化剂。现今重要的洗涤剂添加剂为碱性纤维素酶，在去除衣物上的污渍和软化衣服和提升色泽度方面发挥着重要的作用。郭成栓等（2007）概述了嗜碱芽胞杆菌编码的碱性纤维素酶的性质，编码酶的基因、基因的克隆、表达以及作为洗涤剂添加剂的去污机理。在生态环境中，芽胞杆菌作为一种先锋生物，可为生态进化演替、环境保护和资源开发提供重要依据。Jamil 等（2014）发现地衣芽胞杆菌（*Bacillus licheniformis*）NCCP-59 可用于镍污染土壤的植物修复；地衣芽胞杆菌 YX2 能去除高盐碱废水中的硝基苯（Li T. et al., 2014）。芽胞杆菌在农业上应用最广泛就是农作物的杀虫防病。例如，周先治等（2006）研究发现球形赖氨酸芽胞杆菌菌株 Bs-8093 的发酵上清液对青枯雷尔氏菌强致病力菌株有抑制作用；侧胞短芽胞杆菌能够抑制尖孢镰刀菌和立枯丝核菌（张楹，2006）。此外，随着医学研发技术的不断发展，芽胞杆菌也开始慢慢地应用在医学上。目前，在医药市场上比较常见芽胞杆菌药剂主要为枯草芽胞杆菌、蜡样芽胞杆菌、地衣芽胞杆菌等。Sumi 等（2015）指出芽胞杆菌产生的抗菌肽 AMPs 是一种新型抗菌药物。Torres 等（2013）从解淀粉芽胞杆菌中分离到具有抗病毒活性的环肽。莫哈维芽胞杆菌 (*Bacillus mojavensis*) 产生多种肽的混合物，能抑制革兰氏阳性菌和革兰氏阴性菌及真菌（Ayed et al., 2014）。枯草芽胞杆菌是一种新型疫苗载体，它可以表达细菌、病毒和吸虫等病原体的多种蛋白（李文桂和陈雅棠，2014）。芽胞杆菌已成为当今人类极度重视的微生物资源。因此，分离、筛选和保存各种不同芽胞杆菌，为挖掘及利用芽胞杆菌提供重要的资源，具有重要的研究意义。

（2）芽胞杆菌分布　芽胞杆菌是一类能产生内生芽胞的棒状杆菌，好氧或兼性厌氧的革兰氏阳性细菌，运动方式多以周生鞭毛或侧生鞭毛运动。因其能产生对高温、高盐、辐射和其他致死因素有较强抗性的芽胞，可以在各种恶劣的环境下生存。在自然界中分布广泛，如土壤、冰芯、海水，海洋沉积物等。何建瑜等（2013）通过分离纯化从东海表层沉积物样品中，获得 313 株细菌，分属于 20 个属，其中芽胞杆菌属为优势菌属之一，占分离菌株总数的 21.08%。孙风芹等（2008）在南沙海域沉积物中分离获得 349 株细菌，分属于 87 个种，发现芽胞杆菌分布最广。

（3）芽胞杆菌鉴定　目前，芽胞杆菌的分类研究，主要参照《伯杰氏系统细菌学手册》第二版的研究方法和原核生物新种鉴定标准进行，即对芽胞杆菌的表型、化学和分子特征等多方面进行研究，确定可靠的芽胞杆菌种属分类地位（Logan et al., 2009；Tindall et al., 2010）。进行芽胞杆菌分类研究的基础是表型特征，主要为菌体的形态特征和生理生化特征研究。其中，形态特征主要是指菌落形态、细胞形状大小、革兰氏阴性或阳性、芽胞的形状及位置、鞭毛的着生位置等。生理生化特征主要是菌株的生长特性，包括生长条件（温度、pH 值、NaCl 浓度）、需氧性、碳氮源的利用、硝酸盐还原、产酶特性和抗生素敏感性等。

化学特征主要包括细胞壁组分、脂肪酸成分、醌组分和极性脂组分等。分子特征研究的基础是 16S rRNA 基因序列，具有高度的保守性和特异性，是分子生物学分类研究的基础。芽胞杆菌的 16S rRNA 基因序列鉴定常用的网站是 http://eztaxon-e.ezbiocloud.net/（Kim et al., 2012）。当两个菌株的 16S rRNA 基因的相似度小于 97% 时，可认为它们是不同的两个种，这种判定方法往往被看作是发现新种的第一指标。同时结合系统发育分析，如果两个菌株的 16S rRNA 基因相似度小于 98.65%，那么我们就可以初步认为它们属于两个不同的种；如果它们的 16S rRNA 基因序列比对的相似性小于 95%，那么我们就可以初步判定为新属（Kim et al., 2014）。然后再进行全基因组测序，获得目标菌株的 DNA（G+C）含量、目标菌株与其亲缘关系较近的模式菌株的 DNA-DNA 杂交同源性（DNA-DNA hybridization，DDH）和基因组平均核苷酸一致性（average nucleotide identity，ANI），当 ANI 值低于 96% 时，可以判定它是一个新物种（Richter and Rossellómóra，2009）。

综合多相分类方法，能够帮助我们获得准确的芽胞杆菌种属分类地位，不但可以丰富芽胞杆菌物种资源，而且可以帮助我们认识它们在环境中的作用，了解分类多样性与地理分布的关系，还有助于我们认识它们的进化历程。

（4）芽胞杆菌资源挖掘　海洋微生物产生的次生代谢物与陆地微生物相比具有独特性，根据基因组序列分析得出次生代谢产物合成基因在海洋源芽胞杆菌基因组中大量存在（Domingos et al.，2015）。近年来研究表明，由海洋源芽胞杆菌非核糖体多肽合成酶分泌的非核糖体多肽是医学上药剂或生物活性物的重要来源之一，其拥有独特的结构和潜在的生物活性，吸引了越来越多研究者的关注。例如，枯草芽胞杆菌产生的环酯四肽能抗葡萄球菌（赵朋超等，2010）；深林芽胞杆菌（*Bacillus silvestris*）产生的功能物质 Bacillistatins 具有抗肿瘤特性（Pettit et al.，2009）。根据文献报道，放线菌或少数真菌是海岸湿地产活性化合物的微生物的主要来源（洪葵，2013），而研究芽胞杆菌产活性物的文献相对较少。由此说明，海洋芽胞杆菌可能在天然药物挖掘方面具有良好的开发潜力，湿地是物种最丰富的生态系统之一，而有关福建海岸湿地芽胞杆菌资源多样性研究未见报道，因此调查福建海岸湿地芽胞杆菌资源可为应用潜力芽胞杆菌菌株挖掘提供强有力的菌种保障。

福建省海岸线总长约为 3752km，居全国之首，福建海岸湿地主要包含浅海水域、潮间淤泥海滩和红树林湿地等生境类型。红树林湿地是福建湿地生态系统重要组成之一，是热带和亚热带海岸潮间带上独特的生态系统，栖息在该生态系统中的植物和微生物是重要的天然药物资源。福建省是我国目前红树林自然分布最北的一个省份，其中漳江口红树林湿地是福建省面积最大、种类最多、保护最完善的红树林群落。独特的红树林生态环境蕴藏着丰富的物种多样性，为新药研发提供了资源。在研究内容上，从国内外报道可以得出，目前未见到专门针对福建省海岸湿地芽胞杆菌资源多样性及非核糖体多肽挖掘的研究报道。在研究方法上，为了获得齐全的福建省海岸湿地芽胞杆菌尤其是稀有菌种资源，利用高通量测序技术对采集的样品进行微生物群落组成与结构分析，确定海岸湿地中芽胞杆菌资源多样性，阐明其与其他微生物的相关性，通过 PCR 技术筛选获得产非核糖体菌种资源。研究的顺利实施，不仅可以为药物资源的研发提供新的芽胞杆菌资源，也可为福建海岸湿地芽胞杆菌资源系统分类提供科学依据，同时建立稀有菌种的分离培养方法，还能为其他具有重要生态学功能的未培养微生物分离研究提供思路和方法。

二、研究方法

1. 近海滩涂沉积物细菌高通量测序

（1）福建省近海滩涂沉积物样本采集　2016 年 8 月，从福建省福州市福州（连江）采集滩涂沉积物共采集 12 份，之后将每个采样点不同深度的滩涂沉积物样本按 1∶1 的比例混合成 4 份，作为高通量测序样本（Lian）。漳州（云霄等）市龙海地区采集红树林湿地沉积物 5 份（Long）和云霄地区共采集红树林湿地沉积物 16 份（Yun、YX）及龙海（Yun-15）和云霄（Yun-16）岸边沙土各 1 份，宁德（霞浦）滩涂沉积物 15 份（具体信息见表 3-20）。其中漳州（云霄等）红树林采集了夏季（Yun）（2016 年 8 月）和春季（YX）（2017 年 3 月）两个季节的样本，并按 1∶1 的比例分别将两个季节最后的每个采样点的三个不同深度的滩涂沉积物样本混合成各 8 份。

表 3-20　土样信息表

地区	样本编号	采集地点	经纬度
福州（连江）	Lian -1	福州（连江）滩涂沉积物	
	Lian-2	福州（连江）滩涂沉积物	
	Lian-3	福州（连江）滩涂沉积物	
	Lian-ck	福州（连江）海岸边沙土	
宁德（霞浦）	SJ1	沙江镇滩涂	东经 120°0′ 北纬 26°47′
	SJ2	沙江镇滩涂（大米草）	东经 120°0′ 北纬 26°47′
	SJ3	沙江镇滩涂	东经 120°0′ 北纬 26°47′
	SJ4	三沙（臭）古镇码头	东经 120°14′ 北纬 26°55′
	HQ5	三沙（臭）古镇码头	东经 120°14′ 北纬 26°55′
	HQ6	后岐滩涂	东经 120°3′ 北纬 26°53′
	HQ7	后岐滩涂	东经 120°3′ 北纬 26°53′
	HQ8	后岐滩涂	东经 120°3′ 北纬 26°53′
	SD9	三沙东三村滩涂污染区	东经 120°7′ 北纬 26°55′
	SD10	三沙东三村滩涂污染区	东经 120°7′ 北纬 26°55′
	SD11	三沙东三村滩涂污染区	东经 120°7′ 北纬 26°55′
	BQ12	北岐滩涂	东经 120°3′ 北纬 26°53′
	BQ13	北岐滩涂	东经 120°3′ 北纬 26°53′
	BQ14	北岐滩涂	东经 120°3′ 北纬 26°53′
	BQ15	北岐滩涂	东经 120°3′ 北纬 26°53′
漳州（云霄等）龙海	Long-1	杂草根际	东经 117°55′ 北纬 24°23′
	Long-2	红树林根际（岸边）	东经 117°55′ 北纬 24°23′
	Long-3	红树林根际（岸边）	东经 117°55′ 北纬 24°22′
	Long-4	红树林根际（岸边）	东经 117°55′ 北纬 24°22′
	Long-5	红树林根际（岸边）	东经 117°55′ 北纬 24°22′
	Yun_15	龙海对照 非红树林，路边	
漳州（云霄等）云霄夏季	Yun-6	芦苇根际	东经 117°25′ 北纬 23°55′
	Yun-7	大米草与红树林混长土	东经 117°25′ 北纬 23°55′
	Yun-8	大米草根际	东经 117°25′ 北纬 23°55′
	Yun_9	红树林根际	东经 117°25′ 北纬 23°55′
	Yun_10	岸边近红树林根际（较干燥）	东经 117°24′ 北纬 23°55′
	Yun_11	岸边近红树林根际（较湿，靠海水）	东经 117°24′ 北纬 23°55′
	Yun_12	红树林湿地沉积物（靠近岸边）	东经 117°24′ 北纬 23°55′
	Yun_13	红树林湿地沉积物［离岸边（30+50）cm］	东经 117°24′ 北纬 23°55′
	Yun_14	红树林湿地沉积物［离岸边（80+100）cm］	东经 117°24′ 北纬 23°55′
	Yun_16	云霄对照 无植被	

地区	样本编号	采集地点	经纬度
漳州（云霄等）云霄春季	YX-4	岸边红树林根际土	东经 117°24′48″ 北纬 23°55′38″
	YX-5	岸边红树林桐花树根际土	东经 117°24′59″ 北纬 23°55′54″
	YX-6	从里 - 外 250 步桐花树根际土	东经 117°24′51″ 北纬 23°55′51″
	YX-7	从里 - 外 150 步桐花树根际土	东经 117°24′59″ 北纬 23°55′51″
	YX-8	从里 - 外 350 步桐花树根际土	东经 117°24′49″ 北纬 23°55′51″
	YX-9	从里 - 外 150 步秋茄树根际土	东经 117°24′59″ 北纬 23°55′54″
	YX-10	从里 - 外 250 步秋茄树根际土	东经 117°24′51″ 北纬 23°55′51″
	YX-11	木榄根际土	东经 117°24′49″ 北纬 23°55′51″

（2）细菌多样性高通量宏基因组测序分析

① 样品细菌总 DNA 的提取。按滩涂沉积物 DNA 提取试剂盒 FastDNA SPIN Kit for Soil 的实验步骤，具体如下：a. 称取 500mg 滩涂沉积物样品至 Lysing Matrix E Tube（注意：可适当减少滩涂沉积物样品重量，使试管顶部留有 250～500μL 空隙，便于土样的均质化）；b. 向 Lysing Matrix E Tube 中加入 978μL 磷酸钠缓冲液，然后再立即加入 122μL MT 缓冲液；c. 在 FastPre 快速核酸提取仪中以 6.0 的速度处理 40s（注意：为了使土样充分均质化，处理 40s 后可将试管立即冰浴 2min，再以 6.0 的速度处理 40s）；d.14000g 室温离心 5～10min；e. 将上清液转移至一个干净的 2mL 离心管，向其中加入 250μL PPS 试剂并手动轻轻摇晃试管 10 次，使液体混匀；f.14000g 室温离心 5min；g. 将上清液转移至一干净的 10mL 离心管中，再加入 1mL Binding Matrix Suspension（注意：Binding Matrix Suspension 用前要摇匀）；h.Votex 混匀，使 DNA 充分结合至 Binding Matrix 上，静置 3min，使基质沉淀至管底；i. 小心去除 500μL 上清液，避免碰到沉淀的 Binding Matrix；j. 用试管中剩下的液体重悬 Binding Matrix，吸取 600μL 混合物至 SPINTM Filter 管中，14000g 室温离心 1min，弃去 Catch Tube 中的收集液并将 SPINTM Filter 放回 Catch Tube；k. 把剩下的混合物再加入原 SPINTM Filter 管中，14000g 室温离心 1min，弃去 Catch Tube 中的收集液并将 SPINTM Filter 放回 Catch Tube；l. 向 SPINTM Filter 管中加入 500μL SEWS-M 试剂，用吸头轻轻吹打均匀（注意：SEWS-M 首次使用要加入规定量的无水乙醇，并做好标记）；m.14000g 室温离心 1min，弃去 Catch Tube 中的收集液，并将 SPINTM Filter 放回 Catch Tube；n.14000g 离心 2min，将 SPINTM Filter 柱放入干净的新的 Catch Tube 中，并敞口室温放置 5min，以彻底去除 SEWS-M 试剂及其中的乙醇；o. 往 SPINTM Filter 柱中央加入 55℃预热的 60μL（50～100μL）DES 洗脱液，使 Binding Matrix 重悬其中；p.14000g 离心 1min，Catch Tube 中的收集液即含有所需的滩涂沉积物微生物总 DNA；q. 用 1% 琼脂糖凝胶电泳检测 DNA 质量，用 NanoDrop 2000c 分光光度计测量 DNA 浓度及 OD_{260nm}/OD_{280nm} 和 OD_{260nm}/OD_{230nm} 比值。

② 16S rRNA 宏基因测序文库的构建。采用扩增原核生物 16S rDNA 的 V3-V4 区的通用引物 U341F 和 U785R 对各海洋沉积物样本的总 DNA 进行 PCR 扩增。PCR 反应重复三次，取相同体积混合。采用 2% 琼脂糖凝胶进行电泳检测。电泳结束后，对目的片段进行胶回收，所用胶回收试剂盒为 AxyPrepDNA 凝胶回收试剂盒（Axygen 公司）；回收产物用 Tris-HCl 洗脱；采用 2% 琼脂糖电泳验证回收效果。采用 QuantiFluor™ -ST 蓝色荧光定量系统

（Promega 公司）对 PCR 产物进行定量检测。使用 TruSeqTM DNA Sample Prep Kit 建库试剂盒进行文库的构建，构建插入片段为 350bp 的 paired-end（PE）文库，经过 Qubit 定量和文库检测，HiSeq 上机测序，PE reads 为 300bp。

③ 高通量测序数据质控。数据质控去除序列尾部质量值 20 以下的碱基，过滤质控后长度在 50bp 以下的序列，去除未知的碱基序列；根据 PE 序列之间的重叠关系，进行序列拼接，最小重叠序列长度为 10bp；设置拼接序列的序列重叠区最大错配比率为 0.2；根据拼接序列两端的分子标记和引物区分样品，调整序列方向，重叠序列允许的错配数为 0，最大引物错配数为 2；序列长度范围为 250 ～ 500nt。使用软件：FLASH、Trimmomatic。

④ 数据分析。采用 UPARSE software (UPARSE v7.0.1001, http://drive5.com/uparse/) 对有效数据进行分类操作单元 (operational taxonomic units，OTUs) 聚类（≥ 97%）和物种分类分析，提取非重复序列，去除单序列，对聚类后的序列进行嵌合体过滤后，得到用于物种分类的 OTU。采用 RDP classifier 贝叶斯算法对 97% 相似水平的 OTU 代表序列进行分类学分析（Wang et al., 2007）。从各个 OTU 中挑选出一条序列作为该 OTU 的代表序列，将该代表序列与已知物种的 16S 数据库（Silva, http://www.arb-silva.de）进行物种注释分析；根据每个 OTU 中序列的条数，得到各个 OTU 的丰度值（Quast et al., 2013）。物种丰度分析：在门、纲、目、科、属水平，将每个注释上的物种或 OTU 在不同样本中的序列数整理在一张表格，形成物种丰度的柱状图、星图及统计表等（Oberauner et al., 2013）。为避免因各样本数据大小不同而造成分析时的偏差，在样本达到足够测序深度的情况下，根据 α- 多样性（Alpha diversity）指数分析结果样本进行抽平处理。通过 QIIME (Version 1.7.0) 和 R software (Version 2.15.3) 进行 α- 多样性（样本内）和 β- 多样性（样本间）分析（Amato et al., 2013）。采用 QIIME 软件的迭代算法，进行主成分分析（principal component analysis，PCA）；计算 β- 多样性距离矩阵，R 语言 vegan 软件包作 NMDS 分析和作图。反映组间各样品之间的共有及特有 OTU 数目的 Venn 图，采用 VennDiagram 软件生成。物种热图利用颜色梯度可以很好地反映出样本在不同物种下的丰度大小以及物种聚类、样本聚类信息，可利用 R 语言的 gplots 包的 heatmap.2 函数实现。R 语言 vegan 包中 rda 或者 cca 分析和作图进行 RDA 分析。FastTree (version 2.1.3 http://www.microbesonline. org/fasttree/)，通过选择 OTU 或某一水平上分类信息对应的序列根据最大似然法（approximately-maximum-likelihood phylogenetic trees）构建进化树，使用 R 语言作图绘制进化树。结果可以通过进化树与序列丰度组合图的形式呈现。

2. 福建省近海芽胞杆菌群落多样性

（1）供试样本　同上一节，分离样本中的芽胞杆菌。
（2）试验方法　同上一节。

三、近海滩涂细菌群落多样性

1. 滩涂沉积物细菌多样性

（1）细菌高通量测序及其稀释曲线

① 测序数据统计　利用福建省沿海地区福州（连江）（Lian）、宁德（霞浦）（SJ、HQ、SD、BQ）、漳州（云霄等）（Long、Yun）采集样本，经 454 焦磷酸测序，35 个样本共获得

4283227 有效序列，有效碱基数 1176836236bp，序列平均长度 274.75bp，各样本的分析结果见表 3-21。序列数和碱基数在不同的地区和样本间差异显著，其中序列数的最大值为漳州（云霄等）云霄地区土样 yun-13（149378），最小值为漳州（云霄等）云霄地区土样 yun-8（10468）。从均值上比较三个地区滩涂沉积物样本，结果表明福州（连江）地区滩涂沉积物样本的序列数最多，而后是宁德（霞浦）地区和漳州（云霄等）地区，说明不同地区的滩涂沉积物微生物存在较明显的差异，区域生态环境可能影响着滩涂沉积物细菌多样性。

表 3-21　宏基因组测序结果统计分析

地区	样本编号	序列数	碱基数	平均长度	最小长度	最大长度
福州（连江）	Lian -1	101133	27919046	276.062669949	213	355
	Lian-2	127912	35311120	276.057914816	203	338
	Lian-3	120364	33224852	276.036456083	210	342
	Lian-ck	143391	39616463	276.28277228	214	361
	平均值	123200	34017870.2			
宁德（霞浦）	SJ1	125518	34258162	272.934256441	208	335
	SJ2	114706	31314046	272.993967186	233	353
	SJ3	113662	31028056	272.985307315	200	355
	SJ4	107822	29425540	272.908497338	240	338
	HQ5	125831	34350186	272.986672601	241	341
	HQ6	105452	28788360	272.999658612	220	356
	HQ7	124414	33961215	272.96940055	227	352
	HQ8	105762	28872000	272.990298973	253	282
	SD9	115281	31470934	272.993242599	208	342
	SD10	131280	35838229	272.990775442	247	327
	SD11	117528	32084818	272.997226193	224	355
	BQ12	140073	38237225	272.98069578	224	359
	BQ13	137431	37515660	272.978149035	201	350
	BQ14	110630	30200591	272.987354244	203	347
	BQ15	122996	33576782	272.990845231	205	332
	平均值	119892.4	32728120.3			
漳州（云霄等）	Long-1	116910	32261578	275.95225387	245	352
	Long-2	146656	40481980	276.033575169	212	346
	Long-3	131643	36335190	276.013080832	234	317
	Long-4	134569	37143189	276.015939778	206	354
	Long-5	102321	28245530	276.048220795	201	358

续表

地区	样本编号	序列数	碱基数	平均长度	最小长度	最大长度
漳州（云霄等）	Yun-6	110966	30632706	276.054881675	204	330
	Yun-7	136624	37714266	276.044223562	210	358
	Yun-8	10468	30494051	276.044202846	204	346
	Yun_9	119401	32957743	276.025686552	206	334
	Yun_10	114225	31528969	276.025117093	206	356
	Yun_11	142188	39245923	276.014312038	203	337
	Yun_12	106323	29348119	276.027943154	245	348
	Yun_13	149378	41234915	276.044096186	200	346
	Yun_14	132039	36446179	276.025863571	203	346
	Yun_15	107571	29683427	275.94265183	209	358
	Yun_16	130759	36089186	275.997720998	201	327
	平均值	118252.6	34365184.4			

② 多样性指数分析　共检测到 16686 种 OTU 类型，包含 61 门 173 纲 361 目 691 科 1446 属和 3074 种细菌。福州（连江）地区土样包含 54 门 144 纲 301 目 564 科 1051 属和 2103 种细菌，漳州（云霄等）地区土样包含 57 门 160 纲 342 目 652 科 1345 属和 2752 种细菌，宁德（霞浦）地区土样包含 58 门 154 纲 308 目 558 科 1049 属和 1989 种细菌。所有样本的稀释曲线趋于平缓（图 3-62），测序结果覆盖率高（>98.0%），测序深度基本覆盖样本中所有的物种。

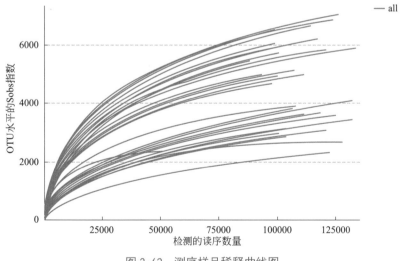

图 3-62　测序样品稀释曲线图

样本 OTUs 范围在 7016（long2）-2318（SJ1），从表 3-22 中的均值可知，漳州（云霄等）地区土样 OTU 数目较多；反映群落丰富度的 Ace 和 Chao 指数，范围分别在 8815.1

（long2）～ 2657（lian-CK）和 8836.1（long2）～ 2808.9（lian-CK），比较得出漳州（云霄等）地区土样的 Ace 和 Chao 指数最高，说明漳州（云霄等）地区的细菌丰富度最高。

Shannon 指数和 Simpson 指数反映了群落多样性，Shannon 指数范围为 7.347（long2）～ 3.437（SJ1），结合 Simpson 指数得出，漳州（云霄等）地区土样的 Shannon 指数最高且 Simpson 指数是最低的，宁德（霞浦）地区土样的 Shannon 指数最低且 Simpson 指数是最高的。结果说明漳州（云霄等）地区土样细菌种类最多，宁德（霞浦）地区土样细菌种类最少。

表 3-22　滩涂沉积物微生物细菌群落宏基因组测序结果统计分析

地区土样编号		97% 相似性分析				
		物种数	Shannon 指数	Chao 指数	Ace 指数	Simpson 指数
福州（连江）	lian-CK	2657	6.349	2808.9	2775.1	0.0074
	lian-1	5462	6.684	7023.1	7014.1	0.0053
	lian-2	4935	6.492	6394.5	6405.1	0.0058
	lian-3	5143	6.235	6684.0	6624.4	0.0141
	平均值	4549.25	6.44	5727.63	5704.68	0.00815
宁德（霞浦）	SJ1	2318	3.437	3723.4	4695.8	0.0942
	SJ2	2977	3.649	4384.8	4523.7	0.1109
	SJ3	3120	4.280	4472.2	4488.7	0.0856
	SJ4	2852	4.337	4436.7	5207.3	0.0564
	HQ5	3087	4.116	4810.2	5937.1	0.0639
	HQ6	3658	4.438	5347.9	5540.2	0.0612
	HQ7	3646	4.533	5440.1	6338.1	0.0715
	HQ8	2958	4.418	4350.9	5233.9	0.0594
	SD9	2972	3.774	4438.9	5285.2	0.1057
	SD10	3576	4.626	4949.9	4972.3	0.0517
	SD11	3601	4.834	5043.8	5040.9	0.0465
	BQ12	4065	5.099	5741.6	5777.1	0.0275
	BQ13	3435	4.229	5164.4	6121.4	0.0551
	BQ14	3797	4.471	5545.1	5685.6	0.0593
	BQ15	4980	6.323	6587.3	6550.7	0.0074
	平均值	3402.8	4.438	4962.48	5426.53	0.06375
漳州（云霄等）	long1	3895	5.728	4722.4	4697.2	0.0257
	long2	7016	7.347	8836.1	8815.1	0.002
	long3	6179	7.132	7997.1	7926.9	0.0027
	long4	5801	6.907	7597.8	7481.1	0.0041
	long5	4967	6.689	6721.9	6659.9	0.0039
	yun_6	6523	7.228	8583.6	8572.9	0.0022

续表

地区土样编号		97% 相似性分析				
		物种数	Shannon 指数	Chao 指数	Ace 指数	Simpson 指数
漳州（云霄等）	yun-7	6877	7.201	8702.5	8725.9	0.0025
	yun-8	6036	7.102	7977.3	7882.0	0.0025
	yun-9	6100	7.124	7761.3	7785.9	0.0031
	yun-10	5716	7.114	7352.3	7179.7	0.0027
	yun-11	6653	7.049	8694.0	8749.1	0.0033
	yun-12	4957	6.828	6502.9	6470.7	0.0039
	yun-13	5894	6.876	7441.3	7449.1	0.0036
	yun-14	5873	7.013	7400.7	7351.2	0.0028
	yun-15	3130	5.301	4065.4	4131.7	0.0247
	yun-16	4704	6.620	6269.9	6295.2	0.0051
	平均值	5645.06	6.829	7289.16	7260.85	0.00593

（2）细菌共有物种韦恩图　选用福建省沿海地区福州（连江）（Lian）、宁德（霞浦）（SJ、HQ、SD、BQ）、漳州（云霄等）（Long、Yun）的滩涂沉积物样本，利用相似水平为 97% 的 OTU，采用 Venn 图统计多组或多个样本中所共有和独有的物种数目。Venn 图显示（图 3-63），漳州（云霄等）样本包含 13544 种 OTUs，福州（连江）样本包含 9049 种 OTUs，宁德（霞浦）样本包含 8484 种 OTUs，漳州（云霄等）样本的 OTU 最多，是福州（连江）样本的 1.5 倍，是宁德（霞浦）的 1.6 倍。

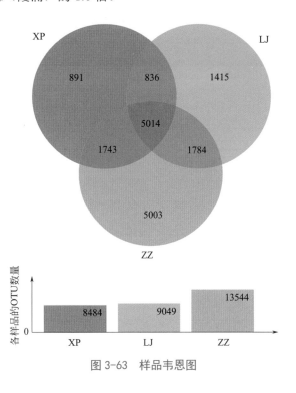

图 3-63　样品韦恩图

三个地区的样本之间共同的 OTUs 有 5014 种。漳州（云霄等）特有 OTU 有 5003 种，福州（连江）地区特有 OTU 有 1415 种，宁德（霞浦）地区样本的特有 891 种，漳州（云霄等）地区样本的特有物种最多，占漳州（云霄等）总量的 36.93%；福州（连江）和漳州（云霄等）地区的样本共有 6798 种 OTUs，漳州（云霄等）与宁德（霞浦）地区的样本共有 6757 种 OTU，福州（连江）与宁德（霞浦）地区共有 OTUs 有 5850 种，福州（连江）和漳州（云霄等）地区的样本共有 OTU 种类大于漳州（云霄等）与宁德（霞浦）地区的样本共有 OTU，福州（连江）与宁德（霞浦）地区土样共有 OTU 种类最少。结果表明福州（连江）与漳州（云霄等）两个地区具有较多的共有物种。

（3）细菌门群落组成分析　对近海沉积物样本中微生物群落的分析获得不同地区样本在各分类水平上微生物种类以及各微生物的相对丰度。近海沉积物样本在细菌门水平上，共检测到 61 个细菌门。含量较高的细菌门为变形菌门（Proteobacteria，2475898）、厚壁菌门（Firmicutes，355586）、绿弯菌门（Chloroflexi，212598）、拟杆菌门（Bacteroidetes，150229）、酸杆菌门（Acidobacteria，128994）、放线菌门（Actinobacteria，120205）、芽单胞菌门（Gemmatimonadetes，90630）、未分类的 1 门（unclassified _k_norank，80586）、硝化螺旋菌门（Nitrospirae，64501）、浮霉菌门（Planctomycetes，41495）（表 3-23）。

表 3-23　含量前 10 的细菌门

样品	细菌门									
	1	2	3	4	5	6	7	8	9	10
lian-CK	28094	19278	11173	293	9369	39592	7255	4952	1255	2796
lian-1	54474	2910	4071	2965	5753	4307	3049	1758	1210	2071
lian-2	56579	7438	2339	3602	6760	7815	3484	1868	2969	2338
lian-3	53256	20763	3384	4020	5735	6637	3444	1909	2119	2330
SJ1	81823	26649	781	8809	833	356	401	425	132	253
SJ2	88513	7216	3688	6197	792	654	439	802	153	323
SJ3	77072	12211	1301	7506	2134	893	1197	1231	408	427
SJ4	75551	16448	646	4923	1680	445	383	364	283	253
HQ5	87923	19264	1900	5020	1869	1307	623	903	423	374
HQ6	72888	9333	5464	5325	1633	917	573	1630	366	760
HQ7	90420	13393	1691	3749	2781	1265	1029	1291	786	415
HQ8	72551	13592	808	7580	1355	1028	978	680	493	304
SD9	88905	11525	1370	2921	1583	864	489	1254	341	340
SD10	90129	14428	1450	3139	4516	1814	794	2002	855	1191
SD11	71122	19991	2357	4652	3450	2164	1237	2018	846	857
BQ12	94610	18756	1729	4990	3943	1456	1500	1216	812	686
BQ13	99670	16967	4455	4027	1717	891	616	1046	313	603
BQ14	81544	11619	2166	2095	1936	961	744	1563	452	569
BQ15	56203	12934	11674	4559	6921	2272	1411	3585	796	4446

样品	细菌门									
	1	2	3	4	5	6	7	8	9	10
long1	29817	33847	10361	4541	4333	4368	3256	3400	2757	4640
long2	77105	1077	14046	9831	4507	1764	3549	4875	1390	942
long3	80803	1172	8965	3810	3739	720	3758	3742	1975	855
long4	63579	487	22000	2147	4899	894	2913	3148	1767	2351
long5	54541	1760	13400	3049	3361	2418	3110	2122	751	1107
yun-6	60678	874	7528	2948	4351	514	2869	4396	2437	1971
yun-7	77272	1021	12473	3342	5015	896	3962	4478	4915	1258
yun-8	66173	699	5092	2656	3595	2901	4252	2088	2142	1414
yun-9	73560	718	5488	3811	5046	1181	3666	3638	3882	691
yun-10	59809	1421	5139	2829	7073	8866	4403	2043	1851	920
yun-11	80140	1343	3538	5846	3211	1004	4827	4373	2628	1113
yun-12	69822	830	1423	1894	2947	1043	4184	1861	5296	333
yun-13	86879	1702	12672	3203	4293	1559	3210	4116	8742	765
yun-14	62213	1090	22593	4778	4622	495	2366	4628	6354	1361
yun-15	41245	32273	4156	5809	781	12451	3666	306	158	183
yun-16	70935	557	1277	3363	2461	3493	6993	875	2444	255

注：1—变形菌门 Proteobacteria；2—厚壁菌门 Firmicutes；3—绿弯菌门 Chloroflexi；4—拟杆菌门 Bacteroidetes；5—酸杆菌门 Acidobacteria；6—放线菌门 Actinobacteria；7—芽单胞菌门 Gemmatimonadetes；8—未分类的1门 unclassified _k_norank；9—硝化螺旋菌门 Nitrospirae；10—浮霉菌门 Planctomycetes。

不同地区近海沉积物在门水平上细菌种类差异显著，以变形菌门为主，福州（连江）、漳州（云霄等）和宁德（霞浦）三个地区的土样中分别为48.02%、71.98%和61.08%，以漳州（云霄等）地区土样中含量最高；厚壁菌门的含量在宁德（霞浦）、福州（连江）和漳州（云霄等）三个地区的土样中分别为13.06%、11.43%、4.80%，以宁德（霞浦）地区含量最丰富；宁德（霞浦）地区的土样中，拟杆菌门4.48%，绿弯菌门2.46%，酸杆菌门2.17%，福州（连江）地区的土样中，拟杆菌门2.78%，绿弯菌门4.77%，酸杆菌门6.58%，漳州（云霄等）地区的土样中，拟杆菌门3.65%，绿弯菌门8.43%和酸杆菌门3.72%。

合并丰度小于0.01%的细菌门，建立细菌门群落柱形图（图3-64）。在三个地区的滩涂沉积物样本中，主要的优势门为变形菌门、厚壁菌门、绿弯菌门、拟杆菌门、酸杆菌门和放线菌门。

（4）细菌属水平的群落组成分析　在属水平上，共检测到3074个细菌属。表3-24中列举了含量前10的细菌属。在各个地区的土样中，主要的细菌为变形菌门的硫卵形菌属（*Sulfurovum*）和弧菌属（*Vibrio*）、厚壁菌门的芽胞杆菌属（*Bacillus*）、科 JTB255 海底群未命名的1属（g_norank_f_JTB255_marine_ benthic_group）、厌氧绳菌科未命名的1属（g_norank_f_Anaerolineaceae）、发光杆菌属（*Photobacterium*）、微球茎菌属（*Microbulbifer*）、γ-变形菌纲未分类的1属（g_unclassified_c_ Gammaproteobacteria）、未命名菌科未分类的1属（g_unclassified_k_norank）、变形菌门的海杆菌属（*Marinobacter*）。

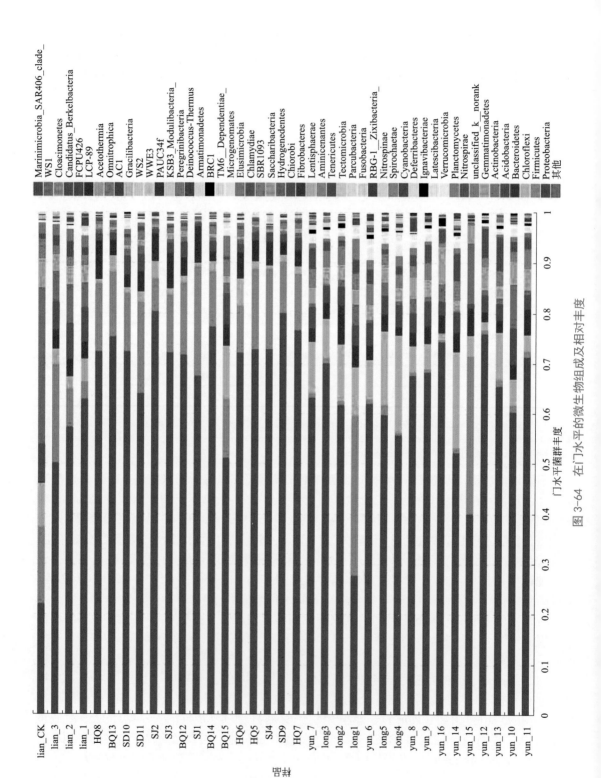

图3-64　在门水平的微生物组成及相对丰度

表 3-24　前 10 个高含量的细菌属

样品	细菌属									
	1	2	3	4	5	6	7	8	9	10
lian-CK	0	1	13459	6	2052	0	0	28	4952	1
lian-1	5	62	2288	13576	2596	31	4	5511	1758	10
lian-2	13	40	5519	12890	1174	13	1	6917	1868	3
lian-3	27	58	15172	11691	1797	44	6	5876	1909	8
SJ1	124	12588	16659	2352	620	25996	22289	334	425	5354
SJ2	27575	14360	5062	1967	3181	434	29894	316	802	1146
SJ3	1538	7158	8101	5622	1048	29583	13729	723	1231	1534
SJ4	35915	10144	6469	2071	479	7136	140	652	364	1899
HQ5	25538	28874	14124	3805	1592	3247	3213	674	903	7762
HQ6	23398	14086	6239	3147	4210	4080	8644	660	1630	5669
HQ7	21636	30710	6270	6124	1263	4612	1523	1087	1291	4033
HQ8	274	21686	7703	4571	503	18167	5761	876	680	1369
SD9	43214	23229	7613	2585	1151	3604	492	418	1254	1837
SD10	28266	29194	8982	5056	1161	4146	341	890	2002	431
SD11	37624	933	13218	6102	1876	442	2918	970	2018	2795
BQ12	25190	8588	10509	9210	1095	10452	3381	2574	1216	6944
BQ13	37883	13928	12434	4114	3556	4842	2847	1028	1046	9005
BQ14	33497	883	7882	5727	1673	1500	9197	1450	1563	12401
BQ15	8796	573	5366	8532	8045	1557	710	2331	3585	6833
long1	16	229	18110	1186	7158	19	142	1422	3400	155
long2	222	116	283	5056	12855	9	131	3794	4875	349
long3	1104	107	566	3910	7300	2	37	4855	3742	24
long4	390	1402	181	3116	15520	33	31	3635	3148	8
yun-7	103	33	528	5103	11208	2	50	4860	4478	1
long5	92	189	934	2563	11332	13	32	3024	2122	119
yun-6	69	64	423	4847	6611	4	20	3344	4396	1
yun-8	16	50	394	7182	4200	15	70	4725	2088	6
yun-9	73	258	393	1998	4497	5	73	5391	3638	5
yun-10	13	136	811	1740	3370	7	106	4139	2043	33
yun-11	55	128	668	10972	2972	10	17	6658	4373	5
yun-12	4	32	336	1130	744	0	65	6032	1861	23
yun-13	389	30	656	1209	11121	2	16	7089	4116	4

样品	细菌属									
	1	2	3	4	5	6	7	8	9	10
yun-14	571	45	465	1211	18502	2	6	3981	4628	0
yun-15	23	5077	15836	484	760	28	37	1530	306	378
yun-16	23	257	201	1522	624	3	38	3385	875	30

注：1—硫卵形菌属 *Sulfurovum*；2—弧菌属 *Vibrio*；3—芽胞杆菌属 *Bacillus*；4—科 JTB255 海底群未命名的 1 属 g_norank_f_JTB255_marine_benthic_group；5—厌氧绳菌科未命名的 1 属 g_norank_f_Anaerolineaceae；6—发光杆菌属 *Photobacterium*；7—微球茎菌属 *Microbulbifer*；8—γ - 变形菌纲未分类的 1 属 g_unclassified_c_ Gammaproteobacteria；9—未命名菌科未分类的 1 属 g_unclassified_k_norank；10—海杆菌属 *Marinobacter*。

合并丰度小于 2% 的细菌属，建立群落柱形图（图 3-65）。不同地区的土样在属水平上细菌群落结构不同。在福州（连江）地区土样中，不同样本的差异很大。在硫卵形菌属（*Sulfurovum*）、弧菌属（*Vibrio*）、发光杆菌属（*Photobacterium*）、微球茎菌属（*Microbulbifer*）和海杆菌属（*Marinobacter*）上分布最少，在 lian-CK 和 lian-3 样本中优势菌为厚壁菌门中的芽胞杆菌属；在 lian-1 和 lian-2 样本中，优势微生物为科 JTB255 海底群未命名的 1 属（g_norank_f_JTB255_marine_benthic_group）。在宁德（霞浦）地区土样中，不同样本差异也很大，但个菌属的含量分布较均匀，SJ1 的优势菌为发光杆菌属（*Photobacterium*）、微球茎菌属（*Microbulbifer*），SJ3 的优势菌为发光杆菌属（*Photobacterium*），SJ2 的优势菌为发光杆菌属（*Photobacterium*）和硫卵形菌属（*Sulfurovum*）。HQ8 的优势菌为发光杆菌属（*Photobacterium*），而剩余的其他样本中以硫卵形菌属（*Sulfurovum*）、弧菌属（*Vibrio*）和芽胞杆菌属（*Bacillus*）含量最高；在漳州（云霄等）地区土样中，我们发现其细菌属含量要低于宁德（霞浦）地区的，与福州（连江）地区的较为相似，集中在芽胞杆菌属（*Bacillus*）、科 JTB255 海底群未命名的 1 属（g_norank_f_JTB255_marine_benthic_group）、厌氧绳菌科未命名的 1 属（g_norank_f_Anaerolineaceae）、γ - 变形菌纲未分类的 1 属（g_unclassified_c_ Gammaproteobacteria）和未命名菌科未分类的 1 属（g_unclassified_k_norank）这 5 个细菌属。同时发现，芽胞杆菌属在漳州（云霄等）地区的分布含量比其余两个地区的低。综合以上所述，在属水平上，不同地区的滩涂沉积物样本可以由微生物群落区分，因此后续分析采用细菌属来对滩涂沉积物和细菌群落相关性进行研究。

2. 地区间细菌分布差异

（1）不同地区细菌物种分布特征 根据对不同分类水平的微生物多样性分析，根据不同地区福州（连江）（Lian）、宁德（霞浦）（SJ、HQ、SD、BQ）、漳州（云霄等）（Long、Yun）的样本丰度前 35 的细菌科丰度比例结构，建立热图（图 3-66）。根据细菌丰度差异，可聚成 4 类：第 1 类，在宁德（霞浦）地区中样本含量高于其他地区，细菌为硫卵形菌属（*Sulfurovum*）、弧菌属（*Vibrio*）、发光杆菌属（*Photobacterium*）、微球茎菌属（*Microbulbifer*）和海杆菌属（*Marinobacter*）；第 2 类，在所有样本中含量都较高，包括芽胞杆菌属（*Bacillus*）、乳球菌属（*Lactococcus*）、科 JTB255 海底群未命名的 1 属（g_norank_f_JTB255_marine_ benthic_group）和厌氧绳菌科未命名的 1 属（g_norank_f_Anaerolineaceae）；第 3 类，在漳州（云霄等）地区样本和连地区样本中含量较高，有目 43F-1404R 未命名的 1 属（g_ norank_o_43F-1404R）、γ-变形菌纲未分类的1属（g_unclassified_c_Gammaproteobacteria）、亚硝化单胞菌科未命名的1属（g_norank_f_ Nitrosomonadaceae）、β-变形菌纲未分类的1属（g_unclassified_ c_Betaproteobacteria）、黄单胞菌目未分类的1属（g_unclassified_o_ Xanthomonadales）、脱硫单胞菌目未分类的1属（g_unclassified_o_Desulfuromonadeles）、候选属H16、黄单胞菌目未命名的1属（g_norank_o_ Xanthomonadales）和海妖菌科未分类的1属（g_unclassified_f_Halieaceae）共9属；第4类，在lian_CK样本中得相对含量很低，在其他样本中分布差异地区前3类。

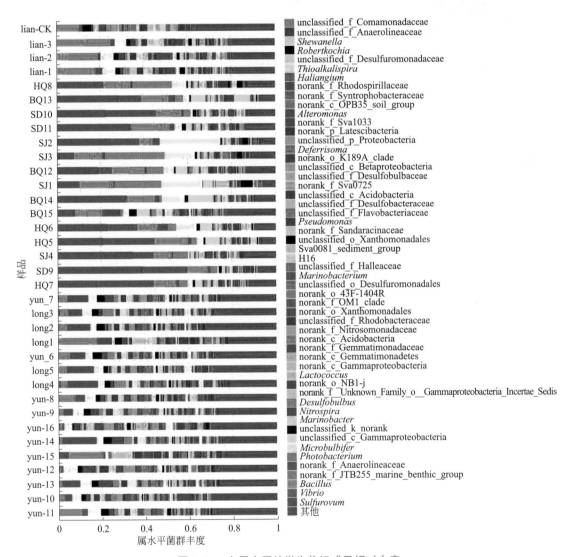

图 3-65　在属水平的微生物组成及相对丰度

按不同地区的土样样本可分为2大类，第1大类为宁德（霞浦）地区土样，第2大类包括漳州（云霄等）地区和福州（连江）地区土样。在这一大类群中有可细分为3小聚类：① 福州（连江）地区样本 lian_1、lian_2 和 lain_3；② 样本 lian_CK 和漳州（云霄等）地区样本 long1 和 yun_15；③ 剩余的漳州（云霄等）地区土样为 1 小类。说明土样分布的区域性与微生物群落结构相关，相同区域的土样在一定程度上存在着相似的细菌群落结构。

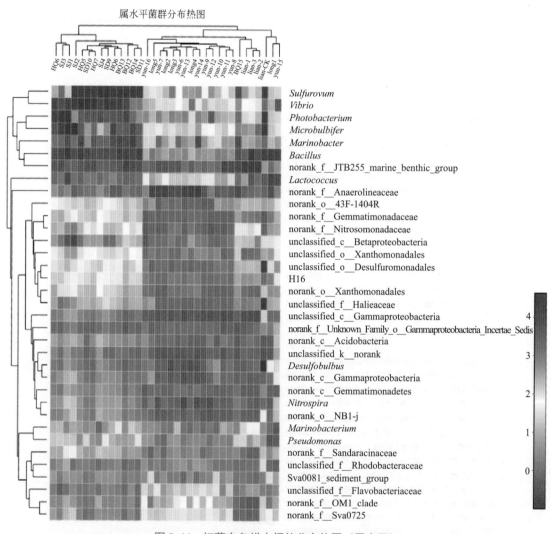

图 3-66   细菌在各样本间的分布热图（属水平）

（2）不同地区细菌优势种比较   比较福州（连江）（Lian）、宁德（霞浦）（SJ、HQ、SD、BQ）和漳州（云霄等）（Long、Yun）地区的滩涂沉积物样本在门和属水平上物种的差异。在门水平，未明确门分类的细菌差异显著，说明土样中含有未被发掘的微生物资源。同时变形菌门、厚壁菌门、酸杆菌门、芽单胞菌门和硝化螺旋菌门差异性最显著，其中变形菌门（71.98%）、厚壁菌门（13.06%）在宁德（霞浦）地区土样中含量最高，而酸杆菌门、芽单胞菌门和硝化螺旋菌门在土样中的相对含量最低；变形菌门也是福州（连江）地区和漳州（云霄等）地区土样中的优势门，分别占 48.2% 和 61.08%；福州（连江）地区土样中的酸杆菌门（6.58%）和芽单胞菌门（4.01%）比漳州（云霄等）地区土样中的相对含量高，相反，硝化螺旋菌门（1.85%）却低于漳州（云霄等）地区土样。其次放线菌门、绿弯菌门和浮霉菌门的差异显著，放线菌门（12.61%）和浮霉菌门（2.29%）在福州（连江）地区土样中含量最高，绿弯菌门（8.43%）在漳州（云霄等）地区含量最高，这些菌群在宁德（霞浦）地区土样中含量最少。拟杆菌门在三个地区滩涂沉积物样本中的含量差别不大（图3-67）。说明漳州（云霄等）地区与福州（连江）地区土样中有着相似的细菌群落结构。

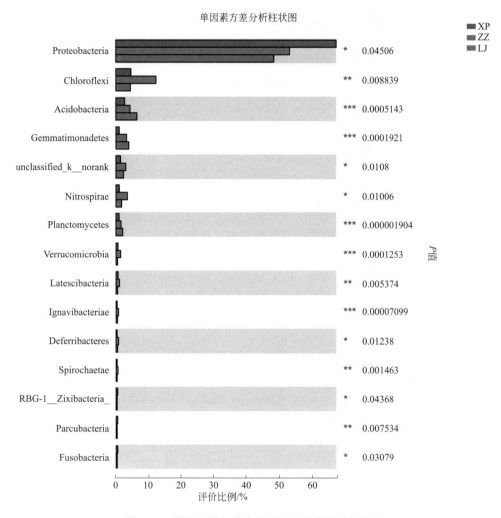

图 3-67　不同土样细菌在门水平上差异显著性分析

在属水平，各菌属在不同地区土样中含量分布具有显著差异性（图3-68），存在未明确属分类的细菌差异显著，说明土样中含有未被发掘的微生物资源。硫卵形菌属（*Sulfurovum*）（20.49%）、弧菌属（*Vibrio*）（12.61）、发光杆菌属（*Photobacterium*）（7.11%）和微球茎菌属（*Microbulbifer*）（6.28%）在宁德（霞浦）地区土样中含量最高；在福州（连江）地区土样中的芽胞杆菌属（*Bacillus*）（8.30%）和候选科 JTB255 海底群未命名的 1 属（g_norank_f_JTB255_ marine_benthic_group）（9.95%）含量高于其他两个地区；厌氧绳菌科未命名的 1 属（g_norank _f_Anaerolineaceae）（6.63%）为漳州（云霄等）地区的优势菌属；γ - 变形菌纲未分类的 1 属（g_unclassified_c_Gammaproteobacteria）和海杆菌属（*Marinobacter*）在福州（连江）地区和漳州（云霄等）地区土样中相对含量高于宁德（霞浦）地区土样。

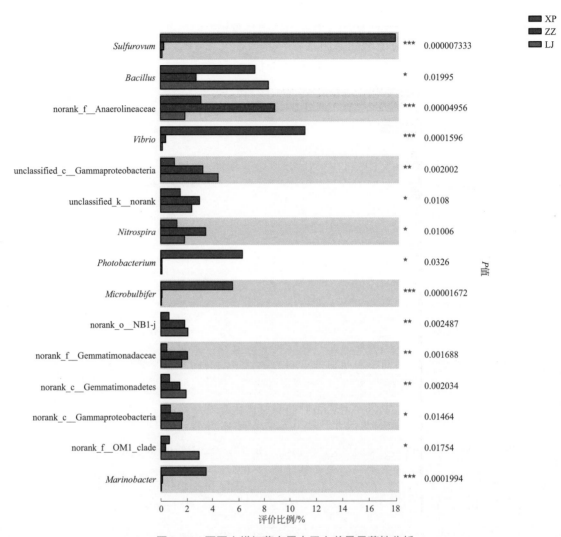

图 3-68　不同土样细菌在属水平上差异显著性分析

（3）不同地区细菌分布的主成分分析　利用福建省沿海地区福州（连江）（Lian）、宁德（霞浦）（SJ、HQ、SD、BQ）、漳州（云霄等）（Long、Yun）的滩涂沉积物样本信息，在 OTU 水平上对不同滩涂沉积物样本进行 PCA 分析。PCA 采用降维方法，分析不同样本物种（97% 相似性）组成，并将样本的差异和距离的多维数据差异反映在二维坐标图上。样本距离越近，则表示这两个样本的组成越相似；反之，则表示两个样本的物种组成具有差异。如图 3-69，在 PC1 轴上（43.91%），漳州（云霄等）地区土样、福州（连江）地区土样和宁德（霞浦）地区的 HQ15 土样样本都聚在右边。在 PC2 轴上（21.63%），宁德（霞浦）地区的 HQ8、SJ1、SJ2 和 SJ3 土样样本聚在下部，宁德（霞浦）其余样本均聚在上部。聚成两类，说明福州（连江）与漳州（云霄等）的滩涂沉积物微生物群落具有相似性，而宁德（霞浦）

地区的样本微生物群落之间即存在差异也存在着相似性。

　　环境因子有机碳和全氮与滩涂沉积物样本呈锐角，与滩涂沉积物样本呈正相关，环境因子水溶性盐总量与滩涂沉积物样本呈钝角，与滩涂沉积物样本呈负相关。福州（连江）地区土样、漳州（云霄等）地区土样和宁德（霞浦）地区土样 BQ15 受环境因子有机碳和全氮的含量影响较大，受环境因子水溶性盐总量的影响较小，但与之相反，宁德（霞浦）地区土样受环境因子水溶性盐总量的影响比环境因子有机碳和全氮的影响大。

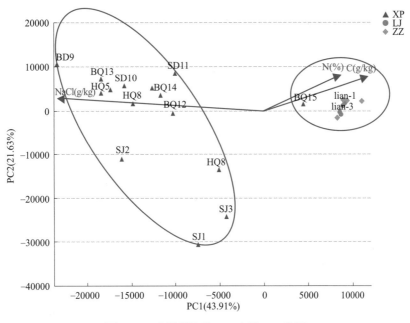

图 3-69　土样微生物 OTU 水平 PCA 分析

　　（4）不同地区沉积物与环境因子的关联性分析　福建省沿海地区福州（连江）（Lian）、宁德（霞浦）（SJ、HQ、SD、BQ）、漳州（云霄等）（Long、Yun）的滩涂沉积物样本，进行 RDA（Redundancy analysis）分析是基于对应分析发展而来的一种排序方法，其结果反映了菌群与环境因子之间关系。在 RDA 图内，用箭头表示环境因子，某个环境因子与微生物群落与种类分布间相关程度的大小用箭头的长度代表，箭头越长则相关性越大，反之相关性越小。某个环境因子与横纵轴的相关性大小则由箭头连线和横纵轴之间的夹角的大小来反应，夹角越小则相关性越高；反之相关性越低。两个环境因子之间的关系由环境因子之间的夹角代表，为锐角时表示呈正相关关系，钝角时呈负相关关系。

　　RDA 结果显示，环境因子有机碳、总氮和水溶性盐总量与滩涂沉积物微生物呈现钝角，与滩涂沉积物微生物负相关（图 3-70）。福州（连江）地区土样和漳州（云霄等）地区土样微生物受环境因子有机碳和总氮的含量影响较大，受环境因子水溶性盐总量的影响较小，但与之相反，宁德（霞浦）地区滩涂沉积物微生物受环境因子水溶性盐总量的影响比环境因子有机碳和总氮的影响大。这与前文分析结果相似。土样 BQ15、lian-CK、yun-15 和 long1 因这些为三个地区的样本的对照组，与其他样本的地理位置差异比较大，离海岸线较远，受环境因子有机碳、总氮和水溶性盐总量的影响较小。

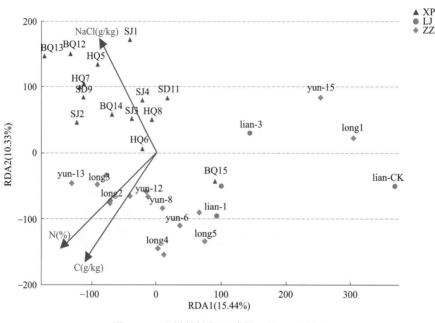

图 3-70 土样特性与环境因子的 RDA 分析

3. 滩涂沉积物细菌群落季节变化多样性分析

（1）春夏季节滩涂沉积物细菌高通量测序

① 测序数据统计 利用漳州（云霄等）云霄红树林春季和夏季滩涂沉积物样本，经 454 焦磷酸测序，16 个样本共获得 1636973 有效序列，有效碱基数 569468571bp，序列平均长度 347.879bp，各样本的分析结果见表 3-25。序列数和碱基数在不同季节和样本间差异显著，短序列数量最大值为夏季样本 yun-13（149378 条），最小值为春季样本 YX-11（70315 条）。对两个季节样本平均值统计分析表明，夏季样本的总序列数高于春季样本，是春季样本的 1.63 倍，表明云霄红树林地区夏季滩涂沉积物样本的细菌含量高于春季。

表 3-25 春夏季土样宏基因组测序结果统计分析

季节	样本编号	序列数	碱基数	平均长度	最小长度	最大长度
春季样本	YX-4	86653	40390377	466.116314496	96	489
	YX-5	72059	33495103	464.82886246	96	490
	YX-6	82060	38133034	464.696977821	96	490
	YX-7	79635	37059736	465.369950399	91	489
	YX-8	77350	36028203	465.78155139	232	486
	YX-9	76508	35509071	464.122327077	246	486
	YX-10	77104	35836554	464.782034654	96	490
	YX-11	70315	32761741	465.928194553	96	486
	平均值	77710.5	36151727.4			

续表

季节	样本编号	序列数	碱基数	平均长度	最小长度	最大长度
夏季样本	yun-6	110966	30632706	276.054881675	204	330
	yun-7	136624	37714266	276.044223562	210	358
	yun-8	110468	30494051	276.044202846	204	346
	yun-9	119401	32957743	276.025686552	206	334
	yun-10	114225	31528969	276.025117093	206	356
	yun-11	142188	39245923	276.014312038	203	337
	yun-13	149378	41234915	276.044096186	200	346
	yun-14	132039	36446179	276.025863571	203	346
	平均值	126911.1	35031844			

② 多样性指数分析　所有样本的稀释曲线接近平台（图 3-71），表明测序结果覆盖率高（>96.0%），测序深度已经基本覆盖样本中的所有物种，测序数据量合理。春夏季土样 16 个样本中共检测到 8743 种 OTU 类型，样本 OTUs 范围在 2812（YX-4）～5806（yun-7）之间，夏季样本的 OTU 均值数目大于春季样本，说明夏季样本中的物种比春季样本的丰富。采用 RDP classifier 贝叶斯算法对 97% 相似水平的 OTU 代表序列进行分类学分析得到，夏季样本包含 52 个门 141 纲 301 目 552 科 1006 属 1937 种细菌；春季样本包含 50 个门 131 纲 263 目 477 科 840 属 1574 种细菌，表明夏季样本中微生物数目和种类都明显大于春季样本。综合分析两个季节样本的丰富度和多样性指数，发现夏季样本的样本丰富度指数（Chao1 和 Ace）高于春季土样，约 1.45 倍，说明夏季滩涂沉积物的各样本具有更丰富的微生物群落；而从多样性指数（Shannon 和 Simpsion）来看，两个季节的样本多样性指数较相近，均含有丰富的细菌群落多样性（表 3-26）。

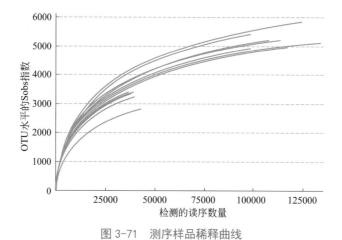

图 3-71　测序样品稀释曲线

表 3-26　春夏土样微生物细菌群落宏基因组测序结果统计分析

季节	样本编号	97% 相似性分析					
		物种	ACE	Chao1 指数	Shannon 指数	Simpson 指数	覆盖率
春季样本	YX-4	2812	3696.2	3669.1	6.254	0.0083	0.979
	YX-5	3237	4246.4	4318.6	6.803	0.0036	0.969
	YX-6	3382	4264.3	4363.2	6.883	0.0031	0.975
	YX-7	3372	4524.9	4563.7	6.997	0.0021	0.966
	YX-8	3378	4293.2	4400.36	6.955	0.0026	0.973
	YX-9	3244	4174.3	4231.4	6.652	0.0049	0.975
	YX-10	3324	4338.1	4345	6.808	0.0035	0.973
	YX-11	3372	4346.5	4294.2	6.951	0.0029	0.965
	平均值	3265.1	4235.5	4273.2	6.788	0.0039	
夏季样本	yun-6	5387	6472.6	6519.4	7.116	0.0023	0.987
	yun-7	5806	6805.9	6771.7	7.103	0.0027	0.989
	yun-8	4918	5895.6	5960.4	6.947	0.0027	0.988
	yun-9	5199	6220.8	6196.9	7.031	0.0033	0.989
	yun-10	4779	5596.3	5660.4	6.988	0.0033	0.989
	yun-11	5228	6227.9	6254.7	6.873	0.0036	0.989
	yun-13	5118	6092.3	6127.6	6.799	0.0038	0.991
	yun-14	5005	5867.9	5913.6	6.929	0.0030	0.991
	平均值	5180	6147.4	6175.6	6.973	0.0031	

（2）春夏季节细菌共有物种的组成　选用相似水平为 97% 的 OTU，采用韦恩（Venn）图统计漳州（云霄等）云霄红树林春季和夏季滩涂沉积物样本中所共有和独有的物种数目。韦恩图显示（图 3-72），夏季样本包含 8645 种 OTUs，春季样本包含 6089 种 OTUs，夏季样本的 OTU 比春季多 2556 种，是春季样本的 1.42 倍。在夏季和春季样本细菌多样性分析中，夏季土样中各样本物种丰富的更高，综合得出夏季样本有更丰富的细菌种类。2 组样本共有的 OTU 有 5991 个，分别占春夏样本的 69.3% 和 98.4%。夏季特有 OTU 有 2654 种，夏季样本的特有物种多，占夏季总 OTU 的 30.7%；春季特有 OTU 有 98 种，仅占春季总量的 1.6%。

（3）春夏季节细菌门种类分布差异　对滩涂沉积物样本中微生物群落的分析获得春夏两季样本在各分类水平上（门、纲、目、科、属、种、OTU）微生物种类以及各微生物的相对丰度，但由于序列长度以及数据库限制，大部分 OTU 能注释到门、纲、目、科、属水平，无法明确至种的分类水平。在细菌门水平上，共检测到 53 个细菌种类。几乎所有序列都可明确至门水平。主要为变形菌门（Proteobacteria，672275）、绿弯菌门（Chloroflexi，139961）、酸杆菌门（Acidobacteria，56487）、硝化螺旋菌门（Nitrospiae，49695）、拟杆菌门（Bacteroidetes，39945）、未分类的 1 门（p_unclassified_k_norank）、芽单胞菌门（Gemmatimonadates，39146）、厚壁菌门（Firmicutes，27895）、放线菌门（Actinobacteria，23912）、疣微菌门（Verrucomicrobia，17888），这些门的细菌总量占前 10，见表 3-27。夏季样本的优势菌群为变形菌门是春季样本的 1.95 倍。春季样本中的绿弯菌门、酸杆菌门、厚壁菌门和硝化螺旋菌门的相对含量均高于夏季样本，其中绿弯菌门，是夏季样本的 2.8 倍。

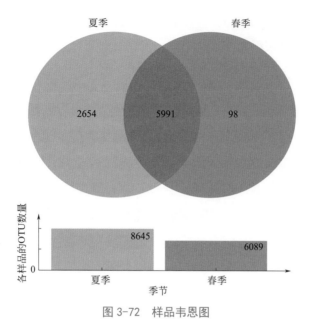

图 3-72 样品韦恩图

表 3-27 含量前 10 的细菌门

样本		细菌门									
		1	2	3	4	5	6	7	8	9	10
夏季	yun-6	61666	7534	4400	2454	2912	4259	2857	876	503	2776
	yun-7	78811	12793	4966	4956	3355	4415	3956	1000	892	1726
	yun-8	67783	5058	3530	2142	2655	2018	4258	693	2909	1373
	yun-9	74378	5457	5012	3875	3823	3597	3640	698	1184	1851
	yun-10	60987	5123	7031	1851	2802	2000	4340	1414	8956	2003
	yun-11	82356	3486	3125	2612	5703	4193	4815	1328	943	1084
	yun-13	88217	12641	4351	8775	3256	4017	3201	1698	1559	892
	yun-14	63285	22525	4638	6380	4818	4489	2364	1086	489	1857
	平均值	72185.4	9327.1	4631.6	4130.6	3665.5	3623.5	3678.9	1099.1	2179.4	1695.3
春季	YX-4	11471	7380	2770	2051	1128	1230	2110	6505	2125	866
	YX-5	11151	8079	2018	1833	1188	1060	1212	2492	599	448
	YX-6	12402	9672	2223	2193	1637	1408	1014	2320	698	511
	YX-7	12324	6869	2027	1978	1316	1272	1105	519	520	550
	YX-8	12236	7643	2811	2257	1268	1401	1077	1003	678	873
	YX-9	11499	11361	2756	1826	1491	1175	945	2943	543	515
	YX-10	12589	9083	2498	2572	1674	1468	864	1795	698	233
	YX-11	11120	5257	2331	1940	919	1222	1388	1525	616	330
	平均值	11849	8168	2429.3	2081.3	1327.6	1279.5	1214.4	2387.8	809.6	540.75

注：1—变形菌门 Proteobacteria；2—绿弯菌门 Chloroflexi；3—酸杆菌门 Acidobacteria；4—硝化螺旋菌门 Nitrospiae；5—拟杆菌门 Bacteroidetes；6—未分类的 1 门 P_unclassified_k_norank；7—芽单胞菌门 Gemmatimonadates；8—厚壁菌门 Firmicutes；9—放线菌门 Actinobacteria；10—疣微菌门 Verrucomicrobia。

合并丰度小于 0.01% 的细菌门，建立细菌门群落柱形图（图 3-73），可更直观地比较红树林地区春夏季样本的细菌群落构成及差异。主要的细菌为变形菌门（56.66%）、绿弯菌门（11.80%）、酸杆菌门（4.76%）和硝化螺旋菌门（4.19%）。

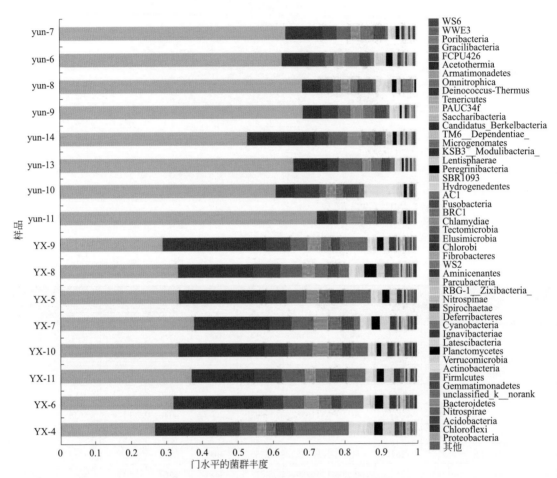

图 3-73　在门水平的微生物组成及相对丰度

（4）春夏季节细菌属种类分布差异　在细菌属水平上，共检测到 1019 个细菌属。含量高的细菌属分别为 γ-变形菌纲未分类的 1 属（g_unclassified_c_Gammaproteobacteria，51381）、厌氧绳菌科未命名的 1 属（g_norank_ f_Anaerolineaceae，104938）、硝化螺旋菌属（*Nitrospira*，49695）、候选目 NB1-j 未命名的 1 属（g_norank_o_NB1-j，25397）、候选科 JTB255 海底群未命名的 1 属（g_norank_ f_JTB255_ marine_benthic_group35028）、未命名科未分类的 1 属（g_unclassified_ k_norank39224）、酸杆菌纲未命名的 1 属（g_norank_ c_Acidobacteria，26037）、芽单胞菌科未命名的 1 属（g_norank_f _Gemmatimonadaceae，24350）、亚硝化单胞菌科未命名的 1 属（g_norank_f_Nitrosomonadaceae，23498）和 γ-变形菌纲未命名的 1 属（g_norank_c_Gammaproteobacteria，22873）、脱硫球茎菌属（*Desulfobulbus*，21711）、目 43F-1404R 未命名的 1 属（norank_o_43F-1404R，19523）、芽胞杆菌属（*Bacillus*，15067），具体信息见表 3-28。

表 3-28　含量前 11 的细菌属

	样本	1	2	3	4	5	6	7	8	9	10	11
夏季	yun-6	6622	4133	2454	4259	4840	2039	1627	1939	1079	3056	418
	yun-7	11477	5707	4956	4415	5209	1556	2985	2557	3195	2471	516
	yun-8	4152	5714	2142	2018	7329	1111	2930	1190	1974	1110	385
	yun-9	4485	5862	3875	3597	1821	2083	3602	3357	2617	2210	385
	yun-10	3391	4250	1851	2000	2132	2859	2683	524	2721	366	807
	yun-11	2920	8489	2612	4193	11112	783	3026	1431	3339	1949	663
	yun-13	11155	7700	8775	4017	1084	1363	3327	5023	3002	4052	651
	yun-14	18722	4503	6380	4489	1144	2298	2014	3861	1710	4445	463
	平均值	7865.5	5794.8	4130.6	3623.5	4333.9	1761.5	2774.3	2485.3	2454.6	2457.4	536
春季	YX-4	4005	565	2051	1230	9	1411	474	86	388	70	3780
	YX-5	4958	452	1833	1060	46	1321	394	252	378	266	1389
	YX-6	6587	575	2193	1408	50	1384	408	441	455	314	1290
	YX-7	4478	636	1978	1272	43	1135	280	499	684	423	272
	YX-8	5618	856	2257	1401	27	1894	560	365	716	124	530
	YX-9	8029	509	1826	1175	70	1678	298	728	281	304	1638
	YX-10	5085	583	2572	1468	73	1652	264	447	356	457	995
	YX-11	3254	847	1940	1222	39	1470	525	173	603	94	885
	平均值	5251.8	627.9	2081.3	1279.5	44.6	1493.1	400.4	373.9	482.6	256.5	1347.4

注：1—γ-变形菌纲未分类的 1 属 g_unclassified_c_Gammaproteobacteria；2—厌氧绳菌科未命名的 1 属 g_norank_f_Anaerolineaceae；3—硝化螺旋菌属 *Nitrospira*；4—目 NB1-j 未命名的 1 属 g_norank_o_NB1-j；5—科 JTB255 海底群未命名的 1 属 g_norank_f_JTB255_marine_benthic_group；6—未命名科未分类的 1 属 g_unclassified_k_norank；7—酸杆菌纲未命名的 1 属 g_norank_c_Acidobacteria；8—芽单胞菌科未命名的 1 属 g_norank_f_Gemmatimonadaceae；9—亚硝化单胞菌科未命名的 1 属 g_norank_f_Nitrosomonadaceae；10—脱硫球茎菌属 *Desulfobulbu*；11—芽胞杆菌属 *Bacillus*。

　　春夏样本微生物的相对含量差异较大。夏季样本中的细菌群落相对含量明显高于春季样本的，比较明显的有 norank_f_JTB255_marine_benthic_group 是春季样本的 97.1 倍，脱硫球茎菌属和 unclassified_c_Gammaproteobacteria 分别是后者的 9.6 倍和 9.2 倍，说明夏季样本中的细菌群落比春季样本的丰富。在春夏季土样中，我们发现在酸杆菌门、γ-变形菌纲、芽单胞菌科和亚硝化单胞菌科等分类水平上没有明确的分类信息或分类名称的细菌属含量较丰富，且夏季土样中的相对含量高于春季土样，其中 γ-变形菌纲的一属和亚硝化单胞菌科的一属的含量分别是春季样本的 6.6 倍和 5.1 倍。春季样本具有高含量的芽胞杆菌属，比夏季样本高 2.5 倍，合并丰度小于 1% 的细菌属，建立细菌门群落柱形图（图 3-74）。在春季样本的主要优势菌属有厌氧绳菌纲的一属、酸杆菌门的一属和硝化螺旋菌属。夏季样本的细菌种类比春季样本的多，说明夏季样本的微生物多样性比春季样本的丰富。

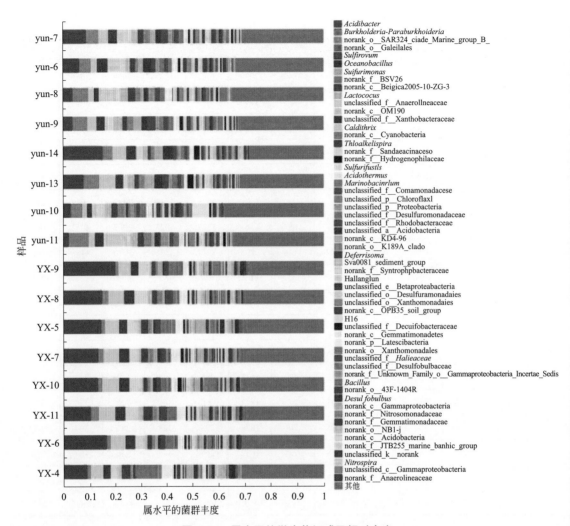

图 3-74　属水平的微生物组成及相对丰度

4. 季节性变化细菌分布差异

（1）春夏季节细菌物种分布热图　根据对不同分类水平的微生物多样性分析，选择漳州（云霄等）云霄红树林春季和夏季滩涂沉积物样本中含量前 50 的细菌属，根据它们在春夏两季滩涂沉积物样本中丰度比例结构建立热图（图 3-75）。按季节不同，样本可以聚成两类，说明相同季节的土样具有相似的微生物构成。春季样本聚成一小类；夏季样本聚成一小类，说明不同季节的滩涂沉积物样本存在着差异。

根据丰度差异，细菌可聚成三类。第一类位在夏季和春季样本中含量低的细菌，包含 1 个属，分别为热酸菌属（*Acidothermus*）。第二类为在春季样本中含量较低的细菌，包括蓝细菌纲未命名的 1 属（g_norank_c_Cyanobacteria）、硫碱螺旋菌属（*Thioalkalispira*）、暖发菌属（*Caldithrix*）和互营杆菌科未命名的 1 属（g_norank_f_Syntrophobacteraceae）等 30 个属的细菌。第三类为春夏两季含量相似的菌群，包括厌氧绳菌科未命名的 1 属（g_norank_ f_Anaerolineaceae）、绿弯菌门未分类的 1 属（g_unclassified_p_Chloroflexi）、脱硫球茎菌属（*Desulfobulbus*）和芽胞杆菌属（*Bacillus*）等 19 个属的细菌。

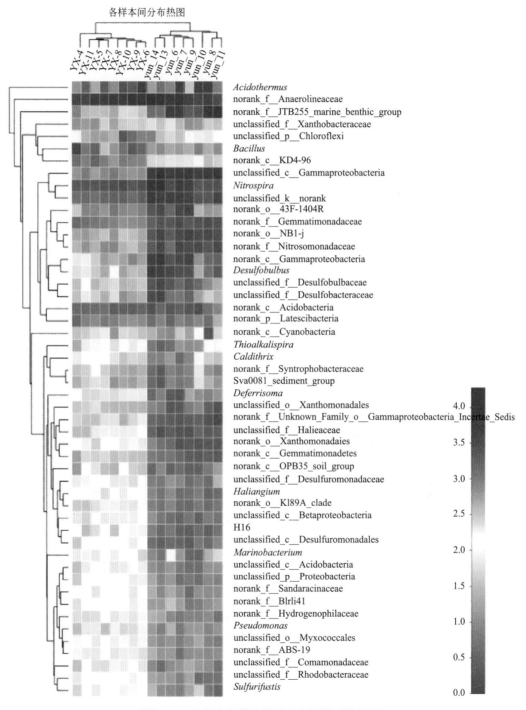

图 3-75　细菌在各样本间的分布热图（属水平）

（2）春夏季节细菌优势种比较　采用 T 检测，比较春夏两组样本在门（图 3-76）和属（图 3-77）水平上物种的差异。在门水平，变形菌门（Proteobacteria）、绿弯菌门（Chloroflexi）、酸杆菌门（Acidobacteria）、硝化螺旋菌门（Nitrospirae）、厚壁菌门（Fimicutes）、浮霉菌门（Planctomycetes）、迟发杆菌门（Latescibacteria）和懒惰杆菌门（Ignavibacteriae）在这两组样本中差异显著。变形菌门夏季样本中的含量远高于春季样本，为后者的 1.95 倍；春季样本中的绿弯菌门、酸杆菌门、硝化螺旋菌门和厚壁菌门含量明显高于夏季样本。

在属水平，厌氧绳菌科未命名的 1 属（g_norank_f_Anaerolineaceae）、硝化螺旋菌属（Nitrospira）、目 NB1-j 未命名的 1 属（g_norank_o_NB1-j）、酸杆菌纲未命名的 1 属（g_norank_c_Acidobacteria）、γ-变形菌纲未分类的 1 属（g_unclassified_c_Gammaproteobacteria）、芽胞杆菌属（Bacillus）、科 JTB255 海底群未命名的 1 属（g_norank_f_JTB255_marine_benthic_group）、脱硫球茎菌属（Desulfobulbus）、纲 KD4-96 未命名的 1 属（g_norank_c_KD4-96）、γ-变形菌纲未命名的 1 属（g_norank_c_Gammaproteobacteria）、硝化单胞菌科未命名的 1 属（g_norank_f_Nitrosomonadaceae）、迟发杆菌门未命名的 1 属（g_norank_p_Latescibacteria）在两组样本差异显著。厌氧绳菌科未命名的 1 属（g_norank_f_Anaerolineaceae）、硝化螺旋菌属、酸杆菌纲未命名的 1 属（g_norank_c_Acidobacteria）、纲 KD4-96 未命名的 1 属（g_norank_c_KD4-96）和迟发杆菌门未命名的 1 属（g_norank_p_Latescibacteria）在春季样本中的相对含量明显比夏季样本高。γ-变形菌纲未分类的 1 属（g_unclassified_c_Gammaproteobacteria）、科 JTB255 海底群未命名的 1 属（g_norank_f_JTB255_marine_benthic_group35028）、脱硫球茎菌属、目 NB1-j 未命名的 1 属（g_norank_o_NB1-j）、硝化单胞菌科未命名的 1 属（g_norank_f_Nitrosomonadaceae）、γ-变形菌纲未命名的 1 属（g_norank_c_Gammaproteobacteria）在夏季样本中的相对含量明显比春季样本高。

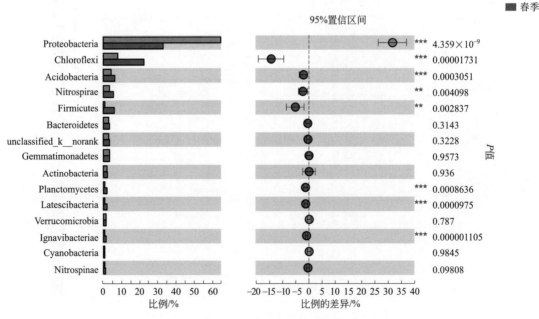

图 3-76　春夏两季滩涂沉积物门水平上的 T 检测结果

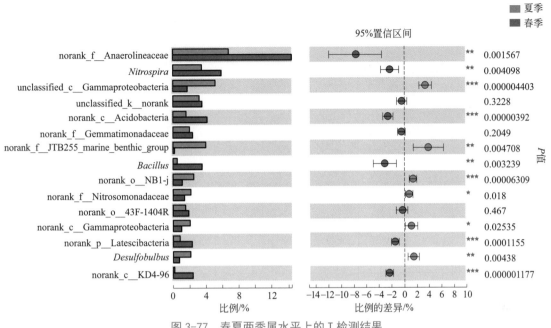

图 3-77　春夏两季属水平上的 T 检测结果

（3）春夏季节细菌分布的主成分分析　采用主成分分析（principal component analysis，PCA）对云霄红树林地区夏季和春季样本聚类分析。PCA 采用降维方法，分析不同样本物种（97% 相似性）组成，并将样本的差异和距离的多维数据差异反映在二维坐标图上。样本距离越近，则表示这两个样本的组成越相似；反之，则表示两个样本的物种组成具有差异。

在属水平上对不同滩涂沉积物样本进行 PCA 分析，在 PC1 轴上（44.17%），全部春季样本和夏季样本 yun-10 聚在左边，剩余的夏季样本聚在右侧。在 PC2 轴上（22.5%），全部春季样本和夏季样本（yun-9、yun-13、yun-14）聚在上部，剩余的夏季样本聚在下部（图 3-78）。春季土样 8 个样本聚成一类，说明春季土样具有相似的细菌群落构成。而夏季土样 8 个样本之间的细菌群落差异较大，样本 yun-10 与其他样本之间的差异较大，而其他 7 个样本能聚成一类，它们之间具有相似的细菌群落结构。

（4）春夏季节沉积物与环境因子的关联性分析　采用 RDA 对云霄红树林地区夏季和春季样本聚类分析。在 RDA 图内，用箭头表示环境因子，某个环境因子与微生物群落与种类分布间相关程度的大小用箭头的长度代表，相关性越大则箭头越长，反之相关性越小。某个环境因子与横纵轴的相关性大小则由箭头连线和横纵轴之间的夹角的大小来反映，夹角越小则相关性越高；反之相关性越低。两个环境因子之间的关系由环境因子之间的夹角代表，为锐角时表示呈正相关，钝角时呈负相关。

RDA 结果显示，环境因子有机碳（g/kg）、总氮（%）和水溶性盐总量（g/kg）三者呈现锐角，三者是正相关关系（图 3-79）。环境因子有机碳（g/kg）的箭头连线长度明显比后两者的长，说明环境因子有机碳（g/kg）对春夏两季土样中的群落分布和种类分布间相关程度较大。夏季样本之间的空间距离较大，样本之间的差异性较大，受环境因子的影响程度不一，其中 yun-11 受环境因子的影响程度最小，yun-6 和 yun-9 受环境因子的影响程度比其他样本大。而春季各样本受环境因子的影响更大，受环境因子水溶性盐总量（g/kg）的影响较大，受环境因子总氮（%）的影响最小。

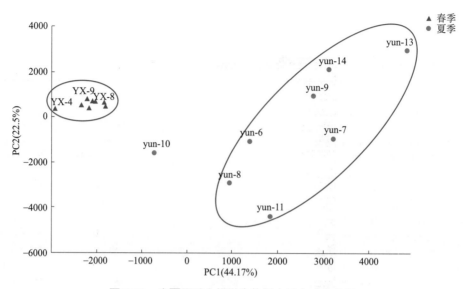

图 3-78　春夏两季土样微生物属水平主成分分析

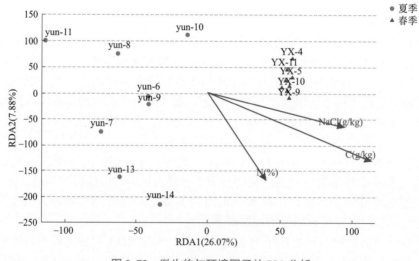

图 3-79　微生物与环境因子的 RDA 分析

5. 讨论

（1）近海沉积物细菌群落多样性分析　海洋微生物在海洋生境中起着重要作用，能产生多种代谢产物，为当今工业化发展和生产提供了丰富的生物活性物质（王怡婷等，2016），同时也是环境物质和能量循环的参与者，对全球气候变化有一定的影响（段舜山和徐景亮，2004）。因此对海洋沉积环境中微生物资源及其多样性研究是现代工业发展和生产利用海洋微生物资源的关键（Shome et al.，1995）。近几年吸引了越来越多研究者的注意。已对多个海域环境微生物展开微生物多样性调查，如白令海表层沉积物（邹扬等，2009），广西茅尾海沉积物（张荣灿等，2015）、北极海洋沉积物（王桢等，2014）、椒江口海域沉积物（黄备等，2017）、黄海西北近岸沉积物（张健等，2010）、南海南沙海域沉积物（孙风芹等，

2008）等。本章节采用高通量测序技术分析了福建省沿海地区福州（连江）(Lian）、宁德（霞浦）(SJ、HQ、SD、BQ)、漳州（云霄等）(Long、Yun）采集样本，在沉积物样本中共获得 4 283 227 有效序列，序列平均长度 274.75bp，物种注释 OTU 数目 16686，获得细菌种类 61 个门，173 纲，1446 属和 3074 种细菌。其中的优势菌群以变形菌门（71.83%）为主，其次厚壁菌门、绿弯菌门和拟杆菌门。同样利用高通量测序技术，孙静（2014）对中国黄东海近岸海域沉积物样品原核微生物群落结构及多样性进行研究，结果显示在 37 份沉积物样品共获得 3 771 648 条序列，序列平均长度为 252bp，得到不同 OTU 数目 22746，隶属于 74 门 243 纲和 983 属。其中也以变形菌门为优势菌群，达 44%。昝帅君（2015）对辽河口沉积环境的研究中得到 30 个群落类群，优势群落为变形菌门，约为 60%，黄备等（2017）在椒江口海域沉积物样本中分离出 24 个门，其中最大的优势群落为变形菌门，占 43%。

　　综合分析滩涂沉积物样本中细菌群落的丰富度和多样性指数，得出漳州（云霄等）地区的细菌菌群丰度和多样性最高且差异较小，其次是福州（连江）地区，最低的是宁德（霞浦）地区。相同区域的土样在一定程度上存在着相似的细菌群落结构。福州（连江）地区土样和漳州（云霄等）地区土样微生物受环境因子有机碳和总氮的含量影响较大，受环境因子水溶性盐总量的影响较小，宁德（霞浦）地区滩涂沉积物微生物受环境因子水溶性盐总量的影响比环境因子有机碳和全氮的影响大。有研究表明，影响近海域微生物群落变化的主要环境因子之一是盐度。孙静的调查研究揭示了盐度会影响海洋沉积物微生物群落结构。昝帅君对辽河口沉积环境研究中发现盐度的递减会减少细菌群落多样性，黄备等对椒江口海域的研究得出结论：盐度与微生物多样性有明显的相关关系。盐度对宁德（霞浦）地区滩涂沉积物微生物的影响比福州（连江）和漳州（云霄等）地区的大，因近海域环境的比较复杂，具体环境因子怎样对微生物组成和分布影响，需要进一步的分析研究。

　　（2）不同季节滩涂沉积物细菌群落季节变化多样性分析　以漳州（云霄等）红树林地区春夏两季滩涂沉积物样本作为研究对象，分析了春夏两季滩涂沉积物细菌群落多样性。红树林生态系统覆盖了世界热带亚热带 65% ～ 75% 的海岸线（李元跃和吴文林，2004）。而福建省海岸线长，有丰富的海域环境，其中红树林湿地为主要的环境类型之一。红树林湿地是近海海域重要的生态环境，其生长环境特殊，创造了极为丰富多样的微生物资源。近年来，许多学者在红树林环境样品中获得了丰富的放线菌和真菌（王海琪等，2011），但对红树林环境中细菌多样性研究报道较少。在红树林生态系统中，细菌在环境物质循环和氮源的固定等方面起着重要的作用。春夏两季滩涂沉积物有着不同的细菌群落结构，夏季样本的细菌数量和种类高于春季样本。其主要细菌为变形菌门（56.66%）、绿弯菌门（11.80%）、酸杆菌门（4.76%）和硝化螺旋菌门（4.19%），其中变形菌门占 1/2 以上。殷萌清等（2017）应用高通量测序和 OTU 分析法比较分析了红树植物人工修复区与天然区滩涂沉积物微生物的群落结构差异，结果显示：从群落组成来看，细菌在天然林和人工林主要由 27 个门类的菌群组成，优势菌群包括变形杆菌、拟杆菌、绿弯菌、酸杆菌、浮霉菌。Ghosh 等（2010）采用 16S rDNA 克隆文库的方法分析印度 Sundarban 红树林滩涂沉积物中的细菌群落结构，发现变形菌门是主要的细菌类群。这与我们的研究结果一致，说明各地区的红树林根际滩涂沉积物有着相似的细菌多样性。热图分析表明夏季样本与春季样本之间的细菌群落差异较大，但夏季各个样本之间有着相似的细菌群落结构。红树林根际滩涂沉积物夏季和春季细菌差异分析，揭示了变形菌门、绿弯菌门、酸杆菌门、硝化螺旋菌门、厚壁菌门和浮霉菌门等具有显著性差异（$P < 0.05$），说明温度会影响环境微生物多样性，而且，刘远等（2016）的研究

结果证实了温度对微生物多样性的影响。

本章节探讨了福建省沿海地区海洋沉积物中细菌组成和不同季节滩涂沉积物细菌群落季节变化多样性，揭示了该地区细菌多样性的丰度，得出结论：夏季样本的细菌数量和种类高于春季样本。不同地区样本和不同季节样本具有相似的细菌群落结构和多样性，其主要的细菌类群为拟杆菌门、硝化螺旋菌门、绿弯菌门、变形菌门和厚壁菌门。此外，研究发现含有较多未分类的细菌，说明福建省沿海海域蕴藏着丰富的细菌资源。

四、近海滩涂芽胞杆菌群落多样性

芽胞杆菌是一类能形成具有强抗性芽胞且可在多种极端环境下存活的细菌，其产生的多种功能代谢产物在多种领域具有重要研究价值。芽胞杆菌能在多种不良环境下生存，已有研究表明海洋沉积环境中存在着丰富的芽胞杆菌资源。

福建省地处我国东南沿海，海岸线总长居全国之首，盐碱性环境分布广泛，主要类型为潮间沙石海滩、潮间淤泥海滩、大米草湿地、红树林沼泽、河口水域及三角洲湿地等类型。本章节采用纯培养法调查了福建省沿海三个城市采集的 51 份滩涂沉积物样本，其中包括春夏季漳州（云霄等）红树林根际 16 份滩涂沉积物样本中的芽胞杆菌资源，采用 16S rRNA 基因对分离的芽胞杆菌资源进行系统发育分析，检测其生理生化特性，了解福建省盐性滩涂沉积物芽胞杆菌资源的多样性和揭示福建盐环境微生物多样性与其生境类型的环境关系，力图发现新的芽胞杆菌种类资源。

1. 芽胞杆菌分离鉴定

（1）滩涂沉积物样本酸碱度测定　由表 3-29 可知，宁德（霞浦）地区的滩涂沉积物样本都呈碱性，福州（连江）地区的滩涂沉积物样本呈中性偏碱。漳州（云霄等）地区的滩涂沉积物样本呈中性偏酸，且春、夏两季滩涂沉积物样本的酸碱度相似，说明季节变化不会影响滩涂沉积物的酸碱度。

表 3-29　滩涂沉积物 pH 值

地区	样本编号	pH 值
福州（连江）岸边沙土	CK	8.34～8.56
福州（连江）滩涂	Z-1～3	7.97～8.15
福州（连江）滩涂	Q-1～4	7.46～7.70
福州（连江）滩涂	S-1～4	7.85～7.97
宁德（霞浦）沙江镇滩涂	SJ1	8.64
宁德（霞浦）沙江镇滩涂大米草	SJ2	8.50
宁德（霞浦）沙江镇滩涂	SJ3	8.55
宁德（霞浦）三沙（臭）古镇码头	SJ4	8.37
宁德（霞浦）三沙（臭）古镇码头	HQ5	8.59
宁德（霞浦）后岐滩涂	HQ6	8.09
宁德（霞浦）后岐滩涂	HQ7	8.26

续表

地区	样本编号	pH 值
宁德（霞浦）后岐滩涂	HQ8	8.20
宁德（霞浦）三沙东三村滩涂污染区	SD9	8.13
宁德（霞浦）三沙东三村滩涂污染区	SD10	8.21
宁德（霞浦）三沙东三村滩涂污染区	SD11	8.05
宁德（霞浦）北岐滩涂	BQ12	8.02
宁德（霞浦）北岐滩涂	BQ13	8.03
宁德（霞浦）北岐滩涂	BQ14	8.00
宁德（霞浦）北岐滩涂	BQ15	8.07
龙海杂草根际	long1	6.89
龙海红树林根际（岸边）	long2	7.02
龙海红树林根际（岸边）	long3	6.68
龙海红树林根际（岸边）	long4	7.15
龙海红树林根际（岸边）	long5	7.06
龙海对照 非红树林（路边）	yun-15	6.79
云霄芦苇根际	yun-6	6.92
云霄大米草与红树林混长土	yun-7	6.83
云霄大米草根际	yun-8	7.39
云霄红树林根际	yun-9	6.83
云霄岸边近红树林根际的较干燥	yun-10	6.32
云霄岸边近红树林根际的较湿靠海水	yun-11	7.36
云霄红树林湿地沉积物靠近岸边	yun-12	6.98
云霄红树林湿地沉积物离岸边 30m+50cm	yun-13	6.89
云霄红树林湿地沉积物离岸边 80m+100cm	yun-14	6.97
云霄岸边红树林根际土	yun-16	6.75
云霄岸边红树林桐花树根际土	YX-4	6.64
云霄从里往外 150m 桐花树根际土	YX-5	6.87
云霄从里往外 90m 桐花树根际土	YX-6	7.04
云霄从里往外 210m 桐花树根际土	YX-7	6.49
云霄从里往外 90m 秋茄树根际土	YX-8	6.91
云霄从里往外 150m 秋茄树根际土	YX-9	7.07
云霄木榄根际土	YX-10	6.81
云霄杂草根际土	YX-11	6.79

（2）芽胞杆菌分离鉴定　利用福建福州（连江）、漳州（云霄等）和宁德（霞浦）三个地点采集 51 份沉积物样本，通过纯培养技术，在不同条件下分离鉴定了样本中的芽胞杆菌的种类，获得芽胞杆菌菌株 993 株，鉴定出芽胞杆菌种类 120 种，其中芽胞杆菌属占绝大多数，约占总数的 60%（表 3-30）。

表 3-30　芽胞杆菌的分离鉴定

种名	分离菌株编号	采集地点	生境类型	相似性/%	种类状态
苍白好氧芽胞杆菌	FJAT-47747,FJAT-47862,FJAT-47822,FJAT-47787, FJAT-47793	漳州（云霄等）	根际土	100	中国新记录种
深海芽胞杆菌	FJAT-46494	宁德（霞浦）	滩涂	99.72	中国分布种
伊奥利亚岛芽胞杆菌	FJAT-47784	宁德（霞浦）	滩涂	99.5	中国新记录种
空气芽胞杆菌	FJAT-42231, FJAT-42252, JAT-42256,FJAT-42267, FJAT-42273,FJAT-42282,FJAT-42308,FJAT-42350, FJAT-42369,FJAT-42384,FJAT-42389,FJAT-42393, FJAT-42411, FJAT-42427, FJAT-42443,JAT-42459, FJAT-42465,FJAT-42466,FJAT-42502,FJAT-42895, FJAT-46048,FJAT-46111,FJAT-46130,FJAT-46436, FJAT-46444,FJAT-46480,FJAT-46506,FJAT-46508, FJAT-46517,FJAT-46544,FJAT-46556,FJAT-46561, FJAT-46589, FJAT-46621, FJAT-46636	福州（连江）	湿地	100	中国新记录种
嗜气芽胞杆菌	FJAT-42205,FJAT-42213,FJAT-42233,FJAT-42234, FJAT-42264,FJAT-42280,FJAT-42295,FJAT-42300, FJAT-42305,FJAT-42306,FJAT-42338,FJAT-42358, FJAT-42361,FJAT-42364,FJAT-42366,FJAT-42370, FJAT-42375,FJAT-42391,FJAT-42404,FJAT-42418, FJAT-42447,FJAT-42448,FJAT-42450,FJAT-42474, FJAT-42488,FJAT-42501,FJAT-42520,FJAT-42861, FJAT-42862,FJAT-42864,FJAT-42870,FJAT-42871, FJAT-42872,FJAT-42884,FJAT-42898,FJAT-42899, FJAT-46054,FJAT-46057,FJAT-46061,FJAT-46092, FJAT-46118,FJAT-46156,FJAT-46160,FJAT-46441, FJAT-46459,FJAT-46496,FJAT-46507,FJAT-46524, FJAT-46537,FJAT-46551,FJAT-46572,FJAT-46575, FJAT-46577,FJAT-46587,FJAT-46610,FJAT-46630, FJAT-46633	福州（连江）	湿地	100	中国新记录种
藻居芽胞杆菌	FJAT-46151, FJAT-42322, FJAT-46874	漳州（云霄等）	湿地	100	中国新记录种
高地芽胞杆菌	FJAT-46835,FJAT-46898,FJAT-46902,FJAT-46942, FJAT-46950,FJAT-46957,FJAT-46996,FJAT-47716, FJAT-47717,FJAT-47718,FJAT-47719,FJAT-47722, FJAT-47724,FJAT-47726,FJAT-47727,FJAT-47728, FJAT-47729,FJAT-47730,FJAT-47734,FJAT-47743, FJAT-47745,FJAT-47749,FJAT-47750,FJAT-47752, FJAT-47755,FJAT-47758,FJAT-47759,FJAT-47760, FJAT-47769, FJAT-47770, FJAT-47771,JAT-47777, FJAT-47850, FJAT-47855,	漳州（云霄等）	湿地	100	中国分布种
解淀粉芽胞杆菌	FJAT-42284,FJAT-46513,FJAT-46532,FJAT-42309, FJAT-42381	福州（连江）	湿地	100	中国分布种
炭疽芽胞杆菌	FJAT-42240,FJAT-42242,FJAT-42210,FJAT-42227, FJAT-42228,FJAT-42236,FJAT-42277,FJAT-42290, FJAT-42317,FJAT-42319,FJAT-42304,FJAT-42344, FJAT-42351,FJAT-42458,FJAT-42360,FJAT-42387, FJAT-42885,FJAT-46158,FJAT-46163,FJAT-46086, FJAT-46098,FJAT-46121,FJAT-46586,FJAT-46632, FJAT-46965	福州（连江）	湿地	100	中国分布种

续表

种名	分离菌株编号	采集地点	生境类型	相似性/%	种类状态
海水芽胞杆菌	FJAT-46832,FJAT-46886,FJAT-46904,FJAT-46914, FJAT-46917,FJAT-46937,FJAT-46960,FJAT-46972, FJAT-46973,FJAT-46978,FJAT-42250,FJAT-42275, FJAT-42288,FJAT-42336,FJAT-42385,FJAT-42441, FJAT-42455,FJAT-42467,FJAT-42484,FJAT-42521, FJAT-42859,FJAT-42883,FJAT-42886,FJAT-42893, FJAT-42903,FJAT-42907,FJAT-46053,FJAT-46058, FJAT-46059,FJAT-46072,FJAT-46075,FJAT-46077, FJAT-46093,FJAT-46099,FJAT-46101,FJAT-46102, FJAT-46103,FJAT-46108,FJAT-46112,FJAT-46114, FJAT-46123,FJAT-46134,FJAT-46139,FJAT-46142, FJAT-46144,FJAT-46154,FJAT-46159,FJAT-46166, FJAT-46449,FJAT-46455,FJAT-46456,FJAT-46464, FJAT-46468, FJAT-46574, FJAT-46581	漳州（云霄等）	潮间带	100	中国分布种
阿氏芽胞杆菌	FJAT-42196,FJAT-42215,FJAT-42239,FJAT-42246, FJAT-42258,FJAT-42259,FJAT-42268,FJAT-42286, FJAT-42287,FJAT-42297,FJAT-42311,FJAT-42312, FJAT-42318,FJAT-42320,FJAT-42326,FJAT-42335, FJAT-42343, FJAT-42368, JAT-42383,FJAT-42430, FJAT-42452,FJAT-42462,FJAT-42493,FJAT-42853, FJAT-42855,FJAT-42856,FJAT-42876,FJAT-42877, FJAT-42881,FJAT-42902,FJAT-46044,FJAT-46065, FJAT-46095,FJAT-46120,FJAT-46126,FJAT-46161, FJAT-46438,FJAT-46439,FJAT-46452,FJAT-46481, FJAT-46490,FJAT-46493,FJAT-46502,FJAT-46505, FJAT-46516,FJAT-46530,FJAT-46531,FJAT-46536, FJAT-46540,FJAT-46547,FJAT-46548,FJAT-46553, FJAT-46558,FJAT-46559,FJAT-46579,FJAT-46583, FJAT-46584,FJAT-46590,FJAT-46592,FJAT-46594, FJAT-46595,FJAT-46599,FJAT-46617,FJAT-46618, FJAT-46627,FJAT-46628,FJAT-46842,FJAT-46848, FJAT-46850,FJAT-46852,FJAT-46854,FJAT-46872, FJAT-46873,FJAT-46882,FJAT-46934,FJAT-46945, FJAT-46971, FJAT-46986, FJAT-46995	福州（连江）	湿地	100	中国分布种
伯氏芽胞杆菌	FJAT-42314,FJAT-42316,FJAT-46074,FJAT-46081, FJAT-46152,FJAT-46492,FJAT-46535,FJAT-46539, FJAT-46569, FJAT-46940, FJAT-46959	福州（连江）	湿地	99.87	中国分布种
蜡样芽胞杆菌	FJAT-42209,FJAT-42266,FJAT-42341,FJAT-42429, FJAT-42432,FJAT-42489,FJAT-42517,FJAT-42528, FJAT-42890,FJAT-42892,FJAT-42897,FJAT-46046, FJAT-46079,FJAT-46088,FJAT-46089,FJAT-46109, FJAT-46147,FJAT-46162,FJAT-46482,FJAT-46499, FJAT-46514,FJAT-46545,FJAT-46580,FJAT-46607, FJAT-46616,FJAT-46838,FJAT-46881,FJAT-46906, FJAT-46988, FJAT-46992, FJAT-46994	福州（连江）	湿地	100	中国分布种
食物芽胞杆菌	FJAT-42221,FJAT-42232,FJAT-42292,FJAT-42365, FJAT-42397,FJAT-42477,FJAT-42887,FJAT-46082, FJAT-46498, FJAT-46542, FJAT-46847	福州（连江）	湿地	100	中国新记录种

续表

种名	分离菌株编号	采集地点	生境类型	相似性/%	种类状态
克劳氏芽胞杆菌	FJAT-46477,FJAT-42910,FJAT-46447,FJAT-47732, FJAT-47757, FJAT-47764	宁德（霞浦）	滩涂	100	中国分布种
资源中心芽胞杆菌	FJAT-47767, FJAT-47768,FJAT-47856,FJAT-47859	宁德（霞浦）	滩涂	100	中国新记录种
国化室芽胞杆菌	FJAT-42271,FJAT-42415,FJAT-42437,FJAT-42438, FJAT-42490,FJAT-42866,FJAT-46051,FJAT-46135, FJAT-46458,FJAT-46510,FJAT-46605,FJAT-46629, FJAT-46893, FJAT-46909, FJAT-46924	福州（连江）	湿地	100	中国新记录种
内生芽胞杆菌	FJAT-46489	宁德（霞浦）	滩涂	99.86	中国分布种
坚强芽胞杆菌	FJAT-46836,FJAT-46857,FJAT-46926,FJAT-46471, FJAT-46486,FJAT-46554,FJAT-46602,FJAT-46612, FJAT-42195,FJAT-42201,FJAT-42421,FJAT-42440, FJAT-46138, FJAT-42412, FJAT-42857	漳州（云霄等）	湿地	99.51	中国分布种
弯曲芽胞杆菌	FJAT-42337, FJAT-46076, FJAT-46443	福州（连江）	湿地	100	中国分布种
吉氏芽胞杆菌	FJAT-42285, FJAT-42356, FJAT-42527, FJAT-46856, FJAT-46948, FJAT-46990	福州（连江）	湿地	100	中国分布种
大豆发酵芽胞杆菌	FJAT-46844,FJAT-46944,FJAT-46980,FJAT-47715, FJAT-47766,FJAT-47779,FJAT-47780,FJAT-47804, FJAT-47813, JAT-47823,FJAT-47829,FJAT-47844, FJAT-47857	漳州（云霄等）	根际土	100	中国新记录种
海口芽胞杆菌	FJAT-46883	漳州（云霄等）	根际土	99.43	中国分布种
嗜盐嗜糖芽胞杆菌	FJAT-46987	漳州（云霄等）	根际土	98.43	中国新记录种
堀越氏芽胞杆菌	FJAT-42279, FJAT-42321	福州（连江）	湿地	99.84	中国分布种
霍氏芽胞杆菌	FJAT-42197	福州（连江）	湿地	100	中国新记录种
花津滩芽胞杆菌	FJAT-42274,FJAT-42346,FJAT-42352,FJAT-42406, FJAT-42446,FJAT-42449,FJAT-42454,FJAT-42463, FJAT-42518,FJAT-42522,FJAT-42858,FJAT-42867, FJAT-42879,FJAT-42882,FJAT-42900,FJAT-42901, FJAT-42908,FJAT-42911,FJAT-46073,FJAT-46080, FJAT-46090,FJAT-46104,FJAT-46150,FJAT-46446, FJAT-46448,FJAT-46462,FJAT-46475,FJAT-46497, FJAT-46529,FJAT-46576,FJAT-46585,FJAT-46603, FJAT-46841,FJAT-46869,FJAT-46879,FJAT-46884, FJAT-46931,FJAT-46935,FJAT-46946,FJAT-46952, FJAT-46970, FJAT-46989	福州（连江）	湿地	99.87	中国新记录种
病研所芽胞杆菌	FJAT-46573, FJAT-46903	宁德（霞浦）	滩涂	99.79	中国分布种
印度芽胞杆菌	FJAT-42299, FJAT-42468,FJAT-46521,FJAT-46608	福州（连江）	湿地	99.86	中国新记录种
婴儿芽胞杆菌	FJAT-46440,FJAT-46465,FJAT-46479,FJAT-46504, FJAT-46570,FJAT-42426,FJAT-42461,FJAT-42479, FJAT-42481	宁德（霞浦）	滩涂	100	中国新记录种
咸海鲜芽胞杆菌	FJAT-42373	福州（连江）	湿地	100	中国新记录种
柯赫芽胞杆菌	FJAT-42224,FJAT-42254,FJAT-42298,FJAT-46052, FJAT-46132, FJAT-46466, FJAT-46915	福州（连江）	湿地	100	中国新记录种

续表

种名	分离菌株编号	采集地点	生境类型	相似性/%	种类状态
小木偶芽胞杆菌	FJAT-47731,FJAT-47741,FJAT-47748,FJAT-47762,FJAT-47775,FJAT-47785,FJAT-47794,FJAT-47797,FJAT-47798,FJAT-47800,FJAT-47805,FJAT-47806,FJAT-47820,FJAT-47826,FJAT-47828,FJAT-47834,FJAT-47839,FJAT-47840,FJAT-47846,FJAT-47848,FJAT-47849, FJAT-47854,FJAT-47858,FJAT-47861	漳州（云霄等）	根际土	100	中国新记录种
韩国芽胞杆菌	FJAT-42419, FJAT-42485, FJAT-46094	漳州（云霄等）	根际土	100	中国新记录种
地衣芽胞杆菌	FJAT-42214,FJAT-42257,FJAT-42327,FJAT-42349,FJAT-42399,FJAT-42409,FJAT-42425,FJAT-42457,FJAT-42478,FJAT-42494,FJAT-46149,FJAT-46469,FJAT-46567, FJAT-46609	福州（连江）	湿地	99.72	中国分布种
岸滨芽胞杆菌	FJAT-46920	漳州（云霄等）	根际土	98.93	中国分布种
黄海芽胞杆菌	FJAT-46936,FJAT-42237,FJAT-42313,FJAT-42347,FJAT-42414,FJAT-42420,FJAT-42442,FJAT-42497,FJAT-42888,FJAT-42889,FJAT-42905,FJAT-46050,FJAT-46064,FJAT-46155,FJAT-46171,FJAT-46472,FJAT-46476	漳州（云霄等）	根际土	100	中国分布种
巨大芽胞杆菌	FJAT-42218,FJAT-42303,FJAT-42339,FJAT-42378,FJAT-42379,FJAT-42401,FJAT-42403,FJAT-42472,FJAT-42476,FJAT-42491,FJAT-42891,FJAT-46043,FJAT-46045 FJAT-46069,FJAT-46084,FJAT-46087,FJAT-46096,FJAT-46116,FJAT-46168,FJAT-46470,FJAT-46518,FJAT-46566,FJAT-46606,FJAT-46615,FJAT-46620,FJAT-46631,FJAT-46871,FJAT-46889,FJAT-46900,FJAT-46905,FJAT-46912,FJAT-46922,FJAT-46951, FJAT-46954,FJAT-46956,FJAT-46968	福州（连江）	湿地	100	中国分布种
甲基营养型芽胞杆菌	FJAT-42251,FJAT-42355,FJAT-42413,FJAT-42416,FJAT-42423,FJAT-42436,FJAT-42444,FJAT-42460,FJAT-42471,FJAT-42480,FJAT-42487,FJAT-42511,FJAT-42514,FJAT-42526,FJAT-42874,FJAT-46078,FJAT-46122,FJAT-46495,FJAT-46515,FJAT-46527,FJAT-46534, FJAT-46552, FJAT-46637	福州（连江）	湿地	100	中国分布种
烟酸芽胞杆菌	FJAT-46581	漳州（云霄等）	根际土	100	中国分布种
海洋沉积芽胞杆菌	FJAT-47733,FJAT-47827,FJAT-42262,FJAT-42281,FJAT-42340, FJAT-42417, FJAT-42878, FJAT-46115, FJAT-46538, FJAT-46565	漳州（云霄等）	根际土	100	中国分布种
噬柴油芽胞杆菌	FJAT-47801, FJAT-47835	宁德（霞浦）	滩涂	98.42	中国新记录种
谷壳芽胞杆菌	FJAT-46840, FJAT-46849, FJAT-46855	漳州（云霄等）	根际土	100	中国新记录种
副地衣芽胞杆菌	FJAT-47753,FJAT-47765,FJAT-47783,FJAT-47788,FJAT-47814,FJAT-47816,FJAT-47818,FJAT-47824,FJAT-47825, FJAT-47836, FJAT-46910	漳州（云霄等）	根际土	99.92	中国新记录种
假蕈状芽胞杆菌	FJAT-42333, FJAT-42377, FJAT-42453, FJAT-42515,FJAT-46546, FJAT-46932	福州（连江）	湿地	100	中国分布种
短小芽胞杆菌	FJAT-42408	福州（连江）	湿地	99.86	中国分布种

种名	分离菌株编号	采集地点	生境类型	相似性/%	种类状态
沙福芽胞杆菌	FJAT-47751,FJAT-47819,FJAT-42238,FJAT-42331,FJAT-42332,FJAT-42402,FJAT-42435,FJAT-42504,FJAT-42506,FJAT-42508,FJAT-42524,FJAT-42896,FJAT-46066,FJAT-46106,FJAT-46107,FJAT-46119,FJAT-46128,FJAT-46165,FJAT-46172,FJAT-46453,FJAT-46454,FJAT-46457,FJAT-46484,FJAT-46509,FJAT-46512,FJAT-46562,FJAT-46568,FJAT-46597,FJAT-46619, FJAT-46921	漳州（云霄等）	根际土	100	中国分布种
暹罗芽胞杆菌	FJAT-46877,FJAT-46880,FJAT-46892,FJAT-46919,FJAT-46958	漳州（云霄等）	根际土	99.93	中国分布种
简单芽胞杆菌	FJAT-42200, FJAT-42496	福州（连江）	湿地	100	中国分布种
索诺拉沙漠芽胞杆菌	FJAT-47802,FJAT-42499,FJAT-42869,FJAT-46467,FJAT-46533,FJAT-46555,FJAT-46593,FJAT-46614,FJAT-46626	宁德（霞浦）	滩涂	100	中国分布种
施塔姆斯氏芽胞杆菌	FJAT-47723	漳州（云霄等）	根际土	99.74	中国新记录种
地下芽胞杆菌	FJAT-47725, FJAT-47744, FJAT-42334	漳州（云霄等）	根际土	99.7	中国分布种
枯草芽胞杆菌	FJAT-47809,FJAT-42291,FJAT-42394,FJAT-42395,FJAT-46520, FJAT-46525, FJAT-46549	福州（连江）	湿地	100	中国分布种
大安芽胞杆菌	FJAT-42424, FJAT-46136	漳州（云霄等）	根际土	99.86	中国新记录种
特基拉芽胞杆菌	FJAT-46837,FJAT-47773,FJAT-47789,FJAT-47792,FJAT-47808, FJAT-47817,FJAT-47830,FJAT-47860	漳州（云霄等）	根际土	100	中国分布种
陶氏芽胞杆菌	FJAT-47807	福州（连江）	湿地	99.86	中国新记录种
热粪芽胞杆菌	FJAT-47763	漳州（云霄等）	根际土	99.86	中国分布种
嗜热芽胞杆菌	FJAT-47761	漳州（云霄等）	根际土	99.23	中国分布种
耐温芽胞杆菌	FJAT-47737, FJAT-47837, FJAT-47841, FJAT-47847, FJAT-46125	漳州（云霄等）	根际土	100	中国分布种
产硫芽胞杆菌	FJAT-47720, FJAT-47740, FJAT-46858	漳州（云霄等）	根际土	99.79	中国新记录种
苏云金芽胞杆菌	FJAT-42220,FJAT-42223,FJAT-42278,FJAT-46503,FJAT-46526, FJAT-46564,FJAT-46601,FJAT-46943	福州（连江）	湿地	100	中国分布种
天申芽胞杆菌	FJAT-46487	宁德（霞浦）	滩涂	99.73	中国分布种
泰门芽胞杆菌	FJAT-47735, FJAT-47739,FJAT-47796,FJAT-42294	漳州（云霄等）	根际土	99.88	中国新记录种
图瓦永芽胞杆菌	FJAT-46839, FJAT-46991, FJAT-46993	漳州（云霄等）	根际土	100	中国新记录种
越南芽胞杆菌	FJAT-42863,FJAT-46091,FJAT-46153,FJAT-46170,FJAT-46596,FJAT-46622,FJAT-46955,FJAT-46845,FJAT-46853, FJAT-46861, FJAT-46870, FJAT-46878, FJAT-46894, FJAT-46907, FJAT-46908, FJAT-46925, FJAT-46928, FJAT-46933, FJAT-46941, FJAT-46953, FJAT-46962, FJAT-46969, FJAT-46975, FJAT-46983, FJAT-46984	漳州（云霄等）	根际土	100	中国分布种
维德曼氏芽胞杆菌	FJAT-46929, FJAT-46981, FJAT-46982	漳州（云霄等）	根际土	99.93	中国新记录种
厦门芽胞杆菌	FJAT-47845, FJAT-42289, FJAT-42398, FJAT-46083, FJAT-46967	漳州（云霄等）	根际土	100	中国分布种

续表

种名	分离菌株编号	采集地点	生境类型	相似性/%	种类状态
小溪芽胞杆菌	FJAT-46523	宁德（霞浦）	滩涂	99.16	中国分布种
漳州芽胞杆菌	FJAT-47756, FJAT-46866, FJAT-46964	漳州（云霄等）	根际土	99.86	中国分布种
阿迪怒格鲁短芽胞杆菌	FJAT-47786	宁德（霞浦）	滩涂	99.27	中国新记录种
波茨坦短芽胞杆菌	FJAT-47812	福州（连江）	湿地	99.93	中国分布种
居湖短芽胞杆菌	FJAT-47831, FJAT-47843	漳州（云霄等）	根际土	100	中国新记录种
砷虚构芽胞杆菌	FJAT-46930	漳州（云霄等）	根际土	99.65	中国分布种
奇异虚构芽胞杆菌	FJAT-42194, FJAT-42202, FJAT-42206, FJAT-42225, FJAT-42229, FJAT-42263, FJAT-42329, FJAT-42380, FJAT-42495, FJAT-46097, FJAT-46113, FJAT-46124, FJAT-46127, FJAT-46450, FJAT-46460, FJAT-46461, FJAT-46485, FJAT-46550, FJAT-46557, FJAT-46588, FJAT-46613, FJAT-46634	福州（连江）	湿地	100	中国新记录种
国化室虚构芽胞杆菌	FJAT-46560, FJAT-46591, FJAT-42247, FJAT-46071	宁德（霞浦）	滩涂	99.29	中国新记录种
嗜盐虚构芽胞杆菌	FJAT-46947	漳州（云霄等）	根际土	99.58	中国新记录种
南海虚构芽胞杆菌	FJAT-42388, FJAT-46833, FJAT-46876, FJAT-46896, FJAT-46913, FJAT-46927, FJAT-46938	福州（连江）	湿地	100	中国分布种
脱磷虚构芽胞杆菌	FJAT-42211, FJAT-42245, FJAT-42265, FJAT-42293, FJAT-42296, FJAT-42310, FJAT-42363, FJAT-42371, FJAT-42382, FJAT-42865, FJAT-42904, FJAT-46085, FJAT-46604, FJAT-46875, FJAT-46891	福州（连江）	湿地	100	中国分布种
水生虚构芽胞杆菌	FJAT-42325, FJAT-42386, FJAT-42510, FJAT-46049, FJAT-46522, FJAT-46624, FJAT-46834, FJAT-46895, FJAT-46961, FJAT-42374	福州（连江）	湿地	100	中国新记录种
盐土虚构芽胞杆菌	FJAT-42374	福州（连江）	湿地	99.85	中国分布种
就地堆肥地芽胞杆菌	FJAT-47853	漳州（云霄等）	根际土	99.87	中国分布种
柯柯盐湖纤细芽胞杆菌	FJAT-46451	宁德（霞浦）	滩涂	100	中国分布种
解尿素纤细芽胞杆菌	FJAT-42212	福州（连江）	湿地	99.26	中国分布种
达班盐湖喜盐芽胞杆菌	FJAT-47053, FJAT-47060, FJAT-47062, FJAT-47063, FJAT-47064, FJAT-47066, FJAT-47067, FJAT-47070, FJAT-47073, FJAT-47078, FJAT-47079, FJAT-47090, FJAT-47093, FJAT-47095, FJAT-47098, FJAT-47100, FJAT-47101, FJAT-47103, FJAT-47108, FJAT-47110, FJAT-47114, FJAT-47117, FJAT-47119, FJAT-47120, FJAT-47121, FJAT-47123, FJAT-47124, FJAT-47126, FJAT-46911	福州（连江）	湿地	99.51	中国分布种

续表

种名	分离菌株编号	采集地点	生境类型	相似性/%	种类状态
沉泥喜盐芽胞杆菌	FJAT-47054, FJAT-47080, FJAT-47082, FJAT-47085, FJAT-47087, FJAT-47088, FJAT-47091, FJAT-47094, FJAT-47099, FJAT-47115, FJAT-47127, FJAT-47128, FJAT-42260, FJAT-42261, FJAT-46863, FJAT-46966	福州（连江）	湿地	99.79	中国新记录种
黑岛喜盐芽胞杆菌	FJAT-47055, FJAT-47061, FJAT-47083, FJAT-47102, FJAT-47104, FJAT-47116, FJAT-47122, FJAT-47125, FJAT-46598	福州（连江）	湿地	99.65	中国新记录种
红树喜盐芽胞杆菌	FJAT-47056, FJAT-47068, FJAT-47069, FJAT-42253, FJAT-46463	福州（连江）	湿地	99.87	中国新记录种
深海喜盐芽胞杆菌	FJAT-47096	漳州（云霄等）	根际土	99.45	中国新记录种
盐渍喜盐芽胞杆菌	FJAT-47077, FJAT-47118, FJAT-42405, FJAT-46110, FJAT-46985	漳州（云霄等）	根际土	99.86	中国新记录种
楚氏喜盐芽胞杆菌	FJAT-42217, FJAT-42283, FJAT-42330, FJAT-42433, FJAT-42439, FJAT-42909, FJAT-46067, FJAT-46133, FJAT-46167, FJAT-46478, FJAT-46511, FJAT-46543, FJAT-46563, FJAT-46571, FJAT-46625, FJAT-47058, FJAT-47075	福州（连江）	湿地	100	中国分布种
日光盐场喜盐芽胞杆菌	FJAT-47071, FJAT-47076, FJAT-46862, FJAT-46888, FJAT-46949	漳州（云霄等）	根际土	99.24	中国新记录种
烟叶赖氨酸芽胞杆菌	FJAT-46846	漳州（云霄等）	根际土	99.72	中国分布种
纺锤形赖氨酸芽胞杆菌	FJAT-42880	漳州（云霄等）	根际土	100	中国新记录种
耐盐赖氨酸芽胞杆菌	FJAT-47795	宁德（霞浦）	滩涂	99.93	中国分布种
解木聚糖赖氨酸芽胞杆菌	FJAT-42302	福州（连江）	湿地	99.34	中国新记录种
伊平屋桥大洋芽胞杆菌	FJAT-46923	漳州（云霄等）	根际土	100	中国新记录种
图画大洋芽胞杆菌	FJAT-46600	宁德（霞浦）	滩涂	99.86	中国新记录种
巴伦氏类芽胞杆菌	FJAT-47736	漳州（云霄等）	根际土	99.86	中国分布种
东都类芽胞杆菌	FJAT-46519	宁德（霞浦）	滩涂	99.73	中国新记录种
灿烂类芽胞杆菌	FJAT-42243	福州（连江）	湿地	99.54	中国分布种
凤凰城类芽胞杆菌	FJAT-47838	漳州（云霄等）	根际土	99.72	中国新记录种
盐田海芽胞杆菌	FJAT-42323, FJAT-46491	福州（连江）	湿地	100	中国新记录种
盐池海芽胞杆菌	FJAT-47059, FJAT-47065, FJAT-47081, FJAT-47084, FJAT-47086, FJAT-47089, FJAT-47092, FJAT-47097, FJAT-47106, FJAT-47107, FJAT-47109, FJAT-47111, FJAT-47112, FJAT-47113	福州（连江）	湿地	99.51	中国新记录种
忍冷嗜冷芽胞杆菌	FJAT-46442	宁德（霞浦）	滩涂	99.87	中国新记录种
嗜糖土地芽胞杆菌	FJAT-46062	漳州（云霄等）	根际土	100	中国新记录种
赛勒斯王深海芽胞杆菌	FJAT-46887, FJAT-46974, FJAT-47057, FJAT-47105	漳州（云霄等）	根际土	99.93	中国新记录种
黄岛深海芽胞杆菌	FJAT-47074	漳州（云霄等）	根际土	99.65	中国新记录种
热球状尿素芽胞杆菌	FJAT-47738, FJAT-47815, FJAT-47821	漳州（云霄等）	根际土	100	中国分布种

续表

种名	分离菌株编号	采集地点	生境类型	相似性/%	种类状态
独岛枝芽胞杆菌	FJAT-47754, FJAT-46473	漳州（云霄等）	根际土	99.93	中国分布种
盐反硝化枝芽胞杆菌	FJAT-47072	漳州（云霄等）	根际土	99.79	中国分布种
普氏枝芽胞杆菌	FJAT-47852	漳州（云霄等）	根际土	99.65	中国新记录种
耐温芽胞杆菌	FJAT-42315	福州（连江）	湿地	96.81	新种资源
食物芽胞杆菌	FJAT-42376	福州（连江）	湿地	97.71	新种资源
沙氏芽胞杆菌	FJAT-42431	漳州（云霄等）	根际土	96.82	新种资源
耐温芽胞杆菌	FJAT-46169	漳州（云霄等）	根际土	96.69	新种资源
巴基斯坦芽胞杆菌	FJAT-46500	宁德（霞浦）	滩涂	97.91	新种资源
耐温芽胞杆菌	FJAT-46582	宁德（霞浦）	滩涂	97.42	新种资源
国化室芽胞杆菌	FJAT-46890	漳州（云霄等）	根际土	97.85	新种资源
大安芽胞杆菌	FJAT-47790	宁德（霞浦）	滩涂	94.27	新种资源
热解蛋白质无氧芽胞杆菌	FJAT-47810	福州（连江）	湿地	96.64	新种资源

注：FJAT 为福建省农业科学研究院微生物保藏中心的菌种保藏编码；地点与生境均以第一个菌株编号为准；相似性系数为相似度最高的。

（3）芽胞杆菌种类变动　"解淀粉芽胞杆菌"（*Bacillus amylolyticus*）已重分类至解淀粉类芽胞杆菌（*Paenibacillus amylolyticus*）。用最大邻近法、最小简法、最大自然法进行聚类分析结果表明，"耐盐芽胞杆菌"（*Bacillus halotoleran*）FJAT-47772^T 与 4 种芽胞杆菌（*Allobacillus halotolerans*、*Tenuibacillus halotolerans*、*Gracilibacillus halototerans*、*Virgibacillus halotolerans*）的近缘关系更靠近，与其他 5 种芽胞杆菌（*Lysinibacillus halotolerans*、*Ornithinibacillus halotolerans*、*Bacillus oceanisediminis*、*Bacillus ginsengisoli*、巴达维亚芽胞杆菌 *Bacillus bataviensis*）亲源关系较远，该种被重分类为耐盐枝芽胞杆菌（*Virgibacillus halotolerans*）。进化树见图 3-80 ～图 3-82。

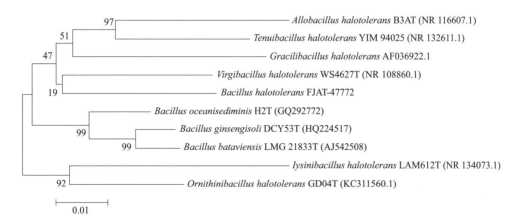

图 3-80　采用邻近连接法构建菌株系统发育树

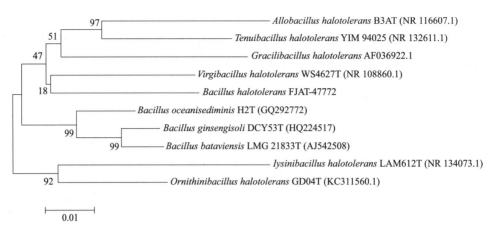

图 3-81　采用最小演化法构建菌株系统发育树

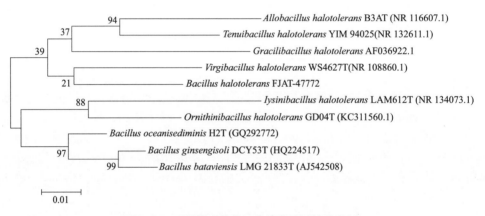

图 3-82　采用最大简约法构建菌株系统发育树

2. 芽胞杆菌种类特征

（1）芽胞杆菌中国分布种　在分离鉴定的 120 种芽胞杆菌中，中国研究文献中有过报道的有 58 种；或者是在中国境内分离，已由国外定名的；或者是由国外定名的在中国境内研究过的；或者是中国人发表的新种，如厦门芽胞杆菌（*Bacillus xiamenensis*）、漳州芽胞杆菌（*Bacillus zhangzhouensis*）等；统称为中国分布种，见表 3-31。

表 3-31　芽胞杆菌中国分布种

芽胞杆菌种名	芽胞杆菌种名
① 高地芽胞杆菌（*Bacillus altitudinis*）	⑦ 蜡样芽胞杆菌（*Bacillus cereus*）
② 解淀粉芽胞杆菌（*Bacillus amyloliquefacien*）	⑧ 克劳氏芽胞杆菌（*Bacillus clausii*）
③ 炭疽芽胞杆菌（*Bacillus anthracis*）	⑨ 内生芽胞杆菌（*Bacillus endophyticus*）
④ 海水芽胞杆菌（*Bacillus aquimaris*）	⑩ 坚强芽胞杆菌（*Bacillus firmus*）
⑤ 阿氏芽胞杆菌（*Bacillus aryabhattai*）	⑪ 弯曲芽胞杆菌（*Bacillus flexus*）
⑥ 伯氏芽胞杆菌（*Bacillus berkeleyi*）	⑫ 吉氏芽胞杆菌（*Bacillus gibsonii*）

续表

芽胞杆菌种名	芽胞杆菌种名
⑬ 海口芽胞杆菌（*Bacillus haikouensis*）	㊱ 波茨坦短芽胞杆菌（*Brevibacillus borstelensis*）
⑭ 堀越氏芽胞杆菌（*Bacillus horikoshii*）	㊲ 砷虚构芽胞杆菌（*Fictibacillus arsenicus*）
⑮ 病研所芽胞杆菌（*Bacillus idriensis*）	㊳ 脱磷虚构芽胞杆菌（*Fictibacillus phosphorivorans*）
⑯ 地衣芽胞杆菌（*Bacillus licheniformis*）	㊴ 就地堆肥地芽胞杆菌（*Geobacillus toebii*）
⑰ 岸滨芽胞杆菌（*Bacillus litoralis*）	㊵ 解尿素纤细芽胞杆菌（*Gracilibacillus ureilyticus*）
⑱ 黄海芽胞杆菌（*Bacillus marisflavi*）	㊶ 达班盐湖喜盐芽胞杆菌（*Halobacillus dabanensis*）
⑲ 巨大芽胞杆菌（*Bacillus megaterium*）	㊷ 楚氏喜盐芽胞杆菌（*Halobacillus trueperi*）
⑳ 甲基营养型芽胞杆菌（*Bacillus methylotrophicus*）	㊸ 巴伦氏类芽胞杆菌（*Paenibacillus barengoltzii*）
㉑ 烟酸芽胞杆菌（*Bacillus niacini*）	㊹ 灿烂类芽胞杆菌（*Paenibacillus lautus*）
㉒ 海洋沉积芽胞杆菌（*Bacillus oceanisediminis*）	㊺ 热球状尿素芽胞杆菌（*Ureibacillus thermosphaericus*）
㉓ 假蕈状芽胞杆菌（*Bacillus pseudomycoides*）	㊻ 独岛枝芽胞杆菌（*Virgibacillus dokdonensis*）
㉔ 短小芽胞杆菌（*Bacillus pumilus*）	㊼ 盐反硝化枝芽胞杆菌（*Virgibacillus halodenitrificans*）
㉕ 沙福芽胞杆菌（*Bacillus safensis*）	㊽ 深海芽胞杆菌（*Bacillus abyssalis*）
㉖ 暹罗芽胞杆菌（*Bacillus siamensis*）	㊾ 热粪芽胞杆菌（*Bacillus thermocopriae*）
㉗ 简单芽胞杆菌（*Bacillus simplex*）	㊿ 耐温芽胞杆菌（*Bacillus thermotolerans*）
㉘ 索诺拉沙漠芽胞杆菌（*Bacillus sonorensis*）	(51) 天申芽胞杆菌（*Bacillus tianshenii*）
㉙ 地下芽胞杆菌（*Bacillus subterraneus*）	(52) 小溪芽胞杆菌（*Bacillus xiaoxiensis*）
㉚ 枯草芽胞杆菌（*Bacillus subtilis*）	(53) 漳州（云霄等）芽胞杆菌（*Bacillus zhangzhouensis*）
㉛ 特基拉芽胞杆菌（*Bacillus tequilensis*）	(54) 南海虚构芽胞杆菌（*Fictibacillus nanhaiensis*）
㉜ 嗜热芽胞杆菌（*Bacillus thermophilus*）	(55) 柯柯盐湖纤细芽胞杆菌（*Gracilibacillus kekensis*）
㉝ 苏云金芽胞杆菌（*Bacillus thuringiensis*）	(56) 盐土虚构芽胞杆菌（*Fictibacillus solisalsi*）
㉞ 越南芽胞杆菌（*Bacillus vietnamensis*）	(57) 烟叶赖氨酸芽胞杆菌（*Lysinbacillus tabacifolii*）
㉟ 厦门芽胞杆菌（*Bacillus xiamenensis*）	(58) 耐盐赖氨酸芽胞杆菌（*Lysinibacillus halotolerans*）

（2）芽胞杆菌中国新记录种　在分离鉴定的 120 种芽胞杆菌中，由国外定名的，在国内之前的研究文献中未见报道的，在中国境内分离的种类有 53 种，统归为芽胞杆菌中国新记录种，种类名称见表 3-32。可以看出，福建近海滩涂沉积物中芽胞杆菌种类及其丰富，其中，嗜气芽胞杆菌（*Bacillus aerophilus*）(59 株)、花津滩芽胞杆菌（*Bacillus hwajinpoensis*）(42 株）个体数较多。

表 3-32　芽胞杆菌中国新记录种

芽胞杆菌种名	芽胞杆菌种名
① 橄榄油渣芽胞杆菌（*Aerbacillus pallidus*）5 株	⑯ 柯赫芽胞杆菌（*Bacillus kochii*）7 株
② 伊奥利亚岛芽胞杆菌（*Bacillus aeolius*）1 株	⑰ 小木偶芽胞杆菌（*Bacillus kokeshiiformis*）24 株
③ 空气芽胞杆菌（*Bacillus aerius*）35 株	⑱ 韩国芽胞杆菌（*Bacillus koreensis*）3 株
④ 嗜气芽胞杆菌（*Bacillus aerophilus*）59 株	⑲ 噬柴油芽胞杆菌（*Bacillus oleivorans*）2 株
⑤ 藻居芽胞杆菌（*Bacillus algicola*）3 株	⑳ 谷壳芽胞杆菌（*Bacillus oryzaecorticis*）3 株
⑥ 食物芽胞杆菌（*Bacillus cibi*）11 株	㉑ 副地衣芽胞杆菌（*Bacillus paralicheniformis*）11 株
⑦ 资源中心芽胞杆菌（*Bacillus encimensis*）4 株	㉒ 施塔姆斯氏芽胞杆菌（*Bacillus stamsii*）1 株
⑧ 国化室芽胞杆菌（*Bacillus enclensis*）15 株	㉓ 大安芽胞杆菌（*Bacillus taeanensis*）2 株
⑨ 大豆发酵芽胞杆菌（*Bacillus glycinifermentans*）13 株	㉔ 陶氏芽胞杆菌（*Bacillus thaonhiensis*）1 株
⑩ 嗜盐嗜糖芽胞杆菌（*Bacillus halosaccharovorans*）1 株	㉕ 产硫芽胞杆菌（*Bacillus thioparans*）3 株
⑪ 霍氏芽胞杆菌（*Bacillus horneckiae*）1 株	㉖ 泰门芽胞杆菌（*Bacillus timonensis*）4 株
⑫ 花津滩芽胞杆菌（*Bacillus hwajinpoensis*）42 株	㉗ 图瓦永芽胞杆菌（*Bacillus toyonensis*）3 株
⑬ 印度芽胞杆菌（*Bacillus indicus*）4 株	㉘ 维德曼氏芽胞杆菌（*Bacillus wiedmannii*）3 株
⑭ 婴儿芽胞杆菌（*Bacillus infantis*）9 株	㉙ 阿迪怒格鲁短芽胞杆菌（*Brevibacillus aydinogluensis*）1 株
⑮ 咸海鲜芽胞杆菌（*Bacillus jeotgali*）1 株	㉚ 居湖短芽胞杆菌（*Brevibacillus limnophilus*）2 株

续表

芽胞杆菌种名	芽胞杆菌种名
㉛ 奇异虚构芽胞杆菌（*Fictibacillus barbaricus*）22 株	㊸ 伊平屋桥大洋芽胞杆菌（*Oceanobacillus iheyensis*）1 株
㉜ 国化室虚构芽胞杆菌（*Fictibacillus enclensis*）4 株	㊹ 图画大洋芽胞杆菌（*Oceanobacillus picturae*）1 株
㉝ 嗜盐虚构芽胞杆菌（*Fictibacillus halophilus*）1 株	㊺ 东都类芽胞杆菌（*Paenibacillus dongdonensis*）1 株
㉞ 水生虚构芽胞杆菌（*Fictibacillus rigui*）9 株	㊻ 凤凰城类芽胞杆菌（*Paenibacillus phoenicis*）1 株
㉟ 沉泥喜盐芽胞杆菌（*Halobacillus faecis*）16 株	㊼ 盐田海芽胞杆菌（*Pontibacillus salicampi*）2 株
㊱ 黑岛喜盐芽胞杆菌（*Halobacillus kuroshimensis*）9 株	㊽ 盐池海芽胞杆菌（*Pontibacillus salipaludis*）14 株
㊲ 红树喜盐芽胞杆菌（*Halobacillus mangrovi*）5 株	㊾ 忍冷嗜冷芽胞杆菌（*Psychrobacillus psychrodurans*）1 株
㊳ 深海喜盐芽胞杆菌（*Halobacillus profundi*）1 株	㊿ 嗜糖土地芽胞杆菌（*Terribacillus saccharophilus*）1 株
㊴ 盐渍喜盐芽胞杆菌（*Halobacillus salinus*）5 株	(51) 赛勒斯王深海芽胞杆菌（*Thalassobacillus cyri*）4 株
㊵ 日光盐场喜盐芽胞杆菌（*Halobacillus yeomjeoni*）5 株	(52) 黄岛深海芽胞杆菌（*Thalassobacillus hwangdonensis*）1 株
㊶ 纺锤形赖氨酸芽胞杆菌（*Lysinibacillus fusiformis*）1 株	(53) 普氏枝芽胞杆菌（*Virgibacillus proomii* ）1 株
㊷ 解木聚糖赖氨酸芽胞杆菌（*Lysinibacillus xylanilyticus*）1 株	

（3）芽胞杆菌新种资源　在分离鉴定的 120 种芽胞杆菌中，16S rDNA 相似度小于 97% 的有 9 种，疑似芽胞杆菌新种资源，它们是 FJAT-42315 与 *Bacillus thermotolerans* 相似性为 96.81%、FJAT-42376 与 *Bacillus cibi* 相似性为 97.71%、FJAT-42431 与 *Bacillus shackletonii* 相似性为 96.82%、FJAT-46169 与 *Bacillus thermotolerans* 相似性为 96.69%、FJAT-46500 与 *Bacillus pakistanensis* 相似性为 97.91%、FJAT-46582 与 *Bacillus thermotolerans* 相似性为 97.42%、FJAT-46890 与 *Bacillus enclensis* 相似性为 97.85、FJAT-47790 与 *Bacillus taeanensis* 相似性为 94.27%、FJAT-47810 与 *Anoxybacillus caldiproteolyticus* 相似性为 96.64%。

3. 芽胞杆菌培养组特性

（1）常温条件下芽胞杆菌培养组特性

① 芽胞杆菌分离　在 20 ～ 25℃条件培养组分离，采用 MA 培养基和可培养法，从福建沿海三个地区的 43 份滩涂沉积物样本，共分离获得了 621 株菌，分属 69 个种（不包括 6 个疑似新种）。其中，福州（连江）178 株、漳州（云霄等）253 株、宁德（霞浦）190 株。这些菌株的菌落形态多数为光滑、湿润、圆形不透明状，边缘光滑，大部分颜色为白色、黄色和乳白色（表 3-33）。

表 3-33　常温条件下芽胞杆菌含量

芽胞杆菌种类	芽胞杆菌含量 / (10^2CFU/g)			16S rRNA 相似性 /%
	福州 (连江)	漳州 (云霄等)	宁德 (霞浦)	
深海芽胞杆菌（*Bacillus abyssalis*）	0	0	5	99.72
空气芽胞杆菌（*Bacillus aerius*）	14.17	11.82	12.42	100
嗜气芽胞杆菌（*Bacillus aerophilus*）	33.75	693.67	20.79	100
藻居芽胞杆菌（*Bacillus algicola*）	10	20	0	100
解淀粉类芽胞杆菌（*Paenibacillus amylolyticus*）	10	0	0	99.71
解淀粉芽胞杆菌（*Bacillus amyloliquefacien*）	23.33	0	12.5	100
炭疽芽胞杆菌（*Bacillus anthracis*）	16.33	22.86	10	100
海水芽胞杆菌（*Bacillus aquimaris*）	15	62.58	15.29	100

续表

芽胞杆菌种类	芽胞杆菌含量 /（10²CFU/g）			16S rRNA 相似性 /%
	福州（连江）	漳州（云霄等）	宁德（霞浦）	
阿氏芽胞杆菌（*Bacillus aryabhattai*）	18.64	33.82	6.37	100
伯氏芽胞杆菌（*Bacillus berkeleyi*）	40	225	23.75	99.87
蜡样芽胞杆菌（*Bacillus cereus*）	40	28	7.5	100
食物芽胞杆菌（*Bacillus cibi*）	16	169.5	5	100
克劳氏芽胞杆菌（*Bacillus clausii*）	0	10	5	100
国化室芽胞杆菌（*Bacillus enclensis*）	5	30.71	13.75	100
内生芽胞杆菌（*Bacillus endophyticus*）	0	0	5	99.86
坚强芽胞杆菌（*Bacillus firmus*）	27.5	22	14	99.17
弯曲芽胞杆菌（*Bacillus flexus*）	5	100	5	100
吉氏芽胞杆菌（*Bacillus gibsonii*）	32.5	0	30	100
堀越氏芽胞杆菌（*Bacillus horikoshii*）	15	0	0	99.84
霍氏芽胞杆菌（*Bacillus horneckiae*）	10	0	0	100
花津滩芽胞杆菌（*Bacillus hwajinpoensis*）	10	101.84	18.89	99.87
病研所芽胞杆菌（*Bacillus idriensis*）	0	0	5	99.02
印度芽胞杆菌（*Bacillus indicus*）	10	25	3	99.86
婴儿芽胞杆菌（*Bacillus infantis*）	0	11.25	19	100
咸海鲜芽胞杆菌（*Bacillus jeotgali*）	20	0	0	100
柯赫芽胞杆菌（*Bacillus kochii*）	25	7.5	5	100
韩国芽胞杆菌（*Bacillus koreensis*）	0	20	0	100
地衣芽胞杆菌（*Bacillus licheniformis*）	15.83	6	3.5	99.72
黄海芽胞杆菌（*Bacillus marisflavi*）	15	40	12.5	100
巨大芽胞杆菌（*Bacillus megaterium*）	24.29	27.92	6.43	100
甲基营养型芽胞杆菌（*Bacillus methylotrophicus*）	10	592.65	6.75	100
海洋沉积芽胞杆菌（*Bacillus oceanisediminis*）	8.33	6.67	5	100
假蕈状芽胞杆菌（*Bacillus pseudomycoides*）	20	7.5	5	100
短小芽胞杆菌（*Bacillus pumilus*）	5	0	0	99.85
沙福芽胞杆菌（*Bacillus safensis*）	12.5	216.28	124.6	100
简单芽胞杆菌（*Bacillus simplex*）	30	5	0	100
索诺拉沙漠芽胞杆菌（*Bacillus sonorensis*）	0	27.5	8.67	99.08
地下芽胞杆菌（*Bacillus subterraneus*）	5	0	0	99.7
枯草芽胞杆菌（*Bacillus subtilis*）	16.67	0	5	100
天安芽胞杆菌（*Bacillus taeanensis*）	0	5	0	100
耐温芽胞杆菌（*Bacillus thermotolerans*）	0	10	0	99.32
苏云金芽胞杆菌（*Bacillus thuringiensis*）	30	0	17.5	100

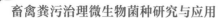

续表

芽胞杆菌种类	芽胞杆菌含量 / (10²CFU/g)			16S rRNA 相似性 /%
	福州（连江）	漳州（云霄等）	宁德（霞浦）	
天申芽胞杆菌（*Bacillus tianshenii*）	0	0	50	99.73
泰门芽胞杆菌（*Bacillus timonensis*）	15	0	0	98.24
越南芽胞杆菌（*Bacillus vietnamensis*）	0	85	3.5	99.86
厦门芽胞杆菌（*Bacillus xiamenensis*）	5	10	0	99.86
小溪芽胞杆菌（*Bacillus xiaoxiensis*）	0	0	5	99.16
奇异虚构芽胞杆菌（*Fictibacillus barbaricus*）	13.75	38	7.78	100
国化室虚构芽胞杆菌（*Fictibacillus enclensis*）	10	50	7.5	99.29
南海虚构芽胞杆菌（*Fictibacillus nanhaiensis*）	35	0	0	99.55
脱磷虚构芽胞杆菌（*Fictibacillus phosphorivorans*）	13.89	53.33	5	100
水生虚构芽胞杆菌（*Fictibacillus rigui*）	10	7.5	10	100
盐土虚构芽胞杆菌（*Fictibacillus solisalsi*）	25	0	0	99.85
柯柯盐湖纤细芽胞杆菌（*Gracilibacillus kekensis*）	0	0	5	100
解尿素纤细芽胞杆菌（*Gracilibacillus ureilyticus*）	45	0	0	99.26
沉泥喜盐芽胞杆菌（*Halobacillus faecis*）	30	0	0	99.55
黑岛喜盐芽胞杆菌（*Halobacillus kuroshimensis*）	0	0	10	99.59
红树喜盐芽胞杆菌（*Halobacillus mangrovi*）	50	0	5	99.87
盐渍喜盐芽胞杆菌（*Halobacillus salinus*）	10	10	0	99.72
楚氏喜盐芽胞杆菌（*Halobacillus trueperi*）	15	26.67	9.17	99.77
纺锤形赖氨酸芽胞杆菌（*Lysinibacillus fusiformis*）	0	50	0	100
解木聚糖赖氨酸芽胞杆菌（*Lysinibacillus xylanilyticus*）	10	0	0	99.34
图画大洋芽胞杆菌（*Oceanobacillus picturae*）	0	0	5	99.86
东都类芽胞杆菌（*Paenibacillus dongdonensis*）	0	0	5	99.73
灿烂类芽胞杆菌（*Paenibacillus lautus*）	25	0	0	99.54
盐田海芽胞杆菌（*Pontibacillus salicampi*）	10	0	5	100
忍冷嗜冷芽胞杆菌（*Psychrobacillus psychrodurans*）	0	0	15	99.87
嗜糖土地芽胞杆菌（*Terribacillus saccharophilus*）	0	5	0	100
独岛枝芽胞杆菌（*Virgibacillus dokdonensis*）	0	0	5	99.86
FJAT-42376	5	0	0	97.71
FJAT-46500	0	0	50	97.91
FJAT-42431	0	10	0	96.82
FJAT-46169	0	5	0	96.69
FJAT-42315	20	0	0	96.81
FJAT-46582	0	0	5	97.42

② 芽胞杆菌种类鉴定　结合 16S rRNA 基因序列鉴定发现，621 株芽胞杆菌与它们的最近模式菌的相似性在 96.0% ～ 100% 之间，将 98% 以上的归为同一个种。其中，有 621 株与其最近模式菌的相似性 ≥ 98%，隶属于 11 个属，69 个种，分别为芽胞杆菌属（*Bacillus*）（47 种，537 株）、虚构芽胞杆菌属（*Fictibacillus*）（6 种，47 株）、喜盐芽胞杆菌属（*Halobacillus*）（5 种，22 株）、海芽胞杆菌属（*Pontibacillus*）（1 种，2 株）、纤细芽胞杆菌属（*Gracilibacillus*）（2 种，2 株）、赖氨酸芽胞杆菌属（*Lysinibacillus*）（2 种，2 株）、大洋芽胞杆菌属（*Oceanobacillus*）（1 种，1 株）、类芽胞杆菌属（*Paenibacillus*）（2 种，2 株）、嗜冷芽胞杆菌属（*Psychrobacillus*）（1 种，1 株）、土地芽胞杆菌属（*Terribacillus*）（1 种，1 株）和枝芽胞杆菌属（*Virgibacillus*）（1 种，1 株）。另外，有 6 株与其最近模式菌的相似性 ＜ 98%，隶属于芽胞杆菌属的 5 个潜在新种（FJAT-46500、FJAT-46890、FJAT-46582、FJAT-42431、FJAT-42315 和 FJAT-42376）。

③ 芽胞杆菌地区分布　统计 3 个地区在常温条件下 43 份滩涂沉积物空间样本中芽胞杆菌种属含量分布情况，结果表明：

A. 芽胞杆菌种属的数量分布差异较小，结合整体的平均含量分析，漳州（云霄等）地区芽胞杆菌种属的数量比较少，有 39 种，但其芽胞杆菌的含量比较多，是福州（连江）地区的 3 倍，宁德（霞浦）地区的 5 倍，宁德（霞浦）地区含较丰富的芽胞杆菌物种，其平均含量最少，为 $8.55×10^2$CFU/g。

B. 三个地区中芽胞杆菌每个属的空间分布存在很大差异，有些属分布在三个地区的滩涂沉积物样本中，如芽胞杆菌属、喜盐芽胞杆菌、虚构芽胞杆菌，且芽胞杆菌属是每个地区的优势属，但是有些属只分布在特定的空间样本中，如大洋芽胞杆菌属（*Oceanobacillus*）和枝芽胞杆菌属（*Virgibacillus*）仅在宁德（霞浦）地区分离获得，土地芽胞杆菌属仅在漳州（云霄等）地区分离得到，纤细芽胞杆菌属仅在福州（连江）和宁德（霞浦）地区分离获得。

C. 每一种芽胞杆菌在各个空间样本中的含量也存在显著差异，如在一个空间样本中的含量最多是嗜气芽胞杆菌（*Bacillus aerophilus*），平均分布含量为 $6.9367×10^4$CFU/g［漳州（云霄等）］，是福州（连江）地区的 20 倍，宁德（霞浦）地区的 33 倍，甲基营养型芽胞杆菌（*Bacillus methylotrophicus*）在漳州（云霄等）地区样本中得平均分布含量为 $5.9265×10^4$CFU/g，而福州（连江）地区的仅为 $10×10^2$CFU/g。

D. 统计三个地区芽胞杆菌种群相关性，分析结果见表 3-34。结果表明，芽胞杆菌地区间的相关系数小于 0.4156（$P ＞ 0.05$），地区间种相关性不显著。即各地区分布的芽胞杆菌种类和数量互不依赖，各地芽胞杆菌种群具有独立性。

表 3-34　常温培养条件下地区芽胞杆菌种群相关性

地区	相关系数		
	福州（连江）	漳州（云霄等）	宁德（霞浦）
福州（连江）	1.0000	0.2833	0.2292
漳州（云霄等）	0.2833	1.0000	0.4156
宁德（霞浦）	0.2292	0.4156	1.0000

④ 芽胞杆菌优势种　统计前 10 种高含量芽胞杆菌结果列于表 3-35。各地区的芽胞杆菌优势种差异显著，从数量上看，前 10 种高含量芽胞杆菌总和漳州（云霄等）（$2299.85×10^2$CFU/

g）＞福州（366.25×10²CFU/g）＞宁德（334.82×10²CFU/g）。从种类上看，福州含量最高的优势种为红树喜盐芽胞杆菌（*Halobacillus mangrovi*），含量为50.00×10²CFU/g；漳州（云霄等）优势种为嗜气芽胞杆菌（*Bacillus aerophilus*），含量为693.67×10²CFU/g；宁德优势种为沙福芽胞杆菌（*Bacillus safensis*），含量为124.60×10²CFU/g。

表 3-35　常温培养条件下地区芽胞杆菌优势种

福州（连江）		漳州（云霄等）		宁德（霞浦）	
菌种	菌落数 /（10²CFU/g）	菌种	菌落数 /（10²CFU/g）	菌种	菌落数 /（10²CFU/g）
红树喜盐芽胞杆菌（*Halobacillus mangrovi*）	50.00	嗜气芽胞杆菌（*Bacillus aerophilus*）	693.67	沙福芽胞杆菌（*Bacillus safensis*）	124.60
解尿素纤细芽胞杆菌（*Gracilibacillus ureilyticus*）	45.00	甲基营养型芽胞杆菌（*Bacillus methylotrophicus*）	592.65	天申芽胞杆菌（*Bacillus tianshenii*）	50.00
蜡样芽胞杆菌（*Bacillus cereus*）	40.00	伯氏芽胞杆菌（*Bacillus berkeleyi*）	225.00	吉氏芽胞杆菌（*Bacillus gibsonii*）	30.00
伯氏芽胞杆菌（*Bacillus berkeleyi*）	40.00	沙福芽胞杆菌（*Bacillus safensis*）	216.28	伯氏芽胞杆菌（*Bacillus berkeleyi*）	23.75
南海虚构芽胞杆菌（*Fictibacillus nanhaiensis*）	35.00	食物芽胞杆菌（*Bacillus cibi*）	169.50	嗜气芽胞杆菌（*Bacillus aerophilus*）	20.79
嗜气芽胞杆菌（*Bacillus aerophilus*）	33.75	花津滩芽胞杆菌（*Bacillus hwajinpoensis*）	101.84	婴儿芽胞杆菌（*Bacillus infantis*）	19.00
吉氏芽胞杆菌（*Bacillus gibsonii*）	32.50	弯曲芽胞杆菌（*Bacillus flexus*）	100.00	花津滩芽胞杆菌（*Bacillus hwajinpoensis*）	18.89
沉泥喜盐芽胞杆菌（*Halobacillus faecis*）	30.00	越南芽胞杆菌（*Bacillus vietnamensis*）	85.00	苏云金芽胞杆菌（*Bacillus thuringiensis*）	17.50
苏云金芽胞杆菌（*Bacillus thuringiensis*）	30.00	海水芽胞杆菌（*Bacillus aquimaris*）	62.58	海水芽胞杆菌（*Bacillus aquimaris*）	15.29
简单芽胞杆菌（*Bacillus simplex*）	30.00	脱磷虚构芽胞杆菌（*Fictibacillus phosphorivorans*）	53.33	忍冷嗜冷芽胞杆菌（*Psychrobacillus psychrodurans*）	15.00
总和	366.25	总和	2299.85	总和	334.82

⑤ 芽胞杆菌地区多样性指数　统计芽胞杆菌地区多样性指数，结果见表3-36。从种类上看，福州芽胞杆菌种类最多，49种；从数量上看，漳州（云霄等）芽胞杆菌数量最多，达2875.57×10²CFU/g；从丰富度指数看，宁德芽胞杆菌丰富度指数最高，达7.2096，漳州（云霄等）最低（4.7715）；从多样性指数看，福州芽胞杆菌优势度指数最高（0.9735）、Shannon指数最高（3.7268）、均匀度指数最高（0.9576），表明福州芽胞杆菌种群种类较多，数量分布在各优势种的均匀程度较高。

表 3-36　常温培养条件下地区芽胞杆菌种群多样性指数

序号	种类	数量 /（10²CFU/g）	丰富度	优势度 Simpson(λ)	多样性 Shannon(H)	均匀度
福州（连江）	49	912.4800	7.0421	0.9735	3.7268	0.9576
漳州（云霄等）	39	2875.5700	4.7715	0.8782	2.6779	0.7309
宁德（霞浦）	47	590.1600	7.2096	0.9341	3.3366	0.8666

⑥ 芽胞杆菌地区种群生态位宽度和生态位重叠 统计芽胞杆菌地区种群生态位宽度和生态位重叠，结果见表3-37。结果表明，福州地区芽胞杆菌种群的生态位宽度最大，为36.2515（Levins 测度），其次为宁德地区芽胞杆菌种群（14.8212），最小为漳州（云霄等）地区芽胞杆菌种群（8.1912）。生态位宽度大，表明其对资源的利用能力强。福州地区靠福建北部，生态条件相对于漳州（云霄等）地区靠福建南部较差，胁迫着福州地区芽胞杆菌种群必须有较强的的生态适应性，也即较宽的生态位，对资源利用的能力较强。同样，宁德地区靠福建东北，其生态条件优于福州，劣于漳州（云霄等），其芽胞杆菌种群生态位小于福州，大于漳州（云霄等）。从生态位重叠看，福州、漳州（云霄等）、宁德地区芽胞杆菌种群生态位重叠度很低，不超过0.4，相对来说漳州（云霄等）与宁德的芽胞杆菌在常温培养条件下，生态位重叠高一点（0.3858）。

表 3-37　常温培养条件下地区芽胞杆菌种群生态位宽度和生态位重叠

地区	生态位宽度（Levins）	生态位重叠（Pianka）		
		福州（连江）	漳州（云霄等）	宁德（霞浦）
福州（连江）	36.2515	1	0.3547	0.3603
漳州（云霄等）	8.1912	0.3547	1	0.3858
宁德（霞浦）	14.8212	0.3603	0.3858	1

⑦ 芽胞杆菌种群聚类分析 以具有芽胞杆菌种名的数据为矩阵，芽胞杆菌种类为样本，分布的地区为指标，欧氏距离为尺度，可变类平均法进行聚类分析，结果见图3-83、表3-38。可将福建近海滩涂沉积物芽胞杆菌种群分为3组。

第1组为优势种组，包含了2个芽胞杆菌，即嗜气芽胞杆菌（*Bacillus aerophilus*），甲基营养型芽胞杆菌（*Bacillus methylotrophicus*），在福州、漳州（云霄等）、宁德地区相对分布量比较高，平均值分别为 21.87×10^2CFU/g、643.16×10^2CFU/g、13.77×10^2CFU/g，为福建近海滩涂沉积物中的优势种。

第2组为常见种组，包含了6个芽胞杆菌，即沙福芽胞杆菌（*Bacillus safensis*）、伯氏芽胞杆菌（*Bacillus berkeleyi*）、食物芽胞杆菌（*Bacillus cibi*）、花津滩芽胞杆菌（*Bacillus hwajinpoensis*）、弯曲芽胞杆菌（*Bacillus flexus*）、越南芽胞杆菌（*Bacillus vietnamensis*）；在福州、漳州（云霄等）、宁德地区相对分布量中等，平均值分别为 13.92×10^2CFU/g、149.60×10^2CFU/g、30.12×10^2CFU/g，为福建近海滩涂沉积物中的常见种。

第3组为偶见种组，包含了其余的61个芽胞杆菌，在福州、漳州（云霄等）、宁德地区相对分布量较低，平均值分别为 12.87×10^2CFU/g、11.34×10^2CFU/g、6.26×10^2CFU/g，为福建近海滩涂沉积物中的偶见种。

表 3-38　常温培养条件下地区芽胞杆菌聚类分析

组别	芽胞杆菌种名	芽胞杆菌分布/（10^2CFU/g）		
		福州（连江）	漳州（云霄等）	宁德（霞浦）
1	嗜气芽胞杆菌（*Bacillus aerophilus*）	33.75	693.67	20.79
	甲基营养型芽胞杆菌（*Bacillus methylotrophicus*）	10.00	592.65	6.75
	第1组2个样本平均值	21.87	643.16	13.77

畜禽粪污治理微生物菌种研究与应用

续表

组别	芽胞杆菌种名	芽胞杆菌分布 / (10²CFU/g)		
		福州（连江）	漳州（云霄等）	宁德（霞浦）
2	沙福芽胞杆菌（*Bacillus safensis*）	12.50	216.28	124.60
	伯氏芽胞杆菌（*Bacillus berkeleyi*）	40.00	225.00	23.75
	食物芽胞杆菌（*Bacillus cibi*）	16.00	169.50	5.00
	花津滩芽胞杆菌（*Bacillus hwajinpoensis*）	10.00	101.84	18.89
	弯曲芽胞杆菌（*Bacillus flexus*）	5.00	100.00	5.00
	越南芽胞杆菌（*Bacillus vietnamensis*）	0.00	85.00	3.50
	第 2 组 6 个样本平均值	13.92	149.60	30.12
3	海水芽胞杆菌（*Bacillus aquimaris*）	15.00	62.58	15.29
	蜡样芽胞杆菌（*Bacillus cereus*）	40.00	28.00	7.50
	脱磷虚构芽胞杆菌（*Fictibacillus phosphorivorans*）	13.89	53.33	5.00
	黄海芽胞杆菌（*Bacillus marisflavi*）	15.00	40.00	12.50
	国化室虚构芽胞杆菌（*Fictibacillus enclensis*）	10.00	50.00	7.50
	坚强芽胞杆菌（*Bacillus firmus*）	27.50	22.00	14.00
	吉氏芽胞杆菌（*Bacillus gibsonii*）	32.50	0.00	30.00
	奇异虚构芽胞杆菌（*Fictibacillus barbaricus*）	13.75	38.00	7.78
	阿氏芽胞杆菌（*Bacillus aryabhattai*）	18.64	33.82	6.37
	巨大芽胞杆菌（*Bacillus megaterium*）	24.29	27.92	6.43
	红树喜盐芽胞杆菌（*Halobacillus mangrovi*）	50.00	0.00	5.00
	楚氏喜盐芽胞杆菌（*Halobacillus trueperi*）	15.00	26.67	9.17
	纺锤形赖氨酸芽胞杆菌（*Lysinibacillus fusiformis*）	0.00	50.00	0.00
	天申芽胞杆菌（*Bacillus tianshenii*）	0.00	0.00	50.00
	国化室芽胞杆菌（*Bacillus enclensis*）	5.00	30.71	13.75
	炭疽芽胞杆菌（*Bacillus anthracis*）	16.33	22.86	10.00
	苏云金芽胞杆菌（*Bacillus thuringiensis*）	30.00	0.00	17.50
	解尿素纤细芽胞杆菌（*Gracilibacillus ureilyticus*）	45.00	0.00	0.00
	空气芽胞杆菌（*Bacillus aerius*）	14.17	11.82	12.42
	印度芽胞杆菌（*Bacillus indicus*）	10.00	25.00	3.00
	柯赫芽胞杆菌（*Bacillus kochii*）	25.00	7.50	5.00
	索诺拉沙漠芽胞杆菌（*Bacillus sonorensis*）	0.00	27.50	8.67
	解淀粉芽胞杆菌（*Bacillus amyloliquefacien*）	23.33	0.00	12.50
	南海虚构芽胞杆菌（*Fictibacillus nanhaiensis*）	35.00	0.00	0.00
	简单芽胞杆菌（*Bacillus simplex*）	30.00	5.00	0.00
	假蕈状芽胞杆菌（*Bacillus pseudomycoides*）	20.00	7.50	5.00
	婴儿芽胞杆菌（*Bacillus infantis*）	0.00	11.25	19.00

续表

组别	芽胞杆菌种名	芽胞杆菌分布／（10²CFU/g）		
		福州（连江）	漳州（云霄等）	宁德（霞浦）
	沉泥喜盐芽胞杆菌（*Halobacillus faecis*）	30.00	0.00	0.00
	藻居芽胞杆菌（*Bacillus algicola*）	10.00	20.00	0.00
	水生虚构芽胞杆菌（*Fictibacillus rigui*）	10.00	7.50	10.00
	地衣芽胞杆菌（*Bacillus licheniformis*）	15.83	6.00	3.50
	灿烂类芽胞杆菌（*Paenibacillus lautus*）	25.00	0.00	0.00
	盐土虚构芽胞杆菌（*Fictibacillus solisalsi*）	25.00	0.00	0.00
	枯草芽胞杆菌（*Bacillus subtilis*）	16.67	0.00	5.00
	咸海鲜芽胞杆菌（*Bacillus jeotgali*）	20.00	0.00	0.00
	盐渍喜盐芽胞杆菌（*Halobacillus salinus*）	10.00	10.00	0.00
	海洋沉积芽胞杆菌（*Bacillus oceanisediminis*）	8.33	6.67	5.00
	韩国芽胞杆菌（*Bacillus koreensis*）	0.00	20.00	0.00
	泰门芽胞杆菌（*Bacillus timonensis*）	15.00	0.00	0.00
	堀越氏芽胞杆菌（*Bacillus horikoshii*）	15.00	0.00	0.00
	盐田海芽胞杆菌（*Pontibacillus salicampi*）	10.00	0.00	5.00
	厦门芽胞杆菌（*Bacillus xiamenensis*）	5.00	10.00	0.00
	忍冷嗜冷芽胞杆菌（*Psychrobacillus psychrodurans*）	0.00	0.00	15.00
	克劳氏芽胞杆菌（*Bacillus clausii*）	0.00	10.00	5.00
3	解淀粉类芽胞杆菌（*Paenibacillus amylolyticus*）	10.00	0.00	0.00
	解木聚糖赖氨酸芽胞杆菌（*Lysinibacillus xylanilyticus*）	10.00	0.00	0.00
	霍氏芽胞杆菌（*Bacillus horneckiae*）	10.00	0.00	0.00
	黑岛喜盐芽胞杆菌（*Halobacillus kuroshimensis*）	0.00	0.00	10.00
	耐温芽胞杆菌（*Bacillus thermotolerans*）	0.00	10.00	0.00
	地下芽胞杆菌（*Bacillus subterraneus*）	5.00	0.00	0.00
	短小芽胞杆菌（*Bacillus pumilus*）	5.00	0.00	0.00
	独岛枝芽胞杆菌（*Virgibacillus dokdonensis*）	0.00	0.00	5.00
	嗜糖土地芽胞杆菌（*Terribacillus saccharophilus*）	0.00	5.00	0.00
	东都类芽胞杆菌（*Paenibacillus dongdonensis*）	0.00	0.00	5.00
	图画大洋芽胞杆菌（*Oceanobacillus picturae*）	0.00	0.00	5.00
	柯柯盐湖纤细芽胞杆菌（*Gracilibacillus kekensis*）	0.00	0.00	5.00
	小溪芽胞杆菌（*Bacillus xiaoxiensis*）	0.00	0.00	5.00
	大安芽胞杆菌（*Bacillus taeanensis*）	0.00	5.00	0.00
	病研所芽胞杆菌（*Bacillus idriensis*）	0.00	0.00	5.00
	内生芽胞杆菌（*Bacillus endophyticus*）	0.00	0.00	5.00
	深海芽胞杆菌（*Bacillus abyssalis*）	0.00	0.00	5.00
	第3组61个样本平均值	12.87	11.34	6.26

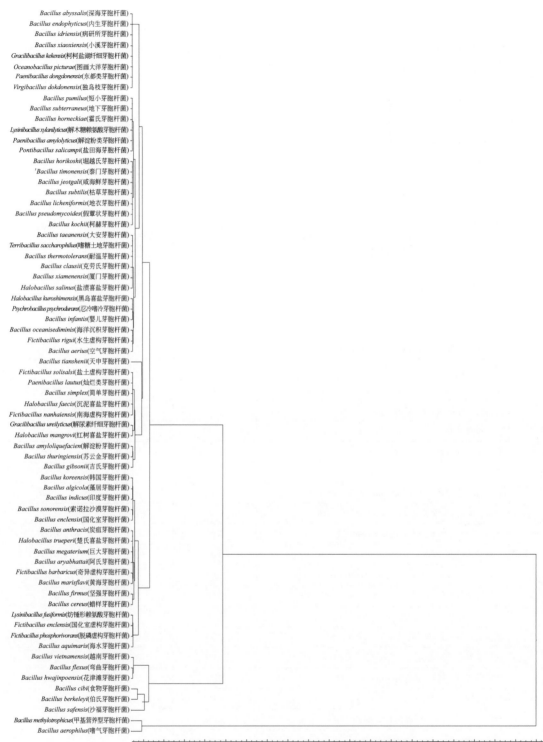

图 3-83　常温培养条件下地区芽胞杆菌聚类分析

（2）高温条件下芽胞杆菌培养组特性

① 芽胞杆菌分离 在温度 55～60℃下，三个地区分离获得了 84 株菌。这些菌株的菌落形态多数为光滑湿润圆形不透明状，边缘光滑，大部分颜色为浅黄色和白色（表 3-39）。

表 3-39 高温培养条件下芽胞杆菌种类及其含量

种类	芽胞杆菌含量 / （10^2CFU/g）			16S rRNA 相似性 /%
	福州（连江）	漳州（云霄等）	宁德（霞浦）	
苍白好氧芽胞杆菌（*Aerbacillus pallidus*）	15	30	5	100
伊奥利亚岛芽胞杆菌（*Bacillus aeolius*）	0	0	40	99.5
高地芽胞杆菌（*Bacillus altitudinis*）	0	34.82	21.25	100
资源中心芽胞杆菌（*Bacillus encimensis*）	0	251.38	168.92	100
大豆发酵芽胞杆菌（*Bacillus glycinifermentans*）	22.5	11.67	8.75	100
耐盐芽胞杆菌（*Bacillus halotolerans*）	0	0	7.5	100
木偶芽胞杆菌（*Bacillus kokeshiiformis*）	5	12.5	8.125	100
海洋沉积芽胞杆菌（*Bacillus oceanisediminis*）	0	10	0	99.5
噬柴油芽胞杆菌（*Bacillus oleivorans*）	0	10	20	98.42
副地衣芽胞杆菌（*Bacillus paralicheniformis*）	5	10	8.33	99.92
沙福芽胞杆菌（*Bacillus safensis*）	5	0	0	100
索诺拉沙漠芽胞杆菌（*Bacillus sonorensis*）	0	0	10	100
枯草芽胞杆菌（*Bacillus subtilis*）	35	0	0	99.86
特基拉芽胞杆菌（*Bacillus tequilensis*）	12.5	7.5	6.67	100
陶氏芽胞杆菌（*Bacillus thaonhiensis*）	90	0	0	99.86
耐温芽胞杆菌（*Bacillus thermotolerans*）	0	16.67	0	100
泰门芽胞杆菌（*Bacillus timonensis*）	0	0	5	98.66
厦门芽胞杆菌（*Bacillus xiamenensis*）	0	128	0	100
阿迪怒格鲁短芽胞杆菌（*Brevibacillus aydinogluensis*）	0	0	5	99.27
波茨坦短芽胞杆菌（*Brevibacillus borstelensis*）	5	0	0	99.93
居湖短芽胞杆菌（*Brevibacillus limnophilus*）	0	7.5	0	100
就地堆肥地芽胞杆菌（*Geobacillus toebii*）	0	216	0	99.87
耐盐赖氨酸芽胞杆菌（*Lysinibacillus halotolerans*）	0	0	5	99.93
凤凰城类芽胞杆菌（*Paenibacillus phoenicis*）	0	25	0	99.72
热球状尿素芽胞杆菌（*Ureibacillus thermosphaericus*）	5	0	0	100
普氏枝芽胞杆菌（*Virgibacillus proomii*）	0	5	0	99.65
FJAT-47790	0	0	5	94.27
FJAT-47810	45	0	0	96.64

② 芽胞杆菌种类鉴定 结合 16S rRNA 基因序列鉴定发现，84 株芽胞杆菌与它们的最近模式菌的相似性在 94.0%～100% 之间，将 98% 以上的归为同一个种。其中，有 82 株与其

最近模式菌的相似性≥98%，隶属于8属26种，分别为芽胞杆菌属（*Bacillus*）（17种，69株）、尿素芽胞杆菌属（*Ureibacillus*）（1种，2株）、短胞杆菌属（*Brevibacillus*）（3种，3株）、好氧胞杆菌属（*Aeribacillus*）（1种，4株）、赖氨酸芽胞杆菌属（*Lysinibacillus*）（1种，1株）、地芽胞杆菌属（*Geobacillus*）（1种，1株）、类芽胞杆菌属（*Paenibacillus*）（1种，1株）和枝芽胞杆菌属（*Virgibacillus*）（1种，1株）。另外，有2株与其最近模式菌的相似性＜98%，隶属于无氧芽胞杆菌属（*Anoxybacillus*）的1个潜在新种资源（FJAT-47810）、芽胞杆菌属的1个潜在新种资源FJAT-47790。

③ 芽胞杆菌地区分布　统计3个地区在高温条件下43份滩涂沉积物空间样本中芽胞杆菌种属含量分布情况（表3-40），结果表明：

A.含高温芽胞杆菌种属的数量分布差异很大，较丰富的是漳州（云霄等）地区含6个属14种，而最少的是福州（连江）地区含个2属9种。

B.三个地区中芽胞杆菌的每个属的空间分布存在较大差异，有些属分布在三个地区的滩涂沉积物样本中，如芽胞杆菌属、短芽胞杆菌属和好氧芽胞杆菌属，且每个地区的优势属为芽胞杆菌属，但是有些属只分布在特定的空间样本中，如尿素芽胞杆菌属（*Ureibacillus*）分布在福州（连江）地区，枝芽胞杆菌属（*Virgibacillus*）仅在漳州（云霄等）地区分离得到，赖氨酸芽胞杆菌属（*Lysinibacillus*）仅分布于宁德（霞浦）地区。

C.每一种芽胞杆菌在各个空间样本中的含量也存在差异，如在一个空间样本中的含量最多是资源中心芽胞杆菌（*Bacillus encimensis*），平均分布含量为 2.5138×10^4CFU/g［漳州（云霄等）］，但是在其他福州（连江）地区中未分离到。

表3-40　高温培养条件下地区芽胞杆菌种群相关性

地区	相关系数		
	福州（连江）	漳州（云霄等）	宁德（霞浦）
福州（连江）	1.0000	0.369331[②]	0.469061[②]
漳州（云霄等）	−0.17636[①]	1.0000	0.000276[②]
宁德（霞浦）	−0.14263[①]	0.635902[①]	1.0000

① 相关系数 *r*。

② *P* 值。

相关性分析表明（表3-40），漳州（云霄等）和宁德地区的芽胞杆菌种群存在着显著相关性，相关系数为 0.635902（$P<0.01$），其余地区间芽胞杆菌种群相关性不显著。

④ 芽胞杆菌优势种　统计前10种高含量芽胞杆菌结果列于表3-41。各地区的芽胞杆菌优势种差异显著，从数量上看，前10种高含量芽胞杆菌总和漳州（云霄等）（736.04×10^2CFU/g）＞宁德（299.55×10^2CFU/g）＞福州（240.00×10^2CFU/g）。从种类上看，福州含量最高的优势种为陶氏芽胞杆菌（*Bacillus thaonhiensis*），含量为 90.00×10^2CFU/g；漳州（云霄等）优势种为资源中心芽胞杆菌（*Bacillus encimensis*），含量为 251.38×10^2CFU/g；宁德优势种与漳州（云霄等）地区相似，为资源中心芽胞杆菌（*Bacillus encimensis*），含量为 168.92×10^2CFU/g。

表 3-41　高温培养条件下地区芽胞杆菌优势种

福州（连江）		漳州（云霄等）		宁德（霞浦）	
菌种	菌落数 / (10^2 CFU/g)	菌种	菌落数 / (10^2 CFU/g)	菌种	菌落数 / (10^2 CFU/g)
陶氏芽胞杆菌 (*Bacillus thaonhiensis*)	90.00	资源中心芽胞杆菌 (*Bacillus encimensis*)	251.38	资源中心芽胞杆菌 (*Bacillus encimensis*)	168.92
FJAT-47810 (疑似新种)	45.00	就地堆肥地芽胞杆菌 (*Geobacillus toebii*)	216.00	伊奥利亚岛芽胞杆菌 (*Bacillus aeolius*)	40.00
枯草芽胞杆菌 (*Bacillus subtilis*)	35.00	厦门芽胞杆菌 (*Bacillus xiamenensis*)	128.00	高地芽胞杆菌 (*Bacillus altitudinis*)	21.25
大豆发酵芽胞杆菌 (*Bacillus glyciniformentans*)	22.50	高地芽胞杆菌 (*Bacillus altitudinis*)	34.82	噬柴油芽胞杆菌 (*Bacillus oleivorans*)	20.00
苍白好氧芽胞杆菌 (*Aerbacillus pallidus*)	15.00	苍白好氧芽胞杆菌 (*Aerbacillus pallidus*)	30.00	索诺拉沙漠芽胞杆菌 (*Bacillus sonorensis*)	10.00
特基拉芽胞杆菌 (*Bacillus tequilensis*)	12.50	凤凰城类芽胞杆菌 (*Paenibacillus phoenicis*)	25.00	大豆发酵芽胞杆菌 (*Bacillus glyciniformentans*)	8.75
木偶芽胞杆菌 (*Bacillus kokeshiiformis*)	5.00	耐温芽胞杆菌 (*Bacillus thermotolerans*)	16.67	副地衣芽胞杆菌 (*Bacillus paralicheniformis*)	8.33
副地衣芽胞杆菌 (*Bacillus paralicheniformis*)	5.00	木偶芽胞杆菌 (*Bacillus kokeshiiformis*)	12.50	木偶芽胞杆菌 (*Bacillus kokeshiiformis*)	8.13
沙福芽胞杆菌 (*Bacillus safensis*)	5.00	大豆发酵芽胞杆菌 (*Bacillus glyciniformentans*)	11.67	耐盐枝芽胞杆菌 (*Virgibacillus halotolerans*)	7.50
波茨坦短芽胞杆菌 (*Brevibacillus borstelensis*)	5.00	副地衣芽胞杆菌 (*Bacillus paralicheniformis*)	10.00	特基拉芽胞杆菌 (*Bacillus tequilensis*)	6.67

⑤ 芽胞杆菌地区多样性指数　根据表 3-39 统计芽胞杆菌地区多样性指数，结果见表 3-42。从种类上看，漳州（云霄等）和宁德芽胞杆菌种类均为 15 种；从数量上看，漳州（云霄等）芽胞杆菌数量最多，达 776.04×10^2CFU/g；从丰富度指数看，宁德芽胞杆菌丰富度指数最高，达 2.42，福州最低（1.82）；从多样性指数看，福州芽胞杆菌优势度指数最高（0.80）、Shannon 指数最高（1.90）、均匀度指数最高（0.79），表明福州芽胞杆菌种群种类较少，数量分布在各优势种的均匀程度较高。

表 3-42　高温培养条件下地区芽胞杆菌种群多样性指数

地区	种类	数量 / (10^2 CFU/g)	丰富度	优势度 Simpson(λ)	多样性 Shannon(H)	均匀度
福州（连江）	11	245.00	1.82	0.80	1.90	0.79
漳州（云霄等）	15	776.04	2.10	0.79	1.90	0.70
宁德（霞浦）	15	324.55	2.42	0.70	1.83	0.67

⑥ 芽胞杆菌地区种群生态位宽度和重叠　根据表 3-39 统计芽胞杆菌地区种群生态位宽度和生物重叠，结果见表 3-43。结果表明，福州地区芽胞杆菌种群的生态位宽度最大，为 4.8554（Levins 测度），其次为漳州（云霄等）地区芽胞杆菌种群（4.6334），最小为宁德地区芽胞杆菌种群（3.3413）。生态位宽度大，表明其对资源的利用能力强。福州地区靠福建北部，生态条件相对于靠福建南部的漳州（云霄等）地区较差，胁迫着福州地区芽胞杆菌种群必须有较强的生态适应性，也即较宽的生态位。从生态位重叠看，漳州（云霄等）与宁德

地区芽胞杆菌种群生态位重叠较高（0.6857），其余地区间芽胞杆菌生态位重叠较低。

表 3-43　高温培养条件下地区芽胞杆菌种群生态位宽度和生态位重叠

地区	生态位宽度（Levins）	生态位重叠（Pianka）		
		福州（连江）	漳州（云霄等）	宁德（霞浦）
福州（连江）	4.8554	1	0.0229	0.0222
漳州（云霄等）	4.6334	0.0229	1	0.6857
宁德（霞浦）	3.3413	0.0222	0.6857	1

⑦ 芽胞杆菌种群聚类分析　根据表 3-39 中具有芽胞杆菌种名的数据为矩阵，芽胞杆菌种类为样本，分布的地区为指标，马氏距离为尺度，可变法进行聚类分析，结果见图 3-84、表 3-44。可将福建近海滩涂沉积物芽胞杆菌种群分为 3 组。

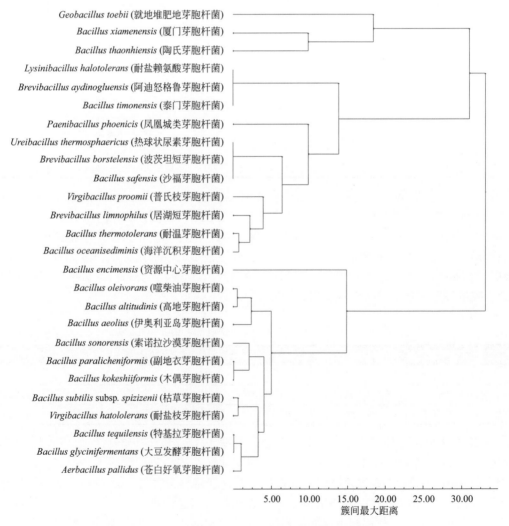

图 3-84　高温培养条件下地区芽胞杆菌聚类分析

表 3-44　高温培养条件下地区芽胞杆菌聚类分析

组别	芽胞杆菌种名	芽胞杆菌分布 / （×10²CFU/g）		
		福州（连江）	漳州（云霄等）	宁德（霞浦）
1	苍白好氧芽胞杆菌（*Aerbacillus pallidus*）	15.00	30.00	5.00
	伊奥利亚岛芽胞杆菌（*Bacillus aeolius*）	0.00	0.00	40.00
	高地芽胞杆菌（*Bacillus altitudinis*）	0.00	34.82	21.25
	资源中心芽胞杆菌（*Bacillus encimensis*）	0.00	251.38	168.92
	大豆发酵芽胞杆菌（*Bacillus glycinifermentans*）	22.50	11.67	8.75
	耐盐枝芽胞杆菌（*Virgibacillus hatololerans*）	0.00	0.00	7.50
	木偶芽胞杆菌（*Bacillus kokeshiiformis*）	5.00	12.50	8.13
	噬柴油芽胞杆菌（*Bacillus oleivorans*）	0.00	10.00	20.00
	副地衣芽胞杆菌（*Bacillus paralicheniformis*）	5.00	10.00	8.33
	索诺拉沙漠芽胞杆菌（*Bacillus sonorensis*）	0.00	0.00	10.00
	枯草芽胞杆菌（*Bacillus subtilis*）	35.00	0.00	0.00
	特基拉芽胞杆菌（*Bacillus tequilensis*）	12.50	7.50	6.67
	第 1 组 12 个样本平均值	7.92	30.66	25.38
2	海洋沉积芽胞杆菌（*Bacillus oceanisediminis*）	0.00	10.00	0.00
	沙福芽胞杆菌（*Bacillus safensis*）	5.00	0.00	0.00
	耐温芽胞杆菌（*Bacillus thermotolerans*）	0.00	16.67	0.00
	泰门芽胞杆菌（*Bacillus timonensis*）	0.00	0.00	5.00
	阿迪怒格鲁短芽胞杆菌（*Brevibacillus aydinogluensis*）	0.00	0.00	5.00
	波茨坦短芽胞杆菌（*Brevibacillus borstelensis*）	5.00	0.00	0.00
	居湖短芽胞杆菌（*Brevibacillus limnophilus*）	0.00	7.50	0.00
	耐盐赖氨酸芽胞杆菌（*Lysinibacillus halotolerans*）	0.00	0.00	5.00
	凤凰城类芽胞杆菌（*Paenibacillus phoenicis*）	0.00	25.00	0.00
	热球状尿素芽胞杆菌（*Ureibacillus thermosphaericus*）	5.00	0.00	0.00
	普氏枝芽胞杆菌（*Virgibacillus proomii*）	0.00	5.00	0.00
	第 2 组 11 个样本平均值	1.36	5.83	1.36
3	陶氏芽胞杆菌（*Bacillus thaonhiensis*）	90.00	0.00	0.00
	厦门芽胞杆菌（*Bacillus xiamenensis*）	0.00	128.00	0.00
	就地堆肥地芽胞杆菌（*Geobacillus toebii*）	0.00	216.00	0.00
	第 3 组 3 个样本平均值	30.00	114.67	0.00

　　第 1 组为常见种组，包含了 12 个芽胞杆菌，即苍白好氧芽胞杆菌（*Aeribacillus pallidus*）、伊奥利亚岛芽胞杆菌（*Bacillus aeolius*）、高地芽胞杆菌（*Bacillus altitudinis*）、资源中心芽胞杆菌（*Bacillus encimensis*）、大豆发酵芽胞杆菌（*Bacillus glycinifermentans*）、耐盐枝芽胞杆菌（*Virgibacillus hatololerans*）、木偶芽胞杆菌（*Bacillus kokeshiiformis*）、噬柴油芽胞杆菌（*Bacillus oleivorans*）、副地衣芽胞杆菌（*Bacillus paralicheniformis*）、索诺拉沙漠芽胞

杆菌（*Bacillus sonorensis*）、枯草芽胞杆菌（*Bacillus subtilis*）、特基拉芽胞杆菌（*Bacillus tequilensis*）；在福州、漳州（云霄等）、宁德地区相对分布量比较高，平均值分别为 $7.92×10^2$CFU/g、$30.66×10^2$CFU/g、$25.38×10^2$CFU/g，为福建近海滩涂沉积物高温培养条件下的常见种。

第 2 组为偶见种组，包含了 11 个芽胞杆菌，即海洋沉积芽胞杆菌（*Bacillus oceanisediminis*）、沙福芽胞杆菌（*Bacillus safensis*）、耐温芽胞杆菌（*Bacillus thermotolerans*）、泰门芽胞杆菌（*Bacillus timonensis*）、阿迪怒格鲁短芽胞杆菌（*Brevibacillus aydinogluensis*）、波茨坦短芽胞杆菌（*Brevibacillus borstelensis*）、居湖短芽胞杆菌（*Brevibacillus limnophilus*）、耐盐赖氨酸芽胞杆菌（*Lysinibacillus halotolerans*）、凤凰城类芽胞杆菌（*Paenibacillus phoenicis*）、热球状尿素芽胞杆菌（*Ureibacillus thermosphaericus*）、普氏枝芽胞杆菌（*Virgibacillus proomii*）；在福州、漳州（云霄等）、宁德地区相对分布量中等，平均值分别为 $1.36×10^2$CFU/g、$5.83×10^2$CFU/g、$1.36×10^2$CFU/g，为福建近海滩涂沉积物中高温培养条件下的偶见种。

第 3 组为优势种组，包含了其余的 3 个芽胞杆菌，即陶氏芽胞杆菌（*Bacillus thaonhiensis*）、厦门芽胞杆菌（*Bacillus xiamenensis*）、就地堆肥地芽胞杆菌（*Geobacillus toebii*）；在福州、漳州（云霄等）、宁德地区相对分布量较低，平均值分别为 $30.00×10^2$CFU/g、$114.67×10^2$CFU/g、$0.00×10^2$CFU/g，为福建近海滩涂沉积物中高温培养条件下的优势种。

（3）高盐条件下芽胞杆菌培养组特性

① 芽胞杆菌分离 采用 NaCl 浓度为 20% 的 LB 培养基，从福建沿海三个地区滩涂沉积物样本中分离获得了 67 株菌。其中，福州（连江）15 株、漳州（云霄等）23 株、宁德（霞浦）29 株（表 3-45）。

表 3-45 高盐培养条件下地区芽胞杆菌含量

种类	芽胞杆菌含量 / （10^2CFU/g）			16S rRNA 相似性 /%
	福州（连江）	漳州（云霄等）	宁德（霞浦）	
沉泥喜盐芽胞杆菌（*Halobacillus faecis*）	70	583.7	135.5	99.87
楚氏喜盐芽胞杆菌（*Halobacillus trueperi*）	89.5	0	0	100.00
达班盐湖喜盐芽胞杆菌（*Halobacillus dabanensis*）	139.5	175.6	238.5	99.51
盐田海芽胞杆菌（*Pontibacillus salipaludis*）	22.5	98.5	30.83	99.51
黑岛喜盐芽胞杆菌（*Halobacillus kuroshimensis*）	171.5	20	284.5	99.65
红树喜盐芽胞杆菌（*Halobacillus mangrovi*）	5	0	0	99.87
赛勒斯王深海芽胞杆菌（*Thalassobacillus cyri*）	10	0	251.5	99.93
深海喜盐芽胞杆菌 *H*（*alobacillus profundi*）	0	342.5	0	99.45
盐渍喜盐芽胞杆菌（*Halobacillus salinus*）	0	20	5	99.86
平均值	56.44	137.81	105.09	

② 芽胞杆菌鉴定 结合 16S rRNA 基因序列鉴定发现，67 株芽胞杆菌与它们的最近模式菌的相似性在 99.0% ~ 100% 之间，隶属于 3 属 9 种，分别为喜盐芽胞杆菌属（*Halobacillus*）（7 种 51 株）、海芽胞杆菌属（*Pontibacillus*）（1 种 14 株）和深海芽胞杆菌属（*Thalassobacillus*）

（1种2株）。

③ 芽胞杆菌地区分布　统计3个地区在高盐条件下样本滩涂沉积物空间样本中耐盐芽胞杆菌种属含量分布情况，结果表明：3个地区耐盐芽胞杆菌种属含量分布差异较大，以漳州（云霄等）地区含量最多，福州（连江）地区最少；3个地区耐盐芽胞杆菌种类差异大，其中沉泥喜盐芽胞杆菌、达班盐湖喜盐芽胞杆菌、盐田海芽胞杆菌（*Pontibacillus salipaludis*）、黑岛喜盐芽胞杆菌分布在3个地区，而楚氏喜盐芽胞杆菌、红树喜盐芽胞杆菌仅在福州（连江）地区分离获得，深海喜盐芽胞杆菌仅分布在漳州（云霄等）地区，赛勒斯王深海芽胞杆菌在福州（连江）和宁德（霞浦）两地获得。

④ 芽胞杆菌地区分布　统计3个地区在高温条件下43份滩涂沉积物空间样本中芽胞杆菌种属含量分布情况（表3-41），结果表明：

A. 含高温芽胞杆菌种属的数量分布差异很大，较丰富的是漳州（云霄等）地区含6属15种，而最少的是福州（连江）地区含个2属11种。

B. 3个地区中芽胞杆菌的每个属的空间分布存在较大差异，有些属分布在3个地区的滩涂沉积物样本中，如芽胞杆菌属、短芽胞杆菌属和好氧芽胞杆菌属，且每个地区的优势属为芽胞杆菌属，但是有些属只分布在特定的空间样本中，如尿素芽胞杆菌属（*Ureibacillus*）分布在福州（连江）地区，枝芽胞杆菌属（*Virgibacillus*）仅在漳州（云霄等）地区分离得到，赖氨酸芽胞杆菌属（*Lysinibacillus*）仅分布于宁德（霞浦）地区。

C. 每一种芽胞杆菌在各个空间样本中含量也存在差异，如在一个空间样本中含量最多的是 *Bacillus encimensis*，平均分布含量为 $2.5138 \times 10^4 CFU/g$ ［漳州（云霄等）］，但是在其他福州（连江）地区中未分离到。

相关性分析表明（表3-46），福州和宁德地区的芽胞杆菌种群存在着相关性，相关系数为 0.647429（$P=0.05041$），其余地区间芽胞杆菌种群相关性不显著。

表 3-46　高盐培养条件下地区芽胞杆菌种群相关性

地区	相关系数		
	福州（连江）	漳州（云霄等）	宁德（霞浦）
福州（连江）	1.0000	0.980776[2]	0.05041[2]
漳州（云霄等）	0.009437[1]	1.0000	0.99440[2]
宁德（霞浦）	0.647429[1]	-0.00274[1]	1.0000

① 相关系数 r。
② P 值。

⑤ 芽胞杆菌优势种　统计前5种高含量芽胞杆菌结果列表3-47。各地区的芽胞杆菌优势种差异显著，从数量上看，前5种高含量芽胞杆菌总和漳州（云霄等）（$1220.3 \times 10^2 CFU/g$）＞宁德（$940.83 \times 10^2 CFU/g$）＞福州（$493.00 \times 10^2 CFU/g$）。从种类上看，福州含量最高的优势种为黑岛喜盐芽胞杆菌（*Halobacillus kuroshimensis*），含量为 $171.5 \times 10^2 CFU/g$；漳州（云霄等）优势种为沉泥喜盐芽胞杆菌（*Halobacillus faecis*），含量为 $583.7 \times 10^2 CFU/g$；宁德优势种与福州地区相似，为黑岛喜盐芽胞杆菌，含量为 $284.5 \times 10^2 CFU/g$。

表 3-47　高盐培养条件下地区芽胞杆菌优势种

单位：10^2CFU/g

福州（连江）优势种		漳州（云霄等）优势种		宁德（霞浦）优势种	
黑岛喜盐芽胞杆菌 （*Halobacillus kuroshimensis*）	171.5	沉泥喜盐芽胞杆菌 （*Halobacillus faecis*）	583.7	黑岛喜盐芽胞杆菌 （*Halobacillus kuroshimensis*）	284.5
达班盐湖喜盐芽胞杆菌 （*Halobacillus dabanensis*）	139.5	深海喜盐芽胞杆菌 （*Halobacillus profundi*）	342.5	赛勒斯王深海芽胞杆菌 （*Thalassobacillus cyri*）	251.5
楚氏喜盐芽胞杆菌 （*Halobacillus trueperi*）	89.5	达班盐湖喜盐芽胞杆菌 （*Halobacillus dabanensis*）	175.6	达班盐湖喜盐芽胞杆菌 （*Halobacillus dabanensis*）	238.5
沉泥喜盐芽胞杆菌 （*Halobacillus faecis*）	70	盐田海芽胞杆菌 （*Pontibacillus salipaludis*）	98.5	沉泥喜盐芽胞杆菌 （*Halobacillus faecis*）	135.5
盐田海芽胞杆菌 （*Pontibacillus salipaludis*）	22.5	黑岛喜盐芽胞杆菌 （*Halobacillus kuroshimensis*）	20	盐田海芽胞杆菌 （*Pontibacillus salipaludis*）	30.83

⑥ 芽胞杆菌地区多样性指数　根据表 3-45 统计芽胞杆菌地区多样性指数，结果见表 3-48。从种类上看，福州地区芽胞杆菌种类最多，达 7 种；从数量上看，漳州（云霄等）芽胞杆菌数量最多，达 $1240.30×10^2$CFU/g；从丰富度指数看，福州芽胞杆菌丰富度指数最高，达 0.96，漳州（云霄等）最低（0.70）；从多样性指数看，福州芽胞杆菌优势度指数最高（0.76）、香农指数最高（1.56），表明福州芽胞杆菌种群种类较多，数量分布在各优势种的均匀程度较高。

表 3-48　高盐培养条件下地区芽胞杆菌种群多样性指数

地区	种类	个体数 /（×10^2CFU/g）	丰富度	Simpson 优势度（λ）	Shannon 多样性指数（*H*）	均匀度
福州（连江）	7	508.00	0.96	0.76	1.56	0.80
漳州（云霄等）	6	1240.30	0.70	0.68	1.32	0.74
宁德（霞浦）	6	945.83	0.73	0.75	1.48	0.83

⑦ 芽胞杆菌地区种群生态位宽度和重叠　根据表 3-45 统计芽胞杆菌地区种群生态位宽度和生物重叠，结果见表 3-49。结果表明，福州地区芽胞杆菌种群的生态位宽度最大，为 4.1347（Levins 测度），其次为宁德地区芽胞杆菌种群（4.0588），最小为漳州（云霄等）地区芽胞杆菌种群（3.0807）。生态位宽度大，表明其对资源的利用能力强。福州地区靠福建北部，生态条件相对于漳州（云霄等）地区靠福建南部较差，胁迫着福州地区芽胞杆菌种群必须有较强的生态适应性，也即较宽的生态位。从生态位重叠看，福州与宁德地区芽胞杆菌种群生态位重叠较高（0.8079），其余地区间芽胞杆菌生态位重叠较低。

表 3-49　高盐培养条件下地区芽胞杆菌种群生态位宽度和生态位重叠

地区	生态位宽度（Levins）	生态位重叠（Pianka）		
		福州（连江）	漳州（云霄等）	宁德（霞浦）
福州（连江）	4.1347	1	0.4022	0.8079
漳州（云霄等）	3.0807	0.4022	1	0.3912
宁德（霞浦）	4.0588	0.8079	0.3912	1

⑧ 芽胞杆菌种群聚类分析　根据表 3-45 中具有芽胞杆菌种名的数据为矩阵，芽胞杆菌种类为样本，分布的地区为指标，欧氏距离为尺度，可变类平均法进行聚类分析，结果见图 3-85、表 3-50。可将福建近海滩涂沉积物芽胞杆菌种群分为 3 组。

第 1 组为优势种组，包含了 2 个芽胞杆菌，即沉泥喜盐芽胞杆菌（*Halobacillus faecis*）、深海喜盐芽胞杆菌（*Halobacillus profundi*）；在福州、漳州（云霄等）、宁德地区相对分布量比较高，平均值分别为 35.00×10²CFU/g、463.10×10²CFU/g、67.75×10²CFU/g，为福建近海滩涂沉积物（特别漳州（云霄等）地区）高盐培养条件下的优势种。

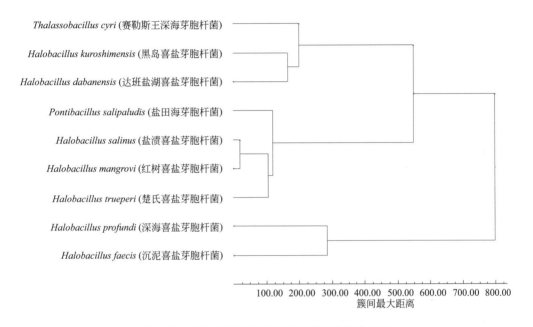

图 3-85　高盐培养条件下地区芽胞杆菌聚类分析

第 2 组为常见种组，包含了 3 个芽胞杆菌，即达班盐湖喜盐芽胞杆菌（*Halobacillus dabanensis*）、黑岛喜盐芽胞杆菌（*Halobacillus kuroshimensis*）、赛勒斯王深海芽胞杆菌（*Thalassobacillus cyri*）；在福州、漳州（云霄等）、宁德地区相对分布量中等，平均值分别为 107.00×10²CFU/g、65.20×10²CFU/g、258.17×10²CFU/g，为福建近海滩涂沉积物中高盐培养条件下的常见种。

第 3 组为偶见种组，包含了其余的 4 个芽胞杆菌，即楚氏喜盐芽胞杆菌（*Halobacillus trueperi*）、盐田海芽胞杆菌（*Pontibacillus salipaludis*）、红树喜盐芽胞杆菌（*Halobacillus mangrovi*）、盐渍喜盐芽胞杆菌（*Halobacillus salinus*）；在福州、漳州（云霄等）、宁德地区相对分布量较低，平均值分别为 29.25×10²CFU/g、29.63×10²CFU/g、8.96×10²CFU/g，为福建近海滩涂沉积物中高温培养条件下的偶见种。

表 3-50　高盐培养条件下地区芽胞杆菌聚类分析

单位：10^2CFU/g

组别	样本号	福州（连江）	漳州（云霄等）	宁德（霞浦）
1	沉泥喜盐芽胞杆菌（*Halobacillus faecis*）	70.00	583.70	135.50
	深海喜盐芽胞杆菌（*Halobacillus profundi*）	0.00	342.50	0.00
	第 1 组 2 个样本平均值	35.00	463.10	67.75
2	达班盐湖喜盐芽胞杆菌（*Halobacillus dabanensis*）	139.50	175.60	238.50
	黑岛喜盐芽胞杆菌（*Halobacillus kuroshimensis*）	171.50	20.00	284.50
	赛勒斯王深海芽胞杆菌（*Thalassobacillus cyri*）	10.00	0.00	251.50
	第 2 组 3 个样本平均值	107.00	65.20	258.17
3	楚氏喜盐芽胞杆菌（*Halobacillus trueperi*）	89.50	0.00	0.00
	盐田海芽胞杆菌（*Pontibacillus salipaludis*）	22.50	98.50	30.83
	红树喜盐芽胞杆菌（*Halobacillus mangrovi*）	5.00	0.00	0.00
	盐渍喜盐芽胞杆菌（*Halobacillus salinus*）	0.00	20.00	5.00
	第 3 组 4 个样本平均值	29.25	29.63	8.96

4. 芽胞杆菌培养条件分布多样性

（1）不同培养条件下芽胞杆菌分离特性比较　不同培养条件下芽胞杆菌分离特性比较。对福建福州（连江）、漳州（云霄等）和宁德（霞浦）三个地点采集样本中的 43 份沉积物样本，对不同环境条件下（常温、高温、高盐）进行芽胞杆菌多样性指数分析。得出在常温条件下分离到 621 株芽胞杆菌隶属于 11 属 69 种；84 株芽胞杆菌隶属于 8 属 26 种分离于高温条件，而在盐浓度为 20% 的条件下分离获得 67 株芽胞杆菌隶属于 3 属 9 种。结合 16S rRNA 基因序列鉴定发现，芽胞杆菌属是常温和高温条件下的优势菌群；枝芽胞杆菌属（*Virgibacillus*）中的独岛枝芽胞杆菌在常规条件下分离得到，而普氏枝芽胞杆菌仅在高温条件下获得。喜盐芽胞杆菌属的这 5 个种黑岛喜盐芽胞杆菌、红树喜盐芽胞杆菌、楚氏喜盐芽胞杆菌、沉泥喜盐芽胞杆菌、盐渍喜盐芽胞杆菌在常温和盐浓度为 20% 的条件下均有分布，达班盐湖喜盐芽胞杆菌和日光盐场喜盐芽胞杆菌仅在盐浓度为 20% 的条件下存在，但在高温条件下未能分离获得，说明这 7 种芽胞杆菌在高温下无法生存。在高温条件下也分离到特有的芽胞杆菌，如热球状尿素芽胞杆菌（*Ureibacillus thermosphaericus*）、就地堆肥地芽胞杆菌属（*Geobacillus toebii*）；而纤细芽胞杆菌属（*Gracilibacillus*）、大洋芽胞杆菌属（*Oceanobacillus*）和土地芽胞杆菌属（*Terribacillus*）等仅在常温条件下分离获得。由此可知，在不同条件下的芽胞杆菌种类分布存在明显差异。

（2）不同培养条件芽胞杆菌多样性指数比较　不同培养条件下多样性指数比较。以培养条件为样本（常温、高温、高盐），以芽胞杆菌种类数量为指标，统计多样性指数，如表 3-51 所列，从芽胞杆菌种类看，常温分离的种类 > 高温分离的种类 > 高盐分离的种类；芽胞杆菌含量的趋势与种类相似；从多样性指数看，高盐条件下的均匀度 Pielou 指数（J）和优势度 Simpson 指数（λ）小于前两者，说明该条件下芽胞杆菌的种类数量较少，优势度和均匀度较低；常温条件下的香农指数（H）大于后两者，说明常温条件芽胞杆菌资源多样性比后两者的高。也即常温条件下分离的芽胞杆菌种类多，数量多，香农指数高，优势度较高，均匀度指数较高。

表 3-51　不同条件下的芽胞杆菌多样性分析表

条件	芽胞杆菌种数	芽胞杆菌总含量 /（10⁴CFU/g）	芽胞杆菌平均数 /（10²CFU/g）	多样性 Shannon 指数（H）	优势度 Simpson 指数（λ）	均匀度 Pielou 指数（J）
常温	69	43.78	64.45	3.47	0.38	0.82
高温	26	22.13	49.83	2.71	0.43	0.83
高盐	9	0.269	0.299	0.18	0.05	0.08

（3）不同地理区位芽胞杆菌多样性指数比较　对福建福州（连江）、漳州（云霄等）和宁德（霞浦）三个地点采集样本中的 43 份沉积物样本，在不同地理条件条件下进行芽胞杆菌多样性指数分析。结果发现每个地区芽胞杆菌物种多样性程度存在着差异。如表 3-52 所示，不同地区的多样性 Shannon 指数（H）次序为福州（连江）＞宁德（霞浦）＞漳州（云霄等），福州（连江）地区芽胞杆菌资源多样性最丰富，优势度 Simpson 指数（λ）次序为漳州（云霄等）＞宁德（霞浦）＞福州（连江），均匀度 Pielou 指数（J）次序为宁德（霞浦）＝漳州（云霄等）＞福州（连江），可知漳州（云霄等）地区芽胞杆菌的含量分布差异较小，同时漳州（云霄等）地区芽胞杆菌的总含量达 2.906×10⁵CFU/g，是福州（连江）地区的 3.18 倍，是宁德（霞浦）地区的 5.19 倍，但是其芽胞杆菌的种类数最少；宁德（霞浦）与福州（连江）地区的整体指数接近，芽胞杆菌种类数量相差不大，说明这两个地区有较为相似的芽胞杆菌资源多样性。

表 3-52　不同地区的芽胞杆菌多样性分析表

地区	芽胞杆菌种类数	总含量 /（10⁵CFU/g）	平均含量 /（10³CFU/g）	多样性 Shannon 指数（H）	优势度 Simpson 指数（λ）	均匀度 Pielou 指数（J）
福州（连江）	49	0.912	1.322	3.40	0.050	0.88
漳州（云霄等）	40	2.906	42.11	3.15	0.058	0.86
宁德（霞浦）	47	0.560	0.812	3.33	0.055	0.86

5. 芽胞杆菌季节分布多样性

（1）不同季节芽胞杆菌的分离与鉴定　利用漳州（云霄等）春夏两季 16 份滩涂沉积物样本，进行芽胞杆菌的分离鉴定与含量特征分析（表 3-53）。共分离获得了 253 株菌，其中夏季 141 株、春季 112 株。结合 16S rRNA 基因序列鉴定发现，253 株芽胞杆菌与它们的最近模式菌的相似性在 97.0%～100% 之间，将 98% 以上的归为同一个种。其中，有 252 株与其最近模式菌的相似性≥98%，隶属于 7 属 55 种，分别为芽胞杆菌属（Bacillus）（39 种217 株）、虚构芽胞杆菌属（Fictibacillus）（7 种 20 株）、喜盐芽胞杆菌属（Halobacillus）（5种 10 株）、深海芽胞杆菌属（Thalassobacillus）（1 种 2 株）、赖氨酸芽胞杆菌属（Lysinibacillus）（1 种 1 株）、大洋芽胞杆菌属（Oceanobacillus）（1 种 1 株）和土地芽胞杆菌属（Terribacillus）（1 种 1 株）。另外，有 1 株与其最近模式菌的相似性＜98%，隶属于芽胞杆菌属的 1 个潜在新种（FJAT-46890）。

（2）不同季节芽胞杆菌含量差异　统计春夏两季 16 份滩涂沉积物空间样本中芽胞杆菌种属含量分布情况（表 3-53），结果表明：① 在漳州（云霄等）红树林地区芽胞杆菌种属的数量分布差异较小，夏季分离获得 34 种芽胞杆菌，而春季获得 39 种；② 春夏两季中芽胞杆菌的每个属的空间分布存在很大差异，有些属分布在春夏两季的滩涂沉积物样本中，如芽胞杆菌属、喜盐芽胞杆菌、虚构芽胞杆菌，且芽胞杆菌属是春夏两季样本的优势属，但是有些属只分布在特定的空间样本中，如大洋芽胞杆菌属和深海芽胞杆菌属仅在春季样本中分离获得，土地芽胞杆菌属和赖氨酸芽胞杆菌属仅分布在夏季滩涂沉积物样本中；③每种芽胞杆菌在两季各空间样本中的含量也存在显著差异，如在夏季的一个空间样本中含量最多是嗜气芽胞杆菌（*Bacillus aerophilus*），平均分布含量为 $8.596 \times 10^4 CFU/g$，但是春季样本未分离获得，高地芽胞杆菌（*Bacillus altitudinis*）在春季样本中的平均分布含量为 $7.825 \times 10^4 CFU/g$，而夏季样本未分离到。

表 3-53　不同季节芽胞杆菌含量差异基因序列鉴定表

芽胞杆菌种类	漳州红树林芽胞杆菌含量 / （ $10^2 CFU/g$ ）		16S rRNA 相似度 /%
	夏季	春季	
空气芽胞杆菌（*Bacillus aerius*）	6.25	0	100
嗜气芽胞杆菌（*Bacillus aerophilus*）	859.6	0	100
藻居芽胞杆菌（*Bacillus algicola*）	0	50	99.72
高地芽胞杆菌（*Bacillus altitudinis*）	0	782.5	100
炭疽芽胞杆菌（*Bacillus anthracis*）	27.5	50	100
海水芽胞杆菌（*Bacillus aquimaris*）	80.23	45.56	100
阿氏芽胞杆菌（*Bacillus aryabhattai*）	42.08	37.5	100
伯氏芽胞杆菌（*Bacillus berkeleyi*）	175	7.5	99.86
蜡样芽胞杆菌（*Bacillus cereus*）	29.5	22.5	100
食物芽胞杆菌（*Bacillus cibi*）	50	0	100
克劳氏芽胞杆菌（*Bacillus clausii*）	100	0	100
国化室芽胞杆菌（*Bacillus enclensis*）	32.5	10	100
国化室芽胞杆菌（*Bacillus enclensis*）	0	50	97.85
坚强芽胞杆菌（*Bacillus firmus*）	50	5	99.51
弯曲芽胞杆菌（*Bacillus flexus*）	100	0	98.87
吉氏芽胞杆菌（*Bacillus gibsonii*）	30	100	99.86
大豆发酵芽胞杆菌（*Bacillus glycinifermentans*）	0	5	100
海口芽胞杆菌（*Bacillus haikouensis*）	0	5	99.43
花津滩芽胞杆菌（*Bacillus hwajinpoensis*）	125.71	113.75	99.86
病研所芽胞杆菌（*Bacillus idriensis*）	0	20	99.79
柯赫芽胞杆菌（*Bacillus kochii*）	10	5	100
韩国芽胞杆菌（*Bacillus koreensis*）	50	0	99.85
岸滨芽胞杆菌（*Bacillus litoralis*）	0	250	98.93
黄海芽胞杆菌（*Bacillus marisflavi*）	44	50	100

续表

芽胞杆菌种类	漳州红树林芽胞杆菌含量 / (10²CFU/g)		16S rRNA 相似度 /%
	夏季	春季	
巨大芽胞杆菌（Bacillus megaterium）	36.25	25.6	100
甲基营养型芽胞杆菌（Bacillus methylotrophicus）	156.4	0	100
海洋沉积芽胞杆菌（Bacillus oceanisediminis）	7.5	0	99.8
谷壳芽胞杆菌（Bacillus oryzaecorticis）	0	50	99.67
副地衣芽胞杆菌（Bacillus paralicheniformis）	0	5	99.76
假蕈状芽胞杆菌（Bacillus pseudomycoides）	10	50	100
沙福芽胞杆菌（Bacillus safensis）	516.8	300	99.86
暹罗芽胞杆菌（Bacillus siamensis）	0	23	99.86
索诺拉沙漠芽胞杆菌（Bacillus sonorensis）	50	0	99.01
耐温芽胞杆菌（Bacillus thermotolerans）	10	0	99.32
苏云金芽胞杆菌（Bacillus thuringiensis）	0	5	99.93
贝莱斯芽胞杆菌（Bacillus velezensis）	0	100	99.93
越南芽胞杆菌（Bacillus vietnamensis）	130	39.69	100
维德曼氏芽胞杆菌（Bacillus wiedmannii）	0	5	99.93
厦门芽胞杆菌（Bacillus xiamenensis）	10	50	100
漳州芽胞杆菌（Bacillus zhangzhouensis）	0	162.8	99.86
砷虚构芽胞杆菌（Fictibacillus arsenicus）	0	10	99.65
奇异虚构芽胞杆菌（Fictibacillus barbaricus）	46.25	0	99.86
国化室虚构芽胞杆菌（Fictibacillus enclensis）	50	0	99.28
嗜盐虚构芽胞杆菌（Fictibacillus halophilus）	0	50	99.58
南海虚构芽胞杆菌（Fictibacillus nanhaiensis）	0	307	100
脱磷虚构芽胞杆菌（Fictibacillus phosphorivorans）	53.3	75	99.72
水生虚构芽胞杆菌（Fictibacillus rigui）	10	32.5	99.93
达班盐湖喜盐芽胞杆菌（Halobacillus dabanensis）	0	40	99.09
沉泥喜盐芽胞杆菌（Halobacillus faecis）	0	275	99.65
盐渍喜盐芽胞杆菌（Halobacillus salinus）	10	0	99.58
楚氏喜盐芽胞杆菌（Halobacillus trueperi）	30	0	99.58
日光盐场喜盐芽胞杆菌（Halobacillus yeomjeoni）	0	212.5	99.23
纺锤形赖氨酸芽胞杆菌（Lysinibacillus fusiformis）	50	0	100
伊平屋桥大洋芽胞杆菌（Oceanobacillus iheyensis）	0	40	100
嗜糖土地芽胞杆菌（Terribacillus saccharophilus）	5	0	100
赛勒斯王深海芽胞杆菌（Thalassobacillus cyri）	0	50	99.51

（3）不同季节芽胞杆菌多样性指数比较　利用漳州（云霄等）春夏两季16份滩涂沉积物样本，研究季节变化多样性指数。综合分析物种多样性指数，发现不同季节芽胞杆菌物种多样性程度存在着差异。如表3-54所列，春夏两季的多样性Shannon指数（H）次序为春季>夏季，春季样本中芽胞杆菌资源多样性较丰富，优势度Simpson指数（λ）次序为夏季>春季，均匀度Pielou指数（J）次序为春季>夏季，春季样本中芽胞杆菌种类较多，分布比较集中；从芽胞杆菌的含量上可知，春季样本芽胞杆菌的总中含量达3.467×10^5CFU/g，是夏季样本的1.16倍，说明春季样本有较丰富的芽胞杆菌资源多样性。

表3-54　不同季节的芽胞杆菌多样性分析表

季节	芽胞杆菌种类数	总含量 /（10^5CFU/g）	平均含量 /（10^3CFU/g）	香农Shannon 指数（H）	优势度Simpson 指数（λ）	均匀度Pielou 指数（J）
春季	39	3.467	6.30	3.23	0.401	0.88
夏季	34	2.993	5.44	2.99	0.431	0.85

五、福建近海芽胞杆菌新种资源鉴定

本节对采福建沿海环境土样中芽胞杆菌的潜在新种进行多相分类学研究。通过对该菌株的表型特征、化学特征和分子特征分析，开展对潜在新种菌株的分子分类及系统发育学研究。希望能够更准确地确定芽胞杆菌种属分类地位，丰富芽胞杆菌物种资源，认识它们在环境中的作用，了解分类多样性与地理分布的关系，有助于认识它们的进化历程。

1. 实验材料

（1）培养基

①甲基红液体培养基（M.R）　蛋白胨5g/L，NaCl 5g/L，葡萄糖5g/L，pH值为7.0～7.2，分装每管4～5mL，115℃灭菌30min。

②淀粉水解培养基　在2216E培养基中添加0.2%可溶性淀粉。

③脂酶培养基　蛋白胨10g/L，NaCl 5g/L，$CaCl_2 \cdot 7H_2O$ 0.1g/L，琼脂9g/L，pH值为8.0，底物：Tween 20、Tween 40、Tween 60和Tween 80（底物与培养基分开灭菌），待培养基冷却至40～50℃时加底物使其终浓度为10g/L。

④厌氧培养基　酪素水解物20g/L，NaCl 5g/L，巯基醋酸钠2g/L，甲醛次硫酸钠1g/L，琼脂15g/L，pH值为8.0。

⑤TSB培养基　胰蛋白胨大豆肉汤30g/L，琼脂15～20g/L，pH值为8.0，121℃高压灭菌15min。

以上培养基，除特殊说明之外，均进行121℃高压灭菌20min。

（2）供试菌株

①试验菌株　疑似新种菌株在福建宁德（霞浦）三沙东三村采集的海洋滩涂样本中分离获得。

②标准菌株　耐温芽胞杆菌（*Bacillus thermotolerans*）SGZ-8[T]= CCTCC AB 2012108[T] = KACC 16706[T]，从中国典型培养物保藏中心（China Center for Type Culture Collection，CCTCC）

中购买，印度房间芽胞杆菌（*Domibacillus indicus*）DSM 15820^T=FJAT-14212^T 和印度芽胞杆菌（*Bacillus indicus*）DSM 23^T=FJTA-8757^T 保存于福建省农业科学院农业生物资源研究所微生物中心。

（3）主要试剂与药品

① 试剂盒　革兰氏染色试剂盒（北京索莱宝科技有限公司）；API 20E、API 50CH（法国生物梅里埃公司）；细菌 DNA 提取试剂盒（上海捷瑞生物工程有限公司）。

② 石炭酸复红液　10mL 复红乙醇饱和液与 100mL 5% 的石炭酸水溶液混合作原液，使用时稀释成 1/10。

③ 1% 盐酸二甲基对苯二胺溶液　1g 盐酸二甲基对苯二胺溶于 100mL 蒸馏水。

④ 3% 过氧化氢溶液　10mL 30% H$_2$O$_2$ 加 90mL 蒸馏水。

⑤ 甲基红试剂　0.1g 甲基红溶于 300mL 95% 乙醇和 200mL 蒸馏水。

⑥ PCR 扩增引物　细菌通用 16S rRNA 引物 27F (5′-GAGTTTGATCCTG GCTCAG-3′) 和 1492R (5′-AC GGCTACCTTGTTACGACTT-3′)，由铂尚生物技术（上海）有限公司合成。

⑦ PCR 反应试剂　2×Power Taq PCR MasterMix（北京百泰克生物技术有限公司），GoldView II 型核酸染色剂（5000×）（北京索莱宝科技有限公司），100bp Marker（上海英骏生物技术有限公司）。

⑧ 脂肪酸成分提取试剂。

A. 皂化试剂：45g NaOH 溶于 300mL 甲醇 - 水（体积比 1∶1）溶液，搅拌使其完全溶解。

B. 甲基化试剂：在 275mL 甲醇中加入 325mL 6mol/L 的盐酸，混匀。

C. 萃取试剂：在 200mL 正己烷中加入 200mL 甲基叔丁基醚，混匀。

D. 洗涤试剂：10.8g NaOH 溶于 900mL 蒸馏水，搅拌使其完全溶解。

⑨ 细胞壁组分提取试剂

A. 0.1mol/L pH 8.0 的磷酸缓冲液：35.61g Na$_2$HPO$_4$·2H$_2$O 加水定容至 1000mL，即 0.2mol/L Na$_2$HPO$_4$ 溶液；27.6g NaH$_2$PO$_4$·H$_2$O 加水定容至 1000mL，即 0.2mol/L NaH$_2$PO$_4$ 溶液。取 94.7mL 0.2mol/L Na$_2$HPO$_4$ 溶液与 5.3mL 0.2mol/L NaH$_2$PO$_4$ 溶液混匀并定容至 200mL，即 0.1mol/L pH 8.0 的磷酸缓冲液。

B. 2% KOH- 乙醇：2g KOH 溶于 100mL 95% 的乙醇。

C. 3mg/mL 胰蛋白酶溶液：300mg 胰蛋白酶溶于 100mL 磷酸缓冲液（pH8.0）。

D. 3mg/mL 胃蛋白酶溶液：300mg 胃蛋白酶溶于 100mL 0.02mol/L HCl 溶液。0.4% 茚三酮：0.4g 茚三酮溶于 100mL 饱和正丁醇 - 水（体积比 10∶1）溶液。

⑩ 极性脂组分检测显色剂。

A. 10% 磷钼酸：5g 磷钼酸溶于 500mL 乙醇，置于 4℃冰箱。

B. 0.5% α- 萘酚：0.5g α- 萘酚溶于 100mL 甲醇 - 水（体积比 1∶1）溶液。

C. 浓硫酸 - 乙醇溶液：50mL 无水乙醇中加入 50mL 浓硫酸（体积比 1∶1）。

D. 钼蓝显色剂：40.11g 三氯化钼溶于 1000mL 25mol/L 硫酸（浓硫酸∶水 =2∶1，体积比），煮沸 60min，即溶液 I；1.78g 钼粉溶于 500mL 溶液 I，煮沸 15min，冷却后，滤去沉淀物，即溶液 II；各取 10mL 溶液 I 与溶液 II 混合，并加入 40mL 水，混匀后即为钼蓝显色剂。

⑪ 抗生素药物药敏纸片（杭州滨和微生物试剂有限公司）。

⑫ 其他　甲醇、乙醇、异丙醇、氯仿、丙酮、甲苯、乙酸、甘油、正己烷、十八烷基

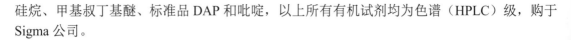

硅烷、甲基叔丁基醚、标准品 DAP 和吡啶，以上所有有机试剂均为色谱（HPLC）级，购于 Sigma 公司。

2. 实验方法

（1）表型特征　菌落形态观察：在 2216E 培养基上 30℃培养 48h 后观察新种的菌落形态，对菌落的形状、大小、边缘（整齐 / 不规则）、表面（光滑湿润 / 干燥粗糙）、扁平 / 隆起、透明度和颜色等进行描述。透射电子显微镜观察：在 2216E 培养基上 30℃培养 48h，于透射电子显微镜下观察新种细胞的形状、大小以及鞭毛着生位置。革兰氏染色：将在 2216E 培养基上 30℃培养 24h 的新种，在 LB 培养基上 30℃培养 24h 的大肠杆菌 FJAT-301，分别根据革兰氏染色试剂盒说明书进行染色，并于普通光学显微镜下观察比较菌株的颜色，革兰氏阳性菌呈紫色，革兰氏阴性菌呈红色。芽胞形态观察：在 2216E 培养基上 30℃培养 3d，进行常规涂片固定，用稀释的石炭酸复红染色液对新种菌体进行染色，并于普通光学显微镜下观察芽胞的位置和形状。

（2）生理生化特征

① pH 适应性　在含有不同 pH 值（6.0、7.0、8.0、9.0、10.0、11.0）的 2216E 的液体培养基（20mL/150mL）中接入 1% 的种子液，30℃振荡培养（170r/min）72h，观察其生长情况，测定各菌液的光密度值（OD_{600nm}），制作生长曲线，确定新种生长的 pH 值范围（以无菌培养液作对照，每个梯度设置 3 个重复，下同）。

② NaCl 适应性　在含有不同 NaCl 浓度（0g/L、10g/L、30g/L、50g/L、70g/L、100g/L、150g/L）的 2216E 液体培养基（20mL/150mL，pH 8.0）中接入 1% 的种子液，30℃振荡培养（170r/min）72h，观察其生长情况，测定各菌液的光密度值（OD_{600nm}），制作生长曲线，确定新种生长的 NaCl 浓度范围。

③ 温度适应性　在 2216E 的液体培养基（20mL/150mL，pH 8.0）中接入 1% 的种子液，分别进行 10℃、20℃、25℃、30℃、45℃、55℃振荡培养（170r/min）72h，观察其生长情况，测定各菌液的光密度值（OD_{600nm}），制作生长曲线，确定新种生长的温度范围。

④ 氧和二氧化碳的需要　挑取适量菌体的对数期液体培养物，穿刺于厌氧培养基，30℃培养 3～7d，观察菌体生长情况。若仅在表面生长者为好氧菌，若沿着穿刺线生长或下部生长者为兼性厌氧菌或厌氧菌。

⑤ 氧化酶活性　用 1% 盐酸二甲基对苯二胺溶液浸润滤纸，挑取适量对数期的菌苔划在湿润的滤纸上，在 10s 内涂抹的菌苔现红色者为氧化酶阳性，而 10～60s 现红色者为延迟反应，60s 以上现红色的按照氧化酶阴性处理。

⑥ 接触酶活性　挑取适量对数期的菌苔，涂抹在已经滴有 3% 过氧化氢溶液的载玻片上，如有气泡产生则为阳性，无气泡产生则为阴性。

⑦ 甲基红（M.R）实验　在甲基红液体培养基中接种适量对数期菌体，每个重复 3 次，30℃培养 2～6d，然后加入甲基红试剂，红色表示阳性，黄色表示阴性。

⑧ 淀粉水解　点接适量对数期的菌体于淀粉水解培养基上，30℃培养 3d，待其形成肉眼可见菌落后，再滴加适量碘液，若平板呈蓝黑色，且菌落周围有明显的不变色透明圈，表示阳性；仍是蓝黑色则表示阴性。

⑨ 脂酶活性　挑取适量对数期的菌苔点接于不同脂酶培养基（Tween 20、Tween 40、Tween 60 和 Tween 80）上，30℃培养 7d，观察菌落周围是否出现模糊的白色晕圈。若菌落

周围有模糊的白色晕圈形成者为阳性，若菌落周围没有模糊的白色晕圈形成者为阴性。

⑩ 碳源产酸发酵实验 按照按梅里埃生物公司 API 50CH 试剂条操作手册进行。

⑪ 抗生素敏感性 吸取适量新种的对数期菌液在 2216E 培养基上进行涂布，夹取抗生素药物药敏纸片放置于平板上，30℃培养 2d 左右，观察抑菌圈大小。结果判定：抑菌圈：0～5mm 为无作用，6～15mm 为弱作用，>15mm 为强作用。

⑫ 其他 明胶水解、硝酸盐还原、ONPG 水解、V-P 反应、H_2S 和吲哚产生、精氨酸双水解、赖氨酸脱羧和鸟氨酸脱羧反应等按照生物梅里埃公司 API 20E 试剂条操作手册进行。

（3）分子特征

① 基于 16S rRNA 基因序列系统发育分析 将测序结果所得到的 16S rRNA 基因序列在 Ezbiocloud 网站上比对，并进行系统进化分析。在 Genbank 提交获得序列号。用 ClustalX[90] 软件进行多重序列比对，然后利用 Mega 6.0 软件（方法为 Neighbor-Joining，Maximum-parsimony 和 Minimum-evolution，Bootstrap 值取 1000）。

② 芽胞杆菌全基因组精细图测序 由北京诺禾致源生物信息科技有限公司完成基因组测序工作。

③ DNA（G+C）含量的测定 基于全基因组序列，计算获得菌株的 DNA（G+C）含量。

④ 基因组 DNA-DNA 杂交同源性 利用在线软件 Genome-to-Genome Distance Calculator (GGDC) 进行计算分析 DNA-DNA 杂交同源性 (in silico DDH, isDDH)。将分离菌株与其参考菌株的基因组序列上传至网站 GGDC 2.0web 界面 (http://ggd-c.dsmz.de/ distcalc2.php)，计算结果通过邮件获得（选择 Formula 2 作为 isDDH 值）。

⑤ 基因组 ANI 分析 基因组平均核苷酸一致性（ANI）是通过 ANI Calculator 在线计算。

（4）化学特征

① 脂肪酸检测

A. 获菌：挑取约 40mg 对数期的菌体放入带有螺旋盖的试管中（规格 13mm×100mm）。

B. 皂化：在试管中加入 1.0mL 的皂化试剂，拧紧盖子，振荡器振荡试管 5～10s，沸水浴 5min，取出并继续振荡 5～10s，再次拧紧盖子，继续水浴 25min，移出试管，室温冷却。

C. 甲基化：往试管中加入 2.0mL 的甲基化试剂，拧紧盖子，振荡器振荡 5～10s，进行 80℃水浴 10min，移出试管并快速用自来水冲凉冷却至室温。

D. 萃取：再加入 1.25mL 的萃取试剂，拧紧盖子，快速振荡 10min，打开管盖，用移液管吸出试管的下层似水相并弃之。

E. 洗涤：往试管中加入 3.0mL 的洗涤试剂，拧紧盖子，快速振荡 5min，用注射器吸取出约 2/3 体积的上层有机体到 GC 小瓶中，待检。

F. 检测：分析仪器采用美国 Agilent 7890N 气相色谱系统进行检测。

G. 检测程序：设置汽化室的温度 250℃，检测器的温度 300℃，载气氢气的流速为 2mL/min，尾吹气氮气的流速为 30mL/min，进样分流比 100∶1，柱前压为 68.95kPa；色谱柱采用二阶程序升温，从 170℃开始升温，每分钟升温 5℃，升温到 260℃时，再每分钟升温 40℃，升温到 310℃时，保持 90s；进样量 1μL。

H. 分析软件：美国 MIDI 公司开发的基于微生物细胞脂肪酸成分鉴定的全自动微生物鉴定系统 Sherlock MIS4.5（Microbial Identification System）和 LGS4.5（Library Generation Software）。

② 醌组分分析 收集菌体，将培养至对数期的菌体，进行离心收集并用蒸馏水洗涤

2～3次，离心后进行真空冷冻干燥，备用。提取与纯化醌组分，称取约100mg冻干的菌体，加入氯仿：甲醇（体积比2：1）溶液40mL，置于暗处进行磁力搅拌10h左右，并于暗处用滤纸过滤，收集菌体；用减压旋转蒸发仪对菌体进行40℃减压蒸馏至干燥；再用1～2mL的丙酮重新溶解干燥物，以长条状将样品点于GF 254硅胶板上；以甲苯作为展层剂，展层时间约20min，然后取出并进行风干，然后打开紫外灯（254nm）观察，R_f=0.8，在绿色荧光背景下呈暗褐色的带即为甲基萘醌的位置；刮下R_f=0.8的带，用1mL的丙酮溶解，然后用细菌过滤器过滤除去硅胶，收集滤液，即得到甲基萘醌的丙酮溶液，将其置于黑暗处4℃保存。

③ 高效液相色谱（HPLC）测定醌组分　采用反相高效液相色谱分析法测定甲基萘醌。高效液相色谱仪为Agilent 1100，反相高压液相柱为十八烷基硅烷，流动相为甲醇（色谱纯）：异丙醇（色谱纯）=67：33（体积比），流速为1mL/min，柱温为40℃，同时于270nm处进行紫外检测，使用250nm光谱扫描。分析方法：结合标准菌株，根据标准条件下不同醌组分与洗脱时间的关系，分析目标菌株的醌组分。

④ 细胞壁组分分析

A. 制备粗细胞壁：将培养至对数期的菌体，进行离心收集，并称取5～6g菌体，加入20mL 0.1mol/L pH值为8.0的磷酸缓冲液使菌体重悬，进行超声破碎细胞壁。

B. 对破壁后的菌悬液进行3000r/min离心10min，弃去下层未破壁的菌体沉淀。

C. 将上层悬浮液进行15000r/min离心30min，弃去上清液，获得细胞壁沉淀。

D. 用pH值为8.0的磷酸缓冲液和95%乙醇分别洗涤细胞壁沉淀，离心并弃去上清液，重复2次。

E. 在细胞壁沉淀中加入2mL 20g/L KOH-乙醇溶液，进行皂化反应（37℃，24h），然后进行离心收集沉淀。

F. 用95%乙醇和无菌水分别洗涤沉淀，离心并弃去上清液，重复2次，然后用pH值为8.0的磷酸缓冲液洗涤沉淀，离心并弃去上清液，获得粗细胞壁。

⑤ 纯化细胞壁　在粗细胞壁中加入2mL胰蛋白酶溶液，37℃摇床振荡（170r/min）2h，离心收集沉淀；用pH值为8.0的磷酸缓冲液和无菌水分别洗涤沉淀，离心并弃去上清液，重复2次，然后在沉淀中加入2mL胃蛋白酶溶液，37℃摇床振荡（170r/min）24h，离心收集沉淀；依次用0.02mol/L HCl、无菌水、95%乙醇和氯仿洗涤沉淀，离心，获得纯细胞壁。

⑥ 水解细胞壁　在装有纯细胞壁的试管中加入0.1mL浓度为6mol/L的HCl，火焰封口后置于烘箱中进行水解（121℃，30min），获得黑褐色水解液。

⑦ 细胞壁组分的薄层色谱

A. 点样　吸取0.4μL水解液点样于微晶纤维素薄板下边缘1cm处，并点0.01mol/L D,L-DAP 0.2μL作为标准样（D,L-DAP中含有L,L-DAP、meso-DAP及D,D-DAP）。

B. 展层　以甲醇：吡啶：冰醋酸：水（体积比5：0.5：0.125：2.5）溶液作为展层剂，当溶剂到达薄层板上边缘1cm处，取出薄层板，自然晾干，用0.4%茚三酮溶液显色，100℃烘烤2min。

⑧ 极性脂组分分析

A. 提取极性脂：将培养至对数期的菌体，进行离心收集并用蒸馏水洗涤2～3次，离心后进行真空冷冻干燥，备用。

B. 称取菌体约100mg，并加入氯仿：甲醇：3g/L NaCl（体积比1：2：0.8）溶液6.75mL，

置于水浴锅中进行水解（55℃）18h，4000r/min 离心 5min，取下层溶液。

C. 在减压旋转蒸发仪上，用氯仿进行抽提 3 次，然后进行离心（5000r/min）5min，弃去沉淀物。

D. 在旋转蒸发仪上抽干溶剂，然后将样品溶于氯仿∶甲醇（体积比 2∶1）溶液，再进行离心（5000r/min）5min，取上清液，置于 4℃冰箱保存备用。

⑨ 极性脂的薄层色谱

A. 采用双相 TLC 分析：第一相的展层剂为氯仿∶甲醇∶水（体积比 65∶25∶4）溶液，第二相的展层剂为氯仿∶甲醇∶乙酸∶水（体积比 80∶12∶15∶4）溶液。

B. 点样：在距离硅胶板边缘 1.5cm×1.5cm 处点样（约 15μL）。

C. 显色：待硅胶板晾干后，进行喷雾显色。

a. 磷钼酸显色：将 10% 磷钼酸试剂均匀喷洒在板上，并进行 180 ℃烘烤 15min，所有脂类都会呈现黑色斑点。

b. 钼蓝显色：将钼蓝试剂均匀喷洒在板上，所有磷酸类脂呈现蓝色斑点。

c. α- 萘酚显色：将 0.5% α- 萘酚试剂均匀喷洒在板上，待板完全湿润后，自然晾干，再喷少许浓硫酸 - 乙醇溶液，并进行 110 ℃烘烤 15min，糖脂呈现棕色斑点。

d. 茚三酮显色：将 0.4% 茚三酮试剂均匀喷洒在板上，并进行 110 ℃烘烤 15min，含有氨基结构的脂类呈现红色斑点。

3. 结果与分析

（1）表型特征（形态特征）　菌株 FJAT-46582^T 在 MA 培养基上，30℃培养 48h 后形成圆形、表面光滑湿润且不透明、隆起、边缘整齐的白色小菌落，菌落平均直径为（1.50±0.15）mm。以大肠杆菌 FJAT-301 作对照，对 30℃培养 24h 的菌株 FJAT-46582^T 进行革兰氏染色，在普通光学显微镜下看到菌体呈紫色，是革兰氏阳性菌 [图 3-86（a）]。菌株 FJAT-46582^T 芽胞呈椭圆形，位于菌体的顶部 [图 3-86（b）]。在透射电子显微镜下观察到菌株 FJAT-46582^T 靠周生鞭毛运动 [图 3-86（c）]，细胞大小为（0.51～0.73）μm×（1.56～2.78）μm。

（2）生理生化特征　菌株 FJAT-46582^T 在不同的 pH 值、NaCl 浓度和温度梯度的 MA 固体培养基上 30℃培养 72h 后，观察平板上菌落生长情况，发现其 pH 耐受范围是 6.0～11.0，最适 pH 值为 8.0；NaCl 浓度耐受范围 0～7.0g/L，最适 NaCl 浓度为 0g/L；温度耐受范围是 20～30℃，最适温度 25℃。菌株 FJAT-46582^T 在厌氧培养基中 30℃培养 5d，发现菌体未沿着穿刺线生长，故属于好氧菌。

菌株 FJAT-42315^T 对强力霉素（多西环素）（30μg）、红霉素（15μg）、庆大霉素（120μg）、新霉素（30μg）、利福平（5μg）、万古霉素（30μg）、庆大霉素（10μg）、笨唑西林（1μg）、青霉素 G（10μg）、头孢唑啉（30μg）、氨苄西林（10μg）、氯霉素（30μg）、四环素（30μg）、阿米卡星（30μg）、多黏菌素 B（300μg）和卡那霉素（30μg）敏感，对克林霉素（2μg）、链霉素（300μg）、阿奇霉素（15μg）和链霉素（10μg）有抗性。

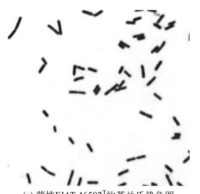
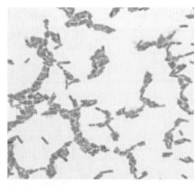

(a) 菌株FJAT-46582^T的革兰氏染色图　　　　(b) 菌株FJAT-46582^T的芽胞形态图

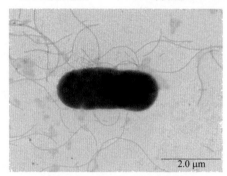

(c) 菌株FJAT-46582^T的细胞扫描电镜图

图 3-86　菌株 FJAT-46582^T 的菌体形态特征

菌株 FJAT-46582^T 的氧化酶反应呈阴性，接触酶反应呈阳性，硝酸还原反应为阳性，V-P 和甲基红反应呈阴性，不可以产淀粉酶，不可以水解 Tween 20、Tween 40、Tween 60 和 Tween 80。菌株 FJAT-46582^T 与其相关模式菌株的生理生化特征见表 3-55。

表 3-55　菌株 FJAT-46582^T 与其相关模式菌的生理生化特征

特征	1	2^①	3	4
细胞大小 /μm	（0.67 ~ 0.94）× （2.67 ~ 3.84）	（0.7 ~ 0.8）× （1.0 ~ 1.2）	（0.5 ~ 0.7）× （1.5 ~ 2.6）^②	（0.8 ~ 1.2）× （2.5 ~ 5.0）
芽胞形态	椭圆形	椭圆形	ND^②	椭圆形
pH 值范围 （最适 pH 值）	6.0 ~ 11.0 (8.0)	6.0 ~ 9.0 (6.5 ~ 7.0)	6.0 ~ 10.0 7.5^②	ND (7)
NaCl 浓度范围 （最适 NaCl 浓度）/%	0 ~ 7.0 (0)	0 ~ 9.0 (1.5 ~ 2.0)	ND 2^②	5 ~ 7 (ND)
温度范围 （最适温度）/℃	20 ~ 30 (25)	20 ~ 65 (50)	10 ~ 40 (28 ~ 30)^②	15 ~ 50 (30)
β- 半乳糖苷酶 (ONPG)	−	−	+	−
脲酶	−	−	−	−
明胶酶	+	+	+	−

续表

特征	1	2[①]	3	4
赖氨酸脱羧酶	–	–	–	–
鸟氨酸脱羧酶	–	–	–	–
色氨酸脱氨酶	–	–	–	–
柠檬酸盐利用	–	–	–	–
碳源利用（API 50CH）				
甘油	+	–	+	+
赤藓醇	–	–	+	–
L- 阿拉伯糖	–	–	+	–
核糖	–	+	+	+
D- 木糖	–	–	+	–
L- 木糖	–	–	–	–
半乳糖	–	–	+	–
葡萄糖	+	–	+	+
果糖	–	+	+	+
甘露糖	–	–	+	+
甘露醇	–	–	+	+
山梨醇	–	–	–	–
α- 甲基 -D- 葡萄糖苷	–	–	–	–
N- 乙酰葡萄糖胺	–	–	+	+
七叶灵	–	–	+	+
柳醇	–		–	–
纤维二糖	–	–	+	–
麦芽糖	+	–	+	–
乳糖	–	–	–	–
蔗糖	–	–	+	+
海藻糖	–	–	–	–
棉子糖	–	–	–	–
淀粉	–	–	–	–
肝糖	–	–	+	–
龙胆二糖	–	–	–	+
葡萄糖酸盐	–	–	–	–
5- 酮基葡萄糖酸盐	–	–	–	–
产酶特性				

续表

特征	1	2[①]	3	4
氧化酶	–	–	–[②]	+
淀粉酶	–	–	+[②]	+
Tween 20	–	ND	ND[②]	ND
Tween 40	–	ND	ND[②]	ND
Tween 60	–	ND	ND[②]	ND
Tween 80	–	ND	ND[②]	ND
DNA(G+C) 含量 /%	44.2	49.3	37.4[②]	43.8

① 数据来自 Yang et al., 2013。

② 数据来自 Sharma et al., 2014。

注：1 为 FJAT-46582[T]；2 为耐热芽胞杆菌 Bacillus thermotolerans SGZ-8[T]；3 为印度房间芽胞杆菌 Domibacillus indicus DSM 15820[T]；4 为栗褐芽胞杆菌 Bacillus badius DSM 23[T]；+ 表示阳性；– 表示阴性；ND 表示无可利用数据；w 表示弱阳性。

（3）分子特征　菌株 FJAT-46582[T] 的 16S rRNA 基因序列长度为 1396bp（Genbank 序列号是 KY646144）。16S rRNA 基因系统发育分析表明，菌株 FJAT-46582[T] 是芽胞杆菌属的一成员，它与耐热芽胞杆菌 Bacillus thermotolerans SGZ-8[T] 相似性最高，达 97.6%，其次分别是产四氢嘧啶芽胞杆菌 Bacillus ectoiniforman NE-14[T]（97.1%）、印度房间芽胞杆菌 Domibacillus indicus SD111[T]（96.9%）和栗褐芽胞杆菌 Bacillus badius MTCC 1458[T]（96.7%）；菌株 FJAT-46582[T] 与芽胞杆菌属的其余菌株相似性均低于 97%。采用邻近连接法构建的系统进化树显示菌株 FJAT-46582[T] 与芽胞杆菌属的各成员聚在一起（图 3-87），采用最大简约法和最小演化法构建的进化树获得大致相同的拓扑结构（图 3-88 和图 3-89）。

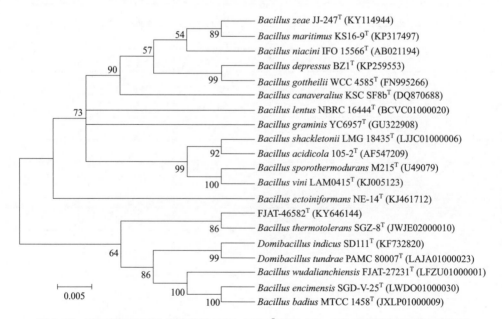

图 3-87　采用邻近连接法构建菌株 FJAT-46582[T] 基于 16S rRNA 基因序列的系统发育树

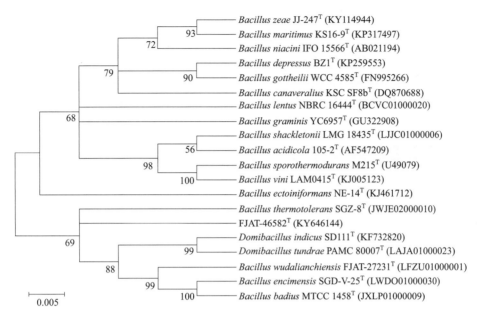

图 3-88　采用最大简约法构建菌株 FJAT-46582^T 基于 16S rRNA 基因序列的系统发育树

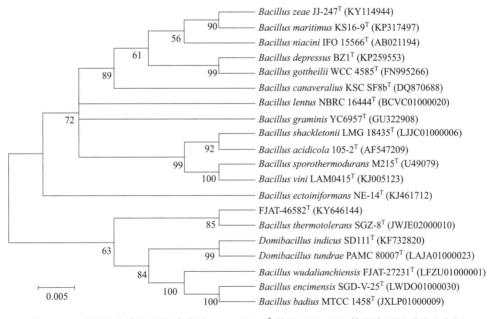

图 3-89　采用最小演化法构建菌株 FJAT-46582^T 基于 16S rRNA 基因序列的系统发育树

① DNA（G+C）含量　基于基因组序列分析，菌株 FJAT-46582^T 的 DNA（G+C）含量 44.2%。

② 基因组 DNA-DNA 同源性和 ANI 分析　基于基因组分析，菌株 FJAT-46582^T 与其亲缘关系较近的耐热芽胞杆菌 *Bacillus thermotolerans* SGZ-8^T 和印度房间芽胞杆菌 *Domibacillus indicus* SD111^T 的 DNA-DNA 同源性分别为 22.9% 和 25.9%，皆远低于种的定义阈值 70%；ANI 分别为 72.3%、69.9%，也远低于种的定义界限 96%。

（4）化学特征

① 脂肪酸检测　由表 3-56 可知，菌株 FJAT-46582^T 脂肪酸主要成分为 *anteiso*-C15:0（19.60%）、*iso*-C15:0（14.36%）、*anteiso*-C17:0（26.45%）和 C16:0（10.46%）。

表 3-56　菌株 FJAT-46582^T 与相关模式菌的脂肪酸成分

脂肪酸	1	2	3	4
C10:0	–	–	–	–
C14:0	2.40	3.77	5.76	3.35
C16:0	10.46	22.9	9.73	4.24
iso-C14:0	0.36	5.19	4.39	2.65
anteiso-C15:0	19.60	4.30	22.61	10.81
iso-C15:0	14.36	8.19	27.65	39.45
iso-C16:0	3.92	26.2	4.33	7.80
C16:1ω11c	5.96	9.78	11.53	4.31
C16:1ω7c alcohol	0.70	8.15	–	3.91
anteiso-C17:0	26.45	3.05	4.93	4.79
iso-C17:0	3.57	2.10	1.68	3.53
Summed Feature 3	2.24	5.09	–	5.16
Summed Feature 4	5.48	<1	1.60	2.95

注：Summed Feature 3 的成分为 16:1ω6c and/or 16:1ω7c；Summed Feature 4 的成分为 17:1 ANTEISO B and/or 17:1 iso I；1 为 FJAT-46582^T；2 为耐热芽胞杆菌 *Bacillus thermotolerans* SGZ-8^T；3 为印度房间芽胞杆菌 *Domibacillus indicus* DSM 15820^T；4 为栗褐芽胞杆菌 *Bacillus badius* DSM 23^T；- 表示未检测出。

② 醌组分分析　由图 3-90 可知，菌株 FJAT-46582^T 的醌组分为 MK-7（100%）。

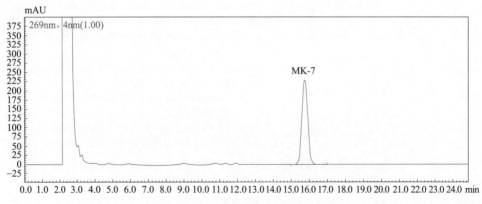

图 3-90　菌株 FJAT-46582^T 的醌组分

③ 细胞壁组分　由图 3-91 可知，菌株 FJAT-46582^T 的细胞壁特征氨基酸组分为 *meso*-DAP。

④ 极性脂分析 由图 3-92 可知，FJAT-46582^T 极性脂组分主要为 DPG、PG、PE 和 PME。

4. 小结

新种资源的中文名为霞浦芽胞杆菌（*Bacillus xiapuensis*）。种名析意：xia.pu.en'sis N.L. masc./fem. adj. *xiapuensis*, belonging to Xiapu County, Ningde City in Fujian Province。菌株 FJAT-46582^T，细胞大小为（0.5 ～ 0.7）μm×（1.6 ～ 2.8）μm，革兰氏阳性，好氧的，芽胞端生，呈椭圆形，靠周生鞭毛运动。菌落直径约为（1.50±0.15）mm，圆形、表面光滑湿润且不透明、隆起、边缘整齐的白色小菌落。pH 值耐受范围是 6.0 ～ 11.0，最适 pH 值为 8.0；NaCl 浓度耐受范围 0 ～ 70g/L，最适 NaCl 浓度为 0g/L；温度耐受范围是 10 ～ 30℃，最适温度 25℃。氧化酶反应呈阴性，接触酶反应呈阳性，硝酸还原反应为阳性，V-P 和甲基红反应呈阴性，不可以产淀粉酶，不可以水解 Tween 20、Tween 40、Tween 60 及 Tween 80。丙酮酸盐利用呈阳性，吲哚产生、精氨酸双水解酶、赖氨酸脱羧酶、鸟氨酸脱羧酶和色氨酸脱氨酶反应呈阴性。能利用甘油、葡萄糖和麦芽糖产酸，但不能利用赤藓醇、L- 阿拉伯糖、核糖、D- 木糖、L- 木糖、果糖、半乳糖、甘露糖、甘露醇、山梨醇、α- 甲基 -D- 葡萄糖苷、N- 乙酰葡萄糖胺、七叶灵、柳醇、纤维二糖、蔗糖、乳糖、海藻糖、棉子糖、淀粉、肝糖、龙胆二糖、葡萄糖盐酸和 5- 酮基葡萄糖酸盐产酸。能产碱性磷酸盐酶、酯酶（C$_4$）、类脂酯酶（C$_8$）、萘酚 -AS-BI- 磷酸水解酶和 α- 葡萄糖苷酶，但不能产类脂酶（C$_{14}$）、白氨酸芳胺酶、缬氨酸芳胺酶、胱氨酸芳胺酶、胰蛋白酶、胰凝乳蛋白酶、酸性磷酸酶、α- 半乳糖苷酶、β- 半乳糖苷酶、β- 糖醛酸苷酶、β- 葡萄糖苷酶、N- 乙酰葡萄糖胺酶、α- 甘露糖苷酶和 β- 岩藻糖苷酶。对强力霉素（多西环素）（30μg）、红霉素（15μg）、庆大霉素（120μg）、新霉素（30μg）、利福平（5μg）、万古霉素（30μg）、庆大霉素（10μg）、苯唑西林（1μg）、多黏菌素 B（300μg）、青霉素 G（10μg）、头孢唑啉（30μg）、氨苄西林（10μg）、氯霉素（30μg）、四环素（30μg）、阿米卡星（30μg）和卡那霉素（30μg）敏感，对克林霉素（2μg）、链霉素（300μg）、链霉素（10μg）和阿奇霉素（15μg）有抗性。菌株 FJAT-46582T 脂肪酸主要成分为 *anteiso*-C15:0（19.60%）、*iso*-C15:0（14.36%）、*anteiso*-C17:0（26.45%）和 C16:0（10.46%）；醌组分为 MK-7（100%），细胞壁特征氨基酸组分为 meso-DAP；极性脂组分主要为 DPG、PG、PE 和 PME 与其最相近模式菌株耐热芽胞杆菌 *Bacillus thermotolerans* SGZ-8^T 的 *is*DDH 同源性为 22.9%，DNA（G+C）含量（摩尔分数）为 44.2%。

模式菌株 FJAT-46582^T（= CCTCC AB 201747^T），分离自福建宁德（霞浦）三沙东三村海岸，潮间滩涂（26°55'N, 120°7'E）。

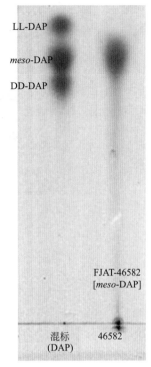

图 3-91 菌株 FJAT-46582^T 细胞壁特征氨基酸组分

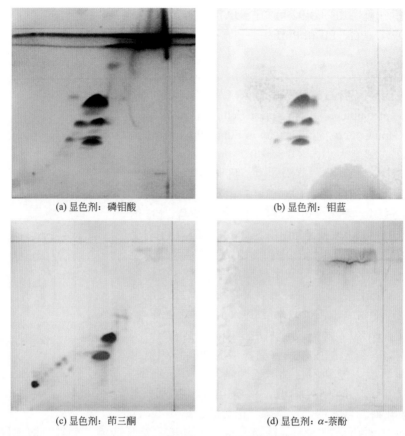

(a) 显色剂：磷钼酸　　　　　　　　(b) 显色剂：钼蓝

(c) 显色剂：茚三酮　　　　　　　　(d) 显色剂：α-萘酚

图 3-92　菌株 FJAT-46582^T 极性脂组分

六、讨论

1. 芽胞杆菌的分离

芽胞杆菌是海洋环境中一个重要的细菌类群，广泛分布在海洋各种环境中，如近海岸、海水、海洋沉积物等。对于海洋环境中微生物的研究开发，在我国持续有文献报道。但以往的研究者对我国近海域环境中可培养细菌群落多样性做了大量的调查研究，昝帅君（2015）、黄备等（2017）和孙静（2014）研究了辽河口沉积环境、椒江口海域和中国黄东海近岸海域，孙风芹等（2008）分析了南海南沙海域沉积物中可培养微生物及其多样性，张健等（2010）研究了黄海西北近岸沉积物中细菌群落空间分特征，而对海洋环境中芽胞杆菌多样性的研究较少见有报道。

研究利用福建福州（连江）、漳州（云霄等）和宁德（霞浦）三个地点采集 51 份沉积物样本，通过纯培养技术，在不同条件下分离鉴定了样本中的芽胞杆菌的种类，得出结论，获得芽胞杆菌菌株 993 株，芽胞杆菌种类有 107 种，其中芽胞杆菌属占绝大多数，约占总数的 60%。有 47 种中国分布种，60 种中国新记录芽胞杆菌种类和 9 株芽胞杆菌新种资源。获得中国新记录芽胞杆菌种类占总类群的 61% 左右，说明福建省沿海域含有丰富的芽胞杆菌资源。

2. 芽胞杆菌环境分布多样性分析

本节利用福建福州（连江）、漳州（云霄等）和宁德（霞浦）三个地点采集样本中的43份沉积物样本，对芽胞杆菌环境分布多样性进行分析。结论：

① 在常规条件下，从福建省福州（连江）、漳州（云霄等）、宁德（霞浦）三个沿海地区的43份滩涂沉积物样本中分离获得了621株菌，隶属于11属69种，分别为芽胞杆菌属、虚构芽胞杆菌属、喜盐芽胞杆菌属、海芽胞杆菌属、纤细芽胞杆菌属、赖氨酸芽胞杆菌属、大洋芽胞杆菌属、类芽胞杆菌属、嗜冷芽胞杆菌属、土地芽胞杆菌属和枝芽胞杆菌属，其中芽胞杆菌属有47个种，是这三个地区的优势属，同时也发现有5株芽胞杆菌与它们的最近模式菌的相似性小于98%，根据两株菌之间16S rRNA基因序列相似性低于98.65%时，可初步判定为两个不同的种（Kim et al., 2014），由此这5株菌可视为潜在新种。

② 在温度55~60℃下，三个地区分离获得了84株菌，隶属于8个属26种，分别为芽胞杆菌属、尿素芽胞杆菌属、短胞杆菌属、好氧胞杆菌属、赖氨酸芽胞杆菌属、地芽胞杆菌属、类芽胞杆菌属和枝芽胞杆菌属，芽胞杆菌属也为该条件下三个地区的优势菌属。另外，有2株与其最近模式菌的相似性＜98%，为潜在的新种。

③ 在NaCl浓度为20%的培养条件下，分离获得了67株菌，隶属于3属9种，分别为喜盐芽胞杆菌属、海芽胞杆菌属和深海芽胞杆菌属。在3个条件下都有其独特的芽胞杆菌类群，常规条件下的纤细芽胞杆菌属、大洋芽胞杆菌属等，在高温条件下的好氧芽胞杆菌属和尿素芽胞杆菌属，而深海芽胞杆菌属仅在高盐条件下分离获得，也有共同的芽胞杆菌类群，如在常规条件和高温条件下均分离到芽胞杆菌属、类芽胞杆菌属、赖氨酸芽胞杆菌属和枝芽胞杆菌属，喜盐芽胞杆菌属和海芽胞杆菌属分布在高盐条件下和常规条件下。这说明芽胞杆菌种类丰富，生存能力强，能在多种条件下生长。同时预示着我省沿海地区蕴藏着较丰富的芽胞杆菌资源。

比较每个地区的种属分布特点，发现福建沿海地区芽胞杆菌种类的分布和数量差异较大。结合生物多样性指数，发现不同地区的多样性Shannon指数（H）次序为福州（连江）＞宁德（霞浦）＞漳州（云霄等）、均匀度Pielou指数（J）次序为宁德（霞浦）＝福州（连江）＞漳州（云霄等）、优势度Simpson指数（λ）次序为漳州（云霄等）＞宁德（霞浦）＞福州（连江）。这些结果说明了芽胞杆菌资源种类Shannon指数最高的是福州（连江）地区，多样性最高，但是芽胞杆菌资源分布均匀度指数较高的是宁德（霞浦）和漳州（云霄等）地区，均匀度指数最低的是福州（连江）地区，所以漳州（云霄等）与宁德（霞浦）地区的芽胞杆菌群落比较稳定，多样性较低，而福州（连江）地区的芽胞杆菌多样性高，但群落分布差异较大。综合以上研究说明在海域沉积物中蕴藏着较丰富的芽胞杆菌资源，芽胞杆菌类群的分布较广泛，不同的沉积物中的芽胞杆菌菌群具有一定的相似。

3. 芽胞杆菌季节分布多样性分析

红树林是生物多样性高度浓缩的生态关键区，有较高的微生物丰度和多样性（Mishra et al., 2012），研究表明，芽胞杆菌(Bacillus-like)是红树林滩涂沉积物区系中常见的细菌类群（王海琪等，2011）。崔莹等（2014）发现八门湾红树林滩涂沉积物中存在着丰富的芽胞杆菌资源，芽胞杆菌属为其中的优势属，占分离菌株的70.8%。Shome等（1995）研究表明，印度南部的Andaman红树林沉积物中芽胞杆菌属占细菌区系的50%；Mishra等（2012）的研究得出结果，芽胞杆菌也为印度 Bhitarkanika 热带红树林境滩涂沉积物细菌中的优势类群。李元跃和吴文林（2004）也发现芽胞杆菌属是福建漳江口红树林湿地自然保护区滩涂沉积物细菌的优势属。根据王海琪等（2011）的研究结果，芽胞杆菌属也是厦门凤林湾红树林区滩涂沉积物可培养细菌的主要类群之一。

细菌群落结构与季节变化相关。本章节从春夏两季漳州（云霄等）云霄红树林根际滩涂沉积物样本中分离获得了 253 株芽胞杆菌，结合 16S rRNA 基因序列鉴定发现，这些菌株隶属于 7 属 55 种，7 个属分别为芽胞杆菌属、虚构芽胞杆菌属、喜盐芽胞杆菌属、深海芽胞杆菌属、赖氨酸芽胞杆菌属、大洋芽胞杆菌属和土地芽胞杆菌属。春夏两季中芽胞杆菌的每个属的空间分布存在很大差异，大洋芽胞杆菌属和深海芽胞杆菌属仅在春季样本中分离获得，土地芽胞杆菌属和赖氨酸芽胞杆菌属仅分布在夏季滩涂沉积物样本中。综合分析物种多样性指数，发现不同季节芽胞杆菌物种多样性程度存在着差异。夏季的多样性 Shannon 指数（H）低于春季，均匀度 Pielou 指数（J）次序为春季高于夏季，春季样本中芽胞杆菌多样性比夏季丰富且差异较小。从芽胞杆菌的含量上可知，春季样本芽胞杆菌的总中含量达 3.467×10^5 CFU/g，是夏季样本的 1.16 倍，说明春季样本有较丰富的芽胞杆菌资源多样性。本章节分析了不同季节下沉积物中芽胞杆菌的分布含量，比较其不同季节下沉积物中芽胞杆菌多样性差异，在探究季节对芽胞杆菌群落组成的差异和芽胞杆菌多样性的影响。为其在红树林生态系统中的功能研究以及在工农业、医药与环境等领域的应用研究提供微生物资源和技术参考。

4. 细菌群落多样性分析

研究采用 Illumina 高通量测序平台对福建 3 个沿海城市近海域沉积物细菌群落多样性进行分析，基于多样性结果结合可培养法，分离获得了大量的芽胞杆菌资源，并对其中的潜在新种进行了多相分类研究，具体研究结果如下：

① 应用 Illumina MiSeq 高通量测序技术，分析了福建省福州（连江）、漳州（云霄等）和宁德（霞浦）三个地区近海域沉积物细菌多样性，共获得了 4283227 有效序列，OTUs 数目为 16686，共获得细菌 61 门 173 纲 1446 属和 3074 种。三个地区样本中均以变形菌门为优势门，其次为厚壁菌、绿弯菌门、拟杆菌门、酸杆菌门和放线菌门。漳州（云霄等）地区细菌丰度最高，其次是福州（连江），最低的为宁德（霞浦）。漳州（云霄等）地区土样有较丰富的细菌多样性，但差异不显著。热图分析表明微生物群落结构与样本地理分布相关，相同区域的样本在一定程度上存在着相似的细菌群落结构。福州（连江）地区土样和漳州（云霄等）地区土样微生物受环境因子有机碳和全氮的含量影响较大，受环境因子水溶性盐总量的影响较小，但宁德（霞浦）地区的与之相反。

② 漳州（云霄等）云霄红树林根际春季和夏季滩涂沉积物微生物多样性研究表明，获得有效序列 1636973 条，OTUs 为 8743，获得 53 门 146 纲 1019 属和 1966 种细菌。春夏季节滩涂沉积物的细菌群落结构不同，夏季样本的细菌数量和种类皆高于春季样本。其主要细菌为变形菌门、绿弯菌门、酸杆菌门和硝化螺旋菌门。综合分析两个季节样本的丰富度和多样性指数，发现夏季滩涂沉积物的各样本具有更丰富的微生物群落；而两个季节的样本多样性指数较相近，均含有丰富的细菌群落多样性且差异均较小。热图分析表明夏季样本与春季样本之间的细菌群落差异较大，但夏季各个样本之间有着相似的细菌群落结构。红树林根际滩涂沉积物春季和夏季细菌差异分析，揭示了变形菌门、绿弯菌门、酸杆菌门、硝化螺旋菌

门、厚壁菌门和浮霉菌门等具有显著性差异（$P < 0.05$）。环境因子有机碳对春夏季土样中的群落分布和种类分布间相关程度较大。夏季样本之间的空间距离较大，样本之间的差异性较大，受环境因子的影响程度差异较大。而春季各样本受环境因子的影响更大，受环境因子水溶性盐总量的影响较大，受环境因子全氮的影响最小。

A. 基于常规海洋细菌分离法，从福建省福州（连江）、漳州（云霄等）、宁德（霞浦）三个沿海地区的 43 份滩涂沉积物样本中分离获得了 621 株菌，隶属于 11 属 69 种，其中芽胞杆菌属是这三个地区的优势属，同时也发现 5 株芽胞杆菌潜在新种。

B. 基于高通量测序结果进行分离，获得 11 属 18 种，其中含有未分类的 8 种隶属于 8 属。

C. 温度 55～60℃下，分离获得了 84 株菌，隶属于 8 属 26 种，另外，有 2 株潜在的新种；20% NaCl 浓度下，分离获得了 67 株菌，隶属于 3 属 9 种。从高通量测序结果可知福建沿海地带存在大量未分类的芽胞杆菌，基于高通量测序结果，设计选择培养基进行分离，获得了更多的芽胞杆菌种类。

D. 比较每个地区的种属分布特点，发现福建沿海地区芽胞杆菌种类的分布和数量差异较大。结合生物多样性指数，发现不同地区的多样性 Shannon 指数（H）次序为福州（连江）＞宁德（霞浦）＞漳州（云霄等），均匀度 Pielou 指数（J）次序为宁德（霞浦）＝福州（连江）＞漳州（云霄等），优势度 Simpson 指数（λ）次序为漳州（云霄等）＞宁德（霞浦）＞福州（连江）。芽胞杆菌资源种类 Shannon 指数最高的是福州（连江）地区，多样性最高。

从红树林根际滩涂沉积物样本中共获得 253 株芽胞杆菌，结合 16S rRNA 基因序列鉴定发现，这些菌株隶属于 7 属 55 种。夏春两季样本中芽胞杆菌分布存在很大差异，大洋芽胞杆菌属和深海芽胞杆菌属仅在春季样本中分离获得，土地芽胞杆菌属和赖氨酸芽胞杆菌属仅分布在夏季滩涂沉积物样本中。夏季的多样性 Shannon 指数（H）低于春季，均匀度 Pielou 指数（J）次序为春季高于夏季，春季样本中芽胞杆菌多样性比夏季丰富且差异较小。

发现国内新记录种 60 个，芽胞杆菌潜在新种 9 株，选择其中 1 株 FJAT-46582[T] 进行了多相分类鉴定，确定了其是芽胞杆菌属的 1 个新种，为 *Bacillus xiapuensis* sp.nov.。

第三节
台湾省芽胞杆菌资源分析

一、台湾省芽胞杆菌的研究

台湾省位于中国大陆东南沿海的大陆架上，跨温带与热带之间，属于热带和亚热带气候。台湾省是我国多雨的湿润地区之一，年平均降雨量多在 2000mm 以上。受海洋性季风调节，台湾省的年平均温度，除高山外约在 22℃。台湾省岛地形中间高、两侧低。以纵贯南北的中央山脉为分水岭，分别渐次地向东、西海岸跌落。

特殊的环境气候类型、地形特征和名贵资源的存在决定了台湾省生态丰富而多样，因此可能存在丰富的芽胞杆菌资源。但目前对台湾省芽胞杆菌多样性的研究仅局限于苏云金芽胞杆菌（Chak et al., 1994；Chen F.C. et al., 2004），对于各地区芽胞杆菌种类系统的分布尚未见报道。鉴于此，本章节对台湾省不同地区土壤中芽胞杆菌种类的多样性及其分布规律进行调查分析。

二、研究方法

1. 试验材料

（1）样本采集　土样采集于台湾省9个地区，采用五点采样法分别取5～20cm深度的土壤，混合后装入采集袋，带回实验室进行分离。土壤样品采集地信息详见表3-57。

表 3-57　芽胞杆菌土样采集信息

土样编号	台湾省市县	采集地点	采集时间
FJAT-4593（基隆野柳1）	基隆市	野柳地质公园	2011-08-29
FJAT-4596（基隆野柳2）		野柳地质公园	2011-08-29
FJAT-4592（基隆野柳3）		野柳地质公园	2011-08-29
FJAT-4570（台北阳明山1）	台北市	台北阳明山花钟	2011-08-28
FJAT-4569（台北阳明山2）		台北阳明山蒋介石雕像下	2011-08-28
FJAT-4568（台北士林官邸1）		台北士林官邸芭乐树下	2011-08-28
FJAT-4566（台北士林官邸2）		台北士林官邸白千层树下	2011-08-28
FJAT-4567（台北士林官邸3）		台北士林官邸草坪土	2011-08-28
FJAT-4559（桃园慈湖1）	桃园县	慈湖石像群	2011-08-27
FJAT-4561（桃园慈湖2）		慈湖蒋寝	2011-08-27
FJAT-4564（桃园大溪）		桃园大溪九里香	2011-08-27
FJAT-4562（桃园慈湖3）		慈湖黄花槐	2011-08-27
FJAT-4575（桃园中坜）		中坜高速休息区	2011-08-29
FJAT-4574（新竹食品所）	新竹县	新竹食品研究所	2011-08-29
FJAT-4576（苗栗西湖）	苗栗县	西湖高速休息区	2011-08-30
FJAT-4572（台中农大）	台中市	台大农学院	2011-08-29
FJAT-4582（南投中台寺）	南投县	中台寺	2011-08-27
FJAT-4577（南投日月潭1）		日月潭日潭	2011-08-30
FJAT-4579（南投日月潭2）		日月潭宏观寺	2011-08-30
FJAT-4583（南投台一农场）		台一农场	2011-08-31
FJAT-4580（嘉义大学）	嘉义市	嘉义大学草坪土	2011-08-31
FJAT-4587（高雄农友1）	高雄市	高雄农友种业	2011-09-01
FJAT-4585（高雄农友2）		高雄农友种业	2011-09-01

（2）仪器与试剂

1）培养基

① 牛肉膏蛋白胨培养基（NA）　蛋白胨 10g、牛肉膏 3g、氯化钠 5g、琼脂 18g 和 1L 去

离子水。

② TSBA 培养基　胰蛋白脉大豆肉汤（trypticase soy broth，TSB)30g、15g 琼脂和 1L 去离子水，TSB 购于 BD 公司。

2）仪器

① PCR　UVP Gel Doc-It TS Imaging System 凝胶成像仪、Biometra 温度梯度 PCR 仪、PowerPac Basic BIO-RAD 电泳仪、离心机（eppendorf Centrifuge 5418R）。

② 脂肪酸提取　安捷伦 7890N 气相色谱、Sherlock MIDI 系统、IKA VORTEX GENIUS 型振荡器，STIK 型恒温培养箱，GHCHENG 型摇床，CU600 型恒温水浴箱，XW-80A 旋涡混合器，KQ 5200E 型超声波清洗器，METTLER TOLEDO AL104 型电子天平，10mL 带聚四氟乙烯塞的玻璃瓶等，所有的玻璃器皿均须在烘干箱中烘干。

3）试剂

① PCR　DNA 提取采用 TioTeke 细菌提取试剂盒（北京百泰克生物技术有限公司），鉴定采用细菌通用 16S rDNA 引物 9F 和 1542R，gyrB 基因测序采用引物 UP1 和 UP2r，引物由上海生物工程有限公司合成。PCR 反应试剂：10×Buffer，dNTP（10mM/each），Taq 酶（2.5U/μL）（上海博尚生工生物工程技术服务有限公司），Taq PCR Master Mix（上海生物工程有限公司），100bp Marker（上海英骏生物技术有限公司），EB 染色。

② 脂肪酸提取

A. 皂化试剂：取 150mL 甲醇试剂和 150mL 水混合后加入 45g NaOH，使 NaOH 完全溶解。

B. 甲基化试剂：量取 325mL 6mol/L 的盐酸加入 275mL 甲醇中，混合均匀。

C. 萃取试剂：加 200mL 甲基叔丁基醚到 200mL 正己烷中，混合均匀。

D. 碱洗液：在 900mL 去离子水中加入 9g NaOH，搅拌至完全溶解。

E. 饱和 NaCl 溶液：在 100mL 去离子水中加入 40g NaCl。试验所需有机试剂均为色谱级，购于 Sigma 公司，无机试剂均为优级纯。

③ 其他　5% 孔雀绿水溶液、0.5% 番红水溶液，细菌微型生理生化鉴定管（北京路桥有限公司），体视显微镜。

2. 试验方法

（1）菌株的分离与保存　采用平板稀释梯度法，分别称取土壤标本 10g 至装有 90mL 无菌水的锥形瓶中，振荡 20min，80℃ 水浴 10min，并且每隔 5min 振荡 1 次。吸取 1mL 原液至装有 9mL 无菌水的试管，即配成 10^{-2} 浓度，再依次稀释成 10^{-3}、10^{-4} 浓度；各取 100μL 稀释液涂于 NA 平板上，每个梯度重复 3 次。30℃ 恒温箱培养 1～2d，统计平板上的菌落数，描述菌落形态、大小等，挑取单菌落后纯化，-80℃ 甘油保存待用。

（2）菌株的芽胞染色观察　加 1～2 滴无菌水于小试管中，用接种环从平板上挑取 2～3 环的菌体于试管中并充分打匀，制成浓稠的菌液；加 5% 孔雀绿水溶液 2～3 滴于小试管中，用接种环搅拌使染料与菌液充分混合；将此试管浸于沸水浴（烧杯），加热 15～20min；用接种环从试管底部挑数环菌液于洁净的载玻片上，做成涂片、晾干；将涂片通过酒精灯火焰 3 次；用水洗直至流出的水中无孔雀绿颜色为止；加番红水溶液染色 5min 后，倾去染色液，不用水洗直接用吸水纸吸干；先低倍，再高倍镜观察、拍照。

（3）芽胞杆菌的生理生化实验　活化菌株直接接种细菌微型生理生化鉴定管，用无菌石蜡封口，培养箱中培养一定时间，加入指示剂观察接菌后的生理反应变化、记录。

（4）芽胞杆菌的 16S rDNA 鉴定　采用细菌提取试剂盒提取 DNA。采用细菌通用 16S rDNA 引物 9F 5'-GAG TTT GAT CCT GGC TCA G-3'（9-27）和 1542R 5'-AGA AAG GAG GTG ATC AGC CC-3'（1542-1525）进行 16S rDNA 序列扩增。PCR 反应体系（25μL）：2.5μL 10× Buffer、0.5μL 10mmol/L dNTP、引物各 1μL、0.3μL（5U/μL）的 *Taq* 酶和 1μL DNA 模板。

① PCR 反应程序：94℃ 预变性 5min，94℃ 变性 30s，55℃ 退火 45s，72℃ 延伸 1min 30s，35 个循环，最后 72℃ 延伸 10min。

② PCR 产物的检测：取 2μL PCR 产物，点样于 1.5% 的琼脂糖凝胶中，以 100bp Marker 作为标准分子量，100V 电压，电泳 40min，EB 染色，用凝胶成像系统观察结果。PCR 产物由上海博尚生物技术有限公司进行测序。

测序结果所得到序列在细菌 16S rDNA 序列比对网站 EZtaxon-e.ezbiocloud.net（Kim et al.，2012）上进行序列比对分析，并进行系统进化分析。在 Genbank 提交获得序列号。用 ClustalX（Thompson et al.，1997）软件进行多重序列比对，然后利用 MEGA4.0 软件构建系统进化树，采用 Neighbor-Joining 法进行聚类分析，同时 Bootstrap 取值 1000 次进行重复验证进化树的可靠性。

（5）芽胞杆菌的脂肪酸鉴定　试验方法参照 MIDI 操作手册（Sherlock microbial identification system，Version4.5）。具体如下：

① 芽胞杆菌的培养　将微生物在 TSBA 平板培养基上划线后置于 28℃ 恒温培养箱中培养 24h。

② 菌株的获取　用接种环（直径约 2mm）挑取培养好的菌体约 40mg 至耐酸耐碱管中（100mm×130mm）。

③ 皂化　在耐酸耐碱管加入 1.0mL 的皂化试剂，涡旋振荡 5～10s 后，于沸水浴中水浴 5min，稍冷却后振荡 5～10s，沸水中继续水浴 25min，然后移至室温冷却。

④ 甲基化　向每个耐酸耐碱管中加入 2.0mL 甲基化试剂，涡旋振荡数秒后，80℃ 水浴 10min，从水浴锅中取出耐酸耐碱管在流动水中迅速将其冷却至室温。

⑤ 萃取　向耐酸耐碱管中加入 1.25mL 萃取试剂，将耐酸耐碱管放置于旋转式混合振荡仪上温和振荡 10min 后，去掉下层似水相，保留上层有机相。

⑥ 基本洗涤　向耐酸耐碱管中加入 3.0mL 洗涤液，在旋转式混合振荡仪上温和振荡 5min。静置几分钟，取上层有机相到 GC 小瓶中共气相色谱检测。

分析仪器采用美国 Agilent 7890N 气相色谱系统进行检测。检测程序为：二阶程序升高柱温，170℃ 起始，每分钟升温 5℃，升温至 260℃，而后再每分钟升温 40℃，升温至 310℃，维持 90s；汽化室温度 250℃、检测器温度 300℃；载气为氢气（2mL/min），尾吹气为氮气（30mL/min）；柱前压 68.95kPa；进样量 1μL，进样分流比 100∶1。

（6）芽胞杆菌 *gyrB* 基因的鉴定　采用简并引物 UP1（5'-GAA GTC ATC ATG ACC GTT CTG CAY GCN GGN GGN AAR TTY GA-3'）和 UP2r（5'-AGC AGG GTA CGG ATG TGC GAG CCR TCN ACR TCN GCR TCN GTC AT-3'）（Y 代表 C 或者 T，R 代表 A 或者 G，N 代表 A、T、G 或 C）对 FJAT-14445、FJAT-14478、FJAT-14479、FJAT-14486、FJAT-14502、FJAT-14521、FJAT-14529、FJAT-14541、FJAT-14554、FJAT-14560、FJAT-14563、FJAT-14570、FJAT-14572、FJAT-14577、FJAT-14585、FJAT-14586、FJAT-14594、FJAT-14604、FJAT-14424、FJAT-14426、FJAT-14430、FJAT-14446、FJAT-14451、FJAT-14452、FJAT-14484、FJAT-14490、FJAT-14533、FJAT-14537、FJAT-14539 和 FJAT-14584 等蜡样芽胞杆菌群菌株和巨大

芽胞杆菌菌株进行 *gyrB* 基因序列扩增。

① PCR 反应体系（25μL）：12.5μL PCR Mix；1μL 10μmol/L UP1；1μL 10μmol/L UP2R；18.5μL ddH$_2$O。

② PCR 反应程序：94℃预变性 5min；94℃变性 30s，58℃退火 1min，72℃延伸 1min，重复 35 个循环，最后 72℃延伸 10min。

③ PCR 产物的检测：取 2μL PCR 产物，点样于 1.5% 的琼脂糖凝胶中，以 100bp Marker 作为标准分子量，100V 电压，电泳 40min，EB 染色，用凝胶成像系统观察结果。PCR 产物由华大基因有限公司进行测序。

测序结果所得到序列在 NCBI 网站上进行序列比对分析，并进行系统进化分析。用 ClustalX 软件进行多重序列比对，然后利用 MEGA4.0 软件构建系统进化树，采用 Neighbor-Joining 法进行聚类分析，同时 Bootstrap 取值 1000 次进行重复验证进化树的可靠性。

（7）芽胞杆菌多样性分析方法　对台湾省从北向南各采集样本和各地区芽胞杆菌种类及所占的比例进行统计，比较分析其分布规律。统计各样本和地区的优势菌群、常见分布种类及特异性种类。选用 Shannon 多样性指数（H）、优势度 Simpson 指数（λ）和均匀度 Pielou 指数（J）讨论芽胞杆菌各采集样本的多样性特征。

多样性指数 H 的计算公式为：

$$H=-\sum P_i \ln P_i$$

式中，$P_i=N_i/N$，N_i 表示处理 i 的芽胞杆菌种类数；N 为总芽胞杆菌种类。

优势度指数 λ 的计算公式为：

$$\lambda=1-\sum P_i^2$$

式中，P_i 指处理 i 的芽胞杆菌种类数占总芽胞杆菌的比例。

均匀度指数 J 的计算公式为：

$$J=-\sum P_i \ln P_i/\ln S$$

式中，S 为群落中芽胞杆菌的总种类数。

通过多样性指数平均值来比较各县市芽胞杆菌种类多样性特征。以台湾省种类最多的阿氏芽胞杆菌（*Bacillus aryabhattai*）、苏云金芽胞杆菌（*Bacillus thuringiensis*）和炭疽芽胞杆菌（*Bacillus anthracis*）为指标，分析其 16S rDNA 序列，用 ClustalX 软件进行多重序列比对，然后利用 MEGA4.0 软件构建系统进化树研究芽胞杆菌的地理分化特征。台湾省芽胞杆菌多样性的聚类分析，以芽胞杆菌种类为样本，以台湾省各县市为指标构建矩阵，采用欧氏距离类平均聚类法，用 SPSS 软件运算，分析各种芽胞杆菌在各地区的分布范围；以芽胞杆菌种类为指标，台湾省各县市为样本构建矩阵，用欧氏距离和类平均聚类法进行分析，用 SPSS 软件运算，以分析各地区芽胞杆菌种类特征。

对台湾省芽胞杆菌数量分析主要统计各样本和各地区每种芽胞杆菌的平均含量，分析从北向南台湾芽胞杆菌的分布规律。脂肪酸生物标记分析，选用 Shannon 多样性指数（H）、优势度 Simpson 指数（λ）和均匀度 Pielou 指数（J）讨论芽胞杆菌各采集样本和每个地区的多样性特征。台湾省脂肪酸标记通过平均脂肪酸含量利用 DPS 软件进行主成分分析，并对含量最多的巨大芽胞杆菌（*Bacillus megaterium*）和蜡样芽胞杆菌（*Bacillus cereus*）利用 DPS 软件进行方差分析，以芽胞杆菌脂肪酸含量为指标，各市县巨大和蜡样芽胞杆菌为样本，用欧氏距离最短距离构建矩阵，研究台湾芽胞杆菌脂肪酸的地理分化特征。同样，利用 DPS 软件对巨大芽胞杆菌和蜡样芽胞杆菌生理生化特性构建距离矩阵，并用 ClustalX 软件对

其 *gyrB* 基因进行多重序列比对，然后用 MEGA4.0 软件构建系统进化树，研究 *gyrB* 基因鉴定近源种的特点。

三、芽胞杆菌种类区系调查

1. 芽胞杆菌采集分离

（1）菌株分离　从台湾省 9 个县市采集的 23 份土样中，分离、保存芽胞杆菌 154 株。这些菌株的菌落大小、形态各异，从总体来看，可大致分为 25 类，各类形态的代表菌株详见图 3-93 和表 3-58。

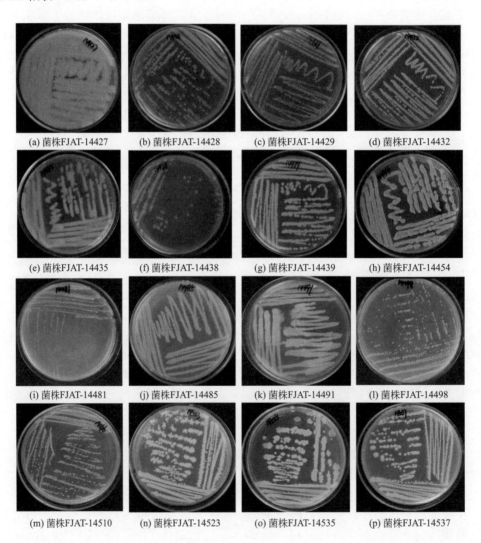

(a) 菌株FJAT-14427	(b) 菌株FJAT-14428	(c) 菌株FJAT-14429	(d) 菌株FJAT-14432
(e) 菌株FJAT-14435	(f) 菌株FJAT-14438	(g) 菌株FJAT-14439	(h) 菌株FJAT-14454
(i) 菌株FJAT-14481	(j) 菌株FJAT-14485	(k) 菌株FJAT-14491	(l) 菌株FJAT-14498
(m) 菌株FJAT-14510	(n) 菌株FJAT-14523	(o) 菌株FJAT-14535	(p) 菌株FJAT-14537

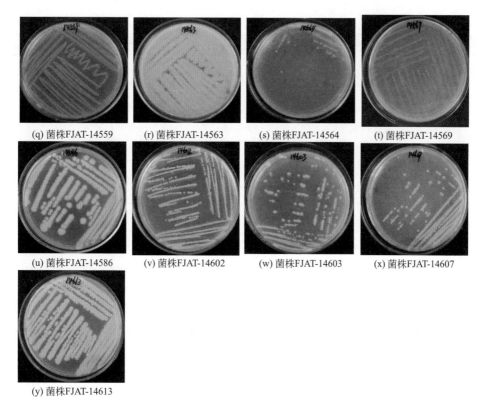

(q) 菌株FJAT-14559　　(r) 菌株FJAT-14563　　(s) 菌株FJAT-14564　　(t) 菌株FJAT-14569

(u) 菌株FJAT-14586　　(v) 菌株FJAT-14602　　(w) 菌株FJAT-14603　　(x) 菌株FJAT-14607

(y) 菌株FJAT-14613

图 3-93　25 种芽胞杆菌代表菌株菌落形态

表 3-58　芽胞杆菌菌落形态特征

菌株编号	菌落形态描述
FJAT-14427	白色、粗糙、丝状、不规则、扁平、不透明、无光泽
FJAT-14428	淡黄、光滑、整齐、扁平、湿润、四周透明、有光泽
FJAT-14429	白色、粗糙、锯齿状、近圆形、扁平、四周透明、无光泽
FJAT-14432	淡黄、粗糙、整齐、圆形、扁平、中凸、不透明、无光泽
FJAT-14435	灰色、光滑、整齐、圆形、隆起、不透明、有光泽
FJAT-14438	灰色、粗糙、整齐、圆形、扁平、半透明、有光泽
FJAT-14439	淡黄、粗糙、整齐、圆形、扁平、中凸、不透明、无光泽
FJAT-14454	白色、粗糙、锯齿状、不规则、扁平、不透明、无光泽
FJAT-14481	白色、粗糙、整齐、圆形、中间有小褶、不透明、无光泽
FJAT-14485	白色、光滑、整齐、圆形、扁平、不透明、有光泽
FJAT-14491	白色、粗糙、波状、近圆、有褶皱、不透明、无光泽
FJAT-14498	白色、光滑、整齐、圆形、有波状凸起、不透明、无光泽
FJAT-14510	灰色、光滑、整齐、圆形、中凸、有透明圈、有光泽
FJAT-14523	白色、光滑、裂叶状、不规则、凸起、半透明、有光泽
FJAT-14535	淡黄、光滑、锯齿状、近圆、中凸、四周透明、有光泽

续表

菌株编号	菌落形态描述
FJAT-14537	白色、粗糙、整齐、圆形、扁平、不透明、无光泽
FJAT-14559	粉红、光滑、整齐、圆形、湿润、扁平、有透明圈、有光泽
FJAT-14563	白色、粗糙、丝状、不规则、干燥、不透明、无光泽
FJAT-14564	黄色、光滑、波状、圆形、湿润、扁平、透明、有光泽
FJAT-14569	灰色、光滑、整齐、圆形、湿润、扁平、有透明圈、有光泽
FJAT-14586	白色、粗糙、整齐、圆形、湿润、扁平、半透明、无光泽
FJAT-14602	灰色、光滑、整齐、圆形、隆起、半透明、有光泽
FJAT-14603	淡粉色、光滑、整齐、圆形、扁平、四周透明、有光泽
FJAT-14607	黄色、光滑、整齐、圆形、中凸、不透明、有光泽
FJAT-14613	小、灰色、圆形、有光泽、扁平、整齐、半透明

（2）菌落特征　从25个芽胞杆菌代表菌株的菌落可以看出芽胞杆菌在菌落形态上的多态性，各个菌株的菌落在颜色、大小、形状和表面粗糙程度等方面都互不相同：菌落颜色有呈现黄色、白色、灰色和红色，有表面光滑和不光滑，大小不一，有扁平、凸起之分。亲缘关系较近的菌株菌落形态也有差异，菌株 FJAT-14429 和 FJAT-14498 进化距离较近，菌落大小、颜色和光滑度均有差异。菌株 FJAT-14559 和 FJAT-14602 菌落形态几乎完全不同，但鉴定结果显示进化距离较近。许多形态相近的菌株却分为不同的种类，菌株 FJAT-14427 和 FJAT-14563 菌落形态几乎完全一样，分别被鉴定为假蕈状芽胞杆菌和炭疽芽胞杆菌，二者同为蜡样芽胞杆菌群菌株，可见亲缘关系比较近。菌株 FJAT-14435 和 FJAT-14454 菌落形态相近，鉴定结果分析显示进化距离却较远。

2. 芽胞杆菌种类鉴定

DNA 提取。对从台湾省土样中分离出的 154 株芽胞杆菌进行 DNA 提取，从扩增图谱（图 3-94）上可见，各菌株均获得一条大小在 1500bp 左右的特异性条带。

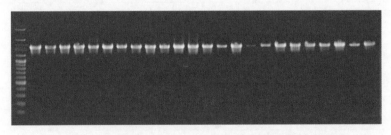

图 3-94　24 株芽胞杆菌 16S rDNA 基因扩增结果的电泳图谱

基因测序。扩增产物送至上海博尚生物技术有限公司进行测序，利用细菌通用引物 9F和 1542R 进行 16S rDNA 序列的 PCR 扩增。种类比对。在 Genbank 提交获得序列号；将测得的 16S rDNA 序列通过网站 EZtaxon-e. ezbiocloud.net 进行比对的结果（表 3-59）表明，这154 个菌株归属于 25 个种。将 25 株芽胞杆菌及其对应参考菌株 16S rDNA 序列通过 Clustal

X 软件进行序列比对，用 MEGA 4 软件构建系统进化树如图 3-95 所示。在 25 种芽胞杆菌中，有 4 种芽胞杆菌在中国范围内未见研究报道，即：病研所芽胞杆菌（*Bacillus idriensis*）、婴儿芽胞杆菌（*Bacillus infantis*）、海洋沉积芽胞杆菌（*Bacillus oceanisediminis*）、污血鸟氨酸芽胞杆菌（*Ornithinibacillus contaminans*），为中国新记录种。

表 3-59　芽胞杆菌 16S rDNA 鉴定结果

菌株编号	学名	中文名称	16S rRNA Genbank 登录号	相似性 /%
FJAT-14491	*Bacillus aerophilus*	嗜气芽胞杆菌	KC013919	100
FJAT-14563	*Bacillus anthracis*	炭疽芽胞杆菌	KC013924	99.82
FJAT-14439	*Bacillus aryabhattai*	阿氏芽胞杆菌	KC013916	100
FJAT-14429	*Bacillus asahii*	丰井氏芽胞杆菌	KC013913	99.87
FJAT-14613	*Bacillus cereus*	蜡样芽胞杆菌	KC013930	100
FJAT-14432	*Bacillus fiexus*	弯曲芽胞杆菌	KC479326	99.16
FJAT-14602	*Bacillus firmus*	坚强芽胞杆菌	KC013927	98.86
FJAT-14607	*Bacillus idriensis*	病研所芽胞杆菌	KC013929	100
FJAT-14559	*Bacillus infantis*	婴儿芽胞杆菌	KC013923	99.81
FJAT-14428	*Bacillus marisflavi*	黄海芽胞杆菌	KC013912	99.71
FJAT-14537	*Bacillus megaterium*	巨大芽胞杆菌	KC479328	99.39
FJAT-14523	*Bacillus mojavensis*	莫哈韦芽胞杆菌	KC479327	98.99
FJAT-14498	*Bacillus muralis*	壁芽胞杆菌	KC013920	100
FJAT-14481	*Bacillus mycoides*	蕈状芽胞杆菌	KC013917	97.98
FJAT-14603	*Bacillus oceanisediminis*	海洋沉积芽胞杆菌	KC013928	98.95
FJAT-14427	*Bacillus pseudomycoides*	假蕈状芽胞杆菌	KC013911	100
FJAT-14435	*Bacillus simplex*	简单芽胞杆菌	KC013914	100
FJAT-14535	*Bacillus soli*	土壤芽胞杆菌	KC013922	98.51
FJAT-14454	*Bacillus subtilis*	枯草芽胞杆菌	KC013931	99.89
FJAT-14586	*Bacillus thuringiensis*	苏云金芽胞杆菌	KC013926	100
FJAT-14510	*Lysinibacillus fusiformis*	纺锤形赖氨酸芽胞杆菌	KC013921	100
FJAT-14485	*Lysinibacillus macroides*	长型赖氨酸芽胞杆菌	KC013918	99.37
FJAT-14564	*Lysinibacillus sphaericus*	球形赖氨酸芽胞杆菌	KC013925	98.81
FJAT-14438	*Lysinibacillus xylanilyticus*	解木聚糖赖氨酸芽胞杆菌	KC013915	99.86
FJAT-14569	*Ornithinibacillus contaminans*	污血鸟氨酸芽胞杆菌	KC479329	98.69

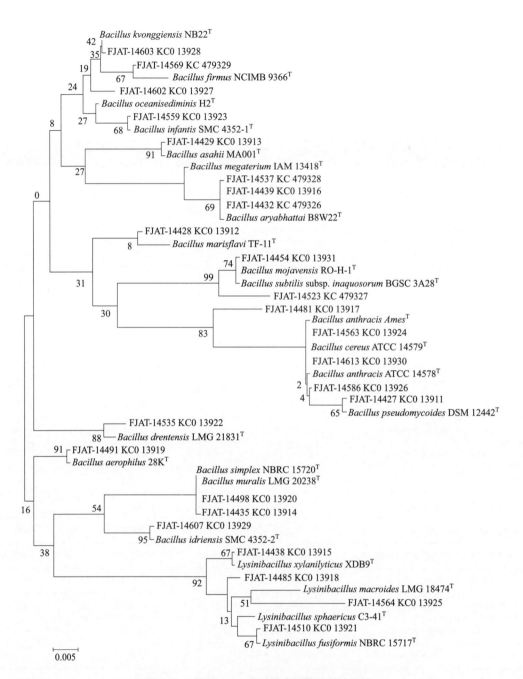

图 3-95　基于 16S rDNA 芽胞杆菌的系统发育

3. 芽胞杆菌系统发育

由图 3-95 可知，所有芽胞杆菌分为 7 大类，其中鉴定为蜡样芽胞杆菌（*Bacillus cereus*）、炭疽芽胞杆菌（*Bacillus anthracis*）和假蕈状芽胞杆菌（*Bacillus pseudomycoides*）的菌株聚在一起，均为蜡样芽胞杆菌群菌株，菌株 FJAT-14563 和菌株 FJAT-14581 分别鉴定为炭疽芽胞杆菌（*Bacillus anthracis*）和蕈状芽胞杆菌（*Bacillus mycoides*），也聚在蜡样芽胞杆菌群之列，可见，在芽胞杆菌属中相近的种其 16S rRNA 在系统发育上各序列差异是比较小的。黄海芽胞杆菌（*Bacillus marisflavi*）和枯草芽胞杆菌（*Bacillus subtilis*）与蜡样芽胞杆菌群菌株距离很近，可见其亲缘关系比较近。解木聚糖赖氨酸芽胞杆菌（*Lysinibacillus xylanilyticus*）、长型赖氨酸芽胞杆菌（*Lysinibacillus macroides*）、纺锤形赖氨酸芽胞杆菌（*Lysinibacillus fusiformis*）和球形赖氨酸芽胞杆菌（*Lysinibacillus sphaericus*）均为赖氨酸芽胞杆菌属（*Lysinibacillus*）菌株，聚在一起，其中长型赖氨酸芽胞杆菌、纺锤形赖氨酸芽胞杆菌和球形赖氨酸芽胞杆菌距离比较近，很有可能它们是由解木聚糖赖氨酸芽胞杆菌进化而来。简单芽胞杆菌（*Bacillus simplex*）和病研所芽胞杆菌（*Bacillus idriensis*）进化距离比较接近，嗜气芽胞杆菌（*Bacillus aerophilus*）单独成一支。阿氏芽胞杆菌（*Bacillus aryabhattai*）和巨大芽胞杆菌（*Bacillus megaterium*）进化距离非常接近，可以分为一个组，朝日芽胞杆菌（*Bacillus asahii*）与其聚在一起成一支。婴儿芽胞杆菌（*Bacillus infantis*）和海洋沉积芽胞杆菌（*Bacillus oceanisediminis*）构成一个分支，坚强芽胞杆菌（*Bacillus firmus*）与其亲缘关系比较近，聚在一起。

四、芽胞杆菌优势种分布

1. 土壤样本芽胞杆菌优势种分布

（1）样方种类分布　由表 3-60 可知，从样本中分离到的 25 个芽胞杆菌种类，台湾省各土壤中芽胞杆菌的数量差距很大，芽胞杆菌数量最多的是采自台北阳明山花钟的土壤［编号 FJAT-4570（台北阳明山）］，达到 $2.225×10^6$CFU/g，数量最少的仅有 $0.5×10^4$CFU/g。采集自同一市（县）的土壤样本，由于其生境的不同，每个样本的芽胞杆菌数量差距也比较大。在大多数土壤样本中，阿氏芽胞杆菌为主要的芽胞杆菌菌群，其次为苏云金芽胞杆菌和炭疽芽胞杆菌。除基隆市土壤样本 FJAT-4592（基隆野柳 3）和新竹县土壤样本 FJAT-4574（新竹食品所）含量最多的芽胞杆菌菌群分别为蕈状芽胞杆菌和长型赖氨酸芽胞杆菌、纺锤形赖氨酸芽胞杆菌，桃园县 5 个土壤样本的主要芽胞杆菌分别为蜡样芽胞杆菌、假蕈状芽胞杆菌、长型赖氨酸芽胞杆菌、巨大芽胞杆菌和解木聚糖赖氨酸芽胞杆菌；另外，高雄市土壤样本 FJAT-4585（高雄农友 2）和 FJAT-4587（高雄农友 1）的主要芽胞杆菌分别为蕈状芽胞杆菌和纺锤形赖氨酸芽胞杆菌，可见各市（县）芽胞杆菌含量会受地域的影响。

表 3-60　台湾省各土壤样本芽胞杆菌数量分布

单位：10^4CFU/g

芽胞杆菌	FJAT-4593	FJAT-4596	FJAT-4592	FJAT-4570	FJAT-4569	FJAT-4568
嗜气芽胞杆菌	0.0	0.0	0.0	0.0	0.0	0.0
炭疽芽胞杆菌	0.0	0.0	0.0	0.0	2.0	8.5
阿氏芽胞杆菌	42.5	8.5	2.5	158.0	4.0	6.5
朝日芽胞杆菌	0.0	0.0	0.0	0.5	0.0	0.0
蜡样芽胞杆菌	6.0	0.0	0.0	3.0	0.0	0.0

续表

芽胞杆菌	FJAT-4593	FJAT-4596	FJAT-4592	FJAT-4570	FJAT-4569	FJAT-4568
弯曲芽胞杆菌	0.0	0.0	0.0	0.0	6.0	0.0
坚强芽胞杆菌	0.0	0.0	0.0	0.0	0.0	0.0
病研所芽胞杆菌	0.0	0.0	0.0	0.0	0.0	0.0
婴儿芽胞杆菌	0.0	0.0	0.0	0.0	0.0	0.0
黄海芽胞杆菌	0.0	0.0	0.0	20.5	0.0	0.0
巨大芽胞杆菌	0.0	4.0	0.0	9.5	0.0	0.0
莫哈维芽胞杆菌	0.0	0.0	0.0	0.0	0.0	0.0
壁芽胞杆菌	0.0	0.0	0.0	0.0	0.0	0.0
蕈状芽胞杆菌	10.0	0.0	13.0	0.0	0.0	0.0
海洋沉积芽胞杆菌	0.0	0.0	0.0	0.0	0.0	0.0
假蕈状芽胞杆菌	0.0	0.0	0.0	7.5	0.0	4.5
简单芽胞杆菌	0.0	0.0	0.0	0.0	2.5	0.0
土壤芽胞杆菌	0.0	0.0	0.0	0.0	0.0	0.0
枯草芽胞杆菌	0.0	0.0	0.0	0.0	0.0	0.0
苏云金芽胞杆菌	0.0	14.5	9.0	23.5	0.0	0.5
纺锤形赖氨酸芽胞杆菌	0.0	0.0	0.0	0.0	0.0	0.0
长型赖氨酸芽胞杆菌	0.0	0.0	0.0	0.0	0.0	0.0
球形赖氨酸芽胞杆菌	0.0	0.0	0.0	0.0	0.0	0.0
解木聚糖赖氨酸芽胞杆菌	0.0	0.0	1.5	0.0	1.5	0.0
污血鸟氨酸芽胞杆菌	0.0	0.0	4.5	0.0	0.0	0.0
总计	58.5	27.0	30.5	222.5	16.0	20.0
芽胞杆菌	FJAT-4566	FJAT-4567	FJAT-4559	FJAT-4561	FJAT-4564	FJAT-4562
嗜气芽胞杆菌	0.0	0.0	0.0	0.0	2.0	0.0
炭疽芽胞杆菌	0.0	5.5	0.0	0.0	1.5	0.0
阿氏芽胞杆菌	15.0	1.5	7.0	0.5	5.0	0.5
朝日芽胞杆菌	0.0	0.0	0.0	0.0	0.0	0.0
蜡样芽胞杆菌	2.5	0.0	10.0	0.0	0.0	2.0
弯曲芽胞杆菌	0.0	0.0	0.0	0.0	0.0	0.0
坚强芽胞杆菌	0.0	0.0	0.0	0.0	0.0	0.0
病研所芽胞杆菌	0.0	0.0	0.0	0.0	0.0	0.0
婴儿芽胞杆菌	0.0	0.0	0.0	0.0	0.0	0.0
黄海芽胞杆菌	0.0	0.0	0.0	0.0	0.0	0.0
巨大芽胞杆菌	0.0	0.0	2.0	0.0	0.0	2.5
莫哈维芽胞杆菌	0.0	0.0	0.0	0.0	0.0	0.0
壁芽胞杆菌	0.0	0.0	0.0	0.0	0.0	0.0

续表

芽胞杆菌	FJAT-4566	FJAT-4567	FJAT-4559	FJAT-4561	FJAT-4564	FJAT-4562
蕈状芽胞杆菌	0.0	0.0	0.0	0.0	0.0	0.0
海洋沉积芽胞杆菌	0.0	0.0	0.0	0.0	0.0	0.0
假蕈状芽胞杆菌	4.5	0.0	0.0	1.0	0.0	0.0
简单芽胞杆菌	7.0	0.0	0.0	0.0	0.0	0.0
土壤芽胞杆菌	0.0	0.0	0.0	0.0	0.0	0.0
枯草芽胞杆菌	0.5	0.0	0.0	0.0	0.0	0.0
苏云金芽胞杆菌	0.0	0.0	0.0	0.0	0.5	0.0
纺锤形赖氨酸芽胞杆菌	0.0	0.0	0.0	0.0	0.0	1.0
长型赖氨酸芽胞杆菌	0.0	0.0	0.0	0.0	7.5	0.0
球形赖氨酸芽胞杆菌	0.0	0.0	0.0	0.0	0.0	0.0
解木聚糖赖氨酸芽胞杆菌	0.0	0.0	0.5	0.0	0.0	0.5
污血鸟氨酸芽胞杆菌	0.0	0.0	0.0	0.0	0.0	0.0
总计	29.5	7.0	19.5	1.5	16.5	6.5

芽胞杆菌	FJAT-4575（桃园中坜）	FJAT-4574（新竹食品所）	FJAT-4576（苗栗西湖）	FJAY-4572（台中农大）	FJAT-4582（南投中台寺）	FJAT-4577（南投日月潭1）
嗜气芽胞杆菌	0.0	0.0	0.0	1.5	0.0	0.0
炭疽芽胞杆菌	0.0	0.0	0.0	0.0	0.0	4.5
阿氏芽胞杆菌	1.5	0.0	87.0	61.5	1.0	0.0
朝日芽胞杆菌	0.0	0.0	0.0	0.0	0.0	0.0
蜡样芽胞杆菌	0.0	0.0	2.5	2.5	0.0	0.0
弯曲芽胞杆菌	0.0	0.0	0.0	0.0	0.0	0.0
坚强芽胞杆菌	0.0	0.0	5.5	0.0	0.0	0.0
病研所芽胞杆菌	0.0	0.0	0.0	0.0	0.0	0.0
婴儿芽胞杆菌	0.0	0.0	1.0	0.0	0.0	0.0
黄海芽胞杆菌	0.0	0.5	0.0	0.0	0.0	0.0
巨大芽胞杆菌	0.0	0.0	0.0	0.0	0.0	0.0
莫哈维芽胞杆菌	0.0	0.0	0.0	0.0	0.0	0.0
壁芽胞杆菌	0.0	2.5	0.0	0.0	0.0	0.0
蕈状芽胞杆菌	0.0	0.0	0.0	0.0	0.0	0.0
海洋沉积芽胞杆菌	0.0	0.0	0.0	0.0	0.0	0.0
假蕈状芽胞杆菌	0.0	0.0	0.0	0.0	0.0	0.0
简单芽胞杆菌	0.0	0.0	0.0	0.0	1.0	0.0
土壤芽胞杆菌	0.0	0.0	0.0	2.0	0.0	0.0
枯草芽胞杆菌	0.0	0.0	0.0	0.0	0.0	0.0
苏云金芽胞杆菌	0.1	1.5	0.0	0.5	3.5	10.0

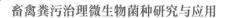

续表

芽胞杆菌	FJAT-4575 （桃园中坜）	FJAT-4574 （新竹食品所）	FJAT-4576 （苗栗西湖）	FJAY-4572 （台中农大）	FJAT-4582 （南投中台寺）	FJAT-4577 （南投日月潭1）
纺锤形赖氨酸芽胞杆菌	0.0	2.5	0.0	0.0	0.0	0.0
长型赖氨酸芽胞杆菌	0.0	0.0	4.5	0.0	0.0	0.0
球形赖氨酸芽胞杆菌	0.0	0.0	0.0	0.0	0.0	0.0
解木聚糖赖氨酸芽胞杆菌	2.0	2.0	0.0	0.0	2.0	0.0
污血鸟氨酸芽胞杆菌	0.0	0.0	0.0	0.0	0.0	0.0
总计	3.6	9.0	100.5	68.0	7.5	14.5

芽胞杆菌	FJAT-4579 （南投日月潭2）	FJAT-4583 （南投台一农场）	FJAT-4580 （嘉义大学）	FJAT-4585 （高雄农友2）	FJAT-4587 （高雄农友1）
嗜气芽胞杆菌	0.0	0.0	0.0	0.0	0.0
炭疽芽胞杆菌	10.0	3.5	6.0	0.0	0.5
阿氏芽胞杆菌	22.0	16.0	2.0	0.0	0.0
朝日芽胞杆菌	0.0	0.0	0.0	0.0	0.0
蜡样芽胞杆菌	0.0	0.5	0.5	0.0	0.0
弯曲芽胞杆菌	0.0	0.0	0.0	0.0	0.0
坚强芽胞杆菌	0.0	0.0	4.5	0.0	0.0
病研所芽胞杆菌	0.0	0.0	0.5	0.0	0.0
婴儿芽胞杆菌	0.0	0.0	0.0	0.0	0.0
黄海芽胞杆菌	0.0	0.0	0.0	0.0	0.0
巨大芽胞杆菌	0.0	0.0	0.0	4.0	0.0
莫哈维芽胞杆菌	0.0	0.5	0.0	0.0	0.0
壁芽胞杆菌	0.0	0.0	0.0	0.0	0.0
蕈状芽胞杆菌	0.0	0.0	0.0	4.5	0.0
海洋沉积芽胞杆菌	0.0	0.0	2.5	0.0	0.0
假蕈状芽胞杆菌	0.0	0.0	0.0	0.0	0.0
简单芽胞杆菌	0.0	0.0	0.0	0.0	0.0
土壤芽胞杆菌	0.0	0.0	0.0	0.0	0.0
枯草芽胞杆菌	0.0	0.0	0.0	0.0	0.0
苏云金芽胞杆菌	0.0	0.0	0.0	0.0	0.5
纺锤形赖氨酸芽胞杆菌	0.0	0.0	0.0	0.0	1.0
长型赖氨酸芽胞杆菌	0.0	0.0	0.0	0.0	0.0
球形赖氨酸芽胞杆菌	0.5	0.0	0.0	0.0	0.0
解木聚糖赖氨酸芽胞杆菌	0.0	0.0	0.0	0.0	0.0
污血鸟氨酸芽胞杆菌	0.0	0.0	0.0	0.0	0.0
总计	32.5	20.5	16.0	8.5	2.0

（2）样方优势种群　以样方为单位，统计芽胞杆菌含量总和，见图3-96。可以看出不同样方，样方中分离到的25个芽胞杆菌种类含量差异显著，样方前5个高含量的优势种为阿氏芽胞杆菌（442.50×10^4CFU/g）、苏云金芽胞杆菌（64.10×10^4CFU/g）、炭疽芽胞杆菌（42.00×10^4CFU/g）、蜡样芽胞杆菌（29.50×10^4CFU/g）、蕈状芽胞杆菌（27.50×10^4CFU/g）；含量较低的后5个种类为朝日芽胞杆菌（0.50×10^4CFU/g）、病研所芽胞杆菌（0.50×10^4CFU/g）、莫哈维芽胞杆菌（0.50×10^4CFU/g）、枯草芽胞杆菌（0.50×10^4CFU/g）、球形赖氨酸芽胞杆菌（0.50×10^4CFU/g），有趣的是枯草芽胞杆菌（0.50×10^4CFU/g）在样方中的含量较低，但在大陆地区采样含量较高，分布较广。样方种类分布曲线呈幂指数方程，$y = 620.89x^{-2.009}$（$R^2 = 0.8903**$）。

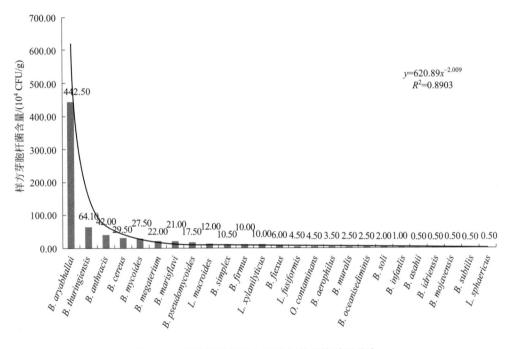

图3-96　台湾省采样样方芽胞杆菌优势种群分布

（3）样方地区分布　以台湾省采样样方为单位，统计芽胞杆菌含量总和，见图3-97。可以看出不同地区采样样方的芽胞杆菌含量差异显著，同一个县市采样的样方芽胞杆菌含量完全不同；前3个含量高的样方为FJAT-4570（台北阳明山）（222.50×10^4CFU/g）、FJAT-4576（苗栗西湖）（100.50×10^4CFU/g）、FJAY-4572（台中农大）（68.00×10^4CFU/g）；后3个含量低的样方为FJAT-4575（桃园中坜）（3.60×10^4CFU/g）、FJAT-4587（高雄农友1）（2.00×10^4CFU/g）、FJAT-4561（桃园慈湖2）（1.50×10^4CFU/g）。样方芽胞杆菌种群含量呈幂指数分布，方程为$y=327.94x^{-1.333}$（$R^2 =0.8686$）。台湾省随机样本的采集，环境差异显著，分离的芽胞杆菌都带有随机性，作为样方芽胞杆菌分布的大致情况，还是具有一定参考价值。

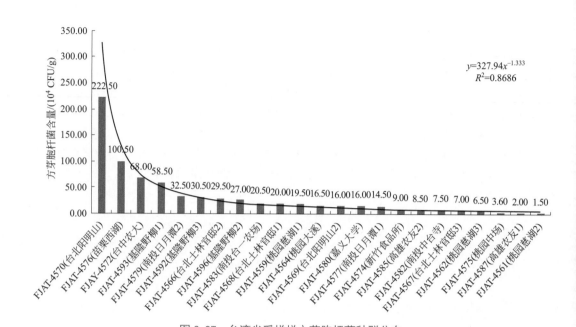

图 3-97　台湾省采样样方芽胞杆菌种群分布

2. 采样县市芽胞杆菌优势种分布

（1）种类分布　按台湾省各市（县）芽胞杆菌含量平均数进行统计，如表 3-61 所列。可以看出，不同种类芽胞杆菌在不同县市的分布差异显著，有的种类分布较广，如阿氏芽胞杆菌分布了 8 个测定县市中的 6 个；有的种类分布较窄，如朝日芽胞杆菌和枯草芽胞杆菌分布了 8 个县市中的 1 个。

表 3-61　台湾省采样县市芽胞杆菌数量分布（样方平均值）

单位：$\times 10^4 CFU/g$

芽胞杆菌	基隆	台北	桃园	新竹	苗栗	台中	台南	嘉义	高雄	合计
阿氏芽胞杆菌	17.83	37.00	2.90	0.00	87.00	61.50	9.75	2.00	0.00	217.98
苏云金芽胞杆菌	7.83	4.80	0.12	1.50	0.00	0.50	3.38	0.00	0.25	18.38
炭疽芽胞杆菌	0.00	3.20	0.30	0.00	0.00	0.00	4.50	6.00	0.25	14.25
蜡样芽胞杆菌	2.00	1.10	2.40	0.00	2.50	2.50	0.13	0.50	0.00	11.13
坚强芽胞杆菌	0.00	0.00	0.00	0.00	5.50	0.00	4.50	0.00	0.00	10.00
蕈状芽胞杆菌	7.67	0.00	0.00	0.00	0.00	0.00	0.00	0.00	2.25	9.92
巨大芽胞杆菌	1.33	1.90	0.90	0.00	0.00	0.00	0.00	0.00	2.00	6.13
长型赖氨酸芽胞杆菌	0.00	0.00	1.50	0.00	4.50	0.00	0.00	0.00	0.00	6.00
黄海芽胞杆菌	0.00	4.10	0.00	0.50	0.00	0.00	0.00	0.00	0.00	4.60
解木聚糖赖氨酸芽胞杆菌	0.50	0.30	0.60	2.00	0.00	0.00	0.50	0.00	0.00	3.90
假蕈状芽胞杆菌	0.00	3.30	0.20	0.00	0.00	0.00	0.00	0.00	0.00	3.50
纺锤形赖氨酸芽胞杆菌	0.00	0.00	0.20	2.50	0.00	0.00	0.00	0.00	0.50	3.20
壁芽胞杆菌	0.00	0.00	0.00	2.50	0.00	0.00	0.00	0.00	0.00	2.50

续表

芽胞杆菌	基隆	台北	桃园	新竹	苗栗	台中	台南	嘉义	高雄	合计
海洋沉积芽胞杆菌	0.00	0.00	0.00	0.00	0.00	0.00	0.00	2.50	0.00	2.50
简单芽胞杆菌	0.00	1.90	0.00	0.00	0.00	0.00	0.25	0.00	0.00	2.15
土壤芽胞杆菌	0.00	0.00	0.00	0.00	0.00	2.00	0.00	0.00	0.00	2.00
嗜气芽胞杆菌	0.00	0.00	0.40	0.00	0.00	1.50	0.00	0.00	0.00	1.90
污血鸟氨酸芽胞杆菌	1.50	0.00	0.00	0.00	0.00	0.00	0.00	0.00	0.00	1.50
弯曲芽胞杆菌	0.00	1.20	0.00	0.00	0.00	0.00	0.00	0.00	0.00	1.20
婴儿芽胞杆菌	0.00	0.00	0.00	0.00	1.00	0.00	0.00	0.00	0.00	1.00
病研所芽胞杆菌	0.00	0.00	0.00	0.00	0.00	0.00	0.00	0.50	0.00	0.50
莫哈维芽胞杆菌	0.00	0.00	0.00	0.00	0.00	0.00	0.13	0.00	0.00	0.13
球形赖氨酸芽胞杆菌	0.00	0.00	0.00	0.00	0.00	0.00	0.13	0.00	0.00	0.13
朝日芽胞杆菌	0.00	0.10	0.00	0.00	0.00	0.00	0.00	0.00	0.00	0.10
枯草芽胞杆菌	0.00	0.10	0.00	0.00	0.00	0.00	0.00	0.00	0.00	0.10
合计	38.66	59.00	9.52	9.00	100.50	68.00	18.77	16.00	5.25	

（2）优势种群　统计台湾省不同县市芽胞杆菌数量总和列图 3-98。含量最高的芽胞杆菌为芽胞杆菌（217.98 ×10^{4}CFU/g），除新竹县和高雄市无该种类外，其余县市都有分布；含量最低的为朝日芽胞杆菌（0.10×10^{4}CFU/g），仅分布在台北市。种类分布的曲线呈幂指数方程：$y=224.1x^{-1.955}$（$R^2 = 0.8145**$）。种类分布特性与采样地的地理特性、气候特点、植被概况、土壤性质关系密切。

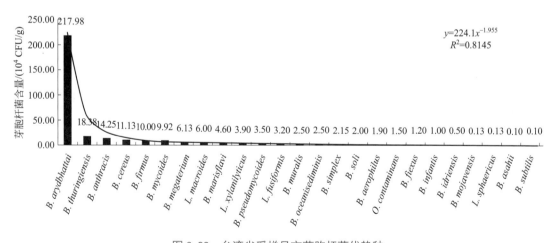

图 3-98　台湾省采样县市芽胞杆菌优势种

（3）地区分布　对台湾省从北向南各市县芽胞杆菌种类数量变化做趋势图（图 3-99），可知台湾省芽胞杆菌种群分布呈双峰曲线，从基隆到新竹，芽胞杆菌数量经过一个波峰，第一峰值在台北，基隆和台北数量较多，桃园和新竹数量较少；从苗栗到高雄，芽胞杆菌经过有一个波峰，第二峰值在苗栗，中部市（县）苗栗和台中芽胞杆菌数量最多，嘉义和高雄数量较少。

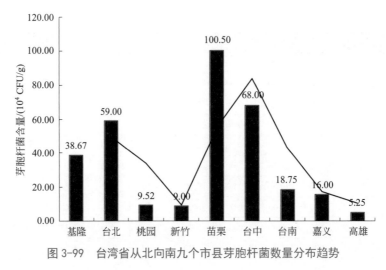

图 3-99　台湾省从北向南九个市县芽胞杆菌数量分布趋势

五、芽胞杆菌种类组成多样性

1. 样方芽胞杆菌种类组成的多样性

根据对分离得到的芽胞杆菌经过 16S rDNA 序列鉴定的结果，对台湾省采集的 23 个土壤样本的芽胞杆菌种类进行统计，结果见表 3-62。由表 3-62 可知，每个市（县）土壤样本中芽胞杆菌种类的数量存在较大差别，因此，台湾省各市（县）土壤样本中芽胞杆菌种类的数量在总分离种类数量中所占的比例差别也较大，如台北市各土壤样本的芽胞杆菌种类数占总分离种类数的比例从 8% ～ 28% 不等，南投县各样本所占比例为 8% ～ 16%，而新竹县、苗栗县和台中市这 3 地土壤样本分离的芽胞杆菌种类数量相同。

表 3-62　台湾省不同土壤样方芽胞杆菌种类组成

采集地区	土壤样本	种类数量	芽胞杆菌种类组成	种类占比 /%
基隆市	野柳地质公园	3	假覃状芽胞杆菌、阿氏芽胞杆菌、蜡样芽胞杆菌	12
	野柳地质公园	3	阿氏芽胞杆菌、苏云金芽胞杆菌、巨大芽胞杆菌	12
	野柳地质公园	5	解木聚糖赖氨酸芽胞杆菌、阿氏芽胞杆菌、苏云金芽胞杆菌、污血鸟氨酸芽胞杆菌、覃状芽胞杆菌	20
台北市	台北阳明山花钟	7	苏云金芽胞杆菌、阿氏芽胞杆菌、假覃状芽胞杆菌、黄海芽胞杆菌、朝日芽胞杆菌、巨大芽胞杆菌、蜡样芽胞杆菌	28
	台北阳明山蒋介石雕像下	5	炭疽芽胞杆菌、弯曲芽胞杆菌、阿氏芽胞杆菌、简单芽胞杆菌、解木聚糖赖氨酸芽胞杆菌	20
	台北士林官邸芭乐树下	4	苏云金芽胞杆菌、阿氏芽胞杆菌、炭疽芽胞杆菌、假覃状芽胞杆菌	16
	台北士林官邸白千层树下	5	蜡样芽胞杆菌、阿氏芽胞杆菌、假覃状芽胞杆菌、简单芽胞杆菌、枯草芽胞杆菌	20
	台北士林官邸草坪土	2	炭疽芽胞杆菌、阿氏芽胞杆菌	8

采集地区	土壤样本	种类数量	芽胞杆菌种类组成	种类占比 /%
桃园县	慈湖石像群	4	巨大芽胞杆菌、阿氏芽胞杆菌、蜡样芽胞杆菌、解木聚糖赖氨酸芽胞杆菌	16
	慈湖蒋寝	2	阿氏芽胞杆菌、假蕈状芽胞杆菌	8
	桃园大溪九里香	5	长型赖氨酸芽胞杆菌、阿氏芽胞杆菌、苏云金芽胞杆菌、炭疽芽胞杆菌、嗜气芽胞杆菌	20
	慈湖黄花槐	5	蜡样芽胞杆菌、阿氏芽胞杆菌、巨大芽胞杆菌、纺锤形赖氨酸芽胞杆菌、解木聚糖赖氨酸芽胞杆菌	20
	中坜高速休息区	3	阿氏芽胞杆菌、苏云金芽胞杆菌、解木聚糖赖氨酸芽胞杆菌	12
新竹县	新竹食品研究所	5	苏云金芽胞杆菌、纺锤形赖氨酸芽胞杆菌、莫哈维芽胞杆菌、壁芽胞杆菌、解木聚糖赖氨酸芽胞杆菌	20
苗栗县	西湖高速休息区	5	蜡样芽胞杆菌、阿氏芽胞杆菌、坚强芽胞杆菌、长型赖氨酸芽胞杆菌、婴儿芽胞杆菌	20
台中市	台大农学院	5	蜡样芽胞杆菌、苏云金芽胞杆菌、阿氏芽胞杆菌、嗜气芽胞杆菌、土壤芽胞杆菌	20
南投县	中台寺	4	苏云金芽胞杆菌、阿氏芽胞杆菌、解木聚糖赖氨酸芽胞杆菌、简单芽胞杆菌	16
	日月潭日潭	2	炭疽芽胞杆菌、苏云金芽胞杆菌	8
	日月潭宏观寺	3	炭疽芽胞杆菌、阿氏芽胞杆菌、球形赖氨酸芽胞杆菌	12
	台一农场	4	炭疽芽胞杆菌、阿氏芽胞杆菌、蜡样芽胞杆菌、莫哈维芽胞杆菌	16
嘉义市	嘉义大学草坪土	6	阿氏芽胞杆菌、坚强芽胞杆菌、病研所芽胞杆菌、海洋沉积芽胞杆菌、炭疽芽胞杆菌、蜡样芽胞杆菌	24
高雄市	高雄农友种业	2	巨大芽胞杆菌、蕈状芽胞杆菌	8
	高雄农友种业	3	苏云金芽胞杆菌、炭疽芽胞杆菌、纺锤形赖氨酸芽胞杆菌	12

2. 县域芽胞杆菌种类组成的多样性

统计台湾省 9 个县市的芽胞杆菌种类结果见表 3-63。由表 3-63 可知，土壤样本中分离出芽胞杆菌种类数最多的是台北市和桃园县，分别占总采集种类数的 48% 和 40%；基隆市和南投县次之，均为 8 种，占总采集种类数的 32%；台湾省中部的新竹县、苗栗县和台中市分离出的芽胞杆菌种类数较少，都是 5 种。

表 3-63 台湾省部分县市采集地芽胞杆菌种类组成

采集市（县）	种类数量	芽胞杆菌种名	种类占比 /%
基隆市	8	假蕈状芽胞杆菌、阿氏芽胞杆菌、蜡样芽胞杆菌、苏云金芽胞杆菌、巨大芽胞杆菌、解木聚糖赖氨酸芽胞杆菌、污血鸟氨酸芽胞杆菌、蕈状芽胞杆菌	32

续表

采集市（县）	种类数量	芽胞杆菌种名	种类占比 /%
台北市	12	苏云金芽胞杆菌、阿氏芽胞杆菌、假蕈状芽胞杆菌、黄海芽胞杆菌、朝日芽胞杆菌、巨大芽胞杆菌、蜡样芽胞杆菌、炭疽芽胞杆菌、弯曲芽胞杆菌、简单芽胞杆菌、解木聚糖赖氨酸芽胞杆菌、枯草芽胞杆菌	48
桃园县	10	巨大芽胞杆菌、阿氏芽胞杆菌、蜡样芽胞杆菌、解木聚糖赖氨酸芽胞杆菌、假蕈状芽胞杆菌、长型赖氨酸芽胞杆菌、苏云金芽胞杆菌、炭疽芽胞杆菌、嗜气芽胞杆菌、纺锤形赖氨酸芽胞杆菌	40
新竹县	5	苏云金芽胞杆菌、纺锤形赖氨酸芽胞杆菌、黄海芽胞杆菌、壁芽胞杆菌、解木聚糖赖氨酸芽胞杆菌	20
苗栗县	5	蜡样芽胞杆菌、阿氏芽胞杆菌、坚强芽胞杆菌、长型赖氨酸芽胞杆菌、婴儿芽胞杆菌	20
台中市	5	蜡样芽胞杆菌、苏云金芽胞杆菌、阿氏芽胞杆菌、嗜气芽胞杆菌、土壤芽胞杆菌	20
南投县	8	苏云金芽胞杆菌、阿氏芽胞杆菌、解木聚糖赖氨酸芽胞杆菌、简单芽胞杆菌、炭疽芽胞杆菌、球形赖氨酸芽胞杆菌、蜡样芽胞杆菌、莫哈维芽胞杆菌	32
嘉义市	6	阿氏芽胞杆菌、坚强芽胞杆菌、病研所芽胞杆菌、海洋沉积芽胞杆菌、炭疽芽胞杆菌、蜡样芽胞杆菌	24
高雄市	5	巨大芽胞杆菌、蕈状芽胞杆菌、苏云金芽胞杆菌、炭疽芽胞杆菌、纺锤形赖氨酸芽胞杆菌	20

3. 芽胞杆菌种类县域分布的多样性

对台湾省采样地 9 个县市不同芽胞杆菌种类平均数进行统计，结果见表 3-64。从县市芽胞杆菌种类分布的平均数看，嘉义市芽胞杆菌含有的芽胞杆菌种类平均数最多，达 6 种；高雄市最少，仅 2.5 种。从各芽胞杆菌种类在台湾省各县市分布的平均数看，分布较高的有阿氏芽胞杆菌，平均种类数在基隆市、台北市、桃园县、苗栗县、台中市、南投县、嘉义市为1，在新竹县和高雄市为 0。台湾省 9 个市（县）中大多数土壤样本均含有苏云金芽胞杆菌、阿氏芽胞杆菌和蜡样芽胞杆菌，可见它们是台湾省土壤中的优势种；5 个市（县）含有炭疽芽胞杆菌和解木聚糖赖氨酸芽胞杆菌，为常见种，而土壤芽胞杆菌、球形赖氨酸芽胞杆菌、莫哈维芽胞杆菌、海洋沉积芽胞杆菌、病研所芽胞杆菌、壁芽胞杆菌、婴儿芽胞杆菌、朝日芽胞杆菌、弯曲芽胞杆菌、枯草芽胞杆菌、污血鸟氨酸芽胞杆菌分别只在一个市（县）中含有，为偶见种。台湾省各市（县）芽胞杆菌平均种类统计结果显示新竹县、苗栗县和台中市芽胞杆菌平均种类相对较高，除桃园县和嘉义市外，其变化呈现向两边依次递减的趋势。

表 3-64　台湾省各市（县）样方芽胞杆菌平均种类数统计

种名	基隆市	台北市	桃园县	新竹县	苗栗县	台中市	南投县	嘉义市	高雄市
阿氏芽胞杆菌	1.00	1.00	1.00	0.00	1.00	1.00	0.75	1.00	0.00
苏云金芽胞杆菌	0.67	0.40	0.40	1.00	0.00	1.00	0.50	0.00	0.50
蜡样芽胞杆菌	0.33	0.40	0.40	0.00	1.00	1.00	0.25	1.00	0.00
炭疽芽胞杆菌	0.00	0.60	0.20	0.00	0.00	0.00	0.75	1.00	0.50

续表

种名	基隆市	台北市	桃园县	新竹县	苗栗县	台中市	南投县	嘉义市	高雄市
解木糖赖氨酸芽胞杆菌	0.33	0.20	0.60	1.00	0.00	0.00	0.25	0.00	0.00
巨大芽胞杆菌	0.33	0.20	0.40	0.00	0.00	0.00	0.00	0.00	0.50
假蕈状芽胞杆菌	0.33	0.60	0.20	0.00	0.00	0.00	0.00	0.00	0.00
简单芽胞杆菌	0.00	0.40	0.00	0.00	0.00	0.00	0.25	0.00	0.00
黄海芽胞杆菌	0.00	0.20	0.00	1.00	0.00	0.00	0.00	0.00	0.00
纺锤形赖氨酸芽胞杆菌	0.00	0.00	0.20	1.00	0.00	0.00	0.00	0.00	0.50
蕈状芽胞杆菌	0.33	0.00	0.00	0.00	0.00	0.00	0.00	0.00	0.50
延长赖氨酸芽孢杆菌	0.00	0.00	0.00	0.00	1.00	0.00	0.00	0.00	0.00
嗜气芽胞杆菌	0.00	0.00	0.20	0.00	0.00	1.00	0.00	0.00	0.00
坚强芽胞杆菌	0.00	0.00	0.00	0.00	1.00	0.00	0.00	1.00	0.00
土壤芽胞杆菌	0.00	0.00	0.00	0.00	0.00	1.00	0.00	0.00	0.00
球形赖氨酸芽胞杆菌	0.00	0.00	0.00	0.00	0.00	0.00	0.25	0.00	0.00
莫哈韦芽胞杆菌	0.00	0.00	0.00	0.00	0.00	0.00	0.00	1.00	0.00
海洋沉积芽胞杆菌	0.00	0.00	0.00	0.00	0.00	0.00	0.00	1.00	0.00
蕈状芽胞杆菌	0.00	0.00	0.00	0.00	0.00	0.00	0.00	1.00	0.00
壁芽胞杆菌	0.00	0.00	0.00	1.00	0.00	0.00	0.00	0.00	0.00
婴儿芽胞杆菌	0.00	0.00	0.00	1.00	0.00	0.00	0.00	0.00	0.00
风井氏芽胞杆菌	0.00	0.20	0.00	0.00	0.00	0.00	0.00	0.00	0.00
弯曲芽胞杆菌	0.00	0.20	0.00	0.00	0.00	0.00	0.00	0.00	0.00
枯草芽胞杆菌	0.00	0.00	0.00	0.00	0.00	0.00	0.00	0.00	0.00
污血鸟氨酸芽胞杆菌	0.33	0.00	0.00	0.00	0.00	0.00	0.00	0.00	0.00
总计	3.65	4.60	3.80	5.00	5.00	5.00	3.25	6.00	2.50

六、芽胞杆菌种群分布生态学特性

1. 台湾省芽胞杆菌种群分布多样性指数

（1）芽胞杆菌种群样方分布多样性指数　统计芽胞杆菌种群样方分布多样性指数结果见表3-65。从种类和数量上看，芽胞杆菌种群种类和数量最多的样方是FJAT-4570（台北阳明山），种类7种，数量222.5×10⁴CFU/g；最少的样方为FJAT-4587（高雄农友1），3种，数量2.0×10⁴CFU/g。从丰富度上看，丰富度最高的样方为FJAT-4587（高雄农友1），丰富度为2.89；最低的样方为FJAT-4577（南投日月潭1），丰富度为0.37。从多样性指数看，FJAT-4574(新竹食品所) 样方优势度 [Simpson(D)] 最高（0.86）、香农指数 [Shannon(H)] 最高（1.51）、均匀度最高（0.94）；最低为样方FJAY-4572(台中农大)，优势度 [Simpson(λ)]、香农指数 [Shannon(H)]、均匀度分别为0.18、0.44、0.27。

表 3-65 台湾省芽胞杆菌种群样方分布多样性指数

土壤样方	物种	个体数 / (10^4CFU/g)	丰富度	优势度 (λ)	香农指数 (H)	均匀度
FJAT-4570（台北阳明山）	7	222.5	1.11	0.48	1.02	0.52
FJAT-4576（苗栗西湖）	5	100.5	0.87	0.25	0.56	0.35
FJAY-4572（台中农大）	5	68.0	0.95	0.18	0.44	0.27
FJAT-4593（基隆野柳 1）	3	58.5	0.49	0.44	0.77	0.70
FJAT-4579（南投日月潭 2）	3	32.5	0.57	0.46	0.69	0.63
FJAT-4592（基隆野柳 3）	5	30.5	1.17	0.72	1.36	0.84
FJAT-4566（台北士林官邸 2）	5	29.5	1.18	0.68	1.25	0.78
FJAT-4596（基隆野柳 2）	3	27.0	0.61	0.61	0.98	0.89
FJAT-4583（南投台一农场）	4	20.5	0.99	0.38	0.68	0.49
FJAT-4568（台北士林官邸 1）	4	20.0	1.00	0.70	1.16	0.83
FJAT-4559（桃园慈湖 1）	4	19.5	1.01	0.63	1.04	0.75
FJAT-4564（桃园大溪）	5	16.5	1.43	0.72	1.30	0.81
FJAT-4569（台北阳明山 2）	5	16.0	1.44	0.80	1.49	0.92
FJAT-4580（嘉义大学）	6	16.0	1.80	0.79	1.49	0.83
FJAT-4577（南投日月潭 1）	2	14.5	0.37	0.46	0.62	0.89
FJAT-4574（新竹食品所）	5	9.0	1.82	0.86	1.51	0.94
FJAT-4585（高雄农友 2）	2	8.5	0.47	0.56	0.69	1.00
FJAT-4582（南投中台寺）	4	7.5	1.49	0.78	1.25	0.90
FJAT-4567（台北士林官邸 3）	2	7.0	0.51	0.39	0.52	0.75
FJAT-4562（桃园慈湖 3）	5	6.5	2.14	0.85	1.41	0.88
FJAT-4575（桃园中坜）	3	3.6	1.56	0.72	0.79	0.72
FJAT-4587（高雄农友 1）	3	2.0	2.89	1.25	1.04	0.95

（2）芽胞杆菌种群县域分布多样性指数 统计芽胞杆菌种群县域分布多样性指数结果见表 3-66。芽胞杆菌种群种类最多的为台北，共 12 种；数量最多的为苗栗，100.50×10^4CFU/g。最少的为高雄，种类为 5 种，数量为 5.25×10^4CFU/g。丰富度最高的县为桃园，丰富度为 3.99；最低的为苗栗，丰富度为 0.87。从多样性指数看，桃园的优势度［Simpson(λ)］最高和香农指数［Shannon(H)］最高，分别为 0.90、1.86；均匀度最高为新竹（0.94）。多样性指数最低为台中，优势度［Simpson(λ)］、香农指数［Shannon(H)］、均匀度分别为 0.18、0.44、0.27。

表 3-66 台湾省芽胞杆菌种群样方分布多样性指数

县市	物种	个体数 / (10^4CFU/g)	丰富度	优势度 Simpson(λ)	香农指数 Shannon(H)	均匀度
基隆	7	38.67	1.64	0.72	1.45	0.75
台北	12	59.00	2.70	0.60	1.42	0.57
桃园	10	9.52	3.99	0.90	1.86	0.81

县市	物种	个体数 / (10^4CFU/g)	丰富度	优势度 Simpson(λ)	香农指数 Shannon(H)	均匀度
新竹	5	9.00	1.82	0.86	1.51	0.94
苗栗	5	100.50	0.87	0.25	0.56	0.35
台中	5	68.00	0.95	0.18	0.44	0.27
台南	8	18.75	2.39	0.67	1.25	0.60
嘉义	6	16.00	1.80	0.79	1.49	0.83
高雄	5	5.25	2.41	0.81	1.24	0.77

（3）台湾省芽胞杆菌种群多样性指数　统计芽胞杆菌种群多样性指数结果见表3-67。种群含量（个体数）小于2的无法计算多样性指数，包括了6种芽胞杆菌，即婴儿芽胞杆菌、朝日芽胞杆菌、病研所芽胞杆菌、莫哈维芽胞杆菌、枯草芽胞杆菌、球形赖氨酸芽胞杆菌。从种类和数量上看，芽胞杆菌种群样方分布和数量最多为阿氏芽胞杆菌，样方中分布数19，个体数（含量）442.50×10^4CFU/g，芽胞杆菌种类在县市采集样方中的分布呈幂指数方程：$y=29.023x^{-1.099}$（R^2=0.9293）[图3-100（a）]；最少的为土壤芽胞杆菌，种类数1，个体数（含量）2.00×10^4CFU/g，采集样方中的分布呈幂指数方程：$y=341.53x^{-1.605}$（R^2=0.9493）[图3-100（b）]。从丰富度上看，丰富度最高的芽胞杆菌为阿氏芽胞杆菌，丰富度为2.95；最低的为土壤芽胞杆菌，丰富度为0.00，芽胞杆菌种群丰富度呈指数方程：$y=-1.203\ln x+3.5192$（R^2=0.9398）。从多样性指数看，优势度[Simpson(λ)]最高的为解木聚糖赖氨酸芽胞杆菌（0.92），香农指数[Shannon(H)]最高的为阿氏芽胞杆菌（1.99），均匀度最高为坚强芽胞杆菌（0.99）；最低为土壤芽胞杆菌，优势度[Simpson(λ)]、香农指数[Shannon(H)]、均匀度皆为0.00。芽胞杆菌种群优势度指数、香农指数、均匀度指数皆呈抛物线方程[图3-100（d）～（f）]，分别为$y=-0.0024x^2-0.011x+0.9205$（$R^2$=0.9130）、$y=0.002x^2-0.1701x+2.3365$（$R^2$=0.97）、$y=-0.0044x^2+0.0212x+0.966$（$R^2$=0.8993）。

表 3-67　台湾省芽胞杆菌种群多样性指数

芽胞杆菌	分布样方	个体数 / (10^4CFU/g)	丰富度	优势度 Simpson(λ)	香农指数 Shannon(H)	均匀度
阿氏芽胞杆菌	19	442.50	2.95	0.80	1.99	0.68
苏云金芽胞杆菌	11	64.10	2.40	0.78	1.68	0.70
炭疽芽胞杆菌	9	42.00	2.14	0.86	1.97	0.90
蜡样芽胞杆菌	9	29.50	2.36	0.83	1.87	0.85
蕈状芽胞杆菌	3	27.50	0.60	0.64	1.02	0.93
巨大芽胞杆菌	5	22.00	1.29	0.76	1.45	0.90
黄海芽胞杆菌	2	21.00	0.33	0.05	0.11	0.16
假蕈状芽胞杆菌	4	17.50	1.05	0.72	1.23	0.88
长型赖氨酸芽胞杆菌	2	12.00	0.40	0.51	0.66	0.95
简单芽胞杆菌	3	10.50	0.85	0.54	0.84	0.76
坚强芽胞杆菌	2	10.00	0.43	0.55	0.69	0.99

续表

芽胞杆菌	分布样方	个体数 / (10⁴CFU/g)	丰富度	优势度 Simpson(λ)	香农指数 Shannon(H)	均匀度
解木聚糖赖氨酸芽胞杆菌	7	10.00	2.61	0.92	1.83	0.94
弯曲芽胞杆菌	1	6.00	0.00	0.00	0.00	0.00
纺锤形赖氨酸芽胞杆菌	3	4.50	1.33	0.76	1.00	0.91
污血鸟氨酸芽胞杆菌	1	4.50	0.00	0.00	0.00	0.00
嗜气芽胞杆菌	2	3.50	0.80	0.69	0.68	0.99
壁芽胞杆菌	1	2.50	0.00	0.00	0.00	0.00
海洋沉积芽胞杆菌	1	2.50	0.00	0.00	0.00	0.00
土壤芽胞杆菌	1	2.00	0.00	0.00	0.00	0.00
婴儿芽胞杆菌	1	1.0	物种个体数应该大于2！			
朝日芽胞杆菌	1	0.5	物种个体数应该大于2！			
病研所芽胞杆菌	1	0.5	物种个体数应该大于2！			
莫哈维芽胞杆菌	1	0.5	物种个体数应该大于2！			
枯草芽胞杆菌	1	0.5	物种个体数应该大于2！			
球形赖氨酸芽胞杆菌	1	0.5	物种个体数应该大于2！			

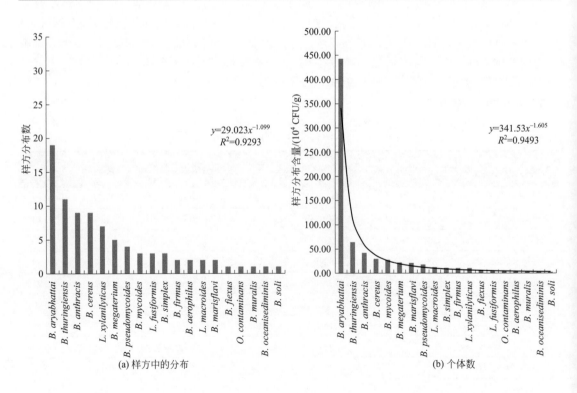

(a) 样方中的分布　　　　　　　　　　　(b) 个体数

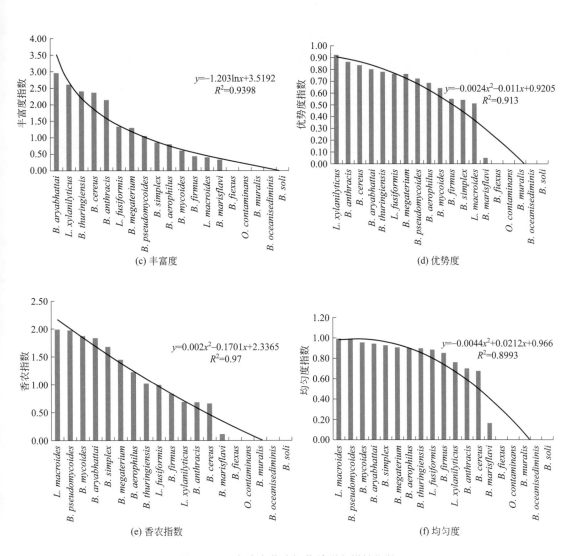

$y=-1.203\ln x+3.5192$
$R^2=0.9398$

(c) 丰富度

$y=-0.0024x^2-0.011x+0.9205$
$R^2=0.913$

(d) 优势度

$y=0.002x^2-0.1701x+2.3365$
$R^2=0.97$

(e) 香农指数

$y=-0.0044x^2+0.0212x+0.966$
$R^2=0.8993$

(f) 均匀度

图 3-100　台湾省芽胞杆菌种群多样性指数

2. 台湾省芽胞杆菌种群生态位宽度与生态位重叠

（1）芽胞杆菌地区种群生态位宽度与生态位重叠　芽胞杆菌地区种群生态位宽度与生态位重叠，解决地区间芽胞杆菌种群生态位异质性，以县市为单位，比较不同地区芽胞杆菌种类与数理构建的生态位宽度和重叠的状况，生态位宽度值大的地区，表明其提供的资源丰富，芽胞杆菌对资源的利用率高，种类和数量多。芽胞杆菌地区生态位重叠是在生态位宽度的基础上，比较适合于芽胞杆菌利用的资源的地区间的相似程度，生态位重叠高，表明两个地区资源相似度高，芽胞杆菌种群组成相似度就高。以台湾县市为样本，芽胞杆菌种群为指标，进行地区种群生态位宽度与重叠计算，结果列于表 3-68 和表 3-69。

表 3-68　芽胞杆菌地区种群生态位宽度

物种	Levins 测度	频数	截断比例	常用资源的种类（含量）			
基隆	3.3487	3	0.14	阿氏芽胞杆菌 46.12%	苏云金芽胞杆菌 20.25%	蕈状芽胞杆菌 19.84%	
台北	2.4174	1	0.11	阿氏芽胞杆菌 62.71%			
桃园	5.0534	3	0.12	阿氏芽胞杆菌 30.46%	蜡样芽胞杆菌 25.21%	长型赖氨酸芽胞杆菌 15.76%	
新竹	4.2632	4	0.16	纺锤形赖氨酸芽胞杆菌 27.78%	壁芽胞杆菌 27.78%	解木聚糖赖氨酸芽胞杆菌 22.22%	苏云金芽胞杆菌 16.67%
苗栗	1.3243	1	0.16	阿氏芽胞杆菌 86.57%			
台中	1.2184	1	0.16	阿氏芽胞杆菌 90.44%			
台南	2.7719	3	0.13	阿氏芽胞杆菌 51.94%	炭疽芽胞杆菌 23.97%	苏云金芽胞杆菌 18.01%	
嘉义	3.8209	3	0.15	炭疽芽胞杆菌 37.50%	坚强芽胞杆菌 28.12%	海洋沉积芽胞杆菌 15.62%	
高雄	2.9205	2	0.16	蕈状芽胞杆菌 42.86%	巨大芽胞杆菌 38.10%		

表 3-69　芽胞杆菌地区种群生态位重叠（Pianka 测度）

项目	基隆	台北	桃园	新竹	苗栗	台中	台南	嘉义	高雄
基隆	1	0.8759	0.6588	0.1384	0.8435	0.8494	0.8432	0.212	0.3371
台北	0.8759	1	0.7096	0.0596	0.9722	0.9756	0.9166	0.3018	0.0498
桃园	0.6588	0.7096	1	0.1018	0.7167	0.7092	0.6418	0.2539	0.1541
新竹	0.1384	0.0596	0.1018	1	0	0.0028	0.1235	0	0.1214
苗栗	0.8435	0.9722	0.7167	0	1	0.9957	0.8619	0.2798	0
台中	0.8494	0.9756	0.7092	0.0028	0.9957	1	0.8663	0.2464	0.0007
台南	0.8432	0.9166	0.6418	0.1235	0.8619	0.8663	1	0.5046	0.0569
嘉义	0.2120	0.3018	0.2539	0	0.2798	0.2464	0.5046	1	0.0597
高雄	0.3371	0.0498	0.1541	0.1214	0	0.0007	0.0569	0.0597	1

　　从地区生态位宽度看，桃园地区适合于芽胞杆菌资源利用的生态位宽度最大，值为 5.05，比最小生态位的地区台中（1.22）高 3.8 倍，这表明相比较桃园采样地的被芽胞杆菌利用资源条件极大地优越于台中地区采样地。在桃园地区，在截断比例范围内（0.11～0.16），常用资源的种类 3 种（资源频数），分别为阿氏芽胞杆菌 30.46%（含量）、蜡样芽胞杆菌 25.21%、长型赖氨酸芽胞杆菌 15.76%，表明这 3 种芽胞杆菌为该地区的优势种，能很好地利用资源；同理，台中地区采样地能提供的资源仅供阿氏芽胞杆菌（90.44%）充分利用，该种为台中地区的优势种。一个地区芽胞杆菌生态宽度大，在相似的截断比例，常见资源的频数较高，种类较多，数量比较高。

　　从生态位重叠看，两个地区间芽胞杆菌种群生态位重叠高的，表明其采样地生态资源相似性高，适合芽胞杆菌生存的能力相同，反之生态位重叠低的，表明这两个地区资源相似性低，生存的芽胞杆菌种类和数量差异程度高。从表3-69可以看出，基隆地区与台北（0.88）、苗栗（0.84）、台中（0.85）、台南（0.84）等具有高的生态位重叠，表明这些地区采样地提供的资源相似性较高，芽胞杆菌种类与数量较为相似；而基隆与新竹（0.14）、嘉义（0.21）、高雄（0.34）等采样地芽胞杆菌生态位重叠较低，表明这些地区间的芽胞杆菌资源利用异质性较高，种群组成差异较大。有的地区间生态位重叠值很高，如台中和苗栗，生态位重叠值达0.9957，表明其资源相似性很高；有的地区间生态位重叠值很低，如新竹和苗栗生态位重叠值为0，表明其采样地生态资源特性完全不同。

　　（2）台湾省芽胞杆菌种群生态位宽度与生态位重叠　台湾省芽胞杆菌种群生态位宽度与生态位重叠，解决芽胞杆菌种群在不同地区分布的生态位异质性，以芽胞杆菌种类为单位，比较分布与不同地区芽胞杆菌种群构建的生态位宽度和重叠的状况，芽胞杆菌生态位宽度值大的种类，其对采样地资源利用率高，种类和数量多。芽胞杆菌种群生态位宽度作为衡量对资源的利用程度。在芽胞杆菌种群生态位宽度的基础上，比较其生态位重叠，生态位重叠高的种群间其对采样地资源利用的能力相同，生态位重叠低表明两个种群资源利用率异质性高。以台湾省芽胞杆菌种群为样本，进行地区种群生态位宽度与重叠计算，结果列于表3-70和表3-71。

表3-70　台湾省芽胞杆菌种群生态位宽度

物种	Levins	频数	截断比例	常用资源的种类			
蜡样芽胞杆菌	5.21	4	0.14	台中（S1）22.47%	苗栗（S3）22.47%	桃园（S4）21.57%	基隆（S5）17.98%
巨大芽胞杆菌	3.69	3	0.18	高雄（S1）32.61%	台北（S2）30.98%	基隆（S4）21.74%	
阿氏芽胞杆菌	3.61	3	0.14	苗栗（S2）39.91%	台中（S4）28.21%	台北（S5）16.97%	
苏云金芽胞杆菌	3.43	3	0.14	基隆（S1）42.62%	台北（S2）26.12%	台南（S6）18.36%	
解木聚糖赖氨酸芽胞杆菌	3.07	1	0.16	新竹（S4）51.28%			
炭疽芽胞杆菌	3.05	3	0.16	嘉义（S1）42.11%	台南（S3）31.58%	台北（S4）22.46%	
坚强芽胞杆菌	1.98	2	0.2	秒理（S1）55.00%	嘉义（S2）45.00%		
长型赖氨酸芽胞杆菌	1.60	2	0.2	苗栗（S1）75.00%	桃园（S2）25.00%		
纺锤形赖氨酸芽胞杆菌	1.57	1	0.2	新竹（S2）78.12%			
蕈状芽胞杆菌	1.54	2	0.2	基隆（S1）77.31%	高雄（S2）22.69%		
嗜气芽胞杆菌	1.50	2	0.2	台中（S1）78.95%	桃园（S2）21.05%		

续表

物种	Levins	频数	截断比例	常用资源的种类		
简单芽胞杆菌	1.26	1	0.2	台北（S1）88.37%		
黄海芽胞杆菌	1.24	1	0.2	台北（S1）89.13%		
假蕈状芽胞杆菌	1.12	1	0.2	台北（S1）94.29%		
壁芽胞杆菌	1.00	1	0.2	新竹（S1）100.00%		
海洋沉积芽胞杆菌	1.00	1	0.2	嘉义 S1=100.00%		
病研所芽胞杆菌	1.00	1	0.2	嘉义（S1）100.00%		
莫哈维芽胞杆菌	1.00	1	0.2	台南（S1）100.00%		
球形赖氨酸芽胞杆菌	1.00	1	0.2	台南（S1）100.00%		
婴儿芽胞杆菌	1.00	1	0.2	苗栗（S1）100.00%		
弯曲芽胞杆菌	1.00	1	0.2	台北（S1）100.00%		
朝日芽胞杆菌	1.00	1	0.2	台北（S1）100.00%		
枯草芽胞杆菌	1.00	1	0.2	台北（S1）100.00%		
污血鸟氨酸芽胞杆菌	1.00	1	0.2	基隆（S1）100.00%		
土壤芽胞杆菌	1.00	1	0.2	台中（S1）100.00%		

表 3-71 台湾省芽胞杆菌种群生态位重叠（Pianka 测度）

种类	【1】	【2】	【3】	【4】	【5】	【6】	【7】	【8】	【9】	【10】	【11】	【12】	【13】
【1】纺锤形赖氨酸芽胞杆菌	1	0.98	0.9	0.15	0.12	0.06	0.14	0.01	0	0	0	0.04	0
【2】壁芽胞杆菌	0.98	1	0.9	0.15	0.12	0	0	0	0	0	0	0	0
【3】解木聚糖赖氨酸芽胞杆菌	0.9	0.9	1	0.46	0.24	0.22	0.25	0.19	0	0	0.1	0.26	0
【4】苏云金芽胞杆菌	0.15	0.15	0.46	1	0.5	0.76	0.64	0.38	0	0	0.34	0.47	0
【5】黄海芽胞杆菌	0.12	0.12	0.24	0.5	1	0	0.59	0.39	0	0	0.32	0.22	0
【6】蕈状芽胞杆菌	0.06	0	0.22	0.76	0	1	0.58	0.01	0	0	0.15	0.39	0
【7】巨大芽胞杆菌	0.14	0	0.25	0.64	0.59	0.58	1	0.26	0	0	0.26	0.44	0
【8】炭疽芽胞杆菌	0.01	0	0.19	0.38	0.39	0.01	0.26	1	0.47	0.74	0.19	0.2	0.74

种类	【1】	【2】	【3】	【4】	【5】	【6】	【7】	【8】	【9】	【10】	【11】	【12】	【13】
【9】坚强芽胞杆菌	0	0	0	0	0	0	0	0.47	1	0.63	0.6	0.46	0.63
【10】海洋沉积芽胞杆菌	0	0	0	0	0	0	0	0.74	0.63	1	0.02	0.1	1
【11】阿氏芽胞杆菌	0	0	0.1	0.34	0.32	0.15	0.26	0.19	0.6	0.02	1	0.82	0.02
【12】蜡样芽胞杆菌	0.04	0	0.26	0.47	0.22	0.39	0.44	0.2	0.46	0.1	0.82	1	0.10
【13】病研所芽胞杆菌	0	0	0	0	0	0	0	0.74	0.63	1	0.02	0.1	1
【14】简单芽胞杆菌	0	0	0.16	0.52	0.98	0	0.59	0.46	0	0	0.33	0.23	0
【15】莫哈维芽胞杆菌	0	0	0.22	0.34	0	0	0	0.55	0	0	0.09	0.03	0
【16】球形赖氨酸芽胞杆菌	0	0	0.22	0.34	0	0	0	0.55	0	0	0.09	0.03	0
【17】长型赖氨酸芽胞杆菌	0.02	0	0.09	0	0	0	0.09	0.01	0.73	0	0.73	0.64	0
【18】婴儿芽胞杆菌	0	0	0	0	0	0	0	0	0.77	0	0.76	0.51	0
【19】嗜气芽胞杆菌	0.02	0	0.07	0.05	0	0	0.07	0.01	0	0	0.52	0.62	0
【20】假蕈状芽胞杆菌	0	0	0.15	0.48	0.99	0	0.61	0.39	0	0	0.32	0.26	0
【21】弯曲芽胞杆菌	0	0	0.13	0.48	0.99	0	0.6	0.39	0	0	0.32	0.23	0
【22】朝日芽胞杆菌	0	0	0.13	0.48	0.99	0	0.6	0.39	0	0	0.32	0.23	0
【23】枯草芽胞杆菌	0	0	0.13	0.48	0.99	0	0.6	0.39	0	0	0.32	0.23	0
【24】污血鸟氨酸芽胞杆菌	0	0	0.22	0.79	0	0.96	0.42	0	0	0	0.16	0.41	0
【25】土壤芽胞杆菌	0	0	0	0.05	0	0	0	0	0	0	0.54	0.51	0

种类	【14】	【15】	【16】	【17】	【18】	【19】	【20】	【21】	【22】	【23】	【24】	【25】
【1】纺锤形赖氨酸芽胞杆菌	0	0	0	0.02	0	0.02	0	0	0	0	0	0
【2】壁芽胞杆菌	0	0	0	0	0	0	0	0	0	0	0	0
【3】解木聚糖赖氨酸芽胞杆菌	0.16	0.22	0.22	0.09	0	0.07	0.15	0.13	0.13	0.13	0.22	0
【4】苏云金芽胞杆菌	0.52	0.34	0.34	0	0	0.05	0.48	0.48	0.48	0.48	0.79	0.05
【5】黄海芽胞杆菌	0.98	0	0	0	0	0	0.99	0.99	0.99	0.99	0	0
【6】蕈状芽胞杆菌	0	0	0	0	0	0	0	0	0	0	0.96	0
【7】巨大芽胞杆菌	0.59	0	0	0.09	0	0.07	0.61	0.6	0.6	0.6	0.42	0
【8】炭疽芽胞杆菌	0.46	0.55	0.55	0.01	0	0.01	0.39	0.39	0.39	0.39	0	0
【9】坚强芽胞杆菌	0	0	0	0.73	0.77	0	0	0	0	0	0	0
【10】海洋沉积芽胞杆菌	0	0	0	0	0	0	0	0	0	0	0	0
【11】阿氏芽胞杆菌	0.33	0.09	0.09	0.73	0.76	0.52	0.32	0.32	0.32	0.32	0.16	0.54
【12】蜡样芽胞杆菌	0.23	0.03	0.03	0.64	0.51	0.62	0.26	0.23	0.23	0.23	0.41	0.51
【13】病研所芽胞杆菌	0	0	0	0	0	0	0	0	0	0	0	0
【14】简单芽胞杆菌	1	0.13	0.13	0	0	0	0.99	0.99	0.99	0.99	0	0
【15】莫哈维芽胞杆菌	0.13	1	1	0	0	0	0	0	0	0	0	0
【16】球形赖氨酸芽胞杆菌	0.13	1	1	0	0	0	0	0	0	0	0	0

种类	【14】	【15】	【16】	【17】	【18】	【19】	【20】	【21】	【22】	【23】	【24】	【25】
【17】长型赖氨酸芽胞杆菌	0	0	0	1	0.95	0.08	0.02	0	0	0	0	0
【18】婴儿芽胞杆菌	0	0	0	0.95	1	0	0	0	0	0	0	0
【19】嗜气芽胞杆菌	0	0	0	0.08	0	1	0.02	0	0	0	0	0.97
【20】假蕈状芽胞杆菌	0.99	0	0	0.02	0	0.02	1	1	1	1	0	0
【21】弯曲芽胞杆菌	0.99	0	0	0	0	0	1	1	1	1	0	0
【22】朝日芽胞杆菌	0.99	0	0	0	0	0	1	1	1	1	0	0
【23】枯草芽胞杆菌	0.99	0	0	0	0	0	1	1	1	1	0	0
【24】污血鸟氨酸芽胞杆菌	0	0	0	0	0	0	0	0	0	0	1	0
【25】土壤芽胞杆菌	0	0	0	0	0	0.97	0	0	0	0	0	1

　　从地区生态位宽度看，蜡样芽胞杆菌生态位宽度最大值为 5.21，这说明生态位宽度值大的芽胞杆菌（蜡样芽胞杆菌）能够更有效地利用资源，在台湾地区分布范围更广。如蜡样芽胞杆菌在截断比例范围内（0.14），常用资源的数量 4 种（资源频数），分别为台中（S1）22.47%、苗栗（S3）22.47%、桃园（S4）21.57%、基隆（S5）17.98%。生态位宽度最小的 11 种芽胞杆菌，利用资源的能力有限，在台湾省分布范围有限；这 11 种芽胞杆菌在截断比例范围内（0.20），常用资源的数量 1 种（资源频数），壁芽胞杆菌分布在新竹（S1=100.00%）、海洋沉积芽胞杆菌分布在嘉义（S1=100.00%）、病研所芽胞杆菌分布在嘉义（S1=100.00%）、莫哈维芽胞杆菌分布在台南（S1=100.00%）、球形赖氨酸芽胞杆菌分布在台南（S1=100.00%）、婴儿芽胞杆菌分布在苗栗（S1=100.00%）、弯曲芽胞杆菌分布在台北（S1=100.00%）朝日芽胞杆菌分布在台北（S1=100.00%）、枯草芽胞杆菌分布在台北（S1=100.00%）、污血鸟氨酸芽胞杆菌分布在基隆（S1=100.00%）、土壤芽胞杆菌分布在台中（S1=100.00%）。

　　从生态位重叠看，芽胞杆菌种群间的生态位重叠可以分为三个类型：① 种群间高度生态位重叠，值范围 0.9～1.0，表明 2 种芽胞杆菌生态位高度重叠，具有相似的资源利用方式，其分布特性相近，如纺锤形赖氨酸芽胞杆菌与壁芽胞杆菌种群生态位重叠值为 0.98；② 种群间中等生态位重叠，范围 0.3～0.8，存在着部分资源利用相同的方式，其分布特性存在着交叉，如解木聚糖赖氨酸芽胞杆菌和苏云金芽胞杆菌种群生态位重叠值为 0.46；③ 种群间较低生态位重叠，范围 0～0.2，种群利用资源的方式极不相同，其分布特性不存在交叉，如枯草芽胞杆菌和蕈状芽胞杆菌种群生态位重叠值为 0。同一个物种与其他物种的生态位重叠存在显著差异，一个物种与另一个物种间可以有很高的生态位重叠，而和其他物种可以是完全不重叠，如枯草芽胞杆菌与假蕈状芽胞杆菌、弯曲芽胞杆菌、朝日芽胞杆菌生态位重叠值达到 1.0，完全重叠，而与纺锤形赖氨酸芽胞杆菌、坚强芽胞杆菌、壁芽胞杆菌生态位重叠值为 0.0，完全不重叠，表明前者具有相同的资源利用能力，后者资源利用特性完全不同。

　　以表 3-71 芽胞杆菌生态位重叠为矩阵，数据不转换，欧氏距离为尺度，用可变类平均法进行系统聚类，分析结果见图 3-101 和表 3-72。可将芽胞杆菌生态位重叠值分成 3 组，第 1 组为低生态位重叠组，种群间生态位重叠值落在 0～0.2 范围的概率较大，包括了 12 个芽胞杆菌，即纺锤形赖氨酸芽胞杆菌、壁芽胞杆菌、解木聚糖赖氨酸芽胞杆菌、苏云金芽胞杆菌、蕈状芽胞杆菌、巨大芽胞杆菌、炭疽芽胞杆菌、海洋沉积芽胞杆菌、病研所芽胞杆菌、莫哈维芽胞杆菌、球形赖氨酸芽胞杆菌、污染鸟氨酸芽胞杆菌。第 2 组为高生态位重叠组，种群间生态位重叠值落在＞ 0.9 范围的概率较大，包括了 6 个芽胞杆菌，即黄海芽胞杆菌、简单芽胞杆菌、假蕈状芽胞杆菌、弯曲芽胞杆菌、朝日芽胞杆菌、枯草芽胞杆菌。第 3 组为中生态位重叠组，种群间生态位重叠值落在 0.3 ～ 0.8 范围的概率较大，包括了 7 个芽胞杆菌，即坚强芽胞杆菌、阿氏芽胞杆菌、蜡样芽胞杆菌、长型赖氨酸芽胞杆菌、婴儿芽胞杆菌、嗜气芽胞杆菌、土壤芽胞杆菌。

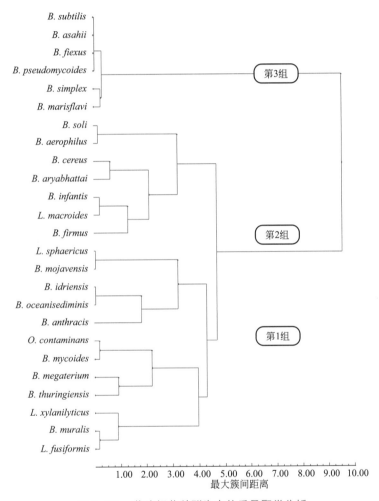

图 3-101　芽胞杆菌种群生态位重叠聚类分析

表 3-72　芽胞杆菌种群生态位重叠值聚类分析结果

种名	第 1 组 12 个芽胞杆菌生态位重叠												
	A	B	C	D	E	F	G	H	I	J	K	L	平均值
1	0.02	0.00	0.07	0.05	0.00	0.07	0.01	0.00	0.00	0.00	0.00	0.00	0.02
2	0.01	0.00	0.19	0.38	0.01	0.26	1.00	0.74	0.74	0.55	0.55	0.00	0.37

续表

种名	第1组12个芽胞杆菌生态位重叠												
	A	B	C	D	E	F	G	H	I	J	K	L	平均值
3	0.00	0.00	0.10	0.34	0.15	0.26	0.19	0.02	0.02	0.09	0.09	0.16	0.12
4	0.00	0.00	0.13	0.48	0.00	0.60	0.39	0.00	0.00	0.00	0.00	0.00	0.13
5	0.04	0.00	0.26	0.47	0.39	0.44	0.20	0.10	0.10	0.03	0.03	0.41	0.21
6	0.00	0.00	0.13	0.48	0.00	0.60	0.39	0.00	0.00	0.00	0.00	0.00	0.13
7	0.00	0.00	0.00	0.00	0.00	0.00	0.47	0.63	0.63	0.00	0.00	0.00	0.14
8	0.00	0.00	0.00	0.00	0.00	0.00	0.74	1.00	1.00	0.00	0.00	0.00	0.23
9	0.00	0.00	0.00	0.00	0.00	0.00	0.00	0.00	0.00	0.00	0.00	0.00	0.00
10	0.12	0.12	0.24	0.50	0.00	0.59	0.39	0.00	0.00	0.00	0.00	0.00	0.16
11	0.14	0.00	0.25	0.64	0.58	1.00	0.26	0.00	0.00	0.00	0.00	0.42	0.27
12	0.00	0.00	0.22	0.34	0.00	0.00	0.55	0.00	0.00	1.00	1.00	0.00	0.26
13	0.98	1.00	0.90	0.15	0.00	0.00	0.00	0.00	0.00	0.00	0.00	0.00	0.25
14	0.06	0.00	0.22	0.76	1.00	0.58	0.01	0.00	0.00	0.00	0.00	0.96	0.30
15	0.00	0.00	0.00	0.00	0.00	0.00	0.74	1.00	1.00	0.00	0.00	0.00	0.23
16	0.00	0.00	0.15	0.48	0.00	0.61	0.39	0.00	0.00	0.00	0.00	0.00	0.14
17	0.00	0.00	0.16	0.52	0.00	0.59	0.46	0.00	0.00	0.13	0.13	0.00	0.17
18	0.00	0.00	0.00	0.05	0.00	0.00	0.00	0.00	0.00	0.00	0.00	0.00	0.00
19	0.00	0.00	0.13	0.48	0.00	0.60	0.39	0.00	0.00	0.00	0.00	0.00	0.13
20	0.15	0.15	0.46	1.00	0.76	0.64	0.38	0.00	0.00	0.34	0.34	0.79	0.42
21	1.00	0.98	0.90	0.15	0.06	0.14	0.01	0.00	0.00	0.00	0.00	0.00	0.27
22	0.02	0.00	0.09	0.00	0.00	0.09	0.01	0.00	0.00	0.00	0.00	0.00	0.02
23	0.00	0.00	0.22	0.34	0.00	0.00	0.55	0.00	0.00	1.00	1.00	0.00	0.26
24	0.90	0.90	1.00	0.46	0.22	0.25	0.19	0.00	0.00	0.22	0.22	0.22	0.38
25	0.00	0.00	0.22	0.79	0.96	0.42	0.00	0.00	0.00	0.00	0.00	1.00	0.28
平均值	0.14	0.13	0.24	0.35	0.17	0.31	0.31	0.14	0.14	0.13	0.13	0.16	0.20

种名	第2组6个芽胞杆菌生态位重叠						
	M	N	O	P	Q	R	平均值
1	0.00	0.00	0.02	0.00	0.00	0.00	0.00
2	0.39	0.46	0.39	0.39	0.39	0.39	0.40
3	0.32	0.33	0.32	0.32	0.32	0.32	0.32
4	0.99	0.99	1.00	1.00	1.00	1.00	1.00
5	0.22	0.23	0.26	0.23	0.23	0.23	0.23
6	0.99	0.99	1.00	1.00	1.00	1.00	1.00
7	0.00	0.00	0.00	0.00	0.00	0.00	0.00
8	0.00	0.00	0.00	0.00	0.00	0.00	0.00

续表

种名	第2组6个芽胞杆菌生态位重叠						
	M	N	O	P	Q	R	平均值
9	0.00	0.00	0.00	0.00	0.00	0.00	0.00
10	1.00	0.98	0.99	0.99	0.99	0.99	0.99
11	0.59	0.59	0.61	0.60	0.60	0.60	0.60
12	0.00	0.13	0.00	0.00	0.00	0.00	0.02
13	0.12	0.00	0.00	0.00	0.00	0.00	0.02
14	0.00	0.00	0.00	0.00	0.00	0.00	0.00
15	0.00	0.00	0.00	0.00	0.00	0.00	0.00
16	0.99	0.99	1.00	1.00	1.00	1.00	1.00
17	0.98	1.00	0.99	0.99	0.99	0.99	0.99
18	0.00	0.00	0.00	0.00	0.00	0.00	0.00
19	0.99	0.99	1.00	1.00	1.00	1.00	1.00
20	0.50	0.52	0.48	0.48	0.48	0.48	0.49
21	0.12	0.00	0.00	0.00	0.00	0.00	0.02
22	0.00	0.00	0.02	0.00	0.00	0.00	0.00
23	0.00	0.13	0.00	0.00	0.00	0.00	0.02
24	0.24	0.16	0.15	0.13	0.13	0.13	0.16
25	0.00	0.00	0.00	0.00	0.00	0.00	0.00
平均值	0.34	0.34	0.33	0.33	0.33	0.33	0.33

种名	第3组7个芽胞杆菌生态位重叠							
	S	T	U	V	W	X	Y	平均值
1	0.00	0.32	0.26	0.02	0.00	0.02	0.00	0.09
2	0.00	0.09	0.03	0.00	0.00	0.00	0.00	0.02
3	0.00	0.00	0.00	0.00	0.00	0.00	0.00	0.00
4	0.47	0.19	0.20	0.01	0.00	0.01	0.00	0.13
5	0.63	0.02	0.10	0.00	0.00	0.00	0.00	0.11
6	0.00	0.10	0.26	0.09	0.00	0.07	0.00	0.07
7	0.73	0.73	0.64	1.00	0.95	0.08	0.00	0.59
8	0.00	0.52	0.62	0.08	0.00	1.00	0.97	0.46
9	0.77	0.76	0.51	0.95	1.00	0.00	0.00	0.57
10	0.00	0.26	0.44	0.09	0.00	0.07	0.00	0.12
11	0.00	0.00	0.04	0.02	0.00	0.02	0.00	0.01
12	0.46	0.82	1.00	0.64	0.51	0.62	0.51	0.65
13	1.00	0.60	0.46	0.73	0.77	0.00	0.00	0.51
14	0.00	0.32	0.23	0.00	0.00	0.00	0.00	0.08
15	0.60	1.00	0.82	0.73	0.76	0.52	0.54	0.71
16	0.00	0.34	0.47	0.00	0.00	0.05	0.05	0.13
17	0.00	0.16	0.41	0.00	0.00	0.00	0.00	0.08
18	0.00	0.54	0.51	0.00	0.00	0.97	1.00	0.43
19	0.00	0.15	0.39	0.00	0.00	0.00	0.00	0.08
20	0.00	0.09	0.03	0.00	0.00	0.00	0.00	0.02

续表

种名	第 3 组 7 个芽胞杆菌生态位重叠							
	S	T	U	V	W	X	Y	平均值
21	0.00	0.32	0.22	0.00	0.00	0.00	0.00	0.08
22	0.00	0.32	0.23	0.00	0.00	0.00	0.00	0.08
23	0.00	0.33	0.23	0.00	0.00	0.00	0.00	0.08
24	0.63	0.02	0.10	0.00	0.00	0.00	0.00	0.11
25	0.00	0.32	0.23	0.00	0.00	0.00	0.00	0.08
平均值	0.21	0.33	0.34	0.17	0.16	0.14	0.12	0.21

注：1—嗜气芽胞杆菌 *Bacillus aerophilus*；2—炭疽芽胞杆菌 *Bacillus anthracis*；3—阿氏芽胞杆菌 *Bacillus aryabhattai*；4—朝日芽胞杆菌 *Bacillus asahii*；5—蜡样芽胞杆菌 *Bacillus cereus*；6—弯曲芽胞杆菌 *Bacillus flexus*；7—坚强芽胞杆菌 *Bacillus firmus*；8—病研所芽胞杆菌 *Bacillus idriensis*；9—婴儿芽胞杆菌 *Bacillus infantis*；10—黄海芽胞杆菌 *Bacillus marisflavi*；11—巨大芽胞杆菌 *Bacillus megaterium*；12—莫哈维芽胞杆菌 *Bacillus mojavensis*；13—壁芽胞杆菌 *Bacillus muralis*；14—覃状芽胞杆菌 *Bacillus mycoides*；15—海洋沉积芽胞杆菌 *Bacillus oceanisediminis*；16—假覃状芽胞杆菌 *Bacillus pseudomycoides*；17—简单芽胞杆菌 *Bacillus simplex*；18—土壤芽胞杆菌 *Bacillus soli*；19—枯草芽胞杆菌 *Bacillus subtilis*；20—苏云金芽胞杆菌 *Bacillus thuringiensis*；21—纺锤形赖氨酸芽胞杆菌 *Lysinibacillus fusiformis*；22—长赖氨酸芽胞杆菌 *Lysinibacillus macroides*；23—球形赖氨酸芽胞杆菌 *Lysinibacillus sphaericus*；24—解木聚糖赖氨酸芽胞杆菌 *Lysinibacillus xylanilyticus*；25—污染鸟氨酸芽胞杆菌 *Ornithinibacillus contaminans*。A—纺锤形赖氨酸芽胞杆菌 *Lysinibacillus fusiformis*；B—壁芽胞杆菌 *Bacillus muralis*；C—解木聚糖赖氨酸芽胞杆菌 *Lysinibacillus xylanilyticus*；D—苏云金芽胞杆菌 *Bacillus thuringiensis*；E—覃状芽胞杆菌 *Bacillus mycoides*；F—巨大芽胞杆菌 *Bacillus megaterium*；G—炭疽芽胞杆菌 *Bacillus anthracis*；H—海洋沉积芽胞杆菌 *Bacillus oceanisediminis*；I—病研所芽胞杆菌 *Bacillus idriensis*；J—莫哈维芽胞杆菌 *Bacillus mojavensis*；K—球形赖氨酸芽胞杆菌 *Lysinibacillus sphaericus*；L—污染鸟氨酸芽胞杆菌 *Ornithinibacillus contaminans*；M—黄海芽胞杆菌 *Bacillus marisflavi*；N—简单芽胞杆菌 *Bacillus simplex*；O—假草状芽胞杆菌 *Bacillus pseudomycoides*；P—弯曲芽胞杆菌 *Bacillus flexus*；Q—朝日芽胞杆菌 *Bacillus asahii*；R—枯草芽胞杆菌 *Bacillus subtilis*；S—坚强芽胞杆菌 *Bacillus firmus*；T—阿氏芽胞杆菌 *Bacillus aryabhattai*；U—蜡样芽胞杆菌 *Bacillus cereus*；V—长赖氨酸芽胞杆菌 *Lysinibacillus macroides*；W—婴儿芽胞杆菌 *Bacillus infantis*；X—嗜气芽胞杆菌 *Bacillus aerophilus*；Y—土壤芽胞杆菌 *Bacillus soli*。

七、芽胞杆菌特征种群地理分化

1. 基于 16S rDNA 基因的芽胞杆菌种群地理分化

为了调查台湾地区芽胞杆菌的地理分布特征，研究对分离自台湾各地区的 3 种芽胞杆菌，即阿氏芽胞杆菌和苏云金芽胞杆菌以及炭疽芽胞杆菌，用 16S rDNA 测序鉴定，通过 Clustal X 软件进行序列比对，用 MEGA 4 软件构建系统进化树。

（1）阿氏芽胞杆菌地理种群分化 由图 3-102 可知，基于 16S rDNA 基因聚类分析，阿氏芽胞杆菌（*Bacillus aryabhattai*）种群出现了地理分化，分为 2 个大群；种群的地理分化没有明显的地区分化，而与采样地生境密切相关；第 1 群包括了 5 个采样地，即 FJAT-4559（桃园慈湖 1 台湾慈湖石像群）、FJAT-4564（桃园大溪 - 台湾桃园大溪九里香）、FJAT-4562（桃园慈湖 3- 台湾慈湖黄花槐）、FJAT-4576（苗栗西湖 - 台湾西湖高速休息区）、FJAT-4572（台中农大 - 台大农学院）；其余的种群归为第 2 群，即 FJAT-4593（基隆野柳 1- 台湾野柳地质公园）、FJAT-4596（基隆野柳 2- 台湾野柳地质公园）、FJAT-4592（基隆野柳 3- 台湾野柳地质公园）、FJAT-4570（台北阳明山 1- 台湾台北阳明山花钟）、FJAT-4569（台北阳明山 2- 台湾台北阳明山蒋介石雕像下）、FJAT-4568（台北士林官邸 1- 台湾台北士林官邸芭乐树下）、FJAT-4566（台北士林官邸 2- 台湾台北士林官邸白千层树下）、FJAT-4567（台北士林官邸 3- 台湾台北士林官邸草坪土）、FJAT-4561（桃园慈湖 2- 台湾慈湖蒋寝）、FJAT-4575（桃园中坜 -

台湾中坜高速休息区）、FJAT-4574（新竹食品所 - 台湾新竹食品研究所）、FJAT-4582（南投中台寺 - 台湾中台寺）、FJAT-4577（南投日月潭 1- 台湾日月潭日潭）、FJAT-4579（南投日月潭 2- 台湾日月潭宏观寺）、FJAT-4583（南投台一农场）、FJAT-4580（嘉义大学 - 台湾嘉义大学草坪土）、FJAT-4587（高雄农友 1- 台湾高雄农友种业）、FJAT-4585（高雄农友 2- 台湾高雄农友种业）。

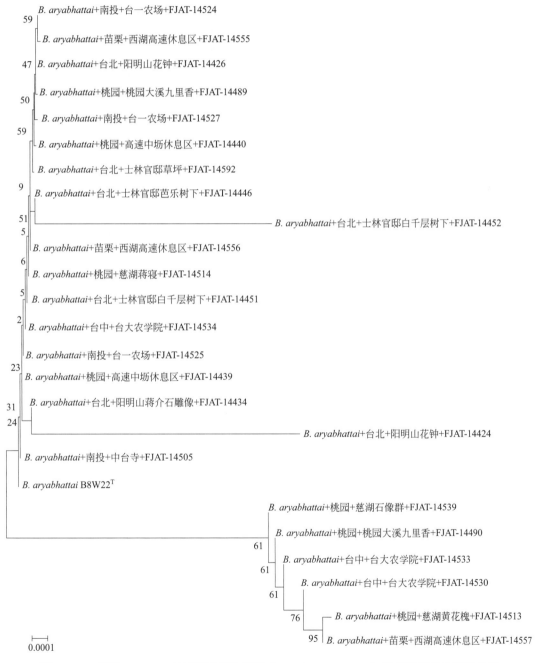

图 3-102　基于 16S rDNA 基因阿氏芽胞杆菌（*Bacillus aryabhattai*）种群地理分化聚类分析

同种菌株在采样地地理位置比较接近的情况下，聚类后进化距离比较接近。在阿氏芽胞杆菌进化树中，分离自台北市和桃园县的阿氏芽胞杆菌基本聚在一起，且大部分分离自台北市或桃园县的各自聚在一起。而分离自南投县和苗栗县的阿氏芽胞杆菌基本是分开的，可能是由于其特殊的地理位置决定的，南投县为台湾省唯一不靠海的县，苗栗县离大陆的距离也比较近。

（2）炭疽芽胞杆菌地理种群分化　由图 3-103 可知，基于 16S rDNA 基因聚类分析，炭疽芽胞杆菌（Bacillus anthracis）标准菌株独自分为第 1 群，而采样地的 7 个炭疽芽胞杆菌分为第 2 群，在第 2 群中，每个采样地的种群都发生不同程度的种群分化，说明炭疽芽胞杆菌种群在台湾地区采样地种群分化程度很高，与地区分布关系不大，与采样地生境关系密切。台北市和桃园县的基本聚在一起，而南投县的也大多聚在一起，只有个别分开可能是由于生境的特异性造成的。同一市（县）鉴定为同种的芽胞杆菌均聚在一起，可见该市（县）的芽胞杆菌在进化过程中由于共同的生境或影响因子存在某种进化相关性。

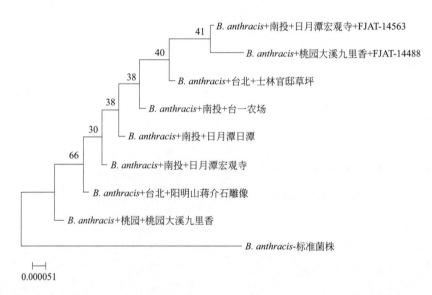

图 3-103　基于 16S rDNA 基因炭疽芽胞杆菌（Bacillus anthracis）种群地理分化聚类分析

（3）苏云金芽胞杆菌地理种群分化　由图 3-104 可知，基于 16S rDNA 基因聚类分析，将采样种群分为 2 群，第 1 群包含了 3 个采样地采集苏云金芽胞杆菌种群（Bacillus thuringiensis）种群，即桃园高速中坜休息区、新竹食品研究所、台北士林官邸芭乐树下；第 2 群包括了 6 个采样地苏云金芽胞杆菌种群（Bacillus thuringiensis），即南投日月潭日潭、台中台大农学院、南投中台寺、高雄高雄农友种业、台北阳明山花钟、桃园桃园大溪九里香，这些种群与标准菌株在一群。苏云金芽胞杆菌种群分化与地区分化关系不大，与采样地生境关系密切。

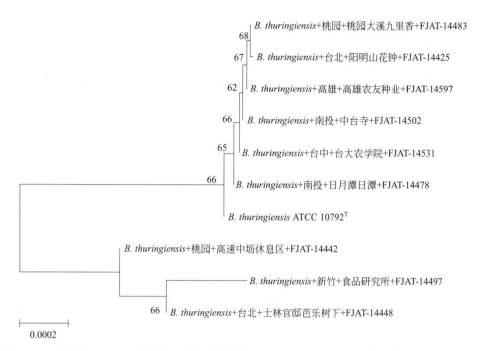

图 3-104　基于 16S rDNA 基因苏云金芽胞杆菌（*Bacillus thuringiensis*）种群地理分化聚类分析

2. 基于脂肪酸组的芽胞杆菌种群地理分化

（1）巨大芽胞杆菌地理种群分化　为了研究台湾省芽胞杆菌脂肪酸的地理种群分化，对台湾省各县市采集的巨大芽胞杆菌（*Bacillus megaterium*）的脂肪酸组进行了测定，结果见表 3-73。由表 3-73 中可知，巨大芽胞杆菌的重要脂肪酸为：15:0 *iso*（33.80）、15:0 *anteiso*（21.16）、16:00（6.54）、17:0 *iso*（6.43）、16:0 *iso*（5.62）、14:0 *iso*（4.37）、17:0 *anteiso*（3.95）；且在不同县市采集的巨大芽胞杆菌中，15:0 *anteiso* 的标准差为 8.88，远大于 15:0 *iso* 的标准差，而 16:0 的标准差仅有 1.39；可见脂肪酸 15:0 *anteiso* 的含量在各市（县）间差异性比较大，这在某种程度上可能会影响芽胞杆菌种类的地理分布。此外，不同县市巨大芽胞杆菌种群的脂肪酸种类存在显著差异，如桃园县和苗栗县的巨大芽胞杆菌都不含脂肪酸 18:0 *iso*，苗栗县、南投县和高雄市的巨大芽胞杆菌都不含 15:1ω5c 等。

表 3-73　台湾省各县市采集的巨大芽胞杆菌（*Bacillus megaterium*）脂肪酸组测定

脂肪酸种类	巨大芽胞杆菌地理种群脂肪酸组含量 /%							平均值	标准差
	基隆	台北	桃园	苗栗	台中	南投	高雄		
15:0 *iso*	30.82	31.44	35.54	32.67	33.28	39.51	33.34	33.80	2.94
15:0 *anteiso*	18.38	11.34	15.76	37.85	21.39	16.22	27.19	21.16	8.88
C16:0	5.85	6.43	6.06	6.28	8.05	4.47	8.61	6.54	1.39
17:0 *iso*	5.59	8.91	6.98	3.12	6.27	9.44	4.70	6.43	2.24

脂肪酸种类	巨大芽胞杆菌地理种群脂肪酸组含量 /%							平均值	标准差
	基隆	台北	桃园	苗栗	台中	南投	高雄		
16:0 iso	8.36	6.44	6.25	2.52	4.25	7.52	4.03	5.62	2.09
14:0 iso	5.34	7.08	3.89	4.28	4.33	1.96	3.73	4.37	1.57
17:0 anteiso	3.47	2.54	3.01	4.90	3.03	6.52	4.15	3.95	1.38
13:0 iso	4.80	5.44	4.82	0.35	3.70	2.13	0.40	3.09	2.14
16:1 ω11c	2.49	1.28	0.94	3.51	2.32	1.63	5.82	2.57	1.67
feature 3	2.42	5.02	3.83	0.00	2.31	1.72	0.18	2.21	1.82
C14:0	2.13	2.42	2.38	1.59	2.70	1.28	0.94	1.92	0.66
16:1 ω7c alcohol	1.97	1.18	1.64	0.68	0.46	2.41	0.90	1.32	0.71
17:1 iso ω10c	1.13	1.93	0.94	0.60	1.07	1.64	1.58	1.27	0.46
17:1 iso ω5c	1.34	2.34	2.02	0.00	1.42	0.62	0.00	1.11	0.93
C18:0	0.65	0.96	1.11	0.65	1.30	0.47	1.57	0.96	0.40
13:0 anteiso	0.39	0.76	0.58	0.00	0.39	0.19	0.10	0.34	0.27
18:1ω9c	0.36	0.30	0.26	0.00	0.31	0.06	0.95	0.32	0.31
12:0 iso	0.34	0.53	0.57	0.00	0.28	0.15	0.00	0.27	0.23
C12:0	0.47	0.48	0.53	0.00	0.22	0.14	0.00	0.26	0.23
15:0 2oh	0.21	0.37	0.17	0.00	0.17	0.12	0.00	0.15	0.13
18:0 iso	0.00	0.24	0.00	0.00	0.12	0.06	0.12	0.08	0.09
15:1ω5c	0.08	0.06	0.08	0.00	0.12	0.00	0.00	0.05	0.05

脂肪酸组聚类分析。以表 3-73 为矩阵，以台湾省采样县市种群为指标，脂肪酸组为样本，马氏距离为尺度，用可变类平均法对脂肪酸组进行系统聚类，结果见图 3-105、表 3-74。可将地里种群的脂肪酸分为 3 组。第 1 组为高含量脂肪酸，包括了 3 种脂肪酸，即 15:0 iso（平均值 33.80%）、15:0 anteiso（21.16%）、C16:0（6.54%），成为种群的标志脂肪酸；第 2 组为中含量脂肪酸，包括了 9 种脂肪酸，即 17:0 iso、16:0 iso、14:0 iso、17:0 anteiso、13:0 iso、16:1ω11c、feature 3、C14:0、17:1 iso ω10c，平均值低于 6%，分别为 6.43%、5.62%、4.37%、3.95%、3.09%、2.57%、2.21%、1.92%、1.27%，为环境适应脂肪酸；第 3 组低含量脂肪酸，包括了 10 种脂肪酸，平均值低于 1.5%，分别为 1.32%、1.11%、0.96%、0.34%、0.32%、0.27%、0.26%、0.15%、0.08%、0.05%，为生理适应脂肪酸。

表 3-74　基于巨大芽胞杆菌（*Bacillus megaterium*）地理种群的脂肪酸组聚类分析

组别	脂肪酸组	巨大芽胞杆菌地理种群脂肪酸组含量 /%							平均值
		基隆	台北	桃园	苗栗	台中	南投	高雄	
1	15:0 iso	30.82	31.44	35.54	32.67	33.28	39.51	33.34	33.80
	15:0 anteiso	18.38	11.34	15.76	37.85	21.39	16.22	27.19	21.16
	C16:0	5.85	6.43	6.06	6.28	8.05	4.47	8.61	6.54
	第 1 组 3 种脂肪酸平均值	18.35	16.40	19.12	25.60	20.91	20.07	23.05	20.50
2	17:0 iso	5.59	8.91	6.98	3.12	6.27	9.44	4.70	6.43
	16:0 iso	8.36	6.44	6.25	2.52	4.25	7.52	4.03	5.62
	14:0 iso	5.34	7.08	3.89	4.28	4.33	1.96	3.73	4.37
	17:0 anteiso	3.47	2.54	3.01	4.90	3.03	6.52	4.15	3.95
	13:0 iso	4.80	5.44	4.82	0.35	3.70	2.13	0.40	3.09
	16:1ω11c	2.49	1.28	0.94	3.51	2.32	1.63	5.82	2.57
	feature 3	2.42	5.02	3.83	0.00	2.31	1.72	0.18	2.21
	C14:0	2.13	2.42	2.38	1.59	2.70	1.28	0.94	1.92
	17:1 iso ω10c	1.13	1.93	0.94	0.60	1.07	1.64	1.58	1.27
	第 2 组 9 种脂肪酸平均值	3.97	4.56	3.67	2.32	3.33	3.76	2.84	3.49
3	16:1ω7c alcohol	1.97	1.18	1.64	0.68	0.46	2.41	0.90	1.32
	17:1 iso ω5c	1.34	2.34	2.02	0.00	1.42	0.62	0.00	1.11
	C18:0	0.65	0.96	1.11	0.65	1.30	0.47	1.57	0.96
	13:0 anteiso	0.39	0.76	0.58	0.00	0.39	0.19	0.10	0.34
	18:1ω9c	0.36	0.30	0.26	0.00	0.31	0.06	0.95	0.32
	12:0 iso	0.34	0.53	0.57	0.00	0.28	0.15	0.00	0.27
	C12:0	0.47	0.48	0.53	0.00	0.22	0.14	0.00	0.26
	15:0 2oh	0.21	0.37	0.17	0.00	0.17	0.12	0.00	0.15
	18:0 iso	0.00	0.24	0.00	0.00	0.12	0.06	0.12	0.08
	15:1ω5c	0.08	0.06	0.08	0.00	0.12	0.00	0.00	0.05
	第 3 组 10 种脂肪酸平均值	0.58	0.72	0.70	0.13	0.48	0.42	0.36	0.49

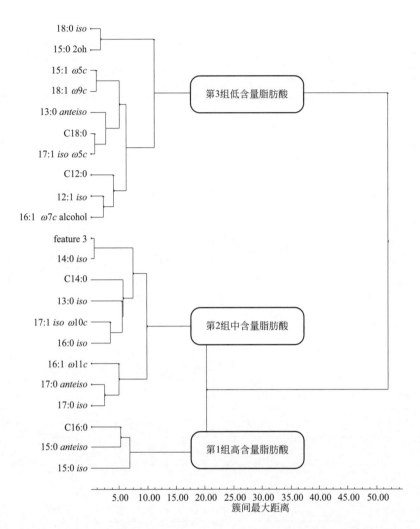

图 3-105　基于巨大芽胞杆菌（*Bacillus megaterium*）地理种群的脂肪酸组聚类分析

　　地理种群聚类分析。以表 3-73 为矩阵，以台湾省种群为样本，脂肪酸组为指标，绝对距离为尺度，用可变类平均法进行系统聚类，结果见图 3-106、图 3-107、表 3-75。分析结果可将台湾省巨大芽胞杆菌分为 3 组。第 1 组定义为北部种群，由来自基隆、台北、桃园、台中的巨大芽胞杆菌种群组成，特点为：15:0 *iso*、15:0 *anteiso* 含量较低，17:0 *anteiso* 含量较低；第 2 组定义为南部种群，由来自苗栗、高雄的巨大芽胞杆菌种群组成，特点为 15:0 *iso* 中等，15:0 *anteiso* 较高，17:0 *anteiso* 含量中等；第 3 组定义为中部种群，由来自南投的巨大芽胞杆菌种群组成，特定为 15:0 *iso* 含量较高，15:0 *anteiso* 较低，17:0 *anteiso* 含量较高。3 组芽胞杆菌地理种群脂肪酸组差异比较见图 3-106。

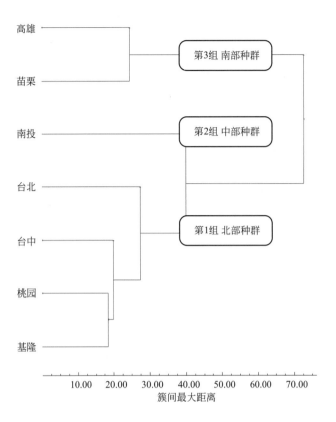

图 3-106　基于脂肪酸组巨大芽胞杆菌（*Bacillus megaterium*）地理种群聚类分析

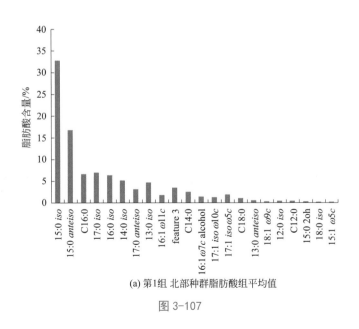

(a) 第1组 北部种群脂肪酸组平均值

图 3-107

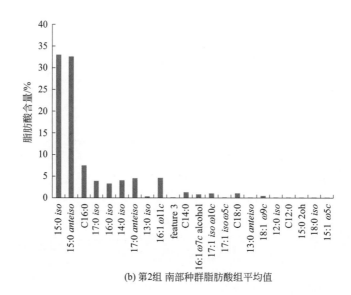

(b) 第2组 南部种群脂肪酸组平均值

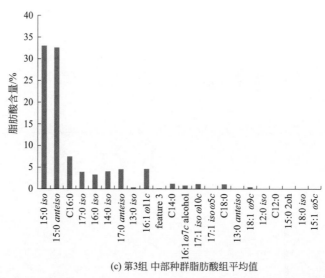

(c) 第3组 中部种群脂肪酸组平均值

图 3-107　巨大芽胞杆菌（*Bacillus megaterium*）地理种群分组脂肪酸平均值比较

表 3-75　基于脂肪酸组巨大芽胞杆菌（*Bacillus megaterium*）地理种群聚类分析

脂肪酸组	第 1 组 4 个县市种群脂肪酸含量 /%					第 2 组 2 个县市种群脂肪酸含量 /%			第 3 组 1 个县市种群脂肪酸含量 /%
	基隆	台北	桃园	台中	平均值	苗栗	高雄	平均值	南投
15:0 *iso*	30.82	31.44	35.54	33.28	32.77	32.67	33.34	33.00	39.51
15:0 *anteiso*	18.38	11.34	15.76	21.39	16.72	37.85	27.19	32.52	16.22
C16:0	5.85	6.43	6.06	8.05	6.60	6.28	8.61	7.44	4.47
17:0 *iso*	5.59	8.91	6.98	6.27	6.94	3.12	4.70	3.91	9.44
16:0 *iso*	8.36	6.44	6.25	4.25	6.32	2.52	4.03	3.27	7.52

续表

脂肪酸组	第 1 组 4 个县市种群脂肪酸含量 /%					第 2 组 2 个县市种群脂肪酸含量 /%			第 3 组 1 个县市种群脂肪酸含量 /%
	基隆	台北	桃园	台中	平均值	苗栗	高雄	平均值	南投
14:0 iso	5.34	7.08	3.89	4.33	5.16	4.28	3.73	4.00	1.96
17:0 anteiso	3.47	2.54	3.01	3.03	3.01	4.90	4.15	4.52	6.52
13:0 iso	4.80	5.44	4.82	3.70	4.69	0.35	0.40	0.37	2.13
16:1ω11c	2.49	1.28	0.94	2.32	1.76	3.51	5.82	4.66	1.63
feature 3	2.42	5.02	3.83	2.31	3.39	0.00	0.18	0.09	1.72
C14:0	2.13	2.42	2.38	2.70	2.41	1.59	0.94	1.26	1.28
16:1ω7c alcohol	1.97	1.18	1.64	0.46	1.31	0.68	0.90	0.79	2.41
17:1 iso ω10c	1.13	1.93	0.94	1.07	1.27	0.60	1.58	1.09	1.64
17:1 iso ω5c	1.34	2.34	2.02	1.42	1.78	0.00	0.00	0.00	0.62
C18:0	0.65	0.96	1.11	1.30	1.00	0.65	1.57	1.11	0.47
13:0 anteiso	0.39	0.76	0.58	0.39	0.53	0.00	0.10	0.05	0.19
18:1ω9c	0.36	0.30	0.26	0.31	0.31	0.00	0.95	0.47	0.06
12:0 iso	0.34	0.53	0.57	0.28	0.43	0.00	0.00	0.00	0.15
C12:0	0.47	0.48	0.53	0.22	0.42	0.00	0.00	0.00	0.14
15:0 2oh	0.21	0.37	0.17	0.17	0.23	0.00	0.00	0.00	0.12
18:0 iso	0.00	0.24	0.00	0.12	0.09	0.00	0.12	0.06	0.06
15:1ω5c	0.08	0.06	0.08	0.12	0.08	0.00	0.00	0.00	0.00

（2）蜡样芽胞杆菌地理种群分化　台湾省各县市采集的蜡样芽胞杆菌（*Bacillus cereus*）的脂肪酸组测定结果见表 3-76。由表中可知，蜡样芽胞杆菌的重要脂肪酸为：15:0 *iso*、17:0 *iso*、13:0 *iso*、C16:0；且在不同地区采集的种群，15:0 *iso*、17:0 *iso* 的标准差分别为 2.60、2.39，远大于 13:0 *iso*、C16:0 的标准差，表明脂肪酸 15:0 *iso*、17:0 *iso* 的含量在各地区间差异性比较大，这在某种程度上可能会影响芽胞杆菌种类的地理分布。此外，不同地区蜡样芽胞杆菌种群的脂肪酸种类存在显著差异，如新竹种群不含有脂肪酸 18:1ω9c、15:0 2oh、15:1ω5c、18:0 *iso*，而在其他地区则含有。

表 3-76　台湾省各县市采集的蜡样芽胞杆菌（*Bacillus cereus*）脂肪酸组测定

脂肪酸种类	蜡样芽胞杆菌地理种群脂肪酸组含量 /%									平均值	标准差
	基隆	台北	桃园	新竹	苗栗	台中	南投	嘉义	高雄		
15:0 iso	27.53	26.72	23.97	25.46	21.78	31.13	27.78	26.95	26.1	26.38	2.60
17:0 iso	12.20	11.62	9.22	15.68	6.92	11.30	11.72	11.18	9.80	11.07	2.39

脂肪酸种类	蜡样芽胞杆菌地理种群脂肪酸组含量 /%									平均值	标准差
	基隆	台北	桃园	新竹	苗栗	台中	南投	嘉义	高雄		
13:0 iso	10.82	7.47	8.54	8.41	10.43	10.07	7.88	9.69	7.23	8.95	1.33
C16:0	8.31	9.02	8.20	11.14	6.17	4.94	9.42	6.61	8.38	8.02	1.87
feature 3	8.27	8.17	7.06	6.88	7.34	6.79	7.11	8.33	7.48	7.49	0.61
16:0 iso	6.35	8.33	7.24	6.85	7.97	6.84	7.26	6.41	6.89	7.13	0.66
15:0 anteiso	3.93	4.12	4.05	4.30	4.20	3.53	3.88	3.96	3.98	3.99	0.22
14:0 iso	3.67	4.15	4.00	2.93	5.10	4.27	3.46	4.07	3.87	3.95	0.60
C14:0	2.87	2.93	3.14	2.74	4.89	4.67	3.12	2.44	3.11	3.32	0.86
17:1 iso ω5c	3.26	3.03	3.01	2.65	2.99	4.26	2.52	3.95	3.95	3.29	0.62
17:1 iso ω10c	1.67	2.29	2.28	2.84	2.78	1.73	2.90	3.30	1.61	2.38	0.62
17:0 anteiso	1.99	2.48	2.61	3.12	1.51	1.62	2.22	1.57	2.13	2.14	0.54
13:0 anteiso	1.41	1.34	2.06	1.26	1.75	0.88	1.26	1.10	1.09	1.35	0.36
C18:0	1.17	1.14	1.53	1.62	1.01	0.60	1.52	0.95	2.01	1.28	0.42
12:0 iso	0.96	0.93	2.12	0.76	1.19	0.85	0.93	0.73	0.80	1.03	0.43
C12:0	0.55	0.60	0.77	0.64	0.82	0.51	0.93	0.68	1.50	0.78	0.30
16:1ω7c alcohol	0.36	0.71	0.70	0.60	0.99	0.59	0.92	0.92	0.68	0.72	0.20
16:1ω11c	0.35	0.51	0.54	0.72	0.62	0.23	0.78	0.73	0.21	0.52	0.22
18:1ω9c	0.18	0.22	0.80	0.00	1.08	0.00	0.38	0.37	0.71	0.42	0.37
15:0 2oh	0.27	0.40	0.25	0.00	0.69	0.39	0.25	0.57	0.38	0.36	0.20
15:1ω5c	0.15	0.06	0.10	0.00	0.00	0.23	0.09	0.15	1.41	0.24	0.44
18:0 iso	0.09	0.33	0.11	0.00	0.00	0.22	0.10	0.25	0.16	0.14	0.11

脂肪酸组聚类分析。以表 3-76 为矩阵，以台湾省采样县市种群为指标，脂肪酸组为样本，马氏距离为尺度，用可变类平均法对脂肪酸组进行系统聚类，结果见图 3-108、表 3-77。可将地里种群的脂肪酸分为 3 组。第 1 组为高含量脂肪酸，包括了 5 种脂肪酸，即 15:0 iso（平均值 26.38%）、17:0 iso（11.07%）、13:0 iso（8.95%）、C16:0（8.02%）、feature 3（7.49%），成为种群的标志脂肪酸；第 2 组为中含量脂肪酸，包括了 9 种脂肪酸，即 16:0 iso、15:0 anteiso、14:0 iso、C14:0、17:1 iso ω10c、17:1 iso ω10c、17:0 anteiso、13:0 anteiso、C18:0，平均值低于 7.5%，分别为 7.13%、3.99%、3.95%、3.32%、3.29%、2.38%、2.14%、1.35%，为环境适应脂肪酸；第 3 组低含量脂肪酸，包括了 9 种脂肪酸，平均值低于 2.5%，分别为 1.28%、1.03%、2.38%、0.78%、0.72%、0.52%、0.42%、0.36%、0.24%、0.14%，为生理适应脂肪酸。

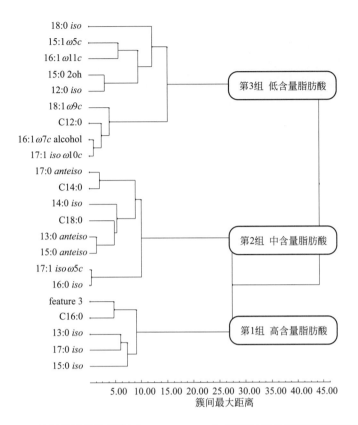

图 3-108　基于蜡样芽胞杆菌（*Bacillus cereus*）地理种群的脂肪酸组聚类分析

表 3-77　基于蜡样芽胞杆菌（*Bacillus cereus*）地理种群的脂肪酸组聚类分析

组别	样本号	蜡样芽胞杆菌地理种群脂肪酸组含量 /%									平均值
		基隆	台北	桃园	新竹	苗栗	台中	南投	嘉义	高雄	
1	15:0 iso	27.53	26.72	23.97	25.46	21.78	31.13	27.78	26.95	26.10	26.38
	17:0 iso	12.20	11.62	9.22	15.68	6.92	11.30	11.72	11.18	9.80	11.07
	13:0 iso	10.82	7.47	8.54	8.41	10.43	10.07	7.88	9.69	7.23	8.95
	C16:0	8.31	9.02	8.20	11.14	6.17	4.94	9.42	6.61	8.38	8.02
	feature 3	8.27	8.17	7.06	6.88	7.34	6.79	7.11	8.33	7.48	7.49
	第 1 组 5 种脂肪酸平均值	13.43	12.60	11.40	13.51	10.53	12.85	12.78	12.55	11.80	12.38
2	16:0 iso	6.35	8.33	7.24	6.85	7.97	6.84	7.26	6.41	6.89	7.13
	15:0 anteiso	3.93	4.12	4.05	4.30	4.20	3.53	3.88	3.96	3.98	3.99

组别	样本号	蜡样芽胞杆菌地理种群脂肪酸组含量 /%									平均值
		基隆	台北	桃园	新竹	苗栗	台中	南投	嘉义	高雄	
2	14:0 iso	3.67	4.15	4.00	2.93	5.10	4.27	3.46	4.07	3.87	3.95
	C14:0	2.87	2.93	3.14	2.74	4.89	4.67	3.12	2.44	3.11	3.32
	17:1 iso ω5c	3.26	3.03	3.01	2.65	2.99	4.26	2.52	3.95	3.95	3.29
	17:0 anteiso	1.99	2.48	2.61	3.12	1.51	1.62	2.22	1.57	2.13	2.14
	13:0 anteiso	1.41	1.34	2.06	1.26	1.75	0.88	1.26	1.10	1.09	1.35
	C18:0	1.17	1.14	1.53	1.62	1.01	0.60	1.52	0.95	2.01	1.28
	第 2 组 8 种脂肪酸平均值	3.08	3.44	3.45	3.18	3.68	3.33	3.15	3.06	3.38	3.31
3	17:1 iso ω10c	1.67	2.29	2.28	2.84	2.78	1.73	2.90	3.30	1.61	2.38
	12:0 iso	0.96	0.93	2.12	0.76	1.19	0.85	0.93	0.73	0.80	1.03
	C12:0	0.55	0.60	0.77	0.64	0.82	0.51	0.93	0.68	1.50	0.78
	16:1ω7c alcohol	0.36	0.71	0.70	0.60	0.99	0.59	0.92	0.92	0.68	0.72
	16:1ω11c	0.35	0.51	0.54	0.72	0.62	0.23	0.78	0.73	0.21	0.52
	18:1ω9c	0.18	0.22	0.80	0.00	1.08	0.00	0.38	0.37	0.71	0.42
	15:0 2oh	0.27	0.40	0.25	0.00	0.69	0.39	0.25	0.57	0.38	0.36
	15:1ω5c	0.15	0.06	0.10	0.00	0.00	0.23	0.09	0.15	1.41	0.24
	18:0 iso	0.09	0.33	0.11	0.00	0.00	0.22	0.10	0.25	0.16	0.14
	第 3 组 9 种脂肪酸平均值	0.51	0.67	0.85	0.62	0.91	0.53	0.81	0.86	0.83	0.73

地理种群聚类分析。以表 3-76 为矩阵，以台湾省采样地区种群为样本，脂肪酸组数据为指标，马氏距离为尺度，用类平均法进行系统聚类，结果见图 3-109、图 3-110、表 3-78。分析结果可将台湾省蜡样芽胞杆菌（Bacillus cereus）分为 3 组。第 1 组定义为中部山区种群，沿着台湾省中部山区分布，由来自基隆、桃园、新竹、南投、嘉义中的蜡样芽胞杆菌种群组成，特点为脂肪酸平均值的比值最低（15:0 iso/17:0 iso =0.24），13:0 iso 最高；第 2 组定义为西部沿海种群，沿着台湾西部沿海分布，由来自台北、苗栗、台中的蜡样芽胞杆菌种群组成，特点为脂肪酸平均值的比值中等（15:0 iso/17:0 iso =0.28），13:0 iso 中等；第 3 组定义为南部沿海种群，由来自高雄的蜡样芽胞杆菌种群组成，特点为脂肪酸平均值的比值最高（15:0 iso/17:0 iso=0.36），13:0 iso 最低。

图 3-109　基于脂肪酸组蜡样芽胞杆菌（*Bacillus cereus*）地理种群聚类分析

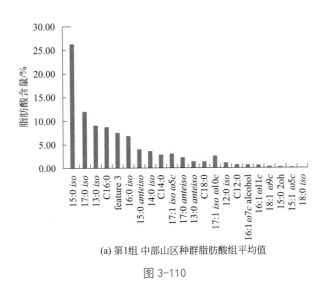

(a) 第1组 中部山区种群脂肪酸组平均值

图 3-110

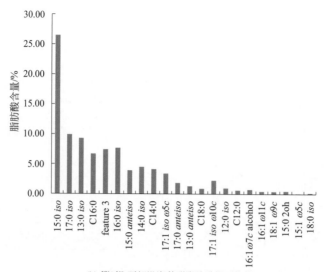

(b) 第2组 西部沿海种群脂肪酸组平均值

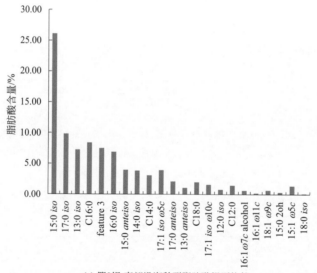

(c) 第3组 南部沿海种群脂肪酸组平均值

图3-110　蜡样芽胞杆菌（*Bacillus cereus*）地理种群分组脂肪酸平均值比较

表3-78　基于脂肪酸组蜡样芽胞杆菌（*Bacillus cereus*）地理种群聚类分析

脂肪酸组	第1组5个地区种群脂肪酸含量/%						第2组3个地区种群脂肪酸含量/%				第3组1个地区种群脂肪酸含量/%	
	基隆	桃园	新竹	南投	嘉义	平均值	台北	苗栗	台中	平均值	高雄	平均值
15:0 *iso*	27.53	23.97	25.46	27.78	26.95	26.34	26.72	21.78	31.13	26.54	26.10	26.10
17:0 *iso*	12.20	9.22	15.68	11.72	11.18	12.00	11.62	6.92	11.30	9.95	9.80	9.80
13:0 *iso*	10.82	8.54	8.41	7.88	9.69	9.07	7.47	10.43	10.07	9.32	7.23	7.23

脂肪酸组	第1组5个地区种群脂肪酸含量/%						第2组3个地区种群脂肪酸含量/%				第3组1个地区种群脂肪酸含量/%	
	基隆	桃园	新竹	南投	嘉义	平均值	台北	苗栗	台中	平均值	高雄	平均值
C16:0	8.31	8.20	11.14	9.42	6.61	8.74	9.02	6.17	4.94	6.71	8.38	8.38
feature 3	8.27	7.06	6.88	7.11	8.33	7.53	8.17	7.34	6.79	7.43	7.48	7.48
16:0 iso	6.35	7.24	6.85	7.26	6.41	6.82	8.33	7.97	6.84	7.71	6.89	6.89
15:0 anteiso	3.93	4.05	4.30	3.88	3.96	4.02	4.12	4.20	3.53	3.95	3.98	3.98
14:0 iso	3.67	4.00	2.93	3.46	4.07	3.63	4.15	5.10	4.27	4.51	3.87	3.87
C14:0	2.87	3.14	2.74	3.12	2.44	2.86	2.93	4.89	4.67	4.16	3.11	3.11
17:1 iso ω5c	3.26	3.01	2.65	2.52	3.95	3.08	3.03	2.99	4.26	3.43	3.95	3.95
17:0 anteiso	1.99	2.61	3.12	2.22	1.57	2.30	2.48	1.51	1.62	1.87	2.13	2.13
13:0 anteiso	1.41	2.06	1.26	1.26	1.10	1.42	1.34	1.75	0.88	1.32	1.09	1.09
C18:0	1.17	1.53	1.62	1.52	0.95	1.36	1.14	1.01	0.60	0.92	2.01	2.01
17:1 iso ω10c	1.67	2.28	2.84	2.90	3.30	2.60	2.29	2.78	1.73	2.27	1.61	1.61
12:0 iso	0.96	2.12	0.76	0.93	0.73	1.10	0.93	1.19	0.85	0.99	0.80	0.80
C12:0	0.55	0.77	0.64	0.93	0.68	0.71	0.60	0.82	0.51	0.64	1.50	1.50
16:1ω7c alcohol	0.36	0.70	0.60	0.92	0.92	0.70	0.71	0.99	0.59	0.76	0.68	0.68
16:1ω11c	0.35	0.54	0.72	0.78	0.73	0.62	0.51	0.62	0.23	0.45	0.21	0.21
18:1ω9c	0.18	0.80	0.00	0.38	0.37	0.35	0.22	1.08	0.00	0.43	0.71	0.71
15:0 2oh	0.27	0.25	0.00	0.25	0.57	0.27	0.40	0.69	0.39	0.49	0.38	0.38
15:1ω5c	0.15	0.10	0.10	0.00	0.15	0.10	0.06	0.00	0.10	0.05	1.41	1.41
18:0 iso	0.09	0.11	0.00	0.10	0.25	0.11	0.33	0.00	0.22	0.18	0.16	0.16
平均值	4.38	4.20	4.48	4.38	4.31	4.35	4.39	4.10	4.35	4.28	4.25	4.25

（3）脂肪酸组与芽胞杆菌种群地理分布的关系　芽胞杆菌的脂肪酸组与其生物学和生态学特性密切相关。芽胞杆菌温度适应性的脂肪酸变化也有过许多报道。例如，Suutari 和 Laakso（1994）综述了枯草芽胞杆菌和巨大芽胞杆菌不饱和支链脂肪酸对温度的适应性；Herman 等（1994）利用荧光探针法研究了枯草芽胞杆菌脂肪酸变化的温度适应性；Klein 等（1999）发现枯草芽胞杆菌在低温条件下，脂肪酸的饱和度和链长没有明显变化，anteiso- 支链脂肪酸含量增加，而 iso- 支链脂肪酸含量则降低；但异亮氨酸缺陷型菌株在不添加异亮氨酸时，对低温很敏感，因此，anteiso- 支链脂肪酸是枯草芽胞杆菌的重要的低温适应机制。台湾省全年平均最高气温的地区是嘉义（27℃）、桃园（27℃）、基隆（27℃）、新竹（27℃）等，巨大芽胞杆菌的北部种群在这一气候带内，15:0 anteiso 含量较低，平均值为 16.72%；苗栗和高雄的年平均温度较低，15:0 anteiso 含量较高，平均值为 32.52%。

蜡样芽胞杆菌表现出与枯草芽胞杆菌不同的低温适应机制，在低温条件下，蜡样芽胞杆菌中除了支链脂肪酸总量和 *anteiso-* 支链脂肪酸 /*iso-* 支链脂肪酸比例增加外，不饱和脂肪酸的含量也会明显增加（Haque and Russell，2004）。研究发现，芽胞杆菌对特定环境的适应性进化过程会在细胞脂肪酸组的变化上刻下印迹，例如，Sikorski 等（2008）报道：从以色列"进化谷"的南坡和北坡分离的简单芽胞杆菌菌株在相同温度下（20℃、28℃、40℃），分离自南坡的菌株会产生更多的所谓"耐高温"脂肪酸——*iso-* 支链脂肪酸；相反，分离自北坡的菌株则产生更多的所谓"耐低温"脂肪酸——*anteiso-* 支链脂肪酸和不饱和脂肪酸，适应性脂肪酸的组成。台湾省全年平均最低气温的城市是嘉义（20℃）、桃园（20℃）、基隆（20℃）、新竹（20℃），蜡样芽胞杆菌第 1 组地区种群在此温度带内，其 15:0 *anteiso* 含量较高（平均值 4.02%），相应的第 2 组地区种群，台北、苗栗、台中地区年最低气温较高，其 15:0 anteiso 含量较低（平均值 3.95%）。

这种温度的变化与采集生境的瞬时变化关系更为密切，同时与生境其他因子存在着相互作用。芽胞杆菌 pH 值的适应性也能在脂肪酸组的变化上留下痕迹。De Rosa 等（1974）报道了温度和 pH 值对酸热芽胞杆菌（*Bacillus acidocaldarius*，已重新分类为酸热脂环酸芽胞杆菌 *Alicycloacillus acidocaldarius*）脂肪酸组成的影响，他们发现温度和 pH 值对脂肪酸的影响是独立的：在低 pH 值（如 pH 值为 2）条件下，温度上升会增加菌体中的 *anteiso-* 支链脂肪酸和 *iso-* 支链脂肪酸含量；而在高 pH 值（如 pH 值为 5）条件下，温度上升则增加菌体中的脂环酸含量。Dunkley 等（1991）发现嗜碱芽胞杆菌适应高碱性环境与去饱和酶活性有关：在高碱性（pH 值为 10.5）条件下，去饱和酶活性在专性嗜碱菌中很高，而在兼性嗜碱菌中则未检测出；专性嗜碱菌的长势在极高 pH 值时强于兼性嗜碱菌，在近中性（pH 值为 7.5）时弱于兼性嗜碱菌，而在 pH 值为 9.0 时与兼性嗜碱菌相当；当提供不饱和脂肪酸作为培养基时，嗜碱芽胞杆菌缺乏脂肪酸去饱和的活性，失去了在接近中性 pH 环境下生长的能力。

3. 基于生理生化特性的芽胞杆菌地理种群分化

（1）蜡样芽胞杆菌和巨大芽胞杆菌的生理生化指标测定　对来自台湾地区不同县市的蜡样芽胞杆菌和巨大芽胞杆菌 31 个菌株进行生理生化特性分析，对生理生化指标进行数量化转换，阴性"−"标记为"1"，阳性"+"标记为"2"，结果见表 3-79。甘露醇发酵产酸蜡样芽胞杆菌菌株大多为阴性，而巨大芽胞杆菌几乎都为阳性；蜡样芽胞杆菌群菌株和巨大芽胞杆菌大多生理指标特征一致，可见二者亲缘关系比较接近。

（2）蜡样芽胞杆菌和巨大芽胞杆菌的生理生化指标聚类分析　以表 3-79 为矩阵、菌株为样本、生理生化为指标、马氏距离为尺度、可变类平均法进行系统聚类，结果见表 3-80、图 3-111、图 3-112。生理生化指标经过数量化后范围在 1 ～ 2 之间，越靠近 1，生理生化指标的阴性概率越大；越靠近 2，指标的阳性概率越大。根据生理生化指标可以准确地将菌株分为 2 组（图 3-111），第 1 组为蜡样芽胞杆菌，包含了 12 个菌株，特征脲酶趋向于阳性，明胶水解酶趋向于阴性，甘露醇、蔗糖发酵产酸趋向于阴性，硝酸盐还原趋向于阳性（图 3-112）。第 2 组为巨大芽胞杆菌（图 3-111），包含了 19 个菌株，特征脲酶趋向于阴性，明胶水解酶趋向于阳性，甘露醇、蔗糖发酵产酸趋向于阳性，硝酸盐还原趋向于阴性（图 3-112）。

表3-79　台湾地区巨大芽胞杆菌和蜡样芽胞杆菌地理种群生理生化指标测定

	菌株编号	酶促反应		糖发酵产酸							碳源利用				细胞反应		
		脲酶	明胶水解酶	阿拉伯糖	木糖	蔗糖	麦芽糖	葡萄糖	甘露醇	肌醇	丙二酸盐利用	柠檬酸盐利用	硝酸盐还原	葡萄糖产气	细胞运动性（茅脂）	MR反应	V-P反应
芽胞杆菌	BC-FJAT-14445	1	2	1	1	1	2	2	1	1	1	1	2	2	2	2	2
	BC-FJAT-14478	2	2	1	1	1	2	2	1	1	1	1	1	2	1	2	2
	BC-FJAT-14479	1	2	1	1	1	2	2	1	1	1	1	1	2	1	2	2
	BC-FJAT-14486	2	2	1	1	1	2	2	1	1	1	1	2	2	2	2	2
	BC-FJAT-14502	2	2	1	1	2	2	2	1	1	1	1	2	2	1	2	2
	BC-FJAT-14521	1	2	1	1	1	2	2	1	1	1	1	2	2	1	2	2
	BC-FJAT-14529	1	1	1	1	2	2	2	1	1	1	1	2	2	2	2	2
	BC-FJAT-14554	1	2	1	1	2	2	2	1	1	1	1	2	2	1	2	2
	BC-FJAT-14560	1	2	1	1	1	2	2	2	1	1	1	2	2	2	2	2
	BC-FJAT-14563	2	2	1	1	1	2	2	1	1	1	1	2	2	2	2	2
	BC-FJAT-14570	2	2	1	1	2	2	2	1	1	1	1	1	2	2	2	2
	BC-FJAT-14572	1	2	2	1	2	2	2	1	1	1	1	2	2	1	2	2
蜡样芽胞杆菌	BM-FJAT-14577	1	2	1	1	2	2	2	2	1	1	1	2	2	2	1	2
	BM-FJAT-14585	1	2	1	1	2	1	2	2	1	1	1	1	2	1	2	2
	BM-FJAT-14586	1	2	1	1	2	2	2	1	1	1	1	1	2	2	2	2
	BM-FJAT-14594	2	2	1	1	2	2	2	1	1	1	1	2	2	2	2	2
	BM-FJAT-14604	1	2	1	1	2	2	2	1	1	1	1	1	2	2	2	2

续表

芽胞杆菌	菌株编号	酶促反应 脲酶	酶促反应 明胶水解酶	糖发酵产酸 阿拉伯糖	木糖	蔗糖	麦芽糖	葡萄糖	甘露醇	肌醇	碳源利用 丙二酸盐利用	柠檬酸盐利用	硝酸盐还原	葡萄糖产气	细胞运动性（涂脂）	细胞反应 MR反应	V-P反应
	BM-FJAT-14606	1	2	1	1	2	1	2	1	1	1	1	1	2	1	2	2
	BM-FJAT-14424	1	2	1	1	2	1	2	1	1	1	1	1	2	1	2	2
	BM-FJAT-14426	1	2	1	1	2	1	2	1	1	1	1	1	2	2	2	2
	BM-FJAT-14430	1	2	1	1	2	2	2	2	1	1	1	1	2	1	2	2
	BM-FJAT-14446	1	2	2	1	2	2	2	2	1	1	1	2	2	2	2	2
	BM-FJAT-14451	1	2	2	1	2	2	2	2	1	1	1	2	2	1	1	2
巨大芽胞杆菌	BM-FJAT-14452	1	2	2	1	2	2	2	2	1	1	1	2	2	1	2	2
	BM-FJAT-14484	1	2	2	1	2	2	1	2	1	1	1	1	2	2	2	2
	BM-FJAT-14490	1	2	1	1	2	2	1	2	1	1	1	1	2	2	2	2
	BM-FJAT-14533	1	2	1	1	2	2	2	2	1	1	1	2	2	2	2	2
	BM-FJAT-14537	1	2	1	1	2	2	2	2	1	1	1	1	2	2	1	2
	BM-FJAT-14539	1	2	1	1	2	2	2	2	1	1	1	1	2	2	1	2
	BM-FJAT-14584	1	2	1	1	2	2	2	2	1	1	1	1	2	2	2	1
	BM-FJAT-14541	1	2	2	1	2	1	2	1	1	1	1	1	2	2	1	2

注：阴性"-"标记为"1"，阳性"+"标记为"2"。

表3-80 基于生理生化特性的蜡样芽胞杆菌和巨大芽胞杆菌地理种群聚类分析

组别	菌株编号	脲酶	明胶水解酶	阿拉伯糖	木糖	蔗糖	麦芽糖	葡萄糖	甘露醇	肌醇	丙二酸盐利用	柠檬酸盐利用	硝酸盐还原	葡萄糖产气	细胞运动性	MR反应	V-P反应
1	BC-FJAT-14445	1	2	1	1	1	2	2	1	1	1	1	2	2	2	2	2
1	BC-FJAT-14478	2	2	1	1	1	2	2	1	1	1	1	1	2	1	2	2
1	BC-FJAT-14479	1	2	1	1	1	2	2	1	1	1	1	1	2	1	2	2
1	BC-FJAT-14486	2	2	1	1	2	2	2	1	1	1	1	2	2	2	2	2
1	BC-FJAT-14502	2	2	1	1	1	2	2	1	1	1	1	2	2	1	2	2
1	BC-FJAT-14521	1	2	1	1	1	2	2	1	1	1	1	2	2	1	2	2
1	BC-FJAT-14529	1	2	1	1	2	2	2	1	1	1	1	2	2	2	2	2
1	BC-FJAT-14554	1	2	1	1	2	2	2	1	1	1	1	2	2	1	2	2
1	BC-FJAT-14560	1	1	1	1	1	2	2	1	1	1	1	2	2	2	2	2
1	BC-FJAT-14563	2	2	1	1	1	2	2	1	1	1	1	2	2	2	2	2
1	BC-FJAT-14570	2	2	1	1	1	2	2	1	1	1	1	1	2	2	2	2
1	BC-FJAT-14572	1	2	1	1	2	1	2	1	1	1	1	2	2	2	2	2
1	平均值	1.42	1.83	1.00	1.00	1.33	2.00	2.00	1.00	1.00	1.00	1.00	1.75	2.00	1.50	2.00	2.00
2	BM-FJAT-14577	1	2	2	1	2	2	2	2	1	1	1	2	2	2	1	2
2	BM-FJAT-14585	2	2	2	1	2	1	2	1	1	1	1	1	2	1	2	2
2	BM-FJAT-14586	1	2	1	1	2	2	2	1	1	1	1	1	2	1	2	2
2	BM-FJAT-14594	2	2	1	1	2	2	2	1	1	1	1	2	2	1	2	2
2	BM-FJAT-14604	1	2	1	1	2	1	2	1	1	1	1	1	2	1	2	2

续表

组别	菌株编号	酶促反应		糖发酵产酸							碳源利用				细胞反应		
		脲酶	明胶水解酶	阿拉伯糖	木糖	蔗糖	麦芽糖	葡萄糖	甘露醇	肌醇	丙二酸盐利用	柠檬酸盐利用	硝酸盐还原	葡萄糖产气	细胞运动性	MR反应	V-P反应
2	BM-FJAT-14606	1	2	1	1	2	1	2	1	1	1	1	1	2	1	2	2
2	BM-FJAT-14424	1	2	1	1	2	1	2	1	1	1	1	1	2	1	2	2
2	BM-FJAT-14426	1	2	1	1	2	2	2	1	1	1	1	1	2	2	2	2
2	BM-FJAT-14430	1	2	1	1	2	2	2	2	1	1	1	1	2	1	2	2
2	BM-FJAT-14446	1	2	2	1	2	2	2	2	1	1	1	2	2	2	2	2
2	BM-FJAT-14451	1	2	2	1	2	2	2	2	1	1	1	2	2	1	1	2
2	BM-FJAT-14452	1	2	2	1	2	2	2	2	1	1	1	2	2	1	2	2
2	BM-FJAT-14484	1	2	2	1	2	2	1	2	1	1	1	1	2	2	2	2
2	BM-FJAT-14490	1	2	1	1	2	2	2	2	1	1	1	1	2	2	2	2
2	BM-FJAT-14533	1	2	1	1	2	2	2	2	1	1	1	2	2	2	2	2
2	BM-FJAT-14537	1	2	1	1	2	2	2	2	1	1	1	1	2	2	1	2
2	BM-FJAT-14539	1	2	1	1	2	2	2	2	1	1	1	1	2	2	1	2
2	BM-FJAT-14584	1	2	2	1	2	1	2	2	1	1	1	1	2	2	2	1
2	BM-FJAT-14541	1	2	2	1	2	2	2	1	1	1	1	1	2	2	1	2
2	平均值	1.05	2.00	1.32	1.00	2.00	1.58	1.95	1.58	1.00	1.00	1.00	1.32	2.00	1.53	1.74	1.95

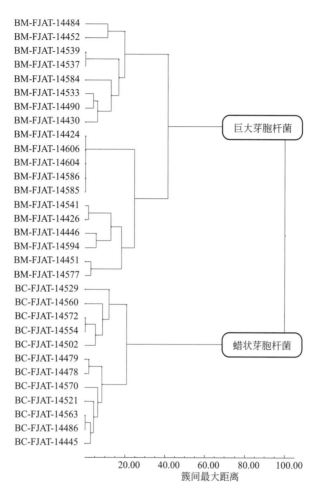

图 3-111　基于生理生化特性的蜡样芽胞杆菌和巨大芽胞杆菌地理种群聚类分析

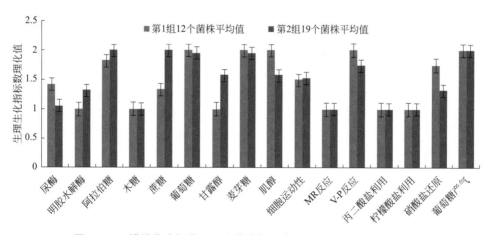

图 3-112　蜡样芽胞杆菌和巨大芽胞杆菌生理生化指标值从差异比较

（3）基于生理生化指标蜡样芽胞杆菌地理种群分化　从图 3-111 可以看出，基于生理生化指标可以将蜡样芽胞杆菌分为 2 个亚组（表 3-81），第 1 亚组包含了 7 个菌株，分别来自基隆、台北、桃园、苗栗，定义为蜡样芽胞杆菌北部种群；第 2 亚组包含了 5 个菌株，分别来自台中、南投、嘉义、高雄，定义为蜡样芽胞杆菌南部种群。北部种群与南部种群在生理生化上的显著差异表现在：北部种群脲酶、明胶水解酶趋向于阴性概率较大，蔗糖发酵产酸、硝酸盐还原趋向于阳性概率较大；南部种群脲酶、明胶水解酶趋向于阳性概率较大，蔗糖发酵产酸、硝酸盐还原趋向于阴性概率较大（表 3-81）。

（4）基于生理生化指标巨大芽胞杆菌地理种群分化　从图 3-111 可以看出，基于生理生化指标可以将巨大芽胞杆菌分为 3 个亚组（表 3-82），第 1 亚组包含了 6 个菌株，分别来自基隆、台北、桃园，定义为巨大芽胞杆菌北部种群；第 2 亚组包含了 5 个菌株，分别来自台中、苗栗，定义为巨大芽胞杆菌中部种群；第 3 亚组包含了 8 个菌株，分别来自南投、高雄，定义为巨大芽胞杆菌南部种群。与南部种群在生理生化上的显著差异表现在：北部种群脲酶、明胶水解酶趋向于阴性概率较大，蔗糖发酵产酸、硝酸盐还原趋向于阳性概率较大；南部种群脲酶、明胶水解酶趋向于阳性概率较大，蔗糖发酵产酸、硝酸盐还原趋向于阴性概率较大（表 3-82）。地理种群间的生理生化指标的差别在于（图 3-113）：北部种群生理生化指标阿拉伯糖、麦芽糖、甘露醇、硝酸盐还原、细胞运动性趋向于阳性的概率较大，中部种群生理生化指标阿拉伯糖、麦芽糖、甘露醇、硝酸盐还原、细胞运动性趋向于阴性，南部种群生理生化指标阿拉伯糖、麦芽糖、甘露醇、硝酸盐还原、细胞运动性趋向于阳性。

八、讨论

1. 台湾省芽胞杆菌种类特殊性

本章节从台湾省各市（县）均分离到具有地区特异性的芽胞杆菌，多数未见有在台湾省分离的报道。在 25 种芽胞杆菌中，有 4 种芽胞杆菌此前在中国范围内未见研究报道，即：病研所芽胞杆菌（*Bacillus idriensis*）、婴儿芽胞杆菌（*Bacillus infantis*）、海洋沉积芽胞杆菌（*Bacillus oceanisediminis*）、污血鸟氨酸芽胞杆菌（*Ornithinibacillus contaminans*），为中国新记录种。

阿氏芽胞杆菌（*Bacillus aryabhattai*）在台湾省分布广泛，自从年 Shivaji 等（2009）首次发表阿氏芽胞杆菌新种以来，它不断地自各种生境中被分离到，例如，Antony 等（2012）报道了从南极洲东部沿海陆地的冰芯上分离到阿氏芽胞杆菌，该菌株有可能是通过运输进入冰芯，其生存可能与海盐浓度等因素有关；冯玮等（2016）在西藏土壤中分离到耐辐射的阿氏芽胞杆菌菌株，可见阿氏芽胞杆菌的分布是比较广泛的。在台湾省，目前仅有在紫丁香蘑栽培后的废弃基质、荷兰泥炭苔和石灰的混合物中分离到阿氏芽胞杆菌菌株的报道，尚未见到在台湾省本土土壤中分离到该菌株的其他研究报道。在台湾省大部分土样中都分离到阿氏芽胞杆菌菌株。

表3-81　基于生理生化指标蜡样芽胞杆菌地理种群分化

亚组	菌株编号	地区	酶促反应		糖发酵产酸							碳源利用				细胞反应		
			脲酶	明胶水解酶	阿拉伯糖	木糖	蔗糖	麦芽糖	葡萄糖	甘露醇	肌醇	丙二酸盐利用	柠檬酸盐利用	硝酸盐还原	葡萄糖产气	细胞运动性	MR反应	V-P反应
1	BC-FJAT-14445	基隆	1	2	1	1	1	2	2	1	1	1	1	2	2	2	2	2
	BC-FJAT-14478	台北	2	2	1	1	1	2	2	1	1	1	1	1	2	1	2	2
	BC-FJAT-14479	台北	1	2	1	1	1	2	2	1	1	1	1	1	2	1	2	2
	BC-FJAT-14486	桃园	2	2	1	1	1	2	2	1	1	1	1	2	2	2	2	2
	BC-FJAT-14521	新竹	1	2	1	1	1	2	2	1	1	1	1	2	2	1	2	2
	BC-FJAT-14563	苗栗	2	2	1	1	1	2	2	1	1	1	1	2	2	2	2	2
	BC-FJAT-14570	苗栗	2	2	1	1	2	2	2	1	1	1	1	1	2	2	2	2
	第1亚组7个样本平均值		1.57	2.00	1.00	1.00	1.00	2.00	2.00	1.00	1.00	1.00	1.00	1.57	2.00	1.57	2.00	2.00
2	BC-FJAT-14502	台中	2	2	1	1	2	2	2	1	1	1	1	2	2	1	2	2
	BC-FJAT-14529	南投	1	2	1	1	2	2	2	1	1	1	1	2	2	2	2	2
	BC-FJAT-14554	嘉义	1	2	1	1	2	2	2	1	1	1	1	2	2	1	2	2
	BC-FJAT-14560	高雄	1	2	1	1	1	2	2	1	1	1	1	2	2	2	2	2
	BC-FJAT-14572	高雄	1	2	1	1	2	2	2	1	1	1	1	2	2	1	2	2
	第2亚组5个样本平均值		1.20	1.60	1.00	1.00	1.80	2.00	2.00	1.00	1.00	1.00	1.00	2.00	2.00	1.40	2.00	2.00

表3-82 基于生理生化指标巨大芽孢杆菌地理种群分化

亚组	菌株编号	地区	酶促反应		糖发酵产酸							碳源利用				细胞反应		
			脲酶	明胶水解酶	阿拉伯糖	木糖	蔗糖	麦芽糖	葡萄糖	甘露醇	肌醇	丙二酸盐利用	柠檬酸盐利用	硝酸盐还原	葡萄糖产气	细胞运动性	MR反应	V-P反应
1	BM-FJAT-14577	基隆	1	2	2	1	2	2	2	2	1	1	1	2	2	2	1	2
	BM-FJAT-14594	台北	2	2	1	1	2	2	2	1	1	1	2	2	2	1	2	2
	BM-FJAT-14426	桃园	1	2	1	1	2	1	2	1	1	1	1	2	2	2	2	2
	BM-FJAT-14446	桃园	1	2	2	1	2	2	2	2	1	1	2	2	2	2	2	2
	BM-FJAT-14451	桃园	1	2	2	1	2	2	2	1	1	1	2	2	2	1	1	2
	BM-FJAT-14541	桃园	1	2	2	1	2	1	2	1	1	1	1	2	2	2	2	2
	第1亚组6个菌株平均值		1.17	2.00	1.67	1.00	2.00	1.50	2.00	1.50	1.00	1.00	1.67	1.67	2.00	1.67	1.50	2.00
2	BM-FJAT-14585	苗栗	1	2	1	1	2	1	2	1	1	1	1	1	2	1	2	2
	BM-FJAT-14586	苗栗	1	2	2	1	2	1	2	1	1	1	1	1	2	1	2	2
	BM-FJAT-14604	台中	1	2	2	1	2	1	2	2	1	1	1	1	2	2	2	2
	BM-FJAT-14606	台中	1	2	1	1	2	1	2	1	1	1	1	1	2	1	2	2
	BM-FJAT-14424	台中	1	2	1	1	2	1	2	1	1	1	1	1	2	2	2	2
	第2亚组5个菌株平均值		1.00	2.00	1.00	1.00	2.00	1.00	2.00	1.00	1.00	1.00	1.00	1.00	2.00	1.00	2.00	2.00
3	BM-FJAT-14430	高雄	1	2	1	1	2	2	2	2	1	1	1	2	2	1	2	2
	BM-FJAT-14452	南投	1	2	2	1	2	2	2	2	1	1	1	2	2	1	2	2
	BM-FJAT-14484	南投	1	2	2	1	2	2	1	2	1	1	1	1	2	2	2	2
	BM-FJAT-14490	高雄	1	2	2	1	2	2	2	2	1	1	1	2	2	2	2	2
	BM-FJAT-14533	高雄	1	2	1	1	2	2	2	2	1	1	1	2	2	2	2	2
	BM-FJAT-14537	高雄	1	2	1	1	2	2	2	2	1	1	1	2	2	2	2	2
	BM-FJAT-14539	高雄	1	2	1	1	2	2	2	2	1	1	1	1	2	2	1	2
	BM-FJAT-14584	南投	1	2	1	1	2	2	2	2	1	1	1	1	2	2	2	1
	第3亚组8个菌株平均值		1.00	2.00	1.25	1.00	2.00	2.00	1.87	2.00	1.00	1.00	1.00	1.25	2.00	1.75	1.75	1.87

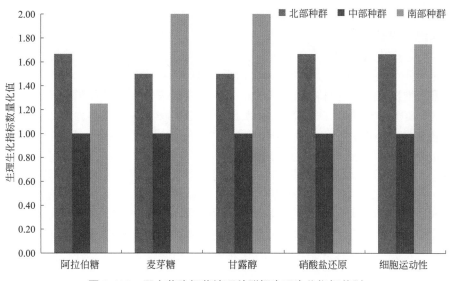

图 3-113　巨大芽胞杆菌地理种群间生理生化指标差别

　　朝日芽胞杆菌（*Bacillus asahii*）首次分离自日本（Yumoto et al.，2004），其亲缘关系与简单芽胞杆菌（*Bacillus simplex*）比较近，与本章节鉴定结果一致，在中国尚未见报道。嗜气芽胞杆菌（*Bacillus aerophilus*）分离自用于收集高海拔空气样本的冻存管中（Shivaji et al.，2006），目前为止也未见报道在其他地方有分离到，在台湾地区分离到该种类。长型赖氨酸芽胞杆菌（*Lysinibacillus macroides*）是 2012 年发表的新种（Coorevits et al.，2012），该菌株的样本早在 1947 年自牛粪中分离，但一直没有被分类在细菌之列，16S rDNA 基因序列分析显示其在基因组水平和近源种解木聚糖赖氨酸芽胞杆菌（*Lysinibacillus xylanilyticus*）、耐硼赖氨酸芽胞杆菌（*Lysinibacillus boronitolerans*）及纺锤形赖氨酸芽胞杆菌（*Lysinibacillus fusiformis*）的相似性不是很高，但多项分析证明其为赖氨酸芽胞杆菌属（*Lysinibacillus*）菌株，尚未见其他报道，在台湾地区分离到该种类。婴儿芽胞杆菌（*Bacillus infantis*）和病研所芽胞杆菌（*Bacillus idriensis*）是 2006 年发表的新种（Ko et al.，2012），分离自新生儿败血症患者，婴儿芽胞杆菌与坚强芽胞杆菌（*Bacillus firmus*）进化关系较近，与本章节鉴定结果一致，此前未见在台湾地区土壤中分离到的报道。黄海芽胞杆菌（*Bacillus marisflavi*）首次分离鉴定自韩国黄海之滨的潮间带（Yoon et al.，2003），目前仅有报道在真菌菌袋中分离到（陈俏彪等，2011）。海洋沉积芽胞杆菌（*Bacillus oceanisediminis*）是 2010 年发表的新种（Zhang et al.，2010a），分离自中国南海的沉积物中，基于 16S rDNA 的系统发育分析表明，其与坚强芽胞杆菌（*Bacillus firmus*）进化关系接近，与本章节鉴定结果一致，未见其他报道，在台湾省的土壤中分离到。

2. 台湾省芽胞杆菌区系调查

　　土壤是芽胞杆菌的主要来源，各种土壤环境中都存在芽胞杆菌菌群，草地、山地、平原等土壤细菌的优势菌群均为芽胞杆菌（徐辉等，2012；胡容平等，2010）。本实验调查结果显示台湾芽胞杆菌种类最多的市（县）为中部地区的市县，按照从北向南的排布，整体上向两边成依次递减趋势，只在桃园县和嘉义市有所变化，可能是由于这两地所处的特殊的地理位置或生境决定的，其变化趋势和台湾省各市县芽胞杆菌平均种类统计结果变化趋势一致；可能受气候因素的影响，台湾中部亚热带季风气候的界线向南偏移主要的影响因素有海陆分布、地形地势、纬度位置和洋流因素等。各地区总芽胞杆菌种类和平均种类分布有一定的差异，可能是由于生境所致。土壤养分、含水量、pH值、土壤肥力、理化因子、生态环境及地理分布等特性决定了芽胞杆菌的多样性。许多植物根系可培养细菌优势菌群为芽胞杆菌菌群（罗菲等，2011；于翠等，2007），且大部分具生防功能（杨敬辉等，2009），不同生境芽胞杆菌菌株种类多样性丰富度也不同（徐辉等，2012）。龚国淑等（2009）对成都市郊区27个样点表层土样的芽胞杆菌进行分离鉴定，研究了该地区土壤芽孢杆菌的空间分布特征。结果表明，成都郊区土壤芽胞杆菌较丰富，空间分布总体上呈条带状分布和局部团块状，从西南向东北方向呈递增趋势。刘秀花等（2006）为调查河南省土壤中芽胞杆菌资源，从河南省不同地区的土壤中分离纯化需氧芽胞杆菌从中获得415株纯培养物，并且鉴定到14个不同的芽胞杆菌菌种。分析发现，不同农作区的优势菌种种类及其检出率不同，与地理条件和耕作制度有一定关系。石春芝等（2001）也对神农架自然保护区九大湖中的芽胞杆菌进行了研究，分析了其主要芽胞杆菌种类及其分布。

3. 台湾省芽胞杆菌种类多样性

研究分离鉴定获得的25种芽胞杆菌，其中阿氏芽胞杆菌为台湾省的优势芽胞杆菌菌群，在各个地区均有分离到，苏云金芽胞杆菌、蜡样芽胞杆菌和炭疽芽胞杆菌为次要芽胞杆菌菌群，各地区也有其特异性芽胞杆菌。对台湾省从北向南各县市芽胞杆菌种类多样性及其分布规律的分析表明除个别地区，从北向南台湾省各市县芽胞杆菌多样性指数平均值变化趋势总体上向两边呈递减趋势，可见土壤中芽胞杆菌的多样性是由地理、生境等诸多因素决定的。如某些作物间作可改变盐碱土根际微生物群落结构组成，提高根际微生物群落多样性（李鑫等，2012；路京等，2012）；植物根系分泌物可影响根系微生物的行为和选择根系微生种类群结构（Badri and Vivanco，2009）。因此，受土壤条件、植物群落和气候条件等因子的影响，芽胞杆菌的种类、数量和动态分布，会按一定的生态规律产生差异（张薇等，2005）。刘训理等（2006）对烟草根系微生物研究表明土壤肥沃和中等的条件下，细菌类群的多样性和丰富度较大，而贫瘠土壤细菌类群的优势度较大。郑贺云等（2012）研究了新疆阿克苏地区盐碱土样中细菌类群多样性和优势种群，及其与环境因子的相关性，表明新疆阿克苏地区土壤中的微生物丰富度非常高，存在大量的细菌类群且优势菌群不尽相同，盐碱土样中微生物群落结构与环境因子密切相关。

不同样方中分离到的25个芽胞杆菌种类含量差异显著，样方前5个高含量的优势种为阿氏芽胞杆菌（442.50×10⁴CFU/g）、苏云金芽胞杆菌（64.10×10⁴CFU/g）、炭疽芽胞杆菌（42.00×10⁴CFU/g）、蜡样芽胞杆菌（29.50×10⁴CFU/g）、蕈状芽胞杆菌（27.50×10⁴CFU/g）；含量较低的后5个种类为朝日芽胞杆菌（0.50×10⁴CFU/g）、病研所芽胞杆菌（0.50×10⁴CFU/g）、莫哈维芽胞杆菌（0.50×10⁴CFU/g）、枯草芽胞杆菌（0.50×10⁴CFU/g）、球形赖氨酸芽胞杆菌（0.50×10⁴CFU/g）。同一个县市采样的样方芽胞杆菌含量可以是完全不同的；前3个含量高的样方为FJAT-4570（台北阳明山）（222.50×10⁴CFU/g）、FJAT-4576（苗栗西湖）（100.50×10⁴CFU/g）、FJAY-4572（台中农大）（68.00×10⁴CFU/g）；后3个含量低的样方为FJAT-4575（桃园中坜）（3.60×10⁴CFU/g）、FJAT-4587（高雄农友1）（2.00×10⁴CFU/g）、FJAT-4561（桃园慈湖2）（1.50×10⁴CFU/g）。

4. 台湾省芽胞杆菌种群分布生态学特性

本章节从台湾省土样中分离的芽胞杆菌经过 16S rDNA 序列测序鉴定后，鉴定出的 25 个种从北向南种类多样性分析表明，阿氏芽胞杆菌是台湾省土样中的优势种，其次为苏云金芽胞杆菌、蜡样芽胞杆菌和炭疽芽胞杆菌，简单芽胞杆菌、朝日芽胞杆菌、枯草芽胞杆菌、土壤芽胞杆菌、嗜气芽胞杆菌、长型赖氨酸芽胞杆菌、婴儿芽胞杆菌和蕈状芽胞杆菌等为地区特异性芽胞杆菌。其中，阿氏芽胞杆菌存在与台湾省的大部分地区，可见阿氏芽胞杆菌在台湾省的分布在很大程度上受台湾省环境和地理的影响，四面环海，海拔较高，为世界上高山密度最高的岛屿之一。地区特异性菌株朝日芽胞杆菌分离自台北市，台湾的最北部，而该菌分离源来自日本，可能是由于环境条件的相似或菌株的运输所致。嗜气芽胞杆菌分离自台中市，该地区处于台湾省中部，地势比较高，和分离自收集高海拔空气样本的冻存管的菌株的生境有一定的相似性。黄海芽胞杆菌和海洋沉积芽胞杆菌等地区特异性菌株均分离自海滨地区，这和台湾省四面环海，地势高峻陡峭，位于环太平洋的火山地震带，自然资源丰富，地处热带及亚热带地区等因素有关。此外，调查台湾地区芽胞杆菌的地理分布特征也表明，同一市（县）鉴定为同种的芽胞杆菌均聚在一起。此外，在苏云金芽胞杆菌的系统分类中，可能是由于其在蜡样芽胞杆菌群的进化地位相对靠后，所以地理分布不明显。但很大程度上还是倾向于南北方各自距离比较接近。可见同一地区的芽胞杆菌在进化过程中由于共同的生境或影响因子存在某种进化相关性。总之，台湾省的气候、地形、土壤等种环境因素造就了台湾省独特的生态环境，影响了芽胞杆菌分布的多态性，使其具有较高的物种歧异度。但生态类型丰富而多样，因此，要对台湾省土壤中芽胞杆菌多样性进行精确具体的调查，需要搜集更加全面的信息进一步分析。

芽胞杆菌种群种类和数量最多的县域，从种类和数量上看，种类最多的是台北，共 12 种，数量最多的是苗栗，达 100.50×10^4CFU/g；最少的县域是高雄，种类为 5 种，数量为 2.41×10^4CFU/g。从丰富度上看，丰富度最高的县域为桃园，丰富度为 3.99；最低的县域为苗栗，丰富度为 0.87。从多样性指数看，桃园的 Simpson 优势度指数 (λ) 最高和香农（Shannon）多样性指数 (H) 最高，分别为 0.90、1.88；均匀度最高为新竹（0.94）；最低为台中，优势度指数 (λ)、香农指数 (H)、均匀度分别为 0.18、0.44、0.27。芽胞杆菌种群样方分布和数量最多为阿氏芽胞杆菌，样方中分布数 19，个体数（含量）442.50×10^4CFU/g。从丰富度上看，丰富度最高的芽胞杆菌为阿氏芽胞杆菌，丰富度为 2.95；最低的为土壤芽胞杆菌，丰富度为 0.00；从多样性指数看，优势度 (λ) 最高的为解木聚糖赖氨酸芽胞杆菌（0.92），香农指数 (H) 最高的为阿氏芽胞杆菌（1.99），均匀度最高为坚强芽胞杆菌（0.99）；最低为土壤芽胞杆菌，优势度指数 (λ)、香农指数 (H)、均匀度皆为 0.00。

从地区生态位宽度看，桃园地区适合于芽胞杆菌资源利用的生态位宽度最大，值为 5.05，比最小生态位的地区台中（1.32）高 3.8 倍，这表明相比较桃园采样地的被芽胞杆菌利用资源条件极大地优越于台中地区采样地。从生态位重叠看，两个地区间芽胞杆菌种群生态位重叠高的，表明其采样地生态资源相似性高，适合芽胞杆菌生存的能力相同；反之生态位重叠低的，表明这两个地区资源相似性低，生存的芽胞杆菌种类和数量差异程度高。基隆地区与台北（0.87）、苗栗（0.84）、台中（0.85）、台南（0.84）等具有高的生态位重叠，表明这些地区采样地提供的资源相似性较高，芽胞杆菌种类与数量较为相似；而基隆与新竹（0.13）、嘉义（0.21）、高雄（0.35）等采样地芽胞杆菌生态位重叠较低，表明这些地区间的芽胞杆菌资源利用异质性较高，种群组成差异较大。有的地区间生态位重叠值很高，如台中和苗栗，生态位重叠值达 0.99，表明其资源相似性很高；有的地区间生态位重叠值很低，如新竹和苗栗生态位重叠值为 0，表明其采样地生态资源特性完全不同。

从地区生态位宽度看，蜡样芽胞杆菌生态位宽度最大，值为 5.21，比最小生态位宽度为 1 的种类（壁芽胞杆菌、海洋沉积芽胞杆菌、病研所芽胞杆菌、莫哈维芽胞杆菌、球形赖氨酸芽胞杆菌、婴儿芽胞杆菌、弯曲芽胞杆菌、朝日芽胞杆菌、枯草芽胞杆菌、污染鸟氨酸芽胞杆菌、土壤芽胞杆菌）高 5.21 倍，这表明生态位宽度值大的芽胞杆菌（如蜡样芽胞杆菌）能够更有效地利用资源，在台湾省分布范围更为广扩，反之也成；从生态位重叠看，芽胞杆菌种群间的生态位重叠可以分为 3 个类型：① 种群间高度生态位重叠，范围为 0.9 ~ 1.0，表明 2 种芽胞杆菌生态位高度重叠，具有相似的资源利用方式，其分布特性相近，如纺锤形卢卡斯芽胞杆菌与壁芽胞杆菌种群生态位重叠值为 0.98；② 种群间中等生态位重叠，范围为 0.3 ~ 0.8，存在着部分资源利用相同的方式，其分布特性存在着交叉，如解木聚糖赖氨酸芽胞杆菌和苏云金芽胞杆菌种群生态位重叠值为 0.46；③ 种群间较低生态位重叠，范围为 0 ~ 0.2，种群利用资源的方式极不相同，其分布特性不存在交叉，如枯草芽胞杆菌和蕈状芽胞杆菌种群生态位重叠值为 0。

5. 台湾省芽胞杆菌特征种群的地理分化

台湾省土样中分离的芽胞杆菌，从北向南除了个别地区外整体上从中间向两边成递减趋势，可见台湾省地形分布很大程度上会影响芽胞杆菌的分布，可能因为台湾省四周环海，环境相对极端，会影响芽胞杆菌的生存，因此两端芽胞杆菌数量较少。并且芽胞杆菌脂肪酸的地理分化特征呈现一定的区域规律性，区域接近或环境相似的市县其脂肪酸种类及数量比较接近。对总的脂肪酸的分析和分别对数量较多的芽胞杆菌脂肪酸的分析结果一致，其中含量最多的脂肪酸其累计含量却相对偏小，可能是某种脂肪酸含量较多的地方芽胞杆菌较容易形成其所需脂肪酸，因此特定的脂肪酸种类较多，也可能是由于特定环境使芽胞杆菌形成特定脂肪酸。总之，芽胞杆菌和环境的相互作用影响着芽胞杆菌的数量和脂肪酸分布。

研究首次对台湾省芽胞杆菌多样性进行系统调查，通过经典的 16S rDNA 序列鉴定方法对台湾省各采集样本及各县市芽胞杆菌种类进行统计分析，并利用系统发育关系对台湾芽胞杆菌地理分化特征加以分析。系统进化关系表明芽胞杆菌 16S rDNA 鉴定结果的准确性，以及 16S rDNA 基因序列在芽胞杆菌系统进化中的重要性。芽胞杆菌种类和它们所处的生境有一定相关性，各地区样本数量很大程度上影响芽胞杆菌种类分布。生境不同会影响芽胞杆菌的多样性，如有机肥能提高土壤微生物的丰富度和多样性（张翰林等，2012）等。同时该研究从台湾芽胞杆菌的数量分布特征和脂肪酸分布等多个角度对其多样性进行分析。研究结果表明，台湾省芽胞杆菌种类比较丰富，每个地区有其优势菌群也有地区特异性芽胞杆菌。台湾芽胞杆菌种类和数量都呈现一定的规律性变化，即台湾各县市从北向南排列，都呈现中间最多，向两边依次递减的规律，除个别地区有所变化，可能是周围环境的特殊性所致。16S rDNA 和脂肪酸数据分析表明，台湾芽胞杆菌的地理分化受地域的影响，环境、地理位置相近或相似的地区其芽胞杆菌的地理分化特征相似。

基于 16S rDNA 基因的芽胞杆菌种群地理分化研究表明，阿氏芽胞杆菌和苏云金芽胞杆菌以及炭疽芽胞杆菌，不同采集地的种群发生了地理分化。基于脂肪酸组的芽胞杆菌种群地理分化研究发现了巨大芽胞杆菌和蜡样芽胞杆菌发生了地理种群分化；基于生理生化特性的芽胞杆菌地理种群分化研究，也发现蜡样芽胞杆菌和巨大芽胞杆菌发生了地理种群分化。

第四节
福建武夷山自然保护区芽胞杆菌资源分析

一、概述

1. 我国芽胞杆菌多样性研究进展

芽胞杆菌由于其能产生抗高温、干燥、紫外线、电离辐射和有毒化学物质的芽胞（刘国红等，2011）而广泛分布于土壤、水体和动植物体表，在极端环境下，如温泉（Yazdani M. et al.，2009）、沙漠（Koberl et al.，2011）、南极（Timmery et al.，2011）、盐田（Shi et al.，2011）、火山（Kim et al.，2011）、矿藏（Valverde et al.，2011）、深海（Gartner et al.，2011）等都发现有芽胞杆菌分布。近年来，陆续有关于土壤芽胞杆菌研究的报道。

苏云金芽胞杆菌在我国 13 个自然保护区森林土壤中广泛分布，其数量和分布和水热条件、土壤 pH 值、地理位置等密切相关（戴莲韵等，1994）。对我国南北方 12 个省土壤中苏云金芽胞杆菌的调查显示，由南向北苏云金芽胞杆菌的丰富度呈现逐渐增加的趋势，苏云金芽胞杆菌的分布与植被类型没有特异相关（戴顺英等，1996）。我国西北干旱地区 11 个自然保护区土壤芽胞杆菌和苏云金芽胞杆菌分布的研究表明芽胞杆菌广泛分布于森林土壤，数量和分布规律与环境水热、养分等综合生态因子有关（王学聘等，1999）。芽胞杆菌是滇池底泥中的主要优势种，并且分布特点与水质状况密切相关（樊竹青和叶华，2001）。红壤生态系统下，芽胞杆菌多样性程度最高的是林地，其次是旱地，再次是水田，最低是侵蚀地（张华勇等，2003）。辽宁省的苏云金芽胞杆菌资源丰富，检出率为大田作物覆盖的土壤最高，其次是林木，最少是花卉（曲慧东等，2008）。刘秀花等对河南省土壤中芽胞杆菌资源进行调查，发现不同农作区的优势菌种类与地理条件和耕作制度相关（刘秀花等，2006）。天津市土壤中苏云金芽胞杆菌的调查结果显示苏云金芽胞杆菌适于在土质疏松、透气性好的林区土壤中生长，其杀虫特性受地域、气候等因素影响显著（魏雪生等，2006）。芽胞杆菌是成都市郊区土壤中细菌的主要类群，并且含有具有生防潜力的菌株（唐志燕等，2005；龚国淑等，2009）。谢月霞等（2008）和苏旭东等（2007）分别对河北省不同生态区苏云金芽胞杆菌进行了调查，结果表明河北省苏云金芽胞杆菌资源具有丰富的多样性，cry 基因类型复杂多样，产生的伴胞晶体形态各异。河北省大茂山地区具有丰富的苏云金芽胞杆菌资源，出菌量随海拔升高呈先升高后降低规律，部分菌株对铜绿丽金龟幼虫具有极高毒力（宋健等，2011）。四川盆土壤中含有丰富的苏云金芽胞杆菌资源，山林土的苏云金芽胞杆菌出菌率高于农田土，并且检测到有两株具有一定研究背景（周长梅等，2011）。王子旋等对新疆 4 个地点土壤的芽胞杆菌进行调查，结果显示新疆地区的芽胞杆菌较为丰富，不同采样地点芽胞杆菌的种类和数量都有较大差异（王子旋等，2012）。河北省五岳寨国家森林公园的苏云金

芽胞杆菌资源丰富，具有良好的多态性（代萌等，2013）。

2. 土壤微生物多样性研究方法

土壤微生物多样性研究方法主要有微生物平板纯培养法、Biolog 微平板法、脂肪酸分析法、分子生物学法等。

（1）微生物平板纯培养法　微生物平板纯培养法是研究土壤微生物多样性的一种传统方法，该法通过使用具有不同营养成分的固体培养基对土壤中的可培养微生物进行分离培养，根据微生物菌落的形态以及菌落数对土壤中微生物的类型和数量进行测定（李国娟等，2009）。这种方法由于简便、快捷、经济而被广泛应用。稀释平板涂布法是分离培养土壤微生物的常用方法，包括稀释、接种、培养和计数几个步骤（章家恩等，2004）。但是，目前土壤中可培养的微生物仅仅是土壤微生物中的一小部分，因此，这种方法在研究土壤微生物多样性方面存在局限性。

（2）Biolog 微平板法　Biolog 微平板法是通过测定微生物对 95 种不同碳源的利用能力和代谢差异来评价土壤微生物结构多样性或者功能多样性（蔡晨秋等，2011）。Biolog 微平板法具有简便、灵敏度高、分辨力强等特点（席劲瑛等，2003），但是也存在着一些不足，例如该法描述的仅是土壤中快速生长型或者富营养微生物类群的活性，并且培养环境的变化可能会对测定的结果产生影响等（蔡晨秋等，2011）。

（3）脂肪酸分析法　脂肪酸分析方法主要有磷脂脂肪酸谱图法（PLFA）和脂肪酸甲酯谱图法（FAME）。磷脂脂肪酸是活细胞膜的重要组成成分，它与细胞识别、种族特异性和细胞免疫等密切相关（王秋红等，2007b）。微生物细胞结构中所含有的磷脂脂肪酸和它的 DNA 具有高度同源性，各种微生物具有其特征性细胞磷脂脂肪酸生物标记（Chen Y. et al.，2008）。微生物死亡后，磷脂脂肪酸很快被分解，因此，磷脂脂肪酸谱图法（PLFA）可以较好地反映土壤中存活的不同类群微生物生物量和总生物量（齐鸿雁等，2003；王曙光和侯彦林，2004；颜慧等，2006）。由于脂肪酸在微生物细胞中具有较高并且较稳定的含量，因此细胞中磷脂脂肪酸的种类和含量成了分类的一个重要依据，脂肪酸甲酯谱图法（FAME）通过测定微生物细胞膜中磷脂脂肪酸的类型和含量可以达到种类鉴定和多样性分析等目的（江凌玲等，2011）。脂肪酸分析法在鉴定土壤微生物种类和识别微生物类群方面具有较高的准确性、稳定性和敏感性（张秋芳等，2009），但是，由于目前还没有完全弄清楚土壤中所有微生物的特征脂肪酸，不同种类微生物的特征脂肪酸可能有重叠（张瑞娟等，2011），温度、生长阶段和营养状况等非研究因素的变化会对分析结果产生影响（齐鸿雁等，2003；颜慧等，2006；江凌玲等，2011），并且古细菌的极性脂质以醚键存在，脂肪酸分析法也存在着一些不足之处。

（4）分子生物学法　分子生物学法主要包括基于 DNA 序列测定的研究方法；基于分子杂交技术的研究方法，如荧光原位杂交（FISH）、同位素标记；和基于 PCR 技术的研究方法，如随机扩增多态性 DNA 技术（RAPD）、扩增片段长度多态性技术（AFLP）、限制性片段长度多态性技术（T-RFLP）、单链构象多态性技术（SSCP）、变性梯度凝胶电泳（DGGE）、温度梯度凝胶电泳（TGGE）、核糖体基因间区分析（RISA）等（周桔和雷霆，2007）。rDNA 由保守区和可变区组成，存在于所有细菌中，相对稳定，拷贝数多。原核生物 rDNA 有 5S、16S 和 23S rDNA 三种。其中，16S rDNA 区域应用较多，主要是建立微生物 16S rDNA 数据库，分析微生物的系统发育关系（章家恩等，2004）。

3. 福建武夷山国家自然保护区

福建武夷山国家自然保护区位于福建省北部，处于武夷山、建阳、邵武和光泽四县市的交界处（117°27′～117°51′E，27°35′～27°54′N），面积 565km²，拥有世界同纬度现存面积最大、保存最完整的中亚热带森林生态系统，以"生物模式标本"名扬海内外。保护区平均海拔 1200 m，主峰为黄岗山，海拔 2158 m。武夷山国家自然保护区属典型的中亚热带季风气候，年平均气温 13～19℃，年均湿度 82%～85%，年均降水量 1600～2200mm。主要的典型植被有中亚热带常绿阔叶林（200～1000 m）、针叶林（1200～1750 m）、亚高山矮曲林（1750～1900 m）、高山草甸（1700～2158 m）（汪家社等，2003）。保护区土壤属于亚热带酸性山地森林土壤类型，土壤分区属红黄壤区。海拔 700 m 以下为红壤，700～1050 m 为红黄壤，1050～1900 m 为黄壤，1900 m 以上为山地草甸土（雷寿平和黄梅玲，2005）。近年来，研究人员对武夷山自然保护区的生物多样性进行了大量的研究，多样性研究的对象包括植物（李振基等，2002；何健源等，2004；王良桂和徐晨，2010）、昆虫（汪家社，2007）、贝类（周卫川等，2011）、微生物（庄铁成等，1998）等。纵观前人的研究，对武夷山自然保护区地区芽胞杆菌分布多样性的研究较少，本章节对武夷山自然保护区土壤中芽胞杆菌的种类、数量、分布以及地理分化等角度进行调查，为了解芽胞杆菌的分布和发掘芽胞杆菌资源提供参考。

二、研究方法

1. 试验材料

（1）样本采集 在武夷山自然保护区内的不同海拔、不同植被条件下，采用 5 点法采集 0～30cm 范围内的土壤。采集的土样装入保鲜袋带回试验室；将采回的土样风干，装入土样保存塑料瓶中，备用。土壤样本采集信息见图 3-114 和表 3-83。

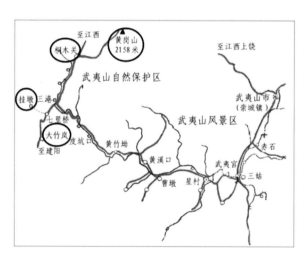

图 3-114 武夷山自然保护区土壤样本采集地点

表 3-83　从武夷山自然保护区采集的土样信息

土样编号	采集地点	土样信息	采集时间
[1]FJAT-5619	黄岗山顶	SJ-1 黄岗山顶土壤	2012-6-19
[2]FJAT-5622		SJ-5 黄岗山顶土壤	2012-6-19
[3]FJAT-5733		SJ-12 黄岗山边土	2012-6-19
[4]FJAT-5735		SJ-8 黄岗山 松树根际土	2012-6-19
[5]FJAT-5738		SJ-13 黄岗山 苔藓土	2012-6-19
[6]FJAT-5744		黄岗山顶 杂草地土壤	2012-6-19
[7]FJAT-5745		黄岗山顶 水塘边土壤 1#	2012-6-19
[8]FJAT-5754		黄岗山顶 岩石下土壤	2012-6-19
[9]FJAT-5755		黄岗山顶 树下土壤	2012-6-19
[10]FJAT-5756		黄岗山顶 矮松下土壤	2012-6-19
[11]FJAT-5762		黄岗山顶 福建界碑下土壤 1#	2012-6-19
[12]FJAT-5763		黄岗山顶 江山界碑下土壤	2012-6-19
[13]FJAT-5765		黄岗山顶 武夷山天下第一峰牌下土壤 1#	2012-6-19
[14]FJAT-5766		黄岗山顶土壤	2012-6-19
[15]FJAT-5768		黄岗山 山最顶土壤	2012-6-19
[16]FJAT-5818		SJ-2 黄岗山 草地土壤	2012-6-19
[17]FJAT-5819		SJ-3 黄岗山 草地土壤	2012-6-19
[18]FJAT-5820		SJ-7 黄岗山 烂草根土壤	2012-6-19
[19]FJAT-5821		SJ-9 黄岗山 石头旁边土	2012-6-19
[20]FJAT-5825		黄岗山顶 草坪土壤	2012-6-19
[21]FJAT-5626	黄岗山中部	SJ-18 黄岗山中部土壤	2012-6-19
[22]FJAT-5627		SJ-22 树下土	2012-6-19
[23]FJAT-5654		SJ-59 树下土	2012-6-19
[24]FJAT-5668		SJ-19 苔藓地衣土壤	2012-6-19
[25]FJAT-5750		黄岗山 屋前草丛土壤	2012-6-19
[26]FJAT-5751		黄岗山 窗户下 地衣土壤	2012-6-19
[27]FJAT-5759		黄岗山 发射塔下土壤 2#	2012-6-19
[28]FJAT-5764		黄岗山 牌下土壤	2012-6-19
[29]FJAT-5726		黄岗山 水泥厂地土壤 1#	2012-6-19
[30]FJAT-5748		黄岗山 墙角土壤 3#	2012-6-19
[31]FJAT-5761		黄岗山 草丛边沙地土壤 1#	2012-6-19
[32]FJAT-5826		黄岗山 发射塔下土壤 1#	2012-6-19
[33]FJAT-5828		黄岗山 水塘边土壤	2012-6-19
[34]FJAT-5628	黄岗山脚	SJ-24 黄岗山土壤 3	2012-6-19
[35]FJAT-5629		SJ-27 黄岗山土壤 3	2012-6-19
[36]FJAT-5630		SJ-28 黄岗山土壤 3	2012-6-19
[37]FJAT-5631		SJ-29 黄岗山土壤	2012-6-19
[38]FJAT-5632		SJ-30 黄岗山土壤 3	2012-6-19
[39]FJAT-5633		SJ-31 水中沙土	2012-6-19
[40]FJAT-5634		SJ-32 黄岗山土壤 3	2012-6-19
[41]FJAT-5635	桐木关	SJ-41 桐木关 柳杉表面土 3-4	2012-6-19
[42]FJAT-5636		SJ-42 桐木关 银杏烂树叶土	2012-6-19
[43]FJAT-5640		SJ-49 桐木关 红豆杉洞内土壤 4	2012-6-19

土样编号	采集地点	土样信息	采集时间
[44]FJAT-5699	桐木关	桐峰茶丁志中红茶基地茶园土 1	2012-6-19
[45]FJAT-5700		桐峰茶丁志枯木下土壤	2012-6-19
[46]FJAT-5701		桐峰茶丁志棕榈树下土壤	2012-6-19
[47]FJAT-5702		桐峰茶丁志南方红豆杉树皮 2	2012-6-19
[48]FJAT-5703		桐峰茶丁志大松树下土壤 1	2012-6-19
[49]FJAT-5704		桐峰茶场溪边土壤	2012-6-19
[50]FJAT-5708		桐木关城墙下土壤 2	2012-6-19
[51]FJAT-5709		桐木关城门边土壤 1	2012-6-19
[52]FJAT-5710		瀑布下土样 1#	2012-6-19
[53]FJAT-5786	挂墩	中挂墩黄花菜边土	2012-6-20
[54]FJAT-5787		挂墩路口 斜坡上土	2012-6-20
[55]FJAT-5788		挂墩路口 朝阳坡上土	2012-6-20
[56]FJAT-5789		挂墩路口土壤	2012-6-20
[57]FJAT-5790		中挂墩路边石头边土	2012-6-20
[58]FJAT-5791		挂墩路口土壤	2012-6-20
[59]FJAT-5794		中挂墩河边土	2012-6-20
[60]FJAT-5795		挂墩路口土壤	2012-6-20
[61]FJAT-5796		中挂墩石头下土	2012-6-20
[62]FJAT-5798		挂墩路口土壤	2012-6-20
[63]FJAT-5802		挂墩路口土壤	2012-6-20
[64]FJAT-5804		挂墩路口 石头上土	2012-6-20
[65]FJAT-5805		挂墩路口 茶树根际土	2012-6-20
[66]FJAT-5806		挂墩路口 阴面土	2012-6-20
[67]FJAT-5568	大竹岚	大竹岚 半山腰 岩壁土 1#	2012-6-20
[68]FJAT-5576		大竹岚 半山腰 松树根系土 2#	2012-6-20
[69]FJAT-5577		大竹岚 半山腰 润兰科根系土 1#	2012-6-20
[70]FJAT-5581		大竹岚 半山腰 树下蘑菇根系土	2012-6-20
[71]FJAT-5583		大竹岚 半山腰 沉积土 1#	2012-6-20
[72]FJAT-5585		大竹岚 蕨类根系土 1#	2012-6-20
[73]FJAT-5589		大竹岚 岩石下土壤	2012-6-20
[74]FJAT-5590		大竹岚 瞭楼苔藓土壤	2012-6-20
[75]FJAT-5591		大竹岚 瞭望台周边土 1#	2012-6-20
[76]FJAT-5594		大竹岚 米珍树下土 3#	2012-6-20
[77]FJAT-5595		大竹岚 木兰属根系土	2012-6-20
[78]FJAT-5597		大竹岚 茶树根系土 1	2012-6-20
[79]FJAT-5601		大竹岚土壤 17	2012-6-20
[80]FJAT-5605		大竹岚 竹子根系土 3#	2012-6-20
[81]FJAT-5609		大竹岚 侧柏土样 14(上)	2012-6-20
[82]FJAT-5610		大竹岚 牛藤土样 (上)	2012-6-20
[83]FJAT-5612		大竹岚 枫香根系土 1#	2012-6-20
[84]FJAT-5613		大竹岚 银杏树下土 1#	2012-6-20
[85]FJAT-5615		大竹岚 车前草边土	2012-6-20
[86]FJAT-5616		大竹岚 腐质土 1#	2012-6-20

（2）试剂与仪器

① 培养基与试剂　细菌分离用 LB 培养基，DNA 提取用 NA 培养基，脂肪酸提取用 TSB 培养基。

LB 培养基：胰蛋白胨 10g，酵母提取物 5g，NaCl 10g，琼脂 17.5g，蒸馏水 1000mL，pH7.0。

NA 培养基：牛肉浸膏 3g，酵母浸膏 1g，蛋白胨 5g，NaCl 5g，琼脂 17.5g，蒸馏水 1000mL，pH7.0。

TSB 培养基：胰蛋白胨大豆肉汤 30g，琼脂 17.5g，蒸馏水 1000mL。

② 脂肪酸提取处理试剂　试剂 1：NaOH 45g，甲醇（HPLC 级）150mL，去离子蒸馏水 150mL，将 NaOH 加入水和甲醇的混合液中，搅拌至完全溶解。

试剂 2：6.00mol/L 盐酸 25mL，甲醇（HPLC 级）275mL，一边搅拌一边把盐酸加入甲醇中。

试剂 3：正己烷（HPLC 级）200mL，MTBE（HPLC 级）200mL，把 MTBE 加入正己烷中，搅拌均匀。

试剂 4：NaOH 10.8g，去离子蒸馏水 900mL。

③ PCR 扩增引物　采用细菌通用 16S rRNA 引物 9F 5'-GAG TTT GAT CCT GGC TCA G-3'（9-27）和 1542R 5'-AGA AAG GAG GTG ATC CAG CC-3'（1542-1525），引物由上海生物工程有限公司合成。PCR 反应试剂：10×Loading Buffer，dNTP Mixture（10mmol/L），*Taq* 酶（2.5U/μL）（由上海博尚生工生物工程技术服务有限公司提供），100bp Marker（由上海英骏生物技术有限公司提供）。DNA 提取试剂：100mmol/L NaCl，10mmol/L Tris-HCl，1mmol/L EDTA，Tris-saturated phenol。

④ 试验仪器　UVP GelDoc-It TS Imaging System 凝胶成像仪、华粤行仪器有限公司 Tpersonal Biometra 梯度 PCR 仪、PowerPac Basic BIO-RAD 电泳仪、离心机（eppendorf Centrifuge 5418R）、IKA VORTEX GENIUS 3 振荡器、上海齐欣科学仪器有限公司 DK-8D 三孔电热恒温水槽、STIK 恒温培养箱。气相色谱系统：美国 Agilent 6890N 型。包括全自动进样装置、石英毛细管柱及氢火焰离子化检测器。分析软件：美国 MIDI 公司开发的基于微生物细胞脂肪酸成分鉴定的全自动微生物鉴定系统 Sherlock MIS4.5（Microbial Identification System）和 LGS4.5（Library Generation Software）。

2. 试验方法

（1）土壤中芽胞杆菌的分离与保存　称取土样 10g，加入装有 90mL 无菌水的锥形瓶（150mL）内，摇床振荡 20min 后，80℃水浴 10 ～ 15min，中间振荡 2 ～ 3 次，即制成土壤悬液原液。吸取 1mL 土壤悬液原液至装有 9mL 无菌水的试管，即配成 10^{-2} 浓度，依次稀释配制成 10^{-3}、10^{-4}。超净台内，吸取稀释度为 10^{-3}、10^{-4} 的土壤悬液 100μL，加入 LB 培养基平板上，用无菌涂布棒涂布均匀，每个稀释度重复 2 次。将涂布均匀的培养基平板倒置放在 30℃恒温箱培养 1 ～ 2d。统计平板上的菌落数，描述菌落形态、大小等，算出每一稀释度菌落的平均数。菌落数计算公式：

每克土样中微生物的数量＝同一稀释度的菌落平均数 × 稀释倍数 / 含菌样品质量（g）

用平板划线法纯化菌株，用接种环在 NA 平板上挑取单菌落在新的平板上划线，放置在 30℃恒温箱培养（可能需重复划线培养多次，直至得到纯化菌株）。对纯化后的菌株进行编号、拍照、-80℃甘油保存。

（2）芽胞杆菌的分子鉴定

① 芽胞杆菌总 DNA 的提取　从菌种库中取出需要活化的菌株在 NA 平板上划线，30℃培养 2d。刮取 1 ～ 2 环的菌体于 1.5mL 离心管中，用 400μL STE 缓冲液（100mmol/L NaCl，10mmol/L Tris/HCl, 1mmol/L EDTA, pH 8.0）吹打悬浮细胞两次。然后在 8000r/min 下离心 2min，弃去上清。用 200μL TE 缓冲液（10mmol/L Tris-HCl, 1mmol/L EDTA, pH 8.0）悬浮细胞，然后加入 100μL Tris- 饱和酚（pH 8.0），涡旋混合 60s。接着在 4℃下 13000r/min 离心 5min 以从有机相中分离出水相，取 160μL 上清液转移到干净的 1.5mL 离心管。往离心管中加入 40μL TE 缓冲液，再用 100μL 氯仿混合，在 4℃下 13000r/min 离心 5min。用氯仿提取的方法纯化裂解液直到没有白色界面出现，这个过程要重复 2 ～ 3 遍。取 160μL 上清液到干净的 1.5mL 离心管中，再加入 40μL TE 和 5μL RNase（10mg/mL）并在 37℃下放置 10min，以分解 RNA。接着将 100μL 氯仿加到离心管中，混合后在 4℃下 13000r/min 离心 5min。最后，将 150μL 的上清液转移到干净的 1.5mL 离心管中。此时的上清液包含有纯化的 DNA，可以直接用于序列扩增并可以在 -20℃下保存。

② 16S rDNA PCR 扩增与测序分析　PCR 反应体系（25μL）：2.5μL 10×Loading 缓冲液、0.5μL 10mmol/L dNTP Mixture、9F 和 1542R 引物各 1μL、0.3μL（5U/μL）Taq 酶、1μL DNA 模板。PCR 反应程序：94℃预变性 5min，94℃变性 30s，55℃退火 45s，72℃延伸 1min，35 个循环，最后 72℃延伸 10min。PCR 产物的检测：取 2μL PCR 产物，点样于 1.5% 的琼脂糖凝胶中，以 100bp Marker 作为标准分子量，100V 电压，电泳 40min，EB 染色，用凝胶成像系统观察结果。检测出有条带的菌株 PCR 产物送至铂尚生物技术有限公司进行测序。将测定出的各菌株 16S rRNA 序列，通过细菌序列比对网站 EZtaxon-e（http://eztaxon-e.ezbiocloud.net/）进行比对分析，并选择相关的参考菌株序列，经 Clustal X 软件对齐后，通过软件 Mega 4.00（Tamura et al.，2007）进行聚类分析（方法为 Neighbour-Joining，Bootstrap 值取 1000），构建聚类树。

③ 芽胞杆菌脂肪酸的提取与检测　根据 MIDI 细菌鉴定系统中的《MIDI 细菌鉴定系统手册》标准操作规程，即获菌、皂化、甲基化、萃取、基本洗涤这几个步骤提取芽胞杆菌脂肪酸，用 Sherlock MIDI 脂肪酸检测系统鉴定到种。芽胞杆菌脂肪酸的提取，将菌株采用四区画线法在 TSB 平板上划线，置于 28℃恒温暗培养箱培养 24h。获菌：用接种环挑取 3 ～ 5 环（湿重约 40mg）第 3 区的菌落置于清洁干燥的有螺旋盖的试管（13mm×100mm）底部。皂化：在装有菌体的试管内加入（1.0±0.1）mL 试剂 1，锁紧盖子，振荡试管 5 ～ 10s，95 ～ 100℃水浴 5min，从沸水中移开试管并轻微冷却，振荡 5 ～ 10s，再水浴 25min，取出冷却至室温。甲基化：加入试剂（2.0±0.1）mL，拧紧盖子，振荡 5 ～ 10s，80℃水浴 10min，移开且迅速用流动自来水冷却至室温。萃取：加入（1.25±0.1）mL 的试剂 3（将 200mL MTBE 加到 200mL 正己烷中，搅拌均匀）萃取溶剂，盖紧盖子，温和混合旋转 10min，打开管盖，利用干净的移液管取出下层似水部分，弃去。基本洗涤（从有机相中移去自由的脂肪）：加入（3.0±0.21）mL 试剂 4（18gNaOH 溶于 900mL 去离子水），拧紧盖子，温和混合旋转 5min，打开盖子，利用干净的移液管移出约 2/3 体积的上层有机相到干净的 GC 小瓶中。芽胞杆菌脂肪酸成分的检测，用气相色谱分析脂肪酸甲酯混合物标样和待检样本，具体检测、分析过程参照蓝江林等（2010）。

（3）芽胞杆菌多样性分析方法

① 芽胞杆菌种群多样性分析方法　分离频度是指某种芽胞杆菌出现的频率（邓小军等，

2011）。

分离频度 = 某个种出现的样品数 / 总样品数 ×100%

分离频度大于 50% 为优势种，介于 30%～50% 之间的为最常见种，介于 10%～30% 之间的为常见种，小于 10% 为稀有种（张英等，2003）。通过计算分离频度来划分 1 个地区的优势种。使用常用物种 Margalef 丰富度指数、Pielou 均匀度指数、Shannon-Wiener 多样性指数和 Simpson 优势度指数讨论不同海拔高度芽采样地胞杆菌物种多样性，应用大型统计软件 PRIMER 5.0 计算各物种多样性指数（李捷等，2012）。公式如下：

Margalef 丰富度指数（D_{MA}）：$D_{MA}=(S-1)/\ln N$

Pielou 均匀度指数（J）：$J=H/\ln S$

Shannon-Wiener 多样性指数（H）：$H=-\sum P_i \ln P_i$

Simpson 优势度指数（λ_J）：$\lambda_J=1-\sum P_i^2$

式中，S 为总芽胞杆菌种类数；N 为芽胞杆菌个体总数；P_i 是第 i 种的个体数占总个体数的比例。挑选优势菌的 16S rDNA 序列分析其地理分化，经 Clustal X 对齐后，通过软件 Mega 4.0 进行聚类（方法为 Neighbour-Joining，Bootstrap 值取 1000），使用 DNAMAN 6.0.3.99 软件对分离株与参考菌株 16S rDNA 序列进行多重比对，讨论差异性。

② 芽胞杆菌脂肪酸多样性分析方法　应用大型统计软件 PRIMER 5.0 计算不同海拔高度采样地芽胞杆菌脂肪酸多样性指数，包括 Margalef 丰富度指数（D_{MA}）、Pielou 均匀度指数（J'）、Shannon-Wiener 多样性指数（H'）和 Simpson 优势度指数（D_J）。应用 PASW Statistics 18.0 软件对芽胞杆菌的脂肪酸成分进行因子分析，并对优势芽胞杆菌脂肪酸成分在不同采样地的含量进行单因素方差分析，以讨论其差异性。

三、芽胞杆菌种类区系调查

1. 芽胞杆菌菌株菌落特征

（1）菌落图示　从武夷山自然保护区采集的 86 份土样中分离、保存芽胞杆菌 434 株。这些菌株的菌落大小不一、形态各异，总体来看大致可分为 43 类，部分代表菌株的菌落形态和特征描述见图 3-115 和表 3-84。

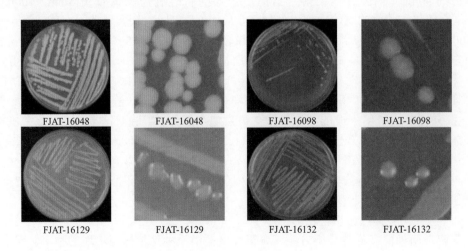

FJAT-16048　　FJAT-16048　　FJAT-16098　　FJAT-16098

FJAT-16129　　FJAT-16129　　FJAT-16132　　FJAT-16132

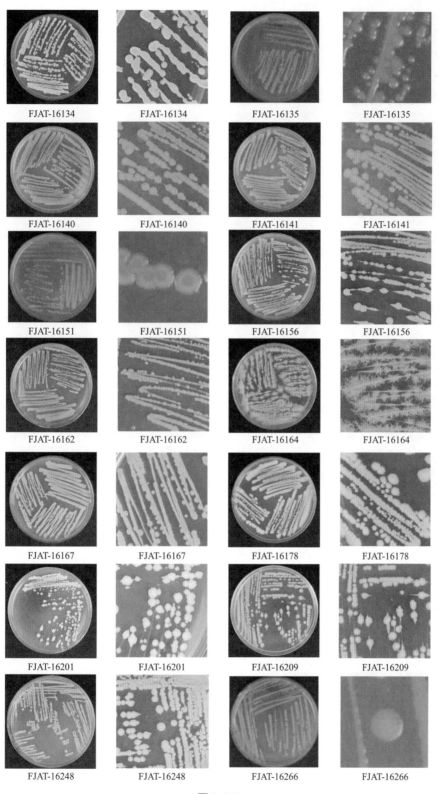

FJAT-16134　　　　FJAT-16134　　　　FJAT-16135　　　　FJAT-16135

FJAT-16140　　　　FJAT-16140　　　　FJAT-16141　　　　FJAT-16141

FJAT-16151　　　　FJAT-16151　　　　FJAT-16156　　　　FJAT-16156

FJAT-16162　　　　FJAT-16162　　　　FJAT-16164　　　　FJAT-16164

FJAT-16167　　　　FJAT-16167　　　　FJAT-16178　　　　FJAT-16178

FJAT-16201　　　　FJAT-16201　　　　FJAT-16209　　　　FJAT-16209

FJAT-16248　　　　FJAT-16248　　　　FJAT-16266　　　　FJAT-16266

图 3-115

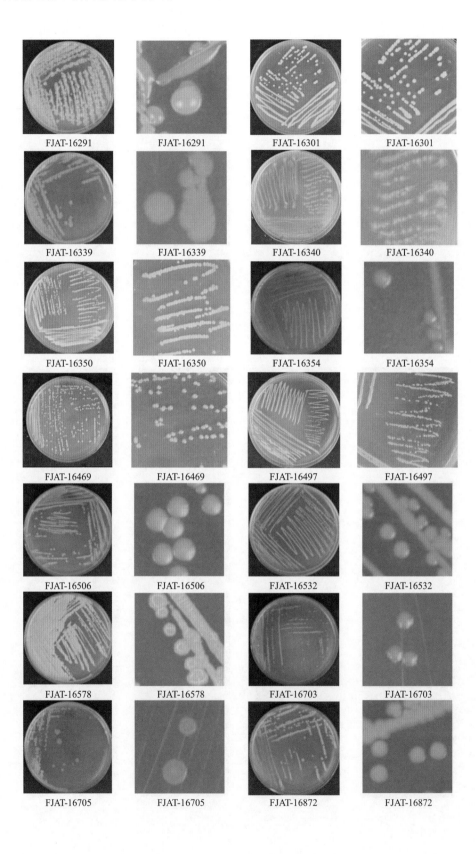

FJAT-16291　　FJAT-16291　　FJAT-16301　　FJAT-16301

FJAT-16339　　FJAT-16339　　FJAT-16340　　FJAT-16340

FJAT-16350　　FJAT-16350　　FJAT-16354　　FJAT-16354

FJAT-16469　　FJAT-16469　　FJAT-16497　　FJAT-16497

FJAT-16506　　FJAT-16506　　FJAT-16532　　FJAT-16532

FJAT-16578　　FJAT-16578　　FJAT-16703　　FJAT-16703

FJAT-16705　　FJAT-16705　　FJAT-16872　　FJAT-16872

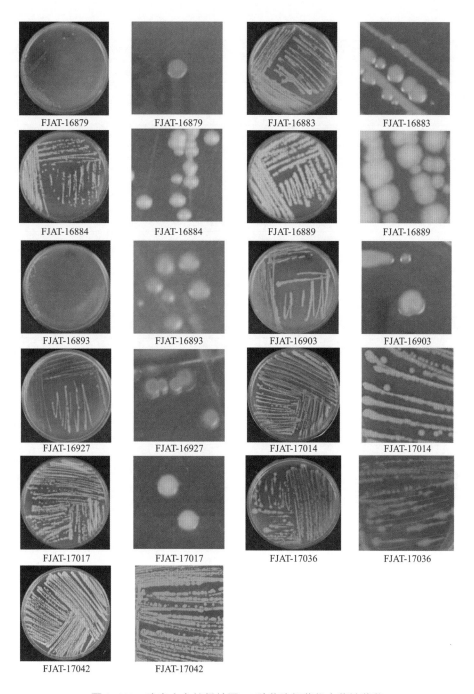

FJAT-16879　　　　FJAT-16879　　　　FJAT-16883　　　　FJAT-16883

FJAT-16884　　　　FJAT-16884　　　　FJAT-16889　　　　FJAT-16889

FJAT-16893　　　　FJAT-16893　　　　FJAT-16903　　　　FJAT-16903

FJAT-16927　　　　FJAT-16927　　　　FJAT-17014　　　　FJAT-17014

FJAT-17017　　　　FJAT-17017　　　　FJAT-17036　　　　FJAT-17036

FJAT-17042　　　　FJAT-17042

图 3-115　武夷山自然保护区 43 种芽胞杆菌代表菌株菌落

（2）菌落描述　芽胞杆菌菌落描述包括了菌落大小、表明光滑程度、菌落颜色、菌落湿润程度、菌落形状、菌落隆起与否、菌落边缘整齐与否、菌落质地不透明与否等。武夷山自然保护区 43 种芽胞杆菌代表菌株菌落特征描述见表 3-84。

表 3-84　武夷山自然保护区 43 种芽胞杆菌代表菌株菌落特征

菌株编号	菌落形态描述
FJAT-16048	小，光滑，乳白色，湿润，圆形，扁平，边缘整齐，不透明
FJAT-16098	小，光滑，浅黄色，湿润，圆形，扁平，边缘整齐，不透明
FJAT-16129	小，光滑，淡黄色，湿润，圆形，隆起，边缘不整齐，半透明
FJAT-16132	中，光滑，浅黄色，湿润，圆形，隆起，边缘整齐，半透明
FJAT-16134	大，褶皱，白色，干燥，圆形，隆起，边缘整齐，不透明
FJAT-16135	很小，光滑，浅灰色，湿润，圆形，隆起，边缘整齐，半透明
FJAT-16140	中，光滑，黄色，湿润，圆形，微隆，边缘整齐，不透明
FJAT-16141	大，光滑，浅灰色，湿润，圆形，扁平，边缘整齐，不透明
FJAT-16151	小，光滑，乳白色中部偏深，湿润，圆形，微隆，边缘锯齿状，半透明
FJAT-16156	中，光滑，浅黄色，干燥，圆形，扁平，边缘整齐，不透明
FJAT-16162	小，光滑，橘红色，湿润，圆形，隆起，边缘整齐，不透明
FJAT-16164	大，粗糙，乳白色，干燥，不规则，扁平，边缘羽毛状，不透明
FJAT-16167	中，光滑，乳白色，湿润，圆形，扁平，边缘整齐，不透明
FJAT-16178	大，粗糙，乳白色，湿润，圆形，扁平，边缘锯齿状，不透明
FJAT-16201	大，粗糙，白色，干燥，近圆形，扁平，边缘不整齐，不透明
FJAT-16209	大，粗糙，浅黄色，干燥，圆形，扁平，边缘整齐，不透明
FJAT-16248	中，光滑，淡黄色，干燥，圆形，中部隆起，边缘整齐，不透明
FJAT-16266	小，光滑，淡粉色，湿润，圆形，微隆，边缘整齐，半透明
FJAT-16291	小，光滑，淡黄色，湿润，形状不规则，隆起，边缘整齐，半透明
FJAT-16301	中，光滑，淡黄色，干燥，圆形，隆起，边缘整齐，不透明
FJAT-16339	小，光滑，淡粉色，湿润，圆形，扁平，边缘整齐，不透明
FJAT-16340	中，光滑，浅灰色，湿润，不规则，微隆，边缘羽毛状，半透明
FJAT-16350	小，光滑，淡黄色，湿润，圆形，微隆，边缘整齐，不透明
FJAT-16354	小，光滑，淡黄色，湿润，圆形，微隆，边缘整齐，半透明
FJAT-16469	小，光滑，乳白色，湿润，圆形，隆起，边缘整齐，不透明
FJAT-16497	很小，光滑，淡黄色，湿润，圆形，隆起，边缘整齐，不透明
FJAT-16506	中，光滑，黄色，湿润，圆形，隆起，边缘整齐，不透明
FJAT-16532	小，光滑，黄色，湿润，圆形，隆起，边缘整齐，不透明
FJAT-16578	小，褶皱，乳白色，干燥，圆形，四周隆起，边缘整齐，不透明
FJAT-16703	小，光滑，浅黄色，湿润，圆形，隆起，边缘锯齿状，半透明
FJAT-16705	小，光滑，浅黄色，湿润，圆形，微隆，边缘整齐，半透明
FJAT-16872	小，光滑，黄色，湿润，圆形，微隆，边缘整齐，不透明
FJAT-16879	小，光滑，黄色中部白色，湿润，圆形，隆起，边缘整齐，不透明
FJAT-16883	小，光滑，浅黄色，湿润，圆形，隆起，边缘整齐，不透明
FJAT-16884	中，光滑，白色，湿润，圆形，隆起，边缘整齐，不透明

续表

菌株编号	菌落形态描述
FJAT-16889	大，光滑，乳白色，干燥，圆形，中部微隆，边缘整齐，不透明
FJAT-16893	小，光滑，乳白色，湿润，圆形，隆起，边缘整齐，半透明
FJAT-16903	小，光滑，乳白色，湿润，圆形，微隆，边缘整齐，边缘透明
FJAT-16927	小，光滑，乳白色中部偏深，湿润，圆形，微隆，边缘整齐，边缘透明
FJAT-17014	小，光滑，橙黄色，干燥，圆形，扁平，边缘整齐，不透明
FJAT-17017	小，光滑，乳白色，湿润，圆形，微隆，边缘整齐，不透明
FJAT-17036	中，光滑，乳白色中部白色，湿润，圆形，扁平，边缘整齐，不透明
FJAT-17042	小，褶皱，白色，干燥，圆形，隆起，边缘整齐，不透明

2. 芽胞杆菌分子鉴定与系统发育

（1）芽胞杆菌分子鉴定 提取从武夷山自然保护区土样中分离出的 434 株芽胞杆菌的 DNA，利用细菌 16S rDNA 通用引物 9F 和 1542R 进行 PCR 扩增，扩增电泳图谱见图 3-116，各菌株均获得一条 1500bp 左右的特异性条带。将扩增产物送至上海博尚生物技术有限公司测序，将测得的 16S rDNA 序列通过网站 EZtaxon-e.ezbiocloud.net 进行比对，结果表明 434 株分离株归属于 43 个种，如表 3-85 所列。

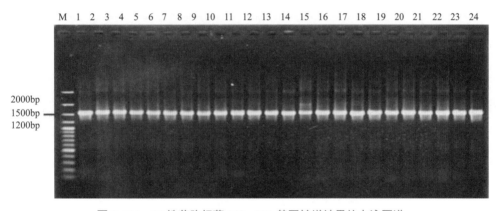

图 3-116 24 株芽胞杆菌 16S rDNA 基因扩增结果的电泳图谱

表 3-85 芽胞杆菌 16S rDNA 鉴定结果

菌株编号	种类学名	中文名称	Genbank 登录号	相似性 /%
FJAT-16164	*Bacillus anthracis*	炭疽芽胞杆菌	KF278148	99.85
FJAT-16209	*Bacillus aryabhattai*	阿氏芽胞杆菌	KF278157	100.0
FJAT-16883	*Bacillus bataviensis*	巴达维亚芽胞杆菌	KF278197	100.0
FJAT-16354	*Bacillus cecembensis*	科研中心芽胞杆菌	KF278179	95.95
FJAT-16889	*Bacillus cereus*	蜡样芽胞杆菌	KF278199	100.0
FJAT-16469	*Bacillus endoradicis*	根内芽胞杆菌	KF278181	99.12

续表

菌株编号	种类学名	中文名称	Genbank 登录号	相似性 /%
FJAT-16705	*Bacillus halmapalus*	盐敏芽胞杆菌	KF278193	98.52
FJAT-16532	*Bacillus isronensis*	印空研芽胞杆菌	KF278187	100.0
FJAT-16048	*Bacillus manliponensis*	万里浦芽胞杆菌	KF278123	98.46
FJAT-16291	*Bacillus licheniformis*	地衣芽胞杆菌	KF278168	99.85
FJAT-16872	*Bacillus marisflavi*	黄海芽胞杆菌	KF278195	100.0
FJAT-16134	*Bacillus methylotrophicus*	甲基营养型芽胞杆菌	KF278130	99.86
FJAT-16162	*Bacillus muralis*	壁芽胞杆菌	KF278147	99.85
FJAT-16884	*Bacillus mycoides*	蕈状芽胞杆菌	KF278198	100.0
FJAT-17014	*Bacillus nanhaiensis*	南海栖海洋菌	KF278203	100.0
FJAT-16339	*Bacillus novalis*	休闲地芽胞杆菌	KF278175	99.83
FJAT-16201	*Bacillus pseudomycoides*	假蕈状芽胞杆菌	KF278155	99.85
FJAT-16578	*Bacillus safensis*	沙福芽胞杆菌	KF278189	100.0
FJAT-17017	*Bacillus simplex*	简单芽胞杆菌	KF278204	100.0
FJAT-17042	*Bacillus tequilensis*	特基拉芽胞杆菌	KF278206	99.89
FJAT-16178	*Bacillus thuringiensis*	苏云金芽胞杆菌	KF278153	100.0
FJAT-16301	*Bacillus weihenstephanensis*	韦氏芽胞杆菌	KF278171	100.0
FJAT-16350	*Brevibacillus agri*	土壤短芽胞杆菌	KF278177	99.38
FJAT-16156	*Lysinibacillus fusiformis*	纺锤形赖氨酸芽胞杆菌	KF278145	100.0
FJAT-16167	*Lysinibacillus macroides*	延长芽胞杆菌	KF278149	99.57
FJAT-16506	*Lysinibacillus mangiferahumi*	芒果土赖氨酸芽胞杆菌	KF278185	99.98
FJAT-16266	*Lysinibacillus massiliensis*	马赛赖氨酸芽胞杆菌	KF278163	97.51
FJAT-16248	*Lysinibacillus parviboronicapiens*	含低硼赖氨酸芽胞杆菌	KF278158	99.22
FJAT-16141	*Lysinibacillus sphaericus*	球形赖氨酸芽胞杆菌	KF278135	99.14
FJAT-16140	*Lysinibacillus xylanilyticus*	解木聚糖赖氨酸芽胞杆菌	KF278134	100.0
FJAT-16151	*Paenibacillus alvei*	蜂房类芽胞杆菌	KF278140	98.82
FJAT-16703	*Paenibacillus apiarius*	蜜蜂类芽胞杆菌	KF278192	98.88
FJAT-16893	*Paenibacillus castaneae*	栗树类芽胞杆菌	KF278200	98.05
FJAT-16129	*Paenibacillus elgii*	乐金类芽胞杆菌	KF278128	99.40
FJAT-16135	*Paenibacillus lautus*	灿烂类芽胞杆菌	KF278131	99.13
FJAT-16879	*Paenibacillus pini*	松树类芽胞杆菌	KF278196	99.98
FJAT-16903	*Paenibacillus taichungensis*	类芽胞杆菌台中种	KF278201	100.0
FJAT-16927	*Paenibacillus terrigena*	海岸土类芽胞杆菌	KF278202	97.61
FJAT-16132	*Psychrobacillus insolitus*	奇特嗜冷芽胞杆菌	KF278129	98.70
FJAT-16497	*Psychrobacillus psychrodurans*	忍冷嗜冷芽胞杆菌	KF278183	99.82
FJAT-16098	*Rummeliibacillus pycnus*	厚胞鲁梅尔芽胞杆菌	KF278125	98.39
FJAT-17036	*Viridibacillus arenosi*	沙地绿芽胞杆菌	KF278205	100.0
FJAT-16340	*Viridibacillus arvi*	田地绿芽胞杆菌	KF278176	100.0

（2）芽胞杆菌系统发育　从分离自武夷山自然保护区的 434 株分离株中选取 70 株及其对应参考菌株的 16S rDNA 序列，利用 Clustal X 软件进行序列比对，用 MEGA 4 软件构建系统进化树如图 3-117 所示。从图中可以看出，武夷山自然保护区的芽胞杆菌主要聚为 8 大类。

图 3-117　基于 16S rDNA 的武夷山自然保护区芽胞杆菌系统发育

蕈状芽胞杆菌（*Bacillus mycoides*）、韦氏芽胞杆菌（*Bacillus weihenstephanensis*）、苏云金芽胞杆菌（*Bacillus thuringiensis*）、炭疽芽胞杆菌（*Bacillus anthracis*）、蜡样芽胞杆菌（*Bacillus cereus*）和假蕈状芽胞杆菌（*Bacillus pseudomycoides*）鉴定菌株聚在一起，均为蜡

样芽胞杆菌群的菌株，鉴定为万里浦芽胞杆菌（*Bacillus manliponensis*）的菌株处于蜡样芽胞杆菌群的边缘，可见这些种的 16S rDNA 在系统发育上差异较小。

鉴定为黄海芽胞杆菌（*Bacillus marisflavi*）、地衣芽胞杆菌（*Bacillus licheniformis*）、特基拉芽胞杆菌（*Bacillus tequilensis*）和甲基营养型芽胞杆菌（*Bacillus methylotrophicus*）的菌株聚为一类。鉴定为盐敏芽胞杆菌（*Bacillus halmapalus*）、南海芽胞杆菌（*Bacillus nanhaiensis*）和阿氏芽胞杆菌（*Bacillus aryabhattai*）的菌株聚为一类。鉴定为沙福芽胞杆菌（*Bacillus safensis*）的菌株单独成为一类。长型赖氨酸芽胞杆菌（*Lysinibacillus macroides*）、解木聚糖赖氨酸芽胞杆菌（*Lysinibacillus xylanilyticus*）、马赛赖氨酸芽胞杆菌（*Lysinibacillus massiliensis*）、芒果土赖氨酸芽胞杆菌（*Lysinibacillus mangiferahumi*）、含低硼赖氨酸芽胞杆菌（*Lysinibacillus parviboronicapiens*）、球形赖氨酸芽胞杆菌（*Lysinibacillus sphaericus*）和纺锤形赖氨酸芽胞杆菌（*Lysinibacillus fusiformis*）聚在一起，均为赖氨酸芽胞杆菌属（*Lysinibacillus*），鉴定为印空研芽胞杆菌（*Bacillus isronensis*）和科研中心芽胞杆菌（*Bacillus cecembensis*）的菌株处在赖氨酸芽胞杆菌属（*Lysinibacillus*）的边缘；鉴定为沙地绿芽胞杆菌（*Viridibacillus arenosi*）、田野绿芽胞杆菌（*Viridibacillus arvi*）、厚胞鲁梅尔芽胞杆菌（*Rummeliibacillus pycnus*）、忍冷嗜冷芽胞杆菌（*Psychrobacillus psychrodurans*）和奇特嗜冷芽胞杆菌（*Psychrobacillus insolitus*）的菌株聚在一起，这两个类群构成了一个较大的类群。鉴定为巴达维亚芽胞杆菌（*Bacillus bataviensis*）、休闲地芽胞杆菌（*Bacillus novalis*）、根内生芽胞杆菌（*Bacillus endoradicis*）、简单芽胞杆菌（*Bacillus simplex*）和壁芽胞杆菌（*Bacillus muralis*）的菌株聚为一类。鉴定为土壤短芽胞杆菌（*Brevibacillus agri*）的菌株单独成为一类。

鉴定为乐金类芽胞杆菌（*Paenibacillus elgii*）、松树类芽胞杆菌（*Paenibacillus pini*）、灿烂类芽胞杆菌（*Paenibacillus lautus*）、台中类芽胞杆菌（*Paenibacillus taichungensis*）、栗树类芽胞杆菌（*Paenibacillus castaneae*）、海岸土类芽胞杆菌（*Paenibacillus terrigena*）、蜜蜂类芽胞杆菌（*Paenibacillus apiarius*）和蜂房类芽胞杆菌（*Paenibacillus alvei*）的菌株聚为一类，均为类芽胞杆菌属（*Paenibacillus*）的菌株。

四、芽胞杆菌种类分布多样性

1. 芽胞杆菌种类样本分布多样性

基于 16S rDNA 的鉴定结果对武夷山自然保护区各土壤样本的芽胞杆菌种类进行统计，结果见表 3-86。从表可知，武夷山自然保护区各土壤样本中芽胞杆菌种类从 1 种到 7 种不等，其中分布种类最多的土壤样本含有 7 种芽胞杆菌，例如 FJAT-5819，采自黄岗山草地土壤（SJ-3），包括蕈状芽胞杆菌、苏云金芽胞杆菌、解木糖赖氨酸芽胞杆菌、休闲地芽胞杆菌、田野绿芽胞杆菌、沙地绿芽胞杆菌、蜡样芽胞杆菌；种类最少的土壤样本仅含有 1 种蕈状芽胞杆菌，例如 FJAT-5626，采自黄岗山中部的土壤（SJ-18②）。采集土壤样本的随机性较大，随机大样本反映了一种趋势，每个区域都可以采集到含种类不同的土壤样本，与芽胞杆菌土壤样本生境特征密切相关，那些含种类多的土壤样本，其生境条件较适合芽胞杆菌的生存；土壤样本芽胞杆菌种类的比较实质是小生境条件的比较。

表 3-86 武夷山自然保护区不同土壤样本芽胞杆菌种类数量

地点	土样编号	土样来源	种类数	芽胞杆菌种类学名	比例 /%
黄岗山顶	FJAT-5619	SJ-1 黄岗山顶土壤	3	蜡样芽胞杆菌、蕈状芽胞杆菌、解木糖赖氨酸芽胞杆菌	6.98
	FJAT-5622	SJ-5 黄岗山顶土壤	4	炭疽芽胞杆菌、蜡样芽胞杆菌、蕈状芽胞杆菌、解木聚糖赖氨酸芽胞杆菌	9.30
	FJAT-5733	SJ-12 黄岗山边土	4	蕈状芽胞杆菌、芒果土赖氨酸芽胞杆菌、科研中心芽胞杆菌、沙地绿芽胞杆菌	9.30
	FJAT-5735	SJ-8 黄岗山 松树根际土	2	蜡样芽胞杆菌、解木糖赖氨酸芽胞杆菌	4.65
	FJAT-5738	SJ-13 黄岗山 苔藓土	4	蕈状芽胞杆菌、蜡样芽胞杆菌、简单芽胞杆菌、沙地绿芽胞杆菌	9.30
	FJAT-5744	黄岗山顶 杂草地土壤	4	蜡样芽胞杆菌、蕈状芽胞杆菌、忍冷嗜冷芽胞杆菌、炭疽芽胞杆菌	9.30
	FJAT-5745	黄岗山顶 水塘边土壤 1#	6	甲基营养型芽胞杆菌、解木糖赖氨酸芽胞杆菌、蕈状芽胞杆菌、苏云金芽胞杆菌、蜡样芽胞杆菌、简单芽胞杆菌	13.95
	FJAT-5754	黄岗山顶 岩石下土壤	5	蕈状芽胞杆菌、田野绿芽胞杆菌、根内生芽胞杆菌、解木糖赖氨酸芽胞杆菌、地衣芽胞杆菌	11.63
	FJAT-5755	黄岗山顶 树下土壤	4	蕈状芽胞杆菌、蜡样芽胞杆菌、解木聚糖赖氨酸芽胞杆菌、田野绿芽胞杆菌	9.30
	FJAT-5756	黄岗山顶 矮松下土壤	3	蕈状芽胞杆菌、沙地绿芽胞杆菌、蜡样芽胞杆菌	6.98
	FJAT-5762	黄岗山顶 福建界碑下土壤 1#	4	蕈状芽胞杆菌、蜡样芽胞杆菌、解木聚糖赖氨酸芽胞杆菌、炭疽芽胞杆菌	9.30
	FJAT-5763	黄岗山顶 江山界碑下土壤	2	苏云金芽胞杆菌、蕈状芽胞杆菌	4.65
	FJAT-5765	黄岗山顶 武夷山天下第一峰牌下土壤 1#	5	蕈状芽胞杆菌、简单芽胞杆菌、苏云金芽胞杆菌、忍冷嗜冷芽胞杆菌、解木聚糖赖氨酸芽胞杆菌	11.63
	FJAT-5766	黄岗山顶土壤 ③	3	蕈状芽胞杆菌、根内生芽胞杆菌、炭疽芽胞杆菌	6.98
	FJAT-5768	黄岗山 山最顶土壤 ⑤	3	蕈状芽胞杆菌、长型赖氨酸芽胞杆菌、芒果土赖氨酸芽胞杆菌	6.98
	FJAT-5818	SJ-2 黄岗山 草地土壤	4	蕈状芽胞杆菌、解木聚糖赖氨酸芽胞杆菌、蜡样芽胞杆菌、简单芽胞杆菌	9.30
	FJAT-5819	SJ-3 黄岗山 草地土壤	7	蕈状芽胞杆菌、苏云金芽胞杆菌、解木聚糖赖氨酸芽胞杆菌、休闲地芽胞杆菌、田野绿芽胞杆菌、沙地绿芽胞杆菌、蜡样芽胞杆菌	16.28
	FJAT-5820	SJ-7 黄岗山 烂草根土壤	3	苏云金芽胞杆菌、蜡样芽胞杆菌、蕈状芽胞杆菌	6.98
	FJAT-5821	SJ-9 黄岗山 石头旁边土	5	蕈状芽胞杆菌、蜡样芽胞杆菌、解木聚糖赖氨酸芽胞杆菌、土壤短芽胞杆菌、炭疽芽胞杆菌	11.63
	FJAT-5825	黄岗山顶 草坪土壤 ⑩	5	印空研芽胞杆菌、蜡样芽胞杆菌、解木聚糖赖氨酸芽胞杆菌、蕈状芽胞杆菌、炭疽芽胞杆菌	11.63

续表

地点	土样编号	土样来源	种类数	芽胞杆菌种类学名	比例/%
黄岗山中部	FJAT-5626	SJ-18 黄岗山中部土壤②	1	蕈状芽胞杆菌	2.33
	FJAT-5627	SJ-22 树下土	2	蕈状芽胞杆菌、苏云金芽胞杆菌	4.65
	FJAT-5654	SJ-59 树下土	2	苏云金芽胞杆菌、阿氏芽胞杆菌	4.65
	FJAT-5668	SJ-19 苔藓地衣土壤	1	蜡样芽胞杆菌	2.33
	FJAT-5750	黄岗山 屋前草丛土壤	2	蜡样芽胞杆菌、炭疽芽胞杆菌	4.65
	FJAT-5751	黄岗山 窗户下 地衣土壤	2	蜡样芽胞杆菌、蕈状芽胞杆菌	4.65
	FJAT-5759	黄岗山 发射塔下土壤 2#	3	蕈状芽胞杆菌、蜡样芽胞杆菌、解木聚糖赖氨酸芽胞杆菌	6.98
	FJAT-5764	黄岗山 牌下土壤	3	蜡样芽胞杆菌、沙福芽胞杆菌、蕈状芽胞杆菌	6.98
	FJAT-5726	黄岗山 水泥厂地土壤 1#	3	蕈状芽胞杆菌、解木聚糖赖氨酸芽胞杆菌、韦氏芽胞杆菌	6.98
	FJAT-5748	黄岗山 墙角土壤 3#	2	苏云金芽胞杆菌、忍冷嗜冷芽胞杆菌	4.65
	FJAT-5761	黄岗山 草丛边沙地土壤 1#	4	蕈状芽胞杆菌、根内生芽胞杆菌、蜡样芽胞杆菌、田野绿芽胞杆菌	9.30
	FJAT-5826	黄岗山 发射塔下土壤 1#	5	苏云金芽胞杆菌、炭疽芽胞杆菌、蕈状芽胞杆菌、解木聚糖赖氨酸芽胞杆菌、蜡样芽胞杆菌	11.63
	FJAT-5828	黄岗山 水塘边土壤②	3	炭疽芽胞杆菌、解木聚糖赖氨酸芽胞杆菌、蕈状芽胞杆菌	6.98
黄岗山脚	FJAT-5628	SJ-24 黄岗山土壤 3	4	炭疽芽胞杆菌、苏云金芽胞杆菌、含低硼赖氨酸芽胞杆菌、解木聚糖赖氨酸芽胞杆菌	9.30
	FJAT-5629	SJ-27 黄岗山土壤 3	5	炭疽芽胞杆菌、苏云金芽胞杆菌、假蕈状芽胞杆菌、含低硼赖氨酸芽胞杆菌、解木聚糖赖氨酸芽胞杆菌	11.63
	FJAT-5630	SJ-28 黄岗山土壤 3	5	假蕈状芽胞杆菌、苏云金芽胞杆菌、阿氏芽胞杆菌、解木聚糖赖氨酸芽胞杆菌、蜂房类芽胞杆菌	11.63
	FJAT-5631	SJ-29 黄岗山土壤	4	炭疽芽胞杆菌、纺锤形赖氨酸芽胞杆菌、苏云金芽胞杆菌、蕈状芽胞杆菌	9.30
	FJAT-5632	SJ-30 黄岗山土壤 3	6	炭疽芽胞杆菌、苏云金芽胞杆菌、蕈状芽胞杆菌、解木聚糖赖氨酸芽胞杆菌、纺锤形赖氨酸芽胞杆菌、蜡样芽胞杆菌	13.95
	FJAT-5633	SJ-31 水中沙土	2	炭疽芽胞杆菌、苏云金芽胞杆菌	4.65
	FJAT-5634	SJ-32 黄岗山土壤 3	4	炭疽芽胞杆菌、苏云金芽胞杆菌、蜡样芽胞杆菌、马赛赖氨酸芽胞杆菌	9.30
桐木关	FJAT-5635	SJ-41 桐木关 柳杉表面土 3-4	4	炭疽芽胞杆菌、苏云金芽胞杆菌、沙地绿芽胞杆菌、解木聚糖赖氨酸芽胞杆菌	9.30
	FJAT-5636	SJ-42 桐木关 银杏烂树叶土	5	炭疽芽胞杆菌、苏云金芽胞杆菌、壁芽胞杆菌、解木聚糖赖氨酸芽胞杆菌、球形赖氨酸芽胞杆菌	11.63

续表

地点	土样编号	土样来源	种类数	芽胞杆菌种类学名	比例 /%
桐木关	FJAT-5640	SJ-49 桐木关 红豆杉洞内土壤 4	5	苏云金芽胞杆菌、奇特嗜冷芽胞杆菌、解木聚糖赖氨酸芽胞杆菌、甲基营养型芽胞杆菌、灿烂类芽胞杆菌	11.63
	FJAT-5699	桐峰茶丁志中红茶基地茶园土 1	5	炭疽芽胞杆菌、苏云金芽胞杆菌、蜡样芽胞杆菌、含低硼赖氨酸芽胞杆菌、壁芽胞杆菌	11.63
	FJAT-5700	桐峰茶丁志枯木下土壤	4	炭疽芽胞杆菌、苏云金芽胞杆菌、纺锤形赖氨酸芽胞杆菌、蜡样芽胞杆菌	9.30
	FJAT-5701	桐峰茶丁志棕榈树下土壤	2	苏云金芽胞杆菌、解木聚糖赖氨酸芽胞杆菌	4.65
	FJAT-5702	桐峰茶丁志南方红豆杉树皮 2	3	炭疽芽胞杆菌、苏云金芽胞杆菌、含低硼赖氨酸芽胞杆菌	6.98
	FJAT-5703	桐峰茶丁志大松树下土壤 1	4	炭疽芽胞杆菌、苏云金芽胞杆菌、假蕈状芽胞杆菌、解木聚糖赖氨酸芽胞杆菌	9.30
	FJAT-5704	桐峰茶场溪边土壤	3	炭疽芽胞杆菌、苏云金芽胞杆菌、阿氏芽胞杆菌	6.98
	FJAT-5708	桐木关城墙下土壤 2	4	炭疽芽胞杆菌、蕈状芽胞杆菌、长型赖氨酸芽胞杆菌、解木聚糖赖氨酸芽胞杆菌	9.30
	FJAT-5709	桐木关城门边土壤 1	3	苏云金芽胞杆菌、壁芽胞杆菌、解木聚糖赖氨酸芽胞杆菌	6.98
	FJAT-5710	瀑布下土样 1#	3	炭疽芽胞杆菌、蕈状芽胞杆菌、台中类芽胞杆菌	6.98
挂墩	FJAT-5786	中挂墩黄花菜边土	4	炭疽芽胞杆菌、解木聚糖赖氨酸芽胞杆菌、沙福芽胞杆菌、蜡样芽胞杆菌	9.30
	FJAT-5787	挂墩路口 斜坡上土	6	阿氏芽胞杆菌、苏云金芽胞杆菌、炭疽芽胞杆菌、蜡样芽胞杆菌、解木聚糖赖氨酸芽胞杆菌、乐金类芽胞杆菌	13.95
	FJAT-5788	挂墩路口 朝阳坡上土	3	苏云金芽胞杆菌、蜡样芽胞杆菌、假蕈状芽胞杆菌	6.98
	FJAT-5789	挂墩路口土壤 ②	5	苏云金芽胞杆菌、解木聚糖赖氨酸芽胞杆菌、蕈状芽胞杆菌、厚胞鲁梅尔芽胞杆菌、假蕈状芽胞杆菌	11.63
	FJAT-5790	中挂墩路边石头边土	5	苏云金芽胞杆菌、解木聚糖赖氨酸芽胞杆菌、假蕈状芽胞杆菌、炭疽芽胞杆菌、蜡样芽胞杆菌	11.63
	FJAT-5791	挂墩路口土壤 ③	7	解木聚糖赖氨酸芽胞杆菌、阿氏芽胞杆菌、炭疽芽胞杆菌、苏云金芽胞杆菌、蜡样芽胞杆菌、沙福芽胞杆菌、万里浦芽胞杆菌	16.28
	FJAT-5794	中挂墩河边土	3	沙地绿芽胞杆菌、解木聚糖赖氨酸芽胞杆菌、炭疽芽胞杆菌	6.98
	FJAT-5795	挂墩路口土壤 ④	5	炭疽芽胞杆菌、苏云金芽胞杆菌、解木聚糖赖氨酸芽胞杆菌、沙地绿芽胞杆菌、假蕈状芽胞杆菌	11.63

续表

地点	土样编号	土样来源	种类数	芽胞杆菌种类学名	比例/%
挂墩	FJAT-5796	中挂墩 石头下土	4	苏云金芽胞杆菌、蜡样芽胞杆菌、炭疽芽胞杆菌、解木聚糖赖氨酸芽胞杆菌	9.30
	FJAT-5798	挂墩路口土壤⑥	2	解木聚糖赖氨酸芽胞杆菌、苏云金芽胞杆菌	4.65
	FJAT-5802	挂墩路口土壤⑤	2	解木聚糖赖氨酸芽胞杆菌、苏云金芽胞杆菌	4.65
	FJAT-5804	挂墩路口 石头上土⑦	4	炭疽芽胞杆菌、蜜蜂类芽胞杆菌、假蕈状芽胞杆菌、盐敏芽胞杆菌	9.30
	FJAT-5805	挂墩路口 茶树根际土	2	苏云金芽胞杆菌、蜂房类芽胞杆菌	4.65
	FJAT-5806	挂墩路口 阴面土	4	解木聚糖赖氨酸芽胞杆菌、万里浦芽胞杆菌、假蕈状芽胞杆菌、球形赖氨酸芽胞杆菌	9.30
大竹岚	FJAT-5568	大竹岚 半山腰 岩壁土1#	3	炭疽芽胞杆菌、球形赖氨酸芽胞杆菌、苏云金芽胞杆菌	6.98
	FJAT-5576	大竹岚 半山腰 松树根系土2#⑤	3	炭疽芽胞杆菌、苏云金芽胞杆菌、球形赖氨酸芽胞杆菌	6.98
	FJAT-5577	大竹岚 半山腰 润兰科根系土1#	3	炭疽芽胞杆菌、苏云金芽胞杆菌、沙地绿芽胞杆菌	6.98
	FJAT-5581	大竹岚 半山腰 树下蘑菇根系土	3	炭疽芽胞杆菌、蕈状芽胞杆菌、台中类芽胞杆菌	6.98
	FJAT-5583	大竹岚 半山腰 沉积土1#	3	海岸土类芽胞杆菌、苏云金芽胞杆菌、解木聚糖赖氨酸芽胞杆菌	6.98
	FJAT-5585	大竹岚 蕨类根系土1#	3	苏云金芽胞杆菌、炭疽芽胞杆菌、解木聚糖赖氨酸芽胞杆菌	6.98
	FJAT-5589	大竹岚 岩石下土壤	2	炭疽芽胞杆菌、解木聚糖赖氨酸芽胞杆菌	4.65
	FJAT-5590	大竹岚 瞭楼苔藓土壤	4	南海芽胞杆菌、壁芽胞杆菌、阿氏芽胞杆菌、简单芽胞杆菌	9.30
	FJAT-5591	大竹岚 瞭望台周边土1#	3	苏云金芽胞杆菌、黄海芽胞杆菌、蜡样芽胞杆菌	6.98
	FJAT-5594	大竹岚 米珍树下土3#	3	苏云金芽胞杆菌、松树类芽胞杆菌、球形赖氨酸芽胞杆菌	6.98
	FJAT-5595	大竹岚 木兰属根系土	1	苏云金芽胞杆菌	2.33
	FJAT-5597	大竹岚 茶树根系土1	3	苏云金芽胞杆菌、巴达维亚芽胞杆菌、蕈状芽胞杆菌	6.98
	FJAT-5601	大竹岚土壤17	2	苏云金芽胞杆菌、沙地绿芽胞杆菌	4.65
	FJAT-5605	大竹岚 竹子根系土3#	4	假蕈状芽胞杆菌、苏云金芽胞杆菌、解木聚糖赖氨酸芽胞杆菌、蜡样芽胞杆菌	9.30
	FJAT-5609	大竹岚 侧柏土样14（上）	2	假蕈状芽胞杆菌、苏云金芽胞杆菌	4.65
	FJAT-5610	大竹岚 牛藤土样（上）	3	炭疽芽胞杆菌、特基拉芽胞杆菌、苏云金芽胞杆菌	6.98

续表

地点	土样编号	土样来源	种类数	芽胞杆菌种类学名	比例 /%
大竹岚	FJAT-5612	大竹岚 枫香根系土 1#	5	蜡样芽胞杆菌、假蕈状芽胞杆菌、栗树类芽胞杆菌、壁芽胞杆菌、苏云金芽胞杆菌	11.63
	FJAT-5613	大竹岚 银杏树下土 1#	3	苏云金芽胞杆菌、阿氏芽胞杆菌、解木聚糖赖氨酸芽胞杆菌	6.98
	FJAT-5615	大竹岚 车前草边土	3	假蕈状芽胞杆菌、苏云金芽胞杆菌、解木聚糖赖氨酸芽胞杆菌	6.98
	FJAT-5616	大竹岚 腐质土 1#	2	假蕈状芽胞杆菌、苏云金芽胞杆菌	4.65

2. 芽胞杆菌种类水平分布多样性

（1）区域分布　对武夷山自然保护区海拔范围在 890 ～ 1200m 的 4 个水平区域（桐木关 890m、大竹岚 1000m、黄岗山脚 1100m、挂墩 1200m）的土壤样本芽胞杆菌种类进行统计（表 3-87），共分离到芽胞杆菌种类 43 种，黄岗山脚区域分离到的芽胞杆菌种类最多（26 种），占了总分离种类数的 61.91%，各个地区分离到的芽胞杆菌种类也有所差别，桐木关分离到的芽胞杆菌种类占比 39.53%，挂墩分离到的芽胞杆菌种类占比 39.53%，大竹岚分离到的芽胞杆菌种类占比 44.18%。黄岗山脚区域芽胞杆菌种类分离数量比其他地方多，这与区域生境演化关系密切，桐木关、挂墩、大竹岚位于黄岗山脚下，气候宜人、植物茂密，形成了特征生境，茂密的杂木林和竹子植被生长演化了土壤生境的均一性，那些适应环境的芽孢杆菌在这小生境内定植，形成特定的种群，限制了种类的多样性；而黄岗山脚植被稀疏，种类繁多，演化出的生境复杂性高，提供了更多种类的芽胞杆菌选择性生存，造就了芽胞杆菌种类多，数量少的生存环境。

表 3-87　武夷山自然保护区区域芽胞杆菌种类统计

地点	种类数	芽胞杆菌种类学名	比例 /%
桐木关 890m	17	炭疽芽胞杆菌、阿氏芽胞杆菌、蜡样芽胞杆菌、甲基营养型芽胞杆菌、壁芽胞杆菌、蕈状芽胞杆菌、假蕈状芽胞杆菌、苏云金芽胞杆菌、纺锤形赖氨酸芽胞杆菌、长型赖氨酸芽胞杆菌、含低硼赖氨酸芽胞杆菌、球形赖氨酸芽胞杆菌、解木聚糖赖氨酸芽胞杆菌、灿烂类芽胞杆菌、台中类芽胞杆菌、奇特嗜冷芽胞杆菌、沙地绿芽胞杆菌	39.53
大竹岚 1000m	19	炭疽芽胞杆菌、阿氏芽胞杆菌、巴达维亚芽胞杆菌、蜡样芽胞杆菌、黄海芽胞杆菌、壁芽胞杆菌、蕈状芽胞杆菌、南海芽胞杆菌、假蕈状芽胞杆菌、简单芽胞杆菌、特基拉芽胞杆菌、苏云金芽胞杆菌、球形赖氨酸芽胞杆菌、解木聚糖赖氨酸芽胞杆菌、栗树类芽胞杆菌、松树类芽胞杆菌、台中类芽胞杆菌、海岸土类芽胞杆菌、沙地绿芽胞杆菌	44.18
黄岗山脚 1100m	25	炭疽芽胞杆菌、阿氏芽胞杆菌、科研中心芽胞杆菌、蜡样芽胞杆菌、根内生芽胞杆菌、印空研芽胞杆菌、地衣芽胞杆菌、甲基营养型芽胞杆菌、蕈状芽胞杆菌、休闲地芽胞杆菌、假蕈状芽胞杆菌、沙福芽胞杆菌、简单芽胞杆菌、苏云金芽胞杆菌、韦氏芽胞杆菌、土壤短芽胞杆菌、纺锤形赖氨酸芽胞杆菌、长型赖氨酸芽胞杆菌、马赛赖氨酸芽胞杆菌、含低硼赖氨酸芽胞杆菌、解木聚糖赖氨酸芽胞杆菌、蜂房类芽胞杆菌、忍冷嗜冷芽胞杆菌、沙地绿芽胞杆菌、田野绿芽胞杆菌	61.90

续表

地点	种类数	芽胞杆菌种类学名	比例 /%
挂墩 1200m	16	炭疽芽胞杆菌、阿氏芽胞杆菌、蜡样芽胞杆菌、盐敏芽胞杆菌、万里浦芽胞杆菌、蕈状芽胞杆菌、假蕈状芽胞杆菌、沙福芽胞杆菌、苏云金芽胞杆菌、球形赖氨酸芽胞杆菌、解木聚糖赖氨酸芽胞杆菌、蜂房类芽胞杆菌、蜜蜂类芽胞杆菌、乐金类芽胞杆菌、厚胞鲁梅尔芽胞杆菌、沙地绿芽胞杆菌	39.53

（2）分离频度　从分离频度看，从表 3-88 可以看出，蕈状芽胞杆菌（*Bacillus mycoides*）、蜡样芽胞杆菌（*Bacillus cereus*）、解木聚糖赖氨酸芽胞杆菌（*Lysinibacillus xylanilyticus*）为黄岗山脚芽胞杆菌的优势种，苏云金芽胞杆菌（*Bacillus thuringiensis*）、炭疽芽胞杆菌（*Bacillus anthracis*）、解木聚糖赖氨酸芽胞杆菌为桐木关芽胞杆菌的优势种，解木聚糖赖氨酸芽胞杆菌、苏云金芽胞杆菌、厚胞鲁梅尔芽胞杆菌（*Rummeliibacillus pycnus*）、炭疽芽胞杆菌为挂墩芽胞杆菌的优势种，苏云金芽胞杆菌为大竹岚芽胞杆菌的优势种，苏云金芽胞杆菌、解木聚糖赖氨酸芽胞杆菌为武夷山自然保护区芽胞杆菌的优势种。炭疽芽胞杆菌、阿氏芽胞杆菌（*Bacillus aryabhattai*）、蜡样芽胞杆菌、蕈状芽胞杆菌、假蕈状芽胞杆菌（*Bacillus pseudomycoides*）、苏云金芽胞杆菌、解木聚糖赖氨酸芽胞杆菌、沙地绿芽胞杆菌（*Viridibacillus arenosi*）在武夷山自然保护区四个采样地区的土壤样本中均有分离到，科研中心芽胞杆菌（*Bacillus cecembensis*）、根内生芽胞杆菌（*Bacillus endoradicis*）、印空研芽胞杆菌（*Bacillus isronensis*）、地衣芽胞杆菌（*Bacillus licheniformis*）、休闲地芽胞杆菌（*Bacillus novalis*）、韦氏芽胞杆菌（*Bacillus weihenstephanensis*）、土壤短芽胞杆菌（*Brevibacillus agri*）、马赛赖氨酸芽胞杆菌（*Lysinibacillus massiliensis*）、忍冷嗜冷芽胞杆菌（*Psychrobacillus psychrodurans*）、田野绿芽胞杆菌（*Viridibacillus arvi*）只在黄岗山脚地区的土壤样本中分离到，灿烂类芽胞杆菌（*Paenibacillus lautus*）和奇特嗜冷芽胞杆菌（*Psychrobacillus insolitus*）只在桐木关地区的土壤样本中分离到，盐敏芽胞杆菌（*Bacillus halmapalus*）、万里浦芽胞杆菌（*Bacillus manliponensis*）、蜜蜂类芽胞杆菌（*Paenibacillus apiarius*）、乐金类芽胞杆菌（*Paenibacillus elgii*）、厚胞鲁梅尔芽胞杆菌（*Rummeliibacillus pycnus*）只在挂墩地区的土壤样本中分离到，巴达维亚芽胞杆菌（*Bacillus bataviensis*）、黄海芽胞杆菌（*Bacillus marisflavi*）、南海芽胞杆菌（*Bacillus nanhaiensis*）、特基拉芽胞杆菌（*Bacillus tequilensis*）、栗树类芽胞杆菌（*Paenibacillus castaneae*）、松树类芽胞杆菌（*Paenibacillus pini*）、海岸土类芽胞杆菌（*Paenibacillus terrigena*）只在大竹岚地区的土壤样本中分离到。

表 3-88　武夷山自然保护区各区域芽胞杆菌的分离频度

单位：%

种类学名	桐木关	大竹岚	黄岗山脚	挂墩	总体
苏云金芽胞杆菌	83.33	85.00	40.00	71.43	61.63
解木聚糖赖氨酸芽胞杆菌	58.33	30.00	50.00	78.57	51.16
炭疽芽胞杆菌	75.00	35.00	37.50	57.14	45.35
蕈状芽胞杆菌	16.67	10.00	75.00	7.14	40.70
蜡样芽胞杆菌	16.67	15.00	57.50	42.86	39.53
假蕈状芽胞杆菌	8.33	25.00	5.00	42.86	16.28

续表

种类学名	桐木关	大竹岚	黄岗山脚	挂墩	总体
厚胞鲁梅尔芽胞杆菌	0.00	0.00	0.00	64.29	10.47
沙地绿芽胞杆菌	8.33	10.00	10.00	14.29	10.47
阿氏芽胞杆菌	8.33	10.00	5.00	14.29	8.14
壁芽胞杆菌	25.00	10.00	0.00	0.00	5.81
简单芽胞杆菌	0.00	5.00	10.00	0.00	5.81
球形赖氨酸芽胞杆菌	8.33	15.00	0.00	7.14	5.81
含低硼赖氨酸芽胞杆菌	16.67	0.00	5.00	0.00	4.65
田野绿芽胞杆菌	0.00	0.00	10.00	0.00	4.65
根内生芽胞杆菌	0.00	0.00	7.50	0.00	3.49
沙福芽胞杆菌	0.00	0.00	2.50	14.29	3.49
纺锤形赖氨酸芽胞杆菌	8.33	0.00	5.00	0.00	3.49
芒果土赖氨酸芽胞杆菌	0.00	0.00	5.00	7.14	3.49
忍冷嗜冷芽胞杆菌	0.00	0.00	7.50	0.00	3.49
万里浦芽胞杆菌	0.00	0.00	0.00	14.29	2.33
甲基营养型芽胞杆菌	8.33	0.00	2.50	0.00	2.33
长型赖氨酸芽胞杆菌	8.33	0.00	2.50	0.00	2.33
蜂房类芽胞杆菌	0.00	0.00	2.50	7.14	2.33
台中类芽胞杆菌	8.33	5.00	0.00	0.00	2.33
巴达维亚芽胞杆菌	0.00	5.00	0.00	0.00	1.16
科研中心芽胞杆菌	0.00	0.00	2.50	0.00	1.16
盐敏芽胞杆菌	0.00	0.00	0.00	7.14	1.16
印空研芽胞杆菌	0.00	0.00	2.50	0.00	1.16
地衣芽胞杆菌	0.00	0.00	2.50	0.00	1.16
黄海芽胞杆菌	0.00	5.00	0.00	0.00	1.16
南海芽胞杆菌	0.00	5.00	0.00	0.00	1.16
休闲地芽胞杆菌	0.00	0.00	2.50	0.00	1.16
特基拉芽胞杆菌	0.00	5.00	0.00	0.00	1.16
韦氏芽胞杆菌	0.00	0.00	2.50	0.00	1.16
土壤短芽胞杆菌	0.00	0.00	2.50	0.00	1.16
马赛赖氨酸芽胞杆菌	0.00	0.00	2.50	0.00	1.16
蜜蜂类芽胞杆菌	0.00	0.00	0.00	7.14	1.16
栗树类芽胞杆菌	0.00	5.00	0.00	0.00	1.16
乐金类芽胞杆菌	0.00	0.00	0.00	7.14	1.16
灿烂类芽胞杆菌	8.33	0.00	0.00	0.00	1.16
松树类芽胞杆菌	0.00	5.00	0.00	0.00	1.16
海岸土类芽胞杆菌	0.00	5.00	0.00	0.00	1.16
奇特嗜冷芽胞杆菌	8.33	0.00	0.00	0.00	1.16

（3）数量分布　从分布数量看，表 3-89 显示了武夷山自然保护区 4 个地区每种芽胞杆菌的平均样本含量，可以看出，黄岗山脚平均样本总芽胞杆菌含量最少，只有 5.896×10^4CFU/g，挂墩的平均样本总芽胞杆菌含量最多，达到 41.157×10^4CFU/g。蕈状芽胞杆菌和苏云金芽胞杆菌是黄岗山脚平均样本含量最多的 2 种芽胞杆菌；苏云金芽胞杆菌、解木聚糖赖氨酸芽胞杆菌、炭疽芽胞杆菌、阿氏芽胞杆菌、沙地绿芽胞杆菌是桐木关平均样本含量最多的 5 种芽胞杆菌；蜂房类芽胞杆菌、苏云金芽胞杆菌、解木聚糖赖氨酸芽胞杆菌、假蕈状芽胞杆菌、炭疽芽胞杆菌是挂墩平均样本含量最多的 5 种芽胞杆菌；特基拉芽胞杆菌、苏云金芽胞杆菌、炭疽芽胞杆菌、蕈状芽胞杆菌、解木聚糖赖氨酸芽胞杆菌是大竹岚平均样本含量最多的 5 种芽胞杆菌。

表 3-89　武夷山自然保护区各区域芽胞杆菌平均含量

单位：10^4CFU/g

种类学名	桐木关	大竹岚	黄岗山脚	挂墩
炭疽芽胞杆菌	3.463	3.457	0.374	1.386
阿氏芽胞杆菌	2.417	0.619	0.023	0.043
巴达维亚芽胞杆菌	0.000	0.429	0.000	0.000
科研中心芽胞杆菌	0.000	0.000	0.004	0.000
蜡样芽胞杆菌	0.292	0.395	0.669	0.639
根内生芽胞杆菌	0.000	0.000	0.014	0.000
盐敏芽胞杆菌	0.000	0.000	0.000	0.011
印空研芽胞杆菌	0.000	0.000	0.001	0.000
万里浦芽胞杆菌	0.000	0.000	0.000	0.071
地衣芽胞杆菌	0.000	0.000	0.013	0.000
黄海芽胞杆菌	0.000	0.105	0.000	0.000
甲基营养型芽胞杆菌	0.008	0.000	0.001	0.000
壁芽胞杆菌	0.667	0.767	0.000	0.000
蕈状芽胞杆菌	0.471	1.238	2.258	0.036
南海芽胞杆菌	0.000	0.095	0.000	0.000
休闲地芽胞杆菌	0.000	0.000	0.033	0.000
假蕈状芽胞杆菌	0.417	0.090	0.038	2.439
沙福芽胞杆菌	0.000	0.000	0.001	0.357
简单芽胞杆菌	0.000	0.048	0.089	0.000
特基拉芽胞杆菌	0.000	16.190	0.000	0.000
苏云金芽胞杆菌	10.996	13.471	1.471	3.243
韦氏芽胞杆菌	0.000	0.000	0.006	0.000
土壤短芽胞杆菌	0.000	0.000	0.094	0.000

续表

种类学名	桐木关	大竹岚	黄岗山脚	挂墩
纺锤形赖氨酸芽胞杆菌	0.583	0.000	0.054	0.000
长型赖氨酸芽胞杆菌	0.083	0.000	0.006	0.000
芒果土赖氨酸芽胞杆菌	0.000	0.000	0.076	0.036
马赛赖氨酸芽胞杆菌	0.000	0.000	0.025	0.000
含低硼赖氨酸芽胞杆菌	0.646	0.000	0.225	0.000
球形赖氨酸芽胞杆菌	0.125	0.867	0.000	0.036
解木聚糖赖氨酸芽胞杆菌	3.675	1.081	0.300	3.221
蜂房类芽胞杆菌	0.000	0.000	0.005	28.571
蜜蜂类芽胞杆菌	0.000	0.000	0.000	0.314
栗树类芽胞杆菌	0.000	0.043	0.000	0.000
乐金类芽胞杆菌	0.000	0.000	0.000	0.004
灿烂类芽胞杆菌	0.046	0.000	0.000	0.000
松树类芽胞杆菌	0.000	0.571	0.000	0.000
台中类芽胞杆菌	0.063	0.476	0.000	0.000
海岸土类芽胞杆菌	0.000	0.005	0.000	0.000
奇特嗜冷芽胞杆菌	0.308	0.000	0.000	0.000
忍冷嗜冷芽胞杆菌	0.000	0.000	0.054	0.000
厚胞鲁梅尔芽胞杆菌	0.000	0.000	0.000	0.643
沙地绿芽胞杆菌	1.333	0.310	0.056	0.107
田野绿芽胞杆菌	0.000	0.000	0.006	0.000
总计	25.593	40.257	5.896	41.157

五、芽胞杆菌种群分布生态学特性

1. 芽胞杆菌种群多样性指数

（1）种群分布多样性指数及其聚类分析　通过随机采样，武夷山自然保护区不同地点芽胞杆菌种群分布差异显著，有的种群可以分布在 4 个采样点，如蜡样芽胞杆菌、炭疽芽胞杆菌、解木聚糖赖氨酸芽胞杆菌、苏云金芽胞杆菌、蕈状芽胞杆菌；有的种群只分布在 1 个采样点，如巴达维亚芽胞杆菌、科研中心芽胞杆菌、根内生芽胞杆菌、盐敏芽胞杆菌、印空研芽胞杆菌。将表 3-89 中芽胞杆菌种类含量以 10CFU/g 为单位统计构建表 3-90，计算种群多样性指数见表 3-91。

表 3-90　武夷山自然保护区各区域芽胞杆菌平均含量

芽胞杆菌种名	芽胞杆菌平均含量 / (CFU/g)			
	桐木关	大竹岚	黄岗山脚	挂墩
炭疽芽胞杆菌	34630.00	34570.00	3740.00	13860.00
阿氏芽胞杆菌	24170.00	6190.00	230.00	430.00
巴达维亚芽胞杆菌	0.00	4290.00	0.00	0.00
科研中心芽胞杆菌	0.00	0.00	40.00	0.00
蜡样芽胞杆菌	2920.00	3950.00	6690.00	6390.00
根内生芽胞杆菌	0.00	0.00	140.00	0.00
盐敏芽胞杆菌	0.00	0.00	0.00	110.00
印空研芽胞杆菌	0.00	0.00	10.00	0.00
万里浦芽胞杆菌	0.00	0.00	0.00	710.00
地衣芽胞杆菌	0.00	0.00	130.00	0.00
黄海芽胞杆菌	0.00	1050.00	0.00	0.00
甲基营养型芽胞杆菌	80.00	0.00	10.00	0.00
壁芽胞杆菌	6670.00	7670.00	0.00	0.00
蕈状芽胞杆菌	4710.00	12380.00	22580.00	360.00
南海芽胞杆菌	0.00	950.00	0.00	0.00
休闲地芽胞杆菌	0.00	0.00	330.00	0.00
假蕈状芽胞杆菌	4170.00	900.00	380.00	24390.00
沙福芽胞杆菌	0.00	0.00	10.00	3570.00
简单芽胞杆菌	0.00	480.00	890.00	0.00
特基拉芽胞杆菌	0.00	161900.00	0.00	0.00
苏云金芽胞杆菌	109960.00	134710.00	14710.00	32430.00
韦氏芽胞杆菌	0.00	0.00	60.00	0.00
土壤短芽胞杆菌	0.00	0.00	940.00	0.00
纺锤形赖氨酸芽胞杆菌	5830.00	0.00	540.00	0.00
长型赖氨酸芽胞杆菌	830.00	0.00	60.00	0.00
芒果土赖氨酸芽胞杆菌	0.00	0.00	760.00	360.00
马赛赖氨酸芽胞杆菌	0.00	0.00	250.00	0.00
含低硼赖氨酸芽胞杆菌	6460.00	0.00	2250.00	0.00
球形赖氨酸芽胞杆菌	1250.00	8670.00	0.00	360.00
解木聚糖赖氨酸芽胞杆菌	36750.00	10810.00	3000.00	32210.00
蜂房类芽胞杆菌	0.00	0.00	50.00	285710.00
蜜蜂类芽胞杆菌	0.00	0.00	0.00	3140.00
栗树类芽胞杆菌	0.00	430.00	0.00	0.00
乐金类芽胞杆菌	0.00	0.00	0.00	40.00

芽胞杆菌种名	芽胞杆菌平均含量 / (CFU/g)			
	桐木关	大竹岚	黄岗山脚	挂墩
灿烂类芽胞杆菌	460.00	0.00	0.00	0.00
松树类芽胞杆菌	0.00	5710.00	0.00	0.00
台中类芽胞杆菌	630.00	4760.00	0.00	0.00
海岸土类芽胞杆菌	0.00	50.00	0.00	0.00
奇特嗜冷芽胞杆菌	3080.00	0.00	0.00	0.00

　　从分布区域数看，有的芽胞杆菌分布在被测的 4 个区域（如蜡样芽胞杆菌），有的分布在 1 个区域（如巴达维亚芽胞杆菌）；从含量上看，区域分布含量最高的为苏云金芽胞杆菌，含量为 291810CFU/g，含量最低的为印空研芽胞杆菌，含量为 10CFU/g。从丰富度上看，丰富度最高的种类为蜡样芽胞杆菌（0.30），最低的为巴达维亚芽胞杆菌（0.00）等；丰富度是芽胞杆菌种群数量与分布的综合指标，数量越大，分布越均匀，丰富越高，反之也成，如蜂房类芽胞杆菌种群数量很高（285760CFU/g），但分布极不均匀，在黄岗山脚种群数量分布为 50CFU/g，挂墩种群数量分布为 285710.00CFU/g，在其他地方分布为 0，其丰富度指数为 0.08（表 3-91）。从优势度上看，优势度最高的种群为蜡样芽胞杆菌（0.72），最低的为蜂房类芽胞杆菌等 20 种芽胞杆菌（0.00）；优势度体现了种群的集中程度，种群含量越大，在区域中的分布越均匀，优势度也高，集中程度越低，反之也成；如蜡样芽胞杆菌（0.72）优势度高于壁芽胞杆菌（0.50），尽管两者数量属于同一个级别，前者分布在 4 个区域，后者分布在 2 个区域（表 3-91）。从香农指数上看，香农指数最高的种群为蜡样芽胞杆菌（1.33），最低的为蜂房类芽胞杆菌（0.00）；香农指数是种群数量和分布的综合指标，种群数量越大，在区域中分布越均匀，香农指数也高，反之也成；尽管苏云金芽胞杆菌种群数量最高（291810CFU/g），但是其分布的均匀性比种群数量小的蜡样芽胞杆菌（19950CFU/g）更不均匀，香农指数后者（1.33）比前者（1.12）来的大。从均匀度上看，均匀度最高的种群仍然是壁芽胞杆菌（1.00），最低的为蜂房类芽胞杆菌（0.00）等，均匀度与种群数量关系不大，与区域分布的均匀性关系密切。

表 3-91　武夷山自然保护区芽胞杆菌种群多样性指数

芽胞杆菌种类	分布区域数	含量 / (CFU/g)	Margalef 丰富度指数	Simpson 优势度指数 (λ)	香农指数 (H)	Pielou 均匀度指数 (J)
蜡样芽胞杆菌	4	19950	0.30	0.72	1.33	0.96
炭疽芽胞杆菌	4	86800	0.26	0.65	1.16	0.84
解木聚糖赖氨酸芽胞杆菌	4	82770	0.26	0.63	1.11	0.80
苏云金芽胞杆菌	4	291810	0.24	0.63	1.12	0.81
蕈状芽胞杆菌	4	40030	0.28	0.57	0.98	0.71
壁芽胞杆菌	2	14340	0.10	0.50	0.69	1.00
简单芽胞杆菌	2	1370	0.14	0.46	0.65	0.93
芒果土赖氨酸芽胞杆菌	2	1120	0.14	0.44	0.63	0.91

续表

芽胞杆菌种类	分布区域数	含量 / (CFU/g)	Margalef 丰富度指数	Simpson 优势度指数 (λ)	香农指数 (*H*)	Pielou 均匀度指数 (*J*)
含低硼赖氨酸芽胞杆菌	2	8710	0.11	0.38	0.57	0.82
阿氏芽胞杆菌	4	31020	0.29	0.35	0.61	0.44
假蕈状芽胞杆菌	4	29840	0.29	0.31	0.60	0.43
球形赖氨酸芽胞杆菌	3	10280	0.22	0.27	0.52	0.47
台中类芽胞杆菌	2	5390	0.12	0.21	0.36	0.52
甲基营养型芽胞杆菌	2	90	0.22	0.20	0.35	0.50
纺锤形赖氨酸芽胞杆菌	2	6370	0.11	0.16	0.29	0.42
长型赖氨酸芽胞杆菌	2	890	0.15	0.13	0.25	0.36
沙福芽胞杆菌	2	3580	0.12	0.01	0.02	0.03
蜂房类芽胞杆菌	2	285760	0.08	0.00	0.00	0.00
巴达维亚芽胞杆菌	1	4290	0.00	0.00	0.00	0.00
科研中心芽胞杆菌	1	40	0.00	0.00	0.00	0.00
根内生芽胞杆菌	1	140	0.00	0.00	0.00	0.00
盐敏芽胞杆菌	1	110	0.00	0.00	0.00	0.00
印空研芽胞杆菌	1	10	0.00	0.00	0.00	0.00
万里浦芽胞杆菌	1	710	0.00	0.00	0.00	0.00
地衣芽胞杆菌	1	130	0.00	0.00	0.00	0.00
黄海芽胞杆菌	1	1050	0.00	0.00	0.00	0.00
南海芽胞杆菌	1	950	0.00	0.00	0.00	0.00
休闲地芽胞杆菌	1	330	0.00	0.00	0.00	0.00
特基拉芽胞杆菌	1	161900	0.00	0.00	0.00	0.00
韦氏芽胞杆菌	1	60	0.00	0.00	0.00	0.00
土壤短芽胞杆菌	1	940	0.00	0.00	0.00	0.00
马赛赖氨酸芽胞杆菌	1	250	0.00	0.00	0.00	0.00
蜜蜂类芽胞杆菌	1	3140	0.00	0.00	0.00	0.00
栗树类芽胞杆菌	1	430	0.00	0.00	0.00	0.00
乐金类芽胞杆菌	1	40	0.00	0.00	0.00	0.00
灿烂类芽胞杆菌	1	460	0.00	0.00	0.00	0.00
松树类芽胞杆菌	1	5710	0.00	0.00	0.00	0.00
海岸土类芽胞杆菌	1	50	0.00	0.00	0.00	0.00
奇特嗜冷芽胞杆菌	1	3080	0.00	0.00	0.00	0.00

　　基于多样性指数芽胞杆菌种群聚类分析。以表 3-91 为矩阵，芽胞杆菌种群为样本，多样性指数为指标，马氏距离为尺度，用可变类平均法进行系统聚类，结果见表 3-92 和图 3-118。分析结果可将芽胞杆菌种群分为 3 组。第 1 组优势种群，分布地点广，分布区域数的平均值

为 3.18；种群含量较高，含量组平均值为 53472.73CFU/g；Margalef 丰富度指数、Simpson 优势度指数、香农指数、Pielou 均匀度指数值较高，组平均值分别为 0.21、0.51、0.85、0.79。

表 3-92　基于多样性指数芽胞杆菌种群聚类分析结果

组别	芽胞杆菌种类	分布区域数	含量 / (CFU/g)	Margalef 丰富度指数	Simpson 优势度指数 (λ)	香农指数 (H)	Pielou 均匀度指数 (J)
1	蜡样芽胞杆菌	4	19950.00	0.30	0.72	1.33	0.96
	炭疽芽胞杆菌	4	86800.00	0.26	0.65	1.16	0.84
	解木聚糖赖氨酸芽胞杆菌	4	82770.00	0.26	0.63	1.11	0.80
	苏云金芽胞杆菌	4	291810.00	0.24	0.63	1.12	0.81
	蕈状芽胞杆菌	4	40030.00	0.28	0.57	0.98	0.71
	壁芽胞杆菌	2	14340.00	0.10	0.50	0.69	1.00
	简单芽胞杆菌	2	1370.00	0.14	0.46	0.65	0.93
	芒果土赖氨酸芽胞杆菌	2	1120.00	0.14	0.44	0.63	0.91
	含低硼赖氨酸芽胞杆菌	2	8710.00	0.11	0.38	0.57	0.82
	阿氏芽胞杆菌	4	31020.00	0.29	0.35	0.61	0.44
	球形氨酸芽胞杆菌	3	10280.00	0.22	0.27	0.52	0.47
	第 1 组 11 个种群平均值	3.18	53472.73	0.21	0.51	0.85	0.79
2	假蕈状芽胞杆菌	4	29840.00	0.29	0.31	0.60	0.43
	台中类芽胞杆菌	2	5390.00	0.12	0.21	0.36	0.52
	甲基营养型芽胞杆菌	2	90.00	0.22	0.20	0.35	0.50
	纺锤形赖氨酸芽胞杆菌	2	6370.00	0.11	0.16	0.29	0.42
	长型赖氨酸芽胞杆菌	2	890.00	0.15	0.13	0.25	0.36
	沙福芽胞杆菌	2	3580.00	0.12	0.01	0.02	0.03
	蜂房类芽胞杆菌	2	285760.00	0.08	0.00	0.00	0.00
	特基拉芽胞杆菌	1	161900.00	0.00	0.00	0.00	0.00
	第 2 组 8 个种群平均值	2.12	61727.50	0.14	0.13	0.23	0.28
3	巴达维亚芽胞杆菌	1	4290.00	0.00	0.00	0.00	0.00
	科研中心芽胞杆菌	1	40.00	0.00	0.00	0.00	0.00
	根内生芽胞杆菌	1	140.00	0.00	0.00	0.00	0.00
	盐敏芽胞杆菌	1	110.00	0.00	0.00	0.00	0.00
	印空研芽胞杆菌	1	10.00	0.00	0.00	0.00	0.00
	万里浦芽胞杆菌	1	710.00	0.00	0.00	0.00	0.00

组别	芽胞杆菌种类	分布区域数	含量 / (CFU/g)	Margalef 丰富度指数	Simpson 优势度指数 (λ)	香农指数 (H)	Pielou 均匀度指数 (J)
3	地衣芽胞杆菌	1	130.00	0.00	0.00	0.00	0.00
	黄海芽胞杆菌	1	1050.00	0.00	0.00	0.00	0.00
	南海芽胞杆菌	1	950.00	0.00	0.00	0.00	0.00
	休闲地芽胞杆菌	1	330.00	0.00	0.00	0.00	0.00
	韦氏芽胞杆菌	1	60.00	0.00	0.00	0.00	0.00
	土壤短芽胞杆菌	1	940.00	0.00	0.00	0.00	0.00
	马赛赖氨酸芽胞杆菌	1	250.00	0.00	0.00	0.00	0.00
	蜜蜂类芽胞杆菌	1	3140.00	0.00	0.00	0.00	0.00
	栗树类芽胞杆菌	1	430.00	0.00	0.00	0.00	0.00
	乐金类芽胞杆菌	1	40.00	0.00	0.00	0.00	0.00
	灿烂类芽胞杆菌	1	460.00	0.00	0.00	0.00	0.00
	松树类芽胞杆菌	1	5710.00	0.00	0.00	0.00	0.00
	海岸土类芽胞杆菌	1	50.00	0.00	0.00	0.00	0.00
	奇特嗜冷芽胞杆菌	1	3080.00	0.00	0.00	0.00	0.00
	第3组20个种群平均值	1	1096.00	0.00	0.00	0.00	0.00

第2组为常见种群，分布地点较广，分布区域数的平均值为2.11；种群含量较高，且不均匀，含量范围90.00～285760.00CFU/g，组平均值为61727.50CFU/g；丰富度、优势度、香农指数、均匀度值较低，组平均值分别为0.14、0.13、0.23、0.28。

第3组为偶见种群，分布地点窄，分布区域数的平均值为1，仅在一个地点分布；种群含量较低，且不均匀，含量范围10.00～5710.00CFU/g，组平均值为1096.00CFU/g；丰富度、优势度、香农指数、均匀度值极低，组平均值均为0。

（2）芽胞杆菌区域分布多样性指数及其聚类分析　不同的采样地点，能采集到的芽胞杆菌种群存在显著差异，有的区域采集到的种群较多，如黄岗山脚采集到的种群有23种，有的区域采集到的种群较少，如挂墩区域采集到的种群有15种，形成了芽胞杆菌区域分布多样性。将表3-91中芽胞杆菌种类含量按×10CFU/g统计构建表3-92，计算芽胞杆菌区域分布多样性指数见表3-93。分析结果表明，芽胞杆菌区域分布种类数分别为挂墩（15种）＜桐木关（16种）＜大竹岚（18种）＜黄岗山脚（23种）；不同地点种群含量上黄岗山脚（57800CFU/g）＜桐木关（242600CFU/g）＜大竹岚（399470CFU/g）＜挂墩（404070CFU/g）；丰富度黄岗山脚区域最高（2.01），其余相近；优势度挂墩区域最低（0.48），其余相近；香农指数挂墩区域最低（1.12），其余相近；均匀度挂墩区域最低（0.41），其余相近。

图 3-118　基于多样性指数芽胞杆菌种群聚类分析（马氏距离）

表 3-93　武夷山自然保护区芽胞杆菌区域分布多样性指数

区域分布	种群分布数	含量 /（CFU/g）	Margalef 丰富度（D_{MA}）	Simpson 优势度 指数（λ）	香农指数 Shannon(H)	Pielou 均匀度 指数（J）
黄岗山脚	23	57800	2.01	0.76	1.82	0.58
桐木关	16	242600	1.21	0.74	1.77	0.64
大竹岚	18	399470	1.32	0.71	1.64	0.57
挂墩	15	404070	1.08	0.48	1.12	0.41

　　基于多样性指数芽胞杆菌区域分布聚类分析。以表 3-93 为矩阵，芽胞杆菌分布区域为样本，多样性指数为指标，马氏距离为尺度，用可变类平均法进行系统聚类，结果见表 3-94 和图 3-119。分析结果可将芽胞杆菌区域分为 3 组。

表 3-94　基于多样性指数芽胞杆菌区域分布聚类分析结果

组别	样本号	种群分布数	含量 /（CFU/g）	Margalef 丰富度（D_{MA}）	Simpson 优势度 指数（λ）	香农指数 (H)	Pielou 均匀度 指数（J）
1	黄岗山脚	23	57800	2.01	0.76	1.82	0.58
2	桐木关	16	242600	1.21	0.74	1.77	0.64
3	大竹岚	18	399470	1.32	0.71	1.64	0.57
	挂墩	15	404070	1.08	0.48	1.12	0.41
	第 3 组 2 个 地点平均值	16.5	401770	1.20	0.595	1.38	0.49

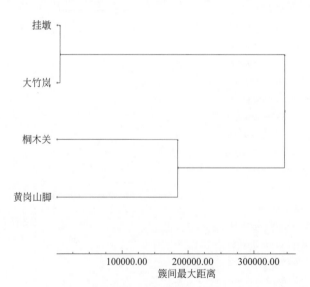

图 3-119　基于多样性指数芽胞杆菌区域分布聚类分析（欧氏距离）

　　第 1 组高频分布区域，包括黄岗山脚，区域分布种群较多，种群分布数的平均值为 23；种群含量较低，含量组平均值为 57800CFU/g；丰富度较高，优势度、香农指数、均匀度值较高，组平均值分别为 2.01、0.76、1.82、0.58。第 2 组低频分布区域，包括桐木关，区域分布种群较少，种群分布数的平均值为 16；种群含量中等，含量组平均值为 242600CFU/g；丰富度中等，优势度中等、香农指数中等、均匀度较高，组平均值分别为 1.21、0.74、1.77、0.64。第 3 组中频分布区域，包括了大竹岚和挂墩，区域分布种群中等，种群分布数的平均值 16.5，种群含量较高，含量组平均值为 401770CFU/g；丰富度、优势度、香农指数、均匀度值较低，组平均值分别为 1.20、0.595、1.38、0.49。

2. 芽胞杆菌种群生态位宽度和重叠

（1）芽胞杆菌种群生态位宽度 以表 3-91 为矩阵，芽胞杆菌种群为样本，区域分布为指标，用 Levins 测度计算芽胞杆菌种群生态位宽度，统计结果见表 3-95。芽胞杆菌种群存在于不同区域的特性差异显著，有的芽胞杆菌可以存在于所有调查的区域，如蜡样芽胞杆菌可以存在于黄岗山脚、桐木关、挂墩、大竹岚等调查区域，具有较强的生态适应性；有的芽胞杆菌仅存在于特定的区域，如奇特嗜冷芽胞杆菌仅存在于桐木关，生态适应性较低。种群的生态位宽度就是衡量种群分布的一个指标，芽胞杆菌种群分布区域概率越大，分布数量也高，分布均匀度越高，其生态位宽度就越大。分析结果表明，蜡样芽胞杆菌种群的生态位宽度最高，达 3.63（Levins），其分布于 4 个被测区域，同时每个区域的分布的均匀度较高，表明该种群具有较高的生态适应性；生态位宽度中等的有 4 个种群，即炭疽芽胞杆菌、解木聚糖赖氨酸芽胞杆菌、苏云金芽胞杆菌、蕈状芽胞杆菌，生态位宽度分别为 2.90、2.73、2.70、2.34（Levins），它们数量分布的均匀性仅次于前述的蜡样芽胞杆菌种群，也有较高的分布均匀性，表明这些种群也有较好的生态适应性；其余的 38 种芽胞杆菌，生态位宽度较小，或是种群数量小，或是分布的均匀度差，仅在特定的区域分离到，表明这些种群的生态适应性较差。

表 3-95 芽胞杆菌种群生态位宽度

芽胞杆菌	生态位宽度						区域资源含量分布 /（10^4CFU/g）			
	Levins	频数	截断比例	常用资源种类			S1 黄岗山脚	S2 桐木关	S3 挂墩	S4 大竹岚
蜡样芽胞杆菌	3.63	3	0.18	S1（33.53%）	S3（32.03%）	S4（19.80%）	0.67	0.29	0.64	0.40
炭疽芽胞杆菌	2.90	2	0.18	S2（39.90%）	S4（39.83%）		0.37	3.46	1.39	3.46
解木聚糖赖氨酸芽胞杆菌	2.73	2	0.18	S2（44.40%）	S3（38.92%）		0.30	3.68	3.22	1.08
苏云金芽胞杆菌	2.70	2	0.18	S2（37.68%）	S4（46.16%）		1.47	11.00	3.24	13.47
蕈状芽胞杆菌	2.34	2	0.18	S1（56.41%）	S4（30.93%）		2.26	0.47	0.04	1.24
壁芽胞杆菌	1.99	2	0.20	S2（46.51%）	S4（53.49%）		0.00	0.67	0.00	0.77
简单芽胞杆菌	1.84	2	0.20	S1（64.96%）	S4（35.04%）		0.09	0.00	0.00	0.05
芒果土赖氨酸芽胞杆菌	1.77	2	0.20	S1（67.86%）	S3（32.14%）		0.08	0.00	0.04	0.00
含低硼赖氨酸芽胞杆菌	1.62	2	0.18	S1（25.83%）	S2（74.17%）		0.23	0.65	0.00	0.00
阿氏芽胞杆菌	1.55	2	0.18	S2（77.92%）	S4（19.95%）		0.02	2.42	0.04	0.62
沙地绿芽胞杆菌	1.73	1	0.18	S2（73.81%）			0.06	1.33	0.11	0.31
假蕈状芽胞杆菌	1.45	1	0.18	S3（81.74%）			0.04	0.42	2.44	0.09
球形赖氨酸芽胞杆菌	1.37	1	0.18	S4（84.34%）			0.00	0.13	0.04	0.87

续表

芽胞杆菌	生态位宽度				区域资源含量分布 / (10⁴CFU/g)			
	Levins	频数	截断比例	常用资源种类	S1 黄岗山脚	S2 桐木关	S3 挂墩	S4 大竹岚
台中类芽胞杆菌	1.26	1	0.20	S4（88.31%）	0.00	0.06	0.00	0.48
甲基营养型芽胞杆菌	1.25	1	0.20	S2（88.89%）	0.00	0.01	0.00	0.00
纺锤形赖氨酸芽胞杆菌	1.18	1	0.20	S2（91.52%）	0.05	0.58	0.00	0.00
长型赖氨酸芽胞杆菌	1.14	1	0.20	S2（93.26%）	0.01	0.08	0.00	0.00
沙福芽胞杆菌	1.01	1	0.20	S3（99.72%）	0.00	0.00	0.36	0.00
蜂房类芽胞杆菌	1.00	1	0.20	S3（99.98%）	0.01	0.00	28.57	0.00
特基拉芽胞杆菌	1.00	1	0.20	S4（100.00%）	0.00	0.00	0.00	16.19
厚胞鲁梅尔芽胞杆菌	1.00	1	0.20	S3（100.00%）	0.00	0.00	0.64	0.00
松树类芽胞杆菌	1.00	1	0.20	S4（100.00%）	0.00	0.00	0.00	0.57
巴达维亚芽胞杆菌	1.00	1	0.20	S4（100.00%）	0.00	0.00	0.00	0.43
蜜蜂类芽胞杆菌 P	1.00	1	0.20	S3（100.00%）	0.00	0.00	0.31	0.00
奇特嗜冷芽胞杆菌	1.00	1	0.20	S3（100.00%）	0.00	0.31	0.00	0.00
黄海芽胞杆菌	1.00	1	0.20	S4（100.00%）	0.00	0.00	0.00	0.11
南海芽胞杆菌	1.00	1	0.20	S4（100.00%）	0.00	0.00	0.00	0.10
土壤短芽胞杆菌	1.00	1	0.20	S1（100.00%）	0.09	0.00	0.00	0.00
万里浦芽胞杆菌	1.00	1	0.20	S3（100.00%）	0.00	0.00	0.07	0.00
忍冷嗜冷芽胞杆菌	1.00	1	0.20	S1（100.00%）	0.05	0.00	0.00	0.00
灿烂类芽胞杆菌	1.00	1	0.20	S2（100.00%）	0.00	0.05	0.00	0.00
栗树类芽胞杆菌	1.00	1	0.20	S4（100.00%）	0.00	0.00	0.00	0.04
休闲地芽胞杆菌	1.00	1	0.20	S1（100.00%）	0.03	0.00	0.00	0.00
马赛赖氨酸芽胞杆菌	1.00	1	0.20	S1（100.00%）	0.03	0.00	0.00	0.00
根内生芽胞杆菌	1.00	1	0.20	S1（100.00%）	0.01	0.00	0.00	0.00
地衣芽胞杆菌	1.00	1	0.20	S1（100.00%）	0.01	0.00	0.00	0.00
盐敏芽胞杆菌	1.00	1	0.20	S3（100.00%）	0.00	0.00	0.01	0.00
韦氏芽胞杆菌	1.00	1	0.20	S1（100.00%）	0.01	0.00	0.00	0.00
田野绿芽胞杆菌	1.00	1	0.20	S1（100.00%）	0.01	0.00	0.00	0.00
海岸土类芽胞杆菌	1.00	1	0.20	S4（100.00%）	0.00	0.00	0.00	0.01
科研中心芽胞杆菌	1.00	1	0.20	S1（100.00%）	0.01	0.00	0.00	0.00
乐金类芽胞杆菌	1.00	1	0.20	S3（100.00%）	0.00	0.00	0.01	0.00
印空研芽胞杆菌	1.00	1	0.20	S1（100.00%）	0.01	0.00	0.00	0.00

（2）芽胞杆菌种群生态位重叠　以表 3-91 为矩阵，芽胞杆菌种群为样本，区域分布为指标，用 Pianka 测度计算芽胞杆菌种群生态位重叠，统计结果见表 3-96。在一个采样区域内，两种芽胞杆菌种群相遇的概率描述为种群生态位重叠；不同种群的芽胞杆菌生态位重叠

差异显著，有的种群能与其他种群共存于一个采样区域，具有较高的生态位重叠，如：苏云金芽胞杆菌与炭疽芽胞杆菌和壁芽胞杆菌能在同一个采样区域存在，它们间的生态位重叠值超过 0.90，具有较高的生态位重叠，这些种类同属于蜡样芽胞杆菌群的种类，具有较高的生态相似性；而与另一些种群不能同存于一个采样区域，具有较低的生态位重叠，如苏云金芽胞杆菌与 10 种芽胞杆菌（土壤短芽胞杆菌、忍冷嗜冷芽胞杆菌、休闲地芽胞杆菌、马赛赖氨酸芽胞杆菌、根内生芽胞杆菌、地衣芽胞杆菌、韦氏芽胞杆菌、田野绿芽胞杆菌、科研中心芽胞杆菌、印空研芽胞杆菌）不能同存于同一个采样区域，它们间的生态位重叠值小于0.10，生态位重叠非常小，表明适合于苏云金芽胞杆菌生存的小生境，不适合于这 10 种芽胞杆菌的生存；有的种群与其他种群同存于一个采样区域的概率在 0.11 ～ 0.89 之间，种群间具有一定的生态相似性，既不完全重叠也不相互排斥，生态位重叠处于中等水平，如苏云金芽胞杆菌与另外 30 种芽胞杆菌，即球形赖氨酸芽胞杆菌、台中类芽胞杆菌、阿氏芽胞杆菌、沙地绿芽胞杆菌、特基拉芽胞杆菌、松树类芽胞杆菌、巴达维亚芽胞杆菌、黄海芽胞杆菌、南海芽胞杆菌、栗树类芽胞杆菌、海岸土类芽胞杆菌、解木聚糖赖氨酸芽胞杆菌、甲基营养型芽胞杆菌、纺锤形赖氨酸芽胞杆菌、长型赖氨酸芽胞杆菌、蜡样芽胞杆菌、奇特嗜冷芽胞杆菌、灿烂类芽胞杆菌、含低硼赖氨酸芽胞杆菌、覃状芽胞杆菌、简单芽胞杆菌、假覃状芽胞杆菌、沙福芽胞杆菌、蜂房类芽胞杆菌、厚胞鲁梅尔芽胞杆菌、蜜蜂类芽胞杆菌、万里浦芽胞杆菌、盐敏芽胞杆菌、乐金类芽胞杆菌、芒果土赖氨酸芽胞杆菌在同一采样区域分别发现的概率在 0.11 ～ 0.89，种群生态位重叠属于中等水平。种群生态位重叠反映了种群间对小生境适应的相似性。

表 3-96　芽胞杆菌种群生态位重叠（Pianka 测度）

芽胞杆菌种名	【1】	【2】	【3】	【4】	【5】	【6】	【7】	【8】	【9】	【10】	【11】	【12】	【13】	【14】
【1】苏云金芽胞杆菌	1.00	0.18	0.76	0.99	0.74	0.54	0.79	0.31	0.62	0.79	0.98	0.85	0.61	0.18
【2】蜂房类芽胞杆菌	0.18	1.00	0.00	0.27	0.64	0.01	0.02	0.98	0.61	0.08	0.00	0.04	0.00	1.00
【3】特基拉芽胞杆菌	0.76	0.00	1.00	0.68	0.22	0.47	0.25	0.04	0.38	0.23	0.75	0.99	0.00	0.00
【4】炭疽芽胞杆菌	0.99	0.27	0.68	1.00	0.82	0.51	0.83	0.41	0.66	0.84	0.96	0.78	0.67	0.27
【5】解木聚糖赖氨酸芽胞杆菌	0.74	0.64	0.22	0.82	1.00	0.29	0.78	0.76	0.72	0.81	0.64	0.34	0.71	0.64
【6】覃状芽胞杆菌	0.54	0.01	0.47	0.51	0.29	1.00	0.30	0.07	0.79	0.32	0.47	0.49	0.45	0.01
【7】阿氏芽胞杆菌	0.79	0.02	0.25	0.83	0.78	0.30	1.00	0.19	0.38	1.00	0.82	0.38	0.92	0.02
【8】假覃状芽胞杆菌	0.31	0.98	0.04	0.41	0.76	0.07	0.19	1.00	0.67	0.25	0.14	0.10	0.16	0.98
【9】蜡样芽胞杆菌	0.62	0.61	0.38	0.66	0.72	0.79	0.38	0.67	1.00	0.43	0.47	0.44	0.47	0.61
【10】沙地绿芽胞杆菌	0.79	0.08	0.23	0.84	0.81	0.32	1.00	0.25	0.43	1.00	0.81	0.36	0.93	0.08
【11】壁芽胞杆菌	0.98	0.00	0.75	0.96	0.64	0.47	0.82	0.14	0.47	0.81	1.00	0.84	0.62	0.00
【12】球形赖氨酸芽胞杆菌	0.85	0.04	0.99	0.78	0.34	0.49	0.38	0.10	0.44	0.36	0.84	1.00	0.13	0.04
【13】含低硼赖氨酸芽胞杆菌	0.61	0.00	0.00	0.67	0.71	0.45	0.92	0.16	0.47	0.93	0.62	0.13	1.00	0.00
【14】厚胞鲁梅尔芽胞杆菌	0.18	1.00	0.00	0.27	0.64	0.01	0.02	0.98	0.61	0.08	0.00	0.04	0.00	1.00

续表

芽胞杆菌种名	【1】	【2】	【3】	【4】	【5】	【6】	【7】	【8】	【9】	【10】	【11】	【12】	【13】	【14】
【15】纺锤形赖氨酸芽胞杆菌	0.62	0.00	0.00	0.68	0.74	0.26	0.97	0.17	0.34	0.97	0.65	0.14	0.97	0.00
【16】松树类芽胞杆菌	0.76	0.00	1.00	0.68	0.22	0.47	0.25	0.04	0.38	0.23	0.75	0.99	0.00	0.00
【17】台中类芽胞杆菌	0.83	0.00	0.99	0.76	0.31	0.49	0.37	0.06	0.41	0.35	0.83	1.00	0.12	0.00
【18】巴达维亚芽胞杆菌	0.76	0.00	1.00	0.68	0.22	0.47	0.25	0.04	0.38	0.23	0.75	0.99	0.00	0.00
【19】沙福芽胞杆菌	0.18	1.00	0.00	0.27	0.64	0.02	0.02	0.99	0.61	0.08	0.00	0.04	0.00	1.00
【20】蜜蜂类芽胞杆菌	0.18	1.00	0.00	0.27	0.64	0.01	0.02	0.98	0.61	0.08	0.00	0.04	0.00	1.00
【21】奇特嗜冷芽胞杆菌	0.62	0.00	0.00	0.68	0.73	0.18	0.97	0.17	0.28	0.97	0.66	0.14	0.94	0.00
【22】简单芽胞杆菌	0.43	0.00	0.47	0.39	0.16	0.98	0.13	0.03	0.74	0.14	0.36	0.47	0.29	0.00
【23】芒果土赖氨酸芽胞杆菌	0.15	0.43	0.00	0.18	0.33	0.79	0.02	0.44	0.84	0.07	0.00	0.02	0.30	0.43
【24】黄海芽胞杆菌	0.76	0.00	1.00	0.68	0.22	0.47	0.25	0.04	0.38	0.23	0.75	0.99	0.00	0.00
【25】南海芽胞杆菌	0.76	0.00	1.00	0.68	0.22	0.47	0.25	0.04	0.38	0.23	0.75	0.99	0.00	0.00
【26】土壤短芽胞杆菌	0.08	0.00	0.00	0.07	0.06	0.86	0.01	0.02	0.64	0.04	0.00	0.00	0.33	0.00
【27】长型赖氨酸芽胞杆菌	0.62	0.00	0.00	0.68	0.74	0.24	0.97	0.17	0.32	0.97	0.65	0.14	0.97	0.00
【28】万里浦芽胞杆菌	0.18	1.00	0.00	0.27	0.64	0.01	0.02	0.98	0.61	0.08	0.00	0.04	0.00	1.00
【29】忍冷嗜冷芽胞杆菌	0.08	0.00	0.00	0.07	0.06	0.86	0.01	0.02	0.64	0.04	0.00	0.00	0.33	0.00
【30】灿烂类芽胞杆菌	0.62	0.00	0.00	0.68	0.73	0.18	0.97	0.17	0.28	0.97	0.66	0.14	0.94	0.00
【31】栗树类芽胞杆菌	0.76	0.00	1.00	0.68	0.22	0.47	0.25	0.04	0.38	0.23	0.75	0.99	0.00	0.00
【32】休闲地芽胞杆菌	0.08	0.00	0.00	0.07	0.06	0.86	0.01	0.02	0.64	0.04	0.00	0.00	0.33	0.00
【33】马赛赖氨酸芽胞杆菌	0.08	0.00	0.00	0.07	0.06	0.86	0.01	0.02	0.64	0.04	0.00	0.00	0.33	0.00
【34】根内生芽胞杆菌	0.08	0.00	0.00	0.07	0.06	0.86	0.01	0.02	0.64	0.04	0.00	0.00	0.33	0.00
【35】地衣芽胞杆菌	0.08	0.00	0.00	0.07	0.06	0.86	0.01	0.02	0.64	0.04	0.00	0.00	0.33	0.00
【36】盐敏芽胞杆菌	0.18	1.00	0.00	0.27	0.64	0.01	0.02	0.98	0.61	0.08	0.00	0.04	0.00	1.00
【37】甲基营养型芽胞杆菌	0.63	0.00	0.00	0.68	0.73	0.29	0.96	0.17	0.36	0.97	0.65	0.14	0.98	0.00
【38】韦氏芽胞杆菌	0.08	0.00	0.00	0.07	0.06	0.86	0.01	0.02	0.64	0.04	0.00	0.00	0.33	0.00
【39】田野绿芽胞杆菌	0.08	0.00	0.00	0.07	0.06	0.86	0.01	0.02	0.64	0.04	0.00	0.00	0.33	0.00
【40】海岸土类芽胞杆菌	0.76	0.00	1.00	0.68	0.22	0.47	0.25	0.04	0.38	0.23	0.75	0.99	0.00	0.00
【41】科研中心芽胞杆菌	0.08	0.00	0.00	0.07	0.06	0.86	0.01	0.02	0.64	0.04	0.00	0.00	0.33	0.00
【42】乐金类芽胞杆菌	0.18	1.00	0.00	0.27	0.64	0.01	0.02	0.98	0.61	0.08	0.00	0.04	0.00	1.00

续表

芽胞杆菌种名	【1】	【2】	【3】	【4】	【5】	【6】	【7】	【8】	【9】	【10】	【11】	【12】	【13】	【14】
【43】印空研芽胞杆菌	0.08	0.00	0.00	0.07	0.06	0.86	0.01	0.02	0.64	0.04	0.00	0.00	0.33	0.00

芽胞杆菌种名	【15】	【16】	【17】	【18】	【19】	【20】	【21】	【22】	【23】	【24】	【25】	【26】	【27】	【28】
【1】苏云金芽胞杆菌	0.62	0.76	0.83	0.76	0.18	0.18	0.62	0.43	0.15	0.76	0.76	0.08	0.62	0.18
【2】蜂房类芽胞杆菌	0.00	0.00	0.00	0.00	1.00	1.00	0.00	0.00	0.43	0.00	0.00	0.00	0.00	1.00
【3】特基拉芽胞杆菌	0.00	1.00	0.99	1.00	0.00	0.00	0.00	0.47	0.00	1.00	1.00	0.00	0.00	0.00
【4】炭疽芽胞杆菌	0.68	0.68	0.76	0.68	0.27	0.27	0.68	0.39	0.18	0.68	0.68	0.07	0.68	0.27
【5】解木聚糖赖氨酸芽胞杆菌	0.74	0.22	0.31	0.22	0.64	0.64	0.73	0.16	0.33	0.22	0.22	0.06	0.74	0.64
【6】蕈状芽胞杆菌	0.26	0.47	0.49	0.47	0.02	0.01	0.18	0.98	0.79	0.47	0.47	0.86	0.24	0.01
【7】阿氏芽胞杆菌	0.97	0.25	0.37	0.25	0.02	0.02	0.97	0.13	0.02	0.25	0.25	0.01	0.97	0.02
【8】假蕈状芽胞杆菌	0.17	0.04	0.06	0.04	0.99	0.98	0.17	0.03	0.44	0.04	0.04	0.02	0.17	0.98
【9】蜡样芽胞杆菌	0.34	0.38	0.41	0.38	0.61	0.61	0.28	0.74	0.84	0.38	0.38	0.64	0.32	0.61
【10】沙地绿芽胞杆菌	0.97	0.23	0.35	0.23	0.08	0.08	0.97	0.14	0.07	0.23	0.23	0.00	0.97	0.08
【11】壁芽胞杆菌	0.65	0.75	0.83	0.75	0.00	0.00	0.66	0.36	0.00	0.75	0.75	0.00	0.65	0.00
【12】球形赖氨酸芽胞杆菌	0.14	0.99	1.00	0.99	0.04	0.04	0.14	0.47	0.02	0.99	0.99	0.00	0.14	0.04
【13】含低硼赖氨酸芽胞杆菌	0.97	0.00	0.12	0.00	0.00	0.00	0.94	0.29	0.30	0.00	0.00	0.33	0.97	0.00
【14】厚胞鲁梅尔芽胞杆菌	0.00	0.00	0.00	0.00	1.00	1.00	0.00	0.00	0.43	0.00	0.00	0.00	0.00	1.00
【15】纺锤形赖氨酸芽胞杆菌	1.00	0.00	0.13	0.00	0.00	0.00	1.00	0.08	0.08	0.00	0.00	0.09	1.00	0.00
【16】松树类芽胞杆菌	0.00	1.00	0.99	1.00	0.00	0.00	0.00	0.47	0.00	1.00	1.00	0.00	0.00	0.00
【17】台中类芽胞杆菌	0.13	0.99	1.00	0.99	0.00	0.00	0.13	0.47	0.00	0.99	0.99	0.00	0.13	0.00
【18】巴达维亚芽胞杆菌	0.00	1.00	0.99	1.00	0.00	0.00	0.00	0.47	0.00	1.00	1.00	0.00	0.00	0.00
【19】沙福芽胞杆菌	0.00	0.00	0.00	0.00	1.00	1.00	0.00	0.00	0.43	0.00	0.00	0.00	0.00	1.00
【20】蜜蜂类芽胞杆菌	0.00	0.00	0.00	0.00	1.00	1.00	0.00	0.00	0.43	0.00	0.00	0.00	0.00	1.00
【21】奇特嗜冷芽胞杆菌	1.00	0.00	0.13	0.00	0.00	0.00	1.00	0.00	0.00	0.00	0.00	0.00	1.00	0.00
【22】简单芽胞杆菌	0.08	0.47	0.47	0.47	0.00	0.00	0.00	1.00	0.80	0.47	0.47	0.88	0.06	0.00
【23】芒果土赖氨酸芽胞杆菌	0.08	0.00	0.00	0.00	0.43	0.43	0.00	0.80	1.00	0.00	0.00	0.90	0.07	0.43
【24】黄海芽胞杆菌	0.00	1.00	0.99	1.00	0.00	0.00	0.00	0.47	0.00	1.00	1.00	0.00	0.00	0.00
【25】南海芽胞杆菌	0.00	1.00	0.99	1.00	0.00	0.00	0.00	0.47	0.00	1.00	1.00	0.00	0.00	0.00
【26】土壤短芽胞杆菌	0.09	0.00	0.00	0.00	0.00	0.00	0.00	0.88	0.90	0.00	0.00	1.00	0.07	0.00
【27】长型赖氨酸芽胞杆菌	1.00	0.00	0.13	0.00	0.00	0.00	1.00	0.06	0.07	0.00	0.00	0.07	1.00	0.00

续表

芽胞杆菌种名	【15】	【16】	【17】	【18】	【19】	【20】	【21】	【22】	【23】	【24】	【25】	【26】	【27】	【28】
【28】万里浦芽胞杆菌	0.00	0.00	0.00	0.00	1.00	1.00	0.00	0.00	0.43	0.00	0.00	0.00	0.00	1.00
【29】忍冷嗜冷芽胞杆菌	0.09	0.00	0.00	0.00	0.00	0.00	0.00	0.88	0.90	0.00	0.00	1.00	0.07	0.00
【30】灿烂类芽胞杆菌	1.00	0.00	0.13	0.00	0.00	0.00	1.00	0.00	0.00	0.00	0.00	0.00	1.00	0.00
【31】栗树类芽胞杆菌	0.00	1.00	0.99	1.00	0.00	0.00	0.00	0.47	0.00	1.00	1.00	0.00	0.00	0.00
【32】休闲地芽胞杆菌	0.09	0.00	0.00	0.00	0.00	0.00	0.00	0.88	0.90	0.00	0.00	1.00	0.07	0.00
【33】马赛赖氨酸芽胞杆菌	0.09	0.00	0.00	0.00	0.00	0.00	0.00	0.88	0.90	0.00	0.00	1.00	0.07	0.00
【34】根内生芽胞杆菌	0.09	0.00	0.00	0.00	0.00	0.00	0.00	0.88	0.90	0.00	0.00	1.00	0.07	0.00
【35】地衣芽胞杆菌	0.09	0.00	0.00	0.00	0.00	0.00	0.00	0.88	0.90	0.00	0.00	1.00	0.07	0.00
【36】盐敏芽胞杆菌	0.00	0.00	0.00	0.00	1.00	1.00	0.00	0.00	0.43	0.00	0.00	0.00	0.00	1.00
【37】甲基营养型芽胞杆菌	1.00	0.00	0.13	0.00	0.00	0.00	0.99	0.11	0.11	0.00	0.00	0.12	1.00	0.00
【38】韦氏芽胞杆菌	0.09	0.00	0.00	0.00	0.00	0.00	0.00	0.88	0.90	0.00	0.00	1.00	0.07	0.00
【39】田野绿芽胞杆菌	0.09	0.00	0.00	0.00	0.00	0.00	0.00	0.88	0.90	0.00	0.00	1.00	0.07	0.00
【40】海岸土类芽胞杆菌	0.00	1.00	0.99	1.00	0.00	0.00	0.00	0.47	0.00	1.00	1.00	0.00	0.00	0.00
【41】科研中心芽胞杆菌	0.09	0.00	0.00	0.00	0.00	0.00	0.00	0.88	0.90	0.00	0.00	1.00	0.07	0.00
【42】乐金类芽胞杆菌	0.00	0.00	0.00	0.00	1.00	1.00	0.00	0.00	0.43	0.00	0.00	0.00	0.00	1.00
【43】印空研芽胞杆菌	0.09	0.00	0.00	0.00	0.00	0.00	0.00	0.88	0.90	0.00	0.00	1.00	0.07	0.00

芽胞杆菌种名	【29】	【30】	【31】	【32】	【33】	【34】	【35】	【36】	【37】	【38】	【39】	【40】	【41】	【42】	【43】
【1】苏云金芽胞杆菌	0.08	0.62	0.76	0.08	0.08	0.08	0.08	0.18	0.63	0.08	0.08	0.76	0.08	0.18	0.08
【2】蜂房类芽胞杆菌	0.00	0.00	0.00	0.00	0.00	0.00	0.00	1.00	0.00	0.00	0.00	0.00	0.00	1.00	0.00
【3】特基拉芽胞杆菌	0.00	0.00	1.00	0.00	0.00	0.00	0.00	0.00	0.00	0.00	0.00	1.00	0.00	0.00	0.00
【4】炭疽芽胞杆菌	0.07	0.68	0.68	0.07	0.07	0.07	0.07	0.27	0.68	0.07	0.07	0.68	0.07	0.27	0.07
【5】解木聚糖赖氨酸芽胞杆菌	0.06	0.73	0.22	0.06	0.06	0.06	0.06	0.64	0.73	0.06	0.06	0.22	0.06	0.64	0.06
【6】蕈状芽胞杆菌	0.86	0.18	0.47	0.86	0.86	0.86	0.86	0.01	0.29	0.86	0.86	0.47	0.86	0.01	0.86
【7】阿氏芽胞杆菌	0.01	0.97	0.25	0.01	0.01	0.01	0.01	0.02	0.96	0.01	0.01	0.25	0.01	0.02	0.01
【8】假蕈状芽胞杆菌	0.02	0.17	0.04	0.02	0.02	0.02	0.02	0.98	0.17	0.02	0.02	0.04	0.02	0.98	0.02
【9】蜡样芽胞杆菌	0.64	0.28	0.38	0.64	0.64	0.64	0.64	0.61	0.36	0.64	0.64	0.38	0.64	0.61	0.64
【10】沙地绿芽胞杆菌	0.04	0.97	0.23	0.04	0.04	0.04	0.04	0.08	0.97	0.04	0.04	0.23	0.04	0.08	0.04
【11】壁芽胞杆菌	0.00	0.66	0.75	0.00	0.00	0.00	0.00	0.65	0.00	0.00	0.00	0.75	0.00	0.65	0.00
【12】球形赖氨酸芽胞杆菌	0.00	0.14	0.99	0.00	0.00	0.00	0.00	0.04	0.14	0.00	0.00	0.99	0.00	0.04	0.00
【13】含低硼赖氨酸芽胞杆菌	0.33	0.94	0.00	0.33	0.33	0.33	0.33	0.00	0.98	0.33	0.33	0.00	0.33	0.00	0.33

续表

芽胞杆菌种名	【29】	【30】	【31】	【32】	【33】	【34】	【35】	【36】	【37】	【38】	【39】	【40】	【41】	【42】	【43】
【14】厚胞鲁梅尔芽胞杆菌	0.00	0.00	0.00	0.00	0.00	0.00	0.00	1.00	0.00	0.00	0.00	0.00	0.00	1.00	0.00
【15】纺锤形赖氨酸芽胞杆菌	0.09	1.00	0.00	0.09	0.09	0.09	0.09	0.00	1.00	0.09	0.09	0.00	0.09	0.00	0.09
【16】松树类芽胞杆菌	0.00	0.00	1.00	0.00	0.00	0.00	0.00	0.00	0.00	0.00	0.00	1.00	0.00	0.00	0.00
【17】台中类芽胞杆菌	0.00	0.13	0.99	0.00	0.00	0.00	0.00	0.00	0.13	0.00	0.00	0.99	0.00	0.00	0.00
【18】巴达维亚芽胞杆菌	0.00	0.00	1.00	0.00	0.00	0.00	0.00	0.00	0.00	0.00	0.00	1.00	0.00	0.00	0.00
【19】沙福芽胞杆菌	0.00	0.00	0.00	0.00	0.00	0.00	0.00	1.00	0.00	0.00	0.00	0.00	0.00	1.00	0.00
【20】蜜蜂类芽胞杆菌	0.00	0.00	0.00	0.00	0.00	0.00	0.00	1.00	0.00	0.00	0.00	0.00	0.00	1.00	0.00
【21】奇特嗜冷芽胞杆菌	0.00	1.00	0.00	0.00	0.00	0.00	0.00	0.99	0.00	0.00	0.00	0.00	0.00	0.00	0.00
【22】简单芽胞杆菌	0.88	0.00	0.47	0.88	0.88	0.88	0.88	0.00	0.11	0.88	0.88	0.47	0.88	0.00	0.88
【23】芒果土赖氨酸芽胞杆菌	0.90	0.00	0.00	0.90	0.90	0.90	0.90	0.43	0.11	0.90	0.90	0.00	0.90	0.43	0.90
【24】黄海芽胞杆菌	0.00	0.00	1.00	0.00	0.00	0.00	0.00	0.00	0.00	0.00	0.00	1.00	0.00	0.00	0.00
【25】南海芽胞杆菌	0.00	0.00	1.00	0.00	0.00	0.00	0.00	0.00	0.00	0.00	0.00	1.00	0.00	0.00	0.00
【26】土壤短芽胞杆菌	1.00	0.00	0.00	1.00	1.00	1.00	1.00	0.00	0.12	1.00	1.00	0.00	1.00	0.00	1.00
【27】长型赖氨酸芽胞杆菌	0.07	1.00	0.00	0.07	0.07	0.07	0.07	0.00	1.00	0.07	0.07	0.00	0.07	0.00	0.07
【28】万里浦芽胞杆菌	0.00	0.00	0.00	0.00	0.00	0.00	0.00	1.00	0.00	0.00	0.00	0.00	0.00	1.00	0.00
【29】忍冷嗜冷芽胞杆菌	1.00	0.00	0.00	1.00	1.00	1.00	1.00	0.00	0.12	1.00	1.00	0.00	1.00	0.00	1.00
【30】灿烂类芽胞杆菌	0.00	1.00	0.00	0.00	0.00	0.00	0.00	0.00	0.99	0.00	0.00	0.00	0.00	0.00	0.00
【31】栗树类芽胞杆菌	0.00	0.00	1.00	0.00	0.00	0.00	0.00	0.00	0.00	0.00	0.00	1.00	0.00	0.00	0.00
【32】休闲地芽胞杆菌	1.00	0.00	0.00	1.00	1.00	1.00	1.00	0.00	0.12	1.00	1.00	0.00	1.00	0.00	1.00
【33】马赛赖氨酸芽胞杆菌	1.00	0.00	0.00	1.00	1.00	1.00	1.00	0.00	0.12	1.00	1.00	0.00	1.00	0.00	1.00
【34】内生芽胞杆菌	1.00	0.00	0.00	1.00	1.00	1.00	1.00	0.00	0.12	1.00	1.00	0.00	1.00	0.00	1.00
【35】根内生芽胞杆菌地衣芽胞杆菌	1.00	0.00	0.00	1.00	1.00	1.00	1.00	0.00	0.12	1.00	1.00	0.00	1.00	0.00	1.00
【36】盐敏芽胞杆菌	0.00	0.00	0.00	0.00	0.00	0.00	0.00	1.00	0.00	0.00	0.00	0.00	0.00	1.00	0.00
【37】甲基营养型芽胞杆菌	0.12	0.99	0.00	0.12	0.12	0.12	0.12	0.00	1.00	0.12	0.12	0.00	0.12	0.00	0.12
【38】韦氏芽胞杆菌	1.00	0.00	0.00	1.00	1.00	1.00	1.00	0.00	0.12	1.00	1.00	0.00	1.00	0.00	1.00
【39】田野绿芽胞杆菌	1.00	0.00	0.00	1.00	1.00	1.00	1.00	0.00	0.12	1.00	1.00	0.00	1.00	0.00	1.00
【40】海岸土类芽胞杆菌	0.00	0.00	1.00	0.00	0.00	0.00	0.00	0.00	0.00	0.00	0.00	1.00	0.00	0.00	0.00

芽胞杆菌种名	【29】	【30】	【31】	【32】	【33】	【34】	【35】	【36】	【37】	【38】	【39】	【40】	【41】	【42】	【43】
【41】科研中心芽胞杆菌	1.00	0.00	0.00	1.00	1.00	1.00	1.00	0.00	0.12	1.00	1.00	0.00	1.00	0.00	1.00
【42】乐金类芽胞杆菌	0.00	0.00	0.00	0.00	0.00	0.00	0.00	1.00	0.00	0.00	0.00	1.00	0.00	1.00	0.00
【43】印空研芽胞杆菌	1.00	0.00	0.00	1.00	1.00	1.00	1.00	0.00	0.12	1.00	0.00	0.00	1.00	0.00	1.00

对芽胞杆菌种群间的生态位重叠进行分级，生态位高度重叠范围在 0.90～1.00 之间，中度重叠范围在 0.11～0.89 之间，低度重叠范围在 0.00～0.10 之间，分级结果见表 3-97。分析结果表明，芽胞杆菌种群生态位重叠特性差异显著，有的种群发生高度生态位重叠的种群比较多，如土壤短芽胞杆菌与其他 42 种芽胞杆菌中的 11 种存在高度生态位重叠，即与忍冷嗜冷芽胞杆菌（生态位重叠值 1.00）、休闲地芽胞杆菌（1.00）、马赛赖氨酸芽胞杆菌（1.00）、根内生芽胞杆菌（1.00）、地衣芽胞杆菌（1.00）、韦氏芽胞杆菌（1.00）、田野绿芽胞杆菌（1.00）、科研中心芽胞杆菌（1.00）、印空研芽胞杆菌（1.00）、芒果土赖氨酸芽胞杆菌（0.90）重叠值大于 0.90；有的种群比较少，如蜡样芽胞杆菌仅与 42 种芽胞杆菌中的所有种类不存在高度生态位重叠。将各芽胞杆菌种群生态位重叠按 3 个级别统计列于表 3-98，以该表为矩阵、芽胞杆菌为样本、生态位重叠级别为指标、马氏距离为尺度，用可变类平均法进行系统聚类，结果列于表 3-99、图 3-120，可将芽胞杆菌种群生态位重叠分为 3 组。

表 3-97　芽胞杆菌种群生态位重叠分级

芽胞杆菌种名	生态位重叠级别		
	高度重叠（0.90～1.00）	中度重叠（0.11～0.89）	低度重叠（0.00～0.10）
芒果土赖氨酸芽胞杆菌	11	16	16
土壤短芽胞杆菌	11	5	27
忍冷嗜冷芽胞杆菌	11	5	27
休闲地芽胞杆菌	11	5	27
马赛赖氨酸芽胞杆菌	11	5	27
根内生芽胞杆菌	11	5	27
地衣芽胞杆菌	11	5	27
韦氏芽胞杆菌	11	5	27
田野绿芽胞杆菌	11	5	27
科研中心芽胞杆菌	11	5	27
印空研芽胞杆菌	10	5	28
特基拉芽胞杆菌	9	9	25
球形赖氨酸芽胞杆菌	9	15	19
松树类芽胞杆菌	9	9	25
台中类芽胞杆菌	9	15	19
巴达维亚芽胞杆菌	9	9	25
黄海芽胞杆菌	9	9	25

续表

芽胞杆菌种名	生态位重叠级别		
	高度重叠（0.90～1.00）	中度重叠（0.11～0.89）	低度重叠（0.00～0.10）
南海芽胞杆菌	9	9	25
栗树类芽胞杆菌	9	9	25
海岸土类芽胞杆菌	9	9	25
蜂房类芽胞杆菌	8	5	30
阿氏芽胞杆菌	8	17	18
假蕈状芽胞杆菌	8	14	21
沙地绿芽胞杆菌	8	17	18
含低硼赖氨酸芽胞杆菌	8	21	14
厚胞鲁梅尔芽胞杆菌	8	5	30
纺锤形赖氨酸芽胞杆菌	8	9	26
沙福芽胞杆菌	8	5	30
蜜蜂类芽胞杆菌	8	5	30
奇特嗜冷芽胞杆菌	8	9	26
长型赖氨酸芽胞杆菌	8	9	26
万里浦芽胞杆菌	8	5	30
灿烂类芽胞杆菌	8	9	26
盐敏芽胞杆菌	8	5	30
甲基营养型芽胞杆菌	8	21	14
乐金类芽胞杆菌	8	5	30
苏云金芽胞杆菌	3	30	10
炭疽芽胞杆菌	3	30	10
壁芽胞杆菌	3	22	18
蕈状芽胞杆菌	2	33	8
简单芽胞杆菌	2	29	12
解木聚糖赖氨酸芽胞杆菌	1	32	10
蜡样芽胞杆菌	1	42	0

第1组为生态位中度重叠特征组，该组芽胞杆菌种群生态位重叠以中度重叠（0.11～0.89）种类居多为特征，包含了28个芽胞杆菌种群：蜡样芽胞杆菌、蕈状芽胞杆菌、解木聚糖赖氨酸芽胞杆菌、苏云金芽胞杆菌、炭疽芽胞杆菌、简单芽胞杆菌、壁芽胞杆菌、含低硼赖氨酸芽胞杆菌、甲基营养型芽胞杆菌、阿氏芽胞杆菌、沙地绿芽胞杆菌、芒果土赖氨酸芽胞杆菌、球形赖氨酸芽胞杆菌、台中类芽胞杆菌、假蕈状芽胞杆菌、特基拉芽胞杆菌、纺锤形赖氨酸芽胞杆菌、松树类芽胞杆菌、巴达维亚芽胞杆菌、奇特嗜冷芽胞杆菌、黄海芽胞杆菌、南海芽胞杆菌、长型赖氨酸芽胞杆菌、灿烂类芽胞杆菌、栗树类芽胞杆菌、海岸土类芽胞杆菌、蜂房类芽胞杆菌、印空研芽胞杆菌；种群生态位中度重叠的组内

平均值为 16.53（个），也即各芽胞杆菌平均有约 17 对种群间生态位重叠值处于中度重叠范畴（0.11 ～ 0.89），如蜡样芽胞杆菌与其他种群生态位重叠处于中度重叠的有 42 对，蕈状芽胞杆菌有 33 对，解木聚糖赖氨酸芽胞杆菌有 32 对；该组中高度重叠和低度重叠的种群相对较少。

第 2 组为生态位低度重叠特征组，该组芽胞杆菌种群生态位重叠以低度重叠（0.00 ～ 0.10）种类居多为特征，包含了 6 个芽胞杆菌种群：厚胞鲁梅尔芽胞杆菌、沙福芽胞杆菌、蜜蜂类芽胞杆菌、万里浦芽胞杆菌、盐敏芽胞杆菌、乐金类芽胞杆菌，种群生态位低度重叠组内平均值为 30.00（个），也即各芽胞杆菌有约 30 对种群间生态位重叠值处于低度重叠范畴（0.00 ～ 0.10），如蜡样芽胞杆菌与其他种群生态位重叠处于中度重叠的有 42 对，蕈状芽胞杆菌有 33 对，解木聚糖赖氨酸芽胞杆菌有 32 对；该组高度重叠和中度重叠的种群相对较少。

第 3 组为生态位高度重叠特征组，该组芽胞杆菌种群生态位重叠以低度重叠（0.00 ～ 0.10）种类居多为特征，包含了 9 个芽胞杆菌种群：土壤短芽胞杆菌、忍冷嗜冷芽胞杆菌、休闲地芽胞杆菌、马赛赖氨酸芽胞杆菌、根内生芽胞杆菌、地衣芽胞杆菌、韦氏芽胞杆菌、田野绿芽胞杆菌、科研中心芽胞杆菌，种群生态位高度重叠组内平均值为 11.00（个），也即各芽胞杆菌有约 11 对种群间生态位重叠值处于高度重叠范畴（0.90 ～ 1.00），如土壤短芽胞杆菌与其他种群生态位重叠处于高度重叠的有 11 对；该组中度重叠和低度重叠的种群相对较少。

表 3-98　基于生态位重叠分级的芽胞杆菌种群聚类分析结果

组别	芽胞杆菌种名	生态位重叠级别种群数（ n ）		
		高度重叠	中度重叠	低度重叠
1	蜡样芽胞杆菌	1	42	0
	蕈状芽胞杆菌	2	33	8
	解木聚糖赖氨酸芽胞杆菌	1	32	10
	苏云金芽胞杆菌	3	30	10
	炭疽芽胞杆菌	3	30	10
	简单芽胞杆菌	2	29	12
	壁芽胞杆菌	3	22	18
	含低硼赖氨酸芽胞杆菌	8	21	14
	甲基营养型芽胞杆菌	8	21	14
	阿氏芽胞杆菌	8	17	18
	沙地绿芽胞杆菌	8	17	18
	芒果土赖氨酸芽胞杆菌	11	16	16
	球形赖氨酸芽胞杆菌	9	15	19
	台中类芽胞杆菌	9	15	19
	假蕈状芽胞杆菌	8	14	21

续表

组别	芽胞杆菌种名	生态位重叠级别种群数（n）		
		高度重叠	中度重叠	低度重叠
1	特基拉芽胞杆菌	9	9	25
	纺锤形赖氨酸芽胞杆菌	8	9	26
	松树类芽胞杆菌	9	9	25
	巴达维亚芽胞杆菌	9	9	25
	奇特嗜冷芽胞杆菌	8	9	26
	黄海芽胞杆菌	9	9	25
	南海芽胞杆菌	9	9	25
	长型赖氨酸芽胞杆菌	8	9	26
	灿烂类芽胞杆菌	8	9	26
	栗树类芽胞杆菌	9	9	25
	海岸土类芽胞杆菌	9	9	25
	蜂房类芽胞杆菌	8	5	30
	印空研芽胞杆菌	10	5	28
	第1组28个种群平均值	7.03	16.53	19.42
2	厚胞鲁梅尔芽胞杆菌	8	5	30
	沙福芽胞杆菌	8	5	30
	蜜蜂类芽胞杆菌	8	5	30
	万里浦芽胞杆菌	8	5	30
	盐敏芽胞杆菌	8	5	30
	乐金类芽胞杆菌	8	5	30
	第2组6个种群平均值	8.00	5.00	30.00
3	土壤短芽胞杆菌	11	5	27
	忍冷嗜冷芽胞杆菌	11	5	27
	休闲地芽胞杆菌	11	5	27
	马赛赖氨酸芽胞杆菌	11	5	27
	根内生芽胞杆菌	11	5	27
	地衣芽胞杆菌	11	5	27
	韦氏芽胞杆菌	11	5	27
	田野绿芽胞杆菌	11	5	27
	科研中心芽胞杆菌	11	5	27
	第3组9个种群平均值	11.00	5.00	27.00

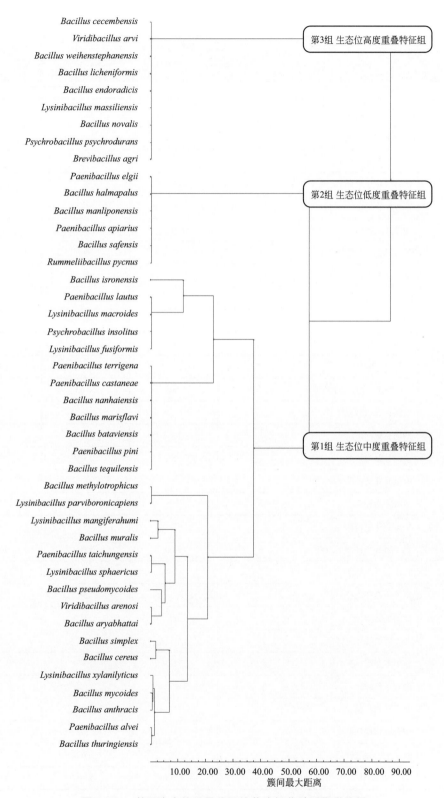

图 3-120　基于生态位重叠分级的芽胞杆菌种群聚类分析

（3）芽胞杆菌区域种群生态位宽度和重叠 以采样区域为视角，考察不同区域内生存的芽胞杆菌种群异质性，构建区域种群生态位宽度和重叠；不同的区域同时接纳越多的相同芽胞杆菌种群，表明区域种群生态位宽度越宽，反之也成；一个区域与另一个区域接纳芽胞杆菌种群越相近，其区域种群生态位重叠就越高。以表3-98为矩阵、芽胞杆菌种群为指标、区域分布为样本，用Levins测度和Pianka测度计算芽胞杆菌种群生态位宽度和重叠，统计结果见表3-99。

表3-99 芽胞杆菌区域种群生态位宽度（Levins测度）与重叠（Pianka测度）

区域	生态位宽度							生态位重叠			
	宽度	频数	截断比例	常用资源种类				Pianka测度			
黄岗山脚	4.33	3	0.07	S1(38.30%)蕈状芽胞杆菌	S2(24.95%)苏云金芽胞杆菌	S3(11.35%)蜡样芽胞杆菌		1	0.5699	0.0851	0.4033
桐木关	4.20	4	0.09	S1(42.96%)苏云金芽胞杆菌	S2(14.36%)解木聚糖赖氨酸芽胞杆菌	S3(13.53%)炭疽芽胞杆菌	S4(9.44%)阿氏芽胞杆菌	0.5699	1	0.1481	0.6244
挂墩	2.00	1	0.09	S1(69.42%)蜂房类芽胞杆菌				0.0851	0.1481	1	0.0842
大竹岚	3.51	3	0.08	S1(40.22%)特基拉芽胞杆菌	S2(33.46%)苏云金芽胞杆菌	S3(8.59%)炭疽芽胞杆菌		0.4033	0.6244	0.0842	1

根据分析结果可知，从区域种群生态位宽度看，黄岗山脚区域种群生态位宽度（4.33）＞桐木关（4.20）＞大竹岚（3.51）＞挂墩（2.00）；在黄岗山脚采样点区域种群生态位宽度常用资源有S1（38.30%）蕈状芽胞杆菌、S2（24.95%）苏云金芽胞杆菌、S3（11.35%）蜡样芽胞杆菌；而挂墩采样点区域种群生态位宽度常用资源仅有S1（69.42%）蜂房类芽胞杆菌。从区域种群生态位重叠看，黄岗山脚与桐木关（0.5699）、大竹岚（0.4033）区域种群生态位重叠较高，而与挂墩（0.0851）重叠较低；桐木关与大竹岚区域种群生态位重叠较高（0.6244），而与挂墩重叠较低（0.1481）；挂墩与大竹岚区域种群生态位重叠较低（0.0842）。

六、芽胞杆菌特征种群地理分化

1. 基于16SrDNA基因的芽胞杆菌种群的地理分化

（1）种群水平分布的地理分化

①苏云金芽胞杆菌种群水平分布地理分化。采集武夷山自然保护区6个区域（黄岗山顶、黄岗山中部、黄岗山脚、桐木关、挂墩、大竹岚）86个土样，分离苏云金芽胞杆菌菌株89个，进行16S rDNA测序，通过Clustal X软件处理，Mega 4.0软件构建进化树，分析结果见图3-121。分析结果表明，苏云金芽胞杆菌大致较为6类，地理分化不明显，同一个区域分离到的菌株没有明显分别聚在一起；用DNAMAN 6.0.3.99软件对苏云金芽胞杆菌菌株的16S rDNA序列和标准菌株的序列分别进行比较，图3-122右侧阴影部分表示不同分离株与参考菌株序列在该位点的差异碱基，可以看出，与参考菌株苏云金芽胞杆菌ATCC 10792[T]比较，武夷山苏云金芽胞杆菌菌株的16S rDNA序列的变异主要在175bp位点发生C/T的转换，类群①、②、③、④的菌株均有这样的变异，类群⑤、⑥在175bp位点未发生C/T的转换，与参考菌株相比在该点的碱基未发生变异。

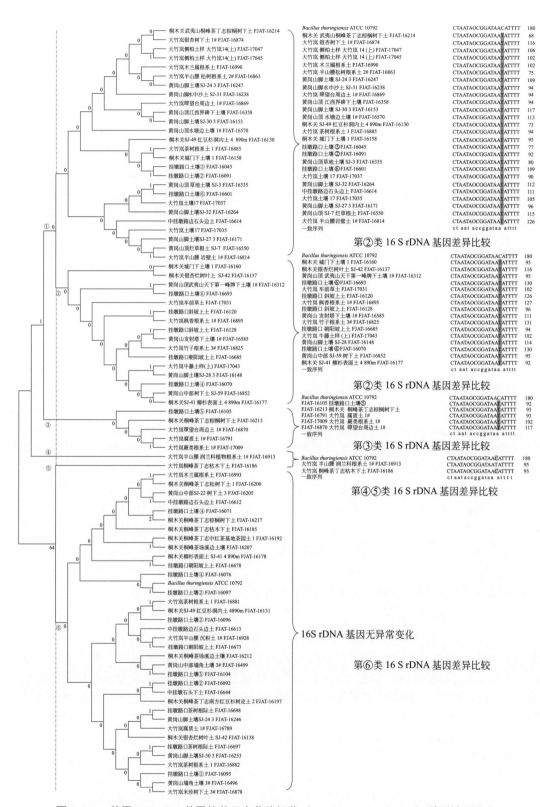

图 3-121　基于 16S rDNA 基因的苏云金芽胞杆菌（*Bacillus thuringiensis*）种群地理分化

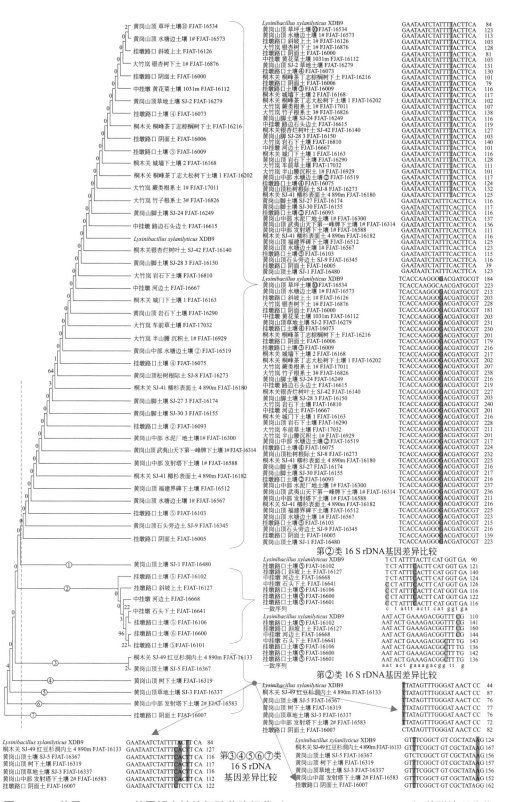

图 3-122　基于 16S rDNA 基因解木糖赖氨酸芽胞杆菌（*Lysinibacillus xylanilyticus*）种群地理分化

② 解木聚糖赖氨酸芽胞杆菌种群水平分布地理分化。采集武夷山自然保护区 6 个区域（黄岗山顶、黄岗山中部、黄岗山脚、桐木关、挂墩、大竹岚）86 个土样，分离到解木聚糖赖氨酸芽胞杆菌菌株 56 个，进行 16S rDNA 测序，通过 Clustal X 软件处理，Mega 4.0 软件构建进化树，分析结果见图 3-123。分析结果表明，解木聚糖赖氨酸芽胞杆菌大致聚为 7 类，地理分化不明显，同一个区域分离到的菌株没有明显分别聚在一起；用 DNAMAN 6.0.3.99 软件对解木聚糖赖氨酸芽胞杆菌菌株的 16S rDNA 序列和标准菌株的序列分别进行比较，图 3-124 右侧阴影部分表示不同分离株与参考菌株序列在该位点的差异碱基，可以看出，与参考菌株解木聚糖赖氨酸芽胞杆菌 XDB9^{T} 的 16S rDNA 序列比较，武夷山解木聚糖赖氨酸芽胞杆菌菌株的变异主要是在 78bp 位点发生 T/C 转换，此外，部分类别还有各自特有的差异。例如，类群 ② 的部分菌株在 71bp、106bp、109bp 分别发生 T/C、T/C、C/T 的转换；类群 ③ 的 FJAT-16367 菌株 107bp 位点发生 T/C 转换；类群 ⑦ 在 25bp、79bp、81bp、123bp 分别发生 T/C 转换、A/T 转换、T/C 转换、A/G 转换。

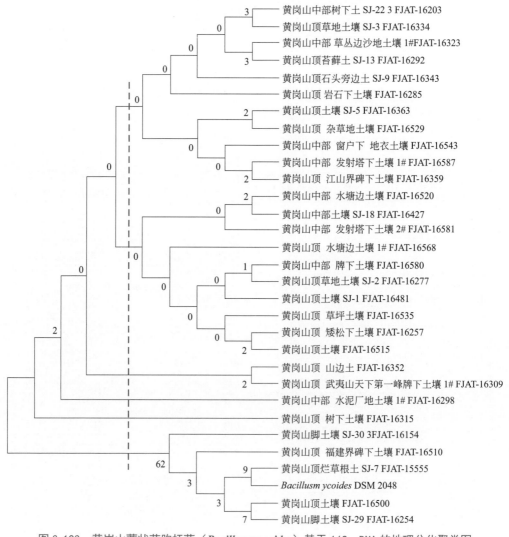

图 3-123　黄岗山蕈状芽胞杆菌（*Bacillus mycoides*）基于 16S rDNA 的地理分化聚类图

（2）种群垂直分布的地理分化

① 蕈状芽胞杆菌种群垂直分布的地理分化。本章节调查了武夷山自然保护区黄岗山地区芽胞杆菌的三个优势种的地理分化，即蕈状芽胞杆菌、蜡样芽胞杆菌和解木聚糖赖氨酸芽胞杆菌。选取黄岗山顶、中部和山脚鉴定为蕈状芽胞杆菌、蜡样芽胞杆菌和解木聚糖赖氨酸芽胞杆菌的菌株 16S rDNA 序列，通过 Clustal X 软件对齐后，用软件 Mega 4.0 构建进化树。由图 3-123 ～图 3-125 可以看出，蕈状芽胞杆菌和解木聚糖赖氨酸芽胞杆菌的地理分化不明显，山顶、山中部和山脚分离到的菌株没有明显分别聚在一起；蜡样芽胞杆菌可以较明显地聚为三类，山顶、山中部和山脚分离到的蜡样芽胞杆菌大致分别聚在一起，表明海拔可能对蜡样芽胞杆菌的分化起着一定的作用。

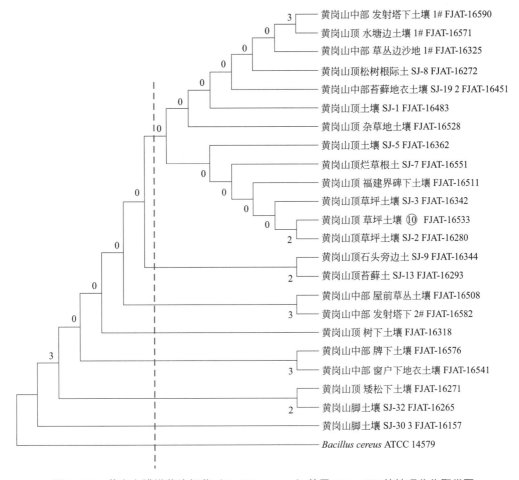

图 3-124 黄岗山蜡样芽胞杆菌（*Bacillus cereus*）基于 16S rDNA 的地理分化聚类图

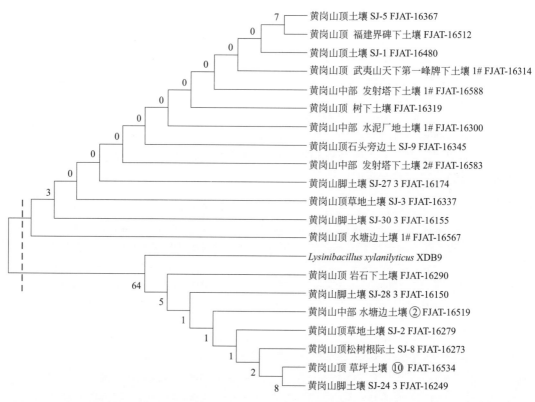

图 3-125　黄岗山解木聚糖赖氨酸芽胞杆菌（*Lysinibacillus xylanilyticus*）基于 16S rDNA 的地理分化聚类图

② 蜡样芽胞杆菌种群垂直分布的地理分化。从图 3-124 中看出，黄岗山的蕈状芽胞杆菌大致聚为 6 类，蜡样芽胞杆菌大致聚为 7 类，解木聚糖赖氨酸芽胞杆菌大致聚为 2 类。用 DNAMAN 6.0.3.99 软件对被试蕈状芽胞杆菌、蜡样芽胞杆菌和解木聚糖赖氨酸芽胞杆菌菌株的 16S rDNA 序列和标准菌株的序列分别进行比较，结果如图 3-126 ～图 3-128 所示，图中阴影部分表示不同分离株与参考菌株序列在该位点的差异碱基。由图 3-126 可以看出，与参考菌株蕈状芽胞杆菌 DSM 2048 比较，黄岗山蕈状芽胞杆菌菌株的 16S rDNA 序列的变异主要在 279bp 位点发生处 G/A 碱基转换，类群Ⅰ、Ⅱ、Ⅲ、Ⅳ、Ⅴ的菌株均存在这样的变异，类群Ⅵ与参考菌株相比没有发现变异。由图 3-127 可以看出，与参考菌株蜡样芽胞杆菌 ATCC 14579^T 的 16S rDNA 序列比较，黄岗山蜡样芽胞杆菌菌株的变异主要是在 185bp 位点发生 C/T 转换。由图 3-128 可以看出，与参考菌株解木聚糖赖氨酸芽胞杆菌 XDB9^T 的 16S rDNA 序列比较，黄岗山解木聚糖赖氨酸芽胞杆菌类群Ⅰ菌株的变异主要是在 78bp 位点发生 T/C 转换，类群Ⅱ与参考菌株相比没有发现变异。

类群①

Bacillus mycoides DSM 2048	GTAACGGCTCACCAAGGCGA	280
黄岗山中部 SJ-22 树下土 3 FJAT-16203	GTAACGGCTCACCAAGGCAA	214
黄岗山顶草地土壤 SJ-3 FJAT-16334	GTAACGGCTCACCAAGGCAA	208
黄岗山中部 草丛边沙地土壤 1# FJAT-16323	GTAACGGCTCACCAAGGCAA	208
黄岗山顶苔藓土 SJ-13 FJAT-16292	GTAACGGCTCACCAAGGCAA	214
黄岗山顶石头旁边土 SJ-9 FJAT-16343	GTAACGGCTCACCAAGGCAA	206
黄岗山顶 岩石下土壤 FJAT-16285	GTAACGGCTCACCAAGGCAA	226
黄岗山顶土壤 SJ-5 FJAT-16363	GTAACGGCTCACCAAGGCAA	204
黄岗山顶 杂草地土壤 FJAT-16529	GTAACGGCTCACCAAGGCAA	213
黄岗山中部 窗户下地衣土壤 FJAT-16543	GTAACGGCTCACCAAGGCAA	209
黄岗山中部 发射塔下土壤 1# FJAT-16587	GTAACGGCTCACCAAGGCAA	203
黄岗山顶 江西界碑下土壤 FJAT-16359	GTAACGGCTCACCAAGGCAA	204
一致序列	gtaacggctcaccaaggc a	

类群②

Bacillus mycoides DSM 2048	GTAACGGCTCACCAAGGCGA	280
黄岗山中部 水塘边土壤②FJAT-16520	GTAACGGCTCACCAAGGCAA	209
黄岗山中部土壤 SJ-18 ② FJAT-16427	GTAACGGCTCACCAAGGCAA	230
黄岗山中部 发射塔下土壤 2# FJAT-16581	GTAACGGCTCACCAAGGCAA	212
黄岗山顶 水塘边土壤 1# FJAT-16568	GTAACGGCTCACCAAGGCAA	216
黄岗山中部 牌下土壤 FJAT-16580	GTAACGGCTCACCAAGGCAA	208
黄岗山顶草地土壤 SJ-2 FJAT-16277	GTAACGGCTCACCAAGGCAA	224
黄岗山顶土壤 SJ-1 FJAT-16481	GTAACGGCTCACCAAGGCAA	207
黄岗山顶 草坪土壤 ⑩ FJAT-16535	GTAACGGCTCACCAAGGCAA	214
黄岗山顶 矮松下土壤 FJAT-16267	GTAACGGCTCACCAAGGCAA	214
黄岗山顶土壤 ③ FJAT-16515	GTAACGGCTCACCAAGGCAA	213
一致序列	gtaacggctcaccaaggc a	

Bacillus mycoides DSM 2048	CAGAAGAGGAAAGT GGAATT	680
黄岗山中部 水塘边土壤②FJAT-16520	CAGAAGAGGAAAGT GGAATT	609
黄岗山中部土壤 SJ-18 ② FJAT-16427	CAGAAGAGGAAAGT GGAATT	630
黄岗山中部 发射塔下土壤 2# FJAT-16581	CAGAACAGGAAAGT GGAATT	612
黄岗山顶 水塘边土壤 1# FJAT-16568	CAGAAGAGGAAAGT GGAATT	616
黄岗山中部 牌下土壤 FJAT-16580	CAGAAGAGGAAAGT GGAATT	608
黄岗山顶草地土壤 SJ-2 FJAT-16277	CAGAAGAGGAAAGT GGAATT	624
黄岗山顶土壤 SJ-1 FJAT-16481	CAGAAGAGGAAAGT GGAATT	607
黄岗山顶 草坪土壤 ⑩ FJAT-16535	CAGAAGAGGAAAGT GGAATT	614
黄岗山顶 矮松下土壤 FJAT-16267	CAGAAGAGGAAAGT GGAATT	614
黄岗山顶土壤 ③ FJAT-16515	CAGAAGAGGAAAGT GGAATT	613
一致序列	cagaa aggaaagt ggaatt	

类群③、④、⑤

Bacillus mycoides DSM 2048	GTAACGGCTCACCAAGGCGA	280
黄岗山顶 山边土 FJAT-16352	GTAACGGCTCACCAAGGCAA	208
黄岗山顶 武夷山天下第一峰牌下土 1# FJAT-16309	GTAACGGCTCACCAAGGCAA	203
黄岗山中部 水泥厂地土壤 1# FJAT-16298	GTAACGGCTCACCAAGGCAA	223
黄岗山顶 树下土壤 FJAT-16315	GTAACGGCTCACCAAGGCAA	224
一致序列	gtaacggctcaccaaggc a	

图 3-126 黄岗山蕈状芽胞杆菌（*Bacillus mycoides*）16S rDNA 序列的变异

Bacillus cereus ATCC 14579	GAACCGCATGGTTCGAAATT	200
黄岗山中部 发射塔下 土壤 1# FJAT-16590	GAACTGCATGGTTCGAAATT	123
黄岗山顶 水塘边土壤 1# FJAT-16571	GAACTGCATGGTTCGAAATT	123
黄岗山中部 草丛边沙地 1# FJAT-16325	GAACTGCATGGTTCGAAATT	122
黄岗山顶松树根际土 SJ-8 FJAT-16272	GAACTGCATGGTTCGAAATT	128
黄岗山中部苔藓地衣土壤 SJ-19 2 FJAT-16451	GAACTGCATGGTTCGAAATT	150
黄岗山顶土壤 SJ-1 FJAT-16483	GAACTGCATGGTTCGAAATT	128
黄岗山顶 杂草地土壤 FJAT-16528	GAACTGCATGGTTCGAAATT	134
黄岗山顶 土壤 SJ-5 FJAT-16362	GAACTGCATGGTTCGAAATT	127
黄岗山顶 烂草根土 SJ-7 FJAT-16551	GAACTGCATGGTTCGAAATT	135
黄岗山顶 福建界碑下土壤 FJAT-16511	GAACTGCATGGTTCGAAATT	127
黄岗山顶 草地土壤 SJ-3 FJAT-16342	GAACTGCATGGTTCGAAATT	128
黄岗山顶 草坪土壤⑩ FJAT-16533	GAACTGCATGGTTCGAAATT	134
黄岗山顶 草地土壤 SJ-2 FJAT-16280	GAACTGCATGGTTCGAAATT	136
黄岗山顶 石头旁边土 SJ-9 FJAT-16344	GAACTGCATGGTTCGAAATT	128
黄岗山顶 苔藓土 SJ-13 FJAT-16293	GAACTGCATGGTTCGAAATT	132
黄岗山中部 屋前草丛土壤 FJAT-16508	GAACTGCATGGTTCGAAATT	127
黄岗山中部 发射塔下 2# FJAT-16582	GAACTGCATGGTTCGAAATT	134
黄岗山顶 树下土壤 FJAT-16318	GAACTGCATGGTTCGAAATT	136
黄岗山中部 牌下土壤 FJAT-16576	GAACTGCATGGTTCGAAATT	124
黄岗山中部 窗户下 地衣土壤 FJAT-16541	GAACTGCATGGTTCGAAATT	129
黄岗山顶 矮松下土壤 FJAT-16271	GAACTGCATGGTTCGAAATT	128
黄岗山顶土壤 SJ-32 FJAT-16265	GAACTGCATGGTTCGAAATT	147
黄岗山顶土壤 SJ-30 3 FJAT-16157	GAACTGCATGGTTCGAAATT	135
一致序列	gaac gcatggttcgaaatt	

图 3-127　黄岗山蜡样芽胞杆菌（*Bacillus cereus*）16S rDNA 序列的变异

Lysinibacillus xylanilyticus XDB9	TAAT CTATTTTACTTT CAT GG	87
黄岗山顶土壤 SJ-5 FJAT-16367	TAAT CTATTTCACTTT CAT GG	119
黄岗山顶 福建界碑下土壤 FJAT-16512	TAAT CTATTTCACTTT CAT GG	128
黄岗山顶土壤 SJ-1 FJAT-16480	TAAT CTATTTCACTTT CAT GG	126
黄岗山顶 武夷山天下第一峰牌下土壤 1# FJAT-16314	TAAT CTATTTCACTTT CAT GG	139
黄岗山中部 发射塔下土壤 1# FJAT-16588	TAAT CTATTTCACTTT CAT GG	114
黄岗山顶 树下土壤 FJAT-16319	TAAT CTATTTCACTTT CAT GG	120
黄岗山中部 水泥厂地土壤 1# FJAT-16300	TAAT CTATTTCACTTT CAT GG	140
黄岗山顶 SJ-9 石头旁边土 FJAT-16345	TAAT CTATTTCACTTT CAT GG	119
黄岗山中部 发射塔下土壤 2# FJAT-16583	TAAT CTATTTCACTTT CAT GG	115
黄岗山脚土壤 SJ-27 3 FJAT-16174	TAAT CTATTTCACTTT CAT GG	119
黄岗山顶 草地土壤 SJ-3 FJAT-16337	TAAT CTATTTCACTTT CAT GG	119
黄岗山脚土壤 SJ-30 3 FJAT-16155	TAAT CTATTTCACTTT CAT GG	120
黄岗山顶 水塘边土壤 1# FJAT-16567	TAAT CTATTTCACTTT CAT GG	126
黄岗山顶 岩石下土壤 FJAT-16290	TAAT CTATTTTACTTT CAT GG	131
黄岗山脚土壤 SJ-28 3 FJAT-16150	TAAT CTATTTTACTTT CAT GG	106
黄岗山中部 水塘边土壤② FJAT-16519	TAAT CTATTTTACTTT CAT GG	120
黄岗山顶 草地土壤 SJ-2 FJAT-16279	TAAT CTATTTTACTTT CAT GG	134
黄岗山顶 松树根际土 SJ-8 FJAT-16273	TAAT CTATTTTACTTT CAT GG	135
黄岗山顶 草坪土壤⑩ FJAT-16534	TAAT CTATTTTACTTT CAT GG	126
黄岗山顶土壤 SJ-24 3 FJAT-16249	TAAT CTATTTTACTTT CAT GG	119
一致序列	taat ctattt actt cat gg	

Lysinibacillus xylanilyticus XDB9	T GAAATACT GAAAGACGGTT	107
黄岗山顶土壤 SJ-5 FJAT-16367	T GAAATACT GAAAGACGGTC	139
黄岗山顶 福建界碑下土壤 FJAT-16512	T GAAATACT GAAAGACGGTT	148
黄岗山顶土壤 SJ-1 FJAT-16480	T GAAATACT GAAAGACGGTT	146
黄岗山顶 武夷山天下第一峰牌下土壤 1# FJAT-16314	T GAAATACT GAAAGACGGTT	159
黄岗山中部 发射塔下土壤 1# FJAT-16588	T GAAATACT GAAAGACGGTT	134
黄岗山顶 树下土壤 FJAT-16319	T GAAATACT GAAAGACGGTT	140
黄岗山中部 水泥厂地土壤 1# FJAT-16300	T GAAATACT GAAAGACGGTT	160
黄岗山顶石头旁边土 SJ-9 FJAT-16345	T GAAATACT GAAAGACGGTT	139
黄岗山中部 发射塔下土壤 2# FJAT-16583	T GAAATACT GAAAGACGGTT	135
黄岗山脚土壤 SJ-27 3 FJAT-16174	T GAAATACT GAAAGACGGTT	139
黄岗山顶 草地土壤 SJ-3 FJAT-16337	T GAAATACT GAAAGACGGTT	139
黄岗山脚土壤 SJ-30 3 FJAT-16155	T GAAATACT GAAAGACGGTT	140
黄岗山顶 水塘边土壤 1# FJAT-16567	T GAAATACT GAAAGACGGTT	146
黄岗山顶 岩石下土壤 FJAT-16290	T GAAATACT GAAAGACGGTT	151
黄岗山脚土壤 SJ-28 3 FJAT-16150	T GAAATACT GAAAGACGGTT	126
黄岗山中部 水塘边土壤② FJAT-16519	T GAAATACT GAAAGACGGTT	140
黄岗山顶 草地土壤 SJ-2 FJAT-16279	T GAAATACT GAAAGACGGTT	154
黄岗山顶 松树根际土 SJ-8 FJAT-16273	T GAAATACT GAAAGACGGTT	155
黄岗山顶 草坪土壤⑩ FJAT-16534	T GAAATACT GAAAGACGGTT	146
黄岗山顶土壤 SJ-24 3 FJAT-16249	T GAAATACT GAAAGACGGTT	139
一致序列	t gaaatact gaaagacggt	

图 3-128　黄岗山解木聚糖赖氨酸芽胞杆菌（*Lysinibacillus xylanilyticus*）16S rDNA 序列的变异

2. 基于脂肪酸组的芽胞杆菌种群地理分化

（1）种群水平分布的地理分化

① 苏云金芽胞杆菌。对武夷山自然保护区海拔范围为 890 ～ 1200m 的 4 个水平区域（桐木关 890m、大竹岚 1000m、黄岗山脚 1100m、挂墩 1200m）采样 53 个土样，分离到苏云金芽胞杆菌 98 株，分别测定脂肪酸组，以采样地区为统计单位，对来自不同地区的苏云金芽胞杆菌菌株进行脂肪酸生物标记的方差分析，以讨论其脂肪酸地理差异多样性，统计结果见表 3-100。分析结果表明，苏云金芽胞杆菌脂肪酸组共有 22 个生物标记，其中 15:0 *iso*、13:0 *iso*、17:0 *iso* 是苏云金芽胞杆菌含量最多的三种脂肪酸，并且苏云金芽胞杆菌的脂肪酸成分在 4 个采样地点的标准差都较小；采样区域苏云金芽胞杆菌脂肪酸组多样性指数分析表明，脂肪酸条数、脂肪酸含量（%）、丰富度、Simpson(λ)、Shannon(*H*)、均匀度等指数在 4 个区域无显著差异（表 3-101），说明苏云金芽胞杆菌种群武夷山 4 个采样地区的地理分化不明显。

表 3-100　武夷山水平分布种群苏云金芽胞杆菌（*Bacillus thuringiensis*）脂肪酸组分析统计

脂肪酸组	水平分布种群脂肪酸组含量 /%					
	黄岗山脚	桐木关	挂墩	大竹岚	均值	标准差
15:0 *iso*	24.65	23.08	23.45	25.13	24.08	0.97
13:0 *iso*	11.17	11.51	9.77	10.88	10.83	0.76
17:0 *iso*	8.52	8.41	8.49	8.77	8.55	0.16
16:0	7.85	8.78	8.37	6.97	7.99	0.78
Feature 3	7.38	7.84	7.39	8.03	7.66	0.33
16:0 *iso*	7.02	7.18	8.69	7.02	7.48	0.81
14:0 *iso*	5.15	5.37	5.54	5.17	5.31	0.18
15:0 *anteiso*	4.91	4.14	4.34	4.16	4.39	0.36
17:1 *iso* ω10*c*	4.09	4.45	4.28	4.09	4.23	0.17
14:0	3.17	3.26	2.97	3.48	3.22	0.21
17:1 *iso* ω5*c*	2.45	2.53	2.71	3.56	2.81	0.51
Feature 2	1.52	1.76	1.95	2.17	1.85	0.28
13:0 *anteiso*	1.70	1.86	1.64	1.65	1.71	0.10
17:0 *anteiso*	1.68	1.68	1.67	1.67	1.67	0.01
16:1ω7*c* alcohol	1.86	1.36	2.18	1.15	1.64	0.47
12:0 *iso*	1.36	1.54	1.36	1.41	1.42	0.09
16:1ω11*c*	1.16	1.16	1.07	0.62	1.00	0.26
18:0	0.82	1.03	0.95	0.75	0.89	0.12
15:0 2OH	0.59	0.56	0.72	0.90	0.69	0.15
17:1 *anteiso*	0.46	0.47	0.57	0.58	0.52	0.07

脂肪酸组	水平分布种群脂肪酸组含量 /%					
	黄岗山脚	桐木关	挂墩	大竹岚	均值	标准差
12:0	0.52	0.61	0.37	0.47	0.50	0.10
18:1ω9c	0.30	0.34	0.50	0.30	0.36	0.10

注：特征复合脂肪酸 2 Feature 2 | 12:0 aldehyde？| 14:0 3OH/16:1 iso I | 16:1 iso I/14:0 3OH | unknown 10.9525；特征复合脂肪酸 3 Feature 3 | 16:1ω6c/16:1ω7c | 16:1ω7c/16:1ω6c。

表 3-101　采样区域苏云金芽胞杆菌（*Bacillus thuringiensis*）脂肪酸组多样性指数

地点	脂肪酸条数	脂肪酸总量 /%	丰富度	Simpson(λ)		Shannon(H)		均匀度	
				值	95% 置信区间	值	95% 置信区间	值	95% 置信区间
黄岗山脚	22	98.33	4.58	0.90	0.86　0.94	2.56	2.34　2.78	0.83	0.76　0.90
桐木关	22	98.92	4.57	0.90	0.87　0.94	2.59	2.39　2.79	0.84	0.77　0.90
挂墩	22	98.98	4.57	0.90	0.87　0.94	2.60	2.39　2.80	0.84	0.77　0.91
大竹岚	22	98.93	4.57	0.90	0.86　0.94	2.56	2.33　2.79	0.83	0.75　0.90

　②解木糖赖氨酸芽胞杆菌。对武夷山自然保护区海拔范围为 890～1200m 的 4 个水平区域（桐木关 890m、大竹岚 1000m、黄岗山脚 1100m、挂墩 1200m）采样 53 个土样，分离到解木糖赖氨酸芽胞杆菌 65 株，分别测定脂肪酸组，以采样地区为统计单位，对来自不同地区的解木聚糖赖氨酸芽胞杆菌菌株进行脂肪酸生物标记的方差分析，以讨论其脂肪酸地理差异多样性，统计结果见表 3-102。分析结果表明，解木聚糖赖氨酸芽胞杆菌脂肪酸组共有 15 个生物标记，其中 15:0 iso、16:1ω7c alcohol、16:0 iso 是解木聚糖赖氨酸芽胞杆菌含量最多的三种脂肪酸，并且解木聚糖赖氨酸芽胞杆菌的脂肪酸成分在 4 个采样地点的标准差都较小；采样区域解木糖赖氨酸芽胞杆菌脂肪酸组多样性指数分析表明，脂肪酸条数、脂肪酸含量（%）、丰富度、Simpson(λ)、Shannon(H)、均匀度等指数在 4 个区域无显著差异（表3-103），说明解木聚糖赖氨酸芽胞杆菌种群武夷山 4 个采样地区水平分布的地理分化不明显。

表 3-102　武夷山水平分布种群解木糖赖氨酸芽胞杆菌（*Lysinibacillus xylanilyticus*）脂肪酸组分析统计

脂肪酸组	水平分布种群脂肪酸组含量 /%					
	黄岗山	桐木关	挂墩	大竹岚	均值	标准差
15:0 iso	36.44	34.45	37.03	48.90	39.20	6.56
16:1 ω7c alcohol	15.50	18.08	16.31	11.52	15.35	2.77
16:0 iso	14.10	17.91	16.18	7.16	13.84	4.72
15:0 anteiso	7.23	6.57	7.29	6.84	6.98	0.34
17:0 iso	5.05	4.23	4.88	5.14	4.82	0.41
14:0 iso	4.12	3.95	3.33	2.41	3.45	0.78
16:1ω11c	3.02	3.54	3.61	3.51	3.42	0.27
17:1 iso ω10c	3.01	2.40	2.23	4.55	3.05	1.06
16:0	2.64	2.18	2.51	2.45	2.44	0.19

脂肪酸组	水平分布种群脂肪酸组含量 /%					
	黄岗山	桐木关	挂墩	大竹岚	均值	标准差
17:0 anteiso	2.08	2.32	2.56	1.96	2.23	0.27
Feature 4	1.28	1.38	1.83	2.00	1.62	0.35
14:0	0.80	0.61	0.71	1.02	0.78	0.18
18:0	0.24	0.39	0.42	0.74	0.45	0.21
13:0 iso	0.98	0.04	0.06	0.18	0.31	0.45
Feature 3	0.66	0.02	0.00	0.02	0.18	0.33

注：特征复合脂肪酸 3 Feature 3 | 16:1ω6c/16:1ω7c | 16:1ω7c/16:1ω6c；特征复合脂肪酸 4 Feature 4 | 17:1 anteiso b/iso I | 17:1 iso I/anteiso b。

表 3-103　采样区域解木糖赖氨酸芽胞杆菌（*Lysinibacillus xylanilyticus*）脂肪酸组多样性指数

地点	脂肪酸条数	脂肪酸总量 /%	丰富度	Simpson(λ)		Shannon(H)		均匀度	
				值	95% 置信区间	值	95% 置信区间	值	95% 置信区间
黄岗山	15	97.15	3.06	0.81	0.73　0.89	2.01	1.71　2.31	0.74	0.63　0.85
桐木关	15	98.07	3.05	0.81	0.72　0.89	1.94	1.64　2.23	0.72	0.61　0.83
挂墩	14	98.95	2.83	0.80	0.72　0.89	1.95	1.63　2.26	0.74	0.63　0.85
大竹岚	15	98.40	3.05	0.73	0.58　0.87	1.83	1.34　2.31	0.67	0.50　0.85

（2）种群垂直分布的地理分化

① 蕈状芽胞杆菌。对武夷山自然保护区黄岗山海拔范围为 1100 ～ 2158m 的 3 个水平区域：黄岗山脚（1100m）、黄岗山中部（1700m）、黄岗山顶（2158m）采样 40 个土样，分离到蕈状芽胞杆菌 46 株，分别测定脂肪酸组，以采样地区为统计单位，对来自不同海拔垂直分布的蕈状芽胞杆菌菌株进行脂肪酸生物标记的方差分析，以讨论垂直分布种群脂肪酸地理差异多样性，统计结果见表 3-104。分析结果表明，蕈状芽胞杆菌脂肪酸组共有 23 个生物标记，其中 15:0 iso、13:0 iso 和 16:0 是蕈状芽胞杆菌含量最多的三种脂肪酸，并且蕈状芽胞杆菌的脂肪酸 16:1ω7c alcohol 在黄岗山山顶（1.26%）、山中部（1.21%）、山脚（1.85%）的含量差异极显著（$P<0.01$）；蕈状芽胞杆菌黄岗山垂直分布种群脂肪酸组多样性指数分析表明，脂肪酸条数、脂肪酸含量（%）、丰富度、Simpson(λ)、Shannon(H)、均匀度等指数出现了不同程度的差异（表 3-105），说明蕈状芽胞杆菌种群在黄岗山垂直分布出现了不同程度的地理分化。

表 3-104　黄岗山垂直分布种群蕈状芽胞杆菌（*Bacillus mycoides*）脂肪酸组分析统计

脂肪酸组	黄岗山垂直分布种群脂肪酸含量 /%			标准差	显著性
	黄岗山顶（1100m）	黄岗山中部（1700m）	黄岗山脚（2158m）		
15:0 iso	19.8340	20.6200	17.7300	2.8650	0.4380
13:0 iso	12.3140	12.8960	12.5150	3.2680	0.9140

脂肪酸组	黄岗山垂直分布种群脂肪酸含量 /%			标准差	显著性
	黄岗山顶（1100m）	黄岗山中部（1700m）	黄岗山脚（2158m）		
16:0	11.6660	11.7980	12.1050	2.1880	0.9620
17:0 iso	9.5910	10.0510	8.6700	2.8490	0.8200
16:0 iso	6.4520	6.6320	7.1850	0.8690	0.5150
17:1 iso ω10c	6.3230	5.5960	7.0450	1.4530	0.3220
Feature 3	6.0120	5.6520	5.8900	1.2800	0.7970
15:0 anteiso	3.8000	3.6590	4.1600	0.7290	0.6830
14:0 iso	3.2460	3.3870	4.0450	0.6890	0.2980
14:0	3.2080	3.1690	2.9800	0.7130	0.9160
13:0 anteiso	2.3060	2.4930	2.6800	1.1850	0.8760
16:1ω11c	2.2050	1.9600	2.5350	0.6020	0.4060
17:0 anteiso	2.0270	1.9740	1.9750	0.5840	0.9740
12:0 iso	1.5460	1.7860	1.9300	0.7960	0.6760
16:1ω7c alcohol	1.2600	1.2070	1.8500	0.2620	0.0030
17:1 iso ω5c	1.6830	1.4260	0.9700	0.8470	0.4660
18:0	1.2240	1.1960	1.1150	0.4140	0.9380
12:0	0.8050	0.7980	0.7850	0.4590	0.9980
Feature 2	0.7040	0.6120	0.7600	0.4560	0.8640
18:1ω9c	0.5530	0.6170	0.7050	0.2840	0.7180
15:0 2OH	0.5320	0.3430	0.4900	0.2290	0.1250
17:1ω9c	0.5730	0.2520	0.0000	1.1130	0.6730
Feature 4	0.1320	0.0000	0.6300	0.3840	0.1070

注：特征复合脂肪酸 2 Feature 2 | 12:0 aldehyde？| 14:0 3OH/16:1 iso I | 16:1 iso I/14:0 3OH | unknown 10.9525；特征复合脂肪酸 3 Feature 3 | 16:1ω6c/16:1ω7c | 16:1ω7c/16:1ω6c；特征复合脂肪酸 4 Feature 4 | 17:1 anteiso b/iso I | 17:1 iso i/anteiso b。

表 3-105　采样区域蕈状芽胞杆菌（*Bacillus mycoides*）脂肪酸组多样性指数

序号	脂肪酸条数	脂肪酸总量 /%	丰富度	Simpson(λ)			Shannon(H)			均匀度		
				值	95%置信区间		值	95%置信区间		值	95%置信区间	
黄岗山顶（1100m）	23	98.00	4.80	0.91	0.88	0.94	2.61	2.44	2.79	0.83	0.78	0.89
黄岗山中部（1700m）	22	98.12	4.58	0.91	0.88	0.93	2.57	2.38	2.76	0.83	0.78	0.89
黄岗山脚（2158m）	22	98.75	4.57	0.92	0.89	0.94	2.65	2.48	2.81	0.86	0.81	0.90

②蜡样芽胞杆菌种群地理分化。表 3-106 显示的是蜡样芽胞杆菌的主要脂肪酸成分分析，主要包括 21 种脂肪酸，其中 15:0 iso、13:0 iso 和 16:0 是含量最多的三种脂肪酸，4:0 iso、15:0 anteiso、16:1ω11c 在山顶、山中部、山脚分离到的蜡样芽胞杆菌中含量差异达到显

著水平，117:1 *iso* ω5c、Feature 2 在山顶、山中部、山脚分离到的蜡样芽胞杆菌中含量差异达到极显著水平。

表 3-106　黄岗山蜡样芽胞杆菌（*Bacillus cereus*）主要脂肪酸成分分析表

脂肪酸组	黄岗山顶	黄岗山中部	黄岗山脚	标准差	显著性
15:0 *iso*	23.692	23.37	22.81	3.193	0.932
13:0 *iso*	10.157	10.596	11.335	3.373	0.892
16:0	9.331	9.87	5.875	2.949	0.239
17:0 *iso*	8.667	8.987	7.16	2.459	0.669
Feature 3	6.744	6.989	9.115	2.089	0.338
16:0 *iso*	7.289	7.163	8.205	2.175	0.844
14:0 *iso*	4.533	5.007	7.115	1.28	0.019
15:0 *anteiso*	5.981	5.556	3.82	1.175	0.041
17:1 *iso* ω10c	4.193	3.543	2.965	0.948	0.116
14:0	2.526	2.691	2.98	0.58	0.558
17:1 *iso* ω5c	1.895	2.096	4.075	0.909	0.002
Feature 2	0.991	1.577	4.305	1.253	0.000
17:0 *anteiso*	2.433	2.453	1.23	0.75	0.088
13:0 *anteiso*	2.086	1.947	1.395	0.906	0.618
16:1ω7c alcohol	2.43	0.981	1.2	4.118	0.745
12:0 *iso*	1.103	1.346	1.895	0.577	0.167
16:1ω11c	1.561	1.144	0.335	0.629	0.015
18:0	1.024	1.056	0.65	0.381	0.407
17:1 *anteiso*	0.513	0.509	0.715	0.181	0.331
15:0 2OH	0.464	0.369	0.72	0.247	0.211
12:0	0.41	0.463	0.625	0.198	0.360

注：特征复合脂肪酸 3 Feature 3 | 16:1ω6c/16:1ω7c | 16:1ω7c/16:1ω6c；特征复合脂肪酸 2 Feature 2 | 12:0 aldehyde ? | 14:0 3OH/16:1 *iso* I | 16:1 *iso* I/14:0 3OH | unknown 10.9525。

七、讨论

本章节从采集自武夷山自然保护区的土壤样品中分离、鉴定芽胞杆菌，根据芽胞杆菌的种类、数量以及菌株脂肪酸成分讨论其多样性，分别根据 16S rDNA 的鉴定结果和菌株脂肪酸成分分析芽胞杆菌的地理分化，现将主要研究结果总结如下。

1. 武夷山自然保护区芽胞杆菌种类概况

从武夷山自然保护区黄岗山、桐木关、挂墩、大竹岚 4 个地区采集的 86 份土样中分离、保存芽胞杆菌 434 株，通过 16S rDNA 序列比对将其鉴定为 43 个种。黄岗山地区分离到的芽胞杆菌种类数最多，但是芽胞杆菌平均样本含量最少，只有 5.999×10^4CFU/g；挂墩地区分离到的芽胞杆菌种类数虽然不多，但是芽胞杆菌平均样本含量最多，达到 41.264×10^4CFU/g。4 个采样地分离到的芽胞杆菌种类、含量都有所不同，各地区都有特有的芽胞杆菌种类。4 个采样地的优势芽胞杆菌种类也有所差异，但苏云金芽胞杆菌和解木聚糖赖氨酸芽胞杆菌在 4 个地区的大部分土样中普遍存在，分离频度的计算也显示它们是武夷山自然保护区的芽胞杆菌优势种。

2. 武夷山自然保护区芽胞杆菌种类多样性

基于 16S rDNA 鉴定结果的多样性指数计算结果显示：武夷山自然保护区芽胞杆菌的丰富度随海拔降低而呈现下降趋势，均匀度和优势度随海拔降低呈现上升趋势，多样性随海拔的降低呈现先下降后升高的趋势。部分芽胞杆菌种类的分布也与海拔有关，科研中心芽胞杆菌、印空研芽胞杆菌、地衣芽胞杆菌、蕈状芽胞杆菌、休闲地芽胞杆菌、苏云金芽胞杆菌、土壤短芽胞杆菌和忍冷嗜冷芽胞杆菌的分布与海拔显著相关，根内生芽胞杆菌和田野绿芽胞杆菌的分布与海拔极显著相关，其中，除苏云金芽胞杆菌的分布与海拔呈现出负相关外，其余种类都是正相关。

基于脂肪酸成分的多样性指数计算结果显示：芽胞杆菌脂肪酸含量的丰富度随海拔降低而呈现下降趋势；均匀度随海拔的降低呈现波浪形变化，优势度和多样性随海拔的降低呈现先下降后升高的趋势。武夷山自然保护区芽胞杆菌脂肪酸多样性（H）随海拔变化的趋势与种类含量多样性（H）随海拔变化趋势是大致一致的，即武夷山自然保护区芽胞杆菌种类多样性与菌株脂肪酸多样性随海拔的降低呈现先降低后升高的趋势。

3. 武夷山自然保护区优势芽胞杆菌地理分化

本章节从 16S rDNA 序列和菌株脂肪酸成分两个角度讨论了武夷山自然保护区芽胞杆菌的优势种苏云金芽胞杆菌和解木聚糖赖氨酸芽胞杆菌的地理分化。两个角度的分析均显示苏云金芽胞杆菌和解木聚糖赖氨酸芽胞杆菌的地理分化不明显。但是从武夷山自然保护区分离到的菌株与参考菌株苏云金芽胞杆菌 ATCC 10792^T 和解木聚糖赖氨酸芽胞杆菌 XDB9^T 相比，在 16S rDNA 碱基序列上均有不同程度的变异。苏云金芽胞杆菌的变异主要体现在 175bp 位点发生 C/T 的转换；解木聚糖赖氨酸芽胞杆菌的变异主要体现在 78bp 位点发生 T/C 转换。

4. 黄岗山地区芽胞杆菌种类多样性

从黄岗山顶、中部、山脚采集的 40 份土壤样本中，共分离出 199 株芽胞杆菌，通过 16S rDNA 序列比对将其鉴定为 26 个种。黄岗山顶、中部和山脚分离到的种类有所差异，各个地区都有特有的种类，山顶特有的芽胞杆菌种类较多，山中部特有的芽胞杆菌种类比较少。黄岗山不同高度采样地的芽胞杆菌优势种也有所不同，整体来看，蕈状芽胞杆菌、蜡样芽胞杆菌和解木聚糖赖氨酸芽胞杆菌是黄岗山芽胞杆菌的优势种。

基于 16S rDNA 鉴定结果的多样性指数计算结果显示：黄岗山芽胞杆菌的丰富度由山顶到山脚依次减少；黄岗山芽胞杆菌分布的均匀度由山顶到山脚依次增加；多样性指数（H）和优势度指数（λ）均显示黄岗山脚的芽胞杆菌种群复杂程度最高，其次是山顶，最低是山中部。

基于脂肪酸成分的多样性指数计算结果显示：黄岗山不同高度芽胞杆菌脂肪酸多样性指

数均值随高度增加而升高。黄岗山顶样本的芽胞杆菌脂肪酸丰富度均值最高，其次是黄岗山脚，再次是黄岗山中部。虽然黄岗山脚的芽胞杆菌总含量最多、多样性最高，但是芽胞杆菌的脂肪酸多样性较中部和山顶并不高。

5. 黄岗山地区芽胞杆菌地理分化

从 16S rDNA 序列角度比较黄岗山地区芽胞杆菌的三个优势种（蕈状芽胞杆菌、蜡样芽胞杆菌和解木聚糖赖氨酸芽胞杆菌）的地理分化结果表明：蕈状芽胞杆菌和解木聚糖赖氨酸芽胞杆菌的地理分化不明显；蜡样芽胞杆菌可以较明显地聚为三类，山顶、山中部和山脚分离到的蜡样芽胞杆菌大致分别聚在一起，表明海拔可能对蜡样芽胞杆菌的分化起着一定的作用。将从黄岗山地区分离到的菌株与参考菌株相比，蕈状芽胞杆菌菌株的 16S rDNA 序列的变异主要在 279bp 位点发生处 G/A 碱基转换；蜡样芽胞杆菌菌株的变异主要是在 185bp 位点发生 C/T 转换；解木聚糖赖氨酸芽胞杆菌部分菌株的变异主要是在 78bp 位点发生 T/C 转换。

从菌株脂肪酸成分来看，黄岗山蕈状芽胞杆菌的主要脂肪酸成分只有一种，即 16:1ω7c alcohol，在山顶、山中部、山脚分离到的菌株中含量差异极显著；黄岗山蜡样芽胞杆菌的主要脂肪酸成分 14:0 iso、15:0 anteiso、16:1ω11c 在山顶、山中部、山脚分离到的蜡样芽胞杆菌中含量差异达到显著水平，17:1 iso ω5c、Feature 2 在山顶、山中部、山脚分离到的菌株中含量差异达到极显著水平；黄岗山解木聚糖赖氨酸芽胞杆菌的主要脂肪酸成分在山顶、山中部、山脚分离到的菌株中含量差异均不显著。

从某种角度来看，黄岗山三个芽胞杆菌优势种的主要脂肪酸成分分析结果与它们基于 16S rDNA 的地理分化分析结果是一致的，验证了基于 16S rDNA 的地理分化多样性分析。

第四章

畜禽粪污降解菌微生物学特性

畜禽粪污降解菌的生长特性

微生物发酵床零排放养猪法是根据微生态理论和生物发酵理论，筛选环境益生菌，采用特殊生产工艺加工成添加剂，在猪舍内铺设由谷壳、锯末、米糠等原料组成的基质垫层作为培养基，接种环境益生菌，猪饲养在上面，其所排出的粪尿在猪棚内经微生物完全发酵迅速降解、消化，从而达到免冲洗猪栏、无臭味、零排放，从源头实现环保、无公害养殖目的。在垫料中形成以有益菌为优势菌的生物发酵垫料，使猪舍中病原菌得以抑制，保证了生猪的健康生长。该生物发酵垫料中的有益菌以生猪粪尿为营养保持运行，调节养殖密度，使生猪粪尿得到充分分解并转化为水分得到挥发，达到猪舍无臭、无排放的环保要求，猪舍垫料一次投入，可连续多年不用更换持续使用。

采用微生物发酵床零排放养猪技术后，由于有机垫料里含有相当数量的特殊有益微生物，能够迅速有效地降解、消化猪的粪尿排泄物。不需要每天清扫猪栏，冲洗猪舍，因此没有任何冲洗圈舍的污水，从而没有任何废弃物排放出养猪场，真正达到养猪零排放的目的。该垫料在使用 1.5 年后形成可直接用于果树、农作物的有机肥，达到循环利用、变废为宝的效果；另外，由于微生物发酵床养猪技术具有不需要用水冲猪舍、不需要每天清除猪粪、采用自动给食、自动饮水技术等众多优势，达到了省工节本的目的，可节水 90% 以上。在规模养猪场应用这项技术，经济效益十分明显。

对于发酵床使用的微生物要求具有较强的生长能力、竞争能力以及寡营养生长特性，在分解猪粪初期，猪粪含量较少，垫料含量较多，形成高碳含量和低氮含量的寡营养特性，要求微生物能适应；使用一段时间后，猪粪排量增加，形成高氮含量和低碳含量的寡营养特性，要求微生物还能适应。芽胞杆菌作为畜禽粪污降解菌的重要类群，具有较强的生长能力、竞争能力以及寡营养生长特性，因此，作者从福建省农业科学院微生物发酵床中筛选获得了 4 株降解粪污的芽胞杆菌，即：粪污降解菌 A（枯草芽胞杆菌 *Bacillus subtilis* B-6-6）；粪污降解菌 B（凝结芽胞杆菌 *Bacillus coagulans* Lp-6）；粪污降解菌 C（乳酸芽胞乳杆菌 *Sporolactobacillus laevolacticus* Y-4-11）；粪污降解菌 D（浸麻类芽胞杆菌 *Paenibacillus macerans* Y-4-12），对其生长特性包括生长曲线、营养需求、温度适应性、混合培养生长竞争的特性进行了研究。

一、研究方法

1. 试验材料

福建省农业科学院福清微生物发酵床生产性工程化实验室中采集垫料，利用粉碎机将垫料样品粉碎，过 2mm 筛后装袋备用，用于芽胞杆菌的分离。

2. 试验方法

（1）菌株分离　称取 1g 样品于装有 99mL 水的锥形瓶中，用振荡器充分振荡均匀，采用系列浓度梯度稀释法进行稀释，稀释成 10^{-2}、10^{-3}、10^{-4}、10^{-5}、10^{-6} 浓度，每个处理重复 3 次；取每个稀释度的菌液 0.2mL 均匀地涂布于 NA 培养基的平板上，置于 30℃人工气候箱中培养，8 ～ 72h 后观察计数；挑取菌株，根据菌落的形态、颜色、大小、光泽、硬度、透明程度、表面情况等特征，保存菌株。

（2）菌株鉴定

① 菌株脂肪酸鉴定试剂配制

试剂 1：NaOH 45g+ 甲醇（HPLC 级）150mL+ 去离子蒸馏水 150mL，水和甲醇混合后加入 NaOH 中，同时搅拌至完全溶解。

试剂 2：6mol/L 盐酸 25mL+ 甲醇（HPLC 级)275mL；把盐酸加入甲醇中，并不断搅拌。

试剂 3：正己烷 (HPLC 级) 200mL+MTBE (HPLC 级) 200mL；把 MTBE 加入正己烷中，并搅拌均匀。

试剂 4：NaOH 10.8g+ 去离子蒸馏水 900mL。

② 菌株的培养　将菌株采用四区画线法在 TSBA 平板上划线，置于 30℃暗培养箱培养 24h。

③ 脂肪酸鉴定前处理　获菌：用接种环挑取 3 ～ 5 环（约 40mg）湿重的菌落置于清洁干燥的有螺旋盖的试管（13mm×100mm）底部。

A. 皂化（强烈的甲醇随着加热杀菌及溶解细菌）。在装有菌体的试管内加入（1.0±0.1）mL 试剂 1，锁紧盖子，振荡试管 5 ～ 10s，95 ～ 100℃水浴 5min，从沸水中移开试管并轻微的冷却，振荡 5 ～ 10s，再水浴 25min，取出室温冷却。

B. 甲基化（甲基化转换脂肪酸成甲基酯脂肪酸以增加脂肪酸的挥发性以供 GC 分析）。加入试剂（22.0±0.1）mL，拧紧盖子，振荡 5 ～ 10s，80℃水浴 10min，移开且快速用流动自来水冷却至室温。

C. 萃取（脂肪酸甲基酯从酸性水相移出转移到 1 个有机相的萃取过程）。加入（1.25±0.1）mL 的试剂 3 萃取溶剂，盖紧盖子，温和混合旋转 10min，打开管盖，利用干净的移液管取出下层似水部分，弃去。

D. 基本洗涤（从有机相中移去自由的脂肪）。加入（3.0±0.21）mL 试剂 4，拧紧盖子，温和混合旋转 5min，打开盖子，利用干净的移液管移出约 2/3 体积的上层有机相到干净的 GC 检体小瓶。

④ 脂肪酸成分检测　在下述气相色谱条件下平行分析脂肪酸甲酯混合物标样和待检样本：二阶程序升高柱温，170℃起始，经 5℃ /min 升温至 260℃，而后经 40℃ /min 升温至 310℃，维持 90s；汽化室温度 250℃；检测器温度 300℃；载气为 H_2 (2mL/min)，进样模式为分流进样，分流比为 100 ∶ 1；辅助气为空气（350mL/min），H_2（30mL/min）；尾吹气为 N_2(30mL/min)；柱前压 10.00psi(1psi= 6.895kPa)；进样量 1μL。

⑤ 种类鉴定　系统根据各组分保留时间计算等链长 (ECL) 值确定目标组分的存在、采用峰面积归一化法计算各组分的相对含量，再将二者与系统谱库中的标准菌株数值匹配计算相似度 (similarity index，SI)，利用软件 Sherlock Microbial Identification System (MIS)，从而给出一种或几种可能的菌种鉴定结果。一般以最高 SI 的菌种名称作为鉴定结果，但当其报道的几个菌种的 SI 比较接近时，则根据色谱图特征及菌落生长特性进行综合判断。以脂肪酸混合标样校正保留时间。

（3）生长曲线

① 培养基制备

固体培养基 NA：牛肉膏 3g、蛋白胨 5g、葡萄糖 10g，用蒸馏水溶解并定容至 1mL。

液体培养基：淀粉 10g、牛肉膏 5g、蛋白胨 3g、蔗糖 10g、酵母 5g、氯化钙 5g，用蒸馏水溶解并定容至 1mL。

② 种子液制备　菌株 B-6-6、和 Lp-6、Y-4-11 和 Y-4-12 在 NA 平板上活化，24h 后接种液体培养基中，在 30℃下 170r/min 培养 48h 作种子培养液。

③ 生长曲线　将 4 种种子培养液稀释成相同含菌量，各自接种到接种培养：取盛有 100mL 液体培养基的 1000mL 锥形瓶中，设 3 个重复和 1 个 CK（空白培养液），分别编号为 CK（空白培养液）、B-6-6 Ⅰ、B-6-6 Ⅱ、B-6-6 Ⅲ、Lp-6 Ⅰ、Lp-6 Ⅱ、Lp-6 Ⅲ。用 1mL 无菌吸管分别准确吸取 0.5mL B-6-6 种子液加入 B-6-6 Ⅰ、B-6-6 Ⅱ、B-6-6 Ⅲ 3 个锥形瓶中，吸取于 0.5mL Lp-6 种子液加入 Lp-6 Ⅰ、Lp-6 Ⅱ、Lp-6 Ⅲ 3 个锥形瓶中，30℃下 170r/min 振荡培养。然后分别在培养 2h、4h、6h、8h、10h、12h、14h、16h、18h、20h、22h、24h 分别测定其在 600nm 处的 OD 值，其中的 CK（空白培养液）为对照。数据处理：以时间为横坐标、OD_{600nm} 值为纵坐标，绘制 B-6-6、和 Lp-6、Y-4-11 和 Y-4-12 的生长曲线。

（4）营养需求

① 供试菌株　从采集样品中分离出的 4 种芽胞杆菌：粪污降解菌 A（枯草芽胞杆菌 *Bacillus subtilis* B-6-6）；粪污降解菌 B（凝结芽胞杆菌 *Bacillus coagulans* Lp-6）；粪污降解菌 C（乳酸芽胞乳杆菌 *Sporolactobacillus laevolacticus* Y-4-11）；粪污降解菌 D（浸麻类芽胞杆菌 *Paenibacillus macerans* Y-4-12）。

② 培养基配制　C 源利用研究中的培养基组分：$(NH_4)SO_4$ 2.0g，$NaH_2PO_4 \cdot H_2O$ 0.5g，K_2HPO_4 0.5g，$MgSO_4 \cdot 7H_2O$ 0.2g，$CaCl_2 \cdot 2H_2O$ 0.1g，用蒸馏水溶解，并定容至 1000mL，分装至 150mL 容量瓶中，每瓶 100mL，往各瓶中加入葡萄糖 0g、0.25g、0.5g、1g，即糖的浓度为 0、0.25%、0.5%、1%，设重复 13 次。氮源利用研究中的培养基组分：KH_2PO_4 1.36g，Na_2HPO_4 2.13g，$MgSO_4 \cdot 7H_2O$ 0.2g，$FeSO_4 \cdot 7H_2O$ 0.2g，$CaCl_2 \cdot 2H_2O$ 0.5g。葡萄糖 10g，用蒸馏水溶解，并定容至 1000mL，分装至 150mL 容量瓶中，每瓶 100mL，往各瓶中加入 KNO_3 0g、0.025g、0.05g、0.1g，即氮的浓度为 0、0.025%、0.05%、0.1%，设重复 13 次。

③ 试验　将 4 类芽胞杆菌 B-6-6、Lp-6、Y-4-11 和 Y-4-12 在 NA 平板上活化，接种于 LB 液体培养基中，培养 24h。制备上述 4 类芽胞杆菌的菌液稀释至相同含菌量。将不同浓度糖的 C 源利用的培养基分装至试管中 10mL/ 管，再接 0.1mL 的菌液。将不同氮浓度的氮源利用的培养基分装至试管中 10mL/ 管，再接 0.1mL 的菌液。30℃培养，3d 后，将氮源利用研究的各样品进行混浊度比较（测定 OD_{600nm}），7d 后，将 C 源利用研究的各样品进行浑浊度比较（测定 OD_{600nm}）。

（5）温度动力学　从发酵床周围和垫料中分离 4 种芽胞杆菌 B-6-6（枯草芽胞杆菌）、Lp-6（凝结芽胞杆菌）、Y-4-11（乳酸芽胞乳杆菌）、Y-4-12（浸麻类芽胞杆菌），涂布于 NA 平板上，设置温度梯度，分别于 30℃、35℃、45℃、50℃、55℃下培养 24h 后，观察各类型菌的菌落数，研究它们之间在不同的温度下的生长特征。

（6）时间动力学　从零排放猪舍基质垫层中分离出 4 种芽胞杆菌 B-6-6（枯草芽胞杆菌）、

Lp-6（凝结芽胞杆菌）、Y-4-11（乳酸芽胞乳杆菌）、Y-4-12（浸麻类芽胞杆菌），将它们作为零排放猪舍发酵的候选菌株，本章节中拟将这 4 种菌株进行等量混合培养，不同生长时间取样，调查它们之间的竞争生长关系，为零排放 I 号菌株的研发提供理论依据。

试验方法：材料从采集的样品中分离出的 4 类芽胞杆菌 B-6-6（枯草芽胞杆菌）、Lp-6（凝结芽胞杆菌）、Y-4-11（乳酸芽胞乳杆菌）、Y-4-12（浸麻类芽胞杆菌）。

将 4 类芽胞杆菌 B-6-6、Lp-6、Y-4-11 和 Y-4-12 在 NA 平板上活化，30℃培养 24h 后接种于 LB 液体培养基中培养 24h。

将上述 4 类芽胞杆菌按组合方式进行 2 个菌之间等量组合或 3 个菌之间等量组合或 4 个菌间的等量组合，共 15 个组合，它们分别是：①B-6-6；②Lp-6；③Y-4-11；④Y-4-12；⑤B-6-6/Lp-6；⑥B-6-6/Y-4-11；⑦B-6-6/Y-4-12；⑧Lp-6/Y-4-11；⑨Lp-6/Y-4-12；⑩Y-4-11/Y-4-12；⑪B-6-6/Lp-6/Y-4-11；⑫B-6-6/Lp-6/Y-4-12；⑬B-6-6/Y-4-11/Y-4-12；⑭Lp-6/Y-4-11/Y-4-12；⑮B-6-6/Lp-6/Y-4-11/Y-4-12。

将上述 15 个组合的菌接种 LB 液体培养基中培养，每隔 6h 取样，涂布于 NA 培养基中，30℃培养 24h 后观察各类型菌的菌落数。

（7）生长竞争　将 4 株芽胞杆菌 B-6-6、Lp-6、Y-4-11 和 Y-4-12 在 NA 平板上活化；将上述 4 类芽胞杆菌制备成水悬液，并稀释成相同的浓度并稀释成相同的含菌量；将上述 4 类芽胞杆菌按组合方式进行 2 个菌之间等量组合或 3 个菌之间等量组合或 4 个菌间的等量组合，共 15 个组合，它们分别是：①B-6-6；②Lp-6；③Y-4-11；④Y-4-12；⑤B-6-6/Lp-6；⑥B-6-6/Y-4-11；⑦B-6-6/Y-4-12；⑧Lp-6/Y-4-11；⑨Lp-6/Y-4-12；⑩Y-4-11/Y-4-12；⑪B-6-6/Lp-6 /Y-4-11；⑫B-6-6/Lp-6/Y-4-12；⑬B-6-6/Y-4-11/Y-4-12；⑭Lp-6/Y-4-11/Y-4-12；⑮B-6-6/Lp-6/Y-4-11/Y-4-12。将上述 15 个组合稀释成 10^{-4}、10^{-5}、10^{-6} 浓度，涂布于 NA 平板上，分别于 30℃、35℃、45℃、50℃、55℃下培养 24h 后观察各类型菌的菌落数。

二、粪污降解菌的分离鉴定

1. 菌株分离

从微生物发酵床周边土壤（样品 1）、微生物发酵床垫料上层（样品 2）、下层（样品 3）分离到芽胞杆菌 10 株，菌落形态如图 4-1 所示。分离细菌的形态特征如表 4-1 所列。

B-5-1

L-5-2

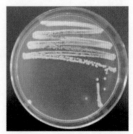
B-5-5

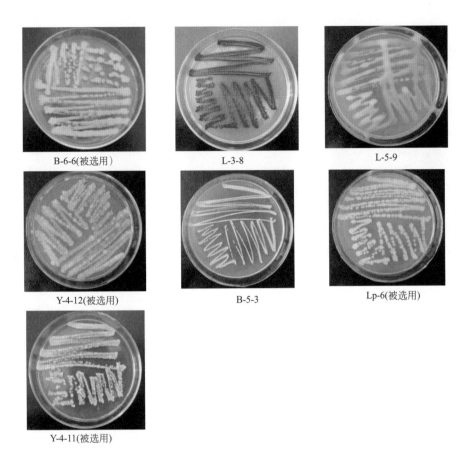

图 4-1 微生物发酵床环境分离的候选芽胞杆菌菌落形态

表 4-1 微生物发酵床环境分离候选芽胞杆菌形态特征和分布量

细菌名称	样品 1 含菌量 /（CFU/g）	样品 2 含菌量 /（CFU/g）	样品 3 含菌量 /（CFU/g）	菌落特征
B-5-1	4.5×10^6	1.0×10^6	0	透明、油状、扁平
L-5-2	8.0×10^7	1.0×10^8	0	淡黄、油状、圆形、凸起
B-5-3	5.0×10^5	2.0×10^6	0	黄色、圆形、凸起
B-5-5	3.5×10^6	3.0×10^6	0	白色、圆形、凸起
B-6-6（被选用）	5.0×10^6	5.0×10^6	0	圆形、中间皱褶、凸起
Lp-6（被选用）	0	7.5×10^6	0	边缘油状、中间干燥泛白、微凸
L-3-8	2.0×10^6	4.5×10^6	0	鲜红、圆形、凸起
L-5-9	0	5.0×10^6	0	透明、油状、凸起
Y-4-11（被选用）	5.0×10^4	5.0×10^5	3.75×10^6	圆形、表面干燥皱褶、凸起
Y-4-12（被选用）	0	0	4.0×10^6	扁平、边缘锯齿状

　　根据菌株的形态特征挑选 4 株芽胞杆菌（猪场周围的土壤、各层次的微生物发酵床垫料样本）作为环境益生菌的候选菌株，进行进一步的研究。这 4 株芽胞杆菌的菌株编号为环境土壤中存在的菌株 B-6-6，代表了微生物发酵床周围土壤芽胞杆菌优势种，它能够很好地存

在于发酵床周围土壤和发酵床垫料的上层，也表明发酵床天然菌种菌株的来源；Lp-6来源于发酵床上层垫料存在的优势菌株，而不存在于周围环境和发酵床下层，代表了适应于发酵床上层垫料通气环境条件下生长旺盛的菌株；Y-4-11来源于发酵床周边及其各层垫料存在的优势菌株，可生存于周围土壤、发酵床上层和发酵床下层垫料，代表了可适应不同通气环境和营养环境的菌株；Y-4-12来源于发酵床下层垫料存在的优势菌株，而不存在于周围土壤和垫料上层，代表了适应通气量较差的环境的菌株。

2. 菌株鉴定

筛选的4株菌，经细菌的脂肪酸鉴定结果如表4-2所列。脂肪酸细菌自动鉴定仪对于SI的诠释：大于0.500，说明匹配性很高，为典型的菌种；大于0.300而小于0.500，说明匹配性较低，为非典型菌种；小于0.300，说明数据库没有此菌种的数据，给出的是最接近的相关菌。鉴定结果表明，B-6-6为枯草芽胞杆菌（*Bacillus subtilis*）；Lp-6为凝结芽胞杆菌（*Bacillus coagulans*）；Y-4-11为乳酸芽胞乳杆菌（*Sporolactobacillus laevolacticus*）；Y-4-12为浸麻类芽胞杆菌（*Paenibacillus macerans*）。

表4-2 芽胞杆菌脂肪酸鉴定结果

菌株编号	鉴别数据库	相似性系数	菌种名称
B-6-6	TSBA50	0.5880	枯草芽胞杆菌
Lp-6	TSBA50	0.5445	凝结芽胞杆菌
Y-4-11	TSBA50	0.5120	乳酸芽胞乳杆菌
Y-4-12	TSBA50	0.7354	浸麻类芽胞杆菌

三、粪污降解菌的生长曲线

1. 粪污降解菌B-6-6生长曲线

枯草芽胞杆菌B-6-6（*Bacillus subtilis* B-6-6）生长曲线的测定结果如图4-2（a）所示，0～2h为菌株的生长迟缓期，菌株刚刚开始生长；2～6h为对数生长期，菌株生长迅速；6～18h为平稳生长期；最高生长点出现在14h，此时OD_{600nm}值为2.572；18～20h OD_{600nm}值小幅下降；20～22h OD_{600nm}值又有所回升，之后进入平稳生长期。20～22h OD_{600nm}值又开始增大的原因可能是由菌的细胞破裂，分泌物外流所致。生长曲线模型为对数方程：$y = 0.9431\ln x + 0.4129$，$R^2 = 0.7295**$（星号表示差异极显著，下同）。

2. 粪污降解菌Lp-6生长曲线

凝结芽胞杆菌Lp-6（*Bacillus coagulans* Lp-6）生长曲线的测定结果如图4-2（b）所示，0～2h为菌株的生长迟缓期，菌株刚刚开始生长；2～10h为对数生长期，菌株生长迅速；10～20h为平稳生长期；最高生长点出现在10h，此时OD_{600nm}值为2.457。菌株Lp-6在2～10h为对数生长期，菌株生长迅速，最主高生长点出现在10h，因此菌株Lp-6的种子液制备时间最好是在其最高生长点(10h左右)，然后开始发酵。生长曲线模型为对数方程：$y = 1.1344\ln x + 0.0211$，$R^2 = 0.8813**$。

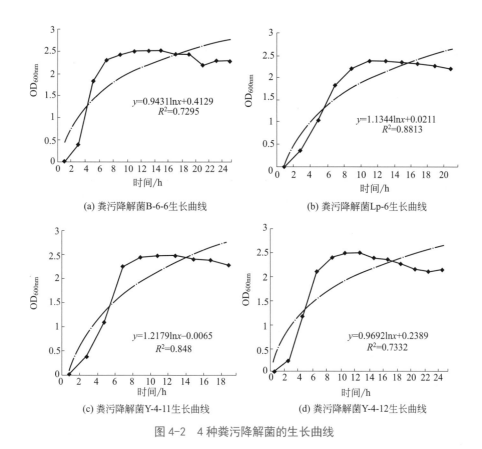

图 4-2　4 种粪污降解菌的生长曲线

3. 粪污降解菌 Y-4-11 生长曲线

乳酸芽胞乳杆菌 Y-4-11（*Sporolactobacillus laevolacticus* Y-4-11）生长曲线的测定结果如图 4-2（c）所示，0 ~ 2h 为菌株的生长迟缓期，菌株刚刚开始生长；2 ~ 6h 为对数生长期，菌株生长迅速；6 ~ 18h 为平稳生长期；最高生长点出现在 12h，此时 OD_{600nm} 值为 2.513。生长曲线模型为对数方程：$y = 1.2179\ln x - 0.0065$，$R^2 = 0.848$。

4. 粪污降解菌 Y-4-12 生长曲线

浸麻类芽胞杆菌 Y-4-12（*Paenibacillus macerans* Y-4-12）生长曲线的测定结果如图 4-2（d）所示，0 ~ 2h 为菌株的生长迟缓期，菌株刚刚开始生长；2 ~ 6h 为对数生长期，菌株生长迅速；6 ~ 10h 为平稳生长期；最高生长点出现在 10h，此时 OD_{600nm} 值为 2.549。随后菌株的生长的 OD_{600nm} 值开始缓慢下降，至 20h 时，菌株开始进入平稳生长期。生长曲线模型为对数方程：$y = 0.9692\ln x + 0.2389$，$R^2 = 0.7332^{**}$。

四、粪污降解菌的营养需求

1. 碳源浓度对粪污降解菌生长的影响

对碳源利用的试验结果见表 4-3 和图 4-3。从表可看出 B-6-6 和 Lp-6 两种芽胞杆菌在不

同的糖浓度下 OD_{600nm} 值相差不大，说明缺碳条件下，B-6-6 和 Lp-6 两类芽胞杆菌能很好地生长；表明这两种菌可在缺碳的条件下进行寡营养生长。而 Y-4-11 和 Y-4-12 两类芽胞杆菌在不同的糖浓度下 OD_{600nm} 值相差较大，在糖浓度为 0 时 Y-4-11 的 OD_{600nm} 值为 0.062，Y-4-12 的 OD_{600nm} 值为 0.077，分别是它们在 1% 糖浓度下 OD_{600nm} 值的 43.7% 和 64.7%，说明在缺碳条件下菌株 Y-4-11 和 Y-4-12 生长不好或不能生长；表明缺碳对这两种菌生长影响很大。

表 4-3　4 株芽胞杆菌在不同碳源浓度下生长的 OD_{600nm}

菌种	OD_{600nm}			
	糖浓度 0%	糖浓度 0.25%	糖浓度 0.5%	糖浓度 1%
B-6-6	0.126	0.181	0.188	0.124
Lp-6	0.117	0.172	0.137	0.124
Y-4-11	0.062	0.060	0.080	0.142
Y-4-12	0.077	0.072	0.073	0.119

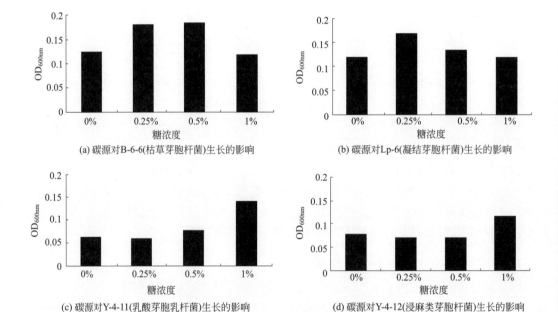

(a) 碳源对B-6-6(枯草芽胞杆菌)生长的影响

(b) 碳源对Lp-6(凝结芽胞杆菌)生长的影响

(c) 碳源对Y-4-11(乳酸芽胞乳杆菌)生长的影响

(d) 碳源对Y-4-12(浸麻类芽胞杆菌)生长的影响

图 4-3　碳源浓度对粪污降解菌生长的影响

2. 氮源浓度对粪污降解菌生长的影响

对氮源利用的试验结果见表 4-4 和图 4-4。*Bacillus subtilis* B-6-6 和 *Bacillus coagulans* Lp-6 的 OD_{600nm} 值随着氮浓度的升高而增大，B-6-6 菌株在 0.1% 氮浓度下的 OD_{600nm} 值是它在 0% 氮浓度下的 OD_{600nm} 值的 5 倍，Lp-6 菌株在 0.1% 氮浓度下的 OD_{600nm} 值是它在 0% 氮浓度下的 OD_{600nm} 值的 4.65 倍，说明菌株 B-6-6 和 Lp-6 在缺氮件下生长不良或不能生长；

Sporolactobacillus laevolacticus Y-4-11 和 *Paenibacillus macerans* Y-4-12 的 OD_{600nm} 值在不同氮浓度下相差不大，在 0.1% 氮浓度下的 OD_{600nm} 值和 0% 氮浓度下的 OD_{600nm} 值相差甚微，说明菌株 Y-4-11 和 Y-4-12 在缺氮条件下能很好地生长。

表 4-4　4 株芽胞杆菌在不同氮源浓度下生长的 OD_{600nm}

菌种	OD_{600nm}			
	氮源浓度 0%	氮源浓度 0.025%	氮源浓度 0.05%	氮源浓度 0.1%
B-6-6	0.052	0.080	0.105	0.260
Lp-6	0.143	0.186	0.324	0.666
Y-4-11	0.173	0.243	0.188	0.201
Y-4-12	0.306	0.475	0.415	0.424

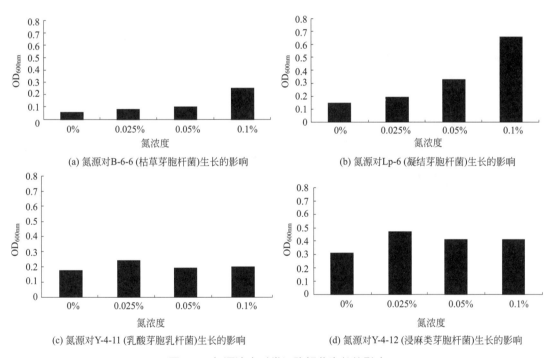

(a) 氮源对B-6-6(枯草芽胞杆菌)生长的影响

(b) 氮源对Lp-6(凝结芽胞杆菌)生长的影响

(c) 氮源对Y-4-11(乳酸芽胞乳杆菌)生长的影响

(d) 氮源对Y-4-12(浸麻类芽胞杆菌)生长的影响

图 4-4　氮源浓度对粪污降解菌生长的影响

五、粪污降解菌生长动力学

1. 粪污降解菌生长温度动力学

试验结果见图 4-5。不同种类的芽胞杆菌在相同条件下生长能力差异显著。在常温

（30℃）单独培养条件下，粪污降解菌 A（枯草芽胞杆菌 B-6-6）和粪污降解菌 B（凝结芽胞杆菌 Lp-6）的生长能力相近，24h 时生长量分别达 9×10^6CFU/mL、10×10^6CFU/mL，显著高于粪污降解菌 C（乳酸芽胞乳杆菌 Y-4-11）和粪污降解菌 D（浸麻类芽胞杆菌 Y-4-12），后二者生长能力相近，生长量分别为 2.25×10^6CFU/mL、3.7×10^6CFU/mL。

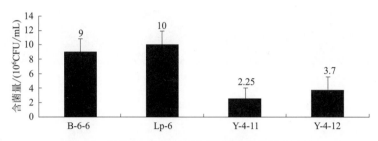

图 4-5　常温下（30℃）粪污降解菌生长能力比较

粪污降解菌 A（枯草芽胞杆菌 B-6-6）、粪污降解菌 B（凝结芽胞杆菌 Lp-6）、粪污降解菌 C（乳酸芽胞乳杆菌 Y-4-11）和粪污降解菌 D（浸麻类芽胞杆菌 Y-4-12）4 株菌在相同培养基条件下，对温度的适应性差异显著。粪污降解菌 A（枯草芽胞杆菌 B-6-6）的生长最佳温度为 55℃，属高温型菌株；粪污降解菌 B（凝结芽胞杆菌 Lp-6）的生长最佳温度为 50℃；粪污降解菌 C（乳酸芽胞乳杆菌 Y-4-11）的生长最佳温度为 45℃；粪污降解菌 D（类芽胞杆菌 Y-4-12）的生长最佳温度为 40℃（表 4-5）。

表 4-5　粪污降解菌单独培养温度适应性

培养温度/℃	菌株生长量/（10^6CFU/mL）			
	B-6-6	Lp-6	Y-4-11	Y-4-12
35	9.0	10.0	2.3	3.7
40	12.0	9.0	3.1	6.0
45	15.2	12.0	5.8	2.0
50	20.0	27.0	4.3	1.5
55	47.6	5.0	3.7	0.0

温度动力学研究表明：粪污降解菌 A（枯草芽胞杆菌 B-6-6）在 55℃时达生长量峰值（47.6×10^6CFU/mL），温度动力学模型为指数增长，方程为 $y=5.4728e^{0.3842x}$，$R^2=0.9095**$ [图 4-6（a）]；粪污降解菌 B（凝结芽胞杆菌 Lp-6）在 50℃时达生长量峰值（27.0×10^6CFU/mL），温度动力学模型为指数增长，方程为 $y=5.7735e^{0.3267x}$，$R^2=0.717*$ [图 4-6（b）]；粪污降解菌 C（乳酸芽胞乳杆菌 Y-4-11）在 45℃时达生长量峰值（5.8×10^6CFU/mL），温度动力学模型为二次曲线增长，方程为 $y=-0.5x^2+3.4x-0.86$，$R^2=0.7294**$ [图 4-6（c）]；粪污降解菌 D（浸麻类芽胞杆菌 Y-4-12）在 40℃时达生长量峰值（6.0×10^6CFU/mL），温度动力学模型为二次曲线增长，方程为 $y=-0.2929x^2+0.5671x+4.16$，$R^2=0.7283**$ [图 4-6（d）]。

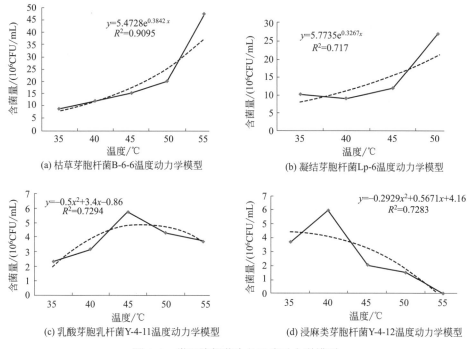

(a) 枯草芽胞杆菌B-6-6温度动力学模型

$y=5.4728e^{0.3842x}$
$R^2=0.9095$

(b) 凝结芽胞杆菌Lp-6温度动力学模型

$y=5.7735e^{0.3267x}$
$R^2=0.717$

(c) 乳酸芽胞乳杆菌Y-4-11温度动力学模型

$y=-0.5x^2+3.4x-0.86$
$R^2=0.7294$

(d) 浸麻类芽胞杆菌Y-4-12温度动力学模型

$y=-0.2929x^2+0.5671x+4.16$
$R^2=0.7283$

图4-6 粪污降解菌生长温度动力学模型

2. 粪污降解菌生长时间动力学

粪污降解菌生长时间动力学试验结果见表4-6。在30℃温度下，粪污降解菌各菌株生长特性差异显著。枯草芽胞杆菌 B-6-6 有 2 个生长高峰，即 6h 和 30h，含菌量分别为 5.00×10^7CFU/mL 和 6.25×10^7CFU/mL；凝结芽胞杆菌 Lp-6 生长趋势与 B-6-6 相似，有 2 个生长高峰，即 6h 和 30h，含菌量分别为 3.00×10^7CFU/mL 和 6.20×10^7CFU/mL；乳酸芽胞乳杆菌 Y-4-11 随着时间进程菌量逐渐升高，生长高峰在 12h，含菌量达 4.00×10^7CFU/mL，随后逐渐下降到 36h 的 0.06×10^7CFU/mL；浸麻类芽胞杆菌 Y-4-12 生长趋势与 Y-4-11 相似，生长高峰在 12h，含菌量达 2.63×10^7CFU/mL，随后逐渐下降到 36h 时的 0.01×10^7CFU/mL。

表4-6 粪污降解菌单独培养时间生长特性

取样时间 /h	菌株生长量 / (10^7CFU/mL)			
	B-6-6	Lp-6	Y-4-11	Y-4-12
6	5.00	3.00	2.50	2.00
12	0.77	1.10	4.00	2.63
18	2.00	1.40	0.15	0.58
24	3.00	1.40	0.01	0.42
30	6.25	6.20	0.14	0.10
36	0.68	1.20	0.06	0.01

时间动力学模型研究表明（图 4-7）：

① 枯草芽胞杆菌 B-6-6 时间动力学模型呈三次曲线，方程为：$y=-0.0027x^3+0.1734x^2-3.1775x+18.52$（$R^2=0.8878^{**}$）。

② 凝结芽胞杆菌 Lp-6 时间动力学模型与 B-6-6 相似，呈三次曲线，方程为：$y=-0.0019x^3+0.122x^2-2.2088x+12.6$（$R^2=0.5892^*$）。

③ 乳酸芽胞乳杆菌 Y-4-11 时间动力学模型呈幂指数曲线，方程为：$y=503.39x^{-2.672}$（$R^2=0.605^*$）。

④ 浸麻类芽胞杆菌 Y-4-12 时间动力学模型呈对数曲线，方程为：$y=-1.4\ln x+4.9992$（$R^2=0.723$）。

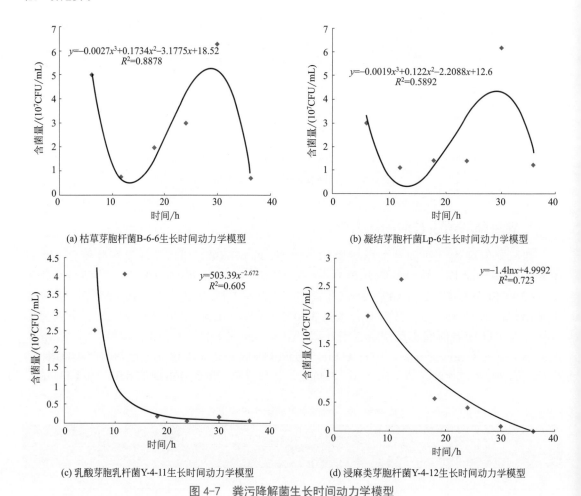

图 4-7　粪污降解菌生长时间动力学模型

六、讨论

从养猪微生物发酵床中筛选获得 4 株降解粪污的芽胞杆菌，即枯草芽胞杆菌 B-6-6（*Bacillus subtilis* B-6-6）、凝结芽胞杆菌 Lp-6（*Bacillus coagulans* Lp-6）、乳酸芽胞乳杆菌 Y-4-11（*Sporolactobacillus laevolacticus* Y-4-11）、浸麻类芽胞杆菌 Y-4-12（*Paenibacillus macerans* Y-4-12)；从生长能力上看，枯草芽胞杆菌 B-6-6＞凝结芽胞杆菌 Lp-6＞浸麻类芽胞杆菌 Y-4-12＞乳酸芽胞乳杆菌 Y-4-11。

从营养需求上看，在缺碳条件下，菌株 Y-4-11 和 Y-4-12 生长不好或不能生长，而菌株 B-6-6 和 Lp-6 能很好地生长。在缺氮条件下，菌株 B-6-6 和 Lp-6 生长不好或不能生长，而菌株 Y-4-11 和 Y-4-12 能很好地生长。在微生物发酵床制作的初期，垫料的主要含谷壳、锯末，此时垫料培养基中碳源丰富，氮源缺乏，适合菌株 B-6-6 和 Lp-6 生长。在垫料使用一个周期后，垫料中的猪粪含量增加，氮源丰富，此时适合菌株 Y-4-11 和 Y-4-12 生长。所以，菌株 B-6-6 和 Lp-6 可以在新制作垫料时使用，菌株 Y-4-11 和 Y-4-12 可以在养猪周期内垫料翻新时使用。

从温度适应性上看，枯草芽胞杆菌 B-6-6 的生长最佳温度为 55℃，凝结芽胞杆菌 Lp-6 的生长最佳温度为 50℃，乳酸芽胞乳杆菌 Y-4-11 的生长最佳温度为 45℃，浸麻类芽胞杆菌 Y-4-12 的生长最佳温度为 40℃，前两种属高温型菌株，后两种属中温型菌株。从生长曲线上看，枯草芽胞杆菌 B-6-6 和凝结芽胞杆菌 Lp-6 为后峰型，其峰值在 30h；乳酸芽胞乳杆菌 Y-4-11 和浸麻类芽胞杆菌 Y-4-12 为前峰型，其峰值在 6h。

第二节
畜禽粪污降解菌混合培养生长竞争

微生物培养特性各有不同，在相同的培养条件下菌株的混合培养，在生长速度、生长曲线类型、峰值出现时间和含量等方面差异显著。微生物生长过程伴随着物质代谢，构建了以时间轴为中心的生存环境资源序列，称之为时间生态位，生态位的量化通过计算生态位宽度和生态位重叠。不同种类微生物生长过程代谢特征建立了资源环境，能充分利用资源提升自身生长的微生物具有较宽的生态位宽度；反之，利用资源能力较低的生态位宽度较窄。比较两种微生物对资源序列生态位利用的节律同步性，代表了两种微生物的生态位重叠测度。两种微生物处于同质生态位在时间、空间、营养等利用资源的节律同步性越高，生态位重叠就越大；反之，生态位重叠越小。两种以上微生物混合培养，会形成利用资源的竞争，竞争的结果影响到微生物的生长，有的表现为抑制作用，有的表现为促长作用。混合培养过程对一部分菌株产生强抑制，对另一部分菌株产生弱抑制，程度不同的抑制作用的生长竞争类型定义为异步抑制型；多个菌株同时产生强抑制或者弱抑制作用，程度相近的抑制作用定义为生长竞争类型的同步抑制型；混合培养过程对一部分菌株产生促长作用，对另一部分菌株产生抑制作用，生长竞争类型定义为异步促长型；对菌株都产生促长作用，生长竞争类型定义为同步促长型。

为了解畜禽粪污降解菌混合培养特性，选用枯草芽胞杆菌 B-6-6（*Bacillus subtilis*）、凝结芽胞杆菌 Lp-6（*Bacillus coagulans*）、乳酸芽胞乳杆菌 Y-4-11（*Sporolactobacillus laevolacticus*）、浸麻类芽胞杆菌 Y-4-12（*Paenibacillus macerans*）4 个菌株，单独培养、两菌株等量混合培养、三菌株等量混合培养、四菌株等量混合培养，在 30℃温度下培养，观察 6h、12h、18h、24h、30h、36h 菌生长量，分析菌株数量、生长竞争、生态位宽度和重叠变化等，以揭示菌株混合培养生长竞争的特性。

一、粪污降解菌混合培养的生长竞争数量测定

1. 粪污降解菌混合培养菌落分离

粪污降解菌 B-6-6、Lp-6、Y-4-11 和 Y-4-12 菌株间等量混合，在 30℃温度下培养，12h 取样涂板菌落形态如图 4-8 所示。从图 4-8 可见，单独培养菌株可见一种形态菌落，混合培养菌株可见多种形态菌落，表明混合培养过程产生了不同类型的菌落形态。

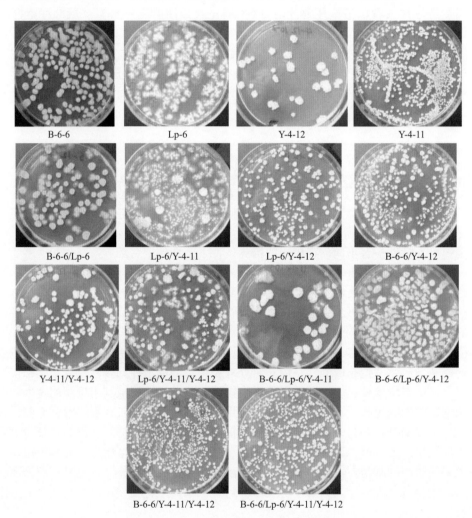

图 4-8　粪污降解菌 B-6-6、Lp-6、Y-4-11 和 Y-4-12 菌株间等量混合培养 12h 后涂板菌落形态

2. 粪污降解菌混合培养生长量测定

粪污降解菌混合培养菌株生长量试验结果见表 4-7。总体看来：

① 粪污降解菌 B-6-6、Lp-6、Y-4-11 和 Y-4-12 菌株间等量混合培养前 6h 长势基本相当，

第 12 小时后，Y-4-11 和 Y-4-12 两个菌的长势较强，超越 B-6-6 和 Lp-6；第 30 小时后，B-6-6 和 Lp-6 两个菌的长势增强，而 Y-4-11 和 Y-4-12 两个菌的长势减弱。

②粪污降解菌 B-6-6、Lp-6、Y-4-11 和 Y-4-12 的长势强弱为：Lp-6 ＞ B-6-6 ＞ Y-4-11 ＞ Y-4-12。

表 4-7　粪污降解菌混合培养菌株生长量

组合	取样时间	菌株生长量 /（CFU/mL）			
		B-6-6	Lp-6	Y-4-11	Y-4-12
B-6-6	第 6 小时	5×10^7			
Lp-6			3×10^7		
Y-4-11				2.5×10^7	
Y-4-12					2×10^7
B-6-6/Lp-6		1.14×10^7	1.44×10^7		
B-6-6/Y-4-11		3×10^6		1.5×10^7	
B-6-6/Y-4-12		8×10^6			1.1×10^7
Lp-6/Y-4-11			5×10^4	3×10^6	
Lp-6/Y-4-12			1.7×10^7		2.6×10^7
Y-4-11/Y-4-12				8.1×10^6	4.9×10^6
B-6-6/Lp-6/Y-4-11		1.1×10^5	5×10^4	5×10^3	
B-6-6/Lp-6/Y-4-12		2.2×10^5	5×10^4		5×10^3
B-6-6/Y-4-11/Y-4-12		3.65×10^6		4.8×10^6	4.8×10^6
Lp-6/Y-4-11/Y-4-12			4.65×10^6	6.4×10^6	1.6×10^6
B-6-6/Lp-6/Y-4-11/Y-4-12		3×10^6	2.6×10^6	6.4×10^6	3.2×10^6
B-6-6	第 12 小时	7.7×10^6			
Lp-6			1.1×10^7		
Y-4-11				4×10^7	
Y-4-12					2.63×10^7
B-6-6/Lp-6		2.95×10^7	1.3×10^6		
B-6-6/Y-4-11		2×10^7		1×10^6	
B-6-6/Y-4-12		2.4×10^7			2.8×10^7
Lp-6/Y-4-11			1.9×10^7	5.5×10^4	
Lp-6/Y-4-12			2.6×10^6		7.2×10^5
Y-4-11/Y-4-12				6.5×10^6	1.8×10^6
B-6-6/Lp-6/Y-4-11		2.2×10^7	1×10^6	0	
B-6-6/Lp-6/Y-4-12		8.6×10^6	5.8×10^6		0
B-6-6/Y-4-11/Y-4-12		9×10^6		1×10^7	9×10^6
Lp-6/Y-4-11/Y-4-12			6.0×10^6	4×10^6	2×10^6
B-6-6/Lp-6/Y-4-11/Y-4-12		6×10^5	5×10^4	1×10^7	1.1×10^7

续表

组合	取样时间	菌株生长量 /（CFU/mL）			
		B-6-6	Lp-6	Y-4-11	Y-4-12
B-6-6	第 18 小时	2×10^{7}			
Lp-6			1.4×10^{7}		
Y-4-11				1.45×10^{6}	
Y-4-12					5.8×10^{6}
B-6-6/Lp-6		2.5×10^{5}	1.9×10^{6}		
B-6-6/Y-4-11		1.7×10^{7}		0	
B-6-6/Y-4-12		2×10^{8}			0
Lp-6/Y-4-11			6.5×10^{6}	0	
Lp-6/Y-4-12			6.5×10^{7}		0
Y-4-11/Y-4-12				8.5×10^{5}	5.5×10^{6}
B-6-6/Lp-6/Y-4-11		1.1×10^{6}	7.5×10^{6}	0	
B-6-6/Lp-6/Y-4-12		2.5×10^{5}	3.85×10^{6}		0
B-6-6/Y-4-11/Y-4-12		1.05×10^{8}		0	0
Lp-6/Y-4-11/Y-4-12			1.65×10^{8}	1.4×10^{6}	6×10^{5}
B-6-6/Lp-6/Y-4-11/Y-4-12		5×10^{5}	1.3×10^{7}	5×10^{4}	5×10^{4}
B-6-6	第 24 小时	3×10^{7}			
Lp-6			1.4×10^{7}		
Y-4-11				1×10^{5}	
Y-4-12					4.2×10^{6}
B-6-6/Lp-6		4×10^{6}	3×10^{7}		
B-6-6/Y-4-11		1.7×10^{7}		0	
B-6-6/Y-4-12		2.5×10^{7}			0
Lp-6/Y-4-11			3×10^{7}	0	
Lp-6/Y-4-12			1.12×10^{7}		0
Y-4-11/Y-4-12				1.2×10^{7}	6×10^{7}
B-6-6/Lp-6/Y-4-11		1×10^{5}	4.5×10^{7}		0
B-6-6/Lp-6/Y-4-12		5×10^{4}	4.6×10^{6}		0
B-6-6/Y-4-11/Y-4-12		2.5×10^{7}		1×10^{6}	1×10^{6}
Lp-6/Y-4-11/Y-4-12			7×10^{5}	0	0
B-6-6/Lp-6/Y-4-11/Y-4-12					

续表

组合	取样时间	菌株生长量 /（CFU/mL）			
		B-6-6	Lp-6	Y-4-11	Y-4-12
B-6-6	第 30 小时	6.25×10^7			
Lp-6			6.2×10^7		
Y-4-11				1.4×10^6	
Y-4-12					1×10^6
B-6-6/Lp-6		8×10^5	2×10^6		
B-6-6/Y-4-11		2×10^6		5×10^4	
B-6-6/Y-4-12		1×10^6			0
Lp-6/Y-4-11			5×10^6	2.9×10^6	
Lp-6/Y-4-12			2.25×10^6		5×10^4
Y-4-11/Y-4-12				7.5×10^4	2.5×10^4
B-6-6/Lp-6/Y-4-11		1.5×10^5	2.25×10^6	0	
B-6-6/Lp-6/Y-4-12		1.25×10^6	1.6×10^7		0
B-6-6/Y-4-11/Y-4-12		9×10^5		1.5×10^4	0
Lp-6/Y-4-11/Y-4-12			1.5×10^6	0	0
B-6-6/Lp-6/Y-4-11/Y-4-12		2×10^5	4.25×10^6	1.5×10^5	3.5×10^4
B-6-6	第 36 小时	6.75×10^6			
Lp-6			1.2×10^7		
Y-4-11				6×10^5	
Y-4-12					1×10^5
B-6-6/Lp-6		2.2×10^6	2.25×10^6		
B-6-6/Y-4-11		1.25×10^7		0	
B-6-6/Y-4-12					
Lp-6/Y-4-11			1.75×10^7	0	
Lp-6/Y-4-12			5.5×10^6		1.5×10^4
Y-4-11/Y-4-12				5×10^5	5×10^4
B-6-6/Lp-6/Y-4-11		1×10^5	8×10^5	0	
B-6-6/Lp-6/Y-4-12		1×10^5	1.47×10^7		0
B-6-6/Y-4-11/Y-4-12		2.2×10^7		0	0
Lp-6/Y-4-11/Y-4-12			2.3×10^7	0	0
B-6-6/Lp-6/Y-4-11/Y-4-12		0	4.5×10^6	0	0

二、粪污降解菌两菌株混合培养生长竞争动态变化

1. B-6-6/Lp-6 两菌株混合培养生长竞争动态变化

（1）混合培养数量动态　枯草芽胞杆菌 B-6-6 和凝结芽胞杆菌 Lp-6 等量混合，在 30℃ 温度下培养，试验结果见表 4-8。与单独培养比较，混合培养菌生长量受到严重的抑制，B-6-6 菌株生长量平均值下降了 97.25%，Lp-6 菌株生长量平均值下降了 96.21%；属同步抑制型的生长竞争类型。

表 4-8　B-6-6/Lp-6 两菌株混合培养生长竞争数量动态变化

发酵时间 /h	混合培养 /（10^{6}CFU/mL）		单独培养 /（10^{6}CFU/mL）	
	B-6-6	Lp-6	B-6-6	Lp-6
6	1.1	1.4	50.0	30.0
12	3.0	0.1	7.7	11.0
18	0.0	0.2	20.0	14.0
24	0.4	3.0	30.0	14.0
30	0.1	0.2	62.5	62.0
36	0.2	0.2	6.8	12.0
平均值	0.8	0.9	29.5	23.8

（2）混合培养生长竞争　两株菌混合生长过程产生了生长量的互补，培养 6h，两菌株数量相当；12h 菌株 B-6-6 生长达到高峰（3.0×10^{6}CFU/mL），而菌株 Lp-6 则处于最小值（0.1×10^{6}CFU/mL）；18h 两菌株生长进入低谷；接着在第 24 小时，菌株 Lp-6 生长达高峰（3.0×10^{6}CFU/mL），而菌株 B-6-6 则略有升高（0.4×10^{6}CFU/mL）；36h 后两菌株数量一起下降（图 4-9）。

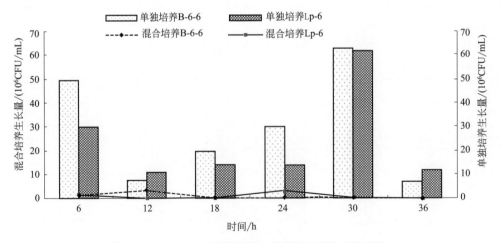

图 4-9　B-6-6/Lp-6 两菌株混合培养生长竞争动态变化

（3）混合培养生态位宽度和重叠　利用表 4-8 计算菌株的生态位宽度和重叠，见表 4-9；分析结果表明，就这两个菌株生态位宽度而言，单独培养两个菌株生态宽度较大，且相近，混合培养后生态位宽度缩小，表明混合培养缩小了菌株的生态适应性；单独培养 B-6-6 菌株，生态位宽度为 4.0105，常用资源为 6h（S1，28.25%）、24h（S4，16.95%）、30h（S5，35.31%）；而混合培养 B-6-6 菌株，生态位宽度仅为 2.2111，下降了 44.88%，常用资源也发生变化，为 6h（S1，22.92%）、12h（S2，62.50%）；同样，Lp-6 菌株也发生类似变化，混合培养条件下，生态位宽度与单独培养比较下降了 38.09%，常用资源也发生了变化（表 4-9）。

表 4-9　B-6-6/Lp-6 两菌株混合培养的生态位宽度与重叠

菌株	生态位宽度（Levins 测度）						生态位重叠（Pianka 测度）			
	Levins	频数	截断比例	常用资源种类			混合 B-6-6	混合 Lp-6	单独 B-6-6	单独 Lp-6
混合 B-6-6	2.2111	2	0.16	S1（22.92%）	S2（62.50%）		1	0.2884	0.3425	0.3381
混合 Lp-6	2.3454	2	0.15	S1（27.45%）	S4（58.82%）		0.2884	1	0.6069	0.4196
单独 B-6-6	4.0105	3	0.15	S1（28.25%）	S4（16.95%）	S5（35.31%）	0.3425	0.6069	1	0.9609
单独 Lp-6	3.7862	2	0.15	S1（20.98%）	S5（43.36%）		0.3381	0.4196	0.9609	1

对生态位重叠进行分析，单独培养两个菌株间的生态位重叠值较高，B-6-6 菌株与 Lp-6 菌株单独培养生态位重叠值为 0.9609，经过混合培养使得两个菌株之间的生态位重叠下降，B-6-6 菌株与 Lp-6 菌株混合培养生态位重叠仅为 0.2884，重叠很低，表明两菌株对培养时间资源的利用率差异显著，利用不同的时间资源互补竞争生长；菌株混合培养的生长竞争通过互相抑制，缩小生态位重叠达到生长竞争（表 4-9）。

2. B-6-6/Y-4-11 两菌株混合培养生长竞争动态变化

（1）混合培养数量动态　枯草芽胞杆菌 B-6-6 和乳酸芽胞乳杆菌 Y-4-11 等量混合，在 30℃温度下培养，试验结果见表 4-10。与单独培养比较，混合培养菌生长量受到严重的抑制，B-6-6 菌株生长量平均值下降了 95.93%，Y-4-11 菌株生长量平均值下降了 97.36%。

表 4-10　B-6-6/Y-4-11 两菌株混合培养生长竞争数量动态变化

培养时间 /h	混合培养 /（10⁶CFU/mL）		单独培养 /（10⁶CFU/mL）	
	B-6-6	Y-4-11	B-6-6	Y-4-11
6	0.3	1.5	50.0	25.0
12	2.0	0.1	7.7	40.0
18	1.7	0.0	20.0	1.5
24	1.7	0.0	30.0	0.1
30	0.2	0.0	62.5	1.4
36	1.3	0.0	6.8	0.6
平均值	1.2	0.3	29.5	11.4

（2）混合培养生长竞争　两株菌混合生长过程产生了生长量的互补，6h 培养，两菌株数量差异显著，B-6-6 菌生长量为 0.3×10^6CFU/mL，Y-4-11 菌达峰值，为 1.5×10^6CFU/mL；

随后，B-6-6 菌 12h 生长达到高峰 2.0×10⁶CFU/mL，而后动态维持生长量，到 30h 下降到低谷（0.2×10⁶CFU/mL），随后逐渐上升，到培养终点（36h）生长量达 1.3×10⁶CFU/mL；而 Y-4-11 菌株 12h 后生长量下降到低谷（0.1×10⁶CFU/mL），同时保持低生长量直到培养终点（图 4-10）。

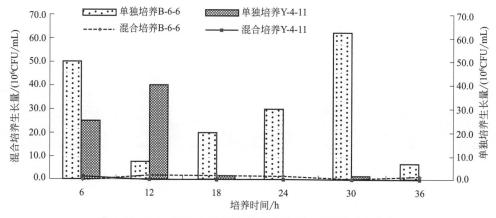

图 4-10　B-6-6/ Y-4-11 两菌株混合培养生长竞争动态变化

（3）混合培养生态位宽度和重叠　利用表 4-10 计算菌株的生态位宽度和重叠见表 4-11。就这两个菌株生态位宽度而言，单独培养两个菌株生态宽度差异较大，B-6-6 菌生态位宽度为 4.01，常用资源为 6h（S1，28.25%）、24h（S4，16.95%）、30h（S5，35.31%）Y-4-11 菌生态位宽度为 2.11，常用资源为 6h（S1，36.44%）、12h（S2，58.31%）。两株生态位宽度不同的菌株混合培养后，生态位宽的菌株继续加宽，B-6-6 菌生态位宽度增加到 4.46，常用资源变为 12h（S2，27.78%）、18h（S3，23.61%）、24h（S4，23.61%）、36h（S6，18.06%）；生态位宽度窄的菌株继续变窄，Y-4-11 菌生态位宽度减少到 1.13，常用资源仅为 6h（S1，93.75%）。生态位宽的菌株具有较好的时间资源利用率，在混合培养后能够充分利用资源，发展自身，进一步抑制混合培养的另一个菌株；表明不同生态位宽度的两菌株混合培养有利于生态位宽的菌株的生长竞争，不利于生态位窄的菌株的生长竞争。

对生态位重叠进行分析，单独培养两个菌株 B-6-6 菌与 Y-4-11 菌，由于生态位宽度差异较大，其生态位重叠值较低（0.4032），经过混合培养后生态位重叠进一步下降（0.1269）；菌株混合培养的生长竞争通过互相抑制，缩小生态位重叠达到生长竞争（表 4-11）。

表 4-11　B-6-6/ Y-4-11 两菌株混合培养的生态位宽度与重叠

菌株		生态位宽度（Levins 测度）							生态位重叠（Pianka 测度）			
		Levins	频数	截断比例	常用资源种类				混合培养 B-6-6	混合培养 Y-4-11	单独培养 B-6-6	单独培养 Y-4-11
混合培养	B-6-6	4.4690	4	0.15	S2（27.78%）	S3（23.61%）	S4（23.61%）	S6（18.06%）	1	0.1269	0.4542	0.5676
	Y-4-11	1.1327	1	0.2	S1（93.75%）				0.1269	1	0.5703	0.5846
单独培养	B-6-6	4.0105	3	0.15	S1（28.25%）	S4（16.95%）	S5（35.31%）		0.4542	0.5703	1	0.4032
	Y-4-11	2.1107	2	0.15	S1（36.44%）	S2（58.31%）			0.5676	0.5846	0.4032	1

3. B-6-6/Y-4-12 两菌株混合培养生长竞争动态变化

（1）混合培养数量动态 枯草芽胞杆菌 B-6-6 和浸麻类芽胞杆菌 Y-4-12 等量混合，在 30℃温度下培养，试验结果见表 4-12。单独培养两株菌生长量平均值分别为 3.40×10^7 CFU/mL、1.15×10^7 CFU/mL；菌株混合培养有的相互抑制，有的相互促进，供试的两个菌株混合培养表现出相互促进；混合培养菌后，B-6-6 菌株生长量平均值上升了 51.76%，表现出促长作用；Y-4-12 菌株生长量平均值下降了 32.17%，下降程度没有相互抑制的菌株大。

表 4-12 B-6-6/Y-4-12 两菌株混合培养生长竞争数量动态变化

培养时间 /h	混合培养 / （10^7CFU/mL）		单独培养 / （10^7CFU/mL）	
	B-6-6	Y-4-12	B-6-6	Y-4-12
6	0.80	1.10	5.00	2.00
12	2.40	2.80	0.77	2.63
18	20.00	0.00	2.00	0.58
24	2.50	0.00	3.00	0.42
30	0.10	0.00	6.25	0.10
平均值	5.16	0.78	3.40	1.15

（2）混合培养生长竞争 混合培养促进生长的类型，两株菌混合生长初期表现出和谐生长，在培养 6 ～ 12h，两个菌株同步生长，B-6-6 菌生长量（0.8 ～ 2.4）$\times 10^7$CFU/mL，Y-4-12 菌生长量（1.1 ～ 2.8）$\times 10^7$CFU/mL；18h 生长量开始分化，B-6-6 菌达峰值（20×10^7CFU/mL），Y-4-12 菌达谷底（0.00×10^7CFU/mL）；而后，B-6-6 菌生长量逐步下降到终点，Y-4-12 菌保持低菌量直到终点。与单独培养相比较，混合培养改变了菌株生长曲线形状，B-6-6 菌单独培养有两个峰值分别在 6h 和 30h，混合培养后只有一个峰值在 18h；Y-4-12 菌单独培养与混合培养生长曲线的趋势相近，都在 12h 达峰值，而后逐渐下降直到培养终点，只是混合培养生长量较单独培养的低（图 4-11）。

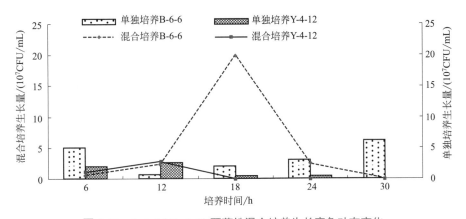

图 4-11 B-6-6/ Y-4-12 两菌株混合培养生长竞争动态变化

（3）混合培养生态位宽度和重叠 利用表 4-12 计算菌株的生态位宽度和重叠见表 4-13；分析结果表明，就这两个菌株生态位宽度而言，单独培养两个菌株生态宽度较大，且相近，混合培养后生态位宽度缩小，表明混合培养缩小了菌株的生态适应性；单独培养 B-6-6 菌株，生态位宽度为 3.7303，常用资源为 6h（S1，29.38%）、24h（S4，17.63%）、30h（S5，36.72%）；而混合培养 B-6-6 菌株，生态位宽度下降为 1.6130，下降了 56.8%，常用资源也发生变化，为 18h（S3，77.52%）；同样，Y-4-12 菌也发生类似变化，混合培养条件下，生态位宽度与单独培养比较下降了 41.46%，常用资源也发生了变化。

对生态位重叠进行分析，单独培养两个菌株间的生态位重叠值并不高，B-6-6 菌株与 Y-4-12 菌株单独培养生态位重叠值为 0.5056，经过混合培养使得两个菌株之间的生态位重叠下降，混合培养生态位重叠仅为 0.1244，重叠很低，生态位重叠小的两个菌株混合培养，有利于菌株错峰利用资源，对两个菌株生长量的抑制作用较小，甚至有促进生长的作用；两菌株对培养时间资源的利用率差异显著，利用不同的时间资源互补竞争生长；菌株混合培养的生长竞争通过互相抑制，缩小生态位重叠达到生长竞争（表 4-13）。

表 4-13　B-6-6/Y-4-12 两菌株混合培养的生态位宽度与重叠

| 菌株 | 生态位宽度（Levins 测度） | | | | 生态位重叠（Pianka 测度） | | | |
	Levins	频数	截断比例	常用资源种类	混合培养 B-6-6	混合培养 Y-4-12	单独培养 B-6-6	单独培养 Y-4-12
混合培养 B-6-6	1.6130	1	0.16	S3（77.52%）	1	0.1244	0.3015	0.2994
混合培养 Y-4-12	1.6807	2	0.20	S1（28.21%） S2（71.79%）	0.1244	1	0.2888	0.94
单独培养 B-6-6	3.7303	3	0.16	S1（29.38%） S4（17.63%） S5（36.72%）	0.3015	0.2888	1	0.5056
单独培养 Y-4-12	2.8701	2	0.16	S1（34.90%） S2（45.90%）	0.2994	0.94	0.5056	1

4. Lp-6/Y-4-11 两菌株混合培养生长竞争动态变化

（1）混合培养数量动态　凝结芽胞杆菌 Lp-6 和乳酸芽胞乳杆菌 Y-4-11 等量混合，在30℃温度下培养，试验结果见表 4-14。单独培养两株菌生长量平均值分别为 $2.38×10^7$CFU/mL、$1.14×10^7$CFU/mL；菌株混合培养后存在一定的相互抑制作用，但抑制强度没那么强，属于弱抑制类型。混合培养菌后，Lp-6 菌株生长量平均值下降了 45.37%，表现弱抑制作用；Y-4-12 菌株生长量平均值下降了 91.22%，表现出强抑制作用；属于异步抑制型。

表 4-14　Lp-6/Y-4-11 两菌株混合培养生长竞争数量动态变化

| 培养时间 /h | 混合培养 /（10^7CFU/mL） | | 单独培养 /（10^7CFU/mL） | |
	Lp-6	Y-4-11	Lp-6	Y-4-11
6	0.01	0.30	3.00	2.50
12	1.90	0.01	1.10	4.00
18	0.65	0.00	1.40	0.15
24	3.00	0.00	1.40	0.01
30	0.50	0.29	6.20	0.14
36	1.75	0.00	1.20	0.06
平均值	1.30	0.10	2.38	1.14

（2）混合培养生长竞争　Lp-6/Y-4-11两菌株混合培养，出现异步异质型互补生长特性，Lp-6菌混合培养过程出现3个峰值，分别为12h（1.90×10^7CFU/mL）、24h（3.00×10^7CFU/mL）、36h（1.75×10^7CFU/mL），Y-4-11菌在相应的时间均为低谷（0.10×10^7CFU/mL、0.00×10^7CFU/mL、0.00×10^7CFU/mL）；Y-4-11菌受到抑制的程度较强，在6h（0.30×10^7CFU/mL）和30h（0.29×10^7CFU/mL）出现峰值，相应的时间Lp-6菌出现低谷（0.01×10^7CFU/mL、0.50×10^7CFU/mL），表现出互补生长特性。在单独培养条件下，Lp-6菌生长能力比Y-4-11菌强2.08倍；在混合培养条件下，前者比后者强13倍。单独培养和混合培养两个菌株的生长曲线发生了改变，Lp-6菌单独培养出现两个峰值，分别在6h和30h，而混合培养出现3个峰值，分别在12h、24h、36h；Y-4-11菌单独培养出现1个峰值在12h，而混合培养出现2个峰值，分别在6h和30h（图4-12）。

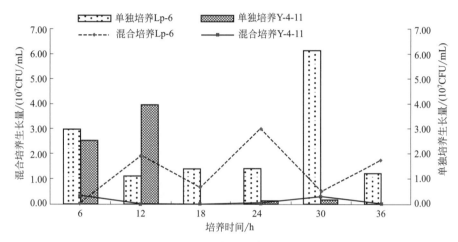

图4-12　Lp-6/Y-4-11两菌株混合培养生长竞争动态变化

（3）混合培养生态位宽度和重叠　利用表4-14计算菌株的生态位宽度和重叠见表4-15；分析结果表明，就这两个菌株生态位宽度而言，单独培养两个菌株生态宽度相近，分别为Lp-6=3.7862，Y-4-11=2.1107，混合培养后生态位宽度变化不大，分别为Lp-6=3.7318，Y-4-11=2.0666；表明出现了一种新的混合培养类型，即单独培养和混合培养生态位宽度变化不大的类型；单独培养Lp-6菌株，生态位宽度为3.7862，常用资源为6h（S1，20.98%）、30h（S5，43.36%）；而混合培养Lp-6菌株，生态位宽度为3.7318，变化不大，常用资源发生变化，为12h（S2，24.33%）、24h（S4，38.41%）、36h（S6，22.41%）；同样，Y-4-11菌也发生类似变化，单独培养和混合培养条件下，生态位宽度变化不大，常用资源发生了一些改变。

对生态位重叠进行分析，单独培养两个菌株间的生态位重叠值并不高，为0.3765，经过混合培养使得两个菌株之间的生态位重叠下降为0.0990，生态位重叠小的两个菌株混合培养，有利于菌株错峰利用资源，形成互补生长；菌株混合培养的生长竞争通过互相抑制，缩小生态位重叠达到生长竞争（表4-15）。

表 4-15　Lp-6/Y-4-11 两菌株混合培养的生态位宽度与重叠

菌株	生态位宽度（Levins 测度）						生态位重叠（Pianka 测度）			
	Levins	频数	截断比例	常用资源种类			混合培养 Lp-6	混合培养 Y-4-11	单独培养 Lp-6	单独培养 Y-4-11
混合培养 Lp-6	3.7318	3	0.15	S2（24.33%）	S4（38.41%）	S6（22.41%）	1	0.099	0.4184	0.4153
混合培养 Y-4-11	2.0666	2	0.20	S1（50.00%）	S3（48.33%）		0.0990	1	0.8832	0.4215
单独培养 Lp-6	3.7862	2	0.15	S1（20.98%）	S5（43.36%）		0.4184	0.8832	1	0.3765
单独培养 Y-4-11	2.1107	2	0.15	S1（36.44%）	S2（58.31%）		0.4153	0.4215	0.3765	1

5. Lp-6/Y-4-12 两菌株混合培养生长竞争动态变化

（1）混合培养数量动态　凝结芽胞杆菌 Lp-6 和浸麻类芽胞杆菌 Y-4-12 等量混合，在 30℃温度下培养，试验结果见表 4-16。单独培养两株菌生长量平均值分别为 2.38×10^7 CFU/mL、0.96×10^7 CFU/mL；供试的两个菌株混合培养表现出相互抑制，但抑制强度不大；混合培养菌后，Lp-6 菌株生长量平均值下降了 27.31%，Y-4-12 菌株生长量平均值下降了 53.12%，两个菌株混合培养生长量都下降，下降程度不很大，属于同步抑制型。

表 4-16　Lp-6/Y-4-12 两菌株混合培养生长竞争数量动态变化

培养时间 /h	混合培养 /（10^7CFU/mL）		单独培养 /（10^7CFU/mL）	
	混合培养 Lp-6	混合培养 Y-4-12	单独培养 Lp-6	单独培养 Y-4-12
6	1.70	2.60	3.00	2.00
12	0.26	0.07	1.10	2.63
18	6.50	0.00	1.40	0.58
24	1.12	0.00	1.40	0.42
30	0.23	0.01	6.20	0.10
36	0.55	0.00	1.20	0.01
平均值	1.73	0.45	2.38	0.96

（2）混合培养生长竞争　两株菌混合培养互相影响表现出弱抑制性，Lp-6 菌生长初期（6h）出现 1 个峰值（1.70×10^7CFU/mL），12h 呈下降趋势；18h 出现第二个峰值（6.50×10^7CFU/mL），比单独培养略有升高，表明混合培养有促长作用；而后逐渐波动下降，直到培养终点。Y-4-12 菌生长初期（6h）生长量比较高，达 2.60×10^7CFU/mL，随后逐渐下降，直到培养终点；混合培养改变了菌株生长曲线；属于异步促长型（图 4-13）。

（3）混合培养生态位宽度和重叠　利用表 4-16 计算菌株的生态位宽度和重叠见表 4-17。分析结果表明，就这两个菌株生态位宽度而言，两个菌株单独培养生态宽度比相应的混合培养大；混合培养后生态位宽度缩小，表明混合培养缩小了菌株的生态适应性。单独培养 Lp-6 菌株，生态位宽度为 3.7862，常用资源为 6h（S1，20.98%）、30h（S5，43.36%）；而混合培养 Lp-6 菌株，生态位宽度下降为 2.2925，下降了 39.41%，常用资源也发生变化，为 6h（S1，16.41%）、18h（S3，62.74%）；同样，Y-4-12 菌也发生类似变化，混合培养条件下生态位宽度与单独培养比较下降了 63.19%，常用资源也发生了变化。

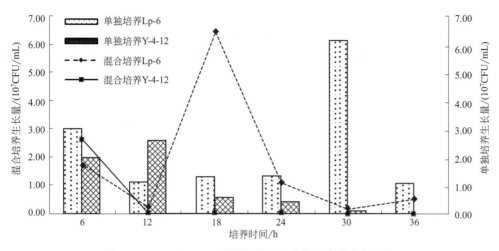

图 4-13 Lp-6/Y-4-12 两菌株混合培养生长竞争动态变化

表 4-17 Lp-6/Y-4-12 两菌株混合培养的生态位宽度与重叠

菌株	生态位宽度（Levins 测度）					生态位重叠（Pianka 测度）			
	Levins	频数	截断比例	常用资源种类		混合培养 Lp-6	混合培养 Y-4-12	单独培养 Lp-6	单独培养 Y-4-12
混合培养 Lp-6	2.2925	2	0.15	S1（16.41%）	S3（62.74%）	1	0.2495	0.3607	0.3609
混合培养 Y-4-12	1.0617	1	0.20	S1（97.01%）		0.2495	1	0.4153	0.6121
单独培养 Lp-6	3.7862	2	0.15	S1（20.98%）	S5（43.36%）	0.3607	0.4153	1	0.4395
单独培养 Y-4-12	2.8801	2	0.15	S1（34.84%）	S2（45.82%）	0.3609	0.6121	0.4395	1

对生态位重叠进行分析，单独培养两个菌株间的生态位重叠值并不高，Lp-6 菌株与 Y-4-12 菌株单独培养生态位重叠值为 0.4395；经过混合培养使得两个菌株之间的生态位重叠进一步下降，混合培养生态位重叠仅为 0.2495，重叠很低。生态位重叠小的两个菌株混合培养，有利于菌株错峰利用资源，对两个菌株生长量的抑制作用较小，甚至有促进生长的作用。两菌株对培养时间资源的利用率差异显著，利用不同的时间资源互补竞争生长；菌株混合培养的生长竞争通过互相抑制，缩小生态位重叠达到生长竞争（表 4-17）。

6. Y-4-11/Y-4-12 两菌株混合培养生长竞争动态变化

（1）混合培养数量动态 乳酸芽胞乳杆菌 Y-4-11 和浸麻类芽胞杆菌 Y-4-12 等量混合，在 30℃ 温度下培养，试验结果见表 4-18。单独培养两株菌生长量平均值分别为 1.14×10^7CFU/mL、0.96×10^7CFU/mL。混合培养表现出促长特性，但促长作用不平衡；混合培养菌后，Y-4-11 菌株生长量平均值下降了 58.77%，Y-4-12 菌株生长量平均值上升了 25.00%；两个菌株混合培养生长量一个上升，一个下降，属于异步促长型。

表 4-18　Y-4-11/Y-4-12 两菌株混合培养生长竞争数量动态变化

培养时间 /h	混合培养 /（10⁷CFU/mL）		单独培养 /（10⁷CFU/mL）	
	Y-4-11	**Y-4-12**	**Y-4-11**	**Y-4-12**
6	0.81	0.49	2.50	2.00
12	0.65	0.18	4.00	2.63
18	0.09	0.55	0.15	0.58
24	1.20	6.00	0.01	0.42
30	0.01	0.00	0.14	0.10
36	0.05	0.01	0.06	0.01
平均值	0.47	1.20	1.14	0.96

（2）混合培养生长竞争　　两株菌混合培养互相影响表现出一个菌增长，一个菌抑制，同时，混合培养和单独培养菌株生长量高峰错开，混合培养菌株生长量峰值在 24h，而单独培养菌株生长量峰值在 6～12h。混合培养 Y-4-11 菌生长初期（6～18h）生长量较低，24h 出现峰值（$1.20×10^7$CFU/mL），与单独培养比较，峰值较低（单独培养 $4.00×10^7$CFU/mL），峰值出现时间较晚（单独培养在 12h）；24h 后混合培养 Y-4-11 菌呈下降状态，较低的生长量维持到培养终点，表明混合培养对 Y-4-11 菌有抑制作用。混合培养 Y-4-12 菌生长初期（6～18h）生长量较低，24h 达到高峰值（$6.00×10^7$CFU/mL），超过了其单独培养条件下的生长量，表明混合培养对该菌具有促长作用；24h 后，Y-4-12 菌生长量逐渐下降，直到培养终点。混合培养改变了菌株生长曲线，促进了 Y-4-12 菌生长，属于异步促长型（图 4-14）。

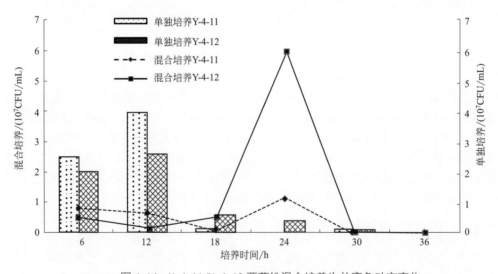

图 4-14　Y-4-11/Y-4-12 两菌株混合培养生长竞争动态变化

（3）混合培养生态位宽度和重叠　　利用表 4-18 计算菌株的生态位宽度和重叠见表 4-19。分析结果表明，就这两个菌株生态位宽度而言，单独培养 Y-4-11 菌株，生态位宽度为 2.1107，常用资源为 6h（S1，36.44%）、12h（S2，58.31%）；而混合培养 Y-4-11 菌株，生态位宽度上升为 3.1219，上升了 47.91%，常用资源也发生变化，为 6h(S1，28.83%)、12h(S2，

23.13%)、24h（S4，42.70%）；而 Y-4-12 菌混合培养条件下，生态位宽度（1.4292），与单独培养比较下降了 50.69%，常用资源也发生了变化，为 24h（S4，82.99%）。

对生态位重叠进行分析，单独培养两个菌株生态位高度重叠，Y-4-11 菌与 Y-4-12 菌生态位重叠值为 0.9784；混合培养两个菌株之间的生态位保持了较高的重叠，生态位重叠为 0.8072；这两个菌株在单独培养和混合培养条件下对时间资源的利用具有同质性，只是在单独培养条件下菌株出现的峰值较混合培养早（表 4-19）。

表 4-19　Y-4-11/Y-4-12 两菌株混合培养的生态位宽度与重叠

物种	生态位宽度（Levins 测度）						生态位重叠（Pianka 测度）			
	Levins	频数	截断比例	常用资源种类			混合培养 Y-4-11	混合培养 Y-4-12	单独培养 Y-4-11	单独培养 Y-4-12
混合培养 Y-4-11	3.1219	3	0.15	S1（28.83%）	S2（23.13%）	S4（42.70%）	1	0.8072	0.6199	0.7226
混合培养 Y-4-12	1.4292	1	0.16	S4（82.99%）			0.8072	1	0.0731	0.2098
单独培养 Y-4-11	2.1107	2	0.15	S1（36.44%）	S2（58.31%）		0.6199	0.0731	1	0.9784
单独培养 Y-4-12	2.8801	2	0.15	S1（34.84%）	S2（45.82%）		0.7226	0.2098	0.9784	1

三、粪污降解菌三菌株混合培养生长竞争动态变化

1. B-6-6/Lp-6/Y-4-11 三菌株混合培养生长竞争

（1）混合培养数量动态　枯草芽胞杆菌 B-6-6、凝结芽胞杆菌 Lp-6、乳酸芽胞乳杆菌 Y-4-11 等量混合，在 30℃温度下培养，试验结果见表 4-20。与单独培养比较，混合培养菌生长量总体受到严重的抑制，B-6-6 菌株生长量平均值下降了 86.63%，Lp-6 菌株生长量平均值下降了 60.42%，Y-4-11 菌株生长量平均值下降了 100.00%，完全被抑制；属同步抑制型的生长竞争类型。

表 4-20　B-6-6/Lp-6/Y-4-11 三菌株混合培养生长竞争数量动态变化

培养时间 /h	混合培养 /（10^6CFU/mL）			单独培养 /（10^6CFU/mL）		
	B-6-6	Lp-6	Y-4-11	B-6-6	Lp-6	Y-4-11
6	0.11	0.05	0.01	50.00	30.00	25.00
12	22.00	1.00	0.00	7.70	11.00	40.00
18	1.10	7.50	0.00	20.00	14.00	1.50
24	0.10	45.00	0.00	30.00	14.00	0.10
30	0.15	2.25	0.00	62.50	62.00	1.40
36	0.10	0.80	0.00	6.80	12.00	0.60
平均值	3.93	9.43	0.00	29.40	23.83	11.43

（2）混合培养生长竞争　三菌株混合生长过程，B-6-6 和 Lp-6 产生了生长量的互补，Y-4-11 受到强烈的抑制；培养 6h，三菌株数量相当；12hB-6-6 菌株生长达到高峰

（22.00×10⁶CFU/mL），而 Lp-6 菌株则处于低谷（1.00×10⁶CFU/mL）；24h Lp-6 菌株生长进入峰值（45.00×10⁶CFU/mL），B-6-6 菌株则进入低谷，Y-4-11 菌株保持低谷；接着在 30h，三菌株都进入低谷，数量急剧减少，与三菌株单独培养生长特性差异显著（图 4-15）。

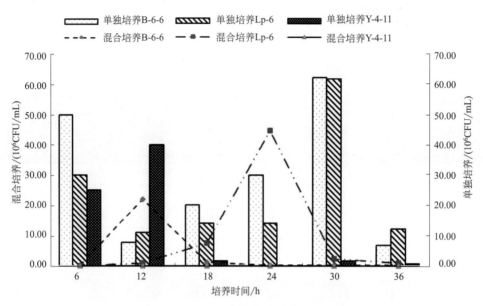

图 4-15　B-6-6/Lp-6/Y-4-11 三菌株混合培养生长竞争动态变化

（3）混合培养生态位宽度和重叠　利用表 4-20 计算菌株的生态位宽度和重叠，见表 4-21；分析结果表明，就生态位宽度而言，单独培养三菌株生态宽度较大，B-6-6 菌株为 4.0105、Lp-6 菌株为 3.7862、Y-4-11 菌株为 2.1107。经过混合培养，三菌株生态位宽度呈现不同程度的缩小，生态位宽度值分别为 1.1439、1.5343、1.0000，表明混合培养缩小了菌株的生态适应性。生态位宽度最小的菌株生长受到抑制程度最大（如 Y-4-11 菌株）；反之也成立，生态位宽度最大的菌株生长受到抑制程度最小（如 Lp-6 菌株）。混合培养的各菌株常用资源种类也发生了变化，B-6-6 菌株由单独培养常用资源种类 S1（28.25%）、S4（16.95%）、S5（35.31%），变化为混合培养的 S2（93.38%）；Lp-6 菌株单独培养常用资源种类 S1（20.98%）、S5（43.36%），变化为混合培养的 S4（79.51%）；Y-4-11 菌株单独培养常用资源种类 S1（36.44%）、S2（58.31%），变化为混合培养的 S1（100.00%）（表 4-21）。

表 4-21　B-6-6/Lp-6/Y-4-11 三菌株混合培养的生态位宽度与重叠

物种	Levins	频数	截断比例	常用资源种类		
混合培养 B-6-6	1.1439	1	0.15	S2（93.38%）		
混合培养 Lp-6	1.5343	1	0.15	S4（79.51%）		
混合培养 Y-4-11	1.0000	1	0.20	S1（100.00%）		
单独培养 B-6-6	4.0105	3	0.15	S1（28.25%）	S4（16.95%）	S5（35.31%）
单独培养 Lp-6	3.7862	2	0.15	S1（20.98%）	S5（43.36%）	
单独培养 Y-4-11	2.1107	2	0.15	S1（36.44%）	S2（58.31%）	

对生态位重叠进行分析，单独培养 3 个菌株间的生态位重叠值较高，B-6-6 菌株与 Lp-6 菌株单独培养生态位重叠较高，表明两者具有较高的资源利用的同质性；B-6-6 菌株和 Y-4-11 菌株，Lp-6 菌株和 Y-4-11 菌株间的生态位重叠较低，值分别为 0.4032、0.3765，表明它们之间资源利用的异质性较高；经过混合培养使得 3 个菌株之间的生态位重叠急剧下降，生态位重叠 B-6-6 菌株与 Lp-6 菌株仅为 0.0349，B-6-6 菌株和 Y-4-11 菌株之间为 0.0050，Lp-6 菌株和 Y-4-11 菌株之间为 0.0011，表明三菌株对培养时间资源的利用率差异显著，利用不同的时间资源互补竞争生长。菌株混合培养的生长竞争通过互相抑制，缩小生态位重叠达到生长竞争（表 4-22）。

表 4-22　B-6-6/Lp-6/Y-4-11 三菌株混合培养的生态位重叠（Pianka 测度）

菌株	混合培养			单独培养		
	B-6-6	Lp-6	Y-4-11	B-6-6	Lp-6	Y-4-11
混合培养 B-6-6	1	0.0349	0.0050	0.1078	0.1684	0.8505
混合培养 Lp-6	0.0349	1	0.0011	0.4101	0.2670	0.0281
混合培养 Y-4-11	0.0050	0.0011	1	0.5657	0.4082	0.5295
单独培养 B-6-6	0.1078	0.4101	0.5657	1	0.9609	0.4032
单独培养 Lp-6	0.1684	0.2670	0.4082	0.9609	1	0.3765
单独培养 Y-4-11	0.8505	0.0281	0.5295	0.4032	0.3765	1

2. B-6-6/Lp-6/Y-4-12 三菌株混合培养生长竞争

（1）混合培养数量动态　枯草芽胞杆菌 B-6-6、凝结芽胞杆菌 Lp-6、浸麻类芽胞杆菌 Y-4-12 等量混合，在 30℃温度下培养，试验结果见表 4-23。与单独培养比较，混合培养菌生长量总体受到严重的抑制，B-6-6 菌株生长量平均值下降了 94.06%，Lp-6 菌株生长量平均值下降了 68.48%，Y-4-12 菌株生长量平均值下降了 100.00%，完全被抑制；属同步抑制型的生长竞争类型。

表 4-23　B-6-6/Lp-6/Y-4-12 三菌株混合培养生长竞争数量动态变化

培养时间 /h	混合培养 /（10^6CFU/mL）			单独培养 /（10^6CFU/mL）		
	B-6-6	Lp-6	Y-4-12	B-6-6	Lp-6	Y-4-12
6	0.22	0.05	0.01	50.0	30.0	20.0
12	8.60	5.80	0.00	7.7	11.0	26.3
18	0.25	3.85	0.00	20.0	14.0	5.8
24	0.05	4.60	0.00	30.0	14.0	4.2
30	1.25	16.00	0.00	62.5	62.0	1.0
36	0.10	14.70	0.00	6.8	12.0	0.1
平均值	1.75	7.50	0.00	29.5	23.8	9.6

（2）混合培养生长竞争　三菌株混合生长过程，B-6-6 菌株和 Lp-6 菌株产生了生长量的局部互补，Y-4-12 菌株受到强烈的抑制；培养 6h，三菌株数量相当；12hB-6-6 菌株生长达到峰值（8.60×10^6CFU/mL），而 Lp-6 菌株也处于峰值（5.80×10^6CFU/mL）；30h Lp-6 菌

株生长进入第二峰值（16.00×10⁶CFU/mL），B-6-6 菌株则进入低谷。Y-4-12 菌株保持低谷。与三菌株单独培养生长特性差异显著（图 4-16）。

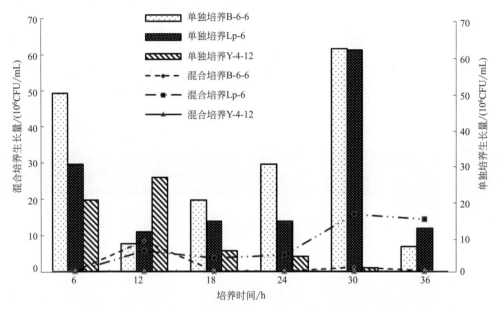

图 4-16 B-6-6/Lp-6/Y-4-12 三菌株混合培养生长竞争动态变化

（3）混合培养生态位宽度和重叠 利用表 4-23 计算菌株的生态位宽度和重叠，见表 4-24 和表 4-25；分析结果表明，就生态位宽度而言，单独培养三菌株生态宽度分别为 B-6-6 菌株 4.0105、Lp-6 菌株 3.7862、Y-4-12 菌株 2.8801。经过混合培养，三菌株生态位宽度呈现不同程度的变化，生态位宽度值分别为 1.4491、3.7381、1.0000，表明混合培养改变了菌株的生态适应性。生态位宽度变化最大的菌株生长受到抑制程度最大（如 Y-4-12 菌株）；反之也成立，生态位宽度变化最小的菌株生长受到抑制程度最小（如 Lp-6 菌株）。混合培养的各菌株常用资源种类也发生了变化，B-6-6 菌株由单独培养常用资源种类 S1（28.25%）、S4（16.95%）、S5（35.31%），变化为混合培养的 S2（82.14%）；Lp-6 菌株由单独培养常用资源种类 S1（20.98%）、S5（43.36%），变化为混合培养的 S5（35.56%）、S6（32.67%）；Y-4-12 菌株由单独培养常用资源种类 S1（34.84%）、S2（45.82%），变化为混合培养的 S1（100.00%）（表 4-24）。

表 4-24 B-6-6/Lp-6/Y-4-11 三菌株混合培养的生态位宽度

物种	Levins	频数	截断比例	常用资源种类		
混合培养 B-6-6	1.4491	1	0.15	S2（82.14%）		
混合培养 Lp-6	3.7381	2	0.15	S5（35.56%）	S6（32.67%）	
混合培养 Y-4-11	1.0000	1	0.20	S1（100.00%）		
单独培养 B-6-6	4.0105	3	0.15	S1（28.25%）	S4（16.95%）	S5（35.31%）
单独培养 Lp-6	3.7862	2	0.15	S1（20.98%）	S5（43.36%）	
单独培养 Y-4-11	2.8801	2	0.15	S1（34.84%）	S2（45.82%）	

表4-25　B-6-6/Lp-6/Y-4-12三菌株混合培养的生态位重叠（Pianka测度）

菌株	混合培养			单独培养		
	B-6-6	Lp-6	Y-4-12	B-6-6	Lp-6	Y-4-12
混合培养 B-6-6	1	0.3584	0.0253	0.2114	0.2880	0.7938
混合培养 Lp-6	0.3584	1	0.0021	0.6621	0.7904	0.2701
混合培养 Y-4-12	0.0253	0.0021	1	0.5657	0.4082	0.5913
单独培养 B-6-6	0.2114	0.6621	0.5657	1	0.9609	0.5043
单独培养 Lp-6	0.2880	0.7904	0.4082	0.9609	1	0.4395
单独培养 Y-4-12	0.7938	0.2701	0.5913	0.5043	0.4395	1

对生态位重叠进行分析，单独培养三个菌株间的生态位重叠值较高，B-6-6菌株与Lp-6菌株单独培养生态位重叠较高（为0.9609），表明两者具有较高的资源利用的同质性；B-6-6菌株和Y-4-12菌株，Lp-6菌株和Y-4-12菌株间的生态位重叠较低，值分别为0.5043、0.4395，表明它们之间资源利用的异质性较高。经过混合培养使得3个菌株之间的生态位重叠急剧下降，B-6-6菌株与Lp-6菌株之间生态位重叠仅为0.3584，B-6-6菌株和Y-4-12菌株之间为0.0253，Lp-6菌株和Y-4-12菌株之间为0.0021，表明三菌株对培养时间资源的利用率差异显著，利用不同的时间资源互补竞争生长。菌株混合培养的生长竞争通过互相抑制，缩小生态位重叠达到生长竞争（表4-25）。

3. B-6-6/Y-4-11/Y-4-12三菌株混合培养生长竞争

（1）混合培养数量动态　枯草芽胞杆菌B-6-6、乳酸芽胞乳杆菌Y-4-11、浸麻类芽胞杆菌Y-4-12等量混合，在30℃温度下培养，试验结果见表4-26。与单独培养比较，混合培养的B-6-6菌株的生长量受到促进，平均值与单独培养状态下基本相当，峰值上升了68.00%；Y-4-11菌株和Y-4-12菌株生长量受到强烈的抑制，平均值分别下降了76.90%、74.19%；属异步促长型的生长竞争类型。

表4-26　B-6-6/Y-4-11/Y-4-12三菌株混合培养生长竞争数量动态变化

培养时间/h	混合培养/（10^6CFU/mL）			单独培养/（10^6CFU/mL）		
	B-6-6	Y-4-11	Y-4-12	B-6-6	Y-4-11	Y-4-12
6	3.65	4.80	4.80	50.00	25.00	20.00
12	9.00	10.00	9.00	7.70	40.00	26.30
18	105.00	0.00	0.00	20.00	1.50	5.80
24	25.00	1.00	1.00	30.00	0.10	4.20
30	0.90	0.02	0.00	62.50	1.40	1.00
36	22.00	0.00	0.00	6.80	0.60	0.10
平均值	27.59	2.64	2.47	29.50	11.43	9.57

（2）混合培养生长竞争　三菌株混合生长过程，促进B-6-6菌株的生长，抑制了Y-4-11菌株和Y-4-12菌株的生长；培养6h，三菌株数量相当；18hB-6-6菌株生长达到峰值（105.00×10^6CFU/mL），而Y-4-11菌株和Y-4-12菌株受到强烈的抑制（0.00×10^6CFU/mL）；24h B-6-6菌株生长逐步下降，30h进入谷底（0.90×10^6CFU/mL），36h小幅回升

（22.00×10⁶CFU/mL）；Y-4-11 和 Y-4-12 菌株保持低谷直到培养结束。与三菌株单独培养生长特性差异显著（图 4-17）。

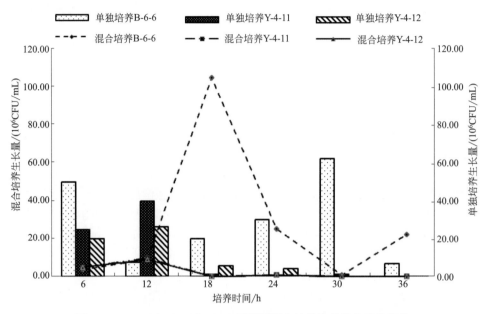

图 4-17 B-6-6/Y-4-11/Y-4-12 三菌株混合培养生长竞争动态变化

（3）混合培养生态位宽度和重叠 利用表 4-26 计算菌株的生态位宽度和重叠见表 4-27和表 4-28；分析结果表明，就生态位宽度而言，单独培养三菌株生态宽度分别为 B-6-6 菌株 4.0105、Y-4-11 菌株 2.1107、Y-4-12 菌株 2.8801；经过混合培养，三菌株生态位宽度呈现不同程度的变化，生态位宽度值分别为 2.2411、2.0164、2.0853，表明混合培养改变了菌株的生态适应性，B-6-6 菌株混合培养后生态位宽度下降（2.2411），其生长量增加；Y-4-11 菌株和 Y-4-12 菌株混合培养后生态位宽度变化不大，生长量受到强烈的抑制；这种类型表明，三菌株混合培养，其中两个菌株对资源的利用能力不变（Y-4-11 和 Y-4-12），一个菌株（B-6-6）通过缩小生态位宽度，集中利用资源，获得生长；混合培养的各菌株常用资源种类也发生了变化，B-6-6 菌株由单独培养常用资源种类 S1（28.25%）、S4（16.95%）、S5（35.31%），变化为混合培养的 S3（63.42%）、S4（15.10%）；Y-4-11 菌株和 Y-4-12 菌株单独培养常用资源种类和混合培养常用资源变化不大（表 4-27）。

表 4-27 B-6-6/Y-4-11/Y-4-12 三菌株混合培养的生态位宽度

菌株	Levins	频数	截断比例	常用资源种类		
混合培养 B-6-6	2.2411	2	0.15	S3（63.42%）	S4（15.10%）	
混合培养 Y-4-11	2.0164	2	0.18	S1（30.35%）	S2（63.23%）	
混合培养 Y-4-12	2.0853	2	0.20	S1（32.43%）	S2（60.81%）	
单独培养 B-6-6	4.0105	3	0.15	S1（28.25%）	S4（16.95%）	S5（35.31%）
单独培养 Y-4-11	2.1107	2	0.15	S1（36.44%）	S2（58.31%）	
单独培养 Y-4-12	2.8801	2	0.15	S1（34.84%）	S2（45.82%）	

对生态位重叠进行分析，单独培养 3 个菌株间的生态位重叠值较高，B-6-6 菌株与 Y-4-11 菌株和 Y-4-12 菌株单独培养生态位重叠较低，分别为 0.4032、0.5043；表明两者之间具有较高的资源利用的异质性；Y-4-11 菌株和 Y-4-12 菌株间的生态位重叠较高，值为 0.9784，表明它们之间资源利用的同质性较高。经过混合培养使得 B-6-6 菌株与 Y-4-11 菌株和 Y-4-12 菌株生态位重叠急剧下降，分别为 0.1076、0.1090；Y-4-11 菌株和 Y-4-12 菌株间的生态位保持较高的重叠（0.9991）；表明 B-6-6 菌株通过降低生态位宽度，降低与 Y-4-11 菌株和 Y-4-12 菌株生态位重叠，形成自己的生态位，提高生长量（表 4-28）。

表 4-28　B-6-6/Y-4-11/Y-4-12 三菌株混合培养的生态位重叠（Pianka 测度）

菌株	混合培养			单独培养		
	B-6-6	Y-4-11	Y-4-12	B-6-6	Y-4-11	Y-4-12
混合培养 B-6-6	1	0.1076	0.1090	0.3384	0.1198	0.2745
混合培养 Y-4-11	0.1076	1	0.9991	0.3535	0.989	0.9642
混合培养 Y-4-12	0.1090	0.9991	1	0.3746	0.9921	0.9719
单独培养 B-6-6	0.3384	0.3535	0.3746	1	0.4032	0.5043
单独培养 Y-4-11	0.1198	0.9890	0.9921	0.4032	1	0.9784
单独培养 Y-4-12	0.2745	0.9642	0.9719	0.5043	0.9784	1

4. Lp-6/Y-4-11/Y-4-12 三菌株混合培养生长竞争

（1）混合培养数量动态　凝结芽胞杆菌 Lp-6、乳酸芽胞乳杆菌 Y-4-11、浸麻类芽胞杆菌 Y-4-12 等量混合，在 30℃ 温度下培养，试验结果见表 4-29。与单独培养比较，混合培养的三菌株生长量受到抑制，生长量平均值与单独培养比较分别下降了 83.50%、17.49%、100.00%；混合培养对 Y-4-11 菌株生长有促进作用，该菌株的峰值由单独培养时的 12h（40×10^6CFU/mL）推后到混合培养的 24h（45×10^6CFU/mL），尽管生长量平均值比单独培养略小，但其峰值高于单独培养；属同步促长型的生长竞争类型。

表 4-29　Lp-6/Y-4-11/Y-4-12 三菌株混合培养生长竞争数量动态变化

培养时间 /h	混合培养 /（10^6CFU/mL）			单独培养 /（10^6CFU/mL）		
	Lp-6	Y-4-11	Y-4-12	Lp-6	Y-4-11	Y-4-12
6	0.11	0.05	0.01	30.00	25.00	20.00
12	22.00	1.00	0.00	11.00	40.00	26.30
18	1.10	7.50	0.00	14.00	1.50	5.80
24	0.10	45.00	0.00	14.00	0.10	4.20
30	0.15	2.25	0.00	62.00	1.40	1.00
36	0.10	0.80	0.00	12.00	0.60	0.10
总和	3.93	9.43	0.00	23.83	11.43	9.57

（2）混合培养生长竞争　三菌株混合生长过程，促进 Y-4-11 菌株的生长，抑制了和 Lp-6 菌株和 Y-4-12 菌株的生长，形成了 Lp-6 菌株和 Y-4-11 菌株互补生长的特性。混合培养

6h，三菌株数量相当；12h Lp-6 菌株生长达到峰值（22.00×10⁶CFU/mL），而菌株 Y-4-11 菌株和 Y-4-12 菌株受到强烈的抑制（1.00×10⁶CFU/mL、0.00×10⁶CFU/mL）；24h Y-4-11 菌株生长达峰值（45.00×10⁶CFU/mL），而 Lp-6 菌株达谷底（0.10×10⁶CFU/mL），形成互补生长特性；30h 后，三菌株都进入谷底，保持低谷水平直到培养结束。与三菌株单独培养生长特性差异显著（图 4-18）。

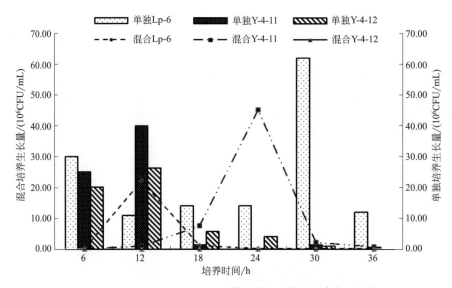

图 4-18 Lp-6/Y-4-11/Y-4-12 三菌株混合培养生长竞争动态变化

（3）混合培养生态位宽度和重叠 利用表 4-29 计算菌株的生态位宽度和重叠见表 4-30 和表 4-31；分析结果表明，就生态位宽度而言，单独培养三菌株生态宽度分别为 Lp-6 菌株 3.7862、Y-4-11 菌株 2.1107、Y-4-12 菌株 2.8801。经过混合培养，三菌株生态位宽度呈现不同程度的下降，生态位宽度值分别为 1.1439、1.5343、1.0000，表明混合培养改变了菌株的生态适应性；Lp-6 菌株混合培养后生态位宽度下降幅度较大，其生长量增加；Y-4-11 菌株和 Y-4-12 菌株混合培养后生态位宽度下降的幅度较小，生长量受到强烈的抑制。这种类型表明，三菌株混合培养，其中两个菌株对资源的利用能力不变（Y-4-11 和 Y-4-12），另一株菌株（Lp-6）通过缩小生态位宽度，集中利用资源，获得生长。混合培养的各菌株常用资源种类也发生了变化，Lp-6 菌株由单独培养常用资源种类 S1（20.98%）、S5（43.36%），变化为混合培养的 S2（93.38%）；Y-4-11 菌株和 Y-4-12 菌株单独培养常用资源种类和混合培养常用资源种类发生相应变化（表 4-30）。

表 4-30 Lp-6/Y-4-11/Y-4-12 三菌株混合培养的生态位宽度

菌株	Levins	频数	截断比例	常用资源种类	
混合培养 Lp-6	1.1439	1	0.15	S2（93.38%）	
混合培养 Y-4-11	1.5343	1	0.15	S4（79.51%）	
混合培养 Y-4-12	1.0000	1	0.20	S1（100.00%）	
单独培养 Lp-6	3.7862	2	0.15	S1（20.98%）	S5（43.36%）

菌株	Levins	频数	截断比例	常用资源种类	
单独培养 Y-4-11	2.1107	2	0.15	S1（36.44%）	S2（58.31%）
单独培养 Y-4-12	2.8801	2	0.15	S1（34.84%）	S2（45.82%）

对生态位重叠进行分析，单独培养 3 个菌株间的生态位重叠值较高，Lp-6 菌株与 Y-4-11 菌株和 Y-4-12 菌株单独培养生态位重叠较低，分别为 0.3765、0.4395；表明两者之间具有较高的资源利用的异质性；Y-4-11 菌株和 Y-4-12 菌株间的生态位重叠较高，值为 0.9784，表明它们之间资源利用的同质性较高。经过混合培养使得 Lp-6 菌株与 Y-4-11 菌株和 Y-4-12 菌株生态位重叠急剧下降，分别为 0.0349、0.0050；Y-4-11 菌株和 Y-4-12 菌株间的生态位重叠也发生了急剧下降（0.0011）；表明 Lp-6 菌株通过降低生态位宽度，降低与 Y-4-11 菌株和 Y-4-12 菌株生态位重叠，形成自己的生态位，产生资源的互补利用，提高生长量（表 4-31）。

表 4-31　Lp-6/Y-4-11/Y-4-12 三菌株混合培养的生态位重叠（Pianka 测度）

菌株	混合培养			单独培养		
	Lp-6	Y-4-11	Y-4-12	Lp-6	Y-4-11	Y-4-12
混合培养 Lp-6	1	0.0349	0.0050	0.1684	0.8505	0.7889
混合培养 Y-4-11	0.0349	1	0.0011	0.2670	0.0281	0.1696
混合培养 Y-4-12	0.0050	0.0011	1	0.4082	0.5295	0.5913
单独培养 Lp-6	0.1684	0.267	0.4082	1	0.3765	0.4395
单独培养 Y-4-11	0.8505	0.0281	0.5295	0.3765	1	0.9784
单独培养 Y-4-12	0.7889	0.1696	0.5913	0.4395	0.9784	1

四、粪污降解菌四菌株混合培养生长竞争动态变化

（1）混合培养数量动态　枯草芽胞杆菌 B-6-6、凝结芽胞杆菌 Lp-6、乳酸芽胞乳杆菌 Y-4-11、浸麻类芽胞杆菌 Y-4-12 等量混合，在 30℃温度下培养，试验结果见表 4-32。与单独培养比较，混合培养的四菌株生长量受到抑制，生长量平均值与单独培养比较分别下降了 97.45%、80.83%、79.77%、75.04%；混合培养对 B-6-6 菌株生长抑制作用最大，对 Y-4-12 菌株抑制作用最小；属同步抑制型的生长竞争类型。

表 4-32　B-6-6/Lp-6/Y-4-11/Y-4-12 四菌株混合培养生长竞争数量动态变化

培养时间 /h	混合培养 /（10^5CFU/mL）				单独培养 /（10^5CFU/mL）			
	B-6-6	Lp-6	Y-4-11	Y-4-12	B-6-6	Lp-6	Y-4-11	Y-4-12
6	30.00	26.00	64.00	32.00	500.00	300.00	250.00	200.00
12	6.00	0.50	100.00	110.00	77.00	110.00	400.00	263.00
18	5.00	130.00	0.50	0.50	200.00	140.00	150.00	58.00
24	2.00	30.00	0.00	0.40	300.00	140.00	1.00	42.00
30	2.00	42.50	1.50	0.35	625.00	620.00	14.00	10.00

培养时间 /h	混合培养 / (10⁵CFU/mL)				单独培养 / (10⁵CFU/mL)			
	B-6-6	Lp-6	Y-4-11	Y-4-12	B-6-6	Lp-6	Y-4-11	Y-4-12
36	0.00	45.00	0.00	0.00	68.00	120.00	6.00	1.00
平均值	7.50	45.67	27.67	23.88	295.00	238.33	136.83	95.67

（2）混合培养生长竞争　四菌株混合生长过程，B-6-6 菌株峰值在培养初期的 6h（30.00×10^5CFU/mL），与单独培养比较其峰值在 30h（625.00×10^5CFU/mL），而后随着时间增长，生长数量逐渐下降，直到 36h 接近 0；Lp-6 菌株培养初期（6 ～ 12h）菌株生长有所下降，峰值在 18h 出现（130.00×10^5CFU/mL），与单独培养比较峰值在 30h（620.00×10^5CFU/mL），随后菌株生长缓慢下降，直到培养结束，生长量仍保持 45.00×10^5CFU/mL；Y-4-11 菌株和 Y-4-12 菌株生长趋势相近，培养初期开始增长，12h 达到峰值（100.00×10^5CFU/mL），与单独培养比较其峰值也在 12h，而后随时间增长生长量逐步下降，直到 36h 接近 0（图 4-19）。

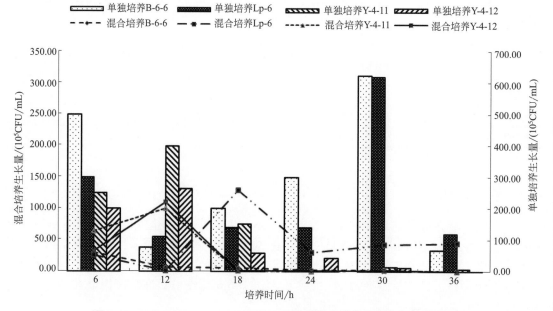

图 4-19　B-6-6/Lp-6/Y-4-11/Y-4-12 四菌株混合培养生长竞争动态变化

（3）混合培养生态位宽度和重叠　利用表 4-32 计算菌株的生态位宽度和重叠，见表 4-33 和表 4-34。分析结果表明，就生态位宽度而言，单独培养四菌株生态宽度分别为 B-6-6 菌株为 4.0105、Lp-6 菌株为 3.7862、Y-4-11 菌株为 2.7486、Y-4-12 菌株为 2.8801；经过混合培养，四菌株生态位宽度呈现不同程度的下降，生态位宽度值分别为 2.0898、3.3655、1.9545、1.5635，表明混合培养改变了菌株的生态适应性，B-6-6 菌株混合培养后生态位宽度下降幅度较大，其生长量受到抑制较多；Lp-6 菌株、Y-4-11 菌株和 Y-4-12 菌株混合培养后生态位宽度下降的幅度相对较小，生长量受到抑制程度也较小。结果表明，四菌株混合培养，各菌株根据混合培养的适应性调整生态位宽度和常用资源利用情况，来适应混合培养，有些菌受到的影响较大，有些菌受到的影响较小（表4-33）。

表4-33　B-6-6/Lp-6/Y-4-11/Y-4-12 四菌株混合培养的生态位宽度

菌株	Levins	频数	截断比例	常用资源种类		
混合培养 B-6-6	2.0898	1	0.16	S1（66.67%）		
混合培养 Lp-6	3.3655	3	0.15	S3（47.45%）	S5（15.51%）	S6（16.42%）
混合培养 Y-4-11	1.9545	2	0.18	S1（38.55%）	S2（60.24%）	
混合培养 Y-4-12	1.5635	2	0.16	S1（22.34%）	S2（76.79%）	
单独培养 B-6-6	4.0105	3	0.15	S1（28.25%）	S4（16.95%）	S5（35.31%）
单独培养 Lp-6	3.7862	2	0.15	S1（20.98%）	S5（43.36%）	
单独培养 Y-4-11	2.7486	3	0.15	S1（30.45%）	S2（48.72%）	S3（18.27%）
单独培养 Y-4-12	2.8801	2	0.15	S1（34.84%）	S2（45.82%）	

对生态位重叠进行分析，混合培养4个菌株间的生态位重叠差异显著，混合培养 B-6-6/Lp-6 菌株间生态位重叠为0.3394，较单独培养的0.9609下降了64.67%；混合培养 B-6-6/Y-4-11 菌株间生态位重叠为0.6833，较单独培养的0.4461略有升高；混合培养 B-6-6/Y-4-12 菌株间生态位重叠为0.4554，较单独培养的0.4109略有下降；混合培养 Lp-6/Y-4-11 菌株间生态位重叠为0.1039，较单独培养的0.4109下降了74.71%；Lp-6/Y-4-12 菌株间生态位重叠为0.0572，较单独培养的0.4395下降了86.98%；混合培养 Y-4-11/Y-4-12 菌株间生态位重叠为0.9593，较单独培养的0.9797变化不大（表4-34）。四菌株混合培养生态位重叠变化差异，反映了菌株间生长特性和生理特性的相互影响，有的菌株间通过降低生态位重叠来适应混合培养，有的菌株间保持生态位重叠来适应混合培养；混合培养体系总能找到菌株生长平衡的方式。

表4-34　B-6-6/Lp-6/Y-4-11/Y-4-12 四菌株混合培养的生态位重叠（Pianka 测度）

菌株	混合培养				单独培养			
	B-6-6	Lp-6	Y-4-11	Y-4-12	B-6-6	Lp-6	Y-4-11	Y-4-12
混合培养 B-6-6	1	0.3394	0.6833	0.4554	0.6656	0.5193	0.6928	0.7572
混合培养 Lp-6	0.3394	1	0.1039	0.0572	0.5883	0.5649	0.3663	0.289
混合培养 Y-4-11	0.6833	0.1039	1	0.9593	0.3882	0.3575	0.954	0.9747
混合培养 Y-4-12	0.4554	0.0572	0.9593	1	0.246	0.2618	0.918	0.9131
单独培养 B-6-6	0.6656	0.5883	0.3882	0.246	1	0.9609	0.4461	0.5043
单独培养 Lp-6	0.5193	0.5649	0.3575	0.2618	0.9609	1	0.4109	0.4395
单独培养 Y-4-11	0.6928	0.3663	0.954	0.918	0.4461	0.4109	1	0.9797
单独培养 Y-4-12	0.7572	0.289	0.9747	0.9131	0.5043	0.4395	0.9797	1

五、讨论

1. 两菌株混合培养生长竞争

不同种类的芽胞杆菌，生物学特性差异很大，当两株菌混合培养时，对各自菌株的生长产生显著影响；有的两菌株混合培养，极大地抑制了各菌株的生长，如菌株 B-6-6/Lp-6、B-6-6/Y-4-11、Lp-6/Y-4-11 菌株混合培养，两个菌株生长都受到抑制；有的两菌株混合培养，能促进其中一个菌株的生长，如 B-6-6/Y-4-12、Lp-6/Y-4-12、Y-4-11/Y-4-12 混合培养，其中的一个菌株生长受到促进。混合培养可以看到同时抑制 2 个菌株的生长的现象，但未见同时促进 2 个菌株生长的现象。同一个菌株与不同的菌株混合培养，其结果差异显著，如菌株 B-6-6/Y-4-11 混合培养，2 个菌株生长同时受到抑制，而菌株 B-6-6/Y-4-12 混合培养，对 B-6-6 菌株生长具有促进作用，而对 Y-4-12 菌株生长具有抑制作用。

两菌株混合培养过程，互相产生抑制作用的条件下，其生态位宽度与单独培养比较是下降的，如 B-6-6/Lp-6 两菌株混合培养；互相产生促进作用的条件下，其生态位宽度与单独培养比较是上升的，如 Y-4-11/Y-4-12 两菌株混合培养。与其单独培养比较，混合培养过程，产生抑制作用的两菌株生态位重叠，重叠度是下降的；产生促进作用的两菌株生态位重叠增加或者是保持。菌株混合培养的生长竞争通过互相抑制或促进，缩小或增加生态位宽度和重叠达到生长竞争。

尽管粪污降解菌两菌株混合培养的研究未见报道，但通过混合培养提升发酵水平的研究有过许多报道。张洁（2019）研究了丙酮丁醇梭菌 / 希瓦氏菌共培养强化丁醇发酵体系，研究希望通过混合培养丙酮丁醇梭菌与希瓦氏菌，改善丙酮丁醇梭菌的 ABE 发酵性能。研究结果表明：① 在不同条件下单独培养希瓦氏菌株，发现只有当氧气充足时，菌体才能正常生长，而在完全厌氧条件下希瓦氏菌几乎不生长，只能在 24h 内维持细胞活性。当培养基不排氧且后续不再补充氧气时，菌体可以生长至氧气消耗殆尽，之后 24h 菌体保持活性但不生长。② 研究发现在不排氧的培养基中先加入希瓦氏菌将培养基中的氧气消耗完，再加入丙酮丁醇梭菌，希瓦氏菌不仅可以为后者提供无氧环境，还能改善 ABE 发酵性能。与单独培养丙酮丁醇梭菌获得的 11.4g/L 丁醇相比，共培养获得 13.3g/L 丁醇，产量提高了 14.3%。③ 以单独培养丙酮丁醇梭菌为对照，探究了发酵进入溶剂期后以不同比例加入希瓦氏菌菌体对发酵性能的影响。研究发现当加入的希瓦氏菌与丙酮丁醇梭菌的干重比为 1 ： 2 时，丁醇浓度最高，达到 14.7g/L。与对照组相比，丁醇产量提高了 28.9%，生产强度提高了 58.9%。④ 由于两种菌株的最适 pH 值不同，研究工作希望探究 pH 对混菌发酵的影响。发现当控制pH 值为 6.0 时，丙酮丁醇梭菌发酵不再产溶剂，转向产酸。同时希瓦氏菌会在 6h 内丧失活性。⑤ 将希瓦氏菌与丙酮丁醇梭菌进行双室共培养发现，当共培养过程无外接电子通路时，丁醇浓度为 6.4g/L，接入外加电子通路后，丁醇浓度上升至 7.5g/L，且丙酮的浓度增加了31.0%。通过将丙酮丁醇梭菌与希瓦氏菌进行混合培养来改善 ABE 发酵性能是可行的，证明了两种菌的混合能明显提高丁醇产量及生产强度，降低丁醇生产成本。

胡治铭等（2016）报道了屎肠球菌和枯草芽胞杆菌混合培养条件的优化，以屎肠球菌和枯草芽胞杆菌为研究对象，以 MRS 培养基为基础培养基，采用单因素试验、Box-Behnken实验设计对屎肠球菌和枯草芽胞杆菌的混合培养进行优化。结果表明：初始 pH 值、装液量和氮源对活菌数影响显著。最优条件为：初始 pH6.5、装液量 50/500mL、氮源用量35g/L、接种比 1 ： 12、转速 180r/min。在此条件下活菌数达到 6.99×10^{10}CFU/mL，比优化前提高了 5 倍，屎肠球菌菌株和枯草芽胞杆菌菌株的活菌数分别达到 4.58×10^{10}CFU/mL 和 2.41×10^{10}CFU/mL。

张元长等（2018）报道了混合培养对益生菌和小球藻生长的影响，将海水小球藻分别与光合细菌、枯草芽胞杆菌、乳酸菌混合进行培养，测量混合培养条件下小球藻和菌的生长情况，分析藻和菌之间的相互影响。结果表明：小球藻与光合细菌混合培养，小球藻持续增长，增殖速度显著快于其他各组，培养到第 7 天时，密度达到 $4.134×10^7$ 细胞 /mL，平均日增长率为 30.2%；小球藻分别与枯草芽胞杆菌和乳酸菌混合培养，前 5d 对小球藻的增长没有显著影响，第 6 天后小球藻的增长均受到抑制；小球藻与菌混合培养和菌单独培养这两种条件下菌的增殖速率没有显著差异。菌藻混合培养中，光合细菌对小球藻的生长具有显著的促进作用，而枯草芽胞杆菌和乳酸菌在前期不影响小球藻生长，但是在后期培养中对小球藻的生长具有显著的抑制作用；混合培养对益生菌的生长影响不显著。

朱超等（2018）报道了乙烯基类聚合物对克雷伯氏菌和芽胞杆菌共培养的毒理效应。孟醒（2015）报道了酱香型白酒酿造来源的酿酒酵母与地衣芽胞杆菌相互作用特征及机制的初步解析。唐婷等（2015）报道了光合细菌与纳豆菌的混合培养及混合处理养殖水的研究，采用正交试验优化纳豆菌和光合细菌混合培养时的接种量及菌剂的装液量，使光合细菌活菌数在最短的时间内达到最大值。结果显示：光合细菌接种量 20%、纳豆菌接种量 2%、每 250mL 锥形瓶菌剂装液量 60% 培养效果最好。同时研究了光合细菌与纳豆菌混合菌剂对养殖水的亚硝酸盐氮以及氨氮的降解能力，发现两种菌的最佳混合比例为 1∶1(体积比)，混合菌菌剂添加量与亚硝酸盐的降解作用呈正相关；由于纳豆菌能将培养基中的有机氮转化为氨氮，混合菌剂对养殖水氨氮的降解效果随着添加量的增加而减弱。

李欣等（2018）报道了酵母与芽胞杆菌在小麦粉基质中共培养的生长规律，微生物间的影响是多菌种纯种发酵研究的重要内容。研究在恒定的初始碳源和持续供给碳源条件下，分析了酿酒酵母、毕赤酵母、汉逊酵母和鲁氏酵母分别与枯草芽胞杆菌或地衣芽胞杆菌混合发酵过程中的相互作用。结果显示，营养物浓度对酵母的生长起主要影响作用，同时，枯草芽胞杆菌对酵母有生长抑制效应，而地衣芽胞杆菌则没有。与枯草芽胞杆菌混合培养时，汉逊酵母 [（5.30±0.54）$×10^8$CFU/mL] 和毕赤酵母 [（6.73±0.70）$×10^7$CFU/mL] 都能保持一段生长增殖阶段，而酿酒酵母和鲁氏酵母细胞数都持续减少；与地衣芽胞杆菌混合培养下，除汉逊酵母有明显的生长增殖过程 [（14.70±3.00）$×10^8$CFU/mL] 外，毕赤酵母和酿酒酵母表现维持生长，其细胞数分别在 $0.22×10^8$CFU/mL 和 $0.70×10^8$CFU/mL 左右小幅波动，而鲁氏接合酵母细胞数呈持续下降。总体而言，除汉逊酵母与地衣芽胞杆菌的混酵过程以酵母细胞增殖为主，其他培养过程均以芽胞杆菌增殖为主。同时，酵母与芽胞杆菌的适配性顺序为汉逊酵母＞毕赤酵母＞酿酒酵母＞鲁氏酵母。

2. 三菌株混合培养生长竞争

三菌株混合培养大部分情况下会抑制各菌株的生长，如枯草芽胞杆菌 B-6-6、凝结芽胞杆菌 Lp-6、乳酸芽胞乳杆菌 Y-4-11 等量混合培养，与单独培养比较，B-6-6 菌株生长量平均值下降了 86.63%，Lp-6 菌株生长量平均值下降了 60.42%，Y-4-11 菌株生长量平均值下降了 100.00%。两菌株混合培养容易找到互相促进生长的菌株组合，而三菌株混合培养，菌株间的互相影响更大，更难找到相互促进生长的菌株组合。在实验的三菌株混合培养中，仅有枯草芽胞杆菌 B-6-6、乳酸芽胞乳杆菌 Y-4-11、浸麻类芽胞杆菌 Y-4-12 等量混合培养，与单独培养比较，混合培养的 B-6-6 菌株的生长量受到促进，平均值与单独培养状态下相当，峰值上升了 68%。

粪污降解菌 3 个菌株混合培养的研究未见报道；然而，利用三菌株混合培养提升发酵水平的研究有过报道。田亚东等（2019）报道了三种同型发酵乳酸菌混合培养的发酵特性及对黄曲霉抑菌作用的研究，探讨植物乳杆菌 (L)、乳酸片球菌 (P)、凝结芽胞杆菌 (B) 及三种菌混合培养液对黄曲霉的抑菌作用，试验采用琼脂扩散法对三种菌及其混合培养的上清浓缩液进行了体外抑菌实验。结果表明三种菌及其混合培养的上清浓缩液均对黄曲霉的生长有抑制作用，乳酸片球菌、植物乳杆菌、凝结芽胞杆菌及其三者混合培养的上清浓缩液的抑菌直径分别为（15.860±0.050)mm、（15.737±0.155)mm、（14.287±0.096)mm 和（15.173±0.032)mm，其中植物乳杆菌和乳酸片球菌的抑菌直径最大 ($P < 0.05$)。

隋明（2018）报道了益生菌混合培养物对黄曲霉菌生长以及产毒效果的影响。为探讨乳酸杆菌、枯草芽胞杆菌、尿肠球菌 3 种益生菌的混合培养物对黄曲霉菌生长及产毒效果影响，将乳酸杆菌、枯草芽胞杆菌、尿肠球菌活化后进行培养，调整浓度为 $1×10^8CFU/mL$，将乳酸杆菌和枯草芽胞杆菌、乳酸杆菌和尿肠球菌均按照 1∶1 比例制成益生菌混合培养物，并以乳酸杆菌作为对照，分别加入黄曲霉菌培养基中，测定不同类型益生菌混合物对黄曲霉菌菌落生长抑制率、黄曲霉菌孢子生长抑制率和黄曲霉产毒量抑制效果。结果显示：在培养 72h、96h 时，乳酸杆菌和尿肠球菌混合物组、乳酸杆菌和枯草芽胞杆菌混合物组对黄曲霉菌菌落生长率与乳酸杆菌组相比，分别提高了 27.1%、49.6%、42.1%、61.6%($P < 0.05$)；在培养 6h、18h、24h 时，乳酸杆菌和枯草芽胞杆菌混合物组黄曲霉菌孢子的抑制率与乳酸菌组相比，分别提高了 35.4%、16.2%、21.1%($P < 0.05$)；培养 18h、24h 时，乳酸杆菌和尿肠球菌混合物组与乳酸杆菌和枯草芽胞杆菌混合物组黄曲霉菌产毒量抑制率均高于乳酸杆菌组，分别提高了 24.5%、41.9%、55.2%、65.4%($P < 0.05$)。综上所述，枯草芽胞杆菌和乳酸杆菌混合培养物对黄曲霉菌生长及产毒具有很好抑制效果。

海米代·吾拉木等（2016）报道了棉酚分解菌的分离鉴定及其与饲用高效乳酸菌和纤维素分解菌混合培养生长特性研究，研究以醋酸棉酚为唯一碳源，从棉花秸秆中初筛分离得到 6 株棉酚分解菌 A1、A2、A4、B1、B2 和 B9，并对它们进行耐棉酚能力测定 (复筛)，进一步筛选出耐棉酚能力较高的菌株 B1 和 B9，并用 Biolog 微生物自动分析系统对它们进行分子鉴定。同时，菌株 B1 和 B9 与饲用高效乳酸菌和纤维素分解菌在 2% 的蔗糖溶液中混合培养，并对单独菌和混合菌生长特性进行研究，探讨这 3 类菌株间有无抑制作用。试验结果表明，初筛共分离得到 6 株菌株，其中具有耐棉酚能力较高的棉酚分解菌 2 株，Biolog 微生物鉴定系统结果显示，这两类菌株命名分别为莫哈维芽胞杆菌 (*Bacillus mojavensis*) 和死谷芽胞杆菌 (*Bacillus vallismortis*)；混合培养试验得知，混合培养达到稳定期的时间比单独培养明显缩短，这就表明这 3 类菌株间无抑制作用，彼此促进生长。

王继雯等（2015）报道了 4 株溶磷解钾芽胞杆菌的互作效应研究。通过 A、B、C、D 4 株解磷解钾芽胞杆菌间互作效应研究，找出最佳菌株组合，为复合菌肥的研制提供技术支持。通过钼锑抗比色法、火焰分光光度计等方法分别测定了上述 4 株芽胞杆菌单独和混合培养菌株的溶磷、解钾能力与培养液 pH 值和有机酸总量变化及其彼此之间的相关性。结果表明：在无机磷发酵培养液上清液中，菌株混合培养的各处理可溶性磷含量均明显高于单菌株处理，并且各处理的可溶性磷含量与 pH 值呈显著的负相关，而与有机酸总量呈明显的正相关；在有机磷发酵培养液上清液中，各处理的可溶性磷含量差异不显著 ($P > 0.05$)，而且可溶性磷含量与 pH 值、有机酸总量之间不存在显著的相关性；在钾矿石发酵培养液上清液中，各处理均具有一定的溶钾能力，并且可溶性钾含量与其 pH 值、有机酸总量之间、有机酸总量与 pH 值之间均呈现一定的相关性，但各处理可溶性钾含量差异不显著 ($P > 0.05$)。各菌株混合培养，尤其是三菌株和四菌株组合处理能显著提高可溶性磷含量，但并不完全表现为加成效应；综合各处理的特性，第 13 处理组组合菌株间协同效应较强，有望成为最佳菌株组合。

3. 四菌株混合培养生长竞争

粪污降解菌四菌株混合培养基本上产生强烈的抑制作用，枯草芽胞杆菌 B-6-6、凝结芽胞杆菌 Lp-6、乳酸芽胞乳杆菌 Y-4-11、浸麻类芽胞杆菌 Y-4-12 等量混合培养，与单独培养比较，混合培养的四菌株生长量受到抑制，生长量平均值与单独培养比较分别下降了 97.45%、80.83%、79.77%、75.04%。菌株抑制的强度随种类的不同而不同，混合培养对 B-6-6 菌株生长抑制作用最大，对 Y-4-12 菌株抑制作用最小。

粪污降解菌四菌株混合培养的研究未见报道。孙楠（2017）分析了微生态制剂单培养与共培养差异，研究了工大二号，即 4 株芽胞杆菌、3 株乳酸菌、1 株酵母菌以及 1 株光合细菌分别进行纯培养与混合培养，进而对其净水效果比对。结果表明，随着共培养菌类的增加，无论是对水样中的化学需氧量、硫化物还是氨氮的处理都显示出较强优势，即当 4 种菌进行混合培养时，净水能力优于单菌纯培养以及任意两种菌或三种菌的混合培养，最终确定工大二号微生态制剂共培养净水能力优于单培养。在确定了净水能力差异之后，进而研究了共培养与单培养代谢产物的差异，通过薄层色谱分析，筛选出显色效果最明显且最全面的显色剂比例与展开剂，结果表明当展开剂为乙酸乙酯与三氯甲烷按 4∶1 的比例混合并且用碘蒸气作为显色剂时显色效果清晰且完全。进而进行薄层色谱操作，对工大二号微生态制剂共培养与单培养发酵液进行薄层色谱分析，色谱结果表明共培养与单培养存在两处明显差异点，对其进行大量收集提纯，并对收集的高浓度代谢差异物进行气质联用分析，结果表明，共培养区别于单培养的代谢产物为邻酞酸二辛酯为主的酯类化合物。最终结果表明，工大二号微生态制剂共培养净水能力优于单培养且代谢产物与单培养存在差异，在其他方面也存在着长远的发展与可观的前景。

第三节
畜禽粪污降解菌混合培养温度响应

从养猪微生物发酵床垫料中分离出 4 种芽胞杆菌 B-6-6（枯草芽胞杆菌）、Lp-6（凝结芽胞杆菌）、Y-4-11（乳酸芽胞乳杆菌）、Y-4-12（浸麻类芽胞杆菌），对温度的适应性差异显著。为了解菌株单独培养和混合培养的温度响应，设置 35℃、40℃、45℃、50℃、55℃温度下，单独培养、两菌株混合培养、三菌株混合培养、四菌株混合培养，培养时间 24h，分析各菌株生长量的相互关系，揭示菌株单独培养的温度响应特征。现将结果小结如下：

一、粪污降解菌混合培养温度响应数量测定

1. 研究方法

从采集样品中分离出的 4 类芽胞杆菌 B-6-6（枯草芽胞杆菌）、Lp-6（凝结芽胞杆菌）、

Y-4-11（乳酸芽胞乳杆菌）、Y-4-12（浸麻类芽胞杆菌）。细菌培养：

① 将 4 类芽胞杆菌 B-6-6、Lp-6、Y-4-11 和 Y-4-12 在 NA 平板上活化。

② 将上述 4 类芽胞杆菌制备成水悬液，并稀释成相同的浓度。

③ 将上述 4 类芽胞杆菌按组合方式进行 2 个菌之间等量组合或 3 个菌之间等量组合或 4 个菌间的等量组合，共 15 个组合，分别是：B-6-6、Lp-6、Y-4-11、Y-4-12、B-6-6/Lp-6、B-6-6/Y-4-11、B-6-6/Y-4-12、Lp-6/Y-4-11、Lp-6/Y-4-12、Y-4-11/Y-4-12、B-6-6/Lp-6/Y-4-11、B-6-6/Lp-6/Y-4-12、B-6-6/Y-4-11/Y-4-12、Lp-6/Y-4-11/Y-4-12、B-6-6/Lp-6/Y-4-11/Y-4-12。

④ 将上述 15 个组合稀释成 10^{-4}、10^{-5}、10^{-6}，涂布于 NA 平板上，分别于 35℃、40℃、45℃、50℃、55℃下培养 24h 后，观察各类型菌的菌落数，统计菌株生长量。

2. 测定结果

试验结果列于表 4-35。在 35～55℃温度下，菌株单独培养、两菌株混合培养、三菌株混合培养、四菌株混合培养菌株的生长量差异显著，B-6-6 菌株最大值为 63.20×10^6CFU/mL，出现在 55℃温度下，B-6-6/Y-4-11 混合培养中，表明在高温下该菌株通过特定菌株混合培养，可提高生长量。Lp-6 菌株最大值为 27×10^6CFU/mL，出现在 50℃温度下，单独培养中，表明混合培养会降低该菌的生长量。Y-4-11 菌株最大值为 8×10^6CFU/mL，出现在 45℃温度下，Lp-6/Y-4-11 混合培养中，表明在中温条件下该菌株通过特定菌株混合培养，可以提高生长量。Y-4-12 菌株最大值为 6.5×10^6CFU/mL，出现在 35℃温度下，Lp-6/Y-4-11/ Y-4-12 混合培养中，表明在低温条件下该菌株通过特定菌株混合培养，可以提高生长量。

表 4-35　粪污降解菌在不同温度下生长竞争特性

组合	培养温度	菌株生长量 / （10^6CFU/mL）			
		B-6-6	Lp-6	Y-4-11	Y-4-12
B-6-6		9.00	0.00	0.00	0.00
Lp-6		0.00	10.00	0.00	0.00
Y-4-11		0.00	0.00	2.25	0.00
Y-4-12		0.00	0.00	0.00	3.70
B-6-6/Lp-6		10.00	0.60	0.00	0.00
B-6-6/Y-4-11		14.60	0.00	0.45	0.00
B-6-6/Y-4-12		16.00	0.00	0.00	1.00
Lp-6/Y-4-11	35℃	0.00	2.90	4.00	0.00
Lp-6/Y-4-12		0.00	1.90	0.00	0.93
Y-4-11/Y-4-12		0.00	0.00	1.08	0.60
B-6-6/Lp-6/Y-4-11		3.00	0.10	1.00	0.00
B-6-6/Lp-6/Y-4-12		10.60	0.20	0.00	0.50
B-6-6/Y-4-11/Y-4-12		9.00	0.00	0.60	0.50
Lp-6/Y-4-11/Y-4-12		0.00	2.80	1.60	6.50
B-6-6/Lp-6/Y-4-11/Y-4-12		13.20	1.50	1.60	0.25

续表

组合	培养温度	菌株生长量 /（10⁶CFU/mL）			
		B-6-6	Lp-6	Y-4-11	Y-4-12
B-6-6	40℃	12.00	0.00	0.00	0.00
Lp-6		0.00	9.00	0.00	0.00
Y-4-11		0.00	0.00	3.10	0.00
Y-4-12		0.00	0.00	0.00	6.00
B-6-6/Lp-6		6.80	0.15	0.00	0.00
B-6-6/Y-4-11		10.40	0.00	2.10	0.00
B-6-6/Y-4-12		5.00	0.00	0.00	1.00
Lp-6/Y-4-11		0.00	2.20	5.20	0.00
Lp-6/Y-4-12		0.00	2.40	0.00	1.60
Y-4-11/Y-4-12		0.00	0.00	1.60	0.80
B-6-6/Lp-6/Y-4-11		3.50	0.16	1.35	0.00
B-6-6/Lp-6/Y-4-12		15.00	1.00	0.00	0.40
B-6-6/Y-4-11/Y-4-12		11.80	0.00	0.60	0.35
Lp-6/Y-4-11/Y-4-12		0.00	2.50	1.60	1.00
B-6-6/Lp-6/Y-4-11/Y-4-12		10.00	1.20	0.90	0.50
B-6-6	45℃	15.20	0.00	0.00	0.00
Lp-6		0.00	12.00	0.00	0.00
Y-4-11		0.00	0.00	5.75	0.00
Y-4-12		0.00	0.00	0.00	2.00
B-6-6/Lp-6		16.00	3.00	0.00	0.00
B-6-6/Y-4-11		18.40	0.00	0.65	0.00
B-6-6/Y-4-12		14.20	0.00	0.00	0.60
Lp-6/Y-4-11		0.00	8.00	8.00	0.00
Lp-6/Y-4-12		0.00	10.60	0.00	1.00
Y-4-11/Y-4-12		0.00	0.00	1.30	0.80
B-6-6/Lp-6/Y-4-11		5.00	0.40	0.15	0.00
B-6-6/Lp-6/Y-4-12		11.00	3.20	0.00	0.40
B-6-6/Y-4-11/Y-4-12		13.00	0.00	0.70	0.30
Lp-6/Y-4-11/Y-4-12		0.00	9.00	3.00	2.00
B-6-6/Lp-6/Y-4-11/Y-4-12		12.00	2.50	1.00	0.50

续表

组合	培养温度	菌株生长量 / (10^6CFU/mL)			
		B-6-6	Lp-6	Y-4-11	Y-4-12
B-6-6		20.00	0.00	0.00	0.00
Lp-6		0.00	27.00	0.00	0.00
Y-4-11		0.00	0.00	4.30	0.00
Y-4-12		0.00	0.00	0.00	1.45
B-6-6/Lp-6		16.40	7.00	0.00	0.00
B-6-6/Y-4-11		16.20	0.00	0.60	0.00
B-6-6/Y-4-12		13.20	0.00	0.00	0.20
Lp-6/Y-4-11	50℃	0.00	5.20	3.00	0.00
Lp-6/Y-4-12		0.00	5.40	0.00	0.30
Y-4-11/Y-4-12		0.00	0.00	1.20	6.00
B-6-6/Lp-6/Y-4-11		8.70	4.20	0.50	0.00
B-6-6/Lp-6/Y-4-12		6.00	3.50	0.00	0.15
B-6-6/Y-4-11/Y-4-12		14.80	0.00	0.50	0.40
Lp-6/Y-4-11/Y-4-12		0.00	6.10	0.50	0.25
B-6-6/Lp-6/Y-4-11/Y-4-12		12.70	4.20	0.40	0.20
B-6-6		47.60	0.00	0.00	0.00
Lp-6		0.00	5.00	0.00	0.00
Y-4-11		0.00	0.00	3.70	0.00
Y-4-12		0.00	0.00	0.00	0.00
B-6-6/Lp-6		7.50	4.10	0.00	0.00
B-6-6/Y-4-11		63.20	0.00	0.00	0.00
B-6-6/Y-4-12		15.00	0.00	0.00	0.00
Lp-6/Y-4-11	55℃	0.00	7.20	2.90	0.00
Lp-6/Y-4-12		0.00	3.40	0.00	0.05
Y-4-11/Y-4-12		0.00	0.00	0.00	0.00
B-6-6/Lp-6/Y-4-11		5.60	3.40	0.00	0.00
B-6-6/Lp-6/Y-4-12		11.00	5.80	0.00	0.00
B-6-6/Y-4-11/Y-4-12		14.00	0.00	0.00	0.00
Lp-6/Y-4-11/Y-4-12		0.00	4.30	0.00	0.00
B-6-6/Lp-6/Y-4-11/Y-4-12		14.20	5.60	0.00	0.00

二、粪污降解菌单独培养温度响应

1. 不同菌株温度响应特征

根据表 4-35，统计粪污降解菌单独培养条件下的温度范围（35～55℃）响应特征见表 4-36。统计结果表明，不同的菌株单独培养温度响应特征值差异显著，B-6-6 菌株最大值为 47.60×10⁶CFU/mL，出现在 55℃温度下，属于高温适应菌；Lp-6 菌株最大值为 27.00×10⁶CFU/mL，出现在 50℃温度下，高温适应性次于前者；Y-4-11 菌株最大值为 5.75×10⁶CFU/mL，出现在 45℃温度下，属于中温适应菌；Y-4-12 菌株最大值 6.00×10⁶CFU/mL，出现在 40℃温度下，同属中温适应菌。

表 4-36 粪污降解菌单独培养温度范围（35～55℃）响应特征

温度响应特征值	B-6-6		Lp-6		Y-4-11		Y-4-12	
	含量	出现温度	含量	出现温度	含量	出现温度	含量	出现温度
最大值 /(10⁶CFU/mL)	47.60	55℃	27.00	50℃	5.75	45℃	6.00	40℃
最小值 /(10⁶CFU/mL)	9.00	35℃	5.00	55℃	2.25	35℃	0.00	55℃

2. 菌株温度适应性比较

根据表 4-35，统计 4 个菌株在不同温度下生长量总和，比较总体菌株温度适应性，结果见图 4-20。结果表明，筛选的 4 个菌株，总体上较为适应高温生长，适应温度为 50～55℃。

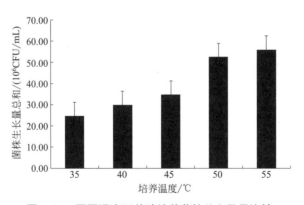

图 4-20 不同温度下单独培养菌株总和数量比较

3. 菌株生长能力的比较

根据表 4-35，统计不同菌株在 35～55℃温度范围内单独培养总和数量，比较被测菌株生长能力，结果见图 4-21。结果表明，在 35～55℃温度范围内 B-6-6 菌株＞Lp-6 菌株＞Y-4-11 菌株＞Y-4-12 菌株，B-6-6 菌株生长能力最强，Y-4-12 菌株最弱。

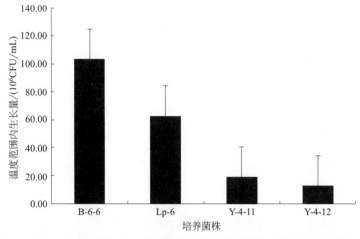

图 4-21　不同菌株在 35 ～ 55℃温度范围内单独培养总和数量比较

三、粪污降解菌两菌株混合培养温度响应

1. B-6-6/Lp-6 两菌株混合培养温度响应

（1）混合培养温度响应　根据表 4-35，整理 B-6-6/Lp-6 两菌株在不同温度下混合培养 24h 生长数量变化，试验结果列表 4-37。结果表明，B-6-6 菌株单独培养条件下，其峰值在 55℃为 $47.60×10^6$CFU/mL，而与 Lp-6 混合培养后，其峰值在 50℃为 $16.40×10^6$CFU/mL，混合培养影响了菌株生长，峰值温度下降了 5℃，数量总和下降了 45.37%；同样，Lp-6 菌株单独培养条件下，其峰值在 50℃为 $27.00×10^6$CFU/mL，与 B-6-6 混合培养后，其峰值仍然在 50℃为 $7.00×10^6$CFU/mL，混合培养不影响 Lp-6 生长峰值的出现，但数量总和下降了 76.42%。

表 4-37　B-6-6/Lp-6 两菌株混合培养 24h 生长量温度响应

菌株培养方式	不同温度培养 24h 菌株生长量 /（10^6CFU/mL）					总和
	35℃	40℃	45℃	50℃	55℃	
混合培养 B-6-6	10.00	6.80	16.00	16.40	7.50	56.70
混合培养 Lp-6	0.60	0.15	3.00	7.00	4.10	14.85
单独培养 B-6-6	9.00	12.00	15.20	20.00	47.60	103.80
单独培养 Lp-6	10.00	9.00	12.00	27.00	5.00	63.00

（2）混合培养生长竞争　B-6-6/Lp-6 两菌株不同温度下混合培养总体上降低了 2 个菌株的生长量。在 35 ～ 55℃温度下，B-6-6 菌株生长量高于 Lp-6，两菌株生长趋势相近，随着温度的升高，生长数量逐渐上升；到 55℃温度下，两菌株相互产生了强烈的抑制作用，生长数量较其峰值 B-6-6 下降了 54.27%、Lp-6 下降了 41.43%（图 4-22），混合培养的温度响应属于同步抑制型。

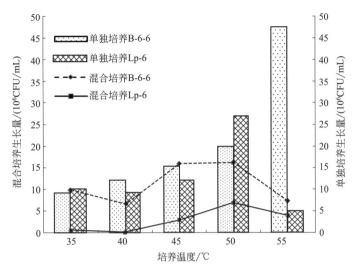

图 4-22　B-6-6/Lp-6 两菌株不同温度下混合培养 24h 生长竞争

（3）不同温度下混合培养生态位宽度和重叠　利用表 4-37 计算不同温度下菌株的生态位宽度和重叠见表 4-38；分析结果表明，就温度生态位宽度而言，B-6-6 菌株的单独培养生态位宽度为 3.4514，常用资源为 50℃温度（S4，19.27%）、55℃温度（S5，45.86%），与 Lp-6 菌株混合培养后，生态位宽度增加到 4.4194，常用资源变化为 35℃温度（S1，17.64%）、45℃（S3，28.22%）、50℃（S4，28.92%）；混合培养提高了菌株温度资源的利用率，单独培养适应较高温度（50～55℃），混合培养后扩大了温度适应范围（35～50℃）。Lp-6 菌株单独培养生态位宽度为 3.6784，常用资源为 45℃（S3，19.05%）、50℃（S4，42.86%），与 B-6-6 菌株混合培养后，生态位宽度下降到 2.9328，常用资源变化为 45℃（S3，20.20%）、50℃（S4，47.14%）、55℃（S5，27.61%）；混合培养后降低了生态位宽度，提高了常用资源利用范围。

对生态位重叠进行分析，B-6-6 和 Lp-6 菌株单独培养时，生态位重叠值较低，为 0.6312，经过混合培养使得两个菌株之间的生态位重叠上升到 0.8576，表明两菌株对培养温度资源的利用率差异显著，混合培养通过提升温度生态位重叠，来提高资源的利用率（表 4-38）。

表 4-38　B-6-6/Lp-6 两菌株不同温度下混合培养 24h 的生态位宽度与重叠

菌株	生态位宽度（Levins 测度）				生态位重叠（Pianka 测度）			
	Levins	频数	截断比例	常用资源种类	混合培养 B-6-6	混合培养 Lp-6	单独培养 B-6-6	单独培养 Lp-6
混合培养 B-6-6	4.4194	3	0.16	S1（17.64%）　S3（28.22%）　S4（28.92%）	1	0.8576	0.7298	0.9408
混合培养 Lp-6	2.9328	3	0.16	S3（20.20%）　S4（47.14%）　S5（27.61%）	0.8576	1	0.8008	0.8877
单独培养 B-6-6	3.4514	2	0.16	S4（19.27%）　S5（45.86%）	0.7298	0.8008	1	0.6312
单独培养 Lp-6	3.6784	2	0.16	S3（19.05%）　S4（42.86%）	0.9408	0.8877	0.6312	1

2. B-6-6/Y-4-11 两菌株混合培养温度响应

（1）混合培养温度响应　根据表 4-35，整理 B-6-6/Y-4-11 两菌株在不同温度下混合培养 24h 生长数量变化，试验结果列表 4-39。结果表明，B-6-6 菌株单独培养条件下，其峰值在 55℃ 为 47.60×10⁶CFU/mL，而与 Y-4-11 混合培养后，峰值温度不变，峰值提高到 63.20×10⁶CFU/mL，这两株菌的混合培养提升了生长量，数量总和上升 15.47%；Y-4-11 菌株单独培养条件下，其峰值在 45℃ 为 5.75×10⁶CFU/mL，与 B-6-6 混合培养后，其峰值前移到 40℃ 为 2.10×10⁶CFU/mL，数量总和下降 80.10%，混合培养影响 Y-4-11 生长峰值及其生长量。

表 4-39　B-6-6/Y-4-11 两菌株混合培养 24h 生长量温度响应

菌株培养方式	不同温度培养 24h 菌株生长量 /（10⁶CFU/mL）					总和 /（10⁶CFU/mL）
	35℃	40℃	45℃	50℃	55℃	
混合培养 B-6-6	14.60	10.40	18.40	16.20	63.20	122.80
混合培养 Y-4-11	0.45	2.10	0.65	0.60	0.00	3.80
单独培养 B-6-6	9.00	12.00	15.20	20.00	47.60	103.80
单独培养 Y-4-11	2.25	3.10	5.75	4.30	3.70	19.10

（2）混合培养生长竞争　B-6-6/Y-4-11 两菌株不同温度下混合培养总体上提升了 B-6-6 菌株的生长量，而降低了 Y-4-11 菌株的生长量；菌株 B-6-6 和 Y-4-11 在 35 ～ 55℃ 温度下，生长量产生互补，35℃ 时，B-6-6 菌株数量上升，而 Y-4-11 菌株数量下降；同样，40℃ 时，B-6-6 菌株数量下降，而 Y-4-11 菌株数量上升，到了 55℃，B-6-6 菌株达峰值，而 Y-4-11 菌株达谷底；该混合培养过程，一个菌株数量增长，一个菌株数量下降，温度响应模式属于异步促长型（图 4-23）。

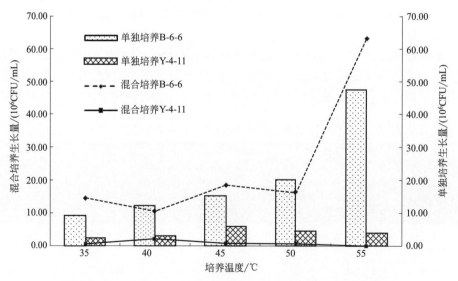

图 4-23　B-6-6/Y-4-11 两菌株不同温度下混合培养 24h 生长竞争

（3）不同温度下混合培养生态位宽度和重叠　利用表 4-39 计算不同温度下菌株的生

态位宽度和重叠见表 4-40；分析结果表明，就温度生态位宽度而言，B-6-6 菌株的单独培养生态位宽度为 3.4514，常用资源为 50℃温度（S4，19.27%）、55℃温度（S5，45.86%），与 Y-4-11 菌株混合培养后，生态位宽度降低到 3.0672，常用资源变化为 55℃温度（S5，51.47%），混合培养缩小了菌株温度适应性，降低了资源的利用率。Y-4-11 菌株单独培养生态位宽度为 4.5650，常用资源为 45℃温度（S3，30.10%）、50℃温度（S4，22.51%）、55℃温度（S5，19.37%），与 B-6-6 菌株混合培养后，生态位宽度下降到 2.6766，常用资源变化为 40℃（S2，55.26%），混合培养后降低了生态位宽度，降低了常用资源利用范围。

表 4-40　B-6-6/Y-4-11 两菌株不同温度下混合培养 24h 的生态位宽度与重叠

菌株	生态位宽度（Levins 测度）						生态位重叠（Pianka 测度）			
	Levins	频数	截断比例	常用资源种类			混合培养 B-6-6	混合培养 Y-4-11	单独培养 B-6-6	单独培养 Y-4-11
混合培养 B-6-6	3.0672	1	0.16	S5（51.47%）			1	0.3076	0.9874	0.7568
混合培养 Y-4-11	2.6766	1	0.18	S2（55.26%）			0.3076	1	0.394	0.6665
单独培养 B-6-6	3.4514	2	0.16	S4（19.27%）	S5（45.86%）		0.9874	0.394	1	0.8148
单独培养 Y-4-11	4.5650	3	0.16	S3（30.10%）	S4（22.51%）	S5（19.37%）	0.7568	0.6665	0.8148	1

对生态位重叠进行分析，B-6-6 菌株和 Y-4-11 菌株单独培养时，生态位重叠值较高，为 0.8148，即两菌株利用资源的同质性较高，经过混合培养使得两个菌株之间的生态位重叠下降为 0.3076，表明两菌株对培养温度资源的利用率差异显著，混合培养通过降低温度生态位重叠来提高资源的利用率。也就是说，原来两株生态位重叠较高的菌株，混合培养后形成了强烈的生长互补，提升了一个菌株的生长量，降低了另一个菌株的生长量（表 4-40）。

3. B-6-6/Y-4-12 两菌株混合培养温度响应

（1）混合培养温度响应　根据表 4-35，整理 B-6-6/Y-4-12 两菌株在不同温度下混合培养 24h 生长数量变化，试验结果列表 4-41。结果表明，B-6-6 菌株单独培养条件下，其峰值在 55℃为 47.60×10⁶CFU/mL；而与 Y-4-12 混合培养后，峰值温度提前到 35℃，峰值下降为 16.00×10⁶CFU/mL；这两株菌的混合培养降低了 B-6-6 菌株生长量，数量总和下降了 38.92%。Y-4-12 菌株单独培养条件下，其峰值在 40℃为 6.00×10⁶CFU/mL，与 B-6-6 混合培养后，其峰值前移到 35℃为 1.00×10⁶CFU/mL，数量总和下降 78.70%，混合培养影响 Y-4-12 菌株生长峰值及其生长量。

表 4-41　B-6-6/Y-4-12 两菌株混合培养 24h 生长量温度响应

菌株培养方式	不同温度培养 24h 菌株生长量 /（10⁶CFU/mL）					总和 /（10⁶CFU/mL）
	35℃	40℃	45℃	50℃	55℃	
混合培养 B-6-6	16.00	5.00	14.20	13.20	15.00	63.40
混合培养 Y-4-12	1.00	1.00	0.60	0.20	0.00	2.80
单独培养 B-6-6	9.00	12.00	15.20	20.00	47.60	103.80
单独培养 Y-4-12	3.70	6.00	2.00	1.45	0.00	13.15

（2）混合培养生长竞争　B-6-6/Y-4-12 两菌株不同温度下混合培养总体上降低了两株菌的生长量；菌株 B-6-6 和 Y-4-12 菌株在 35～55℃温度下混合培养，35℃时，B-6-6 菌株数量上升，而 Y-4-12 菌株数量下降；55℃时，B-6-6 菌株达峰值，而 Y-4-12 菌株达谷底。温度响应模式属于同步抑制型（图 4-24）。

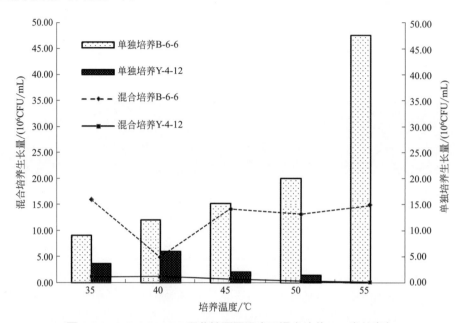

图 4-24　B-6-6/Y-4-12 两菌株不同温度下混合培养 24h 生长竞争

（3）不同温度下混合培养生态位宽度和重叠　利用表 4-41 计算不同温度下菌株的生态位宽度和重叠，见表 4-42。分析结果表明，就温度生态位宽度而言，B-6-6 菌株的单独培养生态位宽度为 3.4514，常用资源为 50℃（S4，19.27%）、55℃（S5，45.86%）；与 Y-4-12 菌株混合培养后，生态位宽度上升到 4.5579，常用资源变化为 35℃（S1，25.24%）、45℃（S3，22.40%）、50℃（S4，20.82%）、55℃（S5，23.66%），混合培养扩大了 B-6-6 菌株温度适应性，提升了资源的利用率。Y-4-12 菌株单独培养生态位宽度为 3.0994，常用资源为 35℃（S1，28.14%）、40℃（S2，45.63%）；与 B-6-6 菌株混合培养后，生态位宽度提升到 3.2667，常用资源变化为 35℃（S1，35.71%）、40℃（S2，35.71%）、45℃（S3，21.43%），混合培养后提升了 Y-4-12 菌株生态位宽度，减小了常用资源利用范围。

对生态位重叠进行分析，B-6-6 菌株和 Y-4-12 菌株单独培养时，生态位重叠值较低，为 0.3946，即两菌株利用资源的同质性较低；经过混合培养使得两个菌株之间的生态位重叠提升到 0.6990，表明两菌株对培养温度资源的利用率差异显著，混合培养通过提升温度生态位重叠，产生资源利用的竞争；也就是说，原来两株生态位重叠较低的菌株，形成了强烈的生长互补，混合培养后，资源利用的同质性提高，竞争性加强，同时降低了两个菌株的生长量（表 4-42）。

表 4-42　B-6-6/Y-4-12 两菌株不同温度下混合培养 24h 的生态位宽度与重叠

菌株	生态位宽度（Levins 测度）					生态位重叠（Pianka 测度）			
	Levins	频数	截断比例	常用资源种类		混合培养 B-6-6	混合培养 Y-4-12	单独培养 B-6-6	单独培养 Y-4-12
混合培养 B-6-6	4.5579	4	0.16	S1（25.24%）S3（22.40%）S4（20.82%）S5（23.66%）		1	0.6990	0.8425	0.6165
混合培养 Y-4-12	3.2667	3	0.18	S1（35.71%）S2（35.71%）S3（21.43%）		0.6990	1	0.3942	0.967
单独培养 B-6-6	3.4514	2	0.16	S4（19.27%）S5（45.86%）		0.8425	0.3942	1	0.3946
单独培养 Y-4-12	3.0994	2	0.18	S1（28.14%）S2（45.63%）		0.6165	0.967	0.3946	1

4. Lp-6/Y-4-11 两菌株混合培养温度响应

（1）混合培养温度响应　根据表 4-35，整理 Lp-6/Y-4-11 两菌株在不同温度下混合培养 24h 生长数量变化，试验结果列表 4-43。结果表明，Lp-6 菌株单独培养条件下，其峰值在 50℃为 27.00×10⁶CFU/mL，而与 Y-4-11 菌株混合培养后峰值温度提前到 45℃，峰值下降为 8.00×10⁶CFU/mL，这两株菌的混合培养降低了 Lp-6 菌株生长量，数量总和下降了 63.01%；同时，Y-4-11 菌株单独培养条件下，其峰值在 45℃为 5.75×10⁶CFU/mL，与 Lp-6 菌株混合培养后其峰值保持在 45℃为 8.00×10⁶CFU/mL，数量总和上升 17.31%，混合培养提升 Y-4-11 菌株的生长量。

（2）混合培养生长竞争　Lp-6/Y-4-11 两菌株不同温度下混合培养总体上提升了 Lp-6 菌株的生长量，降低了 Y-4-11 生长量；在 35～45℃温度下，Lp-6 菌株生长量小于 Y-4-11 菌株，45～55℃温度下 Lp-6 菌株生长量大于 Y-4-11 菌株；Lp-6 菌株和 Y-4-11 菌株的生长峰值都在 45℃，峰值相同为 8.00×10⁶CFU/mL。该混合培养过程，提升了一个菌的生长量，抑制了另一个菌的生长量，温度响应模式属于异步促长型（图 4-25）。

表 4-43　Lp-6/Y-4-11 两菌株混合培养 24h 生长量温度响应

菌株培养方式	不同温度培养 24h 菌株生长量 /（10⁶CFU/mL）					总和 /（10⁶CFU/mL）
	35℃	40℃	45℃	50℃	55℃	
混合培养 Lp-6	2.90	2.20	8.00	5.20	7.20	25.50
混合培养 Y-4-11	4.00	5.20	8.00	3.00	2.90	23.10
单独培养 Lp-6	10.00	9.00	12.00	27.00	5.00	63.00
单独培养 Y-4-11	2.25	3.10	5.75	4.30	3.70	19.10

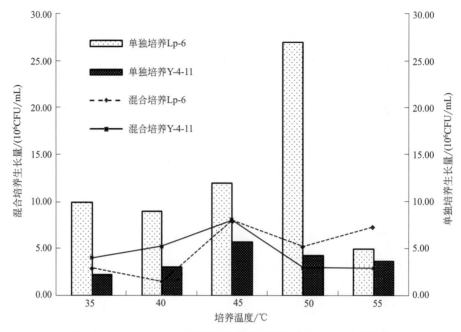

图 4-25　Lp-6/Y-4-11 两菌株不同温度下混合培养 24h 生长竞争

（3）不同温度下混合培养生态位宽度和重叠　利用表 4-43 计算不同温度下菌株的生态位宽度和重叠见表 4-44；分析结果表明，就温度生态位宽度而言，Lp-6 菌株单独培养生态位宽度为 3.6784，常用资源为 45℃（S3，19.05%）、50℃（S4，42.86%），与 Y-4-11 菌株混合培养后，生态位宽度维持在 3.5884，常用资源变化为 40℃（S2，34.33%）、45℃（S3，22.32%）、50℃（S4，30.90%）；混合培养扩大了 Lp-6 菌株温度适应性，提升了资源的利用率；Y-4-11 菌株单独培养生态位宽度为 4.5650，常用资源为 45℃（S3，30.10%）、50℃（S4，22.51%）、55℃（S5，19.37%），与 Lp-6 菌株混合培养后，生态位宽度维持在 4.2877，常用资源变化为 35℃（S1，17.32%）、40℃（S2，22.51%）、45℃（S3，34.63%），混合培养后，Y-4-11 菌株由高温资源适应性转为了低温资源适应性，生态位宽度基本不变。

表 4-44　Lp-6/Y-4-11 两菌株不同温度下混合培养 24h 的生态位宽度与重叠

菌株	生态位宽度（Levins 测度）						生态位重叠（Pianka 测度）			
	Levins	频数	截断比例	常用资源种类			混合培养 BLp-6	混合培养 Y-4-11	单独培养 Lp-6	单独培养 Y-4-11
混合培养 Lp-6	3.5884	3	0.18	S2（34.33%）	S3（22.32%）	S4（30.90%）	1	0.8168	0.7460	0.9233
混合培养 Y-4-11	4.2877	3	0.16	S1（17.32%）	S2（22.51%）	S3（34.63%）	0.8168	1	0.7595	0.9501
单独培养 Lp-6	3.6784	2	0.16	S3（19.05%）	S4（42.86%）		0.7460	0.7595	1	0.8650
单独培养 Y-4-11	4.5650	3	0.16	S3（30.10%）	S4（22.51%）	S5（19.37%）	0.9233	0.9501	0.8650	1

对生态位重叠进行分析，Lp-6 菌株和 Y-4-11 菌株单独培养时，生态位重叠值较高为 0.8650，也即两菌株利用资源的同质性较高，经过混合培养使得两个菌株之间的生态位重叠变化不大，为 0.8168，表明两菌株单独培养和混合培养对温度资源的利用率相近，生态位重

叠对两菌株资源利用影响不大；Lp-6 菌株适应高温，Y-4-11 菌株适应中温，影响着在中温区（35 ～ 45℃）以 Y-4-11 菌株为优势，高温区（45 ～ 55℃）以 Lp-6 菌株为优势（表 4-44）。

5. Lp-6/Y-4-12 两菌株混合培养温度响应

（1）混合培养温度响应　根据表 4-35，整理 Lp-6/Y-4-12 两菌株在不同温度下混合培养 24h 生长数量变化，试验结果列表 4-45。结果表明，Lp-6 菌株单独培养条件下，其峰值在 50℃为 27.00×10⁶CFU/mL；而与 Y-4-12 菌株混合培养后，峰值温度提前到 45℃，峰值下降为 10.60×10⁶CFU/mL；这两株菌的混合培养降低了 Lp-6 菌株生长量，数量总和下降了 62.38%。Y-4-12 菌株单独培养条件下，其峰值在 40℃为 6.00×10⁶CFU/mL，与 Lp-6 菌株混合培养后，其峰值保持在 40℃，生长量下降到 1.60×10⁶CFU/mL，数量总和下降了 70.49%，混合培养降低了 Y-4-12 菌株的生长量。

表 4-45　Lp-6/Y-4-12 两菌株混合培养 24h 生长量温度响应

菌株	不同温度培养 24h 菌株生长量 /（10⁶CFU/mL）					总和
	35℃	40℃	45℃	50℃	55℃	
混合培养 Lp-6	1.90	2.40	10.60	5.40	3.40	23.70
混合培养 Y-4-12	0.93	1.60	1.00	0.30	0.05	3.88
单独培养 Lp-6	10.00	9.00	12.00	27.00	5.00	63.00
单独培养 Y-4-12	3.70	6.00	2.00	1.45	0.00	13.15

（2）混合培养生长竞争　Lp-6/Y-4-12 两菌株不同温度下混合培养总体上降低了 Lp-6 菌株和 Y-4-12 菌株的生长量；Lp-6 菌株和 Y-4-12 菌株在不同温度下混合培养，形成生长互补，随着培养温度的升高，Lp-6 菌株生长逐渐上升，45℃温度时达峰值（10.60×10⁶CFU/mL），而后逐渐下降到 55℃温度的 3.40×10⁶CFU/mL；Y-4-12 菌株总体生长量小于 Lp-6 菌株，峰值在 40℃温度（1.60×10⁶CFU/mL），而后生长量逐渐下降，到 55℃温度生长量仅为 0.05×10⁶CFU/mL。该混合培养过程，同时抑制了两个菌株的生长，温度响应模式属于同步抑制型（图 4-26）。

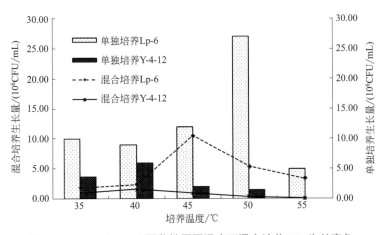

图 4-26　Lp-6/Y-4-12 两菌株不同温度下混合培养 24h 生长竞争

（3）不同温度下混合培养生态位宽度和重叠　利用表4-45计算不同温度下菌株的生态位宽度和重叠，见表4-46。分析结果表明，就温度生态位宽度而言，Lp-6菌株单独培养生态位宽度为3.6784，常用资源为45℃（S3，19.05%）、50℃（S4，42.86%）；与Y-4-12菌株混合培养后，生态位宽度维持在3.4576，常用资源变化为45℃（S3，44.73%）、50℃（S4，22.78%），变化不大，保持了资源的利用率。Y-4-12菌株单独培养生态位宽度为3.0994，常用资源为35℃（S1，28.14%）、40℃（S2，45.63%），与Lp-6菌株混合培养后，生态位宽度维持在3.3325，常用资源变化为35℃（S1，23.97%）、40℃（S2，41.24%）、45℃（S3，25.77%），混合培养后，生态位宽度基本不变，温度资源发生了部分改变，资源的利用率提升。

对生态位重叠进行分析，Lp-6菌株和Y-4-12菌株单独培养时，生态位重叠值中等，为0.6283，即两菌株资源利用的重叠的同质性居中，经过混合培养，两个菌株之间的生态位重叠变化不大，为0.6643，表明两菌株单独培养和混合培养对温度资源的利用率相近，生态位重叠对两菌株资源利用影响不大；混合培养过程Lp-6菌株生长速度高于Y-4-12菌株（表4-46）。

表4-46　Lp-6/Y-4-12两菌株不同温度下混合培养24h的生态位宽度与重叠

菌株	生态位宽度（Levins测度）						生态位重叠（Pianka测度）			
	Levins	频数	截断比例	常用资源种类			混合培养 Lp-6	混合培养 Y-4-12	单独培养 Lp-6	单独培养 Y-4-12
混合培养 Lp-6	3.4576	2	0.16	S3（44.73%）	S4（22.78%）		1	0.6643	0.7896	0.5300
混合培养 Y-4-12	3.3325	3	0.16	S1（23.97%）	S2（41.24%）	S3（25.77%）	0.6643	1	0.6309	0.9748
单独培养 Lp-6	3.6784	2	0.16	S3（19.05%）	S4（42.86%）		0.7896	0.6309	1	0.6283
单独培养 Y-4-12	3.0994	2	0.18	S1（28.14%）	S2（45.63%）		0.5300	0.9748	0.6283	1

6. Y-4-11/Y-4-12两菌株混合培养温度响应

（1）混合培养温度响应　根据表4-35，整理Y-4-11/Y-4-12两菌株在不同温度下混合培养24h生长数量变化，试验结果列表4-47。结果表明，Y-4-11菌株单独培养条件下，其峰值在45℃为5.75×10^6CFU/mL；与Y-4-12菌株混合培养后，峰值温度提前到40℃，峰值下降为1.60×10^6CFU/mL，这两株菌的混合培养降低了Y-4-11菌株生长量，数量总和下降了72.87%。Y-4-12菌株单独培养条件下，其峰值在40℃为6.00×10^6CFU/mL，与Y-4-11菌株混合培养后，其峰值推后到50℃，生长量保持在6.00×10^6CFU/mL，数量总和仍表现为下降，降低了37.64%。

表4-47　Y-4-11/Y-4-12两菌株混合培养24h生长量温度响应

菌株	不同温度培养24h菌株生长量/（10^6CFU/mL）					总和
	35℃	40℃	45℃	50℃	55℃	
混合培养 Y-4-11	1.08	1.60	1.30	1.20	0.00	5.18
混合培养 Y-4-12	0.60	0.80	0.80	6.00	0.00	8.20
单独培养 Y-4-11	2.25	3.10	5.75	4.30	3.70	19.10
单独培养 Y-4-12	3.70	6.00	2.00	1.45	0.00	13.15

（2）混合培养生长竞争 Y-4-11/Y-4-12 两菌株不同温度下混合培养总体上降低了 Y-4-11 菌株和 Y-4-12 菌株的生长量；35 ～ 45℃温度下，单独培养和混合培养 Y-4-11 菌株的生长量皆大于 Y-4-12 菌株，温度 45℃以上，情况相反，Y-4-12 菌株的生长量大于 Y-4-11 菌株。Y-4-11 菌株单独培养条件下峰值在 45℃达 5.75×10^6CFU/mL，而混合培养条件下，Y-4-11 菌株峰值在 40℃达 1.60×10^6CFU/mL；Y-4-12 菌株单独培养条件下峰值在 40℃为 6.00×10^6CFU/mL，而混合培养条件下，峰值在 50℃温度为 6.00×10^6CFU/mL，峰值基本一致但出现的温度不同，单独培养的生长优势在中温区（35 ～ 45℃），混合培养的生长优势在高温区（45 ～ 55℃）。该混合培养过程，同时抑制了两个菌株的生长，温度响应模式属于同步抑制型（图 4-27）。

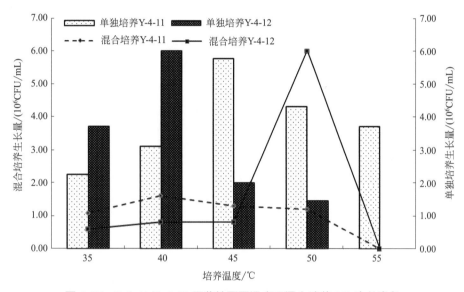

图 4-27　Y-4-11/Y-4-12 两菌株不同温度下混合培养 24h 生长竞争

（3）不同温度下混合培养生态位宽度和重叠 利用表 4-47 计算不同温度下菌株的生态位宽度和重叠，见表 4-48；分析结果表明，就温度生态位宽度而言，Y-4-11 菌株单独培养生态位宽度为 4.5650，常用资源为 45℃（S3，30.10%）、50℃（S4，22.51%）、55℃（S5，19.37%）；与 Y-4-12 菌株混合培养后，生态位宽度下降到 3.9135，常用资源变化为 35℃（S1，20.85%）、40℃（S2，30.89%）、45℃（S3，25.10%）、50℃（S4，23.17%），提升了资源的利用率。Y-4-12 菌株单独培养生态位宽度为 3.0994，常用资源 35℃（S1，28.14%）、40℃（S2，45.63%）；与 Y-4-11 菌株混合培养后，生态位宽度下降到 1.7864，常用资源变化为 50℃（S4，73.17%），混合培养后，降低了 Y-4-12 菌株的资源利用率。

对生态位重叠进行分析，Y-4-11 菌株和 Y-4-12 菌株单独培养时，生态位重叠值较高为 0.6688，即两菌株利用资源的同质性中等；经过混合培养使得两个菌株之间的生态位重叠变化不大，为 0.6329，表明两菌株单独培养和混合培养对温度资源的利用率相近，生态位重叠对两菌株资源利用影响不大。Y-4-11 菌株适应中温，Y-4-12 菌株适应高温，影响着在中温区（35 ～ 45℃）以 Y-4-11 菌株为优势，高温区（45 ～ 55℃）以 Y-4-12 菌株为优势（表 4-48）。

表 4-48　Y-4-11/Y-4-12 两菌株不同温度下混合培养 24h 的生态位宽度与重叠

菌株	生态位宽度（Levins 测度）							生态位重叠（Pianka 测度）			
	Levins	频数	截断比例	常用资源种类				混合培养 Y-4-11	混合培养 Y-4-12	单独培养 Y-4-11	单独培养 Y-4-12
混合培养 Y-4-11	3.9135	4	0.18	S1（20.85%）	S2（30.89%）	S3（25.10%）	S4（23.17%）	1	0.6329	0.8555	0.917
混合培养 Y-4-12	1.7864	1	0.18	S4（73.17%）				0.6329	1	0.6241	0.378
单独培养 Y-4-11	4.5650	3	0.16	S3（30.10%）	S4（22.51%）	S5（19.37%）		0.8555	0.6241	1	0.6688
单独培养 Y-4-12	3.0994	2	0.18	S1（28.14%）	S2（45.63%）			0.9170	0.378	0.6688	1

四、粪污降解菌三菌株混合培养温度响应

1. B-6-6/Lp-6/Y-4-11 混合培养

（1）混合培养温度响应　根据表 4-35，整理 B-6-6/Lp-6/Y-4-11 三菌株在不同温度下混合培养 24h 生长数量变化，试验结果列表 4-49。结果表明，单独培养时，B-6-6 菌株峰值在 55℃为 47.60×10^6CFU/mL，Lp-6 菌株峰值在 50℃为 27.00×10^6CFU/mL，Y-4-11 菌株峰值在 45℃为 5.75×10^6CFU/mL；混合培养后，B-6-6 菌株峰值温度下降为 50℃，数量总和下降 75.14%；Lp-6 菌株峰值维持在 50℃，数量总和下降了 86.88%；Y-4-11 菌株峰值温度下降为 40℃，数量总和下降了 84.29%。混合培养改变了峰值温度，降低了生长数量。

表 4-49　B-6-6/Lp-6/Y-4-11 三菌株混合培养 24h 生长量温度响应

菌株	不同温度培养 24h 菌株生长量 /（10^6CFU/mL）					总和 /（10^6CFU/mL）
	35℃	40℃	45℃	50℃	55℃	
混合培养 B-6-6	3.00	3.50	5.00	8.70	5.60	25.80
混合培养 Lp-6	0.10	0.16	0.40	4.20	3.40	8.26
混合培养 Y-4-11	1.00	1.35	0.15	0.50	0.00	3.00
单独培养 B-6-6	9.00	12.00	15.20	20.00	47.60	103.80
单独培养 Lp-6	10.00	9.00	12.00	27.00	5.00	63.00
单独培养 Y-4-11	2.25	3.10	5.75	4.30	3.70	19.10

（2）混合培养生长竞争　B-6-6/Lp-6/Y-4-11 三菌株不同温度下混合培养总体上降低了 3 个菌株的生长量，三菌株混合培养生长趋势相近，随着温度升高生长量逐步增加；中温区 35 ～ 45℃温度下，三菌株的生长量小于高温区 45 ～ 55℃温度（图 4-28）。混合培养的温度响应属于同步抑制型。

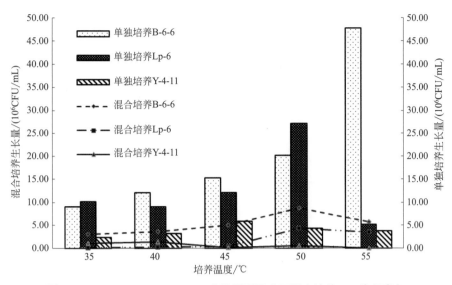

图 4-28　B-6-6/Lp-6/Y-4-11 三菌株不同温度下混合培养 24h 生长竞争

（3）不同温度下混合培养生态位宽度和重叠　利用表 4-49 计算不同温度下菌株的生态位宽度和重叠，见表 4-50 和表 4-51。分析结果表明，就生态位宽度而言，单独培养条件下，B-6-6 菌株、Lp-6 菌株、Y-4-11 菌株生态位宽度分别为 3.4514、3.6784、4.5650；混合培养后，B-6-6 菌株生态位宽度上升（4.3421），Lp-6 菌株（2.3210）和 Y-4-11 菌株（2.9079）生态位宽度下降，同时资源利用率发生变化。生态位宽度变化量与菌株生长优势呈正相关，B-6-6 菌株生长能力＞ Lp-6 菌株＞ Y-4-11 菌株。

表 4-50　B-6-6/Lp-6/Y-4-11 三菌株不同温度下混合培养 24h 的生态位宽度

菌株	Levins	频数	截断比例	常用资源种类		
混合培养 B-6-6	4.3421	3	0.16	S3（19.38%）	S4（33.72%）	S5（21.71%）
混合培养 Lp-6	2.3210	2	0.16	S4（50.85%）	S5（41.16%）	
混合培养 Y-4-11	2.9079	2	0.18	S1（33.33%）	S2（45.00%）	
单独培养 B-6-6	3.4514	2	0.16	S4（19.27%）	S5（45.86%）	
单独培养 Lp-6	3.6784	2	0.16	S3（19.05%）	S4（42.86%）	
单独培养 Y-4-11	4.5650	3	0.16	S3（30.10%）	S4（22.51%）	S5（19.37%）

对生态位重叠进行分析，单独培养时，B-6-6 菌株、Lp-6 菌株、Y-4-11 菌株之间生态位宽度分别为 B-6-6/Lp-6 为 0.6312、B-6-6/Y-4-11 为 0.8148、Lp-6/Y-4-11 为 0.865；混合培养后，B-6-6/Lp-6 提升为 0.8706，两菌资源利用率更加靠近；B-6-6/Y-4-11 下降为 0.5888，两菌资源利用率相差更远；Lp-6/Y-4-11 下降为 0.2596，两菌生态位几乎不重叠。菌株混合培养通过生态位重叠的变化，影响资源的利用率，影响到菌株的竞争，如 Y-4-11 菌株，与其他菌株混合培养，表现出生态位重叠的急剧下降，限制了菌株的生长（表 4-51）。

表 4-51　B-6-6/Lp-6/Y-4-11 三菌株不同温度下混合培养 24h 的生态位重叠

菌株	混合培养 B-6-6	混合培养 Lp-6	混合培养 Y-4-11	单独培养 B-6-6	单独培养 Lp-6	单独培养 Y-4-11
混合培养 B-6-6	1	0.8706	0.5888	0.8464	0.9452	0.9439
混合培养 Lp-6	0.8706	1	0.2596	0.8409	0.7728	0.6945
混合培养 Y-4-11	0.5888	0.2596	1	0.3813	0.6481	0.6007
单独培养 B-6-6	0.8464	0.8409	0.3813	1	0.6312	0.8148
单独培养 Lp-6	0.9452	0.7728	0.6481	0.6312	1	0.865
单独培养 Y-4-11	0.9439	0.6945	0.6007	0.8148	0.865	1

2. B-6-6/Lp-6/Y-4-12 混合培养

（1）混合培养温度响应　根据表 4-35，整理 B-6-6/Lp-6/Y-4-12 三菌株在不同温度下混合培养 24h 生长数量变化，试验结果列表 4-52。结果表明，单独培养时，B-6-6 菌株峰值在 55℃ 为 47.60×10⁶CFU/mL，Lp-6 菌株峰值在 50℃ 为 27.00×10⁶CFU/mL，Y-4-12 菌株峰值在 40℃ 为 6.00×10⁶CFU/mL；混合培养后，B-6-6 菌株峰值温度下降为 40℃，数量总和下降 48.36%；Lp-6 菌株峰值温度提升到 55℃，数量总和下降了 78.25%；Y-4-11 菌株峰值温度下降为 35℃，数量总和下降了 88.91%。混合培养改变了峰值温度，降低了生长数量。

表 4-52　B-6-6/Lp-6/Y-4-12 三菌株混合培养 24h 生长量温度响应

菌株	不同温度培养 24h 菌株生长量 / (10⁶CFU/mL)					总和 / (10⁶CFU/mL)
	35℃	40℃	45℃	50℃	55℃	
混合培养 B-6-6	10.60	15.00	11.00	6.00	11.00	53.60
混合培养 Lp-6	0.20	1.00	3.20	3.50	5.80	13.70
混合培养 Y-4-12	0.50	0.40	0.40	0.15	0.00	1.45
单独培养 B-6-6	9.00	12.00	15.20	20.00	47.60	103.80
单独培养 Lp-6	10.00	9.00	12.00	27.00	5.00	63.00
单独培养 Y-4-12	3.70	4.00	2.00	1.45	0.00	13.15

（2）混合培养生长竞争　B-6-6/Lp-6/Y-4-12 三菌株不同温度下混合培养总体上降低了 3 个菌株的生长量。在单独培养条件下，B-6-6 和 Lp-6 生长曲线随着温度升高，数量增加，Y-4-12 菌株相反，随着温度升高数量下降。混合培养过程，B-6-6 菌株在中温区（35 ~ 45℃），生长量较大，超过其单独培养；Lp-6 菌株混合培养初期，菌株生长受到较大的抑制，随后随着温度上升，菌株生长量逐步上升，但总体数量低于其单独培养；Y-4-12 菌株，混合培养初始就受到较强的抑制，生长量很低，这种抑制一直维持到培养结束。该三菌株混合培养的温度响应属于同步抑制型（图 4-29）。

（3）不同温度下混合培养生态位宽度和重叠　利用表 4-52 计算不同温度下菌株的生态位宽度和重叠，见表 4-53 和表 4-54。分析结果表明，就生态位宽度而言，单独培养条件下，B-6-6 菌株、Lp-6 菌株、Y-4-12 菌株生态位宽度分别为 3.4514、3.6784、3.0994，比较相近，表明 3 个菌株对资源利用率存在同质性；混合培养后，B-6-6 菌株生态位宽度上升（4.6687），Lp-6 菌株（3.2830）和 Y-4-11 菌株（3.5485）生态位宽度变化不大。同时，资源利用率发生

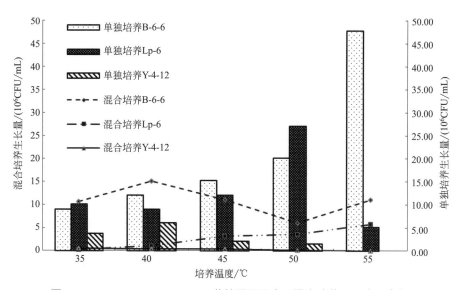

图 4-29　B-6-6/Lp-6/Y-4-12 三菌株不同温度下混合培养 24h 生长竞争

表 4-53　B-6-6/Lp-6/Y-4-12 三菌株不同温度下混合培养 24h 的生态位宽度

菌株	Levins	频数	截断比例	常用资源种类			
混合培养 B-6-6	4.6687	4	0.16	S1（19.78%）	S2（27.99%）	S3（20.52%）	S5（20.52%）
混合培养 Lp-6	3.2830	3	0.16	S3（23.36%）	S4（25.55%）	S5（42.34%）	
混合培养 Y-4-12	3.5485	3	0.18	S1（34.48%）	S2（27.59%）	S3（27.59%）	
单独培养 B-6-6	3.4514	2	0.16	S4（19.27%）	S5（45.86%）		
单独培养 Lp-6	3.6784	2	0.16	S3（19.05%）	S4（42.86%）		
单独培养 Y-4-12	3.0994	2	0.18	S1（28.14%）	S2（45.63%）		

表 4-54　B-6-6/Lp-6/Y-4-12 三菌株不同温度下混合培养 24h 的生态位重叠

菌株	混合培养 B-6-6	混合培养 Lp-6	混合培养 Y-4-12	单独培养 B-6-6	单独培养 Lp-6	单独培养 Y-4-12
混合培养 B-6-6	1	0.7311	0.8694	0.7837	0.7241	0.8631
混合培养 Lp-6	0.7311	1	0.396	0.967	0.6961	0.3225
混合培养 Y-4-12	0.8694	0.396	1	0.4274	0.6901	0.9162
单独培养 B-6-6	0.7837	0.967	0.4274	1	0.6312	0.3946
单独培养 Lp-6	0.7241	0.6961	0.6901	0.6312	1	0.6283
单独培养 Y-4-12	0.8631	0.3225	0.9162	0.3946	0.6283	1

变化。生态位宽度变化量与菌株生长优势呈正相关，B-6-6 菌株生长能力＞Lp-6 菌株＞Y-4-11 菌株。

　　对生态位重叠进行分析，单独培养时，B-6-6 菌株、Lp-6 菌株、Y-4-12 菌株之间生态位宽度分别是：B-6-6/Lp-6 为 0.6312、B-6-6/Y-4-12 为 0.3946、Lp-6/Y-4-12 为 0.6283；混合

培养后，B-6-6/Lp-6 生态位宽度提升为 0.7311，两菌资源利用率更加靠近；B-6-6/Y-4-12 大幅度提升为 0.8694，两菌资源利用率从单独培养几乎不重叠，变化为混合培养的重叠性高；Lp-6/Y-4-12 下降为 0.396，两菌生态位几乎不重叠。菌株混合培养通过生态位重叠的变化，影响资源的利用率，影响到菌株的竞争；三菌株混合培养，一个菌株与另一个菌株生态位重叠提升，就会导致和第三个菌生态位重叠的下降，来平衡资源的竞争（表 4-54）。

3. B-6-6/Y-4-11/Y-4-12 混合培养

（1）混合培养温度响应　根据表 4-35，整理 B-6-6/Y-4-11/Y-4-12 三菌株在不同温度下混合培养 24h 生长数量变化，试验结果列表 4-55。结果表明，单独培养时，B-6-6 菌株峰值在 55℃为 47.60×10⁶CFU/mL，Y-4-11 菌株峰值在 45℃为 5.70×10⁶CFU/mL，Y-4-12 菌株峰值在 40℃为 6.00×10⁶CFU/mL。混合培养后，B-6-6 菌株峰值温度稍微下降为 50℃，数量总和下降 39.49%；Y-4-11 菌株峰值温度保持在 45℃，数量总和下降了 87.43%；Y-4-12 菌株峰值温度下降为 35℃，数量总和下降了 88.21%。混合培养改变了峰值温度，降低了生长数量。

表 4-55　B-6-6/Y-4-11/Y-4-12 三菌株混合培养 24h 生长量温度响应

菌株	不同温度培养 24h 菌株生长量 / (10^6CFU/mL)					总和 / (10^6CFU/mL)
	35℃	40℃	45℃	50℃	55℃	
混合培养 B-6-6	9.00	11.80	13.00	14.80	14.00	62.60
混合培养 Y-4-11	0.60	0.60	0.70	0.50	0.00	2.40
混合培养 Y-4-12	0.50	0.35	0.30	0.40	0.00	1.55
单独培养 B-6-6	9.00	12.00	15.20	20.00	47.60	103.80
单独培养 Y-4-11	2.25	3.10	5.75	4.30	3.70	19.10
单独培养 Y-4-12	3.70	6.00	2.00	1.45	0.00	13.15

（2）混合培养生长竞争　B-6-6/ Y-4-11/Y-4-12 三菌株不同温度下混合培养总体上降低了三个菌株的生长量。在单独培养条件下，B-6-6 菌株生长曲线随着温度升高，Y-4-11 菌株和 Y-4-12 菌株，随着温度变化生长量在培养初期和培养末期数量下降，培养中期数量上升。混合培养过程，B-6-6 菌株随着温度升高，生长量逐渐上升，但总体生长量低于其单独培养；Y-4-11 菌株和 Y-4-12 菌株生长受到较大的抑制，随着温度上升，菌株生长量基本保持在较低的水平，总体数量低于其单独培养。该三菌株混合培养的温度响应属于同步抑制型（图 4-30）。

（3）不同温度下混合培养生态位宽度和重叠　利用表 4-55 计算不同温度下菌株的生态位宽度和重叠，见表 4-56 和表 4-57。分析结果表明，就生态位宽度而言，单独培养条件下，B-6-6 菌株、Y-4-11 菌株、Y-4-12 菌株生态位宽度分别为 3.4514、4.5650、3.0994，比较相近，表明三个菌株对资源利用率存在同质性；混合培养后，B-6-6 菌株生态位宽度上升（4.8724），Y-4-11 菌株生态位宽度下降（3.9452），Y-4-12 菌株（3.8594）生态位宽度上升，同时，资源利用率发生变化。生态位宽度变化量与菌株生长优势呈正相关，B-6-6 菌株生长能力＞Y-4-11 菌株＞Y-4-12 菌株。

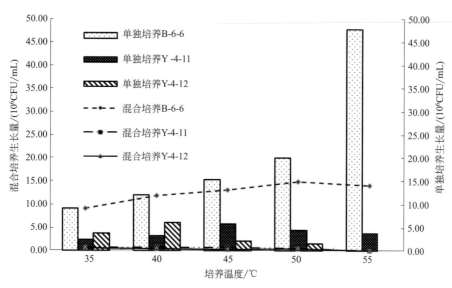

图 4-30　B-6-6/Y-4-11/Y-4-12 三菌株不同温度下混合培养 24h 生长竞争

表 4-56　B-6-6/Y-4-11/Y-4-12 三菌株不同温度下混合培养 24h 的生态位宽度

菌株	Levins	频数	截断比例	常用资源种类			
混合培养 B-6-6	4.8724	4	0.16	S2（18.85%）	S3（20.77%）	S4（23.64%）	S5（22.36%）
混合培养 Y-4-11	3.9452	4	0.18	S1（25.00%）	S2（25.00%）	S3（29.17%）	S4（20.83%）
混合培养 Y-4-12	3.8594	4	0.18	S1（32.26%）	S2（22.58%）	S3（19.35%）	S4（25.81%）
单独培养 B-6-6	3.4514	2	0.16	S4（19.27%）	S5（45.86%）		
单独培养 Y-4-11	4.5650	3	0.16	S3（30.10%）	S4（22.51%）	S5（19.37%）	
单独培养 Y-4-12	3.0994	2	0.18	S1（28.14%）	S2（45.63%）		

表 4-57　B-6-6/Y-4-11/Y-4-12 三菌株不同温度下混合培养 24h 的生态位重叠

菌株	混合培养 B-6-6	混合培养 Y-4-11	混合培养 Y-4-12	单独培养 B-6-6	单独培养 Y-4-11	单独培养 Y-4-12
混合培养 B-6-6	1	0.8457	0.8246	0.8726	0.9743	0.7155
混合培养 Y-4-11	0.8457	1	0.9650	0.4924	0.8688	0.8803
混合培养 Y-4-12	0.8246	0.965	1	0.4823	0.8018	0.8705
单独培养 B-6-6	0.8726	0.4924	0.4823	1	0.8148	0.3946
单独培养 Y-4-11	0.9743	0.8688	0.8018	0.8148	1	0.6688
单独培养 Y-4-12	0.7155	0.8803	0.8705	0.3946	0.6688	1

对生态位重叠进行分析，单独培养时，B-6-6 菌株、Y-4-11 菌株、Y-4-12 菌株之间生态位宽度分别为：B-6-6/Y-4-11 为 0.8148、B-6-6/Y-4-12 为 0.3946、Y-4-11/Y-4-12 为 0.6688。混合培养后，B-6-6/Y-4-11 提升为 0.8457，两菌资源利用率更加靠近；B-6-6/Y-4-12 大幅度提升为 0.8246，两菌资源利用率从单独培养几乎不重叠，变化为混合培养的重叠性高；Y-4-11/Y-4-12 提升为 0.9650，两菌生态位重叠增加。菌株混合培养通过生态位重叠的变化，影响资

源的利用率，影响到菌株的竞争（表 4-57）。

4. Lp-6/Y-4-11/Y-4-12 混合培养

（1）混合培养温度响应　根据表 4-35，整理 Lp-6/Y-4-11/Y-4-12 三菌株在不同温度下混合培养 24h 生长数量变化，试验结果列表 4-58。结果表明，单独培养时，Lp-6 菌株峰值在 50℃为 27.00×10⁶CFU/mL，Y-4-11 菌株峰值在 45℃为 5.75×10⁶CFU/mL，Y-4-12 菌株峰值在 40℃为 6.00×10⁶CFU/mL。混合培养后，Lp-6 菌株峰值温度下降为 45℃，数量总和下降 60.79%；Y-4-11 菌株峰值温度保持在 45℃，数量总和下降了 62.31%；Y-4-12 菌株峰值温度下降为 35℃，数量总和下降了 28.14%。混合培养改变了峰值温度，降低了生长量。

表 4-58　Lp-6/Y-4-11/Y-4-12 三菌株混合培养 24h 生长量温度响应

菌株	不同温度培养 24h 菌株生长量 /（10⁶CFU/mL）					总和
	35℃	40℃	45℃	50℃	55℃	
混合培养 Lp-6	2.80	2.50	9.00	6.10	4.30	24.70
混合培养 Y-4-11	1.60	1.60	3.00	0.50	0.00	6.70
混合培养 Y-4-12	6.50	1.00	2.00	0.25	0.00	9.75
单独培养 Lp-6	10.00	9.00	12.00	27.00	5.00	63.00
单独培养 Y-4-11	2.25	3.10	5.75	4.30	3.70	19.10
单独培养 Y-4-12	3.70	6.00	2.00	1.45	0.00	13.15

（2）混合培养生长竞争　Lp-6/Y-4-11/Y-4-12 三菌株不同温度下混合培养总体上降低了三个菌株的生长量。该三菌株混合培养的温度响应属于同步抑制型（图 4-31）。

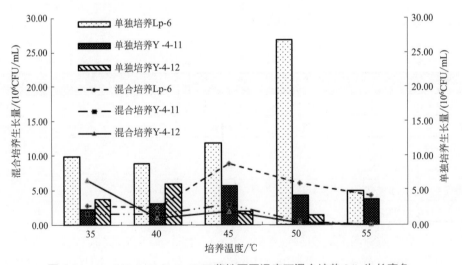

图 4-31　Lp-6/Y-4-11/Y-4-12 三菌株不同温度下混合培养 24h 生长竞争

（3）不同温度下混合培养生态位宽度和重叠　利用表 4-58 计算不同温度下菌株的生态位宽度和重叠，见表 4-59 和表 4-60；分析结果表明，就生态位宽度而言，单独培养条件下，

Lp-6 菌株、Y-4-11 菌株、Y-4-12 菌株生态位宽度分别为 3.6784、4.5650、3.0994；混合培养后，Lp-6 菌株生态位宽度上升（4.0460），Y-4-11 菌株生态位宽度下降（3.1239），Y-4-12 菌株生态位宽度下降（2.0092），同时资源利用率发生变化；生态位宽度变化量与菌株生长优势呈正相关，4-6 菌株生长能力＞ Y-4-11 菌株＞ Y-4-12 菌株。

　　对生态位重叠进行分析，单独培养时，Lp-6 菌株、Y-4-11 菌株、Y-4-12 菌株之间生态位宽度分别为：Lp-6/Y-4-11 为 0.8650、Lp-6/Y-4-12 为 0.6283、Y-4-11/Y-4-12 为 0.6688。混合培养后，Lp-6/Y-4-11 基本持平，为 0.8277，两菌资源利用率变化不大；Lp-6/Y-4-12 大幅度下降为 0.4762，两菌生态位重叠下降，资源利用率异质性增加；Y-4-11/Y-4-12 提升为 0.6951，两菌生态位重叠增加。菌株混合培养通过生态位重叠的变化，影响资源的利用率，影响到菌株的竞争；三菌株混合培养，一个菌株与另一个菌株生态位重叠提升，就会导致和第三个菌株生态位重叠的下降，来平衡资源的竞争（表 4-60）。

表 4-59　Lp-6/Y-4-11/Y-4-12 三菌株不同温度下混合培养 24h 的生态位宽度

菌株	Levins	频数	截断比例	截断比例	常用资源种类		
混合培养 Lp-6	4.0460	3	0.16	S3（36.44%）	S4（24.70%）	S5（17.41%）
混合培养 Y-4-11	3.1239	3	0.18	S1（23.88%）	S2（23.88%）	S3（44.78%）
混合培养 Y-4-12	2.0092	2	0.18	S1（66.67%）	S3（20.51%）	
单独培养 Lp-6	3.6784	2	0.16	S3（19.05%）	S4（42.86%）	
单独培养 Y-4-11	4.5650	3	0.16	S3（30.10%）	S4（22.51%）	S5（19.37%）
单独培养 Y-4-12	3.0994	2	0.18	S1（28.14%）	S2（45.63%）	

表 4-60　Lp-6/Y-4-11/Y-4-12 三菌株不同温度下混合培养 24h 的生态位重叠

菌株	混合培养 Lp-6	混合培养 Y-4-11	混合培养 Y-4-12	单独培养 Lp-6	单独培养 Y-4-11	单独培养 Y-4-12
混合培养 Lp-6	1	0.8277	0.4762	0.8546	0.9833	0.5692
混合培养 Y-4-11	0.8277	1	0.6951	0.6417	0.8251	0.7856
混合培养 Y-4-12	0.4762	0.6951	1	0.4636	0.4928	0.6698
单独培养 Lp-6	0.8546	0.6417	0.4636	1	0.8650	0.6283
单独培养 Y-4-11	0.9833	0.8251	0.4928	0.8650	1	0.6688
单独培养 Y-4-12	0.5692	0.7856	0.6698	0.6283	0.6688	1

五、粪污降解菌四菌株混合培养温度响应

　　（1）混合培养数量动态　枯草芽胞杆菌 B-6-6、凝结芽胞杆菌 Lp-6、乳酸芽胞乳杆菌 Y-4-11、浸麻类芽胞杆菌 Y-4-12 等量混合，在不同温度下混合培养 24h，试验结果见表 4-61。与单独培养比较，混合培养的四菌株生长量受到抑制，生长量总和与单独培养比较分别下降了 40.17%、76.19%%、79.58%、88.97%；混合培养对 B-6-6 菌株生长抑制作用最大，对 Y-4-12 菌株抑制作用最小；属同步抑制型的生长竞争类型。

表 4-61　B-6-6/Lp-6/Y-4-11/Y-4-12 四菌株混合培养 24h 生长量温度响应

菌株	不同温度培养 24h 菌株生长量 /（10⁶CFU/mL）					总和
	35℃	40℃	45℃	50℃	55℃	
混合培养 B-6-6	13.20	10.00	12.00	12.70	14.20	62.10
混合培养 Lp-6	1.50	1.20	2.50	4.20	5.60	15.00
混合培养 Y-4-11	1.60	0.90	1.00	0.40	0.00	3.90
混合培养 Y-4-12	0.25	0.50	0.50	0.20	0.00	1.45
单独培养 B-6-6	9.00	12.00	15.20	20.00	47.60	103.80
单独培养 Lp-6	10.00	9.00	12.00	27.00	5.00	63.00
单独培养 Y-4-11	2.25	3.10	5.75	4.30	3.70	19.10
单独培养 Y-4-12	3.70	6.00	2.00	1.45	0.00	13.15

（2）混合培养生长竞争　四株菌混合生长过程，不同温度对菌株生长影响较小，混合培养 B-6-6 菌株峰值在 55℃（14.20×10⁶CFU/mL），与单独培养比较，其峰值在 55℃不变，生长量峰值下降 70.16%；混合培养 Lp-6 菌株峰值在 55℃（5.60×10⁶CFU/mL），与单独培养比较 [其峰值在 50℃（27.00×10⁶CFU/mL）]，生长量峰值下降 79.26%；混合培养 Y-4-11 菌株峰值在 35℃（1.60×10⁶CFU/mL），与单独培养比较 [其峰值在 45℃（5.75×10⁶CFU/mL）]，生长量峰值下降 72.17%；混合培养 Y-4-12 菌株峰值在 40℃（0.50×10⁶CFU/mL），与单独培养比较 [其峰值在 35℃（3.70×10⁶CFU/mL）]，生长量峰值下降 86.49%（图 4-32）。

（3）混合培养生态位宽度和重叠　利用表 4-61 计算菌株的生态位宽度和重叠，见表 4-62 和表 4-63。分析结果表明，就生态位宽度而言，不同温度下单独培养四菌株生态宽度分别为：B-6-6 菌株为 3.4514，Lp-6 菌株为 3.6784，Y-4-11 菌株为 4.5650，Y-4-12 菌株为 3.0994。经过混合培养，四菌株生态位宽度呈现不同程度上升或保持原来水平，生态位宽度值分别为：4.9367、3.8174、3.3576、3.4896，表明混合培养改变了菌株的生态适应性。B-6-6 菌株混合培养后生态位宽度上升，其生长量受到抑制程度较低，常用资源种类由单独培养的 S4（19.27%）、S5（45.86%），变化为混合培养的 S1（21.26%）、S3（19.32%）、S4（20.45%）、S5（22.87%）；Lp-6 菌株混合培养后生态位宽度变化不大，常用资源种类由单独培养的 S3（19.05%）、S4（42.86%），变化为混合培养的 S3（16.67%）、S4（28.00%）、S5（37.33%）；Y-4-11 菌株混合培养后生态位宽度有所下降，常用资源种类由单独培养的 S3（30.10%）、S4（22.51%）、S5（19.37%），变化为混合培养的 S1（41.03%）、S2（23.08%）、S3（25.64%）；Y-4-12 菌株混合培养后生态位宽度变化较小，常用资源种类由单独培养的 S1（28.14%）、S2（45.63%），变化为混合培养的 S2（34.48%）、S3（34.48%）（表 4-62）。

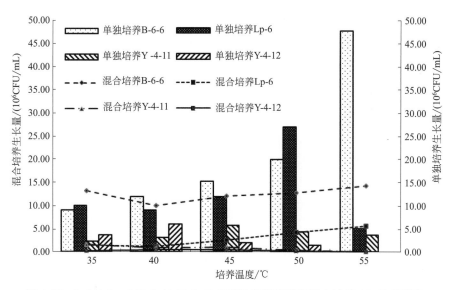

图 4-32　B-6-6/Lp-6/Y-4-11/Y-4-12 四菌株不同温度下混合培养 24h 生长竞争

表 4-62　B-6-6/Lp-6/Y-4-11/Y-4-12 四菌株混合培养的生态位宽度

菌株	Levins	频数	截断比例	常用资源种类			
混合培养 B-6-6	4.9367	4	0.16	S1（21.26%）	S3（19.32%）	S4（20.45%）	S5（22.87%）
混合培养 Lp-6	3.8174	3	0.16	S3（16.67%）	S4（28.00%）	S5（37.33%）	
混合培养 Y-4-11	3.3576	3	0.18	S1（41.03%）	S2（23.08%）	S3（25.64%）	
混合培养 Y-4-12	3.4896	2	0.18	S2（34.48%）	S3（34.48%）		
单独培养 B-6-6	3.4514	2	0.16	S4（19.27%）	S5（45.86%）		
单独培养 Lp-6	3.6784	2	0.16	S3（19.05%）	S4（42.86%）		
单独培养 Y-4-11	4.5650	3	0.16	S3（30.10%）	S4（22.51%）	S5（19.37%）	
单独培养 Y-4-12	3.0994	2	0.18	S1（28.14%）	S2（45.63%）		

表 4-63　B-6-6/Lp-6/Y-4-11/Y-4-12 三菌株混合培养的生态位重叠（Pianka 测度）

菌株	混合培养 B-6-6	混合培养 Lp-6	混合培养 Y-4-11	混合培养 Y-4-12	单独培养 B-6-6	单独培养 Lp-6	单独培养 Y-4-11	单独培养 Y-4-12
混合培养 B-6-6	1	0.9072	0.7935	0.7762	0.8652	0.8495	0.948	0.7245
混合培养 Lp-6	0.9072	1	0.4688	0.5143	0.9709	0.782	0.8779	0.4157
混合培养 Y-4-11	0.7935	0.4688	1	0.8656	0.407	0.6708	0.7285	0.8743
混合培养 Y-4-12	0.7762	0.5143	0.8656	1	0.4577	0.7217	0.8427	0.8995
单独培养 B-6-6	0.8652	0.9709	0.407	0.4577	1	0.6312	0.8148	0.3946
单独培养 Lp-6	0.8495	0.782	0.6708	0.7217	0.6312	1	0.8650	0.6283
单独培养 Y-4-11	0.948	0.8779	0.7285	0.8427	0.8148	0.8650	1	0.6688
单独培养 Y-4-12	0.7245	0.4157	0.8743	0.8995	0.3946	0.6283	0.6688	1

对生态位重叠进行分析，混合培养四菌株间的生态位重叠差异显著，混合培养 B-6-6/Lp-6 菌株间生态位重叠为 0.9072，较单独培养的 0.6312 提升了 43.73%；混合培养 B-6-6/Y-4-11 菌株间生态位重叠为 0.7935，较单独培养的 0.8148 下降了 2.61%；混合培养 B-6-6/Y-4-12 菌株间生态位重叠为 0.7762，较单独培养的 0.3946 提升了 96.71%；混合培养 Lp-6/Y-4-11 菌株间生态位重叠为 0.4688，较单独培养的 0.8650 下降了 45.80%；混合培养 Lp-6/Y-4-12 菌株间生态位重叠为 0.5143，较单独培养的 0.6283 下降了 18.14%；混合培养 Y-4-11/Y-4-12 菌株间生态位重叠为 0.8656，较单独培养的 0.6688 提升了 29.43%（表 4-63）。四菌株混合培养生态位重叠变化差异，反映了菌株间生长特性和生理特性的相互影响，有的菌株间通过降低生态位重叠来适应混培养，有的菌株间通过提升生态位重叠来适应混合培养。混合培养体系总能找到菌株生长平衡的方式。

六、讨论

1. 粪污降解菌单独培养温度响应

不同的菌株单独培养温度响应特征差异显著，枯草芽胞杆菌 B-6-6 菌株最大值为 $47.60 \times 10^6 CFU/mL$，出现在 55℃ 温度下，属于高温适应菌；凝结芽胞杆菌 Lp-6 菌株最大值为 $27.00 \times 10^6 CFU/mL$，出现在 50℃ 温度下，高温适应性次于前者；乳酸芽胞乳杆菌 Y-4-11 菌株最大值为 $5.75 \times 10^6 CFU/mL$，出现在 45℃ 温度下，属于中温适应菌；浸麻类芽胞杆菌 Y-4-12 菌株最大值 $6.00 \times 10^6 CFU/mL$，出现在 40℃ 温度下，属于中温适应菌。从生长能力上看，在 35 ~ 55℃ 温度范围，B-6-6 菌株总和＞Lp-6 菌株＞Y-4-11 菌株＞Y-4-12 菌株，B-6-6 菌株生长能力最强，Y-4-12 菌株最弱。从温度适应性上看，不同的菌株，对温度适应性不同，表现出不同的生长能力。

关于芽胞杆菌培养温度适应性有过许多报道，关于枯草芽胞杆菌，沈玉江等（2020）报道了产表面活性素枯草芽胞杆菌 YHI 的培养基优化研究，利用优化的培养基。在 pH7.0、35℃、摇床转速 200r/min 的条件下进行发酵，培养 48h，表面活性素的最高产量达到 3.76g/L，比初始培养基提高了 127.45%，与模型预测值接近。任玉文等（2020）报道了抗植物软腐病枯草芽胞杆菌的高密度发酵优化，采用正交试验法和响应面法，对枯草芽胞杆菌的发酵工艺进行了优化研究，最佳发酵培养基配方为蔗糖 20g/L，蛋白胨 10g/L，酵母浸粉 8.65g/L，K_2HPO_4 3.0g/L，$MgSO_4$ 0.27g/L，$CaCl_2$ 0.53g/L；最佳培养条件为温度 37℃、初始 pH7.0、接种量 10%、摇床转速 250r/min；应用优化配方及工艺，枯草芽胞杆菌的最高产量达到 $7.30 \times 10^8 CFU/mL$，菌体产量较优化前提高了 3.95 倍。郭建军等（2020）报道了饲用枯草芽胞杆菌高产芽胞工艺优化及菌剂制备，通过单因素试验和响应面法试验对 SR096 发酵培养基中的碳源、氮源以及无机盐体系等组分进行了优化，最终确定发酵培养基组成为：葡萄糖 7.5g/L、玉米粉 12.69g/L、酵母粉 10.66g/L、黄豆粉 20g/L、柠檬酸钠 4.46g/L、碳酸钙 1.5g/L、硫酸镁 2g/L，优化后的发酵培养基在 37℃、180r/min 条件下摇瓶培养 48h，枯草芽胞杆菌 SR096 菌株发酵液中芽胞含量可达 $7.978 \times 10^9 CFU/mL$，制备的益生菌剂具有耐热、耐酸、耐胆盐的优点并能在常温下长期贮存。冒鑫哲等（2020）报道了枯草芽胞杆菌高产角蛋白酶发酵条件优化，确定了优化后的发酵培养基为 30g/L 蔗糖、40g/L 豆粕、5.72g/L 酵母浸膏、3g/L $Na_2HPO_4 \cdot 12H_2O$、1.5g/L KH_2PO_4、0.3g/L $MgSO_4 \cdot 7H_2O$；优化后的培养条件为温度 37.69℃，接种量 5%（体积分数），pH7.68。在此条件下，摇瓶发酵 24h 角蛋白酶活性达到 260480U/mL，较优化前提高了 4.26 倍。在 3L 发酵罐中连续发酵 26h 角蛋白酶活性达到 704400U/mL。另外，优化后的发酵培养基原料成本降低了 96%。梁念等（2020）报道了一株枯草芽胞杆菌 Y1 的生长条件优化，最佳培养基配方为葡萄糖 0.50%、豆粕粉 2.50%、玉米浆粉 1.50%、K_2HPO_4 0.30%、KH_2PO_4 0.15%、$MgSO_4$ 0.025%、$MnSO_4$ 0.001%、$FeCl_3$ 0.010% 和 $CaCO_3$ 0.010%；最佳发酵工艺条件为消泡剂浓度 5‰、发酵温度 37℃、初始 pH7.2、转速 220r/min、通气量 1：0.4、种子罐的接种量 5% 和发酵罐装罐量 70%，种子罐培养 22h 后移罐接种到发酵罐，培养 32h，此时芽胞形成率达到 95.90%。保存的最佳干燥方式为冷冻干燥。优化后的菌株 Y1 的冻干粉活菌数为 5.08×10^{11}CFU/g，研究为枯草芽胞杆菌菌剂的工业化生产提供工艺技术支持。徐亚英等（2020）报道了枯草芽胞杆菌液体发酵条件优化，最佳配比为蛋白胨 1%，麸皮：酵母提取物 (3：2) 为 0.5%，氯化钠 1%；最佳发酵培养条件为初始 pH6.0，培养温度为 37℃，培养时间为 24h，装液量 100mL，接种量为 4%，转速为 200r/min。王克芬等（2020）报道了枯草芽胞杆菌产碱性果胶酶发酵条件的优化，利用单因素实验确定了产酶的最优培养基：30g/L 豆饼粉、35g/L 马铃薯淀粉、20g/L 果胶、2.775g/L 氯化钙、4.025g/L 硫酸锌、113.6g/L Na_2HPO_4，同时对温度、接种量、发酵 pH 值进行优化，得到最优发酵条件：温度 35℃、接种量 3%、发酵过程控制 pH7.4，在此基础上进行补料流加实验，补料配方为 350g/L 葡萄糖、10g/L 果胶，补料控制总糖浓度为 20μg/mL，并调整转速和风量控制溶氧 30%～40%，最终酶活达到 6120U/mL，较初始酶活 1061U/mL 提高了 4.77 倍。罗璇等（2020）报道了枯草芽胞杆菌 Z-3 产木聚糖酶固态发酵工艺优化，最优固态发酵工艺为培养时间 3d、培养温度 37℃、初始 pH5.0、装料量 30g/250mL、接种量 2.5%，碳源为麸皮与玉米芯混合物，麸皮占比 60%，氮源为氯化铵。在此最优发酵工艺条件下，木聚糖酶活力为 3459.58U/g 湿基，较未优化前 (2079.1U/g 湿基) 提高 66.40%。

关于凝结芽胞杆菌培养条件的研究有过许多报道，涂家霖等（2020）报道了凝结芽胞杆菌 13002 产芽胞条件优化，当培养基配方为：葡萄糖 15.0g，细菌用蛋白胨 10.0g，酵母提取粉 20.0g，NaCl 10.0g，$MnSO_4$ 0.2g，K_2HPO_4 3.0g，并用 10% 的麸皮水浸提液定容至 1L。培养条件为初始 pH7.0、接种量 6%（体积分数）、装液量 30mL（250mL 锥形瓶），于 200r/min、40℃培养 52h，获得的芽胞数可达 3.31×10^9CFU/mL。谭才邓等（2020）研究了凝结芽胞杆菌高密度发酵及产胞关键因素，菌株高密度发酵最佳培养基配方：葡萄糖 15g/L，酵母粉 5g/L，氯化钠 5g/L，麸皮浸出液 80%，pH5.5。最佳培养条件：培养温度 47℃，转速 200r/min，培养时间 20h。在此条件下发酵的菌密度高达 5.5×10^9CFU/mL；菌株产胞最佳培养基配方：可溶性淀粉 10g/L，豆粕粉 10g/L，酵母粉 5g/L，氯化钠 5g/L，硫酸铁 100mg/L，麸皮浸出液 80%，pH5.5。芽胞产量最高达到 5.1×10^9CFU/mL，产芽胞率为 98.15%。付佳莹等（2019）报道了凝结芽胞杆菌培养基确定与高密度发酵条件优化研究，最佳的添加量分别为蛋白胨 0.5%、淀粉 0.2%、大豆粉 1.0%；通过响应面软件分析，当接种量取 2.0%(体积分数)、发酵温度为 37℃、发酵 pH 值为 7.0 时，凝结芽胞杆菌菌数预测最大值为 4.52×10^8CFU/mL。侯佳佳等（2018）报道了凝结芽胞杆菌发酵条件的优化，最佳培养基为：无水葡萄糖 20g/L，$K_2HPO_4 \cdot 3H_2O$ 1g/L，$MgSO_4 \cdot 7H_2O$ 0.2g/L，$MnSO_4 \cdot H_2O$ 0.02g/L，玉米浆粉 17g/L；最佳培养条件为：温度 40℃，pH 5.5，摇瓶装液量 150mL/500mL，摇床转速 200r/min，培养时间 20h。姚勇芳等（2017）报道了凝结芽胞杆菌增殖条件及抗性，培养基最适配方为：氯化钠 2g/L，蛋白胨 5g/L，酵母粉 25g/L，麦芽糖 6g/L，磷酸氢二钠：磷酸二氢钠 =5g/

L：8g/L，硫酸镁 1.2g/L，硫酸锰 0.3g/L；最适培养条件为：初始 pH7.4、转速 180r/min、37℃培养 20h，菌落总数可达到 3.8×10^{11}CFU/mL。凝结芽胞杆菌耐热性值：$D_{80℃}$ 82.24min，$R_{80℃}$ 0.9943，$D_{90℃}$ 47.92min，$R_{90℃}$ 0.9955，$D_{100℃}$ 16.92min，$R_{100℃}$ 0.9944，凝结芽胞杆菌的热力致死曲线方程为 $y=-3.266x+342.96$。在 pH2 ～ 6 及 0.2% ～ 1.4% 猪胆盐溶液环境中存活率超过 100%。孙丽娜等（2017）报道了凝结芽胞杆菌 13002 高密度培养，最优培养基配方为：葡萄糖 20g/L、细菌学蛋白胨 10g/L、酵母提取粉 25g/L、NaCl 10g/L，初始 pH6.5。在此优化条件下，以 6% 的接种量，培养温度 45℃，培养至 16h，以 0.5g/(L·h) 速率添加补料至结束，最大菌体浓度达 5.399g/L，活菌总数为 3.095×10^{9}CFU/mL，最终冻干后达 0.730×10^{11}CFU/g。吴逸飞等（2013）报道了凝结芽胞杆菌产芽胞培养基及培养条件优化，最佳的添加量分别为蛋白胨 0.5%、淀粉 0.2%、大豆粉 1.0%。同时，通气方式和接种量对芽胞的形成数量也有影响。当转速 180 ～ 200r/min，接种量 3%(体积分数) 时，芽胞数量可以达到 3.5×10^{8}CFU/mL。李刚等（2013）报道了益生菌凝结芽胞杆菌胞外产物抑菌特性研究，初始条件为 37℃、pH6.0，培养时间为 48h 时抑菌效果最显著。杨柳等（2013）研究了凝结芽胞杆菌芽胞高产固体发酵，以麦麸为底物，温度 37℃，湿度 60%，初始 pH7.5，添加外源物质为葡萄糖 1.00%、蛋白胨 2.00%，KH_2PO_4 0.50%，$MnSO_4$ 0.05%，固体培养条件下进行 48h 发酵，芽胞生成进一步提高，优化验证试验结果表明凝结芽胞杆菌的芽胞产量可以达 3.80×10^{10}CFU/g 以上，明显高于对照组 2.98×10^{9}CFU/g。于佳民等（2013）报道了凝结芽胞杆菌产芽胞发酵条件的优化，优化后的培养基组成为：玉米面 30g/L，豆粕 27g/L，$(NH_4)_2SO_4$ 13g/L，麸皮 30g/L，$MgSO_4$ 1g/L，Na_2HPO_4 10g/L，NaH_2PO_4 0.5g/L，pH7.0；最优的培养条件为：温度 40℃，初始 pH7.0，转速 180r/min，装液量 100mL/500mL，接种量 6%(体积分数)，发酵时间 36h；在该优化条件下，芽胞形成率达到 85%。高书锋等（2010）报道了凝结芽胞杆菌发酵条件的优化，最佳发酵条件：温度 35℃、转速 220r/min、装液量 10%、接种量 3%、初始 pH7.0、发酵时间 42h；最佳培养基组成：葡萄糖 8.0g/L，酵母膏 12.5g/L，KH_2PO_4 3.0g/L，$MnSO_4 \cdot H_2O$ 0.18g/L，$MgSO_4 \cdot 7H_2O$ 0.125g/L。在此最佳发酵条件和培养基组成下，发酵液活菌数达 38×10^{8}CFU/mL。陈秋红等（2009）报道了培养条件对凝结芽胞杆菌芽胞形成的影响，芽胞形成的最适培养基组成为：麸皮 20g/L，酵母膏 5g/L，豆粕粉 10g/L，NaCl 5g/L，K_2HPO_4 3g/L，$MnSO_4 \cdot H_2O$ 0.3g/L；最适培养条件为：初始 pH7.0，接种后最适起始芽胞浓度为 10^{6}CFU/mL，培养温度为 40℃，180r/min 摇瓶培养，250mL 锥形瓶中最适装液体积为 15mL。在 15L 自动发酵罐中扩大培养，控制溶氧在 30% 以上，培养 20h，芽胞数量可达 5.8×10^{9}CFU/mL，芽胞产率达 96.7%。秦艳等（2008）报道了凝结芽胞杆菌发酵条件的优化，优化后的培养基为：葡萄糖 15g/L，酵母浸出物 + 胰蛋白胨 + 氯化铵的复合氮源 (2：2：1)5g/L，氯化钙 5g/L；并通过单因素试验法确定了最佳培养条件：温度 40℃，初始 pH6.0，接种量 3%，装液量 20mL/250mL，发酵时间 14h。

2. 粪污降解菌多菌株混合培养温度响应

单菌株培养在特定条件下的生长，代表了其微生物学特性，生长过程的代谢特征，影响了菌株混合培养过程的生长特性。两菌株混合培养，菌株间代谢特征的差异决定了菌株混合培养相互影响的特性，如有的同时受到抑制，有的同时受到促长，有的一株受到抑制，一株受到促长等；三株混合培养、四株混合培养等影响趋势与双株混合培养相近，混合菌株数越多，影响也越深刻。菌株生长曲线差异引起混合培养过程时间生态位宽度和重叠的变化影响着混合培养的结果，同样，菌株温度适应性差异引起的混合培养过程温度生态位宽度和重叠变化也影响着混合培养的结果。这种影响与各菌株温度适应性关系密切，温度适应性相近的菌株混合培养影响较小，适应性差异大的菌株混合培养影响较大。

同一个菌株与不同的菌株的两菌株混合培养，引起的培养结果差异显著，如 B-6-6 菌株与 Lp-6 菌株、Y-4-11 菌株、Y-4-12 菌株等两菌株混合培养，B-6-6 菌株与 Lp-6 菌株混合培养的温度响应属于同步抑制型，温度生态位宽度和重叠增加；B-6-6 菌株与 Y-4-11 菌株混合培养的温度响应属于异步促长型，温度生态位宽度和重叠下降；B-6-6 菌株与 Y-4-12 菌株混合培养的温度响应属于同步抑制型，温度生态位宽度和重叠增加。温度生态位宽度和重叠代表了菌株的生态适应性特征之一，混合培养的时候，生态位宽度和重叠的提升加剧了菌株间的生长竞争，容易产生相互的抑制作用；生态位宽度和重叠的减少，使得各菌株利用资源的空间隔离，有利于菌株的相互促进。

三菌株混合培养和四菌株混合培养，由于混合的菌株数增加，菌株间的生长竞争加剧，培养资源的限制，菌株表现出的特性基本为相互抑制；尽管菌株混合培养后，各菌株生态位宽度和重叠变化特性不同，菌株混合培养通过生态位重叠的变化，影响资源的利用率，影响到菌株的竞争；三菌株混合培养，一个菌株与另一个菌株生态位重叠提升，就会导致和第三个菌生态位重叠的下降，来平衡资源的竞争。四菌株混合培养也基本表现出相互抑制的特性，四菌株混合培养生态位重叠变化差异，反映了菌株间生长特性和生理特性的相互影响，有的菌株间通过降低生态位重叠来适应混合培养，有的菌株间通过提升生态位重叠来适应混合培养；混合培养体系总能找到菌株生长平衡的方式。

第四节
畜禽粪污降解菌产酶菌株的筛选

一、概述

1. 畜禽粪污降解菌——芽胞杆菌产酶特性

（1）芽胞杆菌产酶特性　芽胞杆菌属（*Bacillus*）是 1872 年由德国植物学家 Cohn 根据细菌生长的形态、特征而命名的。芽胞杆菌属是能形成芽胞（内生孢子）的杆菌或球菌，一般为革兰氏阳性，需氧或者兼性厌氧细菌。在自然界中来源广泛，主要分布于土壤、腐烂的植物、水、空气以及动物肠道内。该属菌具有抗逆性强，对不良环境适应性强，生长和繁殖速度快，在生长过程中能够产生大量代谢物等特点。近几年来发现一些芽胞杆菌已经被"公认安全"（GRAS），在食品和饲料中可以放心使用。芽胞杆菌生长过程中可分泌多种物质，包括抗生素、植物激素、拮抗蛋白、絮凝剂、酶等，这些物质无论是自身发挥作用还是与其他物质协调作用，均在农业、食品、工业、畜牧业以及环境保护等领域具有很大的应用价值。随着科技的迅速发展，在细胞水平、分子水平上对芽胞杆菌的研究都有很大突破，为以后的应用提供理论依据和指导。酶是由活细胞产生的一种生物催化剂，其本质大部分是蛋白质，也有少量为 RNA；酶的催化实质是通过降低反应的活化能加快反应速度，但酶本身以及反应的平衡点都不发生变化并且具有用量少、催化效率高、专一性强等反应特性。根据国内外有关报道表明芽胞杆菌可以产生多种酶，例如木聚糖酶、蛋白酶、果胶酶、普鲁兰酶、几丁质酶、植酸酶等。这些酶广泛应用于农业、工业、食品、饲料加工、医药等行业。

（2）芽胞杆菌重要酶资源

① 木聚糖酶的应用。木聚糖酶是一类重要的木聚糖苷键水解酶，也是一种诱导酶，主要包括 1,4-β- 木糖内切酶、1,4-β-D 木糖苷酶、1,4-β-D 甘露糖苷酶、1,4-β-D 葡萄糖苷酶、α-L- 阿拉伯糖苷酶、α-D- 葡萄糖苷酸酶、α-D- 半乳糖苷酶等多种酶组成的复合酶系（怀文辉等，2000）。在这个复合酶系中，多种酶协同作用可以把木聚糖降解为低聚木糖和木糖。

A. 木聚糖酶在食品行业中的应用。木聚糖酶在小麦面粉改良方面发挥很大的作用。小麦面粉中含有非淀粉多糖（non-starch polysaccharides，NSPS），这种非淀粉多糖主要是阿拉伯木聚糖。阿拉伯木聚糖在小麦面粉中以两种形式存在，一种是可溶性的，一种是非可溶性的（Monica et al.，2002；江正强，2005）。这种木聚糖的存在直接影响到面团的流变性质和面食的品质，所以解决这一问题的主要方法是在面食加工时加入一些木聚糖酶使木聚糖降解成为木寡糖或者木糖，从而提高面食的制作效率和机械加工性能以及改善面食的质地、结构、保质期。李里特等（2004）在面粉加工过程中向每千克面粉中加入 0.3mL 的木聚糖酶，可以使面团的形成时间减少 50%，也可以明显增大面包的体积，提高面包的松软度，使面包更加柔软劲道。王明伟（2002）研究表明，游离的阿魏酸和木聚糖酶协同作用可以提高面筋生产率，也可以增加面筋的延伸性。

木聚糖酶在果蔬加工过程中也发挥着很大的作用。果蔬细胞壁是由果胶质、纤维素、半纤维素组成的网状结构，能够阻止细胞内容物的渗出，因此新鲜水果和蔬菜加工成果蔬汁时浸出率低，营养成分也很难被提取出来。木聚糖酶与果胶酶、纤维素酶、淀粉酶协同作用能够提高果蔬的出汁率、增加营养物质的含量，并且同时能提高果蔬汁的澄清度（阮同琦等，2008）。

B. 木聚糖酶在饲料工业中的应用。饲料原料大部分是以小麦、麸皮、黑麦、稻谷等为主，这些原料中富含非淀粉多糖（NSPS）。NSPS 具有一定的抗营养性，在单胃动物体内缺乏消化这种物质的酶，大量食用以后会使消化道中食糜体积增大、黏度增加，进而阻碍营养物质的消化与吸收（Hristov et al.，2000）。冯定远等（2000）研究表明，在猪饲料中加入木聚糖酶和 β- 葡聚糖酶，猪的粗纤维消化率提高了 48.9%，粗蛋白消化率提高 16.5%。王金全等（2004）通过研究显示，将木聚糖酶添加到鸡饲料中，肉仔鸡（0 ～ 28 日龄）平均日增重增加了 9.12%，料肉比减少了 10.87%，体重平均提高了 9%。明红等（2006）研究证实显示木聚糖酶对于尼罗罗非鱼的生长和血脂、血糖水平有一定的影响，在饲料中加入 0.10% 的木聚糖酶以后鱼体内的总胆固醇没有明显变化，但是甘油三酯和血糖显著提高，体重也明显提高（提高 17.45%）。这是由于木聚糖酶将饲料中的木聚糖降解，改善了鱼体内的消化吸收的情况，提高机体的血糖水平，增加蛋白合成代谢，从而促进鱼体的生长。

C. 木聚糖酶在造纸工业中的应用。目前，废纸的回收利用成为人们关注的焦点，但是其利用体系不成熟，技术不先进。废纸回收利用首先要解决油墨的去除。传统脱墨采取的是化学法使油墨和纤维素分离，这样会使化学药品的消耗量大、成本高、环境污染严重。1991年韩国学者首次报道了木聚糖酶和纤维素酶能使旧报纸的脱油脱墨。随后顾其萍等人研究了使用酶法脱墨纸浆比对照浆的白度提高了 3.2%，并且油墨量的残留也降低了 73.8%，返黄值比较低。木聚糖酶在造纸行业中如纸浆的漂白、打浆处理、废纸脱墨、改善纤维性能等方面有广泛应用。造纸行业中多采用硫酸盐法制浆，此方法的弊端是使用了大量的氯和含氯化合物（次氯酸、次氯酸钙和二氧化氯），如此漂白过程中会产生大量的有毒有机氯化物，对人体和环境都造成了很大的危害，并且在一定程度上对造纸设备有一定的腐蚀作用。木聚糖酶在纸浆的漂白过程中可以把连接在纤维素和木素上的木聚糖降解，这就增加了漂白剂与木素的接触，可以起到高效漂白纸浆的作用，进而也减少了氯的用量（刘玉新等，2004）。Wong 等（1988）利用商品木聚糖酶 Cartazymes HS 对白杨木的硫酸盐纸浆进行预处理，结果显示纸浆最终亮度达到了 95%，氯用量减少了 18%。西班牙的 Miranda 造纸公司使用 Cartazymes HS 对桉树的硫酸盐纸浆进行预漂白试验，使纸浆的亮度最终达到 100%。葛培锦等（2005）研究表明在碱法制备麦草浆时，采用木聚糖酶预处理、醋酸酐活化和 H_2O_2 漂白相结合的 XP5aP5a 漂白程序而改变之前单纯使用 H_2O_2 漂白的方法，可获得白度为 74.6% ISO 的漂白麦草生物化机浆。慕娟等（2012）研究显示，碱性木聚糖酶应用于麦草浆造纸中，不仅可以减少氯化物用量的 20%，而且还可以提高纸张的质量，提高纸浆白度。陈艳希等（2013）的研究使氯化物的用量减少到 31%。

随着科学技术的进步，环保、高效的造纸技术一定会在不久的将来发展起来。

D. 木聚糖酶在其他行业中的应用。在能源转换方面鉴于人们生活必不可少的能源在世界范围内短缺的问题日益严重，新能源的开发也变成了热门话题。燃料乙醇能够代替化石能源被认为是解决排放污染和能源危机问题最有效的方法之一。我国是个农业大国，利用可再生的纤维素资源的秸秆作为原料来生产能源乙醇，既减少了农产品秸秆焚烧带来的环境污染，还可以达到一定的经济效益，促进了资源的循环利用（Saha et al.，2005）。木聚糖酶与其他酶协同作用，可以把植物纤维素降解得更加彻底，使产物进一步发酵。木聚糖酶在保健品方面的应用也很广泛（许正宏等，2000）。

② 蛋白酶的应用。动物内脏、植物茎叶和果实以及微生物都可以产生蛋白酶，微生物蛋白酶主要由霉菌、细菌，其次是酵母、放线菌产生。家禽的羽毛中富含角蛋白，角蛋白水解提取胱氨酸后的剩余母液，可以用来生产食用浓缩调味液（王涛，2012）。弹性蛋白酶能降解包括弹性硬蛋白在内的大多数蛋白酶，常被用来降解其他蛋白酶难以降解的食用韧带、大动脉管、筋腱等，同时弹性蛋白酶还能专一降解结缔组织中的弹性纤维，且在弹性蛋白与其他蛋白共存时优先降解弹性蛋白，因而在食品加工行业和日常生活中常被用作肉类嫩滑剂（刘双发，2009）。微生物中性蛋白酶在提高食品品质、稳定性和可溶性等方面发挥着重要的作用。在烘焙食品过程中，中性蛋白酶可作为限制性水解酶水解被称为"面筋"的不可溶蛋白。此外，中性水解酶还应用于啤酒茶饮料的澄清工艺，对肉类的嫩化等方面也有较好的效果（刘东旺，2008）。

随着人们生活水平的不断提高，越来越多的疾病也随之而来。其中动脉粥状硬化和冠心病是危害人类健康的重大疾病之一，导致这种疾病的主要原因是胆固醇含量高。弹性蛋白酶可提高脂蛋白酶活性，促进胆固醇的降解（张丽萍等，2004）。同时，弹性蛋白酶还可以作为预防和治疗糖尿病肾病的理想药物（吴庆强等，1998）。中性蛋白酶在伤口清创、烧伤疤痕软化、消炎消肿、祛痰等方面也发挥重要作用（程学明等，1986）。木瓜凝乳蛋白酶可应用于治疗椎间盘突出、肿瘤辅助治疗，在分离细胞，以及促进小儿烧伤的愈合等方面也卓有成效。

热稳定蛋白酶具有溶解角蛋白能力，在酸性及碱性条件下能够促进皮毛的软化；嗜热蛋白酶对强酸、强碱、有机溶剂有抗性，因此能够处理并降解一些废弃物。

③ 果胶酶的应用。果胶酶是能将植物组织中的果胶质分解的复合酶系，主要包括聚半乳糖醛酸酶（PG）、果胶裂解酶（PL）、果胶酯酶（PE）等（白兰芳等，2011）。果胶酶主要来源于动物、植物、微生物，由于动、植物中果胶酶的天然含量低，提取成本高，提取过程复杂等，不能获得大量的果胶酶进行研究。而有关研究显示微生物中的细菌、真菌、放线菌中均能产生大量果胶酶（黄俊丽等，2006）。果胶酶的应用广泛，尤其微生物来源的果胶酶利用更成为人们关注的热点。例如：在果蔬汁的榨取过程中添加果胶酶，可降低果汁黏度，提高出汁率，利于果蔬汁后序工艺处理（赵丽莉，2007）；纺织工业中麻类植物必须脱去非纤维素部分的胶才能使用，土法脱胶就是使用细菌等微生物产果胶酶来分解果胶质（张红霞和江晓路，2005）；在植物药提取中，果胶物质不同程度地阻碍天然产物的释放，果胶酶的添加可以降解果胶物质打破这种阻碍，获得天然产物。

④ 普鲁兰酶的应用。普鲁兰酶（Pullulanase，EC 3.2.1.41）是以一种可以水解 α-1,6- 糖苷键的脱支酶，因最初发现该种酶可以水解普鲁兰糖的 α-1,6- 糖苷键，所以称为普鲁兰酶（Ling et al.，2009）。普鲁兰酶可单独使用，也可与其他酶协同作用，例如普鲁兰酶在高葡萄糖浆生产、啤酒麦芽糖化、改性淀粉食品生产、歧化环糊精生产以及与 β- 淀粉酶配合使用生产麦芽糖等过程中都有广泛应用（朱梦，2010）。普鲁兰酶的工业生产主要依赖国外市场，由于价格昂贵，国内大多数研究主要集中在产普鲁兰酶的菌株选育上，对于芽孢杆菌产普鲁兰酶的研究较少。

⑤ 几丁质酶的应用。几丁质酶是一种能够催化几丁质糖苷键生成 N- 乙酰葡萄糖胺的酶。目前有关研究显示几丁质酶主要来源于动物、植物、微生物中，其中微生物产几丁质酶的研究较多。大多数的病原真菌以及昆虫的细胞壁的基本结构成分都是几丁质，几丁质酶能够降解几丁质从而杀死病原真菌和昆虫，所以几丁质酶在生物防治中起着重要作用。把几丁质直接投入到土壤中可以促进几丁质分解菌的生长，诱导几丁质酶的分泌，以此达到抵抗植物病原菌的效果（马汇泉等，2004）。综合国内外报道显示几丁质酶在医药、食品、饲料工业、化妆品等行业有着良好的发展前景（郑志成等，1995）。

⑥ 植酸酶的应用。植酸酶是催化植酸及其盐类水解成肌醇和磷酸的一类酶的总称。植酸酶应用广泛，并且具有潜在的利用价值。可以作为环保型饲料的添加剂，促进单胃动物对有机磷的利用，防止植物磷不能被利用而随粪便排出，进而减少畜牧养殖业废水中磷对环境的污染（Humer et al.，2015；张凤岭等，2007）。植酸酶应用在食品添加剂中，可以降低植酸的含量来促进其他矿物质的吸收，从而提高食品的营养价值。在医药领域，植酸酶可用于生产低磷酸肌醇或肌醇（谢英利等，2011）。

2. 畜禽粪污降解菌——芽胞杆菌的研究与应用

（1）具有除臭作用的芽胞杆菌　芽胞杆菌因其产芽胞的特性，具有优越的恶劣环境生长的适应性和工业化发酵产品保存性，作为畜禽粪污降解菌的主要菌种类群，得到了广泛的研究和应用。沈琦等（2019）报道了畜禽粪污除臭微生物的筛选与鉴定，为了减少畜禽粪污中臭气的释放，获得高效的畜禽粪污除臭菌株，利用驯化富集、平板划线的方法从猪粪中筛选除臭微生物。通过富集驯化、定性初筛和吸收液复筛法，检验微生物除臭效果，最终获得高效除臭微生物 Z2，实验室条件下对氨气的降解率达到 71.0%，硫化氢的降解率达到 62.3%。

经形态学观察及 16S rRNA 基因序列分析，确定菌株 Z2 为弯曲芽胞杆菌 (Bacillus flexus)。猪粪的除臭小试试验中，Z2 菌株可以以较低的接种量 (1% ～ 5%) 取得较好的除臭效果，表明该菌株在猪粪除臭领域具有潜在的应用价值。杨柳等（2012）报道了高效除臭微生物的原位筛选与鉴定，在分离畜禽粪污中微生物的基础上，用氮素限制性平板培养和指示剂显色相结合的方法对纯化微生物进行初筛，之后对初筛微生物再次进行原位除臭复筛，并完成高效除臭菌的鉴定。经过初筛，获得了一批高效的氨同化微生物，接着通过原位复筛，最终获得 5 株高效除臭微生物。经鉴定：CW-2、GW-4 菌为巴氏芽胞杆菌 (Bacillus pasteurii)，CW-10 为球形赖氨酸芽胞杆菌 (Bacillus sphaericus)，CW-3、GW-6 菌为短小杆菌属 (Brachybacterium spp.)。氮素限制培养与指示剂显色的初筛选和原位复筛选相结合的策略，对于筛选高效除臭微生物切实可行。该研究为开展生物除臭储备了宝贵的菌种资源，在深入利用微生物处理粪污、减轻养殖场恶臭对环境的危害、减少二次污染、促进畜禽粪便向有机肥转化等方面具有重要意义。

邵栓等（2020）报道了响应面法优化微生物除臭效果的研究，选用具有除臭功能的贝莱斯芽胞杆菌、枯草芽胞杆菌、产朊假丝酵母和干酪乳杆菌 4 种微生物菌种作为 Box-Behnke 设计的 4 个因素，将 4 种菌种经活化后接入粪便中，以对应活菌数 1×10^4CFU/g、1×10^5CFU/g 和 1×10^6CFU/g 作为 Box-Behnke 设计的 3 个编码水平。利用响应面设计构建得到 29 种复合微生物菌株组合，以其对猪粪中吲哚、氨和硫化氢的去除率作为参考指标，优化得到了 4 株除臭菌种的最优添加比例。结果表明，当菌液浓度为 1×10^8CFU/mL 的贝莱斯芽胞杆菌、枯草芽胞杆菌、产朊假丝酵母和干酪乳杆菌分别以 0.47%、0.05%、0.01% 和 1.00% 的比例加入猪粪便中，堆积发酵 7d 后对猪粪便中的吲哚、氨和硫化氢的去除率分别为 73.59%、63.60% 和 70.29%。

（2）耐重金属的芽胞杆菌　王怀中（2019）报道了饲料和猪粪中重金属含量特征及堆肥耐铅镉菌株的筛选鉴定，研究首先对分布于山东省 16 个地市的 86 个规模化猪场的 860 个饲料和粪便样品分别进行了采集和矿物质含量的测定，据此组建了发酵模型，继而从发酵产品中筛选耐重金属的菌株，进一步研究耐重金属微生物的生长发育条件及其对重金属的耐性或抗性机理。研究结果表明，在采样的 86 个猪场的饲料中，其 Fe、Mn、Ca、Zn 和 Cu 的平均添加量大都符合《饲料添加剂安全使用规范》的要求，只有少数养猪场的最高检测值超过了规范中的最高限制值，说明，养殖场全价饲料中矿物质元素的含量总体上是符合国家标准的，个别养殖场存在不同程度的超标添加矿物质元素的现象。猪粪中矿物质元素残留量的分布趋势与其在饲料中的含量相一致，其中配合饲料中与粪便中 Zn 和 Cu 的含量存在着显著的相关关系。研究结果表明，饲料中矿物质元素的过量添加是导致猪粪中 Zn 和 Cu 元素残留量趋于超标的主要原因。对猪粪进行了堆肥处理和筛选耐铅、耐镉菌株，结果成功地筛选分离出两株耐 Pb 和 Cd 的细菌，编号分别为 C1 和 T2。通过对 C1 和 T2 细菌形态特征观察、常规生理测定和 16S rDNA 序列同源性比对分析，初步鉴定出这两株菌株分别是奈氏西地西菌 (Cedecea neteri) 和蜡样芽胞杆菌 (Bacillus cereus)。进一步对 C1 和 T2 两种菌株的生长条件进行了优化，结果表明两株菌的最适 pH 值均为 7，最适生长温度均为 37℃，最适 NaCl 浓度分别为 0.5% 和 0.5% ～ 2%。C1 和 T2 菌株对 Pb、Cd 的去除率均在 50% 以上。

（3）脱硫菌　刘雪纯等（2020）报道了规模化猪场粪污高效脱硫菌的分离、筛选与鉴定。从规模化猪场采集粪便污水样品 20 份，首先接种于含 10g/L Na_2S 的基础无机盐培养基中富集培养，然后涂布于分离培养基进行分离与纯化。对纯化的菌株采用对氨基二甲基苯胺分光光度法测定培养上清中 S²⁻ 含量，筛选菌株的脱硫能力。选择降解率较高的菌株进行生理生化鉴定和 16S rDNA 分子鉴定，并对扩增的序列进行同源性比较及进化树分析。结果表明：从 20 个样品中分离了 14 株菌株，筛选获得 2 株脱硫率较高的菌株 JFF-2 和 JFF-3，脱硫率可达 84.02% 和 86.12%；经 16S rDNA 序列分析表明，JFF-2 菌与地衣芽胞杆菌的同源性为99.2%，JFF-3 菌与粪产碱杆菌的同源性为 98.7%，因此分别确定为地衣芽胞杆菌和粪产碱杆菌，与生理生化鉴定的结果一致。

（4）抗生素降解菌　薛盛强（2019）报道了畜禽养殖过程中微生物参与的抗生素减少机理。对于畜禽粪便中的残留抗生素，在好氧堆肥过程中添加高效抗生素降解菌是一种有效的末端治理手段。从自然界中筛选对家禽肠道微生物群落有益或者能够降解抗生素的微生物，可以分别从源头和末端减少抗生素污染。筛选得到 4 株能够降解纤维素和蛋白质的芽胞杆菌，分别是解淀粉芽胞杆菌 (Bacillus amyloliquefaciens)、特基拉芽胞杆菌 (Bacillus tequilensis)、贝莱斯芽胞杆菌 (Bacillus velezensis) 和枯草芽胞杆菌 (Bacillus subtilis)，而且，贝莱斯芽胞杆菌和枯草芽胞杆菌可以降解金霉素。筛选得到 1 株对大肠杆菌和金黄色葡萄球菌抑制能力较强的植物乳杆菌 (Lactobacillus plantarum)，对实验室已有的 1 株贾丁拟威尔酵母（Cyberlindnera jadinii）进行活化。将贝莱斯芽胞杆菌、植物乳杆菌和贾丁拟威尔酵母制成复合菌剂 1，用作饲料添加剂喂食蛋鸡。促进了蛋鸡生长和产蛋，提高了蛋鸡盲肠内容物微生物群落的多样性，提高了理研菌科 RC9 肠道菌群未分类的 1 属（g_unclassified_ f_Rikenellaceae_RC9_gut_group）、粪杆菌属 (Faecalibacterium)、奥尔森氏菌属（Olsenella）、双歧杆菌属 (Bifidobacterium) 和考拉杆菌属 (Phascolarctobacterium) 等有益菌属的相对丰度，抑制了弯曲杆菌属 (Campylobacter)、脱硫弧菌属 (Desulfovibrio)、埃希氏菌 / 志贺氏菌属 (Escherichia-Shigella) 和坂崎肠杆菌属 (Cronobacter) 等肠道致病菌的生长繁殖。该试验结果表明，复合菌剂 1 有潜力代替抗生素用作饲料添加剂，从而从源头减少抗生素污染。将贝莱斯芽胞杆菌、枯草芽胞杆菌、解淀粉芽胞杆菌和特基拉芽胞杆菌制成复合菌剂 2 用作好氧堆肥添加剂，金霉素的降解率由 85.32% 提高至 92.06%。堆肥过程中发现，添加复合菌剂 2 可以提高升温速率和堆体最高温，延长高温期时间，提高堆体腐熟期的 pH 值，降低腐熟期堆体 C/N 值，促进铵态氮转化成硝态氮，提高了堆体高温期芽胞杆菌属 (Bacillus) 相对丰度，杀灭致病菌，促进快速腐熟。该试验结果表明，添加复合菌剂 2 可以提高好氧堆肥过程中金霉素的降解效果，促进粪便好氧堆肥快速腐熟，是一种有效的末端治理畜禽养殖过程中抗生素污染的手段。

（5）畜禽粪便堆肥发酵过程中的芽胞杆菌　卢洋洋（2019）报道了不同菌种组合对牛粪好氧堆肥发酵的影响研究。以牛粪和玉米秸秆为堆肥材料，通过添加不同外源菌剂，探讨不同组合菌剂对牛粪堆肥进程的影响，以及在堆肥过程中相关污染指标的排放趋势，进一步掌握堆体中各种微生物 (细菌、真菌、放线菌) 数量变化规律。以此确定最佳的菌种组合，为牛场粪污处理提供有效的数据支撑。试验分 3 个堆肥处理组和 1 个对照组 (每组 3 个重复)，其中处理组 1 为牛粪 (70%)+ 玉米秸秆 (30%)+ 复合微生物菌剂 1(枯草芽胞杆菌 + 细黄链霉菌)；处理组 2 为牛粪 (70%)+ 玉米秸秆 (30%)+ 复合微生物菌剂 2(里氏木霉 + 细黄链霉菌)；处理组 3 为牛粪 (70%)+ 玉米秸秆 (30%)+ 复合微生物菌剂 3(枯草芽胞杆菌 + 里氏木霉 + 细黄链霉菌)；对照组为牛粪 + 玉米秸秆。3 个处理组分别加入 0.1%(质量分数) 的复合微生物菌剂，对照组不加菌剂。采用不同菌剂组合对牛粪发酵过程中肥效指标、常规指标、毒性指标、铜 (Cu) 和锌 (Zn)、氨气 (NH₃) 和二氧化碳 (CO₂) 的浓度以及堆体的细菌、真菌、放线菌数量进行了研究。研究结果如下：不同菌种组合对牛粪好氧堆肥进程的影响研究结果显示，在堆肥过程中，添加不同外源微生物能够增加高温期持续的时间；加快堆体水分的蒸发；对 pH 值的变化没有明显的影响；对堆体的含氮量及总养分含量有明显的提升作用；有效地促进了有机物的降解，使全磷、全钾相对含量增加；对于种子发芽指数中总养分含量的提高作用显著；能够有效地提高堆肥物料种子发芽指数。通过分析堆肥中各指标变化得出，加入复合微生物菌剂 2(里氏木霉 + 细黄链霉菌) 的堆肥效果最好。不同菌种组合对牛粪堆肥过程中 Cu 和 Zn 浓度变化的影响研究结果显示，堆肥结束时，各组的全铜含量比初始分别增加了 2.28mg/kg、0.65mg/kg、2.95mg/kg、3.29mg/kg。各组的全锌含量为 116.70mg/kg、121.47mg/kg、123.50mg/kg、123.80mg/kg，处理组 1、2 分别减少了 5.2mg/kg、0.43mg/kg，处理组 3 和对照组分别增加了 1.6mg/kg、1.9mg/kg。所添加的外源微生物能够有效地减少堆肥中重金属 Cu(CK) 和 Zn 的浓度的增加量。其中处理组 2(里氏木霉 + 细黄链霉菌) 对 Cu 增加量最少，处理组 1(枯草芽胞杆菌 + 细黄链霉菌) 对 Zn 增加量最少，且作用效果显著。不同菌种组合对牛粪堆肥过程中氨气和二氧化碳排放的影响研究结果显示，在堆肥的第 5 天，各组的氨气浓度释放量均达到峰值，分别为 380.00mg/L、406.00mg/L、325.00mg/L、471.6mg/L。其中对照组的氨气释放浓度最大，处理组 3 最小。在堆肥的第 7 天，处理组 2 和处理组 3 的二氧化碳浓度达到峰值，分别为 $2.68×10^4$mg/L、$3.05×10^4$mg/L；在堆肥的第 9 天，处理组 1 和对照组达到峰值，分别为 $3.06×10^4$mg/L、$3.57×10^4$mg/L。其中对照组的二氧化碳释放浓度最大，处理组 3 最小。说明添加外源微生物菌种可以显著降低氨气和二氧化碳的释放浓度，降低了有害气体的排放，减排作用显著。其中，处理组 3(枯草芽胞杆菌 + 里氏木霉 + 细黄链霉菌) 效果最好。不同复合微生物菌种组合对牛粪堆肥过程中细菌、真菌、放线菌数量变化的影响结果表明：在整个堆肥过程中，添加微生物的处理组的细菌数量显著高于对照组，堆肥结束时，分别为 $1.56×10^{10}$CFU/g、$1.96×10^{10}$CFU/g、$2.42×10^{10}$CFU/g、$1.55×10^{10}$CFU/g，说明添加外源菌剂可以增加细菌数量，有效地提高了堆肥物料的分解和腐熟。其中处理组 3(枯草芽胞杆菌 + 里氏木霉 + 细黄链霉菌) 的效果最好；在整个堆肥过程中，添加微生物的处理组的真菌数量显著高于对照组，堆肥结束时分别为 $24.8×10^7$CFU/g、$56.1×10^7$CFU/g、$92.2×10^7$CFU/g、$51.9×10^7$CFU/g，由此可说明添加外源菌剂提高了真菌数量，有利于堆肥物料的分解和腐熟，其中处理组 3(枯草芽胞杆菌 + 里氏木霉 + 细黄链霉菌) 的效果最好；在整个堆肥过程中，添加微生物的处理组的放线菌数量显著高于对照组，堆肥结束时分别为 $23.8×10^8$CFU/g、$37×10^8$CFU/g、$38.5×10^8$CFU/g、$30.5×10^8$CFU/g，其中处理组 2(里氏木霉 + 细黄链霉菌) 和处理组 3(枯草芽胞杆菌 + 里氏木霉 + 细黄链霉菌) 的效果最好。

潘晓光（2018）报道了整合宏组学分析畜禽废弃物发酵过程中微生物群落的动态变化。基于整合宏组学技术，以两种辅料混合鸡粪堆肥，探究了其微生物组成、演替以及其胞外功能酶系的动态变化过程，通过优化堆肥过程参数与工艺条件，试图实现耐药微生物的消减控制，从而实现现代化畜禽废弃物处理的减量化、无害化和资源化。其开展的主要研究工作如下：

① 完成山东省部分地区生物质固体废弃物种类及处理过程的调研。调研发现，多数堆肥企业采取传统的堆肥工艺，并不关注抗生素、耐药微生物及耐药基因的检测分析，这是当前畜禽废弃物处理面临的普遍问题。传统的条堆堆肥工艺未引入机械化过程，不仅占地面积大，气味明显，而且耗时较长，无法高效处理畜禽粪污。有的堆肥企业添加微生物菌剂，但

由于缺乏技术支持，因此盲目性大。因此，采用整合宏组学技术，分析畜禽粪污中微生物区系的动态变化，关注致病微生物种群，从而提出合理的优化方案，将蘑菇渣或者糖渣作为辅料添加其中，优化工艺，提高工业化效率。

② 鸡粪混合金针菇渣堆肥条件优化策略初探。整合宏组学研究表明，宏蛋白质组检测相比于宏基因组检测可以更快地反映生境中微生物菌群的变化规律。由于鸡粪金针菇渣混合原料含水量高，原有工艺翻堆频繁，通氧过高，难以形成有效的发酵过程。优化并减少翻堆频次后，堆肥温度能迅速提升，但未能达到 60℃，因此含水率仍是限制性因素。基因组测序表明，细菌中变形菌门的含量虽有所下降，但仍旧含有大量的致病微生物，因此未达到无害化处理的要求。整合宏组学分析表明，在堆肥后期高温生境优势微生物是嗜热丝孢菌，该菌可以在高温环境环境中大量分泌木聚糖降解酶系，因此，原料复配过程中降低含水率，适时翻堆通氧，增加关键微生物促进高温期尽快到达 60℃，从而实现无害化处理。

③ 利用功能宏蛋白质组学技术跟踪分析鸡粪木糖渣混合堆肥中微生物的演替过程。采用条堆堆肥工艺，鸡粪与木糖渣混合堆肥，温度上升速度较慢，第 7 天才达到 60℃。宏蛋白质组分析表明，堆肥中的关键微生物群落 (厚壁菌门、放线菌门) 随着温度的升高逐渐成为主要的功能酶系产出菌群，而放线菌门的纤维素酶产出量大，推测混合木糖渣后有利于放线菌门微生物的生长，从而控制甚至拮抗耐药菌的存在。进一步优化堆肥工艺，如翻堆通氧等有助于无害化过程的实现；而发酵过程添加含水量较高的污泥不利于堆肥过程，不利于嗜热微生物的形成和优势种群的建立。

④ 鸡粪堆肥罐式发酵工艺优化及混合木糖渣的二次堆肥工艺探索。通过 90m³ 发酵罐工艺优化对鸡粪快速除臭，降低含水率。宏基因组分析表明，微生物种群以厚壁菌门为主，表明 60℃ 以上高温可以完成相关菌门（如变形菌门）中致病微生物的杀灭，而发酵后 3d 产物混合木糖渣，宏基因组分析表明微生物种群向着放线菌门快速演替，而宏蛋白质分析也表明主要的关键酶系 (纤维素酶、蛋白酶) 主要来源于放线菌门，因此，通过两步法，先进行鸡粪 90m³ 罐式堆肥发酵，然后发酵产物混合木糖渣二次堆肥，可以完成在微生物种群有目的的定向演替，减少耐药微生物的存在。

吴庆珊（2018）报道了纤维素降解菌筛选及其在羊粪堆肥发酵中的应用。从不同生境及市售菌剂样品中分离获得纤维素降解菌株，通过高效纤维素降解菌的筛选、复合菌剂构建及其在羊粪堆肥发酵中的应用研究，主要研究结论如下：

① 通过筛选获得纤维素降解细菌 156 株、真菌 68 株和放线菌 43 株，进一步通过初筛、复筛，并经 16S rDNA 和 ITS 序列鉴定，获得 7 株具较强纤维素降解能力的菌株，包括芽胞杆菌属 (Bacillus) 细菌 XJB4 和 XC4，类芽胞杆菌属 (Paenibacillus) 细菌 X1，青霉属 (Penicillium) 真菌 ZN50 和 ZP27，以及链霉菌属 (Streptomyces) 放线菌 FJB2 和 FJB4。

② 拮抗试验表明，以上 7 株菌株间相互无拮抗作用。构建复合菌剂后，包括 7 株纤维素降解菌株的复合菌剂 M，在发酵 2d 后，将滤纸降解成糊状；其全酶 (FPA)、外切酶 (Cx)、羧甲基纤维素酶 (CMCase) 和 β- 葡萄糖苷酶 (β-Gase) 的酶活较高，达 146.97U/mL、85.14U/mL、7.29U/mL 和 232.81U/mL；液态发酵 10d 后秸秆降解率达 42.15%。

③ 接种纤维素降解复合菌剂 M 并用于羊粪秸秆堆肥发酵。与未接种微生物的对照 (CK) 相比，接种复合菌剂 M 后：a. 堆体升温到高温期 (50℃) 的时间缩短了 1d，且高温阶段延长了 2d；b. 在堆肥 21d 后，堆体的种子发芽指数为 100.86%，腐熟周期较对照组缩短了 4d；c. 堆肥结束时 (25d)，纤维素和半纤维素降解率显著高于对照组 ($P < 0.05$)，提高了 12.50%

和 11.38%。有机质较对照组升高了 2.00%；碳氮比降低了 3.67；全氮、速效磷和速效钾分别增加了 11.85%、31.23% 和 34.12%。与市售菌剂 R 相比，接种纤维素降解复合菌剂 M 发酵后，堆体最高温度和纤维素降解率显著高于市售菌剂 R($P < 0.05$)，其余堆肥理化指标和营养指标等无显著差异 ($P > 0.05$)。表明筛选构建的纤维素降解复合菌剂 M 用于羊粪堆肥，有利于促进堆体中纤维素和半纤维素降解，提高和维持堆体高温发酵，缩短堆肥和腐熟周期，并保留 N、P、K 等营养。且复合菌剂 M 堆肥后肥效与市售菌剂 R 相当。

④ 利用二代测序技术（细菌 16S rDNA 和真菌 ITS rDNA），对堆肥过程中不同堆肥时期微生物群落组成的分析表明，在门水平上，微生物结构组成变化不大。变形菌门 (Proteobacteria)(34.49% ～ 64.91%)、厚壁菌门 (Firmicutes)(14.04% ～ 34.92%)、放线菌门 (Actinobacteria)(7.51% ～ 32.07%)3 个门为细菌优势类群。子囊菌门 (Ascomycota)(22.32% ～ 92.63%) 和担子菌门 (Basidiomycota) (0.49% ～ 21.18%)2 个门为真菌优势类群。在属水平上，不同堆肥时期的微生物存在明显的群落演替。堆肥初期 (0d)，细菌优势属主要包括盐单胞菌属 (Halomonas) 和副球菌属 (Paracoccus)，真菌为枝顶孢属 (Acremonium) 和帚枝霉属（Sarocladium）；在高温阶段中期 (8d)，细菌优势属主要包括棒状放线菌属（Actinotalea）和副球菌属，真菌为（Gibellulopsis）和节担菌属 (Wallemia)；在高温阶段末期 (15d)，细菌优势属主要包括弧菌属 (Vibrio) 和芽胞杆菌属 (Bacillus)，真菌为节担菌属和曲霉属 (Aspergillus)；在腐熟阶段 (25d)，细菌优势类群为棒状放线菌属和芽胞杆菌属；真菌为节担菌属和 Gibellulopsis。接种复合菌剂 M 使发酵堆体中细菌和真菌的物种丰度和多样性增加。在发酵结束时 (25d)，细菌和真菌的 Chao1 指数 (806.33，371.08)、香农指数 (4.84，3.46) 高于对照组 (761.33，4.48)，辛普森多样性指数 (0.02，0.07) 则低于对照组 (0.04，0.07)。对堆体中营养组分与细菌组成进行冗余相关性分析，结果表明，全 P、全 N 和全 K 等营养组分与盐单胞菌属，以及枝顶孢属、古根霉菌属（Archaeorhizomyces）等真菌呈正相关，且相关性较高。FPA、CMCase 和 β-Gase 等纤维素相关的酶活力与芽胞杆菌属和弧菌属等细菌，以及节担菌属和 Pyrenochaetopsis 等真菌呈正相关，相关性较高。有机质的含量与海洋杆菌属、苛求球形菌属（Fastidiosipila）和白色杆菌属（Leucobacter）等细菌，以及节担菌属和 Pyrenochaetopsis 等真菌呈正相关，相关性较高。

(6) 产蛋白酶菌株郭晓军等（2017）报道了堆肥用产蛋白酶菌株的筛选、鉴定及产芽胞条件优化。采用平板扩散法和 Folin 酚试剂比色法筛选耐热产蛋白酶芽胞杆菌菌株，并对其进行种属鉴定和产芽胞条件优化。结果表明：得到一株耐热产蛋白酶活性较高的芽胞杆菌菌株 N62，初步鉴定为甲基营养型芽胞杆菌 (Bacillus methylotrophicus)。最适培养基组成为玉米粉 1.0%，黄豆饼粉 1.0%，$MgSO_4 \cdot 7H_2O$ 0.02%，$FeSO_4 \cdot 5H_2O$ 0.02%；最适培养条件为初始 pH7，装液量 50mL/250mL，接种量 8mL，发酵时间 72h；优化后芽胞产率为 95.0%。

二、芽胞杆菌产酶透明圈法筛选

酶制剂工业是高新技术产业，也是生物工程的重要组成部分，应用遍及农业、工业、食品、医药、环境保护等领域，对社会有巨大的经济效益（王睿和刘桂超，2011）。酶主要来源于动物、植物、微生物中，由于动、植物产酶量少，不能满足大批量生产的要求，微生物具有培养条件简单、繁殖速度快等特点，因此微生物产酶研究成为人们关注的热点。国内已有研究者对个别芽胞杆菌菌株进行酶活研究，且产酶效果理想，所以芽胞杆菌酶系普查工作

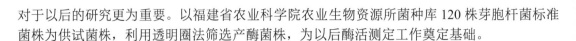

对于以后的研究更为重要。以福建省农业科学院农业生物资源所菌种库 120 株芽胞杆菌标准菌株为供试菌株，利用透明圈法筛选产酶菌株，为以后酶活测定工作奠定基础。

1. 研究方法

（1）供试菌株　见表 4-64。选自福建省农业科学院农业生物资源研究所菌种库。

表 4-64　供试菌株信息

编号	菌株	编号	菌株
1.	*Paenibacillus alginolyticus* FJAT-10001（解藻酸类芽胞杆菌）	22.	*Viridibacillus arvi* FJAT-10028（田地绿芽胞杆菌）
2.	*Paenibacillus alvei* FJAT-10002（蜂房类芽胞杆菌）	23.	*Bacillus carboniphilus* FJAT-10029（嗜碳芽胞杆菌）
3.	*Paenibacillus amylolyticus* FJAT-10003（解淀粉类芽胞杆菌）	24.	*Bacillus farraginis* FJAT-10030（混料芽胞杆菌）
4.	*Aneurinibacillus aneurinilyticus* FJAT-10004（解硫胺素解硫胺素芽胞杆）	25.	*Bacillus fordii* FJAT-10032（福氏芽胞杆菌）
5.	*Bacillus mojavensis* FJAT-10005（莫哈维芽胞杆菌）	26.	*Bacillus fortis* FJAT-10033（强壮芽胞杆菌）
6.	*Brevibacillus borstelensis* FJAT-10006（波茨坦短芽胞杆菌）	27.	*Bacillus gelatini* FJAT-10035（明胶芽胞杆菌）
7.	*Paenibacillus chondroitinus* FJAT-10007（软骨素类芽胞杆菌）	28.	*Sporosarcina globispora* FJAT-10036（圆胞芽胞束菌）
8.	*Brevibacillus cohnii* FJAT-10008（科恩短芽胞杆菌）	29.	*Bacillus hemicellulosilyticus* FJAT-10037（解半纤维素芽胞杆菌）
9.	*Paenibacillus curdlanolyticus* FJAT-10009（解凝乳类芽胞杆菌）	30.	*Paenibacillus chitinolyticus* FJAT-10038（解几丁质类芽胞杆菌）
10.	*Bacillus endophyticus* FJAT-10010（内生芽胞杆菌）	31.	*Bacillus barbaricus* FJAT-10042（奇异芽胞杆菌）
11.	*Brevibacillus formosus* FJAT-10011（美丽短芽胞杆菌）	32.	*Bacillus bataviensis* FJAT-10043（巴达维亚芽胞杆菌）
12.	*Bacillus funiculus* FJAT-10012（绳索状芽胞杆菌）	33.	*Bacillus horti* FJAT-10049（花园芽胞杆菌）
13.	*Bacillus agaradhaerens* FJAT-10013（黏琼脂芽胞杆菌）	34.	*Bacillus pantothenticus* FJAT-10053（泛酸枝芽胞杆菌）
14.	*Bacillus cohnii* FJAT-10017（科恩芽胞杆菌）	35.	*Paenibacillus polymyxa* FJAT-10055（多黏类芽胞杆菌）
15.	*Brevibacillus agri* FJAT-10018（土壤短芽胞杆菌）	36.	*Geobacillus thermodenitrificans* FJAT-10058（热脱氮地芽胞杆菌）
16.	*Paenibacillus glucanolyticus* FJAT-10020（解葡聚糖类芽胞杆菌）	37.	*Bacillus odysseyi* FJAT-14201（奥德赛芽胞杆菌）
17.	*Paenibacillus validus* FJAT-10021（强壮类芽胞杆菌）	38.	*Bacillus niacini* FJAT-14202（烟酸芽胞杆菌）
18.	*Bacillus halmapalus* FJAT-10022（盐敏芽胞杆菌）	39.	*Paenibacillus lautus* FJAT-14203（灿烂类芽胞杆菌）
19.	*Bacillus halodurans* FJAT-10024（耐盐芽胞杆菌）	40.	*Bacillus amyloliquefaciens* FJAT-2349（解淀粉芽胞杆菌）
20.	*Bacillus altitudinis* FJAT-10025（高地芽胞杆菌）	41.	*Aneurinibacillus migulanus* FJAT-14205（米氏解硫胺素芽胞杆菌）
21.	*Bacillus arsenicus* FJAT-10027（砷芽胞杆菌）	42.	*Bacillus luciferensis* FJAT-14206（路西法芽胞杆菌）

编号	菌株	编号	菌株
43.	*Bacillus macauensis* FJAT-14207（澳门芽胞杆菌）	71.	*Bacillus subtilis subsp.inaquosorum* FJAT-14251（枯草芽胞杆菌水池亚种）
44.	FJAT-14208	72.	*Bacillus isronensis* FJAT-14252（印空研芽胞杆菌）
45.	*Bacillus acidiproducens* FJAT-14209（酸快生芽胞杆菌）	73.	*Bacillus taeanensis* FJAT-14253（大安芽胞杆菌）
46.	*Bacillus koreensis* FJAT-14210（韩国芽胞杆菌）	74.	*Bacillus subtilis subsp.subtilis* FJAT-14254（枯草芽胞杆菌枯草亚种）
47.	*Bacillus humi* FJAT-14211（土地芽胞杆菌）	75.	*Bacillus sonoernsis* FJAT-14256（索诺拉沙漠芽胞杆菌）
48.	*Bacillus indicus* FJAT-14212（印度芽胞杆菌）	76.	*Bacillus shackletonii* FJAT-14257（沙氏芽胞杆菌）
49.	*Bacillus lehensis* FJAT-14213（列城芽胞杆菌）	77.	*Bacillus murimartini* FJAT-14258（马丁教堂芽胞杆菌）
50.	*Bacillus beijingensis* FJAT-14214（北京芽胞杆菌）	78.	*Bacillus safensis* FJAT-14260（沙福芽胞杆菌）
51.	*Bacillus cecembensis* FJAT-14215（科研中心芽胞杆菌）	79.	*Bacillus selenitireducens* FJAT-14261（硒酸盐还原芽胞杆菌）
52.	*Bacillus nealsonii* FJAT-14216（尼氏芽胞杆菌）	80.	*Bacillus selenatarsenatis* FJAT-14262（硒砷芽胞杆菌）
53.	FJAT-14219	81.	*Bacillus ginsengihumi* FJAT-14270（人参土芽胞杆菌）
54.	*Bacillus aryabhattai* FJAT-14220（阿氏芽胞杆菌）	82.	*Bacillus subterraneus* FJAT-14271（地下芽胞杆菌）
55.	*Bacillus decisifrondis* FJAT-14222（腐叶芽胞杆菌）	83.	*Brevibacillus brevis* FJAT-8753（短短芽胞杆菌）
56.	*Bacillus novalis* FJAT-14223（休闲地芽胞杆菌）	84.	*Bacillus amyloliquefaciens* FJAT-8754（解淀粉芽胞杆菌）
57.	*Bacillus oleronius* FJAT-14224（蔬菜芽胞杆菌）	85.	*Bacillus atrophaeus* FJAT-8755（深褐芽胞杆菌）
58.	*Bacillus pseudomycoides* FJAT-14225（假蕈状芽胞杆菌）	86.	*Bacillus azotoformans* FJAT-8756（产氮芽胞杆菌）
59.	*Bacillus seohaeanensis* FJAT-14231（西岸芽胞杆菌）	87.	*Bacillus badius* FJAT-8757（栗褐芽胞杆菌）
60.	*Bacillus soli* FJAT-14232（土壤芽胞杆菌）	88.	*Bacillus benzoevorans* FJAT-8758（食苯芽胞杆菌）
61.	*Bacillus horikoshii* FJAT-14233（堀越氏芽胞杆菌）	89.	*Bacillus centrosporus* FJAT-8759（中胞类芽胞杆菌）
62.	*Bacillus litoralis* FJAT-14234（岸滨芽胞杆菌）	90.	*Bacillus cereus* FJAT-8760（蜡样芽胞杆菌）
63.	*Bacillus marisflavi* FJAT-14235（黄海芽胞杆菌）	91.	*Bacillus circulans* FJAT-8761（环状芽胞杆菌）
64.	*Bacillus butanolivorans* FJAT-14236（食丁醇芽胞杆菌）	92.	*Bacillus clausii* FJAT-8762（克劳氏芽胞杆菌）
65.	*Bacillus pseudalcaliphilus* FJAT-14237（假坚强芽胞杆菌）	93.	*Bacillus coagulans* FJAT-8763（凝结芽胞杆菌）
66.	*Bacillus galliciensis* FJAT-14239（加里西亚芽胞杆菌）	94.	*Bacillus firmus* FJAT-8764（坚强芽胞杆菌）
67.	*Bacillus kribbensis* FJAT-14240（韩研所芽胞杆菌）	95.	*Bacillus flexus* FJAT-8765（弯曲芽胞杆菌）
68.	*Bacillus hwajinpoensis* FJAT-14247（花津滩芽胞杆菌）	96.	*Lysinibacillus fusiformis* FJAT-8766（纺锤形赖氨酸芽胞杆菌）
69.	*Bacillus macyae* FJAT-14248（马氏芽胞杆菌）	97.	*Bacillus insolitus* FJAT-8767（奇特嗜冷芽胞杆菌）
70.	*Bacillus methanolicus* FJAT-14249（甲醇芽胞杆菌）	98.	*Geobacillus kaustophilus* FJAT-8768（嗜酷热地芽胞杆菌）

续表

编号	菌株	编号	菌株
99.	*Sporolactobacillus laevolacticus* FJAT-8769（乳酸芽胞乳杆菌）	110.	*Bacillus schlegelii* FJAT-8780（施氏芽胞杆菌）
100.	*Bacillus lentus* FJAT-8770（迟缓芽胞杆菌）	111.	*Bacillus simplex* FJAT-8781（简单芽胞杆菌）
101.	*Bacillus licheniformis* FJAT-8771（地衣芽胞杆菌）	112.	*Bacillus smithii* FJAT-8782（史氏芽胞杆菌）
102.	*Bacillus marinus* FJAT-8772（海洋芽胞杆菌）	113.	*Bacillus sphaericus* FJAT-8783（球形赖氨酸芽胞杆菌）
103.	*Bacillus massiliensis* FJAT-8773（马塞芽胞杆菌）	114.	*Bacillus subtilis* FJAT-8784（枯草芽胞杆菌斯氏亚种）
104.	*Bacillus megaterium* FJAT-8774（巨大芽胞杆菌）	115.	*Bacillus thermoglucosidasius* FJAT-8785（热葡糖苷芽胞杆菌）
105.	*Bacillus mycoides* FJAT-8775（蕈状芽胞杆菌）	116.	*Bacillus thiaminolyticus* FJAT-8786（解硫胺素类芽胞杆菌）
106.	*Bacillus pasteurii* FJAT-8776（巴氏芽胞杆菌）	117.	*Bacillus thuringiensis* FJAT-8787（苏云金芽胞杆菌）
107.	*Bacillus psychrosaccharolyticus* FJAT-8777（冷解糖芽胞杆菌）	118.	*Bacillus velezensis* FJAT-8788（贝莱斯芽胞杆菌）
108.	*Bacillus psychrosaccharolyticus* FJAT-8778（冷解糖芽胞杆菌）	119.	*Bacillus xerothermodurans* FJAT-8789（耐干热芽胞杆菌）
109.	*Bacillus pumilus* FJAT-8779（短小芽胞杆菌）	120.	*Brevibacillus agri* FJAT-8790（土壤短芽胞杆菌）

（2）主要试剂　酵母提取物、NaCl、蛋白胨、琼脂、木聚糖、干酪素、磷酸二氢钾、磷酸氢二钾、果胶、普鲁兰多糖、几丁质、植酸钙、葡萄糖、$(NH_4)_2SO_4$、$MgSO_4$、$CaCl_2$、$MnSO_4$、$FeSO_4$、刚果红、无水乙醇、碘化钾、浓盐酸、碘、刚果红、三氯乙酸。

（3）培养基和试剂的配制

① Luria-Bertani 培养基（LB）　酵母提取物 10.0g、NaCl 5.0g、蛋白胨 10.0g、琼脂 15～20g、水 1000mL，pH7.2～7.4。

② LB 液体培养基　酵母提取物 10.0g、NaCl 5.0g、蛋白胨 10.0g、水 1000mL，pH7.2～7.4。

③ 木聚糖酶发酵培养基　木聚糖 4.0g（Sigma）、酵母提取物 5.0g、NaCl 3.0g、NH_4NO_3 2.0g、K_2HPO_4 1.0g，$MgSO_4 \cdot 7H_2O$ 0.5g、水 1000mL，pH 7.0。

④ 木聚糖固体培养基　木聚糖 5.0g、琼脂 15～20g、水 1000mL，pH7.0。

⑤ 蛋白酶选择培养基　酵母提取物 10.0g、NaCl 5.0g、蛋白胨 5.0g、干酪素 5.0g、磷酸二氢钾 1.0g、磷酸氢二钾 1.0g、琼脂 17g、水 1000mL，pH 7.2～7.4。

⑥ 果胶酶选择培养基　果胶 10.0g、酵母提取物 10.0g、NaCl 5.0g、蛋白胨 10.0g、琼脂 15～20g、水 1000mL，pH 7.0。

⑦ 普鲁兰酶选择培养基　普鲁兰多糖 4.0g、酵母提取物 10.0g、NaCl 5.0g、蛋白胨 10.0g、琼脂 15～20g、水 1000mL，pH7.0。

⑧ 几丁质酶选择培养基　几丁质 5g、酵母提取物 10.0g、NaCl 5.0g、蛋白胨 10.0g、水 1000mL，pH7.0。

⑨ 几丁质酶固体培养基　几丁质 3g、水 1000mL，pH7.0。

⑩ 植酸钙选择培养基　植酸钙 5.0g、葡萄糖 10.0g、(NH$_4$)$_2$SO$_4$ 0.3g、MgSO$_4$ 0.5g、CaCl$_2$ 0.1g、MnSO$_4$ 0.01g、FeSO$_4$ 0.01g、琼脂 15～20g、水 1000mL，pH7.0。

⑪ 胶体几丁质　称取 10.0g 几丁质细粉加入 100mL 浓盐酸中，边加边搅拌，于 4℃放置 24h，将被盐酸溶解的糊状几丁质转移到研钵中，再加入 100mL 浓盐酸，研磨均匀后 4 层纱布过滤，滤液中加入 500mL 50% 乙醇，不断搅拌至胶体充分析出，3000r/min 离心 10min，用超纯水洗涤沉淀至中性，4℃保存备用（Kang et al.，1999）。

⑫ 卢戈氏碘液　先在容量瓶中加入少量（10mL）蒸馏水，加入 10g 碘化钾并用搅拌棒使之溶解，然后再加入 5g 碘并搅拌一段时间使之完全溶解（不易溶解）。加蒸馏水至容量瓶中 100mL 刻度处并搅拌混匀，移至洁净瓶中并贴上标签（卢戈氏溶液）。0.5% 的刚果红 +0.5g 刚果红加入 100mL 水溶液中。5% 三氯乙酸 +5g TCA 加入到 100mL 水中。

（4）菌株的活化　将 120 株试验菌株在 LB 平板上划线，30℃活化培养 24h。

① 产木聚糖酶芽胞杆菌的初筛　将活化后的菌株用灭菌牙签接种于产木聚糖酶发酵培养基中，30℃、170r/min 振荡培养 48h。取培养液 2mL，6000r/min、4℃ 离心 10min，上清液为木聚糖粗酶液，备用。用直径 7mm 打孔器在木聚糖固体培养基上打 3 个孔。每个孔中加入 90μL 粗酶液，37℃培养 5h，然后在固体培养基上加入无水乙醇，覆盖整个培养基平面，静置 2～3h；无水乙醇能够使多糖发生显色反应，若菌株能产木聚糖酶，则使得菌落周围的木聚糖被分解为单糖而出现透明圈。测定并记录透明圈直径，计算透明圈与菌落直径的比值（H/C），初步判断该菌是否产生木聚糖酶（许正宏等，2000）。

② 产蛋白酶芽胞杆菌的初筛　将活化后的菌株用灭菌牙签点种于产蛋白酶选择培养基上，30℃倒置培养 48h。在菌落周围滴加 5% 三氯乙酸，若菌株能产蛋白酶，则使得菌落周围的干酪素被分解，三氯乙酸能使蛋白质发生变性，所以菌落周围会出现透明圈。测定并记录透明圈与菌落直径的比值，初步判断该菌是否产生淀粉酶。

③ 产果胶酶芽胞杆菌的初筛　将活化后的菌株用灭过菌的牙签点种于产果胶酶选择培养基上，30℃倒置培养 48h。在平板上滴加刚果红染色液染色半小时，然后将染色液倾掉，并加入 1mol/L 的氯化钠脱色液脱 10min，脱色 2～3 次。刚果红能与果胶结合染成红色复合物，若菌株能产果胶酶，则使得菌落周围的果胶被分解为单糖而出现透明圈。测定并记录透明圈与菌落直径的比值，初步判断该菌是否产生果胶酶（白兰芳等，2011）。

④ 产普鲁兰酶芽胞杆菌的初筛　将活化后的菌株用灭菌牙签点种于产普鲁兰酶选择培养基上，30℃倒置培养 48h。在培养基上加入卢戈氏碘液，静置 10min，若菌株能产普鲁兰酶，则使得菌落周围的普鲁兰糖被分解为单糖而出现透明圈。测定并记录透明圈与菌落直径的比值，初步判断该菌是否产生普鲁兰酶。

⑤ 产几丁质酶芽胞杆菌的初筛　将活化后的菌株用灭菌牙签接种于产几丁质酶发酵液培养基中，30℃、170r/min 振荡培养 48h。取发酵培养液 2mL，6000r/min、4℃ 离心 10min，上清液为几丁质粗酶液备用。用直径 7mm 打孔器在木聚糖固体培养基中打 3 个孔。每个孔中加入 90μL 粗酶液；于 37℃培养箱培养 5h。在培养基上滴加刚果红染料，刚果红染料能与多糖发生显色反应，若菌株能产几丁质酶，则使得菌落周围的几丁质被分解为单糖而出现透明圈。测定并记录透明圈与菌落直径的比值，初步判断该菌是否产生几丁质酶。

⑥ 产植酸酶芽胞杆菌的初筛　将活化后的菌株用灭菌牙签点种于产植酸酶筛选培养基上，37℃倒置培养 48h。观察菌落周围的植酸钙是否被分解而形成透明圈。测定并记录透明

圈与菌落直径的比值，初步判断该菌是否产植酸酶。

2. 芽胞杆菌产木聚糖酶透明圈法筛选

初筛结果见表 4-65。利用木聚糖选择培养基，从 120 株芽胞杆菌中共筛选出 37 株产生明显透明圈的芽胞杆菌菌株。37 株芽胞杆菌的粗酶液在木聚糖固体培养基上能形成大小和透明度不同的透明圈，沙福芽胞杆菌 FJAT-14260 的透明圈不仅 H/C 值相对高，木聚糖酶透明圈的清晰度也很容易观察到（图 4-33）。嗜碳芽胞杆菌 FJAT-10029、波茨坦短芽胞杆菌 FJAT-10006 这 2 株芽胞杆菌的木聚糖酶活相对小，H/C 值分别为 1.58、1.59；沙福芽胞杆菌 FJAT-14260、史氏芽胞杆菌 FJAT-8782、巨大芽胞杆菌 FJAT-8774 这 3 株芽胞杆菌的 H/C 值分别为 4.70、5.01、5.12，木聚糖酶活相对较高。

表 4-65　120 株芽胞杆菌产酶菌株透明圈 H/C 值

菌株	H/C 值					
	A	B	C	D	E	F
解藻酸类芽胞杆菌 FJAT-10001						
蜂房类芽胞杆菌 FJAT-10002		1.42	2.01	1.61		
解淀粉类芽胞杆菌 FJAT-10003		1.99	2.5			
解硫胺素解硫胺素芽胞杆菌 FJAT-10004						
莫哈维芽胞杆菌 FJAT-10005	2.75	2.13	2.62	2.47		
波茨坦短芽胞杆菌 FJAT-10006	1.59					
软骨素类芽胞杆菌 FJAT-10007			2.25	1.83		
科恩芽胞杆菌 FJAT-10008						
解凝乳类芽胞杆菌 FJAT-10009	3.28	2.15	2.24	2.16		
内生芽胞杆菌 FJAT-10010	3.48					
美丽短芽胞杆菌 FJAT-10011			4.23			
绳索状芽胞杆菌 FJAT-10012	3.33				2	
黏琼脂芽胞杆菌 FJAT-10013						
科恩芽胞杆菌 FJAT-10017			3.17	2.11		
土壤短芽胞杆菌 FJAT-10018			1.73			
解葡聚糖类芽胞杆菌 FJAT-10020		1.39	3.46			
强壮类芽胞杆菌 FJAT-10021		1.65	2.59		1.93	
盐敏芽胞杆菌 FJAT-10022		2.92				
耐盐芽胞杆菌 FJAT-10024						
高地芽胞杆菌 FJAT-10025	3.09		4.16	3.08		
砷芽胞杆菌 FJAT-10027		2.17	2.09			
田地绿芽胞杆菌 FJAT-10028	2.02					

续表

菌株	H/C 值					
	A	B	C	D	E	F
嗜碳芽胞杆菌 FJAT-10029	1.58					
混料芽胞杆菌 FJAT-10030	3.28				1.88	
福氏芽胞杆菌 FJAT-10032				5.12	1.87	3.02
强壮芽胞杆菌 FJAT-10033		1.89			1.76	
明胶芽胞杆菌 FJAT-10035			3.24			
圆胞芽胞束菌 FJAT-10036			1.73			
解半纤维素芽胞杆菌 FJAT-10037		1.74	2.8	2.22	1.74	
解几丁质类芽胞杆菌 FJAT-10038	3.37	2.02			2.05	1.05
奇异芽胞杆菌 FJAT-10042		1.75	2.91	1.95		
巴达维亚芽胞杆菌 FJAT-10043			2.69	2.72		
花园芽胞杆菌 FJAT-10049					2.4	
泛酸枝芽胞杆菌 FJAT-10053		2.10	2.86	2.08		
多黏类芽胞杆菌 FJAT-10055	2.23		1.63			
热脱氮地芽胞杆菌 FJAT-10058	2.58	1.74	2.72	2.29	1.71	
奥德赛芽胞杆菌 FJAT-14201						
烟酸芽胞杆菌 FJAT-14202			1.6			1.31
灿烂类芽胞杆菌 FJAT-14203			2.16	2.64		1.24
解淀粉芽胞杆菌 FJAT-2349		2.32	3	4.84		
米氏解硫胺素芽胞杆菌 FJAT-14205						
路西法芽胞杆菌 FJAT-14206		1.94	3.62			1.31
澳门芽胞杆菌 FJAT-14207		2.04	1.39			
FJAT-14208						
酸快生芽胞杆菌 FJAT-14209			3.23			1.13
韩国芽胞杆菌 FJAT-14210	2.79	2.08	1.63			
土地芽胞杆菌 FJAT-14211			1.72			
印度芽胞杆菌 FJAT-14212			1.76			
列城芽胞杆菌 FJAT-14213	3.26					1.27
北京芽胞杆菌 FJAT-14214			2.01			
科研中心芽胞杆菌 FJAT-14215	3.37					
尼氏芽胞杆菌 FJAT-14216						
FJAT-14219			2			
阿氏芽胞杆菌 FJAT-14220			1.76			
腐叶芽胞杆菌 FJAT-14222						

续表

菌株	H/C 值					
	A	B	C	D	E	F
休闲地芽胞杆菌 FJAT-14223			3.08			
蔬菜芽胞杆菌 FJAT-14224						
假蕈状芽胞杆菌 FJAT-14225						
西岸芽胞杆菌 FJAT-14231		1.98	3.55	1.93		
土壤芽胞杆菌 FJAT-14232	2.01					
堀越氏芽胞杆菌 FJAT-14233	3.32		3.08			
岸滨芽胞杆菌 FJAT-14234		1.94	3.81	2		
黄海芽胞杆菌 FJAT-14235	2.77		1.7			1.22
食丁醇芽胞杆菌 FJAT-14236					1.93	
假坚强芽胞杆菌 FJAT-14237			2.51			
加利西亚芽胞杆菌 FJAT-14239			2.2			
韩研所芽胞杆菌 FJAT-14240		2.92	2.17			
花津滩芽胞杆菌 FJAT-14247		2.13	3.49	2.02		
马氏芽胞杆菌 FJAT-14248		2.46	3.27			
甲醇芽胞杆菌 FJAT-14249		2.24	4.24	4.23		
枯草芽胞杆菌水池亚种 FJAT-14251	3.77	2.01	3.49	1.92		
印空研芽胞杆菌 FJAT-14252						
大安芽胞杆菌 FJAT-14253				2.29		
枯草芽胞杆菌枯草亚种 FJAT-14254		2.53	3.2	3.42		1.22
索诺拉沙漠芽胞杆菌 FJAT-14256		2.56				1.3
沙氏芽胞杆菌 FJAT-14257						
马丁教堂芽胞杆菌 FJAT-14258		1.96	3.3	3.67		
沙福芽胞杆菌 FJAT-14260	4.70		4.82	3.92		
硒酸盐还原芽胞杆菌 FJAT-14261	1.65			4.74		
硒砷芽胞杆菌 FJAT-14262		1.73	2.66	2.28		
人参土芽胞杆菌 FJAT-14270						
地下芽胞杆菌 FJAT-14271	2.95		3.77	1.53		
短短芽胞杆菌 FJAT-8753				2.39		
解淀粉芽胞杆菌 FJAT-8754	3.55	2.32		3.19		
深褐芽胞杆菌 FJAT-8755	3.60	1.80				
产氮芽胞杆菌 FJAT-8756				3.18		
栗褐芽胞杆菌 FJAT-8757	3.47					
食苯芽胞杆菌 FJAT-8758	2.37	2.19		2.67		

续表

菌株	H/C 值					
	A	B	C	D	E	F
中胞类芽胞杆菌 FJAT-8759						
蜡样芽胞杆菌 FJAT-8760		1.94				
环状芽胞杆菌 FJAT-8761		2.56				
克劳氏芽胞杆菌 FJAT-8762		1.95				
凝结芽胞杆菌 FJAT-8763		1.98				3.34
坚强芽胞杆菌 FJAT-8764	3.35	2.03		1.55		
弯曲芽胞杆菌 FJAT-8765		1.99				
纺锤形赖氨酸芽胞杆菌 FJAT-8766	3.70					
奇特嗜冷芽胞杆菌 FJAT-8767						
嗜酷热地芽胞杆菌 FJAT-8768						
乳酸芽胞乳杆菌 FJAT-8769				2.32		
迟缓芽胞杆菌 FJAT-8770			2.57			
地衣芽胞杆菌 FJAT-8771		1.64	1.25	2.29		1.33
海洋芽胞杆菌 FJAT-8772		1.85				
马塞芽胞杆菌 FJAT-8773						
巨大芽胞杆菌 FJAT-8774	5.12					
蕈状芽胞杆菌 FJAT-8775		1.35				
巴氏芽胞杆菌 FJAT-8776	3.37			1.47		
冷解糖芽胞杆菌 FJAT-8777				1.73		
冷解糖芽胞杆菌 FJAT-8778						3.02
短小芽胞杆菌 FJAT-8779	4.36		2.16	2.26		
施氏芽胞杆菌 FJAT-8780		3.91				
简单芽胞杆菌 FJAT-8781						
史氏芽胞杆菌 FJAT-8782	5.01			2.12		3.91
球形赖氨酸芽胞杆菌 FJAT-8783	4.38	1.65		2.25		1.32
枯草芽胞杆菌斯氏亚种 FJAT-8784	3.37	2.31		3.03		
热葡糖苷地芽胞杆菌 FJAT-8785		2.00		1.56		
解硫胺素类芽胞杆菌 FJAT-8786		2.16	4.41			
苏云金芽胞杆菌 FJAT-8787	3.60					
贝莱斯芽胞杆菌 FJAT-8788	3.10			1.67		
耐干热芽胞杆菌 FJAT-8789	3.10		4.66			
土壤短芽胞杆菌 FJAT-8790						1.24

注：A—木聚糖酶；B—普鲁兰酶；C—蛋白酶；D—果胶酶；E—几丁质酶；F—植酸酶。

3. 芽胞杆菌产蛋白酶透明圈法筛选

初筛结果见表 4-65。利用蛋白酶选择培养基，从 120 株芽胞杆菌中共筛选出 54 株产生明显透明圈的芽胞杆菌菌株。沙福芽胞杆菌 FJAT-14260 的蛋白酶透明圈不仅 H/C 值相对高，蛋白酶透明圈的清晰度也很容易观察到（图 4-34）。这 54 株芽胞杆菌的在蛋白酶选择培养基上形成大小和透明度不同的透明圈。通过透明圈的测量结果，可以看出地衣芽胞杆菌 FJAT-8771、澳门芽胞杆菌 FJAT-14207 这 2 株芽胞杆菌的蛋白酶活相对低，H/C 值分别为 1.25、1.39；解硫胺素类芽胞杆菌 FJAT-8786、耐干热芽胞杆菌 FJAT-8789、沙福芽胞杆菌 FJAT-14260 这 3 株芽胞杆菌的 H/C 值分别为 4.41、4.66、4.82，因此这 3 个菌株蛋白酶活相对较高。

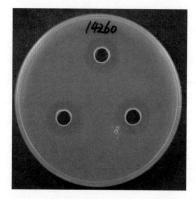
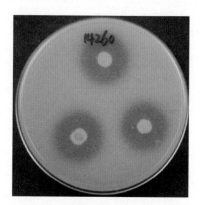

图 4-33　沙福芽胞杆菌 FJAT-14260 的木聚糖酶透明圈

图 4-34　沙福芽胞杆菌 FJAT-14260蛋白酶透明圈

4. 芽胞杆菌产果胶酶透明圈法筛选

初筛结果见表 4-65。利用果胶酶选择培养基，从 120 株芽胞杆菌中共筛选出 41 株产生明显透明圈的芽胞杆菌菌株。解淀粉芽胞杆菌 FJAT-2349 的果胶酶透明圈不仅 H/C 值较高，果胶酶透明圈的清晰度也很容易观察到（图 4-35）。这 41 株芽胞杆菌的在果胶酶选择培养基上形成大小和透明度不同的透明圈，结果表明，巴氏芽胞杆菌 FJAT-8776 和地下芽胞杆菌 FJAT-14271 果胶酶活性较小，H/C 值分别为 1.47、1.53；甲醇芽胞杆菌 FJAT-14249、硒酸盐还原芽胞杆菌 FJAT-14261、福氏芽胞杆菌 FJAT-10032 和解淀粉芽胞杆菌 FJAT-2349 果胶酶活相对高，H/C 值分别为 4.23、4.74、5.12 和 4.84。

5. 芽胞杆菌产普鲁兰酶透明圈法筛选

初筛结果见表 4-65。利用普鲁兰酶选择培养基，从 120 株芽胞杆菌中共筛选出 46 株产生明显透明圈的芽胞杆菌菌株。解淀粉芽胞杆菌 FJAT-2349 的普鲁兰酶透明圈不仅 H/C 值较高，透明圈的清晰度也较高（图 4-36）。蕈状芽胞杆菌 FJAT-8775 和解葡聚糖类芽胞杆菌 FJAT-10020 的普鲁兰酶活性低，H/C 值分别为 1.35、1.39；盐敏芽胞杆菌 FJAT-10022、韩研所芽胞杆菌 FJAT-14240、施氏芽胞杆菌 FJAT-8780 这 3 株芽胞杆菌普鲁兰酶活相对高，H/C 值分别为 2.92、2.92、3.91。

图 4-35 解淀粉芽胞杆菌 FJAT-2349
果胶酶透明圈

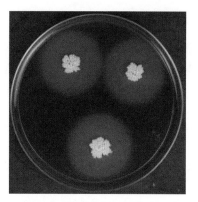

图 4-36 解淀粉芽胞杆菌 FJAT-2349 的
普鲁兰酶透明圈

6. 芽胞杆菌产几丁质酶透明圈的筛选

初筛结果见图 4-37、表 4-65。利用几丁质酶选择培养基，根据芽胞杆菌在几丁质酶选择培养基上形成大小和透明度不同的透明圈，从 120 株芽胞杆菌中共筛选出 10 株几丁质酶活性相对高的菌株。其中，绳索状芽胞杆菌 FJAT-10012、解几丁质类芽胞杆菌 FJAT-10038 和花园芽胞杆菌 FJAT-10049 的 H/C 值分别为 2、2.05、2.4。热脱氮地芽胞杆菌 FJAT-10058 和解半纤维素芽胞杆菌 FJAT-10037 的几丁质酶活性相对低，H/C 值分别为 1.71、1.74。

7. 芽胞杆菌产植酸酶透明圈法筛选

初筛结果见表 4-65。利用植酸酶选择培养基，根据菌株在植酸酶选择培养基上形成大小和透明度不同的透明圈，从 120 株芽胞杆菌中共筛选出 16 株芽胞杆菌菌株。史氏芽胞杆菌 FJAT-8782 的植酸酶透明圈 H/C 值相对高，植酸酶透明圈很清晰（图 4-38）。解几丁质类芽胞杆菌 FJAT-10038 和酸快生芽胞杆菌 FJAT-14209 的植酸酶活性低，H/C 值为 1.05、1.13；冷解糖芽胞杆菌 FJAT-8778、凝结芽胞杆菌 FJAT-8763 和史氏芽胞杆菌 FJAT-8782 植酸酶活相对高，H/C 值分别为 3.02、3.34、3.91。

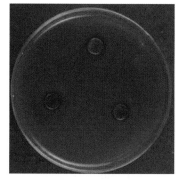

图 4-37 花园芽胞杆菌 FJAT-10049 的
几丁质酶透明圈

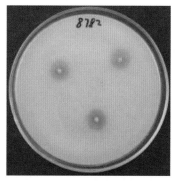

图 4-38 史氏芽胞杆菌 FJAT-8782 的
植酸酶透明圈

8. 讨论

参照 6 种酶的初筛方法，根据选择培养基上透明圈的大小和透明度可以初步判断这 120 株芽孢杆菌的产酶情况。菌株产酶筛选结果为：37 株菌株产木聚糖酶；54 株菌株产蛋白酶；41 株菌株产果胶酶；46 株菌株产普鲁兰酶；10 株菌株产几丁质酶；16 株菌株产植酸酶。初步研究表明芽孢杆菌不同的种类，产酶特性差异很大。

根据初筛结果再进行复筛来判断产酶菌株是否出现假阳性，且初筛采用的透明圈法，只是一个定性的分析，若对菌株产酶进行定量分析就要进行酶活测定试验，酶活测定能准确测量每个产酶芽孢杆菌菌株在一定条件下的产酶大小。

三、芽孢杆菌酶活力的测定

对于芽孢杆菌产酶研究多采取液态发酵法，在发酵过程中，芽孢杆菌培养条件简单、周期短、能分泌大量胞外酶、易提取、纯化、易扩大生产规模，利于酶制剂的工业化生产。通过前期的初筛初步了解各菌株酶活力的大小，本章则主要是通过液态发酵获得各种粗酶液，采用相应的测定方法来明确各个菌株产酶活力，准确地判断每个产酶菌株在一定条件下的产酶量。

1. 研究方法

（1）供试菌株　初筛所确定具有产酶活力的菌株，见表 4-65。

（2）试剂和仪器　酵母提取物、NaCl、蛋白胨、琼脂、木聚糖、干酪素、磷酸二氢钾、磷酸氢二钾、果胶、普鲁兰多糖、几丁质、植酸钙、葡萄糖、$(NH_4)_2SO_4$、$MgSO_4$、$CaCl_2$、$MnSO_4$、$FeSO_4$、3,5- 二硝基水杨酸、酒石酸钾钠、酚、亚硫酸钠、柠檬酸钠、柠檬酸、木糖、Folin 酚试剂、Na_2CO_3、NaOH、L- 酪氨酸、D- 半乳糖醛酸、普鲁兰多糖、葡萄糖、N-乙酰 -D- 氨基葡萄糖、三水乙酸钠、肌醇六磷酸钠、钼酸铵、钒酸铵、氨水、硝酸。

高压灭菌锅、单人超净工作台、恒温培养箱、THZ-D 台式恒温振荡器（170r/min，30℃）、酶标仪。

（3）培养基和试剂的配制

① 3,5- 二硝基水杨酸（DNS）试剂　将 6.3g 3,5- 二硝基水杨酸和 262mL NaOH（2mL/L）溶液加入 500mL 含有 185g 酒石酸钾钠的热水溶液中，再加 5g 结晶酚和 5g 亚硫酸钠，搅拌溶解冷却后加蒸馏水定容至 1000mL，贮于棕色瓶备用（7d 后方可用）（崔月明等，2005）。

② 磷酸缓冲液（pH6.6）　制取 0.2mol/L Na_2HPO_4 溶液（称取 35.61g Na_2HPO_4·$2H_2O$ 加入纯水溶解并定容至 1L）和 0.2mol/L NaH_2PO_4 溶液（称取 31.21g NaH_2PO_4·$2H_2O$ 加入纯水溶解并定容至 1L），取 0.2mol/L Na_2HPO_4 溶液 37.5mL、0.2mol/L NaH_2PO_4 溶液 62.5mL，混匀至 100mL。

③ 磷酸缓冲液（pH 7.5）　2mol/L Na_2HPO_4 溶液 84.0mL、0.2mol/L NaH_2PO_4 溶液 16.0mL，混匀至 100mL。

④ 磷酸缓冲液（pH 6.0）　2mol/L Na_2HPO_4 溶液 12.3mL、0.2mol/L NaH_2PO_4 溶液 87.7mL，混匀至 100mL。

⑤ 柠檬酸缓冲液（pH 5.0）　制取 0.1mol/L 的柠檬酸钠溶液（称取 294.12g 柠檬酸钠溶

解于纯水中，定容至1L）和0.1mol/L的柠檬酸溶液（称取210.14g柠檬酸溶解于纯水中，定容至1L），取柠檬酸钠溶液56mL、柠檬酸溶液41mL混匀至100mL。

（4）木聚糖酶活力测定

① 木聚糖酶液体发酵培养基　木聚糖4.0g、酵母提取物5.0g、NaCl 2.0g、NH₄NO₃ 5.0g、K₂HPO₄ 1.0g、MgSO₄·7H₂O 0.5g、水1000mL，pH7.0。

② 2% 木聚糖底物　称取2.0g木聚糖，以pH6.6的磷酸缓冲液100mL加热溶解（现配现用）。

③ 标准木糖溶液（1.00mg/mL）　称取干燥至恒重的木糖100mg，溶解后定容至100mL，置于4℃冰箱中备用。

（5）蛋白酶活力测定

① 蛋白酶液体发酵培养基　干酪素5.0g、酵母提取物10.0g、NaCl 5.0g、蛋白胨5.0g、KH₂PO₄ 0.5g、K₂HPO₄ 0.5g、水1000mL，pH7.0。

② Folin 酚试剂　Na₂CO₃ 0.55mol/L：58.3g Na₂CO₃加入100mL蒸馏水中。NaOH 0.5%：5g NaOH加入100mL水中。10% 三氯乙酸：10g TCA加入100mL水中（终止液）。

③ 0.5% 干酪素溶液　称取0.5g干酪素，加入2mL 0.5%NaOH溶液湿润，以pH7.5的磷酸缓冲液（0.02mol/L）热溶解，并定容至100mL（现配现用）。

④ 标准L-酪氨酸溶液（1.00mg/mL）　精确称量干燥至恒重的L-酪氨酸100mg，溶解后定容至100mL，置于4℃冰箱中备用。

（6）果胶酶活力测定

① 果胶液体发酵培养基　果胶10.0g、酵母提取物5.0g、NaCl 5.0g、蛋白胨10.0g、KH₂PO₄ 1.0g、K₂HPO₄ 1.0g、水1000mL，pH7.0。

② 果胶溶液　称取1.0g果胶溶于100mL柠檬酸-柠檬酸钠缓冲液（pH5.0）中，沸水浴中加热至完全溶解后冷却，混匀（现配现用）。

③ 标准D-半乳糖醛酸溶液（1mg/mL）　精确称量干燥至恒重的D-半乳糖醛酸100mg，溶解后定容至100mL，置于4℃冰箱中备用。

（7）普鲁兰酶活力测定

① 普鲁兰液体发酵培养基　可溶性淀粉10.0g、酵母提取物5.0g、NaCl 5.0g、蛋白胨10.0g、KH₂PO₄ 1.0g、K₂HPO₄ 1.0g、水1000mL，pH7.0。

② 1% 普鲁兰多糖　称取1.0g普鲁兰多糖溶于100mL磷酸缓冲液（pH6.0），溶解并定容至100mL（现配现用）。

③ 标准葡萄糖糖溶液（1mg/mL）　精确称取干燥至恒重的麦芽糖100mg，溶解后定容至100mL，置于4℃冰箱中备用。

（8）几丁质酶活力测定

① 几丁质液体发酵培养基　胶体几丁质5g、酵母粉5.0g、NaCl 5.0g、蛋白胨10.0g、KH₂PO₄ 0.5g、K₂HPO₄ 0.5g、纯水1000mL，pH7.0。

② 1% 胶体几丁质　称取1.0g胶体几丁质溶于100mL磷酸缓冲液（pH6.0）溶解并定容至100mL（现配现用）。

③ N-乙酰-D-氨基葡萄糖（NAG）标准溶液　精确称量干燥至恒重的NAG粉末，溶解后定容至100mL，置于4℃冰箱中备用。

（9）植酸酶活力测定

① 植酸钠液体发酵培养基　植酸钠 10g、葡萄糖 10.0g、$CaCl_2$ 0.1g、$(NH_4)_2SO_4$ 5.0g、$FeSO_4$ 0.01g、$MgSO_4$ 0.01g、水 1000mL，pH7.0。

② 乙酸缓冲液（三水乙酸钠为 0.25mol/L）　称取 34.02g 三水乙酸钠，加入 0.1g 吐温 20 于 1000mL 容量瓶中，并用蒸馏水溶解，调节 pH 值至 5.50±0.01 然后定容至 1000mL，室温下存放 2 个月有效。

③ 1μmol/L 的磷酸二氢钾标准液　准确称取 0.0136g 在 105℃烘至恒重的基准磷酸二氢钾于 100mL 容量瓶中，用乙酸缓冲液溶解，并定容至 100mL。浓度为 1μmol/L。

④ 7.5mmol/L 植酸钠溶液　称取 0.6929g 肌醇六磷酸钠于 100mL 容量瓶中，用乙酸缓冲液溶解并定容至 100mL，现用现配。

⑤ 硝酸溶液　浓硝酸与水的比例为 1∶2。

⑥ 100g/L 钼酸铵溶液　称取 10g 钼酸铵于 100mL 容量瓶中，加入 1.0mL，氨水（25%）（如果难容量需过量）用水溶解定容至刻度。

⑦ 2.35g/L 钒酸铵溶液　称取 0.235g 钒酸铵先用沸水溶解后再加入 2mL 硝酸溶液定容至 100mL，倒入棕色容量瓶中避光条件下保存 1 周有效。

⑧ 显色终止液　硝酸溶液∶钼酸铵溶液∶钒酸铵溶液 =2∶1∶1，混合后使用，现用现配。

（10）产木聚糖酶芽胞杆菌的复筛　木聚糖酶能够降解木聚糖，生成木糖，木糖是还原糖，能够和 DNS 试剂在煮沸的条件下发生颜色反应。颜色的差异，可以用酶标仪在光密度为 540nm 处测量出来，由此可以准确计算出木糖的生成量。根据木糖的生成量就可以计算出木聚糖酶活力的大小。

在木聚糖酶固体培养基上有透明圈的芽胞杆菌，用无菌接菌环从活化的平板上挑取单菌落，接种到装有 LB 液体培养基的锥形瓶中，30℃、170r/min 振荡培养 16h 即作为种子液。用移液枪吸取 2% 种子液加入 50mL 灭菌发酵培养基中。30℃、170r/min 振荡培养。培养 48h 后取出，立即取 8mL 发酵液离心（6000r/min，10min，4℃）、收集上清液，适当稀释，备用。

木聚糖酶活力测定（DNS 法）

① 木糖标准曲线的制备　1.00mg/mL 木糖溶液根据表 4-66 方法，按顺序在具塞刻度试管中加入样品，重复 3 次试验，以木聚糖含量（mg）为横坐标、光密度为纵坐标，绘制木糖标准曲线。从标准曲线上，利用回归方程 $y=ax+b$ 就可以求出在某个光密度值的木糖含量。

表 4-66　木糖标准曲线绘制方法

项目	试管号						
	0	1	2	3	4	5	6
木糖标准液 /mL	0	0.2	0.4	0.6	0.8	1	1.2
蒸馏水 /mL	2	1.8	1.6	1.4	1.2	1	0.8
木糖质量 /mg	0	0.2	0.4	0.6	0.8	1	1.2
DNS/mL	3						
沸水浴 /min	10						
定容 /mL	20（冷却后定容）						
测定 OD_{540nm}							

② 酶活测定方法 参照表 4-67 的方法，按顺序在具塞刻度试管中加入样品。取 4 支具有 20mL 刻度的具塞试管，都加入 1mL 的粗酶液，取 1 支在沸水下煮沸 5min 灭活，然后在 4 支试管中同时加入 1mL 的 2% 木聚糖底物，50℃下反应 10min 后到沸水浴中煮沸，加入 3mL DNS 溶液煮沸 10min 显色，最后定容测 540nm 下的光密度（Bailey et al.，1992）。此试验以失酶活样品为对照 A，测酶活样品有 3 个重复试验，求平均值。

表 4-67 木聚糖酶活力测定方法

项目	编号			
	A	B	C	D
粗酶液 /mL	1	—	—	—
沸水浴 /min	5			
粗酶液 /mL	—	1	1	1
2% 木聚糖溶液 /mL	1			
50℃水浴 /min	10			
沸水浴 /min	10			
DNS 溶液 /mL	3			
沸水浴 /min	10			
定容 /mL	20（冷却后定容）			
OD$_{540nm}$				

在上述条件下，酶活力单位定义：在 pH6.6、温度 50℃的条件下，每 1mL 木聚糖酶在 1min 内催化木聚糖水解生成 1μg 的木糖为一个酶活力单位（U/mL）。计算公式如下（张彬等，2007）：

$$U = \frac{NB}{tV}$$

式中 U——1mL 粗酶液的酶活力，U/mL；

N——测试粗酶液稀释倍数；

B——测定 OD$_{520nm}$ 值所对应的木糖糖的质量，μg；

t——反应时间，min；

V——粗酶液体积，mL。

（11）产蛋白酶芽胞杆菌的复筛 蛋白酶能够分解蛋白质，生成氨基酸。采用干酪素为底物，蛋白酶把干酪素降解为酪氨酸，酪氨酸能把 Folin 酚试剂中的磷钼酸 - 磷钨酸盐还原发生显色反应。颜色的差异，可以用酶标仪在光密度为 680nm 处测量出来，由此可以准确计算出酪氨酸的生成量。根据酪氨酸的生成量就可以计算出蛋白酶活力的大小。

活化在蛋白酶固体培养基上有透明圈的芽胞杆菌，用无菌接菌环从活化的平板上挑去单菌落，接种到装有 LB 液体培养基的锥形瓶中，30℃、170r/min 振荡培养 16h 即作为种子液。用移液枪吸取 2% 种子液加入盛有 50mL 灭菌发酵培养基中，30℃、170r/min 振荡培养 48h，立即取 8mL 发酵液离心（6000r/min，10min，4℃）、收集上清液，适当稀释，备用。

蛋白酶活力测定（Folin 法）如下：

① L- 酪氨酸标准曲线制备。标准 L- 酪氨酸溶液（1.00mg/mL）表 4-68 方法，按顺序在

具塞刻度试管中加入样品，重复 3 次试验，以 L- 酪氨酸含量（mg）为横坐标、光密度为纵坐标，作 L- 酪氨酸标准曲线。从标准曲线上，利用回归方程 $y=ax+b$ 求出在某个光密度值的 L- 酪氨酸含量。

表 4-68　L- 酪氨酸标准曲线

项目	试管号						
	0	1	2	3	4	5	6
L- 酪氨酸标准液 /μL	0	40	80	120	160	200	240
蒸馏水 /mL	3	2.96	2.92	2.88	2.84	2.80	2.76
L- 酪氨酸质量 /μg	0	40	80	120	160	200	240
Na_2CO_3 溶液 /mL	5						
Folin 酚试剂 /mL	1						
30 ℃保温时间 /min	10						
定容 /mL	20						
OD_{680nm}							

② 酶活测定方法。参照表 4-69 的方法，按顺序在具塞刻度试管中加入样品。取 4 支具有 20mL 刻度的具塞试管，都加入 1mL 的粗酶液取 1 支加入 3mL（10% 的 TCA）灭活做对照组，然后在 4 支试管中同时加入 0.5% 的干酪素底物 2mL，50℃下反应 10min，振荡反应后除对照组以外都加入 3mL（10% 的 TCA），6000r/min 离心 15min，取 600μL 上清液，依次加入 5mL Na_2CO_3 溶液 1mL Folin 酚试剂最后定容，680nm 测光密度。每个样品设 3 个重复试验，求平均值。

表 4-69　蛋白酶活力测定方法

项目	编号			
	A	B	C	D
粗酶液 /mL	1	1	1	1
10% 的 TCA/mL	3	—	—	—
0.5% 干酪素 /mL	2			
40℃水浴 /min	10			
10% 的 TCA/mL	—	3		
离心	6000r/min 15min			
滤液 /μL	100			
0.55mol/L Na_2CO_3/mL	5			
Folin 酚试剂 /mL	1			
30℃保温 /min	15			
OD_{680nm}				

在上述条件下，酶活力单位定义：每 1mL 蛋白酶在 1min 内催化干酪素水解生成 1μg 的 L- 酪氨酸为一个酶活力单位（U/mL）。

$$U = \frac{NB}{tV}$$

式中　U——1mL 粗酶液的酶活，U/mL；

　　　N——测试粗酶液稀释倍数；

　　　B——测定 OD_{680nm} 值所对应的 L- 酪氨酸的质量，μg；

　　　t——反应时间，min；

　　　V——粗酶液体积，mL。

（12）产果胶酶芽胞杆菌的复筛　对初筛结果中有透明圈的菌株进行果胶酶活力测定，果胶酶能够分解果胶，生成 D- 半乳糖醛酸。D- 半乳糖醛酸是还原糖，能够和 DNS 试剂在煮沸的条件下发生颜色反应。

果胶酶活力测定（DNS 法）（颜颂真，1988）：

① D- 半乳糖醛酸标准曲线的制备　1.00mg/mL D- 半乳糖醛酸溶液根据表 4-70 方法，按顺序在具塞刻度试管中加入样品，重复 3 次试验，以 D- 半乳糖醛酸含量（mg）为横坐标、光密度为纵坐标，绘制 D- 半乳糖醛酸标准曲线。从标准曲线上，利用回归方程 $y=ax+b$ 就可以求出在某个光密度的 D- 半乳糖醛酸含量。

表 4-70　D- 半乳糖醛酸标准曲线

项目	试管号						
	1	2	3	4	5	6	7
D- 半乳糖醛酸标准液 /mL	0.0	0.2	0.4	0.6	0.8	1.0	1.2
蒸馏水 /mL	4.0	3.8	3.6	3.4	3.2	3.0	2.8
D- 半乳糖醛酸质量 /mg	0	0.2	0.4	0.6	0.8	1.0	1.2
DNS/mL	3						
沸水浴 /min	10						
定容 /mL	20						
OD_{540nm}							

② 酶活测定方法　参照表 4-71 的方法，按顺序在具塞刻度试管中加入样品。取 4 支具有 20mL 刻度的具塞试管，都加入 1mL 的粗酶液取 1 支在沸水下煮沸 5min 灭活，然后在 4 支试管中同时加入 2mL 的 1% 果胶底物，50℃下反应 10min 后于沸水浴中煮沸，加入 3mL DNS 溶液煮沸 10min 显色，定容，540nm 测定光密度。以失酶活样品为对照，每个样品设 3 个重复，求平均值。

表 4-71　果胶酶活力测定方法

项目	编号			
	A	B	C	D
粗酶液 /mL	1	—	—	—
沸水浴 /min	5			
粗酶液 /mL	—	1	1	1

项目	编号			
	A	B	C	D
1% 果胶溶液 /mL	2			
50 ℃ 水浴 /min	30			
沸水浴 /min	10（A 中加粗酶液 1mL）			
DNS 溶液 /mL	3			
沸水浴 /min	10			
定容 /mL	20			
OD$_{540nm}$				

在上述条件下，酶活力单位定义：每 1mL 果胶酶在 1min 内催化果胶水解生成 1μg 的 D-半乳糖醛酸为一个酶活力单位（U/mL）。

$$U = \frac{NB}{tV}$$

式中　U——1mL 粗酶液的酶活力，U/mL；

　　　N——测试粗酶液稀释倍数；

　　　B——测定 OD$_{540nm}$ 值所对应的 D- 半乳糖醛酸的质量，μg；

　　　t ——反应时间，min；

　　　V——粗酶液体积，mL。

（13）产普鲁兰酶芽胞杆菌的复筛　对初筛结果中有透明圈的菌株进行普鲁兰酶活力测定，普鲁兰酶能够分解普鲁兰多糖，生成葡萄糖。葡萄糖是还原糖，用 DNS 法测其酶活。

普鲁兰酶活力测定（DNS 法）（Madi et al.，1987）：

① 葡萄糖标准曲线的制备　1.00mg/mL 葡萄糖溶液根据表 4-72 方法，按顺序在具塞刻度试管中加入样品，设 3 个重复。以葡萄糖含量（mg）为横坐标、光密度为纵坐标，绘制葡萄糖标准曲线。从标准曲线上，利用回归方程 $y=ax+b$ 求出在某个光密度的葡萄糖含量。

表 4-72　葡萄糖标准曲线

项目	试管号						
	0	1	2	3	4	5	6
葡萄糖标准液 /mL	0	0.2	0.4	0.6	0.8	1.0	1.2
蒸馏水 /mL	4.0	3.8	3.6	3.4	3.2	3.0	2.8
葡萄糖质量 /mg	0	0.2	0.4	0.6	0.8	1.0	1.2
DNS/mL	3						
沸水浴 /min	10						
定容 /mL	20						
OD$_{540nm}$							

② 酶活测定方法　参照表 4-73 的方法，按顺序在具塞刻度试管中加入样品。取 4 支具有 20mL 刻度的具塞试管，都加入 1mL 的粗酶液，取 1 支在沸水下煮沸 5min 灭活，然后在

4 支试管中同时加入 3mL 的 1% 普鲁兰多糖底物，50℃下反应 10min 后到沸水浴中煮沸，加入 3mL DNS 溶液煮沸 10min 显色，定容，540nm 测定光密度，以失酶活为对照。试验设 3 个重复，求平均值。

表 4-73　普鲁兰酶活力测定

项目	编号			
	A	B	C	D
粗酶液 /mL	—	1	1	1
1% 普鲁兰多糖溶液 /mL	3			
50℃水浴 /min	30			
沸水浴 /min	10（A 试管中加入 1mL 粗酶液）			
DNS 溶液 /mL	3			
沸水浴 /min	10			
定容 /mL	20			
OD$_{540nm}$				

在上述条件下，酶活力单位定义：定义每 1mL 普鲁兰酶在 1min 内催化普鲁兰糖水解生成 1μg 的葡萄糖为一个酶活力单位（U/mL）。

$$U = \frac{NB}{tV}$$

式中　　U——1mL 粗酶液的酶活力，U/mL；

N——测试粗酶液稀释倍数；

B——测定 OD$_{540nm}$ 值所对应的葡萄糖的质量，μg；

t——反应时间，min；

V——粗酶液体积，mL。

（14）产几丁质酶芽胞杆菌的复筛　对初筛结果中有透明圈的菌株进行几丁质酶活力测定，几丁质酶能够分解几丁质生成 N- 乙酰 -D- 氨基葡萄糖，N- 乙酰 -D- 氨基葡萄糖是还原糖，用 DNS 法测其酶活。

几丁质酶活力测定（DNS 法）（宋宏新和李敏康，2002）：

① N- 乙酰 -D- 氨基葡萄糖标准曲线的制备　1.00mg/mL N- 乙酰 -D- 氨基葡萄糖溶液根据表 4-74 方法，按顺序在具塞刻度试管中加入样品，重复 3 次试验，以 N- 乙酰 -D- 氨基葡萄糖含量（mg）为横坐标、光密度为纵坐标，绘制 N- 乙酰 -D- 氨基葡萄糖标准曲线。从标准曲线上，利用回归方程 $y=ax+b$ 求出在某个光密度的 N- 乙酰 -D- 氨基葡萄糖含量。

表 4-74　标准曲线绘制

项目	试管号						
	0	1	2	3	4	5	6
NAG 标准液 /mL	0	0.2	0.4	0.6	0.8	1.0	1.2
纯水 /mL	2.0	1.8	1.6	1.4	1.2	1.0	0.8

项目	试管号						
	0	1	2	3	4	5	6
NAG 质量 /mg	0	0.2	0.4	0.6	0.8	1.0	1.2
DNS/mL	3						
沸水浴 /min	10						
定容 /mL	20						
OD$_{540nm}$							

② 酶活测定方法　参照表 4-75 的方法，按顺序在具塞刻度试管中加入样品。取 4 支具有 20mL 刻度的具塞试管，都加入 1mL 的粗酶液，取 1 支在沸水下煮沸 5min 灭活，然后在 4 支试管中同时加入 3mL 的 1% 胶体几丁质底物，50℃下反应 30min 后到沸水浴中煮沸，6000r/min 离心 15min，取 2mL 上清液，加入 3mL DNS 溶液煮沸 10min 显色，最后定容测 540nm 下的光密度。以失酶活为对照。设 3 个重复，求平均值。

表 4-75　几丁质酶活力测定

项目	编号			
	A	B	C	D
粗酶液 /mL	1	—	—	—
沸水浴 /min	5			
粗酶液 /mL	—	1	1	1
1% 胶体几丁质 /mL	3			
50℃水浴 /min	30			
沸水浴 /min	10			
离心	6000r/min5min			
取上清液 /mL	2			
DNS 溶液 /mL	3			
沸水浴 /min	10			
定容 /mL	20			
OD$_{540nm}$				

在上述条件下，酶活力单位定义：每 1mL 几丁质酶在 1min 内催化几丁质水解生成 1μg 的 N- 乙酰 -D- 氨基葡萄糖为一个酶活力单位（U/mL）：

$$U = \frac{NB}{tV}$$

式中　U——1mL 粗酶液的酶活力，U/mL；

　　　N——测试粗酶液稀释倍数；

　　　B——测定 OD$_{540nm}$ 值所对应的 N- 乙酰 -D- 氨基葡萄糖的质量，μg；

　　　t——反应时间，min；

　　　V——粗酶液体积，mL。

（15）产植酸酶芽胞杆菌的复筛　对初筛结果中有透明圈的菌株进行植酸酶活力测定，植酸酶在一定条件下能够把植酸分解生成磷酸和肌醇，在酸性条件下生成物能够和钒钼酸铵反应生成黄色复合物，颜色的差异，可以用酶标仪在光密度为 415nm 处测量出来，由此可以准确计算出磷酸的生成量。根据磷酸的生成量就可以计算出植酸酶活力的大小。

植酸酶活力测定如表 4-76 所列：乙酸缓冲液先与粗酶液 37℃预热 5min 混合，然后对照组中加入终止液，试验组中加入反应底物，37℃水解 30min 后试验组中加入终止液，最后混合。反应完成后室温静置 10min，如出现浑浊需离心，415nm 测光密度。

表 4-76　植酸酶活力测定

反应顺序	试验组（3 次重复）	对照组
加乙酸缓冲液	1.8mL	1.8mL
加入粗酶液	0.2mL	0.2mL
混合	√	√
37℃预热 5min	√	—
依次加入底物	4mL	4mL（终止液）
混合	√	√
37℃水解 30min	√	—
依次加入终止液	4mL	4mL（底物）
混合	√	√
总体积	10mL	10mL

2. 芽胞杆菌木聚糖酶活性测定

（1）木糖标准曲线绘制　在 540nm，以纯水调零，测定各样品的光密度。以光密度 OD_{540nm} 为纵坐标、木糖质量为横坐标，绘制木糖标准曲线。标准曲线见图 4-39。木糖标准曲线公式：$y=0.7058x+0.0398$，$R^2=0.9991$。

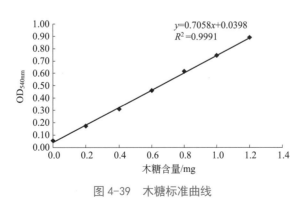

图 4-39　木糖标准曲线

（2）结论　根据产木聚糖酶菌株的初筛结果，选取有透明圈的菌株测木聚糖酶活，复筛结果如表 4-77 所列。科研中心芽胞杆菌 FJAT-14215、栗褐芽胞杆菌 FJAT-8757、巨大芽胞杆菌 FJAT-8774 的酶活力很低，均为 1.29U/mL。短小芽胞杆菌 FJAT-8779、沙福芽胞杆菌

FJAT-14260 产木聚糖酶的活性高，分别为 18249.82U/mL、24597.65U/mL，与初筛结果比较显示这两株菌的酶活也是相对较高，复筛结果中沙福芽胞杆菌 FJAT-14260 的酶活显著高于短小芽胞杆菌 FJAT-8779，所以选择沙福芽胞杆菌 FJAT-14260 作为目标菌株进行后续试验。

表 4-77　120 株芽胞杆菌复筛结果

菌株	A	B	C	D	E	F
解藻酸类芽胞杆菌 FJAT-10001						
蜂房类芽胞杆菌 FJAT-10002		6.34	2.85	20.71		
解淀粉类芽胞杆菌 FJAT-10003		0.76	10.42			
解硫胺素解硫胺素芽胞杆菌 FJAT-10004						
莫哈维芽胞杆菌 FJAT-10005	351.79	0.05	13.83	17.06		
波茨坦短芽胞杆菌 FJAT-10006	82.9					
软骨素类芽胞杆菌 FJAT-10007			0.07	4.95		
科恩芽胞杆菌 FJAT-10008						
解凝乳类芽胞杆菌 FJAT-10009	117.1	5.1	11.19	15.46		
内生芽胞杆菌 FJAT-10010	399.76					
美丽短芽胞杆菌 FJAT-10011			8.75			
绳索状芽胞杆菌 FJAT-10012	335.57				10.31	
黏琼脂芽胞杆菌 FJAT-10013						
科恩芽胞杆菌 FJAT-10017			13.47	12.26		
土壤短芽胞杆菌 FJAT-10018			3.32			
解葡聚糖类芽胞杆菌 FJAT-10020		0.05	8.6			
强壮类芽胞杆菌 FJAT-10021		0.81	1.27		11.59	
盐敏芽胞杆菌 FJAT-10022		1.86				
耐盐芽胞杆菌 FJAT-10024						
高地芽胞杆菌 FJAT-10025	382.95		25.6	7.922		
砷芽胞杆菌 FJAT-10027		2.76	0.13			
田地绿芽胞杆菌 FJAT-10028	100.54					
嗜碳芽胞杆菌 FJAT-10029	398.89					
混料芽胞杆菌 FJAT-10030	258.21				10.23	
福氏芽胞杆菌 FJAT-10032				8.379	13.54	0.10
强壮芽胞杆菌 FJAT-10033		5.38			13.38	
明胶芽胞杆菌 FJAT-10035			4.2			
圆胞芽胞束菌 FJAT-10036			0.15			
解半纤维素芽胞杆菌 FJAT-10037		0.95	8.43	6.781	12.00	
解几丁质类芽胞杆菌 FJAT-10038	140.17	10.77			11.04	0.03
奇异芽胞杆菌 FJAT-10042		1.76	19.36	6.324		

续表

菌株	A	B	C	D	E	F
巴达维亚芽胞杆菌 FJAT-10043			7.89	10.434		
花园芽胞杆菌 FJAT-10049					14.85	
泛酸枝芽胞杆菌 FJAT-10053		0.91	7.99	10.89		
多黏类芽胞杆菌 FJAT-10055	422.2		21.41			
热脱氮地芽胞杆菌 FJAT-10058	157.18	1.91	4.91	15.913	13.03	
奥德赛芽胞杆菌 FJAT-14201						
烟酸芽胞杆菌 FJAT-14202			0.17			-0.07
灿烂类芽胞杆菌 FJAT-14203			12.74	9.75		0.04
解淀粉芽胞杆菌 FJAT-2349		42.27	30.79	31.06		
米氏解硫胺素芽胞杆菌 FJAT-14205						
路西法芽胞杆菌 FJAT-14206		25.24	23.47			0.0008
澳门芽胞杆菌 FJAT-14207		15.88	2.72			
FJAT-14208						
酸快生芽胞杆菌 FJAT-14209			2.2	25.5		-0.07
韩国芽胞杆菌 FJAT-14210	579.79	10.72	1.9			
土地芽胞杆菌 FJAT-14211			1.94			
印度芽胞杆菌 FJAT-14212			0.9			
列城芽胞杆菌 FJAT-14213	11.95					-0.08
北京芽胞杆菌 FJAT-14214			2.76			
科研中心芽胞杆菌 FJAT-14215	1.29					
尼氏芽胞杆菌 FJAT-14216						
FJAT-14219			7.91			
阿氏芽胞杆菌 FJAT-14220			5.46			
腐叶芽胞杆菌 FJAT-14222						
休闲地芽胞杆菌 FJAT-14223			21.72			
蔬菜芽胞杆菌 FJAT-14224						
假蕈状芽胞杆菌 FJAT-14225						
西岸芽胞杆菌 FJAT-14231		0.14	29.77	21.77		
土壤芽胞杆菌 FJAT-14232	21.09					
堀越氏芽胞杆菌 FJAT-14233	17.62		10.77			
岸滨芽胞杆菌 FJAT-14234		2.31	26.13	22.91		
黄海芽胞杆菌 FJAT-14235	15.99		4.14			-0.11
食丁醇芽胞杆菌 FJAT-14236					11.36	
假坚强芽胞杆菌 FJAT-14237			8.7			
加利西亚芽胞杆菌 FJAT-14239			27.18			

续表

菌株	A	B	C	D	E	F
韩研所芽胞杆菌 FJAT-14240		8.91	2.87			
花津滩芽胞杆菌 FJAT-14247		3.94	27	22.76		
马氏芽胞杆菌 FJAT-14248		35.31	8.02			
甲醇芽胞杆菌 FJAT-14249		8.1	23.83	16.75		
枯草芽胞杆菌水池亚种 FJAT-14251	390.22	0.6	27.58	31.06		
印空研芽胞杆菌 FJAT-14252						
大安芽胞杆菌 FJAT-14253				22.61		
枯草芽胞杆菌枯草亚种 FJAT-14254		17.86	12.8	23.07		0.01
索诺拉沙漠芽胞杆菌 FJAT-14256		2.86				0.01
沙氏芽胞杆菌 FJAT-14257						
马丁教堂芽胞杆菌 FJAT-14258		6.93	7.43	17.28		
沙福芽胞杆菌 FJAT-14260	24597.65		32.32	9.67		
硒酸盐还原芽胞杆菌 FJAT-14261	437.82			4.88		
硒砷芽胞杆菌 FJAT-14262		17.14	13.42	18.2		
人参土芽胞杆菌 FJAT-14270						
地下芽胞杆菌 FJAT-14271	518.3		24.62	19.19		
短短芽胞杆菌 FJAT-8753				19.29		
解淀粉芽胞杆菌 FJAT-8754	88.84	25.3		40.04		
深褐芽胞杆菌 FJAT-8755	61.15	10.96				
产氮芽胞杆菌 FJAT-8756				12.25		
栗褐芽胞杆菌 FJAT-8757	1.29					
食苯芽胞杆菌 FJAT-8758	17.63	5.91		30.46		
中胞类芽胞杆菌 FJAT-8759						
蜡样芽胞杆菌 FJAT-8760		5.48				
环状芽胞杆菌 FJAT-8761		9.96				
克劳氏芽胞杆菌 FJAT-8762		3.29				
凝结芽胞杆菌 FJAT-8763		6.91				0.13
坚强芽胞杆菌 FJAT-8764	97.25	9.2		25.57		
弯曲芽胞杆菌 FJAT-8765		1.14				
纺锤形赖氨酸芽胞杆菌 FJAT-8766	1.63					
奇特嗜冷芽胞杆菌 FJAT-8767						
嗜酷热地芽胞杆菌 FJAT-8768						
乳酸芽胞乳杆菌 FJAT-8769				21.7		
迟缓芽胞杆菌 FJAT-8770			24.62			
地衣芽胞杆菌 FJAT-8771		0.38	24.62	20.63		0.04

续表

菌株	A	B	C	D	E	F
海洋芽胞杆菌 FJAT-8772		5.58				
马塞芽胞杆菌 FJAT-8773						
巨大芽胞杆菌 FJAT-8774	1.29					
蕈状芽胞杆菌 FJAT-8775		1.95				
巴氏芽胞杆菌 FJAT-8776	129.32			23.61		
冷解糖芽胞杆菌 FJAT-8777				10.28		
冷解糖芽胞杆菌 FJAT-8778						0.14
短小芽胞杆菌 FJAT-8779	18249.82		28.5	11.05		
施氏芽胞杆菌 FJAT-8780		1.57				
简单芽胞杆菌 FJAT-8781						
史氏芽胞杆菌 FJAT-8782	4.79			25.83		0.11
球形赖氨酸芽胞杆菌 FJAT-8783	505.28	4.1		16.06		0.06
枯草芽胞杆菌斯氏亚种 FJAT-8784	109.6	3.1		22.27		
热葡糖苷地芽胞杆菌 FJAT-8785		8.15		46.32		
解硫胺素类芽胞杆菌 FJAT-8786		4.57	31.09			
苏云金芽胞杆菌 FJAT-8787	34.09					
贝莱斯芽胞杆菌 FJAT-8788	44.27			27.79		
耐干热芽胞杆菌 FJAT-8789	1.97		16.9			
土壤短芽胞杆菌 FJAT-8790						0.05

注：A—木聚糖酶活力（U/mL）；B—普鲁兰酶活力（U/mL）；C—蛋白酶活力（U/mL）；D—果胶酶活力（U/mL）；E—几丁质酶活力（U/mL）；F—植酸酶活力（U/mL）。

3. 芽胞杆菌蛋白酶活性测定

（1）L-酪氨酸标准曲线　在 680nm 下，以纯水调零，测定各样品的光密度。以 OD_{680nm} 值为纵坐标、L-酪氨酸质量为横坐标，绘制 L-酪氨酸标准曲线。标准曲线见图 4-40。L-酪氨酸标准曲线公式：$y=1.9883x+0.0466$，$R^2=0.9979$。

（2）结论　根据产蛋白酶菌株初筛结果，选取有透明圈的菌株测蛋白酶活力，复筛结果如表 4-77 所列：软骨素类芽胞杆菌 FJAT-10007、砷芽胞杆菌 FJAT-10027、圆胞芽胞束菌 FJAT-10036、烟酸芽胞杆菌 FJAT-14202、印度芽胞杆菌 FJAT-14212 的酶活力很小，均小于 1，与前面初筛结果的趋势基本一致；解硫胺素类芽胞杆菌 FJAT-8786、沙福芽胞杆菌 FJAT-14260 产蛋白酶的能力较强，分别为 31.09U/mL、32.32U/mL。沙福芽胞杆菌 FJAT-14260 的初筛与复筛结果都是在所有菌株中酶活力最高的，所以选择其作为产蛋白酶芽胞杆菌的目标菌株进行试验。

4. 芽胞杆菌果胶酶活性测定

（1）D-半乳糖醛酸标准曲线　在 540nm，以纯水调零，测定各样品的光密度。以光密度 OD_{540nm} 值为纵坐标、D- 半乳糖醛酸质量为横坐标，绘制 D- 半乳糖醛酸标准曲线。标准曲线见图 4-41。D- 半乳糖醛酸标准曲线公式：$y=0.4212x+0.0464$，$R^2=0.9991$。

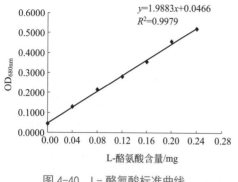

图 4-40　L- 酪氨酸标准曲线

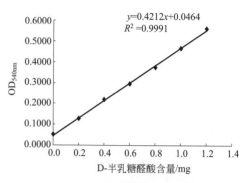

图 4-41　D- 半乳糖醛酸标准曲线

（2）结论　根据产果胶酶菌株初筛结果，选取有透明圈的菌株测果胶酶活力，复筛结果如表 4-77 所列：软骨素类芽胞杆菌 FJAT-10007、硒酸盐还原芽胞杆菌 FJAT-14261 这两株芽胞杆菌的酶活力相对较小，分别为 4.95U/mL、4.88U/mL。解淀粉芽胞杆菌 FJAT-2349、枯草芽胞杆菌水池亚种 FJAT-14251、解淀粉芽胞杆菌 FJAT-8754 和热葡糖苷地芽胞杆菌 FJAT-8785 产果胶酶的能力较高，分别为 31.06U/mL、31.06U/mL、40.04U/mL 和 46.32U/mL。其中解淀粉芽胞杆菌 FJAT-2349 的初筛与复筛均显示出较高的活性，所以选为高产酶目标菌株进行试验。

5. 芽胞杆菌普鲁兰酶活性测定

（1）葡萄糖标准曲线　在工作波长为 540nm 下，以纯水调零，测定各样品的光密度。以光密度 OD_{540nm} 值为纵坐标、葡萄糖质量为横坐标，绘制葡萄糖标准曲线。标准曲线见图 4-42。葡萄糖标准曲线公式：$y=0.4555x+0.0607$，$R^2=0.9971$。

（2）结论　根据初筛结果，选取有透明圈的菌株测普鲁兰酶活力，复筛结果如表 4-77 所列：莫哈维芽胞杆菌 FJAT-10005、解葡聚糖类芽胞杆菌 FJAT-10020 这两株芽胞杆菌的酶活力相对较小，仅为 0.05U/mL。其中，解葡聚糖类芽胞杆菌 FJAT-10020 与初筛结果基本一致，莫哈维芽胞杆菌 FJAT-10005 与初筛结果相差较大。马氏芽胞杆菌 FJAT-14248、解淀粉芽胞杆菌 FJAT-2349 产普鲁兰酶的能力高，分别为 35.31U/mL、42.27U/mL，其中，解淀粉芽胞杆菌 FJAT-2349 的果胶酶活性也高，为复合酶研究考虑选其作产普鲁兰酶理想菌株进行后续试验。

6. 芽胞杆菌几丁质酶活性测定

（1）N- 乙酰 -D- 氨基葡萄糖标准曲线　在波长 540nm 下，以纯水调零，测定各样品的光密度。以光密度 OD_{540nm} 值为纵坐标、N- 乙酰 -D- 氨基葡萄糖质量为横坐标，绘制 N- 乙酰 -D- 氨基葡萄糖标准曲线。标准曲线见图 4-43。N- 乙酰 -D- 氨基葡萄糖标准曲线公式：$y=0.4165x+0.0319$，$R^2=0.9943$。

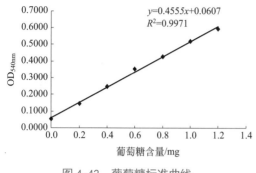

图 4-42 葡萄糖标准曲线

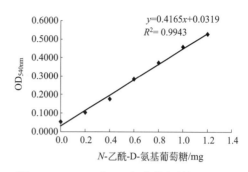

图 4-43 *N*-乙酰-*D*-氨基葡萄糖标准曲线

（2）结论 根据初筛结果，选取有透明圈的菌株测几丁质酶活力，复筛结果如表 4-77 所列：所有菌株产几丁质酶活力大小差距甚小，花园芽胞杆菌 FJAT-10049 的几丁质酶活最大为 14.85U/mL，但是酶活值相对很小，所以进行后续优化研究的意义不大。

7. 芽胞杆菌植酸酶活测定

（1）磷酸氢二钾标准曲线 在波长540nm 下，以纯水调零，测定各样品的光密度。以光密度 OD_{540nm} 值为纵坐标、磷酸氢二钾物质的量为横坐标，绘制磷酸氢二钾标准曲线（见图 4-44）。磷酸氢二钾标准曲线公式：$y=0.2865x+0.0943$，其 $R^2=0.9990$。

（2）结论 根据初筛结果，选取有透明圈的菌株测植酸酶活力，复筛结果如表 4-77 所示：黄海芽胞杆菌 FJAT-14235、列城芽胞杆菌 FJAT-14213、烟酸芽胞杆菌 FJAT-14202、酸快生芽胞杆菌 FJAT-14209 所测植酸

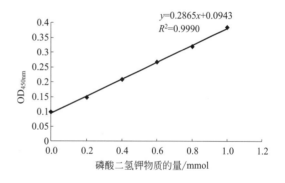

图 4-44 磷酸氢二钾标准曲线

酶活力为负值，但是数据很小，这说明此菌株没有植酸酶活性，证明初筛结果出现假阳性。植酸酶复筛结果中酶活力均小于 1，所以不符合高产酶菌株的研究，没有进行下一步试验。

8. 讨论

木聚糖酶是芽胞杆菌中常见的酶类，能够催化植物半纤维素中的木聚糖水解，在各个领域和产业中的应用日益广泛，市场需求对木聚糖酶的生产和活性提出了更高的要求。郑亚伦等（2020）从解淀粉芽胞杆菌中克隆得到木聚糖酶基因，在大肠杆菌中实现高效率的异源性表达，设计响应面实验获得最佳的表达优化条件，得到更高酶活力的产物。利用异丙基 -*β*-D- 硫代吡喃半乳糖苷（isopropyl-*β*-D-thiogalactoside，IPTG）溶液对重组菌株 BA-TB-1 进行诱导表达，对诱导条件进行优化。实验发现该木聚糖酶对酸具有较好的耐受性，该木聚糖酶在 pH 值为 5.0 ~ 6.0 有较高的酶活性。在 37℃，pH5.0 和 pH5.0 ~ 7.0 条件下分别培养1h，测定酶活力，残余酶活性分别保持在 68% 和 50% 以上。最后通过响应面法得到最佳的优化条件，在此最优条件下进行诱导表达。预测值和实际值分别为 550.139U/mL 和 548.87U/mL，预测值与实际值相近，说明应用响应面法优化木聚糖酶的表达条件可行。田艳杰等

（2020）报道了木聚糖酶 xynZF-318 在枯草芽胞杆菌 WB600 中的表达及发酵条件优化，获得重组工程菌 WB600/pWB980/xynZF-318，最优的发酵条件为：接种量为 1.2%、装液量为 20mL、种龄为 11h、培养温度为 37℃、摇床转速为 160r/min、发酵时间为 168h。验证后实际酶活力为 0.359U/mL，与野生株 WB600 相比酶活提高了 2.66 倍。罗璇等（2020）报道了枯草芽胞杆菌 Z-3 产木聚糖酶固态发酵工艺优化，最优固态发酵工艺为培养时间 3d、培养温度 37℃、初始 pH5.0、装料量 30g/250mL，接种量 2.5%，碳源为麸皮与玉米芯混合物，麸皮占比 60%，氮源为氯化铵。在此最优发酵工艺条件下，木聚糖酶活力为 3459.58U/g 湿基，较未优化前 (2079.1U/g 湿基) 提高 66.40%。刘维等（2019）报道了 1 株产木聚糖酶菌株的筛选及产酶条件优化。最佳培养基配方为麸皮 5.0%、氯化铵 0.3%、Mg^{2+} 浓度 0.03%，初始 pH 5.0，在 37℃条件下培养 72h，枯草芽胞杆菌 YH169 产木聚糖酶活性较高，达 24.40IU/mL。马春玲等（2018）报道了克里布所类芽胞杆菌 6hRe76 产木聚糖酶条件的优化。预测得到菌株 6hRe76 的最佳培养条件为：麸皮 5.92%，K_2HPO_4 0.71%，酵母膏 0.75%，$MgSO_4$ 0.05%，$CaCl_2$ 0.05%，吐温 80 0.15%，装液量 11mL/50mL 锥形瓶，接种量 10%，种龄 24h，34℃，初始 pH9.0，培养时间 36h。在最佳培养条件下，菌株 6hRe76 产酶量达 92.11U/mL，比原始水平 57.15U/mL 提高了 61.17%。本章节筛选的短小芽胞杆菌 FJAT-8779、沙福芽胞杆菌 FJAT-14260 产木聚糖酶的能力高，分别为 18249.82U/mL、24597.65U/mL，比报道最高水平高出几倍。

芽胞杆菌产蛋白酶的研究有过许多的报道，冒鑫哲等（2020）报道了枯草芽胞杆菌高产角蛋白酶发酵条件优化。在优化的条件下，摇瓶发酵 24h 角蛋白酶活性达到 260480U/mL，较优化前提高了 4.26 倍。在 3L 发酵罐中连续发酵 26h 角蛋白酶活性达到 704400U/mL。孙艺轩等（2020）报道了芽胞杆菌 NCB-01 胞外蛋白酶酶学特性，结果表明，该蛋白酶的最适作用温度为 60℃，最适 pH8.0，在 50℃以下及 pH7.0 ～ 9.0 的范围内酶稳定性良好。该酶具有较好的金属离子耐受能力，Fe^{2+}、K^+、Na^+、Mn^{2+}、Ca^{2+}、Mg^{2+} 对酶活均有不同程度的激活作用。宋立立和李志国（2020）报道了响应面法优化枯草芽胞杆菌产蛋白酶的发酵条件，结果显示，最佳发酵条件为 7.18% 糖蜜、初始 pH7.59、发酵温度 37.78℃、4% 酵母浸膏、0.4% 氯化钙。在最优情况下，所测产蛋白酶活力最高为 108.36U/mL，比单因素试验最高酶活提高 1.75 倍。周桂旭（2020）报道了枯草杆菌蛋白酶工程改造及发酵条件筛选，BAPB92(A188P/V262I) 酶活力可达到（3111.94±37.25）U/mL，增长了 11.2 倍，酶活力得到显著提高。陈茏（2020）报道了产蛋白酶菌株的筛选及酶学性质，最佳发酵培养基条件为：菜籽粕含量 6.1%、玉米粉含量 4.4%、麸皮含量 3.2%、$ZnSO_4 \cdot 7H_2O$ 浓度为 0.2%、吐温 20 浓度为 0.7%；优化发酵条件为：培养温度 37℃、初始 pH7.0、装液量 50mL、接种量 4%、发酵时间 54h，相较于未优化前，在最优条件下，酶活从 2715U/mL 提高到 6648.4U/mL。其活性比作者筛选的产蛋白酶能力较强菌株：解硫胺素类芽胞杆菌 FJAT-8786（31.09U/mL）和沙福芽胞杆菌 FJAT-14260（32.32U/mL）高出许多。

芽胞杆菌常用于果胶酶的生产，王克芬等（2020）报道了枯草芽胞杆菌产碱性果胶酶发酵条件的优化，最优发酵条件：温度 35℃、接种量 3%、发酵过程控制 pH7.4，在此基础上进行补料流加实验，补料配方为 350g/L 葡萄糖、10g/L 果胶，补料控制总糖浓度为 20μg/mL，并调整转速和风量控制溶氧 30% ～ 40%，最终酶活达到 6120U/mL，较初始酶活 1061U/mL 提高了 4.77 倍。吕秀红（2016）报道了产耐热型酸性果胶酶菌株的筛选、发酵条件优化及酶学性质的研究，甲基营养型芽胞杆菌所产的酶的活力最高，为 339U/mL。

最佳发酵培养基配方：乳糖 44.8g/L、蛋白胨 30.9g/L、$(NH_4)_2SO_4$ 1.35g/L、$MnSO_4 \cdot H_2O$ 0.2g/L、$MgSO_4$ 0.4g/L、NaCl 3.5g/L，培养条件为：温度 34℃，接种量 8%，pH4.5，装液量 50mL/250mL。在此培养条件下，经过 48h 达到产酶最高值 737.61U/mL，对比优化之前的酶活力 338.95U/mL 提高了 1.18 倍。本章节筛选的解淀粉芽胞杆菌 FJAT-2349、枯草芽胞杆菌水池亚种 FJAT-14251、解淀粉芽胞杆菌 FJAT-8754 和热葡糖苷地芽胞杆菌 FJAT-8785 产果胶酶的能力分别为 30.06U/mL、30.06U/mL、40.04U/mL 和 46.32U/mL，远低于其他报道的水平。

普鲁兰酶是一种淀粉脱支酶，能够专一性地作用于普鲁兰糖、支链淀粉、极限糊精中的 α-1,6- 糖苷键，切下整个侧枝，形成直链淀粉，是淀粉加工业中的关键酶，在食品、酿造、医疗、化工等行业中也有着极大的应用需求。宇光海等（2020）报道了产普鲁兰酶芽胞杆菌 L5 的 ARTP 诱变育种及发酵优化研究，优化发酵培养基最优组合：可溶性淀粉 1.5%、糊精 1.0%、蛋白胨 0.5%、黄豆粉 1.5%、Ca^{2+} 0.05%、Fe^{2+} 0.10%、Zn^{2+} 0.15%，在最优发酵培养基条件下，G4 菌株产酶活力可达 27.22U/mL(提高了 23.7%)。高兆建等（2020）报道了解淀粉芽胞杆菌 I 型耐热普鲁兰酶的纯化及酶特性分析，通过硫酸铵沉淀、阴离子交换色谱和葡聚糖凝胶过滤色谱从菌株 HxP-21 发酵液中分离纯化出一种新型的普鲁兰酶。酶的纯化倍数 20.8，回收率 53.2%，比活力 176.5U/mg。苏红玉（2019）报道了产普鲁兰酶菌株的筛选、基因克隆表达及酶学性质研究，通过以支链淀粉为唯一碳源进行初筛，普鲁兰糖培养基进一步鉴定，结合酶活力测定，从淀粉厂污水中分离筛选出一株产普鲁兰酶活力较高的菌株 LK18 [(1.53±0.16)U/mL]，菌株鉴定为草洲类芽胞杆菌（*Paenibacillus puldeungensis*），并命名为草洲类芽胞杆菌 LK18。石鹏亮（2018）报道了 1 株产普鲁兰酶菌的筛选鉴定及其酶学活性研究，对发酵培养基的配方及比例和发酵条件进行了优化，优化后的培养基的配方和发酵条件为：可溶性淀粉 15.0g，蛋白胨 10.0g，硫酸铵 5.0g，磷酸二氢钠 1.0g，定容至 1000mL，pH 值调节为 5，发酵温度为 37℃，摇床转速设置为 200r/min，接种量为 1%(发酵锥形瓶为 50mL，装液量为 20mL) 优化后产酶水平为 4.3U/mL。本章节筛选的马氏芽胞杆菌 FJAT-14248、解淀粉芽胞杆菌 FJAT-2349 产普鲁兰酶的能力分别为 35.31U/mL、42.27U/mL，高于其他报道的菌株。

几丁质又称甲壳素，是广泛存在于自然界的一种含氮多糖类生物性高分子，其蕴藏量在地球上的天然高分子中占第二位，具有可再生性、生物相容性、生物可降解性、生物功能性等特点。几丁质酶是几丁质专一性降解酶，催化几丁质水解生成壳寡糖、壳聚糖和 *N*- 乙酰葡糖胺等物质。其中壳寡糖具有许多种功效，在国外有软黄金之称，可应用于医药、保健、食品、日化、农业等领域。刘佳等（2019）报道了苏云金芽胞杆菌几丁质酶 Chi73 的特性及生物活性研究，从苏云金芽胞杆菌 kurstaki HD-73 菌株中克隆了几丁质酶基因 *chi73*，并对其进行了原核表达；随后对表达的重组几丁质酶 Chi73 的酶学特性、杀虫活性和抑菌活性开展了研究。结果表明，在大肠杆菌中正确表达了大小为 77kDa 的重组几丁质酶 Chi73。以胶体几丁质为底物时，该酶的最适反应温度为 60℃，最适 pH 值为 7.0，Zn^{2+} 和 SDS 对酶活力有明显的抑制作用。Chi73 能显著抑制棉铃虫 2 龄幼虫的生长，其抑制率为 94.37%。同时，对 Cry1Ac 毒素有明显的增效作用，使 Cry1Ac 毒素对棉铃虫 2 龄幼虫的 LC_{50} 由 27.39μg/mL 降低至 14.49μg/mL。此外，Chi73 对白菜黑斑病菌、葡萄白腐病菌和棉花枯萎病菌均表现出明显的抑制作用。可见，苏云金芽胞杆菌的几丁质酶在杀虫增效和抑制真菌方面具有一定的应用潜力。左一萌等（2019）报道了产几丁质酶菌株的分离鉴定及产酶条件探究，在甘肃省兰州市黄河沿岸的土壤中分离出一株产几丁质酶的菌株 1-1-1，对其进行生理生化特征鉴定、菌落形态鉴定，提取其基因组 DNA，扩增 16S rDNA，经对比分析，建立系统进化树。研究结果显示，菌株 1-1-1 与地衣芽胞杆菌为一个类群，同源性高达 99%，将其鉴定为地衣芽胞杆菌。再以 2% 几丁质胶体作为唯一碳源，对其产几丁质酶的特性进行探究，结果表明，在培养温度为 35℃、pH 值为 8.0、最佳接种量为 5%、2% 几丁质胶体为唯一碳源时，该菌株产酶量最大，酶活力最大值为 1.15U/mL。苗飞等（2018）报道了 1 株产几丁质酶菌株的筛选鉴定与产酶条件优化，采用平板筛选法从对虾养殖池塘底泥中筛选几丁质酶产生菌株，以培养时间、培养温度和胶体几丁质含量为自变量，响应面法优化该菌株的产酶条件，建立二次回归方程。试验结果表明，通过菌株的菌落形态、亚显微形态特征和 16S rDNA 序列同源性分析，确定该菌株为蜂房类芽胞杆菌。3 个因素对菌株产酶的影响依次为培养时间 > 培养温度 > 胶体几丁质含量。菌株的最佳产酶的条件为：培养基中胶体几丁质含量 1.62%，培养温度 40℃，培养时间 72h，在此条件下，菌株产生的几丁质酶活力为 13.07U/mL。连文浩等（2017）报道了产几丁质酶微生物的筛选、鉴定及酶学性质研究，从福建地区土壤中筛选获得 1 株产几丁质酶菌株 B120，经 16S rDNA 鉴定为蜡样芽胞杆菌。对菌株 B120 的产酶培养基进行优化，得到优化的培养基配方：乳糖 3.5%，蛋白胨 1.0%，细粉几丁质 0.2%，K_2HPO_4 0.07%，KH_2PO_4 0.03%，$MgSO_4$ 0.05%，$FeSO_4 \cdot H_2O$ 0.002%，NaCl 0.5%，初始 pH6.0。在此条件下发酵 84h，酶活力可达 603U/L，比优化前 (87U/L) 提高了 5.93 倍。对几丁质酶酶学性质的研究表明，该酶的反应最适 pH8.0，最适温度 50℃；在 30℃、pH7.0 ～ 10.0 条件下保温 1h，相对酶活力保持在 74% 以上，是一种中温碱性几丁质酶。王悦（2017）进行了高产几丁质酶菌株的分离鉴定与酶学性质研究，从天津市汉沽对虾养殖场底泥中筛选到 1 株产几丁质酶的菌株 WY-1，并进行了鉴定及产酶条件优化，同时对该菌株产生的几丁质酶进行了分离纯化，初步研究了其酶学性质。主要研究结果如下：① 采用平板透明圈法进行几丁质酶产生菌的分离纯化，筛选到 20 株可在以几丁质为唯一碳源的胶体几丁质固体平板上生长的菌株，通过测定酶活力，对这些菌株进行复筛，获得 1 株产酶活力和透明圈直径与菌株直径的比值相对较高的菌株 WY-1。② 通过菌株 WY-1 的菌落特征、亚形态观察、生理生化特征和 16S rDNA 序列同源性分析，最终确定该菌株为蜂房类芽胞杆菌 (Paenibacillus alvei)。③ 通过单因素和响应面法结合的方法，对 WY-1 的产酶条件进行优化，最终确定其最佳产酶条件为：培养基中胶体几丁质含量为 1.62 %，培养温度为 40℃，培养时间为 72h，在此条件下，菌株 WY 产生的几丁质酶活力为 13.07U/mL。④ 采用盐析、凝胶过滤色谱、透析、超滤、冷冻干燥等方法分离纯化几丁质酶，SDS-PAGE 分析表明，该几丁质酶为单体酶。同时研究确定了该几丁质酶的最佳酶活条件：温度为 50℃、pH7.0、胶体几丁质含量为 1.5%。蔡莉（2016）进行了几丁质酶高产菌株 HF-3 的筛选及发酵条件研究，采用透明圈法，从长江沿岸、森林土壤泥浆样品中分离几丁质酶生产菌株，得到 1 株几丁质酶高产菌株 (HF-3)，进行了生理生化特性、菌落形态及 16S rDNA 序列测定，并采用单因素优化方法筛选最佳产酶条件。结果表明：该菌为地衣芽胞杆菌；在培养温度为 34℃、接种量为 5%、胶体几丁质为碳源、表面活性剂为吐温 80 时，酶活力达 1.58U/mL，为最佳产酶条件。

植酸酶的相关研究也有许多报道。于平等（2016）进行了植酸酶发酵过程控制及其条件优化研究，通过 5L 小型发酵罐进行普通扩大培养与高密度培养的比较试验，研究芽胞杆菌发酵产植酸酶的过程及其优化产酶方式。按 7% 的接种量将种子接种到 5L 发酵罐中，测定菌体生长密度、植酸酶的酶活、蛋白质量浓度、还原糖质量浓度、pH 值和 DO 的变化情况并分析它们之间的关系。结果表明，当菌株发酵 72h，碳源即将耗尽时补入 80mL 3.7% 的麸皮，酶活达到 22551.8U/mL，并最终确定了高密度培养为最佳发酵产酶方式。王树香等（2014）采用单因素试验和正交试验对枯草芽胞杆菌 ZX-29 的产芽胞条件进行了优化。结果表明，该菌摇瓶发酵生产芽胞的最佳条件是：培养基成分为 0.5% 可溶性淀粉、2.0% 蛋白胨、0.10% KH$_2$PO$_4$ 和 0.05%mnSO$_4$·H$_2$O；培养条件为 pH8.0、种龄 20h、装瓶量 30mL/250mL。在此优化条件下，发酵液中该菌株的芽胞数量达到 6.4×10^{9}CFU/mL，芽胞率达到 97.61%。鲍振国等（2013）开展了产植酸酶枯草芽胞杆菌诱变选育方法的研究，通过对产植酸酶枯草芽胞杆菌进行不同方法的诱变处理，确定最佳诱变条件。对产植酸酶的枯草芽胞杆菌进行筛选，然后采用紫外 (UV)、亚硝基胍 (NTG)、UV-NTG 和 NTG-UV4 种方法对其进行诱变。UV 诱变 (100s) 选育的 Z3 菌株植酸酶活性最高 (71.96U/mL)，比筛选出发菌株提高 38.46%。结果表明：UV(100s) 选育方法为最佳的诱变条件。

四、芽胞杆菌几种重要酶活性的相关性

芽胞杆菌生长过程能分泌多种酶，如木聚糖酶、普鲁兰酶、蛋白酶、果胶酶、几丁质酶、植酸酶；一种芽胞杆菌可以产生多种酶，协调芽胞杆菌生长过程的生态适应性。不同的酶在一种芽胞杆菌中产生存在这一定的相关性和排斥性，为了解芽胞杆菌产酶的相关性，选择 118 个芽胞杆菌菌株，包含了 6 个芽胞杆菌属、114 个种，在相同的培养条件下，对其 6 种酶，即木聚糖酶、普鲁兰酶、蛋白酶、果胶酶、几丁质酶、植酸酶等进行活性测定，分析其产酶相关性。

1. 芽胞杆菌酶活性测定

118 种（亚种）芽胞杆菌，产木聚糖酶、普鲁兰酶、蛋白酶、果胶酶、几丁质酶、植酸酶的测定结果见表 4-78。从芽胞杆菌产酶的酶活平均值看，木聚糖酶（415.99U/mL）＞果胶酶（6.67U/mL）＞蛋白酶（5.87U/mL）＞普鲁兰酶（2.93U/mL）＞几丁质酶（1.03U/mL）＞植酸酶（0.01U/mL），木聚糖酶含量最高，植酸酶含量最低。从总产酶量芽胞杆菌看，产酶总量最高的芽胞杆菌（前 5 种）为沙福芽胞杆菌 FJAT-14260（6 种酶的总量为 24639.64U/mL），其他依次是短小芽胞杆菌 FJAT-8779 18289.37U/mL、韩国芽胞杆菌 FJAT-14210 592.41U/mL、地下芽胞杆菌 FJAT-14271 562.11U/mL、球形赖氨酸芽胞杆菌 FJAT-8783 525.5U/mL。以下 18 种芽胞杆菌均不产这 6 种酶：解硫胺素芽胞杆菌 FJAT-10004、米氏解硫胺素芽胞杆菌 FJAT-14205、黏琼脂芽胞杆菌 FJAT-10013、中胞类芽胞杆菌 FJAT-8759、腐叶芽胞杆菌 FJAT-14222、人参土芽胞杆菌 FJAT-14270、奇特嗜冷芽胞杆菌 FJAT-8767、印空研芽胞杆菌 FJAT-14252、尼氏芽胞杆菌 FJAT-14216、奥德赛芽胞杆菌 FJAT-14201、蔬菜芽胞杆菌 FJAT-14224、假蕈状芽胞杆菌 FJAT-14225、沙氏芽胞杆菌 FJAT-14257、简单芽胞杆菌 FJAT-8781、耐盐芽胞杆菌 FJAT-10024、马塞芽胞杆菌 FJAT-8773、科恩芽胞杆菌 FJAT-10008、嗜酷热地芽胞杆菌 FJAT-8768、解藻酸类芽胞杆菌 FJAT-10001。

表 4-78　118 株芽胞杆菌重要酶活性

菌株名称	芽胞杆菌酶活力 /（U/mL）					
	A	B	C	D	E	F
解硫胺素芽胞杆菌 FJAT-10004	0.00	0.00	0.00	0.00	0.00	0.00
米氏解硫胺素芽胞杆菌 FJAT-14205	0.00	0.00	0.00	0.00	0.00	0.00
酸快生芽胞杆菌 FJAT-14209	0.00	0.00	2.20	25.50	0.00	0.01
黏琼脂芽胞杆菌 FJAT-10013	0.00	0.00	0.00	0.00	0.00	0.00
高地芽胞杆菌 FJAT-10025	382.95	0.00	25.60	7.92	0.00	0.00
解淀粉芽胞杆菌 FJAT-2349	0.00	42.27	30.79	31.06	0.00	0.00
解淀粉芽胞杆菌 FJAT-8754	88.84	25.30	0.00	40.04	0.00	0.00
砷芽胞杆菌 FJAT-10027	0.00	2.76	0.13	0.00	0.00	0.00
阿氏芽胞杆菌 FJAT-14220	0.00	0.00	5.46	0.00	0.00	0.00
深褐芽胞杆菌 FJAT-8755	61.15	10.96	0.00	0.00	0.00	0.00
栗褐芽胞杆菌 FJAT-8757	1.29	0.00	0.00	0.00	0.00	0.00
奇异芽胞杆菌 FJAT-10042	0.00	1.76	19.36	6.32	0.00	0.00
巴达维亚芽胞杆菌 FJAT-10043	0.00	0.00	7.89	10.43	0.00	0.00
北京芽胞杆菌 FJAT-14214	0.00	0.00	2.76	0.00	0.00	0.00
食苯芽胞杆菌 FJAT-8758	17.63	5.91	0.00	30.46	0.00	0.00
食丁醇芽胞杆菌 FJAT-14236	0.00	0.00	0.00	0.00	11.36	0.00
嗜碳芽胞杆菌 FJAT-10029	398.89	0.00	0.00	0.00	0.00	0.00
科研中心芽胞杆菌 FJAT-14215	1.29	0.00	0.00	0.00	0.00	0.00
中胞类芽胞杆菌 FJAT-8759	0.00	0.00	0.00	0.00	0.00	0.00
蜡样芽胞杆菌 FJAT-8760	0.00	5.48	0.00	0.00	0.00	0.00
环状芽胞杆菌 FJAT-8761	0.00	9.96	0.00	0.00	0.00	0.00
克劳氏芽胞杆菌 FJAT-8762	0.00	3.29	0.00	0.00	0.00	0.00
凝结芽胞杆菌 FJAT-8763	0.00	6.91	0.00	0.00	0.00	0.13
科恩芽胞杆菌 FJAT-10017	0.00	0.00	13.47	12.26	0.00	0.00
腐叶芽胞杆菌 FJAT-14222	0.00	0.00	0.00	0.00	0.00	0.00
内生芽胞杆菌 FJAT-10010	399.76	0.00	0.00	0.00	0.00	0.00
混料芽胞杆菌 FJAT-10030	258.21	0.00	0.00	0.00	10.23	0.00
坚强芽胞杆菌 FJAT-8764	97.25	9.20	0.00	25.57	0.00	0.00
弯曲芽胞杆菌 FJAT-8765	0.00	1.14	0.00	0.00	0.00	0.00
福氏芽胞杆菌 FJAT-10032	0.00	0.00	0.00	8.38	13.54	0.10
强壮芽胞杆菌 FJAT-10033	0.00	5.38	0.00	0.00	13.38	0.00
绳索状芽胞杆菌 FJAT-10012	335.57	0.00	0.00	0.00	10.31	0.00

续表

菌株名称	芽胞杆菌酶活力 /（U/mL）					
	A	B	C	D	E	F
纺锤形赖氨酸芽胞杆菌 FJAT-8766	1.63	0.00	0.00	0.00	0.00	0.00
加利西亚芽胞杆菌 FJAT-14239	0.00	0.00	27.18	0.00	0.00	0.00
明胶芽胞杆菌 FJAT-10035	0.00	0.00	4.20	0.00	0.00	0.00
人参土芽胞杆菌 FJAT-14270	0.00	0.00	0.00	0.00	0.00	0.00
球胞类芽胞杆菌 FJAT-10036	0.00	0.00	0.15	0.00	0.00	0.00
盐敏芽胞杆菌 FJAT-10022	0.00	1.86	0.00	0.00	0.00	0.00
解半纤维素芽胞杆菌 FJAT-10037	0.00	0.95	8.43	6.78	12.00	0.00
堀越氏芽胞杆菌 FJAT-14233	17.62	0.00	10.77	0.00	0.00	0.00
花园芽胞杆菌 FJAT-10049	0.00	0.00	0.00	0.00	14.85	0.00
土地芽胞杆菌 FJAT-14211	0.00	0.00	1.94	0.00	0.00	0.00
花津滩芽胞杆菌 FJAT-14247	0.00	3.94	27.00	22.76	0.00	0.00
印度芽胞杆菌 FJAT-14212	0.00	0.00	0.90	0.00	0.00	0.00
奇特嗜冷芽胞杆菌 FJAT-8767	0.00	0.00	0.00	0.00	0.00	0.00
印空研芽胞杆菌 FJAT-14252	0.00	0.00	0.00	0.00	0.00	0.00
韩国芽胞杆菌 FJAT-14210	579.79	10.72	1.90	0.00	0.00	0.00
韩研所芽胞杆菌 FJAT-14240	0.00	8.91	2.87	0.00	0.00	0.00
乳酸芽胞乳杆菌 FJAT-8769	0.00	0.00	0.00	21.70	0.00	0.00
列城芽胞杆菌 FJAT-14213	11.95	0.00	0.00	0.00	0.00	0.01
迟缓芽胞杆菌 FJAT-8770	0.00	0.00	24.62	0.00	0.00	0.00
地衣芽胞杆菌 FJAT-8771	0.00	0.38	24.62	20.63	0.00	0.04
岸滨芽胞杆菌 FJAT-14234	0.00	2.31	26.13	22.91	0.00	0.00
路西法芽胞杆菌 FJAT-14206	0.00	25.24	23.47	0.00	0.00	0.00
澳门芽胞杆菌 FJAT-14207	0.00	15.88	2.72	0.00	0.00	0.00
马氏芽胞杆菌 FJAT-14248	0.00	35.31	8.02	0.00	0.00	0.00
海洋芽胞杆菌 FJAT-8772	0.00	5.58	0.00	0.00	0.00	0.00
黄海芽胞杆菌 FJAT-14235	15.99	0.00	4.14	0.00	0.00	0.01
巨大芽胞杆菌 FJAT-8774	1.29	0.00	0.00	0.00	0.00	0.00
甲醇芽胞杆菌 FJAT-14249	0.00	8.10	23.83	16.75	0.00	0.00
莫哈维芽胞杆菌 FJAT-10005	351.79	0.05	13.83	17.06	0.00	0.00
马丁教堂芽胞杆菌 FJAT-14258	0.00	6.93	7.43	17.28	0.00	0.00
蕈状芽胞杆菌 FJAT-8775	0.00	1.95	0.00	0.00	0.00	0.00
尼氏芽胞杆菌 FJAT-14216	0.00	0.00	0.00	0.00	0.00	0.00

续表

菌株名称	芽胞杆菌酶活力 / (U/mL)					
	A	B	C	D	E	F
烟酸芽胞杆菌 i FJAT-14202	0.00	0.00	0.17	0.00	0.00	0.01
休闲地芽胞杆菌 FJAT-14223	0.00	0.00	21.72	0.00	0.00	0.00
奥德赛芽胞杆菌 FJAT-14201	0.00	0.00	0.00	0.00	0.00	0.00
蔬菜芽胞杆菌 FJAT-14224	0.00	0.00	0.00	0.00	0.00	0.00
泛酸枝芽胞杆菌 FJAT-10053	0.00	0.91	7.99	10.89	0.00	0.00
巴氏芽胞杆菌 FJAT-8776	129.32	0.00	0.00	23.61	0.00	0.00
假嗜碱芽胞杆菌 FJAT-14237	0.00	0.00	8.70	0.00	0.00	0.00
假蕈状芽胞杆菌 FJAT-14225	0.00	0.00	0.00	0.00	0.00	0.00
冷解糖芽胞杆菌 FJAT-8777	0.00	0.00	0.00	10.28	0.00	0.00
冷解糖芽胞杆菌 FJAT-8778	0.00	0.00	0.00	0.00	0.00	0.14
短小芽胞杆菌 FJAT-8779	18249.82	0.00	28.50	11.05	0.00	0.00
沙福芽胞杆菌 FJAT-14260	24597.65	0.00	32.32	9.67	0.00	0.00
施氏芽胞杆菌 FJAT-8780	0.00	1.57	0.00	0.00	0.00	0.00
硒砷芽胞杆菌 FJAT-14262	0.00	17.14	13.42	18.20	0.00	0.00
硒酸盐还原芽胞杆菌 FJAT-14261	437.82	0.00	0.00	4.88	0.00	0.00
西岸芽胞杆菌 FJAT-14231	0.00	0.14	29.77	21.77	0.00	0.00
沙氏芽胞杆菌 FJAT-14257	0.00	0.00	0.00	0.00	0.00	0.00
简单芽胞杆菌 FJAT-8781	0.00	0.00	0.00	0.00	0.00	0.00
史氏芽胞杆菌 FJAT-8782	4.79	0.00	0.00	25.83	0.00	0.11
土壤芽胞杆菌 FJAT-14232	21.09	0.00	0.00	0.00	0.00	0.00
索诺拉沙漠芽胞杆菌 FJAT-14256	0.00	2.86	0.00	0.00	0.00	0.01
球形赖氨酸芽胞杆菌 FJAT-8783	505.28	4.10	0.00	16.06	0.00	0.06
地下芽胞杆菌 FJAT-14271	518.30	0.00	24.62	19.19	0.00	0.00
枯草芽胞杆菌斯氏亚种 FJAT-8784	109.60	3.10	0.00	22.27	0.00	0.00
枯草芽胞杆菌水池亚种 FJAT-14251	390.22	0.60	27.58	31.06	0.00	0.00
枯草芽胞杆菌枯草亚种 FJAT-14254	0.00	17.86	12.80	23.07	0.00	0.01
大安芽胞杆菌 FJAT-14253	0.00	0.00	0.00	22.61	0.00	0.00
热葡糖苷地芽胞杆菌 FJAT-8785	0.00	8.15	0.00	46.32	0.00	0.00
解硫胺素类芽胞杆菌 FJAT-8786	0.00	4.57	31.09	0.00	0.00	0.00
苏云金芽胞杆菌 FJAT-8787	34.09	0.00	0.00	0.00	0.00	0.00
贝莱斯芽胞杆菌 FJAT-8788	44.27	0.00	0.00	27.79	0.00	0.00
耐干热芽胞杆菌 FJAT-8789	1.97	0.00	16.90	0.00	0.00	0.00

续表

菌株名称	芽胞杆菌菌酶活力／（U/mL）					
	A	B	C	D	E	F
产氮芽胞杆菌 FJAT-8756	0.00	0.00	0.00	12.25	0.00	0.00
耐盐芽胞杆菌 FJAT-10024	0.00	0.00	0.00	0.00	0.00	0.00
马塞芽胞杆菌 FJAT-8773	0.00	0.00	0.00	0.00	0.00	0.00
土壤短芽胞杆菌 FJAT-10018	0.00	0.00	3.32	0.00	0.00	0.00
土壤短芽胞杆菌 FJAT-8790	0.00	0.00	0.00	0.00	0.00	0.05
波茨坦短芽胞杆菌 FJAT-10006	82.90	0.00	0.00	0.00	0.00	0.00
短短芽胞杆菌 FJAT-8753	0.00	0.00	0.00	19.29	0.00	0.00
美丽短芽胞杆菌 FJAT-10011	0.00	0.00	8.75	0.00	0.00	0.00
科恩芽胞杆菌 FJAT-10008	0.00	0.00	0.00	0.00	0.00	0.00
嗜酷热地芽胞杆菌 FJAT-8768	0.00	0.00	0.00	0.00	0.00	0.00
热脱氮地芽胞杆菌 FJAT-10058	157.18	1.91	4.91	15.91	13.03	0.00
解藻酸类芽胞杆菌 FJAT-10001	0.00	0.00	0.00	0.00	0.00	0.00
蜂房类芽胞杆菌 FJAT-10002	0.00	6.34	2.85	20.71	0.00	0.00
解淀粉类芽胞杆菌 FJAT-10003	0.00	0.76	10.42	0.00	0.00	0.00
解几丁质类芽胞杆菌 FJAT-10038	140.17	10.77	0.00	0.00	11.04	0.03
软骨素类芽胞杆菌 FJAT-10007	0.00	0.00	0.07	4.95	0.00	0.00
解凝乳类芽胞杆菌 FJAT-10009	117.10	5.10	11.19	15.46	0.00	0.00
解葡聚糖类芽胞杆菌 FJAT-10020	0.00	0.05	8.60	0.00	0.00	0.00
灿烂类芽胞杆菌 FJAT-14203	0.00	0.00	12.74	9.75	0.00	0.04
多黏类芽胞杆菌 FJAT-10055	422.20	0.00	21.41	0.00	0.00	0.00
强壮类芽胞杆菌 FJAT-10021	0.00	0.81	1.27	0.00	11.59	0.00
田地绿芽胞杆菌 FJAT-10028	100.54	0.00	0.00	0.00	0.00	0.00

注：A—木聚糖酶；B—普鲁兰酶；C—蛋白酶；D—果胶酶；E—几丁质酶；F—植酸酶。

2. 产酶芽胞杆菌的比例

芽胞杆菌 118 个菌株中，能产木聚糖酶的菌株有 37 个，占 31%，木聚糖酶活性范围为 1.29 ～ 24597.65U/mL；能产普鲁兰酶的菌株有 20 个，占 16.9%，普鲁兰酶活性范围为 0.05 ～ 17.14U/mL；能产蛋白酶的菌株有 20 个，占 16.9%，蛋白酶活性范围为 0.07 ～ 23.47U/mL；能产果胶酶的菌株有 20 个，占 13.5%，果胶酶活性大致范围为 6.32 ～ 23.07U/mL；能产几丁质酶的菌株有 10 个，占 7.6%，几丁质酶活性范围 10.23 ～ 14.85U/mL；能产植酸酶的菌株有 15 个，占 7.6%，植酸酶活性范围 0.01 ～ 0.14U/mL。

3. 产酶芽胞杆菌异质性

同个种不同菌株的芽胞杆菌，产酶特性差异很大，例如，解淀粉芽胞杆菌 FJAT-2349 不产木聚糖酶，解淀粉芽胞杆菌 FJAT-8754 木聚糖酶活性达 88.84U/mL（表 4-79）。枯草芽胞杆菌不同亚种，产酶特性差异很大，如枯草芽胞杆菌斯氏亚种木聚糖酶活性达 109.60U/mL，水池亚种木聚糖酶活性达 390.22U/mL，而枯草亚种木聚糖酶活性为 0U/mL（表 4-80）。

表 4-79　解淀粉芽胞杆菌不同菌株产酶特性

菌株名称	芽胞杆菌酶活力 / (U/mL)					
	A	B	C	D	E	F
解淀粉芽胞杆菌 FJAT-2349	0.00	42.27	30.79	31.06	0.00	0.00
解淀粉芽胞杆菌 FJAT-8754	88.84	25.30	0.00	40.04	0.00	0.00

注：A—木聚糖酶；B—普鲁兰酶；C—蛋白酶；D—果胶酶；E—几丁质酶；F—植酸酶。

表 4-80　枯草芽胞杆菌不同亚种产酶特性

菌株名称	芽胞杆菌酶活力 / (U/mL)					
	A	B	C	D	E	F
枯草芽胞杆菌斯氏亚种 FJAT-8784	109.60	3.10	0.00	22.27	0.00	0.00
枯草芽胞杆菌水池亚种 FJAT-14251	390.22	0.60	27.58	31.06	0.00	0.00
枯草芽胞杆菌枯草亚种 FJAT-14254	0.00	17.86	12.80	23.07	0.00	0.01

注：A—木聚糖酶；B—普鲁兰酶；C—蛋白酶；D—果胶酶；E—几丁质酶；F—植酸酶。

土壤短芽胞杆菌不同菌株，产酶特性差异很大，如 FJAT-10018 产蛋白酶活性达 3.32U/mL，而 FJAT-8790 不产蛋白酶（表 4-81）。

表 4-81　土壤短芽胞杆菌不同菌株产酶特性

菌株名称	芽胞杆菌酶活力 / (U/mL)					
	A	B	C	D	E	F
土壤短芽胞杆菌 FJAT-10018	0.00	0.00	3.32	0.00	0.00	0.00
土壤短芽胞杆菌 FJAT-8790	0.00	0.00	0.00	0.00	0.00	0.05

注：A—木聚糖酶；B—普鲁兰酶；C—蛋白酶；D—果胶酶；E—几丁质酶；F—植酸酶。

4. 产酶芽胞杆菌相关性分析

（1）基于产酶特性的芽胞杆菌相关性

① 相关分析矩阵　测定的 118 种芽胞杆菌，其中有 18 种测定的 6 种酶都不产生，对产生酶的 100 种芽胞杆菌，以 100 种芽胞杆菌为指标，6 种酶为样本，构建分析矩阵，进行相关分析，芽胞杆菌种类编号见表 4-82。

表 4-82　产 6 种酶的芽胞杆菌菌株编码

芽胞杆菌种名	编号	芽胞杆菌种名	编号
海洋芽胞杆菌 FJAT-8772	x1	马塞芽胞杆菌 FJAT-8773	x51
凝结芽胞杆菌 FJAT-8763	x2	花津滩芽胞杆菌 FJAT-14247	x52
加利西亚芽胞杆菌 FJAT-14239	x3	列城芽胞杆菌 FJAT-14213	x53
土地芽胞杆菌 FJAT-14211	x4	迟缓芽胞杆菌 FJAT-8770	x54
蕈状芽胞杆菌 FJAT-8775	x5	索诺拉沙漠芽胞杆菌 FJAT-14256	x55
纺锤形赖氨酸芽胞杆菌 FJAT-8766	x6	短短芽胞杆菌 FJAT-8753	x56
科恩芽胞杆菌 FJAT-10008	x7	解淀粉类芽胞杆菌 FJAT-10003	x57
软骨素类芽胞杆菌 FJAT-10007	x8	中胞类芽胞杆菌 FJAT-8759	x58
球形赖氨酸芽胞杆菌 FJAT-8783	x9	烟酸芽胞杆菌 FJAT-14202	x59
贝莱斯芽胞杆菌 FJAT-8788	x10	西岸芽胞杆菌 FJAT-14231	x60
解淀粉芽胞杆菌 FJAT-8754	x11	土壤芽胞杆菌 FJAT-14232	x61
澳门芽胞杆菌 FJAT-14207	x12	绳索状芽胞杆菌 FJAT-10012	x62
岸滨芽胞杆菌 FJAT-14234	x13	史氏芽胞杆菌 FJAT-8782	x63
热葡糖苷地芽胞杆菌 FJAT-8785	x14	嗜酷热地芽胞杆菌 FJAT-8768	x64
印空研芽胞杆菌 FJAT-14252	x15	球胞类芽胞杆菌 FJAT-10036	x65
假蕈状芽胞杆菌 FJAT-14225	x16	大安芽胞杆菌 FJAT-14253	x66
多黏类芽胞杆菌 FJAT-10055	x17	科恩芽胞杆菌 FJAT-10017	x67
嗜冷芽胞杆菌 FJAT-8777	x18	解几丁质类芽胞杆菌 FJAT-10038	x68
简单芽胞杆菌 FJAT-8781	x19	蔬菜芽胞杆菌 FJAT-14224	x69
盐敏芽胞杆菌 FJAT-10022	x20	假嗜碱芽胞杆菌 FJAT-14237	x70
食苯芽胞杆菌 FJAT-8758	x21	坚强芽胞杆菌 FJAT-8764	x71
枯草芽胞杆菌水池亚种 FJAT-14251	x22	腐叶芽胞杆菌 FJAT-14222	x72
解藻酸类芽胞杆菌 FJAT-10001	x23	环状芽胞杆菌 FJAT-8761	x73
黏琼脂芽胞杆菌 FJAT-10013	x24	耐盐芽胞杆菌 FJAT-10024	x74
内生芽胞杆菌 FJAT-10010	x25	田地绿芽胞杆菌 FJAT-10028	x75
印度芽胞杆菌 FJAT-14212	x26	泛酸枝芽胞杆菌 FJAT-10053	x76
科研中心芽胞杆菌 FJAT-14215	x27	枯草芽胞杆菌斯氏亚种 FJAT-8784	x77
热脱氮地芽胞杆菌 FJAT-10058	x28	高地芽胞杆菌 FJAT-10025	x78
施氏芽胞杆菌 FJAT-8780	x29	沙氏芽胞杆菌 FJAT-14257	x79
堀越氏芽胞杆菌 FJAT-14233	x30	甲醇芽胞杆菌 FJAT-14249	x80
明胶芽胞杆菌 FJAT-10035	x31	解硫胺素解硫胺素芽胞杆 FJAT-10004	x81
休闲地芽胞杆菌 FJAT-14223	x32	解淀粉芽胞杆菌水池亚种 FJAT-2349	x82
阿氏芽胞杆菌 FJAT-14220	x33	硒酸盐还原芽胞杆菌 FJAT-14261	x83
乳酸芽胞乳杆菌 FJAT-8769	x34	北京芽胞杆菌 FJAT-14214	x84
强壮芽胞杆菌 FJAT-10033	x35	混料芽胞杆菌 FJAT-10030	x85

芽胞杆菌种名	编号	芽胞杆菌种名	编号
福氏芽胞杆菌 FJAT-10032	x36	花园芽胞杆菌 FJAT-10049	x86
黄海芽胞杆菌 FJAT-14235	x37	蜂房类芽胞杆菌 FJAT-10002	x87
巨大芽胞杆菌 FJAT-8774	x38	解硫胺素类芽胞杆菌 FJAT-8786	x88
弯曲芽胞杆菌 FJAT-8765	x39	硒砷芽胞杆菌 FJAT-14262	x89
巴达维亚芽胞杆菌 FJAT-10043	x40	蜡样芽胞杆菌 FJAT-8760	x90
砷芽胞杆菌 FJAT-10027	x41	嗜碳芽胞杆菌 FJAT-10029	x91
奥德赛芽胞杆菌 FJAT-14201	x42	巴氏芽胞杆菌 FJAT-8776	x92
马丁教堂芽胞杆菌 FJAT-14258	x43	耐干热芽胞杆菌 FJAT-8789	x93
苏云金芽胞杆菌 FJAT-8787	x44	枯草芽胞杆菌枯草亚种 FJAT-14254	x94
韩国芽胞杆菌 FJAT-14210	x45	解半纤维素芽胞杆菌 FJAT-10037	x95
莫哈维芽胞杆菌 FJAT-10005	x46	产氮芽胞杆菌 FJAT-8756	x96
路西法芽胞杆菌 FJAT-14206	x47	马氏芽胞杆菌 FJAT-14248	x97
波茨坦短芽胞杆菌 FJAT-10006	x48	解葡聚糖类芽胞杆菌 FJAT-10020	x98
灿烂类芽胞杆菌 FJAT-14203	x49	米氏解硫胺素芽胞杆菌 FJAT-14205	x99
栗褐芽胞杆菌 FJAT-8757	x50		

② 相关系数差异　基于 6 种酶测定，芽胞杆菌之间的相关系数差异显著，相关系数在 −0.00 ～ 1.00 之间，如：x1，海洋芽胞杆菌 FJAT-8772 与其他 98 个芽胞杆菌种类的相关系数为 −0.45 ～ 1.00，$R=1.00$（$P < 0.01$）。海洋芽胞杆菌 FJAT-8772 与其他芽胞杆菌显著相关的种类有：x2，凝结芽胞杆菌 FJAT-8763 相关系数 1.00；x10，贝莱斯芽胞杆菌 FJAT-8788 相关系数 1.00；x11，解淀粉芽胞杆菌 FJAT-8754 相关系数 1.00；x23，解藻酸类芽胞杆菌 FJAT-10001 相关系数 1.00；x24，黏琼脂芽胞杆菌 FJAT-10013 相关系数 1.00；x39，弯曲芽胞杆菌 FJAT-8765 相关系数 1.00；x55，索诺拉沙漠芽胞杆菌 FJAT-14256 相关系数 1.00；x89，硒砷芽胞杆菌 FJAT-14262 相关系数 1.00；x91，嗜碳芽胞杆菌 FJAT-10029 相关系数 1.00；x92，巴氏芽胞杆菌 FJAT-8776 相关系数 1.00；x93，耐干热芽胞杆菌 FJAT-8789 相关系数 1.00；x66，大安芽胞杆菌 FJAT-14253 相关系数 1.00；x8，软骨素类芽胞杆菌 FJAT-10007 相关系数 1.00；x3，加利西亚芽胞杆菌 FJAT-14239 相关系数 1.00；x5，蕈状芽胞杆菌 FJAT-8775 相关系数 1.00；x13，岸滨芽胞杆菌 FJAT-14234 相关系数 1.00；x14，热葡糖苷地芽胞杆菌 FJAT-8785 相关系数 1.00；x7，科恩芽胞杆菌 FJAT-10008 相关系数 1.00；x4，土地芽胞杆菌 FJAT-14211 相关系数 1.00；x12，澳门芽胞杆菌 FJAT-14207 相关系数 1.00；x9，球形赖氨酸芽胞杆菌 FJAT-8783 相关系数 1.00；x6，纺锤形赖氨酸芽胞杆菌 FJAT-8766 相关系数 1.00；x16，假蕈状芽胞杆菌 FJAT-14225 相关系数 1.00；x15，印空研芽胞杆菌 FJAT-14252 相关系数 0.99；x19，简单芽胞杆菌 FJAT-8781 相关系数 0.99；x25，内生芽胞杆菌 FJAT-10010 相关系数 0.98；x18，嗜冷芽胞杆菌 FJAT-8777 相关系数 0.98；x20，盐敏芽胞杆菌 FJAT-10022 相关系数 0.98；x56，短短芽胞杆菌 FJAT-8753 相关系数 0.97；x21，食苯芽胞杆菌 FJAT-8758 相关系数 0.97；x17，多黏类芽胞杆菌 FJAT-10055 相关系数 0.88；x43，马丁教堂芽胞杆菌 FJAT-14258 相关系数 0.83；x26，印度芽胞杆菌 FJAT-14212 相关系数 0.82。

而与其余的芽胞杆菌种类不相关；同样，其他种类芽胞杆菌之间基于 6 种酶的相关性存着显著差异。

③ 相同种类芽胞杆菌产酶相关性差异显著　如：x11，解淀粉芽胞杆菌 FJAT-8754；x82，解淀粉芽胞杆菌 FJAT-2349，为同属的不同菌株，它们之间的相关系数 $R=-0.21$（$P>0.05$），无相关性；但它们分别与其他芽胞杆菌产酶相关性差异显著，如：x11，解淀粉芽胞杆菌 FJAT-8754 与 x1、x2、x3、x4、x5、x6、x7、x8、x9、x10 芽胞杆菌呈显著相关，相关系数皆为 1；而 x82，解淀粉芽胞杆菌 FJAT-2349 与上述菌株呈显著不相关，相关系数在 −0.18 至 −0.22 之间。同理，同亚种芽胞杆菌、不同属芽胞杆菌间产酶相关性差异显著。

（2）基于芽胞杆菌的产酶种类相关性　测定的 118 个芽胞杆菌菌株，其中有 18 个菌株检测不到被测试的 6 种酶，它们是短小芽胞杆菌 FJAT-8779、地下芽胞杆菌 FJAT-14271、解凝乳类芽胞杆菌 FJAT-10009、深褐芽胞杆菌 FJAT-8755、地衣芽胞杆菌 FJAT-8771、酸快生芽胞杆菌 FJAT-14209、奇异芽胞杆菌 FJAT-10042、强壮类芽胞杆菌 FJAT-10021、韩研所芽胞杆菌 FJAT-14240、食丁醇芽胞杆菌 FJAT-14236、美丽短芽胞杆菌 FJAT-10011、土壤短芽胞杆菌 FJAT-10018、克劳氏芽胞杆菌 FJAT-8762、冷解糖芽胞杆菌 FJAT-8778、土壤短芽胞杆菌 FJAT-8790、人参土芽胞杆菌 FJAT-14270、奇特嗜冷芽胞杆菌 FJAT-8767、尼氏芽胞杆菌 FJAT-14216。

对于产酶的 100 个芽胞杆菌菌株，以 100 种芽胞杆菌为样本、6 种酶为指标，构建分析矩阵，进行相关分析，分析结果见表 4-83。芽胞杆菌木聚糖酶与蛋白酶之间的相关系数为 $R=0.3451$（$P=0.0001<0.01$），显著相关；芽胞杆菌木聚糖酶的产生总是伴随着蛋白酶产生。普鲁兰酶与蛋白酶之间的相关系数为 $R=0.1899$（$P=0.0394<0.05$），普鲁兰酶与果胶酶之间的相关系数为 $R=0.2860$（$P=0.0017<0.01$）。芽胞杆菌蛋白酶与果胶酶之间的相关系数为 $R=0.2708$（$P=0.0030<0.01$）。芽胞杆菌木聚糖酶、普鲁兰酶、蛋白酶、果胶酶之间的产生存着一定相关性；几丁质酶、植酸酶与前述几种酶的产生无相关性。

表 4-83　基于 6 种酶活性的 99 种芽胞杆菌相关分析

酶	木聚糖酶	普鲁兰酶	蛋白酶	果胶酶	几丁质酶	植酸酶
木聚糖酶		0.5323	0.0001	0.5934	0.6960	0.6951
普鲁兰酶	−0.0581		0.0394	0.0017	0.6370	0.7569
蛋白酶	0.3451	0.1899		0.0030	0.1309	0.2527
果胶酶	0.0497	0.2860	0.2708		0.2978	0.6347
几丁质酶	−0.0363	−0.0439	−0.1399	−0.0966		0.3001
植酸酶	−0.0365	−0.0288	−0.1061	0.0442	0.0962	

注：矩阵左下三角中数据是相关系数 R，右上三角是显著性检验 P 值。

5. 产酶芽胞杆菌聚类分析

（1）基于产酶特性的芽胞杆菌聚类分析　根据表 4-84，以产酶为指标、以菌株为样本构建矩阵，其中短小芽胞杆菌 FJAT-8779 和沙福芽胞杆菌 FJAT-14260 木聚糖酶活性非常高，大于 18000U/mL，将其排除在聚类分析之外。以马氏距离为尺度，用类平均法进行系统聚类，分析结果见图 4-45，基于产酶特性可将其分为 3 组：

第 1 组为低酶活组，被测的 6 种酶活性很低，木聚糖酶活性 < 1.69U/mL，普鲁兰酶、蛋白酶、果胶酶、几丁质酶、植酸酶等酶活性为 0；包括酸快生芽胞杆菌 FJAT-14209、深褐芽胞杆菌 FJAT-8755、奇异芽胞杆菌 FJAT-10042、食丁醇芽胞杆菌 FJAT-14236、嗜碳芽胞杆菌 FJAT-10029 等 23 个芽胞杆菌菌株。

第 2 组为中酶活组，被测的 6 种酶活性中等，木聚糖酶活性平均值为 61.50U/mL，普鲁兰酶为 4.55U/mL、蛋白酶 5.16U/mL、果胶酶 5.86U/mL、几丁质酶 1.61U/mL、植酸酶 0.00U/mL 等；包括解硫胺素芽胞杆菌 FJAT-10004、黏琼脂芽胞杆菌 FJAT-10013、高地芽胞杆菌 FJAT-10025、解淀粉芽胞杆菌 FJAT-2349、解淀粉芽胞杆菌 FJAT-8754 等 67 个芽胞杆菌菌株。

第 3 组为高酶活组，被测的 6 种酶活性较高，木聚糖酶活性平均值为 1605.76U/mL，普鲁兰酶为 1.45U/mL、蛋白酶 12.40U/mL、果胶酶 14.07U/mL、几丁质酶 0.48U/mL、植酸酶 0.02U/mL 等；包括米氏解硫胺素芽胞杆菌 FJAT-14205、砷芽胞杆菌 FJAT-10027、栗褐芽胞杆菌 FJAT-8757、科研中心芽胞杆菌 FJAT-14215、中胞类芽胞杆菌 FJAT-8759 等 28 个芽胞杆菌菌株。

表 4-84　基于产酶特性的芽胞杆菌聚类分析

芽胞杆菌聚类分组		芽胞杆菌酶活性 /（U/mL）					
		木聚糖酶	普鲁兰酶	蛋白酶	果胶酶	几丁质酶	植酸酶
1	酸快生芽胞杆菌 FJAT-14209	0.00	0.00	0.00	0.00	0.00	0.00
	深褐芽胞杆菌 FJAT-8755	0.00	0.00	0.00	0.00	0.00	0.00
	奇异芽胞杆菌 FJAT-10042	0.00	0.00	0.00	0.00	0.00	0.00
	食丁醇芽胞杆菌 FJAT-14236	0.00	0.00	0.00	0.00	0.00	0.00
	嗜碳芽胞杆菌 FJAT-10029	1.29	0.00	0.00	0.00	0.00	0.00
	克劳氏芽胞杆菌 FJAT-8762	0.00	0.00	0.00	0.00	0.00	0.00
	人参土芽胞杆菌 FJAT-14270	0.00	0.00	0.00	0.00	0.00	0.00
	奇特嗜冷芽胞杆菌 FJAT-8767	0.00	0.00	0.00	0.00	0.00	0.00
	韩研所芽胞杆菌 FJAT-14240	0.00	0.00	0.00	0.00	0.00	0.00
	地衣芽胞杆菌 FJAT-8771	0.00	0.00	0.00	0.00	0.00	0.00
	尼氏芽胞杆菌 FJAT-14216	0.00	0.00	0.00	0.00	0.00	0.00
	巴氏芽胞杆菌 FJAT-8776	1.29	0.00	0.00	0.00	0.00	0.00
	冷解糖芽胞杆菌 FJAT-8778	0.00	0.00	0.00	0.00	0.00	0.00
	短小芽胞杆菌 FJAT-8779	0.00	0.00	0.00	0.00	0.00	0.00
	沙福芽胞杆菌 FJAT-14260	0.00	0.00	0.00	0.00	0.00	0.00
	硒砷芽胞杆菌 FJAT-14262	1.63	0.00	0.00	0.00	0.00	0.00
	地下芽胞杆菌 FJAT-14271	0.00	0.00	0.00	0.00	0.00	0.00
	耐干热芽胞杆菌 FJAT-8789	1.29	0.00	0.00	0.00	0.00	0.00
	土壤短芽胞杆菌 FJAT-10018	0.00	0.00	0.00	0.00	0.00	0.00
	土壤短芽胞杆菌 FJAT-8790	0.00	0.00	0.00	0.00	0.00	0.00

续表

芽胞杆菌聚类分组		芽胞杆菌酶活性/（U/mL）					
		木聚糖酶	普鲁兰酶	蛋白酶	果胶酶	几丁质酶	植酸酶
1	美丽短芽胞杆菌 FJAT-10011	0.00	0.00	0.00	0.00	0.00	0.00
	解凝乳类芽胞杆菌 FJAT-10009	0.00	0.00	0.00	0.00	0.00	0.00
	强壮类芽胞杆菌 FJAT-10021	0.00	0.00	0.00	0.00	0.00	0.00
	第 1 组 23 个样本平均值	0.24	0.00	0.00	0.00	0.00	0.00
2	解硫胺素芽胞杆菌 FJAT-10004	0.00	0.00	3.32	0.00	0.00	0.00
	黏琼脂芽胞杆菌 FJAT-10013	82.90	0.00	0.00	0.00	0.00	0.00
	高地芽胞杆菌 FJAT-10025	0.00	0.00	5.46	0.00	0.00	0.00
	解淀粉芽胞杆菌 FJAT-2349	0.00	3.29	0.00	0.00	0.00	0.00
	解淀粉芽胞杆菌 FJAT-8754	398.89	0.00	0.00	0.00	0.00	0.00
	阿氏芽胞杆菌 FJAT-14220	0.00	17.14	13.42	18.20	0.00	0.00
	巴达维亚芽胞杆菌 FJAT-10043	0.00	6.93	7.43	17.28	0.00	0.00
	北京芽胞杆菌 FJAT-14214	0.00	2.86	0.00	0.00	0.00	0.01
	食苯芽胞杆菌 FJAT-8758	97.25	9.20	0.00	25.57	0.00	0.00
	蜡样芽胞杆菌 FJAT-8760	0.00	1.57	0.00	0.00	0.00	0.00
	环状芽胞杆菌 FJAT-8761	0.00	0.00	8.70	0.00	0.00	0.00
	科恩芽胞杆菌 FJAT-10017	0.00	8.91	2.87	0.00	0.00	0.00
	腐叶芽胞杆菌 FJAT-14222	0.00	0.00	8.75	0.00	0.00	0.00
	内生芽胞杆菌 FJAT-10010	61.15	10.96	0.00	0.00	0.00	0.00
	混料芽胞杆菌 FJAT-10030	0.00	0.00	2.76	0.00	0.00	0.00
	坚强芽胞杆菌 FJAT-8764	0.00	9.96	0.00	0.00	0.00	0.00
	弯曲芽胞杆菌 FJAT-8765	34.09	0.00	0.00	0.00	0.00	0.00
	绳索状芽胞杆菌 FJAT-10012	0.00	0.00	7.89	10.43	0.00	0.00
	加利西亚芽胞杆菌 FJAT-14239	579.79	10.72	1.90	0.00	0.00	0.00
	解半纤维素芽胞杆菌 FJAT-10037	0.00	0.00	0.90	0.00	0.00	0.00
	堀越氏芽胞杆菌 FJAT-14233	0.00	3.94	27.00	22.76	0.00	0.00
	花园芽胞杆菌 FJAT-10049	0.00	1.95	0.00	0.00	0.00	0.00
	印空研芽胞杆菌 FJAT-14252	157.18	1.91	4.91	15.91	13.03	0.00
	韩国芽胞杆菌 FJAT-14210	0.00	0.00	2.20	25.50	0.00	0.01
	迟缓芽胞杆菌 FJAT-8770	0.00	0.00	0.00	21.70	0.00	0.00
	岸滨芽胞杆菌 FJAT-14234	335.57	0.00	0.00	0.00	10.31	0.00
	路西法芽胞杆菌 FJAT-14206	0.00	0.00	27.18	0.00	0.00	0.00
	澳门芽胞杆菌 FJAT-14207	351.79	0.05	13.83	17.06	0.00	0.00
	马氏芽胞杆菌 FJAT-14248	0.00	0.00	0.15	0.00	0.00	0.00
	黄海芽胞杆菌 FJAT-14235	0.00	35.31	8.02	0.00	0.00	0.00

续表

芽胞杆菌聚类分组	芽胞杆菌酶活性 /（U/mL）					
	木聚糖酶	普鲁兰酶	蛋白酶	果胶酶	几丁质酶	植酸酶
甲醇芽胞杆菌 FJAT-14249	0.00	0.00	4.20	0.00	0.00	0.00
莫哈维芽胞杆菌 FJAT-10005	0.00	1.76	19.36	6.32	0.00	0.00
马丁教堂芽胞杆菌 FJAT-14258	17.62	0.00	10.77	0.00	0.00	0.00
休闲地芽胞杆菌 FJAT-14223	0.00	2.31	26.13	22.91	0.00	0.00
蔬菜芽胞杆菌 FJAT-14224	0.00	0.76	10.42	0.00	0.00	0.00
泛酸枝芽胞杆菌 FJAT-10053	0.00	5.58	0.00	0.00	0.00	0.00
假坚强芽胞杆菌 FJAT-14237	0.00	0.00	0.00	10.28	0.00	0.00
假蕈状芽胞杆菌 FJAT-14225	140.17	10.77	0.00	0.00	11.04	0.03
冷解糖芽胞杆菌 FJAT-8777	129.32	0.00	0.00	23.61	0.00	0.00
施氏芽胞杆菌 FJAT-8780	0.00	17.86	12.80	23.07	0.00	0.01
硒酸盐还原芽胞杆菌 FJAT-14261	0.00	2.76	0.13	0.00	0.00	0.00
西岸芽胞杆菌 FJAT-14231	0.00	5.38	0.00	0.00	13.38	0.00
史氏芽胞杆菌 FJAT-8782	0.00	0.00	0.00	0.00	14.85	0.00
土壤芽胞杆菌 FJAT-14232	0.00	15.88	2.72	0.00	0.00	0.00
索诺拉沙漠芽胞杆菌 FJAT-14256	21.09	0.00	0.00	0.00	0.00	0.00
球形赖氨酸芽胞杆菌 FJAT-8783	382.95	0.00	25.60	7.92	0.00	0.00
枯草芽胞杆菌斯氏亚种 FJAT-8784	0.00	5.48	0.00	0.00	0.00	0.00
枯草芽胞杆菌水池亚种 FJAT-14251	0.00	42.27	30.79	31.06	0.00	0.00
枯草芽胞杆菌枯草亚种 FJAT-14254	0.00	1.14	0.00	0.00	0.00	0.00
大安芽胞杆菌 FJAT-14253	11.95	0.00	0.00	0.00	0.00	0.01
热葡糖苷地芽胞杆菌 FJAT-8785	258.21	0.00	0.00	0.00	10.23	0.00
解硫胺素类芽胞杆菌 FJAT-8786	0.00	1.86	0.00	0.00	0.00	0.00
苏云金芽胞杆菌 FJAT-8787	0.00	0.95	8.43	6.78	12.00	0.00
贝莱斯芽胞杆菌 FJAT-8788	399.76	0.00	0.00	0.00	0.00	0.00
产氮芽胞杆菌 FJAT-8756	0.00	0.00	0.17	0.00	0.00	0.01
耐盐芽胞杆菌 FJAT-10024	0.00	0.05	8.60	0.00	0.00	0.00
短短芽胞杆菌 FJAT-8753	15.99	0.00	4.14	0.00	0.00	0.01
嗜酷热地芽胞杆菌 FJAT-8768	0.00	0.81	1.27	0.00	11.59	0.00
热脱氮地芽胞杆菌 FJAT-10058	17.63	5.91	0.00	30.46	0.00	0.00
解藻酸类芽胞杆菌 FJAT-10001	100.54	0.00	0.00	0.00	0.00	0.00
蜂房类芽胞杆菌 FJAT-10002	0.00	0.00	1.94	0.00	0.00	0.00
解淀粉类芽胞杆菌 FJAT-10003	0.00	0.91	7.99	10.89	0.00	0.00
解几丁质类芽胞杆菌 FJAT-10038	0.00	0.00	0.00	0.00	11.36	0.00
软骨素类芽胞杆菌 FJAT-10007	437.82	0.00	0.00	4.88	0.00	0.00

芽胞杆菌聚类分组		芽胞杆菌酶活性 / (U/mL)					
		木聚糖酶	普鲁兰酶	蛋白酶	果胶酶	几丁质酶	植酸酶
2	多黏类芽胞杆菌 FJAT-10055	88.84	25.30	0.00	40.04	0.00	0.00
	乳酸芽胞乳杆菌 FJAT-8769	0.00	25.24	23.47	0.00	0.00	0.00
	田地绿芽胞杆菌 FJAT-10028	0.00	6.91	0.00	0.00	0.00	0.13
	第 2 组 67 个样本平均值	61.50	4.55	5.16	5.86	1.61	0.00
3	米氏解硫胺素芽胞杆菌 FJAT-14205	0.00	0.00	0.00	0.00	0.00	0.05
	砷芽胞杆菌 FJAT-10027	4.79	0.00	0.00	25.83	0.00	0.11
	栗褐芽胞杆菌 FJAT-8757	0.00	0.00	0.00	22.61	0.00	0.00
	科研中心芽胞杆菌 FJAT-14215	0.00	8.15	0.00	46.32	0.00	0.00
	中胞类芽胞杆菌 FJAT-8759	0.00	0.00	0.00	19.29	0.00	0.00
	凝结芽胞杆菌 FJAT-8763	18249.82	0.00	28.50	11.05	0.00	0.00
	福氏芽胞杆菌 FJAT-10032	0.00	0.38	24.62	20.63	0.00	0.04
	强壮芽胞杆菌 FJAT-10033	0.00	8.10	23.83	16.75	0.00	0.00
	纺锤形赖氨酸芽胞杆菌 FJAT-8766	390.22	0.60	27.58	31.06	0.00	0.00
	明胶芽胞杆菌 FJAT-10035	0.00	0.14	29.77	21.77	0.00	0.00
	球胞类芽胞杆菌 FJAT-10036	0.00	0.00	0.00	12.25	0.00	0.00
	盐敏芽胞杆菌 FJAT-10022	109.60	3.10	0.00	22.27	0.00	0.00
	土地芽胞杆菌 FJAT-14211	518.30	0.00	24.62	19.19	0.00	0.00
	花津滩芽胞杆菌 FJAT-14247	0.00	0.00	0.00	8.38	13.54	0.10
	印度芽胞杆菌 FJAT-14212	44.27	0.00	0.00	27.79	0.00	0.00
	列城芽胞杆菌 FJAT-14213	0.00	0.00	21.72	0.00	0.00	0.00
	海洋芽胞杆菌 FJAT-8772	24597.65	0.00	32.32	9.67	0.00	0.00
	马塞芽胞杆菌 FJAT-8773	0.00	0.00	12.74	9.75	0.00	0.04
	巨大芽胞杆菌 FJAT-8774	0.00	4.57	31.09	0.00	0.00	0.00
	蕈状芽胞杆菌 FJAT-8775	505.28	4.10	0.00	16.06	0.00	0.06
	烟酸芽胞杆菌 FJAT-14202	1.97	0.00	16.90	0.00	0.00	0.00
	奥德赛芽胞杆菌 FJAT-14201	0.00	6.34	2.85	20.71	0.00	0.00
	沙氏芽胞杆菌 FJAT-14257	0.00	0.00	0.07	4.95	0.00	0.00
	简单芽胞杆菌 FJAT-8781	117.10	5.10	11.19	15.46	0.00	0.00
	波茨坦短芽胞杆菌 FJAT-10006	0.00	0.00	13.47	12.26	0.00	0.00
	科恩芽胞杆菌 FJAT-10008	422.20	0.00	21.41	0.00	0.00	0.00
	解葡聚糖类芽胞杆菌 FJAT-10020	0.00	0.00	0.00	0.00	0.00	0.14
	灿烂类芽胞杆菌 FJAT-14203	0.00	0.00	24.62	0.00	0.00	0.00
	第 3 组 28 个样本平均值	1605.76	1.45	12.40	14.07	0.48	0.02

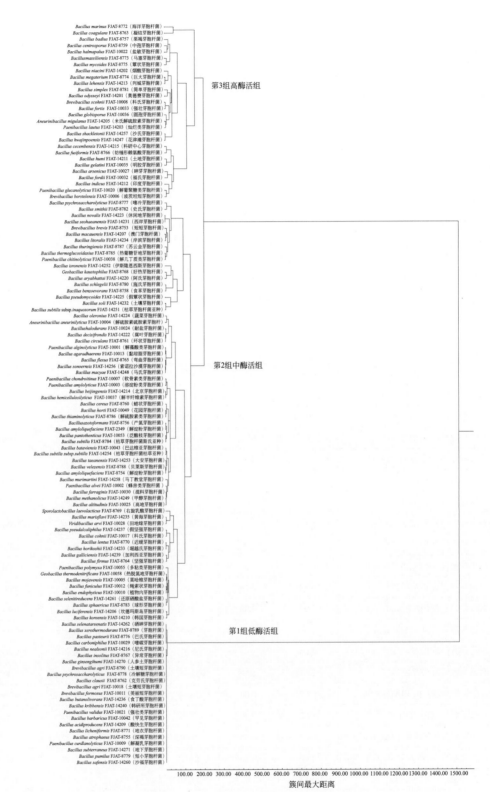

图 4-45　基于产酶特性的芽胞杆菌聚类分析

（2）基于芽胞杆菌的产酶特性聚类分析　　根据表 4-84，以产酶为样本，以菌株为指标，构建矩阵，以相关系数为尺度，用类平均法进行系统聚类，相关系数见表 4-85。

表 4-85　基于芽胞杆菌的产酶特性相关系数

酶类	A	B	C	D	E	F
木聚糖酶（A）	1.0000	-0.0331	0.1237	0.1129	0.0615	-0.0157
普鲁兰酶（B）	-0.0331	1.0000	0.2231	0.2895	-0.0463	-0.0309
蛋白酶（C）	0.1237	0.2231	1.0000	0.2719	-0.1345	-0.0999
果胶酶（D）	0.1129	0.2895	0.2719	1.0000	-0.0950	0.0459
几丁质酶（E）	0.0615	-0.0463	-0.1345	-0.0950	1.0000	0.0949
植酸酶（F）	-0.0157	-0.0309	-0.0999	0.0459	0.0949	1.0000

芽胞杆菌的普鲁兰酶、蛋白酶、果胶酶之间相关系数在 0.2 以上，它们之间显著相关。其他酶之间，无显著相关性。聚类分析结果可将其分为 3 类：第 1 类包含 3 个酶，即普鲁兰酶、蛋白酶、果胶酶；第 2 类包含 1 个酶，木聚糖酶；第 3 类包含 2 个酶，即几丁质酶、植酸酶。

五、讨论

对于各个酶采用不同方式进行酶活测定，比较同一种酶在同一条件下酶活大小，从而选取高产酶菌株。对于木聚糖酶、蛋白酶、果胶酶、普鲁兰酶、几丁质酶采用灵敏度强的 DNS 法测定，植酸酶采取中华人民共和国国家标准中的方法进行测定，从而保证试验数据的准确合理性。

通过酶活测定，可以准确地比较在同一条件下不同菌株的产酶情况。酶活测定得到的菌株产酶情况与初筛结果有些不同，这个情况是合理的，原因有多个方面。首先初筛结果是根据 H/C 值确定的，没有考虑透明圈的清晰度的问题，初筛结果只是从一个方面确定的；其次是误差引起，初筛中培养基无法控制完全均匀、游标卡尺的读数误差等。

通过酶活测定选出产果胶酶、普鲁兰酶较高的解淀粉芽胞杆菌 FJAT-2349 菌株和产木聚糖酶、蛋白酶较高的沙福芽胞杆菌 FJAT-14260 菌株进行发酵条件优化试验。国内外学者对于微生物产酶进行大量研究，但是大多只是研究某单一菌株的产酶情况。本章对多种芽胞杆菌的产酶情况进行普查，虽然酶活力大小普遍不高，但是对于芽胞杆菌的研究提供了不可代替的作用，也为以后芽胞杆菌的研究奠定了资源基础。

木聚糖酶，又名内 1,4-β- 木聚糖酶，用于啤酒酿造，可以有效分解麦芽汁中的木聚糖和戊聚糖，降低麦芽汁中的黏度，改善其过滤性能，防止非碳水化合物混浊的产生，活性来源于经选择的木霉菌等微生物，经基因工程的转化、发酵、提取而得，作用 pH 值范围为 3.5 ～ 6.5，最佳 pH 值为 5.0；作用温度范围为 50 ～ 60℃，最佳温度为 55℃。木聚糖酶可以应用在酿造、饲料工业中。木聚糖酶可以分解饲料工业中的原料细胞壁以及 β- 葡聚糖，降低酿造中物料的黏度，促进有效物质的释放，以及降低饲料用粮中的非淀粉多糖，促进营养物质的吸收利用，并因而更易取可溶性脂类成分。木聚糖酶 (xylanase) 是指可将木聚糖降解成低聚糖和木糖的一组酶的总称，可以将饲料的非淀粉多糖（NSPS）分解成较小聚合度的低聚木糖，从而改善饲料性能，消除或降低非淀粉多糖在动物肠胃中因黏度较大而引起的抗营养作用，同时它可以破坏植物细胞壁的结构，提高内源性消化酶的活性，提高饲料养分的利用；另外，木聚糖酶在造纸食品和纺织等行业中的应用也较为广泛。在纸浆蒸煮过程中，木聚糖部分溶解、变性并重新沉积在纤维表面上。此过程中若使用木聚糖酶，就可以清除部分再沉积下来的木聚糖。这样增大了纸浆基质孔隙，使被困的可溶性木质素释放出来，同时也使得化学漂白剂能更有效地渗透进入到纸浆中。总的说来，它可提高纸浆的漂白率，并因此减少化学漂白剂的用量。木聚糖酶是降解木聚糖的专一性酶，它只降解木聚糖而不能使纤维素分解。木聚糖酶由不同微生物共同作用而形成，在一定 pH 值和温度范围内使用可获得最佳效果。

蛋白酶是水解蛋白质肽键的一类酶的总称。按其水解多肽的方式，可以将其分为内肽酶和外肽酶两类。内肽酶将蛋白质分子内部切断，形成分子量较小的胨。外肽酶从蛋白质分子的游离氨基或羧基的末端逐个将肽键水解，而游离出氨基酸，前者为氨基肽酶，后者为羧基肽酶。按其活性中心和最适 pH 值，又可将蛋白酶分为丝氨酸蛋白酶、巯基蛋白酶、金属蛋白酶和天冬氨酸蛋白酶。按其反应的最适 pH 值，分为酸性蛋白酶、中性蛋白酶和碱性蛋白酶。工业生产上应用的蛋白酶，主要是内肽酶。蛋白酶广泛存在于动物内脏、植物茎叶、果实和微生物中。微生物蛋白酶，主要由霉菌、细菌，其次由酵母、放线菌生产。催化蛋白质水解的酶类种类很多，重要的有胃蛋白酶、胰蛋白酶、组织蛋白酶、木瓜蛋白酶和枯草杆菌蛋白酶等。蛋白酶对所作用的反应底物有严格的选择性，一种蛋白酶仅能作用于蛋白质分子中一定的肽键，如胰蛋白酶催化水解碱性氨基酸所形成的肽键。蛋白酶分布广，主要存在于人和动物消化道中，在植物和微生物中含量丰富。由于动植物资源有限，工业上生产蛋白酶制剂主要利用枯草杆菌、栖土曲霉等微生物发酵制备。芽胞杆菌生理需求将木聚糖酶与蛋白酶紧密联系。

普鲁兰酶是一类淀粉脱支酶，因其能专一性水解普鲁兰糖 (pullulan，麦芽三糖以 α-1,6-糖苷键连接起来的聚合物) 而得名，属淀粉酶类，能够专一性切开支链淀粉分支点中的 α-1,6-糖苷键，切下整个分支结构，形成直链淀粉。果胶酶由黑曲霉等微生物经发酵精制而得。外观呈浅黄色粉末状。果胶酶主要用于果蔬汁饮料及果酒的榨汁及澄清，对分解果胶具有良好的作用。果胶酶是一种生物酶，作用是促进果胶水解，常用于生物实验中植物体细胞杂交的去除细胞壁的过程。分解果胶的一个多酶复合物，通常包括原果胶酶、果胶甲酯水解酶、果胶酸酶。通过它们的联合作用使果胶质得以完全分解。天然的果胶质在原果胶酶作用下，转化成水可溶性的果胶；果胶被果胶甲酯水解酶催化去掉甲酯基团，生成果胶酸；果胶酸经果胶酸水解酶类和果胶酸裂合酶类降解生成半乳糖醛酸。芽胞杆菌普鲁兰酶的产生伴随着蛋白酶、果胶酶的产生。

第五节
畜禽粪污降解菌酶学特性的研究

一、概述

1. 芽胞杆菌及其酶学特性

（1）芽胞杆菌酶代谢　芽胞杆菌属（*Bacillus*）是一类好氧或兼型厌氧，在一定条件下能产生抗逆性内生孢子的有机化能异氧型杆状细菌，一般为革兰氏阳性（王凯等，2013）。它在自然界分布非常广泛，生理特性丰富多样，主要分布在土壤、植物体表面及水体中，在快速生长繁殖过程中能产生多种维生素、有机酸、氨基酸、蛋白酶（特别是碱性蛋白酶）、糖化酶、脂肪酶、淀粉酶等。

（2）芽胞杆菌酶应用　芽胞杆菌产生的内生孢子，对热、紫外线、电磁辐射和某些化学药品有很强的抗性，能耐受多种不良环境。因此，一些特殊功能性芽胞杆菌在农业、医学、工业、军事和环境污染治理等领域有广泛的应用价值，有的可以在高渗透压、强酸强碱、高寒高温、高辐射的环境下良好生长繁殖，具有非常高的生态学价值；有的可分泌多种胞外酶，如纤维素酶、淀粉酶、蛋白酶、果胶酶、木聚糖酶等，广泛应用于工业、农业、环境、医学等酶制剂（曹煜成等，2005）。

（3）芽胞杆菌酶制剂　芽胞杆菌可作为多种蛋白基因表达受体，在基因工程和生物学研究领域中有较高的应用价值；大多数芽胞杆菌与动、植物关系密切并与其形成良好的共生体系，应用于微生物有机肥料、益生菌制剂、酶制剂的制作；有的菌种能产生毒杀昆虫的特殊性蛋白，如苏云金芽胞杆菌能产生 δ- 内毒素，杀虫晶体蛋白（ICP，insecticidal crystal protein）可毒杀鳞翅目、双翅目、鞘翅目等的昆虫，用于微生物农药的生产或生物防治。芽胞杆菌属在自然界广泛分布及独特的生理生化特性，使其成为很多研究领域高度重视的微生物类群。目前，在酶制剂工业应用的芽胞杆菌种类主要有枯草芽胞杆菌（*Bacillus subtillis*）、地衣芽胞杆菌（*bacillus licheniformis*）、凝结芽胞杆菌（*Bacillus coagulans*）、解淀粉芽胞杆菌（*Bacillus amyloliquefaciens*）、巨大芽胞杆菌（*Bacillus megatherium*）、浸麻芽胞杆菌（*Bacillus macerans*）、苏云金芽胞杆菌（*Bacillus thuringiensis*）等。

2. 纤维素酶的特性与应用

（1）纤维素酶的结构　纤维素酶（cellulase）是一种高活性生物催化剂，是由多种可降解纤维素生成 β-D- 糖苷键葡萄糖的多组分酶的复杂酶系，因此又有纤维素酶复合物之称。传统上将其分为以下三类。

① 内切 β-1,4- 葡聚糖酶（endo-1,4-β-D-glucanase，EC3.2.1.4，简称 EG 或 Cx 纤维素酶），Cx 酶又分为 Cx1 酶和 Cx2 酶，Cx1 酶是一种内切型纤维素酶，作用于纤维素分子内部的非结晶区，从高分子聚合物内部任意切开 β-1,4- 糖苷键，使聚合度（DP）降低，产生带非还原性末端的小分子纤维素；而 Cx2 酶是一种外切型纤维素酶，它作用于水结合性纤维素分子非还原端的 β-1,4- 糖苷键生成葡萄糖。

② 外切 β-1,4- 葡聚糖酶（exo-1,4-β-D-glucanase，EC3.2.1.9，简称 CBH 或 C1 纤维素酶），此酶广泛存在于丝状真菌，可降解晶体纤维素降解短链的非还原性末端纤维二糖残基，逐个切下纤维二糖单位。其单独作用于天然结晶纤维素时酶活较低，但在 EG 酶的协同作用下可彻底水解结晶纤维素。

③ β- 葡萄糖苷酶（EC3.2.1.21，简称 BG）或纤维二糖酶（cellobiase，CB），此酶广泛存在微生物中，能将纤维二糖和短链的纤维寡糖水解成单分子葡萄糖。在水解过程中 CB 对纤维二糖和三糖的水解速度随葡萄糖聚合度的增加而下降。纤维素酶水解纤维素生成葡萄糖的机理和详细过程至今还不是非常清楚，目前关于 Cx 酶、C1 酶和 β- 葡萄糖苷酶作用机理的假说比较公认的是：协同作用理论（synergism）、原初反应假说（initial degrading）和碎片理论（fragmentation）3 种。

其中以协同作用理论最为广泛接受，该理论认为是内切 β- 葡聚糖酶首先进攻纤维素的非结晶区，使聚合度（DP）降低，形成外切 β- 葡聚糖酶需要的新的游离末端，然后外切纤维素酶从多糖链的非还原端切下纤维二糖单位，纤维二糖再被 β- 葡萄糖苷酶进一步其水解成单分子葡萄糖。对纤维素酶一级结构和三级结构的研究发现，大多数纤维素酶都具有多个纤维素结合区（cellulose binding domain，CBD）和催化结构域（catalytic domain，CD），中间由一段连接肽（linker peptide，由 30 ～ 44 个氨基酸组成）所连接。纤维素酶分子普遍具有类似的结构域，由球状的催化结构域（catalytic domain，CD）、连接桥（linker）和纤维素结合（吸附）结构域（cellulose-binding domain，CBM）三部分组成。

① 催化结构域 CD。它体现酶的催化活性及特定水溶性底物的特异性，Juy 等采用 X 射线衍射方法对 CelD 催化结构域进行了结晶和解析，并对内切酶和外切酶的底物特异性做出解释：内切酶的活性位点位于一个开放的 Cleft 中，可与纤维素链的任何部位结合并切断纤维素链；外切酶的活性位点位于一个长 Loop 形成的 Tunnel 里面，它只能从纤维素链的非还原性末端切下纤维二糖。

② 纤维素结合（吸附）域 CBD。CBD 执行着调节酶对可溶性和非可溶性底物专一性活力的作用，对酶的催化活力是非常必要的。CBD 的楔形结构可以插入和分开纤维素的结晶区，吸附在纤维素分子链表面，从而提高了底物表面有效酶的浓度，具有疏解纤维素链的作用。

③ 连接桥 LP。纤维素酶连接桥高度糖基化，是一个可伸长的灵活间隔区。不同来源的纤维素酶氨基酸序列几乎不相同，真菌连接肽一般富含 Gly、Ser 和 Thr，而细菌则完全由 Pro-Thr 这样的重复序列组成。LP 存在的重要性尚有争议，可能起到连接 CD 和 CBD 形成较为稳定的聚集体的作用。

（2）纤维素酶的来源　纤维素酶来源非常广泛，昆虫、软体动物、微生物（细菌、真菌、放线菌等）都能产生纤维素酶，如白蚁、小龙虾等能产生完全不同于其内共生微生物群所产的纤维素酶，反刍动物的瘤胃微生物也拥有强大的纤维素降解酶系。然而，通过微生物发酵方法是进行纤维素酶工业化大规模生产的最有效途径。

不同微生物合成的纤维素酶在组成上有着显著的差异，对纤维素的降解能力也大不相同。其中，放线菌的纤维素酶产量极低；大多数细菌纤维素酶对结晶纤维没有活性，且多为胞内酶或吸附于细胞壁上，分离纯化难度大，但会分泌一种由多种纤维素酶和半纤维素酶组成的纤维小体（cellulosome），此纤维小体具有较高的纤维素水解能力；而丝状真菌具有产酶效率高、酶系结构合理、酶分泌到胞外、易于分离提取、同时可产许多其他酶等优点。目前，用于生产纤维素酶的微生物大多为丝状真菌和少数芽胞杆菌，其中产酶活力较强的菌种有木霉（*Trichoderma* sp.）、曲霉（*Aspergillus* sp.）、青霉（*Penicillium* sp.）、枯草芽胞杆菌（*Bacillus subtilis*）、地衣芽胞杆菌（*Bacillus licheniformis*）等。

（3）纤维素酶的应用　纤维素酶是世界上第三大工业酶（谢敬，2010），其应用极为广泛，几乎渗透到了一切以植物为原料的加工业，如纺织、酿造、果汁与蔬菜加工、造纸、中草药有效成分提取以及饲料等众多领域。纤维素酶在禽畜产品养殖中可作为一种外源型水解酶添加到饲料中提高饲料的消化率和利用率，促进禽畜生长、减少粪便排泄量以及防治禽畜消化道疾病，因而饲用酶制剂作为一类高效、无毒副作用和环保型的"绿色"饲料有着十分广阔的应用前景（Kuhad et al., 2011）。纤维素酶用于饲料添加剂主要在以下几个方面作用（蒋苏苏等，2012；Marquardt et al.,1996）：① 补充动物自身内源消化酶的不足，刺激内源酶的分泌，改善消化道酶系组成、酶量及活性，从而提高对营养物质的利用；② 破坏植物细胞壁结构，使细胞内营养物质溶解出来进而被吸收利用，提高饲料的利用率；③ 消除饲料抗营养因子（anti-nutrition factor，ANF），解除饲料中果胶、半纤维素等半纤维素产生的粘连阻碍，从而促进内源性消化酶的扩散和益生菌群的定植，增加酶与营养物质的接触面积，从而增加养分的消化与吸收；自1975年美国饲料工业首次将纤维素酶作为饲料添加剂用于配合饲料中，纤维素酶在饲养行业中取得了明显的效果。纤维素酶作为饲料添加剂，在国内饲料行业中迅速发展，每年以10%～20%的速度递增。大量研究表明，纤维素酶应用于养殖行业日粮中，具有明显的经济效益。高春生在草鱼饲料中添加饲料降低了饵料系数，提高了饲料利用率。Tengerd以添加纤维素酶的苜蓿青储饲料喂养奶牛，发现苜蓿饲料中性纤维的消化率虽然从40%降低为36%，但酸性纤维消化率从68%提高到77%。任继平等（2006）研究表明：6%的鲁梅克斯K-1草粉日粮中添加0.15%的纤维素酶能提高日粮中干物质、有机物、总能和酸性洗涤纤维素的消化率，并且能明显提高生长猪前两周增重。韩兆玉等（2008）在研究含有纤维素酶的酶制剂对奶牛产奶量和乳品质的影响中发现，添加酶制剂能够明显提高泌乳中期奶牛的产奶量（$P < 0.05$），提高乳脂率，并降低了牛奶中的体细胞数（$P < 0.05$）。

3. 淀粉酶的特性与应用

（1）α- 淀粉酶的研究历史　早在1833年Payen和Persoz从麦芽提取液中用酒精沉淀出白色沉淀，可以使淀粉液化，取名为"麦芽提取液中用酒精"，并运用于棉布的退浆。1913年法国Bioden和Effront发现枯草芽胞杆菌生产耐高温α- 淀粉酶，以其耐热性取代了麦芽淀粉酶用于棉布退浆行业，从此酶制剂工业揭开序幕。1949年α- 淀粉酶开始采用深层通风培养发进行生产。1973年耐热性α- 淀粉酶投入了生产，随着α- 淀粉酶的用途日益扩大，产量日渐增多，生产水平也逐步提高。我国的酶制剂工业起步晚，1965年才开始应用解淀粉酶芽胞杆菌BF-7658生产α- 淀粉酶。1964年我过开始酶法水解淀粉生产葡萄糖工艺研究，到1979年通过了酸酶法注射新工艺的鉴定并在多个制药厂得到应用，取得了良好的经济效益。近年来我国酶制剂工业发展迅速，淀粉酶品种和产量不断增加，但同国外酶制剂行业相比仍存在一定的差距。目前α- 淀粉酶的研究主要集中在运用分子育种和选育耐温α- 淀粉酶方面。分子育种方面大多采用枯草芽胞杆菌作为基因工程宿主菌。一方面由于它是发酵工业的常用菌种，对人畜安全；另一方面由于外源基因在枯草芽胞杆菌中是分泌性表达，便于产物的提取和纯化。我国淀粉资源丰富，但每一种α- 淀粉酶作用是都需要特定的温度、pH值等条件，因此为适应各行业的需求，应进一步扩大淀粉酶的产量和品种。

（2）α-淀粉酶的分类　淀粉酶属于水解酶类，是催化淀粉、糖原和糊精中糖苷键的一类酶的统称，根据对淀粉作用方式的不同分为：α-淀粉酶、β-淀粉酶、葡萄糖淀粉酶和脱支酶四类（Gupta et al., 2003）。淀粉酶广泛分布于自然界中，几乎所有的动物、植物和微生物都含有淀粉酶。

① α-淀粉酶（α-amylase，EC3.2.11）又称液化型淀粉酶，是一种催化淀粉水解为糊精的淀粉酶，水解淀粉和糖原产生α-还原糖。此酶普遍分布在动植物和微生物中，是一种重要的水解酶，它随机切断淀粉、糖原、寡糖或多聚糖分子内的葡萄糖苷键，产生麦芽糖、低聚糖和α-1,4-葡萄糖等，是一种广泛应用的工业酶制剂。

② β-淀粉酶（β-amylase，EC3.2.1.2）又称麦芽糖苷酶，是一种外切酶，从淀粉链的非还原端开始顺次切断α-1,4-糖苷键生成α-麦芽糖，由于此酶作用于底物时发生沃尔登转化反应（Walden inversion），生成的α-麦芽糖转为β-麦芽糖。

③ 葡萄糖淀粉酶（EC3.2.1.3）系统名为α-1,4-葡聚糖-葡萄糖水解酶，亦称糖化酶，是一种外断型淀粉酶，能将淀粉全部水解为葡萄糖。

④ 异淀粉酶（EC3.2.1.9）又叫脱支酶（debranching enzymes），系统名为支链淀粉α-1,6-葡聚糖水解酶，只对支链淀粉、糖原等分支点有专一性。该酶最早由日本学者与1940年在酵母细胞提取液中发现，后来在高等植物以及其他微生物中发现此类酶。

（3）α-淀粉酶的结构　来源于米曲霉的α-淀粉酶的三级结构最早被解析，与大多数已解析三级结构的α-淀粉酶一样，此α-淀粉酶含有A、B和C三个结构域。结构域A是α-淀粉酶的催化结构域，也是α酶家族中最为保守的片段，由多肽N端构成（β/α）s桶形结构域；结构域B是钙离子结合结构域，位于结构域A的第三个β折叠和α螺旋之间，是一个不规则的loop，一般需要与钙离子结合才能稳定；而结构域C位于蛋白质的C末端，与淀粉酶的活性有关，由五个反向平行的β五折叠构成（Macgregor，1987）。

（4）α-淀粉酶的应用　α-淀粉酶是一种重要的酶制剂，大量用于粮食加工、食品工业、酿造、纺织品工业和医药行业，占整个酶制剂市场的25%左右（谷军，1994）。现在，α-淀粉酶已广泛应用于食品、纺织退浆、啤酒酿造、造纸以及饲料行业。

在饲料中工业中，配合饲料中含有蛋白质、脂肪、纤维素酶、半纤维素、果胶、淀粉等多种营养物质，这类营养物质均由生物多聚物组成，必须依靠水解酶将其酶解成可被动物吸收利用的小分子物质。饲料中添加的淀粉酶主要是α-淀粉酶和糖化酶（葡萄糖淀粉酶），其中α-淀粉酶将大分子的淀粉水解成中等或低分子物质，产生大量新的非还原性末端，有利于糖化酶从还原性末端开始依次切下一个个能被肠道直接吸收利用的葡萄糖。淀粉酶类饲料添加剂主要用于幼畜自身酶系不全，或是畜禽出现肠道消化疾病对淀粉物质利用低，辅助动物消化道酶系降解淀粉成易于吸收的小分子葡萄糖，补充快速生长阶段对营养物质的消耗。

大多研究表明，在饲料中添加含有淀粉酶的酶制剂具有显著的消化功能，可有效提高饲料利用率，并且促进动物的快速生长。Gracia等（2003）研究发现在0～7日龄肉仔鸡日粮中添加α-淀粉酶可使肉鸡体重日增加量提高9.4%，饲料利用率提高4.2%。邢壮等（2008）研究中添加外源型酶制剂可显著提高犊牛日粮消化干物质、有机物、淀粉以及蛋白质的进食量和营养物质表观消化率，不同的酶制剂对营养物质消化率影响程度不同，与对照组相比，淀粉酶的添加可显著提高日粮淀粉表观消化率，胃蛋白酶添加则提高了有机物和淀粉的消化率，复合酶提高有机物、淀粉和蛋白质的表观消化率明显高于单一淀粉酶或胃蛋白酶。蒋正宇等（2006）研究中发现，0 ～ 7 日龄添加 α- 淀粉酶，提高了肉仔鸡小肠相对重量（$P<0.05$），但不影响小肠相对长度，而外源酶提高了饲料消化速率，促进养分的吸收和小肠的发育，但对肠道内淀粉酶和总蛋白酶活性均无影响。

4. 复合酶的特性与应用

（1）复合酶的特性　复合酶是一种新型活性饲料添加剂，以一种或多种单一酶制剂为主体，添加多种其他单一酶制剂均匀混合而成；利用各种酶的协同作用，可同时降解饲料中多种需要降解的抗营养因子以及促进多种养分的消化吸收，具有更强的辅助消化作用，能最大限度地提高饲料的利用价值。

（2）复合酶的分类　复合酶一般由内源性消化酶和外源型水解酶两大类组，外源型水解酶包括木聚糖酶、纤维素酶、果胶酶、甘露聚糖酶、β- 葡聚糖酶、植酸酶等，内源性消化酶包括淀粉酶、脂肪酶、蛋白酶等。复合酶制剂中所含有的酶的种类与比例因饲料的配比和动物饲料组分有关，也和动物消化系统的生理特点有关（蒋正宇等，2006）。复合酶制剂根据其主体酶功能的差异主要可分为 4 类（杨金文，2011）：

① 以蛋白酶、淀粉酶为主的复合酶，用于补充动物内源性消化酶的不足。此类复合酶制剂主要用于动物幼崽的生长以及动物出现消化道疾病时。

② 以纤维素酶、木聚糖酶、果胶为主的复合酶。此类复合酶制剂主要作用为破坏植物细胞壁，使植物细胞内的淀粉、蛋白、脂肪等营养释放出来进而被消化吸收，并消除饲料中抗营养因子的影响，降低肠胃道内容物的粘连阻滞，促进养分的消化吸收。

③ 以 β- 葡聚糖为主的复合酶。此类酶制剂在以燕麦、大麦为饲料来源的养殖行业应用较多。

④ 以纤维素酶、淀粉酶、糖化酶、蛋白酶、木聚糖酶、β- 葡聚糖酶为主的复合酶。综合各种酶的协同作用促进饲料中各营养因子的消化吸收，具有更强的辅助消化作用。

（3）复合酶的生产　复合酶制剂的酶源主要来源于微生物。生产复合酶的产酶高产菌株主要有酵母菌、黑曲霉、米曲霉、木霉等真菌，枯草芽胞杆菌、地衣芽胞杆菌、纳豆芽胞杆菌等细菌，以及工程细菌和工程酵母菌等。复合酶的生产方法主要有以下 4 条途经（刘亚力和李宁，2000）：

① 各种单一酶制剂的完全复配。即以不同来源的单一酶制剂按配方复配，在添加分散剂、稳定剂、稀释剂加工而成。此法能满足大多饲料的需求，但其生产全谱酶系产品成本相对较高，各酶种间的协同作用会大大削弱甚至可能完全消失小同作用，给推广和应用带来障碍。

② 多菌株混合发酵，自然互补酶系法。通过选取几株高产酶能力的菌株按一定的工艺设计进行混合发酵，实现多种组合酶生产。但在实际生产操作过程中，因不同微生物生长条件的差异，以及菌株之间存在相互拮抗作用，使得发酵波动大，质量难以控制。

③ 单菌株发酵，补加酶系法。即筛选出具有多酶活的复合酶菌株，各种酶的比例合理，能满足简单的饲料配方要求。此法发酵过程简单，易于调控，技术难度小。

④ 多个单菌株发酵，互补复合法。每种微生物各有其特色的酶系，通过单独发酵，可获得多种具有特色酶系的酶源，然后将其混合形成符合配方要求的产品。

（4）复合酶的发展　复合酶制剂作为一种新型饲料添加剂，因其高效、绿色环保、无毒副作用而具有十分广阔的应用前景。今后的饲用复合酶制剂的主要研究重点如下（罗立新和

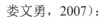
娄文勇，2007）：

利用基因工程技术集合多种酶于同一微生物中生产。由于饲料成分复杂，添加复合酶效果比单一酶好，但复合酶成本较高，且要解决多种酶存在时的稳定性、相容性及协同性等问题，方可充分发挥酶系的活性。采用工程菌方法，构建基因工程菌，是将两种以上高酶活的基因在同一种菌种表达，如将高产活力蛋白酶、果胶酶、α-半乳糖苷酶、淀粉酶的基因构建在同一株菌种，生产的酶用以豆饼为主要蛋白源的饲料中。将纤维素酶、β-葡聚糖酶、木聚糖酶、植酸酶这些单胃动物体内不能分泌的酶的基因构建在一起，来生产复合酶，这样不仅可以极大地降低成本、简化生产工艺，而且还能够极大地促进酶制剂广泛应用。谢凤行等（2010）以产纤维素酶枯草芽胞杆菌复合诱变的再生突变株 X57 和产植酸酶枯草芽胞杆菌复合诱变的再生突变株 Z56 为亲本，利用双亲灭活原生质体融合技术进行中内融合，构建出 6 株同时产植酸酶、纤维素酶的工程菌，其中 R5、R4 的纤维素酶活力高于亲本，植酸酶酶活也相对高，且两株菌所产的纤维素酶、植酸酶热稳定性均较强。

复合酶的热稳定研究。具备高活力的酶是饲料行业中酶制剂广泛使用的先决条件。但在制剂过程中，一般均采用喷雾干燥或制粒技术，在这些技术中酶制剂均要经过高温处理，使得商品酶制剂的各种酶活性都有不同程度的降低，影响了酶制剂产品的效果。虽然在生产中可采用稳定化或包埋处理使酶的热稳定性有所提高，但其制作成本较高，不利用酶制剂的制备及推广。而利用现代生物技术对酶分子进行改造使其具备优良应用特性，将会成为一个重要的发展方向。

二、芽胞杆菌产复合酶特性

纤维素酶和淀粉酶都是很重要的水解酶类，广泛存在于动物内脏、植物组织以及微生物中。由于芽胞杆菌分泌的纤维素酶和淀粉酶大多为胞外酶，与动植物源的纤维素酶、淀粉酶相比具有下游技术处理相对容易、价格低廉、来源广泛、菌体筛选简单易于培养、产量高等优点，且具备动植物源纤维素酶和淀粉酶的全部特性（王朋朋等，2009），所以关于芽胞杆菌源纤维素酶、淀粉酶的研究成为国内外研究的一个热点，并在饲料、纺织、食品和医药等领域中得到广泛应用。

在饲料行业中，纤维素酶作为一种外源型水解酶添加到饲料中水解纤维素，而淀粉酶则以内源型消化酶添加到饲料中补充动物自身消化酶分泌不足。随着养殖和饲料行业的快速发展，益生芽胞杆菌源纤维素酶和淀粉酶在饲料工业中的应用研究也越来越多。且大多数研究结果表明，饲料中添加淀粉酶和纤维素酶可提高饲料利用率、促进动物生长、减少粪便的排放，在改善生态环境以及防治动物疾病等方面具有明显效果。饲料酶制剂分为单一饲料酶制剂和复合饲料酶制剂，而实践证明饲料复合酶的整体应用效果要优于单一酶制剂（胡奎娟等，2007）。复合酶制剂的生产主要有：完全复配法、多菌株混合发酵，自然互补酶系法、单菌种发酵，补加酶法（李雄，2009）。而完全复配法加工成本高，使用时不易控制；多菌株发酵存在技术难度大，各菌株的生长相互影响使发酵产酶难以调控；单菌株发酵法通过筛选出高产复合酶菌株，再按不同需求适当补加酶组分，可满足简单饲料配方。目前，高产纤维素酶、淀粉酶的芽胞杆菌的文献报道很多，但高产纤维素酶和淀粉酶复合酶芽胞杆菌的研究报道很少。本章节以筛选具有高产复合酶能力的菌株出发，研究其产酶能力以及酶学特性，为其在复合饲料酶制剂生产中的应用奠定基础。

1. 研究方法

（1）实验试剂　豆粕粉（市售）、食用玉米淀粉（市售）、酵母提取粉、牛肉膏、蛋白胨、琼脂、可溶性淀粉（分析纯）、羧甲基纤维素钠（分析纯）、葡萄糖（分析纯）、麦芽糖（分析纯）、3,5-二硝基水杨酸（分析纯）、刚果红（分析纯）、NaCl（分析纯）、$K_2HPO_4 \cdot 2H_2O$（分析纯）、$KH_2PO_4 \cdot 2H_2O$（分析纯）、NaOH（分析纯）、浓盐酸（分析纯）、$CaCl_2$（分析纯）、$MgSO_4 \cdot 7H_2O$（分析纯）、I_2（分析纯）、KI（分析纯）。

（2）供试菌株　试验用菌株选自福建省农业科学院农业生物资源所微生物研究中心菌种保藏库。

（3）培养基　Luria-Bertani 培养基（LB）：酵母提取物 10.0g、NaCl 5.0g、胰蛋白胨 10.0g、琼脂 15 ～ 20g、水 1000mL，pH 7.2 ～ 7.4。Luria-Bertani 液体培养基（LB）：酵母提取物 10.0g、NaCl 5.0g、胰蛋白胨 10.0g、水 1000mL，pH 7.2 ～ 7.4。纤维素酶选择培养基：酵母提取物 5.0g、NaCl 5.0g、胰蛋白胨 10.0g、羧甲基纤维素钠 10.0g、磷酸二氢钾 1.0g、琼脂 17g、纯水 1000mL，pH7.2 ～ 7.4。121℃高温高压灭菌 20min。淀粉酶选择培养基：可溶性淀粉 10.0g、葡萄糖 5.0g、胰蛋白胨 10.0g、牛肉膏 5.0g、NaCl 5.0g、琼脂 17g、纯水 1000mL，pH7.2 ～ 7.4。121℃高温高压灭菌 20min。

（4）产纤维素酶、淀粉酶芽胞杆菌的初筛　从冻存管吸取 20μL 菌液，在 LB 平板上划线活化，挑取单菌落接种至 LB 液体培养基中，放置 30℃、170r/min 恒温振荡摇床中培养 24h。用灭菌牙签蘸取菌液接种在纤维素酶选择培养基和淀粉酶选择培养上，接种后放置于 30℃恒温培养箱中培养 2 ～ 3d。刚果红染色法确定是否产纤维素酶，卢戈氏碘液染色法确定是否产淀粉酶。用游标卡尺分别测定水解透明圈直径（H）和菌落直径（C）大小，根据 H/C 值大小初步确定纤维素酶、淀粉酶活力的高低。

（5）产纤维素酶、淀粉酶芽胞杆菌的复筛　种子液制备：各菌种从冻存管接种到 LB 培养基上活化，再挑取单菌落接种至 LB 液体培养基中培养 12h 即为种子液。粗酶液制备：按 2% 的接种量接种到液体选择培养基中 170r/min、30℃条件下培养 48h。取发酵液 6000r/min 离心 10min，上清液即为粗酶液，放置于 4℃冰箱保存备用。标准曲线的制作：取 7 支 20mL 洁净干燥的具塞刻度试管，编号，按表 4-86 和表 4-87 加入试剂，每个浓度 3 个平行。摇匀后置沸水浴 10min。取出后流水冷却，定容至 20mL，以 1 号管作为空白调零，分别在 540nm、520nm 波长下比色测定光密度值，并建立通过光密度值求葡萄糖或麦芽糖含量的回归方程。

表 4-86　葡萄糖标准曲线

项目	试管编号						
	1	2	3	4	5	6	7
标准葡萄糖溶液 /mL	0	0.2	0.4	0.6	0.8	1.0	1.2
纯水 /mL	2.0	1.8	1.6	1.4	1.2	1.0	0.8
葡萄糖含量 /mg	0	0.2	0.4	0.6	0.8	1.0	1.2
DNS 溶液 /mL	2.5	2.5	2.5	2.5	2.5	2.5	2.5

表 4-87　麦芽糖标准曲线

项目	试管编号						
	1	2	3	4	5	6	7
标准麦芽糖溶液 /mL	0	0.2	0.4	0.6	0.8	1.0	1.2
纯水 /mL	2.0	1.8	1.6	1.4	1.2	1.0	0.8
麦芽糖含量 /mg	0	0.2	0.4	0.6	0.8	1.0	1.2
DNS 溶液 /mL	2.5	2.5	2.5	2.5	2.5	2.5	2.5

纤维素酶、淀粉酶活力测定采用 3,5- 二硝基水杨酸显色法（王琳等，1998；张强等，2005）。

① 纤维素酶测定　向 20mL 具塞刻度试管中加入 1mL 在 50℃水浴下保温 3min 的 CMC-Na 溶液，然后加入 1.0mL 稀释的粗酶液反应 30min，沸水浴失活，加入 2.5mL DNS 试剂沸水浴 10min 显色，540nm 波长下测定光密度。空白组用煮沸失活的稀释粗酶液代替。纤维素酶活力定义：在上述实验条件下，每分钟水解淀粉释放 1μg 葡萄糖所需酶量定义为一个酶活力单位（U）。

② 淀粉酶测定　向 20mL 具塞刻度试管中加入 1mL 在 40℃水浴下保温 3min 的 1.0% 淀粉溶液，然后加入 1.0mL 稀释的粗酶液反应 30min，沸水浴失活，加入 2.5mL DNS 试剂沸水浴 10min 显色，520nm 波长下测定光密度。空白组用煮沸失活的稀释粗酶液代替。淀粉酶活力定义：在上述实验条件下，每分钟水解淀粉释放 1μg 麦芽糖所需酶量定义为一个酶活力单位（U）。

（6）酶活定义

① 纤维素酶活定义　在上述条件下，酶活力按国际单位规定：定义每 1mL 纤维素粗酶液在 1min 内催化 CMC-Na 水解生成 1μg 的葡萄糖为一个酶活力单位（U）。

② 淀粉酶活定义　在上述条件下，酶活力按国际单位规定：定义每 1mL 淀粉粗酶液在 1min 内催化淀粉水解生成 1μg 的麦芽糖为一个酶活力单位（U）。

2. 葡萄糖标准曲线和麦芽糖标准曲线的绘制

在工作波长为 540/520nm，以纯水调零，测定各样品的光密度。以光密度 OD_{540nm}/OD_{520nm} 为纵坐标、葡萄糖 / 麦芽糖质量为横坐标，分别绘制葡萄糖标准曲线、麦芽糖标准曲线。标准曲线见图 4-46。葡萄糖标准曲线公式：$y=0.04408+0.54761x$，$R^2=0.9987$。麦芽糖标准曲线：$y=0.08246+0.96589x$，$R^2=0.9979$。

3. 产纤维素酶芽胞杆菌的筛选

从选自福建省农业科学院农业生物资源所菌种保藏库保藏的标准芽胞杆菌中筛选出产纤维素酶芽胞杆菌 28 株，筛选结果见表 4-88。具有高产纤维素酶活（酶活＞ 10U/mL）的菌株有：解淀粉芽胞杆菌 FJAT-8754、休闲地芽胞杆菌 FJAT-14223、西岸芽胞杆菌 FJAT-14231、解硫胺素芽胞杆菌 FJAT-8786、坚强芽胞杆菌 FJAT-8764。

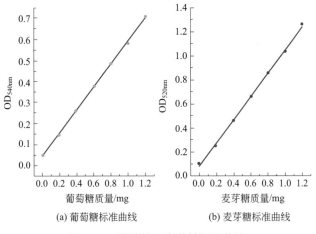

(a) 葡萄糖标准曲线　　　　　(b) 麦芽糖标准曲线

图 4-46　葡萄糖、麦芽糖标准曲线

表 4-88　产纤维素酶芽胞杆菌筛选结果

编号	名称	H/C 值	纤维素酶活力 /（U/mL）
FJAT-8754	解淀粉芽胞杆菌	11.38±0.78	15.69±0.31
FJAT-8758	食苯芽胞杆菌	8.30±0.88	8.53±0.62
FJAT-8764	坚强芽胞杆菌	10.22±0.37	10.15±0.31
FJAT-8771	地衣芽胞杆菌	4.14±0.31	1.14±0.21
FJAT-8776	巴氏芽胞杆菌	6.47±0.86	5.35±0.97
FJAT-8784	枯草芽胞杆菌	5.49±0.47	4.14±0.21
FJAT-8785	热葡糖苷酶芽胞杆菌	10.07±0.89	7.21±0.79
FJAT-8786	解硫胺素芽胞杆菌	2.97±0.19	12.58±0.53
FJAT-14206	路西法芽胞杆菌	4.00±0.06	4.91±1.25
FJAT-14209	酸快生芽胞杆菌	4.27±0.12	1.94±0.50
FJAT-14216	尼氏芽胞杆菌	2.04±0.11	0.17±0.35
FJAT-14223	休闲地芽胞杆菌	5.06±0.30	21.15±1.22
FJAT-14231	西岸芽胞杆菌	3.57±0.30	17.58±1.74
FJAT-14234	岸滨芽胞杆菌	3.36±0.21	6.23±0.43
FJAT-14247	花津滩芽胞杆菌	3.76±0.38	5.43±0.67
FJAT-14249	甲醇芽胞杆菌	3.52±0.37	3.77±0.45
FJAT-14251	枯草芽胞杆菌水池亚种	4.73±0.38	2.65±0.46
FJAT-14254	枯草芽胞杆菌枯草亚种	3.57±0.42	4.10±0.52
FJAT-14256	索诺拉沙漠芽胞杆菌	2.99±0.09	1.06±0.27
FJAT-14258	马丁教堂芽胞杆菌	4.23±0.18	3.00±0.74
FJAT-14261	硒酸盐还原芽胞杆菌	2.29±0.35	0.84±0.71
FJAT-14262	硒砷芽胞杆菌	4.19±0.40	4.76±0.14

编号	名称	H/C 值	纤维素酶活力 / (U/mL)
FJAT-14271	地下芽胞杆菌	3.59±0.36	4.07±0.35
FJAT-10002	蜂房类芽胞杆菌	3.92±0.43	8.73±0.40
FJAT-10005	莫哈维芽胞杆菌	3.16±0.21	3.39±0.26
FJAT-10035	明胶芽胞杆菌	1.82±0.60	0.76±0.49
FJAT-10043	巴达维亚芽胞杆菌	1.80±0.42	0.21±0.34
FJAT-10055	多黏类芽胞杆菌	2.30±0.17	1.74±0.82

以产纤维素酶芽胞杆菌建立数据矩阵，探究 H/C 值与酶活力的相互关系，以表格的横表头为指标，以纵表头菌株名为样本，以欧式距离为尺度，用类平均法（UPGMA）进行系统聚类。分析结果见图4-47。从图中可看出，芽胞杆菌纤维素酶水解透明圈与活力的相互关系存在着3种类型：① 芽胞杆菌纤维素酶 H/C 值大而纤维素酶活力低，如地衣芽胞杆菌 FJAT-8771 的 H/C 值 4.14，而纤维素酶活力 1.14U/mL；② 芽胞杆菌纤维素酶 H/C 值小而纤维素酶活力高，如解硫胺素芽胞杆菌 FJAT-8786 的 H/C 值为 2.97，纤维素酶活力为 12.58U/mL；③ 芽胞杆菌纤维素酶 H/C 值大同时纤维素酶活力也大，如解淀粉芽胞杆菌 FJAT-8754 的 H/C 值为 11.38，纤维素酶活力为 15.69U/mL。

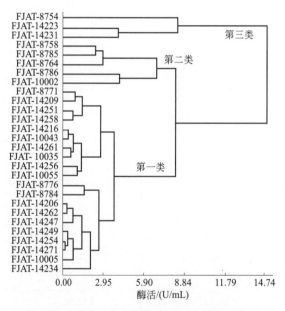

图 4-47　芽胞杆菌产纤维素酶活力的聚类分析

4. 产淀粉酶芽胞杆菌的筛选

从选自福建省农业科学院农业生物资源研究所菌种保藏库保藏的标准芽胞杆菌中筛选出产纤维素酶芽胞杆菌 30 株，筛选结果见表 4-89。从表可以看出，具有高产淀粉酶活（酶活力＞ 200U/mL）的菌株：解淀粉芽胞杆菌 FJAT-8754、食苯芽胞杆菌 FJAT-8758、枯草芽胞

表 4-89 产淀粉酶芽胞杆菌筛选

菌株编号	菌株名称	*H/C* 值	淀粉酶活力 / (U/mL)
FJAT-8754	解淀粉芽胞杆菌	3.12±0.44	291.30±3.3
FJAT-8755	深褐芽胞杆菌	1.85±0.15	19.03±4.42
FJAT-8758	食苯芽胞杆菌	3.23±0.34	212.06±9.5
FJAT-8760	蜡样芽胞杆菌	1.32±0.07	43.62±7.27
FJAT-8761	环状芽胞杆菌	3.10±0.29	9.87±4.93
FJAT-8762	克劳氏芽胞杆菌	1.70±0.09	59.45±10.79
FJAT-8763	凝结芽胞杆菌	1.57±0.06	30.55±8.35
FJAT-8764	坚强芽胞杆菌	1.21±0.09	50.05±1.87
FJAT-8765	弯曲芽胞杆菌	1.56±0.09	71.67±4.43
FJAT-8775	蕈状芽胞杆菌	1.36±0.15	4.41±4.41
FJAT-8780	施氏芽胞杆菌	6.89±0.33	33.78±5.73
FJAT-8784	枯草芽胞杆菌	1.75±0.11	272.33±11.68
FJAT-8785	热葡糖苷酶芽胞杆菌	2.67±0.25	288.54±9.62
FJAT-8787	苏云金芽胞杆菌	1.55±0.08	42.76±2.85
FJAT-8788	贝莱斯芽胞杆菌	3.20±0.22	47.23±10.24
FJAT-14206	路西法芽胞杆菌	2.57±0.10	261.11±14.33
FJAT-14207	澳门芽胞杆菌	1.67±0.17	18.94±16.82
FJAT-14209	酸快生芽胞杆菌	2.46±0.20	188.27±1.35
FJAT-14231	西岸芽胞杆菌	3.54±0.73	178.28±11.73
FJAT-14234	岸滨芽胞杆菌	2.90±0.32	182.39±21.64
FJAT-14247	花津滩芽胞杆菌	3.02±0.42	243.49±3.09
FJAT-14249	甲醇芽胞杆菌	1.89±0.26	119.25±9.90
FJAT-14251	枯草芽胞杆菌水池亚种	1.70±0.33	266.98±7.21
FJAT-14254	枯草芽胞杆菌枯草亚种	2.37±0.33	118.37±19.01
FJAT-14256	索诺拉沙漠芽胞杆菌	1.61±0.46	5.58±4.43
FJAT-14258	马丁教堂芽胞杆菌	3.12±0.10	123.95±16.01
FJAT-14262	硒砷芽胞杆菌	2.32±0.22	93.40±20.61
FJAT-14271	地下芽胞杆菌	1.38±0.20	271.98±4.16
FJAT-10002	蜂房类芽胞杆菌	1.48±0.02	202.66±10.01
FJAT-10005	莫哈维芽胞杆菌	1.45±0.10	2.64±7.53

杆菌 FJAT-8784、热葡糖苷酶芽胞杆菌 FJAT-8785、路西法芽胞杆菌 FJAT-14206、花津滩芽胞杆菌 FJAT-14247、枯草芽胞杆菌水池亚种 FJAT-14251、地下芽胞杆菌 FJAT-14271。

以产淀粉酶芽胞杆菌建立数据矩阵，探究 *H/C* 值与酶活力的相互关系，以表格的横表头为指标，以纵表头菌株名为样本，以欧式距离为尺度，用类平均法（UPGMA）进行系统聚类。分析结果见图4-48。从图中可看出，芽胞杆菌淀粉酶水解透明圈与活力的相互关系存在着4种类型：① 芽胞杆菌淀粉酶水解透明圈 H/C 值大而淀粉酶活力低，如环状芽胞杆菌 FJAT-8761 的 H/C 值为 3.10，而淀粉酶活力仅为 9.87U/mL；② 芽胞杆菌淀粉酶水解透明圈 H/C 值小同时淀粉酶活力低，如澳门芽胞杆菌 FJAT-14207 H/C 值为 1.67，而淀粉酶活力仅为 18.94U/mL；③ 芽胞杆菌淀粉酶水解透明圈 H/C 值小而淀粉酶活力高，如蜂房类芽胞杆菌 FJAT-10002 的 H/C 值 1.48，而淀粉酶活力为 202.66U/mL；④ 芽胞杆菌淀粉酶水解透明圈 H/C 值大同时淀粉酶活力高，如解淀粉芽胞杆菌 FJAT-8754 的 H/C 值为 3.12，淀粉酶活力为 291.30U/mL。

5. 产纤维素酶和淀粉酶复合酶芽胞杆菌的聚类分析

从表4-88和表4-89可知，其选所选取的标准菌株中共有19株芽胞杆菌同时产纤维素酶和淀粉酶，这19株芽胞杆菌分别是：解淀粉芽胞杆菌 FJAT-8754、食苯芽胞杆菌 FJAT-8758、坚强芽胞杆菌 FJAT-8764、枯草芽胞杆菌 FJAT-8784、热葡糖苷酶芽胞杆菌 FJAT-8785、路西法芽胞杆菌 FJAT-14206、酸快生芽胞杆菌 FJAT-14209、西岸芽胞杆菌 FJAT-14231、岸滨芽胞杆菌 FJAT-14234、花津滩芽胞杆菌 FJAT-14247、甲醇芽胞杆菌 FJAT-14249、枯草芽胞杆菌水池亚种 FJAT-14251、枯草芽胞杆菌枯草亚种 FJAT-14254、索诺拉沙漠芽胞杆菌 FJAT-14256、马丁教堂芽胞杆菌 FJAT-14258、硒砷芽胞杆菌 FJAT-14262、地下芽胞杆菌 FJAT-14271、蜂房类芽胞杆菌 FJAT-10002、莫哈维芽胞杆菌 FJAT-10005。利用 DPS $_{v}$7.5 软件对 18 株产纤维素酶、淀粉酶复合酶芽胞杆菌进行平均联结（组间）聚类分析，结果见图4-49。

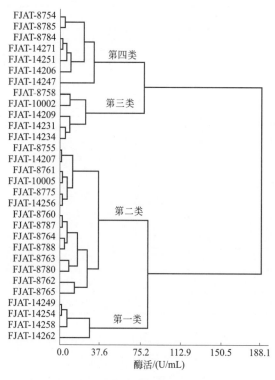

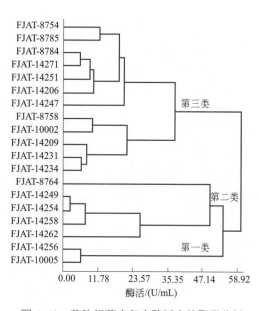

图 4-48　芽胞杆菌产淀粉酶活力的聚类分析　　　图 4-49　芽胞杆菌产复合酶活力的聚类分析

通过平均联结（组间）聚类分析，将 19 株产复合酶芽胞杆菌分为了 3 类：第 1 类的芽胞杆菌整体酶活水平最低，包括莫哈维芽胞杆菌 FJAT-10005、索诺拉沙漠芽胞杆菌 FJAT-14256；第 3 类包括解淀粉芽胞杆菌 FJAT-8754、热葡糖苷酶芽胞杆菌 FJAT-8785、枯草芽胞杆菌 FJAT-8784、地下芽胞杆菌 FJAT-14271、枯草芽胞杆菌水池亚种 FJAT-14251、路西法芽胞杆菌 FJAT-14206、食苯芽胞杆菌 FJAT-8758、花津滩芽胞杆菌 FJAT-14247、蜂房类芽胞杆菌 FJAT-10002、酸快生芽胞杆菌 FJAT-14209、西岸芽胞杆菌 FJAT-14231、岸滨芽胞杆菌 FJAT-14234，这 12 株芽胞杆菌整体酶活水平较高；第 2 类为其余 5 株芽胞杆菌，分别是坚强芽胞杆菌 FJAT-8764、甲醇芽胞杆菌 FJAT-14249、枯草芽胞杆菌枯草亚种 FJAT-14254、马丁教堂芽胞杆菌 FJAT-14258、硒砷芽胞杆菌 FJAT-14262，这 5 株芽胞杆菌产纤维素酶、淀粉酶复合酶能力介于第 1 类和第 3 类之间。从菌株间平均联结聚类分析确定解淀粉芽胞杆菌 FJAT-8754 是较为理想的产复合酶菌株。

6. 讨论

（1）产纤维素酶芽胞杆菌筛选　在自然界中产纤维素酶的微生物包括真菌、放线菌和细菌，而细菌中芽胞杆菌均有强的纤维素酶的活性，且其生长速度快、发酵周期短。从饲料添加剂的角度来看，产纤维素酶的益生芽胞杆菌的研究具有应用价值。国内外学者对产纤维素酶芽胞杆菌进行了大量的研究：韩学易等（2006）以产纤维素酶枯草芽胞杆菌 C-36 为研究对象，通过对碳源、氮源、接种量、培养基初始 pH 值、培养温度等方面进行优化，在最优条件下培养 36h 后达到产酶高峰，CMCase 达到 193.33U/mL；Ariffin 等（2008）以短小芽胞杆菌 EB3 为出发菌株，研究其产酶特性，在 2L 发酵罐培养后短小芽胞杆菌 EB3 的滤纸酶（FPase）、羧甲基纤维素酶、β- 葡萄糖苷酶活力分别为 0.011U/mL、0.0079U/mL、0.038U/mL。本章节中从 126 株标准芽胞杆菌中筛选出 28 株具有产纤维素酶能力的菌株，其中休闲地芽胞杆菌 FJAT-14223、西岸芽胞杆菌 FJAT-14231、解淀粉芽胞杆菌 FJAT-8754 酶活较高，分别为 21.15U/mL、17.58U/mL、15.69U/mL。

（2）产淀粉酶芽胞杆菌筛选　淀粉酶是用于食品、医药、酿造、纺织等领域的重要商业酶，筛选高产酶活、优良酶学特性的菌株具有十分重要的意义。产淀粉酶的微生物中湿热真菌有数百种，细菌有上千种，其中芽胞杆菌属（*Bacillus*）中有 48 个种能产生淀粉酶。蒋若天等（2007）从温泉附近土壤中用锥虫蓝平板筛选出一株地衣芽胞杆菌 LT 具有产高温淀粉酶能力，该菌产的淀粉酶活力高达 80U/mL，最适反应温度为 95℃，粗酶液在 100℃保温 1h 酶活并未出现明显下降。本章节从选取的 126 株标准芽胞杆菌中筛选出 30 株产淀粉酶菌株，其中解淀粉芽胞杆菌 FJAT-8754、枯草芽胞杆菌 FJAT-8784、热葡糖苷酶芽胞杆菌 FJAT-8785、地下芽胞杆菌 FJAT-14271 的淀粉酶活力较高，酶活力分别为 291.3U/mL、272.33U/mL、288.54U/mL、271.98U/mL。

（3）产纤维素酶、淀粉酶复合酶芽胞杆菌筛选　饲用复合酶作为一种新型饲料添加剂，具有高效、绿色环保、无毒副作用等特点，其应用前景十分广阔，因此筛选具有高产复合酶、酶的热稳定性良好的菌株十分重要。目前，已有很多国内外学者致力于筛选具有高产复合酶能力的菌株或者构建产复合酶的工程菌。李立等（2008）从水样和底泥中分离出的 10 株菌株中筛选出 2 株淀粉酶、蛋白酶活力相对较优的枯草芽胞杆菌 H001、H008。本章节通过对 126 株芽胞杆菌分别进行纤维素酶、淀粉酶产酶能力的筛选，利用 DPS v7.5 软件对 19 株产纤维素酶、淀粉酶复合酶芽胞杆菌进行平均联结（组间）聚类分析，从聚类的结果中得

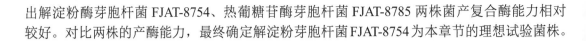

出解淀粉酶芽胞杆菌 FJAT-8754、热葡糖苷酶芽胞杆菌 FJAT-8785 两株菌产复合酶能力相对较好。对比两株的产酶能力，最终确定解淀粉芽胞杆菌 FJAT-8754 为本章节的理想试验菌株。

三、芽胞杆菌产酶生物学特性

解淀粉芽胞杆菌是一种与枯草芽胞杆菌亲缘性很高的芽胞杆菌，由于其具有广泛抑制真菌和细菌的活性以及能产生多种高活性酶，例如 α-淀粉酶、β-淀粉酶、植酸酶、纳豆酶、甘露聚糖酶等（韩兆玉等，2008），使得解淀粉芽胞杆菌应用前景十分广阔。研究解淀粉芽胞杆菌的生物学特性对于生产解淀粉芽胞杆菌菌体以及其代谢产物（各类蛋白酶、抗菌肽等）的工业化扩大生产与应用具有十分重要的意义。车晓曦等（2010）从最佳碳源、氮源、初始 pH 值、转速、培养温度、接种量以及装液量出发，针对解淀粉芽胞杆菌 SAB-1 的生物学特性进行研究，确定该菌株在以水溶性淀粉为长效碳源和葡萄糖为速效碳源、棉籽粉为长效氮源和酵母浸膏为速效氮源、培养温度 31℃、转速 180r/min、初始 pH6.0、接种量 2%、装液量 50mL/250mL 的条件下发酵 26h，解淀粉芽胞杆菌 SAB-1 的菌体量达到 46.0×10^9CFU/mL，该解淀粉芽胞杆菌的菌体浓度达到中国农用微生物菌剂制备技术要求。本实验通过淀粉平板和羧甲基纤维素钠（CMC-Na）平板筛选的具有产纤维素酶、淀粉酶复合酶芽胞杆菌 FJAT-8754 是一株解淀粉芽胞杆菌。刘永乐等（2008）以 AS-EU Ⅲ 为发酵菌株，进行 10L 发酵罐扩大培养，研究 AS-EU Ⅲ 的发酵动力学，确定了该菌株产 α-淀粉酶发酵类型为与生长部分相关型。为进一步了解该菌株的生长、繁殖特性以及产纤维素酶、淀粉酶的能力，依据前人的研究手段通过对解淀粉芽胞杆菌 FJAT-8754 的生长碳源、氮源、碳氮比、培养基初始 pH 值、培养温度以及转速进行实验研究，探索解淀粉芽胞杆菌 FJAT-8754 的生长繁殖特性以及纤维素酶和淀粉酶的生产与菌体生长的关系，为该菌株的生产利用提供基础。

1. 研究方法

（1）实验试剂　主要使用的实验药品有酵母提取粉、牛肉膏、豆粕粉、食用玉米淀粉、蛋白胨、琼脂、可溶性淀粉（分析纯）、羧甲基纤维素钠（分析纯）、葡萄糖（分析纯）、麦芽糖（分析纯）、蔗糖（分析纯）、尿素（分析纯）、硝酸铵（分析纯）、硫酸铵（分析纯）、3,5-二硝基水杨酸（分析纯）、刚果红（分析纯）、NaCl（分析纯）、$K_2HPO_4 \cdot 2H_2O$（分析纯）、$KH_2PO_4 \cdot 2H_2O$（分析纯）、NaOH（分析纯）、浓盐酸（分析纯）、$CaCl_2$（分析纯）、$MgSO_4 \cdot 7H_2O$（分析纯）。

（2）培养基

① Luria-Bertani 培养基（LB）。

② Luria-Bertani 液体培养基。

③ 基础发酵培养基　酵母浸粉 10.0g、蛋白胨 10.0g、NaCl 5.0g、$MgSO_4 \cdot 7H_2O$ 0.5g、$KH_2PO_4 \cdot 2H_2O$ 0.5g、$K_2HPO_4 \cdot 2H_2O$ 0.5g、$CaCl_2$ 0.2g，蒸馏水 1000mL，pH7.0，121℃灭菌 20min。

（3）生长曲线的测定

① 种子液制备　用移液枪从冻存管中吸取 20μL 菌液在 LB 平板上划线，放置 30℃恒温生化培养箱中培养 1d。从 LB 平板上挑取单菌落接种至装有 20mL LB 液体培养基的 50mL

锥形瓶中，放置 30℃、170r/min 恒温振荡摇床中培养 16h，此菌液为测定生长曲线时用的种子液。

② 测定　用移液枪吸取 1.0mL（2% 的接种量）种子液于装有 50mL 基础发酵培养基的锥形瓶中，接种后放置于 30℃、170r/min 摇床中培养。每隔 4h 取出锥形瓶，吸取发酵液适当稀释，在工作波长 $n=600nm$ 的工作条件下测定其光密度。

③ 生长曲线的绘制　以时间 t 为横坐标、光密度 OD_{600} 为纵坐标，绘制光密度与时间的相关曲线，得到的曲线即为该菌株在实验条件下的生长曲线。

（4）发酵液中活菌数测定　于超净工作台中，吸取 1mL 发酵液加入装有 9mL 无菌水的试管中充分振荡，即为 10^{-1} 浓度，依次稀释配制成 10^{-2}、10^{-3}……选择 3 个连续稀释梯度的稀释液，吸取 100μL 稀释液注入至相应浓度梯度的平中央，用涂布棒均匀涂布并静置 1h，使溶液完全渗透进平板中。每个梯度重复 3 次。将涂布好的平板放置于 30℃ 的恒温生化培养箱中培养 2d，计数平板上的菌落数。

（5）解淀粉芽胞杆菌 FJAT-8754 生物学特性

① 碳源对解淀粉芽胞杆菌 FJAT-8754 生长的影响　选取不同碳源代替基础发酵培养基中的碳源进行优化。以 2% 的接种量接种培养 12h 的种子液于 50mL 不同碳源的液体培养基中，30℃、170r/min 培养 48h 后，吸取 1mL 发酵液进行稀释涂布计算发酵液中活菌数。取活菌浓度最大的碳源为最佳碳源。

② 氮源对解淀粉芽胞杆菌 FJAT-8754 生长的影响　以最佳碳源替代原基础发酵培养基中的碳源，选取不同的氮源（蛋白胨、豆粕粉、尿素、硝酸铵、硫酸铵）进行氮源的优化试验。试验方法与碳源优化试验方法类似。

③ 碳氮比对解淀粉芽胞杆菌 FJAT-8754 生长的影响　以最佳氮源、碳源分别替代原基础培养基中的碳源、氮源，以碳源、氮源的总质量不变，分别配比培养基中碳源与氮源的质量比为 5∶1、3∶1、1∶1、1∶3、1∶5 五个比例进行试验，试验方法与碳源优化试验方法类似。

④ 初始 pH 值对解淀粉芽胞杆菌 FJAT-8754 生长的影响　在最佳碳源、氮源、碳氮比优化的基础上，调节发酵培养基的初始 pH 值为 4.0、5.0、6.0、7.0、8.0、9.0、10.0 七个水平进行优化试验，试验方法与碳源优化试验方法类似。

⑤ 培养温度对解淀粉芽胞杆菌 FJAT-8754 生长的影响　在最佳碳源、氮源、碳氮比和最适初始 pH 值的基础上，将接种后的锥形瓶分别放置于 25℃、30℃、35℃、40℃、45℃ 的恒温振荡摇床中培养，摇床转速均为 170r/min。培养 48h 后测定发酵液中活菌浓度。

⑥ 转速对解淀粉芽胞杆菌 FJAT-8754 生长的影响　在之前优化试验的基础上，将接种后的锥形瓶分别放置于 120r/min、145r/min、175r/min、195r/min、220r/min 的恒温振荡摇床中培养 48h。结束培养后测定发酵培养基中活菌浓度。

（6）最佳生长条件下菌体的生长曲线与产酶曲线绘制　在最佳生长条件下，每隔 4h 测定发酵液中活菌浓度、纤维素酶活力、淀粉酶活力，以时间 t 为横坐标，活菌浓度、纤维素酶活力、淀粉酶活力为纵坐标绘制生长与产酶曲线。解淀粉芽胞杆菌 FJAT-8754 活菌浓度测定方法同上；纤维素酶活力、淀粉酶活力测定方法同上。

2. 解淀粉芽胞杆菌 FJAT-8754 生长曲线

以 2% 的接种量将解淀粉芽胞杆菌 FJAT-8754 接种到 LB 液体培养基中进行培养，按时间编号取样测定培养基的 OD_{600nm} 值，得到解淀粉芽胞杆菌 FJAT-8754 的生长随时间变化的曲线，试验结果见图 4-50。从图中可以明显看出，芽胞杆菌在 LB 培养基中生长的延滞期（调节期）是 $0 \sim 4h$，对数生长期是 $4 \sim 12h$，$12 \sim 26h$ 为稳定期。根据此图可以确定，以 LB 培养基培养 12h 的菌液为发酵培养的种子液。

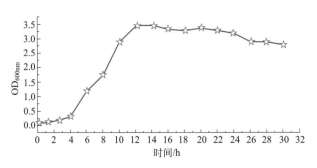

图 4-50　解淀粉芽胞杆菌 FJAT-8754 生长曲线

3. 解淀粉芽胞杆菌 FJAT-8754 生物学特性

（1）碳源对解淀粉芽胞杆菌 FJAT-8754 生长的影响　按 2% 的接种量接种 LB 液体培养基培养 12h 的种子液接种到不同碳源发酵培养基中，于 30℃、170r/min 恒温振荡培养 48h 后，不同碳源发酵培养基中解淀粉芽胞杆菌 FJAT-8754 活菌浓度见图 4-51。从图中可以看出，以玉米淀粉、淀粉 +CMC-Na 为碳源的发酵培养基中，解淀粉芽胞杆菌 FJAT-8754 菌体浓度明显高于其他组，菌体浓度分别为 $6.2 \times 10^8 CFU/mL$、$5.4 \times 10^8 CFU/mL$。而以淀粉 +CMC-Na 为碳源时，其发酵液中菌体浓度虽不明显低于以玉米淀粉为碳源试验组，但考虑发酵生产中原料的来源与成本，故选择来源广泛、价格低廉的玉米淀粉为解淀粉芽胞杆菌 FJAT-8754 生长所需的最佳碳源。

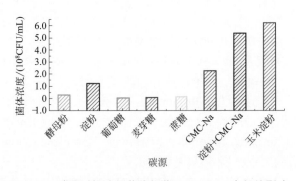

图 4-51　碳源对解淀粉芽胞杆菌 FJAT-8754 生长的影响

（2）氮源对解淀粉芽胞杆菌 FJAT-8754 生长的影响　以玉米淀粉为解淀粉芽胞杆菌 FJAT-8754 生长所需最佳碳源，按 2% 的接种量接种 LB 液体培养基培养 12h 的种子液接种到不同氮源发酵培养基中，于 30℃、170r/min 恒温振荡培养。培养 48h 后终止培养，不同氮源发酵培养基中解淀粉芽胞杆菌 FJAT-8754 活菌浓度见图 4-52。从图 4-52 可知，豆粕粉为氮源时，发酵液中菌体浓度明显高于其他实验组，活菌浓度达 $1.67 \times 10^9 CFU/mL$。

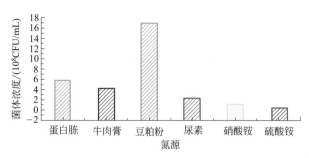

图4-52　氮源对解淀粉芽胞杆菌FJAT-8754生长的影响

（3）碳氮比对解淀粉芽胞杆菌FJAT-8754生长的影响　以玉米淀粉为碳源，豆粕粉为氮源，碳氮比为5∶1、3∶1、1∶1、1∶3、1∶5，其中碳源氮源的总质量不变，按2%的接种量接种到不同碳氮比的发酵培养基中，于30℃、170r/min恒温振荡培养。培养48h后终止培养，不同碳氮比的发酵培养基中解淀粉芽胞杆菌FJAT-8754活菌浓度见图4-53。从实验结果图4-53可观察出，碳氮源总质量不变时，碳氮比为1∶1实验组发酵液中菌体浓度要高于其他实验组，菌体浓度达到1.67×10^9CFU/mL。

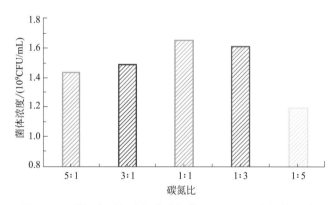

图4-53　碳氮比对解淀粉芽胞杆菌FJAT-8754生长的影响

（4）初始pH值对解淀粉芽胞杆菌FJAT-8754生长的影响　以玉米淀粉为解淀粉芽胞杆菌FJAT-8754生长所需碳源，豆粕粉为氮源，发酵培养基碳氮比为1∶1。按2%的接种量将种子液接种到不同初始pH值的发酵培养基中，于30℃、170r/min恒温振荡培养。培养48h后终止培养，不同初始pH值的发酵培养基中解淀粉芽胞杆菌FJAT-8754活菌浓度见图4-54。从图中可以看出，培养基初始pH值为6.0时，其发酵所得的解淀粉芽胞杆菌FJAT-8754菌体浓度最高，活菌浓度达4.97×10^9CFU/mL。

（5）培养温度对解淀粉芽胞杆菌FJAT-8754生长的影响　以玉米淀粉为碳源、豆粕粉为氮源、碳氮比为1∶1、初始pH值为6.0，其他成分不变。按2%的接种量接种解淀粉芽胞杆菌FJAT-8754种子液，放置不同温度的恒温振荡摇床中培养，转速为170r/min。培养48h后，培养结果见图4-55。从图中可以得出，培养温度为35℃时，发酵液中菌体浓度最高，菌体浓度为3.1×10^9CFU/mL。

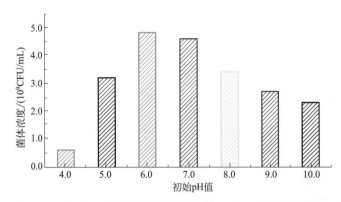

图 4-54 初始 pH 值对解淀粉芽胞杆菌 FJAT-8754 生长的影响

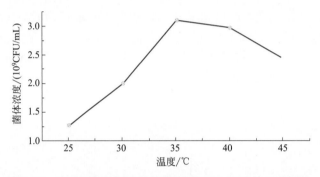

图 4-55 培养温度对解淀粉芽胞杆菌 FJAT-8754 生长的影响

（6）转速对解淀粉芽胞杆菌 FJAT-8754 生长的影响 发酵培养基组分不变，培养温度为 35℃，改变培养摇床转速。按 2% 的接种量接种解淀粉芽胞杆菌 FJAT-8754 种子液，培养 48h 后，培养结果见图 4-56。实验结果得出，转速为 175r/min 时，发酵液中活菌浓度最高，菌体浓度达到 5.0×10^9 CFU/mL。

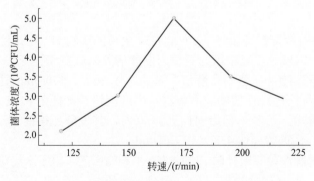

图 4-56 转速对解淀粉芽胞杆菌 FJAT-8754 生长的影响

4. 解淀粉芽胞杆菌 FJAT-8754 生长与产酶关系曲线

解淀粉芽胞杆菌 FJAT-8754 在优化后的发酵培养基中发酵生长及产酶动态变化曲线结果

见图 4-57。从图中可以看出：解淀粉芽胞杆菌 FJAT-8754 在 0 ～ 4h 为生长延滞期，4 ～ 28h 为对数生长期，28h 后为稳定期，在稳定期期间出现了菌株的二次生长。因此在以发酵培养基制备种子液时应控制在 24 ～ 28h 之间，此段时间菌株的生长速率快、菌体浓度高。解淀粉芽胞杆菌 FJAT-8754 的纤维素酶、淀粉酶活力从 8h 开始急剧上升，36h 达到产酶最高峰，此时纤维素酶、淀粉酶活力分别为 135.7U/mL、1543.3U/mL。

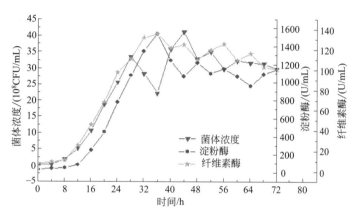

图 4-57　解淀粉芽胞杆菌 FJAT-8754 生长曲线、产酶曲线

从图 4-57 也可以观察出，解淀粉芽胞杆菌 FJAT-8754 的产酶与菌体生长密切相关。在培养初期营养丰富，菌体大量繁殖并代谢产酶；对数生长期后期由于营养的限制，菌体生长受到抑制，菌体浓度出现下降，而发酵液中纤维素酶、淀粉酶水解复杂碳源为菌体的生长提供能源时菌体出现二次生长；产酶稍滞后于菌体生长，由此可判断解淀粉芽胞杆菌 FJAT-8754 纤维素酶、淀粉酶生物合成类型为生长部分相关型。

5. 讨论

微生物接种后都有一个适应其培养环境的过程，随着时间的延长快速进入对数生长期，并分泌各类酶、蛋白等产物。但随着培养基理化性质的变化、产物的增长与积累以及营养物质的消耗，微生物的生长速度以及产物的合成都会受到抑制。在接入解淀粉芽胞杆菌 FJAT-8754 种子液培养 4h 后就进入了对数生长期，这正符合了芽胞杆菌生长快、繁殖能力和适应环境能力强的特点。在解淀粉芽胞杆菌 FJAT-8754 进入对数生长期后，纤维素酶、淀粉酶酶活力迅速增加，并在菌体稳定期后达到最大酶活，整个发酵过程中酶的产生滞后于菌体的生长，可以初步推断纤维素酶、淀粉酶为生长部分相关型，这正与刘永乐等（2008）的研究相似。

在工业发酵过程中，微生物发酵的生产水平不仅取决于菌种本身的特性，而且会受碳源、氮源、无机盐等营养因素以及温度、pH 值、氧气等物化因素的影响。张荣胜等（2013）通过 Plackett-Burman 试验设计及 Box-Behnken 设计的响应曲面法对生防菌株解淀粉芽胞杆菌 Lx-11 发酵培养基和培养条件进行优化，在最优条件下发酵活菌数达到 3.75×10^9 CFU/mL。本章节解淀粉芽胞杆菌 FJAT-8754 在实验室条件下的生长特性，考察碳源、氮源、碳氮比主要营养物质以及初始 pH 值、培养温度、摇床转速主要外环境对该菌生长的影响。通过单因素优化，得出解淀粉芽胞杆菌 FJAT-8754 最佳生长条件：玉米淀粉 1%、豆粕粉 1%、NaCl

0.5%、MgSO$_4$·7H$_2$O 0.05%、KH$_2$PO$_4$·2H$_2$O 0.05%、K$_2$HPO$_4$·2H$_2$O 0.05%、CaCl$_2$ 0.02%，初始 pH 值为 6.0，培养温度为 35℃，摇床转速为 175r/min 时该菌具有很好的生长状况，在该条件下发酵中活菌数最高达到 4.13×10^{9}CFU/mL，培养 36h 时纤维素酶、淀粉酶活力分别达到 135.7U/mL、1543.3U/mL。

四、芽胞杆菌纤维素酶和淀粉酶的酶学特性

来源于不同微生物的同一种酶的生物学特性大多存在异同之处，杨柳等（2008）从土壤中分离得到的一株解淀粉芽胞杆菌 YL07 所产的纤维素酶反应的最适 pH 值为 6.0～7.0，在 6.0～9.0 范围内酶活稳定性较好，反应最适温度为 40℃，K$^+$、Ca^{2+} 促进羧甲基纤维素酶反应，Fe^{2+}、Na$^+$、K$^+$、Ca^{2+}、Mg^{2+} 对 FPase 有激活作用；而 Lee 等（2008）从土壤中分离的一株解淀粉芽胞杆菌 DL-3，其纤维素酶的最适反应 pH 值 7.0、最适反应温度为 50℃。采用前人对生物酶酶学特性的研究手段（汤文浩，2011），研究解淀粉芽胞杆菌 FJAT-8754 纤维素酶、淀粉酶的反应 pH 值、pH 值稳定性、反应温度、热稳定性以及金属离子对酶反应的影响，这对解淀粉芽胞杆菌 FJAT-8754 纤维素酶、淀粉酶复合酶用于饲料行业奠定理论基础。

1. 研究方法

（1）材料　CaCl$_2$（分析纯）、AlCl$_3$（分析纯）、CuCl$_2$（分析纯）、ZnCl$_2$（分析纯）、MnCl$_2$（分析纯）、甘油（分析纯）、甘露醇（分析纯）、山梨醇（分析纯）、聚乙烯醇（分析纯）、PEG4000（分析纯）、PEG8000（分析纯）、吐温 40（分析纯），其他试剂同上。LB 固体培养基：同上；LB 液体培养基：同上；发酵培养基：玉米淀粉 10g、豆粕粉 10g、NaCl 5.0g、MgSO$_4$·7H$_2$O 0.5g、KH$_2$PO$_4$·2H$_2$O 0.5g、K$_2$HPO$_4$·2H$_2$O 0.5g、CaCl$_2$ 0.2g，蒸馏水 1000mL，pH6.0，在 121℃下灭菌 20min。

（2）纤维素酶、淀粉酶最适反应 pH 值及 pH 值稳定性　用柠檬酸缓冲液配制 pH 值分别为 4.0、4.5、5.0、5.5、6.0、6.5、7.0 和 7.5 的底物溶液，在 50℃测定纤维素酶活力、40℃测定淀粉酶活力，确定纤维素酶、淀粉酶的最适反应 pH 值。将粗酶液用不同 pH 值缓冲液适当稀释，并在 4℃冰箱中放置 12h。以纯水稀释的粗酶液为对照组（相对酶活力为 100%），分别测定不同缓冲液处理后解淀粉芽胞杆菌 FJAT-8754 纤维素酶和淀粉酶相对酶活力。

（3）纤维素酶、淀粉酶最适反应温度及热稳定性　在确定最适反应 pH 条件下，测定不同反应温度（40℃、45℃、50℃、55℃、60℃、65℃、70℃）时的酶活力，确定解淀粉芽胞杆菌 FJAT-8754 纤维素酶、淀粉酶的最适反应温度。将纤维素酶粗酶液放置于 50℃、60℃中保温，淀粉酶粗酶液放置于 60℃、65℃中保温，各自保温 0min、20min、40min、60min、90min、120min、150min，按时间编号取出样品放置于 4℃冰箱保存，待取样结束后一并测定纤维素酶、淀粉酶残留酶活，并以保温 0min 实验组纤维素酶活、淀粉酶残留酶活力为 100%。

（4）金属离子对纤维素酶、淀粉酶活的影响　将粗酶液适当稀释，在纤维素酶、淀粉酶各自最适反应 pH 值、最适反应温度条件下，添加等量的金属离子溶液，使反应体系中金属离子的浓度为 1.0mmol/L、10mmol/L，然后保温反应，测定金属离子对解淀粉芽胞杆菌 FJAT-8754 纤维素酶、淀粉酶反应的影响。以添加等量纯水组为对照组，其纤维素酶、淀粉酶相对酶活力为 100%。

（5）稳定剂对纤维素酶、淀粉酶热稳定性的影响　粗酶液中添加等量的 4% 甘油、吐温、山梨醇、聚乙烯醇、PEG4000、PEG8000、甘露醇溶液，然后 55℃/60℃ 保温 2h。适当稀释粗酶液，在纤维素酶、淀粉酶各自最适反应 pH 值、最适反应温度条件下测定解淀粉芽胞杆菌 FJAT-8754 纤维素酶、淀粉酶的残留酶活，以对照组残留酶活为 100%。

（6）纤维素酶、淀粉酶酶促动力学研究　在解淀粉芽胞杆菌 FJAT-8754 纤维素酶、淀粉酶各自最适反应 pH 值、反应温度条件下，加入等量的不同浓度的底物反应 5min。利用 Lineweaver-Burk 双倒数公式［式（4-1）］，计算出纤维素酶、淀粉酶各自的最大反应速率（v_m）、米氏常数（K_m）。

$$\frac{1}{v} = \frac{K_m}{v_m} \times \frac{1}{[S]} + \frac{1}{v_m} \tag{4-1}$$

2. 纤维素酶和淀粉酶 pH 稳定性

在测定纤维素酶、淀粉酶酶活力中，加入不同 pH 值的缓冲溶液，分别测定纤维素酶和淀粉酶活力。结果如图 4-58 所示，解淀粉芽胞杆菌 FJAT-8754 纤维素酶、淀粉酶在 pH4.0 ～ 7.5 的范围内均能表现出明显的活性。且在 pH5.5 时解淀粉芽胞杆菌 FJAT-8754 纤维素酶、淀粉酶的活性均最高，在 pH5.0 时纤维素酶活力维持 90% 以上、淀粉酶活性显得偏低一些；在 pH 6.5 时纤维素酶、淀粉酶活力均在 73% 以上。

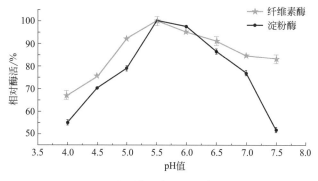

图 4-58　pH 对纤维素酶、淀粉酶活力的影响

在 pH3.5 ～ 7.5 的缓冲液条件下 4℃ 放置 12h 后，按常规方法测定解淀粉芽胞杆菌 FJAT-8754 纤维素酶和淀粉酶的残留酶活力，从实验结果（图 4-59）可知，纤维素酶和淀粉酶在 pH3.5 ～ 7.5 的条件下均仍然保存很好的酶活性。其中在 pH5.5 缓冲液条件下纤维素酶和淀粉酶的稳定性最好。实验结果表明，解淀粉芽胞杆菌 FJAT-8754 纤维素酶和淀粉酶的最适反应 pH 值均为 5.5，且在 pH5.5 的缓冲液条件下两种酶的稳定性也最好。

3. 纤维素酶和淀粉酶热稳定性

以解淀粉芽胞杆菌 FJAT-8754 纤维素酶、淀粉酶的最适 pH 值缓冲液配制底物，粗酶液适当稀释后分别在 40℃、45℃、50℃、55℃、60℃、65℃、70℃ 的温度条件下反应测定纤维素酶、淀粉酶的酶活力，以各自最高酶活为 100%。结果见图 4-60，解淀粉芽胞杆菌 FJAT-8754 纤维素酶在 50℃ 时酶活力最高、淀粉酶在 55℃ 时酶活力最高，在 40 ～ 70℃ 条件下两种酶均表现出较高的酶活，酶活力均能达到 60% 以上。

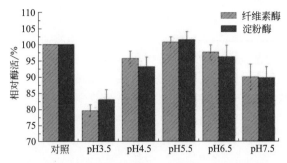

图 4-59　pH 值对纤维素酶、淀粉酶稳定性的影响

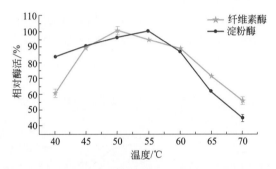

图 4-60　反应温度对纤维素酶、淀粉酶反应速度的影响

　　将解淀粉芽胞杆菌 FJAT-8754 纤维素酶放置在 55℃和 60℃、淀粉酶粗酶液放置在 60℃和 65℃条件下保温 20min、40min、60min、90min、120min、150min，保温结束后立刻取出放置 4℃冷却，按常规方法测定纤维素酶、淀粉酶的残留酶活，以 0min 时的酶活力为100%，实验结果见图 4-61 和图 4-62。

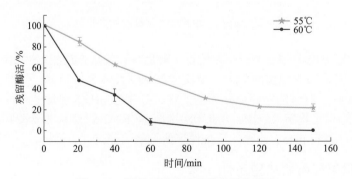

图 4-61　温度对纤维素酶稳定性的影响

　　由图 4-61 可知解淀粉芽胞杆菌 FJAT-8754 纤维素酶在 55℃和 60℃保温条件下随时间的延长纤维素酶活力明显下降，在 60℃条件下酶活力下降趋势明显快于 55℃。在 55℃条件下保温 60min 后，残留酶活在 50% 以上；而在 60℃条件下在保温 40min 后酶活力就低于 40%。

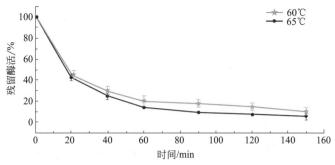

图 4-62　温度对淀粉酶稳定性的影响

解淀粉芽胞杆菌 FJAT-8754 淀粉酶的稳定性见图 4-62。淀粉酶在 60℃和 65℃条件下保温，随保温时间的延长淀粉酶活力急剧下降：在 60℃、65℃条件下保温 40min 时，淀粉酶的残留酶活力就均低于 40%，而保温 90min 后淀粉酶的残留酶活均低于 30%，由此可知解淀粉芽胞杆菌 FJAT-8754 淀粉酶的热稳定性能较差。

4. 金属离子对纤维素酶和淀粉酶活力的影响

在酶促反应过程中，很多金属离子参与其中，因此研究金属离子对酶的活性的影响具有重要意义。在解淀粉芽胞杆菌 FJAT-8754 纤维素酶、淀粉酶反应测定体系中加入等量的金属离子，使反应体系中金属离子的浓度分别为 1mmol/L、10mmol/L。以加等量纯水为对照组，纤维素酶、淀粉酶活力均为 100%。实验结果见图 4-63 和图 4-64。

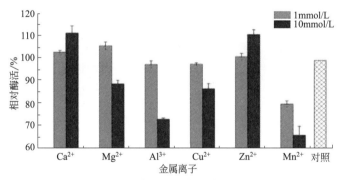

图 4-63　金属离子对纤维素酶反应的影响

从图 4-63 可知，低浓度的金属离子（除 Mn^{2+} 外）对解淀粉芽胞杆菌 FJAT-8754 纤维素酶酶促反应没有明显的促进或抑制作用；高浓度的 Ca^{2+}、Zn^{2+} 对纤维素酶有明显促进作用，酶活力均比对照组高出 12%；而高浓度的 Mg^{2+}、Al^{3+}、Cu^{2+}、Mn^{2+} 离子对纤维素酶有抑制作用，其中 Mn^{2+} 的抑制作用最显著。

金属离子对解淀粉芽胞杆菌 FJAT-8754 淀粉酶酶促反应的影响见图 4-64。从图中可看出，低浓度的 Mg^{2+}、Al^{3+}、Zn^{2+} 对淀粉酶酶促反应有促进作用，其中 Zn^{2+} 的促进作用最明显，淀粉酶活力比对照组高出了 14%；低浓度的 Ca^{2+}、Cu^{2+} 对淀粉酶酶促反应有微弱的抑制作用；高浓度的金属离子明显抑制了解淀粉芽胞杆菌 FJAT-8754 淀粉酶酶促反应；低浓度和高浓度的 Mn^{2+} 对淀粉酶酶促反应抑制作用均很显著。

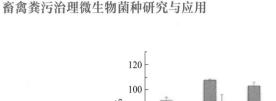

图 4-64　金属离子对淀粉酶酶促反应的影响

5. 稳定剂对纤维素酶和淀粉酶热稳定性的影响

在解淀粉芽胞杆菌 FJAT-8754 发酵粗酶液中添加 4% 的甘油、吐温、山梨醇、聚乙烯醇、PEG4000、PEG8000、甘露醇溶液，其他条件不变，分别测定纤维素酶、淀粉酶活力，以对照组酶活力为 100%。结果如图 4-65 所示，甘露醇、山梨醇对解淀粉芽胞杆菌 FJAT-8754 纤维素酶热稳定性具有一定的作用，甘露醇、甘油、PEG8000 对解淀粉芽胞杆菌 FJAT-8754 淀粉酶也具有保护作用，而其中山梨醇对纤维素酶、甘露醇对淀粉酶的热稳定性保护效果最为明显。综合考虑，选用甘露醇作为解淀粉芽胞杆菌 FJAT-8754 复合酶的稳定剂。

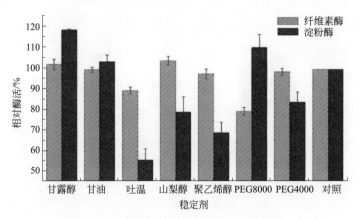

图 4-65　稳定剂对纤维素酶稳定性的影响

6. 纤维素酶和淀粉酶酶促动力学

以 Linewear-Burk 作图法分别得到纤维素酶米氏方程：$y=15.0189x+19.4619$；淀粉酶米氏方程：$y=0.1798x+29.8341$。根据各自的米氏方程求得纤维素酶的最大反应速率 $v_{\max}$ 为 $5.14\times10^{-3}\text{mg}/(\text{mL}\cdot\text{min})$，米氏常数 K_{m} 为 $7.71\times10^{-1}\text{mg/mL}$；淀粉酶的最大反应速度 $v_{\max}$ 为 $3.35\times10^{-2}\text{mg}/(\text{mL}\cdot\text{min})$，米氏常数 K_{m} 为 $6.03\times10^{-3}\text{mg/mL}$（图 4-66）。

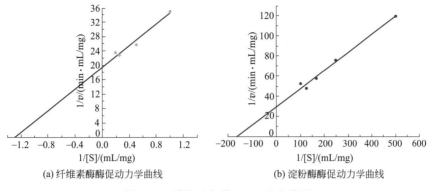

(a) 纤维素酶酶促动力学曲线　　　　(b) 淀粉酶酶促动力学曲线

图 4-66　酶促动力学 $1/v$-$1/[S]$ 作图

7. 讨论

（1）pH 值对解淀粉芽胞杆菌 FJAT-8754 纤维素酶、淀粉酶的影响　pH 值对酶活的影响主要有以下几点：① pH 值影响底物的解离状态，使底物不能与酶结合或者结合后不能生产产物；② 影响酶分子的某些基团或者是催化结构域，从而改变酶的构象，使底物不能与酶结合或发生催化反应；③ 影响中间络合物的解离状态，使催化反应的产物无法脱离催化结构域。解淀粉芽胞杆菌 FJAT-8754 纤维素酶、淀粉酶在 pH3.5 ~ 7.5 的范围内都表现明显的酶活性，表明解淀粉芽胞杆菌 FJAT-8754 纤维素酶、淀粉酶复合酶为酸性复合酶，能在酸性环境中发挥酶活性，复合作为饲料添加剂的要求。与已报道的纤维素酶、淀粉酶的 pH 值稳定性相比，解淀粉芽胞杆菌 FJAT-8754 纤维素酶、淀粉酶耐受范围较宽，稳定性较好。

（2）温度对解淀粉芽胞杆菌 FJAT-8754 纤维素酶、淀粉酶的影响　温度对酶活的影响主要表现在 2 个方面：① 温度升高，酶促反应速度加快；② 由于酶是蛋白质，随着温度的升高，酶逐渐变性甚至失活，从而引起酶促反应速度的迅速下降。酶促反应的最适温度是这两个因素的综合影响结果。李志鹏（2009）研究的中温 α- 淀粉酶解淀粉芽胞杆菌最适反应为60℃，而在 60℃ 保温 30min 后残留酶活低于 55%。本章节中，解淀粉芽胞杆菌 FJAT-8754 纤维素酶、淀粉酶的最适反应温度分别为 50℃、55℃，但此两种酶的热稳定性较差。这与大多报道的芽胞杆菌所产的中温纤维素酶、淀粉酶的最适温度相近。

（3）金属离子对解淀粉芽胞杆菌 FJAT-8754 纤维素酶、淀粉酶的影响　在酶促反应过程中，金属离子可能通过以下几个方面影响酶促反应的进行：① 参与酶促催化反应，传递电子；② 在酶与底物间起桥梁作用；③ 稳定酶的构象。Wang 等（2012）研究金属离子以及非金属离子对纤维素酶的影响，结果表明 Al^{3+} 具有非竞争性抑制、Mg^{2+} 竞争性抑制作用，酸根离子（Cl^-、CH_3COO^-、SO_4^{2-}）对其也有抑制作用。Arikan 等（2003）对芽胞杆菌（*Bacillus* sp.）ANT-6 的淀粉酶活性进行研究，结果显示：0.5mmol/L 的 Ca^{2+} 和 3mmol/L 的 PMSF 对该淀粉酶有促进作用，而 5mmol/L 的 Zn^{2+} 和 Na^+、10mmol/L 的 EDTA 对该淀粉酶有抑制作用。本章节中，Ca^{2+}、Zn^{2+} 以及低浓度的 Mg^{2+} 对解淀粉芽胞杆菌 FJAT-8754 纤维素酶酶促反应起促进作用，而 Al^{3+}、Cu^{2+}、Mn^{2+} 为抑制剂，这与文献中报道的 Ca^{2+}、Mg^{2+} 对纤维素酶酶促反应起促进作用相似（吕静琳等，2009；Demirkan et al., 2005；Wang et al., 2012）；低浓度的 Mg^{2+}、Al^{3+}、Zn^{2+} 为解淀粉芽胞杆菌 FJAT-8754 淀粉酶的促进剂，Ca^{2+}、Cu^{2+}、Mn^{2+} 为抑制剂。

（4）稳定剂对解淀粉芽胞杆菌 FJAT-8754 纤维素酶、淀粉酶的影响　多元醇、糖类、氨基酸及其衍生物、多聚物、无机盐等一般被称为蛋白质的共溶剂，共溶剂改变了溶液的热力学性质，使得酶在溶剂中稳定存在（赵珊，2008）。本章节中，甘露醇可能促进了酶分子形成"溶剂层"，增加酶分子的表面张力和溶液黏度，降低蛋白水解而稳定酶的作用或者降低了介质的介电常数，增加了酶分子的疏水作用，进而提高了纤维素酶和淀粉酶的稳定性。甘油、甘露醇、山梨醇、PEG4000 等在结构和分子大小上存在不同而对纤维素酶和淀粉酶的稳定性影响也不同，综合比较，甘露醇对复合酶的保护作用最好，可见稳定剂的分子大小和结构在稳定酶的构象中均起重要作用。

第五章

畜禽粪污降解菌的
作用机理

畜禽粪污微生物降解色谱分析方法

一、概述

发酵床养猪是 20 世纪 80 年代开始流行的一种新型的环保养殖技术，该技术根据微生态理论，将有机垫料，如锯木屑、谷壳、秸秆、花生壳等农副产品按一定比例与微生物混合，进行高温发酵后填入到经过特殊设计的猪舍里。填入的垫料及垫料中的微生物加速吸收并发酵降解猪的排泄物，达到规模化养猪场管理方面无需人工清理即可达到对环境零排放的目的，并为提高猪生产性能和机体免疫力、大幅度减少疾病的健康养殖模式提供良好基础，实现了可持续发展的经济效益和环境效益（蓝江林等，2013，张学峰等，2013）。除此之外，发酵床养猪技术的优势还表现在消纳大量农作物秸秆、猪的用药量明显减少及各种资源的节约等方面（刘让等，2011；武英等，2009；夏新山，2013）。

发酵床技术养猪的关键在于有益微生物以猪粪尿为基础营养维持自身的繁殖代谢，猪粪尿得以加速降解，进一步通过优势菌群效应遏制病原微生物的生长发育（王潇娣等，2012；魏玉明等，2012）。猪粪尿的物质降解速率决定于垫料中微生物的降解能力，在猪群集中的大型养猪场，快速有效的降解过程显得至关重要。实现对猪粪尿降解过程的监测，将会成为发酵床养猪技术优化的方向之一。

垫料物质组分的分析是猪粪降解、猪尿吸纳、垫料发酵程度、发酵床微生物群落的变化及微生物群落的稳定性等发酵床"健康状态"的主要表征，对垫料物质组分的鉴定是推动发酵床养猪科学化发展的重要基础。

笔者首次尝试取极性从低到高的 5 组有机溶剂，通过梯度萃取的方式对发酵垫料物质组分进行提取，并通过气相色谱质谱联用仪实现物质组分的分析与鉴定。研究不同溶剂层的物质分布及含量，鉴定垫料中主要的物质组分，确定不同物质组分提取方式，推动发酵床养猪的科学化管理。

二、研究方法

1. 试验材料

样品为养猪微生物发酵床垫料，主要原料为锯末和谷壳，发酵垫料呈黑色，发酵等级为四级，采集时间为 2015 年 1 月 26 日，采集地点为福建省福州渔溪生猪养殖场。主要试剂和仪器。精密鼓风干燥箱（施都凯仪器设备上海有限公司）；AL 104 型电子天平［梅特勒 - 托利多仪器（上海）有限公司］；KQ5200E 型超声波清洗器（昆山市超声仪器有限公司）；Agilent 7890 / 5975C -GC/MSD（安捷伦公司）；所用溶剂均为色谱纯。

2. 发酵垫料物质提取

通过对角线采样的方法采集发酵垫料，混合均匀后风干至恒重，取适量，采用石油醚、氯仿、乙酸乙酯、丙酮和乙醇 5 组不同极性溶剂各 200mL 并辅以超声对垫料组分进行固液萃取，提取过程如图 5-1 所示。溶剂与垫料混合后，超声 30min，取滤液，重复 3 次，合并 3 次的滤液，旋转蒸干，测定物质的提取率（提取率＝有机溶剂层提取物的质量/垫料质量）。

3. GC/MS 分析色谱条件

GC/MS 分析，采用美国 Agilent 7890/5975C-GC/MSD 气相色谱质谱仪，色谱柱为 DB-5MS，30m×0.250mm 毛细管柱。GC/MS 条件：电离方式 EI，电子能量 70eV，进样口温度 250℃，不分流进样，进样量 10.0μL；载气为高纯氦气，恒流，柱流速 1.0mL/min；四极杆温度 150℃；离子源温度 250℃；

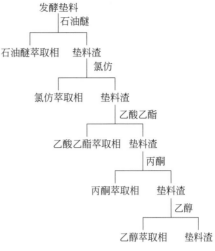

图 5-1 发酵垫料物质梯度提取技术路线

接口温度 280℃；扫描质量数范围 30～500amu，溶剂延迟 8.0min。GC/MS 联用仪的柱温箱升温程序分别为：石油醚层，起始温度 40℃，以 10℃/min 升至 300℃，保持 5min；氯仿层，起始温度 40℃，以 10℃/min 升温至 260℃，再以 5℃/min 升温至 300℃，保持 4min；乙酸乙酯层，起始温度 40℃，以 10℃/min 升温至 120℃，再以 5℃/min 升温至 200℃，接着以 20℃/min 升温至 300℃，维持 1min；丙酮层，起始温度 40℃，以 10℃/min 升温至 300℃，保持 4min；乙醇层，起始温度 40℃，以 20℃/min 升温至 240℃，再以 5℃/min 升温至 300℃，保持 8min。

4. 定量和定性分析

以 EI 为离子源，进行气质联用（GC/MS）分析，所得到的质谱图利用 NIST 谱图库进行检索，同时根据相似度 CAS 号进行定性分析，定量分析结果根据总离子流色谱峰的峰面积，用直接面积归一化法来计算各组分的含量。

三、不同极性溶剂萃取总离子流图分析

1. 固液萃取升温程序调整

固液萃取是根据不同物质在溶剂中溶解度的差异，进行分离和富集。不同溶剂的极性、沸点及挥发性等不同，为提高各溶剂层物质的分离度，对 GC/MS 进行升温程序调整。升温程序分别为：石油醚层，起始温度 40℃，以 10℃/min 升温至 300℃，保持 5min；氯仿层，起始温度 40℃，以 10℃/min 升温至 260℃，再以 5℃/min 升温至 300℃，保持 4min；乙酸乙酯层，起始温度 40℃，以 10℃/min 升温至 120℃，再以 5℃/min 升温至 200℃，接着以 20℃/min 升温至 300℃，维持 1min；丙酮层，起始温度 40℃，以 10℃/min 升温至 300℃，保持 4min；乙醇层，起始温度 40℃，以 20℃/min 升温至 240℃，再以 5℃/min 升温至 300℃，保持 8min。

2. 萃取物质总离子流图

图 5-2～图 5-6 所示为不同升温条件、不同溶剂萃取物质的总离子流图，物质的分离度

佳。其中图 5-2 所示为石油醚对垫料物质的萃取结果，物质被检出的组分较少，在 19.4min 左右有一个物质的高峰，主要物质的检出时间在 24 ～ 28min 之间。图 5-3 所示的氯仿对垫料物质的萃取结果，与石油醚层的萃取结果相比，氯仿层物质被检出的组分丰富，在 19.4min 左右仍可观察到一个物质的高峰。检出的物质的保留时间集中在 20 ～ 34min 之间，物质组分丰富，信噪比低，物质的分离度好。图 5-4 为乙酸乙酯对垫料物质的萃取结果，物质被检出的丰度较氯仿层低，19.4min 左右的高峰消失，主要物质保留时间集中在 10 ～ 18min 之间，在 12.6min 左右出现一个物质的高峰。图 5-5 为丙酮对垫料物质的萃取结果，物质被检出的丰度较高，物质的保留时间集中在 16 ～ 28min 之间。在 24.3min 左右出现物质的高峰。图 5-6 所示为乙醇对垫料物质的萃取结果，物质被检出的丰度较低，物质的保留时间集中在 10 ～ 16min 之间。

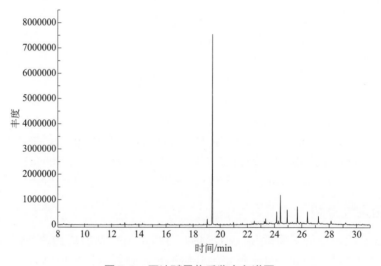

图 5-2　石油醚层物质鉴定色谱图

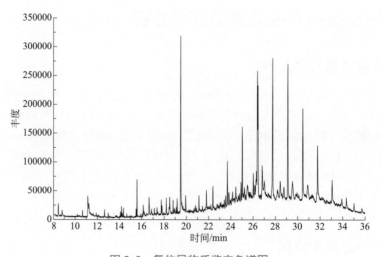

图 5-3　氯仿层物质鉴定色谱图

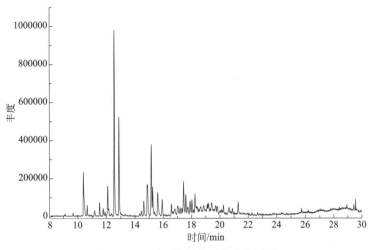

图 5-4 乙酸乙酯层物质鉴定色谱图

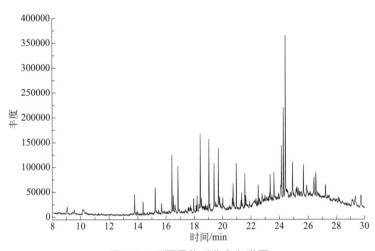

图 5-5 丙酮层物质鉴定色谱图

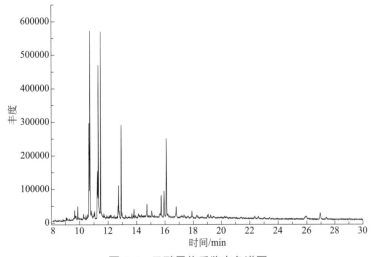

图 5-6 乙醇层物质鉴定色谱图

四、不同极性溶剂萃取效果比较

1. 不同溶剂萃取效果比较

统计 5 组不同有机溶剂对垫料中物质的提取率、总组分数量、相对含量在 1% 以上的组分数量以及 1% 以上组分的相对含量值（见表 5-1）。结果显示，垫料中物质的提取率随溶剂极性的增加而明显增大。弱极性的石油醚层和氯仿层，其物质提取率均较低，分别为 0.041% 和 0.079%，随着极性的增加，有机溶剂的提取效果明显增强，中等极性的乙酸乙酯层和丙酮层的物质提取率分别为 0.371% 和 0.540%，而在极性较大的乙醇溶剂中物质提取率可以达到 1.13%。

表 5-1　五种溶剂提取物分类分析

溶剂层	物质提取率 /%	总组分数量	含量在 1% 以上组分	1% 以上组分的相对含量 /%
石油醚	0.041	65	8	78.13
氯仿	0.079	73	16	64.94
乙酸乙酯	0.371	74	19	74.65
丙酮	0.540	83	24	64.11
乙醇	1.13	52	14	78.11

2. 不同溶剂物质提取率

通过 GC/MS 分析及谱库检索对垫料中的物质组分进行分析与鉴定，与物质提取率的结果类似，随着提取的溶剂的极性增大，物质总组分呈逐步增加的趋势，石油醚提取的物质的总组分为 65 种，含量在 1% 以上的组分有 8 种。氯仿、乙酸乙酯提取的物质总组分分别为 73 种和 74 种，其中含量在 1% 以上的物质组分分别为 16 种和 19 种。丙酮提取的物质的组分最多，达到了 83 种，其中含量在 1% 以上的组分为 24 种。但乙醇提取的物质组分只有 52 种，含量在 1% 以上的组分有 14 种。这是由于 GC/MS 对弱极性物质的检出度高，但极性高的物质在乙醇中的溶解度更好，因此乙醇提取的物质被 GC/MS 检出的较少，此结果与乙醇提取垫料组分的结果相一致（图 5-6）。统计含量在 1% 以上的物质在总组分中的含量，结果显示 5 种溶剂提取的含量在 1% 以上的物质均占到总含量 64% 以上，表明所鉴定出的 1% 以上的组分为发酵垫料中的主要成分。

五、不同极性溶剂萃取物质鉴定

利用 NIST 谱图库对 GC/MS 检测出的物质进行检索，统计相对含量在 1% 以上的物质，结果如表 5-2 所列。

表 5-2　五种溶剂提取物化学成分

溶剂层	序号	保留时间 /min	化合物名称	相对含量 /%
石油醚	1	19.4	环己基甲基邻苯二甲酸丁酯	45.66
	2	24.94	四十四烷	7.93
	3	24.4	单（2- 乙基己基）1,2- 苯二甲酸酯	7.30
	4	24.16	四十三烷	5.98
	5	28.13	2- 丙基十三烷基亚硫酸酯	3.81
	6	26.4	二十八烷	3.34
	7	19.04	环丁基十五烷基草酸酯	2.70
	8	23.36	二十四烷	1.41
氯仿	1	29.115	四十三烷	14.25
	2	27.7563	2- 丙基十三烷基亚硫酸酯	10.97
	3	27.0151	环丁基十七烷基草酸酯	7.7
	4	26.4446	2,4- 二（1- 甲基 -1- 苯乙基）苯酚	4.9768
	5	19.4921	1,2- 苯二甲酸丁辛基酯	4.6655
	6	25.027	2- 甲基二十三烷	3.0037
	7	26.8152	3-(2- 甲氧基乙基) 辛基邻苯二甲酸酯	2.8734
	8	29.5326	2-(十二烷氧基) 乙醇	2.6988
	9	26.0211	3- 甲基氮茚	1.8044
	10	23.6859	十九烷	1.6634
	11	30.8914	3,5,24- 三甲基四十烷	1.4182
	12	29.115	6- 环己基十二烷	1.407
	13	27.7563	2- 丙烯基环己烷	1.3614
	14	27.0151	1- 氯十八烷	1.32
	15	26.4446	十三烷基二氯乙酸酯	1.3069
	16	19.4921	环丁基十五烷基草酸酯	1.2694
	17	25.027	十二烷基异丁基碳酸酯	1.1347
	18	26.8152	2- 丙基十四烷基亚硫酸酯	1.1198
乙酸乙酯	1	12.5631	2- 甲基萘	20.24
	2	15.1571	2,3- 二甲基萘	7.35
	3	18.2451	1,4,6- 三甲基萘	7.07
	4	15.2571	2,6- 二甲基萘	4.96
	5	10.3986	萘	4.4125
	6	17.4393	2,2'- 二甲基联苯	3.5016
	7	18.8627	4,4'- 二甲基联苯	3.36

续表

溶剂层	序号	保留时间 /min	化合物名称	相对含量 /%
乙酸乙酯	8	15.61	1,3- 二甲基萘	2.9177
	9	21.2979	1,2,3- 三甲基 -4- 丙烯基萘	2.54
	10	12.0984	5- 甲基苯	2.3823
	11	16.8099	4- 甲基 -1,1'- 联苯	2.38
	12	19.4156	4- (1- 甲基乙基) -1,1'- 联苯	2.1285
	13	14.8983	2,7- 二甲基萘	2.0047
	14	17.5981	1,6,7- 三甲基萘	1.9498
	15	18.6451	4,6,8- 三甲基奠	1.7552
	16	19.198	1,4,5- 三甲基萘	1.5804
	17	14.6218	1- 乙基萘	1.4682
	18	19.1039	3,4'- 二甲基 -1,1'- 联苯	1.4339
	19	19.8097	3,5- 二甲基 -1-(苯甲基)苯	1.2241
丙酮	1	24.4328	单（2- 乙基己基) -1,2- 苯二甲酸酯	7.6523
	2	24.9327	四十三烷	6.17
	3	25.6797	2- 丙基十四烷基亚硫酸酯	4.67
	4	24.2857	2,4- 双(1- 甲基 -1- 苯乙基)苯酚	4.2664
	5	18.4273	双（2- 甲基丙基) 1,2- 苯二甲酸酯	3.5699
	6	25.3092	1,54- 二溴 - 五十四烷	3.43
	7	19.7037	十六烷酸乙酯	3.0441
	8	19.0331	14- 甲基 - 十五烷酸甲酯	3.0217
	9	26.415	1- 氯十八烷	2.9384
	10	16.4274	十五醛	2.4996
	11	19.3978	1,2- 苯二甲酸丁酯，丙烯酸 2- 乙基己酯	2.288
	12	16.8509	十四烷	2.1529
	13	20.9742	16- 甲基 - 十七烷酸甲基酯	1.867
	14	25.9091	十八烷基 2- 丙基亚硫酸酯	1.8063
	15	26.6562	*E*-8- 甲基 -9- 十四碳烯 -1- 醇乙酸酯	1.4906
	16	29.3501	2- 溴乙醇	1.4211
	17	23.6269	7- 环己基十三烷	1.2864
	18	20.7448	9- 十八碳烯酸（*Z*) - 甲酯	1.2832
	19	21.58	十八烷酸乙酯	1.218
	20	15.2392	1,2- 二溴 -2- 甲基十一烷	1.1752
	21	16.5215	十六烷基环氧乙烷	1.0921

续表

溶剂层	序号	保留时间 /min	化合物名称	相对含量 /%
丙酮	22	19.7801	环丁基十六烷基草酸酯	1.0496
	23	13.7805	2,2,6,8 四甲基 -7- 氧杂三环 [6.1.0.0（1,6）] 壬烷	1.0319
	24	29.7559	胆甾烷 -3- 酮	1.0175
乙醇	1	10.6631	双（2- 甲基丙基）1,2- 苯二甲酸酯	12.3381
	2	10.7278	6- 乙基 -3- 辛基邻苯二甲酸异丁酯	11.3632
	3	11.3101	2- 甲基丙基 -1,2- 苯二甲酸丁酯	11.0438
	4	11.4748	十六烷酸乙酯	10.8967
	5	16.1039	单（2- 乙基己基）1,2- 苯二甲酸酯	7.4767
	6	12.91	十八烷酸乙酯	6.4462
	7	11.2454	邻苯二甲酸丁酯	5.7508
	8	15.9392	2,4- 双（1- 甲基 -1- 苯乙基）苯酚	2.7452
	9	12.7277	油酸乙酯	2.4857
	10	15.7333	2- 丙基十五烷基亚硫酸酯	2.066
	11	14.7334	2- 丙基十三烷基亚硫酸酯	1.9128
	12	16.798	2- 丙基十四烷基亚硫酸酯	1.3516
	13	10.8219	4-(1- 甲基 -1- 苯乙基)酚	1.1615
	14	9.869	十五醛	1.0718

　　进一步根据物质的化学性质，将不同有机溶剂提取的垫料中物质的组分统计归纳，可将其分为：烃类、酯类、醇类、醛类、酮类、酸类和其他（包括胺、酚和烯 / 醇氧化物等）7 类。以各溶剂层中每一类物质的相对含量对物质种类作图，结果如图 5-7 所示。石油醚对低极性的酯类物质的萃取效果最佳，如环己基甲基邻苯二甲酸丁酯；单（2- 乙基己基）1,2- 苯二甲酸酯；环丁基十五烷基草酸酯和 2- 丙基十三烷基亚硫酸酯等，相对含量占石油醚层物质的 60%。烷烃类物质次之，相对含量在 20% 左右，以极性弱的长链烷烃为主，如四十三烷、二十八烷和二十四烷等。氯仿层对长链烷基酯的萃取效果最佳，相对含量占氯仿层物质的 27% 左右，如 2- 丙基十三烷基亚硫酸酯、环丁基十七烷基草酸酯、1,2- 苯二甲酸丁基辛基酯、3-(2- 甲氧基乙基)辛基邻苯二甲酸酯等。对饱和烃的萃取效果与石油醚的效果相当，但对于甲基化修饰的烷烃及不饱和烯烃的萃取效

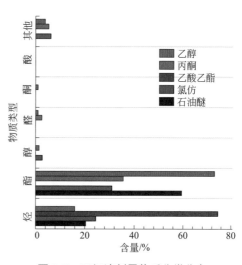

图 5-7　五组溶剂层物质分类分布

果要优于石油醚，如 2- 甲基二十三烷和 2- 丙烯基环己烷。乙酸乙酯层的萃取物中，鉴定出较多的烯烃类化合物为萘及其衍生物，达到乙酸乙酯层物质的 78% 以上。丙酮萃取的物质组分丰富，从烃类到酯类、醇类、醛类等适合于全物质萃取的需求。乙醇萃取的物质以极性高的酯类物质为主，如二（2- 甲基丙基）1,2- 苯二甲酸酯、6- 乙基 -3- 辛基邻苯二甲酸异丁酯、2- 甲基丙基 -1,2- 苯二甲酸丁酯等，占乙醇萃取物的 78%。

综上所述，发酵垫料中的主要物质分布是酯类和烃类，以及少量的醇类、醛类、酮类和其他（包括胺、酚和烯 / 醇氧化物等）。观察各萃取层中的物质分布，石油醚、氯仿和丙酮萃取层均是酯类为主，烃类其次，乙酸乙酯萃取层鉴定出含量较多的烯烃类化合物萘及其衍生物，乙醇萃取层主要物质仍是酯类。

六、讨论

本章节工作采用极性从低到高的 5 种有机溶剂对发酵床养猪中垫料成分进行物质提取，物质的提取率，乙醇最高，达到了 1.13%，丙酮 > 乙酸乙酯 > 氯仿 > 石油醚。利用气相色谱质谱联用（GC/MS）技术进一步对不同有机溶剂萃取的物质进行分离鉴定。通过观察各有机层物质鉴定的总离子流图，可以初步判断该溶剂层萃取物组分的丰富程度和相对含量。结果显示，石油醚层和乙醇层的信号峰较少，氯仿层、乙酸乙酯层、丙酮层的信号峰较多，对应所鉴定出的主要成分也相对较为丰富。

利用 NIST 谱图库检索，同时根据相似度 CAS 号实现定性、定量分析。根据组分理化性质的不同将所鉴定的物质划分为：烃类、酯类、醇类、醛类、酮类、酸类和其他（包括胺、酚和烯 / 醇氧化物等）7 类。不同极性的溶剂对物质组分的提取效率差别很大，其中石油醚和氯仿对低极性的酯类物质和长链烷烃的提取效果较好，但氯仿层提取的种类更多，对不饱和烃的提取效果要优于石油醚层；乙酸乙酯对烯烃类化合物（包括多环芳烃）有较好的提取效果；丙酮适合全物质提取，对垫料中低极性的烷烃组分到高极性酯组分的提取效果均较好；乙醇溶剂适合极性较高的酯类物质的提取，如苯二甲酸类酯。

第二节
畜禽粪污降解菌猪粪发酵行为的色谱分析

利用粪污降解菌短短芽胞杆菌（*Brevibacillus brevis*）LPF-1，做三个处理：一是粪污降解菌 LPF-1 加水发酵；二是新鲜猪粪加水发酵；三是粪污降解菌 LPF-1 加新鲜猪粪发酵。分析不同处理不同时间发酵液中降解物的成分与含量，比较微生物在发酵中的作用。

一、研究方法

处理 1：阳性对照，粪污降解菌 LPF-1 发酵液（浓度为 1.64×10^9 CFU/mL）1000mL。

处理 2：新鲜猪粪 200g，加水稀释至 1000mL。

处理 3：阴性对照，取新鲜猪粪 200g，加入粪污降解菌 LPF-1 发酵液至 1000mL。

以上处理置于广口瓶中，盖上瓶塞，于室温培养（28 ～ 33℃），每天晃动一次使溶液均匀。处理当天记作第 0 天，每隔 3d 取 20mL 溶液，过滤，再用微孔滤膜抽滤，取 15mL 抽滤液体于 50mL 锥形瓶中，加入 30mL 乙酸乙酯溶液，充分搅拌并静止后，萃取得到乙酸乙酯层，加无水硫酸钠处理，离心取上清液装入 GC 小瓶，置于 4℃冰箱保存，等待进样。

（1）GC-MS 分析条件　采用 HP5-MS 色谱柱，进样口温度 250℃，压力 5.5977psi（1psi=6894.757Pa），总流量 104mL/min，隔垫吹扫流量 3mL/min，分流比 100∶1。升温程序为：50℃保持 2min，以 3℃ /min 升温到 120℃保持 5min，以 10℃ /min 升温到 200℃，然后以 20℃ /min 升温到 280℃保持 5min。质谱条件：溶剂延迟 4.00min；采集模式为全扫描；EMV 模式（相对值）；全扫描参数，开始时的质量数 50.00amu，结束时的质量数 550.00amu；MS 温度，离子源 230℃，MS 四极杆 150℃。

（2）物质分析　以匹配度大于 80（最大为 100）为依据，选取各样品检测到相对含量 ≥ 5% 的物质进行分析。

二、粪污降解菌猪粪发酵过程 GS-MS 总离子流谱图

各处理每 3 天取样进行检测，菌株 LPF-1 发酵液和猪粪 +LPF-1 发酵液处理检测 6 次，猪粪 + 水处理在第 0 天时未检测，共检测 5 次。以第 9 天为例，各处理检测总离子流谱图见图 5-8 ～图 5-10。横坐标表示各物质在气相色谱中出现特征峰的时间，纵坐标则表示各物质的峰高。菌株 LPF-1 发酵液在处理第 9 天共检测到 40 个物质峰。主要集中在 25 ～ 45min 之间，相对含量最大为棕榈酸甲酯，物质峰出现在 29.398min，含量达 15.29%。猪粪 + 水处理在第 9 天检测到 40 个物质峰，相对含量最大为乙酸，物质峰出现在 9.074min，含量达 8.98%。猪粪 +LPF-1 发酵液处理在第 9 天也检测到 40 个物质峰，相对含量最大的物质峰为 4- 甲基苯酚，出现在 11.397min，含量为 26.17%。

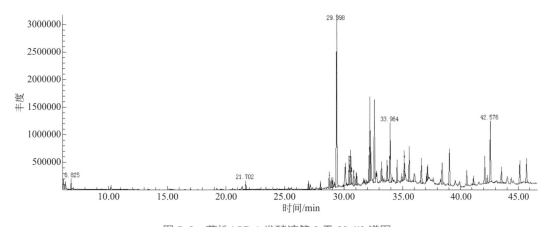

图 5-8　菌株 LPF-1 发酵液第 9 天 GS-MS 谱图

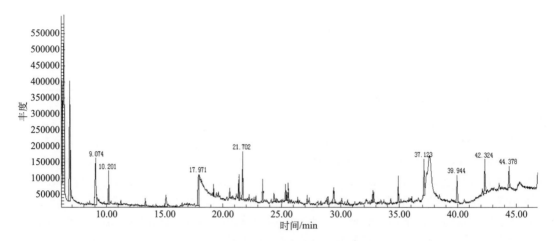

图 5-9　猪粪 +H₂O 第 9 天 GS-MS 谱图

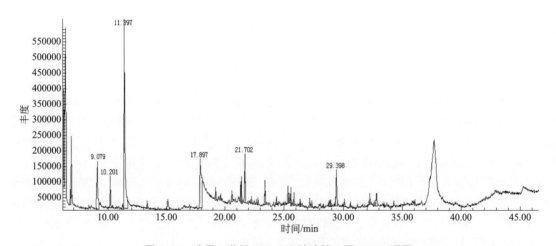

图 5-10　猪粪 + 菌株 LPF-1 发酵液第 9 天 GS-MS 谱图

　　以匹配度大于 80（最大为 100）为依据，各样品检测到相对含量≥ 5% 的物质种类数量见表 5-3。粪污降解菌 LPF-1 发酵液产生物质的种类数随着时间增加而增加，到第 9 天达到高峰，随后逐步降低，在第 0 天、第 3 天、第 6 天、第 9 天、第 12 天、第 15 天时检测到物质分别为 8 种、16 种、27 种、33 种、14 种、25 种。猪粪 +H₂O 溶液检测到的物质分别为22 种、9 种、11 种、14 种、23 种、18 种。猪粪 +LPF-1 溶液第 0 天未检测，第 3 天、第 6 天、第 9 天、第 12 天、第 15 天检测到的物质分别为 13 种、18 种、14 种、23 种、31 种。

表 5-3　不同处理可检测到的色谱峰（匹配度≥ 80，相对含量≥ 5%）

样品	检测到的物质种类数量					
	第 0 天	第 3 天	第 6 天	第 9 天	第 12 天	第 15 天
LPF-1 发酵液	8	16	27	33	14	25
猪粪 +H₂O	22	9	11	14	23	18
猪粪 +LPF-1	未检测	13	18	14	23	31

三、粪污降解菌猪粪发酵过程分解产物的分布特性

以匹配度大于 80% 为依据，各样品不同时间检测到物质含量大于 5% 的种类见表 5-4。其中，第 0 天菌株 LPF-1 发酵液检测到 4 种物质，分别为 1,3- 二甲基 -4- 乙基苯、苯丙环丁烯、2- 乙基己醇和 2,4- 二叔丁基苯酚，相对含量分别为 11.63%、16.54%、8.97% 和 8.82%；处理猪粪 + 水检测到物质分别为对二甲苯、2- 乙基己醇和 2,5- 二叔丁基苯酚，相对含量分别为 7.13%、5.29% 和 8.14%。其中 2- 乙基己醇在 2 个样品中均存在。

处理第 3 天，菌株 LPF-1 发酵液检测到 5 种物质，分别为对二甲苯、2- 乙基己醇、2,4- 二叔丁基苯酚、棕榈酸甲酯和油酸甲酯，它们相对含量分别为 7.33%、5.72%、5.16%、17.11% 和 6.24；处理猪粪 + 水检测到 4 种物质，分别为 1,2- 二甲苯、2- 乙基己醇、4- 甲基苯酚和 2,5- 二叔丁基苯酚，相对含量分别为 10.56%、7.43%、15.43% 和 10.46%；处理猪粪 +LPF-1 发酵液检测到的 3 种物质为对二甲苯、2- 乙基己醇和 2,4- 二叔丁基苯酚，相对含量分别为 9.94%、6.87% 和 9.48%；其中 2- 乙基己醇在三个处理中均存在。

处理第 6 天，菌株 LPF-1 发酵液检测到 3 种物质，分别为间二甲苯、对二甲苯和环辛四烯，它们相对含量分别为 6.69%、5.77% 和 8.13%；处理猪粪 + 水检测到 2 种物质，分别为间二甲苯、2,4- 二叔丁基苯酚，相对含量分别为 9.67% 和 8.89%；处理猪粪 +LPF-1 发酵液检测到的 5 种物质为对二甲苯、环辛四烯、4- 甲基苯酚、2,4- 二叔丁基苯酚和棕榈酸甲酯，相对含量分别为 6.10%、8.74%、11.42%、8.18% 和 7.99%。

处理第 9 天，菌株 LPF-1 发酵液检测到 5 种物质，分别为棕榈酸甲酯、8- 十八碳烯酸甲基酯、硬脂酸甲酯、2- 羟基丙烷 -1,2,3- 三羧酸甲基酯和木蜡酸甲酯，相对含量分别为 15.29%、6.81%、6.97%、5.35% 和 5.22%；处理猪粪 + 水检测到 2 种物质，分别为己酸和氢化肉桂酸，相对含量分别为 8.98% 和 6.66%；处理猪粪 +LPF-1 发酵液检测到的 4 种物质分别为 2- 甲基丁酸、己酸、4- 甲基苯酚和氢化肉桂酸，相对含量分别为 8.47%、8.32%、26.17% 和 14.00%。

处理第 12 天，菌株 LPF-1 发酵液检测到 4 种物质，分别为对二甲苯、2- 乙基己醇、3,4- 二甲基苯甲醛和 2,5- 二叔丁基苯酚，相对含量分别为 8.59%、6.86%、7.30% 和 7.86%；处理猪粪 + 水检测到 4 种物质，分别为对二甲苯、苯酚、2- 乙基己醇和棕榈酸甲酯，相对含量分别为 6.56%、5.25%、5.14% 和 8.8%；处理猪粪 +LPF-1 发酵液检测到的 4 种物质分别为对二甲苯、2- 乙基己醇、2,4- 二叔丁基苯酚和棕榈酸甲酯，相对含量分别为 6.84%、5.46%、8.81% 和 6.02%。

处理第 15 天，菌株 LPF-1 发酵液检测到 3 种物质，分别为异戊酸、十一烯酸和 14- 甲基十五烷酸甲酯，相对含量分别为 19.21%、5.18% 和 9.16%；处理猪粪 + 水检测到 5 种物质，分别为间二甲苯、正戊酸、2- 乙基己醇、4- 甲基苯酚和 2,4- 二叔丁基苯酚，相对含量分别为 5.70%、7.67%、5.03%、13.61% 和 7.42%；处理猪粪 +LPF-1 发酵液检测到的 2 种物质分别为苯酚和 4- 甲基苯酚，相对含量为 12.17% 和 7.90%。

表 5-4　各处理不同时间检测到的物质（匹配度 ≥ 80，相对含量 ≥ 5%）

处理时间	名称	分子式	结构式	相对含量 /%		
				LPF-1	猪粪 + 水	猪粪 +LPF-1
第 0 天	对二甲苯	C_8H_{10}		—	7.13	未测
	1,3- 二甲基 -4- 乙基苯	$C_{10}H_{14}$		11.63	—	未测
	苯丙环丁烯	C_8H_8		16.54	—	未测
	2- 乙基己醇	$C_8H_{18}O$		8.97	5.29	未测
	2,5- 二叔丁基苯酚	$C_{14}H_{22}O$		—	8.14	未测
	2,4- 二叔丁基苯酚	$C_{14}H_{22}O$		8.82	—	未测
第 3 天	1,2- 二甲苯	C_8H_{10}		—	10.56	—
	对二甲苯	C_8H_{10}		7.33	—	9.94
	2- 乙基己醇	$C_8H_{18}O$		5.72	7.43	6.87
	4- 甲基苯酚	C_7H_8O		—	15.43	—
	2,4- 二叔丁基苯酚	$C_{14}H_{22}O$		5.16	—	9.48
	2,5- 二叔丁基苯酚	$C_{14}H_{22}O$		—	10.46	—
	棕榈酸甲酯	$C_{17}H_{34}O_2$		17.11	—	—
	油酸甲酯	$C_{19}H_{36}O_2$		6.24	—	—
第 6 天	间二甲苯	C_8H_{10}		6.69	9.67	—
	对二甲苯	C_8H_{10}		5.77	—	6.10
	环辛四烯	C_8H_8		8.13	—	8.74

处理时间	名称	分子式	结构式	相对含量 /%		
				LPF-1	猪粪 + 水	猪粪 +LPF-1
第 6 天	4- 甲基苯酚	C_7H_8O		—	—	11.42
	2,4- 二叔丁基苯酚	$C_{14}H_{22}O$		—	8.89	8.18
	棕榈酸甲酯	$C_{17}H_{34}O_2$		—	—	7.99
第 9 天	2- 甲基丁酸	$C_5H_{10}O_2$		—	—	8.47
	己酸	$C_6H_{12}O_2$		—	8.98	8.32
	4- 甲基苯酚	C_7H_8O		—	—	26.17
	氢化肉桂酸	$C_9H_{10}O_2$		—	6.66	14.00
	棕榈酸甲酯	$C_{17}H_{34}O_2$		15.29	—	—
	8- 十八碳烯酸甲基酯			6.81	—	—
	硬脂酸甲酯	$C_{19}H_{38}O_2$		6.97	—	—
	2- 羟基丙烷 -1,2,3- 三羧酸甲基酯	$C_{20}H_{38}O_2$		5.35	—	—
	木蜡酸甲酯	$C_{25}H_{50}O_2$		5.22	—	—
第 12 天	对二甲苯	C_8H_{10}		8.59	6.56	6.84
	苯酚	C_6H_6O		—	5.25	—
	2- 乙基己醇	$C_8H_{18}O$		6.86	5.14	5.46
	3,4- 二甲基苯甲醛	$C_8H_{18}O$		7.30	—	—
	2,4- 二叔丁基苯酚	$C_{14}H_{22}O$		—	—	8.81
	2,5- 二叔丁基苯酚	$C_{14}H_{22}O$		7.86	—	—

续表

处理时间	名称	分子式	结构式	相对含量 /%		
				LPF-1	猪粪 + 水	猪粪 +LPF-1
第 12 天	棕榈酸甲酯	$C_{17}H_{34}O_2$		—	8.8	6.02
第 15 天	异戊酸	$C_5H_{10}O_2$		19.21	—	—
	间二甲苯	C_8H_{10}		—	5.70	—
	十一烯酸	$C_{11}H_{20}O_2$		5.18	—	—
	正戊酸	$C_5H_{10}O_2$		—	7.67	—
	苯酚	C_6H_6O		—	—	12.17
	14- 甲基十五烷酸甲酯	$C_{17}H_{34}O_2$		9.16	—	—
	2- 乙基己醇	$C_8H_{18}O$		—	5.03	—
	4- 甲基苯酚	C_7H_8O		—	13.61	7.90
	2,4- 二叔丁基苯酚	$C_{14}H_{22}O$		—	7.42	—

注："—"表示在匹配度≥ 80%，含量≥ 5% 的条件下未检测到该物质。

四、粪污降解菌发酵猪粪过程分解产物的聚类分析

利用聚类分析，以不同处理在不同时间检测到的物质为样本，物质编号 1 ～ 23，将各物质在各处理中出现在不同处理发酵过程的次数统计见表5-5。以各物质在各处理中出现次数为指标，以兰氏距离为尺度，用可变法对数据进行系统聚类分析，结果见图5-11。当 $\lambda=1.17$ 时，可将 23 个物质分为 6 个类群。

表5-5 各物质在各处理中出现频次

编号	物质	LPF-1	猪粪 + 水	猪粪 +LPF-1
1	环辛四烯	1	0	1
8	2- 甲基丁酸	0	0	1
3	油酸甲酯	1	0	0
4	3,4- 二甲基苯甲醛	1	0	0
7	苯丙环丁烯	1	0	0
9	异戊酸	1	0	0

续表

编号	物质	LPF-1	猪粪 + 水	猪粪 +LPF-1
10	2- 羟基丙烷 -1,2,3- 三羧酸甲酯	1	0	0
13	硬脂酸甲酯	1	0	0
15	14- 甲基 - 十五烷酸甲酯	1	0	0
22	木蜡酸甲酯	1	0	0
23	十一烯酸	1	0	0
2	2- 乙基己醇	3	4	2
17	2,4- 二叔丁基苯酚	2	2	3
21	对二甲苯	3	2	3
11	棕榈酸甲酯	2	1	2
5	间二甲苯	3	2	0
19	2,5- 二叔丁基酚	1	3	0
6	氢化肉桂酸	0	1	1
12	乙酸	0	1	1
20	苯酚	0	1	1
18	4- 甲基苯酚	0	2	3
14	1,2- 二甲苯	0	1	0
16	正戊酸	0	1	0

注:"1"表示该物质在该处理中存在;"0"表示表示该物质在该处理中未检测到。

类群Ⅰ包括环辛四烯和2- 甲基丁酸 2 种物质,均在猪粪 +LPF-1 发酵液处理出现 1 次。

类群Ⅱ包括 9 种物质,仅在 LPF-1 发酵液中出现存在。包括油酸甲酯、二甲基苯甲醛、苯丙环丁烯、异戊酸、2- 羟基丙烷 -1,2,3- 三羧酸甲酯、硬脂酸甲酯、14- 甲基 - 十五烷酸甲酯、木蜡酸甲酯和十一烯酸。

类群Ⅲ包括 4 种物质,物质在 3 个处理中均出现 1 次以上,分别为 2- 乙基己醇、2,4- 二叔丁基苯酚、对二甲苯和棕榈酸甲酯。

类群Ⅳ包括 2 种物质,存在于 LPF-1 发酵液、猪粪 +H$_2$O 溶液中,包括间二甲苯和2,5- 二叔丁基酚。

类群Ⅴ包括 4 种物质,仅在猪粪 +H$_2$O 溶液和猪粪 +LPF-1 发酵液处理中出现,分别为氢化肉桂酸、乙酸、苯酚和4- 甲基苯酚。

类群Ⅵ仅在猪粪 +H$_2$O 溶液中存在,包括 1,2- 二甲苯和正戊酸 2 种物质。

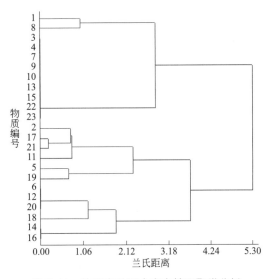

图 5-11 物质在处理中存在情况聚类分析

五、粪污降解菌发酵猪粪过程的特征产物

1.不同处理猪粪降解过程产物种类的差异

将各样本在处理过程中检测到的物质列于表 5-6,各种物质在不同时间的样品中含量见表 5-7。3 个处理共检测到各类物质 23 种,其中菌株 LPF-1 发酵液在处理过程中检测到的物质种类最多,有 16 种;猪粪 + 水处理过程中共检测到 12 种物质;猪粪 +LPF-1 发酵液处理过程中共检测 10 种物质。

表 5-6　各处理检测到的物质种类

项目	物质
菌株 LPF-1 发酵液	环辛四烯、2- 乙基己醇、2,4- 二叔丁基苯酚、对二甲苯、棕榈酸甲酯、油酸甲酯、3,4- 二甲基苯甲醛、间二甲苯、苯丙环烯、异戊酸、2- 羟基丙烷 -1,2,3- 三羧酸甲酯、硬脂酸甲酯、14- 甲基 - 十五烷酸甲酯、木蜡酸甲酯、十一烯酸、2,5- 二叔丁基苯酚
猪粪 + 水	2- 乙基己醇、2,4- 二叔丁基苯酚、对二甲苯、棕榈酸甲酯、氢化肉桂酸、乙酸、苯酚、4- 甲基苯酚、1,2- 二甲苯、正戊酸、间二甲苯、2,5- 二叔丁基苯酚
猪粪 +LPF-1	环辛四烯、2- 甲基乙酸、2- 乙基己醇、2,4- 二叔丁基苯酚、对二甲苯、棕榈酸甲酯、氢化肉桂酸、乙酸、苯酚、4- 甲基苯酚

2.猪粪 + 水阴性对照组和粪污降解菌 LPF-1 菌液阳性对照组产物分布特性

在猪粪 + 水的处理猪粪 +LPF-1 发酵液这 2 个处理中均检测到的物质共有 8 种(表 5-7)。在第 3 天检测到物质为 2- 乙基己醇,在猪粪 + 水的处理和猪粪 +LPF-1 发酵液处理中相对含量分别为 7.43% 和 6.87%;第 6 天检测到的物质 1 种,为 2,4- 二叔丁基苯酚,在猪粪 + 水的处理和猪粪 +LPF-1 发酵液处理中相对含量分别为 8.89% 和 8.18%;第 9 天检测到物质 2 种,为乙酸和氢化肉桂酸,在猪粪 + 水的处理中相对含量分别为 8.98% 和 6.66%,在猪粪 +LPF-1 发酵液处理中相对含量分别为 8.32% 和 14.00%;第 12 天检测到物质 4 种,分别是对二甲苯、2- 乙基己醇、棕榈酸甲酯和苯酚,在猪粪 + 水的处理中相对含量分别为 6.56%、5.14%、8.8% 和 5.25%,前三者在猪粪 +LPF-1 发酵液处理中相对含量分别为 6.84%、5.46%、6.02%,苯酚未检出;第 15 天检测到 2 种物质,4- 甲基苯酚在猪粪 + 水的处理和猪粪 +LPF-1 发酵液处理中相对含量分别为 13.61% 和 7.90%,苯酚仅在猪粪 +LPF-1 发酵液处理中存在,相对含量为 12.17%。

表 5-7　在粪污降解菌 LPF-1 发酵液和猪粪 + 水处理组不同时间检测到的物质含量

处理时间	名称	猪粪 + 水 /%	猪粪 +LPF-1/%
第 3 天	2- 乙基己醇	7.43	6.87
第 6 天	2,4- 二叔丁基苯酚	8.89	8.18
第 9 天	乙酸	8.98	8.32
	氢化肉桂酸	6.66	14.00
第 12 天	对二甲苯	6.56	6.84
	2- 乙基己醇	5.14	5.46
	棕榈酸甲酯	8.8	6.02
	苯酚	5.25	—
第 15 天	4- 甲基苯酚	13.61	7.90
	苯酚	—	12.17

注:"—"表示在匹配度 ≥ 80%,含量 ≥ 5% 的条件下未检测到该物质。

3. 不同处理猪粪分解过程同时出现的产物分析

结果见（表5-8）。在3个处理中均存在的物质共有4种，分别为2-乙基己醇、2,4-二叔丁基苯酚、对二甲苯和棕榈酸甲酯，4种物质在各处理不同时间分别被检测到，相对含量也不同。

表5-8　在3种处理组均检测到的物质含量

时间	物质	LPF-1	猪粪+水/%	猪粪+LPF-1/%
第0天	2-乙基己醇	8.97	5.29	—
	2,4-二叔丁基苯酚	8.82	—	—
	对二甲苯	—	7.13	—
第3天	2-乙基己醇	5.72	7.43	6.87
	2,4-二叔丁基苯酚	5.16	—	9.48
	对二甲苯	7.33	—	9.94
	棕榈酸甲酯	17.11	—	—
第6天	2,4-二叔丁基苯酚	—	8.89	8.18
	对二甲苯	5.77	—	6.10
	棕榈酸甲酯	—	—	7.99
第9天	棕榈酸甲酯	15.29		—
第12天	2-乙基己醇	6.86	5.14	5.46
	2,4-二叔丁基苯酚			8.81
	对二甲苯	8.59	6.56	6.84
	棕榈酸甲酯	—	8.8	6.02
第15天	2-乙基己醇	—	5.03	—
	2,4-二叔丁基苯酚	—	7.42	—

注："—"表示在匹配度≥80%，含量≥5%的条件下未检测到该物质。

六、讨论

加入菌株LPF-1对猪粪进行降解，挥发性物质中苯类和酚类的物质种类均有所减少，菌株LPF-1+猪粪混合液降解过程中，检测到苯类物质1种（对二甲苯），酚类物质3种（2,4-二叔丁基苯酚、苯酚、4-甲基苯酚），而猪粪液体挥发性物质中苯类物质3种（1,2-二甲苯、对二甲苯、间二甲苯），酚类物质4种（2,4-二叔丁基苯酚、苯酚、2,5-二叔丁基苯酚、4-甲基苯酚），说明菌株LPF-1能有效减少猪粪降解过程中产生的苯类和酚类等有害物质种类，具有进一步开发成粪污微生物菌剂的潜力。

第三节
难降解有机物降解菌的筛选与鉴定

一、概述

1. 环境农药残留污染物

氟氯氰菊酯（cyfluthrin）是1980年由美国Mobay化学公司开发生产的一类含氟、低毒并有一定抑螨活性的新型光稳定性二代合成拟除虫菊酯杀虫剂，其杀虫活性高，已广泛应用于棉花、蔬菜、果树、茶树、烟草、旱粮、大豆等作物的害虫防治（Sinha and Gopal，2002）。与其他菊酯类农药相比，氟氯氰菊酯的杀虫成本较低，资料显示每亩成本在$0.5\sim0.8$元，而老一代的拟除虫菊酯类农药如氰戊菊酯、甲氰菊酯等因残留超标被禁止使用，因此氟氯氰菊酯将是未来农业生产中害虫防治的重要杀虫剂。氟氯氰菊酯具有触杀和胃毒作用，对作物安全，但对人、畜有中等毒性（Obendorf et al.，2006），对水生生物（Sepici-Dinçel et al.，2009）和蜜蜂则高毒（Maund et al.，2012）。长期大量使用氟氯氰菊酯容易导致害虫产生耐药性，易使农民加大用量，也必导致作物和土壤等环境的大量残留（Pham et al.，2011）。这类化学合成农药具有很强的生物富集性，Bouwman等（2006）在母乳中检测到氟氯氰菊酯，含量高达$41.74\mu g/L$。由于氟氯氰菊酯具有光、热稳定性，其在中性水中的半衰期为193d，很难在自然条件下快速降解，对生态环境和作物造成污染，影响农产品的质量和人们的身体健康。因此，减少和消除环境中氟氯氰菊酯农药污染物的残留是目前亟须解决的问题。

研究表明，使环境中污染物质转化和降解的生物主要是微生物。生物降解是解决环境中农药残留的新途径之一。目前已报道对甲氰菊酯、氯氰菊酯、联苯菊酯、氰戊菊酯等拟除虫菊酯类农药的降解菌，但对氟氯氰菊酯降解菌报道较少，本节对筛选到的一株氟氯氰菊酯降解菌 FLQ-11-1 进行鉴定和生物学特性初步研究，为其在生物修复中的应用提供一定的理论依据。

2. 拟除虫菊酯的残留分布及危害

拟除虫菊酯类农药是继有机氯、有机磷和氨基甲酸酯类农药后兴起的一类新型广谱杀虫剂，由于其具有高效、低毒、低残留、易于降解等特点被广泛应用于农业害虫、卫生害虫防治及粮食储藏等。随着菊酯类农药的频繁使用，特别是第二代以后的菊酯类农药具有对光、热稳定的特点，在环境中的半衰期较长，很难在自然条件下快速降解，其具有的蓄积性易导致各种环境污染，并引发食品安全问题，给人们的健康带来巨大威胁（李玲玉等，2010）。例如，其对一些有益昆虫（家蚕、蜜蜂和赤眼蜂等）造成了极大危害，对鱼类、蚌类和沼虾等水生生物也有很高的毒性，浓度达到10ng/L就足以杀死水体中的全部无脊椎动物（Gu et al.，2010；Saha and Kaviraj，2008）。另外，某些菊酯类农药还具有神经毒性（Wolansky and Harrill，2008）、蓄积毒性（Kolaczinski and Curtis，2004）及生殖毒性（Fei et al.，2010），甚至有致癌、致畸、致突变的危害（Shukla et al.，2002）。因此，如何有效去除农产品中农药残留已成为人们广泛关注的问题。

3. 拟除虫菊酯菊酯污染环境的生物修复

大多数拟除虫菊酯类农药半衰期较短，施用后很快就被降解代谢，但有些拟除虫菊酯残效期较长，如氯氰菊酯，它具有光、热稳定性，很难在自然条件下快速降解。一般情况下拟除虫菊酯类农药降解的中间产物比农药本体的毒性更小，甚至无毒；有些则毒性更强，如氯菊酯相对无毒，其10种代谢产物中有2～5种毒性更强（Stratton and Corke，1982）。因此，拟除虫菊酯类农药的降解方法和降解机理引起国内外学者的广泛关注，他们针对如何快速有效去除农药残留并使之向毒性更小甚至无毒的方向转化进行了大量研究，利用微生物对环境的修复技术以其高效、廉价、安全、简便等特点，逐渐成为现代人们用以处理农药污染、泄漏事故污染以及生化武器等各种污染的最佳选择方案（Singh and Walker，2006）。

4. 降解拟除虫菊酯菊酯的微生物

目前，国内外报道的拟除虫菊酯类农药降解菌包括：假单胞菌属（*Pseudomonas*）（Saikia et al.，2005），芽胞杆菌属（*Bacillus*）（汤鸣强等，2010），鞘脂单胞菌属（*Sphingomonas*），肠杆菌属（*Enterobacter*）（Grant et al.，2002），沙雷氏菌属（*Serratia*）（Zhang et al.，2010），气单胞菌属（*Aeromonas*），耶尔森氏菌属（*Yersinia*），欧文氏菌属（*Erwinia*），寡养单胞菌属（*Stenotrophomonas*）（Lee et al.，2004），克雷伯氏菌属（*Klebsiella*）（梁卫驱等，2007），无色杆菌属（*Achromobacter*）（Maloney et al.，1988），产碱菌属（*Alcaligenes*）（虞云龙和宋凤鸣，1997），酸单胞菌属（*Acidomonas*）（Paingankar et al.，2005），弗拉特氏菌属（*Frateuria*）（刘幽燕等，2006），微球菌属（*Micrococcus*）（Tallur et al.，2008），库特氏菌属（*Kurthia*）（张松柏等，2009），中华根瘤菌属（*Sinorhizobium*）（崔志峰等，2009）等17属的细菌；曲霉属（*Aspergillus*），木霉菌属（*Trichoderma*），白腐菌属（*Phanerochaete*），镰孢霉属（*Fusarium*），毛链孢属（*Monilochaetes*）等5属的真菌（Liang et al.，2005；秦坤等，2010；Saikia and Gopal，2004）；链轮丝菌属（*Streptoverticillium*）、链霉菌属（*Streptomyces*）、诺卡氏菌属（*Nocardia*）、红球菌属（*Rhodococcus*）、戈登氏菌属（*Gordonia*）等5属的放线菌（张久刚和闫艳春，2008；张玲玲等，2009）。

5. 影响微生物修复拟除虫菊酯的因子

拟除虫菊酯污染环境的微生物修复影响因素包括生物和非生物因素。其中生物因素主要为土著微生物的竞争作用、接种量影响等；非生物因素主要为温度、通气状况、pH值、外加碳源、氮源、能源、环境化学因素。这些因素直接决定微生物能否在环境中发挥作用，并实现农药的微生物降解。

（1）温度和pH值　温度和pH值对菊酯农药降解能力的影响一直都是学者研究的重点，任何一种微生物都有适合生长以及保持酶活性的酸碱度和温度范围，同时由于拟除虫菊酯在碱性条件下容易降解，一般偏碱性条件下拟除虫菊酯更容易被微生物降解。李玉清（2008）分析得到不同初始pH值条件下，经35℃恒温振荡培养从污泥中获得的混合菌株72h后，丙烯菊酯去除量在pH6.5～8.0之间较大。同时在pH7.0条件下，比较不同初始温度下的丙烯菊酯去除量，发现在25～45℃条件下该混合菌株对丙烯菊酯的降解率较高。

（2）重金属离子对降解的影响　Liu等（2007）研究得到土壤中10.0mg/kg的Cu^{2+}可以使土壤中氯氰菊酯半衰期从8.1d延长至10.9d，且异构体选择程度降低。陈莉等（2006）对

土壤中 Cu^{2+}、Zn^{2+} 对氯氰菊酯降解的影响研究表明重金属会对氰戊菊酯的降解产生较大的影响，当 Cu^{2+}、Zn^{2+} 浓度高于 200mg/kg 时，氰戊菊酯降解速度减慢，半衰期随离子浓度的升高而延长，并且当浓度达到 1000mg/kg 时氰戊菊酯降解速度与灭菌条件下的降解情况相似；离子浓度较低时，Zn^{2+} 对其降解有轻微的促进作用，Cu^{2+} 对土壤中氰戊菊酯降解没有明显影响。

（3）外加碳源、氮源　添加适量碳源、氮源可以促进微生物的生长，从而增强降解作用，但加入过量则会降低菌株降解能力甚至危害菌株生长。Xie 等（2008）对氯氰菊酯的微生物降解研究发现适量的氮源可增强降解菌脱氢酶的活性，从而促进氯氰菊酯的降解；而添加过量的氮源导致微生物代谢方式发生转变从而引起氯氰菊酯的降解量下降。

（4）农药浓度　研究表明农药的浓度过高对降解菌有抑制作用，而浓度过低则难以为微生物提供足够的营养成分致使生物降解无法进行。Zhang 等（2008）通过生物学和遗传学方法相结合分析氯氰菊酯的浓度对微生物的影响，结果显示适量浓度氯氰菊酯能够促进细菌生长，抑制真菌生长，且农药浓度与样品中革兰氏阳性细菌比例的降低以及革兰氏阴性细菌比例的增加具有相关性，同时实验还发现一些能够增强农药毒性的细菌。

6. 拟除虫菊酯农药的降解途径

拟除虫菊酯是由菊酸与 3- 苯氧基苄醇通过酯键形成的化合物，因此拟除虫菊酯的降解关键反应为酯键的断裂。微生物之所以可以降解菊酯类农药，主要是由于其体内存在各种酶，其中酯酶是一类很重要的酶，多数情况下属于关键酶。

目前拟除虫菊酯农药的微生物降解途径的研究一般采用 GC-MS、LC-MS 技术测定其降解产物，并进行推测。许育新等（2005）通过 GC-MS 证实以共代谢形式降解氯氰菊酯的红球菌（*Rhodococcus* sp.）CDT3 对氯氰菊酯的降解产物是 3- 苯氧基苯甲酸和二氯菊酸，通过聚丙烯酰胺凝胶电泳从 CDT3 的粗酶提取液中检测到羧酸酯酶，推测氯氰菊酯是由 CDT3 产生的羧酸酯酶降解的。Paingankar 等（2005）根据 GC-MS 检测到的 4 种主要产物和 2 种次要产物，推测丙烯菊酯在酸单胞菌（*Acidomonas* sp.）作用下水解为丙烯醇与菊酸，丙烯醇随后被氧化，菊酸脱氢后发生成环反应。Saikia 等（2005）发现斯氏假单胞菌（*Pseudomonas stutzeri*）S1 对 β- 氟氯氰菊酯的降解过程还包括醚键的断裂。Tallur 等（2008）则根据可以氯氰菊酯为唯一碳源生长的微球菌（*Micrococcus* sp.）CPN1 对氯氰菊酯的降解产物推测了氯氰菊酯更为彻底的降解途径。但是对于一些复杂的新型 2 型菊酯类农药如氟氯氰菊酯的降解代谢产物和代谢途径研究还很少，而且新型的拟除虫菊酯杀虫剂在降解过程中的次生代谢物的毒性高于本体，如 Khan 等（1988）分离到一株溴氰菊酯降解菌，降解效果不佳，不能完全彻底降解溴氰菊酯。主要是溴氰菊酯降解会产生另一种对水体等有毒的物质间苯氧基苯甲醛。Guo 等（2009）用高效液相色谱 (HPLC)-MS/MS 研究鞘脂菌（*Sphingobium* sp.）JZ-2 对甲氰菊酯的降解产物，检测到 4 种主要的降解产物，推测甲氰菊酯首先通过水解羧基酯键进行降解并产生 3- 苯氧基苯甲醛和 2,2,3,3- 四甲基环丙烷羧酸，同时对降解底物和酶活性的研究表明，甲氰菊酯降解的中间产物为 3- 苯氧基苯甲醛、3- 苯氧基苯甲酸、儿茶酸和儿茶酚，儿茶酸和儿茶酚是通过邻位裂解途径氧化分解。

7. 拟除虫菊酯微生物降解机理

（1）拟除虫菊酯农药微生物降解酶　微生物具有降解活性主要是因为它体内存在各种

酶。目前，农药降解酶主要分为水解和氧化还原酶类：水解酶类如磷酸酶、对硫磷水解酶、酯酶、硫基酰胺酶和裂解酶等，它们将农药水解为结构简单的、毒性较低的小分子化合物，并且降低农药的生物专一性和稳定性，提高产物的生物降解性。这类酶对作用农药的专一性要求不高，水解农药的种类较多，如酯酶和硫基酰胺酶，可水解的农药分别为16种和12种；氧化还原酶类包含过氧化物酶和多酚氧化酶，其中过氧化物酶可由植物和微生物分泌产生，多酚氧化酶主要是酪氨酸酶和漆酶，两种酶的酶促反应都需要分子氧，但不需要辅酶。其中酯酶是一类拟除虫菊酯农药降解中很重要的酶，其具有酶的通性，是一种选择性的生物催化酶，可使酯键断裂，催化降解多种含有酯键的农药。

降解酶的获得一般通过培养液的离心、细胞破碎、盐析、透析、离子交换和凝胶柱色谱法等处理获得粗酶液，并进行定位。虞云龙等（1998）从降解菌株 YF11 中也分离纯化了氯菊酯酶，且该酶具有较广的 pH 值和温度适宜范围，酶活性不受 Zn^{2+}、Cu^{2+}、Fe^{3+}、EDTA 等影响，同时在 $-70℃$、$-20℃$ 保存 3 个月依然保持较高酶活性。洪永聪等（2007）提取蜡样芽胞杆菌酶液并进行定域试验，得到胞内粗酶液对氯氰菊酯、氟氯氰菊酯和甲氰菊酯降解效果显著，该酶对氯氰菊酯作用的适宜 pH 值为 5.5 ～ 9.0、温度为 30 ～ 45℃、K_m 值为 692.39nmol/mL、v_{max} 为 89.29nmol/min。Liang 等（2005）从黑曲霉（Aspergillus niger ZD11）中分离出菊酯水解酶，该酶的分子量为 5.6 万，等电点 5.4，最适 pH 值为 6.5，温度 45℃，酶活性受 Hg^+、Ag^+ 和氯汞基苯甲酸盐的影响。Guo 等（2009）从鞘脂菌（Sphingobium sp.）JZ-2 的细胞提取液中纯化到菊酯类水解酶，该酶的分子量为 3.1 万、等电点 pI 值为 4.85、最适温度和 pH 值分别为 40℃ 和 7.5，但酶活性受金属离子（Ag^+、Cu^{2+}、Hg^{2+} 和 Zn^{2+}）、SDS、对氯汞苯甲酸的抑制。Maloney 等（1993）采用离子交换和凝胶柱色谱法从蜡样芽胞杆菌 SM3 菌株中分离纯化得到了氯菊酯酶，该酶属于羧酸酯酶，分子量大约为 6.1 万，为丝氨酸酶类。林淦和黄升谋（2005）采用 DEAE-52 阴离子交换和 CM-52 阳离子交换两步色谱法，以浓度为 0.005mol/L 的 Na_2HPO_4-NaH_2PO_4 溶液为洗脱液，从恶臭假单胞菌（Pseudomonas putida）CP-1 中分离到甲氰菊酯降解酶。Wei 等（2013）从东京硫化叶菌（Sulfolobus tokodaii）克隆到羧酸酯酶 EstSt7，该酶属于一类新的酯酶和脂酶，具有很好的活性和耐高温和耐碱性，并可以有效水解多种拟除虫菊酯类农药。

（2）拟除虫菊酯农药微生物降解基因　目前，已克隆的拟除虫菊酯水解酶基因有 estP 和 pye3。Li 等（2008）已将拟除虫菊酯水解酶基因 pye3 导入大肠杆菌（Escherichia coli），实现了该酶基因在大肠杆菌 BL21（DE3）的表达。Liu 等（2005）将甲基对硫磷水解基因 mpd 成功引入到一株能够降解甲氰菊酯的假单胞菌（Pseudomonas sp.）WBC-3 的染色体上，使其能同时降解甲基对硫磷和甲氰菊酯。Zhai 等（2012）从人苍白杆菌（Ochrobactrum anthropi）YZ-1 中克隆到菊酯类水解羧酸酯酶基因 pytZ，该基因属于酯酶Ⅵ家族，该基因转入大肠杆菌 BL21 中，显示可降解多种菊酯类农药，适宜 pH 为 7.5。Wang 等（2009）从鞘脂菌（Sphingobium sp.）JZ-1 中也克隆到菊酯水解羧酸酯酶基因 PytH，该基因可以降解短链脂肪酸中的硝基苯基酯键和一系列的菊酯类农药，且没有异构选择性。Cao 等（2013）从菌株无色杆菌（Achromobacter sp.）BP3 中克隆到 3 种 2,3- 二羟基联苯 -1,2- 加双氧酶基因，bphC1、bphC2 和 bphC3。CMO，氯氰菊酯降解酶酶，属单体酶，该酶分子量大小为 4.1 万，等电点为 5.4，主要作用方式为水解和二芳基断裂。

8. 蛋白组学在生物修复中的应用

1994 年，Wilkins 等提出蛋白组学的概念，即在特定生理条件下，生物体的基因组，细胞或者组织表达的全部蛋白质（Park et al., 2017）。蛋白质组学可以有效进行功能蛋白鉴定识别，由此在有害污染环境的微生物修复中能有效地鉴定功能微生物，识别功能蛋白，构建降解修复途径，阐明生物修复环境污染物机理。Santos 等（2004）对恶臭假单胞菌 KT2440 在苯酚诱导下功能蛋白表达水平研究发现，功能蛋白表达水平上调，这些蛋白主要与应激反应、能量代谢、脂肪酸合成、细胞分裂抑制和转录调控等生命活动相关。虽然蛋白质组学可以在一定程度上分析所表达的蛋白质，但由于设备、技术的局限性，很多低丰度蛋白难以检测和分离，极酸和极碱和难溶解的蛋白分离和鉴定比较困难，蛋白质分离的稳定性，可重复性和特异性都较低，在一定程度上限制了蛋白质学的应用。

9. 代谢组学在生物修复中的应用

代谢组学（metabolomics）是继基因组学和蛋白质组学之后发展起来的，可以同时定性和定量分析某一生物体或者细胞在某一特殊状态下的所有低分子量代谢产物。代谢组学主要技术手段包括核磁共振光谱（NMR）、直接注射质谱（DIMS）、气相色谱质谱联用（GC-MS）、液相色谱质谱联用（LC-MS）、毛细管与质谱联用（CE-MS）等。Moody 等（2005）采用 HPLC 和紫外可见光检测，质谱相结合技术，分析分枝杆菌 PYR-1 降解蒽和菲的种间代谢产物，蒽的代谢产物包括顺-1,2-二羟-1,2-二氢蒽、6,7-苯并香豆素、1-甲氧基-2-羟蒽、9,10-蒽醌等，并且根据所获得一种新的环裂解产物 3-(2-羧基乙烯基)-萘-2-羧酸，推测发现 PYR-1 降解蒽的一条新的途径。Boersma 等（1998）采用代谢组学方法通过核磁共振光谱分析氟代酚降解代谢产物，从而推测其微生物降解途径，根据代谢产物推测红球菌内羟化酶先在不同的取代位羟基化氟代酚，然后再经儿茶酚内位双加氧酶开环形成氟代黏糠酸，从而达到降解氟代酚的效果。Keum 等（2006）研究了中华根瘤菌 C4 在普通营养条件或以菲为底物下的培养基中，即以菲为碳源的情况下，代谢产物海藻糖、支链氨基酸及三羧酸循环和糖酵解途径中的中间代谢物上升以外，其余代谢物的量均下降。

本章节将从菌种筛选开始，对氟氯氰菊酯具有降解功能的细菌进行相关的种属鉴定和生物学特性研究，同时分析降解菌的降解特性，并从采用 GC-MS 分析代谢途径，双向电泳寻找菌株的降解蛋白，分别从代谢组学和蛋白质组学角度阐明其降解机理。为进一步丰富国内外菊酯类降解菌资源，为二代新型菊酯类降解菌研究提供模式，同时为氟氯氰菊酯等二代新型菊酯类的生物修复提供理论基础和技术支持。

二、研究方法

1. 材料

（1）试剂　氟氯氰菊酯（98%）由福建省农产品质量安全检验检测中心提供；化学试剂（分析纯）产于上海国药集团；分子生物试剂购于上海生工生物试剂有限公司。

（2）土壤样品　土壤样品于 2011 年 9 月 23 日采自福建省福清市福农生化有限公司排污口的污泥。

（3）培养基

① 基础盐培养基（MSM） NaCl 1.00g/L，NH$_4$NO$_3$ 1.00g/L，K$_2$HPO$_4$ 1.50g/L，KH$_2$PO$_4$ 0.50g/L，MgSO$_4$·7H$_2$O 0.10g/L，pH7.0，以氟氯氰菊酯作为碳源，浓度视需要添加。

② LB 培养基（g/L） 酵母膏 5.00，蛋白胨 10.00，NaCl 10.00（固体加 1.5％的琼脂）。

（4）仪器 Nanodrop2000/2000C 分光光度计，恒温振荡仪，电泳仪，自动凝胶图像分析仪，气相色谱仪（GC），恒温培养箱，水浴锅，高速离心机，高压灭菌锅，通风干燥箱，超纯水机，超声破碎仪，紫外分光光度仪，超声清洗仪。

2. 方法

（1）富集与分离 取农药厂废水处理池中的活性污泥 5.00g，置于 100mL 基础盐培养基（菊酯浓度为 20mg/L）中，于 30℃、200r/min 培养 5d，按 1％ 的接种量接入到相同的培养基中，传代 3 次。然后取 0.5mL 富集液梯度稀释，取 10^{-5}～10^{-8} 稀释度的液体各 0.1mL 涂布于加有 20mg/L 甲氰菊酯的 LB 培养基平板上，30℃培养 3d 后，挑取单菌落接种于加有 20mg/L 氰菊酯的基础盐培养基中，于 30℃，200r/min 摇床培养 3d，检测其降解效果。

（2）菌株鉴定

① 形态和生理生化鉴定。形态和生理生化鉴定参照（张琛等，2010）。

② 分子鉴定。菌株 16S rDNA 的克隆及序列测定和比较参照（张建等，2009），提取降解菌的基因组 DNA 作为模板，进行菌株降解菌的 16S rDNA 扩增。引物对分别为：正向引物 5-AGAGTTTGATCCTGGCTCAG-3；反向引物 5-ACGGCTACCTTGTTACGACTT-3。25μL 体系为：模板 1μL，dNTP（25mmol/L）2μL，引物（1mmol/L）各 1μL，10×Taq 缓冲液 2.5μL，Mg^{2+}（25mmol/L）1.5μL，Taq 酶（5U/L）0.3μL，超纯水 15.7μL。聚合酶链反应条件：95℃，3min；94℃，1min；53℃，1min；72℃，3min；循环 30 次，72℃延伸 10min。采用 PCR 回收试剂盒回收 16S rDNA 片段，将酶连到 T 载体上；转化到大肠杆菌 DH5a，进行蓝白斑筛选；挑选白斑菌落提取质粒，酶切验证插入片段大小（1.5kb 左右）；测序由上海生工公司完成。与 GenBank 中的 16S rDNA 序列进行相似性比较。从 GenBank 中调取亲缘关系相近的菌株的 16S rDNA 全序列用 MEGA4 软件进行系统进化树分析，采用 Kimura 2-Parameter Distance 模型计算进化距离，紧邻法（Neighbor-Joining）构建进化树。

（3）脂肪酸鉴定

① 细菌脂肪酸的提取

A. 细菌培养条件。TSBA 平板培养基，四线划线法，培养温度（28±1）℃，培养时间（24±2）h。

B. 获菌。用接种环挑取 3～5 环（约 40mg 湿重）的菌落置入一个干净、干燥的有螺旋盖的试管中（最佳的获菌区域为第 3 区）。

C. 皂化。加入（1.0±0.1）mL 皂化试剂，拧紧盖子，振荡 5～10s，放入 95～100℃的沸水中 5min，室温冷却，振荡 5～10s，再水浴 25min，室温冷却。

D. 甲基化。开盖加入（2.0±0.1）mL 甲基化试剂，拧紧盖子，振荡 5～10s，（80±1）℃水浴 10min，移开且快速用流动自来水冷却至室温。

E. 萃取。加入（1.25±0.1）mL 的萃取试剂，拧紧盖子，温和混合旋转 10min，打开管盖，利用干净的移液管取出每个样本的下层水相部分。

F. 基本洗涤。加入（3.0±0.2）mL 洗涤试剂，拧紧盖子，温和混合旋转 5min，打开管盖，利用干净的移液管移出约 2/3 体积的上层有机相到干净的气相色谱检体小瓶，用于气相检测。

② 细菌脂肪酸的气相色谱检测。脂肪酸甲酯混合物标样和待检样本分析的色谱条件如下：二阶程序升高柱温，170℃起始，5℃/min 升温至 260℃，而后 40℃/min 升温至 310℃，维持 90s；汽化室温度 250℃，检测器温度 300℃；载气为氢气（2mL/min），尾吹气为氮气（30mL/min）；柱前压 10.0psi（1psi=6.895kPa）；进样量 1μL，进样分流比 100∶1。

③ 细菌脂肪酸鉴定。系统根据各组分保留时间计算等链长（ECL）值确定目标组分的存在，采用峰面积归一化法计算各组分的相对含量，再将二者与系统谱库中的标准菌株数值匹配计算相似度（similarity index，SI），从而给出一种或几种可能的菌种鉴定结果。一般以最高 SI 的菌种名称作为鉴定结果，但当其报告的几个菌种的 SI 比较接近时，则根据色谱图特征及菌落生长特性进行综合判断。以脂肪酸混合标样校正保留时间。细菌鉴定仪对细菌的鉴定判别依赖于相似性指数（SI）：相似性指数大于 0.500 时，说明匹配性很高，为典型的菌种；大于 0.300 小于 0.500 时，说明匹配性较低，为非典型菌种；小于 0.300 时，说明数据库没有此菌种的数据，给出的是最接近的相关菌种。

（4）培养基中氟氯氰菊酯含量的检测　氟氯氰菊酯含量检测采用气相色谱法，提取方法如下：取 30mL 添加农药的培养液，分别加入 60mL 丙酮，采用超声波提取法提取（2×15min）。提取液经铺 2 层滤纸的布氏漏斗减压抽滤，将滤液全部移入 500mL 分液漏斗，加入 60mL 石油醚，摇匀，振荡 30min，静置，分层，弃下层溶液，取石油醚层溶液，用 20g 无水硫酸钠过滤至 250mL 圆底烧瓶。分液漏斗和无水硫酸钠用 45mL 石油醚分 3 次洗涤，洗液并入烧瓶滤液中，50℃恒温浓缩，将浓缩液全部转入 10mL 刻度试管，并用 3mL 石油醚分 3 次洗涤圆底烧瓶，定容至 5mL，取 2mL 经 0.45μm 有机膜注射式过滤器过滤，滤液收集于试管中，以供 GC 检测。

气相色谱条件：Agilent 6890N（μECD 检测器），毛细管柱 HP-5，5% 甲基苯基硅氧烷，30.0m×320μm×0.25μm。程序升温：柱箱温度初始 80℃，保持 1min，运行时间为 1min；第一阶段以 10℃/min 升温到 140℃，保持 1min，运行时间为 8min；第二阶段以 20℃/min 升温到 280℃，保持 18min，运行时间为 33min。进样口温度 220℃，检测器温度 330℃。载气为高纯氮气 20.0mL/min，不分流进样，进样量为 1μL。在此条件下：测得氟氯氰菊酯 3 个异构体的保留时间分别为 21.058min、21.187min、21.399min。标准曲线为 $y=30208x$，$R^2=0.9995$。其中 x 为氟氯氰菊酯浓度，y 为 3 个异构体峰面积之和。采用外标法测定样品中氟氯氰菊酯的含量，求出其降解率。

$$氟氯氰菊酯降解率\,(\%)=\left(1-\frac{实测残量}{对照实测残量}\right)\times100\%$$

三、降解菌 FLQ-11-1 的筛选

采用富集培养法，从长期受氟氯氰菊酯污染的菜地土壤中分离到 11 株高效降解氟氯氰菊酯的降解菌株（图 5-12）、分别命名 FLQ-11-1、FLQ-11-2、FLQ-1、FLQ-2、FLQ-3、FLQ-5、FLQ-6、FLQ-7、FLQ-8、FLQ-9、FLQ-10。通过测定 11 株细菌降解率，获得菌株 FLQ-11-1 的降解能力最强，该菌株接种于 100mg/L 氟氯氰菊酯的无机盐液体培养基中，35℃、170r/min 培养 72h 后，氟氯氰菊酯的降解率可达 82%（图 5-13）。因此，后期氟氯氰菊酯的生物修复研究选取菌株 FLQ-11-1 为研究对象。

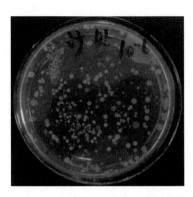

图 5-12　氟氯氰菊酯降解菌群落图

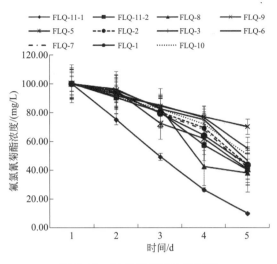

图 5-13　11 株降解菌的降解率

四、降解菌 FLQ-11-1 的鉴定

1. 形态特性

降解菌 FLQ-11-1 在含有氟氯氰菊酯的基础培养基中的形态见图 5-14，而 FLQ-11-1 在 LB 培养基上菌落圆形或不规则圆形，乳黄色，电子显微镜下，细胞杆状，无鞭毛，长为 $0.5 \sim 0.6\mu m$，宽为 $4.7 \sim 5.0\mu m$，见图 5-15。

图 5-14　降解菌 FLQ-11-1 基础培养基上的形态

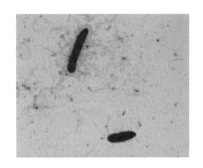

图 5-15　降解菌 FLQ-11-1 的光学显微镜下形态

2. 生理生化

菌株 FLQ-11-1 为革兰氏阳性菌（图 5-16），菌体杆状，好氧或兼性厌氧，硫化氢、尿素酶、硝酸盐、DNA、阿拉伯糖均呈阳性，42℃生长试验呈阴性，可水解明胶（表 5-9）。

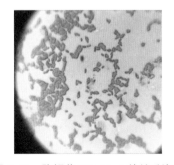

图 5-16　降解菌 FLQ-11-1 革兰氏染色

表 5-9　降解菌 FLQ-11-1 的生理生化特性

项目	反应	项目	反应
明胶	+	阿拉伯糖	+
蛋白胨水	+	尿素酶	+
硫化氢	+	DNA	+
42℃生长	-	硝酸盐	+

3. 分子鉴定

FLQ-11-1 菌株 16S rDNA 片段大小为 1400bp，将 FLQ-11-1 菌株 16SrDNA 测序结果提交到 NCBI 上进行 BLAST，其核苷酸的序列同源性分析结果表明，该菌株的 16S rDNA 序列与多数球形赖氨酸芽胞杆菌（*Lysinibacillus sphaericus*）的序列同源性均在 99% 以上，登录号为 KC920738。结合生理生化特性，初步鉴定该降解菌属于球形赖氨酸芽胞杆菌。将其最相近的 17 个 16S rDNA 序列构建进化树，如图 5-17 所示。

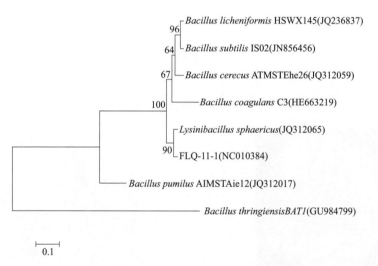

图 5-17　降解菌 FLQ-11-1 的系统发育树分析

4. 脂肪酸鉴定

菌株 FLQ-11-1 的细胞壁脂肪酸经甲基化、皂化、酯化等过程后通过气相检测，与 SherlockmIS 系统的细菌脂肪酸图谱匹配，得到该菌株的脂肪酸图谱与球形赖氨酸芽胞杆菌（*Lysinibacillus sphaericus*）的脂肪酸图谱相似，相似指数为 0.626，该菌株细胞脂肪酸含有 16 种脂肪酸（表 5-10），分别是 12:0、14:0 *iso*、14:0 *anteiso*、14:0、15:0 *iso*、15:0 *anteiso*、15:0、16:1ω7c alcohol、16:0 *iso*、16:1ω11c、16:0、17:1 *iso* ω10c、17:1 *anteiso* ω9c、17:0 *iso*、18:1ω9c、18:0，主要脂肪酸为 15:0 *iso*、15:0 *anteiso*、16:0 *iso*。

表 5-10　降解菌 FLQ-11-1 的脂肪酸组成

保留时间 /min	响应值	A_r/H_t	RFact	脂肪酸	含量 /%
1.619	654	0.012	1.071	12:0	0.36
2.068	7742	0.009	1.005	14:0 iso	4.00
2.096	625	0.008	1.001	14:0 anteiso	0.32
2.177	2744	0.017	0.992	14:0	1.40
2.372	78038	0.011	0.972	15:0 iso	38.97
2.400	45047	0.015	0.969	15:0 anteiso	22.43
2.486	1010	0.010	0.000	15:0	0.00
2.617	19299	0.009	0.951	16:1 ω7c alcohol	9.43
2.687	26945	0.009	0.946	16:0 iso	13.09
2.734	2828	0.010	0.942	16:0 ω11c	1.37
2.803	3383	0.011	0.938	16:0	1.63
2.935	928	0.011	0.930	17:1 iso ω10c	0.44
2.978	426	0.009	0.927	17:1 anteiso ω9c	0.20
3.006	3590	0.010	0.926	17:0 iso	1.71
3.372	417	0.008	0.910	18:1 ω9c	0.19
3.438	972	0.011	0.908	18:0	0.45

五、讨论

国内外已有大量有关拟除虫菊酯类农药降解菌的报道，但主要集中在氯氰菊酯、甲氰菊酯、联苯菊酯、氰戊菊酯等一代结构简单的拟除虫菊酯类农药，而对于化学结构中含有如 α- 氰基等复杂官能团的二代拟除虫菊酯类农药降解菌的有关报道较少。目前有关具有触杀和胃毒作用的二代拟除虫菊酯氟氯氰菊酯农药的降解菌报道更少，迄今为止，已报道的氟氯氰菊酯农药降解菌只有铜绿假单胞菌（*Pseudomonas aeruginosa*）、绿色木霉（*Trichoderma viride*）、黑曲霉（*Aspergillus niger*），本节通过富集培养的方法从农药污染的土壤中分离到一株氟氯氰菊酯降解菌 FLQ-11-1，通过形态学、生理生化特性、16S rDNA 鉴定为球形赖氨酸芽胞杆菌。FLQ-11-1 能以氟氯氰菊酯为唯一碳氮源，当接菌量为 15%，FLQ-11-1 在 5d 内对 100mg/L 氟氯氰菊酯降解效果为 92.23%。

第四节
难降解有机物降解菌的作用机理

目前，对于复杂的二代菊酯类农药的降解菌报道较少，尤其如氟氯氰菊酯含有卤代基的拟除虫菊酯类杀虫剂的降解菌少，目前报道只有真菌（Liang et al., 2005），本节筛选到一株对氟氯氰菊酯降解效果强的球形赖氨酸芽胞杆菌 FLQ-11-1，但是有研究表明，降解菌的降解修复效果与环境中的农药的浓度、环境温度、pH 值等因子相关，因此本节通过对降解菌 FLQ-11-1 在不同温度、不同 pH 值等条件下的降解特性进行分析，并对其降解条件进行优化，为 FLQ-11-1 实现工业化应用提供理论基础和因素参考。

一、研究方法

1. 材料

（1）菌株　降解菌 FLQ-11-1，现保存在福建农林大学应用生态所微生物菌种保藏中心，通过牛肉膏培养基进行活化。

（2）培养基

① 基础盐培养基。NaCl 0.5g/L，NH_4NO_3 1.0g/L，K_2HPO_4 1.5g/L，KH_2PO_4 0.5g/L，$MgSO_4 \cdot H_2O$ 0.5g/L。

② LB 培养基。酵母膏 5.0g/L，蛋白胨 10.0g/L，NaCl 10.0g/L。固体培养基为液体培养基中添加 20g/L 琼脂。

2. 方法

（1）降解菌降解特性　装液量 100mL/250mL 的基础盐培养基添加 100mg/L 的氟氯氰菊酯作为碳源，以体积分数 1% 的接种量接入种子液（OD_{600nm} 值为 2.0），在 30℃、pH8.0、150r/min 条件下振荡培养。最佳条件降解试验：分别通过改变降解基本条件中的接种量（1%，3%，5%，10%，15%）、温度（15℃，25℃，30℃，35℃，45℃）、pH 值（2.0，4.0，6.0，7.0，8.0，10.0），在其他条件保持不变的情况下培养 5d，进行单因素试验。各单因素设计以不接种为对照，每个处理设 3 个重复，测定菌株对氟氯氰菊酯的降解率。

（2）降解菌降解条件响应面优化　装液量 100mL/250mL 的基础盐培养基添加 500mg/L 的氟氯氰菊酯作为碳源，以体积分数 1% 的接种量接入种子液（OD_{600nm} 值为 2.0），在 30℃、pH8.0、150r/min 条件下振荡培养。响应面优化：接种量（5%，10%，15%）、温度（30℃，35℃，40℃）、pH 值（6.0，7.0，8.0），在其他条件保持不变的情况下培养 5d，模型设计如表 5-11 所列。

表 5-11　3 独立变量的 Box-Behnken 的实验设计

轮次	X_1	X_2	X_3	响应 (降解率)/%
1	1	0	-1	57.55
2	-1	0	1	58.93
3	0	1	1	68.60
4	1	-1	0	51.13
5	0	1	-1	63.93
6	1	-1	0	52.55
7	0	0	0	78.67

轮次	X_1	X_2	X_3	响应 (降解率)/%
8	0	0	0	75.91
9	0	0	0	78.99
10	0	0	0	77.72
11	1	1	0	45.18
12	−1	0	−1	48.04
13	0	−1	−1	57.46
14	−1	1	0	51.72
15	1	0	1	63.84
16	0	−1	1	58.11
17	0	0	0	74.30

注：X_1—接种量，-1(OD_{600nm} 值为 1.2)，0(OD_{600nm} 值为 1.6)，1(OD_{600nm} 值为 2.0)；X_2—温度，-1(30℃)，0(35℃)，1(40℃)；X_3—pH，-1(6)，0(7)，1(8)。所有数据是 3 次重复的平均值。

（3）降解菌的降解谱　将 OD_{600nm} 值为 2.0 的 FLQ-11-1 的菌株培养液，按 1% 的接入量分别接种于 100mg/L 甲氰菊酯、100mg/L 氰戊菊酯、100mg/L 高效氯氰菊酯、100mg/L 联苯菊酯的基础盐培养基中，30℃、150r/min 条件下振荡培养 5d，测定菌株对甲氰菊酯、氰戊菊酯、高效氯氰菊酯和联苯菊酯的降解率，每个处理设 3 次重复。

（4）培养基中农药的提取　培养液中提取残留高效氯氰菊酯的处理过程：每重复取30mL 添加农药的培养液，分别加入 60mL 丙酮，采用超声波提取法提取（2×15min）。提取液经铺 2 层滤纸的布氏漏斗减压抽滤，将滤液全部移入 500mL 分液漏斗，加入 60mL 石油醚，摇匀，振荡 30min，静置，分层，弃下层溶液，取石油醚层溶液，用 20g 无水硫酸钠过滤至250mL 圆底烧瓶。分液漏斗和无水硫酸钠用 45mL 石油醚分 3 次洗涤，洗液并入烧瓶滤液中，50℃恒温浓缩，将浓缩液全部转入 10m 刻度试管，并用 3mL 石油醚分 3 次洗涤圆底烧瓶，定容至 5mL，取 2mL 经 0.45μm 有机膜注射式过滤器过滤，滤液收集于试管中，用于测定菌液中高效氯氰菊酯含量。

（5）气相色谱 - 质谱方法　在 100mL 选择性液体培养基中，加入终浓度为 100mg/L 的氟氯氰菊酯，接种 5mL FLQ-11-1 菌液，光照培养，分别于 1d、3d、5d、7d、15d 取样，GC-MS分析。气相色谱 - 质谱（GC-MS）分析条件：型号 Agilent 6890N/5975，全扫描，质量范围50～550amu；电子轰击能 70eV；色谱柱 HP-5MS，进样口温度 220℃，氦气流量 1.0mL/min。升温程序：初始温度 120℃，保持 3min，以 10℃ /min 的速率升温到 200℃，再以 5℃ /min 的速率升温，终止温度 250℃，保持 5min；离子源温度 230℃；四极杆温度 150℃。

二、接种量对 FLQ-11-1 降解氟氯氰菊酯的影响

接种量对菌株 FLQ-11-1 降解氟氯氰菊酯的影响如图 5-18 所示，在基础培养基中加入100mg/L 的氟氯氰菊酯，以 1%、3%、5%、10% 和 15% 的接种量接入 FLQ-11-1 的种子液（OD_{600nm}=2.0），于 30℃，150r/min 摇床培养 5d，取样，检测培养基的氟氯氰菊酯的含量，结果表明接种量与氟氯氰菊酯的降解率呈正相关，当接种量为 1%，氟氯氰菊酯的降解率最低为 72.73%；接种量为 15% 时，氟氯氰菊酯降解率最高为 93.23%。

三、温度对 FLQ-11-1 降解氟氯氰菊酯的影响

温度对 FLQ-11-1 降解氟氯氰菊酯的影响如图 5-19 所示，以 1% 的接种量接入 FLQ-11-1 种子液（OD_{600nm}=1.0），150r/min 摇床培养，分别置于 15℃、25℃、30℃、35℃、45℃摇床培养，比较温度对 FLQ-11-1 降解氟氯氰菊酯的影响。结果表明，35℃最适宜 FLQ-11-1 对氟氯氰菊酯的降解，降解率最高，达到 96.1%；30℃的降解率也较高，降解率为 89.5%；15℃和 25℃下氟氯氰菊酯的降解率较低，降解率分别为 81.6% 和 84.7%；45℃明显抑制 FLQ-11-1 对氟氯氰菊酯的降解，5d 后降解率仅达到 73.86%。

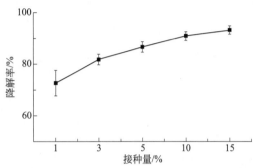

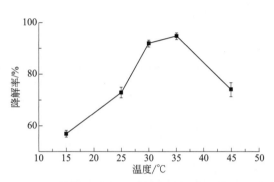

图 5-18　接种量对 FLQ-11-1 降解氟氯氰菊酯的影响　　图 5-19　温度对 FLQ-11-1 降解氟氯氰菊酯的影响

四、pH 值对 FLQ-11-1 降解氟氯氰菊酯的影响

在 pH 值为 2、4、6、8、10 的基础培养基中，加入 100mg/L 的氟氯氰菊酯，以 1% 的接种量接入种子液使 OD_{600nm} 值为 1.0，于 30℃，150r/min 摇床培养，5d 后用气相色谱检测培养基中的氟氯氰菊酯含量（图 5-20）。结果表明，pH 值对 FLQ-3 降解氟氯氰菊酯影响较大，强酸和强碱环境下降解效果差，FLQ-11-1 降解氟氯氰菊酯适宜的 pH 值为 6、7、8，此时的降解率分别为 87.93%、91.96% 和 94.86%，在 pH 值为 2、4 和 10 下的降解率分别为 31.33%、46.53% 和 73.3%。

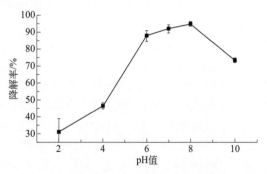

图 5-20　pH 值对 FLQ-11-1 降解氟氯氰菊酯的影响

五、响应面优化分析

通过 Design-expert 软件响应面优化分析，结果见表 5-12，二元回归方程见方程 $Y=77.12+0.81X_1+1.27X_2+2.81X_3-1.28X_1X_2-1.15X_1X_3+1.01X_2X_3-15.95X_1^2-11.02X_2^2-4.07X_3^2$，其中 Y 为氟氯氰菊酯的降解率，X_1 为 pH 值，X_2 为温度，X_3 为接种量。由表 5-12 对方程的方差分析得到 R^2=0.922，说明 92% 是符合实验结果的。回复分析得到差异显著，$P < 0.05$。响应

面和等高线分析结果见图 5-21，氟氯氰菊酯的降解率幅度为 45.176% ～ 77.165%，其中影响最大的是接种量和 pH 值，通过 Design-expert 响应面优化得到氟氯氰菊酯降解的最优温度为 35℃，pH 值为 7，接种量掌握在使 OD_{600nm} 值 =1.6。

表 5-12 独立变量的响应面二次模型的方差分析

项目	平方和	自由度	均方	F 值	P 值	备注
模型	1894.23	9	210.47	8.85	0.0044	显著
A（pH 值）	5.22	1	155.22	0.22	0.6536	
B（温度）	12.95	1	12.95	0.54	0.4844	
C（接种量）	63.26	1	163.26	5.66	0.0469	
AB	6.55	1	6.55	0.28	0.6160	
AC	5.28	1	5.28	0.22	0.6518	
BC	4.09	1	4.09	0.17	0.6909	
$A2$	1071.45	1	1071.45	45.06	0.0003	
$B2$	511.49	1	511.49	21.51	0.0024	
$C2$	69.80	1	69.80	2.94	0.1304	
残差	166.43	7	23.78			
失拟误差	150.73	3	50.24	12.80	0.3838	不显著
纯误差	15.70	4	3.93			
校正总和	2060.67	6				

$$R^2=0.922$$

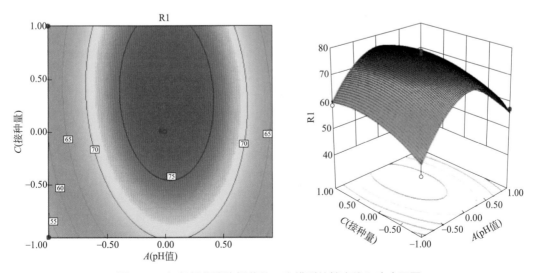

图 5-21 氟氯氰菊酯降解菌的二次模型的等高线和响应面图

六、降解菌对不同拟除虫菊酯的降解

降解菌 FLQ-11-1 对甲氰菊酯、氰戊菊酯、氯氰菊酯和联苯菊酯的降解作用见图 5-22，菌株 FLQ-11-1 对我国目前使用的 4 种主要的菊酯类杀虫剂均有降解效果，对氯氰菊酯的降解效果最好，5d 后氯氰菊酯的降解率达到 90.23%；FLQ-11-1 也能降解氰戊菊酯和甲氰菊酯，但是降解能力有所降低，5d 后降解率分别是 83.17% 和 81.63%；FLQ-11-1 对联苯菊酯的降解率最低，5d 后降解率为 60.83%。FLQ-11-1 对不同菊酯类农药降解作用的差别与菊酯农药的结构差异有关。

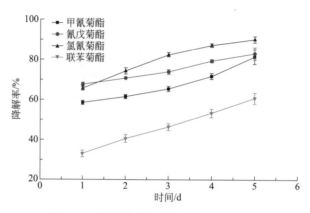

图 5-22　降解菌对不同拟除虫菊酯的降解

七、讨论

菌株 FLQ-11-1 对氯氰菊酯、甲氰菊酯、联苯菊酯和氰戊菊酯都具有一定的降解作用。FLQ-11-1 的分离丰富了拟除虫菊酯类农药尤其是二代菊酯类农药降解菌资源，在被污染的土壤和污水等环境的生物修复中具有很大的应用潜力。

本章节表明 FLQ-11-1 不仅对氟氯氰菊酯有很好的降解作用，对其他四种主要的菊酯类农药也有降解作用，但降解作用差异很大，氯氰菊酯的降解效果最好，甲氰菊酯和氰戊菊酯其次，联苯菊酯效果最低，说明降解菌降解农药的能力差别与农药结构特点有关。氟氯氰菊酯、氯氰菊酯、甲氰菊酯和氰戊菊酯在结构上有相同的 α- 氰基 -3- 苯氧基苄基结构（Naumann，1990），而联苯菊酯为 3- 苯基结构。同时最新研究表明菊酯类农药的生物降解具有显著的立体异构选择性，如土壤中 (1S-cis)-bifenthrin 降解速率大于 (1R-cis)-bifenthrin；在菊酯降解菌株中，(1S-cis)-permethrin 降解速率大于 (1R-cis)-permethrin，反式 - 氯菊酯比顺式氯菊酯降解快（Liu et al., 2005；2009）。李恋等（2011）研究了菊酯降解菌株鞘脂菌（Sphingobium sp.）JZ-1 对各种菊酯类农药的降解作用，结果显示降解速率顺序为：氯菊酯 > 甲氰菊酯 ≈ 氯氰菊酯 > 功夫菊酯 > 氰戊菊酯 > 溴氰菊酯 > 联苯菊酯，农药手性结构选择性降解试验表明没有手性选择性。降解菌的降解生物修复作用的主要靶标物质是污染物，其降解作用主要是降解菌自身代谢分泌物质或者次生物质与污染物所发生的一种生物化学反应，生物化学反应一般具有专一性。

微生物对环境中农药的降解主要是依靠其产生的酶的催化作用，大量菊酯类农药降解机理研究认为，菊酯类农药降解的起始、效率高低与酯酶的水解活性有关。FLQ-11-1 的最适降解条件研究表明，15% 接种量、pH 值为 7、30℃ 条件下降解率最高。有可能，此条件下 FLQ-11-1 菌株的农药降解相关酶活性是最高的。解开治等（2009）研究得到恶臭假单胞菌 XP12 在 30℃、pH7.5 下对氯氰菊酯、溴氰菊酯和高效氯氟氰菊酯的降解率都达到了 80% 以上。张敏健等（2011）报道鞘脂单胞菌（*Sphingomonas* sp.）JQL4-5 提取的水解酶水解甲氰菊酯的最适 pH 值为 7.0，最适温度为 30℃，为胞内酶。水解酯链在拟除虫菊酯类农药降解中有着重要作用，Sogorb 和 Vilanova（2002）研究用酶对拟除虫菊酯类农药进行脱毒和解毒，发现酯键的水解将导致拟除虫菊酯农药的解毒。拟除虫菊酯的酶促降解方式主要是微生物产生的酶特异性切断羧酸酯键，使原农药分子生产羧酸和醇，而后在进一步降解，生产毒性更小或者无毒的化合物（Lee et al., 2004；Saikia et al., 2005）。FLQ-11-1 的定域试验也表明降解酶为胞内酶。胞内酶主要是包括细胞内线粒体上分布的三羧酸循环酶系和氧化磷酸酶系及内质网中核糖体上的蛋白质合成体系等体系。这些酶系对降解菌的降解降污具有重要的作用，但是国内外对于降解菌中胞内酶在降污过程的代谢途径及相关酶系统的反应调控体系目前还不清楚，有待进一步探究。

第五节
难降解有机物降解菌的代谢途径

Saikia 等（2005）报道氟氯氰菊酯被斯氏假单胞菌（*Pseudomonas stutzeri*）生物降解后的最终产物为 α- 氰基 -4- 氟 -3- 苯氧基苄基 -3(2,2- 二氯乙烯基)-2,2- 二甲基环丙烷羧酸酯（分子量为 341），4- 氟 -3- 苯氧基 -α- 氰基苄基醇（分子量 243）和（2,2- 二氯乙烯基)-2,2- 二甲基环丙烷羧酸（分子量为 208），并且这些产物对环境基本无毒或者低毒。绝大多数菊酯类初始都是通过水解方法进行降解，得到如间苯氧基苯甲醛（3-PBA）的初始代谢物，这些代谢物一般富集在土壤等环境中，很难进一步被降解（Chen et al., 2011）。目前对于菊酯类农药的降解代谢主要集中于一代、二代菊酯类农药的代谢物的鉴定，对于代谢途径及二代以上的菊酯类农药（如氟氯氰菊酯）的降解代谢途径研究较少，同时进一步对代谢产物的环境安全性（如是否能被降解，与原农药相比对环境的生物是否有毒性等方面）的调查研究更为重要（Laffin et al., 2010）。本章节通过分离到的对氟氯氰菊酯具有高效降解能力的细菌 FLQ-11-1，利用气相质谱仪（GC-MS）对氟氯氰菊酯在菌株 FLQ-11-1 培养液的代谢过程进行跟踪研究，以期获得氟氯氰菊酯在细菌培养中的代谢途径。

一、研究方法

1. 菌株和培养基

球形赖氨酸芽胞杆菌 FLQ-11-1 为本实验从农药厂排污口污泥中筛选得到并保藏。基 本 培 养 基 MSM：NaCl 1.00g/L，NH$_4$NO$_3$ 1.00g/L，K$_2$HPO$_4$ 1.50g/L，KH$_2$PO$_4$ 0.50g/L，

MgSO$_4$·7H$_2$O 0.10g/L，pH7.0，以氟氯氰菊酯作为碳源，浓度视需要添加。LB 培养基：酵母膏 5.00g/L，蛋白胨 10.00g/L，NaCl 10.00g/L（固体加 1.5％的琼脂）。

2. 氟氯氰菊酯降解实验及代谢产物的收集

将 LB 培养基上纯化得到的 FLQ-11-1 置于液体 LB 培养基中富集培养 8h，至对数生长期，取菌液按 1% 接入加氟氯氰菊酯浓度为 100mg/mL 的基础培养基中，30℃、170r/min 振荡培养 48h，在转接此培养液 5% 至氟氯氰菊酯浓度为 100mg/mL 的基础培养基中培养，每隔 12h 取样一次，进行代谢物质提取，以未加菌的相同氟氯氰菊酯基础培养基为空白对照。代谢物提取方法采用乙酸乙酯酸性条件下萃取，各萃取液过无水硫酸钠，旋转蒸发，氮气吹干，加入正己烷溶解，用于 GC/MS 分析。

3. 代谢产物的提取方法优化

① 代谢物提取方法采用乙酸乙酯酸性条件下萃取，加入等体积的乙酸乙酯后，涡旋振荡抽提 2min，静置后取有机相，有机相过无水硫酸钠，旋转蒸发，氮气吹干，加入正己烷溶解，用于 GC/MS 分析。

② 代谢物提取方法采用二氯甲烷萃取法，加入等体积的二氯甲烷后，涡旋混合器上充分振荡抽提 2min，离心后静置分层，二氯甲烷取下层有机相，加入无水硫酸钠脱水，正己烷溶解定容至 10mL，进行测定。

4. 降解条件的检测

GC/MS 分析采用 Agilent 6890N/FID 检测器和 HP-5 柱（30m×250μm×0.25μm）。

载气：99.999% He，流量 1.5mL/min，不分流进样，进样量 1μL，HP-5 毛细管柱（30.0m×0.25mm×0.25μm）；

电离电压 70eV；

选择离子方式（SIM），定性扫描（30 ～ 500nm）；

离子源温度 230℃；

四极杆温度 150℃；

进样口温度 250℃；

MS 传输线温度 250℃；

升温程序：初温 90℃（2min），6℃/min 升温至 150℃，10℃/min 升温至 180℃（4min），20℃/min 升温至 260℃（10min）。

图谱分析方法：选择离子色谱方法，数据通过安捷伦 Agilent MSD 化学工作站软件，与美国国家标准技术研究所 NIST 数据库进行比对。

二、提取条件的优化

乙酸乙酯和二氯甲烷萃取下的代谢物的 GC-MS 分析见图 5-23 和图 5-24，可以看出乙酸乙酯提取下的代谢物的 GC-MS 总离子流图检测出的物质有 46 种，而二氯甲烷萃取后的代谢物种类有 6 种，乙酸乙酯萃取效果高于二氯甲烷萃取效果，因此后期的代谢物的提取方法采用乙酸乙酯萃取方法。

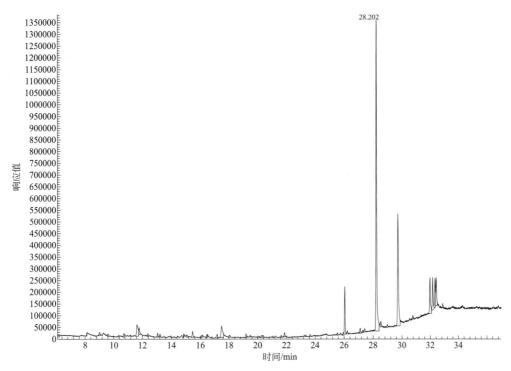

图 5-23　乙酸乙酯提取的代谢物的 GC-MS 的总离子流图

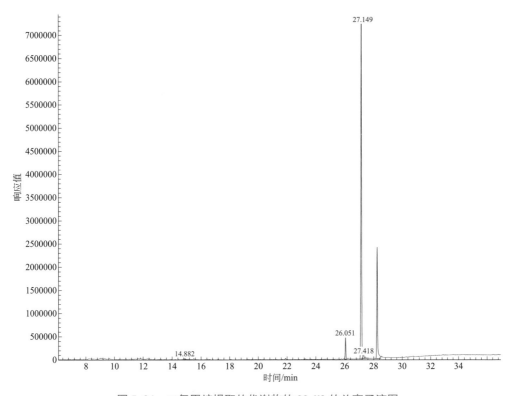

图 5-24　二氯甲烷提取的代谢物的 GC-MS 的总离子流图

三、降解代谢物的总离子图谱及质谱鉴定

100mg/L 的氟氯氰菊酯在菌株 FLQ-11-1 处理 24h 后，经提取，浓缩，用 GC-MS 分析，得到提取物总离子流图（图 5-25）。根据质谱图解析和联机检索，产物 1 为 3-(2,2- 二氯乙烯基)-2,2- 二甲基 -(1- 环丙烷基) 羧酸甲酯，保留时间为 8.98min（图 5-26）；产物 3 为 3- 苯氧基苯甲酸甲酯，保留时间为 19.68min（图 5-27）；产物 2 为 4- 氟 -3- 苯氧基苯甲酸甲酯，保留时间为 19.27min（图 5-28）；产物 4 为 3- 苯氧基苯甲醛，保留时间为 19.83min（图 5-29）。

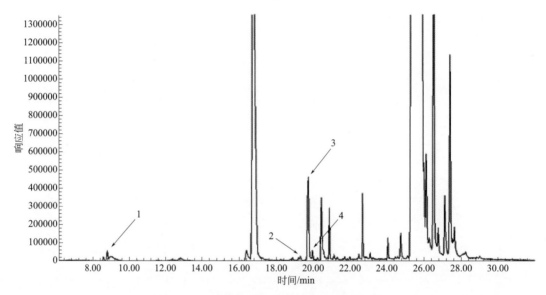

图 5-25　氟氯氰菊酯降解代谢物的总离子流图

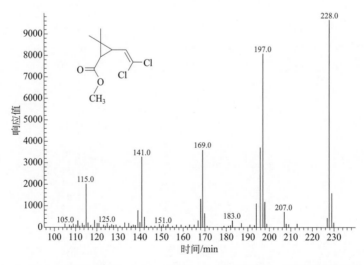

图 5-26　3-(2, 2- 二氯乙烯基)-2, 2- 二甲基 -(1- 环丙烷基)- 羧酸甲酯荷质比色谱图

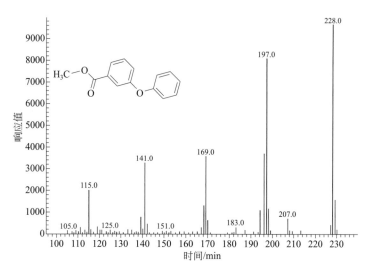

图 5-27 3- 苯氧基苯甲酸甲酯荷质比色谱图

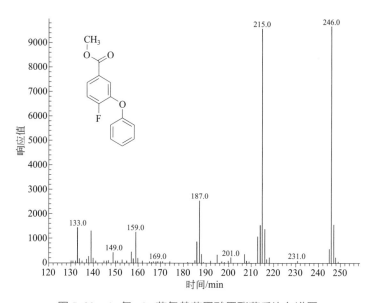

图 5-28 4- 氟 -3- 苯氧基苯甲酸甲酯荷质比色谱图

四、代谢产物的动态分析及代谢途径的推测

拟除虫菊酯农药微生物降解的作用方式和其他农药的微生物降解一样，主要是通过其分泌酶的生物化学过程来完成，其本质都是酶促降解，一般来说，微生物产生的酶特异地切断羧酸酯键，使原农药分子生产 2 个较小的羧酸和醇，而后进一步氧化，脱氢，生成毒性更小或者无毒的化合物。

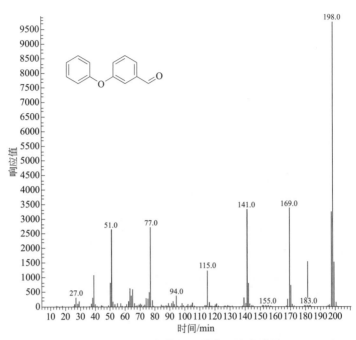

图 5-29　3- 苯氧基苯甲醛荷质比色谱图

在纯培养条件下，每天取样，连续 11d，GC-MS 测定菌株 FLQ-11-1 对氟氯氰菊酯的降解产物，对照为添加等量氟氯氰菊酯的培养液，本章节降解产物鉴定采用的数据库来源于美国国家标准与技术研究院（National Institute of Standards and Technology，NIST）。通过降解产物质谱图分析表明，开始 6d 内氟氯氰菊酯大量存在；第 7 天后，氟氯氰菊酯基本检测不到，其中代谢 3-(2,2- 二氯乙烯基)-2,2- 二甲基 -(1- 环丙烷基) 羧酸甲酯最先检测到，但 7d 后基本检测不到，4- 氟 -3- 苯氧基苯甲酸甲酯随后出现，并于 8d 后消失，3- 苯氧基苯甲酸甲酯和 3- 苯氧基苯甲醛于第 3 天和第 4 天出现，但都在第 9 天和第 10 天后就检测不到（表 5-13）。根据检测到代谢物及其动态分布情况，表明氟氯氰菊酯的代谢包括以下几个（图 5-30）；首先，氟氯氰菊酯酯键断裂产生中间产物，4- 氟 -3- 苯氧基苯甲酸甲酯和 3-(2,2- 二氯乙烯基)-2,2- 二甲基 -(1- 环丙烷基) 羧酸甲酯；接着，4- 氟 -3- 苯氧基苯甲酸甲酯不稳定，被进一步氧化成 3- 苯氧基苯甲酸甲酯；随后，3- 苯氧基苯甲酸甲酯进一步氧化成 3- 苯氧基苯甲醛；最后，3- 苯氧基苯甲醛通过进一步氧化还原作用，最终生成 CO_2 和 H_2O。

表 5-13　代谢物物质的动态分布

化合物	含量 /%										
	1d	2d	3d	4d	5d	6d	7d	8d	9d	10d	11d
氟氯氰菊酯	+	+	+	+	+	+	−	−	−	−	−
3-(2,2- 二氯乙烯基)-2,2- 二甲基 -(1- 环丙烷基) 羧酸甲酯	+	+	+	+	+	+	+	−	−	−	−
4- 氟 -3- 苯氧基苯甲酸甲酯	−	+	+	+	+	+	+	−	−	−	−
3- 苯氧基苯甲酸甲酯	−	−	+	+	+	+	+	+	+	−	−
3- 苯氧基苯甲醛	−	−	−	+	+	+	+	+	+	+	−

注：＋表示可检测出；－表示未检测出。

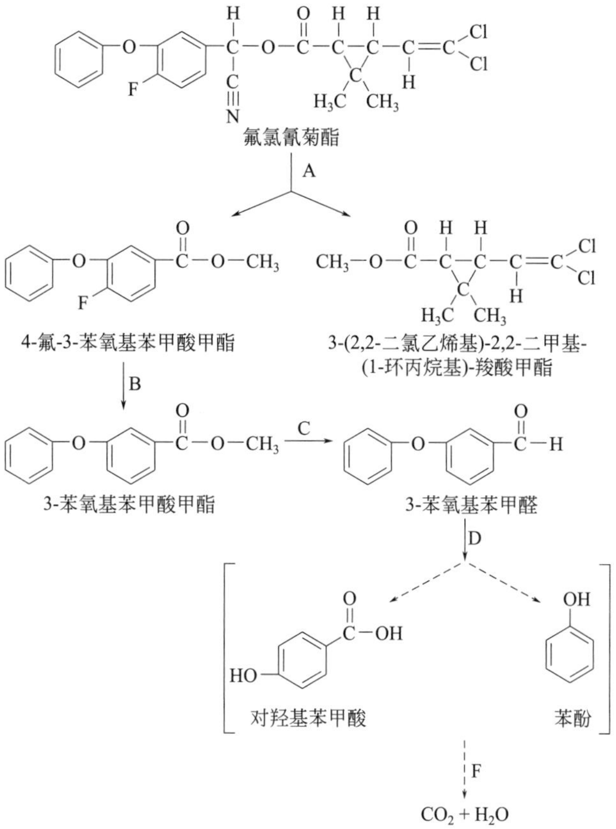

图 5-30 氟氯氰菊酯代谢途径推导图

五、讨论

本实验氟氯氰菊酯降解代谢过程中共四个代谢化合物产生，除了 3-(2,2- 二氯乙烯基)-2,2- 二甲基 -(1- 环丙烷基) 羧酸甲酯，其在先前斯氏假单胞菌（*Pseudomonas stutzeri*）S1 降解 β- 氟氯氰菊酯过程中被报道外（Saikia et al., 2005），其他三个化合物（4- 氟 -3- 苯氧基苯甲酸甲酯、3 苯氧基苯甲酸甲酯和 3- 苯氧基 - 苯甲醛）均为新发现的代谢物。一般都认为酯水解的羧基酯酶是大量的微生物降解拟除虫菊酯通路中主要的酶类（Chen et al., 2011；Li et al., 2009；Zhang et al., 2011）。这与我们的研究结果是一致的，氟氯氰菊酯的降解初始阶段也通过水解作用，氟氯氰菊酯首先生成的两个化合物，3-(2,2- 二氯乙烯基)-2,2- 二甲基 -(1- 环丙烷基) 羧酸和 4- 氟 -3- 苯氧基苯甲酸甲酯，这与链霉菌属球菌菌株降解溴氰菊酯初始阶段类似（Chen et al., 2011）。中间产物 4- 氟 -3- 苯氧基苯甲酸甲酯进一步减少并通过转氨基作用形成 3- 苯氧基苯甲酸甲酯。氰基 -3- 苯氧基苯甲醇在环境中不稳定的，容易被氧化成 3- 苯氧基苯甲醛，第 4 天检测到 3- 苯氧基苯甲醛但在 10d 后消失，这表明，3- 苯氧基苯甲酸甲酯进一步氧化为 3- 苯氧基苯甲醛。Chen 等（2011）报道，同样的转变方式也发生在枝孢属菌株 HU 降解氰戊菊酯过程中，氰戊菊酯裂解为 3- 苯氧基苯甲醛。Maloney 等（1988）报道 3- 苯氧基苯甲醛可在土壤富集对土壤微生物具有明显的抑制效应。同时本章节发现，11d 后

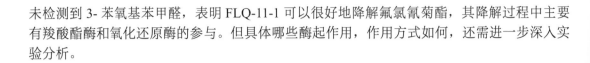

未检测到 3- 苯氧基苯甲醛，表明 FLQ-11-1 可以很好地降解氟氯氰菊酯，其降解过程中主要有羧酸酯酶和氧化还原酶的参与。但具体哪些酶起作用，作用方式如何，还需进一步深入实验分析。

第六节
难降解有机物降解菌的蛋白表达

资料表明，微生物之所以可以降解菊酯类农药，主要是由于其体内存在各种酶。微生物生物修复主要是由其分泌的酶及相关蛋白起作用。许育新等（2005）首先通过 GC-MS 证实以共代谢形式降解氯氰菊酯的红球菌（*Rhodococcus* sp.）CDT3 对氯氰菊酯的降解产物是 3- 苯氧基苯甲酸和二氯菊酸，通过聚丙烯酰胺凝胶电泳从 CDT3 的粗酶提取液中检测到羧酸酯酶，推测氯氰菊酯是由 CDT3 产生的羧酸酯酶降解。本实验通过双向电泳分析方法对芽胞杆菌 FLQ-11-1 降解氟氯氰菊酯过程中的蛋白表达体系，以未添加氟氯氰菊酯的芽胞杆菌的蛋白体系为对比，分析在降解过程中芽胞杆菌 FLQ-11-1 菌体蛋白体系中表达及表达上调的蛋白，同时通过肽质量指纹图谱 PMF 鉴定蛋白点，为进一步明确芽胞杆菌 FLQ-11-1 降解氟氯氰菊酯的降解酶作用因子及探明其降解机理奠定蛋白组学基础。

一、研究方法

1. 材料

（1）菌株　芽胞杆菌 FLQ-11-1，现保藏于福建农林大学应用生态所微生物实验室菌物保藏中心。

（2）试剂与仪器

1）试剂。甘氨酸，TCA、SDS、Benzonase 核酸酶、丙烯酰胺、*N*,*N'*- 亚甲基双丙烯酰胺为 Sigma 产品，Tris 为 NOVON 产品，DTT、Chaps 和 Urea 为 Amresco 产品。TEMED、*β*- 巯基乙醇为上海生工产品，甘油、溴酚蓝、丙酮、盐酸、乙醇、甲醇、牛肉膏、考马斯亮蓝 G250、大豆蛋白胨等均为国药公司产品。

2）仪器。电子分析天平（AR1530，美国）；电子天平（SCOUT，梅特勒 - 托利多常州衡器有限公司）；超低细菌型超纯水器（SPW-10TJ 型，上海赛鸽电子科技有限公司）；pH 计 [DELTA320，梅特勒 - 托利多仪器（上海）有限公司]；电热恒温鼓风干燥箱（DHG-9140A 型，上海一恒科技有限公司）；手提压力蒸汽灭菌器（YXQ.SG41.280，上海华线医用核子仪器有限公司）；立式自动电热压力蒸汽灭菌器（LDZX-40BI 型，上海申安医疗器械厂）；超净工作台（SW-CJ-1FD，苏州净化设备有限公司）；小容量恒温培养振荡器（SKY-200B，上海苏坤实业有限公司）；台式恒温振荡器（THZ-C，太仓市华美生化仪器厂）；大容量恒温振荡器（DHZ-C，江苏太仓市实验设备厂）；恒温摇床（HQ45，中国科学院武汉科学仪器厂）；双门双层特大恒温培养振荡器（SKY-1112B，上海苏坤实业有限公司）；微型混合器（H-1，上海康禾光电仪器有限公司）；生化培养箱（LRH-250 型，上海一恒科技有限公司）；电热恒温培养箱（DHP-9082 型，上海一恒科技有限公司）；隔水式恒温培养箱（GHP-9080 型，上海一恒科技有限公司）；低速大容量离心机（DL-5 型，上海安亭科学仪器厂）；连续变倍体视显微镜（日本 OLYMPUS）；紫外可见分光光度计［UV-2800AH 型，尤尼柯（上海）仪器有限公司］；Agilent6890N 型气相色谱仪；脂肪酸检测采用美国 MIDI 公司生产的微生物自动鉴定系统；FD-1 真空冷冻干燥机（北京德天佑科技发展有限公司）；iMark680 酶标仪（美国 Bio-Rad 公司）；Bio-Rad PROTEAN IEF cell 等电聚焦仪（美国 Bio-Rad 公司）；Bio-RadPROTEAN Ⅱ ximulti-cell 垂直电泳仪（美国 Bio-Rad 公司）；ImageScanner Ⅲ 扫描仪（GE 公司）；PDQuest 分析软件（美国 Bio-Rad 公司）。

3）溶液配制

① 30%T（2.6%C）丙烯酰胺储备液：在 100mL 水中加入 29.22g 丙烯酰胺和 0.78g 双丙烯酰胺，经 Whatman 滤纸过滤后，于 4℃保存。每隔几周重新配制丙烯酰胺储备液。

② 裂解液：8mol/L 尿素（Amresco 产品）4.8g，4% CHAPS 0.4g，20m mol/L Tris-base 10μL（2mol/L Tris），1mmol/L MgCl$_2$ 100μL（100mmol/L MgCl$_2$ 6H$_2$O），ddH$_2$O 定容到 10mL，1%DTT 100μL（现用现加）。

③ 水化缓冲液：8mol/L 尿素 4.805g，4% CHAPS 0.4g，65mmol/L DTT 0.098g（现加），2g/L Bio-Lyte 50μL（40%）（现加），0.001% 溴酚蓝 10μL（1% 溴酚蓝），ddH$_2$O 定容到 10mL，分装成 10 小管，每小管 1mL，-20℃冰箱保存。

④ 胶条平衡缓冲液母液：6mol/L 尿素 36g，2% SDS 2g，0.375mol/L pH8.8 Tris-HCl 25mL（1.5mol/L pH8.8 Tris-HCl），20% 甘油 20mL，ddH$_2$O 定容到 100mL，分装成 10 管，每管 10mL，-20℃冰箱保存。

⑤ 胶条平衡缓冲液Ⅰ：胶条平衡缓冲液母液 10mL、DTT 0.1g，充分混匀，用时现配。

⑥ 胶条平衡缓冲液Ⅱ：胶条平衡缓冲液母液 10mL、碘乙酰胺 0.4g，充分混匀，用时现配，避光。

⑦ 低熔点琼脂糖封胶液：0.5% 低熔点琼脂糖 0.5g，25mmol/L Tris 0.303g，192mmol/L 甘氨酸 1.44g，0.1% SDS 1mL（10% SDS），0.001% 溴酚蓝 100μL（1% 溴酚蓝），ddH$_2$O 定容到 100mL，加热溶解至澄清，室温保存。

⑧ 30% 聚丙烯酰胺贮液：丙烯酰胺 150g，亚甲基双丙烯酰胺 4g，ddH$_2$O 500mL，滤纸过滤后，棕色瓶 4℃冰箱保存。

⑨ 1.5mol/L Tris-HCl（pH8.8）：Tris 90.75g，ddH$_2$O 400mL，1mol/L HCl 调 pH 值至 8.8，ddH$_2$O 定容到 500mL，4℃冰箱保存。

⑩ 0.5mol/L Tris 碱（pH6.8）：Tris 碱 60g，1mol/L HCl 调 pH 值至 6.8，ddH$_2$O 定容到 1L，4℃冰箱保存。

⑪ 10% SDS：SDS 10g、ddH$_2$O 100mL，混匀后，室温保存。

⑫ 10% AP：AP 0.1g、ddH$_2$O 1mL（用时加水溶解），溶解后，4℃冰箱保存。

⑬ 10× 电泳缓冲液：Tris 30g，甘氨酸 144g，SDS 10g，ddH$_2$O 定容到 1L，混匀后，室温保存。

⑭ 2×SDS-PAGE 上样缓冲液：0.5mol/L Tris（pH6.8）2.0mL，10% SDS 4.0mL，甘油 2.0mL，1% 溴酚蓝 0.05mL，ddH$_2$O 定容到 10mL，DTT 0.154g（用时现加）。

⑮ 固定液：甲醇 200mL，水 700mL，冰醋酸 100mL。

⑯ 染色液：甲醇 450mL，水 450mL，冰醋酸 100mL，考马斯亮蓝 G-250 0.25g。

⑰ 12% 的分离胶：30% 丙烯酰胺 10mL，分离胶缓冲液 5mL，ddH2O 33.2mL，10%SDS 1.0mL，10%AP 0.75mL，TEMED 0.05mL。

⑱ 5% 考马斯蓝 G-250 储备液：考马斯蓝 G-250 0.5g，双蒸水至 10mL，搅拌使考马斯亮蓝 G-250 充分分散，染料不会完全溶解。

⑲ 胶体考马斯亮蓝 G-250 染料储备液：硫酸铵 (FW 132.1) 50g，85% 磷酸 (质量分数) 6mL，5% 考马斯亮蓝 G-250 储备液 10mL，双蒸水加至 500mL。

⑳ 胶体考马斯亮蓝 G-250 染料工作液（现配现用）：胶体考马斯亮蓝 G-250 染料储备液 400mL，甲醇 100mL。

2. 方法

（1）菌株培养方法　基础培养基 MSM 用于纯化芽胞杆菌 FLQ-11-1，获取单个菌落，接种于液体基础培养基 MSM 中，5%（体积分数）生长期菌液接种到氟氯氰菊酯浓度为 50mg/mL 的基础培养基中，另以未添加氟氯氰菊酯的培养基为对照，置于 30℃ 170r/min 恒温培养箱中培养 72h。

（2）FLQ-11-1 菌体蛋白破碎条件优化

① 沸水浴破碎提取法　取 2mL 细菌悬液，加入 0.1g/mL SDS 溶液 2mL，沸水浴 10min，然后 10000r/min 超速离心 10min，取上清液贮存于 -20℃。

② 超声破碎提取法　取 2mL 细菌悬液，置于冰浴中超声破碎，超声功率为 500W，工作 3s，间歇 2s，破碎 30min，然后 10000r/min 超速离心 10min，取上清液贮存于 -20℃。

③ 机械破碎提取法　取 1g 湿菌体中加入 10mL 裂解液并使其悬浮，加入少量的玻璃珠，QIAGEN tissuselyser Ⅱ 破碎仪，频率为 30 次 /s，破碎 5min，然后 10000r/min 超速离心 10min，取上清液贮存于 -20℃。

分别取破碎后的菌悬液，稀释，涂片，固定，进行革兰氏染色，100 倍油镜观察，并采集观察细菌裂解程度。采用 Bio-Rad 设备有限公司的小垂直板电泳仪对蛋白样品进行 SDS-PAGE 电泳，分离胶浓度为 12%，浓缩胶浓度为 4%。采用银染的方法进行凝胶染色。染色后凝胶用 Epson Expression 10000XL 扫描仪扫描。利用 Quantity One 软件进行图像分析。可溶性全细胞蛋白测定采用改良型 Bradford 法蛋白质浓度测定试剂盒测定芽胞杆菌蛋白浓度。采用酶标法，分别配制蛋白含量为 0μg、100μg、150μg、200μg、250μg、300μg 时，考马斯亮蓝 G-250 与蛋白的结合物在波长 595nm 下的吸光度与蛋白质的含量呈线性关系，故可用于测定蛋白质的含量。考马斯亮蓝法测定蛋白质含量的标准曲线方程为 $A=0.0022C+0.3136$，$r^2=0.9912$（其中 A 为吸光度，C 为蛋白浓度）。可溶性全细胞蛋白提取量用单位体积（mL）菌液中所含的蛋白质质量（mg）表示。

（3）FLQ-11-1 菌体全蛋白提取

① 分别取 200mL 菌液，4℃，10000g 离心 5min，沉淀菌体。

② 弃上清，用 1×TE 缓冲液洗涤沉淀两次，4℃，10000g 离心 5min，沉淀菌体。

③ 加抽提液（8mol/L 尿素、20mmol/L Tris、1mmol/L MgCl_2•6H_2O、40g/L CHAPS）10mL，悬浮菌体，加入 1μL（500U）核酸酶和 100μL 100mmol/L PMSF，每加一次上下颠倒均匀，试管置于冰上。

④ 超声破碎，超声 3s，停 10s，约 90 次，150W（冰上超声，防止起泡沫）。

⑤ 每 10mL 抽提液加 0.5mL1.2mol/L 的 DTT，颠倒混匀，冰上放置 15min。

⑥ 每 10mL 抽提液中 100μL 200mmol/L Na$_2$EDTA，颠倒混匀。

⑦ 将裂解液转移到离心管中，4℃，20000g 离心 15min。

⑧ 上清液分装为 200μL 每份，置于 -80℃冰箱保存。Bradford 法测定蛋白浓度。

（4）等电聚焦

① 从冰箱中取 -20℃冷冻保存的水化缓冲液母液 1 管（0.5mL/ 管），置室温溶解。

② 在小管中加入 0.01g DTT，两性电解质 Bio-Lyte3 ～ 10 5μL（pH4 ～ 7 胶条，两性电解质 Bio-Lyte5 ～ 8 2.5μL，两性电解质 Bio-Lyte4 ～ 6 2.5μL）充分混匀。

③ 从 -80℃ 冰箱取出样品，冰上溶解，4℃，20000g 离心 30min，取含量为 2mg 的样品，用水化液定容至 500μL，混匀。从冰箱取 -20℃冷冻保存的 IPG 预制胶条（17cm，pH3 ～ 10），于室温放置 10min。

④ 至左而右线性加入样品，在槽两端各 1cm 处不要加样，中间的样品液要连贯，不产生气泡。每个槽内加样 500μL。

⑤ 当所有的蛋白质样品都已经加入聚焦盘中后，用镊子轻轻地去除预制 IPG 胶条上的保护层。

⑥ 分清胶条的正负极，轻轻地将 IPG 胶条胶面朝下置于聚焦盘中。确保胶条与电极紧密接触。

⑦ 在每根胶条上覆盖 2 ～ 3mL 矿物油，防止胶条水化过程中样品的蒸发。

⑧ 对好正、负极，盖上盖子。设置等电聚焦程序，等电聚焦程序如表 5-14 所列。

表 5-14　等电聚焦程序设置

步骤	电压	类型	时间功能
水化	50V	主动	14h 主动水化
S1	250V	慢速	1h 除盐
S2	500V	慢速	1h 除盐
S3	750V	快速	1h 除盐
S4	1000V	快速	3h 除盐
S5	10000V	线性	5h 升压
S6	10000V	快速	60000V 聚焦
S7	500V	快速	任意时间保持

注：每根胶条极限电流设置为 50μA 等电聚焦温度设定为 20℃，水化后暂停程序，把胶条换到新的胶条槽里再进行下面的程序。

⑨ 聚焦结束的胶条。立即进行平衡、第二向 SDS-PAGE 电泳，否则将胶条置于样品水化盘中，-20℃冰箱保存。

（5）胶条平衡及第二向 SDS-PAGE 电泳

① 配制 12% 的丙烯酰胺凝胶，上部留 1cm 的空间，用 ddH$_2$O（双蒸水）封面，以保持胶面平整，聚合 60min 以上。

② 待凝胶凝固后，倒去分离胶表面的 ddH$_2$O。

③ 从 -20℃冰箱中取出的胶条，室温放置 10min，使其溶解。

④ 配制胶条平衡缓冲液 I 。

⑤ 在桌面上先放置干的厚滤纸，聚焦好的胶条胶面朝上放在湿润的厚滤纸上，用水冲洗或者吸干胶条上的矿物油及多余样品。

⑥ 将胶条转移至水化盘中，每个槽中加入 5 ～ 7mL 胶条平衡缓冲液 I 。将含胶条的盘子放在水平摇床上缓慢摇晃 15min。

⑦ 配制胶条平衡缓冲液 II 。

⑧ 第一次平衡结束后，用滤纸吸干胶条上多余的平衡液。再加入胶条平衡缓冲液 II ，继续在水平摇床上缓慢摇晃 15min。

⑨ 将 10× 电泳缓冲液，用量筒稀释 10 倍，制成 1× 电泳缓冲液，赶去缓冲液表面的气泡。

⑩ 第二次平衡结束后，用滤纸吸干胶条上多余的平衡液。用镊子夹住胶条的一端使胶面完全浸没在 1× 电泳缓冲液中。然后将胶条胶面朝上放在凝胶的长玻璃板上。

⑪ 在凝胶的上方加入溶解的低熔点琼脂糖液封胶。

⑫ 用压舌板轻轻地将胶条向下推，使之与聚丙烯酰胺凝胶胶面完全接触。放置 5min 左右，使低熔点琼脂糖封胶溶液彻底凝固后，将凝胶转移至电泳槽中。

⑬ 在电泳槽内加入电泳缓冲液后，接通电源，起始时用的低电流（5mA），待样品在完全走出 IPG 胶条，浓缩成一条线，即 40min 后再加大电流（20mA），待溴酚蓝指示剂达到底部边缘时即可停止电泳。

⑭ 电泳结束后，轻轻撬开两层玻璃，取出凝胶，并进行固定和染色。

（6）胶体考马斯亮蓝染色

① 将凝胶放在 10% 乙酸、40% 乙醇中固定 1h。

② 轻轻倒出上述固定液，并将凝胶置于胶体染料之中（每块凝胶 100 ～ 300mL，具体量取决于凝胶的大小）。

③ 放置过夜或更长时间。在 7d 以前，染色会越来越浓。

④ 用水不断冲洗凝胶，除去残留的染料。

（7）凝胶扫描　将染后的胶用 Image scanner（GE）扫描仪扫描，透射模式，分辨率为 300dpi。采用 Bio-Rad 公司 PDQuest7.0 凝胶图像分析软件读取分析图像数据，将各组原始扫描图像剪切成同样大小，对图像进行分析。

（8）蛋白点的酶解

① 将所选择的胶点用 1.5mm 切胶笔切下，置于 Eppendorf（EP）管或 96 孔 PCR 板中，并记录点号及相应的位置。

② 加 50μL DDH$_2$O 洗两次，10min/ 次。

③ 加 50mmol/L NH$_4$HCO$_3$- 乙腈（1 : 1）溶液（考染脱色液）50μL，超声脱色 5min 或 37℃脱色 20min，吸干［若为银染，一般不需要脱色；若必须脱色，使用 15mmol/L K$_3$Fe(CN)$_6$/50mmol/L Na$_2$S$_2$O$_3$，轻摇直到变为淡黄色透明，再用水反复洗至无色］。

④ 重复步骤 ③，直至蓝色褪去；加乙腈 50μL 脱水至胶粒完全变白，真空抽干 10min。

⑤ 加 10mmol/L DTT（10μL 1mol/L DTT，990μL 25mmol/L NH$_4$HCO$_3$ 配制）20μL，56℃ 水浴 1h。

⑥ 冷却到室温后，吸干，快速加 55mmol/L IAM（55μL 1mol/L IAM，945μL 25mmol/L NH$_4$HCO$_3$ 配制）20μL，置于暗室 45min。

⑦ 依次用 25mmol/L NH$_4$HCO$_3$（2×10min）、25mmol/L NH$_4$HCO$_3$ +50% 乙腈溶液（2×10min）

和乙腈洗（10min），乙腈脱水到胶粒完全变白为止，真空抽干 10min。

⑧ 将 0.1μg/μL 的酶储液以 25mmol/L NH₄HCO₃ 稀释 10～20 倍，每 EP 管加 2～3μL，稍微离心一下，让酶液充分与胶粒接触，4℃或冰上放置 30min，待溶液被胶块完全吸收，加 25mmol/L NH₄HCO₃ 至总体积 10～15μL 置 37℃，消化过夜。

⑨ 加入 1%TFA 终止反应，使 TFA 终浓度为 0.1%，振荡混匀，离心，备用。

（9）蛋白质质谱鉴定和数据检索　蛋白质质谱鉴定由北京华大蛋白质组学研究中心进行，质谱仪为 ultraflex TOF/TOF（Bruker），得到一级肽质量指纹图谱（PMF）。质谱结果 MASCOT 进行数据库检索。具体方法如下：将考染显示的胶上差异蛋白质斑点切割下来，切碎置 60μL 脱色液（50% 乙腈/50mmol/L 重碳酸铵）混旋，离心弃上清液，重复 2 次，然后加入 60μL 乙腈混旋，离心弃上清液，40℃干胶 20min，至胶粒呈白色，接着加入胰蛋白酶溶液（20mL/L 胰蛋白酶），4℃放置 20min，使胶粒重复吸收酶液，然后弃去多余的酶液，加 15μL 100mmol/L NH₄HCO₃ 覆盖胶粒，37℃酶解 12h，加 60μL 提取液（50% 乙腈/0.1% 三氟乙酸）超声 5min 离心收集上清酶解肽段，重复 2 次，置于 96 孔板中氮气吹干，备质谱检测。质谱分析条件：337nm 氮激光，强度 2000～2200；反射模式；加速电压 20kVP；延迟时间 120ns；栅格 75。导向网：0.3～0.8L 基质反复吹打干燥的肽段，点样于 MALDI-TOF 质谱靶板上，用一个 20kV 的加速电压进行质谱分析，开始获取数据得到肽指纹图。数据库检索，采用 MASCOTMS/MS 离子自动检索软件系统和 NCBIMS 数据库检索参数设置，种类为微生物，酶为胰蛋白酶。根据肽段与数据库中肽段的匹配情况确定蛋白质。

3. 统计

（1）差异蛋白质的层次聚类分析　通过 quantity one 软件分析所有的差异蛋白质的灰度值，以灰度值作为层次聚类聚类算法的输入值，采用 cluster 3.0 软件，进行层次聚类分析，其中距离采用 Euclidean distance，连接（linkage）采用 average。

（2）Pathway 分析　所有的差异进行 KEGG pathway 分析，数据库比对网址 http://www.kegg.jp/，输入差异蛋白质点的 NCBI GI 号，搜索 KEGG 数据库。

二、细胞破碎方法优化

与对照相比，球形赖氨酸芽胞杆菌 FLQ-11-1 经沸水浴、玻璃珠机械破碎和超声破碎后，都出现了不同程度菌体碎片，只是 3 种破碎程度差异明显，超声破碎程度最强，对细胞的破坏程度最强，完整形态细胞最少；玻璃珠机械破碎对细胞破坏程度稍弱；沸水浴则对细胞形态破坏最少，细胞完整结构数量最多（图 5-31）。

SDS-PAGE 电泳图谱分析见图 5-32，不同破碎提取蛋白图谱存在差异。超声破碎提取的蛋白图谱条带最多，最为清晰，着色较深，两菌株重复性很好，蛋白谱带为

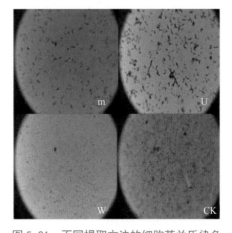

图 5-31　不同提取方法的细胞革兰氏染色

W—沸水浴提取；U—超声破碎提取；m—玻璃珠机械破碎提取

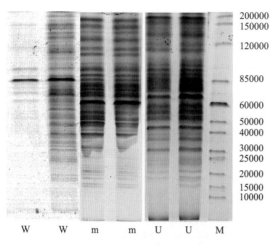

图 5-32　不同破碎提取方法提取的蛋白质电泳图谱

30 ～ 32 条，分子量范围为 1.6 万～ 20.0 万。而机械破碎提取的方法，蛋白条带，与超声破碎相比，条带较模糊，效果不稳定，重复性不好，该方法提取的巨大芽胞杆菌的蛋白谱带大约为 15 ～ 20 条，分子量范围为 1.5 万～ 18.0 万。沸水浴提取的蛋白图谱不仅条带少，条带很模糊，且重复性很差。超声破碎提取方法得到的蛋白提浓度最高，为 20.247mg/mL；机械破碎提取的蛋白浓度其次，浓度为 10.572mg/mL；沸水浴破碎提取的效果最差，蛋白提取率很低，仅为 1.366mg/mL。

三、芽胞杆菌 FLQ-11-1 降解过程分泌蛋白的双向电泳分析

通过超声破碎提取处理和对照发酵液中的全菌体蛋白，分别标记 M 和 1。以凝胶长度为因变量，pH 值为自变量，绘制出 IEF 胶条的等电点标准曲线，结果显示，凝胶长度和 pH 值呈现良好的线性关系；其回归方程式为 $y=5.1501x+0.0206$，决定系数 $R^2=0.991$。用 2-D 图谱分析软件进行分析，全菌体蛋白样品 2-DE 图谱 20 ～ 100kDa 出现许多清晰的差异蛋白点。蛋白点主要集中在酸性蛋白，碱性蛋白点差异不显著，按分子量来分，蛋白质点主要集中在 2.0 万～ 10.0 万之间，其中氟氯氰菊酯诱导下特异性蛋白质点有 24 个；与对照相比，氟氯氰菊酯诱导下 3 倍差异的蛋白点有 9 个，2 倍差异蛋白质点有 27 个（图 5-33）。

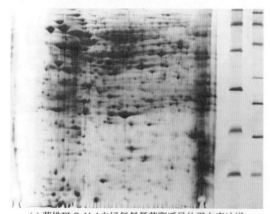

(a) 菌株FLQ-11-1未经氟氯氰菊酯诱导的蛋白表达谱

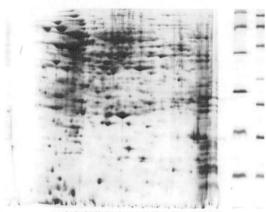

(b) 氟氯氰菊酯诱导下菌株的蛋白表达谱

图 5-33　菌株 FLQ-11-1 的蛋白表达谱

四、差异蛋白点的 PMF 鉴定

与对照相比，取出处理样品中新出现的蛋白点及表达量上调 2 倍和 3 倍的蛋白点，共

40 个点，进行肽质量图谱 PMF 鉴定，见表 5-15、图 5-34、图 5-35。这些蛋白经鉴定属于磷酸泛酰巯基乙胺基转移酶（phosphopantetheinyl transferase）、短链脱氢酶（short chain dehydrogenase）、烯醇酶（enolase）、巯基过氧化物酶（thiol peroxidase）、精氨酸酶（arginase）、柠檬酸缩合酶（citrate synthase Ⅱ）、锰依赖型无机焦磷酸酶（manganese-dependent inorganic pyrophosphatase）、dTDP-4- 脱氢鼠李糖还原酶 (dTDP-4-dehydrorhamnose reductase)、细胞分裂蛋白 FtsA（cell division protein ftsA）、β- 内酰胺酶 C（beta-lactamase class C）、转录调控因子（transcriptional regulator）、乙醛脱氢酶（NAD）家族蛋白［aldehyde dehydrogenase (NAD) family protein］、GCN5- 相关 N- 乙酰转移酶（GCN5-related N-acetyltransferase）、23S rRNA U-5- 甲基转移酶 RumA［23S rRNA (uracil-5-)-methyltransferase RumA］、δ- 氨基乙酰丙酸脱氢酶（delta-aminolevulinic acid dehydratase）、乙醛酸还原酶（glyoxylate reductase）、鸟氨酸氨基转移酶 2（ornithine aminotransferase 2）、异分支酸水解酶（isochorismatase hydrolase）、NAD 特异谷氨酸脱氢酶（NAD-specific glutamate dehydrogenase）、NADH 脱氢酶（NADH dehydrogenase，Ndh）、翻译延长因子 Tu（translation elongation factor Tu）、聚羟基脂肪酸酯包涵体蛋白（polyhydroxyalkanoic acid inclusion protcin，PhaP）、L- 乳酸脱氢酶（L-lactate dehydrogenase）、α- 葡萄糖磷酸变位酶（alpha-phospho- glucomutase）、2- 酮戊二酸脱氢酶复合体（2-oxoglutarate dehydrogenase complex）、硫铁蛋白（iron-sulfur protein）、乙酸苯酯 -CoA 连接酶（phenylacetate-CoA ligase）、丙氨酸脱氢酶（alanine dehydrogenase）。其中与氟氯氰菊酯代谢相关的蛋白有短链脱氢酶、烯醇酶、巯基过氧化物酶、乙醛脱氢酶（NAD）家族蛋白、δ- 氨基乙酰丙酸脱氢酶、乙醛酸还原酶、异分支酸酶水解酶、聚羟基脂肪酸酯包涵体蛋白 PhaP、L- 乳酸脱氢酶、2- 酮戊二酸脱氢酶复合体、丙氨酸脱氢酶。

表 5-15　差异蛋白质点的 PMF 鉴定

蛋白点	蛋白名称	等电点 pI	分子量	序列号	匹配频次
66	分隔蛋白 SpoVG（septation protein SpoVG）	5.02866	13	gi|294496920	7
18	磷酸泛酰巯基乙胺基转移酶（phosphopantetheinyl transferase）	4.64593	11	gi|374296197	9
58	假定蛋白 RS9916_32322（hypothetical protein RS9916_32322）	5.66096	13	gi|116073233	5
49	短链脱氢酶（short chain dehydrogenase）	4.4467	13	gi|389704835	8
75	烯醇酶（enolase）	6.28487	14	gi|294501759	15
124	烯醇酶（enolase）	6.92017	18	gi|42784284	10
153	巯基过氧化物酶（thiol peroxidase）	5.01079	21	gi|294501531	6
555	核酸外切酶 RexB（exonuclease RexB）	5.59331	46	gi|320546488	18
845	精氨酸酶（arginase）	4.76052	38	gi|295705999	12
168	烯醇酶（enolase）	5.2028	22	gi|294501759	13
507	柠檬酸合成酶 Ⅱ（citrate synthase Ⅱ）	5.47249	41	gi|294501506	14
496	假定蛋白 MHC_03615（hypothetical protein MHC_03615）	6.548	40	gi|374318327	8
596	假定蛋白 A79E_2956（hypothetical protein A79E_2956）	6.57713	48	gi|402781205	5
127	假定蛋白 BMWSH_2858（hypothetical protein BMWSH_2858）	5.01942	18	gi|384047032	10
324	锰依赖无机焦磷酸酶	5.57174	32	gi|345861871	6

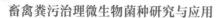
续表

蛋白点	蛋白名称	等电点 p/	分子量	序列号	匹配频次
249	dTDP-4- 脱氢鼠李糖还原酶（dTDP-4-dehydrorhamnose reductase）	6.65804	27	gi|375149949	7
107	含 S1 RNA 结合结构域蛋白（S1 RNA binding domain-containing protein）	5.03776	17	gi|294501660	13
378	细胞分裂蛋白 ftsA（cell division protein ftsA）	4.96764	34	gi|255536586	11
419	青霉素结合蛋白，C 类 β- 内酰胺酶（penicillin-binding protein, beta-lactamase class C）	5.39914	37	gi|398821486	10
533	转录调节子（transcriptional regulator）	4.62783	42	gi|419285545	12
612	假定蛋白 PSPA7_3179（hypothetical protein PSPA7_3179）	5.54045	49	gi|152989113	14
617	乙醛脱氢酶（NAD）家族蛋白［aldehyde dehydrogenase (NAD) family protein］	6.78749	50	gi|295704122/ gi|295707210	33
528	保守的假定蛋白（conserved hypothetical protein）	5.35707	42	gi|298530917	14
474	GCN5 相关的 N- 乙酰转移酶（GCN5-related N-acetyltransferase）	5.55771	40	gi|374376249	8
491	23S rRNA（尿嘧啶 -5-）- 甲基转移酶 RumA［23S rRNA (uracil-5-)-methyltransferase RumA］	4.91802	40	gi|401683584	10
520	假定蛋白 HMPREF9708_00430（hypothetical protein HMPREF9708_00430）	4.59655	42	gi|375089715	10
659	电子传递蛋白 yvfW（electron transport protein yvfW）	6.74649	57	gi|384048168	15
458	δ- 氨基乙酰丙酸脱水酶（胆色素原合酶）［δ-aminolevulinic acid dehydratase (Porphobilinogen synthase)］	5.55987	39	gi|384044745	23
499	乙醛酸还原酶（glyoxylate reductase）	5.33873	41	gi|294500280	17
562	鸟氨酸氨基转移酶 2（ornithine aminotransferase 2）	5.58792	45	gi|384048765	13
563	异分支酸酶水解酶（isochorismatase hydrolase）	4.90291	47	gi|384046840	13
166	NAD 特异性谷氨酸脱氢酶（NAD-specific glutamate dehydrogenase）	5.45307	22	gi|294499193	27
527	NADH 脱氢酶 Ndh（NADH dehydrogenase Ndh）	6.93743	42	gi|294499387	15
731	次黄嘌呤磷酸核糖转移酶 / 聚羟基烷酸包涵体蛋白 PhaP（hypoxanthine phosphoribosyltransferase/polyhydroxyalkanoic acid inclusion protein PhaP）	5.06365	68	gi|294496940/ gi|294497993	12/14
684	聚羟基烷酸包涵体蛋白 PhaP（polyhydroxyalkanoic acid inclusion protein PhaP）	5.93312	60	gi|384048184	19
200	翻译延长因子 Tu（translation elongation factor Tu）	6.01402	25	gi|295702348	21
577	聚羟基烷酸包涵体蛋白 PhaP（polyhydroxyalkanoic acid inclusion protein PhaP）	5.71521	46	gi|294497993	19
165	L- 乳酸脱氢酶（L-lactate dehydrogenase）	5.36354	22	gi|294497312	12
140	α- 葡萄糖磷酸变位酶（alpha-phosphoglucomutase）	4.96332	19	gi|294497324	23
252	假定蛋白 BMQ_2011（hypothetical protein BMQ_2011）	6.01079	27	gi|294498774	11
679	假定蛋白 HMPREF0662_00235（hypothetical protein HMPREF0662_00235）	4.73296	46	gi|445112640	12
621	2- 酮戊二酸脱氢酶复合物（二氢硫辛酰胺转琥珀酸酶，E2 亚单位）［2-oxoglutarate dehydrogenase complex (dihydrolipoamide transsuccinylase, E2 subunit)］	5.78259	42	gi|384046453	14

蛋白点	蛋白名称	等电点 p/	分子量	序列号	匹配频次
416	铁硫蛋白（iron-sulfur protein）	4.75918	32	gi|359148276	9
53	苯乙酸 -CoA 连接酶（phenylacetate-CoA ligase）	6.08563	13	gi|359792439	9
745	烯醇酶（enolase）[*Bacillus megaterium* QM B1551]	5.54981	58	gi|294501759	20
45	假定蛋白 Amet_1727（hypothetical protein Amet_1727）	6.27438	12	gi|150389513	5
119	烟酸 - 核苷酸二磷酸酶（nicotinate-nucleotide diphosphorylase）	4.44565	17	gi|306832170	8
396	分子伴侣 GrpE	4.44355	33	gi|159507392	12
536	丙氨酸脱氢酶（alanine dehydrogenase）	4.45404	39	gi|294501924	15
545	鸟氨酸氨基转移酶 2（ornithine aminotransferase 2）	5.70658	42	gi|384048765	11

图 5-34　菌株 FLQ-11-1 蛋白质双向电泳图谱

图 5-35　氟氯氰菊酯诱导下菌株 FLQ-11-1 表达的蛋白图谱

五、差异蛋白质层次聚类分析

对筛选到的差异蛋白质点，选取其灰度值，构建数据矩阵，通过 cluster 3.0 软件进行层次聚类分析（DEP），结果见图 5-36，颜色表示差异表达量，红色表示有表达，黑色表示无表达，红色越深表达量越高。

六、通路分析

共找到 51 个相关的通路，包括三羧酸循环、丙氨酸天冬氨酸和谷氨酸代谢、半胱氨酸和蛋氨酸代谢、精氨酸和脯氨酸代谢、淀粉和蔗糖代谢、乙醛酸二羧酸代谢、碳代谢、2-氧代羧酸代谢、次生代谢物代谢、丙酮酸酯代谢、二羧酸代谢、氮代谢、萜类化合物和多酮类化合物降解代谢、氯化烃降解代谢、氨基苯甲酸甲酯降解代谢、苯酸盐降解途径、硝基甲苯降解代谢、甲烷降解代谢、乙苯降解代谢、谷胱甘肽代谢、细胞氧化磷酸化等过程。参与代谢过程的差异蛋白受的编码基因分别是 *spoVG*、*eno*、*tpx*、*citZ*、*yvfW*、*hemB*、*rocD*、*rocG*、*ndh*、*hpt*、*tuf*、*ldh*、*pgcA*、*odhB*、*ald*、*argI*。

图 5-36　差异蛋白质层次聚类分析

七、几个差异蛋白点的肽质量指纹图谱分析

1. 蛋白点 499 的 PMF 分析结果

经双向电泳分析，得到蛋白点 499 在处理组中特异性表达，图 5-37 为该蛋白点的 PMF 图谱，横坐标为肽片段质荷比（m/z），纵坐标为肽片段相对丰度，每个有效峰的上方为该肽段的质荷比。PMF 图谱经 Mascot 数据库检索得到与之匹配的肽段数为 17，得分为 130（图 5-38，表 5-16），肽段序列覆盖率为 57%，鉴定为乙醛酸还原酶。

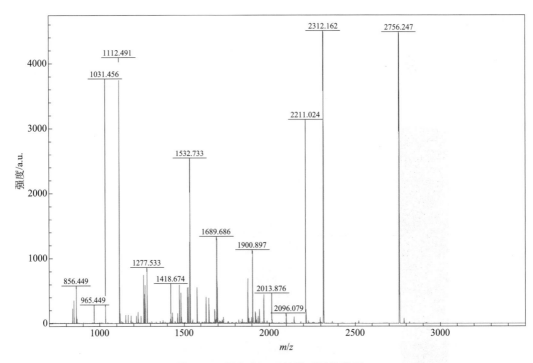

图 5-37 蛋白点 499 的肽质量指纹图

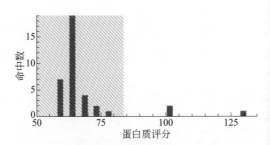

图 5-38 蛋白点 499 的 Mascot 的搜索结果

表 5-16 蛋白质点 499 的肽质量指纹图谱检索结果

同源蛋白	NCBI 登录号	等电点 pI	M_W(Delta)	序列覆盖度
乙醛酸还原酶	NC_014019.1	5.1	35635	57%
起始—终止	表观值	M_r(预期值)	M_r(计算值)	肽段
20—34	1818.775	1817.768	1817.771	K.LAEHCDIQMWEGEGK.I + Oxidation (M)
35—41	856.4488	855.4415	855.4814	K.IPQETLR.D
35—45	1426.71	1425.702	1425.773	K.IPQETLRDWLR.D

同源蛋白	NCBI 登录号	等电点 p*I*	*M*_w(Delta)	序列覆盖度
46—70	2756.247	2755.24	2755.345	R.DADGFFNIGHITVDEELLEAAPNLR.V
71—89	2013.876	2012.869	2012.936	R.VISQSGVGYDSVDVEACTK.K
71—90	2141.969	2140.962	2141.031	R.VISQSGVGYDSVDVEACTKK.G
119—126	1031.457	1030.449	1030.52	R.RIHEGYEK.V
127—143	1923.889	1922.881	1922.989	K.VKQGNWETVFGVDLFGK.T
144—159	1516.726	1515.719	1515.808	K.TLGIVGMGDIGSAVAR.R
144—159	1532.733	1531.726	1531.803	K.TLGIVGMGDIGSAVAR.R + Oxidation (M)
163—173	1261.542	1260.535	1260.603	K.ASGMNIVYHNR.S
163—173	1277.533	1276.525	1276.598	K.ASGMNIVYHNR.S + Oxidation (M)
221—233	1415.706	1414.699	1414.703	K.AMKSSAYFVNAAR.G
270—290	2312.162	2311.154	2311.254	K.LLQLSNVLVTPHIGSATYETR.N
293—307	1627.749	1626.741	1626.901	R.MADLAVQNLLLGLEK.K
293—307	1643.802	1642.795	1642.896	R.MADLAVQNLLLGLEK.K + Oxidation (M)
308—321	1692.771	1691.764	1691.855	K.KPLVTCVNEEVNYK.-

注：未匹配到 834.4062、842.4634、860.9940、965.4492、1112.4913、1116.5591、1149.5473、1163.5579、1178.4967、1180.6618、1212.5409、1222.8486、1224.5879、1240.5902、1256.6311、1265.5831、1371.6496、1418.6737、1427.7680、1457.6412、1468.6934、1477.9762、1480.6803、1521.6309、1530.7718、1574.7436、1677.7632、1689.6865、1721.7512、1728.7625、1839.9062、1872.8493、1878.8412、1894.8293、1900.8966、1916.8924、1919.8561、1932.8852、1940.8339、1965.9233、2096.0790、2211.0238、2213.1240、2293.1116、2784.3502。

蛋白质点 499 的氨基酸序列如下（粗体为匹配部分）：

1	MGKYKVVMSG	KTWPNAYEKL	**AEHCDIQMWE**	**GEGKIPQETL**	**RDWLRDADGF**
51	**FNIGHITVDE**	**ELLEAAPNLR**	**VISQSGVGYD**	**SVDVEACTKK**	GVPFSNTPGV
101	LVEATADLTF	GLLLSAARRI	**HEGYEKVKQG**	**NWETVFGVDL**	**FGKTLGIVGM**
151	**GDIGSAVARR**	AKASGMNIVY	HNRSRKHEAE	KELDAVYLSF	EELLHTADCI
201	VCLVPLSNES	KGMFGEEEFK	**AMKSSAYFVN**	**AARGGLVNTE**	ALYEALKNEE
251	IAYAALDVTD	PEPLPADHKL	**LQLSNVLVTP**	**HIGSATYETR**	NRMADLAVQN
301	**LLLGLEKKPL**	**VTCVNEEVNY**	K		

2. 蛋白点 617 的 PMF 的分析结果

蛋白点 617 为处理组中特异性表达，图 5-39 为该蛋白点 PMF 图谱，Mascot 数据库检索得到与之匹配的肽段数为 20，得分为 120（图 5-40，表 5-17），肽段序列覆盖率为 50%。鉴定结果为乙醛脱氢酶（NAD）家族蛋白，序列号为 YP_003597197。

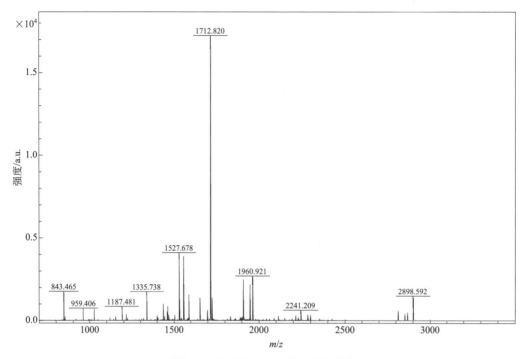

图 5-39　蛋白点 617 的肽质量指纹图

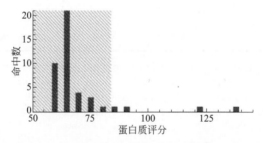

图 5-40　蛋白点 617 的 Mascot 的搜索结果

表 5-17　蛋白质点 617 的肽质量指纹图谱检索结果

同源蛋白	NCBI 登录号	等电点 p*I*	M_w(Delta)	序列覆盖度
乙醛脱氢酶（NAD）家族蛋白	YP_003597197	5.37	54071	50%
起始—终止	表观值	M_r（预期值）	M_r（计算值）	肽段
24—38	1694.79	1693.782	1693.831	K.QLYINGEWVDSVSGK.T
51—64	1527.678	1526.671	1526.721	K.LADVAEANPEDIDR.A
68—80	1485.706	1484.699	1484.716	R.AAREAFDHGPWTK.M
71—80	1187.482	1186.474	1186.541	R.EAFDHGPWTK.M
118—132	1712.82	1711.813	1711.853	R.ETSNADIPLAIEHFR.Y
133—140	959.4058	958.3985	958.4549	R.YFAGWSTK.M
141—157	1944.926	1943.919	1943.956	K.MVGQTIPVQGAYFNYTR.Y

同源蛋白	NCBI 登录号	等电点 p*I*	*M*_W(Delta)	序列覆盖度
141—157	1960.921	1959.914	1959.951	K.MVGQTIPVQGAYFNYTR.Y + Oxidation (M)
181—208	2898.592	2897.585	2897.605	K.LGAALATGCTIVLKPAEQTPLSALYLAR.L
218—228	1116.558	1115.551	1115.634	K.GVLNIVPGYGK.T
229—242	1530.758	1529.75	1529.784	K.TAGEPLVHHDLVDK.I
274—286	1396.702	1395.695	1395.761	K.SPNIILPDADLTK.A
287—308	2280.057	2279.049	2279.061	K.AVPGALSGIMFNQGQVCCAGSR.L
287—308	2296.032	2295.025	2295.056	K.AVPGALSGIMFNQGQVCCAGSR.L + Oxidation (M)
314—328	1651.791	1650.783	1650.847	K.SLYDNVVADLVSQTK.S
399—420	2421.154	2420.147	2420.182	R.EEIFGPVVAAMPFDDLDDLIAK.A + Oxidation (M)
421—438	1893.889	1892.882	1892.927	K.ANDTAYGLAAGVWTQDLK.K
439—448	1137.578	1136.57	1136.645	K.KAHYIAHGIK.A
440—448	1009.491	1008.483	1008.551	K.AHYIAHGIK.A
477—490	1635.721	1634.714	1634.713	R.EMGSYALDNYTEVK.S + Oxidation (M)

注：未匹配到 837.3993, 842.4497, 843.4647, 850.3868, 914.4580, 991.3999, 1024.5525, 1045.5180, 1138.5926, 1149.5319, 1211.5849, 1219.4890, 1270.5343, 1304.7011, 1315.6469, 1335.7383, 1359.6388, 1384.6978, 1401.6759, 1402.0344, 1427.7844, 1433.6621, 1440.7109, 1456.7101, 1458.6270, 1459.6280, 1465.7208, 1501.1322, 1540.8145, 1553.6947, 1555.8231, 1577.7561, 1581.8358, 1585.7995, 1666.8258, 1705.8636, 1721.9343, 1727.8329, 1809.9415, 1829.8386, 1857.9192, 1885.9687, 1888.8744, 1900.9852, 1906.1469, 1910.9358, 1915.9409, 1976.9645, 2040.9734, 2057.9918, 2084.9735, 2110.0243, 2147.0431, 2190.0192, 2211.0762, 2225.1107, 2241.2087, 2348.2030, 2809.5702, 2849.4498, 2865.4356。

蛋白质点 617 的氨基酸序列如下（粗体为匹配序列）：

1	MQNLGAKKVE	MSPKVVEFLK	GVK**QLYINGE**	**WVDSVSGK**TF	ETVNPATGEK
51	**LADVAEANPE**	**DIDR**AVRAAR	**EAFDHGPWTK**	MSAAERSRLI	YKLADLMETH
101	QLELAQLETL	DNGKPIR**ETS**	**NADIPLAIEH**	**FRYFAGWSTK**	**MVGQTIPVQG**
151	**AYFNYTR**YEP	VGVVGQIIPW	NFPLLMAAWK	**LGAALATGCT**	**IVLKPAEQTP**
201	**LSALYLAR**LA	DEAGFPK**GVL**	**NIVPGYGKTA**	**GEPLVHHDLV**	**DK**IAFTGSTA
251	VGKAIMKQAS	DSLKRVTLEL	GGK**SPNIILP**	**DADLTKAVPG**	**ALSGIMFNQG**
301	**QVCCAGSR**LY	VQK**SLYDNVV**	**ADLVSQTK**SI	KQGNGLADET	TMGPLVSAQQ
351	QKRVKTYIDK	GIEEGAEVLA	GGNIPFDQGY	FVEPTIFADV	DHSMTIAR**EE**
401	**IFGPVVAAMP**	**FDDLDDLIAK**	**ANDTAYGLAA**	**GVWTQDLKKA**	**HYIAHGIK**AG
451	TVWVNCYNVF	DAASPFGGYK	QSGIGR**EMGS**	**YALDNYTEVK**	SVWINME

3. 蛋白质点 458 的 PMF 分析结果

蛋白质点 458 为处理组上调表达基因，图 5-41 为该蛋白点的 PMF 图谱，Mascot 数据库检索得到与之匹配的肽段数为 23，得分为 167(图 5-42、表 5-18)，肽段序列覆盖率为 60%。搜索 NCBI 数据库得到该蛋白质点为属于 *δ*- 氨基乙酰丙酸脱氢酶，登录号为 YP_005492762，该蛋白质点 p*I* 为 5.32，*M*_W 值为 36486。

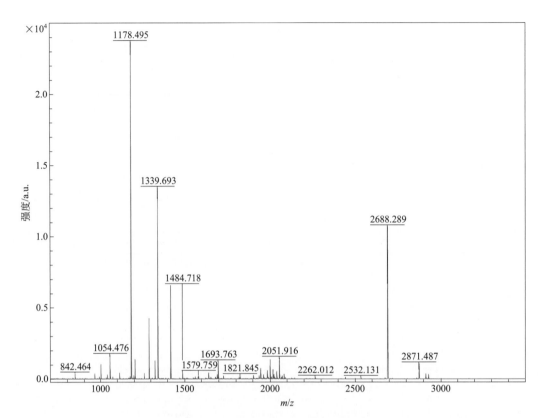

图 5-41　蛋白点 458 的肽质量指纹图

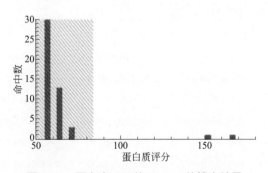

图 5-42　蛋白点 458 的 Mascot 的搜索结果

表 5-18　蛋白质点 458 的肽质量指纹图谱检索结果

同源蛋白	NCBI 登录号	等电点 pI	M_{w}(Delta)	序列覆盖度
δ- 氨基乙酰丙酸脱氢酶	YP_005492762	5.32	36486	60%
起始—终止	表观值	M_{r}(预期值)	M_{r}(计算值)	肽段
1—8	1038.49	1037.483	1037.533	MKDLQFTR.H
1—8	1054.476	1053.469	1053.528	MKDLQFTR.H + Oxidation (M)
12—19	989.5102	988.503	988.5236	R.LRNSVNMR.A

同源蛋白	NCBI 登录号	等电点 p*I*	*M*_w(Delta)	序列覆盖度
76—102	2857.316	2856.309	2856.387	K.SAMVFGVPAEKDAVGSQAYHDHGIVQK.G + Oxidation(M)
87—102	1724.774	1723.766	1723.828	K.DAVGSQAYHDHGIVQK.G
139—150	1339.693	1338.686	1338.751	K.ILNDPSLDLLAR.T
139—157	2025.07	2024.062	2024.127	K.ILNDPSLDLLARTAVSQAK.A
158—177	2019.93	2018.923	2018.992	K.AGADIIAPSNMMDGFVAAIR.H
158—177	2035.91	2034.903	2034.987	K.AGADIIAPSNMMDGFVAAIR.H + Oxidation (M)
158—177	2051.916	2050.909	2050.982	K.AGADIIAPSNMMDGFVAAIR.H + 2Oxidation (M)
178—196	2063.91	2062.903	2062.967	R.HGLDEAGFEDVPVMSYAVK.Y
176—196	2079.902	2078.895	2078.962	R.HGLDEAGFEDVPVMSYAVK.Y + Oxidation (M)
197—206	1178.495	1177.488	1177.556	K.YASAFYGPFR.D
207—218	1287.51	1286.502	1286.564	R.DAAHSSPQFGDR.K
207—219	1415.625	1414.617	1414.659	R.DAAHSSPQFGDRK.T
220—228	1111.436	1110.429	1110.476	K.TYQMDPANR.L + Oxidation (M)
220—233	1677.778	1676.771	1676.83	K.TYQMDPANRLEALR.E
220—233	1693.763	1692.756	1692.825	K.TYQMDPANRLEALR.E + Oxidation (M)
234—259	2910.353	2909.346	2909.437	R.EAESDVEEGADFLIVKPALSYLDIMR.D
234—259	2926.364	2925.357	2925.432	R.EAESDVEEGADFLIVKPALSYLDIMR.D + Oxidation (M)
263—282	2262.012	2261.005	2261.104	K.NTFNLPVVAYNVSGEYSMIK.A + Oxidation (M)
305—317	1414.734	1413.726	1413.773	K.RAGADLIVTYHAK.D
306—317	1258.597	1257.59	1257.672	R.AGADLIVTYHAK.D

注：未匹配到 842.4640, 962.4655, 990.5050, 999.9038, 1031.5174, 1056.7310, 1070.4865, 1169.5768, 1172.5172, 1188.5020, 1194.5120, 1201.5899, 1306.5232, 1322.7322, 1385.6275, 1467.6977, 1484.7180, 1506.6637, 1513.7041, 1547.7996, 1560.7356, 1576.7391, 1579.7586, 1639.0131, 1651.8108, 1687.8072, 1815.8641, 1821.8452, 1899.8886, 1933.1212, 1942.6449, 1959.1292, 1962.9490, 1981.1006, 1997.0991, 2001.9821, 2004.9531, 2011.9859, 2013.9798, 2067.9238, 2440.0469, 2532.1309, 2672.8422, 2688.2893, 2871.4865。

蛋白质点 458 的序列如下（粗体部分为完全匹配）：

1	**MKDLQFTR**HR	**RLRNSVNMRA**	LVRETHLHPE	DFIYPIFIVE	GEQKRNAVKS
51	MPGVDQISLD	YLNDEIQELV	DLGIK**SAMVF**	**GVPAEKDAVG**	**SQAYHDHGIV**
101	**QK**GIRQIKEN	FPDFVVIADT	CLCQYTDHGH	CGVIEDGKIL	**NDPSLDLLAR**
151	**TAVSQAKAGA**	**DIIAPSNMMD**	**GFVAAIRHGL**	**DEAGFEDVPV**	**MSYAVK**YASA
201	**FYGPFRDAAH**	**SSPQFGDRKT**	**YQMDPANRLE**	**ALREAESDVE**	**EGADFLIVKP**
251	**ALSYLDIMR**D	VK**NTFNLPVV**	**AYNVSGEYSM**	**IK**AAAQNGWV	NEKEIVLEKL
301	ISMK**RAGADL**	**IVTYHAK**DAA	RWLSDK		

八、讨论

芽胞杆菌具有抗逆和易产芽胞特异性的特点，实验室常规蛋白提取方法不一定适合芽胞杆菌这一类革兰氏阳性菌。蛋白提取的关键步骤是细胞破碎和蛋白质溶解，不同的破碎方法提取的蛋白质效果不同。本实验采用超声、沸水浴和玻璃珠机械破碎提取芽胞杆菌蛋白，通过 SDS-PAGE 图谱分析和 Bradford 法定量分析得到，通过加入玻璃珠机械破碎这种方式提取的蛋白浓度高，重复性好。该方法与其他方法相比，得到的蛋白条带多，谱图全，提取率高。而超声破碎芽胞杆菌，存在超声声频和声能及超声时间的影响，频率太低超声空化引起的冲击波和剪切力不足，芽胞杆菌细胞壁破碎不彻底，蛋白提取不充分，超声强度太大，容易引起溶液产生泡沫，易导致蛋白质变性。沸水浴易使蛋白变性，即使细胞破碎完全，蛋白质的提取率还是很低。因此，通过玻璃珠机械破碎仪破碎提取芽胞杆菌的蛋白质效果最好，该方法可以适合芽胞杆菌类革兰氏阳性菌蛋白提取。

采用蛋白质组学技术比较 FLQ-11-1 菌株在氟氯氰菊酯农药诱导下细胞蛋白表达谱的差异，寻找氟氯氰菊酯农药降解相关的蛋白质，研究共鉴定氟氯氰菊酯诱导下特异性表达蛋白质有 24 个，差异表达的蛋白质点有 36 个，其中 2 倍差异的 27 个，3 倍差异的 9 个，通过 PFM 鉴定得到与农药降解相关的蛋白质有 11 种，其中蛋白质点 499 乙醛酸还原酶、蛋白质点 617 乙醛脱氢酶 NAD 家族蛋白和蛋白质点 458 δ- 氨基乙酰丙酸脱氢酶在农药氟氯氰菊酯诱导特异性表达。

第七节
难降解有机物降解菌的蛋白结构

通过双向电泳找到与氟氯氰菊酯降解相关的蛋白质，蛋白质点 499 乙醛酸还原酶、蛋白质点 617 NAD 特异谷氨酸脱氢酶和蛋白质点 458 δ- 氨基乙酰丙酸脱氢酶，为氟氯氰菊酯降解过程中特异性表达蛋白。蛋白质的组成结构决定了蛋白质的生物学特性，其生物学活性和功能都由氨基酸的高级结构，即多肽链折叠盒盘曲形成稳定的空间结构所决定的。因此，特异性表达蛋白质点的物理性质、二级结构、三级结构、结构域、氨基酸组成结构与其降解的特性具有重要的联系。随着生物信息学的发展，利用生物信息学手段挖掘和分析功能物质的结构域等重要功能区域具有重要的作用，本章节通过生物信息学分析技术，如 Expasy 开发的 Protparam 工具，SWISS-MODEL 在线比对对氟氯氰菊酯降解蛋白质的高级结构进行分析。

一、研究方法

1. 数据来源

根据 PMF 鉴定结果，选取与氟氯氰菊酯降解相关 3 个特异性表达的蛋白质点的原始氨基酸序列，蛋白质点 458、499、617。

2. 实验方法

（1）蛋白质点物理性质分析

① 蛋白质点进行物理性质分析 包括氨基酸数目、分子量、等电点、氨基酸组成结构、正 / 负电荷残基数、蛋白质分子式、半衰期、不稳定系数、脂肪酸系数、总平均亲和性。通过 Expasy 开发的 Protparam 工具进行分析，分析网址为 http://www.expasy. org/tools/protparam.htmL。

② 蛋白质点的疏水性 / 亲水性 蛋白质氨基酸的疏水性 / 亲水性的预测与分析通过 Protscal 在线分析软件，http://web.expasy.org/protscale/，氨基酸比例参照（Kyte and Doolittle，1982）。

③ 蛋白质点的翻译后修饰的磷酸化位点分析 蛋白质翻译后修饰的磷酸化位点分析用 NetPho s2.0 Server 在线软件分析，http://www.cbs.dtu.dk/services/NetPhos/，预测位点为苏氨酸、丝氨酸、酪氨酸（Blom et al., 1999）。

④ 蛋白质点的信号肽分析 信号肽序列分析用 SignalP 分析工具，http://www.cbs.dtu.dk/services/SignalP/，生物类型为革兰氏阳性菌，SignalP-noTM networks 的阈值为 0.57，SignalP-TM networks 的阈值为 0.45（Petersen et al., 2011）。

⑤ 蛋白质点的跨膜结构域分析 跨膜结构域的分析用 TMHMM 在线分析，http://www.cbs.dtu.dk/services/TMHMM-2.0/。

（2）蛋白质点二级结构预测 蛋白质点二级结构预测通过 SWISS-MODEL 在线比对，网 址：http://swissmodel. expasy.org/orkspace/index.php?func=tools_sequencescan1&userid=hugp_2007@163.com&token=TOKEN，蛋白质功能域筛选扫描方法采用 HMMPfam，HMMTigr，ProfileScan，BlastProDom，SuperFamily，PSIPRED，DisoPred Disorder Prediction。DisoPred Disorder Prediction 预测的 E-value 为 2%。

（3）蛋白质点三级结构预测 蛋白质点的三级结构预测，通过 SWISS-MODEL 在线比对 http://swissmodel. expasy.org/workspace/index.php?func=modelling_simple1&userid=hugp_2007 @163.com&token=TOKEN。3D 结构预测图通过 EMBL-EBI 平台的 PDBeView (Protein Data Bank in Europe) 在 线 工 具 打 开，http://www.ebi.ac.uk/pdbe- srv/view/entry/ 1w1z/ summary. htmL。以原子经验平均动力值 ANOLEA 和 QMEAN 进行模型预测的评价指标。

二、蛋白质点 499 的生物信息学分析

1. 蛋白质点 499 的理化性质分析

将蛋白质点 499 的氨基酸序列通过 Expasy 开发的 Protparam 工具 http://www. expasy.org/tools/protparam.htmL 进行理化性质分析，分析结果得到该蛋白质点的氨基酸数目为 321 个，分子量为 35372.2，等电点为 5.1，氨基酸组成结构包括：30 个 Ala (A) 占 9.3%，12 个 Arg (R) 占 3.7%，16 个 Asn (N) 占 5.0%，16 个 Asp (D) 占 5.0%，5 个 Cys (C) 占 1.6%，6 个 Gln (Q) 占 1.9%，31 个 Glu (E) 占 9.7%，26 个 Gly (G) 占 8.1%，8 个 His (H) 占 2.5%，12 个 Ile (I)

占 3.7%，34 个 Leu (L) 占 10.6%，21 个 Lys (K) 占 6.5%，8 个 Met (M) 占 2.5%，10 个 Phe (F) 占 3.1%，11 个 Pro (P) 占 3.4%，16 个 Ser (S) 占 5.0%，16 个 Thr (T) 占 5.0%，4 个 Trp (W) 占 1.2%，11 个 Tyr (Y) 占 3.4%，28 个 Val (V) 占 8.7%。正 / 负电荷残基数分别为 33 和 47。该蛋白质分子式为 $C_{1572}H_{2476}N_{420}O_{481}S_{13}$，总共有 4962 个原子。半衰期为 30h（体外），不稳定系数为 38.01，脂肪酸系数为 90.53，总平均亲和性为 -0.194。

2. 蛋白质点 499 氨基酸疏水性 / 亲水性分析

用 ProtScale 分析蛋白质点 499 的氨基酸序列的疏水性 / 亲水性分析（图 5-43），多肽链第 174 位氨基酸具有最小值（-3.156），第 203 位氨基酸具有最大值（2.567），依据氨基酸分值越低亲水性越强和分值越高疏水性越强，参考软件 ProtScale 的规律，可以看出多肽链在第 174 位亲水性最强，第 203 位疏水性最强，而就整体而言，亲水性氨基酸均匀分布在整个肽链中，且多于疏水性氨基酸，因此，整个肽链表现为亲水性。

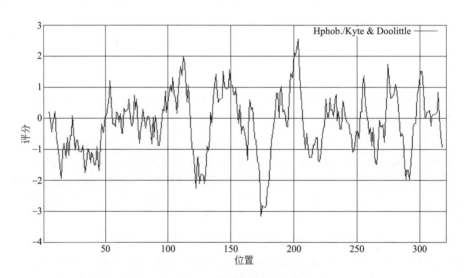

图 5-43　ProtScale 对蛋白质点 499 的氨基酸序列的疏水性 / 亲水性的分析

3. 蛋白质点 499 氨基酸翻译后修饰位点预测

多肽链在核糖体上合成释放后，一般要经过翻译后修饰如糖基化、甲基化、磷酸化等才能正确折叠形成有效的三维构象，并运输到特定场所发挥功能。翻译后修饰的预测和分析，对正确认识和理解蛋白质的细胞定位和功能划分很重要。NetPhos 2.0 Server 对蛋白质点 499 氨基酸序列翻译后修饰预测得到，阈值大于 0.5 的位点有 18 个（图 5-44），表明蛋白质点 499 氨基酸序列翻译后修饰磷酸化位点有 18 个。

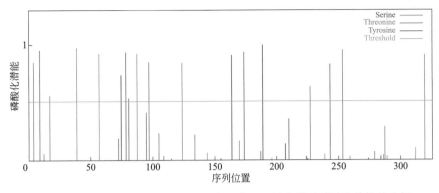

图 5-44 NetPhos 2.0 Server 对蛋白质点 499 的翻译后磷酸化修饰的分析

4. 蛋白质点 499 信号肽和跨膜结构域预测

用 SignalP 在线分析工具分析蛋白质点 499 氨基酸序列可知（图 5-45），根据 SignalP，0.5 为阈值，C 分值、Y 分值和 S 分值分别在 8、20、55 位点为 0.108、0.103、0.112，且信号肽计算结论为 NO，表示没有信号肽存在。同时，用 TMHMM 分析软件蛋白质点 499 进行跨膜结构域的分析，结果显示不存在跨膜结构域。

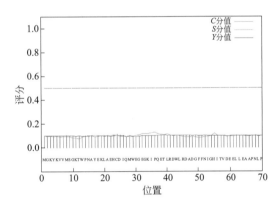

图 5-45 SignalP 对蛋白质点 499 的信号肽的分析

5. 蛋白质点 499 的二级结构预测

蛋白质点 499 通过 SWISS-MODEL 在线比对，预测该氨基酸的二级结构，该氨基酸序列存在 15 个 α 螺旋、13 个 β 折叠、26 个无规则卷曲等，见图 5-46。氨基酸总长 321，通过比对预测得到该氨基酸序列 16～315 与 D- 异构特异性 2- 羟基酸脱氢酶具有一段 299 氨基酸残基的保守区域；序列 110～283 与 D- 异构特异性 2- 羟基酸脱氢酶的烟酰胺腺嘌呤二核苷酸（NAD）具有一段 173 氨基酸残基的保守区域；序列 103～248 与烟酰胺腺嘌呤二核苷酸 Rossmann 具有一段 145 氨基酸残基的保守区域；序列 3～132 与甲酸盐或者甘油酸脱氢酶具有一段 129 氨基酸残基的保守区域。

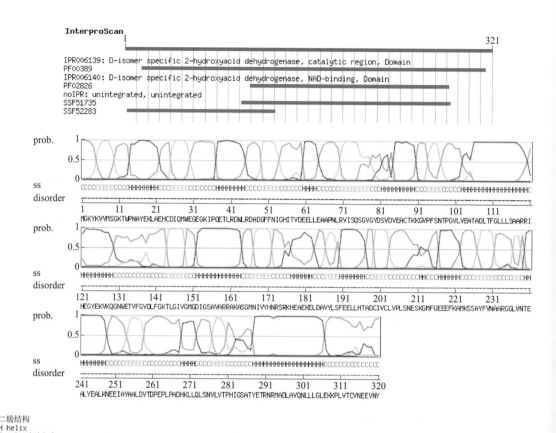

图 5-46　蛋白质点 499 二级结构预测图

6. 蛋白质点 499 三级结构预测

使用 DeepPDBViewer，通过 Swiss prot 网站，根据与蛋白质点 499 氨基酸序列进行同源建模，发现蛋白质点 499 的 16～315 氨基酸段与 glycerate dehydrogenase/glyoxylate reductase 有 50.16% 的一致性，以 glycerate dehydrogenase/glyoxylate reductase 为模板，通过同源建模获取的 3D 结构预测见图 5-47，该模型的 dfire_energy 值为 -384.41；该模型含有 2 个亚基、5 个分子，包括一个配体。该模型下蛋白质序列每个氨基酸的 Anolea 值分布和 Qmean 值分布见图 5-48，可以看出该模型下蛋白质点 499 下每个氨基酸残基的 Anolea 值处于 10～-40 之间，Qmean 值分布范围为 0～6，QMEANscore6 得分为 0.723。

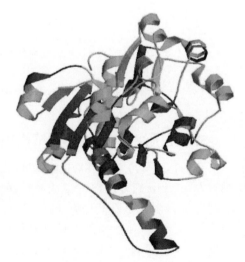

图 5-47　蛋白质点 499 三级结构预测

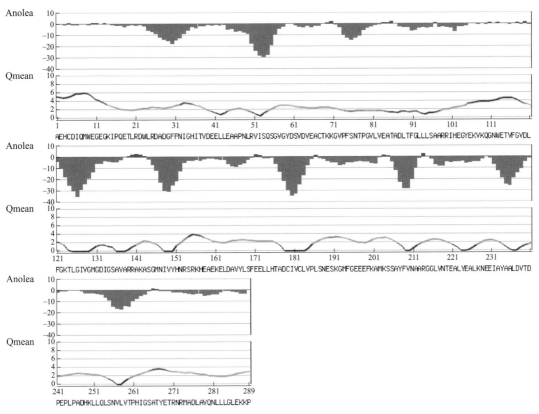

图 5-48　蛋白质点 499 的三级结构中氨基酸残基的 Anolea 值分布和 Qmean 值分布图

三、蛋白质点 617 的生物信息学分析

1. 蛋白质点 617 的物理性质分析

将蛋白质点 617 的氨基酸序列通过 Expasy 开发的 Protparam 工具 http://www. expasy.org/tools/protparam.htmL 进行理化性质分析，分析结果得到该蛋白质点的氨基酸数目为 497 个，分子量为 53876.5，等电点为 5.36，氨基酸组成结构包括：56 个 Ala (A) 占 11.3%，14 个 Arg (R) 占 2.8%，19 个 Asn (N) 占 3.8%，29 个 Asp (D) 占 5.8%，4 个 Cys (C) 占 0.8%，20 个 Gln (Q) 占 4.0%，29 个 Glu (E) 占 5.8%，45 个 Gly (G) 占 9.1%，8 个 His (H) 占 1.6%，28 个 Ile (I) 占 5.6%，41 个 Leu (L) 占 8.2%，33 个 Lys (K) 占 6.6%，13 个 Met (M) 占 2.6%，17 个 Phe (F) 占 3.4%，24 个 Pro (P) 占 4.8%，23 个 Ser (S) 占 4.6%，28 个 Thr (T) 占 5.6%，8 个 Trp (W) 占 1.6%，18 个 Tyr (Y) 占 3.6%，40 个 Val (V) 占 8.0%。正 / 负电荷残基数分别为 47 和 58。该蛋白质分子式为 $C_{2420}H_{3789}N_{635}O_{722}S_{17}$，总共有 7583 个原子。半衰期为 30h（体外），不稳定系数为 26.38，脂肪酸系数为 88.75，总平均亲和性为 -0.098。

2. 蛋白质点 617 疏水性 / 亲水性分析

氨基酸序列的疏水性 / 亲水性分析得到（图 5-49），多肽链第 353 位氨基酸具有最小值（-2.289），第 405 位氨基酸具有最大值（2.133），疏水性最强，而就整体而言，亲水性氨基酸均匀分布在整个肽链中，且多于疏水性氨基酸，因此整个肽链表现为亲水性。

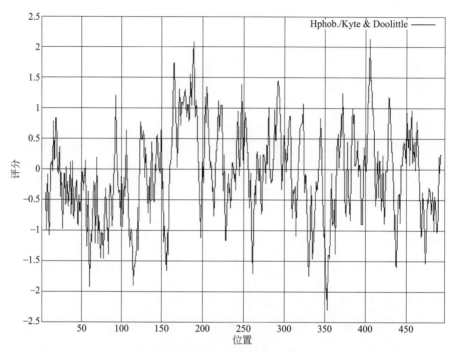

图 5-49　ProtScale 对蛋白质点 617 的氨基酸序列的疏水性 / 亲水性的分析

3. 蛋白质点 617 翻译后修饰位点预测

NetPhos 2.0 Server 对蛋白质点 617 氨基酸序列翻译后修饰预测的结果表明磷酸化位点有 22 个（阈值 >0.5）（图 5-50）。

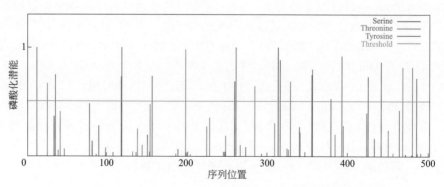

图 5-50　NetPhos 2.0 Server 对蛋白质点 617 的翻译后磷酸化修饰的分析

4. 蛋白质点 617 信号肽和跨膜结构域预测

用 SignalP 在线分析工具分析蛋白质点 617 氨基酸序列可知 (图 5-51)，根据 SignalP，0.5 为阈值，C 分值、Y 分值和 S 分值分别在 38 位点、38 位点、2 位点，分别为 0.254、0.157、0.135，且信号肽计算结论为 NO，表示没有信号肽存在。同时，用 TMHMM 分析软件蛋白质点 617 进行跨膜结构域的分析，结果显示不存在跨膜结构域。

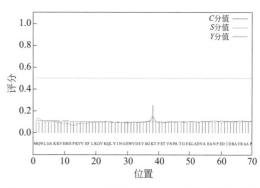

图 5-51　SignalP 对蛋白质点 617 的信号肽的分析

5. 蛋白质点 617 的二级结构预测

蛋白质点 617 通过 SWISS-MODEL 在线比对，预测该氨基酸的二级结构，获得该氨基酸序列存在 20 个 α- 螺旋、18 个 β- 折叠、35 个无规则卷曲等形式（见图 5-52），氨基酸总长 497，其中氨基酸序列 31 ~ 492 区域与乙醛脱氢酶，Domain 具有一段 461 氨基酸残基的保守区域；5 ~ 495 与 ALDH-like 具有一段 490 氨基酸残基的保守区域。

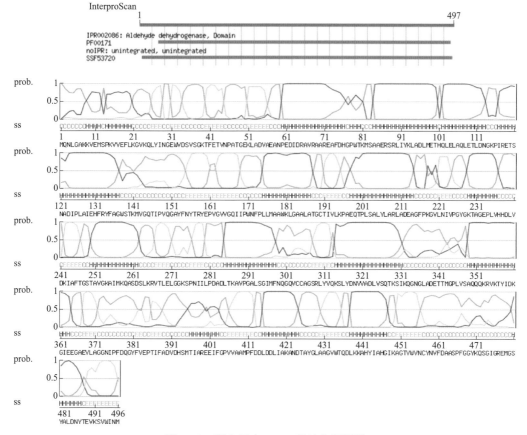

图 5-52　蛋白质点 617 二级结构预测图

6. 蛋白质点 617 的三级结构预测

蛋白质点 617 的三级结构预测见图 5-53；该模型下蛋白质序列每个氨基酸的 Anolea 值分布和 Qmean 值分布见图 5-54，可以看出该模型下蛋白质点 617 每个氨基酸的 Anolea 值范围为 20 到 -40 之间，Qmean 值分布范围为 0 ~ 10，QMEANscore6 得分为 0.69。

图 5-53　蛋白质点 617 三级结构预测

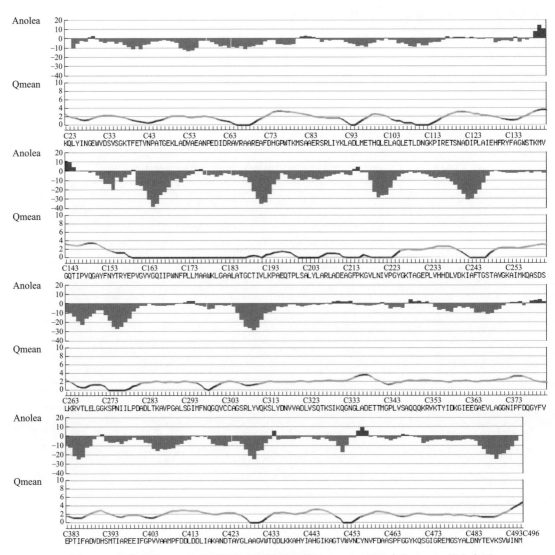

图 5-54　蛋白质点 617 的三级结构中氨基酸残基的 Anolea 值分布和 Qmean 值分布图

四、蛋白质点 458 的生物信息学分析

1. 蛋白质点 458 的物理性质分析

将蛋白质点 458 的氨基酸序列通过 Expasy 开发的 Protparam 工具 http://www. expasy.org/tools/protparam.htmL 进行理化性质分析，分析结果得到该蛋白质点的氨基酸数目为 326 个，分子量为 36338.3，等电点为 5.32，氨基酸组成结构包括：35 个 Ala (A) 占 10.7%，17 个 Arg (R) 占 5.2%，13 个 Asn (N) 占 4.0%，28 个 Asp (D) 占 8.6%，3 个 Cys (C) 占 0.9%，12 个 Gln (Q) 占 3.7%，20 个 Glu (E) 占 6.1%，20 个 Gly (G) 占 6.1%，10 个 His (H) 占 3.1%，21 个 Ile (I) 占 6.4%，24 个 Leu (L) 占 7.4%，19 个 Lys (K) 占 5.8%，11 个 Met (M) 占 3.4%，13 个 Phe (F) 占 4.0%，13 个 Pro (P) 占 4.0%，18 个 Ser (S) 占 5.5%，8 个 Thr (T) 占 2.5%，2 个 Trp (W) 占 0.6%，12 个 Tyr (Y) 占 3.7%，27 个 Val (V) 占 8.3%。正 / 负电荷残基数分别为 48 和 36。该蛋白质分子式为 $C_{1612}H_{2527}N_{443}O_{486}S_{14}$，总共有 5082 个原子。半衰期为 30h（体外），不稳定系数为 32.95，脂肪酸系数为 88.59，总平均亲和性为 -0.237。

2. 蛋白质点 458 氨基酸疏水性 / 亲水性分析

氨基酸序列的疏水性 / 亲水性分析得到（图 5-55），多肽链第 11 位氨基酸具有最小值（-2.489），其亲水性最强；第 118 位氨基酸具有最大值（2.178），疏水性最强；而就整体而言，亲水性氨基酸均匀分布在整个肽链中，且多于疏水性氨基酸，整个肽链表现为亲水性。

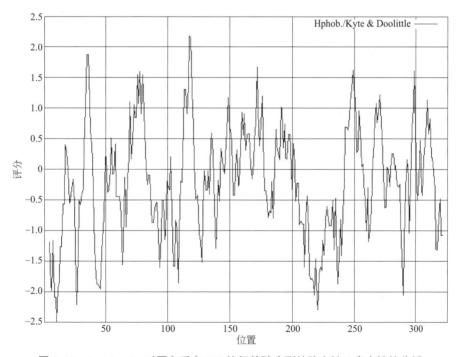

图 5-55 ProtScale 对蛋白质点 458 的氨基酸序列的疏水性 / 亲水性的分析

3. 蛋白质点 458 氨基酸翻译后修饰位点预测

NetPhos 2.0 Server 对蛋白质点 458 氨基酸序列翻译后修饰预测的结果表明磷酸化位点有 13 个（阈值 >0.5）（图 5-56）。

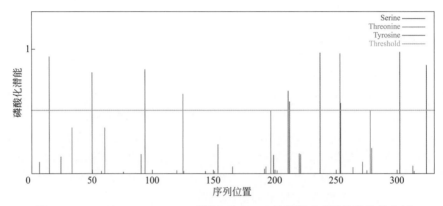

图 5-56　NetPhos 2.0 Server 对蛋白质点 458 的翻译后磷酸化修饰的分析

4. 蛋白质点 458 氨基酸信号肽和跨膜结构域预测

用 SignalP 在线分析工具分析蛋白质点 458 氨基酸序列可知 (图 5-57)，根据 SignalP，0.5 为阈值，C 分值、Y 分值和 S 分值在 28 位点、11 位点、3 位点，分别为 0.123、0.121、0.156，且信号肽计算结论为 NO，表示没有信号肽存在。同时，用 TMHMM 分析软件蛋白质点 458 进行跨膜结构域的分析，结果显示不存在跨膜结构域。

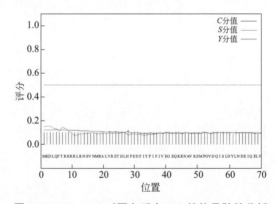

图 5-57　SignalP 对蛋白质点 458 的信号肽的分析

5. 蛋白质点 458 的二级结构预测

蛋白质点 458 通过 SWISS-MODEL 在线比对，预测该氨基酸的二级结构，该氨基酸序列存在 15 个 α 螺旋、13 个 β 折叠、24 个无规则卷曲等形式（见图 5-58），氨基酸总长 326，其中氨基酸序列 7 ～ 323 与 δ- 氨基乙酰丙酸脱氢酶 AlaD 脱水酶家族具有一段 316 氨基酸残基的保守区域；序列 4-323 与 δ- 氨基乙酰丙酸脱氢酶 AlaD 脱水酶家族具有一段 319 氨基酸残基的保守区域；142-254 与 δ- 氨基乙酰丙酸脱氢酶 AlaD 脱水酶家族具有一段 112 氨基酸残基的保守区域。

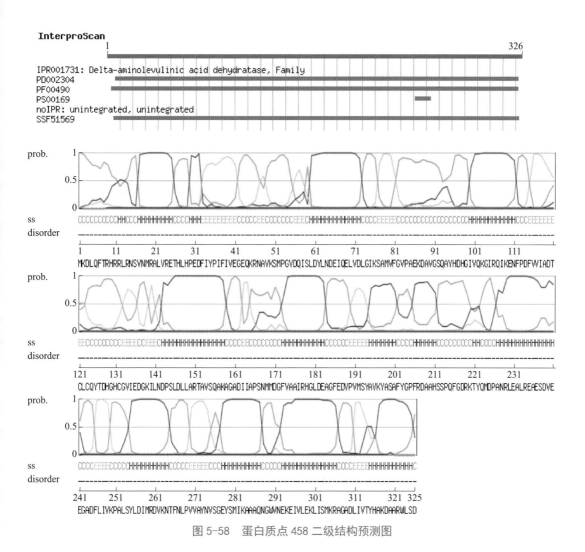

图 5-58　蛋白质点 458 二级结构预测图

6. 蛋白质点 458 的三级结构预测

蛋白质点 458 的 6 ～ 324 氨基酸段与 δ- 氨基乙酰丙酸脱氢酶有 50.16% 的一致性，以 δ- 氨基乙酰丙酸脱氢酶为模板，通过同源建模获取的 3D 结构预测见图 5-59；该模型含有 8 个亚基，32 个分子，包括一个配体。该模型下蛋白质序列每个氨基酸的 Anolea 值（每个氨基酸与环境相互作用的能量）分布和 Qmean 值（定性模型能量分析）分布见图 5-60，可以看出该模型下蛋白质点 458 下每个氨基酸残基的 Anolea 值处于 15 ～ 20 之间，Qmean 值分布范围为 0 ～ 8，QMEANscore4 得分为 0.717。

图 5-59　蛋白质点 458 三级结构预测

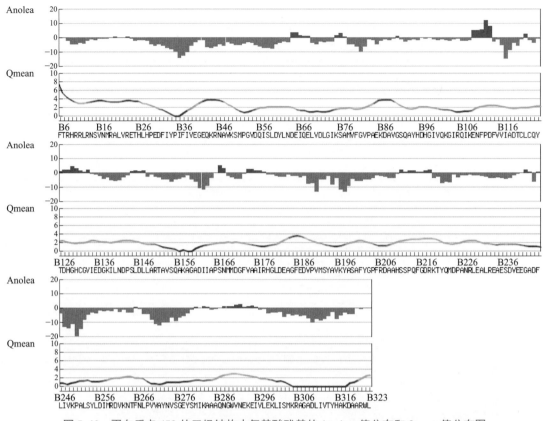

图 5-60　蛋白质点 458 的三级结构中氨基酸残基的 Anolea 值分布和 Qmean 值分布图

五、讨论

到目前为止，蛋白质结构特性研究的网址和软件很多，如计算 pI 值，分子量的网址 EXPASY、SAPS、TGREASE 等，本章节采用 Expasy 开发的 Protparam 工具对 4 个差异蛋白质的理化性质进行分析，获得 4 个差异蛋白质的氨基酸数目、分子量、等电点、氨基酸组成等信息。Tobias 等（1991）也通过 Protparam 工具对细菌中 N 端的结构进行计算。

生物信息学分析得到蛋白质点 499、458 和 621，都属于非跨膜的亲水性蛋白，其二级结构主要结构元件都为 α- 螺旋和 β- 折叠，无规则卷曲散布在整个蛋白质中。

SWISS-MODEL 于 1993 年成立的，在 GlaxoSmithKline Geneva(GSK) 进一步发展，通过 ExPASy 服务器的瑞士生物信息中心 (Swiss Institute of Bioinformatics，SIB) 为公众提供服务。该系统为自动化的蛋白质比较建模服务器，进行未知结构蛋白质高级结构的预测，预测的模型以 Anolea 和 QMEAN 两参数进行模型评估标准（Arnold et al., 2006；Guex and Peitsch，1997；Schwede et al., 2003）。其中 QMEAN4 值一般处于 0 ~ 1 之间，数值越高，表明预测到的三级结构越好，3 个蛋白质点预测的三级结构的 QMEANscore 4 得分值均高于 0.5，表明 3 个蛋白质的三级结构模型越符合。其中蛋白质点 458 δ- 氨基乙酰丙酸脱氢酶的三级结构中含有 8 个亚基和 1 个配体，资料表明 δ- 氨基乙酰丙酸脱氢酶参与革兰氏阳性菌尿卟啉原脱羧酶的生物合成过程，主要起脱羧反应（Dailey et al., 2010）。蛋白质点 499 乙醛酸还原酶的三级结构中含有 2 个亚基和一个配体，而 Li 等（2012）和 Saito 等（2012）的研究结果认为乙醛酸还原酶在生物合成代谢过程中协助 L- 乳酸脱氢酶、苹果酸脱氢酶的脱氢代谢过程。蛋白质点 617 乙醛脱氢酶 (NAD) 家族蛋白三级结构中含有 3 个亚基和 1 个配体，有研究表明乙醛脱氢酶 (NAD) 家族蛋白在精氨酸代谢途径中的精氨酸转化为谷氨酸和三氯乙酰具有重要的协同作用（Wilks et al., 2009）。

第六章

畜禽粪污异养硝化细菌的研究

异养硝化细菌的研究进展

一、养猪废水的危害

养猪废水是指在养殖过程中由尿液、粪便、饲料残渣和猪圈冲洗而产生的高浓度有机废水，这种废水具有高悬浮物、高氮磷、富含大量病原体和臭味浓等特点，处理非常困难，如果直接排放或处理不当将造成严重的环境污染（高明琴等，2011）。

（1）水质污染 养猪废水中含有大量的氮、磷元素和细菌，这样的污水如果未经处理达到无害化标准就任意排放到其他水域中，水生生物特别是藻类将大量繁殖，使生物量的种群种类数量发生改变，破坏了水体的生态平衡，水体溶解氧浓度下降，水质恶化，鱼类及其他生物大量死亡，甚至危害人类和动物的健康（许振成，2004）。

（2）农田污染 养猪废水携带大量污染物进入土壤，不断向土壤中渗透，引起土壤组成、结构和功能发生变化，微生物群落发生改变。致使农作物发生病害减产，甚至农田无法耕种；有害物质在农作物中富集进而危害人类和其他生物健康；有些有害物质和微生物通过渗透进入地下水，污染水源，危害人畜健康（魏惠萍，2000）。

（3）大气污染 养猪废水中带有大量的氨、硫化氢，厌氧微生物分解粪污又会产生甲烷等有机气体，这些气体组成了恶臭污染物。恶臭污染是大气污染的一种，不仅会加剧温室效应和酸雨等环境问题，而且可以以大气为介质对人类产生影响，严重损害人们的身心健康，影响人类生活环境（徐桂芹等，2007）。

二、养猪废水脱氮技术

氨氮的去除是养猪废水处理过程中的关键问题，在废水脱氮技术体系中，将脱氮技术分为物化法和生物法两大类，其中物化法主要包括吹脱法、选择性离子交换法、折点氯化法和磷酸铵镁沉淀法等。由于物化法适用范围窄、操作复杂、成本高且容易造成二次污染，目前的脱氮技术一般采用生物脱氮法。生物脱氮是指通过微生物将含氮有机物分解成氨，再转变为硝酸盐最后形成氮气的过程，包括氨化、硝化和反硝化三个反应。根据脱氮工艺的不同，生物脱氮分为传统生物脱氮技术和新型脱氮技术。

（1）传统生物脱氮技术 传统的生物脱氮认为脱氮细菌主要为自养型，其工艺包括好氧硝化和厌氧反硝化两个部分，由于反应发生条件不同，需要由异养微生物将含氮有机物分解成氨，再在好氧条件下由自养型硝化细菌通过硝化作用将氨转化为硝酸盐，再进入厌氧池在厌氧反硝化细菌作用下将硝酸盐转化为氮气（格根图雅等，2011）。这就造成传统的脱氮工艺存在许多缺点：① 自养型细菌生长缓慢，细胞浓度低，环境耐受性差，因而反应时间长，脱氮效率低；② 整个脱氮过程反应步骤多，工艺流程长而复杂，对场地要求高，投资大，运行困难；③ 硝化反应需氧量大，反应体系受环境影响大，抗冲击能力弱（康志伟，2012）。

（2）新型异养硝化脱氮技术　通过对硝化细菌的大量研究发现，自然界中也存在大量的异养硝化细菌和异养好氧反硝化细菌，甚至一些菌株同时具有这两种功能，即异养硝化-好氧反硝化细菌。相对于传统的自养硝化细菌，异养硝化细菌生长速率快、细胞产量高、溶解氧浓度低，且可以同步进行硝化反硝化作用，因而其脱氮工艺更简洁、经济有效（苟沙和黄钧，2009；张培玉等，2011），引起越来越多研究者的注意，研究重点也多集中于利用生物脱氮技术去除污水中的氮素。

三、异养硝化细菌的研究进展

人们在很早以前就认识到了异养硝化现象，但是由于监测手段等原因，先期有关硝化细菌的研究都集中在自养硝化细菌（Jetten et al., 1997）。虽然，大家仍没认识到异养硝化作用的重要性，对于异养硝化作用研究不如自养硝化深入，但有关异养硝化的研究一直都没有停止过。异养硝化细菌（heterotrophic nitrification bacteria）是指能够在好氧条件下将还原态氮（氨/氨氮，包括有机态氮在内）氧化到羟胺、亚硝酸盐氮和硝酸盐氮的异养微生物（何霞等，2006）。异养硝化细菌的底物可以是无机氮也可以是有机氮，生长繁殖快，环境耐受性高，去氨氮和COD效率高，近年来国内外的研究也越来越多，主要针对新菌株的筛选、影响因素和实际应用的研究以及其脱氮机制的研究等。

（1）异养硝化细菌的富集与培养　研究者们利用异养硝化细菌能够利用还原态氮为氮源的特点，以有机氮或氨氮为唯一氮源对其进行筛选。Verstrate 和 Alexander（1972）以 NH_4Cl 为唯一氮源的异养氨化培养基从污水中分离到了一株节杆菌（*Arthrobacter* sp.）。Matsuzaka 等（2003）以乙酰胺为唯一碳源和氮源的简单有效的筛选方法，成功分离到 21 株异养硝化细菌。目前普遍应用的有机氮源为 NH_4Cl、$(NH_4)_2SO_4$ 和乙酰胺。在筛选过程中，对于硝化活性，最初都通过检测培养基中的亚硝酸盐氮来确认，但在研究过程中发现其分离到的泛养硫球菌（*Thiosphaera pantotropha*）菌株不能累积亚硝酸盐氮，于是产生了采用平板上直接半定量判断硝化活性的方法（Robertson et al., 1988；王李宝等，2009）。

（2）异养硝化细菌的种类　就已经报道的异养硝化细菌种类来看，分布十分广泛，包括细菌、真菌、放线菌等（Spiller et al., 1976）。根据其脱氮特性，在土壤、污泥、水体和反应器等环境中存在大量的异养硝化细菌，在某些极端条件下如高温堆肥、火山口和高盐环境中也存在一些具有特殊性能的异养硝化细菌（曹喜涛等，2006）。目前常见报道的有：不动杆菌（*Acinetobacter* sp.）（Bark et al., 1992）、产碱杆菌（*Alcaligenes* sp.）、节杆菌（*Arthrobacter* sp.）（Verstraete and Alexander，1972）、芽胞杆菌（*Bacillus* sp.）、副球菌（*Paracoccus* sp.）（Robertson et al., 1988）、假单胞菌（*Pseudomonas* sp.）（Koschorreck et al., 1996）、红球菌（*Rhodococcus* sp.）（张光亚等，2003）。

（3）异养硝化细菌的功能　目前对异养硝化细菌的功能研究主要包括硝化功能、反硝化功能和其功能的影响因素三个方面。

① 异养硝化细菌的硝化功能　异养硝化细菌通过消耗有机氮、铵态氮等生成亚硝酸盐、硝酸盐，降低水体氨氮值，减少氮素污染。目前已报道分离到多株高硝化功能的异养硝化细菌，Joo 等（2007）分离的粪产碱菌（*Alcaligenes faecalis*）No.4 平均氨氮和总氮去除率可达 $61mg/(L \cdot h)$（以 N 计）和 31%。吕永康等（2011）从焦化废水活性污泥中筛选到一株粪产

碱菌（*Alcaligenes faecalis*）C16，经优化后其氨氮去除率高达 94.7%，亚硝酸盐氮积累量增至 30.1mg/L。苏俊峰（2011）研究了分离自 SBR 反应器底泥的不动杆菌（*Acinetobacter* sp.）菌株 SHW1，在贫营养条件下其 NH_4^+-N 和 TN 的去除率可达到 100% 和 98.49%。

② 异养硝化细菌的反硝化功能　研究表明，一些异养硝化细菌具有好氧反硝化功能，能利用硝酸盐、亚硝酸盐，将其还原成 N_2O 或 N_2，突破了传统厌氧反硝化的认识，为脱氮技术提供新思路。目前已报道的具有反硝化功能的异养硝化细菌包括副球菌属（*Paracoccus*）、假单胞菌属（*Pseudomonas*）、产碱菌属（*Alcaligenes*）、代尔夫特菌属（*Delftia*）等。Su 等（2006）从台湾省养猪污水中分离到一株可以去除氨氮、生成 N_2 的假单胞菌（*Pseudomonas* sp.）菌株 AS-1。苏俊峰等（2007）从生物陶粒反应器中筛选到两株异养硝化细菌 wgy5 和 wgy33。其氨氮去除率都在 80% 左右，对亚硝态和硝态氮的去除率都达到 80% 以上，经鉴定这两株菌分别属于假单胞菌（*Pseudomonas* sp.）和不动杆菌（*Acinetobacter* sp.）。Taylor 等（2009）分离到 1 株需氧硝化细菌雷氏普罗威登斯菌（*Providencia rettgeri*）YL，其产物为羟胺、NO_2^-、NO_3^- 和 N_2。在国内，杨俊忠等（2010）从鱼塘采样分离到 21 株好氧反硝化细菌，其中反硝化效果最好的是一株假单胞菌（*Pseudomonas* sp.）HS-N62，在硝酸盐氮初始浓度为 140mg/L，12h 内对硝酸盐氮的去除率可达 96%，而且没有亚硝酸盐氮的积累。辛玉峰等（2011）从池塘底泥中分离到一株不动杆菌（*Acinetobacter* sp.）YF14，在好氧条件下该菌能进行反硝化，在硝酸盐和亚硝酸盐培养基中能将氮几乎完全去除。

③ 异养硝化细菌功能的影响因素　异养硝化细菌种类繁多，对于不同的异养硝化菌株，其硝化功能影响因素存在较大差异，王成林等（2008）的研究表明对异养硝化细菌粪产碱杆菌（*Alcaligenes faecali*）H-1 的硝化功能影响因素依次为溶氧＞温度＞ pH 值＞接种量。杨俊忠等（2010）对异养硝化细菌 *Pseudomonas* sp. HS-N62 的反硝化功能影响因素进行正交实验，其影响主次顺序为：温度＞ pH 值＞碳源＞ C/N 值。辛玉峰等（2011）研究的异养硝化细菌 *Acinetobacter* sp. YF14 脱氮影响因素依次为转速＞接种量＞碳源＞ C/N 值＞ pH 值。吕永康等（2011）对产碱菌（*Alcaligenes* sp.）C16 的硝化条件做了研究，其最佳碳源为柠檬酸钠，最佳氮源为硫酸铵，但都表现较宽的碳源、氮源底物范围，在高 C/N 值（14）、pH 6～8 的环境下有较好脱氮效果。总的来说，影响异养硝化菌生长硝化的主要因素有有机碳源类型、底物浓度（碳源、氮源）、C/N 值、pH 值、温度、溶解氧浓度。

（4）异养硝化细菌的应用　目前国内外对异养硝化细菌的应用研究主要在于对污水的处理，根据各种污水特点的不同，其研究又各有不同。曹喜涛等（2006）从高温堆肥中分离出一株针对石油、化工、化肥等行业外排的高温废水具有脱氮效果的高温异养硝化细菌芽胞杆菌；刘芳芳等（2010）得到 4 株能处理高氨氮、物质成分含量变化大的养殖废水的异养硝化细菌粪产碱杆菌；吕永康等（2011）从焦化废水活性污泥中筛选到高效异养硝化细菌，并对其培养条件进行优化，研究其对水质不稳定、高 C/N 值的焦化废水的降解；苏俊峰等（2011）根据景观水体营养物贫乏的特点，采用贫营养条件富集异养硝化细菌，从富集的污泥中筛选出 1 株在贫营养条件下对氨氮有较高去除率的菌株 SHW1，研究其对景观水体的修复技术。

目前异养硝化细菌实际应用方面报道较少，主要为实验室小规模试验。陈赵芳等（2007）利用 1 株异养硝化细菌对宜兴生活污水和南京某化工厂废水氨氮去除效果进行研究，结果显示去除率分别达 89.54%（9h）和 95.79%（36h）。贾燕等（2009）以聚乙烯醇和海藻酸钠作为复合包埋载体，以氯化钙和硼酸溶液作为交联剂，固定巨大芽胞杆菌（*Bacillus megaterium*）TN-1，在初始氨氮浓度 88mg/L 的情况下处理一天，氨氮去除率可达到 96.2%。实际污水中氨氮含量波动较大，影响因子复杂，对于异养硝化细菌的实际应用工艺仍需进行大量研究。

异养硝化细菌除了在污水方面的应用外，在其他方面也有重要意义，张光亚等（2003）对异养硝化细菌在氧化亚氮释放中的贡献做了一定研究，研究表明，在某些特定环境中异养硝化微生物可能占主导地位，需要进一步评估异养硝化细菌在自然界氮循环中的地位。王成林等（2008）从复合垂直流人工湿地表层基质中分离出一株硝化活性较强的异养硝化细菌粪产碱菌（*Alcaligenes faecali*）H-1，找出影响亚硝化反应效果的主要因素和最佳条件，提高湿地处理效率和强化湿地的功能，并为湿地人工强化技术提供了理论依据。

（5）异养硝化细菌的固定化 细胞固定化技术是指利用物理化学方法将有活性的微生物细胞控制在限定区域，保持其活性达到可反复利用目的的一项技术（张业建等，2010）。经过固定的微生物固液容易分离，微生物细胞容易回收再利用；更能适应环境中 pH 值、温度的变化，易于进行连续化固定化操作（王建龙，2002）。养殖废水成分复杂、环境恶劣对微生物毒害大，因而将固定化技术应用到养殖废水的处理中，强化生物脱氮过程。

① 固定化包埋材料 固定化技术处理含氮废水常用包埋法，包埋法要求包埋载体操作简单、易成球、常温常压下稳定；成本低；固定化过程对微生物无毒；通透性好、细胞密度大；稳定性好、抗分解（王建龙和施汉昌，1998）。常见的包埋材料有琼脂、明胶、海藻酸钠（SA）、聚乙烯醇（PVA）等，这些材料各有特点：琼脂等天然高分子材料对微生物无毒性，传质性能好，但往往机械强度差，容易被微生物分解；聚乙烯醇等有机合成高分子材料价格低廉，机械强度好，不易分解，对微生物毒性较大，影响细胞活性。因此，需根据实际需求选择合适的材料和包埋方法。

目前应用最广泛的是海藻酸钠和聚乙烯醇。

海藻酸钠是天然高分子多糖，价格低廉，无毒易操作，在 20 世纪即被应用到废水处理领域，并取得很好的成效（渠文霞和岳宣峰，2007）。海藻酸钠钙法中主要影响因素较多，海藻酸钠浓度直接关系到固定化成球效果和固定化小球的机械强度、传质能力和操作难易；$CaCl_2$ 浓度则会影响固定化小球的质量，海藻酸钠法是通过 Ca^{2+} 取代 Na^+ 形成凝胶网络，如果浓度过高会导致局部凝胶化，因此选择合适的 $CaCl_2$ 浓度也非常重要；此外，还包括包埋时间和包菌量等因素。

聚乙烯醇是一种新型有机高分子材料，将其加热溶解后与硼酸发生化学反应形成凝胶，这种方法经济成本低，机械强度高，生物不能分解，但在成球过程中反应会放热，使微生物大量失活，且易粘连，传质阻力大，应用困难（王建龙，2002）。目前多与其他方法混合使用，如加入海藻酸钠、活性炭等，但仍不能有效解决细胞失活的问题。

② 固定化技术在含氮废水中的应用 固定化技术在含氮废水中的应用，多见关于硝化细菌的报道，在异养硝化生物脱氮中的应用较少，王磊等（2010）对一株异养硝化 - 好氧反硝化菌的固定化进行了探索，聚乙烯醇 + 琼脂小球和聚乙烯醇 + 卡拉胶小球对氨氮和总氮去除率良好，并对两种方法干燥保存 3 个月后菌株的活性进行测定，菌株活性均在 80% 以上。傅利剑（2004）对一株铜绿假单胞菌 HP1 进行包埋，结果证实对 O_2 和 pH 表现出更强的抗逆性，进行模拟废水实验效果良好。

第二节
异养硝化细菌的分离及鉴定

　　规模化生猪养殖业迅猛发展，养殖废水成为主要农业污染源之一。养猪场废水主要来自猪粪便、猪尿及猪圈冲洗水，污水中富含氮磷、有机物、高悬浮物，是一种高浓度有机废水，如果处理不恰当，会造成水环境严重污染（Bortone et al., 1992）。近年来，具有异养硝化作用和需氧反硝化作用的功能细菌被作为生物脱氮系统中潜在的微生物群而得到广泛的关注和研究（黄正成和余波，2010）。异养硝化细菌生长速率快、细胞产量高、需溶解氧浓度高等特点，是现代生物脱氮技术研究热点。异养硝化细菌研究起步较晚，受现实环境复杂因素的影响其应用存在许多问题，工艺流程仍在进一步研究中，仍需要大量的研究，尽早实现其在工业上的应用。本章以猪场养殖废水为主要分离源，旨在筛选对高浓度 NH_3-N 养殖废水具有高效硝化能力的菌株，研究其硝化性能，为工程应用奠定基础。

一、研究方法

　　（1）样品信息　各种样品来源及采集信息见表 6-1。

　　（2）培养基

　　① 牛肉膏蛋白胨培养基（简称 NA）：牛肉浸膏 3g、蛋白胨 5g、葡萄糖 10g、琼脂 15～20g，pH7.2～7.6。

　　② 富集培养基 1[#]：$(NH_4)_2SO_4$ 0.382g、柠檬酸钠 2g、$MgSO_4 \cdot 7H_2O$ 0.05g、K_2HPO_4 0.2g、NaCl 0.12g、$MnSO_4 \cdot 4H_2O$ 0.01g、$FeSO_4$ 0.01g，pH7.2。

　　③ 富集培养基 2[#]：乙酰胺 2.0g、NaOH 1.6g、$MgSO_4 \cdot 7H_2O$ 0.05g、KH_2PO_4 8.2g、KCl 0.5g、$CuSO_4 \cdot 5H_2O$ 0.5mg、$CaSO_4 \cdot 2H_2O$ 0.5mg、$ZnSO_4 \cdot 7H_2O$ 0.5mg、$FeCl_3 \cdot 6H_2O$ 0.5mg，pH7.0。

　　④ 异养氨化培养基：NH_4Cl 0.382g、乙酸钠 2g、$MgSO_4 \cdot 7H_2O$ 0.05g、K_2HPO_4 0.2g、NaCl 0.12g、$MnSO_4 \cdot 4H_2O$ 0.01g、$FeSO_4$ 0.01g，pH 7.2。

表 6-1　样品信息

样品编号	采样时间	采样地点
1	2011-09-18	福建农林大学污水沟
2	2011-10-04	福州市冶山内河河水
3	2011-10-19	福建省福安养猪场沼气池
4	2011-11-02	福州万宇农牧养猪场排污口污水

　　（3）主要仪器设备　高压灭菌锅、单人超净工作台、THZ-D 台式恒温振荡器（170r/min，30℃）、生化培养箱（30℃）、离心机、旋转蒸发仪、紫外分光光度仪、Gel Doc-It[TM] UVP 凝胶成像系统、BIO-RAD C1000 PCR 仪、BIO-RAD PowerPac[TM] Basic 电泳仪、Leica M165FC 高级电动荧光体视显微镜。

（4）异养硝化细菌菌株分离与筛选　分别采取4种筛选方案研究异养硝化细菌筛选效果。

方法Ⅰ：以牛肉膏蛋白胨培养基对样品进行富集，以异养氨化培养基进行分离纯化。

方法Ⅱ：以 NH_4Cl 为氮源，乙酸钠为碳源（即异养氨化培养基）进行富集分离。

方法Ⅲ：以（NH_4）$_2SO_4$ 为氮源，柠檬酸钠为碳源进行富集分离。

方法Ⅳ：以乙酰胺为碳源和氮源进行富集分离。

比较其筛选结果，选择一种合适的异养硝化细菌筛选方法。以该方法对表6-1中4种不同生境的样品中的异养硝化细菌进行富集筛选，比较不同生境异养硝化细菌筛选效果。具体操作方法为：在1000mL的锥形瓶中加入180mL选择性培养基，接入20mL新鲜样品至培养基中，30℃、170r/min富集培养3d后，重复富集1次。取富集培养的各样品1mL，用稀释梯度法依次稀释至 10^{-2}、10^{-3}、…、10^{-7} 浓度，从各样品 10^{-3} 浓度开始分别取0.1mL的菌液，分别均匀涂布A、B、C培养基平板上，于生化培养箱30℃培养，72h后，挑取单菌落，于相应的培养基平板上纯化培养。将纯化后的所有菌株分别接种于异养氨化培养基中，170r/min、30℃条件下培养，每隔一段时间检测其硝化活性，选择脱氮效果最好的一株作为试验菌株。

（5）菌株鉴定　菌株生理生化试验。对上述实验筛选到的试验菌株进行活化培养，选取对数生长期菌株进行形态学观察，利用生理生化试剂盒对菌株进行生理生化试验。

① 菌株活化　在无菌条件下挑取一环菌落，接入20mL NA培养液中，于30℃下170r/min振荡培养24h。

② 接种培养　分别吸取100μL活化菌液加入装有100mL灭菌NA和YA培养液的锥形瓶中，30℃、170r/min振荡培养，以未接菌培养液为对照。接菌后24h内每隔2h在超净工作台中吸取3mL测定 OD_{600nm} 值，共测定24h。在测定菌悬液浓度时，对浓度大的菌悬液用未接种液体培养基适当稀释，使其 OD_{600nm} 值在0.10～0.65以内，经稀释后测得的 OD_{600nm} 值要乘以稀释倍数，即为培养液实际的 OD_{600nm} 值。测定后以时间为横坐标、OD_{600nm} 值为纵坐标绘制生长曲线。

（6）16S rDNA鉴定　采用试剂盒提取菌株基因组DNA，对分离到的菌株进行16S rDNA鉴定。引物BSF8/20: 5'-AGAGTTTGATCCTGGCTCAG-3'；BSR1541/20: 5'-AAGGAGGTGATCCAGCCGCA-3'。PCR体系为50μL，其中包括5μL 10× 缓冲液，2μL dNTP，正反引物各1μL，*Taq* 酶0.5μL，DNA模板1μL，39.5μL无菌去离子水。扩增程序：94℃预变性2min；94℃变性60s，56℃退火60s，72℃延伸2min，进行29个循环；最后72℃10min。结果分析：DNA序列同源性分析在NCBI网站采用BLAST软件检索，并构建其系统发育树。

二、异养硝化细菌菌株分离和筛选

实验结果见图6-1。用4种不同筛选方法对同一样品中异养硝化细菌进行富集分离，分别得到异养硝化细菌2株、2株、3株和5株，以方法Ⅳ即乙酰胺为唯一碳源和氮源筛选得到菌株最多。

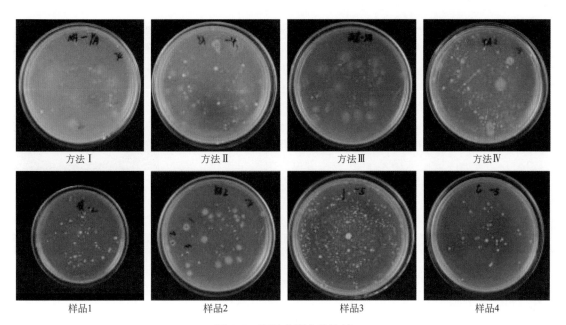

图 6-1　四种分离方法比较

以此方法对 4 种不同来源样品进行富集筛选，分别得到异养硝化细菌 5 株、4 株、10 株和 5 株，从氨氮含量较高的生境中筛选到的异养硝化细菌更多，硝化活性更高。试验中发现，传统的以格里斯试剂初步判断硝化活性的方法并不可靠，这与以往报道的某些异养硝化细菌同时具有硝化 - 反硝化功能，因而不能累积亚硝酸盐氮的结果一致。

三、异养硝化细菌硝化活性分析

经富集和分离得到异养硝化细菌 24 株，通过初步观察，选取其中 7 株进行了进一步硝化活性鉴定，结果见表 6-2。

表 6-2　异养硝化细菌氨氮去除率比较

菌株编号	氨氮 /（mg/L）							氨氮去除率 /%
	0d	1d	2d	3d	4d	5d	6d	
1	100.80	31.07	17.02	9.50	16.52	22.54	21.54	90.1
2	100.80	46.62	33.58	25.05	21.03	18.02	10.50	89.1
3	100.80	57.66	29.56	25.55	20.03	17.52	8.49	91.1
4	100.80	53.64	26.55	7.49	5.98	6.48	6.99	93.1
5	100.80	70.20	26.55	22.04	16.52	14.01	13.01	86.6
6	100.80	40.10	23.04	21.03	11.50	12.50	4.45	95.1
7	100.80	82.24	54.65	35.08	29.56	28.56	23.54	76.2

7 株异养硝化细菌均表现出一定的硝化性能，其中 1 号、3 号、4 号和 6 号菌株最终氨氮去除率均在 90% 以上，但 1 号菌株在 24h 内就表现出了良好的氨氮去除效果。综合分析

各菌株的硝化活性，确定其中 1 号菌为供试菌株，编号 FJAT-14899。

四、异养硝化细菌 FJAT-14899 的生理特性

经富集和分离得到异养硝化细菌 24 株，经初步硝化活性鉴定，确定其中 1 株为供试菌株，编号 FJAT-14899。菌株菌落形态如图 6-2 所示，该菌株菌落颜色为乳白色，菌落呈圆形，表面湿润，边缘整齐，不透明。其生理生化特性见表 6-3。

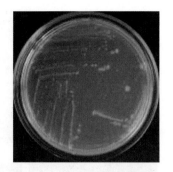

图 6-2　FJAT-14899 菌落形态

表 6-3　FJAT-14899 生理生化特性

测试项目	结果	测试项目	结果
革兰氏染色	阴性	葡萄糖	-
细胞形状	球状	蔗糖	+
细胞直径 >1μm	-	L- 阿拉伯糖	-
接触酶	+	甘露醇	-
氧化酶	+	山梨醇	+
厌氧生长	-	利用葡萄糖产气	-
VP 试验[①]	-	利用柠檬酸盐	+
<pH6	-	硝酸盐还原	-
>pH7	-	50℃生长	-
甲基红试验	-	明胶	-

① Voges-Proskauer 试验，检测细菌是否分解葡萄糖产生丙酮酸。

五、异养硝化细菌 FJAT-14899 生长曲线测定

FJAT-14899 的生长曲线见图 6-3，在 YA 培养液中菌株迟缓期为 6h，6h 后进入对数生长期，12h 达到最大生长值 1.478；在 NA 培养液中菌株迟缓期为 8h，8h 后进入对数生长期，14h 达到最大生长值 1.388。

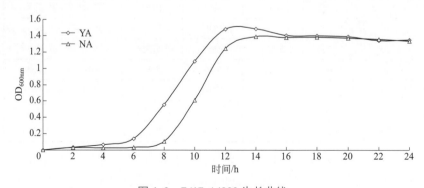

图 6-3　FJAT-14899 生长曲线

六、异养硝化细菌 FJAT-14899 的 16S rDNA 的鉴定

菌株经 PCR 扩增、16S rDNA 测序，将所测菌株的序列通过 BLAST 检索与 Genbank 中的核酸序列进行同源性比对，利用 MEGA 软件，以紧邻法绘制 16S rDNA 系统发育树如图 6-4 所示，经 16S rDNA 测序及同源性比较，FJAT-14899 与多株脱氮副球菌（*Paracoccus denitrificans*）16S rDNA 的相似性达 99%，可将集中 FJAT-14899 鉴定为脱氮副球菌。

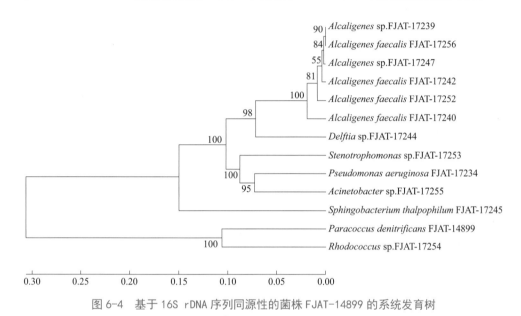

图 6-4　基于 16S rDNA 序列同源性的菌株 FJAT-14899 的系统发育树

七、讨论

参照 4 种方法均可以筛选到异养硝化细菌，但以乙酰胺为唯一碳源和氮源富集分离到的异养硝化细菌菌株更多，菌株脱氮效果更好；从高浓度氨氮养猪废水中分离到一株高效异养硝化细菌，编号 FJAT-14899；通过生理生化及 16S rDNA 的鉴定，该菌株与脱氮副球菌相似度达 99%，将该菌株鉴定为脱氮副球菌 FJAT-14899。

在过去对脱氮副球菌的研究多集中在其反硝化功能，刘燕等（2010）从活性污泥中分离到一株具有高效反硝化功能的脱氮副球菌 YF1，此菌株在初始硝酸盐浓度 100mg/L 条件下，30h 内硝酸盐降解率达 95.3%，且无亚硝酸盐的累积，表现出良好的脱氮效果。本章以有机氮为底物筛选到的脱氮副球菌具有硝化作用，近年来也有少数研究中筛选到了具有硝化功能的脱氮副球菌，进一步证明了脱氮副球菌可能同时具有异养硝化 - 好氧反硝化功能，具有广泛的应用前景。

第三节
异养硝化细菌种类分子多态性分析

基于重复序列的 PCR（repetitive-sequence-based PCR，REP-PCR）利用引物扩增分散在整个细菌基因组中的非编码重复序列，扩增的片段通过电泳分离，构成细菌基因组指纹图谱，用来在亚种上对细菌进行分类、鉴定（杨凤环等，2008）。细菌基因组重复短序列（repetitive sequence）包括 BOX 序列、肠杆菌基因间重复准序列（ERIC）和基因外重复回文序列（REP）。随着技术改进和体系优化，在细菌基因组多样性研究中 REP-PCR 技术得到广泛应用，尤其是在固氮细菌的分类鉴定以及植物病原菌的多样性分析中取得了良好的效果（姚廷山等，2010）。研究表明，REP-PCR 指纹分析技术具有快速、灵敏等特点，虽然由于其稳定性受较多条件影响而存在一定争议，但其在微生物分类鉴定、菌株的分型、亲缘关系和分子微生物生态学研究中都取得了一定的成果（李书光等，2011）。目前国内关于 REP-PCR 技术在异养硝化细菌多态性研究中的应用报道不多。本章利用 BOX-PCR、ERIC-PCR 和 REP-PCR 对来源于福建省不同地区的异养硝化细菌进行分子多态性分析。

一、研究方法

（1）菌株　采集于福建 5 个地点的养殖废水，经富集、分离、纯化和鉴定，确定 24 株供试的异养硝化细菌菌株，其信息见表 6-4。

表 6-4　供试菌株信息

菌株编号	物种名称	菌株来源
FJAT-14899	脱氮副球菌（Paracoccus denitrificans）	福建省福安养猪场沼气池
FJAT-17234	铜绿假单胞菌（Pseudomonas aeruginosa）	福建省福安养猪场沼气池
FJAT-17235	红球菌（Rhodococcus sp.）	福建省福安养猪场沼气池
FJAT-17236	粪产碱菌（Alcaligenes faecalis）	福建省福安养猪场沼气池
FJAT-17237	脱氮副球菌（Paracoccus denitrificans）	福建省福安养猪场沼气池
FJAT-17238	苍白杆菌（Ochrobactrum sp.）	福建省福安养猪场沼气池
FJAT-17239	产碱菌（Alcaligenes sp.）	福建省福安养猪场沼气池
FJAT-17240	粪产碱菌（Alcaligenes faecalis）	福建省福安养猪场沼气池
FJAT-17241	红球菌（Rhodococcus sp.）	福建省福安养猪场沼气池
FJAT-17242	粪产碱菌（Alcaligenes faecalis）	福建省福安养猪场沼气池
FJAT-17243	嗜温鞘脂杆菌（Sphingobacterium thalpophilum）	福建省福安养猪场沼气池
FJAT-17244	代尔夫特菌（Delftia sp.）	福州万宇农牧养猪场排污口污水
FJAT-17245	嗜温鞘脂杆菌（Sphingobacterium thalpophilum）	福州万宇农牧养猪场排污口污水
FJAT-17246	嗜温鞘脂杆菌（Sphingobacterium thalpophilum）	福州万宇农牧养猪场排污口污水

续表

菌株编号	物种名称	菌株来源
FJAT-17247	产碱菌（*Alcaligenes* sp.）	福州母猪养殖废水
FJAT-17248	节杆菌（*Arthrobacter* sp.）	福州母猪养殖废水
FJAT-17249	红球菌（*Rhodococcus* sp.）	福建省龙海猪场沼气池
FJAT-17250	苍白杆菌（*Ochrobactrum* sp.）	福建省龙海猪场沼气池
FJAT-17251	粪产碱菌（*Alcaligenes faecalis*）	福建省龙海猪场沼气池
FJAT-17252	粪产碱菌（*Alcaligenes faecalis*）	福建省龙海猪场沼气池
FJAT-17253	寡养单胞菌（*Stenotrophomonas* sp.）	福建省龙海猪场沼气池
FJAT-17254	红球菌（*Rhodococcus* sp.）	福建省连城猪场养殖废水
FJAT-17255	不动杆菌（*Acinetobacter* sp.）	福建省连城猪场养殖废水
FJAT-17256	粪产碱菌（*Alcaligenes faecalis*）	福建省河田猪场养殖废水

（2）培养基　异养氨化培养基。

（3）主要仪器设备　Gel Doc-ItTM UVP 凝胶成像系统；BIO-RAD C1000 PCR 仪；BIO-RAD PowerPacTM Basic 电泳仪。

（4）异养硝化细菌菌株的 BOX-PCR 分析　BOX-PCR 引物见表 6-5，反应体系（25μL）：ddH$_2$O 19.7μL；10×Buffer 2.5μL；dNTPs（2mmol/L）0.5μL；BOXA1R（10μmol/L）1μL；*Taq* 酶（2.5U）0.3μL；DNA 模板 1μL。BOX-PCR 反应程序：95℃预变性 7min；94℃ 1min，52℃ 1min，65℃ 8min，共 30 个循环；65℃延伸 16min。BOX-PCR 电泳图谱分析：取 6μL BOX-PCR 产物，用 2% 的琼脂糖凝胶电泳 50min 分离，溴化乙锭染色，UVP 凝胶成像仪采集图像；对琼脂糖凝胶电泳图谱进行读带，有带的无论强弱均计为"1"，无带计为"0"，制作 Excel 表格。

表 6-5　引物序列

反应	引物序列
BOX	A1R：5'-CTA CGG CAA GGC GAC GCT GAC G-3'
ERIC	1-R：5'-ATGTAAGCTCCTGGGGATTC-AC-3' 2-1：5'-AAGTAAGTGACTGGG-GTGAGCG-3'
REP	1-R：5'-IIIICGICGICATCIGGC-3' 2-1：5'-ICGICTTATCIGGCCTAC-3'（I 代表次黄嘌呤核苷）

（5）异养硝化细菌菌株的 REP-PCR 分析　REP-PCR 引物见表 6-5，反应体系（25μL）：ddH$_2$O 10.7μL；10×Buffer 2.5μL；dNTPs（2mmol/L）0.5 μL；REP 1-R（10μmol/L）5μL；REP 2-1（10μmol/L）5μL；*Taq* 酶（2.5U）0.3μL；DNA 模板 1μL。REP -PCR 反应程序：95℃预变性 7min；94℃ 1min，44℃ 1min，65℃ 8min，共 30 个循环；65℃ 16min。REP -PCR 电泳图谱分析：取 6μL REP-PCR 产物，用 2% 的琼脂糖凝胶电泳 50min 分离，溴化乙锭染色，UVP 凝胶成像仪采集图像；对琼脂糖凝胶电泳图谱进行读带，有带的无论强弱均计为"1"，无带计为"0"，制作 Excel 表格。

（6）异养硝化细菌菌株的 ERIC-PCR 分析　ERIC-PCR 引物见表 6-5，反应体系（25μL）：

ddH$_2$O 18.7μL；10×Buffer 2.5μL；dNTPs（2mmol/L）0.5μL；ERIC1-R（10μmol/L）1μL；ERIC 2-1（10μmol/L）1μL；*Taq* 酶（2.5U）0.3μL；DNA 模板 1μL。ERIC-PCR 反应程序：95℃预变性 7min；94℃ 1min，52℃ 1min，65℃ 8min，共 30 个循环；65℃延伸 16min。采用进行电泳，上样量为 6μL，电压为 90V，电泳时间 1h。ERIC-PCR 电泳图谱分析：取 6μL ERIC-PCR 产物，用 2％的琼脂糖凝胶电泳 50min 分离，溴化乙锭染色，UVP 凝胶成像仪采集图像；对琼脂糖凝胶电泳图谱进行读带，有带的无论强弱均计为"1"，无带计为"0"，制作 Excel 表格。

（7）异养硝化细菌菌株的多态性分析　结合异养硝化细菌的 BOX-PCR、REP-PCR 和 ERIC-PCR 电泳统计结果，利用 DPS 7.05 软件中的类平均连锁法（UPGMA）进行聚类分析。

二、异养硝化细菌菌株的 BOX-PCR 多态性分析

用 BOX-PCR 对 24 株异养硝化细菌进行扩增的结果见图 6-5 和表 6-6。共出现 15 条条带，条带大小主要集中在 500～3000bp 之间，少数大于 3000bp。15 条条带均为特异条带，无共有条带。说明 24 株异养硝化细菌遗传多样性差异明显，可以进行分子多态性分析。

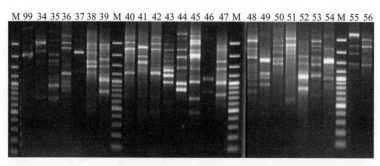

图 6-5　BOX-PCR 扩增电泳图

表 6-6　BOX-PCR 反应扩增条带

菌株编号	条带大小 /bp														
	1	2	3	4	5	6	7	8	9	10	11	12	13	14	15
FJAT-14899	0	0	0	0	0	0	0	0	0	0	0	1	0	0	0
FJAT-17234	0	1	0	0	0	0	0	0	1	0	0	0	1	0	1
FJAT-17235	0	1	0	1	0	0	0	0	0	1	0	1	0	0	0
FJAT-17236	0	0	0	0	0	1	0	0	0	1	0	0	1	0	1
FJAT-17237	0	0	0	0	0	0	0	0	0	1	0	0	1	0	0
FJAT-17238	0	0	0	0	0	0	1	0	1	0	0	0	1	0	1
FJAT-17239	0	0	1	0	0	1	0	1	0	1	0	0	1	1	1
FJAT-17240	0	0	0	0	1	0	1	0	0	0	0	0	0	1	1
FJAT-17241	0	0	0	0	0	0	0	0	0	1	0	1	0	1	1

续表

菌株编号	条带大小 /bp														
	1	2	3	4	5	6	7	8	9	10	11	12	13	14	15
FJAT-17242	0	0	0	0	0	0	1	0	0	0	0	0	0	1	1
FJAT-17243	0	0	0	0	1	0	1	1	1	0	0	0	0	0	1
FJAT-17244	0	0	1	0	1	0	0	0	1	0	0	1	0	1	0
FJAT-17245	1	1	0	0	1	0	0	0	1	0	0	1	0	1	1
FJAT-17246	0	0	0	0	0	1	0	0	0	0	0	0	0	0	0
FJAT-17247	0	0	1	0	1	0	0	0	1	0	0	0	0	0	0
FJAT-17248	0	0	0	0	0	0	0	0	0	1	1	0	1	0	1
FJAT-17249	0	0	0	1	0	1	1	0	0	0	0	0	0	0	0
FJAT-17250	0	0	0	0	0	0	0	0	1	0	0	1	0	1	1
FJAT-17251	0	0	0	0	0	0	0	0	0	0	0	0	0	1	1
FJAT-17252	0	0	1	0	0	0	0	0	1	0	0	0	0	0	0
FJAT-17253	0	0	0	0	0	1	0	0	1	1	1	0	1	1	1
FJAT-17254	0	0	0	0	1	0	0	0	0	1	1	0	1	0	0
FJAT-17255	0	0	0	0	0	0	0	0	1	0	0	1	0	1	0
FJAT-17256	0	0	0	0	0	0	0	0	1	0	0	0	0	1	1

注：1—500bp；2—700bp；3—800bp；4—900bp；5—1000bp；6—1200bp；7—1500bp；8—1900bp；9—2000bp；10—2200bp；11—2400bp；12—2500bp；13—2600bp；14—2800bp；15—3000bp。

三、异养硝化细菌菌株的 REP-PCR 多态性分析

用 REP-PCR 对 24 株异养硝化细菌进行扩增的结果见图 6-6 和表 6-7。共出现 27 条条带，条带分布在 100 ～ 3000bp 之间。27 条条带均为特异条带，无共有条带。说明 24 株异养硝化细菌遗传多样性差异明显，可以进行分子多态性分析。

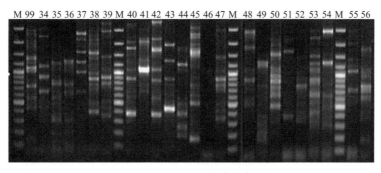

图 6-6　REP-PCR 扩增电泳图

表 6-7　REP-PCR 反应扩增条带

菌株编号	条带大小 /bp																										
	1	2	3	4	5	6	7	8	9	10	11	12	13	14	15	16	17	18	19	20	21	22	23	24	25	26	27
14899	0	0	0	0	0	0	1	0	0	0	1	0	1	0	0	0	0	0	0	1	0	0	0	1	1	1	0
17234	0	0	1	0	0	0	0	0	0	0	1	0	0	0	0	1	1	0	0	1	1	0	0	0	0	1	0
17235	1	0	0	0	0	0	0	0	0	0	0	0	0	0	0	0	1	0	0	1	0	0	1	0	0	0	1
17236	0	0	0	0	0	0	0	0	0	0	0	0	0	1	0	0	1	0	0	0	0	1	0	1	0	0	1
17237	1	0	0	0	0	0	0	0	0	0	0	0	0	0	0	0	1	0	1	0	1	1	0	1	0	1	0
17238	0	0	0	0	0	0	0	0	0	0	0	0	0	0	1	1	0	0	0	0	0	1	1	0	1	1	1
17239	0	0	1	0	0	0	0	0	0	1	0	0	0	0	0	0	0	0	1	0	1	0	0	1	1	1	1
17240	0	0	0	0	0	0	0	0	1	0	1	0	0	0	0	0	0	1	0	1	1	0	1	0	1	1	1
17241	0	0	0	0	0	1	0	0	0	0	1	0	1	0	0	0	0	0	1	0	0	0	0	0	1	0	1
17242	0	0	0	0	0	0	0	1	0	1	0	1	0	1	1	0	0	0	0	0	0	0	0	0	0	1	0
17243	0	0	0	0	0	0	0	1	0	0	0	1	0	0	0	1	0	0	1	0	0	0	1	0	0	0	0
17244	0	1	1	0	0	0	0	0	0	0	0	1	0	0	1	1	0	0	0	0	0	1	0	1	0	0	0
17245	0	0	0	0	0	0	0	0	0	0	0	0	0	0	0	0	0	0	0	1	0	1	0	0	1	0	1
17246	0	0	0	0	0	0	0	0	0	0	0	0	0	0	0	0	0	0	0	0	0	0	0	0	0	0	0
17247	0	0	1	0	0	0	0	1	0	0	1	0	0	0	0	0	0	0	0	0	0	0	1	0	1	1	1
17248	0	1	0	0	0	0	0	0	0	0	0	1	0	0	1	0	0	0	1	0	1	0	0	0	0	1	1
17249	0	0	0	1	0	0	0	0	0	0	0	0	0	0	0	0	0	0	1	0	1	0	0	1	1	1	0
17250	0	0	0	0	1	0	0	0	0	0	1	0	0	0	1	0	0	0	1	0	1	0	0	0	1	1	0
17251	0	0	0	0	0	0	0	0	0	0	0	0	0	0	0	0	0	0	0	1	1	0	1	1	1	1	0
17252	0	1	0	0	0	0	0	0	1	0	0	0	0	0	0	0	1	0	1	0	1	0	1	0	1	0	1
17253	0	0	0	0	0	0	0	1	0	1	0	1	0	0	0	0	1	0	0	0	1	1	0	0	0	0	0
17254	0	0	0	1	0	0	0	0	0	0	0	0	0	0	0	0	0	0	1	0	1	0	1	0	0	0	0
17255	0	0	0	0	1	0	1	0	0	0	1	0	0	1	0	0	1	1	0	1	1	0	0	0	1	1	0
17256	0	0	0	0	0	0	0	0	0	0	1	0	0	0	0	0	1	0	1	0	1	1	0	1	0	1	0

注：菌株编号省略了"FAJT-"；1—150bp；2—200bp；3—250bp；4—300bp；5—350bp；6—400bp；7—450bp；8—500bp；9—550bp；10—600bp；11—650bp；12—700bp；13—750bp；14—800bp；15—850bp；16—900bp；17—1000bp；18—1300bp；19—1500bp；20—1800bp；21—2000bp；22—2200bp；23—2400bp；24—2500bp；25—2600bp；26—2800bp；27—3000bp。

四、养硝化细菌菌株的 ERIC-PCR 多态性分析

用 ERIC-PCR 对 24 株异养硝化细菌进行扩增的结果见图 6-7 和表 6-8。共出现 21 条条带，条带大小主要集中在 200 ～ 3000bp 之间。21 条条带均为特异条带，无共有条带。说明 24 株异养硝化细菌遗传多样性差异明显，可以进行分子多态性分析。

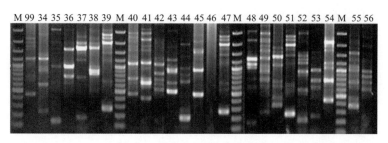

图 6-7　ERIC-PCR 扩增电泳图

表 6-8　ERIC-PCR 反应扩增条带

菌株编号	条带大小 /bp																				
	1	2	3	4	5	6	7	8	9	10	11	12	13	14	15	16	17	18	19	20	21
14899	0	0	0	1	0	1	0	1	0	0	1	1	0	1	0	0	0	1	0	1	1
17234	0	0	0	1	0	1	1	0	0	1	0	0	0	0	0	0	0	1	0	0	1
17235	0	1	0	0	1	1	1	0	1	0	0	0	1	0	0	0	0	0	0	0	0
17236	0	1	0	0	0	1	0	0	1	0	0	0	0	0	0	0	0	0	0	0	0
17237	0	0	0	0	0	0	1	0	0	0	1	0	1	0	0	1	0	0	1	0	0
17238	0	0	0	1	0	0	0	0	1	1	0	1	0	1	0	1	1	0	1	1	0
17239	0	0	0	1	1	0	0	1	1	0	1	0	1	0	0	0	0	0	0	1	1
17240	0	0	1	0	0	1	1	0	1	1	0	0	0	1	0	1	0	0	0	0	0
17241	0	0	1	0	0	1	0	0	0	0	1	0	0	0	0	0	0	0	0	0	0
17242	0	0	1	0	0	1	0	0	0	0	1	0	0	0	0	0	0	0	1	0	0
17243	0	0	0	1	0	0	0	0	0	0	0	0	1	0	0	1	0	0	0	0	0
17244	1	1	1	0	1	0	0	0	0	0	0	1	0	0	0	0	0	0	0	0	0
17245	1	0	0	0	1	1	0	0	0	0	0	0	0	0	1	1	0	0	0	0	1
17246	0	0	0	0	0	0	0	0	0	0	0	0	0	0	0	0	0	0	0	0	0
17247	0	0	1	0	1	0	0	0	1	0	0	0	0	0	1	0	0	0	0	0	1
17248	0	0	0	0	1	1	0	0	0	0	1	0	0	0	0	0	1	0	0	1	1
17249	0	1	0	1	1	0	0	0	0	0	0	1	0	0	0	0	0	0	0	0	0
17250	0	0	0	1	1	0	0	0	1	1	1	0	0	0	1	0	1	0	0	0	0
17251	0	0	1	1	0	0	0	0	0	0	0	0	0	0	1	0	1	0	0	0	0
17252	0	0	0	0	0	0	0	0	0	0	0	0	0	1	0	0	0	1	0	0	0
17253	0	1	0	0	0	1	0	1	1	0	1	0	0	1	0	0	0	0	0	0	0
17254	0	1	0	1	1	0	1	0	1	0	0	0	1	0	1	0	0	0	0	1	1
17255	0	0	0	0	0	1	0	0	0	0	0	0	0	0	0	1	0	0	0	0	0
17256	0	0	0	0	0	0	1	0	1	0	0	1	0	0	0	1	0	0	0	0	0

注：菌株编号省略了 "FAJT-"；1—200bp；2—300bp；3—350bp；4—450bp；5—500bp；6—550bp；7—650bp；8—750bp；9—800bp；10—900bp；11—1000bp；12—1200bp；13—1700bp；14—1900bp；15—2000bp；16—2300bp；17—2500bp；18—2600bp；19—2800bp；20—2900bp；21—3000bp。

五、异养硝化细菌种类的分子多态性分析

采用 DPS7.05 对三种 PCR 结果进行分析，结果如图 6-8，从树状聚类图可以看出当 $\lambda=3.0$ 时，可以将 24 株异养硝化细菌划分为 3 个类群：第 1 类包括 15 株异养硝化细菌，有脱氮副球菌、粪产碱杆菌属和鞘氨醇杆菌属；第 2 类包括 8 株：有节杆菌属、不动杆菌属、苍白杆菌属和红球菌属等；第 3 类仅 1 株铜绿假单胞菌，与其他菌表现出较远的遗传距离。其中第 1 类的 15 株菌又明显聚为 4 类：2 株脱氮副球菌；7 株粪产碱杆菌；2 株鞘氨醇杆菌；其他 4 株菌。异养硝化细菌种类丰富，各菌株间遗传差异明显。

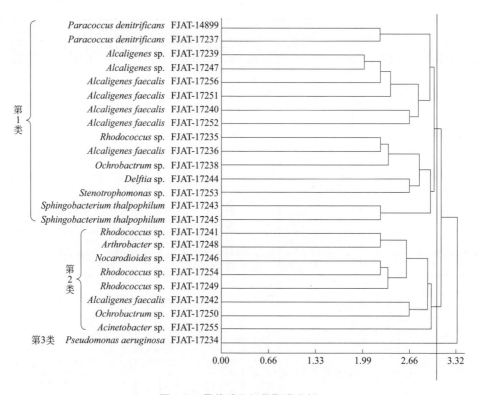

图 6-8　异养硝化细菌聚类分析

六、讨论

利用 3 对引物对不同来源的 24 株异养硝化细菌进行 PCR 扩增，其凝胶电泳图中条带清晰，条带间差异明显，说明利用 REP-PCR 技术进行异养硝化细菌的分子多态性分析是可行的。聚类分析结果显示可以将相似的遗传距离近的菌株聚在一起，24 株菌株间遗传差异明显，在 $\lambda=3.0$ 时可以将 24 株异养硝化细菌划分为 3 个类群。

第四节
异养硝化细菌脱氮性能的研究

近年来，国内外不断有分离到新的异养硝化细菌菌株的报道，异养硝化细菌来源广泛、种类众多（何霞等，2009）。研究发现这些异养硝化细菌不仅具有高效去除氨氮的能力，多数还同时具有好氧反硝化能力，因而对于异养硝化细菌的功能的研究显得尤为重要。由于遗传背景的差异，不同的异养硝化细菌的功能特点也各不相同，其功能受各种因子的影响也不一致。据报道，影响异养硝化细菌功能的主要因素包括温度、pH 值、C/N 值、底物浓度（碳源、氮源）、有机碳源类型等，不同菌株对于这些因子的改变表现出的反应也各不相同（苟莎和黄钧，2009）。

一、研究方法

建立适宜的异养硝化细菌反应体系对于其实际应用显得尤为重要，本章节详细研究了异养硝化菌株脱氮副球菌（*Paracoccus denitrificans*）FJAT-14899 的脱氮特性以及不同条件对其生长和功能的影响。

（1）菌株 异养硝化细菌脱氮副球菌 FJAT-14899 分离自福建省龙海养猪场沼气池，于 2012 年 8 月 10 日保藏于中国微生物菌种保藏管理委员会普通微生物中心，保藏编号为 CGMCC No.6388。

（2）主要仪器设备 高压灭菌锅、单人超净工作台、THZ-D 台式恒温振荡器（170r/min，30℃）、生化培养箱（30℃）、离心机、旋转蒸发仪、紫外分光光度仪、Gel Doc-ItTM UVP 凝胶成像系统、BIO-RAD C1000 PCR 仪、BIO-RAD PowerPacTM Basic 电泳仪、Leica M165FC 高级电动荧光体视显微镜。

（3）分析测试方法 铵氮浓度（NH_4^+-N）采用纳氏分光光度法；硝酸盐氮浓度（NO_3^--N）采用酚二磺酸分光光度法；亚硝酸盐氮浓度（NO_2^--N）采用 N-（1- 萘胺）- 乙二胺光度法；总氮（TN）采用过硫酸钾紫外分光光度法（魏复盛，2002）。

（4）FJAT-14899 脱氮性能的测定 将 FJAT-14899 在异养氨化培养基中活化过夜，再以 1% 接种量接种于 200mL 异养氨化培养基中，30℃ 170r/min 振荡培养，每隔 4h 取样测定培养液中的 TN、NH_4^+-N、NO_2^--N、NO_3^--N 浓度，连续测定 24h，每个样品设 3 个重复，研究其脱氮性能。

（5）接种量对 FJAT-14899 脱氮性能的影响 将 FJAT-14899 在异养氨化培养基中活化过夜，再分别以 0%、0.01%、0.1%、1%、5% 和 10%（体积分数）的接种量接种于 200mL 异养氨化培养基中，30℃、170r/min 振荡培养，每隔 4h 取样测定培养液中的 TN、NH_4^+-N、NO_2^--N 浓度以及菌液浓度，连续测定 24h，每个样品设 3 个重复，研究接种量对其脱氮性能的影响。

（6）氮源种类对 FJAT-14899 脱氮性能的影响 将 FJAT-14899 在异养氨化培养基中活化过夜，再以 1% 接种量接种于分别由氯化铵、硫酸铵、乙酰胺、尿素、丙酮肟为唯一氮源配制的 200mL 异养氨化培养基中，30℃、170r/min 振荡培养，每隔 4h 取样测定培养液中的总氮和菌液浓度，连续测定 24h，每个样品设 3 个重复，研究氮源种类对其脱氮性能的影响。

（7）C/N 值对 FJAT-14899 脱氮性能的影响　将 FJAT-14899 在异养氨化培养基中活化过夜，再以 1% 接种量接种于 C/N 值为 0、2、4、8、12、18、24 的 200mL 异养氨化培养基中，30℃、170r/min 振荡培养，每隔 4h 取样测定培养液中的 TN、NH_4^+-N、NO_2^--N 浓度及菌液浓度，连续测定 24h，每个样品设 3 个重复，研究 C/N 值对其脱氮性能的影响。

（8）氮源浓度对 FJAT-14899 脱氮性能的影响　将 FJAT-14899 在异养氨化培养基中活化过夜，再以 1% 接种量接种于氮源浓度为 0mg/L、50mg/L、100mg/L、200mg/L、400mg/L、600mg/L 的 200mL 异养氨化培养基中，30℃ 170r/min 振荡培养，每隔 4h 取样测定培养液中的 TN、NH_4^+-N、NO_2^--N 浓度及菌液浓度，连续测定 24h，每个样品设 3 个重复，研究氮源浓度对其脱氮性能的影响。

（9)pH 值对 FJAT-14899 脱氮性能的影响　将 FJAT-14899 在异养氨化培养基中活化过夜，再以 1% 的接种量接种于 pH6、7、8、9、10 和 11 的 200mL 异养氨化培养基中，30℃ 170r/min 振荡培养，每隔 4h 取样测定培养液中的 TN、NH_4^+-N、NO_2^--N 浓度，连续测定 24h，每个样品设 3 个重复，研究 pH 值对其脱氮性能的影响。

（10）温度对 FJAT-14899 脱氮性能的影响　将 FJAT-14899 在异养氨化培养基中活化过夜，再以 1% 的接种量接种于 200mL 异养氨化培养基中，分别于 15℃、20℃、25℃、30℃、35℃、40℃ 和 45℃ 摇床 170r/min 振荡培养，每隔 4h 取样测定培养液中的 TN、NH_4^+-N、NO_2^--N 浓度，连续测定 24h，每个样品设 3 个重复，研究温度对其脱氮性能的影响。

（11）最佳环境条件下 FJAT-14899 脱氮性能　从上述试验中得到 FJAT-14899 最佳脱氮条件，在该条件下测定菌株的脱氮效果，并与优化前进行比较。

二、标准曲线测定

对各种形态氮的测定，其标准曲线及拟合线性公式见图 6-9。

三、脱氮副球菌 FJAT-14899 脱氮性能

试验结果见图 6-10。在以 NH_4Cl 为唯一氮源，乙酸钠为唯一碳源的异养氨化培养液中培养生长时，菌株 FJAT-14899 对 NH_4^+-N 的快速去除发生在 4 ～ 12h，即菌株生长对数期。底物 NH_4^+-N 浓度约 104mg/L，培养 4h 时菌株生长进入对数期，NH_4^+-N 浓度开始明显下降，至 12h 时 NH_4^+-N 浓度下降至 19mg/L，NH_4^+-N 去除率达 81.7%，此时培养液中菌含量也达到最大；12h 后培养液中菌株浓度不再增加，此时 NH_4^+-N 已降至一个较低值，其后 NH_4^+-N 浓度的变化缓慢，经 24h 培养，最终 NH_4^+-N 终浓度 10.24mg/L，去除率达 90.1%。说明 FJAT-14899 可以有效利用环境中的 NH_4^+-N，在短时间内大量去除 NH_4^+-N。

菌株 FJAT-14899 的 TN 去除过程与 NH_4^+-N 的去除大致相同（图 6-11），在 4 ～ 12h 培养中 TN 浓度迅速下降，12h 时 TN 浓度由 109.2mg/L 下降至 44.84mg/L，TN 去除率达 53.7%。12h 后 TN 浓度下降缓慢。至实验终止，最终 TN 浓度下降至 41.90mg/L，TN 去除率达 61.3%。

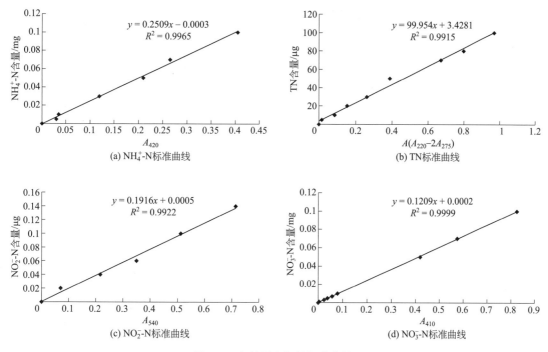

图 6-9　各种形态氮的标准曲线

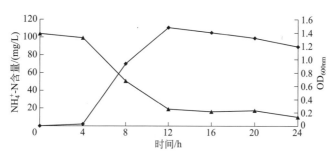

图 6-10　异养氨化培养基中 NH_4^+-N 的变化

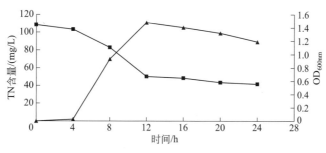

图 6-11　异养氨化培养基中 TN 的变化

对培养液中 NO_2^--N 含量的测定结果见图 6-12，整个反应过程中培养液中 NO_2^--N 浓度均未超出 0.05mg/L 且基本无大幅度变化。在 4 ～ 12h 间培养液中 NH_4^+-N 和 TN 含量迅速下降，而 NO_2^--N 没有大量积累，且未检测到 NO_3^--N 的积累，这说明菌株 FJAT-14899 能够快速利用 NH_4^+-N，且具有一定的反硝化能力，从而使培养液中的 TN 含量下降，这与报道一致。以往的报道也多见于对其反硝化功能的研究，可以直接将 NO_2^--N 转化为 N_2（刘燕等，2010）。

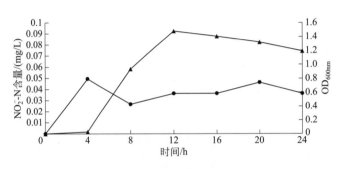

图 6-12　异养氨化培养基中 NO_2^--N 的变化

—●— NO_2^- -N 含量；　—▲— OD_{600nm}

四、接种量对脱氮副球菌 FJAT-14899 脱氮性能的影响

起始 NH_4^+-N 浓度为 101.81mg/L，不同接种量下 NH_4^+-N 浓度变化明显不同，主要表现在 NH_4^+-N 浓度下降的时间上，NH_4^+-N 最终去除率无显著差异。试验结果见图 6-13。接种量为 0% 时，基本上检测不到 NH_4^+-N 含量的变化；接种量 5% 和 10% 时，NH_4^+-N 含量下降迅速，在培养 8h 时下降到较低值，分别为 37.59mg/L 和 25.05mg/L，其后下降不明显；接种量 1% 时，在 12h NH_4^+-N 含量下降至 23.54mg/L；接种量 0.1%，在培养 16h 后，NH_4^+-N 含量为 22.04mg/L；接种量 0.01%，NH_4^+-N 去除所需时间最长，20h 后为 20.53mg/L。接种量越大，NH_4^+-N 去除时间越短，速率越快。

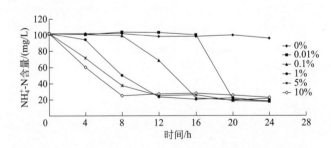

图 6-13　接种量对 FJAT-14899 NH_4^+-N 去除效果的影响

图 6-14 表明，起始 TN 浓度为 99.73mg/L，接种量为 0% 时，基本上检测不到 TN 含量的变化；接种量 5% 和 10% 时，TN 含量下降迅速，在培养 8h 时下降到较低值，分别 30.09mg/L 和 21.79mg/L，其后下降不明显；接种量 1% 时，在培养 12h 时 TN 含量下降至 25.43mg/L；接种量 0.1%，TN 去除时间明显延长，在培养 16h 后，TN 含量为 26.45mg/L；

接种量 0.01%，TN 去除所需时间最长，20h 后为 17.67mg/L。接种量越大，TN 去除时间越短，速率越快；但在试验后期，接种量大总氮终浓度反而稍偏高。

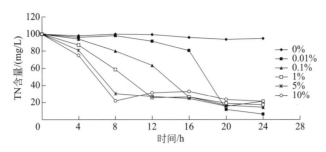

图 6-14 接种量对 FJAT-14899 TN 去除效果的影响

接种量对培养液中 NO_2^--N 的累积影响见图 6-15。不同梯度接种量下 NO_2^--N 含量无变化。接种量为 0% 时，基本上检测不到 NO_2^--N 的存在，其他接种量下培养液中 NO_2^--N 的含量均低于 0.05mg/L。

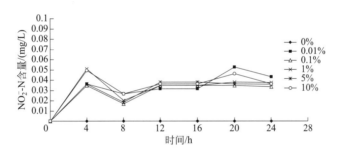

图 6-15 接种量对 FJAT-14899 NO_2^--N 累积的影响

接种量对 FJAT-14899 生长的影响结果见图 6-16。接种量 5% 和 10% 活菌数增长迅速，在培养 4～8h 后活菌数达到最大值，随后有所下降；接种量 0.1% 和 1% 时，在 8～12h 间活菌数达到最大；接种量 0.01% 菌株生长最慢，培养 20h 后活菌数达到最大。接种量越大越好；接种量越小，菌株迟缓期越长。

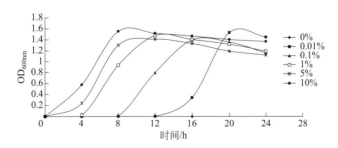

图 6-16 接种量对 FJAT-14899 生长的影响

综上所述，接种量越大，菌株 FJAT-14899 生长越快，脱氮效果越好。但在实际应用中需考虑菌株的使用量，要求接种量越小越好，FJAT-14899 在接种量低至 0.01% 时，仍能在相对较短的时间内达到较好的脱氮效果，增加了 FJAT-14899 实际应用的可能。

五、不同氮源对脱氮副球菌 FJAT-14899 脱氮性能的影响

试验结果见图 6-17。异养硝化细菌 FJAT-14899 在 6 种氮源中都可以生长，说明其氮源种类广泛。在不同氮源条件下，异养硝化细菌 FJAT-14899 生长差异较大，在三种铵盐中生长情况基本一致，0 ～ 4h 为迟缓期，4 ～ 12h 为对数生长期；在乙酰胺和丙酮肟为唯一氮源的培养基中生长较慢，菌株迟缓期长达 12h，20h 达到最大值。在细胞密度方面，以铵盐及乙酰胺、丙酮肟为氮源时，菌液 OD_{600nm} 值约为 1.6；而以尿素为氮源时，最大菌液 OD_{600nm} 值仅为 1.199。FJAT-14899 对铵盐的利用速度最快。

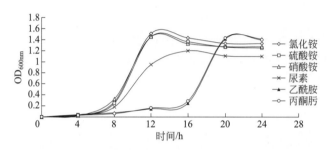

图 6-17　不同氮源对 FJAT-14899 生长的影响

不同氮源对 FJAT-14899 TN 去除效果的影响结果见图 6-18。FJAT-14899 在 6 种不同氮源中，均可降低培养液中 TN 浓度。其中 TN 浓度下降速率与菌株生长情况一致，即在氯化铵、硫酸铵和硝酸铵三种铵盐以及尿素作为氮源时 TN 浓度最先下降，在 12h 时下降至较低值，TN 去除率分别为 56.82%、54.21%、51.55% 和 54.93%，但其中硝酸铵的利用率较低；乙酰胺和丙酮肟试验中 TN 下降时间较晚，但最终 TN 去除率也达到了 54.93% 和 55.48%。

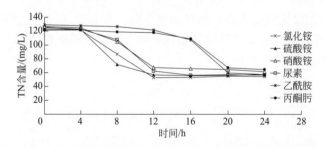

图 6-18　不同氮源对 FJAT-14899 TN 去除效果的影响

FJAT-14899 氮源谱较广，能够利用各种无机有机氮源。养殖废水成分复杂，含氮物质种类多，这说明 FJAT-14899 可以利用这些氮源，达到降低养殖废水中氮的目的。

六、C/N 值对脱氮副球菌 FJAT-14899 脱氮性能的影响

C/N 值对菌株 FJAT-14899 脱氮性能影响大（图 6-19）。起始氮源浓度约 100mg/L，C/N

值为 0 时，处于缺碳状态 FJAT-14899 不能进行异养硝化作用去除 NH_4^+-N。C/N 值为 2 和 4 时，随着碳源的消耗菌株可以进行脱氮作用前期硝化活性正常，随着时间延长，碳源浓度降低，硝化活性变弱，碳源浓度越低，最终的 NH_4^+-N 除率越低，最终 NH_4^+-N 去除率分别为 28.0% 和 59.3%；C/N 值为 8 时，培养液中 NH_4^+-N 浓度下降最迅速，12h NH_4^+-N 去除率达 91.5%；C/N 值为 12～24 时，底物浓度抑制菌株的硝化作用，NH_4^+-N 浓度下降时间开始延长，但最终的 NH_4^+-N 去除率并未受影响，试验终止 NH_4^+-N 去除率分别为 94.35%、95.30% 和 94.82%。

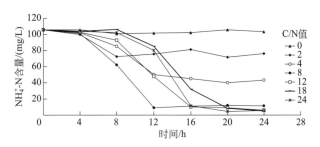

图 6-19 C/N 对 FJAT-14899 NH_4^+-N 去除效果的影响

底物起始 TN 含量为 116.81mg/L，从图 6-20 中可以看出缺碳条件下 TN 含量无变化。C/N 值为 2～8 时，随着 C/N 值增大，培养液中 TN 下降速率增快，最终 TN 浓度越低，TN 去除率越高，分别为 26.68%、40.39% 和 63.15%。C/N 值低于 8 时，由于底物中碳源的缺乏，TN 最终去除率较低。当 C/N 值为 8～24 时，随着底物中 C/N 值的增加，TN 去除率开始受到抑制，C/N 值越大，TN 浓度开始下降的时间越长，但后期 TN 去除速率非常快，因而 TN 最终去除率仍能达到 65.04% 和 64.87%。C/N 值为 8 时，TN 去除效果最佳。

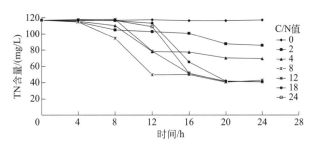

图 6-20 C/N 值对 FJAT-14899 TN 去除效果的影响

C/N 值对 FJAT-14899 生长影响明显，主要表现在生长时间和最高菌液两个方面（图 6-21）。缺碳条件下，菌株不能生长；C/N 值为 2～8 时，C/N 值对菌株生长的影响表现为 C/N 值越大，菌株生长能达到的最高菌液浓度越大，由低到高 OD_{600nm} 为 0.54、1.055 和 1.707。C/N 值为 8～24 时，C/N 值对菌株生长的影响表现为菌株生长迟缓期延长，稳定期延长，但菌株生长最大值并无较大差异。

C/N 值对菌株 FJAT-14899 生长和脱氮性能影响明显，C/N 值过低 NH_4^+-N 不能被彻底去除，过高则抑制菌株生长，加长脱氮时间，最佳 C/N 值为 8，此时菌株生长快，脱氮快速彻底。

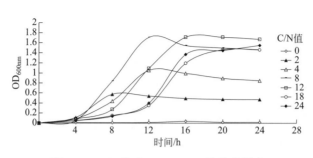

图 6-21　C/N 值对 FJAT-14899 生长的影响

七、氮源浓度对脱氮副球菌 FJAT-14899 脱氮性能的影响

菌株 FJAT-14899 对底物中氮源浓度具有一定耐受性（图 6-22）。在缺氮条件下，菌株不能生长；菌株能够作用的氮源浓度为 0 ～ 400mg/L 时，初始 NH_4^+-N 浓度小于 100mg/L 时，菌株能够进行硝化作用彻底降解底物中 NH_4^+-N，最终 NH_4^+-N 浓度分别为 12.06mg/L 和 10.46mg/L；当氮源浓度达到 200 ～ 400mg/L 时，菌株在 24h 内只能去除部分的 NH_4^+-N，NH_4^+-N 去除率约为 60%，且随着底物 NH_4^+-N 浓度增加，硝化作用发生的时间也随之延长；当底物初始 NH_4^+-N 浓度达到 600mg/L 时，菌株不再生长。

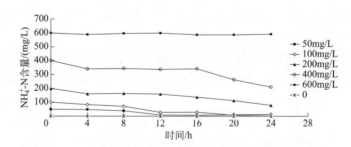

图 6-22　氮源浓度对 FJAT-14899 NH_4^+-N 去除效果的影响

在缺氮条件下，菌株不能生长（图 6-23）。在底物氮源浓度 50 ～ 400mg/L 时，菌株能够进行硝化作用降低底物中 TN 的浓度，但在氮源浓度为 50 ～ 100mg/L 时，菌株可以在较短时间内较彻底地去除 TN，最终 TN 含量达到较低的值，分别为 24.05mg/L 和 27.65mg/L，当氮源浓度达到 200mg/L 时，菌株在 24h 内只能去除部分的 TN，TN 去除率低，最终 TN 含量分别为 123.59mg/L 和 351.14mg/L 且随着底物 TN 浓度增加，硝化作用发生的时间也随之延长；当底物初始 NH_4^+-N 浓度达到 600mg/L 时，菌株不再生长。

底物中初始 NH_4^+-N 浓度对菌株 FJAT-14899 生长影响明显（图 6-24）。氮源缺乏和氮源浓度过高（600mg/L）时，菌株都不能生长；起始 NH_4^+-N 浓度 50mg/L 时，供应菌株继续生长的氮源缺乏，菌株生长 OD_{600nm} 最大值为 1.05；在氮源浓度 100 ～ 400mg/L 时，随着氮源浓度增加，菌株生长迟缓期延长。

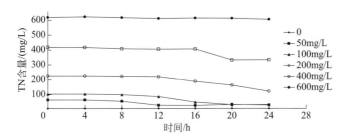

图 6-23 氮源浓度对 FJAT-14899TN 去除效果的影响

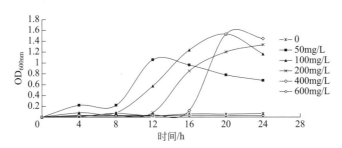

图 6-24 氮源浓度对 FJAT-14899 生长的影响

八、pH 值对脱氮副球菌 FJAT-14899 脱氮性能的影响

不同初始 pH 值影响下，FJAT-14899 对 NH_4^+-N 的去除都有一定的影响（图 6-25）。初始 pH ≤ 6 和 pH ≥ 11 时培养液中 NH_4^+-N 变化缓慢；FJAT-14899 在培养液初始 pH7 ～ 10 可以去除 NH_4^+-N，起始 NH_4^+-N 浓度为 109.83mg/L，初始 pH8 和 pH9 时 NH_4^+-N 下降趋势基本无显著性差异，培养 8h 时 NH_4^+-N 分别下降至 15.01mg/L 和 15.51mg/L，NH_4^+-N 去除率达 86.33% 和 85.87%；初始 pH 增大，去除所需时间延长，初始 pH7 时，NH_4^+-N 去除时间需 12h，12h NH_4^+-N 浓度下降至 25.55mg/L，NH_4^+-N 去除率达 76.74%；初始 pH10 时，NH_4^+-N 去除发生在 8 ～ 16h，16h 时 NH_4^+-N 浓度下降至 17.52mg/L，NH_4^+-N 去除率达 84.05%。FJAT-14899 去除 NH_4^+-N 最佳初始 pH 值为 8 ～ 9。

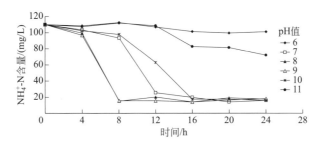

图 6-25 pH 对 FJAT-14899 NH_4^+-N 去除效果的影响

不同初始 pH 值影响下，FJAT-14899 TN 变化如图 6-26 所示。起始 TN 浓度为 114.81mg/L，初始 pH8 ～ 9 时 TN 下降趋势最理想，TN 去除速率最高，8h 时 TN 分别下降至 49.44mg/L

和 49.84mg/L，TN 去除率达 56.94% 和 56.59%；初始 pH 值偏低或偏高对 TN 的去除都有一定的影响，去除所需时间延长，pH7 和 pH10 时，TN 浓度在 12h 才降至较低值，培养液中起始 pH11 TN 去除缓慢；当初始 pH 值降低至 6 时，培养液中 TN 基本无变化。FJAT-14899 去除 TN 最佳 pH 值为 8 ～ 9。

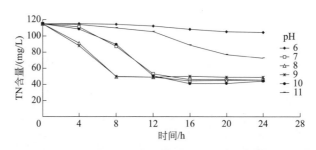

图 6-26　pH 值对 FJAT-14899TN 去除效果的影响

在培养液初始 pH 值不同的情况下，FJAT-14899 的生长趋势如图 6-27。菌株的生长 pH 偏碱，在 7 ～ 10 之间，环境中 pH 值过高或过低都不适宜菌株生长，当环境中 pH 值低至 6 或高至 11 时，FJAT-14899 不能生长；菌株在 pH8 ～ 9 的环境中生长状况最佳，偏低则细胞浓度降低，偏高则生长迟缓期延长。

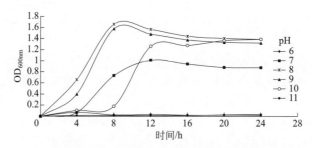

图 6-27　pH 值对 FJAT-14899 生长的影响

FJAT-14899 最佳生长、脱氮 pH 值为 8 ～ 9，pH ≤ 6 和 pH ≥ 11 时菌株不再生长，试验中环境中 pH 值偏高或偏低时，随着菌株生长，环境 pH 值被改变，最终 pH 值都在 8 ～ 9 之间。

九、温度对脱氮副球菌 FJAT-14899 脱氮性能的影响

不同培养温度影响下，FJAT-14899 NH_4^+-N 变化如图 6-28 所示。在 15 ～ 45℃中 7 个温度梯度中，培养温度 35℃时菌株脱氮效果最好，起始 NH_4^+-N 浓度为 106.32mg/L，在培养至 8h 时 NH_4^+-N 浓度已下降至 52.14mg/L，去氮率达到 50.96%，同时间段内 30℃和 40℃下 NH_4^+-N 浓度分别下降至 78.23mg/L 和 72.31mg/L，去氮率达 26.42% 和 31.14%；随着温度下降，NH_4^+-N 去除效率降低，25℃时 NH_4^+-N 浓度从 8h 开始明显下降，至 16h 时才降至较低值，20℃时 NH_4^+-N 浓度从 8h 开始明显下降，至 20h 时才降至较低值，15℃时 NH_4^+-N 去除非常

缓慢，至试验结束 NH_4^+-N 去除率仅为 31.14%；当温度达到 45℃时菌株几乎不生长，NH_4^+-N 浓度几乎无变化。

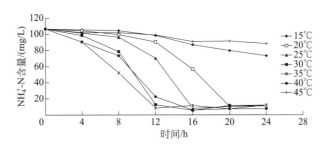

图 6-28　温度对 FJAT-14899 NH_4^+-N 去除效果的影响

不同培养温度影响下，FJAT-14899 TN 变化如图 6-29。起始 TN 浓度为 109.01mg/L，菌株最佳 TN 去除温度为 35℃，温度过高或过低都会影响其硝化性能；当硝化温度低至 15℃时，硝化过程缓慢，TN 去除速率缓慢；而当温度升至 45℃时菌株不能生长，随着硝化温度的升高，TN 含量变化缓慢。

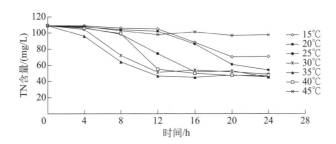

图 6-29　温度对 FJAT-14899 TN 去除效果的影响

各温度梯度培养液 NO_2^--N 含量变化见图 6-30。所有样品中 NO_2^--N 含量仍然很低，但可以明显看出，随着培养温度升高，培养后期温度高的实验组培养液中 NO_2^--N 有所升高，因而猜测温度较高时，FJAT-14899 细胞中的反硝化酶活性降低造成 NO_2^--N 含量上升。

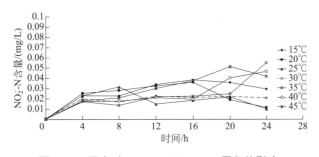

图 6-30　温度对 FJAT-14899 NO_2^--N 累积的影响

培养温度对 FJAT-14899 生长的影响见图 6-31。培养温度对菌株生长的影响主要表现在生长速度的改变。温度低于 15℃观察不到菌株生长，15℃菌株生长缓慢，培养 24h 培养液

中菌液 OD_{600nm} 达到 0.346；温度在 20 ～ 40℃范围内，菌株均可以正常生长，温度越高菌株生长越快，当温度达到 35℃时，菌株生长速度最快；随后温度再升高则会影响菌株生长当温度达到 45℃时菌株不能生长。

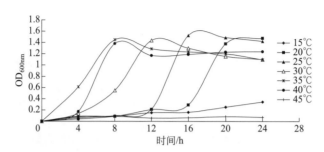

图 6-31 温度对 FJAT-14899 生长的影响

综合分析表明，FJAT-14899 在 20 ～ 40℃的温度环境中可以正常生长，脱氮效果良好，其中 35℃时菌株生长脱氮效果最佳。菌株在低于 15℃的环境中生长缓慢，而在高温中不能生长。

十、最佳环境条件下脱氮副球菌 FJAT-14899 脱氮性能

从上述试验中得到 FJAT-14899 最佳脱氮条件为：C/N 值为 8；pH8 ～ 9；温度为 35℃。

在该条件下 FJAT-14899 生长脱氮情况见图 6-32 和图 6-33，与优化前相比菌株生长更快、NH_4^+-N 和 TN 去除速度更快，优化后培养 4h 培养液中 NH_4^+-N 降至 45.12mg/L，NH_4^+-N 去除率达 57.4%，比优化前提高，8h 培养液中 NH_4^+-N 浓度即达到最低值，比优化前节省 4h；优化后培养 4h 培养液中 TN 浓度降至 56.23mg/L，TN 去除率达 48.5%，8h 培养液中 TN 浓度即达到最低值 45.24mg/L，TN 去除率达 58.6%，比优化前提高；TN 去除时间也减少 4h。

在优化条件下，FJAT-14899 能快速进入对数期，在培养 8h 时细胞浓度达到最大，进入稳定期；与优化前相比，菌株生长快、细胞最高浓度增加、稳定期增长。

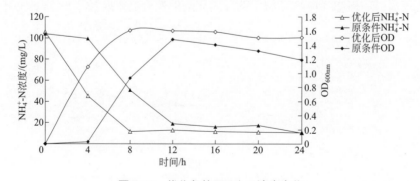

图 6-32 优化条件下 NH_4^+-N 浓度变化

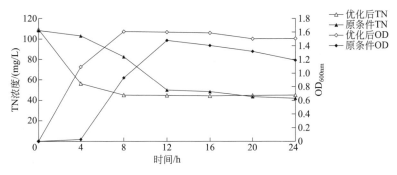

图 6-33　优化条件下 TN 浓度变化

十一、讨论

研究主要对菌株菌株 FJAT-14899 的脱氮特性及其影响条件做了探索。菌株在基本生长条件下，底物起始 NH_4^+-N 浓度 104mg/L，培养 12h 后 NH_4^+-N 去除率 81.7%，TN 去除率 53.7%。与报道的同类菌株相比，在相同条件下 FJAT-14899 脱氮所需时间缩短，脱氮效率更高，刘芳芳等（2010）报道的产碱菌（*Alcaligenes* sp.）L116 经 48h NH_4^+-N 和 TN 降解率分别达 61.29% 和 43.37%。王宏宇等（2009）分离到的异养硝化细菌假单胞菌（*Pseudomonas* sp.）ZW2 和粪产碱菌（*Alcaligenes faecali*）ZW5 经 60h 培养 NH_4^+-N 去除率达 43.90% 和 48.52%。脱氮副球菌 FJAT-14899 不仅 NH_4^+-N 去除率高，且其硝化时间仅需 12h。

对异养硝化细菌功能的影响因素主要有碳源类型、底物浓度、C/N 值、pH 值、温度、溶氧等。不同菌株受各种条件的影响也各不相同，研究适宜菌株生长的条件对于提高菌株功能和菌株的工业应用至关重要。接种量对 FJAT-14899 脱氮作用有较大影响，接种量越小，脱氮所需时间越长，最佳接种量为 10%；在底物方面，菌株 FJAT-14899 氮源广泛，可以有效地利用多种氮源，在 NH_4^+-N 浓度为 50～400mg/L 都可以达到良好的去氮效果，C/N 值对菌株的影响显著，过低则脱氮不彻底，过高则延长菌株对环境的适应时间，最佳 C/N 值为 8；在环境因子方面，温度和 pH 值都对菌株功能影响显著，菌株在 20～40℃之间都表现出良好的去氮效果，但最佳的反应温度为 35℃，菌株 pH 值耐受广泛，在 pH7～10 都可以较好地进行去氮作用，其最佳去氮 pH 值为 8～9。

综上所述，FJAT-14899 的最佳生长环境为 35℃、pH8～9、C/N 值为 8，在此条件下菌株 FJAT-14899 NH_4^+-N 去除率达 90.8%，TN 去除率 59.5%，从接菌到完成脱氮作用只需 8h，与优化前相比不仅 NH_4^+-N 和 TN 去除率有所提高，且脱氮所需时间缩短了 4h。

第五节
异养硝化细菌产品包被技术研究

近年来，为了解决生物脱氮工艺中的游离微生物细胞容易流失、对环境变化敏感等问题，人们将固定化包埋技术应用到生物脱氮这一领域，用固定化微生物技术强化生物脱氮过程。与游离微生物相比，固定化微生物具有固液易分离、微生物易回收、易于连续化自动化操作的优点；而且经过固定化的微生物对养殖废水中的有害物质、pH 值、温度、C/N 值等因素更具抗性（王建龙，2002）。目前对微生物的固定常采用包埋法，即利用凝胶材料内部孔隙将微生物细胞截留固定的方法。由于工艺特点要求包埋材料价格低廉、对微生物无毒、传质性能好、不易分解、机械强度高、寿命长等特点，常用的固定化包埋载体包括：琼脂、明胶、卡拉胶和海藻酸钠等天然高分子材料；聚乙烯醇和聚丙烯酰胺等有机合成的高分子材料。

目前国内针对固定化硝化细菌在废水处理中的应用报道较多，显现了这一技术广泛的应用前景，但对异养硝化细菌的固定化应用报道较少，本节内容对异养硝化细菌 FJAT-14899 的固定化进行研究，寻找合适的固定化材料及固定化条件，并对其在养殖废水中的应用进行初探。

一、研究方法

1. 脱氮副球菌 FJAT-14899 固定化材料的筛选

选取琼脂、海藻酸钠、聚乙烯醇、海藻酸钠＋聚乙烯醇四种方法制作固定化小球，研究其固定效果。

（1）琼脂法　将琼脂加热溶于水，冷却至 45 ～ 50℃；将琼脂溶液与活化的 FJAT-14899 菌液混合均匀，琼脂的最终浓度为 3%，菌液量 10%；在常温条件下（45 ～ 50℃），将琼脂与微生物细胞混合物用针形管滴入上层是液体石蜡、下层是水的量筒中；滤出固定化细胞颗粒，用生理盐水洗净，备用。

（2）海藻酸钠法　适量海藻酸钠加水加热溶解冷却，加入 FJAT-14899 菌液混合均匀，海藻酸钠终浓度 4%，包菌量 10%，用 10mL 注射器以恒定速度滴到 3% 的 $CaCl_2$ 溶液中，制成凝胶珠，于常温下浸泡 18h 后所得凝胶珠用无菌水洗涤，用无菌去离子水浸泡保存。

（3）聚乙烯醇法　适量聚乙烯醇加水加热溶解冷却，加入 FJAT-14899 菌液混合均匀，聚乙烯醇终浓度 10%，包菌量 10%，用 10mL 注射器以恒定速度滴到饱和硼酸（用无水碳酸钠调 pH 至中性）溶液中，制成凝胶珠，于常温下浸泡 18h 后所得凝胶珠用无菌水洗涤，用无菌去离子水浸泡保存。

（4）海藻酸钠、聚乙烯醇混合法　适量海藻酸钠和聚乙烯醇加水加热溶解冷却，加入 FJAT-14899 菌液混合均匀，聚乙烯醇终浓度 10%，海藻酸钠 2%，包菌量 10%，用 10mL 注射器以恒定速度滴到含 2% $CaCl_2$ 的饱和硼酸溶液（用无水碳酸钠调 pH 至中性）中，制成凝胶珠，于常温下浸泡 18h 后所得凝胶珠用无菌水洗涤，用无菌去离子水浸泡保存。

从以下 4 个方面判断固定化效果（尊宇红等，1992）：① 观察上述四种固定化方法成球难易程度；② 每种方法任意选取 30 粒固定化小球，每 10 粒一组分别测定其固定化小球直径，取平均值；③ 每种方法去 30 粒固定化小球，加压 100g 砝码后，再测量其直径，观察其直径变化率；④ 取 1g 固定化小球，梯度稀释涂平板法计数，计算新鲜固定化小球中的活菌数。

2. 脱氮副球菌 FJAT-14899 固定化条件的研究

（1）海藻酸钠浓度对固定化效果的影响　适量海藻酸钠加水加热溶解冷却，加入 FJAT-14899 菌液混合均匀，海藻酸钠终浓度 1%、2%、3%、4% 和 5%，包菌量 10%，用 10mL 注射器以恒定速度分别滴到 3% 的 $CaCl_2$ 溶液中，常温下静置 18h 后所得凝胶珠用无菌水洗涤，用无菌去离子水浸泡保存。比较不同浓度海藻酸钠制作的固定化小球的质量，比较方法同上。

（2）$CaCl_2$ 浓度对固定化效果的影响　适量海藻酸钠加水加热溶解冷却，加入 *P. denitrificans* FJAT-14899 菌液混合均匀，海藻酸钠终浓度 3%，包菌量 10%，用 10mL 注射器以恒定速度分别滴到 1%、2%、3%、4% 和 5% 的 $CaCl_2$ 溶液中，常温下浸泡 18h 后所得凝胶珠用无菌水洗涤，用无菌去离子水浸泡保存。比较不同浓度 $CaCl_2$ 制作的固定化小球的质量，比较方法同上。

（3）交联时间对固定化效果的影响　以 3% 海藻酸钠浓度、FJAT-14899 包菌量 10% 制作凝胶液，用 10mL 注射器以恒定速度滴到 3% 的 $CaCl_2$ 溶液中，分别在交联 6h、12h、18h、24h 和 30h 时取出固定化小球，以无菌水洗涤、浸泡保存，比较不同交联时间制作的固定化小球的质量，比较方法同上。

3. 保存时间对固定化小球中菌株活性的影响

按上述方法，以海藻酸钠 3%、$CaCl_2$ 3%、包菌量 10%、交联时间 18h 的条件制作固定化小球，将固定化小球和原始菌液置于 4℃ 保存，在保存时间为 0d、15d、30d、60d、90d 时取出，梯度稀释涂板计数，研究固定化小球中 FJAT-14899 活性的变化。

4. 固定化小球的脱氮效果

以 5% 接种量将 FJAT-14899 固定化小球接入 200mL 异养氨化培养液中，以接入 5% 游离菌液的异养氨化培养液为对照，35℃ 170r/min 摇瓶培养，每隔 4h 取样，测定培养液中 NH_4^+-N 浓度变化。

5. 脱氮副球菌 FJAT-14899 固定化小球污水脱氮效果

取采于闽清福猪良种牧业发展有限公司的养猪废水，适当稀释，分别取 200mL 于 1L 的锥形瓶 A、B、C 中，A 瓶为空白对照，B 瓶加入 5% FJAT-14899 游离菌液，C 瓶加入 5% FJAT-14899 固定化小球颗粒，35℃、170r/min 摇瓶培养，每隔 8h 取样，测定瓶中 NH_4^+-N 浓度变化。

二、固定化材料的筛选

选取 4 种方法制作固定化小球，成球效果见图 6-34：琼脂法成球容易，但操作中需保证温度，否则易凝固；海藻酸钠法成球容易，小球形状规则；聚乙烯醇法凝成的小球迅速聚集在一起，无法分离；混合法成球容易，形状规则。

分别对固定化小球的直径、机械强度和菌株活性进行研究，结果见表 6-9。聚乙烯醇法成球效果差，已经排除。

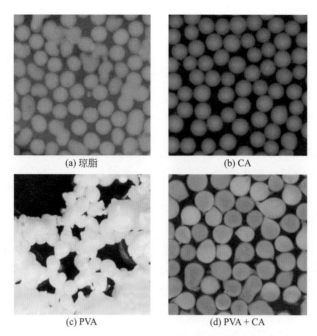

(a) 琼脂	(b) CA
(c) PVA	(d) PVA + CA

图 6-34 不同固定化材料对成球效果的影响

表 6-9 不同材料对固定化的影响

项目	琼脂法	海藻酸钠法	聚乙烯醇法	混合法
成球效果	一般	好	差	好
平均直径 /mm	3.27±0.10b	3.26±0.08b	—	4.55±0.14a
直径变化率	破碎	4.4%	—	9.7%
活菌量 /(CFU/g)	$1.89×10^8$	$1.77×10^8$	—	$1.06×10^8$

注：表中不同小写字母表示差异显著（$P < 0.05$），全书同。

固定化小球直径越小与外界接触面积越大，反应效果越好，剩余三种方法，琼脂法和海藻酸钠法固定化小球平均直径为 3.27mm 和 3.26mm，聚乙烯醇与海藻酸钠混合法制定的固定化小球直径较大为 4.55mm，混合法直径较前两种有显著差异。

实际应用要求固定化小球要有一定的机械强度，砝码加压试验结果显示：琼脂法制作的固定化小球机械强度差，一压即碎，不能满足实际要求，海藻酸钠法和混合法都表现出较好的机械强度，其直径变化率分别为 4.4% 和 9.7%。

通过对固定化小球中剩余活菌数的统计，出发菌量 $1.94×10^8$CFU/g，琼脂法中剩余菌量最多，损失较少；其次为海藻酸钠法，剩余菌量 $1.77×10^8$CFU/g，损失 8.7%，损失量也较小；而混合法菌量损失较多，损失 45.3%，这也与报道称琼脂和海藻酸钠对微生物无毒，而聚乙烯醇毒性较大相一致。

综上所述，认为海藻酸钠法制作固定化小球，成球效果好，固定化颗粒直径小，小球机械强度高，对菌株毒性小，符合固定化载体要求。虽然有报道称海藻酸钠法制作的固定化小球在某些废水中会出现溶胀现象，但也有许多报道提出了海藻酸钠钙法在养殖废水处理中的可行性，因而选取海藻酸钠法作为 FJAT-14899 固定化小球的载体。

三、海藻酸钠浓度对固定化的影响

如图 6-35 所示，1% ～ 5% 海藻酸钠制作固定化小球时均能成球，但可以观察到成球效果明显的区别，1% ～ 2% 海藻酸钠制作的固定化小球直径小且稍透明，而海藻酸钠浓度达到 4% 时开始出现拖尾现象，5% 时拖尾现象明显，严重影响固定化小球的制作。

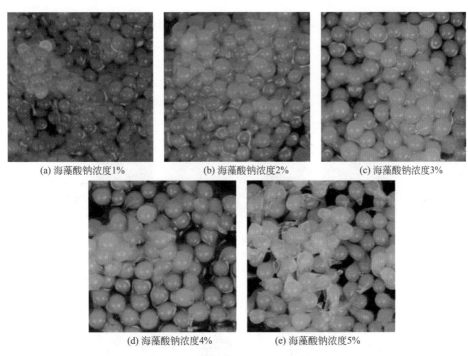

(a) 海藻酸钠浓度1%　　　　(b) 海藻酸钠浓度2%　　　　(c) 海藻酸钠浓度3%

(d) 海藻酸钠浓度4%　　　　(e) 海藻酸钠浓度5%

图 6-35　海藻酸钠浓度对成球效果的影响

不同海藻酸钠浓度制作的固定化小球性能区别如表 6-10 所示，海藻酸钠浓度 3% 时成球效果最好，海藻酸钠浓度对小球直径影响显著，随着浓度增加，小球平均直径由 2.3mm 增加至 3.58mm；海藻酸钠浓度越小，砝码加压时直径变化率越大，机械强度越差，尤其是海藻酸钠浓度为 1% 时，小球直径变化率达 31.0%；制作固定化小球起始活菌量 3.29×10^8 CFU/g，随着海藻酸钠浓度增加，固定化小球中 FJAT-14899 活菌数变化无显著规律，海藻酸钠浓度对菌株活性影响不大。

表 6-10　海藻酸钠浓度对固定化的影响

项目	海藻酸钠浓度				
	1%	2%	3%	4%	5%
成球效果	一般	一般	好	较好	拖尾明显
小球平均直径 /mm	2.30±0.06d	3.08±0.13c	3.35±0.04b	3.45±0.04ab	3.58±0.03a
小球直径变化率 /%	31.0	11.5	6.5	4.0	3.2
活菌量 /(CFU/g)	3.13×10^8	3.02×10^8	3.17×10^8	3.08×10^8	2.97×10^8

海藻酸钠浓度越大，形成的固定化小球机械强度越好，但不利于操作且对固定化小球的传质性能也有一定的影响（李超敏等，2006）。综合考虑各种因素，3%海藻酸钠制作固定化小球较适宜。

四、CaCl$_2$浓度对固定化的影响

如图6-36和表6-11所示，CaCl$_2$浓度1%～5%时，固定化小球成球效果都很好，相互之间无差异。

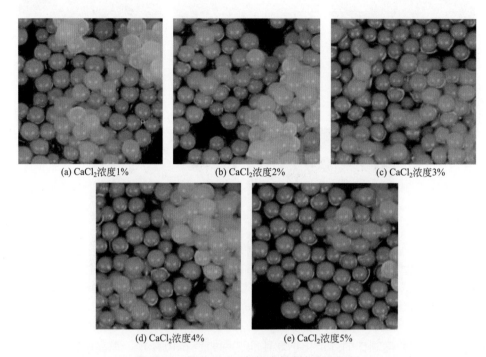

(a) CaCl$_2$浓度1% (b) CaCl$_2$浓度2% (c) CaCl$_2$浓度3%

(d) CaCl$_2$浓度4% (e) CaCl$_2$浓度5%

图6-36 不同CaCl$_2$浓度对成球效果的影响

表6-11 CaCl$_2$浓度对固定化的影响

项目	CaCl$_2$浓度				
	1%	2%	3%	4%	5%
成球效果	好	好	好	好	好
小球平均直径/mm	3.43±0.08a	3.41±0.08a	3.26±0.10a	3.27±0.04a	3.28±0.08a
小球直径变化率/%	6.7	6.4	4.6	5.2	4.6
活菌量/(CFU/g)	2.13×10^8	1.99×10^8	1.97×10^8	1.79×10^8	1.12×10^8

五、包埋时间对固定化的影响

如图6-37所示，从直观上观察各包埋时间对固定化小球的成球效果无明显影响，小球成球容易，形状规则均匀。

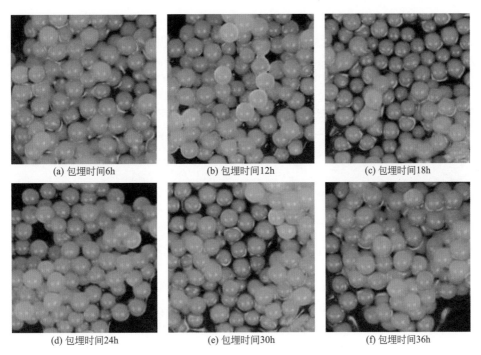

(a) 包埋时间6h　　　　　(b) 包埋时间12h　　　　　(c) 包埋时间18h

(d) 包埋时间24h　　　　　(e) 包埋时间30h　　　　　(f) 包埋时间36h

图 6-37　包埋时间对成球效果的影响

包埋时间对固定化小球各种性能的影响见表 6-12，成球效果均较好，加压后直径变化率都不大，但包埋时间达到 24h 后，机械强度更好；而随着包埋时间增长，菌株与 Ca^{2+} 的接触时间也延长，因而活菌量随之下降。包埋时间对固定化小球的直径、机械强度都有一定影响，但影响均不明显，对活菌量影响明显，且包埋时间越长，固定化小球内部结构越致密，影响其传质性能，因而将固定化时间确定为 18h。

表 6-12　包埋时间对固定化的影响

项目	包埋时间 /h					
	6	12	18	24	30	36
成球效果	好	好	好	好	好	好
小球平均直径 /mm	3.44±0.13a	3.43±0.07a	3.33±0.02a	3.31±0.33a	3.34±0.03a	3.32±0.06a
小球直径变化率 /%	7.2	6.4	6.7	4.8	5.0	4.4
活菌量 /(CFU/g)	2.09×10^8	1.83×10^8	1.86×10^8	1.76×10^8	1.47×10^8	1.51×10^8

六、保存时间对 FJAT-14899 活性的影响

菌株在保存过程中会死亡变异且容易污染，以菌液状态保存时间短。菌株 FJAT-14899 以菌液状态和固定化包埋状态保存过程中变化如表 6-13 所示。原始菌液活菌数为 $2.83 \times 10^9 CFU/mL$，经过 15d 菌液中活菌数已下降一个数量级，30d 下降至 $1.04 \times 10^7 CFU/$

mL。由于稀释和固定化过程中的损失，固定化小球起始活菌数为 $2.66×10^8CFU/g$，15d 菌株活菌量也下降了一个数量级，但其死亡率明显低于菌液保存过程中的损失，60d 时固定化小球中的活菌量已经超过菌液保存。固定化明显有利于菌株 FJAT-14899 的保存。

表 6-13　保存时间对菌株活性的影响

项目	保存时间				
	0d	15d	30d	60d	90d
菌液中活菌数 /（CFU/mL）	$2.83×10^9$	$1.7×10^8$	$1.04×10^7$	$0.8×10^6$	$0.5×10^6$
固定化小球活菌数 /（CFU/g）	$2.66×10^8$	$0.98×10^7$	$0.77×10^7$	$3.4×10^6$	$1.4×10^6$

七、脱氮副球菌 FJAT-14899 固定化小球脱氮效果

在实验条件下，FJAT-14899 固定化小球的 NH_4^+-N 去除特性如图 6-38 所示，NH_4^+-N 浓度在接种 4h 后开始下降，在 12h 达到最低值 10.0mg/L，NH_4^+-N 去除率90.2%，试验结束时 NH_4^+-N 去除率93.6%。在实验条件下，由于传质阻碍固定化小球 NH_4^+-N 去除效果没有游离菌液快，但仍可以达到脱氮的目的，这说明将固定化小球运用到 NH_4^+-N 去除中是可行的。

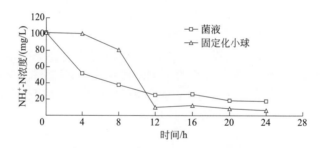

图 6-38　固定化小球NH_4^+-N 去除特性

八、脱氮副球菌 FJAT-14899 固定化小球污水脱氮效果

将固定化小球应用到实际养猪废水中，其 NH_4^+-N 去除特性见图 6-39，污水起始 NH_4^+-N 浓度为 382.7mg/L，由于污水中其他微生物的存在，对照组也表现了一定的 NH_4^+-N 去除能力，对照组 NH_4^+-N 去除率为45.9%，游离菌液的 NH_4^+-N 去除率为70.7%，固定化小球 NH_4^+-N 处理24h，NH_4^+-N 去除率达68%，48h NH_4^+-N 去除率为72.5%；FJAT-14899 对实际污水有一定的去氮能力。与游离菌液组相比，固定化小球对实际污水的适应能力更好，NH_4^+-N 去除速度更快。FJAT-14899 固定化小球能够去除实际污水中的 NH_4^+-N。

与实验室中纯培养相比，实际污水处理过程所需时间更长，这是由于实际污水成分复杂，存在对微生物有害的物质，使菌株适应环境时间延长，降低了菌株的活性。

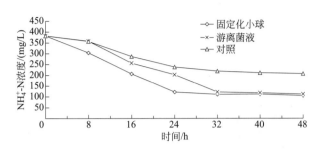

图 6-39　固定化小球对实际废水中 NH_4^+-N 的去除特性

九、讨论

采用琼脂法、海藻酸钠法、聚乙烯醇法和海藻酸钠＋聚乙烯醇法制作 FJAT-14899 固定化小球，考虑成球效果、小球直径、机械强度和菌株活性等因素，认为海藻酸钠作为包埋材料效果最好。研究海藻酸钠浓度、$CaCl_2$ 浓度和包埋时间对固定化效果的影响，确定以 3% 海藻酸钠、3% $CaCl_2$ 浓度包埋 18h 制作的固定化小球效果最好。

在实验室纯培养条件下，固定化小球 NH_4^+-N 去除率达到 93.6%，与游离菌液的最终 90.1% 的 NH_4^+-N 去除率相差不大，但固定化脱氮所需时间较游离菌液长，推测是由于在纯培养条件下菌株生长快，固定化小球中的菌株生长受一定的传质阻力影响的缘故。在实际污水处理试验中，由于实际污水中 NH_4^+-N 浓度、有害物质等的影响，游离菌液活性受到影响，固定化载体对菌株起到了一定的保护作用，固定化小球对废水环境表现出较强的耐受性，24h NH_4^+-N 去除率达 68%，48h NH_4^+-N 去除率为 72.5%，相对游离菌液不仅脱氮时间较短，且脱氮率也较高。

第七章

畜禽饲用益生菌研究
与应用

第一节
饲用益生菌研究进展

一、饲用益生菌研究

1. 饲用益生菌的范畴

近年来，随着人们对畜产品安全和环保意识的关注，抗生素类药物带来的副作用（例如畜产品中药物残留严重、病原菌产生耐药菌性、动物机体免疫力下降、破坏生态环境和引起人的器官发生病变等）越来越引起人们的关注（邱雪兴等，2014）。为保证畜禽的生产性能和健康状况，以及降低抗生素滥用的危害，人们开始寻找比较具有潜力的抗生素药物的替代品，如益生菌、中草药、噬菌体、酶制剂、寡聚糖等。当前，益生菌是较为理想的无毒副作用的抗生素替代品。

2. 饲用益生菌的概念

益生菌，又称微生态制剂、促生素、生菌剂、活菌制剂等，是指在动物体内利用微生态学原理，能够抑制有害菌的生长繁殖、改善肠道菌群的平衡、提高宿主健康水平、促进消化道内营养物质的消化吸收、提高饲料转化率，具有无毒、无害、无残留、安全、无副作用等多种功能的微生物添加剂（Fuller，1989）。

3. 饲用益生菌的种类

迄今为止，益生菌在国内外分布广泛，种类繁多，大体上可以分为：乳杆菌属、双歧杆菌属、部分革兰氏阳性球菌三大类（谢莉敏等，2013）。乳酸菌属的益生功效主要表现在自由基清除、脂质过氧化抑制、胆固醇降低、延缓衰老以及病变消除等方面（周晓莹，2011）。目前，已报道的乳酸杆菌有 56 种，常用的有干酪乳杆菌 (*Lactobacillus casei*)、嗜酸乳杆菌 (*Lactobacillus acidophilus*)、德氏乳杆菌保加利亚亚种 (*Lactobacillus delbruckii* subsp. *bulgaricus*) 等约 10 种（谢莉敏等，2013）。双歧杆菌属包括长双歧杆菌、动物双歧杆菌、卵形双歧杆菌、青春双歧杆菌、嗜热双歧杆菌等（张增卫，2013），能改善营养元素代谢，抗腐败菌和致病菌，维持肠道平衡等（贾子堂和李艳霞，2014）。嗜热链球菌 (*Streptococcus thermophilus*)、粪链球菌、乳球菌等属于革兰氏阳性兼性厌氧球菌类益生菌。

除了以上三个属外，益生菌还包括明串球菌属、丙酸杆菌属、芽胞杆菌属以及部分益生真菌。芽胞杆菌属归于芽胞杆菌科，好氧或兼性厌氧，革兰氏阳性菌，可产生芽胞，在酸、盐、高温等环境下稳定性好，能够产生维生素和多种酶类，体内外生长繁殖迅速，能够有效抑制病原菌繁殖等（金立明和刘忠军，2004）。

4. 益生菌的筛选标准

在益生菌研制过程中，益生菌的菌种筛选是非常重要的环节，是微生物作为人畜保健品应用的基础，直接关系到产品质量的优劣及应用效果。目前普遍认为能够在微生态制剂中运用的益生菌菌株应该具备以下条件（杜冰等，2006；Ouwehand et al., 1999）：① 任何内外毒素，具有无毒、无致畸、无致病性、无耐药性、无副作用、安全性好等特点；② 能够在防霉剂、抗氧化剂、低 pH 值胃酸、胆汁酸等环境下存活，并可定植于胃肠道；③ 能产生维生素、氨基酸、促生长因子、抗菌活性物质，分泌多种消化酶，防止有害物质的积累，有利于宿主健康的代谢产物；④ 体内外生长繁殖迅速，经加工后存活率高、稳定性强，易工业化生产和存储；⑤ 具有较好的黏附性，才能够在肠道内定植并发挥作用，否则容易随着消化道内容物和胃肠蠕动而被排出体外；⑥ 有利于促进体内菌群平衡，提高宿主抗病能力，预防生态失调。

5. 益生菌的应用

（1）食品行业　益生乳酸菌具有调节健康、拮抗食源性危害的功能，陈卫和董明昌课题组拥有一系列功能益生乳酸菌，如减除铅镉重金属危害、缓解酒精性肝损伤、拮抗致病菌、调节血脂血糖、降低氧化应激水平等，将这些益生乳酸菌与发酵乳结合，研究开发新型功能性发酵乳制品（张群，2015）。益生菌干酪产品种类繁多，包括马苏里拉、切达、夸克、艾德姆干酪等，干酪加工过程中添加益生菌可以进一步提高干酪的营养和功能价值，饲喂小鼠含双歧杆菌、嗜酸乳杆菌和副干酪乳杆菌的干酪，发现产 IgA 的大肠细胞数量显著增加，具有良好的免疫调节作用（王辑等，2014）。近几年，消费者对"营养保健品"的需求已呈增长趋势，其中含益生菌的功能性食品逐渐被开发，如婴儿食品、饮料粉末、果汁、酸奶、冰淇淋（秦楠，2006）。

（2）畜牧业　早期断奶仔猪发育不成熟的消化系统，缺乏对正常有益微生物和消化酶的消化吸收能力，限制了断奶仔猪的生长。目前解决这类问题的方法之一是在早期断奶仔猪饲粮中添加消化酶和微生态制剂，消化酶有利于饲料营养物质的消化吸收，有益活菌抑制大肠杆菌等有害菌，所以在一定程度上可以提高仔猪的平均日增重，降低增重比和腹泻率（石家振等，2011）。雏鸡日粮的主要成分是小麦、玉米、豆粕等，因植物细胞壁中抗营养成分，如植酸、纤维素等，可与蛋白质、矿物元素等形成不溶复合物或络合物，降低酶的活性，降低营养物质利用率（李新红和顾孝连，2006）。

（3）水产养殖业　投料中添加屎肠球菌，中华鳖的特定生长率和相对增重率，28～56d 白细胞吞噬百分比、吞噬指数和补体 (C3、C4) 含量，42～56d 血清溶菌酶、髓过氧化物酶活性，均显著高于对照组 ($P < 0.05$)（张棋，2014）。血清白细胞吞噬活性反映机体非特异性免疫状态，溶菌酶能溶解细菌细胞壁的作用，髓过氧化物酶 (MPO) 在机体免疫过程中产生次氯酸，杀灭致病菌，免疫宿主。以 1% 的地衣芽胞杆菌制成微生物添加剂饲喂鲤鱼 100d，结果表明试验组鲤鱼增重率比对照组提高 11.8%，饵料系数下降 0.24；胸腺、脾脏生长发育迅速，成熟快，T 淋巴细胞、B 淋巴细胞成熟快，数目多；前肠黏膜皱褶增多，微绒毛长而密集，隐窝加深（刘克琳和何明清，2000）。说明地衣芽胞杆菌具有增大肠吸收面积，促进鲤鱼生长、提高免疫力的特点。

（4）临床应用　哮喘是一种气道高反应性疾病，机体表现为不同种类炎症细胞聚集，黏液分泌增加，分泌特定的细胞因子 Th2，IgE 水平增加。将热灭活的乳酸杆菌作用于哮喘小鼠身上，小鼠气道炎症反应被抑制，机理是益生菌促进机体树突状细胞释放细胞因子，改变 Th1/Th2 平衡，抑制 Th2 细胞反应，从而增强宿主的免疫功能（王瑰娜，2012）。早产儿由于胃肠功能低下，极易发生喂养不耐受，严重影响体质、生长发育和存活率。试验研究证明口服益生菌可直接补充早产儿肠道内优势菌群，这些优势菌群为早产儿提供多种酶和有机酸，从而促进消化、吸收和利用，刺激胃肠蠕动，减轻喂养不耐受症状（赵军育和姜毅，2010）。

二、益生菌发展历程

益生菌研究与应用的主要发展历程列于表 7-1（Aryana and Olson，2017；Ozen and Dinleyici，2015；Sanders et al., 2019）。

表 7-1 益生菌研究与应用的主要发展历程

时间	事件
1857 年	法国微生物学家巴斯德研究了牛奶的变酸过程。他把鲜牛奶和酸牛奶分别放在显微镜下观察，发现它们都含有同样的一些极小的生物——乳酸菌，而酸牛奶中的乳酸菌的数量远比鲜牛奶中的多。这一发现说明，牛奶变酸与这些乳酸菌的活动密切相关
1878 年	李斯特首次从酸败的牛奶中分离出乳酸乳球菌
1892 年	德国妇产科医生 Doderlein 在研究阴道微生物时提出产乳酸的微生物对宿主有益
1899 年	法国巴黎儿童医院的蒂赛（Henry Tissier）率先从健康母乳喂养的婴儿粪便中分离了第一株菌种双歧杆菌（当时称为分叉杆菌），他发现双歧杆菌与婴儿患腹泻的频率及营养都有关系
1900～1901 年	Moro、Beijerinck 和 Cahn 各自研究了肠道中的乳酸菌。丹麦人奥拉·严森（Orla JerlSerl）首次对乳酸菌进行了分类
1905 年	保加利亚科学家斯塔门·戈里戈罗夫第一次发现并从酸奶中分离了"保加利亚乳酸杆菌"，同时向世界宣传保加利亚酸奶
1908 年	俄国科学家诺贝尔奖获得者伊力亚·梅契尼科夫（Elie Metchnikoff）正式提出了"酸奶长寿"理论。通过对保加利亚人的饮食习惯进行研究、他发现长寿人群有着经常饮用含有益生菌的发酵牛奶的传统。他在其著作《延年益寿》（Prolongation of Life）中系统地阐述了自己的观点和发现
1915 年	Daviel Newman 首次利用乳酸菌临床治疗膀胱感染
1917 年	德国 Alfred Nissle 教授从第一次世界大战士兵的粪便中分离得到一株大肠杆菌。这名士兵在一次严重的志贺氏菌大爆发中没有发生小肠炎。在抗生素还没有被发现的那个时代，Nissle 利用这株大肠杆菌在治疗肠道感染疾病（由沙门氏菌和志贺氏菌导致）方面取得可观成果。这株大肠杆菌现仍然在使用，它是为数不多的非乳酸菌益生菌
1919 年	怀着对巴尔干半岛有益酸奶和巴斯德研究所微生物研究成果的极大兴趣，伊萨克·卡拉索在西班牙巴塞罗那创立了公司（达能前身）。而且他常常召集许多医生到工厂讨论酸奶的益处
1920 年	Rettger 证明梅契尼科夫所说的保加利亚细菌（保加利亚乳杆菌）不能在人体的肠道中存活。发酵食品和梅契尼科夫的学说受到怀疑（在那时）
1922 年	Rettger 和 Cheplin 报道了嗜酸乳杆菌酸奶所具有的临床功效，特别是对消化的功能性调节
1930 年	医学博士代田稔在日本京都帝国大学（现在的京都大学）医学部的微生物学研究室首次成功地分离出来自人体肠道的乳酸杆菌，并经过强化培养，使它能活着到达肠内。这种菌后来引用代田博士的名字，取名为 *Lactobacillus casei* strain Shirota。这就是后来被称为养乐多菌的益生菌
1935 年	乳酸菌饮料"养乐多"问世，益生菌开始走向产业化
1945 年	无菌动物模型和悉生动物模型建立
1954 年	Vergio（1954）引入与抗生素或其他抗菌剂相对的术语"Probiotika"，提出抗生素和其他抗菌剂对肠道菌群有害而"Probiotika"对肠道菌群有利

时间	事件
1957 年	Gordon 等在《柳叶刀》（The Lancet）提出了有效的乳杆菌疗法标准：乳杆菌应该没有致病性，能够在肠道中生长，当活菌数量达到 $10^7 \sim 10^9$ 时，明显具有有益菌群的作用。同时德国柏林自由大学的 Haenel 教授研究了厌氧菌的培养方法，提出"肠道厌氧菌占绝对优势"的理论。日本学者光冈知足（Tomotari Mitsuoka）开始了肠内菌群的研究，最后建立了肠内菌群分析的经典方法和对肠道菌群作出了全面分析
1962 年	Bogdanov 从保加利亚乳杆菌中分离出了 3 种具有抗癌活性的糖肽，首次报道了乳酸菌的抗肿瘤作用
1965 年	Lilly 和 Stillwell（1965）最先使用益生菌 Probiotic 这个定义来描述一种微生物对其他微生物促进生长的作用
1970 年	沃斯（Woese）、奥森（Olsen）等提出 16S rRNA 寡核苷酸序列分析法来对菌进行鉴定。构建了现已被确认的全生命系统进化树，越来越多的细菌依据 16S rRNA 被正确分类或重分类，给乳酸菌的鉴定和肠内菌群分析带来极大方便
1971 年	Sperti 用益生菌（Probiotic）描述刺激微生物生长的组织提取物
1974 年	Paker 将益生菌定义为对肠道微生物平衡有利的菌物
1977 年	微生态学（Microecology）由德国人 Volker Rush 首先提出。他在赫尔本建立了微生态学研究所，并从事对双歧杆菌、乳杆菌、大肠杆菌等活菌作生态疗法的研究与应用。Gilliland（1977）对肠道乳杆菌的降低胆固醇作用进行了研究，提出了乳酸菌在生长过程中通过降解胆盐促进胆固醇的分解代谢，从而降低胆固醇含量的观点，并提出了新健康条例（The New Health Act）
1979 年	中国的微生态学研究开始，中国微生物学会人畜共患病病原学专业委员会下属的正常菌群学组成立。1988 年 2 月 15 日中华预防医学会微生态学分会成立。1988 年《中国微生态学杂志》创刊。80 年代初大连医科大学康白教授首先研制成功促菌生（蜡样芽胞杆菌）
1983 年	由美国 Tufts 大学两名美国教授 Sherwood Gorbach 和 Barry Goldin 从健康人体分离出了鼠李糖乳杆菌 LGG，并于 1985 年获得专利。LGG 菌种具有活性强、耐胃酸的特点，能够在肠道中定殖长达 2 周
1988 年	丹麦的汉森中心实验室生产出超浓缩的直投式酸奶发酵剂。直投式酸奶发酵剂（Directed Vat Set，DVS）是指一系列高度浓缩和标准化的冷冻干燥发酵剂菌种，可直接加入热处理的原料乳中进行发酵，而无需对其进行活化、扩培等其他预处理工作。直投式酸奶发酵剂的活菌数一般为 $10^{10} \sim 10^{12}$CFU/g
1989 年	英国福勒博士（Roy Fuller）将益生菌定义为：益生菌是额外补充的活性微生物，能改善肠道菌群的平衡而对宿主的健康有益。他所强调的益生菌的功效和益处必须经过临床验证
1989 年	1989 年美国食品和药品管理局（FDA）以及美国饲料监察协会（AAFCO）公布了"可直接饲喂且通常认为是安全的微生物"菌种名单，共 42 种：黑曲霉（Aspergillus niger）；米曲霉（Aspergillus oryzae）；凝结芽胞杆菌（Bacillus coagulans）；迟缓芽胞杆菌（Bacillus lentus）；地衣芽胞杆菌（Bacillus licheniformis）；短小芽胞杆菌（Bacillus Pumilus）；枯草芽胞杆菌（Bacillus subtilis）；嗜淀粉拟杆菌（Bacteroides amylophilus）；多毛拟杆菌（Bacteroides capillosus）；栖瘤胃拟杆菌（Bacteroides ruminicola）；产琥珀酸拟杆菌（Bacteroides succinogenes）；青春双歧杆菌（Bifidobacterium adolescentis）；动物双歧杆菌（Bifidobacterium animalis）；两歧双歧杆菌（Bifidobacterium difidum）；婴儿双歧杆菌（Bifidobacterium infantis）；长双歧杆菌（Bifidobacterium longum）；嗜热双歧杆菌（Bifidobacterium thermophilum）；嗜酸乳杆菌（Lactobacillus acidophilus）；短乳杆菌（Lactobacillus brevis）；保加利亚乳杆菌（Lactobacillus bulgaricus）；干酪乳杆菌（Lactobacillus casei）；纤维二糖乳杆菌（Lactobacillus helveticus）；弯曲乳杆菌（Lactobacillus curvatus）；德氏乳杆菌（Lactobacillus delbriickii）；发酵乳杆菌（Lactobacillus fermenti）；瑞士乳杆菌（Lactobacillus helveticus）；乳酸乳杆菌（Lactobacillus lactis）；植物乳杆菌（Lactobacillus plantarum）；罗氏乳杆菌（Lactobacillus renteril）；肠膜明串珠菌（Leuconostos mesenteroides）；乳酸片球菌（Pediococcus acidilactici）；啤酒片球菌（Pediococcus cerevisiae）；戊糖片球菌（Pediococcus pentosaceus）；费氏丙酸杆菌（Propionibacterium freudenreichii）；谢氏丙酸杆菌（Propionibacterium shermanii）；酿酒酵母（Saccharomyces cerevisiae）；乳脂链球菌（Streptococcus lactis）；双醋酸乳链球菌（Strepttococcus diacetylactis）；粪链球菌（Streptococcus faecalis）；中链球菌（Streptococcus intermendius）；乳链球菌（Streptococcus lactis）；嗜热链球菌（Streptococcus thermophilus）

时间	事件
1992 年	我国张箎教授对世界第五长寿区——我国广西巴马地区百岁以上老人体内的双歧杆菌进行了系统的研究，也发现长寿老人体内的双歧杆菌比普通老人要多得多。同时中医药微生态学建立。杨景云等学者开始对我国的传统中药与微生态的关系进行系统的研究
1992 年	Havennar 对定义进行了扩展，解释为一种单一的或混合的活的微生物培养物，应用于人或动物，通过改善固有菌群的性质对寄主产生有益的影响
1995 年	吉布森（Gibson）把能在大肠中调整菌群的食品称为益生元
1996～1999 年	欧盟启动益生菌类食品的营养功能示范项目（Demonstration of Nutritional functionality of Probiotic Foods，PROBDEMO，FAIR CT96-1028），历时 4 年，1999 年年底完成，是欧共体第五次框架项目的预研，旨在提供科学依据以支持益生菌类食品等微生态制剂工业界的要求。微生态制剂作为功能性食品在欧洲地区以至全世界越来越流行，通过本项目的研究、讨论，为欧共体第五次框架项目在"健康与食品"（Health and Food）领域的立项提供基础 PROBDEMO CT96-1028 项目研究结果表明，益生菌产品不仅在临床上对儿童及成人具有治疗作用，而且对健康人群及疾病患者也具有预防保健作用。主要对成人的胃肠功能平衡及胃肠道疾病具有治疗作用，对免疫系统具有激活作用，也对儿童的过敏性疾病具有预防作用
1998 年	Guarner 和 Schaafsma（1998）给出了更通俗的定义：益生菌是活的微生物，当摄入足够量时能给予宿主健康作用
1999 年	Tannock 指出：细菌是人体（还有高级动物和昆虫）中正常居住者。其中胃肠道发现超过 400 多种细菌
1999 年	1999 年 6 月我国农业部第 105 号文件发布的《允许使用的饲料添加剂品种目录》：干酪乳杆菌，植物乳杆菌，粪链球菌，屎链球菌，乳酸片球菌，枯草芽胞杆菌，纳豆芽胞杆菌，嗜酸乳杆菌，乳链球菌，啤酒酵母菌，产朊假丝酵母，沼泽红假单胞菌共计 12 种
2001 年	2001 年 10 月 1—4 日世界粮农组织（FAO）和世界卫生组织（WHO）专家咨询会就食品中益生菌的健康及营养特性评价问题在阿根廷科尔多瓦召开会议。会议认为有必要建立评价食品用益生菌的系统指南、标准和方法以确定其健康声称 FAO/WHO 也对益生菌做了如下定义：通过摄取适当的量、对食用者的身体健康能发挥有效作用的活菌 FAO/WHO 组成的专家联合顾问团强烈建议用分子生物学的手段鉴定益生菌，并推荐益生菌存放于国际性菌物保藏中心 具体的步骤是：先做表型鉴定，再做基因鉴定。基因鉴定的方法有 DNA/DNA 杂交，16S RNA 序列分析或其他国际上认可的方法。然后到 RDP（ribosomal data base project，www.cme.msu.edu/RDP/）上验证鉴定结果
2001 年 3 月	我国首次规定了益生菌的定义：益生菌种必须是人体正常菌群的成员，可以利用其活菌、死菌及其代谢产物。就保健类益生菌生产与管理作出了规范，并列出了可用于保健食品的益生菌种名单：两歧双歧杆菌、婴儿双歧杆菌、长双歧杆菌、短双歧杆菌、青春双歧杆菌、保加利亚乳杆菌、嗜酸乳杆菌、干酪乳杆菌干酪亚种、嗜热链球菌
2001 年	法国完成第一株乳酸菌即乳酸乳球菌乳酸亚种 IL1403 菌株的全基因组测序（Bolotin et al.，2001）
2002 年	微生物学教授 Savage 宣布：正常菌群是人体的第十大系统——微生态系统
2002 年	4 月 30 日—5 月 1 日在加拿大安大略省伦敦市 FAO/WHO 联合专家工作组起草了《食品中益生菌的评价指南》（Guidelines for the Evaluation of Probiotic in Food）
2002 年	欧洲食品与饲料菌种协会（EFFCA）定义益生菌为活的微生物，通过摄入足够数量，对宿主产生一种或多种特殊且经论证的功能性健康益处
2003 年 3 月	我国卫生部 84 号文件批准罗伊氏乳杆菌（Lactobacillus reuteri）为可用于保健食品的益生菌菌种，使可用于保健食品的益生菌种增加到 10 种

续表

时间	事件
2003 年	2003 年农业部第 318 号公告中，允许使用的微生物有地衣芽胞杆菌、枯草芽胞杆菌、两歧双歧杆菌、粪肠球菌、屎肠球菌、乳酸肠球菌、嗜酸乳杆菌、干酪乳杆菌、乳酸乳杆菌、植物乳杆菌、乳酸片球菌、戊糖片球菌、产朊假丝酵母、酿酒酵母、沼泽红假单胞菌（同时规定 1999 年 7 月 26 日公告第 105 号发布的《允许使用的饲料添加剂品种目录》即日起废止）
2005 年	美国北卡罗来纳州立大学 Dobrogosz 和 Versalovic 教授提出了免疫益生菌（Immunoprobiotics）的概念
2006 年	意大利 M. Del Pianoa 等认为益生菌应该定义为一定程度上能耐受胃液、胆汁和胰脏分泌物而黏附于肠道上皮细胞并在肠道中定植的一类活的微生物。提出从粪便中分离的"益生菌"有可能多数是浮游菌，而非黏附菌
2007 年	继食盐中加碘、酱油中加铁、食用油中加维生素 A 和面粉中加维生素 B₁ 之后，作为公众营养改善项目，从 2007 年 4 月 1 日起，我国国家发改委公众营养与发展中心将陆续组织在乳制品、婴幼儿食品、饮料、糖果、烘焙食品、休闲食品等各类食品中添加益生菌
2007 年	美国《科学》杂志预测：人类共生微生物的研究将可能是国际科学研究在 2008 年取得突破的 7 个重要领域之一。2007 年 12 月 9～10 日，英、美、法、中等国科学家在美酝酿成立"人类微生物组国际研究联盟"（IHMC），计划 2008 年 4 月联合启动"人类宏基因组计划"，开始对人类元基因组的全面研究。这项被称为"第二人类基因组计划"的项目将对人体内所有共生的微生物群落进行测序和功能分析，其序列测定工作量至少相当于 10 个人类基因组计划，并有可能发现超过 100 万个新的基因，最终在新药研发、药物毒性控制和个体化用药等方面实现突破性进展
2008 年	荷兰乌得勒支大学医学中心研究者在《柳叶刀》杂志上报道了益生菌可能会引起重症急性胰腺炎患者的肠道致命性局部缺血危险（Besselink et al., 2008）。随即，国际益生菌及益生元科学协会（ISAPP）很快发表声明指出：第一，没有任何直接证据显示这些病人的死亡和益生菌直接相关；第二，试验组和对照组病人的病情轻重、治疗条件等参数都未知，因此两组数据就目前而言不具可比性。荷兰肠道健康与疾病联盟（Gutflora）也声明，试验中所使用的益生菌和在美国、欧洲销售的食品所使用的益生菌并不一样。长期以来的科学试验都显示，正规的益生菌及其制品对人体是非常有益的
2008 年 4 月	国际益生菌协会（The International Probiotics Association，IPA）于 4 月 11 日在美国芝加哥召开了首届 IPA 国际大会，IPA 为争论不休的益生菌产品标签计划制定了标准，这些标识主要包括：① 在产品失效时确保有最低数量的菌落形成单位（CFU）；② 有储存指示；③ 有包装批号或产品代码；④ 对益生菌清楚地识别，其中包括菌株（优先列出）或者至少以外界普遍认可的术语说明属种，如果用商品名称来识别益生菌，那么实际的属种也应该包含在产品标签上；⑤ 生产厂家的所有联系信息，或者在产品标签空间有限的情况下，至少列明厂家的网址；⑥ 建议用量的说明（供动物使用的益生菌补充剂应该列明其所针对的动物种类）
2009 年 5 月	TNO 将建立微生态菌群研究中心（MEC）。MEC 将提供分析含有复杂微生物菌群样品的服务。消费者将从代替低通量的传统培养方法和分子检测方法的专门以 DNA 芯片为基础的诊断中获益。MEC 将提供高通量、清晰的数据和有竞争的成本分析
2009 年 5 月	继国家"九五""十五"都将益生菌研究列为重大科研项目后，2009 年 5 月 11 日科技部再次将益生菌的研究"乳酸菌资源库建设及益生菌发酵剂和制剂产业化示范"重点项目课题列入"十一五"科技项目
2009 年 11 月	2009 年 11 月，来自英国、意大利、爱尔兰、比利时、法国、西班牙、瑞士 7 个欧洲国家的 9 个胃肠病、微生物、营养学和儿科专家，以英国雷丁大学（University of Reading）Ian Rowland 教授为主席组成了专家委员会，根据益生菌的研究开发、临床应用和市场消费等现状，达成一致意见，形成了"益生菌科学最新共识"的专题报告。该报告在益生菌临床应用效果方面的主要意见是：① 益生菌治疗腹泻被广泛研究，其临床应用效果最为突出；② 临床研究表明，某些益生菌能缩短呼吸道感染时间，减轻诸如发烧、鼻炎、腹泻等症状；③ 专家普遍认为，益生菌可全面改善 IBS 症状，缓解胃肠道功能性紊乱，例如缓解胃胀、腹痛等，从而减轻胃肠道的不舒服感觉。此外，专家们共同赞成的益生菌有益健康的作用包括：在幽门螺杆菌感染的治疗中，益生菌作为辅助治疗显示出令人鼓舞的效果；从生物学角度考虑，益生菌可以预防阴道和尿道感染，不过后者的效果不如前者的好；益生菌可能有利于减少结肠癌风险

时间	事件
2010 年 3 月	2010 年 3 月 4 日，在多国科学家的通力合作和艰辛努力下，完成了人肠道微生物的宏基因组测序，这对人类来说，无论是对微生物和疾病的认识上，还是对人体健康和保健的认识都具有里程碑式的意义（Qin et al., 2010）
2010 年 4 月	继国家 2001 年、2003 年发布保健品中益生菌名单后，4 月 28 日卫生部办公厅发布可用于食品的菌种名单，共计 24 种。双歧杆菌属，青春双歧杆菌（*Bifidobacterium adolescentis*）、动物双歧杆菌 / 乳双歧杆菌（*Bifidobacterium animalis /Bifidobacterium lactis*）、两歧双歧杆菌（*Bifidobacterium bifidum*）、短双歧杆菌（*Bifidobacterium breve*）、婴儿双歧杆菌（*Bifidobacterium infantis*）、长双歧杆菌（*Bifidobacterium longum*）；乳杆菌属，嗜酸乳杆菌（*Lactobacillus acidophilus*）、干酪乳杆菌（*Lactobacillus casei*）、卷曲乳杆菌（*Lactobacillus crispatus*）、德氏乳杆菌保加利亚亚种 / 保加利亚乳杆菌（*Lactobacillus delbrueckii* subsp. *bulgaricus/Lactobacillus bulgaricus*）、德氏乳杆菌乳亚种（*Lactobacillus delbrueckii* subsp. *lactis*）、发酵乳杆菌（*Lactobacillus fermentium*）、格氏乳杆菌（*Lactobacillus gasseri*）、瑞士乳杆菌（*Lactobacillus helveticus*）、约氏乳杆菌（*Lactobacillus johnsonii*）、副干酪乳杆菌（*Lactobacillus paracasei*）、植物乳杆菌（*Lactobacillus plantarum*）、罗伊氏乳杆菌（*Lactobacillus reuteri*）、鼠李糖乳杆菌（*Lactobacillus rhamnosus*）、唾液乳杆菌（*Lactobacillus salivarius*）；链球菌属，嗜热链球菌（*Streptococcus thermophilus*）、粪链球菌（*Streptococcus faecalis*）；芽胞杆菌属，枯草芽胞杆菌（*Bacillus subtilis*）、地衣芽胞杆菌（*Bacillus licheniformis*）
2011 年 1 月	2011 年 1 月 18 日，卫生部根据《中华人民共和国食品安全法》和《新资源食品管理办法》的规定，批准翅果油和 β- 羟基 -β- 甲基丁酸钙作为新资源食品，将乳酸乳球菌乳酸亚种、乳酸乳球菌乳脂亚种和乳酸乳球菌双乙酰亚种列入 2010 年 4 月印发的《可用于食品的菌种名单》（卫办监督发〔2010〕65 号）。可用于食品的菌种由 21 种增加到 24 种

三、饲用益生菌菌种管理

1. 生物饲料发酵剂和生物饲料添加剂

秸秆饲料发酵剂微生物秸秆饲料发酵剂是集日本及我国台湾省先进的农业生物科技技术研制开发的低温及高温纤维素降解专用秸秆腐熟复合菌种。秸秆饲料发酵剂有繁殖快速、生命力强、安全无毒等特点。其中所含的一些功能微生物兼有生物菌肥的作用，对作物生长十分有利。秸秆饲料发酵剂在适宜的条件下，能迅速将秸秆堆料中的碳、氮、磷、钾等分解矿化，形成简单有机物，从而进一步分解为作物可吸收的营养成分。同时，消除了秸秆堆料中的病虫害、杂草种子等有害物质。

2. 微生物饲料中添加的对动物无害的菌种

用于发酵工业的微生物主要包括细菌、放线菌、酵母菌和霉菌。饲料工业常用的细菌包括枯草芽胞杆菌、乳酸杆菌、醋酸杆菌、地衣芽胞杆菌、纳豆芽胞杆菌、蜡样芽胞杆菌等；常用的酵母菌包括啤酒酵母、假丝酵母和红酵母；常用的霉菌包括黑曲霉、米曲霉、白地霉和木霉。酵母和细菌等单细胞类能够产生 SPC，多细胞的丝状真菌类能够产生菌体蛋白，此两者都可用作人和动物的蛋白补充剂。

3. 微生物饲料中益生菌添加菌种

现在养殖行业中有益微生物的运用，主要起源于日本微生物学家比嘉照夫发明的有效微生物菌群（effective microorganisms，EM）。EM 中主要所含菌种有以下几种。

（1）光合菌群（好气性和嫌气性）　如光合细菌和蓝藻类。具有光合作用和固氮作用。属于独立营养微生物，能自我增殖。菌体本身含 60% 以上的蛋白质，且富含多种维生素，还含有辅酶 Q10、抗病毒物质和促生长因子；它以土壤接受的光和热为能源，将土壤中的硫氢和烃类化合物中的氢分离出来，变有害物质为无害物质，并以植物根部的分泌物、土壤中的有机物、有害气体（硫化氢等）及二氧化碳、氮等为基质，合成糖类、氨基酸类、维生素类、氮素化合物、抗病毒物质和生理活性物质等，是肥沃土壤和促进动植物生长的重要力量。光合菌群的代谢物质可以被植物直接吸收，还可以成为其他微生物繁殖的养分。光合细菌如果增殖，其他的有益微生物也会增殖。例如，VA 菌根菌以光合菌分泌的氨基酸为食饵，它既能溶解不溶性磷，又能与固氮菌共生，使其固氮能力成倍提高。

（2）乳酸菌群（嫌气性）　以嗜酸乳杆菌为主导。它靠摄取光合细菌、酵母菌产生的糖类形成乳酸。乳酸具有很强的杀菌能力，能有效抑制有害微生物的活动和有机物的急剧腐败分解。乳酸菌能够分解在常态下不易分解的木质素和纤维素，并消除未分解有机物产生的种种弊端；合成各种氨基酸，维生素，产生消化酶，促进新陈代谢，还有溶解不溶性无机磷的能力。乳酸菌还能够抑制连作障碍产生的致病菌增殖。致病菌活跃，有害线虫会急剧增加，植物就会衰弱，乳酸菌抑制了致病菌，有害线虫便会逐渐消失。

（3）酵母菌群（好气性）　它利用植物根部产生的分泌物、光合菌合成的氨基酸、糖类及其他有机物质产生发酵力，合成促进根系生长及细胞分裂的活性化物质。酵母菌在 EM 原露中对于促进其他有效微生物（如乳酸菌、放线菌）增殖所需要的基质（食物）提供重要的给养保障。此外，酵母菌产生的单细胞蛋白是动物不可缺少的养分。

（4）革兰氏阳性放线菌群（好气性）　从光合细菌中获取氨基酸、氮素等作为基质，产生出各种抗生物质、维生素及酶，可以直接抑制病原菌。它提前获取有害霉菌和细菌增殖所需要的基质，从而抑制它们的增殖，并创造出其他有益微生物增殖的生存环境。放线菌和光合细菌混合后的净菌作用比放线菌单兵作战的杀伤力要大得多。它对难分解的物质，如木质素、纤维素、甲壳素等具有降解作用，并容易被动植物吸收，增强动植物对各种病害的抵抗力和免疫力。放线菌也会促进固氮菌和 VA 菌根菌增殖。

（5）发酵系的丝状菌群（嫌气性）　以发酵酒精时使用的曲霉菌属为主体，它能和其他微生物共存，尤其对土壤中酯的生成有良好效果。因为酒精生成力强，能防止蛆和其他害虫的发生，并可以消除恶臭。

作用原理。发酵秸秆饲料的原理是通过有效微生物的生长繁殖使分泌酸大量增加，秸秆中的木聚糖链和木质素聚合物酯链被酶解，促使秸秆软化，体积膨胀，木质纤维素转化成糖类。连续重复发酵又使糖类二次转化成乳酸和挥发性脂肪酸，使 pH 值降低到 4.5～5.0，抑制了腐败菌和其他有害菌类的繁殖，达到秸秆保鲜的目的。其中所含淀粉、蛋白质和纤维素等有机物降解为单糖、双糖、氨基酸及微量元素等，促使饲料变软、变香而更加适口。最终使那些不易被动物吸收利用的粗纤维转化成能被动物吸收的营养物质，提高了动物对粗纤维的消化、吸收和利用率。

4. 农业部微生物饲料添加剂种类的增补

目前，益生菌的菌种多种多样，但具有特定属性的理想物种并不充足。1989 年，美国食品与药物安全管理局 (FDA) 和美国饲料管理协会公布了被认为安全、可直接饲喂的 44 种微生物菌种名单（Scogaard and Denmark，1990）。

2013 年，我国农业部 2045 号公告《饲料添加剂品种目录 (2013)》中规定的允许使用的饲料级微生物添加剂菌种共 34 种。芽胞杆菌 6 种，包括地衣芽胞杆菌、枯草芽胞杆菌、短小芽胞杆菌、迟缓芽胞杆菌、凝结芽胞杆菌、侧孢短芽胞杆菌；乳杆菌 10 种，包括嗜酸乳杆菌、干酪乳杆菌、德式乳杆菌乳酸亚种（原名：乳酸乳杆菌）、植物乳杆菌、德氏乳杆菌保加利亚亚种（原名：保加利亚乳杆菌）、罗伊氏乳杆菌、副干酪乳杆菌、布氏乳杆菌、发酵乳杆菌、纤维二糖乳杆菌；双歧杆菌 6 种，包括两歧双歧杆菌、婴儿双歧杆菌、长双歧杆菌、短双歧杆菌、青春双歧杆菌、动物双歧杆菌；其他细菌 8 种，包括粪肠球菌、屎肠球菌、乳酸片球菌、戊糖片球菌、沼泽红假单胞菌、乳酸肠球菌、嗜热链球菌、产丙酸丙酸杆菌；酵母菌和真菌 4 种，包括产朊假丝酵母、酿酒酵母、黑曲霉、米曲霉。

四、益生素的类型

1. SL 益生素

采用灌胃或腹腔注射胆固醇和蛋黄乳液法，使小鼠血表胆固醇含量明显升高，造成试验性高脂血症动物模型，对复制试验性高脂血症的或已成为高脂血症造型的动物，用 SL 益生素 1×10^9CFU/ 只，连续给药 7d 或 3d。结果表明 SLP 既能显著抑制试验动物血清 TC 含量的升高，使之基本维持正常水平，又能使高脂血症型动物的血清 TC 含量显著下降（孔健和马桂荣，1998）。对乳链球菌 SB900 进行体内外若干特性研究，结果表明：该菌株产酸力强，乳酸产量为 1.73%；耐酸性能好，在 pH2 的盐酸溶液中，37℃保温 1h，存活率为 46.6%；具有一定的抑菌作用，并不受胃蛋白酶和胰蛋白酶的影响；对临床上治疗腹泻的常用药有耐受性；胆汁能促进其生长，喂以该菌制剂的鸡肠道中，乳酸菌数量增加，大肠杆菌减少（孔健和马桂荣，1996）。

2. 产酶益生素

使用酶制剂可消除饲料中的抗营养因子，如 α- 半乳糖苷酶、非淀粉多糖酶和植酸酶等；补充动物特别是幼龄动物内源酶的不足，如蛋白酶和淀粉酶等；使饲料中的养分更易吸收、扩大可利用饲料资源、降低饲料成本、减少畜禽粪便对环境的污染。经过多年的研究，人们对酶制剂的品种、主要作用对象、作用机制与作用效果有了深刻的认识。近年来酶制剂在饲料中特别是家禽饲料中的应用已十分广泛，但有关酶制剂与肠道微生物的互作关系研究还较少（李桂杰和张钧利，2000）。

3. 饵料添加剂

近十年来，国外在鱼用益生素方面开展了一定的研究，取得了一些进展。蔡俊鹏和吴冰（2001）在介绍益生菌这一概念及其作用机理的基础上，阐述了作为益生菌所必备的基本条件，综合介绍了益生素在鱼虾贝类等的应用研究结果。

4. 复合益生素

未来探讨复合益生素（BBR）对严重烧伤大鼠肠道细菌和内毒素易位的影响，张雅萍等（2002）选用健康 Wistar 大鼠 70 只，体重 180 ～ 220g，雌雄各 1/2，随机分为 BBR 治疗组，烧伤对照组（BC）和正常对照组（NC），建立 30% Ⅲ 烫伤肠源性感染模型，伤后 1d、3d、5d 分批活杀取材，检测细菌和内毒素易位 3d，BBR 组和 BC 组肠道细菌易位率分别为 10% 和 33%；血浆内毒素 BC 组明显高于 NC 组（$P < 0.01$），而 BBR 组与 NC 组则差异无显著性（$P > 0.05$），BBR 组血浆内毒素明显低于 BC 组（$P < 0.01$）。因此，30% Ⅲ 烫伤大鼠口服 BBR 后明显降低了肠道细菌和内毒素的易位，表明其对肠道屏障功能有保护作用。薛竹凤和林开明（2001）研究了在断奶仔猪日粮中添加抗生素、益生素的应用效果。3 个试验分别在基础日粮上添加卡巴氧 70×10^6、复合益生素 1000×10^6。表明，在断奶仔猪过渡期饲喂抗生素，复合益生素显著减少了仔猪腹泻，提高了经济效益。

5. 饲料酸化剂

饲料酸化剂是继抗生素之后，与益生素、酶制剂、香味剂等并列的重要添加剂，是一种无残留、无耐药性、无毒害作用的环保型添加剂。饲用酸化剂作为一种可降低饲料在消化道中的 pH 值，为动物提供最适消化道环境的新型添加剂，已在国内外得到广泛应用。酸化剂被广泛应用于家禽、仔猪、肉牛、奶牛、羊等动物的饲料中（王冬梅等，2002）。

6. 活酵母益生素

董传发和蔡旭杰（1998）选取体重 20kg 左右的杜大长杂种断奶仔猪 162 头，按体重、公母一致原则分成 3 组，每组 3 个重复，每个重复 18 头。对照组饲喂基础饲粮，试验组 Ⅰ 饲喂基础饲粮 -2% 豆粕 +2% 富酶活性酵母，试验组 Ⅱ 饲喂基础饲粮 -2% 豆粕 +2% 普通酵母饲料。经 32d 饲养试验表明，试验组 Ⅰ 比对照组和试验组 Ⅱ 的平均日增重分别提高 8.5%（$P < 0.05$）和 7.3%（$P < 0.05$），料重比分别下降 4.6%（$P > 0.05$）和 5.0%（$P > 0.05$），腹泻频率分别下降 44.0%（$P < 0.05$）和 39.1%（$P < 0.05$）；饲粮总能的表观消化率分别提高 6.0%（$P < 0.05$）和 6.3%（$P < 0.05$），粗蛋白质的表观消化率分别提高 5.9%（$P < 0.05$）和 6.3%（$P < 0.05$）。

7. 活菌制剂益生素

王长文等（2002）将接续产酸型活菌制剂类益生素（剂量 5.4×10^8 CFU/kg 体重）投喂给荷斯坦乳用初生公犊牛，10 日龄宰杀犊牛，取十二指肠、空肠、回肠段组织样在透射电镜下观察，并以未饲用益生素发病及未发病的同品种、同日龄犊牛对照。结果表明：益生素有助于初生犊牛小肠上皮细胞胞质中细胞器的发育，可以维持其正常形态、结构和功能。乔宏宇和郎仲武（1994）应用接续产酸型活菌制剂在仔猪 1、2 段日粮中进行饲养试验和仔猪粪便细菌学检查。考核 160 头 0 ～ 60 日龄仔猪生产性能表明，按 0.065×10^8 CFU/kg 体重剂量口服防治仔肠泻有效率 100%；与抗生素的相比提高成活率 2.83%；试验期日增重提高 7.1%（$P < 0.05$）；饲料转化提高 4.6%（$P < 0.05$）；在 0 ～ 60 日龄仔猪日粮中应用活菌制剂有较为显著的经济效益，粪便涂片检查结果，饲喂益生素可使粪便总菌数有增。肖振铎和郎仲武（1994）从自然界、畜禽肠道中分离筛选出植物乳杆菌、屎链球菌、乳酸片球菌，进行菌种耐酸产酸试验、生长产酸模拟试验、对腐败菌和需氧菌影响试验，毒副作用及安全性试验。形成了在动物肠道中任何 pH 值环境中均能有 1 ～ 2 种菌繁殖生长的接续产酸为主的活菌制剂——益生素。经饲养试验和防治仔猪下痢试验表明：与抗生素对照，仔猪 60 日龄平均提高增重 14.3%，饲料转化率提高 4.6%；对仔猪下痢有效率达 100%。

8. 加酶益生素

赵京杨和张金洲（2002）探讨对哺乳仔猪进行早期接种益生菌，以及哺乳猪料和断奶仔猪料中添加加酶益生素后对生产性能和腹泻率的影响。试验结果表明：试验组哺乳仔猪日增重比对照组提高 15.94%（$P < 0.01$），试验组断奶仔猪日增重比对照组提高 8.75%（$P > 0.05$）；断奶仔猪腹泻频率比对照组低 46.56%（$P < 0.01$）。哺乳仔猪 0～7d 涂抹益生素接种，哺乳断奶全程使用加酶益生素可有效提高哺乳仔猪日增重，降低断奶仔猪腹泻频率。石传林和高君（1998）探讨了加酶益生素在生长育肥猪日粮中的应用效果，试验表明，在 120d 试验期间，添加饲喂加酶益生素的试验组，每头猪平均增重 789.25g，未添加加酶益生素的对照组，每头猪平均日增重为 673.4g，试验组比对照组提高日增重 17.2%，差异极显著（$P < 0.01$）；试验组料肉比为 2.91∶1，对照组料肉比为 3.18∶1，试验组比对照组提高饲料报酬 8.5%，差异显著（$P < 0.05$）。

9. 中草药益生素

目前，动物性食品遭受药物污染危及人类健康的情况越来越严重。渴望健康、回归自然、呼唤"绿色"已成为国际潮流。畜禽产品是人类食品的主要来源，生产绿色畜禽食品，需要从饲料添加剂抓起。事实证明，发展现代化中草药饲料添加剂是生产绿色食品的必由之路。中草药饲料添加剂之所以受到世界各国普遍重视，是由于它具有许多独特优势和多种多样的功能。中草药饲料添加剂与抗生素等药物添加剂以及当前正在开发使用的益生素、酶制剂及一些植物提取物等相比，其最大的优势就是其安全（无残留、无毒副作用、无耐药）的可靠性、功能的多样性和使用的科学性。中草药这种安全的可靠性是由其来源的天然性、实践的长期性和使用的科学性决定的。中草药饲料添加剂的多功能性是由于中草药种类繁多、成分复杂，可以组配成许许多多具有特殊功能的添加剂。中草药饲料添加剂必须实现"现代化"才能满足高速发展的畜牧业要求。实现中草药饲料添加剂"现代化"，既不能一味强调有效成分，也不能只是固守"膏、丹、丸、散"阵地，简单强调继承；应在中医药理论指导的前提下，解决"精化、量化、标准化"（三化）问题。为了解决实现"三化"与保持中草药优势产生的矛盾，必须从观念上彻底更新，冲出原来的"围城"，树立全新的中草药概念和抓住中草药特色或优势的根本要害，创建一套研究性味归经的科学方法。（尚遂存等，2002）。周庆安等（2002）通过对抗生素及其替代品酶制剂、益生素、大蒜素、酸化剂、植物提取液、中草药饲料添加剂等的作用机理、存在问题及发展趋势的分析讨论，提出了应合理使用抗生素与绿色饲料添加剂，以达到畜牧业生产的高质高效与低成本。宋小珍等（2003）选 1 日龄泰和乌骨鸡 279，随机分为 3 组，分别为抗生素对照组（添加金霉素）、试验一组（添加益生素）、试验二组（添加中草药），每组设 3 个重复，每个重复 31 只鸡；试验分 2 个阶段（即 0～5 周和 5～10 周），共 70d，试验结果表明：益生素组和中草药组日增重、料肉比、死亡率及腹泻率比对照组均优（$P < 0.05$）。因此，无论从生产性能和经济效益上分析，益生素和中草药都能替代抗生素用于乌骨鸡的生产。

10. 免疫益生素

随着各种作为生长促进剂使用的常规抗生素被禁用，家禽生产者越来越担心会失去预防和治疗动物疾病并且具有生长促进作用的有效药物。因此，人们必须找到同样具有预防疾病并且能够促进动物生长的抗生素替代物。2001 年 5 月 1 ～ 2 日，在专门为饲料生产商举办的第 48 届马里兰营养会议上，马里兰大学畜禽科技学院的 Dalloul 和 Doerr 以及美国农业研究服务中心的 Lillehoj 共同提交了一篇有关益生素在肉鸡生产中应用的文章，为人们实现上述目标找到了一个突破口。他们指出，以往的研究发现，日粮处理不当对家禽的肠道免疫可能带来不良影响。例如，日粮维生素 A 缺乏时，家禽肠道黏膜中的细胞毒性 T- 细胞和辅助性 T- 细胞的数量显著下降（$P < 0.05$）；当接种感染剂量的堆形艾美球虫（*Eimeria acervulina*）卵母细胞时，感染后 6 ～ 9d，缺乏组新的卵母细胞释放速率几乎是对照组的 2 倍。鉴于此，研究者推断，如果在日粮中增加一些防护性物质，例如基于乳酸杆菌属的益生素，通过改善肠道的免疫反应，可能对肉鸡的抗病力会起到促进作用（陈敦，2001）。

11. 糖类益生素

低聚果糖性质稳定，用作饲料添加剂安全无毒，不被胃肠道内源酶消化，在动物体内无残留。它可以改善肠道微生物区系、促进动物肠道发育、调节蛋白质、脂质代谢、促进矿物质吸收、增强免疫力，具有抗生素的作用却无畜体残留，不产生耐药性，被称作益生素（微生态制剂）（黄海青和汪以真，2002）。石宝明等（2000）选择 12 窝仔猪，随机分为 6 组，每组 2 窝，从 7 日龄开始进行为期 8 周的饲养试验，在 4 周末断奶，研究了基础日粮中加寡聚糖、益生素以及寡聚糖取代部分抗生素对仔猪生长性能和肠道菌群的影响。结果表明，与对照组相比，寡聚糖或其与金霉素配伍（25mg/kg 及 12.5mg/kg 饲粮）使用，0 ～ 4 周日增重分别提高 16.81%（$P > 0.05$）、15.91%（$P > 0.05$）、15.32%（$P > 0.05$）；腹泻率分别降低 7.83%（$P < 0.01$）、8.68%（$P < 0.01$）、8.35%（$P < 0.01$）。在 5 ～ 8 周，使仔猪日增重分别提高 9.55%（$P > 0.05$）、48.84%（$P < 0.05$）、38.74%（$P < 0.05$）；料肉比分别降低 0.21（$P < 0.05$）、0.41（$P < 0.01$）、0.46（$P < 0.01$）；腹泻率分别降低 12.78%（$P < 0.01$）、22.23%（$P < 0.01$）、20.88%（$P < 0.01$）。0.15% 益生素使 0 ～ 4 周的仔猪腹泻率降低 4.82%（$P < 0.05$），5 ～ 8 周使料肉比降低 0.17（$P < 0.05$），金霉素（50mg/kg 饲粮）组在 5 ～ 8 周腹泻率降低 5.16%（$P < 0.05$）。抗生素、益生素在 0 ～ 4 周及 5 ～ 8 周对日增重的影响不大（$P > 0.05$）。21 日龄和 49 日龄取新鲜粪样测定结果表明：寡聚糖或寡聚糖与抗生素的结合作用能抑制肠道大肠杆菌的增殖（$P < 0.01$），促进双歧杆菌的增殖（$P < 0.01$ 或 $P < 0.05$）。

12. 强效益生素

李大庆等（2001）试验选用体重相近同批断奶的杜长大（杜洛克 × 长白 × 大约克）三元杂种仔猪 108 头，随机分为 3 组，每组 36 头。试验 Ⅰ 组与 Ⅱ 组分别添加 0.5% 和 1% 的强效益生素，对照组不添加。结果表明：试验 Ⅰ 组平均日增重与饲料利用率比对照组分别提高 6.89% 与 13.3%，腹泻率下降 5.5%；试验 Ⅱ 组日增重与饲料利用率分别提高 5.51% 与 12.16%，腹泻率下降 5.5%。说明添加强效益生素可明显改善仔猪的生产性能。

13. 乳酸菌类益生素

王淑敏和王宝东（1995）对 Prosuis 益生素的粪链球菌、乳酸杆菌、双歧杆菌，在不同 pH 值培养基条件下，进行了耐酸性及产酸生长试验，结果表明，3 种菌在生长过程中均可产酸，使环境 pH 值降低，耐酸性最强的是乳酸杆菌，在酸性环境中生长快，粪链球菌在中性及偏碱性环境中生长速度最高，双歧杆菌在中性、偏酸性条件下生长速度达到最高。刘来停等（2001）将不同来源的益生素添加在不同的预混料中，并存放在不同的温度条件下，检测代表菌乳酸菌和芽胞杆菌的变化，结果表明：益生素中有益菌受不同预混料的成分的影响很大，其中猪预混料中菌数损失尤为严重，15d 后测试代表菌未检出，而在鸡预混料中，也存在菌数损失，但损失量相对较少，为此生产预混合料的厂家必须给予重视。陈永锋等（2001）将 85 头仔猪（杜长大三元杂种）随机分成对照组与试验，试验组在出生与断奶时灌喂益生素（3mL/ 头），试验结果在相同的饲养管理条件下，对照组腹泻率30.23%，试验组腹泻率 9.52%，差异显著（$P < 0.05$），可见益生素对仔猪腹泻的防治效果显著。陈世琼等（2001）对 R-21-1、R-21-3、R-17-3 来自猪肠道的能够抑制大肠杆菌的产细菌素乳酸菌进行了生长曲线、最适产细菌素培养时间以及抑菌谱的测定。结果表明，R-21-1、R-21-3、R-17-3 达稳定期的培养时间分别为 14h、13h、15h，三株菌所产生的抑菌物质的活性均在稳定期达最高。抑菌谱的测定表明，三株菌不仅对革兰氏阳性菌金黄色葡萄球菌（*Staphylococcus aureus*）、单核细胞增生李斯特菌（*Listera monocytogenes*）有明显的抑制作用，而且对革兰氏阴性菌弱毒型猪源大肠杆菌（*Escherichia coli*）、弱毒型猪源沙门氏菌（*Salmonella*）C500、强毒型鸡白痢沙门氏菌（*Salmonella*）C79-13 均有明显的抑制作用。

14. 芽胞杆菌益生素

益生芽胞杆菌是益生素的重要组成成分之一（张广民和孙文志，2002）。路福平和戚薇（1998）通过比较凝结芽胞杆菌 TQ33 和肠道微生物或其他芽胞杆菌对盐、抗生素、高温培养以及可发酵性糖浓度的适应能力和生长特性，最终确立了分离鉴别 TQ33 的方法，即利用改进后的 BCP 培养基，在 50℃下培养 48 ～ 72h，计数黄色菌落，并借助革兰氏染色和形态观察鉴别 TQ33 菌株；同时试验还发现，小鼠服用 TQ33 制剂后，可以刺激肠道中其他乳酸菌的生长。

五、益生菌作用机制

1. 种群学说

利用动物肠道正常菌群，机体可以自动调节以维持平衡的相对稳定，但是肠道环境受饮食、抗生素治疗或应激的影响。动物饲料中添加双歧杆菌、芽胞杆菌、酵母菌、乳酸菌等益生菌可以建立优势正常菌群，抑制或杀死潜在的致病菌（薛琳琳和齐丰，2015）。服用双歧杆菌、芽胞杆菌、酵母菌、乳酸杆菌等益生菌能改善肠道健康状况，调整如肠道内细菌过度繁殖、肠道通透性增加以及宿主免疫功能低下的肠道微生态失衡（杨金霞和杨金彩，2015）。此外，益生菌对病原菌可产生生物拮抗作用，可以通过争夺营养抑制肠道外源性潜在致病菌的生长。

此外，致病菌的毒力因子黏附素可以黏附于肠道黏膜表面受体上，进而影响机体正常生理功能，造成机体表现出临床症状。益生菌具有以下功能：① 同致病菌竞争肠道上皮细胞上同一复合糖受体，抑制致病菌定植；② 占据致病菌的附着位点，促进机体生物学屏障形成，抑制致病菌群的定植能力，进而抑制病原菌在肠道内繁殖。霉菌毒素污染的饲料会导致奶牛瘤胃代谢紊乱、繁殖率降低，而饲用益生菌后奶牛肠道中有益菌占据数目优势，抑制霉菌和降解霉菌毒素（张海荣等，2015）。

2. 生物夺氧学说

肠道的优势菌大多是厌氧型原籍或常驻菌群，而外籍或过路菌群多为需氧型。芽胞杆菌类益生菌进入消化道后生长繁殖，消耗肠道内的氧气，营造缺氧的环境，利于肠道原籍或常驻菌群的定植和生长，抑制外源或过路菌群的定植和生长，从而达到恢复微生态平衡、防治或减缓疾病的目的。定植抗力是宿主中正常微生物群排斥致病菌和条件致病菌定植和繁殖的阻抗力，宿主因素和正常微生物群是影响宿主定植抗力的两大因素，宿主对外界不良环境的抵抗方式主要包括肠蠕动、纤毛运动等机械清除、黏液分泌、细胞清除和产生 IgA 等免疫球蛋白。

3. 净化环境学说

饲用益生菌帮助宿主清理肠道环境，抑制腐败菌生长，减少生物胺、吲哚等有害物质产生；分泌氨基氧化酶及硫化氢分解酶类，降低养殖场内臭味物质氨气、硫化氢的浓度，营造和谐、绿色、环保的生活环境（李永凯等，2009）。集约化水产养殖需要不断往水体中添加饵料、药物和消毒剂等来供给营养，防治疾病，这就导致水体中有机物浓度急剧增加，水体自净能力失衡，反过来不良水质又会诱发养殖体疾病暴发（周国勤等，2006）。衡量水质好坏的重要指标是氨氮和亚硝酸盐的浓度，研究证实水体中添加益生菌可分解氨氮和亚硝酸盐，改善水质，防治病害。例如实验室和鱼塘中使用枯草芽胞杆菌能够有效去除水体中 COD、硫化物、氨氮、亚硝酸盐，改善养殖水体的水质（丁祥力等，2012）；实验室养殖废水中添加枯草芽胞杆菌后氨氮和亚硝酸盐去除率分别比对照组高 2 倍和 3 倍（李永芹等，2013）。

4. 调节免疫系统

益生菌可以减少 TNF-α、IL-6 和 β-防御素 2 的表达，增强黏膜层和黏膜下层嗜中性粒细胞浸润，提高自然杀伤细胞和 IgA 浓度以刺激免疫系统（Amitromach et al., 2010）。益生菌直接或间接地调节内生菌群或免疫系统，达到治疗或缓解疾病的效果。双歧杆菌可以增强自然杀伤细胞活性，提高巨噬细胞吞噬活性，以增强非特异性免疫力；诱导淋巴细胞增殖，提高抗体生成能力，以增强机体免疫力；增强血清溶血以及迟发型变态反应（范金波等，2015）。

5. 产生有益代谢产物

乳酸杆菌产生乳酸、乙酸、丙酸、丁酸等挥发性脂肪酸，降低局部 pH 值，抑制沙门氏菌等肠道致病菌的生长，激活酸性蛋白酶，有利于钙、磷、铁等矿物质的吸收；分泌细菌素或类细菌素，增强致病菌细胞膜的通透性；产生过氧化氢，抗菌消毒。例如，嗜酸乳杆菌 (*Lactobacillus acidophilus*) 的无细胞提取液抑制牙龈卟啉单胞菌 (*Porphyromonas gingivalis*) 生长（赵隽隽等，2011）。益生菌可以分泌蛋白酶、脂肪酶、淀粉酶、纤维素酶等，帮助进入肠道中的大分子物质水解，产生小分子有机物，如脂肪酸、葡萄糖、氨基酸等，为机体提供营养。例如，酪蛋白经乳酸菌分泌的消化酶水解产生活性六肽，可使钙、镁、磷元素可溶，提高细胞对微量元素的利用率（薛琳琳和齐丰，2015）。

6. 其他机制

缓解乳糖不耐症、提高液体饲料质量的机制、促进动物生长发育机制、抑制肠道内氨及胺等毒性物质的产生机制、提高动物体的抗应激能力等。

六、益生素的应用

1. 在鸡上的应用

刘来亭等（2002）选择 Cu、植物固醇、红花籽油、益生素 4 种添加物。益生素按 0.1% 的比例添加，其他根据以往研究结果设计为 Cu（120 ～ 130mg/kg）、植物固醇（2% ～ 3%）、红花籽油（3.5% ～ 4.5%）3 个水平。筛选试验设计采用响应面分析法（RSA），试验鸡选择 52 周龄商品代海兰白蛋鸡 150 只，随机 15 组，试验进行 30d。结果表明：Cu 水平 145mg/kg，植物固醇 2.5%，红花籽油 4.03%，添加到饲料中，鸡蛋蛋黄中胆固醇含量可降至 13.71mg/g。Jin L.Z.、熊国远、姚建国等（2001）研究了乳杆菌属培养物对肉鸡小肠（十二指肠远端至回盲结合部）内容物淀粉酶、脂肪酶及蛋白酶活性及小肠内容物和粪便中细菌 β- 葡萄糖苷酸酶和 β- 葡萄糖苷酶活性的影响，肉鸡分为 3 组，分别对应 3 个日粮处理：基础日粮、基础日粮 +0.1% 嗜酸乳杆菌干培养物及基础日粮 +0.1% 的 12 株乳杆菌干混合培养物。结果表明，两个试验组均显著提高了 40 日龄肉鸡的小肠淀粉酶活性（$P < 0.05$），但脂肪酶及蛋白酶活不受显著影响，同时还降低了小肠及粪便中 β- 葡萄糖苷酸酶活及粪便的 β- 葡萄糖苷酶活，但小肠的 β- 葡萄糖苷酶活性却未受显著影响。丁玉华等（2002）试验采用单因子完全随机化设计，研究了乳酸菌，酵母菌混合物饲料添加剂"活清"对不同生长阶段肉仔鸡生产性能的影响。试验选用 288 只 1 日龄 AA 肉仔鸡，随机分成 4 个处理，分别为抗生素组、无抗生素加活清（0.3%）组、无抗生素加活清（0.5%）组、抗生素加活清（0.3%）组，8 个重复，每重复 9 只鸡。结果表明，抗生素加活清（0.3%）组的鸡死亡率最低；0 ～ 3 周龄，4 ～ 6 周龄，第 7 周龄，0 ～ 7 周龄各时间的日增重、日采食量、饲料转化率均无显著差异（$P > 0.05$）；但抗生素加活清（0.3%）组 0 ～ 3 周龄与 4 ～ 6 周龄的日增重及料肉比均有高于其他 3 组的。刘长忠和周克勇（2000）将 160 羽 30 日龄的乌骨鸡随机分成 4 组，采用 U4（4^4）均匀设计，研究了益生素（芽胞杆菌制剂）与酶制剂（溢多利）对 38 ～ 83 日龄乌骨鸡生产性能的最佳水平组合。结果表明。益生素与酶制剂组合使用使乌骨鸡生产性能计最佳的适宜添加水平为：益生素为 0.4% 左右，酶制剂为 0.2%。王冉等（2002）选 1 日龄 AA 健康肉鸡 600 羽，随机分为 3 组，分别为对照组（空白）、抗生素组（3.3mg/kg 硫酸黏杆菌素 +16.5mg/kg 杆菌肽锌）、益生素组（添加 0.1% 益生素），每组设 4 个重复，每个重复 50 羽。试验结果表明：抗生素和益生素组分别比对照组提高增重 4.17% 和 6.98%（$P < 0.05$），益生素组比抗生素下降 40% 和 43.3%（$P < 0.05$）。益生素组显著降低了肉鸡肠道内大肠杆菌和沙门氏菌的数量（$P < 0.05$），显著提高了肠道内乳酸杆菌的数量（$P < 0.05$），而抗生素在显著降低大肠杆菌和沙门氏菌等有害菌数量的同时，也显著降低了有益菌乳酸杆菌的数量（$P < 0.05$）。无论从肉鸡生产性能、腹泻率还是经济效益结果分析，益生素可以作为抗生素的替代品应用于肉鸡生产中。

2. 在鸭上的应用

李凤翔等（2000）试验就不同抗生素（选用土霉素和氯霉素）与益生素先后饲喂樱桃谷肉鸭的效果进行了研究。试验共分 10 个组，其中 9 个组为试验组，采用 L9（3^4）正交方案设计和 1 个对照组。全期 35 天，其中第 1 ～ 7 天为预试期，第 8 ～ 14 天选用土霉素，第 15 ～ 21 天选用氯霉素，第 22 ～ 35 天选用益生素。结合日增 0.2%、氯霉素用 0.05%、益生素用 0.3%，其先后使用饲喂肉鸭的效果最佳。刘安芳等（2001）选用 300 只 1 日龄樱桃谷商品肉鸭，随机分成 3 组（2 个试验组，1 个对照组），每组 2 个重复，每个重复 50 只。试验 1 组的日粮中添加 0.2% 的加酶益生素，试验 2 组的日粮中添加 40mg/kg 的土霉素，以探讨在肉鸭日粮中添加入加酶益生素和土霉素对其生长、死亡率、饲料转化率和经济效益的差异。而添加加酶益生素组和土霉素组在生长，死亡率、饲料转化率和经济效益方面差异不显著（$P > 0.05$）。吕东海等（2001）试验选用 960 只 6 日龄樱桃谷 SM2 商品肉鸭，随机分为 6 组（1 个对照组 +5 个试验组），每组 4 个重复，每重复 40 只肉仔鸭。试验组分别在对照组基础上单独添加抗生素或益生素，或添加不同水平的抗生素与益生素组合。结果表明，肉鸭饲料中添加抗生素或益生素能不同程度地提高肉鸭前期的日增重，并改善饲料转化率，但差异不显著。抗生素与益生素组合使用对肉鸭生产性能的提高效果较好，组合使用的适宜用量为 0.02% 益力素 +0.01% 益畜宝。

3. 在牛上的应用

石传林和宋桂亭（1999）将接续产酸型活菌制剂类益生素投喂黑白花乳用初生犊牛，10 日龄宰杀，取十二指肠、空肠和回肠段组织样在扫描电镜下观察绒毛形态，并以未饲用益生素发病及未发病的品种同日龄犊牛对照。结果表明，益生素有助于初生犊牛小肠绒毛的发育，可以维持其正常形态、结构和功能。刘延贺（1996）综述了以酵母或其培养物制成的益生素在产奶牛、犊牛及肥育肉牛生产上的应用，资料表明，酵母或其培养物、乳酸杆菌制剂可通过增加瘤胃中纤维素分解菌的数量，分泌酶刺激纤维素在胃中的消化，从而提高增重、产奶量并改善乳的组成。

4. 在兔上的应用

为研究益生素对肉兔生长发育的影响，石传林和罗中爱（1999）在断奶仔兔日粮和饮水中分别添加 0.2% 和 0.5% 益生素进行试验。结果表明，添加益生素促进了仔兔的生长发育，分别比对照组提高增重 11.9% 和 9.9%；料肉比降低约 10%，动物生长整齐。

5. 在水产上的应用

近年来我国水产养殖业的病害频发，养殖环境的日趋恶化，以及抗生素的滥用与诸多负面影响，严重困扰了我国水产养殖业的长足发展，而且人们对于安全水产品的需求也促进了许多安全高效添加剂的研制和应用，根据微生态理论研究开发的微生态饲料添加剂，如益生素、益生元及合生元等，能够促进水产动物生长，提高饵料利用率，增强免疫机能，降低死亡率等。因此，这些微生态制剂将是抗生素的理想替代品，具有广阔的发展和应用前景（石军等，2002）。刘长忠（2001）通过 U5（5^4）均匀设计，把益生素和酶制剂组合添加在草鱼饲料中进行饲喂，试验分 5 组，添加的益生素和酶制剂水平的组合分别为 0.4%+0.05%、

1.0%+0.15%、0.1%+0.25%、0.7%+0.35%、1.3%+0.45%。通过 35d 的试验，统计结果表明，最适组合添加水平为：0.52%～0.66%、酶制剂 0.20%～0.21%。周克勇等（2001）通过 U5（5^4）均匀设计，把益生素和酶制剂组合添加在鲤鱼饲料中进行饲喂，试验分 5 组，添加益生素和酶制剂水平的组合分别为 0.4%+0.05、1.0%+0.5%、0.1%+0.25%、0.7%+0.35%、1.3%+0.45%。通过 30d 的试验，试验结果表明：最适组合添加水平为益生素 0.57%～0.69%，酶制剂 0.14%～0.18%。

周兴华和刘长忠（2003）通过 U5（5^2）均匀设计，把柠檬酸和益生素结合添加到彭泽鲫基础饲料中，其添加量占基础饲料的比例依次为 0.2%+0.1%、0.4%+0.2%、0.6%+0.05%、0.8%+0.15%、1.0%+0.25%。通过 35d 的试验，结果表明，其最适添加水平为：柠檬酸 0.34%～0.45%；益生素 0.18%～0.22%。曹建民和胡玫（1999）在欧鳗日粮中添加 0.2% 益生素饲料添加剂，其增重率试验组比空白对照组高出 9 个百分点，饲料效率试验组比空白对照组高出 7 个百分点。孟凡伦和马桂荣（1998）研究了益生素制剂对中国对虾的作用，抑菌试验表明益生素制剂对对虾致病菌 - 弧菌有的抑制作用；口服一素制剂可以促进对虾的生长和增重；通过测定对虾血淋巴中的抑菌、溶菌、PO 及 SOD 活力，证实口服益生素制剂可以提高对虾的免疫力。

七、芽胞杆菌益生菌

短短芽胞杆菌 (*Brevibacillus brevis*)，是一种革兰氏阳性细菌，菌落平整、光滑，不含可溶色素，在光学显微镜下，该菌细胞呈杆状，直径约 0.8～2.2μm，以周生鞭毛运动，胞囊内含椭圆形芽胞（Shido et al., 1996）；此外，其细胞壁结构简单，蛋白分泌能力强，不含内毒素，临床和环境应用方面具有安全性（Cook et al., 1996），形成的芽胞对温度、水分、有机物和紫外线等抗逆性强，代谢产物短杆菌肽 S 能够抑制真菌或细菌的生长（侯仲轲和毛春晖，2000），这些优点均为短短芽胞杆菌的广泛应用奠定了坚实的基础。

目前，短短芽胞杆菌在环保、生防、保鲜等方面应用广泛：① 在环保方面，短短芽胞杆菌能够有效吸收并降解土壤中残留农药三苯基锡 (TPT)（Ye et al., 2013），降解石油烃（Huang et al., 2006）；② 在生防方面，短短芽胞杆菌对立枯病菌、枯萎病菌、黄萎病菌、尖胞镰刀菌等（Chandel et al., 2010）都具有较强的拮抗作用；③ 在保鲜方面，短短芽胞杆菌将其发酵液生产成微生物保鲜剂"果粒鲜"，在高温高湿条件下对龙眼、苹果、西瓜等保鲜效果良好，推迟水果腐烂时间（车建美等，2011）；④ 短短芽胞杆菌还可作为分泌表达外源蛋白的宿主（Caipang et al., 2008）。另外，短短芽胞杆菌在其代谢过程中产生的甲醛脱氢酶、几丁质酶等多种酶类可应用于酶类生产（Nian et al., 2013）。

第二节
饲用益生菌的筛选

通常畜禽饲料中都含有较多的纤维素，而对动物来说，纤维素是较难消化利用的。因此，在饲料中添加高效纤维素降解益生菌，可以提高饲料转化利用效率，纤维素降解产生的寡糖还具有增强动物免疫力、促进动物生长的作用，从而降低养殖成本、提高养殖效益（Majeed et al., 2016; Elshaghabee et al., 2017）。芽胞杆菌属（Bacillus）与乳酸菌属（Lactobacillus）皆属于厚壁菌门芽胞杆菌纲，两者密切相关，是重要的益生菌候选者。芽胞杆菌的重要特征是可形成抗逆性极强的芽胞，能适应各种极端环境，如低温、强酸碱、耐辐射等，能产生大量的酶、抗菌化合物、维生素及类胡萝卜素等，从而可抑制致病菌在肠道中的定植，并促进不同免疫细胞分泌抗炎症细胞因子（Ghani et al., 2013; Ouattara et al., 2017; Mohammed et al., 2014; Tanaka et al., 2014; Takano, 2016）。目前，已有十多种含有不同芽胞杆菌菌株的益生菌补充剂在美国和欧洲上市（Elshaghabee et al., 2017）。

2007 年，解淀粉芽胞杆菌（Bacillus amyloliquefaciens）FZB42 全基因组序列首次完成，发现其可以产生多种功能次级代谢产物，包含聚酮类化合物，是一种具有良好开发前景的益生菌（Chen et al., 2007）。解淀粉芽胞杆菌代谢过程中能产生多种酶、抗菌物质，其抗菌制剂或抗菌提取物具有无毒、无害、无残留、抑菌时效长等优点 (Farhat-Khemakhem et al., 2017)，可广泛应用于果蔬保鲜、果蔬促长、病害防治、食品加工、动物益生菌等，是极具开发价值的益生菌。在植物益生方面，解淀粉芽胞杆菌研究报道较多，如对小麦黄花叶病 (曹晶晶等，2016)、采后苹果轮纹病 (黄玲玲等，2015)、小麦全蚀病 (罗晶等，2013)、蔬菜灰霉病 (吕钊等，2013) 及抗水稻纹枯病 (朱晓飞等，2011) 等的病原菌具有较好的生物防治作用。在食品方面，Vilanova 等 (2018) 发现生防制剂解淀粉芽胞杆菌 CPA-8 对核果具有较少的保鲜作用，董丹等 (2016) 从白酒酒糟中筛选出了产纤维素酶的解淀粉芽胞杆菌等，这对于白酒酿造过程中最大限度利用产纤维素酶的细菌来提高纤维素的分解和出酒率具有重要的实际应用价值。在动物益生方面报道较少，杨敬辉等 (2017) 报道了草鱼肠道细菌 CD-17 鉴定为解淀粉芽胞杆菌，进行了生防活性研究；Lee 等 (2017) 研究发现解淀粉芽胞杆菌 LN 能消除镰刀菌产生的毒素玉米赤霉烯酮 (Zearalenone，ZEN)，该菌株无溶血性、不产生肠毒素，具备益生菌特性，可以作为饲料添加剂降低饲料中的 ZEN。解淀粉芽胞杆菌作为动物益生菌的筛选及其益生特性研究报道甚少。

大多数益生芽胞杆菌从肠道、发酵产品或未发酵产品中分离获得。玫瑰茄（Hibiscus sabdariffa）具有多种药理活性，包括抗肿瘤、抗氧化和抑菌作用等功能，而植物根际微生物可能具有与其寄主相同的功能特性。目前，未见从药用植物中分离筛选降解纤维素的动物益生菌。作者首次从健康玫瑰茄根际土壤中筛选获得了 1 株新的纤维素降解菌解淀粉芽胞杆菌菌株 FJAT-29941，探究了该菌株产酶的最佳发酵条件，酶学特性、肠胃耐受性、血溶性和滤纸降解能力，以期为益生芽胞杆菌的研发和利用提供理论基础和科学依据。

筛选获得饲用益生菌，将该菌株命名为"饲用益生菌（秾箓Ⅱ号）"（LPF#Ⅱ），它对大肠杆菌的抑菌圈直径可达 25mm，对三株靶标病原菌猪大肠杆菌 K88、鸡大肠杆菌、沙氏门菌同时具有明显的抑制作用。

一、研究方法

1. 材料

（1）供试样品 样品采自福建漳州甘蔗（Saccharum officinarum）、红麻（Hibiscus

cannabinus）、黄麻（*Corchorus capsularis* L）、玫瑰茄（*Hibiscus sabdariffa*）、黄秋葵（*Abelmoschus esculentus*）等根际土壤，土壤样品采集后放置于4℃冰箱保存备用。

（2）培养基

分离纯化培养基：胰蛋白胨10g，酵母提取物5g，氯化钠5g，琼脂20g，水1L，pH7.5。

纤维素酶筛选培养基：CMC-Na 10g，蛋白胨10g，氯化钠5g，水1L，pH7.5。

（3）其他　微生物微量生化鉴定管购自杭州微生物试剂有限公司，其他化学试剂均为国产分析纯。透射电子显微镜（日本）、PCR仪(BIO-RAD)、GelDoc-It TS凝胶成像系统（USA）、日本岛津UV-2550型紫外可见分光光度计。

2. 方法

（1）产纤维素酶芽胞杆菌的筛选　芽胞杆菌的分离与保存参考刘国红（2014）等描述的方法。初筛：采用点接法，将芽胞杆菌分离菌株点接至CMC-Na平板上，30℃恒温培养48h。测量各菌株的菌落直径 *d* 与水解圈直径 *D*。复筛：将 *D/d* 值较大的菌株分别接种到装有20mL CMC-Na液体培养基的锥形瓶中，置于30℃、170r/min的恒温摇床中培养24h作为种子液。吸取2mL种子液（2%的接种量）转接100mL CMC-Na液体培养基，30℃、170r/min培养48h。取1mL粗酶液，加入1.5mL 0.8% CMC-Na溶液，50℃保温30min，随后加入2.5mL DNS（3,5-二硝基水杨酸, dinitrosalicylic acid）显色剂沸水浴5min，冷水淋浴3min冷却后测定 OD_{540nm}。酶活单位按国际单位（IU）定义为：1mL酶液1min产生1μmol还原糖的酶量作为1个酶活单位（Ghose，1987）。

（2）产纤维素酶芽胞杆菌的鉴定　菌落形态特征、细胞形态特征和生理生化特征观察参考东秀珠和蔡妙英（2001）编著的《常见细菌系统鉴定手册》描述的方法。采用Tris-饱和酚法提取芽胞杆菌基因组DNA，参考Cheng和Jiang(2006)描述的方法。采用通用细菌16S rRNA引物进行扩增、测序，主要参考Liu等（2014）描述的方法。16S rRNA基因扩增引物为27F（5'-AGAGTTTGATCCT GGCTCAG-3'）和1492R（5'-GGTTACCT TGTTACGACTT-3'）。检测出有条带的菌株PCR产物送至铂尚生物技术有限公司进行测序。根据所得到序列在网站http://eztaxon-e. ezbiocloud.net/进行序列比对分析后(Kim et al., 2012)，初步判断得出芽胞杆菌种的分类地位。选择相关的参考菌株序列，再经Clustal X对齐后(Thompson et al., 1997)，用软件Mega 6.0采用邻接法和Jukes-Cantor模型构建系统发育树(Kumar et al., 2016; Saitou and Nei, 1987; Felsenstein et al., 1985)。

（3）芽胞杆菌FJAT-29941培养特性

① 生长曲线。取100μL培养48h的菌株FJAT-29941种子液，接种至20mL CMC-Na液体培养基，30℃、170r/min摇床培养，测定其18h、24h、42h、48h、66h和72h的纤维总酶活性。

② 初始pH值。用1mol/L HCl和1mol/L NaOH将CMC-Na液体培养基pH值分别调为4.0、5.0、6.0、7.0、8.0、9.0、10.0和11.0，种子液分装接种后，30℃、170r/min摇床培养48h，测定纤维素总酶活性。

③ 培养温度。将菌株FJAT-29941种子液接种至20mL CMC-Na液体培养基，培养液置于20℃、30℃、35℃、40℃和50℃培养48h，测定纤维素总酶活性。

④ 培养基成分。将种子发酵液接种于4种不同发酵培养基LB、TSB、NA（含0.5%葡萄糖）和NA（含0.5%NaCl），培养条件与上述相同，测定纤维素总酶活性。

上述实验，皆设计 3 个平行重复，且取平均值计算其酶活性。

（4）芽胞杆菌 FJAT-29941 酶学特性

① 纤维素酶 pH 稳定性。为了测定酶的最适 pH 值，将标准反应体系中的磷酸缓冲液 pH 值调为 4、5、6、7、8、9 和 10，测定相应的酶活，制作 pH 值与酶活曲线。为了测定酶的 pH 稳定性，将纤维素酶粗提物调节至 pH 值至 3 ～ 10，然后 37℃水浴 30min、60min 和 120min，随后利用标准反应体系测定剩余酶活，制作酶的 pH 稳定性曲线。实验设置 3 个重复，取平均值。

② 纤维素酶温度稳定性。为了测定酶的最适反应温度，将标准反应体系混合液分别放在 30℃、40℃、50℃、60℃、70℃、80℃水浴反应 30min，测定相应的酶活，制作温度 - 酶活曲线。为了测定酶的温度稳定性，将纤维素酶粗提液分别置于 65℃、70℃、75℃、80℃、85℃水浴 60s、75s、90s、120s 后，迅速冷却至室温，利用标准反应体系测定酶活，制作酶的温度稳定性曲线。实验设置 3 个平行重复，取平均值。

（5）芽胞杆菌 FJAT-29941 酶活的测定　菌株 FJAT-29941 培养 48h 后，分别测定其木聚糖酶、纤维素全酶活和外切酶活 (王洪媛和范丙全，2010)。

（6）芽胞杆菌 FJAT-29941 人工肠液和胃液耐受性

① 芽胞悬液制备。将活化 2 次后的菌株接种于 LB 培养基中，37℃、170r/min 下振荡培养 48h，将培养液置于 80℃水浴保温 15min，7000r/min 离心 5min，收集芽胞；菌体用 pH7.0 磷酸缓冲液 (phosphate buffered saline，简称 PBS) 洗涤 2 次，复溶在 PBS 缓冲液中即芽胞悬液。

② 人工肠液的配制。磷酸二氢钾 6.8g，加水 500mL 使溶解，用 0.1mol/L 氢氧化钠溶液调节 pH 值至 6.8，另取胰蛋白酶 10g，加水适量使溶解，两液混合均匀后，加水稀释至 1000mL，用 0.22μm 的无菌过滤器过滤除菌待用。将配好的人工肠液用未加胰蛋白酶的人工肠液稀释 10 倍、20 倍、30 倍，制成含胰蛋白酶量为 0%、1%、0.1%、0.05%、0.03% 的人工肠液备用。

③ 人工胃液的配制。稀盐酸 16.4mL，加水约 800mL 与胃蛋白酶 10g，摇匀后，加水稀释成 1000mL，pH 值调至 3.0，用 0.22μm 的无菌过滤器过滤除菌待用。将配好的人工胃液用未加胃蛋白酶的人工胃液稀释 10 倍、20 倍、30 倍，制成含胃蛋白酶量为 0%、1%、0.1%、0.05%、0.03% 的人工胃液备用。制备的芽胞悬液用于芽胞抗逆耐受性试验。

④ 人工肠液耐受性试验。取 1mL 芽胞悬液分别加入到 9mL 含胰蛋白酶量为 0%、1%、0.1%、0.05%、0.03% 的人工肠液中，充分混匀后置于 37℃、170r/min 下振荡培养 3h。培养 0h、3h 后分别取样，用无菌水梯度稀释，取 1×10^4 ～ 1×10^7 稀释度菌液 0.1mL，涂布于 NA 平板，每个梯度 3 个重复，30℃培养 48h 后进行平板菌落计数，分别计算各菌的存活率。

⑤ 人工胃液耐受性试验。取 1mL 芽胞悬液分别加入到 9mL 含胃蛋白酶量为 0%、1%、0.1%、0.05%、0.03% 的人工胃液中，充分混匀后置于 37℃、170r/min 下振荡培养 3h。培养 0h、3h 后分别取样，用无菌水梯度稀释，取 1×10^4 ～ 1×10^7 稀释度菌液 0.1mL，涂布于 NA 平板，每个梯度 3 个重复，30℃培养 48h 后进行平板菌落计数，分别计算各菌的存活率。

⑥ 计算方法。菌株存活率（%）$= N_t / N_0 \times 100\%$

式中，N_t 为不同时间的活菌数；N_0 为 0h 的活菌数。

（7）芽胞杆菌 FJAT-29941 益生特性

① 纤维素降解特性。将菌株 FJAT-29941 接种于 10mL CMC-Na 液体培养基，于 30℃、

170r/min 摇床振荡培养 24h；之后吸取 100μL 菌液分别转接到以滤纸条代替羧甲基纤维素钠为纤维素源的 20mL 摇瓶培养基。其中摇瓶培养基处理方式具体为将 CMC-Na 液体培养基中的羧甲基纤维素钠分别替换为 1cm×6cm 滤纸条，设置 3 个平行组。48h 观察滤纸片降解情况。

② 抗生素敏感性。抗生素药物药敏纸片（杭州滨和微生物试剂有限公司），阿米卡星（amikacin，30μg）、阿奇霉素（azithromycin，15μg）、氨苄西林（ampicillin，10μg）、苯唑西林（oxacillin，1μg）、红霉素（erythromycin，15μg）、卡那霉素（kanamycin，30μg）、克林霉素（clindamycin，2μg）、利福平（rifampin，5μg）、链霉素（streptomycin，300μg）、链霉素（streptomycin，10μg）、氯霉素（chloramphenicol，30μg）、强力霉素（多西环素）（doxycycline，30μg）、青霉素 G（penicillin G，10μg）、庆大霉素（gentamicin，10μg）、四环素（tetracycline，30μg）、头孢唑啉（cefazolin，30μg）、万古霉素（vancomycin，30μg）、新霉素（neomycin，30μg）。

③ 菌株血溶性检测。溶血性检测是参考 Anand 等 (2000) 方法并进行改良完成，将菌落点接至血琼脂平板 (NA+5% 羊血)，37℃培养 48h 后观察溶血性。实验设置 3 个重复。

二、饲用益生菌菌株筛选与鉴定

1. 抗大肠杆菌芽胞杆菌的筛选与鉴定

（1）菌株筛选　秾窠Ⅱ号（菌株编号 FJAT-29941）益生菌于 NA 培养基平板，30℃培养 72h，观察菌落颜色和形态；碱性品红染色后于普通光学显微镜观察菌体的形态特征；采用醋酸铀进行染色和固定，用透射电子显微镜上观察菌体细胞的结构与鞭毛。结果表明，饲用益生菌（秾窠Ⅱ号）在 NA 培养基上，菌落无光泽，不透明，浅黄色，表面皱褶。革兰氏染色阳性，营养体细胞杆状，周生鞭毛；有芽孢，芽孢近椭圆形，中生，不膨大（图 7-1）。

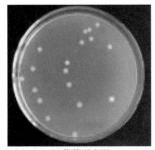 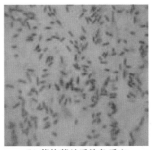 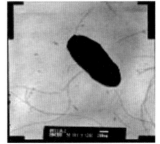

(a) 菌落形态图　　　　　　(b) 菌体革兰氏染色反应　　　　　(c) 菌体透射电镜照片

图 7-1　饲用益生菌 FJAT-29941 形态特征

（2）菌株鉴定　测定饲用益生菌（秾窠Ⅱ号）的生理生化特征。结果为：VP 试验、甲基红反应呈阴性，接触酶反应和氧化酶反应呈阳性。对碳源的利用表现为能利用葡萄糖、甘露醇，但不能利用木糖和 L- 阿拉伯糖，也不能水解淀粉。可以利用柠檬酸盐和硝酸盐，并且可以使明胶液化，但不能分解酪素；在含有 7%NaCl 的培养基上不能生长（表 7-2）。

表 7-2 饲用益生菌（秫窠Ⅱ号）的生理生化特征

试验项目	结果	试验项目	结果	试验项目	结果
接触酶	+	利用葡萄糖产酸	+	50℃	-
氧化酶	+	利用木糖产酸	-	pH5.7 生长	+
厌氧生长	-	利用 L-阿拉伯糖产酸	-	7%NaCl 生长	-
VP 试验	-	利用甘露醇产酸	+	淀粉水解	-
<pH6	-	利用葡萄糖产气	-	明胶液化	+
>pH7	-	利用柠檬酸盐	+	分解酪素	-
甲基红试验	-	硝酸盐还原	+		

注：+ 表示能反应或能生长；- 表示不反应或不生长。

（3）饲用益生菌（秫窠Ⅱ号）脂肪酸鉴定结果　将饲用益生菌（秫窠Ⅱ号）脂肪酸成分分析结果与 MIDI 数据库比对，发现饲用益生菌（秫窠Ⅱ号）与短短芽胞杆菌（*Brevibacillus brevis*）的匹配度最高，相关指数为 0.802。饲用益生菌（秫窠Ⅱ号）初步鉴定为短短芽胞杆菌秫窠Ⅱ号（*Brevibacillus brevis*）LPF#Ⅱ。

（4）16S rDNA 序列分析结果　以饲用益生菌（秫窠Ⅱ号）的基因组 DNA 为模板，利用引物 Pf、Pr 进行 PCR 扩增，得到一条长度约为 450bp 的 DNA 片段；回收该片段，并进行序列测定，饲用益生菌（秫窠Ⅱ号）的 16S rDNA 长度为 427bp。将饲用益生菌（秫窠Ⅱ号）的 16S rDNA 序列与 GenBank 数据库中已有的细菌 16S rDNA 序列进行 BLAST 比较，结果表明饲用益生菌（秫窠Ⅱ号）与短短芽胞杆菌（*Brevibacillus brevis*）同源性达 99.4%。

2. 产纤维素酶芽胞杆菌的筛选与鉴定

（1）菌株筛选　产纤维素酶芽胞杆菌筛选结果见图 7-2。经过初筛，在需氧条件下筛出 8 株芽胞杆菌具有较明显的水解圈，分别为 FJAT-29911、FJAT-29910、FJAT-29938、FJAT-29940、FJAT-29941、FJAT-29812、FJAT-29812 和 FJAT-29815。由表 7-3 可知，8 株芽胞杆菌产酶水解圈直径大小为 15.2 ～ 22.68mm，酶水解圈与菌落直径大小比值（*D/d*）范围为 2.75 ～ 4.21。菌株 FJAT-29941 的 *D/d* 比值最小，为 2.75；FJAT-29940 的 *D/d* 比值最大，为 4.21。

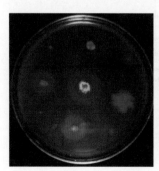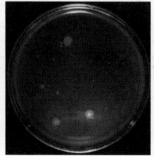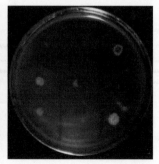

图 7-2 产纤维素酶芽胞杆菌的筛选

表 7-3　水解圈法测定 8 株芽胞杆菌产纤维素酶的能力

序号	菌株编号	透明圈直径 (D)/mm	菌落直径 (d)/mm	D/d
1	FJAT-29941	22.68	8.26	2.75
2	FJAT-29815	16.57	6.01	2.76
3	FJAT-29817	18.79	5.98	3.14
4	FJAT-29812	18.08	5.53	3.27
5	FJAT-29938	16.7	4.61	3.62
6	FJAT-29911	18.71	4.87	3.84
7	FJAT-29910	15.2	3.81	3.99
8	FJAT-29940	17.86	4.24	4.21

初筛具有产纤维素酶能力的 8 株芽胞杆菌，在 30℃、170r/min 恒温振荡摇床中培养 48h 后的粗酶活力见图 7-3。8 株芽胞杆菌产纤维素酶活的能力不同，与水解圈直径大小不成正相关性。菌株 FJAT-29941 的酶水解圈直径与其菌落直径比值 D/d 最小，但酶活性最高，达 9.841U/mL；FJAT-29910 的 D/d 比值仅次于最高值，但其酶活性最低，仅为 0.8815U/mL。

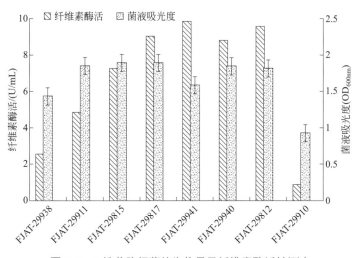

图 7-3　8 株芽胞杆菌的生物量及纤维素酶活性测定

（2）菌株鉴定　LB 平板上，培养 24h 后，菌株 FJAT-29941 菌落颜色为灰白色，菌落呈近圆形，表面干燥、褶皱，边缘不整齐，不透明，革兰氏染色阳性。透射电镜观察，FJAT-29941 的细胞杆状，椭圆形芽胞、端生，周生鞭毛（图 7-4）。

由表 7-4 可知，菌株 FJAT-29941，能运动，硝酸还原反应为阳性，VP 反应为阴性，鸟氨酸和赖氨酸水解反应为阳性，50℃未观察到生长现象，不能利用丙二酸盐、山梨糖等发酵。根据菌株 FJAT-29941 的形态学特征及生理生化特性，将其初步判断为芽胞杆菌属的枯草芽胞杆菌类群（*Bacillus subtilis* group）。

(a) 菌落形态

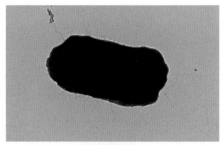
(b) 细胞形态

图 7-4　菌株 FJAT-29941 的形态特征

表 7-4　菌株 FJAT-29941 的生理生化特性

测试项目	结果	测试项目	结果
革兰氏染色	+	运动性	+
细胞形状	杆状	丙二酸盐	-
厌氧生长	-	蜜二糖	-
VP 试验	-	山梨糖	-
甲基红试验	+	棉子糖	-
鸟氨酸	+	利用柠檬酸盐	-
赖氨酸	+	硝酸盐还原	+
肌醇	-	50℃生长	-
葡萄糖	-		

注："+"表示有作用或有反应；"-"表示无作用或无反应。

菌株 FJAT-29941 的 16S rRNA 经 PCR 获得了大小约为 1402bp 的特异性扩增产物。测序结果分析表明，菌株 FJAT-29941 与解淀粉芽胞杆菌（*Bacillus amyloliquefaciens*）DSM 7^T 亲缘关系最近，相似性达到 99.66%，将此序列登录 GenBank (MF457483)，采用 MegAlign 软件的 Clustal W 算法构建系统进化树 (图 7-5)。

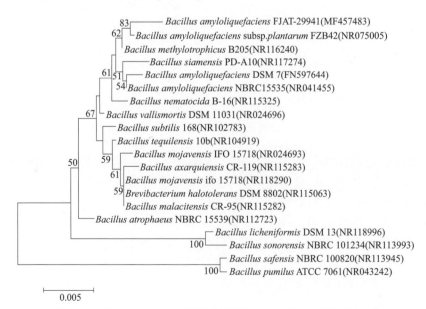

图 7-5　基于 16S rRNA 基因构建的菌株 FJAT-29941 系统发育树

三、饲用益生菌生物学特性

1. 抗大肠杆菌菌株生长特性

最佳摇瓶发酵配方为：淀粉 1.0%、牛肉膏 0.5%、蛋白胨 0.3%、蔗糖 2.0%、酵母 0.5%。加入无机盐（NaCl 除外）能够大大促进饲用益生菌（秾窠Ⅱ号）产生抑菌活性物质的能力，在 15℃ 的温度条件下，饲用益生菌（秾窠Ⅱ号）几乎不增长，在接种 48h 后，发酵液的含菌量比刚接种时仅上升了 1 倍，在 72h 后，发酵液的含菌量只有 1.0×10^8 CFU/mL，为刚接种时的 3 倍，没有出现对数增长，这说明 15℃ 的温度条件极不适宜于饲用益生菌（秾窠Ⅱ号）株菌的生长。

2. 产纤维素酶菌株生长特性

（1）生产时间对菌株 FJAT-29941 产纤维素酶的影响　发酵时间对菌株 FJAT-29941 产酶影响见图 7-6。培养 18 ～ 42h 时，纤维素酶活力逐渐提高；48 ～ 72h，酶活力逐渐减小。当培养 42h 时，菌株 FJAT-29941 产纤维素酶活力达到最高，为 16.46U/mL。

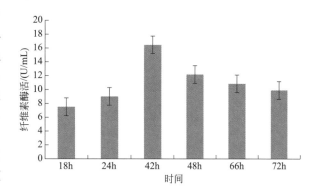

图 7-6　发酵时间对菌株 FJAT-29941 产纤维素酶的影响

（2）初始 pH 值对菌株 FJAT-29941 产纤维素酶的影响　发酵培养基初始 pH 值对菌株 FJAT-29941 产酶影响见图 7-7。发酵培养基 pH 值为 9 时，菌株 FJAT-29941 产纤维素酶活性最高，为 3.86U/mL。pH9 时，菌株生长良好；pH4 ～ 6，菌株 FJAT-29941 酶活逐渐升高；pH6 ～ 8 时，纤维素酶活逐渐降低。

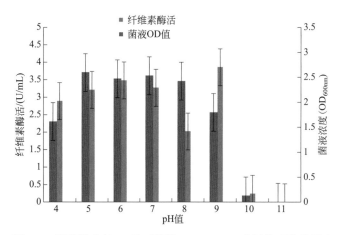

图 7-7　发酵培养基 pH 值对菌株 FJAT-29941 产纤维素酶的影响

（3）培养温度对菌株 FJAT-29941 产纤维素酶的影响　由图 7-8 可知，随着培养温度的升高，菌株 FJAT-29941 产纤维素酶活的能力呈上升后下降趋势，当温度为 30℃时，纤维素酶活性最高，达 14.183U/mL。温度为 30 ~ 50℃时，纤维素酶活性逐渐降低，50℃酶活接近于零。

（4）培养基成分对菌株 FJAT-22941 产纤维素酶的影响　对菌株 FJAT-29941 产纤维素酶活的影响较大，由图 7-9 可知，含 0.5% NaCl 的 NA 培养基下，产纤维素酶活性最高，达 29.93U/mL。TSB 培养基下菌株 FJAT-29941 产纤维素酶活活性最低，为 11.18U/mL。培养基营养成分可能与菌株产纤维素酶活性呈反比关系，培养基营养越丰富，其产酶的活力越低。

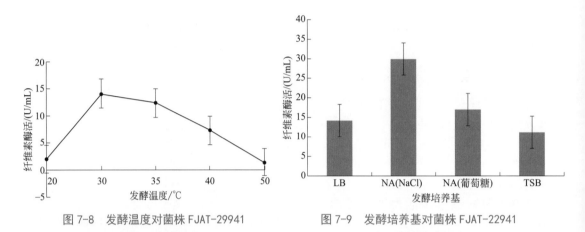

图 7-8　发酵温度对菌株 FJAT-29941　　　　图 7-9　发酵培养基对菌株 FJAT-22941
产纤维素酶的影响　　　　　　　　　　　产纤维素酶的影响

四、饲用益生菌酶学特性

1. 芽胞杆菌 FJAT-29941 纤维素酶 pH 稳定性

将粗酶液与不同 pH 值底物缓冲液一起孵育后测定酶活性。由图 7-10 可知，底物 pH4 ~ 4.5 时酶活性最高；底物 pH 值为 5 ~ 12 时，相对酶活性皆低于 60%；pH12 时，酶活力最低。

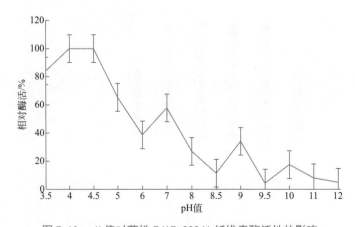

图 7-10　pH 值对菌株 FJAT-29941 纤维素酶活性的影响

由图 7-11 可知，粗酶液 pH 值调至 3 ～ 10 时，随着耐受时间的延长，酶活力逐渐降低。pH3 时，处理 75 ～ 300s，酶活力从 2.97U/mL 降为 1.59U/mL。pH8 ～ 10 时，酶活力变化范围为 10.44 ～ 3.95U/mL；pH4 ～ 7 时，酶活力相对较高，酶活力变化范围为 18.32 ～ 5.66U/mL。由此说明，菌株 FJAT-29441 产生的纤维素酶耐酸或耐碱能力较弱。

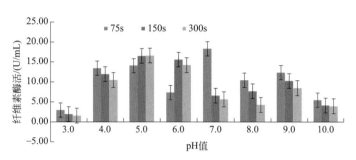

图 7-11　pH 值对菌株 FJAT-22941 纤维素酶稳定性的影响

2. 芽胞杆菌 FJAT-29941 纤维素酶温度稳定性

由图 7-12 可知，以 CMC-LB 作发酵培养基，水浴温度在 30 ～ 80℃范围内，纤维素酶活性呈现先增大后降低的趋势，酶活力从 7.63U/mL 升为 14.18U/mL 再降为 1.53U/mL。菌株 FJAT-29941 产纤维素酶最佳反应温度为 50℃，酶活力达到 14.18U/mL。酶反应温度为 80℃时，酶活力极低，仅为 1.53U/mL。由图 7-13 可知，纤维素酶水浴预处理温度 65 ～ 85℃，处理时间在 60 ～ 120s 内，随着热处理温度的增加，酶活力呈下降趋势。

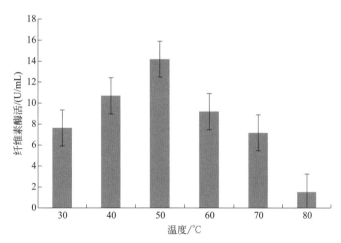

图 7-12　菌株 FJAT-22941 纤维素酶的最适温度

3. 芽胞杆菌 FJAT-29941 酶活力的测定

菌株 FJAT-29941 的木聚糖酶活力为 161.19U/mL，纤维素全酶活力为 0.833U/mL，外切葡聚糖酶活力为 0.4652U/mL。

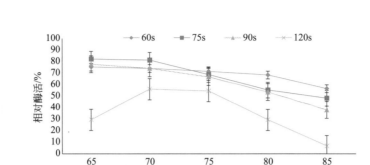

图 7-13　菌株 FJAT-22941 纤维素酶的温度稳定性

4. 饲用益生菌人工肠液和胃液耐受性

（1）芽胞杆菌 FJAT-29941 菌株人工肠液耐受性　由表 7-5 可知，菌株 FJAT-29941 的存活率随着人工肠液中含胰蛋白酶浓度的增加而减低。0h 和 3h 相比，在不含酶的人工肠液中 FJAT-29941 的存活率达到了 148.84%。0.03%、0.05%、0.1% 和 1% 酶含量的人工肠液中，该菌株的存活率分别为 62.5%、38.89%、32.58% 和 27.98%。芽胞悬液经过不同人工肠液作用 3h 后活菌数均达到 10^8CFU/mL 以上，说明 FJAT-29941 对人工肠液具有良好的耐受性，能在肠道中暂时存活并发挥作用。

表 7-5　芽胞悬液对人工肠液耐受性

含胰蛋白酶量 /%	不同处理时间菌落含量 /（CFU/mL）		存活率 /%
	0h	3h	
0	2.15×10^8	3.2×10^8	148.84
0.03	3.6×10^8	2.5×10^8	62.5
0.05	1.17×10^9	4.55×10^8	38.89
0.1	1.32×10^9	4.3×10^8	32.58
1	1.84×10^9	5.15×10^8	27.98

（2）菌株人工胃液耐受性　由表 7-6 可以得出，FJAT-29941 的存活率随着人工胃液中含酶量增加而降低。在不含酶的人工胃液中 FJAT-29941 的存活率达到了 163.63%。芽胞悬液经过不同人工胃液作用 3h 后活菌数均达到 10^8CFU/mL 以上，0.03%、0.05%、0.3% 和 1% 的胃蛋白酶含量的人工胃液中该菌株的存活率分别为 82.35%、77.42%、73.53% 和 64.91%。由此说明，菌株 FJAT-29941 对人工胃液具有良好的耐受性。

表 7-6　芽胞悬液对人工胃液耐受性

含胃蛋白酶量 /%	不同处理时间菌落含量 /（CFU/mL）		存活率 /%
	0h	3h	
0.0	2.2×10^8	3.6×10^8	163.63
0.03	3.4×10^8	2.8×10^8	82.35
0.05	6.2×10^8	4.8×10^8	77.42
0.3	6.8×10^8	5.0×10^8	73.53
1.0	5.7×10^8	3.7×10^8	64.91

5. 饲用益生菌的益生特性

（1）芽胞杆菌 FJAT-29941 菌株纤维素降解特性　由图 7-14 可知，48h 后滤纸条完全被降解为多个小圆片，说明该菌株 FJAT-29941 产生的纤维素酶具有很强的纤维素降解能力。

（2）菌株抗生素敏感性　抗生素敏感性实验结果见表 7-7。除了多黏菌素 B 之外，菌株 FJAT-29941 几乎对所有测试的抗生素不具有抗性。

表 7-7　菌株 FJAT-29941 抗生素敏感性

抗生素名称	敏感性	抗生素名称	敏感性
克林霉素 clindamycin (2μg)	—	苯唑西林 cloxacillin (1μg)	—
链霉素 streptomycin (300μg)	—	阿米卡星 amikacin (30μg)	—
强力霉素 doxycycline (30μg)	—	青霉素 G penicillin g(10μg)	—
红霉素 erythromycin (15μg)	—	头孢唑啉 cefazolin (30μg)	—
新霉素 neomycin (30μg)	—	链霉素 streptomycin (10μg)	—
利福平 rifampin (5μg)	—	卡那霉素 kanamycin (30μg)	—
万古霉素 vancomycin (30μg)	—	氨苄西林 ampicillin (10μg)	—
庆大霉素 gentamicin (10μg)	—	氯霉素 chloramphenicol(30μg)	—
阿奇霉素 azithromycin (15μg)	—	四环素 tetracycline (30μg)	—

（3）菌株血溶性检测　菌株 FJAT-29941 的溶血性结果见图 7-15。菌株 FJAT-29941 在血琼脂平板上未产生透明圈，说明该菌未出现溶血现象，是安全的。

图 7-14　菌株 FJAT-29941 滤纸条降解能力检测

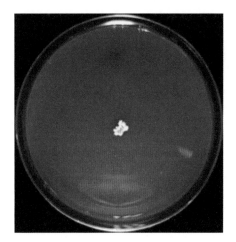

图 7-15　菌株 FJAT-29941 的溶血性测试

五、讨论

由于其较强的抗逆性和环境适应能力，芽胞杆菌一直是饲用益生菌的关注热点。易旻等 (2017) 从鸡粪蘑菇渣高温堆肥中获得了 1 株耐高温的纤维素降解菌解淀粉芽胞杆菌 XD-3，50℃时生长良好；李红亚等 (2015) 通过酶活力检测、FTIR 光谱数据及 GC/MS 分析表明解淀粉芽胞杆菌 MN-8 可以有效地降解玉米秸秆木质纤维素；刘锁珠等（2017）从西藏藏猪粪便中分离获得了降解纤维素菌株解淀粉芽胞杆菌 TL106。本章节首次报道了从锦葵科药用植物玫瑰茄的根际土壤中筛选获得 1 株高产纤维素酶的芽胞杆菌 FJAT-29941，经形态、生理生化和 16S rRNA 基因鉴定确定其为解淀粉芽胞杆菌。目前，已有一些产纤维素酶的解淀粉芽胞杆菌菌株被发现，例如，Manhar 等（2015）在豆酱中筛选到 1 株纤维素降解菌解淀粉芽胞杆菌 AMS1，但滤纸条降解结果表明，菌株 FJAT-29941 可在 24～48h 迅速地将滤纸条降解为圆片，而菌株 AMS1 需要 96h 才完全降解滤纸条，说明本章节获得的解淀粉芽胞杆菌菌株 FJAT-29941 的纤维素降解能力更强，值得进一步深入研究利用。

大多数芽胞杆菌所产纤维素酶的最适培养温度为 30～40℃。樊程等（2012）从大熊猫新鲜粪便中分离获得的高活性纤维素降解菌株解淀粉芽胞杆菌 P2，最佳培养温度 37℃，产酶活性为 0.2298U/mL；崔海洋等（2014）筛选获得产纤维素酶解淀粉芽胞杆菌菌株 B16，较适反应温度为 30℃，较适 pH8.0。本章节菌株 FJAT-29941 产纤维素酶最佳温度为 30℃，酶活为 14.18U/mL，远高于 P2 菌株产生纤维素酶活。FJAT-29941 在 pH6～9 时生长良好，且酶活性较高，因此菌株 FJAT-29941 具有高效降解纤维素的潜力开发价值。培养条件优化结果表明，菌株 FJAT-29941 在 0.5% NaCl 的 NA 培养基纤维素酶活性最高，樊程等（2012）获得的纤维素降解菌株产酶最适 NaCl 浓度为 2%，本章节在低盐度条件下即可获得高酶活力，可以节省一定的成本。酶活性质分析发现，菌株 FJAT-29941 纤维素酶最适 pH4～5，与已报道的解淀粉芽胞杆菌菌株 SS35（pH4.5～6.5）相近，低于已报到的菌株 DL-3（最适 pH7.0）（Lee et al., 2008）。该纤维素酶对 pH3～10 具有较好的耐受性，pH10 时处理 5min，仍具有 21.56% 的相对酶活。菌株 SS35 在 pH10 处理 1h 后，仍具有较高的相对酶活力（Singh et al., 2014），但其该菌株产酶能力（0.693U/mL）远低于本实验。菌株 FJAT-29941 产纤维素酶最适酶反应温度为 50℃，热稳定性较弱，85℃热处理 2min 时，相对酶活力仅残余 6.67%。

动物胃肠道耐受性和安全性是一种细菌能否用于益生菌的重要前提。本研究发现，菌株 FJAT-29941 随着人工肠液中胰蛋白酶含量的增加存活率逐渐降低：当肠液含 0.03% 胰蛋白酶作用 3h 后，其存活率为 62.5%，但含 1% 胰蛋白酶时存活率仅为 27.98%。这一结果与文献报道的芽胞杆菌对肠液的耐受性较弱是一致的（Wang et al., 2010；Manhar et al., 2015）。尽管 FJAT-29941 的存活率较低，但菌落数量仍可以保持在 10^8CFU/mL 以上。而且，菌株 FJAT-29941 在人工胃液的存活率高于肠液存活率，0.03%～1% 的胃蛋白酶含量对菌株的存活率影响较小，分别为 82.35%～64.91%。本章节的人工肠液和胃液耐受性结果表明，菌株 FJAT-29941 作为动物益生菌具有一定的开发利用前景。

在安全性方面，本章节首先分析了菌株 FJAT-29941 对常见抗生素敏感性。结果发现，除了多黏菌素 B 外，菌株 FJAT-29941 对这些常见抗生素均无抗性，因此不会带来抗性基因扩散的风险。但有些芽胞杆菌菌株对部分抗生素具有抗性，例如，Hoa 等（2000）报道在 1 个商业益生菌产品中发现的越南芽胞杆菌对青霉素和氨苄青霉素具有抗性，Manhar 等（2015）发现解淀粉芽胞杆菌 AMS1 对上述两种抗生素也具有抗性。同时，本章节未发现解淀粉芽胞杆菌 FJAT-29941 溶血现象，与 Sorokulova 等（2008）、Cao 等（2011）和 Manhar 等（2015）报道的结果相一致。

综上所述，本研究筛选到的纤维素降解菌解淀粉芽胞杆菌 FJAT-29941 具有较高的酶活特性，较稳定的肠胃耐受性，且安全无毒性，为益生菌研发提供了菌种来源和科学依据。

饲用益生菌免疫抗病特性

益生素（probiotics），也称益生菌，是一种活菌制剂或微生态制剂，具有维持肠道菌群平衡、调节机体免疫、改善机体代谢、净化肠道环境等多方面的作用，且在使用过程中无毒副作用、无药物残留、不产生耐药性，因此已成为抗生素的理想替代品。自 20 世纪 50 年代抗生素被用作添加剂使用以来，其给人类带来的负面影响逐渐突出，长期使用抗生素会产生相应病菌的耐药性，引起动物免疫机能下降，同时也会导致药物残留，造成环境污染。在畜牧生产中，利用益生素作为饲料添加剂，能增强动物抗病能力，促进动物的生产性能，提高饲料转化率，益生素作为一种绿色饲料添加剂已广泛应用于畜牧生产中（吕道俊和潘康成，1999）。

益生菌 JK-2 是从土壤中分离出的对大肠杆菌有明显抑制作用的生防菌，经中国科学院北京微生物研究所鉴定为短短芽胞杆菌（*Brevibacillus brevis*）。本实验通过对雏鸡饲喂益生素 JK-2，研究益生素 JK-2 对雏鸡外周血液免疫功能影响的变化规律及其机理，为益生素 JK-2 的进一步应用提供可靠的科学依据。

一、研究方法

（1）益生菌 JK-2 制剂配制　将 JK-2 菌株经发酵、喷雾干燥，制成含活菌量为 10^9CFU/g 的益生素 JK-2 产品。

（2）实验鸡群与设计处理　1 日龄健康广西黄鸡雏鸡 200 只随机分成 4 组，每组 50 只。将益生素 JK-2 产品按 0.1%（大剂量组）、0.1‰（中剂量组）、0.01‰（小剂量组）添加于基础日粮饲料中（饲料含菌量分别为 10^6CFU/g、10^5CFU/g、10^4CFU/g），在全阶段饲料中添加。以基础饲料为实验处理对照组。

（3）鸡新城疫免疫方法　实验鸡新城疫免疫预防按常规程序进行。鸡新城疫病毒强毒增殖和血凝试验用 SPF 鸡胚增殖，增殖方法及血凝试验参照《动物病毒学》（殷震和刘景华，1997）。鸡新城疫病毒强毒为省农业科学院畜牧兽医研究所病毒室分离保存。

（4）淋巴细胞增殖检测方法　于一免后第 0 周、第 1 周、第 3 周、第 4 周采集无菌抗凝血 2mL，每次 5 只。缓慢叠加在等量淋巴细胞分离液上，3000r/min 离心 10min，取中间淋巴细胞层，用 4mL RMPI-1640 不完全培养基洗涤 2 次，离心后沉淀用 RMPI-1640 完全培养基调节到细胞数 $5×10^6$ 个 /mL，96 孔细胞培养板每孔加淋巴细胞 50μL，10μg/L ConA，40℃培养 45h，每孔 10μL 5mg/mL MTT，继续培养 3h，2000r/min 离心 20min。缓慢倾去上清液，每孔加 150μL 二甲基亚砜，37℃反应 30min，测定 OD_{570nm}，计算淋巴细胞刺激指数。公式如下：

$$淋巴细胞刺激指数 = \frac{试验孔 OD_{570nm} - 空白孔 OD_{570nm}}{对照孔 OD_{570nm} - 空白孔 OD_{570nm}}$$

（5）血凝抑制实验方法　于一免后第 0 周、第 1 周、第 3 周、第 4 周、第 5 周、第 6 周、第 7 周采样，每次 5 只。在 96 孔 V 形反应板上的第 1 孔加入 50μL 8 个单位抗原，第 2 ~ 11 孔加入 50μL 4 个单位抗原，第 12 孔加入 50μL 生理盐水。吸取 50μL 待检血清于第 1 孔内，充分混匀后吸 50μL 于第 2 孔，依次倍比稀释至第 10 孔，弃去 50μL；第 11 孔为抗原对照，第 12 孔作为生理盐水对照孔。室温下作用 20min。每孔加入 1% 鸽红细胞 50μL，在微量振荡器上摇匀，室温静置 30min 后观察结果。结果判断：以完全抑制 4 个血凝单位病毒抗原的血清最大稀释度作为被检血清的 HI 效价。

（6）数据统计　用 SPSS 软件程序进行数据处理。

二、饲用益生菌拮抗特性

对峙培养试验表明，在平板上饲用益生菌（秾窠 II 号）与大肠杆菌 K88 菌株和 K88-gfp 菌株之间都产生了空白区带，抑制作用十分明显；而且随着培养时间延长，对峙的两种菌都不会跨越这条区带；培养 48h 在 K88 和 K88-gfp 的平板上抑菌带均为 3mm［图 7-16（a）］；而在 BS-2000 菌株与 K88 和 K88-gfp 的对峙平板上都没有产生抑菌带［图 7-16（b）］。饲用益生菌（秾窠 II 号）是一个对大肠杆菌 K88 和 K88-gfp 抑制力很强的芽胞杆菌，而 K88 转入绿色荧光蛋白基因（gfp）后，对饲用益生菌（秾窠 II 号）的抑制作用并没有影响。

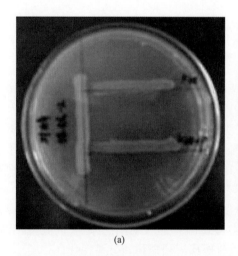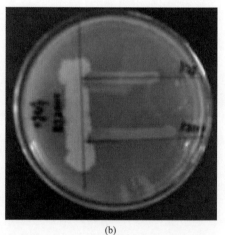

(a)   (b)

图 7-16　饲用益生菌（秾窠 II 号）（a）和 BS-2000（b）对 K88 和 K88-gfp 的抑菌效果

抑菌圈试验表明，饲用益生菌（秾窠 II 号）对大肠杆菌 K88 和 K88-gfp 都能产生十分明显的抑菌圈，并且抑菌圈均为 18mm，是一个对大肠杆菌 K88 和 K88-gfp 抑制力很强的芽胞杆菌；而菌株 BS-2000 对 K88 和 K88-gfp 都不能产生明显的抑菌圈，只是会长出不规则状的菌苔。K88 转入绿色荧光蛋白基因（gfp）后，对饲用益生菌（秾窠 II 号）的抑制作用并没有影响。采用直接培养的生防菌培养液进行抑菌圈试验，生防菌菌株很容易在培养基上生长，对试验结果的观察与准确性会造成一定的影响，因此，下一步将使用胞外抑菌物质进行抑菌试验比较这两株菌株对大肠杆菌的抑制作用（图 7-17）。

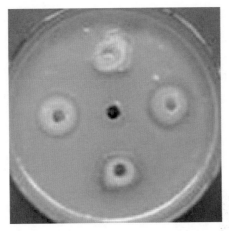

图 7-17 饲用益生菌（稔窠Ⅱ号）（左、右）和 BS-2000（上、下）对 K88 的抑菌效果

三、饲用益生菌在小鼠体内定殖特性

研究结果表明，饲用益生菌（稔窠Ⅱ号）-GFP 菌在前 2 天进入小鼠的胃部和小肠，但在大肠处未发现，第 3 ～ 6 天，小鼠恢复健康后，菌株已从胃和小肠的菌进入了大肠，并稳定在大肠处。高剂量的饲用益生菌（稔窠Ⅱ号）-GFP 菌在胃部和小肠处能引起小鼠的不适，进入大肠后，小鼠恢复健康；大肠是该菌的宿留地（图 7-18）。

(a) CK组　　　　　　　　(b) 口服处理组　　　　　　　　(c) 解剖图

(d) 胃部菌株分离　　　　(e) 胃端小肠部位菌株分离　　　　(f) 中部小肠部位菌株分离

图 7-18

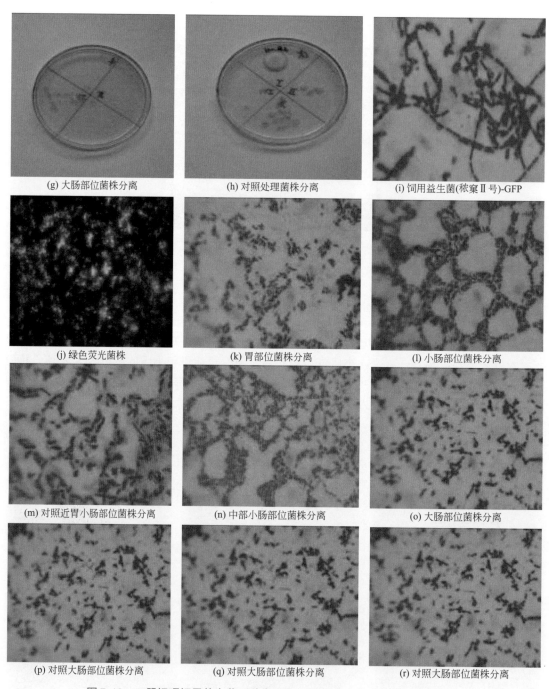

(g) 大肠部位菌株分离　　　　(h) 对照处理菌株分离　　　　(i) 饲用益生菌(秸窖Ⅱ号)-GFP

(j) 绿色荧光菌株　　　　(k) 胃部位菌株分离　　　　(l) 小肠部位菌株分离

(m) 对照近胃小肠部位菌株分离　　　　(n) 中部小肠部位菌株分离　　　　(o) 大肠部位菌株分离

(p) 对照大肠部位菌株分离　　　　(q) 对照大肠部位菌株分离　　　　(r) 对照大肠部位菌株分离

图 7-18　口服饲喂饲用益生菌（秸窖Ⅱ号）-GFP 在小鼠消化道的定植情况

四、饲用益生菌对小鼠毒力的动力学模型

1. 饲用益生菌对小鼠毒力的时间动力学模型

注射高浓度饲用益生菌（秸窖Ⅱ号）发酵液（活菌量 30×10^8CFU/mL）的小鼠，12h 未

出现死亡，24h 死亡率达 80%，48h 死亡率 85%，96h 死亡率 100%，而对照组小鼠 168h 内全部存活。从图 7-19 可见，死亡鼠消化道内出现大量的目标细菌饲用益生菌（秵窠Ⅱ号）。

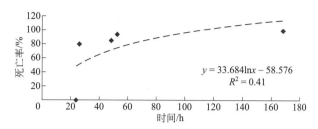

图 7-19　饲用益生菌（秵窠Ⅱ号）发酵原液对小鼠的致死时间动力学模型

建立的模型为：$y=-15.1874+15.2361x$（$R^2=0.9813$），高浓度（活菌量 30×10^8CFU/mL，1mL/ 只）饲用益生菌（秵窠Ⅱ号）发酵原液对小鼠的致死时间 LC_{50} 为 21.13h，LC_{90} 为 25.65h。饲用益生菌（秵窠Ⅱ号）发酵原液对小鼠的致死时间动力学模型为：$y=33.684\ln x-58.576$，$R^2=0.41$。

2. 饲用益生菌对小鼠毒力的浓度动力学模型

饲用益生菌（秵窠Ⅱ号）对小鼠致死浓度 LC_{50} 为 2.41×10^8CFU/mL，即 30×10^8CFU/mL 饲用益生菌（秵窠Ⅱ号）稀释 12.5 倍 48h 能引起小鼠 50% 的死亡率；LC_{90} 为 7.39×10^8CFU/mL，即 30×10^8CFU/mL 饲用益生菌（秵窠Ⅱ号）稀释 4.05 倍 48h 能引起小鼠 90% 的死亡率。计算利用饲用益生菌（秵窠Ⅱ号）对小鼠致死浓度 LC_1 和 LC_{10} 分别为 0.32×10^8CFU/mL 和 0.79×10^8CFU/mL，也证明了浓度在 0.5×10^8CFU/mL 以下饲用益生菌（秵窠Ⅱ号）对小鼠无毒性，死亡率为 0。

饲用益生菌（秵窠Ⅱ号）对小鼠毒力浓度动力学模型，为 $y=2.4351x^2-33.851x+112.14$，$R^2=0.9786$，模型为二次曲线，根据曲线，饲用益生菌（秵窠Ⅱ号）对小鼠的安全浓度为 0.5×10^8CFU/mL（图 7-20）。

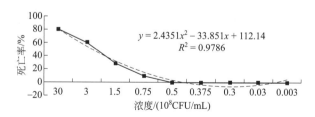

图 7-20　饲用益生菌（秵窠Ⅱ号）对小鼠毒力浓度动力学模型

结合两个模型分析，饲用益生菌（秵窠Ⅱ号）对小鼠的安全浓度 0.3×10^8CFU/mL，即每克小鼠体重接受饲用益生菌（秵窠Ⅱ号）的安全浓度为 1.3×10^6CFU/mL。说明饲用益生菌（秵窠Ⅱ号）对小鼠十分安全。

3. 饲用益生菌对小鼠促长作用的动力学模型

计算各浓度下小鼠的增重率，可以看到 30×10^8CFU/mL 浓度注射组（稀释 0 倍），小鼠增重为 -14.51%，3×10^8CFU/mL 浓度注射组（稀释 10 倍）为 17.70%，利用二次曲线建立饲用益生菌（秾窠Ⅱ号）处理下小鼠的生长增重率模型：$y=-0.9993x^2+12.499x-14.842$，$R^2=0.64$（图7-21）。

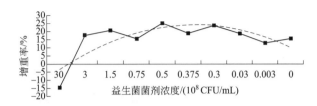

图7-21　饲用益生菌（秾窠Ⅱ号）处理下小鼠的生长增重率模型

4. 饲用益生菌对感染 K88 的小鼠控病模型

处理组在接种病原菌前，按 1mL/ 只对小鼠进行腹腔注射饲用益生菌（秾窠Ⅱ号）的100 倍稀释液（相当于 0.30×10^8CFU/mL 浓度），为小鼠安全浓度，对照组在接种病原菌前，注射稀释 100 倍的无益生菌的培养基液，48h 后分别注射浓度为 1.25×10^8CFU/mL、0.625×10^8CFU/mL、0.3125×10^8CFU/mL、0.15625×10^8CFU/mL 大肠杆菌 K88，分别于 2h、4h、8h、16h、32h、64h、128h、256h 观察小鼠的死亡。研究结果表明，处理组小鼠死亡率远远低于对照组，对照组 5 个浓度引起小鼠最终死亡率（256h）分别为 80%、70%、60%、40%、10%；处理组 5 个浓度引起小鼠最终死亡率（256h）分别为 50%、20%、10%、5%、0%；具有很好的防治效果（图 7-22）。

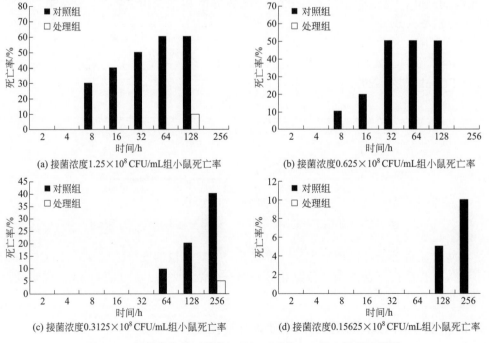

图 7-22　饲用益生菌（秾窠Ⅱ号）对感染 K88 的小鼠控病模型

五、饲用益生菌对鸡免疫功能的影响

1. 益生菌对雏鸡 T 淋巴细胞增殖的影响

雏鸡应用益生素 JK-2 后血液 T 细胞增殖反应的动态变化如图 7-23 所示：当雏鸡饲喂益生素 JK-2 7 天后，血液 T 细胞增殖反应随着日龄逐渐升高；随着添加剂量加大，反应逐渐增强。从表 7-8 可见各周龄血液 T 淋巴细胞增殖反应：添加 1‰益生素 JK-2 组各周龄鸡血液淋巴细胞增殖反应均极显著地高于其他各剂量组；添加 0.1‰益生素 JK-2 组显著或极显著地高于小剂量组和对照组；添加 0.01‰益生素 JK-2 组与对照组差异不显著。

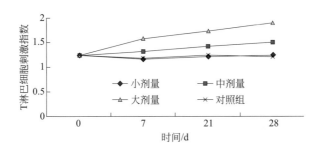

图 7-23　饲喂不同剂量益生素 JK-2 后 T 淋巴细胞增殖反应变化

表 7-8　不同剂量益生菌 JK-2 对鸡 T 淋巴细胞增殖的影响

添加剂量	0d	7d	21d	28d
大剂量（10^{-3}）	1.232±0.053	1.570±0.092a	1.673±0.068a	1.890±0.052a
中剂量（10^{-4}）	1.232±0.053	1.310±0.036c	1.420±0.043c	1.513±0.058c
小剂量（10^{-5}）	1.232±0.053	1.170±0.036d	1.180±0.05e	1.24±0.032e
对照组（0）	1.232±0.053	1.167±0.015d	1.230±0.06e	1.203±0.029e

注：同列字母相同表示差异不显著（$P > 0.05$），字母相邻表示差异显著（$P < 0.05$），相间或相隔字母间表示差异极显著（$P < 0.01$），全书同。

2. 益生菌对雏鸡血凝抑制抗体效价水平的影响

以免疫天数为横坐标、抗体平均水平（$n\lg 2$）为纵坐标建立坐标系，根据检测结果分别绘出不同剂量益生素 JK-2 和疫苗接种后血清抗体水平曲线。由图 7-24 可见：各组鸡在接种后 3 ～ 4d 抗体水平开始上升，第 28 天抗体水平达到峰值，之后抗体水平开始下降，至第 49 天后抗体消失；添加益生素 JK-2 组抗体水平随着剂量增加逐渐提高。由表 7-9 可见各组血清抗体效价水平变化：添加 1‰益生素 JK-2 组各周龄血凝抑制抗体效价均显著或极显著地高于中剂量组；添加 0.1‰益生素 JK-2 组在 28 周龄时显著高于小剂量组；添加 0.01‰益生素 JK-2 组与对照组比较，在 21 日龄后仍有显著差异。

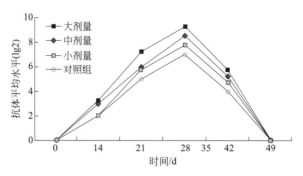

图 7-24　饲喂不同剂量益生素 JK-2 后血液血凝抑制抗体效价变化

表 7-9　不同剂量益生菌 JK-2 对鸡血凝抑制抗体效价水平的影响

添加剂量	14d	21d	28d	42d
大剂量（10^{-3}）	0.978±0.151a	2.183±0.151a	2.785±0.151a	1.731±0.169a
中剂量（10^{-4}）	0.753±0.174b	1.807±0.246c	2.559±0.174b	1.580±0.158b
小剂量（10^{-5}）	0.602±0.000b	1.731±0.151c	2.333±0.151c	1.430±0.151b
对照组（0）	0.602 ±0.000b	1.505 ±0.000d	2.108±0.000d	1.204 ±0.000c

六、讨论

本章节发现雏鸡饲喂添加的益生素 JK-2 后，鸡血液 T 细胞增殖和血清抗体效价均显著升高，体现鸡体免疫功能增强。此结果可能是通过诱导鸡体外周血液 T 细胞对 ConA 的增殖反应高于未应用益生素 JK-2 的对照雏鸡，血清抗体效价也高于未应用益生素 JK-2 的对照雏鸡，雏鸡机体内体液免疫和细胞免疫功能均有所增强。免疫细胞合成和分泌 IL-2 增加，促进 T 细胞生长、分化和增殖，使 T 细胞数量增多，功能增强，分泌产生其他各种重要的具有免疫促进作用的细胞因子，进一步促进 T 细胞分化成为 Th 和 CTL 等具有不同功能的效应细胞，从而提高特异性免疫功能。

刘艳芬等（2005）研究表明饲料中添加益生素能显著提高肉鸡的新城疫抗体效价，张春杨等（2002）研究表明，微生态制剂能显著提高蛋鸡血中的新城疫 HI 抗体水平。倪耀娣等（2004）通过试验证明，对饲喂微生态制剂的肉仔鸡进行新城疫免疫时，可显著提高新城疫的抗体水平。张辉华（2003）等研究添加热灭活乳杆菌制剂能明显地促进竹丝肉鸡机体的细胞免疫水平。本节中的研究结果与以上报道一致。

研究表明本组从土壤中分离出益生素 JK-2 具有提高机体免疫应答水平的作用，且效果具有大剂量组>中剂量组>小剂量组的趋势。

总之，益生素 JK-2 对鸡免疫功能具有良好的影响，它将成为抗生素较理想的替代品之一，是"绿色"添加剂，在动物健康养殖方面有着广阔的应用前景。

第四节
饲用益生菌菌剂保存特性

微生态制剂，又称益生菌、促生素、生菌剂、活菌制剂等，是指在动物体内利用微生态学原理，能够抑制有害菌的生长繁殖、改善肠道菌群的平衡、提高宿主健康水平、促进消化道内营养物质的消化吸收、提高饲料转化率，具有无毒、无害、无残留、安全、无副作用等多种功能的微生物添加剂（Fuller，1989）。短短芽胞杆菌 (*Brevibacillus brevis*)，是一种革兰氏阳性细菌，菌落平整、光滑，不含可溶色素，在光学显微镜下，该菌细胞呈杆状，直径约 $0.8 \sim 2.2\mu m$，以周生鞭毛运动，胞囊内含椭圆形芽胞（Shido et al., 1996）；此外，其细胞壁结构简单，蛋白分泌能力强，不含内毒素，临床和环境应用方面具有安全性（Cook et al., 1996），形成的芽胞对温度、水分、有机物和紫外线等抗逆性强，代谢产物短杆菌肽 S 能够抑制真菌或细菌的生长（侯仲轲和毛春晖，2000），这些优点均为短短芽胞杆菌的广泛应用奠定了坚实的基础。本试验开展菌株芽胞产率、芽胞耐热性、抗生素敏感试验、抑菌试验及胃肠道环境耐受力的评估，并探究稳定剂、防腐剂、盐浓度、pH 值对微生态制剂保存特性的影响及贮存过程中微生态制剂活菌数变化及抑菌能力变化，以期获得微生态制剂的最佳保存条件，为今后微生态制剂工厂化生产提供理论依据。

一、研究方法

1. 材料

（1）菌株

① 供试菌株。短短芽胞杆菌 (*Brevibacillus brevis*)FJAT-1501-BPA，由福建省农业科学院农业生物资源研究所筛选并经中国科学院微生物研究所鉴定。

② 指示菌株。金黄色葡萄球菌 (*Staphylococcus aureus*)、大肠杆菌 (*Escherichia coli*)、沙门氏菌 (*Salmonella*) 由福建省疾病预防控制中心提供。

（2）培养基

① 种子培养基 (LB)：胰蛋白胨 1.0%，酵母浸粉 0.5%，NaCl 0.5%，pH7.0 $\sim$ 7.2。

② 发酵培养基：豆饼粉 3%，蔗糖 2%，可溶性淀粉 0.8%，$CaCl_2$ 0.5%，蛋白胨 0.2%，pH7.0 $\sim$ 7.2。

③ 牛肉膏 - 蛋白胨培养基 (NA)：蛋白胨 1.0%，牛肉膏 0.3%，NaCl 0.5%，pH7.0 $\sim$ 7.2，抑菌圈下层加入 1.8% 琼脂，上层培养基加入 0.9% 琼脂。

（3）缓冲液

① 磷酸盐缓冲液 (PBS，pH7.0)。分别取 38.5mL 的 0.1mol/L KH_2PO_4 和 61.5mL 的 0.1mol/L K_2HPO_4，混合均匀。

② 人工胃液。稀盐酸 16.4mL，加水约 800mL 与胃蛋白酶 10g，摇匀后加水稀释成 1000mL，pH 值调至 3.0，用 0.22μm 的无菌过滤器过滤除菌待用。

③ 人工肠液。磷酸二氢钾 6.8g，加水 500mL 使溶解，用 0.1mol/L 氢氧化钠溶液调节 pH 值至 6.8，另取胰蛋白酶 1g，加水适量使溶解，两液混合均匀后，加水稀释至 1000mL，用 0.22μm 的无菌过滤器过滤除菌待用。

（4）药敏纸片。头孢唑啉 (30μg)、氨苄西林 (10μg)、庆大霉素 (10μg)、红霉素 (15μg)、氯霉素 (30μg)、链霉素 (10μg)、四环素 (30μg)、利福平 (5μg)、新霉素 (30μg)、多黏菌素 B(30μg)。

（5）仪器 无菌超净工作台、高压灭菌锅、pH 计、电子分析天平、高速大容量离心机、恒温培养箱等。

（6）其他

① 酶：胃蛋白酶 (活性 1：10000)、胰蛋白酶 (活性 1：250)、猪胆盐。

② 稳定剂：黄原胶、琼脂、海藻酸钠、海藻酸钾、海藻酸铵、海藻酸丙二醇酯、羧甲基纤维素钠、卡拉胶。

③ 防腐剂：双乙酸钠、苯甲酸、苯甲酸钠、丙酸铵、山梨酸、山梨酸钾、山梨酸钠、柠檬酸、柠檬酸钾、柠檬酸钠、柠檬酸钙。

2. 方法

（1）芽胞杆菌悬液制备 将菌株活化 2 次后接种于 NA 液体培养基中，30℃、170r/min 下振荡培养 48h，将培养液置于 80℃ 水浴 15min，7000g 离心 10min，收集芽胞；菌体用 PBS 缓冲液洗涤 2 次，复溶在 PBS 缓冲液中即为芽胞悬液。置于 4℃ 冰箱保存，用于芽胞抗逆耐受性试验（黄占旺等，2007；Nengnut et al.，2010）。

（2）芽胞产率及芽胞耐热性 将菌株活化 2 次后接种于 NA 液体培养基中，30℃、170r/min 下振荡培养，在 24h、48h、72h 取样，测定芽胞产率；取芽胞悬液 1mL，加入 9mL PBS 溶液中，充分混匀后，100℃，加热 0min、2min、5min、10min、15min、20min、30min 后分别取样，以无菌生理盐水按 1：10 梯度稀释，然后进行平板菌落计数（高书锋等，2012；李清等，2014），计算存活率（李善仁等，2010）。

（3）芽胞杆菌益生菌剂人工胃肠液及胆盐耐受性试验

① 人工胃肠液耐受性试验、取芽胞悬液 1mL，加入到 9mL 预设人工胃液及预设人工肠液中，充分混匀后，37℃、170r/min 振荡培养 3h，分别于 0h、3h 取样，以无菌生理盐水按 1：10 梯度稀释，然后进行平板菌落计数（高书锋等，2012；李清等，2014），计算存活率（李善仁等，2010）。

② 猪胆盐耐受性试验、在 LB 液体培养基中加入 3g/L 的猪胆盐，121℃ 灭菌 20min。取 1mL 的芽胞悬液，加入到培养基中，37℃、170r/min 振荡培养 24h，分别于 0h、24h 取样，以无菌生理盐水按 1：10 梯度稀释，然后进行平板菌落计数，计算存活率（李善仁等，2010）。

$$菌株存活率 (\%)=N_t/N_0 \times 100\%$$

式中，N_t 表示不同时间的活菌数；N_0 表示 0h 的活菌数。

（4）芽胞杆菌益生菌剂抑菌试验及抗生素敏感试验

① 采用琼脂扩散法检测短短芽胞杆菌 FJAT-1501-BPA 的抑菌活性。将 100mL 0.9% NA 培养基熔化并冷却到 50℃ 后，加入 100μL 菌浓度为 1×10^7CFU/mL 的指示菌株发酵液，涡旋振荡后倾覆在预先已凝固的 NA 下层培养基上。静置数分钟后在双层培养基平板上打孔，

无菌水为空白对照，分别向每个孔内加入无菌水及短短芽胞杆菌 FJAT-1501-BPA 发酵上清液各 100μL，置于 37℃培养箱暗箱培养。重复 3 次，24h 后观察生长情况并测量抑菌圈的直径（陈璐等，2009）。

② 采用纸片扩散法测定芽胞杆菌的抗生物敏感试验。用灭菌的镊子将含有定量抗生素的滤纸片贴在已接种了短短芽胞杆菌 FJAT-1501-BPA 的 NA 培养基上，置于 30℃培养箱暗箱培养。重复 3 次，24h 后观察生长情况并测量抑菌圈的直径。

（5）不同稳定剂对芽胞杆菌益生菌剂发酵液的影响　将黄原胶、琼脂、海藻酸钠、海藻酸钾等 8 种稳定剂分别与发酵液混合，使其终浓度为 0.2% 进行比较，室温放置 3d 后，观察短短芽胞杆菌制剂外观形态并测定稳定性。将初筛得到的稳定剂进行复筛，使发酵液终浓度为 0.05%、0.1%、0.15%、0.2%，室温放置 3d 后，观察短短芽胞杆菌制剂外观形态并测定稳定性（刘婷婷等，2013）。

（6）不同盐浓度对芽胞杆菌益生菌剂发酵液保存特性的影响　对短短芽胞杆菌进行液体发酵后，分别取 100mL 发酵液置于 6 个 150mL 的锥形瓶中，设置发酵液中盐的终浓度分别为 0%、2%、4%、6%、8% 和 10%，以发酵液中不加盐 (0% NaCl) 为对照，研究不同盐浓度对发酵液活菌率保存特性的影响。将不同处理发酵液置于阴凉干燥常温保存，处理当天取样后，每隔 5d 取样至 30d。样品稀释到 $10^{-6} \sim 10^{-4}$ 梯度后涂布于 NA 平板，重复 3 次，置于 30℃培养箱暗箱培养 48h，统计样品的活菌数，计算存活率及杂菌率。

$$存活率 (\%) = N_t/N_0 \times 100\%$$

式中，N_t 表示不同时间的活菌数；N_0 表示 0d 的活菌数。

$$杂菌率(\%) = \frac{杂菌数}{短短芽胞杆菌数 + 杂菌数} \times 100\%$$

（7）不同 pH 值对芽胞杆菌益生菌剂发酵液保存特性的影响　对短短芽胞杆菌 FJAT-1501-BPA 进行液体发酵后，分别取 100mL 发酵液置于 6 个 150mL 的锥形瓶中，设置发酵液中 pH 值分别为 1、3、5、7、9 和 11，研究不同 pH 值对发酵液活菌率保存特性的影响。将不同处理发酵液置于阴凉干燥常温保存，处理当天取样后，每隔 5d 取样，至 30d。样品稀释到 $10^{-4} \sim 10^{-6}$ 梯度后涂布于 NA 平板，重复 3 次，置于 30℃培养箱暗箱培养 48h，统计样品的活菌数，计算存活率及杂菌率。

（8）不同防腐剂对芽胞杆菌益生菌剂发酵液保存特性的影响　对短短芽胞杆菌 FJAT-1501-BPA 进行液体发酵后，分别取 100mL 发酵液置于 12 个 150mL 的锥形瓶中，分别添加双乙酸钠、苯甲酸、苯甲酸钠、丙酸铵、山梨酸等 11 种防腐剂，添加量为 0.1‰，对照组不添加任何防腐剂，研究不同防腐剂对发酵液活菌率保存特性的影响。将不同处理发酵液置于阴凉干燥常温保存，处理当天取样后，每隔 5d 取样，至 30d。样品稀释到 $10^{-4} \sim 10^{-6}$ 梯度后涂布于 NA 平板，重复 3 次，置于 30℃培养箱暗箱培养 48h，统计样品的活菌数，计算存活率及杂菌率。

（9）贮存过程中芽胞杆菌益生菌剂抑菌能力及活菌数的变化　对短短芽胞杆菌 FJAT-1501-BPA 进行液体发酵后，取发酵液 200mL 置于 250mL 蓝盖玻璃瓶中，添加 0.1‰柠檬酸钙、2‰黄原胶，并分别添加 0%、3%、6%、9%、12%、15% 的 NaCl，调节 pH 值为 7.0，盖紧瓶盖，置于阴凉干燥处常温保存，分别于 0d、10d、30d、60d、90d、120d、150d、180d、210d、240d、270d、300d 取样。样品稀释到 $10^{-4} \sim 10^{-6}$ 梯度后涂布于 NA 平板，重复 3 次，置于 30℃ 培养箱暗箱培养 48h，统计样品的活菌数，并按（4）方法检测抑菌活性。

二、芽胞产率及芽胞耐热性

短短芽胞杆菌 FJAT-1501-BPA 进行芽胞产率及芽胞耐热性试验的结果见表 7-10、表 7-11。短短芽胞杆菌 FJAT-1501-BPA 在发酵 24h、48h、72h 后，产胞率分别是 73.76%、86.17%、97.24%，说明该菌株具有良好的产芽胞能力；在 100℃ 加热 0min、2min、5min、10min、15min、20min、30min 后，菌株耐热率分别为 100.00%、94.87%、89.30%、79.62%、63.70%、49.73%、36.82%，加热 30min 后活菌数仍达到 3.06lg(CFU/mL)，说明该菌株耐热性良好。

表 7-10　短短芽胞杆菌 FJAT-1501-BPA 芽胞产率

单位：lg(CFU/mL)

时间	活菌数	芽胞数	产胞率 /%
24h	7.86±0.09b	5.79±0.08c	73.76
48h	8.10±0.07a	6.98±0.07b	86.17
72h	7.37±0.15c	7.17±0.06a	97.24

注：表中同列数据不同小写字母表示差异显著 (P<0.05)（全书同）。

表 7-11　短短芽胞杆菌 FJAT-1501-BPA 芽胞耐热性

单位：lg(CFU/mL)

时间	活菌数	耐热率	时间	活菌数	耐热率
0min	8.33±0.03	100.00%	15min	5.30±0.07	63.70%
2min	7.89±0.01	94.87%	20min	4.14±0.13	49.73%
5min	7.43±0.07	89.30%	30min	3.06±0.08	36.82%
10min	6.62±0.04	79.62%			

三、人工胃肠液、猪胆盐耐受性试验

对短短芽胞杆菌 FJAT-1501-BPA 进行人工胃肠液、猪胆盐耐受性试验，处理不同时间后，所检测到的活菌数见表 7-12。该菌株在人工胃液中耐受性较差，3h 后存活率仅为 23.16%，但活菌数仍在 $1×10^7$CFU/mL 以上，说明其对人工胃液具有良好的耐受性；短短芽胞杆菌 FJAT-1501-BPA 在人工肠液作用 3h 后活菌数仍达到 7.14lg(CFU/mL)，存活率达到 48.62%，说明该菌株对人工肠液具有良好的耐受性；短短芽胞杆菌 FJAT-1501-BPA 在猪胆盐环境中耐受性最好，在 3g/L 的猪胆盐环境中培养 24h 后菌株生长良好，存活率达到 98.83%，说明其对猪胆盐具有良好的耐受能力。

表 7-12　短短芽胞杆菌 FJAT-1501-BPA 对人工胃肠液、猪胆盐的耐受性

单位：lg(CFU/mL)

人工胃液			人工肠液			猪胆盐		
0h	3h	存活率 /%	0h	3h	存活率 /%	0h	24h	存活率 /%
7.97	7.34	23.16	7.46	7.14	48.62	8.23	8.22	98.83

四、抑菌试验及抗生素敏感试验

抑制致病菌的生长是芽胞杆菌作为益生菌改善动物肠道功能，调节肠道菌群的重要指标之一。对短短芽胞杆菌 FJAT-1501-BPA 发酵液进行抑菌试验，结果如图 7-25 所示，该菌株对沙门氏菌、大肠杆菌、金黄色葡萄球菌 3 种动物病原菌的抑菌圈直径分别为 21.42mm、21.33mm、15.83mm。用纸片扩散法测定芽胞杆菌的抗生物敏感试验，结果如图 7-26 所示，短短芽胞杆菌 FJAT-1501-BPA 对红霉素 (15μg)、头孢唑啉 (30μg) 和庆大霉素 (10μg) 极度敏感，其抑菌圈大小均达 20mm，对新霉素 (30μg)、利福平 (5μg)、氯霉素 (30μg)、四环素 (30μg) 和多黏菌素 B(30μg) 高度敏感，抑菌圈大小在 15 ～ 20mm 之间；对链霉素 (10μg) 中度敏感，抑菌圈大小在 10.1 ～ 15mm 之间；对氨苄西林 (10μg) 耐药，抑菌圈大小为 0mm。

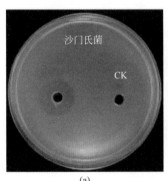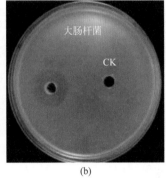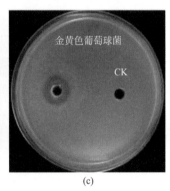

图 7-25　短短芽胞杆菌 FJAT-1501-BPA 发酵液对 3 种病原菌抑菌作用

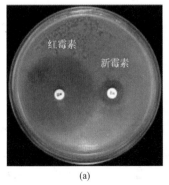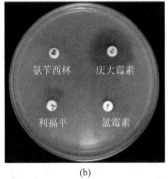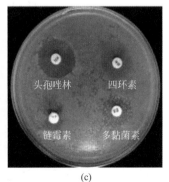

图 7-26　短短芽胞杆菌 FJAT-1501-BPA 抗生素敏感试验

五、不同稳定剂对芽胞杆菌 FJAT-1501-BPA 发酵液的影响

从图 7-27、图 7-28 可看出，当胶悬剂终浓度为 2‰时，黄原胶与琼脂胶悬效果最好，无上下分层，稳定性良好。对黄原胶和琼脂进行复筛，由图 7-28 可见，终浓度 0.2%、0.15%、0.1% 黄原胶质地均匀，无上下分层，稳定性良好，终浓度 2‰黄原胶沉淀率最高为 26.89%，稳定性最好；终浓度 0.2%、0.15%、0.1%、0.05% 的琼脂均出现结块分层现象。因此，选用 0.2% 黄原胶为短短芽胞杆菌液体菌剂的稳定剂，保证液体菌剂的稳定性。

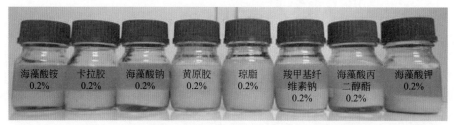

图 7-27　不同稳定剂对短短芽胞杆菌发酵液稳定性的影响

图 7-28　不同浓度黄原胶、琼脂对短短芽胞杆菌发酵液稳定性的影响

六、不同盐浓度对芽胞杆菌 FJAT-1501-BPA 发酵液保存特性的影响

盐及其化合物在日常生活中经常被用作短期保鲜剂，其主要原因是在水里加盐可使渗透压升高，防止细胞过度吸水，同时 NaCl 溶于水，能够抑制细菌的生长，具有杀菌、抑菌作用（李雅丽等，2011），但是盐的浓度不能过高（张程程等，2011）。

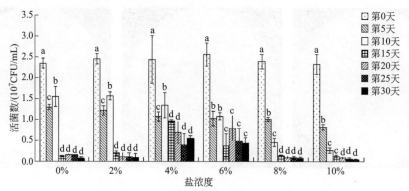

图 7-29　不同盐浓度对短短芽胞杆菌 FJAT-1501-BPA 活菌数的影响

图中同列数据不同小写字母表示差异显著（$P<0.05$）（全书同）

由图 7-29 可知，随着短短芽胞杆菌发酵液保存时间的延长，活菌数呈递减的趋势；随盐浓度的升高，活菌数也基本呈递减的趋势。当发酵液 NaCl 浓度调至 4%，短短芽胞杆菌初始菌体数为 2.43×10^7CFU/mL，保存 5d、10d、15d、20d、25d、30d 时，菌体数分别为 1.08×10^7CFU/mL、1.43×10^7CFU/mL、0.96×10^7CFU/mL、0.69×10^7CFU/mL、0.39×10^7CFU/mL、0.55×10^7CFU/mL，菌体存活率 44.31%、55.14%、39.64%、28.26%、16.05%、22.63%，且无杂菌，存活率明显高于其他处理组。考虑到发酵液存放期间尽可能保持活菌数和减少杂菌率，选择将短短芽胞杆菌发酵液盐浓度调节为 4% 进行长期存放。

七、不同 pH 值对芽胞杆菌 FJAT-1501-BPA 发酵液保存特性的影响

由图 7-30，随着保存时间的延长，菌体数基本呈逐渐下降的趋势。当 pH 值调至 1 时，在保存 5d 后，菌体数从初始菌浓度 3.53×10^7CFU/mL 降为 1.17×10^7CFU/mL；在保存 30d 后，菌体数降为 0.53×10^7CFU/mL，存活率为 15.01%，说明在强酸的条件也能生存；当 pH 值调至 3 时，初始菌活菌数为 3.40×10^7CFU/mL，处理 5d、10d、15d、20d、25d、30d 后活菌数分别为 6.20×10^7CFU/mL、3.50×10^7CFU/mL、7.03×10^7CFU/mL、3.68×10^7CFU/mL、6.20×10^7CFU/mL、6.60×10^7CFU/mL。存活率分别为 182.35%、102.94%、206.76%、108.24%、182.35%、194.12%，说明酸性环境下能促进短短芽胞杆菌的生长；当发酵液 pH 值调至 5、7、9、11，处理 30d 后活菌量较少，分别为 2.53×10^7CFU/mL、1.00×10^7CFU/mL、0.57×10^7CFU/mL、1.77×10^7CFU/mL，存活率分别为 66.06%、22.37%、16.29%、56.55%，发酵液 pH 值调至 3.0 时，活菌量较多。但考虑到细胞渗透压平衡，选择将发酵液 pH 值调至 7.0 进行长期存放，尽可能保持活菌数和减少杂菌率。

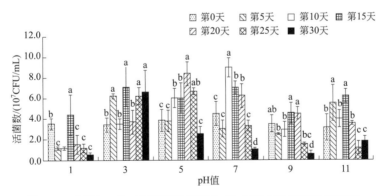

图 7-30　不同 pH 值对短短芽胞杆菌 FJAT-1501-BPA 活菌数的影响

八、不同防腐剂对芽胞杆菌 FJAT-1501-BPA 发酵液保存特性的影响

本试验测定了质量分数 0.01% 双乙酸钠、苯甲酸、苯甲酸钠、丙酸铵、山梨酸、山梨酸钾、山梨酸钠、柠檬酸、柠檬酸钾、柠檬酸钠、柠檬酸钙及对照组在第 0 天、第 5 天、第 10

天、第 15 天、第 20 天、第 25 天、第 30 天短短芽胞杆菌活菌数，并计算其存活率，结果见表 7-13。在处理 30d 后，各处理组活菌数略有不同，其活菌数均在 1×10^6CFU/mL 以上且无污染杂菌。短短芽胞杆菌（*Brevibacillus brevis*）（最早分类为短芽胞杆菌 *Bacillus brevis*），在生物防治中的应用国内外均有报道，能够分泌抑菌物质，该菌的抑菌机理主要是其可以产生短杆菌肽（Edwards and Seddon，2001）和几丁质酶（苏明慧等，2015）等活性物质。室温保存 30d，各处理组均不出现杂菌，可能是短短芽胞杆菌自身产生的抑菌物质对其控制杂菌污染起到作用。因此，选择三种质量分数 0.01% 的双乙酸钠、山梨酸钾、柠檬酸钙添加于发酵液中，进行长期保存。

表 7-13　不同防腐剂对短短芽胞杆菌 FJAT-1501-BPA 发酵液活菌数的影响

单位：lg(CFU/mL)

防腐剂（质量分数 0.01%）	活菌数 /lg(CFU/mL)						
	0d	5d	10d	15d	20d	25d	30d
双乙酸钠	7.42±0.05ᵃ	7.30±0.02ᵇ	7.39±0.05ᵃᵇ	7.23±0.03ᶜᵈ	7.16±0.07ᵇ	7.14±0.05ᵇᶜ	7.16±0.03ᵇᶜ
苯甲酸	7.36±0.03ᵃ	7.31±0.06ᵃᵇ	7.31±0.06ᵃᵇ	7.26±0.05ᵇᶜ	7.23±0.03ᵇ	7.23±0.04ᵃ	7.24±0.14ᵃᵇ
苯甲酸钠	7.37±0.07ᵃ	7.35±0.01ᵃ	7.36±0.02ᵃ	7.13±0.08ᵈᵉ	7.10±0.06ᵇᵉᶠ	6.97±0.05ᵉᶠ	6.97±0.13ᵈ
丙酸铵	7.40±0.05ᵃ	6.70±0.03ᶠ	7.31±0.05ᵃᵇ	7.32±0.06ᵃᵇᶜ	7.21±0.02ᵇᶜᵉ	7.18±0.06ᵃᵇ	6.96±0.01dᵉ
山梨酸	7.42±0.02ᵃ	7.23±0.05ᶜᵈ	7.40±0.02ᵃ	7.29±0.12ᵇᶜ	7.23±0.01ᵇ	7.19±0.03ᵃᵇ	7.36±0.03ᵃᵇ
山梨酸钾	7.43±0.04ᵃ	7.16±0.03ᵉ	7.33±0.05ᵃᵇ	7.09±0.02ᵉ	7.10±0.15ᵇᶜᵉᶠ	6.93±0.02ᶠᵍ	7.21±0.09ᵃ
山梨酸钠	7.39±0.08ᵃ	7.18±0.04ᵈᵉ	7.34±0.07ᵃ	7.32±0.08ᵃᵇᶜ	7.19±0.05ᵇᶜᵉ	6.70±0.02ᵉᶠ	7.29±0.04ᵃᵇ
柠檬酸	7.35±0.03ᵃ	7.25±0.05ᵇᶜ	7.26±0.08ᵃᵇ	7.44±0.03ᵃ	7.22±0.03ᵇᶜ	7.03±0.03ᵈᵉ	6.82±0.07ᵉᶠ
柠檬酸钾	7.39±0.08ᵃ	7.35±0.04ᵃ	7.26±0.13ᵃᵇ	7.08±0.07ᵉ	6.99±0.04ᶠ	6.89±0.04ᵍ	6.78±0.14ᶠ
柠檬酸钠	7.39±0.08ᵃ	7.32±0.02ᵃ	7.31±0.01ᵃᵇ	7.28±0.04ᶜ	7.17±0.04ᵇᶜᵉ	7.17±0.07ᵃᵇ	7.31±0.09ᵃᵇ
柠檬酸钙	7.39±0.05ᵃ	7.36±0.03ᵃ	7.32±0.13ᵃᵇ	7.37±0.07ᵃᵇ	7.38±0.05ᵃ	7.01±0.07ᵉᶠ	7.27±0.02ᵃᵇ
CK	7.37±0.05ᵃ	7.14±0.02ᵉ	7.20±0.06ᵇ	7.19±0.10ᶜᵈᵉ	7.16±0.09ᵇᶜᵉ	7.10±0.01ᶜᵈ	7.05±0.07ᶜᵈ

九、贮存过程中芽胞杆菌益生菌剂活菌数的变化及抑菌能力变化

短短芽胞杆菌微生态制剂随着保存时间的延长，仍有抑菌效果，活菌数略有增加的趋势，其结果见表 7-14、图 7-31。初始第 0 天短短芽胞杆菌菌体数各处理组 0%、3%、6%、9%、12%、15% 盐浓度的活菌数分别为 8.08lg(CFU/mL)、8.10lg(CFU/mL)、8.10lg(CFU/mL)、8.08lg(CFU/mL)、8.07lg(CFU/mL)、8.08lg(CFU/mL)，保存 300d 后，各处理组 0%、3%、6%、9%、12%、15% 盐浓度的活菌数分别为 8.76lg(CFU/mL)、8.62lg(CFU/mL)、8.70lg(CFU/mL)、8.67lg(CFU/mL)、8.46lg(CFU/mL)、8.52lg(CFU/mL)；第 10 天上清液对大肠杆菌、沙门氏菌、金黄色葡萄球菌的抑菌效果最强，保存 300d 后抑菌效果略有减弱。

表 7-14 不同盐浓度贮存芽胞杆菌益生菌剂活菌数的变化

单位：lg(CFU/mL)

保存时间 /d	盐浓度					
	0%	3%	6%	9%	12%	15%
0	8.08±0.01i	8.10±0.09h	8.10±0.03h	8.08±0.02g	8.07±0.04e	8.08±0.03j
10	8.20±0.04h	8.01±0.06i	8.02±0.02i	8.03±0.02i	7.96±0.03g	8.06±0.04k
30	8.25±0.03g	8.12±0.05h	8.11±0.03gh	8.11±0.08f	7.99±0.05f	8.11±0.02i
60	8.22±0.02gh	8.12±0.05gh	8.28±0.03f	8.25±0.02e	8.10±0.06e	8.15±0.06h
90	8.3±0.04f	8.28±0.05e	8.12±0.11g	8.56±0.05c	8.05±0.02e	7.98±0.04l
120	8.33±0.01f	8.31±0.05e	8.39±0.05e	8.36±0.01d	8.22±0.03c	8.21±0.01g
150	8.57±0.06c	8.79±0.15a	8.62±0.03c	8.59±0.09c	8.63±0.06a	8.59±0.02a
180	8.41±0.06e	8.50±0.19d	8.86±0.10a	8.63±0.11b	8.43±0.05c	8.28±0.02f
210	8.48±0.05c	8.60±0.07bc	8.46±0.21d	8.37±0.19d	8.54±0.06e	8.54±0.01b
240	8.58±0.13c	8.24±0.12f	8.46±0.10d	8.59±0.02c	8.43±0.19c	8.39±0.11e
270	8.67±0.05b	8.57±0.05c	8.64±0.09c	8.66±0.02a	8.54±0.06b	8.48±0.03d
300	8.76±0.06a	8.62±0.15b	8.70±0.03b	8.67±0.10a	8.46±0.08c	8.52±0.12c

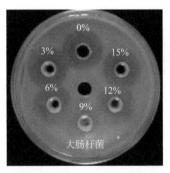
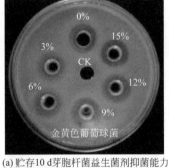
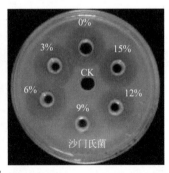

(a) 贮存10 d芽胞杆菌益生菌剂抑菌能力

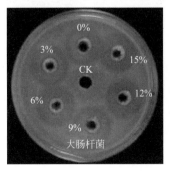
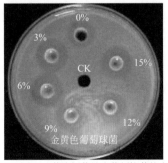
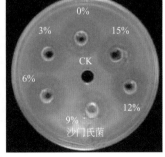

(b) 贮存30 d芽胞杆菌益生菌剂抑菌能力

图 7-31

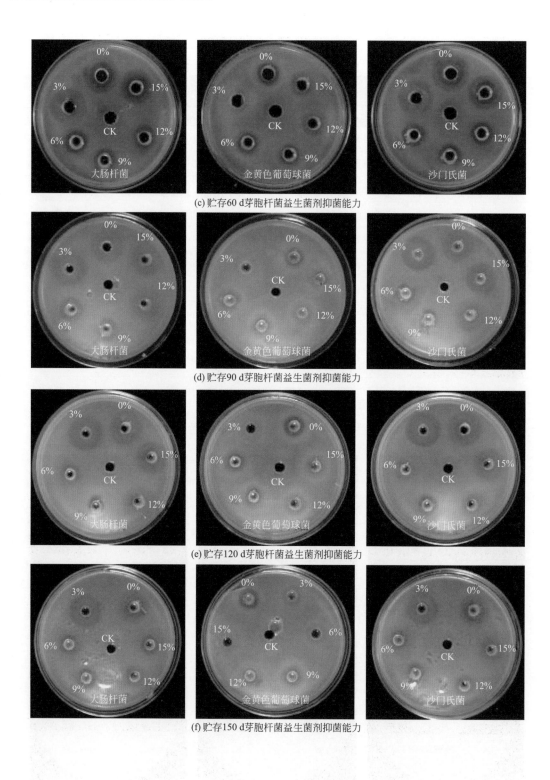

(c) 贮存60 d芽胞杆菌益生菌剂抑菌能力

(d) 贮存90 d芽胞杆菌益生菌剂抑菌能力

(e) 贮存120 d芽胞杆菌益生菌剂抑菌能力

(f) 贮存150 d芽胞杆菌益生菌剂抑菌能力

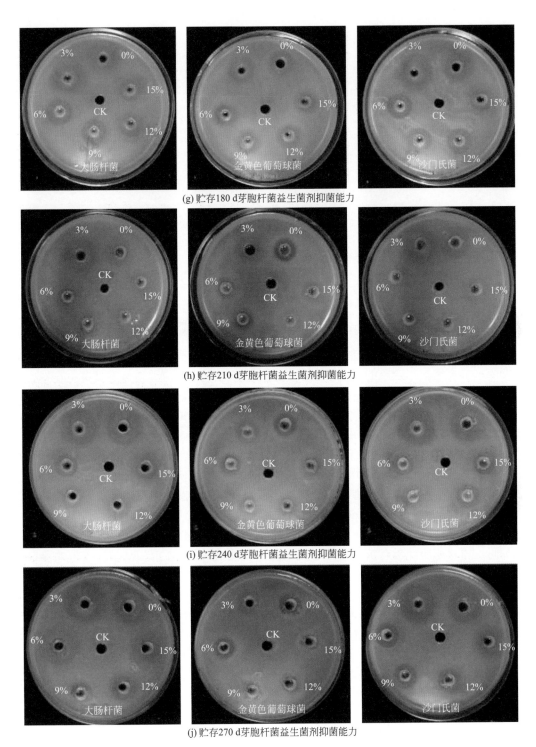

(g) 贮存180 d芽胞杆菌益生菌剂抑菌能力

(h) 贮存210 d芽胞杆菌益生菌剂抑菌能力

(i) 贮存240 d芽胞杆菌益生菌剂抑菌能力

(j) 贮存270 d芽胞杆菌益生菌剂抑菌能力

图 7-31

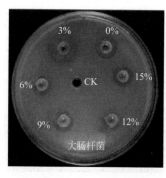

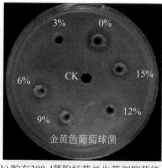

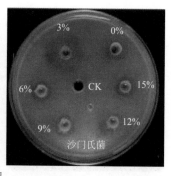

(k) 贮存300 d芽胞杆菌益生菌剂抑菌能力

图 7-31　贮存过程中不同盐浓度芽胞杆菌益生菌剂抑菌能力变化

十、讨论

1. 芽胞杆菌 FJAT-1501-BPA 体外益生效果评价试验

芽胞杆菌作为益生菌剂饲料添加的核心组成成分，其自身益生效果的优劣是决定后期发酵生产和产品最终应用效果的关键因素。在菌种筛选过程中，应着重考察其芽胞产率、芽胞耐热性、耐胃肠液能力、耐胆盐能力。产胞率高、耐热性强，能在工业化发酵生产后存活一定数量的菌体，是益生菌菌种筛选的条件之一（杜冰等，2006；Ouwehand et al., 1999）。本节中研究发现，芽胞杆菌 FJAT-1501-BPA 在 100℃水浴加热 30min，活菌数仍为 3.06lg(CFU/mL)，存活率达到 36.82%。这明显优于王巧丽等（2013）的研究结果，他们的研究表明一株猪源益生罗伊氏乳杆菌在 70℃水浴培养 2min 菌株基本死亡，而低于高书锋等（2012）研究的结果，他们的研究结果表明一株猪源性肠道凝结芽胞杆菌 W-02 益生菌在 80℃水浴 30min 菌株活菌数在 $1\times10^5 \sim 1\times10^6$CFU/mL。对照本试验结果，表明芽胞杆菌耐热性是明显优于乳酸杆菌，不同芽胞杆菌耐热性不同可能是芽胞杆菌本身菌株特性的不同、菌株前处理及处理条件的不同。胃酸和胆汁具有抗菌作用，益生菌只有能抵御低 pH 值和高胆汁盐，才能在肠道内存活并正常发挥生理作用（陈琳等，2010）。芽胞杆菌 FJAT-1501-BPA 在人工胃液、肠液、3g/L 猪胆盐分别培养 3h、3h、24h 后菌株存活率分别为 23.16%、48.62%、98.83%，人工胃肠液存活率虽然较低但不致死。闵钟熳等（2007）研究的结果表明，从动物肠道筛选 3 株芽胞杆菌 B5329、B22、B544 益生菌，在人工胃液处理 4h，存活率分别为 12.02%、7.94%、6.03%，在人工肠液、3g/L 猪胆盐中存活率维持在较高的水平，对照本试验结果，表明芽胞杆菌 FJAT-1501-BPA 与上述 3 株芽胞杆菌一样具有耐胃肠液能力、耐胆盐能力，符合作为益生菌的要求。

2. 抑菌试验及抗生素敏感试验

维持肠道微生态平衡是益生菌的作用之一，所以选择的益生菌菌株要具备抑制病原菌的特性。本试验选用大肠杆菌、金黄色葡萄球菌和沙门氏菌，都是能够引起幼龄动物腹泻的病原菌，通过体外抑菌试验，本节研究表明，芽胞杆菌 FJAT-1501-BPA 对沙门氏菌、大肠杆菌、金黄色葡萄球菌抑菌圈直径分别为 21.42mm、21.33mm、15.83mm。这与李善仁等（2010）的研究结果一致，他们的研究结果表明，3 株芽胞杆菌作为益生菌对大肠杆菌、沙门氏菌、金黄色葡萄球菌平均抑菌圈直径分别为 15.56mm、15.50mm、23.55mm，对照本试验结果，说明了芽胞杆菌 FJAT-1501-BPA 具备了优良益生菌的条件。以目前畜牧养殖现状，不同动物的不同生长阶段还需要添加一定量的抗生素，完全取消抗生素的添加是不可能的，所以需要考虑抗生素与芽胞杆菌 FJAT-1501-BPA 是否存在协同作用。本节研究结果表明，芽胞杆菌 FJAT-1501-BPA 对链霉素、氨苄西林不敏感；而对红霉素、头孢唑啉、庆大霉素、新霉素、利福平、氯霉素、四环素和多黏菌素 B，8 种抗生素均较敏感。李雅丽等（2011）对6 株芽胞杆菌益生菌对抗生素敏感性试验研究表明，6 株芽胞杆菌对链霉素、氨苄西林等 10种常用饲用抗生素均较敏感，建议避免与抗生素同时使用。对照本试验结果，表明了芽胞杆菌 FJAT-1501-BPA 可能携带了链霉素、氨苄西林耐药性基因，该菌株与此类抗生素可以在饲料中一同添加，作用效果相互不会影响，而对含其余 8 种抗生素的饲料建议不同时使用，或在同时使用时加大芽胞杆菌益生菌剂的添加量。

3. 芽胞杆菌益生菌剂保存特性试验

延长微生态制剂的保质期和控制杂菌率有多种方法，如控制温度、pH 值、盐度、氧气和添加防腐剂等（王莉等，2000；张丽华和何余堂，2008）。微生态制剂是一种活菌制剂，其活菌数的多少直接影响应用效果。菌活力强、数量大，才能有效维持饲用对象胃肠道微生物生态环境平衡，发挥最大的益生作用（郭照辉，2012）。本试验研究结果表明，添加 4%NaCl、0.01% 柠檬酸钙、0.01% 山梨酸钾、0.01% 双乙酸钠，0.2% 黄原胶，调节 pH值为 7.0，菌株存活率大于 100%。这与郭照辉（2012）在畜禽用凝结芽胞杆菌液体菌剂杂菌控制及保存期初步研究不一致，他的研究表明，凝结芽胞杆菌发酵液中添加 0.5% 苯甲酸钠，调节发酵液 pH 值为 4.0，并置阴凉干燥处常温保存 270d 时，菌株存活率为 40.06%。其根本原因是两种菌种特性的不同，凝结芽胞杆菌 (Bacillus coagulan) 是一种同型乳酸发酵的绿色的微生物饲料添加剂（李雅丽等，2011），在酸性条件下 (pH4.0)，凝结芽胞杆菌胞子对热几乎没有耐受性，而且生长受到抑制（董惠钧等，2010），而芽胞杆菌 FJAT-1501-BPA 在pH3.0 ～ 15.0 均能生长。此外，本研究在防腐的过程中选择使用 0.01% 柠檬酸钙、0.01% 山梨酸钾、0.01% 双乙酸钠三种防腐剂组合并且添加 4% NaCl，为增强产品的稳定剂还添加了0.2% 黄原胶，调节发酵液 pH 值为 7.0，芽胞杆菌益生菌剂置阴凉干燥处常温保存 300d 时，菌株存活率为 100% 明显优于郭照辉的研究结果。因此，本节提供一种芽胞杆菌益生菌剂保存的新方法。

短短芽胞杆菌对大肠杆菌、沙门氏菌、金黄色葡萄球菌三种肠道病原菌具有抑制作用，具有产胞率高、耐热性强、耐酸、耐胆盐的特性，具备了优良益生菌的条件。通过利用短短芽胞杆菌菌株 FJAT-0809-GLX 制备获得一种能够有效抑制杂菌生长的微生态制剂(即有效降低杂菌率)，解决了现有液体微生态制剂保存过程中易染杂菌的问题，从而能够长期保存。

第五节
饲用益生菌应用效果评价

近年来，随着人们对畜产品安全和环保意识的关注，抗生素类药物带来的副作用：畜产品中药物残留严重、病原菌产生耐药性、动物机体免疫力下降、破坏生态环境和引起人的器官发生病变等，越来越引起人们的关注（邱雪兴等，2014）。为保证畜禽的生产性能和健康状况，以及降低抗生素滥用的危害，人们开始寻找比较具有潜力的抗生素药物的替代品，如益生菌、中草药、噬菌体、酶制剂、寡聚糖等。当前，益生菌是最理想的无毒副作用的抗生素替代品。益生菌，又称微生态制剂、促生素、生菌剂、活菌制剂等，是指在动物体内利用微生态学原理，能够抑制有害菌的生长繁殖、改善肠道菌群的平衡、提高宿主健康水平、促进消化道内营养物质的消化吸收、提高饲料转化率，具有无毒、无害、无残留、安全、无副作用等多种功能的微生物添加剂（Fuller，1989）。

研究报道，饲喂芽胞杆菌微生态制剂能够提高断奶仔猪生长性能、改善饲料转化效率、促进畜禽免疫力和降低死亡率等效果（陈明，2006）。周映华等（2012）报道饲喂枯草芽胞杆菌复合制剂可以优化胃肠道环境，促进断奶仔猪健康。然而，目前国内关于短短芽胞杆菌微生态菌制剂对断奶仔猪的影响还未见报道。为此，本章节以断奶仔猪为试验对象，系统研究添加不同剂量芽胞杆菌益生菌剂对其生长性能、粪便微生物、常规有机营养成分含量、粪便酶活的影响，为短短芽胞杆菌制剂在猪生产中的推广应用提供客观科学依据。

一、研究方法

1. 材料

芽胞杆菌益生菌剂：包含短短芽胞杆菌（ $\geqslant 1\times 10^8$ CFU/mL），所用短短芽胞杆菌（*Brevibacillus brevis*）FJAT-1501-BPA，由福建省农业科学院农业生物资源研究所筛选并经中国科学院微生物研究所鉴定。

2. 方法

试验采用单因素随机试验设计，选用"杜×长×大"三元杂交健康仔猪75头，30日龄断奶，平均体重为(5.52±0.87) kg。将仔猪分成5组，各组体重均等、性别比例一致，每组15个重复，每组为一栏，进行试验，试验期共35d。5个处理组分别为：

① 对照组 (CK)：饲喂基础日粮（不添加抗生素和益生菌）。

② 处理组1：饲喂基础日粮 1kg+ 芽胞杆菌益生菌剂 100mL。

③ 处理组2：饲喂基础日粮 1kg+ 芽胞杆菌益生菌剂 10mL。

④ 处理组3：饲喂基础日粮 1kg+ 芽胞杆菌益生菌剂 1mL。

⑤ 处理组4：饲喂基础日粮 1kg+ 芽胞杆菌益生菌剂 0.1mL。

参照 NRC(1998) 仔猪回肠表观可消化氨基酸模式配制玉米 - 豆粕型基础饲粮，其基础饲粮组成及营养水平见表 7-15。

表 7-15　基础饲粮组成及营养水平（干物质基础）

原料	含量 /%	营养水平[②]	含量 /%
玉米	54.5	消化能（计算值）/（MJ/kg）	14.9
豆粕	22.0	粗蛋白	19.7
乳清粉	9.0	赖氨酸	1.4
膨化大豆	4.0	蛋氨酸	0.56
鱼粉	5.0	钙	0.89
大豆油	2.0	总磷	0.57
磷酸氢钙	1.0		
食盐	0.3		
石粉	0.9		
L- 赖氨酸盐	0.15		
DL- 蛋氨酸	0.15		
预混料[①]	1.0		
总计	100		

① 预混料为每千克饲粮提供：维生素 A 12000 IU、维生素 D 4000 IU、维生素 K_3 20 IU、维生素 E 50 IU、维生素 B_1 3.5mg、维生素 B_2 5.5mg、维生素 B_6 3.2mg、维生素 B_{12} 27.6μg、D- 泛酸 14.8mg、烟酸 30.3mg、生物素 26.5μg、胆碱 500mg、Cu 50mg、Fe 100mg、Mn 30mg、Zn 100mg、碘 0.85mg、硒 0.3mg。
② 营养水平均为实测值。

3. 饲养管理

试验在福建省福清市国家现代农业示范园猪场完成，仔猪饲养栏舍为微生物发酵床零污染猪舍。各组仔猪免疫和驱虫处理参照猪场的饲养管理，各组仔猪自由饮水，人工投放饲料，每天记录各组仔猪的喂料量。试验期为 35d。

4. 测定指标

（1）生长性能测定　试验每天准确记录每组仔猪的喂料量，在试验第 0 天、第 7 天、第 14 天、第 21 天、第 28 天、第 35 天称重统计，计算各个阶段及全期的平均日采食量 (ADFI)、平均日增重 (ADG)、料肉比 (F/G)；

$$平均日增重(kg/d) = \frac{每栏总增重}{每栏仔猪头数×饲养天数}$$

$$平均日采食量(kg/d) = \frac{每栏总采食量}{每栏仔猪头数×饲养天数}$$

$$料肉比 = \frac{平均日采食量}{平均日增重}$$

（2）粪便微生物数量测定　采用平板计数法检测粪便微生物菌群数量。于试验第 0 天、第 7 天、第 14 天、第 21 天、第 28 天、第 35 天 (即每个阶段结束时) 早上，从每个处理组采集粪便，粪便样品冷藏，并立刻带回实验室检测乳酸菌、大肠杆菌、沙门氏菌（乳酸菌用 MRS 培养基，大肠杆菌用麦康凯培养基，沙门氏菌用 BS 培养基）。

（3）仔猪粪便中酶活测定　测定仔猪粪便中纤维素酶、半纤维素酶、淀粉酶采用 3,5- 二硝基水杨酸（DNS）比色法，蛋白酶采用氨基酸比色法测定（关松荫，1986）。

① 淀粉酶活性以 24h 后，1g 粪便生成葡萄糖质量（mg）表示；

② 纤维素酶活性以 72h 后，1g 粪便生成葡萄糖质量（mg）表示；

③ 半纤维素酶活性以 72h 后，1g 粪便生成木糖质量（mg）表示；

④ 蛋白酶以 24h 后，1g 粪便中释放出氨基酸的质量（mg）表示。

（4）仔猪粪便中常规营养成分的测定　委托福建省分析测试中心测定粪便中粗灰分、粗纤维、钙、磷、粗脂肪含量，检测方法分别为 550℃灼烧法、酸碱处理法、EDTA 二钠络合滴定法、《有机肥料》（NY 525—2021）、乙醚萃取法。

5. 统计方法

试验所得数据采用 SPSS 统计软件 one-way ANOVA 进行分析，差异显著性则用 Duncan 法进行多重比较，以 $P<0.05$ 作为差异显著性判断标准。

二、芽胞杆菌益生菌剂对断奶仔猪生产性能的影响

饲喂芽胞杆菌益生菌剂对断奶仔猪生产性能的影响见表 7-16。试验结果表明，试验 0 ～ 7d，不同处理的仔猪平均日增重差异不显著 ($P > 0.05$)，处理料肉比为 1.43，与处理 3、4、CK 差异不显著 ($P > 0.05$)；试验 7 ～ 14d，处理组 1 仔猪平均日增重为 (0.65 ± 0.12)kg/d，料肉比为 1.15，与处理组 2、3、4、CK 差异显著 ($P < 0.05$)；试验 14 ～ 21d，不同处理的仔猪平均日增重差异不显著 ($P > 0.05$)，处理组 CK 料肉比为 3.22，与处理组 1、2、3、4、CK 差异显著 ($P < 0.05$)；试验 21 ～ 28d，不同处理组的仔猪平均日增重差异不显著 ($P > 0.05$)，处理组 1 料肉比为 1.65 与处理 2、3、4、CK 差异显著 ($P < 0.05$)；试验 28 ～ 35d，不同处理的仔猪平均日增重差异不显著 ($P > 0.05$)，处理组 1 料肉比为 2.10，与处理组 2、3、4、CK 差异显著 ($P < 0.05$)。整个试验期 0 ～ 35d，用添加饲喂基础日粮 1kg+ 短短芽胞杆菌制剂 100mL 菌剂的饲喂仔猪 35d，处理组 1 仔猪平均日增重为 0.50kg/d，料肉比为 1.78，与处理组 2、3、4、CK 差异显著 ($P < 0.05$)，平均日增重比对照组提高了 74.41%($P < 0.05$)，料肉比降低了 37.10%($P < 0.05$)。

表 7-16　芽胞杆菌益生菌剂对断奶仔猪生产性能的影响

0 ～ 7d 仔猪生产性能					
处理组	始重 /kg	末重 /kg	平均日增重 /（kg/d）	平均日采食量 /（kg/d）	料肉比
CK	5.34±0.40a	8.10±0.57a	0.40±0.06a	0.54±0.03a	1.36b
1	5.48±0.41a	8.17±0.81a	0.38±0.11a	0.55±0.03a	1.43b
2	5.49±0.40a	7.72±0.38a	0.32±0.07a	0.55±0.02a	1.73a
3	5.21±0.13a	7.78±0.40a	0.37±0.06a	0.54±0.03a	1.48b
4	6.01±0.39a	8.61±0.59a	0.37±0.07a	0.54±0.01a	1.45b

续表

7～14d 仔猪生产性能				
处理组	始重 /kg	末重 /kg	平均日增重 /（kg/d）	平均日采食量 /（kg/d）	料肉比
CK	8.10±0.57a	10.44±0.61bc	0.33±0.07b	0.72±0.04a	2.16b
1	8.17±0.81a	12.74±0.35a	0.65±0.12a	0.75±0.03a	1.15c
2	7.72±0.38a	10.25±0.14bc	0.36±0.06b	0.73±0.03a	2.02b
3	7.78±0.40a	9.24±0.42c	0.21±0.10b	0.72±0.04a	3.46a
4	8.61±0.59a	11.38±0.66ab	0.40±0.09ab	0.75±0.04a	1.89b
14～21d 仔猪生产性能				
处理组	始重 /kg	末重 /kg	平均日增重 /（kg/d）	平均日采食量 /（kg/d）	料肉比
CK	10.44±0.61bc	12.12±0.86abc	0.24±0.11a	0.77±0.01a	3.22d
1	12.74±0.35a	14.24±1.13a	0.21±0.14a	0.79±0.02a	3.69c
2	10.25±0.14bc	11.13±0.61bc	0.13±0.08a	0.78±0.01a	6.16a
3	9.24±0.42c	10.44±0.73c	0.17±0.07a	0.78±0.01a	4.55b
4	11.38±0.66ab	12.91±0.19ab	0.22±0.08a	0.77±0.01a	3.55c
21～28d 仔猪生产性能				
处理组	始重 /kg	末重 /kg	平均日增重 /（kg/d）	平均日采食量 /（kg/d）	料肉比
CK	12.12±0.86abc	12.92±0.97b	0.11±0.21a	0.91±0.01b	7.97a
1	14.24±1.13a	18.51±1.31a	0.61±0.12a	1.01±0.02a	1.65e
2	11.13±0.61bc	13.58±0.31b	0.35±0.10a	0.91±0.01b	2.61d
3	10.44±0.73c	12.37±0.73b	0.28±0.15a	0.91±0.01b	3.31c
4	12.91±0.19ab	14.37±0.90b	0.21±0.14a	0.91±0.01b	4.37b
28～35d 仔猪生产性能				
处理组	始重 /kg	末重 /kg	平均日增重 /（kg/d）	平均日采食量 /（kg/d）	料肉比
CK	12.92±0.97b	15.63±1.07b	0.39±0.28a	1.21±0.04a	3.13b
1	18.51±1.31a	22.92±0.68a	0.63±0.13a	1.32±0.07a	2.10c
2	13.58±0.31b	15.92±0.21b	0.33±0.06a	1.19±0.04a	3.58a
3	12.37±0.73b	14.88±0.97b	0.36±0.06a	1.19±0.04a	3.32ab
4	14.37±0.90b	16.79±1.40b	0.35±0.18a	1.19±0.04a	3.44ab
0～35d 仔猪生产性能				
处理组	始重 /kg	末重 /kg	平均日增重 /（kg/d）	平均日采食量 /（kg/d）	料肉比
CK	5.34±0.40a	15.63±1.07b	0.29±0.03b	0.83±0.02a	2.83b
1	5.48±0.41a	22.92±0.68a	0.50±0.02a	0.88±0.03a	1.78c
2	5.49±0.40a	15.92±0.21b	0.30±0.01b	0.83±0.02a	2.80b
3	5.21±0.13a	14.88±0.97b	0.28±0.03b	0.83±0.02a	3.00a
4	6.01±0.39a	16.79±1.40b	0.31±0.42b	0.83±0.02a	2.70b

三、芽胞杆菌益生菌剂对断奶仔猪粪便微生物的影响

饲喂芽胞杆菌益生菌剂对断奶仔猪粪便微生物的影响见表 7-17。由表 7-17 可知，试验 0d、7d、14d，各处理组粪便中乳酸菌活菌数均显著小于对照组 ($P < 0.05$)；试验 21d、28d、35d 各处理组粪便中乳酸菌活菌数均显著大于对照组 ($P < 0.05$)。试验 0d、7d、21d，处理 1 粪便中大肠杆菌活菌数均显著小于对照组 ($P < 0.05$)；试验 14d，处理 2、4 粪便中大肠杆菌活菌数均显著小于对照组 ($P < 0.05$)；试验 28d，处理组 1 粪便中大肠杆菌活菌数显著小于对照组 ($P > 0.05$)。试验 0d、14d、21d，处理组 1 粪便中沙门氏菌活菌数均显著小于对照组 ($P < 0.05$)；试验 7d，处理组 2 粪便中沙门氏菌活菌数小于对照组且差异显著 ($P < 0.05$)；试验 28d，各处理组粪便中沙门氏活菌数均小于对照组但差异不显著 ($P > 0.05$)；试验 35d，处理组 2 粪便中沙门氏菌活菌数小于对照组 ($P > 0.05$)。整个试验期，处理组 1 粪便中乳酸菌活菌数显著大于对照组 ($P < 0.05$)，大肠杆菌活菌数显著小于对照组 ($P < 0.05$)，沙门氏菌活菌数小于对照组 ($P > 0.05$)，处理 1 粪便中乳酸菌活菌数比对照组提高了 32.70%($P < 0.05$)，大肠杆菌比对照组降低了 65.37%($P < 0.05$)，沙门氏菌比对照组降低了 14.60%($P > 0.05$)。

表 7-17 芽胞杆菌益生菌剂对断奶仔猪肠道微生物的影响

乳酸菌 (10^8CFU/g)						
处理组	0d	7d	14d	21d	28d	35d	0 ~ 35d
1	7.67±0.97a	4.07±0.66ab	1.40±0.00c	4.33±0.37b	7.67±1.03a	4.07±0.35a	4.87±0.28a
2	7.87±0.50bc	2.87±0.41ab	1.73±0.13bc	6.60±0.31a	3.27±0.29b	3.73±0.55a	3.87±0.20b
3	3.80±0.42c	2.60±0.31b	2.60±0.70ab	1.67±0.35c	3.47±0.35b	3.20±0.40a	2.89±0.29c
4	3.60±0.42c	2.87±0.13ab	1.87.18abc	1.40±0.53c	2.93±0.16c	3.07±0.24a	2.27±0.11c
CK	6.13±0.29ab	4.60±0.83a	2.87±0.07a	2.33±0.24c	4.00±0.61b	2.07±0.48b	3.67±0.03b

大肠杆菌 (1×10^5CFU/g)						
处理组	0d	7d	14d	21d	28d	35d	0 ~ 35d
1	2.07±0.18b	0.13±0.07c	7.87±1.58b	0.60±0.42d	0.07±0.07d	0.47±0.13c	1.87±0.37c
2	1.93±0.24b	6.07±0.68a	0.33±0.07d	6.80±1.06c	44.40±1.22a	13.87±2.40a	12.23±0.80a
3	1.60±0.12b	3.93±0.87ab	11.80±0.72a	26.07±1.77a	19.47±1.62b	9.27±1.01b	12.02±0.29a
4	2.13±0.41b	2.93±0.35b	0.53±0.42d	7.87±1.01bc	5.27±0.29b	0.07±0.06c	3.13±0.24c
CK	10.13±1.50a	5.00±1.13ab	4.13±0.87c	10.80±0.99b	1.80±0.42d	0.53±0.13c	5.40±0.74b

沙门氏菌 (1×10^4CFU/g)						
处理组	0d	7d	14d	21d	28d	35d	0 ~ 35d
1	2.81±0.33b	35.40±2.90b	0.23±0.02d	16.67±2.90b	4.47±1.15a	4.60±0.64ab	10.70±0.18b
2	0.39±0.02c	10.47±0.88d	0.96±0.05b	16.00±4.16b	11.00±1.38a	2.87±0.31c	6.95±0.67c
3	0.39±0.04c	86.93±5.38a	0.09±0.02d	34.67±4.67a	7.07±1.18a	5.00±0.18a	22.36±1.16a
4	0.08±0.09c	13.47±0.29cd	0.62±0.04c	24.00±3.46ab	4.07±12.19a	3.27±0.41bc	9.62±1.58bc
CK	6.33±0.48a	22.13±1.10c	1.53±0.12a	28.67±1.76a	13.27±0.88a	3.27±0.47bc	12.53±0.17b

四、芽胞杆菌益生菌剂对粪便中常规有机营养成分含量的影响

芽胞杆菌益生菌剂对粪便中常规有机营养成分含量的影响（表 7-18）。试验结果表明，仔猪饲料中添加芽胞杆菌益生菌剂后，粪便中粗灰分、粗纤维、粗脂肪、钙、磷，有机营养成分的变化呈现一定规律。处理组 1 粗灰分、粗纤维、粗脂肪、钙、磷分别为 4.22%、4.32%、2.23%、0.40%、4.59g/kg，除粗脂肪提高了 1.26%，其余的与对照组相比分别降低 19.15%、23.81%、40.30%、1.29%；处理组 2 粗灰分、粗纤维、粗脂肪、钙、磷分别为 4.34g/kg、4.22g/kg、1.59g/kg、0.44g/kg、4.81g/kg，前 4 项与对照组相比分别降低了 16.86%、25.57%、27.73%、34.33%，磷提高了 3.44%；处理组 3 粗灰分、粗纤维、粗脂肪、钙、磷分别为 4.43%、4.96%、1.90%、0.39%、4.19g/kg，与对照组相比分别降低了 15.13%、12.52%、13.64%、41.79%、9.89%；处理组 4 粗灰分、粗脂肪、钙、磷、粗纤维分别为 4.22g/kg、1.68g/kg、0.35g/kg、4.54g/kg、5.70g/kg，前 4 项与对照组相比分别降低了 19.16%、23.64%、47.76%、2.37%，粗纤维提高了 0.53%。因此，添加短短芽胞杆菌微生态菌剂后仔猪粪便中的有机成分含量均显著下降。

表 7-18 芽胞杆菌益生菌剂对粪便中常规有机营养成分含量的影响

处理组	粗灰分 /%	粗纤维 /%	粗脂肪 /%	钙 /%	磷 /（g/kg）
处理组 1	4.22	4.32	2.23	0.40	4.59
处理组 2	4.34	4.22	1.59	0.44	4.81
处理组 3	4.43	4.96	1.90	0.39	4.19
处理组 4	4.22	5.70	1.68	0.35	4.54
对照组（CK）	5.22	5.67	2.20	0.67	4.65

五、芽胞杆菌益生菌剂对粪便酶活的影响

1. 饲喂芽胞杆菌益生菌剂对粪便中淀粉酶的影响

淀粉酶活性以 1g 粪便中生成葡萄糖质量（mg）表示，生成的葡萄糖越多，其淀粉酶越强。如图 7-32 所示，饲喂 7d 后，断奶仔猪粪便中淀粉酶活性：处理组 1 ＞处理组 4 ＞ CK ＞处理组 3 ＞处理组 2，淀粉酶活性处理组 1 比对照组增加了 30.93%（$P < 0.05$），处理组 3、4 和对照组差异不显著（$P > 0.05$）；饲喂 14d 后，处理组 1 ＞处理组 2 ＞处理组 4 ＞ CK ＞处理组 3，处理 1 比对照组增加了 89.94%（$P < 0.05$）；饲喂 21d 后，处理组 4 ＞处理组 2 ＞ CK ＞处理组 1 ＞处理组 3，处理组 1 与对照组差异不显著（$P > 0.05$）；饲喂 28d 后，处理组 4 ＞处理组 1 ＞处理组 2 ＞处理组 3 ＞ CK，处理组 1 比对照组增加了 4.16%（$P < 0.05$）；饲喂 35d 后，处理组 4 ＞处理组 2 ＞处理组 3 ＞处理组 1 ＞ CK，处理组 1 与对照组相比增加了 1.43% 但差异不显著（$P > 0.05$）。整个试验期 0 ~ 35d，处理组 1 ~ 4 粪便中淀粉酶活性分别为 50.42U/g、47.46U/g、42.27U/g、50.96U/g、42.28U/g，处理组 1 比对照组增加了 19.23%（$P < 0.05$）。

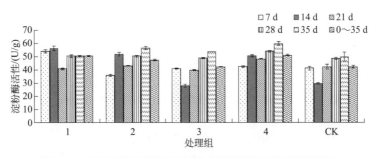

图 7-32　饲喂芽胞杆菌益生菌剂对仔猪粪便中淀粉酶的影响

2. 芽胞杆菌益生菌剂对粪便中纤维素酶的影响

纤维素酶活性以 1g 粪便中所生成的葡萄糖质量（mg）计（培养 72h），生成葡萄糖越多说明纤维素酶活性越强。如图 7-33 所示，饲喂 7d 后，断奶仔猪粪便中纤维素酶活性：处理组 2 ＞处理组 1 ＞处理组 3 ＞处理组 4 ＞ CK，处理组 1、2 比对照组分别增加了 51.18%（$P < 0.05$）、71.49%（$P < 0.05$），各处理组与对照组差异显著（$P < 0.05$）；饲喂 14d 后，处理组 2 ＞处理组 1 ＞处理组 4 ＞ CK ＞处理组 3，处理组 1、2 比对照组分别增加了 138.90%（$P < 0.05$）、157.72%（$P < 0.05$）；饲喂 21d 后，处理组 1 ＞处理组 3 ＞处理组 2 ＞处理组 4 ＞ CK，处理 1 比对照组增加 403.43%（$P < 0.05$）；饲喂 28d 后，处理组 2 ＞处理组 1 ＞ CK ＞处理组 4 ＞处理组 3，处理组 1、2 比对照组增加 10.64%、13.15%，但处理组 2、处理组 1 与对照组差异均不显著；饲喂 35d 后，处理 2 ＞处理 1 ＞处理 3 ＞ CK ＞处理 4，处理 2 与其余各组差异显著（$P < 0.05$），处理组 1、2 比对照组增加了 75.76%（$P > 0.05$）、330.67%（$P < 0.05$）。对于整个试验期 0～35d，处理组 1～4、CK 粪便中纤维素酶活性分别为 18.24U/g、21.79U/g、10.15U/g、10.29U/g、8.88U/g，处理组 1～4 比对照组分别增加了 105.40%（$P < 0.05$）、145.38%（$P < 0.05$）、14.30%（$P < 0.05$）、15.89%（$P < 0.05$）。

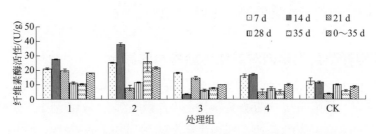

图 7-33　饲喂芽胞杆菌益生菌剂对粪便中纤维素酶的影响

3. 芽胞杆菌益生菌剂对粪便中半纤维素酶的影响

半纤维素酶活性以 1g 粪便中生成木糖质量（mg）表示，生成的木糖越多，其半纤维素酶活性越强。如图 7-34 所示，饲喂 7d 后，断奶仔猪粪便中半纤维素酶活性：处理组 1 ＞处理组 4 ＞处理组 3 ＞处理组 2 ＞ CK，处理组 1 比对照组增加了 121.22%（$P < 0.05$）；饲喂 14d 后，处理组 4 ＞处理组 2 ＞处理组 1 ＞处理组 3 ＞ CK，处理组 1 比对照组增加了 20.05%（$P < 0.05$）；饲喂 21d 后，处理组 1 ＞处理组 3 ＞ CK ＞处理组 2 ＞处理组 4，处理组 1 比对照组增加了 5.97%（$P < 0.05$）；饲喂 28d 后，处理组 1 ＞处理组 4 ＞处理组 3 ＞

CK ＞处理 2，处理组 1 比对照组增加了 2.47%(P ＜ 0.05)；饲喂 35d 后，处理组 4 ＞处理组 1 ＞处理组 2 ＞ CK ＞处理组 3，处理 1 比对照组增加了 5.46%(P ＜ 0.05)。对于整个试验期 0 ～ 35d，处理组 1 ～ 4、CK 粪便中半纤维素酶活性分别为 229.08U/g、192.41U/g、214.79U/g、228.97U/g、196.95U/g，处理组 1、3、4 比对照组分别增加了 16.31%(P ＜ 0.05)、9.06%(P ＜ 0.05)、16.25%(P ＜ 0.05)。

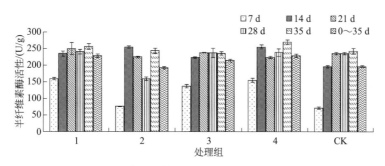

图 7-34　饲喂芽胞杆菌益生菌剂对粪便中半纤维素酶的影响

4. 芽胞杆菌益生菌剂对粪便中蛋白酶的影响

蛋白酶活性以 1g 粪便中释放的氨基酸质量（mg）表示，释放的氨基酸越多，其蛋白酶活性越强。如图 7-35 所示，饲喂 7d 后，断奶仔猪粪便中蛋白酶活性：处理组 1 ＞处理组 4 ＞处理组 2 ＞处理组 3 ＞ CK，处理组 1 比对照组增加了 126.27%(P ＜ 0.05)；饲喂 14d 后，处理组 1 ＞处理组 2 ＞处理组 4 ＞处理组 3 ＞ CK，处理组 1 比对照组增加了 211.87%(P ＜ 0.05)；饲喂 21d 后，处理组 1 ＞处理组 2 ＞ CK ＞处理组 4 ＞处理组 3，处理组 1 比对照组增加了 78.70%(P ＜ 0.05)；饲喂 28d 后，处理组 2 ＞处理组 3 ＞处理组 1 ＞处理组 4 ＞ CK，处理组 1 比对照组增加了 29.04%(P ＜ 0.05)；饲喂 35d 后，处理组 2 ＞处理组 1 ＞处理组 4 ＞处理组 3 ＞ CK，处理组 1 比对照组增加了 79.07%(P ＜ 0.05)。对于整个试验期 0 ～ 35d，处理组 1 ～ 4、CK 粪便中蛋白酶活性分别为 72.25U/g、66.93U/g、45.42U/g、52.81U/g、37.21U/g，处理组 1 ～ 4 比对照组（CK）分别增加了 94.17%(P ＜ 0.05)、79.86%(P ＜ 0.05)、22.07%(P ＜ 0.05)、41.92%(P ＜ 0.05)。

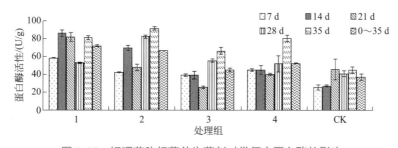

图 7-35　饲喂芽胞杆菌益生菌剂对粪便中蛋白酶的影响

六、讨论

动物肠道特定类型和数量的正常菌群，能够抑制有害菌的生长繁殖、改善肠道菌群的平衡、提高宿主健康水平、促进消化道内营养物质的消化吸收，但是肠道环境受饮食、抗生素治疗或应激的影响，会造成消化道内微生物区系的紊乱，肠道内细菌过度繁殖，引起消化道疾病，影响仔猪的生长发育（吴毅芳等，2010）。微生态制剂饲喂断奶仔猪后，消化道内有益菌群得到了有效补充，通过优势竞争抑制有害菌的繁殖，调节肠道微生态平衡，提高营养物质吸收率及生产性能，从而达到促进生长和提高抵抗力的作用。与此同时，益生菌作用于动物肠道内，分泌有机酸、氨基酸、维生素、促生长因子、多种消化酶等多种营养物质，促进动物机体新陈代谢（辛娜等，2011）。

1. 芽胞杆菌益生菌剂对断奶仔猪生产性能的影响

目前，关于益生菌对断奶仔猪生产性能的报道较多，但短短芽胞杆菌益生菌剂对断奶仔猪的影响还未见报道。文静等（2011）研究表明，日粮中添加屎肠球菌（菌含量为 $1×10^6$ CFU/g 饲料）能改善动物的生产性能，日增重比对照组提高了 $11.46\%(P<0.05)$，料肉比降低了 6.20% $(P<0.05)$；张常明等（2006）研究表明日粮中每头仔猪每天添加 60mL 乳酸菌，可使仔猪平均日增重比对照组提高 29.6%，料肉比降低 17.9%。本试验结果表明，添加微生态制剂可以改善仔猪的生长性能，不同添加水平之间，平均采食量、日增重、料肉比存在差异，饲养过程中按基础日粮 1kg+ 芽胞杆菌益生菌剂 100mL 的比例饲喂断奶仔猪，可使其平均日增重比对照组提高 $74.41\%(P<0.05)$，料重比降低 $37.10\%(P<0.05)$。对照本试验结果，说明芽胞杆菌益生菌剂对断奶仔猪生产性能的影响，明显优于乳酸菌与屎肠球菌，可能的原因是芽胞杆菌益生菌剂所含的短短芽胞杆菌是兼性厌氧菌，在动物肠道生长繁殖过程中消耗肠道内大量的氧气，形成厌氧环境，利于厌氧菌的增殖，抑制病原菌的生长，改善健康状况，促进生长（张常明等，2006）。这与朱五文等（2007）和黄雪泉（2010）研究发现枯草芽胞杆菌制剂能提高仔猪日增重、降低料重比相一致。

2. 芽胞杆菌益生菌剂对断奶仔猪粪便微生物的影响

断奶是仔猪饲养的关键阶段，断奶过程仔猪受到各种应激影响。在应激条件下，肠道乳酸菌的数量减少，而肠杆菌的数量增加（Fuller，1989）。当正常肠道微生物紊乱后，肠道菌成为潜在的病原菌（Chadwick et al.，1992）。大肠杆菌是仔猪断奶后引起腹泻的主要病原菌（Fairbrother et al.，2005）。本节中，饲养过程中按基础日粮 1kg+ 芽胞杆菌益生菌剂 100mL 的比例饲喂断奶仔猪，乳酸菌比对照组提高了 $32.70\%(P<0.05)$，大肠杆菌比对照组降低了 $65.37\%(P<0.05)$，沙门氏菌比对照组降低了 $14.60\%(P>0.05)$，表明添加芽胞杆菌益生菌制能够抑制宿主肠道大肠杆菌、沙门氏菌的生长，促进乳酸菌的生长，这与陈文辉等（2007）的研究结果一致。他们研究证实在日粮中添加枯草芽胞杆菌、蜡状芽胞杆菌后，可以显著提高断奶仔猪胃肠道内乳酸菌的数量，减少大肠杆菌等有害菌数量，促进仔猪生长发育。相反，Giang 等（2010）报道日粮中添加芽胞杆菌没有影响生长育肥猪粪便中大肠杆菌的数量。产生上述不同的原因，可能与菌种的种类、组成及其活菌数量、饲粮组成及其营养水平、断奶仔猪的日龄和体重、饲养环境、管理水平等因素有关。

3. 芽胞杆菌益生菌剂对粪便中常规有机营养成分含量的影响

在本试验条件下，饲养过程中按基础日粮 1kg+ 芽胞杆菌益生菌剂 100mL 的比例饲喂断奶仔猪，除粗脂肪提高了 1.26%，粗灰分、粗纤维、钙、磷与对照组相比分别降低 19.15%、23.81%、40.30%、1.29%。这与之前的报道相似。李梓慕等（2012）研究表明：实验组添加

0.1% 枯草芽胞杆菌 Z-27 菌剂，与对照组相比粪便中残留的粗蛋白质、淀粉、粗脂肪和粗纤维等有机成分含量分别下降了 30.51%、52.13%、18.44% 和 26.73%，而无机成分的含量基本无变化。刘涛等（2013）研究表明日粮中添加芽胞杆菌 J-4 制剂，可使粪便中残留的粗蛋白、淀粉、脂肪、粗纤维含量分别下降 39.74%、32.09%、28.23%、22.62%。这说明，芽胞杆菌益生菌剂能显著提高断奶仔猪饲粮中的粗蛋白质、粗脂肪、粗纤维、钙、磷的消化率，揭示这种益生菌制剂具有协同提高饲粮养分消化率的作用。这可能是因为适宜的环境下，短短芽胞杆菌能够与不同生物学特性的肠道菌群混合，促进动物肠道迅速形成一个多菌种共生的复杂的微生物区系，这种微生物区系能够产生优势互补叠加的作用，从而提高饲粮养分的消化率。

4. 芽胞杆菌益生菌剂对粪便酶活的影响

淀粉酶、蛋白酶、纤维素酶、半纤维素酶是猪肠道重要的消化酶，其活性高低直接影响仔猪的生长发育（Lindemann et al., 1986），活力强弱被认为是衡量机体营养物质消化能力的极佳指标（Krongdahla et al., 1989）。猪的消化道系统比较发达，食物在其中滞留时间可达到 40～46.6h（Pond et al., 1986）。当益生菌在动物肠道内生长繁殖，能够促进肠道产生多种营养物质，如有机酸、氨基酸、维生素、促生长因子、多种消化酶等，参与动物机体新陈代谢（辛娜等，2011），提高饲料转化率。本实验结果表明，整个试验期，日粮中添加芽胞杆菌益生菌剂后，仔猪粪便中淀粉酶、蛋白酶、纤维素酶、半纤维素酶与对照组相比均显著增加，这与李梓慕等（2012）研究枯草芽胞杆菌 Z-27 制剂对仔猪肠道酶活影响相一致。刘涛等（2013）研究表明日粮中添加芽胞杆菌 J-4 制剂，试验组粪便中淀粉酶、蛋白酶、脂肪酶、纤维素酶的平均活力比对照组分别提高 39.82%、31.56%、44.60%、45.30%。对照本试验结果，饲养过程中按基础日粮 1kg+ 芽胞杆菌益生菌剂 100mL 的比例饲喂断奶仔猪，仔猪粪便中淀粉酶、蛋白酶、纤维素酶、半纤维素酶分别比对照组提高 19.23%、94.17%、105.40%、16.31%。其中纤维素酶是外源酶，仔猪体内不能分泌产生，只能由肠道中的微生物产生，这可能是仔猪粪便中纤维素酶活力在 4 种被检测酶中增幅最大达 105.40% 的原因（李梓慕等，2012）。关于芽胞杆菌对酶活的影响涉及多方面的因素，需要进一步开展试验研究。

饲养过程中按基础日粮 1kg+ 芽胞杆菌益生菌剂 100mL 的比例饲喂断奶仔猪，可提高平均日增重，降低料重比。同时，还可使断奶仔猪肠道中大肠杆菌和沙门氏菌数量减少，乳酸菌数量增加，可使仔猪粪便中淀粉酶、纤维素酶、半纤维素酶、蛋白酶活性提高，芽胞杆菌益生菌剂具有提高仔猪肠道消化酶活力的作用。因此，芽胞杆菌益生菌是一种绿色安全，可改善仔猪生长性能、维持仔猪肠道良好的微生态环境、增加养猪经济效益的新型饲料添加剂，具有广阔的应用前景。

第六节
饲用益生菌的生理作用

养猪业是我国重要的农业产业，在大规模养殖中，仔猪断奶后受到各种应激的影响，容易出现食欲差、消化机能紊乱、腹泻等一系列问题而影响养猪业的发展。过去为了控制仔猪腹泻，通常在饲料中添加抗生素来抑制肠道病原菌的生长，维持仔猪健康生长发育，但由其副作用逐渐被微生物制剂所替代。微生态制剂是指在动物体内利用微生态学原理，能够抑制有害菌的生长繁殖、改善肠道菌群的平衡、提高宿主健康水平、促进消化道内营养物质的消化吸收、提高饲料转化率，具有无毒、无害、无残留、安全、无副作用等多种功能的微生物添加剂（Fuller，1989）。然而，目前国内关于短短芽胞杆菌微生态菌制剂对断奶仔猪的影响还未见报道。为此，本节以断奶仔猪为试验对象，研究添加不同剂量芽胞杆菌益生菌剂对其血液生化参数的影响，为短短芽胞杆菌制剂在猪生产中的推广应用提供客观科学依据。

一、研究方法

试验第 0 天、第 7 天、第 14 天、第 21 天、第 28 天、第 35 天从各组随机抽取 3 头仔猪，经耳静脉采血各 5mL。所采血液样品不加抗凝剂，将装有血样的玻璃离心管倾斜 15 ～ 30℃静置自然析出血清，30000r/min 离心 15min，用无菌注射器取上部透明血清于离心管中，编号，置于 -80℃冻存待测。样品采用 AL480 全自动生化分析系统测定总胆红素、直接胆红素、间接胆红素、血尿素氮、肌酐、总胆固醇、总蛋白、白蛋白、球蛋白、白球比、谷丙转氨酶、谷草转氨酶、AST/ALT、碱性磷酸酶、乳酸脱氢酶、淀粉酶、谷氨酰转肽酶、胆碱酯酶、α- 羟基丁酸、钙、磷、镁、铁共 23 项指标。血液免疫球蛋白 (IGA、IGG 和 IGM) 采用 ELISA 试剂盒测定。

二、对仔猪血液中总胆红素、直接胆红素、间接胆红素的影响

日粮中添加芽胞杆菌益生菌剂后仔猪血清中，总胆红素、直接胆红素、间接胆红素的变化见表 7-19。由表 7-19 可知，与对照组相比，第 0 天、第 14 天、第 21 天、第 28 天，各组总胆红素含量的差异不显著；第 7 天，CK ＞处理组 1 ＞处理组 2 ＞处理组 3 ＞处理组 4，处理组 1 比对照组下降 14.28%(P ＞ 0.05%)；第 35 天，CK ＞处理组 3 ＞处理组 2 ＞处理组 1 ＞处理组 4，处理组 1 比对照组下降 37.93%(P ＞ 0.05%)。第 0 天、第 7 天、第 14 天、第 21 天、第 28 天、第 35 天，各组直接胆红素含量的差异不显著；第 7 天，CK ＞处理组 1 ～ 3 ＞处理组 4，处理组 1 比对照组降低 20%(P ＞ 0.05%)；第 35 天，处理组 3、CK ＞处理组 1 ＞处理组 4 ＞处理组 2，处理组 1 比对照组降低 20%(P ＞ 0.05%)。第 0 天、第 14 天、第 21 天、第 28 天、第 35 天，各组间接胆红素含量的差异不显著；第 7 天，CK ＞处理组 1 ＞处理组 2 ＞处理组 3 ＞处理组 4，处理组 1 比对照组下降 13.04%(P ＞ 0.05%)；第 35 天，CK ＞处理组 3 ＞处理组 2 ＞处理组 1 ＞处理组 4，处理组 1 比对照组下降 37.50%(P ＞ 0.05%)。

表 7-19 芽胞杆菌益生菌剂对仔猪血液中总胆红素、直接胆红素、间接胆红素的影响

处理组	处理时间					
	0d	7d	14d	21d	28d	35d
总胆红素 /(μmol/L)						
1	2.7a	2.4ab	2.1a	2.2a	2.3a	1.8ab

处理组	处理时间					
	0d	7d	14d	21d	28d	35d
2	3.9a	2.3ab	2.4a	2.5a	1.5a	1.9ab
3	2.5a	2.1ab	2.4a	2.4a	2.3a	2.7ab
4	4.0a	1.9b	2.4a	2.2a	2.0a	1.5b
CK	2.6a	2.8a	2.1a	1.7a	2.4a	2.9a
直接胆红素 /(μmol/L)						
1	1.4a	0.4a	0.3a	0.3a	0.4a	0.4a
2	2.7a	0.4a	0.4a	0.4a	0.3a	0.2a
3	1.3a	0.4a	0.3a	0.4a	0.4a	0.5a
4	2.6a	0.3a	0.3a	0.2a	0.5a	0.3a
CK	2.3a	0.5a	0.3a	0.4a	0.6a	0.5a
间接胆红素 /(μmol/L)						
1	1.3a	2.0ab	1.8a	1.9a	2.1a	1.5a
2	2.0a	1.9ab	2.1a	2.1a	1.2a	1.8a
3	1.2a	1.7b	2.1a	2.0a	1.9a	2.2a
4	1.4a	1.6b	2.1a	2.0a	1.4a	1.4a
CK	1.9a	2.3a	1.5a	1.9a	1.8a	2.4ab

三、对仔猪血液中血尿素氮、肌酐、总胆固醇、α- 羟基丁酸的影响

日粮中添加芽胞杆菌益生菌剂后仔猪血清中，血尿素氮、肌酐、总胆固醇、α- 羟基丁酸的变化见表 7-20。由表 7-20 可知，与对照组相比，第 7 天、第 14 天、第 21 天、第 28 天、第 35 天，各处理组血尿素氮含量的差异不显著；第 7 天，CK >处理组 1 >处理组 4 >处理组 3 >处理组 2，处理组 1 比对照组下降 14.71% ($P > 0.05\%$)；第 35 天，CK >处理组 3 >处理组 1 >处理组 4 >处理组 2，处理组 1 比对照组下 18.18% ($P > 0.05\%$)。第 0 天、第 14 天、第 21 天、第 35 天，各处理组肌酐含量的差异不显著；第 7 天，处理组 4 >处理组 1 > CK >处理组 2 >处理组 3，处理组 1 比对照组提高了 1.15%($P > 0.05\%$)；第 35 天，处理组 1 >处理组 4 >处理组 2 >处理组 3 > CK，处理组 1 比对照组提高了 9.73%($P > 0.05\%$)。第 0 天、第 14 天、第 21 天、第 35 天，各处理组总胆固醇含量的差异不显著；第 7 天，处理组 4 >处理组 2、CK >处理组 1 >处理组 3，处理组 1 比对照组下降 8.33% ($P > 0.05\%$)；第 35 天，处理组 1、4 >处理组 2 >处理组 3、CK，处理组 1 比对照组上升 29.41% ($P > 0.05\%$)。第 7 天、第 14 天、第 21 天、第 35 天，各处理组 α- 羟基丁酸含量的差异不显著；

第 7 天，处理组 1 ＞处理组 3 ＞ CK ＞处理组 2 ＞处理组 4，处理组 1 比对照组提高 18.80%（$P ＞ 0.05\%$）；第 35 天，处理组 3 ＞处理组 2 ＞ CK ＞处理组 1 ＞处理组 4，处理组 1 比对照组下降 0.01%（$P ＞ 0.05\%$）。

表 7-20　芽胞杆菌益生菌剂对仔猪血液中血尿素氮、肌酐、总胆固醇、α- 羟基丁酸的影响

处理组	处理时间					
	0d	7d	14d	21d	28d	35d
血尿素氮 /(mmol/L)						
1	3.0ab	2.9a	3.2a	3.8a	4.1a	4.5a
2	2.6b	2.0a	3.1a	4.4a	3.6a	4.0a
3	5.4a	2.2a	4.8a	5.0a	6.6a	4.7a
4	3.8ab	2.5a	2.8a	4.7a	4.3a	4.2a
CK	5.2a	3.4a	3.7a	5.5a	5.5a	5.5a
肌酐 /(μmol/L)						
1	90.5a	79.0ab	71.9a	95.6a	92.9a	110.5a
2	85.1a	74.7bc	82.9a	92.8a	51.4b	101.5a
3	81.2a	67.0bc	94.5a	94.4a	119.8a	101.2a
4	92.3a	87.7a	82.3a	112.5a	104.9a	106.6a
CK	105.5a	78.1ab	102.1a	96.9a	97.6a	100.7a
总胆固醇 /(mmol/L)						
1	1.5a	1.1bc	1.5a	1.6a	1.8ab	2.2a
2	1.9a	1.2ab	1.9a	1.6a	0.9b	1.8a
3	1.4a	0.7bc	1.3a	1.8a	1.8ab	1.7a
4	2.0a	1.5a	1.8a	2.1a	2.2a	2.2a
CK	1.7a	1.2ab	1.6a	1.8a	1.5ab	1.7a
α- 羟基丁酸 /(U/L)						
1	542.3b	678.7a	432.0a	703.0a	870.3a	734.7a
2	490.7b	481.3a	534.7a	672.0a	427.7b	737.3a
3	774.2ab	618.8a	398.3a	708.5a	811.8a	826.1a
4	831.1ab	477.0a	690.1a	671.9a	498.6b	649.7a
CK	1209.0a	571.3a	571.9a	881.9a	834.4a	734.8a

四、对仔猪血液中总蛋白、白蛋白、球蛋白、白球比的影响

日粮中添加芽胞杆菌益生菌剂后仔猪血清中，总蛋白、白蛋白、球蛋白、白球比的变化见表 7-21。由表 7-21 可知，与对照组相比，第 0 天、第 14 天、第 21 天、第 28 天，各组总蛋白含量的差异不显著；第 7 天，CK ＞处理组 1 ＞处理组 4 ＞处理组 2 ＞处理组 3，处理组 1 比对照组下降 0.89%（$P ＞ 0.05\%$）；第 35 天，处理组 4 ＞处理组 3 ＞处理组 1 ＞ CK ＞

处理组 2，处理组 1 比对照组提高 4.11% ($P < 0.05\%$)。第 0 天、第 14 天、第 21 天，各组白蛋白含量的差异不显著；第 7 天，处理组 2 >处理组 4 >处理组 1 > CK >处理组 3，处理组 1 比对照组提高 0.93% ($P > 0.05\%$)；第 35 天，处理组 4 >处理组 1 >处理组 2 > CK >处理组 3，处理组 1 比对照组提高 18.27% ($P < 0.05\%$)。第 0 天、第 14 天、第 21 天、第 28 天各组球蛋白含量的差异不显著；第 7 天，CK >处理组 1 >处理组 4 >处理组 3 >处理组 2，处理组 1 比对照组下降 3.01% ($P > 0.05\%$)；第 35 天，处理组 3 >处理组 4 > CK >处理组 1 >处理组 2，处理组 1 比对照组下降 4.43% ($P > 0.05\%$)。第 0 天、第 7 天、第 14 天、第 21 天、第 28 天，各处理组的白球比差异不显著；第 7 天，处理组 3 >处理组 4 > CK >处理组 1、2，处理组 1 比对照组下降 16.67% ($P > 0.05\%$)；第 35 天，处理组 1、2 >处理组 4 > CK >处理组 3，处理组 1 比对照组提高 33.33% ($P > 0.05\%$)。

表 7-21 芽孢杆菌益生菌剂对仔猪血液中总蛋白、白蛋白、球蛋白、白球比的影响

处理组	处理时间					
	0d	7d	14d	21d	28d	35d
总蛋白 /(g/L)						
1	54.3a	44.2ab	46.4a	50.5a	55.4a	53.5abc
2	57.2a	40.6ab	43.6a	52.7a	40.4a	49.9c
3	51.4a	35.1b	45.8a	48.9a	57.4a	56.4ab
4	56.4a	43.8ab	49.3a	59.9a	58.1a	58.3a
CK	54.2a	44.6a	49.1a	54.3a	46.0a	51.3bc
白蛋白 /(g/L)						
1	31.5a	21.7ab	21.0a	21.6a	21.2ab	23.3a
2	32.7a	24.9a	22.5a	20.6a	13.7b	21.8ab
3	30.1a	18.0b	18.9a	20.5a	22.3a	19.4b
4	35.5a	23.8a	23.7a	22.3a	24.2a	24.1a
CK	32.4a	21.5ab	23.9a	22.8a	20.8ab	19.7b
球蛋白 /(g/L)						
1	33.6a	22.5ab	25.5a	28.9a	29.7a	30.2b
2	34.7a	15.7c	21.1a	32.1a	26.6a	28.1b
3	32.5a	17.1c	26.9a	28.4a	35.1a	37.0a
4	36.2a	20.0abc	25.6a	37.6a	33.9a	34.3ab
CK	33.9a	23.2a	25.2a	31.5a	25.2a	31.6ab
白球比						
1	0.9a	1.0a	0.9a	0.8a	0.7a	0.8a
2	1.0a	1.0a	1.1a	0.7a	0.6a	0.8a
3	0.93a	1.6a	0.8a	0.7a	0.6a	0.5b
4	1.0a	1.5a	1.0a	0.8a	0.7a	0.7ab
CK	1.0a	1.2a	0.9a	0.7a	0.8a	0.6ab

五、对仔猪血液中谷丙转氨酶、谷草转氨酶、碱性磷酸酶的影响

日粮中添加芽胞杆菌益生菌剂后，仔猪血清中谷丙转氨酶、谷草转氨酶、碱性磷酸酶的变化见表 7-22。由表 7-22 可知，与对照组相比，第 0 天、第 21 天，各处理组谷丙转氨酶含量的差异不显著；第 7 天、第 14 天，处理组 1 比对照组分别下降 17.84%($P < 0.05%$)、39.36%($P < 0.05%$)；第 28 天、第 35 天，处理组 1 比对照组分别提高 13.80%($P > 0.05%$)、62.36%($P < 0.05%$)。在第 0 天、第 7 天、第 14 天、第 21 天、第 28 天、第 35 天时，处理组 1 的谷草转氨酶含量比对照组分别下降 16.76%($P > 0.05%$)、19.10%($P > 0.05%$)、45.95%($P > 0.05%$)、2.78%($P > 0.05%$)、1.39%($P > 0.05%$)、1.67%($P > 0.05%$)。在第 0 天、第 35 天时，处理组 1 的碱性磷酸酶含量比对照组提高 11.39%($P > 0.05%$)、17.96%($P > 0.05%$)；第 7 天、第 14 天、第 21 天、第 28 天时，处理组 1 比对照组降低 2.28%($P > 0.05%$)、53.28%($P < 0.05%$)、32.91%($P > 0.05%$)、0.98%($P > 0.05%$)。

表 7-22　芽胞杆菌益生菌剂对仔猪血液中谷丙转氨酶、谷草转氨酶、碱性磷酸酶的影响

处理组	处理时间					
	0d	7d	14d	21d	28d	35d
谷丙转氨酶 /(U/L)						
1	48.3a	44.2b	36.2b	57.8a	79.7a	89.3a
2	41.4a	60.9a	66.3a	49.3a	35.6c	71.4ab
3	46.9a	40.3b	42ab	56.7a	63.7ab	64.0ab
4	45.4a	46.5ab	60ab	46.5a	59.3b	81.4ab
CK	41.4a	53.8ab	59.7ab	60.3a	68.7ab	55.0b
谷草转氨酶 /(U/L)						
1	44.7a	45.3ab	38.0a	70.0a	92.0a	94.7a
2	57.0a	38.0b	77.3a	57.0a	46.7b	76.3a
3	86.0a	48.3ab	65.0a	83.3a	103.7a	72.7a
4	66.7a	65.3a	60.3a	79.0a	94.0a	82.7a
CK	53.7a	56.0ab	70.3a	72.0a	93.3a	96.3a
碱性磷酸酶 /(U/L)						
1	254.3a	311.7a	240.3b	189.0a	231.4a	269.3a
2	234.3a	394.3a	317.7ab	163.3a	81.3b	293.0a
3	179.7a	285.3a	220.0b	315.0a	241.3a	242.7a
4	241.0a	491.3a	353.3ab	174.3a	263.7a	296.0a
CK	228.3a	319.0a	514.3a	281.7a	233.7a	228.3a

六、对仔猪血液中淀粉酶、谷氨酰转肽酶、胆碱酯酶、乳酸脱氢酶的影响

日粮中添加芽胞杆菌益生菌剂后仔猪血清中，淀粉酶、谷氨酰转肽酶、胆碱酯酶、乳酸脱氢酶的变化见表 7-23。每千克日粮中添加 100mL 短短芽胞杆菌微生物制剂饲喂 35d 后，除淀粉酚外，谷氨酰转肽酶、胆碱酯酶、乳酸脱氢酶与对照组差异不显著，但均比对照组略高。

表 7-23 芽胞杆菌益生菌剂对仔猪血液中淀粉酶、谷氨酰转肽酶、胆碱酯酶、乳酸脱氢酶的影响

处理组	处理时间					
	0d	7d	14d	21d	28d	35d
淀粉酶 /(U/L)						
1	2124.0a	2468.3a	2708.7a	3127.3ab	3319.0a	2575.7a
2	1811.3a	2371.7a	3188.0a	2597.3b	1582.7b	2488.0a
3	1239.0a	2613.7a	2866.0a	1567.0b	2283.7ab	2377.7a
4	2382.0a	2840.0a	2583.0a	2440.0b	2344.0ab	3607.3a
CK	1881.3a	2438.0a	3327.0a	4428.3a	3221.7a	4317.7a
谷氨酰转肽酶 /(U/L)						
1	28.3a	41.4a	43.2a	56.4a	62.4a	41.0a
2	49.0a	23.0a	58.1a	44.7a	30.0b	61.9a
3	31.6a	27.3a	56.6a	25.8a	36.9b	42.6a
4	34.7a	25.8a	41.4a	52.3a	46.6ab	54.7a
CK	35.9a	35.8a	36.2a	29.4a	46.6ab	34.4a
胆碱酯酶 /(U/L)						
1	542.3a	678.7a	432.0a	703.0a	870.3a	734.7a
2	490.7b	481.3a	534.7a	672.0a	427.7b	737.3a
3	667.0a	552.3a	494.7a	654.3a	791.3a	574.7a
4	522.7b	580.7a	466.7a	656.0a	842.7a	749.7a
CK	603.3a	656.3a	541.3a	596.0a	743.7a	645.0a
乳酸脱氢酶 /(U/L)						
1	788.7a	866.0a	585.3b	1073.3a	1168.0a	1175.3a
2	893.0a	662.7a	1049.3a	969.7a	751.3b	936.7a
3	1228.0a	818.7a	841.7ab	1286.0a	1226.3a	1059.7a
4	985.3a	712.0a	757.7ab	1342.0a	1311.0a	1209.3a
CK	827.0a	758.3a	889.7ab	1060.3a	1340.7a	1170.3a

七、对仔猪血液中钙、磷、镁、铁的影响

日粮中添加芽胞杆菌益生菌剂后，仔猪血清中钙、磷、镁、铁的变化见表7-24。由表7-24可知，与对照组相比，第0天、第7天、第14天，各组的钙含量差异不显著；第7天，处理组1与对照组钙含量相等；第35天，处理组1、2、4＞处理组3＞CK，处理组1比对照组提高13.04%(P ＜ 0.05%)。第0天、第7天、第14天、第21天、第35天，各组的磷含量差异不显著；第7天，处理组4＞CK＞处理组1、2＞处理组3，处理组1比对照降低9.52%(P ＞ 0.05%)；第35天，处理组1＞处理组3＞处理组2、4＞CK，处理组1比对照组提高25%(P ＞ 0.05%)。第0天、第7天、第14天、第21天、第35天，各组的镁含量差异不显著；第7天，处理组4＞处理组1～3＞CK，处理组1比对照组提高14.28%(P ＞ 0.05%)；第35天，处理组1、2、4＞处理组3、CK，处理组1比对照组提高11.11%。第0天、第7天、第14天、第21天、第28天、第35天，各组的铁含量差异不显著；第7天，处理组4＞处理组2＞处理组1＞CK＞处理组3，处理组1比对照组提高2.81%(P ＞ 0.05%)；第35天，处理组3＞处理组2＞处理组4＞处理组1＞CK，处理组1比对照组提高31.65%(P ＞ 0.05%)。

表7-24 芽胞杆菌益生菌剂对仔猪血液中钙、磷、镁、铁的影响

处理组	处理时间					
	0d	7d	14d	21d	28d	35d
钙 /(mmol/L)						
1	2.5a	2.4a	2.3a	2.4ab	2.5a	2.6a
2	2.4a	2.3a	2.5a	2.2b	1.5b	2.6a
3	2.3a	2.2a	2.3a	2.5a	2.5a	2.5ab
4	2.4a	2.6a	2.6a	2.3ab	2.5a	2.6a
CK	2.4a	2.4a	2.6a	2.4ab	2.3a	2.3b
磷 /(mmol/L)						
1	2.3a	1.9a	2.1a	2.0a	2.4a	3.0a
2	2.3a	1.9a	2.6a	2.1a	1.4b	2.5a
3	2.1a	1.8a	2.4a	2.4a	2.6a	2.6a
4	2.2a	2.2a	2.7a	2.2a	2.9a	2.5a
CK	2.3a	2.1a	2.5a	2.7a	2.6a	2.4a
镁 /(mmol/L)						
1	0.9a	0.8a	0.9a	0.9a	0.9a	1.0a
2	0.9a	0.8a	0.9a	0.8a	0.5b	1.0a
3	0.9a	0.8a	0.8a	0.8a	0.9a	0.9a
4	1.0a	0.9a	0.9a	0.8a	0.9a	1.0a
CK	0.9a	0.7a	1.0a	0.9a	0.9a	0.9a
铁 /(mmol/L)						
1	22.4a	7.3a	5.4a	4.0a	31.6a	18.3a

续表

处理组	处理时间					
	0d	7d	14d	21d	28d	35d
2	10.5a	8.7a	9.2a	12.2a	22.9a	59.8a
3	11.0a	6.1a	6.1a	11.8a	23.7a	66.4a
4	10.1a	10.5a	13.8a	6.3a	41.8a	22.8a
CK	18.8a	7.1a	13.3a	12.0a	18.0a	13.9a

八、对仔猪血液中 IgA、IgG、IgM 的影响

日粮中添加芽胞杆菌益生菌剂后，仔猪血清中 IgA、IgG、IgM 的变化见表 7-25。由表 7-25 可知，与对照组相比，第 0 天、第 14 天、第 21 天、第 28 天，各组的 IgA 含量差异不显著；第 7 天，处理组 1＞处理组 2＞处理组 4＞处理组 3、CK，处理组 1 比对照组提高 36%(P>0.05%)；第 35 天，各处理组略大于对照组。第 0 天、第 7 天、第 21 天，各组的 IgG 含量差异不显著；第 7 天，处理组 1 比对照组降低 19.61%(P > 0.05%)；第 35 天，处理组 1 比对照组降低 1.24%(P > 0.05%)。第 0 天、第 14 天、第 21 天，各组的 IgM 含量差异不显著；第 35 天，处理组 1 比对照组提高 1.15%(P > 0.05%)。

表 7-25　芽胞杆菌益生菌剂对仔猪血液中 IgA、IgG、IgM 的影响

处理组	时间					
	0d	7d	14d	21d	28d	35d
IgA/(g/L)						
1	0.31a	0.34a	0.28a	0.26a	0.25a	0.25b
2	0.25a	0.32ab	0.28a	0.28a	0.30a	0.27ab
3	0.27a	0.25b	0.26a	0.27a	0.25a	0.27ab
4	0.24a	0.27ab	0.27a	0.27a	0.26a	0.29a
CK	0.32a	0.25ab	0.27a	0.25a	0.25a	0.25b
IgG/(g/L)						
1	7.78a	9.55a	10.13b	8.71a	7.71b	8.70b
2	10.35a	9.05a	11.15ab	8.49a	10.17ab	11.22a
3	9.29a	10.19a	13.08a	9.35a	12.18a	8.71b
4	10.44a	10.79a	9.61b	9.95a	8.97b	9.02b
CK	7.47a	11.88a	9.10b	10.62a	7.44b	8.81b
IgM/(g/L)						
1	0.84a	0.85a	0.84a	0.85a	0.83b	0.87ab
2	0.86a	0.84ab	0.84a	0.84a	0.85b	0.84cd
3	0.85a	0.82b	0.86a	0.83a	0.85b	0.83d

处理组	时间					
	0d	7d	14d	21d	28d	35d
4	0.85a	0.82b	0.85a	0.93a	0.89a	0.88a
CK	0.84a	0.85a	0.83a	0.84a	0.83b	0.86bc

九、讨论

目前，关于益生菌对断奶仔猪血清生化指标的报道较多，多集中研究总蛋白、白蛋白、尿素氮等几种常规血清生理指标。采用 AL480 全自动生化分析系统测定 23 项仔猪血液生化指标还比较少。另外，本试验饲养模式采用微生物发酵床零污染养猪技术，而众多报道中饲养模式还是常规饲养模式。李兆龙等（2015）比较大栏微生物发酵床养猪模式与常规养猪对育肥猪血液生化及免疫指标的影响，研究表明微生物发酵床养殖模式明显优于常规养殖模式。本试验中只对断奶期的仔猪血液生理生化指标进行研究，后期试验中，可以选取保育期、断奶期、育肥期等几个生长期的猪饲喂芽胞杆菌益生菌剂，测定血清生化指标，监控猪生长过程血液动态变化过程，对微生物大栏养猪技术的研究更具指导意义。

1. 芽胞杆菌益生菌剂对仔猪血液中总胆红素、直接胆红素、间接胆红素的影响

总胆红素 (TBIL) 是直接胆红素 (DBIL) 和间接胆红素 (IDBA) 二者的总和，主要由衰老的红细胞在肝、脾和骨髓等网状内皮系统内破坏降解而成；直接胆红素 (DBIL)，约占总胆红素的 80%，与血清蛋白结合而输送，在肝脏内经葡萄糖醛酸结合而成；间接胆红素 (IDBA) 又称非结合胆红素，约占总胆红素的 20%，即不与葡糖醛酸结合的胆红素（张继才等，2013）。本节的研究表明，每千克日粮中添加 100mL 短短芽胞杆菌微生物制剂饲喂 35d 后，仔猪血清中总胆红素 (TBIL)、直接胆红素 (DBIL) 和间接胆红素 (IDBA) 与对照组差异不显著，但均比对照组略低，说明芽胞杆菌益生菌剂不会对仔猪肝功能造成损害，不影响仔猪健康生长。

2. 芽胞杆菌益生菌剂对仔猪血液中血尿素氮、肌酐、总胆固醇、α-羟基丁酸的影响

动物血清尿素氮 (BUN) 为蛋白质代谢产生的废物，能够反映动物体内蛋白质代谢和日粮氨基酸平衡状况（Bogin et al., 1997；Malmlof，1988）。当血清中尿素氮含量下降，动物体内蛋白质合成随之增强；反之，表示动物体内蛋白质合成代谢减弱（Eggum，1970）。肌酐 (CREA) 是体内代谢废物，经肾小球滤过作用排出体外，当肾功能受损时，肌酐在体内积累成为有害的毒素（徐杰伟等，2012）。血清总胆固醇 (CHOL) 含量能够反映动物机体对脂类的吸收及代谢程度，血清总胆固醇维持在相对较高的水平，有利于饲养周期短、新陈代谢旺盛的动物快速生长。屈长波等（2015）研究表明，血清中高浓度的血尿素氮、肌酐含量，会对断奶仔猪肾脏造成不良影响，存在一定的健康风险。本节研究表明，每千克日粮中添加 100mL 短短芽胞杆菌微生物制剂饲喂 35d 后，仔猪血清中总胆固醇 (CHOL) 含量，比对照组

上升 29.41%($P > 0.05\%$)；并且对血液中血尿素氮、肌酐、α- 羟基丁酸影响不显著，这与胡新旭等（2015）研究相一致。他们的研究表明，日粮中添加 20% 无抗发酵饲料，能够降低断奶仔猪血清尿素氮含量。因此，说明芽胞杆菌益生菌剂在增强仔猪对饲料能量的利用率，同时不会对仔猪肾脏造成损坏，不影响仔猪健康生长。

3. 芽胞杆菌益生菌剂对仔猪血液中总蛋白、白蛋白、球蛋白、白球比的影响

动物血清中总蛋白 (TB) 含量能够反映机体蛋白和代谢情况，并能反映体液免疫力的情况，总蛋白 (TB) 含量高低与机体代谢水平、免疫力和健康状况呈正相关（高士争等，2002）。血清总蛋白由白蛋白 (ALB) 和球蛋白 (GLB) 组成，白蛋白参与机体组织蛋白的合成，对蛋白代谢起重要作用；球蛋白是由机体免疫器官产生的，是抗体的主要成分，影响机体免疫力（欧阳五庆，2006）。本节研究结果表明，每千克日粮中添加 100mL 短短芽胞杆菌微生物制剂饲喂 35d 后，仔猪血清中总蛋白和白蛋白含量分别提高 4.11%($P < 0.05\%$)、18.27%($P < 0.05\%$)，这与李香子等（2003）研究结果相似，他们的研究表明，添加日粮中添加不同新型猪用绿色饲料添加剂，能够显著提高血清中总蛋白、白蛋白含量，促进猪的消化吸收，增强营养物质代谢，特别是蛋白质代谢，进而提高仔猪机体免疫力。因此，说明芽胞杆菌益生菌剂能够在一定程度上增强机体抵抗力，促进仔猪健康生长。

4. 芽胞杆菌益生菌剂对仔猪血液中谷丙转氨酶、谷草转氨酶、碱性磷酸酶的影响

动物体内转氨酶的种类很多，在氨基酸代谢以及蛋白质、脂肪和糖的相互转化中起重要作用。谷丙转氨酶 (ALT) 和谷草转氨酶 (AST) 是动物体内活性较强的两种转氨酶，参与体内转氨基作用，是反映肝脏和心脏器官功能的重要指标（Song et al., 2004）。当动物受应激或损伤时，会导致细胞、线粒体受损，AST 和 ALT 逸出细胞进入血液，使其血液浓度升高（Bogin et al., 1997）。本节研究表明，在断奶仔猪日粮中添加芽胞杆菌益生菌剂 35d 后，各处理组谷丙转氨酶含量均高于对照组，谷草转氨酶均低于对照组。季学枫等（2003）研究表明，在仔猪日粮中添加酶制剂使谷草转氨酶含量下降 38%，但谷丙转氨酶含量变化不明显。刁新平等（2014）研究表明，在仔猪日粮中添加 0.2% 发酵白术，1～28d，添加 0.2% 发酵白术与对照组相比能显著降低血清中 AST 含量，而血清中 ALT 含量有降低趋势，差异不显著。因此，说明芽胞杆菌益生菌剂不会对仔猪心脏结构和机能产生不利影响。血清碱性磷酸酶，主要来自肝脏和骨骼等组织，参与动物体内的锌和磷代谢，提高成骨细胞活性，促进骨中钙磷的沉淀增加，是用来判断动物机体生长健康状况的重要指标（唐晓玲等，2005）。本章节表明，在短奶仔猪日粮中添加芽胞杆菌益生菌剂 35d 后，各处理组碱性磷酸酶均大于对照组，但差异不显著，说明芽胞杆菌益生菌剂能够促进仔猪生长。

5. 芽胞杆菌益生菌剂对仔猪血液中淀粉酶、谷氨酰转肽酶、胆碱酯酶、乳酸脱氢酶的影响

血液中酶活性是机体的重要生理生化指标，可真实地反映动物体的生长发育和代谢状况。目前，对于仔猪血清中谷氨酰转肽酶 (GGT)、胆碱酯酶 (CHE) 研究较少。淀粉酶 (AMY) 是检测动物体肝肾功能的是否正常的酶类之一，胆碱酯酶 (CHE) 是肝合成而分泌入血的，是肝合成蛋白质功能的指标。本节研究结果表明，每千克日粮中添加 100mL 短短芽胞杆菌微

生物制剂饲喂 35d 后，除淀粉酶外，谷氨酰转肽酶、胆碱酯酶、乳酸脱氢酶虽与对照组差异不显著，但均比对照组略高，说明芽胞杆菌益生菌剂能够促进断奶仔猪机体代谢，同时不会对仔猪肾脏造成损坏，影响仔猪健康生长。

6. 芽胞杆菌益生菌剂对仔猪血液中钙、磷、镁、铁的影响

正常情况下，动物体内的微量元素含量受体内自动平衡机制的制约趋于相对稳定。本节研究表明，芽胞杆菌益生菌剂饲喂仔猪 35d 后，各处理组血清中钙、磷、镁、铁含量与对照组均无明显差异 ($P > 0.05$)。刘丹（2007）研究表明仔猪日粮中用 25%、50% 和 75% 氨基酸微量元素螯合物替代无机微量元素，发现血清中微量元素 Fe、Zn、Cu、Mn 含量均无显著差异。

7. 芽胞杆菌益生菌剂对仔猪血液中 IgA、IgG、IgM 的影响

血清免疫球蛋白 (IgG) 是体液免疫系统的主要成分，在系统免疫反应中起着重要作用（Sun et al., 2010），IgM 是免疫反应最初阶段产生的抗体，IgA 是黏膜免疫的主要抗体，其主要功能是在非特异性免疫防护机制的协助下减少病原菌侵入（Wilson et al., 1995）。本节研究表明，每千克日粮中添加 100mL 短短芽胞杆菌微生物制剂饲喂 35d 后，各处理组血清中 IgA、IgG、IgM 含量与对照组均无明显差异 ($P > 0.05$)。董晓丽等（2013）研究表明，日粮中添加复合菌制剂，35d 后仔猪血清 IgA 含量显著高于抗生素组 ($P < 0.05$)；文静等（2011）研究表明，屎肠球菌能提高仔猪免疫和抗氧化功能，其中仔猪血清中白蛋白、IgA、IgG 分别提高 28.06%($P < 0.05$)、16.48%($P < 0.05$)、25.43%($P < 0.05$)；张灵启等（2008）研究报道，饲喂芽胞杆菌对 IgA 和 IgM 的水平有一定的提高作用，但无显著差异。对照本试验结果，说明本实验条件芽胞杆菌益生菌剂可能对仔猪免疫功能没有明显的作用。

本试验条件下，每千克日粮中添加 100mL 短短芽胞杆菌微生物制剂饲喂断奶仔猪，能显著提高总蛋白、白蛋白、钙含量，降低转氨酶活性，且其他血清生化和免疫指标均在正常范围，促进仔猪健康生长，这为揭示芽胞杆菌益生菌剂的作用机理提供了一定的理论参考。

第七节
饲用益生菌对肠道微生物的影响

随着现代养殖业的快速集约化和规模化发展，对动物胃肠道微生物多样性的研究，逐渐成为研究热点。然而，传统活菌计数法，只能培养少数部分的肠道菌群（Haraszthy et al., 2007），并且耗时长，特异性差，灵敏度低等（Mothemhed and Whitney, 2006），对研究肠道菌群多样性有一定的局限性。随着分子生物技术的发展，基于 16S rDNA 的变性梯度凝胶电泳 (DGGE) 技术应运而生，其具有检测率高、分辨率高、重复性好、加样量小等特点，在揭示自然界微生物群落遗传多样性和种群差异方面具有独特的优越性。但 DGGE 也有其限制性，其在 PCR 时容易形成假阳性，可能过高地估计环境中的微生物多样性（Muyzer et al.,

1993）。磷脂脂肪酸 (PLFA) 分析法可以完整检测到样品中微生物群落变化，如真菌、放线菌、耗氧细菌、厌氧细菌等。基于微生物体的 PLFA 组成和含量水平具有种属的特异性，来直接评估微生物的生物量及其群落结构，是一种较为准确、有效的研究微生物多样性的方法（Saetre and Baath，2000）。目前还未见应用于仔猪肠道微生物多样性的研究。

本实验采用磷脂脂肪酸 (PLFA) 分析法研究不同添加量芽胞杆菌益生菌剂对仔猪肠道微生物变化的影响，以探讨芽胞杆菌益生菌剂对仔猪肠道菌群多样性的影响，为芽胞杆菌益生菌剂在养殖业中的应用提供理论依据。

一、研究方法

1. 仔猪粪便采集

试验第 0 天、第 7 天、第 14 天、第 21 天、第 28 天、第 35 天 (即每个阶段结束时) 早上，从每个处理组采集粪便，粪便样品冷藏，以供 PLFA 的提取。

2. 肠道微生物群落 PLFA 的提取和检测方法

PLFAs 的提取方法参照文献（郑雪芳等，2010），具体操作步骤为：

① 脂肪酸释放与甲基化：称取 10g 新鲜粪便加到 50mL 离心试管中，加入 20mL 0.2moL/L 的 KOH 甲醇溶液混合均匀，在 37℃下温育 1h，样品每 10min 涡旋 1 次。

② 中和溶液 pH：加入 3mL 1.0mol/L 的醋酸溶液，充分摇匀样品。

③ 萃取：加 10mL 正己烷，使 PLFA 转到有机相中，2000r/min 离心 15min 后，将上层正己烷转到干净试管中，在 N_2 气流下挥发掉溶剂。

④ 将 PLFA 溶解在 1mL 体积比为 1：1 的正己烷 - 甲基丁基醚溶液中，用作 GC 分析。

样品脂肪酸成分检测及成分分析参照 Margesin 等（2007），PLFAs 的鉴定采用美国 MIDI 公司 (MIDI，Newark，Delaware，USA) 开发的基于细菌细胞脂肪酸成分鉴定的 Sherlock MIS4.5 系统 (Sherlock Microbial Identification System)。

3. 肠道微生物群落 PLFA 数据分析

① 脂肪酸生物标记总和代表微生物群落数量，比较不同处理组粪便微生物脂肪酸生物标记总量，分析处理效果。

② 以不同处理组为指标，以主要微生物脂肪酸生物标记为样本，构建表格，总体分析不同处理组主要微生物脂肪酸生物标记的分布特性。

③ 以不同处理组为指标，以主要微生物脂肪酸生物标记为样本，构建矩阵，将数据进行对数处理，欧氏距离为聚类尺度，用类平均法对数据进行系统聚类，分析各类的特点。

④ 引入 Pielou 均匀度指数、Shannon-Wiener 多样性指数、Simpson 优势度指数和 Brillouin 多样性指数讨论不同处理组肠道微生物群落 PLFA 多样性，其计算公式如下：

Pielou 均匀度指数 (J)：$J=H/\ln S$

Shannon-Wiener 多样性指数 (H)：$H=-\sum P_i \ln P_i$

Simpson 优势度指数 (λ_J)：$\lambda_J=1-\sum P_i^2$

式中，S 为脂肪酸生物标记总类；P_i 是第 i 种的个体数占总个体数的比例。

二、仔猪粪便中微生物脂肪酸生物标记总量的比较

饲喂芽胞杆菌益生菌剂对断奶仔猪粪便中微生物脂肪酸生物标记总量的影响见图 7-36，各生物标记脂肪酸含量的总和代表着仔猪粪便中微生物的总量。仔猪饲喂芽胞杆菌益生菌剂 35d 后，各处理组粪便中 PLFA 的总量变化趋势相近，变化幅度为 8842837 ～ 11582946，处理组 3 ＞处理组 1 ＞对照组（CK）＞处理组 2 ＞处理组 4，生物标记含量分别为 11582946、10062193、9738719、9517302、8842837，表明在短时间内 (35d)，短短芽胞杆菌不会破坏仔猪肠道微生物肠道细菌总量平衡。

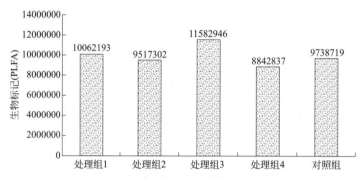

图 7-36　仔猪粪便中微生物脂肪酸生物标记总量比较

三、仔猪肠道微生物群落脂肪酸生物标记在各处理组的分布

饲喂芽胞杆菌益生菌剂对断奶仔猪粪便中微生物脂肪酸生物标记分布影响见表 7-36。从不同处理组仔猪粪便中分析出 35 个生物标记，指示着不同类群的微生物，包括细菌、真菌、放线菌、原生动物等。不同处理组仔猪粪便中不同脂肪酸生物标记有以下几种类型：

① 生物标记量数量小，在各处理组中分布完全，如 11:0 *iso* 3OH 指示革兰氏阳性菌，数量为 1499 ～ 2268；

② 生物标记数量小，在各处理组的分布不完全，如 16:1ω5c 指示甲烷氧化菌，数量为 801 ～ 5788；

③ 生物标记量大，在各处理组分布完全，如 14:0 *iso* 指示好氧细菌，数量为 97060 ～ 119537；

④ 生物标记数量大，在各处理组的分布不完全，如 17:0 cyclo 指示革兰氏阴性菌，数量为 5755 ～ 134442。

不同处理组粪便中微生物脂肪酸生物标记含量最高的前 3 个分别是 16:00(指示细菌)、15:0 *anteiso*(指示好氧细菌)、18:3ω6c (6,9,12)(指示真菌)，它们在不同处理组粪便中起主要的作用，是优势群。从总体上看，3 个指示不同微生物类群的脂肪酸生物标记在不同处理组的分布趋势相近，三者均在处理 3 的粪便中分布量最大，16:00(指示细菌) 在处理 4 的粪便中分布量最小，15:0 *anteiso*(指示好氧细菌) 在对照组的粪便中分布量最小，18:3ω6c (6,9,12)(指示真菌) 在处理 4 的粪便中分布量最小。此外，指示细菌的生物标记 16:00 在不同处理组分布量均最大。

表 7-26 仔猪粪便中微生物 PLFA 在各处理组的分布

序号	生物标记	微生物类型	处理组 1	处理组 2	处理组 3	处理组 4	CK
1	11:00	细菌	17296	21517	10372	4398	22982
2	12:00	细菌	40730	41677	73854	47239	54041
3	14:00	细菌	190151	186583	267275	216982	231055
4	15:00	细菌	429361	462283	551837	502047	381465
5	16:00	细菌	3044780	3168288	3414560	2885400	3238576
6	17:00	节杆菌	318256	113048	358931	230508	191418
7	18:00	嗜热解氢杆菌	1085513	884112	1426014	949472	1250168
8	20:00	细菌	146028	151030	200033	142195	272991
9	11:0 *iso*	革兰氏阳性菌	916	1091	1390	1165	1876
10	11:0 *iso* 3OH	革兰氏阳性菌	1938	1573	2268	1910	1499
11	12:0 *iso*	革兰氏阳性菌	3482	1978	4694	2070	3594
12	13:0 *anteiso*	革兰氏阳性菌	7424	7429	10493	9405	6717
13	13:0 *iso*	细菌	15408	14276	18238	13942	11933
14	14:0 *anteiso*	好氧细菌	22407	19945	28384	24973	22381
15	14:0 *iso*	好氧细菌	100250	97858	119537	106800	97060
16	15:0 3OH	好氧细菌	95723	23251	21120	14825	17804
17	15:0 *anteiso*	好氧细菌	613090	647940	764608	732203	605667
18	15:0 *iso*	好氧细菌	309420	253399	257534	313117	276227
19	15:1ω6c	革兰氏阴性菌	9545	22128	8678	9711	7340
20	16:0 3OH	革兰氏阴性菌	59700	31675	13344	1811	63592
21	16:0 *anteiso*	革兰氏阳性菌	23463	10415	10759	6709	9273
22	16:0 *iso*	革兰氏阳性菌	150540	301745	492220	173638	245012
23	16:0 N alcohol	细菌	185320	187186	234131	194802	166121
24	16:1ω5c	甲烷氧化菌	2285	5788	801	1018	2395
25	16:1ω9c	革兰氏阴性菌	68226	46425	65430	56067	73343
26	17:0 10-me	放线菌	10929	11864	26094	9071	15536
27	17:0 *anteiso*	革兰氏阳性菌	260813	141822	327815	140123	201843
28	17:0 cyclo	革兰氏阳性菌	134442	14273	93459	5755	30547
29	17:0 *iso*	革兰氏阳性菌	278397	189319	396557	251697	224925
30	17:1ω8c	革兰氏阳性菌	260369	117395	306566	100364	240059
31	18:1ω5c	革兰氏阴性菌	160360	24843	66433	55364	57572
32	18:1ω9c	真菌	1693781	2030274	1511858	1384491	1406513
33	18:3ω6c (6,9,12)	真菌	263040	200385	302667	178618	264143
34	20:1ω9c	嗜热解氢杆菌	32940	43307	74616	35411	19566
35	20:4ω6,9,12,15c	原生生物	25870	41180	120376	39536	23485

注：me 表示甲基分支脂肪酸；ω、c 分别表示脂肪酸端、顺式空间构造。

四、不同处理组仔猪肠道微生物群落脂肪酸生物标记的聚类分析

以分离到的 35 条主要微生物脂肪酸生物标记为样本，以不同处理组为指标，构建矩阵，将数据进行对数处理，欧氏距离为聚类尺度，用类平均法对数据进行系统聚类分析，当 $\lambda=5.87$ 时，可将 35 条主要微生物脂肪酸生物标记分为 3 个大类群，见图 7-37。

（1）类群 I　包括 16 条主要微生物脂肪酸生物标记，分别为 11:00、13:0 anteiso、15:1ω6c、13:0 iso、17:0 10-methyl、16:0 anteiso、16:0 3OH、12:00、16:1ω9c、18:1ω5c、14:0 iso、14:0 anteiso、20:1ω9c、20:4ω6,9,12,15c、15:0 3OH 和 17:0 cyclo。这 16 条脂肪酸生物标记分别代表细菌、革兰氏阳性菌、革兰氏阴性菌、细菌、放线菌、革兰氏阳性菌、革兰氏阴性菌、细菌、革兰氏阴性菌、革兰氏阴性菌、好氧菌、好氧细菌、嗜热解氢杆菌、原生生物、好氧细菌和革兰氏阴性菌。其主要特征为生物标记含量中等，在不同处理组有完全分布和不完全分布。

（2）类群 II　包括 4 条脂肪酸生物标记，分别为 11:0 iso、11:0 iso 3OH、12:0 iso 和 16:1 ω5c。这 4 条脂肪酸生物标记分别代表革兰氏阳性菌和甲烷氧化菌，其主要特征是生物标记含量较低，在不同处理组有完全分布和不完全分布。

（3）类群 III　包括 15 条脂肪酸生物标记，分别为 14:00、16:0 N alcohol、17:0 iso、18:3 ω6c (6,9,12)、

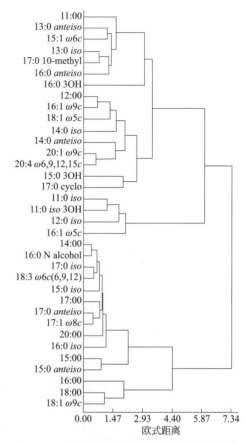

图 7-37　不同处理组微生物群落脂肪酸生物标记的聚类分析

15:0 iso、17:00、17:0 anteiso、17:1 ω8c、20:00、16:0 iso、15:00、15:0 anteiso、16:00、18:00 和 18:1 ω9c。这 15 条脂肪酸生物标记分别代表细菌、细菌 (莫拉菌属)、革兰氏阳性菌、真菌、好氧细菌、节杆菌、革兰氏阳性菌、革兰氏阴性菌、细菌、革兰氏阳性菌、细菌、好氧细菌、细菌、嗜热解氢杆菌、真菌。其主要特征是生物标记含量高，数量差异较大，同时在不同处理组中有完全分布和不完全分布。

五、不同处理组仔猪肠道微生物群落脂肪酸生物标记多样性指数

多样性指数用于评价不同处理组的微生物群落多样性，多样性指数值相对高的表明有高的微生物群落多样性（薛冬等，2007）。本章节对不同处理组粪便中微生物群落多样性指数分析见表 7-27。Maguran（1998）指出香农 (Shannon) 指数受群落物种丰富度影响较大。本章节中不同处理组粪便中微生物群落的香农指数无显著性差异，说明不同处理组粪便中微生物丰富度不同，对照组的粪便中微生物群落香农指数最低为 1.6245 ± 0.1074，且明显低于其

他处理组，说明不添加微生物短短芽胞杆菌微生物生态制剂的对照组粪便中微生物丰富度低于添加微生物短短芽胞杆菌微生物制剂的处理组。

Simpson 多样性指数反映群落中常见的物种多少（Pielou，1975）。从表 7-27 可知，处理组 2 粪便中微生物群落的 Simpson 指数最高为 0.6764 ± 0.0262；其次是处理组 3、处理组 1、处理组 4、对照组，Simpson 指数分别为 0.6470 ± 0.0315、0.6308 ± 0.0269、0.6089 ± 0.0443、0.6017 ± 0.0361。说明处理组 2 的粪便中微生物物种类最多，对照组的物种种类最少。

Pielou 均匀度指数是微生物组成和分布量的综合体现。从表 7-27 可知，处理组 2 粪便中微生物群落的 Pielou 均匀度指数最高为 0.8911 ± 0.0222，其次是处理组 1 与处理组 3，其 Pielou 均匀度指数相当，分别为 0.8272 ± 0.0305、0.8196 ± 0.0313；对照组与处理组 4，Pielou 均匀度指数相对较低，分别为 0.7847 ± 0.0427、0.7818 ± 0.0539。不同处理组粪便中微生物均匀度的明显差异说明，各处理组粪便微生物存在丰富的多样性，微生物在处理组 2 中分布较均匀。

从表 7-27 可知，处理组 2 粪便中微生物群落的 Brillouin 指数最高，为 1.8727 ± 0.0891，其次是处理组 3、处理组 1、处理组 4、对照组，Brillouin 指数分别为 1.8602 ± 0.1069、1.7123 ± 0.0870、1.7036 ± 0.1335、1.6232 ± 0.1074。说明处理组 2 的粪便中微生物物种类最多，对照组的物种种类最少。

表 7-27　不同处理组粪便中微生物群落脂肪酸生物标记多样性

不同处理组	Simpson 指数	Shannon 指数	Pielou 指数	Brillouin 指数
对照组	0.6017 ± 0.0361^c	1.6245 ± 0.1074^c	0.7847 ± 0.0427^c	1.6232 ± 0.1074^c
处理组 1	0.6308 ± 0.0269^b	1.7136 ± 0.087^b	0.8272 ± 0.0305^b	1.7123 ± 0.0870^b
处理组 2	0.6764 ± 0.0262^a	1.8742 ± 0.0892^a	0.8911 ± 0.0222^a	1.8727 ± 0.0891^a
处理组 3	0.6470 ± 0.0315^b	1.8615 ± 0.1070^a	0.8196 ± 0.0313^b	1.8602 ± 0.1069^a
处理组 4	0.6089 ± 0.0443^c	1.7051 ± 0.1336^b	0.7818 ± 0.0539^c	1.7036 ± 0.1335^b

六、讨论

哺乳动物肠道内栖息着复杂的细菌微生物区系菌群，在哺乳动物的健康和疾病中起着非常重要的作用，包括促进宿主脂肪的积累，代谢复杂多糖产生的短链脂肪酸，诱导黏膜免疫和调节黏膜免疫系统成熟等多种生理功能，因此揭示特定生理条件下的肠道微生物区系的多样性和动态性是研究的重要内容（Guarner and Malagelada，2003；Kelly and Conway，2005）。尽管对微生物多样性的研究较多，但采用脂肪酸生物标记的方法研究断奶仔猪粪便微生物群落多样性还未见报道。刘波等（2008）利用脂肪酸生物标记法研究零排放猪舍基质垫层微生物群落多样性，研究表明利用 PLFA 生物标记微生物群落脂肪酸生物标记总量，分析零排放猪舍基质垫层微生物群落的数量变化，思路可行，方法简便，可靠性高。

仔猪粪便微生物群落脂肪酸生物标记多样性分析，从微生物群落脂肪酸生物标记总量的比较、微生物群落脂肪酸生物标记的检测和聚类分析、微生物群落脂肪酸生物标记多样性指数的分析，揭示短短芽胞杆菌对断奶仔猪粪便微生物变化的特点。

通过各处理组微生物群落脂肪酸生物标记总量的比较，可以表征断奶仔猪粪便微生物脂肪酸生物标记的数量变化；通过各处理组微生物群落脂肪酸生物标记的检测和聚类分析，检测到断奶仔猪粪便中微生物脂肪酸生物标记 35 种，代表不同类型的微生物，有细菌、真菌、放线菌和原生生物；聚类分析结果将具有完全分布特性的，同时含量高的生物标记聚成一类，它们成为仔猪粪便中主要微生物的指示生物标记；通过各处理组微生物群落脂肪酸生物标记多样性指数的分析，可以看出不同处理组多样性指数大小不同，各处理组的多样性指数均比对照组高。值得注意的是，11:0 *iso* 3OH（指示革兰氏阳性菌）、15:1*ω*6*c*（指示革兰氏阴性菌）、13:0 *anteiso*（指示革兰氏阳性菌）的磷酸脂肪酸生物标记在对照组中含量最低，至于具体原因还难以弄清楚，值得进一步探讨。

多样性指数用于评价不同处理组的微生物群落多样性，多样性指数高表明有高的微生物群落多样性（薛冬等，2007）。本试验条件下，不同处理组多样性指数大小不同，各处理组的多样性指数均比对照组高，说明芽胞杆菌益生菌剂能够显著增加仔猪肠道的总菌数和微生物区系多样性、有选择地促进肠道某些菌群的生长，从而改善肠道微生物菌群结构，使整个肠道微生物区系达到一个新的平衡。这与朱雯等（2011）利用变性梯度凝胶电泳 (DGGE) 研究小鼠肠道微生物区系的变化结果相类似。因此，说明芽胞杆菌益生菌剂可以改善肠道微生态区系，在保证肠道固有菌群的基础上，增加细菌种类多样性，使肠道微生态更加趋于优化和平衡，从而保证肠道菌群的相对稳定，为揭示芽胞杆菌益生菌剂的促生长机制提供理论基础，但其促生长的生物学机制还有待于进一步的研究。

但是，微生物群落磷脂脂肪酸 (PLFA) 生物标记的分析，也具有一定的局限性。首先，PLFA 是微生物细胞的结构物质，不是微生物本身；其次，通过 PLFA 分析只能分析出微生物群落的差异，无法分析这种差异具体由那种微生物引起，因为同种微生物可以有不同的 PLFA，而相同的 PLFA 也可以指示着不同种的微生物。鉴于该方法的固有的缺点，为获取芽胞杆菌益生菌剂对仔猪肠道微生物群落多样性的更多和更全面而完整的信息，后续试验可以联合使用多种微生物多样性研究方法，如 PCR-DGGE、RAPD、Biolog 微平板法等，综合分析比较 PLFA 生物标记与其他方法，为芽胞杆菌益生菌剂对仔猪肠道微生物群落多样性与其作用机理提供更全面的理论基础。

利用 PLFA 生物标记法可以获得断奶仔猪粪便中微生物多样性的全面信息，是研究仔猪粪便微生物群落结构差异简便、快速、准确的方法之一。

第八章

畜禽粪污降解菌发酵工艺

第一节
畜禽粪污降解菌发酵装备的设计

一、基于 TCP/IP 协议的局域网发酵状态远程监控软件设计

通过制作基于 TCP/IP 网络协议的软件，实现发布和获取发酵状态数据的功能，从位于局域网上的客户机上对发酵状态进行观察。选用的编程工具为 Delphi 4.0，最终的安装软件打包，使用 IS Express Delphi 4.0 安装程序制作软件进行。

服务器方数据发布功能的实现。在现有软件的"在线检测"窗口中添加 ServerSocket 组件，通过该组件实现信息的发布和与客户方连接的功能，该组件运行在 1128 端口。处于在线检测状态下的控制软件，在此端口监视任何试图进行的连接。发布用发酵状态数据的生成方式如下：① 当在线检测获取到发酵状态的实际数据，分析比较；② 生成发酵控制仪的系统运行时间、发酵各项状态参数、发酵状态警报状态三组数据；③ 将三组数据转化成字符串封装进一个 TstringList 对象 databag；④ 将 databag 的 text 值传递给另一个 String 变量 status；⑤ 当服务组件接收到客户方的要求时，将此变量 status 返还给客户。

在数据的转换过程中，可能出现对变量 status 的并发操作，因此建立了一个同步量 data，通过该对象对 status 的读写进行"唯一性，同时读"的控制。客户方的实现，建立一个对话框窗口。客户软件每隔指定的时间就传递一个"query"命令给服务方的 1128 端口，然后在端口 1128 接收服务方的回音，当接收到返回的 String 数据后，将此数据重新解开，显示在面板上，根据服务器方面提供的报警特征，设置监视器的报警。报警采用的方式为：更改面板的颜色，偏低的用蓝色，偏高用紫色，正常用黄色；同时设置声音报警。

在客户方上的 server IP 框中，填入的是提供状态数据的服务器 IP 地址号。保持在线：选中，则始终试图保持和服务方的连接，如果连接出现错误则提示；否则不进行任何连接。总在最前：选中，则该监视器始终现在窗口的最前方；否则该窗口可被其他窗口覆盖。重置：单击则重置状态显示上的所有数据，使系统恢复到初始状态。出错显示，出错分为 2 种情况：① 网络传输过程中出错，在网络传输过程中发生数据丢失等错误后显示网络出错，显示方式是将标题改成"网络错误"，并且整个面板进行紫色和蓝色的循环抖动；② 发酵控制软件运行出错，发酵控制软件在运行过程中可能出现，其检测取样数据的部分出现了错误，但其网络数据发布的部分仍然是正常的，因此客户方仍然可以接受到信息，但这些是陈旧的信息，在此情况下，显示"发酵控制软件错误"。

客户 / 服务方通讯联系方式，考虑到网络传输中出现错误的可能性比较大，而传递的数据量很小，因此力图减少数据的传输次数。传递数据的方式如下：

（1）服务方　监听、建立连接；客户方：提出连接请求、建立连接。

（2）客户方　发送"query"字串。

（3）服务方　接收到该字串后，返回一个打包的数据，然后等待下一个连接。

应用基于 TCP/IP 协议的远程状态观察器，提供发酵状态的远程观察，而且建立的通讯传递机制可为日后的发酵特征远程控制等功能的实现提供基础。

二、发酵罐微机控制系统的设计

采用气升式发酵罐，成功开发出发酵系统微机控制装置，包括了微机控制管路设计和微机控制软件设计。就微机控制系统设计原理进行描述。发酵过程微机控制系统，采用单片机实时控制与微机间接控制相结合的结构。发酵系统工作时，由单片机进行实时数据采集、控制。微机系统通过电缆通讯，从单片机中获取数据，通过微机系统中的软件，可进行数据存储、处理、图表绘制、打印等工作；微机系统中的软件可向单片机发送控制指令，实现对发酵系统的监测和控制（图 8-1）。

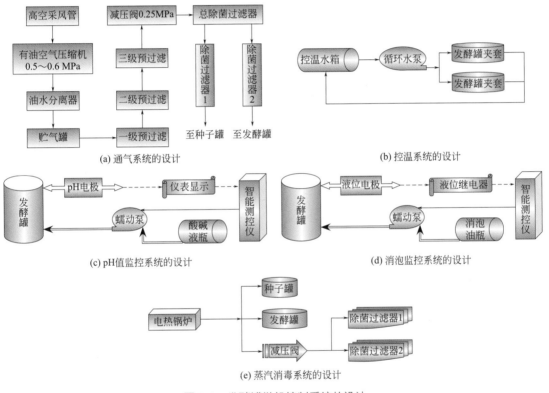

图 8-1　发酵罐微机控制系统的设计

三、发酵罐微机控制软件的设计

发酵系统数据采集探头获取发酵过程中的实时信号，经放大后传递给单片机，单片机按照设定程序将其和设定的参数值比较，据此输出控制信号控制外围设备蠕动泵、搅拌电机、循环水泵、加热器、冰箱等的工作，从而实现发酵过程的自动控制。在发酵车间的工作环境中，单片机比微机要稳定可靠，利用单片机直接控制发酵过程，然后利用微机监控单片机的运作实现间接控制，既可提高发酵控制的可靠性，又可利用微机强大的运算存储能力实现更多的有用功能。在发酵过程中，单片机根据指定的存储间隔，将温度、pH 值、溶氧率和搅拌速度等参数通过 RS422 连接传送到微机上长期保存。

单片机通过 RS422 接口和微机相连，这种连接模式采用平衡传输线方式，抗干扰能力强，数据转送距离较大，介质使用一对双绞线，可节省电缆费用。微机发酵控制系统软件设定单片机的各项参数，获取并显示实时数据，将单片机中检测所得的历史记录以文件形式作长期保存，提供分析数据的各项功能。

发酵控制系统软件通过微机对单片机进行控制，并具备数据的存储、显示和分析等功能。单片机根据软件中设定的参数，对发酵罐进行控制。软件的主体部分使用 Delphi 4.0 制作。这是一个可视化的快速应用程序开发工具，编译速度快，生成的代码效率高，特别是可快速生成友好的人机交互界面，同时具备强大的数据库开发功能，便于开发数据的分析处理模块。软件中和单片机通讯的接口部分使用嵌入式汇编语言。

四、微机控制发酵系统温控实体模型

发酵生产加工曾研究过两种发酵装置，即搅拌式发酵系统和气升式发酵系统。从发酵系统微机控制看，在溶氧量监测、温度控制、pH 值监控、自动消泡、数据记录等方面，两种方式的发酵系统是一致的。搅拌式发酵系统固定进气量，通过控制搅拌电机的转速达到控制溶氧量的目的，而气升式发酵系统通过进气量控制溶氧率，同时气升式发酵系统空气利用率较高。使用好氧菌在生产过程无通气量变化的要求，因而使用气升式发酵系统有其优点。以下主要就气升式发酵系统微机温控软件的设计进行描述。

（1）温控实体模型 气升式发酵系统微机控制软件加载在搅拌式发酵系统微机控制软件上，成为一体化发酵系统微机控制软件。信号输出后由微机的并口直接控制，其中 V6、V7 控制搅拌式发酵罐，其余的控制气升式发酵罐。继电器 1 输出水泵工作，2 输出冷却循环电磁阀，3 输出加热循环电磁阀，5 输出加热器中间继电器控制信号，由中间继电器向加热器提供电力。来自气升式种子罐和发酵罐的温度探头信号通过拨挡开关传递给种子罐温度显示仪，通过该显示仪传入测控仪单片机和微机，作为温度控制的依据。温控系统的电路连接见图 8-2。

（2）温控状态分类 为了更好地控制温度，将温度控制元件的工作分成 4 个工作状态，如表 8-1 所列。加热状态采取间歇加热的方式，避免温度升得过快过高；冷却状态采取间歇冷却的方式，补充一定量的冷水，循环一段时间后再视情况需要加入新的冷水，避免温度过快降低；平衡状态定期启动水泵循环夹层中的水，保持两罐夹层水温的一致。

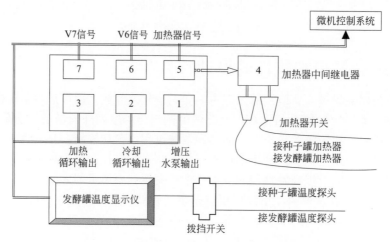

图 8-2 微机控制发酵系统温控实体模型

表 8-1　温控状态的分类

状态	运行目的	元件状态	并口输出信号状态
加热状态	加热发酵罐和种子罐	加热器开启；水泵开启；内循环电磁阀开启	信号位 1、3、5 为 1，余为 0
冷却状态	利用自来水或冰箱水冷却发酵罐和种子罐	水泵开启；外循环电磁阀开启	信号位 1、2 为 1，余为 0
循环状态	循环两罐夹层中的水，保持温度的统一稳定	水泵开启；内循环电磁阀开启	信号位 1、3 为 1，余为 0
静止状态	所有元件处于停顿状态	全部关闭	全部为 0

五、气升式发酵罐温控软件的设计

温控软件设计。进行温控所需的参数有温控点、冷却切换点、加热切换点、加热状态下的加热时间与循环时间、冷却状态下的进冷水时间与循环时间、平衡（静止）状态下的循环时间与休止时间（表 8-2）。经过连续两次的温度采集，与温控点、冷却切换点和加热切换点比较，确定当前温度所处的状态，即加热状态、冷却状态和平衡状态。确定了温度状态后，根据各自状态两个工作步骤的工作时间，确定工作状态。根据各自的工作状态，设置相应的并口信号，并口信号经放大后直接驱动相应的继电器。

表 8-2　自识别温控管路切换状态

自识别目标	切换状态
发酵罐夹层排空	开启阀 1、8，余关闭
种子罐夹层排空	开启阀 7、8，余关闭
发酵罐手工冷却	开启阀 3、2，余关闭
种子罐手工冷却	开启阀 6、2，余关闭
自来水温控	切换自来水系统冷却，将发酵罐夹层水体充满，开启阀 4、9，余关闭，开启温控电路
冰箱来水温控	切换冰水系统冷却，将发酵罐夹层水体充满，开启阀 5、10，余关闭，开启温控系统

在生物反应器的设计中，发酵罐的管路设计与微机控制技术密切相关，现以温控和通气管路设计为例进行说明。在温控管路的设计中，考虑到几种温控模式，提出了温控自识别切换系统的设计，即：① 在空气温度低于 20℃的条件下，发酵罐采用内加温自循环温控方式；② 在空气温度介于 20～30℃时，采用用内加温和自来水外循环的控温方式；③ 在空气温度大于 30℃时，采用内加温和冰水内循环的控温方式。3 种模式由计算机自动识别，控制管路电磁阀执行机构，自动实现模式转换。同时，将种子罐和发酵罐串联，实现一体化控制。微机控制的管路设计见图 8-3。

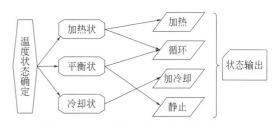

图 8-3　气升式发酵罐温控软件的设计

六、温控自识别切换管路设计

温控自识别切换管路按图 8-4 安装后，设计了微机控制软件，实现了微机控制发酵系统中的温控自识别、管路执行机构自动切换，在空气温度低于 20℃时，发酵罐自动采用内加温自循环温控方式；在空气温度介于 20～30℃时，自动采用用内加温和自来水外循环的控温方式；在空气温度大于 30℃时，自动采用内加温和冰水内循环的控温方式，发酵过程的温度控制误差在 ±1℃以内，符合生物杀菌剂的生产要求。这一系统的设计成功，提高了控温精度，实现了发酵罐温控的自动化，节约了温控能源。

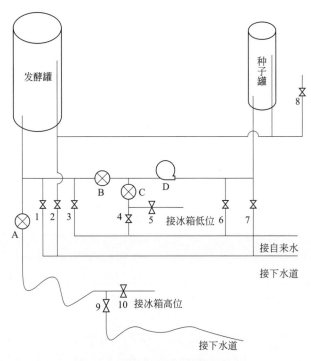

图 8-4 温控自识别切换管路状态

A—冷却循环水出口电磁阀；B—加热循环电磁阀；C—冷却循环水进口电磁阀；D—增压水泵；
1—发酵罐排水阀；2—手动冷却排水阀；3—发酵罐手动冷却进水阀；4—冷却循环自来水进水阀；
5—冷却循环冰箱水进水阀；6—种子罐手动冷却进水阀；7—种子罐排水阀；8—排空阀（排水用）；
9—冷却循环出水接口（接下水道）；10—冰箱高位接口阀（冰箱冷却用）

空气管路设计方案，本设备属非标设计，发酵罐采用气升式供气系统，罐内喷气管压迫气流循环设计，喷气管结构为双层同心管，管长 100mm，外管径 30mm，内管径 10mm，顶部外管处留有环流孔，底部气体分布器采用多孔式喷头，当压缩气体进入喷气管时，在罐底形成强烈射流，与顶部环流孔形成气流循环。种子罐采用简单进气管，空气管路结构原理见图 8-5。气升式发酵灌的设计，与搅拌式发酵罐相比提高溶氧量达 30% 以上，节约空气使用量 20% 以上，提高了发酵水平，同时控制方法更为简便。

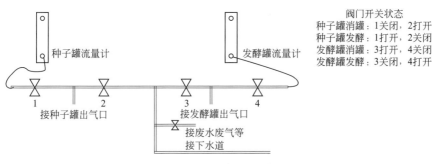

阀门开关状态
种子罐消罐：1关闭，2打开
种子罐发酵：1打开，2关闭
发酵罐消罐：3打开，4关闭
发酵罐发酵：3关闭，4打开

种子罐流量计

发酵罐流量计

1　　　　2　　　　3　　　　4

接种子罐出气口　　　接发酵罐出气口

接废水废气等
接下水道

图 8-5　气升式发酵罐供气管路设计

第二节
畜禽粪污降解菌的诱变育种

一、基于突变体库构建的芽胞杆菌筛选

畜禽粪污降解菌由多种类群的微生物组成，广泛分布于土壤、水源以及动物粪便、植物体内等，在粪污降解、环境保护、动植物生长中扮演重要的角色。从自然环境中分离的部分菌株能够产生许多活性物质，但由于其产率并不高，应用过程中需要加以优化筛选。利用物理、化学和生物诱变技术构建突变体库，为目标菌株的筛选奠定基础，并为菌株进一步在代谢及基因方面的研究提供前提条件及参考信息。现在大多数微生物菌株的突变体库构建利用转座子随机插入形成插入突变体库，以便进一步作基因功能的研究，但也不乏利用传统诱变方法构建诱变突变体库，为微生物的资源利用提供平台。例如周游等（2012）利用 ^{60}Co 射线构建青枯雷尔氏菌无致病力菌株 FJAT-1458 突变体库，比较诱变后菌株与出发菌株在生长特性、防效、定植方面的异质性。大多数植物突变体库的构建采用这种传统的诱变方法，事实证明物理化学诱变也可在微生物突变体库的构建中应用良好。

紫外诱变、氯化锂化学诱变及其复合诱变技术由于操作性强、安全性好和诱变效率高等优点，广泛应用于微生物目标菌株的筛选。Sun 等（2011）利用紫外线和氯化锂诱变筛选出较出发菌株高产 6 倍莫那可林 K 的红曲霉突变株；同时，芽胞杆菌（*Bacillus* sp.）B26 是产 *R*-(*α*)- 邻羟基苯乙酸（HPA）的菌株，通过紫外、紫外 - 氯化锂两种方式诱变选育高产 *R*-(*α*)- HPA 的突变菌株，紫外诱变突变株 UV-38 和复合诱变突变株 LiU-11 在出发菌株的基础上，其 HPA 产量分别提高 39.1% 和 65.4%，从诱变效率方面，紫外 - 氯化锂复合诱变比紫外单一诱变效果好（Chen et al.，2011）。

短短芽胞杆菌（*Brevibacillus brevis*）FJAT-0809 由本实验室从土壤分离纯化并保存，具有高效的畜禽粪污降解能力、广谱动植物病原的抑菌性，产生的羟苯乙酯对土壤和粪污中的大丽轮枝菌（*Verticillium dahliae*）、黑白轮枝菌（*Verticillium alboatrum*）、真菌轮枝霉（*Verticilium fungicola*）、胶孢炭疽菌（*Colletotrichum gloeosporioides*）、桃褐腐丛梗孢（*Monilialaxa*）和青枯雷尔氏菌（*Ralstonia solanaceaum*）等多种病原菌具有拮抗作用和抑菌作用（葛慈斌等，2009；郝晓娟等，2007），近年来逐渐成为生防菌的研究热点。

以短短芽胞杆菌 FJAT-0809 为出发菌株，以莲雾黑腐病菌为病原指示菌，利用紫外（UV）诱变、氯化锂（LiCl）化学诱变以及 UV-LiCl 复合诱变三种方法构建诱变突变体库，获得三种诱变方式的最佳诱变条件，从突变体库中筛选出高抑菌活性突变株，筛选产羟苯乙酯含量高的菌株，作为下一步研究的基础。

1. 研究方法

（1）菌株来源　试验中短短芽胞杆菌（*Brevibacillus brevis*）FJAT-0809 为诱变出发菌株，由本实验室从西瓜根际土壤中分离纯化并保存；莲雾黑腐病菌（*Lasiodiplodia theobomae*）FJAT-9860 作为病原指示菌，由本实验室从腐烂莲雾果实上分离纯化并保存。

（2）培养基　LB 液体培养基：1.0% 胰蛋白胨，0.5% 酵母浸粉，0.5%NaCl。LB 固体培养基：1.0% 胰蛋白胨，0.5% 酵母浸粉，0.5%NaCl，1.7% 琼脂。

发酵培养基：1.0% 可溶性淀粉，0.5% 牛肉膏，1.0% 蛋白胨，0.3% 酵母提取粉，0.5% NaCl，0.5% CaCl$_2$，pH7.2。

PDA 液体培养基：每升培养基中含有马铃薯 200.0g（去皮），葡萄糖 20.0g。

PDA 半固体培养基：每升培养基中含有马铃薯 200.0g（去皮），葡萄糖 20.0g，每 200mL 培养基中含琼脂 1.4g。

PDA 固体培养基：每升培养基中含有马铃薯 200.0g（去皮），葡萄糖 20.0g，每 200mL 培养基中含琼脂 3.4g。

（3）主要试剂　见表 8-3。

表 8-3　主要试剂信息表

试剂名称	级别	配制方法
8.5g/L 无菌生理盐水	分析纯	将 8.5g 氯化钠溶于 1000mL 蒸馏水中，121℃灭菌 15min
50%（质量分数）LiCl 溶液	分析纯	称取 5.0g LiCl 粉末溶于适量超纯水中，定容至 10mL，用 0.22μm 微孔滤膜过滤即可
1.0mol/L NaOH 溶液	分析纯	称取适量 NaOH 粉末溶于超纯水中即可
100g/L SDS 溶液	分析纯	将 10.0g SDS 置于 100mL 超纯水中加热溶解即可

（4）主要仪器　本实验采用北京博朗特科技有限公司 X-30G 紫外灯（波长为 254nm）；Thermo Scientific NanoDrop 2000C 紫外分光光度计；Eppendoff centrifuge 5418R 高速离心机；QYC-2102 大容量双层全温摇床（宁波江南仪器制造厂）；高压灭菌锅（Autoclave GI54D）；TS-1 型脱色摇床；DYY-6C 型电泳仪（北京市六一仪器厂）；普通电子显微镜（Nikon ECLIPSE E100）；血细胞计数板；游标卡尺（广陆电子数显卡尺，MC 桂制 03000002）等。

（5）短短芽胞杆菌 FJAT-0809 单细胞悬液制备　短短芽胞杆菌种子液的制备，将短短芽胞杆菌在 LB 固体培养基上活化，培养 24h 后挑取单菌落接种于 20mL LB 液体培养基中，30℃，170r/min 培养 16h。单细胞悬液的制备，以 1% 的接种量将种子液接种于 LB 液体培养基中，培养 10h（短短芽胞杆菌生长对数中期）后，取 10mL 培养液至无菌离心管中，10000r/min 离心 2min 收集菌体，用无菌生理盐水洗涤菌体两次，将沉淀重悬于无菌生理盐水中，调节菌悬液浓度为 $10^6 \sim 10^8$CFU/mL。

（6）短短芽胞杆菌 FJAT-0809 的物理诱变

① 紫外诱变致死率曲线制作　打开紫外灯预热约 20min，取 10mL 单细胞悬浮液置于 9cm 无菌平皿中，在距离 30W 紫外灯 10cm、20cm 和 30cm 处，打开匀速脱色，再打开皿盖，开始计时。辐射时间分别是 0s（对照）、40s、50s、60s、70s、80s，在黑暗环境下分别取不同时间诱变处理液逐级稀释。取稀释倍数为 $10^{-4} \sim 10^{-2}$ 的单菌落菌悬液涂布在 LB 平板上，每个处理涂 3 个平板，用黑纸包扎后 30℃避光培养 48h 后计数。以未经紫外照射的单细胞悬液为对照，计算细胞的致死率。致死率的计算见式（8-1）：

$$致死率 = \frac{对照组平板菌落数 - 诱变平板菌落数}{对照组平板菌落数} \times 100\% \tag{8-1}$$

② UV 诱变　选取合适的诱变条件对短短芽胞杆菌 FJAT-0809 的单细胞悬液进行紫外诱变。紫外照射后将单细胞悬液逐步稀释，在黑暗环境下涂板，30℃避光培养 48h 后统计菌落数，每个处理重复 3 次。

（7）短短芽胞杆菌 FJAT-0809 的化学诱变

① 化学诱变致死率曲线制作　将短短芽胞杆菌单细胞悬液利用无菌生理盐水稀释至 10^{-2}、10^{-3}、10^{-4} 浓度，分别将其均匀涂布于含有 0%、0.1%、0.3%、0.5%、0.7% 的氯化锂固体平板上，30℃恒温培养 48h 后计数，每个处理重复 3 次。以未添加 LiCl 的固体平板为对照，计算细胞的致死率。

② LiCl 化学诱变　选取合适的化学诱变条件对短短芽胞杆菌 FJAT-0809 的单细胞悬液进行化学诱变。将处理好的单细胞悬液适当稀释后均匀涂布于含有合适 LiCl 浓度 LB 平板上，30℃恒温培养 48h 后统计菌落数，每个处理重复 3 次。

（8）短短芽胞杆菌 FJAT-0809 的复合诱变

① 复合诱变致死率曲线制作　含氯化锂不同浓度梯度的 LB 平板制备：将配制的 50% 的氯化锂溶液按比例加入熔化的 LB 固体培养基中，形成含有 0%、0.1%、0.3%、0.5%、0.7% 氯化锂的平板，备用。按上述方法作诱变处理，其中诱变时间变更为 30s 和 50s。取稀释倍数 $10^{-2} \sim 10^{-4}$ 的单菌落菌悬液 200μL 涂布在含氯化锂不同浓度梯度的 LB 平板上，30℃避光培养 48h 计数，每个处理重复 3 次。以未进行任何处理的单细胞悬液作对照，计算细胞的致死率。致死率计算见式（8-1）。

② 紫外和氯化锂复合诱变　选取合适的复合诱变条件对短短芽胞杆菌 FJAT-0809 的单细胞悬液进行物理和化学复合诱变。将紫外诱变后的单细胞悬液适当稀释后均匀涂布于含有合适 LiCl 浓度的 LB 平板上，30℃避光培养 48h，每个处理重复 3 次。

（9）短短芽胞杆菌诱变子的抑菌初筛　以莲雾黑腐病菌（FJAT-9860）为指示菌，采用 PDA 平板对峙生长法进行短短芽胞杆菌紫外诱变子的抑菌活性初筛。将初筛的诱变子菌株和出发菌株分别点接在距平板中央 3cm 处的 6 个点上，平板中央同时移入一直径 0.3cm 的莲雾黑腐病菌琼脂块，置于 28℃培养箱培养 2 ~ 3d。利用游标卡尺以十字交叉法测定每个初筛菌株的菌落直径和抑菌圈直径，计算 HC 值，并与出发菌株作比较分析，具体计算见式（8-2）：

$$HC值 = \frac{抑菌圈直径}{菌落直径} \tag{8-2}$$

（10）短短芽胞杆菌诱变子的抑菌复筛　采用打孔法进行短短芽胞杆菌诱变子抑菌活性复筛检测。主要操作流程如下：挑取初筛后的诱变子单菌落接种于 20mL LB 培养基中，30℃，170r/min 培养 16h，作为种子液备用；以 1% 的接种量将种子液接种于发酵培养基中，30℃，170r/min 培养 48h 后，将发酵液 10000r/min 离心 2min 取上清液备用；同时接种莲雾黑腐病菌 FJAT-9860 于 PDA 液体培养基中，28℃，200r/min 培养 48h；在制备好的 PDA 固体平板上均匀铺满含有指示菌 FJAT-9860 菌丝的 PDA 半固体培养基，冷却后待用；在 PDA 双层平板上利用直径 2cm 的打孔器打孔，并在每个孔中加 100μL 对应标记菌株的发酵上清液，28℃恒温培养 48h。以出发菌株短短芽胞杆菌 FJAT-0809 作为对照进行抑菌实验，每个处理重复 3 次。利用游标卡尺以十字交叉法测定抑菌圈的直径，做好相关的数据记录。利用 DPS 统计软件对菌株的抑菌圈直径作差异显著性分析，比较紫外诱变菌株与原始菌抑菌圈直径之间的差异。

（11）短短芽胞杆菌突变子的分子鉴定

① 提取突变株全基因组 DNA，提取方法采用水煮法：首先向 1.5mL 无菌离心管中加入 16.5μL 无菌水，然后将菌落挑入离心管中，在加入 1μL 1.0mol/L NaOH 溶液和 2.5μL 10% SDS 溶液，沸水浴煮沸 15min 后加入 80μL 无菌水，13000r/min 离心 2min，取上清液作为 PCR 模板。

② 采用短短芽胞杆菌特异性检测引物 Brev-F（5'AGACCGGGATAACATAGGGAAACTTAT3'）和 Brev-R（5'GGCATG CTGATCCGCGATTACTAGC3'）进行 PCR 反应，并以灭菌的去离子水作为阴性对照。25μL 反应体系：18.7μL 无菌去离子水，2.5μL 10×PCR Buffer，0.5μL dNTP（10μmol/μL），1.0μL Brev-F 上游引物（10μmol/μL），1.0μL Brev-R 下游引物（10μmol/μL），0.3μL Taq 酶，1.0μL 模板 DNA。PCR 循环参数：94℃预变性 5min；94℃变性 1min；55℃退火 1.5min；72℃延伸 1.5min，25 个循环；最后 72℃延伸 5min。目的片段大小为 1200bp 左右，根据 PCR 反应结果电泳图中条带的有无，确定该菌株是否为短短芽胞杆菌。

（12）短短芽胞杆菌 FJAT-0809 突变株的稳定性检测　从正突变株中挑选 6 株做进一步抑菌活性稳定性检测。将活化的菌液以 1% 的接种量转接至发酵培养基，30℃、170r/min 培养 48h，作为稳定性检测第一代。培养 48h 后将发酵液再次以 1% 的接种量转接至新鲜发酵培养基，30℃、170r/min 培养 48h，以此类推，进行连续五代的菌株抑菌活性的稳定性检测，每个处理重复三次。

2. 物理诱变

（1）UV 诱变致死率曲线制作　UV（紫外）诱变是一种常见的物理诱变，它的主要作用机理是由于 DNA 对紫外的吸收，在 260nm 处有一个最大吸收量的峰，由于能量的作用，引起嘧啶碱基发生损伤和变化，进而导致相应的基因发生突变。根据相关文献报道和育种经验，当细胞致死率为 80% 左右时，有利于正突变子的形成。通过对出发菌株短短芽胞杆菌 FJAT-0809 进行不同时间的紫外辐照处理，确定最佳的紫外诱变时间和诱变距离。试验结果见图 8-6。随着紫外线照射时间的延长，短短芽胞杆菌的致死率逐渐升高，当诱变时间为 80s 时菌体几乎全部死亡，致死率接近 100%，致死率和紫外诱变时间成正比。当诱变功率为 30W、诱变距离为 20cm 和诱变时间为 50s 时的致死率为 83.58%。因在致死率为 80% 左右时正突变率较高，从而选择 20cm 和 50s 为最佳诱变条件。

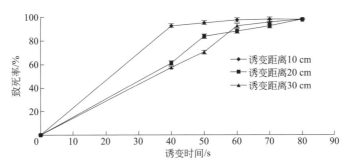

图 8-6　短短芽胞杆菌的紫外诱变致死率曲线

（2）紫外诱变筛选结果　将短短芽胞杆菌单细胞悬液在距离 30W 紫外灯 20cm 处辐射诱变 50s，适当稀释后涂布，挑取诱变子菌株进行抑菌活性筛选。采用 PDA 平板对峙生长法进行抑菌活性初筛，通过比较诱变子菌株抑菌的 H/C 比值和出发菌株的差异，挑选其 H/C 值与出发菌株存在差异的诱变子（见图 8-7），试验结果表明 800 株诱变子菌株经过初筛存在 150 株菌株与短短芽胞杆菌出发菌株的抑菌活性存在差异。

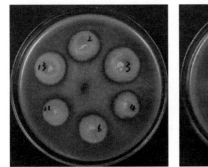

图 8-7　短短芽胞杆菌诱变子抑菌活性初筛图
图中数字代表短短芽胞杆菌菌株编号，方框代表短短芽胞杆菌出发菌株 FJAT-0809

采用打孔法进行抑菌活性复筛，通过比较诱变子菌株的抑菌圈直径和短短芽胞杆菌出发菌株的差异，利用 DPS 软件新复极差法进行两两比较差异显著性分析，当 P 值小于 0.05 时表明差异显著的假设成立，通过 P 值的大小可筛选得到抑菌活性与出发菌株存在显著差异的突变子。试验结果表明，150 株诱变子菌株经过复筛得到 128 株菌株与出发菌株的抑菌活性存在显著差异，其中 62 株突变子的抑菌活性显著高于出发菌株（见表 8-4），66 株突变子的抑菌活性显著低于出发菌株。图 8-8 显示的是 3 株高抑菌活性正突变株的抑菌圈检测图，其编号分别为 FJAT-17952、FJAT-17953 和 FJAT-17954，其抑菌圈直径分别比出发菌株提高了 4.8%、16.02% 和 15.92%。

表 8-4　62 株高抑菌活性突变子的抑菌圈直径测定

突变株编号	抑菌圈直径 /mm	出发菌株编号	抑菌圈直径 /mm	P 值（<0.05）
1（FJAT-17952）	27.86 ± 0.72	FJAT-0809	26.57 ± 0.98	0.030
2	27.95 ± 1.09	FJAT-0809	26.57 ± 0.98	0.034

续表

突变株编号	抑菌圈直径 /mm	出发菌株编号	抑菌圈直径 /mm	P 值（<0.05）
3	28.05 ± 0.68	FJAT-0809	26.57 ± 0.98	0.024
4	28.42 ± 1.39	FJAT-0809	26.57 ± 0.98	0.005
5	27.98 ± 0.63	FJAT-0809	26.57 ± 0.98	0.031
6	31.70 ± 1.29	FJAT-0809	29.52 ± 0.59	0.000
7	30.87 ± 0.90	FJAT-0809	29.52 ± 0.59	0.022
8	33.78 ± 0.61	FJAT-0809	29.52 ± 0.59	0.000
9	33.00 ± 0.24	FJAT-0809	29.52 ± 0.59	0.000
10	33.67 ± 0.61	FJAT-0809	29.52 ± 0.59	0.000
11（FJAT-17953）	34.25 ± 0.82	FJAT-0809	29.52 ± 0.59	0.000
12	30.72 ± 0.56	FJAT-0809	29.52 ± 0.59	0.041
13	32.62 ± 1.32	FJAT-0809	29.52 ± 0.59	0.000
14	32.45 ± 1.70	FJAT-0809	29.52 ± 0.59	0.000
15	30.88 ± 0.23	FJAT-0809	29.52 ± 0.59	0.020
16	33.08 ± 0.04	FJAT-0809	29.52 ± 0.59	0.000
17	30.53 ± 0.51	FJAT-0809	29.52 ± 0.59	0.042
18	32.45 ± 1.57	FJAT-0809	29.52 ± 0.59	0.000
19	30.73 ± 0.58	FJAT-0809	29.52 ± 0.59	0.016
20	31.85 ± 0.68	FJAT-0809	29.52 ± 0.59	0.000
21	33.02 ± 0.81	FJAT-0809	29.52 ± 0.59	0.000
22	32.33 ± 0.80	FJAT-0809	29.52 ± 0.59	0.000
23	30.95 ± 0.48	FJAT-0809	29.52 ± 0.59	0.005
24	31.48 ± 0.91	FJAT-0809	29.52 ± 0.59	0.000
25	30.82 ± 0.21	FJAT-0809	29.52 ± 0.59	0.010
26（FJAT-17954）	34.22 ± 0.52	FJAT-0809	29.52 ± 0.59	0.000
27	33.32 ± 1.52	FJAT-0809	29.52 ± 0.59	0.000
28	31.63 ± 1.33	FJAT-0809	29.52 ± 0.59	0.000
29	31.28 ± 0.97	FJAT-0809	29.52 ± 0.59	0.001
30	30.92 ± 0.65	FJAT-0809	29.52 ± 0.59	0.006
31	31.18 ± 1.25	FJAT-0809	29.52 ± 0.59	0.001
32	30.80 ± 1.35	FJAT-0809	28.98 ± 0.21	0.008
33	30.42 ± 0.66	FJAT-0810-GLX	28.98 ± 0.22	0.049
34	27.32 ± 0.81	FJAT-0809	23.00 ± 0.49	0.000
35	27.90 ± 1.06	FJAT-0809	23.00 ± 0.49	0.000
36	25.91 ± 0.89	FJAT-0809	23.00 ± 0.49	0.000
37	28.40 ± 0.30	FJAT-0809	23.00 ± 0.49	0.000

续表

突变株编号	抑菌圈直径 /mm	出发菌株编号	抑菌圈直径 /mm	P 值（<0.05）
38	28.42 ± 0.96	FJAT-0809	23.00 ± 0.49	0.000
39	26.88 ± 1.09	FJAT-0809	23.00 ± 0.49	0.000
40	28.13 ± 1.12	FJAT-0809	23.00 ± 0.49	0.000
41	29.98 ± 0.74	FJAT-0809	23.00 ± 0.49	0.000
42	27.27 ± 0.29	FJAT-0809	23.00 ± 0.49	0.000
43	28.80 ± 0.74	FJAT-0809	23.00 ± 0.49	0.000
44	29.73 ± 1.21	FJAT-0809	23.00 ± 0.49	0.000
45	27.58 ± 0.89	FJAT-0809	23.00 ± 0.49	0.000
46	29.02 ± 0.72	FJAT-0809	23.00 ± 0.49	0.000
47	26.28 ± 0.53	FJAT-0809	23.00 ± 0.49	0.000
48	27.17 ± 0.57	FJAT-0809	23.00 ± 0.49	0.000
49	26.01 ± 0.67	FJAT-0809	23.00 ± 0.49	0.000
50	27.03 ± 0.76	FJAT-0809	23.00 ± 0.49	0.000
51	24.60 ± 0.58	FJAT-0809	23.00 ± 0.49	0.013
52	27.97 ± 0.57	FJAT-0809	23.00 ± 0.49	0.000
53	29.45 ± 0.38	FJAT-0809	23.00 ± 0.49	0.000
54	30.68 ± 1.34	FJAT-0809	23.00 ± 0.49	0.000
55	26.97 ± 1.39	FJAT-0809	23.00 ± 0.49	0.000
56	25.09 ± 0.73	FJAT-0809	23.00 ± 0.49	0.045
57	28.42 ± 2.03	FJAT-0809	23.00 ± 0.49	0.000
58	28.25 ± 0.67	FJAT-0809	23.00 ± 0.49	0.000
59	25.05 ± 0.72	FJAT-0809	23.00 ± 0.49	0.049
60	28.45 ± 2.75	FJAT-0809	23.00 ± 0.49	0.000
61	25.30 ± 1.29	FJAT-0809	23.00 ± 0.49	0.028
62	25.87 ± 1.17	FJAT-0809	23.00 ± 0.49	0.007

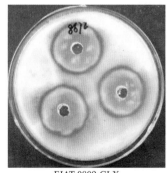
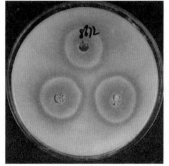
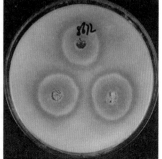

FJAT-0809-GLX　　　　　　　FJAT-0809-GLX　　　　　　　FJAT-0809-GLX

图 8-8

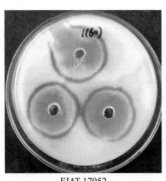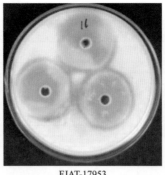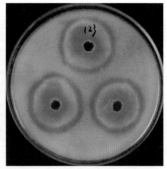

FJAT-17952　　　　　　　FJAT-17953　　　　　　　FJAT-17954

图 8-8　3 株短短芽胞杆菌突变株抑菌圈检测

3. 化学诱变

（1）化学诱变致死率曲线的制作　将短短芽胞杆菌单细胞悬液涂布于含有 LiCl 不同浓度梯度的 LB 平板上，通过计数菌落数，确定最佳的 LiCl 添加浓度。试验结果表明，当 LiCl 添加浓度为 0.3% 时，短短芽胞杆菌的致死率为 87.85%（见图 8-9），在此实验中可能得到最佳正突变率。

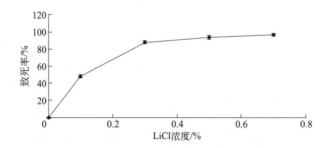

图 8-9　短短芽胞杆菌化学诱变致死率曲线

（2）LiCl 化学诱变筛选结果　将短短芽胞杆菌单细胞悬液适当稀释后均匀涂布于含有 0.3% LiCl 的 LB 固体平板，挑取诱变子菌株进行抑菌活性筛选。将 200 株诱变子菌株通过 PDA 平板对峙生长法进行初筛，得到 12 株诱变子的 H/C 值与出发菌株存在差异。将 12 株诱变株作抑菌活性复筛，并利用 DPS 统计软件对抑菌圈直径进行差异显著性分析，试验结果表明存在 3 株诱变子菌株较出发菌株的抑菌活性显著降低（见表 8-5）。

表 8-5　3 株短短芽胞杆菌化学突变子抑菌圈直径测定

突变株编号	抑菌圈直径 /mm	出发菌株编号	抑菌圈直径 /mm	P 值（<0.05）
FJAT-17990	16.38 ± 2.61	FJAT-0809	25.92 ± 0.55	0.010
FJAT-17991	23.25 ± 2.39	FJAT-0809	25.92 ± 0.55	0.028
FJAT-17992	20.42 ± 0.97	FJAT-0809	25.92 ± 0.55	0.022

4. 复合诱变

（1）复合诱变致死率曲线的制作　确定紫外诱变功率 30W 和距离 20cm，经过 30s 和 50s 的紫外诱变，统计不同 LiCl 浓度平板上的菌落数，计算致死率，确定最佳紫外诱变时间和 LiCl 浓度组合。在诱变时间为 30s，LiCl 浓度为 0.3% 时短短芽胞杆菌的致死率为 85.72%，此种诱变组合正突变率可能最高。从图 8-10 中可以看出，当诱变时间为 50s 时，在不同的 LiCl 浓度条件下出发菌株的致死率均超过 90%，此种条件下负突变概率更大。另外，在相同 LiCl 浓度，不同紫外诱变时间的条件下可以看出，紫外诱变在其中作用更明显，LiCl 既可作为化学诱变剂也可作为助诱变剂辅助其他诱变效应，使之达到更好的诱变效果。

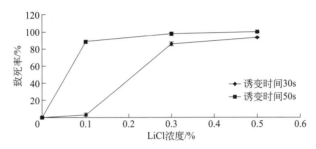

图 8-10　短短芽胞杆菌复合诱变致死率曲线

（2）UV 和 LiCl 诱变筛选结果　将短短芽胞杆菌单细胞悬液在距离 30W 紫外灯 20cm 处照射 30s，适当稀释后均匀涂布于含有 0.3% LiCl 浓度的 LB 固体平板，挑取诱变子菌株进行抑菌活性筛选。对 150 株诱变子菌株作抑菌活性初筛，试验结果表明 70 株诱变子菌株的抑菌活性和出发菌株存在显著差异。

将得到的 70 株诱变子菌株作抑菌活性复筛，得到 28 株突变株与出发菌株的抑菌活性存在差异，其中 18 株突变子抑菌活性显著高于出发菌株，10 株突变子较出发菌株的抑菌活性显著降低（见表 8-6），其中突变株 FJAT-17978、FJAT-17982 和 FJAT-17986 的抑菌活性增加较大，较出发菌株分别提高了 17.58%、20.15% 和 19.55%。

表 8-6　28 株短短芽胞杆菌复合诱变突变子抑菌圈直径测定

菌株编号	抑菌圈直径 /mm	出发菌株编号	抑菌圈直径 /mm	P 值（<0.05）
FJAT-17955	10.33 ± 1.46	FJAT-0809	14.32 ± 1.29	0.007
FJAT-17956	10.85 ± 0.25	FJAT-0809	14.59 ± 1.57	0.006
FJAT-17957	17.10 ± 0.91	FJAT-0809	20.94 ± 2.31	0.012
FJAT-17958	11.18 ± 1.22	FJAT-0809	20.94 ± 2.31	0.000
FJAT-17959	16.51 ± 1.03	FJAT-0809	20.94 ± 2.31	0.006
FJAT-17960	18.30 ± 2.63	FJAT-0809	24.58 ± 2.05	0.014
FJAT-17961	18.07 ± 3.49	FJAT-0809	24.58 ± 2.05	0.012
FJAT-17962	14.47 ± 2.05	FJAT-0809	24.58 ± 2.05	0.001
FJAT-17963	18.32 ± 1.80	FJAT-0809	24.14 ± 0.59	0.001
FJAT-17964	0.00 ± 0.00	FJAT-0809	24.14 ± 0.59	0.000
FJAT-17972	24.28 ± 2.03	FJAT-0809	21.89 ± 0.75	0.048

续表

菌株编号	抑菌圈直径 /mm	出发菌株编号	抑菌圈直径 /mm	P 值（<0.05）
FJAT-17973	24.31 ± 1.44	FJAT-0809	21.89 ± 0.75	0.048
FJAT-17974	24.94 ± 1.21	FJAT-0809	21.89 ± 0.75	0.013
FJAT-17975	24.67 ± 0.83	FJAT-0809	21.89 ± 0.75	0.023
FJAT-17976	24.71 ± 1.12	FJAT-0809	21.89 ± 0.75	0.022
FJAT-17977	25.21 ± 0.05	FJAT-0809	21.89 ± 0.75	0.007
FJAT-17978	25.74 ± 0.91	FJAT-0809	21.89 ± 0.75	0.002
FJAT-17979	24.38 ± 1.15	FJAT-0809	21.89 ± 0.75	0.042
FJAT-17980	24.60 ± 2.27	FJAT-0809	21.89 ± 0.75	0.027
FJAT-17981	24.50 ± 2.50	FJAT-0809	21.89 ± 0.75	0.033
FJAT-17982	26.30 ± 1.36	FJAT-0809	21.89 ± 0.75	0.000
FJAT-17983	24.78 ± 2.07	FJAT-0809	21.89 ± 0.75	0.019
FJAT-17984	24.74 ± 1.15	FJAT-0809	21.89 ± 0.75	0.110
FJAT-17985	25.03 ± 1.35	FJAT-0809	21.89 ± 0.75	0.011
FJAT-17986	26.17 ± 1.90	FJAT-0809	21.89 ± 0.75	0.002
FJAT-17987	24.60 ± 1.75	FJAT-0809	21.89 ± 0.75	0.039
FJAT-17988	24.74 ± 2.14	FJAT-0809	21.89 ± 0.75	0.030
FJAT-17989	24.96 ± 1.37	FJAT-0809	21.89 ± 0.75	0.020

5. 突变子分子鉴定

利用 PCR 反应将得到的突变株进行特异性分子检测，鉴定其是否为短短芽胞杆菌。PCR 扩增后进行琼脂糖凝胶电泳检测，电泳结果表明，编号为 1～30 的突变株在 1200bp 处出现明亮条带，且条带单一，阴性对照无条带，说明 PCR 扩增无污染，扩增结果可信。同时阳性对照（出发菌株短短芽胞杆菌 FJAT-0809）在相同位置出现单一条带（见图 8-11，图中仅显示部分菌株的检测结果），由此说明突变株均为短短芽胞杆菌。

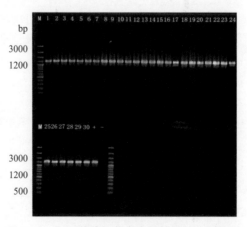

图 8-11　短短芽胞杆菌突变株特异性分子检测

M 代表 marker；图中 1～30 代表挑取的诱变子菌株；＋代表短短芽胞杆菌 FJAT-0809 出发菌株，作为阳性对照；－代表阴性对照

6. 突变株稳定性检测

将 3 株高抑菌活性紫外诱变突变株 FJAT-17952、FJAT-17953 和 FJAT-17954 和诱变出发菌株 FJAT-0809 做连续 5 代抑菌活性检测，比较其和出发菌株的抑菌活性大小，从而判断突变株的稳定性。另外，对 3 株复合诱变突变子 FJAT-17978、FJAT-17982 和 FJAT-17986 同样进行抑菌活性稳定性检测。

试验结果表明，3 株紫外诱变突变株在稳定性检测中抑菌效果良好（图 8-12）。其中突变株 FJAT-17952 在连续 5 代检测中抑菌活性均高于出发菌株，而突变株 FJAT-17953 和 FJAT-17954 在四代检测中抑菌活性高于出发菌株，只在其中一代和出发菌株抑菌活性相差不大。总体来看，3 株高抑菌活性的紫外突变株抑菌活性稳定。

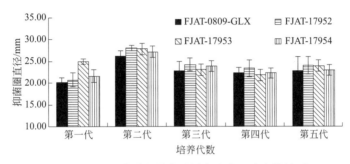

图 8-12　短短芽胞杆菌紫外诱变突变子稳定性检测

图 8-13 显示复合诱变突变株 FJAT-17986 在连续五代中都表现较高的抑菌活性，而突变株 FJAT-17978 和 FJAT-17982 在 4 代中抑菌活性都较高，二菌株同样具有较好的抑菌活性稳定性。由此可知短短芽胞杆菌突变株 FJAT-17978、FJAT-17982 和 FJAT-17986 抑菌活性稳定。

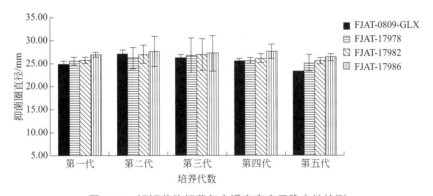

图 8-13　短短芽胞杆菌复合诱变突变子稳定性检测

7. 讨论

诱变育种技术广泛应用于提高微生物的活性物质产量，生防菌株抑菌活性的诱变选育在国内外报道甚多。例如枯草芽胞杆菌 BS501a 经氮离子注入和 ^{60}Co 诱变复合诱变筛选到 5 株拮抗活性提高的突变菌株，突变株 BSC45 对稻瘟病菌对峙培养拮抗带宽平均为 7.5mm，比出发菌株 BS501a 与稻瘟病菌对峙培养拮抗带宽 6.05mm 提高 24%（李瑞芳等，2011）。Aftab 等（2012）利用 UV-MN-HN-6 复合诱变方法提高地衣芽胞杆菌的产杆菌肽的能力，从而使得其抑菌效果更加明显。对于短短芽胞杆菌，目前国内关于其诱变育种仅见一篇关于菌株产多糖能力诱变提高的报道（王志红等，2012），而关于其抑菌活性诱变育种及突变体库构建文献鲜见报道。

短短芽胞杆菌的抑菌活性主要体现在短杆菌素、羟苯乙酯等抑菌活性物质的代谢分泌以及和病原菌的拮抗作用，研究主要利用短短芽胞杆菌的发酵上清液进行抑菌活性检测，其发酵培养基采用出发菌株发酵最优培养基和发酵条件（郝晓娟等，2009），旨在出发菌株最佳抑菌活性的基础上建立突变体库，并从中筛选稳定性好且抑菌活性提高的突变菌株。本实验中作者利用紫外、氯化锂和紫外 - 氯化锂三种方式诱变短短芽胞杆菌 FJAT-0809，紫外诱变的最佳诱变条件为：紫外灯 30W，诱变距离 20cm，诱变时间 50s；化学诱变的最佳诱变条件：LB 培养基中 LiCl 添加浓度 0.3%；复合诱变的最佳诱变条件：紫外灯 30W，诱变距离 20cm，诱变时间 30s，添加 0.3% LiCl。以莲雾黑腐病菌 FJAT-9860 为指示菌，在最佳诱变条件下进行诱变，经过抑菌活性初筛、复筛、分子检测及抑菌显著性差异检测，构建抑菌活性存在差异的突变体库。从筛选结果上看，氯化锂单独作为化学诱变剂使用时诱变效果不佳，而作为助诱变剂使用时，UV-LiCl 复合诱变获得的突变株抑菌效果较单一紫外诱变获得的突变株提升更大，说明复合诱变较单一诱变效果更好。

从突变体库中选择 6 株正突变株，其编号分别为 FJAT-17952、FJAT-17953、FJAT-17954、FJAT-17978、FJAT-17982 和 FJAT-17986，进行 5 代抑菌活性稳定性检测，证明其稳定性较好，有望成为畜禽粪污降解和生防效果更好的短短芽胞杆菌菌株。

二、突变子生物学特性及其培养条件优化

畜禽粪污降解菌短短芽胞杆菌（*Brevibacillus brevis*）FJAT-0809 能有效地发酵粪污，粪污发酵是个综合过程，为了明确菌株特性，选择菌株产抑菌物质羟苯乙酯为指标，简化菌株筛选指标。筛选出的正突变株较出发菌株对莲雾黑腐病菌（*Lasiodiplodia theobomae*）FJAT-9860 具有更高的抑菌活性，具有更好的畜禽粪污降解特性。作为突变菌株，其生物学特性可能会出现相应的变化。研究主要针对短短芽胞杆菌突变株的特性进行，比较突变株 FJAT-17952、FJAT-17953、FJAT-17954 与出发菌株 FJAT-0809 的生物学特性差异，主要涉及生长过程中的形态特征和生长曲线的趋势，以及温度、pH 值、转速和装液量对突变株抑菌活性的影响，并比较出发菌株与突变株间的差异，为突变菌株后续的发酵生产奠定生物学基础。

1. 研究方法

（1）短短芽胞杆菌 FJAT-0809 突变子菌落形态观察　在 LB 平板上活化短短芽胞杆菌出发菌株和突变株，30℃培养48h 后将得到的菌落图拍照，并在体式显微镜上观察单菌落形态。

（2）短短芽胞杆菌 FJAT-0809 突变子生长曲线测定　以 1% 的接种量将活化的菌株接种于新鲜的 LB 液体培养基（250mL 锥形瓶装液 100mL）中，在波长 600nm 处测定光密度 OD_{600nm} 值，每 2h 测定一次。其中以 OD_{600nm} 值不超过 1.0 为标准，超过数值 1.0 的样本适当稀释后再进行测定。并以培养时间为横坐标、OD_{600nm} 值为纵坐标绘制短短芽胞杆菌 FJAT-

0809 出发菌株与突变株的生长曲线。

（3）温度对短短芽胞杆菌 FJAT-0809 突变子抑菌活性的影响

① 将种子液以 1% 接种量转接到发酵培养基中，分别在温度 20℃、25℃、30℃、35℃、40℃，170r/min 培养 48h，每个处理重复 3 次。同时将活化的莲雾腐生菌 FJAT-9860 转接 PDA 液体培养基，28℃、170r/min 培养 48h。

② 以莲雾黑腐病菌 FJAT-9860 为指示菌，利用打孔法对发酵上清液进行抑菌活性检测。

（4）pH 对短短芽胞杆菌 FJAT-0809 突变子抑菌活性的影响

① 将种子液以 1% 接种量转接到初始 pH5.0、6.0、7.0、8.0、9.0、10.0、11.0 和 12.0 的发酵培养基中，分别在 30℃、170r/min 培养 48h，每个处理重复 3 次。同时将活化的莲雾腐生菌 FJAT-9860 转接入 PDA 液体培养基中，28℃，170r/min 培养 48h。

② 以莲雾黑腐病菌 FJAT-9860 为指示菌，利用打孔法对发酵上清液进行抑菌活性检测。

（5）转速对短短芽胞杆菌 FJAT-0809 突变子抑菌活性的影响 将种子液以 1% 的接种量转接发酵培养基，分别在转速为 80r/min、100r/min、120r/min、150r/min、170r/min、190r/min 和 210r/min 于 30℃培养 48h，每个处理重复 3 次。同时将活化的莲雾腐生菌 FJAT-9860 转接入 PDA 液体培养基中，28℃、170r/min 培养 48h。以莲雾黑腐病菌 FJAT-9860 为指示菌，利用打孔法对发酵上清液进行抑菌活性检测。

（6）装液量对短短芽胞杆菌 FJAT-0809 突变子抑菌活性的影响

① 将种子液以 1% 的接种量转接到 30mL、50mL、80mL、100mL、120mL 和 150mL（锥形瓶总体积为 250mL）不同装液量的发酵培养基中，30℃、170r/min 培养 48h，每个处理重复 3 次。同时将活化的莲雾腐生菌 FJAT-9860 转接入 PDA 液体培养基中，28℃，170r/min 培养 48h。

② 以莲雾黑腐病菌 FJAT-9860 为指示菌，利用打孔法对发酵上清液进行抑菌活性检测。

2. 突变子菌落形态

通过体式显微镜观察短短芽胞杆菌 FJAT-0809 出发菌株和突变株 FJAT-17952、FJAT-17953 和 FJAT-17954 的菌落形态。观察结果显示（见图 8-14），培养 48d 后，短短芽胞杆菌出发菌株和突变株的菌落形态在 LB 固体培养基上相同，主要表现为菌落呈乳黄色，近似圆形，湿润，微隆，表面光滑，边缘呈放射状褶皱。由此表明短短芽胞杆菌出发菌株和突变株在抑菌活性上的差异并没有影响其菌落形态。

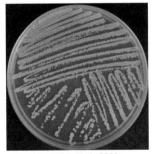

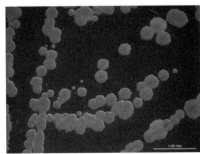

(a) FJAT-0809-GLX　　　(b) FJAT-0809-GLX

图 8-14

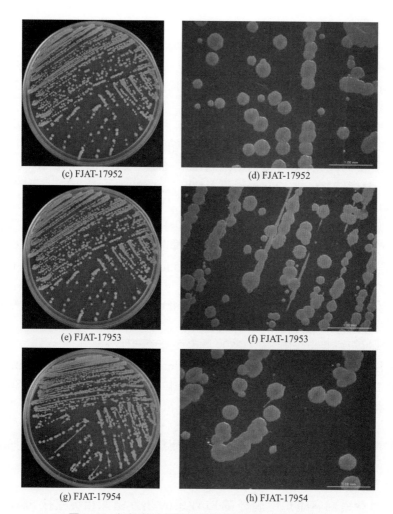

(c) FJAT-17952　　　　(d) FJAT-17952

(e) FJAT-17953　　　　(f) FJAT-17953

(g) FJAT-17954　　　　(h) FJAT-17954

图 8-14　短短芽胞杆菌出发菌株和突变子菌落特征

3. 突变子生长曲线测定

微生物生长曲线是以微生物数量（活细菌个数或细菌重量）为纵坐标、培养时间为横坐标绘制的曲线。微生物的生长引起培养物混浊度增高，通过紫外分光光度计测定一定波长下的光密度值，以判断微生物的生长状况，该方法可称作比浊法。

将短短芽胞杆菌出发菌株和突变株接种 LB 液体培养基，分别在 0h、2h、4h、6h、8h、10h、12h、14h、16h、18h、20h、22h、24h、26h 时取样测定波长为 600nm 处的 OD_{600nm} 值，以 OD_{600nm} 值为纵坐标、培养时间（h）为横坐标绘制菌株的生长曲线。图 8-15 显示，短短芽胞杆菌出发菌株 FJAT-0809 和突变株 FJAT-17952、FJAT-17953、FJAT-17954 的生长趋势一致。4 株短短芽胞杆菌在 0～4h 处于延滞期，生长 4h 后菌体数量开始以指数倍数迅速增加，处于对数生长期。短短芽胞杆菌出发菌株 FJAT-0809 和突变株 FJAT-17952、FJAT-17953 生长 12h 后达到稳定期，突变株 FJAT-17954 生长 14h 后达到稳定期，随后 OD_{600nm} 值缓慢下降，一段时间后菌体由于毒素积累等因素开始大量死亡，OD_{600nm} 值迅速下降达到衰亡期。因此，短短芽胞杆菌出发菌株和突变株的生长趋势相似，都能在培养12～14h时达到生长稳定期。

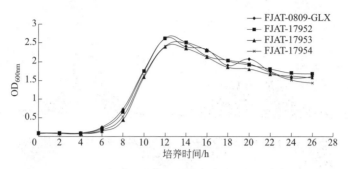

图 8-15　短短芽胞杆菌出发菌株和突变株生长曲线比较

4. 温度对突变子抑菌活性的影响

以莲雾黑腐病菌 FJAT-9860 为指示菌作供试菌株在不同温度条件下发酵上清液的抑菌效果检测，比较短短芽胞杆菌出发菌株与突变株抑菌圈直径大小，从而判定温度对不同菌株抑菌活性的影响。试验结果表明，短短芽胞杆菌出发菌株和突变株在35℃时抑菌活性最高，且突变株抑菌活性均高于出发菌株（图 8-16）。

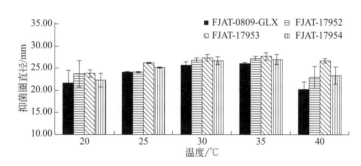

图 8-16　温度对短短芽胞杆菌出发菌株和突变株的影响

需要注意的是，出发菌株与突变株在20～35℃时，随着温度的升高其抑菌活性均逐渐增加。当温度为40℃时，短短芽胞杆菌出发菌株 FJAT-0809 的抑菌活性相较于35℃时急剧下降，突变株 FJAT-17952、FJAT-17954 抑菌活性也出现下降，但仍明显强于出发菌株，而突变株 FJAT-17953 的抑菌活性基本保持不变，此时 3 株突变株的抑菌活性均明显高于出发菌株，且突变株 FJAT-17953 的抑菌效果最好（图 8-17）。由此可以得出结论，短短芽胞杆菌出发菌株和 3 株突变株在35℃时抑菌活性最高，且 3 株突变株相较于出发菌株而言，其温度耐受性及抗逆性更强。

5. pH 对突变子抑菌活性的影响

以莲雾黑腐病菌 FJAT-9860 为病原指示菌，进行菌株在不同初始 pH 值条件下发酵上清液的抑菌效果检测，比较出发菌株与短短芽胞杆菌突变株抑菌直径大小，从而判定 pH 值对不同菌株抑菌活性影响。

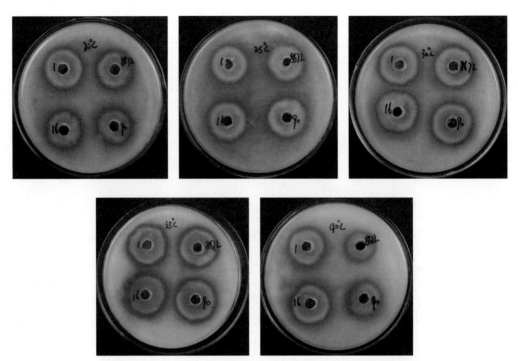

图 8-17　不同温度条件的短短芽胞杆菌发酵液抑菌检测

图中数字 8672 代表菌株 FJAT-0809；1 代表菌株 FJAT-17952，16 代表菌株 FJAT-17953；90 代表菌株 FJAT-17954

　　试验结果表明，出发菌株和突变株在 pH 值为 5.0 和 6.0 时没有抑菌圈出现，说明短短芽胞杆菌出发菌株和突变株对酸性环境敏感，即耐酸性较差。而当 pH 为中性至碱性时，出发菌株和突变株能够抑制病原菌的生长，特别是在初始 pH7.0 ～ 9.0 时，随着 pH 值的增加，4 株供试菌株表现较高的抑菌活性，且突变株抑菌活性高于出发菌株。其中初始 pH 值为 7.0 时出发菌株与突变株的抑菌活性最高，此时出发菌株的抑菌圈直径为 23.46mm，而突变株 FJAT-17952、FJAT-17953 和 FJAT-17954 的抑菌圈直径大小分别达到了 24.49mm、24.78mm 和 23.76mm（图 8-18）。

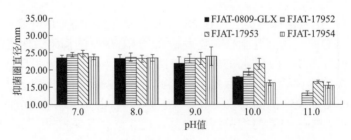

图 8-18　pH 值对短短芽胞杆菌出发菌株和突变株的影响

　　初始 pH 值为 9.0 时，出发菌株的抑菌圈直径明显减小，而 3 株突变株的抑菌圈直径并无明显差异，其抑菌圈直径仍明显大于出发菌株。短短芽胞杆菌出发菌株和突变株在 pH 10.0 时仍具有抑菌活性，其中 2 株突变株的抑菌活性均明显高于出发菌株，而突变株 FJAT-17954 的抑菌圈直径小于出发菌株。

初始 pH 值为 11.0 时，突变株 FJAT-17952、FJAT-17953 和 FJAT-17954 具有抑菌活性而出发菌株已丧失抑菌活性。当 pH12.0 时，出发菌株和突变株均失去了抑菌活性，没有出现抑菌圈（图 8-19）。由此得出，短短芽胞杆菌出发菌株和突变株在 pH 值为 7.0 时抑菌活性最高，3 株突变株比出发菌株酸碱耐受性和抗逆性更好，且在中性及碱性条件下抑菌活性高于出发菌株，其中突变株 FJAT-17953 的抑菌效果最好，酸碱适应能力更强。

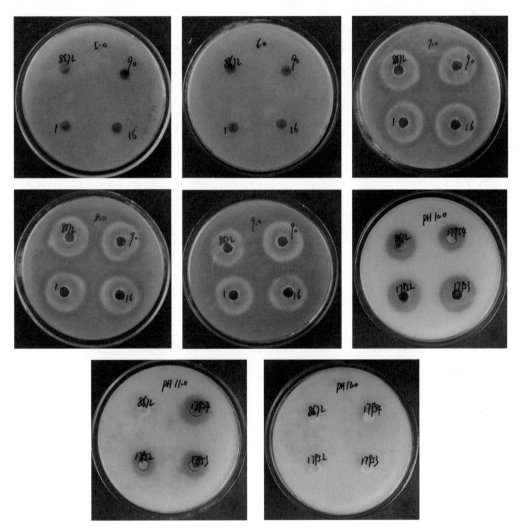

图 8-19 不同初始 pH 值条件的短短芽胞杆菌发酵液抑菌检测

图中数字 8672 代表菌株，FJAT-0809；1 代表菌株 FJAT-17952，16 代表菌株 FJAT-17953；90 代表菌株 FJAT-17954

6. 转速对突变子抑菌活性的影响

不同转速对发酵液产生的剪切力和溶氧不同，导致同一株菌株在不同转速条件下生长状况发生一定的变化，且不同菌株在相同的转速条件下由于对剪切力和溶氧等耐受性不同也会存在一定的差异。转速越小，溶氧的传质系数越小，剪切力越小；转速越大，溶氧的传质系数越大，剪切力越大。

本实验以莲雾黑腐病菌 FJAT-9860 为指示菌作不同供试菌株在不同转速条件下发酵上清液的抑菌效果检测，比较出发菌株与短短芽胞杆菌突变株抑菌直径大小，从而判定转速对不同菌株抑菌活性的影响。

试验结果表明，在转速为 80r/min 时，此时溶氧很少，短短芽胞杆菌出发菌株和突变株存在较大的差异，从图 8-20 中可以看出，此时短短芽胞杆菌突变株 FJAT-17952、FJAT-17953 和 FJAT-17954 的抑菌活性显著高于出发菌株 FJAT-0809，其中菌株 FJAT-17953 抑菌活性最强，由此说明突变株的溶氧耐受性更好。在转速为 100 ～ 210r/min 之间，短短芽胞杆菌出发菌株和突变株的抑菌活性并没有随着转速的增加存在较大的变化，在这个范围内 4 株供试菌株均表现较高的抑菌活性，其中当转速为 170r/min 时，出发菌株的抑菌圈直径为 23.30mm，突变株 FJAT-17952、FJAT-17953 和 FJAT-17954 的抑菌圈直径分别为 25.04mm、24.69mm 和 26.10mm。由此得出结论，在此种转速条件下 3 株突变株的抑菌活性明显高于出发菌株，与菌株筛选时选择此转速条件的试验结果一致。

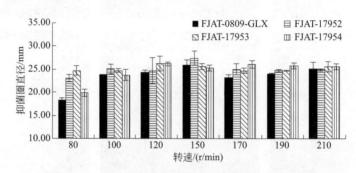

图 8-20　转速对短短芽胞杆菌出发菌株和突变株的影响

当转速为 150r/min 时，4 株短短芽胞杆菌菌株的抑菌效果最好。当转速为 80r/min 和 170r/min 时 4 株菌株的抑菌活性差异显著，此时突变菌株的抑菌活性明显高于出发菌株（图 8-21）。短短芽胞杆菌突变株的发酵溶氧耐受性较出发菌株更好，其中突变株 FJAT-17953 表现尤为明显，而培养过程中产生的剪切力对短短芽胞杆菌发酵培养影响较小。

7. 装液量对突变子抑菌活性的影响

相同容量的器皿盛装不同体积的溶液时其可用氧气量会发生相应的变化，本实验以莲雾黑腐病菌 FJAT-9860 为指示菌作供试菌株在不同装液量条件下发酵上清液的抑菌效果检测，比较出发菌株与短短芽胞杆菌突变株抑菌直径大小，从而判定装液量对不同菌株抑菌活性的影响。

试验结果表明（见图 8-22），当装液量为 100mL（锥形瓶容积为 250mL），即装液量为 40% 时，短短芽胞杆菌出发菌株和突变株表现出最高的抑菌活性，此时出发菌株抑菌圈直径为 22.16mm，突变株 FJAT-17952、FJAT-17953 和 FJAT-17954 的抑菌圈直径大小分别达到 24.90mm、23.08mm 和 23.09mm，因此 3 株突变株的抑菌活性高于出发菌株，由此说明装液量为 40% 时最有利于供试菌株的发酵培养。

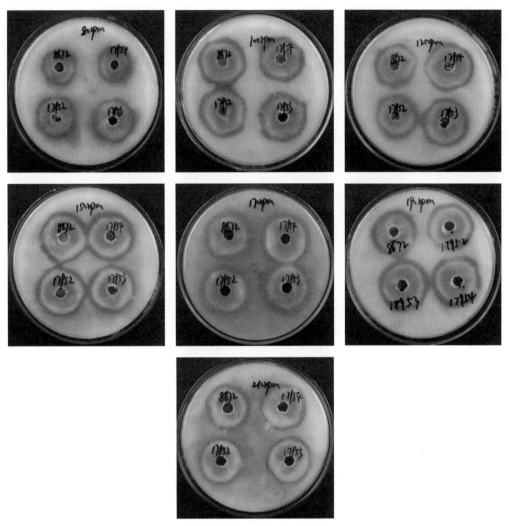

图 8-21　不同转速条件的短短芽胞杆菌发酵液抑菌检测

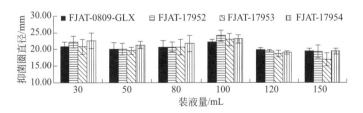

图 8-22　装液量对短短芽胞杆菌出发菌株和突变株的影响

　　当装液量在 30 ～ 80mL 之间时，出发菌株和突变株均保持较高的抑菌活性。和 100mL 装液量的抑菌效果相比，当装液量在 120 ～ 150mL 之间时，4 株供试菌株的抑菌活性存在显著下降，而 3 株突变株的抑菌活性小于出发菌株（图 8-23）。因此得出结论，在一定的范围内，装液量对短短芽胞杆菌的抑菌活性存在一定影响。

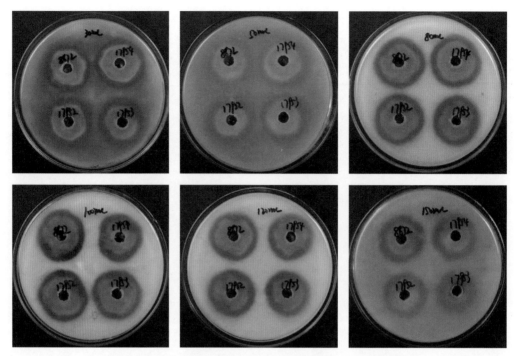

图 8-23　不同装液量条件的短短芽胞杆菌发酵液抑菌检测

8. 讨论

短短芽胞杆菌为革兰氏阳性菌，其菌体呈杆状、周身鞭毛、产芽孢、具有较强蛋白分泌能力（邱孙全等，2009）。短短芽胞杆菌菌株 FJAT-0809 在 NA 培养基上菌落呈浅黄色，无光泽，不透明，表面湿润。通过体式显微镜观察，发现菌落表面凹凸不平，有放射形皱褶（车建美，2011）。本节中菌株 FJAT-0809、FJAT-17952、FJAT-17953 和 FJAT-17954 培养 48h 后在 LB 培养基上形态相同，主要表现为菌落乳黄色，近似圆形，微隆，湿润，表面光滑，边缘呈放射状褶皱，因此同一菌株在不同培养基上菌落形态可能不同。另外，不同菌株的生长曲线可能相同也可能存在差异。短短芽胞杆菌出发菌株 FJAT-0809 和突变株 FJAT-17952、FJAT-17953 和 FJAT-17954 生长趋势一致，突变株 FJAT-17952、FJAT-17953 与出发菌株同时在第 12 小时达到稳定期，而突变株 FJAT-17954 在第 14 小时才能达到稳定期，其代谢机制可能与出发菌株间出现了差异，有待进一步探讨。

微生物的培养基成分对微生物的生长产生重大影响，同样其培养条件也对微生物的代谢作用明显，不同培养条件促使菌体生长速率不同，代谢呈现相应变化。温度是微生物生长代谢的重要限制因素之一，发酵温度会直接影响菌株的生长速率、代谢活力以及代谢途径，影响发酵次级代谢产物的生成，温度的不同决定发酵底物反应速度的变化（Williams et al.，2011）。例如张荣盛等（2013）发现解淀粉芽胞杆菌 Lx-11 在发酵条件的优化中温度、溶氧量和接种量是影响发酵活菌数的影响因子，其中温度在 30℃ 左右时抑菌效果最强，而地衣芽胞杆菌 FJAT-4 在 35℃ 时对的抑菌效果最强（葛慈斌等，2013）。本节中短短芽胞杆菌出发菌株和突变株在 35℃ 时抑菌活性最高，此时 3 株突变株的抑菌活性都高于出发菌株；在温度为 40℃时供试菌株的抑菌活性出现显著差异，其中出发菌株 FJAT-0809 抑菌活性显著下降，而突变株 FJAT-17952 和 FJAT-17954 抑菌活性略降低，但仍保持较好的活性，菌株 FJAT-17953 抑菌活性基本保持不变，因此 3 株突变株的温度耐受性更好。

pH 值在菌体的生长阶段和产物合成阶段往往不同，发酵液的酸碱性会影响菌体的繁殖速度及生长状况（Hamdache et al.，2012），因此初始 pH 值对发酵液中终产物的形成存在显著影响，合适的 pH 值是微生物代谢产生高含量目标物质的基础。林营志等（2011）发现 4 株多黏类芽胞杆菌 FJAT-4506、FJAT-4539、FJAT-4543 和 FJAT-4544 在 pH 6.0～9.0 的范围内均具有较好的抑菌活性，其中菌株 FJAT-4543 和 FJAT-4544 在 pH 6.0 时抑菌效果最好，菌株 FJAT-4506 和 FJAT-4539 在 pH 9.0 时抑菌作用最强。本节中，短短芽胞杆菌在 pH7.0 时抑菌活性最高，突变株抑菌活性高于出发菌株。在 pH10.0～11.0 时，突变株和出发菌株的抑菌活性差异显著。因此，三株突变株比出发菌株酸碱耐受性更强，且在中性及碱性条件下抑菌活性高于出发菌株。

调节转速是控制细菌摇瓶发酵过程中溶解氧的主要方式，不同细菌生长所需溶解氧有一定的差异。本章节发现在转速为 80r/min 时，由于转速较小，培养基内溶氧不足，菌株由于其自身代谢能力的差异会导致最终抑菌活性的不同，短短芽胞杆菌突变株的抑菌活性明显强于出发菌株，由此说明突变株的溶氧耐受性相对更好。当转速为 150r/min 时，供试菌株的抑菌活性最高，但此时 4 株供试菌株的抑菌活性差异不明显。转速为 170r/min 时，突变株与出发菌株抑菌效果差异明显，突变株的抑菌活性高于出发菌株。因此可得，培养基中的溶氧对短短芽胞杆菌的抑菌活性存在较大的影响，而剪切力对此影响不大。

装液量的多少影响发酵时的通气量，同时充足的营养物质有利于短短芽胞杆菌快速繁殖，增加产抑菌活性物质的菌体基数。因此，在一定范围内调节装液量比例，可提高短短芽胞杆菌抑菌活性物质的合成与积累。本节研究显示，装液量为 40% 时，4 株短短芽胞杆菌的抑菌效果最好，其突变株的抑菌活性明显高于出发菌株。

三、菌株抑菌功能物质羟苯乙酯的检测

畜禽粪污降解菌短短芽胞杆菌降解粪污过程，能抑制动植物病原生长，其作用机理是菌株生长过程产生羟苯乙酯，目前羟苯乙酯的检测方法主要包括高效液相色谱（high performance liquid chromatography，HPLC）、反向高效液相色谱（RP-HPLC）、胶束毛细管电泳法以及 GC-MS 等（Yuan et al.，2008；冯丰凑和邓颖，2010；许萌等，2012），其中 HPLC 法因其分离效能高、选择性强、检测灵敏度较好等优点在羟苯乙酯的检测中应用最为广泛。

高效液相色谱法主要以液体为流动相，并采用颗粒极细的高效固定相的柱色谱分离技术（傅若农，2005），适用于分析蒸汽压低、沸点低的样品，具有选择性高、分离效率好、灵敏度高和分离速度快等特点。在对羟基苯甲酸酯类的检测分析中，HPLC 法应用最为普遍。罗亚虹等（2009）采用 Kromasil C_{18} 色谱柱，以甲醇 - 水 - 三乙胺 - 冰醋酸（65∶35∶0.5∶0.2）为流动相，在波长 280nm 处，流速 1mL/min，检测盐酸丁卡因和羟苯乙酯的含量，羟苯乙酯的线性范围为 0.1196～2.9900μg/mL（R^2=0.9998），平均回收率为 101.61%，RSD 为 0.90%（n=9），由此说明此高效液相色谱法操作简便，结果准确，重现性好，可用于目标物质的检测。Shabir G. A.（2010）也利用高效液相色谱法同时检测制药用凝胶中的 2- 苯氧乙醇、对

羟基苯甲酸甲酯、羟苯乙酯以及对羟基苯甲酸丙酯。

目前，对于羟苯乙酯的研究主要集中在对食品、药物等中含有的羟苯乙酯进行定量分析，检测其抑菌效果以及含量是否超标。除此之外，人们对于微生物发酵液中可能含有的羟苯乙酯检测报道却不多。短短芽胞杆菌 FJAT-0809 的活性物质的乙醇提取物中检测到羟苯乙酯，并对大肠杆菌的抑菌圈直径达到 17.81mm，对龙眼果皮过氧化物酶也具有一定的抑制效果，其可能在植物的生物防治和果品保鲜上起到重要的作用（车建美，2011）。

在已建立的羟苯乙酯 HPLC 检测体系的基础上，针对短短芽胞杆菌 FJAT-0809 的高抑菌活性突变株进行羟苯乙酯的 HPLC 检测，比较出发菌株与突变株发酵液的甲醇提取液中羟苯乙酯含量的差异，探讨突变子抑菌效果的改变和发酵液中羟苯乙酯含量变化之间的关系，为短短芽胞杆菌突变株进一步的物质检测奠定基础。

1. 研究方法

（1）短短芽胞杆菌突变子发酵液的制备　挑取新鲜的短短芽胞杆菌 FJAT-0809 出发菌株和突变株 FJAT-17952、FJAT-17953 和 FJAT-17954 单菌落分别接种于 50mL 锥形瓶装有的 20mL LB 液体培养基中，30℃、170r/min 培养 16h 后作为种子液。以 1% 的接种量将活化的种子液接入发酵培养基，30℃、170r/min 培养 48h。

（2）样品溶液的制备

① 羟苯乙酯标准品溶液的制备　取羟苯乙酯标准品约 12.5mg，精密称定，置 100mL 容量瓶中，加甲醇（色谱纯）溶解并稀释至刻度，摇匀，作为对照品贮备液。

② 羟苯乙酯待测样品溶液的制备　制备方法参照陈冰冰（2013）并稍作改动。取发酵液 5mL，置于 50mL 具塞离心管中，加入 20mL 乙醇 - 水 - 冰醋酸（体积比 70∶29.5∶0.5）混合液，水浴超声波辅助提取 15min，5000r/min 离心 10min 后，将上清液转入容量瓶中，残留物再用 20mL 提取液重复提取 1 次，合并上清液，用提取液定容至 50.0mL，过滤，滤液离心，取 25mL 上清液上样于已预先用 10mL 甲醇、10mL 蒸馏水活化处理过的固相萃取柱，保持自然流速过柱，用 10mL 蒸馏水洗净柱子，抽干，再以 3.0mL 甲醇洗脱小柱，控制液体流速不超过 1mL/min，收集洗脱液，用甲醇定容至 5.0mL，经 0.22μm 微孔滤膜过滤作为试液，供高效液相色谱仪测定。

（3）羟苯乙酯标准曲线的制作　分别取羟苯乙酯标准品贮备液 50μL、100μL、150μL、200μL、250μL、300μL、400μL、500μL、600μL 和 700μL 置于 25mL 容量瓶中，摇匀后，取适量经 0.22μm 微孔滤膜过滤作为不同浓度的标准品溶液。依次按照浓度梯度进样，制作羟苯乙酯标准曲线。

（4）HPLC 检测发酵液中羟苯乙酯的含量　调节色谱条件，将 10μL 羟苯乙酯标准品贮备液进样 5 次，待各个系数稳定后，将短短芽胞杆菌出发菌株和突变株对应的待测样品溶液在高效液相色谱仪上进行物质检测分析，每个样品进样 3 次。HPLC 色谱条件如下：色谱柱 C_{18}；流动相为醇 - 水（65∶35）；流速 1.0mL/min；检测波长 254nm；柱温 25℃；进样量 10μL。

2. 羟苯乙酯检测标准曲线制作

将不同浓度的标准品作 HPLC 检测分析，以峰面积（A）为纵坐标、浓度（μg/mL）为横坐标建立羟苯乙酯标准曲线。图 8-24 中显示羟苯乙酯标准曲线的方程为 $y=54.907x+5.1107$，

R^2=0.9952（＞0.99），此标准曲线有较好的可行度和线性关系，可以作为待测样品浓度换算的依据。

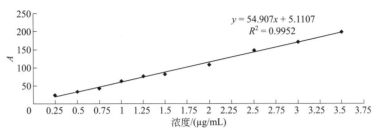

图 8-24 羟苯乙酯标准曲线

3. 突变子中羟苯乙酯检测

短短芽胞杆菌出发菌株 FJAT-0809 和突变株 FJAT-17952、FJAT-17953 和 FJAT-17954 的待测样品在 HPLC 中检测结果见图 8-25 ～图 8-28。表 8-7 显示，在上述色谱条件的检测下，0.125mg/mL 标准品贮备液的出峰时间为 6.464min，峰面积为 7093.9，样品标准偏差为 0.01（＜1.0），具有较好的系统稳定性。

表 8-7 待测样品的 HPLC 检测

样品编号	出峰时间 /min	峰面积	终浓度 /（μg/mL）
羟苯乙酯标样	6.464	7093.9	125.00
FJAT-0809	6.497	13.17	2.93
FJAT-17952	6.493	46.90	15.22
FJAT-17953	6.494	33.17	10.22
FJAT-17954	6.490	15.03	3.61

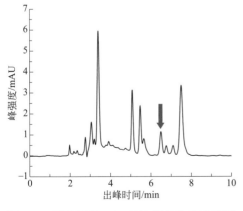 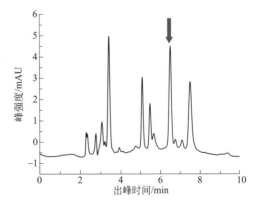

图 8-25 芽胞杆菌 FJAT-0809 样品的 HPLC 检测　　图 8-26 短短芽胞杆菌突变株 FJAT-17952 的 HPLC 检测

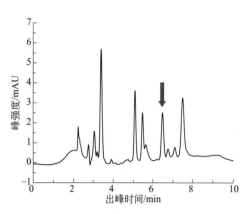

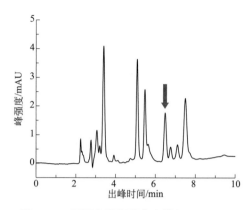

图 8-27　短短芽胞杆菌突变株 FJAT-17953 的 HPLC 检测　　图 8-28　短短芽胞杆菌突变株 FJAT-17954 的 HPLC 检测

图 8-25 显示短短芽胞杆菌出发菌株 FJAT-0809 对应的出峰时间为 6.497min，通过标准曲线换算，发酵液中羟苯乙酯浓度为 2.93μg/mL。同时，图 8-25 ～图 8-28（图中箭头指向目标峰）显示短短芽胞杆菌突变株的出峰面积均大于出发菌株，其中 FJAT-17952 发酵液中羟苯乙酯浓度最高，其对应的出峰时间 6.493min，发酵液中羟苯乙酯浓度为 15.22μg/mL；突变株 FJAT-17953 对应的出峰时间 6.494min，发酵液中羟苯乙酯浓度为 10.22μg/mL；突变株 FJAT-17954 对应的出峰时间 6.49min，发酵液中羟苯乙酯浓度为 3.61μg/mL。因此，短短芽胞杆菌 3 株突变株在羟苯乙酯的检测中都表现出较出发菌株高的物质浓度，这可能与突变菌株的抑菌活性存在一定关系。

4. 讨论

采用固相萃取（SPE）技术，利用甲醇洗脱，得到含目标物质的甲醇溶液，最后利用 HPLC 法进行检测。SPE 技术基于液相色谱理论，能够以吸附剂为固定相，通过对液相中的被吸附物进行吸附作用而达到萃取效果，当样品溶液通过固相萃取剂时，被吸附物吸附到萃取剂上，然后采用合适的选择性溶剂将其洗脱下来，即可得到富集和纯化的目标物质。国内外将 SPE 技术与 HPLC 法结合应用的报道比较多见。樊慧菊等（2012）利用 SPE-HPLC 方法建立了一套针对污水中 5 种常见微量药物的检测方法；Ana 等（2012）用 SPE-HPLC 方法检测人体血液中的氯苯二氯甲烷（米托坦）的含量，及其在不同体液中的代谢情况。由此可见，所用 SPE-HPLC 法具有一定的准确性和可行性。

短短芽胞杆菌能够产生许多生物活性物质，在生物防治、水果保鲜等领域应用广泛。因其较好的抑菌活性，人们对短短芽胞杆菌的活性物质进行了一系列的研究。羟苯乙酯作为短短芽胞杆菌 FJAT-0809 的抑菌活性物质，在生防效果上起到重要的作用。本节中笔者在前人研究的基础上，对短短芽胞杆菌出发菌株 FJAT-0809 和突变株 FJAT-17952、FJAT-17953、FJAT-17954 发酵液中羟苯乙酯含量进行了 HPLC 检测，结果显示羟苯乙酯标准曲线方程为 $y=54.907x+5.1107$，$R^2=0.9952$，可作为物质浓度换算的依据。菌株 FJAT-0809 发酵液中羟苯乙酯含量为 2.93μg/mL，3 株突变株 FJAT-17952、FJAT-17953 和 FJAT-17954 发酵液中羟苯乙酯的含量分别达到了 15.22μg/mL、10.22μg/mL 和 3.61μg/mL，比出发菌株代谢产生的羟苯乙酯含量分别提高 419.45%、248.81% 和 23.20%。从短短芽胞杆菌突变株的抑菌活性增加角度来看，突变株 FJAT-17952、FJAT-17953 发酵液中羟苯乙酯含量较出发菌株显著增加，说明其抑菌活性的增加在一定程度上与羟苯乙酯含量的提高有关，而突变株其他抑菌活性成分的改变还需进一步的探究。突变株 FJAT-17954 发酵液中羟苯乙酯含量较出发菌株略高，相对于其体现出的较高抑菌活性而言，推断其抑菌活性的增加与突变株 FJAT-17952、FJAT-17953 的机理呈现一定差异，其可能受短杆菌肽、几丁质酶等活性物质含量变化的影响更大。

第三节
畜禽粪污降解菌产功能物质发酵条件优化

一、菌株代谢组物质提取的响应面优化

畜禽粪污降解菌短短芽胞杆菌（*Brevibacillus brevis*）细胞呈杆状，$(0.7 \sim 0.9)\mu m \times (3 \sim 5)\mu m$，革兰氏阳性或可变，以周生鞭毛运动，在膨大孢囊内含椭圆形芽胞，菌落平整、光滑，无可溶色素。短短芽胞杆菌具有分泌蛋白能力强、胞外蛋白酶活性低等优点，是分泌表达蛋白较理想的宿主（Yamagata et al., 1989）。另外，其在环保、生防、化工、食品等方面也得到了很好的应用。如可作用于原油，通过氧化过程将高碳原油烃降解成低碳烃，提高原油的采收率（郭万奎等，2007）；可抑制尖孢镰刀菌、香蕉枯萎病菌、棉花立枯病菌、黄萎病菌、炭疽病等的生长（Che et al., 2015；陈莉等，2008；郝晓娟等，2007）；可诱导烟草的系统抗性，增强烟草的抗病能力（易有金等，2007）。随着短短芽胞杆菌功能的发掘，其应用范围也越来越广。

微生物代谢组学是指全面分析细胞生长或生产周期某一时刻细胞内和细胞外的所有低分子量代谢物，它在发酵控制、代谢控制及菌种改良方面的应用取得较好的效果。胞内代谢物的分析不仅在代谢组学研究（如内在酶动力学或代谢调节）中起到关键的作用，而且对代谢工程研究也非常重要（Kaderbhai et al., 2003）。细胞壁破碎方法对胞内物质的获取至关重要，目前广泛采用的细胞壁破碎方法有高速珠磨法、高速匀浆法、化学渗透法、酶学法、微波细胞破碎、超声波细胞破碎等，各种方法都有其适用范围和优缺点（曾敏等，2010）。超声波通过对介质的空化作用及力学、热学和生物学等特殊效应，能显著提高提取量或浸出速度 $2 \sim 10$ 倍，且副产物较少（黄占旺等，2005），从而利于细胞破碎，已广泛应用于细菌胞内蛋白或酶的提取。短短芽胞杆菌为革兰氏阳性菌，其细胞壁较厚，肽聚糖网状结构较致密，破碎具有一定的难度，关于短短芽胞杆菌胞内物质提取方法的优化目前尚未见报道。

短短芽胞杆菌 FJAT-0809 是本实验室自行分离的生物防治菌株，该菌对大丽轮枝菌、黑白轮枝菌、真菌轮枝霉、胶孢炭疽菌、桃褐腐丛梗孢和青枯雷尔氏菌等多种病原菌显示出较强的拮抗活性（Che et al., 2015）。本章节主要探讨短短芽胞杆菌 FJAT-0809 细胞壁破碎条件优化，进行超声波功率、超声破碎时间及料液比等单因素条件摸索，利用 design-expert

软件进行响应面的设计，以所得胞内物质重量为响应值，所得数据利用相关软件进行分析，得出回归方程系数及最优破碎条件，以期为短短芽胞杆菌胞内代谢物质的获得和分析奠定基础。

1. 研究方法

（1）材料　短短芽胞杆菌 FJAT-0809 为本实验室保存。LB 液体培养基：1% 胰蛋白胨、0.5% 牛肉浸膏、0.5% NaCl，pH7.0 ～ 7.2。

（2）方法

① 菌体的收集　将活化后的短短芽胞杆菌 FJAT-0809 转接到 20mL LB 液体培养基中，30℃ 170r/min 过夜培养，制备种子液；将种子液按 1% 接种量转接到发酵罐中，30℃，发酵 48h，6000r/min 离心 15min，弃上清，收集菌体；采用蒸馏水洗涤菌体 4 次，用于超声波破碎试验。

② 细胞壁超声波破碎单因素条件的摸索　超声破碎时间对细胞壁破碎效果的影响。料液比 1：15，超声破碎时间 0.5s，间歇时间 1.5s，超声功率为 500W，超声破碎总时间分别设置为 10min、20min、30min、40min、50min。试验重复 3 次。

③ 超声功率对细胞壁破碎效果的影响　料液比 1：15，超声破碎时间 30min，超声破碎时间 0.5s，间歇时间 1.5s，超声波功率分别是 100W、300W、500W、700W、900W。试验重复 3 次。

④ 料液比对细胞壁破碎效果的影响　超声破碎时间 30min，超声破碎时间 0.5s，间歇时间 1.5s，超声功率为 500W，料液比设置为 1：5、1：10、1：15、1：20、1：25。试验重复 3 次。

依据以上设置的条件进行细胞破碎，利用等体积乙酸乙酯萃取 3 次，旋转蒸发，获得胞内物质。

（3）细胞壁超声波破碎响应面试验设计　以获得的胞内物质重量为选择标准，选出较优单因素条件进行响应面设计，进而获得最优破碎条件。

2. 超声破碎时间对菌株细胞壁破碎的影响

当超声破碎时间为 30min 时，获得的胞内物质较多，胞内物质得率为 11mg/g，超声破碎时间为 10 ～ 30min 时，胞内物质得率随超声破碎时间的增加而增加，即随超声破碎时间的延长，细胞破碎更充分，使较多胞内物质释放；而超声破碎时间为 30 ～ 50min 时，胞内物质得率随超声破碎时间的增加而减少，这很可能是由于超声破碎时间 30min 时细胞已经破碎得很充分，超声破碎时间的延长使胞内大分子物质化学键、氢键发生断裂，形成小分子物质或者不溶于水的物质，致使胞内物质得率降低（图 8-29）。

3. 超声波功率对菌株细胞壁破碎的影响

超声波功率对短短芽胞杆菌 FJAT-0809 细胞壁破碎具有一定的影响。超声波功率为 100W 时，所得胞内物质得率最高，为 9.33mg/g；超声波功率大于等于 300W 时，所提取胞内物质得率相差不大，分别为 8.56mg/g、8.44mg/g、8.78mg/g 和 8.11mg/g（图 8-30）。

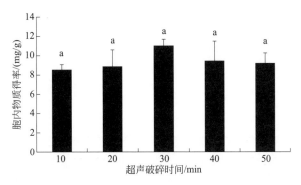

图 8-29　不同超声破碎时间对短短芽胞杆菌 FJAT-0809 胞内物质得率的影响

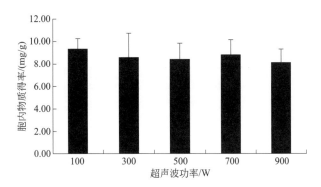

图 8-30　不同超声波功率对短短芽胞杆菌 FJAT-0809 胞内物质得率的影响

4. 料液比对短短芽胞杆菌 FJAT-0809 细胞壁破碎的影响

短短芽胞杆菌 FJAT-0809 胞内物质得率随料液比的降低而增加（图 8-31），料液比 1∶10 时，胞内物质得率最低，料液比 1∶25 时所得胞内物质得率最高，为 12.22mg/g。料液比 1∶15 和 1∶20 时，胞内物质得率基本相同，即料液比为 1∶15 和 1∶20 时细胞壁破碎效果比较稳定。由此推断，料液比 1∶25 为超声破碎的适当浓度。

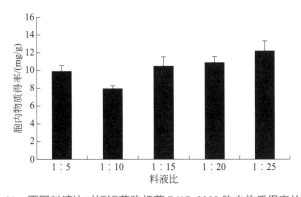

图 8-31　不同料液比对短短芽胞杆菌 FJAT-0809 胞内物质得率的影响

5. 响应面法优化超声波破碎条件

（1）响应面试验设计　以单因素试验结果为基础，进行响应面试验设计，选取超声破碎时间、超声波功率和料液比作为3个主要影响因素，采用3因素3水平响应面分析法（表8-8），应用统计软件 Design-expert 设计试验并进行结果分析（表8-9）。

表8-8　3因素3水平的取值

因子	水平		
	-1	0	1
超声破碎时间 /min	10	30	50
超声功率 /W	100	500	900
料液比	1：25	1：20	1：15

表8-9　试验矩阵及结果

试验号	超声破碎时间 /min	超声功率 /W	料液比	得率 /（mg/g）
1	30	500	1：20	11.30
2	50	500	1：25	4.02
3	10	100	1：20	1.83
4	10	500	1：15	4.92
5	30	500	1：20	11.30
6	30	500	1：20	11.30
7	50	500	1：15	6.53
8	50	900	1：20	0
9	50	900	1：20	2.89
10	30	900	1：15	4.74
11	30	100	1：15	4.13
12	10	500	1：25	15.57
13	30	500	1：20	11.30
14	30	100	1：25	15.59
15	10	900	1：20	5.77
16	30	500	1：20	11.30
17	50	100	1：20	2.50

（2）二次回归模型的建立　利用 Design-expert 软件对表9-8中的数据进行多元回归拟合，以短短芽胞杆菌胞内物质得率（Y）为响应值，超声波功率（A）、超声破碎时间（B）和料液比（C）为试验因子，进行二次多项回归模型的拟合，二次多项回归模型为：

$$Y=11.30-1.33A-1.52B-1.86C-4.85A^2-3.20B^2-0.34C^2-0.89AB+4.05AC+3.29BC$$

式中，Y 为胞内物质得率；A、B、C 分别代表超声波功率、超声破碎时间和料液比。该模型 R^2 =0.9724，表明该模型的拟合程度较好，可以解释97.24% 响应值变化。

（3）回归模型方差分析　回归模型的方差分析结果显示，超声破碎时间、超声功率、料液比3个因素在细胞破碎过程中均起作用，对胞内物质得率的影响程度依次为：料液比＞超声破碎时间＞超声功率，超声功率与料液比间的交互作用较明显，超声破碎时间与料液比的交互作用较显著，仅超声功率与超声破碎时间的交互作用不显著（表8-10）。

表8-10　回归模型的方差分析

方差来源	平方和	自由度	均方	F值	P值
模型	324.40	9	36.04	4.64	0.0276
A	14.18	1	14.18	1.83	0.2186
B	18.45	1	18.45	2.38	0.1670
C	27.60	1	27.60	3.56	0.1013
A^2	98.99	1	98.99	12.75	0.0091
B^2	43.22	1	43.22	5.57	0.0504
C^2	0.48	1	0.48	0.061	0.8115
AB	3.15	1	3.15	0.41	0.5443
AC	65.61	1	65.61	8.45	0.0227
BC	43.30	1	43.30	5.58	0.0502
残差	54.33	7	7.76	—	—
失拟项	54.33	3	18.11	—	—
纯误差	0.000	4	0.000	—	—
总和	378.73	16	—	—	—

（4）响应面的分析　通过拟合方程所作的响应面立体分析图显示，料液比与超声破碎时间、料液比与超声功率的交互作用较显著，而超声破碎时间与超声功率的交互作用不显著。以单因素条件摸索为基础，应用响应面试验设计软件，设计并分析得到最优细胞破碎条件为：超声功率为318.68W，超声破碎时间为10min，料液比为1:25，理论预测得率为13.3586mg/g，根据预测最优条件进行验证，得率为12.9878mg/g，仅偏差0.3707mg/g，模拟程度较好（图8-32）。

6. 讨论

细胞破碎手段很多，主要可分为机械法和非机械法（赵永芳，1994）。机械法包括匀浆法、研磨法、超声波法等；非机械法包括渗透法、酶溶法和冻溶法等。超声波具有成本低、操作简单、不需要太高的输出功率且不要求精良的设备和技术培训，十分适合实验室规模的细胞破碎（Feliu et al.，1998）。超声波有强烈的生物学效应，进行超声波处理时，超声波的高频振动与微生物细胞的振动不协调，造成细胞周围环境局部真空，使细胞膜产生空穴作用，从而使之破碎（邓洁等，2006；赵瑞香等，2006）。超声波破碎的效率取决于声频、声能、处理时间、细胞浓度及细胞类型等。超声波破碎时间、功率和料液比对细胞壁破碎的效果均具有一定的影响。

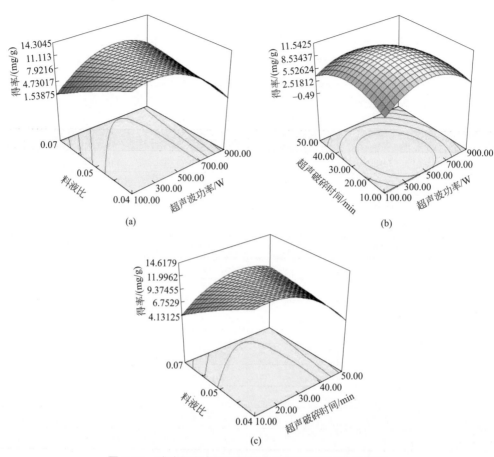

图8-32　试验因素交互影响胞内物质得率的响应曲面图

石荣莲等（2010）通过单因素试验和正交试验得出重组大肠杆菌的最佳破碎条件为：菌液浓度40mg/mL，菌液体积50mL，超声波工作时间4s，间歇时间8s，超声波破碎强度50%，总工作时间6min，NaCl浓度为0.15mol/L。在该条件下获得褐藻胶裂解酶粗酶液的酶活为21U/mL。李聚海等（2007）系统研究了利用超声波法提取时输出功率、工作总时间、水添加量等因素对根癌土壤杆菌细胞破碎和辅酶Q_{10}提取效果的影响。超声波提取辅酶Q_{10}的最佳工艺条件为：输出功率500W，工作总时间12min，水添加量45mL/g。作者研究了不同超声波功率、不同超声破碎时间和不同料液比单因素对短短芽胞杆菌FJAT-0809细胞壁破碎的影响，结果表明，当超声波功率为100W、超声破碎时间为30min、料液比为1：25时，胞内物质得率最高。短短芽胞杆菌FJAT-0809细胞壁破碎超声波功率低于蜡样芽胞杆菌（超声波功率为600W）和大肠杆菌（超声波功率为480W），超声波总工作时间和料液比则高于蜡样芽胞杆菌和大肠杆菌（江学斌等，2010；吴蕾等，2002），因此推测，不同菌株超声波破碎条件不同，很可能与菌株细胞壁厚度不同有很大关系。

响应面是一种统计学软件，在优化生物过程中应用广泛，本节利用该软件进行合理的试验设计，利用实验所得数据，建立多元二次回归方程，以拟合因素与响应值间的函数关系，建立连续变量曲面模型，以评价因素间的相互作用，进而确定最佳水平范围。该方法在发酵工艺研究中应用广泛，例如，徐慧等（2011）利用该方法优化枯草芽胞杆菌3-羟基丁酮发酵培养基，张宇光等（2011）用于优化短杆菌素的发酵，王海平等（2011）用于优化樱桃果酒的发酵。响应面优化也已广泛应用于细胞破碎及胞内物质提取的工艺优化中，如李芳亮等（2011）利用该方法优化沙棘叶中水溶性多糖提的取条件，于帅等（2011）优化板栗仁中多酚物质提取条件。张强等（2014）为提取醋酸钙不动杆菌的多环芳烃降解酶，在对超声输出功率、工作/间隔时间、菌体稀释倍数以及超声破碎时间进行单因素实验的基础上，利用Box-Behnke中心组合实验设计，响应面法优化得到多环芳烃降解酶的最佳提取工艺。

本节采用响应面法对细胞破碎条件进行优化，发现对胞内物质得率的影响程度依次为：料液比＞超声破碎时间＞超声功率。获得最优细胞破碎最优条件是：超声功率为318.68W，超声破碎时间为10min，料液比为1：25，预测得率为13.3586mg/g，根据预测最优条件进行验证，得率为12.9878mg/g，仅偏差0.3707mg/g，拟合程度较好。短短芽胞杆菌FJAT-0809细胞壁破碎条件优化结果与利用超声波破碎醋酸钙不动杆菌细胞提取多环芳烃降解酶结果相似，张强等（2014）利用Box-Behnke中心组合实验设计，响应面法优化得到多环芳烃降解酶的最佳提取工艺为：工作、间隔时间为2s，2s，超声功率320W，总超声时间17min，稀释倍数12.5。在此条件下提取的酶活力为190.48U/g。

利用超声波破碎短短芽胞杆菌FJAT-0809菌体细胞，对胞内物质进行优化提取。超声波输出功率、超声破碎时间以及料液比单因素实验的结果表明，当超声破碎时间为30min时，获得的胞内物质较多，胞内物质得率为11mg/g；超声波功率为100W时，所得胞内物质得率最高，为9.33mg/g；料液比1：25时所得胞内物质得率最高，为12.22mg/g。进一步利用Design-expert进行实验设计，响应面优化得到胞内物质的最佳提取工艺。结果表明，超声破碎时间、超声波功率、料液比3个因素在细胞破碎过程中均起作用，对胞内物质得率的影响程度依次为：料液比＞超声破碎时间＞超声波功率。因此，最佳超声波提取方法为：超声波功率为318.68W，超声破碎时间为10min，料液比为1：25，在此条件下提取的胞内物质得率为12.9878mg/g。

二、产木聚糖酶、蛋白酶、果胶酶、普鲁兰酶菌株发酵条件优化

畜禽粪污降解菌发酵过程产生许多的酶系统，逐步地分解粪污成分；木聚糖酶、蛋白酶、果胶酶、普鲁兰酶是畜禽粪污降解菌常见的酶成分，菌株酶系统的产生依赖于培养基成分及培养条件，它们是菌株生长代谢的基础，直接影响发酵结果，从而影响着微生物的产酶量。研究以畜禽粪污降解菌沙福芽胞杆菌（*Bacillus safensis*）FJAT-14260、解淀粉芽胞杆菌（*Bacillus amyloliquefaciens*）FJAT-2349为例，分析产木聚糖酶、蛋白酶、果胶酶、普鲁兰酶的发酵条件，进行优化。由于木聚糖酶产量高，在沙福芽胞杆菌FJAT-14260产木聚糖酶发酵条件优化时，首先进行碳源、氮源、诱导物、温度、装液量、初始pH值等单因素条件摸索，然后采用两次正交试验得到最适优化方案。沙福芽胞杆菌FJAT-14260产蛋白酶、解淀粉芽胞杆菌FJAT-2349产果胶酶、解淀粉芽胞杆菌FJAT-2349产普鲁兰酶进行发酵条件优化时主要采用单因素试验探索试验。最后分别得到每个高产酶菌株的最优发酵条件。

发酵条件优化的意义在于充分发挥高产酶菌株产酶潜力、提高产酶效率、降低生产成本，为以后酶的工业化生产奠定基础。

1. 研究方法

（1）供试菌株　沙福芽胞杆菌FJAT-14260、解淀粉芽胞杆菌FJAT-2349选自福建省农业

科学院农业生物资源所菌种库。

（2）沙福芽胞杆菌 FJAT-14260 和解淀粉芽胞杆菌 FJAT-2349 生长曲线绘制　将沙福芽胞杆菌 FJAT-14260、解淀粉芽胞杆菌 FJAT-2349 两菌株活化后分别接种在 LB 培养基上，每 2h 取样，0h、2h、4h、…、24h，共取样 13 次，测其 OD_{600nm} 值。每个点测 3 次，求平均值，绘制曲线。

（3）沙福芽胞杆菌 FJAT-14260 产木聚糖酶发酵条件优化　营养条件对沙福芽胞杆菌 FJAT-14260 产木聚糖酶活性的影响。以木聚糖酶液体发酵培养基为基础培养基，分别改变碳源和氮源的种类（表 8-11），含量均为 5.0g/L，摇瓶培养 36h，测定酶活。根据以上试验确定最佳碳源和氮源后，分别改变碳、氮源浓度（3g/L、5g/L、7g/L、9g/L、11g/L），摇瓶培养 36h，测定酶活，单因素改变的情况下确定碳、氮源最适浓度。单因素改变诱导物浓度（2g/L、5g/L、8g/L、11g/L、14g/L）摇瓶培养 36h，测定酶活，确定最适诱导物浓度。

表 8-11　碳、氮源种类及木聚糖浓度

项目	A	B	C	D	E
碳源	麦芽糖	蔗糖	葡萄糖	玉米淀粉	酵母粉
氮源	蛋白胨	$(NH_4)_2SO_4$	牛肉膏	尿素	NH_4NO_3
木聚糖浓度 /（g/L）	2	5	8	11	14

① 沙福芽胞杆菌 FJAT-14260 产木聚糖酶发酵营养条件正交试验优化。在氮源、碳源、诱导物单因素试验的基础上，选定碳源浓度、氮源浓度、诱导物浓度 3 个因素，每个因素确定 3 个水平，设计 3 因素 3 水平的正交表 $L_9(3^3)$，同时设置空列（表 8-12）。

表 8-12　因素水平表

水平	蛋白胨浓度	木聚糖浓度	酵母粉浓度
	A	B	C
1	5	6	7
2	7	8	9
3	9	10	11

② 培养条件对沙福芽胞杆菌 FJAT-14260 产木聚糖酶活性的影响。基于以上优化后的培养基，设计不同的培养条件，见表 8-13。分别测定其单因素条件改变下的酶活。

表 8-13　不同培养条件水平表

项目	A	B	C	D	E
温度 /℃	25	30	35	40	45
pH 值	5	6	7	8	9
装液量 /mL	30	50	70	90	110

③ 沙福芽胞杆菌 FJAT-14260 产木聚糖酶发酵培养条件正交试验优化。在单因素优化的基础上，选定温度、pH 值、装液量 3 个因素，每个因素 3 个水平，设计 3 因素 3 水平的正

交表 L_9（3^3），同时设置空列（表 8-14）。

表 8-14 因素水平表

水平	初始 pH 值	培养温度 /℃	装液量 /mL
1	6	25	30
2	7	30	50
3	8	35	70

④ 沙福芽胞杆菌 FJAT-14260 发酵时间对产木聚糖酶的影响。基于优化后的发酵条件，以 2% 的接种量接种进行发酵，每 8h 取样，8h、16h、24h、…、72h，共取样 9 次，每个点测 OD_{600nm} 值和木聚糖酶活力，每项数据测 3 次，求平均值。

（4）沙福芽胞杆菌 FJAT-14260 产蛋白酶发酵条件优化　营养条件对沙福芽胞杆菌 FJAT-14260 产蛋白酶活性的影响，以蛋白酶液体发酵培养基为基础培养基，首先改变碳源种类，原浓度不变，按表 8-15 中改变 5 个不同碳源因子分别接种，摇瓶培养 36h，分别测定酶活；然后在最优碳源的基础上，按表 8-15 中改变 5 个不同氮源因子分别接种，摇瓶培养 36h，分别测定酶活；最后根据以上最优培养基成分，按表 8-15 改变 5 个不同碳氮比因子分别接种，摇瓶培养 36h，分别测定酶活。

表 8-15 碳、氮源种类及碳氮比

项目	A	B	C	D	E
碳源	麦芽糖	蔗糖	葡萄糖	玉米淀粉	酵母粉
氮源	蛋白胨	$(NH_4)_2SO_4$	牛肉膏	豆粕粉	NH_4NO_3
碳氮比	1∶1	1∶2	1∶3	2∶1	3∶1

① 培养条件对沙福芽胞杆菌 FJAT-14260 产蛋白酶活性的影响。在以上最优营养成分的基础上，研究培养条件对沙福芽胞杆菌 FJAT-14260 产蛋白酶活性的影响。接种摇瓶按表 8-16 培养条件培养：首先研究最适培养温度，按表 8-16 中 5 个不同温度，摇瓶培养 36h，分别测定酶活；然后基于以上最适温度的条件下，研究最适转速，按表 8-16 在 5 种不同转速下，摇瓶培养 36h，分别测定酶活；最后基于以上研究结果，以 pH 值为唯一变量，按表 8-16 中不同 pH 值分别接种，摇瓶培养 36h，分别测定酶活。根据以上方法研究单因素改变时产酶的最适培养温度、最适转速以及最适 pH 值。

表 8-16 不同培养条件水平

项目	A	B	C	D	E
培养温度 /℃	28	30	35	37	40
转速 / (r/min)	130	150	170	190	210
pH 值	5	6	7	8	9

② 沙福芽胞杆菌 FJAT-14260 发酵时间对产蛋白酶的影响。基于优化后的发酵条件，以 2% 的接种量接种进行发酵，每 8h 取样，8h、16h、24h、…、72h，共取样 9 次，每个点测 OD_{600nm} 值和蛋白酶活力，每项数据测 3 次，求平均值。

（5）解淀粉芽胞杆菌 FJAT-2349 产果胶酶、普鲁兰酶发酵条件优化　营养条件对解淀粉芽胞杆菌 FJAT-2349 产果胶酶、普鲁兰酶活性的影响，分别以果胶酶液体发酵培养基和普鲁兰酶发酵液培养基为基础培养基，首先改变碳源种类，原浓度不变，按表 8-17 中改变碳源种类分别接种，摇瓶培养 36h，分别测定酶活；然后在最优碳源的基础上，按表 8-17 中改变氮源种类分别接种，原浓度不变，摇瓶培养 36h，分别测定酶活；最后根据以上最优培养基成分，按表 8-17 中改变碳氮比例分别接种，原浓度不变，摇瓶培养 36h，分别测定酶活。

表 8-17　培养温度、转速及 pH 值

项目	A	B	C	D	E
碳源	麦芽糖	蔗糖	葡萄糖	玉米淀粉	酵母粉
氮源	蛋白胨	尿素	牛肉膏	豆粕粉	NH_4NO_3
碳氮比	1:1	1:2	1:3	2:1	3:1

① 培养条件对解淀粉芽胞杆菌 FJAT-2349 产果胶酶、普鲁兰酶活性的影响。在以上最优营养成分的基础上，研究培养条件对解淀粉芽胞杆菌 FJAT-2349 产果胶酶、普鲁兰酶活性的影响。接种摇瓶按表 8-18 培养条件培养：首先研究最适培养温度，按表 8-18 中不同培养温度，摇瓶培养 36h，分别测定酶活；然后基于以上最适温度的条件下，研究最适转速，按表 8-18 中不同转速，摇瓶培养 36h，分别测定酶活；最后基于以上研究结果，以 pH 值为唯一变量，按表 8-18 中不同 pH 值分别接种，摇瓶培养 36h，分别测定酶活。根据以上方法研究单因素改变时产酶的最适培养温度、最适转速以及最适 pH 值。

表 8-18　不同培养条件水平

项目	A	B	C	D	E
培养温度/℃	28	30	35	37	40
转速/（r/min）	130	150	170	190	210
pH 值	5	6	7	8	9

② 解淀粉芽胞杆菌 FJAT-2349 发酵时间对产果胶酶、普鲁兰酶的影响。基于优化后的发酵条件，两种优化后的培养基中以 2% 的接种量接种进行发酵，每 8h 取样，8h、16h、24h、…、72h，共取样 9 次，每个点测 OD_{600nm} 值和酶活力，每项数据测 3 次，求平均值。

2. 菌株生长曲线

沙福芽胞杆菌 FJAT-14260、解淀粉芽胞杆菌 FJAT-2349 菌株在 LB 培养基中生长，一共取样 13 次，根据每次所测 OD_{600nm} 值的平均值绘制生长曲线，见图 8-33。结果表明，沙福芽胞杆菌 FJAT-14260 在种子液制备时 0～2h 为生长延滞期，2～14h 为生长对数期，14～24h 为生长稳定期，接种进行发酵培养时应选择 12～14h 的种子液，此时接种为最好。解淀粉芽胞杆菌 FJAT-2349 的种子液制备时 0～4h 为生长延滞期，4～14h 为生长对数期，14h 以后开始下降，达到 20h 基本处于稳定，所以接种进行发酵培养时应选择 12～14h 的种子液接种。

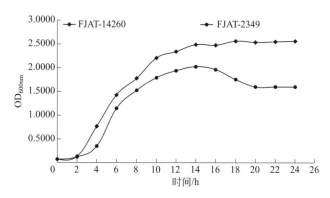

图 8-33　沙福芽胞杆菌 FJAT-14260 和解淀粉芽胞杆菌 FJAT-2349 生长曲线

3. 产木聚糖酶发酵条件优化

（1）不同碳源对沙福芽胞杆菌 FJAT-14260 产木聚糖酶的影响结果　不同碳源情况下，沙福芽胞杆菌 FJAT-14260 产木聚糖酶能力见图 8-34。沙福芽胞杆菌 FJAT-14260 在发酵培养基中以玉米淀粉为碳源时，木聚糖酶活很低，为 520.24U/mL；以葡萄糖、蔗糖和麦芽糖为碳源时，木聚糖酶活也处于很低的水平，分别为 40.31U/mL、125.37U/mL、776.32U/mL；以酵母粉为碳源时，菌株的木聚糖酶活性很高，可达到 28285.25U/mL，因此判定该菌株的最适碳源为酵母粉。

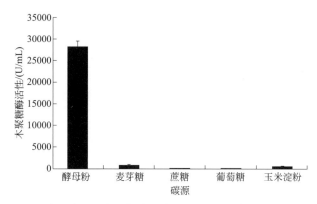

图 8-34　不同碳源种类对沙福芽胞杆菌 FJAT-14260 产木聚糖酶活性的影响

酵母粉浓度对木聚糖酶活性的影响见图 8-35。酵母粉浓度为 3～9g/L 时木聚糖酶活性逐渐增加，酵母浓度达到 9g/L 时木聚糖酶活性最大，达到 47167.40U/mL；酵母粉浓度大于 9g/L 后木聚糖酶活性就开始下降。由此可以得出，在单因素改变的情况下酵母粉浓度为 9g/L 时木聚糖酶活性最高。

（2）不同氮源对沙福芽胞杆菌 FJAT-14260 产木聚糖酶活性的影响　不同氮源情况下，沙福芽胞杆菌 FJAT-14260 产木聚糖酶能力见图 8-36。沙福芽胞杆菌 FJAT-14260 在发酵培养基中以尿素、NH_4NO_3 和 $(NH_4)_2SO_4$ 为氮源时，木聚糖酶活性较低，分别为 28808.74U/mL、28285.25 U/mL 和 26927.42 U/mL；以牛肉膏为氮源时，木聚糖酶活性为 34894.41U/mL；以蛋白胨为氮源时，菌株的木聚糖酶活性很高，可达到 39601.11U/mL，因此判定该菌株的最适氮源为蛋白胨。牛肉膏和蛋白胨均属于有机氮，硝酸铵、硫酸铵、尿素属于无机氮，本试验结果表明，使用有机氮木聚糖酶活性比无机氮有很大的优势，因为有机氮成分复杂，能够为微生物的生长提供更加丰富的营养物质。

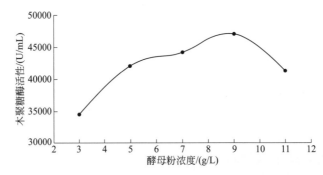

图 8-35　酵母粉浓度对沙福芽胞杆菌 FJAT-14260 产木聚糖酶活性的影响

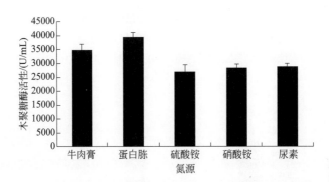

图 8-36　不同氮源对沙福芽胞杆菌 FJAT-14260 产木聚糖酶活性的影响

不同浓度的蛋白胨对木聚糖酶活的影响见图 8-37。蛋白胨浓度为 3 ～ 7g/L 时木聚糖酶活性逐渐增加；浓度达到 7 g/L 时木聚糖酶活性最大，达到 44880.11U/mL；浓度大于 7g/L 后木聚糖酶活性就开始下降。由此可以得出结论，在单因素改变的情况下蛋白胨浓度为 7g/L 时木聚糖酶活性最高。

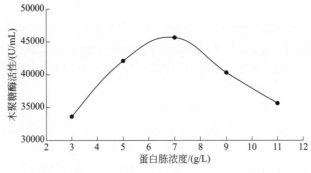

图 8-37　蛋白胨浓度对沙福芽胞杆菌 FJAT-14260 产木聚糖酶活性的影响

（3）诱导物浓度对沙福芽胞杆菌 FJAT-14260 产木聚糖酶活性的影响　诱导物浓度对产酶的影响见图 8-38。木聚糖浓度为 2～8g/L 时木聚糖酶活逐渐增加，大于 8g/L 后木聚糖酶活性下降。说明木聚糖酶是一种诱导酶，当木聚糖的量达到一定程度时会出现底物抑制现象。由此可以得出结论，单因素改变的情况下诱导物浓度为 8g/L 时木聚糖酶活性最高，为 55000.81U/mL。

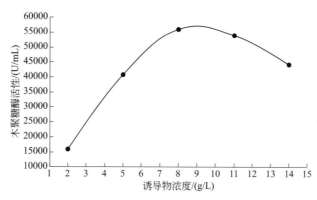

图 8-38　诱导物浓度对沙福芽胞杆菌 FJAT-14260 产木聚糖酶活性的影响

（4）沙福芽胞杆菌 FJAT-14260 产木聚糖酶发酵营养条件正交试验优化　根据碳源、氮源、诱导物单因素试验结果，选取每个因素合适的水平进行正交试验，正交试验结果见表 8-19 和表 8-20。

表 8-19　正交试验结果

水平	蛋白胨浓度 /（g/L）	诱导物浓度 /（g/L）	酵母粉浓度 /（g/L）	酶活性 /（U/mL）		
	A	B	C			
1	5	6	7	58662.25	65620.11	62555.26
2	5	8	9	74216.33	75740.32	73200.61
3	5	10	11	69241.34	65655.21	65090.21
4	7	6	9	55972.28	52420.32	56125.65
5	7	8	11	56073.52	60570.81	53300.43
6	7	10	7	83086.47	80755.12	82220.29
7	9	6	11	52904.49	55845.16	58640.45
8	9	8	7	78403.13	77955.43	80870.26
9	9	10	9	71121.42	70080.54	75140.47
K1	609981.64	518745.97	670128.32			
K2	580524.89	630330.84	604017.94			
K3	620961.35	662391.07	537321.62			
k1	203327.21	172915.32	223376.11			
k2	193508.30	210110.28	201339.31			

续表

水平	蛋白胨浓度 /（g/L）	诱导物浓度 /（g/L）	酵母粉浓度 /（g/L）	酶活性 /（U/mL）
	A	B	C	
k3	206987.12	220797.02	179107.21	
R	40436.46	143645.1	132806.7	

表 8-20　正交试验方差分析结果

因素	平方和	自由度	均方	F 值	P 值
第 1 列	97161535.17	2	48580767.58	2.8873	不显著
第 2 列	1263442826	2	631721413.2	37.5455	极显著
第 3 列	979874111.5	2	489937055.7	29.1187	极显著
合并误差	336510231.7	20	16825511.58		

　　极差 R 分析结果显示，各因素影响菌株沙福芽胞杆菌 FJAT-14260 产木聚糖酶的主次因素为 B > C > A，多个方面分析得到产酶的最佳培养基组合为 B3C1A3。在正交表中没有这个处理组合，所以需要验证这个组合的可行度。经过试验验证这个培养基组合的酶活性值比正交表中产酶最高的酶活性值都高。所以通过本次试验确定沙福芽胞杆菌 FJAT-14260 的最佳发酵培养基为诱导物浓度 10g/L、酵母粉浓度 7g/L、蛋白胨浓度 9g/L、NaCl 3.0g、K_2HPO_4 1.0g，$MgSO_4 \cdot 7H_2O$ 0.5g。

　　（5）温度对沙福芽胞杆菌 FJAT-14260 产木聚糖酶活性的影响　利用最优发酵液培养基，培养温度的改变对产酶的影响见图 8-39。培养温度为 30℃时木聚糖酶活性最大，为 87380.25U/mL，当培养温度为 35℃、40℃、45℃时木聚糖酶活性逐渐下降，分别为 46594.53U/mL、37837.97U/mL、34762.67U/mL。

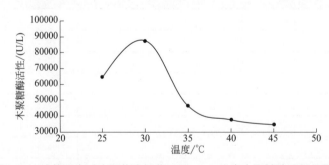

图 8-39　培养温度对沙福芽胞杆菌 FJAT-14260 产木聚糖酶活性的影响

　　（6）pH 值对沙福芽胞杆菌 FJAT-14260 产木聚糖酶活性的影响　利用最优发酵液培养基，不同初始 pH 值对产酶的影响见图 8-40。初始 pH 值为 5～7 时木聚糖酶活性逐渐增加，但酶活性的增加并不是很明显；当 pH 值为 8～9 时酶活力逐渐下降，并且下降趋势显著，强碱性的环境可能会影响产酶。因此，在单因素改变的情况下最适初始 pH 值为 7，此时木聚糖酶活性为 87380.25U/mL。

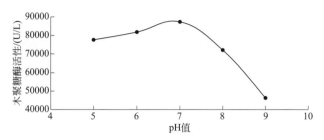

图 8-40　初始 pH 值对沙福芽胞杆菌 FJAT-14260 产木聚糖酶活性的影响

（7）装液量对沙福芽胞杆菌 FJAT-14260 产木聚糖酶活性的影响　利用最优发酵液培养基，装液量的改变对产酶的影响见图 8-41。在 250mL 锥形瓶中装液量为 50mL 时酶活力最高，为 87380.25U/mL，因此 50mL 为最适装液量。当装液量为 30 ~ 50mL 时木聚糖酶活性逐渐增加，当装液量大于 50mL 时由于液体太多，溶氧不足，导致微生物生长缓慢，代谢异常，阻碍产酶。

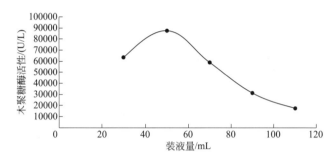

图 8-41　装液量对沙福芽胞杆菌 FJAT-14260 产木聚糖酶活性的影响

（8）沙福芽胞杆菌 FJAT-14260 产木聚糖酶培养条件正交试验优化　根据培养温度、初始 pH 值、装液量单因素试验结果，选取每个因素合适的水平进行正交试验，正交试验结果见表 8-21 和表 8-22。

表 8-21　正交试验结果

处理号	初始 pH 值	培养温度	装液量	酶活性 /（U/mL）		
	A 组	B 组 /℃	C 组 /mL			
1	6	25	30	81812.08	92990.31	73921.38
2	6	30	50	72311.71	83564.5	85115.05
3	6	35	70	36413.12	47054.44	46636.31
4	7	25	70	29500.37	30947.05	28899.01
5	7	30	30	90775.54	110179	102780.4
6	7	35	50	63161.82	84459.36	83173.54
7	8	25	50	59276.66	71580.91	67633.43

续表

处理号	初始 pH 值	培养温度	装液量	酶活性 /（U/mL）		
	A 组	B 组 /℃	C 组 /mL			
8	8	30	70	49895.60	56152.13	56623.52
9	8	35	30	89030.57	96129.75	78998.1
K1	619818.90	536561.20	642189.74			
K2	623876.09	707397.45	594496.11			
K3	625320.67	625057.01	632329.81			
k1	206606.30	178853.73	214063.25			
k2	207958.70	235799.15	198165.37			
k3	208440.22	208352.34	210776.60			
R	5501.77	170836.25	47693.63			

表 8-22　正交试验方差分析结果

因素	平方和	自由度	均方	F 值	P 值
第 1 列	1808039.82	2	904019.91	0.0149	0.9852
第 2 列	1622091880.04	2	811045940.02	13.4122	0.0003
第 3 列	140862571.03	2	70431285.52	1.1647	0.3344
重复误差	1088471391.07	18	60470632.84		

极差 R 分析结果显示，各因素影响菌株沙福芽胞杆菌 FJAT-14260 产木聚糖酶的主次因素为 B ＞ A ＞ C，多个方面分析得到产酶的最佳培养基组合为 B2A3C1。在正交表中没有这个处理组合，所以需要验证这个组合的可行度。经过试验验证这个培养基组合的酶活性值比正交表中产酶最高的酶活性值都高。所以通过本次试验确定沙福芽胞杆菌 FJAT-14260 的最佳发酵条件为培养温度为 30℃、初始 pH 值为 8、装液量为 30mL。

（9）沙福芽胞杆菌 FJAT-14260 发酵时间对产酶的影响　基于以上最优发酵条件，每 8h 取样跟踪沙福芽胞杆菌 FJAT-14260 的生长曲线和产酶曲线，见图 8-42。在 24h 时 OD_{600nm} 值进入稳定期，8 ～ 32h 之间酶活性迅速增加，到 32h 达到最高，为 113585.78U/mL，然后逐渐达到一个稳定的状态。

4. 产蛋白酶发酵条件优化

（1）不同碳源对沙福芽胞杆菌 FJAT-14260 产蛋白酶活性的影响结果　不同碳源对沙福芽胞杆菌 FJAT-14260 产蛋白酶的影响见图 8-43。以酵母粉、可溶性淀粉、蔗糖、麦芽糖、葡萄糖为碳源时蛋白酶活性分别为 26.70U/mL、38.58U/mL、2.11U/mL、12.73U/mL、1.94U/mL。表明在复合碳源的情况下沙福芽胞杆菌 FJAT-14260 产蛋白酶能力高，单一碳源情况下产蛋白酶的能力低。最优碳源为可溶性淀粉，10g/L 时酶活性最高，为 38.58U/mL。

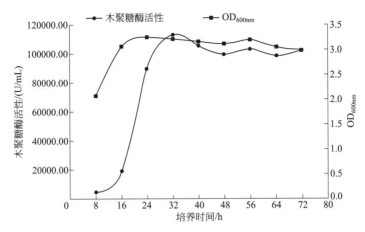

图 8-42 沙福芽胞杆菌 FJAT-14260 不同发酵时间产木聚糖酶曲线和生长曲线

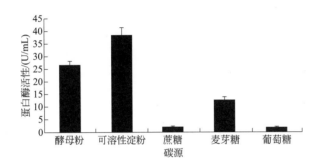

图 8-43 不同碳源对沙福芽胞杆菌 FJAT-14260 产蛋白酶活性的影响

（2）不同氮源对沙福芽胞杆菌 FJAT-14260 产蛋白酶活性的影响结果 在碳源优化的基础上，采用类似的方法来探究最优氮源的结果，见图 8-44。氮源种类对于沙福芽胞杆菌 FJAT-14260 产蛋白酶的影响不明显，根据数值可以确定 5g/L 豆粕粉是最优氮源，酶活性为 48.53U/mL。

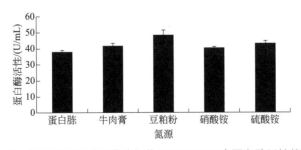

图 8-44 不同氮源对沙福芽胞杆菌 FJAT-14260 产蛋白酶活性的影响

（3）碳氮比对沙福芽胞杆菌 FJAT-14260 产蛋白酶活性的影响结果 在以上优化的基础上，研究碳氮比对沙福芽胞杆菌 FJAT-14260 产蛋白酶活性的影响，结果见图 8-45。碳氮比为 1∶3 时沙福芽胞杆菌 FJAT-14260 产蛋白酶的能力最低，酶活性为 32.34U/mL；碳氮比为 3∶1 时沙福芽胞杆菌 FJAT-14260 产蛋白酶的能力最高，酶活性为 53.67U/mL。

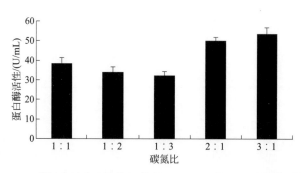

图 8-45　碳氮比对沙福芽胞杆菌 FJAT-14260 产蛋白酶活性的影响

（4）温度对沙福芽胞杆菌 FJAT-14260 产蛋白酶活性的影响结果　在以上优化条件的基础上改变培养温度对沙福芽胞杆菌 FJAT-14260 产蛋白酶活性的影响结果见图 8-46。培养温度为 28 ～ 35℃时蛋白酶活性逐渐升高，培养温度为 35 ～ 40℃时蛋白酶活性逐渐降低，所以最适培养温度为 35℃，此条件下酶活性为 56.73U/mL。

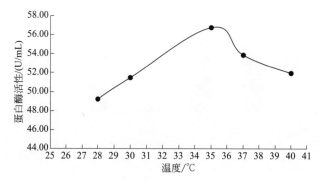

图 8-46　温度对沙福芽胞杆菌 FJAT-14260 产蛋白酶活性的影响

（5）转速对沙福芽胞杆菌 FJAT-14260 产蛋白酶活性的影响结果　在以上优化的基础上改变转速对沙福芽胞杆菌 FJAT-14260 产蛋白酶活性的影响结果见图 8-47。转速对蛋白酶活性影响较大，转速为 130r/min 时蛋白酶活性最低，为 37.77U/mL；转速为 190r/min 时蛋白酶活性最高，为 60.20U/mL。

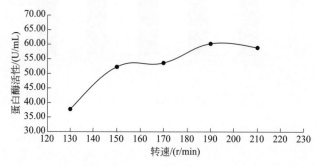

图 8-47　转速对沙福芽胞杆菌 FJAT-14260 产蛋白酶活性的影响

（6）pH 值对沙福芽胞杆菌 FJAT-14260 产蛋白酶活性的影响结果　基于以上优化条件，研究初始 pH 值对沙福芽胞杆菌 FJAT-14260 产蛋白酶活性的影响，结果见图 8-48。在初始 pH 值为 5 ～ 8 时，随 pH 值升高，蛋白酶活性逐渐增大；初始 pH 值为 8 ～ 9 时，随 pH 值升高，蛋白酶活性降低。初始 pH 值为 5 时蛋白酶活性最低，为 54.72U/mL；pH 值为 8 时蛋白酶活性最高，为 65.02U/mL。酶活性高低差距不大，说明 pH 值对沙福芽胞杆菌 FJAT-14260 产蛋白酶活性的影响不明显。

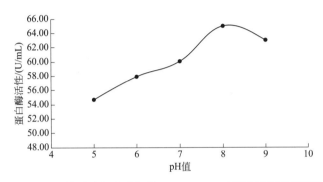

图 8-48　pH 值对沙福芽胞杆菌 FJAT-14260 产蛋白酶活性的影响

（7）发酵时间对沙福芽胞杆菌 FJAT-14260 产蛋白酶的影响结果　基于以上最优发酵条件，每 8h 取样跟踪沙福芽胞杆菌 FJAT-14260 的产酶曲线和菌落数曲线（选择菌落计数来反映生长情况），见图 8-49。在 24h 时菌落数达到最高。8 ～ 32 h 之间酶活性迅速增加，到 32h 达到最高为 69.26U/mL，然后逐渐达到一个稳定的状态。

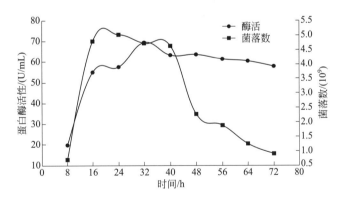

图 8-49　发酵时间对沙福芽胞杆菌 FJAT-14260 产蛋白酶活性和生长情况的影响

5. 产果胶酶、普鲁兰酶发酵条件优化

（1）不同碳源对解淀粉芽胞杆菌 FJAT-2349 产果胶酶、普鲁兰酶活性的影响　不同碳源对解淀粉芽胞杆菌 FJAT-2349 产果胶酶的影响如图 8-50 所示。试验结果表明，以麦芽糖为唯一碳源时果胶酶活性最高，为 56.23U/mL；以玉米淀粉为唯一碳源时果胶酶活性最低，为 6.01U/mL，所以果胶酶发酵液培养基中最适碳源为麦芽糖。不同碳源对解淀粉芽胞杆菌 FJAT-2349 产普鲁兰酶的影响如图 8-50 所示。试验结果表明，以酵母粉为唯一碳源时普鲁兰

酶活性最高，为 41.4U/mL；以葡萄糖为唯一碳源时普鲁兰酶活性最低，为 3.73U/mL，所以普鲁兰酶发酵液培养基中最适碳源为酵母粉。

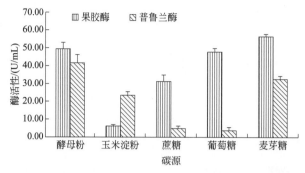

图 8-50　不同碳源对解淀粉芽胞杆菌 FJAT-2349 产果胶酶和普鲁兰酶活性的影响

（2）不同氮源对解淀粉芽胞杆菌 FJAT-2349 产果胶酶、普鲁兰酶活性的影响　在碳源优化的基础上，采用类似的方法来探究两种发酵液培养基中最优氮源的结果，见图 8-51。以牛肉膏为唯一氮源时果胶酶活性最高，为 59.61U/mL，以硝酸铵为唯一氮源时果胶酶活性最低，为 12.18U/mL，所以果胶酶发酵液培养基中最适氮源为牛肉膏。优化普鲁兰酶液体发酵培养基，以蛋白胨为唯一氮源时普鲁兰酶活性最高，为 40.60U/mL，所以普鲁兰酶发酵液培养基中最适氮源为蛋白胨。

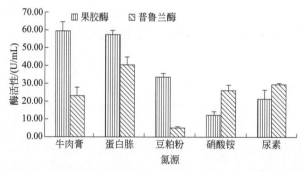

图 8-51　不同氮源对解淀粉芽胞杆菌 FJAT-2349 产果胶酶和普鲁兰酶活性的影响

（3）碳氮比对解淀粉芽胞杆菌 FJAT-2349 产果胶酶、普鲁兰酶活性的影响　基于以上优化，探究两种发酵液培养基中最优碳氮比结果见图 8-52。碳氮比为 3∶1 时果胶酶酶活性最高，为 117.68U/mL，碳氮比为 1∶1 时果胶酶活性最低，为 24.94U/mL，试验证明在果胶酶发酵液培养基中最佳碳氮比为 3∶1。在普鲁兰酶液体发酵液培养基中最佳碳氮比为 2∶1，此时普鲁兰酶活性为 69.67U/mL。

（4）温度对解淀粉芽胞杆菌 FJAT-2349 产果胶酶、普鲁兰酶活性的影响　在以上优化条件的基础上改变培养温度，探究对产酶的影响结果，见图 8-53。培养温度为 28～35℃时，随温度上升，果胶酶活性逐渐升高；培养温度为 35～40℃时，随温度上升，果胶酶活性逐渐降低，试验证明优化后的果胶酶发酵液培养基培养温度为 35℃时果胶酶产量最高，为 129.11U/mL。由图 8-53 可知产普鲁兰酶的最适培养温度与果胶酶的最适温度基本一致，在 35℃时达到最高，为 75.60U/mL。

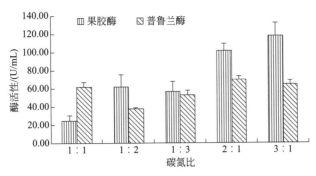

图 8-52　碳氮比对解淀粉芽胞杆菌 FJAT-2349 产果胶酶和普鲁兰酶活性的影响

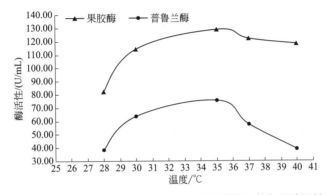

图 8-53　温度对解淀粉芽胞杆菌 FJAT-2349 产果胶酶和普鲁兰酶活性的影响

（5）转速对解淀粉芽胞杆菌 FJAT-2349 产果胶酶、普鲁兰酶活性的影响　在以上优化条件的基础上改变转速，探究对产酶的影响结果，见图 8-54。试验显示，培养转速为 130～150r/min 时，随转速增大，果胶酶活性逐渐升高；培养转速为 150～210r/min 时，随转速增大，果胶酶活性逐渐降低。试验证明优化后的果胶酶发酵液培养基培养转速为 150r/min，此时果胶酶活性最高，为 139.84U/mL。由图 8-54 可知产普鲁兰酶的培养转速为 130～190r/min 时，随转速增大，普鲁兰酶活性逐渐升高；190～210r/min 时，随转速增大，果胶酶活性有下降趋势。在转速 190r/min 时普鲁兰酶活性达到最高，为 81.62U/mL。

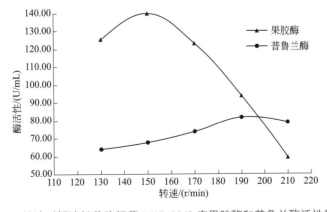

图 8-54　转速对解淀粉芽胞杆菌 FJAT-2349 产果胶酶和普鲁兰酶活性的影响

（6）pH 值对解淀粉芽胞杆菌 FJAT-2349 产果胶酶、普鲁兰酶活性的影响 在以上优化条件的基础上调节初始 pH 值，探究对产酶的影响结果，见图 8-55。试验显示，初始 pH 值为 5～6 时，随 pH 值增大，果胶酶活性逐渐升高；初始 pH 值为 6～9 时，随 pH 值增大，果胶酶活性快速下降；初始 pH 值为 9 时果胶酶活性降到 23.86U/mL。试验证明，初始 pH 值对产果胶酶活性的影响明显，最佳初始 pH 值为 6，此时果胶酶活性最高，为 149.20U/mL。由图 8-55 可知产普鲁兰酶的初始 pH 值为 5～8 时，随 pH 值增大，普鲁兰酶活性逐渐升高：初始 pH 值为 8～9 时，随 pH 值增大，普鲁兰酶活性略有下降，上升下降的趋势没有很显著的特征，初始 pH 值对产普鲁兰酶活性的影响不大，最佳初始 pH 值为 8，此时普鲁兰酶活性为 86.08U/mL。

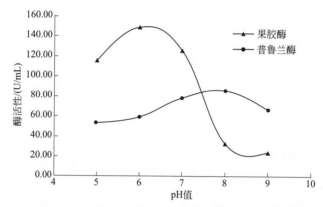

图 8-55 pH 值对解淀粉芽胞杆菌 FJAT-2349 产果胶酶和普鲁兰酶活性的影响

（7）发酵时间对解淀粉芽胞杆菌 FJAT-2349 产果胶酶、普鲁兰酶的影响 基于以上最优发酵条件，每 8h 取样跟踪解淀粉芽胞杆菌 FJAT-2349 的产果胶酶曲线和生长曲线，见图 8-56。在 8～32h 阶段酶活逐渐增加，40h 果胶酶活性达到最大，为 154.28U/mL，40h 以后果胶酶活性下降，下降一定程度后基本趋于稳定状态；在 8～32h 阶段 OD_{600nm} 值逐渐增加然后趋于稳定，这与果胶酶是诱导酶的条件相符合，菌体裂解以后释放胞外酶。

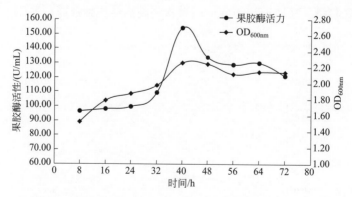

图 8-56 发酵时间对解淀粉芽胞杆菌 FJAT-2349 的产果胶酶活性和生长情况的影响

通过单因素法优化发酵条件以后，种子液接种到初始 pH 值为 8 的优化后培养基，置

35℃、190r/min 中培养；每 8h 取样跟踪解淀粉芽胞杆菌 FJAT-2349 的产普鲁兰酶曲线和生长曲线，如图 8-57 所示：在 8～48h 阶段酶活逐渐增加，48h 普鲁兰酶活性达到最大，为 86.40U/mL，48h 以后普鲁兰酶活性下降，下降到一定程度后基本趋于稳定状态；在 8～40h 阶段 OD_{600nm} 值逐渐增加然后趋于稳定，这与普鲁兰酶是诱导酶的条件相符合，菌体裂解以后释放胞外酶。

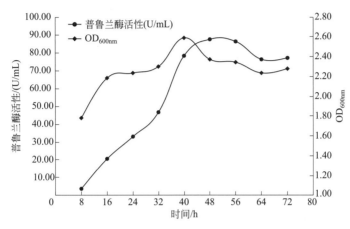

图 8-57　发酵时间对解淀粉芽胞杆菌 FJAT-2349 的产普鲁兰酶活性和生长情况的影响

6. 讨论

对芽胞杆菌产酶的影响因素主要包括诱导物、碳源、氮源、温度、初始 pH 值、装液量、转速等。不同菌株受到不同因素的影响所产生的作用也各不相同。研究菌株产酶的适宜条件对于提高菌株的工业化应用至关重要。

以单因素及正交试验对沙福芽胞杆菌 FJAT-14260 产木聚糖酶发酵条件优化，得到最优发酵条件为：碳源（酵母粉）7g/L，氮源（蛋白胨）9g/L，诱导物（木聚糖）浓度为 10g/L，培养温度 30℃，初始 pH 值为 8，装液量为 30mL/250mL。在此条件下 FJAT-14260 在发酵 32h 时酶活性达到 113585.78（U/mL）。在统一单位以后比较可得（以下有关报道的酶活数据都是统一单位的值），孙振涛等（2007）从土壤中筛选出一株坎皮纳斯类芽胞杆菌（*Paenibacillus campinasensis*）xy-7，发酵优化后酶活达到 25185U/mL；包怡红等（2008）在土壤中筛选出一株类芽胞杆菌（*Paenibacillus* sp.），优化后酶活达到 18415.5U/mL。与其他有关芽胞杆菌产木聚糖的报道相比，沙福芽胞杆菌 FJAT-14260 产木聚糖酶活性高，培养条件简单，且国内目前为止尚未见对沙福芽胞杆菌产木聚糖酶的报道，但是由于培养基成本偏高，若要工业化生产，还需要进一步研究。

以单因素试验对沙福芽胞杆菌 FJAT-14260 产蛋白酶发酵条件优化，得到最优发酵条件为：10g/L 可溶性淀粉、5g/L 豆粕粉、碳氮比为 3:1、最适培养温度为 35℃、190r/min、pH 值为 8、发酵时间 32h。根据有关报道可知，黄璠和蔡俊（2012）对一株枯草芽孢杆菌的发酵条件进行研究，最后酶活性达到 151.319U/mL；郑朝成和周立祥（2012）从污泥中分离出一株高产蛋白酶的芽胞杆菌 TC16，酶活最高可达 621U/mL。

以单因素试验对解淀粉芽胞杆菌产果胶酶发酵条件优化，得到最优发酵条件为：麦芽糖

10.0g/L、牛肉膏 5.0g/L、碳氮比为 3∶1、培养温度为 35℃、150r/min、初始 pH 值为 6、发酵时间为 40h，此时果胶酶活性达到最高。目前研究的产果胶酶的菌株大多为曲霉，华宝玉等（2012）从土壤和腐烂的水果里分离出一株来研究其产果胶酶的效果，经鉴定为聚多曲霉；关于芽胞杆菌产果胶酶的报道大多是枯草芽胞杆菌，白兰芳等（2011）从浙江省衢州、台州、丽水、永康临海柑橘园多份土样中筛选出一株产果胶酶的枯草芽胞杆菌 JLSP-13，经过优化后酶活为 7219.2U/mL；刘曦等（2008）筛选出一株产碱性果胶酶的枯草芽胞杆菌 TCCC11286，经过优化后酶活性达到 2845.44U/mL。通过比较可得筛选出的芽胞杆菌产果胶酶的量处于低水平。

以单因素试验对解淀粉芽胞杆菌 FJAT-2349 产普鲁兰酶发酵条件优化，得到最优发酵条件为：酵母粉 10.0g/L、蛋白胨 5.0g/L、碳氮比为 2∶1、最适温度 35℃、190r/min、初始 pH 值为 8、发酵时间为 48h，普鲁兰酶活性达到最大 86.40U/mL。酶活性较低，成本较高，不利于工业化生产。

三、产纤维素酶、淀粉酶菌株发酵条件优化

微生物发酵过程是由诸多复杂的生化反应组成的多网络、多尺度、非线性的复杂反应体系。微生物的生长繁殖和代谢产物合成的环境条件是影响高产菌株产酶能力的关键因素。其中培养基组分和发酵条件（温度、DO、pH 值）是决定微生物生长代谢速度和产物合成能力的两个重要方面。因此，对这两个条件的合理优化与调控在微生物发酵工业生产中起着极为重要的作用。均匀设计法（uniform design）可以克服单因素试验和正交试验的不足，可以用较少的实验次数安排多因素、多水平的析因试验，是在均匀性的度量下最好的析因试验设计方案（袁伟等，2011）。

发酵动力学是对生物生长和产物合成过程的定量描述方法，通过构建发酵过程动力学数学模型可以更加直观、深刻地了解发酵过程中微生物生长、发酵产物合成、底物消耗过程，从而达到认识发酵过程及优化发酵工艺、提高发酵产量和效率的目的，为小罐试验放大以及从分批发酵过程过渡到半连续发酵提供理论依据（陈坚等，2005）。

前两章筛选出产复合酶芽胞杆菌以及了解菌株的生物学特性、酶学特性，初步探究生长于产酶的关系。在此基础上，本章将从发酵工艺优化层面为解淀粉芽胞杆菌 FJAT-8754 合成代谢提供更适合的发酵条件。本章主要借助均匀设计法优化产纤维素酶、淀粉酶摇瓶发酵条件，并通过 50L 发酵扩大培养来解析发酵动力学特征，采用 Origin 9.0 数据分析软件对发酵参数进行分析处理，从数学层面分析、理解、揭示解淀粉芽胞杆菌 FJAT-8754 的发酵过程，为今后解淀粉芽胞杆菌 FJAT-8754 的中试扩大培养以及工业化生产应用提供理论基础。

1. 研究方法

（1）培养基　一级种子液培养基：Luria-Bertani 培养基。二级种子液培养基：玉米淀粉 10g、豆粕粉 10g、NaCl 5.0g、$MgSO_4 \cdot 7H_2O$ 0.5g、$KH_2PO_4 \cdot 2H_2O$ 0.5g、$K_2HPO_4 \cdot 2H_2O$ 0.5g、$CaCl_2$ 0.2g，蒸馏水 1000mL，pH6.2，在 121℃下灭菌 20min。发酵培养基：同二级种子液。

（2）解淀粉芽胞杆菌 FJAT-8754 产纤维素酶、淀粉酶摇瓶发酵条件优化　发酵培养基组分不变，采用均匀设计法分别确定解淀粉芽胞杆菌 FJAT-8754 产纤维素酶、淀粉酶发酵条件（培养基初始 pH 值、发酵温度、转速），进行优化。

（3）分析方法　利用 DPS $_{v}$7.05 实验设计功能，以中心化偏差为均匀性度量指针，经过计算机多次运行寻优确定 3 因素 7 水平多次试验的均匀设计方案，均匀设计表见表 8-23，利用 DPS $_{v}$7.05 软件多元分析功能进行实验数据的处理分析（董大钧等，2013）。

表 8-23　U$_7$（7^3）均匀设计表

因素	pH 值	温度 /℃	转速 /（r/min）	指标 1 纤维素酶活性 /（U/mL）	指标 2 淀粉酶活性 /（U/mL）
N1	4（6.0）	1（26）	5（190）		
N2	6（7.0）	3（32）	7（210）		
N3	1（4.5）	5（38）	4（180）		
N4	3（5.5）	7（44）	6（200）		
N5	2（5.0）	2（29）	2（160）		
N6	7（7.5）	6（41）	3（170）		
N7	5（6.5）	4（35）	1（150）		

（4）解淀粉芽胞杆菌 FJAT-8754 产纤维素酶、淀粉酶 50L 发酵罐扩大培养

① 一级种子液制备　挑去活化的解淀粉芽胞杆菌 FJAT-8754 接种至 20mL LB 液体培养基中，30℃、170r/min 培养 12h 即为一级种子液。

② 二级种子液制备　吸取 1mL 一级种子液接种到 50mL 发酵培养基中，35℃、175r/min 培养 12h 即为二级种子液。

③ 发酵过程中参数读取　每隔 4h 取一次样，测定发酵液中活菌数、纤维素酶活性、淀粉酶活性、总糖、还原糖、pH 值、DO 值的变化。活菌数、纤维素酶活性、淀粉酶活性测定方法同上。

2. 产纤维素酶、淀粉酶发酵条件优化

采用 U$_7$（7^3）均匀设计实验对发酵条件中的初始 pH 值、发酵温度、转速进行优化，优化结果见表 8-24。对表 8-24 的试验结果进行多因子及平方项逐步回归分析，结果如下：

对 Y_1 的回归方程为：

$$Y_1=-4784.60143+609.8000401X_1+70.91666740X_2+19.625895811X_3-49.38565933X_1^2-0.9489107650X_2^2-0.05314459706X_3^2 \tag{8-3}$$

相关系数 R=0.9963，F=310.6975，剩余标准差 S=6.6674，显著水平 P=0.0001

对 Y_2 的回归方程为：

$$Y_2=-57056.45159+9066.481573X_1+974.7728068X_2+146.74147653X_3-729.7582483X_1^2-12.846703763X_2^2-0.4141114925X_3^2 \tag{8-4}$$

相关系数 R=0.996，F=289.4804，剩余标准差 S=64.4262，显著性水平 P=0.0001

从方程的相关系数、F 值、剩余标准差以及显著性水平可以看出，方程（8-3）、方程（8-4）均能较好地拟合出发酵条件对解淀粉芽胞杆菌 FJAT-8754 产纤维素酶、淀粉酶的影响，所建模型准确有效。

回归方程各项指标通过检验，利用 DPS $_{v}$7.05 软件求解最大值，得出产纤维素酶最优发酵条件为：初始 pH6.17、培养温度 37.4℃、转速 184.6r/min，Y_1 最优预测值为 234.717U/

mL；产淀粉酶最优发酵条件为：初始 pH6.21、培养温度 37.9℃、转速 177.2r/min，Y_2 最优预测值为 2594.262U/mL。根据方程（8-3）、（8-4）的预测发酵条件微做改动，采用初始 pH6.2、培养温度 37.5℃、转速 180r/min 的发酵条件进行重新发酵，所得纤维素酶活性为 202.9U/mL、淀粉酶活性为 2392.9U/mL，试验测定值分别比理论值低了 13.58%、7.76%，但比未优化前分别提高了 49.5%、55.1%。

表 8-24　U_7（7^3）均匀设计方案及结果

试验号	因素			纤维素酶活性（Y_1）/（U/mL）	淀粉酶活性（Y_2）/（U/mL）
	X_1	X_2	X_3		
N1-1	4（6.0）	1（26）	5（190）	106.93	690.3226
N1-2	4（6.0）	1（26）	5（190）	109.78	652.3297
N1-3	4（6.0）	1（26）	5（190）	110.55	644.3011
N2-1	6（7.0）	3（32）	7（210）	140.48	1115.125
N2-2	6（7.0）	3（32）	7（210）	135.57	1321.434
N2-3	6（7.0）	3（32）	7（210）	142.49	1289.032
N3-1	1（4.5）	5（38）	4（180）	98.87	453.6201
N3-2	1（4.5）	5（38）	4（180）	89.49	450.7527
N3-3	1（4.5）	5（38）	4（180）	96.12	451.8996
N4-1	3（5.5）	7（44）	6（200）	162.86	1475.699
N4-2	3（5.5）	7（44）	6（200）	154.21	1566.738
N4-3	3（5.5）	7（44）	6（200）	157.00	1567.455
N5-1	2（5.0）	2（29）	2（160）	66.49	361.0036
N5-2	2（5.0）	2（29）	2（160）	67.80	378.4946
N5-3	2（5.0）	2（29）	2（160）	69.56	381.6487
N6-1	7（7.5）	6（41）	3（170）	122.38	1115.125
N6-2	7（7.5）	6（41）	3（170）	124.54	1321.434
N6-3	7（7.5）	6（41）	3（170）	124.91	1289.032
N7-1	5（6.5）	4（35）	1（150）	156.89	2145.233
N7-2	5（6.5）	4（35）	1（150）	164.43	2120.717
N7-3	5（6.5）	4（35）	1（150）	159.75	2084.875

注：X_1—培养基初始 pH 值；X_2—培养温度，℃；X_3—转速，r/min。

3. 产纤维素酶、淀粉酶发酵特性

以经摇瓶实验优化后的培养基作为发酵培养基，对解淀粉芽孢杆菌 FJAT-8754 产纤维素酶、淀粉酶实验。发酵罐试验装液量 60%，接种 2%（体积分数），搅拌转速 180r/min，培养温度 35℃（±0.5℃），通气量 0.3VVM（每分钟通气量与罐体实际料液体积之比为 1VVM），每 4h 在线读取 OD 值、pH 值并取样考察发酵液中活菌浓度、纤维素酶活性、淀粉酶活性、

总糖浓度、还原糖浓度。发酵过程中各参数动态变化见图 8-58。

解淀粉芽胞杆菌 FJAT-8754 接种后很快进入对数生长期，并在 24h 时进入稳定期，此时菌体浓度达到 1.2×10^9CFU/mL，同时纤维素酶、淀粉酶随之在 32h 达到最大酶活，酶活分别为 125.8U/mL、1267.7U/mL；DO 在接种后急剧下降，在 12h 时达到溶氧低谷，且溶氧低谷持续至 32h 后开始缓慢上升；pH 值在整个发酵过程中变化并不明显，在 0～20h 间 pH 值保持稳定，在第 20 小时后开始慢慢下降，而在 32h 时由 5.8 急剧下降至 5.3；总糖在 0～4h 之间几乎没变化，而随菌体进入对数生长期后开始下降，在 20h 后总糖浓度不再下降，保持稳定；还原糖在 0～4h 浓度变化不大，4h 后由 5.3mg/mL 缓慢上升，并在达到 5.8mg/mL 后开始急剧下降，在 32h 后维持不变。从发酵罐各参数变化特征可确定解淀粉芽胞杆菌 FJAT-8754 产纤维素酶、淀粉酶复合酶的发酵终止时间。

比较 50L 发酵罐与摇瓶试验，摇瓶试验与发酵罐实验中纤维素酶、淀粉酶的最大酶活均出现在菌体刚进入稳定期时期，但摇瓶实验中纤维素酶、淀粉酶活性均比发酵罐实验酶活高，50L 发酵罐发酵过程中，菌株生长的延滞期、对数生长期缩短。从图 8-58 中 OD 值、总糖与还原糖的变化可以看出，在发酵罐发酵过程中溶氧不足，导致菌体浓度低、纤维素酶和淀粉酶产量低。

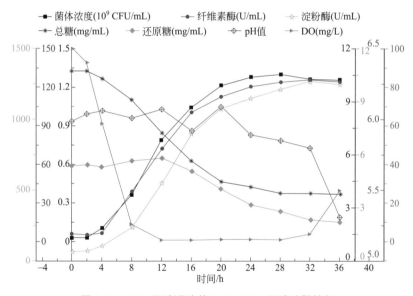

图 8-58　50L 发酵罐培养 FJAT-8754 发酵过程特征

4. 菌株生长动力学

据图 8-58 可知，解淀粉芽胞杆菌 FJAT-8754 在 50L 发酵罐培养过程中菌体的生长是典型的"酵罐型曲线"，采用 Logistic 方程（阻滞方程）能较好地描述菌体的生长规律，也能较好地反映分批发酵过程中因菌体浓度的增加对自身生长产生的抑制作用，并且能较好地拟合分批发酵过程的菌体的生长规律。Logistic 方程为：

$$\frac{\mathrm{d}X}{\mathrm{d}t} = \mu_{\mathrm{m}}\left(1 - \frac{X}{X_{\mathrm{m}}}\right)X \tag{8-5}$$

积分得：

$$X = \frac{X_0 X_{\mathrm{m}} \mathrm{e}^{t\mu}{}_{\mathrm{m}}}{X_{\mathrm{m}} - X_0 + X_0 \mathrm{e}^{t\mu}{}_{\mathrm{m}}} \tag{8-6}$$

式中，μ_{m} 为最大比生长速率，h^{-1}；X 为菌体浓度，$10^7\mathrm{CFU/mL}$；X_0 为初始菌体浓度，$10^7\mathrm{CFU/mL}$；X_{m} 为最大菌体浓度，$10^7\mathrm{CFU/mL}$；t 为时间，h。

利用 Origin 9.0 软件通过编写自定义函数（8-6）对解淀粉芽胞杆菌 FJAT-8754 生长进行非线性拟合，拟合模型曲线 R^2=0.99766，模型预测值与实测值能较好地拟合，拟合结果见式（8-7）、表 8-25～表 8-27、图 8-59。

$$X(t) = \frac{127.297\mathrm{e}^{0.33505t}}{37.653 + \mathrm{e}^{0.33505t}} \tag{8-7}$$

表 8-25　FJAT-8754 生长动力学方差分析结果

	项目	自由度	平方和	均方	F 值	P 值
生物质	回归	3	98021.33444	32673.77815	4686.26781	5.29021×10^{-13}
	剩余误差	8	55.77791	6.97224		
	未校正总和	11	98077.11235			
	校正总和	15	38152.03			

表 8-26　FJAT-8754 生长动力学建模统计量结果

X_0		X_{m}		μ_{m}		统计	
数值	标准误	数值	标准误	数值	标准误	残差平方和	校正 R^2
3.29339	0.62990	127.29731	1.29990	0.33505	0.01822	6.97224	0.99766

表 8-27　分批发酵过程中生物量、纤维素酶活性、淀粉酶活性和玉米淀粉浓度的实测值与预测值

时间 /h	菌体浓度 / (10^7CFU/mL)		纤维素酶活性 / (U/mL)		淀粉酶活性 / (U/mL)		残糖浓度 / (μg/mL)	
	实测值	预测值	实测值	预测值	实测值	预测值	实测值	预测值
0	3.1	3.3	5.5	3.7	58.9	58.9	10741.5	10741.5
2	3.3	6.3	5.1	6.5	67.7	81.3	10746.8	10746.8
4	10.1	11.7	6.6	11.5	101.1	122.4	10360.0	10360.0
8	36.3	35.6	39.0	33.6	233.7	303.1	9098.3	9098.3
12	78.7	76.0	72.1	71.1	546.9	617.8	7226.9	7226.9
16	104.0	108.2	100.7	101.6	897.6	890.3	5655.1	5655.1
20	121.0	121.7	112.6	115.2	1080.0	1038.5	4461.0	4461.0
24	128.0	125.8	120.5	120.2	1147.3	1122.8	4179.9	4179.9

续表

时间 /h	菌体浓度 / （10⁷CFU/mL）		纤维素酶活性 / （U/mL）		淀粉酶活性 / （U/mL）		残糖浓度 / （μg/mL）	
	实测值	预测值	实测值	预测值	实测值	预测值	实测值	预测值
28	130.0	126.9	123.9	122.6	1209.8	1186.6	3817.2	3817.2
32	126.3	127.2	125.8	124.2	1267.7	1244.9	3793.9	3793.9
36	125.5	127.3	124.1	125.6	1247.0	1301.6	3769.0	3769.0

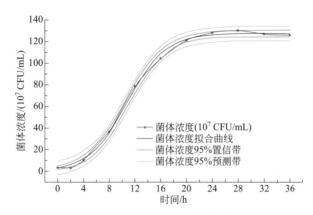

图 8-59　FJAT-8754 生长动力学模型拟合曲线

5. 产物合成动力学

微生物发酵过程中代谢生产的除菌体以外的物质为产物。微生物发酵产物按微生物生长速率与产物合成速率的关系可分为 3 类：① 生长相关型，也叫生长偶联型，即代谢产物的生成与细胞的生长密切相关，产物的生成是微生物细胞主要能量代谢的直接结果，其产物通常是基质分解代谢产物或合成细胞生长必需的代谢产物；② 生长部分相关型，即部分偶联型，产物是能量代谢的间接结果，不是底物的直接转化，其生成与底物的消耗仅有时间关系，与微生物生长部分偶联；③ 非生长相关型，即非偶联型，此类产物的合成与能量代谢无关，与细胞生长无直接关系，而与细胞的积累有关。产物的合成出现在微生物稳定期，大多为次级代谢产物。

解淀粉芽胞杆菌 FJAT-8754 纤维素酶、淀粉酶均初步确认为胞外蛋白酶，由图 8-58 所示，纤维素酶、淀粉酶随菌体的增长而增加，达到稳定期后两种酶才达到较高酶活。本试验以纤维素酶、淀粉酶为产物动力学模型的研究对象，由图 8-58 纤维素酶、淀粉酶活性的变化与底物的消耗间接相关，初步确定产物的生成为部分偶联型。因此选择同时存在非生长相关型和生长相关型的 Luedeking-Piert 公式来描述纤维素酶、淀粉酶的合成动力学：

$$\frac{dP}{dx} = \alpha\frac{dX}{dt} + \beta X = \alpha\mu X + \beta X \tag{8-8}$$

式中，α 为与生长相关联的产物合成系数；β 为与生长无关的产物合成比速率。

对式（8-8）两边同时除以 X，即得产物比合成速率公式（8-9）：

$$Q_{\mathrm{p}} = \alpha\mu + \beta \qquad (8\text{-}9)$$

式中，μ 为菌体的比生长速率；α、β 为常数。

将式（8-6）代入式（8-9）并对公式积分，整理得到式（8-10）：

$$P(t) = P_0 - \alpha X_0 + \alpha\frac{X_0 X_{\mathrm{m}} \mathrm{e}^{\mu_{\mathrm{m}} t}}{X_{\mathrm{m}} - X_0 + X_0 \mathrm{e}^{\mu_{\mathrm{m}} t}} + \frac{X_{\mathrm{m}}\beta}{\mu_{\max}}\ln\left(\frac{X_{\mathrm{m}} - X_0 + X_0 \mathrm{e}^{\mu_{\mathrm{m}} t}}{X_{\mathrm{m}}}\right) \qquad (8\text{-}10)$$

将已知 X_0、X_{m}、μ_{m} 拟合值代入式（8-9），应用 Origin 9.0 软件进行非线性自定义函数拟合，使用 Levenberg-Marguardt 参数拟合工具箱，以 Pearson Chi-sqr 检验（误差平方和最小），对解淀粉芽胞杆菌 FJAT-8754 分批发酵产纤维素酶、淀粉酶分别进行拟合求参数 α、β，将参数代入式（8-10）即得解淀粉芽胞杆菌 FJAT-8754 纤维素酶、淀粉酶合成动力学模型：

（1）解淀粉芽胞杆菌 FJAT-8754 纤维素酶合成动力学模型（表 8-28、表 8-29、图 8-60）：

$$P_1(t) = -0.694 + \frac{116.576\mathrm{e}^{0.33505t}}{37.652 + \mathrm{e}^{0.33505t}} + 0.55\ln(0.9741 + 0.0259\mathrm{e}^{0.33505t}) \qquad (8\text{-}11)$$

表 8-28　解淀粉芽胞杆菌 FJAT-8754 纤维素酶合成动力学拟合曲线方差分析

项目	自由度	平方和	均方	F 值	P 值
回归	3	90643.55	30214.52	3233.597	2.33×10^{-12}
剩余误差	8	74.75148	9.34393		
未校正总和	11	90718.31			
校正总和	10	27218.98			

表 8-29　解淀粉芽胞杆菌 FJAT-8754 纤维素酶合成动力学建模参数估计

α_1		β_1		P_1		统计	
数值	标准误	数值	标准误	数值	标准误	残差平方和	校正 R^2
0.91578	0.03247	0.00261	0.00150	3.71014	1.68673	9.34393	0.99657

注：α_1 为与生长相关联的纤维素酶合成系数；β_1 为与生长无关的产物合成比速率。

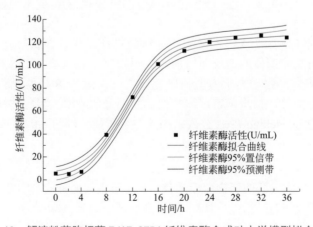

图 8-60　解淀粉芽胞杆菌 FJAT-8754 纤维素酶合成动力学模型拟合曲线

（2）解淀粉芽胞杆菌 FJAT-8754 淀粉酶合成动力学（表 8-30、表 8-31、图 8-61）：

$$P_2(t)=35.214+\frac{914.128e^{0.33505t}}{37.652+e^{0.33505t}}+41.818\ln(0.9741+0.0259e^{0.33505t}) \tag{8-12}$$

表 8-30 解淀粉芽胞杆菌 FJAT-8754 淀粉酶合成动力学拟合曲线方差分析结果

项目	自由度	平方和	均方	F 值	P 值
回归	2	8.27×10^6	4.13×10^6	2202.892	4.53×10^{-12}
剩余误差	9	16892.01	1876.89		
未校正总和	11	8.29×10^6			
校正总和	10	2.67×10^6			

表 8-31 解淀粉芽胞杆菌 FJAT-8754 淀粉酶合成动力学建模参数估计

α_2		β_2		P_2		Statistics	
数值	标准误	数值	标准误	数值	标准误	残差平方和	校正 R^2
7.18105	0.3534	0.11033	0.02069	58.864	0	1876.89	0.99298

注：α_2 为与生长相关联的淀粉酶合成系数，U/g；β_2 为与生长无关的产物合成比速率，U/(h·g)。

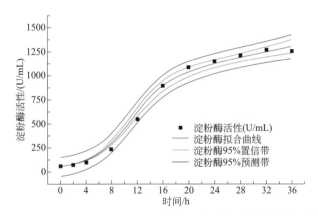

图 8-61 解淀粉芽胞杆菌 FJAT-8754 淀粉酶合成动力学模型拟合曲线

6. 底物消耗动力学

在解淀粉芽胞杆菌 FJAT-8754 发酵过程中，玉米淀粉作为培养基中唯一的碳源，主要用于菌体的生长以及维持菌体基本生命活动和代谢产物的生成。为方便建模的简化，可将解淀粉芽胞杆菌 FJAT-8754 产复合酶发酵过程玉米淀粉的消耗分为菌体生长消耗基质、产物合成消耗基质两个部分，将维持生命活动的基质消耗纳入菌体生长消耗基质中。因此限制性底物的消耗模型可用式（8-13）表示：

$$\frac{\mathrm{d}S}{\mathrm{d}t}=-\frac{\mathrm{d}X}{\mathrm{d}t}\times\frac{1}{Y_{X/S}}-\frac{\mathrm{d}P}{\mathrm{d}t}\times\frac{1}{Y_{P/S}} \tag{8-13}$$

式中，$Y_{X/S}$ 表示细胞对碳源的得率；$Y_{P/S}$ 为酶活对碳源的得率。

将式（8-6）、式（8-8）带入式（8-13），并对公式进行积分处理得：

$$S(t) = S_0 + \frac{X_0}{Y_{X/S}} - \frac{X_0 X_m e^{\mu_m t}}{Y_{S/X}(X_m - X_0 + X_0 e^{\mu_m t})} + X_0 \times \frac{\alpha}{Y_{P/S}} - \frac{\alpha}{Y_{P/S}} \times$$
$$\frac{X_0 X_m e^{\mu_m t}}{X_m - X_0 + X_0 e^{\mu_m t}} - \frac{\beta}{Y_{P/S}} \times \frac{X_m}{\mu_m} \times \ln\left(\frac{X_m - X_0 + X_0 e^{\mu_m t}}{X_0 X_m e^{\mu_m t}}\right)$$

（8-14）

将纤维素酶、淀粉酶合成动力学公式代入整理，得：

$$S(t) = S_0 + \frac{X_0}{Y_{X/S}} + X_0\left(\frac{\alpha_1}{Y_1} + \frac{\alpha_2}{Y_2}\right) - \frac{1}{Y_{X/S}} \times \frac{X_0 X_m e^{\mu_m t}}{X_m - X_0 + X_0 e^{\mu_m t}} - \left(\frac{\alpha_1}{Y_1} + \frac{\alpha_2}{Y_2}\right) \times$$
$$\frac{X_0 X_m e^{\mu_m t}}{X_m - X_0 + X_0 e^{\mu_m t}} - \frac{X_m}{\mu_m} \times \left(\frac{\beta_1}{Y_1} + \frac{\beta_2}{Y_2}\right) \times \ln\left(\frac{X_m - X_0 + X_0 e^{\mu_m t}}{X_0 X_m e^{\mu_m t}}\right)$$

（8-15）

式中，α_1 为与生长相关联的纤维素酶合成系数；β_1 为与生长无关的产物合成比速率；Y_1 为纤维素酶活性产物对基质的得率；α_2 为与生长相关联的纤维素酶合成系数；β_2 为与生长无关的产物合成比速率；Y_2 为纤维素酶活产物对基质的得率；S_0 为培养初期的初始基质浓度，$\mu g/mL$。

利用 Origin 9.0 软件进行非线性拟合，采用 Levenberg-Marguardt 参数拟合工具箱，以 Pearson Chi-sqr 检验（误差平方和最小），对解淀粉芽胞杆菌 FJAT-8754 分批发酵基质消耗进行拟合求参数 Y_1、Y_2，拟合结果见表 8-32、表 8-33、图 8-62、式（8-16）：

$$S(t) = 10899.8691 - \frac{7091.6724 e^{0.33505t}}{37.653 + e^{0.33505t}} - 0.5011\ln(0.9741 + 0.0259 e^{0.33505t})$$

（8-16）

表 8-32　解淀粉芽胞杆菌 FJAT-8754 基质消耗动力学拟合曲线方差分析结果

项目	自由度	平方和	均方	F 值	P 值
回归	4	5.85044×10^7	1.46261×10^8	1485.67041	3.55273×10^{-10}
剩余误差	7	689135.13776	98447.87682		
未校正总和	11	5.85734×10^8			
校正总和	10	8.99366×10^7			

表 8-33　解淀粉芽胞杆菌 FJAT-8754 基质消耗动力学建模参数估计

S_0		Y_0		Y_1		Y_2		统计	
数值	标准误	数值	标准误	数值	标准误	数值	标准误	残差平方和	校正 R^2
10899.86911	495.06499	0.01813	—	3.14488	—	42.31437	—	98447.87682	0.98905

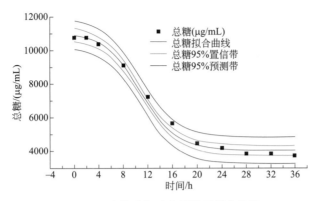

图 8-62　底物消耗动力学模型拟合曲线

7. 讨论

（1）解淀粉芽胞杆菌 FJAT-8754 产纤维素酶、淀粉发酵条件优化。均匀设计法是我国数学家王元和方开泰于 1978 年提出的，该方法能以较少的均匀分布试验点获得最多的信息。该方法广泛用于寻找最优化工艺条件和最好的配方。柯崇榕等（2008）采用均匀设计法对黑曲霉 EIM-4 的发酵条件进行优化，在最优条件下黑曲霉 EIM 产果胶酶活提高了 36%。本章节利用均匀设计法对影响发酵过程的 3 个重要因素进行优化，优化后发酵产纤维素酶、淀粉酶最优条件极为相似，故折中两种酶的优化条件进行验证，采用初始 pH6.2、培养温度 37.5℃、转速 180r/min 的发酵条件进行重新发酵，所得纤维素酶活性为 202.9U/mL、淀粉酶活性为 2392.9U/mL，试验测定值分别比理论值低了 13.58%、7.76%，但比未优化前分别提高了 49.5%、55.1%。

（2）解淀粉芽胞杆菌 FJAT-8754 发酵罐扩大培养与动力学建模。通过 50L 发酵罐扩大培养，摸索解淀粉芽胞杆菌 FJAT-8754 产纤维素酶、淀粉酶复合酶发酵特征。利用 Origin 9.0 数据分析软件对解淀粉芽胞杆菌 FJAT-8754 产纤维素酶、淀粉酶复合酶发酵过程进行分析处理，以 Logistic 方程（阻滞方程）拟合出解淀粉芽胞杆菌 FJAT-8754 发酵过程中菌体生长动力学模型，以 Luedeking-Piert 公式对纤维素酶、淀粉酶发酵过程中产物合成动力学，拟合结果中菌体生长动力学模型、产物合成动力学模型以及基质消耗动力学模型拟合方程的相关系数分别为：R^2=0.99766（生长动力学）、0.99657（纤维素酶合成动力学）、0.99298（淀粉酶合成动力学）、0.98905（基质消耗动力学），由此可说明式（8-6）、式（8-11）、式（8-12）、式（8-16）构成的解淀粉芽胞杆菌 FJAT-8754 复合酶发酵动力学可较准确描述发酵过程中解淀粉芽胞杆菌 FJAT-8754 菌体生长、纤维素酶合成、淀粉酶合成、基质消耗的变化规律。从拟合模型，可准确地判断解淀粉芽胞杆菌 FJAT-8754 纤维素酶、淀粉酶的合成属于生长部分相关型。

四、产羟苯乙酯菌株发酵培养基优化

羟苯乙酯是食品、药品和化妆品中广泛应用的防腐剂（冯丰凑和邓颖，2010），目前羟苯乙酯主要通过硫酸催化对羟基苯甲酸和乙醇生成，但产品纯度不高，分离工作量大，污染比较严重（杨水金和张丽华，2002），因而寻找合适的生产途径成为目前研究的热点。微生物的次生代谢产物丰富，活性多样，其中，抑菌功能物质是菌株生长过程中产生的次生代谢产物之一（王西祥等，2015），同时从微生物中分离纯化抑菌功能物质对环境影响较小（徐慧等，2011），因此采用微生物发酵生产活性物质前景广阔。

畜禽粪污降解菌短短芽胞杆菌（*Brevibacillus brevis*）在自然界中广泛存在，由于其不含内毒素、能够形成芽胞、环境适应力强、具有较强的与土著微生物的竞争力等（Cook et al.，1996），因而在生物防治（Che et al.，2015a；车建美等，2015a；Panwar et al.，2000）、微生物保鲜（车建美等，2010）及微生物降解（Archna et al.，2000；Arutchelvan et al.，2006；Jaouadi et al.，2013）等方面应用广泛。短短芽胞杆菌可以产生多种活性物质。Wang 等（2009）采用 HPLC 方法从短短芽胞杆菌 HOB1 中分离鉴定出主要抑菌活性物质脂肽。短短芽胞杆菌 US575 可以产生对角蛋白具有降解作用的丝氨酸角蛋白酶，该酶分子量为 29121.11（Ye et al.，2013）。夏尚远（2008）对短短芽胞杆菌 XDH 菌株抗细菌物质进行了分离纯化及结构鉴定，结果表明，其主要活性物质分子量为 1570.9，推测其为肽类抗菌物质。杨廷雅等（2014）采用乙醇低温沉淀法，并结合 Sephadex G-50 凝胶柱等手段也从短短芽胞杆菌 HAB-5 发酵液中分离纯化出对芒果炭疽病菌具有抑制作用的功能物质，经鉴定为分子量 14400 的肽类。作者在前期研究中，首次从短短芽胞杆菌 FJAT-0809 发酵液中分离纯化出主要抑菌保鲜功能物质羟苯乙酯，该物质对青枯雷尔氏菌、尖孢镰刀菌、大肠杆菌、沙门氏菌等具有很好的抑制效果（Che et al.，2015b），并建立了该物质的高效液相色谱检测方法（车建美等，2015b）。但目前该物质的产量较低，无法满足生产需要。

响应面方法在微生物发酵优化中应用广泛（胡桂萍等，2012；邹娟等，2014；夏尚远，2015），通过回归方程分析可以更快地寻找成本低、产量高的生产工艺或培养基配方，解决通过微生物发酵生产活性物质的实际问题（芮广虎等，2012）。目前未见关于短短芽胞杆菌 FJAT-0809 产羟苯乙酯发酵培养优化的相关报道。为了提高该菌株发酵液羟苯乙酯的产量，本章节拟采用响应面法对其发酵培养基成分进行优化，筛选影响羟苯乙酯生成量的主要因素，并对其进行优化，以期获得最佳培养基配方。

1. 研究方法

（1）材料　短短芽胞杆菌（*Brevibacillus brevis*）FJAT-0809 为本实验室从土壤中分离保存。标准样品羟苯乙酯购自 Sigma 公司，Waters Oasis HLB 固相萃取柱（6mL，200mg）购自美国 Waters 公司。色谱柱 C_{18} 柱，购自美国 Welch 公司。营养琼脂（NA）培养基：牛肉膏 3.0g/L、葡萄糖 1.0g/L、蛋白胨 5.0g/L，pH7.0～7.2；短短芽胞杆菌 FJAT-0809 基础发酵培养基：可溶性淀粉 0.8%、豆饼粉 3%、蛋白胨 0.2%、蔗糖 2%、$CaCl_2$ 0.5%，pH7.0～7.2。

（2）方法

① 不同碳源对短短芽胞杆菌 FJAT-0809 羟苯乙酯产量的影响　以麦芽糖、葡萄糖、甘油、可溶性淀粉、DL- 苹果酸、乳糖、蔗糖、甘露醇 8 种碳源进行试验，氮源为豆饼粉，基础发酵培养基其他成分不变。实验重复 3 次。提取羟苯乙酯，采用高效液相色谱法测定其含量。

② 不同氮源对短短芽胞杆菌 FJAT-0809 羟苯乙酯产量的影响　在确定最佳碳源的基础上，分别采用胰蛋白胨、酵母浸膏、蛋白胨、牛肉膏、酵母提取物、草酸铵、硫酸铵、营养肉汤 8 种氮源进行试验，其基础发酵培养基其他成分不变。实验重复 3 次。提取羟苯乙酯，采用高效液相色谱法测定其含量。

③ 不同无机盐对短短芽胞杆菌 FJAT-0809 羟苯乙酯产量的影响　在明确最佳碳源和氮源

的基础上，分别对 $CaCl_2$、$MgSO_4$、NaCl、K_2HPO_4、KH_2PO_4、$MnCl_2$、Na_2CO_3、$Fe_3(PO_4)_2$ 8 种无机盐进行试验，基础发酵培养基其他成分不变。实验重复 3 次。提取羟苯乙酯，采用高效液相色谱法测定其含量。

液体发酵条件为：将活化的短短芽胞杆菌 FJAT-0809 单菌落接种至 20mL 液体 NA 培养基中，30℃ 170r/min 过夜培养，按 1% 的接种量转接至不同碳源、氮源和无机盐的液体发酵培养基中，30℃ 170r/min 培养 24h。

④ 羟苯乙酯的提取和含量测定　参照车建美等（2015b）的方法。取短短芽胞杆菌 FJAT-0809 发酵液 5mL，加入 20mL 乙醇 - 水 - 冰醋酸（体积比为 70∶29.5∶0.5）混合液，水浴超声波辅助提取 15min，4000r/min 离心 10min 后，将上清液转入容量瓶中，残留物再用 20mL 提取液重复提取 1 次，合并上清液，定容至 50.0mL，过滤，4000r/min 离心 10min，取 25mL 上清液于已预先用 10mL 甲醇和 10mL 蒸馏水活化处理过的固相萃取柱，保持自然流速过柱，用 10mL 蒸馏水洗净柱子，抽干，再以 3.0mL 甲醇洗脱小柱，控制液体流速不超过 1mL/min，收集洗脱液，用甲醇定容至 5.0mL，经 0.25μm 细菌过滤器过滤，作为试液。采用高效液相色谱仪进行样品测定，色谱柱为 C_{18}；流动相为甲醇 - 水（65∶35）；流速 1.0mL/min；检测波长 254nm；柱温 25 ℃；进样量 10μL。以羟苯乙酯标准品做标准曲线，计算短短芽胞杆菌 FJAT-0809 发酵液中羟苯乙酯的含量。

⑤ 影响因素优化试验设计

a. Plackettt-Burman 法筛选影响羟苯乙酯生成的主要因素　基于非完全平衡块原理的 Plackettt-Burman 法（PB 法）是一种近饱和的 2 水平试验设计方法。该方法能通过最少试验次数快速筛选出主要的影响因素。影响短短芽胞杆菌 FJAT-0809 发酵产生羟苯乙酯可能的因素包括 DL- 苹果酸（A）、蛋白胨（B）、NaCl（C）和豆饼粉，以这 4 个因素进行试验设计，每个因素取 2 个水平，分别为低水平 "-1" 和高水平 "+1"，试验因素及水平见表 8-34。

表 8-34　Plackett-Burman 法试验因素与水平设计

参数	单位	低（-1）	高（+1）
DL- 苹果酸	g/L	20	28
蛋白胨	g/L	2	4
NaCl	g/L	5	10
豆饼粉	g/L	25	30

b. 最陡爬坡试验　根据 PB 试验设计所筛选的主要影响因素来确定最陡爬坡试验途径，快速逼近羟苯乙酯最大产量区域，促进有效的响应面拟合方程的建立。

c. 响应面分析　在单因素试验的基础上，采用合适的 Plackeet-Burman 设计方案，以 DL- 苹果酸（A）、豆饼粉（B）、NaCl（C）作为考察因素，以羟苯乙酯生成量为响应值进行试验，获得最佳培养基。

2. 不同碳源对菌株羟苯乙酯生成量的影响

不同碳源对短短芽胞杆菌 FJAT-0809 羟苯乙酯生成量影响差异显著（$P < 0.05$）。根据

羟苯乙酯标准曲线 $Y=81.832X-36.763$（X 为羟苯乙酯质量浓度；Y 为相对峰面积）（车建美等，2015b），计算不同碳源发酵羟苯乙酯的生成量。结果表明，DL- 苹果酸作为碳源时，羟苯乙酯产量最高，达到 4.58μg/mL；其次是蔗糖作为碳源，羟苯乙酯产量为 3.28μg/mL；以乳糖、麦芽糖和甘露醇作为碳源时，羟苯乙酯生成量较低，分别为 1.63μg/mL、1.35μg/mL 和 1.31μg/mL（图 8-63）。因此选用 DL- 苹果酸作为碳源进行培养比较合适。

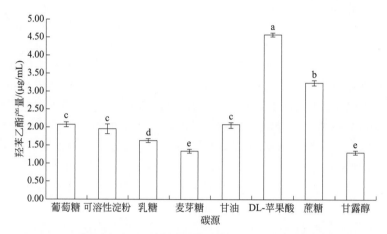

图 8-63　不同碳源对短短芽胞杆菌 FJAT-0809 羟苯乙酯产量的影响

图中的不同小写字母表示差异显著（$P < 0.05$），全书同

3. 不同氮源对菌株羟苯乙酯生成量的影响

以 DL- 苹果酸为碳源，分别采用 8 种不同氮源（胰蛋白胨、酵母浸膏、蛋白胨、牛肉膏、酵母提取物、草酸铵、硫酸铵、营养肉汤）培养短短芽胞杆菌 FJAT-0809。根据标准曲线计算不同氮源发酵条件下羟苯乙酯的生成量，结果表明，以蛋白胨作为氮源时，短短芽胞杆菌 FJAT-0809 羟苯乙酯产量最高，为 4.62μg/mL，采用其余 7 种氮源培养的短短芽胞杆菌 FJAT-0809 羟苯乙酯产量均较低，其中，以营养肉汤作为氮源时，羟苯乙酯产量最低，仅为 1.04μg/mL（图 8-64）。因此，采用蛋白胨作为培养基氮源进行后续的试验。

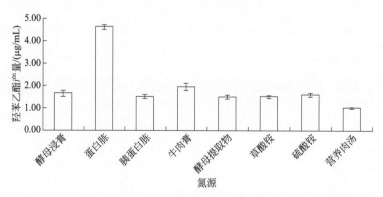

图 8-64　不同氮源对短短芽胞杆菌 FJAT-0809 羟苯乙酯产量的影响

4.不同无机盐对菌株羟苯乙酯生成量的影响

以 DL- 苹果酸为碳源，蛋白胨为氮源，测定 $CaCl_2$、$MgSO_4$、$NaCl$、K_2HPO_4、KH_2PO_4、$MnCl_2$、Na_2CO_3、$Fe_3(PO_4)_2$ 8 种无机盐对短短芽胞杆菌 FJAT-0809 羟苯乙酯生成量的影响。结果表明，不同无机盐对羟苯乙酯产量影响不同（图 8-65），其中，以 NaCl 作为无机盐时，羟苯乙酯产量最高，为 5.61μg/mL；其次是以 $CaCl_2$ 作为无机盐，羟苯乙酯产量为 2.95μg/mL；以 Na_2CO_3 作为无机盐时，羟苯乙酯产量最低，为 1.69μg/mL。因此，采用 NaCl 作为培养基的无机盐进行后续的 Plackett-Burman 试验。

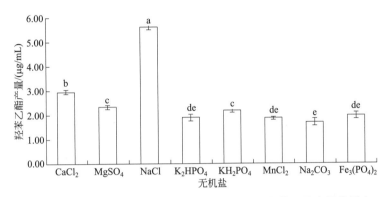

图 8-65　不同无机盐对短短芽胞杆菌 FJAT-0809 羟苯乙酯产量的影响

5.主要影响因子筛选

根据 PB 法设计的发酵培养基配方进行短短芽胞杆菌 FJAT-0809 的发酵，测定羟苯乙酯含量，采用 Minitab 软件进行方差分析。试验结果见表 8-35 和表 8-36。从表 8-36 中可以看出，豆饼粉、DL- 苹果酸和 NaCl 作为主要影响因素的可信度大于 90%，对羟苯乙酯的产量影响显著。DL- 苹果酸和 NaCl 的浓度对羟苯乙酯产量的影响为正效应，豆饼粉浓度的影响为负效应。因此要提高短短芽胞杆菌发酵液中羟苯乙酯的产量，应适当减低豆饼粉的浓度，提高DL- 苹果酸和 NaCl 的浓度。

表 8-35　Plackett-Burman 试验设计及结果

序号	DL- 苹果酸	蛋白胨	NaCl	豆饼粉	羟苯乙酯产量 /（μg/mL）
1	−1	1	1	1	1.98
2	−1	1	−1	1	3.51
3	−1	1	1	−1	2.91
4	1	−1	1	−1	2.09
5	−1	−1	−1	−1	4.23
6	−1	−1	1	1	3.49
7	1	1	−1	1	4.23
8	1	1	−1	−1	3.58

续表

序号	DL- 苹果酸	蛋白胨	NaCl	豆饼粉	羟苯乙酯产量 /（μg/mL）
9	1	−1	1	1	5.31
10	1	−1	1	1	3.73
11	1	−1	−1	1	3.24
12	−1	−1	−1	−1	5.21

表 8-36　Placekett-Burman 试验因素水平及效应值

因素	系数	t 值	P 值
DL- 苹果酸	0.3708	2.48	0.027
蛋白胨	0.3112	2.16	0.089
NaCl	0.5508	3.69	0.035
豆饼粉	−0.5792	−3.88	0.030

6. 最陡爬坡路径

为确定豆饼粉、DL- 苹果酸和 NaCl 的最适浓度范围，对这 3 个主要影响因素进行最陡爬坡路径试验，试验结果见表 8-37。随着豆饼粉、DL- 苹果酸和 NaCl 浓度的变化，短短芽胞杆菌 FJAT-0809 发酵液中羟苯乙酯的含量呈现先上升后下降的趋势。当培养基中的豆饼粉、DL- 苹果酸和 NaCl 浓度分别为 23.5g/L、28g/L 和 11.5g/L 时，羟苯乙酯生成量达到最大，为 7.16μg/mL，因此选用此浓度作为后续试验的中心点。

表 8-37　最陡爬坡试验设计及结果

序号	豆饼粉 /（g/L）	DL- 苹果酸 /（g/L）	NaCl/（g/L）	羟苯乙酯产量 /（μg/mL）
1	27.5	24	7.5	5.38
2	26.5	25	8.5	6.13
3	25.5	26	9.5	6.77
4	24.5	27	10.5	7.15
5	23.5	28	11.5	7.16
6	22.5	29	12.5	6.38
7	21.5	30	13.5	5.46
8	20.5	31	14.5	5.28

7. 响应面优化培养基成分

（1）中心组合试验设计与结果　在最陡爬坡试验的基础上，设计响应面试验，以豆饼粉、DL- 苹果酸和 NaCl 为主要影响因素，分别记为自变量 A、B、C，以发酵液中羟苯乙酯含量为效应值，记为因变量（响应值）Y。根据 Box-Behnken 的中心组合设计原理，进行 3 因素 3 水平响应面设计（表 8-38），所得试验结果见表 8-39。

表 8-38　3 因素 3 水平取值

因子	响应水平		
	-1	0	1
豆饼粉 /(g/L)	22.5	23.5	24.5
DL- 苹果酸 /(g/L)	27	28	29
NaCl/(g/L)	10.5	11.5	12.5

表 8-39　中心组合试验设计及结果

序号	因子			羟苯乙酯产量 / (μg/mL)
	A	B	C	
1	-1	-1	-1	7.83
2	1	-1	-1	7.74
3	-1	1	-1	7.49
4	1	1	-1	7.60
5	-1	-1	1	7.98
6	1	-1	1	8.15
7	-1	1	1	7.94
8	1	1	1	8.43
9	-1.682	0	0	8.06
10	1.682	0	0	8.40
11	0	-1.682	0	7.89
12	0	1.682	0	7.86
13	0	0	-1.682	7.90
14	0	0	1.682	8.23
15	0	0	0	8.28
16	0	0	0	8.33
17	0	0	0	8.35
18	0	0	0	8.31
19	0	0	0	8.29
20	0	0	0	8.26

（2）二次回归模型的建立　利用 Design-Expert6.0 软件中的 Central Composite 程序对表 8-39 中的数据进行分析，以羟苯乙酯得率（Y）为响应值，DL- 苹果酸（A）、豆饼粉（B）和 NaCl（C）为试验因子，进行多元回归拟合（表 8-40），建立二次回归模型，得到二次多项回归模型为：

$$Y=8.3408+0.09898A-0.01395B+0.1385C-0.07031A^2-0.19583B^2-0.12865C^2+0.05250AB+0.09250AC+0.10250BC$$

式中，Y 为发酵液中羟苯乙酯产量；A、B 和 C 分别代表豆饼粉、DL- 苹果酸和 NaCl。该模型的 R^2=0.9659，表明该模型的拟合程度较好，能够解释 96.59% 响应值变化。

表 8-40　回归方程中回归系数的估计值

项目	回归系数	系数标准差	t 值	P 值
常量	8.34008	0.04692	177.766	0.000
A	0.09898	0.03113	3.180	0.010
B	−0.01395	0.03113	−0.448	0.664
C	0.16805	0.03113	5.399	0.000
A^2	−0.07031	0.03030	−2.320	0.043
B^2	−0.19583	0.03030	−6.462	0.000
C^2	−0.12865	0.03030	−4.246	0.002
AB	0.05250	0.04067	1.291	0.226
AC	0.09250	0.04067	2.274	0.046
BC	0.10250	0.04067	2.520	0.030

（3）二次回归模型方差分析　二次回归模型的方差分析结果显示，回归总模型 F-检验极显著（$P=0.0004<0.01$）。失拟项反映的是实验数据与模型不相符的情况，失拟项不显著（$P=0.3228>0.2$），说明数据中没有异常点，不需要引入更高次数的项，模型是比较符合实验数据的（表 8-41）；回归方程中线性项和二次项也是极显著的（P_r 分别为 0.0013 和 0.0002，均 <0.01），交叉项（$P_r=0.0325<0.2$）显著。在 90% 水平上都显著，说明响应面分析所选 3 个因素及各因素之间交互作用是短短芽胞杆菌 FJAT-0809 产羟苯乙酯发酵中的关键控制因素。

表 8-41　回归模型的方差分析

来源	自由度	连续平方和	校正平方和	校正方差	t 值	P 值
回归	9	1.44757	1.447568	0.160841	12.15	0.0004
线性	3	0.52213	0.522130	0.174043	13.15	0.0013
平方	3	0.75089	0.750889	0.250296	18.92	0.0002
交互作用	3	0.17455	0.174550	0.058183	4.40	0.0325
残差误差	10	0.13233	0.132327	0.013233		
拟合不足	5	0.12658	0.126577	0.025315	22.01	0.3228
纯误差	5	0.00575	0.005750	0.001150		
合计	19	1.57989				

（4）响应面分析　采用拟合方程进行响应面立体分析图及其等高线图的构建（图 8-66），由图 8-66 可以看出，响应面呈现凸面状，回归模型的响应面立体图存在最大稳定点，对非线性模型方程求一阶偏导，令其等于 0，得到三元一次方程组，可以得到 Y 的最大值。求解此方程组得到最高羟苯乙酯含量的最佳培养基浓度，即 $A=25.18$g/L、$B=29.68$g/L、$C=13.18$g/L。此时，最佳培养基配方为可溶性淀粉 8g/L、DL- 苹果酸 29.68g/L、豆饼粉 25.18g/L、蛋白胨 2g/L、

NaCl 13.18g/L，pH7.0～7.2。预测值发酵液中羟苯乙酯质量浓度为 8.34μg/mL。为了检验模型预测的准确性，采用数学模型获得的最适宜培养基配方进行短短芽胞杆菌发酵。发酵液中羟苯乙酯平均生成量为 8.15μg/mL，较基础发酵培养基（2.11μg/mL）提高了 286.26%。与预测值基本相符，拟合程度较好，因此该模型可以较好地预测实际发酵情况。

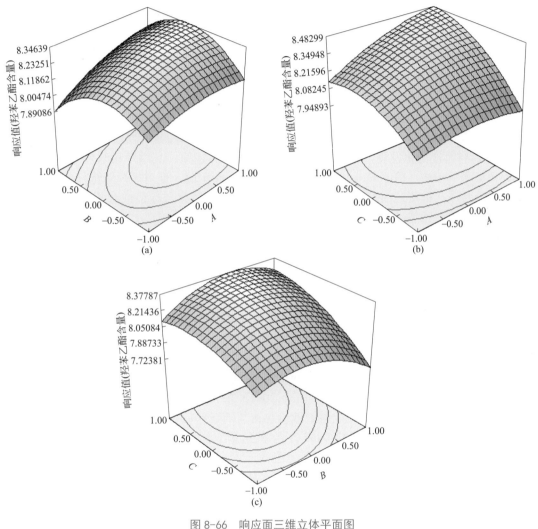

图 8-66　响应面三维立体平面图

$Y=f(A,B)$，$Y=f(A,C)$，$Y=f(B,C)$

A—豆饼粉（g/L）；B—DL-苹果酸（g/L）；C—NaCl（g/L）；Y—羟苯乙酯含量

8. 讨论

短短芽胞杆菌发酵产生活性物质过程复杂，受到很多条件的影响，包括微生物菌种、培养基成分、培养条件等（陈凯等，2006；陈峥等，2012；郝晓娟等，2009）。要想获得较高的活性物质产率，培养基的优化非常重要（徐慧等，2011）。研究目的不同，采用的菌株不同，往往优化培养基配方也有所不同（刘辉等，2007；卢行等，2014）。林司曦等（2014）

通过单因素试验、正交试验及响应面分析，获得短小芽胞杆菌 HR10 增殖扩繁培养基组分配比为：黄豆粉 10.332g/L，玉米粉 7.296g/L，蛋白胨 10.718g/L，KCl 2.5g/L，KH$_2$PO$_4$ 2.5g/L。当短短芽胞杆菌 X23 培养基中牛肉膏 1g/L，蛋白胨 5g/L，葡萄糖 10g/L 时，发酵液抑菌效果最好（卢行等，2014）。在单因素试验中发现，短短芽胞杆菌 FJAT-0809 发酵培养基中最佳的碳源为 DL- 苹果酸，氮源为蛋白胨，无机盐为 NaCl，在后期进行 Plackett-Burman 试验时，发现豆饼粉对羟苯乙酯产量具有正效应，且大于 90%。采用豆饼粉作为氮源，价格便宜，可以降低短短芽胞杆菌发酵成本，该结果与廖春丽等（2009）研究相同，为提高枯草芽胞杆菌 wlcl 的产量并降低生产成本，对液体发酵培养基进行了优化，结果发现，当豆饼粉为 1.2%、葡萄糖为 1.0% 时，芽孢形成率最大。

DL- 苹果酸作为碳源进行芽胞杆菌培养的研究不多。我们发现，以 DL- 苹果酸为碳源时，羟苯乙酯产量较高。顾小平和吴晓丽（1998）发现，多黏芽胞杆菌 GW-1、GW-5、GW-10 和 GW-16 以葡萄糖、蔗糖和苹果酸 3 种碳源混合时，固氮活性最大。对 Cr-4 菌株还原 Cr^{6+} 的影响因素优化发现，碳源可以明显促进 Cr^{6+} 的还原，其中苹果酸的效果最好，其次是葡萄糖和琥珀酸（徐卫华，2007）。DL- 苹果酸为碳源时，促进短短芽胞杆菌 FJAT-0809 羟苯乙酯的合成，推测这很可能是由于苹果酸与其羟苯乙酯合成途径或者菌株本身的代谢途径密切相关，后续还需进一步深入研究。

Plackett-Burman 设计是筛选重要影响因子的有效方法，结合响应面方法，可以更加快捷地从芽胞杆菌发酵培养基中筛选出重要的影响因素，获得最佳培养基配方（张丽霞等，2006）。芮广虎等（2012）采用 Plackett-Burman 和最陡爬坡试验，并结合 Box-Behnken 响应面法对短短芽胞杆菌 FM4B 抗真菌活性物质发酵培养基进行了优化，使其抑菌圈面积增加了 42%。本节中，结合 Plackett-Burman、最陡爬坡试验及响应面法，进行了短短芽胞杆菌 FJAT-0809 产羟苯乙酯发酵培养基的优化，结果表明，优化后其羟苯乙酯产量较基础培养基提高了 286.26%。该研究结果与夏尚远（2015）相似，其采用 Plackett-Burman 和最陡爬坡试验优化了短短芽胞杆菌产抗菌活性物质 Tostadin 发酵培养基，结果表明，优化后的抗菌物质效价比基础培养基提高了 57.56%。陈凯等（2006）采用单因素和均匀设计试验优化了短短芽胞杆菌 XDH 发酵培养基，发现发酵液效价也比基础培养基提高了近 10 倍。

本节首次对短短芽胞杆菌 FJAT-0809 产羟苯乙酯培养基进行了优化，可明显提高其发酵液中羟苯乙酯的产量，为进一步提高羟苯乙酯的产量，在后续研究中可利用物理诱变、化学诱变和复合方法等对该菌株进行诱变，获得高产优良菌株，提高其产羟苯乙酯能力，降低生产成本，为大规模发酵生产提供参考。

在单因素实验的基础上，采用 Plackettt-Burman 法筛选影响短短芽胞杆菌 FJAT-0809 羟苯乙酯生成的主要因素为 DL- 苹果酸、豆饼粉和 NaCl。进一步利用最陡爬坡实验和中心组合实验设计，对这 3 个关键因素的最佳水平范围进行了研究，建立了多项式数学模型，结合响应面分析，获得其发酵产生羟苯乙酯的最佳培养基配方为：可溶性淀粉 8g/L、DL 苹果酸 29.68g/L、豆饼粉 25.18g/L、蛋白胨 2g/L、NaCl 13.18g/L，pH7.0～7.2。采用此优化培养基配方，羟苯乙酯平均生成量为 8.15μg/mL，较基础发酵培养基提高了 286.26%。表明采用响应面法优化短短芽胞杆菌 FJAT-0809 发酵培养基是提高其产生羟苯乙酯的有效途径，且结果可靠。

第四节
畜禽粪污降解菌脂肽研究

一、概述

1. 菌株脂肽的功能

畜禽粪污降解菌芽胞杆菌（*Bacillus*）也是一类重要的植物真菌病害生防菌，目前已实现商品化生产的有枯草芽胞杆菌（*Bacillus subtilis*）制剂"纹曲宁""百抗""Alifine 2B"、解淀粉芽胞杆菌（*Bacillus amyloliquefaciens*）制剂"Taegro TM"和地衣芽胞杆菌（*B. lincheniformis*）制剂等（李晶和杨谦，2008；刘刚，2007）。但生防菌剂易受环境条件影响，导致田间防治效果不稳定（吴晓青等，2017）。

对芽胞杆菌制剂的生防机理研究表明，其抗真菌活性主要归因于所产生的脂肽类化合物（一类由氨基酸肽环和脂肪酸链构成的两性分子）（Zhao et al., 2017）。芽胞杆菌脂肽通过改变真菌细胞结构、作用于细胞内大分子以及诱导细胞凋亡等方式实现其抗菌功能（Kaur et al., 2017；Tang et al., 2014），能够有效防治灰霉病、纹枯病以及枯萎病等植物真菌性病害（Lee et al., 2017；Tanaka et al., 2015）。脂肽独特的分子结构和作用机制使其具备了抗菌谱广、稳定性强且毒性低等特性，可克服生防菌剂田间防治效果不稳定性的缺点（吴晓青等，2017），能够开发为新型稳定的生物农药，用于防治农业生产中的植物病害。

2. 菌株脂肽的生物合成途径

芽胞杆菌脂肽是依赖于非核糖体肽合成酶系 (nonribosomal peptide synthetase, NRPS) 催化的非核糖体途径分泌产生的。非核糖体肽合成酶系（NRPS）是一大类多模式复合酶，能合成一系列重要的生物活性次级代谢产物（Weissman，2015）。NRPS 的模块数通常在 3～15 个，最多能达 50 个，其合成的最终产物由模块的种类、数量及排列顺序决定（王世媛，2007）。典型的 NRPS 模块包含负责氨基酸活化的腺苷酰化结构域（adenylation, A）、负责肽链延伸的硫酯化结构域（thiolation, T）和酰胺键形成的缩合结构域（condensation, C）等 3 个重要的结构域（韩梦瑶等，2018）。NRPS 的最后一个组件通常是硫酯酶（thioesterase，Te）结构域，参与多肽从合成酶体系上的释放。此外，许多 NRPS 模块中还存在某些其他的结构域，如甲基化（methylation，MT）结构域、糖基化（glycosylation，G）结构域、羟基化（hydroxylation，H）结构域等结构域（袁薇等，2014）。

非核糖体肽（NRP）合成的简化过程为：在 ATP 作用下底物氨基酸被 A 结构域激活为氨酰基 -AMP；随后氨基酸 -AMP 转移到 T 结构域上，与其上的磷酸泛酰巯基乙胺的巯基结合形成氨酰 -*S*- 复合物；而后，该复合物与 C 结构域上的特定区域结合，C 结构域催化氨酰 -*S*- 复合物上的氨基攻击肽酰 -*S*- 复合物上的酰基产生新的肽键；最后，完整的肽链在 TE 结构域的催化下释放（Strieker et al., 2010）。

3. 菌株脂肽种类、结构和生物学功能

1968 年，Arima 等首次报道在枯草芽胞杆菌的代谢产物中发现了一种作为纤维蛋白凝固

抑制剂的脂肽类化合物，命名为表面活性素（surfactin）。随后更多的芽胞杆菌脂肽类化合物被陆续报道，包括伊枯草菌素（iturin）、丰原素（fengycin）和表面活性素（surfactin）三大家族 100 多个化合物（黄曦等，2010；Pramudito et al., 2018）。

伊枯草菌素家族的脂肽类化合物是由 7 个氨基酸肽链与 β- 氨基脂肪酸交联而成的内酯环状结构（图 8-67），包括伊枯草菌素 A、B、C、D、E 和 AL，抗霉枯草菌素（mycosubtilin），杆菌霉素（bacillomycin）L、D、F 和 Lc，bacillopeptin A、B，subtulene A 等（李俊峰和刘丽，2015）。伊枯草菌素的脂肪酸碳链长度通常在 14 ～ 17 个，有 7 个 LDDLLDL 手性的强极性氨基酸短肽（表 8-42）。该脂肽对真菌有较强的抑菌活性，特别是对植物病原真菌的抑制活性，有部分抑制细菌的作用和杀虫作用。

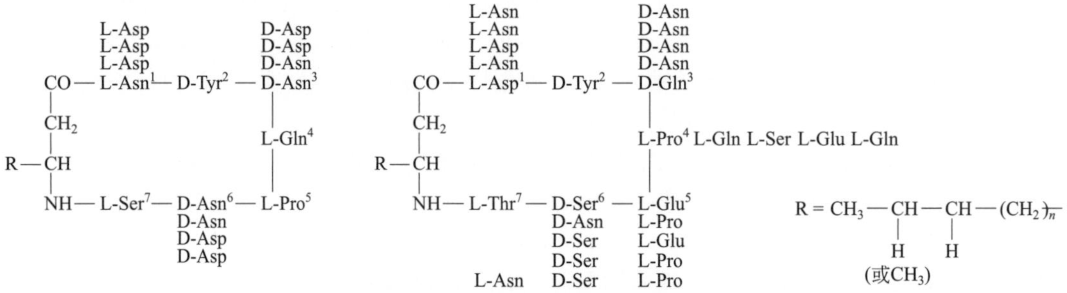

图 8-67　伊枯草菌素的结构

表 8-42　伊枯草菌素的种类及分子量

脂肽	脂肪酸链长	m/z	脂肽	脂肪酸链长	m/z
伊枯草菌素 A	C_{13}	1028.5274	抗霉枯草菌素	C_{16}	1070.5742
	C_{14}	1042.5430		C_{17}	1084.5898
	C_{15}	1056.5586	杆菌霉素 D	C_{14}	1030.5317
	C_{16}	1070.5742		C_{15}	1044.5473
	C_{17}	1084.6054		C_{16}	1058.5629
	C_{18}	1098.6054		C_{17}	1072.5785
伊枯草菌素 B	C_{13}	1129.5114	杆菌霉素 F	C_{14}	1056.5586
	C_{14}	1043.5270		C_{15}	1070.5742
	C_{15}	1057.5426		C_{16}	1084.5898
	C_{16}	1071.5582		C_{17}	1098.6054
	C_{17}	1085.5738	杆菌霉素 L	C_{14}	1020.5110
	C_{18}	1099.5894		C_{15}	1034.5266
抗霉枯草菌素	C_{14}	1042.5430		C_{16}	1048.5422
	C_{15}	1056.5586		C_{17}	1062.5578

丰原素家族是由 10 个氨基酸的肽链和 β- 羟基脂肪酸链（C_{14} ～ C_{18}）连接形成的环状脂肽（图 8-68），包括丰原素 A、B，制磷脂菌素（plipastatin）A_1、A_2、B_1 和 B_2（表 8-43）（Guo

et al., 2014）。丰原素结构的差异主要体现在肽链第 6 位氨基酸的不同。丰原素家族脂肽不仅对丝状真菌，如尖孢镰刀菌（*Fusarium oxysporum*）、稻瘟病菌（*Magnaporthe grisea*）、禾谷镰刀菌（*Fusarium graminearum*）具有极强的抑菌活性（Zhang and Sun，2018），而且对重要病害细菌，如青枯雷尔氏菌（*Ralstonia solanacearum*）也有很强的拮抗作用（Villegas-Escobar et al., 2018）。

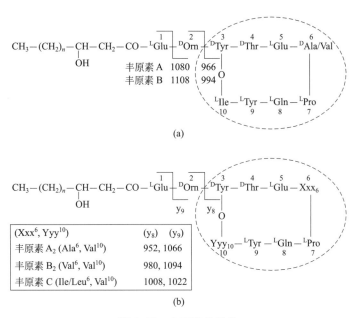

图 8-68　丰原素的结构

表 8-43　丰原素的种类及分子量

脂肽	脂肪酸链长	*m/z*
丰原素 A	C_{14}	1434.7620
	C_{15}	1448.7760
	C_{16}	1462.7932
	C_{17}	1476.8088
	C_{18}	1490.8244
丰原素 B	C_{14}	1462.7932
	C_{15}	1476.8088
	C_{16}	1490.8244
	C_{17}	1504.8400
	C_{18}	1518.8556

续表

脂肽	脂肪酸链长	m/z
	C_{14}	1433.80
	C_{15}	1447.81
制磷脂菌素	C_{16}	1461.83
	C_{17}	1475.84
	C_{18}	1489.86

表面活性素家族中除了埃斯波素（esperin）外，都是由 7 个氨基酸肽链与 β- 羟基脂肪酸（$C_{12} \sim C_{17}$）交联产成的结构（图 8-69）。该家族一般包括表面活性素 A、B 和 C 三种（表 8-44）。Surfactin 呈现出较强的生物表面活性、乳化和发泡的特性，具有抗病毒、抗肿瘤和支原体的活性，有一定程度的抗细菌作用，表面活性素的抗真菌活性弱于伊枯草菌素和丰原素，但对二者具有协同抗真菌作用（Jiang et al., 2016）。

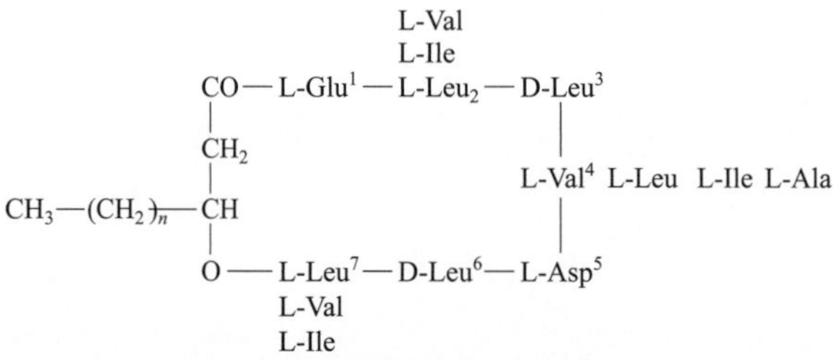

图 8-69　表面活性素的结构

表 8-44　表面活性素的种类及分子量

脂肽	脂肪酸链长	m/z
	C_{13}	1007.6496
表面活性素 A	C_{14}	1021.6652
	C_{15}	1035.6808
	C_{16}	1049.6964
	C_{13}	999.6340
表面活性素 B	C_{14}	1007.6496
	C_{15}	1021.6652
	C_{16}	1035.6808
	C_{13}	1007.6496
表面活性素 C	C_{14}	1021.6652
	C_{15}	1035.6808
	C_{16}	1049.6964

4. 菌株脂肽合成调控因素

（1）芽胞杆菌脂肽合成的分子调控 芽胞杆菌脂肽的合成基因簇由合成基因和调控基因共同组成，如表 8-45 所列。从表 8-45 可见，伊枯草菌素的 NRPSs 基因包括 *ituA*、*ituB*、*ituC*、*ituD*；丰原素的 NRPSs 基因由 *fenA*、*fenB*、*fenC*、*fenD*、*fenE* 基因组成；表面活性素的 NRPSs 基因由 *srfA*、*srfB*、*srfC*、*srfD* 组成。应用基因编辑技术和代谢工程手段改造芽胞杆菌脂肽合成基因簇，可以提高芽胞杆菌脂肽产量。

表 8-45 脂肽抗生素合成相关基因

脂肽抗生素	合成酶基因	调控或辅助基因
表面活性素	*srfAA*、*srfAB*、*srfAC*、*srfAD*	*sfp*、*lpa-14*、*comA*
伊枯草菌素 A	*ituA*、*ituB*、*ituC*、*ituD*	*sfp*、*degQ*
杆菌霉素 D	*bamA*、*bamB*、*bamC*、*bamD*	*degU*、*yczE*、*comA*、*sfp*
抗霉枯草菌素	*fenF*、*mycA*、*mycB*、*mycC*	*abrB*
丰原素	*fenA*、*fenB*、*fenC*、*fenD*、*fenE*	*sfp*
制磷脂菌素	*fenA*、*fenB*、*fenC*、*fenD*	*lap-8*、*degQ*

在不含有脂肽合成基因簇的芽胞杆菌菌株中引入相关脂肽编码基因，能够诱导突变菌株产生脂肽，如高学文等（2003）将从解淀粉芽胞杆菌克隆的能编码 PPTases 的 *lpa B3* 基因转到不能产生表面活性素的枯草芽胞杆菌 168 菌株，构建了工程菌 GEB3，发现该工程菌产生能有效抑制小麦纹枯病菌和稻瘟病菌菌丝生长的表面活性素；郅岩（2017）在枯草芽胞杆菌（*Bacillus subtilis*）168 整合表达高产菌株 MT45 的 *Sfp* 蛋白后，获得了合成 surfactin 的能力；李响（2015）将 *degQ* 和 *sfp* 基因转入枯草芽胞杆菌 168 获得工程菌 168-*degQ-sfp*，使该菌株能够产生 fengycin，且对油菜菌核病原菌有明显的抑制作用。敲除脂肽合成相关负调控基因，也能够有效提高脂肽的产量，如汪洋（2012）敲除了生防菌枯草芽胞杆菌 ATCC6633 合成脂肽类抗霉枯草菌素的调控基因 *abrB*，明显增加菌株 ATCC6633 合成抗霉枯草菌素的产量。

对脂肽合成基因簇的功能基因启动子进行替换，是提高野生菌株产脂肽的重要手段。许多研究发现，将芽胞杆菌功能基因 *srfA* 的启动子 *PsrfA* 替换为强启动子 *Pspac*、*Pg3*、*PrepU* 或 *Pveg*，能够使表面活性素的产量提高 3 ～ 10 倍，如 Sun 等（2009）利用同源重组的方法将枯草芽胞杆菌 fmbR 中的启动子 *PsrfA* 替换为强诱导型启动子 *Pspac* 后获得重组菌株 fmbR-1，该菌株在 IPTG(300μmol/L) 诱导下的表面活性素产量达到 3.86g/L，为野生菌株的 10 倍；罗楚平等（2009）通过同源重组方法将枯草芽胞杆菌 Bs-916 合成脂肽操纵子的 *Bac* 内源启动子替换为组成型强表达启动子 *Bac* 启动子，构建突变菌株 BGG104，该突变菌株 BGG104 发酵液中脂肽类物质伊枯草菌素的表达量提高了 3 倍。

提高芽胞杆菌功能基因簇的转录表达，能够有效地提升脂肽的产量，如 Jung 等（2012）在枯草芽胞杆菌中过表达 *comX* 和 *phrC* 基因后获得重组枯草芽胞杆菌 (pHT43-comXphrC)，该菌株的表面活性素产量是对照菌株的 6.7 倍；郅岩（2017）敲除菌株 168 合成表面活性素的竞争基因簇、过表达转运蛋白及相关抗性基因，显著提高该菌株表面活性素的产量（3.78g/L），增大了 10 倍；进一步调整 *srfA* 正负转录调控因子，将表面活性素的产量增加至

12.8g/L。研究发现，枯草芽胞杆菌的 ComX 反应调节受体基序中的 3 个非天冬氨酸残基突变后，极大降低了表面活性素的合成能力（Wang et al., 2009）。

（2）脂肽合成的发酵调控　培养基成分与发酵条件对抗菌脂肽的合成与积累有显著的影响。同一菌株在不同的培养基成分和培养条件下可产生不同的抗菌脂肽，或不同种类脂肽的表达量不同。

① 培养基成分　在培养基成分的影响研究中，影响芽胞杆菌脂肽产生的培养基成分包含碳源、氮源、无机盐和金属离子等成分。刘京兰（2014）研究发现碳源种类对 CC09 菌株伊枯草菌素 A 的产生影响很大，可溶性淀粉与半乳糖可明显促进 CC09 菌株合成伊枯草菌素 A；葡萄糖、果糖、蔗糖和麦芽糖则会显著减少伊枯草菌素 A 的合成量。Nihorimbere 等（2012）发现柠檬酸盐与苹果酸盐的脂肪酸盐能够促进表面活性素的积累，而糖类物质（如葡萄糖、果糖和麦芽糖）能促进伊枯草菌素和丰原素的合成。赵朋超等（2012）发现以葡萄糖作为碳源对丰原素 A、丰原素 B 的产生具有促进作用，而以甘油和山梨醇作为碳源则能促进产生杆菌霉素 D。在 Sandrin 等（1990）对枯草芽胞杆菌 S499 的研究中，葡萄糖和果糖为该菌株分泌产生伊枯草菌素 A 和表面活性素的有效糖类碳源，而蔗糖只有利于表面活性素的表达。孙力军等（2008）利用 HPLC 技术表明，解淀粉芽胞杆菌 ES-2 菌株产生脂肽的最佳碳源是葡萄糖，尤其对表面活性素的合成有显著的促进作用；蔗糖和乳糖是促进丰原素产生的良好碳源；该菌株产生脂肽的较好氮源是 L- 谷氨酸和 L- 天冬酰胺；而某些脂肪酸会抑制脂肽的合成，其原因可能是脂肪酸的添加降低了培养基的溶氧。Al-Ajlani 等（2007）、Mizumoto 和 Shoda（2007）发现硝酸铵是表面活性素的最好氮源，但由各种氨基酸组合成的氮源能提高伊枯草菌素的形成，而添加铵盐会减少丰原素的表达；Wei 等（2007）发现优化镁、锰、铁和钾等微量元素的添加量，可将脂肽表面活性素产量提高 2 倍；有研究表明，氨基酸、金属离子、酵母提取物等促产因子可以显著增加生物表面活性剂的产量（刘伟杰等，2018）。黄翔峰等（2014）研究表明，在枯草芽胞杆菌 ATCC6633 发酵优化过程中通过添加谷氨酸可提高其对三油酸甘油酯的利用率，从而使生物量和脂肽产量提高 1 倍。Makkar 和 Cameotra（2002）研究表明，在培养基中添加不同氨基酸均使枯草芽胞杆菌脂肽产量有不同程度的提高，可达 60%。

② 培养条件　在培养条件的影响研究中，影响芽胞杆菌脂肽产生的培养条件包含温度、时间、转速、接种量和装液量等条件。黎循航（2016）报道，高温（35℃）有利于解淀粉芽胞杆菌 SYBC H47 菌株表面活性素的生成，而低温有利于芬芽素和杆菌霉素 L 的合成。Ohno 等（1996）对枯草芽胞杆菌 NB22 研究显示，温度为 25℃时伊枯草菌素的表达量最大，然而合成表面活性素的最佳温度是 30℃。Koumoutsi 等（2004）、Yang 等（2014）研究表明不同的培养时间下产生的抗生素种类不同，产生丰原素一般在稳定生长期的早期，在指数生长期过渡至稳定生长期的过程中大量分泌表面活性素，在较靠后的时间内分泌伊枯草菌素。陆雅琴等（2018）的研究发现，当温度为 30℃、装液量 100mL/250mL、接种量 1%、转速 130r/min 以及培养时间 60h 时，是芽胞杆菌 P6 产生抗菌脂肽的最优的培养条件，发酵液的抑菌活性提高 54%。根据刘京兰（2014）的报道，温度（32℃）、培养基初始 pH 值（6.0）、转速（120r/min）及装液量（50mL/250mL）是影响 CC09 菌株产脂肽类抗菌物质伊枯草菌素 A 的重要因素，对 CC09 菌株产生脂肽伊枯草菌素 A 有显著的影响。杨洁（2012）通过单因素法发现接种量、温度、转速、培养基初始 pH 值和装液量对 E1R-j 菌株产脂肽物质的影响显著。其中，E1R-j 菌株在 10℃时不能生长，发酵液澄清不产生脂肽；在 30℃时分泌的粗脂

肽产量最大；50℃与10℃时无明显差异，脂肽表达量很少。获得产脂肽的最优条件是：接种量7%，温度30℃，转速150r/min，pH7.0、装液量100～125mL，在该条件下菌株产生粗脂肽的产量提高2倍多。

5.芽胞杆菌脂肽抗真菌作用机制

不同的芽胞杆菌产生的抗菌脂肽的结构不同，其抑菌作用机理有差别，对靶细胞的抑制方式也不一致。且由同种菌株所产的脂肽中的不同种类的脂肽物质也有不同的抑菌机理。伊枯草菌素、丰原素和表面活性素三类家族的抑菌作用机制存在部分差异。

伊枯草菌素抑菌作用机制有3种：① 作用于病原菌细胞壁；② 作用于病原菌细胞膜；③ 作用于细胞内大分子。一些真菌的细胞壁是由几丁质、D-葡聚糖和脂质等组成的。抑菌脂肽利用对细胞壁组成成分几丁质和葡聚糖合成的抑制，干扰病原菌细胞壁的形成来抑制病原菌（张杰和张双全，2005）。伊枯草菌素对病原菌细胞膜作用时，亲油性尾巴先插入细胞膜内且自发聚集或与膜脂类聚集，形成离子通道使胞内的物质流出，从而抑制病原菌。伊枯草菌素利用形成的小囊泡与聚合细胞内膜颗粒起到抑制真菌质膜的功能，引起胞内电解质和大分子等物质的释放，而使细胞死亡（侯红漫等，2006）。伊枯草菌素会干扰病原菌细胞壁的合成，也会穿过细胞膜进入细胞内，作用于胞内的蛋白质和DNA等生物大分子，最终导致病原菌死亡（Arrebola et al., 2010；Gong et al., 2015）。有的脂肽可通过抑制致病菌的孢子萌发从而起到抑菌作用。Moyne等（2004）发现伊枯草菌素家族脂肽中的杆菌霉素D抑制黄曲霉时，培养至第7天仍然可以彻底抑制菌株的孢子。

丰原素类脂肽的抑菌机理可能是：① 低浓度时改变病原菌细胞膜通透性；② 高浓度时作用于生物膜，破坏细胞膜结构（Guo et al., 2014；Ongena et al., 2007；Wise et al., 2014）。与伊枯草菌素的抑菌机制类似，丰原素也能作用于病原菌的细胞壁。丰原素与伊枯草菌素对真菌性病原菌具有较好的抑制作用。丰原素与真菌脂膜单层相互作用，改变菌体细胞质膜的结构和渗透性，其抗真菌效果呈剂量效应（Deleu et al., 2005）。朱弘元等（2016）从葡萄表皮分离出1株对霉菌有明显抑制效果的解淀粉芽胞杆菌B15，其脂肽主要活性物质为伊枯草菌素A和丰原素，能减少病原菌孢子的产生及使菌丝体明显膨胀。此脂肽处理过的葡萄灰霉病菌菌丝体出现数量减少，且顶端有明显膨大的现象。唐群勇（2011）在丰原素对丝状真菌匍枝根霉（Rhizopus stolonifer）作用机制的研究中发现，丰原素能影响匍枝根霉线粒体的电子传递，使其能量合成异常，抑制病原菌的正常生长；丰原素可减少匍枝根霉对营养物质的利用，阻碍其蛋白质的合成，丰原素还能抑制匍枝根霉体内物质的分解代谢从而达到抑菌的作用。

表面活性素具有强表面活性作用，能够与菌株的质膜双层发生相互作用产生离子通道，破坏菌株细胞膜结构的完整性，从而致使菌株生长受到抑制或死亡（Heerklotz and Seelig，2007）。Sheppard等（1991）发现表面活性素也能够与细胞膜的磷脂双分子层相互作用而形成离子通道，破坏膜的结构，使细胞内的物质流出，导致细胞死亡。翟少伟等（2015）认为表面活性素的作用机理是通过破坏病原菌细胞膜，造成膜崩解或渗透压失衡；还可干扰蛋白质合成，抑制病原菌生长及抑制酶的活性，影响细胞正常代谢。

研究还证实，芽胞杆菌脂肽也能通过诱导真菌细胞凋亡的方式来发挥其生物活性（Qi et al., 2010；Tang et al., 2014）。Qi等（2010）报道高浓度的表面活性素类脂肽直接导致水稻纹枯病真菌细胞膜穿孔而死，而低浓度的脂肽会诱导细胞凋亡。Tang等（2014）和张林林（2018）研究发现脂肽丰原素低浓度时诱导匍枝根霉（*Rhizopus stolonifer*）和稻瘟病菌细胞凋亡；钱时权（2015）研究发现脂肽杆菌霉素 D 会导致赭曲霉（*Aspergillus ochraceus*）细胞凋亡。研究表明，约 40% 真菌细胞凋亡是依赖于 metacaspase 途径，学者在白色念珠菌（*Canidia Albicans*）、禾谷镰刀菌（*Fusarium graminearum*）、尖孢镰刀菌（*Fusarium oxysporum*）、立枯丝核菌（*Rhizoctonia solani*）等酵母菌或霉菌细胞凋亡过程中发现了 metacaspase 的激活与参与（Hwang et al., 2014；李静，2018；Wu et al., 2010）。Metacaspase 通过与活性氧（ROS）的积累以及线粒体功能的损伤相联系而参与到真菌细胞凋亡中（Mazzoni and Falcone，2008）。surfactin 诱导水稻纹枯病菌 ROS 累积，激活了 caspase 通路，使其发生依赖于线粒体的细胞凋亡（Qi et al., 2010）；杆菌霉素 D 和伊枯草菌素分别诱导禾谷镰刀菌 (*Fusarium graminearum*) 和大丽轮枝菌 (*Verticillium dahliae*) 胞内 ROS 大量的积累，激活了分裂原活化蛋白激酶和细胞壁完整性通路，使细胞发生凋亡（Gu et al., 2017；Han et al., 2015）；丰原素使匍枝根霉和稻瘟病菌线粒体结构受损，降低了线粒体膜电位，致使 ROS 累积和 DNA 链断裂，诱导多聚 ADP- 核糖聚合酶发生剪切，使真菌细胞凋亡（Tang et al., 2014；张林林，2018）。

二、产脂肽菌株筛选与鉴定

畜禽粪污降解菌分解粪污成分的同时具有抑制植物病原的功能。植物病害不仅影响农作物的产量，在一定程度上对质量也会产生影响，是限制农业经济发展的重要因素。目前广泛应用化学农药来防治农作物病害，但长期和过量使用化学农药产生了致病菌耐药性增强、环境污染、对人体健康造成很大威胁等问题。许多研究发现，生物防治具有无残留、不易产生耐药性、对人体健康和环境友好等特点，成为一种防治植物病害的重要方法。常见的生防菌包括芽胞杆菌、假单胞菌和链霉菌等。其中芽胞杆菌（*Bacillus*）数量多、分布广，能产生具有抗逆特性的内生芽胞，抵抗外界的各种不良环境，适应于粪污降解过程产生的高温，同时是筛选植物病害生防菌的良好菌株类群。

研究从实验室芽畜禽粪污降解菌胞杆菌菌种库中挑选芽胞杆菌进行抑菌活性的测定及产脂肽能力评估，筛选获得对植物致病真菌具有强拮抗作用的产脂肽菌株，为植物病害的生物防治提供新资源。

1. 研究方法

（1）材料

① 菌株　芽胞杆菌菌株保存于福建省农业科学院农业生物资源研究所微生物创新团队芽胞杆菌资源库；病原菌：不同专化型尖孢镰刀菌（*Fusarium oxysporum*）：FJAT-282（西红柿专化型 f. sp. *lycopersici*）、FJAT-831（辣椒专化型 f. sp. *capsicum*）、FJAT-9230（甜瓜专化型 f. sp. *melonis*）、FJAT-31362（西瓜专化型 f. sp. *niveum*），由实验室分离保存。

② 试剂　水，盐酸（HCl，兰溪旭日化工有限公司），磷酸盐缓冲溶液（PBS，pH6.5），甲醇（色谱纯，美国 JT Baker 公司），甲酸。

DNA 提取试剂：细菌基因组 DNA 提取试剂盒（北京百泰克生物技术有限公司）。

PCR 扩增引物：采用细菌通用 16S rRNA 基因扩增引物 27F(5'-AGAGTTTGATCCTG GCTCAG-3') 和 1492R(5'-ACGGCTACCTTGTTACGACTT-3')，*gyrB* 基因引物 F(5'-GAA

GTCATCATGACC-3') 和 R(5'-AGCAGGGTACGGAT-3')，上述引物由上海博尚生工生物工程技术服务有限公司合成。

PCR 反应试剂：Mix［含 10×Buffer，dNTP，*Taq* 酶（2.5U/μL）］（上海博尚生工生物工程技术服务有限公司），100bp Marker（上海英骏生物技术有限公司）。

③ 培养基

LB 培养基：牛肉膏 0.3%、蛋白胨 1%、NaCl 0.5%，以蒸馏水配制，pH 值为 7.0 ~ 7.2。

NA 液体培养基（均为质量分数）：蛋白胨 0.5%，牛肉浸膏 0.3%，葡萄糖 1.0%，以蒸馏水配制，pH7.2。

NA 半固体培养基：蛋白胨 0.5%，牛肉浸膏 0.3%，葡萄糖 1.0%，琼脂 0.9%，以蒸馏水配制，pH7.2。

马铃薯葡萄糖肉汤：马铃薯浸粉 0.5%，蛋白胨 1%，氯化钠 0.5%，葡萄糖 1.5%，以蒸馏水配制，pH 值自然。

马铃薯葡萄糖琼脂（1.8%）固体培养基，马铃薯葡萄糖琼脂（0.9%）半固体培养基 (PDA)（Potato Dextrose Broth，PDB，北京奥博星生物技术有限责任公司）。

④ 仪器　离心管，无菌注射器，过滤器（津腾®，孔径 0.22mm，直径 13mm），枪头，酒精灯，培养皿（90mm），250mL 锥形瓶，pH 广泛试纸。

移液器，台式天平（金诺），电子天平［梅特勒 - 托利多仪器（上海）有限公司］，高压灭菌锅（PHCbi），超净工作台（AIRTECH，苏净安泰），低温生化培养箱［施都凯仪器设备（上海）有限公司］，恒温培养振荡器（上海智城分析仪器制造有限公司），高速离心机（曦玛离心机有限公司），培养皿智能拍照仪（福州锐景达光电科技有限公司），冷冻干燥机（VirTis），高效液相色谱四极杆飞行时间串联质谱（HPLC-QTOF-MS，Agilent）。

（2）方法

① 菌株活化

细菌活化：用无菌接种环将芽胞杆菌于 LB 固体平板划线，30℃ 培养箱倒置培养 24 ~ 48h。

种子液培养：从平板活化后的芽胞杆菌挑取单菌落于 LB 培养基中（瓶装量为 50mL/250mL 锥形瓶），置 30℃、150r/min 振荡培养 24h。

病原真菌活化：用无菌接种环将病原菌点接于 PDA 平板中央，25℃ 培养箱倒置培养 5 ~ 7d。

② 功能芽胞杆菌筛选　采用平板对峙法筛选对尖孢镰刀菌具有抑菌作用的芽胞杆菌。用 1mL 无菌枪头于新鲜长满尖孢镰刀菌的平板边缘打孔钻取菌块，将长菌一面朝下置于 PDA 平板中央作为指示菌，从活化好的待筛选芽胞杆菌平板上挑取单菌落，在距离菌饼 3cm 处划线。以只接种尖孢镰刀菌菌块作为空白对照。随后放置 25℃ 培养箱，培养 5 ~ 7d 后观察各个方向是否有抑菌带产生。待空白对照的尖孢镰刀菌长满平板后，用培养皿智能拍照仪拍照观察。

③ 菌株的鉴定　将筛选获得的具有较强拮抗作用的菌株进行鉴定。利用试剂盒提取菌株的 DNA，具体提取方法见试剂盒说明书。16S rRNA 基因 PCR 反应总体积为 25μL。反应体系为：10×PCR Buffer 2.5μL，*Taq* 酶 0.25μL，10mmol/L dNTP 0.5μL，27F（10pmol）1.0μL，1492R（10pmol）1.0μL，模板 DNA 1μL，采用无菌水定容至 25μL。反应程序为：94℃ 预变性，5min，循环的程序为 94℃ 变性 0.5min，55℃ 退火 1min，72℃ 延伸 1.5min，共 29 个循环，最后 72℃ 延伸 10min。取 5 ~ 8μL PCR 扩增产物用 1.5% 琼脂糖凝胶电泳进行检测。*gyrB* 基

因 PCR 程序：94℃预变性，5min，循环的程序为 94℃变性 0.5min，54℃退火 0.5min，72℃延伸 0.5min，共 35 个循环，最后 72℃延伸 10min。经验证为目的片段的 PCR 纯化产物送上海博尚生物公司进行测序。将测序所得序列在细菌序列在 EZtaxon-e.ezbiocloud.net 网站上进行序列比对分析。

④ 脂肽制备　采用酸沉淀法提取脂肽：发酵培养结束后，将发酵液 25℃、10000r/min 离心 5min 去菌体取上清液，用 2mol/L 盐酸（HCl）溶液将上清液调节至 pH<2.0。出现沉淀后，25℃、10000r/min 离心 5min，收集沉淀，加入磷酸盐缓冲溶液（PBS）溶解后，进行低温真空冷冻干燥，即得菌株的粗脂肽。将脂肽用甲醇溶解，制成浓度为 30mg/mL 的脂肽溶液，用无菌过滤器过滤，待检测备用。

⑤ 脂肽检测方法　通过 LC-QTOF-MS 技术对菌株 FJAT-4 产生的脂肽进行检测，检测条件如下：

a. 液相色谱条件　Agilent ZORBAX Extend-C$_{18}$ 色谱柱（2.1mm×150mm，1.8-Micron），流速 0.3mL/min；流动相 A 为 0.1% 甲酸－水；流动相 B 为色谱纯甲醇；洗脱程序为 0min，60% B；60min，100% B；65min，60% B。

b. 质谱条件　电喷雾离子源（ESI，正离子模式）、干燥气温度 350℃、干燥气流速 8L/min、雾化气压力（Nebulizer）30psi（1psi=6.895kPa）、碎裂电压（Fragmentor）175V、锥孔电压（Skimmer）65V、扫描方式 MS；离子扫描范围 m/z 100～3000。

2. 功能芽胞杆菌菌株的筛选

通过平板对峙法筛选到 2 株对枯萎病菌尖孢镰刀菌具有强抑菌作用的菌株 FJAT-4（图 8-70）和 FJAT-46737（图 8-71）。

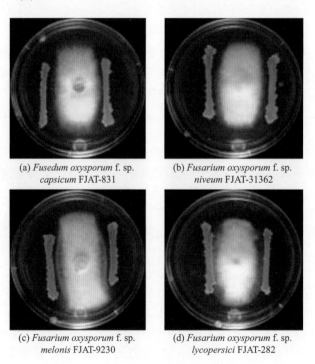

(a) *Fusedum oxysporum* f. sp. *capsicum* FJAT-831

(b) *Fusarium oxysporum* f. sp. *niveum* FJAT-31362

(c) *Fusarium oxysporum* f. sp. *melonis* FJAT-9230

(d) *Fusarium oxysporum* f. sp. *lycopersici* FJAT-282

图 8-70　FJAT-4 对尖孢镰刀菌抑制作用

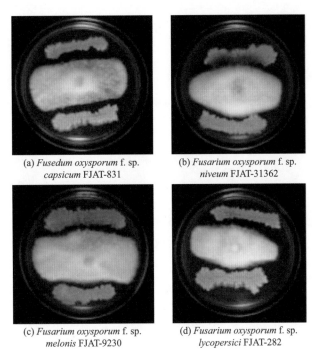

(a) *Fusedum oxysporum* f. sp.
capsicum FJAT-831

(b) *Fusarium oxysporum* f. sp.
niveum FJAT-31362

(c) *Fusarium oxysporum* f. sp.
melonis FJAT-9230

(d) *Fusarium oxysporum* f. sp.
lycopersici FJAT-282

图 8-71　FJAT-46737 对尖孢镰刀菌抑制作用

3. 功能芽胞杆菌菌株的鉴定

　　菌株 FJAT-46737 和 FJAT-4 的菌落形态图，结果见图 8-72，菌株 FJAT-46737 主要形态如下：菌落浅黄色、干皱、不透明、凸起致密、边缘不整齐。菌株 FJAT-4 主要形态如下：在 LB 平板培养基上菌落呈红色，菌落呈淡黄色、表面干燥褶皱、不透明、中央凸起、边缘不整齐。

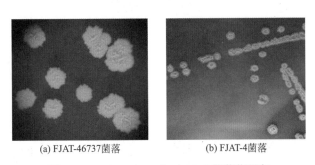

(a) FJAT-46737菌落

(b) FJAT-4菌落

图 8-72　FJAT-46737 和 FJAT-4 的菌落形态

　　利用细菌 16S rRNA 基因通用引物扩增菌株 16S rRNA 基因序列，获得的菌株 FJAT-46737 的 DNA 序列长度为 1422bp。基于 16S rRNA 基因序列构建了系统发育树如图 8-73 所示，结果表明，菌株 FJAT-46737 与解淀粉芽胞杆菌 FZB42 聚在一起，二者的亲缘关系最近，相似度为 99.72%。基于 *gyrB* 基因序列构建了系统发育树如图 8-74 所示，该菌株与解淀粉芽胞杆菌 C7 聚为一类。

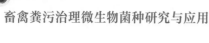

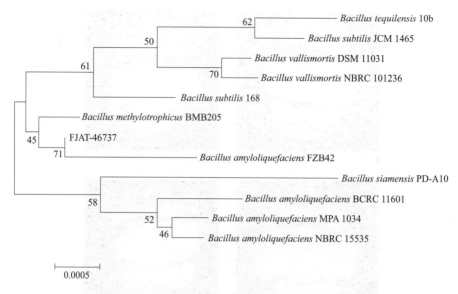

图 8-73　基于 16S rRNA 基因序列的芽胞杆菌 FJAT-46737 系统发育树

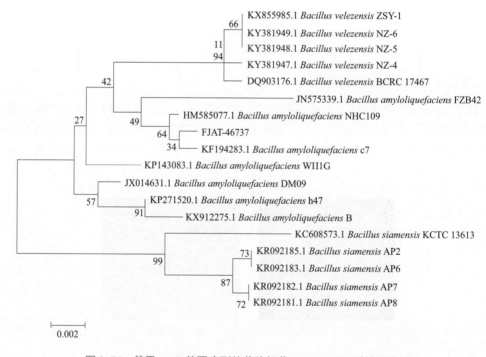

图 8-74　基于 *gyrB* 基因序列的芽胞杆菌 FJAT-46737 系统发育树

菌株 FJAT-46737 的生物学特性测定采用 API 20E 和 API 50CH 测定试剂盒，其具体生理生化鉴定结果见表 8-46 和表 8-47。

表 8-46 菌株 FJAT-46737 的 API 20E 测定结果

测试项目	结果	测试项目	结果
邻硝基苯 - 半乳糖苷	−	甘露醇	+
精氨酸	−	肌醇	+
赖氨酸	−	山梨醇	+
鸟氨酸	−	鼠李糖	+
柠檬酸钠	+	蔗糖	−
硫代硫酸钠	−	蜜二糖	+
尿素	−	苦杏仁苷	−
色氨酸	−	阿拉伯糖	−
丙酮酸盐	+	硝酸盐还原	−
Kohn 明胶	+	氧化酶	−
葡萄糖	−		

注："+"表示有作用或有反应；"−"表示无作用或无反应。

表 8-47 菌株 FJAT-46737 的 API 50CH 测定结果

测试项目	结果	测试项目	结果
甘油	+	柳醇	+
赤藓醇	−	纤维二糖	+
D- 阿拉伯糖	−	麦芽糖	+
L- 阿拉伯糖	+	乳糖	+
核糖	+	蜜二糖	+
D- 木糖	+	蔗糖	+
L- 木糖	−	海藻糖	+
阿东醇	−	菊糖	−
β- 甲基 -D- 木糖苷	−	松三糖	−
半乳糖	+	棉子糖	+
葡萄糖	+	淀粉	+
果糖	+	肝糖	+
甘露糖	+	木糖醇	−
山梨糖	−	龙胆二糖	+
鼠李糖	−	D- 松二糖	+
卫茅醇	+	D- 来苏糖	−
肌醇	+	D- 塔格糖	−

测试项目	结果	测试项目	结果
甘露醇	+	D-岩糖	-
山梨醇	+	L-岩糖	-
α-甲基-D-甘露糖苷	-	D-阿拉伯糖醇	-
α-甲基-D-葡萄糖苷	+	L-阿拉伯糖醇	-
N-乙酰葡萄糖胺	+	葡萄糖酸盐	-
苦杏仁苷	+	2-酮基葡萄糖酸盐	-
熊果苷	+	5-酮基葡萄糖酸盐	-
七叶灵	+		

注："+"表示有作用或有反应；"-"表示无作用或无反应。

该菌株氧化酶反应为阴性，能水解明胶，不能水解尿素，硝酸盐不能还原为亚硝酸盐；能利用甘露醇、肌醇、山梨醇、鼠李糖和蜜二糖作碳源；不能利用葡萄糖、蔗糖、苦杏仁苷和阿拉伯糖；能利用柠檬酸钠和丙酮酸钠。

该菌株不能利用下列化合物：邻硝基苯-半乳糖苷，精氨酸，赖氨酸，鸟氨酸，硫代硫酸钠和色氨酸。

该菌株能利用甘油、L-阿拉伯糖、核糖、D-木糖、半乳糖、葡萄糖、果糖、甘露糖、卫矛醇、肌醇、甘露醇、山梨糖醇、α-甲基-D-葡糖苷、N-乙酰葡糖胺、苦杏仁苷、熊果苷、七叶灵、柳醇、纤维二糖、麦芽糖、乳糖、蜜二糖、蔗糖、海藻糖、棉子糖、淀粉、肝糖、龙胆二糖和D-松二糖等化合物产酸；不能利用赤藓醇、D-阿拉伯糖、L-阿拉伯糖、L-木糖、阿东醇、β-甲基-D-木糖苷、山梨糖、鼠李糖、α-甲基-D-甘露糖苷、菊糖、松三糖、木糖醇、D-来苏糖、D-塔格糖、D-岩糖、L-岩糖、D-阿拉伯糖醇、L-阿拉伯糖醇、葡萄糖酸盐、2-酮基葡萄糖酸盐和5-酮基葡萄糖酸盐等化合物产酸。

综合形态学观察、16S rRNA、gyrB 基因及生理生化结果，参考《常见细菌系统鉴定手册》，将菌株 FJAT-46737 鉴定为解淀粉芽胞杆菌菌株（Bacillus amyloliquefaciens）。实验室前期已对菌株 FJAT-4 进行了分子鉴定，鉴定为地衣芽胞杆菌（郑雪芳等，2006）。

4. 脂肽组成分析

利用 LC-QTOF-MS/MS 技术对芽胞杆菌产生的脂肽进行测定。前期，课题组已对菌株 FJAT-4 的脂肽组成进行测定，结果表明菌株 FJAT-4 产生的脂肽由 C_{17} 丰原素 A、C_{17} 丰原素 B、C_{17} 丰原素 B_2、C_{16} 丰原素 A 衍生物、C_{16} 丰原素 B 衍生物、$C_{13} \sim C_{15}$ 表面活性素及 $C_{13} \sim C_{15}$ 表面活性素衍生物组成，其中 $C_{13} \sim C_{15}$ 表面活性素衍生物（m/z [M+Na]$^+$= 1048.6/1062.6/1076.6）为新化合物，各脂肽类物质结构鉴定见已发表论文（陈梅春等，2017）。

菌株 FJAT-46737 脂肽混合物组成总离子流如图 8-75 所示。菌株 FJAT-46737 中检出三类脂肽，分别是伊枯草菌素 (12.8 ~ 22.3min)、丰原素 (29.0 ~ 36.0min) 和表面活性素 (48.3 ~ 52.0min)。伊枯草菌素的加钠分子离子峰 [M+Na]$^+$ 的 m/z 分别为 1065.5、1079.7 和 1093.6；丰原素的加氢分子离子峰 [M+H]$^+$ 的 m/z 分别为 1449.9、1463.9、1477.9 和 1491.8；

表面活性素的加钠分子离子峰 [M+Na]$^+$ 的 m/z 1030.8、1044.8 和 1058.8，结果如表 8-48 所列。

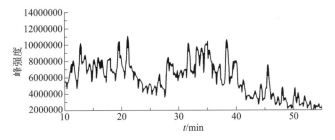

图 8-75　正离子模式菌株 FJAT-46737 脂肽 TIC 图

表 8-48　FJAT-46737 各脂肽的物质结构

保留时间 /min	质谱峰 m/z	鉴定出的化合物
12.833	1065.5 [M+Na]$^+$	C_{14} 伊枯草菌素 A
16.632	1079.7 [M+Na]$^+$	C_{15} 伊枯草菌素 A
17.536	1079.7 [M+Na]$^+$	C_{15} 伊枯草菌素 A
21.244	1093.6 [M+Na]$^+$	C_{16} 伊枯草菌素 A
22.284	1093.6 [M+Na]$^+$	C_{16} 伊枯草菌素 A
29.067	1449.9 [M+H]$^+$	C_{16} 丰原素 A_2
30.423	1449.9 [M+H]$^+$	C_{16} 丰原素 A_2
30.514	1463.9 [M+H]$^+$	C_{16} 丰原素 A
31.056	1463.9 [M+H]$^+$	C_{16} 丰原素 A
31.735	1449.9 [M+H]$^+$	C_{16} 丰原素 A_2
32.413	1477.9 [M+H]$^+$	C_{16} 丰原素 B_2
33.182	1463.9 [M+H]$^+$	C_{16} 丰原素 A
34.132	1477.9 [M+H]$^+$	C_{16} 丰原素 B_2
34.991	1477.9 [M+H]$^+$	C_{16} 丰原素 B_2
35.262	1491.8 [M+H]$^+$	C_{16} 丰原素 B
35.986	1491.8 [M+H]$^+$	C_{16} 丰原素 B
48.376	1030.8 [M+Na]$^+$	C_{13} 表面活性素
50.26	1044.8 [M+Na]$^+$	C_{14} 表面活性素
50.757	1044.8 [M+Na]$^+$	C_{14} 表面活性素
51.345	1030.8 [M+Na]$^+$	C_{13} 表面活性素
51.978	1058.8 [M+Na]$^+$	C_{15} 表面活性素

各物质结构推断如下：

伊枯草菌素类脂肽的结构鉴定。离子峰 m/z 1065.5、1079.7 和 1093.6 的各种碎片离子 a、a′、[a′+Na]$^+$、b、b′、[b′+Na]$^+$、y′、y 和 [y+Na]$^+$ 标记如图 8-76 所示。产物离子 1020.5、1037.5 和 1048.5 分别是前体离子 1065.5 丢失 —CONH$_2$、—C═O 和 NH$_3$ 基团的产物；

1034.5、1051.5 和 1062.5 分别是前体离子 1079.7 丢失—CONH$_2$、—C≡O 和 NH$_3$ 基团的产物；1049.5、1066.5 和 1077.5 分别是前体离子 1093.6 丢失—CONH$_2$、—C≡O 和 NH$_3$ 基团的产物。离子 m/z 1065.5、1079.7 和 1093.6 分子量相差 14，差异是侧链—CH$_2$ 基团。离子 m/z 1065.5 的碎片离子 795.3、541.2、427.3 和 278.1 分别对应的是肽段 Asn-Tyr-Asn-Gln-Pro-Asn-Ser、Asn-Gln-Pro-Asn-Ser、Gln-Pro-Asn-Ser 和 Pro-Asn-Ser［图 8-76(a)］，表明离子 m/z 1065.5 肽环断裂位置为 βAA-Ser，推断离子 1065.5 为 C$_{14}$ 伊枯草菌素 A，结构如图 8-77(a) 所示。离子 m/z 1079.7 和 1093.6 的二级碎片离子峰与 m/z 1065.5 不同，如图 8-76(b) 和 (c) 所示。碎片离子 992.5、753.4、639.2、455.2、362.1 和 212.1 分别是丢失 Ser、15-carbon βAA-Ser、15-carbon βAA-Ser-Asn、15-carbon βAA-Ser-Asn-Tyr、15-carbon βAA-Ser-Asn-Tyr-Asn 和 15-carbon βAA-Ser-Asn-Tyr-Asn-Gln 之后的产物离子。因此，离子 m/z 为 1079.7 结构裂解推断为 Asn-Pro-Gln-Asn-Tyr-Asn-C15 βAA-Ser［图 8-77(b)］。除了 b6 和 b7 离子外，1079.7 和 1093.6 的所有 b 离子都是相同的，综上所述，离子 1065.5、1079.7 和 1093.6 推断为 C$_{14}$～C$_{16}$ 伊枯草菌素 A。

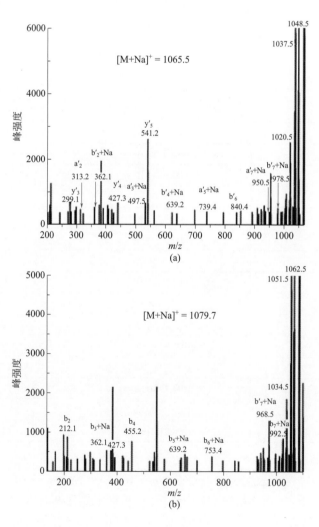

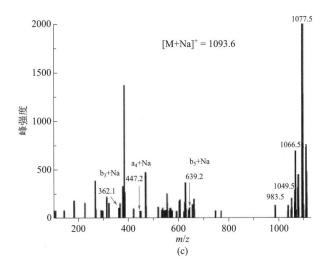

图 8-76　伊枯草菌素的质谱图

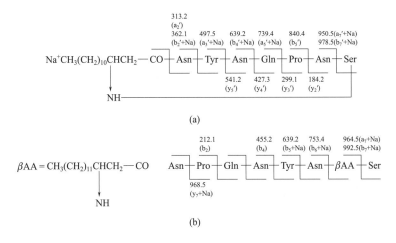

图 8-77　[M+Na]$^+$ m/z 1065.5(a) 和 1079.5(b) 的肽段

表面活性素类脂肽的结构鉴定。离子 m/z 1030.8、1044.8 和 1058.8 的二级碎片离子峰如图 8-78 所示，各 b$^+$ 和 y$^+$ 均标注在图中。m/z 1030 → 917 → 804 → 590 的 b$^+$ 对应为 C 端分别丢失 Leu-Asp-Val 后的产物离子。m/z 707、594、481 的 y$^+$ 是 C 端产物离子，分别为丢失 C$_{13}$ β- 羟基脂肪酸链 -Glu、C$_{13}$ β- 羟基脂肪酸链 -Glu-Leu 和 C$_{13}$ β- 羟基脂肪酸链 -Glu-Leu-Leu 后的产物离子。m/z 1030、1044 和 1058 具有相同的 C 端产物离子 (m/z 707、594、481)，且它们的分子量相差 14，由此推断 m/z 1030、1044 和 1058 分别为 C$_{13}$- 表面活性素、C$_{14}$- 表面活性素和 C$_{15}$- 表面活性素，结构如图 8-79 所示。

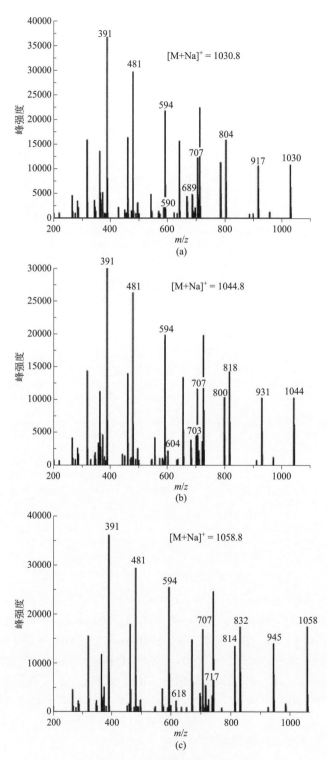

图 8-78　表面活性素的质谱图

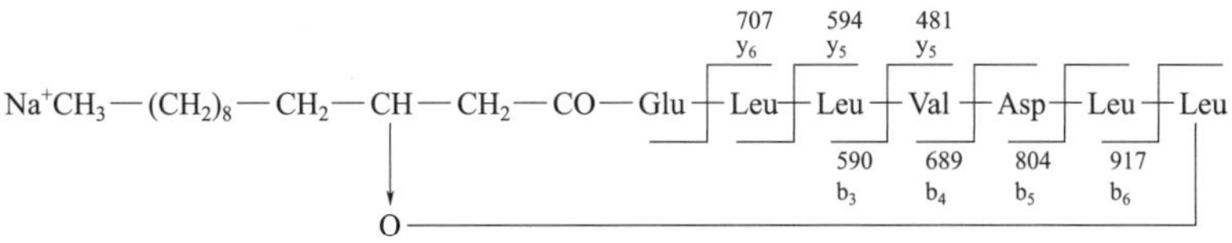

$$Na^+CH_3—(CH_2)_8—CH_2—CH—CH_2—CO—Glu|Leu|Leu|Val|Asp|Leu|Leu$$

图 8-79 [M+Na]$^+$ 离子 m/z 1030.8 的肽段

　　丰原素类脂肽的结构鉴定。文献报道，Fengycin 有 5 种类型的化合物分别为 丰原素 A、丰原素 A$_2$、丰原素 B、丰原素 B$_2$ 和丰原素 C，它们所对应的 6 位和 10 位氨基酸不同。这些类别的化合物可根据它们特有的诊断离子对来区别，分别是 1080/966、1108/994、1066/952、1094/980 和 1022/1008（Pathak et al., 2012）。m/z 1463.8 的碎片离子 1102 和 988 分别为诊断离子 1080 和 966 的钠加合离子 [图 8-80（b）]，根据分子量和诊断离子对推测 m/z 1463.8 推断为 C$_{16}$ 丰原素 A；m/z 1491.8 的产物离子 m/z 1130 和 1016 是诊断离子 m/z 1108 和 994 的钠加合离子 [图 8-80（d）]，根据分子量和诊断离子对推断 m/z 1491.8 为 C$_{16}$ 丰原素 B；m/z 1449.9 [图 8-80(a)] 的碎片离子 1088 和 974 为诊断离子对 m/z 1066 和 952 的钠加合离子，根据分子量和诊断离子，推断 m/z 1449.9 为 C$_{16}$ 丰原素 A$_2$；m/z 1477.9 [图 8-80(c)] 二级产物离子 m/z 1116 和 1002 为诊断离子对 1094 和 980 的钠加合离子，根据分子量和诊断离子，推断 m/z 1477.9 为 C$_{16}$ 丰原素 B$_2$。

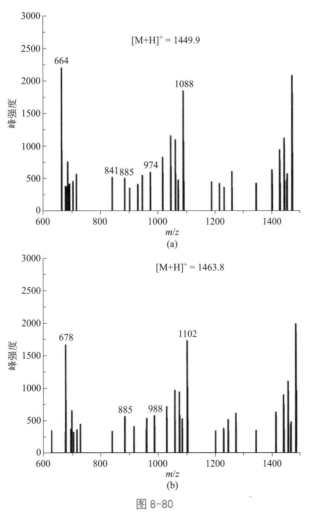

图 8-80

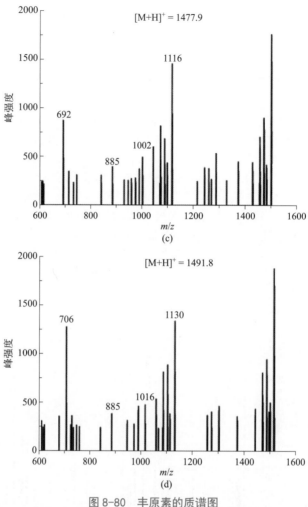

图 8-80　丰原素的质谱图

综上所述，解淀粉芽胞杆菌 FJAT-46737 产生的脂肽混合物包括 $C_{14} \sim C_{16}$ 伊枯草菌素 A、$C_{14} \sim C_{15}$ 表面活性素、C_{16} 丰原素 A、C_{16} 丰原素 A_2、C_{16} 丰原素 B 和 C_{16} 丰原素 B_2。

5. 讨论

本实验采用平板对峙法筛选到 2 株功能芽胞杆菌，这 2 株菌株对不同专化型尖孢镰刀菌均具有很好的抑制效果，为植物病害的生物防治提供新的资源。同时，本节利用 LC-QTOF-MS/MS 技术对筛选的芽胞杆菌菌株产生的脂肽进行鉴定。其中，地衣芽胞杆菌 FJAT-4 产生的脂肽由 C_{17} 丰原素 A、C_{17} 丰原素 B、C_{17} 丰原素 B_2、C_{16} 丰原素 A 衍生物、C_{16} 丰原素 B 衍生物、$C_{13} \sim C_{15}$ 表面活性素及 $C_{13} \sim C_{15}$ 表面活性素衍生物组成；解淀粉芽胞杆菌 FAJT-46737 产生的脂肽由 $C_{14} \sim C_{16}$ 表面活性素 A、$C_{14} \sim C_{15}$ 表面活性素、C_{16} 丰原素 A、C_{16} 丰原素 A_2、C_{16} 丰原素 B 和 C_{16} 丰原素 B_2 组成。

除了利用芽胞杆菌来进行植物枯萎病的生物防治，还可用其他有益微生物的生物防治方法。杨宇等（2006）从作物根际土壤中筛选获得 4 株能有效防治黄瓜枯萎病的放线菌，田间苗期枯萎病防效最高可达 91.8%；该 4 种菌株的代谢产物还对黄瓜的种子萌发以及幼苗根的生长具有促进作用。张璐等（2007）通过平板对峙法从黄瓜根际土壤中筛出对枯萎病有较好防治作用的放线菌 SG-126，并且该菌株能明显促进黄瓜的生长。Thangavelu 和 Gopi（2015）筛到 16 个能香蕉枯萎病的根际木霉菌（*Trichoderma*）并对香蕉生长有促进作用，可用不同木霉菌的混合使用进行香蕉枯萎病的生物防治。卯婷婷（2017）从辣椒根际粪土中分离筛出 1 株能显著抑制辣椒枯萎病的球毛壳菌（*Chaetomium globosum*）LJ-S2L1 菌株，该菌株盆栽防治效果可达 71.80%。

前期研究表明，地衣芽胞杆菌 FJAT-4 对西瓜田间枯萎病防效可达 82.5%（刘波等，2013）。因此，本节将以地衣芽胞杆菌 FJAT-4 为研究对象，在基因组、产脂肽条件、脂肽分离纯化及抗菌机理等方面进行研究。

三、产脂肽菌株基因组分析

地衣芽胞杆菌是一类重要的农作物生防菌株，其主要生防作用机理是能够产生许多活性代谢物。许多研究表明，基因挖掘已经成为鉴定生物合成基因簇的重要方法，通过该技术获得的次级代谢产物基因簇种类远多于发酵产生的次级代谢产物。通过对基因组数据的挖掘，能够引导研究者加深对次级代谢产物合成基因簇及其通路的研究，从而发现新型拮抗代谢物，为新型生物农药的开发提供数据支撑。本节利用第三代测序技术获得菌株地衣芽胞杆菌 FJAT-4 基因组数据，对基因数据进行注释；应用 anti SMASH 和 BAGEL 3 软件对 FJAT-4 全基因组进行预测，挖掘出 FJAT-4 中潜在的次级代谢产物，特别是细菌素和 Ri PPPs 等代谢物的合成基因簇，为 FJAT-4 的深入研究奠定坚实的基础。

1. 研究方法

（1）基因组测序和组装　地衣芽胞杆菌 FJAT-4 保藏于中国典型培养物保藏中心（China Center for Type Culture Collection，CCTCC），其编号是 CCTCC M 2010285。将构建到 3～20kb 的文库中，使用第三代测序技术得到地衣芽胞杆菌 FJAT-4 基因组 DNA 测序的原始数据。过滤原始数据后，通过 SMRT Link v5.0.1 软件进行 reads 组装，获得初步组装结果，将 reads 与组装序列比对，统计测序深度的分布情况，按照比对的方法以及序列长度确定初步组装的序列为质粒序列还是染色体序列，并检验序列是否成环。

（2）基因预测和功能注释

① 应用 GeneMarkS 软件（http://topaz.gatech.edu/）对细菌的编码基因进行预测；使用 CRISPRdigger 对基因组进行 CRISPR 预测；使用软件 IslandPath-DIOMB 进行基因岛预测；利用 rRNAmmer 软件预测 rRNA 或与 rRNA 库比对找到 rRNA，利用 tRNAscan 软件预测 tRNA 区域及 tRNA 的二级结构，再用 Rfam 软件预测 sRNA。

② 通过 Diamond 软件，把目标物种的氨基酸序列，与 CAZy、COG、KEGG 数据库进行比对；应用 IPRscan 软件进行目标物种的氨基酸序列与 GO 数据库的比对；得到对应的功能注释信息。

（3）甲基化分析　通过 SMRT portal 软件，对最终的基因组组装结果进行甲基化位点检测和 motif 预测。

（4）次级代谢产物合成基因簇挖掘　通过在线软件 anti SMASH 挖掘地衣芽胞杆菌 FJAT-4 全基因组中潜在的次级代谢产物及其合成基因簇，其参数使用默认参数。

（5）细菌素编码基因和 Ri PPPs 挖掘　通过在线软件 BAGEL 3 对菌株 FJAT-4 中可能产生的细菌素、经核糖体途径合成和翻译后修饰的多肽 (Ri PPs) 的合成基因簇及其通路进行挖掘。

2. 地衣芽胞杆菌 FJAT-4 基因组的基本特征

地衣芽胞杆菌 FJAT-4 的 DNA 测序数据组装后获得该菌株的基因组序列。该菌株的基因组是一条大小为 4299840bp 的环状染色体，GC 含量 44.01%，基因编码序列大小 3823926bp，占全基因组的 88.93%，其基因组圈图和基因长度分布如图 8-81 所示。

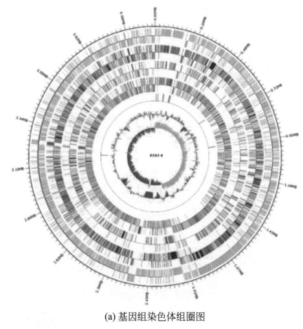

(a) 基因组染色体组圈图

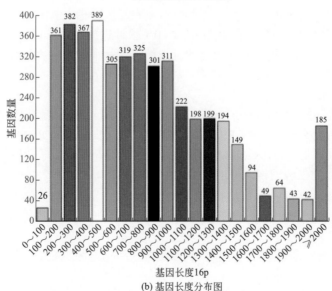

(b) 基因长度分布图

图 8-81　基因组染色体圈图、基因长度分布图

细菌中 ncRNA 的类型主要指 tRNA、rRNA 及 sRNA 三种，通过软件预测到地衣芽胞杆菌 FJAT-4 中含有的 tRNA、rRNA 和 sRNA 基因个数分别为 87 个、30 个和 16 个，具体信息如表 8-49 所列。

表 8-49 FJAT-4 的 tRNA、rRNA 和 sRNA 基因信息

非编码 RNA 分类		拷贝数	平均长度 /nt	总长度 /nt	在基因组中所占比例 /%
tRNA		87	77	6705	0.1559
rRNA	5S	10	115	1150	
	16S	10	1538	15380	1.0649
	23S	10	2926	29260	
sRNA		16	112	1799	0.0418

研究表明，原核生物的表观遗传可以使其更好地适应生存环境，DNA 甲基化研究是表观遗传学研究的一个重要方面。原核生物中 6-甲基腺嘌呤甲基化（6-methyladenine，m6A）和 4-甲基胞嘧啶甲基化（4-methylcytosine，m4C）修饰较为多见，而 5-甲基胞嘧啶（5-methylcytosine，m5C）修饰相对较少。菌株 FJAT-4 的 DNA 甲基化碱基检测如图 8-82 所示，各甲基化修饰和未修饰位点统计如表 8-50 所列。在菌株 FJAT-4 的基因组中共鉴定出 14049 个 m5C 甲基化位点、12222 个 m6A 甲基化位点和 7180 个 m4C 甲基化位点。

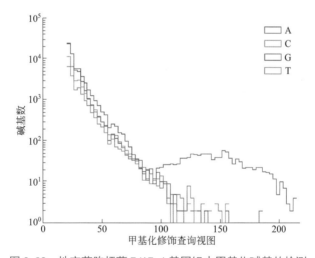

图 8-82 地衣芽胞杆菌 FJAT-4 基因组中甲基化碱基的检测

表 8-50 甲基化修饰位点各类型统计信息

类型	m4C	m5C	m6A	未知甲基化类型
在基因组种的数量	7180	14049	12222	123117
在基因区域上的数量	6714(93.5%)	13120(93.38%)	11087(90.71%)	112609(91.46%)
基因间区上的数量	466(6.49%)	929(6.61%)	1135(9.28%)	10508(8.53%)

地衣芽胞杆菌 FJAT-4 中有两个甲基化 motif。

① Motif GACGAG 该甲基化 motif 在基因组中共有 1254 个，甲基化比例为 98.4%，修饰碱基所在的位置标记为 5，修饰类型为 m6A。

② Motif DNNNNNVTTCGAGK 该甲基化 motif 在基因组中共有 78 个，甲基化比例为

43.1%，修饰碱基所在的位置标记为 8，修饰类型未知。

在原核生物中，CRISPR 起到免疫系统的作用，对外来的质粒和噬菌体序列具有抵抗作用。CRISPR 能识别并使入侵的功能组件沉默。在地衣芽胞杆菌 FJAT-4 中，未预测到 CRISPR 碱基序列的存在，说明菌株 FJAT-4 未通过 CRISPR 途径给宿主提供相应的获得性免疫系统。

3. 地衣芽胞杆菌 FJAT-4 基因组的基因功能注释

通过对地衣芽胞杆菌 FJAT-4 的全基因组序列的蛋白编码基因进行不同数据库的功能注释，分析目的基因，从而在分子水平上对 FJAT-4 可能的功能进行解析。

（1）蛋白编码基因的 GO 注释　地衣芽胞杆菌 FJAT-4 的 GO 注释结果如图 8-83 所示，共有 2921 个基因具有 GO 注释功能，包括分子功能（28.5%）、细胞功能（22.09%）和生物学功能（48.96%），其中注释的生物学功能基因比例最高，表明菌株 FJAT-4 的基因产物主要集中在生物学过程方面。

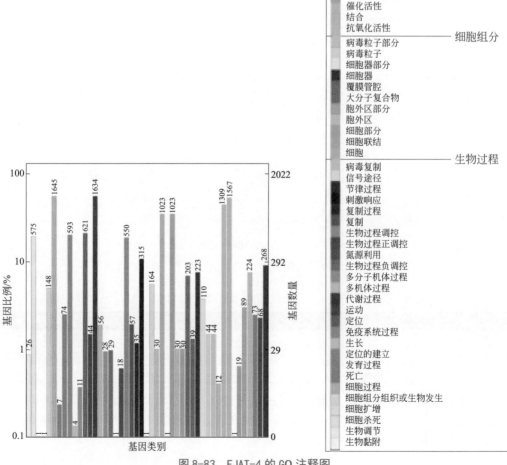

图 8-83　FJAT-4 的 GO 注释图

（2）蛋白编码基因的 COG 功能注释　在地衣芽胞杆菌 FJAT-4 的全基因组序列中有 3228 个基因被注释有 COG 功能，注释结果如图 8-84 所示。菌株 FJAT-4 的蛋白功能主要集中在转录相关（K，8.81%）、氨基酸运输和代谢（E，8.73%）、碳水化合物运输与代谢（G，8.60%），基因数量分别是 364、324、319。此外，有 107 个基因参与抗菌活性次级代谢产物的合成。另有 9.81% 的基因预测为一般功能，6.47% 的基因蛋白功能未知，这都需要进一步深入研究。

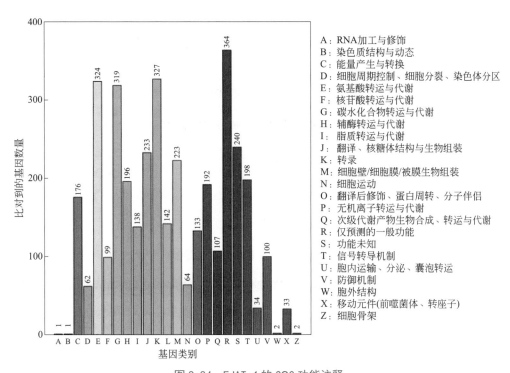

图 8-84　FJAT-4 的 COG 功能注释

（3）蛋白编码基因的 KEGG 注释　KEGG 注释能够发现基因在目标代谢物中所发挥的上调或下调作用，本章节中 FJAT-4 菌株的 4433 个基因进行了 KEGG 注释。分别注释为 3.96% 疾病（diseases）、68.07% 新陈代谢（metabolism）、6.38% 的细胞过程（cellμlar processes）、19.82% 信息处理（information processing）和 1.77% 生物体系统（organismal systems）五大类型。在代谢通路中，本章节发现了 57 个与菌体生存能力（细胞的复制和修复功能，replication and repair）相关的基因，这些基因可以映射到 6 个 KEGG pathway 通路上。

（4）碳水化合物活性酶（CAZymes）分析　地衣芽胞杆菌 FJAT-4 中共有 199 个 CAZymes，其中含量最高的为糖苷水解酶 GH（35.7%），其余为碳水化合物结合相关的酶 CBM（25.63%）、碳水化合物酯酶 CE（7.04%）、糖基转移酶 GT（28.14%）、多糖裂解酶 PL（3.52%）。

4. 次级代谢产物合成基因簇挖掘

应用在线软件 anti SMASH 对 FJAT-4 基因组中可能产生的次级代谢产物及其合成基因簇进行挖掘。结果共注释到 8 种、12 个次级代谢合成基因簇，这 12 个基因簇的结构如图 8-85

所示，具体信息见表8-51。其中，包括3个非核糖体肽NRPS合成基因簇、2个萜烯(terpene)合成基因簇、1个第三类聚酮类化合物 (T3PKs) 合成基因簇、1个 PKS-like 合成基因簇、1个羊毛硫肽 (lantipeptide) 合成基因簇、1个 Sactipeptide 类细菌素合成基因簇、1个含S多肽 (thiopeptide) 合成基因簇和2个产物尚不明确的合成基因簇。基因簇1、2、4、5、7、9、11 和 12 分别与已知的 Sactipeptide 类细菌素 skfA、表面活性素（surfactin）、多烯类化合物（bacillaene）、丰原素（fengycin）、枯草抗菌糖肽（sublancin）168、铁载体（bacillibactin）、硫脂肽（subtilosin_A）和杆菌溶素（bacilysin）的合成基因簇有较高的相似度，相似度为 82% ～ 100%，基本可以确定 FJAT-4 能产生相应的代谢物。但是基因簇3、6、8 和 10 这四个基因簇没有相对应的已知基因簇，极有可能是 FJAT-4 中产生的新型次级代谢产物合成基因簇，这些新的次级代谢产物是未被报道的或是未被分析的萜类和第三类聚酮类化合物。

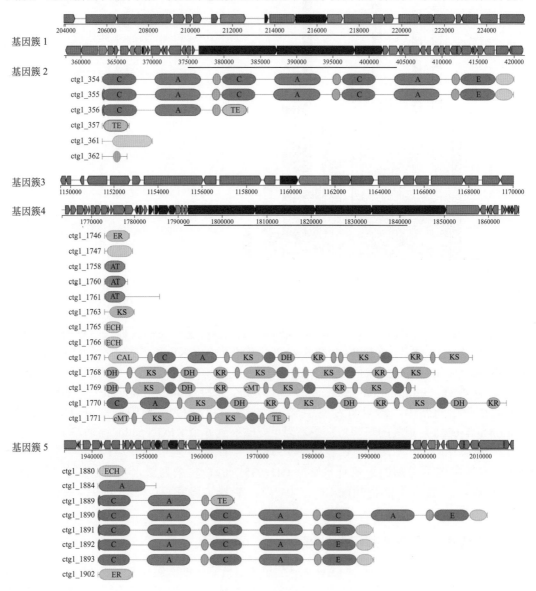

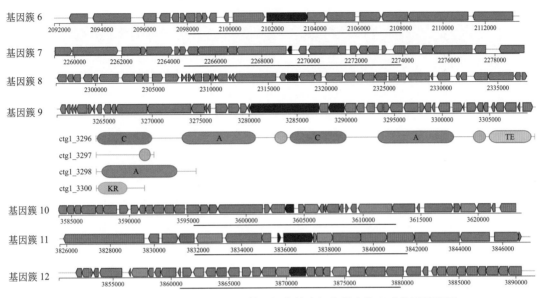

图 8-85 枯草芽胞杆菌 FJAT-4 基因组中的次级代谢产物合成基因簇预测

表 8-51 anti SMASH 注释的 FJAT-4 中存在的次级代谢基因簇信息

基因簇	物质类型	起始	终止	最相似的已知基因簇	相似性	MIBiG BGC 编号
cluster 1	环化肽（Sactipeptide, head-to-tail cyclized peptide）	203950	225847	sporulation killing factor skfA	100%	BGC0000601
cluster 2	非核糖体合成肽（NRPS）	357901	421340	surfactin	82%	BGC0000433
cluster 3	萜烯（terpene）	1149548	1170066			
cluster 4	transAT-PKS,PKS-like,NRPS	1763362	1868608	bacillaene	100%	BGC0001089
cluster 5	NRPS	1935047	2017259	fengycin	100%	BGC0001095
cluster 6	萜烯	2091768	2113666			
cluster 7	羊毛硫肽类化合物（Lanthipeptide）	2259118	2279288	sublancin 168 (glycocin)	100%	BGC0000558
cluster 8	第三类聚酮类化合物（T3PKS）	2296553	2337650			
cluster 9	NRPS	3260111	3309852	bacillibactin	100%	BGC0000309
cluster 10	其他类化合物	3583910	3623390			
cluster 11	含 S 多肽（Thiopeptide）	3825678	3847289	subtilosin A	100%	BGC0000602
cluster 12	其他类化合物	3850288	3891706	bacilysin	100%	BGC0001184

5. BAGEL 分析结果

通过在线软件 BAGEL 3 挖掘菌株 FJAT-4 中可能产生的活性代谢物，结果显示，菌株 FJAT-4 代谢物中存在潜在的细菌素 Sactipeptides、Glyocin，其核糖体结合位点（ribosomebinding site，RBS）和氨基酸序列等具体信息见表 8-52。其注释显示有 4 个开放阅读框（ORF）可编码 Sactipeptides，分别是 small ORF7、small ORF8、small ORF9、ORF023。

表 8-52　细菌素或修饰肽的预测结果

蛋白质 ID	编码产物	核糖体结合位点	长度 /bp	氨基酸序列
Small ORF7	Sactipeptides	CTGGTATTATCGTATCGC	72	MGAMSIDSMQKLRGGLLMKRNQKEWESVSKKGLMKP GGTSIVKAAGCMGCWASKSIAMTRVCALPHPAMRAI
Small ORF8	Sactipeptides	ATGGGAGCT	69	MSIDSMQKLRGGLLMKRNQKEWESVSKKGLMKPGGT SIVKAAGCMGCWASKSIAMTRVCALPHPAMRAI
Small ORF9	Sactipeptides	GAGGAGGTTTACTT	55	MKRNQKEWESVSKKGLMKPGGTSIVKAAGCMGCWAS KSIAMTRVCALPHPAMRAI
ORF023	Sactipeptides	AGGGAGGATTCAATTATG	43	MKKAVIVENKGCATCSIGAACLVDGPIPDFEIAGATGLF GLWG
Small ORF23	Glyocin	ATGGGGAGGTTTTACAA	56	MEKLFKEVKLEELENQKGSGLGKAQCAALWLQCASGG TIGCGGGAVACQNYRQFCR

表 8-53 中开放阅读框 *orf*028 比对的基因上下游可能是编码抗李斯特菌的细菌素枯草溶菌素生物合成蛋白 AlbA 的 *albA* 基因；*orf*031 比对的基因上下游可能是 SkfA 肽输出 ATP 结合盒转运蛋白 SkfE 的 *skfE* 基因；*orf*034 比对的基因上下游可能是推定的细菌素 -SkfA 转运系统通透酶蛋白 SkfF 的 *skfF* 基因；*orf*042 比对的基因上下游可能是 McdR 的 *mcdR* 基因。

表 8-53　预测的 Sactipeptides 基因簇注释（一）

蛋白质 ID	起始	终止	编码链	Pfam 名称	长度 /bp
AOI_1;orf001	73	189	+	HTH_AraC	38
AOI_1;orf002	215	715	+	Methyltransf_1N	166
AOI_1;orf004	819	890	−		23
AOI_1;orf005	907	993	+		28
AOI_1;orf008	1234	2751	+	PetM	505
AOI_1;orf014	2766	5381	+	Wx5_PLAF3D7	871
AOI_1;orf015	5350	5985	+	Translin	211
AOI_1;orf017	6049	6339	+	VirE	96
AOI_1;orf018	6511	6771	+	DUF2294	86
AOI_1;orf021	7254	7556	+	TrmB	100
AOI_1;orf022	7519	7629	+		36
AOI_1;orf023	7684	8856	+	Sugar_tr	390
AOI_1;smallORF_7	9715	9933	+	DUF1154	72
AOI_1;smallORF_8	9724	9933	+	DUF1154	69
AOI_1;smallORF_9	9766	9933	+	DUF1154	55
AOI_1;orf028	10126	11232	+	SPASM	368
AOI_1;orf029	11229	12719	+	Abi	496
AOI_1;orf031	12831	13457	+	SRP54	208
AOI_1;orf034	13450	14865	+		471

续表

蛋白质 ID	起始	终止	编码链	Pfam 名称	长度 /bp
AOI_1;orf036	14912	15427	+	HEAT_PBS	171
AOI_1;orf041	16104	17081	+	Abhydrolase_6	325
AOI_1;orf042	17083	17754	+	Trans_reg_C	223
AOI_1;orf044	17751	18737	+	Pex24p	328
AOI_1;orf045	18856	19059	+		67
AOI_1;orf047	19044	19814	−	RIO1	256

由开放阅读框 ORF_7、ORF_8 和 ORF_9 编码的 Sactipeptides 合成基因簇在细菌素数据库比对结果显示，其与 Sporulation-killingfactor_skfA 相似度为 100%，得分为 113bits (283)，E 值为 3.0×10^{-37}。预测的 3 个 Sactipeptides 其编码的氨基酸序列中氨基酸个数分别为 72 个、69 个、55 个，半胱氨酸（Cys）各有 3 个、3 个、3 个；苏氨酸（Thr）有 9 个、9 个、7 个；等电点分别为 4.9、11 和 10.9。

由 orf023 编码的 Sactipeptides 基因簇的注释信息见表 8-54，该 Sactipeptides 合成基因簇在细菌素数据库比对结果显示，其与 Subtilosin_A 相似度为 100%，得分为 87.8bits (216)，E 值 9×10^{-28}。氨基酸序列中氨基酸个数为 43 个，含有半胱氨酸（Cys）和苏氨酸（Thr）分别为 3 个和 3 个。等电点为 4.5。

从表 8-54 中可知，其功能域 orf026 比对的基因上下游可能是编码抗李斯特菌（antilisterial）的细菌素（bacteriocin）枯草溶菌素（subtilosin）生物合成蛋白 AlbA 的 albA 基因；orf028 比对的基因上下游可能是编码抗李斯特菌的细菌素枯草溶菌素生物合成蛋白 AlbB 的 albB 基因；orf031 比对的基因上下游可能是编码 Putative ABC transporter ATP-binding protein AlbC 的 albC 基因；orf036 比对的基因上下游可能是编码抗李斯特菌的细菌素枯草溶菌素生物合成蛋白 AlbD 的 albD 基因；orf040 比对的基因上下游可能是编码抗李斯特菌的细菌素枯草溶菌素生物合成蛋白 AlbE 的 AlbE 基因；orf043 比对的基因上下游可能是编码抗李斯特菌的细菌素枯草溶菌素生物合成蛋白 AlbG 的 AlbG 基因。

表 8-54　预测的 Sactipeptides 基因簇注释（二）

蛋白质 ID	起始	终止	编码链	Pfam 名称	长度 /bp
AOI_3;orf001	1663	1731	−		22
AOI_3;orf004	2074	2145	−		23
AOI_3;orf008	2301	2735	−	cNMP_binding	144
AOI_3;orf010	2897	3640	+	YwiC	247
AOI_3;orf013	3672	4328	−	TrmB	218
AOI_3;orf016	4487	5716	−	MFS_1_like	409
AOI_3;orf018	5810	7480	−	tRNA-synt_1g	556
AOI_3;orf020	7477	7905	−	DUF1934	142
AOI_3;orf022	7924	8001	−		25
AOI_3;orf023	8218	8349	+	Subtilosin_A	43

续表

蛋白质 ID	起始	终止	编码链	Pfam 名称	长度 /bp
AOI_3;orf026	8498	9829	+	SPASM	443
AOI_3;orf028	9842	10003	+	YrhK	53
AOI_3;orf031	10000	10719	+	SRP54	239
AOI_3;orf036	10733	12022	+	ABC2_membrane_4	429
AOI_3;orf040	11976	13172	+	TPR_3	398
AOI_3;orf041	13177	14457	+	Peptidase_M16_C	426
AOI_3;orf043	14454	15155	+	zf-DHHC	233
AOI_3;orf044	15161	16537	−	RuvB_C	458
AOI_3;orf045	16576	17931	−	Lactonase	451
AOI_3;orf047	18161	19306	+	TPR_8	381
AOI_3;orf049	19523	19981	+	zf-CHC2	152

Orf044 RuvB_C 编码的是 Holliday 交叉 DNA 解旋酶 ruv B_C；orf043 zf-DHHC 编码的是 DHHC 结构域蛋白质；orf 018 t RNA-synt_1g 编码的是 I 类 t RNA 合成酶 (M)；orf 023 Subtilosin_A 编码的是细菌素 Subtilosin_A；orf041 Peptidase_M16_C 编码的是辅酶 Q(细胞色素 c 还原酶)；orf 036_ABC 和 orf 020 DUF1934 分别编码的 DUF4407 和 DUF1934 为未知功能的结构域。

由 orf023 编码的 Glyocin 基因簇的注释信息见表 8-55，该 Glyocin 合成基因簇在细菌素数据库比对结果显示，其与 Sublancin_168 相似度为 100%，得分为 112bits (279)，E 值为 7.0×10^{-37}。氨基酸序列中氨基酸个数为 56 个，含半胱氨酸（Cys）和苏氨酸（Thr）分别为 5 个和 3 个。等电点为 8.2。从表 8-55 中可知，其功能域 orf021 比对的基因上下游可能是编码 Sublancin-168 加工和运输 ATP 结合蛋白 SunT 的 sunT 基因。

表 8-55 预测的 Glyocin 基因簇注释

蛋白质 ID	起始	终止	编码链	Pfam 名称	长度 /bp
AOI_2;orf001	149	343	+		64
AOI_2;orf003	394	1152	+	Sipho_tail	252
AOI_2;orf005	1113	3791	+	Val_tRNA-synt_C	892
AOI_2;orf006	3900	4628	+	IncA	242
AOI_2;orf011	4665	6599	+	Pectate_lyase_3	644
AOI_2;orf012	6769	7593	+	T4_baseplate	274
AOI_2;orf015	7821	8924	+	SH3_3	367
AOI_2;orf017	9307	9501	+	Phage_holin	64
AOI_2;orf018	10000	11268	−	Glyco_tranf_2_4	422
AOI_2;orf019	11268	11681	−	tRNA_anti-like	137
AOI_2;orf021	11678	13801		T2SE	707

续表

蛋白质 ID	起始	终止	编码链	Pfam 名称	长度 /bp
AOI_2;orf022	13828	13902	−		24
AOI_2;smallORF_23	13853	14023	−		56
AOI_2;orf024	14739	15989	−	Serpulina_VSP	416
AOI_2;orf025	15982	16314	−	YolD	110
AOI_2;orf026	16536	16823	+	Docking	95
AOI_2;orf029	17228	17695	−	T2SS-T3SS_pil_N	155
AOI_2;orf032	18321	18881	−	FR47	186
AOI_2;orf033	18890	19492	−	T2SG	200
AOI_2;orf034	19852	19917	−		21
AOI_2;orf035	19927	19995	+	Tad	22

6. 讨论

随着测序技术的不断发展，已发表的地衣芽胞杆菌基因组有 85 个（NCBI 数据库收录），如 2004 年公布的地衣芽胞杆菌 ATCC 14580 基因组为环状染色体，大小为 4222336bp，含 4208 个蛋白质编码基因，预测的 rRNA 操纵子有 7 套，tRNA 基因有 72 个（Rey et al., 2004）；2018 年公布的地衣芽胞杆菌 DW2 基因组中蛋白质编码序列有 4717 个，同时含有 24 个 rRNA 基因、81 个 tRNA 基因和 71 个插入序列（舒成城，2018）。通常，地衣芽胞杆菌 DSM 13 被选作是该种具有代表性的参考基因组，其基因组大小为 4222748bp，开放阅读框有 4286 个，预测到 72 个 tRNA 基因、7 套 rRNA 操纵子和 20 个转座酶基因（Veith et al., 2004）。本节采用第三代测序技术对地衣芽胞杆菌 FJAT-4 基因组进行组装，并且获得了较高质量的地衣芽胞杆菌 FJAT-4 基因组，大小为 4299840bp，预测到基因组中含有的 87 个 tRNA、30 个 rRNA 和 16 个 sRNA 基因。不同细菌的基因组之间的 GC 含量有很大的差异。例如，支原体属的 GC 含量约为 25%；微球菌属的 GC 含量达到 75%，而芽胞杆菌属的 GC 含量约为 45%。同属的不同菌种的 GC 含量较为接近，已报道的地衣芽胞杆菌 DSM 13 的 GC 含量为 46.2%，地衣芽胞杆菌 DW2 的 GC 含量为 45.93%；本节中地衣芽胞杆菌 FJAT-4 的 GC 含量为 44.01%，和已报道的其他地衣芽胞杆菌菌株 GC 含量较为接近。通过测序数据，还分析了地衣芽胞杆菌 FJAT-4 的甲基化修饰情况，发现基因组中存在 2 个甲基化 motif，分别是 GACGAG 和 DNNNNNVTTCGAGK，前一个修饰类型为 m6A，后一个未明确修饰类型，它们的甲基化程度都很高，比例大于 98%。舒成城（2018）研究发现地衣芽胞杆菌 DW2 中存在 2 个 m6A 甲基化基序，分别是 GAYAYNNNNNNNNTGC 和 GCANNNNNNNNNRTRTC，甲基化比例均大于 99%。

本节进一步对 FJAT-4 全基因组中的可能产生的次级代谢产物合成基因簇进行挖掘，共注释到的基因簇有 3 个 nonribosomal peptides (NRPS)、2 个萜烯 (terpene)、1 个 T3pks（第三类聚酮类化合物）、1 个 transAT-PKS,PKS-like,NRPs、1 个 lantipeptide（羊毛硫肽）、1 个 Sactipeptide、1 个 Thiopeptide（含 S 多肽）和 2 个尚不明确的基因簇。上述研究内容为进一步深入挖掘生防菌地衣芽胞杆菌 FJAT-4 功能基因和活性代谢物奠定基础。

四、菌株脂肽的分离纯化

芽胞杆菌脂肽分子由亲水的肽链和亲油的羟基脂肪酸链或氨基脂肪酸链组成。脂肽类化合物的结构、性质与功能十分相似（翟亚楠等，2011）。目前分离纯化方法有萃取法、沉淀法、色谱法等（龚谷迪等，2013）。

本实验采用酸沉淀法提取粗脂肽，经 NH$_2$ 柱、C$_{18}$ 柱吸附洗脱分离；运用 HPLC-QTOF-MS 技术对菌株产生的各脂肽纯化组分进行检测分析，并利用抑菌试验，分离和确定菌株 FJAT-4 脂肽的主要抑菌物质。

1. 研究方法

（1）材料

① 菌株　地衣芽胞杆菌 FJAT-4，尖孢镰刀菌 FJAT-31362，由福建省农业科学院农业生物资源研究所实验室分离保存。

② 试剂与培养基　水，盐酸（HCl，兰溪旭日化工有限公司），磷酸盐缓冲溶液（PBS，pH 6.5），色谱纯甲醇（美国 JT Baker 公司），甲酸。

LB 培养基：牛肉膏 3g、蛋白胨 10g、NaCl 5g，蒸馏水定容至 1L，pH 值为 7.0 ～ 7.2。

发酵培养基：牛肉膏 5g/L、蛋白胨 10g/L、酵母膏 3g/L、NaCl 5g/L、葡萄糖 5g/L，蒸馏水定容至 1L，pH 值为 7.0。

③ 仪器　离心管，无菌注射器，过滤器（津腾®，孔径 0.22mm，直径 13mm），枪头，酒精灯，培养皿（90mm），250mL 锥形瓶，pH 广泛试纸。移液器，台式天平（金诺），电子天平［梅特勒-托利多仪器（上海）有限公司］，高压灭菌锅（PHCbi），超净工作台（AIRTECH，苏净安泰），低温生化培养箱［施都凯仪器设备（上海）有限公司］，恒温培养振荡器（上海智城分析仪器制造有限公司），高速离心机（曦玛离心机有限公司），旋转蒸发器（上海申生科技有限公司），Bond Elut NH$_2$ 固相萃取小柱（Agilent，1g/6mL），C$_{18}$ 固相萃取小柱（Bio-Pise SPE，10g/60mL），冷冻干燥机（Vir Tis），高效液相色谱四极杆飞行时间串联质谱（HPLC-QTOF-MS，Agilent）。

（2）方法

1）菌株活化

① 细菌活化：用无菌接种环将芽胞杆菌于 LB 固体平板划线，30℃培养箱倒置培养 24 ～ 48h。

② 种子液培养：从平板活化后的芽胞杆菌挑取单菌落于 LB 培养基中（瓶装量为 50mL/250mL 锥形瓶），置 30℃、150r/min 振荡培养 24h。

③ 病原真菌活化：用无菌接种环将病原菌点接于 PDA 平板中央，25℃培养箱倒置培养 5 ～ 7d。

2）FJAT-4 发酵培养　按 pH 值为 7.0，瓶装量为 100mL/250mL 配制发酵培养基，121℃高压 20min。接种量为 1%，温度 30℃，转速 150r/min，摇床培养 24h。

3）FJAT-4 脂肽制备　采用酸沉淀法提取抗菌脂肽：发酵培养结束后，将发酵液 25℃、10000r/min 离心 3min 去菌体取上清液，用 2mol/L 盐酸（HCl）溶液将上清液调节至 pH<2.0。25℃、10000r/min 再离心 5min，收集沉淀，加入磷酸盐缓冲溶液（PBS）溶解后，进行低温真空冷冻干燥，即得脂肽粗提物。加水超声 10min 溶解，用 LC-QTOF-MS 检测。

4）FJAT-4 脂肽分离纯化

① NH₂ 柱　称取干燥后的脂肽 50mg，加入水溶液剧烈振荡，用超声波清洗机超声 10min 使脂肽充分溶解，再用 0.22μm 的滤膜过滤，随后用 NH₂ 柱分离纯化。

A. 活化：加入 1 个柱体积的纯甲醇活化柱子，再加入 1 个柱体积的纯水。

B. 上样：向柱子中加入已过滤含有取 50mg 的脂肽样品溶液。

C. 洗脱：先用纯水洗脱 1 次，再分别用不同比例的甲醇进行梯度洗脱 2 次，分别收集各个比例的洗脱液重复步骤 A ～ C。

D. 浓缩：分别将收集的各个比例的洗脱液用旋转蒸发仪浓缩，直到旋蒸瓶中洗脱液完全蒸干，获得的固体物质加纯水溶解。

通过 LC-QTOF-MS 技术分别收集的各个比例的洗脱液进行检测。

② C₁₈ 柱　称取干燥后的脂肽 100mg，加入水溶液剧烈振荡，用超声波清洗机超声 20min 使脂肽充分溶解，再用 0.22μm 的滤膜过滤，随后用 C₁₈ 柱分离纯化。

A. 活化：加入 1 个柱体积的纯甲醇活化柱子，再加入一个柱体积的纯水。

B. 上样：向柱子中加入已过滤含有取 100mg 的脂肽样品溶液。

C. 洗脱：先用纯水洗脱 1 次，再分别用不同比例的甲醇进行梯度洗脱 1 次，分别收集各个比例的洗脱液。

D. 浓缩：同 NH₂ 柱的方法。

③ FJAT-4 脂肽分离组分检测方法

A. 液相色谱条件：色谱柱为 Agilent ZORBAX Extend-C₁₈ 色谱柱（2.1mm×150mm，1.8-Micron）；柱温 30℃；进样量 5μL；流速为 0.3mL/min；流动相 A 为 1‰甲酸水；流动相 B 为色谱纯甲醇。洗脱程序为 0min，60% B；60min，100% B；65min，60% B。

B. 质谱条件：电喷雾离子源（ESI，正离子模式）、干燥气温度 350℃、干燥气流速 8L/min、雾化气压力（Nebulizer）30psi、碎裂电压（Fragmentor）175V、锥孔电压（Skimmer）65V、扫描方式 MS；离子扫描范围 *m/z* 100 ～ 3000。

5）FJAT-4 脂肽分离组分抑菌活性检测　分别将 FJAT-4 粗脂肽、分离获得的丰原素、表面活性素溶解于甲醇，制成浓度为 5mg/mL 的脂肽溶液，并用无菌过滤器过滤。利用抑菌圈法，以西瓜尖孢镰刀菌 FJAT-31362 为病原指示菌，进行芽胞杆菌 FJAT-4 脂肽丰原素对尖孢镰刀菌的抑菌活性检测。FJAT-31362 用 PDA 液体培养基于 25℃、150r/min 振荡培养 2d 后，吸取 0.5mL 加入熔化并冷却到 50℃的 100mL PDA 半固体培养基中，混合均匀后作为上层的半固体培养基，倾覆于底层马铃薯葡萄糖琼脂（1.8%）固体平板上，待平板凝固后打直径为 8mm 的孔，加入浓度为 3mg/mL 的脂肽溶液 60μL，以无菌甲醇溶液为空白对照，置 30℃培养箱培养 24 ～ 48h。用培养皿智能拍照仪拍照并测量抑菌圈直径。

2. FJAT-4 脂肽分离纯化结果

采用液相四极杆飞行时间质谱联用仪（LC-QTOF-MS）对地衣芽胞杆菌 FJAT-4 的脂肽的各个分离组分进行测定。结果显示，60% 的氨基柱分离组分中各物质的保留时间、分子量及面积见图 8-86、表 8-56，[M+H]⁺质荷比 *m/z* 分别为 1463.8525、1477.8662、1505.9030、1447.8548、1461.8712、1489.9073，这些化合物属于丰原素。物质正离子模式检测下集中的保留时间 32 ～ 43min（图 8-87），且基本不含表面活性素，纯度较高。70% 的洗脱液含有少量的丰原素和表面活性素（图 8-88）。其他比例如 80% 的洗脱液没有发现脂肽（图 8-89）。

60% 的 C_{18} 柱分离组分中各物质的 $[M+Na]^+$ 质荷比 m/z 分别为 1062.7646、1076.6921、1058.6789、1044.6626、1058.6746，这些化合物属于表面活性素。物质正离子模式检测下集中的保留时间为 45 ~ 55min，且基本不含丰原素，纯度较高。

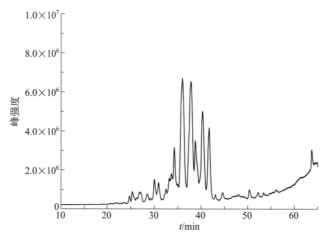

图 8-86 菌株 FJAT-4 脂肽 60% 洗脱液的 TIC 图

表 8-56 60% 洗脱液脂肽的保留时间、分子量及含量

保留时间 /min	MS m/z $[M+H]^+$	含量 /%
34.240	1463.8525	4.114496
35.914	1477.8662	37.13066
37.754	1505.9030	31.03746
38.832	1447.8548	4.757922
40.290	1461.8712	14.98204
41.600	1489.9073	7.977425

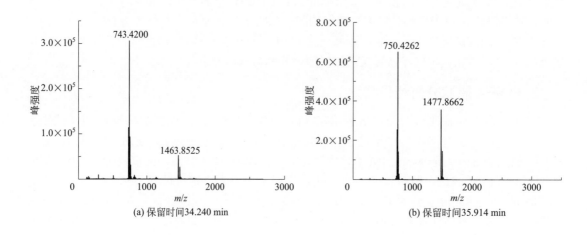

(a) 保留时间34.240 min   (b) 保留时间35.914 min

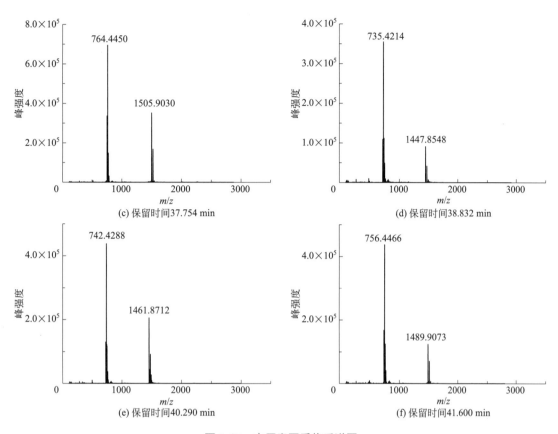

图 8-87　丰原素同系物质谱图

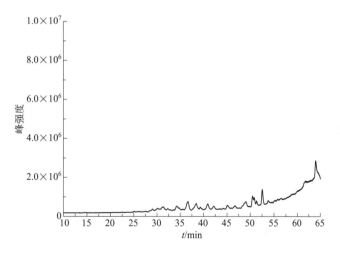

图 8-88　菌株 FJAT-4 脂肽 70% 洗脱液的 TIC 图

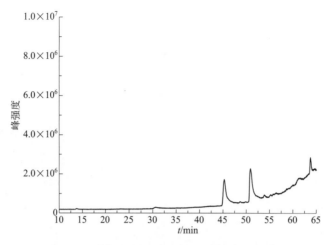

图 8-89　菌株 FJAT-4 脂肽 80% 洗脱液的 TIC 图

LC-QTOF MS 检测结果可知，脂肽丰原素中 m/z 1463.8525 与 m/z 1477.8653、m/z 1447.8542 与 m/z 1461.8715 之间大约相差 14，差了 1 个烃残基 ($—CH_2—$)；m/z 1477.8653 与 m/z 1505.9026、m/z 1461.8715 与 m/z 1489.9050 之间约相差 28，相差了 2 个烃残基 ($—CH_2—$) 的分子量；与脂肽类物质包括不同碳个数的氨基脂肪酸链相一致，推测从菌株 FJAT-4 脂肽中分离出物质是丰原素的一系列同系物，其保留时间集中在 34 ~ 42min 之间。脂肽表面活性素中 m/z 1044.6626 与 1058.6789、1062.7646 与 1076.6921 之间大约相差 14，差了 1 个烃残基 ($—CH_2—$)；推测该分离组分为含有一系列同系物的表面活性素（图 8-90）。

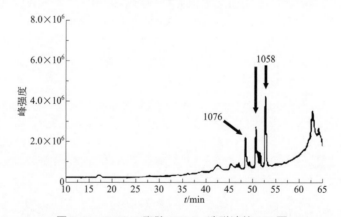

图 8-90　FJAT-4 脂肽 60% C_{18} 洗脱液的 TIC 图

3. 脂肽分离组分抑菌活性分析

进行分离组分抑菌的活性验证，用甲醇将通过氨基柱分离得到的组分丰原素和 C_{18} 柱子分离得到的表面活性素配成浓度为 3mg/mL 的样品溶液，以 3mg/mL 粗脂肽溶液作为阳性对照，甲醇作为阴性对照（无活性），脂肽分离组分对尖孢镰刀菌 FJAT-31362 的抑菌活性结果见表 8-57 和图 8-91 所示。由实验结果可知，表面活性素几乎无抗真菌活性。而丰原素纯品

表 8-57　脂肽分离组分的抑菌活性

处理	抑菌圈直径 /mm
甲醇（阴性对照）	—
粗脂肽（对照）	22.03±0.13a
表面活性素	—
丰原素	22.14±0.40a

注：相同小写字母表示差异不显著。

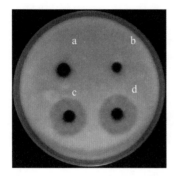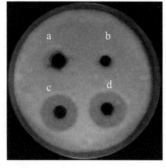

图 8-91　脂肽分离组分的抑菌圈平板直观图

a—表面活性素；b—甲醇（阴性对照）；c—粗脂肽（对照）；d—丰原素

与粗脂肽（对照）的抑菌圈直径 (mm) 无显著差异，达到了 22mm。结果表明地衣芽胞杆菌 FJAT-4 抑制尖孢镰刀菌 FJAT-31362 生长的主要活性物质是丰原素。

4. 讨论

芽胞杆菌脂肽分子是由亲油性脂肪酸链的—NH₂ 或—OH 与亲水性肽链 (7 ～ 10 个氨基酸残基) 氨基酸的—COOH 结合形成酰胺键或内酯键而使寡肽链闭合构成环状的脂肽化合物。近年来，对脂肽类化合物的分离纯化方法进行了大量的研究，别小妹等（2006）利用 Sephadex LH-20 柱色谱、高效液相色谱等方法，由枯草芽胞杆菌 fmbJ 的脂肽粗提物中分离获得了 2 类脂肽物质表面活性素与丰原素。龚庆伟（2012）将发酵液通过离心、酸沉淀、有机溶剂提取等过程获得芽胞杆菌抗菌脂肽表面活性素与丰原素的粗提物，经过硅胶柱色谱和制备色谱纯化获得纯品。刘佳欣（2017）利用酸沉淀和有机溶剂抽提法分离菌株 HS-A38 脂肽粗提物 LP。用硅胶柱色谱分离粗提物 LP，纯化得到主要物质为杆菌霉素 D 的 LP3 组分。本实验利用氨基柱和 C₁₈ 柱对地衣芽胞杆菌 FJAT-4 的脂肽粗提物进行分离纯化，结合 LC-QTOF-MS 技术检测分析，获得丰原素和表面活性素类脂肽。并采用抑菌圈法检测抑菌活性，确定该菌株脂肽中主要抑菌成分为丰原素类脂肽。

丰原素具有抑制多种真菌的作用，特别是能够较好地抑制丝状真菌（Cazorla et al., 2010；李宝庆等，2010）。唐群勇（2011）报道的研究发现，枯草芽胞杆菌 fmbJ 的脂肽丰原素对桃软腐病菌匍枝根霉 (Rhizopus stolonifer) 具有抑制活性。本节从地衣芽胞杆菌 FJAT-4 中分离得到的丰原素能够较好地抑制尖孢镰刀菌的生长。此外，研究还发现，丰原素除了对真菌具有很好的抑制作用外，对病害细菌也具有很强的抑制作用；如 Valeska 等（2018）报道了芽孢杆菌 EA-CB0959 产生的脂肽 fengycin 对青枯雷尔氏菌具有很强的拮抗作用；继而，Chen 等（2019）也发现了丰原素的抗细菌活性。

表面活性素主要对病毒、细菌及支原体等的生长起抑制作用（Kracht et al., 1999），也具有抑制抗真菌活性，但弱于丰原素抗真菌的作用。本实验中表面活性素对尖孢镰刀菌 FJAT-31362 无抗真菌活性。顾真荣等（2004）证实枯草芽孢芽孢杆菌 G3 的表面活性素有抑制西红柿叶霉孢子萌发作用，具有抗真菌作用。这说明表面活性素结构对抗真菌活性具有重要影响。

五、菌株脂肽的抑菌机理

芽孢杆菌能产生脂肽类的抑菌物质，是芽孢杆菌抑制真菌的一个重要作用因素。脂肽对真菌的细胞壁、细胞膜、胞内物质等表现出显著的抑制作用，从而影响真菌的正常生长。

本章主要对西瓜枯萎病菌的孢子萌发和菌丝形态结构两个方面展开研究，通过测定 FJAT-4 抗菌脂肽对尖孢镰刀菌孢子萌发、菌丝形态结构的影响，从而确定地衣芽胞杆菌 FJAT-4 抗菌脂肽对西瓜枯萎病病菌的抑制机理，为芽胞杆菌防治西瓜枯萎病提供理论依据。

1. 研究方法

（1）材料

① 菌株　地衣芽胞杆菌 FJAT-4，尖孢镰刀菌 FJAT-31362，由福建省农业科学院农业生物资源研究所微生物中心实验室分离保存。

② 试剂与培养基　水，盐酸（HCl，兰溪旭日化工有限公司），磷酸盐缓冲溶液（PBS，pH 6.5），色谱纯甲醇（美国 JT Baker 公司），甲酸。

LB 培养基：牛肉膏 3g、蛋白胨 10g、NaCl 5g，蒸馏水定容至 1L，pH 值为 7.0 ～ 7.2。

发酵培养基：牛肉膏 5g/L、蛋白胨 10g/L、酵母膏 3g/L、NaCl 5g/L、葡萄糖 5g/L，蒸馏水定容至 1L，pH 值为 7.0。

马铃薯葡萄糖肉汤：马铃薯浸粉 0.5%，蛋白胨 1%，氯化钠 0.5%，葡萄糖 1.5%，以蒸馏水配制，pH 自然。

③ 仪器　离心管，无菌注射器，过滤器（津腾®，孔径 0.22mm，直径 13mm），枪头，酒精灯，培养皿（90mm），250mL 锥形瓶，pH 广泛试纸。移液器，台式天平（金诺），电子天平 [梅特勒 - 托利多仪器（上海）有限公司]，高压灭菌锅（PHCbi），超净工作台（AIRTECH，苏净安泰），低温生化培养箱 [施都凯仪器设备（上海）有限公司]，恒温培养振荡器（上海智城分析仪器制造有限公司），高速离心机（曦玛离心机有限公司），旋转蒸发器（上海申生科技有限公司），冷冻干燥机（Vir Tis），荧光显微镜，扫描电镜。

（2）方法

1）菌株活化

① 细菌活化：用无菌接种环将芽胞杆菌于 LB 固体平板划线，30℃培养箱倒置培养 24 ～ 48h。

② 种子液培养：从平板活化后的芽胞杆菌挑取单菌落于 LB 培养基中（瓶装量为 50mL/250mL 锥形瓶），置 30℃、150r/min 振荡培养 24h。

③ 病原真菌活化：用无菌接种环将病原菌点接于 PDA 平板中央，25℃培养箱倒置培养 5～7d。

2）FJAT-4 发酵培养　配制发酵培养基，pH 值为 7.0，瓶装量为 100mL/250mL，温度 121℃高压 20min。接种量为 1%，温度 30℃，转速 150r/min，摇床培养 24h。

3）FJAT-4 脂肽制备　采用酸沉淀法提取抗菌脂肽：发酵培养结束后，将发酵液 25℃、10000r/min 离心 3min 去菌体取上清液，用 2mol/L 盐酸（HCl）溶液将上清液调节至 pH<2.0。25℃、10000r/min 再离心 5min，收集沉淀，加入磷酸盐缓冲溶液（PBS）溶解后，进行低温真空冷冻干燥，即得脂肽粗提物。

4）脂肽对尖孢镰刀菌孢子萌发的影响

① 孢子悬浮液制备　挑取 1 环尖孢镰刀菌 FJAT-31362 接种于 PDA 平板，25℃培养 5d 活化后挑取部分菌丝于 PDA 液体培养基，置 25℃、150r/min 振荡培养 48h。发酵液以四层无菌纱布及三层无菌擦镜纸过滤，获得孢子悬浮液。

② 孢子萌发测定　将脂肽溶液与孢子悬浮液 1∶1 混合于无菌的离心管中，以加入等量无菌水的孢子培养液作为空白对照。脂肽溶液终浓度为 60mg/mL、30mg/mL、15mg/mL。取 15μL 的混合液到无菌载玻片上，将灭菌的培养皿铺以一层滤纸，加水达到饱和含水量，将载玻片放置滤纸，在恒温箱中培养 2～6h，用电镜观察孢子萌发情况，以可见芽管为萌发标准。计算孢子萌发率和抑制率：

$$孢子萌发率(\%) = \frac{萌发的孢子个数}{检查的孢子总数} \times 100$$

$$抑制率(\%) = \frac{对照萌发率 - 处理萌发率}{对照萌发率} \times 100$$

5）FJAT-4 脂肽对尖孢镰刀菌菌丝的影响　将分离获得的丰原素溶解于甲醇，制成浓度为 3mg/mL 的脂肽溶液，并用无菌过滤器过滤。利用抑菌圈法，以西瓜尖孢镰刀菌 FJAT-31362 为病原指示菌，进行芽胞杆菌 FJAT-4 脂肽丰原素对尖孢镰刀菌的抑菌活性检测。FJAT-31362 用 PDA 液体培养基于 25℃、150r/min 振荡培养 2d 后，吸取 0.5mL 加入熔化并冷却到约 50℃的 100mL PDA 半固体培养基中，混合均匀后作为上层的半固体培养基，倾覆于底层马铃薯葡萄糖琼脂（1.8%）固体平板上，待平板凝固后打直径为 8mm 的孔，加入浓度为 3mg/mL 的脂肽溶液 60μL，以无菌甲醇溶液为空白对照，置 25℃培养箱培养 24～48h。切下抑菌圈旁边的菌丝，通过扫描电镜观察并拍照。

2. 脂肽对尖孢镰刀菌孢子萌发的影响

由表 8-58 可知，经过 6h 培养后不同溶度脂肽对尖孢镰刀菌孢子萌发均有一定的抑制作用，并且随着脂肽浓度的增加，孢子萌发率逐渐降低，对孢子萌发的抑制作用随之增强。

表 8-58　脂肽对尖孢镰刀菌孢子萌发的抑制作用

脂肽浓度 / (mg/mL)	萌发率 /%	抑制率 /%
CK	67.2	—
15	65.5	2.4
30	45.5	32.2
60	40.6	39.6

3. 脂肽对尖孢镰刀菌菌丝的影响

利用扫描电镜观察可知（图 8-92），对照组的菌丝表面较为光滑，菌丝体饱满，菌丝结构正常；而脂肽处理的菌丝严重皱缩凹陷且表明粗糙，部分菌丝皱缩呈扁状，菌丝断裂。表明地衣芽胞杆菌 FJAT-4 脂肽丰原素能破坏尖孢镰刀菌的菌丝结构，导致菌丝体形态异常，从而有效抑制尖孢镰刀菌菌丝的正常生长。

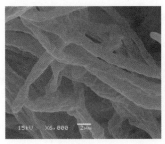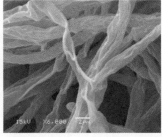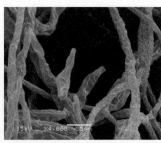

(a) CK　　　　　　　　　　　　　　(b) 脂肽处理

图 8-92　脂肽丰原素对尖孢镰刀菌菌丝的影响

4. 讨论

芽胞杆菌脂肽种类较多，多种芽胞杆菌都能产生，然而很多脂肽尚未准确解释其抑菌机理；当前对脂肽的抑菌机理主要是对细胞壁、细胞膜作用等方面的研究。研究显示，抑菌脂肽可破坏致病菌细胞壁的形成；能与细胞膜相互作用而形成孔道使胞内物质泄漏（张杰和张双全，2005）。高伟等（2009）采用分光亮度法和质谱法，在芽胞杆菌 B9987 菌株的代谢产物对致病菌茄链格孢菌的抑菌作用中发现，病原菌菌体出现裂解泄漏、细胞壁破损和质膜通透性变大等现象。陈刚等（2003）研究发现从蜡样芽胞杆菌分离的脂肽 APS 抑制真菌的机制是通过形成脂质体模型破坏真菌细胞膜的完整性，在细胞膜上形成电流孔洞，从而导致胞内物质泄漏而使真菌死亡。

本实验菌株 FJAT-4 不同溶度脂肽对尖孢镰刀菌的孢子萌发均有抑制作用，并且随着脂肽浓度的增加而增加，但抑制作用不是很显著。地衣芽胞杆菌 FJAT-4 脂肽丰原素能破坏尖孢镰刀菌的菌丝结构，导致菌丝体形态异常，从而有效抑制尖孢镰刀菌菌丝的正常生长。本实验表明菌株 FJAT-4 脂肽对尖孢镰刀菌的抑菌效果主要是对尖孢镰刀菌的菌丝的抑制作用。采用高效液相色谱技术发现，从解淀粉芽胞杆菌 SWB16 次级代谢产物中分离的脂肽类抑菌物质芬枯草菌素与伊枯草菌素能抑制球孢白僵菌，脂肽类抑菌物质使孢子出现裂解且菌丝发生膨大、瘤状畸形，能显著抑制孢子萌发、生长以及菌丝的生长（汪静杰等，2014）。

六、产脂肽菌株发酵条件优化

实验室已对畜禽粪污降解菌地衣芽胞杆菌 FJAT-4 产脂肽的培养基和培养温度进行了初步探究，发现菌株 FJAT-4 利用 LB 培养基在 30℃条件下进行发酵培养，得到的脂肽抑菌活性较高。在此基础上，以 LB 培养基为基础培养基，进一步探究碳源、无机盐、氮源及发酵条件对菌株 FJAT-4 产脂肽的影响。

1. 研究方法

（1）材料

① 菌株　地衣芽胞杆菌 FJAT-4，尖孢镰刀菌 FJAT-31362，由福建省农科院农业生物资源研究所实验室分离保存。

② 试剂与培养基　水，盐酸（HCl，兰溪旭日化工有限公司），磷酸盐缓冲溶液（PBS，pH 6.5），甲醇（色谱纯，美国 JT Baker 公司），甲酸。

LB 培养基：牛肉膏 3g、蛋白胨 10g、NaCl 5g，蒸馏水定容至 1L，pH 值为 7.0～7.2。

基础发酵培养基：牛肉膏 5g/L、蛋白胨 10g/L、酵母膏 3g/L、NaCl 5g/L、葡萄糖 5g/L，蒸馏水定容至 1L，pH 值为 7.0。

马铃薯葡萄糖肉汤（potato dextrose broth，PDB，北京奥博星生物技术有限责任公司）：马铃薯浸粉 0.5%，蛋白胨 1%，氯化钠 0.5%，葡萄糖 1.5%，以蒸馏水配制，pH 自然。

马铃薯葡萄糖琼脂（1.8%）固体培养基，马铃薯葡萄糖琼脂（0.9%）半固体培养基(PDA)。

③ 仪器　离心管，无菌注射器，过滤器（津腾®，孔径 0.22mm，直径 13mm），枪头，酒精灯，培养皿（90mm），250mL 锥形瓶，pH 广泛试纸。移液器，台式天平（金诺），电子天平［梅特勒 - 托利多仪器（上海）有限公司］，高压灭菌锅（PHCbi），超净工作台（AIRTECH，苏净安泰），低温生化培养箱［施都凯仪器设备（上海）有限公司］，恒温培养振荡器（上海智城分析仪器制造有限公司），高速离心机（曦玛离心机有限公司），培养皿智能拍照仪（福州锐景达光电科技有限公司），冷冻干燥机（Vir Tis），高效液相色谱四极杆飞行时间串联质谱（HPLC-QTOF-MS，Agilent）。

（2）方法

1）菌株活化

① 细菌活化：用无菌接种环将芽胞杆菌于 LB 固体平板划线，30℃培养箱倒置培养 24～48h。

② 种子液培养：从平板活化后的芽胞杆菌挑取单菌落于 LB 培养基中（瓶装量为 50mL/250mL 锥形瓶），置 30℃、150r/min 振荡培养 24h。

③ 病原真菌活化：用无菌接种环将病原菌点接于 PDA 平板中央，25℃培养箱倒置培养 5～7d。

2）FJAT-4 脂肽制备　采用酸沉淀法提取抗菌脂肽。发酵培养结束后，将发酵液 25℃、10000r/min 离心 3min 去菌体取上清液，用 2mol/L 盐酸（HCl）溶液将上清液调节至 pH<2.0。25℃、10000r/min 再离心 5min，收集沉淀，加入磷酸盐缓冲溶液（PBS）溶解后，进行低温

真空冷冻干燥,称重即得脂肽粗提物的干重。

3)抑菌活性检测　将脂肽用甲醇溶解,制成浓度为 30mg/mL 的脂肽溶液,无菌过滤后待测。

抑菌圈法测定脂肽的抗菌活性。以西瓜专化型尖孢镰刀菌 FJAT-31362 为指示菌,进行地衣芽胞杆菌 FJAT-4 脂肽对尖孢镰刀菌的抑菌活性检测。指示菌 FJAT-31362 用 PDA 液体培养基于 25℃、150r/min 振荡培养 2d 后,吸取 0.5mL 加入熔化并冷却到 50℃的 100mL PDA 半固体培养基中,混合均匀后作为上层的半固体培养基,倾覆于底层马铃薯葡萄糖琼脂(1.8%)固体平板上,待平板凝固后打直径为 8mm 的孔,分别加入浓度为 30mg/mL 的脂肽溶液 60μL,以无菌甲醇溶液为空白对照,置 30℃培养箱培养 24～48h。用培养皿智能拍照仪拍照并测量抑菌圈直径。

4)FJAT-4 脂肽检测方法　通过 LC-QTOF-MS 技术对菌株 FJAT-4 产生的脂肽进行检测,检测条件如下:

液相色谱:色谱柱为 Agilent ZORBAX Extend-C$_{18}$ 色谱柱(2.1mm×150mm,1.8-Micron),流速为 0.3mL/min;流动相 A 为 0.1%甲酸水;流动相 B 为色谱纯甲醇;洗脱程序为 0min,60% B;60min,100% B;65min,60% B。

质谱条件:电喷雾离子源(ESI,正离子模式)、干燥气温度 350℃、干燥气流速 8L/min、雾化气压力(Nebulizer)30psi(1psi=6.895kPa)、碎裂电压(Fragmentor)175V、锥孔电压(Skimmer)65V、扫描方式 MS;离子扫描范围 m/z100～3000。

5)不同发酵条件研究

① 碳源对 FJAT-4 产脂肽的影响　以浓度为 5g/L 的牛肉膏、10g/L 的蛋白胨、3g/L 酵母粉为组合氮源,以浓度为 5g/L 的 NaCl 为无机盐,分别以浓度为 5g/L 的葡萄糖、蔗糖、乳糖、玉米粉和可溶性淀粉作为碳源,配制发酵培养基,pH 值为 7,瓶装量为 60mL/250mL,121℃高压 20min。接种量为 1%,温度 30℃,转速 150r/min,于恒温培养振荡器内培养 48h。每个处理重复 3 次。

② 无机盐对 FJAT-4 产脂肽的影响　以浓度为 5g/L 的牛肉膏、10g/L 的蛋白胨、3g/L 酵母粉为组合氮源,以不添加无机盐为对照,分别以浓度为 5g/L 的 KH$_2$PO$_4$、NaCl、CaCl$_2$、MgSO$_4$、Fe$_2$(SO$_4$)$_3$、MnSO$_4$·H$_2$O 和 CuSO$_4$·H$_2$O 作为无机盐,配制发酵培养基,pH 值为 7,瓶装量为 60mL/250mL,121℃高压 20min。接种量为 1%,温度 30℃,转速 150r/min,于恒温培养振荡器内培养 48h。每个处理重复 3 次。

③ 氮源对 FJAT-4 产脂肽的影响　以浓度为 5g/L NaCl 为无机盐,不同氮源组合如表 8-59 所列,浓度分别为 10g/L 蛋白胨,5g/L 牛肉膏,3g/L 酵母粉,5g/L NH$_4$Cl、(NH$_4$)$_2$SO$_4$、NH$_4$NO$_3$。pH 值为 7,瓶装量为 60mL/250mL,121℃高压 20min。接种量为 1%,温度 30℃,转速 150r/min,于恒温培养振荡器内培养 48h。每个处理重复 3 次。

表 8-59　不同氮源组合

编号	氮源
N1	蛋白胨、牛肉膏
N2	蛋白胨、酵母粉
N3	牛肉膏、酵母粉

编号	氮源
N4	蛋白胨、牛肉膏、酵母粉
N5	酵母膏、NH₄Cl
N6	酵母膏、$(NH_4)_2SO_4$
N7	牛肉膏、酵母膏、NH₄Cl
N8	牛肉膏、酵母膏、$(NH_4)_2SO_4$

④ 氮源和无机盐的配比试验　试验以牛肉膏、酵母粉、$(NH_4)_2SO_4$、NaCl 4 种培养基成分为因素，每个因素各取 3 个水平（表 8-60），采用 $L_9(3^4)$ 正交表进行 3 水平 4 因素的正交试验，获得发酵培养基成分中氮源、无机盐之间的最佳配比。

表 8-60　$L_9(3^4)$ 正交因素水平表

水平	牛肉膏 / (g/L)	酵母粉 / (g/L)	(NH₄)₂SO₄/ (g/L)	NaCl/ (g/L)
1	3	1	3	3
2	5	3	5	5
3	7	5	7	7

培养基 pH 值为 7，瓶装量为 60mL/250mL，121℃ 高压 20min。接种量为 1%，温度 30℃，转速 150r/min，于恒温培养振荡器内培养 48h。每个处理重复 3 次。

⑤ FJAT-4 发酵过程的动态变化　以 7g/L 牛肉膏、5g/L 酵母粉、7g/L $(NH_4)_2SO_4$、5g/L NaCl 配制发酵培养基，pH7，瓶装量为 60mL/250mL，121℃ 高压 20min。接种量为 1%，温度 30℃，转速 150r/min，于恒温培养振荡器内培养。分别测定 FJAT-4 菌株在 8h、12h、16h、20h、24h、30h、36h、42h、48h、54h、62h、72h 的 OD_{600nm} 值，提取各个时间的脂肽，并将各个时间的菌体烘干称重。每个时间重复 3 次。

⑥ 培养基初始 pH 值对 FJAT-4 产脂肽的影响　培养基以 7g/L 牛肉膏、5g/L 酵母粉和 7g/L $(NH_4)_2SO_4$ 为氮源，5g/L NaCl 为无机盐，pH 值分别为 6、7、8、9、10，瓶装量为 60mL/250mL，121℃ 高压 20min。接种量为 1%，温度 30℃，转速 150r/min，于恒温培养振荡器内培养 48h。每个处理重复 3 次。

2. 碳源对 FJAT-4 产脂肽的影响

以不同糖类碳源培养 FJAT-4 产生的脂肽产量及其对尖孢镰刀菌 FJAT-31362 的抑制效果如表 8-61 所列。同时结合通过 LC-QTOF-MS 测定 FJAT-4 不同糖类碳源产生的脂肽（图 8-93）。

表 8-61　FJAT-4 不同碳源的脂肽产量和抑菌效果

编号	碳源	产量 / (g/L)	抑菌圈直径 /mm	脂肽含量 /%	
		均值	均值	Fengycin	Surfactin
C1	无	2.49±0.25a	18.07±1.52a	41.25±2.52b	58.74±2.52b
C2	葡萄糖	2.60±0.14a	16.35±0.94bc	37.63±2.93c	62.37±2.93c
C3	蔗糖	2.57±0.27a	18. 11±1.29a	34.33±1.29d	65.66±1.29d

编号	碳源	产量 /（g/L）	抑菌圈直径 /mm	脂肽含量 /%	
		均值	均值	Fengycin	Surfactin
C4	乳糖	2.50±0.12a	16.02±1.56c	34.34±0.48d	65.65±0.48d
C5	玉米粉	2.42±0.42a	17.56±0.61ab	45.91±0.95a	54.09±0.95a
C6	可溶性淀粉	2.20±0.26a	16.69±0.28bc	40.00±0.77bc	59.99±0.77bc

注：不同字母表示在 $P<0.05$ 水平上差异显著。

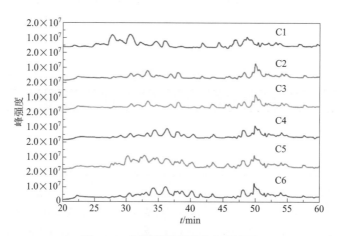

图 8-93　不同碳源脂肽总离子流图

C1—不加碳源；C2—葡萄糖；C3—蔗糖；C4—乳糖；C5—玉米粉；C6—可溶性淀粉

　　从表可知，不同糖类碳源培养产生的脂肽产量无显著性差异（$P<0.05$），表明糖类碳源对 FJAT-4 脂肽的产量影响很小。由表 8-61 可知，当培养基中不加入糖类碳源所产生的脂肽抑菌活性最强；以乳糖为碳源时产生的脂肽抑菌活性最弱（图 8-94）。因此，发酵 FJAT-4 产脂肽的培养基不加入糖类碳源，抑菌活性强，成本最低。LC-QTOF-MS 结果显示，以乳糖、蔗糖、葡萄糖为糖类碳源，产生的丰原素相对含量低于其他碳源。

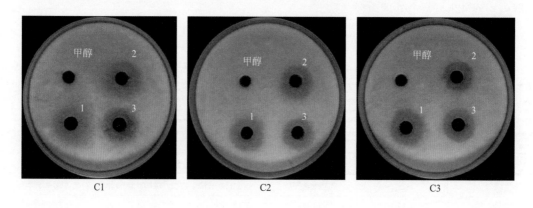

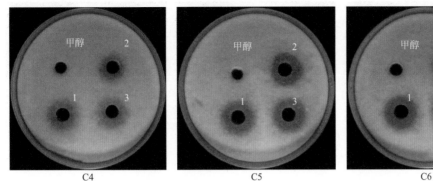

图 8-94　碳源对脂肽抑制尖孢镰刀菌 FJAT-31362 的影响

3. 无机盐对 FJAT-4 产脂肽的影响

以不同无机盐培养 FJAT-4 产生的脂肽产量及其尖孢镰刀菌 FJAT-31362 的抑制效果见表 8-62 和图 8-95。从表 8-62 可知，在培养基中加入 5g/L 的无机盐 $Fe_2(SO_4)_3$、$MnSO_4 \cdot H_2O$ 和 $CuSO_4 \cdot H_2O$，菌株不产生脂肽，说明高浓度的 Fe^{3+}、Mn^{2+}、Cu^{2+} 会抑制菌株 FJAT-4 发酵产生脂肽；培养基中加入 NaCl、$CaCl_2$、KH_2PO_4、$MgSO_4$ 等无机盐的脂肽产量无显著性差异（$P<0.05$）。研究发现，即使培养基中不加入 NaCl 也不影响脂肽的产生。抑菌结果表明，以 NaCl 为无机盐产生的脂肽对尖孢镰刀菌 FJAT-31362 的抑菌活性最大；以 $CaCl_2$ 为无机盐产生的脂肽对尖孢镰刀菌 FJAT-31362 无抑菌活性。进一步的，利用 LC-QTOF-MS 技术对不同无机盐产生的脂肽组成进行测定（图 8-96，表 8-62）。结果表明，以 $CaCl_2$ 为无机盐产生的脂肽中丰原素含量低明显低于其他无机盐，这是该条件下产生的脂肽对抗真菌活性的重要原因。因此，发酵 FJAT-4 产脂肽的培养基以 NaCl 为无机盐。

表 8-62　FJAT-4 不同无机盐的脂肽产量和抑菌效果

编号	无机盐	产量 /（g/L）	抑菌圈直径 /mm	脂肽含量 /%	
		均值	均值	丰原素	表面活性素
S1	无	2.16+0.06a	18.96+0.59a	48.51±2.03b	51.49±2.03b
S2	KH_2PO_4	2.23+0.33a	19.51+0.29a	53.15±2.41a	46.85±2.41a
S3	NaCl	2.43+0.37a	19.71+1.01a	45.95±0.94b	54.04±0.94b
S4	$CaCl_2$	2.33+0.27a	0ᶜ	11.62±0.08c	88.38±0.08c
S5	$MgSO_4$	2.17+0.09a	17.46+1.47b	47.55±0.50b	52.46±0.50b
S6	$Fe_2(SO_4)_3$	0			
S7	$MnSO_4 \cdot H_2O$	0			
S8	$CuSO_4 \cdot H_2O$	0			

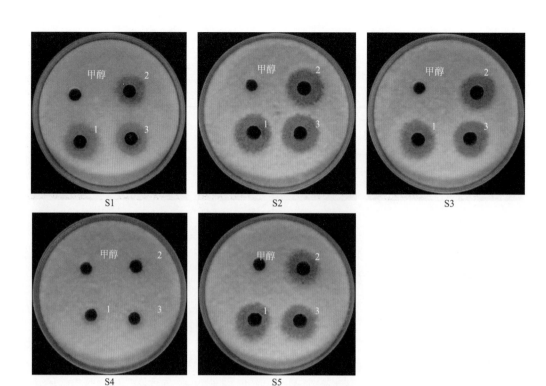

图 8-95　无机盐对脂肽抑制尖孢镰刀菌 FJAT-31362 的影响

S1—不加无机盐；S2—KH$_2$PO$_4$；S3—NaCl；S4—CaCl$_2$；S5—MgSO$_4$

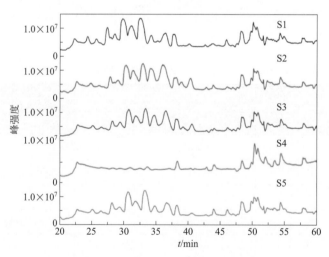

图 8-96　不同无机盐脂肽总离子流图

S1—不加无机盐；S2—KH$_2$PO$_4$；S3—NaCl；S4—CaCl$_2$；S5—MgSO$_4$

　　本章节发现当培养基中加入 CaCl$_2$ 会显著降低脂肽丰原素的产生，为了明确是 Ca^{2+} 的作用还是 Cl$^-$ 的作用，选择了不同阴离子钙化合物（CaSO$_4$ 和 CaBr$_2$）加入培养基中。LC-QTOF-MS 结果显示，培养基中 CaSO$_4$ 和 CaBr$_2$，同样会显著降低脂肽丰原素的产生（图

8-97），说明了 Ca^{2+} 会导致脂肽丰原素产量的极大下降。为了明确 Ca^{2+} 导致脂肽丰原素下降的浓度，往培养基中分别加入 0g/L、0.05g/L、0.5g/L、5g/L、25g/L 的 $CaCl_2$，结果表明，当 $CaCl_2$ 加入浓度为 0.5g/L 时，就显著抑制了丰原素的产生（图 8-98）。

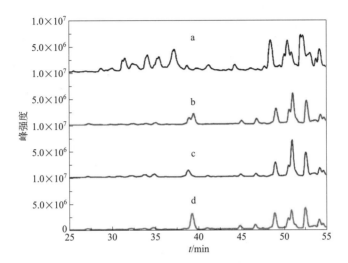

图 8-97　不同钙离子对菌株 FJAT-4 产脂肽丰原素的影响

a—不加 $CaCl_2$；b—$CaCl_2$；c—$CaSO_4$；d—$CaBr_2$

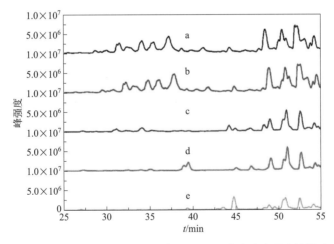

图 8-98　不同浓度的 $CaCl_2$ 对菌株 FJAT-4 产脂肽丰原素的影响

a—0g/L；b—0.05g/L；c—0.5g/L；d—5g/L；e—25g/L

进一步的，结合 FJAT-4 全基因组数据，设计了脂肽 fengycin 合成酶操纵子基因 *fenC*、*fenD*、*fenE*、*fenA* 和 *fenB* 引物，结合实时荧光定量 PCR（RT-qPCR）检测培养基中加入 $CaCl_2$ 对菌株 FJAT-4 脂肽 fengycin 的合成酶操纵子基因 *fenC*、*fenD*、*fenE*、*fenA* 和 *fenB* 表达量的影响。结果表明，培养基中加入 $CaCl_2$ 使得菌株 FJAT-4 脂肽 fengycin 合成酶操纵子基因 *fenC*、*fenD*、*fenE*、*fenA* 和 *fenB* 表达量显著下降（图 8-99），从而使得菌株产生的脂肽 fengycin 产量下降。

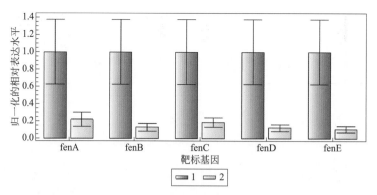

图 8-99　FJAT-4 脂肽丰原素合成酶操纵子基因的表达量

4. 氮源对 FJAT-4 产脂肽的影响

以不同氮源培养 FJAT-4 产生的脂肽产量及其对尖孢镰刀菌 FJAT-31362 的抑制效果见表 8-63 和图 8-100。从表 8-63 可知，不同氮源组合培养 FJAT-4 产生的脂肽产量无显著性差异（$P<0.05$），其中以酵母膏和 NH_4Cl 为组合氮源产生的脂肽产量最低。抑菌实验表明，以牛肉膏、酵母膏、$(NH_4)_2SO_4$ 为组合氮源产生的脂肽对西瓜尖孢镰刀菌 FJAT-31362 的抑菌活性最强，以酵母膏、NH_4Cl 和酵母膏、$(NH_4)_2SO_4$ 为组合氮源产生的脂肽抑菌活性弱。LC-QTOF-MS 结果显示，当培养基中组合氮源的种类越少，其丰原素的相对含量越低，无机氮源的加入也降低了脂肽丰原素的含量（图 8-101）。以酵母膏、NH_4Cl 和酵母膏、$(NH_4)_2SO_4$ 为组合氮源产生的脂肽中丰原素的含量最低，因而其抑菌活性也最弱。结合发酵成本和抑菌活性，以牛肉膏、酵母膏、$(NH_4)_2SO_4$ 为组合氮源进行下一步研究。

表 8-63　不同氮源的脂肽产量和抑菌效果

编号	氮源	产量 /（g/L）	抑菌圈直径 /mm	脂肽含量 /%	
		均值	均值	丰原素	表面活性素
N1	蛋白胨、牛肉膏	2.11±0.18a	14.23±0.99bcd	24.44±3.03e	75.56±3.03e
N2	蛋白胨、酵母粉	2.23±0.14a	16.06±1.50abc	27.87±0.64d	72.12±0.64d
N3	牛肉膏、酵母粉	2.09±0.03a	16.18±1.08abc	30.41±0.87c	69.59±0.87c
N4	蛋白胨、牛肉膏、酵母粉	2.16±0.56a	15.79±0.86abcd	40.19±0.67a	59.81±0.67a
N5	酵母膏、NH_4Cl	1.80±0.16a	13.94±3.22cd	9.76±1.20g	90.17±1.20g
N6	酵母膏、$(NH_4)_2SO_4$	1.95±0.06a	13.15±3.26d	12.83±0.37f	87.17±0.37f
N7	牛肉膏、酵母膏、NH_4Cl	2.27±0.08a	15.31±1.90abcd	30.54±1.06c	69.45±1.06c
N8	牛肉膏、酵母膏、$(NH_4)_2SO_4$	2.26±0.14a	17.80±1.46a	33.56±0.24b	66.44±0.24b

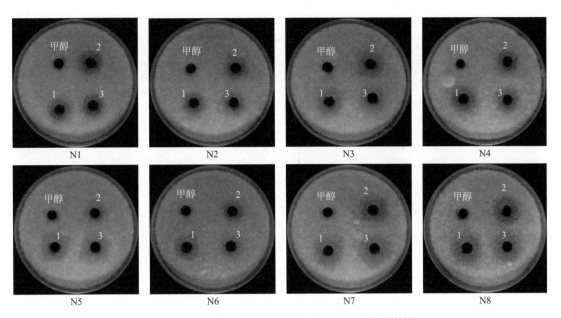

图 8-100 脂肽对尖孢镰刀菌 FJAT-31362 的抑菌效果

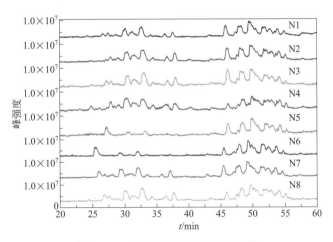

图 8-101 不同氮源脂肽总离子流图

5. 氮源和无机盐的配比试验

通过正交法探究菌株 FJAT-4 培养基的氮源和无机盐的配比。由表 8-64 可知，试验 8[牛肉膏 7g/L、酵母粉 3g/L、$(NH_4)_2SO_4$ 3g/L、NaCl 7g/L]和试验 9[牛肉膏 7g/L、酵母粉 5g/L、$(NH_4)_2SO_4$ 5g/L、NaCl 3g/L]的产量最高（2.56g/L）。依据正交试验的直观分析结果，极差值大小为 $R_{牛肉膏} > R_{(NH_4)_2SO_4} > R_{酵母粉} > R_{NaCl}$，表明 4 个因素对产量的影响顺序为牛肉膏 > $(NH_4)_2SO_4$ > 酵母粉 > NaCl，牛肉膏含量对脂肽产量的影响最为显著。脂肽最优培养基组合为 $A_3C_1B_3D_2$，即牛肉膏 7g/L、$(NH_4)_2SO_4$ 3g/L、酵母粉 5g/L、NaCl 5g/L。

表 8-64　FJAT-4 正交实验的脂肽产量

试验号	因素				试验结果
	A 牛肉膏	B 酵母粉	C （NH$_4$）$_2$SO$_4$	D NaCl	脂肽产量 /（g/L）
1	1	1	1	1	2.40±0.19ab
2	1	2	2	2	2.37±0.35ab
3	1	3	3	3	2.22±0.25ab
4	2	1	2	3	2.28±0.15ab
5	2	2	3	1	2.05±0.09b
6	2	3	1	2	2.44±0.22ab
7	3	1	3	2	2.41±0.04ab
8	3	2	1	3	2.56±0.12a
9	3	3	2	1	2.56±0.26a
K1	6.99	7.09	7.4	7.01	
K2	6.77	6.98	7.21	7.22	
K3	7.53	7.22	6.68	7.06	
R	0.76	0.24	0.72	0.21	
因素主次	A>C>B>D				
最优组合	A$_3$C$_1$B$_3$D$_2$				

　　由表 8-65 和图 8-102 可知，9 个试验中，试验 6［牛肉膏 5g/L、酵母粉 5g/L、（NH$_4$）$_2$SO$_4$ 3g/L、NaCl 5g/L］的脂肽抑菌活性最高，抑菌圈直径为 16.25mm。依据正交试验的直观分析结果，4 个因素对尖孢镰刀菌 FJAT-31362 的抑菌活性的影响顺序为酵母粉＞牛肉膏＞NaCl ＞（NH$_4$）$_2$SO$_4$，酵母粉含量的影响最为显著。抑菌最优培养基组合为 B$_3$A$_3$D$_2$C$_3$，即牛肉膏 7g/L、（NH$_4$）$_2$SO$_4$ 7g/L、酵母粉 5g/L、NaCl 5g/L。

表 8-65　FJAT-4 脂肽对尖孢镰刀菌 FJAT-31362 的抑制效果

试验号	因素				试验结果
	A 牛肉膏	B 酵母粉	C （NH$_4$）$_2$SO$_4$	D NaCl	抑菌圈 /mm
1	1	1	1	1	0
2	1	2	2	2	14.32±0.39c
3	1	3	3	3	14.30±0.33c
4	2	1	2	3	12.92±0.90d
5	2	2	3	1	15.20±1.25b
6	2	3	1	2	16.25±0.40a
7	3	1	3	2	14.25±0.56c
8	3	2	1	3	15.00±0.33bc
9	3	3	2	1	15.26±0.24b

续表

试验号	因素				试验结果
	A 牛肉膏	**B** 酵母粉	**C** （NH$_4$）$_2$SO$_4$	**D** NaCl	抑菌圈 /mm
K1	28.62	27.17	31.25	30.46	
K2	44.37	44.52	42.5	44.82	
K3	44.51	45.81	43.75	42.22	
R	15.89	18.64	12.50	14.36	
因素主次	B>A>D>C				
最优组合	B$_3$A$_3$D$_2$C$_3$				

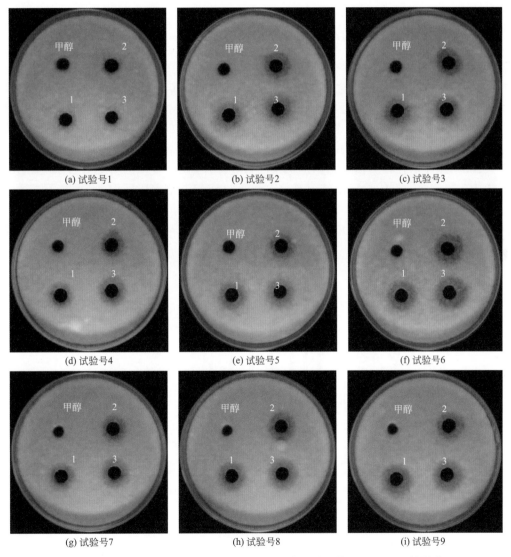

(a) 试验号1 (b) 试验号2 (c) 试验号3

(d) 试验号4 (e) 试验号5 (f) 试验号6

(g) 试验号7 (h) 试验号8 (i) 试验号9

图 8-102　氮源和无机盐的配比对脂肽抑制尖孢镰刀菌 FJAT-31362 的影响

对筛选的两个组合，$A_3B_3C_1D_2$ 和 $A_3B_3C_3D_2$ 与初始培养基进行验证（表8-66），结果显示，以 $A_3B_3C_3D_2$ 组合为培养基发酵产生的脂肽抑菌活性最高，成本最低。

表8-66 脂肽的生产和抗真菌活性为反应值的正交验证实验

培养基	脂肽产量 /(g/L)	抑菌圈直径 /mm
$A_3B_3C_1D_2$	2.83±0.04a	15.38±1.22b
$A_3B_3C_3D_2$	2.80±0.06a	16.55±0.70a
起始培养基	2.66±0.19a	16.36±1.17a

6. FJAT-4 发酵过程的动态变化

地衣芽胞杆菌 FJAT-4 的生长曲线及生物量结果如图8-103所示，从图8-103可以看出，4～20h 为菌株的对数生长期，20～24h 为稳定期，24h 以后菌体进入衰亡期。菌株 FJAT-4 不同时间的生物量曲线，与前面的生长曲线基本一致。FJAT-4 不同时间的脂肽产量和对尖孢镰刀菌 FJAT-31362 的抑制效果见表8-67。当培养时间为 4h 时，菌株还未产生脂肽，培养时间为 8～62h，脂肽产量无显著差异，当培养时间达到 72h 时，脂肽产量开始下降。培养时间 8～24h，脂肽对西瓜尖孢镰刀菌的抑菌活性逐渐升高，24h 以后脂肽对西瓜尖孢镰刀菌 FJAT-31362 的抑菌活性的差异不是很显著。当菌株 FJAT-4 培养时间为 24h 时，菌株产生的脂肽对西瓜尖孢镰刀菌 FJAT-31362 的抑菌活性最大（图8-104和图8-105）。综合考虑，发酵地衣芽胞杆菌 FJAT-4 的时间可以缩短至 24h，节约时间。

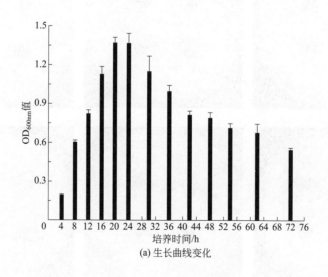

(a) 生长曲线变化

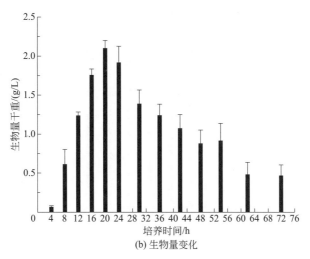

(b) 生物量变化

图 8-103 FJAT-4 发酵过程中生长曲线和生物量的变化

表 8-67 FJAT-4 各个时间的脂肽产量和抑菌效果

时间	产量 /（g/L）	抑菌圈直径 /mm
	均值	均值
4h	—	—
8h	2.21±0.05a	15.33±0.76e
12h	1.85±0.18ab	15.52±0.74e
16h	2.07±0.17ab	15.91±0.70bcd
20h	2.24±0.02a	16.07±0.71bc
24h	2.03±0.20ab	16.26±1.12ab
30h	2.01±0.19ab	13.99±0.61f
36h	2.22±0.25a	15.95±0.93bcd
42h	1.87±0.17ab	15.53±0.53cde
48h	1.90±0.34ab	15.27±0.64de
54h	2.28±0.24ab	15.97±0.42bcd
62h	2.20±0.21a	16.11±0.38bc
72h	1.81±0.14b	17.05±0.66a

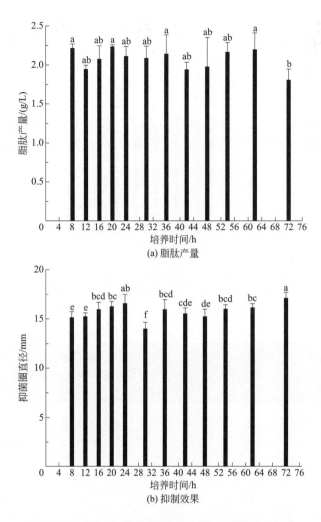

(a) 脂肽产量

(b) 抑制效果

图 8-104　FJAT-4 发酵过程中的脂肽产量和抑制效果

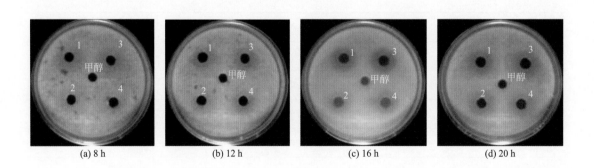

(a) 8 h　　　　　(b) 12 h　　　　　(c) 16 h　　　　　(d) 20 h

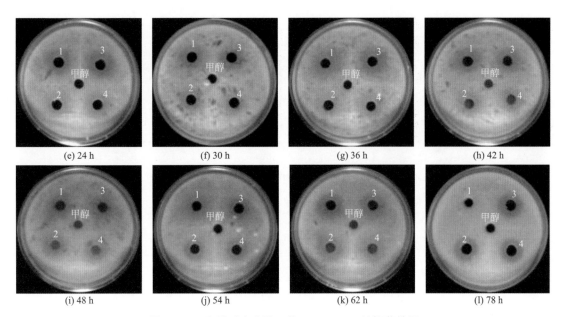

(e) 24 h　　　　(f) 30 h　　　　(g) 36 h　　　　(h) 42 h

(i) 48 h　　　　(j) 54 h　　　　(k) 62 h　　　　(l) 78 h

图 8-105　脂肽对尖孢镰刀菌 FJAT-31362 的抑菌效果

7. 培养基初始 pH 值对 FJAT-4 产脂肽的影响

当培养基初始 pH 值为 10 时，菌株 FJAT-4 不生长，不能产生脂肽；培养基初始 pH 值为 6 时，菌株 FJAT-4 的脂肽产量最低；pH 值为 8 时脂肽产量最高。不同 pH 值的脂肽产量之间显著性差异不明显。因此，培养基的 pH 值在 6 ~ 9 的范围内，对地衣芽胞杆菌 FJAT-4 产脂肽的影响不显著（表 8-68）。培养基 pH 值为 8 的脂肽对西瓜尖孢镰刀菌 FJAT-31362 的抑菌活性最大。发酵培养基 pH 值为 6 的脂肽对西瓜尖孢镰刀菌 FJAT-31362 的抑菌活性最小。不同培养基 pH 值脂肽对西瓜尖孢镰刀菌的抑菌活性有显著性差异（图 8-106）。因此，培养基的 pH 值对地衣芽胞杆菌 FJAT-4 脂肽的抑菌活性影响显著，地衣芽胞杆菌 FJAT-4 发酵培养基的最佳 pH 值为 8。

表 8-68　FJAT-4 不同 pH 值的脂肽产量和抑制效果

pH 值	产量 /（g/L）	抑菌圈直径 /mm
	均值	均值
6	2.93±0.25b	14.62±0.21b
7	2.95±0.10b	14.90±0.10b
8	3.30±0.11a	18.57±0.93a
9	3.10±0.11ab	14.80±0.50b
10	—	—

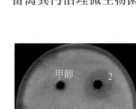
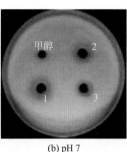
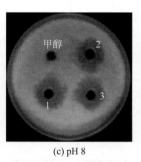
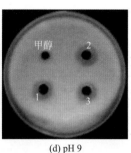

| (a) pH 6 | (b) pH 7 | (c) pH 8 | (d) pH 9 |

图 8-106　脂肽对尖孢镰刀菌 FJAT-31362 的抑菌效果

8. 讨论

研究以脂肽产量和抑菌活性为指标，结合 LC-QTOF-MS 技术，探究碳源、无机盐、氮源、培养时间、培养基初始 pH 值等因素对地衣芽胞杆菌 FJAT-4 产脂肽的影响。研究发现，碳源、培养时间对芽胞杆菌 FJAT-4 产抗菌脂肽的影响较小，而不同无机盐、氮源组合、培养基初始 pH 值的影响相对较大。

实验中不同糖类碳源对 FJAT-4 脂肽的产量影响很小，培养基不加糖类碳源的脂肽抑菌活性最强。因此，发酵 FJAT-4 产脂肽的培养基不加入糖类碳源，成本最低。赵朋超等（2012）报道葡萄糖有利于解淀粉芽胞杆菌 Q-426 脂肽丰原素的产生，而甘油和山梨醇能促进杆菌霉素 D 的合成，以甘油为碳源时的脂肽抑菌效果最佳。监测了菌株 FJAT-4 培养过程中动态变化，4 ～ 20h 为菌株的对数生长期，20 ～ 24h 为稳定期，24h 以后菌体进入衰亡期。菌株在 4h 时未产生脂肽，脂肽产量在 8 ～ 62h 时无显著差异，72h 时脂肽产量开始下降。当菌株 FJAT-4 培养时间为 24h 时，菌株产生的脂肽对西瓜致病菌的抑菌活性最大。综合考虑，发酵地衣芽胞杆菌 FJAT-4 的时间可以为 24h，节约时间。丰贵鹏和杨丽云（2009）测定地衣芽胞杆菌培养 12h 后的生长曲线，14 ～ 20h 为该菌株对数生长期，24 ～ 30h 为生长稳定期。

高浓度的 Fe^{3+}、Mn^{2+}、Cu^{2+} 会抑制菌株 FJAT-4 发酵产生脂肽。与黄翔峰（2013）报道的枯草芽胞杆菌 CICC23659 的脂肽产量随着 Fe^{3+} 浓度的增加先升高后降低的趋势一致。培养基中不加入无机盐不影响脂肽的产生，以 NaCl 为无机盐产生的脂肽对尖孢镰刀菌 FJAT-31362 的抑菌活性最大。因此，发酵 FJAT-4 产脂肽的培养基以 NaCl 为无机盐。以 $CaCl_2$ 为无机盐产生的脂肽对尖孢镰刀菌 FJAT-31362 无抑菌活性，Ca^{2+}（浓度为 0.5g/L）会导致脂肽丰原素产量的极大下降。进一步研究发现，培养基中加入 $CaCl_2$ 使得菌株 FJAT-4 脂肽丰原素合成酶操纵子基因 fenC、fenD、fenE、fenA 和 fenB 表达量显著下降，从而使得菌株产生的脂肽 fengycin 产量下降。

本章节中氮源对地衣芽胞杆菌 FJAT-4 产脂肽的影响不显著，而对抑菌活性影响显著，以牛肉膏、酵母膏、$(NH_4)_2SO_4$ 为组合氮源产生的脂肽对西瓜尖孢镰刀菌 FJAT-31362 的抑菌活性最强。结合发酵成本和抑菌活性，以牛肉膏、酵母膏、$(NH_4)_2SO_4$ 为组合氮源进行下一步研究。赵朋超等（2012）研究发现氮源对芽胞杆菌产脂肽的影响较大。以胰蛋白胨为唯一氮源培养解淀粉芽胞杆菌 Q-426 时，该菌株不能产生抗菌脂肽，推测原因可能是培养基缺少某些氨基酸（或量太少）。进一步研究，向培养基添加 L- 组氨酸与 L- 赖氨酸时，菌株产生的脂肽才有抑菌活性，并且杆菌霉素 D 的含量较多，丰原素含量很少。

当培养基初始 pH 值为 10 时，菌株 FJAT-4 不能生长，说明碱性太高的环境不利于地衣芽胞杆菌 FJAT-4 的正常生长。培养基的 pH 值在 6～9 的范围内，对地衣芽胞杆菌 FJAT-4 产脂肽的影响不显著。不同培养基 pH 值脂肽对西瓜尖孢镰刀菌的抑菌活性影响显著。因此，地衣芽胞杆菌 FJAT-4 发酵培养基的最佳 pH 值为 8。丁立孝（2004）自油田分离得到一株能产脂肽的地衣芽胞杆菌 SD596，该菌株产脂肽最佳的培养基 pH 值在 7.0～7.5 之间。

Aftab M N, Haq I, Baig S, 2012. Systematic mutagenesis method for enhanced production of bacitracin by *Bacillus licheniformis* mutant strain UV-MN-HN-6 [J]. Braz J Microbiol, 43(1): 78-88.

Agnew M D, Koval S F, Jarrell K F, 1995. Isolation and characterization of novel alkaliphiles from bauxite-processing waste and description of *Bacillus vedderi* sp nov, a new obligate alkaliphile [J]. Syst Appl Microbiol, 18(2):221-230.

Aino K, Hirota K, Matsuno T, Morita N, Nodasaka Y, Fujiwara T, Matsuyama H, Yoshimune K, Yumoto I, 2008. *Bacillus polygoni* sp. nov. a moderately halophilic, non-motile obligate alkaliphile isolated from indigo balls [J]. Int J Syst Evol Microbiol, 58(Pt 1):120-124.

Aizawa T, Urai M, Iwabuchi N, Nakajima M, Sunairi M, 2010. *Bacillus trypoxylicola* sp. nov. xylanase-producing alkaliphilic bacteria isolated from the guts of Japanese horned beetle larvae (*Trypoxylus dichotomus septentrionalis*) [J]. Int J Syst Evol Microbiol, 60(Pt 1):61-66.

Al-Ajlani M M, Sheikh M A, Ahmad Z, Hasnain S, 2007. Production of surfactin from *Bacillus subtilis* MZ-7 grown on pharmamedia commercial medium [J]. Microb Cell Fact, 6:17.

Amato K R, Yeoman C J, Kent A, Righini N, Carbonero F, Estrada A, Gaskins HR, Stumpf RM, Yildirim S, Torralba M, Gillis M, Wilson B A, Nelson K E, White B A, Leigh SR, 2013. Habitat degradation impacts black howler monkey (Alouatta pigra) gastrointestinal microbiomes [J]. ISME J, 7(7):1344-1353.

Amitromach E, Uni Z, Reifen R, 2010. Multistep mechanism of probiotic bacterium, the effect on innate immune system [J]. Mol Nutrit Food Res, 54(2): 277-284.

Ana M, Miranda S, Niksa T, Biljana N, Mirko K, 2012. Simultaneous analysis of mitotane and its main metabolites in human blood and urine samples by SPE-HPLC technique [J]. Biomed Chromat, 26(11): 1308-1314.

Anand C, Gordon R, Shaw H, Fonseca K, Olsen M, 2000. Pig and goat blood as substitutes for sheep blood in blood-supplemented agar media [J]. J Clin Microbiol, 38(2):591-594.

Antony R, Krishnan K P, Laluraj C M, Thamban M, Dhakephalkar PK, Engineer AS, Shivaji S, 2012. Diversity and physiology of culturable bacteria associated with a coastal Antarctic ice core [J]. Microbiol Res, 167(6):372-380.

Aono R, Horikoshi K, 1991. Carotenes produced by alkaliphilic yellow-pigmented strains of *Bacillus* [J]. Biosci Biotechnol Biochem, 55(10):2643-2645.

Aono R, 1993. Occurence of teichuronopeptide in cell walls of group 2 alkaliphilic *Bacillus* spp.[J]. J Gen Microbiol, 139(11):2739-2744.

Archna G, Kaushik C P, Kaushik A, 2000. Degradation of hexachlorocyclohexane (HCH; α, β, γ and δ) by *Bacillus circulans* and *Bacillus brevis* isolated from soil [J]. Soil Biol Biochem, 32:1803-1805.

Ariffin H, Hassan M A, Md Shah U K, Abdullah N, Ghazali F M, Shirai Y, 2008. Production of bacterial endoglucanase from pretreated oil palm empty fruit bunch by *Bacillus pumilus* EB3 [J]. J Biosci Bioeng, 106(3):231-236.

Arikan B, Nisa U, G Coral, Ömer C, 2003. Enzymatic properties of a novel thermostable, thermophilic, alkaline and chelator resistant amylase from an alkaliphilic *Bacillus* sp. isolate ANT-6 [J]. Proc Biochem, 38(10): 1397-1403.

Arnold K, Bordoli L, Kopp J, Schwede T, 2006. The SWISS-MODEL Workspace: A web-based environment for protein structure homology modeling [J]. Bioinformatics, 22(2): 195-201.

Arrebola E, Jacobs R, Korsten L, 2010. Iturin A is the principal inhibitor in the biocontrol activity of *Bacillus amyloliquefaciens* PPCB004 against postharvest fungal pathogens [J]. J Appl Microbiol, 108(2): 386-395.

Arutchelvan V, Kanakasabai V, Elangovan R, Nagarajan S, Muralikrishnan V, 2006. Kinetics of high strength phenol degradation using *Bacillus brevis* [J]. J Hazard Mater, 129(1-3):216-222.

Aryana K J, Olson D W, 2017. A 100-Year Review: Yogurt and other cultured dairy products [J]. J Dairy Sci, 100(12):9987-10013.

Assaeedi A, 2015. Physiological properties of facultative and obligate alkalophilic *Bacillus* sp. strains isolated from Saudi Arabia [J]. Afr J Biotechnol, 14(3):175-180.

Auch AF, von Jan M, Klenk H P, Göker M, 2010. Digital DNA–DNA hybridization for microbial species delineation by means of genome-to-genome sequence comparison [J]. Stand Genomic Sci, 2(1):117-134.

Ayed HB, Hmidet N, Béchet M, Chollet M, Chataigne G, Leclere V, Jacques P, Nasri M, 2014. Identification and biochemical characteristics of lipopeptides from *Bacillus mojavensis* A21 [J]. Proc Biochem, 49(10): 1699-1707.

Badri DV, Vivanco JM, 2009. Regulation and function of root exudates[J]. Plant Cell Environ, 32(6): 666-681.

Bai Q, Gattinger A, Zelles L, 2000. Characterization of microbial consortia in paddy rice soil by phospholipid analysis [J]. Microb Ecol, 39(4): 273-281.

Bai Y, Huang XY, Zhou XR, Xiang QJ, Zhao K, Yu XM, Chen Q, Jiang H, Nyima T, Gao X, GuYF, 2019. Variation in denitrifying bacterial communities along a primary succession in the Hailuogou Glacier retreat area, China [J]. PeerJ, 7:e7356.

Bailey MJ, Biely P, Poutanen kJ, 1992. Interlabtoratory testing of methods for assay of xylanase [J]. J Biotechnol, 23(3): 257-270.

Bark K, Sponner A, Kämpfer P, Grund S, Dott W, 1992. Differences in polyphosphate accumulation and phosphate adsorption by *Acinetobacter* isolates from wastewater producing polyphosphate: AMP phosphotransferase [J]. Water Res, 26(10): 1379-1388.

Bates ST, Clemente JC, Flores GE, Walters WA, Parfrey LW, Knight R, Fierer N, 2013. Global biogeography of highly diverse protistan communities in soil [J]. ISME J, 7(3): 652-659.

Bavykin S, Lysov Y, Zakhariev V, Kelly J J, Jackman J, Stahl D A, Cherni A, 2004. Use of 16S rRNA, 23S rRNA, and *gyrB* gene sequence analysis to determine phylogenetic relationships of *Bacillus cereus* group microorganisms [J]. J Clinical Microbiol, 42(8): 3711-3730.

Besselink MG, van Santvoort HC, Buskens E, Boermeester MA, van Goor H, Timmerman HM, Nieuwenhuijs VB, Bollen TL, van Ramshorst B, Witteman BJ, Rosman C, Ploeg RJ, Brink MA, Schaapherder AF, Dejong CH, Wahab PJ, van Laarhoven CJ, van der Harst E, van Eijck CH, Cuesta MA, Akkermans LM, Gooszen HG; Dutch Acute Pancreatitis Study Group, 2008. Probiotic prophylaxis in predicted severe acute pancreatitis: a randomised, double-blind, placebo-controlled trial [J]. Lancet, 371(9613):651-659.

Białkowska AM, Gromek E, Krysiak J, Sikora B, Kalinowska H, Jędrzejczak-Krzepkowska M, Kubik C, Lang S, Schütt F, TurkiewiczM, 2015. Application of enzymatic apple pomace hydrolysate to production of 2,3-butanediol by alkaliphilic *Bacillus licheniformis* NCIMB 8059 [J]. J Ind Microbiol Biotechnol, 42(12): 1609-1621.

Bird DM, Opperman CH, Davies KG, 2003. Interactions between bacteria and plant-parasitic nematodes: now and then [J]. Int J Parasitol, 33(11):1269-1276.

Blom N, Gammeltoft S, Brunak S, 1999. Sequence- and structure-based prediction of eukaryotic protein phosphorylation sites [J]. J Mol Biol, 294(5): 1351-1362.

Boersma MG, Dinarevia TY, Middelhoven WJ, van Berkel WJ, Doran J, Vervoort J, Rietjens IM, 1998. 19F nuclear magnetic resonance as a tool to investigate microbial degradation of fluorophenols to fluorocatechols and fluoromuconates [J]. Appl Environ Microbiol, 64(4): 1256-1263.

Bogin E, Peh HC, Avidar Y, Israeli B, Kevkhaye E, Lombardi P, Cahaner A, 1997. Sex and genotype dependence onthe effects of long term high environmental temperatures on cellular enzyme activities from chicken organs [J]. Avian Pathol, 26(3): 511-524.

Bohme L, Langer U, Bohme F, 2005. Microbial biomass, enzyme activities and microbial community structure in two European long term field experiments [J]. Agri Ecosyst Environ, 109(122): 141-152.

Bolotin A, Wincker P, Mauger S, Jaillon O, Malarme K, Weissenbach J, Ehrlich SD, Sorokin A, 2001. The complete genome sequence of the lactic acid bacterium *Lactococcus lactis* ssp. *lactis* IL1403 [J]. Genome Res, 11(5):731-53.

Bora L, 2014. Purification and characterization of highly alkaline lipase from *Bacillus licheniformis* MTCC 2465: and study of its detergent compatibility and applicability [J]. J Surfact Deterg, 17(5): 889-898.

Borchert MS, Nielsen P, Graeber I, Kaesler I, Szewzyk U, Pape T, Antranikian G, Schäfer T, 2007. *Bacillus plakortidis* sp. nov. and *Bacillus murimartini* sp. nov. novel alkalitolerant members of rRNA group 6 [J]. Int J Syst Evol Microbiol, 57(Pt 12):2888-2893.

Borkar S, 2015. Alkaliphilic bacteria: diversity, physiology and industrial applications. *in*: Bioprospects of coastal eubacteria [M]. Springer International Publishing, pp:59-83.

Borsodi AK, Márialigeti K, Szabó G, Palatinszky M, Pollák B, Kéki Z, Kovács AL, Schumann P, Tóth EM, 2008. *Bacillus aurantiacus* sp. nov. an alkaliphilic and moderately halophilic bacterium isolated from Hungarian soda lakes [J]. Int J Syst Evol Microbiol, 58(Pt 4):845-851.

Borsodi AK, Pollák B, Kéki Z, Rusznyák A, Kovács AL, Spröer C, Schumann P, Márialigeti K, Tóth EM, 2011. *Bacillus alkalisediminis* sp. nov. an alkaliphilic and moderately halophilic bacterium isolated from sediment of extremely shallow soda ponds [J]. Int J Syst Evol Microbiol, 61(Pt 8):1880-1886.

Bortone G, Gemelli S, Rambaldi A, Tilche A, 1992. Nitrification denitrification and biological phosphate removal in sequencing batch reactors treating piggery wastewater [J]. Water Sci Technol, 26(5-6): 977-985.

Bouwman H, Sereda B, Meinhardt HM, 2006. Simultaneous presence of DDT and pyrethroid residues in human breast milk from a malaria endemic area in South Africa [J]. Environ Pollut, 144 (3): 902-917.

Buyer JS, Teasdale JR, Roberts DP, Zasada IA, Maul JE, 2010. Factors affecting soil microbial community structure in tomato cropping systems [J]. Soil Biol Biochem, 42(5): 831-841.

Caipang CMA, Verjan N, Ooi E L, Hidehiro K, Takasi A, Hiroshi K, Yoshikazu Y, 2008. Enhanced survival of shrimp , *Penaeus* (*Marsupenaeus*) *japonicusfrom* white spot syndrome disease after oral administration of recombinant VP28 expressed in *Brevibacillus brevis* [J]. Fish Shellfish Immunol, 25(3):315-320.

Cao HP, He S, Wei R P, Diong M, Lu LQ 2011. *Bacillus amyloliquefaciens* G1: a potential antagonistic bacterium against eel-pathogenic *Aeromonas hydrophila* [J]. Evid Based Complement Alternat Med, 2011:824104.

Cao L, Gao Y, Wu G, Li M X, Xu JH, He J, Li SP, Hong Q, 2013. Cloning of three 2, 3-dihydroxybiphenyl-1, 2-dioxygenase genes from *Achromobacter* sp. BP3 and the analysis of their roles in the biodegradation of biphenyl [J]. J Hazard Mater, 15(261): 246-252.

Carrasco IJ, Márquez MC, Xue Y, Ma Y, Cowan DA, Jones BE, Grant WD, Ventosa A, 2007. *Bacillus chagannorensis* sp. nov. a moderate halophile from a soda lake in Inner Mongolia, China [J]. Int J Syst Evol Microbiol, 57(Pt 9):2084-2088.

Cazorla FM, Romero D, Pérez-García A, Lugtenberg BJJ, de Vicente A, Bloemberg G, 2010. Isolation and characterization of antagonistic *Bacillus subtilis* strains from the avocado rhizoplane displaying biocontrol activity [J]. J Appl Microbiol, 103(5):1950-1959.

Chadwick RW, Elizabeth GS, Claxton LD, 1992. Role of the gastrointestinal mucosa and microflora in the bioactivation of dietary and environmental mutagens or carcinogens [J]. Drug Metab Rev, 24(4): 425-492.

Chak KF, Chao D C, Tseng M Y, Kao SS, Tuan SJ, Feng TY, 1994. Determination and distribution of *cry*-type genes of *Bacillus thuringiensis* isolates from Taiwan [J]. Appl Environ Microbiol, 60(7): 2415-2420.

Chandel S, Allan E J, Woodward S, 2010. Biological control of *Fusarium oxysporum* f. Sp. *lycopersici* on tomato by *Brevibacillus brevis* [J]. J Phytopathol, 158(7-8):470-478.

Che JM, Liu B, Ruan CQ, Tang JY, Huang DD, 2015a. Biocontrol of *Lasiodiplodia theobromae*, which causes black spot disease of harvested wax apple fruit, using a strain of *Brevibacillus brevis* FJAT-0809 [J]. Crop Protection, 67: 178-183.

Che J M, Liu B, Chen Z, Shi H, Liu GH, Ge CB, 2015b. Identification of ethylparaben as the antimicrobial substance produced by *Brevibacillus brevis* FJAT-0809 [J]. Microbiol Res, 172:48-56.

Chen B, Xu X, Hou Z, Li Z, Ruan W, 2011. Identification and mutagenesis of a new isolated strain *Bacillus* sp. B26 for producing ®-[-hydroxyphenylacetic acid [J]. Chinese J Chem Engin, 19(4): 636-643.

Chen FC, Tsai MC, Peng CH, Chak KF, 2004. Dissection of *cry* gene profiles of *Bacillus thuringiensis* isolates in Taiwan [J]. Curr Microbiol, 48(4): 270-275.

Chen MC, Wang JP, Zhu YJ, Liu B, Yang WJ, Ruan CQ, 2019. Antibacterial activity against Ralstonia solanacearum of the lipopeptides secreted from the *Bacillus amyloliquefaciens* strain FJAT-2349 [J]. J Appl Microbiol, 126(5):1519-1529.

Chen SH, Lai KP, Li YN, Hu MY, Zhang YB, Zeng Y, 2011a. Biodegradation of del-tamethrin and its hydrolysis product 3-phenoxybenzaldehyde by a newly isolated *Streptomyces aureus* strain HP-S-01 [J]. Appl Microbiol Biotechnol, 90(4): 1471-1483.

Chen SH, Yang L, Hu MY, Liu JJ, 2011b. Biodegradation of fenvalerate and 3-phenoxybenzoic acid by a novel *Stenotrophomonas* sp. strain ZS-S-01 and its use in biore-mediation of contaminated soils [J]. Appl Microbiol Biotechnol, 90(2):755-767.

Chen XH, Koumoutsi A, Scholz R, Eisenreich A, Schneider K, Heinemeyer I, Morgenstern B, Voss B, Hess WR, Reva O, Junge H, Voigt B, Jungblut PR, Vater J, Süssmuth R, Liesegang H, Strittmatter A, Gottschalk G, Borriss R, 2007. Comparative analysis of the complete genome sequence of the plant growth-promoting bacterium *Bacillus amyloliquefaciens* FZB42 [J]. Nat Biotechnol, 25(9):1007-1014.

Chen Y, Dumont MG, McNamara NP, Chamberlain PM, Bodrossy L, Stralis-Pavese N, Murrell JC, 2008. Diversity of the active methanotrophic community in acidic peatlands as assessed by mRNA and SIP-PLFA analyses [J]. Environ Microbiol, 10(2):446-459.

Chen YG, Hu SP, Tang SK, He JW, Xiao JQ, Zhu HY, Li WJ, 2011c. *Bacillus zhanjiangensis* sp. nov., isolated from an oyster in South China Sea [J]. Antonie Van Leeuwenhoek, 99(3):473-480.

Chen YG, Zhang YQ, He JW, Klenk HP, Xiao JQ, Zhu HY, Tang SK, Li WJ, 2011d. *Bacillus hemicentroti* sp. nov. a moderate halophile isolated from a sea urchin [J]. Int J Syst Evol Microbiol, 61(Pt 12):2950-2955.

Chen YG, Zhang YQ, Wang YX, Liu ZX, Klenk HP, Xiao HD, Tang SK, Cui XL, Li WJ, 2009. *Bacillus neizhouensis* sp. nov. a halophilic marine bacterium isolated from a sea anemone [J]. Int J Syst Evol Microbiol, 59(Pt 12):3035-3039.

Cheng HR, Jiang N, 2006. Extremely rapid extraction of DNA from bacteria and yeasts [J]. Biotechnol Lett, 28(1): 55-59.

Clerck ED, Vanhoutte T, Hebb T, Geerinck J, Devos J, De Vos P,2004. Isolation, characterization and identification of bacterial contaminants in semifinal gelatin extracts [J]. Appl Environ Microbiol, 70(6): 3664-3672.

Cocconi E, Franceschini B, Previdi MP, 2018. Identification of spoilage by *Alicyclobacillus* bacteria in tomato-based products by UHPLC-MS/MS [J]. J Mass Spectrom, 53(9):903-910.

Collins MD, Green PN, 1985, Isolation and characterization of a novel coenzyme Q from some methane-oxidizing bacteria [J]. Biochem Biophys Res Commun, 133(3):1125-1131.

Cook RJ, Bruckart WL, Coulson JR, Goettel MS, Humber RA, 1996. Safety of microorganisms intended forpest and plant disease control: ramew orkfor scientific evaluation [J]. Bio1 Control, 7(3): 333-351.

Coorevits A, Dinsdale AE, Heyrman J, Schumann P, Van Landschoot A, Logan NA, De Vos P, 2012. *Lysinibacillus macroides* sp. nov., nom. rev. [J]. Int J Syst Evol Microbiol, 62(Pt 5):1121-1127.

Cross T, Walker PD, Gould GW, 1968. Thermophilic actinomycetes producing resistant endospores [J]. Nature, 220(5165):352-354.

Daegelen P, Studier FW, Lenski RE, Cure S, Kim JF, 2009. Tracing ancestors and relatives of *Escherichia coli* B, and the derivation of B strains REL606 and BL21(DE3) [J]. J Mol Biol, 394(4): 634-643.

Dailey TA, Boynton TO, Albetel AN, Gerdes S, Johnson MK, Dailey HA, 2010. Discovery and characterization of HemQ: an essential heme biosynthetic pathway component [J]. J Biol Chem, 285(34): 25978-25986.

Danielle ND, Myron TLD, Satomi M, Winefordner JD, Powell DH, Venkateswaran K, 2004. MALDI-TOFMS compared with other polyphasic taxonomy approaches for the identification and classification of *Bacillus pumilus* spores [J]. J Microbiol Methods, 58(1): 1-12.

Danielle SG, Bextine MTBR, 2008. Molecular identification of hemolymph-associated symbiotic bacteria in red imported fire ant larvae [J]. Curr Microbiol, 57(6): 575-579.

Davies TJ, Fritz SA, Grenyer R, Orme CDL, Bielby J, Bininda-Emonds ORP, Cardillo M, Jones KE, Gittleman GL, Mace GM, Purvis A, 2008. Phylogenetic trees and the future of mammalian biodiversity [J]. Proc Natl Acad Sci U S A, 105(Suppl 1):11556-11563.

De Rosa M, Gambacorta A, Bu'lock JD, 1974. Effects of pH and temperature on the fatty acid composition of *Bacillus acidocaldarius* [J]. J Bacteriol, 117(1):212-214.

Deleu M, Paquot M, Nylander T, 2005. Fengycin interaction with lipid monolayers at the air–aqueous interface: implications for the effect of fengycin on biological membranes [J]. J Colloid Interface Sci, 283(2):358-365.

Demirkan ES, Mikami B, Adachi M, Higasa T, Utsumi S, 2005. α-amylase from *B. amyloliquefaciens*: purification, characterization, raw starch degradation and expression in *E. coli* [J]. Proc Biochem, 40(8): 2629-2636.

Denizci AA, Kazan D, Erarslan A, 2010. *Bacillus marmarensis* sp. nov., an alkaliphilic, protease-producing bacterium isolated from mushroom compost [J]. Int J Syst Evol Microbiol, 60(Pt 7):1590-1594.

Domingos DF, de Faria AF, de Souza Galaverna R, Eberlin MN, Greenfield P, Zucchi TD, Melo TS, Tran-Dinh N, Midgley D, de Oliveira VM, 2015. Genomic and chemical insights into biosurfactant production by the mangrove-derived strain *Bacillus safensis* CCMA-560 [J]. Appl Microbiol Biotechnol, 99(7): 3155-3167.

Dou GM, Liu HC, He W, Ma YC, 2016. *Bacillus lindianensis* sp. nov. a novel alkaliphilic and moderately halotolerant bacterium isolated from saline and alkaline soils [J]. Antonie van Leeuwenhoek, 109(1): 149-158.

Downes S, Parker T, Mahon R, 2010. Incipient resistance of *Helicoverpa punctigera* to the Cry2Ab Bt toxin in Bollgard II cotton [J]. PLoS One, 5(9): e12567.

Dunkley EA Jr, Clejan S, Krulwich TA, 1991. Mutants of *Bacillus* species isolated on the basis of protonophore resistance are deficient in fatty acid desaturase activity [J]. J Bacteriol, 173(24): 7750-7755.

Durbin AM;Teske A, 2011. Microbial diversity and stratification of South Pacific abyssal marine sediments [J]. Environ Microbiol, 13(12):3219-3234.

Echigo A, Fukushima T, Mizuki T, Kamekura M, Usami R, 2007. *Halalkalibacillus halophilus* gen. nov. sp. nov. a novel moderately halophilic and alkaliphilic bacterium isolated from a non-saline soil sample in Japan [J]. Int J Syst Evol Microbiol, 57(Pt 5):1081-1085.

Edwards SG, Seddon B, 2001. Mode of antagonism of *Brevibacillus brevis* against *Botrytis cinerea in vitro* [J]. J Appl Microbiol, 91(4):652-659.

Eggum RO, 1970. Blood urea measurement as a technique for assessing protein quality [J]. Br J Nutr, 24(4): 983-989.

Elshaghabee FMF, Rokana N, Gulhane RD, Sharma C, Panwar H, 2017. *Bacillus* as potential probiotics: status, concerns, and future perspectives [J]. Front Microbiol, 8:1490.

Fairbrother JM , Nadeau É , Gyles CL, 2005. *Escherichia coli* in postweaning diarrhea in pigs: an update on bacterial types, pathogenesis, and prevention strategies [J]. Anim Health Res Rev, 6 (1): 17-39.

Farhat-Khemakhem A, Blibech M, Boukhris I, Makni M, Chouayekh H, 2017. Assessment of the potential of the multi-enzyme producer *Bacillus amyloliquefaciens* US573 as alternative feed additive [J]. J Sci Food Agric, 98(3):1208-1215.

Fei J, Qu JH, Ding XL, Xue K, Lu CC, Chen JF, Song L, Xia YK, Wang SL, Wang XR, 2010. Fenvalerate inhibits the growth of primary cultured rat preantral ovarian follicles [J]. Toxicology, 267(1-3):1-6.

Feliu JX, Cubarsi R, Villaverde A, 1998. Optimized secretion of recombinant proteins by uhrasonication of *E. coli* cells [J]. Biotechnol Bioeng, 58(5): 536-540.

Felsenstein J, 1985. Confidence limits on phylogenies: An approach using the bootstrap [J]. Evolution, 39(4):783-791.

Fernández P, Gabaldón JA, Periago MJ, 2017. Detection and quantification of *Alicyclobacillus acidoterrestris* by electrical impedance in apple juice [J]. Food Microbiol, 68:34-40.

Fierer N, Jackson RB. Fierer N, Jackson RB, 2006. The diversity and biogeography of soil bacterial communities [J]. Proc Natl Acad Sci U S A, 103(3): 626-631.

Fierer N, Ladau J, Clemente JC, Leff JW, Owens SM, Pollard KS, Knight R, Gilbert JA, McCulley RL, 2013. Reconstructing the microbial diversity and function of pre-agricultural tallgrass prairie soils in the United States [J]. Science, 342(6158): 621-624.

Fierer N, Leff JW, Adams BJ, Nielsen UN, Bates ST, Lauber CL, Owens S, Gilbert JA, Wall DH, Caporaso JG, 2012. Cross-biome metagenomic analyses of soil microbial communities and their functional attributes [J]. Proc Natl Acad Sci U S A, 109(52): 21390-21395.

Frotegard A, Baath E, Tunlid A, 1993. Shifts in the structure of soil microbial communities in limed forests as revealed by phospholipids fatty acid analysis [J]. Soil Boil Biochem, 25(6): 723-732.

Fujinami S, Fujisawa M, 2010. Industrial applications of alkaliphiles and their enzymes: past, present and future [J]. Environ Technol, 31(8-9):845-856.

Fuller R, 1989. Probiotics in man and animals [J]. J Appl Bacteriol, 66(5): 365-378.

Garland JL, Mills AL, 1991. Classification and characterization of heterotrophic microbial communities on the basis of patterns of community-level sole-carbon-source utilization [J]. Appl Environ Microbiol, 57(8): 2351-2359.

Gartner A, Blumel M, Wiese J, Imhoff JF, 2011. Isolation and characterisation of bacteria from the Eastern Mediterranean deep sea [J]. Antonie Van Leeuwenhoek, 100(3):421-435.

Ghani M, Ansari A, Aman A, Zohra RR, Siddiqui NN, Qader SAU, 2013. Isolation and characterization of different strains of *Bacillus licheniformis* for the production of commercially significant enzymes [J]. Pak J Pharm Sci, 26(4): 691-697.

Ghose TK, 1987. Measurement of cellulose activities [J]. Pure Appl Chem, 59(2): 257-268.

Ghosh A, Bhardwaj M, Satyanarayana T, Khurana M, Mayilraj S, Jain RK, 2007. *Bacillus lehensis* sp. nov. an alkalitolerant bacterium isolated from soil [J]. Int J Syst Evol Microbiol, 57(Pt 2):238-242.

Ghosh A, Dey N, Bera A, Tiwari A, Sathyaniranjan KB, Chakrabarti K, Chattopadhyay D, 2010. Culture independent molecular analysis of bacterial communities in the mangrove sediment of Sundarban, India [J]. Saline Syst, 6(1):1.

Giang HH, Viet TQ, Ogle B, Lindberg JE, 2010. Growth performance, digestibility, gut environment and health status in weaned piglets fed a diet supplemented with potentially probiotic complexes of lactic acid bacteria [J]. Livest Sci, 129(1): 95-103.

Gilliland J, 1977. The new health act [J]. S Afr Med J, 52(2):47.

Gong AD, Li HP, Yuan QS, Song XS, Yao W, He WJ, Zhang JB, Liao YC, 2015. Antagonistic mechanism of iturin A and plipastatin A from *Bacillus amyloliquefaciens* S76-3 from wheat spikes against *Fusarium graminearum* [J]. PLoS One, 10(2):e0116871.

Gordon RE, William C, Haynes C, Pang HN, 1973. The Genus *Bacillus*. *in*: Laskin AI, Lechvalier HA. eds. Handbook of Microbiology [M]. Boca Raton, USA: CRC press, pp:107-108.

Gordon RE, Hyde JL, 1982. The *Bacillus firmus–Bacillus lentus* complex and pH7.0 variants of some alkalophilic strains[J]. Microbiology, 128(5):1109-1116.

Gracia MI, Araníbar MJ, Lázaro R, Medel P, Mateos GG, 2003. Alpha-amylase supplementation of broiler diets based on corn [J]. Poult Sci, 82(3): 436-442.

Grant RJ, Daniell TJ, Betts WB, 2002. Isolation and identification of synthetic pyrethroid degrading bacteria [J]. J Appl Microbiol, 92(3): 534-540.

Griffiths RI, Thomson BC, James P, Bell T, Bailey M, Whiteley AS, 2011. The bacterial biogeography of British soils [J]. Environ Microbiol, 13(6): 1642-1654.

Griffiths RI, Thomsona BC, Plassartb P, Gweona HS, Stonec D, Creamerc RE, Lemanceaud P, Bailey MJ, 2016. Mapping and validating predictions of soil bacterial biodiversity using European and national scale datasets [J]. Appl Soil Ecol, 97:61-68.

Gu AH, Shi XG, Yuan C, Ji GX, Zhou Y, Long Y, Song L, Wang SL, Wang XR, 2010. Exposure to fenvalerate causes brain impairment during zebrafish development [J]. Toxicol Lett, 197(3): 188-192.

Gu Q, Yang Y, Yuan QM, Shi GM, Wu LM, Lou ZY, Huo R, Wu HJ, Borriss R, Gao XW, 2017. Bacillomycin D produced by *Bacillus amyloliquefaciens* is involved in the antagonistic interaction with the plant-pathogenic fungus

Fusarium graminearum [J]. Appl Environ Microbiol, 83(19): e01075-17.

Guarner F, Malagelada JR, 2003. Gut flora in health and disease [J]. Lancet, 361(9356): 512-519.

Guarner F, Schaafsma GJ, 1998. Probiotics [J]. Int J Food Microbiol, 39(3):237-238.

Guex N, Peitsch MC, 1997. SWISS-MODEL and the Swiss-PdbViewer: An environment for comparative protein modeling [J]. Electrophoresis, 18(15): 2714-2723.

Guo P, Wang BZ, Hang BJ, Li L, Ali SW, He J, Li SP, 2009. Pyrethroid-degrading *Sphingobium* sp. JZ-2 and the purification and characterization of a novel pyrethroid hydrolase [J]. Int Biodeter Biodegrad, 63(8): 1107-1112.

Guo QG, Dong WX, Li SZ, Lu XY, Wang PP, Zhang XY, Wang Y, Ma P, 2014. Fengycin produced by *Bacillus subtilis* NCD-2 plays a major role in biocontrol of cotton seeding damping-off disease [J]. Microbiol Res, 169(7-8): 533-540.

Gupta R, Gigras P, Mohapatra H, Goswami VK, Chauhan B, 2003. Microbial α-amylases: a biotechnological perspective [J]. Proc Biochem, 38(11): 1599-1616.

Hamdache A, Ezziyyani M, Alain B, Lamarti A, 2012. Effect of pH, temperature and water activity on the inhibition of *Botrytis cinerea* by *Bacillus amyloliquefaciens* isolates [J]. Afr J Biotechnol, 11(9): 2210-2217.

Han Q, Wu FL, Wang XN, Qi H, Shi L, Ren A, Liu QH, Zhao MW, Tang CM, 2015. The bacterial lipopeptide iturins induce *Verticillium dahliae* cell death by affecting fungal signalling pathways and mediate plant defence responses involved in pathogen-associated molecular pattern-triggered immunity [J]. Environ Microbiol, 17(4):1166-1188.

Han XF, Hu HQ, 2013. Application of bleaching reed pulp by xylanase-producing alkalophilic *Bacillius* [J]. Adv Mater Res, 830:207-210.

Hanson CA, Fuhrman JA, Horner-Devine MC, Martiny JBH, 2012. Beyond biogeographic patterns: processes shaping the microbial landscape [J]. Nat Rev Microbiol, 10(7): 497-506.

Hanson CA, Müller AL, Loy A, Dona C, Appel R, Jørgensen BB, Hubert CRJ, 2019. Historical factors associated with past environments influence the biogeography of thermophilic endospores in Arctic marine sediments [J]. Front Microbiol, 10:245.

Haque MA, Russell NJ, 2004. Strains of *Bacillus cereus* vary in the phenotypic adaptation of their membrane lipid composition in response to low water activity, reduced temperature and growth in rice starch [J]. Microbiology, 150(Pt 5):1397-1404.

Haraszthy VI, Zambon JJ, Sreenivasan PK, Zambon MM, Gerber D, Rego R, Parker C, 2007. Identification of oral bacterial species associated with halitosis [J]. J Am Dent Assoc, 138(8): 1113-1120.

Hatayama K, Shoun H, Ueda Y, Nakamura A, 2005. *Planifilum fimeticola* gen. nov., sp. nov. and *Planifilum fulgidum* sp. nov., novel members of the family 'Thermoactinomycetaceae' isolated from compost [J]. Int J Syst Evol Microbiol, 55(Pt 5):2101-2104.

Heerklotz H, Seelig J, 2007. Leakage and lysis of lipid membranes induced by the lipopeptide surfactin [J]. Eur Biophys J, 36(4-5): 305-314.

Hemkea VM, Joshi SS, Fulec NB, 2015. Phenetic diversity of alkaline Protease producing bacteria from alkaliphilic environment [J]. Ind J Sci Res, 10(1): 47-52.

Herman P, Konopásek I, Plásek J, Svobodová J, 1994. Time-resolved polarized fluorescence studies of the temperature adaptation in *Bacillus subtilis* using DPH and TMA-DPH fluorescent probes [J]. Biochim Biophys Acta, 1190(1):1-8.

Hermans SM, Buckley HL, Lear G, 2019. Perspectives on the impact of sampling design and intensity on soil microbial diversity estimates [J]. Front Microbiol, 10:1820.

Hicks D B, Liu J, Fujisawa M, Krulwich TA, 2010. F1F0-ATP synthases of alkaliphilic bacteria: lessons from their adaptations [J]. Biochim Biophys Acta, 1797(8):1362-1377.

Hoa NT, Baccigalupi L, Huxham A, Smertenko A, Van PH, Ammendola S, Ricca E, Cutting AS, 2000. Characterization of *Bacillus* species used for oral bacteriotherapy and bacterioprophylaxis of gastrointestinal disorders [J]. Appl Environ Microbiol, 66(12): 5241-5247.

Horikoshi K, 1999. Alkaliphiles: some applications of their products for biotechnology [J]. Microbiol Mol Biol Rev, 63(63): 735-750.

Hristov AN, McAllister TA, Cheng KJ, 2000. Intraruminal supplementation with increasing levels of exogenous polysaccharide-degrading enzymes: Effects on nutrient digestion in cattle fed a barley grain diet [J]. J Anim Sci, 78(2): 477-487.

Huang X, Wu X, Hou Z, 2006. Mechanism of degradation for petroleum hydrocarbon by *Brivibacillus brevis* and *Bacillus cereus* [J].Acta Petrolei Sinica, 27(5): 92-95.

Humer E, Schwarz C, Schedle K, 2015. Phytate in pig and poultry nutrition [J]. J Anim Physiol Anim Nutr (Berl), 99(4):605-25.

Hwang JH, Choi H, Kim AR, Yun JW, Yu R, Woo ER, Lee DG, 2014. Hibicuslide C-induced cell death in *Candida albicans* involves apoptosis mechanism [J]. J Appl Microbiol, 117(5):1400-1411.

Ianiro G, Rizzatti G, Plomer M, Lopetuso L, Scaldaferri F, Franceschi F, Cammarota G, Gasbarrini A, 2018. *Bacillus clausii* for the treatment of acute diarrhea in children: a systematic review and meta-analysis of randomized controlled trials [J]. Nutrients, 10(8) pii: E1074.

Jamil M, Zeb S, Anees M, Roohi A, Ahmed I, Rehman S, Rha ES, 2014. Role of *Bacillus licheniformis* in phytoremediation of nickel contaminated soil cultivated with rice [J]. Int J Phytoremediation, 6(6):554-571.

Jaouadi NZ, Rekik H, Badis A, Trabelsi S, Belhoul M, Yahiaoui AB, Aicha HB, Toumi A, Bejar S, Jaouadi B, 2013. Biochemical and molecular characterization of a serine keratinase from *Brevibacillus brevis* US575 with promising keratin-biodegradation and hide-dehairing activities [J]. PLoS One, 11(8): e76722.

Jayakumar R, Jayashree S, Annapurna B, Seshadri S, 2012. Characterization of thermostable serine alkaline protease from an alkaliphilic strain *Bacillus pumilus* MCAS8 and its applications [J]. Appl Biochem Biotechnol, 168(7):1849-1866.

Jetten MS, Logemann S, Muyzer G, Robertson LA, de Vries S, van Loosdrecht MC, Kuenen JG, 1997. Novel principles in the microbial conversion of nitrogen compounds [J]. Antonie van Leeuwenhoek, 71(1-2): 75-93.

Jiang J, Gao L, Bie XM, Lu ZX, Liu HX, Zhang C, Lu FX, Zhao HZ, 2016. Identification of novel surfactin derivatives from NRPS modification of *Bacillus subtilis* and its antifungal activity against *Fusarium moniliforme* [J]. BMC Microbiol, 16:31.

Johnson DB, Joulian C, d'Hugues P, Hallberg KB, 2008. *Sulfobacillus benefaciens* sp. nov., an acidophilic facultative anaerobic Firmicute isolated from mineral bioleaching operations [J]. Extremophiles, 12(6): 789-798.

Joo HS, Hirai M, Shoda M, 2007. Improvement in ammonium removal efficiency in wastewater treatment by mixed culture of *Alcaligenes faecalis* no.4 and L1 [J]. J Biosci Bioeng, 103(1): 66-73.

Jung J, Yu KO, Ramzi AB, Choe SH, Kim SW, Han SO, 2012. Improvement of surfactin production in *Bacillus subtilis* using synthetic wastewater by overexpression of specific extracellular signaling peptides, *comX* and *phrC* [J].

Biotechnol Bioeng, 109(9): 2349-2356.

Kaderbhai NN, Broadhurst DI, Ellis DI, Goodacre R, Kell DB, 2003. Functional genomics via metabolic footprinting: monitoring metabolite secretion by *Escherichia coli* tryptophan metabolism mutants using FT-IR and direct injection electrospray mass spectrometry [J]. Comp Funct Genom, 4(4):376-391.

Kang SC, Park S, Lee DG, 1999. Purification and characterization of a novel chitinase from the Entomopathogenic fungus, *Metarhizium anisopliae* [J]. JInvertebr Pathol, 73(3): 276-281.

Karimi B, Terrat S, Dequiedt S, Saby NPA, Horrigue W, Lelièvre M, Nowak V, Jolivet C, Arrouays D, Wincker P, Cruaud C, Bispo A, Maron PA, Bouré NCP, Ranjard L, 2018. Biogeography of soil bacteria and archaea across France [J]. Sci Adv, 4(7): eaat1808.

Kaur PK, Joshi N, Singh IP, Saini HS, 2017. Identification of cyclic lipopeptides produced by *Bacillus vallismortis* R2 and their antifungal activity against *Alternaria alternata* [J]. J Appl Microbiol, 122(1): 139-152.

Kelly D, Conway S, 2005. Bacterial modulation of mucosal innate immunity [J]. Mol Immunol, 42(8): 895-901.

Keum YS, Seo JS, Hu YT, Li QX, 2006. Degradation pathways of phenanthrene by *Sinorhizobium* sp. C4 [J]. Appl Microbiol Biotechnol, 71(6): 935-941.

Khan SU, Behki RM, Tapping RI, Akhtar MH, 1988. Deltamethrin residues in an organic soil under laboratory conditions and its degradation by a bacterial strain [J]. J Agric Food Chem, 36(3): 636-638.

Ki JS, Zhang W, Qian PY, 2009. Discovery of maline *Bacillus* species by 16S rRNA and *rpoB* comparisons and their usefulness for species identification [J]. J Microbiol Methods, 77(1):48-57.

Kim YH, Kim IS, Moon EY, Park JS, Kim SJ, Lim JH, Park BT, Lee EJ, 2011. High abundance and role of antifungal bacteria in compost-treated soils in a wildfire area [J]. Microb Ecol, 62(3): 725-737.

Kim O S, Cho Y J, Lee K, Yoon SH, Kim M, Na H, Park SC, Jeon YS, Lee JH, Yi H, Won S, Chun J, 2012. Introducing EzTaxon-e: a prokaryotic 16S rRNA gene sequence database with phylotypes that represent uncultured species [J]. Int J Syst Evol Microbiol, 62(Pt 3):716-721.

Kim M, Oh HS, Park SC, Chun J, 2014. Towards a taxonomic coherence between average nucleotide identity and 16S rRNA gene sequence similarity for species demarcation of prokaryotes [J]. Int J Syst Evol Microbiol, 64(Pt 2):346-351.

Kirk JL, Beaudette LA, Hart M, Moutoglis P, Klironomos JN, Lee H, Trevors JT, 2004. Methods of studying soil microbial diversity [J]. J Microbiol Methods, 58(2): 169-188.

Klein W, Weber MH, Marahiel MA, 1999. Cold shock response of *Bacillus subtilis*: isoleucine-dependent switch in the fatty acid branching pattern for membrane adaptation to low temperatures [J]. J Bacteriol, 181(17):5341-5349.

Knief C, Lipski A, Dunfield PF, 2003. Diversity and activity of methanotrophic bacteria in different upland soils [J]. Appl Environ Microbiol, 69(11): 6703-6714.

Ko KS, Oh WS, Lee MY, Lee JH, Lee H, Peck KR, Lee NY, Song JH, 2006. *Bacillus infantis* sp. nov. and *Bacillus idriensis* sp. nov., isolated from a patient with neonatal sepsis [J]. Int J Syst Evol Microbiol, 56(Pt 11): 2541-2544.

Koberl M, Muller H, Ramadan EM, Berg G, 2011. Desert farming benefits from microbial potential in arid soils and promotes diversity and plant health [J]. PLoS One, 6(9): e24452.

Kolaczinski JH, Curtis CF, 2004. Chronic illness as a result of low-level exposure to synthetic pyrethroid insecticides: a review of the debate [J]. Food Chem Toxicol, 42(5): 697-706.

Konuray G, Erginkaya Z, 2018. Potential use of *Bacillus coagulans* in the food industry [J]. Foods, 7(6) pii: E92.

Koschorreck M, Moore E, Conrad R, 1996. Oxidation of nitric oxide by a new heterotrophic *Pseudomonas* sp. [J]. Arch Microbiol, 166(1): 23-31.

Koumoutsi A, Chen XH, Henne A, Liesegang H, Hitzeroth G, Franke P, Vater J, Borriss R, 2004. Structural and functional characterization of gene clusters directing nonribosomal synthesis of bioactive cyclic lipopeptides in *Bacillus amyloliquefaciens* strain FZB42 [J]. J Bacteriol, 186(4): 1084-1096.

Kracht M, Rokos H, Özel M, Kowall M, Pauli G, Vater J, 1999. Antiviral and hemolytic activities of surfactin isoforms and their methyl ester derivatives [J]. J Antibiot, 52(7):613-619.

Krogdahl A, Sell JL, 1989. Influence of age on lipase, amylase, and protease activities in pancreatic tissue and intestinal contents of young turkeys [J]. Poultry Sci, 68(11):1561-1568.

Krulwich TA, Guffanti AA, 1989. Alkalophilic bacteria [J]. Annu Rev Microbiol, 43(1):435-463.

Krulwich TA, 1995. Alkaliphiles:'basic'molecular problems of pH tolerance and bioenergetics [J]. Mol Microbiol, 15(3):403-410.

Krulwich TA, Liu J, Morino M, Fujisawa M, Ito M, Hicks DB, 2011. Adaptive mechanisms of extreme alkaliphiles. in: Horikoshi K, Antranikian G, Bull AT, Robb F, Stetter KO. eds. Extremophiles Handbook [M]. Cham, Switzerland: Springer Nature Switzerland AG, pp:119-139.

Kuhad RC, Gupta R, Singh A, 2011. Microbial cellulases and their industrial applications[J]. Enzyme Res, 2011: 280696.

Kumar EV, Srijana M, Kumar KK, Harikrishna N, Reddy G, 2011. A novel serine alkaline protease from *Bacillus altitudinis* GVC11 and its application as a dehairing agent [J]. Bioprocess Biosyst Eng, 34(4):403-409.

Kumar S, Stecher G, Tamura K, 2016. MEGA7: Molecular evolutionary genetics analysis version 7.0 for bigger datasets [J]. Mol Biol Evol, 33(7):1870-1874.

Kunal, Anita R, Rafat S, 2016. Bacterial treatment of alkaline cement kiln dust using *Bacillus halodurans* strain KG1 [J]. Braz J Microbiol, 47(1):1-9.

Kyte J, Doolittle RF, 1982. A simple method for displaying the hydropathic character of a protein [J]. J Mol Biol, 157(1):105-132.

Laffin B, Chavez M, Pine M, 2010. The pyrethroid metabolites 3-phenoxybenzoic acid and 3-phenoxybenzyl alcohol do not exhibit estrogenic activity in the MCF-7 human breast carcinoma cell line or sprague-dawley rats [J]. Toxicol, 267(1-3): 39-44.

Lane DJ, Pace B, Olsen GJ, Stahl DA, Sogin ML, Pace NR, 1985. Rapid determination of 16S ribosomal RNA sequences for phylogenetic analyses [J]. Proc Natl Acad Sci U S A, 82(20): 6955-6959.

Larrea-Murrell JA, Rojas-Badia MM, García-Soto I, Romeu-Alvarez B, Bacchetti T, Gillis A, Boltes-Espinola AK, Heydrich-Perez M, Lugo-Moya D, Mahillon J, 2018. Diversity and enzymatic potentialities of *Bacillus* sp. strains isolated from a polluted freshwater ecosystem in Cuba [J]. World J Microbiol Biotechnol, 34(2): 28.

Lauber CL, Hamady M, Knight R, Fierer N, 2009. Pyrosequencing-based assessment of soil pH as a predictor of soil bacterial community structure at the continental scale [J]. Appl Environ Microbiol, 75(15): 5111-5120.

Lee A, Cheng KC, Liu JR, 2017. Isolation and characterization of a *Bacillus amyloliquefaciens* strain with zearalenone removal ability and its probiotic potential [J]. PLoS One, 12(8):e0182220.

Lee DS, Lee KH, Cho EJ, Kim HM, Kim CS, Bae HJ, 2012. Characterization and pH-dependent substrate specificity of alkalophilic xylanase from *Bacillus alcalophilus* [J]. J Ind Microbiol Biotechnol, 39(10): 1465-1475.

Lee JC, Lee GS, Park DJ, Kim CJ, 2008. *Bacillus alkalitelluris* sp. nov. an alkaliphilic bacterium isolated from sandy soil [J]. Int J Syst Evol Microbiol, 58(Pt 11):2629-2634.

Lee JS, Lee KC, Chang YH, Hong SG, Oh HW, Pyun YR, Bae KS, 2002. *Paenibacillus daejeonensis* sp. nov. a novel alkaliphilic bacterium from soil [J]. Int J Syst Evol Microbiol, 52(Pt 6):2107-2111.

Lee SJ, Gan JY, Kim JS, Kabashima JN, Crowley DE, 2004. Microbial transformation of pyrethroid insecticides in aqueous and sediment phases [J]. Environ Toxicol Chem, 23(1): 1-6.

Lee Y, Phat C, Hong SC, 2017. Structural diversity of marine cyclic peptides and their molecular mechanisms for anticancer, antibacterial, antifungal, and other clinical applications [J]. Peptides, 95: 94-105.

Lee YJ, Kim BK, Lee BH, Jo KI, Lee NK, Chung CH, Lee YC, Lee JW, 2008. Purification and characterization of cellulase produced by *Bacillus amyloliquefaciens* DL-3 utilizing rice hull [J]. Bioresour Technol, 99(2):378-386.

Li G, Wang K, Liu YH, 2008. Molecular cloning and characterization of a novel pyrethroid-hydrolyzing esterase originating from the Metagenome [J]. Microb Cell Fact, 7(1): 38.

Li T, Deng XP, Wang JJ, Chen YC, He L, Sun YC, Song CX, Zhou ZF, 2014. Biodegradation of nitrobenzene in a lysogeny broth medium by a novel halophilic bacterium *Bacillus licheniformis* [J]. Mar Pollut Bull, 89(1-2):384-389.

Li YC, Tschaplinski TJ, Engle NL, Hamilton CY, Rodriguez Jr M, J Liao JC, Schadt CW, Guss AM, Yang YF, Graham DE, 2012. Combined inactivation of the Clostridium cellulolyticum lactate and malate dehydrogenase genes substantially increases ethanol yield from cellulose and switchgrass fermentations [J]. Biotechnol Biofuels, 5(1): 2.

Li Z, Kawamura Y, Shida O, Yamagata S, Deguchi T, Ezaki T, 2002. *Bacillus okuhidensis* sp. nov. isolated from the Okuhida spa area of Japan [J]. Int J Syst Evol Microbiol, 52(Pt 4):1205-1209.

Liang WQ, Wang ZY, Li H, Wu PC, Hu JM, Luo N, Cao LX, Liu YH, 2005. Purification and characterization of a novel pyrethroid hydrolase from *Aspergillus niger* ZD11 [J]. J Agric Food Chem, 53(19): 7415-7420.

Lilly DM, Stillwell RH, 1965. Probiotics: growth-promoting factors produced by microorganisms [J]. Science, 147(3659):747-748.

Lindemann MD, Cornelius G, Kandelgys ME, Moser RL, Pettigrew JE, 1986. Effect of age weaning and diet on digestive enzyme levels in the piglet [J]. Anim Sci , 62(5): 1298-1307.

Ling HS, Ling TC, Mohamad R, 2009. Characterization of pullulanase type II from *Bacillus cereus* H1.5 [J]. American J Biochem Biotechnol, 5(4): 170-179.

Liu B, Liu G H, Sengonca C, Schumann P, Wang MK, Tang JY, Chen MC, 2014. *Bacillus cihuensis* sp. nov., isolated from rhizosphere soil of a plant in the Cihu area of Taiwan [J]. Antonie van Leeuwenhoek, 106(6):1147-1155.

Liu H, Zhang JJ, Wang SJ, Zhang XE, Zhou NY, 2005. Plasmid-borne catabolism of methyl parathion and p-nitrophenol in *Pseudomonas* sp. strain WBC-3 [J]. Biochem Biophys Res Commun, 334(4): 1107-1114.

Liu H, Zhou Y, Liu R, Zhang KY, Lai R, 2009. *Bacillus solisalsi* sp. nov. a halotolerant, alkaliphilic bacterium isolated from soil around a salt lake [J]. Int J Syst Evol Microbiol, 59(Pt 6):1460-1464.

Liu J, Ding Y, Ji Y, Gao G, Wang Y, 2020. Effect of maize straw biochar on bacterial communities in agricultural soil [J]. Bull Environ Contam Toxicol, 104(3): 333-338.

Liu JJ, Cui X, Liu ZX, Guo ZK, Yu ZH, Yao Q, Sui YY, Jin J, Liu XB, Wang GH, 2019. The diversity and geographic distribution of cultivable *Bacillus*-like bacteria across black soils of Northeast China [J]. Front Microbiol, 10:1424.

Liu TF, Sun C, Ta N, Hong J, Yang SG, Chen CX, 2007. Effect of copper on the degradation of pesticides cypermethrin and cyhalothrin [J]. J Environ Sci (China), 19(10): 1235-1238.

Liu W, Gan J, Lee S, Werner I, 2009. Isomer selectivity in aquatic toxicity and biodegradation of bifenthrin and permethrin [J] . Environ Toxicol Chem, 24 (8): 1861-1866

Liu W, Gan J, Schlenk D, Jury WA, 2005. Enantioselectivity in environmental safety of current chiral insecticides [J] . Proc Natl Acad Sci U S A, 102(3): 701-706

Llado S, Baldrian P, 2017. Community-level physiological profiling analyses show potential to identify the copiotrophic bacteria present in soil environments [J]. PLoS One, 12(2): e0171638.

Logan NA, Berge O, Bishop AH, Busse HJ, De Vos P, Fritze D, Heyndrickx M, Kämpfer P, Rabinovitch L, Salkinoja-Salonen MS, Seldin L, Ventosa A, 2009. Proposed minimal standards for describing new taxa of aerobic, endospore-forming bacteria [J]. Int J Syst Evol Microbiol, 59(Pt 8):2114-2121.

Lu J, Nogi Y, Takami H, 2001. *Oceanobacillus iheyensis* gen. nov. sp. nov. a deep-sea extremely halotolerant and alkaliphilic species isolated from a depth of 1050 m on the Iheya Ridge [J]. FEMS Microbiol Lett, 205(2):291-297.

Lucena-Padrós H, Ruiz-Barba JL, 2016. Diversity and enumeration of halophilic and alkaliphilic bacteria in Spanish-style green table-olive fermentations [J]. Food Microbiol, 53(Pt B):53-62.

Ma B, Dai ZM, Wang HZ, Dsouza M, Liu XM, He Y, Wu JJ, Rodrigues JLM, Gilbert JA, Brookes PC, Xu JM, 2017. Distinct biogeographic patterns for Archaea, Bacteria, and Fungi along the vegetation gradient at the continental scale in Eastern China [J]. mSystems, 2(1): e00174-16.

Macgregor EA, 1987. α-amylase structure and activity [J]. J Protein Chem, 7(4): 399-415.

Madi E, Antranikian G, Ohmiya K, Gottschalk G, 1987. Thermostable amylolytic enzymes from a new *Clostridum isohte* [J]. Appl Environ Microbiol, 53(7):1661-1667.

Maguran AE, 1998. Ecological diversity and its measurement [M]. Princeton: Princeton University Press, pp:141-162.

Maillard F, Leduc V, Bach C, de Moraes Gonçalves JL, Androte FD, Saint-André L, Laclau JP, Buée M, Robin A, 2019. Microbial enzymatic activities and community-level physiological profiles (CLPP) in subsoil layers are altered by harvest residue management practices in a tropical *Eucalyptus grandis* plantation [J]. Microb Ecol, 78(2): 528-33.

Majeed M, Majeed S, Nagabhushanam K, Natarajan S, Sivakumar A, Ali F, 2016. Evaluation of the stability of *Bacillus coagulans* MTCC 5856 during processing and storage of functional foods [J]. Int J Food Sci Technol, 51(4): 894-901.

Makkar RS, Cameotra SS, 2002. Effects of various nutritional supplements on biosurfactant production by a strain of *Bacillus subtilis* at 45℃ [J]. J Surf Deterg, 5(1): 11-17.

Malmolf K, 1988. Amino acid in farm animal nutrition metabolism, partition and consequences of imbalance [J]. Swedish J Agric Res, 1988(4): 191-193.

Maloney SE, Maule A, Smith AR, 1988. Microbial transformation of the pyrethroid insecticides: permethrin, deltamethrin, fastac, fenvalerate, and fluvalinate [J]. Appl Environ Microbiol, 54(11): 2874-2876.

Maloney SE, Maule A, Smith AR, 1993. Purification and preliminary characterization of permethrinase from a pyrethroid-transforming strain of *Bacillus cereus* [J]. Appl Environ Microbiol, 59 (7):2007-2013.

Mandic-Mulec I, Stefanic P, van Elsas J, 2015. The bacterial spore: from molecules to systems [M]. ASM Press Washington, DC, USA.

Manhar AK, Saikia D, Bashir Y, Mech RK, Nath D, Konwar BK, Mandal M, 2015. *In vitro* evaluation of celluloytic *Bacillus amyloliquefaciens* AMS1 isolated from traditional fermented soybean (Churpi) as an animal probiotic [J]. Res Vet Sci, 99:149-156.

Manzano M, Cocolin L, Cantoni C, Comi G, 2003. *Bacillus cereus*, *Bacillus thuringiensis* and *Bacillus mycoides* differentiation using a PCR-RE technique [J]. Int J Food Microbiol, 81(3): 249-254.

Margesin R, Hämmerle M, Tscherko D, 2007. Microbial activity and community composition during bioremediation of diesel-oil-contaminated soil: effects of hydrocarbon concentration, fertilizers, and incubation time [J]. Microb Ecol, 53(2): 259-269.

Marquardt RR, Brenes A, Zhang ZQ, Boros D, 1996. Use of enzymes to improve nutrient availability in poultry feedstuffs [J]. Anim Feed Sci Technol, 60(3-4): 321-330.

Márquez MC, Carrasco IJ, de la Haba RR, Jones BE, Grant WD, Ventosa A, 2011. *Bacillus locisalis* sp. nov. a new haloalkaliphilic species from hypersaline and alkaline lakes of China, Kenya and Tanzania [J]. Syst Appl Microbiol, 34(6):424-428.

Matsuo Y, Katsuta A, Matsuda S, Shizuri Y, Yokota A, Kasai H, 2006. *Mechercharimyces mesophilus* gen. nov., sp. nov. and *Mechercharimyces asporophorigenens* sp. nov., antitumour substance-producing marine bacteria, and description of Thermoactinomycetaceae fam. nov. [J]. Int J Syst Evol Microbiol, 56(Pt 12): 2837-2842.

Matsuzaka E, Nomura N, Nakajima-Kambe T, Okada N, Nakahara T, 2003. A simple screening procedure for heterotrophic nitrifying bacteria with oxygen-tolerant denitrification activity [J]. J Biosci Bioeng, 95(4): 409-411.

Maund S, Campbell P, Giddings J, Hamer M, Henry K, Pilling E, Warinton J, Wheeler J, 2012. Ecotoxicology of synthetic pyrethroids [J]. Top Curr Chem, 314:137-165.

Mazzoni C, Falcone C, 2008. Caspase-dependent apoptosis in yeast [J]. Biochim Biophys Acta, 1783(7): 1320-1327.

McCarthy CM, Murray L, 1996. Viability and metabolic features of bacteria indigenous to a contaminated deep aquifer [J]. Microbial Ecol, 32(3): 305-332.

McSpadden Gardener BB, 2004. Ecology of *Bacillus* and *Paenibacillus* spp. in agricultural systems [J]. Phytopathology, 94(11): 1252-1258.

Meier-Kotloff JP, Auch AF, Klenk HP, Göker M, 2013. Genome sequence-based species delimitation with confidence intervals and improved distance functions [J]. BMC Bioinformatics 14:60.

Mishra RR, Swain MR, Dangar TK, Thatoi H, 2012. Diversity and seasonal fluctuation of predominant microbial communities in Bhitarkanika, a tropical mangrove ecosystem in India [J]. Rev Biol Trop, 60(2): 909-924.

Mizumoto S, Shoda M, 2007. Medium optimization of antifungal lipopeptide, iturin A, production by *Bacillus subtilis* in solid-state fermentation by response surface methodology [J]. Appl Microb Biotechnol, 76(1):101-108.

Mohammad BT, Al Daghistani HI, Jaouani A, Abdel-Latif S, Kennes C, 2017. Isolation and characterization of thermophilic bacteria from Jordanian hot springs: *Bacillus licheniformis* and *Thermomonas hydrothermalis* isolates as potential producers of thermostable enzymes [J]. Int J Microbiol, 2017:6943952.

Mohammed Y, Lee B, Kang Z, Du GC, 2014. Development of a two-step cultivation strategy for the production of vitamin B12 by *Bacillus megaterium* [J]. Microb Cell Fact, 13:102.

Monica H, Cristina RM, Carmen B, 2002. Effect of different carbohydrases on fresh bread texture and bread staling [J]. Eur Food Res Technol, 215: 425-430.

Moody JD, Freeman JP, Cerniglia CE, 2005. Degradation of benz[a]anthracene by *Mycobacterium vanbaalenii* strain PYR-1 [J]. Biodegradation, 16(6): 513-526.

Mothemhed EA, Whitney AM, 2006. Nucleic acidbased methods for the detection of bacterial pathogens: Present and future considerations for the clinical laboratory [J]. Clin Chim Acta, 363(1-2): 206-220.

Moyne AL, Cleveland TE, Tuzun S, 2004. Molecular characterization and analysis oftheoperon encoding the antifungal lipopeptide bacillomycin D [J]. FEMS Microbiol Lett, 234(1): 43-49.

Mummey DL, Stahl PD, Buyer JS, 2002. Microbial biomarkers as an indicator of ecosystem recovery following surface mine reclamation [J]. Appl Soil Ecol, 21(3): 251-259.

Muyzer G, De Waal EC, Uitterlinden AG, 1993. Profiling of complex microbial populations by denaturing gradient gel electrophoresis analysis of polymerase chain reaction-amplified genes coding for 16S rRNA [J]. Appl Environ Microbiol, 59(3): 695-700.

Nakamura Y, Nagai Y, Kobayashi T, Furukawa K, Oikawa Y, Shimada A, Tanaka Y, 2019. Characteristics of gut microbiota in patients with diabetes determined by data mining analysis of terminal restriction fragment length polymorphisms [J]. J Clin Med Res, 11(6): 401-406.

Narendrula R, Nkongolo KK, 2015. Fatty acids profile of microbial populations in a mining reclaimed region contaminated with metals: relation with ecological characteristics and soil respiration [J]. J Bioremed Biodegred, 6(2): 1.

Naumann K, 1990. Synthetic pyrethroid insecticides: structures and properties [M]. New York, USA: Springer-Verlag GmbH.

Nengnut C, Punnathorn T, Bhusita W, Supatjaree R, Supatjaree R, Prapaipat K, Wannaluk B, Wannaluk B, 2010. Characterization and probiotic properties of Bacillus strains isolated from broiler [J]. Thai J Vet Met, 40(2): 207-214.

Nian H, Meng Q, Zhang W, Chen L, 2013. Overxpression of the formaldehyde dehydrogenase gene from Brevibacillus brevis to enhance formaldehyde toleerance and detoxification of tobacco [J]. Appl Biochem Biotechnol, 169(1): 170-180.

Nielsen P, Rainey FA, Outtrup H, Priest FG, Dagmar F, 1994. Comparative 16S rDNA sequence analysis of some alkaliphilic bacilli and the establishment of a sixth rRNA group within the genus Bacillus [J]. FEMS Microbiol Lett, 117(1):16-65.

Nielsen P, Fritze D, Priest FG, 1995. Phenetic diversity of alkaliphilic Bacillus strains: proposal for nine new species [J]. Microbiology, 141(7):1745-1761.

Nihorimbere V, Cawoy H, Seyer A, Brunelle A, Thonart P, Ongena M, 2012. Impact of rhizosphere factors on cyclic lipopeptide signature from the plant beneflcial strain Bacillus amyloliquefaciens S499 [J]. FEMS Microbiol Ecol, 79(1):176-191.

Nkongolo KK, Narendrula-Kotha R, 2020. Advances in monitoring soil microbial community dynamic and function [J]. J Appl Genet, 61(2):249-263

Noble PA, Almeida JS, Lovell CR, 2000. Application of neural computing methods for interpreting phospholipid fatty acid profiles of natural microbial communities [J]. Appl Environ Microbiol, 66(2): 694-699.

Nogi Y, Takami H, Horikoshi K, 2005. Characterization of alkaliphilic Bacillus strains used in industry: proposal of five novel species.[J]. Int J Syst Evol Microbiol, 55(Pt 6):2309-2315.

Nowlan B, Dodia MS, Singh SP, Patel BKC, 2006. Bacillus okhensis sp. nov. a halotolerant and alkalitolerant bacterium from an Indian saltpan [J]. Int J Syst Evol Microbiol, 56(Pt 5):1073-1077.

Obendorf SK, LemLey AT, Hedge A, Kline AA, Tan K, Dokuchayeva T, 2006. Distribution of pesticide residues within homes in central New York State [J]. Arch Environ Contam Toxicol, 50(1): 31-44.

Oberauner L, Zachow C, Lackner S, Högenauer C, Smolle K, Berg G, 2013. The ignored diversity:complex bacterial communities in intensive care units revealed by 16S pyrosequencing [J]. Sci Rep, 3(3):1413.

Ohno A, Ano T, Shoda M, 1996. Use of soybean curd residue, okara, for the solid state substrate in the production of a lipopeptide antibiotic, iturin A, by *Bacillus subtilis* NB22 [J]. Proc Biochem, 31(8): 801-806.

Olivera N, Siñeriz F, Breccia JD, 2005. *Bacillus* patagoniensis sp. nov. a novel alkalitolerant bacterium from the rhizosphere of Atriplex lampa in Patagonia, Argentina [J]. Int J Syst Evol Microbiol, 55(Pt 1):443-447.

Ongena M, Jourdan E, Adam A, Paquot M, Brans A, Joris B, Arpigny JL, Thonart P., 2007. Surfactin and fengycin lipopeptides of *Bacillus subtilis* as elicitors of induced systemic resistance in plants [J]. Environ Microbiol, 9(4):1084-1090.

Ouattara HG, Reverchon S, Niamke SL, Nasser W, 2017. Regulation of the synthesis of pulp degrading enzymes in *Bacillus* isolated from cocoa fermentation [J]. Food Microbiol, 63: 255-262.

Ouwehand AC, Kirjavainen PV, Shortt C, Salminen S, 1999. Probiotics: mechanisms and established effects [J]. Int Dairy J, 9(1): 43-52.

Ozen M, Dinleyici EC, 2015. The history of probiotics: the untold story [J]. Benef Microbes, 6(2):159-165.

Paavilainen S, Helistö P, Korpela T, 1994. Conversion of carbohydrates to organic acids by alkaliphilic bacilli [J]. J Ferment Bioeng, 78(3):217-222.

Paingankar M, Jain M, Deobagkar D, 2005. Biodegradation of allethrin, a pyrethroid insecticide, by an *Acidomonas* sp. [J]. Biotechnol Lett, 27(23-24): 1909-1913.

Pandin C, Le Coq D, Deschamps J, Védie R, Rousseau T, Aymerich S, Briandet R, 2018. Complete genome sequence of *Bacillus velezensis* QST713: A biocontrol agent that protects *Agaricus bisporus* crops against the green mould disease [J]. J Biotechnol, 278:10-19.

Panwar S, Singh L, Sunaina V, 2000. Evaluation of *Brevibacillus brevis* and *Bacillus firmus* strains in management of fungal pathogens [J]. Pest Res J, 18(2):159-161.

Park J, Piehowski PD, Wilkins C, Zhou M, Mendoza J, Fujimoto GM, Gibbons BC, Shaw JB, Shen Y, Shukla AK, Moore RJ, Liu T, Petyuk VA, Tolić N, Paša-Tolić L, Smith RD, Payne SH, Kim S, 2017. Informed-Proteomics: open-source software package for top-down proteomics [J]. Nat Methods, 14(9): 909-914.

Pathak KV, Keharia H, Gupta K, Thakur SS, Balaram P, 2012. Lipopeptides from the banyan endophyte, *Bacillus subtilis* K1: mass spectrometric characterization of a library of fengycins [J]. J Am Soc Mass Spectrom, 23(10):1716-1728.

Pennanen T, FrostegArd A, Fritze H, Baath E, 1996. Phospholipid fatty acid composition and heavy metal tolerance of soil microbial communities along two heavy metal polluted gradients in coniferous forests [J]. Appl Environ Microbiol, 62(2): 420-428.

Petersen TN, Brunak S, von Heijne G, Nielsen H, 2011. SignalP 4.0: discriminating signal peptides from transmembrane regions [J]. Nat Methods, 8(10): 785-786.

Pettit GR, Knight JC, Herald DL, Pettit RK, Hogan F, Mukku VJ, Hamblin JS, Dodson MJ, Chapuis JC, 2009. Isolation and structure elucidation of bacillistatins 1 and 2 from a marine *Bacillus silvestris* [J]. J Nat Prod, 72(3):366-371.

Pham MH, Sebesvari Z, Tu BM, Pham HV, Renaud FG, 2011. Pesticide pollution in agricultural areas of Northern Vietnam: Case study in Hoang Liet and Minh Dai communes [J]. Environ Polluti, 159(12): 3344-3350.

Pielou EC, 1975. Mathematical ecology [M]. New York, USA: John Wiley&SonsInc.

Pikuta E, Lysenko A, Chuvilskaya N, Mendrock U, Hippe H, Suzina N, Nikitin D, Osipov G, Laurinavichius K, 2000. *Anoxybacillus pushchinensis* gen. nov. sp. nov. a novel anaerobic, alkaliphilic, moderately thermophilic bacterium from manure, and description of *Anoxybacillus flavitherms* comb. nov. [J]. Int J Syst Evol Microbiol, 50(Pt

6):2109-2117.

Pond WG, Pond KR, Ellis WC, Matis JH, 1986. Markers for estimating digestaflow in pigs and the effects ot dietary fiher [J]. J Anim Sci, 63(4): 1140-1149.

Pramudito TE, Agustina D, Nguyen TKN, Suwanto A, 2018. A novel variant of narrow-spectrum antifungal bacterial lipopeptides that strongly inhibit *Ganoderma boninense* [J]. Probiotics Antimicrob Proteins, 10(1):110-117.

Preiss L, Hicks DB, Suzuki S, Meier T, Krulwich TA, 2015. Alkaliphilic bacteria with impact on industrial applications, concepts of early life forms, and bioenergetics of ATP synthesis.[J]. Front Bioeng Biotechnol, 3:75.

Qi GF, Zhu FY, Du P, Yang XF, Qiu DW, Yu ZN, Chen JY, Zhao XY, 2010. Lipopeptide induces apoptosis in fungal cells by a mitochondria-dependent pathway [J]. Peptides, 31(11):1978-1986.

Qin JJ, Li RQ, Raes J, Arumugam M, Burgdorf KS, Manichanh C, Nielsen T, Pons N, Levenez F, Yamada T, Mende DR, Li JH, Xu JM, Li SC, Li DF, Cao JJ, Wang B, Liang HQ, Zheng HS, Xie YL, Tap JL, Lepage P, Bertalan M, Batto JM, Hansen T, Le Paslier D, Linneberg A, Nielsen HB, Pelletier E, Renault P, Sicheritz-Ponten T, Turner K, Zhu HM, Yu C, Li ST, Jian M, Zhou Y, Li YR, Zhang XQ, Li SG, Qin N, Yang HM, Wang J, Brunak S, Doré J, Guarner F, Kristiansen K, Pedersen O, Parkhill J, Weissenbach J, MetaHIT Consortium; Bork P, Ehrlich SD, Wang J, 2010. A human gut microbial gene catalogue established by metagenomic sequencing [J]. Nature, 464(7285):59-65.

Quast C, Pruesse E, Yilmaz P, Gerken J, Schweer T, Yarza P, Peplies J, Glöckner FO, 2013. The SILVA ribosomal RNA gene database project: improved data processing and web-based tools [J]. Nucleic Acids Res, 41(Database issue):590-596.

Reddy SV, Thirumala M, Farooq M, Sasikala C, Ramana CV, 2015a. *Bacillus lonarensis*, sp. nov. an alkalitolerant bacterium isolated from a soda lake [J]. Arch Microbiol, 197(1):27-34.

Reddy SV, Thirumala M, Farooq M, 2015b. *Bacillus caseinilyticus* sp. nov.: an alkali- and thermotolerant bacterium isolated from a soda lake [J]. Int J Syst Evol Microbiol, 65(Pt 8): 2441-2446.

Rees HC, Grant WD, Jones BE, Heaphy S, 2004. Diversity of Kenyan soda lake alkaliphiles assessed by molecular methods [J]. Extremophiles, 8(1):63-71.

Rey MW, Ramaiya P, Nelson BA, Brody-Karpin SD, Zaretsky EJ, Tang M, de Leon AL, Xiang H, Gusti V, Clausen IG, Olsen PB, Rasmussen MD, Andersen JT, Jørgensen PL, Larsen TS, Sorokin A, Bolotin A, Lapidus A, Galleron N, Ehrlich SD, Berka RM, 2004. Complete genome sequence of the industrial bacterium *Bacillus licheniformis* and comparisons with closely related *Bacillus* species [J]. Genome Biol, 5(10): R77.

Richter M, Rossellómóra R, 2009. Shifting the genomic gold standard for the prokaryotic species definition [J]. Proc Natl Acad Sci U S A, 106(45):19126-19131.

Robertson LA, van Niel EW, Torremans RA, Kuenen JG, 1988. Simultaneous nitrification and denitrification in aerobic chemostat cultures of *Thiosphaera pantotropha* [J]. Appl Environ Microbiol, 54(11): 2812-2818.

Romano I, Lama L, Nicolaus B, Gambacorta A, Giordano A, 2005. *Alkalibacillus filiformis* sp. nov. isolated from a mineral pool in Campania, Italy [J]. Int J Syst Evol Microbiol, 55(Pt 6):2395-2399.

Ruiz-Romero E, de Los Angeles Coutiño-Coutiño M, Valenzuela-Encinas C, López-Ramírez MP, Marsch R, Dendooven L, 2013. *Texcoconibacillus texcoconensis* gen. nov. sp. nov. alkalophilic and halotolerant bacteria isolated from soil of the former lake Texcoco (Mexico) [J]. Int J Syst Evol Microbiol, 63(Pt 9):3336-3341.

Saetre P, Bååth E, 2000. Spatial variation and patterns of soil microbial commuity structure in a mixed sprucebirch stand [J]. Soil BioI Biochem, 32(7): 909-917.

Saha BC, Iten LB, Cotta MA, Wu YV, 2005. Dilute acid pretreatment, enzymatic saccharification, and fermentation of rice hulls to ethanol [J]. Biotechnol Prog, 21(3):816-822.

Saha S, Kaviraj A, 2008. Acute toxicity of synthetic pyrethroid cypermethrin to some freshwater organisms [J]. Bull Environ Contam Toxicol, 80(1): 49-52.

Saikia N, Das SK, Patel BKC, Niwas R, Singh A, Gopal M, 2005. Biodegradation of beta-cyfluthrin by *Pseudomonas stutzeri* strain S1 [J]. Biodegradation, 16(6): 581-589.

Saikia N, Gopal M, 2004. Biodegradation of β-cyfluthrin by fungi [J]. J Agric Food Chem, 52(5): 1220-1223.

Saito A, Ariki S, Sohma H, Nishitani C, Inoue K, Ebata N, Takahashi M, Hasegawa Y, Kuronuma K, Takahashi H, Kuroki Y, 2012. Pulmonary surfactant protein A protects lung epithelium from cytotoxicity of human β-defensin 3 [J]. J Biol Chem, 287(18): 15034-1543.

Saitou N, Nei M, 1987. The neighbor-joining method: a new method for reconstructing phylogenetic trees [J]. Molr Biol Evol, 4(4):406-425.

Sanders ME, Merenstein DJ, Reid G, Gibson GR, Rastall RA, 2019. Probiotics and prebiotics in intestinal health and disease: from biology to the clinic [J]. Nat Rev Gastroenterol Hepatol, 16(10): 605-616.

Sandrin C, Peypoux F, Michel G, 1990. Co-production of surfactin and iturin A, lipopeptides with surfactant and antifungal properties by *Bacillus subtilis* [J]. Appl Biochem Biotechnol, 12(4): 370-376.

Santos PM, Benndorf D, Sá-Correia I, 2004. Insights into *Pseudomonas putida* KT2440 response to phenol-induced stress by quantitative proteomics [J]. Proteomics, 4(9): 2640-2652.

Schleifer KH, Kandler O, 1972. Peptidoglycan types of bacterial cell walls and their taxonomic implications [J]. Bacteriol Rev, 36(36): 407-477.

Schütte UM, Abdo Z, Bent SJ, Shyu C, Williams CJ, Pierson JD, Forney LJ, 2008. Advances in the use of terminal restriction fragment length polymorphism (T-RFLP) analysis of 16S rRNA genes to characterize microbial communities [J]. Appl Microbiol Biotechnol, 80(3): 365-380.

Schwede T, Kopp J, Guex N, Peitsch MC, 2003. SWISS-MODEL: an automated protein homology-modeling server [J]. Nucleic Acids Res, 31(13):3381-3385.

Scogaard H, Denmark TS, 1990. Microbials for feed beyond lactic acid bacteria [J]. Feed Int, 11(4): 32-38.

Sepici-Dinçel A, Benli ACK, Selvi M, Sarikaya R, Sahin D, Ozkul IA, Erkoç F, 2009. Sublethal cyfluthrin toxicity to carp (*Cyprinus carpio* L.) fingerlings: biochemical, hematological, histopathological alterations [J]. Ecotoxicol Environ Saf, 72(5): 1433-1439.

Shabir GA, 2010. A new validated HPLC method for the simultaneous determination of 2-phenoxyethanol, methylparaben, ethylparaben and propylparaben in a pharmaceutical gel [J]. Indian J Pharm Sci, 72(4): 421-425.

Shahinpei A, Amoozegar MA, Akhavansepahi A, 2013. Isolation and identification of poly-extremophilic alkalophilic, halophilic and halotolerant bacteria from alkaline thalassohaline Gomishan wetland [J]. Taxon Biosystem J, 5(14):79-100.

Sharma A, Dhar SK, Prakash O, Vemuluri VR, Thite V, Shouche YS, 2014. Description of *Domibacillus indicus* sp. nov., isolated from ocean sediments and emended description of the genus *Domibacillus* [J]. Int J Syst Evol Microbiol, 64(Pt 9):3010-3015.

Sheppard JD, Jumarie C, Cooper DG, Laprade R, 1991. Ionic channels induced by surfactin in planar lipid bilayer membranes [J]. Biochim Biophy Acta, 1064(1):13-23.

Shi R, Yin M, Tang SK, Lee JC, Park DJ, Zhang YJ, Kim CJ, Li WJ, 2011. *Bacillus luteolus* sp. nov., a halotolerant bacterium isolated from a salt field [J]. Int J Syst Evol Microbiol, 61(Pt 6): 1344-1349.

Shi W, Takano T, Liu S, 2012. Isolation and characterization of novel bacterial taxa from extreme alkali-saline soil [J]. World J Microbiol Biotechnol, 28(5):2147-57.

Shida O, Takagi H, Kadowaki K, Komagata K, 1996. Proposal for two new genera, *Brevibacillus* gen. nov. and *Aneurinibacillus* gen. nov [J]. Int J Syst Bacteriol, 46(Pt 4): 939-946.

Shivaji S, Chaturvedi P, Begum Z, Pindi PK, Manorama R, Padmanaban DA, Shouche YS, Pawar S, Vaishampayan P, Dutt CB, Datta GN, Manchanda RK, Rao UR, Bhargava PM, Narlikar JV, 2009. *Janibacter hoylei* sp. nov., *Bacillus isronensis* sp. nov. and *Bacillus aryabhattai* sp. nov., isolated from cryotubes used for collecting air from the upper atmosphere [J]. Int J Syst Evol Microbiol, 59(Pt 12):2977-2986.

Shivaji S, Chaturvedi P, Suresh K, Reddy GSN, Dutt CBS, Wainwright M, Narlikar JV, Bhargava PM, 2006. *Bacillus aerius* sp. nov., *Bacillus aerophilus* sp. nov., *Bacillus stratosphericus* sp. nov. and *Bacillus altitudinis* sp. nov., isolated from cryogenic tubes used for collecting air samples from high altitudes [J]. Int J Syst Evol Microbiol, 56(Pt 7):1465-1473.

Shome R, Shome BR, Mandal AB, Bandopadhyay AK, 1995. Bacterial flora in mangroves of Andaman: Part I. Isolation, identification and antibiogram studies [J]. Indian J Geo-Mar Sci, 24: 97-98.

Shukla Y, Yadav A, Arora A, 2002. Carcinogenic and cocarcinogenic potential of cypermethrin on mouse skin [J]. Cancer Lett, 182(1): 33-41.

Sikorski J, Brambilla E, Kroppenstedt RM, Tindall BJ, 2008. The temperature-adaptive fatty acid content in *Bacillus simplex* strains from 'Evolution Canyon', Israel [J]. Microbiology, 154(Pt 8): 2416-2426.

Sikorski J, Nevo E, 2005. Adaptation and incipient sympatric speciation of *Bacillus simplex* under microclimatic contrast at "Evolution Canyons" I and II, Israel [J]. Proc Natl Acad Sci U S A, 102(44): 15924-15929.

Singh BK, Walker A, 2006. Microbial degradation of organophosphorus compounds [J]. FEMS Microbiol Rev, 30(3): 428-471.

Singh S, Dikshit PK, Moholkar VS, Goyal A, 2014. Purification and characterization of acidic cellulase from *Bacillus amyloliquefaciens* SS35 for hydrolyzing *Parthenium hysterophorus* biomass [J]. Environ Prog Sustain Energy, 34(3):810-818.

Sinha S, Gopal M, 2002. Evaluating the safety of β-cyfluthrin insecticide for usage in eggplant (*Solanum melongena* L.) crop [J]. Bull Environ Contam Toxicol, 68(3):400-405.

Sogorb MA, Vilanova E, 2002. Enzymes involved in the detoxification of organophosphorus, carbamate and pyrethroid insecticides through hydrolysis [J]. Toxicol Lett, 128(1-3): 215-228.

Song K, Shan AS, Li JP, 2004. Effect of different combinations of enzyme preparation supplemented to wheat based diets on growth and serum biochemical values of broiler chickens [J]. Acta Zoonutrimenta Sinica, (4): 25-29.

Sorokin D Y, Pelt S V, Tourova T P, 2008a. Utilization of aliphatic nitriles under haloalkaline conditions by *Bacillus alkalinitrilicus* sp. nov. isolated from soda solonchak soil [J]. FEMS Microbiol Lett, 288(2): 235-240.

Sorokin ID, Kravchenko IK, Tourova TP, Kolganova TV, Boulygina ES, Sorokin DY, 2008b. *Bacillus alkalidiazotrophicus* sp. nov. a diazotrophic, low salt-tolerant alkaliphile isolated from Mongolian soda soil [J]. Int J Syst Evol Microbiol, 58(Pt 10):2459-2464.

Sorokulova IB, Pinchuk IV, Denayrolles M, Osipova IG, Huang JM, Cutting SM, Urdaci MC, 2008. The safety of two *Bacillus* probiotic strains for human use [J]. Dig Dis Sci, 53(4):954-963.

Soufiane B, Cote JC, 2009. Discrimination among *Bacillus thuringiensis* H serotypes, serovars and strains based on 16S rRNA, *gyrB* and *aroE* gene sequence analyses [J]. Antonievan Leeuwenhoek, 95(1): 33-45.

Spanka R, Fritze D, 1993. *Bacillus cohnii* sp. nov. a new, obligately alkaliphilic, oval-spore- forming *Bacillus* species with ornithine and aspartic acid instead of diaminopimelic acid in the cell wall [J]. Int J Syst Bacteriol, 43(Pt 1):150-156.

Spiller H, Dietsch E, Kessler E, 1976. Intracellular appearance of nitrite and nitrate in nitrogen-starved cells of *Ankistrodesmus braunii* [J]. Planta, 129(2): 175-181.

Stackebrandt E, Woese CR, 1984. The phylogeny of prokaryotes [J]. Microbiol Sci, 1(5):117-122.

Stratton GW, Corke CT, 1982. Toxicity of the insecticide permethrin and some degradation products towards algae and cyanobacteria [J]. Environ Pollut, 29(1): 71-80.

Strieker M, Tanovi A, Marahiel MA, 2010. Nonribosomal peptide synthetases: structures and dynamics [J]. Curr Opin Struct Biol, 20(2):234-240.

Su JJ, Yeh KS, Tseng PW, 2006. A strain of *pseudomonas* sp. isolated from piggery wastewater treatment systems with heterotrophic nitrification capability in Taiwan [J]. Curr Microbiol, 53(1): 77-81.

Sumi CD, Yang BW, Yeo IC, Hahm YT, 2015. Antimicrobial peptides of the genus *Bacillus*: a new era for antibiotics [J]. Can J Microbiol, 61(2): 93-103.

Sun HG, Bie XM, Lu FX, Lu YP, Wu YDL, Lu ZX, 2009. Enhancement of surfactin production of *Bacillus subtilis* fmbR by replacement of the native promoter with the Pspac promoter [J]. Can J Microbiol, 55(8): 1003-1006.

Sun J, Zou X, Liu A, Xiao T, 2011. Elevated yield of Monacolin K in *Monascus purpureus* by fungal elicitor and mutagenesis of UV and LiCl [J]. Biol Res, 44(4): 377-382.

Sun P, Wang JQ, Zhang HT, 2010. Effects of *Bacillus subtilis* natto on performance and immune function of preweaning calves [J]. J Dairy Sci, 93(12): 5851-5855.

Sund H I, Nilsson M, Borga P, 1997. Variation in microbial community structure in two boreal peatlands as determined by analysis of phospholipid fatty acid profiles [J]. Appl Environ Microbiol, 63(4): 41476-41482.

Sundh I, Borga P, Nilsson M, Svensson B H, 1995. Estimation of cell numbers of methanotrophic bacteria in boreal peatlands based on analysis of specific phospholipid fatty acids [J], FEMS Microbiol Ecol, 18(2): 103-112.

Suresh K, Prabagaran SR, Sengupta S, Shivaji S, 2004. *Bacillus indicus* sp. nov., an arsenic- resistant bacterium isolated from an aquifer in West Bengal, India [J]. Int J Syst Evol Microbiol, 54(Pt 4):1369-1375.

Suutari M, Laakso S, 1994. Microbial fatty acids and thermal adaptation [J]. Crit Rev Microbiol, 20(4): 285-328.

Switzer Blum J, Burns Bindi A, Buzzelli J, Stolz JF, OremLand RS, 1998. *Bacillus arsenicoselenatis*, sp. nov. and *Bacillus selenitireducens*, sp. nov.: two haloalkaliphiles from Mono Lake, California that respire oxyanions of selenium and arsenic [J]. Arch Microbiol, 171(1):19-30.

Szemiako K, Sledzinska A, Krawczyk B, 2017. A new assay based on terminal restriction fragment length polymorphism of homocitrate synthase gene fragments for Candida species identification [J]. J Appl Genet, 58(3): 409-414.

Takahara Y, Tanabe O, 1960. Studies on the reduction of indigo in industrial fermentation vat (VII) [J]. J Ferment Technol, 38:329-331.

Takano H, 2016. The regulatory mechanism underlying light-inducible production of carotenoids in non phototrophic bacteria [J]. Biosci Biotechnol Biochem, 80(7):1264-1273.

Tallur PN, Megadi VB, Ninnekar HZ, 2008. Biodegradation of cypermethrin by *Micrococcus* sp. strain CPN 1 [J]. Biodegradation, 19(1): 77-82.

Tamura K, Dudley J, Nei M, Kumar S, 2007. MEGA4: molecular evolutionary genetics analysis (MEGA) software version 4.0 [J]. Mol Biol Evol, 24(8): 1596-1599.

Tamura K, Stecher G, Peterson D, Filipski A, Kumar S, 2013. MEGA6: molecular evolutionary genetics analysis version 6.0 [J]. Mol Biol Evol, 30(12):2725-2729.

Tanaka K, Amaki Y, Ishihara A, Nakajima H, 2015. Synergistic effects of [Ile^7] surfactin homologues with bacillomycin D in suppression of gray mold disease by *Bacillus amyloliquefaciens* biocontrol strain SD-32 [J]. J Agric Food Chem, 63(22): 5344-5353.

Tanaka K, Takanaka S, Yoshida KI, 2014. A second-generation *Bacillus* cell factory for rare inositol production [J]. Bioengineered, 5(5):331-334.

Tang QY, Bie XM, Lu ZX, Lv FX, Tao Y, Qu XX, 2014. Effects of fengycin from *Bacillus subtilis* fmbJ on apoptosis and necrosis in *Rhizopus stolonifer* [J]. J Microbiol, 52(8):675-680.

Taylor SM, He Y, Zhao B, Huang J, 2009. Heterotrophic ammonium removal characteristics of an aerobic heterotrophic nitrifying-denitrifying bacterium, *Providencia rettgeri* YL [J]. J Environ Sci (China), 21(10): 1336-1341.

Tedersoo L, Bahram M, Põlme S, Kõljalg U, Yorou NS, Wijesundera R, Villarreal Ruiz L, Vasco-Palacios AM, Thu PQ, Suija A, Smith ME, Sharp C, Saluveer E, Saitta A, Rosas M, Riit T, Ratkowsky D, Pritsch K, Põldmaa K, Piepenbring M, Phosri C, Peterson M, Parts K, Pärtel K, Otsing E, Nouhra E, Njouonkou AL, Nilsson RH, Morgado LN, Mayor J, May TW, Majuakim L, Lodge DJ, Lee SS, Larsson KH, Kohout P, Hosaka K, Hiiesalu I, Henkel TW, Harend H, Guo LD, Greslebin A, Grelet G, GemL J, Gates G, Dunstan W, Dunk C, Drenkhan R, Dearnaley J, De Kesel A, Dang T, Chen X, Buegger F, Brearley FQ, Bonito G, Anslan S, Abell S, Abarenkov K, 2014. Fungal biogeography. Global diversity and geography of soil fungi [J]. Science, 346(6213): 1256688.

Thangavelu R, Gopi M, 2015. Combined application of native *Trichoderma* isolates possessing multiple functions for the control of *Fusarium* wilt disease in banana [J]. Biocontrol Sci Technol, 25(10): 1147-1164.

Thompson JD, Gibson TJ, Plewniak F, Jeanmougin F, Higgins DG, 1997. The CLUSTAL_X windows interface: flexible strategies for multiple sequence alignment aided by quality analysis tools [J]. Nucleic Acids Res, 25(24):4876-4882.

Timmery S, Hu XM, Mahillon J, 2011. Characterization of Bacilli isolated from the confined environments of the Antarctic Concordia station and the International Space Station [J]. Astrobiology, 11(4):323-334.

Tindall BJ, Rosselló-Móra R, Busse HJ, Ludwig W, Kämpfer P, 2010. Notes on the characterization of prokaryote strains for taxonomic purposes [J]. Int J Syst Evol Microbiol, 60(Pt 1): 249-266.

Tindall BJ, 1990. A comparative study of the lipid compositilon of *Halobacterium saccharovorum* from various sources [J]. Syst Appl Microbiol, 13(2):128-130.

Tobias JW, Shrader TE, Rocap G, Varshavsky A, 1991. The N-end rule in bacteria [J]. Science, 254(5036): 1374-1377.

Torres NI, Noll KS, Xu S, Li J, Huang Q, Sinko PJ, Wachsman MB, Chikindas ML, 2013. Safety, formulation, and in vitro antiviral activity of the antimicrobial peptide subtilosin against herpes simplex virus type 1 [J]. Probiotics Antimicrob Proteins, 5(1): 26-35.

Torsvik V, Daae FL, Sandaa RA, Ovreås L, 1998. Novel techniques for analysing microbial diversity in natural and perturbed environments [J]. J Biotechnol, 64(1): 53-62.

Toyota K, Kuninaga S, 2006. Comparison of soil microbial community between soils amended with or without farmyard manure [J]. Appl Soil Ecol, 33(1):39-48.

Tsilinsky P, 1899. On the thermophilic moulds [J]. Ann Inst Pasteur, 13: 500-505 (in French).

Usami R, Echigo A, Fukushima T, Mizuki T, Yoshida Y, Kamekura M, 2007. *Alkalibacillus silvisoli* sp. nov. an alkaliphilic moderate halophile isolated from non-saline forest soil in Japan [J]. Int J Syst Evol Microbiol, 57(Pt 4):770-774.

Valeska VE, María GJL, María R, Natalia MR, Laura SZ, Sergio O, Magally RT, 2018. Lipopeptides from *Bacillus* sp. EA-CB0959: active metabolites responsible for in vitro and in vivo control of *Ralstonia solanacearum* [J]. Biol Control, 125:20-28.

Valverde A, Gonzalez-Tirante M, Medina-Sierra M, Santa-Regina I, Garcia Sanchez A, Iqual JM, 2011. Diversity and community structure of culturable arsenic-resistant bacteria across a soil arsenic gradient at an abandoned tungsten-tin mining area [J]. Chemosphere, 85(1):129-134.

Vargas VA, Delgado OD, Hatti-Kaul R, Mattiasson B, 2005. *Bacillus bogoriensis* sp. nov. a novel alkaliphilic, halotolerant bacterium isolated from a Kenyan soda lake [J]. Int J Syst Evol Microbiol, 55(Pt 2):899-902.

Vedder A, 1934. *Bacillus alcalophilus* n. sp.[J]. Antonie van Leeuwenhoek, 1(1):141-147.

Veith B, Herzberg C, Steckel S, Feesche J, Maurer KH, Ehrenreich P, Bäumer S, Henne A, Liesegang H, Merkl R, Ehrenreich A, Gottschalk G, 2004. The complete genome sequence of *Bacillus licheniformis* DSM13, an organism with great industrial potential [J]. J Mol Microb Biotech, 7(4): 204-211.

Venkateswaran K, Moser DP, Dollhopf ME, Lies DP, Saffarini DA, MacGregor BJ, Ringelberg DB, White DC, Nishijima M, Sano H, Burghardt J, Stackebrandt E, Nealson KH, 1999. Polyphasic taxonomy of the genus *Shewanella* and description of *Shewanella oneidensis* sp. nov. [J]. Int J Syst Bacteriol, 49(Pt 2):705-724.

Vergin F, 1954. Antibiotics and probiotics [J]. Hippokrates, 25(4):116-119.

Verstraete W, Alexander M, 1972. Heterotrophic nitrification by *Arthrobacter* sp. [J]. J Bacteriol, 110(3): 955-961.

Vijayaraghavan P, Vijayan A, Arun A, Jenisha JK, Vincent SGP, 2012. Cow dung: a potential biomass substrate for the production of detergent-stable dehairing protease by alkaliphilic *Bacillus subtilis* strain VV [J]. Springerplus. 1:76.

Vilanova L, Teixidó N, Usall J, Balsells-Llauradó M, Gotor-Vila A, Torres R, 2018. Environmental fate and behaviour of the biocontrol agent *Bacillus amyloliquefaciens* CPA-8 after preharvest application to stone fruit [J]. Pest Manag Sci, 74(2):375-383.

Villegas-Escobar V, González-Jaramillo LM, Ramírez M, Moncada RN, Sierra-Zapata L, Orduz S, Romero-Tabareze M, 2018. Lipopeptides from *Bacillus* sp. EA-CB0959: Active metabolites responsible for *in vitro* and *in vivo* control of *Ralstonia solanacearum* [J]. Biol Control, 125:20-28.

Wang BZ, Guo P, Hang B, Li L, He J, Li SP, 2009. Cloning of a novel pyrethroid-hydrolyzing carboxylesterase gene from *Sphingobium* sp. strain JZ-1 and characterization of the gene product [J]. Appl Environ Microbiol, 75(17): 5496-5500.

Wang G, Zhang XW, Wang L, Wang KK, Peng FL, Wang LS, 2012. The activity and kinetic properties of cellulases in substrates containing metal ions and acid radicals [J]. Adv Biol Chem, 2(4): 390-395.

Wang H, Yang L, Ping YH, Bai YG, Luo HY, Huang HQ, Yao B, 2016. Engineering of a *Bacillus amyloliquefaciens* strain with high neutral protease producing capacity and optimization of its fermentation conditions [J]. PLoS One, 11(1): e0146373.

Wang J, Haddad NIA, Yang SZ, Mu BZ, 2009. Structural characterization of lipopeptides from *Brevibacillus brevis* HOB1 [J]. Appl Biochem Biotechnol, 160(3):812-821.

Wang LT, Lee FL, Tail CJ, Kasai H, 2007. Comparison of *gyrB* gene sequences, 16S rRNA gene sequences and DNA-DNA hybridization in the *Bacillus subtilis* group[J]. Int J Syst Evol Microbiol, 57(Pt 8): 1846-1850.

Wang Q, Garrity G, Tiedje J, Cole JR, 2007. Naive bayesian classifier for rapid assignment of rRNA sequences into the new bacterial taxonomy [J]. Appl Environ Microbiol, 73(16):5261-5267.

Wang QF, Li W, Liu YL, Cao HH, Li Z, Guo GQ, 2007. *Bacillus qingdaonensis* sp. nov. a moderately haloalkaliphilic bacterium isolated from a crude sea-salt sample collected near Qingdao in eastern China [J]. Int J Syst Evol Microbiol, 57(Pt 5):1143-7.

Wang S, Sun L, Wei D, Zhou BK, Zhang JZ, Gu XJ, Zhang L, Liu Y, Li YD, Guo W, Jiang S, Pan YQ, Wang YF, 2014. *Bacillus daqingensis* sp. nov. a halophilic, alkaliphilic bacterium isolated from saline-sodic soil in Daqing, China [J]. J Microbiol, 52(7):548-553.

Wang X, Luo C, Chen Z, 2009. Three non-aspartate amino acid mutations in the ComA response regulator receiver motif severely decrease surfactin production, competence development and spore formation in *Bacillus subtilis* [J]. New Biotechnol, 25(S1): S365-S366.

Wang Y, Zhang H, Zhang L, Liu W, Zhang Y, Zhang X, Sun T, 2010. *In vitro* assessment of probiotic properties of *Bacillus* isolated from naturally fermented congee from Inner Mongolia of China [J]. World J Microbiol Biotechnol, 26(8):1369-1377.

Watanabe K, Nelson J, Harayama S, Kasai H, 2001. ICB datebase: the *gyrB* datebase for identification and classification of bacteria [J]. Nucleic Acids Res, 29(1): 344-345.

Wei T, Feng S, Shen Y, He P, Ma G, Yu X, Zhang F, Mao D, 2013. Characterization of a novel thermophilic pyrethroid-hydrolyzing carboxylesterase from *Sulfolobus tokodaii* into a new family [J]. J Mol Catal B: Enzym, 97: 225-232.

Wei YH, Lai CC, Chang JS, 2007. Using Taguchi experimental desigh methods to optimize trace element composition for enhance surfactin production by *Bacillus subtilis* ATCC 21332 [J]. Proc Biochem, 42(1): 40-45.

Weissman KJ, 2015. The structural biology of biosynthetic megaenzymes [J]. Nat Chem Biol, 11(9): 660-670.

Wilks JC, Kitko RD, Cleeton SH, Lee GE, Ugwu CS, Jones BD, BonDurant SS, Slonczewski JL, 2009. Acid and base stress and transcriptomic responses in *Bacillus subtilis* [J]. Appl Environ Microbiol, 75(4): 981-990.

Williams TJ, Lauro FM, Ertan H, Burg DW, Raftery MJ, 2011. Defining the response of a microorganism to temperatures that span its complete growth temperature range (-2 degrees C to 28 degrees C) using multiplex quantitative proteomics [J]. Environ Biol, 13(8): 2186-2203.

Wilson MR, Van Ravenstein E, Miller NW, Clem WL, Middleton DL, Warr GW, 1995. cDNA sequences and organization of IgM heavy chain genes in two holostean fish [J]. Dev Comp Immunol, 19(2): 153-164.

Wise F, Falardeau J, Hagberg I, Avis TJ, 2014. Cellular lipid composition affects sensitivity of plant pathogens to fengycin, an antifungal compound produced by *Bacillus subtilis* strain CU12 [J]. Phytopathology, 104: 1036-1041.

Wolansky MJ, Harrill JA, 2008. Neurobehavioral toxicology of pyrethroid insecticides in adult animals: a critical review [J]. Neurotoxicol Teratol, 30(2): 55-78.

Wong KK, Tan LUL, Saddler JN. Multiplicity of β-1,4-xylanase in microorganisms: function and applications [J]. Microbiol Rev, 52(3): 305-317.

Wu XZ, Chang WQ, Cheng AX, Sun LM, Lou HX, 2010. Plagiochin E, an antifungal active macrocyclic bis(bibenzyl), induced apoptosis in *Candida albicans* through a metacaspase- dependent apoptotic pathway [J].

Biochim Biophys Acta, 1800(4):439-447.

Xia ZW, Bai E, Wang QK, Gao DC, Zhou JD, Jiang P, Wu JB, 2016. Biogeographic distribution patterns of bacteria in typical Chinese forest soils [J]. Front Microbiol, 7:1106.

Xie WJ, Zhou JM, Wang HY, Chen XQ, 2008. Effect of nitrogen on the degradation of cypermethrin and its metabolite 3-phenoxybenzoic acid in soil [J]. Pedosphere, 18(5): 638-644.

Yamagata H, Nakahama K, Suzuki Y, Kakinuma A, Tsukagoshi N, Udaka S, 1989. Use of *Bacillus brevis* for efficient synthesis and secretion of human epidermal growth factor [J]. Proc Natl Acad Sci U S A, 86(10): 3589-3593.

Yang CK, Tai PC, Lu CD, 2014. Time-related transcriptome annalysis of *B. Subtilis* 168 during growth with glucose [J]. Curr Microbiol, 68(1): 12-20.

Yang FZ, Zhang RY, Wu XY, Xu TJ, Ahmad S, Zhang XX, Zhao JR, Liu Y, 2020. An endophytic strain of the genus *Bacillus* isolated from the seeds of maize (*Zea mays* L.) has antagonistic activity against maize pathogenic strains [J]. Microb Pathog, 142:104074.

Yang G, Zhou X, Zhou S, Yang D, Wang Y, Wang D, 2013. *Bacillus thermotolerans* sp. nov., a thermophilic bacterium capable of reducing humus [J]. Int J Syst Evol Microbiol, 63(Pt 10): 3672-3678.

Yao H, He Z, Wilson MJ, Campbell CD, 2000. Microbial biomass and community structure in a sequence of soils with increasing fertility and changing land use [J]. Microbial Ecol, 40(3): 223-237.

Yassin AF, Hupfer H, Klenk HP, Siering C, 2009. *Desmospora activa* gen. nov., sp. nov., a thermoactinomycete isolated from sputum of a patient with suspected pulmonary tuberculosis, and emended description of the family Thermoactinomycetaceae Matsuo et al, 2006 [J]. Int J Syst Evol Microbiol, 59(Pt 3):454-9.

Yazdani M, Naderi-Manesh H, Khajeh K, Soudi MR, Asghari SM, Sharifzadeh M, 2009. Isolation and characterization of a novel gamma-radiation-resistant bacterium from hot spring in Iran [J]. J Basic Microbiol, 49(1):119-127.

Ye JS, Yin H, Peng H, Bai JQ, Xie DP, Wang LL, 2013. Biosorption and biodegradation of triphenyltin by *Brevibacillus brevis* [J]. Bioresour Technol, 129(2):236-241.

Yin YC, Yan ZZ, 2020. Variations of soil bacterial diversity and metabolic function with tidal flat elevation gradient in an artificial mangrove wetland [J]. Sci Total Environ, 718:137385.

Yoon JH, Kim IG, Kang KH, Oh TK, Park YH, 2003. *Bacillus marisflavi* sp. nov. and *Bacillus aquimaris* sp. nov., isolated from sea water of a tidal flat of the Yellow Sea in Korea [J]. Int J Syst Evol Microbiol, 53(Pt 5):1297-1303.

Yoon JH, Kim IG, Shin YK, Park YH, 2005. Proposal of the genus *Thermoactinomyces* sensu stricto and three new genera, *Laceyella*, *Thermoflavimicrobium* and *Seinonella*, on the basis of phenotypic, phylogenetic and chemotaxonomic analyses [J]. Int J Syst Evol Microbiol, 55(Pt 1): 395-400.

Yoshimune K, Morimoto H, Yu H, 2010. The obligate alkaliphile *Bacillus clarkii* K24-1U retains extruded protons at the beginning of respiration[J]. J Bioenerg Biomembr, 42(2):111-116.

You ZQ, Li J, Qin S, Tian XP, Wang FZ, Zhang S, Li WJ, 2013. *Bacillus abyssalis* sp. nov., isolated from a sediment of the South China Sea [J]. Antonie Van Leeuwenhoek, 103(5):963-969.

Yuan Y, Gu J, Hang T, Qian W, Chen J, Zhang Z, 2008. High performance liquid chromatographic method for the determination of allicin using ethylparaben as substitute of allicin reference standard [J]. Chinese J Anal Chem, 36(8): 1083-1088.

Yumoto I, Yamazaki K, Sawabe T, Nakano K, Kawasaki K, Ezura Y, Shinano H, 1998. *Bacillus horti* sp. nov. a new gram-negative alkaliphilic *Bacillus* [J]. Int J Syst Bacteriol, 48(Pt 2):565-571.

Yumoto I, Yamazaki K, Hishinuma M, Nodasaka Y, Inoue N, Kawasaki K, 2000. Identification of facultatively alkaliphilic *Bacillus* sp. strain YN-2000 and its fatty acid composition and cell-surface aspects depending on culture pH [J]. Extremophiles, 4(5):285-290.

Yumoto I, Yamaga S, Sogabe Y, Nodasaka Y, Matsuyama H, Nakajima K, Suemori A, 2003. *Bacillus krulwichiae* sp. nov. a halotolerant obligate alkaliphile that utilizes benzoate and m-hydroxybenzoate [J]. Int J Syst Evol Microbiol, 53(Pt 5):1531-1536.

Yumoto I, Hirota K, Yamaga S, Nodasaka Y, Kawasaki T, Matsuyama H, Nakajima K, 2004. *Bacillus asahii* sp. nov., a novel bacterium isolated from soil with the ability to deodorize the bad smell generated from short-chain fatty acids [J]. Int J Syst Evol Microbiol, 54(Pt 6):1997-2001.

Yumoto I, Hirota K, Goto T, Nodasaka Y, Nakajima K, 2005. *Bacillus oshimensis* sp. nov. a moderately halophilic, non-motile alkaliphile [J]. Int J Syst Evol Microbiol, 55(Pt 2):907-911.

Zelles L, 1999. Fatty acid patterns of phospholipids and lipopolysaccharides in the characterisaton of microbial communities in soil: a review [J]. Biol Fertil Soils, 29(2): 111-129.

Zhai L, Liao TT, Xue YF, Ma YH, 2011. *Bacillus daliensis* sp. nov. an alkaliphilic, Gram-positive bacterium isolated from a soda lake [J]. Int J Syst Evol Microbiol, 62(Pt 4):949-953.

Zhai L, Ma YW, Xue YF, Ma YH, 2014. *Bacillus alkalicola* sp. nov. an alkaliphilic, gram-positive bacterium isolated from Zhabuye Lake in Tibet, China [J]. Curr Microbiol, 69(3):311-316.

Zhai Y, Li K, Song JL, Shi YH, Yan YC, 2012. Molecular cloning, purification and biochemical characterization of a novel pyrethroid-hydrolyzing carboxylesterase gene from *Ochrobactrum anthropi* YZ-1 [J]. J Hazard Mater, 221-222: 206-212.

Zhang BG, Zhang HX, Jin B, Tang L, Yang JZ, Li BJ, Zhuang GQ, Bai ZH, 2008. Effect of cypermethrin insecticide on the microbial community in cucumber phyllosphere [J]. J Environ Sci, 20(11):1356-1362.

Zhang C, Jia L, Wang SH, Qu J, Li K, Xu LL, Shi YH, Yan YC, 2010. Biodegradation of beta-cypermethrin by two *Serratia* spp. with different cell surface hydrophobicity [J]. Bioresour Technol, 101(10): 3423-3429.

Zhang C, Wang SH, Yan YC, 2011. Isomerization and biodegradation of beta-cypermethrin by *Pseudomonas aeruginosa* CH7 with biosurfactant production [J]. Bioresour Technol, 102(14): 7139-7146.

Zhang JL, Wang JW, Fang CY, Song F, Xin YH, Qu L, Ding K, 2010. *Bacillus oceanisediminis* sp. nov., isolated from marine sediment [J]. Int J Syst Evol Microbiol, 60(Pt 12):2924-2929.

Zhang JL, Wang JW, Song F, Fang CY, Xin YH, Zhang YB, 2011. *Bacillus nanhaiisediminis* sp. nov. an alkalitolerant member of *Bacillus* rRNA group 6 [J]. Int J Syst Evol Microbiol, 61(Pt 5): 1078-1083.

Zhang LL, Sun CM, 2018. Fengycins, cyclic lipopeptides from marine *Bacillus subtilis* strains, kill the plant-pathogenic fungus *Magnaporthe grisea* by inducing reactive oxygen species production and chromatin condensation [J]. Appl Environ Microbiol, 84(18): e00445-18.

Zhang RH, Zuo ZY, 2011. Impact of spring soil moisture on surface energy balance and summer monsoon circulation over East Asia and precipitation in East China [J]. J Climate, 24(13): 3309-3322.

Zhang SS, Li ZJ, Yan YC, Zhang CL, Li J, Zhao BS, 2016. *Bacillus urumqiensis* sp. nov. a moderately haloalkaliphilic bacterium isolated from a salt lake [J]. Int J Syst Evol Microbiol, 66(Pt 6): 2305-2312.

Zhao F, Feng YZ, Chen RR, Zhang HY, Wang JH, Lin XG, 2014. *Bacillus fengqiuensis* sp. nov. isolated from a typical sandy loam soil under long-term fertilization [J]. Int J Syst Evol Microbiol, 64(Pt 8):2849-2856.

Zhao H, Shao D, Jiang C, Shi J, Li Q, Huang Q, Rajoka MSR, Yang H, Jin M, 2017. Biological activity of lipopeptides from *Bacillus* [J]. Appl Microbiol Biotechnol, 101(15):1-10.

Zhilina TN, Garnova ES, Turova TP, Kostrikina NA, Zavarzin GA, 2001. *Amphibacillus fermentum* sp. nov., *Amphibacillus tropicus* sp. nov.-new alkaliphilic, facultatively anaerobic, saccharolytic Bacilli from Lake Magadi [J]. Mikrobiologiia, 70(6):825-837. [in Russian]

Zhou YX, Liu GH, Liu B, Chen GJ, Du ZJ, 2016. *Bacillus mesophilus*, sp. nov. an alginate-degrading bacterium isolated from a soil sample collected from an abandoned marine solar saltern [J]. Antonie van Leeuwenhoek, 109(7):937-943.

Zhu DC, Tanabe SH, Xie CX, Honda D, Sun JZ, Ai LZ, 2014. *Bacillus ligniniphilus* sp. nov. an alkaliphilic and halotolerant bacterium isolated from sediments of the South China Sea [J]. Int J Syst Evol Microbiol, 64(Pt 5):1712-1727.

艾雪，王艺霖，张威，李师翁，2015. 柴达木沙漠结皮中耐盐碱细菌的分离及其固沙作用研究 [J]. 干旱区资源与环境，29(10):145-151.

安然，易图永，2010. *gyrB* 基因在细菌分类和检测中的应用 [J]. 江西农业学报，22(4): 18-20.

白兰芳，高慧，刘明启，戴贤君，关荣发，2011. 产果胶酶枯草芽孢杆菌的鉴定、发酵条件优化及产物酶学性质的研究 [J]. 中国畜牧杂志，47(19):63-68.

白志辉，王璠，曹建喜，吴尚华，徐圣君，马双龙，2015. 解淀粉芽孢杆菌菌剂对雪菜生长和土壤氧化亚氮排放的影响 [J]. 农业科学与技术，4:727-732,749.

包怡红，李雪龙，杨传平，2008. 类芽孢杆菌木聚糖酶产生菌株的筛选及其产酶条件优化 [J]. 中国食品学报，8(2):36-41.

鲍艳宇，周启星，颜丽，关连珠，2008. 不同畜禽粪便堆肥过程中有机氮形态的动态变化 [J]. 环境科学学报，28(5):930-936.

鲍艳宇，周启星，娄翼来，颜丽，关连珠，2010. 奶牛粪好氧堆肥过程中不同含碳有机物的变化特征以及腐熟评价 [J]. 生态学杂志，29(11): 2111-2116.

鲍振国，孙新文，张彪，张文举，2013. 产植酸酶枯草芽胞杆菌诱变选育方法的研究 [J]. 饲料研究，(4):7-11.

别小妹，吕凤霞，陆兆新，黄现青，沈娟，2006. *Bacillus subtilis* fmbJ 脂肽类抗菌物质的分离和鉴定 [J]. 生物工程学报，22(4):644-649.

蔡晨秋，唐丽，龙春林，2011. 土壤微生物多样性及其研究方法综述 [J]. 安徽农业科学，39(28): 17274-17276.

蔡涵冰，冯雯雯，董永华，马中良，曹慧锦，孙俊松，张保国，2020. 畜禽粪便和桃树枝工业化堆肥过程中微生物群演替及其与环境因子的关系 [J]. 环境科学，41(2):997-1004.

蔡俊鹏，吴冰，2001. 益生素在水产养殖业的应用 [J]. 广东饲料，10(4):35-36.

蔡莉，2016. 几丁质酶高产菌株 HF-3 的筛选及发酵条件研究 [J]. 黑龙江畜牧兽医，(15): 136-137.

蔡全英，吕辉雄，曾巧云，张君，黄慧娟，2010. 我国生物肥料标准的沿革与标准体系的构建 [J]. 安徽农业科学，38(28): 15559-15560.

蔡鑫华，2018. 黑水虻处理鸡粪和泰乐菌素药渣的效果及虫体饲料价值的研究 [D]. 广州：华南农业大学，硕士学位论文.

曹凤明，沈德龙，李俊，关大伟，姜昕，李力，冯瑞华，杨小红，陈慧君，葛一凡，2008. 应用多重 PCR 鉴定微生物肥料常用芽孢杆菌 [J]. 微生物学报，48(5):651-656.

曹凤明，李俊，沈德龙，关大伟，李力，2009. 多重 PCR 技术检测微生物肥料中巨大芽孢杆菌和蜡样群芽孢杆菌的研究与应用 [J]. 微生物学通报，36(9):1436-1441.

曹建民，胡玫，1999. 益生素在欧鳗养殖中的应用试验 [J]. 兽药与饲料添加剂，4(3):6-7.

曹晶晶，杨海艳，谢咸升，田佳，吴云锋，安德荣，2016. 解淀粉芽胞杆菌对小麦黄花叶病的生物防治 [J]. 植物保护学报，43(4):588-593.

曹俊超，吴银宝，2017. 鸡粪的物质组分及其处理技术评价 [J]. 广东饲料，26(11):19-23.

曹可伦，2012. 畜禽粪便中 NH_3 释放的影响因素及控制措施研究 [J]. 畜禽业，9:44-47.

曹喜涛，常志州，黄红英，沈中元，徐莉，2006. 1 株高温异养硝化细菌的分离鉴定和特性研究 [J]. 安徽农业科学，34(19): 4833-4834.

曹晓云，王丽梅，李志娟，2018. 富源县畜禽粪污资源化利用调研报告 [J]. 云南畜牧兽医，(5):39-42.

曹亚婧，2016. 铁矿类芽胞杆菌的多相分类鉴定及铁矿硒矿土壤细菌多样性研究 [D]. 华中农业大学，硕士学位论文.

曹煜成，李卓佳，文国樑，陈永青，吴灶和，2005. 芽胞杆菌胞外产物的研究进展 [J]. 湛江海洋大学学报，25(6): 97-100.

曹云，常志州，黄红英，徐跃定，吴华山，2015. 畜禽粪便堆肥前期理化及微生物性状研究 [J]. 农业环境科学学报，34(11):2198-2207.

曹云，黄红英，钱玉婷，王琳，徐跃定，靳红梅，孙金金，常志州，2017. 超高温预处理装置及其促进鸡粪稻秸好氧堆肥腐熟效果 [J]. 农业工程学报，33(13):243-250.

曹云，黄红英，孙金金，吴华山，段会英，徐跃定，靳红梅，常志州，2018a. 超高温预处理对猪粪堆肥过程碳氮素转化与损失的影响 [J]. 中国环境科学，38(5):1792-1800.

曹云，黄红英，吴华山，孙金金，徐跃定，常志州，2018b. 畜禽粪便超高温堆肥产物理化性质及其对小白菜生长的影响 [J]. 农业工程学报，34(12):251-257.

曹云，黄红英，吴华山，徐跃定，陈应江，2020. 超高温堆肥提高土壤养分有效性和水稻产量的机理 [J]. 植物营养与肥料学报，26(3):481-491.

常国斌，戴网成，沈晓昆，2010. 肉鸡发酵床养殖优势与趋势 [J]. 农村养殖技术，20:6-7.

车建美，付萍，刘波，郑雪芳，林抗美，2010. 保鲜功能微生物 FJAT-0809 对龙眼保鲜特性的研究 [J]. 热带作物学报，31(9): 1632-1640.

车建美，郑雪芳，林抗美，刘波，2011a. 保鲜功能微生物对不同鲜切水果保鲜效果的研究 [J]. 福建农业学报，2(2):260-264.

车建美，郑雪芳，刘波，苏明星，朱育菁，2011b. 短短芽胞杆菌 FJAT-0809-GLX 菌剂的制备及其对枇杷保鲜效果的研究 [J]. 保鲜与加工，11(5): 6-9.

车建美，2011c. 短短芽胞杆菌（Brevibacillus brevis）对龙眼保鲜机理的研究 [D]. 福州：福建农林大学，博士学位论文.

车建美，刘波，郭慧慧，刘国红，葛慈斌，刘丹莹，2015a. 短短芽胞杆菌 FJAT-0809-GLX 对番茄促长作用的研究 [J]. 福建农业学报，30(5):498-503.

车建美，刘波，陈冰冰，史怀，唐建阳，2015b. 一株短短芽胞杆菌中羟苯乙酯高效液相色谱分析研究 [J]. 农业生物技术学报，23(11):1524-1530.

车晓曦，李社增，李校堃，2010. 1 株解淀粉芽胞杆菌发酵培养基的设计及发酵条件的优化 [J]. 安徽农业科学，38(18): 9402-9405.

陈冰冰，2013. 短短芽胞杆菌 FJAT-0809 功能成分羟苯乙酯含量测定及发酵条件优化 [D]. 福州：福建农林大学，硕士学位论文.

陈敦，2001."免疫益生素"的组成、特性及在动物饲养中的应用 [J]. 上海畜牧兽医通讯，(1):20-22.

陈凡华，姜海涛，2010. 畜禽粪便的消毒技术 [J]. 畜牧兽医科技信息，7:35.

陈刚，2003. 天然抗真菌肽 APS 的分离纯化、理化特性及其生物活性研究 [D]. 成都：四川大学，硕士学位论文 .

陈海洪，张磊，张国生，吴志勇，余峰，吴志坚，2018. 黑水虻处理新鲜猪粪效果初探 [J]. 江西畜牧兽医杂志，(2):25-28.

陈坚，堵国成，卫功元，2005. 微生物重要代谢产物 - 发酵生产与过程解析 [M]. 北京：化学工业出版社，pp: 128-175.

陈凯，薛东红，夏尚远，何亮，王智文，刘训理，2006. 短短芽孢杆菌 (Brevibacillus brevis)XDH 菌株发酵培养基配方的研究 [J]. 山东农业大学学报 : 自然科学版，37(2):190-195.

陈立杰，方月月，解文利，刘文洁，周礼红，2019. 除臭功能微生物菌株的分离筛选与鉴定 [J]. 贵州农业科学，47(7):60-65.

陈丽园，吴东，夏伦志，周芬，赵瑞宏，2008. 畜禽粪便除臭微生物的分离与筛选 [J]. 畜牧与兽医，40(12):59-61.

陈丽园，詹凯，鲁恒星，戚仁德，2014. 土传病害生防菌的分离筛选及鉴定 [J]. 中国农学通报，(29):8-14.

陈莉，章钢娅，胡锋，2006. Cu, Zn 对氰戊菊酯在土壤中降解的影响 [J]. 江苏农业科学，(5): 173-176.

陈莉，缪卫国，刘海洋，努尔孜亚，2008. 短短芽孢杆菌 A57 对棉花主要病原真菌的拮抗机理 [J]. 西北农业学报，17(4): 149-155.

陈琳，彭虹旆，孔垂斌，王增元，吕左航，甄丽，2010. 几株饲用益生菌对体外模拟胃肠道环境的抗逆性评估 [J]. 中国微生态学杂志，22(8): 701-704.

陈芫，2020. 产蛋白酶菌株的筛选及酶学性质的研究 [D]. 南昌：南昌大学硕士学位论文 .

陈璐，苏明星，刘波，黄素芳，葛慈斌，朱育菁，2009. 动物饲用益生菌 LPF-2 对大肠杆菌抑制作用的培养条件优化 [J]. 中国农业通报，25(16): 13-16.

陈梅春，王阶平，肖荣凤，刘波，刘晓港，葛慈斌，阮传清，朱育菁，2017. 地衣芽胞杆菌 FJAT-4 脂肽结构鉴定及其对尖孢镰刀菌的抑制作用 [J]. 微生物学报，57(12):179-189.

陈敏杰，钱懿宏，于青燕，郭倩，洪智程，徐冬梅，2019. 典型四环素类抗生素对土壤微生物及植物生长的影响 [J]. 生态毒理学报，14(6):276-283.

陈明，2006. 微生态制在仔猪生产中的应用 [J]. 饲料与营养，(11): 37-39.

陈倩，高淼，胡海燕，徐晶，周义清，孙建光，2011a. 一株拮抗病原真菌的固氮菌 Paenibacillus sp. GD812 [J]. 中国农业科学，44(16):3343-3350.

陈倩，胡海燕，高淼，徐晶，周义清，孙建光，2011b. 一株具有 ACC 脱氨酶活性固氮菌的筛选与鉴定 [J]. 植物营养与肥料学报，17(6):1515-1521.

陈俏彪，王东明，毛可红，2011. 食用菌培养料细菌性污染的细菌种群特征 [J]. 江苏农业科学，39(6): 417-418.

陈秋红，孙梅，匡群，施大林，刘淮，胡凌虹，张维娜，夏冬，朱清旭，2009. 培养条件对凝结芽胞杆菌芽胞形成的影响 [J]. 生物技术，19(01):77-81.

陈仁华，2004. 武夷山不同森林类型土壤微生物分布状况的研究 [J]. 福建林业科技，31(4): 44-47.

陈世琼，张簇，李平兰，郑海涛，2001. 猪源抑制大肠杆菌的乳酸菌的生物学特性研究 [J]. 中国酿造，(5):23-25.

陈文浩，王彦杰，荆瑞勇，孙志远，王伟东，2011. 微生物菌剂对条垛式堆肥中氮素变化的影响 [J]. 农机化研究，33(12):179-182.

陈文辉，周映华，李秋云，曾艳，吴胜莲，缪东，2007. 复合益生菌制剂对断奶仔猪生产性能和腹泻率的影响 [J]. 湖南畜牧兽医，(3): 14-15.

陈艳希，黄六莲，吴姣平，陈礼辉，2013. 碱性木聚糖酶辅助漂白马尾松硫酸盐浆的研究 [J]. 福建林学院学报，33(1): 93-96.

陈永锋，郑春生，王全溪，2001. 益生素防治仔猪腹泻试验 [J]. 福建畜牧兽医，23(2):6-7.

陈赵芳，尹立红，浦跃朴，李先宁，谢祥峰，2007. 一株异养硝化菌的筛选及其脱氮条件 [J]. 东南大学学报（自然科学版），37(3): 486-490.

陈峥，刘波，车建美，唐建阳，朱育菁，2011. 龙眼微生物保鲜剂挥发性物质分析 [J]. 中国农学通报，27(20):115-118.

陈峥，刘波，车建美，唐建阳，朱育菁，2012a. 龙眼微生物保鲜菌 FJAT-0809-GLX 发酵液丙酮萃取物的成分分析 [J]. 福建农业学报，27(3):294-298.

陈峥，刘波，朱育菁，胡桂萍，车建美，唐建阳，2012b. pH 条件对短短芽孢杆菌 FJAT-0809-GLX 次生代谢物产生的影响 [J]. 福建农业学报，27(1):71-76.

陈智远，蔡昌达，石东伟，2009. 不同温度对畜禽粪便厌氧发酵的影响 [J]. 贵州农业科学，37(12):148-151.

成登苗，李兆君，张雪莲，冯瑶，张树清，2018. 畜禽粪便中兽用抗生素削减方法的研究进展 [J]. 中国农业科学，51(17): 3335-3352.

程绍明，马杨晖，姜雄晕，2009. 我国畜禽粪便处理利用现状及展望 [J]. 农机化研究，31(2):222-224.

程学明，1986. 细菌中性蛋白酶治疗高速投射物伤的试验 [J]. 解放军医学杂志，11(2): 99-101.

程治良，全学军，代黎，项锦欣，黄勇富，2013. 牛粪好氧堆肥处理研究进展 [J]. 重庆理工大学学报（自然科学版），27(11):36-41.

储意轩，汪华，方程冉，吴新楷，姜澜慧，2018. 畜禽粪便中残留抗生素污染特征及其生物降解的研究进展 [J]. 科技通报，34(11):16-21.

崔海洋，程仕伟，黄田红，李秀娟，杨立红，陈国忠，2014. 产纤维素酶的解淀粉芽胞杆菌分离鉴定及酶学性质研究 [J]. 食品科学技术学报，32(3):43-47.

崔晓双，王伟，张如，张瑞福，2015. 基于根际营养竞争的植物根际促生菌的筛选及促生效应研究 [J]. 南京农业大学学报，38(6):958-966.

崔莹，黄惠琴，刘敏，孙前光，朱军，鲍时翔，2014. 八门湾红树林滩涂沉积物芽胞杆菌分离与多样性分析 [J]. 微生物学通报，41(2): 229-235.

崔月明，樊妙姬，栾桂龙，凌云，韦莉莉，蒋艳明，2005. 枯草芽胞杆菌 XY1905 木聚糖酶酶学性质的初步研究 [J]. 饲料工业，26(6): 21-23.

崔志峰，汪华，王渭霞，汪琨，朱廷恒，2009. 氯氰菊酯降解菌 CY22-7 的分离鉴定及降解特性研究 [J]. 环境污染与防治，31(11): 35-38

代萌，杜立新，宋健，曹伟平，王金耀，冯书亮，2013. 五岳寨苏云金芽胞杆菌多样性分析及杀虫基因的鉴定 [J]. 中国农学通报，29(6): 187-190.

戴莲韵，王学聘，杨光滢，张万儒，1994. 我国森林土壤中苏云金芽胞杆菌生态分布的研究 [J]. 微生物学报，34(6): 449-456.

戴顺英，高梅影，李小刚，李荣森，1996. 我国南北方土壤中苏云金芽胞杆菌的分布及杀虫特性 [J]. 微生物学报，36(4): 295-302.

党宏月，宋林生，李铁刚，秦蕴珊，2005. 海底深部生物圈微生物的研究进展 [J]. 地球科学进展，20(12):1306-1313.

邓洁，程龙，刘谊，白林含，于昕，鲍锦库，曹毅，乔代蓉，2006. 根肿 (Plasmodiophora brassicae) 休眠孢子的纯化和超声波破碎方法研究 [J]. 应用与环境生物学报，12(2): 269-272.

邓小军，周国英，刘君昂，李琳，布婷婷，2011. 湖南油茶林丛枝菌根真菌多样性及其群落结构特征 [J]. 中南林业科技大学学报，31(10): 38-42.

刁新平，王利军，陈美霞，叶应建，武洪志，2014. 发酵白术对断奶仔猪生产性能和血清生化免疫指标的影响 [J]. 东北农业大学学报，45(10): 64-67.

刁治民，高晓杰，熊亚，2004. 畜禽粪便微生物处理及资源化工程的研究 [J]. 青海草业，13(1): 13-17,20.

丁立孝，2004. 脂肽生物表面活性剂的发酵生产及其结构、性质研究 [D]. 杭州：浙江大学，硕士学位论文 .

丁祥力，王震，陈薇，尹红梅，2012. 枯草芽胞杆菌 WH-5 的分离鉴定及净水研究 [J]. 湖南农业科学，(1): 15-19.

丁玉华，李德发，龚利敏，邢建军，武玉波，益生素"活清"对肉仔鸡生产性能的影响 [J]. 中国饲料，23(5):11-12.

东秀珠，蔡妙英，2001. 常见细菌系统鉴定手册 [M]. 北京 : 科学出版社，1-425.

董传发，蔡旭杰，1998. 活酵母益生素对家畜的作用机理 [J]. 饲料博览，10(2):7-8.

董大钧，乔莉，董丽，2013. 误差分析与数据处理 [M]. 北京 : 清华大学出版社 .

董丹，车振明，关统伟，2016. 白酒酒糟中产纤维素酶菌株的筛选及其酶活力特性检测 [J]. 中国酿造，34(8): 44-48.

董浩，佘跃惠，王正良，舒福昌，张凡，柴陆军，2012. 聚驱后油藏产多糖微生物多样性与功能分析 [J]. 石油天然气学报，34(5): 112-115.

董惠钧，姜俊云，郑立军，庞俊星，2010. 新型微生态益生菌凝结芽胞杆菌研究进展 [J]. 食品科学，31(1): 292-294.

董晓丽，张乃锋，周盟，屠焰，刁其玉，2013. 复合菌制剂对断奶仔猪生长性能、粪便微生物和血清指标的影响 [J]. 动物营养学报，25(6): 1285-1292.

杜冰，刘长海，吴建忠，2006. 饲用微生态制剂——动物用益生菌的研究应用 [J]. 粮食与饲料工业，(7): 38-39.

段丽杰，2013. 牛粪与秸秆协同好氧堆肥过程参数变化规律研究 [J]. 农业环境与发展，30(5):58-62.

段舜山，徐景亮，2004. 红树林湿地在海岸生态系统维护中的功能 [J]. 生态科学，23(4): 351-355.

段永兰，2011. 畜禽粪便生产生物有机肥和发酵技术和发展前景 [J]. 湖北畜牧兽医，2:12-13.

樊程，李双江，李成磊，马双，邹立扣，吴琦，2012. 大熊猫肠道纤维素分解菌的分离鉴定及产酶性质 [J]. 微生物学报，52(9): 1113-1121.

樊慧菊，张立秋，封莉，2012. SPE-HPLC 测定污水中微量药物的方法研究 [J]. 给水排水，38(增刊): 85-89.

樊竹青，叶华，2001. 滇池底泥中的芽胞杆菌 [J]. 思茅师范高等专科学校校报，17(3): 1-4.

范金波，侯宇，周素珍，蔡茜彤，2015. 双歧杆菌增强小鼠机体的免疫功能 [J]. 微生物学报，55(4): 484-491.

方如康，1996. 中国的地形 [M]. 北京：商务印书馆 .

丰贵鹏，杨丽云，2009. 地衣芽胞杆菌发酵培养基的优化 [J]. 安徽农业科学，37(15):6862-6864.

冯定远，张莹，余石英，2000. 含有木聚糖酶和 β- 葡聚糖酶的酶制剂对猪日粮消化性能的影响 [J]. 畜禽业，(7): 44-45.

冯丰凑，邓颖，2010. 反相高效液相色谱法测定羟苯乙酯含量 [J]. 医药导报，29(5):673-674.

冯广达，邓名荣，朱红惠，郭俊，张曦，朱昌雄，梁浩亮，2010. 水体粪便污染的微生物溯源方法研究进展 [J]. 应用生态学报，21(12):3273-3281.

冯健，方新，于淼，2009. 生物除臭剂在畜禽粪便除臭中的应用试验 [J]. 现代农业科技，(20):286,288.

冯伟，2013. 天津滨海耐盐碱菌的筛选、鉴定以及对蒽的降解研究 [D]. 天津：南开大学，硕士学位论文 .

冯玮，张蕾，宣慧娟，万平，李艳红，杨志伟，2016. 西藏土壤中耐辐射阿氏芽胞杆菌 T61 的分离和鉴定 [J]. 微生物学通报，43(3): 488-494.

冯雯雯，董永华，蔡涵冰，孙俊松，张保国，马中良，2020. 微生物菌剂对畜禽粪便与秸秆混合发酵过程参数影响及腐熟度综合评价 [J]. 江苏农业科学，48(6):265-271.

冯晓川，曹新光，居文华，刘凯妹，2019. 庐山国家级自然保护区森林土壤细菌群落特征研究 [J]. 林业资源管理，(6): 101-107.

付佳莹，丁建，谢冰花，皱夏珍，黄开祥，黄华荣，赵晓枫，杨爱芬，2019. 凝结芽胞杆菌培养基确定与高密度发酵条件优化研究 [J]. 畜牧兽医科学 (电子版)，(2):5-8.

付坦，刘立鹤，蒋加鹏，李浩，王哲，周哲，袁程，石婷，2017. 采用嗜热菌酶好氧发酵工艺快速发酵鸡粪的研究 [J]. 武汉轻工大学学报，36(1):96-100.

傅利剑，2004. 反硝化微生物生物学特性及其固定化细胞对硝态氮去除的研究 [D]. 南京：南京农业大学，硕士学位论文 .

傅若农，2005. 色谱分析概论（第二版）[M]. 北京 : 化学工业出版社 .

甘露，马君，钱晓辉，盛力伟，2005. 畜禽粪便生产生物复合肥的工艺及效益分析 [J]. 农机化研究，1:144-145.

高成华，2011. 内蒙古鄂尔多斯地区盐碱湖中可培养嗜碱细菌的多样性研究以及嗜碱芽孢杆菌 Bacillus sp.-N16-5 的遗传转化系统构建 [D]. 北京：中国科学院研究生院，硕士学位论文 .

高明琴，黄波，刘栩，孔德顺，方英，王德凤，2011. 规模化养猪场粪污的综合治理措施 [J]. 黑龙江畜牧兽医，(1):23-24.

高士争，葛长荣，田允波，张曦，韩剑众，2002. 中草药添加剂对生长肥育猪血液生理生化指标的影响 [J]. 云南农业大学学报，17(2): 164-169.

高书锋，任杰，张德元，陈薇，许丽娟，魏小武，2010. 凝结芽胞杆菌发酵条件的优化 [J]. 湖南农业科学，(23):34-38.

高书锋，刘惠知，周映华，繆东，吴胜莲，周小玲，2012. 一株猪源肠道益生菌的分离鉴定及其生物学特性研究 [J]. 畜牧与兽医，44(1): 19-23.

高伟，田黎，周俊英，史振平，郑立，崔志松，李元广，2009. 海洋芽胞杆菌 (Bacillus marinus)B-9987 菌株抑制病原真菌机理 [J]. 微生物学报，49(11):1494-1501.

高学文，姚仕义，Pham H，Vater J，王金生，2003. 基因工程菌枯草芽胞杆菌 GEB3 产生的脂肽类抗生素及其生物活性研究 [J]. 中国农业科学，36(12):1496-1501.

高颖，褚维伟，张霞，席锋，陈丽，周碧君，王开功，文明，2011. 猪粪除臭微生物筛选及其生长曲线测定 [J]. 山地农业生物学报，30(1):47-51.

高云超，潘木水，田兴山，杨景培，黄庭汝，2005. 猪场粪污发酵微生物肥及其肥效试验 [J]. 广东农业科学，(2):52-54.

高兆建，胡鑫强，王福重，丁飞鸿，赵宜峰，陈腾，2020. 解淀粉芽胞杆菌 I 型耐热普鲁兰酶的纯化及酶特性分析 [J]. 食品科学，（待补充）

格根图雅，张颖，马国红，2011. 废水生物脱氮处理方法研究 [J]. 北方环境，23(10): 158-160.

葛慈斌，刘波，蓝江林，黄素芳，朱育菁，2009. 生防菌 JK-2 对尖孢镰刀菌抑制特性的研究 [J]. 福建农业学报，24(1): 29-34.

葛慈斌，刘波，肖荣凤，朱育菁，唐建阳，2013. 枯萎病生防菌 FJAT-4 的生长与抑菌作用的温度效应 [J]. 福建农业学报，28(7): 697-704.

葛慈斌，郑榕，刘波，刘国红，车建美，唐建阳，2016. 武夷山自然保护区土壤可培养芽胞杆菌的物种多样性及分布 [J]. 生物多样性，24(10): 1164-1176.

葛培锦，赵建，李雪芝，2005. 麦草生物化机浆的木聚糖酶漂白 [J]. 纤维素科学与技术，13(1): 6-10.

葛晓颖，孙志刚，李涛，欧阳竹，2016. 设施番茄连作障碍与土壤芽胞杆菌和假单胞菌及微生物群落的关系分析 [J]. 农业环境科学学报，35(03): 514-523.

龚谷迪，周广田，郭阳，杜芳，2013. 脂肽 surfactin、iturin、fengycin 性质鉴定的研究与展望 [J]. 中国食品添加剂，(3):211-215.

龚国淑，唐志燕，邓象洁，张世熔，杨继芝，2009. 成都郊区土壤芽胞杆菌的空间分布及其多样性 [J]. 生态学杂志，28(10): 2009-2013.

龚庆伟，2012. 芽孢杆菌抗菌脂肽的分离纯化及 Bacillomycin D 抑制黄曲霉作用的研究 [D]. 南京：南京农业大学，硕士学位论文.

苟莎，黄钧，2009. 异养硝化细菌脱氮特性及研究进展 [J]. 微生物学通报，36(2): 255-260.

谷军，1994. α- 淀粉酶的生产与应用 [J]. 生物技术，4(3): 1-5.

顾小平，吴晓丽，1998. 毛竹根际分离的多粘芽胞杆菌固氮特性的研究 [J]. 林业科学研究，11(4):377-381.

顾真荣，吴畏，高新华，马承铸，2004. 枯草芽胞杆菌 G3 菌株的抗菌物质及其特性 [J]. 植物病理学报，34(2):166-172.

关松荫，1986. 土壤酶及其研究方法 [M]. 北京：农业出版社，pp:274-339.

郭成栓，崔堂兵，郭勇，2007. 嗜碱芽胞杆菌产碱性纤维素酶研究概况 [J]. 氨基酸和生物资源，29(1): 35-38.

郭建军，熊大维，曾静，魏国汶，杜建华，袁林，2020. 饲用枯草芽胞杆菌高产芽胞工艺优化及菌剂制备 [J]. 中国饲料，(19):16-22.

郭景峰，孙长征，2004. 畜禽粪便太阳能好氧发酵系统及其技术 [J]. 当代畜牧，9:30-32.

郭亮，马传杰，花日茂，2008. 温度对畜禽粪便厌氧发酵影响的研究现状 [J]. 当代畜牧，(9):45-46.

郭万奎，侯兆伟，石梅，伍晓林，2007. 短短芽胞杆菌和蜡状芽胞杆菌采油机理及其在大庆特低渗透油藏的应用 [J]. 石油勘探与开发，34(1): 73-78.

郭晓军，郭威，杨继业，朱宝成，2017. 堆肥用产蛋白酶菌株的筛选、鉴定及产芽胞条件优化 [J]. 黑龙江畜牧兽医，(16):61-64.

郭星亮，谷洁，高华，秦清军，孙薇，陈智学，张卫娟，李海龙，2011. 重金属 Zn 对农业废弃物静态高温堆腐过程中理化性质和水解酶活性的影响 [J]. 植物营养与肥料学报，17(3):638-645.

郭照辉，2012. 畜禽用凝结芽胞杆菌液体杂菌控制及保存期初步研究 [J]. 湖南农业科学，(17): 26-28.

海米代·吾拉木，布沙热木·阿布力孜，乌斯满·依米提，2016. 棉酚分解菌的分离鉴定及其与饲用高效乳酸菌和纤维素分解菌混合培养生长特性研究 [J]. 饲料研究，(6):42-46.

韩华雯, 孙丽娜, 姚拓, 张英, 王国基, 2013a. 苜蓿根际有益菌接种剂对苜蓿生长特性影响的研究 [J]. 草地学报, 33(2):353-359.

韩华雯, 姚拓, 王国基, 赵桂琴, 张玉霞, 马文文, 马文彬, 2013b. 不同根际促生菌肥复合载体对燕麦产量的影响 [J]. 草地学报, 33(4):39-44.

韩梦瑶, 陈晶晶, 乔云明, 朱平, 2018. 非核糖体肽合成酶研究进展 [J]. 药学学报, 53(7): 1080-1089.

韩学易, 陈惠, 吴琦, 梁如玉, 高凤菊, 胥兵, 2006. 产纤维素酶枯草芽胞杆菌 C-36 的产酶条件研究 [J]. 四川农业大学学报, 24(2): 178-183.

韩兆玉, 段智勇, 丁立人, 金志红, 劳晔, 2008. 酶制剂对奶牛产量和乳品质的影响 [J]. 粮食与饲料工业, (8): 39-40.

郝晓娟, 刘波, 谢关林, 葛慈斌, 林娟, 2007. 短短芽胞杆菌 JK-2 菌株抑菌物质特性的研究 [J]. 浙江大学学报（农业与生命科学版）, 33(5): 484-489.

郝晓娟, 刘波, 葛慈斌, 周先治, 2009. 短短芽胞杆菌 JK-2 菌株抑菌活性物质产生条件的优化 [J]. 河北农业科学, 13(6): 46-49.

郝玉娥, 杨培香, 陈明会, 舒雪萍, 陈强, 李程, 杨发祥, 莫明和, 2012. 云南滇池富磷区趋化性细菌的系统多样性 [J]. 应用生态学报, 23(7): 1985-1991.

郝云婕, 韩素贞, 2008. gyrB 基因在细菌系统发育分析中的应用 [J]. 生物技术通报, (2): 39-41.

何建瑜, 刘雪珠, 赵荣涛, 吴方伟, 王健鑫, 2013. 东海表层沉积物纯培养与非培养细菌多样性 [J]. 生物多样性, 21(1):28-37.

何健源, 林建丽, 刘初钿, 陈鹭真, 李振基, 2004. 武夷山自然保护区蕨类植物物种多样性与区系的研究 [J]. 福建林业科技, 31(4): 40-43, 57.

何琳燕, 盛下放, 陆光祥, 黄为一, 2004. 不同土壤中硅酸盐细菌生理生化特征及其解钾活性的研究 [J]. 土壤, 36(4):434-437.

何琳燕, 曹广祥, 盛下放, 钱永禄, 刘丽, 2006. 高效 NMF 菌群对性冷牛粪的快速腐熟作用研究 [J]. 土壤通报, 37(4):761-763.

何霞, 吕剑, 何义亮, 赵彬, 李春杰, 2006. 异养硝化机理的研究进展 [J]. 微生物学报, 46(5):844-847.

何志刚, 孙军德, 2007. 复合微生物菌剂在牛粪堆肥中的试验研究 [J]. 安徽农业科学, 35(16):4922,4933.

洪葵, 2013. 红树林放线菌及其天然产物研究进展 [J]. 微生物学报, 53(11): 1131-1141.

洪永聪, 辛伟, 崔德杰, 胡方平, 2007. 蜡状芽胞杆菌菌株 TR2 的氯氰菊酯降解酶特性 [J]. 青岛农业大学学报 (自然科学版), 24(3):185-188.

侯红漫, 靳艳, 金美芳, 虞星炬, 张卫, 2006. 环脂肽类生物表面活性剂结构、功能及生物合成 [J]. 微生物学通报, 33(5):122-128.

侯佳佳, 王天祎, 李志军, 王超男, 张永红, 崔德凤, 2018. 凝结芽胞杆菌发酵条件的优化 [J]. 北京农学院学报, 33(4):64-67.

侯俊杰, 康丽华, 陆俊锟, 朱亚杰, 王胜坤, 2014. 芽胞杆菌对桉树幼苗的促生效果及其 ACC 脱氨酶活性的研究 [J]. 微生物学通报, 41(10):2029-2034.

侯晓丽, 陈智, 2005. 分类及鉴别细菌的新靶标: gyrB 基因 [J]. 国外医学·流行病学传染病学分册, 32(1): 38-41.

侯雪燕, 2014. 土壤 pH 对硝化作用和氨氧化微生物群落结构的影响 [D]. 重庆: 西南大学 .

侯仲轲, 毛春晖, 2000. 2000 年英国布莱顿会议农药新品种与展望 [J]. 新农药, (4): 15-16.

候学煜, 1981. 中国植被地理分布的规律性 [J]. 西北植物学报, 1(2): 3-13.

胡斌，刘延生，于蕾，吴越，江丽华，杨岩，王梅，霍瑞风，2018. 添加菌剂对羊粪和菌渣好氧堆肥进程的影响 [J]. 山东农业科学，(9):89-93.

胡桂萍，刘波，朱育菁，史怀，黄素芳，刘丹莹，2012. 少动鞘脂单胞菌产结冷胶发酵培养基的响应面法优化 [J]. 生物数学学报，27(3):507-517.

胡长庆，何晓义，邵玮，邵赛男，张黎琳，2010. 白腐真菌处理木粉鸡粪混合物效果的研究 [J]. 安徽农业科学，38(2):772-775.

胡海燕，于勇，张玉静，徐晶，孙建光，2013. 发酵床养猪废弃垫料的资源化利用评价 [J]. 植物营养与肥料学报，19(1):252-258.

胡奎娟，吴克，潘仁瑞，刘斌，蔡敬民，2007. 固态混合发酵提高木聚糖酶和纤维素酶活力的研究 [J]. 菌物学报，26(2): 273-278.

胡容平，龚国淑，张洪，张世熔，卢代华，刘旭，叶慧丽，2010. 四川甘孜州折多山与雀儿山地区土壤细菌的研究 [J]. 西南农业学报，23(5): 1565-1570.

胡淑娟，2018. 微生物肥料的研究现状与发展趋势分析 [J]. 中国标准化，(22):234-235.

胡新旭，周映华，卞巧，刘慧知，王升平，高书锋，周小玲，张德元，2015. 无抗发酵饲料对生长育肥猪生产性能、血液生化指标和肉品质的影响 [J]. 华中农业大学学报，34(1): 72-77.

胡治铭，梁丛丛，国洪旭，邓先余，林连兵，2016. 屎肠球菌和枯草芽孢杆菌混合培养条件的优化 [J]. 食品与生物技术学报，35(05):537-542.

滑留帅，王璟，徐照学，张子敬，娄治国，赵洪昌，李文军，王二耀，2016. 16S rRNA 基因高通量测序分析牛粪发酵细菌多样性 [J]. 农业工程学报，32(S2):311-315.

华宝玉，林娟，严芬，李仁宽，杨捷，叶秀云，2012. 产果胶酶菌株的筛选鉴定及其产酶条件的研究 [J]. 福州大学学报（自然科学版），40(3):412-417.

华冠林，丁京涛，孟海波，沈玉君，程红胜，王健，2019. 好氧堆肥降解抗生素的研究进展 [J]. 环境工程，37(5):184-190.

怀文辉，何秀萍，郭文洁，张博润，2000. 微生物木聚糖降解酶研究进展及应用前景 [J]. 微生物学报通报，27(2):137-139.

黄备，邵君波，周斌，孟伟杰，罗韩燕，2017. 椒江口海域沉积物微生物群落及其对环境因子的响应 [J]. 中国环境监测，33(6):87-94.

黄灿，李季，康文力，2008. 几种放线菌处理猪粪效果的试验与分析 [J]. 农业环境科学学报，25(3):807-811.

黄璠，蔡俊，2012. 枯草芽孢杆菌产中性蛋白酶的发酵条件优化 [J]. 饲料工业，33(2):49-51.

黄海青，汪以真，2002. 低聚果糖在动物营养中的应用及研究进展 [J]. 饲料广角，(16):26-28.

黄俊丽，李常军，王贵学，2006. 微生物果胶酶的分子生物学及其应用研究进展 [J]. 生物技术通讯，17(6): 992-994.

黄玲玲，裘纪莹，唐琳，陈相艳，刘孝永，周庆新，王永慧，陈蕾蕾，2015. 解淀粉芽孢杆菌 NCPSJ7 对采后苹果轮纹病的生物防治作用 [J]. 中国食物与营养，21(2):20-24.

黄明勇，杨剑芳，王怀锋，张小平，2007. 天津滨海盐碱土地区城市绿地土壤微生物特性研究 [J]. 土壤通报，38(6): 1131-1135.

黄素芳，车建美，刘波，史怀，苏明星，陈峥，2011. 短短芽孢杆菌 FJAT-0809-GLX 代谢产物活性物质提取方法的优化 [J]. 福建农业学报，26(4): 528-532.

黄旺洲，张生伟，滚双宝，姚拓，朱建勋，2016. 高效纤维素分解菌群及锯末对动物粪便降解纤维素酶活与除臭效果的影响 [J]. 农业环境科学学报，35(1):186-194.

黄曦，许兰兰，黄荣韶，黄庶炽，2010. 枯草芽孢杆菌在抑制植物病原菌中的研究进展 [J]. 生物技术通报，(1):24-29.

黄翔峰，詹鹏举，彭开铭，刘佳，陆丽君，2013. 培养基中铁离子对枯草芽孢杆菌 CICC 23659 发酵产脂肽的影响研究 [J]. 中国生物工程杂志，33(6):52-61.

黄翔峰，黄薇，刘佳，路丽君，2014. 枯草芽孢杆菌利用脂肪酸酯和氨基酸合成脂肽 [J]. 同济大学学报 (自然科学版)，42(5):730-735.

黄雪泉，2010. 添加枯草芽胞杆菌制剂对仔猪生长性能的影响 [J]. 中国畜牧兽医，37(7): 212-214.

黄炎坤，2000. 应用酶制剂减轻畜禽粪便对环境的污染 [J]. 农业环境与发展，17(2):39-41.

黄义彬，李卿，张莉，周康，郑丽，张建宇，2011. 发酵床垫料无害化处理技术研究 [J]. 贵州畜牧兽医，35(5):3-7.

黄永成，颜建中，马剑龙，周石望，2011. 畜禽粪便生产生物有机肥概述 [J]. 广东农业科学，38(3): 221-223.

黄玉杰，陈贯虹，张强，张闻，孔学，傅晓文，王加宁，2017. 微生物除臭剂在畜禽粪便无害化处理中的应用进展 [J]. 当代牧业，(3):53-57.

黄占旺，上官新晨，沈勇根，吴少福，徐明生，蒋艳，2005. 鲤鱼精蛋白的提取与抗菌稳定性研究 [J]. 农业工程学报，21(2): 165-168.

黄占旺，帅明，牛丽亚，2007. 纳豆芽胞杆菌益生菌株 B2 的筛选与鉴定 [J]. 江西农业大学学报，29(6): 1006-1012.

黄正成，余波，2010. 猪场废水厌氧处理技术研究 [J]. 成都大学学报（自然科学版），29(4): 287-292.

纪玉琨，何洪，薛念涛，2014. 我国发酵床养猪技术发展现状研究 [J]. 黑龙江农业科学，(6):135-139.

季学枫，周明，王颖，刘有水，王勇，2003. 配置酶制剂对仔猪生产性能与血浆生理生化指标的影响 [J]. 中国畜牧杂志，39(6): 38-39.

贾聪俊，张耀相，杜鹃辰，王德光，石涛，李阳柯，牛竹叶，2011. 接种微生物菌剂对猪粪堆肥效果的影响 [J]. 家畜生态学报，32(5):73-76.

贾华清，2007. 畜禽粪便的除臭技术研究进展 [J]. 安徽农学通报，13(5):49-51.

贾小红，周顺桂，李旭军，黄中乔，刘西莉，2007. 北京地区紫花苜蓿根瘤菌接种剂的研制 [J]. 应用基础与工程科学学报，15(1):17-22.

贾燕，江栋，刘永，周伟坚，邓志毅，2009. 固定化硝化细菌去除氨氮和气相氨的试验研究 [J]. 水和废水工程，35(z1): 243-247.

贾子堂，李艳霞，2014. 双歧杆菌功能与应用的研究进展 [J]. 当代畜禽养殖业，(10): 6-8.

江丽华，王梅，张文君，林海涛，郑福丽，2010. 固氮、解磷、解钾混合菌株协同固定化技术 [J]. 中国农学通报，26(12):18-21.

江凌玲，詹艺凌，韦善君，2011. 脂肪酸分析技术在土壤微生物多样性研究中的应用现状 [J]. 安徽农业科学，39(17): 10327-10329.

江学斌，陈颖恒，冯燕平，雷德柱，2010. 蜡样芽孢杆菌的破碎条件及对 SOD 活性的影响 [J]. 广东化工，37(205): 78-79, 122.

江正强，2005. 微生物木聚糖酶的生产及其在食品工业中应用的研究进展 [J]. 中国食品学报，5(1): 1-9.

姜新有，王晓东，周江明，郑建斌，2016. 初始 pH 值对畜禽粪便和菌渣混合高温堆肥的影响 [J]. 浙江农业学报，28(9):1595-1602.

蒋若天，宋航，陈松，蒲宗耀，刘成君，卢涛，2007. 一株产 α- 高温淀粉酶的地衣芽胞杆菌的分离和筛选 [J]. 工业微生物，37(3): 37-41.

蒋苏苏，段红伟，于锋，2012. 饲料淀粉类酶制剂的营养机理及应用现状 [J]. 草业科学，29(6): 1007-1012.

蒋云霞，郑天凌，田蕴，2006. 红树林滩涂沉积物微生物的研究：过去、现在、未来 [J]. 微生物学报，46(5): 848-851.

蒋正宇，周岩民，王恬，2006. 外源 α- 淀粉酶对肉仔鸡消化器官发育及小肠消化酶活性影响的后续效应 [J]. 中国农学通报，22(10): 13-16.

金凯，2019. 中国植被覆盖时空变化及其与气候和人类活动的关系 [D]. 杨凌：西北农林科技大学 .

金立明，刘忠军，2004. 益生素研究进展 [J]. 经济动物学报，(8): 181-184.

金梅，刘磊，唐湘华，徐国良，黄遵锡，2010. 光合细菌对畜禽粪便处理的应用前景 [J]. 饲料研究，(11):72-74.

金珠理达，王顺利，邹荣松，刘克锋，王红利，杨建玉，孙俊丽，2010. 猪粪堆肥快速发酵菌剂及工艺控制参数初步研究 [J]. 农业环境科学学报，29(3):586-591.

Jin LZ，熊国远，姚建国，2001. 肉仔鸡日粮中添加乳杆菌属培养物对消化酶及细菌酶活性的影响 [J]. 饲料工业，22(8):38-41.

康志伟，2012. 废水生物脱氮新技术及研究进展 [J]. 资源环境与节能减灾，(1): 124-125.

柯崇榕，田宝玉，杨欣伟，林伟铃，黄薇，黄建忠，2008. 果胶酶高产菌株 EIM-4 的鉴定及其液体发酵条件优化 [J]. 生物技术，18(5): 69-72.

孔健，马桂荣，1996. SL 益生素生产菌乳链球菌若干特性 [J]. 山东大学学报：自科版，31(4):454-459.

孔健，马桂荣，1998. SL 益生素对试验性高血脂症的防治效果 [J]. 山东大学学报：自科版，33(1):106-109.

蓝江林，刘波，陈璐，肖荣凤，史怀，苏明星，2010. 芭蕉属植物内生细菌磷脂脂肪酸（PLFA）生物标记特性研究 [J]. 中国农业科学，43(10): 2045-2055.

蓝江林，刘波，陈峥，史怀，栗丰，2011. 菌株 LPF-1（*Brevibacillus brevis* LPF-1）降解猪粪过程中降解物质的 GS-MS 分析 [J]. 福建农业学报，26(6): 1056-1064.

蓝江林，宋泽琼，刘波，史怀，黄素芳，林娟，2013. 微生物发酵床不同腐熟程度垫料主要理化特性 [J]. 福建农业学报，28(11): 1132-1136.

雷寿平，黄梅玲，2005. 武夷山土壤资源的利用与保护 [J]. 山西师范大学学报（自然科学版），19(3): 104-106.

冷冰，李晓娟，2007. 基于微生物菌种资源库的图像智能检索系统研究 [J]. 计算机应用研究，24(7):286-288.

黎循航，2016. 桃流胶病拮抗微生物筛选及发酵产抗菌脂肽研究 [D]. 无锡：江南大学 .

李宝庆，鹿秀云，郭庆港，钱常娣，李社增，马平，2010. 枯草芽孢杆菌 BAB-1 产脂肽类及挥发性物质的分离和鉴定 [J]. 中国农业科学，43(17):3547-3554.

李超敏，韩梅，张良，陈锡时，2006. 细胞固定化技术：海藻酸钠包埋法的研究进展 [J]. 安徽农业科学，34(7): 1281-1282.

李大庆，汪裕良，李永剑，翁小荣，沈巧芳，2001. 强效益生素饲喂断奶仔猪的效果试验 [J]. 浙江畜牧兽医，26(2):3-4.

李芳亮，王锐，孙磊，赵颖，王丹丹，2011. 响应面法优化超声波提取沙棘叶水溶性多糖工艺研究 [J].

广东农业科学，(12): 101-104.

李凤翔，李仕璋，刘安芳，赵智华，章元明，2000. 不同抗生素与益生素先后饲喂肉鸭效果研究 [J]. 畜禽业，(7):26-28.

李刚，傅玲琳，王彦波，2013. 益生菌凝结芽胞杆菌胞外产物抑菌特性研究 [J]. 食品科技，38(10):20-24.

李桂杰，张钧利，2000. 益生素对肉仔鸡生产性能和肠道菌群的影响 [J]. 饲料博览，(1):43-44.

李国娟，柳纪省，李宝玉，田永强，2009. 微生物分离与培养的新方法与新技术 [J]. 畜牧兽医科技信息，(11): 10-11.

李红亚，李术娜，王树香，王全，薛茵茵，朱宝成，2015. 解淀粉芽胞杆菌 MN-8 对玉米秸秆木质纤维素的降解 [J]. 应用生态学报，26(5):1404-1410.

李红燕，2019. 畜禽粪便堆肥过程中有机肥腐熟研究 [J]. 安徽农业科学，47(12):70-72.

李宏彬，陈三凤，2012. 富含 12-MTA 的嗜碱芽孢杆菌 X1 的鉴定及其脂肪酸组成分析 [J]. 中国油脂，37(5):83-87.

李慧杰，王一明，林先贵，彭双，孙蒙猛，2017. 沸石和过磷酸钙对鸡粪条垛堆肥甲烷排放的影响及其机制 [J]. 土壤，49(1):63-69.

李佳霖，汪光义，秦松，2011. 秦皇岛近海带养殖对潮间带微生物群落多样性的影响 [J]. 生态环境学报，20(5): 920-926.

李江涛，钟晓兰，刘勤，张斌，赵其国，2010. 长期施用畜禽粪便对土壤生物化学质量指标的影响 [J]. 土壤 .42(4):526-535.

李江涛，钟晓兰，赵其国，2011. 畜禽粪便施用对稻麦轮作土壤质量的影响 [J]. 生态学报，31(10):2837-2845.

李捷，李新辉，贾晓平，谭细畅，王超，李跃飞，邵晓风，2012. 连江鱼类群落多样性及其与环境因子的关系 [J]. 生态学报，32(18): 5795-5805.

李晶，杨谦，2008. 生防枯草芽孢杆菌的研究进展 [J]. 安徽农业科学，36(1):106-111.

李静，2018. 过氧化氢诱导依赖于 metacaspase 的禾谷镰刀菌细胞凋亡研究 [D]. 泰安：山东农业大学 .

李聚海，岳田利，袁亚宏，2007. 辅酶 Q_{10} 超声波破碎法提取工艺条件研究 [J]. 西北农林科技大学学报，35(5): 207-211.

李娟，李吉进，邹国元，孙钦平，王海宏，刘春生，2012. 发酵床不同垫料配比前期发酵特征的研究 [J]. 中国农学通报，28(5):247-251.

李俊峰，刘丽，2015a. 脂肽类生物表面活性剂的研究进展 [J]. 化学与生物工程，32(1):12-15.

李俊锋，2015b. 基于 16S rRNA 和宏基因组高通量测序的微生物多样性研究 [D]. 北京：清华大学 .

李里特，李秀婷，江正强，杨绍青，2004. 嗜热真菌耐热木聚糖酶对面包品质的改善 [J]. 中国粮油学报，19(5): 11-15.

李立，李冬梅，罗淑萍，吴晖，余以刚，2008. 高淀粉酶蛋白酶活力枯草芽胞杆菌菌株的筛选及鉴定 [J]. 渔业现代化，35(2): 15-18.

李丽，2011. 中国西北地区甘草根瘤内生细菌多样性和系统发育研究 [D]. 杨凌：西北农林科技大学 .

李恋，王保战，周维友，杭宝剑，郭鹏，何健，李顺鹏，2011. Sphingobium sp. JZ-1 对菊酯类农药的降解特性研究 [J]. 土壤学报，48 (2): 389-396.

李玲玉，刘艳，颜冬云，徐绍辉，2010. 拟除虫菊酯类农药的降解与代谢研究进展 [J]. 环境科学与技术 33 (4): 65-71.

李孟婵，张鹤，杨慧珍，张健，张春红，王友玲，邱慧珍，2019. 不同原料好氧堆肥过程中碳转化特征及腐殖质组分的变化 [J]. 干旱地区农业研究，37(2):81-87.

李敏清，袁英英，杨江舟，张静，蒙永华，李华兴，2010. 畜禽粪便堆肥过程中酶活性及微生物数量的变化研究 [J]. 中国生物工程杂志，30(11):56-60.

李敏清，袁英英，区伟佳，李华兴，欧阳净化，凌龙，2011. 畜禽粪便堆肥作为功能微生物载体的研究 [J]. 农业环境科学学报，30(5):1007-1013.

李强，刘华伟，王渭玲，2014. 田菁茎瘤固氮根瘤菌在小麦体内的定殖及营养元素相关 miRNA 的表达 [J]. 植物营养与肥料学报，20(4):930-937.

李清，王英，刘小莉，董明盛，周剑忠，2014. 一株广谱抑菌活性乳酸菌的筛选及特性研究 [J]. 微生物学通报，42(2):332-339.

李庆康，王志明，张永春，刘海琴，吴雷，潘玉梅，袁灿生，2001. 利用有效微生物菌群进行鸡粪处理的研究 [J]. 农业环境保护，20(4):217-220.

李瑞芳，赵玉峰，杨世清，伊艳杰，田泱源，2011. 枯草芽胞杆菌 BS501a 复合诱变菌株及抑菌谱研究 [J]. 植物保护，37(5): 86-91.

李善仁，陈济琛，蔡海松，胡开辉，林新坚，2010. 三株芽胞杆菌作为益生菌的生物学特性 [J]. 营养学报，32(1): 75-78.

李书光，赵蕾，张娜，王金良，陈金龙，苗立中，沈志强，2011. BOX-PCR 技术在细菌遗传多样性研究中的应用 [J]. 中国畜牧兽医，38(8): 228-230.

李朔，严如玉，张鹏，易欣欣，2012. 复合微生物肥料功能菌的筛选与培养 [J]. 宁夏农林科技，53(10):121-123.

李婉，杨承剑，梁贤威，梁明振，杨炳壮，2013. 畜禽粪便恶臭气体产生与调控的微生物学研究进展 [J]. 中国畜牧兽医，40(8):195-198.

李文桂，陈雅棠，2014. 病原体重组枯草芽胞杆菌疫苗的研制现状 [J]. 中国病原生物学杂志，9(7): 651-656.

李香子，张敏，严昌国，林石哲，金辉东，2003. 新型猪用绿色饲料添加剂的开发与应用 - 对血液生化指标的影响 [J]. 延边大学农学学报，25(4): 287-291.

李响，2015. degQ 和 sfp 提高枯草芽胞杆菌 Fengycin 产量及其机理研究 [D]. 南京：南京农业大学 .

李欣，黄实宽，常旭，姚娟，李志军，陈向东，2018. 酵母与芽孢杆菌在小麦粉基质中共培养的生长规律 [J]. 酿酒科技，(8):116-123.

李新红，顾孝连，2006. 益生菌制剂和植酸酶对育成期雉鸡生长、营养物质利用的影响 [J]. 上海交通大学学报 (农业科学版)，24(4): 321-325.

李新新，高新新，陈星，卢维浩，董彩霞，崔中利，曹慧，2014. 一株高效解钾菌的筛选、鉴定及发酵条件的优化 [J]. 土壤学报，51(2):381-388.

李鑫，张会慧，岳冰冰，金微微，许楠，朱文旭，孙广玉，2012. 桑树 - 大豆间作对盐碱土碳代谢微生物多样性的影响 [J]. 应用生态学报，23(7): 1825-1831.

李星，赵明杰，雷锡林，赵景华，吴德胜，2014. C50 堆肥反应器除臭装置的设计 [J]. 农机化研究，(11):222-226.

李雄，2009. 利用黑曲霉固态发酵啤酒糟生产饲料复合酶制剂及其应用的研究 [D]. 无锡 : 江南大学 .

李雅丽，秦艳，周诸霞，李卫芬，2011. 6 株芽胞杆菌的生物学特性比较研究 [J]. 中国畜牧兽医，38(4): 62-66.

李杨，桓明辉，高晓梅，刘晓辉，敖静，朱巍巍，邓春海，2014. 杏鲍菇菌糠促进畜禽粪便发酵过程的

研究 [J]. 中国土壤与肥料，2:97-100.

李永凯，毛胜勇，朱伟云，2009. 益生菌发酵饲料研究及应用现状 [J]. 畜牧与兽医，41(3): 90-93.

李永芹，许乐乐，陈克卫，2013. 1 株芽胞杆菌的筛选鉴定及其净水效果研究 [J]. 水生态学杂志，34(1): 96-100.

李玉娥，姚拓，荣良燕，2010. 溶磷菌溶磷和分泌 IAA 特性及对苜蓿生长的影响 [J]. 草地学报 18(1):84-88.

李玉清，2008. 丙烯菊酯农药的微生物生物修复作用研究 [J]. 襄樊学院学报，29 (5):27-29.

李元跃，吴文林，2004. 福建漳江口红树林湿地自然保护区的生物多样性及其保护 [J]. 生态科学，23(2): 134-136.

李兆君，姚志鹏，张杰，梁永超，2008. 兽用抗生素在土壤环境中的行为及其生态毒理效应研究进展 [J]. 生态毒理学报，3(1):15-20.

李兆龙，刘波，余文权，黄勤楼，蓝江林，史怀，王群，李永发，章琳蜊，2015. 大栏微生物发酵床养猪模式对育肥猪血液生化及免疫指标的影响 [J]. 福建农业学报，30(8): 731-735.

李振基，陈鹭真，林清贤，林建丽，刘初钿，何健源，陈炳华，黄泽豪，林文群，石冬梅，2002. 武夷山自然保护区生物多样性研究 1. 小叶黄杨矮曲林物种多样性 [J]. 厦门大学学报（自然科学版），41(5): 574-578.

李志鹏，2009. 解淀粉芽胞杆菌的选育及产中温 α- 淀粉酶的研究 [D]. 无锡：江南大学 .

李梓慕，姜军坡，周曙光，朱宝成，王世英，2012. *Bacillus subtilis* Z-27 制剂对仔猪肠道酶活及消化性能的影响 [J]. 饲料工业，33(20): 41-45.

连文浩，林娟，王国增，叶秀云，苏冰梅，2017. 产几丁质酶微生物的筛选、鉴定及酶学性质研究 [J]. 中国食品学报，17(3):82-89.

梁念，朱道辰，孙建中，2020. 一株枯草芽胞杆菌 Y1 的生长条件优化 [J]. 饲料研究，43(8):63-68.

梁卫驱，刘玉焕，李荷，2007. 氯氰菊酯降解菌的分离鉴定及其降解特性研究 [J]. 广东药学院学报，23(2): 199-204.

梁晓琳，孙莉，张娟，刘小玉，赵买琼，李荣，华正洪，沈其荣，2015. 利用 *Bacillus amyloliquefaciens* SQR9 研制复合微生物肥料 [J]. 土壤，47(3):558-563.

廖春丽，张红波，王莲哲，2009. 枯草芽孢杆菌 wlcl 芽孢生成条件优化及净水作用研究 [J]. 安徽农业科学，37(6):2402-2403.

廖青，韦广泼，江泽普，邢颖，黄东亮，李杨瑞，2014. 畜禽粪便资源化利用研究进展 [J]. 农业科学与技术，15(1):105-110.

林淦，黄升谋，2005. 甲氰菊酯降解酶的部分纯化及其性质研究 [J]. 河南农业科学，(12):47-50.

林辉，孙万春，王飞，王斌，翁颖，马军伟，符建荣，2016. 有机肥中重金属对菜田土壤微生物群落代谢的影响 [J]. 农业环境科学学报，35(11):2123-2130.

林司曦，吴小芹，丁晓磊，盛江梅，2014. 短小芽胞杆菌 *Bacillus pumilus* HR10 增殖扩繁培养基组分优化 [J]. 微生物学杂志，34(6):22-28.

林先贵，王一明，束中立，黄武建，2007. 畜禽粪便快速微生物发酵生产有机肥的研究 [J]. 腐植酸，2:28-35.

林营志，刘波，张秋芳，傅秀荣，2009. 土壤微生物群落磷脂脂肪酸生物标记分析程序 PLFAEco[J]. 中国农学通报，25(14):286-290.

林营志，刘国红，刘波，肖荣凤，2011. 香蕉枯萎病芽胞杆菌生防菌的筛选及其抑菌特性研究 [J]. 福建农业学报，26(6): 1007-1015.

刘安芳，赵智华，肖文川，李凤翔，2001. 加酶益生素与土霉素对肉鸭饲喂效果试验 [J]. 畜禽业，(10):26-27.

刘波，郑雪芳，朱昌雄，蓝江林，林营志，林斌，叶耀辉，2008. 脂肪酸生物标记法研究零排放猪舍基质垫层微生物群落多样性 [J]. 生态学报，28(11): 5488-5498.

刘波，黄俊生，肖荣凤，2013. 尖孢镰刀菌生物学及其生物防治 [M]. 北京：科学出版社 .

刘波，王阶平，陶天申，喻子牛，2015. 芽胞杆菌属及其近缘属种名目录 [J]. 福建农业学报，30(1):38-59.

刘波，陶天申，王阶平，刘国红，肖荣凤，陈梅春，2016.《芽胞杆菌》第二卷《芽胞杆菌分类学》[M]. 北京：科学出版社 .

刘波，陈倩倩，陈峥，黄勤楼，王阶平，余文权，王隆柏，陈华，谢宝元，2017. 饲料微生物发酵床养猪场设计与应用 [J]. 家畜生态学报，38(1):73-78.

刘长忠，周克勇，2000. 益生素与酶制剂组合使用 [J]. 畜禽业，(11):40-41.

刘长忠，2001. 益生素和酶制剂组合使用对草鱼生长性能影响的研究 [J]. 饲料工业，22(4):12-14.

刘丹，2007. 氨基酸微量元素螯合物对猪生长性能、血液生化指标及饲粮养分利用率的影响 [D]. 南宁：广西大学 .

刘东旺，2008. 芽胞杆菌 N19 中性蛋白酶发酵条件及其酶学性质研究 [D]. 保定：河北农业大学 .

刘芳芳，周德平，吴淑杭，张明，褚长彬，范洁群，姜震方，2010. 养殖废水中异养硝化细菌的分离筛选和鉴定 [J]. 农业环境科学学报，29(11): 2232-2237.

刘飞，夏振远，白江兰，陈泽斌，雷丽萍，杨根华，陈海如，2012. 土壤中降解烟碱细菌多样性研究 [J]. 中国烟草学报，18(2): 58-64.

刘刚，2007. 新型微生物农药地衣芽孢杆菌 [J]. 农业知识，(11):4-5.

刘贯锋，2011. 芽孢杆菌分类学特征及其生防功能菌株筛选 [D]. 福州：福建农林大学 .

刘国红，林营志，林乃铨，刘波，2011. 芽胞杆菌分类研究进展 [J]. 福建农业学报，26(5): 911-917.

刘国红，刘波，朱育菁，车建美，葛慈斌，苏明星，唐建阳，2016a. 台湾地区芽胞杆菌物种多样性 [J]. 生物多样性，24(10): 1154-1163.

刘国红，刘波，陈倩倩，车建美，阮传清，陈峥，2016b. 西藏尼玛县盐碱地嗜碱芽胞杆菌资源采集与鉴定 [J]. 福建农业学报，31(3): 268-272.

刘国红，刘波，王阶平，车建美，朱育菁，葛慈斌，陈峥，2017a. 芽胞杆菌分类与应用研究进展 [J]. 微生物学通报，44(4): 949-958.

刘国红，刘波，王阶平，朱育菁，车建美，陈倩倩，陈峥，2017b. 养猪微生物发酵床芽胞杆菌空间分布多样性 [J]. 生态学报，37(20):6914-6932.

刘国红，刘波，王阶平，朱育菁，陈峥，车建美，陈倩倩，2019. 基于可培养方法分析云南腾冲小空山火山谷芽胞杆菌分布特征 [J]. 微生物学报，59(6):1063-1075.

刘国红，朱育菁，刘波，车建美，唐建阳，潘志针，陈泽辉，2014. 玉米根际土壤芽胞杆菌的多样性 [J]. 农业生物技术学报，22(11):1367-1379.

刘国华，叶正芳，吴为中，2012. 土壤微生物群落多样性解析法：从培养到非培养 [J]. 生态学报，32(14): 4421-4433.

刘辉，魏祥法，井庆川，刘雪兰，刘瑞亭，石天虹，2007. 一株枯草芽胞杆菌发酵培养基的优化 [J]. 山东农业科学，(1):100-101.

刘辉，王凌云，刘忠珍，杨少海，2010. 我国畜禽粪便污染现状与治理对策 [J]. 广东农业科学，

37(6):213-216.

刘佳，宋萍，张杰，南宫自艳，王勤英，2019. 苏云金芽胞杆菌几丁质酶 Chi73 的特性及生物活性研究 [J]. 河北农业大学学报，42(04):74-81.

刘佳欣，2017. 海洋枯草芽孢杆菌产抗菌脂肽类化合物的分离纯化及鉴定分析 [D]. 大连：大连工业大学 .

刘京兰，2014. 解淀粉芽胞杆菌 CC09 产 Iturin A 发酵条件及 Iturin A 的提取工艺研究 [D]. 南京：南京大学，硕士学位论文 .

刘克琳，何明清，2000. 益生菌对鲤鱼免疫功能影响的研究 [J]. 饲料工业，21(6): 24-25.

刘来亭，蔡风英，闫运生，2002. 低胆固醇鸡蛋复合饲料添加剂优化设计 [J]. 江西畜牧兽医杂志，(5):19-21.

刘来停，蔡风英，周薇，2001. 微量元素对饲料中益生素活性的影响 [J]. 粮食与饲料工业，(4):23-24.

刘琴英，刘国红，王阶平，车建美，陈倩倩，刘波，2018. 四川海螺沟冰川土样芽胞杆菌资源分析 [J]. 微生物学通报，45(6): 1237-1249.

刘清术，郭照辉，刘前刚，吴民熙，陈海荣，2013. 响应面法优化巨大芽胞杆菌发酵培养基 [J]. 中国农学通报，18:142-146.

刘全永，杨铭，王书锦，2014. 海洋中分离的抗白念珠菌芽胞杆菌性状特征及系统鉴定 [J]. 微生物学杂志，34(6):15-21.

刘让，崔艳霞，李宏建，刘国华，徐亚楠，潘晓亮，2011. 发酵床养猪模式与传统养猪模式饲养效果比较 [J]. 家畜生态学报，32(6): 88-90.

刘锐，方亚曼，罗金飞，王根荣，陈吕军，2011. 高效微生物菌剂在猪粪堆肥中的应用 [J]. 安徽农业科学，39(18):10885-10888.

刘胜洪，程驹，郭长江，刘旭鹏，尹卜杰，梁红，2011. 微生物除臭菌对改善畜禽养殖场环境的应用初探 [J]. 天津农业科学，17(4):25-27.

刘双发，2009. 弹性蛋白酶高产菌株的筛选与鉴定及其发酵条件初步研究 [D]. 杨凌：西北农林科技大学 .

刘锁珠，李龙，付冠华，王利红，强巴央宗，李家奎，2017. 藏猪源高产纤维素酶菌株的筛选及鉴定 [J]. 西北农林科技大学学报 : 自然科学版，45(3):43-50.

刘涛，张冬冬，姜军坡，朱宝成，王世英，2013. 枯草芽胞杆菌 J-4 制剂对肉鸡肠道酶活力及消化性能的影响 [J]. 河南农业学报，42(10): 133-136.

刘婷婷，李新华，陈红丽，2013. 紫甘薯全质饮料稳定剂的优选 [J]. 农产品加工，(10): 36-39.

刘微，霍荣，张津，李博文，刘亚男，喻梅娜，侯娟，2015. 生物质炭对番茄秸秆和鸡粪好氧堆肥氮磷钾元素变化的影响及其机理 [J]. 水土保持学报，29(3):289-294.

刘维，徐璐，陈晓倩，向丽蓉，林元山，2019. 一株产木聚糖酶菌株的筛选及产酶条件优化 [J]. 湖南农业科学，(8):5-9.

刘伟杰，尤琰婷，赵若菲，刘聪，孙地，朱静榕，2018. 生物表面活性剂生产及应用的研究进展 [J]. 江苏农业科学，46(24):15-19.

刘曦，路福平，黎明，肖静，孙静，王立国，2008. 碱性果胶酶高产菌株产酶条件的优化 [J]. 生物技术，18(6): 71-74.

刘小屿，沈根祥，钱晓雍，汤正泽，舒雅娟，于绍凤，2017. 不同钝化剂对畜禽粪便有机肥重金属铜锌的钝化作用 [J]. 江苏农业科学，45(13):209-213.

刘秀花，梁峰，刘茵，翟兴礼，2006. 河南省土壤中芽孢杆菌属资源调查 [J]. 河南农业科学，(8): 67-71.

刘雪纯，耿晓晴，丁轲，余祖华，李旺，李元晓，何万领，2020. 规模化猪场粪污高效脱硫菌的分离、

筛选与鉴定 [J]. 中国畜牧杂志，56(3):107-110.

刘训理，王超，吴凡，薛东红，陈凯，2006. 烟草根际微生物研究 [J]. 生态学报，26(2): 552-557.

刘亚力，李宁，2000. 饲用酶制剂的生产技术及其应用 [J]. 动物营养学报，21(4): 17-22.

刘延贺，1996. 益生素在养牛生产中的应用 [J]. 郑州牧专学报，16(1):36-39.

刘彦，杨志华，张义正，2002. 碱性蛋白酶 No.8 的脱毛条件研究 [J]. 皮革科学与工程，12(4):15-20.

刘艳芬，刘铀，马龙，何金，2005. 益生素、寡糖对三黄鸡生产性能及免疫机能的影响 [J]. 中国家禽，27(7):10-13.

刘燕，甘莉，刘哲强，陈祖亮，程迎，林晨，2010. 脱氮副球菌 YF1 的反硝化特性研究 [J]. 水处理技术，36(10): 61-65.

刘永乐，李忠海，俞健，杨培华，2008. 耐酸性 α- 淀粉酶发酵动力学的研究 [J]. 食品工业科技，29(1): 60-62.

刘幽燕，顾宝群，杨克迪，潘丽娇，俸海玉，2006. 氯氰菊酯降解菌的筛选及其降解特性的初步研究 [J]. 江苏环境科技，(19): 9-11.

刘宇锋，罗佳，严少华，张振华，2015. 发酵床垫料特性与资源化利用研究进展 [J]. 江苏农业学报，(3):700-707.

刘玉娟，田新朋，黄小芳，龙丽娟，张偲，2014. 中国南海沉积环境可培养细菌多样性研究 [J]. 微生物学通报，41(4):661-673.

刘玉新，牛梅红，汤德芳，2004. 木聚糖酶用于纸浆漂白 [J]. 纸和造纸，11(6): 76-78.

刘远，张辉，熊明华，李峰，张旭辉，潘根兴，王光利，2016. 气候变化对滩涂沉积物微生物多样性及其功能的影响 [J]. 中国环境科学，36(12) :3793-3799.

刘岳燕，姚槐应，黄昌勇，2006. 水分条件对水稻土壤微生物群落多样性及活性的影响 [J]. 土壤学报，43(5): 828-834.

刘志辉，蔡杏珊，竺澎波，关平，许婉华，吴龙章，2005. 应用气相色谱技术分子全细胞脂肪酸快速鉴定分枝杆菌 [J]. 中华结核和呼吸杂志，28(6): 403-406.

卢秉林，王文丽，李娟，郭天文，2009. 自生固氮菌的固氮能力及其对春小麦生长发育的影响 [J]. 中国生态农业学报，17(5):895-899.

卢辉，邵承斌，敖黎鑫，2008. 畜禽粪便处理技术的研究动态 [J]. 重庆工商大学学报（自然科学版），25(6):624-627.

卢行，李荣，肖启明，陈武，2014. 一株短短芽孢杆菌 X23 培养基优化及其抑菌活性研究 [J]. 湖南农业科学，(11):1-2.

卢洋洋，2019. 不同菌种组合对牛粪好氧堆肥发酵的影响研究 [D]. 呼和浩特：内蒙古农业大学 .

鲁耀雄，崔新卫，陈山，龚慧玲，唐柳，彭福元，龙世平，张浩，2019. 牛粪预处理对蚯蚓堆肥生物学特性和养分含量的影响 [J]. 江西农业学报，31(4):39-45.

陆海燕，尹桂花，刘杰，2019. 寒地牛粪强制通风静态好氧堆肥发酵及养分降解特征 [J]. 黑龙江农业科学，(2):23-27.

陆雅琴，郭丽琼，孙丽仪，林俊芳，许本宏，刘英丽，2018. 芽孢杆菌 P6 产抗菌脂肽条件优化及发酵液性质研究 [J]. 中国食品学报，18(11):96-102.

路福平，戚薇，1998. 凝结芽孢杆菌 TQ33 检测方法的建立 [J]. 中国乳品工业，26(3):24-26.

路京，陈建真，李宗元，陈如意，袁小凤，2012. 连作和轮作模式下杭白菊土壤理化性质及细菌多样性的差异 [J]. 中华中医药学刊，30(7): 1529-1533.

栾天明，赵明梅，何随成，牛明芬，2008. 鸡粪高效降解微生物菌剂富集培养新法 [J]. 畜禽业，(4):56-57.

罗楚平，陈志谊，刘永锋，张杰，刘邮洲，王晓宇，聂亚锋，2009. 生防菌 Bs-916 合成脂肽类化合物 *Bac* 操纵子突变株构建及功能 [J]. 微生物学报，49(4):445-452.

罗定棋，张永辉，陈一龙，梁鹰，2008. 光合菌肥在烟草上的应用研究 [J]. 泸州科技，(4):24-26.

罗定棋，张永辉，谢强，雷晓，2010. 赤霉素在烤烟栽培上的应用研究 [J]. 耕作与栽培，(2):5-6.

罗菲，汪涯，曾庆桂，颜日明，张志斌，朱笃，2011. 东乡野生稻根际可培养细菌多样性及其植物促生活性分析 [J]. 生物多样性，19(4): 476-484.

罗晶，张鑫，黄海，翟枫，安天赐，安德荣，2013. 解淀粉芽胞杆菌 Ba-168 菌株对小麦全蚀病的防治及其机制 [J]. 植物保护学报，40(5):475-476.

罗立新，娄文勇，2007. 酶制剂技术 [M]. 北京 : 化学工业出版社 .

罗璇，石玉，袁敏文，陈同，冯光志，2020. 枯草芽胞杆菌 Z-3 产木聚糖酶固态发酵工艺优化 [J]. 中国酿造，39(3):52-56.

罗亚虹，陈莹，乔艳，2009. 高效液相色谱法测定盐酸丁卡因滴眼液中两组份含量 [J]. 中国药业，18(14): 31-32.

吕道俊，潘康成，1999. 微生态制剂对猪细菌性疾病的防治研究进展 [J]. 饲料工业，20(10):42-44.

吕东海，周岩民，王国华，姚建国，2001. 益生素与抗生素对肉鸭生产性能影响的试验 [J]. 广东饲料，10(6):15-17.

吕静琳，黄爱玲，郑蓉，李殿殿，吕暾，2009. 一株产纤维素酶细菌的筛选、鉴定及产酶条件优化 [J]. 生物技术，19(6): 26-29.

吕秀红，2016. 产耐热型酸性果胶酶菌株的筛选、发酵条件优化及酶学性质的研究 [D]. 杭州：浙江工商大学 .

吕永康，殷家红，刘玉香，张维清，2011. 一株异养硝化菌的分离鉴定及其最佳亚硝化条件 [J]. 化工学报，62(5): 1421-1427.

吕钊，张丽萍，程辉彩，尹淑丽，张根伟，赵宝华，2013. 防治蔬菜灰霉病解淀粉芽胞杆菌的分离鉴定及抑菌特性 [J]. 农药，52(7):490-493.

马春玲，李慧，李广硕，王佳硕，武永秀，孙磊，2018. 克里布所类芽胞杆菌 6hRe76 产木聚糖酶条件的优化 [J]. 河北农业大学学报，41(5):19-24.

马迪，赵兰坡，2010. 禽畜粪便堆肥化过程中碳氮比的变化研究 [J]. 中国农学通报，26(14):193-197.

马汇泉，甄惠丽，孙伟萍，2004. 几丁质酶及其在抗植物真菌病害中的作用 [J]. 微生物学杂志，24(3): 50-53.

马琳，2019. 土壤微生物多样性影响因素及研究方法综述 [J]. 乡村科技，(33): 112-113.

马鸣超，刘丽，姜昕，关大伟，李俊，2015. 胶质类芽孢杆菌与慢生大豆根瘤菌复合接种效果评价 [J]. 中国农业科学，48(18):3600-3611.

马晓宇，2019. 微生物除臭剂的应用现状与前景 [J]. 畜牧兽医杂志，(3):37-39.

毛露甜，吴幸芳，黄雁，陈兆贵，周立斌，2013. 鸡粪开发生产微生物肥料的探讨 [J]. 广东农业科学，40(3):51-53.

卯婷婷，陶刚，赵玳琳，赵兴丽，梁彦平，王甘，顾金刚，2017. 一株粪生毛壳菌的分离鉴定及其对辣椒枯萎病的防治效果 [J]. 中国生物防治学报，33(4):552-560.

冒鑫哲，彭政，周冠宇，堵国成，张娟，2020. 枯草芽胞杆菌高产角蛋白酶发酵条件优化 [J]. 食品与发酵工业，46(17):138-144.

孟凡伦，马桂荣，1998. 益生素制剂在中国对虾养殖中的应用研究 [J]. 山东大学学报：自科版，33(1): 101-105.

孟醒，2015. 酱香型白酒酿造来源的酿酒酵母与地衣芽孢杆菌相互作用特征及机制的初步解析 [D]. 无锡：江南大学 .

苗飞，孟阳，王悦，袁春营，崔青曼，2018. 一株产几丁质酶菌株的筛选鉴定与产酶条件优化 [J]. 水产科学，37(2):221-226.

闵钟煜，牛天贵，岳喜庆，2007. 芽孢杆菌益生菌株的筛选 [J]. 沈阳农业大学学报，38(2): 190-193.

明红，刘涌涛，杜习翔，高耀东，聂国兴，2006. 木聚糖酶对尼罗罗非鱼生长及血脂、血糖水平的影响 [J]. 新乡医学院学报，23(6): 556-558.

慕娟，问清江，党永，李叶昕，张烁，李慧惠，2012. 木聚糖酶的开发与应用 [J]. 陕西农业科学，58(1): 111-115.

倪耀娣，李睿文，鲁改如，马学会，2004. 微生态制剂对肉仔鸡免疫器官及抗病力的影响 [J]. 河北畜牧兽医，20(1):20-21.

欧阳五庆，2006. 动物生理学 [M]. 北京：科学出版社 .

潘兰佳，唐晓达，汪印，2015. 畜禽粪便堆肥降解残留抗生素的研究进展 [J]. 环境科学与技术，38(S2):191-198.

潘晓光，2018. 整合宏组学分析畜禽废弃物发酵过程中微生物群落的动态变化 [D]. 济南：山东大学 .

潘媛媛，黄海鹏，孟婧，肖鸿禹，李成，孟琳，洪闪，刘贺男，王雪枫，姜巨全，2012. 松嫩平原盐碱地中耐 (嗜) 盐菌的生物多样性 [J]. 微生物学报，55(10):1187-1194.

蒲施桦，解雅东，龙定彪，2016. 畜禽舍内恶臭气体控制技术及应用进展 [J]. 猪业科学，(3):50-52.

齐鸿雁，薛凯，张洪勋，2003. 磷脂脂肪酸谱图 3-4- 分析方法及其在微生物生态学领域的应用 [J]. 生态学报，23(8): 1576-1582.

钱鹏，王思鹏，梁春玲，张化俊，王凯，刘莲，费岳军，张德民，2017. 宁波象山海域表层沉积物细菌群落季节性分布特征研究 [J]. 宁波大学学报（理工版），30(6):28-35.

钱时权，2005. Bacillomycin D 的高效合成调控及赭曲霉污染控制研究 [D]. 南京：南京农业大学 .

乔宏宇，郎仲武，1994. 接续产酸型活菌制剂对仔猪生产性能的影响及机理初探 [J]. 吉林农业大学学报，16(2):74-80.

秦宝军，罗琼，高淼，胡海燕，徐晶，周义清，孙建光，2012. 小麦内生固氮菌分离及其 ACC 脱氨酶测定 [J]. 中国农业科学，45(6):1066-1073.

秦坤，朱鲁生，王金花，2010. 氯氰菊酯降解真菌的筛选及其降解特性研究 [J]. 环境工程学报，(4): 950-954.

秦莉，高茹英，徐亚平，胡菊，2014. 堆肥中高效降解纤维素及金霉素和土霉素的复合菌系的构建 [J]. 农业环境科学学报，33(3):465-470.

秦楠，2006. 益生菌及其在食品中应用进展 [J]. 中国酿造，(7): 1-3.

秦艳，李卫芬，雷剑，余东游，2008. 凝结芽孢杆菌发酵条件的优化 [J]. 浙江农业学报，20(6):471-474.

邱孙全，杨红，赵春安，李海燕，2009. 一株内生短短芽胞杆菌的鉴定及其抑菌活性研究 [J]. 天然产物研究与开发，(21): 30-33.

邱雪兴，骆宏机，刘文聪，2014. 芽孢杆菌在动物营养与饲料中的应用 [J]. 中国畜牧兽医文摘，30(5): 194-195.

仇晓琴，2017. 南通市畜禽粪污处理与利用的实践 [J]. 污染防治技术，30(6):62-64.

屈长波，李博，张莉莉，王恬，2015. 高剂量脱氢醋酸钠对断奶仔猪生长性能、血清生化指标和血常规指标的影响 [J]. 动物营养学报，27(3); 878-884.

渠文霞，岳宣峰，2007. 细胞固定化技术及其研究进展 [J]. 陕西农业科学，(6): 121-123.

曲慧东，孙明，谷祖敏，喻子牛，纪明山，2008. 辽宁土壤中苏云金芽胞杆菌分布调查 [J]. 植物保护，31(3): 71-74.

冉昊，王立宁，韦新东，2020. 膨润土强化畜禽粪便厌氧消化生产甲烷的探究 [J]. 环境污染与防治，42(3):328-333.

任继平，李德发，谯仕彦，张丽英，朴香淑，2006. 鲁梅克斯 k-1 草粉和纤维素酶对生长猪生长性能及养分消化率的影响 [J]. 粮食与饲料工业，(3): 36-38.

任玉文，任媛媛，刘雅祯，卢天华，刘力强，周晓辉，2020. 抗植物软腐病枯草芽胞杆菌的高密度发酵优化 [J]. 河北科技大学学报，41(05):433-441.

荣良燕，姚拓，黄高宝，柴强，刘青海，韩华雯，卢虎，2013. 植物根际优良促生菌 (PGPR) 筛选及其接种剂部分替代化肥对玉米生长影响研究 [J]. 干旱地区农业研究，31(2):59-65.

荣良燕，姚拓，马文彬，李德明，李儒仁，张洁，陆飒，2014. 岷山红三叶根际优良促生菌对其宿主生长和品质的影响 [J]. 草业学报，23(5):231-240.

阮同琦，赵祥颖，刘建军，2008. 木聚糖酶及其应用研究进展 [J]. 山东食品发酵，(1): 42-46.

芮广虎，胡雪芹，殷坤，张洪斌，2012. 响应面法优化短短芽孢杆菌 FM4B 的发酵培养基 [J]. 食品科学，33(15):257-261.

尚遂存，韩国府，罗东利，牛瑞萍，李绍钰，魏风仙，2002. 发展现代化中草药饲料添加剂是生产绿色食品的必由之路 [J]. 饲料广角，(20):25-27.

邵栓，党晓伟，李慧娟，常娟，王平，尹清强，高天增，2020. 响应面法优化微生物除臭效果的研究 [J]. 中国畜牧兽医，47(8):2684-2693.

沈德龙，李俊，姜昕，2014. 我国微生物肥料产业现状及发展方向 [J]. 中国农业信息，(9):41-42.

沈东升，何虹蓁，汪美贞，郭梦婷，申屠佳丽，2013. 土霉素降解菌 TJ-1 在猪粪无害化处理中的作用 [J]. 环境科学学报，33(1):147-153.

沈根祥，尉良，钱晓雍，李媛，2009. 微生物菌剂对农牧业废弃物堆肥快速腐熟的效果及其经济性评价 [J]. 农业环境科学学报，28(5):1048-1052.

沈琦，孙筱君，吴逸飞，姚晓红，李园成，孙宏，王新，汤江武，2019. 畜禽粪污除臭微生物的筛选与鉴定 [J]. 浙江农业科学，60(11):2110-2113.

沈颖，魏源送，郑嘉熹，方云，陈立平，2009. 猪粪中四环素类抗生素残留物的生物降解 [J]. 过程工程学报，9(5):962-968.

沈玉江，雷亚峰，刘健，郑亮，张雅婷，王显赫，武雪宁，徐嘉欣，郭德轩，李钰昌，刘昕旸，徐淑艳，李鹏飞，曹宏伟，吴志军，张华，2020. 产表面活性素枯草芽胞杆菌 YHI 的培养基优化研究 [J]. 黑龙江八一农垦大学学报，32(5):69-76.

盛力伟，潘亚东，陈伟旭，2008. 畜禽粪便无害化生物处理技术的研究 [J]. 农机化研究，2:61-62.

师利艳，黄凯，操琼，吴自友，王勇，刘岱松，魏小慧，刘丹，2015. 恩格兰微生物菌剂在金神农烤烟生产中的应用研究 [J]. 现代农业科技，16:9-10.

施宠，张小娥，沙依甫加玛丽，金俊香，黄常福，贾宏涛，2010. 牛粪堆肥不同处理全 N、P、K 及有机质含量的动态变化 [J]. 中国牛业科学，36(4):26-29.

石宝明，单安山，刘海，罗颖，2000. 寡聚糖、抗生素、益生素对仔猪生长性能和肠道菌群影响的研究

[J]. 东北农业大学学报，31(4):363-370.

石长青，李治宇，2015. 棉秆木醋液对牛粪堆制过程理化特性动态变化的探究 [J]. 中国畜牧杂志，51(19):80-84.

石传林，高君，1998. 利用加酶益生素饲喂育肥猪试验效果 [J]. 粮食与饲料工业，(5):26-27.

石传林，罗中爱，1999. 用加酶益生素饲喂肉兔效果试验 [J]. 中国草食动物，1(5):25-26.

石传林，宋桂亭，1999. 加酶益生素对泌乳牛生产性能的影响 [J]. 北京奶业，(1):18-19.

石春芝，陶天申，岳莹玉，2001. 神农架自然保护区九大湖芽胞杆菌资源调查 [J]. 氨基酸和生物资源，23(1): 1-4.

石家振，戴光文，陈廷，卢凯，梁明振，2011. 酶和益生菌复合添加剂对仔猪生产性能的影响 [J]. 广西畜牧兽医，(5): 261-262.

石军，陈安国，张云刚，2002. 微生态饲料添加剂在水产养殖中的应用 [J]. 饲料博览，(2):38-41.

石鹏亮，2018. 一株产普鲁兰酶菌的筛选鉴定及其酶学活性研究 [D]. 泰安：泰山医学院，硕士学位论文.

石荣莲，汪立平，刘玉佩，2010. 重组褐藻胶裂解酶基因工程菌超声波破碎条件研究 [J]. 湖南农业科学，(21): 98-101,104.

舒成城，2018. 地衣芽孢杆菌 DW2 的基因组分析和转录组表达研究 [D]. 华中农业大学，硕士学位论文.

宋宏新，李敏康，2002. 现代生物化学试验技术教程 [M]. 西安：陕西人民出版社，pp: 142-144.

宋健，杜立新，王容燕，魏利民，曹伟平，宋健，王金耀，冯书亮，2011. 大茂山地区苏云金芽胞杆菌分布与多样性研究 [J]. 中国农学通报，27(1): 166-169.

宋立立，李志国，2020. 响应面法优化枯草芽胞杆菌产蛋白酶的发酵条件 [J]. 饲料研究，43(7):81-85.

宋婷婷，朱昌雄，薛蕙，李斌绪，张治国，李红娜，2020. 养殖废弃物堆肥中抗生素和抗性基因的降解研究 [J]. 农业环境科学学报，39(5): 933-943.

宋小珍，瞿明仁，潘珂，2003. 益生素和中草药在乌骨鸡生产中替代抗生素的研究 [J]. 江西饲料，(2):3-5.

宋亚军，杨瑞馥，郭兆彪，彭清忠，张敏丽，周芳，2001. 若干需氧芽胞杆菌脂肪酸成分分析 [J]. 微生物学报，28(1): 23-28.

苏丹丹，刘惠玲，王梦梦，2015. 施用粪肥蔬菜基地抗生素残留的研究进展 [J]. 环境保护科学，41(1):117-120.

苏红玉，2019. 产普鲁兰酶菌株的筛选、基因克隆表达及酶学性质研究 [D]. 广州：华南理工大学，硕士学位论文.

苏俊峰，马放，王继华，高珊珊，魏利，李维国，2007. 新型异养硝化细菌的硝化和反硝化特性 [J]. 天津大学学报：自然科学与工程技术版，40(10): 1205-1208.

苏俊峰，黄廷林，李倩，叶羡婧，魏全源，2011. 应用于景观水体异养硝化细菌的筛选鉴定及效果研究 [J]. 安徽农业科学，39(14): 8526-8528.

苏明慧，胡雪芹，顾东华，张洪斌，褚小龙，2015. 短短芽胞杆菌几丁质酶的分离纯化及酶学性质 [J]. 食品科学，36(19):176-179.

苏旭东，张伟，袁耀武，李英军，马雯，檀建新，2007. 河北省部分地区苏云金芽孢杆菌菌株多样性的研究 [J]. 安徽农业科学，35(18): 5540-5541.

隋明，2018. 益生菌混合培养物对黄曲霉菌生长以及产毒效果的影响 [J]. 中国饲料，(11):45-48.

孙风芹，汪保江，李光玉，刘秀片，杜雅萍，赖其良，邵宗泽，2008. 南海南沙海域沉积物中可培养微生物及其多样性分析 [J]. 微生物学报，48(12):1578-1587.

孙海新，刘训理，2004. 茶树根际微生物研究 [J]. 生态学报，24(7): 1353-1357.

孙建光，徐晶，胡海燕，张燕春，刘君，王文博，孙燕华，2009a. 中国十三省市土壤中非共生固氮微生物菌种资源研究 [J]. 植物营养与肥料学报，15(6):1450-1465.

孙建光，张燕春，徐晶，胡海燕，2009b. 高效固氮芽孢杆菌筛选及其生物学特性 [J]. 中国农业科学，42(6):2043-2051.

孙建光，张燕春，徐晶，胡海燕，2010. 玉米根际高效固氮菌 Sphingomonas sp. GD542 的分离鉴定及接种效果初步研究 [J]. 中国生态农业学报，18(1):89-93.

孙建宏，童光志，王笑梅，2005. 国内外主要微生物资源库简介 [J]. 畜牧兽医科技信息，(6):17-18.

孙杰，2007. 1982～2000 年中国植被覆盖变化及典型区域与气候因子的响应关系 [D]. 南京：南京信息工程大学，硕士学位论文.

孙静，2014. 黄东海细菌多样性分析及其抗菌活性的初步评价 [D]. 天津：天津商业大学，硕士学位论文.

孙力军，陆兆新，别小妹，吕凤霞，方传记，2008. 培养基对解淀粉芽孢杆菌 ES-2 菌株产抗菌脂肽的影响 [J]. 中国农业科学，41(10):3389-3398.

孙丽娜，金迅，周全兴，周劲松，刘冬梅，2017. 凝结芽孢杆菌 13002 高密度培养 [J]. 食品工业科技，38(21):114-120.

孙楠，2017. 微生态制剂单培养与共培养差异分析 [D]. 大连：大连工业大学，硕士学位论文.

孙艺轩，郑国栋，林剑，2020. 芽孢杆菌 NCB-01 胞外蛋白酶酶学特性的初步研究 [J]. 中国酿造，39(8):128-133.

孙莹，苏进进，李潮流，康士昌，魏玉珍，李秋萍，张玉琴，余利岩，2011. 可可西里碱性土壤样品细菌的分离和生物学特性 [J]. 微生物学通报，38(10):1473-1481.

孙振涛，刘建军，赵祥颖，杜金华，黄伟红，2007. 一株产木聚糖酶菌株的分离，鉴定及其酶学特性研究 [J]. 生物技术，17(4):74-77.

谭才邓，廖延智，朱美娟，黄亿璇，黄思乐，姚勇芳，2020. 凝结芽孢杆菌高密度发酵及产孢关键因素研究 [J]. 食品科技，45(07):11-18.

汤鸣强，田盼，尤民生，2010. 氰戊菊酯降解菌 FDB 的分离鉴定及其生长特性 [J]. 微生物学通报，37(5): 682-688.

汤文浩，2011. 解淀粉芽孢杆菌 Bacillus amyloliquefaciens T27 甘露聚糖酶的发酵及酶学性质研究 [D]. 武汉：华中农业大学，硕士学位论文.

唐群勇，2011. Fengycin 对 Rhizopus stolonifer 作用机理研究 [D]. 南京：南京农业大学，硕士学位论文.

唐婷，陈济琛，田燕丹，林新坚，邱宏端，2015. 光合细菌与纳豆菌的混合培养及混合处理养殖水的研究 [J]. 福建农业学报，30(4):367-372.

唐晓玲，刘振湘，张石蕊，易学武，2005. 糖萜素对早期断奶仔猪血液生化指标及免疫机能的影响研究 [J]. 湖南环境生物职业技术学院学报，11(3): 239-243.

唐艳凌，2005. 人类农业活动对土壤活性氮库的影响及其环境效应 [D]. 长春：吉林农业大学，硕士学位论文.

唐哲仁，李红娜，黄亚丽，阿旺次仁，黄桂荣，张丽，彭怀丽，李斌绪，朱昌雄，2017. 一种生物矿质复合材料对猪粪堆肥品质的影响 [J]. 中国农业气象，38(6):388-396.

唐志燕，龚国淑，刘萍，邵宝林，张世熔，2005. 成都市郊区土壤芽孢杆菌的初步研究 [J]. 西南农业大学学报（自然科学版），27(2): 188-192.

陶树兴，房薇，2006. 8 种肥料微生物对化肥和农药的敏感性 [J]. 浙江林学院学报，23(1):80-84.

田甜甜，王瑞飞，杨清香，2016. 抗生素耐药基因在畜禽粪便 - 土壤系统中的分布、扩散及检测方法 [J].

微生物学通报，43(8):1844-1853.

田亚东，邹旸，韩琳洁，刘正，郝东升，钟成，彭传文，范寰，2019. 三种同型发酵乳酸菌混合培养的发酵特性及对黄曲霉抑菌作用的研究 [J]. 饲料工业，40(21):30-34.

田艳杰，宋兆祥，马振武，王朝阳，徐佳，周晨妍，2020. 木聚糖酶 xynZF-318 在枯草芽胞杆菌 WB600 中的表达及发酵条件优化 [J]. 食品工业科技，41(22):120-125.

田哲，张昱，杨敏，2015. 堆肥化处理对畜禽粪便中四环素类抗生素及抗性基因控制的研究进展 [J]. 微生物学通报，42(5):936-943.

涂家霖，赵珊，周钦育，南树港，刘冬梅，2020. 凝结芽胞杆菌 13002 产芽孢条件优化 [J]. 食品工业科技，38(21): 114-120.

汪家社，宋士美，吴焰玉，陈铁梅，2003. 武夷山自然保护区螟蛾科昆虫志 [M]. 北京：中国科学技术出版社，pp:1-3.

汪家社，2007. 武夷山自然保护区水螟亚科昆虫物种多样性研究 [J]. 华东昆虫学报，16(1): 59-63.

汪静杰，赵东洋，刘永贵，敖翔，范蕊，段正巧，刘艳萍，陈倩茜，金志雄，万永继，2014. 解淀粉芽胞杆菌 SWB16 菌株脂肽类代谢产物对球孢白僵菌的拮抗作用 [J]. 微生物学报，54(7):778-785.

汪洋，2012. 芽胞杆菌染色体编辑系统构建及三种抗真菌物质合成的遗传调控研究 [D]. 南京：南京农业大学，博士学位论文.

王艾伦，金敬岗，汪开英，2019. 畜禽场微生物除臭技术的研究进展 [J]. 中国畜牧杂志，55(1):18-21.

王长文，杨连玉，栾维民，马洪波，2002. 接续产酸型活菌制剂对犊牛小肠上皮细胞胞质中细胞器的影响 [J]. 家畜生态，23(1):11-12.

王成林，周巧红，王亚芬，梁威，吴振斌，2008. 一株异养硝化细菌的分离鉴定及其亚硝化作用研究 [J]. 农业环境科学学报，27(3): 1146-1150.

王成贤，周丽，2015. 畜禽粪便中四环类抗生素的残留和环境行为 [J]. 广州化工，43(11):163-164.

王春雪，王昭，陈建军，李博，祖艳群，李元，2019. 畜禽粪便中磷素特征及在农田生态系统中的转化利用 [J]. 楚雄师范学院学报，34(3):91-100.

王道泽，谢国雄，李丹，杨文叶，王京文，2013. 不同微生物菌剂在鸡粪堆肥中的应用效果 [J]. 浙江农业学报，25(5):1074-1078.

王冬梅，李继秋，方希修，2002. 饲用酸化剂在畜禽生产上的应用及其研究进展 [J]. 山东饲料，(11):9-12.

王瑰娜，2012. 益生菌在过敏性疾病中的应用及作用机制 [J]. 国际儿科学杂志，39(1): 71-74.

王国基，张玉霞，姚拓，柴强，马文彬，马文文，2014. 玉米专用菌肥研制及其部分替代化肥施用对玉米生长的影响 [J]. 草原与草坪，34(4):1-7.

王国强，路文华，常娟，尹清强，刘超齐，王二柱，卢富山，2018. 复合微生物制剂在鸡粪无害化处理中的应用研究 [J]. 中国畜牧杂志，54(2):113-117,138.

王海平，黄和升，郭雷，2011. 响应面法优化樱桃果酒发酵 [J]. 中国酿造，(9): 75-79.

王海琪，潘文，项炯华，2011. 厦门凤林红树林区滩涂沉积物可培养微生物数量及细菌类群初探 [J]. 集美大学学报，16(5):353-358.

王宏宇，马放，杨开，魏利，苏俊峰，张献旭，2009. 两株异养硝化细菌的氨氮去除特性 [J]. 中国环境科学，29(1): 47-52.

王洪媛，范丙全，2010. 三株高效秸秆纤维素降解真菌的筛选及其降解效果 [J]. 微生物学报，50(7):870-875.

王怀中，2019. 饲料和猪粪中重金属含量特征及堆肥耐铅镉菌株的筛选鉴定 [D]. 泰安：山东农业大学，硕士学位论文.

王辑，杨贞耐，马建军，2014. 益生菌干酪工艺条件对其品质的影响研究进展 [J]. 中国乳品工业，42(9): 30-34.

王继雯，刘莉，岳丹丹，刘莹莹，李冠杰，巩涛，杨文玲，甄静，赵俊杰，慕琦，陈国参，2015. 4 株溶磷解钾芽孢杆菌的互作效应研究 [J]. 中国农学通报，31(18):132-139.

王建龙，施汉昌，1998. 聚乙烯醇包埋固定化微生物的研究及进展 [J]. 工业微生物，28(2): 35-39.

王建龙，2002. 生物固定化技术与水污染控制 [M]. 北京：科学出版社.

王阶平，刘波，刘国红，喻子牛，陶天申，2017. 芽胞杆菌系统分类研究最新进展 [J]. 福建农业学报，32(7):784-800.

王金全，蔡辉益，刘伟，刘国华，张殊，常文环，于会民，陈宝江，李建涛，田亚东，2004. 小麦日粮 NSP 和木聚糖酶对肉仔鸡肠道微生物区系的影响 [J]. 饲料工业，25(8): 15-19.

王婧，方蕊，蒋秋悦，肖明，2012. 载体和保护剂对桔黄假单胞菌 JD37 微生物肥料活性的影响 [J]. 上海师范大学学报（自然科学版），41(2):179-185.

王俊丽，卢彩鸽，刘伟成，张殿朋，于莉，2014. 一株芽胞杆菌 QD-10 的鉴定及生防特性分析 [J]. 中国生物防治报，30(4):564-572.

王凯，蓝江林，刘波，刘程程，林娟，2013. 芽胞杆菌在农作物秸秆资源化利用方面的研究进展 [J]. 福建农业学报，28(11): 1180-1184.

王克芬，佟新伟，张杰，王兴吉，刘文龙，2020. 枯草芽胞杆菌产碱性果胶酶发酵条件的优化 [J]. 江苏调味副食品，(1):20-24.

王磊，汪苹，刘健楠，尹明锐，2010. 固定异养硝化 - 好氧反硝化菌脱氮能力的研究 [J]. 北京工商大学学报（自然科学版），28(1): 18-23.

王李宝，万夕和，陈献明，丁楠，陈颉，吴兴兵，2009. 四株异养硝化细菌的鉴定及硝化能力的初步研究 [J]. 水产养殖，27(2): 7-10.

王莉，李凤英，马桂亮，2000. 发酵抑菌及其措施 [J]. 啤酒科技，(2): 35-36.

王良桂，徐晨，2010. 福建武夷山国家级自然保护区木兰科植物资源初探 [J]. 福建林业科技，37(2): 90-93.

王琳，刘国生，王林嵩，张志宏，侯进怀，郭惠敏，1998. DNS 法测定纤维素酶活力最适条件研究 [J]. 河南师范大学学报（自然科学版），26(3): 66-69.

王明伟，2002. 小麦水溶性戊聚糖对面筋形成及品质影响的研究 [J]. 粮食与饲料工业，(10): 36-40.

王朋朋，常娟，王平，左瑞雨，尹清强，2009. 蛋白酶和淀粉酶产生菌的筛选及酶学性质分析研究 [J]. 中国畜牧杂志，45(21): 48-51.

王平宇，张树华，2001. 硅酸盐细菌的分离及生理生化特性的鉴定 [J]. 南昌航空工业学院学报（自然科学版），15(2):78-81.

王巧丽，韩向敏，季海峰，刘辉，王晶，王四新，张董燕，2013. 一株猪源罗伊氏乳杆菌的生长特性和抗逆性分析 [J]. 甘肃农业大学学报，6(3): 4-9.

王秋红，陈亮，林营志，朱育菁，蓝江林，杨淑佳，刘波，2007a. 福建省青枯雷尔氏菌脂肪酸多态性研究 [J]. 中国农业科学，39(8):1675-1687.

王秋红，蓝江林，朱育菁，肖荣凤，葛慈斌，林营志，陈亮，刘波，2007b. 脂肪酸甲酯谱图分析方法及其在微生物学领域的应用 [J]. 福建农业学报，22(2): 213-218.

王冉，邵春荣，胡来根，李宝泉，申爱华，朱泽远，2002. 益生素在肉鸡生产中替代抗生素的试验 [J].

饲料研究，(4):15-17.

王瑞，魏源送，2013. 畜禽粪便中残留四环素类抗生素和重金属的污染特征及其控制 [J]. 农业环境科学学报，32(9):1705-1719.

王睿，刘桂超，2011. 论我国酶制剂工业的发展 [J]. 畜牧与饲料科学，32(1): 68-69.

王世媛，2007. 非核糖体肽合成酶 (NRPSs) 作用机理与应用的研究进展 [J]. 微生物学报，47(4):734-737.

王淑敏，王宝东，1995. Pro-suis 益生素菌种特性分析 [J]. 吉林农业大学学报，17(4):57-59.

王曙光，侯彦林，2004. 磷脂脂肪酸方法在土壤微生物分析中的应用 [J]. 微生物学通报，31(1): 114-117.

王树声，2014. 区域地理 [M]. 济南：山东省地图出版社 .

王树香，李术娜，李红亚，2014. 产植酸酶枯草芽胞杆菌 ZX-29 产芽胞条件的优化 [J]. 湖北农业科学，53(1):160-163.

王涛，2012. 产角蛋白酶耐热菌的选育及发酵初步研究 [D]. 济南：山东轻工业学院，硕士学位论文 .

王陶，2009. 罗布泊可培养嗜碱细菌多样性及产酶特性研究 [D]. 乌鲁木齐：新疆农业大学，硕士学位论文 .

王西祥，丁延芹，杜秉海，姚良同，祁国振，葛科，刘凯，2015. 响应面法优化枯草芽孢杆菌 NS178 产芽孢发酵工艺 [J]. 山东农业科学，47(4):59-65.

王潇娣，廖春燕，朱玲，2012. 发酵床养猪模式中垫料的主要菌群分析 [J]. 养猪，(3): 69-72.

王小英，2017. 中国西部嗜碱芽胞杆菌资源的多样性 [D]. 福州：福州大学，硕士学位论文 .

王欣，苏小红，郭广亮，刘伟，徐晓秋，高德玉，2015. 变性梯度凝胶电泳（DGGE）技术在畜禽粪污厌氧发酵液中的研究进展 [J]. 黑龙江科学，6(1):12-13.

王新新，白志辉，金德才，韩祯，庄国强，2011. 石油污染盐碱土壤翅碱蓬根围的细菌多样性及耐盐石油烃降解菌筛选 [J]. 微生物学通报，38(12): 1768-1777.

王学聘，戴莲韵，杨光滢，张万儒，1999. 我国西北干旱地区森林土壤中苏云金芽胞杆菌生态分布 [J]. 林业科学研究，12(5): 467-473.

王亚飞，李梦婵，邱慧珍，张文明，张春红，李亚娟，2017. 不同畜禽粪便堆肥的微生物数量和养分含量的变化 [J]. 甘肃农业大学学报，52(3):37-45.

王怡婷，张传波，齐麟，贾晓强，卢文玉，2016. 胶州湾沉积物可培养细菌的多样性及其抑菌活性 [J]. 微生物学报，56(12): 1892-1900.

王悦，2017. 高产几丁质酶菌株的分离鉴定与酶学性质研究 [D]. 天津：天津科技大学，硕士学位论文 .

王桢，李阳，车帅，林学政，2014. 北极海洋沉积物中可培养细菌及其多样性分析 [J]. 海洋学报，36(10):116-123.

王志春，2014. 畜禽粪便和秸秆资源化利用技术 [J]. 江苏农业学报，(5):1180-1184.

王志红，董晓芳，佟建明，张国庆，2012. 1 株产多糖芽胞杆菌的分子鉴定和诱变选育 [J]. 微生物学杂志，32(5): 18-22.

王子璇，刘波，林营志，刘国红，2012. 新疆土壤芽胞杆菌采集鉴定及其分布多样性 [J]. 福建农业学报，27(2): 187-195.

卫亚红，梁军锋，黄懿梅，曲东，2007. 家畜粪便好氧堆肥中主要微生物类群分析 [J]. 中国农学通报，11:242-248.

魏复盛，2002. 水和废水监测分析方法（第 4 版）[M]. 北京：中国环境科学出版社，pp: 254-284.

魏惠萍，2000. 发展养猪业中存在的环境问题及防治对策 [J]. 福建环境，17(3): 36-37.

魏雪生，陈颖，牛静怡，2006. 天津地区土壤中苏云金芽胞杆菌调查 [J]. 天津农学院学报，13(3): 30-32.

魏雪新，2016. 盐渍环境中优势菌群分析及分离菌株 Q1U^T,Q1R^T 和 BZ1^T 的多相分类研究 [D]. 北京：北京理工大学，硕士学位论文.

魏勇，王红宁，廖党金，伍志伟，管仲斌，2011. PCR-DGGE 技术用于猪场沼气池细菌群落分析的条件优化 [J]. 农业环境科学学报，30(3):599-604.

魏玉明，郝怀志，董俊，何振富，2012. 发酵床养猪对猪舍空气质量的影响 [J]. 当代畜牧，(7): 7-8.

温基才，2019. 浅谈规模养殖场畜禽粪污处理和资源化利用现状 [J]. 农家科技，(10):102.

文静，孙建安，周绪霞，李卫芬，2011. 屎肠球菌对仔猪生长性能、免疫和抗氧化功能的影响 [J]. 浙江农业学报，23(1): 70-73.

吴海平，王真辉，杨礼富，2010. 新疆达坂盐湖沉积土壤嗜盐细菌的定向富集与多样性分析 [J]. 微生物学通报，37(7): 956-961.

吴健，姚人升，易境，龙良启，赵京杨，伍晓雄，戴汉川，徐在言，曾翠平，2012. 猪粪堆肥中芽胞杆菌属细菌的多样性和时空分布特征 [J]. 畜牧与兽医，44(S1):381.

吴江利，罗学刚，李宝强，张倩，杨圣，2015. 微滴灌生物菌肥对荒漠沙中棉花生长的影响 [J]. 安徽农业科学，43(13):87-90.

吴蕾，雷鸣，洪建辉，甘一如，2002. 超声破碎重组大肠杆菌释放包含体的过程研究 [J]. 化学工业与工程，19(6): 422-425.

吴庆强，冯林美，徐秀云，1998. 弹性酶降低早期糖尿病肾病尿微量白蛋白的研究 [J]. 河南医药信息，(6): 44-45.

吴庆珊，2018. 纤维素降解菌筛选及其在羊粪堆肥发酵中的应用 [D]. 贵阳：贵州师范大学，硕士学位论文.

吴晓青，周方园，张新建，2017. 微生物组学对植物病害微生物防治研究的启示 [J]. 微生物学报，57(6):867-875.

吴逸飞，赵旭民，黄小晖，李继光，汤江武，2013. 凝结芽胞杆菌产芽胞培养基及培养条件优化 [J]. 饲料工业，34(23):22-24.

吴毅芳，周常义，苏国成，苏文金，2010. 禽用微生态制剂的研究和应用现状 [J]. 饲料研究，(10): 12-15.

吴震洋，李丽，唐红军，樊均德，杨安妮，包洁，冉辉，2019. 黑水虻对畜禽粪便资源化利用现状分析 [J]. 甘肃畜牧兽医，49(1):6-8.

伍朝亚，李岩，曲慧敏，张振鹏，解志红，孟宪刚，2017. 北黄海沉积物可培养产蛋白酶细菌分离鉴定 [J]. 微生物学报，57(10): 1504-1516.

伍高燕，2020. 畜禽粪便厌氧发酵的影响因素分析 [J]. 安徽农业科学，48(2):221-224.

武深树，谭美英，刘伟，2012. 沼气工程对畜禽粪便污染环境成本的控制效果 [J]. 中国生态农业学报，20(2):247-252.

武英，赵德云，盛清凯，王诚，张印，2009. 发酵床养猪模式是改善环境、提高猪群健康和产品安全的有效途径 [J]. 中国动物保健，(5): 89-92.

席劲瑛，胡洪营，钱易，2003. Biolog 方法在环境微生物群落研究中的应用 [J]. 微生物学报，43(1): 138-141.

席琳乔，李德锋，王静芳，马金萍，张利莉，2008. 棉花根际促生菌固氮和分泌生长激素能力的测定 [J]. 干旱区研究，25(5):690-694.

夏帆，2007. 侧胞芽胞杆菌发酵工艺的研究 [J]. 中国土壤与肥料，(2):68-70.

夏觅真，马忠友，齐飞飞，常慧萍，唐欣昀，甘旭华，2008. 棉花根际亲和性高效促生细菌的分离筛选

[J]. 微生物学通报，35(11):1738-1743.

夏尚远，2008. 短短芽孢杆菌 (*Brevibacillus brevis*)XDH 抗菌物质的发酵、分离纯化与结构鉴别 [D]. 泰安：山东农业大学，硕士学位论文 .

夏尚远，2015. 1 株短短芽孢杆菌产抗菌物质发酵培养基的优化 [J]. 中国兽医杂志，51(7):91-93.

夏湘勤，黄彩红，席北斗，檀文炳，唐朱睿，2019. 畜禽粪便中氟喹诺酮类抗生素的生物转化与机制研究进展 [J]. 农业环境科学学报，38(2):257-267.

夏新山，包祥嘉，徐巧琴，李新宇，韩祥林，孙军华，朱苏晋，孙谦，钱祥，2013. 发酵床养猪与传统养猪对比试验报告 [J]. 饲养饲料，(12): 59-60.

肖伟，闫培生，2014. 海带渣废弃物资源化利用以及多功能菌肥固体发酵条件的优化 [J]. 环境工程学报，8(11): 4984-4990.

肖小朋，靳鹏，蔡珉敏，郑龙玉，李武，喻子牛，张吉斌，2018. 非水虻源微生物与武汉亮斑水虻幼虫联合转化鸡粪的研究 [J]. 微生物学报，58(6):1116-1125.

肖振铎，郎仲武，1994. 接续产酸型活菌制剂及其产品的研究 [J]. 吉林农业大学学报，16(2)：63-68.

谢凤行，张峰峰，周可，赵玉洁，2010. 利用原生质体融合技术构建植酸酶、纤维素酶枯草芽胞杆菌工程菌的研究 [J]. 天津农业科学，(5): 21-24.

谢敬，2010. 纤维素酶的研究进展 [J]. 化学工业与工程技术，31(5): 46-49.

谢莉敏，李丹，程秀芳，刘虹，黄启亮，王丛丛，谷巍，2013. 益生菌的种类及其在人体营养保健中的应用研究 [J]. 安徽农业科学，41(17): 7694-7695.

谢英利，杨海龙，吴明江，2011. 植酸酶发酵生产的研究进展 .[J]. 饲料工业，32(2): 36-39.

谢月霞，杜立新，李瑞军，王容燕，王金耀，曹伟平，宋健，冯书亮，2008. 河北省不同生态区的苏云金芽胞杆菌 *cry* 基因多样性研究 [J]. 中国农学通报，24(12): 407-409.

解开治，徐培智，陈建生，唐拴虎，张发宝，黄旭，严超，黄巧义，2009. 恶臭假单胞菌 XP12 对拟除虫菊酯类农药的酶促降解特性及其应用研究 [J]. 广东农业科学，(12):156-160.

辛娜，刁其玉，张乃锋，周盟，2011. 芽胞杆菌制剂对断奶仔猪生长性能、免疫器官指数及胃肠道 pH 值的影响 [J]. 饲料工业，32(9): 33-36.

辛玉峰，曲晓华，袁梦东，荆延德，2011. 一株异养硝化 - 反硝化不动杆菌的分离鉴定及脱氮活性 [J]. 微生物学报，51(12): 1646-1654.

邢壮，张有貌，莫放，张晓明，王运亨，白士祥，2008. 外源酶制剂对犊牛日粮营养物质表观消化的影响 [J]. 饲料研究，(8): 62-64.

熊惠洋，2017. 蚕豆土著根瘤菌的生物地理分布及其形成机制 [D]; 北京：中国农业大学，博士学位论文 .

熊仕娟，徐卫红，杨芸，王崇力，江玲，周坤，刘俊，张明中，2014. 不同温度下微生物和纤维素酶对发酵猪粪理化特性的影响 [J]. 环境科学学报，34(12):3158-3165.

熊志强，霍朝晨，张炜然，王长虹，晏磊，王伟东，2018. 牛粪堆肥过程中土霉素降解及其与微生物群落结构的关系 [J]. 土壤与作物，7(2):111-119.

徐超，袁巧霞，覃翠钠，谢广荣，何涛，宋娜，2020. 木醋液对牛粪好氧堆肥理化特性与育苗效果的影响 [J]. 农业机械学报，51(4):353-360.

徐桂芹，张杰，姜安玺，2007. 恶臭污染评价与处理技术研究进展 [J]. 现代化工，27(2): 112-116.

徐辉，林家富，费忠安，费保进，余英鹏，乔代蓉，曹毅，2012. 不同生境产脂肪酶菌株的筛选及多样性 [J]. 应用与环境生物学报，18(3): 455-459.

徐慧，贾士儒，刘建军，2011. 响应面法优化枯草芽孢杆菌 3- 羟基丁酮发酵培养基 [J]. 中国酿造，

(8):133-137.

徐杰，许修宏，刘月，2014. 强化堆肥中木质纤维素降解的功能菌株筛选鉴定 [J]. 中国土壤与肥料，(6):100-105.

徐杰伟，冼卓杰，张丁元，2012. 不同药物对急性中毒性肾衰家兔作用效果的比较 [J]. 临床和实验医学杂志，11(5) : 328-329.

徐盛洪，程全国，2017. 蚯蚓堆资源化处理畜禽粪便 [J]. 沈阳大学学报 (自然科学版)，29(3):201-205.

徐卫华，2007. 微生物还原 Cr(Ⅵ) 的特性与机理研究 [D]. 长沙：湖南大学，硕士学位论文 .

徐文铎，1986. 中国东北主要植被类型的分布与气候的关系 [J]. 植物生态学与地植物学丛刊，(4): 254-263.

徐亚英，黄晓梅，谢丽，2020. 枯草芽胞杆菌液体发酵条件优化探究 [J]. 南方农业，14(20):139-142.

许璐，2013. 库姆塔格沙漠土壤微生物多样性研究 [D]. 北京：中国林业科学研究院，硕士学位论文 .

许萌，张盼盼，李岑，蒋桦，2012. 胶束毛细管电泳法测定牛磺酸滴眼液中的羟苯乙酯 [J]. 华西药学杂志，27(2): 218-220.

许明双，生吉萍，郭顺堂，申琳，2014. 水稻内生菌 K12G2 菌株的鉴定及其促生特性研究 [J]. 中国农学通报，30(9):66-70.

许育新，李晓慧，张明星，崔中利，李顺鹏，2005. 红球菌 CDT3 降解氯氰菊酯的特性及途径 [J]. 中国环境科学，25(4): 399-402.

许振成，谢武明，谌建宇，2004. 养猪场废水治理技术 [J]. 中国沼气，22(2): 26-29.

许正宏，白云玲，孙微，陶文沂，2000. 细菌木聚糖酶高产菌的选育及产酶条件 [J]. 微生物学报，40(4): 440-443.

薛冬，姚槐应，黄昌勇，2007. 茶园土壤微生物群落基因多样性 [J]. 应用生态学报，18(4): 843-847.

薛枫，张波，姚昆，王文文，高相艳，刘丽丽，2012. 不同菌株对猪粪的除臭效果研究 [J]. 天津师范大学学报 (自然科学版)，32(4):93-96.

薛琳琳，齐丰，2015. 益生菌的营养作用及机理研究 [J]. 饲料与畜牧·规模养猪，(6): 32-34.

薛盛强，2019. 畜禽养殖过程中微生物参与的抗生素减少 [D]. 重庆：重庆大学，硕士学位论文 .

薛竹凤，林开明，2001. 高锌日粮中添加抗生素、益生素对仔猪断奶过渡期的影响 [J]. 福建畜牧兽医，23(2):4-5

闫海洋，金荣德，朴光一，孙卉，王立春，2015. 不同肥力土壤中分解几丁质微生物代谢产物对玉米的促生效果研究 [J]. 玉米科学，23(3):119-123.

闫琦，刘培培，张娇娇，王跃华，任斌，丁路明，2018. 畜禽粪便中残留四环素类抗生素的研究概况 [J]. 家畜生态学报，39(5):80-86.

颜慧，蔡祖聪，钟文辉，2006. 磷脂脂肪酸分析方法及其在土壤微生物多样性研究中的应用 [J]. 土壤学报，43(5): 851-858.

颜颂真，1988. 果胶酶活力测定方法的初步研究 [J]. 工业微生物，18(5):38-40.

杨朝晖，陶然，曾光明，肖勇，邓恩建，2006. 多粘类芽胞杆菌 GA1 产絮凝剂的培养基和分段培养工艺 [J]. 环境科学，27(7): 1444-1449.

杨凤环，李正楠，姬惜珠，冉隆贤，2008. BOX-PCR 技术在微生物多样性研究中的应用 [J]. 微生物学通报，35(8): 1282-1286.

杨洁，2012. 枯草芽孢杆菌 E1R-j 产抗菌脂肽的发酵条件优化及分离纯化 [D]. 杨凌：西北农林科技大学，硕士学位论文 .

杨金文，2011. 饲用酶制剂的应用现状及作用机理 [J]. 福建畜牧兽医，33(6): 31-33.

杨金霞，杨金彩，2015. 益生菌对肠道上皮细胞保护机制的研究进展 [J]. 世界华人消化杂志，23(4): 577-583.

杨敬辉，朱桂梅，陈宏州，潘以楼，吴琴燕，2009. 草莓根围拮抗细菌的多样性分析及其田间应用 [J]. 中国生物防治，25(z 1): 52-57.

杨敬辉，王敬根，张玉军，庄义庆，2017. 草鱼肠道细菌 CD-17 的鉴定和生防活性研究 [J]. 西北农业学报，26(6):932-938.

杨俊忠，倪现，徐尚营，徐可瀚，刘义，曾丽霞，刘德立，2010. 一株高效好氧反硝化菌的分离及特性 [J]. 微生物学通报，37(11): 1594-1599.

杨柳，魏兆军，朱武军，叶明，2008. 产纤维素酶菌株的分离、鉴定及其酶学性质研究 [J]. 微生物学杂志，28(4): 65-69.

杨柳，唐旺全，蒋艳，段月鹏，2011. 解钾芽孢杆菌的分离、鉴定及其代谢产物分析 [J]. 土壤肥料，39(28): 17265-17267.

杨柳，张邑帆，郑华，2012. 高效除臭微生物的原位筛选与鉴定 [J]. 中国畜牧兽医文摘，28(11):217-218.

杨柳，郑华，张邑帆，付利芝，黄金秀，周晓蓉，杨飞云，2013. 凝结芽孢杆菌芽孢高产固体发酵的研究 [J]. 家畜生态学报，34(7):49-53.

杨水金，张丽华，2002. 合成尼泊金乙酯的催化剂研究 [J]. 化工科技，10(4):46-49.

杨硕，高峥，邵宗泽，2016. 南海冷泉区深海沉积物中细菌的分离培养及多样性分析 [J]. 氨基酸和生物资源，38(1):34-40.

杨天学，席北斗，魏自民，李鸣晓，姜永海，纪丹凤，苏婧，2009. 生活垃圾与畜禽粪便联合好氧堆肥 [J]. 环境科学研究，22(10): 1187-1192.

杨廷雅，孙亮，周婷婷，沈适存，吴小燕，缪卫国，郑服丛，2014. 短短芽孢杆菌 Brevibacillus brevis HAB-5 主要抑菌活性成分的分析及其特性研究 [J]. 中国生物防治学报，(2):222-231.

杨小红，曹凤明，关大伟，冯瑞华，陈慧君，李俊，沈德龙，马鸣超，2014. 应用特异 PCR 快速鉴定微生物肥料中 4 种乳酸菌 [J]. 微生物学通报，41(4):674-680.

杨颖博，吴剑平，2008. 我国首个白酒微生物菌种资源库建成 [J]. 农产品加工，(10):41-41.

杨宇，吴元华，郑亚楠，2006. 瓜类枯萎病拮抗放线菌的筛选 [J]. 北方园艺，(4):177-179.

杨振边，2019. 堆肥去除畜禽粪便中抗生素残留的研究进展 [J]. 贵州畜牧兽医，43(1):63-66.

杨竹青，刘玉霞，赵德宇，2003. 畜禽粪便无害化生物技术处理资源化与产业化 [J]. 饲料广角，(16):26-27.

姚廷山，胡军华，唐科志，冉春，李中安，周常勇，2010. 利用 REP-PCR 技术研究我国 9 省柑橘溃疡病菌遗传多样性 [J]. 果树学报，27(5): 819-822.

姚勇芳，廖延智，陈玉锋，谭才邓，邝哲师，2017. 凝结芽孢杆菌增殖条件及抗性的研究 [J]. 广东农业科学，44(11):138-145.

易有金，尹华群，罗宽，2007. 烟草内生短短芽孢杆菌的分离鉴定及对烟草青枯病的防效 [J]. 植物病理学报，37(3): 301-306.

殷萌清，冯建祥，黄小芳，蔡中华，林光辉，周进，2017. 天然及人工红树林滩涂沉积物微生物群落结构分析 [J]. 生态科学，36(5): 1-10.

殷震，刘景华，1997. 动物病毒学 (第 2 版)[M]. 北京 : 科学出版社，pp:351-353.

于翠，吕德国，秦嗣军，杜国栋，刘国成，2007. 本溪山樱根际微生物区系 [J]. 应用生态学报，18(10):

2277-2281.

于佳民，张建梅，张文，谷巍，2013. 凝结芽胞杆菌产芽孢发酵条件的优化 [J]. 中国饲料，(8):19-21.

于平，李倩，徐真妮，陈益润，2016. 植酸酶发酵过程控制及其条件优化 [J]. 中国食品学报，16(1):108-114.

于帅，杜彬，杨越冬，王同坤，2011. 用响应面法优化微波辅助提取板栗仁中多酚物质 [J]. 经济林研究，29(3): 8-16.

于文清，隋文志，赵晓锋，李鹏，刘文志，田艳洪，2012. 堆肥 - 生物滤池两步除臭工艺研究 [J]. 现代化农业，(11):30-34.

于晓雯，索全义，2018. 畜禽粪便中四环素类抗生素的残留及危害 [J]. 北方农业学报，46(3):83-88.

余峰，夏宗群，管业坤，张磊，丁君辉，2018. 黑水虻处理鸭粪效果初探 [J]. 江西畜牧兽医杂志，(2):15-17.

余佩瑶，刘寒冰，邓艳玲，薛南冬，2019. 畜禽粪便中抗生素污染特征及堆肥化去除研究进展 [J]. 环境化学，38(2):334-343.

余祖华，丁轲，孔志园，李旺，李元晓，刘一尘，曹平华，2016. 产植酸酶芽胞杆菌对艾维茵肉鸡生产性能、免疫器官指数和肠道菌群的影响 [J]. 湖北农业科学，55(15):3942-3944.

俞洁雅，倪梦萍，丁良长，胡洲铭，肖建中，郑强，2020. 一株猪粪降解菌的筛选，评价及鉴定 [J]. 浙江农业学报，32(4):586-592.

虞云龙，宋凤鸣，1997. 一株广谱性农药降解菌的分离与鉴定 [J]. 浙江农业大学学报，23(2): 111-115.

虞云龙，陈鹤鑫，樊德方，陆贻通，盛国英，傅家谟，1998. *Alcaligenes* sp. YF11 菌对杀灭菊酯的降解机理 [J]. 环境污染与防治，20(6):5-7.

宇光海，王翱宇，李海峰，惠明，2020. 产普鲁兰酶芽胞杆菌 L5 的 ARTP 诱变育种及发酵优化研究 [J]. 河南工业大学学报 (自然科学版)，41(3):53-58.

喻娇，冯乃宪，喻乐意，莫测辉，2017. 土壤环境中典型抗生素残留及其与微生物互作效应研究进展 [J]. 微生物学杂志，37(6):105-113.

袁薇，焦伟华，王颖，陈彪，叶波平，2014. 放线菌素生物合成研究进展 [J]. 生物资源，36(1):1-7.

袁伟，惠丰立，柯涛，程民杰，赵金梅，2011. 均匀设计法优化廉价型牛凝乳酶工程菌发酵培养基 [J]. 食品科学，32(7): 258-261.

苑学霞，梁京芸，范丽霞，王磊，董燕婕，赵善仓，2020. 粪肥施用土壤抗生素抗性基因来源、转移及影响因素 [J]. 土壤学报，57(1): 36-47.

昝帅君，2015. 辽河口海水及沉积环境细菌丰度时空变化与群落结构浅析 [D]. 大连：大连海洋大学，硕士学位论文.

臧春荣，刘宏，2004. 食用菌品种资源库的开发 [J]. 农业网络信息，(6):28-30.

曾洪学，屈兴红，童正仙，黄灿，2011. 对畜禽粪便恶臭的认识及生物治理的研究 [J]. 北京农业，21:15-17.

曾敏，谢为天，潘丽媚，徐春厚，2010. 鼠李糖乳杆菌细胞破碎方法的比较及其肽聚糖含量的测定 [J]. 饲料工业，31(8): 31-33.

翟少伟，李剑，史庆超，2015. 抗菌脂肽 Surfactin 的抗菌活性及应用 [J]. 动物营养学报，27(5):1333-1340.

翟亚楠，郭昊，魏浩，章栋梁，姚树林，郝慧，别小妹，2011. 芽胞杆菌 (*Bacillus sp.*) 脂肽抗生素发酵工艺及分离纯化 [J]. 中国生物工程杂志，31(11):114-122.

张彬，林炜，尚卓，牛天贵，2007. 芽胞杆菌 B50 产高活性木聚糖酶的发酵条件研究 [J]. 食品科技，(12): 39-42.

张常明，李路胜，王修启，冯定远，谭会泽，2006. 乳酸菌对断奶仔猪生产性能及免疫力的影响 [J]. 华南农业大学学报，27(3): 81-84.

张琛，王圣惠，闫艳春，2010. 高效氯氰菊酯降解菌 CH7 的分离鉴定及降解条件的优化 [J]. 生物技术通报，(1): 99-102.

张程程，刘丁军，曹二军，刘宝贺，赵洪凯，2011. 不同保鲜液对香石竹鲜切花保鲜效果的影响 [J]. 黑龙江农业科学，(1): 92-93.

张春杨，牛钟相，常维山，张壮志，2002. 益生菌剂对肉用仔鸡的营养、免疫促进作用 [J]. 中国预防兽医学报，24(1):51-54.

张凤岭，2007. 饲用植酸酶的研究与应用进展 [J]. 饲料研究，(8): 65-67.

张光亚，陈美慈，韩如旸，闵航，2003. 一株异养硝化细菌的分离及系统发育分析 [J]. 微生物学报，4(2): 156-161.

张广民，孙文志，2002. 益生芽胞杆菌及其在养殖生产中的应用 [J]. 黑龙江畜牧兽医，(10): 20-21.

张国赏，吴文鹃，渗仁瑞，2000. 气相色谱 - 质谱法检测细胞脂肪酸及其在细菌鉴定上的应用 [J]. 合肥联合大学学报，10(4): 92-96.

张海荣，黄华，唐景春，张清敏，王希年，许艳龙，2015. 复合益生菌菌液对奶牛产奶量和肠道菌群的影响 [J]. 家畜生态学报，36(1): 42-45.

张翰林，闻轶，赵峥，曹林奎，2012. 施肥前后稻田土壤中微生物多样性的 PCR-DGGE 分析 [J]. 科技通报，28(7): 55-60.

张昊，王盼亮，杨清香，俞宁，2018. 畜禽粪污中多重耐药细菌及耐药基因的分布特征 [J]. 环境科学，39(1):460-466.

张鹤，李孟婵，杨慧珍，王友玲，路永莉，张春红，邱慧珍，2019. 不同碳氮比对牛粪好氧堆肥腐熟过程的影响 [J]. 甘肃农业大学学报，54(1):60-67.

张红霞，江晓路，2005. 微生物果胶酶的研究进展 [J]. 生物技术，15(5): 92-95.

张华勇，李振高，王俊华，潘映华，2003. 红壤生态系统下芽胞杆菌的物种多样性 [J]. 土壤，35(1): 45-47.

张辉华，毕英佐，曹永长，胡文锋，方祥，2003. 热灭活乳杆菌制剂对竹丝肉鸡免疫性能的影响 [J]. 畜牧与兽医，35(11):14-15.

张继才，姚兴荣，赵仕峰，和占星，杨世平，金显栋，付美芬，杨凯，王安奎，黄必志，2013. 婆罗门和短角牛血液理化指标比较 [J]. 中国农学通报，29(32): 18-23.

张建，张振华，黄星，李荣，李顺鹏，2009. 功夫菊酯降解菌 GF-1 的分离鉴定及其降解特性研究 [J]. 土壤，41(3): 454-458

张健，赵阳国，李海艳，白洁，田伟君，2010. 黄海西北近岸沉积物中细菌群落空间分布特征 [J]. 海洋学报，32(2): 118-127.

张健，关连珠，颜丽，2011a. 不同畜禽粪便所含金霉素在土壤中的动态变化及降解途径 [J]. 生态学杂志，30(6): 1125-1130.

张健，关连珠，颜丽，2011b. 畜禽粪便中所含尿囊素在土壤中的动态变化及原因分析 [J]. 植物营养与肥料学报，17(3):651-656.

张健，关连珠，张涛，颜丽，2011c. 畜禽粪便中所含马尿酸在土壤中的动态变化及原因分析 [J]. 农业环境保护，30(3):529-533.

张健，关连珠，颜丽，2011d. 鸡粪中 3 种四环素类抗生素在棕壤中的动态变化及原因分析 [J]. 环境科学学报，31(5):1039-1044.

张健，关连珠，颜丽，2012. 鸡粪与猪粪所含土霉素在土壤中降解的动态变化及原因分析 [J]. 环境科学，33(1):323-328.

张健，关连珠，2013. 猪粪中 3 种四环素类抗生素在土壤中的动态变化及降解途径 [J]. 植物营养与肥料学报，19(3):727-732.

张杰，张双全，2005. 抗真菌肽对真菌作用机制研究进展 [J]. 生物化学与生物物理进展，32(1):13-17.

张洁，2019. 丙酮丁醇梭菌 / 希瓦氏菌共培养强化丁醇发酵体系 [D]. 大连：大连理工大学，硕士学位论文 .

张久刚，闫艳春，2008. 一株氯氰菊酯降解菌 16S rDNA, gyrB 和 GyrB 的系统发育分析 [J]. 生物信息学，6(2): 55-58.

张君，2019. 大豆农田生态系统真核微生物群落的时空演替规律研究 [D]. 杨凌：西北农林科技大学，博士学位论文 .

张君利，刘超兰，郭义东，林家富，2019. 云贵川湖泊芽胞杆菌分离、鉴定及抗动物病原菌活性研究 [J]. 四川动物，38(6):686-694.

张蕾，梁军锋，崔文文，杜连柱，高文萱，Feng XM，Schnürer A，2014. 规模化秸秆沼气发酵反应器中微生物群落特征 [J]. 农业环境科学学报，33(3):584-592.

张丽，闫倩，王保莉，曲东，2011. 不同土地利用方式下滨海盐土细菌多样性变化 [J]. 西北农业学报，20(8): 163-167.

张丽华，何余堂，2008. 不同防腐剂在酱油保鲜中应用的探讨 [J]. 中国酿造，(5): 67-68.

张丽萍，赵红杰，兰辛，周昆，许国，2004. 弹性蛋白酶胶囊的药效学试验研究 [J]. 中国生化药物杂志，25(2): 102-103.

张丽霞，李荣禧，王琦，梅汝鸿，2006. 枯草芽胞杆菌发酵培养基的优化 [J]. 中国生物防治，22(S1):82-88.

张林林，2018. 海洋细菌源生物农药前体的筛选及抗菌机制研究 [D]. 北京：中国科学院大学，硕士学位论文 .

张灵启，李卫芬，余东游，2008. 芽胞杆菌制剂对断奶仔猪生长和免疫性能的影响 [J]. 黑龙江畜牧兽医，(3): 37-38.

张玲玲，崔德杰，洪永聪，马帅，2009. 氯氰菊酯降解放线菌的分离与筛选 [J]. 青岛农业大学学报：自然科学版，25(4): 280-284.

张璐，杜秉海，魏珉，丁延芹，王秀峰，2007. 黄瓜枯萎病拮抗菌的生防效果及其对植株生长代谢的影响 [J]. 山东农业科学，(4):89-92.

张敏健，徐明，徐婧静，2011. 降解菌 JQL4-5 甲氰菊酯水解酶的提取及酶学特性研究 [J]. 环境科技，24(5):15-17.

张培玉，曲洋，杨瑞霞，郭沙沙，于德爽，2011. 耐盐异养硝化菌驯化方法及分离菌株鉴定 [J]. 应用与环境生物学报，17(1): 121-125.

张棋，2014. 中华鳖肠道益生菌的筛选与应用 [D]. 湖北：华中农业大学，硕士学位论文 .

张强，刘成君，蒋芳，李晖，陈金瑞，2005. 耐高温 α- 淀粉酶产生菌的分离鉴定及发酵条件与酶性质研究 [J]. 食品与发酵工业，31(2): 34-37.

张强, 迟建国, 邱维忠, 黄玉杰, 郑立稳, 孙萍, 王加宁, 2014. 醋酸钙不动杆菌 PAHs 降解酶的超声波提取优化 [J]. 中国农学通报, 30(17): 180-185.

张秋芳, 刘波, 林营志, 史怀, 杨述省, 周先治, 2009. 土壤微生物群落磷脂脂肪酸 PLFA 生物标记多样性 [J]. 生态学报, 29(8): 4127-4137.

张群, 2015. 新型益生菌发酵乳制品的研究与开发 [J]. 食品与生物技术学报, 34(6): 672-672.

张荣灿, 胡丽琴, 余炼, 李菲, 杨小梅, 周文红, 高程海, 2015. 广西茅尾海沉积物中可培养海洋细菌的分离鉴定及其生物活性研究 [J]. 轻工科技, 31(4):84-86.

张荣胜, 梁雪杰, 刘永锋, 罗楚平, 王晓宇, 刘邮洲, 乔俊卿, 陈志谊, 2013. 解淀粉芽胞杆菌 LX-11 生物发酵工艺优化 [J]. 中国生物防治学报, 29(2): 254-263.

张瑞娟, 李华, 李勤保, 张强, 郜春花, 2011. 土壤微生物群落表征中磷脂脂肪酸（PLFA）方法研究进展 [J]. 山西农业科学, 39(9): 1020-1024.

张生伟, 姚拓, 黄旺洲, 杨巧丽, 滚双宝, 2015. 猪粪高效除臭微生物菌株筛选及发酵条件优化 [J]. 草业学报, 24(11):38-47.

张生伟, 黄旺洲, 姚拓, 杨巧丽, 王鹏飞, 李生贵, 闫尊强, 滚双宝, 2016. 高效微生物除臭剂在畜禽粪便堆制中的应用效果及其除臭机理研究 [J]. 草业学报, 25(9):142-152.

张松柏, 张德咏, 罗香文, 成飞雪, 罗源华, 刘勇, 2009. 一株高效降解氯氰菊酯细菌的分离鉴定及降解特性 [J]. 中国农学通报, 25(3): 265-270.

张薇, 魏海雷, 高洪文, 胡跃高, 2005. 土壤微生物多样性及其环境影响因子研究进展 [J]. 生态学杂志, 24(1): 48-52.

张伟伟, 韩加坤, 王宝琴, 2015. 一株胶质芽胞杆菌对偏碱性土壤中可溶性钾含量的影响 [J]. 廊坊师范学院学报（自然科学版）, 15(2):66-69.

张卫娟, 谷洁, 高华, 张洪宾, 刘强, 李海龙, 2011. 重金属锌对猪粪堆肥过程中氧化还原类酶活性的影响 [J]. 农业环境科学学报, 30(2):383-388.

张文飞, 谢柳, 赵立仕, 方宣钧, 柳参奎, 2009. 黑龙江凉水自然保护区苏云金芽胞杆菌的收集与鉴定 [J]. 基因组学与应用生物学, 28(4): 685-690.

张文杰, 马健, 洪文娟, 窦晶晶, 2019. 添加玉米秸秆对马粪堆肥的影响 [J]. 中国草食动物科学, 39(4):31-35.

张晓双, 徐凤花, 何惠霞, 刘春梅, 2010. 复合发酵剂对低温环境牛粪堆肥的影响 [J]. 农民致富之友, (9):29.

张旭博, 徐梦, 史飞, 2020. 藏东南林芝市典型农业土地利用方式对土壤微生物群落特征的影响 [J]. 农业环境科学学报, 39(2): 331-342.

张学峰, 周贤文, 陈群, 魏炳栋, 姜海龙, 2013. 不同深度垫料对养猪土著微生物发酵床稳定期微生物菌群的影响 [J]. 中国兽医学报, 33(9): 1458-1462.

张雪辰, 邓双, 杨密密, 李忠徽, 王旭东, 2014. 畜禽粪便堆腐过程中有机碳组分与腐熟指标的变化 [J]. 环境科学学报, 34(10):2559-2565.

张雅萍, 王忠堂, 常山, 2002. 复合益生素对严重烧伤大鼠肠道细菌和内毒素易位的影响 [J]. 中国微生态学杂志, 14(1):10-11.

张燕春, 孙建光, 徐晶, 胡海燕, 2009. 固氮芽胞杆菌 GD272 的筛选鉴定及其固氮性能研究 [J]. 植物营养与肥料学报, 15(5):1196-1201.

张业健, 叶海仁, 郑向勇, 严立, 张振家, 2011. 固定化包埋技术在水处理领域的应用进展 [J]. 工业水处理，31(1): 9-12.

张义，程晓，王全龙，刘淑杰，吴秉奇，2015. 芡实根际促生细菌的筛选及其生物学特性 [J]. 山东农业科学，(8):53-58.

张英，郭良栋，刘润进，2003. 都江堰地区丛枝菌根真菌多样性与生态研究 [J]. 植物生态学报，27(4):537-544.

张楹，2006. 侧孢芽胞杆菌产生的抑真菌蛋白酶 [J]. 中国生物防治，22(2): 146-149.

张宇光，姜鹭，任发政，郭慧媛，2011. 响应面法优化短杆菌素的发酵 [J]. 农产品加工学刊，(9): 8-12.

张玉凤，田慎重，边文范，郭洪海，宫志远，刘兆辉，李瑞琴，陈剑秋，罗加法，2019. 牛粪和玉米秸秆混合堆肥好氧发酵菌剂筛选 [J]. 中国土壤与肥料，(3):172-178.

张元长，范明坤，谢仰杰，2018. 混合培养对益生菌和小球藻生长的影响 [J]. 集美大学学报（自然科学版），23(06):416-420.

张增卫，2013. 饲用益生菌的选育及其培养条件研究 [D]. 江西：南昌大学，硕士学位论文.

张志强，崔亚青，王素华，吴志刚，朱皓强，2015. 我国复合微生物肥料的现状及发展前景 [J]. 生物技术世界，(8): 235+237.

章家恩，蔡燕飞，高爱霞，朱丽霞，2004. 土壤微生物多样性试验研究方法概述 [J]. 土壤，36(4): 346-350.

赵达宁，李颖，1998. 根瘤菌资源库的改造和扩充 [J]. 中国农业大学学报，3(3):12.

赵栋，王有科，李杰，周倩倩，陈娜，杨娟，2012. 4 种微生物肥对枸杞生长及抗病性的影响 [J]. 甘肃农业大学学报，47(6):87-92.

赵嘉阳，2017. 中国 1960—2013 年气候变化时空特征、突变及未来趋势分析 [D]. 福州：福建农林大学，硕士学位论文.

赵京杨，吕茂州，张卫宏，王庭良，2002. 加酶益生素添加时间对哺乳断奶仔猪日增重和腹泻率的影响 [J]. 中国畜牧杂志，38(3):19-20.

赵军育，姜毅，2010. 益生菌在新生儿的临床应用研究进展 [J]. 实用儿科临床杂志，25(14): 1110-1112.

赵隽隽，乐科易，冯希平，马丽，2011. 嗜酸乳杆菌和青春双歧杆菌对牙周致病菌的拮抗作用 [J]. 上海口腔医学，20(4): 364-367.

赵丽莉，田呈瑞，纪花，吕爽，2007. 微生物果胶酶研究及其在果蔬加工中的应用进展 [J]. 现代生物医学进展，7(6): 951-953.

赵朋超，王建华，权春善，范圣第，2010. 枯草芽孢杆菌抗菌肽生物合成的研究进展 [J]. 中国生物工程杂志，30(10):108-113.

赵朋超，权春善，金黎明，王丽娜，范圣第，2012. 氮源和碳源对解淀粉芽孢杆菌 Q-426 抗菌脂肽合成的影响 [J]. 中国生物工程杂志，32(10): 50-56.

赵平芝，张玲，朱晓飞，王睿勇，2008. 苏北海岸带互花米草盐沼土壤微生物的空间分布 [J]. 中国农学通报，24(6): 255-260.

赵秋，张明怡，刘颖，吴迪，杨思平，2008. 猪粪堆肥过程中氮素物质转化规律研究 [J]. 黑龙江农业科学，(2):58-60.

赵瑞香，王大红，牛生洋，等，2006. 超声波细胞破碎法检测嗜酸乳杆菌 β- 半乳糖苷酶活力的研究 [J]. 食品科学，27(1): 47-50.

赵珊，2008. 高温乳糖酶高产菌株发酵条件优化及酶制剂的研究 [D]. 保定：河北农业大学，硕士学位论文.

赵妍，刘顺杰，张亚茹，孙育红，黄建春，余昌霞，陈明杰，2019. 微生物多样性分析技术应用于食用菌发酵培养料分析的进展 [J]. 食用菌学报，26(3): 148-156.

赵艳，张晓波，郭伟，2009. 不同土壤胶质芽孢杆菌生理生化特征及其解钾活性 [J]. 生态环境学报，18(6): 2283-2287.

赵艳，洪坚平，张晓波，2010. 胶质芽孢杆菌遗传多样性 ISSR 分析 [J]. 草地学报，18(2):212-218.

赵永芳，1994. 生物化学技术原理及其应用 [M]. 武汉：武汉大学出版社.

郑朝成，周立祥，2012. 污泥中一株产耐高温蛋白酶菌株的分离、鉴定及酶学特性 [J]. 环境科学学报，32(3):577-583.

郑丹，王吉腾，张志勇，杨凯，杨宝东，魏钦平，2008. 梨园土壤细菌群落参数及优势细菌的 16S rDNA 分析 [J]. 中国农学通报，24(6): 379-384.

郑贺云，黎志坤，李超，张鲜姣，胡建伟，朱红惠，2012. 新疆阿克苏地区盐碱地细菌类群多样性及优势菌群分析 [J]. 微生物学通报，39(7): 1031-1043.

郑佳伦，刘超翔，刘琳，黄栩，2017. 畜禽养殖业主要废弃物处理工艺消除抗生素研究进展 [J]. 环境化学，36(1):37-47.

郑梅霞，刘波，葛慈斌，车建美，刘国红，郑榕，唐建阳，朱育菁，刘丹莹，2014. 陕北土壤芽胞杆菌种类分布多样性研究 [J]. 福建农业学报，29(4): 364-372.

郑梅霞，朱育菁，刘波，王阶平，陈峥，潘志针，刘国红，2019. 云南苍山芽胞杆菌多样性研究 [J]. 福建农业学报，34(1): 104-116.

郑茗月，李海梅，赵金山，刘华伟，谢宝琦，2018. 微生物肥料的研究现状及发展趋势 [J]. 江西农业学报，30(11):52-56.

郑雪芳，葛慈斌，林营志，刘建，刘波，2006. 瓜类作物枯萎病生防菌 BS-2000 和 JK-2 的分子鉴定 [J]. 福建农业学报，21(2):154-157.

郑雪芳，苏远科，刘波，蓝江林，杨述省，林营志，2010. 不同海拔茶树根系土壤微生物群落多样性分析术 [J]. 中国生态农业学报，18(4): 866-871.

郑雪芳，刘波，朱育菁，王阶平，陈倩倩，魏云华，2018. 磷脂脂肪酸生物标记法分析养猪发酵床微生物群落结构的空间分布 [J]. 农业环境科学学报，37(4):804-812.

郑雪芳，刘波，朱育菁，王阶平，蓝江林，陈倩倩，2019. 养猪发酵床不同发酵程度垫料微生物群落结构特征的 PLFA 分析 [J]. 中国生态农业学报（中英文），27(1):42-49.

郑亚伦，夏瑛，李良，董孝元，方尚玲，陈茂彬，李琴，2020. 源于解淀粉芽胞杆菌酸性木聚糖酶酶学性质的研究 [J]. 食品与发酵工业，46(24): 58-65.

郑志成，周美英，姚炳新，1995. 蜂房芽孢杆菌 B91 几丁质酶的合成条件 [J]. 厦门大学学报（自然科学版），34(3): 447-451.

支苏丽，周婧，赵润，杨凤霞，张克强，2019. 畜禽粪便厌氧发酵过程抗生素抗性基因归趋及驱动因子分析 [J]. 农业工程学报，35(1):195-206.

郅岩，2017. 芽孢杆菌高效合成表面活性素的代谢机制及功能研究 [D]. 无锡：江南大学，博士学位论文.

周长梅，戴长春，王晓云，李颖，赵奎军，2011. 四川盆地部分地区土壤中苏云金芽孢杆菌分离与 cry 基因鉴定 [J]. 植物保护，37(2): 20-24.

周桂旭，2020. 枯草杆菌蛋白酶工程改造及发酵条件筛选 [D]. 太原：山西大学，硕士学位论文.

周国勤，陈树桥，茆建强，杜宣，2006. 益生菌在水产养殖方面的研究进展 [J]. 安徽农业科学，34(11): 2421-2425.

周国英，苟志辉，郝艳，李河，2010. 油茶根际硅酸盐细菌拮抗菌筛选及稳定性分析 [J]. 中南林业科技大学学报，30(3):118-122.

周会楠，2011. 三株红树林来源真菌次级代谢产物及其抗肿瘤活性的研究 [D]. 青岛：中国海洋大学，博士学位论文.

周江鸿，夏菲，车少臣，葛雨萱，周肖红，2019. 基于高通量测序技术研究黄栌根际土壤微生物多样性 [J]. 园林科技，(3): 25-31.

周江明，王利通，徐庆华，姜新有，2015. 适宜猪粪与菌渣配比提高堆肥效率 [J]. 农业工程学报，31(7):201-207.

周婧，张霞，高浩峰，胡南，2017. 蛋鸡粪工业化堆肥过程中氨氧化菌群的群落演替 [J]. 生物加工过程，15(1):73-78.

周桔，雷霆，2007. 土壤微生物多样性影响因素及研究方法的现状与展望 [J]. 生物多样性，15(3): 306-311.

周克勇，刘长忠，黄建，2001. 益生素和酶制剂组合使用对鲤鱼生长性能的影响研究 [J]. 饲料研究，(4):1-3.

周庆安，刘文刚，任建存，薛增迪，2002. 抗生素及其替代品的研究、应用及发展方向 [J]. 饲料广角，(16):18-21.

周卫川，林晶，肖琼，2011. 武夷山自然保护区陆生贝类物种多样性研究 [J]. 福建林业科技，38(3): 1-7.

周先治，张青文，朱育菁，林营志，刘波，2006. 球形芽胞杆菌 Bs-8093 发酵上清液对青枯雷尔氏菌的抑菌作用 [J]. 福建农业学报，21(1): 21-23.

周晓莹，2011. 乳酸菌的益生作用及其应用研究进展 [J]. 中国微生态学杂志，23(10): 946-949.

周兴华，刘长忠，2003. 柠檬酸和益生素结合使用对彭泽鲫生长性能影响的研究 [J]. 山东饲料，(3): 24-26.

周移国，代青莉，凌敏，王世强，2013. 菌肥微生物在不同 pH 茶园土壤中存活模式的研究 [J]. 中国农学通报，29(7):121-126.

周毅峰，罗云霞，刘华中，2009. 解钾菌的筛选 [J]. 湖北民族学院学报（自然科学版）27(3):285-288.

周映华，周小玲，吴胜莲，胡新旭，高书锋，刘惠知，缪东，2012. 枯草芽胞杆菌对断奶仔猪生产性能的影响 [J]. 饲料研究，(5): 71-73.

周游，郑雪芳，刘波，黄建忠，车建美，2012. 青枯雷尔氏植物疫苗菌 ^{60}Co 诱变菌株的生物学特性 [J]. 福建农业学报，27(12): 1360-1368.

周元军，2003. 畜禽粪便对环境的污染及治理对策 [J]. 医学动物防制，19(6): 350-354.

朱超，王慧琴，孙斯蔚，张文婷，丁泽，2018. 乙烯基类聚合物对克雷伯氏菌和芽孢杆菌共培养的毒理效应 [J]. 陕西科技大学学报，36(5):63-70.

朱菲莹，肖姬玲，张屹，李基光，梁志怀，2017. 土壤微生物群落结构研究方法综述 [J]. 湖南农业科学，(10): 112-115.

朱弘元，康健，范昕，郭聃洋，王德良，2016. 解淀粉芽孢杆菌 B15 产脂肽的分离鉴定及抑菌机理 [J]. 江苏农业科学，44(5):186-189.

朱红，常志州，王世梅，黄红英，陈欣，费辉盈，2007. 基于畜禽废弃物管理的发酵床技术研究：I 发酵床剖面特征研究 [J]. 农业环境科学学报，26(2):754-758.

朱鸿杰，李彩丹，何成芳，陶敬，董雪云，2017. 复合微生物菌剂对不同阶段猪粪降解效果的研究 [J]. 安徽农业大学学报，44(5):811-816.

朱梦，2010. 普鲁兰酶产生菌的筛选及酶学性质的研究 [D]. 海口：海南大学，硕士学位论文 .

朱雯，张莉，吴跃明，刘建新，2011. 中草药添加剂的抗小鼠腹泻效果及其对小鼠肠道微生物菌群的影响 [J]. 农业生物技术学报，19(4) : 698-704.

朱五文，施伟领，陈晓锋，2007. 不同剂量芽胞杆菌制剂对断奶仔猪饲养效果试验 [J]. 畜牧与兽医，39(8): 32-33.

朱晓飞，张晓霞，牛永春，胡元森，闫艳春，王海胜，2011. 一株抗水稻纹枯病菌的解淀粉芽胞杆菌分离与鉴定 [J]. 微生物学报，51(8):1128-1133.

庄铁成，林鹏，陈仁华，1998. 武夷山不同森林类型土壤细菌、丝状真菌优势菌属的初步研究 [J]. 土壤学报，35(1): 119-123.

邹娟，黄悦，姚蓉，刘胜贵，2014. 响应面法优化芽孢杆菌 B-6 产絮凝剂的发酵培养基 [J]. 生物数学学报，29(3):538-546.

邹仕庚，王斌，陈丽，庞旭，胡文锋，陈峰，2020. 利用黑水虻幼虫处理畜禽粪便的技术要点及前景展望 [J]. 广东饲料，(7):39-42.

邹威，罗义，周启星，2014. 畜禽粪便中抗生素抗性基因 (ARGs) 污染问题及环境调控 [J]. 农业环境科学学报，33(12):2281-2287.

邹扬，曾胤新，田蕴，郑天凌，2009. 白令海北部表层沉积物中细菌多样性的研究 [J]. 极地研究，21(1):15-24.

尊宇红，黄霞，俞毓蓉，1992. 几种固定化细胞载体的比较 [J]. 环境科学，14(2): 11-15.

左一萌，石晓玲，潘晓梅，王欢，尹永得，董雪滢，王超，2019. 产几丁质酶菌株的分离鉴定及产酶条件探究 [J]. 粮食科技与经济，44(5):80-83.